Fundamentals of

Aerodynamics

Seventh Edition

John D. Anderson, Jr.
Christopher P. Cadou

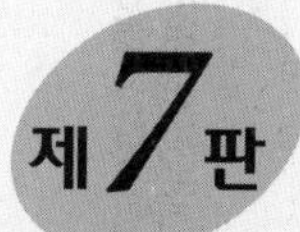

공기역학의 기초

| 조태환 • 변영환 • 이경태 • 정용수 옮김 |

TEXTBOOKS
텍스트북스

Fundamentals of Aerodynamics, 7th Edition

1 2 3 4 5 6 7 8 9 10 TB 20 25

Original: Fundamentals of Aerodynamics, 7th Edition. © 2024
By John Anderson
ISBN 978-1-26-415192-9

This authorized Korean translation edition is published by Textbooks Inc. in arrangement with McGraw-Hill Education Korea, Ltd. This edition is authorized for sale in the Republic of Korea.

This book is exclusively distributed by Textbooks Inc.

When ordering this title, please use 979-11-9167-934-2

Printed in Korea

옮긴이 소개

조태환 경상국립대학교 항공우주및소프트웨어공학부
변영환 건국대학교 항공우주모빌리티공학과
이경태 세종대학교 항공우주공학과
정용수 부산대학교 항공우주공학과

Fundamentals of
Aerodynamics 

공기역학의 기초

발행일 2025년 2월 20일 7판 1쇄
지은이 John D. Anderson, Jr., Christopher P. Cadou
옮긴이 조태환, 변영환, 이경태, 정용수
발행인 임은정 **발행처** (주)텍스트북스 **주소** 서울시 영등포구 양평로 30길 14, 세종앤까뮤스퀘어 1109호
전 화 02-702-5725, 6 **팩스** 02-702-5727 **웹사이트** www.textbooks.co.kr
등록번호 제2022-000098호
ISBN 979-11-91679-34-2 93550

정가 53,000원

옮긴이 머리말

Preface

오랜 기간 항공우주공학 분야, 특히 공기역학 분야에서 교육과 연구에 탁월한 기여를 한 John D. Anderson 교수님의 저서를 번역하는 일은 즐겁고도 영예로운 일이었다. 이 일은 이전에도 한두 번 계획되었으나 참여하려던 사람들의 바쁜 일정 때문에 시간 조정이 쉽지 않아 중단된 적이 있었다. 5판 번역 시에는 세종대학교 이경태 교수의 강력한 추진에 힘입어 번역이 완료되었는데, 함께 참여한 경상대학교 조태환 교수, 건국대학교 변영환 교수 두 사람 모두 감사하게 생각한다. 특히 조태환, 변영환 두 사람은 미국 Maryland 대학에서 Anderson 교수님의 지도하에 박사학위를 취득한 사람으로서 은사님의 저서를 번역하는 기쁨을 더할 수 있었다. 이번 제7판 번역에는 새로 부산대학교 정용수 교수가 참여하여 완성도를 높이는 데 기여했다.

John Anderson 교수님은 학문적으로뿐만 아니라 교육적인 면이나 인간적인 면에서도 존경받을 만한 분이다. 첫 만남부터 한결같은 남에게 호감을 주는 미소와 서글서글하고 부드러운 외모, 항상 남을 배려하는 자세와 친화력 있는 대화법은 많은 사람이 본받아야 할 덕목이라고 생각한다. 특히 피교육자들에 대한 자상한 배려와 깊은 전공 지식에서 나오는 설득력 있는 강의는 참석한 모든 사람들을 매료시키기에 충분하다. 그의 저서 또한 그의 성격과 다르지 않아 읽고 번역하면서 그분의 목소리와 강의를 듣는 듯한 착각을 일으킬 정도로 세부사항과 역사적인 진행 등을 재미있게 잘 배열하였다. 흔히 전공서적, 특히 유체역학과 관련된 전공서적은 깊이 있는 고등수학과 물리적 개념 등이 뒤섞여 난해하고 딱딱하기 쉬우나, 그의 저서는 물리적 개념과 연관된 수학적 응용 및 개발 배경 등을 잘 혼합하여 한 편의 드라마를 보는 것 같이 흥미와 열정을 잃지 않도록 배우는 사람의 입장을 고려했다고 생각한다. 일정에 맞추느라 매우 바쁘게 지낸 한 해였지만 한동안 간과하고 지내 왔던 많은 세부사항들을 다시 기억하고 정리하는 좋은 시간이었다. 그러나 한편으로는 Anderson 교수님이 의도했던 섬세한 뉘앙스를 퇴색시키지 않으면서 좋은 번역을 한다는 것이 얼마나 어려운가를 절실히 느꼈던 시간이기도 했다. 특히 7판 번역 시 네 사람의 공동 번역에서 오는 어휘 또는 문체상의 상이점을 보완하고 통일시키는 것이 큰 난제였는데, 정용수 교수의 노력으로 많은 문제가 해결된 것 같아서 감사드린다.

이 책은 총 4부로 나누어져 있으며 학부 3~4학년인 상급 학년에서 1년 두 학기의 공기역학 교과서로 적합하다. 1학기에 1, 2부를 그리고 2학기에 3, 4부를 학습하면 좋을 것이다. 최근 들어 유행하는 영어 강의 열풍으로 인해 번역서의 필요성에 회의를 품는 시각도 있다. 하지만 학생들의 이해를 최대한 돕기 위해, 그리고 우리말로 된 좋은 전공서적의 확보를 위해 필요한 일이라고 생각한다. 앞으로도 좋은 도서가 더 많이 번역되고 좋은 도서를 마음껏 향유할 수 있는 항공공학 환경이 조성되기를 희망한다. 끝으로 이 책을 출판하도록 지원해준 출판사의 배려에 감사드리고, 번역과정의 수식 삽입 등 많은 도움을 준 연구실의 대학원생들에게도 감사드린다.

경상대학교 조태환 교수, 건국대학교 변영환 교수,
세종대학교 이경태 교수, 부산대학교 정용수 교수
옮긴이 일동

항공학 및 항공우주공학 McGraw-HILL 시리즈

20세기의 첫 10년 동안 Wright 형제는 최초의 실용적인 항공기를 발명했다. 이와 병행하여 항공공학이라는 새롭고도 흥미진진하며 독특한 학문 분야가 출현하게 되었다. 1914년이라는 이른 시기에 Michigan 대학과 MIT에 항공공학이라는 정규 과목이 개설되었다. 1916년 Michigan 대학은 4년제 학위수여 과정으로 항공공학과를 개설하여 1926년까지 100명의 졸업생을 배출시켰다. 항공공학의 여러 분야에 대한 실질적인 교재의 필요성이 시급하게 대두되었다. 이러한 요구에 부응코자 최초의 항공공학 교재 출판사들 중 하나인 McGraw-Hill 출판사는 1919년 Ottorino Pomilio의 저서인 〈*항공기 설계와 제작*(Airplane Design and Construction)〉 출판을 시작으로, 1927년 우상적 존재인 Edward P. Warner가 저술한 고전적이 고도 권위 있는 교재 〈*항공기 설계: 공기역학*(Airplane Design: Aerodynamics)〉을 출간하였다. Warner의 저서는 항공공학 분야 교재의 분수령이 되었다.

이후 McGraw-Hill은 항공공학 분야의 유서 깊은 출판사로 자리매김하였다. 제2차 세계 대전 이후의 고속비행과 1957년 우주개발 프로그램의 출현으로 항공학 및 항공우주공학은 새로운 지평으로 성장했다. 그러나 1970년대 항공우주공학이 변혁의 시기를 거치면서 거의 10년 동안 그 누구도 항공우주공학 분야의 새로운 책을 출판하지 않았던 휴지기가 있었다. McGraw-Hill은 공학 서적 수석편집인 B. J. Clark의 혜안으로 John Anderson의 〈*비행학 개론*(Introduction to Flight)〉을 출간함으로써 항공우주공학 전문서적 출판의 휴지기를 타파한 바 있다. 1978년 처음 출간된 〈*비행학 개론*〉은 이제 제8판을 발간하고 있다. Clark의 과감한 결정에 뒤이어 McGraw-Hill은 항공우주공학 분야 공학도와 연구개발 활동의 새로운 조류에 올라타 이 분야 전공서적 출판에 있어 배출구 역할을 담당했다.

1988년 McGraw-Hill은 그동안 출간했던 항공우주공학 전공서적들과 신규 전공서적 원고를 하나의 부류로 묶어 항공학 및 항공우주공학 정규 시리즈를 발간하기 시작했다.

지은이는 이 시리즈 출간의 자문 편집인으로 참여한 것을 자랑스럽게 생각하며, 시리즈물 중 몇몇 전공서적을 집필하는 데 기여한 바 있다. 1988년 8권의 전공서적을 시작으로 이제 본 시리즈는 광범위한 항공우주공학 분야를 아우르는 24권의 전공서적들로 구성되어 있다. 이와 더불어 McGraw-Hill 출판사는 1919년에 시작된 항공학 및 항공우주공학 분야 주요 전공서적 최고 출판사로서의 전통을 이어가고 있다.

John D. Anderson, Jr.

지은이 소개

About the Authors

John D. Anderson, Jr.는 1937년 10월 펜실베니아주 랭커스터에서 태어났다. 1959년 Florida 대학 항공공학과를 우등으로 졸업하여 학사학위를 받았다. 1959년에서 1962년까지 라이트 패터슨 공군기지 내 항공우주 연구실험실(Aerospace Research Laboratory)에서 과학장교로 근무한 바 있으며, 1962년부터 1966년까지 미 과학재단(National Science Foundation)과 미 항공우주국(NASA) 특별 장학금 지원하에 Ohio 주립대학에서 항공우주공학으로 박사학위를 취득했다. 1966년 미 해군 병기실험실(U.S. Naval Ordnance Laboratory)에 극초음속 연구팀 팀장으로 합류했다. 1973년 Maryland 주립대학의 항공우주공학과 학과장으로 취임하여, 1980년까지 동 대학 항공우주공학과 교수로 재직했다. 1982년 동 대학은 그를 최우수 연구/강의 교수로 선정했으며, 1986~1987년 안식년 기간 동안 스미소니언 항공우주 박물관의 찰스 린드버그 의장직을 수행했다. 일주일에 하루씩 항공우주 박물관에 출근해 공기역학 분야 특별자 문역을 수행하면서 공기역학의 역사에 대한 연구와 저술활동을 계속했다. 항공우주공학 분야 교수로서의 역할 외에도, 1993년에는 과학 역사/철학 위원회 정교수 회원에 취임했으며, 1996년에는 Maryland 주립대학 역사학과의 제휴 회원으로 활동하기도 했다. 1996년 항공우주공학 교육 분야에서 Glenn L. Martin 최우수 교수상을 수상했고, 1999년 Maryland 주립대학 은퇴 후 명예교수가 되었다. 현재 스미소니언 항공우주 박물관의 공기역학 분야 큐레이터로 활동하고 있다.

Anderson 박사는 다음 11권의 서적을 집필했다. 1976년 Academic Press사 출판 〈*기체 역학 레이저 개론*(Gasdynamic Lasers: An Introduction)〉, 1978년 McGraw-Hill사에서 초판 발간 후 1984, 1989, 2000, 2005, 2008, 2012, 2016년 신판을 계속 발간한 바 있는 〈*비행원리 개론*(Introduction to Flight)〉, 〈*현대 압축성 유동*(Modern Compressible Flow)〉(1982, 1990, 2003년 발간), 〈공기역학의 기초(Fundamentals of Aerodynamics)〉(1984, 1991, 2001, 2007, 2011년 발간), 1989년 발간 〈*극초음속 고온 유동 기체역학*(Hypersonic and High Temperature Gas Dynamics)〉, 1995년 발간 〈*전산유체역학: 기초와 응용*(Computational Fluid Dynamics: The Basics with Applications)〉, 1999년 발간 〈*항공기 성능과 설계*(Aircraft Performance and Design)〉, Cambridge 대학 출판사에서 1997년 양장본으로 그리고 1998년 문고본으로 발간한 〈*공기역학의 역사가 비행기계에 미친 영향*(A History of Aerodynamics and Its Impact on Flying Machines)〉, 미국 항공우주학회에서 2003년 발행한 〈*항공기: 기술발달의 역사*(A Airplane:

A History of Its Technology)〉, 2004년 Johns Hopkins 대학 출판사 발간 〈*비행의 발명* (Inventing Flight)〉, 그리고 2014년 Zenith 출판사와 Smithsonian Institution에서 공동 발간하였고, Richard Passman과 공동 집필한 〈X-15, 세계에서 가장 빠른 로켓 비행기와 우주 시대를 선도한 조종사들(X-15, The World's Fastest Rocket Plane and the Pilots Who Ushered in the Space Age)〉 등이다. 아울러 그는 복사 기체역학, 재진입 고온 공기역학, 기체역학 및 화학 레이저, 전산유체역학, 응용 공기역학, 극초음속 유동 및 항공학 역사 분야에 걸쳐 120편이 넘는 연구논문을 발표했다. Anderson 박사는 미국공학한림원(National Academy of Engineering)의 회원이며, 〈*Who's Who in America*〉에 소개된 인물 중 한 사람이기도 하다. 그는 미국 항공우주학회(AIAA) 명예 특별회원이며, 영국 런던 소재 영국 항공학회(Royal Aeronautical Society)의 특별회원이다. 미국 공학교육학회(The American Society for Engineering Education), 과학사학회(The History of Science Society), 기술사 학회(The Society for the History of Technology)의 타우 베타 파이(Tau Beta Phi), 시그마 타우(Sigma Tau), 파이 카파 파이(Phi Kappa Phi), 파이 에타 시그마(Phi Eta Sigma) 회원이기도 하다. 1988년 미국 항공우주학회 교육 부분 부회장에 선출되었으며, 1989년에는 항공우주공학 교육 분야에 기여한 공로로 미국 공학교육학회와 항공우주학회 공동으로 수여하는 John Leland Atwood 상을 수상했다. 1995년에는 '명료한 설명과 역사적 배경 소개로 전 세계 항공우주공학 학부와 대학원 교재로 널리 사용되는 그의 저술을 치하하는' 의미에서 미국 항공우주학회는 그에게 AIAA 항공우주 저술 본상(Plenary Aerospace Literature Award)을 수여했다. 1996년에는 AIAA 출판부문 부회장에 선출되었다. 그는 최근 우주학 분야에서 AIAA로부터 2000 von Karman 강좌기금을 받았다.

Anderson 박사는 1987년부터 현재까지 항공학 및 우주학 분야 McGraw-Hill 시리즈 출판 관련 선임 편집자문을 역임하고 있다.

Christopher P. Cadou는 1989년 Cornell 대학에서 기계공학 학사(BS)와 역사학 학사(BA) 학위를 받았으며, 이후 University of California Los Angeles (UCLA)에서 대학원 과정을 밟으며 레이저 유도 형광 이미지 기법을 사용하여 유체역학과 음향 가진에 의한 화염을 연구했다. Cadou 박사는 1996년에 박사학위를 받고 California 공과대학교에서 박사후 연구원으로 활동하며 시간분해 Schlieren 가시화 기법을 이용하여 스크램제트 엔진의 입구 비시동에 관련된 경계층 불안정성에 관한 연구하고, UCLA에서 공기흡입식 추진기관에 관한 강의를 했다. 이 시기는 그가 연구와 교육을 모두 좋아한다는 것을 깨달은 중요한 시기였다. 2년 후, 그는 Massachusetts 공과대학교(MIT)에서 박사후 연구원직을 맡아 컴퓨터 칩 제조기술을 이용해 제작되는 작은 가스터빈 엔진의 연소기와 터빈을 개발하는 일을 도왔다. 그러나, 그는 여전히 교육에 대한 관심을 가지고 있었고, 2000년에 MIT를 떠나 Maryland 주립대학교 항공우주공학과에 조교수로 합류했다. 그는 1,000명 이상의 학생들에게 대학원 및 학부 수준에서 압축성 유동을 가르쳐왔고, 마이크로 규모 에너지 변환 시스템에 관한 책 한 권을 저술했으며, 마이크로 규모 연소, 초음속 필름 냉각, 레이저 검사, 스마트 소재 기반의 구동기, 하이브리드 터빈/연료전지 에너지 변환 시스템 분야에서 100편 이상의 학술 논문을 게재하였다. 그는 미국기계공학회(American Society of Mechanical Engineers)의 특별회원이자 미국항공우주학회(American Institute of Aeronautics and Astronautics)의 준특별회원이다.

제7판 머리말

Preface to The Seventh Edition

이 책은 이전 판과 같은 전통을 따른다: 학생들을 위해 읽고, 이해하고 또 즐길 수 있도록 엮었다. 의도적으로 명쾌하고 격식을 차리지 않으며 직접 대화하는 형식으로 기술함으로써 도전적이지만 우아한 주제인 공기역학이라는 학문 분야에 독자들이 즉각적으로 관심을 가질 수 있도록 하기 위함이다. 각 주제에 대한 설명은 독자들이 쉽게 이해할 수 있도록 세심하게 구성했다. 게다가 새롭고 중요한 아이디어와 개념의 흐름 속에서 현재 어디에 위치해 있으며, 어디에서 출발하여 어디로 가는지 독자들이 깨달을 수 있도록 각 장의 내용을 구성했다.

이번 판은 각 장 서두의 미리보기 상자, 새로운 아이디어와 개념의 흐름을 소개하는 이정표, 그리고 중요한 개념을 확립하는 데 도움이 되는 각 장 말미의 integrated work challenges(통합 문제 도전)와 같이 이전 판에서 도입된 동일한 교육 및 학습 기능을 제공한다. 또한, 현대 공기역학 연구의 중요한 부분으로서 전산유체역학 소개, 새로운 비행체 설계에 적용되는 극초음속 공기역학 내용만을 다룬 장, 그리고 여러 장의 말미에 역사적인 내용에 대한 메모를 삽입했다(이 책의 첫 번째 판에서부터 지금까지 이어져 온 특별한 전통). 처음 여섯 판까지를 접했던 독자나 사용자들로부터 매우 호의적인 평가가 있었기에, 앞서 발간된 교재에 실린 내용을 현재 판에도 거의 그대로 수용했다.

이번 판의 주요한 새로운 특징은 Maryland 주립대학교의 Keystone 공학 교수인 Christopher Cadou 박사가 귀중한 공저자로서 합류했다는 점이다. Cadou 박사는 새로운 예제와 많은 새로운 장 말미의 연습문제를 제공하여, 이번 7판의 새로운 내용을 구성하여 새로운 판의 학습 효과를 크게 향상시켰다.

이 책은 고전적인 순서를 따라 구성되었다. 비점성 비압축성 유동을 처음으로 다루고, 비점성 압축성 유동, 그리고 점성 유동 순으로 진행된다. 이러한 주제들은 제1부와 2부를 첫 학기에, 그리고 제3부와 4부를 두 번째 학기에 다룰 수 있도록 구성했다. 아울러 이러한 주제를 학부생 시절에 배우지 않았던 신입 대학원생들을 대상으로 공기역학 기본 개념 소개를 위한 대학원 첫 학기 과목으로 약간 빠른 진도 책으로 사용해왔다. 이 책의 내용은 이러한 의도에 매우 적합하다.

이 책의 출판을 위해 수고해 준 McGraw-Hill 출판사 편집 및 제작 부서 관계자 여러분, 수년에 걸쳐 이 책의 발전을 위해 많은 토론을 해준 수많은 학생들에게 감사의 말씀을 전한다. 이 책의 준비기간 동안 인내심을 가지고 이해해 준 두 저자의 가족들에게 특별한 감사의 말을 전한다.

마지막으로 언급하자면, 공기역학이란 수 세기 동안 여러 위대한 선각자들에 의해 다듬어지고 구성된 지적인 아름다운을 다루는 주제이다. 〈공기역학의 기초〉는 이러한 아름다움을 표현하고 전달하려는 노력의 일환이다. 여러분은 이러한 사고에 흥미를 가지며 또 도전할 준비가 되어 있다고 느끼는가? 그렇다면 이 책을 읽고 즐기길 바란다!

John D. Anderson, Jr.
Christopher P. Cadou

ACKNOWLEDGMENTS

The authors wish to thank the reviewers of the seventh edition text for their suggestions and valued feedback:

H. Pat Artis
Virginia Tech AOE

Mark Nathaniel Callender
Middle Tennessee State University

Jose Camberos
University of Dayton, Ohio

Russell Cummings
United States Air Force Academy

Frederick Ferguson
North Carolina A&T State University

Christopher Griffin
West Virginia University

Dr. Sidaard Gunasekaran
University of Dayton, Ohio

David Guo
Southern New Hampshire University

Adam Huang
University of Arkansas

Gabriel Karpouzian
United States Naval Academy

Randall Kent
Weber State University

John Lee
John Brown University

David Miklosovic
United States Naval Academy

Anupam Sharma
Iowa State University

David B Stringer
Kent State University

HuiWan
University of Colorado, Colorado Springs

AdamWickenheiser
University of Delaware

차례

Contents

제2부 비점성, 비압축성 유동 153

제3장 비점성, 비압축성 유동의 기초 155

제4장 익형 주위의 비압축성 유동 239

제 5 장

유한날개에서의 비압축성 유동 313

제 6 장

3차원 비압축성 유동 367

제 3 부 비점성, 압축성 유동 387

제 7 장

압축성 유동: 준비단계적 관점 389

제 8 장

수직 충격파와 관련된 주제 415

제 9 장

경사 충격파와 팽창파 455

제 10 장

노즐, 디퓨저, 풍동에서의 압축성 유동 509

제 11 장

익형 주위의 아음속 압축성 유동: 선형 이론 545

제 12 장 선형화된 초음속 유동 597

제 13 장 비선형 초음속 유동에 대한 수치기법 입문 611

제 14 장 극초음속 유동의 기초 641

제4부 점성 유동 679

제 15 장 점성 유동의 기본 원리와 방정식에 대한 개론 681

제 16 장

특정 경우: Couette 유동 705

제 17 장

경계층 개론 735

제 18 장

층류 경계층 747

제 19 장

난류 경계층 777

제 20 장

Navier-Stokes 방정식의 해: 예제 787

기본 원리
Fundamental Principles

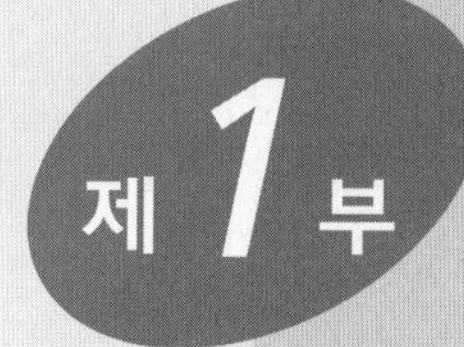

1부에서는 공기역학에 일반적으로 적용되는 기본 원리에 대해 다루고자 한다. 이들 기본 원리는 공기역학 전반의 근간을 이루는 기둥과 같다. ■

공기역학: 주요 입문적 사고

Aerodynamics: Some Introductory Thoughts

'공기역학'이라는 용어는 일반적으로 비행, 그리고 공기의 유동에 의해 발생하는 여러 주제와 연관된 문제를 지칭하는 데 사용된다.

Ludwig Prandtl, 1949

공기역학: 기체역학, 특히 운동하는 물체와 대기 사이의 상호작용

The American Heritage Dictionary of the English Language, 1969

미리보기_*Preview Box*

왜 공기역학을 공부해야 하는가? 그 답을 구하기 위해 지난 70년간 항공기의 발전과정을 보여주는 다음 다섯 장의 사진을 한번 살펴보기 바란다. Douglas DC-3(그림 1.1)은 전 시대를 통틀어 가장 유명한 항공기 중 하나로, 1930년대에 설계된 저속 아음속 여객기이다. 저속 공기역학 지식이 없었다면 이 항공기는 존재하지 않았을 것이다. Boeing 707(그림 1.2)은 1950년대 후반부터 수백만 명의 승객에게 고속 아음속 비행 시대를 열어 주었다. 고속 아음속 공기역학에 대한 지식이 없었다면 우리들 대부분은 아직도 육상 운송수단에 기댈 수밖에 없었을 것이다. Bell X-1(그림 1.3)

그림 1.1 Douglas DC-3 (*NASA*)

그림 1.2 Boeing 707 (*CSU Archives/Everett Colection/ Alamy Stock Photo*)

그림 1.3 Bell X-1 (*Library of Congress, Prints & Photographs Division [LC-USZ6-1658]*)

그림 1.4 Lockheed F-104 (*Library of Congress, Prints & Photographs Division [LC-USZ62-94416]*)

은 음속을 돌파한 최초의 유인 항공기로, 1947년 10월 14일 Chuck Yeager 대령의 조종으로 이러한 업적이 달성되었다. 천음속 공기역학(음속에 근접하는, 그리고 음속을 약간 상회하는)에 대한 지식이 없었다면 X-1이나 다른 어떤 항공기도 음속 장벽(sound barrier)을 돌파하지 못했을 것이다. Lockheed F-104(그림 1.4)는 음속의 2배에 달하는 비행 속도에 맞추어 설계된 최초의 초음속 항공기로, 1950년대에 완성되었다. Lockheed-Martin F-22(그림 1.5)는 초음속 비행을 지속할 수 있도록 설계된 최신 전투기이다. 초음속 공기

그림 1.5 Lockheed-Martin F-22 (*U.S. Air Force Photo/ Staff Sgt. Vernon Young Jr.*)

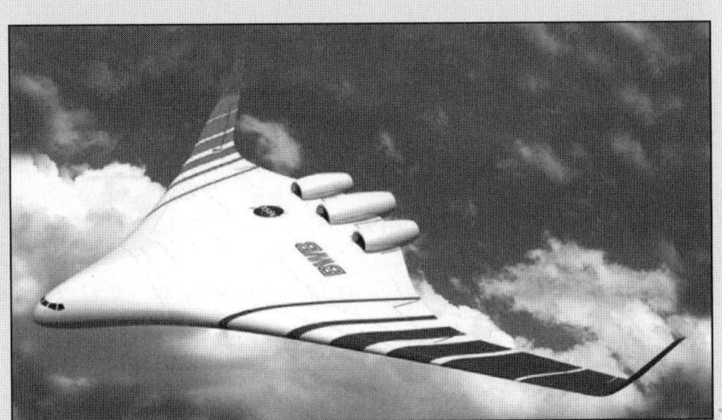

그림 1.6 날개–동체 혼합형 비행체(*NASA*)

역학에 대한 지식이 없었다면 이러한 초음속 항공기는 존재하지 않았을 것이다. 마지막으로 고속 초음속 비행을 위한 혁신적 신개념 비행체의 일례로 그림 1.6의 날개–동체 혼합형(blended wing body) 비행체가 있다. 이 책을 집필하던 시기에 이미 날개–동체 혼합형 비행체는 400~800명 사이의 승객을 싣고 통상적인 제트 여객기보다 좌석–마일당 연료 소모를 30% 정도 절감하면서 장거리 비행이 가능함을 보여주었다. 이것이야말로 장거리 수송 여객기의 '르네상스'라 할 수 있다. 11.10절에서 이렇게 눈에 띄는 설계 형상을 가진 흥미로운 신개념에 대해 논의하고자 한다. 그림 1.1~1.6의 항공기들이야말로 공기역학을 탐구해야 하는 훌륭한 여섯 가지 이유가 된다. 이 책의 주 목적은 이러한 일을 하는 데 도움을 주는 것이다. 여기 서론과 이후의 후속 장들을 학습하면서, 여러분은 점진적으로 저속 공기역학, 고아음속 공기역학, 천음속 공기역학, 초음속 공기역학, 그리고 그 이상에 대해 탐구하게 될 것이다.

항공기는 단지 공기역학 응용의 한 분야일 뿐이다. 자동차 주변의 공기 유동, 자동차에 동력을 공급하는 내연기관 엔진에서의 기체 유동, 기상과 폭풍 예보, 풍력 터빈을 통과하는 유동, 가스터빈 제트엔진과 로켓 엔진으로부터의 추력 발생, 빌딩 내 난방기와 공기 조화 시스템에서의 공기 유동 등

은 공기역학 응용 분야의 몇몇 또 다른 예가 될 수 있다. 책에 담긴 내용은 강력한 실용성을 발휘하면서 아울러 매우 중요한 것이다. 즐거운 마음으로 학습하면서 공기역학에 대해 탐구하기 바란다.

새로운 것을 배우기 위해서는 우선 출발점에서부터 시작해야 한다. 이 장은 공기역학 탐구를 위한 출발점으로, 후속 장들로 이어지는 토론에 필수적인 여러 가지 기본 개념과 정의 등을 서로 엮어서 소개할 것이다. 예를 들면, 어떻게 자연은 항공기(또는 유체 유동 속에서의 여타한 물체)의 비행을 가능하게 하며, 이러한 물체에 공기역학적 힘을 발생시키는가? 바로 여기서 우리는 그 해답을 찾을 수 있다. 결과로 발생하는 공기역학적 힘은 종종 양력과 항력으로 정의되는 2개의 성분으로 분리된다. 그러나 공기역학자들은 양력과 항력 자체보다는 양력 계수와 항력 *계수*를 취급한다고 할 수 있다. 양력 및 항력 계수의 마법은 무엇인가? 곧 다루게 될 것이다. 레이놀즈수란 무엇인가? 마하수, 비점성 유동, 점성 유동은 무엇인가? 이와 같이 다소 신비롭게 들리는 용어들이 이 장에서 그 정체를 드러낼 것이다. 우리 모두가 알고 있듯이 무언가 유용한 일을 하기 위해서는 이들 용어들과 아울러 공기역학 언어를 구성하고 있는 다른 것들, 즉 공기역학의 언어를 알아야 한다. 이 장을 조명하기 위해 언어강습부터 시작하는 것은, 이후의 장에 소개되는 흥미로운 공기역학 응용문제로 들어가기에 앞서 관련 용어 숙달이 반드시 필요하기 때문이다. 새로운 언어를 배우는 것에는 즐거움과 만족감이 따르기 마련이다. 이러한 마음으로 이 장을 접하면서 앞으로 나아가 보기로 하자.

1.1 공기역학의 중요성: 역사적 예 *Importance of Aerodynamics: Historical Examples*

1588년 8월 8일, 수백 척의 전함이 일으키는 소용돌이가 영국해협을 휘젓고 있었다. 엘리자베스 여왕 통치 하의 영국을 침략하기 위해 도착한 스페인 무적함대는 Francis Drake 경이 지휘하는 영국함대와 대적하였다. 스페인의 전함은 무겁고 대형이었는데, 전함에는 수많은 병사들과 더불어 당시의 어떤 전함도 완파시킬 수 있는 50파운드 포탄 발사 능력을 가진 엄청난 함포가 적재되어 있었다. 반면 영국의 전함은 소형이며 가벼웠다. 병사들은 전함에 탑승하지 않았으며, 가볍고 사거리가 짧은 함포로 무장하고 있었다. 유럽에서의 힘의 균형이 이 한 판의 해전으로 결판나는 순간이었다. 필립 2세가 지배하는 가톨릭 체제하의 스페인은 유럽에 대하여 정치적 · 종교적 영향력을 확대해 나가려는 프로테스탄트 체제의 영국을 진압하려 하였고, 엘리자베스 1세 여왕은 주권국가로서의 영국을 수호하고자 하였다. 실제로 1588년 결정적 그날, 영국이 여섯 척의 함포선을 스페인 함대 진영으로 출범시켜 적 함대에 혼란을 불러일으킴으로써 유럽의 향후 역사는 균형을 이루게 된다. 결과적으로 무겁고 둔한 스페인 함선들은 빠르고 기동성 있는 영국의 소형 함선에 상대가 되질 않았으며, 그날 저녁 스페인 무적함대는 혼란에 빠져 더 이상 영국을 위협하지 못했다. 이 해전은 특별히 중요한 의미를 지니는데, 역사상 최초로 양측 모두 돛에 의해 동력을 발생시키는(이전에는 돛과 노를 혼합한 형태였음) 함선들로 치른 전투였으며, 이로 인해 전 세계는 해군력이 바로 정치적 영향력과 동일하다는 사실을 깨달았기 때문이다. 이후 해군력은 전함의 속도와 기동성에 크게 의존하게 되었다. 함선의 속도를 증가시키기 위해서는 함선 선체 주변 물의 흐름에 의해 발생하는 저항력을 감소시키는 것이 매우 중요하다. 갑자기 함선 선체 저항이 대단한 관심을 불러일으키는 공학적 문제로 등장했으며, 이로 인해 유체역학 연구가 탄력을 받게 되었다.

이러한 탄력은 거의 한 세기가 지난 1687년 Isaac Newton(1642~1727)이 그의 유명한 저서 *Principia*를 출간함으로써 진일보하게 되는데, 이 저서의 2권이 유체역학에 대한 내용이다. Newton 역시 그 이전의 다른 학자들이 직면했던 난관에 봉착하는데, 즉 유체 유동의 해석이 고체 물체에 대한 역학보다 개념적으로 취급하기가 훨씬 어렵다는 것이다. 고체 물체의 경우 보통 기하학적으로 모양이 명확히 정의되고, 따라서 물체의 운동 역시 상대적으로 기술하기 쉽다. 반면 유체는 '흐물흐물한(squishy)' 물체이므로, Newton 시대에는 이러한 유체 운동을 어떠한 방법으로(정량적 관계를 구하는 것은 말할 것도 없고) 정성적 모델링을 할 수 있는지 방법을 찾기가 쉽지 않았다. Newton은 마치 산탄총의 총알군이 움직이는 것과 같이 유체 유동을 균일한 입자들의 직선 형태 흐름이라 생각하였다. 그림 1.7에 나타냈듯이 Newton은 흐름 방향에 대해 각도 θ만큼 기울어져 있는 표면에 유체 입자가 부딪히면서 수직 방향의 운동량을 물체 표면에 전달하되 물체 표면에 접하는 방향의 운동량은 보존된다고 가정하였다. 따라서 표면과 충돌 후 유체 입자는

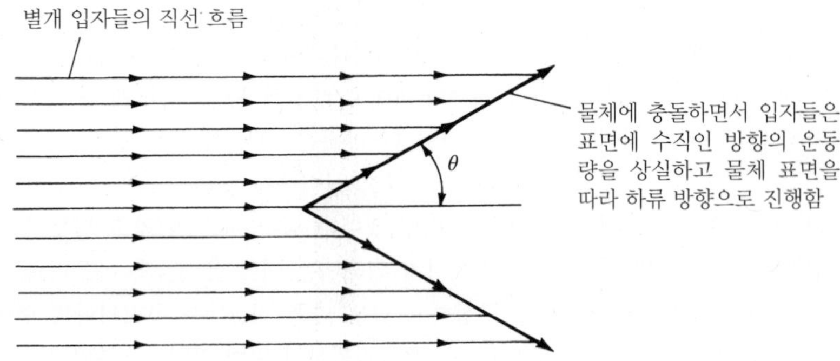

그림 1.7 1687년 Isaac Newton의 유체 유동 모델. 17세기와 18세기까지도 이러한 모델이 널리 수용되었으나, 이후 대부분의 유체 유동에 대해 이러한 모델에 개념적 오류가 존재함이 밝혀졌다.

물체 표면을 따라 이동하게 된다. 이로부터 표면에 작용하는 유체역학적 힘이 $\sin^2 \theta$에 비례한다는 수식을 유도하였다. 이것이 유명한 Newton의 사인제곱 법칙(sine-squared law)이다(14장에서 상세히 기술). 수식의 정확도는 비록 Newton의 희망사항이었지만, 그 간단명료성으로 인해 선박 설계에 널리 응용되었다. 1777년 후반 프랑스 정부의 지원하에 Jean LeRond d'Alembert(1717~1783)는 운하를 통과하는 선박에 걸리는 저항을 측정하기 위해 일련의 실험을 수행하였다. "경사진 면에 작용하는 저항이 흐름과 선체 기준선이 이루는 각도의 사인값의 제곱에 비례한다는 법칙은 각도가 50~90도 사이일 때 성립하고, 그보다 작은 각도에서는 성립하지 않는다"가 결론이었다. 또한 1781년 Leonhard Euler(1707~1783)는 물체 표면에 사전 예고도 없이 입자들이 직선적 흐름으로 접근하여 충돌한다는 Newton의 모델(그림 1.7)에 대해 물리적 모순을 지적하였다. 이러한 모델에 반하여 Euler는 물체를 향한 유체 운동은 "물체에 도달하기 *전에* 방향과 속도가 휘어지며, 따라서 물체에 도달했을 때 물체 표면을 따라 빠르게 흐르면서 물체와 만나는 지점에서 압력 외에 그 어떤 다른 힘도 유발시키지 않는다"는 점을 지적했다. Euler는 저항을 계산할 수 있는 공식을 소개하였는데, 이는 물체 표면을 따라 압력 분포와 함께 전단응력 분포를 고려하기 위한 시도였다. 결과식은 큰 받음각에서는 $\sin^2 \theta$에 비례하는 반면, 작은 받음각에서는 $\sin \theta$에 비례한다는 것이었다. 아울러 이러한 결과식이 d'Alembert의 선체 실험 결과와도 일치한다는 것을 Euler는 지적했다.

이러한 유체역학에서의 초기 연구는 이제 현대적인 개념과 기술에 그 자리를 양보하게 된다(그러나 놀라운 것은 Newton의 사인제곱 법칙이 14장에서 설명할 고속 공기역학 응용 분야에서 재발견되었다는 사실이다). 여기서 주목할 점은 16세기 이후 선박 설계의 중요성이 유체역학을 매우 중요한 과학의 한 분야로 발전시켰다는 것이며, 여기에 Newton, d'Alembert, Euler 등 수많은 학자들이 기여했다는 사실이다. 이 책에 소개된 유체역학의 여러 현대적인 개념이 현재까지도 선체 저항 감소에 기여하고 있다.

두 번째 역사적 예를 들어보기로 하자. 장면은 노스캐롤라이나주 Kitty Hawk 남쪽 4마일 지점인 Kill Devil Hills로 옮겨간다. 1901년 여름 Wilbur와 Orville Wright 형제는 그들의 두 번째 글라이더 설계에 골몰하고 있었다. 첫 번째 글라이더는 바로 한 해 전 참담한 실패로 끝난 바 있다. 글라이더의 익형과 날개 형상 설계는 위대한 독일의 항공 선구자 Otto Lilienthal(1848~1896)과 그 당시 미국 과학 분야에서 가장 명망 있는 지위라 할 수 있는 스미소니언 박물관의 국장 Samuel Pierpont Langley(1834~1906)가 1890년대에 발표한 공기역학 데이터를 근거로 하고 있었다. 1900년에 출시된 첫 번째 글라이더에서 의미있는 양력값을 얻을 수 없었기에, Wright 형제는 날개 면적을 165에서 290 ft^2으로 증가시키고 날개의 캠버[익형 곡률도의 척도—캠버가 크다는 것은 얇은 익형 형상이 더욱 '아치형(arched)'으로 된다는 것을 의미함]를 거의 2배로 증가시켰다. 그러나 아직도 무엇인가 문제가 있었다. Wilbur의 말을 빌리자면 "글라이더의 양력이 계산치의 겨우 삼분의 일에 불과하였다." 좌절의 시작이었다. 그 당시 가장 신뢰할 만한 공기역학 데이터를 근거로 설계했음에도 불구하고 글라이더의 성능은 기대에 턱없이 미치지 못했다. 8월 20일 Wright 형제는 절망 상태에서 오하이오주의 Dayton으로 향하는 기차에 몸을 싣고 있었다. 돌아가는 열차 안에서 Wilbur는 혼잣말로 다음과 같이 중얼거렸다고 한다. "앞으로 수천 년이 지나도 누구도 결코 하늘을 날아다닐 수 없을 거야." 그러나 Wright 형제의 인내심을 증명할 수 있는 일례로, Dayton에 돌아온 지 수 주 안에 이전에 시도했던 모든 것을 백지화하고 새로운 출발을 하게 된다. 나중에 Wilbur는 다음과 같이 회고하였다. "현존하는 과학적 데이터에 대한 절대적

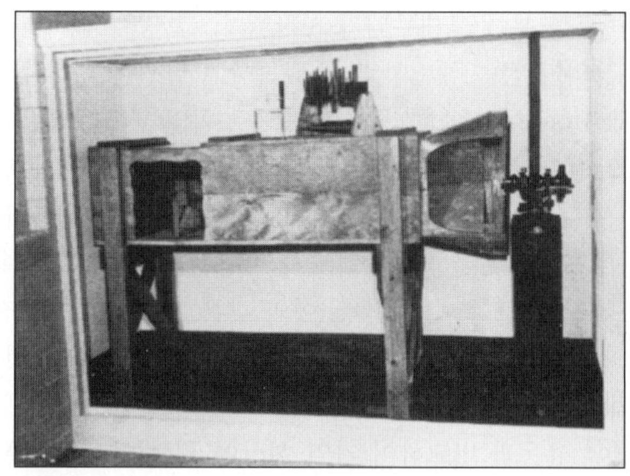

(*a*)

(*b*)

그림 1.8 (*a*) 1901~1902년에 걸쳐 오하이오 Dayton에서 Wright 형제에 의해 설계, 건조 및 사용된 풍동 모형
(*b*) 1901~1902년에 걸쳐 Wright 형제가 그들이 제작한 풍동에서 시험한 날개 모형들[(*a*) *NASA* ; (*b*) *Courtesy of John Anderson.*]

믿음을 버리고 하나하나 의심의 시선으로 살펴본 후, 2년간에 걸친 실험 끝에 결국 모든 것을 완전히 떨쳐버리고 오직 우리가 조사한 결론에만 의존하기로 결정했다." 1901년 글라이더의 열악한 공력 설계 이후 Wright 형제는 무엇이 훌륭한 공력 설계를 구성하는 요소인지 탐구하는 일에 매진하였다. 1901년 가을, Wright 형제는 가솔린 엔진에 연결된 2개의 블레이드를 갖는 팬이 구동시키는 길이 6피트 16인치 사각형 시험부 풍동을 손수 설계하여 제작했다. 그림 1.8*a*에 Wright 형제가 건조한 풍동의 모형 사진을 수록했다. 직접 제작한 풍동을 사용하여 평판, 곡면판, 둥근 형태의 앞전, 사각형과 곡선 형태의 날개 평면 형상(planform), 그리고 단엽기(monoplane) 및 다엽기(multiplane) 형상 등 200개가 넘는 서로 다른 날개 및 익형 형상에 대해 실험을 수행했다. 그림 1.8*b*는 실험 모델 샘플들을 보여주고 있다. 공기역학 데이터를 주의 깊게 그리고 논리적으로 검사했다. 실험을 통해 얻은 새로운 공기역학 정보를 사용하여 Wright 형제는 1902년 봄 새로운 글라이더를 설계하였다. 보다 효율적인 익형을 채택하고 캠버값을 상당히 줄였으며, 익형의 최고점 위치를 날개 앞쪽에 가깝게 이동시켰다. 그러나 가장 눈에 띄는 변화는 날개폭(wingspan)과 익형 앞쪽과 뒤편 사이의 거리(chord length) 비를 3에서 6으로 증가시킨 점이다. 1902년 여름과 가을에 걸쳐 Orville과 Wilbur는 누적 횟수로 수천번의 비행을 시도하였으며, 새 글라이더의 성공은 놀라운 것이었다. 지난해와는 대조적으로 Wright 형제는 의기양양하게 Dayton으로 돌아왔으며, 이후 동력비행 목표를 달성하기 위해 헌신하였다. 나머지는 바로 역사적 결과로 기록된 바와 같다.

여기서 핵심은 Wright 형제의 궁극적인 성공과 이후 오늘날에 이르기까지 모든 후속의 성공적인 항공기 설계에서 신뢰성 있는 공기역학이 결정적 역할을 했다는 사실이다. 성공적인 유인 비행에서 공기역학의 중요성은 더 말할 나위가 없다. 따라서 이 책의 주안점은 이처럼 비행을 지배하는 공기역학의 기본을 소개하는 것이다.

이번에는 공기역학의 중요성을 나타내는 세 번째 역사적인 예로 로켓과 우주비행에 관련되는 사례에 대해 생각해 보자. 제2차 세계대전 말부터 고속 초음속 비행이 공기역학의 중요한 분야로 대두되기 시작했다. 그 당시 공기역학자들은 초음속 비행체의 항력을 줄이기 위해 날씬하고 뾰족한 형상의 장점을 채택하였다. 뾰족하고 날씬한 형상일수록 선두부(nose)의 충격파 강도가 약해지고, 따라서 조파 저항(wave drag)이 감소한다. 결과적으로 독일 V-2 로켓은 제2차 세계대전 말기에 뾰족한 형상의 선두부를 채택하였으며, 이후 10년 동안 모든 단거리 로켓 역시 같은 추세에 편승했다. 1953년 미국은 최초의 수소폭탄을 시험했다. 이후 이러한 폭탄을 운송하기 위한 장거리 대륙간 탄도탄(ICBMs) 개발에 박차를 가했다. 이러한 비행체는 지구 대기권 밖 5000마일 또는 그 이상의 거리까지 비행한 후 궤도 진입 속도에는 미치지 않는 20,000~22,000 ft/s 정도의 속도로 대기권에 재진입하도록 설계한다. 이와 같은 고속에서는 재진입 비행체의 공력 가열이 심각해지며, 따라서 고속 공기역학자들의 관심사는 바로 이러한 공력 가열 현상이었다. 첫 번째 안은 일반적인 것으로 뾰족하고 날렵한 형상의 재진입 비행체였다. 공력 가열을 최소화하기 위한 노력은 비행체 표면의 층류 경계층을 유지하는 데 집중되었다. 층류 경계층은 난류 유동과 비교하여 가열 현상이 훨씬 약하기 때문이다(15장과 19장에서 설명). 그러나 자연현상은 난류 유동을 훨씬 선호하며 재진입 비행체에도 예외일 수 없다. 따라서 첨탑 형상의 재진입체 비행은 지구 표면에 도달하기 전 대기권 안에서 불타버려 실패로 끝났다.

하지만 1951년 공학 분야에서 흔치 않은 비약적 발전이 NACA (National Advisory Committee for Aeronautics) Ames 항공 연구실의 H. Julian Allen에 의해 이루어졌다. 그가 *뭉툭한*(blunt) 형상의 재진입 비행체 개념을 도입한 것이다. 그의 생각은 다음과 같은 개념을 따른 것이다. 대기권 가장자리 근처에서의 재진입 초기에 비행체는 높은 속도로 인하여 상당량의 운동 에너지와 높은 고도에 따른 상당량의 위치 에너지를 보유하고 있다. 그러나 비행체가 지구 표면에 도달하는 시기에 고도는 0이 되며 속도도 상대적으로 줄어든다. 따라서 실질적으로 운동 에너지와 위치 에너지는 거의 제로 상태가 된다. 이 엄청난 에너지는 모두 어디로 사라지는 것인가? 그 답은 (1) 비행체를 가열함, (2) 비행체 주변의 공기 유동을 가열함이다. 그림 1.9에 이를 나타내었다. 여기서 비행체 선두부에서 발생한 충격파가 비행체 주변의 공기 유동을 가열하며, 동시에 비행체 표면 경계층 내에서 발생하는 강렬한 마찰 소산(frictional dissipation)에 의해 비행체가 가열된다. Allen의 생각은 총 재진입 에너지의 상당 부분이 공기 유동의 가열에 소모된다면 비행체에 직접 전달되는 가열 에너지는 그만큼 줄어들 수 있다는 것이다. 다시 말해 공기 유동의 가열을 증가시키는 방법으로 선두부에 강력한 충격파를 발생시키는 것이다[즉, 뭉툭한 선두부 형상의 물체(blunt-nosed body)를 사용]. 그림 1.10에 날렵한 그리고 뭉툭한 재진입체를 대조하여 표시하였다. 이는 공력 가열 현상을 최소화하기 위해 날렵한 형상보다는 뭉툭한 형상을 채택해야 한다는 것으로서 놀라운 결론이 아닐 수 없다. 너무도 중요한 결과이기에 이는 정부 비밀문서로 봉함되었다. 더구나 이는 동시대의 통념으로 볼 때 상당히 생소한 결론이었기에 뭉툭한 형상의 재진입 비행체 개념은 매우 점진적으로 기술자 집단에 수용되었다. 수년 후 추가적인 공기역학 해석과 실험에 의해 뭉툭한 형상의 재진입체 개념 타당성이 입증되었다. 1955년에 접어들어 Allen의 업적이 공개적으로 인정되었으며, 그는 Institute of Aeronautical Sciences(현재는 American Institute of Aeronautics and Astronautics)가 수여하는 Sylvanus Albert Reed 상을 받았다. 마침내 1958년 그의 연구가 선구적인 기술 문서 NACA Report 1381의 형태로 일반에 공개되었

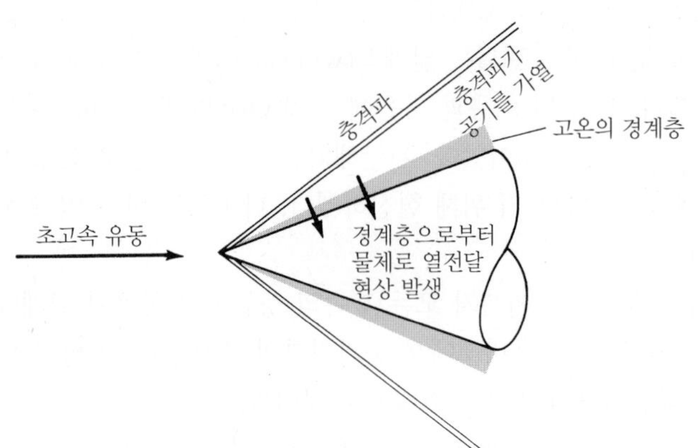

그림 1.9 ▶ 재진입 에너지가 비행체와 비행체 주변의 공기를 가열하는 데 소진됨

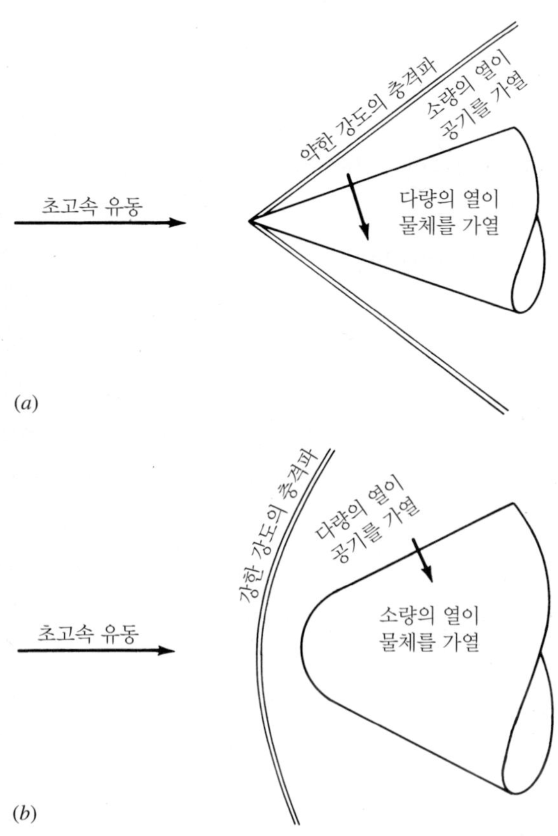

그림 1.10 날렵한 그리고 뭉툭한 재진입 비행체에 대한 공력 가열 현상의 대조. (*a*) 날렵한 재진입 비행체. (*b*) 뭉툭한 재진입 비행체

다. 연구보고서의 제목은 <높은 초음속 속도로 지구 대기권에 진입하는 탄도 미사일의 공력 가열과 운동에 관한 연구(A Study of the Motion and Aerodynamic Heating of Ballistic Missiles Entering the Earth's Atmosphere at High Supersonic Speeds)>였다. Harvey Allen의 초기 연구 이후 최초의 Atlas ICBM에서부터 유인 Apollo 달 착륙 캡슐에 이르기까지 모든 성공적인 재진입 비행체는 뭉툭한 형상을 보유하고 있다. 덧붙여 말하자면 다른 여러 분야에서도 Allen은 뛰어난 업적을 쌓았고, 1965년 NASA Ames Research Center의 책임자로 부임한 후 1970년에 은퇴했다. 그의 뭉툭한 형상의 재진입체 연구는 우주 비행체 설계에서 공기역학의 중요성을 나타내는 또 하나의 훌륭한 사례인 것이다.

요약하자면 이 절의 목적은 역사적 사실을 통해 공기역학의 중요성을 강조하는 것이다. 이 책의 목표는 공기역학의 기초를 소개하고, 위에서 언급한 몇몇 사례에 추가하여 여러 기술적 응용 분야에서 독자들이 보다 깊은 직관력을 가질 수 있도록 돕는 것이다. 또한 공기역학이란 여러 위대한 선각자들이 오랜 시간에 걸쳐 일구어낸 지적인 우아함을 지닌 주제이다. 여러분이 이러한 분야에 흥미를 가지고 도전하고자 하거나 또는 최소한의 호기심을 가지고 있다면 계속 탐독하기 바란다.

1.2 공기역학: 그 분류와 실용적 목표 *Aerodynamics: Classification and Practical Objectives*

고체, 액체, 기체의 차이를 간단하게 설명하면 다음과 같다. 고체로 된 물체를 크고 밀폐된 용기에 집어넣으면 고체 물체는 아무런 변화 없이 그 모양과 경계면을 유지할 것이다. 이제 용기 안에 액체를 부어 넣는다. 액체는 최대한의 깊이에 해당하는 부분까지 용기의 형상에 맞추어 그 모양을 바꿀 것이다. 이제 용기 안에 기체를 주입해 보자. 기체는 용기와 같은 경계면을 형성하면서 용기 안을 가득 채울 것이다.

유체(fluid)라는 단어는 액체(liquid) 또는 기체(gas)를 의미한다. 고체와 유체 사이의 보다 기술적인 차이점은 다음과 같이 규정할 수 있다. 고체의 표면에 접하는 방향으로 힘이 가해지면, 고체에 *유한한* 크기의 변형이 유발된다. 그리고 단위 면적당 접하는 방향의 힘의 크기, 즉 전단응력은 일반적으로 변형에 비례할 것이다. 반면 접선 방향의 전단

응력이 유체 표면에 작용한다면 유체는 *계속해서 변형*을 일으킬 것이며, 일반적으로 전단응력은 변형의 변화율(rate of change of the deformation)에 비례할 것이다.

고체, 액체, 기체의 가장 기본적인 차이점은 원자와 분자 차원에서 존재한다. 고체의 경우 분자들이 서로 가깝게 밀집해 있어 분자의 핵과 전자들이 강건한 기하학적 구조를 형성하고, 강력한 분자력에 의해 서로 밀집하여 '들러붙어 떨어지지 않는(glued)' 상태가 된다. 액체의 경우 분자 간 간격이 더 크다. 분자 간 작용하는 분자력(intermolecular forces)은 여전히 강력하지만 분자들의 운동 정도는 액체로 하여금 '유동성(fluidity)'을 허용할 만한 수준이다. 기체의 경우 분자 간 간격이 훨씬 크다(표준 조건에서의 공기는 분자 간 거리가 평균 분자 직경의 약 10배가 된다). 따라서 분자력에 의한 영향이 훨씬 적으며, 분자들의 운동이 기체가 차지하고 있는 공간 내에서 자유롭게 발생한다. 기체와 액체에서 이러한 분자들의 운동은 서로 유사한 물리적 특성, 즉 유체의 특성을 나타내는데 이는 고체의 특성과 상당히 다르다. 따라서 역학 분야를 분류함에 있어 액체와 기체에 같은 제목을 붙여 *유체역학*(fluid dynamics)이라 칭하는 것은 타당하다. 반면 액체 유동과 기체 유동 사이에는 차이점이 존재하며, 또한 서로 다른 종류의 기체(N_2, He 등등)는 서로 다른 특성을 갖는다. 따라서 유체역학을 다음과 같이 세 가지 영역으로 세분할 수 있다.

수력학(hydrodynamics) — 액체의 유동
기체역학(gas dynamics) — 기체의 유동
공기역학(aerodynamics) — 공기의 유동

이들 영역이 상호 배타적인 것은 아니다. 이들 사이에는 많은 유사성과 동일한 현상이 존재한다. 또한 '공기역학'이라는 용어는 종종 다른 두 영역을 포함하는 의미로 널리 사용되기도 한다. 결론적으로 저자는 *공기역학*이라는 단어를 매우 개방적으로 해석하고자 하며, 이 책에서 이러한 용어의 사용이 반드시 공기에 대한 것으로만 제한되지 *않는다*.

공기역학은 공학 분야의 여러 실질적 응용문제에 적용될 수 있는 과학이다. 공기역학적 이론이 얼마나 정교하든, 또는 수치해가 수학적으로 얼마나 복잡하든, 또는 공기역학 실험이 얼마나 정교하고 세련되든, 이러한 모든 노력은 일반적으로 다음의 실용적 목적 중 하나 또는 그 이상을 달성하기 위함이다.

1. 유체(일반적으로는 공기) 속을 움직이는 물체에 작용하는 힘과 모멘트 그리고 열전달량에 대한 예측. 예를 들어 익형, 날개, 동체, 엔진 나셀(nacelle), 그리고 가장 중요하게는 항공기 형상 전체에 작용하는 양력, 항력, 모멘트에 관심이 있다. 빌딩, 선박, 그리고 다른 육상 운송수단에 접하는 바람에 의한 힘을 예측하고자 한다. 우리는 선박, 잠수함, 어뢰에 작용하는 물에 의한 수력(hydrodynamic force)에 관심이 있다. 초음속 여객기에서부터 목성 대기권에 진입하는 행성 탐사선에 이르는 비행체의 공력 가열 현상을 계산하고자 한다. 이들은 단지 한정된 몇몇 사례에 불과하다.

2. 도관(duct) 내부를 통과하는 내부 유동에 대한 계산. 로켓 내부와 공기흡입 제트 엔진(air-breathing jet engine) 내부의 유동 특성과 엔진 추력을 계산 또는 측정하고자 시도한다. 풍동 시험부 내의 유동 조건을 알고자 한다. 여러 조건하에서 파이프 내에 어느 정도의 유체가 통과할 수 있는지 해석하고자 한다. 최신의 그리고 매우 흥미로운 공기역학 응용 분야로 고에너지 화학 기체역학 레이저(high-energy chemical and gas-dynamic lasers)가 있다. 이는 매우 강력한 레이저 빔을 발생시킬 수 있는 특수한 풍동에 불과하다. 그림 1.11은 1960년대 후반에 설계된 초기 기체역학적 레이저의 사진이다.

항목 1의 응용 분야는 *외부 공기역학*(external aerodynamics)이라 제목을 붙이는데, 물체 외부 유동을 취급한다. 반면 항목 2의 응용 분야는 *내부 공기역학*(internal aerodynamics)이라 하는데, 이는 도관 내의 내부 유동을 취급하기 때문이다. 외부 공기역학에서는 물체에 작용하는 힘, 모멘트, 그리고 공력 가열을 다루는 것 외에 물체와 떨어져 있는 공간에서의 세부 유동장에 대해서도 종종 관심을 갖는다. 예를 들어 스페이스 셔틀이 재진입 궤도에 접어든 후 통신이 두절되는 경우가 있는데, 이는 물체 주변의 뜨거운 충격파층 내에 집중적으로 분포한 자유 전자 때문이다. 이러한 경우 유동장 전체에 대하여 전자 밀도의 변화를 계산할 필요가 있다. 또 다른 예로 초음속 유동에서의 충격파 전파를 들 수 있는데, 초음속 항공기 날개에서 발생한 충격파가 미익 조종면과 충돌하여 간섭을 일으킬지 여부에 대한 의문과 같은

그림 1.11 대략 1969년경의 CO_2-N_2 기체역학적 레이저 (*Courtesy of John Anderson*)

것이다. 또 다른 예로서 Boeing 747과 같은 대형 아음속 항공기의 날개 끝에서 하류 방향으로 발생하는 강력한 와류와 연관된 유동을 들 수 있다. 이러한 와류의 특성은 무엇이며, 이러한 와류 유동 내를 비행하는 소형 항공기에 어떠한 영향을 미칠 수 있는가?

위에서 언급한 내용은 공기역학의 무수한 응용 중 일부 예에 불과하다. 이 책의 목적 중 하나는 독자들에게 이러한 실질적 공기역학 응용에서 발생하는 자연현상을 완전히 이해하는 데 필요한 기술적 배경을 제공하는 것이다.

1.3 1장의 이정표 *Road Map for This Chapter*

새로운 주제에 대해 학습할 때 여러분이 어느 자리에 위치해 있고 어디로 가고자 하며, 또 어떻게 목적지까지 갈 것인지에 대해 미리 아는 것이 매우 중요하다. 따라서 이 책에서는 각 장의 앞머리에 그 장에서 다루는 내용에 대한 안내를 제공함으로써 해당 장의 내용을 한눈에 볼 수 있도록 돕고, 또 공기역학의 일반적 체계 내에서 그 내용이 어디에 속하는지를 이해할 수 있도록 이정표가 제공될 것이다. 예를 들어, 1장의 이정표가 그림 1.12에 주어져 있다. 여러분은 각 장 진도를 나아가면서 종종 이러한 이정표를 다시 참조하게 될 것이다. 각 장을 끝까지 읽은 후 여러분이 어디에서 출발했으며 현재 어디에 위치해 있고, 또 그 사이에서 무엇을 배웠는지 돌아보기 위해 이정표를 다시 살펴보기 바란다.

1.4 기본적인 공기역학적 변수들 *Some Fundamental Aerodynamic Variables*

물리 과학과 공학을 이해하기 위해서는 우선 어떠한 개념이나 현상을 기술하는 용어를 배워야 한다. 공기역학도 예외는 아니다. 이 책과 학습 이력을 통해 여러분은 자신의 과학기술 용어 목록에 새로운 용어를 계속 추가해 나갈 것이다. 공기역학에서 가장 자주 사용되는 4개의 단어, 즉 *압력*, *밀도*, *온도*, *유동 속도*에 대해 정의해 보자.[1)]

유체 속에 잠겨 있는 면을 생각해 보자. 이 면은 물체의 표면이나 도관의 벽면과 같이 실제로 존재하는 고체 표면일 수 있다. 또는 유체의 한가운데 어딘가에 가상적으로 설정한 자유 표면(free surface)일 수도 있다. 아울러 유체를 구성하고 있는 분자들은 계속 움직이고 있다는 것을 명심하라. *압력*은 기체 분자가 면에 충돌(또는 통과)하면서 발생하는 운동량 변화율에 의해 면에 작용하는 단위 면적당 수직력이다. 압력은 '단위 면적당' 힘으로 정의되지만, 압력을

[1)] 이 양에 대한 기본적 개론은 참고문헌 2의 56~61쪽에 주어져 있다.

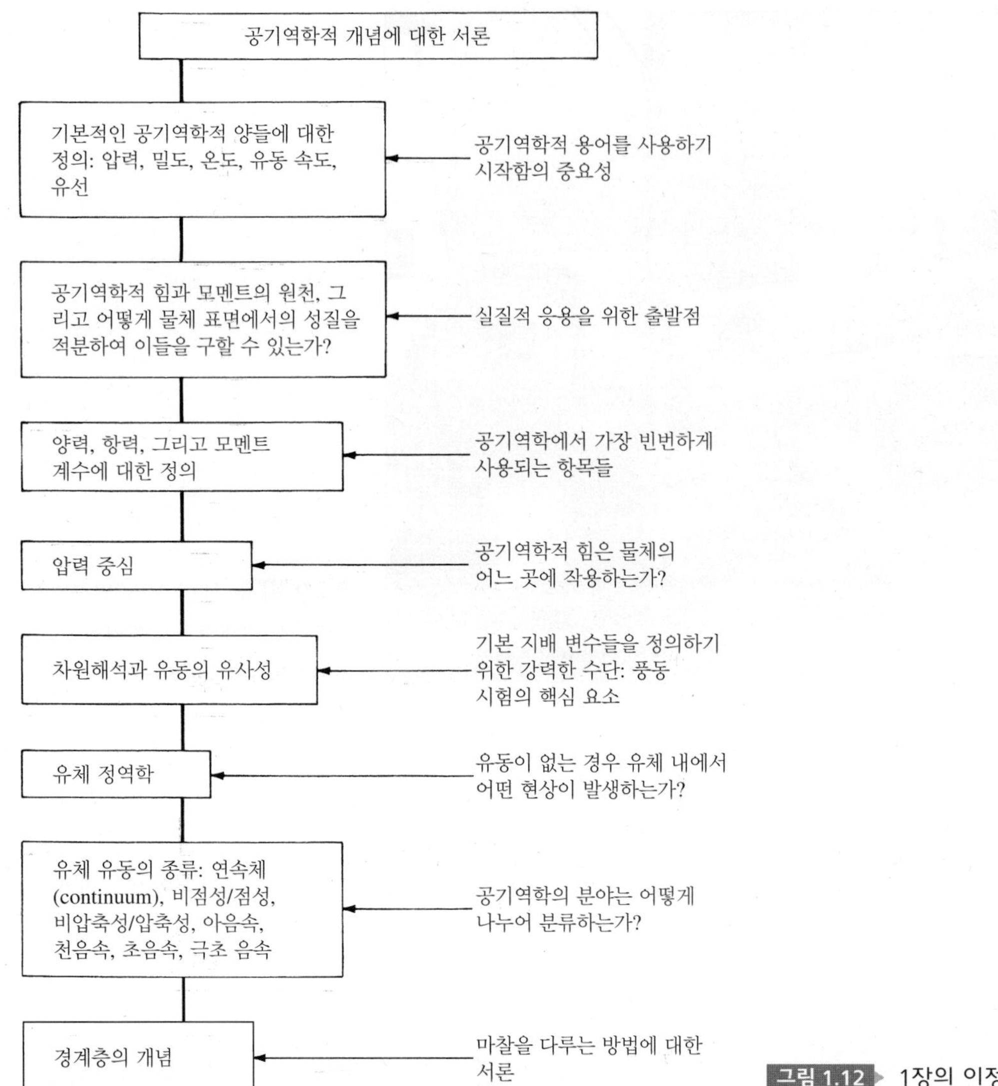

그림 1.12 1장의 이정표

언급하기 위해 정확히 1 ft^2 또는 1 m^{2}과 같은 면을 반드시 필요로 하지 않는다는 것을 명심하기 바란다. 실제로 압력은 보통 유체 내의 또는 고체 표면 상의 어떤 *점*에 대해 정의되며, 위치가 달라지면 압력의 크기도 달라질 수 있다. 이를 보다 분명히 이해하기 위해 유체 덩어리 내의 점 B를 생각해 보자. 여기서,

$$dA = B\text{에서의 요소 면적}$$
$$dF = \text{압력에 의해 } dA \text{ 상 한 면에 작용하는 힘}$$

그렇다면 유체 내 점 B에서의 압력은 다음과 같이 정의된다.

$$p = \lim\left(\frac{dF}{dA}\right) \qquad dA \to 0$$

압력 p는 단위 면적당 힘의 극한적 표현이며, 여기서 위치 B에서 우리가 관심을 갖는 면적은 거의 0으로 축소된다.[2] 압력이 *점에서 정의되어야 하는 성질*(point property)임을 알 수 있으며, 유체 내에서 점의 위치가 달라지면 압력 역시 다른 값을 갖는다는 것을 명확히 알 수 있다.

또 다른 공기역학적 중요 변수로 *밀도*가 있다. 밀도는 단위 체적당 질량으로 정의한다. 압력을 설명할 때와 유사하

[2] 엄밀히 말해서 dA는 극한적 0에 도달할 수는 없다. 왜냐하면 이 경우 점 B에서는 분자가 존재하지 않기 때문이다. 위에서 언급한 극한값 dA는 거시적 사고 관점에서 거의 0에 가까운 아주 작은 값으로, 미시적 관점에서는 분자들 간 평균 간격보다는 충분히 큰 경우를 의미한다.

게, 밀도의 정의에서 1 ft^3이나 1 m^3과 같이 실제 체적이 요구되지는 않는다. 그보다는 유체 내에서 위치와 위치별로 변하는 지점에서 정의되는 *성질*이다. 다시 유체내 점 B를 생각해 보자. 여기서,

$dv = B$ 근처의 요소 체적(elemental volume)

$dm = dv$ 내 유체의 질량

그렇다면 B에서의 밀도는 다음과 같다.

$$\rho = \lim \frac{dm}{dv} \qquad dv \to 0$$

따라서 밀도 ρ는 단위 체적당 질량의 극한값 형태로서, 여기서 점 B 주변의 체적은 거의 0으로 수축된다. (dv는 압력에 대한 정의에서 dA의 각주를 통해 설명한 것과 같은 이유로 실제로 0이 될 수 없다는 사실에 유의하기 바란다.)

온도는 고속 공기역학에서 매우 중요한 역할을 담당한다(7장의 서론). 기체의 온도 T는 유체 분자들의 평균 운동 에너지에 직접적으로 비례한다. 실제로 KE를 평균 분자 운동 에너지라 하면 온도는 $\text{KE} = \frac{3}{2}kT$로 주어지며, 여기서 k를 Boltzmann 상수라 한다. 따라서 정성적으로 볼 때 고온의 기체란 기체 내 분자와 원자가 불규칙적으로 덜그덕거리면서 고속으로 움직이는 경우며, 반면 저온의 기체에서는 분자의 불규칙적인 운동이 상대적으로 완만한 경우다. 온도 역시 점에서 정의되는 성질이며 기체 내 위치가 달라지면 온도값도 변한다.

공기역학에서의 주요 논점은 운동 중인 유체이다. 따라서 유동 속도는 매우 중요한 요소이다. 유체의 속도 개념은 운동 중인 고체 물체의 경우보다 다소 모호한 면이 있다. 30 m/s로 움직이며 병진 운동을 하는 고체 물체를 가상하자. 이 경우 고체의 모든 부분은 동시에 30 m/s의 속도로 병진 운동을 한다. 반면 유체는 '흐물흐물한(squishy)' 물체이며, 운동 중인 유체의 경우 유체의 어느 한 부분은 다른 부분과 다른 속도로 움직일 수 있다. 따라서 다음과 같은 측면을 고려해야만 한다. 그림 1.13과 같이 익형 주변의 공기 유동을 생각해 보자. 시선을 기체 내 특정한 무한히 작은 질량 요소[*유체 요소*(fluid element)라 불리는]로 고정시킨 후 시간에 따라 움직이는 이 요소를 주시해 보자. 이 유체 요소의 속력과 방향은 기체 내 여러 지점으로 이동하면서 달라질 수 있다. 이제 눈을 공간 내 어느 특정한 위치, 즉 그림 1.13의 점 B에 고정시켜 보자. *유동 속도*는 이제 다음과 같이 정의될 수 있다. 어느 특정한 고정 위치 B를 흘러 통과하는 기체의 속도는 B를 통과하는 무한히 작은 유체 요소의 속도이다. 유동 속도 $\mathbf{V}$는 크기와 방향을 모두 가지고 있으며, 따라서 이는 벡터량이다. 이는 스칼라량인 p, ρ, 그리고 T와 대조된다. $\mathbf{V}$의 스칼라량 크기는 종종 V로 표시한다. 앞에서와 마찬가지로 속도는 점에서 정의되는 성질이며 유동 내 위치에 따라 변화한다.

그림 1.13을 다시 참조하면, 운동 중인 유체 요소는 공간 내에서 고정된 경로를 휩쓸며 이동한다. 유동이 정상적(steady)인 경우(즉, 시간에 따라서 변하지 않는 경우), 이러한 경로를 유동의 *유선*(streamline)이라 부른다. 유동장에서 유선을 도시하는 것은 기체의 운동을 가시화할 수 있는 중요한 수단이다. 우리는 종종 여러 물체 주변에서의 유동의 유선을 표시하곤 한다. 유선에 대한 보다 정확한 설명은 2장에 수록하였다.

마지막으로 유동 내 마찰이 내부적으로 중요한 역할을 할 수 있다는 것에 유의하기 바란다. 그림 1.14와 같이 인접한 2개의 유선 a와 b를 생각해 보자. 유선은 무한히 작은 거리, 즉 dy만큼 떨어져 있다. 유선 b의 점 1에서 유동 속도가 V이고, 유선 a의 점 2에서 유동 속도는 약간 더 증가한 $V + dV$이다. 유선 a가 유선 b와 마찰에 의해서 서로 부대끼면서 dF_f 크기의 힘이 유선 b에 접하는 방향으로 오른편으로 작용한다고 가정할 수 있다. 그리고 이 힘이 요소 면적 dA

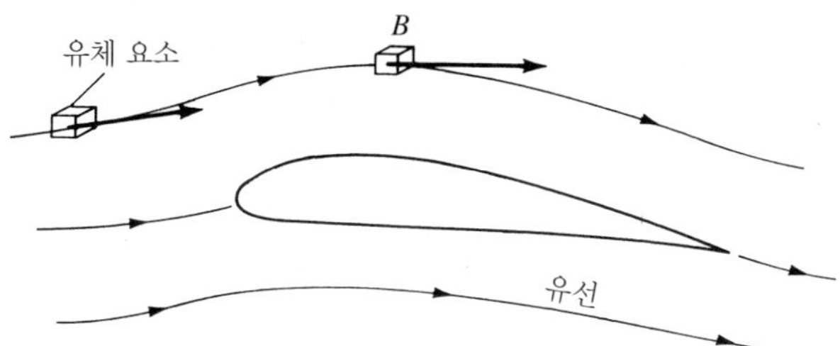

그림 1.13 유동 속도와 유선

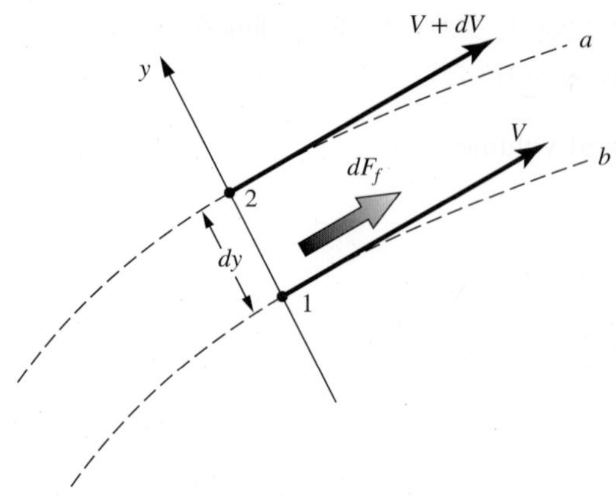

그림 1.14 유동 내 속도구배로 인하여 발생하는 마찰력

에 작용한다고 가정하자. 여기서 dA는 유선 b의 점 1에 접하는 방향이며 y축에 수직이다. 점 1에서 국소적인 *전단응력* τ는 다음과 같다.

$$\tau = \lim \left(\frac{dF_f}{dA} \right) \qquad dA \to 0$$

전단응력 τ는 단위 면적당 작용하는 마찰력의 극한적 형태로서, 여기서 우리가 관심을 가지고 있는 면적은 y축에 수직이며 점 1에서 거의 0으로 축소되는 면적이다. 전단응력은 유선 방향을 따라 접하는 방향으로 작용한다. 공기역학 응용에서 관심을 가질 수 있는 기체 또는 액체들의 경우, 유선상 어느 점에서의 전단응력 값은 그 지점을 지나는 유선에 수직한 방향으로 속도의 공간에 대한 변화율(즉, 그림 1.14에 도시한 유동의 경우 $\tau \propto dV/dy$)에 비례한다. 비례 상수는 *점성 계수*(viscosity coefficient) μ로 정의된다. 따라서,

$$\tau = \mu \frac{dV}{dy}$$

여기서 dV/dy는 속도구배(velocity gradient)이다. 실제로 μ는 상수가 아니며, 유체의 온도에 따라 변하는 함수이다. 1.11절에서 이에 대해 보다 상세하게 취급하기로 한다. 위 방정식에서 유동장 내 속도구배가 작은 영역에서는 τ가 작으며, 따라서 유동 내 마찰의 영향도 작다. 반면 속도구배가 큰 영역에서는 τ가 크며, 유동 내 국소적인 마찰의 영향도 상당히 클 수 있다.

1.4.1 단위 *Units*

이 책에서는 SI 단위계(Systeme International d'Unites)와 영국공학 단위계(English engineering system of units) 등 두 가지 단위 체계가 사용될 것이다. 이 두 가지 단위 체계에서의 힘, 질량, 길이, 시간, 절대 온도에 대한 단위가 표 1.1에 주어져 있다.

예를 들어 압력과 전단응력의 단위는 lb/ft^2 또는 N/m^{2}이며, 밀도의 단위는 slug/ft^3 또는 kg/m^3, 그리고 속도의 단위는 ft/s 또는 m/s이다. 상호일치 단위계(consistent set of units)를 사용하면, 물리적 관계식을 표현함에 있어 기본식 내에 환산 인자(conversion factor)를 사용할 필요가 없다. 이들 관계식은 자연이 의도하는 순수한 형태로 표현될 수 있다. 이 책에서는 항상 상호일치 단위(consistent units)를 사용할 것이다. 단위에 대한 상세한 설명과 상호일치 단위 대 상호불일치 단위(nonconsistent units)에 대한 의미 등은 참고문헌 2의 65~70쪽을 참조하기 바란다.

SI 단위계(metric units)는 오늘날 대부분의 국가에서 사용하는 표준 시스템이다. 반면 미국과 영국에서는 두 세기 이상 영국공학 시스템(또는 일부 변형 단위계)이 주단위계로 통용되어 왔다. 이러한 상황은 특히 미국과 영국의 항공우주 산업계로부터 빠르게 변화하고 있다. 그럼에도 불구하고 두 가지 단위계 모두에 익숙해지는 것은 여전히 중요한 일이다. 예를 들어, 미래 대부분의 공학적 작업이 SI 단위계를 사용한다 할지라도, 영국공학 단위계로 기록된 엄청난 양의 현재 및 과거의 공학적 저술물이 존재할 것이며, 이러한 저술물은 향후에도 매우 유용하게 사용될 것이기 때문이

표 1.1

	힘	질량	길이	시간	온도
SI 단위	Newton (N)	kilogram (kg)	meter (m)	second (s)	Kelvin (K)
영국공학 단위	pounds (lb)	slug	feet (ft)	second (s)	deg. Rankine (°R)

다. 현대의 공학도라면 이러한 두 단위계를 모두 익숙하게 사용할 줄 알아야 한다. 이러한 이유로 이 책에서는 상당수의 예제와 장 마지막 부분의 연습문제에서 SI 단위를 사용하지만, 일부는 영국공학 시스템 단위를 사용하고 있다. 여러분도 이러한 이중 언어 정신에 동참하여 두 단위계 모두를 편안하게 사용할 수 있도록 노력하기 바란다.

1.5 공기역학적 힘과 모멘트 *Aerodynamic Forces and Moments*

언뜻 보기에 Boeing 747과 같은 거대한 항공기에 공기역학적 힘이 발생하는 것은 복잡한 현상처럼 여겨질 수 있다. 특히 날개, 동체, 엔진 나셀, 미익 주변의 복잡한 3차원 유동장의 측면에서 볼 때 그러하다. 이와 유사하게 55 mi/h로 고속도로를 달리는 자동차에서 공기역학적 저항은 차체, 공기, 지면 간 복잡한 상호작용과 연관이 있다. 그러나 이 모든 경우에서 물체에 작용하는 공기역학적 힘과 모멘트는 오로지 두 가지 원인에 의해서만 발생한다.

1. 물체 표면에서의 *압력 분포*
2. 물체 표면에서의 *전단응력 분포*

물체 형상이 아무리 복잡할지라도 물체에 작용하는 공기역학적 힘과 모멘트는 전적으로 위 두 가지 원인에 의한 것이다. 자연이 유체 속을 움직이는 물체와 힘을 통해 서로 교신하는 *유일한* 메커니즘이 바로 물체 표면에서의 압력과 전단응력 분포이다. 압력 p와 전단응력 τ 모두 단위 면적당 힘(제곱피트당 파운드 또는 제곱미터당 Newton)이라는 차원을 갖는다. 그림 1.15에 나타냈듯이, p는 표면에 *수직하게* 작용하며 τ는 표면에 *접하는* 방향으로 작용한다. 전단응력은 표면에서의 '끌어당기는 작용(tugging action)' 때문에 생기며, 이는 물체와 공기 사이에 작용하는 마찰에 의해 발생한다(이에 대해서는 15~20장에서 상세히 취급).

그림 1.16에 나타냈듯이, p와 τ 분포를 물체 표면 전체에 걸쳐 적분한 순효과가 물체에 작용하는 공기력의 합력(resultant aerodynamic force) R과 모멘트 M이다. 결과 힘 R은 다시 2개의 성분으로 나뉘는데, 이들 두 세트를 그림 1.17에 표시했다. 그림 1.17에서 V_∞는 물체로부터 먼 곳에서 불어오는 유동 속도로 정의되는 *상대 바람*(relative wind)이다. 물체의 먼 곳으로부터 불어오는 유동을 *자유흐름*(freestream)이라 부르며, 또한 V_∞를 자유흐름 속도라 부르기도 한다. 그림 1.17에서 정의에 의해,

$$L \equiv \text{양력} \equiv V_\infty\text{에 수직한 } R\text{의 성분}$$
$$D \equiv \text{항력} \equiv V_\infty\text{에 평행한 } R\text{의 성분}$$

물체 앞전(leading edge)으로부터 뒷전(trailing edge)에 이르는 직선거리를 시위(chord) c라 한다. 간혹 R은 그림 1.17에 표시했듯이 시위에 수직인 성분과 평행한 성분으로 나눌 수 있다. 정의로부터,

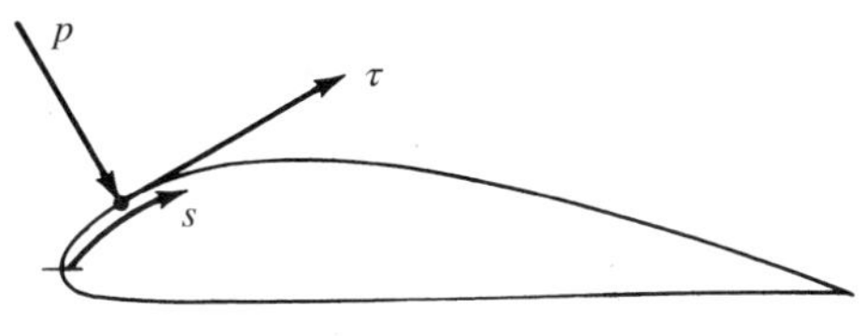

그림 1.15 공기역학적 표면에서의 압력과 전단응력

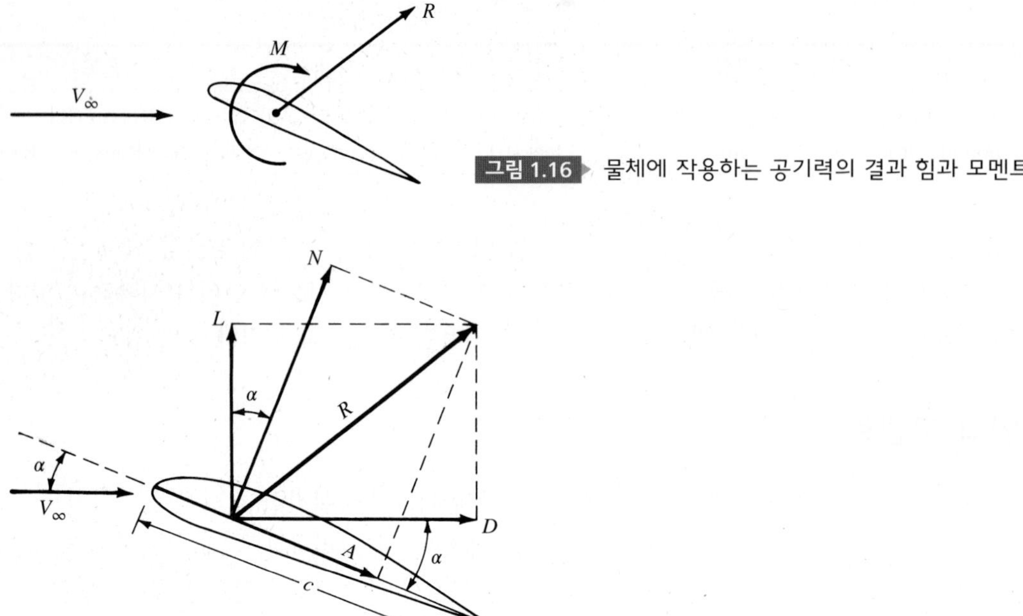

그림 1.16 물체에 작용하는 공기력의 결과 힘과 모멘트

그림 1.17 공기력의 결과 힘과 이를 나눈 성분들

$N \equiv$ 수직력(normal force) $\equiv c$에 수직인 R의 성분

$A \equiv$ 축력(axial force) $\equiv c$에 평행인 R의 성분

받음각(angle of attack) α는 c와 V_∞ 사이의 각도로 정의된다. 따라서 α는 L과 N, 그리고 D와 A 사이의 각도이기도 하다. 그림 1.17로부터 이들 두 세트의 성분 간에 성립하는 기하학적 관계는 다음과 같다.

$$L \equiv N \cos \alpha - A \sin \alpha \tag{1.1}$$

$$D \equiv N \sin \alpha + A \cos \alpha \tag{1.2}$$

공기역학적 힘과 모멘트를 구하기 위한 압력 및 전단응력 분포의 적분에 대해 보다 상세하게 살펴보도록 하자. 그림 1.18에 표시한 2차원 형상의 물체를 생각해 보자. 시위선은 수평으로 표시했고, 상대 바람은 수평 방향과 받음각 α만큼 기울어져 있다. xy 좌표계는 시위 방향에 각각 평행 및 수직으로 위치한다. 앞전으로부터 물체 표면을 따라 임의의 점 A까지의 거리를 윗면의 경우 s_u, 이와 유사하게 아랫면에서 임의의 점 B까지의 거리를 s_l이라 하자. 윗면에서의 압

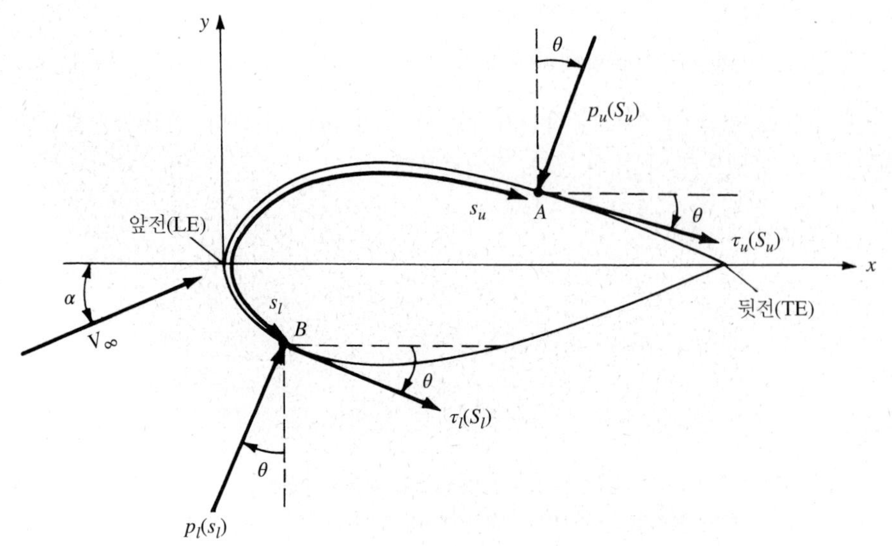

그림 1.18 2차원 물체 표면에서 압력과 전단응력 분포에 대한 적분 수행에서의 명명법

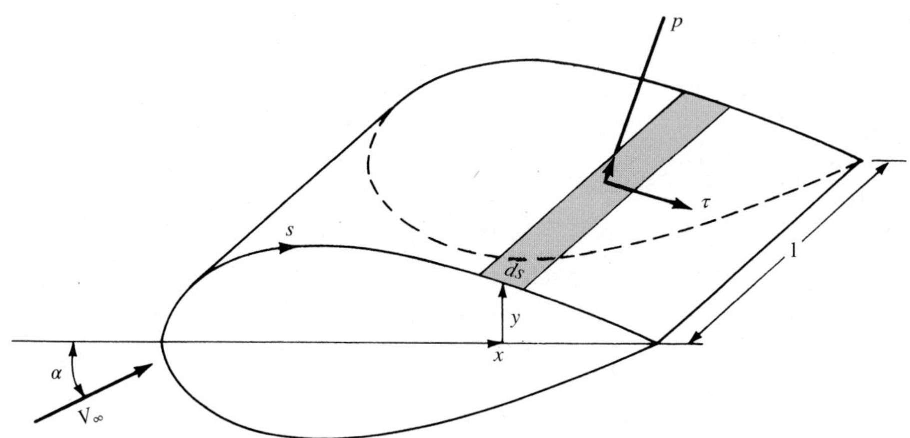

그림 1.19 물체 표면 요소에 작용하는 공기역학적 힘

력과 전단응력을 p_u 및 τ_u로 표시하며, p_u와 τ_u는 모두 s_u의 함수이다. 이와 유사하게, p_l 및 τ_l은 아랫면에서 이에 해당하는 양이고 s_l의 함수이다. 어느 주어진 위치에서, 압력은 표면에 수직 방향이며 수직 방향과 각도 θ만큼 기울어져 있다. 전단응력은 표면에 접하는 방향으로 수평 방향에 대해 상대적으로 각도 θ만큼 기울어져 있다. 그림 1.18에서 θ에 대한 부호 표시는 수직선으로부터 p 방향으로, 그리고 수평선으로부터 τ 방향으로 *시계 방향*일 경우 양의 값을 갖는다. 그림 1.18에서 모든 θ는 양의 방향으로 표시되어 있다. 이제 그림 1.18의 2차원 형상, 즉 단면 방향으로 무한히 긴 균일 단면의 실린더를 고려해 보자. 이러한 실린더에서 스팬이 단위 길이인 경우를 그림 1.19에 표시했다. 이러한 실린더에서 요소 표면 면적 dS를 고려하자. 여기서 $dS = (ds)(1)$로 그림 1.19에 점으로 표시한 면 부분이다. 우리는 요소 면적 dS 상의 압력 및 전단응력 분포로 인해 발생하는 총 수직력 N'와 총 수평력 A'의 기여 정도에 관심이 있다. N'와 A'의 프라임 표시는 단위 길이 스팬당 작용하는 힘을 표시한다. 그림 1.18과 1.19를 살펴보면, 물체 *윗면*에서 요소 면적 dS에 작용하는 요소 수직력과 수평력은 다음과 같다.

$$dN'_u = -p_u ds_u \cos\theta - \tau_u ds_u \sin\theta \tag{1.3}$$

$$dA'_u = -p_u ds_u \sin\theta + \tau_u ds_u \cos\theta \tag{1.4}$$

물체 *아랫면*에서는 다음 식을 얻는다.

$$dN'_l = p_l ds_l \cos\theta - \tau_l ds_l \sin\theta \tag{1.5}$$

$$dA'_l = p_l ds_l \sin\theta + \tau_l ds_l \cos\theta \tag{1.6}$$

식 (1.3)~(1.6)에서, 그림 1.17에 N'와 A'의 양의 방향을 표시했다. 이들 방정식에서 θ는 시계 방향을 양으로 잡는다. 예를 들어, 그림 1.18을 다시 고려해 보자. 물체의 앞전 부근에서(여기서 물체 윗면의 기울기는 양이다) τ는 위 방향으로 기울어지며, 따라서 N'에 양의 방향으로 기여한다. 위 방향으로 기울어진 τ에 대해 θ는 반시계 방향이므로 부호는 음이다. 그러므로 식 (1.3)에서 $\sin\theta$는 음이며, 이 경우에서 그래야 하는 것처럼 전단응력항(마지막 항)을 양의 값으로 만든다. 따라서 식 (1.3)~(1.6)은 위에서 설명한 θ에 대한 부호 규약을 일관성 있게 적용하는 한 모든 경우에 대해 일반적으로(물체의 앞부분과 뒷부분 모두에 대해) 성립한다.

*단위 길이당 스팬*에 작용하는 총 수직력과 수평력은 식 (1.3)~(1.6)을 앞전(LE)에서 뒷전(TE)까지 적분함으로써 얻을 수 있다.

$$N' = -\int_{LE}^{TE} (p_u \cos\theta + \tau_u \sin\theta)\, ds_u + \int_{LE}^{TE} (p_l \cos\theta - \tau_l \sin\theta)\, ds_l \tag{1.7}$$

$$A' = \int_{LE}^{TE} (-p_u \sin\theta + \tau_u \cos\theta)\, ds_u + \int_{LE}^{TE} (p_l \sin\theta + \tau_l \cos\theta)\, ds_l \tag{1.8}$$

이어서 단위 스팬당 총 양력과 항력을 식 (1.7)과 (1.8)을 식 (1.1)과 (1.2)에 대입하여 구할 수 있다. 식 (1.1)과 (1.2)는

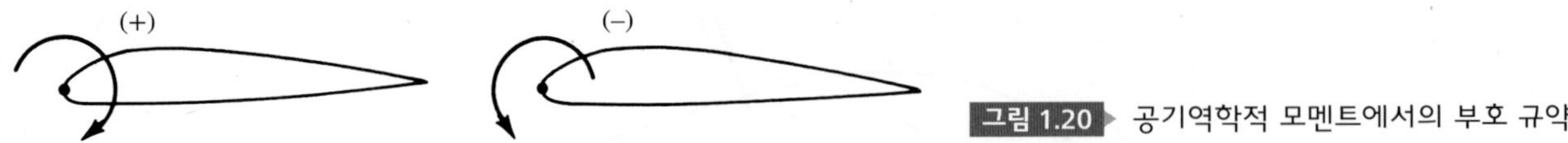

그림 1.20 공기역학적 모멘트에서의 부호 규약

임의 형상을 한 물체(프라임 표시 없음)와 단위 스팬당 작용하는 힘(프라임 표시 있음)의 경우 모두에 대해 적용된다.

물체에 작용하는 공기역학적 모멘트는 어떤 모멘트를 어떤 점에 대해 고려할 것인지에 따라 달라진다. 앞전에 대한 모멘트를 생각해 보자. 부호 규약에 따라 α를 증가시키는(pitch up) 모멘트를 양으로 하고, α를 감소시키는(pitch down) 모멘트를 음으로 한다. 부호 규약을 그림 1.20에 표시했다. 그림 1.18과 1.19로 다시 돌아가, 윗면의 요소 면적 dS 상에 p와 τ 때문에 앞전 위치에 대해 발생하는 단위 스팬당 모멘트는 다음과 같다.

$$dM'_u = (p_u \cos\theta + \tau_u \sin\theta)x\, ds_u + (-p_u \sin\theta + \tau_u \cos\theta)y\, ds_u \tag{1.9}$$

아랫면에 대해서는 다음과 같다.

$$dM'_l = (-p_l \cos\theta + \tau_l \sin\theta)x\, ds_l + (p_l \sin\theta + \tau_l \cos\theta)y\, ds_l \tag{1.10}$$

식 (1.9)와 (1.10)에서 θ에 대한 부호 규약은 앞에서와 똑같이 적용되며, 시위선 위쪽의 y 값은 양이며, 아래쪽의 y 값은 음이다. 식 (1.9)와 (1.10)을 앞전에서 뒷전까지 적분하면 단위 스팬당 앞전 위치에 대한 모멘트는 다음과 같이 표시된다.

$$\begin{aligned} M'_{\text{LE}} = &\int_{\text{LE}}^{\text{TE}} [(p_u \cos\theta + \tau_u \sin\theta)x - (p_u \sin\theta - \tau_u \cos\theta)y]\, ds_u \\ &+ \int_{\text{LE}}^{\text{TE}} [(-p_l \cos\theta + \tau_l \sin\theta)x + (p_l \sin\theta + \tau_l \cos\theta)y]\, ds_l \end{aligned} \tag{1.11}$$

식 (1.7), (1.8), (1.11)에서 θ, x, y는 주어진 형상에서 알고 있는 값들로서 s의 함수로 표현된다. 따라서 만약 p_u, p_l, τ_u, τ_l이 이미 알고 있는 s의 함수이면(이론 또는 실험으로부터) 이들 식의 적분을 계산할 수 있다. 분명 식 (1.7), (1.8), (1.11)은 앞에서 말했던 원리, 즉 *물체에 작용하는 공기역학적 양력, 항력, 그리고 모멘트의 원천은 물체 표면의 압력 및 전단응력 분포를 적분한 것이라는 사실을 나타낸다.* 이론 공기역학에서의 주된 목표는 주어진 물체 형상과 자유흐름 조건에서 $p(s)$와 $\tau(s)$를 계산하는 것이다. 즉, 식 (1.7), (1.8), (1.11)을 사용하여 공기역학적 힘과 모멘트를 얻기 위한 것이다.

공기역학에 대한 설명이 진행될수록 공기역학적 힘이나 모멘트보다 더욱 근본적인 성질을 표시하는 양이 있다는 것이 분명해진다. 이들은 *무차원 힘과 모멘트 계수들*(dimensionless force and moment coefficients)로서 다음과 같이 정의된다. ρ_∞ 그리고 V_∞를 물체로부터 멀리 떨어진 지점 자유흐름 내 밀도와 속도라 하자. 우리는 차원을 가진 양으로서 *동압*(dynamic pressure)을 다음과 같이 정의한다.

동압(dynamic pressure): $$q_\infty \equiv \tfrac{1}{2}\rho_\infty V_\infty^2$$

동압은 압력의 단위(즉, 제곱피트당 파운드 또는 제곱미터당 Newton)를 갖는다. S를 기준 면적, 그리고 l을 기준 길이라 하자. 무차원 힘과 모멘트 계수들은 다음과 같이 정의된다.

양력 계수: $$C_L \equiv \frac{L}{q_\infty S}$$

항력 계수: $$C_D \equiv \frac{D}{q_\infty S}$$

수직력 계수: $$C_N \equiv \frac{N}{q_\infty S}$$

평력 계수: $$C_A \equiv \frac{A}{q_\infty S}$$

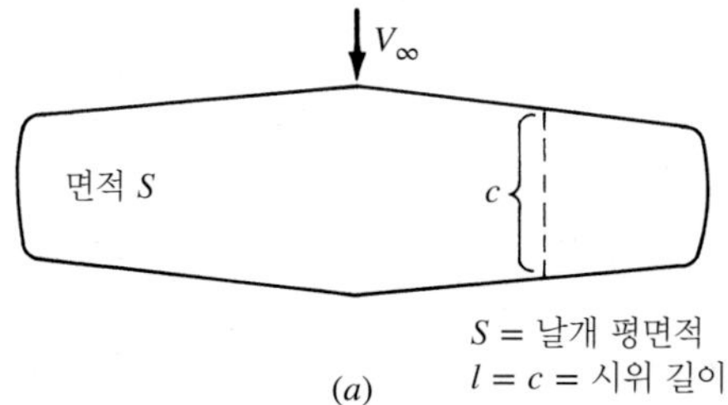

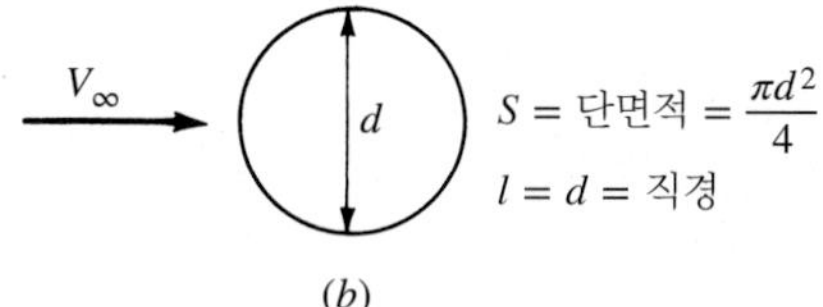

그림 1.21 기준 면적과 길이의 예시

모멘트 계수: $$C_M \equiv \frac{M}{q_\infty S l}$$

앞의 계수들에서 기준 면적 S와 기준 길이 l은 주어진 기하학적 물체 형상에서 적절하게 선택하며, 서로 다른 형상에서 S와 l은 달라질 수 있다. 예를 들어 그림 1.21a와 같이 항공기 날개에서 S는 날개 평면적(planform area)이며, l은 평균 시위 길이(mean chord length)이다. 그러나 구의 경우 그림 1.21b와 같이 S는 단면적, 그리고 l은 직경을 사용한다. 기준 면적과 길이로서 특별한 값을 선택하는 것은 별로 중요하지 않다. 그러나 힘과 모멘트 계수 데이터 사용 시 이러한 데이터에 사용된 기준량이 무엇인지 반드시 알고 사용해야 한다.

대문자 표시(C_L, C_D, C_M, 그리고 C_A)는 항공기 또는 유한 날개와 같이 완전한 3차원 물체에 대한 힘과 모멘트 계수를 표시한다. 반면 그림 1.18과 1.19와 같은 2차원 물체의 경우, 힘과 모멘트는 단위 스팬 길이당 표시한다. 이러한 2차원 물체의 경우 공기역학 계수를 소문자로 표시하는 것이 일반적이다. 예를 들면,

$$c_l \equiv \frac{L'}{q_\infty c} \quad c_d \equiv \frac{D'}{q_\infty c} \quad c_m \equiv \frac{M'}{q_\infty c^2}$$

여기서 기준 면적 $S = c(1) = c$이다.

곧 사용하게 될 추가적인 2개의 무차원 변수를 소개한다.

압력 계수: $$C_p \equiv \frac{p - p_\infty}{q_\infty}$$

표면마찰 계수: $$c_f \equiv \frac{\tau}{q_\infty}$$

여기서 p_∞는 자유흐름의 동압이다.

식 (1.7), (1.8), (1.11)의 가장 유용한 형태는 앞에서 소개한 무차원 계수를 항으로 하여 표시한 것이다. 그림 1.22에 나타낸 기하학적 형상으로부터,

$$dx = ds\cos\theta \tag{1.12}$$
$$dy = -(ds\sin\theta) \tag{1.13}$$
$$S = c(1) \tag{1.14}$$

식 (1.12)와 (1.13)을 식 (1.7), (1.8), (1.11)에 대입한 후 q_∞로 나누고, 식 (1.14) 형태인 S로 다시 나누면 힘과 모멘트 계수에 대해 다음과 같은 적분식을 얻을 수 있다.

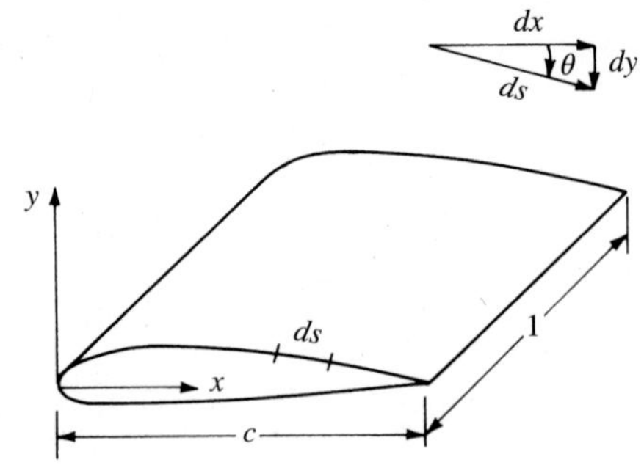

그림 1.22 미소 길이의 기하학적 관계

$$c_n = \frac{1}{c}\left[\int_0^c (C_{p,l} - C_{p,u})\,dx + \int_0^c \left(c_{f,u}\frac{dy_u}{dx} + c_{f,l}\frac{dy_l}{dx}\right)dx\right] \tag{1.15}$$

$$c_a = \frac{1}{c}\left[\int_0^c \left(C_{p,u}\frac{dy_u}{dx} - C_{p,l}\frac{dy_l}{dx}\right)dx + \int_0^c (c_{f,u} + c_{f,l})\,dx\right] \tag{1.16}$$

$$\begin{aligned} c_{m_{\mathrm{LE}}} = \frac{1}{c^2}\Bigg[&\int_0^c (C_{p,u} - C_{p,l})x\,dx - \int_0^c \left(c_{f,u}\frac{dy_u}{dx} + c_{f,l}\frac{dy_l}{dx}\right)x\,dx \\ &+ \int_0^c \left(C_{p,u}\frac{dy_u}{dx} + c_{f,u}\right)y_u\,dx + \int_0^c \left(-C_{p,l}\frac{dy_l}{dx} + c_{f,l}\right)y_l\,dx\Bigg] \end{aligned} \tag{1.17}$$

간단한 대수적 증명에 대한 확인은 연습문제로 남겨 두고자 한다. 이러한 적분식을 계산함에 있어 y_u는 x축에서 위 방향을 의미하며 양의 부호이고, 반면 y_l은 x축 아래 방향으로 음의 부호를 갖는다. 아울러 윗면과 아랫면에서 dy/dx는 미적분학에서의 일반적 규칙(즉, 양의 기울기를 갖는 물체 부분에 대해서는 양의 부호, 그리고 음의 부호를 갖는 부분에 대해서는 음으로 취급)을 따른다.

양력 및 항력 계수는 식 (1.1)과 (1.2)에서 계수 형태로 다음과 같이 얻을 수 있다.

$$c_l = c_n \cos\alpha - c_a \sin\alpha \tag{1.18}$$

$$c_d = c_n \sin\alpha + c_a \cos\alpha \tag{1.19}$$

c_l과 c_d에 대한 적분식은 식 (1.15)와 (1.16)을 식 (1.18)과 (1.19)에 대입하여 얻을 수 있다.

식 (1.15)에서 (1.19)까지의 공기역학적 힘과 모멘트 계수는 물체 위의 압력과 표면마찰 계수를 적분함으로써 얻을 수 있다는 것이 매우 중요한 사실이다. 이는 이론 또는 실험 공기역학 모두에서 매우 일반적인 절차이다. 추가적으로 유도과정에 2차원 물체를 사용하였으나, 3차원 물체에 대해서도 유사한 과정이 적용될 수 있다. 식 형태와 기하학적 형상은 더 복잡해지겠지만 원리 자체는 동일하다.

예제 1.1

그림 1.23a와 같이 받음각이 0이고 반각이 5°인 쐐기 형상이 초음속 유동 내에 있다고 가정하자. 쐐기 앞에서 자유흐름 마하수는 2.0, 그리고 자유흐름의 압력과 밀도는 각각 1.01×10^5 N/m^{2}과 1.23 kg/m^{3}이다(이는 표준 해면 고도 조건에 해당). 쐐기의 윗면과 아랫면에서 압력은 거리 s에 따라 일정하며, 그림 1.23b와 같이 윗면과 아랫면이 서로 같아 $p_u = p_l = 1.31 \times 10^5$ N/m^{2}이다. 쐐기의 바닥면에 작용하는 압력은 p_∞와 같다. 그림 1.23c에서 볼 수 있는 것과 같이, 윗면과 아랫면에서의 전단응력은 $\tau_w = 431\ s^{-0.2}$로 변한다. 쐐기의 시위 길이 c는 2 m이다. 쐐기의 항력 계수를 계산하라.

■ 풀이

두 가지 동일한 방법으로 계산을 수행하고자 한다. 먼저 식 (1.8)로부터 항력을 계산하여 항력 계수를 산출한다. 이어서 또 다른 방법으로는 압력과 전단응력을 압력 계수와 표면마찰 계수로 바꾼 후 식 (1.16)을 이용하여 항력 계수를 산출한다.

그림 1.23의 쐐기는 받음각이 0이므로 $D' = A'$다. 따라서 항력은 식 (1.8)로부터 다음과 같이 얻어진다.

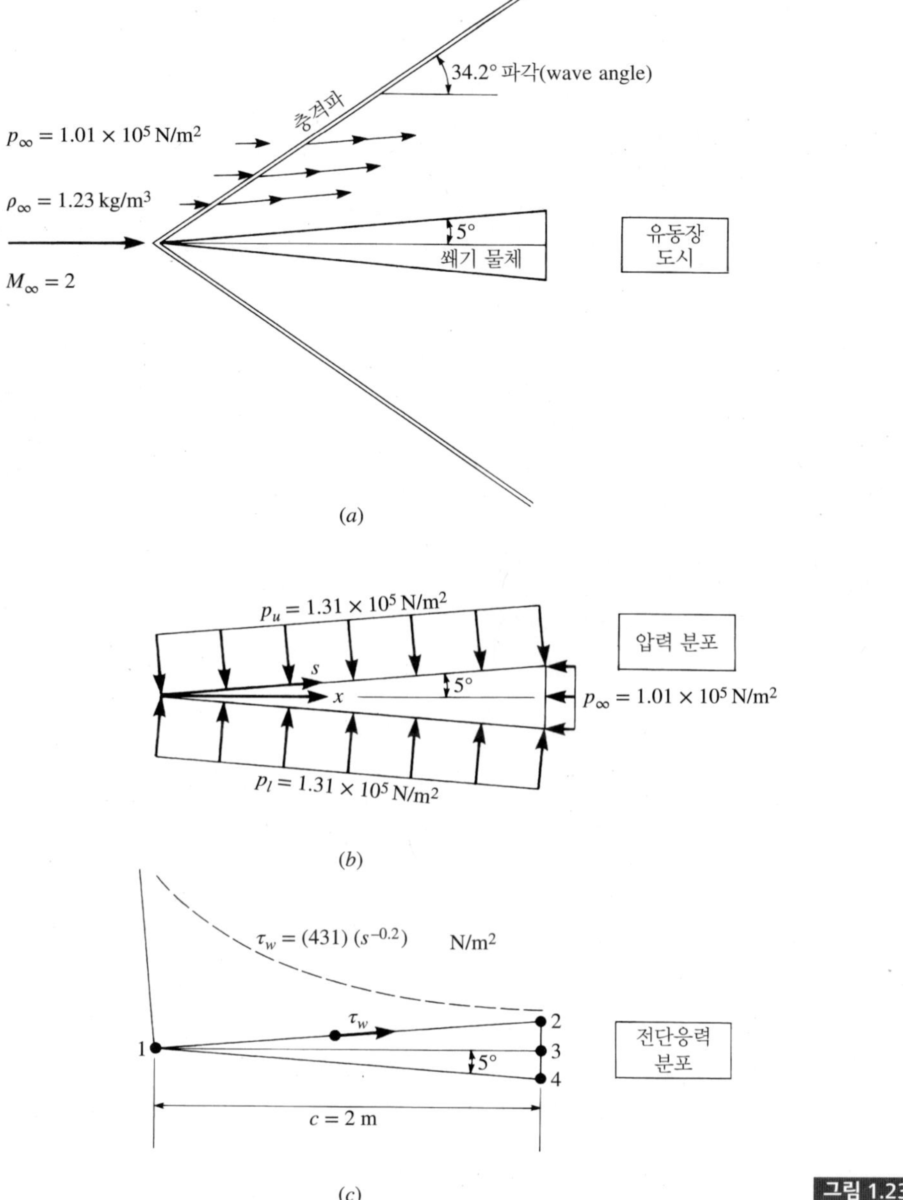

그림 1.23 예제 1.1에 대한 도시

$$D' = \int_{\text{LE}}^{\text{TE}} (-p_u \sin\theta + \tau_u \cos\theta)\, ds_u + \int_{\text{LE}}^{\text{TE}} (p_l \sin\theta + \tau_l \cos\theta)\, ds_l$$

그림 1.23c로부터 θ에 대한 부호 규약에 따라, 윗면의 경사면을 따라 s_1에서 s_2까지 그리고 밑면의 s_2에서 s_3까지 적분을 수행한다. 반면 아랫면은 경사면을 따라 s_1에서 s_4까지 그리고 밑면은 s_4에서 s_3까지 적분을 수행하면, 위 적분식이 다음과 같아짐을 알 수 있다.

$$\begin{aligned}
\int_{\text{LE}}^{\text{TE}} -p_u \sin\theta\, ds_u &= \int_{s_1}^{s_2} -(1.31 \times 10^5)\sin(-5^\circ)\, ds_u \\
&\quad + \int_{s_2}^{s_3} -(1.01 \times 10^5)\sin 90^\circ\, ds_u \\
&= 1.142 \times 10^4 (s_2 - s_1) - 1.01 \times 10^5 (s_3 - s_2) \\
&= 1.142 \times 10^4 \left(\frac{c}{\cos 5^\circ}\right) - 1.01 \times 10^5 (c)(\tan 5^\circ) \\
&= 1.142 \times 10^4 (2.008) - 1.01 \times 10^5 (0.175) = 5260 \text{ N}
\end{aligned}$$

$$\int_{LE}^{TE} p_l \sin\theta \, ds_l = \int_{s_1}^{s_4} (1.31 \times 10^5) \sin(5°) \, ds_l + \int_{s_4}^{s_3} (1.01 \times 10^5) \sin(-90°) \, ds_l$$

$$= 1.142 \times 10^4 (s_4 - s_1) + 1.01 \times 10^5 (-1)(s_3 - s_4)$$

$$= 1.142 \times 10^4 \left(\frac{c}{\cos 5°} \right) - 1.01 \times 10^5 (c)(\tan 5°)$$

$$= 2.293 \times 10^4 - 1.767 \times 10^4 = 5260 \text{ N}$$

윗면과 아랫면에 대한 압력 적분은 모두 항력에 기여하며, 그림 1.23의 상하 대칭 형상에 의해 다음과 같은 결과를 얻을 수 있다.

$$\int_{LE}^{TE} \tau_u \cos\theta \, ds_u = \int_{s_1}^{s_2} 431 s^{-0.2} \cos(-5°) \, ds_u$$

$$= 429 \left(\frac{s_2^{0.8} - s_1^{0.8}}{0.8} \right)$$

$$= 429 \left(\frac{c}{\cos 5°} \right)^{0.8} \frac{1}{0.8} = 936.5 \text{ N}$$

$$\int_{LE}^{TE} \tau_l \cos\theta \, ds_l = \int_{s_1}^{s_4} 431 s^{-0.2} \cos(-5°) \, ds_l$$

$$= 429 \left(\frac{s_4^{0.8} - s_1^{0.8}}{0.8} \right)$$

$$= 429 \left(\frac{c}{\cos 5°} \right)^{0.8} \frac{1}{0.8} = 936.5 \text{ N}$$

그리고 윗면과 아랫면에 작용하는 전단응력 역시 모두 항력에 기여한다는 것은 놀라운 사실이 아니다. 이 역시 그림 1.23의 쐐기 형상 대칭성에 의해 예상할 수 있다. 압력 적분값과 전단응력 적분값을 합하여 다음과 같이 총 항력을 구할 수 있다.

$$D' = \underbrace{1.052 \times 10^4}_{\text{압력 저항}} + \underbrace{0.1873 \times 10^4}_{\text{표면마찰 항력}} = \boxed{1.24 \times 10^4 \text{ N}}$$

이렇게 비교적 날렵한 물체가 초음속으로 비행 시 항력의 대부분은 압력 저항 성분임에 유의하라. 그림 1.23*a*에서 물체 선두부의 경사 충격파 존재로 인하여 압력 저항(때로는 *조파 저항*이라 칭함)이 발생한다. 이 예제에서 총 항력의 15%만이 표면마찰 항력이고 나머지 85%가 압력 저항(조파 저항)이다. 이는 초음속으로 움직이는 날렵한 형상의 물체에서 나타나는 전형적인 경우이다. 반면 나중에 다루겠지만, 아음속에서 날렵한 형상 물체에 발생하는 항력의 경우 충격파 발생이 없기 때문에 대부분의 항력은 표면마찰 항력이다.

항력 계수는 다음과 같이 얻을 수 있다. 자유흐름의 속도가 음속의 2배이므로 다음과 같이 주어진다.

$$a_\infty = \sqrt{\gamma R T_\infty} = \sqrt{(1.4)(287)(288)} = 340.2 \text{ m/s}$$

(음속에 대한 표현식은 8장 참조) 위에서 표준 해면 고도 온도로 288 K가 사용되었다. 따라서 $V_\infty = 2\ (340.2) = 680.4$ m/s다. 그러므로,

$$q_\infty = \frac{1}{2} \rho_\infty V_\infty^2 = (0.5)(1.23)(680.4)^2 = 2.847 \times 10^5 \text{ N/m}^2$$

또한

$$S = c(1) = 2.0 \text{ m}^2$$

따라서

$$c_d = \frac{D'}{q_\infty S} = \frac{1.24 \times 10^4}{(2.847 \times 10^5)(2)} = \boxed{0.022}$$

이 예제의 풀이를 구하는 또 다른 방법은 식 (1.16)을 이용하여 압력 계수와 표면마찰 계수를 적분함으로써 직접 항력 계수를 구하는 것이다. 다음과 같이 계산을 수행한다.

$$C_{p,u} = \frac{p_u - p_\infty}{q_\infty} = \frac{1.31 \times 10^5 - 1.01 \times 10^5}{2.847 \times 10^5} = 0.1054$$

아랫면에서 C_p 값이 같으므로,

$$C_{p,l} = C_{p,u} = 0.1054$$

또한

$$c_{f,u} = \frac{\tau_w}{q_\infty} = \frac{431s^{-0.2}}{q_\infty} = \frac{431}{2.847 \times 10^5}\left(\frac{x}{\cos 5°}\right)^{-0.2} = 1.513 \times 10^{-3}x^{-0.2}$$

아랫면에서도 같은 값의 c_f 값이므로,

$$c_{f,l} = 1.513 \times 10^{-3}x^{-0.2}$$

또한

$$\frac{dy_u}{dx} = \tan 5° = 0.0875$$

그리고

$$\frac{dy_l}{dx} = -\tan 5° = -0.0875$$

위의 값을 식 (1.16)에 대입하면 다음 식을 얻는다.

$$\begin{aligned}
c_d = c_a &= \frac{1}{c}\int_0^c \left(C_{p,u}\frac{dy_u}{dx} - C_{p,l}\frac{dy_l}{dx}\right)dx + \frac{1}{c}\int_0^c (c_{f,u} + c_{f,l})\,dx \\
&= \frac{1}{2}\int_0^2 [(0.1054)(0.0875) - (0.1054)(-0.0875)]\,dx \\
&\quad + \frac{1}{2}\int_0^2 2(1.513 \times 10^{-3})x^{-0.2}\,dx \\
&= 0.009223x\Big|_0^2 + 0.00189x^{0.8}\Big|_0^2 \\
&= 0.01854 + 0.00329 = \boxed{0.022}
\end{aligned}$$

이는 앞에서 얻은 값과 같은 결과이다.

예제 1.2

극초음속(극초음속 유동은 초고속 유동으로서 일반적으로 마하수 5 이상의 유동을 의미한다. 극초음속 유동은 1.10절에서 보다 상세하게 정의하기로 한다) 유동 내 받음각이 0인 상태로 있는 원추 형상을 고려해 보자. 그림 1.24와 같이 원추의 반각이 θ_c이다. 극초음속 비행체 표면에서의 압력 계수에 대한 근사적 표현은 Newton의 사인제곱 법칙(newtonian sine-squared law)(14장에서 유도)으로 주어진다.

$$C_p = 2\sin^2\theta_c$$

C_p, 즉 p는 원추의 경사면을 따라 일정한 값을 갖는다는 것에 유의하라. 물체의 밑면을 따라서는 $p = p_\infty$라 가정한다. 마찰에 의한 효과는 무시하고 원추의 항력 계수에 대한 표현식을 구하라. 여기서 C_D는 밑면의 면적 S_b를 기준으로 한다.

■ 풀이

여기서 우리는 식 (1.15)~(1.17)을 사용할 수 없다. 이 식은 그림 1.22의 익형과 같이 2차원 형상의 물체에 대한 것이다. 반면 그림 1.24의 원추는 3차원 공간 상에서의 형상이다. 따라서 다음과 같이 3차원 형상에 대한 계산을 수행해야 한다. 그림 1.24로부터 표면 면적 중 음영으로 표시된 띠 영역에 작용하는 항력은,

$$(p\sin\theta_c)(2\pi r)\frac{dr}{\sin\theta_c} = 2\pi rp\,dr$$

원추의 총 표면적에 압력으로 인하여 작용하는 총 항력은,

$$D = \int_0^{r_b} 2\pi rp\,dr - \int_0^{r_b} r2\pi p_\infty\,dr$$

첫 번째 적분은 원추의 경사면에 작용하는 수평력이고, 두 번째 적분은 원추의 밑면에 작용하는 힘이다. 이 두 적분을 합하면 다음의 결과를 얻는다.

$$D = \int_0^{r_b} 2\pi r(p - p_\infty)\,dr = \pi(p - p_\infty)r_b^2$$

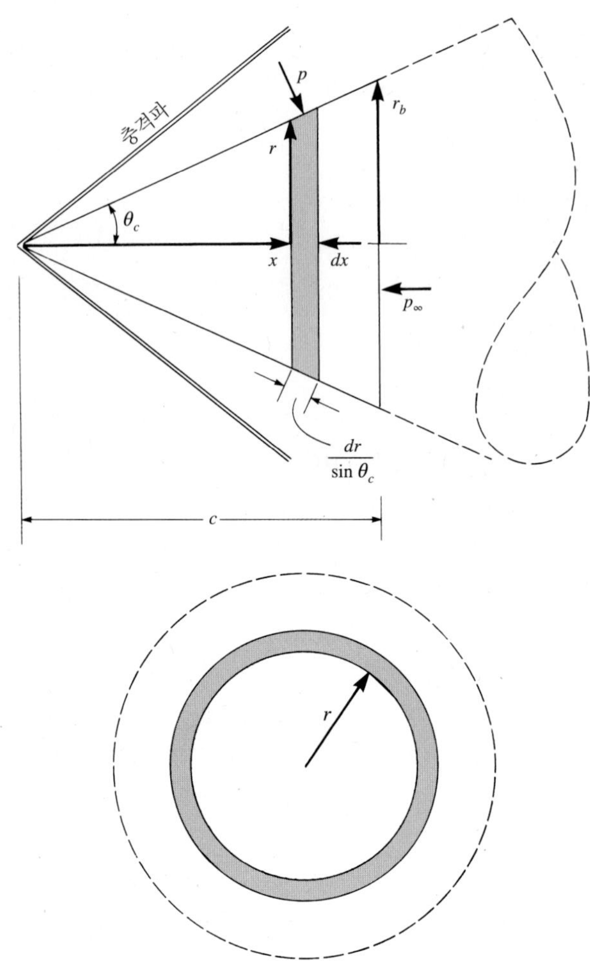

그림 1.24 예제 1.2에 대한 도시

밑면의 면적 πr_b^2을 기준으로 하면 항력 계수는,

$$C_D = \frac{D}{q_\infty \pi r_b^2} = \frac{\pi r_b^2 (p - p_\infty)}{\pi r_b^2 q_\infty} = C_p$$

(주: 원추의 항력 계수는 표면 압력 계수와 같다.) 따라서 Newton의 사인제곱 법칙을 이용하여 다음과 같은 결론을 얻을 수 있다.

$$\boxed{C_D = 2\sin^2\theta_c}$$

1.6 압력 중심 *Center of Pressure*

식 (1.7)과 (1.8)로부터 물체 표면의 압력 및 전단응력 분포에 의한 하중이 수직력과 수평력으로 표시됨을 알 수 있다. 게다가 식 (1.11)과 같이 이러한 분포 하중은 앞전에 대해 모멘트를 발생시킨다. *질문*: 물체에 작용하는 공기력이 단일 결과 힘 R 또는 그 성분 N과 A로 표시될 수 있다면, 이 결과 힘은 물체의 *어느* 점에 위치해야 하는가? 이에 대한 답은 이 결과 힘이 분포 하중과 똑같은 효과를 나타낼 수 있는 곳에 위치해야 한다는 것이다. 예를 들어, 익형과 같은 2차원 물체에서 분포 하중은 식 (1.11)에 의해 앞전에 모멘트를 발생시킨다. 따라서 N'와 A'는 익형의 앞전에서 같은 모멘트를 발생시킬 수 있는 어느 점에 위치해야만 한다. 그림 1.25와 같이 A'가 시위선상 어디에 위치한다면, N'는 앞전으로부터 후류 지점 x_{cp}에 아래와 같이 위치해야 한다.

$$M'_{\text{LE}} = -(x_{\text{cp}})N'$$

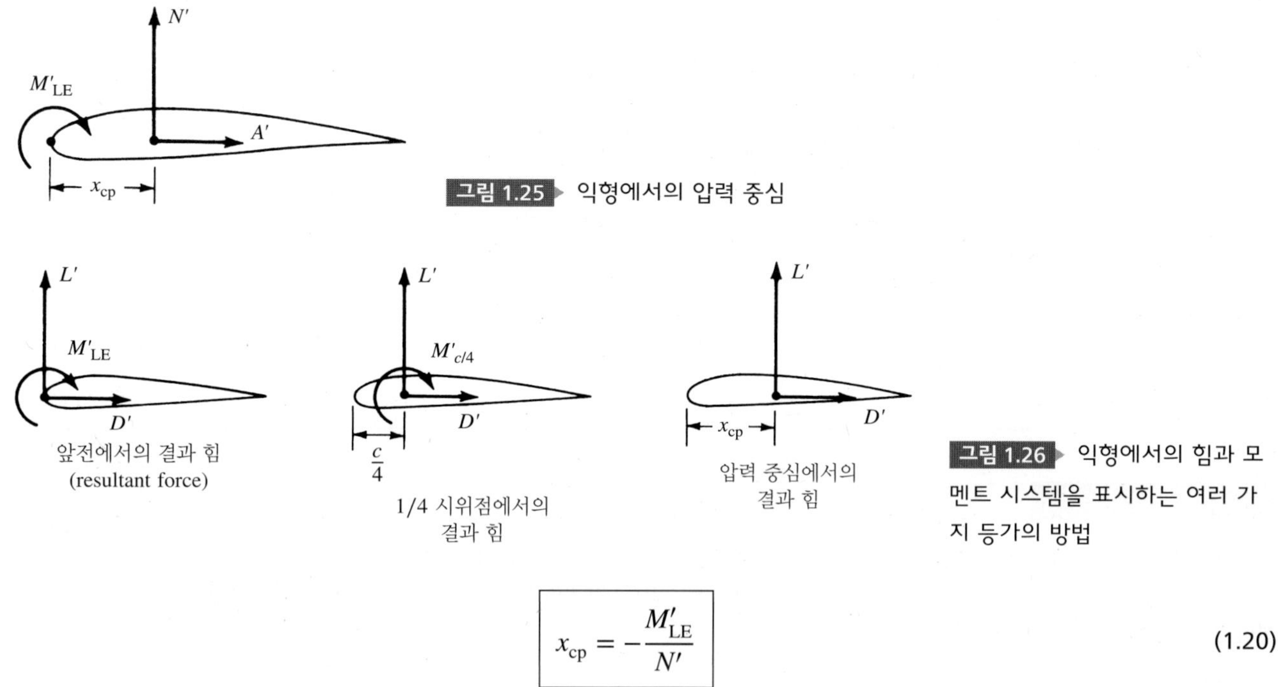

그림 1.25 익형에서의 압력 중심

그림 1.26 익형에서의 힘과 모멘트 시스템을 표시하는 여러 가지 등가의 방법

$$\boxed{x_{cp} = -\frac{M'_{LE}}{N'}} \tag{1.20}$$

그림 1.25에서 M'_{LE}을 표시하는 둥근 화살표 방향은 양(피치업) 방향으로 표시하였다(1.5절에서 공기역학적 모멘트의 표준 부호 규약에 따르면, 모멘트가 받음각을 증가시키는 방향일 때를 양으로 한다). 그림 1.25를 살펴보면, 양 방향 N'는 앞전에 대해 음(피치다운)의 모멘트를 발생시킨다. 이는 식 (1.20)의 음 부호와 일치한다. 따라서 그림 1.25에서 앞전에서의 실제 모멘트는 음이며, 따라서 둥근 화살표 방향은 반대여야 한다.

그림 1.25와 식 (1.20)에서 x_{cp}를 *압력 중심*(center of pressure)이라 정의한다. 이는 분포 하중의 결과 힘이 실질적으로 작용하는 물체 상의 특정 위치이다. 만약 모멘트를 압력 중심 위치에 취한다면, 분포 하중을 적분한 효과는 0이 될 것이다. 따라서 압력 중심을 정의하는 또 다른 방법은 공기역학적 모멘트가 0이 되는 물체 위의 특정 위치이다.

물체의 받음각이 매우 작은 경우 $\sin \alpha \approx 0$ 그리고 $\cos \alpha \approx 1$, 따라서 식 (1.1)로부터 $L' \approx N'$다. 즉, 식 (1.20)은 다음과 같이 된다.

$$x_{cp} \approx -\frac{M'_{LE}}{L'} \tag{1.21}$$

식 (1.20)과 (1.21)을 살펴보자. N'와 L'가 감소할수록 x_{cp}는 증가한다. 힘이 0으로 접근할수록 압력 중심은 무한대 방향으로 이동한다. 이러한 이유로 압력 중심은 공기역학적 개념을 설명함에 있어 항상 편리한 것만은 아니다. 그러나 이는 별 문제가 되지 않는다. 물체에 분포된 하중에 의한 힘과 모멘트 시스템을 정의하기 위해, 이 위치에 작용하는 모멘트 값이 역시 주어진다면 최종 결과 힘을 물체 상의 *어느* 위치로든 이동시킬 수 있다. 예를 들어, 그림 1.26은 익형에서의 힘과 모멘트 시스템을 정의하는 세 가지 동일한 방법에 대해 표시하고 있다. 좌측 그림에서 결과 힘은 앞전에 위치하며, 앞전에서의 유한한 모멘트 값은 M'_{LE}이다. 가운데 그림에서 결과 힘은 1/4 시위점(quarter-chord point)에 위치하며 모멘트 값은 $M'_{c/4}$이다. 오른쪽 그림에서는 결과 힘이 압력 중심에 위치하며, 이 점에서의 모멘트 값은 0이다. 그림 1.26을 살펴보면, 이들 경우에는 다음의 정량적 관계식이 성립함을 알 수 있다.

$$M'_{LE} = -\frac{c}{4}L' + M'_{c/4} = -x_{cp}L' \tag{1.22}$$

예제 1.3

저속, 비압축성 유동에서 받음각 4°의 NACA 4412 익형에 대해 다음과 같은 실험 데이터를 얻었다. $c_l = 0.85$, $c_{m,c/4} = -0.09$. 압력 중심 위치를 계산하라.

■ **풀이**

식 (1.22)로부터

$$x_{cp} = \frac{c}{4} - \frac{M'_{c/4}}{L'}$$

$$\frac{x_{cp}}{c} = \frac{1}{4} - \frac{(M_{c/4}/q_\infty c^2)}{(L'/q_\infty c)} = \frac{1}{4} - \frac{c_{m,c/4}}{c_l}$$

$$= \frac{1}{4} - \frac{(-0.09)}{0.85} = \boxed{0.356}$$

(주: 4장에서 얇은 대칭형 익형의 경우 압력 중심이 1/4 시위에 위치한다는 것을 설명할 것이다. NACA 4412 익형의 경우 대칭형 익형이 아니므로, 압력 중심 위치는 1/4 시위점 뒤에 위치한다.)

예제 1.4

그림 1.1의 DC-3을 고려해 보자. 엔진 나셀 바로 바깥 부분 익형 시위 길이는 15.4 ft다. 해면 고도에서의 순항 속도(188 mi/h)에서, 이 익형이 위치한 지점의 단위 스팬당 모멘트는 $M'_{c/4} = -1071$ ft lb/ft와 $M'_{LE} = -3213.9$ ft lb/ft라 한다. 익형에서의 단위 스팬당 양력과 압력 중심 위치를 계산하라.

■ **풀이**

식 (1.22)로부터

$$\frac{c}{4}L' = M'_{c/4} - M'_{LE} = -1071 - (-3213.9) = 2142.9$$

날개 상의 익형 위치에서, $\frac{c}{4} = \frac{15.4}{4} = 3.85$ ft.

따라서

$$L' = \frac{2142.9}{3.85} = \boxed{556.6 \text{ lb/ft}}$$

식 (1.22)로 다시 돌아가

$$-x_{cp}L' = M'_{LE}$$

$$-x_{cp} = -\frac{M'_{LE}}{L'} = -\frac{(-3213.9)}{556.6} = \boxed{5.774 \text{ ft}}$$

주: 이 절에서 익형에서의 힘과 모멘트 시스템은 익형 상의 어느 위치든 양력이 작용하는 점을 결정하고, 이 점에 작용하는 모멘트를 산출함으로써 특정하게 결정할 수 있음을 설명했다. 이와 유사하게, 이 예제는 익형 상의 어느 두 점에서 모멘트를 결정해 줌으로써 힘과 모멘트 시스템을 특정하게 결정할 수 있음을 보여주고 있다.

1.7 차원해석: Buckingham 파이 정리 *Dimensional Analysis: The Buckingham Pi Theorem*

물체에 작용하는 공기역학적 힘과 모멘트, 그리고 이에 대응하는 힘과 모멘트 계수에 대해 1.5절에서 정의했다. *질문*: 이러한 힘과 모멘트의 변화를 결정하는 물리량들은 무엇인가? 이에 대한 답을 이 절에서 소개할 *차원해석*(dimensional analysis)이라는 매우 유용한 방법을 사용하여 찾을 수 있다.[3]

주어진 받음각에서 정해진 형상을 갖는 물체를 생각해 보자(예를 들어 그림 1.17의 익형). 공기역학적 힘의 결과 힘은 R이다. 물리적 직관에 기초하여 R은 다음과 같은 사항들에 좌우된다고 할 수 있다.

---

[3] 차원해석에 대한 보다 기초적인 설명은 참고문헌 2의 5장을 참조하라.

1. 자유흐름 속도 V_∞
2. 자유흐름 밀도 ρ_∞
3. 유체의 점성. 전단응력 τ가 공기역학적 힘과 모멘트에 기여함을 이미 살펴보았으며, τ는 유동 내 속도구배에 비례한다. 예를 들어 속도구배가 $\partial u/\partial y$로 주어지면 $\tau = \mu \partial u/\partial y$이다. 비례 상수는 점성 계수 μ이다. 따라서 공기역학적 힘과 모멘트에 대한 점성의 영향을 자유흐름 점성 계수 μ_∞를 사용하여 표시하도록 하자.
4. 물체의 크기는 기준 길이를 선정하여 표시하도록 하자. 그림 1.17에서 일반적인 기준 길이로서 시위 길이 c를 잡는다.
5. 유체의 압축성. 압축성에 대한 기술적 정의는 7장에서 소개한다. 현재 우리 목적상 일단 압축성이 유동장 내 밀도의 *변화*와 관계 있다고 가정하면, 당연히 공기역학적 힘과 모멘트는 이러한 밀도의 변화에 민감할 수밖에 없다. 이어서 압축성은 유체 내 음속(speed of sound) a와 관계있는데, 이는 8장에서 설명한다.[4] 따라서 공기역학적 힘과 모멘트에 대한 압축성의 영향을 자유흐름에서의 음속 a_∞로 표시하기로 한다.

위에 언급한 관점에서 그리고 R의 변화에 대해 아무런 사전 지식이 없는 상태에서, 상식적으로 다음과 같이 표현할 수 있다.

$$R = f(\rho_\infty, V_\infty, c, \mu_\infty, a_\infty) \tag{1.23}$$

식 (1.23)은 일반적인 함수 관계식이며, 이러한 식은 직접적인 R의 계산에 별로 실용적이지 않다. 원칙적으로, 주어진 형상의 물체를 풍동에 설치하여 받음각을 조절하고 ρ_∞, V_∞, c, μ_∞, a_∞의 변화에 따른 R의 변화를 한 가지 경우에 한 번씩 체계적으로 측정할 수 있다. 엄청난 양의 측정 데이터를 얻은 후 이를 변수별로 그래프로 그려, 아마도 식 (1.23)의 정확한 함수 관계식을 도출해낼 수 있을 것이다. 그러나 이는 매우 어려운 과제로 엄청난 양의 풍동 측정 시간이 요구됨으로 인해 상당한 비용을 수반할 것이다. 다행히도 우선 차원해석이라는 방법을 도입함으로써 시간과 노력을 엄청나게 줄이면서 문제를 단순화할 수 있다. 이 방법을 통해 공기역학적 힘과 모멘트를 지배하는 무차원 변수들의 집합을 정의하게 된다. 이 집합은 식 (1.23)에서 나타나는 독립변수들의 숫자를 상당히 감소시킨다.

차원해석이란 실제 물리적 현상에서 다루는 등식에서 각 항은 반드시 같은 차원을 가져야 한다는 명백한 사실에 기초한 방법이다. 예를 들어, 만약

$$\psi + \eta + \zeta = \phi$$

이 물리적 관계식이라면 ψ, η, ζ, φ는 반드시 같은 차원을 가져야 한다. 그렇지 않다면 사과에 오렌지를 더하는 격이 되는 것이다. 위 식은 어느 하나의 항, 예를 들어 φ로 나눔으로써 무차원화시킬 수 있다.

$$\frac{\psi}{\phi} + \frac{\eta}{\phi} + \frac{\zeta}{\phi} = 1$$

이러한 아이디어는 아래에 유도과정을 생략하고 소개할 Buckingham 파이 정리에 구체화되어 있다(유도과정은 참고문헌 3의 21~28쪽 참조).

Buckingham 파이 정리

물리적 변수들을 표시하기 위해 필요한 기본 차원의 숫자를 K라 하자(역학에서 모든 물리적 변수들은 *질량*, *길이*, *시간* 차원의 항으로 표시할 수 있다. 즉, $K = 3$). P_1, P_2, ... , P_N을 물리적 관계식에 등장하는 N개의 물리적 변수들이라 하자.

$$f_1(P_1, P_2, \ldots, P_N) = 0 \tag{1.24}$$

[4] 일상적인 경험을 통해 음파가 공기 속으로 빛의 속도보다 훨씬 느린 어떤 유한한 속도로 전파된다는 것을 우리는 알고 있다. 즉, 멀리 떨어진 곳에서 번갯불을 본 후 나중에 천둥소리를 듣게 된다. 공기역학에서 음속은 매우 중요한 물리량으로서 8.3절에서 자세히 취급한다.

그러면 식 (1.24)의 물리적 관계식은 $(N - K)$개의 무차원곱[Π곱(products)이라 부른다]으로 아래와 같이 다시 표현할 수 있다.

$$f_2(\Pi_1, \Pi_2, \ldots, \Pi_{N-K}) = 0 \tag{1.25}$$

여기서 각각의 Π곱은 K개의 물리적 변수들 집합과 다른 하나의 물리적 변수로 구성된 무차원곱이다. $P_1, P_2, \ldots, P_K$를 선정된 K개의 물리적 변수들이라 하자. 그러면,

$$\begin{aligned}\Pi_1 &= f_3(P_1, P_2, \ldots, P_K, P_{K+1}) \\ \Pi_2 &= f_4(P_1, P_2, \ldots, P_K, P_{K+2}) \\ &\cdots\cdots\cdots\cdots \\ \Pi_{N-K} &= f_5(P_1, P_2, \ldots, P_K, P_N)\end{aligned} \tag{1.26}$$

반복되는 변수들 $P_1, P_2, \ldots, P_K$의 선택 방법은 문제에서 사용된 모든 K개의 차원이 포함되도록 해야 한다. 또한 종속변수[식 (1.23)에서의 R과 같은]는 Π곱들 중 단 한 차례에 걸쳐 나타나야 한다.

받음각이 주어진 물체에 작용하는 공기역학적 힘에 대한 문제로 돌아가, 식 (1.23)은 식 (1.24)의 형태로 다시 표현할 수 있다.

$$g(R, \rho_\infty, V_\infty, c, \mu_\infty, a_\infty) = 0 \tag{1.27}$$

Buckingham 파이 정리에 따르면 기본 차원은,

$$\begin{aligned} m &= \text{질량 차원} \\ l &= \text{길이 차원} \\ t &= \text{시간 차원} \end{aligned}$$

따라서 $K = 3$이다. 물리적 변수와 차원은 다음과 같다.

$$\begin{aligned} [R] &= mlt^{-2} \\ [\rho_\infty] &= ml^{-3} \\ [V_\infty] &= lt^{-1} \\ [c] &= l \\ [\mu_\infty] &= ml^{-1}t^{-1} \\ [a_\infty] &= lt^{-1} \end{aligned}$$

따라서 $N = 6$이다. 위에서 힘 R의 차원은 Newton 제2법칙으로부터 힘 = 질량 × 가속도, 즉 $[R] = mlt^{-2}$이다. μ_∞의 차원은 정의식[즉, $\mu = \tau\,(\partial u/\partial y)$]과 Newton 제2법칙으로부터 얻을 수 있다(여러분 스스로 $[\mu_\infty] = ml^{-1}t^{-1}$임을 증명해 보아라). ρ_∞, V_∞, c를 임의적으로 K개의 물리적 변수로 선정한다. 식 (1.27)은 $N - K = 6 - 3 = 3$개의 무차원 Π곱을 사용하여 식 (1.25)의 형태로 다시 표현할 수 있다.

$$f_2(\Pi_1, \Pi_2, \Pi_3) = 0 \tag{1.28}$$

식 (1.26)으로부터 이들 Π곱은,

$$\Pi_1 = f_3(\rho_\infty, V_\infty, c, R) \tag{1.29a}$$

$$\Pi_2 = f_4(\rho_\infty, V_\infty, c, \mu_\infty) \tag{1.29b}$$

$$\Pi_3 = f_5(\rho_\infty, V_\infty, c, a_\infty) \tag{1.29c}$$

당분간 식 (1.29a)의 Π_1에 대해 집중해 보자. 다음과 같이 가정한다.

$$\Pi_1 = \rho_\infty^d V_\infty^b c^e R \tag{1.30}$$

여기서 d, b, e는 구해야 할 지수값이다. 식 (1.30)은 차원을 가진 항들로 다음과 같이 표시된다.

$$[\Pi_1] = (ml^{-3})^d (lt^{-1})^b (l)^e (mlt^{-2}) \tag{1.31}$$

Π_1은 무차원이므로 식 (1.31)의 우변도 반드시 무차원이어야 한다. 이는 질량 m의 지수값들을 더해 반드시 0이 되어야 한다는 의미다. 이와 유사한 방법으로 l과 t의 지수값을 결정할 수 있다. 따라서

m의 경우: $d + 1 = 0$

l의 경우: $-3d + b + e + 1 = 0$

t의 경우: $-b - 2 = 0$

위 방정식을 풀면 $d = -1$, $b = -2$, $e = -2$의 값을 구할 수 있다. 이들 값을 식 (1.30)에 대입하면 아래의 결과를 얻을 수 있다.

$$\Pi_1 = R\rho_\infty^{-1} V_\infty^{-2} c^{-2} = \frac{R}{\rho_\infty V_\infty^2 c^2} \tag{1.32}$$

$R/\rho_\infty V_\infty^2 c^2$은 무차원 변수이며, 여기서 c^2은 면적의 차원을 갖는다. 여기서 c^2을 원하는 임의의 기준 면적으로(날개 평면적인 S와 같은) 대치할 수 있으며, 이렇게 해도 Π_1은 여전히 무차원량이다. 게다가 Π_1에 순수한 숫자를 곱해도 여전히 무차원량으로 남는다. 따라서 식 (1.32)로부터 Π_1을 다음과 같이 다시 정의할 수 있다.

$$\Pi_1 = \frac{R}{\frac{1}{2}\rho_\infty V_\infty^2 S} = \frac{R}{q_\infty S} \tag{1.33}$$

따라서 Π_1은 1.5절에서 정의한 힘 계수 C_R이다. 식 (1.33)에서 S는 주어진 물체 형상과 밀접한 관계가 있는 기준 면적이다.

남은 Π곱도 다음과 같이 찾을 수 있다. 식 (1.29b)로부터 아래와 같이 가정한다.

$$\Pi_2 = \rho_\infty V_\infty^h c^i \mu_\infty^j \tag{1.34}$$

위에서 수행한 해석과 동일한 절차에 의해 다음 식을 얻을 수 있다.

$$[\Pi_2] = (ml^{-3})(lt^{-1})^h (l)^i (ml^{-1}t^{-1})^j$$

따라서

m의 경우: $1 + j = 0$

l의 경우: $-3 + h + i - j = 0$

t의 경우: $-h - j = 0$

그러므로 $j = -1$, $h = 1$, $i = 1$이다. 식 (1.34)에 대입하면 아래 식을 얻는다.

$$\Pi_2 = \frac{\rho_\infty V_\infty c}{\mu_\infty} \tag{1.35}$$

식 (1.35)의 무차원 변수 조합은 자유흐름의 *레이놀즈수* $\text{Re} = \rho_\infty V_\infty c/\mu_\infty$로 정의되는 양이다. 물리적으로 레이놀즈수는 유동 내에서 관성력의 점성력에 대한 비율이며, 유체역학에서 가장 중요한 매개변수 중 하나이다. 이것의 중요성에 대해서는 15~20장에 걸쳐 강조할 것이다.

식 (1.29c)로 돌아가 아래와 같이 가정하자.

$$\Pi_3 = V_\infty \rho_\infty^k c^r a_\infty^s \tag{1.36}$$

$$[\Pi_3] = (lt^{-1})(ml^{-3})^k (l)^r (lt^{-1})^s$$

m의 경우: $k = 0$
l의 경우: $1 - 3k + r + s = 0$
t의 경우: $-1 - s = 0$

따라서 $k = 0, s = -1, r = 0$이다. 식 (1.36)에 대입하여 다음 식을 얻는다.

$$\Pi_e = \frac{V_\infty}{a_\infty} \tag{1.37}$$

식 (1.37)의 무차원 변수 조합은 자유흐름의 *마하수* $M = V_\infty / a_\infty$이다. 마하수는 유동 속도의 음속에 대한 비율이며, 이 역시 기체역학 연구에서 매우 중요한 변수이다. 이에 대한 중요성은 후속 장에서 강조하기로 한다.

차원해석 결과를 다음과 같이 조직화해 보자. 식 (1.33), (1.35), (1.37)의 결과를 식 (1.28)에 대입하면 다음 결과식을 얻는다.

$$f_2\left(\frac{R}{\frac{1}{2}\rho_\infty V_\infty^2 S}, \frac{\rho_\infty V_\infty c}{\mu_\infty}, \frac{V_\infty}{a_\infty}\right) = 0$$

또는
$$f_2(C_R, \text{Re}, M_\infty) = 0$$

또는
$$\boxed{C_R = f_6(\text{Re}, M_\infty)} \tag{1.38}$$

이는 매우 중요한 결과이다! 식 (1.23)과 (1.38)을 비교해 보라. 식 (1.23)에서 R은 5개의 독립변수를 갖는 일반 함수로 표시되었다. 그러나 수행한 차원해석으로부터 다음과 같은 사실을 알 수 있다.

1. R은 무차원 힘 계수로 표시할 수 있다.
$C_R = R / \frac{1}{2}\rho_\infty V_\infty^2 S$

2. 식 (1.38)로부터 C_R은 오로지 Re와 M_∞의 함수이다.

따라서 Buckingham 파이 정리를 사용하여 식 (1.23) 내 5개 독립변수를 식 (1.38)과 같이 2개로 줄일 수 있다. 이제 만약 주어진 받음각과 물체 형상에 대해 풍동 시험을 하려는 경우, 식 (1.38)과 같은 R에 대한 직접 관계식을 구하기 위한 데이터를 얻기 위해서는 단지 레이놀즈수와 마하수만을 바꿔주면 된다. 아주 간단한 해석결과로부터 엄청난 노력과 풍동 시험 시간을 절약할 수 있는 것이다. 더욱 중요한 것은 Re와 M_∞라는 2개의 무차원 변수를 정의하였는데, 이들이 바로 유동을 지배하는 변수인 것이다. 이들을 다음 절에서 설명할 이유로 *상사변수*(similarity parameters)라 칭한다. 공기역학 설명이 진행될수록 또 다른 상사 변수들이 소개될 것이다.

양력과 항력이 각각 결과 힘의 성분이므로 식 (1.38)로부터 다음 추론이 가능하다.

$$C_L = f_7(\text{Re}, M_\infty) \tag{1.39}$$
$$C_D = f_8(\text{Re}, M_\infty) \tag{1.40}$$

그리고 식 (1.23)과 유사한 관계가 공기역학적 모멘트에 대해 성립하므로 차원해석 결과로부터 아래 식을 얻을 수 있다.

$$C_M = f_9(\text{Re}, M_\infty) \tag{1.41}$$

위에서 수행한 해석은 주어진 받음각 α와 물체 형상에 대한 것이라는 점에 유의하기 바란다. 만약 α가 변할 수 있다면 C_L, C_D, C_M은 일반적으로 α 값에 따라 달라질 것이다. 따라서 식 (1.39)~(1.41)을 아래와 같이 일반화시킬 수 있다.

$$\boxed{C_L = f_{10}(\text{Re}, M_\infty, \alpha)} \tag{1.42}$$
$$\boxed{C_D = f_{11}(\text{Re}, M_\infty, \alpha)} \tag{1.43}$$
$$\boxed{C_M = f_{12}(\text{Re}, M_\infty, \alpha)} \tag{1.44}$$

식 (1.42)~(1.44)는 물체 형상이 주어져 있는 경우를 가정한 것이다. 이론 및 실험 공기역학의 상당 부분이 정해진 물체 형상에 대해 식 (1.42)~(1.44)로 표시되는 관계식을 얻기 위한 일에 초점을 맞추고 있다. 이는 1.2절에서 언급한 공기역학의 실질적 응용 분야 중 하나이며, 이 책을 집필한 주요 동기 중 하나이기도 하다.

열역학이나 열전달이 포함된 기계공학적 문제에서 유체의 온도, 비열, 열전도율(thermal conductivity)과 함께 물체 표면의 온도(벽면 온도)도 반드시 물리적 변수 목록에 추가해야 한다. 그리고 온도의 단위(즉, kelvin 또는 degree Rankine) 역시 기본 차원 목록에 추가해야 한다. 이러한 경우 차원해석에 열전달 계수, 정압 비열의 정적 비열에 대한 비율 c_p/c_v인 비열비와 같은 추가적인 상사 매개변수, 벽면 온도의 자유흐름 온도에 대한 비율 T_w/T_∞, 프란틀수 $\Pr = \mu_\infty c_p/k_\infty$(여기서 k_∞는 자유흐름의 열전도율) 등과 같은 추가적인 무차원곱이 고려되어야 한다.[5] 열역학은 압축성 유동(7~14장) 연구에 필수적이며, 열전달은 점성 유동(15~20장) 연구의 일부분이다. 따라서 이러한 추가적인 상사변수들이 후속 토론에 논리적으로 등장할 때마다 이를 강조할 필요가 있다. 그러나 당분간 마하수와 레이놀즈수 정도가 토론에 등장하는 주요 상사변수로서 충분할 것이다.

1.8 유동의 유사성 *Flow Similarity*

2개의 서로 다른 물체 주변에 형성되는 서로 다른 2개의 유동장을 가정해 보자. 정의에 의거하여 다음 조건이 충족된다면 두 유동은 *동적으로 유사*(dynamically similar)하다.

1. 유선의 패턴이 기하학적으로 유사하다.
2. V/V_∞, p/p_∞, T/T_∞ 등의 분포를 공통의 무차원 좌표계에 대해 그래프로 나타냈을 때 이들이 전 유동장에 걸쳐 동일하다.
3. 힘 계수들이 동일한 값을 갖는다.

실제로는 항목 2의 결과로 나타나는 것이 항목 3이다. 서로 다른 물체 위에서 무차원 압력 및 전단응력 분포가 같다면, 무차원 힘 계수들의 값이 같아진다.

동적 유사성(dynamic similarity)의 정의는 위에 주어진 것과 같다. *질문*: 2개의 유동이 동적으로 유사하기 위해서는 어떠한 *조건*이 충족되어야 하는가? 이에 대한 답을 1.7절의 차원해석 결과로부터 얻을 수 있다. 2개의 유동은 다음 조건이 충족되면 동적으로 유사하다.

1. 2개의 유동에서 물체와 이들의 고체면 경계가 기하학적으로 유사하다.
2. 두 유동에 대해 상사 매개변수들이 동일하다.

Re와 M_∞ 이러한 2개의 변수에 대해 강조한 바 있다. 여러 공기역학적 응용문제에서 이들은 매우 중요한 상사변수이다. 따라서 다소 제한적이지만 여러 응용문제에 적용이 가능하므로, 기하학적으로 유사한 형상의 물체 주변 유동에서 마하수와 레이놀즈수가 같다면 이들 2개의 유동은 동적으로 유사하다고 할 수 있다. 그리고 유동 내 물체에서의 양력, 항력 및 모멘트 계수들 역시 동일하게 된다. 이것이 바로 풍동 시험의 타당성을 보장할 수 있는 요점이다. 비행체의 축소 모형을 풍동 내에서 시험할 때, 자유 비행 상태와 풍동 시험실 내 유동의 마하수와 레이놀즈수가 같다면 양력, 항력 및 모멘트 계수들의 측정값은 자유 비행 상태에서의 값과 동일하다. 뒷장에서 다시 살펴보겠지만, 이는 유동에 영향을 미치는 다른 상사 매개변수들이 존재하기 때문에 아주 정확한 표현은 아니다. 추가적으로, 자유 비행과 풍동 내 자유흐름의 난류 강도 차이는 C_D와 C_L의 최대값에 큰 영향을 미칠 수 있다. 그러나 수많은 풍동 시험에서의 주 목표는 자유 비행 상태에서의 Re와 M_∞ 조건하에서 시뮬레이션을 수행하는 것이다.

---

[5] 유체의 *비열*(specific heat)은 단위 온도 상승을 위해 시스템에 추가된 열량 δq로 정의된다. $c_v = \delta q/dT$, δq가 일정한 체적의 유체에 가해진 경우, 이와 유사하게 c_p는 δq가 일정한 압력을 유지하고 있는 유체에 가해진 경우이다. 7.2절에서 비열에 대해 상세히 설명할 것이다. 열전도율(thermal conductivity)은 유체에서 온도구배에 대한 열유량(heat flux)과 관련이 있다. 예를 들어, $\dot{q}_x$가 단위 시간당 단위 면적당 x 방향으로 전달된 열전달량이고 dT/dx는 x 방향으로의 온도구배라 하면, 열전도율 k는 $\dot{q}_x = -k(dT/dx)$로 정의된다. 15.3절에서 열전도율에 대해 상세하게 설명할 것이다.

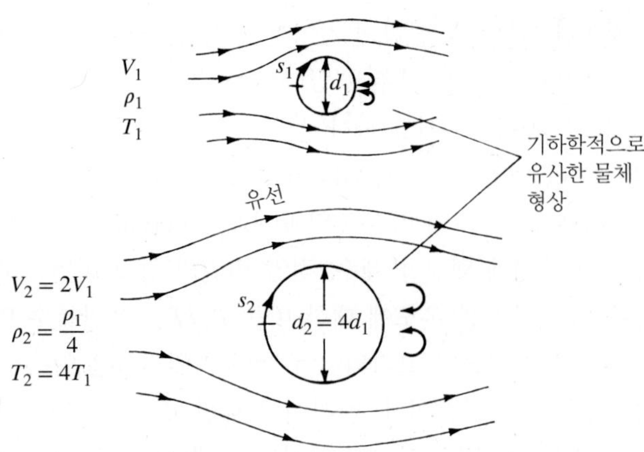

그림 1.27 유동의 동적 유사성 예. 동적 유사성에 대한 정의의 일부분으로서 두 유동에서의 유선(각 위치에서 유동 속도가 접하는 점들을 연결한 선)이 기하학적으로 유사해야 한다는 점에 유의하라.

예제 1.5

원형 단면 실린더 유동에서 그림 1.27과 같이 한 실린더의 직경이 다른 실린더 직경의 4배라 하자. 작은 실린더의 자유흐름 밀도, 속도, 온도는 각각 ρ_1, V_1, T_1이다. 큰 실린더에서의 자유흐름 밀도, 속도, 온도는 각각 ρ_2, V_2, T_2며, $\rho_2 = \rho_1/4$, $V_2 = 2V_1$, $T_2 = 4T_1$이라 한다. μ와 a는 모두 $T^{1/2}$에 비례한다고 가정한다. 두 유동이 서로 동적으로 유사함을 보여라.

■ 풀이

$\mu \propto \sqrt{T}$ 그리고 $a \propto \sqrt{T}$이므로,

$$\frac{\mu_2}{\mu_1} = \sqrt{\frac{T_2}{T_1}} = \sqrt{\frac{4T_1}{T_1}} = 2$$

그리고

$$\frac{a_2}{a_1} = \sqrt{\frac{T_2}{T_1}} = 2$$

정의에 의해

$$M_1 = \frac{V_1}{a_1}$$

그리고

$$M_2 = \frac{V_2}{a_2} = \frac{2V_1}{2a_1} = \frac{V_1}{a_1} = M_1$$

따라서 마하수가 동일하다. 직경 d에 기초한 실린더의 레이놀즈수는 정의에 의해 다음과 같다.

$$\text{Re}_1 = \frac{\rho_1 V_1 d_1}{\mu_1}$$

그리고

$$\text{Re}_2 = \frac{\rho_2 V_2 d_2}{\mu_2} = \frac{(\rho_1/4)(2V_1)(4d_1)}{2\mu_1} = \frac{\rho_1 V_1 d_1}{\mu_1} = \text{Re}_1$$

따라서 레이놀즈수가 같다. 두 물체는 기하학적으로 유사하고 M_∞와 Re가 같으므로 모든 조건을 충족시킨다. 따라서 두 유동은 동적으로 유사하다. 유사한 유동의 결과로, 정의로부터 다음 사항을 알 수 있다.

1. 두 실린더 주변의 유선 형태는 기하학적으로 유사하다.
2. 두 실린더 주변에서 무차원 압력, 온도, 밀도, 속도 등의 분포가 동일하다. 이를 그림 1.28에 나타냈다. 여기서 무차원 압력 분포 p/p_∞를 무차원 표면 거리 s/d의 함수로 표시했다. 두 물체에 대해 같은 곡선이 도출된다.
3. 두 물체의 항력 계수가 동일하다. 여기서 $C_D = D/q_\infty S$이며 $S = \pi d^2/4$이다. 유동 유사성의 결과로 $C_{D1} = C_{D2}$다. (주: 그림 1.27을 살펴보면 실린더의 양력이 0임을 알 수 있는데, 이는 유동이 실린더의 중심을 지나는 수평축에 대해 서로 대칭이기 때문이다. 윗부분의 압력 분포와 아랫부분의 압력 분포가 동일하여 수직 방향으로 서로 상쇄된다. 따라서 항력만이 물체에 작용하는 유일한 공기력이다.)

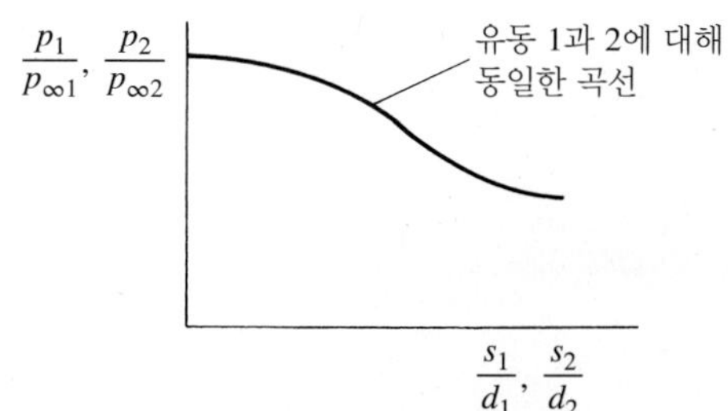

그림 1.28 동적으로 유사한 유동의 한 단면. 무차원 유동변수 분포가 동일하다.

예제 1.6

38,000 ft 표준 고도에서 550 mi/h의 속도로 비행 중인 Boeing 747 여객기에 대해 생각해 보자. 이 고도에서 자유흐름 압력과 온도는 각각 432.6 lb/ft^{2}과 390°R이라 한다. 747 여객기의 1/5 축소 모형을 시험실 온도가 430°R인 풍동에서 시험하고 있다. 자유 비행 상태와 같은 양력 및 항력 계수를 측정값으로 얻을 수 있는 풍동 시험실 내 속도와 압력을 계산하라. μ와 a는 모두 $T^{1/2}$에 비례한다고 가정한다.

■ 풀이

아래첨자 1과 2는 각각 자유 비행 및 풍동 시험부 조건을 표시한다고 하자. $C_{L,1} = C_{L,2}$ 그리고 $C_{D,1} = C_{D,2}$를 위해서는 자유 비행 상태와 풍동 내 유동이 서로 동적으로 유사해야 한다. 이를 위해서는 $M_1 = M_2$ 그리고 $\text{Re}_1 = \text{Re}_2$가 성립해야 한다.

$$M_1 = \frac{V_1}{a_1} \propto \frac{V_1}{\sqrt{T_1}}$$

그리고

$$M_2 = \frac{V_2}{a_2} \propto \frac{V_2}{\sqrt{T_2}}$$

따라서

$$\frac{V_2}{\sqrt{T_2}} = \frac{V_1}{\sqrt{T_1}}$$

또는

$$V_2 = V_1\sqrt{\frac{T_2}{T_1}} = 550\sqrt{\frac{430}{390}} = \boxed{577.5 \text{ mi/h}}$$

$$\text{Re}_1 = \frac{\rho_1 V_1 c_1}{\mu_1} \propto \frac{\rho_1 V_1 c_1}{\sqrt{T_1}}$$

그리고

$$\text{Re}_2 = \frac{\rho_2 V_2 c_2}{\mu_2} \propto \frac{\rho_2 V_2 c_2}{\sqrt{T_2}}$$

따라서

$$\frac{\rho_1 V_1 c_1}{\sqrt{T_1}} = \frac{\rho_2 V_2 c_2}{\sqrt{T_2}}$$

또는

$$\frac{\rho_2}{\rho_1} = \left(\frac{V_1}{V_2}\right)\left(\frac{c_1}{c_2}\right)\sqrt{\frac{T_2}{T_1}}$$

그러나 $M_1 = M_2$여야 하므로,

$$\frac{V_1}{V_2} = \sqrt{\frac{T_1}{T_2}}$$

따라서

$$\frac{\rho_2}{\rho_1} = \frac{c_1}{c_2} = 50$$

완전 기체 상태 방정식이 $p = \rho RT$이고, 여기서 R은 기체 상수(specific gas constant)이므로,

$$\frac{p_2}{p_1} = \frac{\rho_2}{\rho_1}\frac{T_2}{T_1} = (50)\left(\frac{430}{390}\right) = 55.1$$

따라서

$$p_2 = 55.1\,p_1 = (55.1)(432.6) = \boxed{23{,}836 \text{ lb/ft}^2}$$

1 atm = 2116 lb/ft^{2}이므로 $p_2 = 23{,}836/2116 = \boxed{11.26 \text{ atm}}$.

그림 1.29 NACA 가변 밀도 터널(VDT). 1921년 3월 승인 후, 1922년 10월부터 버지니아주 Hampton 소재 NACA Langley Memorial Laboratory에서 VDT 운용이 개시되었다. 이는 20기압까지 가압이 가능한 85톤의 압력 용기 내에 대형 아음속 풍동을 집어넣은 것이다. 이 터널을 사용하여 1920년대와 1930년대에 여러 종류의 NACA 계열 익형 형상을 개발했다. 1940년대 초반, 이 시설은 풍동으로서의 역할을 종료하고 고압 공기 저장 탱크로 사용되었다. 1983년, 구형의 리벳형 구조와 오래된 연령으로 인해 사용이 중지되었다. 오늘날에도 NASA Langley Research Center에 VDT가 남아 있다. 이 시설의 공식 명칭은 National Historic Landmark라고 표기되어 있다. (*NASA*)

예제 1.6에서 풍동 시험부 유동은 자유 비행 상태의 레이놀즈수에 대한 시뮬레이션을 수행하기 위해 대기압보다 상당히 높은 압력으로 가압해야 한다. 그러나 대부분의 표준형 아음속 풍동은 추가적인 비용 문제 때문에 가압을 하지는 않는다. 이는 대부분의 일반적인 풍동 시험에서 마하수와 레이놀즈수를 모두 맞추어 시뮬레이션을 수행하는 데 어려움이 따른다는 것을 보여준다. 버지니아주 Hampton에 소재한 NACA (NASA의 전신) Langley Memorial Laboratory에서 1922년 가압 풍동 운용을 개시했다는 흥미로운 사실에 대해 언급하고자 한다. 이는 20기압까지 가압이 가능한 대형 탱크 내에 아음속 풍동이 설치된 경우이다. 소위 가변 밀도 터널(VDT: variable density tunnel)로서, 1920년대와 1930년대에 걸쳐 자유 비행 상태에 해당하는 높은 레이놀즈수 유동에서 NACA 익형 계열에 대한 시험 데이터를 제공했다. 그림 1.29에 NACA 가변 밀도 터널의 사진을 수록했다. 육중한 가압 용기 내에 풍동이 들어 있다. 그림 1.30에 VDT 내부 압력조(pressure cell) 단면을 표시했다. 이는 자유 비행 상태에서의 주요 상사변수들을 풍동 내에서

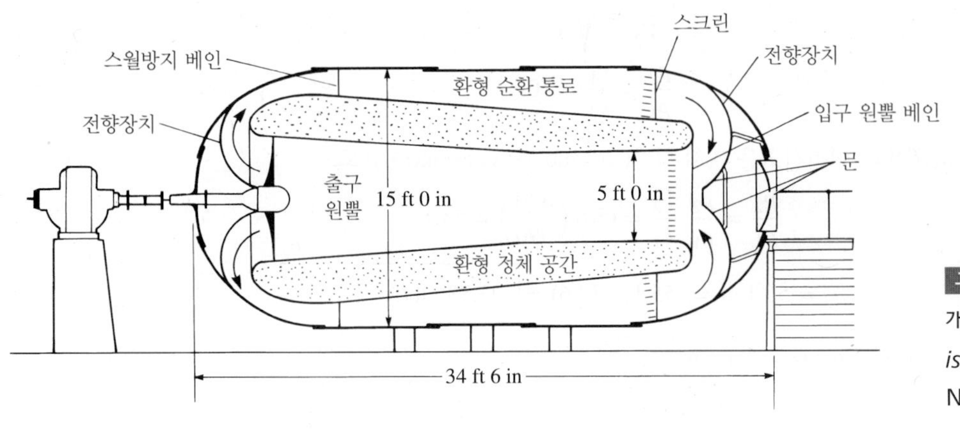

그림 1.30 가변 밀도 터널의 개요도(*Baals, D.D. and Carliss, W.R.*, Wind Tunnels of NASA, *NASA SP-440*, 1981)

동시에 맞추어 시뮬레이션하기 위해 때로는 극단적인 측정이 요구된다는 것을 보여준다. 오늘날 대부분의 경우에 있어, 모든 변수들을 동시에 만족하도록 시도하기보다는 하나의 풍동에서는 마하수 시뮬레이션을, 그리고 또 다른 풍동에서는 레이놀즈수 시뮬레이션을 수행하는 방식을 선택하고 있다. 양 풍동에서 나온 결과를 분석하여 자유 비행 상태에서의 C_L 및 C_D 값에 대한 합리적인 상관관계를 얻는다. 어느 경우든 이 예제를 통해 주어진 풍동에서 완전한 자유 비행 상태의 시뮬레이션을 수행하는 데 따른 어려움을 알 수 있으며, 실험 공기역학에서 동적으로 유사한 유동 조건을 조성하는 것이 얼마나 중요한지를 강조하고자 한다.

설계_*Design Box*

항공기 기본 설계 및 성능 해석에서 양력과 항력 계수는 중요한 역할을 한다. 이 설계의 목적은 항공공학에서 C_L과 C_D의 중요성을 강조하는 것이다. 이들은 일상적으로 정의된 용어 이상의 의미를 지니며, 영리한 엔지니어링 접근과 단순히 어둠 속을 더듬는 식의 접근을 구분지을 수 있는 기본적 물리량이다.

그림 1.31의 정상, 수평 비행 중인 항공기를 고려해 보자. 이 경우 중량 W는 아래 방향으로 수직으로 작용한다. 양력 L은 위 방향으로 상대 바람 V_∞에 수직으로 작용(정의에 의해)한다. 수평 비행을 유지하기 위해서는 아래 식이 성립해야 한다.

$$L = W$$

추진 메커니즘으로부터의 추력 T와 항력 D는 모두 V_∞에 평행한 방향으로 작용한다. 정상(가속하지 않는) 비행을 위해서는 아래와 같아야 한다.

$$T = D$$

그림 1.31에 표시한 바와 같이 대부분의 일상적인 비행 상황에서 L과 W의 크기는 T와 D의 크기보다 상당히 크다. 일반적인 순항 비행 상태에서 $L/D \approx 15\text{~}20$이 전형적인 경우이다.

그림 1.31과 같이 *형상이 주어진* 항공기에서 마하수와

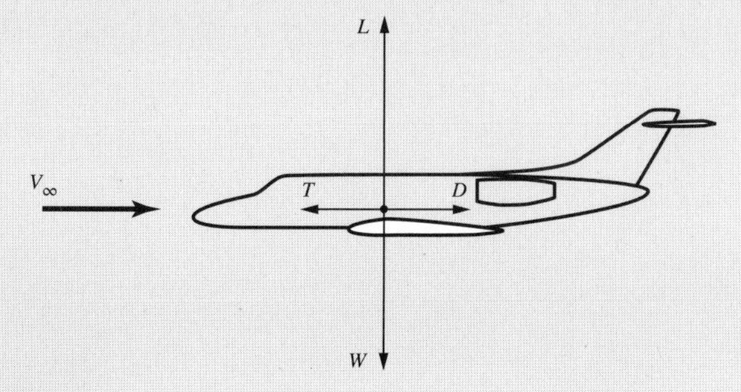

그림 1.31 비행 중인 항공기에 작용하는 네 가지 힘

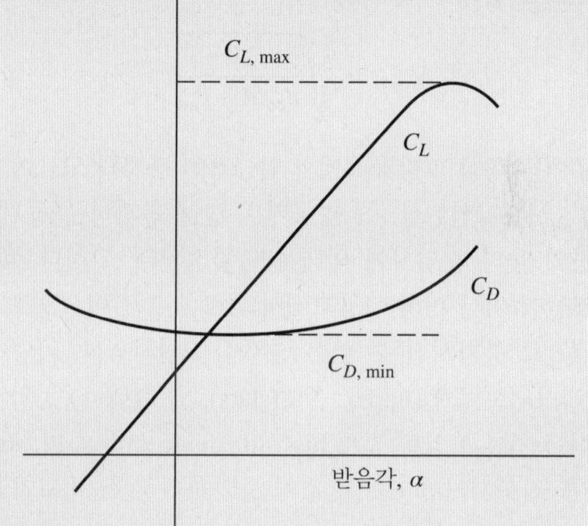

그림 1.32 받음각에 대한 양력 및 항력 계수의 개요도. 최대 양력 계수와 최소 항력 계수

레이놀즈수가 정해져 있는 경우, C_L과 C_D는 단순히 항공기의 받음각 α의 함수이다. 이는 식 (1.42)와 (1.43)이 전하는 메시지이기도 하다. 형상이 정해진 물체에서 C_L과 C_D 값이 단지 유동 내 물체가 취하고 있는 자세(즉, 받음각)에 의해서만 결정된다는 것은 매우 단순하고도 기본적인 메시지로서, 자연 현상의 오묘함을 표현하고 있다. 그림 1.32에 C_L과 C_D의 α에 대한 일반적 변화를 나타냈다. 날개 실속(stall)이 발생하는 받음각 지점까지 C_L은 α에 따라 선형적으로 증가하며, 양력 계수가 최대값에 도달한 이후 α가 더 증가하면 C_L 값이 감소한다. 양력 계수의 최대값을 그림 1.32에서와 같이 $C_{L,\max}$로 표시한다.

정상, 수평 비행 상태를 유지할 수 있는 항공기의 최저 속도를 실속 속도(stalling velocity), V_{stall}이라 한다. 이는 $C_{L,\max}$ 값에 의해 다음과 같이 영향을 받는다.[6] 1.5절에 주어진 양력 계수의 정의식을 $L = W$인 수평 비행 경우에 적용하면 다음 식을 얻을 수 있다.

[6] 최소 속도는 수평 비행을 유지하기 위해 추진기관으로부터의 가용 출력(power available)을 초과하는 요구 출력(power required)에 의해 좌우될 수도 있다. 이는 '출력 곡선의 후방(back side of the power curve)'에서 발생한다. 이러한 경우 속도는 보통 실속 속도보다 낮으며, 따라서 이는 단지 학문적인 흥미거리의 영역이다. 상세한 내용은 Anderson의 *Aircraft Performance and Design*, McGraw-Hill, 1999를 참조하기 바란다.

$$C_L = \frac{L}{q_\infty S} = \frac{W}{q_\infty S} = \frac{2W}{\rho_\infty V_\infty^2 S} \tag{1.45}$$

식 (1.45)를 V_∞에 대해 풀면,

$$V_\infty = \sqrt{\frac{2W}{\rho_\infty S C_L}} \tag{1.46}$$

주어진 고도에서 비행 중인 항공기에서 W, ρ, S는 고정된 값이므로, 식 (1.46)으로부터 각 비행 속도는 특정한 CL 값에 대응된다. 특히 CL 값이 최대일 경우 V_∞는 최소값이 된다. 따라서 주어진 형상의 항공기에서 실속 속도는 식 (1.46)으로부터 $C_{L,\max}$ 값에 의해 결정된다.

$$V_{\text{stall}} = \sqrt{\frac{2W}{\rho_\infty S C_{L,\max}}} \tag{1.47}$$

주어진 형상의 항공기에서 인공적인 장치의 도움이 없다면 $C_{L,\max}$는 자연현상, 즉 항공기 주변을 통과하는 공기역학 유동장의 물리적 법칙에 의해서만 결정된다. 그러나 항공기 설계자들이 기본 형상 항공기에서의 $C_{L,\max}$ 값 이상으로 이를 인공적으로 증가시킬 수 있는 장치를 고안하였다. 이렇게 날개에 장착되는 플랩(flaps), 슬랫(slats), 슬롯(slots) 등과 같은 기계적 장치를 *고양력 장치*(high-lift devices)라 하며, 조종사가 이를 작동시키면 $C_{L,\max}$ 값이 증가하여 실속 속도가 감소하게 된다. 고양력 장치는 주로 이착륙 시에 사용하며, 4.12절에서 보다 상세하게 다룬다.

또 다른 극단적 비행 속도로, 주어진 형상의 항공기에서 엔진으로부터 최대 출력이 발생할 때의 최대 속도를 들 수 있다. 이는 그림 1.32에 표시된 최소 항력 계수 $C_{D,\min}$을 사용하여 구할 수 있다. 1.5절의 항력 계수에 대한 정의식을 $T = D$인 정상, 수평 비행 상태에 적용하면 다음 식을 얻는다.

$$C_D = \frac{D}{q_\infty S} = \frac{T}{q_\infty S} = \frac{2T}{\rho_\infty V_\infty^2 S} \tag{1.48}$$

식 (1.48)을 V_∞에 대해 풀면,

$$V_\infty = \sqrt{\frac{2T}{\rho_\infty S C_D}} \tag{1.49}$$

주어진 고도에서 최대 추력 $T_{\max}$로 비행 중인 주어진 형상의 항공기에서, 식 (1.49)로부터 $C_{D,\min}$에 대응하는 V_∞의 최대값은 다음과 같다.

$$V_{\max} = \sqrt{\frac{2T_{\max}}{\rho_\infty S C_{D,\min}}} \tag{1.50}$$

이상의 설명으로부터 공기역학 *계수*들이 항공기 설계와 성능 계산에서 얼마나 중요한 공학적 물리량인지 명확히 알 수 있다. 예를 들어 부분적으로 실속 속도는 $C_{L,\max}$에 의해, 그리고 최대 속도는 $C_{D,\min}$에 의해 결정되는 것이다.

주어진 형상의 항공기에 대한 토론을 전체 비행 속도 영역으로 확장하기 위해, 각 V_∞ 값이 특정한 C_L 값에 대응하는 것을 표시하는 식 (1.45)를 주목하자. V_{stall}에서 $V_{\max}$에 이르는 전체 비행 속도 영역에서 항공기의 양력 계수는 일반적으로 그림 1.33에 표시된 것과 같이 변한다. 그림 1.33의 곡

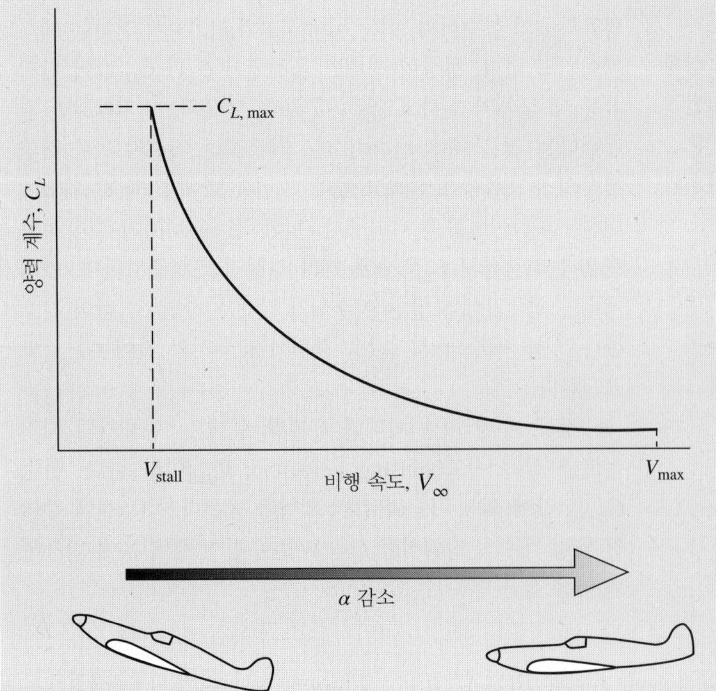

그림 1.33 수평 비행에서 비행 속도에 따른 양력 계수 변화의 개요도

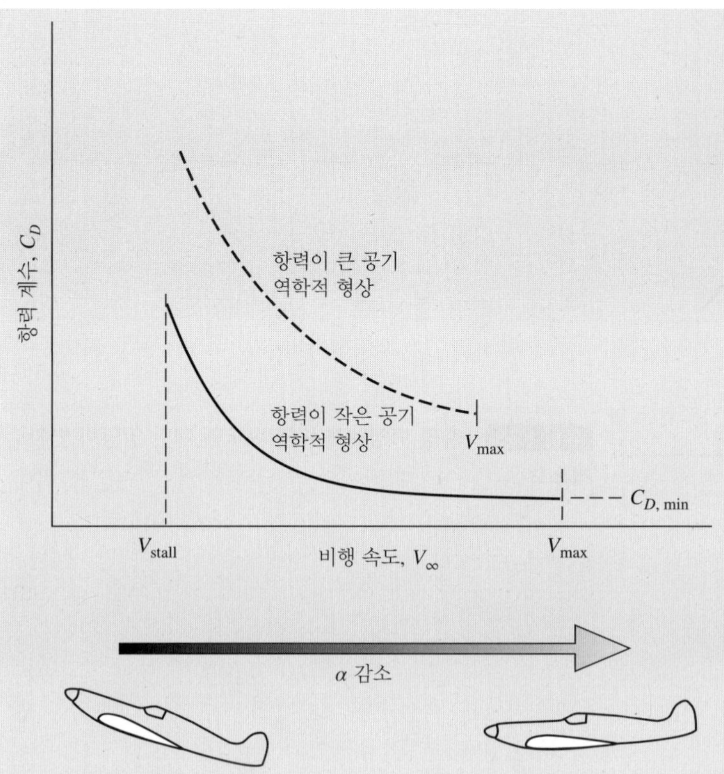

그림 1.34 수평 비행에서 비행 속도에 따른 항력 계수 변화의 개요도. 항력이 큰 공기역학적 형상과 항력이 작은 형상을 비교하면 항공기의 최대 속도에 결과적인 영향을 미친다.

선으로부터 주어지는 C_L 값은 주어진 고도에서 전체 속도 영역에 걸쳐 수평 비행을 유지하기 위해 *요구되는 값*이다. 항공기 설계자는 항공기의 중량과 날개 면적이 주어진 상태에서 요구되는 C_L 값을 *달성*할 수 있도록 항공기를 설계해야 한다. V_∞ 값이 증가할수록 요구되는 C_L 값은 감소하는 점에 주목하라. 그림 1.33에서 받음각에 따른 양력 계수의 변화를 살펴보면, 항공기가 빠르게 비행할수록 그림 1.33에 표시된 것과 같이 받음각이 줄어든다. 따라서 고속에서는 항공기의 α가 낮은 값을 가지며, 저속에서는 높은 값의 α를 갖는다. 항공기가 가져야 할 특정한 V_∞ 값에 대응하는 특정 α 값은 해당 속도에 대응하는 특정 C_L 값에 의해 지배받는다.

물체에서 가공하지 않은 상태로 양력을 얻는 것은 상대적으로 쉽다. 심지어는 창고의 문짝도 받음각을 가지면 양력이 발생한다. 문제는 항력을 가능한 만큼 *줄이면서* 필요한 양력을 얻는 것이다. 그림 1.33에 항공기의 전 비행 영역에 걸쳐 요구되는 C_L 값을 표시하였는데, 어떤 경우에는 받음각이 커 별로 효과적이지 않은 양력 상태에서의 C_L 값으로 비행할 수도 있다. 그러나 식 (1.48)에 의해 C_D 역시 V_∞에 따라 변하며, 이러한 V_∞에 대한 C_D의 일반적 변화를 그림 1.34에 나타냈다. 그림 1.33과 같이 요구되는 C_L 값을 제공할 수 있으나 공기역학적 형상이 바람직하지 않은 경우, 그림 1.34의 점선으로 표시된 곡선의 경우처럼 과도한 C_D 값(즉, 그림 1.34에서 C_D 곡선이 그래프 위 방향으로 올라가는 경우)을 갖는다. 그러나 공기역학적으로 효율적인 형상의 경우 그림 1.33에 의해 지정된 C_L 필수값을 그림 1.34의 실선으로 표시된 곡선처럼 보다 낮은 항력으로 발생시킬 수 있다. 그림 1.34에서 볼 수 있듯이 같은 최대 추력 조건에서 낮은 최대 속도를 나타내는 것이 항력이 큰 형상에 수반되는 바람직하지 않은 부산물이다.

마지막으로 물체 형상에서 공기역학적 효율의 척도이며 아래와 같이 주어지는 *양항비*(lift-to-drag ratio)에 대해 강조하고자 한다.

$$\frac{L}{D} = \frac{q_\infty S C_L}{q_\infty S C_D} = \frac{C_L}{C_D} \tag{1.51}$$

주어진 고도와 속도에서 필요한 C_L 값이 식 (1.45)에 의해 주어지는 항공기의 중량과 날개 면적[실제로 W/S의 *비*를 *익면하중*(wing loading)이라 부름]에 의해 결정되므로, 해당 속도에서의 L/D 값은 식 (1.51)의 분모인 C_D 값의 지배를 받는다. 주어진 어느 속도에서 우리는 L/D 값을 가능한 한 증가시키길 원하며, L/D가 클수록 공기역학적 효율이 우수하다. 주어진 고도에서 비행 중인 항공기의 경우, 그림 1.35에 속도의 함수로서 L/D의 변화를 그림으로 표시하였다. 작은 값으로부터 V_∞가 증가할수록 처음에는 L/D가 증가하다가, 중간 속도 어느 지점에서 최대값에 도달한 후 감소한다. 앞에서 설명한 것과 같이 V_∞가 증가할수록 항공기의 받음각이 감소해야 한다는 사실에 유의하라. 엄밀하게 공기역학적 관점에서 본다면, 주어진 물체 형상에 대한 L/D는 받음각에 좌우된

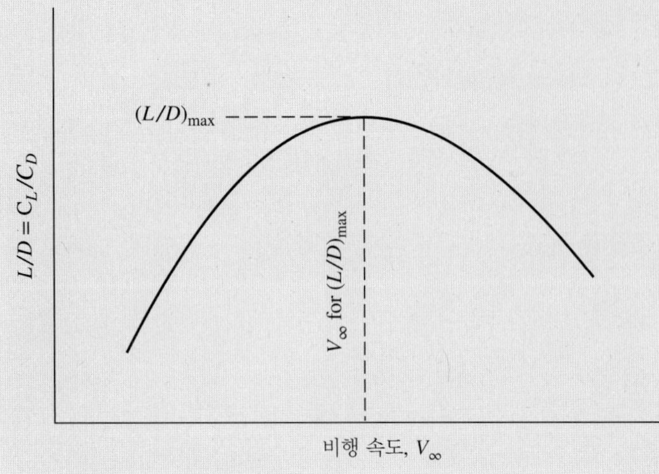

그림 1.35 수평 비행에서 비행 속도에 대한 양항비 변화 개요도

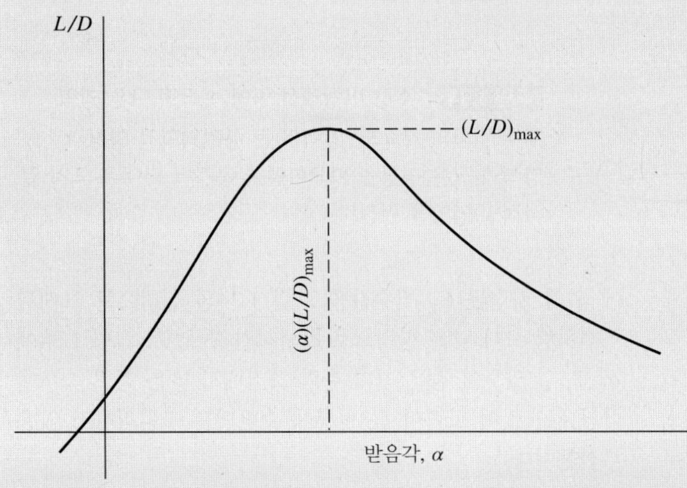

그림 1.36 받음각에 대한 양항비 변화 개요도

다. 이는 그림 1.32에서 α의 함수로 표시된 C_L과 C_D를 통해서 확인할 수 있다. 만약 이 두 곡선을 비례화하면, 그 결과가 바로 그림 1.36과 같이 받음각의 함수로 표시된 L/D가 된다. 항공기가 그림 1.35에서와 같이 $(L/D)_{max}$에 대응하는 속도로 비행 중일 때, 그림 1.35와 그림 1.36의 관계는 그림 1.36의 $(L/D)_{max}$에 대응하는 받음각으로 항공기가 비행하고 있는 것이다.

이 설계의 목적을 요약하자면, 항공기 설계와 성능 해석에서 공력 *계수*의 역할이 매우 중요하다는 것을 강조하고자 함이다. 이번 설명에서 중요한 것은 양력과 항력이 서로 별개가 아니라 C_L과 C_D를 같이 고려해야 한다는 것이다. 이들 계수는 훌륭한 지적 산물로서 물체의 공기역학적 특성을 이해하는 데 도움을 줄 뿐만 아니라, 우리들로 하여금 합리적이면서 공학적인 계산을 수행할 수 있게 해준다. 따라서 이들 공력계수는 1.5절에 최초로 등장하면서 단순히 편리하게 정의된 양이라는 것 이상의 그 무엇인 것이다.

이들 계수의 공학적 수치에 대해 보다 깊은 식견을 얻기 위해서는 Anderson의 *Aircraft Performance and Design*, McGraw-Hill, 1999와 *Introduction to Flight*, 9th edition, McGraw-Hill, 2022을 참조하기 바란다. 아울러 이 장의 연습문제 1.15는 실제 항공기에서 속도에 대해 C_L, C_D, L/D 곡선을 작성하는 기회를 제공할 것이다. 따라서 여러분은 여기 그림에 단순히 일반적인 경향으로만 표시된 내용에 대해 실제 수치값이 어느 정도인지에 대한 감을 얻을 수 있을 것이다(이번 설명에서 일반적 경향을 표시하는 그림을 사용한 것은 교육적 측면에서 의도적이었음을 밝힌다). 마지막으로 공력계수 사용에 대한 역사적 사실 요약은 1.14절에 수록하였다.

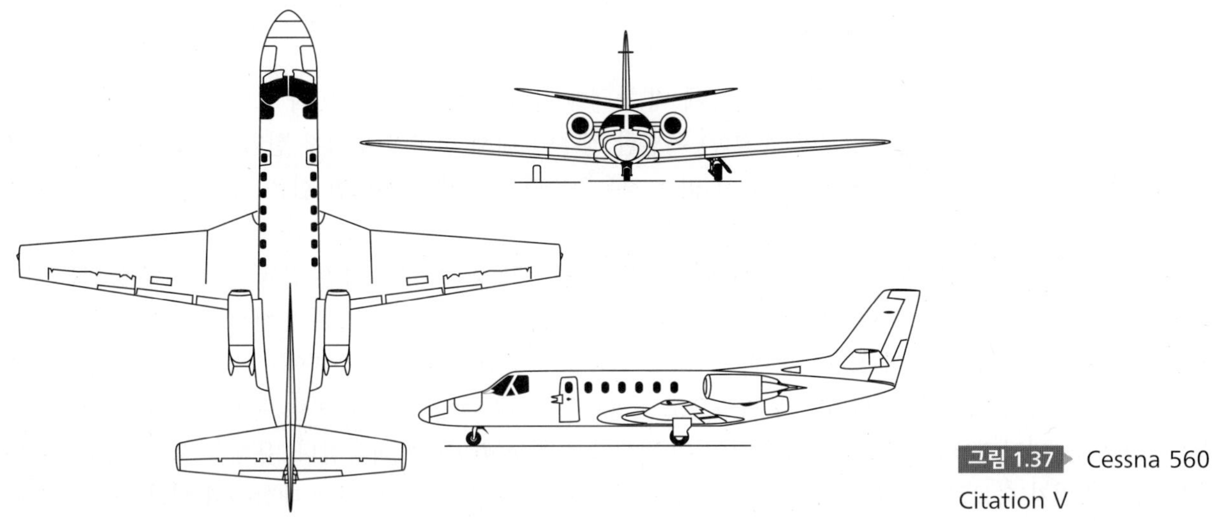

그림 1.37 Cessna 560 Citation V

예제 1.7

그림 1.37에 삼면도가 표시된 Cessna 560 Citation을 본따서 개발한 비즈니스 제트기를 고려해 보자. 공기 밀도가 7.9656×10^{-4} slug ft^3인 고도 33,000 ft에서의 순항 속도는 492 mph이다. 중량과 날개 평면적은 각각 15,000 lb와 342.6 ft^2이라 한다. 순항 시 항력 계수는 0.015다. 순항 시 양력 계수와 양항비를 계산하라.

■ 풀이

시간당 마일이라는 속도 단위는 일관성 있는 단위계(consistent units)가 아니다. 영국공학 단위계에서 일관성 있는 속도 단위는 초당 피트(참고문헌 2의 2.4절 참조)이다. mph와 ft/s를 서로 환산하기 위해 88 ft/s = 60 mph를 기억해 두면 유용하다. 이 예제에서는 식 (1.45)로부터

$$V_\infty = 492\left(\frac{88}{60}\right) = 721.6 \text{ ft/s}$$

$$C_L = \frac{2W}{\rho_\infty V_\infty^2 S} = \frac{2(15{,}000)}{(7.9659 \times 10^{-4})(721.6)^2(342.6)} = \boxed{0.21}$$

식 (1.51)로부터

$$\frac{L}{D} = \frac{C_L}{C_D} = \frac{0.21}{0.015} = \boxed{14}$$

주목: 그림 1.37과 같은 일반적 항공기에서, 순항 시 대부분의 양력은 날개로부터 발생한다. 동체와 미익에서 발생하는 양력은 미미하다. 따라서 날개를 하나의 공기역학적 '지렛대'로 볼 수 있다. 이 예제에서는 양항비가 14인데, 이는 1파운드의 추력으로 1파운드의 항력을 극복하면서 날개는 14파운드의 중량을 들어 올린다는 의미이다. 대단한 지렛대가 아닌가!

예제 1.8

예제 1.7에서와 같은 항공기가 최대 이륙 중량 15,900 lb에서 해면 고도에서의 실속 속도가 100 mph라 한다. 표준 해면 고도에서 대기 중의 공기 밀도는 0.002377 slug ft^3이다. 항공기의 최대 양력 계수를 계산하라.

■ 풀이

일관성 있는 단위계 사용 시, 식 (1.47)을 $C_{L,\max}$에 대해 풀면 다음 결과를 얻는다.

$$V_{\text{stall}} = 100\frac{88}{60} = 146.7 \text{ ft/s}$$

$$C_{L,\max} = \frac{2W}{\rho_\infty V_{\text{stall}}^2 S} = \frac{2(15{,}900)}{(0.002377)(146.7)^2(342.6)} = \boxed{1.81}$$

1.9 유체 정역학: 부력 *Fluid Statics: Buoyancy Force*

공기역학의 관심사는 유체의 운동이며, 이로부터 유체 내 물체에 유발되는 결과적인 힘과 모멘트이다. 그러나 이 절에서는 유체의 운동이 존재하지 않는(즉, *유체 정역학*) 특별한 경우에 대해 먼저 다루고자 한다. 유체 속에 물체가 잠겨 있는 경우 비록 물체와 유체 간에 상대적인 운동이 없는 경우일지라도 물체는 어떠한 힘을 경험하게 된다. 그 이유를 살펴보기로 하자.

우선 유체 요소 자체에 작용하는 힘부터 주목해야 한다. 그림 1.38과 같이 xz 평면 위에 정지 상태에 있는 유체에 대해 생각해 보자. 수직 방향은 y로 주어진다. 각 변의 길이가 dx, dy, dz인 무한히 작은 유체 요소를 가정하자. 이러한 유체 요소에는 두 가지 종류의 힘이 작용하는데, 첫째는 주변 유체로 인해 유체 요소면에 작용하는 압력이며, 둘째는 유체 요소 내 유체의 중량에 의한 중력이다. y 방향으로 작용하는 힘에 대해 생각해 보자. 유체 요소 바닥면에 작용하는 압력을 p라 하면, 바닥면에서는 그림 1.38과 같이 위 방향으로 힘 $p(dx\, dz)$가 작용한다. 유체 요소 윗면의 압력은 유체 내에서 서로 위치가 다르므로 아랫면의 압력과 다소 차이가 난다. dp/dy를 y 방향에 대한 p의 변화율이라 하자. 그러면 윗면에 작용하는 압력은 $p + (dp/dy)dy$가 될 것이며, 유체 요소 윗면에 작용하는 압력에 의한 힘은 그림 1.38과 같이 아래 방향으로 $[p + (dp/dy)dy](dx\, dz)$가 될 것이다. 따라서 위 방향을 양으로 잡으면 아래와 같은 순압력이 유체 요소에 작용한다.

$$\text{순 압력힘} = p(dx\, dz) - \left(p + \frac{dp}{dy}dy\right)(dx\, dz)$$

$$= -\frac{dp}{dy}(dx\, dy\, dz)$$

유체 요소의 평균 밀도를 ρ라 하자. 유체 요소의 총 질량은 $\rho(dx\, dy\, dz)$이다. 그러므로

$$\text{중력에 의한 힘} = -\rho(dx\, dy\, dz)g$$

여기서 g는 중력 가속도이다. 유체 요소가 정지 상태이므로(즉, 평형 상태) 유체 요소에 작용하는 힘의 합은 0이 되어야 한다.

$$-\frac{dp}{dy}(dx\, dy\, dz) - g\rho(dx\, dy\, dz) = 0$$

또는

$$\boxed{dp = -g\rho\, dy} \tag{1.52}$$

식 (1.52)를 수 *정역학 방정식*(hydrostatic equation)이라 한다. 이는 유체 내 압력의 변화 dp와 수직 방향의 높이 변화 dy를 서로 연관시키는 미분 방정식이다.

유체 요소에 작용하는 순 힘은 오직 수직 방향으로만 작용한다. 유체 요소 앞면과 뒷면에 작용하는 압력은 크기가

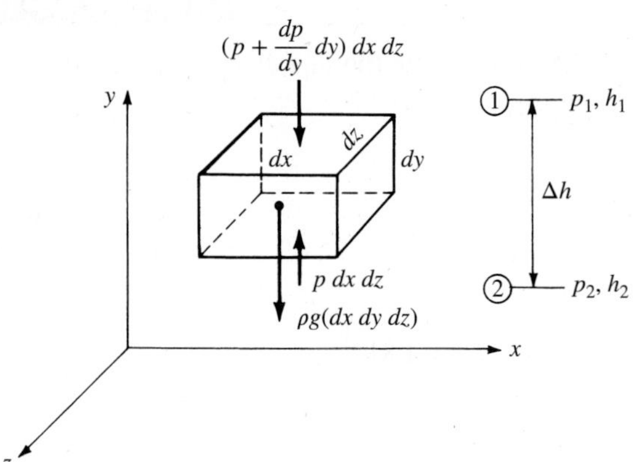

그림 1.38 ▶ 정지 상태의 유체 내 유체 요소에 작용하는 힘

같고 방향이 반대이므로 서로 상쇄된다. 왼쪽 면과 오른쪽 면의 경우 역시 마찬가지이다. 또한 그림 1.38의 압력은 윗면과 아랫면의 중심에 작용하며, 무게 중심은 유체 요소 체적의 중심(유체의 밀도 분포는 균일하다고 가정)에 작용하므로, 그림 1.38에 표시된 힘들은 서로 같은 직선 상에 작용하여 유체 요소에 작용하는 모멘트는 없다.

식 (1.52)는 우리 머리 위에 있는 대기 특성의 변화를 고도의 함수로 표시하는 식이기도 하다. 이 식은 금성, 화성, 목성과 같은 다른 행성 대기권의 특성을 예측하기 위해 사용할 수도 있다. 식 (1.52)는 참고문헌 2에 자세히 수록된 '표준 대기' 계산과 해석에도 사용된다. 따라서 상세한 내용을 여기서 다시 반복하지는 않겠다. 부록 D와 E에 미국 공군이 지구 대기권에 대해 수집한 1959년 ARDC 모델 대기권 특성표를 수록하였다. 이 책에 포함된 표준 대기표를 예제 및 장 말미의 연습문제를 푸는 데 사용하기 바란다. 그리고 이 절 마지막 부분 예제 1.10에서 부록 D와 E의 표 내용을 유체 정역학 방정식을 사용하여 어떻게 얻을 수 있는지 소개하고 있다.

유체는 액체이며, 액체의 밀도를 일정한 값 ρ라 가정하자. 그림 1.38의 오른편에서 볼 수 있는 것과 같이 수직 거리가 Δh만큼 떨어져 있는 점 1과 2를 고려해 보자. 이 점에서의 압력과 y 위치는 각각 (p_1, h_1) 그리고 (p_2, h_2)라 한다. 식 (1.52)를 점 1과 2 사이에서 적분하면 다음 식을 얻는다.

$$\int_{p_1}^{p_2} dp = -\rho g \int_{h_1}^{h_2} dy$$

또는

$$p_2 - p_1 = -\rho g(h_2 - h_1) = \rho g\, \Delta h \tag{1.53}$$

여기서 $\Delta h = h_1 - h_2$이다. 식 (1.53)은 아래와 같이 보다 편리하게 표시할 수 있다.

$$p_2 + \rho g h_2 = p_1 + \rho g h_1$$

또는

$$\boxed{p + \rho g h = \text{constant}} \tag{1.54}$$

식 (1.53)과 (1.54)에서 h 값이 증가하는 방향은 양의(위 방향) y 방향이다.

식 (1.54)의 간단한 응용으로서 액체를 담고 있는 용기 벽면에서의 압력 분포와 대기에 노출된 윗면에서의 압력을 구할 수 있다. 그림 1.39에 이를 나타냈으며, 여기서 액체 윗면의 높이는 h_1이다. 대기압 p_a가 액체 윗면에 작용하므로 h_1에서의 압력은 단순히 p_a이다. 식 (1.54)를 윗면(여기서 $h = h_1$)과 임의의 높이 h 사이에 적용하면 다음 식을 얻는다.

$$p + \rho g h = p_1 + \rho g h_1 = p_a + \rho g h_1$$

또는

$$p = p_a + \rho g(h_1 - h) \tag{1.55}$$

식 (1.55)는 용기 벽면에서의 수직 방향 압력 분포를 h의 함수로 표시하고 있다. 그림 1.39에 나타낸 것과 같이 압력은 h에 대한 *선형적* 함수이며, 표면 아래로 깊이가 깊어질수록 p는 증가한다.

식 (1.54)의 또 다른 응용 예로서 그림 1.40에 표시한 바와 같이 압력 차이를 측정하는 데 사용되는 U자관 유체 압력계(U-tube manometer)를 들 수 있다. 유체 압력계는 보통 속이 비어 있는 유리관을 *U*자 형태로 구부려 만든다. 공기 유동 속(풍동과 같은)의 공기역학적 물체를 가정하고, 이 물체 표면의 점 b에 작용하는 압력을 유체 압력계를 사용하여 측정하고자 한다. 점 b에 위치한 작은 압력공(pressure orifice)의 한쪽을 유체 압력계에 긴(일반적으로 유연해야 함) 압력 튜브로 연결한다. 유체 압력계의 다른 한쪽은 대기 중에 노출되며, 여기에서의 압력은 p_a로서 알려진 값이다. U자관 내부는 밀도값 ρ를 알고 있는 액체에 의해 부분적으로 채워져 있다. U자관의 왼쪽 및 오른쪽 액체 윗면이 각각

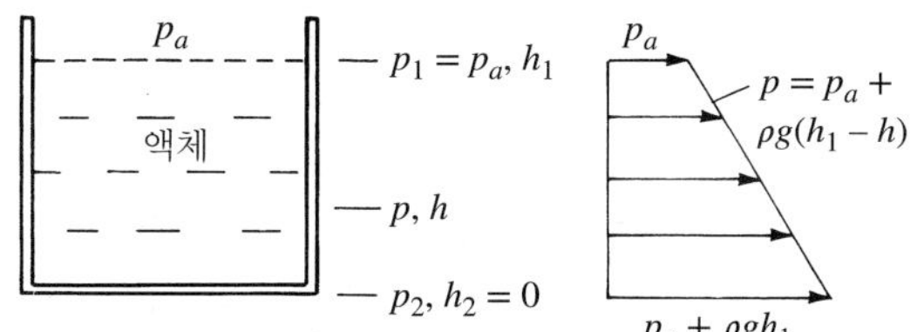

그림 1.39 용기 벽면에서의 유체 정역학적 압력 분포

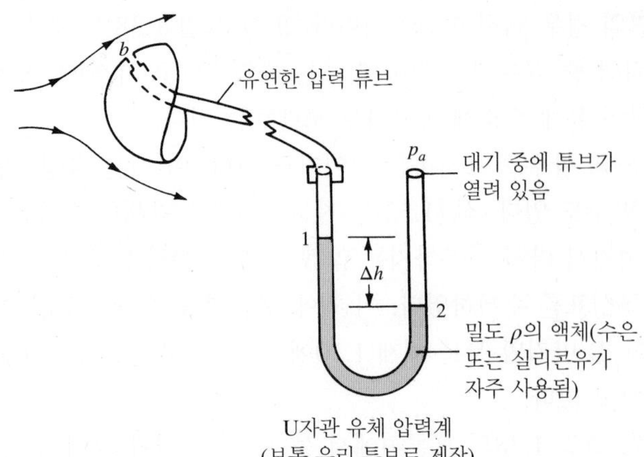

그림 1.40 U자관 유체 압력계의 사용

점 1과 2이며, 높이는 h_1과 h_2다. 물체 표면의 압력 p_b는 압력 튜브를 통해 전달되어 점 1 위치의 액체 윗면을 누르는 방향으로 작용한다. 대기압 p_a는 점 2의 액체 윗면을 누르며 작용한다. 일반적으로 $p_b = p_a$이므로 액체 윗면은 서로 다른 높이를 나타낸다(즉, 유체 압력계 양면은 액체 높이상의 변위 $\Delta h = h_1 - h_2$를 표시하게 된다). 여기서 유체 압력계로부터 Δh 값을 읽어 물체 표면 점 b에서의 표면 압력값을 알 수 있다. 식 (1.54)를 점 1과 2 사이에 적용하면,

$$p_b + \rho g h_1 = p_a + \rho g h_2$$

또는

$$p_b = p_a - \rho g(h_1 - h_2)$$

또는

$$p_b = p_a - \rho g\, \Delta h \tag{1.56}$$

식 (1.56)에서 p_a, ρ, g는 알려진 값들이고, Δh는 U자관으로부터 읽을 수 있으므로 p_b 값을 측정할 수 있다.

이 절의 시작 부분에서 고체 물체가 유체에 잠겨 있는 경우 물체와 유체 사이에 상대 운동이 없을지라도 고체 물체는 어떤 힘이 작용함을 경험하게 된다고 서술하였다. 이제부터 소위 *부력*(buoyancy force)이라 칭하는 힘을 유도해 보자. 물체는 정지 상태의 기체 또는 액체에 잠겨 있다고 가정하므로 유체의 ρ 값은 달라질 수 있다. 단순성을 위해 그림 1.41과 같이 단위 길이의 폭과 길이 l을 갖는, 그리고 높이가 $(h_1 - h_2)$인 사각형 물체를 고려해 보자. 그림 1.41을 살펴보면, 물체 표면에서의 압력 분포로 인해 물체 표면에 다음과 같은 수직력 F가 작용함을 알 수 있다.

$$F = (p_2 - p_1)l(1) \tag{1.57}$$

사각형 물체의 수직면 상에 작용하는 압력 분포가 크기는 같고 방향은 반대이므로 서로 상쇄되어 물체에 수평력은 작용하지 않는다. 식 (1.57)에서 $p_2 - p_1$은 식 (1.52)의 유체 정역학 방정식을 윗면과 바닥면 사이에서 적분하여 얻을 수 있다.

$$p_2 - p_1 = \int_{p_1}^{p_2} dp = -\int_{h_1}^{h_2} \rho g\, dy = \int_{h_2}^{h_1} \rho g\, dy$$

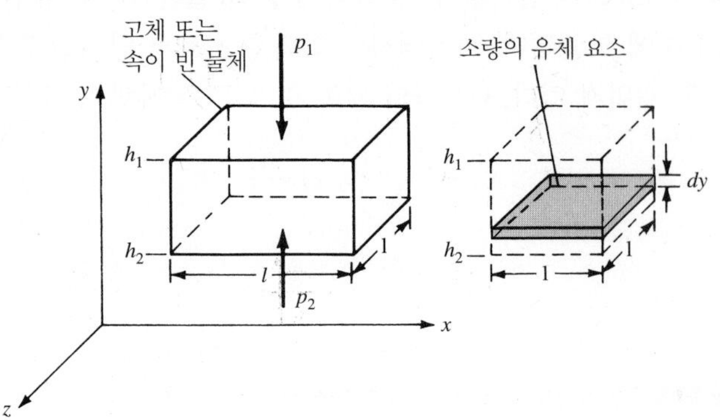

그림 1.41 유체 내에 잠겨 있는 물체에 부력이 작용하는 이유

이를 식 (1.57)에 대입하면 부력에 대해 아래와 같은 식을 얻게 된다.

$$F = l(1) \int_{h_2}^{h_1} \rho g \, dy \tag{1.58}$$

식 (1.58) 안에 있는 적분의 물리적 의미를 생각해 보자. 그림 1.41에서 높이 dy와 단위폭과 길이를 갖는 작은 유체 요소의 무게는 $\rho g \, dy$ (1)(1)이다. 이어서 단위 면적을 갖고 높이가 $(h_1 - h_2)$인 유체 기둥의 무게는 아래와 같다.

$$\int_{h_2}^{h_1} \rho g \, dy$$

이는 정확히 식 (1.58)과 같다. 더구나 이 유체 기둥의 측면 길이를 l이라 하면, 그림 1.41 왼편에서의 물체 체적과 같은 유체 부피에 해당한다. 그리고 이러한 *유체* 체적의 총 *무게*는 다음과 같다.

$$l \int_{h_2}^{h_1} \rho g \, dy$$

이는 식 (1.58)의 우변 항과 정확히 일치한다. 따라서 식 (1.58)이 의미하는 것은 다음과 같다.

물체에 작용하는 부력	=	물체에 의해 밀려난 유체 부피만큼의 무게

방금 우리는 유명한 *아르키메데스 원리*(Archimedes principle)를 증명하였다. 이는 그리스의 과학자 Archimedes of Syracuse(B.C. 287~212)가 최초로 발견한 것이다. 유도과정을 간편하게 하기 위해 사각형 물체를 사용했으나, 아르키메데스 원리는 일반적으로 어떠한 형태의 물체에 대해서도 작용한다(이 장 마지막 연습문제 1.14 참조). 또한 위 증명 과정으로부터 아르키메데스 원리는 기체와 액체 모두에 대해 적용되며, 밀도 분포가 일정한 값을 가지지 않아도 성립한다.

액체의 밀도는 보통 기체 밀도와 비교하여 수십 내지는 수백 배 크기를 갖는다(즉, 물의 경우 $\rho = 10^3$ kg/m^3, 반면 공기의 경우 $\rho = 1.23$ kg/m^3). 따라서 주어진 물체는 공기 속보다 물속에서 약 천 배 가량 더 큰 부력을 경험하게 된다. 해군 함정의 경우 부력이 매우 중요하지만, 항공기의 경우 무시할 수 있는 정도이다. 반면 비행선(lighter-than-air vehicles), 소형 비행선, 그리고 기구(hot-air ballons)의 경우 부양을 위해 부력에 의존한다. 이들은 단순히 엄청난 체적의 공기를 밀어냄으로써 충분한 양의 부력을 얻는다. 그러나 대부분의 공기역학 문제에서는 부력이 매우 적어서 무시할 수 있는 정도이다.

예제 1.9

직경이 30 ft인 기구가 풍선 내 뜨거운 공기의 무게를 합쳐 800 lb의 중량을 수송 중이다. 다음을 계산하라. (*a*) 해면 고도에서 기구를 묶어 놓은 줄이 풀어지는 순간 위 방향으로의 가속도, (*b*) 기구가 올라갈 수 있는 최대 고도. 표준 대기에서의 밀도 변화는 $\rho = 0.002377(1 - 7 \times 10^{-6}h)^{4.21}$로 주어지는 것으로 가정하며, 여기서 h는 ft 단위의 고도이며 ρ의 단위는 slug/ft^{3}이다.

■ 풀이

(*a*) $h = 0$인 해면 고도에서 $\rho = 0.002377$ slug ft^{3}이다. 팽창된 풍선의 체적은 $\frac{4}{3}\pi(15)^3 = 14{,}137$ ft^{3}이다. 따라서

$$\text{부력} = \text{밀려난 공기의 중량} = g\rho\mathcal{V}$$

여기서 g는 중력 가속도이고 $\mathcal{V}$는 체적이다.

$$\text{부력} \equiv B = (32.2)(0.002377)(14{,}137) = 1082 \text{ lb}$$

해면 고도상에서 위 방향으로의 순 힘은 $F = B - W$이며, 여기서 W는 무게이다. Newton 법칙에 의해,

$$F = B - W = ma$$

여기서 m은 질량으로 $m = \frac{800}{32.2} = 24.8$ slug이다. 따라서

$$a = \frac{B - W}{m} = \frac{1082 - 800}{24.8} = \boxed{11.4 \text{ ft/s}^2}$$

(b) 최대 고도는 $B = W = 800$ lb일 때 얻을 수 있다. $B = g\rho\mathcal{V}$이며, 풍선의 체적은 변하지 않는다고 가정한다.

$$\rho = \frac{B}{g\mathcal{V}} = \frac{800}{(32.2)(14{,}137)} = 0.00176 \text{ slug/ft}^3$$

h에 대한 ρ의 변화식으로부터 이를 h에 대해 풀면 아래와 같다.

$$\rho = 0.002377(1 - 7 \times 10^{-6}h)^{4.21} = 0.00176$$

$$h = \frac{1}{7 \times 10^{-6}}\left[1 - \left(\frac{0.00176}{0.002377}\right)^{1/4.21}\right] = \boxed{9842 \text{ ft}}$$

예제 1.10

이 예제의 목적은 부록 D와 E에 수록된 표준 고도표가 유체 정역학 방정식을 어떻게 활용하여 작성하는지를 보여주는 것이다. 표준 고도표 작성 및 사용에 대한 세부사항은 참고문헌 2의 3장을 참조하기 바란다.

해면 고도로부터 11 km 고도까지 표준 고도는 고도 h에 따라 온도 T가 km당 −6.5 K씩(감소율) 선형적으로 감소한다. 해면 고도에서의 압력, 밀도, 온도는 각각 1.01325×10^5 N/m^2, 1.2250 kg/m^3, 288.16 K이다. 표준 고도 5 km에서의 압력, 밀도, 온도를 계산하라.

■ 풀이

식 (1.52)를 반복하면,

$$dp = -g\rho\, dy = -g\rho\, dh$$

7장 식 (7.1)에 완전 기체에 대한 상태 방정식이 주어져 있다.

$$p = \rho RT$$

여기서 R은 고유 기체 상수이다. 식 (1.52)를 식 (7.1)로 나누면 다음 식을 얻는다.

$$\frac{dp}{p} = -\frac{g}{R}\frac{dh}{T} \tag{E1.1}$$

감소율을 a로 표시하면, 정의에 의해 다음 식을 얻는다.

$$a \equiv \frac{dT}{dh}$$

또는

$$dh = \frac{dT}{a} \tag{E1.2}$$

식 (E1.1)을 식 (E1.2)에 대입하면 다음 식을 얻을 수 있다.

$$\frac{dp}{p} = -\frac{g}{aR}\frac{dT}{T} \tag{E1.3}$$

식 (E1.3)을 압력과 온도가 각각 p_s와 T_s로 표시되는 표준값을 갖는 해면으로부터 압력과 온도가 각각 p와 T로 주어지는 고도 h까지 적분한다.

$$\int_{p_s}^{p}\frac{dp}{p} = -\int_{T_s}^{T}\frac{g}{aR}\frac{dT}{T}$$

또는

$$ln\frac{P}{p_s} = -\int_{T_s}^{T}\frac{g}{aR}\frac{dT}{T} \tag{E1.4}$$

식 (E1.4)에서 a와 R은 상수이나, 중력 가속도 g는 고도에 따라 변한다. 식 (E1.4)의 적분에서는 g가 고도에 따라 변하지 않고 일정하다고 가정하여 해면에서의 값 g_s와 같다고 하자. 이러한 가정하에 식 (E1.4)는 다음과 같이 된다.

$$ln \frac{P}{p_s} = -\frac{g_s}{aR} ln \frac{T}{T_s}$$

또는

$$\frac{p}{p_s} = \left(\frac{T}{T_s}\right)^{-g_s/aR} \tag{E1.5}$$

주: 기하학적 고도(geometric altitude) h_G는 해면으로부터 '줄자(tape measure)'로 측정한 실제 고도이며, 지오퍼텐셜(geopotential) 고도 h는 g 값이 일정하다는 가정 하에서 산정한 가상적인 고도이다. 따라서 유체 정역학 방정식을 다음과 같이 써보면,

$$dp = -g\rho\, dh_G$$

여기서 g를 고도에 따른 변수로 취급하므로 고도는 실제 기하학적 고도 h_G다. 반면 g를 일정하다고 가정하면, 즉 해면에서의 값 g_s와 같다고 하면

$$p = -g_s\rho\, dh \tag{E1.6}$$

여기서 h는 지오퍼텐셜 고도로서 g 값이 일정하다는 가정과 모순되지 않는다. 일반적인 대기권 비행에 적절한 고도에서 h_G와 h 사이의 차이는 매우 작다. 부록 D를 살펴보면 고도는 2개의 세로줄로 표시되어, 첫 번째 줄이 기하학적 고도 h_G며, 두 번째 줄이 지오퍼텐셜 고도 h다. 이 예제에서는 5 km 고도에서의 성질을 계산하고자 한다. 여기서 고도는 '줄자'로 측정한 고도 h_G다. 이에 상응하는 지오퍼텐셜 고도 h는 4.996 km로서 단지 0.08%의 차이가 있을 뿐이다. 주어진 h_G에 대한 h를 계산하는 법은 참고문헌 2에 소개되어 있으며, 여기서 우리가 다루고자 하는 내용으로 볼 때 그다지 중요한 것은 아니다. 중요한 것은 식 (E1.5) 또는 g 값이 일정하다고 가정하는 이러한 식을 사용할 때, 반드시 지오퍼텐셜 고도를 사용해야 한다는 것이다. 이 예제에서는 기하학적 고도 5 km에서의 대기 성질을 계산하여야 하므로 지오퍼텐셜 고도 4.996 km를 방정식에 사용해야 하는 것이다.

식 (E1.5)는 온도에 따른 압력 변화를 명시적으로 보여주며 고도에 따른 변화는 내재적으로 포함되어 있는데, 이유는 온도가 감소율 $a = dT/dh = -6.5$ K/km에 의해 고도에 대해 알려진 함수이기 때문이다. 여기서 고려하는 고도 영역 내에서 T는 고도에 대해 선형적으로 변하므로 다음 식을 얻을 수 있다.

$$T - T_s = ah \tag{E1.7}$$

식 (E1.7)에서 h는 지오퍼텐셜 고도이다. $a = -6.5$ K/km $= -0.0065/\text{m}$는 지오퍼텐셜 고도 변화에 기초한 것이다. 따라서 식 (E1.7)로부터 5 km의 특정 기하학적 고도에 대해 다음 값을 얻을 수 있다.

$$T - 288.16 = -(0.0065)(4996) = -32.474$$

$$T = 288.16 - 32.474 = \boxed{255.69 \text{ K}}$$

위 값은 부록 D에서 기하학적 고도 5000 m에 해당하는 값과 정확히 일치함에 유의하라.

식 (E1.5)에서 공기의 경우 $R = 287$ J/kg K이다.
따라서 지수는

$$\frac{-g_s}{aR} = -\frac{(9.80)}{(-0.0065)(287)} = 5.25328$$

그리고

$$\frac{p}{p_s} = \left(\frac{T}{T_s}\right)^{-g_s/aR} = \left(\frac{255.69}{288.16}\right)^{5.25328} = 0.53364$$

$$p = 0.53364p_s = 0.53364(1.01325 \times 10^5)$$

$$p = \boxed{5.407 \times 10^4 \text{ N/m}^2}$$

이 압력값은 부록 D에 표시한 값과 0.04%의 차이가 있을 뿐이다. 이러한 차이는 여기서 사용한 분자량에 따라 변하는 기체 상수값 $R = 287$ J/(kg)(K)이 문헌에 따라 약간씩 다른 값으로 표현되기 때문이다.

마지막으로 밀도는 상태 방정식으로부터 다음과 같이 구할 수 있다.

$$\rho = \frac{p}{RT} = \frac{5.407 \times 10^4}{(287)(255.69)} = \boxed{0.7368 \text{ kg/m}^3}$$

이 값은 부록 D에 표시된 값과 0.05% 이내의 차이가 난다.

예제 1.11

수직으로 서 있는 U자관 수은 유체 압력계를 고려해 보자. 한쪽 끝은 수은 기둥 위를 완전 진공으로 하여 밀봉했다. 다른 쪽은 표준 해면 상의 대기압을 나타내는 대기 중에 노출되어 있다. 수은 기둥의 높이가 최대가 되는 경우는 몇 cm인가? 수은 밀도는 1.36×10^4 kg/m^{3}이다.

■ **풀이**

그림 1.40을 살펴보자. 왼편이 완전 진공으로 밀봉한 쪽으로 $p_b = 0$이고, 수은 기둥의 높이는 h_1이라 하자. 이것이 오른편 수은 기둥의 높이 h_2와 대기압 p_a를 합한 것과 균형을 이룬다. 명백히 2개의 수은 기둥이 서로 균형을 이룰 때 왼편 기둥이 더 높은데, 이는 오른편 기둥 위쪽에 걸리는 유한한 크기의 압력을 보상해야 하기 때문으로 $h_1 > h_2$이다. 식 (1.56)으로부터 아래 식을 얻을 수 있다.

$$p_b = p_a - \rho g \, \Delta h$$

여기서

$$\Delta h = h_1 - h_2$$

따라서

$$\Delta h = \frac{p_a}{\rho g}$$

부록 D로부터 해면에서 $p_a = 1.013 \times 10^5$ N/m^{2}이다. 따라서

$$\Delta h = \frac{p_a}{\rho g} = \frac{1.013 \times 10^5}{\left(1.36 \times 10^4\right)(9.8)} = 0.76 \text{ m} = \boxed{76 \text{ cm}}$$

주: 2.54 cm = 1 inch이므로 $\Delta h = 76/2.54 = 29.92$ in다. 위에서 수행한 계산에 의해 우연히 대기압이 표준 해면 고도에서의 값과 같을 경우 텔레비전에 출연한 기상통보관이 현재의 압력이 "76 cm, 또는 760 mm, 또는 29.92 inch"라고 말하는 이유를 알 수 있다. 압력을 표현하면서 'lb/ft^2' 또는 'lb/in^2'이라 말하는 경우는 매우 드물며, 'N/m^2'이라고 하는 경우는 거의 없다.

1.10 유동의 유형 *Types of Flow*

다른 물리 과학 분야와 마찬가지로 공기역학에 대한 이해 역시 'building-block' 방법을 통해 얻을 수 있다. 즉, 학문의 분야를 잘 다듬어진 지식의 분야별 블록으로 나누고 나중에 이 블록들을 전체를 이해하기 위해 다시 하나로 엮는 것이다. 이러한 과정의 예로서 여러 가지 서로 다른 유형의 공기역학적 유동을 분류하고 도식화시켜 보기로 하자. 비록 자연으로부터 온갖 흥미 있는 여러 물리적 현상들이 골고루 내포된 복잡하면서도 세부적인 유동 현상의 형태로 등장한다 할지라도, 복잡한 유동 현상을 이해하기 위해 실제보다는 덜 세부적인 대략적 유동 모델링을 채택하고 중요하지 않은 현상은 무시하는 방향으로 접근해야 한다. 결과적으로 말하자면 공기역학 연구는 여러 가지 서로 다른 유형의 유동에 대해 연구하는 방향으로 점차 진화해 간다. 이 절의 목적은 이러한 유형의 유동을 서로 비교하고 항목화하면서, 항목별로 가장 중요한 물리적 현상을 간략하고 명확하게 기술하는 것이다.

1.10.1 연속체 대 자유 분자 유동 *Continuum Versus Free Molecule Flow*

일례로서 직경이 d인 원형 단면의 실린더 주변 유동에 대해 고려해 보자. 또한 유체를 불규칙적으로 운동하는 개별적인 분자들로 구성된 물질로 생각해 보자. 인접한 분자와 충돌하기 위해 분자가 이동해야 하는 평균 거리를 *평균 자유 경로*(mean-free path) λ로 정의한다. 만약 이러한 λ의 크기 정도가 d로 측정된 물체의 스케일보다 작은 경우, 물체는

유동을 하나의 연속적인 물질로 간주할 수 있을 것이다. 이들 분자들이 물체 표면과 자주 충돌할 경우 물체는 개별적인 분자 충돌을 각각 구별할 수 없으며, 따라서 물체 표면은 유체를 연속적인 매질로 느끼게 된다. 이러한 유동을 *연속체 유동*(continuum flow)이라 한다. 다른 극단적 경우로서 λ가 물체의 스케일과 같은 크기 정도를 갖는 경우를 생각할 수 있다. 여기서 기체 분자들은 서로 멀리 떨어져(d에 대해 상대적으로) 있어 물체 표면과의 충돌이 간헐적으로 발생하며, 물체 표면은 각 분자의 충돌을 별개의 것으로 느낄 수 있다. 이러한 유동을 *자유 분자 유동*(free molecular flow)이라 한다. 유인 비행에서 스페이스 셔틀과 같은 경우 대기권의 바깥쪽 가장자리에서 자유 분자 유동을 경험한다. 여기서는 공기 밀도가 매우 낮아 λ가 셔틀의 크기 정도에 도달하게 된다. 중간에 해당하는 경우로서 유동이 연속체 및 자유 분자 유동의 양쪽 특성을 모두 나타내는 경우가 있다. 이러한 경우를 일반적으로 연속체 유동과 대비하여 '저밀도 유동(low-density flow)'이라 한다. 대부분의 실용적인 공기역학 응용문제에서 단연 연속체 유동이 우세하다. 저밀도 또는 자유 분자 유동은 공기역학의 전 영역 중 극히 일부분에 불과하다. 따라서 이 책에서는 항상 연속체 유동에 대해 다룰 것이다. 즉, 유체를 항상 연속적인 매질로 취급하는 것이다.

1.10.2 비점성 대 점성 유동 *Inviscid Versus Viscous Flow*

기체 또는 액체의 주요 단면 중 하나는 1.2절에서 설명한 바와 같이 분자들이 비교적 자유롭게 움직일 수 있는 정도이다. 분자가 움직일 때, 비록 이들이 매우 불규칙적으로 운동한다 해도 명백히 이들은 유체 내 한 지점에서 다른 지점으로 질량, 운동량, 그리고 에너지를 이송한다. 이러한 분자 스케일에서의 이송 현상으로 말미암아 질량 확산(mass diffusion), 점성(마찰), 그리고 열전도와 같은 현상이 발생한다. 이러한 '이송 현상(transport phenomena)'은 15장에서 다룰 예정이다. 여기서는 목적상 모든 실제 유동이 이러한 이송 현상을 나타내며, 이러한 유동을 *점성 유동*이라 칭한다. 반면 마찰, 열전도 또는 확산과 같은 현상이 나타나지 않는다고 가정하는 경우를 *비점성 유동*이라 부른다. 비점성 유동은 비록 자연에 존재하지 않는 이상적인 경우지만, 실제로 이송 현상의 영향이 미미한 실질적인 공기역학적 유동(여러분들이 생각하는 것보다 훨씬 많다)이 여럿 존재한다. 이러한 경우 우리는 유동을 비점성으로 *모델링*할 수 있다. 이러한 이유로 이 책의 70% 이상(3~14장)은 주로 비점성 유동에 대해 취급한다.

이론적으로 비점성 유동이란 레이놀즈수가 무한대로 접근하는 경우(15장에서 증명)이다. 그러나 실질적인 문제에서는 Re 값이 크지만 유한한 값을 갖는 여러 경우의 유동을 비점성 유동으로 가정할 수 있다. 이러한 유동에서는 마찰, 열전도, 확산의 영향이 경계층이라 불리는 물체 표면에 인접한 매우 얇은 영역 내로 국한되며, 이 얇은 영역 바깥쪽의 나머지 유동 영역은 본질적으로 비점성이다. 이와 같이 유동 영역에 대한 두 가지 구분을 그림 1.42에 표시했다. 따라서 3~14장에서 설명할 대부분의 내용은 경계층 밖의 유동에 적용되는 것이다. 그림 1.42의 익형처럼 날렵한 형상의 물체에서 비점성 이론은 물체에 작용하는 압력 분포와 양력을 적절한 정도로 예측할 수 있으며, 물체에서 멀리 떨어진 부분에서의 유동장과 유선들을 타당하게 예측할 수 있다. 그러나 공기역학적 항력의 주 원인이 마찰(전단응력)이므로, 비점성 이론만으로는 전체 항력을 적절히 예측할 수 없다.

반면 점성 효과가 매우 두드러지게 나타나는 유동이 있다. 예를 들어 그림 1.42의 익형이 유동 방향에 대해 크게 기울어진 경우(높은 받음각), 익형 윗면으로부터 경계층이 박리되어 하류 방향으로 넓은 후류(wake)를 형성한다. 그림 1.43의 위쪽에 박리 유동을 표시하였다. 이는 '실속(stalled)' 익형의 유동장 특성이다. 또한 박리 유동은 그림 1.43의 아래쪽에 표시된 실린더와 같이 뭉툭한 형상의 물체에서 우세하게 발생한다. 여기서 유동이 실린더 전면 주변으로 확

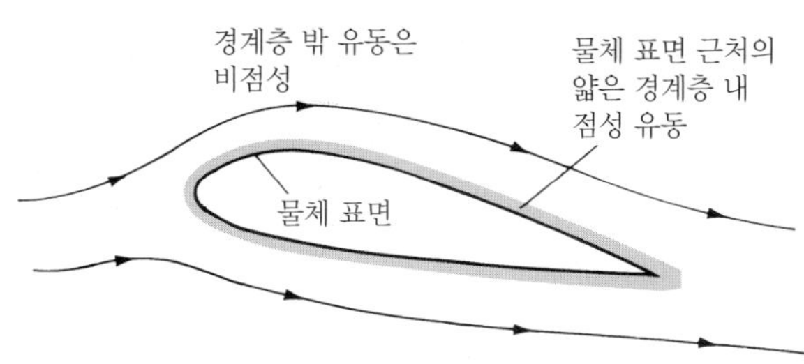

그림 1.42 유동 영역의 두 가지 구분: (1) 물체 표면 근처의 얇은 점성 경계층, (2) 경계층 밖의 비점성 유동

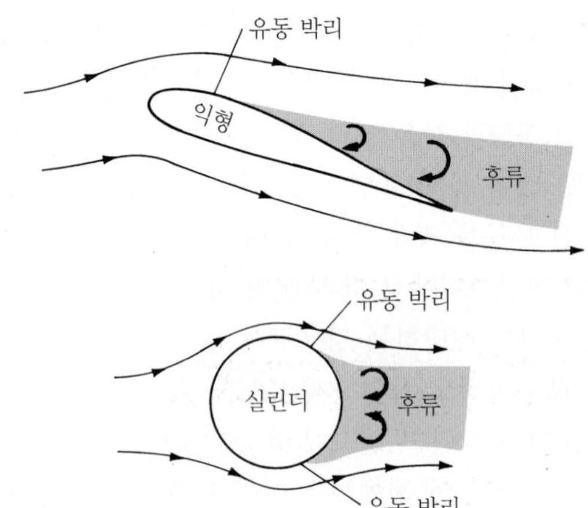

그림 1.43 점성 우세 유동(viscous-dominated flow)의 예

장되다가 후면의 표면으로부터 떨어져 나가 하류 방향으로 두터운 후류를 형성한다. 그림 1.43에 표시한 유형의 유동에서는 점성 효과가 우세하며, 이러한 유동의 공기역학적 특성을 비점성 이론만으로는 예측할 수 없다. 이러한 경우 4부에서 소개할 점성 효과를 고려하는 것이 필요하다.

1.10.3 비압축성 대 압축성 유동 *Incompressible Versus Compressible Flows*

밀도 ρ가 일정한 유동을 *비압축성*(incompressible)이라 한다. 반면 밀도가 변하는 유동을 *압축성*(compressible)이라 한다. 압축성의 보다 정확한 정의는 7장에서 다루기로 한다. 여기서는 목적상 모든 유동이 정도의 차이가 있지만 압축성임을 명시하고자 한다. 진정한 의미의 비압축성 유동, 즉 밀도가 정확히 일정한 값을 갖는 그러한 유동은 자연에서는 존재하지 않는다. 그러나 비점성 유동에 대한 설명과 유사하게, 정밀도에 있어서 치명적인 오류 없이 비압축성으로 모델링할 수 있는 공기역학적 문제들이 여럿 있다. 예를 들어 균일한 액체의 유동은 비압축성으로 취급할 수 있으며, 따라서 수력학과 관련된 대부분의 문제에서 $\rho =$ 일정이라 가정할 수 있다. 아울러 마하수가 크지 않은($M < 0.3$) 기체 유동도 본질적으로 비압축성이라 할 수 있으며, $\rho =$ 일정이라 가정하는 것이 항상 타당하다(8장에서 이를 증명). 이는 1903년 Wright 형제에 의한 첫 비행에서부터 제2차 세계대전 직전까지의 모든 항공기가 비행했던 영역이다. 이 영역은 오늘날 대부분의 소형 일반 항공기(general aviation aircraft)가 비행하고 있는 영역이기도 하다. 따라서 비압축성 유동에 대해서는 상당히 많은 양의 이론적 및 실험적 공기역학 데이터가 존재한다. 이러한 비압축성 유동이 3~6장의 주제이다. 반면 고속 유동(마하수 1 근처와 그 이상)은 압축성으로 취급해야 하며, 이러한 유동에서 ρ는 상당히 넓은 영역에 걸쳐 변할 수 있다. 7~14장의 주제는 압축성 유동이다.

1.10.4 마하수 영역 *Mach Number Regimes*

서로 다른 공기역학적 유동을 기술하고 분류하는 방법 중에서 아마도 마하수에 근거한 구분이 가장 널리 통용되는 방법일 것이다. 유동장 내 임의의 위치에서 국소 마하수가 M이라 하면, 국소 영역에서의 유동을 다음과 같이 정의할 수 있다.

아음속: $M < 1$

음속: $M = 1$

초음속: $M > 1$

모든 유동 영역을 한꺼번에 고려할 때 마하수를 기준으로 사용하여 4개의 서로 다른 속도 영역을 확인할 수 있다.

1. *아음속 유동*(모든 지점에서 $M < 1$). *아음속*으로 정의되는 유동장은 모든 지점에서 마하수가 1보다 작은 경우이다. 아음속 유동은 그림 1.44a와 같이 부드러운 유선(기울기에 있어 불연속점이 없음) 형태의 특징을 갖는다. 더구나 모든 지점에서 유동 속도가 음속보다 작기 때문에 유동 내 교란(말하자면 그림 1.44a에서 익형의 뒷전을 갑자기 변위를 주어 꺾는 것)이 상류 및 하류 방향 모두로 전파되며, 이에 따라 전체 유동장이 전파된 교란을 느낄 수

있다. 자유흐름 마하수 M_∞가 1보다 작다고 해서 물체 주변 유동이 총체적으로 아음속이 된다고 보장할 수 없다는 점에 유의하라. 공기역학적 형상 주위로 유동이 확장되면서 유동 속도가 자유흐름 속도값 이상으로 증가할 수 있으며, 만약 M_∞가 1에 가까운 값이라면 국소적 마하수가 유동 내 일부 영역에서 초음속 상태가 될 수 있다. 대략적으로 $M_\infty < 0.8$인 경우 날렵한 형상의 물체 주변 유동이 아음속이다. 뭉툭한 형상의 물체인 경우 전체적으로 아음속 유동이 되기 위해서는 M_∞ 값이 더욱 낮아야 한다(다시 강조하지만 위에서 언급한 내용은 어디까지나 대략적인 근사치이며 정확한 정량적 정의로 간주할 수는 없다). 아울러 비압축성 유동은 아음속 유동에서 $M \to 0$인 특수한 극한적 경우에 해당함을 나중에 증명할 것이다.

2. *천음속 유동*($M < 1$과 $M > 1$ 유동 영역이 섞여 있음). 앞에서 말했듯이 만약 M_∞가 아음속이지만 1에 가까운 경우, 유동은 일부 국소 영역에서 초음속이 발생할 수 있다($M > 1$). 이는 그림 1.44*b*와 같이 익형의 윗면과 아랫면 일부에 초음속 영역을 나타내고 있으며, 이러한 초음속 영역 뒤에 약한 충격파가 발생함으로써 초음속 영역이 종료된다. 그리고 M_∞가 1보다 약간 큰 경우 물체 전면에 휜 형태의 충격파(bow shock wave)가 발생하며, 그림 1.44*c*와 같이 이 충격파 이후 유동은 국소적으로 아음속 상태가 된다. 아음속 유동이 익형 주변에서 후속적으로 낮은 초음속 유동값으로 팽창할 수 있다. 약한 충격파의 경우 보통 뒷전에서 발생하며, 어떤 경우는 그림 1.44*c*와 같이 '생선 꼬리' 형태로 발생하기도 한다. 그림 1.44*b*와 1.44*c*에 보인 유동장은 아음속-초음속 유동이 혼재되어 있는 특성을 보이며, 두 가지 유동 형태에 관련이 있는 물리적 현상에 모두 영향을 받는다. 따라서 이러한 유동장을 *천음속 유동*이라 부른다. 날렵한 형상의 물체에서 보통 천음속 유동은 자유흐름 마하수가 $0.8 < M_\infty < 1.2$일 때 발생한다.

3. *초음속 유동*(모든 지점에서 $M > 1$). 모든 지점에서 마하수가 1보다 큰 유동장을 *초음속*이라 정의한다. 초음속 유동은 충격파가 존재하며, 충격파 전후로 유동 특성과 유선이 불연속적으로(아음속 유동에서의 부드럽고 연속적인 변화와 대비됨) 변화하는 특징이 있다. 그림 1.44*d*에 날카로운 선두부를 갖는 쐐기 형상에서의 초음속 유동을 표시했다. 끝단 부분에서 발생하는 경사 충격파 이후의 유동 역시 초음속 상태를 유지한다. 또한 초음속 유동에서 일반적으로 발생하는 팽창파도 표시했다. (개략적으로 $M_\infty > 1.2$ 영역에서 발생함을 표시했다. 예를 들어, 그림 1.44*d*에서 θ가 충분히 크다면 경사 충격파는 쐐기 형상 끝단에서 어느 정도 떨어진 지점에 강력하고 휜 형태의 충격파가 발생하면서 충격파 후면과 쐐기 형상 앞부분 사이에 상당 부분의 아음속 영역이 발생한다. 따라서 주어진 M_∞에 대해 θ가 상당히 큰 경우에는 그림 1.44*d*에 표시한 완전 초음속 유동장이 파괴된다. 이러한 충격파 분리 현상은 $M_\infty > 1$인 어느 경우에도 발생할 수 있으나, 이러한 경우에 M_∞가 증가할수록 θ 값이 증가한다. θ 값이 무한히 작은 값일 경우, 그림 1.44*d*와 같은 유동장 형성은 $M_\infty \geq 1.0$인 경우에 가능하다. 이러한 문제에 대해서는 9장에서 상세히 다룬다. 그러나 그림 1.44*d*의 $M_\infty > 1.2$인 경우의 유동장은 매우 드물며 실제로 발생한다고 하기는 곤란하다.) 초음속 유동에서 국소적인 유동 속도가 음속보다 크기 때문에 유동 내 어느 위치에서 발생한 교란이 상류 방향으로 전파될 수 *없다*(아음속 유동과 대조됨). 이러한 특성이 아음속과 초음속 유동에서 발생하는 물리적 현상 중 가장 두드러진 차이점이다. 이것이 바로 충격파가 정상 아음속 유동에서는 발생하지 않지만, 초음속 유동에서는 충격파가 발생하는 근본적 이유이다. 7~14장에서 이러한 차이점에 대해 보다 심도 있게 설명한다.

4. *극초음속 유동*(매우 높은 초음속 유동 속도). 그림 1.44*d*의 쐐기 형상에 대해 다시 살펴보도록 하자. θ가 고정값으로 주어졌다고 가정한다. M_∞가 1 이상의 값에서 증가할수록 충격파는 물체 표면에 보다 가깝게 접근한다. 또한 충격파의 강도가 증가하면서 충격파와 물체 사이(충격파 층, shock layer)의 온도도 증가한다. M_∞가 충분히 큰 값을 갖는 경우 충격파 층은 매우 얇아지면서 충격파와 물체 표면의 점성 경계층 사이에 상호작용이 발생한다. 아울러 충격파 층의 온도는 공기 중에 화학적 작용이 발생할 수 있을 만큼 상승한다. O_2와 N_2 분자의 원자가 서로 떨어지면서 기체 분자의 해리가 발생한다. M_∞가 충분히 증가하면 점성 작용과 화학적 반응 효과가 유동을 지배하기 시작하며(그림 1.44*e*), 이러한 유동장을 *극초음속*이라 부른다(다소 임의성이 있지만 자주 통용되는 일반 법칙으로서 $M_\infty > 5$의 경우를 극초음속이라 함). 대기권 재진입 비행체의 경우 대기권에서 마하수 25(대륙간 탄도탄, ICBMs)와 36 (Apollo 달 귀환 비행체) 정도의 유동장을 수반하므로 1955~1970년 사이 극초음속 공기역학은 큰

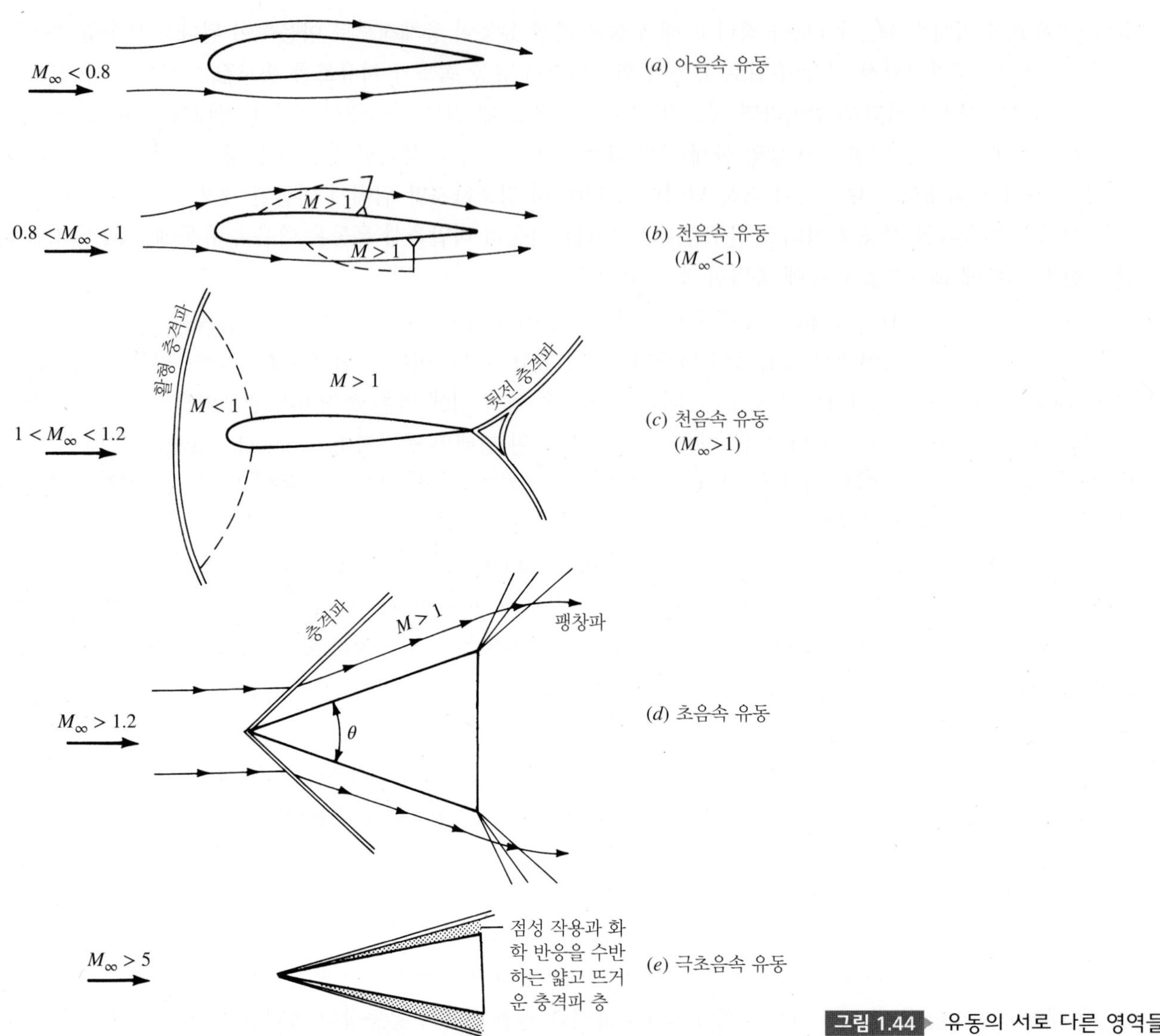

그림 1.44 유동의 서로 다른 영역들

주목을 받았다. 1985~1995년 사이 1단 궤도 진입 기능(single-stage-to-orbit capability)을 제공하기 위한 공기흡입식 초음속-연소 램제트 대기권 통과 비행체(air-breathing supersonic-combustion ramjet-powered transatmospheric vehicles) 개념을 연구하면서 극초음속 비행이 다시 관심의 대상이 되었다. 오늘날 극초음속 공기역학은 실현 가능한 전체 비행 속도 영역 중 한 부분에 해당한다. 14장에서 극초음속 유동의 기본적 요소에 대해 다룬다.

이 절에서 공기역학 유동에 대한 연구 분야를 하나 또는 여러 유형으로 조직화하기 위한 시도를 하였다. 그림 1.45의 블록 다이어그램에 이러한 유형과 이들이 서로 어떻게 연관되는지를 강조하여 표시했다. 실제로 그림 1.45는 이 책 전체에 대한 이정표 역할을 한다고 볼 수 있다. 후속 장에서 다룰 모든 내용을 향후 손쉽게 참고할 수 있도록 각 블록을 알파벳 대문자로 표시했다. 예를 들어, 2장은 기초적인 공기역학적 원리와 방정식을 다루는데, 이는 블록 C와 D에 해당한다. 3장에서 6장까지는 블록 D와 E에 해당하며, 7장은 블록 D와 F에 해당한다. 공기역학에 대한 토론을 진행하면서 그림 1.45를 종종 인용하게 될 것인데, 이는 공기역학 전체에 대한 시각을 가지고 특정 부분 또는 상세한 내용을 설명하는 데 도움을 주기 위해서다.

1.11 점성 유동: 경계층 개론 *Viscous Flow: Introduction to Boundary Layers*

1.10.2절에서 공기역학적 유동에서의 마찰 문제에 대해 언급하였다. 마찰전단응력은 1.4절에서 정의하였으며, 전단응

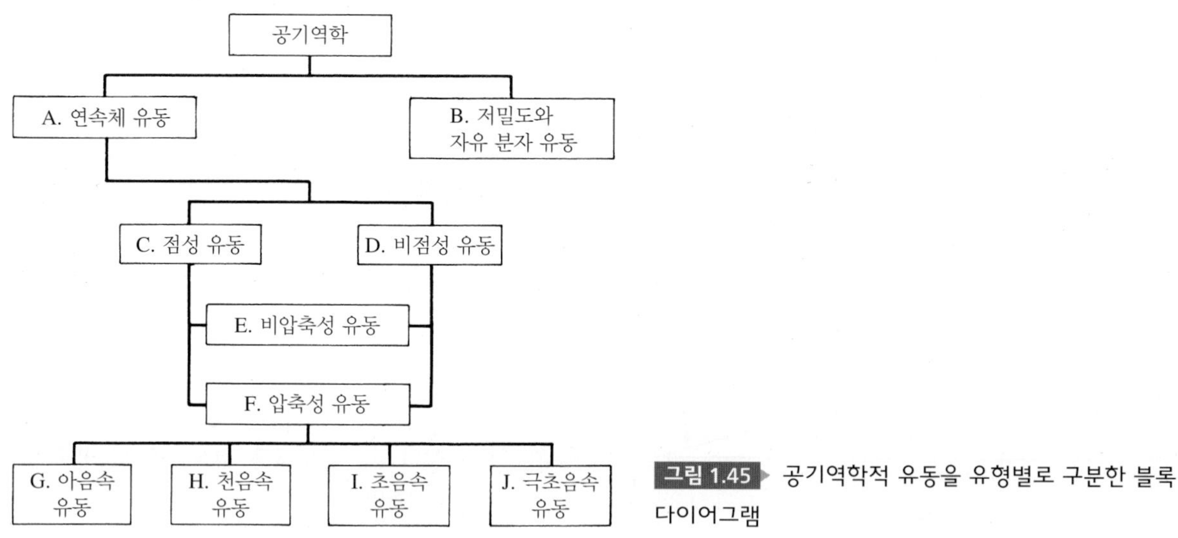

그림 1.45 공기역학적 유동을 유형별로 구분한 블록 다이어그램

력 τ는 유동 내 유선 사이에 속도구배가 존재하는 어느 지점에서든 존재한다. 공기역학 관련 대부분의 문제에서 속도구배가 클 경우 국소적 전단응력은 유동에 대해 상당한 영향을 미친다. 예를 들어, 그림 1.42에 표시한 물체 주변의 유동에 대해 고려해 보자. 물체에서 멀리 떨어진 넓은 영역의 유동장에서 속도구배는 상대적으로 미미하며, 실질적으로 마찰이 영향을 미치지 않는다. 그러나 물체 표면에 근접한 얇은 유동 영역에서는 속도구배가 크며, 따라서 마찰이 유동장에 대해 결정적인 역할을 한다. 이와 같이 유동장을 마찰이 중요한 역할을 하는 영역과 그렇지 않은 2개의 영역으로 자연스럽게 구분하는 개념을 1904년 저명한 독일 유체역학 연구자 Ludwig Prandtl이 발견했다. Prandtl의 경계층 개념은 공기역학적 해석에 있어 비약적 발전을 불러왔다. 예전의 이론적 해석 시대에는 주로 물체에서 멀리 떨어진 유동 영역, 즉 *비점성 유동*(마찰, 열전도 또는 질량 확산과 같은 소산 효과가 없는 유동)에 대해 주로 취급했는데, 이는 소산 효과가 포함된 *점성 유동*이 물체 표면에 인접한 얇은 영역 내로 국한되기 때문이다. 물체에 인접한 얇은 층의 점성 영역을 *경계층*이라 부른다. 대부분의 흥미로운 공기역학 문제에서 경계층은 나머지 유동 영역에 비해 매우 얇다. 그러나 이토록 얇은 경계층에 의한 효과는 얼마나 지대한가! 이것이 바로 공기역학적 형상의 물체에 발생하는 마찰 항력의 근본적 원인이다. 예를 들어, Airbus 380 점보 제트의 마찰 항력은 비행 중인 항공기 전체 표면을 감싸고 있는 경계층에 의해 발생하는 것이다. 그림 1.43에 표시한 유동의 박리 현상은 경계층의 존재와 관련이 있다. 물체 표면으로부터 유동이 박리를 일으키면 표면의 압력 분포에 극적인 변화가 발생하며, 결과적으로 *압력 저항*(pressure drag)이라 불리는 항력을 크게 증가시킨다. 따라서 물체 표면에 인접한 얇은 점성 경계층이 유동장 나머지 영역에 비해 차지하는 부분이 제한적일지라도 공기역학에서 매우 중요한 역할을 하는 것이다.

이 책의 2부와 3부에서는 주로 비점성 유동에 대해 다루며, 4부의 주제가 점성 유동이다. 그러나 2부와 3부에 속한 몇몇 장의 말미에서 여러분은 '점성 유동 부분'(이번 장처럼)을 발견할 수 있을 것이다. 이는 주어진 장에서 취급했던 비점성 유동에서 경계층의 실질적인 영향을 탐구하는 데 관심이 있는 독자들을 위해 마련한 것이다. 이러한 점성 유동 부분은 별도로 준비한 부분으로서, 2부와 3부에서의 비점성 유동 토론에 대한 연속성을 훼손하려는 것이 아니며 단순히 보완 설명의 역할을 위한 것이다.

경계층 내 속도구배는 어떤 *원인*에 의해 큰 값을 갖는가? 이러한 질문에 대한 답을 얻기 위해 그림 1.46의 익형 형상 주변 비점성 유동을 먼저 생각해 보자. 정의에 의해 이 경우는 마찰 효과가 없으므로, 물체 표면 위에 바로 접하는 유선은 표면에서 *미끄러진다*. 예를 들어, 표면 위 점 b에서 유동 속도는 유한한 값을 가지며 마찰 효과에 의해 방해받지 않는다. 실제로는 물체 표면 위 바로 인접한 공기 분자들의 무한히 얇은 층은 마찰에 의해 표면에 들러붙어 물체 표면에 대해 상대적으로 *0*의 속도를 갖는다. 이것이 *점착 조건*(no-slip condition)이며, 경계층 내에서 큰 값의 속도구배가 발생하는 원인이다. 그림 1.47에 표시한 유동을 생각해 보자. 명확성을 위해 경계층의 두께를 확대하여 표시했다.

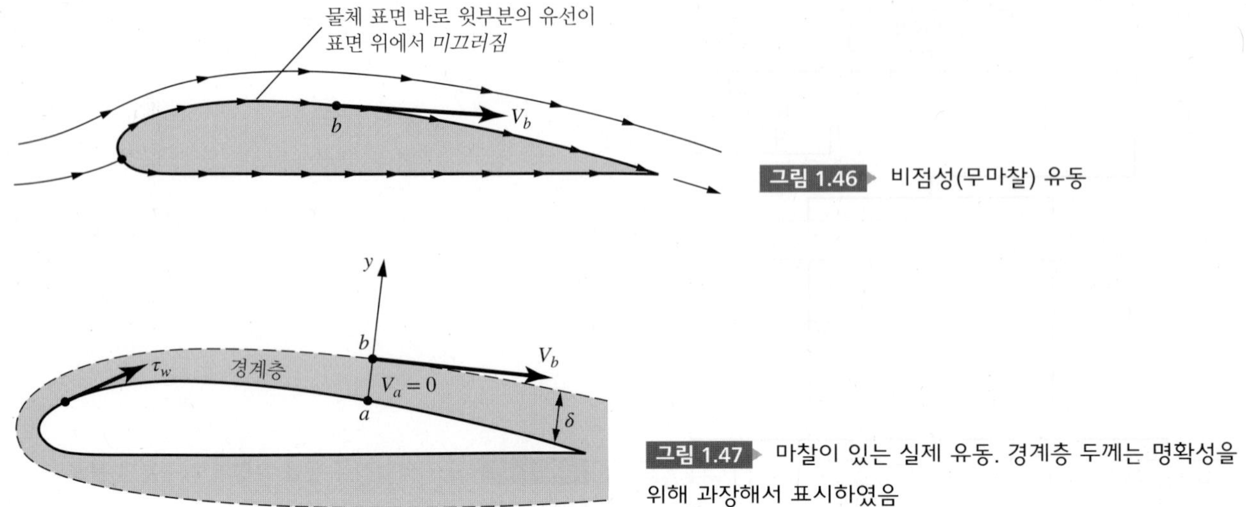

그림 1.46 비점성(무마찰) 유동

그림 1.47 마찰이 있는 실제 유동. 경계층 두께는 명확성을 위해 과장해서 표시하였음

물체 표면 점 a에서의 유동 속도는 점착 조건에 의해 0이다. 점 a 위로 갈수록 속도가 증가하여 경계층 밖 가장자리의 점 b에서 V_b 값에 도달한다. 경계층 두께가 매우 얇기 때문에 그림 1.47의 점 b에서의 속도 V_b는 그림 1.46의 비점성 유동의 경우 물체 위 점 b에서의 속도 V_b와 같다고 가정한다. 일반적인 경계층 해석에서 경계층 가장자리 유동 조건은 비점성 유동 해석에서의 표면 유동 조건과 같다고 가정한다. 그림 1.47을 살펴보면 경계층 내 유동 속도가 점 a에서 0으로부터 시작하여 점 b에서 상당히 큰 유한한 속도값에 도달하고, 아울러 경계층의 두께가 얇기 때문에 이러한 속도 증가는 매우 짧은 거리 내에서 발생하므로 속도구배, 즉 국소적인 dV/dy 값이 클 수밖에 없다. 따라서 경계층은 마찰 효과가 우세한 유동 영역이다.

아울러 그림 1.47에서 벽면에서의 전단응력 τ_w와 경계층 두께 δ을 볼 수 있다. τ_w와 δ 모두 매우 중요한 양으로서, 경계층 이론의 상당 부분은 이들 값을 계산하기 위한 것이다.

실험적 그리고 이론적으로 물체 표면에 수직한 방향으로 경계층 내 압력이 일정한 값을 갖는다는 사실을 증명할 수 있다. 즉, 그림 1.47에서 점 a와 점 b에서의 압력을 각각 p_a와 p_b라 하자. 여기서 y축을 점 a에서 물체 표면에 수직한 방향이라 하면 $p_a = p_b$다. 이는 매우 중요한 현상이다. 이것이 바로 비점성 유동(그림 1.46) 계산으로부터 구한 표면 압력 분포로부터 실제 경우에서의 표면 압력값을 정확히 예측할 수 있는 이유이다. 왜냐하면 비점성 계산결과가 얇은 경계층 가장자리(그림 1.47의 점 b)에서의 정확한 압력값이며, 이 압력값이 아무런 변화 없이 경계층을 관통하여 물체 표면(점 a)에 작용하기 때문이다. 이상은 얇은 경계층이 물체 표면에 그대로 부착되어 있는 경우에 해당한다. 그러나 그림 1.43과 같이 유동이 박리된 영역에서는 성립하지 않는다. 이러한 박리 유동에 대해서는 4.12절과 4.13절에서 논의하기로 한다.

경계층을 보다 가까이에서 살펴보면, 그림 1.48과 같이 경계층 내 속도 *프로파일*(velocity profile)을 표시할 수 있다. 물체 표면에서 속도는 0에서 시작하여 가장자리 부근에서 V_b 값까지 지속적으로 증가한다. 그림 1.48과 같이 x는 표면에 평행하게, 그리고 y는 표면에 수직한 방향으로 좌표계를 설정하자. 정의에 의해 *속도 프로파일*은 경계층 내 속도 변화를 y의 함수로 표시한다. 일반적으로 x 위치가 달라지면 속도 프로파일도 달라진다. 이와 유사하게 그림 1.49

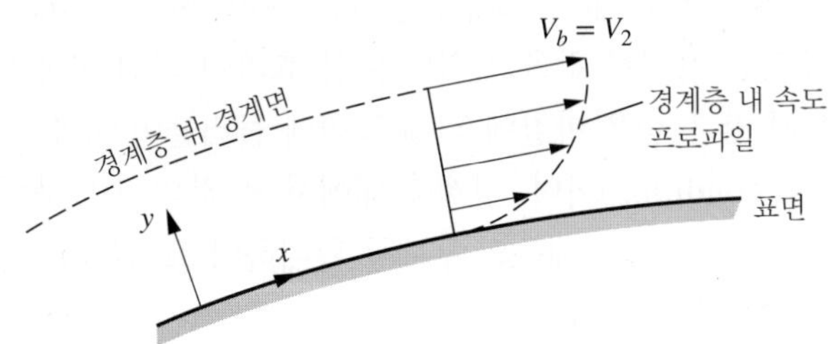

그림 1.48 경계층 내 속도 프로파일

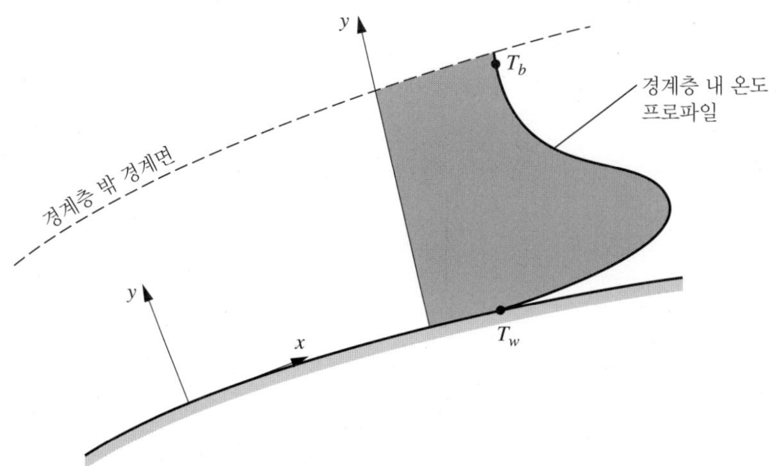

그림 1.49 경계층 내 온도 프로파일

에 경계층 내 *온도 프로파일*(temperature profile)을 나타내었다. 벽면에서의 기체 온도(이는 벽면에서의 표면 온도와 같은데, 일종의 온도에 대한 '점착' 조건과 같은 것임)를 T_w라 하고, 경계층 가장자리에서의 온도를 T_b라 하자. 앞에서와 마찬가지로 T_b 값은 비점성 유동 해석으로부터 계산한 표면에서의 기체 온도와 같다. 정의에 의해 *온도 프로파일*은 경계 층 내 온도 변화를 y의 함수로 표시한다. 일반적으로 x 위치가 다르면 온도 프로파일도 달라진다. 경계층 내 온도는 열전도(thermal conduction)와 마찰 소산(frictional dissipation)이 서로 결합된 메커니즘에 의해 지배받는다. 열전도는 뜨거운 영역에서 차가운 영역으로 불규칙적인 분자 운동에 의해 열이 전달되는 현상이다. 마찰 소산이란, 아주 간단하게 말하면 한 유선이 다른 유선과 서로 마찰하면서 발생하는 국소적인 기체의 가열 현상으로 두 손바닥을 서로 비벼서 데우는 것과 유사하다. 마찰 소산에 대해 보다 적절하게 설명하면, 경계층 내 유선을 따라 움직이는 유체 요소(fluid element)가 마찰전단응력에 의해 속도가 감소하고, 경계층 내로 들어오기 전 원래 가지고 있던 운동 에너지 일부가 경계층 내에서 내부 에너지로 전환됨으로써 기체 온도가 상승하는 것이다.

벽면에서의 속도 프로파일 기울기는 벽면 전단응력을 지배하므로 특히 중요하다. $(dV/dy)_{y=0}$를 벽면에서의 속도구배로 정의하기로 하자. 그러면 벽면에서의 전단응력은 아래와 같이 주어진다.

$$\tau_w = \mu \left(\frac{dV}{dy} \right)_{y=0} \tag{1.59}$$

여기서 μ는 기체의 *절대 점성 계수*(absolute viscosity coefficient, 또는 간단히 *점성*)이다. Newton 제2법칙과 식 (1.59)에 의해 확인할 수 있듯이 점성 계수의 차원은 질량/(길이)(시간)이다. 이는 유체의 물리적 특성으로서 서로 다른 기체와 액체들에서 μ 값은 서로 다르다. 또한 μ는 T에 따라 달라진다. 액체의 경우 μ는 T가 증가할수록 감소한다. [우리가 알고 있듯이 기름은 온도가 증가할수록 '묽어진다(thinner)']. 그러나 기체의 경우 T가 증가할수록 μ도 증가한다[공기의 경우 온도가 증가할수록 '진해진다(thicker)']. 공기의 경우 표준 해면 온도에서 μ는 아래와 같다.

$$\mu = 1.7894 \times 10^{-5} \text{kg}/(\text{m})(\text{s}) = 3.7373 \times 10^{-7} \text{slug}/(\text{ft})(\text{s})$$

그림 1.50에 우리가 관심 있는 영역에 대해 온도의 변화에 따른 μ 값을 표시했다.

이와 유사하게 벽면에서의 온도 프로파일 기울기 역시 매우 중요하다. 이는 벽면으로부터의 공기역학적 가열 현상을 지배한다. $(dT/dy)_{y=0}$를 벽면에서의 온도구배로 정의하자. 그러면 벽면에서의 공력 가열률(단위 면적당 단위 시간당 에너지)은 다음과 같이 주어진다.

$$\dot{q}_w = -k \left(\frac{dT}{dy} \right)_{y=0} \tag{1.60}$$

여기서 k는 기체의 *열전도율*(thermal conductivity)이며, 음의 부호는 열이 뜨거운 영역으로부터 차가운 영역으로, 즉 온도구배의 반대 방향으로 이동한다는 것을 암시한다. 따라서 식 (1.60)의 온도구배가 양의 값(벽면 위쪽으로 갈수록

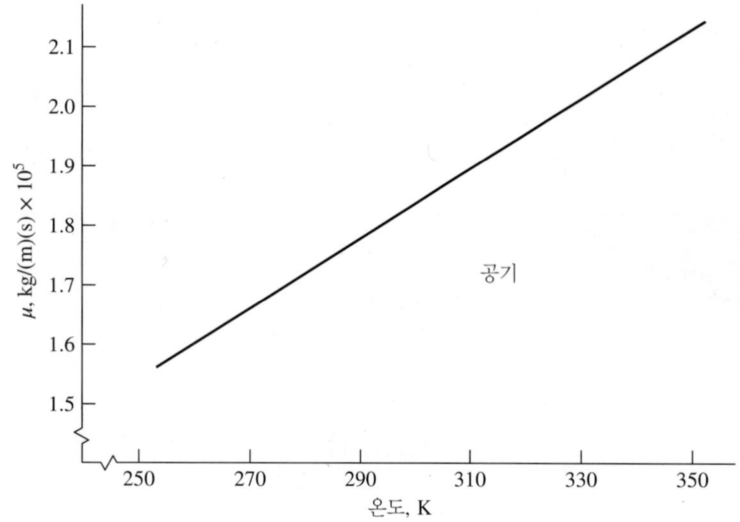

그림 1.50 온도에 따른 점성 계수의 변화

온도가 증가)이라면 열전달은 기체로부터 벽면으로, 다시 말해 온도가 증가하는 방향의 반대 방향으로 발생한다. 만약 온도구배의 부호가 음이면(벽면 위쪽으로 온도가 감소) 열전달은 벽면으로부터 기체로, 다시 말해 온도가 증가하는 방향의 반대 방향으로 발생한다. 식 (1.60)에서 기체와 벽면 사이에 열이 이동하는 실제 메커니즘을 *열전도*(thermal conduction)라 하는 반면, 벽면 위의 유동에 의해 벽면이 데워지거나 또는 식는 경우를 '대류 열전달(convective heat transfer)'이라 한다. 이 책에서는 경계층과 벽면 사이에 발생하는 열전달을 *공력 가열*(aerodynamic heating)이라 부르기로 한다. 고속 유동, 특히 초음속 유동에서 공력 가열은 중요하며, 더구나 극초음속 유동에서는 유동을 절대적으로 지배하는 현상이다. 마지막으로 식 (1.59)에서의 μ와 마찬가지로 식 (1.60)에서의 k는 유체의 물리적 특성으로서 온도의 함수이다. 표준 해면 온도에서 공기의 k는 아래와 같다.

$$k = 2.53 \times 10^{-2} \text{J}/(\text{m})(\text{s})(\text{K}) = 3.16 \times 10^{-3} \text{lb}/(\text{s})(°\text{R})$$

열전도율은 본질적으로 점성 계수에 비례[즉, $k = (\text{constant}) \times \mu$]하므로 k의 온도에 대한 변화 역시 그림 1.49의 μ처럼 온도에 비례한다.

1.7절과 1.8절에서 레이놀즈수를 중요한 상사변수로 소개하였다. 그림 1.51에 나타낸 평판의 경우처럼 표면에서의 경계층 성장에 대해 생각해 보자. x를 앞전, 즉 평판 끝단으로부터의 거리라 하자. V_∞는 평판으로부터 전류 방향으로 멀리 떨어진 거리에서의 유동 속도이다. 앞전으로부터의 거리 x에서 *국소적* 레이놀즈수를 다음과 같이 정의하자.

$$\text{Re}_x = \frac{\rho_\infty V_\infty x}{\mu_\infty} \tag{1.61}$$

여기서 아래첨자 ∞는 평판 앞쪽 자유흐름에서의 조건을 표시하는 데 사용한다. 국소적인 τ_w와 δ 값은 Re_x의 함수로서 4장에서 소개할 예정이며, 4부에서 보다 상세하게 다룬다. 레이놀즈수는 경계층 특성에 매우 강력한 영향력을 행사하며, 일반적인 점성 유동의 특성을 지배한다. 이 책에서 레이놀즈수를 종종 접하게 될 것이다.

지금까지의 토론에서 우리는 유동의 유선을 공간 상의 부드럽고 규칙적인 곡선으로 간주하였다. 그러나 점성 유동에서, 특히 경계층에서는 문제가 그렇게 간단하지만은 않다. 점성 유동에는 기본적으로 두 가지 유형이 있다.

1. *층류*(laminar flow): 유선이 부드럽고 규칙적이며, 유체 요소는 유선을 따라 부드럽게 움직인다.

그림 1.51 경계층 두께의 성장

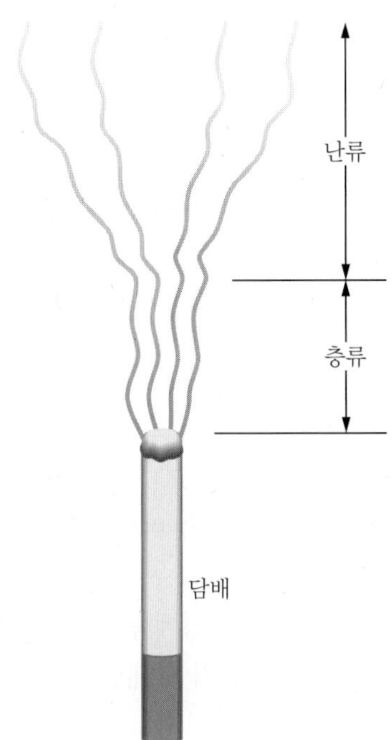

그림 1.52 층류로부터 난류로 천이되는 담배 연기 패턴에 대한 그림

2. *난류*(turbulent flow): 유선들이 붕괴되어 유체 요소가 무질서하고, 불규칙적으로, 그리고 뒤틀린 형상으로 움직인다.

그림 1.52의 타고 있는 담배 끝에서 발생하는 연기를 살펴보자. 처음에 부드러운 유동 영역(층류)을 볼 수 있으며, 이후 불규칙적으로 뒤섞인 형태의 유동(난류)을 관찰할 수 있다. 층류와 난류의 차이는 매우 극적으로서 공기역학 현상에 큰 영향을 미친다. 예를 들어, 그림 1.53에서와 같은 경계층 내 속도 프로파일을 살펴보자. 유동이 층류인지 난류인지에 따라 프로파일의 형태가 달라진다. 난류 프로파일이 층류 프로파일보다 보다 두툼한 또는 꽉 차 있는 형태이다. 난류 프로파일의 경우 경계층 가장자리에서 표면 가까운 지점까지 속도가 자유흐름 속도에 상당히 근접한 수준을 유지한다. 이후 급속히 속도가 감소하여 표면에서 0에 도달한다. 반면 층류 속도 프로파일은 가장자리에서 표면에 도달할 때까지 점진적으로 감소하여 0에 도달한다. 이제 벽면에서의 속도구배 $(dV/dy)_{y=0}$, 즉 그림 1.53의 $y = 0$에서 평가한 곡선 기울기의 역수에 대해 고려해 보자. 그림 1.53에서 다음 사실은 명백하다.

$$\left(\frac{dV}{dy}\right)_{y=0} \text{층류의} < \left(\frac{dV}{dy}\right)_{y=0} \text{난류의}$$

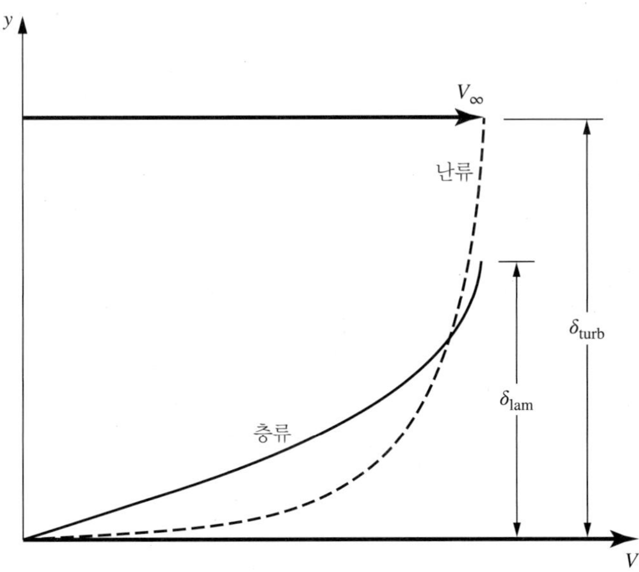

그림 1.53 층류와 난류 경계층의 속도 프로파일. 난류 경계층의 두께가 층류 경계층 두께보다 크다는 점에 유의할 것.

τ_w에 대한 식 (1.59)로부터 우리는 *층류 전단응력이 난류 전단응력보다 작다*는 기본적이고도 매우 중요한 사실에 도달하게 된다.

$$(\tau_w)_{\text{층류}} < (\tau_w)_{\text{난류}}$$

이는 명백히 항공기 날개 또는 동체에서 발생하는 표면마찰이 표면에서의 경계층이 층류인지 난류인지에 따라 좌우되며, 층류인 경우 표면마찰 항력이 줄어든다는 것을 의미한다. 공력 가열 역시 같은 경향을 보인다. 벽면에서의 온도구배는 다음과 같다.

$$\left(\frac{dT}{dy}\right)_{y=0} \text{층류의} < \left(\frac{dT}{dy}\right)_{y=0} \text{난류의}$$

q_w에 대한 식 (1.60)으로부터 난류 공력 가열이 층류 공력 가열보다 크며, 경우에 따라서는 *훨씬* 더 크다는 것을 알 수 있다. 극초음속 속도에서 난류 열전달률이 층류 열전달률보다 거의 10배 가량 크며, 따라서 극초음속 비행체 설계에서 주인공 역할을 하는 것이다. 이 책의 후반부에서 우리는 난류와 층류의 효과에 대해 여러 가지 토론을 하게 될 것이다.

요약하자면, 이 절에서는 이 장의 개론적 성격을 그대로 유지하면서 마찰, 점성 유동, 그리고 경계층에 대한 기본 개념을 소개했다. 후속 장에서 τ_w, q_w, δ와 같은 중요하고도 실질적인 양들을 어떻게 계산할 것인지에 대한 내용을 소개하면서 점성 유동에 대한 개념을 확장해 나갈 것이다.

1.12 응용 공기역학: 공력 계수—그 크기와 변화

Applied Aerodynamics: The Aerodynamic Coefficients-Their Magnitudes and Variations

이 절은 이 책에서 '응용 공기역학'이라는 일반 제목 하에 연속적으로 소개하고자 하는 내용의 첫 단원을 소개한다. 이 책의 주요 목표는 책 제목에도 나타나 있듯이 공기역학의 *기본*을 소개하는 것이다. 이러한 기본 개념의 *응용*은 교재 내용, 예제, 연습문제 등을 통해 책의 여러 곳에 풍부하게 소개되어 있다. *응용 공기역학*이라는 용어는 대기권(지구 또는 다른 행성의) 내를 이동하는 항공기, 미사일 또는 우주 비행체와 같은 실제 형상에서 공기역학적 특성을 실질적으로 평가하기 위한 공기역학의 응용을 의미한다. 이러한 응용분야에 대한 독자들의 식견을 높이기 위해 여러 장 말미에 응용 공기역학이라는 단원을 추가했다. 이 절에서는 1.5절에서 정의한 공력 계수에 대하여 상세하게 취급하고자 한다. 특히 양력, 항력, 그리고 모멘트 계수에 초점을 맞출 것이다. 이러한 무차원 계수들은 외부 공기역학(1.2절에서 내부 공기역학과 외부 공기역학의 차이점에 대해 설명하였다)의 응용을 다루는 데 있어 주된 언어와 같은 것이다. 전형적인 공력 계수들의 정량적인 값에 대해 여러분들이 감을 가지는 것은 매우 중요하다. (예를 들어, 항력 계수가 10^{-5} 정도로 작은 값인지 또는 1000 정도의 큰 값인지 여러분은 어떻게 생각하는가?) 이 절의 목적은 적어도 몇몇 일반적인 공력 형상들에 대하여 이러한 감을 제공하는 것이다. 이 책의 나머지 부분에 대한 진도가 나아갈수록 여러 절에서 다루게 될 전형적인 공력 계수의 크기가 어느 정도인지 주목하기 바란다. 이러한 크기에 대하여 현실적인 감을 가지는 것이 여러분의 공학적 성숙도를 높일 것이다.

질문: 여러 공기역학적 형상에서 전형적인 항력 계수값은 얼마인가? 그림 1.54에 몇몇 기본값들을 표시했다. 1.7절에 기술한 차원해석에서 $C_D = f(M, \text{Re})$임을 증명한 바 있다. 그림 1.54에 저속, 즉 비압축성 유동에서의 항력 계수값들을 표시하고 있으며, 따라서 마하수는 그림에 표시되어 있지 않다(실용적 목적상 비압축성 유동에서 마하수는 이론적으로 0이다. 이는 속도값이 0이기 때문이 아니라 음속이 무한대로 커지기 때문이다. 이에 대해서는 8.3절에서 명확히 다룰 예정이다). 따라서 저속 유동에서 유동에 대하여 고정된 자세로 있는 고정된 형상의 공기역학적 계수는 단지 레이놀즈수의 함수뿐이다. 그림 1.54에 레이놀즈수를 왼편에, 항력 계수값을 오른편에 표시했다. 그림 1.54*a*에서 평판이 유동에 대해 수직 방향으로 놓여 있으며, 이는 여러 일반적인 형상 중 가장 큰 값의 항력 계수, 즉 $C_D = D'/q_\infty S = 2.0$을 나타낸다. 여기서 S는 단위 스팬당 전면적(frontal area), 즉 $S = (d)(1)$이고 d는 평판의 높이를 표시한다. 다음은 높이 d를 기준으로 한 레이놀즈수, 즉 $\text{Re} = \rho_\infty V_\infty d/\mu_\infty = 10^5$이다. 그림 1.54*b*는 직경 d인 원형 실린더

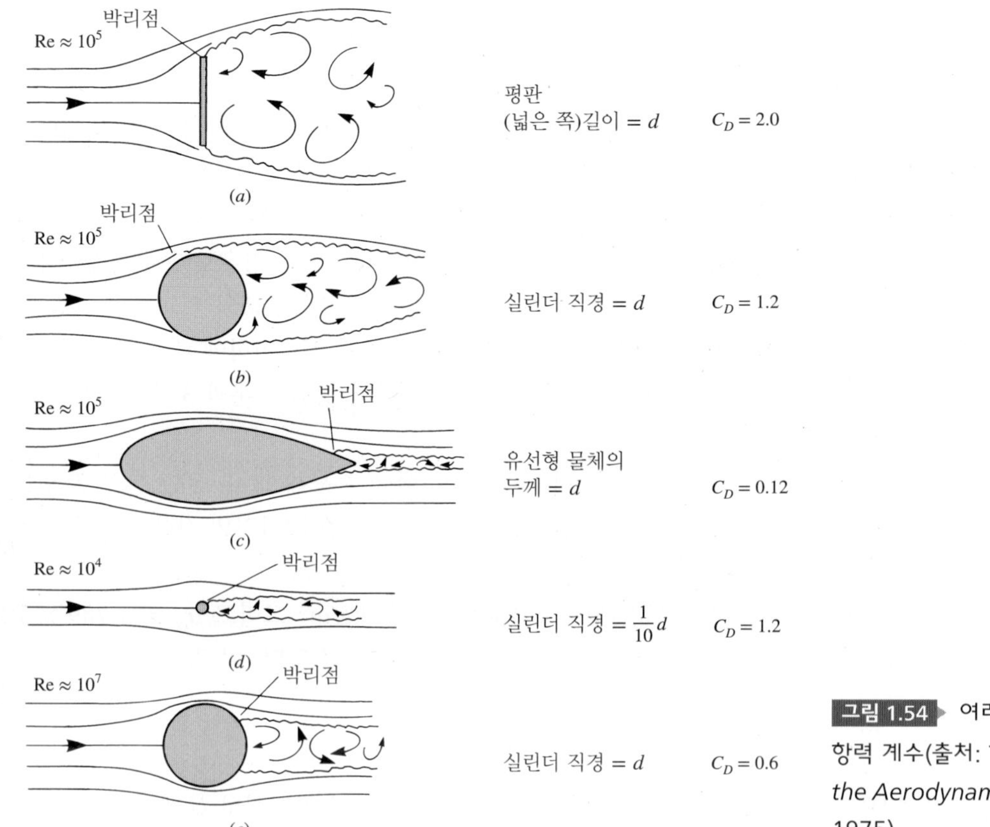

그림 1.54 여러 가지 공기역학적 형상에서의 항력 계수(출처: Talay, T.A., *Introduction to the Aerodynamics of Flight*, NASA SP-367, 1975)

주변의 유동을 표시하는데, 여기서는 $C_D = 1.2$로 그림 1.54a의 수직 평판보다 훨씬 작은 값을 나타낸다. 그림 1.54c와 같이 물체 형상을 유선형으로 만들어 항력 계수를 극적으로 감소시킬 수 있다. 여기서 $C_D = 0.12$로, 이는 그림 1.54b의 원형 실린더보다 크기의 차수가 작은 정도이다. 그림 1.54a, b, c에서 레이놀즈수는 d(직경)에 기초한 모두 같은 값이다. 항력 계수는 단위 스팬당 기준 면적 $(d)(1)$에 기초하여 모두 같은 방법으로 정의하였다. 그림 1.54a, b, c에 나타낸 형상 주변 유동장에서 물체 하류 방향의 후류에 주목하라. 후류는 물체 표면으로부터 유동이 박리하여 발생하며, 후류 내에서는 에너지 수준이 낮은 재순환 유동을 관찰할 수 있다. 유동 박리 현상은 점성 유동을 다루기 위한 4부에서 상세히 설명하기로 한다. 여기서 그림 1.54a, b, c로 진행할수록 후류 영역의 크기가 점점 감소하는 것을 명확히 볼 수 있다. 그림 1.54a, b, c로 진행할수록 C_D의 크기가 점점 감소하는 것은 우연이 아니며, 박리 유동 영역이 점차 줄어드는 현상의 직접적 결과로 나타나는 것이다. 왜 그런가? 단순히 이는 공기역학 분야에서의 여러 흥미로운 의문 중 하나이며, 여러분은 질문에 대한 답을 이 책에서 때가 되면 찾을 수 있을 것이다. 특히 주목할 점은 그림 1.54c의 유선형에서의 물리적 효과로 후류 영역 크기가 줄어들면서 항력 계수 역시 감소한다는 것이다.

그림 1.54d, 즉 원형 실린더인데 훨씬 작은 직경을 갖는 경우를 생각해 보자. 직경이 $0.1d$이므로 이제 레이놀즈수는 10^4(그림 1.54a, b, c에서와 같이 같은 값의 자유흐름 V_∞, ρ_∞, μ_∞를 기준으로 한)이다. 3장에서 원형 실린더의 C_D는 Re = 10^4~10^5 사이에서 상대적으로 Re 값과는 별로 상관이 없음을 증명할 것이다. 그림 1.54d와 b에서 물체 형상이 원형 실린더로 서로 같기 때문에 그림에 나타난 것처럼 C_D 값은 1.2로 같은 값을 갖는다. 그러나 항력은 $D' = q_\infty S C_D$로 주어지고 그림 1.54d의 S가 1/10로 작으므로, 그림 1.54d의 소형 실린더에 작용하는 항력은 그림 1.54b의 경우보다 1/10로 작다.

그림 1.54c와 d에서 또 다른 비교를 할 수 있다. 여기서 우리는 두께가 d인 대형 유선형 물체와 직경이 $0.1d$인 소형 원형 실린더를 비교해 보자. 그림 1.54c의 대형 유선형 물체의 경우,

$$D' = q_\infty S C_D = 0.12 q_\infty d$$

그림 1.54d의 소형 원형 실린더의 경우,

$$D' = q_\infty S C_D = q_\infty(0.1d)(1.2) = 0.12 q_\infty d$$

항력값이 서로 같다! 따라서 그림 1.54c와 d는 원형 실린더의 항력이 10배나 두꺼운 크기를 갖는 유선형 물체의 항력과 같다는 사실을 표시하고 있는 것이다. 유선형 형상의 공기역학적 가치를 보여주는 실례라 하겠다.

그림 1.54와 관련한 마지막 토론으로 그림 1.54e의 원형 실린더 주변 유동을 다시 주목해 보자. 이 경우 레이놀즈수가 10^7으로 증가했으며, 실린더의 항력 계수는 0.6으로 감소했다. 이는 그림 1.54b와 d의 경우보다 무려 2배나 줄어든 값이다. 왜 높은 레이놀즈수에서 C_D 값이 급격히 줄어들었는가? 이에 대한 답은 그림 1.54b와 비교하여 그림 1.54e의 실린더 후류 영역 크기가 줄어든 것과 연관된다. 무슨 일이 일어난 것인가? 이 역시 공기역학에 대한 토론을 진행해 가면서 이 책에서 답을 얻게 될 매력적인 질문 중 하나로서, 점성 유동을 다룰 4부의 정점 부분과 3.18절에서 이에 대한 답을 탐구하기 시작할 것이다.

이쯤에서 잠시 틈을 내어 그림 1.54에 있는 공기역학적 형상에 대한 C_D 값들에 주목해 보자. *전면 투사 면적*(frontal projected area)[단위 스팬당 $S = d(1)$]을 기준으로 한 C_D 값 영역은 최대 2로부터 0.12까지의 값을 나타낸다. 이는 공기역학적 물체들에 대한 전형적인 C_D 값 범위이다.

또한 그림 1.54에서 레이놀즈수 영역에 주목하자. 표준 해면 조건($\rho_\infty = 1.23$ kg/m^3 그리고 $\mu_\infty = 1.789 \times 10^{-5}$ kg/m · s)에서 직경이 1 m인 원형 실린더가 45 m/s (100 mi/h에 근접함)의 유속에 놓여 있다. 이 경우,

$$\text{Re} = \frac{\rho_\infty V_\infty d}{\mu_\infty} = \frac{(1.23)(45)(1)}{1.789 \times 10^{-5}} = 3.09 \times 10^6$$

레이놀즈수가 3백만이 넘는 것에 주목하고, Re 값이 수백만에 달하는 경우가 실용적인 공기역학 문제에서의 전형적인 경우임을 기억하라. 따라서 그림 1.54에 주어진 Re 값은 적절한 것이다.

그림 1.54에 나타낸 여러 물체에 작용하는 항력의 본성을 보다 자세히 살펴보기로 하자. 이 물체들의 받음각이 0이므로 항력은 수평력과 같다. 따라서 식 (1.8)로부터 단위 스팬당 항력을 다음과 같이 표시할 수 있다.

$$D' = \underbrace{\int_{\text{LE}}^{\text{TE}} -p_u \sin\theta \, ds_u + \int_{\text{LE}}^{\text{TE}} p_l \sin\theta \, ds_l}_{\text{압력 저항}} + \underbrace{\int_{\text{LE}}^{\text{TE}} \tau_u \cos\theta \, ds_u + \int_{\text{LE}}^{\text{TE}} \tau_l \cos\theta \, ds_l}_{\text{표면마찰 항력}} \tag{1.62}$$

다시 말해 공기역학적 물체에 작용하는 항력은 압력 저항과 표면마찰 항력으로 구성되는데, 이는 1.5절에서 토론한 내용과 정확히 일치한다. 즉, 물체에 작용하는 공기역학적 힘의 두 가지 원인은 물체 표면에 작용하는 압력 분포와 전단응력 분포라는 점을 강조하고자 한다. 총 항력을 압력 저항과 표면마찰 항력 성분으로 나누는 것은 공기역학적 현상을 해석하는 데 있어 매우 유용하다. 예를 들어, 그림 1.55는 그림 1.54에 표시한 각 경우에 대해 표면마찰 항력과 압력 저항을 비교하여 그린 것이다. 그림 1.55의 오른편 막대기둥은 각 물체의 상대적 항력을 표시한 것이며, 여기서 음영으로 표시한 부분이 표면마찰 항력이고 빈칸으로 표시한 부분이 압력 저항을 나타낸다. 그림 1.55a~e까지 자유흐름 밀도와 점성도는 같은 값이지만, 자유흐름 속도 V_∞는 표시한 레이놀즈수를 맞추기 위해 달라질 수 있다. 즉, 그림 1.55b와 1.55e를 비교하면, 그림 1.55e의 V_∞ 값이 훨씬 크다. 항력은 아래와 같이 주어지므로,

$$D' = \tfrac{1}{2}\rho_\infty V_\infty^2 S C_D$$

그림 1.55e의 항력이 그림 1.55b의 항력보다 훨씬 크다. 아울러 막대기둥 도표로부터 두께 d를 갖는 유선형 물체와 직경 0.1d의 원형 실린더가 서로 같은 값의 항력을 나타내는 것을 볼 수 있다. 이는 그림 1.54와 연관지어 앞에서 설명하

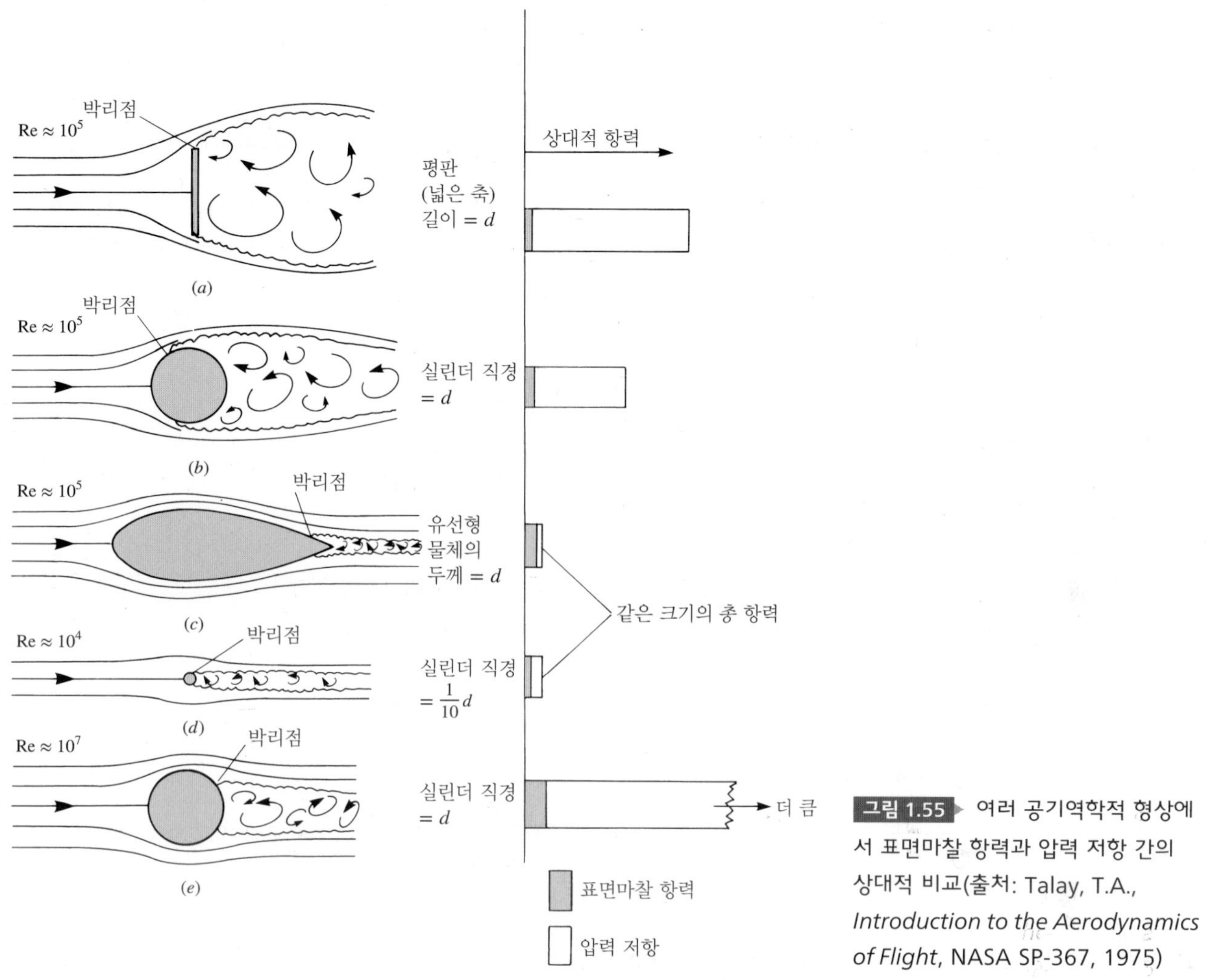

그림 1.55 여러 공기역학적 형상에서 표면마찰 항력과 압력 저항 간의 상대적 비교(출처: Talay, T.A., *Introduction to the Aerodynamics of Flight*, NASA SP-367, 1975)

였다. 그림 1.55에서 가장 중요한 것은 각 물체 형상에서 표면마찰과 압력 저항 간의 상대적 크기이다. 수직 평판과 원형 실린더의 경우 압력 저항이 우세한 반면, 유선형 물체의 항력에서는 표면마찰이 항력의 대부분을 차지한다. 실제로 이러한 유형의 비교를 통해 공기역학에서 물체 형상에 대하여 두 가지 타입을 정의하게 된다.

뭉툭한 물체(blunt body) = 항력의 대부분이 압력 저항인 물체

유선형 물체(streamlined body) = 항력의 대부분이 표면마찰 항력인 물체

그림 1.54와 1.55에서 수직 평판과 원형 실린더는 명백히 *뭉툭한 물체*이다.

그림 1.54와 1.55에서 볼 수 있듯이, 뭉툭한 물체에 발생하는 큰 값의 압력 저항은 유동 박리 영역이 넓게 나타나기 때문이다. 유동 박리가 항력의 원인으로 작용하는 이유는 토론이 진행될수록 점점 명확해질 것이다. 따라서 그림 1.55에 표시한 압력 저항을 보다 정확히 표현하면 '유동 박리에 의한 압력 저항'이라 할 수 있다. 압력 저항을 종종 *형상 항력*(form drag)이라 부른다(형상 항력에 대한 보다 기본적인 설명과 물리적 본성은 참고문헌 2 참조).

그림 1.56에 나타낸 받음각이 0인 상태의 평판에 작용하는 항력에 대해 살펴보기로 하자. 여기서 항력 방향으로 작용하는 압력 성분이 없으므로 항력은 순전히 전단응력에 의해 발생한다. 표면마찰 항력 계수는 아래와 같이 정의한다.

$$C_f = \frac{D'}{q_\infty S} = \frac{D'}{q_\infty c(1)}$$

여기서 기준 면적은 단위 스팬당 *평면적*(planform area)으로서, 위에서 평판을 내려다볼 때의 표면적이다. C_f에 대해서는 4장과 16장에서 자세히 다룬다. 그러나 그림 1.56을 수록한 목적은 아래 사항을 설명하기 위해서이다.

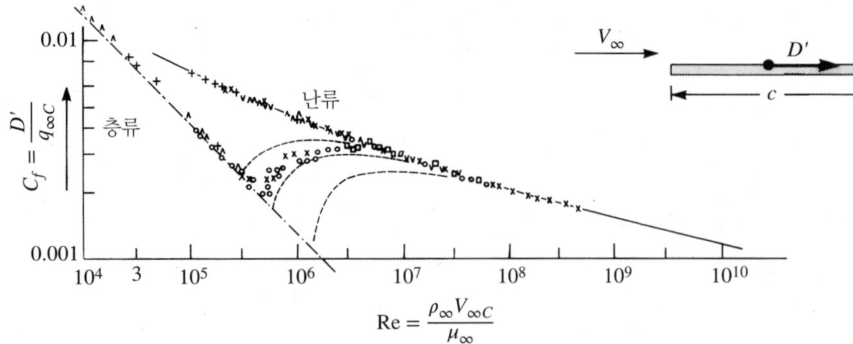

그림 1.56 평판에서 시위 길이를 기준으로 한 레이놀즈수의 함수인 층류 및 난류 표면마찰 계수의 변화. 중간에 점선으로 표시한 곡선들은 층류에서 난류로 천이되는 여러 경로를 나타낸다.

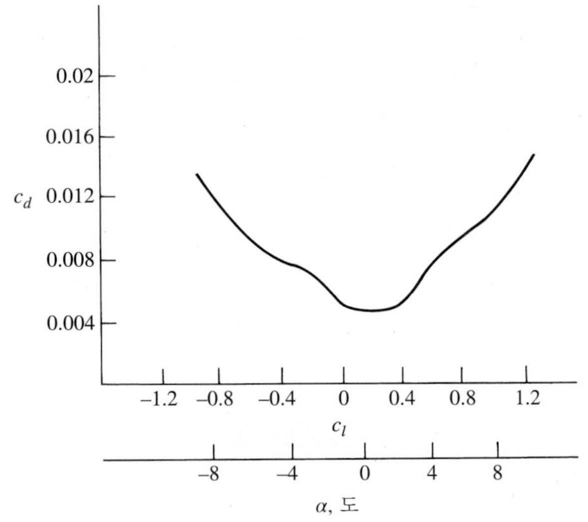

그림 1.57 NACA 63-210 익형에서의 2차원 항력 계수 변화. Re = 3 × 10⁶

1. C_f는 Re 값에 크게 영향을 받는 함수이다. 여기서 Re는 평판의 시위 길이를 기준으로 한 $\mathrm{Re} = \rho_\infty V_\infty c/\mu_\infty$이다. Re가 증가할수록 C_f가 감소함에 주목하라.
2. Re 값이 같은 경우 C_f 값은 평판 표면 위의 유동이 층류인지 난류인지에 따라 영향을 받고 난류에서의 C_f 값이 층류에서의 C_f 값보다 크다. 여기서 어떤 일이 일어나고 있는 것인가? 층류 유동이란 무엇인가? 난류 유동은 무엇인가? 이는 왜 C_f 값에 영향을 미치는가? 이러한 의문에 대한 답변이 4장, 15장, 17장, 18장에서 소개될 것이다.
3. 넓은 영역의 Re에 대해 C_f 값의 크기는 0.001~0.01 사이의 값을 갖는다. 이는 그림 1.54에 열거한 항력 계수보다 훨씬 작은 값인데, 주로 서로 다른 기준 면적을 사용하기 때문이다. 그림 1.54에서 기준 면적은 유동 방향에 수직인 단면적이며, 그림 1.56에서 기준 면적은 *평면적*이다.

두께가 0이므로 체적이 없는 단순한 평판은 실용적인 공기역학적 물체 형상은 아니다. 이제 두께를 가지고 있는 물체, 즉 익형 단면에 대해 고려해 보자. NACA 63-210 익형 단면이 예가 될 수 있다. 그림 1.57에 받음각에 따른 항력 계수 c_d의 변화를 표시했다. 여기서 일반적으로 c_d는 아래와 같이 정의된다.

$$c_d = \frac{D'}{q_\infty c}$$

D'는 단위 스팬당 항력을 표시한다. 가장 낮은 c_d 값이 약 0.0045임에 주목하라. NACA 63-210 익형은 '층류 익형(laminar-flow airfoil)'으로 분류되는데, 이는 작은 α 값에서 층류가 활성화되도록 설계하였기 때문이다. 따라서 낮은 α 값에서 c_d 곡선에 바구니와 같은 부분이 나타나고 있다. 높은 α 값에서는 익형 윗면에서 난류로의 천이가 발생하여 c_d 값이 가파르게 증가한다. 따라서 $c_d = 0.0045$는 층류 영역에서 발생한다. 레이놀즈수는 3백만 정도임에 주목하라. 층류와 난류 유동의 여러 현상에 대해서는 4부에서 설명할 것임을 다시 한번 기억하기 바란다. 여기서의 주안점은

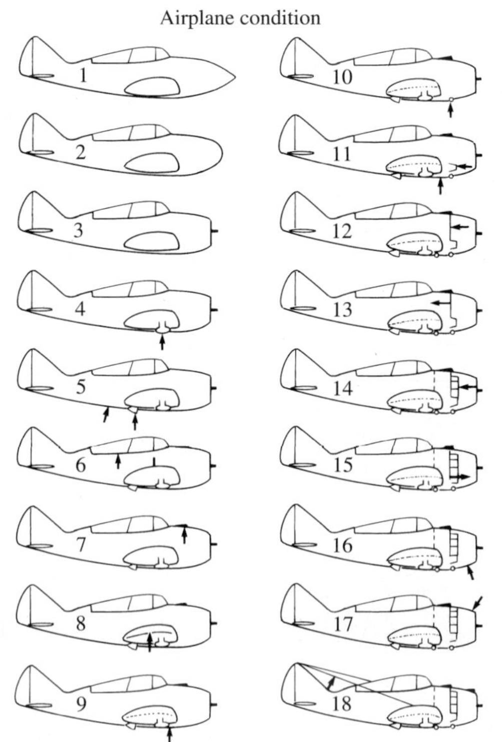

Condition number	Description	C_D ($C_L = 0.15$)	ΔC_D	ΔC_D, %[a]
1	Completely faired condition, long nose fairing	0.0166		
2	Completely faired condition, blunt nose fairing	0.0169		
3	Original cowling added, no airflow through cowling	0.0186	0.0020	12.0
4	Landing-gear seals and fairing removed	0.0188	0.0002	1.2
5	Oil cooler installed	0.0205	0.0017	10.2
6	Canopy fairing removed	0.0203	–0.0002	–1.2
7	Carburetor air scoop added	0.0209	0.0006	3.6
8	Sanded walkway added	0.0216	0.0007	4.2
9	Ejector chute added	0.0219	0.0003	1.8
10	Exhaust stacks added	0.0225	0.0006	3.6
11	Intercooler added	0.0236	0.0011	6.6
12	Cowling exit opened	0.0247	0.0011	6.6
13	Accessory exit opened	0.0252	0.0005	3.0
14	Cowling fairing and seals removed	0.0261	0.0009	5.4
15	Cockpit ventilator opened	0.0262	0.0001	0.6
16	Cowling venturi installed	0.0264	0.0002	1.2
17	Blast tubes added	0.0267	0.0003	1.8
18	Antenna installed	0.0275	0.0008	4.8
	Total		0.0109	

[a]길다란 선두부 페어링을 장착한 완전히 매끈한 형상 조건을 기준으로 한 백분율

그림 1.58 1930년대 후반 Seversky XP-41 항공기의 여러 항력 요소에 대한 세분화(그림 3.2에 표시한 Seversky P-35로부터 파생된 것임)[*출처*: Experimental data from Coe, Paul J.,"Review of Drag Cleanup Tests in Langley Full-Scale Tunnel(1935~1945) Applicable to Current General Aviation Airplanes,"NASA TN-D-8206, 1976]

전형적인 익형의 항력 계수값이 0.004~0.006 사이라는 것이다. 그림 1.54와 1.55의 유선형 물체에서 항력의 대부분은 표면마찰에 의한 것이다. 그러나 높은 α 값에서는 익형의 윗면에서 유동 박리가 발생하면서 유동 박리에 의한 압력 저항(형상 항력)이 증가하기 시작한다. 이것이 바로 그림 1.57에서 α의 증가와 함께 c_d 값이 증가하는 이유이다.

이제 항공기 전체 형상에 대해 생각해 보자. 3장의 그림 3.2는 1930년대 후반의 전형적인 전투기 Seversky P-35의 사진이다. 그림 1.58은 이러한 유형의 항공기에서 발생하는 항력을 세분화하여 정리한 것이다. 그림 1.58의 형상 1은 이러한 항공기로부터 외부 장비를 일체 제외한 공기역학적으로 가장 완전한 형상으로서, 항력 계수(양력 계수 $C_L = 0.15$에 대응하는 받음각에서 측정한)가 $C_D = 0.0166$이다. 여기서 C_D는 다음과 같이 정의한다.

$$C_D = \frac{D}{q_\infty S}$$

D는 항공기의 항력이며 S는 날개의 평면적이다. 형상 2~18은 항공기의 일상적 운용 형상에 따라 발생하는 여러 가지 형상 변화를 점진적으로 표시한 것이다. 그림 1.58의 표에 이러한 형상 추가로 인해 발생하는 추가적인 항력 증가를 표시하였다. 형상 추가에 의해 항력 계수가 무려 65% 이상 증가한 점에 주목하라. 완전한 운용 조건 형상에서 항공기의 C_D 값은 0.0275였다. 이는 전형적인 항공기의 항력 계수값이다. 그림 1.58에 수록된 데이터는 제2차 세계대전 직전 NACA Langley Memorial Laboratory의 실물 크기 풍동에서 측정한 것이다[실물 크기 풍동의 시험부 치수는 30 × 60 ft로서 항공기 전체를 수용할 수 있는 크기이므로 '실물 크기(full-scale)'라 칭한다].

이 절에서 다루고 있는 항력 계수값은 저속 유동에서의 값이다. 몇몇 경우에 대해 레이놀즈수 변화에 따른 경향을 설명하였다. 1.7절의 차원해석 결과로부터 항력 계수는 마하수에 따라 변한다. *질문*: 항공기에서 마하수가 증가하면 항력 계수에 어떠한 영향을 미치는가? 이 질문에 대한 답을 구하기 위해 그림 1.59의 Northrop T-38A 제트 훈련기를 고려해 보자. 그림 1.60에 이 항공기의 항력 계수를 아음속에서 초음속까지의 영역에 대하여 마하수의 함수로 표시했다. 이 항공기는 작은 음의 받음각 상태에서 양력이 0이고, 따라서 그림 1.60에서 이에 해당하는 C_D 값을 *무양력 항력*

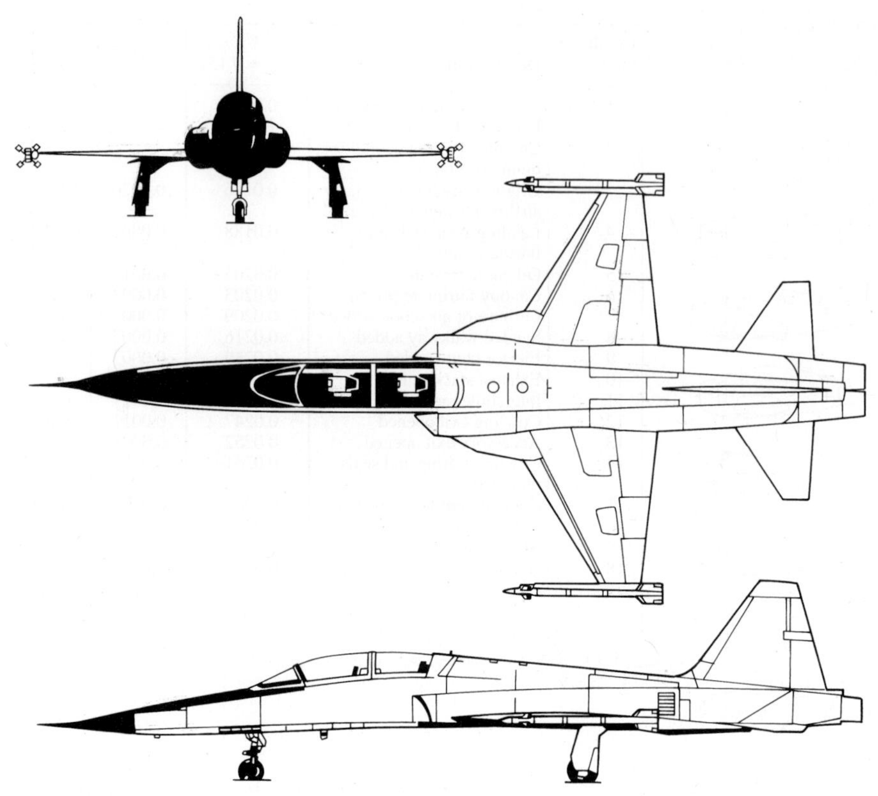

그림 1.59 Northrop T-38 제트 훈련기의 삼면도(*미 공군 제공*)

계수(zero-lift drag coefficient)라 한다. M = 0.1~0.86까지는 C_D 값이 상대적으로 일정함에 주목하라. 왜 그런가? 마하수가 0.86 지점에서 C_D 값은 가파르게 증가한다. 마하수 1 근처에서 C_D가 크게 증가하는 것은 모든 비행체에 전형적으로 발생하는 현상이다. 왜 그런가? 잠시만 궁금한 상태로 기다리기 바란다. 이 질문에 대한 답은 압축성 유동을 다루는 3부에서 명확하게 제시할 것이다. 아울러 그림 1.60의 저아음속 속도에서 C_D 값이 약 0.015임에 주목하라. 이는 그림 1.58에 표시한 1930년대 항공기보다 상당히 낮은 값이다. 물론 T-38은 이들 항공기보다 현대적이고 매끄러운 유선형 항공기로 항력 계수값이 작을 수밖에 없다.

이제 양력 계수에 초점을 맞추어 그 전형적인 값을 살펴보기로 하자. 그림 1.57의 NACA 63-210 익형 항력 데이터에 대한 보충 설명으로서, 그림 1.61에 같은 익형에 대하여 받음각에 따른 양력 계수의 변화를 나타내었다. 여기서 c_l은 α에 따라 선형적으로 증가하여 α = 14도 근처에서 최대값에 도달한 후 양력이 급작스레 감소한다. 왜 c_l이 α에 따라 이러한 변화를 보이며, 특히 α = 14도 이후 c_l이 급작스레 감소하는가? 이 질문에 대한 답 역시 이 책의 다음 장

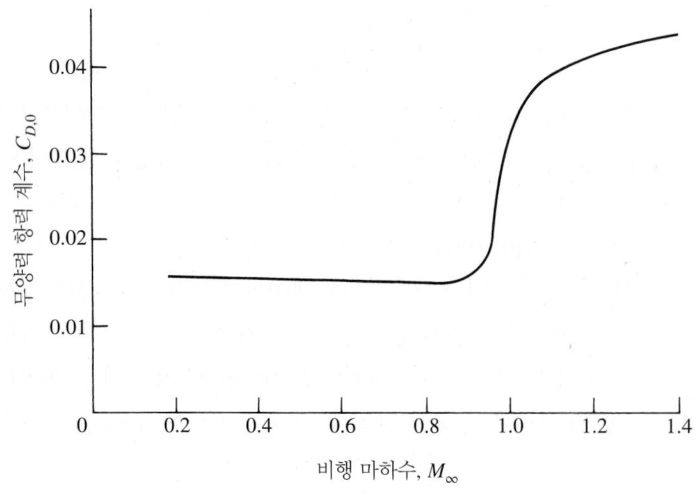

그림 1.60 T-38의 마하수에 따른 무양력 항력 계수 변화(*미 공군 제공*)

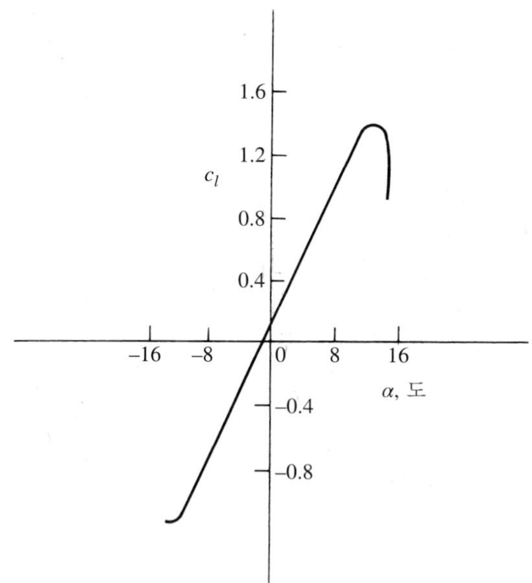

그림 1.61 NACA 63-210 익형의 2차원 양력 계수 변화. Re = 3 × 10^6. 플랩 변위 없음.

들에서 도출될 것이다. 이 절의 목적은 우선 c_l 값에 대하여 관찰하는 것이다. c_l 값은 α가 −12~14°인 영역에서 −1.0에서 시작하여 최대 1.5까지 변한다. 결론: 익형에서 c_l 값은 c_d 값보다 약 100배 정도 크다. 공기역학에서 특히 중요한 성능 척도(figure of merit)로 양항비(ratio of lift to drag), 즉 L/D를 꼽을 수 있다. 비행체 비행 성능의 여러 부분이 L/D와 직접적으로 연관되어 있다(참고문헌 2 참조). 다른 조건이 모두 같다면 L/D가 큰 경우에 보다 나은 비행 성능을 나타낸다. 익형의 경우(이러한 형상의 주 목적은 가능한 한 항력을 적게 발생시키면서 양력을 생성하는 것임) L/D 값이 크다. 예를 들어, 그림 1.57과 1.61에서 $\alpha = 4°$인 경우 $c_l = 0.6$과 $c_d = 0.0046$이므로 $L/D = \frac{0.6}{0.0046} = 130$이라는 결론에 이른다. 이는 우리가 곧 접할 전체 항공기에서의 값보다 훨씬 큰 값이다.

그림 1.62는 그림 1.59에 수록한 T-38 항공기에서 α에 따른 C_L 값의 변화를 표시한 것인데, 이를 통해 전체 항공기에서의 양력 계수를 살펴보기로 하자. 각각 플랩 변위각이 다른 경우에 대하여 3개의 곡선을 표시했다(플랩이란 날개의 뒷전에 설치하여 아래 방향으로 변위각을 증가시키면 날개의 양력이 증가하는 장치이다. 참고문헌 2의 5.17절에 플랩의 공기역학적 특성 부분을 참조할 것). 주어진 α에서 플랩 변위는 C_L을 증가시킨다. 그림 1.62에 표시한 C_L 값은 익형의 값과 거의 유사한 수준으로 대략 1 정도의 값을 갖는다. 반면 T- 38의 L/D는 약 10 정도로 익형의 경우보다 상당히 작다. 물론 항공기의 경우 동체, 엔진 나셀 등과 같이 단지 양력을 발생시키기 위한 장치가 아닌 것들은 극히 소량의 양력을 발생시키는 반면, 동시에 상당량의 비행체 항력을 증가시킨다. 따라서 항공기의 L/D는 익형보다는 상당히 작을 것으로 예측할 수 있다. 더구나 항공기 날개는 날개 끝단에서의 불리한 공기역학적 영향 때문에(5장의 주제) 익형보다 상당히 큰 압력 저항을 경험하게 된다. 이 추가적인 압력 저항을 유도 항력(induced drag)이라 하며, 간단히 얘기하면 T-38과 같이 종횡비가 작은 날개의 경우 유도 항력이 상당히 증가할 수 있다(5장에서 유도 항력의 속성에 대하여 설명할 때까지 기다려 보자). 결과적으로 T-38의 L/D는 다른 대부분의 항공기와 마찬가지로 상당히 작은 값을 갖는다. 예를 들어, Boeing B-52 전략 폭격기의 최대 L/D는 21.5(참고문헌 48 참조)이다. 그러나 이 값 역시 익형 단독의 경우와 비교하면 상당히 작은 값이다.

마지막으로 모멘트 계수값에 대해 살펴보자. 그림 1.63은 NACA 63-210 익형의 $c_{m,c/4}$ 값 변화를 나타낸 것이다. 음의 값을 나타내고 있는 점에 유의하라. 모든 일반적인 익형은 음의 값 또는 '피치다운(pitch-down)' 모멘트를 발생시킨다(1.5절의 주어진 모멘트에 대한 부호 규약을 기억하라). 또한 값이 −0.035 수준임에 주목하라. 이 값이 1/100의 수 배에 달하는 전형적인 모멘트 계수값이다.

이로서 1.5절에서 정의한 공력 계수의 전형적인 값에 대한 토론을 종료하기로 한다. 이쯤에서 이 절을 다시 한번 읽어 보기 바란다. 처음 읽었을 때 얻었던 전체적인 조망으로부터 이 절에서 설명한 전형적인 값을 머릿속에 새김으로

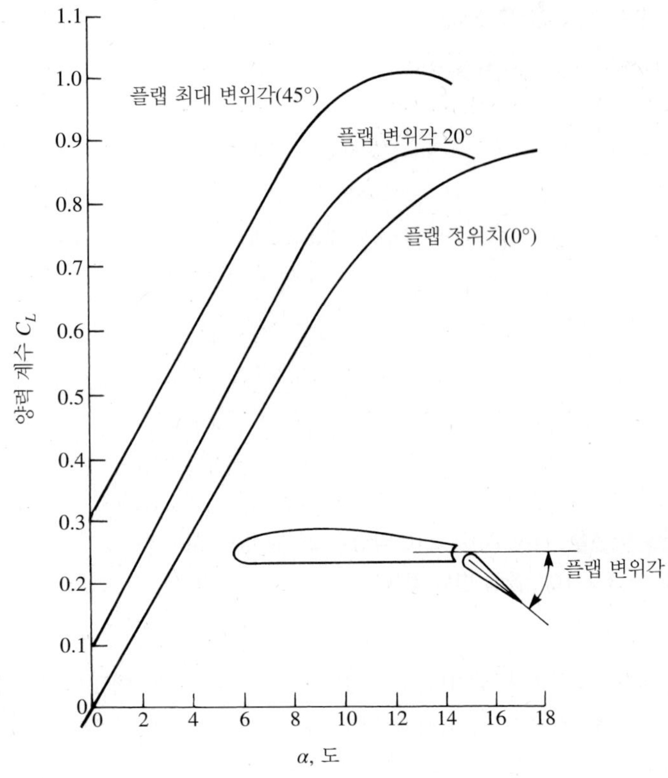

그림 1.62 T-38의 받음각에 따른 양력 계수 변화. 세 가지 서로 다른 플랩 변위각에 대한 3개의 곡선을 표시하였다. 자유흐름 마하수는 0.4(*미 공군 제공*)

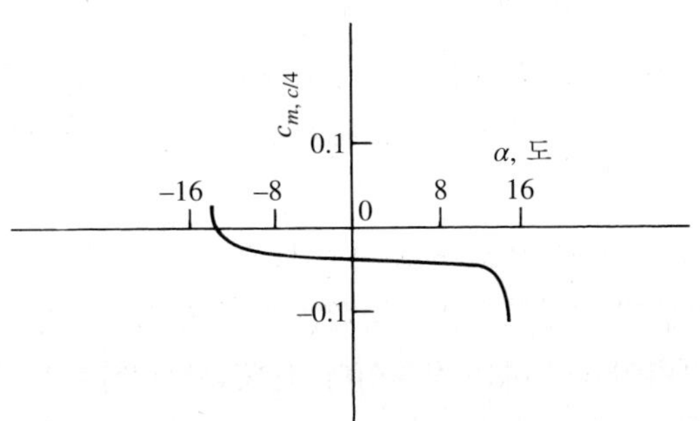

그림 1.63 NACA 63-210 익형 1/4 시위점(quarter chord)에서의 2차원 모멘트 계수 변화. Re = 3 × 10^6

써, 뒤에 이어질 후속 토론에 매우 유용한 '교정(calibration)' 작업을 여러분에게 제공할 것이다.

예제 1.12

그림 3.2의 Seversky P-35를 고려해 보자. 그림 1.58의 XP-41 항공기에 대한 항력 세분화 표가 P-35에도 그대로 적용된다고 가정하자. 그림 1.58은 $C_L = 0.15$의 특정 조건에 적용되는 데이터임에 유의하라. P-35의 날개 평면적과 총 중량(gross weight)은 각각 220 ft^2와 5599 lb이다. 표준 해면에서 $C_L = 0.15$로 P-35가 정상 수평 비행을 하기 위해 필요한 마력을 계산하라.

■ 풀이

기초 역학에서 속도 $\mathbf{V}$로 움직이는 물체에 작용하는 힘을 $\mathbf{F}$라 하면, 이러한 시스템에서 발생하는 출력은 $P = \mathbf{F} \cdot \mathbf{V}$다. F와 V가 같은 방향이면 내적(dot product)은 $P = FV$며, 여기서 F와 V는 각각 힘과 속도의 스칼라 크기이다. 항공기가 정상 수평 비행 상태인 경우(가속도가 0), 엔진으로부터 얻는 추력이 정확히 항력과 상쇄되므로 $T = D$다. 따라서 항공기가 주어진 V_∞의 속도로 비행하는 데 필요한 출력은 아래와 같다.

$$P = TV_\infty = DV_\infty \tag{E1.12.1}$$

표준 해면에서 $C_L = 0.15$로 P-35가 정상 수평 비행을 하기 위해 필요한 출력을 구하기 위해서는 먼저 이러한 비행 조건에서의 D와 V_∞를 구해야 한다.

V_∞를 구하기 위해 먼저 정상 수평 비행 상태에서 중량과 공기역학적 양력이 서로 균형을 이룬다는 점에 유의한다. 즉,

$$W = L \tag{E1.12.2}$$

1.5절로부터 아래 식을 얻을 수 있다.

$$W = L = q_\infty S C_L = 1/2 \rho_\infty V_\infty^2 S C_L \tag{E1.12.3}$$

여기서 S는 날개의 평면적이다. 식 (E1.12.3)을 V_∞에 대해 풀면 다음 식을 얻는다.

$$V_\infty = \sqrt{\frac{2W}{\rho_\infty S C_L}} \tag{E1.12.4}$$

표준 해면에서의 조건은 부록 E(이 예제에서 사용한 단위계와 같게 영국공학 단위계를 사용함)로부터 $\rho_\infty = 0.002377$ slug/ft^{3}이다. 아울러 P-35의 형상으로부터 $S = 220$ ft^2, $W = 5599$lb, 그리고 $C_L = 0.15$다. 따라서 식 (E1.12.3)으로부터 아래 결과를 얻을 수 있다.

$$V_\infty = \sqrt{\frac{2(5599)}{(0.002377)(220)(0.15)}} = 377.8 \text{ ft/s}$$

이것이 항공기가 표준 해면에서 양력 계수 0.15 상태로 비행할 때의 비행 속도이다. 다른 비행 속도로 정상 수평 비행을 하기 위해서는 다른 값의 양력 계수가 요구된다는 점에 유의하라. 보다 느리게 비행하기 위해서는 C_L 값이 커져야 하며, 더 빠르게 비행하려면 C_L 값은 감소해야 한다. 주어진 항공기에서 C_L은 받음각의 함수이므로, 이 예제에서 주어진 $C_L = 0.15$ 조건에 대응하는 항공기의 특정 받음각이 존재한다.

88 ft/s = 60 mi/h로부터 V_∞를 시간당 마일로 환산하면 $(377.8)\left(\frac{60}{88}\right) = 257.6$ mi/h이다. 1985년 뉴욕의 Orion Books에서 출판한 Enzo Angelucci, Peter Bowers 저 *The American Fighter*에 의하면 Seversky P-35의 순항 속도는 260 mi/h로 주어져 있다. 따라서 실제로 $C_L = 0.15$는 해면 고도에서의 순항 속도로서 적절한 값으로 볼 수 있으며, 그림 1.58에 주어진 항력 데이터가 왜 양력 계수 1.5에 해당하는 값인지 설명할 수 있는 근거가 된다.

요구 출력에 대한 계산을 마무리하기 위해 D 값이 필요하다. 그림 1.58로부터 완전 장착 형상에서 항공기의 항력 계수는 $C_D = 0.0275$이다. 계산된 비행 속도로부터 동압은 아래와 같다.

$$q_\infty = 1/2 \rho_\infty V_\infty^2 = 1/2(0.002377)(377.8)^2 = 169.6 \text{ lb/ft}^2$$

따라서

$$D = q_\infty S C_D = (169.6)(220)(0.0275) = 1026 \text{ lb}$$

식 (E1.12.1)로부터

$$P = D V_\infty = (1026)(377.8) = 3.876 \times 10^5 \text{ ft lb/s}$$

1마력(horsepower)은 550 ft lb/s이다. 따라서 마력으로 계산하면,

$$P = \frac{3.876 \times 10^5}{550} = \boxed{704 \text{ hp}}$$

P-35는 1050 hp Pratt & Whitney R-1830-45 엔진을 장착하고 있다. 순항 속도에 요구되는 출력을 계산한 값이 704 hp로 효율적인 순항 조건을 위해서는 엔진 출력 조절을 낮추어야 한다.

이 예제의 목적은 실제 조건에서 비행하는 실제 항공기의 전형적인 C_L과 C_D 값을 보기 위한 것이며, 이 절의 제목인 <응용 공기역학: 공력 계수—그 크기와 변화>와 일맥상통한다. 그리고 이러한 공력 계수들을 사용하여 순항 속도와 정상 수평 비행에 요구되는 출력 등과 같은 항공기의 유용한 공력 성능 특성을 어떻게 계산하는지 예를 들어 설명하였다. 이 예제를 통해 공력 *계수*의 유용성과 중요성을 아울러 강조했다. 주어진 항공기의 알려진 양력과 항력 *계수*만으로 계산을 수행했으며, 따라서 1.7절에서 설명한 차원해석과 1.8절에서 설명한 유동의 유사성에 대한 매우 유용한 개념의 중요성을 다시 강조한 것이다.

1.13 역사적 고찰: 압력 중심에 대한 착시 *Historical Note: The Illusive Center of Pressure*

항공학의 발달과정에서 익형의 압력 중심은 매우 중요한 부분이었다. 공기보다 무거운 비행 기계가 안정적 평형 조건(즉, 직선-수평 비행)을 달성하기 위해서는 비행체 무게 중심에 대한 모멘트가 반드시 0이 되어야 한다는(참고문헌 2

의 7장 참조) 사실을 19세기경에 발견했다. 무게 중심으로부터 어느 정도 떨어져 있는 거리에 위치하는 압력 중심에 작용하는 날개 양력이 이러한 모멘트에 크게 기여한다. 따라서 압력 중심에 대한 이해와 예측이 적절한 평형 상태를 갖는 비행체 설계를 위해 절대적으로 필요한 것으로 간주되었다. 반면에 초창기 실험자들은 압력 중심의 위치를 측정하는 데 어려움을 겪었으며, 그 당시 상당한 착시 현상이 널리 퍼져 있었다. 이 문제에 대해 살펴보기로 하자.

양력면(lifting surface)의 압력 중심을 탐구하기 위한 첫 번째 실험은 1808년 영국인 George Cayley(1773~1857)에 의해 수행되었다. Cayley는 현대적인 항공기의 개념, 즉 고정익과 동체와 미익을 보유한 비행체를 발명했다. 그는 최초로 양력과 추력의 기능을 개념적으로 분리했다. Cayley 이전에는 날개치기식 비행체(ornithopter), 즉 양력과 추력을 얻기 위해 날개를 펄럭이는 형식의 비행 기계에 대하여 대부분의 탐구가 진행되었다. Cayley는 이러한 생각에서 벗어나 1799년에 오늘날 우리가 알고 있는 기본 요소를 갖춘 초보적인 항공기의 스케치를 은반에 새겼는데, 현재 런던에 있는 사이언스 박물관이 소재하고 있다. Cayley는 능동적이고 발명에 재능이 있었으며 장수한 인물로 여러 획기적인 공기역학 실험을 수행한 바 있고, 공기보다 무거운 유인 동력 비행의 필요성에 대해 열렬한 신념을 지니고 있었다(참고문헌 2의 1장에 자세히 수록한 Cayley의 항공학 분야에 대한 공헌 부분을 참조할 것).

1808년 Cayley는 날개 달린 활공기와 연에 대한 실험결과를 보고하였다. 압력 중심에 대한 그의 설명은 다음과 같다.

> 육각형 형태로 날개가 달린 대형 연(속이 빈 곡선부가 바람을 향하도록 제작된)을 실험하여 다음과 같은 사실을 발견했다. 1 ft당 거의 1 lb에서 1/2 lb의 하중이 연에 걸릴 때, 무게 중심은 연 표면의 앞부분과 뒷부분의 비율이 3 : 7인 지점에 머물러 있어야 한다. 그러나 이를 위해서는 각 부분에 같은 크기의 압력이 작용하도록 공동면(hollow surface)이 늘어진다고 생각하면, 전후방 비율이 5 : 12일 때 후방 미익은 2배의 지레 작용(double leverage) 상태로 작동되어야 한다. 이렇게 큰 차이는 참으로 놀라운 것으로, 비행 기계의 무게 중심이 전에 생각하던 것보다 체적 중심(center of bulk, centroid) 위치의 훨씬 앞쪽에 있을 수밖에 없다는 사실을 뒷받침한다.

여기서 Cayley가 주장하는 것은 압력 중심의 위치가 앞전으로부터 5단위, 그리고 뒷전으로부터 12단위(즉, $x_{cp} = 5/17c$) 위치에 존재한다는 것이다. 나중에 그는 다음과 같은 주장을 추가했다. "거의 같은 무게를 가진 단일면으로 구성된 소형 사각형 돛을 실험해 보니 저항 중심(center-of-resistence)과 체적 중심(center of bulk)이 서로 차이가 난다는 것을 확인할 수 없었다." 다시 말해 Cayley는 이 경우 압력 중심의 위치가 $1/2c$라고 주장하고 있는 것이다.

Cayley의 언급에서 양력 또는 받음각이 변화하면 압력 중심 위치가 이동한다는 사실을 그가 알고 있었다는 증거를 찾을 수는 없다. 그러나 그가 압력 중심의 위치, 그리고 이것이 항공기 안정성에 미치는 효과에 대해 분명히 우려하고 있었다는 사실은 의심의 여지가 없다.

유동 방향에 대해 약간 기울어져 있는 평판면의 압력 중심에 대하여 1887~1896년에 걸쳐 Samuel P. Langley가 연구한 바 있다. 그 당시 Langley는 스미소니언 박물관의 국장이었으며, 스미소니언 박물관의 모든 자원을 동원하고 거의 모든 시간을 바쳐 동력 비행 발전을 위해 헌신하였다. Langley는 매우 존경받는 물리학자이며 천문가였고, 동력 비행이라는 문제를 놓고 과학자로서 체계적으로 그리고 구조적 사고력을 가지고 접근하였다. 팔을 휘젓는 기구(whirling arm apparatus)와 고무줄 동력 모델의 점수 기록을 통해 상당량의 공기역학적 정보를 수집하고, 이를 사용하여 후속적으로 실물 크기 항공기를 설계했다. 성공적인 항공기를 제작하고 비행하기 위한 Langley의 노력은 참담한 두 차례의 실패로 끝났다. 즉, 그의 비행 기계는 Potomac 강에 곤두박질쳤는데, 그의 마지막 시도는 1903년 12월 17일 Wright 형제의 첫 번째 역사적 비행이 있기 겨우 9일 전이었다. 이러한 실패에도 불구하고 Langley의 업적은 동력 비행 발전에 여러 방향으로 기여했다. (참고문헌 2의 1장에 보다 상세한 내용이 기술되어 있음.)

유동 방향에 대해 경사진 평판에서의 압력 중심 위치에 대한 Langley의 관찰은 *1887~1896년*에 걸쳐 Samuel P. Langley가 작성한 <*Langley Memoir on Mechanical Flight, Part I*>에서 찾을 수 있으며, Langley가 사망하고 5년이 지난 후인 1911년 스미소니언 연구소에 의해 발간되었다. 이 논문에서 Langley는 다음과 같이 주장하고 있다:

> 활공 비행 중인 평판의 압력 중심은 항상 도형 중심(center of figure) 앞쪽에 위치하며, 활공면의 경사각(angle-of-inclination)이 감소할수록 앞쪽으로 이동한다. 그리고 큰 양은 아니지만 수평 비행에서의 속도가 증가한다. 이러한 사실은 성공적인 비행

> 에서 가장 중요한 평형 상태 해법 문제 논의에 필요한 기본적인 아이디어를 제공한다.
>
> 문제의 해법은 압력 중심 위치를 미리 정확히 알 수 있다면 비교적 간단할 수 있지만 방금 언급한 사실, 즉 수평 비행에서 압력 중심 위치가 비행 속도에 따라 이동한다는 것을 고려할 경우 상당히 까다로울 수도 있다.

여기서 우리는 Langley가 양력면의 압력 중심 위치가 움직인다는 사실을 완전히 인지하고 있었다는 것을 알 수 있다. 그러나 문제는 그 위치를 정확히 찾아내기가 힘들다는 것이다. 아울러 그는 평판에서 x_{cp} 위치가 받음각이 감소함에 따라 앞으로 움직인다는 것을 올바르게 지적하고 있다. 그러나 곡면형(cambered) 익형에서 x_{cp}의 이동 작용은 그에게 여전히 수수께끼였다. 그의 말을 빌리자면,

> 내 지휘에 의해 수행된 이후의 실험결과에 의하면 곡면상에서 앙각(angle of elevation)이 증가하면 압력 중심은 앞으로 이동하고, 감소하면 뒤로 이동한다. 따라서 심지어는 면의 중심 위치 뒤쪽에 놓이기도 한다. 어떤 면에서는 압력 중심 위치가 뒤로 이동하고 또 다른 면에서는 앞으로 이동하기도 하므로, 이러한 압력 중심 위치를 고정시킬 수 있는 또 다른 어떤 형상의 면이 있을 수 있다고 생각한다.

여기서 Langley는 평판면과 비교하여 곡면 익형에서 압력 중심 이동 행태가 전혀 반대로 나타나는 부분을 지적하고 있다. 아울러 그가 얻은 결과를 이성적이고 과학적인 방법으로 설명할 수 없는 것에 대해 좌절감을 살짝 표현하고 있다.

Langley와는 서쪽으로 350마일 떨어진 지점인 오하이오주의 Dayton에서 Orville과 Wilbur Wright 역시 익형 형상을 시험하고 있었다. 1.1절에 기술한 것과 같이 Wright 형제는 1901~1902년 가을, 겨울, 그리고 봄에 걸쳐 자전거 점포에서 소형 풍동을 제작하여 수백 종의 서로 다른 익형 및 날개 형상에 대한 공기역학적 시험을 수행하였다. Wright 형제는 압력 중심에 대해 명확히 인식하고 있었으며, 1903년 Wright Flyer 호에 채택한 성공적인 익형 설계는 그들이 이 문제에 대해 완전히 이해하고 있었다는 증거이기도 하다. Wright 형제의 기록을 통해서 흥미롭게도 압력 중심에 대해서는 오로지 한 세트의 결과만을 발견할 수 있다. 이는 1905년 7월 25일로 표시된 Wilbur의 연구노트에 표와 그래프의 형태로 표시되어 있다. 그림 1.64에 이 그래프를 수록했는데, Wilbur가 작성한 진본이다. 여기서 압력 중심은 받음각에 대하여 익형 앞전으로부터의 백분율로 주어져 있다. 곡률이 큰(최대 높이 대 시위비 = 1/12) 것과 보다

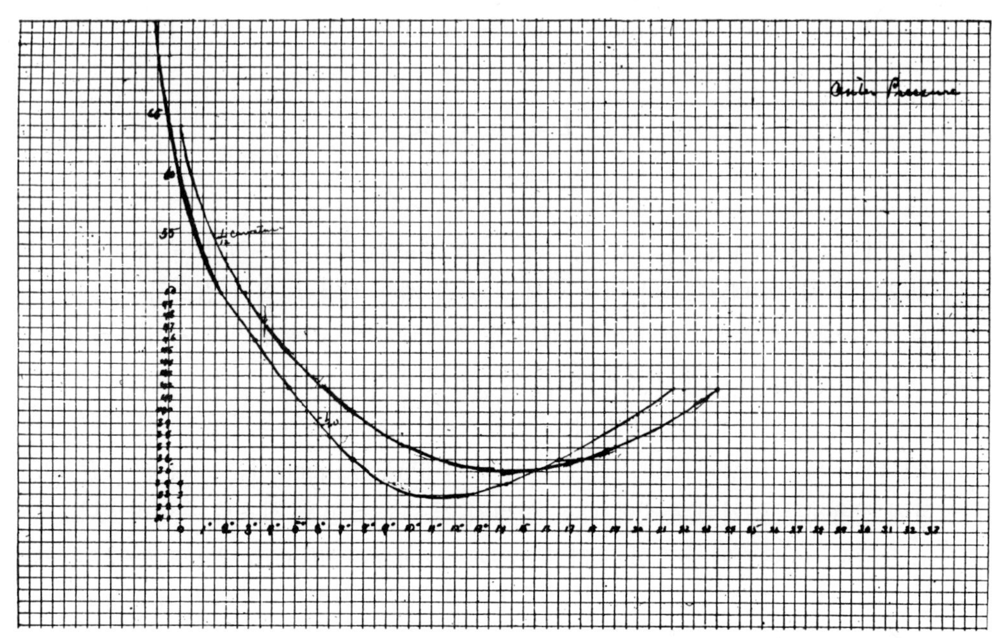

그림 1.64 곡면 익형에서 받음각의 함수로 표시되는 압력 중심 위치에 대한 Wright 형제의 측정결과. 압력 중심 위치는 시위를 따라 앞전으로부터의 백분율 거리로 표시했다. 이 도표는 Wilbur Wright가 직접 손으로 그린 실제 데이터이며, 1905년 7월 25일 Wilbur의 노트에 수록되어 있다.

완만한 곡률(최대 높이 대 시위비 = 1/20)을 가진 2개의 익형에 대한 데이터이다. 이 결과는 오늘날 잘 알려진 곡면 익형에 대한 압력 중심 위치의 이동을 그대로 보여주고 있다. 즉, α가 작거나 적절한 값을 갖는 경우에 대해 받음각이 증가할수록 x_{cp}의 위치가 앞으로 이동하고 있다. 그러나 그림 1.64에 의하면 x_{cp}가 최대로 앞으로 이동한 경우 앞전으로부터 33% 뒤편에 위치하며, 압력 중심이 항상 1/4 시위점 뒤편에 위치하고 있다.

얇은 익형에 적용할 수 있는 최초의 실용적인 익형 이론이 독일 Göttingen 대학의 Ludwig Prandtl과 그의 동료들에 의해 제1차 세계대전 직전부터 전쟁 기간 중 연구 개발되었다. 이러한 얇은 익형 이론은 4장에서 자세히 소개하기로 한다. 곡면(cambered) 익형에서의 압력 중심 위치에 대한 결과가 식 (4.66)에 의해 주어지고 있으며, 여기서 x_{cp}는 받음각(즉, c_l)이 증가함에 따라 앞으로 이동하고 유한한 양의 값을 갖는 c_l에 대해 항상 1/4 시위 뒤편에 위치한다. 이 이론은 1915~1925년에 걸쳐 수행된 보다 정교한 풍동 시험 측정과 더불어 마침내 곡면 익형에서 압력 중심 위치 예측과 현상에 대한 이해를 가능하게 했다.

익형에서 받음각이 변함에 따라 x_{cp}의 위치가 크게 이동하므로, 기본적이고 실용적인 익형 특성으로서 x_{cp} 위치의 중요성이 훼손되었다. 1930년대 초반부터 버지니아주 Langley Memorial Aeronautical Laboratory에 있는 National Advisory Committee for Aeronautics (NACA)에서 체계적으로 설계한 여러 종류의 익형 계열에 대해 그 특성을 측정하였다. 이들 익형 계열은 이후 항공공학의 표준으로 자리매김했다. 4.2절과 4.3절에서 NACA 익형 계열에 대해 설명하고자 한다. 익형 데이터로 양력, 항력, 압력 중심을 제공하는 대신, NACA는 익형의 1/4 시위점 또는 공력 중심(aerodynamic center)에 대하여 양력, 항력, 모멘트 특성을 표시할 수 있는 별도의 체계를 선택했다. 이를 그림 1.26에 표시하였고 이는 1.6절에서 설명한 바와 같이 익형에 작용하는 힘과 모멘트 시스템을 정의할 수 있는 매우 적절한 대안이다. 결과적으로 압력 중심은 현대적인 익형 데이터로부터 그 위치를 상실한 셈이다. 반면 미사일 또는 날렵한 형상의 탄두와 같은 3차원 형상의 물체에서는 압력 중심의 위치가 여전히 중요한 물리량으로 남아 있으며, 현대적인 미사일 데이터에는 종종 x_{cp}가 포함된다. 따라서 비행체 전체적인 입장에서 볼 때 압력 중심 위치에 대한 고려는 여전히 중요하다.

1.14 역사적 고찰: 공력 계수 *Historical Note: Aerodynamic Coefficients*

1.5절에서 우리는 다음과 같은 공력 *계수*(aerodynamic coefficient)를 사용하여 공기력을 표시하는 표현 방식을 소개하였다.

$$L = \tfrac{1}{2}\rho_\infty V_\infty^2 S C_L$$

그리고

$$D = \tfrac{1}{2}\rho_\infty V_\infty^2 S C_D$$

여기서 L과 D는 각각 양력과 항력이며, C_L과 C_D는 각각 양력 계수와 항력 계수이다. 위에서 표시한 이러한 표현 방식은 1920년대부터 사용되기 시작했다. 그러나 어떤 형태의 공력 계수 사용은 훨씬 전으로 거슬러 올라간다. 이 절에서는 공력 계수의 족보를 간략히 추적해 보기로 한다. 보다 상세한 내용은 저자의 최근 저서인 *A History of Aerodynamics and Its Impact on Flying Machine*(참고문헌 58)을 참조하기 바란다.

최초로 공기력 계수들을 정의하여 사용한 사람은 19세기 말 저명한 독일의 항공학 선구자 Otto Lilienthal이었다. 어린 시절부터 공기보다 무거운 비행체로의 비행에 관심이 지대했던 Lilienthal은 소용돌이 팔(whirling arm) 장치를 사용하여 곡면 익형에 작용하는 공기력 측정에 대한 일련의 결정적 실험을 최초로 수행하였다. 그의 측정 실험은 23년에 걸쳐 얻어진 것으로서, 1889년에 출간한 그의 저서 *Der Vogelflug als Grundlage der Fliegekunst* (*Birdflight as the Basis of Aviation*)에서 정점을 이룬다. 그의 저서에 수록된 여러 그래프는 오늘날 우리에게 항력 극선도(drag polar)로 알려진 항력 계수 대 양력 계수 형태로 표시되어 있으며, 받음각 0~90°에 걸친 여러 개의 점에서 얻은 데이터를 수록하고 있다. Lilienthal은 기계공학 학위를 소지하고 있었으며, 그의 연구 업적물을 살펴보면 그 당시 최고 수준 이상으로 기술적인 전문성을 내포하고 있다. 1891년부터 그는 몇몇 글라이더 설계 연구를 진행하였고, 1896년 8월 9일

추락사고로 사망하기 전까지 무려 2000회를 상회하는 성공적인 글라이더 비행을 수행하였다. 사망 시 Lilienthal은 비행 기계에 동력을 제공하기 위한 엔진 설계를 연구 중이었다. 만약 그가 좀 더 오래 살았다면 공기보다 무거운 유인 동력 비행 경쟁에서 Wright 형제를 이길 수 있었을 것이라는 추측이 있다.

그의 저서에서 Lilienthal은 N과 T로 각각 표시한 수직력 및 수평력(tangential)에 대해 다음과 같은 방정식을 도입하였다.

$$N = 0.13\eta FV^2 \tag{1.63}$$

그리고

$$T = 0.13\theta FV^2 \tag{1.64}$$

여기서 Lilienthal이 사용한 기호 F는 날개의 기준 평면적을 m^2로, V는 자유흐름 속도를 m/s로, 그리고 N과 T는 킬로그램 중 단위(1 kg의 질량에 작용하는 힘)로 표시했다. 0.13은 Smeaton 계수로서, 18세기에 유동에 수직한 방향으로 평판에 작용하는 힘의 양을 측정하여 나온 개념에서 비롯된 것이다. Smeaton 계수는 자유흐름의 밀도에 비례하며, 상당히 구식 방법으로 20세기 초부터는 사용하지 않았다. 식 (1.63)과 (1.64)에 의해 Lilienthal은 받음각에 대한 '수직'과 '수평' 계수 η와 θ를 도입했다. 그림 1.65에 표시한 표의 사본이 1897년 Octave Chanute에 의해 논문으로 재생산되었다. 이것이 유명한 'Lilienthal 표'이며, Wright 형제가 그들의 초기 형태 글라이더를 설계하는 데 사용하였다. 참고문헌 58에 Lilienthal이 그의 실험 데이터를 계수 형태로 정리하는 데 식 (1.63)과 (1.64)를 명백히 사용하지는 않았지만, η와 θ에 대한 그의 실험값을 90° 받음각을 갖는 날개에 걸리는 힘을 측정하여 N과 T에 대한 측정치로 나누어 사용했다는 사실이 증명되어 있다. 이렇게 함으로써 속도 및 Smeaton 계수의 불확실성에 대한 영향을 나눗셈을 통해 완화시켰던 것이다. 전자는 특히 중요한데, 왜냐하면 0.13이라는 고전적인 Smeaton 계수값의 오차가 거의 40%에 육박했기 때문이다(보다 상세한 내용은 참고문헌 58 참조). 그럼에도 불구하고 우리는 오늘날까지 여러 가지 변형된 형태로 그 전통을 따르고 있는 공기력 계수 개념 도입에서 원조격인 Otto Lilienthal에게 감사해야 한다.

Lilienthal의 고민 해소에 이어, 스미소니언 연구소의 Samuel Langley는 다음 방정식을 사용하여 평판의 받음각에 따른 공기력 R에 대한 소용돌이 팔 기구 데이터를 발표했다.

$$R = kSV^2F(\alpha) \tag{1.65}$$

여기서 S는 평면적이고, k는 *보다 정밀한* Smeaton 계수값(Langley가 그의 소용돌이 팔 기구를 사용하여 명확히 측정한)이며, $F(\alpha)$는 이에 대응하는 받음각의 함수인 힘 계수를 표시한다.

Wright 형제는 양력 항과 항력 항을 직접 다루는 것을 선호했으며, Lilienthal과 Langley가 정의한 양력 및 항력 계수 이후 아래와 같은 표현식을 사용했다.

$$L = kSV^2C_L \tag{1.66}$$

$$D = kSV^2C_D \tag{1.67}$$

Wright 형제는 Smeaton 계수를 k 항으로 표시한 식을 사용한 거의 마지막 인물이다. 1909년 Gustave Eiffel은 '단위 힘 계수(unit force coefficient)' K_i를 다음과 같이 정의했다.

$$R = K_iSV^2 \tag{1.68}$$

식 (1.68)에서 Smeaton 계수는 그 어디에서도 찾아볼 수 없다. 이는 직접 측정한 K_i 값 안에 포함되어 있다(에펠탑으로 유명한 Eiffel은 1909년 대형 풍동을 건조한 바 있고, 이후 14년이 지난 1923년 사망할 때까지 프랑스를 대표하는 공기역학자로 군림한다). Eiffel의 작업 이후 Smeaton 계수는 완전히 한물간 구시대 산물이 되어 공기역학 관련 간행물에서 전혀 사용된 바 없다.

Gorrell과 Martin은 1917년 MIT의 풍동에서 여러 가지 익형에 대한 측정을 수행하고, Eiffel의 방법을 채택하여 양력과 항력을 아래 식으로 표시했다.

$$L = K_yAV^2 \tag{1.69}$$

TABLE OF NORMAL AND TANGENTIAL PRESSURES

Deduced by Lilienthal from the diagrams on Plate VI., in his book "Bird-flight as the Basis of the Flying Art."

α Angle.	η Normal.	ϑ Tangential.	α Angle.	η Normal.	ϑ Tangential.
–9°.............	0.000	+0.070	16°.............	0.909	–0.075
–8°.............	0.040	+0.067	17°.............	0.915	–0.073
–7°.............	0.080	+0.064	18°.............	0.919	–0.070
–6°.............	0.120	+0.060	19°.............	0.921	–0.065
–5°.............	0.160	+0.055	20°.............	0.922	–0.059
–4°.............	0.200	+0.049	21°.............	0.923	–0.053
–3°.............	0.242	+0.043	22°.............	0.924	–0.047
–2°.............	0.286	+0.037	23°.............	0.924	–0.041
–1°.............	0.332	+0.031	24°.............	0.923	–0.036
0°.............	0.381	+0.024	25°.............	0.922	–0.031
+1°.............	0.434	+0.016	26°.............	0.920	–0.026
+2°.............	0.489	+0.008	27°.............	0.918	–0.021
+3°.............	0.546	0.000	28°.............	0.915	–0.016
+4°.............	0.600	–0.007	29°.............	0.912	–0.012
+5°.............	0.650	–0.014	30°.............	0.910	–0.008
+6°.............	0.696	–0.021	32°.............	0.906	0.000
+7°	0.737	–0.028	35°.............	0.896	+0.010
+8°.............	0.771	–0.035	40°.............	0.890	+0.016
+9°.............	0.800	–0.042	45°.............	0.888	+0.020
10°.........	0.825	–0.050	50°.............	0.888	+0.023
11°.........	0.846	–0.058	55°.............	0.890	+0.026
12°.........	0.864	–0.064	60°.............	0.900	+0.028
13°.........	0.879	–0.070	70°.............	0.930	+0.030
14°.........	0.891	–0.074	80°.............	0.960	+0.015
15°.........	0.901	–0.076	90°.............	1.000	0.000

그림 1.65 ▶ 수직력 및 수평력 계수에 대한 Lilienthal 표. 이는 1897년 Octave Chanute가 *The Aeronautical Annual*지에 발표한 논문 <Sailing Flight>에 포함된 표(이는 향후 Wright 형제에 의해 사용되었음)를 팩시밀리로 전송받은 것이다.

$$D = K_x A V^2 \tag{1.70}$$

여기서 A는 평면적을, K_x와 K_y는 각각 양력 및 항력 계수를 표시한다. 짧은 시간 동안 미국 내에서 K_x와 K_y의 사용이 유행한 바 있다.

그러나 역시 1917년 밀도 ρ가 힘 계수 표현식 밖으로 명확하게 따로 표시되기 시작했다. NACA Technical Report No.20에 실린 <Aerodynamic Coefficients and Transformation Tables>이라는 제목의 보고서에서 다음과 같은 표현식을 발견할 수 있다.

$$F = C\rho SV^2$$

여기서 F는 물체에 작용하는 총 힘이며 ρ는 자유흐름의 밀도이고 C는 힘 계수로서, "주어진 익형 형상에서 단위의 선택과 무관하게 받음각에 따라 변하는 추상적 수치로서 이들은 (F, ρ, S, V)의 네 가지 양에 대하여 일관성 있게 적용된다"고 기술되어 있다.

마지막으로 제1차 세계대전 말기에 독일 Göttingen 대학의 Ludwig Prandtl이 오늘날 표준으로 사용하고 있는 학술적 명명법 체계를 정립하였다. Prandtl은 1918년경부터 이미 익형과 날개에 대한 그의 혁신적인 공기역학 연구 업적과 경계층 이론의 개념 정립 및 연구 개발로 저명한 학자였다(5.8절 Prandtl의 자서전적 기술 참조). Prandtl은 동압 $\frac{1}{2}\rho_\infty V_\infty^2$ [그는 이를 '동역학적 압력(dynamical pressure)'라 칭했음]이 공기력을 기술하는 데 매우 적합하다고 생각했다. 1921년 영문으로 발표된, 제1차 세계대전 이전과 그 기간 동안 Göttingen에서 수행된 연구에 대한 재검토(참고문헌 59)에서 그는 공기력을 아래와 같이 표시했다.

$$W = cFq \tag{1.71}$$

여기서 W는 힘, F는 표면 면적, q는 동압, 그리고 c는 '순수한 숫자'(즉, 힘 계수)이다. 이는 짧고도 신속하게 양력과 항력을 다음과 같이 표현할 수 있는 방법이었다.

$$L = q_\infty SC_L \tag{1.72}$$

그리고

$$D = q_\infty SC_D \tag{1.73}$$

여기서 C_L과 C_D를 Prandtl은 '순수한 숫자'(즉, 양력과 항력 계수)라 표현했다. 그리고 이는 이후 하나의 방식으로 자리 잡게 되었다.

1.15 요약 *Summary*

그림 1.11에 주어진 1장의 이정표를 다시 한번 돌아보자. 이정표 그림에서 각 상자에 담긴 내용을 되새겨 보면서 여태껏 다룬 내용을 돌아보라. 만약 여러분이 어떤 개념에 대해 아직 익숙하지 않게 느낀다면, 다시 돌아가 내용을 숙지할 때까지 해당 부분을 읽어 보기 바란다.

이 장에서는 주로 정성적이며 강조되어야 할 정의와 기본 개념을 다루었다. 몇몇 중요한 정량적 관계식은 아래에 요약했다.

공기역학적 형상의 물체에 대한 수직력, 수평력, 양력, 항력, 그리고 모멘트 계수는 물체 표면 위 압력 및 표면마찰 계수를 앞전에서 뒷전까지 적분함으로써 구할 수 있다. 2차원 형상의 물체에서,

$$c_n = \frac{1}{c}\left[\int_0^c (C_{p,l} - C_{p,u})\,dx + \int_0^c \left(c_{f,u}\frac{dy_u}{dx} + c_{f,l}\frac{dy_l}{dx}\right)dx\right] \tag{1.15}$$

$$c_a = \frac{1}{c}\left[\int_0^c \left(C_{p,u}\frac{dy_u}{dx} - C_{p,l}\frac{dy_l}{dx}\right)dx + \int_0^c (c_{f,u} + c_{f,l})\,dx\right] \tag{1.16}$$

$$c_{m_{\mathrm{LE}}} = \frac{1}{c^2}\left[\int_0^c (C_{p,u} - C_{p,l})x\,dx - \int_0^c \left(c_{f,u}\frac{dy_u}{dx} + c_{f,l}\frac{dy_l}{dx}\right)x\,dx + \int_0^c \left(C_{p,u}\frac{dy_u}{dx} + c_{f,u}\right)y_u\,dx + \int_0^c \left(-C_{p,l}\frac{dy_l}{dx} + c_{f,l}\right)y_l\,dx\right] \tag{1.17}$$

$$c_l = c_n\cos\alpha - c_a\sin\alpha \tag{1.18}$$

$$c_d = c_n\sin\alpha + c_a\cos\alpha \tag{1.19}$$

압력 중심은 다음 식으로부터 구할 수 있다.

$$x_{cp} = -\frac{M'_{LE}}{N'} \approx -\frac{M'_{LE}}{L'} \quad (1.20) \text{ 그리고 } (1.21)$$

둘 또는 그 이상의 유동이 동적으로 유사하기 위한 조건은,

1. 물체 형상과 고체 경계면이 기하학적으로 서로 유사해야 한다.
2. 상사 매개변수들이 반드시 같은 값을 가져야 한다. 2개의 중요한 상사 매개변수는 마하수 $M = V/a$, 레이놀즈수 $\mathrm{Re} = \rho V c/\mu$이다.

   만약 둘 또는 그 이상의 유동이 동적으로 유사하다면, 힘 계수 C_L, C_D 등이 반드시 같은 값을 갖는다.

유체 정역학에서의 지배 방정식은 유체 정역학 방정식(hydrostatic equation)이다.

$$dp = -g\rho\, dy \quad (1.52)$$

밀도가 일정한 값을 갖는 매질에서 이를 적분하면 다음과 같다.

$$p + \rho gh = \text{constant} \quad (1.54)$$

또는

$$p_1 + \rho gh_1 = p_2 + \rho gh_2$$

이러한 방정식이 압력 측정계의 작동을 지배하는 식이며, 유체 속에 잠겨 있는 물체가 밀어낸 유체의 무게만큼 부력을 받는다는 아르키메데스 원리로 귀결된다.

1.16 통합 문제 도전: 익형에서 전진-축방향 공기력이 발생할 수 있는가? 만약 그렇다면 어떻게? *Integrated Work Challenge: Forward-Facing Axial Aerodynamic Force on an Airfoil – Can it Happen and, if so, How?*

주: 이번 절은 각 장의 끝부분에 있는 몇몇 '통합 문제 도전' 중 첫 번째 것이다. 특정 절 끝부분에 나오는 다양한 실습 과제들과는 대조적으로, '통합 문제 도전'이라는 개념은 해당 절에서만 다루는 내용과 관련하여 확장된 실습 예제를 제공하는 것이다. 이는 전체 챕터에 영향을 미치며 해당 챕터의 여러 절에서 자료를 통합하고 활용하는 역할을 제공한다.

개념: 주어진 받음각으로 익형의 시위선 위에 그림 1.17에 나와 있는 것처럼 유동 속에 자신을 위치시킨다고 상상해 보자. 익형은 노출 표면의 모든 단위 면적(제곱센티미터)에 작용하는 순압력 및 전단응력 분포로 생성되는 공기역학적 힘을 받는다(그림 1.18). 익형에는 제트 엔진, 로켓, 프로펠러 등의 추진 장치가 없으므로 익형의 전방으로 향하는 추력원이 없다. 시위선을 따라 전방을 보면 상식적으로(때로는 '직감'이라고도 함) 공기역학적 힘은 항상 반대 방향 즉, 항상 '항력 방향의 잡아당기는' 힘이라고 할 수 있다.

놀라운 점: 여러분의 직감은 틀렸다. 순 공기역학 힘의 결과 힘은 시위선을 따라 전방으로 향하는 성분을 갖는 것이 가능하다. 즉, 익형에 작용하는 전진 축방향 힘이 존재한다. 그림 1.17에서 이러한 전방 축방향 힘은 음(−)의 값을 가진다.

이러한 현상은 최초로 독일의 엔지니어 오토 릴리엔탈(Otto Lilienthal)이 1889년 이전 그가 실시한 소용돌이 팔 실험에서 발견했다. (Anderson '*A History of Aerodynamics*', 케임브리지대학 출판. 1998, pp.138-164.) 그의 저서 '*Bird-flight as the Basis of Aviation*' 69쪽에서 곡면(휘어진) 익형과 평판 익형에 발생하는 공기역학적 힘을 비교하였다: "이

러한 조건 하에서 곡면과 평면의 특징적인 차이는 더욱 두드러진다. 표면에 수직인 방향뿐만 아니라 특정한 각도에서 실제로 표면을 넘어서 반대편으로 지나가는 현상이 발생하여 일반적으로 항력 방향의 성분을 추진 성분으로 바꾼다." 1장 14절 그림 1.65로 돌아가서 실제로 여러분은 상당히 넓은 영역의 받음각에서 음값의 '접선방향(tangentials) 성분' 즉, 음의 전진-축방향 힘이 표에 표시되어 있는 것을 볼 수 있다. 이러한 상황으로 전진방향 축력의 발생은 직관에 반하는 '호기심'의 영역으로 간주될 수 있다. 그러나 이는 실제로 존재한다.

도전: 이러한 전진-축방향 힘을 설명하고, 어떤 조건에서 이런 경우가 발생하는지 탐색해 보자.

해: 이러한 문제에 대한 설명은 기하학적 형상으로부터 비롯된다. 그림 1.17에 표시된 공기역학적 힘을 자세히 살펴보는 것이 필요한데, 공기역학적 힘의 결과 힘 R을 익형 시위 방향에 수직인 성분과 평행한 성분으로(수직성분은 N, 수평성분은 A로 각각 표시) 또는 다른 방법으로 R을 자유흐름 속도 방향에 수직인 성분과 수평인 성분(양력 L과 항력 D)으로 나눈다. 우리는 전진-축방향 힘이 발생하는 경우, 즉 A가 음의 값을 갖는 경우에 대해 관심이 있기에, 그림 1.17에서 우선 축력이 0이 되는 경우에 대해서 살펴보자. 이러한 경우를 그림 1.66a에 도시하였다. 여기서 축방향 힘은 0이기 때문에 익형에서 수직력 N은 결과 힘 R과 동일하다. N은 시위선에 수직 방향의 힘이므로 R 역시 시위선에 수직방향이 된다. 즉, 축방향 힘이 0이 되는 유일한 경우는 공기역학적 결과 힘인 결과 힘이 익형 시위선에 수직인 경우이다. 시위선과 자유흐름 사이의 각도는 받음각 α로 정의되므로, 그림 1.66a에서 L은 자유흐름에 수직방향이고 R은 시위선에 수직이므로 양력 L과 결과 힘 R 사이의 각도 역시 α와 같다. 그림 1.66에서

$$\frac{D}{L} = \tan\alpha$$

또는

$$\frac{L}{D} = \frac{1}{\tan\alpha} = \cot\alpha$$

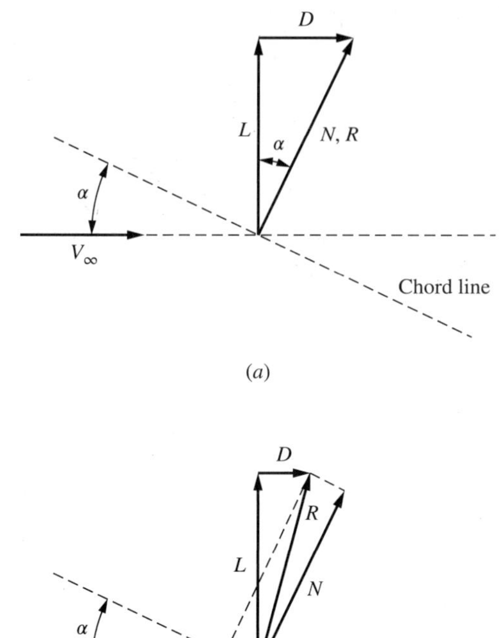

그림 1.66 전진-축방향 힘이 존재하는 조건에 대한 예시.
(a) 결과 힘 R의 방향이 수직방향 N과 일치. (b) 결과 힘 R이 수직력 N보다 앞에 위치

항력 D가 그림 1.66a에서보다 *작은* 경우(그림 1.66b)를 생각해 보자. R을 수직성분과 수평성분으로 분해했을 때 수평성분은 전방향이다. 즉, A는 시위선을 따라서 *전진방향*으로 작용한다. 그림 1.66b의 D가 그림 1.66a보다 작기 때문에,

$$\frac{D}{L} < \tan\alpha$$

또는

$$\boxed{\frac{L}{D} > \cot\alpha}$$

이것이 바로 답이다. 익형에서의 양항비가 받음각의 cotan값보다 클 경우 익형에서 전진–축방향 힘, 즉 Otto Lilienthal이 일찍이 인용했던 '추진 성분(propelling component)'이 존재하는 것이다.

그림 4.10과 4.11에 양력 및 항력 데이터가 주어져 있는 익형 NACA 2412의 예를 들어보기로 하자. (몇 장을 건너뛰는 것은 타당하지 않지만 주어진 익형의 일부 실험자료만을 추출하여 사용하려 한다.) 그림 4.10 $\alpha = 6$도에서 익형의 양력 계수는 $c_\ell = 0.88$이고 그림 4.11에서 항력 계수 $C_d = 0.008$이다. 양항비는

$$\frac{c_\ell}{c_d} = \frac{0.88}{0.008} = 110$$

$$\cot 6° = 9.52$$

따라서 이 경우 익형의 양항비가 $\cot\alpha$보다 훨씬 크므로

$$\frac{L}{D} > \cot\alpha$$

조건이 충족되므로 익형에 전진–축방향 힘이 존재한다.

주: 익형에서의 양항비는 전체 항공기의 양항비보다 훨씬 크다. 여기 NACA 2412 익형에서 얻은 110이라는 값은 예제 1.7에서의 비즈니스 제트수송기 양항비 14보다 훨씬 크다. 전체 항공기의 경우 양력을 발생시키지 않는 각종 부품들의 표면적이 상당히 크며, 이들은 결과적으로 상당한 표면마찰 항력을 발생시키는 것이 이러한 현상의 원인 중 하나이다.

또한 주: 4장에서 설명했듯이 익형의 양력 및 항력 계수는 소문자로 표시하고, 예제 1.7의 항공기와 같은 3차원 형상에 대해서는 대문자로 표시한다. 본 토론에서도 역시 이러한 기호표시약속을 채택하였다.

마지막으로 본 절의 시작부에서 인용했던 Otto Lilienthal의 실험결과를 살펴보자. 그는 '평면과 곡면' 사이의 차이를 지적하였다. 즉, 그의 측정 실험에 의하면 전진–축방향 힘, 즉 '추진 성분'은 곡면(휘어진) 익형에서만 존재하고 평판('평면') 익형에서는 관측되지 않는다. 이는 다음과 같은 질문을 던진다: 전진–축방향 힘이 평판에서도 발생할 수 있는가? 이러한 질문에 답하는 것이 이 장의 끝에 있는 문제 1.20의 핵심이다.

1.17 연습문제 *Problems*

1.1 표준 조건 또는 이에 가까운 상태에 있는 대부분의 기체들은 압력, 밀도, 온도 간에 완전 기체 상태 방정식 $p = \rho RT$가 성립한다. 여기서 R은 특정 기체 상수이다. 표준 조건에 가까운 상태의 공기에서는 국제표준 단위계로 $R = 287\ \mathrm{J/(kg \cdot K)}$이고, 영국공학 단위계로는 $R = 1716\ \mathrm{ft \cdot lb/(slug \cdot R)}$이다. (완전 기체 상태 방정식에 대한 상세한 내용은 7장 참조.) 위의 정보를 사용하여 다음 두 가지 경우에 대해 생각해 보자.

a. Boeing 727 날개 위 어느 한 점에서 공기의 압력과 온도가 각각 $1.9 \times 10^4\ \mathrm{N/m^2}$, 203 K라 한다. 이 점에서 밀도를 계산하라.

b. 초음속 풍동의 시험부 내 어떤 위치에서 공기의 압력과 밀도가 각각 $1058\ \mathrm{lb/ft^2}$, $1.23 \times 10^{-3}\ \mathrm{slug/ft^3}$이라 한다. 이 점에서의 온도를 계산하라.

1.2 식 (1.7), (1.8), (1.11)에서 시작하여 식 (1.15), (1.16), (1.17)을 자세히 유도하라.

1.3 초음속 유동 내에 받음각 α와 시위 길이가 c인 무한히 얇은 평판이 놓여 있다. 윗면과 아랫면에서의 압력이 서로 다른 값을 갖지만 각 면에서는 일정한 값을 갖는다고 하자. 즉, $p_u(s) = c_1$과 $p_l(s) = c_2$다. 여기서 c_1과 c_2는 상수들이며 $c_2 > c_1$이다. 전단응력을 무시할 경우 압력 중심의 위치를 계산하라.

1.4 초음속 유동 내 받음각이 10°이고 시위 길이가 1 m인 무한히 얇은 평판에 대해 고려해 보자. 윗면과 아랫면에서 압력 및 전단응력 분포는 $p_u = 4 \times 10^4 (x - 1)^2 + 5.4 \times 10^4$, $p_l = 2 \times 10^4(x - 1)^2 + 1.73 \times 10^5$, $\tau_u = 288x^{-0.2}$ 그리고 $\tau_l = 731x^{-0.2}$로 각각 주어지며, 여기서 x는 m로 표시한 앞전으로부터의 거리이고 p와 τ의 단위는 N/m^{2}이다. 단위 스팬 길이당 수직력과 수평력, 양력과 항력, 뒷전 위치에서의 모멘트와 1/4 시위점에서의 모멘트를 계산하라. 또한 압력 중심의 위치를 계산하라.

1.5 받음각이 12°인 익형에서 수직력 및 수평력 계수가 각각 1.2와 0.03이라 하자. 양력 계수와 항력 계수를 계산하라.

1.6 NACA 2412 익형(4장에서 표준 NACA 익형 형상에서의 숫자 표시 의미에 대해 설명)을 고려해 보자. 다음 표는 이 익형의 1/4 시위점에 대하여 받음각의 함수인 양력, 항력, 모멘트 계수를 표시한 것이다. 이 표로부터 α의 함수인 x_{cp}/c의 변화를 그래프 용지에 그려 표시하라.

α(도)	c_l	c_d	$c_{m,c/4}$
−2.0	0.05	0.006	−0.042
0	0.25	0.006	−0.040
2.0	0.44	0.006	−0.038
4.0	0.64	0.007	−0.036
6.0	0.85	0.0075	−0.036
8.0	1.08	0.0092	−0.036
10.0	1.26	0.0115	−0.034
12.0	1.43	0.0150	−0.030
14.0	1.56	0.0186	−0.025

1.7 함선 동체에 작용하는 항력은 부분적으로 동체가 발생시키는 파도의 높이에 영향을 받는다. 따라서 이러한 파도의 위치 에너지는 중력 가속도 g의 영향을 받는다. 그러므로 선체의 조파 저항이 $D = f(\rho_\infty, V_\infty, c, g)$로 표현된다고 주장할 수 있다. 여기서 c는 동체와 관련 있는 길이 스케일, 즉 동체의 최대 폭이라 한다. 항력 계수를 $C_D \equiv D/q_\infty c^2$이라 정의하자. 또한 *Froude* 수라 불리는 상사변수를 $\text{Fr} = V/\sqrt{gc}$라 정의하자. Buckingham 파이 정리를 사용하여 $C_D = f(\text{Fr})$임을 증명하라.

1.8 초음속 비행 중인 비행체에 발생하는 충격파로 인해 항력 성분인 초음속 조파 항력 D_w가 발생한다. 조파 항력 계수를 $C_{D,w} = D_w/q_\infty S$라 정의하고, 여기서 S는 물체의 적절한 기준 면적이라 한다. 초음속 비행 시 유동은 부분적으로 일정 압력 하에서의 기체 비열 c_p와 일정 체적에서의 기체 비열 c_v와 같은 열역학적 특성에 지배된다. $c_p/c_v \equiv \gamma$라 정의한다. Buckingham 파이 정리를 사용하여 $C_{D,w} = f(M_\infty, \gamma)$임을 증명하라. 마찰의 영향은 무시한다.

1.9 기하학적으로 유사한 형상의 익형 주변을 지나는 2개의 서로 다른 유동에서, 하나의 익형 크기가 다른 경우의 2배라 한다. 작은 크기의 익형에서 자유흐름 특성이 $T_\infty = 200$ K, $\rho_\infty = 1.23$ kg/m^3, $V_\infty = 100$ m/s로 주어져 있다. 큰 크기의 익형에서는 자유흐름 조건이 $T_\infty = 800$ K, $\rho_\infty = 1.739$ kg/m^3, $V_\infty = 200$ m/s로 주어진다. μ와 a가 모두 $T^{1/2}$에 비례한다고 가정하자. 이들 두 유동은 서로 동적으로 유사한가?

1.10 10 km 고도에서 250 m/s의 속도로 비행 중인 Lear 제트 항공기를 고려해 보자. 이 고도에서 공기의 밀도와 온도는 각각 0.414 kg/m^{3}과 223 K이다. 이번에는 실험실 내 풍동에서 1/5 스케일로 시험 중인 Lear 제트 모델의 경우를 고려해 보자. 풍동 시험부의 압력은 1 atm = 1.01×10^5 N/m^{2}이다. 풍동 모델과 비행 중인 실제 항공기의 양력 및 항력 계수가 같아지기 위한 풍동 시험부 유동의 속도, 온도, 밀도를 계산하라. 주: 압력, 밀도, 온도 사이에는 연습문제 1.1에 주어진 상태 방정식이 성립한다.

1.11 풍동 시험 모델 날개 상의 한 점에서 압력을 측정하기 위해 U자관 수은 압력 측정계를 사용한다. 압력 측정계의 한 끝은 모델에 연결되어 있고, 다른 끝은 대기 중에 열려 있다. 대기압과 액체 수은의 밀도는 각각 1.01×10^5 N/m^2, 1.36×10^4 kg/m^{3}이라 한다. 2개의 수은 기둥 변위 차가 20 cm이고 수은 기둥 높이가 높은 쪽이 모델 쪽이라 하면, 날개에 작용하는 압력은 얼마인가?

1.12 제1차 세계대전 당시 독일의 비행선 Zeppelins는 다음과 같은 특성을 가지고 있다. 체적 = 15,000 m^3 그리고 최대 직경 = 14.0 m이다. Zeppelin이 30 m/s의 속도로 표준 고도 1000 m에서 비행 중이다(부록 D에서 해당되는 밀도값을 찾아보라). Zeppelin은 양력 계수가 0.05(최대 단면적을 기준으로 함) 값을 갖는 작은 크기의 받음각 상태이다. 가속도 없이 직선 수평 비행 상태일 때, Zeppelin의 총 중량을 계산하라.

1.13 축 방향이 유동 방향에 수직인 원형 실린더가 극초음속 유동에 놓여 있다. ϕ는 앞전(정체점)으로부터 실린더상 임의의 점까지 반경 사이를 측정한 각도라 하자. 실린더 표면을 따라 압력 계수 분포가 다음과 같이 주어져 있다. $C_p = 2\cos^2\phi$ $(0 \le \phi \le \pi/2)$ 그리고 $(3\pi/2 \le \phi \le 2\pi)$, $C_p = 0$ $(\pi/2 \le \phi \le 3\pi/2)$라 한다. 실린더의 전면 투사 면적을 기준으로 한 실린더의 항력 계수를 계산하라.

1.14 일반적인 형상의 물체에 대하여 아르키메데스 원리를 유도하라.

1.15 Cessna Skylane과 유사한 경량, 단발, 프로펠러 구동 항공기에 대해 고려해 보자. 항공기의 중량은 2950 lb이고 날개 기준 면적은 174 ft^2이다. 항공기의 항력 계수 C_D는 5장에서 살펴본 바와 같이 양력 계수 C_L의 함수이다. 주어진 항공기에 대한 항력 계수 함수는 $C_D = 0.025 + 0.054C_L^2$이다.

a. 해면에서의 정상 및 수평 비행 시(여기서 대기 밀도는 0.002377 slug/ft^3) 70 ft/s에서 250 ft/s의 비행 속도 영역에 대해 C_L, C_D, 그리고 양항비 L/D의 변화를 그래프로 표시하라.

b. 이러한 양들이 속도에 대하여 어떻게 변화하는지 관찰하고 그 결과를 기술하라.

1.16 표준 해면 조건에서 마하수 10의 극초음속 유동 내 받음각 0 상태의 평판에 대해 고려해 보자. 앞전으로부터 0.5 m 후류 지점에서, 벽면 상의 국소 전단 응력이 282 N/m^2이라 한다. 벽면에서의 기체 온도는 표준 해면 온도와 같다. 이 점에서 벽면에 수직한 방향으로의 벽면상 속도구배 값을 계산하라.

1.17 우주 공간에서의 임무를 완수하고 대기권에 재진입하는 동안의 우주왕복선에 대하여 고려해 보자. 우주왕복선이 마하수 9까지 감속되는 지점의 고도에서, 날개 아랫면 상에 주어진 어느 점에서의 국소적 열전달량이 0.03 MW/m^2이라 한다. 벽면 상의 이 점에서 공기 중 수직 방향으로의 온도구배를 계산하라. 벽면에서의 기체 온도는 표준 해면 온도와 같은 값이라 가정한다.

1.18 이 연습문제의 목적은 여러분에게 실제 비행 중인 항공기에 적용되는 레이놀즈수에 대한 감을 제공하기 위함이다.

a. 그림 1.1에 표시한 DC-3을 고려해 보자. 날개 뿌리 부분의 시위 길이(날개가 동체와 접합되어 있는 부분에서 날개 앞으로부터 뒤까지의 거리)는 14.25 ft다. 해면에서 시속 200마일로 비행 중인 DC-3을 고려해 보자. 날개 뿌리 시위 주변의 유동에 대한 레이놀즈수를 계산하라(이 숫자는 매우 중요하다. 나중에 설명하겠지만, 날개의 해당 부분에 걸리는 표면마찰 항력을 지배하는 값이기 때문이다).

b. 그림 1.5와 이 책의 표지에 있는 F-22를 고려해 보자. 중앙 동체에 연결된 날개 부위에서 시위 길이가 21.5 ft다. 해면에서 항공기가 1320 ft/s의 고속(마하수 1.2) 비행 통과 기동을 하고 있다. 날개 뿌리에서의 레이놀즈수를 계산하라.

1.19 1900년과 1901년의 글라이더 설계에서 Wright 형제는 그림 1.65에 주어진 Lilienthal 표를 공력 데이터로 사용했다. 이 데이터에 근거하여 3도 받음각 설계점을 선택하고 크기, 중량 등 모든 계산을 이 설계점 받음각을 기초로 하였다. 왜 Wright 형제가 3도 받음각을 선택했다고 생각하는가?

힌트: 표로부터 3도 받음각에서의 양항비 L/D를 계산하고, 이를 다른 받음각에서의 양항비 값과 비교하라. 1.8절 마지막에 있는 설계 부분, 특히 L/D의 중요성에 대한 그림 1.36을 복습하기 바란다.

1.20 1.16절에서 살펴보았듯이 익형에 전진–축방향 공기력이 존재하는 경우를 생각해 보자. 받음각을 갖고 유동 속에 놓여 있는 평판에 전진–축방향 힘이 존재할 수 있는가? 여러분의 대답에 대하여 자세히 설명하라.

1.21 $PV = nR_uT$로부터 $P = \rho RT$를 유도하라. 여기서 n은 몰(mole)수를 의미한다.

1.22 N_2 안에 H_2가 20% 섞여 있을 때 R을 계산하라.

1.23 압력이 1기압, 온도가 섭씨 20도인 공기에 받음각이 8도로 50 m/s의 속도로 움직이는 시위 1.5 m, 그리고 스팬이 15 m인 NACA 1408 익형에 의해 발생하는 양력을 계산하라. 섭씨 20도에서 공기의 동점성 계수(kinematic viscosity)는 $15.11 \times 10^{-6}\ \mathrm{m^2/s}$이다.

1.24 식 (1.1)과 (1.2)에서 시작하고 힘 계수의 정의를 사용하여 다음 식을 증명하라.

$$C_L = C_N \cos\alpha - C_A \sin\alpha \text{ and}$$
$$C_D = C_N \sin\alpha + C_A \cos\alpha$$

1.25 식 (1.11)의 앞전(leading edge)에 대한 모멘트 표현식으로부터 식 (1.17) 앞전에 대한 모멘트 계수식을 유도하라.

1.26 당신은 고정익 무인항공기(UAV)를 위한 새로운 계열의 프로펠러를 개발하는 회사에서 일하고 있다. 당신의 과업은 프로펠러를 설계하여 풍동 설비에서 시험하는 것이다. 주요 성능변수는 프로펠러의 추력 T와 동력 소모량 P이다. 이들 성능변수는 자유흐름 밀도 ρ_∞, 속도 U_∞, 프로펠러 직경 D, 그리고 프로펠러 속도 ω에 의해서 결정된다고 가정하자. 차원해석 기법을 사용하여 프로펠러의 성능과 연관이 되는 무차원 파라미터를 유도하라. 당신은 당신의 과업을 수행하기 위해서 이러한 무차원 파라미터를 어떻게 활용할 것인가?

1.27 2개의 익형을 서로 다른 두 가지 환경에서 시험한다고 하자. 여기서 익형 2는 익형 1을 3배로 키운 복제형이다.

Factors	Airfoil 1	Airfoil 2
ρ	1.28 kg/m^3	1.01 kg/m^3
V_∞	100 m/s	300 m/s
T	200 K	1800 K

a. 이들 유동이 동적으로 유사한지 판정하라. 단, μ와 a는 $T^{\frac{1}{2}}$에 비례한다고 가정하자.

b. 이들 유동이 서로 유사하다면 그 이유를 설명하라. 만약 두 개의 유동이 유사하지 않다면 두 개의 유동을 서로 유사하게 만들기 위해 Test 2에서 어떤 한 개의 파라미터를 바꿀 것인가? 그리고 변경시킨 값은 얼마인가?

c. 익형 2가 익형 1보다 세 배가 큰 복제물은 아니라고 가정하자. 익형 2는 익형 1보다 세 배가 큰 시위를 가지고 있지만, 익형 1이 대칭형인 반면에 익형 2는 양의 캠버를 가지고 있다. 이들 두 유동은 동적으로 유사한가? (μ와 a는 $T^{\frac{1}{2}}$에 비례한다고 가정한다) 또는 b에서와 같이 한 개의 실험 파라미터를 변경시킴으로써 이들 두 개의 유동이 유사해질 수 있는가?

1.28 고도 38,000 ft에서 항공기가 578 MPH의 속도로 수평비행을 하고 있다. 이 항공기는 25 ft 길이에 4 ft 폭을 갖고 있으며 항력 계수가 0.012인 사각형 날개를 갖고 있다. 양항비가 15일 때 항공기의 중량을 계산하라.

1.29 동압(dynamic pressure)을 압력과 마하수로 표현하는 식을 유도하라.

공기역학: 기본 원리와 지배 방정식

Aerodynamics: Some Fundamental Principles and Equations

유체와 고체 입자들의 집합 사이에는 커다란 차이가 있다. 유체에 작용하는 압력 및 평형의 법칙과 고체에 작용하는 압력 및 평형의 법칙은 매우 다르다.

Jean Le Rond d'Alembert, 1768

세부적인 사항보다는 기본 원리가 무엇보다 중요하다.

Theodore von Karman, 1954

미리보기_*Preview Box*

기본 원리, 방정식, 기본 원리, 방정식. 보다 기본적인 원리. 여러 개의 방정식. 언뜻 생각하기에 기본 원리와 방정식을 공부하는 것은 별로 흥미로운 일이 아닌 것처럼 보일 수 있다. 그러나 다시 생각해 보자. 여러분이 신형 극초음속 비행체의 설계 개발에 참여하고 있다고 가정하자. 그림 2.1의 비행체는 X-43A Hyper-X 연구용 비행체이다. 이러한 새로운 비행체의 공기역학적 형상 설계에 어떻게 접근할 것인가? 답변: 기본 원리와 방정식을 사용한다. 높은 공기역학 및 추진 효율을 얻기 위해 특별히 설계된 신형 Boeing 787 제트 여객기(그림 2.2)를 고려해 보자. 보잉사의 공기역학 설계자들은 이 항공기의 실현 가능한 공기역학적 형상을 어떻게 구현할 수 있었을까? 답변: 기본 원리와 방정식을 사용한다.

그림 2.1 X-43A 극초음속 실험 비행체—Artist Concept in Flight (*NASA*)

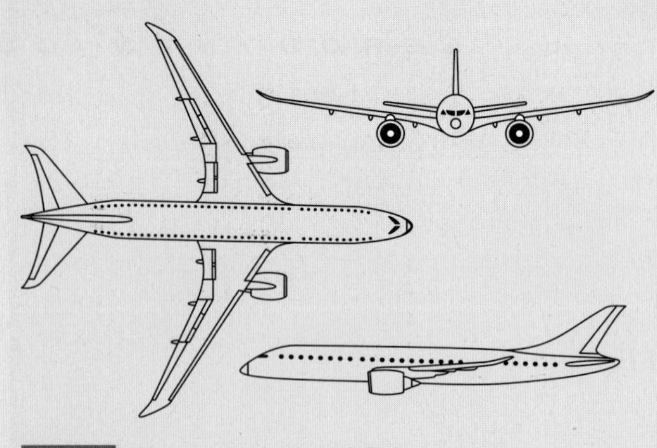

그림 2.2 Boeing 787 제트 여객기

이 장에서는 공기역학의 기본 원리와 방정식에 대한 내용을 다룬다. 여기서 설명하는 모든 내용은 공기역학에 대한 이해를 얻기 위해 반드시 필요한 것들이다. 열린 마음으로 이 장의 내용을 공부하기 바란다. 이 장은 수많은 나무들로 가득 차 있지만, 아울러 숲도 볼 수 있기 바란다. 오로지 이 장에서만 기본 원리와 방정식을 학습하는 것은 아니다. 이 책의 진도를 나가면서 후속 장들에서 소개될 매우 흥미로운 공학적 응용문제를 다루는 데 반드시 필요한 기본 개념과 방정식으로 사고의 폭을 확장해 나갈 것이다. 따라서 이 장을 공부하는 것은 공기역학을 다루기 위한 기초 공사를 하는 것과 같으며, 이를 통해 향후 다루게 될 여러 흥미로운 응용문제로 다가갈 수 있다. 이러한 마음가짐으로 여러분이 이 장을 통해 지적인 즐거움을 얻을 수 있으리라 기대한다.

이 장의 핵심은 공기역학에서 가장 중요한 세 가지 기본 방정식인 연속, 운동량, 에너지 방정식을 유도하고 이에 대해 토의하는 것이다. 연속 방정식은 질량이 보존된다는 기본 원리를 수학적으로 표현한 것이다. 운동량 방정식은 Newton 제2법칙을 수학적으로 표현한 것이다. 에너지 방정식은 에너지 보존(즉, 열역학 제1법칙)을 수학적으로 표현한 것이다. 공기역학에서 이러한 세 가지 물리적 원리보다 더 기본적인 것은 없다. 또한 공기역학에서 연속, 운동량, 에너지 방정식보다 더 기본적인 것은 없다. 이 책 내용을 공부하는 동안 이러한 세 가지 방정식과 기본 원리를 여러분의 변함없는 친구로 삼아 동행하기 바란다. 그러나 공기역학 학습과 연구를 위한 여행을 계속하면서 이것이 정말로 쉽지 않다는 것을 느낄 수도 있다.

2.1 개요와 이정표 *Introduction and Road Map*

훌륭한 장인이 되기 위해서는 먼저 훌륭한 도구가 있어야 하며, 그 도구를 효과적으로 사용하는 방법을 알아야 한다. 이와 유사하게 훌륭한 공기역학자는 훌륭한 공기역학적 도구가 있어야 하고, 이를 여러 응용 분야에서 어떻게 사용하는지 알아야 한다. 이 장의 목적은 '도구 만들기(tool-building)'이다. 우리는 공기역학 유동을 공부하는 데 필수적인 몇몇 기본 개념과 방정식을 끌어내고자 한다. 그렇지만 부디 주의하기 바란다. 장인들은 도구를 *사용*하여 창조하는 예술품에서 희열을 얻을 수 있지만, 도구 자체를 만드는 일은 때로 그저 평범한 허드렛일로 여길 수 있다. 여러분도 여기서 비슷한 느낌을 받을 수 있다. 우리가 사용할 공기역학적 도구를 만드는 일이 진행될수록 여러분은 가끔 왜 이러한 도구가 필요한지, 그리고 실질적인 문제를 해결하는 데 있어 이들이 어떠한 가치를 지니는지 궁금할 수 있다. 확신을 가지기 바란다. 이 장과 후속 장에서 우리가 개발할 공기역학적 도구는 나중에 설명할 실질적인 문제를 이해하고 해석하는 데 매우 중요하다. 따라서 이 장의 진도를 나가면서 길을 잃거나 헷갈리지 말아야 한다. 도구 하나하나를 만들 때마다 나중에 사용하기 위해 여러분 마음속 도구 저장함에 소중히 보관해 두기 바란다.

여러분의 도구 만들기를 거들고 또 앞으로의 방향 설정을 위해 그림 2.3에 이정표를 수록하였다. 이 장의 각 절을 끝낼 때마다 그림 2.3을 참조하여 작업 내용 전체에 대한 넓은 시야를 유지해야 한다. 그림 2.3에는 '실체적 도함수(substantial derivative)', '순환(circulation)', '속도 퍼텐셜(velocity potential)' 등과 같이 생소하게 들리는 용어로 가득 차 있다. 그러나 이 장이 끝날 즈음 다시 돌아와 그림 2.3을 살펴보면 모든 용어들이 여러분에게 제2의 천성으로 다가올 것이다.

2.2 벡터 관계식에 대한 복습 *Review of Vector Relations*

공기역학에서는 힘이나 속도와 같이 크기와 방향 모두를 지니고 있는 수많은 양들을 다루게 된다. 이를 *벡터량*(vector

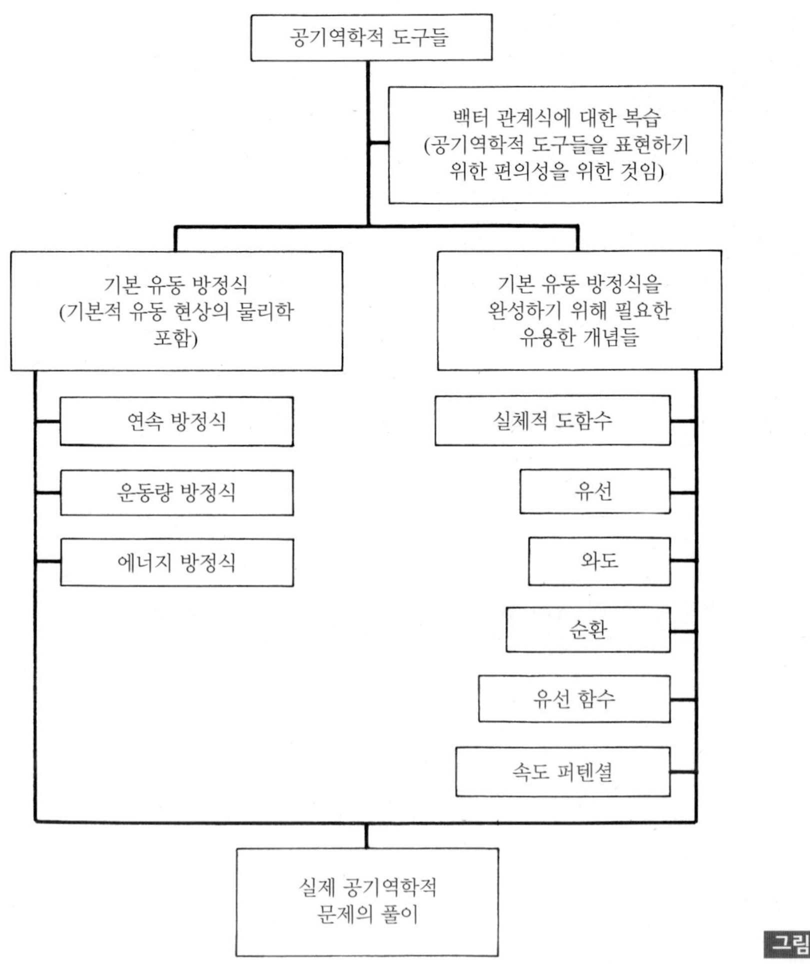

그림 2.3 2장의 이정표

quantities)이라 하며, 공기역학에서의 수학적 표현을 이들 벡터 기호를 사용하여 편리하게 표시할 수 있다. 이 절의 목적은 우리가 필요로 하는 기본 관계식을 벡터 대수학과 벡터 미적분학을 사용하여 정립하는 것이다. 여러분이 벡터 해석에 익숙하다면 이 절은 간략한 복습이 될 것이다. 만약 그렇지 않다면 여러분은 이 절을 통해 벡터 기호를 익힌 후, 이를 토대로 벡터 해석에 대한 다른 여러 흥미로운 참고문헌들로부터 그 이상의 지식을 습득할 수 있을 것이다(참고문헌 4~6 참조).

2.2.1 벡터 대수학 *Some Vector Algebra*

하나의 벡터량 **A**를 생각해 보자. 그림 2.4에 크기와 방향이 화살표로 주어진 **A**가 있다. **A**의 절대값은 |**A**|로 표시하며, 이는 스칼라량이다. *단위 벡터*(unit vector) **n**은 $\mathbf{n} = \mathbf{A}/|\mathbf{A}|$로 정의하며, 크기는 1이고 방향은 **A**와 같다. **B**가 다른 벡터를 표시한다고 하자. **A**와 **B**의 *벡터 합*(vector addition)은 제3의 벡터 **C**로 귀결된다.

$$\mathbf{A} + \mathbf{B} = \mathbf{C} \tag{2.1}$$

이는 그림 2.4와 같이 **A**의 꼬리와 **B**의 머리를 서로 연결하여 생성된다. 이제 **B**와 크기가 같고 방향은 반대인 −**B**를 생각해 보자. **A**로부터 **B**를 뺀 벡터 차(vector subtraction)는 새로운 벡터 **D**로 귀결된다.

$$\mathbf{A} - \mathbf{B} = \mathbf{D} \tag{2.2}$$

이는 그림 2.4와 같이 **A**의 꼬리와 −**B**의 머리를 서로 연결하여 생성된다.

벡터적(vector multiplication)에는 두 가지 형태가 있다. 그림 2.4와 같이 사이각이 θ인 2개의 벡터 **A**와 **B**를 고려해 보자. 두 벡터 **A**와 **B**의 *스칼라적* 또는 내적(scalar product 또는 dot product)은 다음과 같이 정의된다.

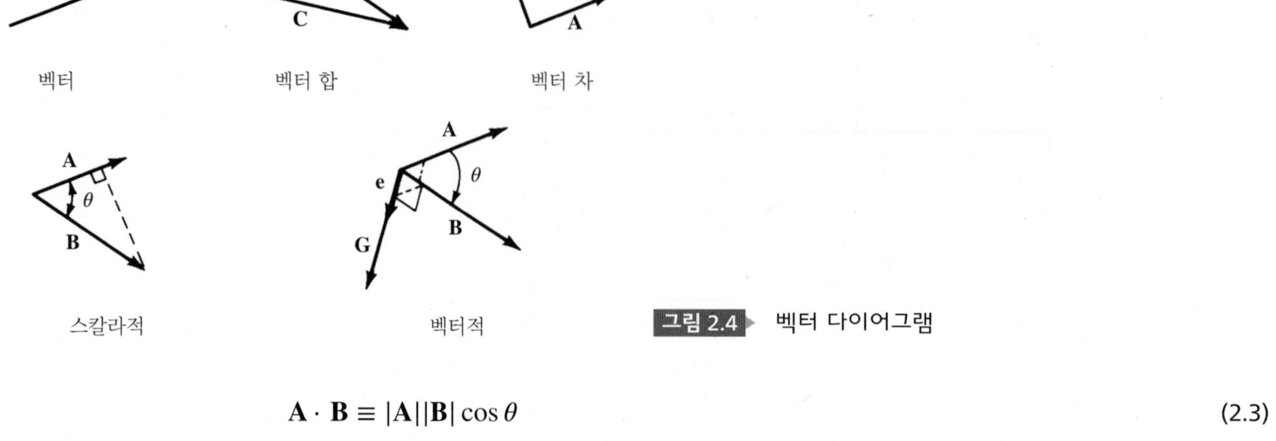

그림 2.4 벡터 다이어그램

$$\mathbf{A} \cdot \mathbf{B} \equiv |\mathbf{A}||\mathbf{B}| \cos \theta \tag{2.3}$$

$= \mathbf{A}$의 크기 $\times$ $\mathbf{A}$ 방향으로의 $\mathbf{B}$ 벡터 성분 크기

두 벡터의 스칼라적은 스칼라량임에 유의하라. 반면 두 벡터 **A**와 **B**의 *벡터적* 또는 외적(vector product 또는 cross product)은 다음과 같이 정의된다.

$$\mathbf{A} \times \mathbf{B} \equiv (|\mathbf{A}||\mathbf{B}| \sin \theta)\mathbf{e} = \mathbf{G} \tag{2.4}$$

여기서 **G**는 **A**와 **B**가 놓여 있는 평면에 수직이며 '오른손 법칙(right-hand rule)'에 따라 설정된 방향을 갖는 새로운 벡터이다(그림 2.4와 같이 **A**에서 **B**로 돌린다. 즉, 오른손 손가락을 회전 방향으로 감아 돌리면, 오른손 엄지가 가리키는 방향이 **G** 벡터의 방향이다). 식 (2.4)에서 **e**는 그림 2.4에서와 같이 **G** 방향으로의 단위 벡터이다. 두 벡터량의 벡터곱은 벡터임에 유의하라.

2.2.2 전형적인 직교 좌표계 *Typical Orthogonal Coordinate Systems*

3차원 공간에서 유체의 유동을 수학적으로 기술하기 위해 3차원 좌표계를 정해야 한다. 어떤 공기역학 문제의 기하학적 체계는 사각형 공간에 적합하고, 반면 다른 경우는 원통형 체계에, 또 다른 경우는 구면형 체계에 적합하다. 따라서 우리는 가장 널리 사용되는 세 가지 직교 좌표계, 즉 직교 좌표형(cartesian), 원통형(cylindrical), 구면형(spherical)에 관심이 있다. 이들 시스템을 아래에 설명했다. [직교 좌표계란 3개의 좌표 방향 모두가 서로 수직인 시스템이다. 유체 유동에 대한 현대적 수치해에서 간혹 비직교 좌표 공간(nonorthogonal coordinate spaces)을 사용하기도 한다는 것은 흥미로운 일이다. 더구나 일부 수치해석 문제에서는 좌표계가 해를 구하는 과정 중에 진화하여 변화하는 것을 허용하기도 한다. 이를 소위 적응형 격자 기법(adaptive grid techniques)이라 하는데, 이는 이 책의 범위를 벗어나는 부분이다. 자세한 것은 참고문헌 7을 참조하기 바란다.]

그림 2.5a에 *직교 좌표계*(cartesian coordinate system)를 표시했다. x, y, z축은 서로 수직이며, x, y, z축 방향으로의 단위 벡터는 각각 **i**, **j**, **k**다. 공간상 임의의 점 P가 3개의 좌표값 (x, y, z)에 의해 지정된 위치에 놓여 있다. 이 점은 다음과 같이 *위치 벡터*(position vector) **r**로 표시할 수도 있다. 여기서,

$$\mathbf{r} = x\mathbf{i} + y\mathbf{j} + z\mathbf{k}$$

만약 **A**가 직교 좌표 공간에서 주어진 벡터라 하면, 이를 다음과 같이 표시할 수 있다.

$$\mathbf{A} = A_x\mathbf{i} + A_y\mathbf{j} + A_z\mathbf{k}$$

여기서 A_x, A_y, A_z는 그림 2.5b와 같이 각각 x, y, z 방향으로의 **A** 벡터 스칼라 성분들이다.

그림 2.6a에 *원통형 좌표계*(cylindrical coordinate system)를 표시했다. 그림의 이해를 위해 '유령(phantom)' 직교 좌표계를 점선으로 표시했다. 공간상 점 P의 위치가 3개의 좌표값 (r, θ, z)로 주어지며, 여기서 r과 θ는 그림 2.6a

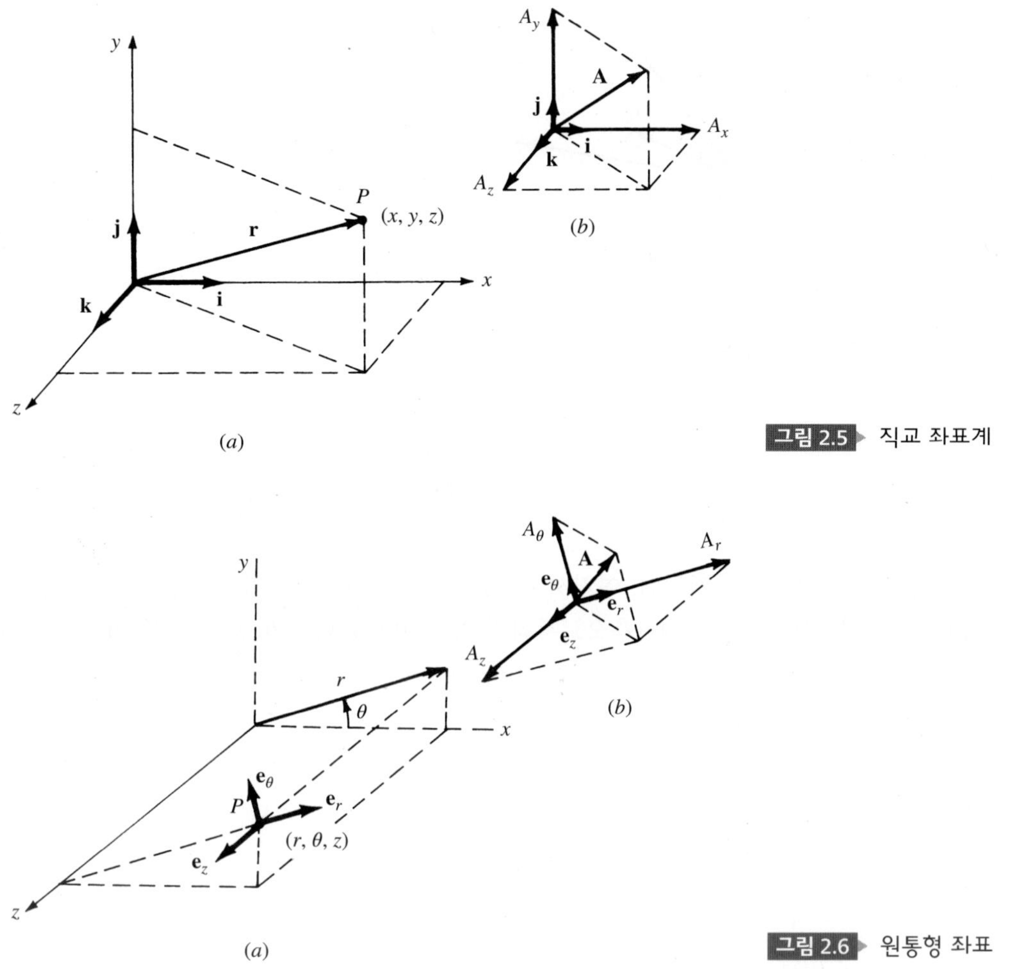

그림 2.5 직교 좌표계

그림 2.6 원통형 좌표

와 같이 xy 평면상에서 측정한다. r 좌표의 방향은 θ와 z를 일정하게 고정시키면서 r이 증가하는 방향이다. $\mathbf{e}_r$은 r 방향으로의 단위 벡터이다. θ 좌표의 방향은 r과 z를 일정하게 고정시키면서 θ가 증가하는 방향이다. $\mathbf{e}_\theta$은 θ 방향으로의 단위 벡터이다. z 좌표의 방향은 θ와 r을 일정하게 고정시키면서 z가 증가하는 방향이다. $\mathbf{e}_z$은 z 방향으로의 단위 벡터이다. 만약 $\mathbf{A}$가 원통형 좌표 공간에 주어진 벡터라면,

$$\mathbf{A} = \mathbf{A}_r\mathbf{e}_r + A_\theta\mathbf{e}_\theta + A_z\mathbf{e}_z$$

여기서 A_r, A_θ, A_z는 그림 2.6*b*와 같이 각각 r, θ, z 방향으로의 $\mathbf{A}$ 벡터 스칼라 성분들이다. 직교 좌표계와 원통형 좌표계 간의 관계식 또는 *변환식*은 그림 2.6*a*를 살펴보면 다음과 같이 구할 수 있다.

$$\begin{aligned} x &= r\cos\theta \\ y &= r\sin\theta \\ z &= z \end{aligned} \tag{2.5}$$

또는 역으로,

$$\begin{aligned} r &= \sqrt{x^2 + y^2} \\ \theta &= \arctan\frac{y}{x} \\ z &= z \end{aligned} \tag{2.6}$$

그림 2.7a에 *구면형 좌표계*(spherical coordinate system)를 표시했다. 역시 그림의 이해를 돕기 위해 유령 직교 좌표계를 점선으로 표시했다. (그림을 명확하게 표시하기 위해 그림 2.5나 2.6과 달리 z축을 수직 방향으로 표시했다.) 공

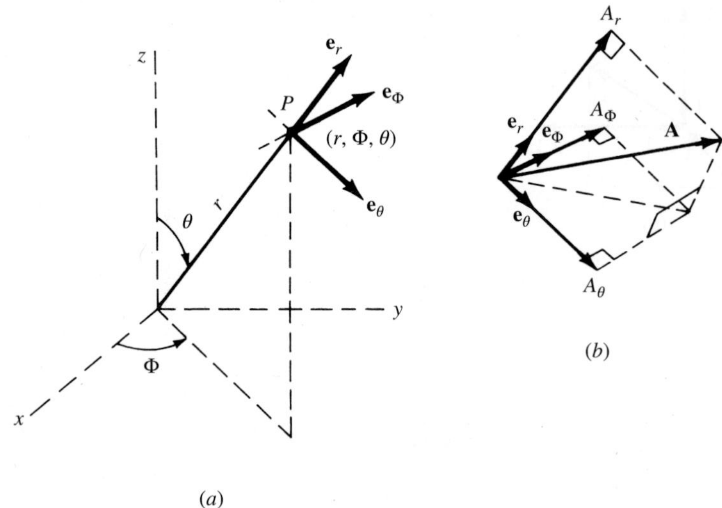

그림 2.7 구면형 좌표

간상 점 P의 위치가 3개의 좌표값 (r, θ, Φ)로 주어지는데, 여기서 r은 원점으로부터 P까지의 거리며, θ는 rz 평면상에서 z축으로부터의 각도이고, Φ는 xy 평면상에서 측정한 x축으로부터의 각도이다. r 좌표의 방향은 θ와 Φ를 일정하게 고정시키면서 r이 증가하는 방향이다. $\mathbf{e}_r$은 r 방향으로의 단위 벡터이다. θ 좌표의 방향은 r과 Φ를 일정하게 고정시키면서 θ가 증가하는 방향이다. $\mathbf{e}_\theta$은 θ 방향으로의 단위 벡터이다. Φ 좌표의 방향은 θ와 r을 일정하게 고정시키면서 Φ가 증가하는 방향이다. $\mathbf{e}_\Phi$ 은 Φ 방향으로의 단위 벡터이다. $\mathbf{e}_r$, $\mathbf{e}_\theta$, $\mathbf{e}_\Phi$는 서로 수직이다. 만약 $\mathbf{A}$가 구면형 좌표 공간에 주어진 벡터라면,

$$\mathbf{A} = A_r\mathbf{e}_r + A_\theta\mathbf{e}_\theta + A_\Phi\mathbf{e}_\Phi$$

여기서 Ar, A_θ, A_Φ는 그림 2.7b와 같이 각각 r, θ, Φ 방향으로의 $\mathbf{A}$ 벡터 스칼라 성분들이다. 직교 좌표계와 구면형 좌표계 간의 관계식 또는 변환식은 그림 2.7a를 살펴봄으로써 다음과 같이 구할 수 있다.

$$\begin{aligned} x &= r\sin\theta\cos\Phi \\ y &= r\sin\theta\sin\Phi \\ z &= r\cos\theta \end{aligned} \tag{2.7}$$

또는 역으로

$$\begin{aligned} r &= \sqrt{x^2+y^2+z^2} \\ \theta &= \arccos\frac{z}{r} = \arccos\frac{z}{\sqrt{x^2+y^2+z^2}} \\ \Phi &= \arccos\frac{x}{\sqrt{x^2+y^2}} \end{aligned} \tag{2.8}$$

2.2.3 스칼라장과 벡터장 *Scalar and Vector Fields*

좌표 공간과 시간 t의 함수로 주어지는 스칼라량을 *스칼라장*(scalar field)이라 칭한다. 예를 들어 압력, 밀도, 온도는 스칼라량이며, 그리고는

$$\begin{aligned} p &= p_1(x,y,z,t) = p_2(r,\theta,z,t) = p_3(r,\theta,\Phi,t) \\ \rho &= \rho_1(x,y,z,t) = \rho_2(r,\theta,z,t) = \rho_3(r,\theta,\Phi,t) \\ T &= T_1(x,y,z,t) = T_2(r,\theta,z,t) = T_3(r,\theta,\Phi,t) \end{aligned}$$

압력, 밀도, 온도에 대한 각각의 스칼라장이다. 이와 유사하게 좌표 공간과 시간의 함수로 주어지는 벡터량을 *벡터장*(vector field)이라 칭한다. 예를 들어 속도는 벡터량이며, 그리고는

$$\mathbf{V} = V_x\mathbf{i} + V_y\mathbf{j} + V_z\mathbf{k}$$

여기서

$$V_x = V_x(x, y, z, t)$$
$$V_y = V_y(x, y, z, t)$$
$$V_z = V_z(x, y, z, t)$$

직교 좌표 공간에서 $\mathbf{V}$에 대한 벡터장이다. 원통형 좌표 공간과 구면형 좌표 공간에 대해서도 유사한 벡터장 표현식을 표시할 수 있다. 수많은 이론 공기역학 문제에서, 위에서 설명한 스칼라 및 벡터장들이 주어진 초기 조건 및 경계 조건들을 만족시키는 해를 구해야 하는 미지변수들이다.

2.2.4 스칼라적과 벡터적 *Scalar and Vector Products*

식 (2.3)과 (2.4)에 의해 스칼라적과 벡터적을 각각 정의했으며, 각 벡터의 성분항들로 아래와 같이 표시할 수 있다.

직교 좌표

$$\mathbf{A} = A_x\mathbf{i} + A_y\mathbf{j} + A_z\mathbf{k}$$
$$\mathbf{B} = B_x\mathbf{i} + B_y\mathbf{j} + B_z\mathbf{k}$$
$$\mathbf{A} \cdot \mathbf{B} = A_xB_x + A_yB_y + A_zB_z \tag{2.9}$$

그리고

$$\mathbf{A} \times \mathbf{B} = \begin{bmatrix} \mathbf{i} & \mathbf{j} & \mathbf{k} \\ A_x & A_y & A_z \\ B_x & B_y & B_z \end{bmatrix} = \mathbf{i}(A_yB_z - A_zB_y) + \mathbf{j}(A_zB_x - A_xB_z) + \mathbf{k}(A_xB_y - A_yB_x) \tag{2.10}$$

원통형 좌표

$$\mathbf{A} = A_r\mathbf{e}_r + A_\theta\mathbf{e}_\theta + A_z\mathbf{e}_z$$
$$\mathbf{B} = B_r\mathbf{e}_r + B_\theta\mathbf{e}_\theta + B_z\mathbf{e}_z$$
$$\mathbf{A} \cdot \mathbf{B} = A_rB_r + A_\theta B_\theta + A_zB_z \tag{2.11}$$

그리고

$$\mathbf{A} \times \mathbf{B} = \begin{vmatrix} \mathbf{e}_r & \mathbf{e}_\theta & \mathbf{e}_z \\ A_r & A_\theta & A_z \\ B_r & B_\theta & B_z \end{vmatrix} \tag{2.12}$$

구면형 좌표

$$\mathbf{A} = A_r\mathbf{e}_r + A_\theta\mathbf{e}_\theta + A_\Phi\mathbf{e}_\Phi$$
$$\mathbf{B} = B_r\mathbf{e}_r + B_\theta\mathbf{e}_\theta + B_\Phi\mathbf{e}_\Phi$$
$$\mathbf{A} \cdot \mathbf{B} = A_rB_r + A_\theta B_\theta + A_\Phi B_\Phi \tag{2.13}$$

그리고

$$\mathbf{A} \times \mathbf{B} = \begin{vmatrix} \mathbf{e}_r & \mathbf{e}_\theta & \mathbf{e}_\Phi \\ A_r & A_\theta & A_\Phi \\ B_r & B_\theta & B_\Phi \end{vmatrix} \tag{2.14}$$

2.2.5 스칼라장의 구배 *Gradient of a Scalar Field*

이제부터 기본적인 벡터 미적분학에 대해 복습해 보자. 아래와 같은 스칼라장을 고려하자.

$$p = p_1(x, y, z) = p_2(r, \theta, z) = p_3(r, \theta, \Phi)$$

공간 내 어느 주어진 점에 대한 p의 *구배*(gradient) ∇p는 다음과 같은 벡터량으로 정의된다.

1. 크기는 주어진 점에서 좌표 공간 내 단위 길이당 p의 최대 변화율이다.

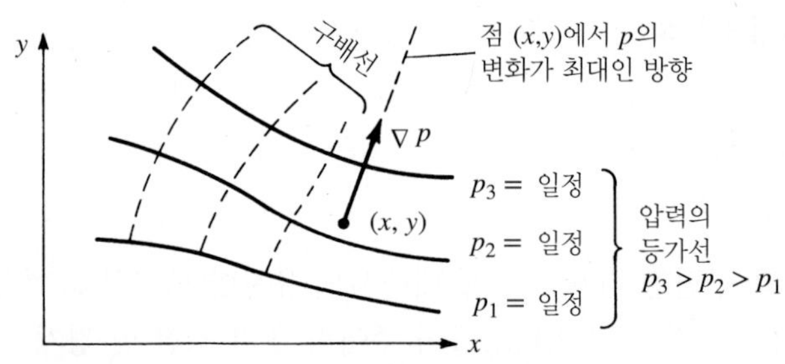

그림 2.8 스칼라장의 구배에 대한 그림

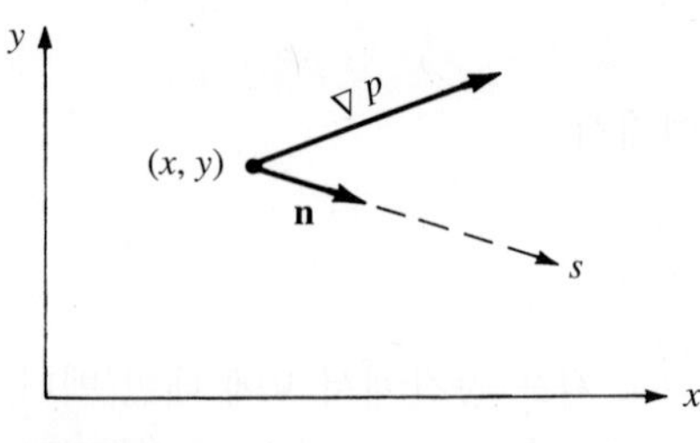

그림 2.9 방향 도함수에 대한 그림

2. 방향은 주어진 점에서 p가 최대의 변화율을 나타내는 방향이다.

예를 들어, 그림 2.8에 나타낸 직교 좌표 공간에 주어진 2차원 압력장을 고려해 보자. 실선은 압력이 일정한 값을 갖는 선(즉, 압력장 내에서 같은 크기의 p 값을 갖는 점들을 연결한 선)으로, 이러한 선을 *등가선*(isolines)이라 한다. 그림 2.8의 임의의 점 (x, y)를 고려하자. 만약 이 점으로부터 임의의 방향으로 멀어진다면, 공간 내 다른 위치로 이동하게 되므로 일반적으로 p는 변할 것이다. 더구나 주어진 점으로부터 어느 방향으로는 단위 길이당 p의 변화가 *가장 큰* 값을 나타내는 방향이 존재할 것이다. 이것이 *구배*(gradient) *p의 방향*에 대한 정의이며 그림 2.8에 이를 표시했다. ∇p의 크기는 이 방향으로의 단위 길이당 p의 변화율이다. ∇p의 크기와 방향은 좌표 공간 내 위치에 따라 달라진다. 그림 2.8에 나타낸 것처럼 공간 내 모든 점에서 ∇p가 접하는 방향을 따라 연결한 선을 *구배선*(gradient line)이라 정의한다. 좌표 공간 내 주어진 어떤 점을 통과하는 구배선과 등가선은 서로 수직이다.

그림 2.9와 같이 주어진 점 (x, y)에서 ∇p를 생각해 보자. 또한 이 점으로부터 임의의 방향 s를 선택하자. $\mathbf{n}$은 s 방향으로의 단위 벡터라 하자. s 방향으로의 단위 길이당 p의 변화율은,

$$\frac{dp}{ds} = \nabla p \cdot \mathbf{n} \tag{2.15}$$

식 (2.15)에서 dp/ds를 s 방향으로의 *방향 도함수*(directional derivative)라 한다. 식 (2.15)에서 임의의 방향에 대한 p의 변화율은 단순히 ∇p의 그 방향에 대한 성분으로 표시된다.

다른 좌표계에서 ∇p에 대한 표현식은 아래에 주어져 있다.

직교 좌표형:

$$p = p(x, y, z)$$

$$\boxed{\nabla p = \frac{\partial p}{\partial x}\mathbf{i} + \frac{\partial p}{\partial y}\mathbf{j} + \frac{\partial p}{\partial z}\mathbf{k}} \tag{2.16}$$

원통형:

$$p = p(r, \theta, z)$$

$$\boxed{\nabla p = \frac{\partial p}{\partial r}\mathbf{e}_r + \frac{1}{r}\frac{\partial p}{\partial \theta}\mathbf{e}_\theta + \frac{\partial p}{\partial z}\mathbf{e}_z} \tag{2.17}$$

구면형:

$$p = p(r, \theta, \Phi)$$

$$\boxed{\nabla p = \frac{\partial p}{\partial r}\mathbf{e}_r + \frac{1}{r}\frac{\partial p}{\partial \theta}\mathbf{e}_\theta + \frac{1}{r\sin\theta}\frac{\partial p}{\partial \Phi}\mathbf{e}_\Phi} \tag{2.18}$$

2.2.6 벡터장의 발산 *Divergence of a Vector Field*

어떤 벡터장을 고려해 보자.

$$\mathbf{V} = \mathbf{V}(x, y, z) = \mathbf{V}(r, \theta, z) = \mathbf{V}(r, \theta, \Phi)$$

위에서 $\mathbf{V}$는 임의의 벡터량이다. 그러나 실용적인 목적과 물리적 해석을 돕기 위해 $\mathbf{V}$를 유동 속도라 하자. 또한 고정

된 질량을 가진 소량의 유체 요소가 유선을 따라 속도 **V**로 움직인다고 가정하자. 유체 요소가 공간상을 움직이고 있기 때문에 일반적으로 유체 요소의 체적은 변할 것이다. 2.3절에서, 고정된 질량의 이동 중인 유체 요소에서 단위 체적당 유체 요소 체적의 시간에 대한 변화율은 $\nabla \cdot \mathbf{V}$로 표시되는 **V**의 *발산*(divergence)과 같음을 증명할 것이다. 벡터의 발산은 스칼라량이다. 이는 벡터장의 도함수를 정의할 수 있는 두 가지 방법 중 하나이다. 다른 좌표계에서는 아래의 관계식을 얻을 수 있다.

직교 좌표형:

$$\mathbf{V} = \mathbf{V}(x, y, z) = V_x\mathbf{i} + V_y\mathbf{j} + V_z\mathbf{k}$$

$$\boxed{\nabla \cdot \mathbf{V} = \frac{\partial V_x}{\partial x} + \frac{\partial V_y}{\partial y} + \frac{\partial V_z}{\partial z}} \tag{2.19}$$

원통형:

$$\mathbf{V} = \mathbf{V}(r, \theta, z) = V_r\mathbf{e}_r + V_\theta\mathbf{e}_\theta + V_z\mathbf{e}_z$$

$$\boxed{\nabla \cdot \mathbf{V} = \frac{1}{r}\frac{\partial}{\partial r}(rV_r) + \frac{1}{r}\frac{\partial V_\theta}{\partial \theta} + \frac{\partial V_z}{\partial z}} \tag{2.20}$$

구면형:

$$\mathbf{V} = \mathbf{V}(r, \theta, \Phi) = V_r\mathbf{e}_r + V_\theta\mathbf{e}_\theta + V_\Phi\mathbf{e}_\Phi$$

$$\boxed{\nabla \cdot \mathbf{V} = \frac{1}{r^2}\frac{\partial}{\partial r}(r^2V_r) + \frac{1}{r\sin\theta}\frac{\partial}{\partial \theta}(V_\theta \sin\theta) + \frac{1}{r\sin\theta}\frac{\partial V_\Phi}{\partial \Phi}} \tag{2.21}$$

2.2.7 벡터장의 컬 *Curl of a Vector Field*

어떤 벡터장을 고려해 보자.

$$\mathbf{V} = \mathbf{V}(x, y, z) = \mathbf{V}(r, \theta, z) = \mathbf{V}(r, \theta, \Phi)$$

V는 어떠한 벡터량도 가능하지만, 여기서는 다시 **V**를 유동 속도라 하자. 또다시 유선을 따라 움직이는 유체 요소를 가정해 보자. 이 유체 요소는 각속도(angular velocity) $\boldsymbol{\omega}$로 회전하면서 유선을 따라 이동할 수 있다. 2.9절에서 $\boldsymbol{\omega}$는 *컬*(curl) **V**의 절반임을 증명할 것이며, 여기서 컬 **V**는 $\nabla \times \mathbf{V}$로 표시한다. 컬 **V**는 벡터량이며 벡터장의 도함수를 정의할 수 있는 두 가지 방법 중 하나로, 첫 번째 것은 $\nabla \cdot \mathbf{V}$다(2.2.6절 벡터장의 발산 참조). 다른 좌표계에서는 아래와 같이 표시할 수 있다.

직교 좌표형:

$$\mathbf{V} = V_x\mathbf{i} + V_y\mathbf{j} + V_z\mathbf{k}$$

$$\boxed{\begin{aligned}\nabla \times \mathbf{V} = \begin{vmatrix} \mathbf{i} & \mathbf{j} & \mathbf{k} \\ \dfrac{\partial}{\partial x} & \dfrac{\partial}{\partial y} & \dfrac{\partial}{\partial z} \\ V_x & V_y & V_z \end{vmatrix} &= \mathbf{i}\left(\frac{\partial V_z}{\partial y} - \frac{\partial V_y}{\partial z}\right) + \mathbf{j}\left(\frac{\partial V_x}{\partial z} - \frac{\partial V_z}{\partial x}\right) \\ &\quad + \mathbf{k}\left(\frac{\partial V_y}{\partial x} - \frac{\partial V_x}{\partial y}\right)\end{aligned}} \tag{2.22}$$

원통형:

$$\mathbf{V} = V_r\mathbf{e}_r + V_\theta\mathbf{e}_\theta + V_z\mathbf{e}_z$$

$$\boxed{\nabla \times \mathbf{V} = \frac{1}{r}\begin{vmatrix} \mathbf{e}_r & r\mathbf{e}_\theta & \mathbf{e}_z \\ \dfrac{\partial}{\partial r} & \dfrac{\partial}{\partial \theta} & \dfrac{\partial}{\partial z} \\ V_r & rV_\theta & V_z \end{vmatrix}} \tag{2.23}$$

구면형:

$$\mathbf{V} = V_r\mathbf{e}_r + V_\theta\mathbf{e}_\theta + V_\Phi\mathbf{e}_\Phi$$

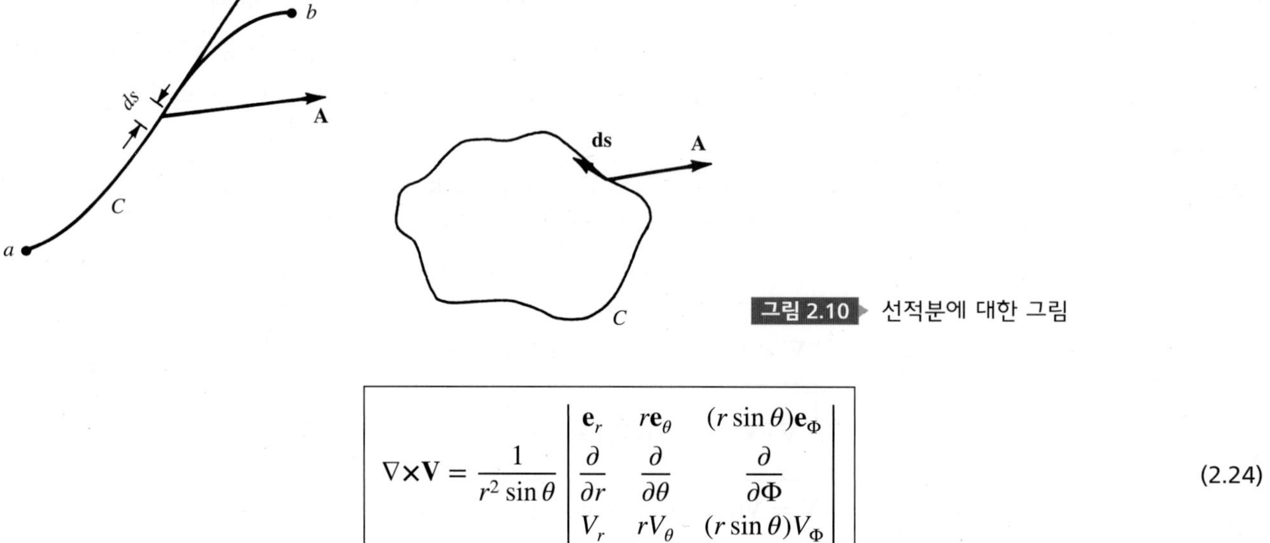

그림 2.10 선적분에 대한 그림

$$\nabla\times\mathbf{V} = \frac{1}{r^2\sin\theta}\begin{vmatrix} \mathbf{e}_r & r\mathbf{e}_\theta & (r\sin\theta)\mathbf{e}_\Phi \\ \dfrac{\partial}{\partial r} & \dfrac{\partial}{\partial\theta} & \dfrac{\partial}{\partial\Phi} \\ V_r & rV_\theta & (r\sin\theta)V_\Phi \end{vmatrix} \tag{2.24}$$

2.2.8 선적분 *Line Integrals*

하나의 벡터장을 고려해 보자.

$$\mathbf{A} = \mathbf{A}(x, y, z) = \mathbf{A}(r, \theta, z) = \mathbf{A}(r, \theta, \Phi)$$

또한 공간상의 두 점 a와 b를 연결하는 곡선 C를 그림 2.10과 같이 고려해 보자. ds는 그 곡선의 요소 길이라 하고, $\mathbf{n}$은 곡선에 접하는 방향으로의 단위 벡터이다. 벡터 $\mathbf{ds} = \mathbf{n}\,ds$로 정의하자. 이 경우 곡선 C를 따라 벡터 $\mathbf{A}$를 점 a에서 b까지 *선적분*(line integral)할 경우 아래와 같이 표시한다.

$$\oint_a^b \mathbf{A}\cdot\mathbf{ds}$$

만약 곡선 C가 그림 2.10과 같이 폐곡선인 경우 선적분은 다음과 같이 주어진다.

$$\oint_C \mathbf{A}\cdot\mathbf{ds}$$

여기서 곡선 C를 따라 *반시계 방향*으로 돌아가는 경우를 양으로 간주한다(폐곡선을 따라가는 방향 중 양의 방향은 약속에 의해 여러분이 움직이는 방향 중 곡선 C에 의해 둘러싸인 면적이 항상 여러분의 왼편에 있는 경우로 한다).

2.2.9 면적분 *Surface Integrals*

그림 2.11과 같이 폐곡선 C에 의해 둘러싸인 열린 면적 S를 고려해 보자. 면 위의 점 P에서 dS는 전체 면적을 구성하는 요소 면적이고, $\mathbf{n}$은 요소면에 수직인 방향의 단위 벡터라 하자. $\mathbf{n}$의 방위는 C를 따라 움직이면서 오른손 법칙에 의해 방향을 정한다(C를 따라 움직이는 방향으로 오른손 손가락을 감싼다. 엄지손가락이 가리키는 방향이 $\mathbf{n}$의 일반적인 방향이다). 요소 면적을 벡터로서 $\mathbf{dS} = \mathbf{n}\,dS$로 정의하자. $\mathbf{dS}$ 항을 사용하여 S 면적 위에서의 *면적분*을 다음 세 가지

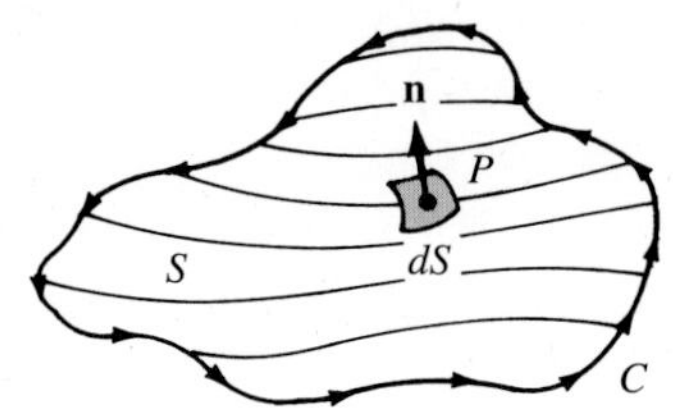

그림 2.11 면적분에 대한 그림. 3차원 면의 면적 S는 닫힌 곡선 C에 의해 둘러싸여 있다.

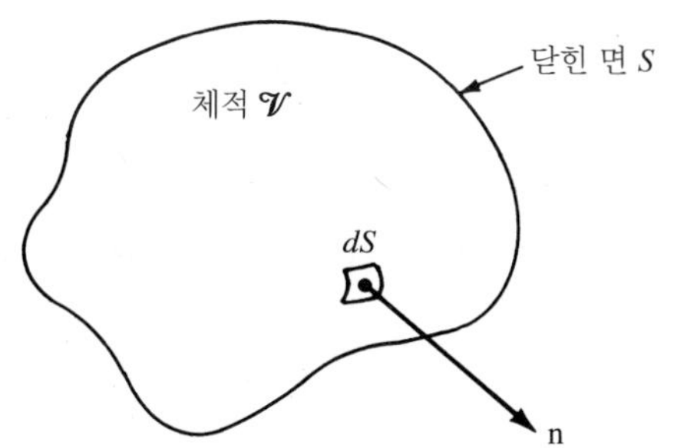

그림 2.12 닫힌 면적 S에 의해 둘러싸인 체적 $\mathcal{V}$

방법으로 정의할 수 있다.

$$\iint_S p\,\mathbf{dS} = \text{스칼라 } p\text{를 열린 면적 } S \text{ 상에서 면적분 (결과는 벡터임)}$$

$$\iint_S \mathbf{A}\cdot\mathbf{dS} = \text{벡터 } \mathbf{A}\text{를 열린 면적 } S \text{ 상에서 면적분 (결과는 스칼라임)}$$

$$\iint_S \mathbf{A}\times\mathbf{dS} = \text{벡터 } \mathbf{A}\text{를 열린 면적 } S \text{ 상에서 면적분 (결과는 벡터임)}$$

만약 면적 S가 *닫혀 있다*면(즉, 구나 입방체의 표면), **n**은 그림 2.12와 같이 닫힌 체적으로부터 떨어진 방향인 표면 바깥 방향을 가리킨다. 닫혀 있는 면적에 대한 면적분은 아래와 같이 표시한다.

$$\oiint_S p\,\mathbf{dS} \qquad \oiint_S \mathbf{A}\cdot\mathbf{dS} \qquad \oiint_S \mathbf{A}\times\mathbf{dS}$$

2.2.10 체적분 *Volume Integrals*

공간상의 체적 $\mathcal{V}$를 고려해 보자. 이 공간상에 스칼라장 ρ가 있다고 하자. 물리량 ρ를 체적 $\mathcal{V}$에 대하여 *체적분*(volume integral)을 수행한다면 아래와 같이 표현할 수 있다.

$$\iiint_{\mathcal{V}} \rho\, d\mathcal{V} = \text{스칼라 } \rho\text{를 체적 } \mathcal{V}\text{에 대해 체적분 (결과는 스칼라임)}$$

A를 공간 내 벡터장이라 하자. 양 **A**를 체적 $\mathcal{V}$에 대해 체적분을 수행할 경우 다음과 같이 표현한다.

$$\iiint_{\mathcal{V}} \mathbf{A}\, d\mathcal{V} = \text{벡터 } \mathbf{A}\text{를 체적 } \mathcal{V}\text{에 대해 체적분 (결과는 벡터임)}$$

2.2.11 선, 면, 체적분 사이의 관계식 *Relations between Line, Surface, and Volume Integrals*

그림 2.11과 같이 폐곡선 C에 의해 둘러싸인 열린 면적 S를 다시 고려해 보자. **A**는 벡터장이라 하자. C 위에서 **A**를 선적분한 것과 S 위에서 **A**를 면적분한 것은 *Stokes 정리*에 의해 다음과 같은 관계를 갖는다.

$$\boxed{\oint_C \mathbf{A}\cdot\mathbf{ds} = \iint_S (\nabla\times\mathbf{A})\cdot\mathbf{dS}} \tag{2.25}$$

그림 2.12와 같이 닫힌 표면 S에 의해 둘러싸인 체적 $\mathcal{V}$를 다시 고려해 보자. 벡터장 **A**의 면적분과 체적분 사이에 아래와 같은 *발산 정리*(divergence theorem)가 성립한다.

$$\oiint_S \mathbf{A} \cdot \mathbf{dS} = \oiiint_{\mathcal{V}} (\nabla \cdot \mathbf{A})\, d\mathcal{V} \tag{2.26}$$

p가 스칼라장이라 하면, 식 (2.26)과 유사한 벡터 관계식이 *구배 정리*(gradient theorem)에 의해 다음과 같이 주어진다.

$$\oiint_S p\, \mathbf{dS} = \oiiint_{\mathcal{V}} \nabla p\, d\mathcal{V} \tag{2.27}$$

2.2.12 요약 *Summary*

이 절에서는 후속 토론에서 도구로 사용할 기본적인 벡터 해석에 대하여 간략하게 살펴보았다. 익숙해질 때까지 이들 도구, 특히 상자 안에 들어 있는 관계식을 확실히 복습하기 바란다.

2.3 유체 운동 모델: 검사 체적과 유체 요소 *Models of the Fluid: Control Volumes and Fluid Elements*

공기역학이란 우리로 하여금 물리적 관찰에 몰두하게 만드는 기초 과학이다. 이 책의 진도를 계속 나가면서 해당 내용에 대한 '물리적 감각'을 점진적으로 계발해 가는 데 모든 노력을 경주하기 바란다. 성공적인 공기역학자들이 가지고 있는 가장 중요한 덕목은(실제로 모든 성공적인 공학자와 과학자들에도 해당됨), 어떤 어려운 문제에 대해 합리적인 결정을 내림에 있어 사고와 경험에 근거한 매우 훌륭한 '물리적 직관력'을 그들이 가지고 있다는 것이다. 이 장은 수많은 방정식과(겉보기에) 난해한 개념들로 가득 차 있지만, 바로 지금 여러분이 이러한 물리적 감각을 훈련해야 할 때이다.

이 절에서 우리는 공기역학의 기본 방정식을 정립하기 시작할 것이다. 이러한 방정식을 정립하기 위한 과정에는 다음과 같은 철학적인 절차가 포함된다.

1. 자연에 대한 미시적 관찰 속에 깊이 숨어 있는 세 가지 기본적인 물리적 원리들을 끌어낸다. 즉,
   a. 질량은 보존된다(즉, 질량은 생성되거나 소멸되지 않는다).
   b. Newton 제2법칙: 힘 = 질량 × 가속도
   c. 에너지는 보존된다. 단지 한 형태에서 다른 형태로 바뀔 뿐이다.
2. 적절한 유체 *모델*을 결정한다. 유체란 유연한 물체이므로 일반적으로 형상을 정의할 수 있는 고체 물체보다 운동을 기술하기 어렵다. 따라서 우리는 항목 1에 열거한 기본 원리를 적용할 수 있는 합리적인 유체 모델을 채택해야만 한다.
3. 유동의 물리학을 기술할 수 있는 적절한 수학적 방정식을 구하기 위해 항목 1에 열거한 기본적인 물리적 원리를 항목 2에서 선정한 유체 모델에 적용한다. 그리고 이들 기본 방정식을 관심을 가지고 있는 특정 공기역학 유동 문제를 해석하는 데 사용한다.

이 절에서는 항목 2에 집중한다. 즉, 다음과 같은 질문을 제시해 보자. 적절한 유체 모델은 어떤 것인가? 세 가지 기본 물리적 원리들을 여기에 적용하기 위해 우리는 어떻게 이 유연한 물체를 가시화할 것인가? 이러한 질문에 대한 답이 하나만 있는 것은 아니다. 현대 공기역학의 진화과정을 통하여 세 가지 모델이 성공적으로 사용되었다. 그들은 (1) 유한 검사 체적(finite control volume), (2) 미소 유체 요소(infinitesimal fluid element), (3) 분자 차원(molecular) 등이다. 이러한 모델은 어떤 것이며 어떻게 적용하는지 살펴보기로 하자.

2.3.1 유한 검사 체적 접근법 *Finite Control Volume Approach*

그림 2.13의 유선으로 표시한 일반 유동장을 고려해 보자. 유동의 *유한한* 영역 내에 닫혀있는 체적을 상상하자. 이 체

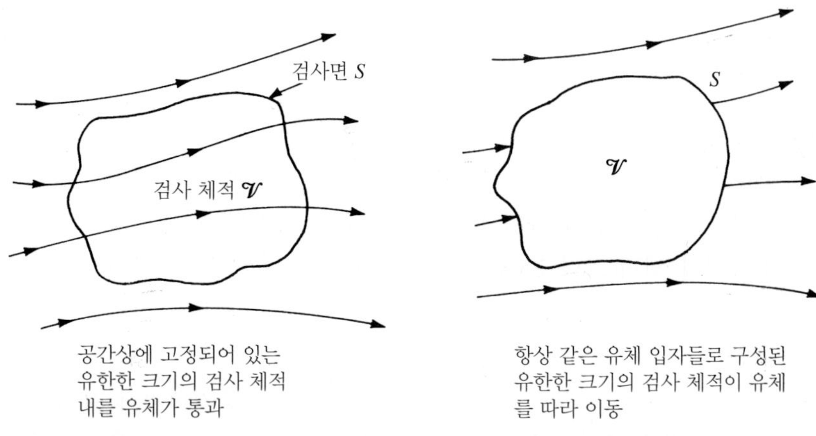

그림 2.13 유한 검사 체적 접근법

적을 *검사 체적*(control volume)이라 정의한다. 그리고 *검사면*(control surface) S는 검사 체적을 둘러싸고 있는 닫힌 표면으로 정의한다. 검사 체적은 공간 내 고정된 상태에서 그림 2.13과 같이 유체가 이 검사 체적 공간을 통과하여 이동할 수 있다. 또는 그림 2.13의 오른편에 나타냈듯이 검사 체적 내에 같은 유체 입자들을 항상 포함하고 있는 상태에서 유체를 따라 움직일 수도 있다. 어느 경우든 검사 체적은 적절한 크기의 유한한 유동 영역이다. 기본 물리적 원리는 검사 체적 내 유체와 검사면을 통과하는 유체(만약 검사 체적이 공간상에 고정된 경우라면)에 적용된다. 그러므로 전체 유동장을 한꺼번에 살펴보는 대신, 검사 체적 모델의 경우 체적 내 유한한 영역에 존재하는 유체에 대해서 관찰을 한정하는 것이다.

2.3.2 미소 유체 요소 접근법 *Infinitesimal Fluid Element Approach*

그림 2.14와 같이 유선들로 표시된 일반 유동장을 고려해 보자. 유동 내 미소 미분 체적(differential volume) $d\mathcal{V}$를 갖는 작은 미소 유체 요소(infinitesimal fluid element)를 가상하자. 유체 요소는 미적분학의 관점과 동일하게 미소하나(infinitesimal) 충분히 많은 개수의 분자를 포함시킬 만큼 크기 때문에 연속적인 매질(continuous medium)로 취급할 수 있다. 그림 2.14와 같이 유체 요소는 공간 내 고정된 상태에서 유체가 이를 통과할 수 있다. 또는 각 점에서의 유체 속도와 같은 속도 **V**로 유선을 따라 움직일 수도 있다. 여기서 다시 전체 유동장을 한꺼번에 관찰하는 대신, 기본 물리적 원리를 오로지 유체 요소 그 자체로 한정해서 적용할 수 있다.

2.3.3 분자 차원 접근법 *Molecular Approach*

물론 실제로 유체의 운동이란 원자와 분자의 평균적 운동에서 파생된다. 그러므로 세 번째 유체 모델은 미시적 방안으로서, 결과적인 유체 특성을 통계적 평균으로 정의하여 자연의 기본 법칙을 직접 원자와 분자에 적용한다. 이러한 접근 방안을 *기체분자 운동론*(kinetic theory)이라 하며, 궁극적으로 여러 가지 장점을 지닌 매우 정교한 방법이다. 그러나 이는 이 책의 범위를 벗어난다.

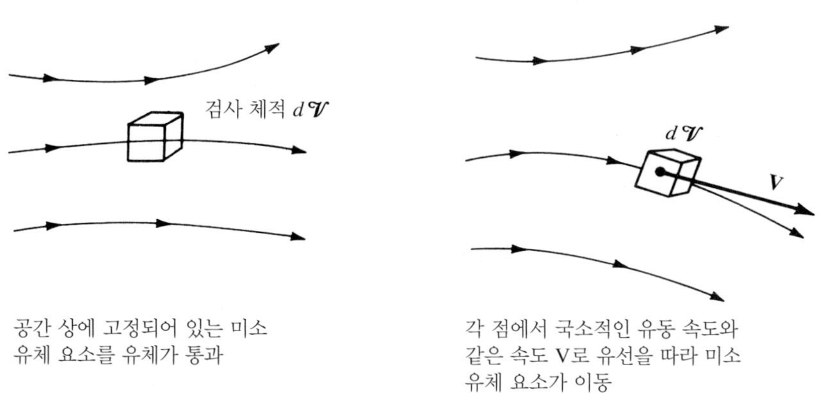

그림 2.14 미소 유체 요소 접근법

요약해서 말하면, 유체 유동에 대한 일반 방정식 유도과정이 여러 다른 교재에 서로 다르게 소개될 수 있지만, 이에 사용된 유체 모델은 위에서 설명한 유형 중 하나에 해당하는 것이다.

2.3.4 속도의 발산이 지닌 물리적 의미 *Physical Meaning of the Divergence of Velocity*

다음 방정식에서 속도의 발산(divergence of velocity) $\nabla \cdot \mathbf{V}$가 자주 등장한다. 이 절을 마치기 전에 앞 절(2.2절)에서 주장한 명제, 즉 $\nabla \cdot \mathbf{V}$란 물리적으로 단위 체적당 고정된 질량을 가지고 움직이는 유체 요소의 체적에 대한 시간 변화율이란 것을 증명해 보자. 유체와 같이 움직이는 검사 체적(그림 2.13의 오른편 경우에 해당)에 대해 고려해 보자. 이 검사 체적은 유동 내에서 이동 중이며 항상 같은 유체 입자들로 구성되어 있다. 따라서 질량이 시간에 따라 변하지 않고 일정하다. 그러나 이의 체적 $\mathcal{V}$와 검사면 S는 ρ 값이 다른 유동 영역 내를 움직이며 시간에 따라 변한다. 따라서 고정된 질량을 갖는 움직이는 검사 체적은 유동 특성에 따라 모양이 변하면서 그 체적이 계속 증가하거나 감소한다. 그림 2.15는 어느 순간에서의 검사 체적을 나타낸다. 그림 2.15에 표시했듯이 국소적 속도 $\mathbf{V}$로 움직이는 유체 요소의 미소면을 dS라 하자. 시간 경과 Δt 동안 dS의 움직임에 의해 발생하는 검사 체적의 체적 변화 $\Delta\mathcal{V}$는 그림 2.15로부터 밑면적 dS에 높이 $(\mathbf{V}\Delta t) \cdot \mathbf{n}$을 갖는 길고 얇은 실린더의 체적과 같다. 즉,

$$\Delta\mathcal{V} = [(\mathbf{V}\Delta t) \cdot \mathbf{n}]dS = (\mathbf{V}\Delta t) \cdot \mathbf{dS} \tag{2.28}$$

시간 경과 Δt 동안 전체 검사 체적의 체적 변화는 식 (2.28)을 전체 검사면에 대해 합한 것과 같다. 극한값으로 $dS \to 0$이면, 합은 다음의 면적분이 된다.

$$\oiint_S (\mathbf{V}\Delta t) \cdot \mathbf{dS}$$

이 적분값을 Δt로 나누면, 결과는 물리적으로 $D\mathcal{V}/Dt$로 표시되는 검사 체적의 시간에 대한 변화율이다. 즉,

$$\frac{D\mathcal{V}}{Dt} = \frac{1}{\Delta t}\oiint_S (\mathbf{V}\Delta t) \cdot \mathbf{dS} = \oiint_S \mathbf{V} \cdot \mathbf{dS} \tag{2.29}$$

(D/Dt 기호의 중요성에 대해서는 2.9절에서 설명하기로 한다.) 발산 정리(divergence theorem) 식 (2.26)을 식 (2.29)의 우변에 적용하면 다음과 같은 결과를 얻는다.

$$\frac{D\mathcal{V}}{Dt} = \iiint_{\mathcal{V}} (\nabla \cdot \mathbf{V})d\mathcal{V} \tag{2.30}$$

이제 그림 2.15에서 움직이는 검사 체적이 매우 미소한 체적 $\delta\mathcal{V}$로 축소되었다고 가정해 보자. 즉, 실제로 그림 2.14의 오른편에 표시된 움직이는 미소 유체 요소로 간주한다. 그러면 식 (2.30)을 다음과 같이 표현할 수 있다.

$$\frac{D(\delta\mathcal{V})}{Dt} = \iiint_{\delta\mathcal{V}} (\nabla \cdot \mathbf{V})d\mathcal{V} \tag{2.31}$$

$\delta\mathcal{V}$는 충분히 작은 것으로 가정하여 실제로 $\nabla \cdot \mathbf{V}$가 $\delta\mathcal{V}$ 영역 내에서 같은 값을 갖는다고 하자. 그러면 식 (2.31)의 적분식은 $(\nabla \cdot \mathbf{V})\delta\mathcal{V}$로 근사화시킬 수 있다. 식 (2.31)로부터 우리는 아래 관계식을 얻을 수 있다.

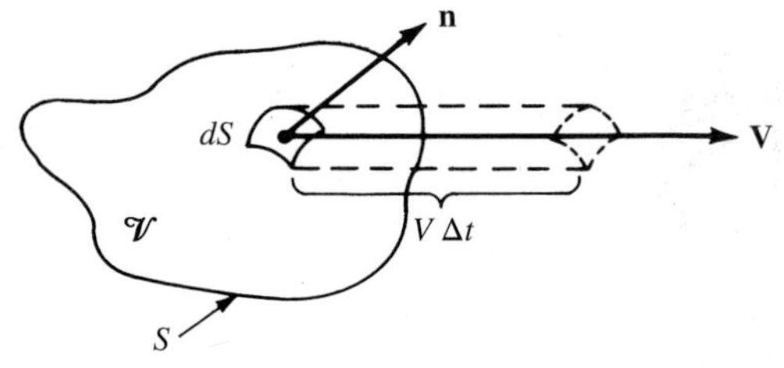

그림 2.15 속도의 발산에 대한 물리적 해석을 위해 사용한 움직이는 검사 체적

$$\frac{D(\delta \mathcal{V})}{Dt} = (\nabla \cdot \mathbf{V})\delta \mathcal{V}$$

또는

$$\boxed{\nabla \cdot \mathbf{V} = \frac{1}{\delta \mathcal{V}} \frac{D(\delta \mathcal{V})}{Dt}} \tag{2.32}$$

식 (2.32)를 살펴보자. 이 식은 $\nabla \cdot \mathbf{V}$가 물리적으로 *움직이는 유체 요소의 단위 체적당 체적의 시간에 대한 변화율*이라는 것을 의미한다. 따라서 2.2.6절 벡터장의 발산에 처음 소개한 $\nabla \cdot \mathbf{V}$의 의미를 증명한 셈이다.

2.3.5 유동장의 세부적 특성 *Specification of the Flow Field*

2.2.3절에서 우리는 스칼라*장*과 벡터*장*을 정의하였다. 이제 이러한 장의 개념을 직접 공기역학적 유동에 적용하기로 하자. 공기역학적 유동의 세부적인 내용을 기술하는 가장 직접적인 방법은 단순히 3차원 공간상에 유동을 가시화하여 공기역학적 특성 변화를 공간과 시간의 함수로 표시하는 것이다. 예를 들어, 직교 좌표계에서 방정식은 다음과 같이 표시된다.

$$p = p(x, y, z, t) \tag{2.33a}$$

$$\rho = \rho(x, y, z, t) \tag{2.33b}$$

$$T = T(x, y, z, t) \tag{2.33c}$$

그리고

$$\mathbf{V} = u\mathbf{i} + v\mathbf{j} + w\mathbf{k} \tag{2.34a}$$

여기서

$$u = u(x, y, z, t) \tag{2.34b}$$

$$v = v(x, y, z, t) \tag{2.34c}$$

$$w = w(x, y, z, t) \tag{2.34d}$$

위 방정식들이 *유동장*을 표시한다. 식 (2.33*a*~*c*)는 각각 압력, 밀도, 온도와 같은 스칼라 유동장 변수의 변화를 표시한다[평형 상태 열역학에서 p나 ρ와 같은 두 상태변수의 값은 T와 같은 다른 모든 나머지 상태변수들의 값을 유일하게 결정한다. 이 경우 식 (2.33) 중 하나는 여분의 것으로 간주할 수 있다]. 식 (2.34*a*~*d*)는 벡터 유동장 변수인 속도 $\mathbf{V}$의 변화를 표시하며, 여기서 $\mathbf{V}$의 x, y, z 방향 스칼라 성분은 각각 u, v, w다.

그림 2.16은 식 (2.33)과 (2.34)에 의해 정해진 유동장 내에서 주어진 유체 요소가 움직이고 있는 모습을 나타낸 것이다. 시각 t_1에 유체 요소가 그림 2.16과 같이 좌표가 (x_1, y_1, z_1)인 점 1에 위치한다.

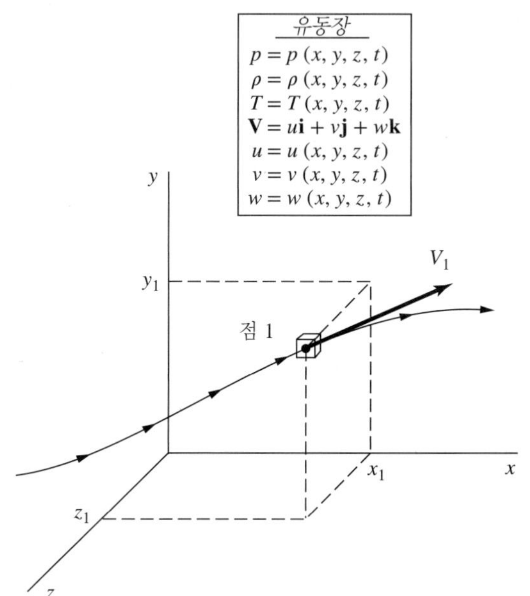

그림 2.16 유동장 내 점 1을 통과하는 유체 요소

이 순간 속도는 $\mathbf{V}_1$이며 압력은 다음과 같다.

$$p = p(x_1, y_1, z_1, t_1)$$

그리고 다른 유동변수들도 이와 유사하게 주어진다.

정의에 의해 *비정상*(unsteady) 유동이란 어느 주어진 위치에서든 유동장 변수가 시간에 따라 변하는 경우이다. 예를 들어 그림 2.16의 점 1에 눈을 고정시키고, 점 1에서 유동장 변수인 p, ρ 등을 관찰했을 때 이들이 시간에 따라 변한다면 유동은 비정상(unsteady)이다. 식 (2.33)과 (2.34)는 독립변수 중 시간 t가 포함되어 있으므로 비정상 유동장을 기술하고 있는 것이다. 반면 *정상*(steady) 유동은 주어진 위치에서 유동장 변수가 시간에 따라 변하지 않는 경우로, 점 1에 눈을 고정시킬 때 시간에 관계없이 p, ρ, $\mathbf{V}$ 등이 연속적으로 일정한 값을 표시함을 관찰할 수 있다. 정상 유동장은 다음 관계식에 의해 규정할 수 있다.

$$p = p(x, y, z)$$
$$\rho = \rho(x, y, z)$$
등등

유동장의 개념과 그림 2.16에 나타낸 유동장을 통과하는 지정된 유체 요소에 대해서는 2.9절에서 다시 취급하며, 여기서는 실체적 도함수(substantial derivative)를 정의하고 그 개념에 대해 설명하고자 한다.

예제 2.1

그림 2.17에 코사인 형상(물결 형상)의 벽면 위를 통과하는 아음속 압축성 유동을 표시했다. 물결 형상 벽면의 파장과 진폭은 그림 2.17에서와 같이 각각 l과 h라 한다. 유선은 벽면과 정성적으로 같은 모양을 갖지만, 벽면 위 방향으로 거리가 멀어질수록 진폭이 감쇄한다. 그리고 $y \to \infty$의 경우 유선은 직선 형태가 된다. 이러한 직선형 유선에서 자유흐름 속도와 마하수는 각각 V_∞와 M_∞라 한다. 직교 좌표계에서 속도장은 아래와 같이 주어진다.

$$u = V_\infty \left[1 + \frac{h}{\beta}\frac{2\pi}{\ell}\left(\cos\frac{2\pi x}{\ell}\right)e^{-2\pi\beta y/\ell}\right] \tag{2.35}$$

그리고

$$v = -V_\infty h\frac{2\pi}{\ell}\left(\sin\frac{2\pi x}{\ell}\right)e^{-2\pi\beta y/\ell} \tag{2.36}$$

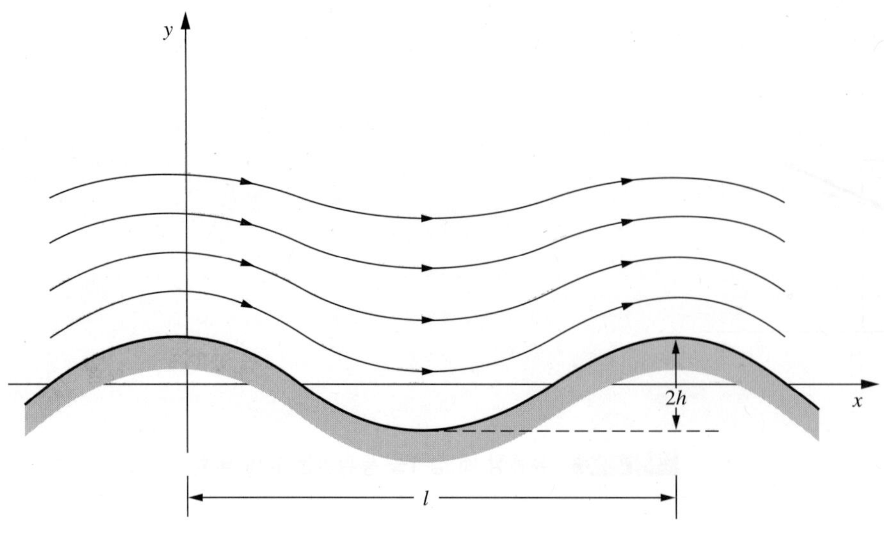

그림 2.17 물결 형상의 벽면 위를 지나는 아음속 압축성 유동; 유선 형태

여기서
$$\beta \equiv \sqrt{1 - M_\infty^2}$$

$\ell = 1.0$ m, $h = 0.01$ m, $V_\infty = 240$ m/s, $M_\infty = 0.7$인 경우의 유동에 대해 고려해 보자. 또한 유동장 내 유선을 따라 움직이는 고정된 질량을 갖는 유체 요소에 대해 고려해 보자. 유체 요소가 특정 위치 $(x/\ell, y/\ell) = (\frac{1}{4}, 1)$을 지나고 있다. 이 점에서 유체 요소의 단위 체적당 체적의 시간에 대한 변화율을 계산하라.

■ 풀이

2.3.4절로부터 고정된 질량을 갖는 유체 요소의 단위 체적당 체적의 시간에 대한 변화율이 속도의 발산 $\nabla \cdot \mathbf{V}$임을 알고 있다. 직교좌표계에서, 식 (2.19)로부터 우리는 다음 식을 알고 있다.

$$\nabla \cdot \mathbf{V} = \frac{\partial u}{\partial x} + \frac{\partial v}{\partial y} \tag{2.37}$$

식 (2.35)로부터

$$\frac{\partial u}{\partial x} = -V_\infty \frac{h}{\beta} \left(\frac{2\pi}{\ell}\right)^2 \left(\sin \frac{2\pi x}{\ell}\right) e^{-2\pi\beta y/\ell} \tag{2.38}$$

그리고 식 (2.36)으로부터

$$\frac{\partial v}{\partial y} = +V_\infty h \left(\frac{2\pi}{\ell}\right)^2 \beta \left(\sin \frac{2\pi x}{\ell}\right) e^{-2\pi\beta y/\ell} \tag{2.39}$$

식 (2.38)과 (2.39)를 식 (2.37)에 대입하면 다음 식을 얻는다.

$$\nabla \cdot \mathbf{V} = \left(\beta - \frac{1}{\beta}\right) V_\infty h \left(\frac{2\pi}{\ell}\right)^2 \left(\sin \frac{2\pi x}{\ell}\right) e^{-2\pi\beta y/\ell} \tag{2.40}$$

식 (2.40)을 점 $x/\ell = \frac{1}{4}$ 그리고 $y/\ell = 1$에서 계산하면,

$$\nabla \cdot \mathbf{V} = \left(\beta - \frac{1}{\beta}\right) V_\infty h \left(\frac{2\pi}{\ell}\right)^2 e^{-2\pi\beta} \tag{2.41}$$

식 (2.41)이 특정 위치 $(x/\ell, y/\ell) = (\frac{1}{4}, 1)$을 통과할 때 유체 요소의 단위 체적당 체적의 시간에 대한 변화율을 나타낸다. 이 값이 유한한(0이 아닌) 값을 갖는 것에 유의하라. 유체 요소의 체적은 유선을 따라 이동하면서 변한다. 이는 압축성 유동의 정의와도 일맥상통하는데, 여기서 밀도가 변수이므로 일정한 질량을 갖는 체적 역시 변화한다. 식 (2.40)으로부터 $x/\ell = 0, \frac{1}{2}, 1, \ldots\frac{1}{2}$로 표시되는 수직선을 따라 $\nabla \cdot \mathbf{V} = 0$임에 주목하라. 여기서 $\sin(2\pi x/\ell)$은 0이다. 이는 코사인 형상의 벽면 위 유동장이 주기성을 갖는 것과 연관된다. 여기서 고려하고 있는 $\ell = 1.0$ m, $h = 0.01$ m, $V_\infty = 240$ m/s, $M_\infty = 0.7$인 특수한 유동의 경우,

$$\beta = \sqrt{1 - M_\infty^2} = \sqrt{1 - (0.7)^2} = 0.714$$

식 (2.41)은 아래와 같이 귀결된다.

$$\nabla \cdot \mathbf{V} = \left(0.714 - \frac{1}{0.714}\right)(240)(0.01)\left(\frac{2\pi}{1}\right) e^{-2\pi(0.714)} = \boxed{-0.7327 \text{ s}^{-1}}$$

이러한 결과가 나타내는 물리적 의미는 유동 내 점 $(\frac{1}{4}, 1)$을 유체 요소가 통과할 때, 유체 요소는 73%의 초당 체적 *감소율*(음의 부호는 체적이 감소한다는 것을 표시함)을 경험한다는 것이다. 즉, 유체 요소의 밀도는 증가한다. 따라서 점 $(\frac{1}{4}, 1)$은 유동이 압축되는 영역으로서 유체 요소에 밀도 증가를 초래한다. 팽창 영역은 식 (2.40)에서 x/ℓ의 사인 함수가 음의 값을 나타내는 영역으로 정의된다. 즉, 이 영역에서 $\nabla \cdot \mathbf{V}$는 양의 값을 나타낸다. 이는 유체 요소의 체적 증가를 의미하며, 따라서 밀도는 감소한다. 명백한 것은 유체 요소가 유동장을 통과하면서 밀도 및 다른 유동장 특성들이 주기적으로 증가와 감소를 반복한다는 것이다.

2.4 연속 방정식 *Continuity Equation*

2.3절에서 유체 운동을 연구하기 위해 사용할 수 있는 몇 가지 모델들에 대해 설명했다. 2.3절의 첫머리에서 설정한 원리에 이어서, 이제 이러한 모델에 기본 물리적 원리를 적용해 보자. 앞에서 $\nabla \cdot \mathbf{V}$의 물리적 의미에 대한 유도과정에서

는 움직이는 유한 검사 체적 모델을 사용한 반면, 이제부터 우리는 그림 2.13의 왼편에 나타낸 것과 같이 *고정된* 유한 검사 체적 모델을 채택하기로 한다. 여기서 검사 체적은 공간상에 고정되어 있으며, 유동은 이 검사 체적이 차지하고 있는 공간을 통과한다. 앞의 유도과정과는 달리 체적 $\mathcal{V}$와 검사면 **S**는 이제 시간에 따라 변하지 않으며, 검사 체적 내에 포함되어 있는 유체의 질량은 시간의 함수로서 시간에 따라 변할 수 있다(유동장의 비정상 변동에 기인함).

공기역학의 기본 방정식 유도를 시작하기에 앞서, 먼저 이들 방정식에 필수적인 개념을 살펴보아야 한다. 즉, *질량 유동*(mass flow) 개념이다. 그림 2.18과 같이 유동장 내 임의로 위치해 있는 주어진 면적 A에 대해 고려해 보자. 그림 2.18에서 우리는 면적 A를 측면에서 바라보고 있다. 유동 속도가 전반적으로 균일하다고 할 수 있을 만큼 A는 충분히 작다고 하자. 속도 **V**를 갖는 유체 요소가 A를 통과하고 있다. A를 통과한 후 시간 dt 동안 유체 요소는 $V\,dt$만큼의 거리를 이동하여 그림 2.18의 빗금 친 영역을 휩쓸고 지나간다. 이 체적은 밑면적 A에 실린더의 높이 $V_n\,dt$를 곱한 것과 같으며, 여기서 V_n은 A에 수직한 방향의 속도 성분으로서, 즉

$$\text{체적} = (V_n\,dt)A$$

따라서 빗금 친 영역 내에 포함된 질량은

$$\text{질량} = \rho(Vndt)A \tag{2.42}$$

이는 A를 dt 동안 쓸고 지나간 질량이다. 정의에 의해 A를 통과하는 *질량 유동*이란 단위 초당 통과한 질량(즉, kg/s, slugs/s)이다. $\dot{m}$가 질량 유동을 표시한다고 하면, 식 (2.42)로부터 아래 식을 얻는다.

$$\dot{m} = \frac{\rho(V_n\,dt)A}{dt}$$

또는

$$\boxed{\dot{m} = \rho V_n A} \tag{2.43}$$

식 (2.43)은 A를 통과한 질량 유동이 다음의 곱에 의해 주어진다는 것을 보여준다.

면적 × 밀도 × 면적에 *수직*인 방향으로의 유동 속도 성분

이와 관련된 또 다른 개념으로 *질량 플럭스*(mass flux)를 *단위 면적당* 질량 유동으로 정의한다.

$$\boxed{\text{질량 플럭스} = \frac{\dot{m}}{A} = \rho V_n} \tag{2.44}$$

질량 플럭스의 전형적인 단위는 $\text{kg}/(\text{s}\cdot\text{m}^2)$ 또는 $\text{slug}/(\text{s}\cdot\text{ft}^2)$이다.

질량 유동과 질량 플럭스의 개념은 중요하다. 식 (2.44)로부터 면적을 통과하는 질량 플럭스는 밀도와 면적에 수직한 방향으로의 속도 성분의 곱과 같다는 사실에 주목하라. 공기역학에서 여러 방정식은 밀도와 속도의 곱으로 표시되는 항을 포함한다. 예를 들어, 직교 좌표계에서 $\mathbf{V} = V_x\mathbf{i} + V_y\mathbf{j} + V_z\mathbf{k} = u\mathbf{i} + v\mathbf{j} + w\mathbf{k}$, 여기서 u, v, w는 각각 x, y, z 방향으로의 속도 성분이다(공기역학 문헌에서 x, y, z 방향으로의 속도 성분을 V_x, V_y, V_z보다는 종종 u, v, w로 표시한다. 따라서 우리는 u, v, w 기호를 사용하도록 한다). 공기역학의 수많은 방정식에서 ρu, ρv, ρw를 발견할 수 있다. 이들은 각각 x, y, z 방향으로의 질량 플럭스임을 항상 기억해야 한다. 보다 일반적인 견지에서, 만약 V가 임의 방향에 대

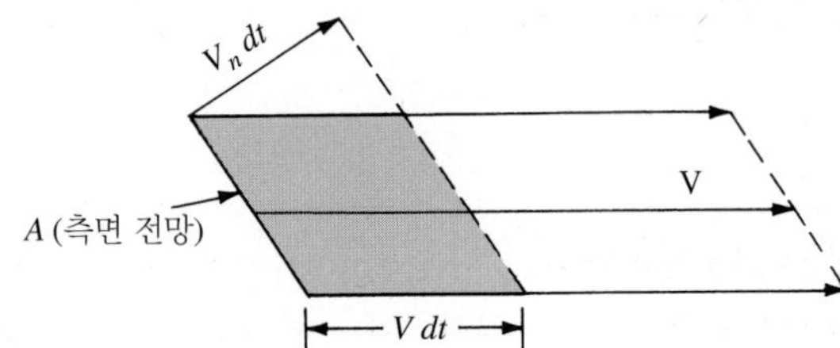

그림 2.18 유동장 내 면적 A를 통과하는 질량 유동에 대한 그림

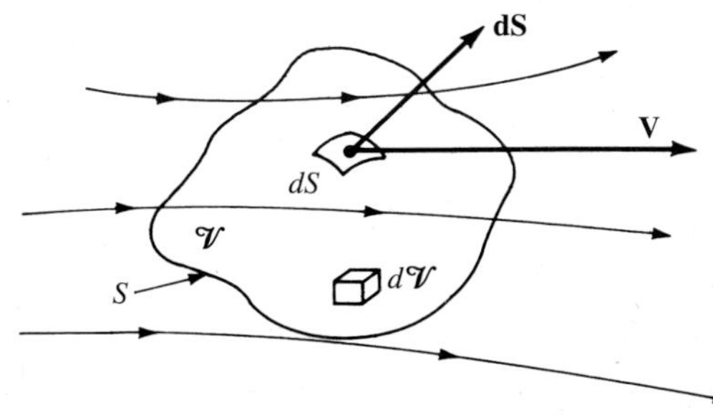

그림 2.19 공간상에 고정된 유한 검사 체적

한 속도의 크기라면, 곱 ρV는 물리적으로 속도 V의 방향에 수직인 면을 통과하는 질량 플럭스(단위 면적당 질량 유동)를 의미한다.

이제 우리는 첫 번째 물리적 원리를 공간상에 고정된 유한 검사 체적에 적용할 준비를 끝낸 셈이다.

물리적 원리: 질량은 생성되거나 소멸되지 않는다.

모든 유동 특성이 공간상의 위치와 시간에 대해 변하는 유동장, 즉 $\rho = \rho(x, y, z, t)$를 고려해 보자. 이 유동장 내에서 그림 2.19의 공간상에 고정된 유한 검사 체적을 고려하자. 검사면 위의 한 점에서 유동 속도가 $\mathbf{V}$이고 요소 면적 벡터는 $\mathbf{dS}$라 하자. 또한 $d\mathcal{V}$는 검사 체적 내 요소 체적이라 하자. 위 물리적 원리를 이러한 검사 체적에 적용하면 다음과 같은 의미가 된다.

$$\begin{array}{c}\text{면적 } S\text{를 통해 검사 체적 }\textit{밖}\text{으로} \\ \text{나가는 순 질량 유동}\end{array} = \begin{array}{c}\text{검사 체적 } \mathcal{V}\text{내 질량의} \\ \text{시간에 대한 감소율}\end{array} \tag{2.45a}$$

또는

$$B = C \tag{2.45b}$$

여기서 B와 C는 단지 식 (2.45a)의 좌변과 우변을 편리하게 표시하기 위한 기호이다. 첫 번째로 B 항에 대한 표현식을 그림 2.19에 표시된 항들을 사용하여 구해 보자. 식 (2.43)으로부터 면적 dS를 통과하는 요소 질량 유동은,

$$\rho V_n dS = \rho \mathbf{V} \cdot \mathbf{dS}$$

그림 2.19를 살펴보면, 규약에 의거하여 $\mathbf{dS}$는 항상 검사 체적의 *바깥* 방향을 지시한다. 따라서 $\mathbf{V}$ 역시 검사 체적의 바깥 방향(그림 2.19와 같이)일 때, 곱 $\rho\mathbf{V} \cdot \mathbf{dS}$의 부호는 양이다. 그리고 $\mathbf{V}$가 검사 체적 바깥 방향을 지시할 때, 물리적으로 질량 유동이 검사 체적으로부터 빠져나가는 것[즉, *유출*(outflow)]을 의미한다. 따라서 양의 $\rho\mathbf{V} \cdot \mathbf{dS}$는 유출을 표시한다. 이어서 $\mathbf{V}$가 검사 체적 안쪽 방향을 지시할 때, $\rho\mathbf{V} \cdot \mathbf{dS}$의 부호는 음이다. 그리고 $\mathbf{V}$가 안쪽 방향을 지시할 때, 물리적으로 질량 유동이 검사 체적 내로 들어오는 것[즉, *유입*(inflow)]을 의미한다. 따라서 음의 $\rho\mathbf{V} \cdot \mathbf{dS}$는 *유입*을 표시한다. 따라서 전체 검사면 S를 통해 *빠져나가는* 순 질량 유동은 요소 질량 유동을 S 전체에 대해 합한 것과 같다. 극한 개념을 적용하면 이는 면적분으로 귀결되며, 식 (2.45a와 b)의 좌변은 물리적으로 아래와 같다.

$$B = \oiint_S \rho \mathbf{V} \cdot \mathbf{dS} \tag{2.46}$$

이제 식 (2.45a와 b)의 우변에 대해 고려해 보자. 요소 체적 $d\mathcal{V}$ 안에 포함되어 있는 질량은

$$\rho\, d\mathcal{V}$$

따라서 검사 체적 내 전체 질량은

$$\iiint_{\mathcal{V}} \rho\, d\mathcal{V}$$

체적 내에 포함되어 있는 질량의 시간에 대한 *증가율*은

$$\frac{\partial}{\partial t} \oiiint_{\mathcal{V}} \rho \, d\mathcal{V}$$

이어서 체적 내 질량의 시간에 대한 *감*소율은 위 식에서 부호를 음으로 하면 된다.

$$-\frac{\partial}{\partial t} \oiiint_{\mathcal{V}} \rho \, d\mathcal{V} = C \tag{2.47}$$

따라서 식 (2.46)과 (2.47)을 식 (2.45*b*)에 대입하면 아래 식을 얻는다.

$$\boxed{\oiint_S \rho \mathbf{V} \cdot \mathbf{dS} = -\frac{\partial}{\partial t} \oiiint_{\mathcal{V}} \rho \, d\mathcal{V}}$$

또는

$$\boxed{\frac{\partial}{\partial t} \oiiint_{\mathcal{V}} \rho \, d\mathcal{V} + \oiint_S \rho \mathbf{V} \cdot \mathbf{dS} = 0} \tag{2.48}$$

식 (2.48)이 공간상에 고정되어 있는 유한한 검사 체적에 질량 보존의 원리를 적용하여 얻은 최종 결과이다. 식 (2.48)을 *연속 방정식*(continuity equation)이라 한다. 이는 유체역학에서 가장 기본적인 방정식 중 하나이다.

식 (2.48)은 연속 방정식을 적분식 형태로 표현한 것이다. 우리는 앞으로 이 식을 사용할 기회가 여러 차례 있을 것이다. 이러한 적분식 형태의 장점은 유동 내 주어진 어떤 특정 지점에서 정확히 어떤 현상이 일어나고 있는지에 대한 세부사항을 고려할 필요 없이, 공간 내 유한한 영역 전반에 걸친 공기역학적 현상을 수식화할 수 있다는 것이다. 반면 유동 내 세부사항에 대해 관심이 있고, *주어진 위치*에서의 유동 특성에 대한 방정식을 얻고 싶은 경우가 종종 있을 수 있다. 이러한 경우 식 (2.48)로 표시된 적분식 형태는 별로 유용하지 않다. 그러나 식 (2.48)을 다음과 같이 특정 위치에서의 유동 특성과 연관시킬 수 있는 다른 형태로 변형할 수 있다. 우선 식 (2.48)을 구하기 위해 채용한 검사 체적은 공간상에 고정된 것이기 때문에 적분의 경계면 역시 고정되어 있다. 따라서 시간에 대한 도함수는 검사 체적 내로 들어갈 수 있으며, 식 (2.48)을 다음과 같이 쓸 수 있다.

$$\oiiint_{\mathcal{V}} \frac{\partial \rho}{\partial t} d\mathcal{V} + \oiint_S \rho \mathbf{V} \cdot \mathbf{dS} = 0 \tag{2.49}$$

식 (2.26)의 발산 정리를 적용하면, 식 (2.49)의 우변 항을 다음과 같이 표현할 수 있다.

$$\oiint_S (\rho \mathbf{V}) \cdot \mathbf{dS} = \oiiint_{\mathcal{V}} \nabla \cdot (\rho \mathbf{V}) \, d\mathcal{V} \tag{2.50}$$

식 (2.50)을 식 (2.49)에 대입하면 다음 식을 얻는다.

$$\oiiint_{\mathcal{V}} \frac{\partial \rho}{\partial t} d\mathcal{V} + \oiiint_{\mathcal{V}} \nabla \cdot (\rho \mathbf{V}) \, d\mathcal{V} = 0$$

또는

$$\oiiint_{\mathcal{V}} \left[\frac{\partial \rho}{\partial t} + \nabla \cdot (\rho \mathbf{V}) \right] d\mathcal{V} = 0 \tag{2.51}$$

식 (2.51)의 피적분 함수(integrand)를 살펴보자. 피적분 함수가 유한한 수라면 식 (2.51)은 검사 체적 내 어떤 부분에 대한 적분값이 나머지 부분에 대한 적분값과 크기가 같고 부호가 반대가 되어야 전체 적분값이 0이 된다. 그러나 유한한 검사 체적은 공간 내에 *임의*로 설정할 수 있으므로 어떤 부분에 대한 적분값이 나머지 부분에 대한 적분값과 정확히 상쇄되어야 한다고 기대할 수 있는 근거가 없다. 그러므로 식 (2.51)의 임의의 검사 체적에 대한 적분값이 0이 될 수 있는 유일한 경우는 검사 체적 내 *모든* 위치에서 피적분 함수의 값이 0이 되는 수밖에 없다. 따라서 식 (2.51)로부터 우리는 아래 식을 얻을 수 있다.

$$\frac{\partial \rho}{\partial t} + \nabla \cdot (\rho \mathbf{V}) = 0 \tag{2.52}$$

식 (2.52)는 연속 방정식을 미분 방정식의 형태로 표시한 것이다. 이 방정식은 어느 유한한 공간 내에서의 관계를 표시한 식 (2.48)과는 달리, *유동 내 어느 점에서* 유동장 변수들 사이의 관계를 나타낸다.

식 (2.48)과 (2.52)는 질량 보존의 물리적 원리를 동등하게 충족시킬 수 있는 타당한 명제라는 것을 명심해야 한다. 이들은 수학적 표현식이지만, 이들이 의미하는 바를 말로 표현하면 질량이란 생성되지도 소멸되지도 않는다는 것이다.

위 방정식의 유도과정에서 유체의 본성과 관련지어 사용한 가정은 오직 이들이 연속체(continuum)라는 것 하나뿐이다. 그러므로 식 (2.48)과 (2.52)는 유체의 종류에 상관없이 일반적인 3차원, 비정상 유동, 비점성 또는 점성 유동, 압축성 또는 비압축성 유동 모두에 성립된다. (*주*: 어떠한 방정식이든 이들의 유도과정에 사용된 모든 가정을 명심하는 것이 매우 중요하다. 왜냐하면 이들이 최종 결과를 적용할 수 있는 한계성을 말해주기 때문이다. 따라서 여러분이 타당하지 않은 상황에 방정식을 적용하는 오류를 막을 수 있다. 앞으로 진행할 모든 유도과정에서 최종 결과식에 적용된 가정을 명심하는 습관을 들이기 바란다.)

비정상 유동과 정상 유동의 차이점을 강조하는 것이 중요하다. *비정상* 유동에서는 유동장 변수가 공간과 시간 모두의 함수이다. 예를 들면,

$$\rho = \rho(x, y, z, t)$$

이는 여러분이 공간 내 한 점에 시선을 고정시킬 경우 밀도가 시간에 따라 변한다는 것을 의미한다. 이러한 비정상 요동은 시간에 따라 변하는 경계면(즉, 익형이 위아래로 피칭 운동을 하거나 풍동 내 유량 공급 밸브가 꺼졌다 켜졌다 하는 경우)에 기인할 수 있다. 식 (2.48)과 (2.52)는 비정상 유동에 대하여 성립한다. 반면 대부분의 실용적인 공기역학 문제는 *정상* 유동인 경우가 많다. 여기 유동장 변수가 공간만의 함수인 경우를 가정하자. 예를 들면,

$$\rho = \rho(x, y, z)$$

이는 공간 내 한 점에 시선을 고정시킬 경우 그 점에서의 밀도값은 고정된 값으로 시간에 따라 변하지 않는다는 것을 의미한다. 정상 유동의 경우 $\partial/\partial t = 0$이고 식 (2.48)과 (2.52)는 다음과 같이 변형시킬 수 있다.

$$\oiint_S \rho \mathbf{V} \cdot \mathbf{dS} = 0 \tag{2.53}$$

그리고

$$\nabla \cdot (\rho \mathbf{V}) = 0 \tag{2.54}$$

2.5 운동량 방정식 *Momentum Equation*

Newton 제2법칙은 종종 다음과 같이 표시된다.

$$\mathbf{F} = m\mathbf{a} \tag{2.55}$$

여기서 **F**는 질량이 m인 물체에 작용하는 힘이며, **a**는 가속도이다. 그러나 식 (2.55)의 보다 일반적인 표현은,

$$\mathbf{F} = \frac{d}{dt}(m\mathbf{V}) \tag{2.56}$$

위 식은 질량이 일정한 값을 갖는 물체에 대해 식 (2.55)로 귀결된다. 식 (2.56)에서 $m\mathbf{V}$는 질량이 m인 물체의 운동량(momentum)이다. 식 (2.56)은 이론 유체역학에서 두 번째 기본적인 물리적 원리를 표시한다.

물리적 원리: 힘 = 운동량의 시간에 대한 변화율

이제부터 위 원리를 [식 (2.56)의 형태로] 그림 2.19와 같이 공간상에 고정되어 있는 유한한 검사 체적 모델에 적용할 것이다. 우리의 목적은 식 (2.56) 좌변과 우변을 익숙한 유동장 변수들 p, ρ, $\mathbf{V}$ 등으로 표시하기 위함이다. 먼저 식 (2.56)의 좌변을 생각해 보자(즉, $\mathbf{F}$에 대한 표현을 얻는다. 이는 검사 체적 내를 흐르는 유체에 유발되는 힘이다). 이 힘은 두 가지 원인에서 비롯된다.

1. *체적력*(body forces): 중력, 전자기력, 또는 $\mathcal{V}$ 내 유체에 '거리를 두고' 작용하는 모든 종류의 힘
2. *표면력*(surface forces): 검사면 S 상에 작용하는 압력과 전단응력

$\mathbf{f}$는 $\mathcal{V}$ 내 유체에 단위 질량당 작용하는 체적력이라 하자. 그림 2.19에서 요소 체적 $d\mathcal{V}$에 작용하는 체적력은 다음과 같다.

$$\rho \mathbf{f}\, d\mathcal{V}$$

그리고 검사 체적 내 유체에 작용하는 총 체적력은 위 항을 전체 체적 $\mathcal{V}$에 대하여 합친 것과 같다.

$$\text{체적력} = \oiiint_{\mathcal{V}} \rho \mathbf{f}\, d\mathcal{V} \tag{2.57}$$

요소 면적 dS에 작용하는 압력에 의한 요소면 힘은 아래와 같다.

$$-p\, \mathbf{dS}$$

여기서 음의 부호는 힘이 작용하는 방향이 $\mathbf{dS}$의 방향과 반대임을 의미한다. 따라서 검사면은 검사 체적 내부로 향하는 방향으로 압력힘을 받게 되며, 이는 주변의 압력에 기인한다. 그리고 그림 2.19를 살펴보면 안쪽 방향으로 작용하는 힘은 $\mathbf{dS}$와 반대 방향이다. 전체 압력힘은 요소면에 작용하는 힘을 전체 검사면에 걸쳐 합한 것과 같다.

$$\text{압력힘} = -\oiint_{S} p\, \mathbf{dS} \tag{2.58}$$

점성 유동에서 점성 전단응력과 점성 수직응력 역시 표면에 작용하는 힘이다. 이러한 점성 응력의 세부적인 내용에 대한 토론은 현 단계에서는 잠시 유보하기로 하자. 이러한 점성 효과는 우선 단순히 $\mathbf{F}_{\text{viscous}}$로 표시하고, 이를 검사면에 작용하는 총 점성력이라 하자. 이제 식 (2.56)의 좌변에 대한 표현식을 쓸 수 있는 준비가 끝났다. 고정된 검사 체적 내를 쓸면서 흘러가는 유체가 경험하는 총 힘은 식 (2.57)과 (2.58), 그리고 $\mathbf{F}_{\text{viscous}}$의 합으로 주어진다.

$$\mathbf{F} = \oiiint_{\mathcal{V}} \rho \mathbf{f}\, d\mathcal{V} - \oiint_{S} p\, \mathbf{dS} + \mathbf{F}_{\text{viscous}} \tag{2.59}$$

이제 식 (2.56)의 우변을 생각해 보자. 공간 내 고정된 검사 체적 내를 휩쓸면서 흐르는 유체의 운동량에 대한 시간 변화율은 2개 항의 합으로 주어진다.

$$\left. \begin{array}{c} \text{표면 } S\text{를 통과하여 검사 체적 } \textit{밖}\text{으로 흘러나가는} \\ \text{순 유동 운동량(net flow of momentum)} \end{array} \right\} \equiv \mathbf{G} \tag{2.60a}$$

그리고

$$\left. \begin{array}{c} \mathcal{V} \text{ 내 유동 특성들의 비정상 요동에 의한} \\ \text{운동량의 시간에 대한 변화율} \end{array} \right\} \equiv \mathbf{H} \tag{2.60b}$$

식 (2.60a)의 $\mathbf{G}$로 표시된 항을 고려해 보자. 그림 2.19의 검사 체적 안으로 들어가는 유동은 어느 정도의 운동량을 보유하고 있다. 그리고 일반적으로 이는 검사 체적을 떠나는(부분적으로는 $\mathcal{V}$를 휩쓸고 흘러가는 유체에 작용하는 힘 $\mathbf{F}$ 때문임) 것과는 다른 크기의 운동량을 갖는다. 검사면 S를 통과하여 검사 체적 *밖*으로 유출되는 순 유동 운동량(net flow of momentum)은 단순히 검사면을 통과하는 유출에서 유입을 뺀 것이다. 위에서 설명한 것과 같이 이것이 바로 **G**로 표시된 운동량 변화량이다. **G**에 대한 표현식을 얻기 위해 요소 면적 dS를 통과하는 질량 유동이 $(\rho\mathbf{V}\cdot\mathbf{dS})$임을 상기하라. 따라서 dS를 통과하는 단위 시간당 유동 운동량은 아래와 같다.

$$(\rho\mathbf{V}\cdot\mathbf{dS})\mathbf{V}$$

S를 통과하여 검사 체적 밖으로 나가는 순 유동 운동량은 위에서의 요소면 기여분을 모두 더한 것, 즉

$$\mathbf{G} = \oiint_S (\rho\mathbf{V}\cdot\mathbf{dS})\mathbf{V} \tag{2.61}$$

식 (2.61)에서 양의 값을 갖는 $(\rho\mathbf{V}\cdot\mathbf{dS})$는 검사 체적 밖으로 유출되는 양이고, 음의 값을 갖는 경우는 검사 체적 내로 유입되는 양이다. 따라서 식 (2.61)에서 전체 검사면에 대한 적분은 양의 기여분(운동량 유출)과 음의 기여분(운동량 유입)의 조합이며, 결과적인 최종 적분값은 순 운동량 유출을 의미한다. 만약 **G**가 양의 값을 갖는다면 단위 시간당 유입량보다 더 많은 운동량 유출이 있다는 의미이다. 역으로 만약 **G**가 음의 값이면 단위 시간당 운동량 유출보다 유입이 많다는 의미가 된다.

이제 식 (2.60b)의 **H**에 대해 생각해 보자. 그림 2.19에서 요소 체적 $d\mathcal{V}$ 내 유체의 운동량은

$$(\rho\, d\mathcal{V})\mathbf{V}$$

어느 순간 검사 체적 내 포함된 운동량은

$$\oiiint_{\mathcal{V}} \rho\mathbf{V}\, d\mathcal{V}$$

그리고 비정상 유동 요동에서 비롯된 시간에 대한 변화율은

$$\mathbf{H} = \frac{\partial}{\partial t}\oiiint_{\mathcal{V}} \rho\mathbf{V}\, d\mathcal{V} \tag{2.62}$$

식 (2.61)과 (2.62)를 조합하면 우리는 고정된 검사 체적을 휩쓸면서 흐르는 유체의 시간에 대한 운동량 변화율 표현식을 얻을 수 있다. 이는 식 (2.56)의 우변을 표시한 것이다.

$$\frac{d}{dt}(m\mathbf{V}) = \mathbf{G}+\mathbf{H} = \oiint_S (\rho\mathbf{V}\cdot\mathbf{dS})\mathbf{V} + \frac{\partial}{\partial t}\oiiint_{\mathcal{V}} \rho\mathbf{V}\, d\mathcal{V} \tag{2.63}$$

따라서 식 (2.59)와 (2.63)으로부터 Newton 제2법칙은,

$$\frac{d}{dt}(m\mathbf{V}) = \mathbf{F}$$

이를 유체 유동에 적용한 결과는 아래와 같다.

$$\boxed{\frac{\partial}{\partial t}\oiiint_{\mathcal{V}} \rho\mathbf{V}\, d\mathcal{V} + \oiint_S (\rho\mathbf{V}\cdot\mathbf{dS})\mathbf{V} = -\oiint_S p\,\mathbf{dS} + \oiiint_{\mathcal{V}} \rho\mathbf{f}\, d\mathcal{V} + \mathbf{F}_{\text{viscous}}} \tag{2.64}$$

식 (2.64)는 운동량 방정식을 적분식 형태로 표시한 것이다. 이는 벡터 방정식임에 유의하라. 연속 방정식의 적분식 형태와 마찬가지로 식 (2.64)는 유동 내 주어진 서로 다른 위치에서 정확히 무슨 일이 일어나고 있는지 세부사항을 고려할 필요 없이, 공간상 유한한 영역에서 발생하는 공기역학적 현상을 전반적으로 연계시킬 수 있는 장점을 보유하고 있다. 이러한 장점에 대해서는 2.6절에서 소개할 예정이다.

식 (2.64)로부터 공간 내 한 점에서의 유동장 특성을 연계시킬 수 있는 편미분 방정식에 대해 살펴보도록 하자. 이

러한 방정식은 식 (2.52)에 주어진 연속 방정식의 미분형에 대응하는 것이다. 구배 정리 식 (2.27)을 식 (2.64)의 우변 첫째 항에 적용한다.

$$-\oiint_S p\,\mathbf{dS} = -\iiint_{\mathcal{V}} \nabla p\, d\mathcal{V} \tag{2.65}$$

검사 체적이 고정되어 있으므로 식 (2.64)의 시간 도함수는 적분식 안에 위치할 수 있다. 따라서 식 (2.64)는 아래와 같이 표현할 수 있다.

$$\iiint_{\mathcal{V}} \frac{\partial(\rho\mathbf{V})}{\partial t} d\mathcal{V} + \oiint_S (\rho\mathbf{V}\cdot\mathbf{dS})\mathbf{V} = -\iiint_{\mathcal{V}} \nabla p\, d\mathcal{V} + \iiint_{\mathcal{V}} \rho\mathbf{f}\, d\mathcal{V} + \mathbf{F}_{\text{viscous}} \tag{2.66}$$

식 (2.66)은 벡터 방정식임을 상기하라. 이 방정식을 3개의 스칼라 방정식으로 표시하면 편리하다. 직교 좌표계를 사용하기로 하며, 여기서

$$\mathbf{V} = u\mathbf{i} + v\mathbf{j} + w\mathbf{k}$$

식 (2.66)의 x 성분은 아래와 같다.

$$\iiint_{\mathcal{V}} \frac{\partial(\rho u)}{\partial t} d\mathcal{V} + \oiint_S (\rho\mathbf{V}\cdot\mathbf{dS})u = -\iiint_{\mathbf{V}} \frac{\partial p}{\partial x} d\mathcal{V} + \iiint_{\mathcal{V}} \rho f_x\, d\mathcal{V} + (F_x)_{\text{viscous}} \tag{2.67}$$

[주: 식 (2.67)에서 곱으로 표시된 양 $(\rho\mathbf{V}\cdot\mathbf{dS})$는 스칼라량이므로 따로 여러 개의 성분을 가지고 있는 것은 아니다.] 발산 정리 식 (2.26)을 식 (2.67)의 좌변에 있는 면적분에 적용한다.

$$\oiint_S (\rho\mathbf{V}\cdot\mathbf{dS})u = \oiint_S (\rho u\mathbf{V})\cdot\mathbf{dS} = \iiint_{\mathcal{V}} \nabla\cdot(\rho u\mathbf{V})\, d\mathcal{V} \tag{2.68}$$

식 (2.68)을 식 (2.67)에 대입하면 다음 식을 얻는다.

$$\iiint_{\mathcal{V}} \left[\frac{\partial(\rho u)}{\partial t} + \nabla\cdot(\rho u\mathbf{V}) + \frac{\partial p}{\partial x} - \rho f_x - (\mathcal{F}_x)_{\text{viscous}}\right] d\mathcal{V} = 0 \tag{2.69}$$

여기서 $(\mathcal{F}_x)_{\text{viscous}}$는 체적분 내 위치한 점성 전단응력의 x 성분을 적절한 형태로 표시한 것이다(이에 대한 명백한 표현식은 15장에서 취급하기로 한다). 2.4절에서 언급한 것과 같은 이유로, 식 (2.69)의 피적분 함수는 유동 내 모든 점에서 동일하게 0이 될 수밖에 없다. 따라서

$$\boxed{\frac{\partial(\rho u)}{\partial t} + \nabla\cdot(\rho u\mathbf{V}) = -\frac{\partial p}{\partial x} + \rho f_x + (\mathcal{F}_x)_{\text{viscous}}} \tag{2.70a}$$

식 (2.70*a*)는 미분식 형태의 운동량 방정식 중 x 성분식이다. 식 (2.66)으로 돌아가서 y와 z 성분을 표시하면 앞의 식과 유사한 형태로 다음 식을 얻을 수 있다.

$$\boxed{\frac{\partial(\rho v)}{\partial t} + \nabla\cdot(\rho v\mathbf{V}) = -\frac{\partial p}{\partial y} + \rho f_y + (\mathcal{F}_y)_{\text{viscous}}} \tag{2.70b}$$

그리고

$$\boxed{\frac{\partial(\rho w)}{\partial t} + \nabla\cdot(\rho w\mathbf{V}) = -\frac{\partial p}{\partial z} + \rho f_z + (\mathcal{F}_z)_{\text{viscous}}} \tag{2.70c}$$

여기서 f 및 $\mathcal{F}$에 대한 아래첨자 y와 z는 각각 체적력과 점성력의 y와 z 성분을 표시한다. 식 (2.70*a*~*c*)는 각각 운동량

방정식의 x, y, z 방향에 대한 스칼라 성분이다. 이들은 유동 내 어떤 점이든 유동장 특성과 연계되는 편미분 방정식이다.

식 (2.64)와 (2.70a~c)는 유체의 종류에 상관없이 압축성 또는 비압축성, 점성 또는 비점성, 비정상, 3차원 유동에 일반적으로 적용할 수 있다. 체적력이 없는($\mathbf{f} = 0$) 정상($\partial/\partial t \equiv 0$), 비점성($\mathbf{F}_{\text{viscous}} = 0$) 유동의 경우 위 방정식은 다음과 같이 표현된다.

$$\oiint_S (\rho \mathbf{V} \cdot \mathbf{dS})\mathbf{V} = -\oiint_S p\,\mathbf{dS} \tag{2.71}$$

그리고

$$\nabla \cdot (\rho u \mathbf{V}) = -\frac{\partial p}{\partial x} \tag{2.72a}$$

$$\nabla \cdot (\rho v \mathbf{V}) = -\frac{\partial p}{\partial y} \tag{2.72b}$$

$$\nabla \cdot (\rho w \mathbf{V}) = -\frac{\partial p}{\partial z} \tag{2.72c}$$

3~14장에 이르는 대부분의 내용에서 체적력이 없는 정상, 비점성 유동을 가정하기 때문에, 종종 식 (2.71)과 (2.72a~c)로 표시되는 형태의 운동량 방정식을 사용하게 될 것이다.

비점성 유동[식 (2.72a~c)와 같은]에 대한 운동량 방정식을 *Euler 방정식*이라 부른다. 점성 유동[식 (2.70a~c)]에 대한 운동량 방정식은 *Navier-Stokes 방정식*이라 한다. 후속 장들에서 우리는 이러한 용어를 접하게 될 것이다.

2.6 운동량 방정식의 응용: 2차원 형상 물체에 작용하는 항력

An Application of the Momentum Equation: Drag of a Two-Dimensional Body

유체역학의 기본 방정식에 대한 질서정연한 유도과정을 잠시 중단하고, 적분식 형태의 운동량 방정식에 대한 중요한 응용문제에 대해 한번 살펴보기로 하자. 1930~1940년대에 걸쳐 National Advisory Committee for Aeronautics (NACA)에서는 체계적으로 설계된 익형(airfoil) 계열 형상(4장에서 상세히 논의)에 대하여 양력과 항력 특성을 측정한 바 있다. 이 측정은 특별히 설계된 풍동에서 수행되었는데, 여기서 날개 모델은 시험부 벽면에 스팬이 걸쳐 있는 형태(즉, 익단이 풍동 시험부 측면에 접한 형태)이다. 이는 날개면에 2차원(3차원이 아닌) 유동을 형성하여 익형 특성(유한한 날개가 아닌)을 측정하기 위함이다. 익형과 유한한 날개 사이의 공력 특성 차이는 4장과 5장에서 취급하기로 한다. 여기서 중요한 것은 날개를 풍동 시험부 측면에 고정시킴으로써, 일반적으로 양력과 항력을 측정하기 위한 힘 측정용 저울(force balance)을 사용하지 않는다는 것이다. 시험부 *천정과 바닥면*(날개 윗면과 아랫면)에서의 압력 분포를 측정하여 양력을 산출하고, 항력은 날개 *후류* 영역에서의 유동 속도를 측정하여 얻는다. 이러한 측정법은 날개에 작용하는 공기력을 측정하는 방법으로서 다소 이상하게 보일 수 있다. 실제로 이러한 측정 방법과 양력 및 항력은 서로 어떻게 연관되는가? 도대체 어떻게 작업이 진행된 것인가? 이러한 질문에 대한 답을 이 절에서 취급하기로 한다. 이는 적분 형태의 운동량 방정식을 응용한 것이며, 공기역학에서 종종 사용되는 기본적 방법이다.

그림 2.20a의 유동내 2차원 물체에 대해 생각해 보자. 그림 2.20a에서 점선으로 물체 주위의 검사 체적을 표시했다. 검사 체적은 아래 항들에 의해 둘러싸여 있다.

1. 물체로부터 멀리 떨어진 위와 아랫부분의 유선들(각각 ab 그리고 hi)
2. 물체로부터 멀리 떨어진 앞과 뒷부분의 유동 속도에 수직인 방향의 선들(각각 ai 그리고 bh)
3. 물체 표면을 감싸고 있는 주변 곡선을 포함하는 절단선($cdefg$)

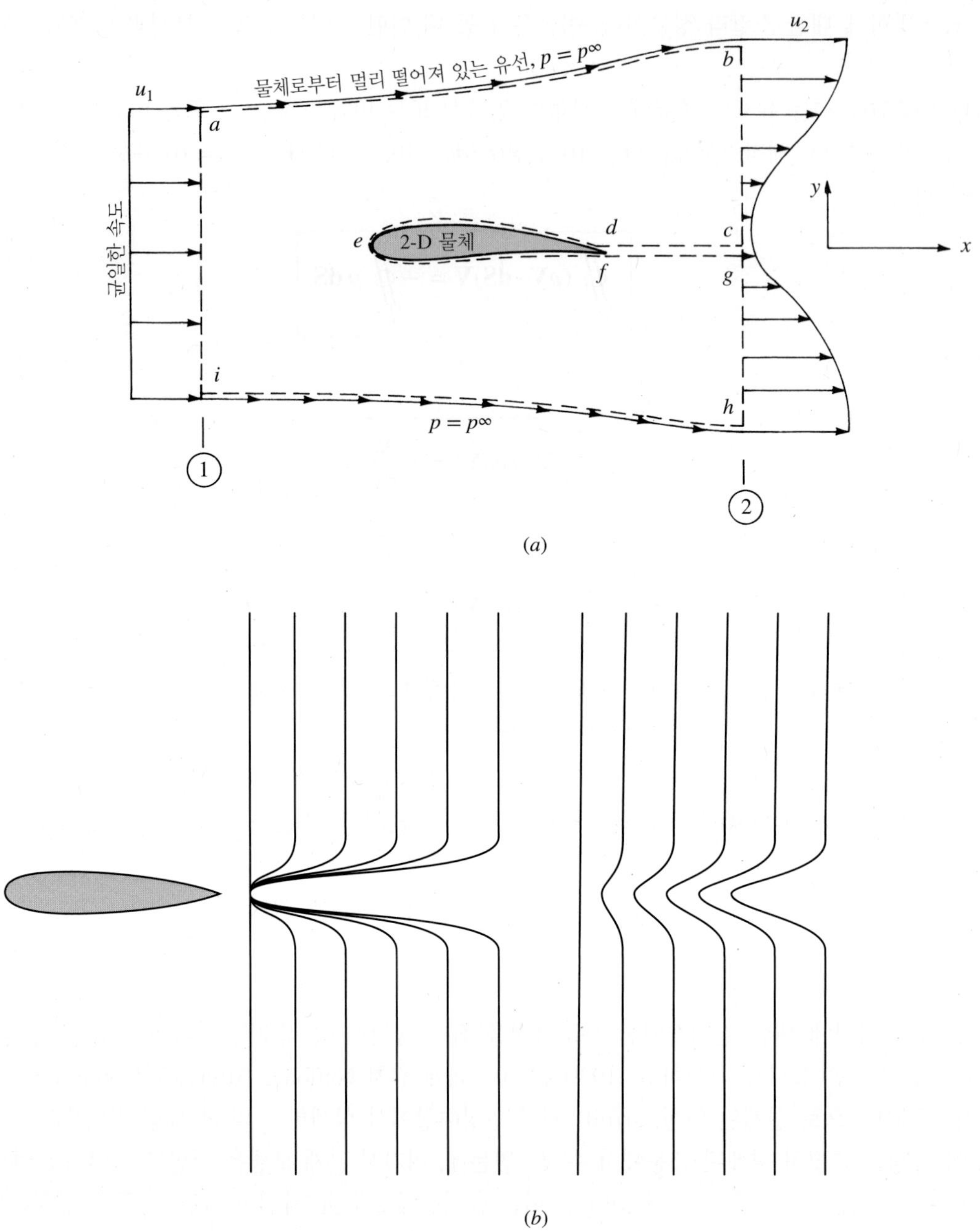

그림 2.20 (a) 2차원 물체에 작용하는 항력을 구하기 위한 검사 체적, (b) 익형 하류에서의 속도 프로파일 표시. 수류(water flow) 내 프로파일은 유동에 수직인 방향의 직선 형태 전선에 전압을 파동시킴으로써 작은 수소 기포를 발생시켜 이들이 유동과 함께 하류 방향으로 순차적으로 움직이는 모습을 가시화 할 수 있다.

전체 검사 체적은 *abcdefghia*다. *z* 방향으로의 검사 체적 폭(페이지에 수직 방향)은 1이다. 지점 1과 2는 각각 유입류와 유출류 지점이다.

윤곽 *abhi*는 물체로부터 멀리 떨어진 지점에 위치하는 것으로 가정하며, 따라서 *abhi* 상에서의 압력은 어느 지점에서든 자유흐름 압력 $p = p_\infty$과 동일하다. 또한 유입류 속도는 u_1으로서 *ai*에 걸쳐 균일하다(이는 자유흐름 또는 풍동 시험부에서의 조건임). 유출류 속도는 u_2로서 *bh*에 걸쳐 균일하지 *않다*. 이는 물체의 존재로 인하여 유출류 지점에 후류가 발생하기 때문이다. 그러나 u_1과 u_2는 모두 *x* 방향이라 가정하며, 따라서 u_1 = 일정 그리고 $u_2 = f(y)$다.

그림 2.20*b*에 익형 하류 후류 영역에서의 속도 프로파일에 대한 그림을 수록했다.

그림 2.20*a*의 검사 체적에 작용하는 표면력들을 생각해 보자. 이들은 *두 가지* 원인에 기인한다.

1. 면 *abhi* 상의 압력 분포

$$-\iint_{abhi} p\,\mathbf{dS}$$

2. 물체의 존재에 의해 발생하는 *def* 상의 표면력

위에서 *ab*와 *hi* 상의 표면 전단응력은 무시한다. 또한 그림 2.20*a*에서 절단면 *cd*와 *fg*는 서로 인접해 있기 때문에, 어느 한 절단면에 작용하는 전단응력 및 압력 분포는 다른 절단면의 그것과 크기가 같고 방향이 반대이다(즉, *cd*와 *fg* 상에 작용하는 표면력은 서로 상쇄된다). 아울러 *def* 상의 표면력은 물체 표면에 유동에 의해 야기되는 전단응력 및 압력 분포와 *크기가 같고 방향이 반대인 반작용*이다. 이를 보다 명확히 하기 위해 그림 2.21을 살펴보기 바란다. 왼편은 물체 주변의 유동을 보여준다. 1.5절에서 설명했듯이 움직이는 유체는 물체 표면상에 압력 및 전단응력 분포를 유발하며, 이것이 바로 단위 스팬당 물체에 작용하는 공기력의 결과 힘 $\mathbf{R}'$다. Newton 제3법칙에 의해 물체는 유동에 대해 크기가 같고 방향이 반대인 압력 및 전단응력 분포를 발생시킨다(즉, *def*에 의해 둘러싸인 제어면 부분 상에). 따라서 물체는 그림 2.21의 오른편과 같이 제어면에 $-\mathbf{R}'$의 힘을 야기시킨다. 위에 설명한 부분을 고려하면 전체 검사 체적에 작용하는 총 표면력은 아래와 같다.

$$\text{표면력} = -\iint_{abhi} p\,\mathbf{dS} - \mathbf{R}' \tag{2.73}$$

더구나 체적당 작용하는 체적력은 무시할 수 있기 때문에, 이는 그림 2.20*a*에 표시한 검사 체적에 작용하는 총 힘이다.

식 (2.64)에 주어진 운동량 방정식의 적분형을 고려해 보자. 이 식의 우변은 물리적으로 검사 체적을 관통하며 움직이는 유체에 작용하는 힘이다. 그림 2.20*a*의 검사 체적에 대해 이 힘은 단순히 식 (2.73)에 의해 주어진 표현이다. 따라서 식 (2.73)의 우변과 함께 식 (2.64)를 이용하면 다음 식을 얻는다.

$$\frac{\partial}{\partial t}\oiiint_{\mathcal{V}} \rho\mathbf{V}\,d\mathcal{V} + \oiint_{S}(\rho\mathbf{V}\cdot\mathbf{dS})\mathbf{V} = -\iint_{abhi} p\,\mathbf{dS} - \mathbf{R}' \tag{2.74}$$

정상 유동이라 가정하면 식 (2.74)는 다음과 같다.

$$\mathbf{R}' = -\oiint_{S}(\rho\mathbf{V}\cdot\mathbf{dS})\mathbf{V} - \iint_{abhi} p\,\mathbf{dS} \tag{2.75}$$

식 (2.75)는 벡터 방정식이다. 그림 2.20*a*의 검사 체적을 다시 생각해 보자. 식 (2.75)에서 x 성분을 취한다. 유입류와 유출류 속도 u_1과 u_2는 x 방향이고, $\mathbf{R}'$의 x 방향 성분은 단위 스팬당 공기역학적 항력 D'다.

$$D' = -\oiint_{S}(\rho\mathbf{V}\cdot\mathbf{dS})u - \iint_{abhi}(p\,dS)_x \tag{2.76}$$

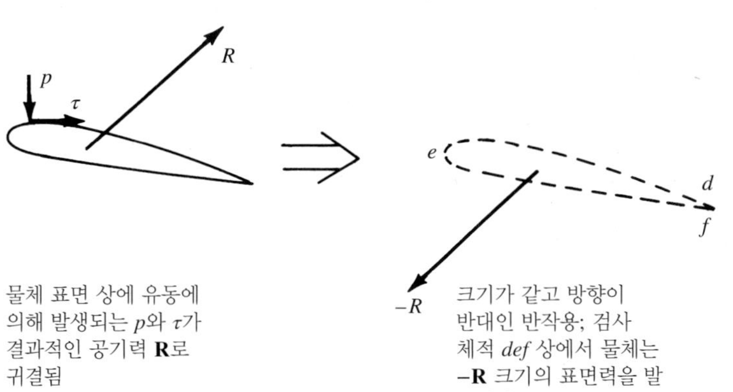

그림 2.21 물체와 물체에 인접한 검사면에 작용하는 크기가 같고 방향이 반대인 반작용

식 (2.76)에서 마지막 항은 x 방향으로의 압력힘이다[$(p\,dS)_x$는 검사면 상에 있는 요소 면적 dS에 작용하는 압력힘의 x 성분이다]. 검사 체적의 경계면 *abhi*는 물체에서 충분히 멀리 떨어져 있는 곳에 선정하였으므로 경계면을 따라 p는 일정하다. 압력이 일정한 경우는 아래와 같이 표시된다.

$$\iint_{abhi} (p\,dS)_x = 0 \tag{2.77}$$

그림 2.20a에서 x 방향을 따라 살펴보면, *abhi* 상에서 오른편 방향으로 누르는 압력힘이 왼편 방향으로 누르는 압력힘과 정확하게 균형을 이룬다. 이는 표면을 따라 p가 일정하기만 하다면 *abhi*의 형태와 상관없이 성립한다(이에 대한 증명은 연습문제 2.1 참조). 그러므로 식 (2.77)을 식 (2.76)에 대입하여 아래 식을 얻는다.

$$D' = -\oiint_S (\rho\mathbf{V}\cdot\mathbf{dS})u \tag{2.78}$$

식 (2.78)의 면적분 값을 계산하기 위해, 그림 2.20a로부터 다음 사항을 명심하자.

1. 구간 *ab*, *hi*, *def*는 유동의 유선들이다. 정의에 의해 $\mathbf{V}$는 유선과 평행하며 $\mathbf{dS}$는 검사 체적의 표면에 수직이고, 구간을 따라 $\mathbf{V}$와 $\mathbf{dS}$ 벡터는 서로 수직이므로 $\mathbf{V}\cdot\mathbf{dS} = 0$이다. 결과적으로 *ab*, *hi*, *def* 구간이 식 (2.78)의 적분값에 기여하는 부분이 0이다.
2. 절단면 *cd*와 *fg*는 서로 인접해 있다. 한 면에서 유출되는 질량 플럭스(mass flux)는 다른 면으로 유입되는 질량 플럭스와 동일하다. 따라서 *cd*와 *fg* 구간이 식 (2.78)의 적분에 기여하는 부분은 서로 상쇄된다.

결과적으로 식 (2.78)의 적분에 기여하는 구간은 *ai*와 *bh*다. 이 구간에서 면적 벡터 $\mathbf{dS}$는 y 방향을 향한다. 아울러 검사 체적은 z 방향(페이지에 수직인 방향)으로 단위 길이의 깊이를 가진다. 따라서 $dS = dy(1)$이다. 식 (2.78)의 적분은 아래와 같이 귀결된다.

$$\oiint_S (\rho\mathbf{V}\cdot\mathbf{dS})u = -\int_i^a \rho_i u_1^2\,dy + \int_h^b \rho_2 u_2^2\,dy \tag{2.79}$$

식 (2.79)의 우변 첫째 항에 붙어 있는 음의 부호는 *ai*를 따라(지점 1이 유입류 경계임) $\mathbf{V}$와 $\mathbf{dS}$의 방향이 서로 반대이기 때문이다. 반면 *hb*를 따라서는 $\mathbf{V}$와 $\mathbf{dS}$의 방향이 같기 때문에(지점 2는 유출류 경계임) 두 번째 항은 양의 부호를 갖는다.

식 (2.79)에 대해 더욱 깊이 살피기 전에, 식 (2.53)의 정상 유동에 대한 연속 방정식의 적분형을 생각해 보자. 그림 2.20a의 검사 체적에 대해 적용하면 식 (2.53)은 다음과 같다.

$$-\int_i^a \rho_1 u_1\,dy + \int_h^b \rho_2 u_2\,dy = 0$$

또는

$$\int_i^a \rho_1 u_1\,dy = \int_h^b \rho_2 u_2\,dy \tag{2.80}$$

식 (2.80)에 상수인 u_1을 곱하면 다음 식을 얻는다.

$$\int_i^a \rho_1 u_1^2\,dy = \int_h^b \rho_2 u_2 u_1\,dy \tag{2.81}$$

식 (2.81)을 식 (2.79)에 대입하여 아래 식을 얻는다.

$$\oiint_S (\rho\mathbf{V}\cdot\mathbf{dS})u = -\int_h^b \rho_2 u_2 u_1\,dy + \int_h^b \rho_2 u_2^2\,dy$$

또는
$$\oiint_S (\rho\mathbf{V}\cdot\mathbf{dS})u = -\int_h^b \rho_2 u_2(u_1 - u_2)\,dy \tag{2.82}$$

식 (2.82)를 식 (2.78)에 대입하면 다음으로 귀결된다.

$$\boxed{D' = \int_h^b \rho_2 u_2(u_1 - u_2)\,dy} \tag{2.83}$$

식 (2.83)이 이 절에서 기대하던 최종 결과이다. 이 식이 의미하는 바는 물체에 작용하는 항력이 이미 알고 있는 자유흐름 속도 u_1과 물체 하류의 수직 방향 지점을 통과하는 유동장 변수 ρ_2 그리고 u_2 항으로 표시될 수 있다는 것이다. 하류 부분의 특성은 풍동 내에서 측정할 수 있으며, 단위 스팬당 항력 D'는 식 (2.83) 내 적분 항을 y의 함수로서 측정한 데이터 ρ_2와 u_2를 사용하여 수치적으로 계산하여 구할 수 있다.

식 (2.83)을 보다 자세히 살펴보라. $u_1 - u_2$는 주어진 y 위치에서의 속도 감소량이다. 다시 말해 물체에 작용하는 항력 때문에 물체 하류 방향으로 꼬리를 이루는 후류가 발생한다. 후류 내에서는 유동 속도 감소분 $u_1 - u_2$가 존재한다. $\rho_2 u_2$는 단순히 질량 플럭스이며, 여기에 $u_1 - u_2$를 곱한 값은 운동량 감소분을 표시한다. 따라서 식 (2.83)의 적분은 물리적으로 후류 영역을 가로지르며 존재하는 유동 운동량의 감소분이다. 그리고 식 (2.83)으로부터 이러한 후류 운동량 손실분은 물체에 작용하는 항력과 같다.

비압축성 유동의 경우 $\rho =$ 일정이고 그 값을 알고 있다. 이러한 경우 식 (2.83)은 다음과 같이 된다.

$$D' = \rho\int_h^b u_2(u_1 - u_2)\,dy \tag{2.84}$$

식 (2.84)가 바로 이 절 서두에 제기되었던 질문에 대한 답이다. 이는 물체 하류의 후류 영역 내 속도 분포 측정이 어떻게 항력과 연관되는지를 보여준다. 속도 분포는 일반적으로 그림 2.22와 같은 피토 레이크(Pitot rake)로 측정한다. 이는 단지 한 몸통의 가지에 여러 개의 피토관을 붙인 것으로 후류 내 속도 분포를 동시적으로 측정할 수 있게 해준다(속도 측정 도구로서의 피토관에 대한 원리는 3장에서 설명한다. 참고문헌 2의 188~210쪽 피토관에 대한 개론 설명 참조).

식 (2.84)에 구체적으로 제시된 결과는 적분형 운동량 방정식의 위력을 보여준다. 이 식은 유동 내 어느 위치에 놓인 물체에 작용하는 항력을 전혀 다른 위치에서의 유동장 변수들과 연결시켜 주고 있다.

이 절 첫머리에서 2차원 형상 물체의 양력은 풍동 시험부 천정과 바닥면, 물체의 위와 아랫면의 압력 측정을 통해 얻을 수 있다고 언급하였다. 이러한 관계식은 항력과 유사하게 적분형 운동량 방정식으로부터 정립할 수 있으며, 유도 과정은 숙제로 남겨 두고자 한다.

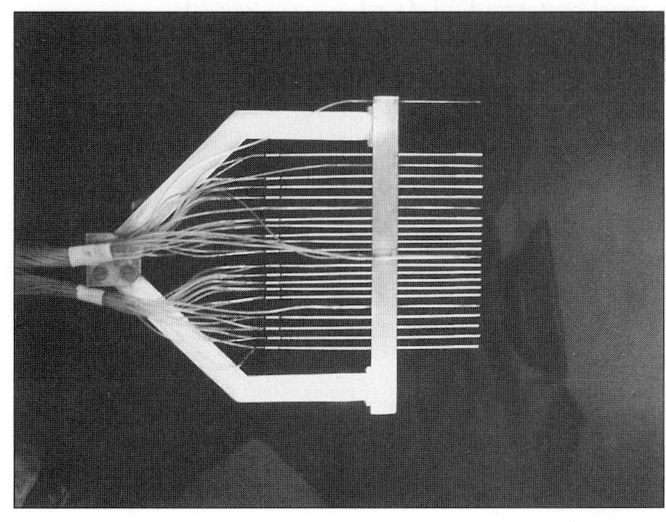

그림 2.22 후류 영역 측정을 위한 피토 레이크
(*John Anderson and the University of Maryland Aerodynamic Laboratory* 제공)

예제 2.2

그림 2.23에 나타낸 것과 같이 시위 길이가 c인 평판의 표면을 따라 비압축성 유동, 층류 경계층이 성장하고 있다고 가정하자. 경계층에 대한 정의는 1.10절과 1.11절에서 설명하였다. 비압축성, 층류, 평판 경계층에서 평판 뒷전에서의 경계층 두께는 다음과 같이 표시된다.

$$\frac{\delta}{c} = \frac{5}{\sqrt{\mathrm{Re}_c}}$$

그리고 평판의 표면마찰 항력 계수는 다음과 같다.

$$C_f \equiv \frac{D'}{q_\infty c(1)} = \frac{1.328}{\sqrt{\mathrm{Re}_c}}$$

여기서 레이놀즈수는 시위 길이를 기준으로 한다.

$$\mathrm{Re}_c = \frac{\rho_\infty V_\infty c}{\mu_\infty}$$

[주: δ/c와 C_f 모두 레이놀즈수(상사변수의 위력을 보여주는 또 다른 일례)의 함수이다. 우리는 저속, 비압축성 유동을 다루고 있기에 여기서 마하수는 적절한 상사변수가 아니다.] 경계층 내 속도 프로파일은 지수 법칙 변화에 의해 주어진다고 *가정*하자.

$$u = V_\infty \left(\frac{y}{\delta}\right)^n$$

위에서 주어진 정보와 일치하는 n 값을 계산하라.

■ 풀이

식 (2.84)로부터

$$C_f = \frac{D'}{q_\infty c} = \frac{\rho_\infty}{\frac{1}{2}\rho_\infty V_\infty^2 c} \int_0^\delta u_2(u_1 - u_2)\, dy$$

여기서 적분값은 평판의 뒷전 위치에서 계산했다. 따라서

$$C_f = 2\int_0^{\delta/c} \frac{u_2}{V_\infty}\left(\frac{u_1}{V_\infty} - \frac{u_2}{V_\infty}\right) d\left(\frac{y}{c}\right)$$

그러나 식 (2.84)에서 그림 2.23의 검사 체적에 적용하면 $u_1 = V_\infty$이다. 따라서

$$C_f = 2\int_0^{\delta/c} \frac{u_2}{V_\infty}\left(1 - \frac{u_2}{V_\infty}\right) d\left(\frac{y}{c}\right)$$

위에서 주어진 C_f와 가정한 속도 변화에 층류 경계층 결과식을 대입하면 아래와 같은 적분식을 표시할 수 있다.

$$\frac{1.328}{\sqrt{\mathrm{Re}_c}} = 2\int_0^{\delta/c} \left[\left(\frac{y/c}{\delta/c}\right)^n - \left(\frac{y/c}{\delta/c}\right)^{2n}\right] d\left(\frac{y}{c}\right)$$

적분을 수행하여 다음 식을 얻는다.

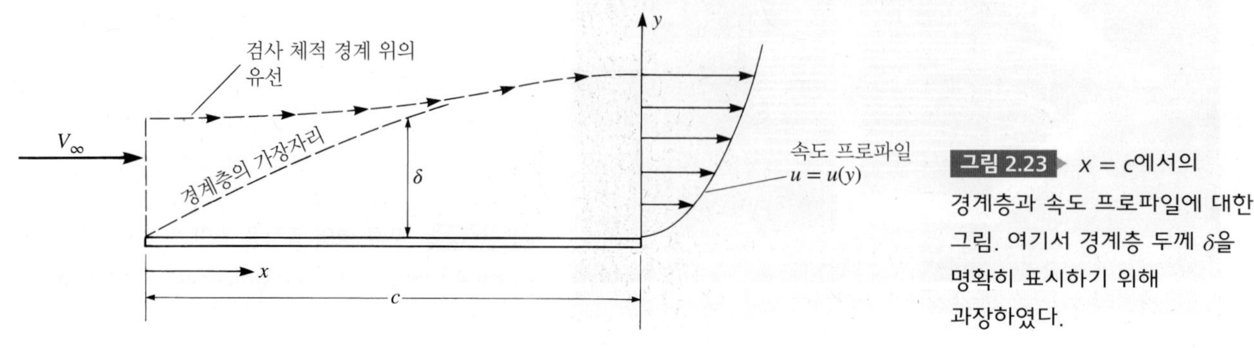

그림 2.23 $x = c$에서의 경계층과 속도 프로파일에 대한 그림. 여기서 경계층 두께 δ을 명확히 표시하기 위해 과장하였다.

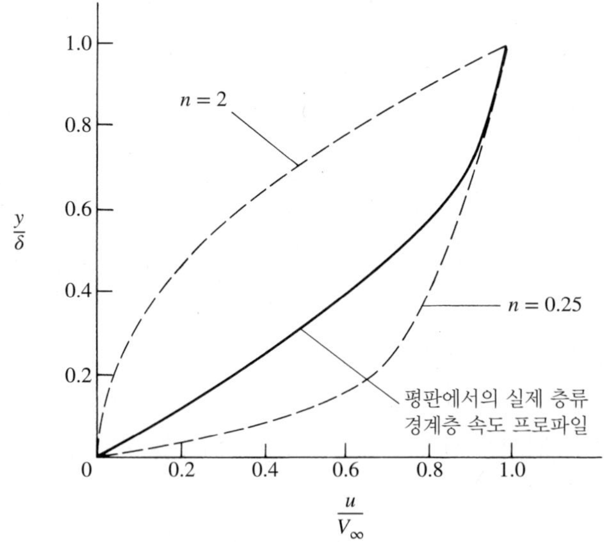

그림 2.24 예제 2.2에서 계산한 것과 실제 층류 경계층 프로파일에 대한 비교

$$\frac{1.328}{\sqrt{\mathrm{Re}_c}} = \frac{2}{n+1}\left(\frac{\delta}{c}\right) - \frac{2}{2n+1}\left(\frac{\delta}{c}\right)$$

$\delta/c = 5/\sqrt{\mathrm{Re}_c}$이므로,

$$\frac{1.328}{\sqrt{\mathrm{Re}_c}} = \frac{10}{n+1}\left(\frac{1}{\sqrt{\mathrm{Re}_c}}\right) - \frac{10}{2n+1}\left(\frac{1}{\sqrt{\mathrm{Re}_c}}\right)$$

또는

$$\frac{1}{n+1} - \frac{1}{2n+1} = \frac{1.328}{10}$$

또는

$$0.2656n^2 - 0.6016n + 0.1328 = 0$$

2차 방정식 근의 공식을 사용하여 다음 결과를 얻을 수 있다.

$$n = 2 \quad 또는 \quad 0.25$$

$u/V_\infty = (y/\delta)^n$ 형태의 지수 법칙 속도 프로파일을 *가정하면*, 유한 검사 체적에 대한 운동량 방정식을 만족시키는 2개의 서로 다른 속도 프로파일을 구할 수 있다. 그림 2.24에 이들 프로파일을 나타냈으며, 이들을 평판에 대한 비압축성, 층류 경계층 방정식을 풀어서 구한 정확한 속도 프로파일과 비교했다(경계층 해는 18장에서 설명하기로 한다). $n = 2$인 경우 오목한 형태의 속도 프로파일은 물리적으로 타당하지 않으며, 일반적으로 경계층 내에서는 항상 볼록한 형태의 프로파일이 관찰된다. $n = 0.25$의 경우 정성적으로 그리고 물리적으로 타당한 볼록한 형태의 속도 프로파일이다. 그러나 이 프로파일은 정확한 형태의 프로파일과 비교한 그림에서 볼 수 있듯이 정량적으로 정확하지 않다. 따라서 층류 경계층에 대한 $u/V_\infty = (y/\delta)^n$ 형태의 지수 법칙 속도 프로파일 *가정*이 그다지 정확한 결과를 제공하지 못한다. $n = 2$ 또는 0.25인 경우 가정한 속도 프로파일이 유한 검사 체적에 적용한 운동량 원리를 충족시키고 있음에도 불구하고 말이다.

2.6.1 논평 *Comment*

이 절에서 운동량 원리(Newton 제2법칙)를 크기가 큰 유동 내 공간에 고정된 검사 체적에 적용해 보았다. 한편으로 이러한 응용을 통해 검사면을 따라 세부적인 유동 특성치로부터 물체에 작용하는 항력에 대하여 정확한 결과를 얻을 수 있었다. 즉, 압축성 유동에 대해서는 식 (2.83), 비압축성 유동에 대해서는 식 (2.84)가 그 결과이다. 다른 한편으로, 예제 2.2를 통해 평판에서의 순 항력과 같은 전체적인 양을 얻을 수 있다고 해서 유한한 검사 체적 개념으로부터 검사면을 따라 유동장의 세부적인 특성(이 경우는 속도 프로파일)에 대한 정확한 계산결과를 얻을 수 있는 것은 아니라는 사실을 알 수 있다. 비록 운동량 원리가 총체적으로 검사 체적 내에서 만족된다고 해도 말이다. 예제 2.2는 특히 이러한 사실을 보여주기 위한 것이다. 이 방법의 약점은 검사면의 유동 특성 변화에 대해 어떠한 형태로든 *가정*이 필요하다는 것이다. 예제 2.2는 특별한 형태의 지수 법칙 프로파일 가정이 만족스럽지 않은 결과를 보여주고 있다.

2.7 에너지 방정식 *Energy Equation*

ρ가 일정한 값을 갖는 비압축성 유동에서 주된 유동장 변수는 p와 $\mathbf{V}$다. 앞에서 유도한 2개의 연속 및 운동량 방정식은 2개의 미지변수 p와 $\mathbf{V}$의 항으로 표시된다. 따라서 비압축성 유동 연구에서는 연속 방정식과 운동량 방정식이 작업 수행에 충분한 도구가 된다.

그러나 ρ가 추가적인 변수인 압축성 유동에서는 시스템을 완성시키기 위해 추가적인 기본 방정식이 하나 더 필요하다. 이 기본 관계식이 바로 에너지 방정식이며, 이 절에서 유도해 보기로 한다. 과정 중에 2개의 추가적인 유동장 변수가 등장하는데, 즉 내부 에너지 e와 온도 T다. 이러한 변수들을 위해 추가적인 방정식이 도입되어야 하며, 이에 대해서는 이 절의 마지막 부분에서 언급하기로 한다.

이 절에서 설명할 내용은 압축성 유동에 관한 연구와 관련이 있다. 이러한 이유로 당분간 비압축성 유동 연구에만 관심이 있는 독자들은 이 절을 건너뛴 후 나중에 다시 학습할 수 있다.

물리적 원리: 에너지는 생성될 수도 소멸될 수도 없다. 오로지 에너지의 형태만 변할 뿐이다.

이러한 물리적 원리는 열역학 제1법칙 내에 포함되어 있다. 7장에 열역학에 대한 간략한 복습 부분을 제공한다. 열역학은 압축성 유동 연구에 필수적이다. 그러나 현 단계에서는 제1법칙만 소개하고 나머지 열역학에 있어 중요한 부분은 압축성 유동에 대하여 중점적으로 다룰 7장으로 미룬다.

닫혀 있는 경계면 내에 들어 있는 일정량의 물체에 대해 고려해 보자. 이 물체를 *시스템*으로 정의한다. 시스템 내부에 있는 분자와 원자는 끊임없이 움직이고 있기 때문에, 시스템은 일정량의 에너지를 내포한다. 간편한 설명을 위해 시스템이 단위 질량을 내포하고 있다고 가정하자. 단위 질량당 내부 에너지는 e로 표시한다.

시스템 밖의 영역을 *외부 환경*(surroundings)이라 정의한다. 외부 환경으로부터 열량공급분 δq가 시스템에 가해졌다고 하자. 아울러 δw는 외부 환경에 의해 시스템에 가해진 일(work done)이라 하자(δq와 δw에 대해서는 7장에서 보다 상세히 다룬다). 열과 일 모두 에너지의 한 형태로서 시스템에 가해지면 시스템 내 내부 에너지의 양이 변한다. 이러한 내부 에너지 변화량을 de로 표시하자. 에너지 보존이라는 물리적 원리로부터 우리는 시스템에 대해 다음 관계식을 얻을 수 있다.

$$\delta q + \delta w = de \tag{2.85}$$

식 (2.85)는 열역학 제1법칙이 의미하는 것이다.

그림 2.19와 같이 고정된 검사 체적을 통과하는 유체 유동에 제1법칙을 적용해 보자. 아래와 같이,

B_1 = 외부 환경으로부터 검사 체적 내 유체에 가해진 단위 시간당 열량(rate of heat added)
B_2 = 검사 체적 내 유체에 가해진 단위 시간당 일(rate of work done)
B_3 = 검사 체적을 통과하는 유체의 단위 시간당 에너지 변화(rate of change of energy)

제1법칙으로부터,

$$B_1 + B_2 = B_3 \tag{2.86}$$

식 (2.86)의 각 항은 에너지 변화량에 대한 *시간 변화율*(time rate)을 내포하고 있다는 점에 유의하라. 따라서 식 (2.86)은 엄격히 말해서 *일률*(power) 방정식이다. 그러나 이는 에너지 보존의 기본 원리이므로 이 방정식을 일상적으로 '에너지 방정식'이라 부른다. 우리도 여기서 이러한 명칭을 사용하기로 한다.

우선 유체로부터의 또는 유체로의 열전달률을 생각해 보자. 이는 시스템 외부에서 발생한 복사열의 흡수 또는 유체 자체에서 비롯된 국소적인 복사열 방사 등에 의한 검사 체적 내 유체에 대한 체적당 열량으로 표시할 수 있다. 만

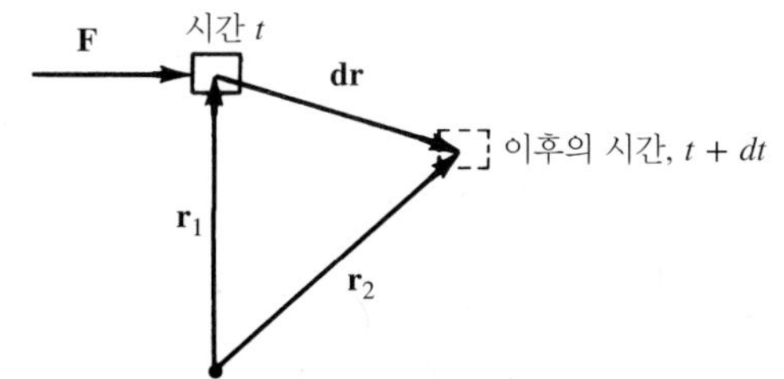

그림 2.25 움직이는 물체에 작용하는 힘 $\mathbf{F}$에 의한 일률(rate of doing work)

약 검사 체적 내 온도가 충분히 높다면 말이다. 추가적으로는 제트 엔진에서의 연료-공기 연소와 같이 검사 체적 내에서 발생하는 화학적 연소과정에 의할 수도 있다. 이러한 단위 질량당 체적 가열률(volumetric rate of heat addition)을 $\dot{q}$라 표시하자. $\dot{q}$의 전형적인 단위는 J/s · kg 또는 ft · lb/s · slug이다. 그림 2.19를 살펴보면 요소 체적에 포함된 질량은 $\rho\, d\mathcal{V}$이므로, 이 질량에 대한 가열률은 $\dot{q}(\rho d\mathcal{V})$이다. 전체 검사 체적에 대해 이를 합치면 다음 식을 얻는다.

$$\text{체적 가열률} = \oiiint_{\mathcal{V}} \dot{q}\rho\, d\mathcal{V} \tag{2.87}$$

추가적으로 만약 유동이 점성인 경우라면, 검사면을 통해 열전도(thermal conduction)와 질량 확산(mass diffusion)에 의해 검사 체적 내로 열이 전달될 수 있다. 현 단계에서는 이러한 점성 가열(viscous heat-addition) 항에 대한 세부적인 유도과정은 생략하기로 한다. 이는 15장에서 상세히 취급한다. 여기서는 우선 점성 효과로 인해 검사 체적에 가해진 가열률(rate of heat addition)을 단순히 $\dot{Q}_{\text{viscous}}$라 표시하자. 따라서 식 (2.86)으로부터 총 가열률은 식 (2.87)과 $\dot{Q}_{\text{viscous}}$의 합으로 주어진다.

$$B_1 = \oiiint_{\mathcal{V}} \dot{q}\rho\, d\mathcal{V} + \dot{Q}_{\text{viscous}} \tag{2.88}$$

검사 체적 내 유체에 가해진 일률을 고려하기에 앞서, 그림 2.25와 같이 힘 $\mathbf{F}$가 작용하는 운동 중인 고체 물체의 경우부터 생각해 보자. 물체의 위치는 고정된 원점으로부터 반경 벡터 $\mathbf{r}$에 의해 측정할 수 있다. 위치 $\mathbf{r}_1$에서 $\mathbf{r}_2$로 시간 dt에 걸쳐 이동한 경우, 물체의 변위는 $\mathbf{dr}$로 표시된다. 정의에 의해 시간 dt 동안 물체에 가해진 일은 $\mathbf{F}\cdot\mathbf{dr}$이다. 따라서 일의 시간에 대한 변화율은 단순히 $\mathbf{F}\cdot\mathbf{dr}/dt$이다. 그러나 $\mathbf{dr}/dt = \mathbf{V}$, 즉 움직이는 물체의 속도이다. 따라서 다음과 같이 주장할 수 있다.

$$\text{움직이는 물체에서의 일률} = \mathbf{F}\cdot\mathbf{V}$$

말로 표현하면, 움직이는 물체에서의 일률은 속도와 속도 방향으로의 힘 성분의 곱과 같다.

이러한 결과로부터 B_2에 대한 표현식을 다음과 같이 구할 수 있다. 그림 2.19에서 검사면 상의 요소 면적 dS를 고려해 보자. 이 요소 면적에 작용하는 압력힘은 $-p\,\mathbf{dS}$다. 위 결과로부터 dS를 $\mathbf{V}$의 속도로 통과하는 유체에서의 일률은 $(-p\,\mathbf{dS})\cdot\mathbf{V}$다. 따라서 전체 검사면에 대하여 이를 합하면 아래 식을 얻는다.

$$\begin{matrix}S\text{에 작용하는 압력힘에 의한 }\mathcal{V}\\ \text{내 유체에서의 일률}\end{matrix} = -\oiint_S (p\,\mathbf{dS})\cdot\mathbf{V} \tag{2.89}$$

추가적으로 그림 2.19에서 검사 체적 내 요소 체적 $d\mathcal{V}$를 고려해 보자. $\mathbf{f}$는 단위 질량당 체적력이며, 체적력에 의한 요소 체적에서의 일률은 $(\rho\mathbf{f}\, d\ )\cdot\mathbf{V}$다. 이를 전체 검사 체적에 대하여 합치면 다음 식을 얻는다.

$$\begin{matrix}\text{체적력에 의한 내 }\mathcal{V}\\ \text{유체에서의 일률}\end{matrix} = \oiiint_{\mathcal{V}} (\rho\mathbf{f}\, d\mathcal{V})\cdot\mathbf{V} \tag{2.90}$$

점성 유동의 경우 검사면 상에 작용하는 전단응력 역시 표면을 통과하는 유체에 대해 일을 수행한다. 이에 대한 상세한 유도과정은 15장에서 취급한다. 여기서는 점성에 의한 기여분을 단순히 $\dot{W}_{\text{viscous}}$로 표시하자. 그러면 검사 체적 내 유체에 대해서 총 일률은 식 (2.89)와 (2.90)과 $\dot{W}_{\text{viscous}}$의 합으로 표시된다.

$$B_2 = -\oiint_S p\mathbf{V}\cdot\mathbf{dS} + \iiint_{\mathcal{V}} \rho(\mathbf{f}\cdot\mathbf{V})\,d\mathcal{V} + \dot{W}_{\text{viscous}} \tag{2.91}$$

검사 체적 내 에너지 상태를 가시화하기 위해 식 (2.85)에서 언급한 열역학 제1법칙을 소환하자. 내부 에너지 e는 시스템 내 원자들과 분자들의 불규칙적인 운동에 기인한다. 식 (2.85)는 정지 시스템(stationary system)에 대한 것이다. 그러나 그림 2.19의 검사 체적 내 유체는 정지 상태가 아니며, $\mathbf{V}$의 국소적 속도로 움직이므로 단위 질량당 운동 에너지 $V^2/2$을 보유한다. 따라서 움직이는 유체에서 단위 질량당 에너지는 내부 에너지와 운동 에너지의 합 $e + V^2/2$이다. 이 합을 단위 질량당 *총 에너지*(total energy)라 한다.

이제 검사 체적 내를 흐르며 통과하는 유체의 총 에너지 변화율 B_3에 대한 표현식을 구할 준비가 되었다. 그림 2.19의 검사 체적 내부로 들어오는 질량 유동은 어느 정도의 총 에너지를 수반한다는 것을 기억하자. 동시에 검사 체적을 떠나는 질량 유동은 일반적으로 다른 정도의 총 에너지를 포함하고 있다. dS를 통과하는 요소 질량 유동은 $\rho\mathbf{V}\cdot\mathbf{dS}$이므로 dS를 통과하는 요소 유동의 총 에너지는 $(\rho\mathbf{V}\cdot\mathbf{dS})(e + V^2/2)$이다. 전체 검사면에 대하여 이를 합하면 다음 식을 얻는다.

$$\text{단위 시간당 검사면을 통과하는 유동의 총 에너지} = \oiint_S (\rho\mathbf{V}\cdot\mathbf{dS})\left(e + \frac{V^2}{2}\right) \tag{2.92}$$

추가적으로 비정상 유동의 경우에는, 유동장 변수들의 과도기적 요동에 의한 검사 체적 내 총 에너지 변화율이 존재한다. 요소 체적 $d\mathcal{V}$내 포함된 총 에너지는 $\rho(e + V^2/2)d$이고, 따라서 어느 순간 전체 검사 체적 내 총 에너지는 아래와 같다.

$$\iiint_{\mathcal{V}} \rho\left(e + \frac{V^2}{2}\right) d\mathcal{V}$$

그러므로

$$\text{유동장 변수들의 과도기적 변화에 기인한 } \mathcal{V} \text{ 내 총 에너지 변화율} = \frac{\partial}{\partial t}\iiint_{\mathcal{V}} \rho\left(e + \frac{V^2}{2}\right) d\mathcal{V} \tag{2.93}$$

이어서 B_3는 식 (2.92)와 (2.93)의 합이다.

$$B_3 = \frac{\partial}{\partial t}\iiint_{\mathcal{V}} \rho\left(e + \frac{V^2}{2}\right) d\mathcal{V} + \oiint_S (\rho\mathbf{V}\cdot\mathbf{dS})\left(e + \frac{V^2}{2}\right) \tag{2.94}$$

이 절 시작 부분에서 언급했던 물리적 원리를 다시 반복하면, 유체에 가해진 가열률에 유체에 가해진 일률을 더한 것은 검사 체적을 통과하는 유체의 총 에너지 변화율과 같다(즉, *에너지는 보존된다*). 이어서 이러한 표현은 식 (2.86), (2.88), (2.91), (2.94)를 조합하여 직접 방정식 형태로 표시할 수 있다.

$$\boxed{\begin{aligned}&\iiint_{\mathcal{V}} \dot{q}\rho\, d\mathcal{V} + \dot{Q}_{\text{viscous}} - \oiint_S p\mathbf{V}\cdot\mathbf{dS} + \iiint_{\mathcal{V}} \rho(\mathbf{f}\cdot\mathbf{V})\,d\mathcal{V} + \dot{W}_{\text{viscous}} \\ &\quad = \frac{\partial}{\partial t}\iiint_{\mathcal{V}} \rho\left(e + \frac{V^2}{2}\right) d\mathcal{V} + \oiint_S \rho\left(e + \frac{V^2}{2}\right)\mathbf{V}\cdot\mathbf{dS}\end{aligned}} \tag{2.95}$$

식 (2.95)는 적분 형태의 에너지 방정식이다. 이는 본질적으로 유체 유동에 열역학 제1법칙을 적용한 것이다.

설명에 대한 완결편으로 그림 2.19의 검사면을 통과하는 축(shaft)이 있는 경우에 대해 고려해 보자. 이 축은 검사 체적 내에 위치한 어떤 동력 장치 기계류를 구동(말하자면 제트 엔진의 압축기와 같은)하며, 축을 통해 일률 $\dot{W}_{\text{shaft}}$가

전달되므로 식 (2.95)의 좌변에 반드시 더해야 한다. 또한 식 (2.95)에서 위치 에너지는 명백히 나타나지 않고 있다는 것에 주목하라. 위치 에너지 변화는 중력이 **f** 안에 포함되어 있을 때 체적력 항 안에 포함된다. 이 책에서 고려하는 공기역학 문제에서, 축에 의한 일은 고려하지 않으며 위치 에너지의 변화는 항상 무시한다.

2.4절과 2.5절에서 정립한 방법에 따라 식 (2.95)로 주어진 적분형 방정식으로부터 총 에너지에 대한 편미분 방정식을 얻을 수 있다. 식 (2.95)의 면적분 항에 발산 정리를 적용하고, 체적분 기호 안으로 모든 항들을 집합시킨 후 피적분 함수를 0으로 놓으면 아래 식을 얻을 수 있다.

$$\frac{\partial}{\partial t}\left[\rho\left(e+\frac{V^2}{2}\right)\right]+\nabla\cdot\left[\rho\left(e+\frac{V^2}{2}\right)\mathbf{V}\right]=\rho\dot{q}-\nabla\cdot(p\mathbf{V})+\rho(\mathbf{f}\cdot\mathbf{V})+\dot{Q}'_{\text{viscous}}+\dot{W}'_{\text{viscous}} \tag{2.96}$$

여기서 $\dot{Q}'_{\text{viscous}}$와 $\dot{W}'_{\text{viscous}}$는 15장에서 취급할 점성항을 적절한 형태로 표시한 것이다. 식 (2.96)은 공간상의 주어진 점에서 유동장 변수를 연결시키는 편미분 방정식이다.

만약 유동이 정상($\partial/\partial t = 0$), 비점성($\dot{Q}'_{\text{viscous}} = 0$ 그리고 $\dot{W}'_{\text{viscous}} = 0$), 단열 유동(가열량이 0, $\dot{q} = 0$)이고 체적력이 없는($\mathbf{f} = 0$) 경우라면, 식 (2.95)와 (2.96)은 아래와 같은 형태로 귀결된다.

$$\oiint_S \rho\left(e+\frac{V^2}{2}\right)\mathbf{V}\cdot\mathbf{dS} = -\oiint_S p\mathbf{V}\cdot\mathbf{dS} \tag{2.97}$$

그리고

$$\nabla\cdot\left[\rho\left(e+\frac{V^2}{2}\right)\mathbf{V}\right] = -\nabla\cdot(p\mathbf{V}) \tag{2.98}$$

식 (2.97)과 (2.98)은 7장의 서두에서 다시 자세히 설명한 후 문제에 응용할 것이다.

에너지 방정식과 함께 우리는 또 하나의 유동장 미지변수 e를 도입했다. 현재 우리는 3개의 방정식, 즉 연속 방정식, 운동량 방정식, 에너지 방정식을 얻었으며, 이들 방정식에는 4개의 변수 ρ, p, $\mathbf{V}$, e가 포함되어 있다. 네 번째 방정식은 e에 대한 열역학적 상태 관계식으로부터 얻을 수 있다(7장 참조). 기체가 만약 열량적 완전(calorically perfect) 기체라면,

$$e = c_v T \tag{2.99}$$

여기서 c_v는 정적 비열(specific heat at constant volume)이다. 식 (2.99)로부터 온도가 또 다른 종속변수로 등장한다. 그러나 완전 기체 상태 방정식을 사용함으로써 시스템이 완결될 수 있다.

$$p = \rho RT \tag{2.100}$$

여기서 R은 특정 기체 상수(specific gas constant)이다. 그러므로 식 (2.99)와 (2.100) 그리고 연속, 운동량, 에너지 방정식은 5개의 미지변수 ρ, p, $\mathbf{V}$, e, T와 더불어 5개의 독립적인 방정식 시스템을 구성한다. 7장에서 완전 기체와 상태 방정식에 대해 상세히 복습하기로 한다. 여기 소개된 식 (2.99)와 (2.100)은 단지 유체 유동에 대한 기본 방정식 유도 과정을 마무리하기 위한 것이다.

2.8 중간 요약 *Interim Summary*

이 시점에서 잠시 숨을 돌려 지금까지 유도한 여러 방정식에 대해 생각해 보자. 이들 방정식을 단순히 서로 비슷해 보이는 수학적 기호의 잡탕으로 여기는 함정에 빠지지 말아야 한다. 오히려 이들 방정식은 의미 있는 메시지를 전하고 있다. 예를 들어 식 (2.48), (2.52), (2.53), (2.54)는 질량이 보존된다는 사실을 의미하며, 식 (2.64), (2.70*a*~*c*), (2.71),

(2.72*a*~*c*)는 유체 유동에 Newton 제2법칙을 적용한 결과이며, 식 (2.95)~(2.98)은 에너지 보존을 뜻하고 있다. 이러한 방정식 뒤에 있는 물리적 원리를 이해하는 것이 매우 중요하다. 방정식을 볼 때마다 수학적 기호들의 집합이 의미하는 바를 이해하는 능력과 방정식이 의미하는 물리적 원리를 읽을 수 있는 능력을 계발하도록 노력하라.

위에 열거한 방정식은 공기역학에서 가장 기본이 되는 방정식이다. 이들 방정식을 다시 복습하는 시간을 갖기 바란다. 또한 이들 방정식을 유도하는 과정과 방법, 그리고 최종 결과식의 형태에 익숙해지기 바란다. 이러한 방법으로 후속적인 공기역학 응용문제를 훨씬 쉽게 이해할 수 있을 것이다.

아울러 그림 2.3의 이정표에서 우리가 어디에 위치해 있는지 주목하라. 우리는 지도의 왼편 가지에 열거한 항목을 이제 끝마쳤다. 유체 유동의 기본 물리학을 포함하는 기본 유동 방정식을 비로소 얻은 것이다. 이제부터는 오른편 가지에 위치한 내용을 다루고자 한다. 이는 기본 유동 방정식의 응용에 도움이 되는 유용한 개념에 관한 것이다.

2.9 실체적 도함수 *Substantial Derivative*

그림 2.26과 같이 유동장 내에서 이동 중인 작은 유체 요소를 고려해 보자. 이는 특정 유동장 내에서 움직이고 있는 유체 요소의 개념을 소개했던 그림 2.16을 확장한 것이다. 속도장은 $V = u\mathbf{i} + v\mathbf{j} + w\mathbf{k}$로 주어지며, 여기서

$$u = u(x, y, z, t)$$
$$v = v(x, y, z, t)$$
$$w = w(x, y, z, t)$$

추가로 밀도장이 아래와 같이 주어진다.

$$\rho = \rho(x, y, z, t)$$

시간 t_1에서 유체 요소는 유동 내 점 1에 위치해 있으며(그림 2.26 참조), 그 밀도는 아래와 같이 주어진다.

$$\rho_1 = \rho(x_1, y_1, z_1, t_1)$$

이후의 시간 t_2에서 같은 유체 요소는 그림 2.26에서와 같이 유동장 내 다른 위치인 점 2로 이동한다. 이러한 새로운 시간과 위치에서 유체 요소의 밀도는 아래와 같이 표시된다.

$$\rho_2 = \rho(x_2, y_2, z_2, t_2)$$

$\rho = \rho(x, y, z, t)$이므로, 우리는 이 함수를 점 1에서 다음과 같이 테일러 급수(Taylor series)로 전개할 수 있다.

$$\rho_2 = \rho_1 + \left(\frac{\partial \rho}{\partial x}\right)_1 (x_2 - x_1) + \left(\frac{\partial \rho}{\partial y}\right)_1 (y_2 - y_1) + \left(\frac{\partial \rho}{\partial z}\right)_1 (z_2 - z_1)$$

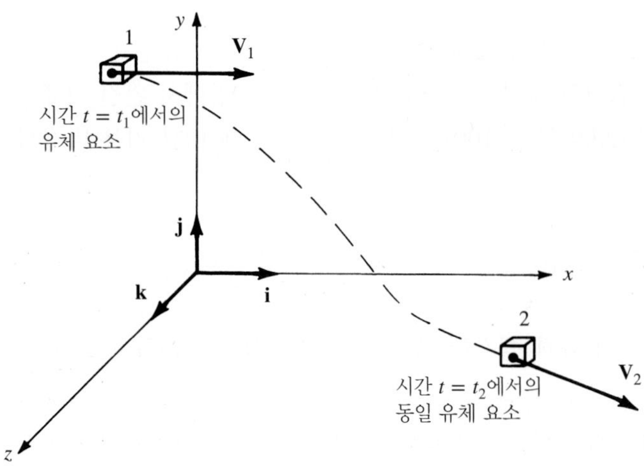

그림 2.26 유동장 내를 이동 중인 유체 요소—실체적 도함수를 설명하기 위한 그림 표현

$$+\left(\frac{\partial \rho}{\partial t}\right)_1 (t_2 - t_1) + \text{차수가 높은 항들}$$

각 항을 $t_2 - t_1$으로 나누고 차수가 높은 항들을 무시하면 다음 식을 얻는다.

$$\frac{\rho_2 - \rho_1}{t_2 - t_1} = \left(\frac{\partial \rho}{\partial x}\right)_1 \frac{x_2 - x_1}{t_2 - t_1} + \left(\frac{\partial \rho}{\partial y}\right)_1 \left(\frac{y_2 - y_1}{t_2 - t_1}\right) + \left(\frac{\partial \rho}{\partial z}\right)_1 \frac{z_2 - z_1}{t_2 - t_1} + \left(\frac{\partial \rho}{\partial t}\right)_1 \tag{2.101}$$

식 (2.101)의 좌변에 대한 물리적 의미를 생각해 보자. $(\rho_2 - \rho_1)/(t_2 - t_1)$ 항은 유체 요소가 점 1에서 점 2로 이동하는 동안의 밀도에 대한 *평균* 변화율이다. 극한적으로 t_2를 t_1에 근접시키면 이 항은 아래와 같이 표현할 수 있다.

$$\lim_{t_2 \to t_1} \frac{\rho_2 - \rho_1}{t_2 - t_1} = \frac{D\rho}{Dt}$$

여기서 $D\rho/Dt$는 유체 요소가 점 1을 통과할 때의 *순간적*인 밀도 변화율을 표시하는 기호이다. 정의에 의해 이 기호를 *실체적 도함수*(substantial derivative) D/Dt라 칭한다. $D\rho/Dt$는 공간상에서 *주어진 유체* 요소가 움직일 때 밀도의 시간에 대한 변화율임에 주목하라. 여기서 우리의 시선을 움직이고 있는 유체 요소에 고정시킨 후, 이 유체 요소가 점 1을 통과할 때의 밀도 변화를 살피는 것이다. 이와는 다른 형태로 $(\partial\rho/\partial t)_1$은 물리적으로 *고정된* 위치 점 1에서의 밀도의 시간에 대한 변화율을 의미한다. $(\partial\rho/\partial t)_1$의 경우는 시선을 점 1에 고정시킨 후, 유동장 내 과도기적 요동으로부터 기인하는 밀도 변화를 살피는 것이다. 따라서 $D\rho/Dt$와 $\partial\rho/\partial t$는 물리적으로 그리고 수치적으로 서로 다른 양이다.

식 (2.101)로 돌아가 아래 사항에 주목하라.

$$\lim_{t_2 \to t_1} \frac{x_2 - x_1}{t_2 - t_1} \equiv u$$

$$\lim_{t_2 \to t_1} \frac{y_2 - y_1}{t_2 - t_1} \equiv v$$

$$\lim_{t_2 \to t_1} \frac{z_2 - z_1}{t_2 - t_1} \equiv w$$

따라서 식 (2.101)에 $t_2 \to t_1$의 극한을 취하면 다음 식을 얻는다.

$$\frac{D\rho}{Dt} = u\frac{\partial \rho}{\partial x} + v\frac{\partial \rho}{\partial y} + w\frac{\partial \rho}{\partial z} + \frac{\partial \rho}{\partial t} \tag{2.102}$$

식 (2.102)를 자세히 살펴보면, 이로부터 우리는 직교 좌표계에서의 실체적 도함수에 대한 표현식을 얻을 수 있다.

$$\frac{D}{Dt} \equiv \frac{\partial}{\partial t} + u\frac{\partial}{\partial x} + v\frac{\partial}{\partial y} + w\frac{\partial}{\partial z} \tag{2.103}$$

더구나 직교 좌표계에서 벡터 연산자 ∇는 다음과 같이 정의된다.

$$\nabla \equiv \mathbf{i}\frac{\partial}{\partial x} + \mathbf{j}\frac{\partial}{\partial y} + \mathbf{k}\frac{\partial}{\partial z}$$

따라서 식 (2.103)은 다음과 같이 표현할 수 있다.

$$\boxed{\frac{D}{Dt} \equiv \frac{\partial}{\partial t} + (\mathbf{V} \cdot \nabla)} \tag{2.104}$$

식 (2.104)는 실체적 도함수의 정의를 벡터 기호로 표시한 것이며, 이는 좌표계의 종류에 상관없이 항상 성립한다.

식 (2.104)를 자세히 살펴보면, 실체적 도함수 D/Dt는 물리적으로 움직이는 유체 요소를 따라가면서 관찰할 수 있는 시간에 대한 변화율이며, *국소적 도함수*(local derivative) $\partial/\partial t$는 물리적으로 고정된 지점에서의 시간에 대한 변화율이라는 것을 다시 강조하고자 한다. $\mathbf{V} \cdot \nabla$는 *대류 도함수*(convective derivative)라 칭하며, 이는 물리적으로 유동 특성이 공간상의 위치에 따라 변하는 유동장 내에서 유체 요소가 어느 한 점에서 다른 점으로 이동하기 때문에 발생하는 시간에 대한 변화율이다. 실체적 도함수는 어느 종류의 유동장 변수(예를 들어 Dp/Dt, DT/Dt, Du/Dt)에도 적용할 수 있다. 즉,

$$\frac{DT}{Dt} \equiv \underbrace{\frac{\partial T}{\partial t}}_{\text{국소적 도함수}} + \underbrace{(\mathbf{V}\cdot\nabla)T}_{\text{대류 도함수}} \equiv \frac{\partial T}{\partial t} + u\frac{\partial T}{\partial x} + v\frac{\partial T}{\partial y} + w\frac{\partial T}{\partial z} \tag{2.105}$$

식 (2.105)는 물리적으로 유동 내 어느 한 점을 유체 요소가 통과할 때 온도가 변하는데, 첫째는 그 점에서 유동장 온도가 시간에 따라 요동하며 변하기 때문이고(국소적 도함수), 둘째는 위치마다 온도가 다른 유동장 내를 유체 요소가 다른 위치를 향해 움직이기 때문에(대류 도함수) 발생한다는 것을 의미한다.

다음의 일례를 통해 실체적 도함수의 물리적 의미를 정확히 이해할 수 있을 것이다. 여러분이 등산하여 이제 막 동굴 입구에 서 있다고 하자. 동굴 안은 동굴 밖보다 더 시원하다. 따라서 동굴 입구를 통과하여 안으로 걸어 들어갈수록 온도가 떨어지는 것을 느끼게 된다. 이는 식 (2.105)의 대류 도함수와 유사하다. 그러나 동굴 입구를 통과하는 순간 친구가 던진 눈뭉치에 맞았다고 가정해 보자. 눈뭉치를 맞았을 때 순간적이지만 추가로 온도 강하를 느낄 것이며, 이것은 식 (2.105)의 국소적 도함수와 유사하다. 따라서 동굴 입구를 걸어 들어가는 순간 느낄 수 있는 순 온도 강하는 동굴 안으로 움직이는 순간 발생한 두 가지 사건의 조합, 즉 동굴 안이 더 시원한 것과 동시에 눈뭉치를 맞으며 느끼는 온도 강하에 의한 것을 합친 순 온도 강하이며, 이는 식 (2.105)의 실체적 도함수와 유사하다.

예제 2.3

예제 2.1에서 다루었던 물결 모양 벽면 위에서의 아음속 압축성 유동을 다시 돌아보도록 하자. 이 예제에서 우리는 $(x/\ell, y/\ell) = (\frac{1}{4}, 1)$ 지점에서 단위 체적당 유체 요소의 체적 변화율을 계산했으며, 그 값은 $-0.7327\ \text{s}^{-1}$이었다. 즉, 유체 요소가 해당 위치를 통과할 때 체적이 초당 73% 비율로 *감소*하는 것을 경험한다는 의미이며, 이는 실체적 순간 변화율(substantial instantaneous rate of change)이다. 더구나 예제 2.1에서 체적이 감소하므로 밀도는 증가하며, 따라서 $(\frac{1}{4}, 1)$ 지점은 압축 영역임에 유의하자. 이는 점 $(\frac{1}{4}, 1)$ 지점을 통과하면서 유체 요소의 속도가 감소한다는 것을 암시한다. 즉, 유체 요소가 *감속*을 경험하게 된다는 의미이다. 이 점에서 속도 감소값을 계산하라.

■ 풀이

가속(또는 감속)은 물리적으로 속도의 시간에 대한 변화율이다. 움직이는 유체 요소의 속도의 시간에 대한 변화율은 실체적 도함수에 대한 물리적 의미로부터 속도의 실체적 도함수를 뜻한다. 직교 좌표계를 사용하기로 하자. 예제 2.1의 2차원 유동에서 x와 y 방향으로의 가속도를 각각 a_x와 a_y로 표시하자. 여기서

$$a_x = \frac{Du}{Dt} = u\frac{\partial u}{\partial x} + v\frac{\partial u}{\partial y} \tag{E2.1}$$

그리고

$$a_y = \frac{Dv}{Dt} = u\frac{\partial v}{\partial x} + v\frac{\partial v}{\partial y} \tag{E2.2}$$

예제 2.1에 u와 v에 대한 방정식이 아래와 같이 주어져 있다.

$$u = V_\infty\left[1 + \frac{h}{\beta}\frac{2\pi}{\ell}\left(\cos\frac{2\pi x}{\ell}\right)e^{-2\pi\beta y/\ell}\right] \tag{2.35}$$

그리고

$$v = -V_\infty h\frac{2\pi}{\ell}\left(\sin\frac{2\pi x}{\ell}\right)e^{-2\pi\beta y/\ell} \tag{2.36}$$

여기서

$$\beta = \sqrt{1 - M_\infty^2}$$

식 (2.35)로부터

$$\frac{\partial u}{\partial x} = -\frac{V_\infty h}{\beta}\left(\frac{2\pi}{\ell}\right)^2\left(\sin\frac{2\pi x}{\ell}\right)e^{-2\pi\beta y/\ell} \tag{E2.3}$$

그리고

$$\frac{\partial u}{\partial y} = -V_\infty h\left(\frac{2\pi}{\ell}\right)^2\left(\cos\frac{2\pi x}{\ell}\right)e^{-2\pi\beta y/\ell} \tag{E2.4}$$

식 (2.36)으로부터

$$\frac{\partial v}{\partial x} = -V_\infty h\left(\frac{2\pi}{\ell}\right)^2\left(\cos\frac{2\pi x}{\ell}\right)e^{-2\pi\beta y/\ell} \tag{E2.5}$$

그리고

$$\frac{\partial u}{\partial y} = V_\infty h\,\beta\left(\frac{2\pi}{\ell}\right)^2\left(\cos\frac{2\pi x}{\ell}\right)e^{-2\pi\beta y/\ell} \tag{E2.6}$$

예제 2.1의 물결파 벽면에서 파장 $\ell = 1.0$ m, 진폭 $h = 0.01$ m(그림 2.17 참조)이다. 아울러 예제 2.1에서 $V_\infty = 240$ m/s, $M_\infty = 0.7$이다. 이러한 조건에서 우리는 $(x, y) = (\frac{1}{4}, 1)$을 통과하는 유체 요소에 대한 계산을 수행하고자 한다.

$$\frac{2\pi}{\ell} = \frac{2\pi}{1.0} = 6.283$$

$$\beta = \sqrt{1 - M_\infty^2} = \sqrt{1-(0.7)^2} = 0.714$$

$$\frac{2\pi\beta y}{\ell} = 6.283\,(0.714)(1.0) = 4.486$$

$$e^{-2\pi\beta y/\ell} = e^{-4.486} = 0.01126$$

$$\sin\frac{2\pi x}{\ell} = \sin\frac{2\pi}{4} = \sin\frac{\pi}{2} = 1$$

$$\cos\frac{2\pi x}{\ell} = \cos\frac{\pi}{2} = 0$$

식 (2.35)로부터

$$u = V_\infty\left[1 + \frac{h}{\beta}\frac{2\pi}{\ell}\left(\cos\frac{2\pi x}{\ell}\right)e^{-2\pi\beta y/\ell}\right]$$

$$u = V_\infty = 240\,\mathrm{m/s}$$

식 (2.36)으로부터

$$v = -V_\infty h\frac{2\pi}{\ell}\left(\sin\frac{2\pi x}{\ell}\right)e^{-2\pi\beta y/\ell}$$

$$v = -(240)(0.01)(6.283)(1)(0.01126)$$

$$v = -0.1698\,\mathrm{m/s}$$

식 (E2.3)으로부터

$$\frac{\partial u}{\partial x} = -\frac{V_\infty h}{\beta}\left(\frac{2\pi}{\ell}\right)^2\left(\sin\frac{2\pi x}{\ell}\right)e^{-2\pi\beta y/\ell}$$

$$\frac{\partial u}{\partial x} = -\frac{(240)(0.01)}{0.714}(6.283)^2(1)(0.01126)$$

$$\frac{\partial u}{\partial x} = -1.494\,\mathrm{s}^{-1}$$

식 (E2.4)로부터

$$\frac{\partial u}{\partial y} = -V_\infty h \left(\frac{2\pi}{\ell}\right)^2 \left(\cos\frac{2\pi x}{\ell}\right) e^{-2\pi\beta y/\ell}$$

$$\frac{\partial u}{\partial y} = 0$$

식 (E2.5)로부터

$$\frac{\partial v}{\partial x} = -V_\infty h \left(\frac{2\pi}{\ell}\right)^2 \left(\cos\frac{2\pi x}{\ell}\right) e^{-2\pi\beta y/\ell}$$

$$\frac{\partial v}{\partial x} = 0$$

식 (E2.6)으로부터

$$\frac{\partial v}{\partial y} = V_\infty h\,\beta \left(\frac{2\pi}{\ell}\right)^2 \left(\sin\frac{2\pi x}{\ell}\right) e^{-2\pi\beta y/\ell}$$

$$\frac{\partial v}{\partial y} = (240)(0.01)(0.714)(6.283)^2(1)(0.01126)$$

$$\frac{\partial v}{\partial y} = 0.7617\ \mathrm{s}^{-1}$$

위 값들을 식 (E2.1)에 대입하면 다음 식을 얻는다.

$$a_x = u\frac{\partial u}{\partial x} + v\frac{\partial u}{\partial y} = (240)(-1.494) - (0.1698)(0)$$

$$a_x = -358.56\ \mathrm{m/s^2}$$

식 (E2.2)로부터

$$a_y = u\frac{\partial u}{\partial x} + v\frac{\partial v}{\partial y}$$

$$a_y = (240)(0) - (0.1698)(0.7617) = -0.129\ \mathrm{m/s^2}$$

가속도의 절대값은

$$|a| = \sqrt{a_x^2 + a_y^2} = \sqrt{(-358.56)^2 + (-0.129)^2}$$

$$|a| = 358.6\ \mathrm{m/s^2}$$

a_x와 a_y가 모두 음이므로 가속도는 음의 값임에 주목하라. 즉, 유체 요소는 점 ($\frac{1}{4}$, 1)을 통과하면서 아래 값만큼의 *감속*을 경험하는 것이다.

$$\boxed{\text{감속} = 358.6\ \mathrm{m/s^2}}$$

또한 x 방향으로의 가속도가 크고, y 방향 가속도는 매우 작다.

지구상에서 해면에서의 중력 가속도는 9.8 m/s^{2}이다. 이 예제에서의 유체 요소는 국소적으로 중력 가속도의 36.6배에 달하는 감속도를 경험한다. 즉, 유체 요소가 점 ($\frac{1}{4}$, 1)을 통과하는 순간 36.6 g라는 큰 값의 감속도를 경험하게 되는 것이다. 이는 예제 2.1에서 유체 요소가 초당 73.3%에 달하는 매우 급속한 체적 변화율을 동시에 경험하게 된다는 결과와 일맥상통한다(인간의 경우 생명을 위협하는 부상을 당하기 전까지 10 g 정도의 가속도와 감속도를 겨우 수 초 동안 감내할 수 있다). 그림 2.17의 유동장과 여기서 다룬 예제 2.1은 상대적으로 완만한 경우로서, 실제로 균일한 자유흐름 유동으로부터 크지 않은 양의 교란(perturbation)이 발생한다. 11장에서 아음속 미소 교란 유동(subsonic small perturbation flows)을 다루기로 한다. 그러나 이 예제의 경우 유체 요소가 비교적 조용한 유동장 내를 움직이고 있는 경우라 해도 주변으로부터 극도로 밀리는 힘을 경험하고 있다고 볼 수 있다. 유체 요소 주변에서 밀어붙이는 힘은 2.5절에서 설명한 것과 같이 유동 내 압력구배로부터 공급된다.

2.10 실체적 도함수로 표시한 기본 방정식 *Fundamental Equations in Terms of the Substantial Derivative*

이 절에서 우리는 연속, 운동량, 에너지 방정식을 실체적 도함수를 사용하여 표시해 보기로 한다. 이를 위해 먼저 다음의 벡터 관계식을 사용할 것이다.

$$\nabla \cdot (\rho \mathbf{V}) \equiv \rho \nabla \cdot \mathbf{V} + \mathbf{V} \cdot \nabla \rho \tag{2.106}$$

말로 표현하면, 이 관계식은 스칼라량에 벡터를 곱한 것의 발산(divergence)은 스칼라량에 벡터의 발산을 곱한 것 더하기 스칼라량의 구배(gradient)와 벡터를 서로 내적(dot product)시킨 것과 같음을 의미한다.

먼저 식 (2.52)로 주어진 연속 방정식을 고려해 보자.

$$\frac{\partial \rho}{\partial t} + \nabla \cdot (\rho \mathbf{V}) = 0 \tag{2.52}$$

식 (2.106)으로 주어진 벡터 관계식을 사용하면 식 (2.52)는 다음과 같이 표시된다.

$$\frac{\partial \rho}{\partial t} + \mathbf{V} \cdot \nabla \rho + \rho \nabla \cdot \mathbf{V} = 0 \tag{2.107}$$

그러나 식 (2.107)의 앞에 두 항의 합은 ρ의 실체적 도함수이다[식 (2.104) 참조]. 따라서 식 (2.107)로부터,

$$\boxed{\frac{D\rho}{Dt} + \rho \nabla \cdot \mathbf{V} = 0} \tag{2.108}$$

식 (2.108)은 연속 방정식을 실체적 도함수를 사용하여 표시한 형태이다.

다음은 식 (2.70*a*)로 주어진 x 방향 운동량 방정식을 고려해 보자.

$$\frac{\partial(\rho u)}{\partial t} + \nabla \cdot (\rho u \mathbf{V}) = -\frac{\partial p}{\partial x} + \rho f_x + (\mathcal{F}_x)_{\text{viscous}} \tag{2.70a}$$

처음 항은 다음과 같이 풀어 쓸 수 있다.

$$\frac{\partial(\rho u)}{\partial t} = \rho \frac{\partial u}{\partial t} + u \frac{\partial \rho}{\partial t} \tag{2.109}$$

식 (2.70*a*)의 두 번째 항에서 u는 스칼라량으로, $\rho \mathbf{V}$는 벡터량으로 취급한다. 그러면 식 (2.106)의 벡터 관계식을 이용하여 아래와 같이 전개할 수 있다.

$$\nabla \cdot (\rho u \mathbf{V}) \equiv \nabla \cdot [u(\rho \mathbf{V})] = u \nabla \cdot (\rho \mathbf{V}) + (\rho \mathbf{V}) \cdot \nabla u \tag{2.110}$$

식 (2.109)와 (2.110)을 식 (2.70*a*)에 대입하면 다음 식을 얻는다.

$$\rho \frac{\partial u}{\partial t} + u \frac{\partial \rho}{\partial t} + u \nabla \cdot (\rho \mathbf{V}) + (\rho \mathbf{V}) \cdot \nabla u = -\frac{\partial p}{\partial x} + \rho f_x + (\mathcal{F}_x)_{\text{viscous}}$$

또는

$$\rho \frac{\partial u}{\partial t} + u \left[\frac{\partial \rho}{\partial t} + \nabla \cdot (\rho \mathbf{V}) \right] + (\rho \mathbf{V}) \cdot \nabla u = -\frac{\partial p}{\partial x} + \rho f_x + (\mathcal{F}_x)_{\text{viscous}} \tag{2.111}$$

대괄호 안에 있는 두 항을 살펴보라. 이들은 식 (2.52)의 연속 방정식의 좌변과 일치한다. 식 (2.52)의 우변은 0이므로 대괄호 안에 있는 양들의 합도 역시 0이다. 따라서 식 (2.111)은 아래와 같다.

$$\rho \frac{\partial u}{\partial t} + \rho \mathbf{V} \cdot \nabla u = -\frac{\partial p}{\partial x} + \rho f_x + (\mathcal{F}_x)_{\text{viscous}}$$

또는

$$\rho\left(\frac{\partial u}{\partial t}+\mathbf{V}\cdot\nabla u\right)=-\frac{\partial p}{\partial x}+\rho f_x+(\mathcal{F}_x)_{\text{viscous}} \tag{2.112}$$

식 (2.112)에서 괄호 안에 있는 두 항을 살펴보면, 이들의 합이 실체적 도함수 Du/Dt와 같음을 알 수 있다. 따라서 식 (2.112)는 아래와 같이 표시된다.

$$\rho\frac{Du}{Dt}=-\frac{\partial p}{\partial x}+\rho f_x+(\mathcal{F}_x)_{\text{viscous}} \tag{2.113a}$$

유사한 방법으로 식 (2.70*b*와 *c*)는 다음으로 귀결된다.

$$\rho\frac{Dv}{Dt}=-\frac{\partial p}{\partial y}+\rho f_y+(\mathcal{F}_y)_{\text{viscous}} \tag{2.113b}$$

$$\rho\frac{Dw}{Dt}=-\frac{\partial p}{\partial z}+\rho f_z+(\mathcal{F}_z)_{\text{viscous}} \tag{2.113c}$$

식 (2.113*a*~*c*)는 x, y, z 방향의 *운동량 방정식*을 실체적 도함수 항으로 표시한 것이다. 이들 방정식을 식 (2.70*a*~*c*)와 비교해 보라. 두 세트의 방정식에서 우변은 변하지 않았으며 오로지 좌변만이 다르게 표현됨을 알 수 있다.

유사한 방법으로 식 (2.96)으로 표시된 에너지 방정식을 실체적 도함수 항을 사용하여 다시 표시할 수 있다. 유도 과정은 숙제로 남겨두기로 하고, 결과식을 소개하면 다음과 같다.

$$\rho\frac{D(e+V^2/2)}{Dt}=\rho\dot{q}-\nabla\cdot(p\mathbf{V})+\rho(\mathbf{f}\cdot\mathbf{V})+\dot{Q}'_{\text{viscous}}+\dot{W}'_{\text{viscous}} \tag{2.114}$$

역시 식 (2.96)과 (2.114)의 우변은 같고, 단지 좌변만 다르게 표현된다.

현대 공기역학에서 식 (2.52), (2.70*a*~*c*), (2.96)으로 표시된 형태를 일상적으로 기본 방정식의 *보존형*(conservation form)이라 칭한다[간혹 이들 방정식을 *발산형*(divergence form)이라 부르기도 하는데, 이는 좌변에 발산항이 있기 때문이다]. 반면 식 (2.108), (2.113*a*~*c*), (2.114)는 좌변이 실체적 도함수로 표시되며, 이들을 *비보존형*(nonconservation form)이라 칭한다. 두 가지 형태 모두 기본적 원리를 타당하게 표시하고 있으며, 대부분의 경우 어느 한 가지 형태의 식을 특별히 선택하여 사용해야 할 이유는 없다. 비보존형 표현이 종종 교재 또는 공기역학 이론에 등장한다. 그러나 공기역학 문제에 대한 수치해를 구하는 데 있어 보존형이 보다 정확한 결과를 제공할 수 있다. 따라서 현대 전산유체역학 원리에서는 보존형과 비보존형의 차이가 점점 중요한 의미를 갖는다(보다 상세한 내용은 참고문헌 7 참조).

2.11 유동의 경로선, 유선, 그리고 유맥선 *Pathlines, Streamlines, and Streaklines of a Flow*

공기역학에서 밀도, 압력, 온도, 속도장을 구하는 것 외에 '유동이 어디로 가는지'에 대하여 그림으로 표시할 경우가 있다. 이를 위해 우리는 유동의 경로선(pathlines) 그리고/또는 유선(streamlines)을 표시하는 다이어그램을 작성한다. 이 절에서는 경로선과 유선의 차이점에 대하여 기술하기로 한다.

속도장이 $\mathbf{V}=\mathbf{V}(x, y, z, t)$로 주어진 비정상 유동을 고려해 보자. 또한 그림 2.27*a*에서와 같이 유동장 내를 움직이는 미소 유체 요소 *A*를 고려해 보자. 요소 *A*가 점 1을 지나고 있다. 그림 2.27*a*의 점선으로 주어진 요소 *A*가 점 1로부터 후류 방향으로 움직인 경로를 추적해 보자. 이러한 경로를 요소 *A*에 대한 *경로선*(pathline)이라 정의한다. 이제 그림 2.27*b*에서 보듯이 다른 유체 요소(요소 *B*라 하자)의 경로를 추적해 보자. 요소 *B* 역시 점 1을 통과하지만, 요소 *A*와는 다른 시각에 통과한다고 가정하자. 요소 *B*의 경로선이 그림 2.27*b*에 점선으로 주어져 있다. 유동이 비정상이므로 점 1에서의 속도(그리고 다른 모든 유동 내 위치에 대해서도)는 시간에 따라 변한다. 따라서 요소 *A*와 *B*의 경로선

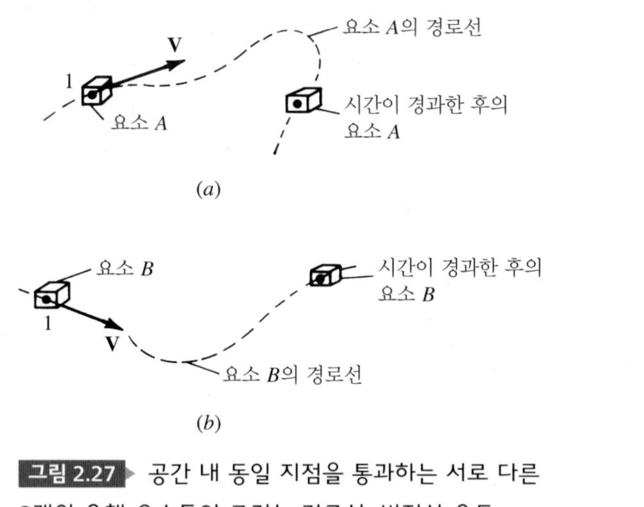

그림 2.27 공간 내 동일 지점을 통과하는 서로 다른 2개의 유체 요소들이 그리는 경로선: 비정상 유동

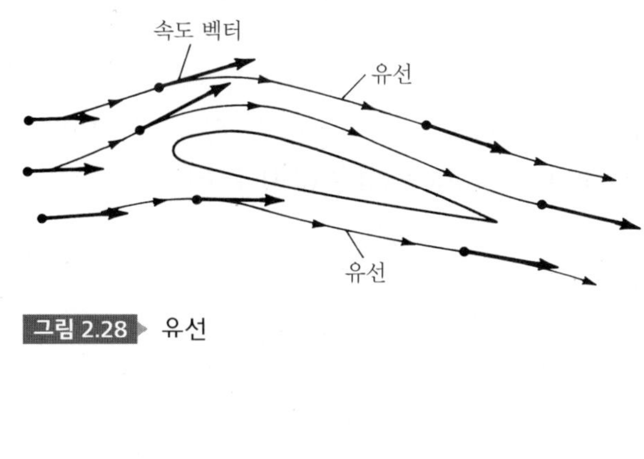

그림 2.28 유선

은 그림 2.27*a*와 *b*로 나타나는 서로 다른 곡선이다. 일반적으로 *비정상* 유동에서 같은 지점을 통과하는 서로 다른 유체 요소의 경로선은 서로 다르다.

1.4절에서 다소간 귀납적인 표현으로 유선(streamline)의 개념에 대해 소개했다. 여기서 이에 대해 보다 명확하게 설명해 보기로 하자. 정의에 의해 *유선*은 곡선상의 모든 점에서 접하는 방향이 속도 벡터의 방향과 같은 선이다. 그림 2.28에 유선을 나타냈다. 유선은 유선 상의 모든 점에서 그린 접선 방향이 그 점에서의 속도 벡터 방향과 같은 곡선이다. 만약 유동이 비정상이라면 다른 시각에서의 유선 형태는 서로 달라진다. 왜냐하면 시간에 따라 속도의 크기와 방향이 변하기 때문이다.

일반적으로 유선과 경로선은 서로 다르다. 여러분은 지정한 유체 요소에 대하여 시간 경과 노출 사진(time-exposure photograph)을 통해 경로선을 가시화할 수 있다. 반면 유선 형태는 유동의 동영상에서 어느 순간의 한 프레임과 같은 것이다. 비정상 유동에서 유선 형태는 계속 변한다. 따라서 동영상에서의 각 '프레임'은 서로 다르다.

그러나 *정상 유동*의 경우(이 책에서 소개하는 대부분의 응용문제는 이 경우에 해당) 모든 점에서 속도 벡터의 크기와 방향은 고정되어 있으며, 시간에 따라 변하지 않는다. 따라서 같은 점을 통과하는 서로 다른 유체 요소의 경로선은 모두 같다. 더구나 경로선과 유선은 서로 일치한다. 그러므로 정상 유동의 경우에는 경로선과 유선 사이에 아무런 차이가 없다. 그들은 공간상에서 같은 곡선인 것이다. 이러한 사실을 그림 2.29를 통해 강조하고 있으며, 여기서 점 1을 통과하면서 고정되어 시간에 따라 변하지 않는 유선(경로선)을 나타내고 있다. 그림 2.29에서 점 1을 통과하는 주어진 유체 요소는 후류 방향으로 경로선을 따라간다. 나중에 점 1을 통과하는 모든 후속 유체 요소들 역시 같은 경로선을 따른다. 속도 벡터가 경로선 상의 모든 점과 모든 시간에 대해 경로선 상에 접하는 방향이므로 경로선은 동시에 유선이기도 하다. 이 책의 나머지 부분에서는 경로선보다 주로 유선의 개념을 다룬다. 그러나 위에서 기술한 둘 사이의 차이점에 대해 항상 기억하기 바란다.

질문: 유동의 속도장이 주어져 있을 때, 유선에 대한 수학적 방정식을 어떻게 구할 수 있는가? 그림 2.29에 표시한

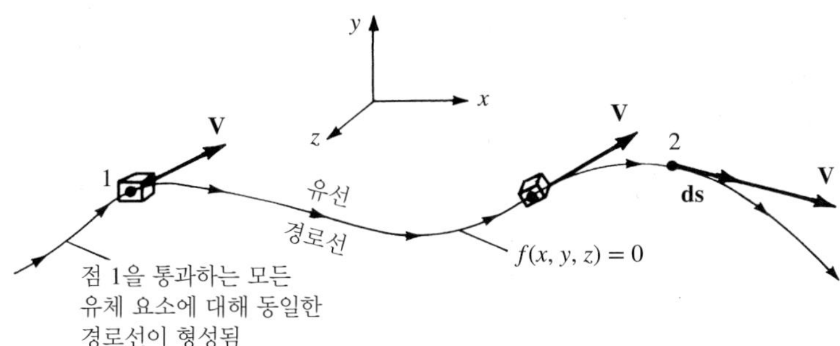

그림 2.29 정상 유동의 경우 유선과 경로선은 같다.

유선은 명확히 공간 내 곡선이며, 따라서 방정식 $f(x, y, z) = 0$으로 표시할 수 있다. 이러한 방정식을 어떻게 구할 수 있는가? 이 질문에 대한 답변으로 그림 2.29의 점 2에서 볼 수 있듯이 **ds**가 유선을 구성하는 하나의 방향성 요소(directed element)라 하자. 점 2에서의 속도는 **V**이며, 유선의 정의에 의해 **V**는 **ds**와 평행하다. 따라서 벡터 외적(cross product)의 정의로부터[식 (2.4) 참조],

$$\boxed{\mathbf{ds} \times \mathbf{V} = 0} \tag{2.115}$$

식 (2.115)는 유선에 대해 타당한 방정식이다. 이를 보다 알기 쉬운 형태로 만들기 위해 식 (2.115)를 직교 좌표계에서 전개하면,

$$\mathbf{ds} = dx\mathbf{i} + dy\mathbf{j} + dz\mathbf{k}$$

$$\mathbf{V} = u\mathbf{i} + v\mathbf{j} + w\mathbf{k}$$

$$\mathbf{ds} \times \mathbf{V} = \begin{vmatrix} \mathbf{i} & \mathbf{j} & \mathbf{k} \\ dx & dy & dz \\ u & v & w \end{vmatrix}$$

$$= \mathbf{i}(w\,dy - v\,dz) + \mathbf{j}(u\,dz - w\,dx) + \mathbf{k}(v\,dx - u\,dy) = 0 \tag{2.116}$$

식 (2.116)에 의해 주어진 벡터는 0이므로 그 성분들 역시 반드시 0이 되어야 한다.

$$w\,dy - v\,dz = 0 \tag{2.117a}$$

$$u\,dz - w\,dx = 0 \tag{2.117b}$$

$$v\,dx - u\,dy = 0 \tag{2.117c}$$

식 (2.117*a*~*c*)는 유선을 나타내는 미분 방정식이다. u, v, w를 x, y, z에 대한 함수로 알고 있다면, 식 (2.117*a*~*c*)를 적분함으로써 유선에 대한 방정식 $f(x, y, z) = 0$을 얻을 수 있다.

식 (2.117*a*~*c*)의 물리적 의미에 대한 이해를 돕기 위해, 그림 2.30*a*에 나타낸 2차원 유선을 생각해 보자. 이 유선의 방정식은 $y = f(x)$다. 따라서 점 1을 지나는 유선에서 기울기는 dy/dx다. 그러나 **V**의 x와 y 성분이 각각 u와 v라 하면, **V**는 점 1에서 유선에 접하는 방향이다. 따라서 유선의 기울기 역시 그림 2.30에서 보이는 바와 같이 v/u로 주어진다. 그러므로,

$$\boxed{\frac{dy}{dx} = \frac{v}{u}} \tag{2.118}$$

식 (2.118)은 2차원 유선에 대한 미분 방정식이다. 식 (2.118)로부터,

$$v\,dx - u\,dy = 0$$

이는 식 (2.117*c*)와 정확히 일치한다. 그러므로 식 (2.117*a*~*c*)와 (2.118)은 수학적으로 속도 벡터가 유선에 접하는 방

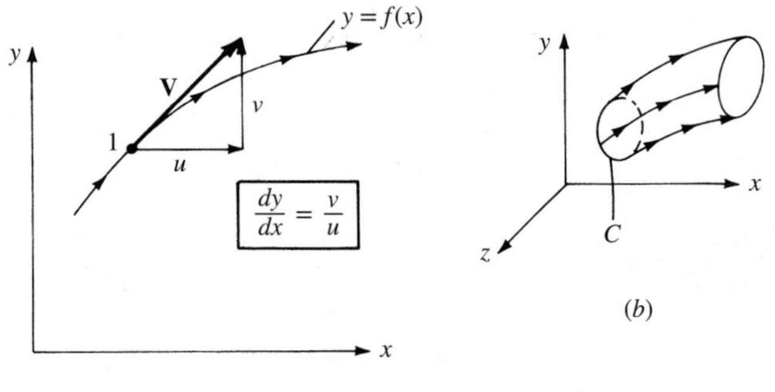

그림 2.30 (*a*) 2차원 직교 좌표 공간에서의 유선 방정식, (*b*) 3차원 공간에 표시한 유관

향이라는 것을 표시하고 있다.

유선과 관련된 개념으로 유관(streamtube)이 있다. 그림 2.30b와 같이 3차원 공간상의 임의의 폐곡선 C를 고려해 보자. C 상의 모든 점을 통과하는 유선을 생각하자. 이들 유선은 그림 2.30b와 같이 하나의 관을 형성하며, 이러한 관을 *유관*이라 한다. 예를 들어, 일반적인 정원용 호스의 벽면은 이 호스를 통과하는 수류에 대하여 하나의 유관을 형성한다. 정상 유동에서 적분형 연속 방정식[식 (2.53)]을 바로 응용하면 유관의 모든 단면을 통과하는 질량 유동은 일정하다는 것을 증명할 수 있다. (스스로 증명해 볼 것.)

예제 2.4

$u = y\,(x^2 + y^2)$ 그리고 $v = -x\,(x^2 + y^2)$으로 주어진 속도장을 고려해 보자. 점 (0, 5)를 통과하는 유선의 방정식을 구하라.

■ 풀이

식 (2.118)로부터 $dy/dx = v/u = -x/y$이며,

$$y\,dy = -x\,dx$$

이를 적분하면,

$$y^2 = -x^2 + c$$

여기서 c는 적분 상수이다.

(0, 5)를 지나는 유선에 대해 우리는 다음 식을 얻는다.

$$5^2 = 0 + c \quad 또는 \quad c = 25$$

따라서 유선 방정식은 다음과 같다.

$$x^2 + y^2 = 25$$

유선은 원점을 중심으로 하는 원의 형태로서 반경이 5이다.

유체 유동 가시화에 가장 일반적으로 사용하는 방법은 유선을 그리는 것이다. 비정상 유동에서도 *지정한* 유체 요소가 유동장 내에서 움직인 경로를 추적해 보는 것이 유용할 수 있다(즉, 유체 요소의 경로선을 추적). 그러나 유선 및 경로선의 개념과는 별도로 *유맥선*(streakline) 개념이 있다. 그림 2.31과 같이 유동장 내 고정되어 있는 한 점을 생각해 보자. 주어진 시간 구간 $t_2 - t_1$ 동안 점 1을 통과한 모든 유체 요소들을 생각하자. 그림 2.31에 표시했듯이 이들 유체 요소는 줄기에서 꼬리까지 연결된 코끼리 코와 같은 형태로 서로 연결되어 있다. 요소 A는 점 1의 위치를 시각 t_1에 통과한 유체 요소이다. 요소 B는 요소 A 바로 뒤에서 점 1을 통과한 다음 요소이다. 요소 C는 요소 B 바로 다음에 점 1을 통과한 요소이며 같은 방식으로 계속 이어진다. 그림 2.31은 시각 t_2에 시간 $t_2 - t_1$ 동안 점 1을 앞서 통과한 모든 유체 요소를 표시한 것이다. 이들 유체 요소를 모두 연결한 선이 *유맥선*(streakline)의 정의이다. 지정된 위치를 이전에 통과한 유체 요소들의 궤적이라고 유맥선을 보다 간결하게 정의할 수 있다. 유맥선 개념을 가시화하기 위해 우리가 점 1에서 유동장 내로 염료를 계속 뿜어낸다고 가정해 보자. 염료는 점 1에서 후류 방향으로 흘러가면서 그림 2.31의 x, y, z 공간 내에 곡선을 형성하게 된다. 이 곡선이 그림 2.31에 표시한 유맥선이다. 그림 3.48에 원형 단면 실린더 주위

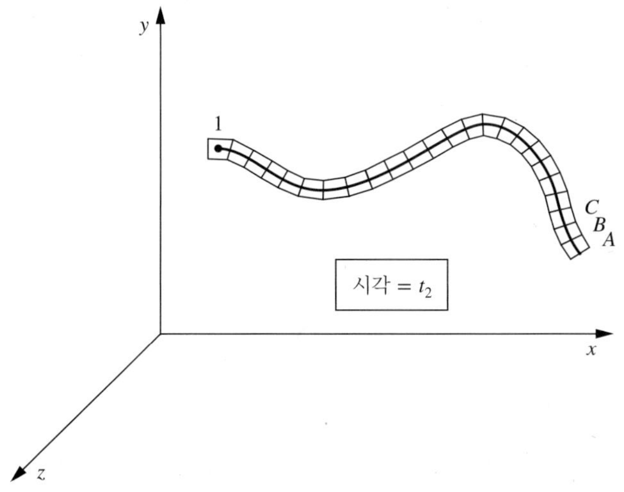

그림 2.31 ▶ 점 1을 통과하는 유맥선에 대한 그림 표시

의 수류에 대한 유맥선 사진을 수록했다. 실린더 표면상에 고정된 작은 전극 부근에서 발생하는 전기분해에 의해 지속적으로 생성되는 흰색 입자들이 흰색으로 표시되는 유맥선을 가시화하고 있다. 이들 흰색 입자들이 계속 이어지면서 후류 방향으로 흘러가 유맥선을 형성한다.

정상 유동에서는 경로선, 유선, 유맥선 모두가 같은 곡선이다. 비정상 유동인 경우에만 이들은 서로 달라진다. 따라서 이 책에서 주로 다루게 될 정상 유동의 경우 경로선, 유선, 유맥선에 대한 각각의 개념은 사실상 불필요하다.

2.12 각속도, 와도, 그리고 변형도 *Angular Velocity, Vorticity, and Strain*

앞에서 유동장 내를 통과하는 유체 요소에 대한 개념을 소개한 바 있다. 이 절에서는 유선을 따라 움직이는 유체 요소 운동에 대해, 특히 요소의 자세와 모양의 변화에 주의를 기울여 살펴보기로 한다. 그 과정 중에 우리는 이론 공기역학에서 가장 강력한 물리량 중 하나인 와도(vorticity)의 개념에 대해 소개할 것이다.

유동장 내에 움직이는 미소 유체 요소를 고려해 보자. 유선을 따라 유체 요소는 병진 운동을 하면서 동시에 *회전*할 수도 있고, 그림 2.32에 나타낸 것처럼 형상이 *변형*될 수도 있다. 회전과 변형 정도는 속도장에 좌우된다. 이 절의 목적은 이러한 영향의 정도를 정량화하는 것이다.

xy 평면상의 2차원 유동을 생각해 보자. 또한 유동 내 미소 유체 요소를 고려해 보자. 시각 t에서 이 유체 요소의 형상은 그림 2.33의 왼편에 나타낸 것과 같이 사각형 형태라고 가정한다. 이 유체 요소가 위로 그리고 오른편으로 움직이고 있다고 하자. 시각 $t + \Delta t$에서 유체 요소의 위치와 형상을 그림 2.33의 오른편에 표시했다. 시간 경과 Δt 동안 변 AB와 AC는 회전하여 각각 각변위 $-\Delta\theta_1$과 $\Delta\theta_2$만큼 움직였다(반시계 방향으로의 회전을 부호 규약에 의해 양으로 간주한다. 변 AB는 그림 2.33에서 시계 방향으로 회전했고, 따라서 각변위는 음의 부호를 갖는 $-\Delta\theta_1$이다). 이제 변 AC를 고려해 보자. 시간 Δt 동안 회전했기 때문에 점 C는 점 A와 다르게 움직였다. y 방향의 속도를 고려해 보자. 그림 2.33에서 보는 바와 같이 시각 t에서 점 A의 속도는 v다. 점 C는 점 A로부터 거리 dx만큼 떨어져 있으므로 시각 t에서 점 C의 수직 방향 속도 성분은 $v + (\partial v/\partial x)dx$로 주어진다. 따라서,

$$\text{시간 } \Delta t \text{ 동안 점 } A\text{가 } y \text{ 방향으로 이동한 거리} = v\Delta t$$

$$\text{시간 } \Delta t \text{ 동안 점 } C\text{가 } y \text{ 방향으로 이동한 거리} = \left(v + \frac{\partial v}{\partial x}dx\right)\Delta t$$

$$\text{점 } C\text{의 점 } A\text{에 대한 } y \text{ 방향 순 변위} = \left(v + \frac{\partial v}{\partial x}dx\right)\Delta t - v\Delta t = \left(\frac{\partial v}{\partial x}dx\right)\Delta t$$

이러한 순 변위가 그림 2.33의 오른편에 표시되어 있다. 그림 2.33의 기하학적 형상으로부터,

$$\tan\Delta\theta_2 = \frac{[(\partial v/\partial x)\,dx]\,\Delta t}{dx} = \frac{\partial v}{\partial x}\Delta t \tag{2.119}$$

$\Delta\theta_2$는 아주 작은 각도이므로, $\tan\Delta\theta_2 \approx \Delta\theta_2$다. 따라서 식 (2.119)는 아래와 같이 정리된다.

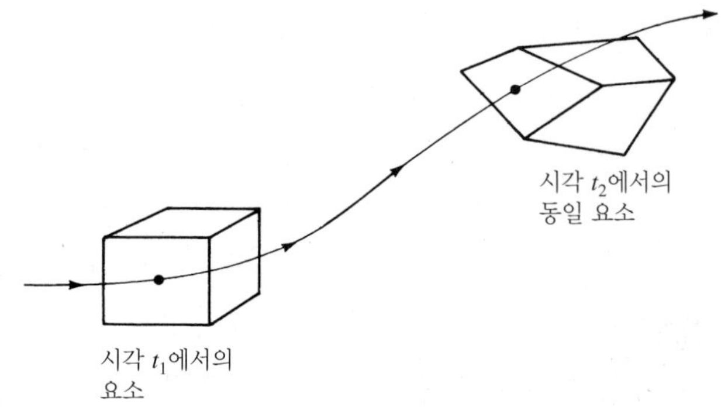

그림 2.32 유선을 따라가는 유체 요소의 운동은 병진 운동과 회전 운동의 조합으로 이루어진다. 또한 유체 요소의 형상이 변형을 일으킬 수 있다.

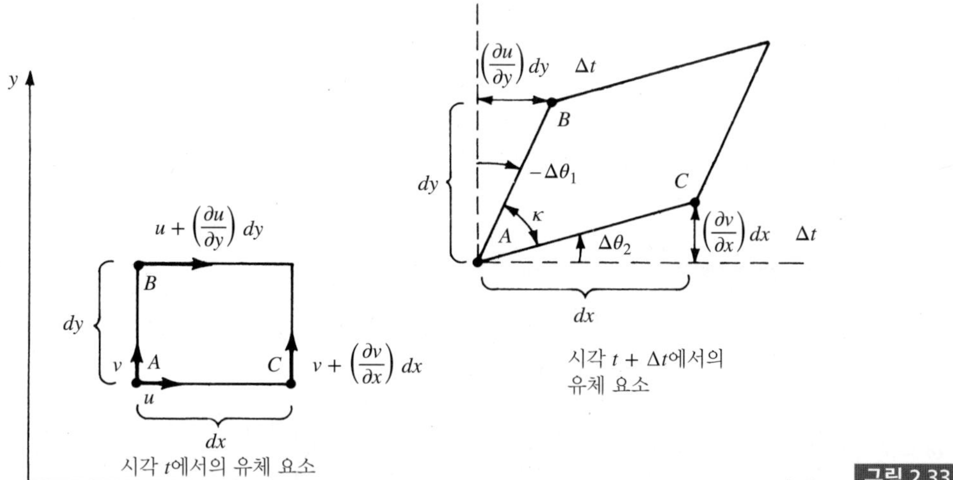

그림 2.33 유체 요소의 회전과 변형

$$\Delta\theta_2 = \frac{\partial v}{\partial x}\Delta t \tag{2.120}$$

이제 변 AB에 대해 생각해 보자. 그림 2.33에 보이는 바와 같이 시각 t에서 점 A의 x 성분 속도는 u다. 점 B는 점 A로부터 dy만큼 떨어져 있으므로, 시각 t에서 점 B의 수평 속도 성분은 $u + (\partial u/\partial y)dy$다. 위에서 설명한 것과 유사하게, Δt 동안 B의 A에 대한 x 방향으로의 순 변위는 그림 2.33에서와 같이 $[(\partial u/\partial y)dy]\ \Delta t$다. 따라서,

$$\tan(-\Delta\theta_1) = \frac{[(\partial u/\partial y)\, dy]\ \Delta t}{dy} = \frac{\partial u}{\partial y}\Delta t \tag{2.121}$$

$-\Delta\theta_1$이 작은 각도이므로, 식 (2.121)은 아래와 같이 정리할 수 있다.

$$\Delta\theta_1 = -\frac{\partial u}{\partial y}\Delta t \tag{2.122}$$

변 AB와 변 AC의 각속도를 각각 $d\theta_1/dt$와 $d\theta_2/dt$라 정의하자. 식 (2.122)로부터 다음 식을 얻을 수 있다.

$$\frac{d\theta_1}{dt} = \lim_{\Delta t\to 0}\frac{\Delta\theta_1}{\Delta t} = -\frac{\partial u}{\partial y} \tag{2.123}$$

식 (2.120)으로부터 다음 식을 얻는다.

$$\frac{d\theta_2}{dt} = \lim_{\Delta t\to 0}\frac{\Delta\theta_2}{\Delta t} = \frac{\partial v}{\partial x} \tag{2.124}$$

xy 평면 안에서 관찰되는 유체 요소의 각속도는 정의에 의해 변 AB와 변 AC가 나타내는 각속도 값의 평균값이다. ω_z를 이 각속도라 표시하면 정의에 의해,

$$\omega_z = \frac{1}{2}\left(\frac{d\theta_1}{dt} + \frac{d\theta_2}{dt}\right) \tag{2.125}$$

식 (2.123)과 (2.125)를 조합하면 아래 식으로 귀결된다.

$$\omega_z = \frac{1}{2}\left(\frac{\partial v}{\partial x} - \frac{\partial u}{\partial y}\right) \tag{2.126}$$

위 설명에서 우리는 xy 평면상에서의 운동만을 고려했다. 그러나 일반적으로 유체 요소는 3차원 공간상에서 운동하므로, 각속도는 벡터 $\boldsymbol{\omega}$로 표시하며 그림 2.34와 같이 공간상에서 일반적인 방향을 지시한다. 식 (2.126)에서 우리는 단지 $\boldsymbol{\omega}$의 z 방향 성분만을 구했다. 따라서 식 (2.125)와 (2.126)에 아래첨자 z를 표시한 것이다. $\boldsymbol{\omega}$의 x와 y 성분도 유사한 방법으로 구할 수 있다. 결론적으로 3차원 공간에서 유체 요소의 각속도는 다음과 같다.

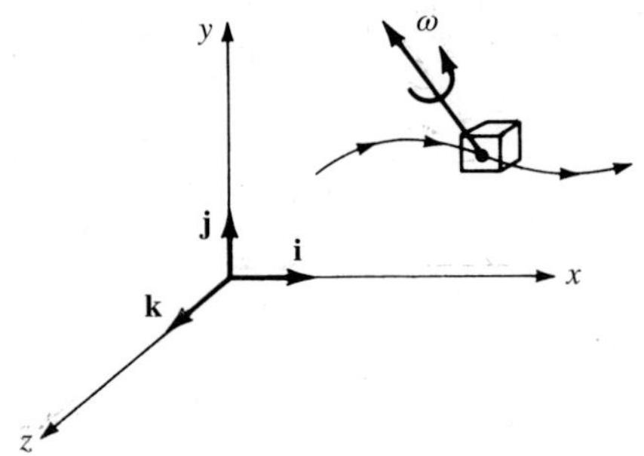

그림 2.34 3차원 공간에서 유체 요소의 각속도

$$\boldsymbol{\omega} = \omega_x \mathbf{i} + \omega_y \mathbf{j} + \omega_z \mathbf{k}$$

$$\boxed{\boldsymbol{\omega} = \frac{1}{2}\left[\left(\frac{\partial w}{\partial y} - \frac{\partial v}{\partial z}\right)\mathbf{i} + \left(\frac{\partial u}{\partial z} - \frac{\partial w}{\partial x}\right)\mathbf{j} + \left(\frac{\partial v}{\partial x} - \frac{\partial u}{\partial y}\right)\mathbf{k}\right]} \tag{2.127}$$

식 (2.127)이 최종 결과이며, 이는 유체 요소의 각속도를 속도장의 항, 또는 보다 정확하게 말해 속도장에 대한 도함수 항으로 표시한 것이다.

곧 알게 되겠지만 유체 요소의 각속도는 이론 공기역학에서 매우 중요한 역할을 한다. 그런데 종종 $2\boldsymbol{\omega}$ 항이 나타나는데, 이를 새로운 물리량으로서 *와도*(vorticity)라 정의하며 단순히 각속도의 2배인 양이다. 와도를 벡터 $\boldsymbol{\xi}$로 표시하자.

$$\boldsymbol{\xi} \equiv 2\boldsymbol{\omega}$$

따라서 식 (2.127)로부터

$$\boxed{\boldsymbol{\xi} = \left(\frac{\partial w}{\partial y} - \frac{\partial v}{\partial z}\right)\mathbf{i} + \left(\frac{\partial u}{\partial z} - \frac{\partial w}{\partial x}\right)\mathbf{j} + \left(\frac{\partial v}{\partial x} - \frac{\partial u}{\partial y}\right)\mathbf{k}} \tag{2.128}$$

직교 좌표계에서 $\nabla \times \mathbf{V}$에 대한 식 (2.22)를 다시 살펴보자. u, v, w는 각각 x, y, z 방향의 속도 성분이므로, 식 (2.22)와 (2.128)의 우변은 서로 동일하다. 따라서 우리는 다음과 같은 중요한 결론에 도달하게 된다.

$$\boxed{\boldsymbol{\xi} = \nabla \times \mathbf{V}} \tag{2.129}$$

속도장에서 속도 벡터에 컬(curl) 연산자를 취한 것은 와도와 같다.

위로부터 2개의 중요한 정의를 이끌어낼 수 있다.

1. 만약 유동 내 모든 점에서 $\nabla \times \mathbf{V} \neq 0$이라면, 유동을 *회전성*(rotational)이라 부른다. 이는 유체 요소가 유한한 값의 각속도를 갖고 있다는 것을 의미한다.
2. 만약 유동 내 모든 점에서 $\nabla \times \mathbf{V} = 0$이라면, 유동을 *비회전성*(irrotational)이라 부른다. 이는 유체 요소의 각속도가 0이라는 것을 의미한다. 다르게 표현하면 유체 요소의 공간상에서의 운동이 순전히 병진 운동인 경우이다.

그림 2.35에 회전성 유동을 나타냈다. 여기서 유체 요소는 여러 가지 형태의 회전 모드를 나타내면서 2개의 서로 다른 유선을 따라 움직이고 있다. 반면 그림 2.36에 비회전성 유동을 나타냈다. 여기서 위 유선에 표시한 것은 유체 요소 각 변의 각속도가 0인 경우이다. 아래 유선에 표시한 것은 유체 요소에서 서로 만나는 두 변의 각속도가 유한한 같은 크기를 가지면서 방향이 서로 반대인 경우로서, 이들의 합이 0이 된다. 두 경우 모두 유체 요소의 각속도는 0이다(즉, 유동이 비회전성이다).

만약 유동이 2차원이라면(xy 평면상이라 하자) 식 (2.128)로부터,

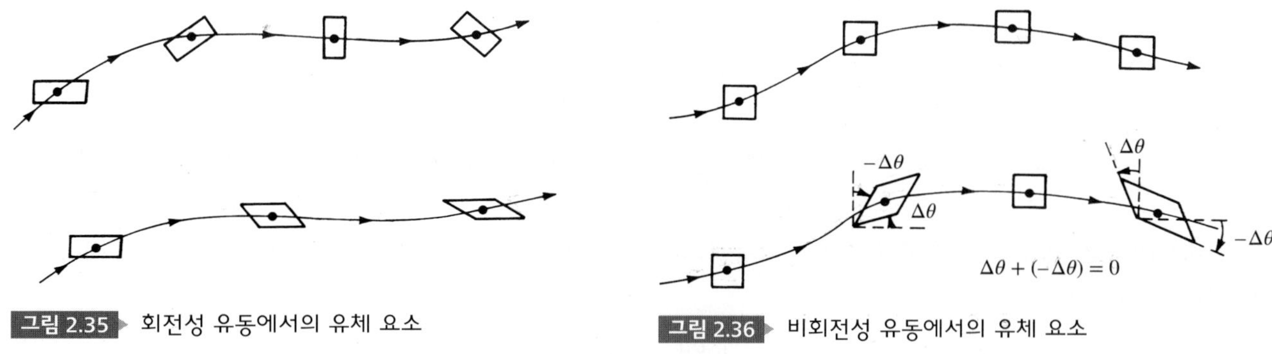

그림 2.35 회전성 유동에서의 유체 요소

그림 2.36 비회전성 유동에서의 유체 요소

$$\boldsymbol{\xi} = \xi_z \mathbf{k} = \left(\frac{\partial v}{\partial x} - \frac{\partial u}{\partial y} \right) \mathbf{k} \tag{2.130}$$

또한 유동이 비회전성이면 $\boldsymbol{\xi} = 0$이다. 따라서 식 (2.130)으로부터,

$$\boxed{\frac{\partial v}{\partial x} - \frac{\partial u}{\partial y} = 0} \tag{2.131}$$

식 (2.131)이 *2차원 유동에서의 비회전성 조건*(condition of irrotationality)이다. 식 (2.131)을 앞으로 종종 사용할 기회가 있을 것이다.

회전성과 비회전성 유동의 차이를 구분하는 것이 왜 그렇게 중요한가? 우리가 공기역학을 계속 공부할수록 이에 대한 답이 명확해진다. 우리는 비회전성 유동에 대한 해석이 회전성 유동보다 훨씬 쉽다는 것을 알 수 있다. 그러나 언뜻 보기에 비회전성 유동이란 매우 특별한 경우라서 그 응용이 극히 제한적이라 여길 수 있다. 놀랍게도 이는 사실과 다르다. 여러 실용적인 공기역학 응용문제에서 유동장이 근본적으로 비회전성인 경우가 대단히 많다. 즉, 익형상의 아음속 유동, 받음각이 작은 경우 날렵한 형상 주변의 초음속 유동, 그리고 노즐을 통과하는 아음속-초음속 유동 등이 그 예이다. 이 경우 물체 표면에 인접한 얇은 경계층 내에서는 점성 유동이 존재하며, 이러한 점성 유동 영역은 회전성이 강하다. 그러나 경계층 밖의 유동은 종종 비회전성이다. 결론적으로 비회전성 유동에 대한 연구는 공기역학에서 매우 중요하다.

그림 2.33에 나타낸 유체 요소를 다시 돌아보자. 변 AB와 AC 사이의 각을 κ로 표시하자. 유체 요소가 유동장 내를 움직이면서 κ도 변한다. 그림 2.33에서, 시각 t일 때 κ는 처음 90°라 하자. 시각 $t + \Delta t$에서 κ는 $\Delta\kappa$만큼 변했다고 하면,

$$\Delta\kappa = -\Delta\theta_2 - (-\Delta\theta_1) \tag{2.132}$$

xy 평면상에서 유체 요소의 *변형도*(strain)는 정의에 의해 κ의 변화량이다. 여기서 양(+)의 변형도는 κ가 *줄어드는* 방향에 해당한다. 따라서 식 (2.132)로부터,

$$\text{변형도} = -\Delta\kappa = \Delta\theta_2 - \Delta\theta_1 \tag{2.133}$$

점성 유동에서(15~20장에 설명) 변형도의 시간에 대한 변화율은 중요한 물리량이다. 식 (2.133)과 연관지어 변형도의 시간에 대한 변화율을 ε_{xy}로 표시하면,

$$\varepsilon_{xy} \equiv -\frac{d\kappa}{dt} = \frac{d\theta_2}{dt} - \frac{d\theta_1}{dt} \tag{2.134}$$

식 (2.123)과 (2.124)를 식 (2.134)에 대입하면 다음 식을 얻을 수 있다.

$$\varepsilon_{xy} = \frac{\partial v}{\partial x} + \frac{\partial u}{\partial y} \tag{2.135a}$$

yz와 zx 평면에서도 유사한 과정으로 변형도를 유도하면 각각 아래와 같이 표시된다.

$$\varepsilon_{yz} = \frac{\partial w}{\partial y} + \frac{\partial v}{\partial z} \tag{2.135b}$$

그리고

$$\varepsilon_{zx} = \frac{\partial u}{\partial z} + \frac{\partial w}{\partial x} \tag{2.135c}$$

각속도(따라서 와도)와 변형률은 순전히 유동장의 속도 도함수 항에 의해 좌우된다. 이들 도함수를 행렬로 다음과 같이 표시할 수 있다.

$$\begin{bmatrix} \frac{\partial u}{\partial x} & \frac{\partial u}{\partial y} & \frac{\partial u}{\partial z} \\ \frac{\partial v}{\partial x} & \frac{\partial v}{\partial y} & \frac{\partial v}{\partial z} \\ \frac{\partial w}{\partial x} & \frac{\partial w}{\partial y} & \frac{\partial w}{\partial z} \end{bmatrix}$$

대각선 항의 합은 $\nabla \cdot \mathbf{V}$와 같다. 이는 2.3절에서 설명했듯이 유체 요소 체적의 시간에 대한 변화율과 같은 것이다. 따라서 대각선 항은 유체 요소의 *팽창*(dilatation)을 나타낸다. 비대각선 항은 교차 도함수(cross derivatives)로서 식 (2.127), (2.128), (2.135*a*~*c*)에 나타나는 항이다. 따라서 비대각선 항은 유체 요소의 회전과 변형도에 관련된다.

이 절에서는 유동장 내를 움직이는 유체 요소의 회전과 변형에 대해 살펴보았다. 유동 내 어느 점에서 유체 요소의 각속도와 이에 대응하는 와도와 같은 개념은 비점성과 점성 유동 모두의 해석에서 매우 유용하다. 특히 와도가 없는 비회전성 유동은 나중에 알게 되겠지만 유동 해석을 매우 간편하게 만들어준다. 우리는 후속 장에서 비점성 유동 해석에 이러한 간편성을 활용할 것이다. 반면 변형률은 15장 이전에는 다루지 않는다.

예제 2.5

예제 2.4의 속도장에 대해 와도를 계산하라.

■ 풀이

$$\xi = \nabla \times \mathbf{V} = \begin{vmatrix} \mathbf{i} & \mathbf{j} & \mathbf{k} \\ \frac{\partial}{\partial x} & \frac{\partial}{\partial y} & \frac{\partial}{\partial z} \\ u & v & w \end{vmatrix} = \begin{vmatrix} \mathbf{i} & \mathbf{j} & \mathbf{k} \\ \frac{\partial}{\partial x} & \frac{\partial}{\partial y} & \frac{\partial}{\partial z} \\ \frac{y}{x^2+y^2} & \frac{-x}{x^2+y^2} & 0 \end{vmatrix}$$

$$= \mathbf{i}[0-0] - \mathbf{j}[0-0] + \mathbf{k}\left[\frac{(x^2+y^2)(-1)+x(2x)}{(x^2+y^2)^2} - \frac{(x^2+y^2)-y(2y)}{(x^2+y^2)^2}\right]$$

$$= 0\mathbf{i} + 0\mathbf{j} + 0\mathbf{k} = \mathbf{0}$$

$x^2 + y^2 = 0$인 원점을 제외하고, 유동장 내 모든 점에서 유동은 비회전성이다.

예제 2.6

예제 2.2에서 사용한 경계층 내 속도 프로파일, 즉 $u/V_\infty = (y/\delta)^{0.25}$를 고려해 보자. 이 유동은 회전성인가 비회전성인가?

■ 풀이

2차원 유동에서 식 (2.131)로 주어진 비회전성 조건은 아래와 같다.

$$\frac{\partial v}{\partial x} - \frac{\partial u}{\partial y} = 0.$$

이러한 관계식이 예제 2.2의 점성 경계층 유동에서 성립하는가? 이러한 질문에 대해 살펴보기로 하자. 아래와 같이 주어진 경계층

속도 프로파일로부터,

$$\frac{u}{V_\infty} = \left(\frac{y}{\delta}\right)^{0.25}$$

아래 식을 얻을 수 있다.

$$\frac{\partial u}{\partial y} = 0.25\frac{V_\infty}{\delta}\left(\frac{y}{\delta}\right)^{-0.75} \tag{E2.7}$$

$\partial v/\partial x$에 대해 무엇을 말할 수 있는가? 예제 2.2에서 유동은 비압축성이었다. 식 (2.54)로 주어진 정상 유동의 연속 방정식을 아래에 다시 표현하면,

$$\nabla\cdot(\rho\mathbf{V}) = \frac{\partial(\rho u)}{\partial x} + \frac{\partial(\rho v)}{\partial y} = 0$$

우리가 다루고 있는 유동은 비압축성이므로 $\rho =$ 일정이다.

$$\frac{\partial u}{\partial x} + \frac{\partial v}{\partial y} = 0 \tag{E2.8}$$

식 (E2.8)로부터 v에 대한 표현식이 아래와 같이 주어진다.

$$\frac{\partial u}{\partial x} = \frac{\partial}{\partial x}\left[V_\infty\left(\frac{y}{\delta}\right)^{0.25}\right] \tag{E2.9}$$

그러나 예제 2.2로부터 아래의 결과식을 얻었으므로,

$$\frac{\delta}{c} = \frac{5}{\sqrt{\text{Re}_c}}$$

이 식은 $x = c$를 제외한 평판상의 나머지 모든 x 위치에 대해 성립한다. 따라서 우리는 아래 식을 얻을 수 있다.

$$\frac{\delta}{x} = \frac{5}{\sqrt{\text{Re}, x}}$$

여기서

$$\text{Re}, x = \frac{\rho_\infty V_\infty x}{\mu_\infty}$$

따라서 x의 함수인 δ이 다음과 같이 주어진다.

$$\delta = 5\sqrt{\frac{\mu_\infty x}{\rho_\infty V_\infty}}$$

그리고

$$\frac{d\delta}{dx} = \frac{5}{2}\sqrt{\frac{\mu_\infty}{\rho_\infty V_\infty}}x^{-1/2}$$

이를 식 (E2.9)에 대입하여 다음 식을 얻는다.

$$\frac{\partial u}{\partial x} = \frac{\partial}{\partial x}\left[V_\infty\left(\frac{y}{\delta}\right)^{0.25}\right] = V_\infty y^{0.25}(-0.25)\delta^{-1.25}\frac{d\delta}{dx}$$

$$= -V_\infty y^{0.25}\delta^{-1.25}\left(\frac{5}{8}\right)\sqrt{\frac{\mu_\infty}{\rho_\infty V_\infty}}x^{-1/2}$$

$$= -\frac{5}{8}V_\infty y^{0.25}\left(\frac{1}{5}\right)^{1.25}\left(\frac{\mu_\infty}{\rho_\infty V_\infty}\right)^{-1/8}x^{-9/8}$$

따라서

$$\frac{\partial u}{\partial x} = -Cy^{1/4}x^{-9/8}$$

여기서 C는 상수이다. 이를 식 (E2.8)에 대입하면 다음 식을 얻을 수 있다.

$$\frac{\partial v}{\partial y} = C_y^{1/4}x^{-9/8}$$

이를 y에 대하여 적분하면 다음 식을 얻는다.

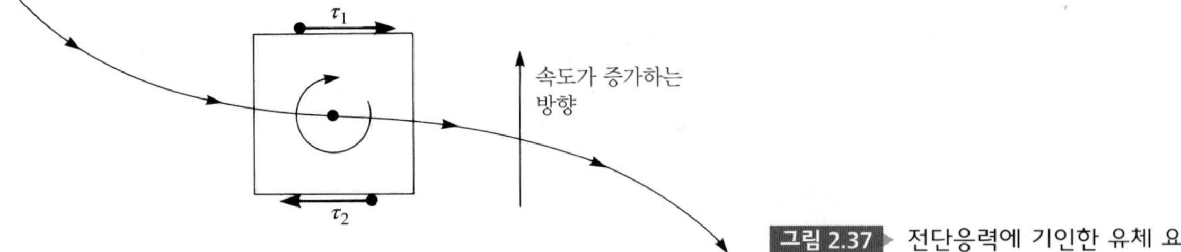

그림 2.37 전단응력에 기인한 유체 요소의 회전

$$v = C_1 y^{5/4} x^{-9/8} + C_2 \tag{E2.10}$$

여기서 C_1은 상수이고, C_2는 x의 함수일 수 있다. 식 (E2.10)을 $v = 0$이고 $y = 0$인 벽면에서 계산하면 $C_2 = 0$을 얻는다. 따라서

$$v = C_1 y^{5/4} x^{-9/8}$$

이어서 미분에 의해 다음 식을 얻을 수 있다.

$$\frac{\partial v}{\partial x} = C_3 y^{5/4} x^{-17/8} \tag{E2.11}$$

(주: 경계층 내에서 v 값은 유한하므로, 경계층 내 유선은 위 방향으로 휜다. 그러나 이러한 '변위' 효과는 보통 x 방향으로의 이동 거리와 비교하여 상대적으로 작은 값이므로, u와 비교하여 v는 작은 값이다. 이러한 두 가지 주장에 대해 17장과 18장에서 검증하기로 한다.) 식 (E2.7)을 식 (E2.11)과 같이 일반적인 형태로 다시 변형시켜 표현하면 다음 식을 얻을 수 있다.

$$\frac{\partial u}{\partial y} = 0.25 V_\infty y^{-0.75} \left(\frac{1}{\delta}\right)^{0.25}$$

$$= 0.25 V_\infty y^{-0.75} \left(\frac{1}{5\sqrt{\mu_\infty x / \rho_\infty V_\infty}}\right)^{0.25}$$

따라서

$$\frac{\partial u}{\partial y} = C_4 y^{-3/4} x^{-1.8} \tag{E2.12}$$

식 (E2.11)과 (E2.12)로부터 다음과 같이 표현할 수 있다.

$$\frac{\partial v}{\partial x} - \frac{\partial u}{\partial y} = C_3 y^{5/4} x^{-17/8} - C_4 y^{-3/4} x^{-1/9} \neq 0$$

따라서 비회전성 조건이 성립하지 *않기* 때문에 유동은 *회전성*이다.

예제 2.6에서 우리는 점성 유동에 일반적으로 적용되는 기본 결과, 즉 점성 유동이 *회전성* 유동이라는 것을 증명했다. 이러한 사실은 거의 직관적인 것이다. 예를 들어, 그림 2.37에서와 같이 유선을 따라 움직이는 무한히 작은 크기의 유체 요소를 생각해 보자. 만약 점성 유동의 경우라면 위 방향으로 갈수록 속도가 증가한다고 가정할 수 있고(즉, 인접한 유선보다 위에 있는 유선에서의 속도가 더 빠르고, 아래에 위치한 유선에서의 속도는 더 느리다), 이 경우 유체 요소 윗면과 아랫면에서의 전단응력은 그림에 표시된 것과 같다. 이러한 전단응력에 대해서는 15장에서 상세히 설명한다. 그림 2.37을 살펴보면 전단응력으로 인해 유체 요소 중심 위치에 대하여 회전 모멘트가 생긴다는 것을 명확히 알 수 있으며, 이로 인해 유체 요소는 회전 운동에 들어가게 된다. 이 그림은 상당히 간단하게 표시한 것이지만 점성 유동이 회전성 유동이라는 것을 강조하기에 모자람이 없다. 반면 이 절의 앞부분에서 언급했듯이, 비회전성인 수많은 비점성 유동의 경우가 존재하는 것에 대해 향후에 간략한 예를 곁들여 설명하겠다. 비점성 유동 중 일부는 회전성인 경우도 있지만, 대다수의 공기역학 응용문제는 비점성, 비회전성 유동으로 취급할 수 있으며, 유동 문제에서 회전성과 비회전성 유동 사이의 차이점은 매우 중요한 고려 사항이다.

예제 2.7

그림 2.17과 예제 2.1에서 설명한 물결 모양 벽면 위의 비점성, 아음속, 압축성 유동이 비회전성임을 증명하라.

■ **풀이**

이 유동은 2차원이다. 식 (2.128)과 (2.129)로부터,

$$\nabla \times \mathbf{V} = \left(\frac{\partial v}{\partial x} - \frac{\partial u}{\partial y}\right)\mathbf{k}$$

속도장은 식 (2.35)와 (2.36)으로 다음과 같이 주어진다.

$$u = V_\infty\left[1 + \frac{h}{\beta}\frac{2\pi}{\ell}\left(\cos\frac{2\pi x}{\ell}\right)e^{-2\pi\beta y/\ell}\right] \tag{2.35}$$

그리고

$$v = -V_\infty h\frac{2\pi}{\ell}\left(\sin\frac{2\pi x}{\ell}\right)e^{-2\pi\beta y/\ell} \tag{2.36}$$

식 (2.36)을 미분하면 다음 식을 얻는다.

$$\frac{\partial v}{\partial x} = -V_\infty h\left(\frac{2\pi}{\ell}\right)^2\left(\cos\frac{2\pi x}{\ell}\right)e^{-2\pi\beta y/\ell}$$

식 (2.35)를 미분하면 다음 식을 얻는다.

$$\begin{aligned}\frac{\partial u}{\partial y} &= V_\infty\frac{h}{\beta}\frac{2\pi}{\ell}\left(\cos\frac{2\pi x}{\ell}\right)e^{-2\pi\beta y/\ell}\left(-\frac{2\pi\beta}{\ell}\right)\\ &= -V_\infty h\left(\frac{2\pi}{\ell}\right)^2\left(\cos\frac{2\pi x}{\ell}\right)e^{-2\pi\beta y/\ell}\end{aligned}$$

따라서

$$\begin{aligned}\frac{\partial v}{\partial x} - \frac{\partial u}{\partial y} &= -V_\infty h\left(\frac{2\pi}{\ell}\right)^2\left(\cos\frac{2\pi x}{\ell}\right)e^{-2\pi\beta y/\ell}\\ &\quad - \left[-V_\infty h\left(\frac{2\pi}{\ell}\right)^2\left(\cos\frac{2\pi x}{\ell}\right)e^{-2\pi\beta y/\ell}\right]\\ &= 0\end{aligned}$$

그러므로

$$\nabla \times \mathbf{V} = \left(\frac{\partial v}{\partial x} - \frac{\partial u}{\partial y}\right)\mathbf{k} = 0$$

결론: 물결 모양 벽면 위에서의 비점성, 아음속, 압축 유동은 *비회전성*이다.

예제 2.7에서 또 하나의 기본 결과를 증명하고 있다. 그림 2.17로 돌아가 이를 자세히 살펴보라. 여기서 우리는 자유흐름이 V_∞의 속도로 균일하게(벽면에서 위쪽으로 멀리 떨어진 부분을 보라) 불어오는 비점성 유동을 다루었다. 균일 유동에서는 $\partial u/\partial y = \partial v/\partial x = 0$이다. 그러므로 균일 유동은 비회전성이다. 우리는 그림 2.17에 처음 소개했던 벽면에서 멀리 떨어진 부분에서의 균일 유동을 볼 수 있으며, 이러한 최초의 유동은 비회전성이다. 더구나 전체 유동장은 비점성으로서, 내부 마찰이나 벽면에서의 전단응력과 같이 유동 내 와도를 유발할 수 있는 원인이 없는 경우이다. 따라서 그림 2.17의 유동은 물리적 관점에서 볼 때 계속 비회전성 상태로 남아 있어야 한다. 물론 예제 2.7에서 *수학적으로* 유동장 전체가 비회전성임을 입증했다. 그러나 이는 단지 널리 통용되는 개념의 일례에 불과하다. 즉, 원래 비회전성이었던 유동장은 와도를 발생시키는 마찰전단응력과 같은 내부 메커니즘이 없는 한 계속 비회전성 상태로 남는다. 타당하게 들리지 않는가?

2.13 순환 *Circulation*

이 장은 앞으로 사용할 도구를 준비하는 장이라는 사실을 기억하자. 각자의 느낌은 다를 수 있지만 여태껏 우리가 개

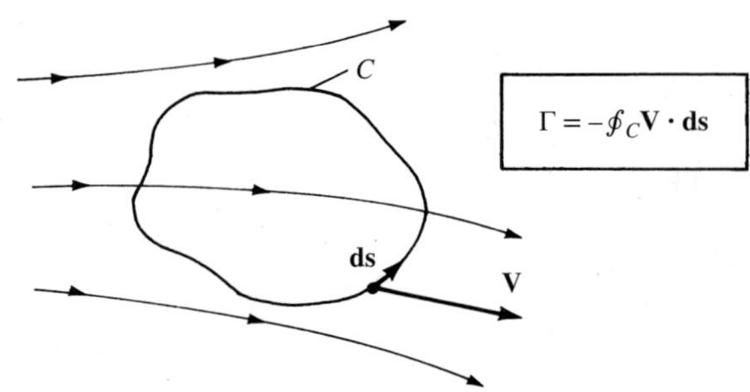

그림 2.38 ▸ 순환의 정의

발해 온 공기역학 도구가 그다지 흥미롭지 않을 수도 있다. 그렇지만 하나하나 도구를 준비하다 보면 이들을 사용하여 매우 실용적이고 흥미로운 공기역학 문제에 대한 답을 얻을 수 있을 것이다.

이 절에서는 공기역학적 양력 계산에 매우 기본이 되는 도구인 *순환*(circulation)에 대해 다루고자 한다. 이 도구는 영국의 Frederick Lanchester(1878~1946)와 독일의 Wilhelm Kutta(1867~1944), 그리고 러시아의 Nikolai Joukowski(1847~1921)에 의해 각각 개별적으로 사용되었으며, 20세기에 접어들어 공기역학적 양력 이론에서 신기원을 창조한 바 있다. 양력과 순환 사이의 관계와 이러한 신기원을 이룩한 역사적인 배경에 대해서는 3장과 4장에서 설명하기로 한다. 이 절의 목적은 오로지 순환을 정의하고 이를 와도와 연계시키는 것이다.

그림 2.38에 표시했듯이 유동장 내 폐곡선 C를 고려해 보자. **V**와 **ds**는 각각 곡선 C 상의 한 점에서 속도와 방향을 가진 미소 선분(line segment)이다. Γ로 표시되는 순환은 다음과 같이 정의된다.

$$\boxed{\Gamma \equiv -\oint_C \mathbf{V} \cdot \mathbf{ds}} \tag{2.136}$$

즉, 순환이란 단순히 유동 내 폐곡선을 따라 속도를 선적분한 값에 음의 부호를 붙인 것이다. 이는 운동학적 특성으로 속도장 및 곡선 C의 선택에 따라 값이 달라질 수 있다. 2.2.8절에서 설명했듯이, 반시계 방향으로의 선적분은 수학적 부호 규약에 의해 양의 값을 갖는다. 그러나 공기역학에서는 시계 방향을 양의 순환으로 잡는 것이 편리하다. 따라서 적분 수행 시 양의 반시계 방향과 순환에 있어서 양의 시계 방향 개념을 고려하여 식 (2.136)의 정의식 앞에 음의 부호를 표시하고 있다.[1)]

식 (2.136)의 적분에 *순환*이라는 용어를 사용하는 것은 다소 오해의 소지가 있을 수 있는데, 무엇인가 루프를 따라 돌면서 움직인다는 느낌을 용어로부터 받을 수 있기 때문이다. *American Heritage Dictionary of the English Language*에 의하면 실제로 이 용어에 대한 첫 번째 정의가 '순환(circulation)'이란 '원 또는 회로를 따라 움직임'이라 주어져 있다. 그러나 공기역학에서 순환이란 매우 간결한 기술적 의미로서, 식 (2.136)을 의미한다. 즉, 유체 요소가 유동장 내에서 원 주위를 움직이고 있다는 의미가 아닌 것이다. 이는 공기역학을 처음 배우는 학생들이 공통적으로 갖는 오해이기도 하다. 유동 내에 순환이 존재하는 경우 이는 단지 식 (2.136)에 의한 선적분 값이 유한하다는 것을 의미한다. 예를 들어 그림 2.28의 익형이 양력을 발생시킨다면, 유체 요소가 익형 주변을 따라 원형을 그리며 움직이지 않더라도(그림 2.28에 표시된 유선들로부터 명확히 볼 수 있듯이) 익형을 포함하여 이를 둘러싼 폐곡선에서 순환이 유한한 값을 갖는다는 뜻이다.

순환은 또한 다음과 같이 와도와 연관성이 있다. 폐곡선 C에 의해 둘러싸인 열린 면을 표시한 그림 2.11을 살펴보자. 열린 면이 유동장 내에 존재한다고 가정하고 점 P에서의 속도는 **V**라 하자. 여기서 P는 면 상의 어느 위치든 상관없다(곡선 C 상에 있는 점들을 포함한다). Stokes의 정리[식 (2.25)]로부터,

---

[1)] 순환에 대한 정의식에서 어떤 책은 음의 부호를 사용하지 않는다. 이러한 경우 양의 부호를 갖는 선적분 Γ과는 모두 같은 방향이다. 독자들이 특정 저서와 논문에서 사용하고 있는 부호 규약을 정확히 이해하고 있다면 이는 별 문제가 되지 않는다.

$\nabla \times V$

n

$-d\Gamma$

P

dS

C

$$(\nabla \times V) \cdot n = -\frac{d\Gamma}{dS}$$

그림 2.39 와도와 순환 사이의 관계

$$\Gamma \equiv -\oint_C \mathbf{V} \cdot \mathbf{ds} = -\iint_S (\nabla \times \mathbf{V}) \cdot \mathbf{dS} \tag{2.137}$$

따라서 곡선 C에 대한 순환은 C에 의해 둘러싸인 열린 면에 대해 와도를 적분한 값과 같다. 이러한 사실로부터 만약 *적분을 수행하는 윤곽선 내 모든 점에서 유동이 비회전성*(즉, 만약 C로 둘러싸인 면 상의 모든 점에서 $\nabla \times \mathbf{V} = 0$)이라면 $\Gamma = 0$이라는 즉각적인 결과에 도달할 수 있다. 이와 관련하여 또 다른 결과를 다음과 같이 얻을 수 있다. 즉, 곡선 C를 무한히 작은 크기로 수축시키고, 이러한 무한히 작은 곡선 주위에서의 순환을 $d\Gamma$라 하자. 극한적으로 C는 무한히 작은 크기가 되며, 식 (2.137)은 다음과 같이 귀결된다.

$$d\Gamma = -(\nabla \times \mathbf{V}) \cdot \mathbf{dS} = -(\nabla \times \mathbf{V}) \cdot \mathbf{n}\, dS$$

또는

$$(\nabla \times \mathbf{V}) \cdot \mathbf{n} = -\frac{d\Gamma}{dS} \tag{2.138}$$

여기서 dS는 무한히 작은 곡선 C에 의해 둘러싸인 무한히 작은 면적이다. 그림 2.39에서 식 (2.138)이 의미하는 것은 유동 내 점 P에서 dS에 수직인 방향의 와류도 성분은 '단위 면적당 순환값'에 음의 부호를 붙인 것과 같다는 것이다. 여기서 순환은 dS의 경계선을 따라 취한 값이다.

예제 2.8

예제 2.4에 주어진 속도장에 대해 반경 5 m의 원형 경로를 따라 순환을 계산하라. 예제 2.4에 주어진 u와 v를 가정하며, 단위는 m/s이다.

■ 풀이

원형 경로를 다루어야 하므로 이 예제에서는 극좌표계를 사용하는 것이 편리하다. 여기서 $x = r\cos\theta$, $y = r\sin\theta$, $x^2 + y^2 = r^2$, $V_r = u\cos\theta + v\sin\theta$, $V_\theta = -u\sin\theta + v\cos\theta$이다. 그러므로,

$$u = \frac{y}{x^2 + y^2} = \frac{r\sin\theta}{r^2} = \frac{\sin\theta}{r}$$

$$v = -\frac{x}{x^2 + y^2} = -\frac{r\cos\theta}{r^2} = -\frac{\cos\theta}{r}$$

$$V_r = \frac{\sin\theta}{r}\cos\theta + \left(-\frac{\cos\theta}{r}\right)\sin\theta = 0$$

$$V_\theta = -\frac{\sin\theta}{r}\sin\theta + \left(-\frac{\cos\theta}{r}\right)\cos\theta = -\frac{1}{r}$$

$$\mathbf{V} \cdot \mathbf{ds} = (V_r \mathbf{e}_r + V_\theta \mathbf{e}_\theta) \cdot (dr\,\mathbf{e}_r + r\,d\theta\,\mathbf{e}_\theta)$$

$$= V_r\,dr + rV_\theta\,d\theta = 0 + r\left(-\frac{1}{r}\right)d\theta = -d\theta$$

따라서

$$\Gamma = -\oint_C \mathbf{V} \cdot \mathbf{ds} = -\int_0^{2\pi} -d\theta = \boxed{2\pi\ \mathrm{m^2/s}}$$

우리가 5-m 반경의 원형 경로를 고려하지 않고 답을 구했다는 점에 유의하라. 이 경우 Γ값은 경로의 직경과 상관없다.

2.14 유선 함수 *Stream Function*

이 절에서는 정상 2차원 유동에 대해 고려해 보자. 2.11절로부터 이러한 유동에서의 유선에 대한 미분 방정식이 식 (2.118)로 주어져 있다. 이를 반복해 표시하면,

$$\frac{dy}{dx} = \frac{v}{u} \tag{2.118}$$

만약 u와 v가 x와 y에 대해 알려진 함수라면, 식 (2.118)을 적분하여 유선에 대한 대수 방정식을 구할 수 있다.

$$f(x, y) = c \tag{2.139}$$

여기서 c는 임의의 적분 상수이며, 서로 다른 유선은 서로 다른 값을 갖는다. 식 (2.139)에서 x와 y의 함수를 기호 $\bar{\psi}$로 표시하자. 그러면 식 (2.139)는 아래와 같이 표현된다.

$$\bar{\psi}(x, y) = c \tag{2.140}$$

함수 $\bar{\psi}(x, y)$를 *유선 함수*(stream function)라 부른다. 식 (2.140)으로부터 유선 방정식은 *유선 함수가 어떤 상수값*(예를 들어 c_1, c_2, c_3 등)*을 가질 때마다 하나의 유선이 결정된다*는 것을 알 수 있다. 그림 2.40에 2개의 서로 다른 유선을 표시했다. 유선 ab와 cd는 각각 $\bar{\psi} = c_1$ 그리고 $\bar{\psi} = c_2$로 표시된다.

식 (2.139)와 (2.140)은 임의의 적분 상수 c로 인해 임의성이 존재한다. 이러한 임의성을 배제하기 위해 보다 정확하게 유선 함수를 정의해 보자. 그림 2.40에서 $\bar{\psi}$의 *수치값*을 $\bar{\psi} = c_2$인 유선 cd와 $\bar{\psi} = c_1$인 유선 ab 사이의 *차이값* $\Delta\bar{\psi}$가 두 유선 사이를 통과하는 *질량* 유동과 같도록 잡아보자. 그림 2.40은 2차원 유동이므로 두 유선 사이를 통과하는 질량 유동은 *종이면에 수직한 방향으로 단위 깊이당* 정의된다. 다시 말해 그림 2.40에서 우리는 유선 ab와 cd에 의해 둘러싸인 사각형 단면적을 갖는 유관(streamtube) 내를 통과하는 질량 유동에 대해 고려하고 있다. 여기서 사각형 단면적의 넓이는 Δn에 종이면에 수직인 방향으로 단위 깊이를 곱한 값과 같다. 여기서 Δn은 그림 2.40에서 ab와 cd 사이의 수직 거리이다. 따라서 종이면에 수직인 방향으로 단위 깊이당 유선 ab와 cd 사이를 통과하는 질량 유동은,

$$\Delta\bar{\psi} = c_2 - c_1 \tag{2.141}$$

위와 같은 정의는 식 (2.139)와 (2.140) 내 적분 상수의 임의성을 완전히 제거하지는 않지만, 이러한 방법을 통해 문제를 보다 정확하게 정의할 수는 있다. 예를 들어, 주어진 2차원 유동에 대해 생각해 보자. 유동 내 유선 하나를 선택하여 유선 함수에 임의의 값, 즉 $\bar{\psi} = c_1$을 부여했다고 하자. 유동 내 다른 유선에 대해 식 (2.141)에 주어진 정의를 적용하여 유선 함수값을 $\bar{\psi} = c_2$로 고정시켰다고 하자. $\bar{\psi} = c_1$으로 지정한 유선과 부여한 함수값 c_1은 일반적으로 주어진 유동장의 기하학적 형태에 의해 결정되며, 이에 대해서는 3장에서 설명하기로 한다.

$\bar{\psi}$ = 일정으로 유선을 정의하는 것과 $\Delta\bar{\psi}$를 유선 사이를 통과하는 질량 유동(단위 깊이당)으로 잡는 것이 같은 의미라는 사실은 당연하다. 정상 유동에서 주어진 유관을 통과하는 질량 유동은 관을 따라가면서 일정한 값을 갖는다. 즉, 어느 위치든 상관없이 관의 단면을 통과하는 질량 유동은 같다. 정의에 따라 $\Delta\bar{\psi}$가 바로 이 질량 유동과 같기 때문에, 주어진 유관에서 $\Delta\bar{\psi}$는 일정한 값을 갖는다. 그림 2.40에서 만약 $\bar{\psi}_1 = c_1$이 유관의 아래쪽에 위치한 유선이라면, $\bar{\psi}_2 = c_2 = c_1 + \Delta\bar{\psi}$ 역시 유관의 위쪽을 따라 일정한 값을 갖는다. 유관의 정의에 의해(2.11절 참조) 유관의 위쪽 경계면 자체가 하나의 유선이며, $\psi = c_2$ = 일정은 반드시 이 유선을 가리키는 것이어야 한다.

이제 유선 함수의 가장 중요한 특성, 즉 $\bar{\psi}$의 도함수가 유동장 속도라는 사실에 대해 생각해 보자. 이러한 관계식을 얻기 위해 그림 2.40의 유선 ab와 cd를 다시 고려하자. 이들 유선이 서로 가까이 위치해 있어(즉, Δn이 작다고 가정) 유동 속도 V가 Δn에 걸쳐 일정하다고 가정하자. 종이면에 수직 방향으로 단위 깊이당 유관을 통과하는 질량 유동은,

$$\Delta\bar{\psi} \equiv \rho V\, \Delta n(1)$$

또는

$$\frac{\Delta\bar{\psi}}{\Delta n} = \rho V \tag{2.142}$$

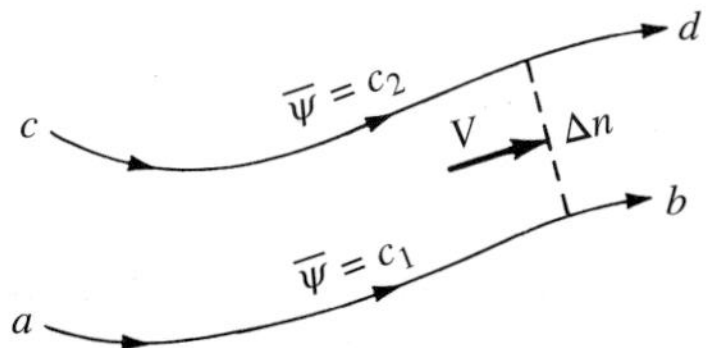

그림 2.40 서로 다른 유선들은 서로 다른 유선 함수값을 통해 주어진다.

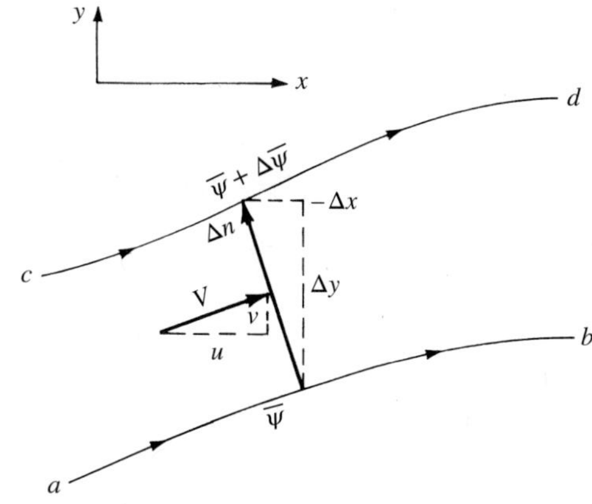

그림 2.41 Δn을 통과하는 질량 유동은 Δy와 $-\Delta x$를 통과하는 질량 유동의 합이다.

식 (2.142)에서 $\Delta n \to 0$으로 극한값을 취하면,

$$\rho V = \lim_{\Delta n \to 0} \frac{\Delta\bar{\psi}}{\Delta n} \equiv \frac{\partial\bar{\psi}}{\partial n} \tag{2.143}$$

식 (2.143)은 만약 $\bar{\psi}$가 알려진 함수일 경우, $\bar{\psi}$를 V에 수직인 방향으로 미분함으로써 곱 (ρV)를 구할 수 있다는 것을 뜻한다. 직교 좌표계에서 식 (2.143)의 실용적인 형태를 구하기 위해 그림 2.41을 고려해 보자. 방향을 가진 수직 거리 Δn은 먼저 y 방향인 위 방향으로 Δy만큼 움직인 후, 음의 x 방향인 왼편으로 $-\Delta x$만큼 움직이는 것과 같다는 사실에 유의하라. 질량 보존에 의해 Δn(단위 깊이당)을 통과하는 질량 유동은 Δy와 $-\Delta x$(단위 깊이당)를 통과하는 질량 유동의 합과 같다.

$$\text{질량 유동} = \Delta\bar{\psi} = \rho V\,\Delta n = \rho u\,\Delta y + \rho v(-\Delta x) \tag{2.144}$$

cd를 ab에 접근시키면 식 (2.144)는 극한적으로 다음과 같이 표시할 수 있다.

$$d\bar{\psi} = \rho u\,dy - \rho v\,dx \tag{2.145}$$

그러나 $\bar{\psi} = \bar{\psi}(x, y)$이므로, 미적분학에서의 연쇄 법칙(chain rule)에 따라

$$d\bar{\psi} = \frac{\partial\bar{\psi}}{\partial x}dx + \frac{\partial\bar{\psi}}{\partial y}dy \tag{2.146}$$

식 (2.145)와 (2.146)을 비교하여 우리는 다음 식을 얻을 수 있다.

$$\rho u = \frac{\partial\bar{\psi}}{\partial y} \tag{2.147a}$$

$$\rho v = -\frac{\partial\bar{\psi}}{\partial x} \tag{2.147b}$$

식 (2.147a와 b)는 중요하다. $\bar{\psi}(x, y)$가 주어진 유동장에 대해 알려진다면, 유동 내 어느 위치에서든 곱 ρu와 ρv를 각각 u와 v에 수직인 방향으로 미분함으로써 구할 수 있다.

그림 2.41을 극좌표 형태로 다시 그릴 경우 위에서 수행한 것과 유사한 유도과정을 거쳐 다음 식을 얻을 수 있다.

$$\rho V_r = \frac{1}{r}\frac{\partial\bar{\psi}}{\partial\theta} \tag{2.148a}$$

$$\rho V_\theta = -\frac{\partial\bar{\psi}}{\partial r} \tag{2.148b}$$

유도과정은 숙제로 남겨두기로 하자.

$\bar{\psi}$의 차원은 종이면에 수직인 방향으로 단위 깊이당 질량 유동과 같다. 즉, SI 단위계로 표시하면 $\bar{\psi}$는 종이면에 수직인 방향으로의 미터당 초당 킬로그램, 또는 간단히 표시하면 kg/(s · m)이다.

위에서 정의한 유선 함수 $\bar{\psi}$는 압축성과 비압축성 유동 모두에 적용된다. 이제 $\rho =$ 일정인 비압축성 유동에 대한 경우를 고려해 보자. 식 (2.143)은 다음과 같이 표시할 수 있다.

$$V = \frac{\partial(\bar{\psi}/\rho)}{\partial n} \tag{2.149}$$

비압축성 유동에 한해 적용되는 새로운 유선 함수, 즉 $\psi \equiv \bar{\psi}/\rho$를 정의하기로 하자. 식 (2.149)는 아래와 같이 표시된다.

$$V = \frac{\partial \psi}{\partial n}$$

그리고 식 (2.147)과 (2.148)은 아래와 같다.

$$u = \frac{\partial \psi}{\partial y} \tag{2.150a}$$

$$v = -\frac{\partial \psi}{\partial x} \tag{2.150b}$$

그리고

$$V_r = \frac{1}{r}\frac{\partial \psi}{\partial \theta} \tag{2.151a}$$

$$V_\theta = -\frac{\partial \psi}{\partial r} \tag{2.151b}$$

비압축성 유선 함수 ψ는 보다 일반적인 압축성 유선 함수 $\bar{\psi}$와 유사한 특성을 갖는다. 예를 들어 $\bar{\psi}(x, y) = c$는 하나의 유선을 나타내며, 비압축성 유동에서 ρ는 일정한 값을 가지므로 $\psi(x, y) \equiv \bar{\psi}/\rho =$ constant 역시 하나의 유선을 나타내는 방정식이다(비압축성 유동에 한해서). 추가적으로 $\Delta\bar{\psi}$는 두 유선 사이를 통과하는 질량 유동(종이면에 수직인 방향으로 단위 깊이당)이고, 단위 체적당 질량이 ρ이므로 물리적으로 $\Delta\psi = \Delta\bar{\psi}/\rho$는 두 유선 사이를 통과하는(단위 깊이당) *체적 유동*(volume flow)을 표시한다. SI 단위계로 $\Delta\psi$는 종이면에 수직인 방향으로 미터당 초당 입방미터, 또는 간단히 표시해서 m^2/s이다.

요약하자면 두 가지 이유에서 유선 함수 개념은 공기역학에서 강력한 도구이다. $\bar{\psi}(x, y)$[또는 $\psi(x, y)$]가 2차원 유동장에서 알려진 함수라면,

1. $\bar{\psi} =$ constant(또는 $\psi =$ constant)는 하나의 유선을 나타내는 방정식이다.
2. 압축성 유동의 경우 식 (2.147)과 (2.148)에 의해, 비압축성 유동의 경우 식 (2.150)과 (2.151)에 의해 $\bar{\psi}$(또는 ψ)를 미분함으로써 유동 속도를 구할 수 있다. 어떻게 $\bar{\psi}(x, y)$[또는 $\psi(x, y)$]를 구할 수 있는지에 대해서는 아직 설명하지 않았다. 지금 단계에서는 우선 이를 알고 있는 함수라 가정하자. 여러 문제에 있어서 유선 함수를 실제로 결정하는 것에 대해서는 3장에서 설명하기로 한다.

2.15 속도 퍼텐셜 *Velocity Potential*

2.12절로부터 비회전성 유동이란 유동 내 모든 점에서 와도가 0인 유동으로 정의된다는 것을 기억하자. 식 (2.129)로부터 비회전성 유동에 대해,

$$\xi = \nabla \times \mathbf{V} = 0 \tag{2.152}$$

다음의 벡터 관계식을 고려하자. ϕ가 스칼라 함수인 경우,

$$\nabla \times (\nabla \phi) = 0 \tag{2.153}$$

즉, 스칼라 함수의 구배(gradient)에 컬(curl)을 취하면 0과 일치한다. 식 (2.152)와 (2.153)을 비교하면 다음을 알 수 있다.

$$\boxed{\mathbf{V} = \nabla \phi} \tag{2.154}$$

식 (2.154)는 *비회전성* 유동의 경우 속도가 ϕ의 구배로 주어지는 스칼라 함수 ϕ가 존재함을 나타낸다. 우리는 이러한 ϕ를 속도 *퍼텐셜*(velocity potential)이라 표시하기로 하자. ϕ는 공간 좌표의 함수로서 $\phi = \phi(x, y, z)$, 또는 $\phi = \phi(r, \theta, z)$, 또는 $\phi = \phi(r, \theta, \Phi)$로 표시할 수 있다. 식 (2.16)으로 주어지는 직교 좌표계에서의 구배 연산자 정의식을 사용하여 우리는 다음 식을 얻을 수 있다. 식 (2.154)로부터,

$$u\mathbf{i} + v\mathbf{j} + w\mathbf{k} = \frac{\partial \phi}{\partial x}\mathbf{i} + \frac{\partial \phi}{\partial y}\mathbf{j} + \frac{\partial \phi}{\partial z}\mathbf{k} \tag{2.155}$$

식 (2.155)에서 단위 벡터들에 대해 계수의 역할을 하는 항은 양변에서 같아야 한다. 따라서 직교 좌표계에서 다음과 같이 표시할 수 있다.

$$\boxed{u = \frac{\partial \phi}{\partial x} \quad v = \frac{\partial \phi}{\partial y} \quad w = \frac{\partial \phi}{\partial z}} \tag{2.156}$$

이와 유사한 방법으로 식 (2.17)과 (2.18)로 주어지는 원통형 좌표계 및 구면형 좌표계에서의 구배 연산자 정의로부터 우리는 다음 식을 얻을 수 있다. 원통형 좌표계에서,

$$V_r = \frac{\partial \phi}{\partial r} \quad V_\theta = \frac{1}{r}\frac{\partial \phi}{\partial \theta} \quad V_z = \frac{\partial \phi}{\partial z} \tag{2.157}$$

그리고 구면형 좌표계에서,

$$V_r = \frac{\partial \phi}{\partial r} \quad V_\theta = \frac{1}{r}\frac{\partial \phi}{\partial \theta} \quad V_\Phi = \frac{1}{r\sin\theta}\frac{\partial \phi}{\partial \Phi} \tag{2.158}$$

ϕ의 도함수가 유동장 속도이므로, 속도 퍼텐셜과 유선 함수는 유사한 성질을 갖는다. 그러나 ϕ와 $\bar{\psi}$(또는 ψ) 사이에는 다음과 같이 현격한 차이가 있다.

1. 속도와 같은 방향으로 ϕ를 미분하여[식 (2.156)~(2.158) 참조] 유동장 속도 성분을 구할 수 있는 반면, $\bar{\psi}$(또는 ψ)는 속도 성분에 수직인 방향으로 미분[식 (2.147)과 (2.148) 또는 식 (2.150)과 (2.151) 참조]해야 속도 성분을 구할 수 있다.
2. 속도 퍼텐셜은 비회전성 유동에 한해 정의할 수 있다. 반면 유선 함수는 회전성 또는 비회전성 유동 여부에 상관없이 사용할 수 있다.
3. 속도 퍼텐셜은 3차원 유동에 대해 적용할 수 있는 반면 유선 함수는 오로지 2차원 유동에 한해 정의할 수 있다.[2)]

유동장이 비회전성인 경우 속도 퍼텐셜을 정의할 수 있고, 이로 인해 유동장 해석이 상당히 간편해진다. 속도 성분(즉, u, v, w)을 미지변수로 취급할 경우 3개의 미지수에 대해 3개의 방정식이 필요하다. 그 대신 속도 퍼텐셜을 1개의 미지수로 취급할 경우 유동장에 대한 오직 1개의 방정식으로부터 해를 구하면 된다. 주어진 문제에서 일단 ϕ를 구

[2)] $\bar{\psi}$ (또는 ψ)는 받음각이 0인 원추 주변의 유동과 같은 축대칭(axisymmetric) 유동에 대해서도 정의할 수 있다. 그러나 이러한 유동의 경우, 유동장을 기술하는 데 오직 2개의 공간 좌표가 필요하다(6장 참조).

하면, 식 (2.156)~(2.158)로부터 속도 성분을 직접적으로 구할 수 있다. 이것이 바로 이론 공기역학에서 회전성 유동과 비회전성 유동을 구분하여 비회전성 유동 해석이 회전성 유동에 비해 훨씬 간단해지는 이유이다.

비회전성 유동은 속도 퍼텐셜 ϕ에 의해 표시할 수 있기 때문에 이러한 유동을 우리는 *퍼텐셜 유동*(potential flows)이라 부른다.

이 절에서 ϕ를 어떻게 구할 수 있는지에 대해서는 아직 설명하지 않았다. 일단 우리가 ϕ를 알고 있다고 가정한다. 여러 경우에 대해 실제로 ϕ를 결정하는 방법은 3장, 6장, 11장, 12장에서 설명하기로 한다.

예제 2.9

예제 2.1에 주어진 물결파 벽면 위에서의 유동장에 대해 속도 퍼텐셜을 계산하라.

■ 풀이

예제 2.1로부터 u와 v에 대한 방정식은 아래와 같이 주어진다.

$$u = V_\infty \left[1 + \frac{h}{\beta}\frac{2\pi}{\ell}\left(\cos\frac{2\pi x}{\ell}\right)e^{-2\pi\beta y/\ell}\right] \tag{2.35}$$

그리고

$$v = -V_\infty h\frac{2\pi}{\ell}\left(\sin\frac{2\pi x}{\ell}\right)e^{-2\pi\beta y/\ell} \tag{2.36}$$

식 (2.156)으로부터

$$u = \frac{\partial \phi}{\partial x} \quad \text{그리고} \quad v = \frac{\partial \phi}{\partial y}$$

ϕ에 대한 식을 구하기 위해 먼저 u를 x에 대하여 적분하고 나서 v를 y에 대하여 아래와 같이 적분한다.

$$\phi = \int \frac{\partial \phi}{\partial x}dx = \int u\,dx \tag{E2.13}$$

식 (2.35)를 식 (E2.13)에 대입하여 아래와 같은 식을 얻는다.

$$\phi = \int \left[V_\infty + \frac{V_\infty h}{\beta}\frac{2\pi}{\ell}\left(\cos\frac{2\pi x}{\ell}\right)e^{-2\pi\beta y/\ell}\right]dx$$

$$\phi = V_\infty x + \frac{V_\infty h}{\beta}\frac{2\pi}{\ell}\left(\sin\frac{2\pi x}{\ell}\right)\left(\frac{2\pi}{\ell}\right)^{-1}e^{-2\pi\beta y/\ell}$$

$$\phi = V_\infty x + \frac{V_\infty h}{\beta}\left(\sin\frac{2\pi x}{\ell}\right)e^{-2\pi\beta y/\ell} + f(y) \tag{E2.14}$$

식 (E2.13)은 단지 x에 대한 적분이므로, 식 (E2.14)에 함수 $f(y)$를 '적분 상수'의 개념으로 더한다. 실제로 $u = \frac{\partial \phi}{\partial x}$이고 식 (E2.14)를 x에 대하여 미분할 때 $f(y)$의 x에 대한 미분은 0이므로, u에 대한 식 (2.35)의 형태로 회복된다. 아울러 아래와 같이,

$$\phi = \int \frac{\partial \phi}{\partial y}dy = \int v\,dy \tag{E2.15}$$

식 (2.36)을 식 (E2.15)에 대입하면 다음 식을 얻을 수 있다.

$$\phi = \int \left[-V_\infty h\frac{2\pi}{\ell}\left(\sin\frac{2\pi x}{\ell}\right)e^{-2\pi\beta y/\ell}\right]dy$$

$$\phi = -V_\infty h\frac{2\pi}{\ell}\left(\sin\frac{2\pi x}{\ell}\right)e^{-2\pi\beta y/\ell}\left(-\frac{\ell}{2\pi\beta}\right)$$

$$\phi = V_\infty \frac{h}{\beta}\left(\sin\frac{2\pi x}{\ell}\right)e^{-2\pi\beta y/\ell} + g(x) \tag{E2.16}$$

식 (E2.15)는 y에 대한 적분이므로 식 (E2.16)에서 $g(x)$는 다시 '적분 상수'이다. 식 (E2.16)을 y에 대하여 미분할 때 $g(x)$의 y에 대한 미분은 0이므로, v에 대한 식 (2.36)의 형태가 된다.

식 (E2.14)와 (E2.16)을 비교해 보라. 이들은 같은 속도 퍼텐셜을 나타내는 2개의 방정식이다. 따라서 식 (E2.14)에서 $f(y) =$

0이며, 식 (E2.16)에서는 $g(x) = V_\infty x$가 되어야 한다. 따라서 예제 2.1의 물결파 벽면 위의 유동에 대한 속도 퍼텐셜은

$$\phi = V_\infty x + \frac{V_\infty h}{\beta}\left(\sin\frac{2\pi x}{\ell}\right)e^{-2\pi\beta y/\ell} \tag{E2.17}$$

모든 비회전성 유동에서 속도 퍼텐셜이 존재한다는 것을 상기하라. 예제 2.7에서 우리는 예제 2.1에서 상세히 기술한 그림 2.17의 물결파 벽면 위 유동장이 비회전성이라는 것을 증명했다. 따라서 이 유동은 속도 퍼텐셜이 존재한다. 식 (E2.17)이 속도 퍼텐셜이다.

2.16 유선 함수와 속도 퍼텐셜 사이의 관계 *Relationship between the Stream Function and Velocity Potential*

2.15절에서 비회전성 유동의 경우 $\mathbf{V} = \nabla\phi$임을 증명하였다. 이 시점에서 스칼라장에 대하여 구배(gradient) 연산자를 취한 경우에 대해 2.2.5절에서 소개한 몇몇 전문 용어를 복습하기로 하자. ϕ가 일정한 값을 갖는 선을 ϕ의 등가선(isoline)이라 한다. ϕ가 속도 퍼텐셜인 경우 이러한 등가선을 특히 *등퍼텐셜선*(equipotential line)이라 한다. 추가적으로 공간상에서 $\nabla\phi$가 접하는 방향인 모든 점을 연결한 선을 구배선(gradient line)이라 하는데, $\nabla\phi = \mathbf{V}$이므로 이 경우 구배선은 *유선*이 된다. 2.14절에서 유선은 $\bar{\psi}$ (2차원 유동의 경우)가 일정한 값을 갖는 선이다. 구배선과 등가선이 서로 수직(2.2.5절에서 스칼라장의 구배 참조)이므로 등퍼텐셜선(ϕ = constant)과 유선($\bar{\psi}$ = constant)은 서로 수직으로 만난다.

직교 좌표계 내 2차원, 비회전성, 비압축성 유동의 경우에 대해 이러한 결과를 보다 명확하게 살펴보기로 하자. 유선은 $\psi(x, y)$ = constant로 표시된다. 따라서 유선을 따라가면서 ψ 값의 미분은 0이다. 다시 말해서,

$$d\psi = \frac{\partial\psi}{\partial x}dx + \frac{\partial\psi}{\partial y}dy = 0 \tag{2.159}$$

식 (2.150*a*와 *b*)로부터 식 (2.159)를 다음과 같이 다시 표시할 수 있다.

$$d\psi = -v\,dx + u\,dy = 0 \tag{2.160}$$

식 (2.160)을 dy/dx에 대해 구하면 ψ = constant인 선의 기울기, 즉 유선의 기울기이다.

$$\left(\frac{dy}{dx}\right)_{\psi=\text{const}} = \frac{v}{u} \tag{2.161}$$

이와 유사하게 등퍼텐셜선 $\phi(x, y)$ = constant에 대해서도 선을 따라 ϕ의 미분이 0이므로,

$$d\phi = \frac{\partial\phi}{\partial x}dx + \frac{\partial\phi}{\partial y}dy = 0 \tag{2.162}$$

식 (2.156)으로부터 식 (2.162)를 다음과 같이 표현할 수 있다.

$$d\phi = u\,dx + v\,dy = 0 \tag{2.163}$$

식 (2.163)을 dy/dx에 대해 풀면 ϕ = constant인 선의 기울기로(즉, 등퍼텐셜선의 기울기) 아래 식을 얻을 수 있다.

$$\left(\frac{dy}{dx}\right)_{\phi=\text{const}} = -\frac{u}{v} \tag{2.164}$$

식 (2.161)과 (2.164)를 조합하여 다음 식을 얻는다.

$$\left(\frac{dy}{dx}\right)_{\psi=\text{const}} = -\frac{1}{(dy/dx)_{\phi=\text{const}}} \tag{2.165}$$

식 (2.165)는 ψ = constant인 선의 기울기가 ϕ = constant인 선의 기울기의 역수에 음의 부호를 붙인 것과 같다(즉, 유선과 등퍼텐셜선은 서로 수직이다)는 의미이다.

2.17 방정식을 어떻게 풀 수 있는가? *How Do We Solve the Equations?*

이 장은 수학 방정식들로 가득 차 있다. 이들 방정식은 공기역학 유동장의 특성을 지배하는 기본적인 물리법칙을 표시하고 있다. 대부분의 경우 이들 방정식은 편미분 방정식 형태이거나 적분 방정식 형태이다. 이들 방정식은 대단히 강력한 도구로서, 유체 유동의 기초를 이해하기 위한 정교하고도 지적인 구조를 가지고 있다. 그러나 방정식 자체로는 그다지 실용적이라 할 수 없다. 특정 조건에서 특정 형상 주변의 실제 유동장을 구하기 위해서는 이들 방정식의 *해*를 구해야 한다. 예를 들어 30,000 ft 고도에서 800 ft/s의 속도로 비행 중인 Boeing 777 제트 여객기 주변의 유동장을 계산하는 데 관심이 있다면, 이러한 경우에 대한 지배 방정식의 *해*를 구해야만 하는 것이다. 이러한 해는 우리에게 p, ρ, $\mathbf{V}$ 등과 같은 종속변수들을 공간상 위치와 시간과 같은 독립변수들의 함수로서 결과를 제시한다. 그러면 우리는 이러한 해로부터 비행체에 작용하는 양력, 항력, 모멘트 등과 같은 특별한 형태의 실용적인 정보를 추출한다. 어떻게 해야 하는가? 이 절의 목적은 이러한 질문에 대해 두 가지 철학적인 답변을 소개하는 것이다. 관심있는 특정 문제에 대한 실용적인 해를 얻을 수 있는 방법은 수백 가지가 있을 수 있으며, 상당 부분이 이 책의 나머지 부분을 구성하고 있다. 그러나 이러한 해는 크게 나누어 다음에 기술할 두 가지 철학적 접근 방법 중 하나에 해당한다.

2.17.1 이론적(해석적) 해 *Theoretical (Analytical) Solutions*

처음으로 물리학 또는 공학을 공부하기 시작한 학생들에게는 보통 해석적인 해를 얻을 수 있도록 단순화시킨 물리적 문제에 대해 깔끔한 이론적 해들이 소개된다. 예를 들어 단순하고 마찰이 없는 진자의 운동에 Newton 제2법칙을 적용한다고 하면, 기초 물리학 수업에 임한 학생에게는 시간 주기를 갖는 진자의 진동 운동에 대한 해석적인 완결해가 소개된다. 즉,

$$T = 2\pi\sqrt{\ell/g}$$

여기서 T는 주기이며, ℓ은 진자의 길이이고, g는 중력 가속도이다. 그러나 이러한 식 뒤에 숨어있는 결정적인 가정으로 *진폭이 작은* 진동이라는 전제가 있다. 이와 유사하게 중력장에서 자유 낙하 중인 물체의 운동을 학습할 때는, 물체를 떨어뜨린 후 시간 t 동안 물체가 떨어진 거리 y가 다음과 같이 주어진다.

$$y = \tfrac{1}{2}gt^2$$

그러나 이러한 결과는 물체가 공기 중을 통과하면서 작용하는 공기역학적 항력을 무시한 것이다. 위에서 든 예는 기초 물리학 강좌에서 매우 익숙한 것들이다. 이들 예는 이론적 완결해(closed-form solution)로서 간단한 대수 관계식으로 해가 주어진다.

2.4절, 2.5절, 2.7절에서 각각 유도한 연속, 운동량, 에너지 방정식과 같은 공기역학의 지배 방정식은 고도로 비선형적이며, 편미분 방정식 또는 적분 방정식의 형태로서 오늘날까지 이러한 지배 방정식에 대하여 일반적인 해석적 해가 발표된 바 없다. 대신 이들 방정식의 유용한 해를 구하는 데 있어 두 가지 서로 다른 원리를 추구하였다. 이들 중 하나는 이론적 또는 해석적 접근으로서, 어떤 공기역학 응용문제의 물리적 원리를 지배하는 방정식을 해석적 해를 얻을 수 있을 만큼 충분히 간략화시킴으로써 해를 얻는 방법이다. 일례로 8장에서 설명할 수직 충격파를 지나는 유동의 해석을 들 수 있다. 이 유동은 1차원이다. 즉, 충격파를 통과하면서 발생하는 유동 특성의 변화는 오직 유동 진행 방향으로만 일어난다. 이 경우 2.4절, 2.5절, 2.7절의 지배 방정식인 연속, 운동량, 에너지 방정식에서 y와 z 방향 도함수들은 0이 되어 결과적으로 1차원 방정식으로 귀결된다. 이는 물론 1차원 경우에 대해서는 *정확한*(exact) 것으로, 충격파 특성에 대하여 직접적인 해석적 해를 제공한다. 또 다른 예로 11장과 12장에서 설명할 익형에서의 압축성 유동을 들 수 있다. 익형이 얇고 받음각이 작은 경우, 그리고 자유흐름 마하수가 1 근처(천음속) 또는 5 이상(극초음속)이 아닌 경우, 지배 방정식 내 여러 항들이 다른 항에 비해 무시할 수 있을 만큼 줄어든다. 결과적으로 간략화시킨 식은 선형이며 해석적으로 해를 구할 수 있다. 이는 *근사적*(approximate) 해의 일례로서, 여기서는 해를 얻기 위해 단순화시킨 가정이 도입된다.

공기역학 이론의 개발 역사가 바로 이러한 부류에 속한다. 주어진 응용문제에서 완전한 세트의 지배 방정식을 시의적절하게 단순화시킴으로써 해석적 해를 얻을 수 있게 하는 것이다. 물론 이러한 원리는 제한된 수의 공기역학 문제에 한해 적용될 수 있다. 그러나 고전 공기역학 이론은 이러한 접근 방법에 의해 발전되어 왔으며, 이에 대해 이 책에서 어느 정도 설명하고 있다. 여러분은 후속 장에서 여러 경우에 대해 완결 형태의 해석적 해와 여기에 적용된 가정에 따른 한계성에 대해 상세한 설명을 접할 수 있을 것이다. 현대의 공기역학에서 이러한 고전적인 해석적 해는 다음과 같은 세 가지 장점을 갖는다.

1. 해를 구하는 행위 자체가 문제에 내포된 모든 물리적 원리와 근본적인 접촉을 할 수 있도록 해준다.
2. 보통 완결 형태로 표시되는 결과는 중요한 변수들이 무엇인지, 그리고 이들 변수의 증감에 따라 답이 어떻게 변하는지에 대한 정보를 직접 제공해 준다. 예를 들어, 11장에서 우리는 고아음속 유동 내 익형에서 압축성 효과가 양력 계수에 미치는 영향에 대한 간단한 방정식을 유도할 것이다. 식 (11.52)는 양력 계수에 미치는 고속 유동 효과가 단지 M_∞라는 한 가지 변수에 의해 지배받는다는 것을 말해 준다. M_∞가 증가할수록 양력 계수 역시 따라서 증가한다. 더구나 이 방정식은 양력 계수가 *어떤 방식으로* 변하는지, 즉 $(1 - M_\infty^2)^{1/2}$에 반비례한다는 것을 말해 준다. 이는 비록 근사식이지만 매우 유용한 정보이다.
3. 마지막으로 완결 형태의 결과식은 신속한 계산을 수행하기 위해 필요한 간단한 도구를 제공한다. 소위 '봉투 뒷면 여백에 계산'할 수 있을 정도로 간단한 것이지만, 기본 설계과정과 실제적인 응용에서 매우 중요한 계산을 가능하게 한다.

2.17.2 수치해—전산유체역학 *Numerical Solutions—Computational Fluid Dynamics (CFD)*

지배 방정식의 해를 구하기 위한 또 다른 일반적 접근법은 수치적 접근법이다. 20세기의 3분기에 출현한 현대적인 고속 디지털 컴퓨터는 공기역학 문제에 대한 해를 얻는 데 있어 완전히 새로운 원칙, 즉 전산유체역학을 정립시키면서 혁명을 불러왔다. 이 장에서 유도한 연속, 운동량, 에너지 방정식으로 대별되는 기본 지배 방정식은 적분형 또는 편미분 방정식으로 표현된다. Anderson이 지은 *Computational Fluid Dynamics: The Basics with Applications*, McGraw-Hill, 1995에 의하면 전산유체역학이란 '이러한 방정식에 포함된 적분 또는 편미분(아마도 대부분의 경우에 해당)을 대수적 형태로 이산화(discretization)시킨 후 이를 풀어서 공간 그리고/또는 시간상으로 이산화시킨 위치에서 유동장 값에 대한 *수치값*을 구하는 것'이라 정의되어 있다. 전산유체역학(종종 약어 CFD로 표시함)에서 최종 산출물은 완결 형태의 해석적 해와는 대조적으로 단순히 숫자들의 집합이다. 그러나 결국 대부분 공학적 해석에서의 목표는 완결 형태든 그렇지 않든 간에 문제에 대한 정량적인 기술(즉, *숫자들*)이다.

CFD의 매력은 원칙적으로 기하학적 또는 물리적인 근사식을 적용하지 않은 상태에서 비선형 형태의 연속, 운동량, 에너지 방정식을 다룰 수 있다는 것이다. 이러한 이유로 전에는 전혀 손댈 수 없었던 여러 복잡한 공기역학 유동장 문제들이 CFD를 사용하여 해를 구할 수 있게 되었다. 일례가 그림 2.42에 수록되어 있다. 여기서 받음각이 큰(이 경우 14°) 익형상의 비정상, 점성, 난류, 압축성, 박리 유동장의 경우를 볼 수 있으며, 이는 참고문헌 53에서 인용한 것이다. 자유흐름 마하수는 0.5이고 익형 시위(앞전에서 뒷전까지의 거리)에 기준한 레이놀즈수는 300,000이다. 어느 순간에서의 순간적인 유선 형태가 주어져 있으며, 익형 윗면 박리 재순환 유동에서의 복잡성을 반영하고 있다. 이는 2차원, 비정상 연속, 운동량, 에너지 방정식에 점성 및 열전도 효과를 모두 포함하여 얻은 CFD 해이다. 사용된 기본 방정식은 기하학적 또는 물리적 단순화를 적용하지 *않은* 상태에서 2.4절, 2.5절, 2.7절에서 유도한 것이다. 점성 및 열전도 항들에 대한 방정식은 15장에서 유도하기로 하자. 이를 우리는 종종 *Navier-Stokes 방정식*이라 부른다. 그림 2.42에 나타낸 유동의 경우 해석적 해는 존재하지 않는다. 해는 오로지 CFD에 의해서만 얻을 수 있다.

CFD 뒤에 있는 기본 원리에 대해 탐구해 보자. 다시 한번 염두에 둘 것은 CFD 해는 순전히 *수치해*이며, 이를 수행하기 위해서는 고속 디지털 컴퓨터가 반드시 필요하다는 것이다. CFD 해를 구하기 위해서는 먼저 유동장이 여러 개로 *이산화*된 점들로 나뉘어져야 한다. 이러한 점들을 지나는 좌표선이 *격자*(grid)를 생성하며, 위치를 표시하기 위해 이산화시킨 점들을 *격자점*(grid points)이라 부른다. 그림 2.42에 표시된 유동장을 풀기 위해 사용된 격자가 그림 2.43

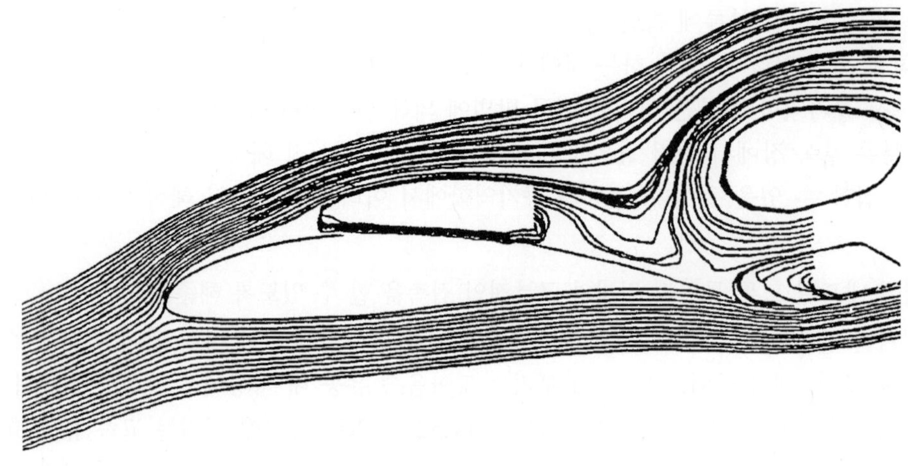

그림 2.42 익형 상의 박리 유동에 대한 유선 형태를 계산한 것. Re = 300,000, $M_\infty = 0.5$, 받음각 14°

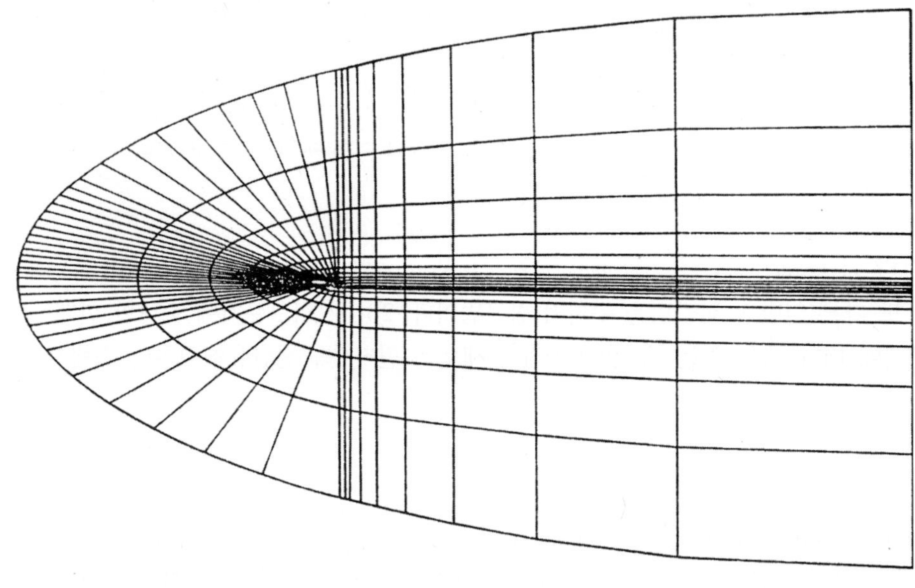

그림 2.43 그림 2.40의 익형 유동에 대한 수치해를 구하기 위해 사용된 격자. 익형은 그림 가운데 왼편의 작은 반점이다.

에 주어져 있다. 여기서 격자는 익형 주변을 둘러싸고 있다. 마치 작은 크기의 하얀 반점이 그림의 중심으로부터 왼편에 있는 것처럼 보이며, 익형에서 멀리 떨어져 있는 지점까지 격자는 확장된다. 아음속 유동 계산에서는 이처럼 격자점을 유동장 내 멀리까지 확장시켜 배치할 필요가 있는데, 이는 아음속 유동 내 교란(disturbances)이 물리적으로 물체에서 멀리 떨어진 지역까지 전파되기 때문이다. 후속 장에서 왜 그런지에 대하여 설명하기로 한다. 익형 근처의 검은색 영역은 익형 근처에 촘촘하게 위치한 격자점들을 표시한 것으로, 익형 근처에서의 점성 유동을 보다 정확히 계산하기 위한 것이다. p, ρ, u, v 등과 같은 유동장 특성은 유동 지배 방정식 수치해석에 의해 오로지 이들 이산화된 격자점에서만 계산된다. 이것이 바로 완결 형태의 해석적 해와 CFD 해를 구분짓는 고유의 특성이다. 해석적 해는 완결 형태의 방정식에 의해 유동장을 시간 그리고/또는 공간의 함수로서 연속적으로 기술한다. 따라서 이러한 연속적 공간 내 무수히 많은 점들 중 어떤 점이든 선정하여 완결 형태의 방정식에 대입함으로써 그 점에서의 유동 변수값을 알 수 있다. 이와는 달리 CFD에서는 유동장 변수들이 오직 이산화된 격자점에서만 계산된다. CFD 해에서는 유동 지배 방정식 내 편미분 또는 적분 항이 격자점에서의 유동장 변수값을 사용하여 *이산화된다*.

이러한 이산화는 어떻게 수행하는가? 이 질문에 대한 답은 여러 가지일 수 있다. 이에 대한 아이디어를 전하기 위해 몇 가지 예를 살펴볼 것이다.

$\partial u/\partial x$와 같은 편미분 도함수에 대해 생각해 보자. 이러한 편미분 도함수를 어떻게 이산화할 것인가? 우선 그림 2.44와 같이 균일한 사각형 격자점 배열을 선택하자. 각 점은 x 방향의 경우 아래첨자 i로, y 방향의 경우 아래첨자 j로

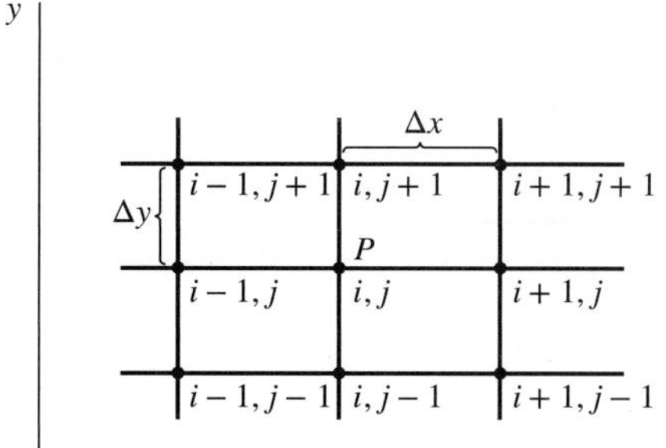

그림 2.44 균일한 사각형 격자에서의 격자점 배열

표시한다. 그림 2.44의 점 P는 점 (i, j)로 표시한다. 변수 u의 점 j에서의 변수값은 $u_{i,j}$로 표시한다. 점 P의 바로 오른쪽에 위치한 지점에서의 u 값은 $u_{i+1,j}$로 표시하며, 점 P의 바로 왼편은 $u_{i-1,j}$로 표시한다. 점 P의 바로 위와 아래 위치한 점에서의 u 값은 각각 $u_{i,j+1}$과 $u_{i,j-1}$으로 표시한다. 이런 방식으로 계속 표시한다. x 방향으로 위치한 격자점들은 간격 Δx만큼씩, 그리고 y 방향은 간격 Δy만큼씩 떨어져 있다. 간격 Δx와 Δy는 격자점 사이에서 반드시 균일해야 하나, Δx 값과 Δy 값은 서로 다를 수 있다. 점 P에서 $\partial u/\partial x$를 이산화시킨 표현식으로 구해 보자. 먼저 $u_{i+1,j}$에 대한 테일러 급수 전개를 점 P에 대해 표시하면,

$$u_{i+1,j} = u_{i,j} + \left(\frac{\partial u}{\partial x}\right)_{i,j} \Delta x + \left(\frac{\partial^2 u}{\partial x^2}\right)_{i,j} \frac{(\Delta x)^2}{2} + \left(\frac{\partial^3 u}{\partial x^3}\right)_{i,j} \frac{(\Delta x)^3}{6} + \left(\frac{\partial^4 u}{\partial x^4}\right)_{i,j} \frac{(\Delta x)^4}{24} + \cdots \tag{2.166}$$

식 (2.166)을 $(\partial u/\partial x)_{i,j}$에 대해 풀면 다음 식을 얻는다.

$$\left(\frac{\partial u}{\partial x}\right)_{i,j} = \underbrace{\frac{u_{i+1,j} - u_{i,j}}{\Delta x}}_{\text{전방차분}} \underbrace{- \left(\frac{\partial^2 u}{\partial x^2}\right)_{i,j} \frac{\Delta x}{2} - \left(\frac{\partial^3 u}{\partial x^3}\right)_{i,j} \frac{(\Delta x)^2}{6} + \cdots}_{\text{절삭 오차}} \tag{2.167}$$

식 (2.167)은 수학적으로 완전한 관계식이다. 그러나 $(\partial u/\partial x)_{i,j}$를 우변의 대수식 항으로만 표시하면, 즉

$$\left(\frac{\partial u}{\partial x}\right)_{i,j} = \frac{u_{i+1,j} - u_{i,j}}{\Delta x} \qquad \text{전방차분(forward difference)} \tag{2.168}$$

식 (2.168)은 편미분 도함수에 대한 *근사식*을 표시하며, 이러한 근사식으로 인해 개입된 오차는 식 (2.167)로서 확인할 수 있는 절삭 오차(truncation error)이다. 그럼에도 불구하고 식 (2.168)은 편미분 도함수에 대한 대수적 표현식이다. 여기서 편미분 도함수는 *이산화된* 격자점에서 $u_{i+1,j}$와 $u_{i,j}$ 값을 사용하여 표시되므로 편미분 도함수는 *이산화된* 것이다. 식 (2.168)의 대수적 차분비를 *전방차분*(forward difference)이라 하는데, 여기서 점 (i, j) 앞의 정보인 $u_{i+1,j}$를 사용하기 때문이다. 또한 식 (2.168)로 주어지는 전방차분은 *1차 정밀도*(first-order accuracy)를 갖고 있다. 이는 식 (2.167)에서의 절삭 오차 선두 항이 Δx의 1차 항이기 때문이다.

$(\partial u/\partial x)_{i,j}$에 대한 이산화 형식이 식 (2.168)만 있는 것은 아니다. 예를 들어, 점 P에 대해 $u_{i-1,j}$에 대한 테일러 급수 전개식을 표시해 보자.

$$u_{i-1,j} = u_{i,j} + \left(\frac{\partial u}{\partial x}\right)_{i,j} (-\Delta x) + \left(\frac{\partial^2 u}{\partial x^2}\right)_{i,j} \frac{(-\Delta x)^2}{2} + \left(\frac{\partial^3 u}{\partial x^3}\right)_{i,j} \frac{(-\Delta x)^3}{6} + \cdots \tag{2.169}$$

식 (2.169)를 $(\partial u/\partial x)_{i,j}$에 대해 풀면 다음 식을 얻는다.

$$\left(\frac{\partial u}{\partial x}\right)_{i,j} = \underbrace{\frac{u_{i,j} - u_{i-1,j}}{\Delta x}}_{\text{후방차분}} + \underbrace{\left(\frac{\partial^2 u}{\partial x^2}\right)_{i,j}\frac{\Delta x}{2} - \left(\frac{\partial^3 u}{\partial x^3}\right)_{i,j}\frac{(\Delta x)^2}{6} + \cdots}_{\text{절삭 오차}} \tag{2.170}$$

따라서 식 (2.170)으로부터 편미분 도함수를 후방차분(rearward difference)으로도 표시할 수 있다. 즉,

$$\left(\frac{\partial u}{\partial x}\right)_{i,j} = \frac{u_{i,j} - u_{i-1,j}}{\Delta x} \qquad \textit{후방차분}\text{(rearward difference)} \tag{2.171}$$

식 (2.171)은 편미분 도함수에 대한 근사식으로, 이 식에서 오차는 식 (2.170)에 표시된 절삭 오차에 의해 주어진다. 식 (2.171)로 주어진 후방차분은 식 (2.170)에 표시된 절삭 오차의 선두 항이 Δx의 1차 항으로 표시되므로 1차 정밀도를 갖는다. 식 (2.168)과 (2.171)로 각각 주어진 전방과 후방차분은 모두 $(\partial u/\partial x)_{i,j}$에 대해 동등하게 타당한 표현식이며, 두 식 모두 1차 정밀도를 보유한다.

CFD 해에서 1차 정밀도는 충분하지 않을 수 있다. 따라서 적어도 2차 정밀도를 갖는 $(\partial u/\partial x)_{i,j}$에 대한 이산화 표현식이 요구된다. 이는 식 (2.166)에서 식 (2.169)를 빼서 다음과 같이 얻을 수 있다.

$$u_{i+1,j} - u_{i-1,j} = 2\left(\frac{\partial u}{\partial x}\right)_{i,j}\Delta x + \left(\frac{\partial^3 u}{\partial x^3}\right)_{i,j}\frac{(\Delta x)^3}{3} + \cdots \tag{2.172}$$

식 (2.172)를 $(\partial u/\partial x)_{i,j}$에 대해 풀면 다음 식을 얻는다.

$$\left(\frac{\partial u}{\partial x}\right)_{i,j} = \underbrace{\frac{u_{i+1,j} - u_{i-1,j}}{2\Delta x}}_{\text{중앙차분}} - \underbrace{\left(\frac{\partial^3 u}{\partial x^3}\right)_{i,j}\frac{(\Delta x)^2}{3} + \cdots}_{\text{절삭 오차}} \tag{2.173}$$

따라서 편미분 도함수를 식 (2.173)과 같이 *중앙차분*(central difference)으로 표시할 수 있다. 즉,

$$\left(\frac{\partial u}{\partial x}\right)_{i,j} = \frac{u_{i+1,j} - u_{i-1,j}}{2\Delta x} \qquad \textit{중앙차분}\text{(central difference)} \tag{2.174}$$

식 (2.173)을 살펴보면 식 (2.174)로 표현된 중앙차분 표현식이 *2차 정밀도*를 갖고 있음을 알 수 있다. 식 (2.173)에서 절삭 오차의 선두 항이 $(\Delta x)^2$이기 때문이다. 대부분의 CFD 해에서 2차 정밀도 수준이면 충분하다.

이것이 바로 어떻게 CFD 해를 얻는가에 대한 내용이다. 즉, 유동의 지배 방정식에 포함된 편미분 도함수를 이산화시키는 것이다. 위에서 설명한 전방, 후방, 그리고 중앙차분법은 단지 일부에 불과하며, 도함수를 이산화시키는 형태로는 이외에도 다른 수많은 방식이 있다. 이러한 이산화 표현식을 얻는 데 테일러 급수가 사용된 사실에 주목하기 바란다. 테일러 급수는 CFD의 *유한차분* 해(finite-difference solutions)에서 가장 기본이 되는 것이다. 반면 식 (2.48)과 (2.64)처럼 유동 지배 방정식의 적분형이 사용된다면, 각 적분항 역시 이산화시킬 수 있으며 이로부터 얻어지는 대수 방정식이 CFD *유한체적* 해(finite-volume solutions)의 기본이 되는 것이다.

예제 2.10

ρ, u 등과 같은 유동장 변수가 거리 x와 시간 t의 함수로 표시되는 1차원, 비정상 유동에 대해 생각해 보자. 그림 2.45에 표시한 격자에서 x 방향으로의 격자점 배열은 아래첨자 i로 표시했다. 두 줄의 격자점이 표시되어 있는데, 하나는 시각 t이고 다른 하나는 시각 $t + \Delta t$에 대한 것이다. 우리는 특히 $\rho_i^{t+\Delta t}$로 표시된 시각 $t + \Delta t$에서 격자점 i에 위치한 미지수 밀도를 계산하고자 한다. 미지수 밀도를 계산하기 위한 절차를 설명하라.

■ 풀이

그림 2.45에서 시각 t에 점선으로 표시된 루프(이를 계산 모듈이라 부른다) 안에 포함된 격자점 $i-1$, i, $i+1$에 주목하라. 여기서 이들 격자점에서의 유동장은 알려진 값들이며, 시각 $t + \Delta t$에서 격자점 i에서의 값은 미지수이다. 식 (2.52)의 연속 방정식을 아래

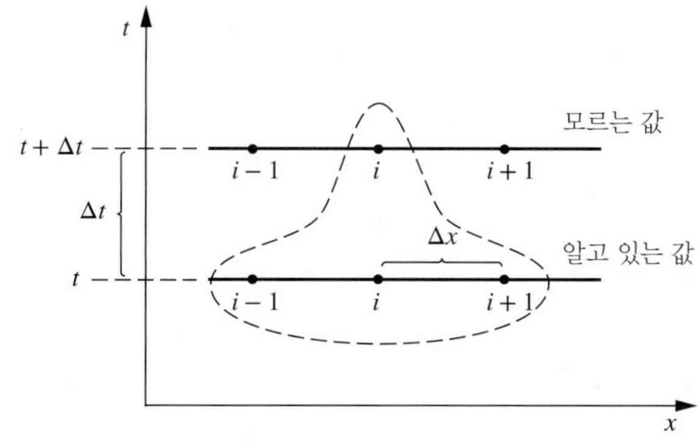

그림 2.45 계산 모듈. 시각 t에서 점 $i-1$, i, $i+1$에서의 알고 있는 값들로부터 시각 $t + \Delta t$에서 점 i에서의 미지수 값을 얻기 위한 계산

에 다시 표시하면,

$$\frac{\partial \rho}{\partial t} + \nabla \cdot (\rho \mathbf{V}) = 0 \tag{2.52}$$

비정상, 1차원 유동에 대해 위 식을 다시 쓰면 아래와 같다.

$$\frac{\partial \rho}{\partial t} + \frac{\partial(\rho u)}{\partial x} = 0 \tag{2.175}$$

식 (2.175)를 다시 배열하여 표시하면,

$$\frac{\partial \rho}{\partial t} = -\frac{\partial(\rho u)}{\partial x}$$

또는

$$\frac{\partial \rho}{\partial t} = -\rho\frac{\partial u}{\partial x} - u\frac{\partial \rho}{\partial x} \tag{2.176}$$

식 (2.176)에서 $\partial\rho/\partial t$를 시간에 대한 전방차분식으로 대치하고, $\partial u/\partial x$와 $\partial\rho/\partial x$는 격자점 i를 중앙으로 하여 공간에 대한 중앙차분식으로 대치한다.

$$\frac{\rho_i^{t+\Delta t} - \rho_i^t}{\Delta t} = -\rho_i^t\left(\frac{u_{i+1}^t - u_{i-1}^t}{2\Delta x}\right) - u_i^t\left(\frac{\rho_{i+1}^t - \rho_{i-1}^t}{2\Delta x}\right) \tag{2.177}$$

식 (2.177)을 *차분 방정식*(difference equation)이라 부른다. 이는 식 (2.176)으로 표시된 원래의 편미분 방정식을 근사적으로 표시한 것이며, 여기서 근사식에 대한 오차는 식 (2.177)을 얻기 위해 사용한 유한차분식과 연관된 절삭 오차들의 합에 의해 주어진다. 식 (2.177)을 $\rho_i^{t+\Delta t}$에 대해 푼다.

$$\rho_i^{t+\Delta t} = \rho_i^t - \frac{\Delta t}{2\Delta x}\left(\rho_i^t u_{i+1}^t - \rho_i^t u_{i-1}^t + u_i^t \rho_{i+1}^t - u_i^t \rho_{i-1}^t\right) \tag{2.178}$$

식 (2.178)에서 우변에 있는 모든 항들은 시각 t일 때 알고 있는 값이다. 따라서 식 (2.178)로부터 시각 $t + \Delta t$일 때의 미지수 값 $\rho_i^{t+\Delta t}$를 바로 계산할 수 있다.

위 예제는 주어진 유동 문제에 CFD 해를 어떻게 적용할 수 있는지에 대하여 간단한 예시를 보여주고 있다. 이 경우 비정상, 1차원 유동에 대한 것이다. 시각 $t + \Delta t$일 때, 격자점 i에서 미지수인 속도와 내부 에너지 역시 같은 방법으로 계산할 수 있다. x 방향 운동량 방정식인 식 (2.113*a*)와 에너지 방정식인 식 (2.114)에 대하여 적절한 차분 방정식 표현으로 대치하면 된다.

위 예제는 매우 자명해 보이며 실제로 그렇기도 하다. 여기서 설명하고자 하는 것은 CFD 기법에 대한 예시이다. 그러나 오해하지 말기 바란다. 전산유체역학은 매우 복잡하면서도 정교한 분야이다. 예를 들어 여기서 최종 결과의 정밀도에 대해, 또는 어떤 계산 기법이 안정적인지 아닌지에 대해(수치해를 얻기 위한 잘못된 시도는 불안정하여 계산과정 동안 수치값이 발산한다), 그리고 주어진 기법으로 유동장 해를 얻는 데 컴퓨터 계산 시간이 얼마나 요구되는지에 대해 아무런 언급도 하지 않았다. 아울러 예제에서 사용한 격자는 상대적으로 간단한 격자계이다. 주어진 유동 문제를 푸는 데 적합한 격자를 생성하는 일은 종종 만만치 않은 과업이며, CFD 분야 중 한 분야로서 격자 생성 분야가 위치하

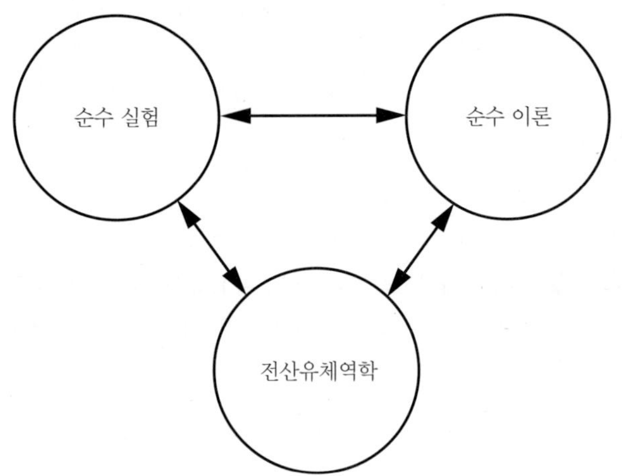

그림 2.46 ▶ 현대 공기역학에서 동등한 세 동반자

고 있을 정도이다. 이러한 이유로 인해 CFD는 보통 대부분의 대학에서 석박사 과정 과목으로 개설된다. 그러나 학부생에게 CFD의 기본 개념을 소개하기 위한 노력의 일환으로 참고문헌 7을 저술했으며, 가장 기본적인 수준의 주제들을 소개하고자 시도했다. 참고문헌 7은 석박사 과정 수준으로 집필된 보다 상위 수준의 CFD 교재들을 접하기 *전* 학생들이 읽을 수 있도록 내용을 구성했다. 이 책에서는 전반적인 기본 공기역학 체계의 일환으로서 가끔 CFD 응용에 대해 설명할 것이다. 그러나 이 책은 CFD가 주제가 아니며, 참고문헌 7은 CFD를 주제로 하는 교재이다.

2.17.3 더 큰 그림 *The Bigger Picture*

공기역학에 대한 지적인 이해는 고대 그리스 과학에서 출발하여 2500년을 넘는 시간에 걸쳐 진화한 것이다. 여러분이 이 책을 통해 공부하고 있는 공기역학은 이러한 진화의 산물이다(공기역학의 역사에 대한 심도 있는 연구에 대해서는 참고문헌 68 참조). 현재 우리의 토론과 관련하여 유체역학의 실험적 전통 발전사를 거론할 수 있다. 유체역학 실험은 17세기 중반 주로 프랑스에서 비롯되어 역학 분야에 대한 이성적인 해석의 선구자였던 Isaac Newton에 의해 17세기 말까지 지속되었다. 이 기간 이후 20세기 중반까지 공기역학을 포함한 유체역학 연구에서 한쪽 주류는 순수 실험 분야, 그리고 다른 한쪽 주류는 순수 이론 분야였다. 만약 여러분이 비교적 최근에(1960년 정도라 하자) 공기역학을 배웠다면, 여러분은 이론과 실험이라는 '두 가지 방법뿐인 세상'에서 지냈을 것이다. 그러나 전산유체역학은 오늘날 공기역학을 연구하는 방법에 있어 혁명적인 변화를 불러왔다. 그림 2.46에서와 같이 CFD는 오늘날 공기역학 문제에 대한 해석과 그 해를 얻는 데 있어 순수 이론 및 순수 실험과 함께 *동등한* 지위를 갖는 동반자인 것이다. CFD는 파노라마 촬영에서의 플래시 같은 것이 아니며, 선진 인류 문명이 존재하는 한 계속해서 자신의 역할을 수행해 나갈 것이다. 아울러 그림 2.46에서의 양쪽 화살표가 의미하는 것은 오늘날 이들 각 파트너는 서로 간에 지속적인 상호작용을 계속하고 있다는 것이다. 그들은 따로따로 서 있는 게 아니라 서로 협조하면서 공기역학의 '큰 그림(big picture)'을 이해하고자 노력하고 문제의 해결을 시도하고 있는 것이다.

2.18 요약 *Summary*

그림 2.3으로 표시한 이 장의 이정표로 돌아가 보자. 이정표의 왼편과 오른편 가지에 표시된 부분을 모두 다루었고, 이제는 실제 공기역학 문제에 대한 해를 구하기 위한 후속 장으로 나아갈 준비를 끝냈다. 그림 2.3에 표시된 각 블록을 살펴보자. 각 블록에 표시된 중요한 방정식과 개념들이 여러분의 머릿속에서 반짝일 것이다. 만약 반짝임이 희미하다면 해당 절로 돌아가 관련된 공기역학적 도구들이 익숙하게 느껴질 때까지 내용을 복습하기 바란다.

여러분의 편의를 위해 가장 중요한 결과를 아래에 요약하기로 하자.

기본 유동 방정식

연속 방정식

$$\frac{\partial}{\partial t}\oiiint_{\mathcal{V}} \rho \, d\mathcal{V} + \oiint_{S} \rho \mathbf{V} \cdot \mathbf{dS} = 0 \tag{2.48}$$

또는

$$\frac{\partial \rho}{\partial t} + \nabla \cdot (\rho \mathbf{V}) = 0 \tag{2.52}$$

또는

$$\frac{D\rho}{Dt} + \rho \nabla \cdot \mathbf{V} = 0 \tag{2.108}$$

운동량 방정식

$$\frac{\partial}{\partial t}\oiiint_{\mathcal{V}} \rho \mathbf{V} \, d\mathcal{V} + \oiint_{S} (\rho \mathbf{V} \cdot \mathbf{dS})\mathbf{V} = -\oiint_{S} p \, \mathbf{dS} + \oiiint_{\mathcal{V}} \rho \mathbf{f} \, d\mathcal{V} + \mathbf{F}_{\text{viscous}} \tag{2.64}$$

또는

$$\frac{\partial(\rho u)}{\partial t} + \nabla \cdot (\rho u \mathbf{V}) = -\frac{\partial p}{\partial x} + \rho f_x + (\mathcal{F}_x)_{\text{viscous}} \tag{2.70a}$$

$$\frac{\partial(\rho v)}{\partial t} + \nabla \cdot (\rho v \mathbf{V}) = -\frac{\partial p}{\partial y} + \rho f_y + (\mathcal{F}_y)_{\text{viscous}} \tag{2.70b}$$

$$\frac{\partial(\rho w)}{\partial t} + \nabla \cdot (\rho w \mathbf{V}) = -\frac{\partial p}{\partial z} + \rho f_z + (\mathcal{F}_z)_{\text{viscous}} \tag{2.70c}$$

또는

$$\rho \frac{Du}{Dt} = -\frac{\partial p}{\partial x} + \rho f_x + (\mathcal{F}_x)_{\text{viscous}} \tag{2.113a}$$

$$\rho \frac{Dv}{Dt} = -\frac{\partial p}{\partial y} + \rho f_y + (\mathcal{F}_y)_{\text{viscous}} \tag{2.113b}$$

$$\rho \frac{Dw}{Dt} = -\frac{\partial p}{\partial z} + \rho f_z + (\mathcal{F}_z)_{\text{viscous}} \tag{2.113c}$$

에너지 방정식

$$\begin{aligned}\frac{\partial}{\partial t}\oiiint_{\mathcal{V}} \rho \left(e + \frac{V^2}{2}\right) d\mathcal{V} + \oiint_{S} \rho \left(e + \frac{V^2}{2}\right) \mathbf{V} \cdot \mathbf{dS} \\ = \oiiint_{\mathcal{V}} \dot{q} \rho \, d\mathcal{V} + \dot{Q}_{\text{viscous}} - \oiint_{S} p \mathbf{V} \cdot \mathbf{dS} \\ + \oiiint_{\mathcal{V}} \rho (\mathbf{f} \cdot \mathbf{V}) \, d\mathcal{V} + \dot{W}_{\text{viscous}}\end{aligned} \tag{2.95}$$

또는

$$\frac{\partial}{\partial t}\left[\rho\left(e + \frac{V^2}{2}\right)\right] + \nabla \cdot \left[\rho\left(e + \frac{V^2}{2}\right)\mathbf{V}\right] = \rho \dot{q} - \nabla \cdot (p\mathbf{V}) + \rho(\mathbf{f} \cdot \mathbf{V}) + \dot{Q}'_{\text{viscous}} + \dot{W}'_{\text{viscous}} \tag{2.96}$$

또는

$$\rho \frac{D(e + V^2/2)}{Dt} = \rho \dot{q} - \nabla \cdot (p\mathbf{V}) + \rho(\mathbf{f} \cdot \mathbf{V}) + \dot{Q}'_{\text{viscous}} + \dot{W}'_{\text{viscous}} \tag{2.114}$$

실체적 도함수

$$\frac{D}{Dt} \equiv \underbrace{\frac{\partial}{\partial t}}_{\text{국소적 도함수}} + \underbrace{(\mathbf{V} \cdot \nabla)}_{\text{대류 도함수}} \tag{2.109}$$

유선은 어느 점에서든 접선 방향이 속도 벡터의 방향과 같은 점들로 이루어진 곡선이다. 유선 방정식은 다음과 같이 주어진다.

$$\mathbf{ds} \times \mathbf{V} = 0 \tag{2.115}$$

또는 직교 좌표계에서,

$$w\,dy - v\,dz = 0 \tag{2.117a}$$

$$u\,dz - w\,dx = 0 \tag{2.117b}$$

$$v\,dx - u\,dy = 0 \tag{2.117c}$$

어느 주어진 점에서의 와도 $\boldsymbol{\xi}$는 유체 요소의 각속도 $\boldsymbol{\omega}$의 2배와 같다. 그리고 두 양은 속도장과 아래 식에 의해 연관된다.

$$\boldsymbol{\xi} = 2\boldsymbol{\omega} = \nabla \times \mathbf{V} \tag{2.129}$$

$\nabla \times \mathbf{V} = 0$일 때 유동은 비회전성이다. $\nabla \times \mathbf{V} \neq 0$이면 유동은 회전성이다.

순환 Γ은 양력과 연관성이 있으며 아래와 같이 정의된다.

$$\Gamma \equiv -\oint_C \mathbf{V} \cdot \mathbf{ds} \tag{2.136}$$

또한 순환은 와도와 아래 식으로 연결된다.

$$\Gamma \equiv -\oint_C \mathbf{V} \cdot \mathbf{ds} = -\iint_S (\nabla \times \mathbf{V}) \cdot \mathbf{dS} \tag{2.137}$$

또는

$$(\nabla \times \mathbf{V}) \cdot \mathbf{n} = -\frac{d\Gamma}{dS} \tag{2.138}$$

유선 함수 $\bar{\psi}$는 $\bar{\psi}(x, y) = \text{constant}$인 곡선이 유선 방정식을 표시하는 함수로 정의된다. 그리고 두 유선들 사이의 유선 함수값 차이 $\Delta\bar{\psi}$가 두 유선 사이를 통과하는 질량 유동과 같다. 이러한 정의식의 결론에 의해 직교 좌표계에서,

$$\rho u = \frac{\partial \bar{\psi}}{\partial y} \tag{2.147a}$$

$$\rho v = -\frac{\partial \bar{\psi}}{\partial x} \tag{2.147b}$$

그리고 원통형 좌표계에서,

$$\rho V_r = \frac{1}{r}\frac{\partial \bar{\psi}}{\partial \theta} \tag{2.148a}$$

$$\rho V_\theta = -\frac{\partial \bar{\psi}}{\partial r} \tag{2.148b}$$

비압축성 유동에서는 $\psi \equiv \bar{\psi}/\rho$로 정의되며, $\psi(x, y) = \text{constant}$는 유선을 표시하고 $\Delta\psi$는 두 유선 간의 함수값 차이로서 두 유선 사이를 통과하는 체적 유동과 같다. 이러한 정의식에 의해 직교 좌표계에서 아래와 같은 관계가 성립한다.

$$u = \frac{\partial \psi}{\partial y} \tag{2.150a}$$

$$v = -\frac{\partial \psi}{\partial x} \tag{2.150b}$$

원통형 좌표계에서는,

$$V_r = \frac{1}{r}\frac{\partial \psi}{\partial \theta} \tag{2.151a}$$

$$V_\theta = -\frac{\partial \psi}{\partial r} \tag{2.151b}$$

유선 함수는 회전성 유동과 비회전성 유동 모두에 타당하다. 그러나 이는 2차원 유동에 제한된다.

속도 퍼텐셜 ϕ는 다음과 같이 비회전성 유동에 한해 정의된다.

$$\mathbf{V} = \nabla \phi \tag{2.154}$$

직교 좌표계에서,

$$u = \frac{\partial \phi}{\partial x} \quad v = \frac{\partial \phi}{\partial y} \quad w = \frac{\partial \phi}{\partial z} \tag{2.156}$$

원통형 좌표계에서,

$$V_r = \frac{\partial \phi}{\partial r} \quad V_\theta = \frac{1}{r}\frac{\partial \phi}{\partial \theta} \quad V_z = \frac{\partial \phi}{\partial z} \tag{2.157}$$

구면형 좌표계에서,

$$V_r = \frac{\partial \phi}{\partial r} \quad V_\theta = \frac{1}{r}\frac{\partial \phi}{\partial \theta} \quad V_\Phi = \frac{1}{r\sin\theta}\frac{\partial \phi}{\partial \Phi} \tag{2.158}$$

비회전성 유동을 퍼텐셜 유동이라 한다.

ϕ 값이 일정한 선을 등퍼텐셜선이라 한다. 등퍼텐셜선은 유선과 서로 수직이다(2차원 비회전성 유동의 경우).

2.19 연습문제 *Problems*

2.1 임의 형상의 물체에 대하여 생각해 보자. 물체 표면 주위의 압력 분포가 일정한 값을 갖는 경우, 물체에 작용하는 결과 힘이 0이 됨을 증명하라[이러한 사실은 식 (2.77)에 사용되었음을 상기할 것].

2.2 풍동 시험부 내 익형(날개 스팬이 실험실 전체에 걸쳐 있음)에 대해 고려해 보자. 단위 스팬당 양력을 풍동 시험부 천정과 바닥면(즉, 익형 위와 아래 벽면에서의 압력 분포)에서의 압력 분포로부터 구할 수 있음을 증명하라.

2.3 x와 y 성분 속도가 $u = cx/(x^2 + y^2)$ 그리고 $v = cy/(x^2 + y^2)$으로 각각 주어지는 속도장에 대해 생각해 보자. 여기서 c는 상수이다. 이 경우 유선의 방정식을 구하라.

2.4 x와 y 성분 속도가 $u = cy/(x^2 + y^2)$ 그리고 $v = -cx/(x^2 + y^2)$으로 각각 주어지는 속도장에 대해 생각해 보자. 여기서 c는 상수이다. 이 경우 유선의 방정식을 구하라.

2.5 반경 방향(radial)과 접선 방향(tangential) 속도 성분이 각각 $V_r = 0$ 그리고 $V_\theta = cr$로 주어진 속도장에 대해 생각해 보자. 여기서 c는 상수이다. 유선의 방정식을 구하라.

2.6 x와 y 성분 속도가 $u = cx$ 그리고 $v = -cy$로 각각 주어지는 속도장에 대해 생각해 보자. 여기서 c는 상수이다. 이 경우 유선의 방정식을 구하라.

2.7 연습문제 2.3에서 주어진 속도장을 3장에서 다룰 *용입 유동*(source flow)이라 부른다. 용입 유동에 대해 다음을 계산하라.

a. 단위 체적당 유체 요소 체적의 시간에 대한 변화율

b. 와도

힌트: 속도 성분을 극좌표계로 바꾼 후 극좌표계로 취급하는 것이 수월하다.

2.8 연습문제 2.4에 주어진 속도장을 3장에서 다룰 *와류 유동*(vortex flow)이라 부른다. 와류 유동에 대해 다음을 계산하라.

a. 단위 체적당 유체 요소 체적의 시간에 대한 변화율

b. 와도

힌트: 역시 편리성을 위해 극좌표계를 사용하라.

2.9 연습문제 2.5에 주어진 유동장은 비회전성인가? 여러분의 답을 증명하라.

2.10 극좌표계 내에서 유선 함수가 $\psi = \psi(r, \theta)$로 주어진 유동장에 대해 고려해 보자. 두 유선 사이의 질량 유동 개념에서 시작하여 식 (2.148a와 b)를 유도하라.

2.11 연습문제 2.6에 주어진 비압축성 유동을 가정하고, 유선 함수와 속도 퍼텐셜을 계산하라. 여러분의 결과를 이용하여 ϕ 값이 일정한 선들과 ψ 값이 일정한 선들이 서로 수직임을 보이라.

2.12 U자형으로 굽은 관이 있다. 관의 내경은 0.5 m이다. 공기가 관의 한쪽 끝에서 평균 속도 100 m/s로 들어가고 있으며, 다른 한쪽에서도 역시 같은 속도로 빠져나오고 있다. 단, 방향은 반대 방향이다. 관 입구와 출구의 압력은 주변의 대기압과 같다. 공기 유동에 의해 관에 가해지는 힘의 크기와 방향을 계산하라. 공기 밀도는 1.23 kg/m^{3}이다.

2.13 예제 2.1에서 다루었던 물결파 벽면 위에서의 아음속 압축성 유동에 대해 고려해 보자. 이 유동의 속도 퍼텐셜 방정식을 x와 y의 함수로 유도하라.

2.14 예제 2.1에서 벽면으로부터 무한대의 거리에 위치한 유선은 직선이라고 주장한 바 있다. 이 주장을 증명하라.

2.15 압력장 $P(x, y) = \sqrt{x^2 + y^2} + 2$로 정의된다. 여기서 x와 y의 단위는 미터이고 압력 P의 단위는 파스칼(Pa)이다. 원점에 중심을 둔 반경 2 m의 원 꼭대기에 작용하는 결과 힘(resulting force)을 계산하라.

2.16 지상시험 중인 제트엔진에서 배기가스가 굴뚝을 통해서 배출되고 있다. 검사원들은 배기가스가 대기 중으로 분산되는 것을 측정하기 위해 두 개의 측정기를 설치했다. Probe A는 굴뚝의 출구 근처 고정된 위치에 설치했다. Probe B는 국부적인 공기류를 따라 움직이는 풍선에 부착했다. 분석의 목적을 위해서 국부적인 공기류는 정상상태(steady)라 가정한다. 이러한 측정기 값들이 의미하는 것이 어떤 유형의 도함수(derivative)인지 정의하고, 어떤 측정기가 어떤 유형의 도함수값에 대응하는지 식별하라.

2.17 $\vec{V} = (3x + 2y)\mathbf{i} + 4(x + y + 2z)\mathbf{j} + (x - 3z)\mathbf{k}$라 하자.

a. 속도 벡터 **V**의 컬(curl)을 계산하고 물리적으로 컬이 의미하는 것이 무엇인지 설명하라.

b. 속도 벡터 **V**의 발산(divergence)을 계산하고 물리적으로 발산이 의미하는 것이 무엇인지 설명하라.

2.18 실체적 도함수(substantial derivative)의 식을 쓰고 이의 물리적 의미에 대하여 설명하라.

2.19 아래의 미분형 x-성분 운동량 방정식[식 (2.70*a*)]을 실체적 도함수를 사용하여 표현하라:

$$\frac{\partial(\rho u)}{\partial t} + \nabla\circ(\rho u \boldsymbol{V}) = -\frac{\partial p}{\partial x} + \rho f_x + (F_x)_{viscous}$$

다음으로 위에서의 결과를 사용하여 아래의 미분 형태의 전체 운동량 보존 방정식을 일반화시켜 표현할 수 있음을 보여라.

$$\frac{\partial(\rho \boldsymbol{V})}{\partial t} + \nabla\circ(\rho \boldsymbol{V}\boldsymbol{V}) = -\nabla p + \rho \boldsymbol{f} + \boldsymbol{F}_{viscous}$$

2.20 아래에 도식화한 것과 같이 원형 단면을 갖는 도관을 통과하는 정상 유동(steady flow)에서 $D_2/D_1 = 2$라 가정하고 아래의 경우에 대해 U_2를 질량보존을 사용하여 U_1으로 표시하라.

a. 정상, 비압축성 유동이며, 도관의 입구와 출구 단면에서 속도 분포는 균일하다.

b. 정상, 비압축성 유동이며, 도관 출구에서 포물선(parabolic) 형태의 속도 분포를 갖는다.

c. 정상, 비압축성 유동이며, 도관의 입구와 출구 단면에서 속도 분포는 균일하고 $T_2/T_1 = 5$, $P_2/P_1 = 2$라 하자.

2.21 그림과 같이 추진제 RP-1 유동이 시간에 대한 변화 없이 90도로 꺾이면서 단면적이 감소하는 엘보우 도관을 통과하고 있다. 입구에서의 절대압력이 107.3 kPa이고 입구 단면적은 0.01 m^{2}이다. 출구 단면적은 0.0025 m^{2}이고 출구에서의 속도는 16 m/s이다. 엘보우 도관을 통해 유동을 대기 중으로 방출한다. 이때 엘보우 도관으로 들어가는 추진제의 속도를 구하고, 엘보우 도관을 고정시키기 위해 필요한 힘을 구하라. 외부의 압력이 101 kPa, RP-1 추진제의 밀도는 일정한 값을 가지며 810 kg/m^3, 엘보우 도관의 체적은 1l, 중력은 $-z$ 방향이라 가정한다. 엘보우 도관 자체의 무게는 무시한다.

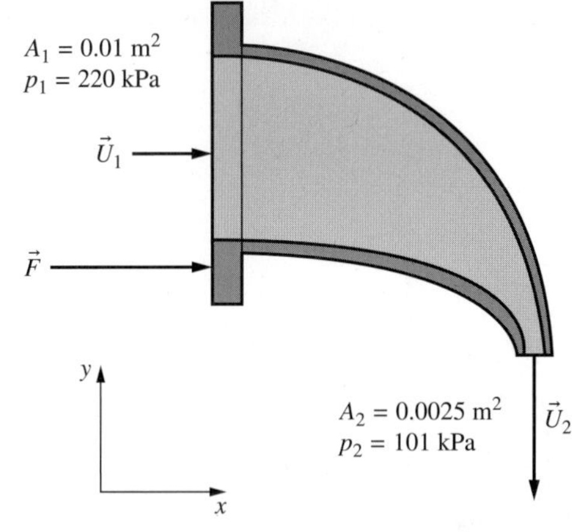

2.22 우주왕복선(space shuttle)의 주엔진은 최대 추력 상태에서 대략 140.3 kg/s의 액체수소와 374.2 kg/s의 액체산소를 소모한다. 몰(mole)수 기준으로 질소와 산소의 비율은 대략 6:1 정도로 연소생성물은 물과 잉여 수소의 기체 형태 혼합물이다. 후자는 엔진을 냉각시키는 데 사용된다. 노즐은 고온 고압의 연소가스 혼합물을 팽창시킴으로써 추력을 발생시킨다. 이러한 과정은 후에 상세하게 설명할 것이다. 노즐 출구에서의 온도와 압력이 각각 12.7 kPa & 390 K이고 노즐 출구의 실효직경이 2.16 m일 때 노즐 출구에서의 가스혼합물 속도를 구하라.

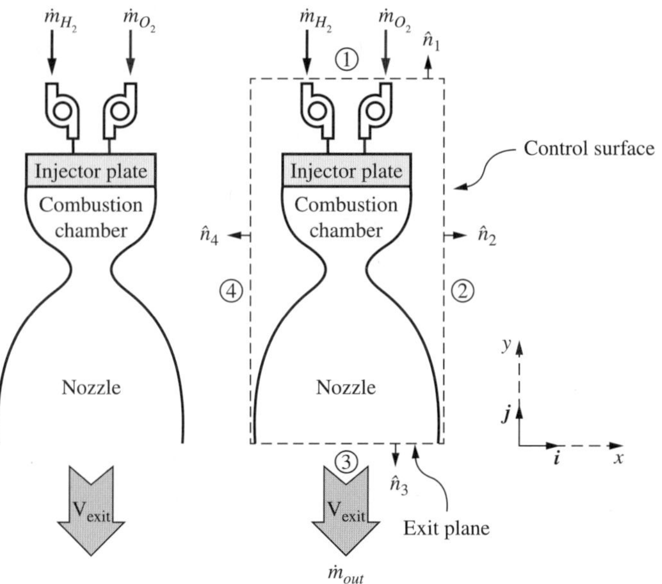

비점성, 비압축성 유동

Inviscid, Incompressible Flow

2부에서는 일정한 밀도를 가지고 있는 유체, 즉 비압축성 유동을 취급한다. 이것은 물의 유동 같은 액체 유동과 기체의 저속 유동에 적용된다. 여기에 포함된 내용은 대기권 안에서의 저속 비행에 적용할 수 있으며, 그때의 비행 속도는 마하수 0.3 또는 그 이하다. ■

비점성, 비압축성 유동의 기초

Fundamentals of Inviscid, Incompressible Flow

이론적 유체역학은 어려운 주제이기 때문에 편의상 흔히 두 분야로 나누는데, 하나는 점성이 없는 또는 완전 유체를 취급하는 것이고, 다른 하나는 점성이 있는 또는 불완전 유체를 취급하는 것이다. 마찰이 없는 유체는 자연계에 존재하지 않지만, 점성이 있거나 또는 자연계의 유동에서 근사적으로 적용될 수 있는 중요한 법칙과 원리 연구를 촉진하기 위해 수학자들이 가정하였다.

Alvert F. Zahm, 1912
(항공학 교수이며 미국 대학 내에서 처음으로 항공에 관련된 실험실을 개발하였는데, 그 대학은 The Catholic University of America다.)

미리보기 _ *Preview Box*

다시 한번 기초를, 그러나 더욱 기초적인 것에 대해 공부해 보자. 하지만 이 장에서는 특별한 종류의 유동, 즉 비점성, 비압축성 유동에 대한 기초에 초점을 맞춘다. 사실 이런 유동은 두 가지 관점에서 허구적이다. 첫째, 실생활에서는 다소간의 차이는 있겠지만 항상 마찰이 존재하므로, 엄밀히 말하면 자연계에 비점성 유동은 없다. 둘째, 모든 유동은 정도의 차이는 있지만 압축성이 있으므로, 엄밀히 말하면 자연계에 비압축성 유동은 없다. 그러나 공학에서는 만일 우리가 모든 문제에 대하여 항상 '엄밀히 말하기'만 하면 아무것도 해석할 수 없을 것이다. 공부하면서 여러분은 대부분의 모든 공학적 해석에 관련된 물리 현상의 근사값이 포함되어 있음을 알게 될 것이다.

이 장에 포함된 내용에 대해 언급하자면, 공기역학을 적용할 때 그 특성이 비점성과 비압축성에 *너무나 유사해서* 그와 같은 가정을 했을 때 놀라울 정도의 정확한 결과를 얻을 수 있는 경우가 매우 많다. 여러분은 여기서 저속 풍동이 어떻게 작동하는지를 알게 될 것이다. *피토관*이라 불리는 기본적인 도구를 이용하여 저속 유동의 속도를 측정하는 방법을 발견하게 될 것이다. 피토관은 비행 속도를 측정하기 위해 실제의 모든 비행기에 장착되어 있는데, 이는 자동차에 속도계가 달려 있는 것과 마찬가지로 중요하고도 기본적인 도구이다. 여러분은 투수가 공에 회전을 주면 왜 야구공이 변화구가 되며, 골프 선수가 공을 쳤을 때 왜 어느 때는 좌측으로 또 어느 때는 우측으로 휘면서 날아가는지를 알게 될 것이다.

이 외에도 많은 것이 더 있다. 기초에 관한 분야에서는 유체역학에서 너무나도 유명한 방정식인 Bernoulli 방정식을 소개할 예정인데, 이 방정식은 비점성, 비압축성 유동 내의 서로 다른 위치에 있는 점의 속도와 압력을 연관시켜 준다. 원통형 물체 모양 주위의 유동을 계산하는 방법과 이 유동에 대해 정확한 유선을 계산하고 표시하는 방법을 배우게 되는데, 재미도 있지만 공기역학을 더 공부하는 과정에서 중요하기도 하다.

그러므로 이 장은 기초와 응용의 혼합으로 구성되어 있다. 기초 지식을 기본 개념 창고에 축적하고 그 응용을 즐기기 바란다.

3.1 개요와 이정표 *Introduction and Road Map*

실질적인 항공의 세계는 1903년 12월 17일에 탄생하였는데, 그날 오전 10시 35분에 차갑고 강한 위험한 바람에 맞서 Orville Wright가 Wright Flyer를 조종하여 역사적인 12초간 120 ft의 첫 비행을 하였다. 그림 3.1은 이륙한 순간의 Wright Flyer의 사진인데, Wilbur Wright가 날개 끝부분이 모래에 끌리지 않도록 받쳐주려고 비행기 오른편에서 뛰면서 따라가고 있다. 이 사진이 항공 역사상 가장 중요한 사진으로, 이것이 묘사하고 있는 사건이 항공공업이라는 산업을 20세기의 핵심 산업으로 발전시킨 것이다.[1)]

Wright Flyer의 비행 속도는 약 30 mi/h이었다. 그 후 수십 년 동안 비행기의 비행 속도는 꾸준히 증가했다. 보다 강력한 엔진과 항력 감소 노력에 힘입어 비행 속도는 제2차 세계대전 바로 직전에 약 300 mi/h까지 상승하였다. 그림 3.2는 제2차 세계대전 직전의 전형적인 전투기를 보여준다. 공기역학적 관점에서 보면 0~300 mi/h 사이의 공기 속도에서 공기 밀도는 본질적으로 일정하며 겨우 몇 퍼센트의 변화밖에 없다. 그러므로 그림 3.1과 3.2의 2개의 사진 사이의 기간 동안 존재하던 항공기 집단에 대한 공기역학은 *비압축성 유동*에 의해 묘사될 수 있었다. 그 결과 Wright Flyer를 시작으로 40년 동안 막대한 양의 실험과 이론에 의한 공기역학적 자료가 얻어졌는데, 이 자료들은 비압축성 유동에 적용되는 결과들이다. 오늘날에도 대부분의 현대적 소형 항공기(general aviation aircraft)는 300 mi/h 이하에서 비행하기 때문에 우리는 비압축성 공기역학에 여전히 관심이 많다. 그림 3.3은 전형적인 경량 소형 항공기를 보여준다. 저속 항공뿐 아니라 비압축성 유동의 원칙은 유체 유동에 많이 적용되는데, 예를 들어 파이프 내 물의 유동, 대양을 지나는 잠수함과 배의 운동, 풍력 발전기(풍차의 현대판 형태)의 설계 등 많은 중요한 응용 사례가 있다.

그림 3.1 최초의 성공적인 공기보다 무거운 동력 유인 비행의 역사적 사진으로, 1903년 12월 17일에 라이트 형제에 의해서 수행되었다(*NASA 제공*).

1) Wright 형제에 의한 첫 비행으로 안내해 주는 역사적인 세부사항에 대해서는 참고문헌 2를 참조하라.

그림 3.2 Seversky P-35
(*미 공군 제공*)

그림 3.3 Cessna 340
(*Philip Nealey/Photodisc/Getty Images*).

앞에서 열거한 모든 이유 때문에, 비압축성 유동 연구는 Wrihgt 형제 시대에서와 똑같이 오늘날에도 중요하다. 그래서 3~6장에서 비압축성 유동만 취급한다. 더욱이 대부분의 경우에 마찰, 열전달 또는 질량 확산 등에 의한 영향을 무시했는데, 이는 관련 장들에서 *비점성*, 비압축성 유동을 취급한다는 의미이다.[2] 그림 1.44에 나와 있는 공기역학적 유동의 범주를 살펴보면, 3~6장에 포함된 내용은 상자 *D*와 *E*가 혼합된 범위에 들어 있는 것을 알게 된다.

이 장의 목적은 비점성, 비압축성 유동에 적용될 수 있는 기본적인 관계식을 정립하고 간단하지만 중요한 유동장과 응용 등을 검토하는 것이다. 이 장에 포함된 내용은 4장의 익형 이론과 5장의 유한 날개 이론을 위한 출발점으로 사용될 것이다.

이 장의 이정표는 그림 3.4에 나와 있다. 3개의 주된 경로가 있으며 그것은 다음과 같다. (1) Bernoulli 방정식의 유도와 직접적인 응용 예, (2) 비점성, 비압축성, 비회전성 유동에 대한 지배 방정식인 Laplace 방정식에 대한 검토, (3) 몇 가지 기본 유동의 형태 소개와 그것을 중첩해서 원형 실린더 주위의 비양력 및 양력 유동을 조합해 낼 수 있는 방법과, 일반적인 형태의 물체 주위 유동에 대한 해를 구하기 위하여 그것을 이용하여 *패널 기법*이라 부르는 일반적인 수치해법의 기본을 만드는 방법이 그것이다. 이 장을 공부하면서 가끔 이정표를 참고하여 여러분의 방향을 유지하고 여러 절들이 어떻게 연관되는지 살피기 바란다.

[2] 비점성, 비압축성 유동을 때로는 *이상 유체* 또는 *완전 유체*라고 부른다. 이 용어는 여기서는 사용하지 않을 예정인데, 열역학에서의 '이상 기체' 또는 '완전 기체'와 혼동할 수 있기 때문이다. 저자는 이상 유체나 완전 유체보다 더욱 정확한 표현인 '비점성, 비압축성 유동'을 선호한다.

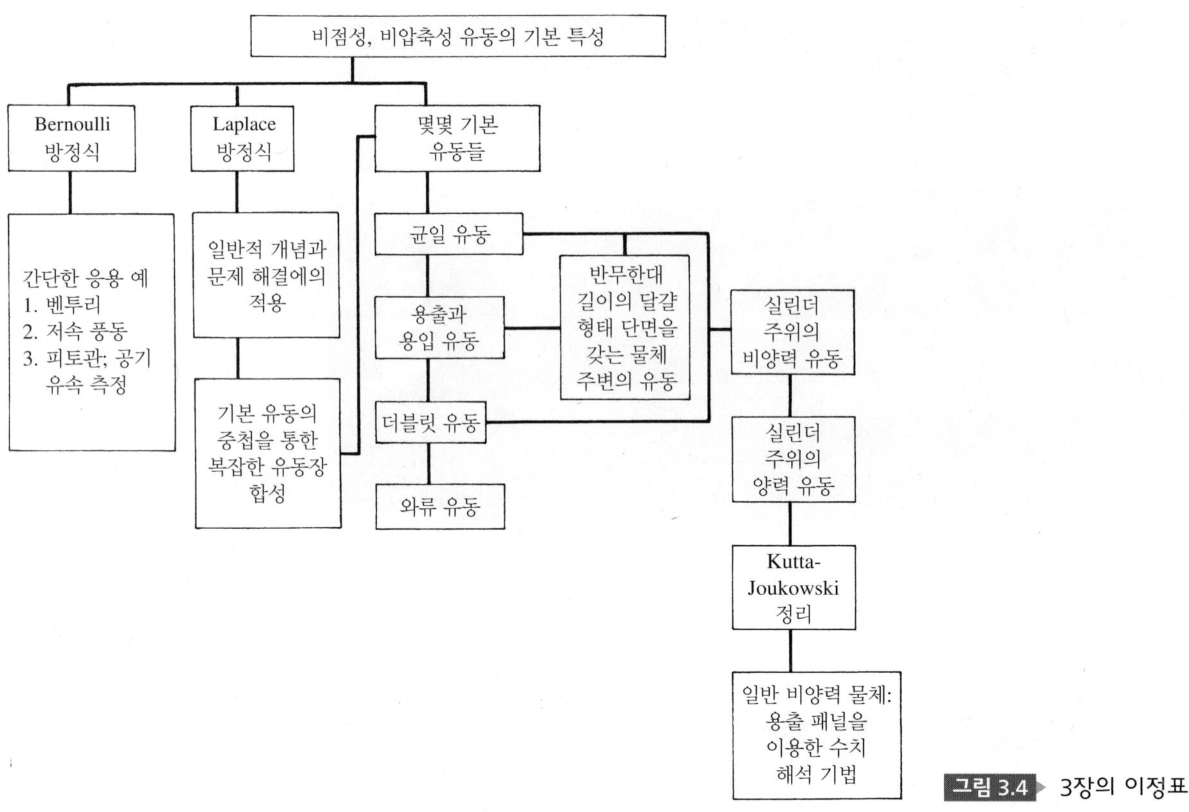

그림 3.4 3장의 이정표

3.2 Bernoulli 방정식 *Bernoulli's Equation*

3.19절에서 설명하겠지만, 18세기 초에 이론 유체역학이 꽃을 피우기 시작했는데 Johann과 Daniel Bernoulli, 특히 Leonhard Euler의 연구가 이를 주도하였다. 비점성, 비압축성 유동에서 압력과 속도 사이의 관계가 처음으로 이해되기 시작한 것도 바로 이때였다. 그 결과로 나온 방정식은 다음과 같다.

$$p + \tfrac{1}{2}\rho V^2 = \text{const}$$

비록 위 형태로 처음 발표된 것은 Euler (3.19절 참조)에 의해서지만, 이 방정식을 *Bernoulli 방정식*이라 부른다. Bernoulli 방정식은 유체역학에서 아마도 가장 유명한 방정식일 것이며, 이 절의 목적은 2장에서 검토한 일반 방정식으로부터 그것을 유도하는 것이다.

식 (2.113*a*)로 주어진 운동량 방정식의 x 방향 성분을 고려하자. 비점성 유동에서 체적력(body force)이 없다고 하면, 이 식은 다음과 같이 된다.

$$\rho \frac{Du}{Dt} = -\frac{\partial p}{\partial x}$$

또는

$$\rho \frac{\partial u}{\partial t} + \rho u \frac{\partial u}{\partial x} + \rho v \frac{\partial u}{\partial y} + \rho w \frac{\partial u}{\partial z} = -\frac{\partial p}{\partial x} \tag{3.1}$$

정상 유동에서는 $\partial u/\partial t = 0$이다. 그러면 식 (3.1)은 다음과 같이 된다.

$$u \frac{\partial u}{\partial x} + v \frac{\partial u}{\partial y} + w \frac{\partial u}{\partial z} = -\frac{1}{\rho}\frac{\partial p}{\partial x} \tag{3.2}$$

식 (3.2)에 dx를 곱하면,

$$u \frac{\partial u}{\partial x}dx + v \frac{\partial u}{\partial y}dx + w \frac{\partial u}{\partial z}dx = -\frac{1}{\rho}\frac{\partial p}{\partial x}dx \tag{3.3}$$

3차원 공간에서 하나의 유선을 따라가는 유동을 고려하자. 하나의 유선에 대한 방정식은 식 (2.117a~c)에 의해 주어진다. 특별히 다음 식,

$$u\,dz - w\,dx = 0 \tag{2.117b}$$

그리고

$$v\,dx - u\,dy = 0 \tag{2.117c}$$

을 식 (3.3)에 대입하면 다음 식을 얻는다.

$$u\frac{\partial u}{\partial x}dx + u\frac{\partial u}{\partial y}dy + u\frac{\partial u}{\partial z}dz = -\frac{1}{\rho}\frac{\partial p}{\partial x}dx \tag{3.4}$$

또는

$$u\left(\frac{\partial u}{\partial x}dx + \frac{\partial u}{\partial y}dy + \frac{\partial u}{\partial z}dz\right) = -\frac{1}{\rho}\frac{\partial p}{\partial x}dx \tag{3.5}$$

고등수학으로부터 하나의 함수가 $u = u(x, y, z)$로 주어지면 u의 미분은 다음과 같음을 알 수 있다.

$$du = \frac{\partial u}{\partial x}dx + \frac{\partial u}{\partial y}dy + \frac{\partial u}{\partial z}dz$$

이것은 식 (3.5)의 괄호 속에 있는 항들과 같다. 그러므로 식 (3.5)는 다음과 같이 쓸 수 있다.

$$u\,du = -\frac{1}{\rho}\frac{\partial p}{\partial x}dx$$

또는

$$\frac{1}{2}d(u^2) = -\frac{1}{\rho}\frac{\partial p}{\partial x}dx \tag{3.6}$$

같은 형식으로 식 (2.113b)로 주어진 운동량 방정식의 y 성분으로부터 시작하며 비점성, 정상 유동으로 한정하고, 그 결과를 하나의 유선을 따라 흐르는 유동에 대한 식 (2.117a와 c)에 적용하면 다음 식을 얻는다.

$$\frac{1}{2}d(v^2) = -\frac{1}{\rho}\frac{\partial p}{\partial y}dy \tag{3.7}$$

같은 방법으로 운동량 방정식의 z 성분인 식 (2.113c)로부터 다음을 얻는다.

$$\frac{1}{2}d(w^2) = -\frac{1}{\rho}\frac{\partial p}{\partial z}dz \tag{3.8}$$

식 (3.6)에서 (3.8)까지를 더하면

$$\frac{1}{2}d(u^2 + v^2 + w^2) = -\frac{1}{\rho}\left(\frac{\partial p}{\partial x}dx + \frac{\partial p}{\partial y}dy + \frac{\partial p}{\partial z}dz\right) \tag{3.9}$$

그러나

$$u^2 + v^2 + w^2 = V^2 \tag{3.10}$$

그리고

$$\frac{\partial p}{\partial x}dx + \frac{\partial p}{\partial y}dy + \frac{\partial p}{\partial z}dz = dp \tag{3.11}$$

식 (3.10)과 (3.11)을 식 (3.9)에 대입하면 다음 식을 얻는다.

$$\frac{1}{2}d(V^2) = -\frac{dp}{\rho}$$

또는

$$\boxed{dp = -\rho V\,dV} \tag{3.12}$$

식 (3.12)를 *Euler 방정식*이라 부른다. 이 식은 체적력이 없는 비점성 유동에 적용되며, 하나의 유선을 따라 변하는 속도의 변화율 dV를 같은 유선을 따라 변하는 압력 변화 dp에 연계시킨다.

식 (3.12)는 비압축성 유동에 대해서는 매우 특별하고 중요한 형태를 취한다. ρ = constant, 즉 밀도가 일정한 경우에는 식 (3.12)는 하나의 유선상에 있는 두 개의 점 1과 2 사이에서 쉽게 적분이 될 수 있다. ρ = 일정인 경우에, 식 (3.12)로부터 우리는 다음의 식을 얻을 수 있다.

$$\int_{p_1}^{p_2} dp = -\rho \int_{V_1}^{V_2} V\, dV$$

또는

$$p_2 - p_1 = -\rho\left(\frac{V_2^2}{2} - \frac{V_1^2}{2}\right)$$

또는

$$\boxed{p_1 + \tfrac{1}{2}\rho V_1^2 = p_2 + \tfrac{1}{2}\rho V_2^2} \tag{3.13}$$

식 (3.13)이 *Bernoulli 방정식*인데, 이 식은 유선상의 점 1에서의 p_1과 V_1을 같은 유선상의 다른 점 2에서의 p_2와 V_2에 관련지어 준다. 식 (3.13)을 다음과 같이 쓸 수도 있다.

$$\boxed{p + \tfrac{1}{2}\rho V^2 = \text{const} \qquad \text{유선을 따라 일정}} \tag{3.14}$$

식 (3.13)과 (3.14)를 유도할 때 유동이 회전(rotational) 유동인지 비회전(irrotational) 유동인지에 대한 조건이 없었는데, 이 방정식은 하나의 유선에 대해 두 가지 경우 모두 적용된다. 일반적인 회전 유동에 대해서는 하나의 유선에서 다른 유선으로 바뀔 때 식 (3.14)에 있는 상수값이 변하게 된다. 그러나 유동이 비회전이면 Bernoulli 방정식은 유동의 *임의의* 두 점 사이에 적용할 수 있으며, 그 점들이 같은 유선상에 있어야 할 필요가 없다. 비회전 유동에 대하여 식 (3.14)에 있는 상수는 모든 유선에 대해 같은 값을 가지며 다음 식이 성립한다.

$$\boxed{p + \tfrac{1}{2}\rho V^2 = \text{const} \qquad \text{유동 전체에 대해 일정}} \tag{3.15}$$

이 수식에 대한 증명은 연습문제 3.1로 주어졌다.

Bernoulli 방정식의 중요성은 식 (3.13)~(3.15)를 보면 명확해진다. 즉, *속도가 증가하면 압력이 감소하고, 속도가 감소하면 압력이 증가한다는 것이다.*

Bernoulli 방정식이 운동량 방정식에서 유도되었다는 사실에 유의하라. 따라서 그 식은 체적력이 없는 상태의 비점성, 비압축성 유동에 대한 Newton 제2법칙을 말하는 것이다. 그러나 식 (3.13)~(3.15)의 차원이 단위 부피당 에너지 ($\frac{1}{2}\rho V^2$은 단위 부피당 운동 에너지)인 것에 유의하라. 그러므로 Bernoulli 방정식은 비압축성 유동에 대한 기계적 에너지에 대한 관계이기도 한데, 그 수식은 압력힘에 의해 유체에 행해진 일의 양은 유동의 동적 에너지 변화와 같다는 것이다. 사실 Bernoulli 방정식은 식 (2.114)와 같은 일반적인 에너지 방정식으로부터 유도될 수도 있다. 이 유도는 여러분에게 맡긴다. Bernoulli 방정식이 Newton 제2법칙 또는 에너지 방정식으로도 해석할 수 있다는 사실은 비점성, 비압축성 유동의 분석에서 단순히 에너지 방정식이 과잉 중복되었다는 사실을 설명하는 것이다. 이러한 유동에서는 연속 방정식과 운동량 방정식으로 충분하다(2.7절의 서두에 있는 같은 주제를 복습하기 바란다).

비점성, 비압축성 유동의 대부분의 문제를 해결하는 전략은 다음과 같다.

1. 지배 방정식으로부터 속도장(velocity field)을 얻는다. 비점성, 비압축성 유동에 적합한 이 방정식들은 3.6절과 3.7절에서 상세히 다룬다.
2. 속도장이 알려지면 Bernoulli 방정식으로부터 대응하는 압력장(pressure field)을 얻는다.

그러나 이러한 유동의 해에 대한 일반적인 접근방법(3.7절)을 다루기 전에, 관내 유동(3.3절)과 피토관을 이용한 공기 속도 측정(3.4절)에 대한 연속 방정식과 Bernoulli 방정식의 몇 가지 응용을 먼저 수행한다.

예제 3.1

표준 해면 고도 조건의 자유 유동(freestream) 속도가 50 m/s인 유동 속에 있는 익형을 고려해 보자. 익형 위의 지정된 한 점에서의 압력이 0.9×10^5 N/m^{2}이다. 이 점에서의 속도를 계산하라.

■ 풀이

표준 해면 상태에서 $\rho_\infty = 1.23$ kg/m^{3}이며 $P_\infty = 1.01 \times 10^5$ N/m^{2}이다. 그러므로

$$p_\infty + \frac{1}{2}\rho V_\infty^2 = p + \frac{1}{2}\rho V^2$$

$$V = \sqrt{\frac{2(p_\infty - p)}{\rho} + V_\infty^2} = \sqrt{\frac{2(1.01 - 0.9) \times 10^5}{1.23} + (50)^2}$$

$$\boxed{V = 142.8 \text{ m/s}}$$

예제 3.2

유선을 따라 흐르고 있는 공기의 비점성, 비압축성 유동을 생각해 보자. 유선상의 공기 밀도는 0.002377 slug/ft^{3}인데, 이는 해면 고도에서의 표준 대기 밀도이다. 유선상의 점 1에서 압력과 속도는 각각 2116 lb/ft^{2}과 10 ft/s이다. 유선상의 하류 쪽에 있는 점 2에서 속도는 190 ft/s이다. 점 2에서의 압력을 계산하라. 점 1에서 점 2까지의 압력 변화를 그에 대응하는 속도 변화와 비교하면 무엇을 말할 수 있는가?

■ 풀이

식 (3.13)으로부터

$$p_1 + \frac{1}{2}\rho V_1^2 = p_2 + \frac{1}{2}\rho V_2^2$$

그러므로

$$p_2 = p_1 + \frac{1}{2}\rho\left(V_1^2 - V_2^2\right)$$

$$p_2 = 2116 + \frac{1}{2}(0.002377)[(10)^2 - (190)^2]$$

$$= 2116 + \frac{1}{2}(0.002377)(100 - 36{,}100)$$

$$= 2116 - 42.8 = \boxed{2073.2 \text{ lb/ft}^2}$$

주: 유동의 속도가 10 ft/s에서 190 ft/s로 유선을 따라 증가할 때, 압력은 2116 lb/ft^{2}에서 2073.1 lb/ft^{2}으로 감소한다. 이것은 압력이 42.8/2116 또는 0.02만큼 감소한 것에 대해 속도가 19배 증가한 것이다. 다시 말해 단지 2%의 압력 감소가 1900%의 유동 속도를 증가시킨 것이다. 이는 저속 유동의 일반적 특성의 한 예인데, 큰 속도의 변화를 얻기 위해 단지 작은 압력 변화가 필요하다는 것이다. 여러분은 주변의 기후 변화에서 이것을 느낄 수 있다. 한 지역에서 다른 지역으로의 아주 작은 대기압의 변화가 강한 바람을 일으킬 수 있는 것이다.

3.3 도관 내 비압축성 유동: 벤투리와 저속 풍동 *Incompressible Flow in a Duct: The Venturi and Low-Speed Wind Tunnel*

그림 3.5의 도관을 통해 흐르는 유동을 생각해 보자. 일반적으로 도관은 면적이 위치에 따라 변하는 타원형 또는 직사각형의 단면을 갖는 관과 같은 3차원 형상일 것이다. 이러한 도관을 통해 흐르는 유동은 3차원이며, 엄밀히 말하면 2장에서 유도한 3차원 보존 방정식 전체에 의해 분석되어야 한다. 그러나 많은 응용 예에서 보면 면적의 변화 $A = A(x)$는 그리 심하지 않기 때문에, 이런 경우에 대해서는 유동장의 상태량이 하나의 단면에서는 균일하며 x 방향에 대해서만 변한다고 *가정하는* 것이 합리적이다. 그림 3.5에서는 장소 1에서 균일 유동이 그려져 있고, 장소 2에서 또 다른 균일 유동이 그려져 있다. 면적이 x의 함수로 변하며 유동장의 모든 변수들이 x만의 함수라고 가정되는, 즉 $A = A(x)$,

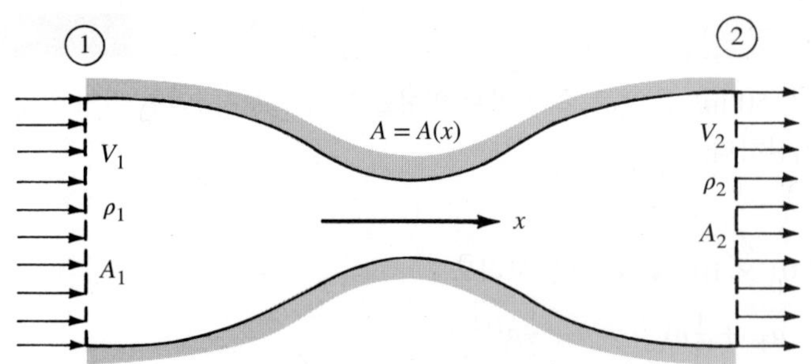

그림 3.5 도관 내 준1차원 유동

$V = V(x)$, $P = P(x)$인 이러한 유동을 *준1차원 유동*(quasi-one-dimensional flow)이라 부른다. 비록 이러한 유동은 도관 내 실제 3차원 유동에 대한 근사에 불과하지만, 그 결과는 많은 공기역학적 적용에 충분할 만큼 정확하다. 이러한 준1차원 유동의 계산이 공학에서 흔히 사용된다. 그것이 이 절의 주제이다.

아래의 적분형 연속 방정식을 고려해 보자.

$$\frac{\partial}{\partial t}\oiiint_{\mathcal{V}} \rho\, d\mathcal{V} + \oiint_{S} \rho \mathbf{V} \cdot \mathbf{dS} = 0 \tag{2.48}$$

정상 유동에서 이것은 다음과 같이 된다.

$$\oiint_{S} \rho \mathbf{V} \cdot \mathbf{dS} = 0 \tag{3.16}$$

식 (3.16)을 그림 3.5에 나온 도관에 적용하는데, 여기서는 검사 체적이 왼쪽에는 A_1에 오른쪽에는 A_2에, 그리고 도관의 윗면 벽과 아랫면 벽에 의해 제한되어 있다. 그러므로 식 (3.16)은 다음과 같이 된다.

$$\iint_{A_1} \rho \mathbf{V} \cdot \mathbf{dS} + \iint_{A_2} \rho \mathbf{V} \cdot \mathbf{dS} + \iint_{\text{wall}} \rho \mathbf{V} \cdot \mathbf{dS} = 0 \tag{3.17}$$

벽면을 따라서 유동의 속도는 벽면에 접선 방향이다. 정의에 의해 $\mathbf{dS}$는 벽면에 수직이므로 벽면을 따라서 $\mathbf{V} \cdot \mathbf{dS} = 0$이 되며, 벽면을 따라 수행한 적분은 0이 된다. 다시 말하면 식 (3.17) 안에서,

$$\iint_{\text{wall}} \rho \mathbf{V} \cdot \mathbf{dS} = 0 \tag{3.18}$$

장소 1에서 유동은 A_1 전체에서 균일하다. 장소 1에서 $\mathbf{dS}$와 $\mathbf{V}$가 반대의 방향인 것에 유의하면(정의에 의해 $\mathbf{dS}$는 항상 검사 체적 *밖*을 향한다) 식 (3.17)에서 다음을 얻는다.

$$\iint_{A_1} \rho \mathbf{V} \cdot \mathbf{dS} = -\rho_1 A_1 V_1 \tag{3.19}$$

장소 2에서 유동은 A_2 전체에서 균일하며, $\mathbf{dS}$와 $\mathbf{V}$가 같은 방향이므로 식 (3.17)에서 다음을 얻는다.

$$\iint_{A_2} \rho \mathbf{V} \cdot \mathbf{dS} = \rho_2 A_2 V_2 \tag{3.20}$$

식 (3.18)~(3.20)을 식 (3.17)에 대입하면,

$$-\rho_1 A_1 V_1 + \rho_2 A_2 V_2 + 0 = 0$$

또는

$$\boxed{\rho_1 A_1 V_1 = \rho_2 A_2 V_2} \tag{3.21}$$

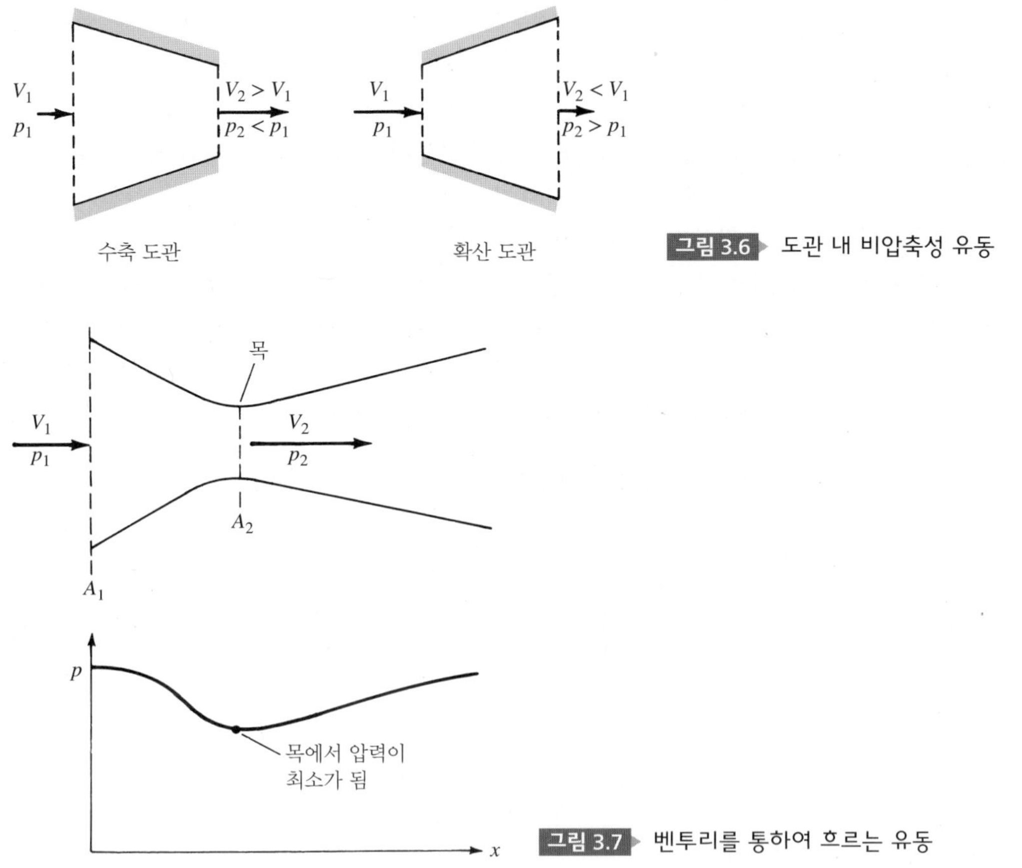

그림 3.6 도관 내 비압축성 유동

그림 3.7 벤투리를 통하여 흐르는 유동

식 (3.21)은 준1차원 연속 방정식이다. 이 식은 압축성 유동과 비압축성 유동 두 경우에 모두 적용된다.[3] 물리적 용어로 말하면, 도관을 통해 흘러가는 질량 유량이 일정하다는 것이다(즉, 들어온 것은 모두 흘러나간다). 질량 유량에 대하여 식 (3.21)을 식 (2.43)과 비교해 보자.

ρ = 일정인 *비압축성* 유동만을 고려하자. 식 (3.21)에서 $\rho_1 = \rho_2$며 다음 식을 얻게 된다.

$$\boxed{A_1 V_1 = A_2 V_2} \tag{3.22}$$

식 (3.22)는 비압축성 유동에 대한 준1차원 연속 방정식이다. 물리적 용어로 말하면, 도관을 통해 흘러가는 체적 유동(ft^3초 또는 m^3초)은 일정하다는 것이다. 식 (3.22)로부터 유동을 따라 면적이 줄어들면(수축 도관) 속도는 증가하며, 반대로 면적이 늘어나면(확산 도관) 속도는 감소한다. 이러한 변화는 그림 3.6에 나와 있는데, 비압축성 연속 방정식의 기본적인 결과이며 여러분은 그것을 완전하게 이해해야 한다. 더욱이 식 (3.15)의 Bernoulli 방정식으로부터 수축 도관에서 속도가 증가하면 압력이 감소하며, 반대로 확산 도관에서 속도가 감소하면 압력이 증가하는 것을 알 수 있다. 이러한 압력 변화 역시 그림 3.6에 나와 있다.

그림 3.7의 수축-확산 도관을 통해 흐르고 있는 비압축성 유동을 생각해 보자. 유동은 속도 V_1과 압력 p_1으로 도관에 들어간다. 속도는 도관의 수축 부분에서 증가하여 도관의 최소 면적 지점에서 최대값 V_2에 도달한다. 이 최소 면적을 *목*(throat)이라고 부른다. 또한 수축 부분에서는 그림 3.7에 나온 것과 같이 압력이 감소한다. 목에서 압력은 최소값 p_2에 도달한다. 목의 하류에 있는 확산 부분에서 속도는 감소하고 압력은 증가한다. 그림 3.7에 나와 있는 도관을 *벤투리*(venturi)라고 부른다. 공학에서 많이 응용되는 장치이며, 또한 한 세기 이전부터 사용되어 왔다. 그것의 가장 중요한 특징은 목의 압력 p_2가 벤투리 밖의 주변 압력 p_1보다 낮다는 것이다. 그 압력 차이 $p_1 - p_2$는 여러 가지 응용에

[3] 식 (3.21)의 더 간단하고 더 기초적인 유도과정에 대해서는 참고문헌 2의 4장을 참조하라. 현재의 검토에서는 연속 방정식의 일반적인 적분형 방정식에 타당한 식 (3.21)에 대한 보다 정확한 유도과정을 수립하였다.

서 유용하게 사용된다. 예를 들어 자동차 엔진의 카뷰레터 안에 벤투리가 있는데, 이것을 통해 들어오는 공기가 연료와 혼합된다. 연료관은 벤투리의 목에 연결되어 있다. p_2가 주변 압력 p_1보다 낮기 때문에 $p_1 - p_2$의 압력 차이가 연료를 공기의 유동 속으로 밀어넣는 것을 도와주며 목의 하류에서 공기와 혼합하게 한다.

공기역학자들에게 보다 친숙한 응용으로 벤투리를 공기 속도 측정에 사용하는 것이 있다. 그림 3.7과 같은 주어진 입구와 목의 압력비를 갖는 벤투리를 고려하자. 그 벤투리가 미지의 속도 V_1을 갖는 공기 유동 속에 삽입되었다고 가정하자. 우리는 그 벤투리를 사용하여 속도를 측정하려 한다. 벤투리 자체로 측정할 수 있는 가장 직접적인 양은 압력차 $p_1 - p_2$다. 이것은 벤투리 입구와 목 부분에 작은 구멍(pressure tap)을 만들고, 이 두 구멍에 압력을 전달할 수 있는 도관(tube)을 압력차계기(differential pressure gage)나 U자관 마노미터(manometer)의 양쪽 끝단에(1.9절 참조) 연결함으로써 수행할 수 있다. 이러한 방법으로 압력 차 $p_1 - p_2$를 직접 얻을 수 있다. 측정된 압력 차가 다음과 같이 미지의 속도 V_1에 연결될 수 있다. 식 (3.13)의 Bernoulli 방정식으로부터 다음을 얻는다.

$$V_1^2 = \frac{2}{\rho}(p_2 - p_1) + V_2^2 \tag{3.23}$$

식 (3.22)의 연속 방정식으로부터 다음을 얻는다.

$$V_2 = \frac{A_1}{A_2}V_1 \tag{3.24}$$

식 (3.24)를 식 (3.23)에 대입하면

$$V_1^2 = \frac{2}{\rho}(p_2 - p_1) + \left(\frac{A_1}{A_2}\right)^2 V_1^2 \tag{3.25}$$

식 (3.25)를 V_1에 대해 해를 구하면 다음을 얻는다.

$$\boxed{V_1 = \sqrt{\frac{2(p_1 - p_2)}{\rho[(A_1/A_2)^2 - 1]}}} \tag{3.26}$$

식 (3.26)이 원하는 결과이다. 이 식은 입구의 공기 속도 V_1을 측정된 압력 차 $p_1 - p_2$와, 이미 알고 있는 밀도 ρ와, 면적비 A_1/A_2의 항으로 나타내준다. 이런 방법으로 벤투리를 공기 속도를 측정하는 데 사용할 수 있다. 사실 역사적으로 비행기에 사용된 첫 번째 실용적인 공기 속도 계기는 1911년 1월 프랑스의 A. Eteve 대위에 의해 사용된 벤투리였는데, 이것은 Wright 형제의 첫 번째 동력비행 이후 7년이 지난 시기였다. 오늘날 가장 보편적인 공기 속도 측정 기구는 피토관(3.4절에서 검토)이다. 그러나 자가 제조 항공기나 간단한 실험용 항공기를 포함한 몇몇 소형 일반 항공기에서는 아직도 벤투리를 사용하는 것을 발견할 수 있다.

관에서의 비압축성 유동에 대한 또 다른 응용 예는 저속 풍동이다. 대기권 내에서의 실제 비행을 모사하기 위하여 실험실에서 공기의 유동을 만들 수 있도록 설계된 지상 실험 시설을 만들려는 욕망은 1871년까지 거슬러 올라가는데, 이때 영국의 Francis Wenham이 역사상 처음으로 풍동을 건설하고 사용하였다.[4)] 그때부터 시작하여 1930년대 중반까지 만들어진 대부분의 풍동은 공기 속도가 0~250 mi/h 정도 되도록 설계되었다. 이러한 저속 풍동들은 천음속, 초음속, 극초음속 풍동이 보완된 상태에서 아직도 많이 사용되고 있다. 이 절에서 설명할 원리가 다음과 같은 방법으로 저속 풍동의 기본 원리를 검토할 수 있게 해 준다.

본질적으로 저속 풍동은 공기 유동이 다양한 형태의 모터 구동 장치에 연결된 송풍기에 의해 작동되는 커다란 벤투리이다. 풍동의 송풍기 날개깃은 비행기 프로펠러와 유사하며, 풍동 도관을 통해 공기 유동을 발생시키도록 설계되었다. 풍동은 그림 3.8*a*에 나와 있는 것과 같이 앞에서 공기를 대기로부터 직접 끌어들여 뒷방향으로 다시 직접 대기 속으로 방출하는 개회로식 풍동(open-circuit tunnel)일 수도 있고, 또는 그림 3.8*b*에 나와 있는 것과 같이 배출된

4) 풍동의 역사에 대한 검토는 참고문헌 2의 4장을 참조하라.

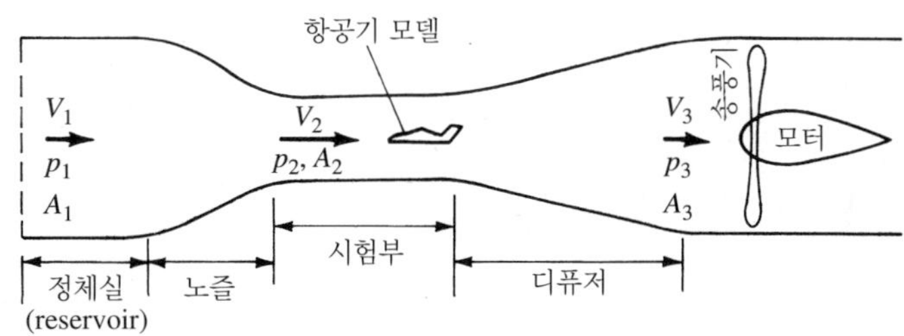

(a) 개회로식 풍동

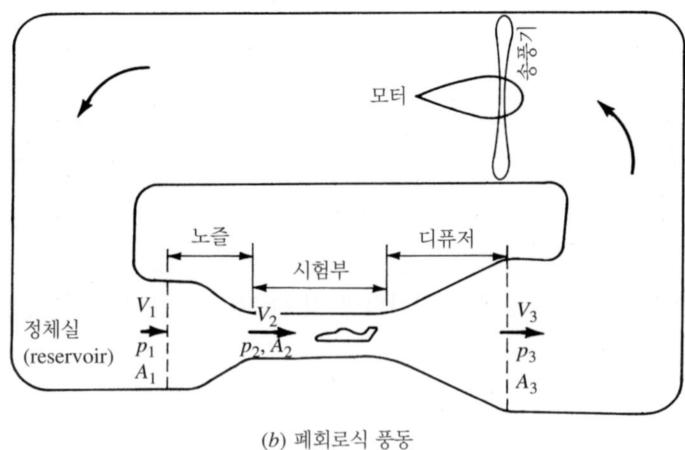

(b) 폐회로식 풍동

그림 3.8 (a) 개회로식 풍동, (b) 폐회로식 풍동

공기가 둥근 고리 모양을 이루고 있는 폐회로식 도관을 통하여 직접 풍동의 앞부분으로 되돌아오는 폐회로식 풍동(closed-circuit tunnel)일 수도 있다. 어느 경우든 압력이 p_1인 공기 유동이 낮은 속도 V_1으로 노즐에 들어오는데, 이곳의 면적은 A_1이다. 그 노즐은 시험부에서 A_2의 더 작은 면적으로 축소되는데, 이곳에서 속도는 V_2로 증가하지만 압력은 p_2로 감소한다. 공기역학적 모형(비행기 전체거나 날개, 꼬리, 엔진 또는 나셀 등 비행기 일부일 수도 있음) 주위를 스쳐 흘러간 다음 공기는 *디퓨저*(diffuser)라고 부르는 확산되는 도관으로 들어가는데, 이곳에서 면적은 A_3로 증가하고 속도는 V_3로 감소하며 압력은 p_3로 증가한다. 식 (3.22)인 연속 방정식으로부터 시험부의 공기 속도는

$$V_2 = \frac{A_1}{A_2} V_1 \tag{3.27}$$

또한, 디퓨저 출구에서의 속도는

$$V_3 = \frac{A_2}{A_3} V_2 \tag{3.28}$$

풍동 속 여러 지점의 압력은 Bernoulli 방정식에 의해 속도와 연관된다.

$$p_1 + \tfrac{1}{2}\rho V_1^2 = p_2 + \tfrac{1}{2}\rho V_2^2 = p_3 + \tfrac{1}{2}\rho V_3^3 \tag{3.29}$$

주어진 저속 풍동의 시험부 안 공기 속도를 결정하는 기본적인 인자는 $p_1 - p_2$인 압력 차다. 이것을 보다 명확하게 보기 위하여 식 (3.29)를 다시 쓰면

$$V_2^2 = \frac{2}{\rho}(p_1 - p_2) + V_1^2 \tag{3.30}$$

식 (3.27)로부터 $V_1 = (A_2/A_1)V_2$다. 이것을 식 (3.30)의 우측에 대입하면 다음 식을 얻는다.

$$V_2^2 = \frac{2}{\rho}(p_1 - p_2) + \left(\frac{A_2}{A_1}\right)^2 V_2^2 \tag{3.31}$$

식 (3.31)을 V_2에 대하여 해를 구하면 다음을 얻는다.

$$V_2 = \sqrt{\frac{2(p_1 - p_2)}{\rho[1 - (A_2/A_1)^2]}} \tag{3.32}$$

이미 설계된 풍동에서 A_2/A_1인 면적비는 고정된 값이다. 더욱이 비압축성 유동에서 밀도는 알고 있는 상수값이다. 그러므로 식 (3.32)는 시험부의 속도 V_2가 압력차 $p_1 - p_2$에 의해 지배된다는 사실을 결정적으로 보여준다. 풍동 내 유동을 발생시키는 송풍기가 공기에게 일을 함으로써 이 압력차를 만든다. 풍동 운영자가 풍동의 '조종간'을 돌리고 송풍기의 동력을 조정할 때 본질적으로 압력 차 $p_1 - p_2$를 조정하는 것이며, 결과적으로 식 (3.32)에 의하여 속도를 조정하게 된다.

저속 풍동에서 압력 차 $p_1 - p_2$를 측정하는 것은 식 (3.32)를 통해 V_2를 측정하는 것인데, 이는 1.9절에서 논의한 마노미터를 이용하여 수행된다. 식 (1.56)에 있는 밀도는 마노미터 속 액체의 밀도이다(풍동 속의 공기 밀도가 *아님*). 식 (1.56)의 밀도와 중력 가속도 g의 곱은 마노미터 액체의 단위 부피당 무게이다. 이 단위 부피당 무게를 w라 하자. 식 (1.56)의 표현을 참조하면서, 만일 p_a와 연계된 마노미터의 한편을 압력이 p_1인 풍동 정체실의 압력공에 연결하고, 마노미터의 다른 편(p_b와 연계된)을 압력이 p_2인 시험부 안의 압력공에 연결한다면 식 (1.56)으로부터 다음 식을 얻는다.

$$p_1 - p_2 = w\Delta h$$

여기서 Δh는 마노미터 두 편 사이 액체의 높이 차이다. 결과적으로 식 (3.32)는 다음과 같이 표현할 수 있다.

$$V_2 = \sqrt{\frac{2w\Delta h}{\rho[1 - (A_2/A_1)^2]}}$$

마노미터는 압력 측정을 위한 알기 쉬운 기계적 장치이다. 이는 1643년 이탈리아의 수학자 Evangelista Torricelli에 의해 발명된 오랜 역사를 자랑하는 장치이다. 프랑스의 공학자인 Gustave Eiffel이 1909년 파리에서 풍동 속에 장치된 날개 모형 표면 압력을 측정하기 위하여 마노미터를 사용한 것이 20세기 대부분 동안 풍동 시험에 마노미터를 사용하게 된 계기가 되었다. 오늘날 대부분의 풍동에서 마노미터는 전자적 장치의 배열로 된 압력 측정 장치로 대치되었다. 우리가 여기서 마노미터를 검토하는 이유는 그것이 공기역학 전통의 일부이며, 또한 유체 정역학 적용의 좋은 예이기 때문이다.

많은 저속 풍동에서 시험부는 벽에 가늘고 긴 홈을 파는 방식으로 주변 대기에 통풍이 되어 있으며, 다른 것들은 시험부가 관 형태가 아닌 노즐 출구와 디퓨저 입구 사이의 개방된 부분으로 되어 있는 경우도 있다. 두 경우 모두 주위의 대기가 시험부 유동에 압력을 가하며, 따라서 $p_2 = 1$기압이 된다. (아음속 유동에서는 주변 공기 속으로 자유롭게 쏟아 놓은 제트 유동은 주변과 같은 압력을 가지며, 이에 반하여 초음속 자유 제트는 주변 대기와 완전히 다른 압력을 가질 수 있는데, 이에 대해서는 10장에서 검토한다.)

이 절에서 사용하고 있는 방정식에 제한이 있다는 사실을 항상 기억해야 한다. 즉, 우리는 준1차원 비점성 유동을 가정하고 있다. 이러한 방정식들은 가정에서 무시된 현상들이 실제 상황에서 중요하게 작용될 때 가끔 잘못된 결과로 인도할 수 있다. 예를 들어 만일 $A_3 = A_1$이면(풍동 입구 면적이 출구 면적과 같으면) 식 (3.27)과 (3.28)은 $V_3 = V_1$의 결과를 준다. 그 결과 식 (3.29)에 의하여 $p_3 = p_1$이 된다. 다시 말하면 전체 풍동의 도관 내 압력 차이가 없다는 것이다. 이것이 사실이라면 이 풍동은 아무런 동력의 지원 없이 작동할 수 있을 것이며, 우리는 영구 운동하는 기계를 갖게 된다. 실제로는 풍동 벽에서의 마찰과 시험부에 위치한 공기역학적 모델의 항력에 의해 공기 유동에 손실을 초래한다. 식 (3.29)의 Bernoulli 방정식은 이러한 손실을 고려하지 않았다(3.2절의 Bernoulli 방정식 유도과정을 복습하라. 점성 효과가 무시된 사실에 유의하라). 그러므로 실제의 풍동에서는 점성과 항력 효과 때문에 압력 손실이 존재하고, 따라서 $p_3 < p_1$이 된다. 풍동의 구동 모터와 송풍기(fan)의 역할은 공기 유동에 동력을 더해 주어 디퓨저에서 나오는 유동

(*a*)

(*b*)

그림 3.9 (*a*) 큰 아음속 풍동의 시험부(*NACA*/*NASA*), (*b*) 동력 팬 구동부(*NASA*)

의 압력을 증가시켜 대기 속으로 방출될 수 있게 하거나(그림 3.8*a*), 유동이 더 높은 압력 p_1 상태에서 노즐 입구로 되돌아갈 수 있게 하는 것이다(그림 3.8*b*). 전형적인 아음속 풍동 사진들이 그림 3.9*a*와 *b*에 나와 있다.

예제 3.3

해면 표준 대기 상태에서 흐르는 유동 속에 목과 입구의 면적비가 0.8인 벤투리를 고려하자. 입구와 목의 압력 차이가 7 lb/ft^{2}라고 할 때 입구에서의 유동 속도를 계산하라.

■ 풀이

해면 표준 대기 상태에서 $\rho = 0.002377$ slug/ft^{3}이다. 그러므로

$$V_1 = \sqrt{\frac{2(p_1 - p_2)}{\rho[(A_1/A_2)^2 - 1]}} = \sqrt{\frac{2(7)}{(0.002377)[(\frac{1}{0.8})^2 - 1]}} = \boxed{102.3 \text{ ft/s}}$$

예제 3.4

노즐의 압축비가 12/1인 저속 아음속 풍동을 고려해 보자. 해면 표준 대기 상태에 있는 시험부의 유동 속도가 50 m/s라고 할 때, 한쪽은 노즐 입구에, 그리고 다른 쪽은 시험부에 연결된 U자관의 수은 마노미터 높이 차이를 계산하라.

■ 풀이

해면 표준 대기 상태에서 $\rho = 1.23$ kg/m^{3}이다. 식 (3.32)로부터,

$$p_1 - p_2 = \frac{1}{2}\rho V_2^2 \left[1 - \left(\frac{A_2}{A_1}\right)^2\right] = \frac{1}{2}(50)^2(1.23)\left[1 - \left(\frac{1}{12}\right)^2\right] = 1527 \text{ N/m}^2$$

그러나 $p_1 - p_2 = w\Delta h$고, 수은 밀도는 1.36×10^4 kg/m^{3}이므로

$$w = (1.36 \times 10^4 \text{ kg/m}^3)(9.8 \text{ m/s}^2) = 1.33 \times 10^5 \text{ N/m}^2$$

$$\Delta h = \frac{p_1 - p_2}{w} = \frac{1527}{1.33 \times 10^5} = \boxed{0.01148 \text{ m}}$$

예제 3.5

그림 3.10과 같은 아음속 풍동에 설치된 비행기 모형을 고려해 보자. 풍동의 노즐은 12대 1의 수축 비를 가지고 있다. 비행기 모형의 최대 양력 계수는 1.3이다. 모형 날개의 평면 넓이는 6 ft^{2}이다. 양력은 최대 힘이 1000 lb로 규정된 기계적 저울에 의해 측정된다. 즉, 비행기 모델의 양력이 1000 lb를 초과하면 저울이 고장날 것이다. 이 비행기 모형 실험 중에 최대 양력 계수(C_L)를 포함한 전 받음각의 범위에서 모형을 회전시킬 계획이다. 표준 해면 대기 상태를 가정하고(즉, $\rho_\infty = 0.002377$ slug/ft^3) 풍동의 정체실과 시험부의 허용할 수 있는 최대 압력 차를 계산하라.

■ 풀이

최대 양력은 모형이 최대 양력 계수에 있을 때 발생한다. 최대 허용 양력이 1000 lb이므로 이것이 발생할 수 있는 자유 유동의 속도는 다음 식으로부터 얻어진다.

$$L_{\max} = \frac{1}{2}\rho_\infty V_\infty^2 S C_{L,\max}$$

또는

$$V_\infty = \sqrt{\frac{2L_{\max}}{\rho_\infty S C_{L,\max}}} = \sqrt{\frac{(2)(1000)}{(0.002377)(6)(1.3)}} = 328.4 \text{ ft/s}$$

식 (3.32)로부터

$$p_1 - p_2 = \frac{1}{2}\rho_\infty V_\infty^2 \left[1 - \left(\frac{A_2}{A_1}\right)^2\right]$$

$$= \frac{1}{2}(0.002377)(328.4)^2 \left[1 - \left(\frac{1}{12}\right)^2\right] = \boxed{127.3 \text{ lb/ft}^2}$$

그림 3.10 대형 풍동 시험부 내의 전형적인 모델 설치 (*Jeff Caplan/NASA*)

예제 3.6

a. 저아음속 풍동의 시험부 유동 속도가 100 mph이다. 시험부는 대기와 통기(vent)되어 있고, 대기압은 1.01×10^5 N/m^{2}이다. 유동의 공기 밀도는 표준 대기 상태값인 1.23 kg/m^{3}이다. 노즐의 수축비는 10 대 1이다. 정체실의 압력을 기압으로 계산하라.

b. 이 풍동의 시험부 유속이 200 mph를 달성하려면 정체실의 압력을 얼마나 증가시켜야 하는가? 시험부 속도의 증가에 대한 상대적인 정체실 압력 증가의 크기에 대해 논하라.

■ 풀이

a. 속도에서 mph는 공학계산에 합당한 단위가 아니다. m/s로 변환시키기 위해 1 mi = 1609 m와 1 h = 3600 s를 사용한다. 따라서

$$1\frac{\text{mi}}{\text{h}} = \left(1\frac{\text{mi}}{\text{h}}\right)\left(\frac{1609\,\text{m}}{1\,\text{mi}}\right)\left(\frac{1\,\text{h}}{3600\,\text{s}}\right) = 0.447\,\text{m/s}$$

[注: 이것이 저자가 한 단위에서 다른 단위로 변환할 때 철통같이 지키며 사용하는 방법이다. 원래의 mile/hour를 취하고 등가의 '기본 단위'를 곱해 준다. 1609 m는 1 mi와 같은 거리이므로 (1609 m/1 mi)는 본질적으로 '기본 단위'이며, 1 h는 3600 s와 같은 시간이므로 (1 h/3600 s)는 본질적으로 '기본 단위'이다. (mi/h)에 두 등가의 기본 단위 비를 곱해 주면 mile과 hour는 상쇄되어 없어지고 적절한 meter와 second만 남게 된다.] 그러므로

$$V_2 = 100\,\text{mph} = (100)(0.447) = 44.7\,\text{m/s}$$

식 (3.31)로부터

$$p_1 - p_2 = \frac{\rho}{2}V_2^2\left[1 - \left(\frac{A_2}{A_1}\right)^2\right]$$

$$p_1 - p_2 = \frac{1.23}{2}(44.7)^2\left[1 - \left(\frac{1}{10}\right)^2\right] = 0.01217 \times 10^5\,\text{N/m}^2$$

그러므로

$$p_1 = p_2 + 0.01217 \times 10^5 = 1.01 \times 10^5 + 0.01217 \times 10^5$$

$$p_1 = \boxed{1.022 \times 10^5\ \text{N/m}^2}$$

기압으로 나타내면 $p_1 = 1.022 \times 10^5/1.01 \times 10^5 = \boxed{1.01\ \text{atm}}$

b. $V_2 = 200$ mph = (200)(0.447) = 89.4 m/s

$$p_1 - p_2 = \frac{\rho}{2}V_2^2\left[1-\left(\frac{A_2}{A_1}\right)^2\right] = \frac{1.23}{2}(89.4)^2(0.99) = 0.0487 \times 10^5\ \mathrm{N/m^2}$$

$$p_1 = 1.01 \times 10^5 + 0.0487 \times 10^5 = \boxed{1.059 \times 10^5\ \mathrm{N/m^2}}$$

기압으로 나타내면

$$p_1 = 1.059 \times 10^5 / 1.01 \times 10^5 = \boxed{1.048\ \mathrm{atm}}$$

이 결과를 (a) 항과 비교하면, 시험부 유동 속도를 100 mph에서 200 mph로 2배 증가시키기 위하여 정체실 압력은 단지 0.038기압(즉, 3.8%)만 증가시키면 된다는 것을 알 수 있다. 저속 유동에서는 적은 양의 압력 변화가 큰 유동 속도 변화를 유발한다는 예제 3.2의 일반적인 경향을 이 예제에서 다시 한번 확인할 수 있다.

3.4 피토관: 공기 속도의 측정 *Pitot Tube: Measurement of Airspeed*

1732년 프랑스 공학자 Henri Pitot는 파리에 있는 센강의 유속을 측정하느라 분주했다. 그가 사용한 기구들 중 하나는 그 자신이 발명한 것인데, 그림 3.11과 같은 L자 형태로 굽어진 이상하게 생긴 관이었다. Pitot는 그 관의 한쪽 끝을 유동 방향 정면을 향하도록 하였다. 그리고 관 내부 압력을 물의 유동 속도를 측정하는 데 사용하였다. 이것이 역사상 처음으로 유체 유동의 속도를 올바르게 측정한 것이었다. Pitot의 발명품은 현대 공기역학 연구실에서 가장 일반적이고 빈번하게 사용되는 기구로서, *피토관*이라는 이름으로 오늘날까지 이어져 오고 있다. 피토관은 비행기의 비행 속도를 측정하는 데 사용되는 가장 일반적인 장치이다. 이 절의 목적은 피토관의 기본 원리를 설명하는 데 있다.[5]

그림 3.11에 나타낸 것과 같이 압력이 p_1이고 유동 속도가 V_1인 유동을 생각해 보자. 압력 p_1의 중요성에 대하여 보다 자세하게 고려하자. 1.4절에서 보인 것같이 압력 p_1은 기체의 분자들이 하나의 표면에 충돌하거나 지나가면서 나타내는 운동량의 시간에 대한 변화율과 관계된다. 즉, 압력은 분자들의 운동과 밀접하게 연관되는 것이다. 이 운동의 형태는 매우 임의적이고 분자들은 모든 방향으로 여러 속도로 움직이고 있다. 머릿속으로 여러분이 유체 입자에 올라타서 속도 V_1으로 함께 움직이고 있다고 가정하라. 기체 분자들은 그것의 임의의 운동 때문에 여러분과 충돌할 것이

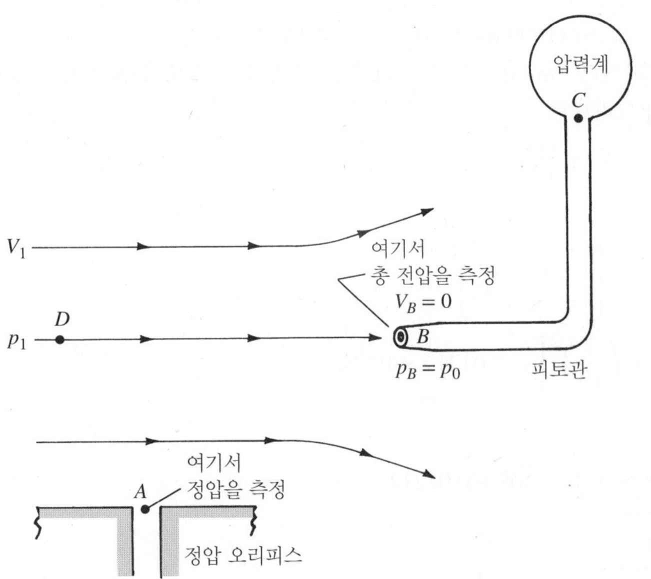

그림 3.11 피토관과 정압 오리피스

[5] 토목공학에서 Pitot가 어떻게 기본 이론을 뒤엎고 피토관을 사용했는지, 공학에서 어떤 논란을 일으켰는지, 그리고 마침내 항공학의 응용에 사용되었는지에 대한 피토관의 자세한 역사적 설명은 참고문헌 2의 4장을 참조하라.

며 여러분은 기체의 압력 p_1을 느낄 것이다. 이 압력에 *정압*(static pressure)이라는 특별한 이름을 부여한다. 정압은 기체 내 분자들의 순수한 임의의 움직임 척도, 즉 기체와 함께 그 장소의 유동 속도와 같이 움직일 때 여러분이 느끼는 압력이다. 이 책에서 지금까지 언급한 압력은 정압이다. 즉, 앞에 나온 수식에 사용된 압력 p는 정압이다. 공학 문제에서 특별한 묘사 없이 '압력'이라고 언급되면 그 압력은 항상 *정압*으로 해석한다. 더욱이 벽과 같은 유동의 경계면을 가정하고 그 면에 수직하게 작은 구멍이 뚫어져 있다고 생각하라. 그 구멍의 단면은 그림 3.11의 점 A에 보인 것같이 유동에 평행하다. 유동은 구멍의 개구부 위를 지나 흐르기 때문에 점 A에서 느끼는 압력은 분자들 임의의 움직임에 의한 것뿐이다. 즉, 점 A에서는 정압이 측정된다. 표면 위에 뚫어져 있는 이러한 작은 구멍을 *정압 오리피스*(static pressure orifice) 또는 *정압공*(static pressure tap)이라 부른다.

이와 반대로 유동 속에 피토관을 그 개구부가 유동을 직접 마주보도록 삽입했다고 생각하자. 즉, 도관 개구부 평면이 그림 3.11의 점 B에 보인 것같이 유동과 수직을 이룬다. 피토관의 다른 한 끝은 그림 3.11의 점 C와 같이 압력계에 연결되어 있다(즉, 피토관은 점 C에서 닫혀 있다). 피토관이 유동 속에 삽입된 처음 천 분의 몇 초 가량에 기체는 도관의 개구부를 통해 도관 속으로 흘러들어가 도관을 가득 채울 것이다. 그러나 도관이 점 C에서 닫혀 있으므로 기체는 더 이상 갈 곳이 없으며, 짧은 조정 기간이 지난 후 도관 속의 기체는 정체 상태가 될 것이다. 다시 말하면 도관 속 기체 속도는 0이 될 것이다. 실제로 기체는 모두 모여서 궁극적으로 점 B의 개구부를 포함한 도관 내 *모든 곳*이 정체 상태가 될 것이다. 그 결과 도관 개구부에 정면으로 충돌하는 유선(그림 3.11의 유선 DB)은 개구부 면을 유동의 방해물로 인식하게 될 것이다. 유선 DB 상에 있는 유체 입자들은 피토관에 가까이 다가감에 따라 속도가 줄어들고, 바로 점 B에서 속도가 0이 될 것이다. 유동 속에서 $V = 0$이 되는 점을 *정체점*이라 부르며, 따라서 피토관 개구부의 점 B는 $V_B = 0$인 정체점이 된다. 한편 우리는 Bernoulli 방정식으로부터 속도가 감소함에 따라 압력이 증가한다는 것을 알고 있다. 그러므로 $p_B > p_1$이다. 정체점에서의 압력을 *정체* 압력(stagnation pressure) 또는 *전*압(total pressure)이라 부르며 p_0로 표시한다. 그러므로 점 B에서 $p_B = p_0$다.

위 검토로부터 우리는 주어진 유동에서 두 가지 형태의 압력을 정의할 수 있다는 것을 알았다. 하나는 정압인데, 이것은 유동과 함께 그 위치에서 V_1의 속도로 움직일 때 느낄 수 있는 압력이다. 또 하나는 전압인데, 이것은 유동 속도가 0으로 감소했을 때 도달할 수 있는 압력이다. 공기역학에서는 전압과 정압의 구분이 중요하다. 지금까지 어느 정도 이 구분에 대해 검토하였으며, 다음으로 더 진행하기 전에 위 내용을 숙지해야 한다(전압과 정압의 의미와 중요성에 대한 추가 세부 사항은 7장에서 다룬다).

유동 속도를 구하기 위하여 피토관이 어떻게 사용되는가? 이 질문에 답하기 위해 우선 유동에 의해 관 입구(점 B)에 형성된 전압 p_0가 도관 내부 전체에 작용하고 있다는 것에 유의하자(도관 내부에는 유동이 없으며, 따라서 도관 내부에서는 모든 곳의 압력이 p_0다). 그러므로 점 C에 있는 압력계기는 p_0를 나타낼 것이다. 이 측정값은 점 A에서 측정된 정압 p_1과 연계되어 전압과 정압의 차이 $p_0 - p_1$을 얻게 되며, 이 압력 *차이*가 Bernoulli 방정식에 의해 속도 V_1을 얻게 해준다. 특별히 Bernoulli 방정식을 압력과 속도가 각각 p_1과 V_1인 점 A와, 또 압력과 속도가 p_0와 $V = 0$인 점 B에 적용한다.

$$p_A + \frac{1}{2}\rho V_A^2 = p_B + \frac{1}{2}\rho V_B^2$$

또는

$$p_1 + \frac{1}{2}\rho V_1^2 = p_0 + 0 \tag{3.33}$$

식 (3.33)을 V_1에 대하여 해를 구하면,

$$\boxed{V_1 = \sqrt{\frac{2(p_0 - p_1)}{\rho}}} \tag{3.34}$$

식 (3.34)가 측정된 전압과 정압의 차이로부터 간단히 속도를 계산할 수 있게 해준다. 전압 p_0는 피토관으로부터, 그리고 정압 p_1은 적절하게 위치된 정압공으로부터 얻는다.

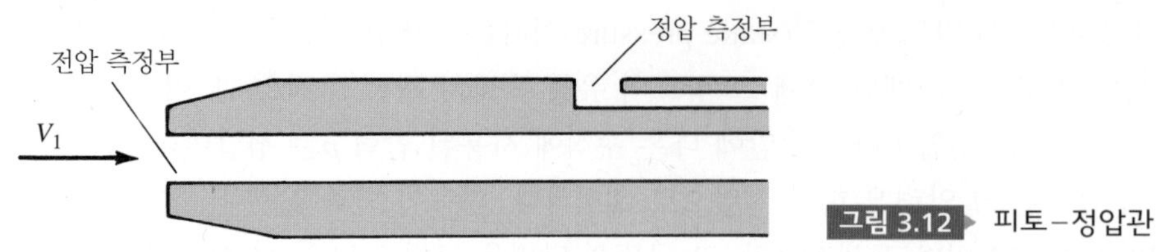

그림 3.12 피토-정압관

전압과 정압을 그림 3.12에 나타낸 *피토-정압관*(pitot-static probe)이라 부르는 계기로 한 번에 측정할 수 있다. 피토-정압관은 p_0를 관의 선두부에서 측정하며, p_1을 관의 선두부로부터 하류 쪽 표면에 적절히 선정된 위치의 정압공에서 측정한다.

식 (3.33)에서 항 $\frac{1}{2}\rho V_1^2$을 *동압*(dynamic pressure)이라 부르며 기호 q_1으로 표시한다. 비압축성 유동으로부터 극초음속 유동까지의 모든 유동에서 $\frac{1}{2}\rho V^2$로 표시된 모든 항들을 동압이라고 정의한다. 즉,

$$q \equiv \frac{1}{2}\rho V^2$$

그러나 비압축성 유동에 대하여는 동압이 특별한 의미가 있다. 즉, 그것이 정확하게 전압과 정압의 차이를 나타낸다. 식 (3.33)을 다시 반복해서 쓰면,

$$\underset{\text{정압}}{p_1} + \underset{\text{동압}}{\frac{1}{2}\rho V_1^2} = \underset{\text{전압}}{p_0}$$

또는

$$p_1 + q_1 = p_0$$

또는

$$\boxed{q_1 = p_0 - p_1} \tag{3.35}$$

식 (3.35)는 Bernoulli 방정식에서 나온 것이며, 따라서 *비압축성 유동에만* 적용된다는 사실에 유의하는 것이 중요하다. 압축성 유동에 대해서는 Bernoulli 방정식이 유효하지 않으며 $p_0 - p_1$은 q_1과 같지 *않다*. 더욱이 식 (3.34)는 비압축성 유동에 대해서만 유효하다. 아음속과 초음속의 압축성 유동에 대한 속도는 피토관에 의해 측정할 수 있으나, 수식은 식 (3.34)와는 다르다(아음속과 초음속의 압축성 유동에 대한 속도 측정은 8장에서 논의한다).

이 단계에서 Bernoulli 방정식은 비압축성 유동에 대해서만 적용된다는 사실과 따라서 식 (3.26), (3.32), (3.34)와 같이 Bernoulli 방정식에 의해 도출된 결과들은 모두 비압축성 유동에만 적용된다는 사실을 반복해서 강조하는 것이 중요하다. 과거의 경험에 의하면 처음 공기역학을 배울 때 어떤 학생들은 Bernoulli 방정식을 마치 금과옥조인 양 생각하여 유효하지 않은 많은 경우를 포함한 모든 적용에 그것을 사용하는 것같이 보였다. 반복된 경고를 명심하여 이러한 경향을 억제하기 바란다.

예제 3.7

비행기가 해면 표준 대기 상태에서 비행하고 있다. 비행기의 날개 끝에 장착된 피토관에서 측정한 값은 2190 lb/ft^{2}이다. 비행기 속도는 얼마인가?

■ 풀이

표준 해면 상태의 압력은 2116 lb/ft^{2}이다. 식 (3.34)로부터,

$$V_1 = \sqrt{\frac{2(p_0 - p_1)}{\rho}} = \sqrt{\frac{2(2190 - 2116)}{0.002377}} = \boxed{250 \text{ ft/s}}$$

예제 3.8

예제 3.5에 설명한 것과 같은 풍동에서 작은 피토관이 모델의 바로 상류에 장치되었다. 예제 3.5와 같은 조건의 유동에 대해 피토

관에 측정된 압력을 계산하라.

■ 풀이

식 (3.35)로부터

$$p_0 = p_\infty + q_\infty = p_\infty + \tfrac{1}{2}\rho_\infty V_\infty^2$$
$$= 2116 + \tfrac{1}{2}(0.002377)(328.4)^2$$
$$= 2116 + 128.2 = \boxed{2244 \text{ lb/ft}^2}$$

이 예제에서 동압이 $\frac{1}{2}\rho_\infty V_\infty^2 = 128.2$ lb/ft^{2}인 것을 기억하라. 이는 예제 3.5에서 계산된 풍동 시험부 속도를 형성하는 데 필요한 압력 차 $(p_1 - p_2)$보다 1% 정도밖에 크지 않다. $(p_1 - p_2)$가 시험부의 동압과 그렇게 비슷한 이유는 무엇인가? *답*: 정체실의 속도 V_1이 너무 작아 p_1이 유동의 전압과 유사하기 때문이다. 식 (3.22)로부터,

$$V_1 = \frac{A_2}{A_1}V_2 = \left(\frac{1}{12}\right)(328.4) = 27.3 \text{ ft/s}$$

시험부의 속도 328.4 ft/s와 비교하면 V_1은 작아 보인다. 유동 영역에서 속도는 있으나 작은 곳에서는 정압이 전압과 유사하다. (사실 유동 속도가 0인 극한의 경우에는 정압과 전압이 같다. 이곳에서는 정압과 전압의 개념을 임의로 사용해도 된다. 예를 들어 여러분을 둘러싸고 있는 방의 공기를 생각하라. 그 공기가 움직이지 않는다고 가정하고 표준 해면 대기 상태를 가정하면, 압력은 2116 lb/ft^{2}이다. 즉, 1기압이다. 이 압력은 정압인가 전압인가? *답*: *둘 다*이다. 이 절에서 주어진 전압의 정의에 의하면 유동의 어느 지역 속도가 0인 경우에는 그 지역의 정압과 전압이 정확히 같아진다.)

예제 3.9

그림 3.2의 P-35가 표준 고도 4 km로 순항하고 있다. 비행기의 오른쪽 날개 위에 장착되어 있는(그림 3.2에 보인 것같이) 피토관에서 감지된 압력은 6.7×10^4 N/m^{2}이다. P-35의 비행 속도는 얼마인가?

■ 풀이

부록 D로부터 고도 4 km 표준 대기 상태에서의 자유 유동의 정압과 밀도는 각각 6.166×10^4 N/m^{2}과 0.81935 kg/m^{3}이다. 피토관에서 측정된 전압은 6.7×10^4 N/m^{2}이므로 식 (3.34)에 의해,

$$V_1 = \sqrt{\frac{2(p_0 - p_1)}{\rho}} = \sqrt{\frac{2(6.7 - 6.166) \times 10^4}{0.81935}} = \boxed{114.2 \text{ m/s}}$$

주: 예제 3.6에서 얻은 mile hour와 m/s의 변환 계수에 의하면,

$$V_1 = \frac{114.2}{0.447} = 255 \text{ mph}$$

예제 3.10

예제 3.9의 P-35는 4 km 고도에서 순항 속도 114.2 m/s로 비행하면서 해당하는 동압을 경험하고 있다. 이제 P-35가 해면 고도를 비행한다고 가정하자. 같은 동압에서 비행하기 위해 해면 고도에서는 어떤 속도로 비행해야 하는가?

■ 풀이

$V_1 = 114.2$ m/s이며 표준 고도 4 km에서의 밀도는 $\rho = 0.81935$ kg/m^{3}이다.

$$q_1 = \tfrac{1}{2}\rho V_1^2 = \tfrac{1}{2}(0.81935)(114.2)^2 = 5.343 \times 10^3 \text{ N/m}^2$$

밀도가 $\rho = 1.23\ \mathrm{kg/m^3}$인 해면 고도에서 같은 동압을 경험하기 위해 그 비행기의 새로운 속도 V_e는 다음 식을 만족시켜야 한다.

$$q_1 = \frac{1}{2}\rho V_e^2$$

$$5.343 \times 10^3 = \frac{1}{2}(1.23)V_e^2$$

또는

$$V_e = \sqrt{\frac{2(5.343 \times 10^3)}{1.23}} = \boxed{93.2\ \mathrm{m/s}}$$

예제 3.10에서 속도 93.2 m/s는 고도 4 km에서 실속도 114.2 m/s로 비행하는 비행기의 *등가대기 속도*(equivalent air speed) V_e라고 한다. 등가대기 속도에 대한 일반적인 정의는 다음과 같다. 어느 고도에서 어떤 속도로 비행하고 있는 비행기를 고려하자. 이 조건에서의 *등가대기 속도*는 그 비행기가 표준 해면 고도 상태에서 비행하면서 *같은 동압을 경험*할 수 있는 속도로 정의된다. 예제 3.10에서 P-35는 4 km 고도에서 실제 속도 114.2 m/s로 비행하며 동시에 등가대기 속도 93.2 m/s로 비행하고 있다.

설계_Design Box

그림 3.12에 나타낸 피토–정압관의 형상은 개념적인 것이다. 실제의 피토–정압관 설계는 정교한 공학 작품의 한 예이며, 가능한 한 정밀한 장치를 만들기 위하여 시도되었다. 피토–정압관 설계의 전반적인 과정의 일부를 조사해 보자.

우선 도관 상당 부분의 표면 압력이 본질적으로 자유 유동 정압과 같아질 수 있도록 도관 모양이 길고 유선형 형태여야 한다. 이러한 모양이 그림 3.13*a*에 주어져 있다. 도관의 머리는 전압이 측정되는 앞부분인데, 하류 방향으로 매끄럽고 유선형의 유동이 이루어질 수 있도록 일반적으로 반구형 모양으로 되어 있다. 도관의 직경을 d라 한다. 도관 앞부분으로부터 $8d$에서 $16d$ 정도 되는 곳에 도관 원 둘레를 따라 반경 방향으로 여러 개의 압력공이 분포되어 있는데, 적어도 하류 지지대로부터 $16d$ 앞쪽에 있도록 해야 한다. 그 이유는 그림 3.13*b*에 나타나 있는데, 이 그림은 도관 표면을 따른 축 방향의 압력 계수 분포를 보여준다. 1.5절에 주어진 압력 계수의 정의와 식 (3.35)의 형태로 주어진 Bernoulli 방정식으로부터 정체점의 비압축성 유동에 대한 압력 계수는 다음과 같다.

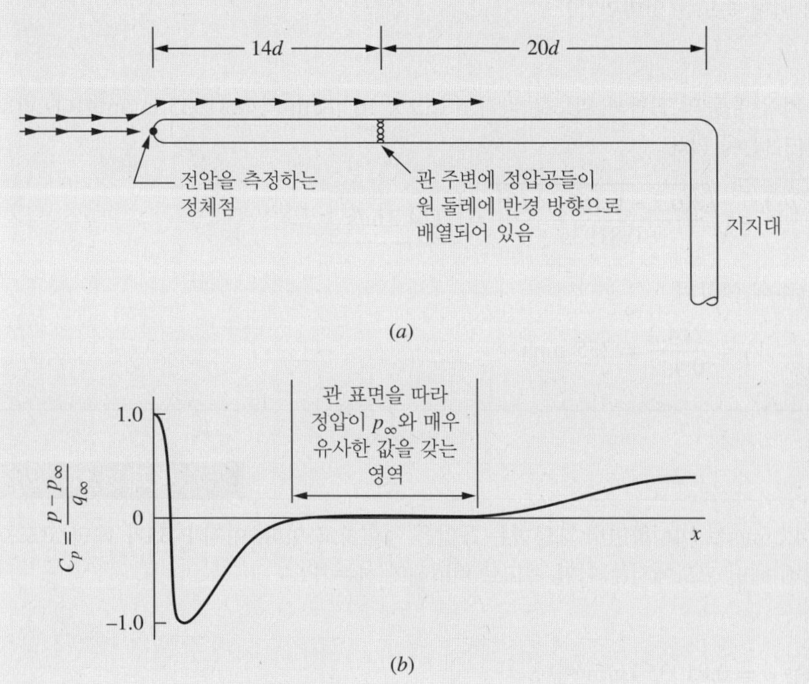

그림 3.13 (*a*) 피토–정압관, (*b*) 도관 표면에서의 압력 분포 개요도

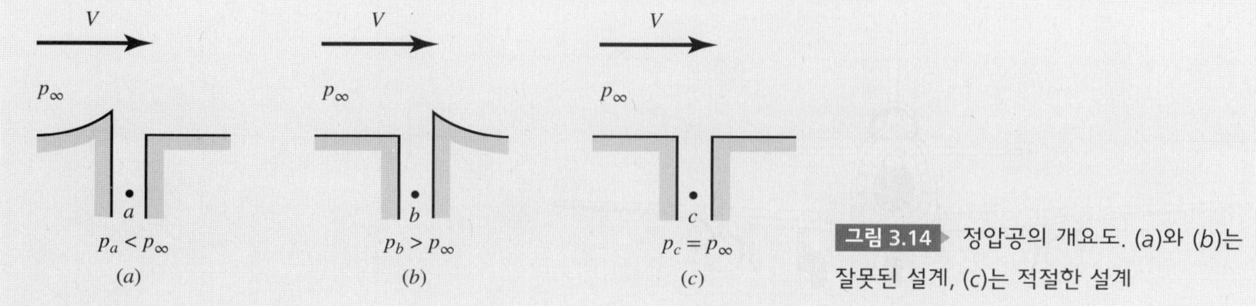

그림 3.14 정압공의 개요도. (a)와 (b)는 잘못된 설계, (c)는 적절한 설계

$$C_p = \frac{p - p_\infty}{q_\infty} = \frac{p_0 - p_\infty}{q_\infty} = \frac{q_\infty}{q_\infty} = 1.0$$

그러므로 그림 3.13*b*에서 C_p 분포는 선두부에서 1.0의 값으로 출발하여 유동이 선두부 주위에서 팽창하면서 급격히 감소한다. 압력은 p_∞ 이하로 감소하여 선두부의 바로 하류에서 최소값 $C_p \approx -1.25$에 이르게 된다. 더 하류로 내려가면 압력은 다시 회복하기 시작하여 선두부에서 어느 정도의 거리(일반적으로 약 8*d*)에서는 거의 p_∞와 같은 값에 도달한다. 이 지역부터 도관 표면을 따라 정압이 p_∞에 매우 가까운 부분이 있게 되는데, 그림 3.13*b*에 $C_p = 0$으로 표시된 지역이다. 이 지역이 정압공이 위치할 부분인데, 이 구멍에서 측정된 표면 압력이 자유 유동의 압력 p_∞와 본질적으로 같게 될 것이기 때문이다. 더 하류에서는 유동이 지지대에 접근해 가면서 압력은 p_∞보다 더 높게 상승하기 시작한다. 이러한 현상은 지지대로부터 16*d* 정도 전방 위치에서부터 시작된다. 그림 3.13*a*에서 정압공은 선두부로부터 14*d* 하류에, 그리고 지지대로부터 20*d* 앞에 있는 것으로 나타나 있다.

정압공은 그 설계 자체가 매우 중요하다. 구멍 주위 표면은 구멍 안에서 감지되는 압력이 도관 표면을 따른 실제 표면 압력이 될 수 있도록 매끄러워야 한다. 잘된 설계와 잘못된 설계의 예가 그림 3.14에 나와있다. 그림 3.14*a*에는 구멍의 상류 쪽 표면에 가공 잔류물(burr)이 있으며, 그 결과 그 부분의 유동이 가공 잔류물 주위에서 팽창하게 되고 구멍 안쪽에 있는 점 *a*의 압력이 p_∞보다 더 적게 감지된다. 그림 3.14*b*에는 가공 잔류물이 하류 쪽에 있으며, 이 지역에서는 유동이 감속되어 구멍 안쪽에 있는 점 *b*에서 감지되는 압력이 p_∞보다 더 높게 된다. 올바른 설계는 그림 3.14*c*에 나와 있는데, 여기서는 구멍이 표면과 평행하고 구멍 안의 점 *c*에서 감지되는 압력이 p_∞와 같게 된다.

피토-정압관이 비행기 속도 측정에 사용될 때에는 설치 위치를 잘 설정하여 비행기 자체에 의한 국소적 유동장의 영향으로부터 멀리 떨어져, 원칙적으로 자유 유동 속에 잠길 수 있도록 위치시켜야 한다. 이것의 한 예가 그림 3.2에 나와 있는데, 피토-정압관이 P-35 항공기의 오른쪽 날개 끝에 설치되어 날개 앞쪽의 자유 유동 속으로 돌출되어 있는 것을 볼 수 있다. 비슷한 상태로 날개에 장치되어 있는 피토-정압관이 그림 3.15의 North American F-86 항공기의 평면도에 나와 있다.

대부분의 최신 항공기는 피토관을 동체의 한 곳에 설치하고, p_∞는 동체의 적절한 다른 장소에서 측정한다. 그림 3.16은 1940년대 명품 항공기인 Boeing사의 Stratoliner 동체에 설치되어 있는 피토관을 보여준다. 전압(피토 압력) 측정만 요구될 때는 그림 3.16에서 볼 수 있듯이 피토-정압관보다 도관의 길이가 매우 짧아도 된다. 이런 형태의 배열에서는 동체 표면에 있는 정압공의 위치가 매우 중요하며, 동체의 표면 압력이 p_∞와 같은 곳에 위치시켜야 한다. 그림 3.13*a*에 나와 있는 것같이 피토-정압관에서 정압공의 위치를 어디에 두어야 하는지는 잘 알고 있다. 그러나 항공기 동체 위의 적절한 위치는 실험적으로 찾아내야 하며, 그 위치는 항공기마다 다르다. 기본적인 개념은 그림 3.17에 나타나 있으며, 이 그림에서는 받음각이 0일 때의 유선형 물체 주위 압력 계수 분포를 보여준다. 이 그림에서는 축 방향으로 두 곳의 위치에서 $C_p = 0$(즉, 동체 위 표면 압력이 p_∞와 같다)이 된다. 만일 이 물체가 항공기의 동체라면 정압공의 위치는 이 두 곳 중 하나가 될 것이다. 실제에서는 선두부 가까이에 있는 앞부분의 위치가 일반적으로 선택된다.

마지막으로 우리는 이러한 계측 기구가 어느 곳에 위치하든 완벽하게 정확하지는 않다는 것을 인식해야 한다. 특히 자유 유동의 방향에 대한 도관의 오정렬은 오차를 유발하므로 각각의 경우를 평가해야 한다. 다행히도 피토관에 의해 측정되는 전압 측정값은 잘못된 정렬에 대해 비교적 둔감하다. 그림 3.13*a*에 나온 반구형 선두부를 갖는 피토관은 몇 도 정도의 방향 오차에 대해 둔감하다. 그림 3.12에 보인 것 같은 평면형 피토관이 가장 둔감하다. 이러한 도관에서는 방향 오차가 20° 정도 있어도 전압 측정값은 1% 정도밖에 변하지 않는다. 이에 대한 더 자세한 사항은 참고문헌 61을 참조하라.

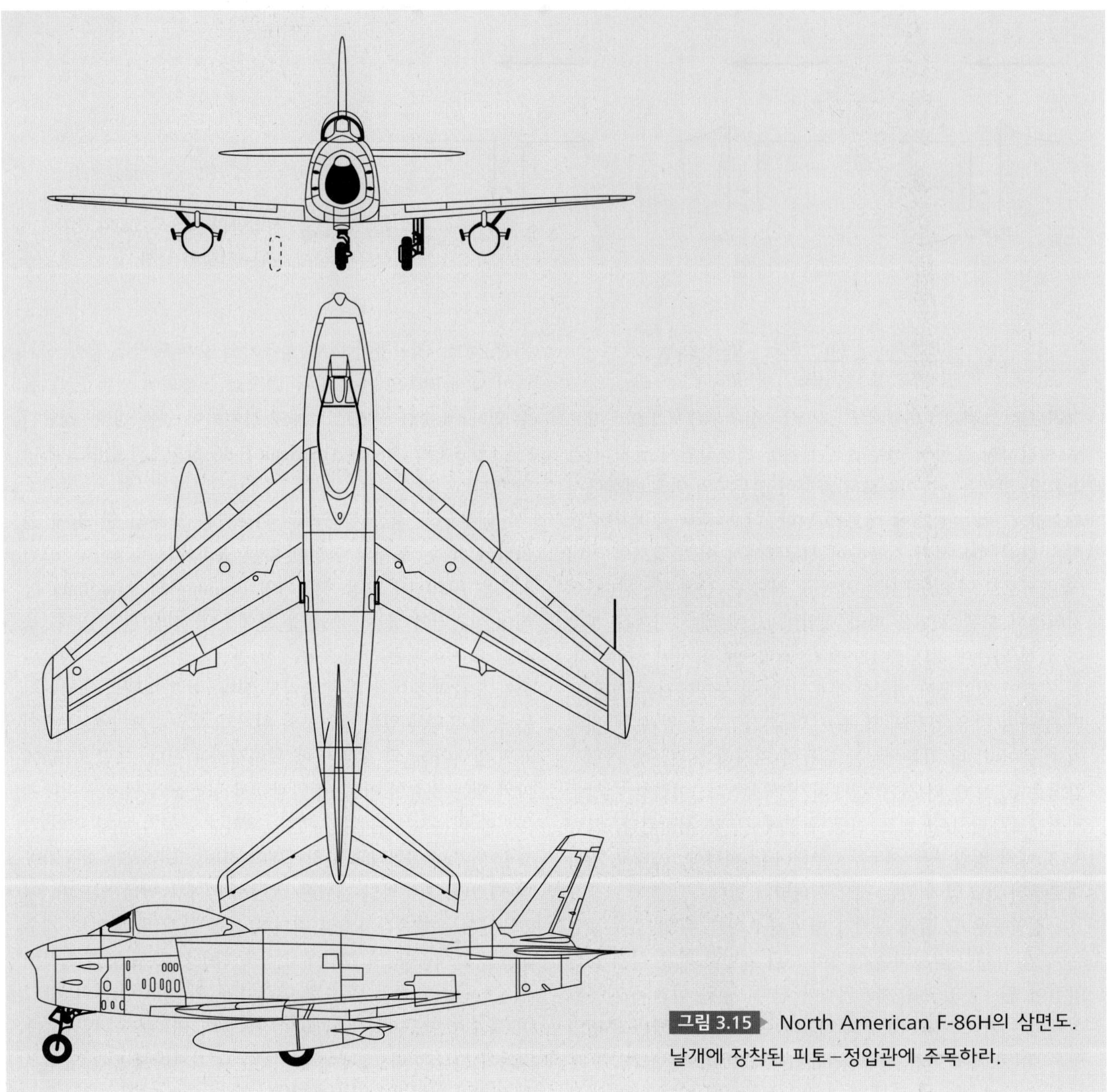

그림 3.15 North American F-86H의 삼면도. 날개에 장착된 피토–정압관에 주목하라.

3.5 압력 계수 *Pressure Coefficient*

압력은 그 자체가 차원이 있는 양이다(즉, 1 bf/ft^2, N/m^2). 그러나 1.7절과 1.8절에서 M, Re, C_L과 같은 무차원 계수들의 유용성을 확인하였다. 그러므로 공기역학에서 또한 무차원 압력이 당연히 유용해 보인다. 이것이 *압력 계수* C_p며, 1.5절에 처음 소개되었고 다음과 같이 정의된다.

$$C_p \equiv \frac{p - p_\infty}{q_\infty} \tag{3.36}$$

여기서

$$q_\infty = \tfrac{1}{2}\rho_\infty V_\infty^2$$

식 (3.36)에 주어진 정의는 단지 정의이다. 이 정의는 비압축성 유동에서부터 극초음속 유동까지 공기역학 전반에 걸

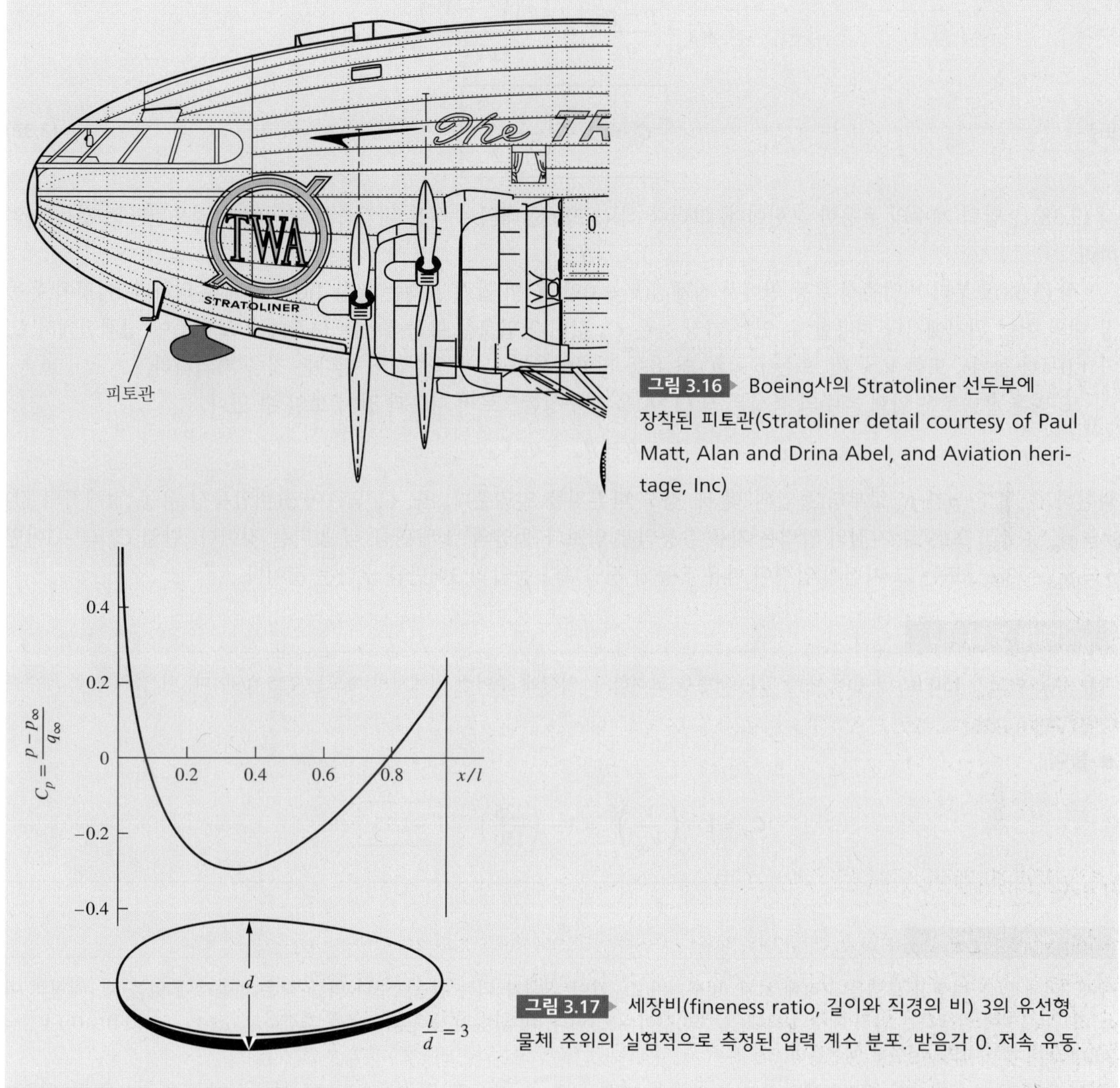

그림 3.16 Boeing사의 Stratoliner 선두부에 장착된 피토관(Stratoliner detail courtesy of Paul Matt, Alan and Drina Abel, and Aviation heritage, Inc)

그림 3.17 세장비(fineness ratio, 길이와 직경의 비) 3의 유선형 물체 주위의 실험적으로 측정된 압력 계수 분포. 받음각 0. 저속 유동.

쳐 사용되고 있다. 공기역학 문헌에는 압력이 압력 그 자체보다 압력 계수로 주어지는 경우가 훨씬 많다. 확실히 압력 계수는 1.7절과 1.8절에서 시작된 상사 계수 항목에 추가할 수 있는 항목이다.

*비압축성 유동*에서 C_p는 속도만의 항으로 표시될 수 있다. 압력이 p_∞, 속도가 V_∞인 자유 유동 속에 잠겨 있는 공기역학적 물체 주위의 유동을 생각하자. 유동 속에 압력과 속도가 각각 p와 V인 임의의 점을 선택하자. Bernoulli 방정식으로부터,

$$p_\infty + \tfrac{1}{2}\rho V_\infty^2 = p + \tfrac{1}{2}\rho V^2$$

또는

$$p - p_\infty = \tfrac{1}{2}\rho\left(V_\infty^2 - V^2\right) \tag{3.37}$$

식 (3.37)을 식 (3.36)에 대입하면,

$$C_p = \frac{p - p_\infty}{q_\infty} = \frac{\frac{1}{2}\rho\left(V_\infty^2 - V^2\right)}{\frac{1}{2}\rho V_\infty^2}$$

또는

$$\boxed{C_p = 1 - \left(\frac{V}{V_\infty}\right)^2} \tag{3.38}$$

식 (3.38)은 압력 계수의 유용한 표현이다. 그러나 식 (3.38) 형태의 수식은 비압축성 유동에만 적용된다는 것을 기억하라.

식 (3.38)로부터 비압축성 유동 안에서 정체점($V = 0$인 곳)의 압력 계수는 항상 1.0인 것에 유의하라. 이것이 유동장 내의 어느 위치에서나 허용할 수 있는 가장 높은 C_p 값이다(압축성 유동에서는 14장에서 보이듯이 정체점에서 C_p가 1.0보다 높다). 또한 $V > V_\infty$ 또는 $p < p_\infty$인 유동 지역에서는 C_p가 음수값이 된다는 것을 기억하라.

또 다른 흥미로운 압력 계수의 특성은 식 (3.36)을 재구성함으로써 다음과 같이 보일 수 있다.

$$p = p_\infty + q_\infty C_p$$

확실히 C_p 값은 p가 p_∞로부터 동압의 몇 배 정도 다른지를 알려준다. 즉, $C_p = 1$이면(비압축성 유동 정체점의 값) $p = p_\infty + q_\infty$, 또는 그 지점의 압력은 자유 유동의 정압보다 동압의 '1배'만큼 더 높다는 것이다. 만일 $C_p = -3$이면 $p = p_\infty - 3q_\infty$, 또는 그 지점의 압력이 자유 유동의 정압보다 동압의 3배만큼 낮다는 것이다.

예제 3.11

자유 유동 속도가 150 ft/s인 유동 내에 있는 익형을 고려하자. 익형에 주어진 점에서의 속도는 225 ft/s이다. 이 점의 압력 계수를 계산하라.

■ 풀이

$$C_p = 1 - \left(\frac{V}{V_\infty}\right)^2 = 1 - \left(\frac{225}{150}\right)^2 = \boxed{-1.25}$$

예제 3.12

예제 3.4에 있는 비행기 모델을 고려해 보자. 비행기가 C_L 값이 최대가 되는 받음각보다 약간 작은 받음각에 있을 때, 익형의 어느 점 위 표면에 발생하는 압력 계수의 최대(음수의)값이 −5.3이다. 비점성, 비압축성 유동을 가정하고 (*a*) $V_\infty = 80$ ft/s (*b*) $V_\infty = 300$ ft/s일 때 이 점의 속도를 계산하라.

■ 풀이

식 (3.38)을 사용하면,

a. $V = \sqrt{V_\infty^2(1 - C_p)} = \sqrt{(80)^2[1 - (-5.3)]} = \boxed{200.8 \text{ ft/s}}$

b. $V = \sqrt{V_\infty^2(1 - C_p)} = \sqrt{(300)^2[1 - (-5.3)]} = \boxed{753 \text{ ft/s}}$

위 예제는 이런 유동에 대한 다음과 같은 두 가지 관점을 설명하고 있다.

1. 익형 표면 위 주어진 점을 고려하자. 이 점에 대한 C_p가 *주어져* 있으며, 그것도 문제에서 문항으로 제시되어 있다. C_p는 속도가 80에서 300 ft/s로 증가되더라도 분명 *변하지 않는다*. 왜 그런가? 그 답은 1.7절에서 검토되었던 차원해석의 일부를 강조한다. 즉, C_p는 마하수, 레이놀즈수, 형상과 물체의 방향, 그리고 물체 상의 위치에 의해서만 변한다는 것이다. 여기에서 고려하고 있는 저속, 비점성 유동에서는 마하수와 레이놀즈수는 관계가 없다. 이러한 종류의 유동에서 C_p는 단지 물체 위의 위치와 물체의 형상과 방향*에만* 관계되는 함수이다. 그러므로 유동이 비점성

이며 비압축성으로 간주될 수 있는 한 C_p는 V_∞ 또는 ρ_∞에 따라 변하지 *않*을 것이다. 이러한 유동에서는 어떤 방법으로든 한 번 C_p가 정해지면 자유 유동의 V_∞ 또는 ρ_∞의 모든 값에 대하여 *같은* C_p 값이 존재하게 된다.

2. 예제 3.12의 (*b*)에서 C_p가 극대(음수의)값을 가질 때 속도는 753 ft/s라는 큰 값을 가지게 된다. 식 (3.38)은 이 경우에도 적용될 수 있는가? 답은 본질적으로 '*아니다*'이다. 식 (3.38)은 비압축성 유동을 가정하였다. 표준 해면 상태의 음속은 1117 ft/s이다. 그러므로 자유 유동의 마하수는 300/1117 = 0.269이다. 국소 마하수가 0.3 이하인 유동은 본질적으로 비압축성으로 가정할 수 있다. 그러므로 자유 유동은 이 기준에 만족한다. 반면 유동은 익형 위 표면 주위를 지나며 급속히 팽창하고 가속하여 최소 압력점(C_p가 음의 최대수를 갖는 점)에서 753 ft/s가 된다. 팽창과정에서 음속은 *감소한다*(3부에서 그 이유를 설명할 것이다). 그러므로 최소 압력점에서 국소 마하수는 $\frac{753}{1117}$ = 0.674보다 *커질* 것이다. 다시 말하면, 유동은 이렇게 높은 국소 마하수가 되도록 팽창하여 더 이상 비압축성이 아니다. 그러므로 예제 3.12의 (*b*) 항에서 주어진 답은 옳지 않다(3부에서 올바른 값을 계산하는 방법을 공부할 것이다). 여기서 지적해야 할 흥미로운 점이 있다. 단지 모델이 저속 아음속 풍동에서 실험되고 있다고 해서 유동장의 모든 곳에서 비압축성 유동의 가정이 적용될 수 있다는 뜻은 아니라는 것이다. 여기서 볼 수 있듯이 물체 주위의 어느 지역 유동장에서는 압축성 유동으로 고려해야만 하는 매우 높은 마하수에 도달할 수도 있다.

3.6 비압축성 유동을 위한 속도의 조건 *Condition on Velocity for Incompressible Flow*

그림 3.4에 있는 이 장의 이정표를 보면 Bernoulli 방정식을 다루는 왼쪽 가지를 끝낸 것을 알 수 있다. 이제 그림 3.4의 가운데 가지로 들어가면서 비압축성 유동에 대해 보다 일반적인 고려를 할 것이다. 그러나 Laplace 방정식을 소개하기 전에 다음과 같이 비압축성 유동에서 속도에 대한 기본적인 조건의 기반을 다지는 것이 중요하다.

먼저, ρ = 일정이라는 비압축성 유동의 물리적 정의를 고려하자. ρ는 단위 부피당 질량이므로 고정된 질량을 가지고 비압축성 유동장 안에서 움직이는 유체 요소는 고정된 일정한 부피를 가져야만 한다. 식 (2.32)를 되돌아보자. 이 식은 $\nabla \cdot \mathbf{V}$의 물리적 의미가 움직이는 유체 요소 부피의 단위 부피당 시간에 대한 변화율이라는 뜻이다. 그러나 바로 앞에서 비압축성 유동에서는 유체 요소의 부피가 일정하다는 것을 언급하였다[예를 들면, 식 (2.32)에서 $D(\delta \mathcal{V})/Dt \equiv 0$]. 그러므로 비압축성 유동에 대해서는,

$$\boxed{\nabla \cdot \mathbf{V} = 0} \tag{3.39}$$

비압축성 유동에서 속도의 발산이 0이라는 사실은 식 (2.52)의 연속 방정식으로부터 직접 보여질 수 있다.

$$\frac{\partial \rho}{\partial t} + \nabla \cdot \rho \mathbf{V} = 0 \tag{2.52}$$

비압축성 유동에서는 ρ = 일정이다. 그러므로 $\partial \rho/\partial t = 0$이며 $\nabla \cdot (\rho \boldsymbol{V}) = \rho \nabla \cdot \mathbf{V}$가 된다.

$$0 + \rho \nabla \cdot \mathbf{V} = 0$$

또는

$$\nabla \cdot \mathbf{V} = 0$$

이 식은 식 (3.39)와 정확히 일치한다.

3.7 비회전성, 비압축성 유동에 대한 지배 방정식: LAPLACE 방정식

Governing Equation for Irrotational, Incompressible Flow: Laplace's Equation

3.6절에서 비압축성 유동에 대한 질량 보존 법칙이 식 (3.39)의 형태로 나타날 수 있음을 보았다.

$$\nabla \cdot \mathbf{V} = 0 \tag{3.39}$$

이에 더하여 비회전성 유동에 대해서는 속도 퍼텐셜이 다음과 같이 정의될 수 있음을 2.15절에서 보았다[식 (2.154)로부터].

$$\mathbf{V} = \nabla\phi \tag{2.154}$$

그러므로 비압축성이며 비회전성인 유동에 대해서는 식 (3.39)와 (2.154)를 합하여 다음 식을 얻을 수 있다.

$$\nabla \cdot (\nabla\phi) = 0$$

또는

$$\boxed{\nabla^2\phi = 0} \tag{3.40}$$

식 (3.40)이 *Laplace 방정식*이며, 수리물리학 분야에서 가장 유명하고 널리 연구된 방정식 중 하나이다. Laplace 방정식의 해는 *조화 함수*(harmonic function)라고 불리며, 이에 대한 매우 많은 문헌이 존재한다. 그러므로 비압축성 비회전성 유동이 Laplace 방정식에 의해 기술된다는 것은 매우 뜻밖의 행운인데, 수많은 해가 존재하고 또한 잘 이해되고 있기 때문이다.

편리성을 위하여 Laplace 방정식을 2.2절에서 사용된 세 가지 일반적인 직교 좌표계에 의하여 아래에 기술하였다.

직교 좌표계: $\phi = \phi(x, y, z)$

$$\nabla^2\phi = \frac{\partial^2\phi}{\partial x^2} + \frac{\partial^2\phi}{\partial y^2} + \frac{\partial^2\phi}{\partial z^2} = 0 \tag{3.41}$$

원통형 좌표계: $\phi = \phi(r, \theta, z)$

$$\nabla^2\phi = \frac{1}{r}\frac{\partial}{\partial r}\left(r\frac{\partial\phi}{\partial r}\right) + \frac{1}{r^2}\frac{\partial^2\phi}{\partial\theta^2} + \frac{\partial^2\phi}{\partial z^2} = 0 \tag{3.42}$$

구면형 좌표계: $\phi = \phi(r, \theta, \Phi)$

$$\nabla^2\phi = \frac{1}{r^2\sin\theta}\left[\frac{\partial}{\partial r}\left(r^2\sin\theta\frac{\partial\phi}{\partial r}\right) + \frac{\partial}{\partial\theta}\left(\sin\theta\frac{\partial\phi}{\partial\theta}\right) + \frac{\partial}{\partial\Phi}\left(\frac{1}{\sin\theta}\frac{\partial\phi}{\partial\Phi}\right)\right] = 0 \tag{3.43}$$

2.14절을 되돌아보면, 2차원 비압축성 유동에 대하여 유선 함수 ψ를 다음과 같이 식 (2.150*a*와 *b*)로부터 정의할 수 있다.

$$u = \frac{\partial\psi}{\partial y} \tag{2.150a}$$

$$v = -\frac{\partial\psi}{\partial x} \tag{2.150b}$$

연속 방정식은 $\nabla \cdot \mathbf{V} = 0$이며 직교 좌표계로 나타내면 다음과 같다.

$$\nabla \cdot \mathbf{V} = \frac{\partial u}{\partial x} + \frac{\partial v}{\partial y} = 0 \tag{3.44}$$

식 (2.150*a*와 *b*)를 식 (3.44)에 대입하면 다음 식을 얻는다.

$$\frac{\partial}{\partial x}\left(\frac{\partial\psi}{\partial y}\right) + \frac{\partial}{\partial y}\left(-\frac{\partial\psi}{\partial x}\right) = \frac{\partial^2\psi}{\partial x\,\partial y} - \frac{\partial^2\psi}{\partial y\,\partial x} = 0 \tag{3.45}$$

수학적으로는 $\partial^2\psi/\partial x\,\partial y = \partial^2\psi/\partial y\,\partial x$이므로 식 (3.45)로부터 ψ가 자동적으로 연속 방정식을 만족한다는 것을 알 수 있다. 사실 ψ의 정의 자체와 사용이 질량 보존을 나타내며, 따라서 식 (2.150*a*와 *b*)는 연속 방정식 대신 사용될 수 있다. 그에 더하여 만일 비압축성 유동이 비회전성이라면 식 (2.131)의 비회전성 조건으로부터,

$$\frac{\partial v}{\partial x} - \frac{\partial u}{\partial y} = 0 \tag{2.131}$$

식 (2.150*a*와 *b*)를 식 (2.131)에 대입하면 다음 식을 얻는다.

$$\frac{\partial}{\partial x}\left(-\frac{\partial \psi}{\partial x}\right) - \frac{\partial}{\partial y}\left(\frac{\partial \psi}{\partial y}\right) = 0$$

또는

$$\boxed{\frac{\partial^2 \psi}{\partial x^2} + \frac{\partial^2 \psi}{\partial y^2} = 0} \tag{3.46}$$

이것이 Laplace 방정식이다. 따라서 ϕ와 함께 유선 함수 또한 Laplace 방정식을 만족한다.

식 (3.40)과 (3.46)으로부터 다음과 같은 분명하고도 중요한 결론에 이른다.

1. 어떠한 유동이든 비회전성이며 비압축성이면 Laplace 방정식을 만족하는 속도 퍼텐셜과 유선 함수(2차원 유동)를 모두 갖는다.
2. 역으로, Laplace 방정식의 해는 어느 해든지 비회전성이며 비압축성인 유동의 속도 퍼텐셜과 유선 함수(2차원 유동)를 나타낸다.

Laplace 방정식이 2차 선형 편미분 방정식임을 기억하라. *선형*이라는 것이 특히 중요한데, 선형 미분 방정식의 어느 특수 해들의 합 또한 그 방정식의 해이기 때문이다. 예를 들어 $\phi_1, \phi_2, \phi_3, \ldots \phi_n$이 식 (3.40)에 대한 n개의 개별적인 해라고 한다면, 그것들의 합

$$\phi = \phi_1 + \phi_2 + \cdots + \phi_n$$

또한 식 (3.40)의 해가 된다. 비회전성, 비압축성 유동은 Laplace 방정식의 지배를 받으며 Laplace 방정식은 선형이므로 비회전성, 비압축성 유동에 대한 복잡한 유동 형태는 많은 수의 비회전성, 비압축성인 기본 유동 요소들을 서로 더해 줌으로써 조합할 수 있다는 결론을 내릴 수 있다. 확실히 이것이 앞으로 남아 있는 비점성, 비압축성 유동에 대한 검토의 총괄적인 전략을 마련해 준다. 우리는 몇 개의 다른 기본적인 유동에 대한 유동장 해를 개발할 것인데, 이것은 그 자체로는 실생활에서 실제적인 유동처럼 보이지 않을지도 모른다. 그러나 이러한 기본적인 유동을 다른 방법으로 더하는(즉, 중첩시키는) 과정을 진행하여 그 결과로 얻어지는 유동장이 실제적인 문제에 적합하도록 할 것이다.

더 진행하기 전에 구, 원추 또는 비행기 날개 등 다른 공기역학적 형상 주위의 비회전성, 비압축성 유동장을 생각해 보자. 각각의 유동은 분명하게 서로 다를 것이다. 즉, 구 주위 유선과 압력 분포는 원추 주위 값들과 매우 다를 것이다. 그러나 이러한 다른 유동들은 모두 같은 방정식, 즉 $\nabla^2\phi = 0$이라는 식에 의해 지배받는다. 그러면 다른 물체에 대한 다른 유동을 어떻게 얻을 수 있는가? 그 답은 *경계 조건*에서 찾을 수 있다. 비록 다른 유동에 대한 지배 방정식은 같다 하더라도 그 방정식에 대한 경계 조건은 다른 기하학적인 형상을 확인해 주며, 따라서 다른 유동장의 해를 줄 수 있도록 되어야 하는 것이다. 그러므로 경계 조건들은 공기역학적 해석에서 매우 중요한 관심사다. 경계 조건의 본질에 대해 더 조사해 보자.

그림 3.18의 익형과 같이 정지해 있는 물체 주위의 외부 공기역학적 유동을 고려해 보자. 유동은 (1) 물체로부터 무한대 거리(이론적으로)에서 발생하는 자유 유동과 (2) 물체 자신의 표면에 의해 경계 지어진다. 그러므로 두 세트의 경계 조건이 다음과 같이 적용된다.

3.7.1 무한대 경계 조건 *Infinity Boundary Conditions*

물체로부터 모든 방향으로 매우 먼 곳(무한대에 근접한)에서는 유동은 균일한 자유 유동 조건에 접근한다. 그림 3.18과 같이 V_∞가 x 방향에 정렬되게 한다. 그러면 무한대에서는,

$$u = \frac{\partial \phi}{\partial x} = \frac{\partial \psi}{\partial y} = V_\infty \tag{3.47a}$$

$$v = \frac{\partial \phi}{\partial y} = \frac{\partial \psi}{\partial x} = 0 \tag{3.47b}$$

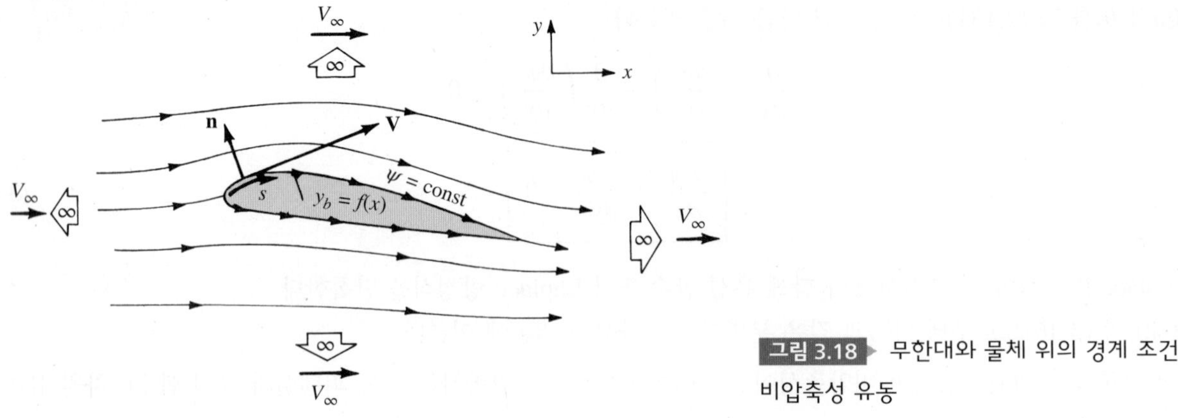

그림 3.18 ▶ 무한대와 물체 위의 경계 조건; 비압축성 유동

식 (3.47*a*와 *b*)가 *무한대에서의 속도에 대한 경계 조건*이다. 이는 그림 3.18에 표시된 것 같이 물체로부터 모든 방향, 즉 위와 아래 그리고 왼쪽과 오른쪽으로의 무한대 거리에 적용된다.

3.7.2 벽면 경계 조건 *Wall Boundary Conditions*

그림 3.18의 물체가 고체 표면을 가지고 있으면 유동이 표면을 관통하는 것은 불가능하다. 반면 유동이 점성이라면 유체와 고체 표면 사이의 마찰이 표면에서의 속도를 0으로 만든다. 이러한 점성 유동은 15~20장에서 검토한다. 그에 반해 비점성 유동에 대해서는 표면에서의 속도가 유한한 값을 가질 수 있는데, 유동이 표면을 관통할 수 없기 때문에 속도는 표면에 *접선*이 되어야 한다. 이러한 '벽면 접선(wall tangency)' 조건이 그림 3.18에 나타나 있으며, 여기서 **V**는 물체 표면에 접선 방향임을 보여준다. 만일 유동이 표면에 접선 방향이라면 속도의 표면에 대해 *법선* 방향의 성분은 0이 될 것이다. 그림 3.18에 보여준 것같이 **n**이 표면에 법선 방향인 단위 벡터라고 하자. 벽면 경계 조건은 다음과 같이 쓸 수 있다.

$$\mathbf{V} \cdot \mathbf{n} = (\nabla\phi) \cdot \mathbf{n} = 0 \tag{3.48a}$$

또는

$$\frac{\partial \phi}{\partial n} = 0 \tag{3.48b}$$

식 (3.48*a* 또는 *b*)는 벽면에서의 속도에 대한 경계 조건을 준다. 그리고 ϕ의 항으로 표시되어 있다. ϕ 대신 ψ로 나타내면, 벽면 경계 조건은

$$\frac{\partial \psi}{\partial s} = 0 \tag{3.48c}$$

여기서 s는 그림 3.18에 보인 것같이 물체 표면을 따라 측정된 거리이다. 물체 형상의 곡선이 유동의 유선임에 주목하라. 이것 또한 그림 3.18에 표시되어 있다. ψ = constant가 유선의 방정식임을 기억하라. 그러므로 만일 그림 3.18의 물체 모양을 $y_b = f(x)$로 나타내면 다음 식

$$\psi_{\text{surface}} = \psi_{y=y_b} = \text{const} \tag{3.48d}$$

은 식 (3.48*c*)에 의해 나타낸 경계 조건의 또 다른 표현이다.

만일 ϕ나 ψ를 사용하지 않고 속도 성분 u와 v 자체를 사용한다면, 식 (2.118)의 유선 방정식으로부터 벽면 경계 조건이 얻어지며, 물체의 표면에서 값을 구하면

$$\boxed{\frac{dy_b}{dx} = \left(\frac{v}{u}\right)_{\text{surface}}} \tag{3.48e}$$

식 (3.48*e*)는 단순히 물체 표면이 유동의 유선이라는 것을 기술하고 있다. 물체 표면에서 유동 접선 방향 조건에 대한 식 (3.48*e*)에서 주어진 수식 형태는 비압축성부터 극초음속까지 모든 비점성 유동에 사용되며, ϕ로 나타내든 ψ(또는

ψ)로 나타내든 문제의 구성 형식에 구애받지 않는다.

3.8 중간 요약 *Interim/summary*

이제까지의 논의를 돌아보면 비회전성, 비압축성 유동의 해에 대한 일반적인 접근 방법은 다음과 같이 요약될 수 있다.

1. ϕ[식 (3.40)] 또는 ψ[식 (3.46)]에 대한 Laplace 방정식의 해를 적절한 경계 조건[식 (3.47)과 (3.48) 같은]을 사용하여 구한다. 이러한 해들은 흔히 기본적인 해들의 합 형태로 되어 있다(다음 절에서 검토).
2. $V = \nabla\phi$ 또는 $u = \partial\psi/\partial y$와 $v = -\partial\psi/\partial x$로부터 유동 속도를 구한다.
3. $p + \frac{1}{2}\rho V^2 = p_\infty + \frac{1}{2}\rho V_\infty^2$인 Bernoulli 방정식으로부터 압력을 구한다. 여기서 p_∞와 V_∞는 자유 유동 조건에서 아는 값이다.

비압축성 유동에 대하여 $\mathbf{V}$와 p는 기본이 되는 종속변수이므로, 유동이 비압축성이며 비회전성이기만 하면 1~3단계가 주어진 문제의 해를 구하기 위해 필요한 전부다.

3.9 균일 유동: 첫 번째 기본 유동 *Uniform Flow: Our First Elementary Flow*

이 절에서는 보다 복잡한 비압축성 유동을 조합하기 위하여 중첩될 일련의 기본적인 비압축성 유동을 제시한다. 이 장의 나머지 부분과 4장에서는 2차원 정상 유동을 취급하며, 3차원 정상 유동은 5장과 6장에서 다룬다.

그림 3.19에 나와 있는 속도 V_∞가 x의 양의 방향으로 향해진 균일 유동을 고려하자. 균일 유동이 물리적으로 가능한 비압축성 유동(즉, $\nabla \cdot \mathbf{V} = 0$을 만족함)이라는 것과 비회전성 유동(즉, $\nabla \times \mathbf{V} = 0$을 만족함)이라는 것은 쉽게 보여질 수 있다(연습문제 3.8 참조). 그러므로 $\nabla\phi = \mathbf{V}$를 만족하는 속도 퍼텐셜을 얻을 수 있다. 그림 3.19를 검토하면서 식 (2.156)을 되돌아보면 다음 식을 얻는다.

$$\frac{\partial\phi}{\partial x} = u = V_\infty \tag{3.49a}$$

그리고

$$\frac{\partial\phi}{\partial y} = v = 0 \tag{3.49b}$$

식 (3.49*a*)를 x에 대하여 적분하면 다음 식을 얻는다.

$$\phi = V_\infty x + f(y) \tag{3.50}$$

여기서 $f(y)$는 y만의 함수이다. 식 (3.49*b*)를 y에 대하여 적분하면 다음 식을 얻는다.

$$\phi = \text{const} + g(x) \tag{3.51}$$

여기서 $g(x)$는 x만의 함수이다. 식 (3.50)과 (3.51)에서 ϕ는 같은 함수이다. 그러므로 이 식을 비교하면 $g(x)$는 $V_\infty x$가 되고 $f(y)$는 상수가 되어야 한다. 그러므로

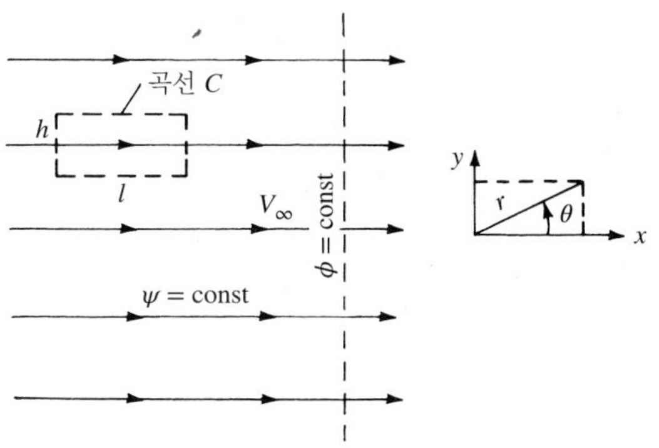

그림 3.19 균일 유동

$$\phi = V_\infty x + \text{const} \tag{3.52}$$

실제의 공기역학적 문제에서 ϕ의 실제 값은 중요하지 않으며, ϕ는 항상 $\nabla\phi = \mathbf{V}$같이 미분에 의해 속도를 얻는 데 사용된다는 것에 유의하라. 상수의 미분값은 0이므로 식 (3.52)에서 아무 문제 없이 상수를 제거할 수 있다. 그러므로 식 (3.52)는 다음과 같이 쓸 수 있다.

$$\boxed{\phi = V_\infty x} \tag{3.53}$$

식 (3.53)은 양의 x 방향을 향한 속도 V_∞인 균일 유동에 대한 속도 퍼텐셜이다. 식 (3.53)의 유도과정이 비압축성 가정에 종속되지 않았음에 유의하라. 즉, 이 식은 압축성이든 비압축성이든 관계없이 어떠한 균일 유동에도 적용될 수 있다.

비압축성 유선 함수 ψ를 고려해 보자. 그림 3.19와 식 (2.150 a와 b)로부터 다음 식을 얻는다.

$$\frac{\partial\psi}{\partial y} = u = V_\infty \tag{3.54a}$$

그리고

$$\frac{\partial\psi}{\partial x} = -v = 0 \tag{3.54b}$$

식 (3.54a)를 y에 대하여, 그리고 식 (3.54b)를 x에 대하여 적분한 후 그 결과를 비교하면 다음 식을 얻는다.

$$\boxed{\psi = V_\infty y} \tag{3.55}$$

식 (3.55)는 양의 x 방향으로 정렬된 비압축성 균일 유동에 대한 유선 함수이다.

2.14절부터 유선 방정식은 ψ = constant라고 주어졌다. 그러므로 식 (3.55)로부터 균일 유동에 대한 유선은 $\psi = V_\infty y$ = constant다. V_∞는 그 자신이 일정하기 때문에 유선들은 수학적으로 y = constant(즉, y가 일정한 선들)로 주어진다. 이 결과는 그림 3.19에 유선들을 수평한 선들(즉, y가 일정한 선들)로 나타낸 것과 일치한다. 또한 식 (3.53)으로부터 x가 일정한 선이 등퍼텐셜선이라는 것에 유의하라. 이것은 그림 3.19에 점선으로 표시되어 있다. 2.16절에서 검토한 것과 일관되게 ϕ = constant인 선과 ψ = constant인 선이 서로 수직한 것에 유의하자.

식 (3.53)과 (3.55)는 극좌표계로 나타낼 수 있는데, 그림 3.19에 나온 것같이 $x = r\cos\theta$이며 $y = r\sin\theta$이다. 따라서

$$\boxed{\phi = V_\infty r\cos\theta} \tag{3.56}$$

그리고

$$\boxed{\psi = V_\infty r\sin\theta} \tag{3.57}$$

균일 유동 내에서의 순환을 고려하자. 순환에 대한 정의는 다음과 같이 주어졌다.

$$\Gamma \equiv -\oint_C \mathbf{V}\cdot\mathbf{ds} \tag{2.136}$$

식 (2.136)의 폐곡선이 그림 3.19의 왼쪽에 나와 있는 사각형이라고 하자. 그리고 여기서 h와 l은 각각 사각형의 수직한 면과 수평한 면의 길이이다. 그러면

$$\oint_C \mathbf{V}\cdot\mathbf{ds} = -V_\infty l - 0(h) + V_\infty l + 0(h) = 0$$

또는

$$\Gamma = 0 \tag{3.58}$$

식 (3.58)은 균일 유동 내 임의의 폐곡선에 대해 참(true)이다. 이것을 보이기 위하여 $\mathbf{V}_\infty$가 크기와 방향이 다 일정하다는 것을 인지하면,

$$\Gamma = -\oint_C \mathbf{V} \cdot \mathbf{ds} = -\mathbf{V}_\infty \cdot \oint_C \mathbf{ds} = \mathbf{V}_\infty \cdot 0 = 0$$

왜냐하면 폐곡선 주위에 대한 **ds**의 적분은 0이기 때문이다. 그러므로 식 (3.58)로부터 "*균일 유동 내 임의의 폐곡선 주위에 대한 순환은 0이다*"라고 말할 수 있다.

위 결과는 식 (2.137)과 일치하며, 이 식은 다음과 같다.

$$\Gamma = -\iint_S (\nabla \times \mathbf{V}) \cdot \mathbf{dS} \tag{2.137}$$

우리는 앞에서 균일 유동은 비회전성이라고 기술하였다. 즉, 모든 곳에서 $\nabla \times \mathbf{V} = 0$이다. 그러므로 식 (2.137)은 $\Gamma = 0$을 주게 된다.

식 (3.53)과 (3.55)는 Laplace 방정식을 만족하는 것에 유의하라[식 (3.41) 참조]. 이것은 간단한 대입으로 쉽게 증명될 수 있다. 그러므로 균일 유동은 보다 복잡한 유동을 구성하는 데 사용될 수 있는 가용한 기본 유동이다.

3.10 용출 유동: 두 번째 기본 유동 *Source Flow: Our Second Elementary Flow*

그림 3.20과 같이 모든 유선들이 원점 O에서 나온 직선으로 되어 있는 2차원 비압축성 유동을 고려해 보자. 이에 덧붙여 각각의 유선상의 속도가 점 O으로부터의 거리에 반비례하여 변하도록 한다. 이러한 유동을 *용출 유동*(source flow)이라고 부른다. 그림 3.20을 검사해 보면 반경 방향과 접선 방향의 속도는 각각 V_r과 V_θ이며, 여기서 $V_\theta = 0$인 것을 알 수 있다. 그림 3.20에 사용된 좌표계는 원통형 좌표계이며, z축은 종이면(page)에 수직한 방향이다(극 좌표계는 r과 θ가 z = constant인 하나의 평면에 제한되어 있는 원통형 좌표계인 것에 유의하라). (1) 용출 유동이 원점에서는 $\nabla \cdot \mathbf{V}$가 무한대가 되므로 원점을 *제외한* 모든 점에서 물리적으로 가능한 비압축성 유동, 즉 $\nabla \cdot \mathbf{V} = 0$이라는 것과 (2) 용출 유동은 모든 점에서 *비회전성*이라는 것을 증명하는 것은 쉽다(연습문제 3.9 참조).

용출 유동에서 유선은 원점으로부터 *멀어지는* 방향으로 향해 있으며, 이것이 그림 3.20의 왼쪽에 나와 있다. 그 반대의 유동이 *용입 유동*(sink flow)이며, 정의에 의해 유선들이 원점을 *향한* 방향으로 정렬되어 있고 그림 3.20의 오른쪽에 나와 있다. 용입 유동에서도 역시 유선들은 공통의 원점으로부터 나온 반경 방향의 선이며, 속도는 점 O로부터의 거리에 반비례한다. 사실 용입 유동은 단순한 음의 용출 유동이다.

그림 3.20의 유동들은 또 다른 어느 정도 철학적인 해석을 가지고 있다. 점 O인 원점을 *불연속적 용출*이나 용입으로 생각하자. 또한 원점 주위의 반경 방향 유동을 단순히 원점에 있는 용출이나 용입에 의해 *유도되었다고* 해석하자(전기가 흐르는 전선 주위 공간에 자장이 유도되는 것과 매우 흡사함). 용출 유동의 원점에서는 값이 무한대이므로 원점을 제외한 모든 점에서 $\nabla \cdot \mathbf{V} = 0$인 것을 기억하라. 그러므로 원점은 *특이점*이며, 이 특이점을 주어진 강도의 불연속적인 용출과 용입 그리고 이에 연관된 그 점 주위에 유도된 유동으로 해석할 수 있다. 이 해석은 매우 편리하며 자주 사용된다. 더블릿과 와류 같은 다른 형태의 특이점들은 다음 절에서 소개한다. 확실히 임의의 물체 주위에 대한 비회

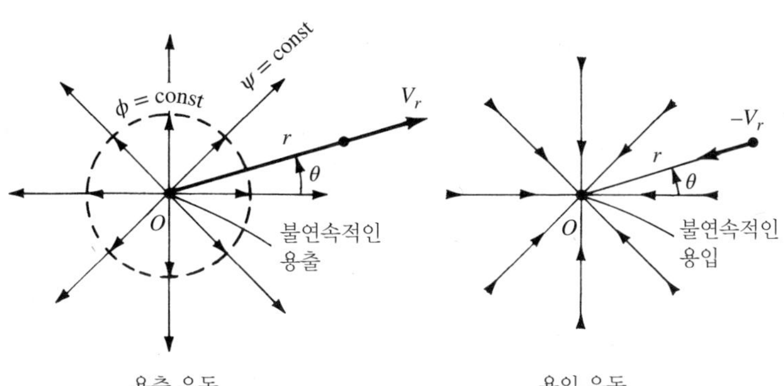

그림 3.20 용출과 용입 유동

전성, 비압축성 유동은 그 물체 표면에 특이점을 적절하게 분포시켜 유도된 유동으로 나타낼 수 있다. 이 개념이 익형과 공기역학적 형상 주위의 비압축성 유동에 대한 많은 이론적 해의 기초가 되고, 이러한 유동의 해를 위한 현대 수치 해법의 중심이 되고 있다. 4~6장을 공부하면 비압축성 유동의 해를 얻기 위해 사용되는 분포된 특이점의 개념에 대해 더 많이 이해하게 될 것이다. 그러나 이 단계에서는 불연속적 용출(또는 용입)을 단순히 그림 3.20에 나온 것같이 유동을 유도하는 특이점으로 간주하자.

용출이나 용입에 의해 유도되는 속도장을 보다 자세히 관찰해 보자. 정의에 의해 속도는 반경 방향의 거리 r에 반비례한다. 앞에서 언급한 것같이 속도의 변화는 $\nabla \cdot \mathbf{V} = 0$이므로 물리적으로 가능한 유동이다. 더욱이 그것이 그림 3.20에 나온 반경 방향 유동에 대해 $\nabla \cdot \mathbf{V} = 0$을 만족하는 *유일한* 속도 변화이다. 그러므로,

$$\mathbf{V}_r = \frac{c}{r} \tag{3.59a}$$

그리고

$$\mathbf{V}_\theta = 0 \tag{3.59b}$$

여기서 c는 상수이다. 상수의 값은 다음과 같이 용출로부터 흘러나오는 부피와 연관된다. 그림 3.20에서 종이면(page)에 수직한 길이 l, 즉 z축을 따른 길이 l의 깊이를 생각하라. 이것이 3차원 개념으로 그림 3.21에 나타나 있다. 그림 3.21에서 z축을 따라 분포된 용출선 전체를 볼 수 있는데, 원점 O에 있는 용출은 단지 한 부분이다. 그러므로 2차원 유동에서 그림 3.20에 그려져 있는 불연속적 용출은 그림 3.21에 보인 선 용출의 한 점일 뿐이다. 그림 3.20에 보인 2차원 유동은 z축에 수직한 어떤 평면, 즉 z = constant로 주어진 어떤 평면에서나 다 같은 값을 갖는다. 그림 3.21에 보인 반경 r과 높이 l의 실린더 표면을 지나가는 질량 유량을 고려하자. 그림 3.21에 보인 표면 요소 **dS**를 통하여 흘러가는 요소 질량 유량은 $\rho\mathbf{V} \cdot \mathbf{dS} = \rho V_r(r\, d\theta)(l)$이다. 그러므로 V_r이 같은 반경 r에 대한 어떤 θ 위치에 대하여 같은 값을 갖는다는 것을 알면, 실린더 전 표면을 통한 질량 유량은,

$$\dot{m} = \int_0^{2\pi} \rho V_r(r\, d\theta)l = \rho r l V_r \int_0^{2\pi} d\theta = 2\pi r l \rho V_r \tag{3.60}$$

ρ는 단위 부피당 질량으로 $\dot{m}$는 단위 시간당 질량으로 정의되어 있으므로, $\dot{m}/\rho$는 단위 시간당 부피 유동이다. 이 부피 유동을 $\dot{v}$라고 표시하자. 그러면 식 (3.60)은 다음과 같이 된다.

$$\dot{v} = \frac{\dot{m}}{\rho} = 2\pi r l V_r \tag{3.61}$$

또한 실린더 축을 따른 단위 길이당 부피 유동은 $\dot{v}/l$이 된다. 이 단위 길이(그림 3.20의 종이면에 수직한 단위 깊이와 같다)당 부피 유동을 Λ라고 표시하자. 그러면 식 (3.61)로부터 다음 식을 얻는다.

$$\Lambda = \frac{\dot{v}}{l} = 2\pi r V_r$$

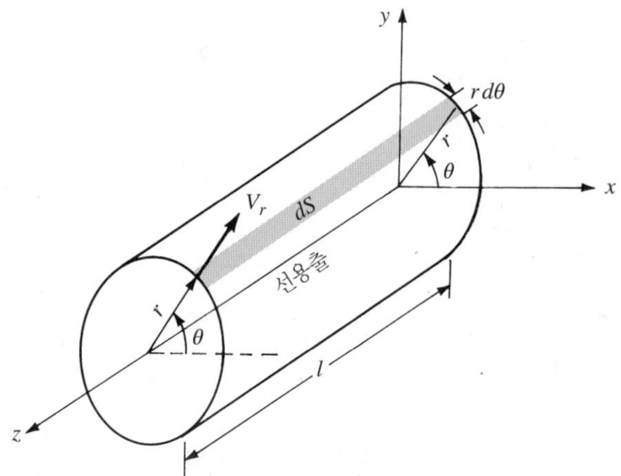

그림 3.21 선 용출로부터의 부피 유동률

또는

$$\boxed{V_r = \frac{\Lambda}{2\pi r}} \tag{3.62}$$

그러므로 식 (3.59*a*)와 (3.62)를 비교하면 식 (3.59*a*)의 상수는 $c = \Lambda/2\pi$인 것을 알 수 있다. 식 (3.62)에서 Λ는 *용출의 강도*를 나타내며, 물리적으로는 그림 3.20의 종이면에 수직한 방향으로의 단위 깊이당 용출로부터 흘러나오는 부피 유동을 뜻한다. 일반적으로 Λ의 단위는 m^2/s 또는 ft^2/s이다. 식 (3.62)에서 양수의 Λ 값은 용출을 나타내고, 반대로 음수의 값은 용입을 나타낸다.

용출에 대한 속도 퍼텐셜은 다음과 같이 얻을 수 있다. 식 (2.157), (3.59*b*), (3.62)로부터

$$\frac{\partial \phi}{\partial r} = V_r = \frac{\Lambda}{2\pi r} \tag{3.63}$$

그리고

$$\frac{1}{r}\frac{\partial \phi}{\partial \theta} = V_\theta = 0 \tag{3.64}$$

식 (3.63)을 r에 대하여 적분하면 다음 식을 얻는다.

$$\phi = \frac{\Lambda}{2\pi} \ln r + f(\theta) \tag{3.65}$$

식 (3.64)를 θ에 대하여 적분하면 다음 식을 얻는다.

$$\phi = \text{const} + f(r) \tag{3.66}$$

식 (3.65)와 (3.66)을 비교하면 $f(r) = (\Lambda/2\pi)\ \ln r$인 것과 $f(\theta) = \text{constant}$인 것을 알 수 있다. 3.9절에서 설명한 것과 같이 상수는 물리적 중요도를 잃지 않고도 생략할 수 있으므로 식 (3.65)는 다음과 같이 된다.

$$\boxed{\phi = \frac{\Lambda}{2\pi} \ln r} \tag{3.67}$$

식 (3.67)은 2차원 용출 유동에 대한 속도 퍼텐셜이다.

유선 함수는 다음과 같이 얻을 수 있다. 식 (2.151*a*와 *b*), (3.59*b*), (3.62)로부터

$$\frac{1}{r}\frac{\partial \psi}{\partial \theta} = V_r = \frac{\Lambda}{2\pi r} \tag{3.68}$$

그리고

$$-\frac{\partial \psi}{\partial r} = V_\theta = 0 \tag{3.69}$$

식 (3.68)을 θ 방향으로 적분하여

$$\psi = \frac{\Lambda}{2\pi}\theta + f(r) \tag{3.70}$$

식 (3.69)를 r 방향으로 적분하여

$$\psi = \text{const} + f(\theta) \tag{3.71}$$

식 (3.70)과 (3.71)을 비교하고 상수를 제거하면 다음 식을 얻는다.

$$\boxed{\psi = \frac{\Lambda}{2\pi}\theta} \tag{3.72}$$

식 (3.72)가 2차원 용출 유동에 대한 유선 함수이다.

유선 방정식은 식 (3.72)를 상수로 놓아 얻을 수 있다.

$$\psi = \frac{\Lambda}{2\pi}\theta = \text{const} \tag{3.73}$$

식 (3.73)으로부터 극좌표의 θ = constant는 원점으로부터 나오는 직선임을 알 수 있다. 그러므로 식 (3.73)은 그림 3.20의 용출 유동의 그림 개념과 일치한다. 더욱이 식 (3.67)은 r = constant인 곳의 등퍼텐셜선을 나타내며, 그림 3.20에서 점선으로 표시된 것과 같은 원점 중심의 원을 나타낸다. 다시 한번 유선과 등퍼텐셜선이 서로 수직한 것을 알 수 있다.

용출 유동에 대한 순환을 계산하기 위해서는 모든 곳에서 $\nabla \times \mathbf{V} = 0$인 것을 기억하자. 식 (2.137)로부터 유동장 내 임의의 폐곡선 C에 대하여,

$$\Gamma = -\iint_S (\nabla \times \mathbf{V}) \cdot \mathbf{dS} = 0$$

그러므로 3.9절에서 검토한 균일 유동의 경우와 같이 용출 유동에 관련되어서도 순환은 없다.

식 (3.67)과 (3.72)가 Laplace 방정식을 만족시키는 것을 보이는 것은 어렵지 않은데, 단순히 원통형 좌표계로 나타낸 항들을 $\nabla^2\phi = 0$과 $\nabla^2\psi = 0$ 식에 대입하면 된다[식 (3.42) 참조]. 그러므로 용출 유동은 보다 복잡한 유동을 조합하는 데 쓰기 위한 유용한 기본 유동이다.

3.11 균일 유동의 용출과 용입 조합 *Combination of a Uniform Flow with a Source and Sink*

원점에 강도 Λ의 용출 하나가 있는 극좌표계를 고려하자. 그림 3.22에 나타낸 것과 같이 이 유동에 왼쪽에서 오른쪽으로 움직이는 속도 V_∞의 균일 유동을 중첩시킨다. 그 결과로 생성된 유동에 대한 유선 함수는 식 (3.57)과 (3.72)의 합이다.

$$\psi = V_\infty r \sin\theta + \frac{\Lambda}{2\pi}\theta \tag{3.74}$$

식 (3.57)과 (3.72)가 Laplace 방정식의 해이므로 식 (3.74) 또한 Laplace 방정식을 만족하는 것을 알 수 있다. 다시 말해 식 (3.74)는 실용적인 비회전성, 비압축성 유동을 기술한다. 그 중첩 유동은 다음과 같이 식 (3.74)로부터 얻는다.

$$\psi = V_\infty r \sin\theta + \frac{\Lambda}{2\pi}\theta = \text{const} \tag{3.75}$$

식 (3.75)의 결과로 얻은 유선 형태는 그림 3.22의 오른쪽에 있다. 용출은 점 D에 위치한다. 속도장은 식 (3.75)를 미분함으로써 얻어진다.

$$V_r = \frac{1}{r}\frac{\partial\psi}{\partial\theta} = V_\infty \cos\theta + \frac{\Lambda}{2\pi r} \tag{3.76}$$

그리고

$$V_\theta = -\frac{\partial\psi}{\partial r} = -V_\infty \sin\theta \tag{3.77}$$

3.10절로부터 용출에 의한 반경 방향 속도는 $\Lambda/2\pi r$인 것과, 3.9절로부터 자유 유동의 반경 방향 성분이 $V_\infty \cos\theta$인 것을 기억하라. 그러므로 식 (3.76)은 단순히 두 속도장의 합이며, 그 결과는 Laplace 방정식이 본질적으로 선형인 것

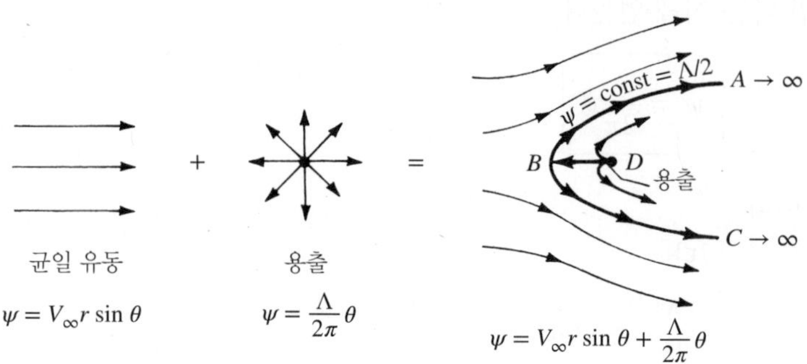

그림 3.22 균일 유동과 용출의 중첩; 반무한대 물체 주위의 유동

에 부합된다. 그러므로 보다 복잡한 해를 구하기 위하여 ϕ나 ψ 값을 더할 수 있을 뿐 아니라 그들의 미분값들, 즉 속도들도 같은 방법으로 더해 얻을 수 있다.

유동 내에서 정체점은 식 (3.76)과 (3.77)을 0으로 정하여 구할 수 있다.

$$V_\infty \cos\theta + \frac{\Lambda}{2\pi r} = 0 \tag{3.78}$$

그리고

$$V_\infty \sin\theta = 0 \tag{3.79}$$

r과 θ에 대하여 해를 구하면 $(r, \theta) = (\Lambda/2\pi V_\infty, \pi)$에 위치한 하나의 정체점이 존재하는 것을 알 수 있고, 이 점은 그림 3.22에 점 B로 표시되어 있다. 다시 말하면 정체점은 용출 바로 상류의 거리$(\Lambda/2\pi V_\infty)$인 곳에 있다. 이 결과를 통해 보면 분명하게 거리 DB는 V_∞가 증가하면 작아지고 Λ가 증가하면 커지는데, 직관에 의해 판단해 보아도 올바른 경향이 다. 예를 들어 그림 3.22를 보면, 용출의 강도가 증가하고 V_∞를 같게 유지하면 정체점 B는 더 상류 쪽으로 밀릴 것이다. 반대로 V_∞를 증가시키고 용출의 강도를 같게 하면 정체점의 위치는 더 하류 쪽으로 밀릴 것이다.

점 B의 좌표를 식 (3.75)에 대입하면 다음 식을 얻을 수 있다.

$$\psi = V_\infty \frac{\Lambda}{2\pi V_\infty} \sin\pi + \frac{\Lambda}{2\pi}\pi = \text{const}$$

$$\psi = \frac{\Lambda}{2} = \text{const}$$

그러므로 정체점을 통과하는 유선은 $\psi = \Lambda/2$로 표시할 수 있다. 이 유선은 그림 3.22에 곡선 ABC로 나타나 있다.

그림 3.22를 조사해 보면 중요한 결론에 이를 수 있다. 우리는 비점성 유동을 취급하고 있으며 고체 표면에서의 속도는 그 물체에 평행하므로 그림 3.22의 오른쪽에 있는 중첩된 유동의 *어떤* 유선도 같은 모양의 고체 표면으로 대치시킬 수 있다. 특별히 유선 ABC를 생각해 보자. 그것이 정체점 B를 포함하고 있으므로 유선 ABC는 *분리* 유선(dividing streamline)이다. 즉, 그것이 자유 유동으로부터 오는 유체와 용출로부터 방사되어 나오는 유체를 분리시킨다. ABC 선 밖의 모든 유체는 자유 유동에서 온 것이며, ABC 선 안의 모든 유체는 용출로부터 온 것이다. 그러므로 자유 유동 관점에서는 ABC 선 내부의 모든 지역이 같은 모양의 고체로 바뀐다 하더라도 외부 유동, 즉 자유 유동으로부터 온 유동은 아무런 차이를 느끼지 못할 것이다. 유선 $\psi = \Lambda/2$는 하류 쪽으로 무한대까지 연결되어 반무한대 물체를 형성한다. 그러므로 우리는 다음의 중요한 사항을 알게 된다. 만일 그림 3.22에 나타낸 곡선 ABC로 표시되는 반무한대 물체 주위의 유동을 형성하고 싶다면, 속도 V_∞의 균일 유동에 강도 Λ의 용출을 점 D에 더하기만 하면 된다. 그 결과의 중첩은 미리 정해진 고체 반무한대 물체인 형상 ABC 주위의 유동을 나타내게 될 것이다. 이것이 알고 싶은 물체 주위의 보다 복잡한 유동을 얻기 위하여 기본적인 유동을 더하는 것의 실용성을 설명해 줄 것이다.

그림 3.22에 나타낸 중첩의 결과는 반무한대 물체 ABC 주위의 유동이다. 이것은 하류 쪽으로 무한대까지 뻗어 있는 반물체이다(즉, 물체가 닫혀 있지 않다). 그러나 용출과 같은 강도의 용입을 점 D의 하류에 더해 주면 그 결과의 물체 형상은 닫히게 된다. 이러한 유동을 보다 자세히 조사하자.

그림 3.23에 나타낸 것과 같이 원점의 왼쪽과 오른쪽에 각각 거리 b만큼 떨어진 곳에 용출과 용입을 위치시킨 극좌표계를 고려해 보자. 용출과 용입의 강도는 각각 Λ와 $-\Lambda$이다(크기는 같고 부호는 반대). 그에 더하여 그림 3.23에 보인 것같이 속도 V_∞의 균일 유동을 중첩시킨다. 임의의 점 P에서 좌표계 (r, θ)로 나타낸 중첩된 유동에 대한 유선 함수는 식 (3.57)과 (3.72)로부터 얻는다.

$$\psi = V_\infty r \sin\theta + \frac{\Lambda}{2\pi}\theta_1 - \frac{\Lambda}{2\pi}\theta_2$$

또는

$$\psi = V_\infty r \sin\theta + \frac{\Lambda}{2\pi}(\theta_1 - \theta_2) \tag{3.80}$$

속도장은 식 (2.151a와 b)에 따라 식 (3.80)을 미분하여 얻어진다. 그림 3.23의 도형으로부터 식 (3.80)의 θ_1과 θ_2는 r, θ, b의 함수임에 유의하라. 또한 $V = 0$으로 놓음으로써 2개의 정체점을 발견할 수 있는데, 그림 3.23의 점 A와 B다.

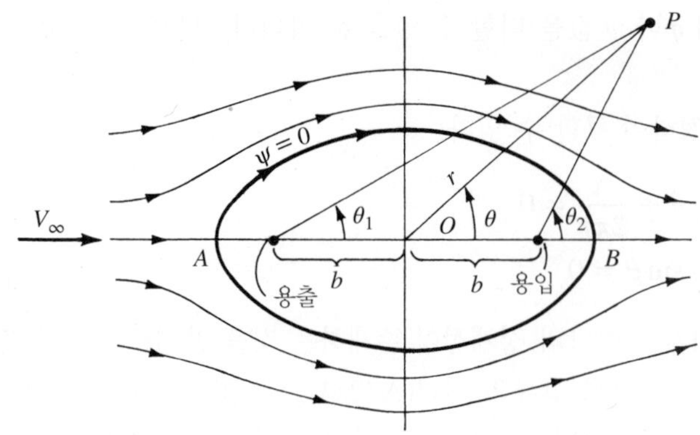

그림 3.23 균일 유동과 용출-용입 쌍의 중첩: Rankine oval 주위의 유동

이 정체점은 다음과 같은 위치에 있다(연습문제 3.13 참조).

$$OA = OB = \sqrt{b^2 + \frac{\Lambda b}{\pi V_\infty}} \tag{3.81}$$

유선 방정식은 식 (3.80)에 의해 주어지며 다음과 같다.

$$\psi = V_\infty r \sin\theta + \frac{\Lambda}{2\pi}(\theta_1 - \theta_2) = \text{const} \tag{3.82}$$

정체점을 통과하는 특별한 유선 방정식은 점 A에서는 $\theta = \theta_1 = \theta_2 = \pi$인 것과 점 B에서는 $\theta = \theta_1 = \theta_2 = 0$인 것을 적용하여 식 (3.82)로부터 얻어진다. 그러므로 정체점 유선에 대하여 상수는 식 (3.82)로부터 0을 얻게 된다. 따라서 정체점 유선은 $\psi = 0$으로 나타나며, 그것은

$$V_\infty r \sin\theta + \frac{\Lambda}{2\pi}(\theta_1 - \theta_2) = 0 \tag{3.83}$$

이 식은 그림 3.23에 나타낸 oval 방정식이다. 식 (3.83)은 또한 분리 유선이다. 즉, 용출로부터 나온 모든 유동은 용입에 의해 소모되고 모두 oval 내부에 포함되며, 반대로 oval 외부에 있는 유동은 자유 유동으로부터 유래한 것뿐이다. 그러므로 그림 3.23에서 oval 내부 지역은 $\psi = 0$으로 형상이 주어진 고체 물체로 대신할 수 있고, oval 외부 지역은 고체 물체 주위의 비점성, 퍼텐셜(비회전성), 비압축성 유동으로 해석할 수 있다. 이 문제는 유명한 스코틀랜드 공학자인 W.J.M. Rankine에 의해 19세기에 처음 해를 얻었다. 따라서 식 (3.83)에 의해 정의되고 그림 3.23에 나온 형상을 *Rankine oval*이라고 부른다.

3.12 더블릿 유동: 세 번째 기본 유동 *Doublet Flow: Our Third Elementary Flow*

용출과 용입 쌍이 변해서 된 *더블릿*(doublet)이라고 부르는 특이점으로 유도하는 특별한 경우가 있다. 더블릿은 비압축성 유동 이론에 흔히 사용된다. 이 절의 목적은 그 특성을 설명하는 것이다.

그림 3.24*a*에 나온 것같이 강도 Λ인 용출과 같은 크기의 강도(그러나 반대의) $-\Lambda$의 용입이 거리 l만큼 떨어져 있다고 고려하자. 유동 내 임의의 점 P에서 유선 함수는,

$$\psi = \frac{\Lambda}{2\pi}(\theta_1 - \theta_2) = -\frac{\Lambda}{2\pi}\Delta\theta \tag{3.84}$$

여기서 그림 3.24*a*에 나온 것같이 $\Delta\theta = \theta_2 - \theta_1$이다. 식 (3.84)는 거리 l만큼 떨어져 있는 용출-용입 쌍에 대한 유선 함수이다.

이제 그림 3.24*a*에서 용출과 용입의 절대값이 증가하여 곱 $l\Lambda$의 값이 일정하도록 유지하면서 거리 l의 값을 0으로 접근시키자. 이 극한적인 과정이 그림 3.24에 나와 있다. 극한에서 $l \to 0$이 되면서 $l\Lambda$가 일정하게 될 때 *더블릿*(doublet)이라고 정의된 특별한 유동 형상을 얻는다. 더블릿의 *강도*는 κ라고 표시하며 $\kappa \equiv l\Lambda$로 정의된다. 더블릿의 유선

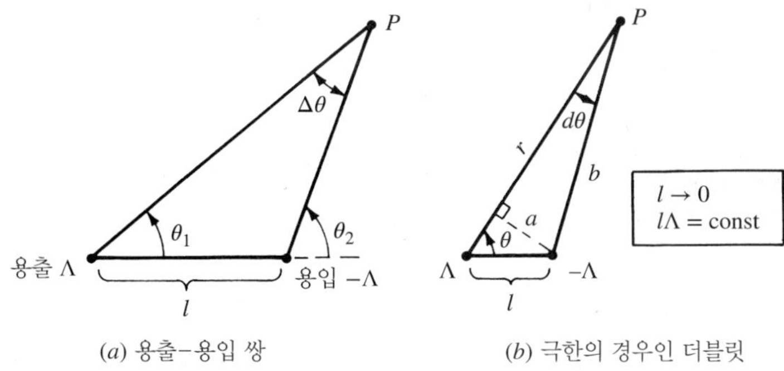

(a) 용출−용입 쌍
(b) 극한의 경우인 더블릿

그림 3.24 용출과 용입의 쌍이 극한의 경우에 더블릿으로 접근하는 방법

함수는 식 (3.84)로부터 다음과 같이 얻어진다.

$$\psi = \lim_{\substack{l\to 0 \\ \kappa = l\Lambda = \text{const}}} \left(-\frac{\Lambda}{2\pi}d\theta\right) \tag{3.85}$$

여기서 극한의 경우에는 $\theta \to d\theta \to 0$이 된다(극한의 경우 용출의 강도 Λ가 무한대의 값이 되는 것에 주의하라). 그림 3.24b에서 r과 b를 각각 용출과 용입으로부터 점 P까지의 거리라고 하자. 용입으로부터 r에 수직인 선을, 그리고 그 거리를 a라고 하자. 무한히 작은 $d\theta$에 대하여 그림 3.24의 도형은 다음 식을 알려준다.

$$a = l\sin\theta$$

$$b = r - l\cos\theta$$

$$d\theta = \frac{a}{b}$$

그러므로

$$d\theta = \frac{a}{b} = \frac{l\sin\theta}{r - l\cos\theta} \tag{3.86}$$

식 (3.86)을 식 (3.85)에 대입하면 다음을 얻는다.

$$\psi = \lim_{\substack{l\to 0 \\ \kappa = \text{const}}} \left(-\frac{\Lambda}{2\pi}\frac{l\sin\theta}{r - l\cos\theta}\right)$$

또는

$$\psi = \lim_{\substack{l\to 0 \\ \kappa = \text{const}}} \left(-\frac{\kappa}{2\pi}\frac{\sin\theta}{r - l\cos\theta}\right)$$

또는

$$\boxed{\psi = -\frac{\kappa}{2\pi}\frac{\sin\theta}{r}} \tag{3.87}$$

식 (3.87)이 더블릿의 유선 함수이다. 비슷한 방법으로 더블릿의 속도 퍼텐셜을 구할 수 있다(연습문제 3.14 참조).

$$\boxed{\phi = \frac{\kappa}{2\pi}\frac{\cos\theta}{r}} \tag{3.88}$$

더블릿의 유선은 식 (3.87)로부터 얻어진다.

$$\psi = -\frac{\kappa}{2\pi}\frac{\sin\theta}{r} = \text{const} = c$$

또는

$$r = -\frac{\kappa}{2\pi c}\sin\theta \tag{3.89}$$

식 (3.89)가 더블릿 유동의 유선을 나타낸다. 해석 기하학에서 극좌표로 나타낸 다음 식

$$r = d\sin\theta \tag{3.90}$$

이 수직축에 있으며 중심이 원점 바로 위 $d/2$에 있는 직경 d의 원인 것을 기억하자. 식 (3.89)와 (3.90)을 비교하면 더블릿의 유선은 그림 3.25에 나온 것같이 직경 $\kappa/2\pi c$의 여러 개의 원으로 이루어진 것을 알게 된다. 서로 다른 원은 서

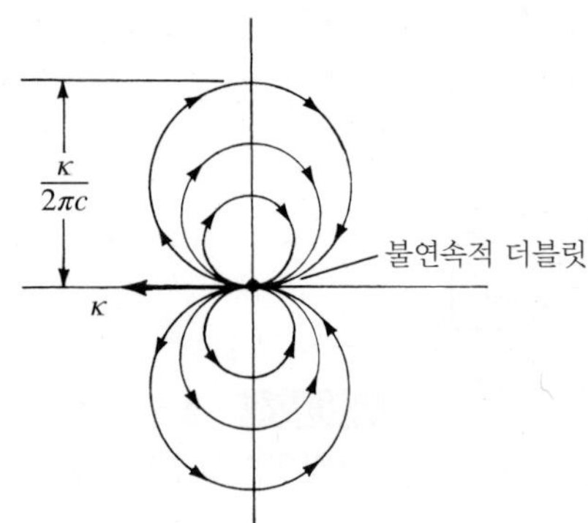

그림 3.25 ▸ 강도 κ의 더블릿 흐름

로 다른 값의 계수 c에 해당한다. 그림 3.24에서 용출을 용입의 왼쪽에 둔 것을 기억하자. 그러므로 그림 3.25에서 유동의 방향은 원점에서 나와서 왼쪽으로 가며, 오른쪽에서 다시 원점으로 들어간다. 그림 3.24에서 용입을 용출의 왼쪽에 둘 수도 있다. 이 경우에는 식 (3.87)과 (3.88)의 부호가 반대로 되며 그림 3.25의 유동은 반대 방향이 될 것이다. 그러므로 더블릿은 방향의 감각과 연결되어 있는데, 그 방향은 원형의 유선을 따라 움직이는 방향이다. 규약에 따라 더블릿의 방향을 용입에서 용출로 향하는 화살표 방향으로 정하며, 이는 그림 3.25에 나와 있다. 그림 3.25에는 화살표가 왼쪽을 향하고 있는데, 이것은 식 (3.87)과 (3.88)에 부합한다. 만일 화살표가 오른쪽을 향해야 한다면 회전하는 방향은 반대가 되어야 하며, 식 (3.87)은 양의 기호를 그리고 식 (3.88)은 음의 기호를 가져야 할 것이다.

그림 3.24로 돌아가서, $l \to 0$이 되는 극한의 경우에는 용출과 용입이 서로 겹침에 주목하라. 그러나 2개를 서로 소멸시키지 말자. 왜냐하면 극한의 경우에 강도가 무한대의 크기가 되어 특이점의 강도가 $(\infty - \infty)$가 되기 때문이다. 이것은 유한한 값을 가질 수 있는 부정의 형태(indeterminate form)이다.

용출과 용입의 경우와 같이 그림 3.25에 있는 더블릿의 유동을 원점에 있는 강도 κ의 불연속적 더블릿에 의해 *유도된* 것으로 간주하는 것이 유용하다. 그러므로 더블릿은 그림 3.25에 있는 이중으로 구성된 원형의 유동 형상을 유도하는 특이점이다.

3.13 원형 실린더 주위의 비양력 유동 *Nonlifting Flow over a Circular Cylinder*

그림 3.4에 주어진 이정표를 참고하면 우리는 이미 균일 유동, 용출과 용입, 그리고 더블릿에 대한 검토를 마치고 세 번째 항에 들어와 있는 것을 알 수 있다. 그 과정 중에 균일 유동과 용출을 조합함으로써 반무한대 물체 주위의 유동을 묘사하는 방법과, 균일 유동과 용출-용입 쌍을 중첩시킴으로써 oval 형상 물체 주위의 유동을 이루는 방법을 보았다. 이 절에서는 균일 유동과 더블릿을 조합함으로써 원형 실린더 주위의 유동을 이루는 것을 보일 것이다. 원형 실린더는 우리가 얻을 수 있는 가장 기본적인 기하학적 형상이며, 이러한 원형 실린더 주위의 유동에 대한 연구는 공기역학 분야에서는 고전적인 문제이다.

그림 3.26에 나온 것같이 속도가 V_∞인 균일 유동과 강도 κ인 더블릿을 더한 것을 고려해 보자. 더블릿은 상류 방향이며, 균일 유동을 마주보고 있다. 식 (3.57)과 (3.87)로부터 합해진 유동의 유선 함수는 다음과 같다.

$$\psi = V_\infty r \sin\theta - \frac{\kappa}{2\pi}\frac{\sin\theta}{r}$$

또는

$$\psi = V_\infty r \sin\theta \left(1 - \frac{\kappa}{2\pi V_\infty r^2}\right) \tag{3.91}$$

$R^2 \equiv \kappa/2\pi V_\infty$가 되게 하자. 그러면 식 (3.91)은 다음과 같이 쓸 수 있다.

$$\boxed{\psi = (V_\infty r \sin\theta)\left(1 - \frac{R^2}{r^2}\right)} \tag{3.92}$$

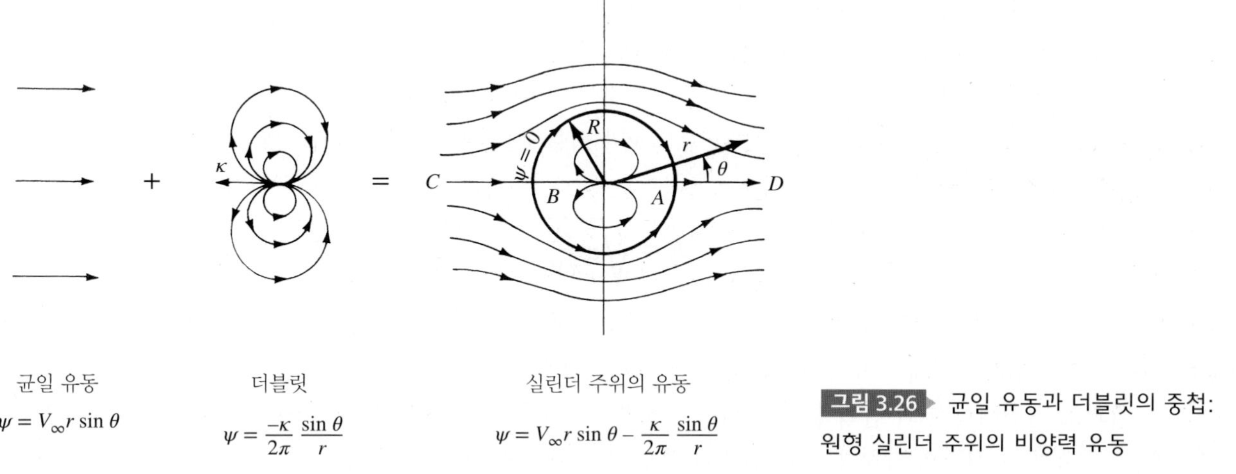

그림 3.26 균일 유동과 더블릿의 중첩: 원형 실린더 주위의 비양력 유동

식 (3.92)는 균일 유동과 더블릿의 조합에 대한 유선 함수이다. 또한 그림 3.26에 나타낸 그리고 아래에서 설명되는 것같이 반경 R인 원형 실린더 주위의 유동에 대한 유선 함수이기도 하다.

속도장은 다음과 같이 식 (3.92)를 미분함으로써 얻어진다.

$$V_r = \frac{1}{r}\frac{\partial\psi}{\partial\theta} = \frac{1}{r}(V_\infty r\cos\theta)\left(1 - \frac{R^2}{r^2}\right)$$

$$V_r = \left(1 - \frac{R^2}{r^2}\right)V_\infty\cos\theta \tag{3.93}$$

$$V_\theta = -\frac{\partial\psi}{\partial r} = -\left[(V_\infty r\sin\theta)\frac{2R^2}{r^3} + \left(1 - \frac{R^2}{r^2}\right)(V_\infty\sin\theta)\right]$$

$$V_\theta = -\left(1 + \frac{R^2}{r^2}\right)V_\infty\sin\theta \tag{3.94}$$

정체점의 위치를 확인하기 위하여 식 (3.93)과 (3.94)를 0으로 정한다. 그러면

$$\left(1 - \frac{R^2}{r^2}\right)V_\infty\cos\theta = 0 \tag{3.95}$$

$$\left(1 + \frac{R^2}{r^2}\right)V_\infty\sin\theta = 0 \tag{3.96}$$

식 (3.95)와 (3.96)을 r과 θ에 대하여 연립으로 풀면 $(r, \theta) = (R, 0)$과 (R, π)에 위치한 2개의 정체점을 발견하게 된다. 이 점이 그림 3.26에서 A와 B로 각각 표시되었다.

정체점 B를 지나는 유선 방정식은 B의 좌표를 식 (3.92)에 대입함으로써 얻는다. $r = R$과 $\theta = \pi$에 대해 식 (3.92)는 $\psi = 0$의 값을 준다. 같은 방법으로 점 A의 좌표를 식 (3.92)에 대입하면 또한 $\psi = 0$을 얻는다. 그러므로 같은 유선이 2개의 정체점을 관통하여 지나간다. 더욱이 식 (3.92)로부터 이 유선 방정식은 다음 식이 된다.

$$\psi = (V_\infty r\sin\theta)\left(1 - \frac{R^2}{r^2}\right) = 0 \tag{3.97}$$

식 (3.97)이 모든 값의 θ에 대하여 $r = R$에 의해 만족한다는 것에 유의하자. 그러나 $R^2 \equiv \kappa/2\pi V_\infty$이며, 이것이 상수인 것을 기억하라. 더욱이 극좌표계에서 r = constant = R은 중심이 원점에 있는 반경 R인 원 방정식이다. 그러므로 식 (3.97)은 그림 3.26에 나온 것같이 반경 R인 원을 표시하고 있다. 더욱이 식 (3.97)은 모든 r 값에 대하여 $\theta = \pi$와 $\theta = 0$에 의해 만족되고 있으므로, 점 A와 B를 지나는 무한대의 상류로부터 무한대의 하류까지의 수평축 전체가 정체점 유선의 일부가 된다.

$\psi = 0$인 유선은 정체점을 통과하기 때문에 분리 유선이 된다. 즉, $\psi = 0$ 안쪽의 유동(원의 내부)은 더블릿으로부터 나오고, $\psi = 0$ 밖의 모든 유동(원의 외부)은 균일 유동으로부터 나오는 것이다. 그러므로 원의 내부 유동을 고체 물체로 대치시킬 수 있으며 외부 유동은 그 차이를 못 느낄 것이다. 결과적으로 반경 R의 원형 실린더 주위의 비점성, 비회전성, 비압축성 유동은 속도 V_∞의 균일 유동과 강도 κ의 더블릿을 더해줌으로써 합성할 수 있으며, 여기서 R은 다음 식에 의해 V_∞와 κ에 연관된다.

$$R = \sqrt{\frac{\kappa}{2\pi V_\infty}} \tag{3.98}$$

식 (3.92)~(3.94)로부터, 유동이 그림 3.26에 그려진 유선에 의해 확실하게 보인 것같이 실린더의 중심을 지나는 수직축과 수평축에 대하여 전체의 유동이 대칭이라는 것에 유의하라. 그러므로 압력 분포 또한 이 두 축에 대하여 대칭이다. 그 결과로 실린더 상부의 압력 분포는 실린더 하부의 압력 분포에 의해 정확하게 균형을 이룬다(즉, *양력이 없다*). 마찬가지로 실린더 전면의 압력 분포는 실린더 후면의 압력 분포에 의해 균형을 이룬다(즉, *항력이 없다*). 현실에서는 양력이 없다는 것이 쉽게 수긍되지만 항력이 없다는 것은 이해되지 않는다. 우리는 실제의 유동 속에 잠겨 있는 어떠한 공기역학적 물체라도 항력을 경험한다는 것을 알고 있다. 이론적인 결과에서 항력이 0이라는 것과 실생활에서는 항력이 유한하다는 것에 대한 역설은 1744년 프랑스 과학자 Jean Le Rond d'Alembert에 의해 제기되었고, 그 이후 *d'Alembert의 역설*이라고 알려져 왔다. 18~19세기 d'Alembert와 다른 유체역학 연구자들에게는 이 역설이 이해되지 않았고 또한 당황스러운 일이었다. 물론 오늘날 우리는 항력이 점성 때문에 물체 표면에서 마찰에 의한 전단응력이 발생하고 물체의 뒷면에서 유동을 박리하게 하며, 이에 의해 물체의 후류에 크게 요동하는 유동이 발생하고 실린더의 수직축에 대한 대칭성을 깨뜨리는 것 때문이라는 것을 알고 있다. 이러한 점성 효과는 15~20장에서 세부적으로 검토될 것이다. 그러나 이러한 점성 효과는 실린더 주위를 지나는 현재의 비점성 유동의 해석에서는 포함되지 않는다. 그 결과로 비점성 이론은 유동이 그림 3.26에 나온 것같이 물체의 뒷면에서 매끄럽게 그리고 완전하게 닫히는 것으로 예측한다. 이러한 예측은 후류(wake)도 없고 비대칭성도 없는 항력이 0이라는 이론적인 결과를 준다.

이제 위에서 검토한 내용을 수치화하자. $r = R$일 때의 실린더 표면의 속도 분포는 식 (3.93)과 (3.94)에 의해 구할 수 있으며 다음의 결과를 준다.

$$V_r = 0 \tag{3.99}$$

그리고

$$V_\theta = -2V_\infty \sin\theta \tag{3.100}$$

실린더 표면에서 V_r은 표면에 기하학적으로 법선 방향이라는 것에 유의하라. 그러므로 식 (3.99)는 정지해 있는 고체 표면에서 법선 방향의 속도 성분이 0이라는 물리적 경계 조건과 일관되게 부합한다. 식 (3.100)은 접선 방향의 속도를 주는데, 이것은 실린더 표면에서 변화하는 속도의 전체 분포이며 그 값은 표면에서 $V = V_\theta = -2V_\infty \sin\theta$이다. 식 (3.100)에서의 음의 부호는 θ에 따라 증가하는 방향이 양수의 V_θ인 극좌표의 부호 규약과 부합하는데, 그림 3.27에 나온 것같이 반시계 방향이다. 그러나 그림 3.26에서 $0 \le \theta \le \pi$인 구간에서의 표면 속도는 θ가 증가하는 방향과 분명히 반대 방향이다. 그러므로 식 (3.100)에서 음의 부호는 타당하다. $\pi \le \theta \le 2\pi$에서 표면 유동은 θ의 증가 방향과 같은 방향이지만, $\sin\theta$가 음수이기 때문에 식 (3.100) 안에 있는 음의 부호는 타당하다. 식 (3.100)으로부터 실린더의 최상부와 최하부에서(각각 $\theta = \pi/2$와 $3\pi/2$인 곳) 표면 속도가 그림 3.28에 나와 있는 것같이 최대값인 $2V_\infty$에 도달하는 것에 유의하라. 확실히 이것이 실린더 주위의 전체 유동에서 최대 속도를 갖는 점이며, 이것은 식 (3.93)과 (3.94)로부터 알 수 있다.

압력 계수는 식 (3.38)에 의해 주어진다.

$$C_p = 1 - \left(\frac{V}{V_\infty}\right)^2 \tag{3.38}$$

식 (3.100)과 (3.38)을 합하여 원형 실린더 주위의 표면 압력 계수를 얻는다.

$$\boxed{C_p = 1 - 4\sin^2\theta} \tag{3.101}$$

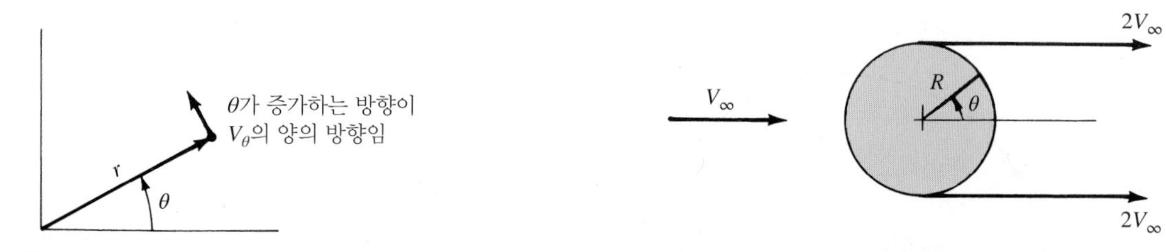

그림 3.27 극좌표계에서 V_θ에 대한 부호 규약

그림 3.28 원형 실린더 주위의 유동에서 최대 속도

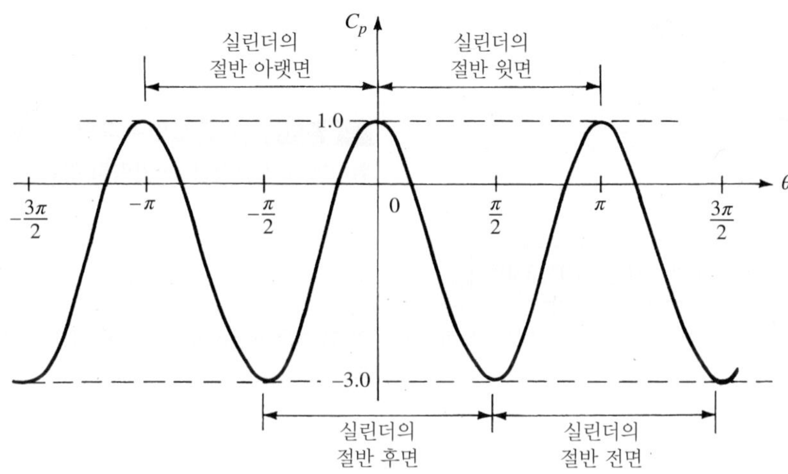

그림 3.29 원형 실린더 표면에서의 압력 계수 분포; 비점성, 비압축성 유동에 대한 이론적인 결과

C_p가 정체점에서 1.0으로부터 최대 속도의 점에서 −3.0까지 변하는 것에 주의하라. 표면에 대한 압력 계수 분포는 그림 3.29에 나와 있다. 실린더 상반부와 하반부에 해당하는 지역은 그림 3.29의 윗부분에 나타나 있다. 분명히 실린더 상반부의 압력 분포는 하반부의 압력 분포와 동일하며, 따라서 앞에서 검토한 것과 같이 양력은 0이다. 또한 실린더의 전반부와 후반부에 해당하는 부분은 그림 3.29의 아래에 나타나 있다. 분명히 전반부와 후반부의 압력 분포는 같으며, 따라서 앞에서 검토한 것과 같이 역시 항력은 이론적으로는 0이다. 이 결과는 식 (1.15)와 (1.16)에 의해 확인되었다. $c_f = 0$(비점성 유동을 취급하고 있음)이므로 식 (1.15)와 (1.16)은 각각 다음과 같이 된다.

$$c_n = \frac{1}{c}\int_0^c (C_{p,l} - C_{p,u})\,dx \tag{3.102}$$

$$c_a = \frac{1}{c}\int_{\text{LE}}^{\text{TE}} (C_{p,u} - C_{p,l})\,dy \tag{3.103}$$

원형 실린더에 대한 시위 길이 c는 수평한 직경이 된다. 그림 3.29로부터 시위를 따라 측정된 대응하는 위치에서 $C_{p,l} = C_{p,u}$이며, 따라서 식 (3.102)와 (3.103)의 적분식을 확실하게 0이 되게 하고 $c_n = c_a = 0$의 값을 주게 된다. 다시 말하면 양력과 항력은 0이며, 앞에서의 검토를 다시 한번 확인해 준다.

예제 3.13

원형 실린더 주위의 비양력 유동을 고려하자. 실린더 표면에서 표면 압력이 자유 유동 압력과 같아지는 점의 위치를 계산하라.

■ 풀이

$p = p_\infty$일 때 $C_p = 0$이다. 식 (3.101)로부터,

$$C_p = 0 = 1 - 4\sin^2\theta$$

그러므로

$$\sin\theta = \pm\tfrac{1}{2}$$

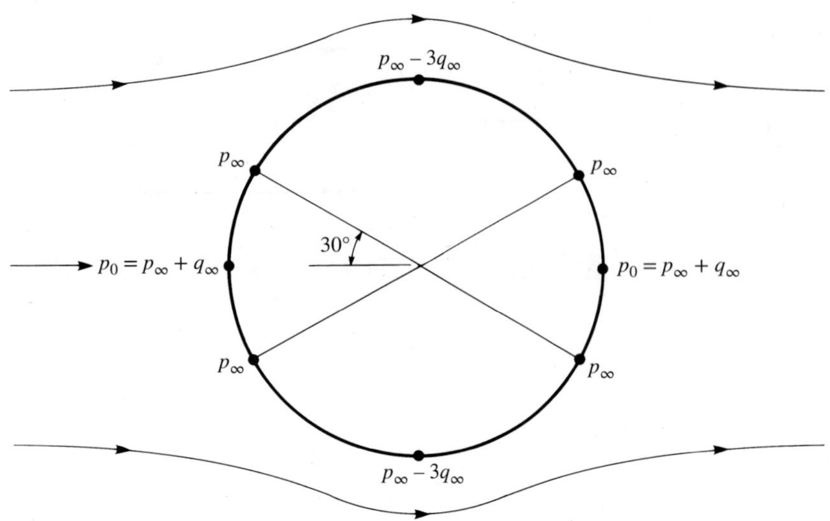

그림 3.30 원형 실린더 표면 다양한 위치에서의 압력값; 비양력의 경우

$$\theta = 30°, 150°, 210°, 330°$$

이 점은 정체점 및 최소 압력점과 함께 그림 3.30에 나와 있다. $C_p = 1$이 되는 정체점에서의 압력은 $p_\infty + q_\infty$인 것에 유의하라. 또한 물체 주위에서 처음 30° 팽창하는 구간 동안 압력은 p_∞까지 감소하며, 실린더 최상부와 최하부에서 최소 압력은 $p_\infty - 3q_\infty$인데 이 값은 $C_p = -3$과 일치한다.

예제 3.14

원형 실린더 주위의 비양력 유동에서 실린더 표면을 따라 이동하는 무한히 작은 유체 요소를 고려하자. 그 유체 요소의 가속도가 표면에서 국소 최대값과 최소값을 갖는 각의 위치를 계산하라. 실린더의 반경이 1 m이고 자유 유동의 속도가 50 m/s일 때 가속도의 국소 최대값과 최소값을 계산하라.

■ 풀이

식 (3.100)으로부터 각 위치 θ의 함수로 나타낸 표면 상의 유체 요소 속도는

$$V_\theta = -2V_\infty \sin\theta \tag{3.100}$$

유체 요소의 가속도는 dV_θ/dt이다. 식 (3.100)으로부터,

$$\frac{dV_\theta}{dt} = -2V_\infty(\cos\theta)\frac{d\theta}{dt} \tag{E3.1}$$

그림 3.28을 다시 보자. $d\theta$가 θ의 증분을 나타낸다고 하자. $d\theta$에 대응하는 실린더 표면 거리의 증분은 ds며 다음 식으로 주어진다.

$$ds = R\,d\theta$$

그러므로

$$\frac{d\theta}{dt} = \frac{1}{R}\frac{ds}{dt} \tag{E3.2}$$

식 (E3.2)를 식 (E3.1)에 대입하면

$$\frac{dV_\theta}{dt} = -2V_\infty(\cos\theta)\left(\frac{1}{R}\frac{ds}{dt}\right) \tag{E3.3}$$

dt 시간 동안 거리의 증분 ds만큼 움직인 유체 요소에 대한 선형 속도는 정의에 의해 ds/dt다. 그러므로 $V_\theta \equiv ds/dt$다. 식 (E3.3)의 ds/dt를 V_θ로 대치하면 다음 식을 얻는다.

$$\frac{dV_\theta}{dt} = -2V_\infty(\cos\theta)\left(\frac{V_\theta}{R}\right) \tag{E3.4}$$

식 (3.100)을 식 (E3.4)에 대입하면,

$$\frac{dV_\theta}{dt} = \frac{4V_\infty^2}{R}\sin\theta\cos\theta \tag{E3.5}$$

삼각 함수의 관계식인

$$\sin 2\theta \equiv 2\sin\theta\cos\theta$$

로부터 식 (E3.5)는 다음 식이 된다.

$$\frac{dV_\theta}{dt} = \frac{2V_\infty^2}{R}\sin 2\theta \tag{E3.6}$$

식 (E3.6)은 표면을 따라 계산한 유동의 가속도인 dV_θ/dt를 표면의 각 위치 θ의 함수로 나타내준다. 가속도가 최대 또는 최소값을 갖는 θ의 위치를 찾기 위하여 식 (E3.6)을 θ에 대해 미분하고 그 결과를 0으로 놓는다.

$$\frac{d}{d\theta}\left(\frac{dV_\theta}{dt}\right) = \frac{4V_\infty^2}{R}\cos 2\theta = 0 \tag{E3.7}$$

식 (E3.7)의 해를 θ에 대해 구하면 가속도가 국소 최대 또는 최소인 위치를 알게 된다.

$$\boxed{\theta = 45°, 135°, 225°, 315°} \tag{E3.8}$$

식 (E3.6)으로부터 각각에 해당하는 위치에서의 유동 가속도를 알게 된다.

$$\boxed{\frac{2V_\infty^2}{R}, -\frac{2V_\infty^2}{R}, \frac{2V_\infty^2}{R}, -\frac{2V_\infty^2}{R}} \tag{E3.9}$$

해설: 그림 3.27과 3.28로 돌아가서, 부호 규약이 θ가 후면 정체점에서 0이며 *반시계* 방향에 따라 증가하는 것에 주의하라. 이것이 θ가 반시계 방향으로 증가하는 일반적으로 이용되는 극좌표계이며, 이 장 전체에서 이 개념을 따를 것이다. 다시 말하면 θ는 *반시계* 방향으로 휩쓸고 지나가면서 $\theta = 90°$는 실린더의 최상부가 되고, $\theta = 180°$는 전방의 정체점이며, $\theta = 270°$는 실린더의 최하부가 되는 것이다. V_θ에 대한 일관성 있는 부호 규약은 그림 3.27에 나온 것같이 θ가 증가하는 방향이 양수이다. 그러나 그림 3.28에서 V_∞의 방향은 왼쪽에서 오른쪽으로의 방향이다. 그러므로 실린더 *윗면*을 지나서 진행하는 실제의 왼쪽에서 오른쪽으로의 유동은 그림 3.27과 같이 V_θ의 양의 방향 *반대로* 진행하고 있기 때문에 음의 속도를 갖는다. 그러나 실린더 아랫면을 지나는 왼쪽에서 오른쪽으로의 유동은 V_θ의 양의 방향으로 진행하므로 양의 속도를 가지고 있다. 이것은 식 (3.100)에 있는 V_θ의 결과와 완전히 부합한다.

$$V_\theta = -2V_\infty\sin\theta \tag{3.100}$$

θ가 0°에서 180°까지 변하는 실린더 윗부분에서는 식 (3.100)은 V_θ에 음의 값을 주지만, θ가 180°에서 360°까지 변하는 실린더 아랫부분에서는 식 (3.100)은 V_θ에 *양*의 값을 준다. 이것을 염두에 두고 관계식 (E3.8)과 (E3.9)에 의해 주어진 국소 최대와 최소 가속도를 가지는 장소와 값을 각각 고려해 보자. $\theta = 45°$에서 가속도는 양의 값, 즉 V_θ의 시간에 대한 변화는 양의 값이다. 그러나 $\theta = 45°$에서 속도는 음의 값이며, 시간에 대한 변화율이 양의 값이기 때문에 속도는 더 작은 음의 값이 된다. 즉, V_θ의 절대값은 더 *작아진다*. $\theta = 45°$에서 유체 요소는 *속도가 줄어든다*. 그러므로 $\theta = 45°$의 점은 최대의 *감속*(최소의 가속)점이다. 이와 반대로 $\theta = 135°$에서 속도는 음의 값을 가지며, 식 (E3.9)에 의해 국소 가속도 또한 음의 값이다. 이것은 $\theta = 135°$에서는 속도의 시간에 대한 변화가 음의 값을 갖기 때문에 속도 자체가 더욱 큰 음의 값이 되고 그의 절대값이 증가하게 된다. $\theta = 135°$에서는 유체 요소의 속도가 *증가하게* 되며, $\theta = 135°$점은 최대 *가속*의 점이 된다.

실린더 아랫면에서 V_θ는 양의 값이다. $\theta = 225°$(실린더 전면 위에 있음)에서는 식 (E3.9)로부터 가속도는 또한 양의 값이다. 즉, $\theta = 225°$ 점에서 유체 요소는 속도를 증가하게 되고 따라서 $\theta = 225°$ 점은 최대 *가속*점이다. $\theta = 315°$(실린더 후면에 있음)에서는 식 (E3.9)로부터의 가속도가 음의 값이다. 즉, $\theta = 315°$ 점에서 유체 요소는 속도가 줄어든다. 그러므로 $\theta = 315°$는 최대 감속점이다.

간략히 말해서, 그림 3.28을 다시 살펴보면 실린더 앞면의 유동은 전면의 정체점($\theta = 180°$)에서 속도 0에서 출발하여 실린더 최상부($\theta = 90°$)와 최하부($\theta = 270°$)에서 최대 속도 $2V_\infty$까지 가속이 되며, 이때 최대 가속도는 $\theta = 135°$와 225°에서 발생한다. 그런 후 유동은 실린더 후면에서 감속하며 후면의 정체점($\theta = 0°$)에서 속도가 0이 되고, 이때 최대의 감속은 $\theta = 45°$와 315°에서 발생한다. 최대 가속과 감속이 실린더 표면에서 정체점과 최대 속도점들인 최상부와 최하부 점들의 기하학적인 중간 지점에서 발생한다는 것은 흥미로운 일이며 또한 직관적으로 의미가 있다. 이 예제의 처음부터 이것을 상상할 수 있었을 것이다. 그러나 흔히 실제적인 과학에서는 직관이 맞지 않는 경우가 있으며, 옳은 결과를 찾기 위하여 여기서 행한 것 같은 분석을 할 필요가 있다.

주: 위 해설은 좀 길고 오래 끌었다. 이것은 식 (E3.9)의 어떤 양의 값과 음의 값들이 가속과 감속에 해당되는지를 밝히기 위한 것이며, 항상 그림 3.27과 3.28에 나와 있는 극좌표계의 부호 규약을 주시하고 있어야 한다. θ가 반시계 방향으로 증가하는 극좌표계는 표준 수학적인 규약이며, 우리는 이 장의 전반에서 이것을 사용하기로 하였다.

마지막으로, $R = 1$ m와 $V_\infty = 50$ m/s인 경우 최대 가속도와 감속도의 실제 값을 계산해 보자. 식 (E 3.9)로부터

$$\frac{2V_\infty^2}{R} = \frac{2(50)^2}{(1)} = \boxed{5000 \text{ m/s}^2}$$

지구에서 표준 해면 상태에서의 중력 가속도는 9.8 m/s^{2}이므로, 이 예제의 실린더 표면 주위를 흘러가는 유체 요소는 깜짝 놀랄 만한 최대 가속도와 감속도를 경험한다.

$$\frac{5000}{9.8} = 510.2\ g$$

예제 2.3에서 본 것같이, 한편으로는 조용해 보이는 유동장이 매우 큰 가속도를 경험할 수 있다는 것을 다시 한번 보았다.

3.14 와류 유동: 네 번째 기본 유동 *Vortex Flow: Our Fourth Elementary Flow*

다시 그림 3.4에 있는 이 장의 이정표를 참고하면, 우리는 세 가지 기초 유동인 균일 유동, 용출 유동, 더블릿 유동을 검토하였다. 그리고 oval과 원형 실린더 주위의 유동과 같은 몇 개의 비양력 유동을 얻기 위하여 이러한 기초 유동들을 서로 중첩하였다. 이 절에서는 우리의 네 번째, 그리고 마지막 기초 유동인 와류 유동을 소개한다. 또한 3.15절과 3.16절에서 이 와류를 포함한 유동의 중첩이 어떻게 유한한 양력의 경우로 인도하는지를 볼 것이다.

모든 유선이 그림 3.31과 같이 주어진 한 점을 중심으로 동심원인 유동을 생각하라. 한 걸음 더 나아가 주어진 하나의 원형 유선에서 속도는 일정하게 하되, 서로 다른 유선에서는 공통의 중심으로부터 거리에 역으로 비례해서 변하도록 하자. 이러한 유동을 *와류 유동*(vortex flow)이라 부른다. 그림 3.31을 조사해 보자. 반경 방향과 접선 방향의 속도 성분은 각각 V_r과 V_θ이며, 여기서 $V_r = 0$이고 $V_\theta = \text{constant}/r$이다. (1) 와류 유동은 물리적으로 가능한 비압축성 유동, 즉 모든 점에서 $\nabla \cdot \mathbf{V} = 0$이며 (2) 와류 유동은 원점을 제외한 모든 점에서 비회전성, 즉 $\nabla \times \mathbf{V} = 0$이라는 것은 쉽게 증명할 수 있다(스스로 해볼 것).

와류 유동의 정의에 의해 다음 식을 알 수 있다.

$$V_\theta = \frac{\text{const}}{r} = \frac{C}{r} \tag{3.104}$$

상수 C를 계산하기 위하여 주어진 반경 r의 원형의 유선을 따라 순환을 계산한다.

$$\Gamma = -\oint_C \mathbf{V} \cdot \mathbf{ds} = -V_\theta(2\pi r)$$

또는

$$\boxed{V_\theta = -\frac{\Gamma}{2\pi r}} \tag{3.105}$$

식 (3.104)와 (3.105)를 비교하면 다음을 알 수 있다.

$$C = -\frac{\Gamma}{2\pi} \tag{3.106}$$

그러므로 와류 유동에 대하여 식 (3.106)은 모든 유선에 관해 계산된 순환은 같은 값이라는 것, 즉 $\Gamma = -2\pi C$라는 것을 나타낸다. 관례에 의해 Γ를 와류 유동의 *강도*(strength)라고 부르며, 식 (3.105)는 강도 Γ의 와류 유동에 대한 속도장을 나타낸다. 식 (3.105)로부터 Γ가 양수일 때 V_θ가 음수인 것에 주의하라. 즉, 양의 크기를 갖는 와류는 *시계* 방향

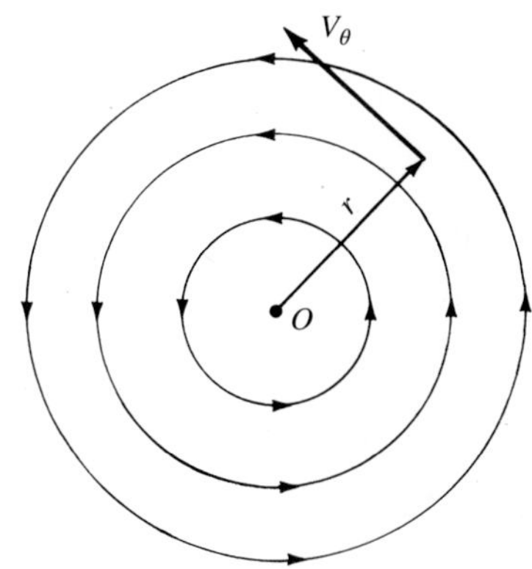

그림 3.31 와류 유동

으로 회전한다(이것은 2.13절에서 정의한 순환에 관한 부호 규약의 결과이다. 즉, 양의 순환은 시계 방향이다).

앞에서 와류 유동은 원점을 제외하고는 비회전성이라고 말하였다. $r = 0$인 곳에서는 무슨 일이 일어나는가? $r = 0$인 곳에서의 $\nabla \times \mathbf{V}$의 값은 얼마인가? 이 질문에 답하기 위하여 순환과 와도(vorticity)를 관계짓는 식 (2.137)을 되돌아보자.

$$\Gamma = -\iint_S (\nabla \times \mathbf{V}) \cdot \mathbf{dS} \tag{2.137}$$

식 (3.106)과 (2.137)을 결합하면 다음 식을 얻는다.

$$2\pi C = \iint_S (\nabla \times \mathbf{V}) \cdot \mathbf{dS} \tag{3.107}$$

2차원 유동을 취급하고 있으므로 그림 3.31에 나타나 있는 유동은 종이면 안에서 일어난다. 그러므로 식 (3.107)에서 $\nabla \times \mathbf{V}$와 $\mathbf{dS}$의 방향은 둘 다 유동의 평면에 수직한 같은 방향이다. 그러므로 식 (3.107)은 다음과 같이 쓸 수 있다.

$$2\pi C = \iint_S (\nabla \times \mathbf{V}) \cdot \mathbf{dS} = \iint_S |\nabla \times \mathbf{V}|\, dS \tag{3.108}$$

식 (3.108)에서 면적 적분은 순환이 $\Gamma = -2\pi C$라고 계산된 유선 안의 원형 면적에 대해 수행된다. 그러나 Γ는 모든 순환의 유선에 대해 같다. 특히 원을 우리가 원하는 만큼 원점에 가까이 선택하자(즉, $r \to 0$이 되게 함). 회전은 역시 $\Gamma = -2\pi C$로 같을 것이다. 그러나 이 원점 주위 작은 원의 면적은 무한히 작아질 것이며,

$$\iint_S |\nabla \times \mathbf{V}|\, dS \to |\nabla \times \mathbf{V}|\, dS \tag{3.109}$$

식 (3.108)과 (3.109)를 합하면 $r \to 0$인 극한에서는 다음을 얻는다.

$$2\pi C = |\nabla \times \mathbf{V}|\, dS$$

또는

$$|\nabla \times \mathbf{V}| = \frac{2\pi C}{dS} \tag{3.110}$$

그러나 $r \to 0$이면 $dS \to 0$이 된다. 따라서 $r \to 0$인 극한에서는 식 (3.110)으로부터,

$$|\nabla \times \mathbf{V}| \to \infty$$

결론: 와류 유동은 와도가 무한대인 $r = 0$인 점을 제외한 모든 점에서 비회전성이다. 그러므로 원점인 $r = 0$인 점은 유동장 내에서 특이점이 된다. 용출과 용입, 그리고 더블릿과 함께 와류 유동도 특이점을 포함하고 있다. 그러므로 그림 3.31의 점 O인 특이점을 그 점을 중심으로 원형의 와류 유동을 유도하는 점 와류로 생각할 수 있다.

와류 유동의 속도 퍼텐셜을 다음과 같이 얻을 수 있다.

표 3.1

유동의 유형	속도	ϕ	ψ
x 방향의 균일 유동	$u = V_\infty$	$V_\infty x$	$V_\infty y$
용출	$V_r = \dfrac{\Lambda}{2\pi r}$	$\dfrac{\Lambda}{2\pi}\ln r$	$\dfrac{\Lambda}{2\pi}\theta$
와류	$V_\theta = -\dfrac{\Gamma}{2\pi r}$	$-\dfrac{\Gamma}{2\pi}\theta$	$\dfrac{\Gamma}{2\pi}\ln r$
더블릿	$V_r = -\dfrac{\kappa}{2\pi}\dfrac{\cos\theta}{r^2}$ $V_\theta = -\dfrac{\kappa}{2\pi}\dfrac{\sin\theta}{r^2}$	$\dfrac{\kappa}{2\pi}\dfrac{\cos\theta}{r}$	$-\dfrac{\kappa}{2\pi}\dfrac{\sin\theta}{r}$

$$\frac{\partial\phi}{\partial r} = V_r = 0 \tag{3.111a}$$

$$\frac{1}{r}\frac{\partial\phi}{\partial\theta} = V_\theta = -\frac{\Gamma}{2\pi r} \tag{3.111b}$$

식 (3.111*a*와 *b*)를 적분하면 다음을 얻는다.

$$\boxed{\phi = -\frac{\Gamma}{2\pi}\theta} \tag{3.112}$$

식 (3.112)가 와류 유동에 대한 속도 퍼텐셜이다.

유선 함수도 비슷한 방법으로 결정한다.

$$\frac{1}{r}\frac{\partial\psi}{\partial\theta} = V_r = 0 \tag{3.113a}$$

$$-\frac{\partial\psi}{\partial r} = V_\theta = -\frac{\Gamma}{2\pi r} \tag{3.113b}$$

식 (3.113*a*와 *b*)를 적분하면 다음 식을 얻는다.

$$\boxed{\psi = \frac{\Gamma}{2\pi}\ln r} \tag{3.114}$$

식 (3.114)는 와류 유동에 대한 유선 함수이다. $\psi =$ 상수라는 것은 유선 방정식이므로 식 (3.114)는 와류 유동의 유선이 $r =$ 상수(즉, 유선은 원이다)에 의해 주어진다는 것을 말한다. 그러므로 식 (3.114)는 우리가 정의한 와류 유동과 일치한다. 또한 식 (3.112)로부터 등퍼텐셜선은 $\theta =$ 상수에 의해 주어지며 원점에서 나오는 반경 방향의 직선이다. 다시 한번 등퍼텐셜선과 유선이 서로 수직이라는 것을 알 수 있다.

이 단계에서 4개의 기초 유동에 대한 적절한 결과를 표 3.1에 종합하였다.

예제 3.15

이 절에서 검토한 와류 유동을 고려하자. 당신이 와류의 중심으로부터 20 ft 떨어진 곳에 서 있으며 100 mi/h의 바람을 느끼고 있다고 상상하라. 와류의 강도는 얼마인가?

■ 풀이

식 (3.105)로부터

$$V_\theta = -\frac{\Gamma}{2\pi r}$$

이 예제에서 100 mi/h의 바람 방향은 고려되지 않고 있다. 그것은 우리의 목적에 중요하지 않기 때문이다. 우리는 단지 와류의 강도 크기에만 관심이 있다. 그러므로 88 ft/s 60 mi/h인 것을 이용하여 다음 식을 얻는다.

$$|\Gamma| = 2\pi r V_\theta = 2\pi(20)(100)\frac{88}{60} = \boxed{1.843\,x\,10^4\ \mathrm{ft^2/s}}$$

주석: 순환에 크기에 대한 실제의 값은 흔히 인용되지 않는다. 그러므로 대부분의 공기역학자들은 많은 응용에서 Γ의 크기에 대한 '느낌'을 가지고 있지 않다. 이에 반하여 우리는 속도와 같은 보다 일반적인 상태량에 대한 느낌을 가지고 있다. 즉, 우리는 100 mi/h 속도의 바람이 어떠한지 알고 있으며, 특히 열대성 폭풍 속에서 야외로 나가는 모험을 해 본 사람은 더 잘 알 것이다. 이 예제의 목적은 Γ에 대한 값을 우리에게 보이려는 것이며, 이 경우에는 영미 단위인 ft와 초 단위로 18,000을 넘는 값이다. 대부분의 경우 Γ는 공기역학적인 양력과 같은 보다 실제적인 자료를 얻는 데 바로 사용되기 때문에 그 값 자체는 전혀 고려하지 않고 있다(다음 절에서 보게 될 것이다).

3.15 실린더 주위의 양력 유동 *Lifting Flow over a Cylinder*

3.13절에서 그림 3.26에 나온 것과 같이 원형 실린더 주위의 유동을 합성하기 위하여 균일 유동과 더블릿을 겹쳐 놓았다. 그에 더하여 이러한 유동에서 양력과 항력은 두 가지 모두 0이라는 것을 증명하였다. 그러나 그림 3.26의 오른쪽에 보인 유선의 형태는 원형 실린더 주위의 유동에 대해 이론적으로 가능한 유일한 유동이 아니다. 그것은 양력이 0인 유동에 대해 타당한 단 하나의 유동일 뿐이다. 그러나 원형 실린더 주위에 가능한 다른 유동 형태가 있는데, 실린더 주위에 양력을 발생하는 다른 경우의 유동이다. 그 양력 유동의 경우를 이 절에서 검토한다.

이제 여러분은 이 순간 원형 실린더에서 어떻게 양력이 발생할 수 있을까 하는 질문에 당황하여 머뭇거릴지도 모른다. 물체는 완벽하게 대칭이며, 그리고 이러한 기하학적 형상에서는 우리가 이미 검토했던 것과 같이 양력이 0이 되는 대칭의 유동이 항상 생기지 않을까? 너무 당혹스러워서 실험실로 내려가 저속 풍동에 정지해 있는 실린더를 설치하고 양력을 측정하려고 할지도 모른다. 그러면 만족스럽게도 양력이 없는 것을 측정하게 되고 이 절의 주제가 엉뚱하며 실린더에는 양력이 없다고 중얼거리며 걸어나오게 될 것이다. 그러나 풍동으로 다시 돌아가서 이번에는 실린더가 그 축을 중심으로 비교적 빠르게 *회전*하도록 하고 실험을 수행하라. 이번에는 *유한한* 양력을 측정하게 될 것이다. 또한 이제는 야구공의 회전이 변화구(curve)를 만들고, 골프공의 회전이 좌측으로 휘거나(hook) 우측으로 휘도록(slice) 하는 것과 같은 다른 경우들에 대한 생각도 할 수 있을 것이다. 분명히 실생활에서 이러한 대칭의 회전하는 물체에 비대칭의 공기역학적 힘이 존재한다. 그러므로 결국 이 절의 주제는 전혀 엉뚱하지 않다. 곧 느끼겠지만 실린더 주위의 양력 유동 개념은 익형에 의해 발생하는 양력 이론으로 직접 인도하는 여행으로 우리를 안내할 것이며, 이에 대해서는 4장에서 논한다.

그림 3.32에 나타낸 것 같은 실린더 주위의 비양력 유동에 강도 Γ의 와류를 더해서 합성한 유동을 고려하자. 반경 R인 원형 실린더 주위의 비양력 유동에 대한 유선 함수는 식 (3.92)로 나와 있다.

$$\psi_1 = (V_\infty r \sin\theta)\left(1 - \frac{R^2}{r^2}\right) \tag{3.92}$$

강도 Γ의 와류에 대한 유선 함수는 식 (3.114)에 나와 있다. 유선 함수는 임의의 상수와 함께 결정된다는 것을 기억하면 식 (3.114)는 다음과 같이 쓸 수 있다.

$$\psi_2 = \frac{\Gamma}{2\pi}\ln r + \text{const} \tag{3.115}$$

상수의 값은 임의이므로 다음과 같이 놓는다.

$$\text{Const} = -\frac{\Gamma}{2\pi}\ln R \tag{3.116}$$

식 (3.115)와 (3.116)을 합하면 다음을 얻는다.

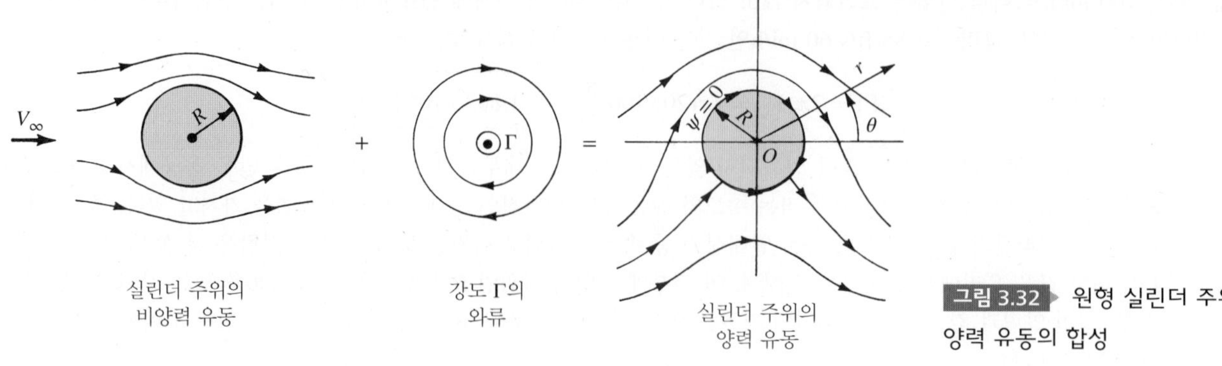

그림 3.32 원형 실린더 주위 양력 유동의 합성

$$\psi_2 = \frac{\Gamma}{2\pi} \ln \frac{r}{R} \tag{3.117}$$

식 (3.117)은 강도 Γ의 와류에 대한 유선 함수이고 앞에서 얻은 식 (3.114)와 똑같이 유효하며, 이 두 식에서 단 하나의 차이는 식 (3.116)에 주어진 상수의 값뿐이다.

그림 3.32의 오른쪽에 보인 유동에 대한 결과적인 유선 함수는

$$\psi = \psi_1 + \psi_2$$

또는

$$\boxed{\psi = (V_\infty r \sin\theta)\left(1 - \frac{R^2}{r^2}\right) + \frac{\Gamma}{2\pi} \ln \frac{r}{R}} \tag{3.118}$$

식 (3.118)로부터 만일 $r = R$이면, 모든 θ의 값에 대하여 $\psi = 0$이 된다. $\psi =$ 상수라는 것은 유선의 방정식이므로 $r = R$은 유동의 유선이 되며, $r = R$은 반경 R인 원의 수식이다. 그러므로 식 (3.118)은 반경 R인 원형 실린더 주위의 비점성, 비압축성 유동에 대한 올바른 유선 함수이며, 이것은 그림 3.32의 오른쪽에 나타나 있다. 사실 식 (3.92)에 의해주어진 앞에서의 결과는 단순히 식 (3.118)의 $\Gamma = 0$일 때의 특별한 경우이다.

식 (3.118)에 의해 얻은 유선의 형태가 그림 3.32의 오른쪽에 나와 있다. 유선이 점 O를 지나는 수평축에 대해 더 이상 대칭이 아닌 것에 유의하라. 그리고 여러분은 실린더가 결과적으로 유한한 수직력을 경험할 것이라고 의심(이번은 옳게)할 수 있을 것이다. 그러나 점 O를 지나는 수직축에 대해서는 대칭이며, 우리가 조금 전에 증명했듯이 결과적인 항력은 0이다. 또한 강도 Γ의 와류가 유동에 더해졌으므로 실린더 주위의 순환은 유한하며 크기는 Γ와 같다.

속도장은 식 (3.118)을 미분해서 얻을 수 있다. 속도를 얻는 하나의 직접적인 방법은 비양력 실린더에 대한 속도장에 와류의 속도장을 더하는 것이다(유동의 선형성 때문에 중첩된 기초 유동의 속도 성분을 직접 더한다). 그러므로 반경 R의 실린더 주위 비양력 유동에 대한 식 (3.93)과 (3.94)와, 와류 유동에 대한 식 (3.111a와 b)로부터 반경 R의 실린더 주위 양력 유동에 대하여 다음 식을 얻을 수 있다.

$$V_r = \left(1 - \frac{R^2}{r^2}\right) V_\infty \cos\theta \tag{3.119}$$

$$V_\theta = -\left(1 + \frac{R^2}{r^2}\right) V_\infty \sin\theta - \frac{\Gamma}{2\pi r} \tag{3.120}$$

유동 내 정체점의 위치를 구하기 위해 식 (3.119)와 (3.120)에서 $Vr = V_\theta = 0$으로 놓고 (r, θ)의 좌표계에 대하여 해를 구하면,

$$V_r = \left(1 - \frac{R^2}{r^2}\right) V_\infty \cos\theta = 0 \tag{3.121}$$

$$V_\theta = -\left(1 + \frac{R^2}{r^2}\right) V_\infty \sin\theta - \frac{\Gamma}{2\pi r} = 0 \tag{3.122}$$

식 (3.121)로부터 $r = R$을 얻는다. 이 결과를 식 (3.122)에 대입하고 θ에 대하여 해를 구하면,

$$\theta = \arcsin\left(-\frac{\Gamma}{4\pi V_\infty R}\right) \tag{3.123}$$

Γ는 양의 수이므로 식 (3.123)으로부터 θ는 3사분면과 4사분면 내에 있어야 한다. 즉, 그림 3.33*a*에 점 1과 2로 나타낸 것과 같이 실린더 하반부에 2개의 정체점이 있을 수 있다는 것이다. 이 점들은 (R, θ)에 위치하며, θ는 식 (3.123)에 의해 주어진다. 그러나 이 결과는 $\Gamma/4\pi V_\infty R < 1$일 때만 타당하다. 만일 $\Gamma/4\pi V_\infty R > 1$이면 식 (3.123)은 아무 의미가 없어진다. 만일 $\Gamma/4\pi V_\infty R = 1$이면 실린더 표면에 단 하나의 정체점이 있게 되며 이것은 그림 3.33*b*에 점 3이라고 표시된 $(R, -\pi/2)$이다. $\Gamma/4\pi V_\infty R > 1$인 경우에 대해서는 식 (3.121)로 돌아가자. 이 식은 $r = R$에 대해 만족된다는 것을 앞에서 보았다. 그러나 이 식은 또한 $\theta = \pi/2$ 또는 $-\pi/2$에 대해서도 만족된다. $\theta = -\pi/2$를 식 (3.122)에 대입하고 r에 대해 해를 구하면 다음 식을 얻는다.

$$r = \frac{\Gamma}{4\pi V_\infty} \pm \sqrt{\left(\frac{\Gamma}{4\pi V_\infty}\right)^2 - R^2} \tag{3.124}$$

그러므로 $\Gamma/4\pi V_\infty R > 1$인 경우에는 실린더 안과 밖에 2개의 정체점이 있으며, 2개 모두 그림 3.33*c*에 점 4와 5로 나온 것같이 수직축 상에 있다. [어떻게 하나의 정체점이 실린더 *안*에 들어가 있는가? $r = R$ 또는 $\psi = 0$은 단지 유동의 허용된 유선들 중 하나에 불과하다는 것을 기억하라. 실린더 내부에 이론적으로는 유동이 존재하며, 이 유동은 $r < R$일 때 와류와 중첩된 원점에 있는 더블릿으로부터 나오는 유동이다. $r = R$일 때 원형의 유선은 이 유동과 균일 유동 사이의 분리 유선이다. 그러므로 앞에서 한 것과 같이 분리 유선을 우리가 사용하고 있는 실린더 같은 고체 물체로 대치시킬 수 있으며 *외부* 유동은 그 차이를 느끼지 못할 것이다. 그러므로 비록 하나의 정체점이 물체의 내부에 있더라도 (점 5) 전혀 걱정할 필요가 없다. 반면에 반경 R의 실린더 주위 유동에 대한 관점에서는 점 4가 $\Gamma/4\pi V_\infty R > 1$인 경우 유일한 의미 있는 정체점이다.]

그림 3.33에 나온 결과는 다음과 같이 이해할 수 있다. 주어진 반경 R의 실린더 주위의 속도 V_∞인 자유 유동이 비점성, 비압축성 유동인 경우를 생각하자. 만일 순환이 없다면(즉, $\Gamma = 0$이라면) 유동은 그림 3.26의 오른쪽과 같을 것이며, 수평으로 대치해 있는 2개의 정체점 A와 B를 가질 것이다. 이제 유동에 $\Gamma < 4\pi V_\infty R$과 같은 순환이 주어진다고 가정하자. 그림 3.33*a*에 그려진 것 같은 유동이 일어날 것이다. 즉, 2개의 정체점은 점 1과 2로 표시된 것같이 실린더 아랫면으로 움직일 것이다. Γ가 더욱 증가하여 $\Gamma = 4\pi V_\infty R$까지 되었다고 가정하자. 유동은 그림 3.33*b*와 같은 결과가 될 것이며, 점 3이라고 표시된 것같이 실린더 아래에 단 하나의 정체점을 가질 것이다. $\Gamma > 4\pi V_\infty R$이 되도록 Γ를 더욱 증가하면 유동은 그림 3.33*c*와 같은 결과가 될 것이다. 정체점은 실린더 표면에서 이탈하여 점 4로 표시된 것같이 실린더 바로 아래쪽의 유동 안에 존재하게 될 것이다.

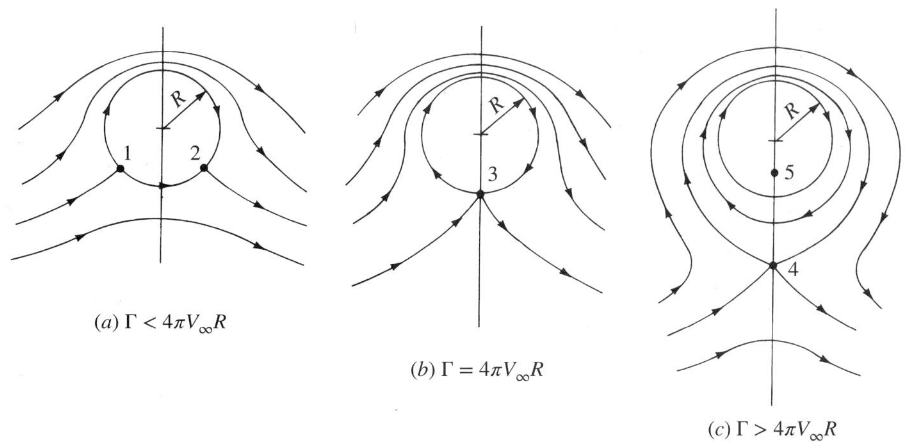

그림 3.33 원형 실린더 주위 양력 유동에서의 정체점

위 검토로부터 Γ는 분명히 자유롭게 선택할 수 있는 변수이다. 실린더 주위 유동의 '해'를 다 구해줄 단 하나의 Γ의 값은 없으며, 순환은 어느 값이라도 가질 수 있다. 그러므로 실린더 주위의 비압축성 유동에 대해서는 무한히 많은 수의 Γ 값 선택에 대응하는 무한히 많은 수의 퍼텐셜 유동의 해가 가능하다. 이 진술은 실린더 주위의 유동에만 국한되는 것이 아니라 모든 매끄러운 2차원 물체 주위의 비압축성 퍼텐셜 유동에 대해 적용되는 일반적인 진술이다. 다음 절에서 이에 대해 다룰 것이다.

그림 3.32와 3.33에 나와 있는 유동의 대칭성으로부터(또는 대칭성이 없다 하더라도) 물체에 유한한 수직력(양력)은 존재해야 하지만 항력은 0이라는 것, 즉 d'Alembert의 역설이 아직 지배하고 있다는 것을 직관적으로 결론내렸다. 이러한 진술을 양력과 항력의 수식을 계산함으로써 다음과 같이 수치화하자.

실린더 표면의 속도는 $r = R$에 대하여 식 (3.120)으로 주어졌다.

$$V = V_\theta = -2V_\infty \sin\theta - \frac{\Gamma}{2\pi R} \tag{3.125}$$

그 다음에 압력 계수는 식 (3.125)를 식 (3.38)에 대입해서 얻는다.

$$C_p = 1 - \left(\frac{V}{V_\infty}\right)^2 = 1 - \left(-2\sin\theta - \frac{\Gamma}{2\pi R V_\infty}\right)^2$$

또는

$$C_p = 1 - \left[4\sin^2\theta + \frac{2\Gamma \sin\theta}{\pi R V_\infty} + \left(\frac{\Gamma}{2\pi R V_\infty}\right)^2\right] \tag{3.126}$$

1.5절에서 공기역학적 힘의 계수들을 표면의 압력 계수와 마찰 계수를 적분함으로써 얻을 수 있다는 것을 자세하게 검토하였다. 비점성 유동에서는 $c_f = 0$이다. 그러므로 항력 계수 c_d는 식 (1.16)에 의해 주어진다.

$$c_d = c_a = \frac{1}{c}\int_{\mathrm{LE}}^{\mathrm{TE}} (C_{p,u} - C_{p,l})\, dy$$

또는

$$c_d = \frac{1}{c}\int_{\mathrm{LE}}^{\mathrm{TE}} C_{p,u}\, dy - \frac{1}{c}\int_{\mathrm{LE}}^{\mathrm{TE}} C_{p,l}\, dy \tag{3.127}$$

식 (3.127)을 극좌표계로 전환하면, 다음 식에서

$$y = R\sin\theta \qquad dy = R\cos\theta\, d\theta \tag{3.128}$$

식 (3.128)을 (3.127)에 대입하고 $c = 2R$인 것에 유의하면 다음 식을 얻는다.

$$c_d = \frac{1}{2}\int_{\pi}^{0} C_{p,u}\cos\theta\, d\theta - \frac{1}{2}\int_{\pi}^{2\pi} C_{p,l}\cos\theta\, d\theta \tag{3.129}$$

식 (3,129)의 적분 한계는 다음과 같이 설명된다. 첫 번째 적분에서 앞전(실린더의 맨 앞 점)에서부터 적분하여 실린더 *윗면*을 지나서 이동해 간다. 그러므로 θ는 앞전에서는 π가 되고 윗면을 지나 이동해 가면서 뒷전에서는 0까지 *감소한다*. 두 번째 적분에서는 실린더 *아랫*면을 지나서 이동하면서 앞전에서부터 뒷전까지 적분한다. 그러므로 θ는 앞전에서 π가 되고 아랫면을 따라 이동하면서 뒷전에서는 2π까지 *증가한다*. 식 (3.129)에서 $C_{p,u}$와 $C_{p,l}$은 둘 다 C_p에 대한 수식 (3.126)에 의해 주어진다. 그러므로 식 (3.129)는 다음과 같이 쓸 수 있다.

$$c_d = -\frac{1}{2}\int_{0}^{\pi} C_p\cos\theta\, d\theta - \frac{1}{2}\int_{\pi}^{2\pi} C_p\cos\theta\, d\theta$$

또는

$$c_d = -\frac{1}{2}\int_{0}^{2\pi} C_p\cos\theta\, d\theta \tag{3.130}$$

식 (3.126)을 식 (3.130)에 대입하고 다음을 인지하면,

$$\int_0^{2\pi} \cos\theta \, d\theta = 0 \tag{3.131a}$$

$$\int_0^{2\pi} \sin^2\theta \cos\theta \, d\theta = 0 \tag{3.131b}$$

$$\int_0^{2\pi} \sin\theta \cos\theta \, d\theta = 0 \tag{3.131c}$$

바로 다음 식을 얻을 수 있다.

$$\boxed{c_d = 0} \tag{3.132}$$

식 (3.132)는 앞에서 기술한 직관적인 진술을 뒷받침해 준다. 실린더 주위에 순환의 유무에 관계없이 비점성, 비압축성 유동 속에 있는 실린더에 대한 항력은 0이다.

실린더의 양력은 비슷한 방법으로 다음과 같이 산출할 수 있다. $c_f = 0$인 경우 식 (1.15)로부터,

$$c_l = c_n = \frac{1}{c}\int_0^c C_{p,l}\, dx - \frac{1}{c}\int_0^c C_{p,u}\, dx \tag{3.133}$$

극좌표계로 변환하면 다음 식을 얻는다.

$$x = R\cos\theta + R \qquad dx = -R\sin\theta \, d\theta \tag{3.134}$$

식 (3.134)를 식 (3.133)에 대입하면 다음 식을 얻는다.

$$c_l = -\frac{1}{2}\int_\pi^{2\pi} C_{p,l}\sin\theta \, d\theta + \frac{1}{2}\int_\pi^0 C_{p,u}\sin\theta \, d\theta \tag{3.135}$$

다시 한번 $C_{p,u}$와 $C_{p,l}$이 같은 수학적 표현인 식 (3.126)에 의해 주어진 것에 유의하면 식 (3.135)는 다음과 같이 된다.

$$c_l = -\frac{1}{2}\int_0^{2\pi} C_p \sin\theta \, d\theta \tag{3.136}$$

식 (3.126)을 식 (3.136)에 대입하고, 다음에 유의하면

$$\int_0^{2\pi} \sin\theta \, d\theta = 0 \tag{3.137a}$$

$$\int_0^{2\pi} \sin^3\theta \, d\theta = 0 \tag{3.137b}$$

$$\int_0^{2\pi} \sin^2\theta \, d\theta = \pi \tag{3.137c}$$

바로 다음 식을 얻는다.

$$c_l = \frac{\Gamma}{RV_\infty} \tag{3.138}$$

c_l의 정의(1.5절 참조)로부터 단위 스팬 길이에 대한 양력 L'은 다음 식으로부터 얻을 수 있다.

$$L' = q_\infty S c_l = \tfrac{1}{2}\rho_\infty V_\infty^2 S c_l \tag{3.139}$$

여기서 평면 면적은 $S = 2R(1)$이다. 그러므로 식 (3.138)과 (3.139)를 합하면 다음 식을 얻는다.

$$L' = \frac{1}{2}\rho_\infty V_\infty^2 2R \frac{\Gamma}{RV_\infty}$$

또는

$$L' = \rho_\infty V_\infty \Gamma \tag{3.140}$$

식 (3.140)은 Γ의 순환을 갖는 원형 실린더에 대하여 단위 스팬 길이당 양력을 얻게 한다. 이것은 놀라울 정도로 단순한 수식이며 *단위 스팬 길이당 양력이 직접적으로 순환에 비례한다*는 것을 진술하고 있다. 식 (3.140)은 이론 공기역학에서 강력한 관계식이다. 독일의 수학자 M. Wilhelm Kutta(1867~1944)와 러시아의 물리학자 Nikolai E. Joukowski (1847~1921)의 이름을 따라 *Kutta-Joukowski 정리*라고 불리는데, 이들은 20세기 초반에 독립적으로 이 결과를 얻었다. 우리는 3.16절에서 Kutta-Joukowski 정리에 대하여 더 논의하게 될 것이다.

위에서 말한 이론적인 결과와 실생활 사이의 연관은 무엇인가? 앞에서 언급한 것과 같이 항력이 0이라는 예측은 완전히 잘못된 것이다. 즉, 점성의 영향은 표면마찰과 유동박리를 일으켜서 항상 유한한 항력을 발생시킨다. 이 장에서 취급하고 있는 비점성 유동은 항력 계산을 위한 타당한 물리적 모델을 전혀 제공하지 못한다. 그에 반해 식 (3.140)을 통한 양력의 예측은 매우 사실적이다. 이 장의 시작 부분에서 언급했던 풍동 시험으로 돌아가자. 만일 회전하지 않는 고정된 실린더가 저속 풍동에 설치되어 있다면 유동장은 그림 3.34*a*에 나와 있는 것과 같을 것이다. 실린더 전면 부분을 지나는 유선들은 그림 3.26의 오른쪽에 있는 이론적인 예측과 비슷할 것이다. 그러나 점성 효과 때문에 실린더 후면에서는 유동이 박리하며, 물체 하류 부분의 후류에 재순환하는 유동을 생성한다. 이 박리된 유동이 실린더의 항력 측정에 지대한 기여를 한다. 그에 반하여 그림 3.34*a*는 수평축에 대해 상당히 대칭적인 유동을 보이며, 양력은 본질적으로 0으로 측정된다. 이제 실린더를 그 축을 중심으로 시계 방향으로 *회전*시키자. 그 결과의 유동장을 그림 3.34*b*와 *c*에 나타냈다. 회전이 그리 많지 않을 때는(그림 3.34*b*) 정체점들이 실린더 아랫부분으로 이동해서 그림 3.33*a*의 이론적인 유동 그림과 비슷하게 된다. 만일 회전이 충분히 증가하면(그림 3.34*c*), 정체점은 표면에서 이탈하여 그림 3.33*c*에 그려진 이론적인 유동과 유사해진다. 그리고 가장 중요한 것은 *유한한 양력*이 풍동 속의 회전하는 실린더에 대해 측정된다는 것이다. 여기서 무슨 일이 일어나고 있는 것인가? 왜 실린더를 회전시키는 것이 양력을 발생시키는가? 실제로는 유체와 실린더 표면 사이의 마찰이 표면 가까이에 있는 유체를 회전 방향과 같은 방향으로 끌어가려는 경향을 보인다. 보통의 회전하지 않는 유동 위에 이 '추가된' 속도가 중첩되면 실린더 윗면에는 평상시보다 높은 속도가, 그리고 아랫면에는 평상시보다 낮은 속도가 발생하며, 이것은 그림 3.35에 나타낸 것과 같다. 이 속도는 표면의 점성 경 계

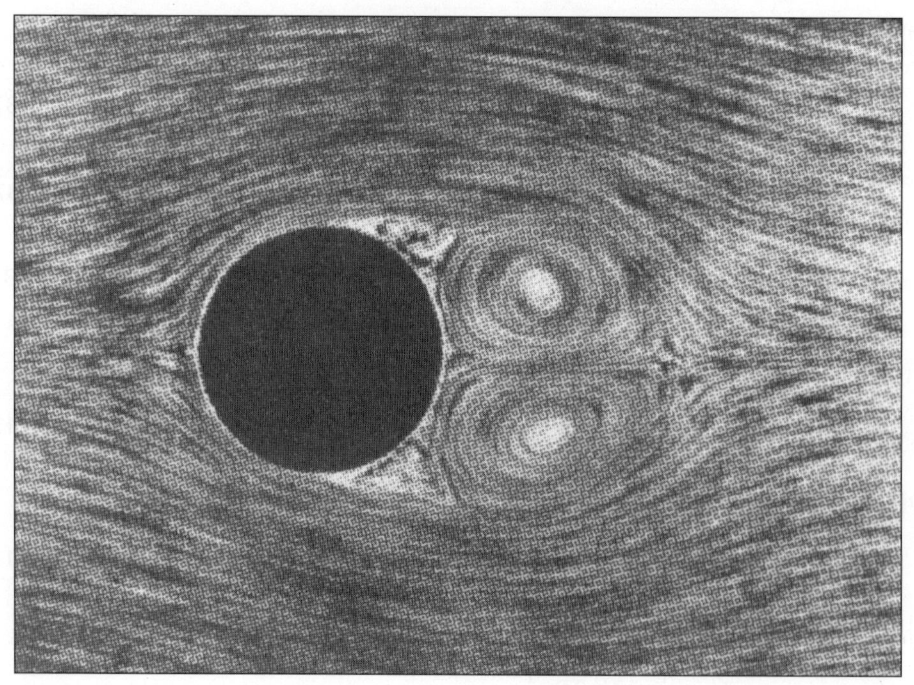
(*a*)

그림 3.34 ▶ 이 유동장의 사진은 물에서 얻었으며, 유선 방향을 보이기 위해 표면에 알루미늄 가루를 뿌렸다. (*a*) 회전하지 않는 실린더에 대한 경우(*출처*: Prandtl, L and O. G. Tietjens, *Applied Hydro and Aeromechanics Based on Lectures of L. Prandtl*, United Engineering Trustees Inc. New York: McGraw Hill, 1934).

(*b*)

(*c*)

그림 3.34 (*계속*) 이 유동장의 사진은 물에서 얻었으며, 유선 방향을 보이기 위해 표면에 알루미늄 가루를 뿌렸다. (*b*) 회전하는 실린더: 표면 선속도 = $3V_\infty$ (*c*) 회전하는 실린더: 표면 선속도 = $6V_\infty$(*출처*: Prandtl, L and O. G. Tietjens, *Applied Hydro and Aeromechanics Based on Lectures of L. Prandtl*, United Engineering Trustees Inc. New York: McGraw Hill, 1934).

층 바로 밖에 존재한다고 가정한다. Bernoulli 방정식으로부터 속도가 증가하면 압력이 감소하는 것을 기억하라. 그러므로 그림 3.35에서 실린더 윗면 압력은 아랫면 압력보다 낮다. 이 압력의 불균형이 위 방향의 힘을 발생시키는데, 이것이 양력이다. 그러므로 식 (3.140)에 담겨 있는 실린더 주위의 유동이 유한한 양력을 발생할 수 있다는 이론적인 예측은 실험 관측에 의해 증명된다.

위에서 검토한 풍동 내 회전하는 원형 실린더 위에서의 양력 발생에 관한 일반적인 개념은 회전하는 공에도 적용된다. 이것이 투수가 어떻게 변화구를 던질 수 있고 골프 선수가 왼쪽이나 오른쪽으로 공이 휘어 나가도록 칠 수 있는

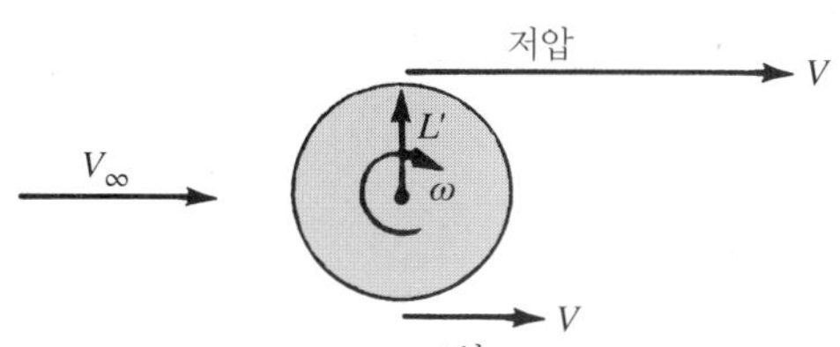

그림 3.35 회전하는 실린더에서 양력의 생성

지를 설명해 준다. 이 모든 것은 회전하는 물체 주위의 비대칭 유동에 의해 물체의 각속도 방향에 수직한 공기역학적 힘의 발생 때문이다. 이 현상을 *Magnus 효과*라고 부르는데, 이 현상을 처음 발견하고 1852년에 베를린에서 발표한 독일 공학자의 이름을 딴 것이다.

빠른 속도로 회전하는 실린더가 같은 평면 면적 비행기 날개보다 매우 큰 양력을 생성할 수 있다는 사실은 흥미로운 일이다. 그러나 잘 설계된 날개보다는 항력이 훨씬 더 크다. 따라서 Magnus 효과는 동력 비행에서 활용되지 않는다. 그렇지만 1920년대에 독일 공학자 Anton Flettner가 배의 돛을 갑판에 수직축을 갖는 회전하는 실린더로 대치시켰다. 바람과 연합하여 이 회전하는 실린더가 배에 추진력을 제공하였다. 이에 덧붙여 2개의 실린더를 길이 방향으로 정렬하고 반대 방향으로 회전시킴으로써 Flettner는 그 배를 선회시킬 수 있었다. Flettner의 장치는 기술적으로는 성공하였으나, 그 실린더를 필요한 빠른 속도로 회전시키는 기계장치의 유지 비용이 너무 비싸서 경제적으로는 실패하였다. 오늘날 Magnus 효과는 회전하는 유도탄의 성능에 중요한 영향을 미치고 있으며, 현대의 고속 공기역학 연구의 상당 부분이 회전하는 물체의 Magnus 효과를 유도탄에 응용하는 데 집중되어 있다.

예제 3.16

원형 실린더 주위의 양력 유동을 고려하자. 양력 계수는 5.0이다. 최대(음수의) 압력 계수를 계산하라.

■ 풀이

그림 3.32를 조사해 보면 실린더 주위의 *비양력* 유동에서 최대 속도는 $2V_\infty$이며, 이것은 실린더 최 상부와 최하부의 점에서 발생하는 것을 알 수 있다. 그림 3.32에 와류가 더해지면 와류에 의한 속도의 방향이 실린더 윗부분에서는 유동과 *같은* 방향이고, 실린더 아랫부분에서는 유동과 반대되는 방향이 된다. 그러므로 양력이 발생하는 경우에는 최대 속도가 실린더 *최상부*에서 발생하며, 그 크기는 비양력 경우의 값인 $-2V_\infty$와 와류의 값인 $-\Gamma/2\,\pi R$을 더한 것과 같다. (주: 우리는 아직 일반적인 부호 규약을 따르고 있다. 즉, 극좌표에서는 실린더 윗부분의 속도가 θ가 증가하는 방향의 반대이므로, 속도는 음수이다.) 그러므로

$$V = -2V_\infty - \frac{\Gamma}{2\pi R} \tag{E.1}$$

양력 계수와 Γ는 식 (3.138)을 통해 연결된다.

$$c_l = \frac{\Gamma}{RV_\infty} = 5$$

그러므로

$$\frac{\Gamma}{R} = 5V_\infty \tag{E.2}$$

식 (E.2)를 식 (E.1)에 대입하면 다음 식을 얻는다.

$$V = -2V_\infty - \frac{5}{2\pi}V_\infty = -2.796V_\infty \tag{E.3}$$

식 (E.3)을 식 (3.38)에 대입하면 다음 결과를 얻는다.

$$C_p = 1 - \left(\frac{V}{V_\infty}\right)^2 = 1 - (2.796)^2 = \boxed{-6.82}$$

이 예제는 한편으로는 다음의 설명을 위하여 고안되었다. 비점성, 비압축성 유동에 대해 물체 표면의 C_p 분포는 물체의 형상과 정렬된 방향에만 영향을 받는다. 즉, 속도나 밀도 같은 유동의 상태량들은 여기서는 아무 영향이 없다는 뜻이다. 식 (3.101)을 되돌아보면, C_p는 θ만의 함수이다. 즉, $C_p = 1 - 4\sin^2\theta$이다. 그러나 양력 유동에서는 표면 위 C_p의 분포는 양력 계수라고 하는 하나의 추가적인 변수를 함수에 더해야 한다. 분명 이 예제에서는 c_l 값만 주어졌다. 그러나 이것이 유동을 유일하게 정의하기에 충분하다. 즉, 임의의 표면 위치에서의 C_p 값은 양력 계수값으로부터 직접 얻어지며, 이것이 위 예제에서 증명되었다.

예제 3.17

예제 3.16의 유동장에 대해 정체점의 위치와 압력이 자유 유동의 정압과 같아지는 실린더 위 점의 위치를 계산하라.

■ 풀이

식 (3.123)으로부터 정체점은 다음과 같이 얻어진다.

$$\theta = \arcsin\left(-\frac{\Gamma}{4\pi V_\infty R}\right)$$

예제 3.16으로부터

$$\frac{\Gamma}{RV_\infty} = 5$$

그러므로
$$\theta = \arcsin\left(-\frac{5}{4\pi}\right) = \boxed{203.4^\circ \quad \text{그리고} \quad 336.6^\circ}$$

$p = p_\infty$인 곳을 찾기 위하여 먼저 실린더 표면의 압력 계수에 대한 공식을 만든다.

$$C_p = 1 - \left(\frac{V}{V_\infty}\right)^2$$

여기서
$$V = -2V_\infty \sin\theta - \frac{\Gamma}{2\pi R}$$

그러므로
$$C_p = 1 - \left(-2\sin\theta - \frac{\Gamma}{2\pi R}\right)^2$$
$$= 1 - 4\sin^2\theta - \frac{2\Gamma\sin\theta}{\pi RV_\infty} - \left(\frac{\Gamma}{2\pi RV_\infty}\right)^2$$

예제 3.16으로부터 $\Gamma/RV_\infty = 5$, 그러므로

$$C_p = 1 - 4\sin^2\theta - \frac{10}{\pi}\sin\theta - \left(\frac{5}{2\pi}\right)^2$$
$$= 0.367 - 3.183\sin\theta - 4\sin^2\theta$$

$\theta = 90°$일 때의 C_p를 계산하고, 그 값이 예제 3.16에서 얻어진 결과와 일치하는지를 확인함으로써 이 방정식의 타당성을 검사할 수 있다.

$$C_p = 0.367 - 3.183 - 4 = \boxed{-6.82}$$

이는 예제 3.16과 같은 결과이다. 그러므로 이 방정식은 증명되었다.

$p = p_\infty$인 곳의 θ 값을 찾기 위하여 $C_p = 0$으로 놓는다.

$$0 = 0.367 - 3.183\sin\theta - 4\sin^2\theta$$

2차 방정식의 공식에서,

$$\sin\theta = \frac{3.183 \pm \sqrt{(3.183)^2 + 5.872}}{-8} = \boxed{-0.897 \quad \text{또는} \quad 0.102}$$

그러므로
$$\theta = 243.8^\circ \quad \text{및} \quad 296.23$$

또한
$$\theta = 5.85^\circ \quad \text{및} \quad 174.1$$

원형 실린더 위에서 $p = p_\infty$인 점은 4곳이 있다. 이는 그림 3.36에 나타나 있으며 정체점의 위치도 함께 표시했다. 예제 3.16에서 보인 것과 같이 최소 압력은 실린더 꼭대기에서 발생하며, 그 값은 $p_\infty - 6.82q_\infty$이다. 국소 최소 압력은 실린더 맨 아랫부분에서 발생하며, 이곳은 $\theta = 3\pi/2$이다. 국소 최소값은 다음과 같이 주어진다.

$$C_p = 0.367 - 3.183\sin\frac{3\pi}{2} - 4\sin^2\frac{3\pi}{2}$$
$$= 0.367 + 3.183 - 4 = \boxed{-0.45}$$

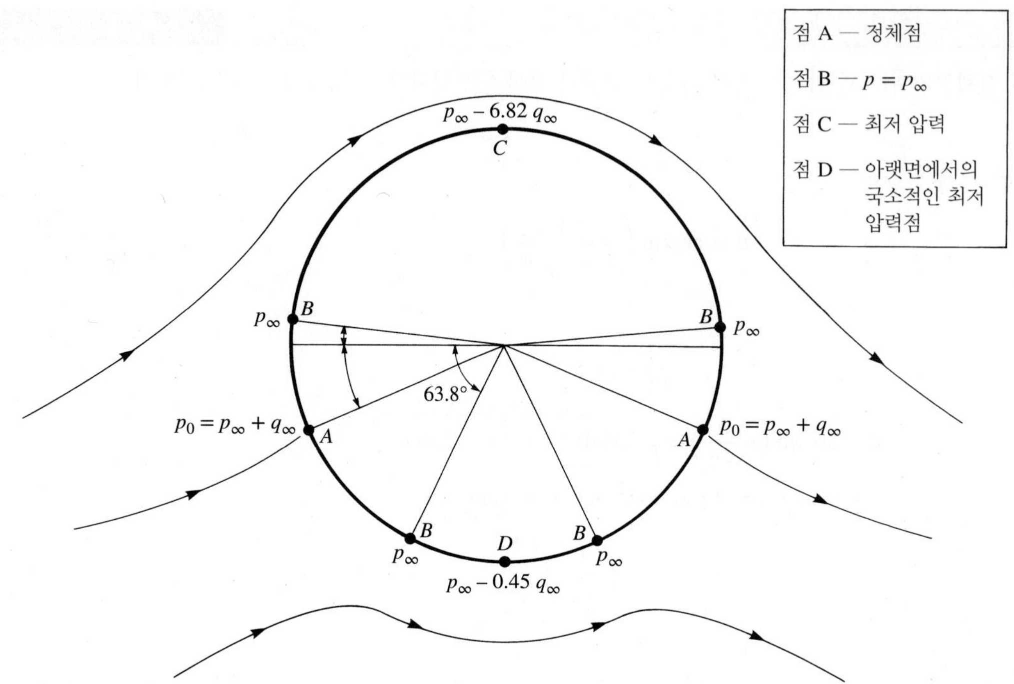

그림 3.36 원형 실린더 표면 다양한 위치에서의 압력값; 유한한 순환을 갖는 양력 발생의 경우. 압력값은 예제 3.17의 경우와 일치함.

그러므로 실린더 맨 아랫부분에서는 $p = p_\infty - 0.45q_\infty$이다.

예제 3.18

직경이 0.5 m인 원형 실린더 주위의 양력 유동을 고려하라. 자유 유동은 25 m/s이고, 실린더 표면의 최대 속도는 75 m/s이다. 자유 유동의 조건은 3 km 상공의 표준 상태이다. 실린더의 단위 스팬 길이당 양력을 계산하라.

■ 풀이

부록 D로부터, 3 km 상공에 대해 $\rho = 0.90926\ \text{kg/m}^3$이다. $\theta = 90°$인 실린더 맨 윗부분에서 최대 속도가 발생하며, 식 (3.125)로부터

$$V_\theta = -2V_\infty \sin\theta - \frac{\Gamma}{2\pi R}$$

$\theta = 90°$에서는

$$V_\theta = -2V_\infty - \frac{\Gamma}{2\pi R}$$

또는

$$\Gamma = -2\pi R(V_\theta + 2V_\infty)$$

Γ가 시계 방향일 때 양의 값이라는 것과 V_θ는 시계 방향이 음수라는 부호 규약(그림 3.32 참조)을 기억하면 다음을 얻는다.

$$V_\theta = -75\text{m/s}$$

그러므로

$$\Gamma = -2\pi R(V_\theta + 2V_\infty) = -2\pi(0.25)[-75 + 2(25)]$$

$$\Gamma = -2\pi(0.25)(-25) = 39.27\ \text{m}^2/\text{s}$$

식 (3.140)으로부터 단위 스팬당 양력은

$$L' = \rho_\infty V_\infty \Gamma$$

$$L' = (0.90926)(25)(39.27) = \boxed{892.7\ \text{N/m}}$$

주석: 이 예제의 풀이과정에서 $\Gamma = 39.27\ \text{m}^2/\text{s}$라고 순환의 값을 계산하였다. 영미 단위에서는 이것을,

$$\Gamma = 39.27 \frac{\text{m}^2}{\text{s}} \left(\frac{3.28\ \text{ft}}{1\ \text{m}} \right)^2 = 422.5\ \frac{\text{ft}^2}{\text{s}}.$$

예제 3.15에서 순환의 수치적 값에 대해 언급하였다. 즉, 그 경우에는 18,430 ft^2/s를 얻었으며 이 예제에 비해 매우 큰 값이다. 그러나 여기서의 값도 천 단위는 아니지만 역시 백 단위의 값이다. 흥미 있는 현상이다.

3.16 Kutta-Joukowski 정리와 양력의 발생 *The Kutta-Joukowski Theorem and the Generation of Lift*

식 (3.140)에 의해 얻어진 결과가 원형 실린더에 대해 유도되었지만, 그 식은 일반적으로 임의의 단면적 형상을 갖는 기둥 형태의 물체에 적용된다. 예를 들어, 그림 3.37의 익형 주위 비압축성 유동을 고려해 보자. 곡선 A가 익형을 *둘러싼* 유동 내 임의의 곡선이라고 하자. 만일 그 익형이 양력을 발생한다면 익형 주위의 속도장은 곡선 A에 대한 선적분이 유한한 값을 가질 것이며, 그것은 순환

$$\Gamma \equiv \oint_A \mathbf{V} \cdot \mathbf{ds}$$

의 값이 유한하게 될 것이다. 그 결과로 익형에 대한 단위 스팬 길이당 양력 L'는 식 (3.140)에 나타나 있는 것같이 *Kutta-Joukowski 정리*에 의해 주어진다.

$$\boxed{L' = \rho_\infty V_\infty \Gamma} \tag{3.140}$$

이 결과는 2.13절에 정의되었던 순환 개념의 중요성을 강조한다. Kutta-Joukowski 정리는 2차원 물체 위의 단위 스팬 길이당 양력이 그 물체 주위의 회전에 직접적으로 비례한다는 것이다. 사실 순환 개념이 매우 중요하므로 여러분은 이쯤에서 2.13절을 다시 검토해야 한다.

임의의 단면적 형상을 갖는 물체에 대한 식 (3.140)의 일반적인 유도는 복소수 함수 방법을 사용하여 수행할 수 있다. 이러한 수학은 이 책의 범위를 벗어난다. (복소수 변수들의 임의의 함수들은 Laplace 방정식의 일반해라는 것과, 따라서 비압축성 퍼텐셜 유동을 나타낼 수 있다는 것을 보일 수 있다. 그러므로 이러한 유동의 더욱 발전된 해석에서 복소수 변수의 수학을 중요한 기법으로 사용하고 있다. 보다 고급의 특별히 알기 쉬운 비점성, 비압축성 유동의 해석에 대해서는 참고문헌 9를 참조하라.)

3.15절에서는 원형 실린더 주위의 양력 유동이 균일 유동, 더블릿, 그리고 와류를 중첩시킴으로써 합성되었다. 원점에서 무한대의 속도를 갖는 와류를 제외한 이 3개의 기초 유동은 모든 점에서 비회전성이라는 것을 기억하라. 그러

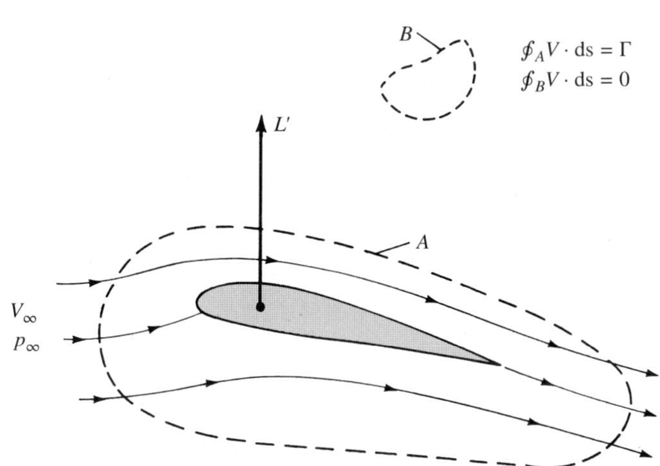

그림 3.37 양력 발생 익형 주위의 순환

므로 그림 3.33의 실린더 주위 양력 유동은 원점을 제외한 모든 점에서 비회전성이다. 만일 원점을 포함하지 *않는* 임의의 곡선 주위 순환을 계산하면 식 (2.137)로부터 $\Gamma = 0$이라는 결과를 얻는다. $\nabla \times \mathbf{V}$가 무한한 값을 갖는 원점을 포함한 곡선을 선택했을 때에만 식 (2.137)은 유한한 Γ의 값을 주며, 이 값은 와류의 강도와 같게 된다. 그림 3.37에 있는 익형 주위의 유동에 대해서도 같은 말을 할 수 있다. 4장에 나온 것과 같이, 익형 *외부*의 유동은 비회전성이다. 그리고 익형을 둘러싸지 *않는* 임의의 곡선(그림 3.37의 곡선 B) 주위의 순환은 결과적으로 0이다. 그에 반하여 4장에서 익형 주위의 유동이 익형 표면이나 내부에 와류를 분포시킴으로 합성될 수 있다는 것을 보여줄 것이다. 이러한 와류는 $\nabla \times \mathbf{V}$에 해당하는 통상의 특이점을 가지고 있으며, 따라서 익형을 둘러싼 곡선(그림 3.37의 곡선 A 같은)을 선택하면 식 (2.137)은 유한한 값의 Γ를 주고, 그 값은 익형 표면 또는 내부에 분포된 와류 강도의 *합*과 같다. 여기서 강조할 중요한 점은 Kutta-Joukowski 정리에서, 식 (3.140)에서 사용되는 Γ의 값이 *물체를 감싸는* 폐곡선 주위에 대해 산출되어야 한다는 것이다. 즉, 그 곡선의 형상은 임의로 선택할 수 있으나 그 안에 물체를 포함시켜야 한다.

이 단계에서 잠시 멈춰 우리의 생각을 평가해 보자. 위에서 검토해 온 접근 방법, 즉 순환의 정의와 양력을 얻기 위해 식 (3.140)을 사용하는 것이 공기역학에서 *양력에 대한 순환 이론*의 정수이다. 20세기 시작 시점에 이 이론의 개발은 공기역학의 획기적인 발전을 창출하였다. 그러나 우리의 시야를 넓혀 보자. 양력의 순환 이론은 공기역학적 물체에서 양력이 발생하는 것을 설명하는 하나의 *다른* 사고방식이다. 1.5절에서 설명한 것같이 물체 위의 공기역학적 힘에 대한 실제 물리적 원천은 물체 표면 압력과 전단응력의 분포에 기인한다는 것을 마음속에 새겨두자. Kutta-Joukowski 정리는 표면 압력 분포의 *결과*를 표시하는 하나의 다른 방법일 뿐이며 비점성, 비압축성 유동의 해석을 위해 개발해 온 특별한 기법과 일치하는 수학적 표현이다. 3.15절에서 식 (3.140)이 표면 위의 압력 분포를 적분함으로써 유도되었다는 것을 기억하라. 그러므로 순환이 양력의 '원인'이 되었다고 말하는 것이 꼭 옳은 것만은 아니다. 오히려 양력은 표면 압력 분포 불균형의 전체의 합(net imbalance) 때문에 '생겼으며', 순환은 이 압력 분포로부터 결정되어 정의된 양에 불과하다. 표면 압력 분포(이것이 양력 L'를 발생한다)와 순환의 관계는 식 (3.140)에 나와 있다. 그러나 비압축성 퍼텐셜 유동에서는 세부적인 표면 압력 분포를 계산하는 것보다 물체 주위의 순환을 결정하는 것이 훨씬 더 쉽다. 그것이 양력에 대한 순환 이론의 강점이다.

결과적으로 비압축성, 비점성 유동 속에 있는 2차원 물체의 양력에 대한 이론적인 해석은 물체 주위 순환의 계산에 초점이 맞추어져 있다. Γ의 값을 얻기만 하면 직접 Kutta-Joukowski 정리에 의해 단위 스팬당 양력은 뒤이어 구할 수 있다. 그 결과로 다음 절부터 다음 질문을 항상 하게 된다. 주어진 비압축성, 비점성 유동 안에 주어진 물체에 대한 순환을 어떻게 계산할 수 있는가?

3.17 임의 형상 물체 주위의 비양력 유동: 수치적 용출 패널 기법

Nonlifting Flows over Arbitrary Bodies: The Numerical Source Panel Method

이 절에서는 비양력 유동으로 다시 돌아간다. 반무한대 물체와 Rankine oval 주위의 비양력 유동과, 양력 및 비양력 두 가지 경우 모두에 대한 원형 실린더 주위의 유동에 대해서는 이미 취급했음을 기억하라. 그러한 경우에 어떠한 특별한 방법으로 기초 유동들을 더했고, 결과적으로 얻어진 분리 유선이 이러한 특별한 물체의 형상에 맞게 된다는 것을 발견하였다. 그러나 기초 유동의 주어진 조합으로부터 출발해서 어떤 모양의 물체가 생겨나는지를 보는 이러한 간접적인 방법으로는 임의 형상의 실제적인 문제에 타당하게 사용하기가 매우 어렵다. 예를 들어, 그림 3.37의 익형을 고려하자. 이 특별히 지정된 물체 주위의 유동을 합성하기 위한 올바른 기초 유동의 조합을 사전에 알고 있는가? 대답은 '아니다'이다. 그보다는 직접적인 방법이 우리가 원하는 것이다. 즉, 임의의 형상을 *지정*하고 균일 유동과 지정한 형상 주위의 유동을 생성하는 조합으로 특이점들의 분포에 대한 답을 *구하*는 것이다. 이 절의 목적은 비양력 유동에 국한하여 이러한 직접적인 방법을 제공하려는 것이다. 고속의 디지털 컴퓨터 계산에 적합한 수치해법을 고려한다. 이 기법은 *용출 패널 기법*이라 부르는데, 1960년대부터 업체와 대부분의 연구 실험실에서 표준으로 쓰이는 공기역학적 기법이 되었다. 용출과 와류 패널 기법 두 가지를 사용한 퍼텐셜 유동의 수치해는 저속 유동의 해석을 혁신적으로 발전시켰

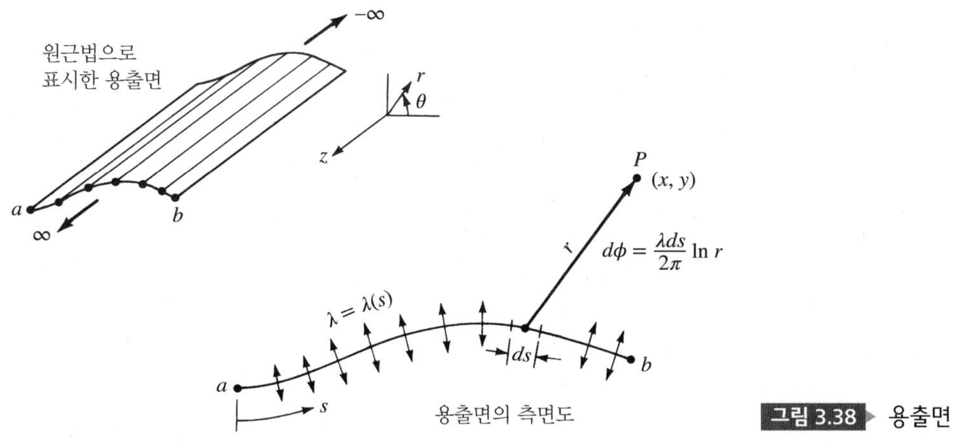

그림 3.38 용출면

다. 4~6장에서 여러 종류의 수치적 패널 기법으로 돌아갈 것이다. 오늘날 공기역학을 공부하는 학생들은 이러한 패널 기법 원리에 익숙해질 필요가 있다. 이 절의 목적은 용출 패널 기법의 기본 개념을 소개하는 것인데, 임의 형상의 물체 주위 비양력 유동에 대한 수치해를 구하기 위한 기법이다.

우선 3.10절에 소개한 용출과 용입 개념을 확대하자. 그 절에서는 그림 3.21에 나타낸 것 같은 하나의 선 형태의 용출을 취급했다. 이제 이러한 용출선이 나란히 무한히 많이 있다고 가정하고, 이때 각각의 용출선 강도는 무한히 작다고 하자. 이러한 나란히 있는 용출선들은 *용출면*을 형성하며, 그림 3.38의 좌측 상단에 전체 형상이 그려져 있다. 만일 용출선의 연결된 면을 따라 본다면(그림 3.38의 z축을 따라서 봄) 용출면은 그림 3.38의 우측 하단에 그려진 것같이 보일 것이다. 여기서 우리가 보고 있는 것은 면의 모서리이며, 용출선은 모두 종이면에 수직하게 된다. s가 모서리 그림의 용출면을 따라 측정한 거리라고 하자. $\lambda = \lambda(s)$가 *s를 따라 분포된 단위 길이당 용출의 강도*라고 정의하자. [물체를 3차원으로 보게 하기 위하여, 3.10절에서 하나의 용출선의 강도 Λ는 단위 깊이에 대한, 즉 z 방향으로의 단위 길이당 체적 유동률로 정의된 것을 기억하라. 전형적인 Λ의 단위는 단위 초당 m 제곱이거나 단위 초당 ft 제곱이다. 다음으로 용출면의 강도 $\lambda(s)$는 단위 깊이(z 방향)와 단위 길이(s 방향)에 대한 체적 유동률이다. 전형적인 λ의 단위는 초당 m 또는 초당 ft다.] 그러므로 그 면의 ds만한 무한히 작은 부분의 강도는 그림 3.38에 보인 것과 같이 $\lambda\, ds$다. 이 작은 부분의 용출면은 강도 $\lambda\, ds$의 별개 용출로 취급될 수 있다. 이제 유동 내에 ds로부터 r만한 거리에 위치한 점 P를 고려하자. 이때 P에 대한 직교 좌표계의 좌표는 (x, y)다. 강도 $\lambda\, ds$의 용출면의 작은 부분이 점 P에 무한히 작은 퍼텐셜 $d\phi$를 유도한다. 식 (3.67)로부터 $d\phi$는 다음과 같이 주어진다.

$$d\phi = \frac{\lambda\, ds}{2\pi} \ln r \tag{3.141}$$

a에서 b까지의 전체 용출면에 의하여 유도된 점 P에서의 전체 속도 퍼텐셜은 식 (3.141)을 적분하여 얻는다.

$$\phi(x, y) = \int_a^b \frac{\lambda\, ds}{2\pi} \ln r \tag{3.142}$$

일반적으로 $\lambda(s)$는 그 면을 따라 양수에서 음수로 변할 수 있다는 것에 유의하라. 즉, '용출'면은 실제로 용출선과 용입선들의 조합이다.

다음에 자유 속도 V_∞의 유동 속에 그림 3.39에 있는 것 같은 임의 형상의 물체를 고려하자. 미리 주어진 물체의 표면을 용출면으로 덮으며 균일 유동과 용출면의 조합된 결과에 의하여 익형의 표면이 유동의 유선이 되도록 강도 $\lambda(s)$가 변하게 한다. 우리의 문제는 적절한 $\lambda(s)$를 찾는 것이다. 이 문제의 해는 다음과 같이 수치적으로 수행된다.

용출면을 그림 3.40에 보인 것같이 연속된 일련의 직선 패널(panel)로 가정하자. 또한 주어진 하나의 패널 위에서는 단위 길이당 용출 강도 λ가 일정하며, 한 패널에서 다음 패널로 이동할 때는 변할 수 있게 한다. 즉, 모두 n개의 패널이 있다면 단위 길이당 용출 패널의 강도는 $\lambda_1, \lambda_2, \ldots, \lambda_j, \ldots, \lambda_n$이 될 것이다. 패널의 강도는 미지수이며 패널 기

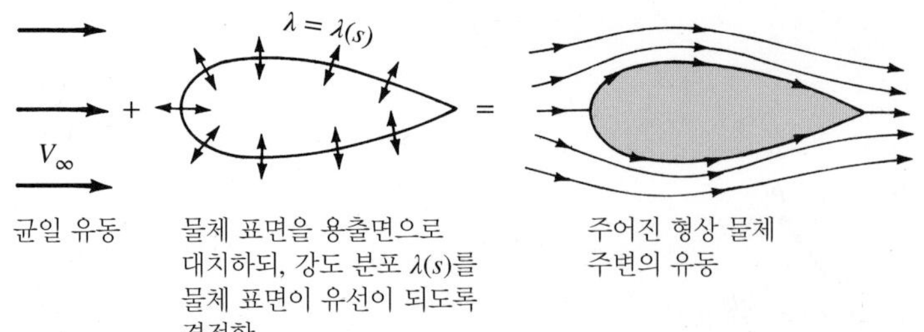

그림 3.39 물체 주위의 유동을 만들기 위하여 균일 유동과 물체 표면에 분포된 용출면을 중첩시킴.

법의 주된 관심은 물체 표면이 유동의 유선이 되도록 하는 $j = 1$에서 n까지 변하는 λ_j에 대한 해를 얻는 것이다. 이 경계 조건은 각 패널의 중간 점을 *조정점*(control point)으로 정의하고, 유동 속도의 법선 방향 성분이 각 조정점에서 0이 되도록 수치적으로 λ_j들을 결정해 준다. 이제 이 전략을 수치화하자.

그림 3.40과 같이 점 P가 유동 내의 (x, y) 위치에 있게 하고 j번째 패널 상의 임의 점으로부터 점 P까지의 거리를 r_{pj}라고 하자. j번째 패널에 의해 점 P에 유도된 속도 퍼텐셜은 식 (3.142)로부터,

$$\Delta\phi_j = \frac{\lambda_j}{2\pi}\int_j \ln r_{pj}\, ds_j \tag{3.143}$$

식 (3.143)에서 λ_j는 j번째 패널 위에서는 일정하며 적분은 j번째 패널에 대해서만 수행된다. 그리고 모든 패널들에 대한 식 (3.143)을 합해준 것이 모든 패널에 의해 유도된 *점 P에서의 퍼텐셜*이다.

$$\phi(P) = \sum_{j=1}^{n}\Delta\phi_j = \sum_{j=1}^{n}\frac{\lambda_j}{2\pi}\int_j \ln r_{pj}\, ds_j \tag{3.144}$$

식 (3.144)에서 거리 r_{Pj}는 다음과 같이 주어진다.

$$r_{pj} = \sqrt{(x - x_j)^2 + (y - y_j)^2} \tag{3.145}$$

여기서 (x_j, y_j)는 j번째 패널의 표면을 따르는 좌표계다. 점 P는 유동 안 임의의 점이므로 i번째 패널의 조정점에 점 P를 위치시킨다. 이 조정점의 좌표는 그림 3.40에 나와 있는 것같이 (x_i, y_i)로 정의한다. 그러면 식 (3.144)와 (3.145)는 다음과 같이 된다.

$$\phi(x_i, y_i) = \sum_{j=1}^{n}\frac{\lambda_j}{2\pi}\int_j \ln r_{ij}\, ds_j \tag{3.146}$$

그리고

$$r_{ij} = \sqrt{(x_i - x_j)^2 + (y_i - y_j)^2} \tag{3.147}$$

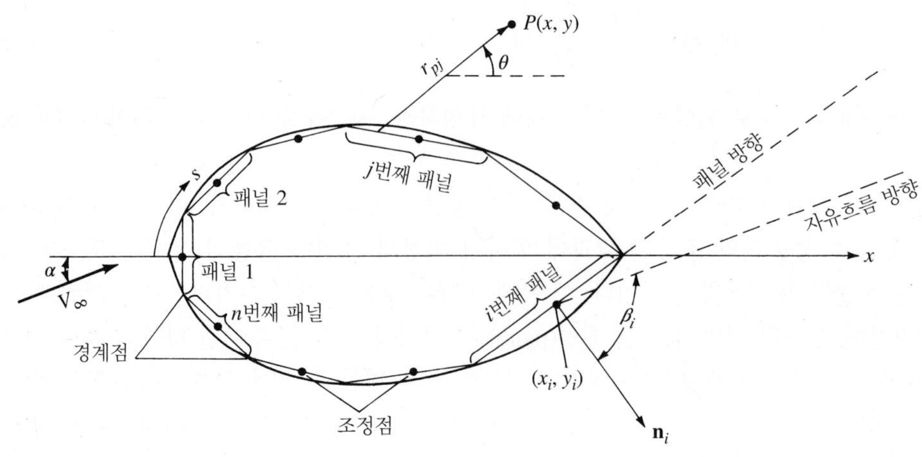

그림 3.40 임의 형상의 물체 표면 주위의 용출 패널 분포

물리적으로 식 (3.146)은 모든 패널들이 분담해서 i번째 조정점에 유도한 퍼텐셜의 총합을 의미한다.

경계 조건이 조정점에서 적용된다는 것을 기억하라. 즉, 조정점에서 유동 속도의 법선 방향 성분이 0이라는 것이다. 이 성분을 계산하기 위하여 우선 자유 유동 속도의 패널에 법선 방향의 성분을 고려한다. 그림 3.40에 나와 있는 것같이 $\mathbf{n}_i$가 i번째 패널에 법선 방향이며 물체의 외부로 향해 있는 단위 벡터라고 하자. 또한 i번째 패널의 기울기가 $(dy/dx)_i$인 것에 유의하자. 일반적으로 자유 유동 속도는 그림 3.40에 나와 있는 것같이 x축에 어떤 받음각 α를 가질 것이다. 그러므로 그림 3.40의 기하학적 형태를 조사해 보면 i번째 패널에 법선 방향인 $\mathbf{V}_\infty$의 성분은 다음과 같은 것을 알 수 있다.

$$V_{\infty,n} = \mathbf{V}_\infty \cdot \mathbf{n}_i = V_\infty \cos \beta_i \tag{3.148}$$

여기서 β_i는 $\mathbf{V}_\infty$와 $\mathbf{n}_i$ 사이의 각이다. $V_{\infty,n}$은 물체에서 멀어지는 방향을 가지면 양의 값이고, 물체를 향한 방향을 가지면 음의 값이다.

용출 패널에 의해 (x_i, y_i) 점에 유도되는 속도의 법선 방향 성분은 식 (3.146)으로부터,

$$V_n = \frac{\partial}{\partial n_i}[\phi(x_i, y_i)] \tag{3.149}$$

여기서 미분은 외부를 향한 단위 벡터의 법선 방향을 따라 수행되었고, 따라서 V_n은 물체로부터 멀어지는 방향을 가지면 양의 값을 갖는다. 식 (3.149)의 미분이 수행될 때 r_{ij}가 분모에 나타난다. 그 결과로 $j = i$일 때, 조정점 자체에서는 $r_{ij} = 0$이 되므로 i번째 패널에서는 특이점이 생기게 된다. $j = i$일 경우에는 그 미분에 대한 기여값이 단순히 $\lambda_i/2$라는 것을 나타낼 수 있다. 따라서 식 (3.146)과 합하여 식 (3.149)는 다음과 같이 된다.

$$V_n = \frac{\lambda_i}{2} + \sum_{\substack{j=1 \\ (j \neq 1)}}^{n} \frac{\lambda_j}{2\pi} \int_j \frac{\partial}{\partial n_i}(\ln r_{ij})\, ds_j \tag{3.150}$$

식 (3.150)에서 첫째 항 $\lambda_i/2$는 i번째 조정점에 i번째 패널 그 자체에 의해 유도된 법선 방향의 속도이며, 합산(summation)은 i번째의 조정점에 다른 모든 패널들에 의해 유도된 법선 방향의 속도이다.

i번째 조정점 유동 속도의 법선 방향 성분은 자유 유동에 의한 것[식 (3.148)]과 용출 패널에 의한 것[식 (3.150)]들의 합이다. 경계 조건은 이 합이 0이 되어야 한다고 말하고 있다.

$$V_{\infty,n} + V_n = 0 \tag{3.151}$$

식 (3.148)과 (3.150)을 식 (3.151)에 대입하면 다음 식을 얻는다.

$$\frac{\lambda_i}{2} + \sum_{\substack{j=1 \\ (j \neq 1)}}^{n} \frac{\lambda_j}{2\pi} \int_j \frac{\partial}{\partial n_i}(\ln r_{ij})\, ds_j + V_\infty \cos \beta_i = 0 \tag{3.152}$$

식 (3.152)가 용출 패널 방법의 핵심이다. 식 (3.152)의 적분값은 단순하게 패널의 기하학적 형상에만 영향을 받는다. 즉, 그것들은 유동의 상태량이 아니다. I_{ij}를 조정점이 i번째 패널에 있고 적분은 j번째 패널에서 수행될 때의 적분값이라고 정의하자. 그러면 식 (3.152)를 다음과 같이 쓸 수 있다.

$$\frac{\lambda_i}{2} + \sum_{\substack{j=1 \\ (j \neq 1)}}^{n} \frac{\lambda_j}{2\pi} I_{i,j} + V_\infty \cos \beta_i = 0 \tag{3.153}$$

식 (3.153)은 n개의 미지수 $\lambda_1, \lambda_2, \ldots, \lambda_n$을 가지고 있는 선형 *대수*식이다. 이 식은 i번째 조정점에서 산출된 유동의 경계 조건을 나타낸다. 이제 그 경계 조건을 모든 패널의 조정점에 적용하자. 다시 말하면 식 (3.153)에서 $i = 1, 2, \ldots, n$이 되게 하자. 그 결과는 n개의 미지수들 $(\lambda_1, \lambda_2, \ldots, \lambda_n)$을 갖는 n개의 선형 대수식이 될 것이며, 통상적인 수치해법에 의해 연립으로 해를 구할 수 있다.

무슨 일이 일어나고 있는지 돌아보라! 식 (3.153)에 의해 주어진 $i = 1, 2, \ldots, n$개의 방정식들의 조합에 대한 해

를 구하고 나면, 그림 3.40의 물체 표면이 유동의 유선이 되게 하는 용출 패널의 강도 분포를 적절한 형태로 얻게 된다. 이 근사값은 패널 수를 증가시킴으로써 보다 정확하게 만들 수 있는데, 그림 3.39에 나와 있는 연속적으로 변화하는 강도 $\lambda(s)$를 갖는 용출면을 보다 근접하게 묘사할 수 있게 된다. 확실히 용출 패널 기법의 정확도는 놀라울 정도로 좋은데, 원형 실린더는 8개 정도의 적은 패널 수로 그리고 대부분의 익형은 50~100개 정도의 패널 수로 정확하게 표시할 수 있다. (익형에 대해서는 급격히 변하는 표면 곡선을 정확하게 나타내기 위하여 앞전 부분에는 작은 패널을 배치하고, 물체의 상대적으로 평평한 부분은 더 큰 패널을 사용하는 것이 바람직하다. 일반적으로 그림 3.40에서 모든 패널들은 서로 다른 길이일 수 있다는 것에 유의하라.)

λ_i들($i = 1, 2, \ldots, n$)이 얻어지기만 하면, 각각의 조정점에서 표면에 *접선* 방향의 속도 성분은 다음과 같이 계산된다. s를 물체의 표면을 따라 측정된 거리이며, 그림 3.40에 나와 있는 것같이 앞에서 뒤로의 방향이 양의 값이라고 하자. 자유 유동 속도의 표면 접선 방향 성분은

$$V_{\infty,s} = V_\infty \sin \beta_i \tag{3.154}$$

다른 모든 패널에 의해 유도된 i번째 패널에서의 접선 방향 속도 V_s는 식 (3.146)을 s에 관해 미분함으로써 얻는다.

$$V_s = \frac{\partial \phi}{\partial s} = \sum_{j=1}^{n} \frac{\lambda_j}{2\pi} \int_j \frac{\partial}{\partial s}(\ln r_{ij})\, ds_j \tag{3.155}$$

[평면 용출 패널 위에서 자신의 패널에 의하여 유도되는 접선 방향 속도는 0이다. 따라서 식 (3.155)에서 $j = i$가 되는 경우에 해당하는 값은 0이다. 이것은 직관에 의해 쉽게 알 수 있는데, 패널은 그 패널에 수직한 방향으로만 표면에서 체적 유동을 방출할 수 있기 때문이다.] i번째 조정점에서의 전체 표면 속도 V_i는 자유 유동[식 (3.154)]과 용출 패널들[식 (3.155)]이 기여한 것들의 합이다.

$$V_i = V_{\infty,s} + V_s = V_\infty \sin \beta_i + \sum_{j=1}^{n} \frac{\lambda_j}{2\pi} \int_j \frac{\partial}{\partial s}(\ln r_{ij})\, ds_j \tag{3.156}$$

또한 i번째 조정점에서의 압력 계수는 식 (3.38)로부터 얻어진다.

$$C_{p,i} = 1 - \left(\frac{V_i}{V_\infty}\right)^2$$

이런 방식으로 용출 패널 방법은 임의 형상의 비양력 물체 표면 전체의 압력 분포를 제공한다.

위에서 기술한 것 같은 용출 패널 해법을 수행할 때 얻어진 결과의 정확도는 다음과 같이 시험할 수 있다. S_j를 j번째 패널의 길이라고 하자. λ_j가 j번째 패널의 *단위 길이당* 강도인 것을 기억하라. 그러므로 j번째 패널의 강도는 $\lambda_j S_j$다. 그림 3.40에 있는 것 같은 닫혀진 물체에 대해서는 모든 용출과 용입의 *합*은 0이 되어야 하며, 그렇지 않을 경우에는 유동으로 질량을 더해 주거나 유동으로부터 질량을 빼앗아 오게 되기 때문에 우리가 여기서 고려하고 있는 경우에서는 적용할 수 없는 상태가 된다. 그러므로 위에서 얻은 λ_j의 값들은 다음의 관계식을 만족해야 한다.

$$\sum_{j=1}^{n} \lambda_j S_j = 0 \tag{3.157}$$

식 (3.157)은 수치해석 결과의 정확도를 독립적으로 검사하는 방법을 제공하고 있다.

예제 3.19

용출 패널 기법을 이용하여 원형 실린더 주위의 압력 계수 분포를 계산하라.

■ 풀이

그림 3.41과 같이 동일한 길이의 8개의 패널로 물체를 표시하기로 한다. 이 선택은 임의로 한 것이다. 그러나 경험을 통해 원형 실린더의 경우 그림 3.41에 보인 배열이 충분한 정확성을 주는 것으로 알려졌다. 패널은 1~8까지 번호가 주어졌고, 조정점들은 각각

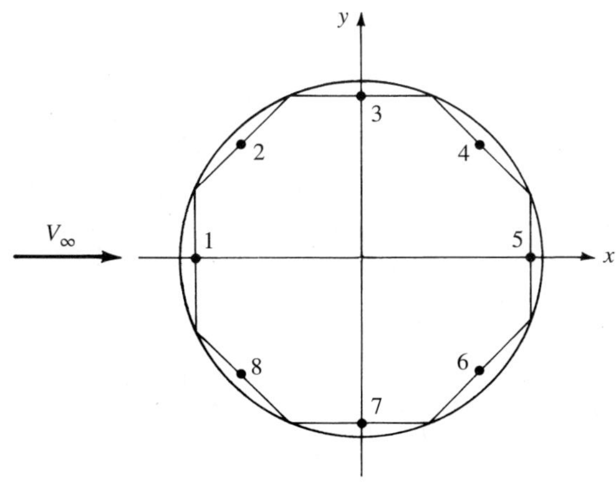

그림 3.41 원형 실린더 주위의 용출 패널 분포

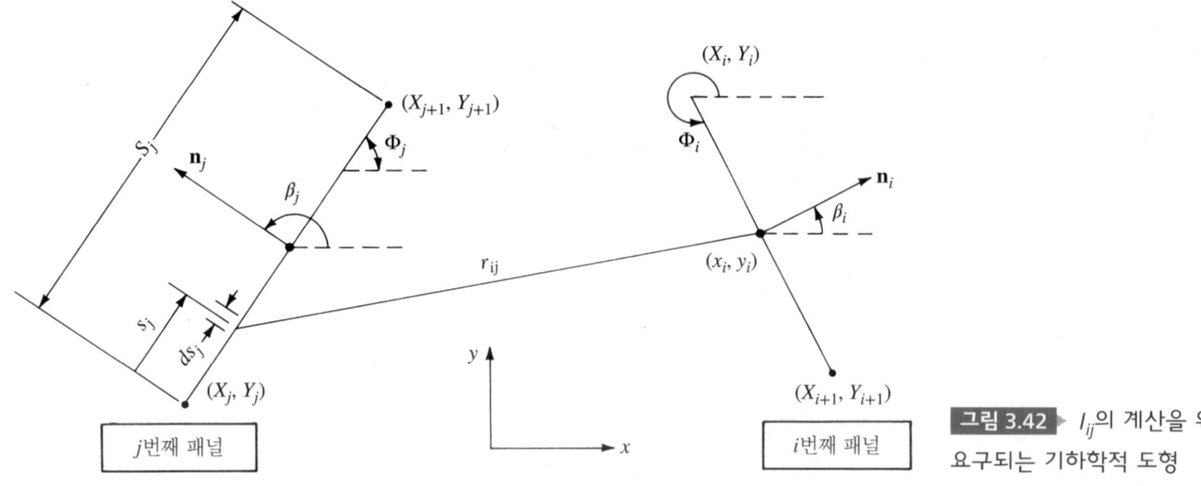

그림 3.42 I_{ij}의 계산을 위하여 요구되는 기하학적 도형

의 패널 중심에 점으로 표시되었다.

식 (3.153)에 나타난 적분 $I_{i,j}$를 계산하자. 임의로 선택한 2개의 패널을 묘사한 그림 3.42를 살펴보라. 그림 3.42에서 (x_i, y_i)는 i번째 패널의 조정점 좌표이며, (x_j, y_j)는 j번째 패널 위 전 구간에서 움직이는 좌표이다. i번째 패널의 경계점 좌표는 (X_i, Y_i)와 (X_{i+1}, Y_{i+1})이며, 마찬가지로 j번째 패널의 경계점 좌표는 (X_j, Y_j)와 (X_{j+1}, Y_{j+1})이다. 이 문제에서 $\mathbf{V}_\infty$는 x 방향을 향하고 있다. 그러므로 x축과 단위 벡터 $\mathbf{n}_i$와 $\mathbf{n}_j$ 사이의 각들은 각각 β_i와 β_j다. 일반적으로 β_i와 β_j는 둘 다 $0\sim2\pi$ 사이에서 변한다는 것에 유의하라. 적분 $I_{i,j}$는 i번째 조정점에 대해 계산되며, 적분은 j번째 패널 전체의 길이에 대해 수행된다는 것을 기억하라.

$$I_{i,j} = \int_j \frac{\partial}{\partial n_i}(\ln r_{ij})\, ds_j \tag{3.158}$$

여기서

$$r_{ij} = \sqrt{(x_i - x_j)^2 + (y_i - y_j)^2}$$

$$\frac{\partial}{\partial n_i}(\ln r_{ij}) = \frac{1}{r_{ij}}\frac{\partial r_{ij}}{\partial n_i}$$

그러면

$$= \frac{1}{r_{ij}}\frac{1}{2}[(x_i - x_j)^2 + (y_i - y_j)^2]^{-1/2} \times \left[2(x_i - x_j)\frac{dx_i}{dn_i} + 2(y_i - y_j)\frac{dy_i}{dn_i}\right]$$

또는

$$\frac{\partial}{\partial n_i}(\ln r_{ij}) = \frac{(x_i - x_j)\cos\beta_i + (y_i - y_j)\sin\beta_i}{(x_i - x_j)^2 + (y_i - y_j)^2} \tag{3.159}$$

그림 3.42에서 Φ_i와 Φ_j는 x축으로부터 각각의 패널 아랫면까지 반시계 방향으로 측정한 각도임에 유의하라. 이 형상으로부터,

$$\beta_i = \Phi_i + \frac{\pi}{2}$$

그러므로
$$\sin\beta_i = \cos\Phi_i \tag{3.160a}$$
$$\cos\beta_i = -\sin\Phi_i \tag{3.160b}$$

또한 그림 3.38의 형상으로부터 다음을 얻는다.

$$x_j = X_j + s_j\cos\Phi_j \tag{3.161a}$$

그리고
$$y_j = Y_j + s_j\sin\Phi_j \tag{3.161b}$$

식 (3.159)~(3.161)을 식 (3.158)에 대입하면 다음 식을 얻는다.

$$I_{i,j} = \int_0^{S_j} \frac{Cs_j + D}{s_j^2 + 2As_j + B} ds_j \tag{3.162}$$

여기서
$$A = -(x_i - X_j)\cos\Phi_j - (y_i - Y_j)\sin\Phi_j$$
$$B = (x_i - X_j)^2 + (y_i - Y_j)^2$$
$$C = \sin(\Phi_i - \Phi_j)$$
$$D = (y_i - Y_j)\cos\Phi_i - (x_i - X_j)\sin\Phi_i$$
$$S_j = \sqrt{(X_{j+1} - X_j)^2 + (Y_{j+1} - Y_j)^2}$$

여기서
$$E = \sqrt{B - A^2} = (x_i - X_j)\sin\Phi_j - (y_i - Y_j)\cos\Phi_j$$

라고 하고 표준 적분표로부터 식 (3.162)에 대한 수식을 얻는다.

$$I_{i,j} = \frac{C}{2}\ln\left(\frac{S_j^2 + 2AS_j + B}{B}\right) + \frac{D - AC}{E}\left(\tan^{-1}\frac{S_j + A}{E} - \tan^{-1}\frac{A}{E}\right) \tag{3.163}$$

식 (3.163)은 임의 방향을 가지고 있는 2개의 패널에 대한 일반적인 수식이며 원형 실린더의 경우에만 국한된 것이 아니다.

이제 식 (3.163)을 그림 3.41의 원형 실린더에 적용한다. 해설의 목적으로 i번째 패널로 4번 패널을, 그리고 j번째 패널로 2번 패널을 선택하자. 즉, $I_{4,2}$를 계산하자. 그림 3.41의 도형에서 원형 실린더의 반경에 단위 길이를 가정하면 다음을 알 수 있다.

$$X_j = -0.9239 \quad X_{j+1} = -0.3827 \quad Y_j = 0.3827$$
$$Y_{j+1} = 0.9239 \quad \Phi_i = 315° \quad \Phi_j = 45°$$
$$x_i = 0.6533 \quad y_i = 0.6533$$

그러므로 위 공식에 이 숫자들을 대입하면 다음을 얻는다.

$$A = -1.3065 \quad B = 2.5607 \quad C = -1 \quad D = 1.3065$$
$$S_j = 0.7654 \quad E = 0.9239$$

식 (3.163)에 위 값들을 대입하면 다음을 얻는다.

$$I_{4,2} = 0.4018$$

그림 3.41과 3.42로 돌아가자. 만일 i번째 패널을 4번 패널로 고정한 상태에서 j번째 패널에 1번 패널을 선택한다면 비슷한 계산방법에 의해 $I_{4,1} = 0.4074$를 얻는다. 같은 방법으로 $I_{4,3} = 0.3528$, $I_{4,5} = 0.3528$, $I_{4,6} = 0.4018$, $I_{4,7} = 0.4074$, 그리고 $I_{4,8} = 0.4084$를 얻는다.

식 (3.153)으로 돌아가자. 이 식은 그림 3.40과 3.42의 i번째 패널에 대해 계산된 것이다. 4번 패널에 대해 쓰면 식 (3.153)은 (각 항에 2를 곱하고 4번 패널에 대해 $\beta_i = 45°$인 것을 인지하면) 다음이 된다.

$$\begin{aligned} &0.4074\lambda_1 + 0.4018\lambda_2 + 0.3528\lambda_3 + \pi\lambda_4 + 0.3528\lambda_5 \\ &+ 0.4018\lambda_6 + 0.4074\lambda_7 + 0.4084\lambda_8 = -0.7071\, 2\pi V_\infty \end{aligned} \tag{3.164}$$

식 (3.164)는 8개의 미지수 $\lambda_1, \lambda_2, \ldots, \lambda_8$의 항으로 나타난 선형 대수식이다. 이제 식 (3.153)을 7개의 다른 패널에 대해 계산하면 식 (3.164)를 포함하여 전체 8개의 방정식을 얻게 되며 8개의 미지수 λ에 대해 연립으로 해를 구할 수 있다. 그 결과는 다음과 같다.

$$\lambda_1/2\pi V_\infty = 0.3765 \quad \lambda_2/2\pi V_\infty = 0.2662 \quad \lambda_3/2\pi V_\infty = 0$$
$$\lambda_4/2\pi V_\infty = -0.2662 \quad \lambda_5/2\pi V_\infty = -0.3765 \quad \lambda_6/2\pi V_\infty = -0.2662$$
$$\lambda_7/2\pi V_\infty = 0 \quad \lambda_8/2\pi V_\infty = 0.2662$$

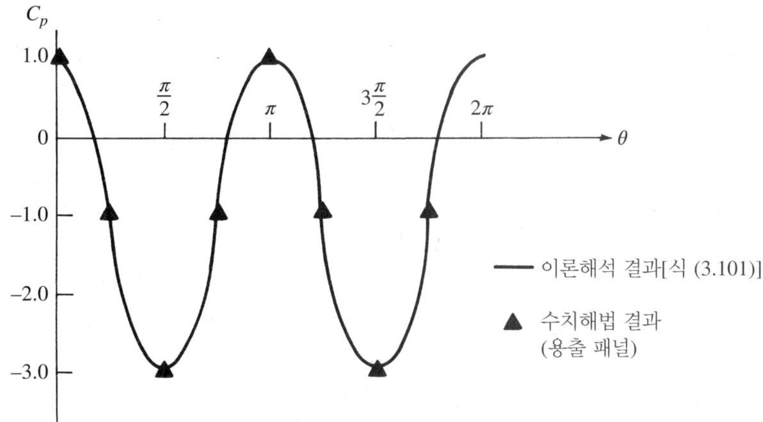

그림 3.43 원형 실린더 주위의 압력 분포; 용출 패널 결과와 이론값의 비교

λ의 값들이 대칭으로 분포되어 있는 것에 유의하라. 그리고 이것은 비양력 원형 실린더 주위의 유동에 대해 예측될 수 있는 값이다. 또한 위 해에 대한 검사를 위하여 식 (3.157)로 되돌아가자. 그림 3.41의 각각의 패널들이 같은 길이를 가지고 있으므로 식 (3.157)은 단순히 다음과 같이 쓸 수 있다.

$$\sum_{j=1}^{n} \lambda_j = 0$$

λ에 대해 얻어진 값들을 식 (3.157)에 대입하면 그 식이 완전하게 만족하는 것을 알게 된다.

i번째 패널의 조정점에서의 속도는 식 (3.156)으로부터 얻을 수 있다. 그 식에서 j번째 패널에 대한 적분은 이전에 유사한 방식으로 계산한 것 같이 기하학적 형상의 양이다. 그 결과는 다음과 같다.

$$\int_j \frac{\partial}{\partial s}(\ln r_{ij})ds_j = \frac{D - AC}{2E} \ln \frac{S_j^2 + 2AS_j + B}{B} - C\left(\tan^{-1}\frac{S_j + A}{E} - \tan^{-1}\frac{A}{E}\right) \tag{3.165}$$

식 (3.165)에 의해 계산된 식 (3.156)의 적분들과 위에서 얻어진 $\lambda_1, \lambda_2, \ldots, \lambda_8$의 값들을 식 (3.156)에 대입하면 $V_1, V_2, \ldots, V_8$ 등의 속도를 얻는다. 그리고 압력 계수 $C_{p,1}$, $C_{p,2}, \ldots, C_{p,8}$들은 다음 식으로부터 직접 얻는다.

$$C_{p,i} = 1 - \left(\frac{V_i}{V_\infty}\right)^2$$

이 계산에서 얻어진 압력 계수의 결과를 그림 3.43 내의 식 (3.101)에 의한 정밀한 이론해석의 결과와 비교하였다. 놀랍게도 그림 3.41에 보인 비교적 세밀하지 않은 패널 처리임에도 불구하고 수치 해법에 의한 압력 계수 결과는 매우 좋다.

3.18 응용 공기역학: 원형 실린더 주위의 유동—실제의 경우

Applied Aerodynamics: The Flow over a Circular Cylinder—The Real Case

3.13절에서 원형 실린더 주위의 비점성, 비압축성 유동을 취급하였다. 이론적인 유선의 결과는 그림 3.26에 나타나 있으며 유동이 원형 실린더 뒤에서 '닫힌' 상태인 대칭 형태로 특징지어진다. 그 결과 원형 실린더 앞부분의 압력 분포는 뒷부분의 압력 분포와 똑같다(그림 3.29 참조). 이것이 압력 항력은 0이라는 이론적인 결과, 즉 d'Alembert의 역설에 이르게 한다.

원형 실린더 주위에 대한 실제 유동은 3.13절에서 공부한 것과 매우 다르며, 그 차이는 마찰의 영향 때문이다. 더욱이 실린더 주위의 실제 유동에 대한 항력은 분명히 0이 아니다. *점성*, 비압축성 유동에 대한 차원해석 결과는(1.7절 참조) 항력 계수가 레이놀즈수의 함수라는 것을 명확하게 보여주고 있다. 원형 실린더에 대한 $C_D = f(\text{Re})$의 변화는 그

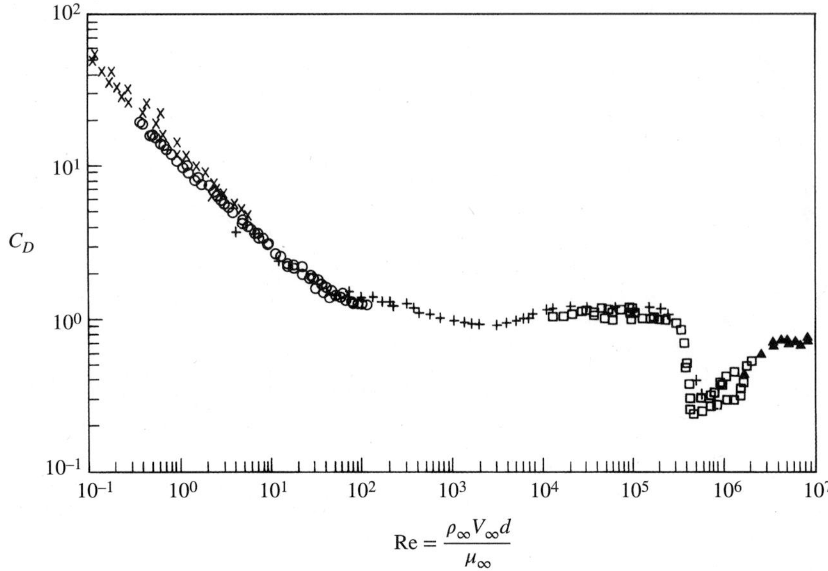

그림 3.44 ▶ 레이놀즈수에 따른 실린더 항력 계수의 변화(*출처*: Experimental data as compiled in Panton, Ronald, *Incompressible Flow*, Wiley-Interscience, New York, 1984)

림 3.44에 나와 있으며, 이는 수많은 실험 지료에 근거해서 만든 것이다. 여기서 $Re = (\rho_\infty V_\infty d)/\mu_\infty$인데, d는 실린더의 직경이다. $Re < 1$인 매우 작은 값에서는 C_D는 매우 큰 값이지만 $Re \approx 300,000$일 때까지 단조롭게 감소한다. 이 레이놀즈수에서 거의 1 정도의 값에서 약 0.3까지 C_D 값의 급격한 감소가 있고, $Re = 10^7$에 대해 약 0.6까지 약간의 회복이 보인다. (*주*: 이 결과는 낮은 레이놀즈수와 높은 레이놀즈수에 대한 C_D를 비교한 그림 1.54d와 e에 나타낸 비교와 일맥상통한다.) 무엇이 레이놀즈수가 약 300,000에 이르렀을 때 급격한 C_D의 감소를 일으킨 것인가? 자세한 답은 4장과 4부의 점성 유동 논의까지 기다려야 한다. 그러나 이 시점에서 그 현상이 더 작은 Re에서 경계층 내의 층류 유동이 더 큰 Re에서 난류 경계층으로 급격히 전환되는 것에 의해 생겼다고 말해 두자. 왜 난류 경계층이 이 경우에 더 작은 C_D를 일으키는가? 그 답은 4장에 있다. 계속 정진하라.

그림 3.44에 나온 C_D의 변화는 Re 값 10^{-1}과 10^7 사이에서 유동장이 정성적인(qualitative) 관점에서 보면 매우 큰 변화를 수반하고 있으며, 이것을 그림 3.45에 분류하여 표시하였다.

1. $0 < Re < 4$ 정도의 매우 작은 값의 Re에서는 유선들은 거의(그러나 정확하게는 아니다) 대칭이며 그림 3.45a와 같이 유동은 부착되어 있다. 이 범위의 점성 유동을 *Stokes 유동*이라 부르는데, 어떤 유체 요소든지 압력에 의한 힘과 마찰에 의한 힘이 거의 균형을 이루는 것이 특징이며, 유동의 속도가 너무 느려서 관성의 효과가 매우 적다. 이런 형태의 유동 사진이 그림 3.46에 나와 있으며 $Re = 1.54$일 때 원형 실린더 주위 물의 유동을 보여준다. 물 표면에 알루미늄 가루를 뿌리고 사진의 노출 시간을 조절해서 유선들을 볼 수 있게 하였다.
2. $4 < Re < 40$인 경우 유동은 실린더 후면에서 박리가 일어나서 그림 3.45b와 같이 한 위치에 머물러 있는 2개의 구별되는 안정된 와류를 형성한다. 이런 형태의 유동 사진은 그림 3.47에 나와 있으며, 이때 $Re = 26$이다.
3. Re가 40 이상으로 증가하면 실린더 후면의 유동이 불안정해지기 시작한다. 그림 3.45b에서는 한 위치에 정지해 있던 와류들이 물체로부터 규칙적으로 교대로 떨어져 나와 후류로 흘러간다. 이 유동은 그림 3.45c에 나와 있다. 이런 형태의 유동 사진은 그림 3.48에 나와 있고, 이때 $Re = 140$이다. 이것은 유적선(streakline)이 전해질 침전기법에 의해 가시화된 물의 유동이다(이 기법에서는 실린더 위 금속 도금이 전극 역할을 하고 전기 분해에 의해 전극 부근에서 흰 입자들이 침전되며, 이 입자들이 하류로 흘러내려 *유적선*을 이루게 된다. 유적선의 정의는 2.11절에 나와 있다). 그림 3.45c와 3.48에 보인 교대로 흘러가는 와류의 형태를 Theodor von Kármán의 이름을 따라 *Karman vortex street*라고 부르는데, 그는 이 형태를 1911년 독일 Göttingen 대학에 있을 때부터 연구하고 분석하기 시작하였다. (von Kármán은 이후에 공기역학 분야에서 오랜 그리고 뛰어난 경력을 쌓았으며, 1930년에 California 공과대학으로 옮겨와서 20세기 중반에 가장 유명한 공기역학자가 되었다. von Kármán의 자서전은

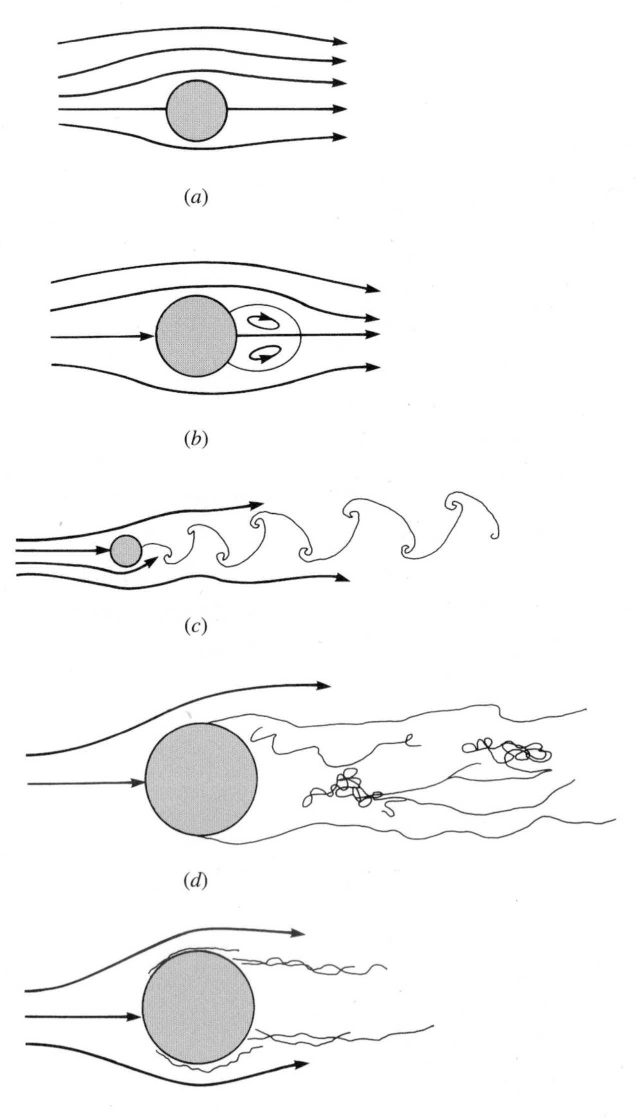

그림 3.45 원형 실린더 주위 유동의 다양한 형태
(*출처*: Panton, Ronald, *Incompressible Flow*, New York, Wiley-Interscience, 1984)

1967년에 출판되었으며 참고문헌 46을 참조하라. 이 참고문헌은 20세기 공기역학 분야 역사를 넓게 조망하고 싶은 사람의 필독서다.)

4. 레이놀즈수가 더 큰 값으로 증가하면 Karman vortex street는 난류화되고 뚜렷한 후류(wake) 형태로 변형하기 시작한다. 실린더 위 층류 경계층은 정체점에서 약 80° 부근인 전면부의 표면으로부터 박리가 일어나게 된다. 이것은 그림 3.45*d*에 나와 있다. 이 유동의 레이놀즈수는 10^5의 차수이다. 그림 3.44에서 $10^3 < \text{Re} < 3 \times 10^5$에 대해 C_D 값이 거의 1 부근에서 비교적 일정한 값인 것에 유의하라.
5. $3 \times 10^5 < \text{Re} < 3 \times 10^6$ 범위에서는, 층류 경계층의 박리는 아직 실린더 전반부에서 일어난다. 그러나 박리 지역의 윗부분에 있는 자유 전단응력 층에서는 난류 유동으로의 전이가 일어난다. 그 후 유동은 실린더 후반부에서 다시 표면에 부착되지만 정체점으로부터 측정하여 120° 정도 되는 물체의 지점에서 다시 박리된다. 이 유동은 그림 3.45*e*에 나와 있다. 난류로의 전이와 이에 상응하는 더 얇아진 후류(그림 3.45*e*와 그림 3.45*d*를 비교하라)가 실린더 압력 저항을 감소시키며, 그림 3.44의 $\text{Re} = 3 \times 10^5$에서의 C_D의 급격한 감소의 원인이다(이 현상에 대한 보다 자세한 사항은 4장과 4부에서 다루어진다).
6. $\text{Re} > 3 \times 10^6$ 범위에서는 경계층이 실린더의 전반부 표면의 어느 지점에서 직접 난류로 변환되며, 120°보다 약간

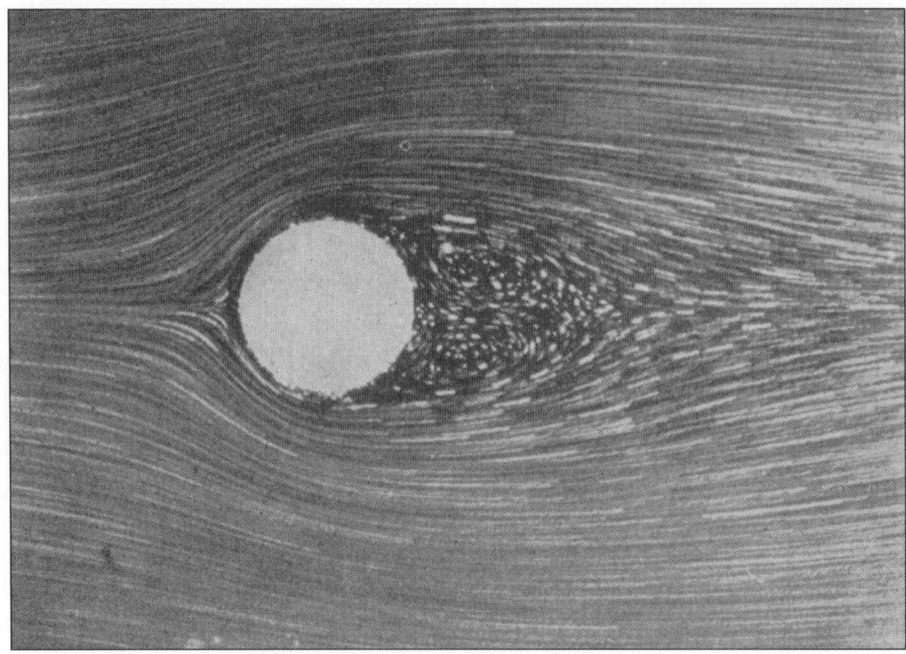

그림 3.46 원형 실린더 주위의 유동. Re = 1.54(*출처*: Prandtl, L., and O. G. Tietjens. *Applied Hydro and Aeromechanidcs Based on Lectures of L. Prandtl*, United Engineering Trustees Inc. New York: McGraw Hill, 1934)

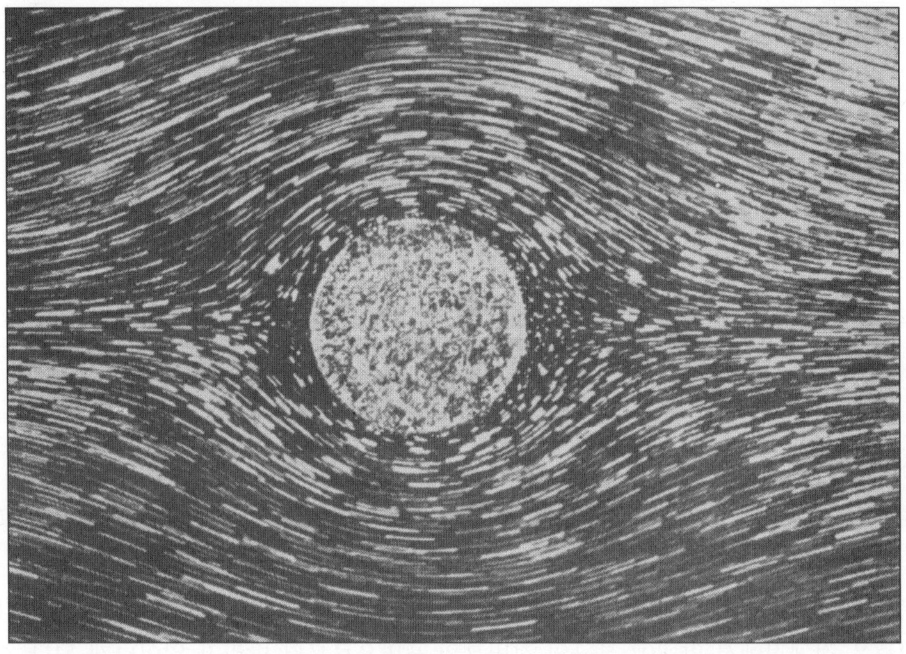

그림 3.47 원형 실린더 주위의 유동. Re = 26(*출처*: Prandtl, L., and O. G. Tietjens. *Applied Hydro and Aeromechanidcs Based on Lectures of L. Prandtl*, United Engineering Trustees Inc. New York: McGraw Hill, 1934)

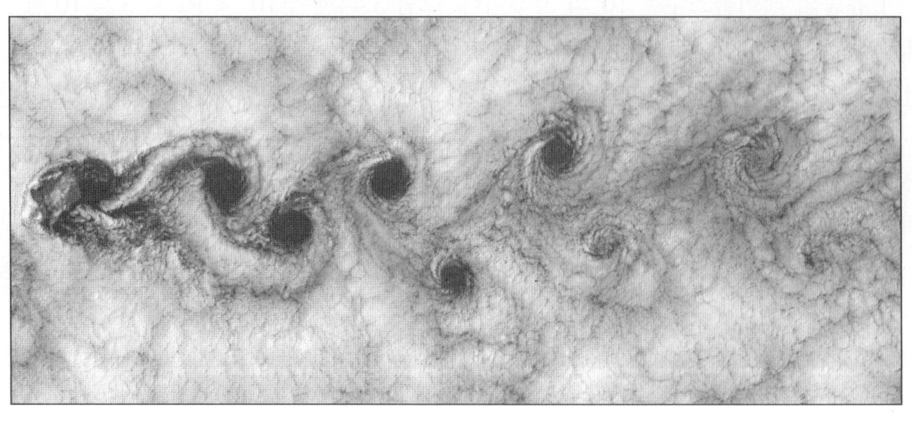

그림 3.48 원형 실린더 주위의 유동. Re = 140. 이 레이놀즈수에서 Karman vortex street가 실린더 뒤에 존재한다. (*출처*: *H. S. Photos/Alamy Stock Photo*)

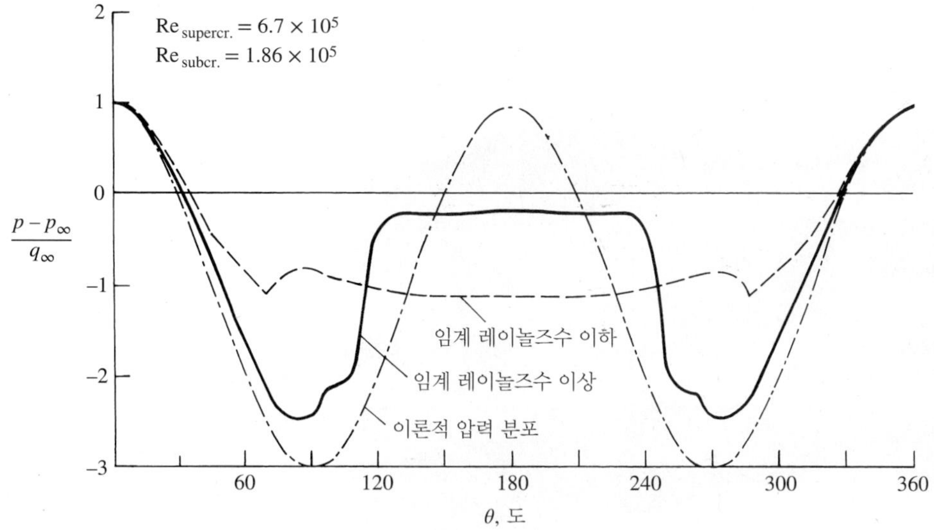

그림 3.49 ▶ 저속 유체에서 원형 실린더 주위의 압력 분포. 이론적인 압력 분포와 임계 레이놀즈수 이하와 임계 레이놀즈수 이상인 2개의 실험적인 압력 분포 비교

작은 각 위치에서 실린더의 뒷면에서 박리될 때까지 경계층은 표면에 완전히 부착되어 있다. 이 범위의 유동에 대해 실제로 C_D는 Re의 증가에 따라 약간 증가하는데, 후반부 표면에 있는 박리점이 실린더의 최상부와 최하부 쪽으로 움직이기 시작하여 더 두꺼운 후류를 생성하고, 따라서 더 큰 압력 저항을 만들기 때문이다.

종합하면, 이 절에 있는 사진과 그림으로부터 원형 실린더 주위의 실제 유동은 마찰 효과에 의해, 즉 실린더 후반면의 유동 박리에 의해 주로 지배된다는 것을 알 수 있다. 그 결과로 실린더 위에 유한한 크기의 항력이 발생하며 d'Alembert의 역설은 해결되었다.

항력 발생을 보다 자세히 조사해 보자. 비점성, 비압축성 유동 안에 있는 실린더 표면 주위의 이론적인 압력 분포는 그림 3.29에 나와 있다. 이에 대해 다른 레이놀즈수에 대한 실험의 측정에 근거한 몇 개의 실제 압력 분포는 그림 3.49에 나와 있으며, 3.13절에서 얻어진 이론적인 비점성 유동의 결과와 비교되어 있다. 실린더 앞부분의 표면 위에서는 이론과 실험이 잘 일치하지만, 뒷부분의 표면에서는 극적인 차이가 발생하는 것에 유의하라. 이론적인 결과는 정체점에서의 초기 전압력(total pressure)으로부터 앞부분의 표면을 따라 압력이 감소하고, 실린더 최상부와 최하부(θ = 90°와 270°)에서 최소 압력에 도달하며, 뒷부분의 표면에서 다시 증가하여 뒷면의 정체점에서 전압력을 회복하는 것을 보여준다. 이와는 반대로 유동의 박리가 일어나는 실제의 유동에서는 뒷부분 표면에서의 유동 박리 지역 내에서는 압력이 비교적 일정하며 자유 유동의 압력보다 약간 낮은 값을 갖는다. (박리된 유동의 지역에서 압력은 흔히 거의 일정한 값을 갖는다.) 뒷부분 표면에 있는 유동 박리 지역에서는 압력은 분명히 앞부분 표면에 존재하는 높은 값으로 환원되지 않는다. 앞면과 뒷면 사이에는 앞부분이 뒷부분보다 더 높은 값을 가지는 전체(net) 압력 분포의 비대칭이 존재하며, 이 비대칭이 실린더의 항력을 발생시킨다.

그림 3.44로 돌아가서 Re의 함수로 C_D의 변화를 다시 조사하라. Re ≈ 1의 Stokes 유동과 같은 매우 낮은 레이놀즈수에 관련된 영역은 항공역학적 응용에서는 일반적으로 흥미가 없는 곳이다. 예를 들어, 30 m/s(약 100 ft/sec 또는 68 mi/h)의 속도와 $\rho_\infty = 1.23\ \text{kg/m}^3$이며 $\mu_\infty = 1.79 \times 10^{-5}\ \text{kg/(m}\cdot\text{s)}$인 표준 해면 상태의 공기 유동 내에 있는 실린더를 고려하자. 실린더의 직경이 작을수록 레이놀즈수는 더 작아질 것이다. *질문*: Re = 1이 되기 위한 실린더의 직경은 얼마인가? 이에 대한 답은 다음과 같이 얻어진다.

$$\text{Re} = \frac{\rho_\infty V_\infty d}{\mu_\infty} = 1$$

그러므로

$$d = \frac{\mu_\infty}{\rho_\infty V_\infty} = \frac{1.79 \times 10^{-5}}{(1.23)(30)} = 4 \times 10^{-7}\ \text{m}$$

그림 3.50 프랑스의 SPAD XIII, 제1차 세계대전의 strut-and-wire 형식 복엽기의 예. 비행기 앞에 있는 사람은 Eddie Rickenbacker 대위(*MPI/Archive Photos/Getty Images*)

위 조건에서 Re = 1이 되기 위해서는 실린더 직경은 극도로 작아져야 한다. $d = 4 \times 10^{-7}$ m라는 값은 표준 해면 고도에서는 분자들의 평균 자유 거리(mean free path)인 6.6×10^{-8} m(평균 자유 거리에 대한 정의에 대해서는 1.10절 참조)보다 약간 큰 정도이다. 확실히 1 정도의 레이놀즈수는 실제적인 공기역학에서는 거의 중요하지 않다.

만일 이것이 사실이라면 실질적으로 중요성이 있는 실린더 주위의 유동에 대한 Re 값은 얼마인가? 이것에 대한 하나의 예로 그림 3.50에 보인 것 같은 제1차 세계대전 당시의 복엽기인 SPAD XIII의 윗날개와 아랫날개 사이에 있는 밧줄을 생각해 보자. 이 밧줄의 직경은 $\frac{3}{32}$ in 또는 0.0024 m다. SPAD의 최고 속도는 130 mi/h 또는 57.8 m/s다. 표준 해면 고도에서 이 속도에 대해서는 다음을 얻게 된다.

$$\text{Re} = \frac{\rho_\infty V_\infty d}{\mu_\infty} = \frac{(1.23)(57.8)(0.0024)}{1.79 \times 10^{-5}} = 9532$$

이 Re 값으로부터 비로소 실린더 주위의 실제적인 공기역학적 세계로 들어가는 것이다. 그림 3.44로부터 SPAD 위의 밧줄에 대해 $C_D = 1$임을 알게 되는 것은 흥미 있는 일이다. 비행기의 공기역학 관점에서 이 값은 비행기의 어느 부품에 대한 것이라 하더라도 높은 항력 계수이다. 실제로 제1차 세계대전 당시 복엽기에 사용된 밧줄은 항공기의 높은 항력의 원인이었기 때문에, 전쟁 초기에는 이 항력을 줄이기 위하여 대칭형 익형 모양의 단면적을 가진 보강 밧줄을 쓰기도 했다. 이러한 밧줄은 Farnborough에 있는 왕립 항공기 공장에서 일하던 영국인들에 의해 개발되어, SE-4 복엽기에 1914년 실험적으로 처음 시도되었다. 흥미롭게도 SPAD는 보통의 둥근 밧줄을 사용하였는데, 그럼에도 불구하고 제1차 세계대전 당시의 모든 비행기들 중 가장 빠른 비행기였다.

저자는 허리케인 Hugo가 1989년 9월 28일 사우스캐롤라이나의 Charleston을 완전히 파괴한 직후 그 지역을 여행하던 중 실린더의 항력 효과에 대한 또 다른 예를 보고 매우 놀랐다. Charleston을 벗어나 연방국도 17번(U.S. Route 17)을 따라 북쪽으로 여행하면 작은 어촌인 McClellanville이라는 마을 가까이에 있는 Francis Marion National Forest를 지나게 된다. 이 숲은 허리케인에 의해 거의 파괴되었는데, 60 ft의 소나무들이 밑둥 부근에서 꺾여 있었고 10그루 중 8그루가 쓰러져 있었다. 그 광경은 제1차 세계대전 당시의 프랑스 전쟁터과 흡사한 음산한 광경이었다. 어떤 형태의 힘이 이런 모양으로 전체의 숲을 파괴할 수 있는가? 이 질문에 답하기 위하여 기상청에서 허리케인 기간 중 돌풍의 측정값이 175 mi/h까지 기록된 것에 주목하였다. 전형적인 60 ft 소나무에 작용한 바람의 힘을 길이 60 ft와 직경 5 ft의 실린더에 작용하는 공기역학적 항력으로 대신하여 어림짐작하기로 하자. $V = 175$ mi/h $= 256.7$ ft/s, $\rho_\infty = 0.002377$ slug/ft^3, 그리고 $\mu_\infty = 3.7373 \times 10^{-7}$ slug/(ft · s)이므로 레이놀즈수는

$$\mathrm{Re} = \frac{\rho_\infty V_\infty d}{\mu_\infty} = \frac{(0.002377)(256.7)(5)}{3.7373 \times 10^{-7}} = 8.16 \times 10^6$$

그림 3.44를 조사해 보면 $C_D = 0.7$인 것을 알 수 있다. C_D는 실린더의 단위 길이당 항력과 동시에 투영된 전면 면적에 기반을 두고 있으므로 60 ft 높이를 갖는 나무 전체에서 얻어지는 전체 항력은 다음과 같다.

$$D = q_\infty S C_D = \frac{1}{2}\rho_\infty V_\infty^2 (d)(60) C_D$$
$$= \frac{1}{2}(0.002377)(256.7)^2(5)(60)(0.7) = 16{,}446 \text{ lb}$$

그 나무에 16000 lb의 힘이 작용했으며, 숲 전체가 다 파괴되는 것도 놀랄 일이 아니다(위 분석에서 수직의 실린더 끝을 지나는 유동의 끝부분 영향을 간과했다. 더욱이 표준 해면 고도의 밀도를 허리케인 내부에서 일어났을 대기압의 국소적인 감소에 대해 수정하지 않았다. 그러나 실린더에 작용하는 전체의 힘에 비교하면 이것들은 비교적 작은 영향에 불과하다). 나무에 대한 공기역학적 힘은, 특히 숲에 대해서는 여기서 검토한 것보다 복잡하다. 실제로 풍동 안에 나무를 설치하고 나무에 대한 공기역학적 힘을 연구한 경우가 있었다.[6)]

3.19 역사적 고찰: Bernoulli와 Euler—이론 유체역학의 기원

Historical Note: Bernoulli and Euler-The Origins of Theoretical Fluid Dyanmics

식 (3.14)와 (3.15)로 나타낸 Bernoulli 방정식은 유체역학에서 역사적으로 가장 유명한 방정식이다. 더욱이 우리는 Bernoulli 방정식을 편미분 형태의 일반적인 운동량 방정식으로부터 유도하였다. 운동량 방정식은 유체역학의 세 가지 기본 방정식 중 하나일 뿐이며, 다른 두 가지는 연속 방정식과 에너지 방정식이다. 이러한 방정식들은 2장에서 검토되었고 3장의 비압축성 유동에 적용되었다. 이 방정식들은 처음 어디서 유래되었는가? 이들은 역사가 얼마나 되며 또 누가 이들을 개발했는가? 모든 일반적인 유체역학, 특별히 공기역학이 이 기본 방정식 위에 설립되었다는 사실을 고려하면 잠시 멈추어 그들의 역사적 근원을 살펴보는 것도 의미 있는 일이다.

1.1절에서 검토한 것같이 Isaac Newton은 1687년의 그의 저서 *Principia*에서 힘, 운동량, 그리고 가속도들 사이의 관계에 대한 타당한 기초를 확립하였다. 비록 그가 노력은 하였지만 그는 이 개념을 움직이는 유체에 온전하게 적용할 수 없었다. 이론 유체역학에 대한 실제적 기초는 다음 세기까지 확립되지 않았는데, 이것은 Daniel Bernoulli, Leonhard Euler, 그리고 Jean Le Rond d'Alembert로 구성된 3인조에 의해 개발되었다.

먼저 Bernoulli를 생각하자. 실제로 Bernoulli 전 가족을 고려해야 하는데, Daniel Bernoulli는 18세기 초 유럽의 수학과 물리학 분야에 큰 영향을 주었던 명망 있는 가족의 한사람이었기 때문이다. 그림 3.51은 Bernoulli 가계도의

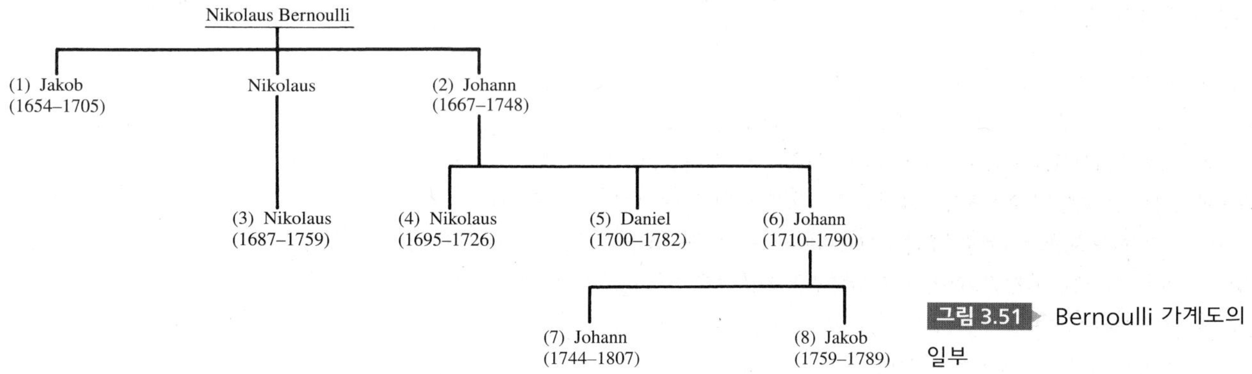

그림 3.51 Bernoulli 가계도의 일부

6) 보다 세부적인 사항은 숲의 공기역학에 대해 흥미 있는 검토를 한 John E. Allen이 저술한 *The Science of Air in Motion*이라는 제목의 McGraw-Hill, New York, 1982의 책을 참조하라.

일부이다. 그것은 Nikolaus Bernoulli부터 시작하는데, 그는 17세기 스위스 Basel에서 성공한 상인이었으며 약을 만드는 사람이었다. 이 가계도에 관심을 갖고 매우 성공적인 가족 중 단지 다음 몇 사람을 나열해 보자.

1. Jakob—Daniel의 삼촌. 수학자이며 물리학자로 Basel 대학 수학 교수였다. 고등수학에 중요한 기여를 하였고,'적분'이라는 어휘를 만들었다.
2. Johann—Daniel의 아버지. 네덜란드 Groningen 대학 수학 교수였으며 후에 Basel 대학에서 근무하였다. 유명한 프랑스의 수학자 L'Hospital에게 고등수학을 가르쳤으며, 1727년에 Newton이 사망한 후에는 그 당시 유럽의 제일가는 수학자로 인정받았다.
3. Nikolaus—Daniel의 사촌. 그의 삼촌 아래서 수학을 공부했고 수학 석사 학위와 법리학 박사 학위를 취득했다.
4. Nikolaus—Daniel의 형제. Johann이 가장 아끼는 아들이었다. 미술 석사 학위를 취득했고 고등수학 개발에 관해 Johann이 Newton과 Leibnitz와 교신할 때 많은 도움을 주었다.
5. Daniel 자신—아래에서 검토한다.
6. Johann—Daniel의 다른 형제. 아버지 뒤를 이어 Basel 대학 수학 분야 석좌 교수(Chair of Mathematics)를 역임했고, 그의 업적에 대해 파리 학술원(Paris Academy) 상을 4번이나 수상하였다.
7. Johann—Daniel의 조카. 천재성이 있는 아이로 법리학 석사를 14살에 취득하였다. 20세에 베를린 학술원의 천문관측기관을 재편성하기 위하여 Frederick II세로부터 초청받았다.
8. Jakob—Daniel의 다른 조카. 법리학 분야를 졸업했으나, 수학과 물리학 분야에서 일하였다. 러시아의 St. Petersburg에 있는 학술원 회원으로 추대되었으나 30세에 Neva 강에서 익사하는 바람에 촉망되던 경력이 미완으로 끝나고 말았다.

이러한 족보에서 Daniel Bernoulli는 성공할 운명을 타고났다.

Daniel Bernoulli는 1700년 2월 8일 네덜란드의 Groningen에서 태어났다. 그의 아버지인 Johann은 Groningen 대학의 교수였으나 1705년에 스위스 Basel로 돌아갔는데, Jakob Bernoulli의 사망으로 공석이 되었던 수학 석좌 교수가 되기 위해서였다. Basel 대학에서 Daniel은 철학과 논리학으로 1716년에 석사 학위를 받았다. 또한 Basel, Heidelburg, 그리고 Strasbourg에서 1721년에 해부학과 식물학으로 박사 학위를 받았다. 이 연구 기간 중에도 그는 수학에 대한 강한 흥미를 유지하고 있었다. 이 흥미 때문에 그는 잠시 Venice로 옮겨가 있었는데, 이곳에서 1724년에 *Exercitationes Mathematicae*라는 제목의 중요한 작품을 출판하였다. 이로 인해 관심의 대상이 되고 파리 학술원에서 수여하는 상을 받게 되었는데, 이것은 그가 이후 받게 될 10번의 상 중 첫 번째 상이었다. Daniel은 학술원에 합류하기 위하여 러시아의 St. Petersburg로 이사하였다. St. Petersburg의 학술원은 그 당시 장학금과 학문적 성취에 관하여 상당한 호평을 받고 있었다. 그 후 8년간 Bernoulli는 가장 창의적인 시기를 경험하게 된다. St. Petersburg에 있는 동안 유명한 책 *Hydrodynamica*를 저술하였는데, 1734년에 완성했으나 1738년까지 출판하지 않고 있었다. 1733년에 Daniel은 해부학과 식물학의 석좌 교수직을 위해 Basel로 돌아왔으며, 1750년에 그를 위해 만들어진 물리학 석좌 교수로 자리를 옮겼다. 물리학 분야 논문도 계속 썼으며 매우 인기 있고 출석률 높은 강의를 계속한 그는 1782년 3월 17일 Basel에서 사망할 때까지 수학과 물리학에 많은 기여를 하였다.

Daniel Bernoulli는 그의 생전에 유명했다. 그는 Bologna, St. Petersburg, Berlin, Paris, London, Bern, Turin, Zurich, 그리고 Mannheim 등과 같은 그 당시 존재하던 거의 모든 학술학회나 학술원의 회원이었다. 유체역학에 있어서의 그의 중요도는 그의 저서 *Hydrodynamica*(1738)에 집중되어 있다[이 책에서 Daniel은 '수동력학(hydraudynamics)'이라는 어휘를 문헌에 소개하였다]. 이 책에서 그는 제트 추진, 마노미터, 그리고 관내 유동 등의 제목들에 관한 내용들을 정리하였다. 그중에서 가장 중요한 것은 압력과 속도에 관한 관계를 얻으려 시도한 것이다. 유감스럽게도 그의 유도과정은 좀 모호했고 그의 저서 *Hydrodynamica*를 통해 역사적 업적으로 인정된 Bernoulli 방정식은 이 책에서 찾아볼 수 없는데, 적어도 요즈음 우리가 보는 것과 같은 형태[식 (3.14)나 (3.15)와 같은]로는 아니다. 식 (3.14)와 (3.15)의 소유권은 1743년에 *Hydraulica*라는 제목으로 책을 출판한 그의 아버지 Johann에 의해 더욱 복잡해졌다. 이후자의 책을 보면 아버지가 Bernoulli 이론을 아들보다 더 잘 이해하고 있었다는 것이 명확하다. 즉, Daniel은 압력을 마노미터 기둥의 높이로만 생각하였으나 Johann은 압력이 유체에 작용하는 힘이라는 보다 기본적인 이해를 하고 있었다. (Johann Bernoulli가 좀 예민하고 흥분을 잘하며 명성에 대한 욕구가 강한 사람이라는 사실은 흥미로운 일이다. 그는 Daniel의 *Hydrodynamica* 효과를 반감시키기 위하여 *Hydraulica*가 먼저 발표된 것처럼 출판 날짜를 1728년으로 조정하였다. 부자 간에 별로 애정이 없었다.)

Daniel Bernoulli가 가장 활발하게 활동했던 시기에는 수학과 물리 분야의 편미분 방정식이 아직 소개되지 않았었다. 그러므로 그는 우리가 3.2절에서 본 것 같은 모양의 Bernoulli 방정식 유도에 접근할 수가 없었다. 수리 물리학에 편미분 방정식이 소개된 것은 1747년 d'Alembert에 의해서였다. d'Alembert의 유체역학 분야에서의 역할은 3.20절에 상세히 나와 있다. 여기서는 그의 기여가 Bernoulli의 기여보다 나으면 나았지 결코 못하지 않았다고 말하는 것으로 충분하며, 18세기 이론 유체역학 기반을 다진 삼인조 중 두 번째 인물로 대변된다.

이 삼인조 중 세 번째이며 아마 가장 중심적인 인물이 Leonhard Euler다. 그는 18세기 수학자와 과학자들 중에서 거인이었다. 그의 기여의 결과로 그의 이름이 수많은 방정식들과 기법들에 연관되어 있는데, 예를 들어 상미분 방정식의 Euler 수치해법, 기하학에서의 Euler각, 그리고 비점성 유동에 대한 운동량 방정식 등이 있다[식 (3.12) 참조].

Leonhard Euler는 스위스 Basel에서 1707년 4월 15일에 태어났다. 그의 아버지는 기독교 목사였으며 여가시간에 수학을 즐겼다. 그래서 Euler는 지적인 활동을 장려하는 가정환경에서 자라났다. 13살에 Euler는 Basel 대학에 입학했는데, 그 당시에는 교수 19명에 학생 100명 가량이 재학 중이었다. 이 교수들 중 한사람이 Johann Bernoulli였으며 그가 Euler에게 수학을 가르쳤다. 3년 후에 Euler는 철학에서 석사 학위를 받았다.

초기 이론 유체역학 개발에 가장 영향을 많이 준 세 사람인 Johann과 Daniel Bernoulli와 Euler가 Basel이라는 한 마을에 살았고 같은 대학에서 수학했으며, 그리고 동시대 사람이었다는 것은 흥미 있는 일이다. 분명 Euler와 Bernoulli는 가까웠고 서로 존경하는 친구였다. 그렇기 때문에 1725년 Daniel Bernoulli가 St. Petersburg 학술원에 강의와 연구 목적으로 자리를 옮겼을 때 Euler도 함께 고용해 줄 것을 요청한 것이다. 이 초청으로 Euler는 Basel을 떠나 러시아로 향했고, 비록 스위스 시민으로 평생 남아 있었지만 다시는 스위스로 돌아오지 않았다.

유체역학 개발에 있어서 Euler와 Daniel Bernoulli 간 교류는 St. Petersburg에서의 기간 동안 더욱 왕성했다. 이곳에서 Euler는 압력이 유체 내의 한 점에서 다른 점으로 옮길 때 변할 수 있는 점 상태량이라는 생각을 하게 되었고 압력과 속도와의 관계를 맺어주는 미분 방정식을 얻었는데, 그것이 식 (3.12)로 주어진 *Euler 방정식*이다. 또한 Euler는 그 방정식을 적분하여 역사적 최초로 식 (3.14)와 (3.15) 형태의 Bernoulli 방정식을 얻었다. 그러므로 Bernoulli 방정식은 정말 잘못 이름 지어졌다는 사실을 알 수 있으며, 그 공로는 합법적으로 Euler와 공유해야 할 것이다.

Daniel Bernoulli가 1733년에 Basel로 돌아갔을 때 Euler는 St. Petersburg에서 물리학 교수로 그의 뒤를 이었다. Euler는 활동적이며 생산성이 높은 사람이었다. 1741년까지 그는 출판을 위하여 90편의 논문을 준비하였으며 2권으로 된 *Mechanica*라는 책을 저술하였다. St. Petersburg의 분위기는 이러한 성취를 유도하기에 합당했다. 1749년에 Euler는 다음과 같이 기술했다. "상당 기간 동안 러시아 왕립 학술원과 함께 할 수 있는 행운을 가졌던 나와 다른 모든 사람들은 현재 우리가 이룬 것과 소유한 모든 것이 여기서 누린 좋은 조건에 기인했다는 것을 인정하지 않을 수 없다."

그러나 1740년 St. Petersburg의 정치적 불안이 Euler로 하여금 Frederick 대제가 갓 창립한 Berlin의 과학학회로 떠나도록 만들었다. 그 후 Euler는 Berlin에서 25년간 살았고 그 학회를 주요 학술원으로 변환시켰다. Berlin에서 Euler는 그의 역동적인 연구 자세를 계속 유지했고 출판을 위한 논문을 적어도 380편 정도 마련하였다. 여기서 d'Alembert의 경쟁자로서의(3.20절 참조) Euler는 수리 물리학의 기반을 형성하였다.

1766년, 학술원의 재정 관점에 대하여 Fredetick 대제와 큰 의견 차이가 있은 후에 Euler는 St. Petersburg로 돌아갔다. 이 러시아에서의 두 번째 삶은 육체적 고난의 시기였다. 그 해 짧은 기간 동안의 발병 후에 한쪽 눈이 실명되었다. 1771년의 수술이 그의 시력을 회복시켰었으나 단지 며칠뿐이었다. 그는 수술 후 올바른 조치를 취하지 않았고 며칠 만에 완전히 실명하였다. 그러나 타인들의 도움을 받아 연구를 계속하였다. 그의 사고는 전과 동일하게 예민했으며 그의 용기는 조금도 줄지 않았다. 그의 학문적 성과는 더 높아지기까지 했다. 그의 논문 중 절반 이상이 1765년 이후에 쓰여졌다!

1783년 9월 18일, Euler는 평소와 같은 업무를 하고 있었다. 즉, 수학 강의를 하고, 풍선의 움직임에 대한 계산을 하고, 최근에 발견된 행성인 명왕성에 대해 친구들과 토론을 하고 있었다. 오후 5시경, 그에게 뇌출혈이 발생했다. 정신을 잃기 전에 그가 한 말은 단지 "나는 죽어간다"라는 말뿐이었다. 그날 밤 11시 역사상 가장 위대한 인물 중 한 사람이 더 이상 존재하지 않게 되었다.

Bernoulli와 Euler와 d'Alembert (3.20절 참조)의 생애를 배경으로 이제 유체역학의 기본 방정식들에 대한 유전자들을 추적해 보자. 예를 들어, 식 (2.52) 형태의 연속 방정식을 고려해 보자. 비록 Newton이 '특정한 물체의 질량은 일정하다'라는 명확한 사실을 공리로 만들었지만, 이 원칙은 1749년까지는 유체역학에 올바르게 적용되지 못했다. 그 해에 d'Alembert는 파리에서 <Essai d'une nouvelle theorie de la resistance des fluides>라는 제목의 논문을 발표했는데, 그 논문에서 평면 유동과 축대칭 유동에만 특별히 적용되는 질량 보존에 대한 미분 방정식을 고안했다. Euler는 d'Alembert의 결과를 취하여, 8년 후에 유체역학에 대한 3개의 연속된 논문에서 그 결과를 일반화하였다. 이 논문에서 Euler는 역사상 처음으로 연속 방정식을 식 (2.52) 형태로, 그리고 운동량 방정식을 점성항 없이 식 (2.113*a*와 *c*) 형태로 출판하였다. 그러므로 오늘날 사용되고 있는 유체역학의 3개의 기본 방정식 중 2개는 미국 독립전쟁보다 훨씬 전에 잘 정립되어 있었으며, 이 방정식들은 George Washington과 Thomas Jefferson과 동시대의 것들이다!

식 (2.96) 형태의 점성항이 없는 에너지 방정식은 19세기 열역학 발전에 그 뿌리를 두고 있다. 그것이 처음 사용된 정확한 시기는 알려지지 않았으며 19세기 물리학의 급격한 발전 속 어딘가에 묻혀버렸다.

이 절의 목적은 유체역학 기본 방정식의 역사적 개발에 대한 감각을 독자들에게 주려는 것이다. 아마도 이 방정식이 우리와 매우 오랜 시간 함께 있었다는 것과 이들이 18세기 가장 위대한 인물들의 많은 사고의 산물이라는 것을 알게 되면 이 식을 보다 잘 이해하게 될 것이다.

3.20 역사적 고찰: d'Alembert와 그의 역설 *Historical Note: d'Alembert and His Paradox*

여러분은 Jean le Rond d'Alembert가 1744년 <Traite de l'equilibre et des mouvements de fluids pour servir de suite au traite de dynamique>라는 제목의 논문에서 닫혀진 2차원 물체 주위의 비점성, 비압축성 유동에 대해 항력이 0인 결과를 얻었을 때의 좌절감을 상상할 수 있을 것이다. 다른 접근 방법을 사용하여 1752년에 <Essai sur la resistance>라는 논문에서 다시 한번, 그리고 1768년에 <Opuscules mathematiques>라는 논문에서 또 다시 같은 결과와 마주쳤다. 이 마지막 논문에서 15장 첫머리에 주어진 인용문을 찾을 수 있는데, 요점은 그가 이 역설을 설명하기 위한 노력을 포기한다는 것이다. 비록 d'Alembert 시대에 유체역학적 항력을 예측하는 것이 매우 중요한 일이었고, 많은 천재들이 그것을 검토했음에도 불구하고 점성이 항력의 원인이라는 사실은 모르고 있었다. 반대로 d'Alembert의 분석은 마찰 없는 유동에서의 운동량 원칙을 사용하고 있었으며, 매우 당연히 물체의 하류 부분에서 유동장은 매끄럽게 닫히고 항력이 0이 된다는 것을 발견하였다. d'Alembert는 누구인가? 유체역학 발전과정에서 그의 역설이 차지한 역할을 고려하면 그를 보다 자세히 살펴보기 위하여 시간을 할애하는 것은 가치 있는 일이다.

d'Alembert는 1717년 11월 17일 파리에서 비합법적으로 태어났다. 그의 어머니는 그 당시 유명했던 살롱의 호스티스였던 Madame De Tenun이었고, 그의 아버지는 기병대 장교였던 Chevalier Destouches-Canon이었다. d'Alembert는 그의 어머니에 의해 즉시 버림받았다(그녀는 전에 수녀였으며 강제로 수녀원으로 송환되는 것을 두려워했다). 그러나 그의 아버지가 재빨리 d'Alembert를 위하여 집을 마련해 주었는데, Rousseau라는 이름의 평범한 가족의 집이었다. d'Alembert는 이 가족들과 이후 47년간 함께 살았다. 아버지의 지원으로 d'Alembert는 College de Quatre-Nations에서 교육을 받았으며, 여기서 그는 법과 의학을 공부했고 후에 수학으로 방향을 바꾸었다. 그의 생애 나머지 기간 동안 d'Alembert는 자신이 수학자라고 생각했을 것이다. 본인의 계획에 의한 독학으로 Newton과 Bernoulli의 연구 업적을 공부하였다. 그의 초창기의 수학이 파리 과학 학술원의 주목을 받았고 1741년에 회원이 되었다. d'Alembert는 좀 성

급하게 출판을 하였는데, 그의 경쟁자들보다 먼저 출판하려는 목적 때문이었다. 어쨌든 그는 그 시대 과학계에 상당한 기여를 하였다. 예를 들어 그는 (1) 처음으로 고전 물리학의 진동 방정식을 수립하였고, (2) 처음으로 편미분 방정식의 개념에 대한 발표를 하였고, (3) 처음으로 편미분 방정식의 해를 구하였고(변수 분리 기법을 사용하였다), (4) 처음으로 유체역학의 미분 방정식을 유동장의 항으로 표시하였다. 그와 동시대 사람이었던 Leonhard Euler (1.1절과 3.18절 참조)는 후에 이 방정식들을 크게 확장시켰으며, 유체역학 해석을 위한 진정한 합리적인 방법으로 그들을 발전시켰다.

생전에 d'Alembert는 진동, 파동의 움직임, 그리고 천체역학 같은 여러 분야의 과학적이며 수학적인 주제에 흥미를 보였다. 1750년대에는 *Encyclopedia*의 과학 분야 편집자라는 영광스러운 자리에 앉게 되었는데, 이것은 당시에 존재하는 모든 지식을 여러 권의 책에 축적시키려는 목적으로 18세기 프랑스 지식인들이 추진한 큰 과업이었다. 늙어가면서 비과학적인 주제에 관한 논문을 쓰기도 했는데, 주로 음악의 구성, 법, 그리고 종교에 관한 것들이었다.

1765년에 d'Alembert는 중병을 앓게 되었다. 그는 Mlle. Julie de Lespinasse의 간호로 회복하게 되는데, 이 여인은 d'Alembert의 전 생애를 통틀어 단 한 사람의 연인이었다. 비록 결혼은 하지 않았지만 1776년에 그녀가 죽을 때까지 함께 살았다. d'Alembert는 항상 매력 있는 신사였고, 지성과 쾌활함과 상당한 대화 실력으로 널리 알려져 있었다. 그러나 Mlle. de Lespinasse의 사망 후 좌절감에 빠져 침울해졌고 절망스러운 생활을 하였다. 그는 이런 상태에서 1783년 10월 29일 파리에서 사망하였다.

d'Alembert는 18세기에 살았던 위대한 수학자이며 물리학자 중 한 사람이었다. 그는 Bernoulli 및 Euler 두 사람과 활발한 통신과 대화를 유지했으며, 그들과 함께 현대 유체역학의 창시자로 여겨지고 있다. 이 사람이 지난 두 세기 동안 유체역학 분야의 일부로 존재했던 역설 뒤에 있었던 바로 그 인물이다.

3.21 요약 *Summary*

그림 3.4의 이정표로 돌아가자. 비점성, 비압축성 유동의 기초에 대한 검토에서 우리가 거쳐 왔던 이정표 각각의 구역들을 조사해 보자. 앞으로 더 진행하기 전에 각각의 구역에서 대표되는 세부적인 내용들과 각각의 구역들이 창의력과 개념의 전반적인 유동과 어떻게 연관되어 있는지를 잘 이해하도록 하라.

편리를 위하여 이 장의 가장 중요한 사항 중 몇 개를 다음에 요약하였다.

Bernoulli 방정식

$$p + \frac{1}{2}\rho V^2 = \text{const}$$

(*a*) 비점성, 비압축성 유동에만 적용된다.
(*b*) 회전성이 있는 유동에서는 유선을 따라서만 적용된다.
(*c*) 비회전성 유동에 대해서는 유동 내 모든 점에 적용된다.
(*d*) 위에 주어진 형태의 식에서는 체적력(중력 등)은 무시되었고 정상유동이라고 가정하였다.

준1차원 연속 방정식

$$\rho AV = \text{const} \qquad \text{(압축성 유동)}$$
$$AV = \text{const} \qquad \text{(비압축성 유동)}$$

전압력 p_0와 정압 p_1의 측정으로부터 비압축성 유동의 속도는 다음과 같이 주어진다.

$$V_1 = \sqrt{\frac{2(p_0 - p_1)}{\rho}} \tag{3.34}$$

압력 계수

정의:

$$C_p = \frac{p - p_\infty}{q_\infty} \tag{3.36}$$

여기서 동압은 $q_\infty \equiv \frac{1}{2}\rho_\infty V_\infty^2$

마찰이 없는 비압축성 정상 유동에 대하여

$$C_p = 1 - \left(\frac{V}{V_\infty}\right)^2 \tag{3.38}$$

지배 방정식

$$\nabla \cdot \mathbf{V} = 0 \quad \text{(비압축성 조건)} \tag{3.39}$$

$$\nabla^2 \phi = 0 \quad \text{(Laplace 방정식: 비회전성, 비압축성 유동에 적용)} \tag{3.40}$$

또는

$$\nabla^2 \psi = 0 \tag{3.46}$$

경계 조건

$$\left.\begin{aligned} u &= \frac{\partial \phi}{\partial x} = \frac{\partial \psi}{\partial y} = V_\infty \\ v &= \frac{\partial \phi}{\partial y} = -\frac{\partial \psi}{\partial x} = 0 \end{aligned}\right\} \quad \text{무한대에서}$$

$$\mathbf{V} \cdot \mathbf{n} = 0 \quad \text{물체에서[유동 접선 조건(flow tangency condition)]}$$

기초 유동

(*a*) 균일 유동:

$$\phi = V_\infty x = V_\infty r \cos\theta \tag{3.53}$$

$$\psi = V_\infty y = V_\infty r \sin\theta \tag{3.55}$$

(*b*) 용출 유동:

$$\phi = \frac{\Lambda}{2\pi} \ln r \tag{3.67}$$

$$\psi = \frac{\Lambda}{2\pi}\theta \tag{3.72}$$

$$V_r = \frac{\Lambda}{2\pi r} \qquad V_\theta = 0 \tag{3.62}$$

(*c*) 더블릿 유동:

$$\phi = \frac{\kappa}{2\pi}\frac{\cos\theta}{r} \tag{3.88}$$

$$\psi = -\frac{\kappa}{2\pi}\frac{\sin\theta}{r} \tag{3.87}$$

(*d*) 와류 유동:

$$\phi = -\frac{\Gamma}{2\pi}\theta \tag{3.112}$$

$$\psi = \frac{\Gamma}{2\pi}\ln r \tag{3.114}$$

$$V_\theta = -\frac{\Gamma}{2\pi r} \qquad V_r = 0 \tag{3.105}$$

실린더 주위의 비점성 유동

(*a*) 비양력(균일 유동과 더블릿)

$$\psi = (V_\infty r \sin\theta)\left(1 - \frac{R^2}{r^2}\right) \tag{3.92}$$

여기서 R = 실린더 반경 $= \kappa/2\pi V_\infty$

표면 속도:

$$V_\infty = -2V_\infty \sin\theta \tag{3.100}$$

표면 압력 계수:

$$C_p = 1 - 4\sin^2\theta \tag{3.101}$$

$$L = D = 0$$

(*b*) 양력(균일 유동 + 더블릿 + 와류)

$$\psi = (V_\infty r \sin\theta)\left(1 - \frac{R^2}{r^2}\right) + \frac{\Gamma}{2\pi}\ln\frac{r}{R} \tag{3.118}$$

표면 속도:

$$V_\theta = -2V_\infty \sin\theta - \frac{\Gamma}{2\pi R} \tag{3.125}$$

$$L' = \rho_\infty V_\infty \Gamma \qquad \text{(단위 스팬 길이당 양력)} \tag{3.140}$$

$$D = 0$$

Kutta-Joukowski 정리

임의 형상의 닫혀 있는 2차원 물체에 대하여 단위 스팬 길이당 양력은 $L' = \rho_\infty V_\infty \Gamma$이다.

용출 패널 기법

이것은 임의의 형상 주위의 비양력 유동을 계산하는 수치해법이다. 지배 방정식은

$$\frac{\lambda_i}{2} + \sum_{\substack{j=1 \\ (j\neq 1)}}^{n} \frac{\lambda_j}{2\pi}\int_j \frac{\partial}{\partial n_i}(\ln r_{ij})\,ds_j + V_\infty \cos\beta_i = 0 \qquad (i = 1, 2, \ldots, n) \tag{3.152}$$

3.22 통합 문제 도전: 공기역학적 항력과 유동장 내에서의 전압력 손실 사이의 관계

개념: 유체의 유동 내의 전압력에 대한 개념은 공기 속도의 측정을 위한 피토관의 사용과 연관되어 3.4절에서 소개하였다. 그러나, 전압력은 단순히 물체 표면 위의 정체점에 존재하는 압력보다 더 중요한 의미가 있다. 일반적인 정의에

의하면 그것은 유동 내의 어느 점에서 유동의 속도가 마찰이나 열전달 같은 소산적인 영향을 받지 않고 마술같이 영의 속도로 감속되었을 때 그 점에 존재할 수 있는 압력이다. 전압력에 대한 더 완전한 검토는 압축성 유동의 일반적인 경우를 취급하는 7.5절에서 논의될 것이다. 지금의 우리 목적을 위해서는, 우리는 비압축성 유동의 취급을 계속할 것이며, 식 (3.35)에 의하여 전압력 p_0는 $p_0 = p_1 + \frac{1}{2}\rho V_1^2$으로 주어진다. 이 관계식은 Bernoulli 방정식에 뿌리를 두고 있으며, 따라서 마찰이 없는 비압축성 유동에 적용된다. 그러나, 그 '마찰이 없다'는 조건은 그 국지적인 유동 속도를 영으로 감속시키는 유동의 그 부분의 과정에만 적용된다는 것을 인식해야 한다. 3.4절에서 검토했던 것 같이 이 감속하는 과정은 사실일 수도 있는데, 이것은 피토관의 입구나 또는 물체 표면 위의 정체점에서 유동이 정지하게 될 때 발생하는 것과 같은 현상이다. 또는, 그 감속하는 과정은 허상일 수도 있는데, 그 경우는 유동 안의 어느 점에서 우리가 그 유동을 영의 속도로 감속시킨다고 상상할 때 *그 점에* 존재할 수 있는 압력이 정의에 의한 그 점의 *전압력*이다. 예를 들면, 점 1과 점 2의 두 점을 생각하고 그곳의 정압과 속도가 각각 p_1, V_1, p_2, 그리고 V_2라고 가정하자. 점 1에서는

$$p_{0_1} = p_1 + \frac{1}{2}\rho V_1^2$$

그리고 점 2에서는

$$p_{0_2} = p_2 + \frac{1}{2}\rho V_2^2$$

일반적으로, 이 두 개의 점에서는 유동의 소산적인 영향 때문에 전압력은 같지 않다, 즉 $p_{0_1} \neq p_{0_2}$이다. 내부적인 소산 현상이 없는 유동의 경우에만, 즉 외부적인 마찰이나 열전달이 없는 경우에만 전압력은 같을 것이다. 물론, 이 장에서 우리는 마찰이 없는 유동을 취급하고 있으며, 따라서 여기서 고려하고 있는 모든 유동은 물체 전방이나, 또는 풍동의 입구에 균일한 자유 유동이 있다고 가정하기 때문에 전압력은 유동 전체에서 일정하다.

전압력은 유동이 어떤 종류의 '유익한 일'을 할 수 있는 능력의 척도이다. 정압력의 *손실*이 존재할 경우에는 그 유동은 유용한 일을 할 수 있는 그의 능력의 일부를 잃게 된다. 예를 들면, 제트엔진을 통해 흘러가는 유동에서 전압력의 손실은 엔진의 추력 손실을 발생시킨다. 공기역학적 물체의 외부를 흘러가는 유동에서는 물체의 항력이 그 유동의 전압력 손실을 발생시킨다. 그것이 현재의 통합 문제 도전 주제와 정확히 일치하는 결과이다.

도전: 물체 표면 위의 공기역학적 항력과 유동장 안의 전압력 손실 사이의 관계를 검토하고 유도하라.

해: 그림 2.20*a*에 그려져 있는 검사 체적을 고려하라. 여기에서, 검사 체적 안의 물체 위의 단위 스팬당 항력은 유동 내의 운동량의 손실과 관련되어 있으며, 그 관계는 식 (2.78)과 (2.79)의 조합으로 주어져 있다.

$$D' = -\oiint_S (\rho \mathbf{V} \cdot \mathbf{ds})u = \int_i^a \rho_1 u_1^2 dy - \int_h^b \rho_2 u_2^2 dy \tag{C3.1}$$

$i - a$ 지점에서는

$$p_{0_1} = p_1 + \frac{1}{2}\rho u_1^2$$

여기에서 p_1과 u_1은 그 지점에서 일정하며 u_1은 물체 전방의 자유 유동 속도 V_∞이다. 그러므로

$$p_{0_1} = p_1 + \frac{1}{2}\rho V_\infty^2 \tag{C3.2}$$

$h - b$ 지점을 따라서는

$$p_{0_2} = p_2 + \frac{1}{2}\rho u_2^2 \tag{C3.3}$$

여기에서 p_2는 그 지점 전반에서 일정하나 u_2는 물체의 후류 안에서 변화한다.

유동이 입구 지점에서 적분된 전압력은

$$\int_i^a p_{0_1} dy = \int_i^a \left(p_1 + \frac{1}{2}\rho V_\infty^2\right) dy$$

그리고 유동 출구에서 적분된 전압력은

$$\int_h^b p_{0_1} dy = \int_h^b \left(p_2 + \frac{1}{2}\rho u_2^2\right) dy$$

입구와 출구 사이에서 전압력의 순손실은 이 두 적분의 차이이다. 전압력의 순손실을 IL이라 하면

$$IL = \int_i^a \left(p_1 + \frac{1}{2}\rho V_\infty^2\right) dy - \int_h^b \left(p_2 + \frac{1}{2}\rho u_2^2\right) dy \tag{C3.4}$$

지점 ai와 hb 사이의 정압은 일정하며 그 값은 p_∞이다. 또한, 그림 2.20a에 그려져 있는 검사 체적의 위와 아래의 경계면을 이루고 있는 유선은 충분히 멀리 떨어져 있고 본질적으로 직선이며 평행한 유선으로 생각한다; 그러므로 ia와 hb의 거리는 같다. 그러므로 식 (3.4)에서 정압을 포함한 항들은

$$\int_i^a p_1 dy - \int_h^b p_2 dy = \int_i^a p_\infty dy - \int_i^a p_\infty dy = 0$$

그리고 식 (3.4)는 다음과 같이 된다.

$$IL = \int_i^a \left(\frac{1}{2}\rho V_\infty^2 - \frac{1}{2}\rho u_2^2\right) dy \tag{C3.5}$$

또는, ρ가 일정하므로

$$IL = \frac{1}{2}\rho \int_i^a \left(V_\infty^2 - u_2^2\right) dy \tag{C3.6}$$

그러나 식 (C3.1)로부터

$$\rho \int_i^a \left(V_\infty^2 - u_2^2\right) dy = D' \tag{C3.7}$$

식 (C3.6)과 (C3.7)을 비교하면 다음을 얻는다.

$$\boxed{IL = \frac{1}{2}D'} \tag{C3.8}$$

이것은 입구 경계면부터 출구 경계면까지의 단위 길이의 깊이에 대하여 전압력의 순손실이 존재하며, 이 전압력 손실의 합계는 유동에 잠겨있는 물체에 단위 스팬당 발생하는 공기역학적 항력의 이 분의 일과 같다는 것이다.

그러므로 우리는 항력과 전압력의 손실 사이에 관련이 있다는 것을 알았다. 전압력은 유동이 유익한 일을 할 수 있는 능력의 척도이다. 항력은 물체가 앞으로 진행하려는 것을 방해하는 힘이다; 항력은 일종의 '부정적인(음수의) 일'을 생성시키는 작용(mechanism)이며, 이것은 물체를 움직이게 하기 위하여 긍정적인(양수의) 일로 보상을 해 주어야 한다. 물체 위를 지나가는 유동에서는 항력은 국지적인 유동장의 속도를 감소시키는 역할을 하며 이것은 전압력의 감소로 나타난다.

3.23 통합 문제 도전: 아음속 풍동의 개념 설계

개념: 저속 아음속 풍동의 시험부 안의 공기역학적 유동은 3.3절에서 검토하였다. 이러한 풍동의 두 가지 형태는 그림

3.8*a*와 *b*에 나타나 있는데 각각 개방형 풍동과 폐쇄형 풍동이다. 이러한 풍동들은 공기역학적 장치인데 비행기가 공기역학적 장치인 것과 같은 개념이다. 그리고 비행기가 어떤 종류의 모터에 의하여 동력을 얻는 것과 같이 풍동도 모터에 의하여 동력을 얻는데, 그림 3.8에 나와 있다. 항공기의 개념 설계는 그 비행기가 성취해야 할 요구조건의 규격에서부터 시작하며 이러한 규격을 만족시키기에 필요한 동력의 초기 계산이 개념 설계 과정에서의 핵심적인 부분이다. [Anderson의 *Aircraft Performance and Design*(항공기 성능과 설계), 1999, McGraw Hill, Chapter 7을 참조하라.] 이와 유사하게 풍동의 설계도 시험부 안에서의 공기역학적 유동을 위한 규격의 결정에서 시작하며, 그 지정된 조건을 만족시키기 위하여 풍동을 가동시키기에 필요한 동력을 결정하는 것이 풍동의 개념 설계 과정에서 핵심적인 부분이다. 이번의 통합 문제 도전의 목적은 이 설계과정을 설명하는 것이다.

도전: 당신이 새로운 아음속 풍동의 설계하는 임무를 부여받았다고 생각하자. 그 규격은 시험부 유동의 최고 속도가 120 m/s이며 시험부의 크기는 날개의 스팬이 2 m인 비행기 모델을 장착할 수 있는 크기를 요구하고 있다. 유동 방향의 레이놀즈수의 크기는 2천5백만이 가능해야 한다. 그 규격은 또한 폐회로식 풍동을 요구하고 있는데, 그 이유는 이러한 풍동을 가동하는 데 같은 시험부 조건의 개회로식 풍동보다 더 적은 동력을 요구하기 때문이다. 물론 그림 3.8을 한번 보기만 해도 폐회로식 풍동이 개회로식 풍동보다 훨씬 더 많은 실험실 공간이 필요한 것을 알 수 있지만, 현재의 설계에서 우리는 공간의 제약이 없는 것으로 가정한다. 당신의 도전은 새로운 풍동의 개념 설계를 준비하는 것이며, 특별히 풍동 회로에 유동을 가동시키기에 필요한 동력을 추산하는 것이다.

해: 첫 번째 단계는 *시험부*의 *크기*를 결정하는 것이다. 우리는 직사각형 모양의 시험부를 선택하고, 그리고 우리는 유동 방향에 수직인 단면적의 넓이와 높이와 유동 방향으로의 시험부의 길이를 결정해야 한다. 대부분의 경우 시험부 단면에 대한 엄밀한 기술적인 계산은 하지 않는다; 정말로 꼭 가져야 하는 '올바른' 크기는 없는데 이것은 새로운 비행기에 대한 '올바른' 모양이 없는 것과 똑같다. 수많은 형상과 크기가 존재한다. 설계자가 크기와 형상을 선택할 때에는 그 또는 그녀는 잘 작동하고 있다고 증명된 기존의 설계를 많이 참고한다. 우리의 통합 문제 도전을 위하여 우리는 기존의 풍동 설계들을 검토하고 이러한 설계들을 기반으로 몇 가지의 결정을 할 것이다. 하나의 훌륭한 설계자료는 Barlow, Rae와 Pope가 저술한 *Low-Speed Wind Tunnel Testing*, 제3판, 1999, John Wiley and Sons, New York이다. 우리의 규격은 2-meter의 날개 스팬을 가진 비행기 모델이 편안하게 설치될 수 있는 크기의 넓이를 요구하고 있다. Barlow와 그의 동료 저자들은 공기역학적 측정에서 풍동 벽의 영향을 최소로 하기 위하여 날개 스팬의 최대값은 풍동 넓이의 0.8보다 작아야 한다고 추천하였다. 우리의 비행기 모델의 날개 스팬이 풍동 넓이의 0.7 정도 되도록 시험부의 넓이를 설계하자. 그러므로

$$\text{Width} = \frac{2\text{ m}}{0.7} = 2.86\text{ m}$$

풍동을 제작하는 과정 중의 우리의 편리를 위하여 그 넓이를 3 m로 반올림한다. Barlow와 그의 동료 저자들은 넓이와 높이의 비가 약 1.5 정도 되는 직사각형의 시험부가 측정된 자료의 벽면 효과 수정을 최소화할 것이라고 제안하였다. 그래서 우리는 시험부의 높이를

$$\text{Height} = \frac{\text{width}}{1.5} = \frac{3\text{ m}}{1.5} = 2\text{ m}$$

그러므로 우리의 풍동은 2 × 3-m의 시험부를 갖게 될 것이다. 참고로 우리는 수년 전에 보잉사에 의해서 워싱턴 주립대학교 안에 건설된 아음속 풍동이 8 × 12 ft의 직사각형 시험부를 가지고 있는 것을 알았는데(Barlow et al., p. 102를 보라), 이것은 우리의 설계에서 선택한 것과 같은 2대 3의 비율이다.

우리의 시험부는 시험부의 지정된 시험 레이놀즈수가 최대 2천 5백만(25×10^6)을 줄 수 있도록 충분히 길어야 한다. 이 레이놀즈수를 달성하기 위하여 시험부의 지정된 유동의 속도가 120 m/s인 것을 기억하고, 1.11절에서 정의된 대로 시험부의 유동의 온도와 밀도가 표준 해면 조건(부록 D를 보라)인 $T_\infty = 288.16$ K와 $\rho_\infty = 1.225$ kg/m^3, 그리고 이 온도에서의 마찰계수는 1.7894×10^{-5} kg/(m)(s)인 것을 인지하면 요구되는 시험부의 길이 ℓ은 다음과 같이 구할

수 있다.

$$\mathrm{Re} = \rho_\infty V_\infty \frac{\ell}{\mu_\infty} = 25 \times 10^6$$

또는

$$\ell = \frac{\mu_\infty \mathrm{Re}}{\rho_\infty V_\infty} = \frac{(1.7894 \times 10^{-5})(25 \times 10^6)}{(1.225)(120)}$$

$$\ell = 3.046 \text{ m}$$

다시금 우리는 보수적으로 시험부의 크기를 약간 더 길게, 즉 3.2 m로 선택할 것이다. 그러므로 우리의 시험부 크기는 다음과 같이 될 것이다.

높이 : 넓이 : 길이 = 2 m × 3 m × 3.2 m

주의: 하나의 비행기가 필요한 것보다 크게 설계되면 그 비행기는 더 큰 무게와 더 큰 표면적을 가지게 되며 그것은 필요한 것보다 더 큰 항력을 발생할 것이고, 따라서 필요한 것보다 더 큰 엔진을 필요로 할 것이다. 이와 유사하게 필요한 것보다 더 큰 시험부를 갖는 풍동은 공기의 체적 유동이 더 많이 필요하게 되며 벽면의 접촉 면적이 필요한 것보다 더 커지게 되어, 이 두 가지가 모두 풍동에서 필요한 모터의 동력을 더 필요하게 한다. 그러므로 우리의 풍동을 위한 시험부의 크기를 결정하는 과정에서 정확한 공기역학적 측정을 위하여 올바른 유동을 발생시키기 위하여 약간 보수적으로 했으나 우리는 너무 보수적이 되지 않도록 조심하여야 한다.

우리의 개념 설계의 두 번째 단계는 *그 풍동을 가동시키기 위하여 필요한 동력을 추산*하는 것이다. 이를 위하여 우리는 먼저 시험부 내의 유동의 에너지를 계산한다. 시험부 내의 유동 속도를 V_t라고 할 때, 시험부 내의 기체의 단위 질량당 운동에너지는 $\frac{1}{2}V_t^2$이다. 단면적이 A_t인 시험부를 통하여 움직이는 공기의 질량 유량은 $\dot{m}_t = \rho_t A_t V_t$이다. 시험부 내의 제트 동력, P_t는 시험부를 지나가는 유동 에너지의 시간에 대한 변화율이며, 다음과 같이 정의된다.

$$P_t = (\text{질량 유량})(\text{단위 질량당 운동 에너지})$$

$$= (\rho_t A_t V_t)\left(\frac{1}{2}V_t^2\right)$$

또는

$$P_t = \frac{1}{2}\rho_t A_t V_t^3 \tag{C3.9}$$

폐회로식 풍동 안에 있는 모터의 기능은 처음에는 공기가 풍동을 통하여 움직이도록 하는 동력을 제공하는 것이지만, 유동의 속도가 올라간 후에는 모터의 동력은 유동이 풍동의 회로를 통하여 움직일 때 유동 내의 손실을 극복하는 데 필요하다. 만일 손실이 없다고 하면, 모터의 동력은 필요하지 않게 되며, 풍동은 영구 운동하는 기계가 될 것이다. 자연은 확실하게 이런 일이 일어나지 않게 하며, 우리의 다음 번 개념 설계는 공기가 풍동 회로를 통하여 흘러가는 동안의 손실을 추산하는 것이다.

3.22절에서의 공기역학적 물체 위의 항력과 그 물체 주위의 유동 내의 전압력 손실 사이의 연관성에 대한 우리의 검토를 참고하면, 비슷한 방법으로 풍동 내의 임의의 단면 내의 손실이 공기가 그 단면을 지나가면서 발생하는 전압력 손실의 평균값으로 정의할 수 있다. 전압력은

$$p_0 = p + \frac{1}{2}\rho V^2 \tag{C3.10}$$

이며, 공기역학적 물체의 외부 유동에 대하여 p_0의 손실은 속도의 손실에 의하여 생기며, 따라서 식 (C3.10) 내의 동압 $\frac{1}{2}\rho V^2$의 손실이다. 그러나 풍동을 통하여 흘러가는 내부 유동에 대하여는, 질량보존의 법칙이 풍동 안의 어떤 단면에도 적용되어야 한다는 것이 소산적인 영향에 의하여 속도가 줄어들 수 없다는 것을 강요하고 있다. 비압축성 유동에

대한 연속 방정식, (3.22)로부터

$$AV = \text{constant}$$

이며, A가 풍동의 설계에 의하여 고정되어 있으므로, 두 지점 사이의 속도의 어떠한 변화도 두 지역의 단면 면적의 변화에 의한 것이다. 그럼에도 불구하고 유동 내에서 소산적인 현상은 발생하며(풍동 벽면을 따라 흘러가는 유동의 마찰에 의한 것 등), 이러한 손실은 전압력의 손실로 반드시 나타나게 된다. 그러나 식 (C3.10)을 참고하면, 이러한 손실은 소산적인 손실이 없다고 가정했을 때 얻을 수 있는 정압에 비하여 감소된 정압, p로 나타난다. 식 (C3.10) 안에 있는 p_0와 p는 흔히 'total head'와 'static head'로 각각 언급된다. Barlow와 동료 저자들이 다음과 같이 언급하였다(p. 73).

> "마찰에 의한 손실에 해당하는 정압(static head)과 전압(total head)의 같은 양의 감소가 발생할 것이다. 풍동 전체에서 발생하는 손실은 연속적인 압력의 저하로 나타나며 팬(바람 개비)을 지나면서 압력 상승으로 균형이 맞추어지는 것으로 보인다. 전압의 저하가 팬에 의하여 요구되는 압력의 상승이다."

그림 3.8에 보인 것 같이 팬은 모터에 연결되어 있으며 공기의 유동에 에너지를 공급하는 기계장치인데, 이것은 비행기의 프로펠러가 엔진 동력을 비행기를 추진시키는 추진동력으로 전환시키는 것과 유사하다.

풍동을 가동시키기 위하여 필요한 동력을 추산하기 위하여 우리는 각각의 단면에서 전압의 저하를 추산해야 하는데 그것들은 노즐, 시험부, 디퓨저, 모서리에 있는 방향 전환 베인들 등이다. 풍동 전체 회로 내에서 유동 손실률을 P_c라고 하자. 에너지 비를 E_R이라고 정의하면

$$E_R = \frac{P_t}{P_c} \tag{C3.11}$$

우리는 각각의 풍동 단면에 관련된 에너지 비를 추산할 수 있다. 이러한 추산을 할 수 있는 공학적인 방법이 았는데, Barlow와 그의 동료 저자들에 의하여 잘 설명이 되어 있다. 그러나 우리의 목적을 위해서는 기존의 풍동의 값들을 찾아봄으로써 풍동 전체의 E_R의 값을 추산할 것이다. Barlow와 동료 저자들(p. 102)이 작성한 표에 의하면 우리의 설계와 가장 가까운 크기의 풍동은 워싱턴 주립대학의 8 × 12 ft 풍동이며 에너지 비가 8.3이다. 이것은 그 표에 수록되어 있는 풍동 중에 가장 높은 값이며 대학교의 풍동으로는 매우 효율적인 설계를 했음을 나타낸다. 우리의 개념 설계를 위하여 이 에너지 비를 사용하면 우리는 식 (C3.11)로부터

$$P_c = \frac{P_t}{E_R} \tag{C3.12}$$

여기에서 우리의 2 × 3-m 시험부 내의 제트 동력은 식 (C3.9)에 의하여

$$\begin{aligned} P_t &= \frac{1}{2}\rho_t A_t V_t^3 \\ &= \frac{1}{2}(1.23)(2)(3)(120)^3 = 6.376 \times 10^6\ \text{W} \end{aligned}$$

식 (C3.9)로부터

$$P_c = \frac{P_t}{E_R} = \frac{6.376 \times 10^6}{8.3} = 7.682 \times 10^6\ \text{W}$$

746 W = 1 hp인 것을 이용하여, 풍동 내에서의 유동의 손실률은

$$P_c = \frac{7.682 \times 10^5}{746} = \boxed{1030\ \text{hp}}$$

이것이 팬이 유동에게 제공해야 하는 동력이다. 모터에서 팬으로 그리고 유동으로의 전달에서 손실이 없다고 가정하면(즉 100% 모터와 팬의 효율), 모터는 그 풍동을 가동시키기 위하여 1030 hp를 공급하여야 한다.

우리의 아음속 풍동의 기본적인 개념 설계를 정리하면:

풍동 회로: 폐회로, 그림 3.8*b*와 같은 것
시험부 크기 : 2 m × 3 m × 3.2 m
시험부 내의 유동 속도: 120 m/s
필요한 모터 동력 : 1030 hp

3.24 연습문제 *Problems*

주: 다음 문제들은 모두 비점성, 비압축성 유동을 가정하고 있다. 또한 표준 해면 고도의 밀도와 압력은 각각 1.23 kg/m^3 (0.002377 slug/ft^3)과 1.01×10^5 N/m^2 (2116 lb/ft^2)이다.

3.1 비회전성 유동에 대하여 Bernoulli 방정식은 유선을 따라서뿐만 아니라 유동의 *어느* 점에서든지 성립함을 설명하라.

3.2 항공기 동체 옆면에 설치되어 있는 목과 입구의 면적비가 0.8인 벤투리를 고려하자. 항공기는 표준 해면 고도에서 비행 중이다. 목에서의 정압이 2100 lb/ft^{2}일 때 항공기의 속도를 계산하라.

3.3 목 부분의 옆면에 작은 구멍이 뚫려 있는 벤투리를 고려하자. 이 구멍은 닫혀 있는 저장통에 관을 통하여 연결되어 있다. 벤투리의 목적은 벤투리가 공기의 유동 속에 놓였을 때 저장통에 진공을 형성하려는 것이다(*진공*은 밖에 있는 주위의 압력보다 *낮은* 압력 차이가 있을 때의 압력 차이로 정의한다). 벤투리는 목과 입구의 면적비가 0.85다. 벤투리가 표준 해면 고도에서 90 m/s의 공기 유동 속에 놓여 있을 때 저장통(reservoir)에서 얻을 수 있는 최대 진공을 계산하라.

3.4 입구와 목의 면적비가 12인 저속의 개회로식 풍동을 고려하자. 풍동이 작동되고 입구(정체실)와 시험부 사이의 압력 차이가 U자관의 수은 마노미터에서 10 cm의 높이로 읽혀졌다(수은 밀도는 1.36×10^4 kg/m^{3}이다). 시험부의 공기 속도를 계산하라.

3.5 연습문제 3.4의 풍동 시험부의 유동 속으로 피토관을 삽입했다고 가정하라. 풍동 시험부는 밖의 대기압과는 완전히 차단되어 있다. 풍동 입구의 정압이 대기압이라 가정하고 피토관에 의해 측정된 압력을 계산하라.

3.6 표준 해면 고도에서 비행 중인 비행기 위에 설치된 피토관의 측정값이 1.07×10^5 N/m^{2}이다. 비행기의 속도는 얼마인가?

3.7 연습문제 3.6의 비행기 날개 표면 위에 주어진 점에서의 유동 속도가 130 m/s이다. 이 점에서의 압력계수를 구하라.

3.8 속도 V_∞의 균일 유동을 고려하자. 이 유동은 실제적으로 가능한 비압축성 유동이며 또한 비회전성이라는 것을 설명하라.

3.9 용출 유동은 원점을 제외하고는 모든 곳에서 실제적으로 가능한 비압축성 유동이라는 것을 설명하라. 또한 그것이 모든 점에서 비회전성이라는 것을 설명하라.

3.10 균일 유동에 대한 속도 퍼텐셜과 유선 함수인 식 (3.53)과 (3.55)가 각각 Laplace 방정식을 만족하는 것을 증명하라.

3.11 용출 유동에 대한 속도 퍼텐셜과 유선 함수인 식 (3.67)과 (3.72)가 각각 Laplace 방정식을 만족하는 것을 증명하라.

3.12 3.11절에서 검토한 것 같은 반무한대 물체 주위의 유동을 고려하자. 만일 V_∞가 균일 유동의 속도이며 정체점이 용출의 1ft 상류에 있다면,

a. 그래프 용지에 생성되는 반무한대 물체를 축척에 맞게 그려라.

b. 물체 주위의 압력 계수 분포를 표시하라. 즉, 물체의 중심선을 따른 방향의 거리에 대한 C_p를 표시하라.

3.13 식 (3.81)을 유도하라. *힌트*: 그림 3.23에 나온 유동의 대칭성을 활용하라. 즉, 정체점이 V_∞의 방향과 정렬된 방향의 축상에 있어야 한다는 지식에서 출발하라.

3.14 더블릿에 대한 속도 퍼텐셜을 유도하라. 즉, 식 (3.88)을 유도하라. *힌트*: 가장 쉬운 방법은 식 (3.87)에서 출발하여 유선 함수를 구하고, 그 다음에 속도 퍼텐셜을 유도하는 것이다.

3.15 실린더 주위의 비양력 유동을 고려하라. 이 유동 안의 임의의 점 (r, θ)에서의 압력 계수에 대한 표현을 유도하고, 그 다음에 그 식이 실린더 표면에서의 식 (3.101)로 유도되는 것을 설명하라.

3.16 $V_\infty = 20$ ft/s일 때, 주어진 반경의 실린더 주위 비양력 유동을 고려하라. 만일 V_∞가 2배로 되면, 즉 $V_\infty = 40$ ft/s일 때 유선의 모양이 변하는가? 설명하라.

3.17 주어진 순환이 있을 때 주어진 반경의 실린더 주변 양력 유동을 고려하라. 만일 V_∞가 2배로 되면서 순환을 같은 값으로 유지한다면 유선의 모양이 변하는가? 설명하라.

3.18 표준 해면 고도에서 속도가 30 m/s인 자유 유동 속에서, 회전하는 원형 실린더에 작용하는 양력이 스팬 길이당 6 N/m이다. 실린더 주위의 순환을 계산하라.

3.19 제1차 세계대전 당시의 전형적인 복엽전투기(그림 3.50에 있는 프랑스의 SPAD 같은)는 여러 개의 날개 사이 수직 기둥과 대각선의 밧줄을 가지고 있다. 주어진 비행기에 대해 수직 기둥의 전체 길이(모두 합해서)가 25 ft이며, 이 기둥은 직경 2 in의 원통형이라고 가정하라. 또한 보강 밧줄의 전체 길이가 80 ft이고, 원통형 직경이 $\frac{3}{32}$ in라고 가정하라. 비행기가 표준 해면 고도에서 120 mi/h의 속도로 비행하고 있을 때 이 기둥과 밧줄에 의해 더해지는 항력(파운드 단위로)을 계산하라. 이 항력의 성분을 그 비행기 전체의 영양력 항력과 비교하라. 이때 전체의 날개 면적은 230 ft^{2}이며, 영양력 항력 계수는 0.036이다.

3.20 식 (3.140)의 Kutta-Joukowski 정리는 양력을 발생하는 실린더에 대하여 정확하게 유도되었다. 3.16절에, 식 (3.140)이 일반적으로 임의 형상의 2차원 물체에도 적용된다고 아무 증명 없이 진술되어 있다. 비록 이 일반적인 결과가 수학적으로 증명될 수 있지만 물리적인 증명에 의해서도 마찬가지로 받아들여질 수 있다. 이 물리적인 증명을 물체에서 아주 먼 위치에 있는 물체를 둘러싼 폐곡선을 그림으로써 해보아라. 이때 폐곡선은 그것이 둘러싸고 있는 물체가 그 둘러싸인 영역 가운데의 매우 작은 한 점으로 보일 수 있도록 아주 멀어야 한다.

3.21 그림 3.26의 오른쪽에 그려져 있는 원형 실린더 주위의 유선들을 고려하자. 실린더 윗면 위로 흘러가는 첫 3개의 유선들을 선택하라. 각각의 유선에 그에 해당하는 유선 함수를 ψ_1, ψ_2, ψ_3이라고 지정하라. 첫 번째 유선은 실린더 표면에 밀착해 있으며 $\psi_1 = 0$이라고 지정한다. 바로 위 유선은 ψ_2, 그리고 그 다음 유선은 ψ_3다. 그 유선들이 등간격으로 위치해 있던 자유 유동에서 시작되었다고 가정한다. 그러므로 유선들 사이의 체적 유동률은 같다. 유선 ψ_2는 실린더 최고점 바로 위 $(1.2R, \pi/2)$ 점을 관통하여 지나간다. 실린더 최고점 바로 위에 있으며 유선 ψ_3가 관통해서 흘러갈 점의 위치를 계산하라. 실린더 최고점 바로 윗부분 유선들 간의 간격에 대하여 설명하라.

3.22 저속의 아음속 풍동의 시험부에 유동에 수직하게 설치된 원형 실린더 주위의 유동장을 고려하라. 표준 해면 조건에서 풍동 유동장 어느 영역의 유동 속도가 250 mi/h를 초과하게 되면 압축성 효과가 그 영역에 영향을 주기 시작한다. 풍동의 압축성 효과가 중요하게 되기 시작하는 시험부 내의 속도를 계산하라. 즉, 그 이상의 속도는 풍동 시험에서 실린더 주위의 유동이 완전히 비압축성이라고 정확하게 가정할 수 없는 속도를 계산하라.

3.23 예제 2.1에서 정의된 유동장은 비압축성이 아닌 것을 증명하라. 다시 말하면 예제 2.1에서 증명 없이 진술한 것같이 그것은 압축성 유동이라는 것을 증명하라.

3.24 다음의 식과 같이 주어진 속도를 고려하라:

$$\boldsymbol{V} = (9x^2 + 5y)\hat{i} + (5x)\hat{j} + \hat{k}$$

여기에 속도 퍼텐셜이 존재하는가, 그리고 존재한다면 그것은 무엇인가?

3.25 속도 퍼텐셜을 이용하여 표시할 수 있는 유동은 비회전임을 증명하라.

3.26 다음의 속도장과 연관된 유선 함수(stream function)와 각속도(angular velocity)를 계산하라:

$$\boldsymbol{V} = -y^3\hat{i} + x^4\hat{j}$$

이 유동은 속도 퍼텐셜을 가질 수 있는가?

익형 주위의 비압축성 유동

Incompressible Flow over Airfoils

현재 주목받고 있는 많은 문제들 중 다음 사항은 긴급한 중요 사항으로 판단되며, 이 문제해결을 위해서 예산이 확보되는 대로 즉시 위원회에 상정하여 논의될 것이다. 이는 경제적인 구조물을 수용할 수 있는 적합한 크기를 가지며, 압력 중심점의 이동이 완만하면서 동시에 효율적인 기동과 연계된 넓은 구간의 받음각을 허용할 수 있는 보다 효율적이며 실용적인 형태의 날개 단면 형상의 개발이다.

From the First Annual Report of the NACA, 1915

미리보기 _ *Preview Box*

여러분에게 저속 유동에서 특정 형상의 익형이 어느 받음각으로 주어져 있고, 그 익형에 대한 양력을(또는 더 중요한 양력 계수를) 계산하라고 지금 막 요청되었다고 가정해 보자. 여러분은 무엇을 하겠는가(당황해서 어쩔 줄 모르는 것을 제외하고)? 여러분은 먼저 익형 모델을 만들고 저속 풍동에 넣어 양력 계수를 측정하려 할 것이다. 이것은 실제 공기역학자들이 100년 이상 수행해 오던 것이다. 이 장의 초반부에서는 저속 풍동에서 익형의 특성을 실험적으로 측정하는 방법에 대해 검토한다. 측정 결과는 여러분에게 양력, 항력, 그리고 모멘트 계수들이 받음각의 함수라는 감각을 즉각적으로 줄 것이다. 실험에 의한 측정값은 익형이 어떻게 작용하는지에 대한 편하고 실질적인 이해의 지름길을 제공할 것이다. 이 장의 처음 3개 절은 모두 이것을 취급한다.

그러나 이 장의 남은 대부분은 익형의 특성을 어떻게 얻는지, 다시 말해 어떻게 그것들을 *계산*하는지에 대한 우리의 두 번째 의도를 취급한다. 이것은 상당히 다른 문제다. 여러분에게 명쾌한 양력 순환 이론(circulation theory of lift)을 소개할 것인데, 이는 양력 계산을 위한 비점성, 비압축성 유동 이론의 보석과도 같은 존재이다. 20세기 시작점에서, 양력 순환 이론은 양력의 이론적 예측에 대한 획기적인 발전이었다. 이 장에서는 이 이론을 우선 작은 받음각에서 얇은 익형에 적용하는데, 이 얇은 익형 이론은 제1차 세계대전 당시 독일에서 개발되었으며, 익형 주위의 양력과 모멘트를 얻기 위한 이론적 해법의 가장 쉬운 방법이다. 그러나 우리가 알 수 있는 것처럼 얇은 익형 이론은, 그 명칭이 내포하고 있는 뜻과 같이 단지 작은 받음각의 얇은 익형에만 적용된다. 그러나 이는 생각보다 그다지 제한적이지 않으며, 많은 항공기들이 지난 수년 동안 비교적 얇은 익형을 가지고 비교적 작은 받음각하에서 순항하고 있다. 얇은 익형 이론은 많은 실용적인 결과와 격조 높은 이론적인 고찰을 전수받는 기쁨을 주기 때문에 잘 읽어보면 애착을 가지게 될 것이다.

1960년대 이후, 컴퓨터의 눈부신 발전은 양력의 순환 이론에 기초한 세부적인 수치해석과 임의 형태와 두께를 가진 물체가 임의의 받음각에 있을 때 양력을 구할 수 있게 했는데, 당연히 비점성 퍼텐셜 유동의 가정에서만 적용되는 것이다. 이러한 수치적 해법들은 3.17절에서 검토된 패널 기법의 연장선상에 있으며 이 장의 끝부분에서 검토할 것인데, 이는 저속의 비점성 유동 속에 있는 익형에 대한 계산의 '금본위(gold standard)' 같은 존재이며 항공 산업계와 연구소의 실험 연구실에서 널리 쓰이고 있다. 패널 기법 개념은 양력에 대한 순환 이론에 생기를 불어넣는 응용 기법이며, 실질적으로 어느 받음각에서든 임의 형상의 익형에 대한 해석이 가능하도록 문을 열어주었다.

익형은 여러 형태를 가지고 있다. 1935년까지의 익형 형상의 역사적인 변화 순서는 그림 4.1에 나와 있다. 1938년에 시작한 국립항공자문위원회(NACA)는 익형 주위 경계층 내 층류 유동을 촉진시키기 위하여 고안된 혁신적인 익형 형상을 연속적으로 개발하여 익형의 마찰 저항을 극적으로 감소시키고자 시도하였으며, 그 대표적인 층류 유동 익형의 모양이 그림 4.2에 나와 있다. 비록 이러한 형상들이 실제에서는 원하는 만큼의 층류 유동을 생성하지는 못했지만, 뜻밖의 행운으로 1945년 이후의 제트 추진 항공기들을 위한 탁월한 고속 익형인 것으로 판명되었다. 1965년에 시작된 국립항공우주국(NASA)은 초임계 익형이라는 또 다른 혁신적인 익형 형상 계열을 개발하였는데, 이것은 마하수 1 부근에서 효율적인 비행을 하도록 설계되었다. 전형적인 초임계 익형의 형상이 그림 4.3에 나와 있다. 초음속 유동을 위한 고전적 익형의 형상이 그림 4.4에 나와 있다. 날카로운 앞전을 갖는 매우 날씬한 형상에 유의하라. 그림 4.1~4.4에 나와 있는 모든 익형의 모양은 그 당시 특수한 목적을 위해 설계되었고 다른 항공기에 무수히 많이 사용되었다. 오늘날 새로운 익형의 올바른 설계는 예전보다 더욱 중요한 것으로 간주된다. 수치적 기술을 사용해 항공회사들은 새로운 항공기를 위해 익형의 모양을 맞춤형으로 설계하는데, 그 형상은 특정한 항공기의 설계 요구 조건에 가장 부합하도록 한 것이다. 이 장은 전적으로 익형의 탐구에 집중하였으며 익형의 공기역학적 기본 관점을 검토하고 있는데, 이는 익형 설계와 성능의 중심이 되는 관점들이다.

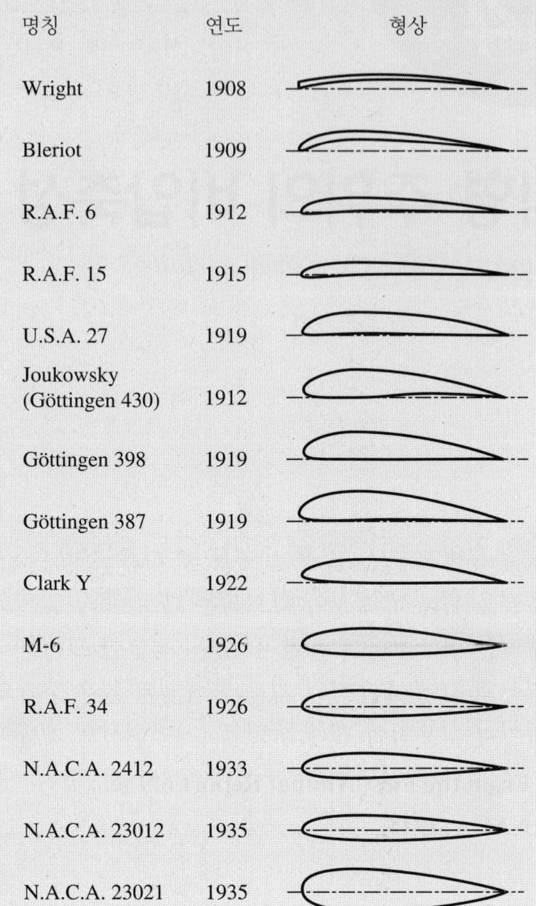

그림 4.1 날개 단면(익형)의 역사적인 순서(*NASA*)

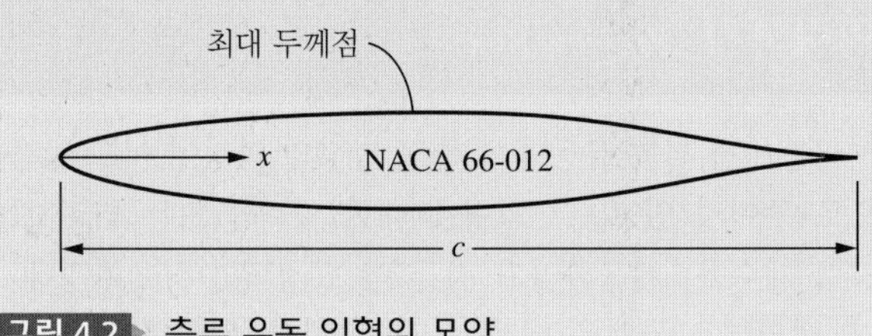

그림 4.2 층류 유동 익형의 모양

그림 4.5는 비행 중인 항공기를 보여주고 있는데, 비행기 날개의 공기역학적 작용에 의해 공중에 뜬 상태를 유지하고 있다. 항공기 날개는 익형의 집합으로 구성되어 있다. 날개에 대한 공기역학적 이해의 첫 단계는 익형의 공기역학을 이해하는 것이다. 익형의 공기역학은 중요한 주제이며, 이 장에서 취급할 주제이다. 그리고 매우 흥미 있을 것이다. 익형 위의 유동을 가시화하고 익형 위에 생성된 양력을 계산하는 방법을 배우는 것은 즐거운 일이다. 계속 읽고 즐기기 바란다.

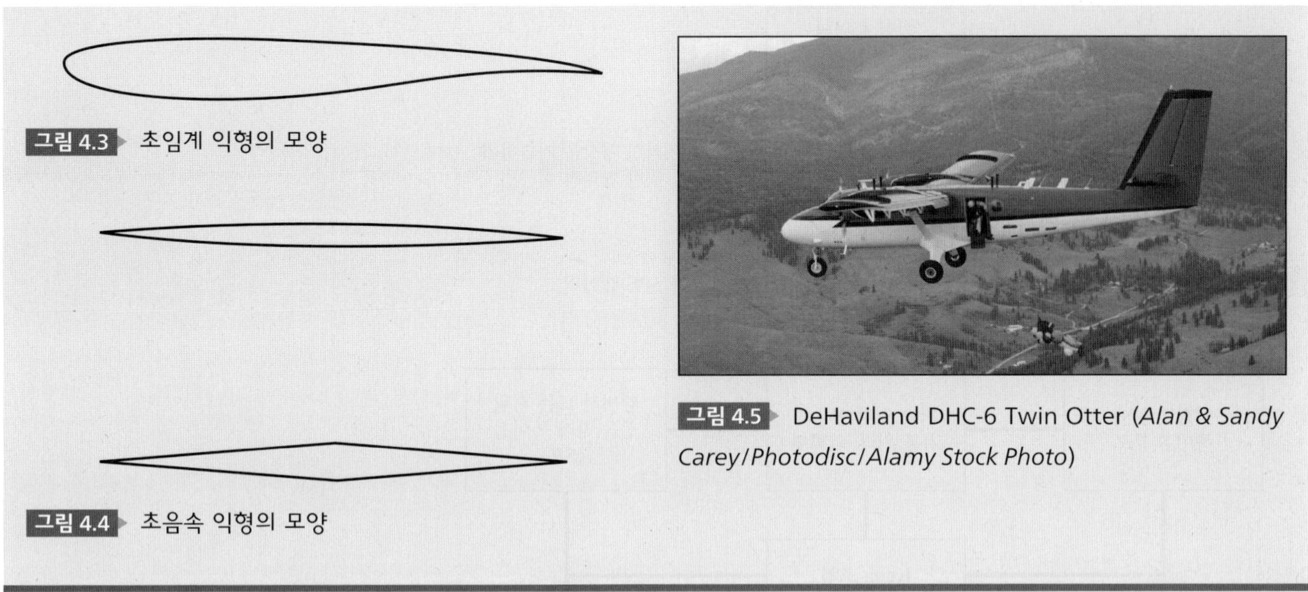

그림 4.3 초임계 익형의 모양

그림 4.4 초음속 익형의 모양

그림 4.5 DeHaviland DHC-6 Twin Otter (*Alan & Sandy Carey/Photodisc/Alamy Stock Photo*)

4.1 개요 *Introduction*

20세기의 전환점에서 성공적인 동력 비행의 출현과 함께 공기역학의 중요성은 거의 하룻밤 사이에 풍선같이 부풀어졌다. 그에 따라 항공기의 고정익이나 그 후에 헬리콥터의 회전익 같은 양력면의 공기역학적 작용에 대한 이해에 관심이 더욱 증폭되었다. 1912~1918년 동안 독일 Göttingen의 Ludwig Prandtl과 그의 동료들이 날개의 공기역학적 고찰이 크게 2개의 부분으로 나뉠 수 있다는 것을 보여줌으로써 항공기 날개의 해석은 한 발짝 크게 앞으로 내딛게 되었는데, (1) 날개의 *단면*인 익형(airfoil)에 대한 연구와 (2) 이러한 익형의 특성을 유한한 날개 전체에 적용하도록 수정하는 것이었다. 이러한 접근은 오늘날에도 여전히 사용되고 있다. 사실 현대 익형 특성의 이론적 계산과 실험적 측정은 1970년대와 1980년대 NASA에 의해 수행된 항공학 연구의 중요한 부분이었다(익형 발전에 대한 역사적 사실을 찾으려면 참고문헌 2의 5장을 보고, 현대의 익형 연구 기술을 위해서는 참고문헌 10을 참조하라). Prandtl의 철학에 따라 이 장에서는 오로지 익형만 취급하고, 반면 5장에서는 유한날개 전체에 대해서 취급할 것이다. 그렇게 해서 이 장과 5장에서 항공기에 적용되는 공기역학 세상으로 본격적인 여행을 떠나게 된다.

익형이란 무엇인가? 그림 4.6에 원근법으로 그려진 날개를 고려해 보자. 날개는 y 방향으로 뻗어 있다(날개 길이 방향). 자유 유동의 속도 V_∞는 xz면(xz plane)에 평행이다. xz 면에 평행한 평면에 의해 절단된 날개의 단면을 *익형*이라고 부른다. 이 장의 목적은 익형 특성의 계산을 위한 이론적 방법을 설명하는 것이다. 내용의 대부분에서 우리는 익형 항력을 예측할 수 없는 비점성 유동을 다룰 것이다. 사실 d'Alembert의 역설은 익형에서의 항력은 0이라고 말하고 있는데, 분명 이것은 올바른 답이 아니다. 항력에 대한 예측이 가능해지기까지 우리는 4.12절과 15장, 그리고 점성 유

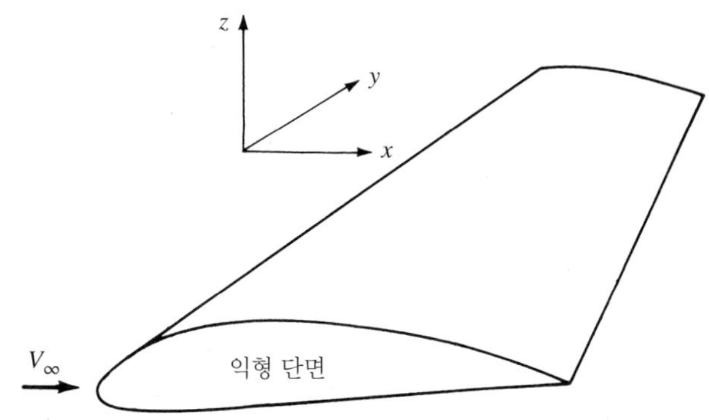

그림 4.6 익형의 정의

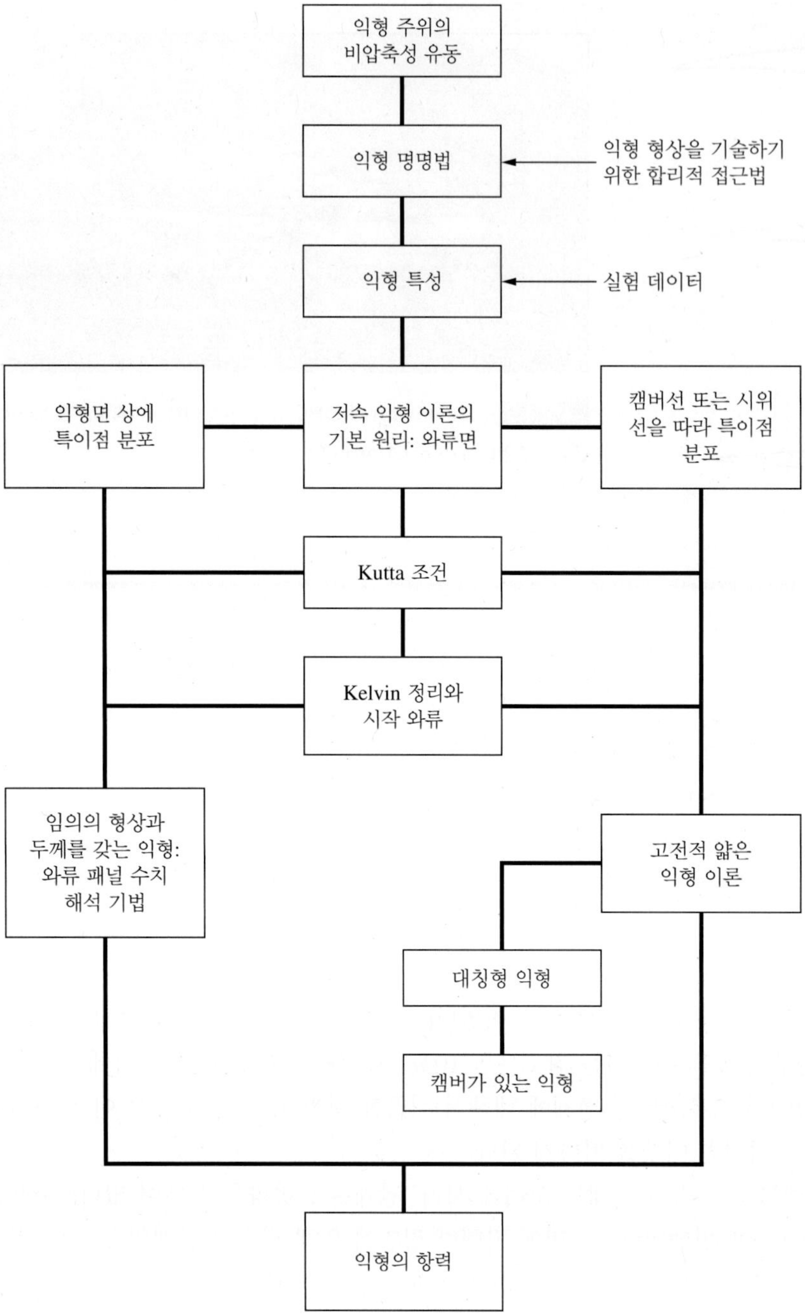

익형 주위의 비압축성 유동

익형 명명법 ← 익형 형상을 기술하기 위한 합리적 접근법

익형 특성 ← 실험 데이터

익형면 상에 특이점 분포

저속 익형 이론의 기본 원리: 와류면

캠버선 또는 시위선을 따라 특이점 분포

Kutta 조건

Kelvin 정리와 시작 와류

임의의 형상과 두께를 갖는 익형: 와류 패널 수치 해석 기법

고전적 얇은 익형 이론

대칭형 익형

캠버가 있는 익형

익형의 항력

그림 4.7 4장의 이정표

동 검토까지 기다려야 한다. 그러나 익형에서의 양력과 모멘트는 비점성 유동에 의해 좌우되는 압력 분포에 의해 주로 발생한다(실속 이하에서). 그러므로 이 장은 익형 양력과 모멘트의 이론적 예측에 초점을 맞추고 있다.

이 장의 이정표는 그림 4.7에 나와 있다. 익형의 명명법과 특성에 대한 처음 약간의 검토 후에 저속 익형 이론에 대한 두 가지 방법을 소개한다. 그중 하나는 1910~1920년에 걸쳐 발전된 고전적인 얇은 익형 이론이다(그림 4.7의 오른쪽 가지). 다른 하나는 와류 패널을 사용하는 임의의 익형을 위한 현대적 수치 접근이다(그림 4.7의 왼쪽 가지). 이 장을 공부하는 동안 이 이정표를 참조하기 바란다.

4.2 익형의 명명법 *Airfoil Nomenclature*

첫 번째 특허를 받은 익형 형상은 1884년 Horatio F. Phillips에 의해 개발되었다. Phillips는 익형에 대해 처음으로 진

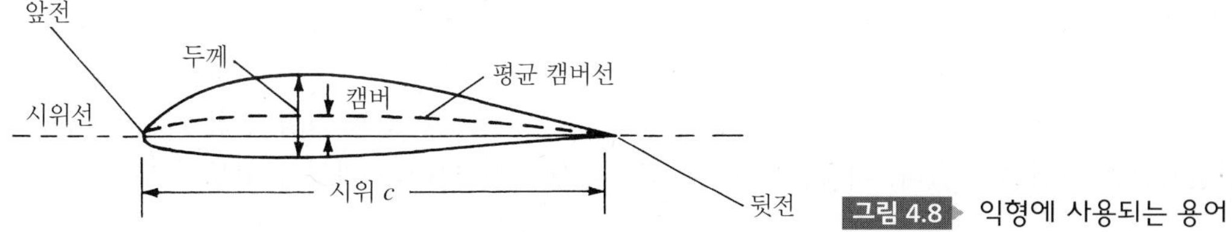

그림 4.8 익형에 사용되는 용어

지한 풍동 실험을 수행한 영국인 조종사였다. 1902년에 Wright 형제는 풍동에서 자기들이 개발한 익형의 실험을 수행하였고, 1903년 12월 17일 그들의 첫 번째 비행 성공(1.1절 참조)에 기여한 비교적 효율적인 익형 형상을 개발하였다. 분명 동력 비행 초창기의 익형 설계는 본질적으로 맞춤형이었고 또 개별적이었다. 그러나 1930년대 초반, NASA의 전신인 NACA는 합리적이고 체계적인 방법으로 고안된 익형 형상을 사용한 일련의 권위 있는 익형 실험에 착수하였다. 많은 수의 이러한 NACA 익형이 오늘날 보편적으로 사용되고 있다. 그러므로 이 장에서 우리는 NACA에 의해 제정된 명칭을 따르기로 한다. 이 명명법은 오늘날 잘 알려진 표준이다.

그림 4.8의 익형을 고려하자. *평균 캠버선*(mean camber line)은 그 선 자체로부터 수직하게 측정한 윗면과 아랫면 사이의 절반이 되는 점들의 궤적이다. 평균 캠버선의 맨 앞과 뒤의 점이 각각 *앞전*(leading edge)과 *뒷전*(trailing edge)이 된다. 앞전과 뒷전을 연결한 직선이 익형의 *시위선*(chord line)이고, 앞전에서 뒷전까지 시위선을 따라 측정한 정확한 거리가 익형의 *시위* c라고 명명되어 있다. *캠버*는 시위선에서 수직으로 측정된 평균 캠버선과 시위선 사이의 최대 거리이다. *두께*는 윗면과 아랫면 사이의 거리이며 이것 또한 시위선에서 수직으로 측정한다. 앞전에서의 익형의 형상은 보통 원형인데, 대략 $0.02c$ 정도의 앞전 반경을 갖는다. 모든 표준 NACA 익형의 형태는 평균 캠버선을 지정된 형태로 주고, 이 선 주변에 지정된 대칭형 두께를 분포시켜서 만든다.

익형 위의 힘과 모멘트 체계는 1.5절에서 논의하였고 상대풍, 받음각, 양력, 항력 등은 그림 1.16에서 정의하였다. 더 진행하기 전에 이 같은 고찰을 한번 복습하기 바란다.

NACA는 논리적인 숫자 시스템을 이용하여 서로 다른 익형 형태를 구별하였다. 예를 들면, 1930년대에 개발된 NACA 익형의 첫 번째 분류군은 NACA 2412 익형과 같은 '4자리(four-digit)' 계열이다. 여기서 첫 번째 수는 시위의 백분율로 나타낸 최대 캠버의 값이고, 두 번째 수는 시위의 십분율로 나타낸 앞전에서 시위 방향으로 측정된 최대 캠버의 위치이며, 마지막 2개의 수는 시위의 백분율로 나타낸 최대 두께의 값이다. NACA 2412 익형에서 최대 캠버는 $0.02c$로서, 앞전으로부터 $0.4c$에 있고 최대 두께는 $0.12c$다. 이러한 숫자를 시위의 퍼센트로 부르는 것이 일반적인 관례인데, 즉 40% 시위에 있는 2% 캠버와 12% 두께라고 하는 것이다. 캠버가 없는 익형은 *대칭 익형*(symmetric airfoil)이라고 하는데, 이 대칭 익형의 모양은 캠버선과 시위선이 일치한다. 분명 대칭 익형의 형상은 시위선 위와 아래의 모양이 같다. 예를 들면, NACA 0012 익형은 12%의 최대 두께를 가지고 있는 대칭 익형이다.

두 번째 분류군은 NACA 23012 익형 같은 '5자리(five-digit)' 계열이다. 첫 번째 자리는 십분율로 설계 양력 계수[1)]에 2분의 3을 곱한 것이고, 다음 두 자리는 선두에서부터 최대 캠버가 있는 위치인 시위의 백분율을 2로 나눈 것이며, 마지막 두 자리는 시위의 백분율로 최대 두께를 의미한다. NACA 23012 익형은 설계 양력 계수 0.3이고, $0.15c$에서 최대 캠버의 위치이며, 익형은 12%의 최대 두께를 가진다.

NACA 익형군에서 가장 널리 사용된 것 중 하나는 제2차 세계대전 중에 개발된 '6계열(6-series)' 층류 익형이다. 대표적인 하나의 예가 바로 NACA 65-218이다. 여기서 그 첫 번째 수는 단순히 그 계열을 나타내고, 두 번째 수는 앞전에서 시위의 십분율로 나타낸 최소 압력 위치(대칭형 두께 분포를 가진 기본적 익형이 영양력일 때)를 의미하며, 세 번째 수는 설계 양력 계수를 십분율로 나타낸 것이고,[1)] 그리고 마지막 2개의 수는 시위의 백분율로 나타낸 최대 두께를 의미한다. NACA 65-218 익형은 6번 계열의 명칭이고 최소 압력은 기본적인 대칭형 두께 분포를 갖는 익형이 영

[1)] 설계 양력 계수는 앞전에서의 평균 캠버선의 기울기가 자유 유동 속도와 평행하게 될 때의 받음각을 가질 때 익형에서 얻어지는 이론적인 양력 계수이다. 4.5절에서 논의될 Kutta condition에 의하면 이 형상은 Kutta condition이 날개의 뒷전(trailing edge)뿐 아니라 앞전(leading edge)에서도 적용된다는 것으로, 다시 말하면 앞전의 바로 위의 유동의 속도와 앞전 바로 아래의 유동의 속도가 같기 때문에 앞전에서의 와류면의 강도가 0이 되어야 하기 때문이다.

양력일 때 0.5c에서 발생하며, 설계 양력 계수는 0.2이고 익형은 18% 두께를 갖는다.

전체 NACA 익형 번호 시스템은 참고문헌 11에 나와 있다. 참고문헌 11은 1949년까지의 고전적 NACA 익형에 대한 연구의 권위 있는 서적이다. 참고문헌 11은 익형 이론의 검토, 그것의 적용, NACA 익형 형상에 대한 좌표, 그리고 막대한 양의 익형 실험자료를 포함하고 있다. 저자는 익형 특징의 전반적인 이해를 위해 참고문헌 11을 읽기를 강력하게 권한다.

관심 있는 분들을 위해서, 표준 NACA 익형을 사용하고 있으며 아직도 취역 중인 항공기들의 일부 목록을 다음에 수록했다.

항공기	익형
Beechcraft Sundowner	NACA 63A415
Beechcraft Bonanza	NACA 23016.5 (at root)
	NACA 23012 (at tip)
Cessna 150	NACA 2412
Fairchild A-10	NACA 6716 (at root)
	NACA 6713 (at tip)
Gates Learjet 24D	NACA 64A109
General Dynamics F-16	NACA 64A204
Lockheed C-5 Galaxy	NACA 0012 (modified)

이에 추가해서 오늘날의 많은 대형 항공기 회사들은 그들 자신의 특별한 목적에 맞는 익형을 설계하고 있다. 예를 들어 Boeing 727, 737, 747, 757, 767, 777 모두 특수하게 설계된 Boeing 익형을 사용하고 있다. 이러한 능력은 패널 기법 또는 유동장에 대한 지배 방정식인 편미분 방정식을 직접 유한차분 수치해법으로 해를 구하는 현대의 익형 설계를 위한 전산 프로그램들에 의해 가능하게 되었다(이러한 방정식은 2장에서 유도하였다).

4.3 익형의 특성 *Airfoil Characteristics*

익형 속성의 이론적인 계산을 검토하기 전에 몇 개의 전형적인 결과를 조사해 보자. 1930년대와 1940년대에 NACA는 표준 NACA 익형에 대해서 양력, 항력, 그리고 모멘트 계수의 수많은 측정을 수행했다. 이 실험은 풍동에서 시위 길이가 일정한 날개를 풍동의 한쪽 벽에서 다른 쪽 벽까지 전체의 시험부를 가로질러 설치하고 저속에서 수행되었다. 이런 식으로 하면 유동은 날개의 끝단이 없는 날개를 '보게' 되며, 따라서 무한대 길이의 날개(infinite wing)라고 부르는데, 이것은 이론적으로 스팬 방향(그림 4.6의 y 방향)으로 무한히 뻗어 있는 것이다. 익형 단면은 무한날개를 따라 스팬 방향 위치의 어느 곳에서나 같기 때문에 익형의 특성과 무한날개의 특성은 동일하다고 할 수 있다. 그러므로 익형의 자료는 흔히 무한날개 자료(infinite wing data)라고 부르기도 한다(이와 반대로 유한날개의 특성이 그 날개의 익형 특성과는 다소 다르다는 것을 5장에서 볼 수 있을 것이다).

익형의 받음각에 대한 전형적인 양력 계수의 변화가 그림 4.9에 표시되어 있다. 작은 받음각에서 적당한 크기의 받음각까지는 c_l이 α에 따라 *선형적으로* 변하는데, 이 직선의 기울기는 a_0라고 표시되며 *양력 곡선 기울기*(lift slope)라고 부른다. 이 영역에서 유동은 익형 주위를 매끄럽게 이동하며 그림 4.9의 왼쪽 그림에 나타낸 것과 같이 대부분의 표면 위에 밀착되어 있다. 그러나 α가 점점 커짐에 따라 유동은 익형의 윗면으로부터 박리되기 시작하며, 그림 4.9의 오른쪽에 나타냈듯 익형 뒤에 상대적으로 '정체된 공기'의 큰 후류를 생성한다. 이 박리된 영역 안에서 유동은 재순환하며 유동의 일부는 실제로 자유 유동의 반대 방향으로 이동하는데, 이를 역류라고 부른다(그림 1.42 참조). 이 박리 유동은 점성 효과 때문이며 4.12절과 15장에서 검토할 것이다. 높은 α에서 이렇게 박리된 유동은 양력의 급격한 감소와 항력의 큰 증가를 초래하는데, 이러한 조건하에 있을 때 익형이 *실속* 상태에 처했다고 한다. c_l의 최대값을 $c_{l,\max}$라 부르는데, 이것은 실속 상태 바로 전에 발생하며 비행기의 실속 속도를 결정하기 때문에 익형의 성능 가운데 가장 중

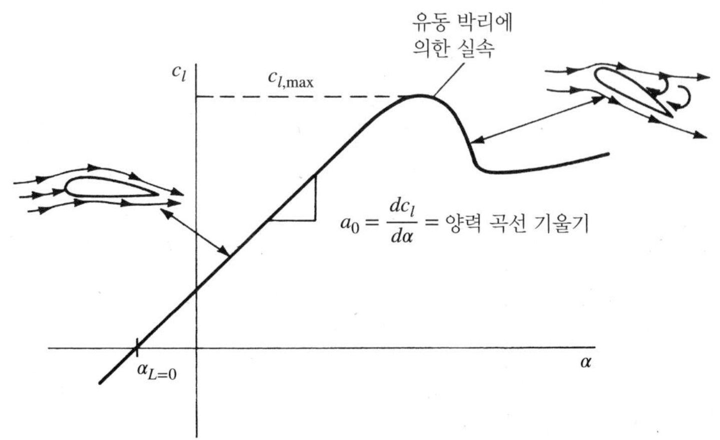

그림 4.9 익형의 받음각에 따른 양력 계수 변화의 개요도

요한 관점 중 하나이다. $c_{l,\max}$가 높으면 높을수록 실속 속도는 낮아진다. 현대의 익형에 대한 연구의 많은 부분이 $c_{l,\max}$를 증가시키는 방향으로 진행되었다. 다시 그림 4.9를 조사해 보면 c_l은 α에 따라 유동 박리가 영향을 주기 시작하기 전까지 선형적으로 증가하는 것을 알 수 있다. 그리고 그 곡선은 비선형적이 되고 c_l이 최대값에 도달한 후에 끝내는 익형이 실속에 처하게 된다. 그림 4.9를 주의해 보면 그 곡선의 다른 한쪽 끝에서 $\alpha = 0$일 때의 양력이 유한한 값을 갖는 것을 알 수 있다. 사실 양력은 익형이 약간의 음수의 받음각이 되도록 기울어졌을 때 0으로 된다. 양력이 0이 될 때의 α 값을 *영양력 받음각*(zero-lift angle of attack)이라 부르며 $\alpha_{L=0}$라고 쓴다. 대칭형 익형에서는 $\alpha_{L=0} = 0$이며, 이에 반해 양의 캠버(캠버선이 시위선의 *위*에 있을 때)를 갖는 모든 익형들에 대해서는 $\alpha_{L=0}$는 음의 값을 갖는데 보통 $-2°$나 $-3°$ 정도의 값을 갖는다.

이 장에서 검토한 비점성 유동의 익형 이론은 주어진 익형에 대하여 양력 곡선 기울기 α_0와 $\alpha_{L=0}$를 예측할 수 있게 해준다. 그것은 $c_{l,\max}$를 계산하도록 할 수는 없는데, 이는 어려운 점성 유동의 문제이며 15~20장에서 검토한다.

NACA 2412 익형에 대한 양력과 모멘트 계수의 실험결과를 그림 4.10에 수록했다. 여기서 모멘트 계수는 1/4 시위점에 대해 계산했다. 익형 위의 힘과 모멘트 계통은 임의의 편리한 점으로 전환이 가능하다는 것을 1.6절로부터 상

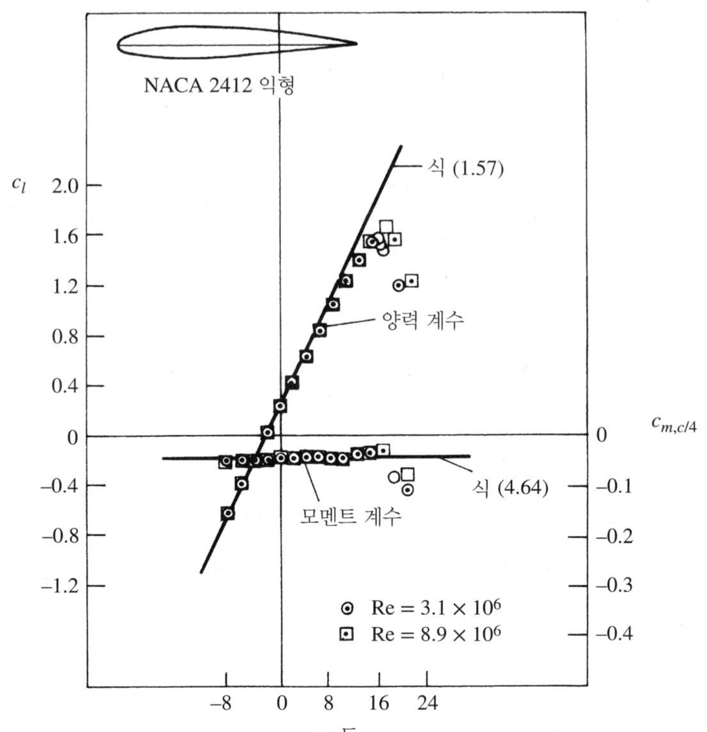

그림 4.10 NACA 2412 익형의 양력 계수 및 1/4 시위점 모멘트 계수의 실험값(*출처*: Abbott와 von Doenhoff에서 값을 얻음: *Theory of WIng Sections*, McGraw Hill Bool Company, New York, 1949; also Dover Publications, Inx. New York, 1959). 동시에 4.8절의 이론적인 결과와 비교한 것도 표시하였다.

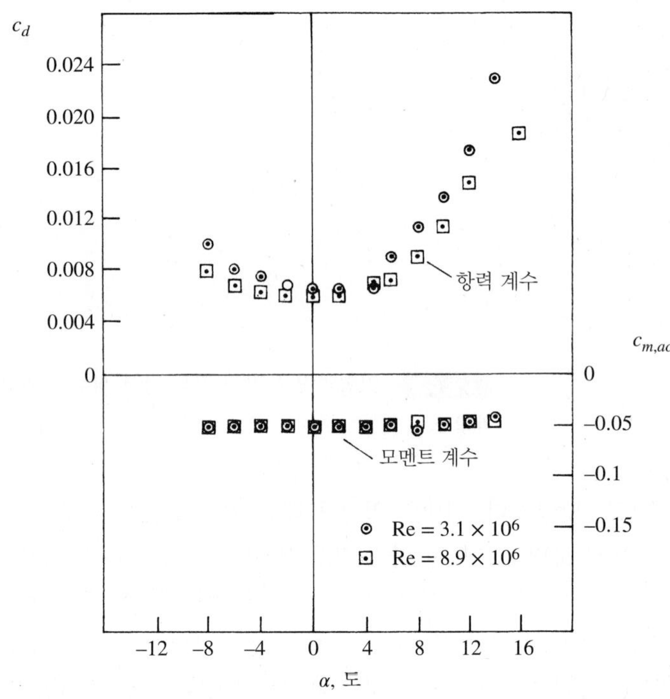

그림 4.11 NACA 2412 익형의 형상 항력 계수 및 공력 중심에서 모멘트 계수의 실험값(*출처*: Abbott와 von Doenhoff에서 값을 얻음: *Theory of WIng Sections*, McGraw Hill Bool Company, New York, 1949; also Dover Publications, Inx. New York, 1959)

기하자. 그러나 1/4 시위점이 일반적으로 많이 사용된다(1.6절, 특히 그림 1.25를 복습하면서 이 개념에 대한 여러분의 생각을 새롭게 하라). 또한 그림 4.10에 표시한 것은 나중에 검토할 이론적인 결과이다. 실험자료가 2개의 다른 레이놀즈수에 대한 것임에 유의하라. 양력 곡선 기울기 a_0는 Re에 의해 영향을 받지 않지만 $c_{l,\max}$는 Re에 종속적이다. 이것은 이치에 맞는다. 왜냐하면 $c_{l,\max}$는 점성 영향에 의해 지배되며 Re는 유동 내의 점성력에 대한 상대적인 관성력의 크기를 지배하는 상사 계수이기 때문이다[1.7절과 식 (1.35) 참조]. 모멘트 계수는 큰 α인 경우를 제외하고는 역시 Re에 대해 둔감하다. NACA 2412 익형은 흔히 사용되는 익형이며, 그림 4.10에 주어진 결과는 아주 전형적인 익형의 특성이다. 예를 들어 그림 4.10에서 살펴보면 $\alpha_{L=0} = -2.1°$, $c_{l,\max} \approx 1.6$이며 실속은 $\alpha \approx 16°$에서 발생한다.

이 장은 비점성, 비압축성 유동에 대한 익형 이론을 주로 취급하며, 앞에서 기술한 것과 같이 이와 같은 이론은 익형의 항력을 예측할 능력이 없다. 그러나 완전을 기하기 위하여 NACA 2412 익형에 대한 항력 계수 c_d를 받음각의 함수로 그림 4.11에 표시했다.[2] 이 항력 계수의 실질적인 원천은 표면마찰 항력과 유동 박리에 의한 압력 항력(소위 형상 항력) 두 가지다. 이러한 두 가지 영향의 합으로 익형의 *형상* 항력 계수 c_d를 산출하며 이것이 그림 4.11에 표시되어 있다. 표면마찰과 유동 박리는 점성 효과이므로 예상할 수 있듯이 c_d는 레이놀즈수에 민감하다는 것에 유의하라. 또 이론적으로 c_d를 예측하기 위한 방법을 얻기 위해 우리는 4.12절까지 그리고 15~20장까지 기다려야 한다.

또한 그림 4.11에서 나타낸 것은 공력 중심 $c_{m,\text{ac}}$에 관한 모멘트 계수이다. 일반적으로 익형의 모멘트는 α의 함수이다. 그러나 익형 위에 모멘트가 받음각에 대해 변하지 않는 점이 한 곳 존재하는데, 이 점을 *공력 중심*이라 정의한다. 분명 그림 4.11에 있는 자료는 넓은 α의 범위에서 $c_{m,\text{ac}}$에 대해 일정한 값을 보여준다.

익형과 날개 특성에 대해서 기초적이지만 상세한 검토는 참고문헌 2의 5장을 보라.

예제 4.1

표준 해면 고도 조건의 공기 흐름 안에 있는 시위 길이 0.64 m를 가지는 NACA 2412 익형을 고려해 보자. 자유 유동의 속도는 70 m/s이다. 단위 스팬당 양력은 1254 N/m이다. 단위 스팬당 항력과 받음각을 계산하라.

---

2) 참고문헌 11과 같은 많은 참고문헌에서 c_d를 α에 대한 것보다 c_l에 대해 표시하는 것이 더 일반적이다. c_d를 c_l에 대해 표시한 도표를 *항력 극곡선*(drag polar)이라고 부른다. 여기서는 그림 4.10과 일관성을 유지하기 위하여 c_d를 α에 대해 그린 것을 선택하였다.

■ **풀이**

표준 해면 고도에서 $\rho = 1.23\ \mathrm{kg/m^3}$

$$q_\infty = \frac{1}{2}\rho_\infty V_\infty^2 = \frac{1}{2}(1.23)(70)^2 = 3013.5\ \mathrm{N/m^2}$$

$$c_l = \frac{L'}{q_\infty S} = \frac{L'}{q_\infty c(1)} = \frac{1254}{3013.5(0.64)} = 0.65$$

그림 4.10으로부터 $c_l = 0.65$에 대해 $\boxed{\alpha = 4°}$를 얻는다.

단위 스팬당 항력을 얻기 위해 그림 4.11에 있는 데이터를 사용해야 한다. 그러나 $c_d = f(\mathrm{Re})$이므로 레이놀즈수를 계산하자. 표준 해면 고도에서 $\mu = 1.789 \times 10^{-5}\ \mathrm{kg/(m \cdot s)}$이다.

$$\mathrm{Re} = \frac{\rho_\infty V_\infty c}{\mu_\infty} = \frac{1.23(70)(0.64)}{1.789 \times 10^{-5}} = 3.08 \times 10^6$$

그러므로 그림 4.11에서 $\mathrm{Re} = 3.1 \times 10^6$의 데이터를 사용하면, $c_d = 0.0068$을 찾는다. 그러므로

$$D' = q_\infty S c_d = q_\infty c(1) c_d = 3013.5(0.64)(0.0068) = \boxed{13.1\ \mathrm{N/m}}$$

예제 4.2

예제 4.1에 주어진 유동 조건과 익형에 대해 공력 중심에 관한 단위 스팬당 모멘트를 계산하라.

■ **풀이**

그림 4.11로부터 받음각에 대해 변하지 않는 $c_{m,\mathrm{ac}}$는 −0.05다. 공력 중심에 관한 단위 스팬당 모멘트는

$$\begin{aligned} M'_{\mathrm{ac}} &= q_\infty S c c_{m,\mathrm{ac}} \\ &= (3013.5)(0.64)(0.64)(-0.05) = \boxed{-61.7\ \mathrm{N}} \end{aligned}$$

1.5절에 소개된 공기역학적 모멘트에 대한 부호 규약을 기억하라. 즉, 여기에서 얻어진 음의 모멘트는 기수내림 모멘트이며 받음각을 감소시키는 경향을 갖는다.

예제 4.3

NACA 2412 익형에 대해 받음각 0, 4, 8, 12에서 양항비를 계산하고 비교하라. 레이놀즈수는 3.1×10^6이다.

■ **풀이**

양항비 L/D는 다음과 같이 주어진다.

$$\frac{L}{D} = \frac{q_\infty S c_\ell}{q_\infty S c_d} = \frac{c_\ell}{c_d}$$

그림 4.10과 4.11로부터 다음을 얻는다.

α	C	C_d	C_ℓ/C_d
0	0.25	0.0065	38.5
4	0.65	0.0070	93
8	1.08	0.0112	96
12	1.44	0.017	85

받음각이 증가함에 따라 양항비가 증가하여 최대값에 도달한 후 다시 감소함에 주목하라. 최대 양항비 $(L/D)_{\max}$는 익형 성능의 중요한 매개변수이며 공기역학적 효율성을 직접 측정할 수 있는 지표이다. $(L/D)_{\max}$의 값이 더 높을수록 익형은 보다 효율적이다. 익형에 대한 L/D 값은 전체 항공기에 대한 L/D와 비교해서 상당히 큰 값이다. 항공기의 경우 익형 및 기타 모든 부분에 대한 여분

의 항력으로 인해 실제 항공기의 $(L/D)_{max}$ 값은 10~20 정도이다.

4.4 익형 주위 저속 유동에 대한 이론적 해의 철학: 와류면

Philosophy of Theoretical Solutions for Low-speed Flow over Airfoils: The Vortex Sheet

3.14절에 와류 유동의 개념을 소개했다. 주어진 점 O에 위치한 강도 Γ의 점 와류에 의해 유도된 유동의 개략적 상황을 표시한 그림 3.31을 참조하라(반시계 방향 유동을 표시한 그림 3.31이 Γ의 음의 값과 일치함을 기억하라. 규약에 의해 양의 Γ는 시계 방향의 유동을 유도한다). 이제 점 와류에 대한 개념을 확장시켜 보자. 그림 3.31을 참조하면서 종이면(page)에 수직한 직선, 즉 점 O를 지나고 종이면의 안과 밖으로 무한히 연결되는 직선을 상상하라. 이 선은 강도 Γ의 직선 *와류 필라멘트*이다. 직선 와류 필라멘트는 그림 4.12에 원근법으로 그려졌다(여기서 양수값 Γ에 일치하는 시계 방향의 유동을 보여준다). 직선 와류 필라멘트에 의해 그 필라멘트에 수직한 임의의 평면 내에 유도되는 유동은 강도 Γ의 점 와류에 의해 유도된 유동과 동일하다. 다시 말하면, 그림 4.12에서 점 O와 O'에서 와류 필라멘트에 수직한 평면 내에 유도된 유동은 서로 똑같으며 강도 Γ의 점 와류에 의해 유도된 유동과 일치한다. 사실 3.14절에서 기술한 점 와류는 직선 와류 필라멘트의 단순한 한 부분일 뿐이다.

3.17절에서 용출면 개념을 소개했는데, 이것은 무한히 작은 강도의 선 용출들이 나란히 무한히 많은 수가 모여 형성된 것이다. 와류 유동에 대해서도 유사한 상황을 고려하자. 각각의 필라멘트 강도는 무한히 작으며 나란히 있는 무한히 많은 수의 직선 와류 필라멘트를 상상하라. 이렇게 나란히 있는 와류 필라멘트는 *와류면*을 형성하는데, 그림 4.13의 왼쪽 위에 원근법으로 표시했다. 와류 필라멘트의 방향을 따라서 보면(그림 4.13에서 y 방향을 따라서 보면) 와류면은 그림 4.13 아래의 오른쪽에 그려진 것같이 보일 것이다. 여기서 우리는 그 면의 모서리를 보고 있는 것이며 와류 필라멘트들은 모두 종이면에 수직이다. 모서리에서 본 와류면을 따라 측정된 거리를 s라고 하자. $\gamma = \gamma(s)$는 s를 따르는 단위 길이당 와류면의 강도라고 정의하라. 그러면 그 면의 무한히 작은 부분 ds의 강도는 $\gamma\ ds$가 된다. 이 작은 와류면의 부분은 강도 $\gamma\ ds$의 독립된 와류로 취급할 수 있다. 이제 ds로부터 거리 r에 위치한 유동내 점 P를 고려하자. P의 직교 좌표계는 (x, z)다. $\gamma\ ds$의 강도를 갖는 와류면의 작은 부분은 점 P에 무한히 작은 속도 dV를 유도한다. 식 (3.105)로부터 dV는 다음과 같이 주어진다.

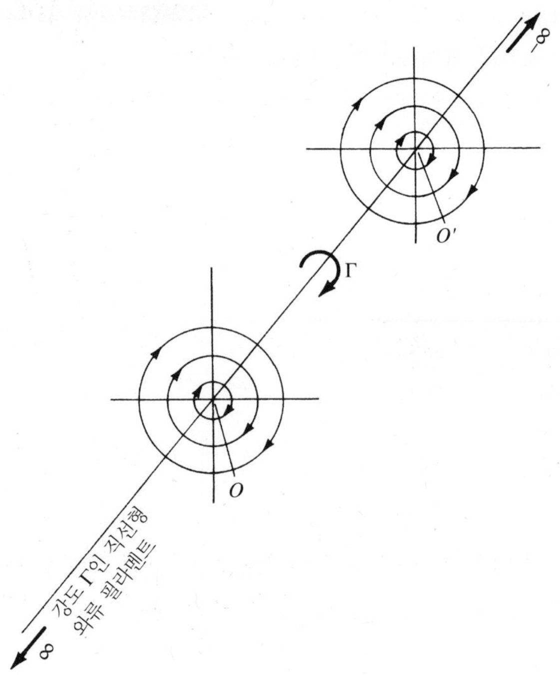

그림 4.12 와류 필라멘트

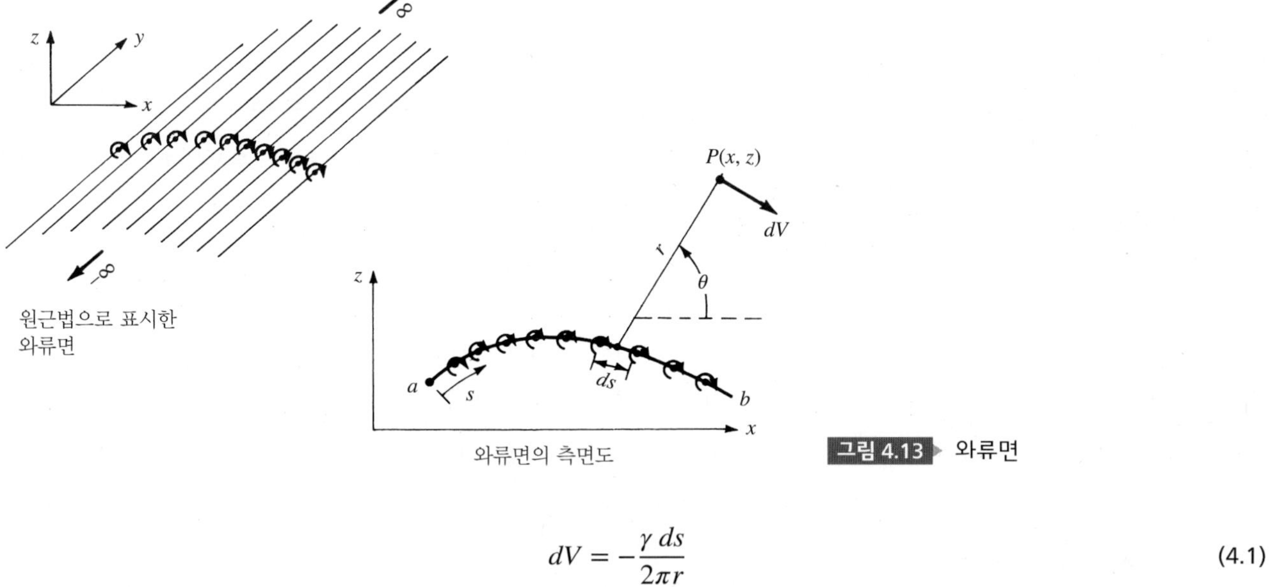

그림 4.13 와류면

$$dV = -\frac{\gamma\, ds}{2\pi r} \tag{4.1}$$

그리고 그림 4.13에서 나온 것같이 r에 수직한 방향을 향하고 있다. 전체 와류면에 의해 유도된 점 P에서의 속도는 식 (4.1)을 점 a에서 b까지 모두 더한 것이다. dV는 r에 수직이며 점 P에 대해 a에서 b까지 더할 때 방향이 변하게 된다. 그러므로 와류면의 다른 부분에 의해 유도된 속도의 증분은 벡터적으로 합산해야 한다. 이 때문에 속도 퍼텐셜을 취급하는 것이 때로는 더 편리하다. 그림 4.13을 다시 참조하면, 와류 요소 $\gamma\, ds$에 의해 점 P에 유도된 속도 퍼텐셜의 증분 $d\phi$는 식 (3.112)로부터 다음과 같다.

$$d\phi = -\frac{\gamma\, ds}{2\pi}\theta \tag{4.2}$$

그 결과로 a에서 b까지 전체 와류면에 의한 점 P에서 속도 퍼텐셜은 다음과 같다.

$$\boxed{\phi(x, z) = -\frac{1}{2\pi}\int_a^b \theta\gamma\, ds} \tag{4.3}$$

식 (4.1)은 특히 고전적인 얇은 익형 이론의 검토에 대해 유용하며, 반면 식 (4.3)은 수치해석 기법인 와류 패널법을 위해 중요하다.

3.14절로부터 점 와류 주위 순환 Γ가 와류의 강도와 동일하다는 것을 기억하라. 이와 유사하게 그림 4.13에서 와류면 주위의 순환은 요소 와류 강도의 합이다. 즉,

$$\boxed{\Gamma = \int_a^b \gamma\, ds} \tag{4.4}$$

3.17절에서 소개한 용출면은 그 면을 가로질러 건넜을 때 속도의 *수직* 방향 성분에 불연속적 변화가 수반됨을 기억하라(그림 3.38로부터, 속도의 수직 성분은 그 면을 가로질러 건널 때 방향이 180° 바뀌는 것에 유의하라). 그러나 속도의 접선 방향 성분은 용출면 바로 위나 아래에서 동일하다. 이와 반대로 와류면에 대해서는 면을 가로질러 건너갈 때 속도의 접선 방향 성분에 불연속적인 변화가 존재하나 속도의 수직 성분은 면을 건너갈 때 보존된다. 이러한 와류면을 가로질러 건너갈 때의 접선 방향 속도의 변화는 다음과 같이 면의 강도와 관련된다. 그림 4.14에 표시한 와류면을 참조하라. 길이 ds의 면 부분을 둘러싸고 있는 직사각형의 점선 궤적을 고려하라. 이 직사각형 궤적의 윗면과 아랫면에 평행한 속도 성분은 각각 u_1과 u_2며, 왼쪽과 오른쪽에 평행한 속도 성분은 각각 v_1과 v_2다. 궤적의 윗면과 아랫면은 거리 dn만큼 떨어져 있다. 식 (2.136)에 의해 주어진 순환의 정의로부터 점선 궤적 주위의 순환은 다음과 같다.

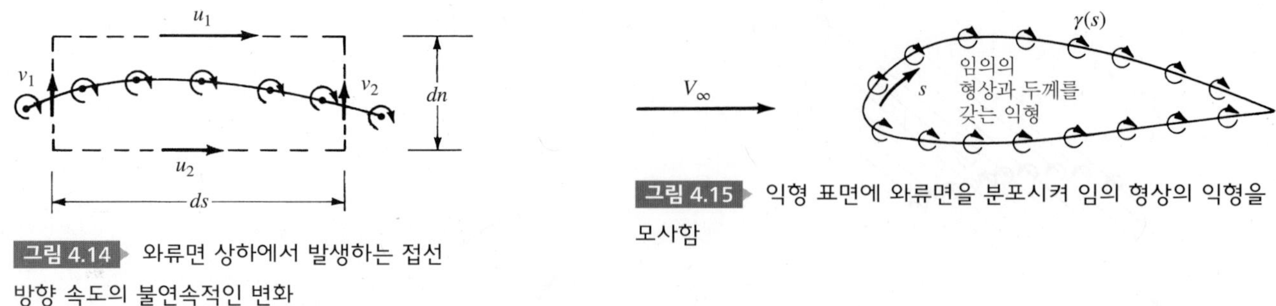

그림 4.14 와류면 상하에서 발생하는 접선 방향 속도의 불연속적인 변화

그림 4.15 익형 표면에 와류면을 분포시켜 임의 형상의 익형을 모사함

$$\Gamma = -(v_2\,dn - u_1\,ds - v_1\,dn + u_2\,ds)$$

또는

$$\Gamma = (u_1 - u_2)\,ds + (v_1 - v_2)\,dn \tag{4.5}$$

그러나 점선 궤적 내에 포함된 와류면의 강도는 $\gamma\,ds$이므로 우리는 또한 다음을 알 수 있다.

$$\Gamma = \gamma\,ds \tag{4.6}$$

그러므로 식 (4.5)와 (4.6)으로부터,

$$\gamma\,ds = (u_1 - u_2)\,ds + (v_1 - v_2)\,dn \tag{4.7}$$

점선의 윗면과 아랫면을 와류면에 접근시켜 보자. 즉, $dn \to 0$이 되게 하자. 극한의 경우에 u_1과 u_2는 면의 위와 아래에서 와류면에 각각 접선 방향인 속도 성분이 된다. 그리고 식 (4.7)은 다음과 같다.

$$\gamma\,ds = (u_1 - u_2)\,ds$$

또는

$$\boxed{\gamma = u_1 - u_2} \tag{4.8}$$

식 (4.8)은 중요한 식으로서 *와류면을 건넜을 때 접선 방향 속도의 국소적 도약이 국소적 와류면의 강도와 동일하다는* 것을 기술한다.

우리는 이제 와류면의 특성을 정의하고 검토하였다. 와류면의 개념은 익형의 저속 특성에 대한 해석적 수단이다. 비점성, 비압축성 유동에 대한 익형 이론의 적용 개념은 다음과 같다. 그림 4.15에 그려진 것 같은 속도 V_∞의 자유 유동 속에 있는 임의의 형상과 두께를 갖는 익형을 고려하라. 또한 그림 4.15에 나온 것같이 익형의 표면을 변화하는 강도 $\gamma(s)$의 와류면으로 대치하라. γ의 변화를 s의 함수로 계산하는데, 속도 V_∞의 균일 유동과 합해졌을 때 와류면에 의해 유도된 속도장이 그 와류면을 (따라서 익형의 표면을) *유동의 유선*이 되도록 한다. 그 결과로 익형 주위의 순환은 다음과 같이 주어질 것이다.

$$\Gamma = \int \gamma\,ds$$

여기서 적분은 익형의 전체 표면에 대해 수행된다. 마지막으로 결과적인 양력은 Kutta-Joukowski 정리에 의해 주어진다.

$$L' = \rho_\infty V_\infty \Gamma$$

이 개념은 새로운 것이 아니다. 이것은 1912~1922년 사이 독일의 Göettingen에 있던 Ludwig Prandtl과 그의 동료들에 의해 최초로 채택되었다. 그러나 $\gamma = \gamma(s)$로 주어지는 임의의 형상과 두께를 가지는 익형에 대한 일반적인 해석적 해는 존재하지 않는다. 더욱이 와류면의 강도는 수치적으로밖에 얻을 수가 없었으며, 이 개념의 실제적인 적용은 대형 디지털 컴퓨터가 출현하는 1960년대까지 기다려야만 했다. 오늘날 이 개념은 현대 와류 패널법의 기본이며 4.9절에서 검토할 것이다.

그림 4.15에서 익형 표면을 와류면으로 대치하는 개념은 수학적 고안 차원을 넘어서며, 또한 물리적인 중요성을 가지고 있다. 실제의 현상에서는 표면과 공기 유동 사이의 마찰력으로 인하여(그림 1.41과 1.46 참조) 표면 위에 얇은

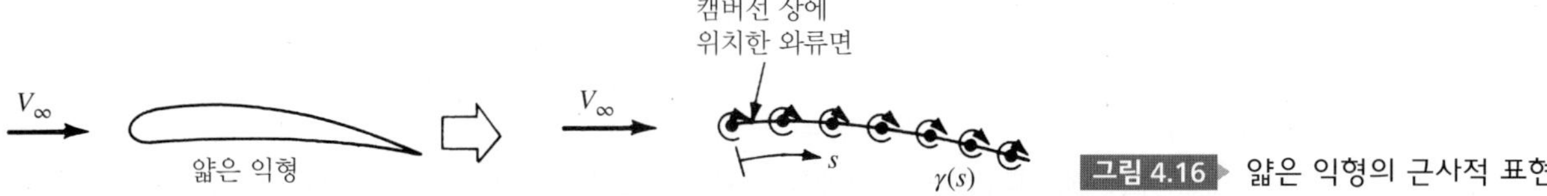

그림 4.16 얇은 익형의 근사적 표현

경계층이 생긴다. 이 경계층은 큰 속도구배가 상당히 큰 와류를 생산하는 매우 큰 점성 영역이다. 즉, $\nabla \times \mathbf{V}$는 경계층 내에서 유한한 값을 갖는다(와류의 검토에 대한 2.12절을 복습하라). 그러므로 실제 현상에서 점성 효과로 인하여 익형 표면을 따른 와류의 분포가 발생하며, 익형 표면을 와류면으로 대치하는 개념은 비점성 유동에서 이러한 효과를 모델링하는 방법으로서 설명할 수 있다.[3)]

그림 4.15의 익형이 매우 얇게 만들어져 있다고 상상해 보라. 만약 여러분이 뒤로 물러서 먼 거리에서 그러한 얇은 익형을 바라본다면 익형의 윗면과 아랫면의 와류면은 거의 일치할 것이다. 이것이 그림 4.16에 표시한 것같이 얇은 익형을 그 익형의 캠버선 위에 분포되어 있는 하나의 와류면으로 대치시킴으로써 근사적 해를 구하는 방법을 탄생시켰다. 이 와류면의 강도 $\gamma(s)$는 자유 유동과 결합되었을 때 캠버선이 유동의 유선이 되도록 함으로써 계산할 수 있다. 비록 그림 4.16에 나와 있는 접근 방법이 그림 4.15에 나와 있는 경우와 비교할 때 근사적이기는 하지만 이론적 엄밀해가 존재한다는 이점이 있다. 이 얇은 익형 이론 개념은 1922년에 Prandtl의 동료인 Max Munk에 의해서 처음으로 개발되었다(참고문헌 12를 보라). 그것은 4.7절과 4.8절에서 검토할 것이다.

4.5 Kutta 조건 *The Kutta Condition*

원형 실린더 주위의 양력 유동에 대해 3.15절에서 검토하였으며, 여기서 무한히 많은 경우 Γ의 값의 선택에 따라 무한히 많은 경우의 퍼텐셜 유동해가 가능함을 관찰했다. 예를 들어 그림 3.33은 3개의 다른 Γ 값에 따라 실린더 주위에 3개의 다른 유동이 생기는 것을 묘사한다. 동일한 상황이 익형 주위의 퍼텐셜 유동에도 적용된다. 주어진 받음각에서 주어진 익형에 대해 무한한 경우의 Γ 값의 선택에 따라 무한히 많은 경우의 타당한 이론 해가 존재한다. 예를 들면, 그림 4.17은 동일한 받음각을 갖는 동일한 익형이 다른 Γ 값을 가질 때 발생하는 2개의 다른 유동을 보여주고 있다. 우선 이것은 진퇴양난의 경우처럼 보인다. 우리는 경험으로부터 주어진 받음각에서 주어진 익형은 하나의 양력값만 생성하는 것을 알고 있다(그림 4.10 참조). 비록 가능한 무한히 많은 퍼텐셜 유동해가 있지만 자연은 이 중에서 어떤 해를 선택하는지 알고 있다. 분명히 이전 절에서 논의된 개념은 완전하지 않으며 주어진 α에서 주어진 익형에 대해 Γ를 *수정*하기 위한 추가적인 조건이 필요하다.

이 조건을 찾기 위한 시도로서, 초기의 정지 상태로부터 움직이기 시작한 익형 주위에 유동장이 전개되어가는 것에 대한 시험결과를 조사해 보자. 그림 4.18은 Prandtl과 Tietjens이 촬영한 익형 주위 유동에 대한 일련의 고전적 사

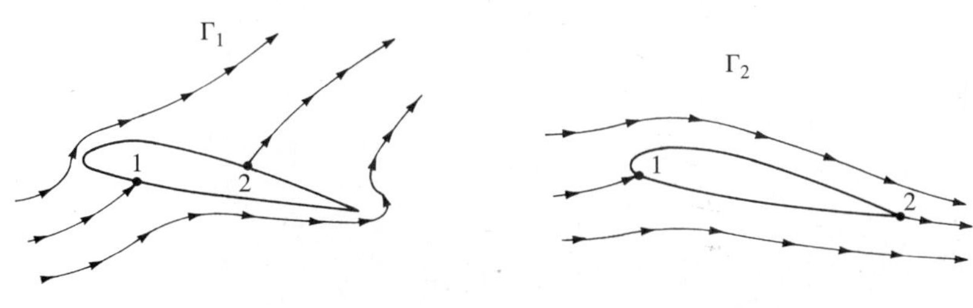

그림 4.17 주어진 받음각에서 주어진 익형 주위로 흐르는 퍼텐셜 유동에 대한 다른 순환값의 영향. 점 1과 2는 정체점이다.

3) NASA에 의한 몇몇 최근 연구가 유동 박리와 같은 복잡한 문제가 지금까지는 완전히 점성이 지배적인 현상이라고 생각했지만, 실제로는 회전 유동을 수반하며 비점성이 지배적인 유동일 수 있음을 암시하고 있다는 사실은 매우 흥미롭다. 예를 들면, 균일하지 않은 자유 유동이나 곡선으로 휘어진 충격파 등의 방법으로 와류를 첨가한 상태에서 원형 실린더 주위의 유동에 대한 비점성 유동장의 수치해가 원형 실린더 뒷면에서의 박리 유동을 정확히 예측하고 있다. 그러나 이러한 결과가 아무리 흥미롭다 하더라도 그것은 너무 원론적이어서 이 책에서 강조될 수 없다. 그렇지 않다고 명확하게 증명될 때까지 유동 박리가 15~20장에 걸쳐 점성이 지배적인 현상이라는 이야기를 계속할 것이다. 이 최근의 연구는 와도, 와류면, 점성과 실제 현상 사이에서 물리적 연결에 대한 하나의 예에 불과할 뿐이다.

진들을 보여준다(참고문헌 8). 그림 4.18*a*에서는 유동이 지금 막 시작되었고 유동의 형태가 익형 주위에서 개발되는 중이다. 이 개발 초기 순간에는, 그림 4.17의 왼쪽 그림과 비슷하게 유동은 아랫면에서 윗면으로 날카로운 뒷전 주위를 돌아서 진행하려 한다. 그러나 비점성, 비압축성 유동의 보다 고급의 해석에 의하면 날카로운 모서리에서 속도가 무한히 큰 값을 갖게 된다는 이론적인 결과를 보여준다(예를 들면, 참고문헌 9 참조). 그러므로 그림 4.17의 왼쪽 그림과 그림 4.18*a*에 나와 있는 사진과 같은 유동은 자연계에서는 오래 지속될 수 없다. 실제 유동이 익형 위에서 전개됨에 따라 윗면의 정체점(그림 4.17의 점 2)이 뒷전 방향으로 이동한다. 그림 4.18*b*는 이러한 중간 단계를 보여준다. 마지막으로 초기의 천이 과정이 소멸된 후 그림 4.18*c*에 나와 있는 정상 유동에 도달한다. 이 사진은 유동이 *익형의 윗면과 아랫면을 뒷전에서 매끄럽게 떠나가*는 것을 보여준다. 이러한 유동 현상은 그림 4.17의 오른쪽에 그려져 있고, 그러한 형태가 익형 주위의 정상 유동에서 기대될 수 있는 형태임을 나타낸다.

그림 4.17과 4.18을 다시 돌아보면, 주어진 받음각에서 주어진 익형 주위의 정상 유동을 정착시킬 때 자연은 뒷전에서 매끄럽게 떠나는 유동을 주는 순환의 특정 값(그림 4.17의 Γ_2)을 선택한다. 이것을 처음 관찰하고 이론적인 해석에 사용한 사람은 1902년 독일 수학자 M. Wilhelm Kutta였다. 그러므로 이는 *Kutta 조건*(Kutta condition)이라고 알려져 왔다.

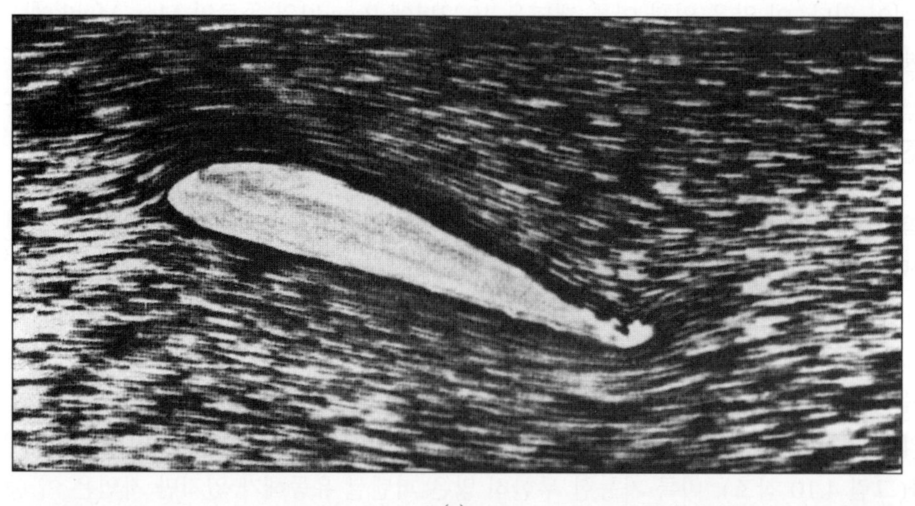

(*a*)

(*b*)

그림 4.18 익형 주위 정상 유동의 전개; 익형은 정지 상태에서 갑작스럽게 출발하고 유체를 통과하며 정상 속도에 도달한다. (*a*) 출발하는 순간, (*b*) 중간 시간(Prandtl, L., and O. G. Tietjens. *Applied Hydro and Aeromechanics Based on Lectures of L. Prandtl*. New York: McGraw Hill, United Engineering Trustees, Inc., 1934)

(c)

그림 4.18 (계속) 익형 주위 정상 유동의 전개; 익형은 정지 상태에서 갑작스럽게 출발하고 유체를 통과하며 정상 속도에 도달한다. (c) 종말의 정상 유동(Prandtl, L., and O. G. Tietjens. *Applied Hydro and Aeromechanics Based on Lectures of L. Prandtl*. New York: McGraw Hill, United Engineering Trustees, Inc., 1934)

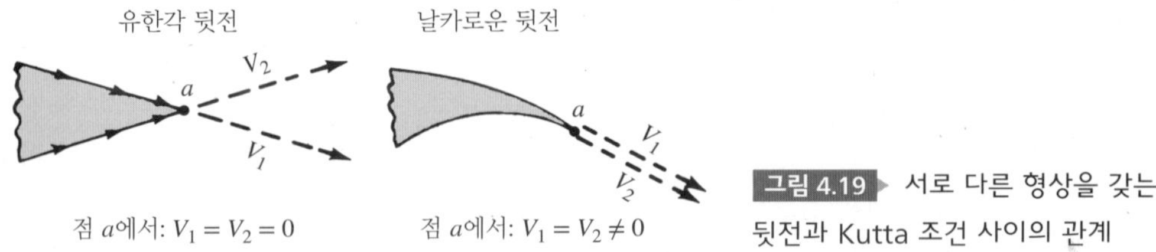

그림 4.19 서로 다른 형상을 갖는 뒷전과 Kutta 조건 사이의 관계

이론적 해석에서 Kutta 조건을 적용하기 위해 뒷전에서의 유동 본질에 관해서 더욱 정확히 규명하는 것이 요구된다. 뒷전은 그림 4.17과 4.18에 나온 것과 그림 4.19의 왼쪽에 그려진 것같이 유한한 각도를 가질 수 있으며, 또는 그림 4.19의 오른쪽에 나온 것같이 끝이 날카로울 수도 있다. 우선 그림 4.19의 왼쪽에 나온 것 같은 유한한 각도를 갖는 뒷전을 고려해 보자. 윗면과 아랫면을 따르는 속도를 V_1과 V_2로 표시하라. V_1은 점 a에서 윗면과 평행하고 V_2는 점 a에서 아랫면과 평행하다. 유한한 각을 갖는 뒷전에 대해 만약 이러한 속도가 점 a에서 유한한 값을 갖는다면 그림 4.19의 왼쪽에 표시된 것같이 동일한 점에서 다른 방향인 2개의 속도를 가질 수 있다. 그러나 이것은 물리적으로 가능하지 않으며 유일한 해결책은 점 a에서 V_1과 V_2를 다 0으로 만드는 것이다. 즉, 유한한 각도의 뒷전인 점 a는 정체점이며, 여기서 $V_1 = V_2 = 0$이다. 반대로 그림 4.19의 오른쪽에서 볼 수 있는 날카로운 뒷전인 경우 점 a에서 V_1과 V_2는 같은 방향이며, V_1과 V_2는 모두 유한한 값을 가질 수 있다. 그러나 점 a에서의 압력인 P_2는 단 하나의 값을 가지며, 점 a에 바로 인접해 있는 윗면과 아랫면 모두에 적용되는 Bernoulli 방정식은 다음과 같다.

$$p_a + \tfrac{1}{2}\rho V_1^2 = p_a + \tfrac{1}{2}\rho V_2^2$$

또는

$$V_1 = V_2$$

이러한 이유로 날카로운 뒷전의 경우 익형 뒷전의 윗면 및 아랫면에서 떠나는 속도는 유한하며 크기와 방향이 같음을 알 수 있다.

Kutta 조건에 대한 기술은 다음과 같이 요약할 수 있다.

1. 주어진 익형이 주어진 받음각에 놓여 있을 때 익형 주위의 Γ 값은 유동이 뒷전에서 매끄럽게 떠날 수 있도록 하는 값을 갖는다.
2. 뒷전의 각이 유한할 경우 뒷전은 정체점이다.

3. 뒷전이 날카로울 때(cusped) 뒷전의 윗면과 아랫면에서의 속도는 유한하며 크기와 방향이 같다.

4.4절에서 검토한 바와 같이 익형 표면이나 캠버선 위에 와류면을 위치시킴으로써 익형을 대신하는 개념을 다시 고려해 보자. 이러한 와류면의 강도는 면을 따라 변화하는 값이며 $\gamma(s)$로 표기된다. 그 와류면의 항으로 기술된 Kutta 조건은 다음과 같다. 뒷전(TE)에서 식 (4.8)로부터 다음을 얻는다.

$$\gamma(\text{TE}) = \gamma(a) = V_1 - V_2 \tag{4.9}$$

그러나 뒷전의 각 크기가 유한할 때 $V_1 = V_2 = 0$이므로 식 (4.9)에서 $\gamma(\text{TE}) = 0$이다. 날카로운 뒷전에 대해서는 $V_1 = V_2 \neq 0$이므로 식 (4.9)에서 역시 $\gamma(\text{TE}) = 0$의 결과를 얻을 수 있다. 따라서 와류면의 세기로 표현된 Kutta 조건은 다음과 같다.

$$\boxed{\gamma(\text{TE}) = 0} \tag{4.10}$$

4.5.1 마찰 없이 양력을 얻을 수 있는가? *Without Friction Could We Have Lift?*

1.5절에서 우리는 유동 속에 잠겨 있는 물체 위에 발생하는 공기역학적 힘이 동체의 표면에 분포된 압력 및 전단력의 영향을 모두 합한 것에 의한 것임을 강조하였다. 더욱이 4.1절에서 익형에서 발생한 양력은 주로 표면의 압력 분포 때문이며 전단력은 실질적으로 양력 발생과 관계가 없다는 사실을 언급하였다. 그 이유는 쉽게 알 수 있다. 예를 들어, 그림 4.17과 4.18의 익형 형상을 보자. 압력은 표면에 *법선 방향*으로 작용한다는 것과, 그리고 이 익형들에 대한 법선 방향 압력의 방향이 본질적으로 수직 방향, 즉 양력이 발생하는 방향이라는 것을 기억하라. 이와 반대로 전단력은 표면에 *접선* 방향으로 작용하며 익형에서 발생하는 이러한 전단력은 주로 수평 방향, 즉 항력과 같은 방향이다. 그러므로 압력은 양력 발생의 지배적인 요소이며 전단력은 양력에 대해서는 무시할 만한 영향력밖에 없다. 이러한 이유로 익형에 대한 실속 이전의 양력은 이 장에서 검토한 *비점성* 이론을 적용하여 정확하게 예측할 수 있다.

그러나 우리가 완전한 비점성 세계에 살고 있다면 익형은 양력을 발생시킬 수 없었을 것이다. 사실 마찰이 있다는 것이 우리가 양력을 가지게 되는 바로 그 원인이다. 이는 이상하게 들릴 수 있고 더 나아가서는 앞 문단에서 검토한 우리의 진술과 모순되는 것같이 들린다. "지금 무슨 일이 일어나고 있는 것인가?"에 대한 대답은, 실제로 뒷전에서 유동이 매끄럽게 떠나가도록 자연이 보장하는 *방법*, 즉 그림 4.18*c*에 나와 있는 유동이 선택되도록 자연이 사용하는 원리는 점성 경계층이 전 구간 동안 내내 뒷전까지 표면에 부착되어 있도록 한다는 것이다. 다시 말해 *자연은 마찰을 이용하여 Kutta 조건을 적용하고 있는 것이다*. 만일 경계층이 없다면, 즉 마찰이 없다면 실제 상황에서 Kutta 조건을 달성하기 위한 물리적인 방법은 존재하지 않을 것이다.

이런 이유로 양력은 마찰이 없는(비점성의) 세상에서는 존재하지 않을 수 있는데, 사실은 양력이 비점성 현상인 표면 압력 분포에 의해 발생한다는 가장 이율배반적인 상황에 우리가 처하게 된다. 이러한 관점에서 마찰이 없으면 양력이 없다고 말할 수 있다. 그러나 이는 위에서 검토한 것을 인지한 상황에서 말할 수 있는 것이다.

4.6 Kelvin 순환 정리 및 시작 와류 *Kelvin's Circulation Theorem and the Starting Vortex*

이 절에서는 다음 절에 나오는 익형 이론 자체의 수치적 계산 방법을 발전시키기 전에 익형 이론의 전반적인 개념에 대해 마무리 작업을 하고자 한다. 이 절은 또한 이전 절에서 설명한 Kutta 조건에 대한 완벽하지 않은 결말을 잘 매듭지어준다. 분명히 Kutta 조건은 익형 주변의 순환값이 유동이 뒷전에서 매끄럽게 떠날 수 있도록 하는 알맞은 값이라는 진술을 하고 있다. *질문*: 자연은 어떻게 이러한 순환을 발생시키는가? 그것은 갑자기 나타난 것인가? 또는 순환이 전 유동장 내에서 어떻게든 보존되는가? 이러한 문제를 좀 더 자세히 살펴보기로 하자.

그림 4.20의 임의의 비점성, 비압축성 유동을 고려하자. 모든 체적력(body force) $\mathbf{f}$를 0이라고 가정하자. 임의의 곡선 C_1을 선택하고 주어진 시간 t_1에서 이 곡선 위에 있는 유체의 입자들을 구별하라. 또한 정의에 의해 곡선 C_1 주위의 순환은 $\Gamma_1 = -\int_{C_1} \mathbf{V} \cdot \mathbf{ds}$이다. 이제 이 특정한 유체 입자들을 하류(downstream)로 이동시키자. 시간이 지나 t_2가

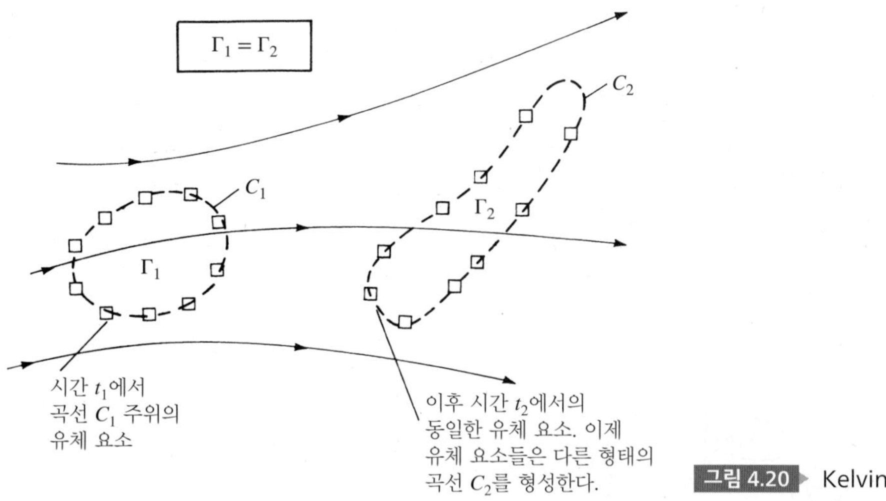

그림 4.20 Kelvin 정리

되면 이 *동일한* 유체 입자들은 다른 곡선 C_2를 형성하게 될 것이며, 이때 그 곡선 주위의 순환은 $\Gamma_2 = -\int_{C_2} \mathbf{V} \cdot \mathbf{ds}$가 된다. 위에 말한 조건에서 $\Gamma_1 = \Gamma_2$인 것을 쉽게 알 수 있다. 실제로 특정한 한 조의 유체 입자들을 따라가고 있기 때문에, 인접한 한 조의 유체 입자들로 구성된 폐곡선 주위의 순환은 그 유체가 유동 내에서 이동하는 전 구간 동안 일정하게 유지된다고 말할 수 있다. 2.9절로부터 실체적 도함수는 주어진 유체 요소를 따라가면서 느낄 수 있는 시간에 대한 변화율을 의미한다는 것을 기억하라. 그러므로 위 검토에 대한 수학적 표현은 단순하게 다음 식이 된다.

$$\boxed{\frac{D\Gamma}{Dt} = 0} \tag{4.11}$$

이는 같은 유체 입자로 구성된 닫힌 곡선상 순환의 시간에 대한 변화율이 0임을 말해준다. 세부적으로 설명해 주는 검토 내용과 함께 식 (4.11)을 *Kelvin 순환 정리*라고 부른다.[4] 첫 번째 원리의 유도는 연습문제 4.3으로 남겨 두었다. 또한 4.4절의 와류면에 대한 정의와 검토를 기억하자. Kelvin 순환 정리의 흥미 있는 결론은 어느 순간 와류면이었던 유동면은 항상 와류면으로 남아 있다는 것을 증명하고 있는 것이다.

Kelvin 정리는 다음과 같이 익형 주위에서 순환의 발생을 설명하는 것을 도와준다. 그림 4.21*a*에 나와 있는 정지해 있는 유체 안에 위치한 익형을 고려하자. 모든 곳에서 $\mathbf{V} = 0$이므로 곡선 C_1 주위의 순환은 0이다. 이제 유동을 익형 주위에서 움직이기 시작하자. 처음에는 4.5절에서 설명한 것과 그림 4.17의 왼쪽에 그려진 것같이 뒷전 주변에서 유동이 둥글게 말리며 회전하는 경향을 나타낼 것이다. 그렇게 하는 동안 뒷전에서의 속도는 이론적으로 무한대가 된다. 실제 상황에서 속도는 유한하지만 매우 빨라지기 시작한다. 그 결과로 유동이 시작된 맨 처음 순간에 매우 큰 속도구배가 있는(따라서 큰 와도가 있는) 좁은 구역이 뒷전에 형성된다. 이처럼 큰 와도를 가진 영역은 동일한 유체 입자들에 국한되며, 그 유체 입자들이 뒷전으로부터 하류로 움직이기 시작함에 따라 동시에 하류를 따라 내려가게 된다. 그것이 하류로 이동하면서 와류가 집중되어 있는 이 얇은 면은 불안정하며 둥글게 말리기 시작하고 점 와류와 비슷한 모양을 형성한다. 이러한 와류를 *시작 와류*(starting vortex)라 부르며 그림 4.21*b*에 이를 표시했다. 유동이 뒷전에서 매끄럽게 떠나면서(Kutta 조건) 익형 주위의 유동이 정상 상태가 된 이후에는 뒷전 부분의 큰 속도구배는 사라지고 그 점에서 와도가 더 이상 생성되지 않는다. 그러나 시작 와류는 유동의 시작 과정 동안에 이미 형성되었으며, 그 후에도 영원히 유동과 함께 꾸준히 하류로 움직인다. 그림 4.21*b*는 익형 주위에 정상 유동이 이루어진 후 얼마간의 시간이 흐른 다음의 유동장을 보여주는데, 시작 와류가 하류의 어느 지점에 있는 것을 볼 수 있다. 초기에 그림 4.21*a*의 곡선 C_1을 형성했던 유체 입자들은 하류로 이동하였고 지금은 곡선 C_2를 형성하고 있는데, 이는 그림 4.21*b*에 있는 완전한 폐

[4] Kelvin 정리는 $\rho = \rho(p)$인 특별한 경우의 비점성 압축성 유동에도 적용할 수 있다. 즉, 밀도가 압력만의 어떤 단일 함수일 때를 말한다. 이것은 등엔트로피 흐름에 대한 경우이며 후속 장에서 설명하기로 한다.

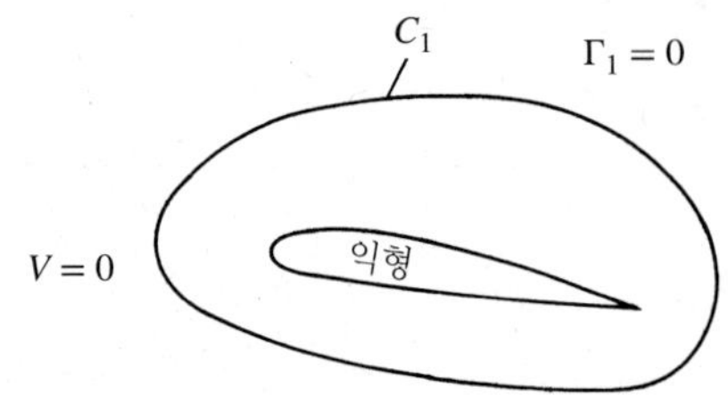

(a) 익형에 대해 상대적으로 정지해 있는 유체

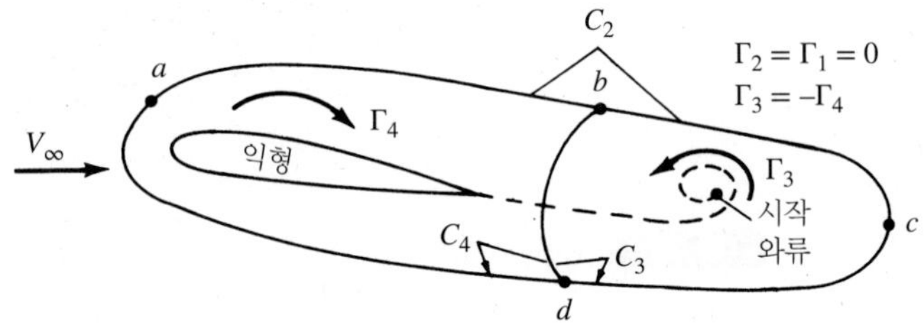

(b) 유동이 시작된 후 어느 순간의 유동장 그림

그림 4.21 시작 와류의 생성과 결과적인 익형 주위 순환의 발생

회로 *abcda*다. 따라서 Kelvin 정리에 의해 곡선 C_2(익형과 시작 와류 모두를 둘러싸고 있음) 주위의 순환 Γ_2는 곡선 C_1의 것과 동일하며 0이다.

$$\Gamma_2 = \Gamma_1 = 0$$

이다. 이제 절선 *bd*를 만듦으로써 C_2를 2개의 고리로 분할하여 곡선 C_3(회로 *bcdb*)와 C_4(회로 *abda*)를 구성하자. 곡선 C_3는 시작 와류를, 곡선 C_4는 익형을 둘러싸고 있다. 곡선 C_3 주위의 순환 Γ_3는 시작 와류에 의한 것이며, 그림 4.21*b*를 조사해 보면 Γ_3는 반시계 방향인 것을(즉, 음의 값) 알게 된다. 익형을 둘러싸고 있는 곡선 C_4 주위의 순환은 Γ_4다. 절선 *bd*가 C_3와 C_4 모두에서 공통이므로 C_3와 C_4 주위 순환의 합은 단순히 C_2 주위의 순환과 같아진다.

$$\Gamma_3 + \Gamma_4 = \Gamma_2$$

그러나 우리는 이미 $\Gamma_2 = 0$임을 알고 있다. 그러므로

$$\Gamma_4 = -\Gamma_3$$

즉, 익형 주위의 순환은 시작 와류 주위의 순환과 크기는 같으며 방향은 반대이다.

이것이 이 절의 요약이자 가장 중요한 요점이다. 익형 주위에 유동이 시작되면서 뾰족한 뒷전 부근에 큰 속도구배가 강한 와도 영역을 형성하며, 이것이 뒷전의 하류에서 둥글게 말리면서 시작 와류를 형성한다. 이 시작 와류는 스스로 반시계 방향의 순환을 갖는다. 그러므로 같은 크기의 반작용으로 익형 주위에 시계 방향의 순환이 형성된다. 시작 과정이 계속 진행되면서 뒷전으로부터의 와도는 시작 와류로 끊임없이 공급되어 그것을 더욱 강하게 만들며, 동시에 보다 큰 반시계 방향의 순환을 만든다. 그 결과로 익형 주위의 시계 방향 순환이 더 강해지고 뒷전에서의 유동이 Kutta 조건에 좀 더 근접하도록 만들어서 뒷전으로부터 와도가 흘러내리는 것을 약하게 한다. 마지막으로 익형 주위에 크기는 같고 방향이 반대인 시계 방향의 순환이 뒷전으로부터 매끄러운 유동을 주기에 꼭 알맞은 크기의 강도로 시작 와류가 형성된다(Kutta 조건이 정확하게 만족된다). 이러한 현상이 발생할 때 뒷전에서 흘러나오는 와도의 양이 0이 되며, 시작 와류의 강도는 더 이상 커지지 않고 익형 주위에 변하지 않는 순환의 크기가 존재하게 된다.

예제 4.4

예제 4.1의 주어진 조건에서 NACA 2412 익형에 대하여 정상 상태의 시작 와류 강도를 계산하라.

■ 풀이

예제 4.1에 주어진 조건으로부터

$$L' = 1254 \text{ N/m}$$
$$V_\infty = 70 \text{ m/s}$$
$$\rho_\infty = 1.23 \text{ kg/m}^3$$

식 (3.140)인 Kutta-Joukowski 정리로부터

$$L' = \rho_\infty V_\infty \Gamma$$

익형 주위 유동과 연관된 순환은

$$\Gamma = \frac{L'}{\rho_\infty V_\infty} = \frac{1254}{(1.23)(70)} = 14.56 \text{ m}^2/\text{s}$$

그림 4.21을 참조하면 정상 상태의 시작 와류는 익형 주위의 순환과 크기는 같고 방향이 반대인 강도를 갖는다. 그러므로

$$\boxed{\text{시작 와류의 강도} = -14.56 \text{ m}^2/\text{s}}$$

주: 공기역학에서의 실제 계산에서 순환에 대한 실제 수치값은 거의 필요 없다. 순환은 식 (2.136)에 의해 정의된 수학적인 양이며 양력에 대한 순환 이론의 범주 안에 있는 중요한 이론적 개념이다. 예를 들면, 4.7절에서 순환에 대한 해석적 표현이 식 (4.30)으로 유도되고, 식 (4.31)인 Kutta-Joukowski 정리 속으로 바로 대입되어 식 (4.33)인 양력 계수의 공식이 된다. 어느 곳에서도 Γ의 실제 값을 계산할 필요가 없다. 그러나 이 예제에서는 시작 와류의 *강도*가 그 순환에 의해 얻어지기 때문에 여러 경우에 대한 시작 와류의 강도를 비교하기 위한 Γ의 수치값을 계산하는 것은 적절한 일이다. 이것조차도 학문적인 연습으로만 여겨질 수도 있다. 저자의 경험에 비추어 보면 시작 와류 강도의 계산을 필요로 하는 실제적인 공기역학 문제는 없었다. 시작 와류는 양력을 발생하는 2차원 물체 주위 순환의 발생과 일치하는 이론적인 개념일 뿐이다.

4.7 고전적인 얇은 익형 이론: 대칭형 익형 *Classical Thin Airfoil Theory: The Symmetric Airfoil*

실험적으로 관찰된 익형의 특성과 이런 특성의 이론적인 예측을 위한 근본 원리는 이전의 절들에서 논의되었다. 그림 4.7에 있는 이 장의 이정표를 참고하면 우리는 이제 중앙에 위치한 가지를 끝냈다. 이 절에서는 그림 4.7의 오른쪽 가지로 옮겨 가는데, 얇은 날개 이론의 수치적 계산을 전개할 것이다. 익형의 양력과 모멘트의 계산을 위해 필요한 기본적인 방정식이 이 절에서 확립되고, 대칭형 익형에 적용될 것이다. 캠버를 갖는 익형의 경우는 4.8절에서 다룬다.

당분간 우리는 *얇은* 익형을 취급하는데, 이런 경우에는 4.4절에서 검토한 것과 같이 익형을 캠버선에 위치시킨 와류면(vortex sheet)으로 모사할 수 있다. 우리의 목적은 캠버선이 유동의 유선 중 하나가 되며 Kutta 조건이 뒷전에서 만족되도록, 즉 $\gamma(\text{TE}) = 0$이 되도록 $\gamma(s)$의 값을 계산하는 것이다[식 (4.10) 참조]. 이러한 조건을 만족시키는 $\gamma(s)$를 얻기만 하면, 익형 주위의 전체 순환 Γ는 앞전에서 뒷전까지의 $\gamma(s)$를 적분하여 구할 수 있다. 그 후 양력은 Kutta-Jowkoski 정리를 통해 Γ로부터 계산할 수 있다.

그림 4.22*a*에 그려진 것 같은 익형의 캠버선에 위치한 와류면을 고려하자. 자유흐름의 속도는 V_∞이며 익형의 받음각은 α다. x축은 시위선 방향이며 z축은 시위선에 수직 방향이다. 캠버선을 따라 측정된 거리는 s로 표기한다. 캠버선의 모양은 $z = z(x)$로 주어진다. 시위선의 길이는 c다. 그림 4.22*a*에서 w'는 와류면에 의해 유도된 캠버선에 수직인 속도 성분이며 $w' = w'(s)$다. 얇은 날개에 대해 익형 표면에 분포된 와류면의 분포가 먼 거리에서 보면 캠버선 위에 분포된 와류면과 거의 유사하게 보인다는 것을 4.4절에서 설명하였다. 다시 한번 뒤로 물러서서 그림 4.22*a*를 먼 거리에서 살펴보자. 만일 익형이 얇다면 캠버선은 시위선과 가깝고, 멀리서 보면 와류면이 시위선과 거의 일치하는 것처럼 보인다. 따라서 다시 한번 우리의 생각을 재조정하여 그림 4.22*b*에 표시된 것같이 와류면을 시위선 위에 위치시키자. 여기서 $\gamma = \gamma(x)$다. 우리는 여전히 캠버선이 유동 내 하나의 유선이 되기를 바라며, $\gamma = \gamma(x)$는 이 조건과 동시에 Kutta 조건 $\gamma(c) = 0$을 만족시키기 위해 계산한다. 즉, 시위선 위 와류면의 강도는 캠버선(시위선이 아닌)이 하나의 유선이 되도록 결정한다.

캠버선이 유선이 되기 위해서는 캠버선에 수직인 속도 성분이 캠버선 위의 모든 점에서 반드시 0이어야 한다. 유동

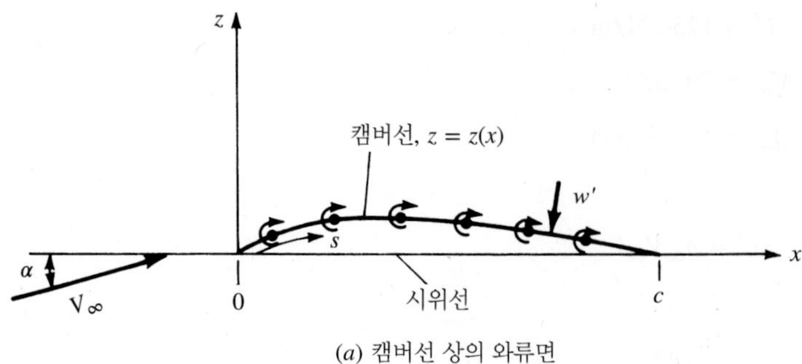

(a) 캠버선 상의 와류면

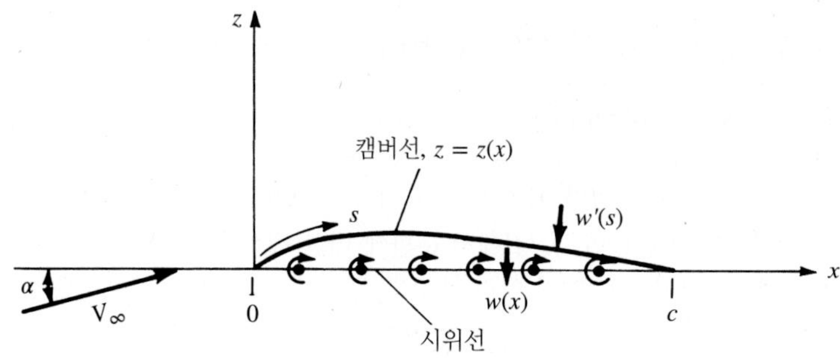

(b) 시위선 상의 와류면

그림 4.22 얇은 익형 해석을 위한 와류의 배치

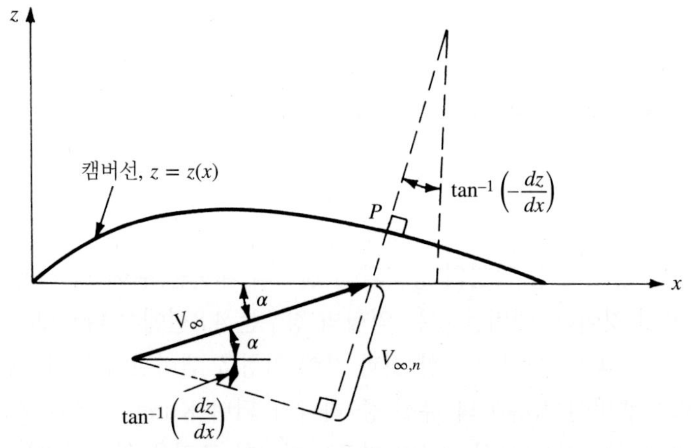

그림 4.23 캠버선에 수직한 방향의 자유흐름 속도 성분 결정

내 임의의 점에서 속도는 균일한 자유흐름 속도와 와류면에 의해 유도되는 속도의 합이다. $V_{\infty,n}$을 캠버선에 수직인 자유흐름의 속도 성분이라 하자. 따라서 캠버선이 유선이 되기 위해서는 캠버선의 모든 점에서 다음이 만족되어야 한다.

$$V_{\infty,n} + w'(s) = 0 \tag{4.12}$$

식 (4.12)에서 $V_{\infty,n}$의 표현식은 그림 4.23을 검토하여 얻을 수 있다. 기울기가 dz/dx인 캠버선 위 임의의 점 P에서 그림 4.23의 기하학적 형상은 다음 식과 같다.

$$V_{\infty,n} = V_\infty \sin\left[\alpha + \tan^{-1}\left(-\frac{dz}{dx}\right)\right] \tag{4.13}$$

작은 받음각을 갖는 얇은 익형에서 α와 $\tan^{-1}(-dz/dx)$는 작은 값이다. θ가 작을 때 $\sin\theta \approx \tan\theta \approx \theta$(여기서 θ는 라디안 값)임을 이용하면 식 (4.13)은 다음과 같다.

$$V_{\infty,n} = V_\infty\left(\alpha - \frac{dz}{dx}\right) \tag{4.14}$$

식 (4.14)는 식 (4.12)에서 사용될 $V_{\infty,n}$의 값을 준다. 식 (4.14)에 나오는 α는 라디안 값임을 명심하라.

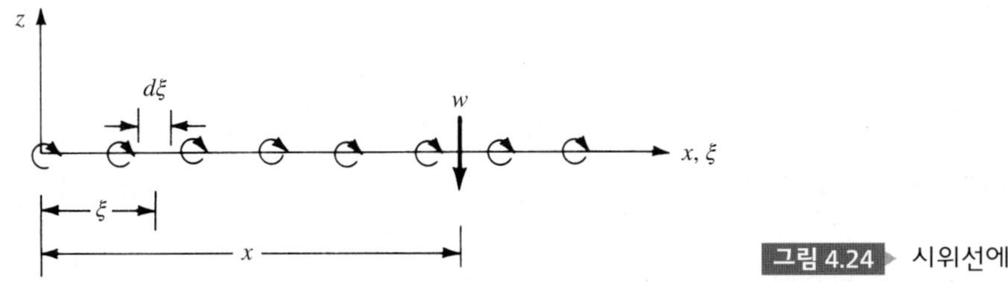

그림 4.24 시위선에서의 유도된 속도 계산

식 (4.12)로 돌아가서 와류면 강도의 함수로 $w'(s)$의 표현을 전개시켜 보자. 그림 4.22*b*를 다시 한번 참고한다. 여기서 와류면은 시위선 위에 있고 $w'(s)$는 와류면에 의해 유도된 캠버선에 수직인 속도 성분이다. 그림 4.22*b*에 나와 있는 것같이 $w(x)$를 와류면에 의해 유도된 *시위선*에 수직인 속도 성분으로 표시하자. 만일 익형이 얇다면 캠버선은 시위선에 근접하며 아래와 같은 근사해를 구하는 얇은 날개 이론과 일치한다.

$$w'(s) \approx w(x) \tag{4.15}$$

$w(x)$를 와류면 강도의 항으로 표현하는 것은 다음과 같이 식 (4.1)로부터 쉽게 얻을 수 있다. 시위선을 따라 위치된 와류면을 보여주는 그림 4.24를 고려하라. 우리는 x 위치의 $w(x)$의 값을 계산하려 한다. 그림 4.24에 나온 것 같은 시위선을 따라 ξ의 거리에 위치한 강도 $\gamma\, d\xi$의 와류 요소를 고려하라. 와류면의 강도인 γ는 시위선에 따른 거리에 따라 변한다. 즉, $\gamma = \gamma(\xi)$다. 점 ξ에서 와류 요소에 의해 유도된 점 x에서의 속도 dw는 식 (4.1)에 의해 다음과 같이 주어진다.

$$dw = -\frac{\gamma(\xi)\, d\xi}{2\pi(x - \xi)} \tag{4.16}$$

다음으로 시위선을 따라 위치한 *모든* 와류 요소에 의한 점 x에 유도된 속도 $w(x)$는 식 (4.16)을 앞전($\xi = 0$)에서 뒷전($\xi = c$)까지 적분해서 얻는다.

$$w(x) = -\int_0^c \frac{\gamma(\xi)\, d\xi}{2\pi(x - \xi)} \tag{4.17}$$

식 (4.15)에 의한 근사해와 연합하여 식 (4.17)은 식 (4.12)에서 사용될 $w'(s)$의 식을 제공한다.

식 (4.12)가 캠버선이 유선이 되기 위해 필요한 경계 조건인 것을 기억하라. 식 (4.14), (4.15) 및 (4.17)을 식 (4.12)에 대입하면 다음 식을 얻는다.

$$V_\infty \left(\alpha - \frac{dz}{dx}\right) - \int_0^c \frac{\gamma(\xi)\, d\xi}{2\pi(x - \xi)} = 0$$

또는

$$\boxed{\frac{1}{2\pi} \int_0^c \frac{\gamma(\xi)\, d\xi}{x - \xi} = V_\infty \left(\alpha - \frac{dz}{dx}\right)} \tag{4.18}$$

이것은 *얇은 익형 이론의 기본 방정식*이다. 이는 단순히 캠버선이 유동의 유선 중 하나라는 진술이다.

식 (4.18)이 시위선 위 주어진 점 x에 대해서 표현된 것과 dz/dx가 그 점 x에서 계산한 것임에 유의하라. 그림 4.24에 표시한 것과 같이 변수 ξ는 적분을 위해 시위선을 따라 0~c까지 변하는 단순한 적분 가변수(dummy variable of integration)일 뿐이다. 와류의 강도 $\gamma = \gamma(\xi)$는 시위선을 따라 변하는 변수이다. 주어진 받음각에서 주어진 익형에 대하여 α와 dz/dx는 식 (4.18)에서 알고 있는 값이다. 사실 식 (4.18)에서 단 하나의 미지수는 와류 강도 $\gamma(\xi)$뿐이다. 그러므로 식 (4.18)은 적분 방정식이며 그것의 해가 캠버선이 유동의 유선이 되도록 해주는 $\gamma(\xi)$의 변화의 값을 준다. 얇은 익형 이론의 중심이 되는 문제는 $\gamma(c) = 0$이라는 Kutta 조건에 맞도록 $\gamma(\xi)$에 대하여 식 (4.18)의 해를 구하는 것이다.

이 절에서는 대칭형 익형의 경우를 취급한다. 4.2절에서 말했듯이 대칭형 익형은 캠버가 없다. 즉, 캠버선과 시위선이 일치한다. 그러므로 이 경우에 대해서 $dz/dx = 0$이며 식 (4.18)은 다음과 같이 표시된다.

$$\frac{1}{2\pi}\int_0^c \frac{\gamma(\xi)\, d\xi}{x-\xi} = V_\infty \alpha \tag{4.19}$$

요점만 말하면, 얇은 익형 이론의 범주 안에서 대칭형 익형은 평판과 동일하게 취급된다. 즉, 이 이론 개발에서 익형의 두께 분포가 고려되지 않은 것에 유의하자. 식 (4.19)는 작은 받음각에서 평판 주위를 흐르는 비점성, 비압축성 유동에 대한 *정확*한 표현이다.

식 (4.18)과 (4.19)의 적분 수행을 돕기 위해 다음의 치환법을 이용하여 ξ를 θ로 치환하자.

$$\xi = \frac{c}{2}(1-\cos\theta) \tag{4.20}$$

식 (4.18)과 (4.19)에서 x는 고정된 점이므로 그것은 θ의 특정 값, 즉 θ_0에 대응되며 다음과 같다.

$$x = \frac{c}{2}(1-\cos\theta_0) \tag{4.21}$$

또한 식 (4.20)으로부터

$$d\xi = \frac{c}{2}\sin\theta\, d\theta \tag{4.22}$$

식 (4.20)과 (4.22)를 식 (4.19)에 대입하고 적분 한계가 앞전에서 $\theta = 0$ ($\xi = 0$인 곳)과 뒷전에서 $\theta = \pi$ ($\xi = c$인 곳)가 되는 것을 인식하면 다음과 같은 식을 얻을 수 있다.

$$\frac{1}{2\pi}\int_0^\pi \frac{\gamma(\theta)\sin\theta\, d\theta}{\cos\theta - \cos\theta_0} = V_\infty \alpha \tag{4.23}$$

식 (4.23)의 $\gamma(\theta)$에 대한 엄밀해는 적분 방정식의 수학적인 이론으로부터 얻을 수 있으나, 그것은 이 책의 범위 밖에 있다. 그 대신 단순히 다음과 같이 그 해를 기술한다.

$$\boxed{\gamma(\theta) = 2\alpha V_\infty \frac{(1+\cos\theta)}{\sin\theta}} \tag{4.24}$$

이 해는 식 (4.24)를 식 (4.23)에 대입해서 다음 식을 얻음으로써 증명할 수 있다.

$$\frac{1}{2\pi}\int_0^\pi \frac{\gamma(\theta)\sin\theta\, d\theta}{\cos\theta - \cos\theta_0} = \frac{V_\infty \alpha}{\pi}\int_0^\pi \frac{(1+\cos\theta)\, d\theta}{\cos\theta - \cos\theta_0} \tag{4.25}$$

아래에 주어진 표준형 적분은 익형 이론에서 자주 등장하며, 참고문헌 9에 있는 부록 E에 유도되어 있다.

$$\int_0^\pi \frac{\cos n\theta\, d\theta}{\cos\theta - \cos\theta_0} = \frac{\pi \sin n\theta_0}{\sin\theta_0} \tag{4.26}$$

식 (4.26)을 식 (4.25)의 오른편 항에 사용하면 다음을 알 수 있다.

$$\begin{aligned}\frac{V_\infty \alpha}{\pi}\int_0^\pi \frac{(1+\cos\theta)\, d\theta}{\cos\theta - \cos\theta_0} &= \frac{V_\infty \alpha}{\pi}\left(\int_0^\pi \frac{d\theta}{\cos\theta - \cos\theta_0} + \int_0^\pi \frac{\cos\theta\, d\theta}{\cos\theta - \cos\theta_0}\right) \\ &= \frac{V_\infty \alpha}{\pi}(0+\pi) = V_\infty \alpha \end{aligned} \tag{4.27}$$

식 (4.27)을 식 (4.25)에 대입하면, 식 (4.23)과 동일한 다음 식을 얻는다.

$$\frac{1}{2\pi}\int_0^\pi \frac{\gamma(\theta)\sin\theta\, d\theta}{\cos\theta - \cos\theta_0} = V_\infty \alpha$$

따라서 식 (4.24)가 진정한 식 (4.23)의 해와 같이 된다. 또한 $\theta = \pi$인 뒷전에서는 식 (4.24)가 다음과 같이 되는 것에 유의하라.

$$\gamma(\pi) = 2\alpha V_\infty \frac{0}{0}$$

이 식은 부정(indeterminant) 형태이다. 그러나 식 (4.24)에 L'Hospital 법칙을 적용하면 다음과 같이 된다.

$$\gamma(\pi) = 2\alpha V_\infty \frac{-\sin\pi}{\cos\pi} = 0$$

그러므로 식 (4.24) 또한 Kutta 조건을 만족하게 된다.

이제 우리는 얇은 두께의 대칭형 익형에 대해 양력 계수를 계산할 수 있는 입장이 되었다. 그 익형 주변의 전체 순환은 다음과 같다.

$$\Gamma = \int_0^c \gamma(\xi)\, d\xi \tag{4.28}$$

식 (4.20)과 (4.22)를 이용하면 식 (4.28)은 다음과 같이 치환된다.

$$\Gamma = \frac{c}{2}\int_0^\pi \gamma(\theta)\sin\theta\, d\theta \tag{4.29}$$

식 (4.24)를 식 (4.29)에 대입하면 다음 식을 얻는다.

$$\Gamma = \alpha c V_\infty \int_0^\pi (1+\cos\theta)\, d\theta = \pi\alpha c V_\infty \tag{4.30}$$

식 (4.30)을 Kutta-Joukowski 이론에 대입하면 단위 스팬당 양력이 다음과 같음을 알 수 있다.

$$L' = \rho_\infty V_\infty \Gamma = \pi\alpha c \rho_\infty V_\infty^2 \tag{4.31}$$

양력 계수는 다음과 같다.

$$c_l = \frac{L'}{q_\infty S} \tag{4.32}$$

여기서

$$S = c(1)$$

식 (4.31)을 식 (4.32)에 대입하면 다음을 얻는다.

$$c_l = \frac{\pi\alpha c\rho_\infty V_\infty^2}{\frac{1}{2}\rho_\infty V_\infty^2 c(1)}$$

또는

$$\boxed{c_l = 2\pi\alpha} \tag{4.33}$$

그리고

$$\boxed{\text{양력 곡선 기울기} = \frac{dc_l}{d\alpha} = 2\pi} \tag{4.34}$$

식 (4.33)과 (4.34)는 중요한 결과이다. 이 식은 양력 계수가 *받음각에 따라 선형적으로 비례한다*는 이론적 결과를 진술하고 있으며, 이러한 결과는 4.3절에서 검토한 실험결과에 의해 증명된 바 있다. 또한 이론적인 양력 곡선 기울기가 2π rad^{-1}, 즉 0.11 degree^{-1}라는 것을 설명하고 있다. NACA 0012 익형의 실험에 대한 양력 계수 자료는 그림 4.25에 나와 있으며, 식 (4.33)이 넓은 범위의 받음각에서 c_l 값을 정확하게 예측할 수 있다는 것을 알 수 있다(NACA 0012 익형은 일반적으로 비행기의 미익과 헬리콥터의 블레이드에 널리 사용되고 있다).

앞전에 대한 모멘트는 다음과 같은 방법으로 계산할 수 있다. 그림 4.26과 같이 앞전으로부터 ξ만큼 떨어진 거리에 위치한 강도의 $\gamma(\xi)d(\xi)$의 와류 요소를 생각해 보자. 이 와류 요소와 연관된 순환 강도는 $d\Gamma = \gamma(\xi)d(\xi)$이다. 따라서 와류 요소에 의해 발생한 양력 dL은 $dL = \rho_\infty V_\infty d\Gamma$이다. 이 양력의 증분은 앞전에서의 $dM = -\xi(dL)$의 모멘트를 만든다. 따라서 관련 앞전에 관한 전체 와류면에 의한 총 모멘트(단위 스팬 길이당)는 다음과 같다.

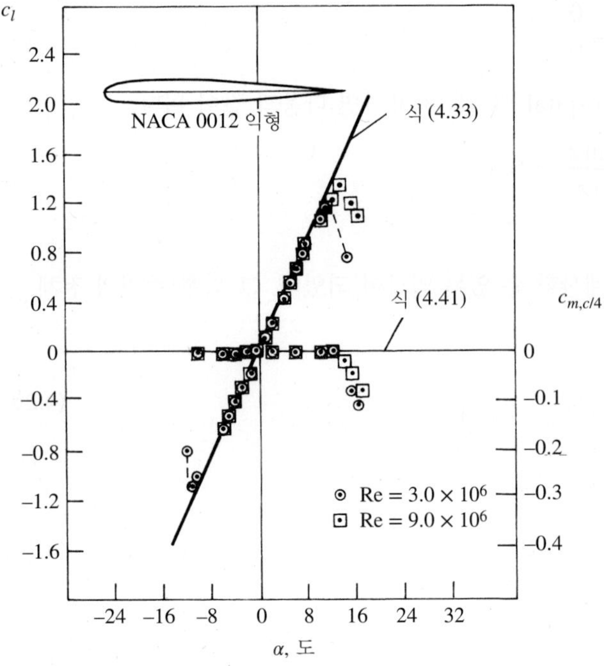

그림 4.25 NACA 0012 익형의 양력과 모멘트 계수에 대한 이론과 실험값의 비교(*출처*: Abbot, I. H., and A. E. von Doenhoff: *Theory of Wing Sections*, McGraw Hill Book Company, New York, 1949; also Dover Publications, Inc. New York, 1959)

그림 4.26 앞전에 대한 모멘트의 계산

$$M'_{\text{LE}} = -\int_0^c \xi(dL) = -\rho_\infty V_\infty \int_0^c \xi\gamma(\xi)\, d\xi \tag{4.35}$$

식 (4.20)과 (4.22)를 사용해서 식 (4.35)를 치환시키고 적분을 수행해 보면 다음을 얻는다(세부 내용은 연습문제 4.4로 남겨 두었다).

$$M'_{\text{LE}} = -q_\infty c^2 \frac{\pi\alpha}{2} \tag{4.36}$$

모멘트 계수는 다음과 같다.

$$c_{m,\text{le}} = \frac{M'_{\text{LE}}}{q_\infty Sc}$$

여기서 $S = c(1)$이다. 따라서

$$c_{m,\text{le}} = \frac{M'_{\text{LE}}}{q_\infty c^2} = -\frac{\pi\alpha}{2} \tag{4.37}$$

그러나 식 (4.33)으로부터

$$\pi\alpha = \frac{c_l}{2} \tag{4.38}$$

식 (4.37)과 (4.38)을 결합하면 다음 식을 얻는다.

$$\boxed{c_{m,\text{le}} = -\frac{c_l}{4}} \tag{4.39}$$

식 (1.22)로부터 1/4 시위점에 대한 모멘트 계수는 다음과 같이 된다.

$$c_{m,c/4} = c_{m,\text{le}} + \frac{c_l}{4} \tag{4.40}$$

식 (4.39)와 (4.40)을 결합하면 다음을 얻는다.

$$\boxed{c_{m,c/4} = 0} \tag{4.41}$$

1.6절에서 그 점에 관한 모멘트 값이 0이 되는 위치를 압력 중심이라고 정의한 바 있다. 분명 식 (4.41)은 *대칭형 익형에서 압력 중심은 1/4 시위점에 위치한다*는 이론적인 결과를 증명하고 있다.

4.3장에 주어진 정의에 의하면, 익형 위에서 모멘트가 받음각에 대해 변하지 않는 점을 공력 중심이라고 부른다. 식 (4.41)로부터 1/4 시위점에 대한 모멘트는 모든 받음각에서 0이 된다. 그러므로 대칭형 익형에서 *1/4 시위점은 압력 중심인 동시에 공력 중심도 된다*는 이론적인 사실을 알 수 있다.

식 (4.41)의 $c_{m,c/4} = 0$에 대한 이론적인 결과는 그림 4.25에 주어진 실험 자료에서 증명된다. 또한 $c_{m,c/4}$의 실험값은 광범위한 받음각에 걸쳐 일정한 값을 가지며, 따라서 실제로 공력 중심이 분명하게 1/4 시위점에 있다고 보여주는 것에 유념하라.

위 결과를 요약해 보자. 얇은 익형 이론의 요점은 Kutta 조건 $\gamma(\text{TE}) = 0$을 만족시키는 동시에 캠버선이 유동의 유선 중 하나가 되도록 만드는 시위선 위에 있는 와류면 강도의 분포를 찾는 것이다. 그러한 와류의 분포는 $\gamma(\xi)$에 대해 식 (4.18)의 해를 구하거나 또는 변형된 독립변수 θ의 항으로 식 (4.23)을 $\gamma(\theta)$에 대해 해를 구함으로써 얻어진다[식 (4.23)은 대칭형 익형에 대해 쓰여졌다는 것을 기억하라]. 대칭형 익형에 대한 와류 분포 $\gamma(\theta)$의 결과는 식 (4.24)에 의해 주어진다. 그리고 이 와류 분포를 Kutta-Joukowski 정리에 대입하면 대칭형 익형에 대해 다음과 같은 중요한 결과를 얻는다.

1. $c_l = 2\pi\alpha$

2. 양력 곡선 기울기 = 2π

3. 공력 중심과 압력 중심은 둘 다 1/4 시위점에 위치한다.

예제 4.5

받음각 5°의 얇은 평판을 고려해 보자. (*a*) 양력 계수, (*b*) 앞전에 대한 모멘트 계수, (*c*) 1/4 시위점에 대한 모멘트 계수, (*d*) 뒷전에 대한 모멘트 계수를 각각 구하라.

■ 풀이

비록 얇은 대칭형 익형에 대해 표시된 것이지만, 4.7절에서 얻은 결과가 특히 두께가 0인 평판에 적용되는 것을 기억하라.

(*a*) 식 (4.33)으로부터

$$c_\ell = 2\pi\alpha$$

여기서 α는 라디안 값이다.

$$\alpha = \frac{5}{57.3} = 0.0873\text{ rad}$$

$$c_\ell = 2\pi(0.0873) = \boxed{0.5485}$$

(*b*) 식 (4.39)로부터

$$c_{m,\ell e} = -\frac{c_\ell}{4} = -\frac{0.5485}{4} = \boxed{-0.137}$$

(*c*) 식 (4.41)로부터

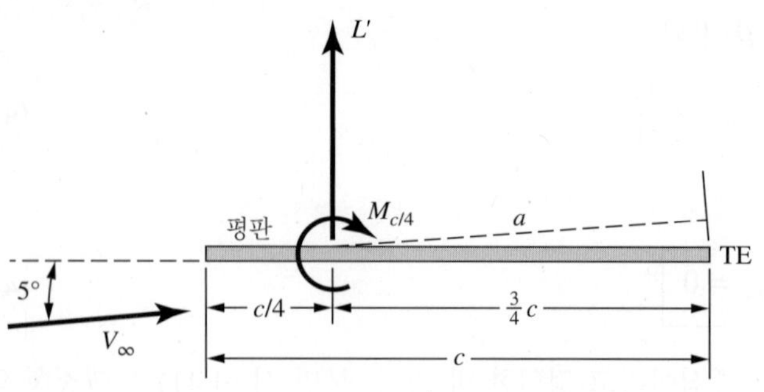

그림 4.27 받음각 5°의 평판

$$c_{m,c/4} = \boxed{0}$$

(*d*) 그림 4.27은 평판에서의 힘과 모멘트를 나타낸다. 1/4 시위점에 대한 모멘트와 함께 양력을 1/4 시위점에 위치시킨다. 이 그림이 평판 위의 힘과 모멘트 계수를 나타낸다. 1.6절로부터 힘과 모멘트의 시스템은 그 평판 상에서 임의의 점을 지나는 양력과 그 점에 관한 모멘트로 나타낼 수 있다는 것을 기억하라. 여기서 편의상 양력을 1/4 시위점에 위치시킨다.

양력은 V_∞에 수직하게 작용한다[식 (3.140)의 Kutta-Joukowski 정리가 의미하는 것의 일부가 순환 Γ에 관련된 힘의 방향은 V_∞에 수직하다는 것이다]. 그림 4.27에서 L'로부터 뒷전까지의 모멘트 길이(moment arm)는 a인데, 여기서

$$a = \left(\frac{3}{4}c\right)\cos\alpha = \left(\frac{3}{4}c\right)\cos 5°$$

얇은 익형 이론의 가정 중 하나가 받음각이 작다는 것이며, 따라서 $\cos\alpha \approx 1$로 가정할 수 있다. 그러므로 양력의 작용점으로부터 뒷전까지의 모멘트 길이는 $\frac{3}{4}c$로 주어도 합리적일 것이다(앞의 그림 4.26에서 모멘트 길이가 평판에 평행하게 그려져 있으므로 받음각이 작다는 가정은 이미 내재되어 있다).

그림 4.27을 조사해 보면 뒷전에 관한 모멘트는

$$M'_{\text{te}} = \left(\frac{3}{4}c\right)L' + M'_{c/4}$$

$$c_{m,\text{te}} = \frac{M'_{\text{te}}}{q_\infty c^2} = \left(\frac{3}{4}c\right)\frac{L'}{q_\infty c^2} + \frac{M'_{c/4}}{q_\infty c^2}$$

$$c_{m,\text{te}} = \frac{3}{4}c_\ell + c_{m,c/4}$$

$c_{m,c/4} = 0$이므로 다음을 얻는다.

$$c_{m,\text{te}} = \frac{3}{4}c_\ell$$

$$c_{m,\text{te}} = \frac{3}{4}(0.5485) = \boxed{0.411}$$

4.8 캠버가 있는 익형 *The Cambered Airfoil*

캠버를 가진 익형에 대한 얇은 익형 이론은 4.7절에서 검토되었던 대칭형 익형에 대한 해법을 일반화한 것이다. 캠버가 있는 익형을 취급하기 위해 식 (4.18)로 돌아가자.

$$\frac{1}{2\pi}\int_0^c \frac{\gamma(\xi)\,d\xi}{x-\xi} = V_\infty\left(\alpha - \frac{dz}{dx}\right) \tag{4.18}$$

캠버가 있는 익형에 대해서 dz/dx는 유한한 값을 가지고 있으며, 이러한 결과는 $dz/dx = 0$인 식 (4.18)의 대칭형 익형 경우보다 더 정교한 분석을 요구한다. 다시 식 (4.20)~(4.22)를 활용하여 식 (4.18)을 변형하면 다음 식을 얻는다.

$$\frac{1}{2\pi}\int_0^{\pi}\frac{\gamma(\theta)\sin\theta\, d\theta}{\cos\theta-\cos\theta_0}=V_\infty\left(\alpha-\frac{dz}{dx}\right) \tag{4.42}$$

우리는 Kutta 조건인 $\gamma(\theta) = 0$을 만족하는 $\gamma(\theta)$에 대한 해를 식 (4.42)로부터 얻으려 한다. $\gamma(\theta)$에 대한 이러한 해는 캠버선을 유동의 유선으로 만든다. 그러나 $\gamma(\pi)$에 대한 식 (4.42)의 엄밀해를 찾는 것은 전에 말한 것같이 이 책의 범위를 넘어선 것이다. 그 대신 그 결과를 아래에 나타내면,

$$\gamma(\theta)=2V_\infty\left(A_0\frac{1+\cos\theta}{\sin\theta}+\sum_{n=1}^{\infty}A_n\sin n\theta\right) \tag{4.43}$$

$\gamma(\theta)$에 대한 식의 첫 번째 항이 대칭형 익형에 대한 식 (4.24)와 매우 유사하다는 것과 계수 A_n을 가지고 있는 Fourier sine 급수가 더해져 구성된다는 점에 주의하라. A_n 값은 캠버선의 형태인 dz/dx에 종속되며 A_0는 아래에 보이는 것처럼 dz/dx와 받음각 α 둘 다에 종속된다.

식 (4.43)에서의 계수 A_0와 $A_n(n = 1, 2, 3, ...)$은 캠버선이 유동의 유선이 되도록 하는 특수한 값이어야 한다. 이러한 특수한 값을 알기 위해 식 (4.43)을 식 (4.42)에 대입하면 다음 식을 얻는다.

$$\frac{1}{\pi}\int_0^{\pi}\frac{A_0(1+\cos\theta)\,d\theta}{\cos\theta-\cos\theta_0}+\frac{1}{\pi}\sum_{n=1}^{\infty}\int_0^{\pi}\frac{A_n\sin n\theta\sin\theta\,d\theta}{\cos\theta-\cos\theta_0}=\alpha-\frac{dz}{dx} \tag{4.44}$$

첫 번째 적분은 식 (4.26)에 주어진 표준 형식으로부터 계산될 수 있다. 남아 있는 적분들은 다른 표준 형식으로부터 얻을 수 있는데, 이것은 참고문헌 9의 부록 E에 유도되어 있고 그 결과는 다음 식으로 주어진다.

$$\int_0^{\pi}\frac{\sin n\theta\sin\theta\,d\theta}{\cos\theta-\cos\theta_0}=-\pi\cos n\theta_0 \tag{4.45}$$

따라서 식 (4.26)과 (4.45)를 이용하여 식 (4.44)를 다음 식으로 표현할 수 있다.

$$A_0-\sum_{n=1}^{\infty}A_n\cos n\theta_0=\alpha-\frac{dz}{dx}$$

또는

$$\frac{dz}{dx}=(\alpha-A_0)+\sum_{n=1}^{\infty}A_n\cos n\theta_0 \tag{4.46}$$

식 (4.46)이 식 (4.42)로부터 직접 얻어졌다는 것과, 식 (4.42)가 식 (4.18)인 얇은 익형의 기본적인 방정식의 변형된 형식이라는 것을 기억하라. 더욱이 식 (4.18)이 그림 4.24에 그려진 것 같은 시위선 상의 주어진 점 x에서 계산된다는 것을 기억하라. 그러므로 식 (4.46) 또한 주어진 점 x에서 계산되며, 여기서 dz/dx와 θ_0는 시위선 상의 같은 점 x에 대응하는 값이다. 또한 dz/dx는 θ_0의 함수이며 식 (4.21)로부터 $x = (c/2)(1 - \cos\theta_0)$인 것을 기억하라.

식 (4.46)을 자세히 관찰하라. 그것은 dz/dx 함수에 대한 Fourier cosine 급수 전개의 한 형태이다. 일반적으로 $0 \le \theta \le \pi$에 대한 $f(\theta)$의 Fourier cosine 급수는 다음 식으로 주어진다.

$$f(\theta)=B_0+\sum_{n=1}^{\infty}B_n\cos n\theta \tag{4.47}$$

Fourier 분석으로부터 식 (4.47)의 계수 B_0와 B_n은 다음 식으로 주어진다.

$$B_0=\frac{1}{\pi}\int_0^{\pi}f(\theta)\,d\theta \tag{4.48}$$

그리고

$$B_n=\frac{2}{\pi}\int_0^{\pi}f(\theta)\cos n\theta\,d\theta \tag{4.49}$$

(참고문헌 6의 217쪽 참조.) 식 (4.46)의 함수 dz/dx는 식 (4.47)의 일반적 형태인 $f(\theta)$와 대응한다. 따라서 식 (4.48)과 (4.49)로부터 식 (4.46)의 계수는 다음 식으로 주어진다.

$$\alpha - A_0 = \frac{1}{\pi}\int_0^\pi \frac{dz}{dx}\,d\theta_0$$

또는

$$A_0 = \alpha - \frac{1}{\pi}\int_0^\pi \frac{dz}{dx}\,d\theta_0 \tag{4.50}$$

그리고

$$A_n = \frac{2}{\pi}\int_0^\pi \frac{dz}{dx}\cos n\theta_0\,d\theta_0 \tag{4.51}$$

위 식에서 dz/dx는 θ_0의 함수라는 것을 명심하라. 식 (4.50)으로부터 A_0는 받음각과 캠버선의 형태에 dz/dx를 통해 종속되는 반면 식 (4.51)로부터 A_n 값들은 오로지 캠버선 형태에만 종속된다는 사실에 유의해야 한다.

모멘트에 관한 생각을 잠시 멈추고 우리가 무엇을 했는지 돌아보자. 우리는 주어진 받음각 α에서 주어진 형태 dz/dx의 캠버를 가진 익형 주위 유동을 고려하고 있다. 캠버선을 유동의 유선으로 만들기 위해 시위선을 따라 분포된 와류면의 강도는 식 (4.43)에 의해 주어진 $\gamma(\theta)$의 분포를 가져야 하며, 이때 계수 A_0, A_n들은 각각 식 (4.50)과 (4.51)에 의해 주어져 있다. 또한 식 (4.43)은 Kutta 조건 $\gamma(\pi) = 0$을 만족한다는 것에 유의하라. 주어진 받음각과 주어진 익형 형태에 대한 A_0와 A_n에 대한 실제 값들은 단순히 식 (4.50)과 (4.51)에 나타난 적분을 수행함으로써 얻을 수 있다. NACA 23012 익형에 적용된 그러한 계산 방법의 예에 대하여는 이 절 끝의 예제 4.6을 보라. 또한 $dz/dx = 0$일 때는, 식 (4.43)이 대칭형 익형에 대한 식 (4.24)로 되는 것에 유의하라. 따라서 대칭형 익형은 식 (4.43)의 특별한 경우이다.

이제 캠버가 있는 익형에 관한 공력 계수에 대한 수식을 구해 보자. 앞전에서 뒷전에 이르는 와류면 전체에 의한 총 순환은 다음 식으로 나타난다.

$$\Gamma = \int_0^c \gamma(\xi)\,d\xi = \frac{c}{2}\int_0^\pi \gamma(\theta)\sin\theta\,d\theta \tag{4.52}$$

$\gamma(\theta)$에 대한 식 (4.43)을 식 (4.52)에 대입하면 다음 식을 얻는다.

$$\Gamma = cV_\infty\left[A_0\int_0^\pi (1+\cos\theta)\,d\theta + \sum_{n=1}^{\infty} A_n\int_0^\pi \sin n\theta\sin\theta\,d\theta\right] \tag{4.53}$$

표준 적분표로부터

$$\int_0^\pi (1+\cos\theta)\,d\theta = \pi$$

그리고

$$\int_0^\pi \sin n\theta\sin\theta\,d\theta = \begin{cases}\pi/2 & \text{for } n=1\\ 0 & \text{for } n\neq 1\end{cases}$$

식 (4.53)은 다음 식이 된다.

$$\Gamma = cV_\infty\left(\pi A_0 + \frac{\pi}{2}A_1\right) \tag{4.54}$$

식 (4.54)로부터 단위 스팬 길이당 양력은

$$L' = \rho_\infty V_\infty \Gamma = \rho_\infty V_\infty^2 c\left(\pi A_0 + \frac{\pi}{2}A_1\right) \tag{4.55}$$

그 결과 식 (4.55)는 양력 계수를 다음 형태로 표시하게 해준다.

$$c_l = \frac{L'}{\frac{1}{2}\rho_\infty V_\infty^2 c(1)} = \pi(2A_0 + A_1) \tag{4.56}$$

식 (4.56)의 계수 A_0와 A_1은 각각 식 (4.50)과 (4.51)에 의해 주어져 있다. 그러므로 식 (4.56)은 다음과 같이 된다.

$$c_l = 2\pi\left[\alpha + \frac{1}{\pi}\int_0^{\pi}\frac{dz}{dx}(\cos\theta_0 - 1)\,d\theta_0\right] \tag{4.57}$$

그리고

$$\text{양력 곡선 기울기} \equiv \frac{dc_l}{d\alpha} = 2\pi \tag{4.58}$$

식 (4.57)과 (4.58)은 중요한 결과이다. 대칭형 익형의 결과와 같이 캠버가 있는 익형에 대한 이론적인 양력 곡선 기울기는 2π라는 것에 주의하라. 어느 형태의 익형이든지 $dc_l/d\alpha = 2\pi$라는 것은 얇은 익형 이론으로부터 얻어진 일반적인 결과이다. 그러나 c_l 자신에 대한 수식은 대칭형과 캠버를 가진 익형 사이에는 차이가 있으며, 그 차이는 식 (4.57)에 있는 적분 항의 차이다. 이 적분 항은 다음과 같은 물리적 의미를 갖는다. 익형에 대한 양력 곡선이 그려져 있는 그림 4.9로 돌아가 보자. 영양력 받음각(angle of zero lift)은 $\alpha_{L=0}$으로 정의되었고 음수값을 가진다. 그림 4.9의 형상에서 분명하게 다음을 알 수 있다.

$$c_l = \frac{dc_l}{d\alpha}(\alpha - \alpha_{L=0}) \tag{4.59}$$

식 (4.58)을 (4.59)에 대입해서 다음 식을 얻는다.

$$c_l = 2\pi(\alpha - \alpha_{L=0}) \tag{4.60}$$

식 (4.60)과 (4.57)을 비교하면, 식 (4.57)의 적분항은 단순히 영양력 받음각의 음수값(negative value)이라는 것을 알 수 있으며 그것은 다음 식과 같다.

$$\alpha_{L=0} = -\frac{1}{\pi}\int_0^{\pi}\frac{dz}{dx}(\cos\theta_0 - 1)\,d\theta_0 \tag{4.61}$$

그러므로 식 (4.61)로부터 얇은 익형 이론은 영양력 받음각을 예측할 수 있는 방법을 제공해 준다. 식 (4.61)은 대칭형 익형에 대해 $\alpha_{L=0} = 0$이라는 결과를 주는데, 이것은 그림 4.25와 일관된 결과인 것을 인지하자. 또한 더 많은 캠버가 있는 익형에 대해서는 $\alpha_{L=0}$의 절대값이 더욱 커지는 것에 유의하라.

그림 4.26으로 돌아가 보면, 앞전에 대한 모멘트는 식 (4.43)의 $\gamma(\theta)$를 변형된 형태의 식 (4.35)에 대입함으로써 구할 수 있다. 더 자세한 내용은 연습문제 4.9로 남겨 두었다. 모멘트 계수에 대한 결과는 다음과 같다.

$$c_{m,\text{le}} = -\frac{\pi}{2}\left(A_0 + A_1 - \frac{A_2}{2}\right) \tag{4.62}$$

식 (4.56)을 식 (4.62)에 대입하면 다음을 얻는다.

$$c_{m,\text{le}} = -\left[\frac{c_l}{4} + \frac{\pi}{4}(A_1 - A_2)\right] \tag{4.63}$$

$dz/dx = 0$과 $A_1 = A_2 = 0$인 경우에 대하여 식 (4.63)은 대칭형 익형에 대한 식 (4.39)가 된다.

1/4 시위점에 대한 모멘트 계수는 식 (4.63)을 식 (4.40)에 대입해서 얻을 수 있으며 다음과 같다.

$$c_{m,c/4} = \frac{\pi}{4}(A_2 - A_1) \tag{4.64}$$

$c_{m,c/4} = 0$인 대칭형 익형과는 달리 식 (4.64)는 $c_{m,c/4}$가 캠버가 있는 익형에서는 유한한 값을 갖는 것을 보여준다. 그러므로 1/4 시위점에 캠버가 있는 익형에서는 압력 중심이 *아니다*. 그러나 A_1과 A_2는 캠버선 형상에만 종속되며, 받음각과는 관련이 없다는 것을 알 수 있다. 그러므로 식 (4.64)로부터 $c_{m,c/4}$는 받음각 α에 대하여 *독립적*이다. 따라서 1/4

시위점은 캠버를 가진 익형에 대한 공력 중심의 *이론적인 위치*이다.

압력 중심의 위치는 식 (1.21)로부터 얻을 수 있다.

$$x_{\text{cp}} = -\frac{M'_{\text{LE}}}{L'} = -\frac{c_{m,\text{le}}c}{c_l} \tag{4.65}$$

식 (4.63)을 식 (4.65)에 대입하면 다음을 얻는다.

$$\boxed{x_{\text{cp}} = \frac{c}{4}\left[1 + \frac{\pi}{c_l}(A_1 - A_2)\right]} \tag{4.66}$$

식 (4.66)은 캠버가 있는 익형의 압력 중심이 양력 계수에 따라 변한다는 것을 보여준다. 따라서 받음각이 변하면 압력 중심 또한 변한다. 양력이 0에 가까워짐에 따라 x_{cp}가 무한대로 향해 가는데, 이것은 압력 중심이 익형을 떠난 곳에 있다는 뜻이다. 이러한 이유로 인해 힘 시스템을 익형 위에 표시하려 할 때 압력 중심은 항상 편리한 점이 아니다. 오히려 익형 위의 힘과 모멘트 시스템을 공력 중심에서 고려할 때 더 편리하게 된다(익형 위의 힘과 모멘트 시스템을 참고하기 위해 그림 1.25와 1.6절의 마지막 부분의 검토를 복습하라).

예제 4.6

NACA 23012를 고려하자. 이 익형의 평균 캠버선은 다음과 같이 주어져 있다.

$$\frac{z}{c} = 2.6595\left[\left(\frac{x}{c}\right)^3 - 0.6075\left(\frac{x}{c}\right)^2 + 0.1147\left(\frac{x}{c}\right)\right] \qquad 0 \le \frac{x}{c} \le 0.2025\text{일 때}$$

그리고

$$\frac{z}{c} = 0.02208\left(1 - \frac{x}{c}\right) \qquad 0.2025 \le \frac{x}{c} \le 1.0\text{일 때}$$

(*a*) 양력이 0일 때의 받음각과 (*b*) $\alpha = 4°$일 때의 양력 계수와 (*c*) 1/4 시위선에서의 모멘트 계수와 (*d*) $\alpha = 4°$일 때 x_{cp}/c의 항으로 압력 중심의 위치를 각각 계산하라. 이 결과를 실험자료와 비교하라.

■ 풀이

우리는 dz/dx가 필요하다. 평균 캠버선의 주어진 형태로부터 이것은

$$\frac{dz}{dx} = 2.6595\left[3\left(\frac{x}{c}\right)^2 - 1.215\left(\frac{x}{c}\right) + 0.1147\right] \qquad 0 \le \frac{x}{c} \le 0.2025\text{일 때}$$

그리고

$$\frac{dz}{dx} = -0.02208 \qquad 0.2025 \le \frac{x}{c} \le 1.0\text{일 때}$$

$x = (c/2)(1 - \cos\theta)$일 때 x를 θ로 변형시키면 다음 식을 얻는다.

$$\frac{dz}{dx} = 2.6595\left[\frac{3}{4}(1 - 2\cos\theta + \cos^2\theta) - 0.6075(1 - \cos\theta) + 0.1147\right]$$

또는

$$= 0.6840 - 2.3736\cos\theta + 1.995\cos^2\theta \qquad 0 \le \theta \le 0.9335\ \text{rad}\text{일 때}$$

그리고

$$= -0.02208 \qquad 0.9335 \le \theta \le \pi\text{일 때}$$

(*a*) 식 (4.61)로부터

$$\alpha_{L=0} = -\frac{1}{\pi}\int_0^\pi \frac{dz}{dx}(\cos\theta - 1)\,d\theta$$

[주: 식을 단순화하기 위해 θ에서 아래첨자 0을 생략했다. 식 (4.61)에서 θ_0는 적분변수이며, 그 적분에서 θ로 대치해도 된다.] dz/dx에 대한 식을 식 (4.61)에 대입하면 다음 식이 된다.

$$\alpha_{L=0} = -\frac{1}{\pi}\int_0^{0.9335}(-0.6840 + 3.0576\cos\theta - 4.3686\cos^2\theta + 1.995\cos^3\theta)\,d\theta$$
$$-\frac{1}{\pi}\int_{0.9335}^{\pi}(0.02208 - 0.02208\cos\theta)\,d\theta \tag{E.1}$$

적분표로부터 다음 식을 알 수 있다.

$$\int \cos\theta\, d\theta = \sin\theta$$

$$\int \cos^2\theta\, d\theta = \tfrac{1}{2}\sin\theta\cos\theta + \tfrac{1}{2}\theta$$

$$\int \cos^3\theta\, d\theta = \tfrac{1}{3}\sin\theta(\cos^2\theta + 2)$$

그러므로 식 (E.1)은 다음 식이 된다.

$$\begin{aligned}\alpha_{L=0} = &-\frac{1}{\pi}[-2.8683\theta + 3.0576\sin\theta - 2.1843\sin\theta\cos\theta \\ &+ 0.665\sin\theta(\cos^2\theta + 2)]_0^{0.9335} \\ &- \frac{1}{\pi}[0.022208\theta - 0.02208\sin\theta]_{0.9335}^{\pi}\end{aligned}$$

그러므로
$$\alpha_{L=0} = -\frac{1}{\pi}(-0.0065 + 0.0665) = -0.0191 \text{ rad}$$

또는
$$\boxed{\alpha_{L=0} = -1.09°}$$

(*b*) $\alpha = 4° = 0.0698$ rad
식 (4.60)으로부터

$$c_l = 2\pi(\alpha - \alpha_{L=0}) = 2\pi(0.0698 + 0.0191) = \boxed{0.559}$$

(*c*) $c_{m,c/4}$의 값은 식 (4.64)로부터 얻는다. 이를 위하여 2개의 Fourier 계수인 A_1과 A_2가 필요하다. 식 (4.51)로부터

$$A_1 = \frac{2}{\pi}\int_0^{\pi} \frac{dz}{dx}\cos\theta\, d\theta$$

$$\begin{aligned}A_1 &= \frac{2}{\pi}\int_0^{0.9335}(0.6840\cos\theta - 2.3736\cos^2\theta + 1.995\cos^3\theta)\, d\theta \\ &\quad + \frac{2}{\pi}\int_{0.9335}^{\pi}(-0.02208\cos\theta)\, d\theta \\ &= \frac{2}{\pi}[0.6840\sin\theta - 1.1868\sin\theta\cos\theta - 1.1868\theta + 0.665\sin\theta(\cos^2\theta + 2)]_0^{0.9335} \\ &\quad + \frac{2}{\pi}[-0.02208\sin\theta]_{0.09335}^{\pi} \\ &= \frac{2}{\pi}(0.1322 + 0.0177) = 0.0954\end{aligned}$$

식 (4.51)로부터

$$\begin{aligned}A_2 &= \frac{2}{\pi}\int_0^{\pi}\frac{dz}{dx}\cos 2\theta\, d\theta = \frac{2}{\pi}\int_0^{\pi}\frac{dz}{dx}(2\cos^2\theta - 1)\, d\theta \\ &= \frac{2}{\pi}\int_0^{0.9335}(-0.6840 + 2.3736\cos\theta - 0.627\cos^2\theta \\ &\quad - 4.747\cos^3\theta + 3.99\cos^4\theta)\, d\theta \\ &\quad + \frac{2}{\pi}\int_{0.9335}^{\pi}(0.02208 - 0.0446\cos^2\theta)\, d\theta\end{aligned}$$

주:

$$\int \cos^4\theta\, d\theta = \tfrac{1}{4}\cos^3\theta\sin\theta + \tfrac{3}{8}(\sin\theta\cos\theta + \theta)$$

그러므로

$$A_2 = \frac{2}{\pi}\left\{-0.6840\,\theta + 2.3736\sin\theta - 0.628\left(\frac{1}{2}\right)(\sin\theta\cos\theta + \theta)\right.$$
$$\left.- 4.747\left(\frac{1}{3}\right)\sin\theta(\cos^2\theta + 2) + 3.99\left[\frac{1}{4}\cos^3\sin\theta + \frac{3}{8}(\sin\theta\cos\theta + \theta)\right]\right\}_0^{0.9335}$$
$$+ \frac{2}{\pi}\left[0.022208\theta - 0.0446\left(\frac{1}{2}\right)(\sin\theta\cos\theta + \theta)\right]_{0.9335}^{\pi}$$
$$= \frac{2}{\pi}(0.11384 + 0.01056) = 0.0792$$

식 (4.64)로부터

$$c_{m,c/4} = \frac{\pi}{4}(A_2 - A_1) = \frac{\pi}{4}(0.0792 - 0.0954)$$

$$\boxed{c_{m,c/4} = -0.0127}$$

(*d*) 식 (4.66)으로부터

$$x_{\mathrm{cp}} = \frac{c}{4}\left[1 + \frac{\pi}{c_l}(A_1 - A_2)\right]$$

그러므로

$$\frac{x_{\mathrm{cp}}}{c} = \frac{1}{4}\left[1 + \frac{\pi}{0.559}(0.0954 - 0.0792)\right] = 0.273$$

실험자료와의 비교 NACA 23012 익형의 자료는 그림 4.28에 나와 있다. 이로부터 다음 표를 만든다.

	계산결과	실험자료
$\alpha_{L=0}$	−1.09°	−1.1°
c_l (at $\alpha = 4°$)	−0.559	−0.55
$c_{m,c/4}$	−0.0127	−0.01

캠버가 있는 익형에 대한 얇은 익형 이론의 결과가 실험자료와 매우 잘 맞는다는 것을 인지하라. 대칭형 익형에 대한 얇은 익형 이론과 실험자료가 거의 일치한다는 것이 그림 4.25에 이미 나와 있는 것을 기억하라. 그러므로 얇은 익형 이론을 개발하기 위해 이 절에서 해온 모든 노력은 확실히 가치 있는 일이다. 더욱이 이것은 1900년대 전반의 얇은 익형 이론 개발이 이론적 공기역학 중 위대한 업적이라는 것을 설명하며, 유동의 접선 방향 조건을 평균 캠버선을 따라 계산하면서 시위선을 와류면으로 대치시키는 수학적 기법의 타당성을 입증하는 것이다.

이것으로 고전적 얇은 익형 이론에 대한 소개를 마치려 한다. 그림 4.7의 이정표를 보면, 우리는 이제 오른쪽 가지를 완료했다.

4.9 공력 중심: 추가적인 고려 *The Aerodynamic Center: Additional Considerations*

공력 중심의 정의는 4.3절에 나와 있으며, 그것은 *받음각이 변해도* 공기역학적으로 발생한 모멘트가 그 점에 대해서는 변하지 않는 물체 위의 한 점이다. 그런 점이 존재할 수 있는 것을 상상하기는 어렵다. 그러나 그림 4.11에 있는 모멘트 계수 자료는 받음각에 따라 일정하며, 공력 중심의 존재를 실험적으로 증명하고 있다. 더욱이 4.7절과 4.8절에서 유도된 얇은 익형 이론은 그 이론 속에 포함된 가정의 범위 안에서 공력 중심이 존재할 뿐만 아니라 그것이 익형 1/4 시위점 위치에 존재한다는 것을 분명하게 보여준다. 그러므로 익형 위에 세 가지 다른 방법으로 힘과 모멘트 시스템을 표시한 그림 1.24에 네 번째 방법, 즉 공력 중심을 지나는 양력 및 항력과 그 공력 중심에 대한 모멘트 값을 지정해 주는 방법을 더 할 수 있다. 이것이 그림 4.29에 나타나 있다.

대부분의 일반적인 익형에서, 항상 정확하게 일치하는 것은 아니지만 공력 중심은 1/4 시위점에 근접해 있다. 임의

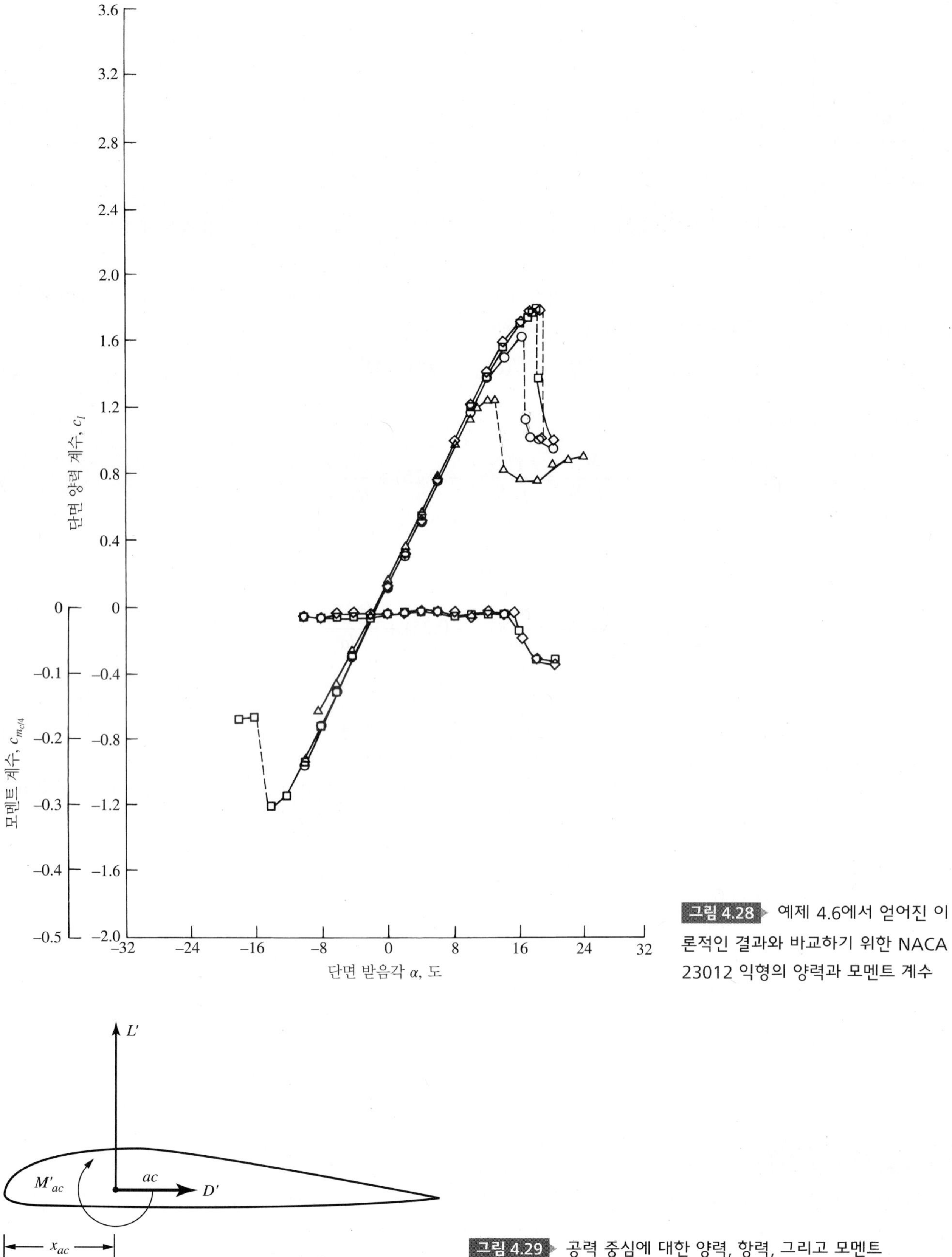

그림 4.28 예제 4.6에서 얻어진 이론적인 결과와 비교하기 위한 NACA 23012 익형의 양력과 모멘트 계수

그림 4.29 공력 중심에 대한 양력, 항력, 그리고 모멘트

의 점에 대한 양력 계수 곡선과 모멘트 계수 곡선의 형상 자료를 주면 우리는 다음과 같은 방법으로 공력 중심 위치를 계산할 수 있다. 그림 4.30에 보인 것 같은 1/4 시위점에서 구한 양력과 모멘트 시스템을 생각하자. 앞전에서부터 측정

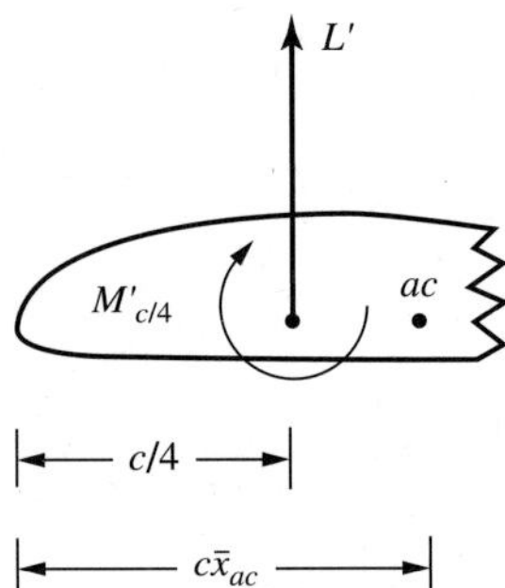

그림 4.30 1/4 시위점에 대한 양력과 모멘트, 그리고 공력 중심을 찾는 데 유용한 그림

된 공력 중심까지의 위치를 $c\bar{x}_{ac}$라고 명명한다. 여기서 $\bar{x}_{ac}$는 시위 길이 c의 비율로 나타낸 값이다. 그림 4.30에서 ac라고 명명된 공력 중심에 관해 모멘트를 취하면,

$$M'_{ac} = L'(c\bar{x}_{ac} - c/4) + M'_{c/4} \tag{4.67}$$

식 (4.67)을 $q_\infty Sc$로 나누면

$$\frac{M'_{ac}}{q_\infty Sc} = \frac{L'}{q_\infty S}(\bar{x}_{ac} - 0.25) + \frac{M'_{c/4}}{q_\infty Sc}$$

또는

$$c_{m,ac} = c_l(\bar{x}_{ac} - 0.25) + c_{m,c/4} \tag{4.68}$$

식 (4.68)을 받음각 α에 관하여 미분하면 다음 식을 얻는다.

$$\frac{dc_{m,ac}}{d\alpha} = \frac{dc_l}{d\alpha}(\bar{x}_{ac} - 0.25) + \frac{dc_{m,c/4}}{d\alpha} \tag{4.69}$$

그러나 식 (4.69) 중 $dc_{m,ac}/d\alpha$는 공력 중심의 정의에 따라 0이다. 그래서 식 (4.69)는 다음과 같이 된다.

$$0 = \frac{dc_l}{d\alpha}(\bar{x}_{ac} - 0.25) + \frac{dc_{m,c/4}}{d\alpha} \tag{4.70}$$

실속 받음각 이하의 익형에서 양력 계수와 모멘트 계수 곡선의 기울기는 일정하다. 이 기울기를 다음과 같이 정의한다.

$$\frac{dc_l}{d\alpha} \equiv a_0; \qquad \frac{dc_{m,c/4}}{d\alpha} \equiv m_0$$

식 (4.70)은 다음과 같이 된다.

$$0 = a_0(\bar{x}_{ac} - 0.25) + m_0$$

또는

$$\boxed{\bar{x}_{ac} = -\frac{m_0}{a_0} + 0.25} \tag{4.71}$$

그러므로 식 (4.71)은 선형적인 양력과 모멘트 곡선을 갖는 물체에 대해서는 a_0와 m_0가 고정된 값이며, 공력 중심은 익형 위 고정된 점으로 존재한다는 것을 증명한다. 더욱이 식 (4.71)은 이 점의 위치를 계산할 수 있게 해준다.

예제 4.7

예제 4.6에서 검토한 NACA 23012 익형을 고려하자. 이 익형의 실험자료는 그림 4.28에 나와 있으며 참고문헌 11에서 얻을 수 있다. 이것은 $\alpha = 4°$, $c_l = 0.55$, $c_{m,c/4} = -0.005$임을 보여준다. 영양력 받음각은 $-1.1°$다. 또한 $\alpha = -4°$에서는 $c_{m,c/4} = -0.0125$다. (예제 4.6 끝부분에 표로 나타낸 '실험'값 $c_{m,c/4} = -0.01$은 넓은 받음각에 대한 평균값이다. 얇은 익형 이론으로부터 계산된 $c_{m,c/4}$의 값은 1/4 시위점이 공력 중심이라고 말하고 있으므로, 예제 4.6에서 계산된 $c_{m,c/4}$의 값과 넓은 받음각 범위에서 평균값으로 얻어진 실험값과 비교하는 것은 합리적이다. 그러나 실제에서는 $c_{m,c/4}$가 받음각에 따라 변하기 때문에 이 예제에서는 2개의 다른 받음각의 실제 자료를 사용한다.) 주어진 정보로부터 NACA 23012의 공력 중심 위치를 계산하라.

■ 풀이

$\alpha = 4°$에서 $c_l = 0.55$이며 $\alpha = -1.1°$에서 $c_l = 0$이므로, 양력 곡선 기울기는

$$a_0 = \frac{0.55 - 0}{4 - (-1.1)} = 0.1078 \text{ per degree}$$

모멘트 계수 곡선의 기울기는

$$m_0 = \frac{-0.005 - (-0.0125)}{4 - (-4)} = 9.375 \times 10^{-4} \text{ per degree}$$

식 (4.71)로부터

$$\bar{x}_{ac} = -\frac{m_0}{a_0} + 0.25 = -\frac{9.375 \times 10^{-4}}{0.1078} + 0.25 = \boxed{0.241}$$

이 결과는 Abbott와 von Doenhoff의 저서(참고문헌 11) 183쪽에 인용된 측정값과 정확하게 일치한다.

설계 _Design Box

예제 4.7의 결과는 NACA 23012 익형의 공력 중심이 1/4 시위점 *앞*에 있지만 매우 가깝다는 것을 보여준다. 다른 계열 익형에서는 공력 중심이 1/4 시위점의 *뒤*에 있으나 역시 매우 가까운 곳에 존재한다. 주어진 익형 계열의 경우 공력 중심의 위치는 그림 4.31에 표시한 것같이 익형의 두께에 따라 변한다. NACA 230XX 계열의 두께에 따른 $\bar{x}_{ac}$의 변화는 그림 4.31*a*에 나와 있다. 여기서 공력 중심은 1/4 시위점 앞에 있는데, 익형의 두께가 증가함에 따라 더 앞쪽으로 진행한다. 반면 NACA 64-2XX 계열의 두께에 대한 $\bar{x}_{ac}$의 변화는 그림 4.31b에 표시했다. 여기서 공력 중심은 1/4 시위점 뒤에 있는데, 두께가 증가함에 따라 더욱 뒤쪽으로 진행된다.

순수한 공기역학적 관점에서 보면 공력 중심이 존재한다는 것은 흥미 있는 일이다. 그러나 그림 4.29와 같이 양력과 항력을 공력 중심에 위치시키고 M'_{ac}의 값을 주는 방법으

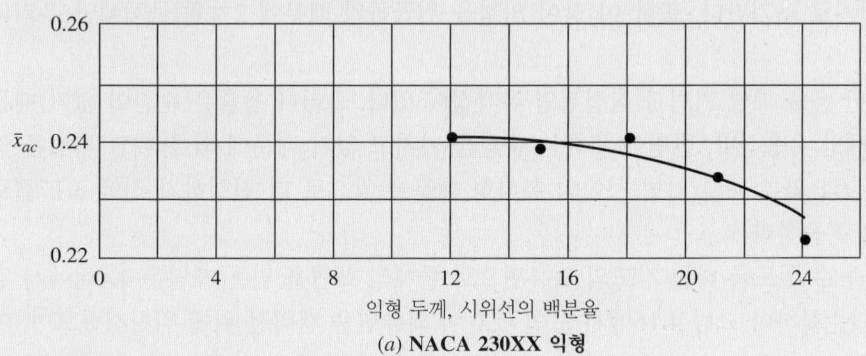

(*a*) **NACA 230XX 익형**

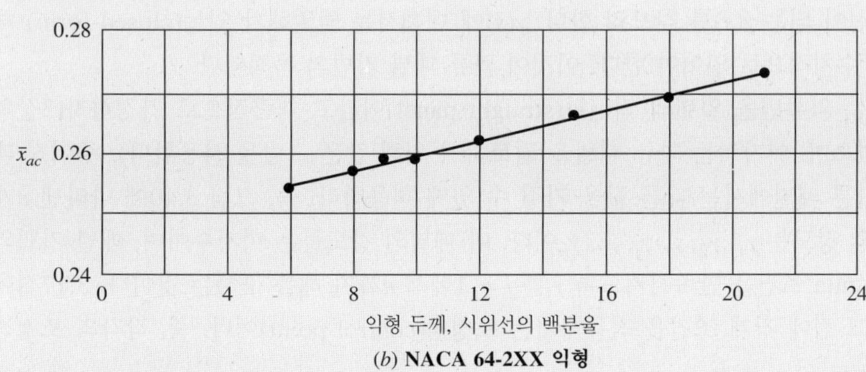

(*b*) **NACA 64-2XX 익형**

그림 4.31 익형의 두께에 따른 공력 중심 위치의 변화. (*a*) NACA 230XX 익형, (*b*) NACA 64-2XX 익형

로 익형 위에 힘과 모멘트 시스템을 정의하는 것은 그림 1.25에 보인 것같이 익형 위 임의 점에 양력과 항력을 위치시키고 그 점에 대한 M'를 주는 것보다 덜 유용하다. 그러나 비행역학에서는, 그리고 특별히 비행체의 안정성과 조종성에 대한 고려에서는 공력 중심에 양력과 항력을 위치시키고 그 점에 대한 모멘트를 취급하는 것이 매우 편리하다. 비행체에 대한 M_{ac}가 받음각에 대해 독립적이라는 사실은 안정성과 조종성 특성의 분석을 단순화시키며, 따라서 공력 중심의 사용이 비행기 설계에 중요하게 된다. 설계과정에서 비행기의 여러 부품들(날개, 꼬리날개, 동체 등)의 공력 중심이 어디인지를 아는 것이 중요하며, 무엇보다도 전체 비행체의 공력 중심 위치를 아는 것이 중요하다. 이것이 4.9절에서 공력 중심을 추가로 강조한 이유다. 안정성과 조종성의 입문을 위해서는 저자의 저서 *Introduction to Flight*, 5th edition, McGraw-Hill, Boston, 2005의 7장을 보라. 공력 중심과 항공기 설계에서 그것의 사용에 대한 세부사항에 대해서는 저자의 저서 *Aircraft Performance and Design*, 5th edition, McGraw-Hill, Boston, 1999를 보라.

4.10 임의 형상 물체 주위의 양력 유동: 와류 패널 수치해석법

Lifting Flows over Arbitrary Bodies: The Vortex Panel Numerical Method

4.7절과 4.8절에서 설명한 얇은 익형 이론은 그것이 말하는 그대로다. 즉, 그것이 작은 받음각에서 얇은 익형에만 적용된다는 것이다(얇은 익형 이론의 개발과정 중 어느 곳에서 이러한 가정이 도출되었는지, 그리고 그 배경에 대한 이유를 정확하게 이해하도록 하라). 얇은 익형 이론의 이점은 공력 계수를 구할 때 이론적 해가 존재하는 수식을 얻을 수 있다는 것이다. 더욱이 그 결과는 12% 또는 그 이하 두께의 익형 실험자료와 비교했을 때 잘 맞는다. 그러나 많은 저속 항공기의 익형 두께는 12%보다 더 두껍다. 더욱이 우리는 이륙이나 착륙 시에 발생하는 높은 받음각에 주로 관심을 갖는다. 마지막으로 우리는 때로 자동차나 잠수함 같은 다른 물체 형상에서 발생하는 양력에 관심이 있다. 그러므로 공기역학적 적용의 전체 스펙트럼을 고려할 때 얇은 익형 이론은 매우 제한적이다. 우리는 임의의 형상, 두께, 그리고 방향을 갖는 물체에 대한 공기역학적 특성을 계산할 수 있는 방법이 필요하다. 이러한 방법을 이 절에서 설명한다. 특히 1970년대 전반 이후부터 널리 사용되기 시작한 수치해법 기술인 와류 패널 기법을 취급한다. 그림 4.7의 이정표를 참고해 보면, 우리는 지금 왼쪽의 가지로 옮겨간다. 또한 이 장이 익형을 취급하기 때문에 2차원 물체에만 우리의 관심을 제한하도록 하자.

와류 패널 기법은 3.17절에서 기술한 용출 패널 기법과 직접적인 유사성이 있다. 그러나 용출은 순환이 없기 때문에 용출 패널 기법은 양력이 없는 경우에만 유용하다. 반면에 와류는 순환을 가지고 있기 때문에 와류 패널 기법은 양력이 있는 경우에도 사용할 수 있다(용출과 와류 패널 기법 사이의 유사성 때문에 앞으로 더 진행하기 전에 3.17절로 돌아가서 용출 패널 기법의 기본 개념을 복습하라).

물체의 표면을 유동의 유선으로 만들 수 있도록 하는 강도의 와류면으로 물체의 *표면*을 덮는 개념은 4.4절에서 검토되었다. 그리고 계속해서 이 개념을 단순화하여 그림 4.16에서 보인 것같이 와류면을 캠버선 위에 위치시켰으며, 이에 의해 얇은 익형 이론의 기반을 만들었다. 이제 그림 4.15와 같이 물체의 전체 표면 위에 와류면을 덮는 처음 개념으로 돌아간다. 물체의 표면이 유동의 유선이 되는 $\gamma(s)$를 찾으려 한다. $\gamma(s)$에 대해서는 엄밀해가 있는(closed-form) 해석적인 수식이 존재하지 않으며 해법은 수치적으로 얻어야 한다. 이것이 와류 패널 기법의 목적이다.

그림 3.40과 같이, 그림 4.15에 있는 와류면을 일련의 직선판(straight panel)이라고 대략적으로 가정하자(3장의 그림 3.40은 용출 패널을 위해 사용되었으며, 여기서는 와류 패널을 검토하기 위해 같은 그림을 사용한다). 주어진 패널 위의 와류 강도 $\gamma(s)$는 일정하지만 다른 패널에서는 다른 값을 가질 수 있게 허용하라. 즉, 그림 3.40에 나타낸 n개의 패널에 대한 단위 길이당 와류 패널의 강도는 $\gamma_1, \gamma_2, \ldots \gamma_j, \ldots, \gamma_n$이다. 이 패널의 강도들은 미지수이며, 패널 기법의 핵심은 물체 표면이 유선이 되고 또한 Kutta 조건을 만족시키도록 γ_j를 $j = 1$에서 n까지 해를 구하는 것이다. 3.17절에서 설명한 것같이 각 패널의 중심점은 그 점에 경계 조건을 적용시키는 조정점(control point)이다. 즉, 각각의 조정점에서 유동 속도의 수직 성분이 0이 된다.

그림 3.40과 같이 P를 유동 안 (x, y) 위치에 있는 점이라 하고, j번째 패널 임의의 점에서 P까지의 거리를 r_{pj}라 하자. 반경 γ_{pj}는 x축에 대해서 θ_{pj}의 각도를 갖는다. j번째 패널로 인하여 점 P에 유도되는 속도 퍼텐셜 $\Delta\phi_j$는 식 (4.3)으로부터,

$$\Delta\phi_j = -\frac{1}{2\pi}\int_j \theta_{pj}\gamma_j\, ds_j \tag{4.72}$$

식 (4.72)에서 γ_j는 j번째 패널 위에서 일정하며, 적분은 j번째 패널 위에서만 수행된다. 각도 θ_{pj}는 다음과 같이 주어진다.

$$\theta_{pj} = \tan^{-1}\frac{y - y_j}{x - x_j} \tag{4.73}$$

결과적으로 모든 패널들에 의한 점 P에서의 퍼텐셜은 식 (4.72)를 모든 패널들에 대해 합한 것이다.

$$\phi(P) = \sum_{j=1}^{n}\phi_j = -\sum_{j=1}^{n}\frac{\gamma_j}{2\pi}\int_j \theta_{pj}\, ds_j \tag{4.74}$$

점 P는 유동 내 임의의 점이므로, 점 P를 그림 3.40에 있는 i번째 패널의 조정점에 위치시키자. 이 조정점의 좌표는 (x_i, y_i)다. 그러면 식 (4.73)과 (4.74)는 다음과 같이 된다.

$$\theta_{ij} = \tan^{-1}\frac{y_i - y_j}{x_i - x_j}$$

그리고

$$\phi(x_i, y_i) = -\sum_{j=1}^{n}\frac{\gamma_j}{2\pi}\int_j \theta_{ij}\, ds_j \tag{4.75}$$

식 (4.75)는 실제로 i번째 패널 조정점에서의 퍼텐셜에 대한 모든 패널들의 기여분을 합한 것이다.

조정점에서 속도의 수직 성분은 0이다. 이 속도는 균일 유동의 속도와 모든 와류 패널에 의해 유도된 속도를 중첩시킨 것이다. V_∞의 i번째 패널에 수직한 성분은 식 (3.148)에 의해 주어진다.

$$V_{\infty,n} = V_\infty \cos\beta_i \tag{3.148}$$

와류 패널에 의해 (x_i, y_i)에 유도된 속도의 수직 성분은

$$V_n = \frac{\partial}{\partial n_i}[\phi(x_i, y_i)] \tag{4.76}$$

식 (4.75)와 (4.76)을 합하면 다음을 얻는다.

$$V_n = -\sum_{j=1}^{n}\frac{\gamma_j}{2\pi}\int_j \frac{\partial\theta_{ij}}{\partial n_i}\, ds_j \tag{4.77}$$

여기서 합계는 모든 패널들에 대해서 수행한 것이다. i번째 조정점에서 유동 속도의 수직 성분은 자유 유동에 의한 것[식 (3.148)]과 와류 패널에 의한 것[식 (4.77)]의 합이다. 경계 조건은 이 합이 반드시 0이어야 한다고 말하고 있다.

$$V_{\infty,n} + V_n = 0 \tag{4.78}$$

식 (3.148)과 (4.77)을 식 (4.78)에 대입하면 다음 식을 얻는다.

$$V_\infty \cos\beta_i - \sum_{j=1}^{n}\frac{\gamma_j}{2\pi}\int_j \frac{\partial\theta_{ij}}{\partial n_i}\, ds_j = 0 \tag{4.79}$$

식 (4.79)는 와류 패널 기법의 핵심이다. 식 (4.79) 안에 있는 적분값들은 단순히 패널의 기하학적 형상에 종속되며, 그들은 유체의 상태량이 아니다. 조정점이 i번째 패널 위에 있을 때의 이 적분값을 $J_{i,j}$라고 하자. 그러면 식 (4.79)는 다음과 같이 쓸 수 있다.

$$V_\infty \cos \beta_i - \sum_{j=1}^{n} \frac{\gamma_j}{2\pi} J_{i,j} = 0 \tag{4.80}$$

식 (4.80)은 n개의 미지수 $\gamma_1, \gamma_2, ..., \gamma_n$을 갖는 선형 대수식이다. 그것은 i번째 패널의 조정점에서 계산된 유동의 경계 조건을 나타낸다. 식 (4.80)을 모든 패널의 조정점에 적용하면 n개의 미지수를 갖는 n개의 선형 방정식을 얻는다.

지금까지 우리는 3.17절에서 주어진 용출 패널 기법과 의도적으로 같은 방향으로 검토를 진행하였지만 유사성은 여기서 끝난다. 용출 패널 기법에서는 n개의 용출 강도 미지수에 대한 n개의 방정식의 해를 구하여 비양력 물체에 대한 유동을 구한다. 그와 대조적으로 와류 패널들이 포함된 양력이 발생되는 경우에는 식 (4.80)에 의해 주어지는 n개의 방정식 외에 Kutta 조건도 만족시켜야만 한다. 이것은 여러 가지 방법으로 수행될 수 있다. 예를 들어, 뒷전에서의 와류 패널 분포를 상세하게 묘사한 그림 4.32를 고려하라. 각각의 패널 길이가 다르다는 것에 유의하라. 패널 길이와 물체 위에서의 분포는 여러분의 재량으로 정할 수 있다. 날개 뒷전(그림 4.32에서 패널 i와 $i-1$)에서 2개의 패널을 매우 작게 하자. Kutta 조건은 *정확히* 날개 뒷전에 적용되며 $\gamma(\text{TE}) = 0$으로 주어진다. 이것은 수치해법으로 근사값을 구하기 위한 것이며, 만약 점 i와 $i-1$이 날개 뒷전에 충분히 가까이 있다면 우리는 2개의 와류 패널 i와 $i-1$의 강도가 날개 뒷전에서 한 점으로 접촉할 때 정확히 상쇄될 수 있도록 다음과 같이 쓸 수 있다.

$$\gamma_i = -\gamma_{i-1} \tag{4.81}$$

이와 같이 유동의 해를 구하는 데 Kutta 조건을 활용하기 위해서는 식 (4.81)(또는 이와 동등한 표현)을 빈드시 포함시켜야 한다. 모든 패널에서 계산된 식 (4.80)과 (4.81)은 n개의 미지수와 $n+1$개의 방정식을 갖는 *과도 결정된*(overdetermined) 시스템을 형성한다. 그러므로 결정된(determined) 체계를 얻기 위해서는 식 (4.80)이 동체의 조정점 중 한 곳에서는 계산되지 않아야 한다. 다시 말하면, 조정점 중 하나를 무시하고 다른 $n-1$개의 조정점에서 식 (4.80)을 계산한다. 이것이 식 (4.81)과 결합하여 이제는 n개의 미지수를 갖는 n개의 선형 대수 방정식을 주며, 표준화된 기법으로 해를 구할 수 있다.

이 단계에서, 물체의 표면을 유동의 유선으로 만들고 동시에 Kutta 조건을 만족시키는 $\gamma_1, \gamma_2, ..., \gamma_n$의 값들을 개념적으로 얻었다. 그 다음 표면에 접선 방향의 유동 속도를 γ로부터 직접 얻을 수 있다. 이것을 보다 명확하게 볼 수 있도록 그림 4.33의 익형을 참조하라. 익형 외부와 그 표면에서의 유동에만 관심을 갖는다. 그러므로 그림 4.33에서 보인 것같이, 동체 *내부*의 모든 점에서 속도가 0이 되게 한다. 특히 표면의 와류면 바로 안쪽의 속도를 0으로 한다. 이것은 식 (4.8)에서의 $u_2 = 0$이라는 것과 일치한다. 그러므로 와류면 바로 외부의 속도는 식 (4.8)로부터,

$$\gamma = u_1 - u_2 = u_1 - 0 = u_1$$

식 (4.8)에서 u는 와류면에 접선 방향의 속도를 나타낸다. 그림 4.33에 의하면 점 a에서 $V_a = \gamma_a$와 점 b에서 $V_b = \gamma_b$ 등을 얻는다. 그러므로 *익형 표면 한 곳에서의 접선 방향 속도는 그곳의 γ 값과 동일하다*. 그리고 그곳의 압력 분포는 Bernoulli 방정식으로부터 얻을 수 있다.

총 순환(total circulation)과 그 결과로 발생한 양력은 다음과 같이 얻어진다. s_j를 j번째 패널의 길이라고 하자. 그러면 j번째 패널에 의한 순환은 $\gamma_j s_j$다. 결과적으로 모든 패널에 의한 총 순환은 다음과 같아진다.

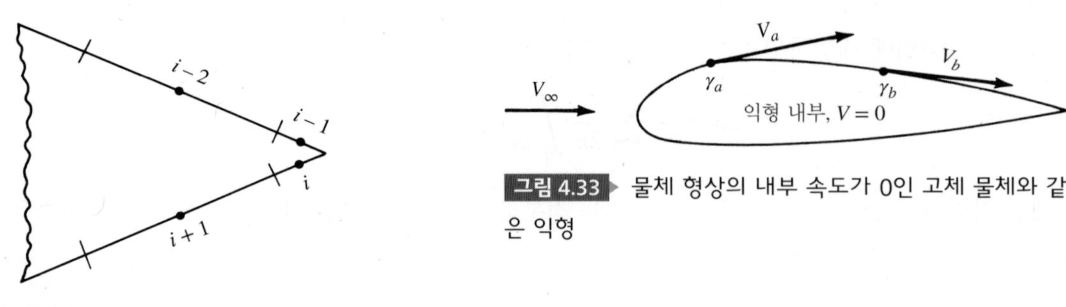

그림 4.32 뒷전에서의 와류 패널들

그림 4.33 물체 형상의 내부 속도가 0인 고체 물체와 같은 익형

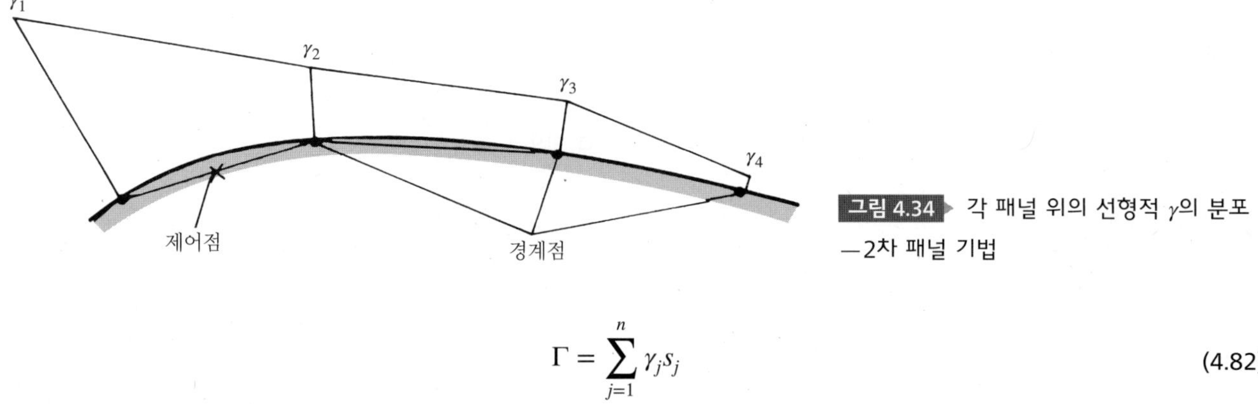

그림 4.34 각 패널 위의 선형적 γ의 분포—2차 패널 기법

$$\Gamma = \sum_{j=1}^{n} \gamma_j s_j \tag{4.82}$$

그러므로 단위 스팬 길이당 양력은 다음 식에서 얻어진다.

$$L' = \rho_\infty V_\infty \sum_{j=1}^{n} \gamma_j s_j \tag{4.83}$$

이 절에서의 설명은 와류 패널 기법의 단지 일반적인 개념만을 보여주려고 시도되었다. 오늘날 사용되는 기법들에는 많은 종류가 있으며, 최근에 나온 문헌을 읽기 권한다. 특히 1970년대 이후의 *AIAA Journal*과 *Journal of Aircraft*를 읽을 것을 권한다. 이 절에서 설명된 와류 패널 기법은 '1차' 방법으로 일컬어지는데, 그것은 하나의 주어진 패널 위에 일정한 값의 γ가 있다고 가정되기 때문이다. 비록 이 방법이 단순하게 보일지 모르지만, 그것의 수치적인 계산은 때로는 쉽지 않을 수도 있다. 예를 들면, 주어진 물체에 대한 결과가 사용된 패널의 수, 그것들의 다양한 크기, 그리고 물체 표면에 그것들이 분포된 방법에 따라 예민하게 변한다(즉, 흔히 익형에서 날개 앞전과 뒷전에 가까운 곳에 많은 수의 작은 패널을 분포시키고 적은 수의 큰 패널을 중간에 분포시켰을 때 이점이 있다). n개의 미지수에 대한 n개의 식이 있는 결정된 체계를 가지기 위해 조정점 하나를 무시해야 하는 것이 수치해법에 약간의 임의성을 더해 준다. 어떤 조정점을 무시하는가? 다른 선택을 했을 때 γ의 분포에 대한 수치적 해답이 다를 때가 종종 있다. 게다가 γ에 대한 분포 결과가 항상 매끄럽지 않고, 수치해법이 부정확한 결과 때문에 한 패널에서 다음 패널로 진동을 갖는다. 위에서 언급된 문제는 보통 실제적인 사용을 위한 비교적 정교한 패널 프로그램을 개발한 다른 그룹에 의해 다른 방법으로 극복된다. 예를 들면, 요즈음 많이 쓰이는 것은 패널 기법에서 용출과 와류 패널 두 가지를 *혼합*해서 사용하는 것이다(용출 패널은 기본적으로 익형의 두께를 모사하고 와류 패널은 순환을 제공해 준다). 이 조합은 지금 토론된 실제의 수치해법 문제를 완화시키는 데 도움을 준다. 참고문헌에서 더 많은 정보를 얻기를 권한다.

그러한 정확성의 문제는 더 높은 차수의 패널 기술 개발을 촉진시켰다. 예를 들면, '2차' 패널 기법은 그림 4.34와 같이 하나의 주어진 패널 위에 *선형*으로 변하는 γ를 가정한다. 여기서 각각의 패널 가장자리 γ 값은 그들과 이웃해 있는 패널과 일치하며, *경계점*에서의 γ_1, γ_2, γ_3 등의 값은 해를 구해야 하는 미지수이다. 접선 방향 유동 경계 조건(flow-tangency boundary condition)은 앞에서와 같이 각각의 패널 *조정점*에 여전히 적용된다. 2차 와류 패널 기법을 사용한 몇 개의 결과들이 그림 4.35에 주어져 있으며, 이것은 받음각 9에서 NACA 0012 익형의 윗면과 아랫면에 대한 압력 계수의 분포를 보여주고 있다. 그 원형들과 사각형들은 Maryland 대학교에서 개발한 2차 와류 패널 기법에 의한 수치해법 결과들이며, 실선은 참고문헌 11에 주어진 NACA 결과들이다. 결과의 일치가 탁월하다.

다시 한번 자신의 패널 해법을 진지하게 시작하기 전에 문헌을 찾아보기를 권한다. 예를 들면, 참고문헌 14는 패널 기법에 관한 하나의 고전적 문서이며, 참고문헌 15는 패널 방법의 기본적인 개념을 강조하면서 간단한 적용을 위한 실제 컴퓨터 프로그램 리스트를 추가하였다. 참고문헌 62는 현대 논문들의 모음집이며, 그중 몇 개의 논문은 현재의 패널 기술을 취급하고 있다. 마지막으로 Katz와 Plotkin(참고문헌 63)은 아마도 지금까지의 패널 기술에 대한 가장 완전한 검토와 그 기초를 설명하고 있다고 생각된다.

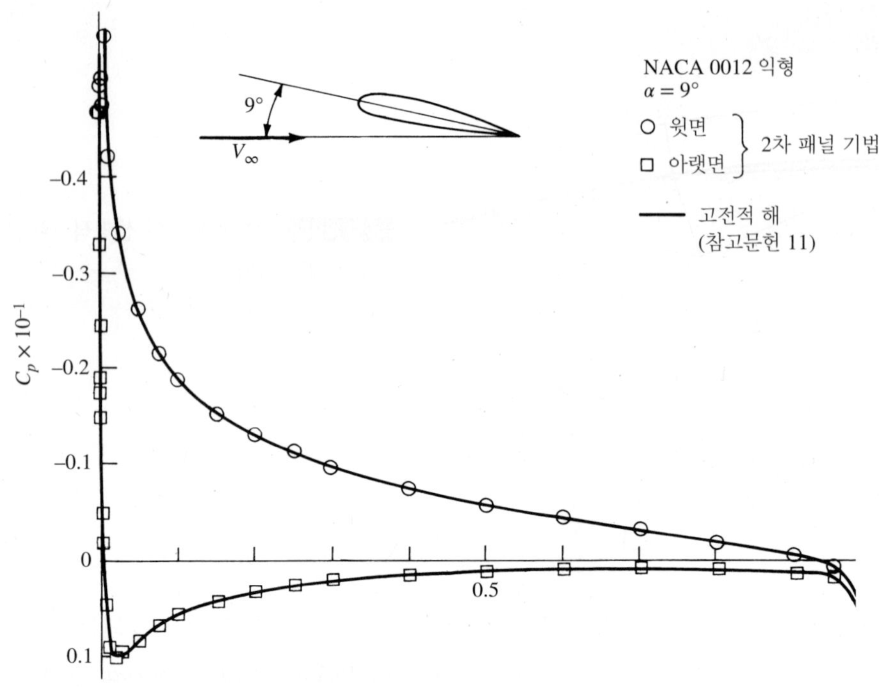

그림 4.35 NACA 0012 익형 위의 압력 계수 분포; 2차 패널 기법과 참고문헌 11의 이론적 결과와의 비교. 수치적 패널 기법의 결과는 저자의 대학원 학생 중 한 사람이었던 조태환 박사에 의해 얻어졌다.

4.11 현대의 저속 익형들 *Modern Low-Speed Airfoils*

표준 NACA 익형의 명명법과 공기역학적 특성들은 4.2절과 4.3절에서 검토하였다. 더 진행하기 전에 여러분은 익형의 성능에 대한 지식을 강화하기 위해 그들 절을 복습해야 하는데, 특히 익형 이론에 대한 검토를 복습해야 한다. 사실 이 절의 목적은 4.2절과 4.3절에서 검토한 익형에 대한 현대식 후속편을 제공하는 것이다.

1970년대에 NASA는 이전의 NACA 익형들보다 우수한 성능을 가진 일련의 저속 익형들을 설계하였다. 표준 NACA 익형들은 거의 예외 없이 1930~1940년대에 얻어진 실험값에 근거하고 있다. 이와 대조적으로, 새로운 NASA 익형들은 컴퓨터를 사용하여 앞에서 검토한 용출과 와류 패널 기법과 비슷한 수치해석 기법과 점성 유동의 형태에 대한(표면마찰과 유동 박리) 수치예측 기법들에 의해 설계되었다. 그리고 컴퓨터에 의한 설계 형상을 증명하고 익형의 특성을 확정하기 위하여 풍동 시험을 수행하였다. 이 연구 결과 처음으로 소형 일반 항공기(general aviation)를 위한 Whitcomb [GA(W)-1] 익형이 출현하였는데, 그 후에 LS(1)-0417이라고 재명명되었다. 이 익형의 형상은 참고문헌 16에서 얻은 그림 4.36에 나와 있다. 선두부 압력 계수의 최고점을 낮추기 위해서 익형의 앞전 반경이 큰 것($0.02c$의 표준에 비하여 $0.08c$를 가짐)에 유의하라. 또한 날개 뒷전 가까이의 밑면 표면은 캠버의 증가와 이에 따른 그 지역의 공기역학적 하중을 높이기 위하여 끝이 뾰족하도록(cusped) 곡선으로 되어 있다. 2개의 설계 개념 모두 높은 받음각에서 윗면 표면에서의 유동 박리를 지연시키는 경향이 있어서 더 높은 최대 양력 계수값을 얻었다. 실험적으로 측정한 양력과 모멘트 특성은(참고문헌 16으로부터) 그림 4.37에 나와 있으며, 그 값은 참고문헌 11에서 얻어진 NACA 2412 익형의 특성과 비교되어 있다. NASA LS(1)-0417 익형의 $c_{l,\max}$는 NACA 2412의 값보다 상당히 높은 것에 유의하라.

NASA LS(1)-0417 익형은 17%의 최대 두께와 0.4의 설계 양력 계수를 갖는다. NASA는 같은 캠버선을 사용하

그림 4.36 NASA LS(1)-0417 익형의 형상. 처음 소개되었을 때 이 익형은 GA(W)-1 익형이라고 명명되었으나 지금은 개명되었다(McGhee, R. J., And W. D. Beasley: *Low-Speed Aerodynamic Characteristics of a 17-Percent-Thcik Airfoil Section Designed fof General Aviation Applications*, NASA TN D-7428, December 1973).

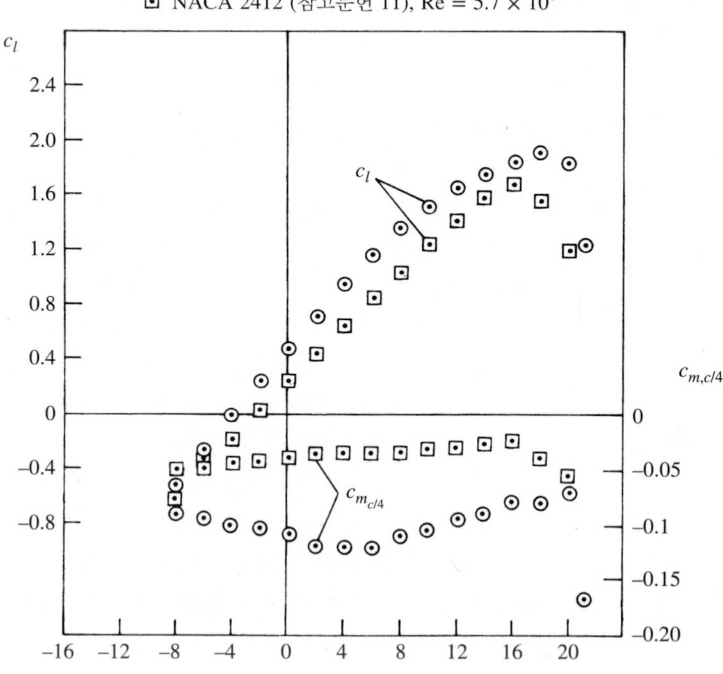

그림 4.37 현대의 NASA LS(1)-0417 익형과 표준 NACA 2412 익형의 비교

여 이 익형을 다른 두께의 저속 익형 계열로 확대시켰는데, 예를 들어 NASA LS(1)-0409와 LS(1)-0413이 있다(상세한 것은 참고문헌 17 참조). 같은 두께를 갖는 표준 NACA 익형들과 비교하면, 새로운 LS(1)-04xx 익형들은 다음의 특성을 갖는다.

1. $c_{l,\max}$가 약 30% 높다.
2. 양력 계수가 1일 때 양항비 (L/D)가 대략 50% 증가한다. 이 $c_l = 1.0$의 값은 소형 항공기에서 상승 시 양력 계수의 전형적인 값이며, L/D의 높은 값은 상승 성능을 매우 증가시킨다(항공기 성능의 일반적인 소개와 항공기 효율에 대한 높은 양항비의 중요성에 대해서는 참고문헌 2 참조).

그림 4.36의 익형 형상이 11장에서 검토할 초임계 익형과 매우 비슷하다는 것은 흥미로운 일이다. 1965년에 NASA의 공기역학자 Richard Whitcomb에 의해 개발된 초임계 익형은 거의 마하수 1에 가까운 높은 아음속 속도에서 익형 항력의 형상에 큰 개선을 이루었다. 그 초임계 익형은 고속의 공력 특성에 중대한 돌파구였다. 처음에는 GA(W)-1 익형으로 소개되었던 그림 4.36의 LS(1)-0417 익형은 초임계 익형 연구에서 파생된 것이다. NASA LS(1)-0417 익형을 처음 사용하여 생산된 항공기가 Piper PA-38 Tomahawk인 것은 흥미 있는 일인데, 1970년대 후반에 소개되었다.

요약하면, 새로운 익형 개발은 20세기 후반 항공 분야에서 활발하며 만족스럽게 진행되고 있다. 게다가 순수하게 실험에 의해서만 개발되었던 초창기 익형들과는 달리 현재는 새로운 익형 설계에 패널 기법들과 최신의 점성 유동 해법들을 사용하는 강력한 컴퓨터 프로그램의 이점을 활용하고 있다. 실제로 1980년대에 NASA는 Ohio 주립대학에 익형 설계 센터를 설립하였고, 이 센터는 전체의 소형 항공기 산업체에 익형 설계와 분석을 위한 30개 이상의 다른 컴퓨터 프로그램을 제공하였다. 새로운 저속 익형 개발에 대한 추가 정보를 얻으려면 참고문헌 16을 읽을 것을 강력히 권하는데, 이는 이러한 익형을 취급한 최초의 고전적 보고서이다. 동시에 참고문헌 17에 주어진 간결한 검토를 읽기 바란다.

설계_Design Box

이 장에서는 익형에 대한 비압축성 유동을 취급한다. 그리고 여기서 검토한 해석적인 얇은 익형 이론과 수치적 패널 기법은 *지정된 형상으로 주어진 익형*에 대한 공기역학적 특성을 계산할 수 있는 기법이다. 이러한 방법을 흔히 *직접적 문제*(direct problem)라고 부르는데, 이때는 물체의 형상이 주어지고 표면 압력 분포(예를 들어)가 계산된다. 설계를 위해서는 이 과정의 순서를 바꾸는 것이 바람직하다. 즉, 압력 분포가 익형의 성능을 향상시킬 수 있도록 표면 압력 분포를 지정하고, 지정된 압력 분포를 생성할 수 있는 익형의 형상을 계산하는 것이 바람직하다. 이 방법을 *역설계적 문제*(inverse problem)라고 부른다. 고속 컴퓨터의 출현과 이에 따른 1970년대의 전산유체역학 분야 학문의 등장이 있기 전에는(2.17.2절 참조) 이 역설계적 문제의 해석적 해법은 어려웠고 실제적인 항공기 설계자에 의해 사용되지 않았다. 그 대신 20세기 이전이나 또는 그 당시에 설계되었던 대부분의 항공기에서 익형 형상의 선택은 합리적인 실험 자료에 근거하거나(최선) 또는 어림짐작으로(최악) 선택되었다. 이러한 사실은 참고문헌 58에 어느 정도 상세히 기술되었다. 설계 문제는 1930년대 초부터 시작된 다양한 계열의 NACA 익형의 출현으로 보다 편해졌다. 이러한 익형의 기하학적 설계에 논리적인 방법이 사용되었고, NACA 익형에 대한 확정적인 실험자료가 사용될 수 있게 되었다(그림 4.10, 4.11, 4.28에 보인 것과 같이). 이런 이유 때문에 20세기 중반에 설계된 많은 비행기들은 표준 NACA 익형을 사용하였다. 4.2절의 이러한 익형을 사용한 도표가 제시하는 것 같이(결코 완벽한 자료는 아님) 현재까지도 NACA 익형은 때로는 비행기 설계자들이 가장 손쉽게 선택하는 익형이다.

그러나 오늘날 전산유체역학(CFD)의 능력이 익형의 설계와 분석을 혁신적으로 발전시키고 있다. 역설계적 문제와 그 다음 단계인 주어진 설계점에 대하여 완벽하게 최적화된 익형의 형상을 주는 전체적인 자동화된 설계과정이 CFD에 의해 가능해지고 있다. 이러한 연구의 예가 그림 4.38과 4.39에 도시되어 있는데, 이것은 Kyle Anderson과 Daryl Bonhaus의 최근 연구(참고문헌 64)에서 가져온 것이다. 여

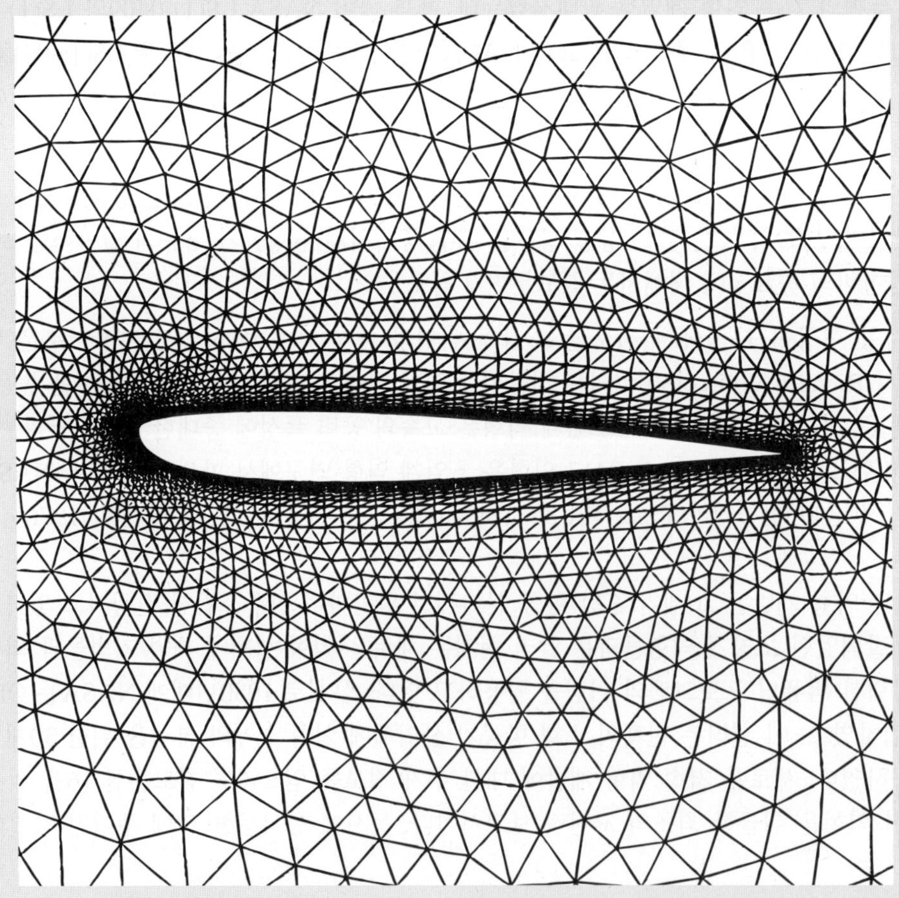

그림 4.38 익형 주위의 유동을 수치적으로 계산하기 위한 비정렬 격자(*자료 출처*: Anderson, W. Kyle, and Bonhaus, Daryl L.: "Airfoil Design on Unstructured Grids for Turbulent Flows," *AIAA J.*, vol 37, no. 2, Feb.1999, pp.185-191.)

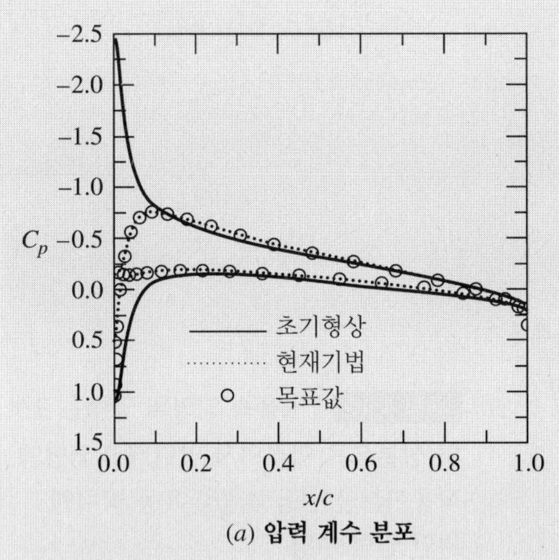

(a) **압력 계수 분포**

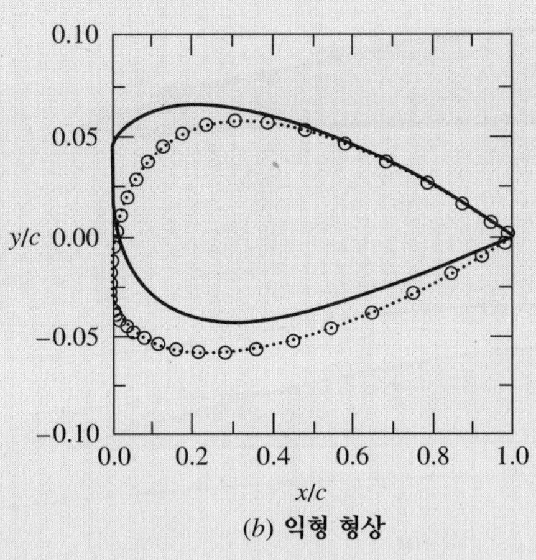

(b) **익형 형상**

그림 4.39 전산유체역학(CFD) 기법을 사용한 익형의 최적화 설계 예(*자료 출처*: Anderson, W. Kyle, and Bonhaus, Daryl L.:"Airfoil Design on Unstructured Grids for Turbulent Flows," *AIAA J.*, vol 37, no. 2, Feb.1999,pp.185-191.)

기서 압축성, 점성 유동에 대한 연속, 운동량, 에너지 방정식(2.17.2절에서 Navier-Stokes 방정식이라고 표시됨)의 CFD 해를 익형 설계 목적으로 구하였다. 유한 체적법의 CFD 기법과 그림 4.38에 나온 격자를 사용하여 역설계적 문제의 해를 구하였다. 익형의 윗면과 아랫면에 *지정된* 압력 분포가 그림 4.39*a*에 원형 기호로 나와 있다. 최적화 기법은 반복적인 계산이며 원하는 지정된 값이 아닌 압력 분포에서 출발하게 된다. 이때 초기의 분포는 그림 4.39*a*의 실선으로 나와 있고, 이 초기 압력 분포에 해당되는 익형의 형상은 그림 4.39*b*의 실선으로 표시되어 있다(그림 4.39*b*에서 익형의 형상이 왜곡되어 있는 것같이 보이는데, 이는 종축을 확대했기 때문이다). 10번의 설계 반복 후에 지정된 압력 분포를 주는 최적화된 익형의 형상이 얻어졌으며, 그림 4.39*b*에 원형 기호로 나타나 있다. 그림 4.38에 초기의 익형 형상이 같은 비율로 나와 있다.

그림 4.38과 4.39의 결과는 현대의 익형 설계와 분석의 개요를 보여주기 위하여 소개하였다. 이것은 미래 익형 설계 과정의 발전 모습을 보여주는 것이며, 급속한 진화에 보조를 맞추기 위해서는 현존하는 참고문헌을 읽어야 한다. 그러나 이 장에서 검토한 보다 간단한 해석 방법인 얇은 익형 이론이, 그리고 특히 이 이론의 간단한 실제적인 결과가 미래 설계자들에 의해 사용될 과정의 전체 도구상자 중 일부가 될 것이라는 사실을 마음에 간직하라. 얇은 익형 이론 속에 포함되어 있는 기본 개념들은 계속 공기역학 기본의 일부로 남아 있을 것이며, 현대의 CFD 기법의 동반자로 항상 그곳에 있을 것이다.

4.12 점성 유동: 익형의 항력 *Viscous Flow: Airfoil Drag*

이 절은 1.11절과 같은 의도로 쓴 또 다른 '독자적인' 점성 유동에 관한 절이다. 이는 비점성 유동에 대한 검토의 연속성을 깨지는 않으며 오히려 그것을 보완하려는 의도이다. 읽기를 계속하기 전에 1.11절에 주어진 경계층 입문을 복습할 것을 권한다.

익형 위의 양력은 주로 그 표면에 가해지는 압력 분포 때문에 발생하며, 양력 방향으로 적분할 때 익형에 작용하는 전단응력 분포는 일반적으로 무시할 만하다. 양력은 비점성 유동이라는 가정과 날개 뒷전에서 Kutta 조건에 의하여 정확하게 계산할 수 있다. 그러나 항력을 예측하는 데 사용하면 이 방법은 항력이 0이라는 결과를 얻게 되며, 이것은 일반 상식과 반대되는 것이다. 그래서 이것을 Jean le Rond d'Alembert의 이름을 따라 *d'Alembert의 역설*이라고 부르는데, 그는 2차원 물체 주위의 비점성 유동에 대한 이러한 항력을 처음으로 계산한 18세기 프랑스의 수학자이자 과학자였다(3.13절과 3.20절 참조).

이 역설은 유동에 점성(마찰)이 포함될 때 즉시 없어진다. 확실히 유동 안의 점성은 익형 위의 공기역학적 항력의 전체적인 원인이다. 그것은 두 가지의 원리를 통해 작용한다.

1. *표면마찰 항력*, 표면에 작용하는 전단응력에 의한 것(그림 4.40*a*)
2. *유동 박리에 의한 압력 저항*, 때로는 *형상 항력*이라고 함(그림 4.40*b*)

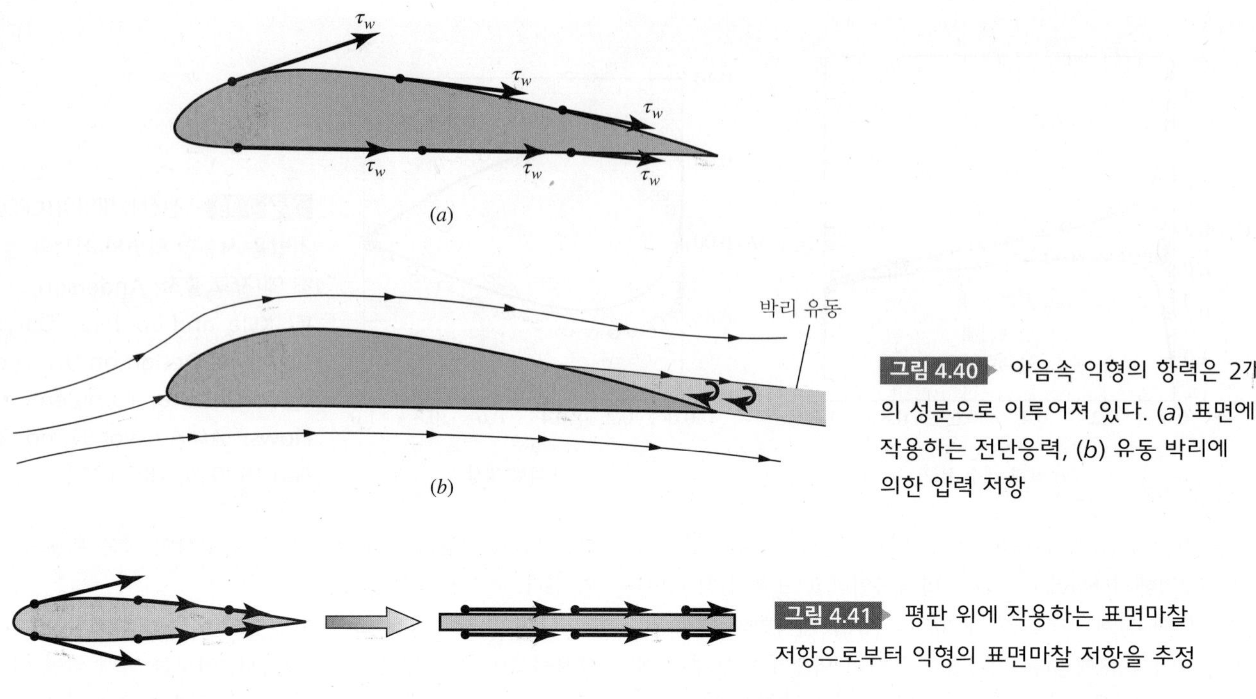

그림 4.40 아음속 익형의 항력은 2개의 성분으로 이루어져 있다. (a) 표면에 작용하는 전단응력, (b) 유동 박리에 의한 압력 저항

그림 4.41 평판 위에 작용하는 표면마찰 저항으로부터 익형의 표면마찰 저항을 추정

전단응력이 항력을 발생시킨다는 것은 그림 4.40*a*로부터 자명하다. 유동 박리에 의해 발생하는 압력 항력(그림 4.40*b*)은 찾아내기가 더 어려운 현상이며, 이 절의 끝부분에서 검토할 것이다.

4.12.1 표면마찰 항력의 추정: 층류 유동 *Estimating Skin-Friction Drag: Laminar Flow*

첫 번째 시도하는 근사 방법으로, 그림 4.41에 나타낸 것과 같이 익형 위 표면마찰 항력을 받음각이 0일 때의 평판 위 표면마찰 항력과 본질적으로 같다고 가정한다. 분명히 익형이 얇으면 얇을수록, 그리고 받음각이 더 작을수록 이 근사 방법은 더 정확해진다. 이 장의 나머지 부분과 일관성을 유지하기 위해서 저속의 비압축성 유동을 계속 취급할 것이다.

먼저 그림 4.41의 익형(평판으로 가정됨) 위를 흐르는 완전 층류 유동의 경우를 취급한다. 평판 위를 흐르는 층류 경계층 유동에 대해서는 정확한 해석해가 존재한다. 이 해의 세부 내용은 18.2절에 나와 있으며, 경계층 이론을 자세하게 설명할 것이다. 이 절에서는 단지 18.2절의 결과만을 사용한다.

받음각이 0인 평판 위의 비압축성 층류 유동에 대한 경계층 두께는 식 (18.23)으로 주어지며, 아래에 다시 쓰고 번호를 새로 주면

$$\delta = \frac{5.0x}{\sqrt{\text{Re}_x}} \tag{4.84}$$

여기서 Re_x는 앞전에서부터 측정된 거리 x에 근거한 레이놀즈수이다(그림 4.42).

$$\text{Re}_x = \frac{\rho_e V_\infty x}{\mu_\infty}$$

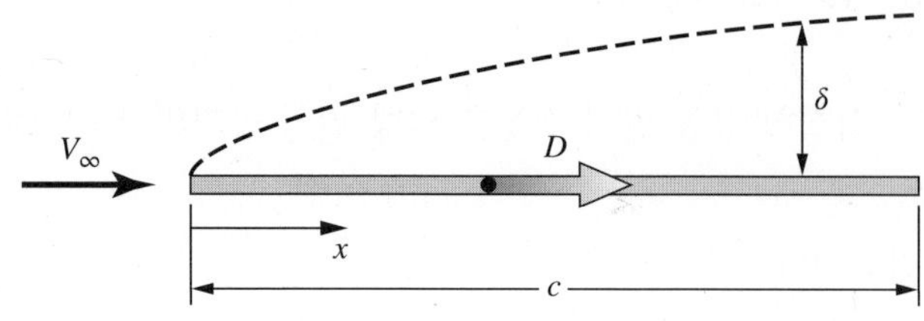

그림 4.42 평판 위 전체 마찰 항력

식 (4.84)로부터 $\delta \propto \sqrt{x}$인 것에 유의하라. 이것은 경계층 두께가 앞전에서부터의 거리에 따라 포물선 형태로 커진다는 것이다.

국소적인 전단응력은 그림 4.41에 나온 것 같은 평판의 윗면과 아랫면 모두에 대해 적분하면 그림 4.42에 나타낸 것같이 평판 위의 순(net) 마찰 항력 D_f을 준다. 그러나 우선은 평판의 윗면이나 아랫면 중 *한* 면만을 고려하기로 하자. 윗면의 전단응력 분포는 아랫면의 전단응력 분포와 같다. 전단응력을 윗면에 대해 적분하면 윗면에서의 순 마찰 항력 $D_{f,\text{top}}$을 준다. 명백하게 아랫면에 대해 전단응력을 적분해서 얻은 순 마찰 항력 $D_{f,\text{bottom}}$은 같은 값 $D_{f,\text{bottom}} = D_{f,\text{top}}$이 된다. 따라서 전체(total) 표면마찰 항력 D_f는,

$$D_f = 2D_{f,\text{top}} = 2D_{f,\text{bottom}}$$

한 면의 유동에 대한 표면마찰 항력 계수를 아래와 같이 정의하면,

$$C_f \equiv \frac{D_{f,\text{top}}}{q_\infty S} = \frac{D_{f,\text{bottom}}}{q_\infty S} \tag{4.85}$$

표면마찰 항력 계수는 레이놀즈수의 함수이며 식 (18.22)로 주어지는데, 아래에 다시 쓰고 새 번호를 주면

$$C_f = \frac{1.328}{\sqrt{\text{Re}_c}} \tag{4.86}$$

여기서 Re_c는 그림 4.42의 시위 길이 c에 근거한 레이놀즈수이다.

$$\text{Re}_c = \frac{\rho_\infty V_\infty c}{\mu_\infty}$$

예제 4.8

그림 4.10과 4.11에 자료가 주어진 NACA 2412 익형을 고려하자. 자료는 시위 길이에 근거한 2개의 레이놀즈수에 대해 주어졌다. $\text{Re}_c = 3.1 \times 10^6$인 경우에 대하여 (*a*) 시위 길이가 1.5 m일 때 뒷전에서의 층류 경계층 두께와 (*b*) 그 익형에서의 순(net) 층류 표면마찰 계수를 구하라.

■ 풀이

(*a*) 식 (4.84)를 $x = c$인 뒷전에 적용하면 아래의 값을 얻을 수 있다.

$$\delta = \frac{5.0c}{\sqrt{\text{Re}_c}} = \frac{(5.0)(1.5)}{\sqrt{3.1 \times 10^6}} = \boxed{0.00426\text{ m}}$$

경계층의 두께가 얼마나 얇은지를 인식하라. 두께가 가장 두꺼운 뒷전에서의 경계층 두께는 겨우 0.426 cm에 불과하다.

(*b*) 식 (4.86)으로부터

$$C_f = \frac{1.328}{\sqrt{\text{Re}_c}} = \frac{1.328}{\sqrt{3.1 \times 10^6}} = 7.54 \times 10^{-4}$$

위 결과는 윗면이나 아랫면 중 한 면에서의 결과임을 상기하자. 양면을 고려하면,

$$\text{Net } C_f = 2(7.54 \times 10^{-4}) = \boxed{0.0015}$$

그림 4.11의 자료로부터 $\text{Re} = 3.1 \times 10^6$인 경우 받음각 0에서의 익형의 항력 계수는 0.0068임을 확인할 수 있다. 이 측정값은 우리가 지금 계산한 값인 0.0015보다 약 4.5배나 더 높다. 잠시 돌아보자. 비교적 높은 레이놀즈수인 3.1×10^6에서 익형 위 경계층은 층류가 아닌 *난류*일 것이다. 따라서 여기서 수행한 층류 계산은 경계층 두께와 익형의 항력 계수에 대한적 절한 계산이 아니다. 다음 단계로 넘어가 보자.

4.12.2 표면마찰 항력의 추정: 난류 유동 *Estimating Skin-Friction Drag: Turbulent Flow*

층류 유동에서의 상황과는 대조적으로 난류 유동에서는 정확한 해석해가 존재하지 않는다. 이 안타까운 상황은 19장에서 검토할 것이다. 어떠한 난류 유동 해석에서도 얼마간의 실험자료가 필요하다. 난류 유동에 대한 모든 해석은 근사값이다.

평판에 대한 난류 경계층의 해석도 예외가 될 수 없다. 19장으로부터 평판 위 비압축성 난류 유동에 대한 다음의 근사적인 결과를 활용한다. 식 (19.1)을 아래에 다시 쓰고 새 번호를 주면,

$$\delta = \frac{0.37x}{\mathrm{Re}_x^{1/5}} \tag{4.87}$$

그리고 식 (19.2)를 아래에 다시 쓰고 새 번호를 주면,

$$C_f = \frac{0.074}{\mathrm{Re}_c^{1/5}} \tag{4.88}$$

식 (4.87)과 (4.88)이 단지 근사적인 결과에 불과하다는 것과, 이들이 평판의 경계층에 대한 수많은 난류 유동 해석 방법 중 하나의 결과에 불과하다는 것을 다시 한번 강조한다. 그럼에도 불구하고 식 (4.87)과 (4.88)은 난류 유동에서 경계층의 두께와 표면마찰 항력 계수를 추정하는 데 상당히 그럴듯한 방법을 제공한다. 층류 유동에서 레이놀즈수의 제곱근에 반비례한 변화와는 대조적으로, 난류 유동의 결과는 레이놀즈수의 5승근에 반비례함을 보이는 것에 유의하라.

예제 4.9

익형 주위가 난류 경계층이라고 가정하고 예제 4.8을 반복하라.

■ 풀이

다시 한번 익형을 받음각이 0일 때의 평판으로 대치한다.

(*a*) $x = c$이고 $\mathrm{Re}_x = \mathrm{Re}_c = 3.1 \times 10^6$일 때, 뒷전에서의 경계층 두께는 식 (4.87)로 주어져 있다.

$$\delta = \frac{0.37x}{\mathrm{Re}_x^{1/5}} = \frac{0.37(1.5)}{(3.1 \times 10^6)^{1/5}} = \boxed{0.0279 \text{ m}}$$

난류 경계층은 뒷전에서 2.79 cm로 여전히 얇다. 그러나 예제 4.8에서 계산한 층류 경계층의 두께인 0.426 cm에 비하면 아주 두껍다.

(*b*) 표면마찰 항력 계수(평판의 한 면에 기초한)는 식 (4.88)에 의해 주어진다.

$$C_f = \frac{0.074}{\mathrm{Re}_c^{1/5}} = \frac{0.074}{(3.1 \times 10^6)^{1/5}} = 0.00372$$

평판 윗면과 아랫면 모두를 고려한 순(net) 표면마찰 항력 계수는,

$$\text{Net } C_f = 2(0.00372) = \boxed{0.00744}$$

이 결과는 층류 경계층보다 5배나 큰 값이며, 층류 경계층에 의한 표면마찰과 비교하여 난류 경계층에 의한 표면마찰이 상당히 증가한다는 것을 보여주는 역할을 한다.

예제 4.9에서 계산한 표면마찰 항력 계수는 표면마찰 항력과 유동 박리로 인한 압력 항력의 합인 익형의 측정된 항력 계수 0.0068보다 더 크다. 따라서 이 예제의 결과값은 익형에서의 표면마찰 항력 계수를 분명히 과대평가한 것이다. 잠시 생각을 다시 해 보자! 실제로 물체 위의 경계층은 항상 앞전으로부터 어느 정도의 거리까지는 층류 경계층으로 시작하며, 앞전의 하류 어느 지점에서 난류 경계층으로 전환한다. 따라서 표면마찰 항력은 익형 전반부 주위의 층류 표면마찰과 나머지 부분을 흐르는 난류 표면마찰의 조합으로 되어 있다. 이 현상을 검토해 보자.

4.12.3 천이 *Transition*

4.12.1절에서 평판 위의 유동은 모두 층류라고 가정했다. 이와 유사하게 4.12.2절에서는 모두 난류라고 가정했다. 실

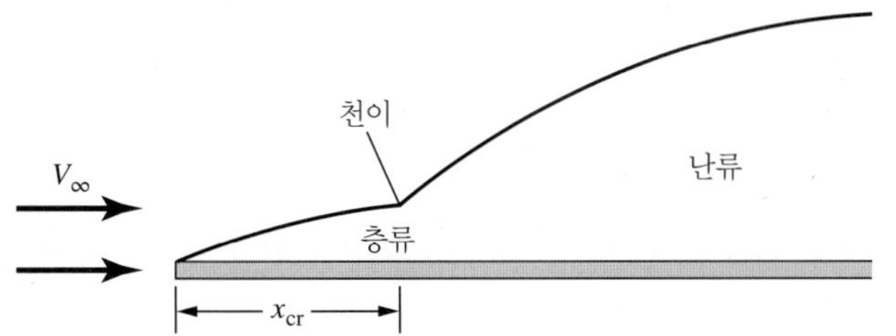

그림 4.43 층류 유동에서 난류 유동으로의 천이. 경계층 두께는 이해를 돕기 위해 과장되었다.

제에서 유동은 *항상* 앞전에서부터 층류로 시작한다. 그리고 앞전으로부터 하류의 어느 지점에서 층류 경계층은 불안정해지기 시작하고 난류의 작은 '파열' 같은 것이 유동 안에 성장해 간다. 최종적으로 *천이 지역*이라고 부르는 어떤 지역에서 경계층은 완전히 난류가 된다. 분석 목적으로 그림 4.43과 같은 그림을 흔히 그리는데, 여기서 층류 경계층은 평판의 앞전에서부터 시작하여 포물선 형태로 하류 쪽으로 진행하며 성장한다. 그리고 *천이점*에서 층류 경계층은 더 빠른 비율로 성장하는 난류 경계층이 되는데, 하류에서 $x^{4/5}$ 정도의 비율로 성장한다. 천이가 일어나는 위치의 x 값이 *임계값*(critical value) x_{cr}이다. 그리고 x_{cr}은 다음과 같이 천이점에 대한 *임계 레이놀즈수*(critical Reynolds number)의 정의를 가능하게 한다.

$$\mathrm{Re}_{x_{cr}} = \frac{\rho_\infty V_\infty x_{cr}}{\mu_\infty} \tag{4.89}$$

천이는 15.2절에서 자세히 검토할 것이다. 층류에서 난류로 천이하는 현상에 대한 수많은 문헌들이 출판되었다. 명백히 τ_w는 두 유동에서 다르기 때문에 예제 4.8과 4.9의 결과 비교에서 명확하게 설명된 것같이 표면에서 천이가 일어나는 위치에 관한 지식은 표면마찰 항력의 정확한 예측을 위해 중요하다. 천이점(실제로는 어느 정도의 지역)의 위치는 15.2절에서 논의한 것과 같이 많은 변수들에 종속된다. 그러나 만일 임계 레이놀즈수가 주어지면(흔히 주어진 물체 주위의 주어진 형태의 유동에 대한 실험으로부터), 그 유동에 대한 천이점의 위치 x_{cr}은 식 (4.89)로부터 직접 얻을 수 있다.

예를 들어 속도가 50 m/s인 자유 유동 안에 주어진 표면거칠기(천이점의 위치에 영향을 주는 하나의 요소)의 익형이 있고, 이것의 앞전으로부터 얼마나 먼 곳에서 천이가 발생할지 예측하기를 원한다고 가정하자. 그런 표면 주위의 저속 유동에 관한 문헌을 조사해 보면 경험에서 결정된 임계 레이놀즈수가 대략 $\mathrm{Re}_{x_{cr}} = 5 \times 10^5$임을 발견할 것이다. 이 경험값을 문제에 적용하여 식 (4.89)를 사용하고, $\rho_\infty = 1.23$ kg/m^{3}이며(1.11절로부터) $\mu_\infty = 1.789 \times 10^5$ kg/(m)(s)인 표준 대기 해면 고도에서의 열역학적 상태를 가정하면 다음을 얻을 수 있다.

$$x_{cr} = \frac{\mu_\infty \mathrm{Re}_{x_{cr}}}{\rho_\infty V_\infty} = \frac{(1.789 \times 10^{-5})(5 \times 10^5)}{(1.23)(50)} = 0.145 \text{ m}$$

이 예에서 층류 유동 지역은 앞전으로부터 14.5 cm 떨어진 하류 지역까지 확장되어 있는 것에 주목하자. 만약 자유 유동의 속도가 100 m/s로 2배로 된다 하더라도, 천이점은 여전히 임계 레이놀즈수 $\mathrm{Re}_{x_{cr}} = 5 \times 10^5$에 의해 좌우된다. 그러므로,

$$x_{cr} = \frac{(1.789 \times 10^{-5})(5 \times 10^5)}{(1.23)(100)} = 0.0727 \text{ m}$$

따라서 속도가 2배가 되면 천이점은 앞전까지 거리의 반만큼 앞으로 이동한다.

요약하면, 일단 임계 레이놀즈수를 안다면 식 (4.89)로부터 x_{cr}을 얻을 수 있다. 그러나 문제에 적용할 수 있는 $\mathrm{Re}_{x_{cr}}$의 정확한 값은 실험, 자유 비행 또는 반경험적 이론(semi-empirical theory) 등 어딘가 다른 곳에서 얻어야 하는데, 얻기 힘든 경우가 많을 것이다. 이 상황은 이러한 유동에 대한 이해를 높여 주고 실제적인 문제에 천이를 보다 적절하게 예측하는 데 왜 천이와 난류에 관한 기본 연구가 필요한지를 알게 해준다.

예제 4.10

NACA 2412 익형과 예제 4.7의 조건에 임계 레이놀즈수가 500,000이라고 가정하여 순(net) 표면마찰 항력 계수를 계산하라.

■ 풀이

앞전으로부터 x_1 거리만큼 천이점까지 확장되어 있는 층류 경계층(지역 1)과 x_2 거리만큼 천이점에서부터 뒷전까지 확장되어 있는 난류 경계층(지역 2)이 있는 평판을 보여주는 그림 4.44를 고려하라. 임계 레이놀즈수는,

$$\mathrm{Re}_{x_{\mathrm{cr}}} = \frac{\rho_\infty V_\infty x_{\mathrm{cr}}}{\mu_\infty} = 5 \times 10^5$$

그림 4.44에서 $x_{\mathrm{cr}} = x_1$이다. 따라서

$$\mathrm{Re}_{x_{\mathrm{cr}}} = \frac{\rho_\infty V_\infty x_1}{\mu_\infty} = 5 \times 10^5$$

시위 길이에 근거한 레이놀즈수는 아래와 같이 주어진다.

$$\mathrm{Re}_c = \frac{\rho_\infty V_\infty c}{\mu_\infty} = 3.1 \times 10^6$$

따라서

$$\frac{\mathrm{Re}_{x_{\mathrm{cr}}}}{\mathrm{Re}_c} = \frac{5 \times 10^5}{3.1 \times 10^6} = 0.1613 = \frac{(\rho_\infty V_\infty x_1/\mu_\infty)}{(\rho_\infty V_\infty c/\mu_\infty)} = \frac{x_1}{c}$$

이 값이 시위 길이에 대한 상대적인 천이점의 위치를 알려주는데, 그것은 그림 4.44에서 다음과 같다.

$$\frac{x_1}{c} = 0.1613$$

표면마찰 항력 계수에 대한 식에서 레이놀즈수는 항상 *앞전으로부터* 측정된 길이에 기반하기 때문에, x_2에 기반한 레이놀즈수를 적용한 식 (4.88)을 이용하여 간단히 지역 2에서의 난류 표면마찰 항력 계수를 계산할 수 없다. 그보다는 다음의 절차를 수행해야 한다.

판의 전체 길이 위를 모두 난류 유동이라고 가정하면, 항력은(판의 한 면에서) $(D_{f,c})_{\mathrm{turbulent}}$인데 아래와 같다.

$$(D_{f,c})_{\mathrm{turbulent}} = q_\infty S(C_{f,c})_{\mathrm{turbulent}}$$

전과 같이 단위 스팬 길이당 항력을 취급하므로 $S = c(1)$이다.

$$(D_{f,c})_{\mathrm{turbulent}} = q_\infty c(C_{f,c})_{\mathrm{turbulent}}$$

지역 1에서의 난류 항력은 $(D_{f,1})_{\mathrm{turbulent}}$이다.

$$(D_{f,1})_{\mathrm{turbulent}} = q_\infty S(C_{f,1})_{\mathrm{turbulent}}$$

여기서 $S = (x_1)(1)$이므로

$$(D_{f,1})_{\mathrm{turbulent}} = q_\infty x_1(C_{f,1})_{\mathrm{turbulent}}$$

따라서 지역 2에서만의 난류 항력은 $(D_{f,2})_{\mathrm{turbulent}}$이며

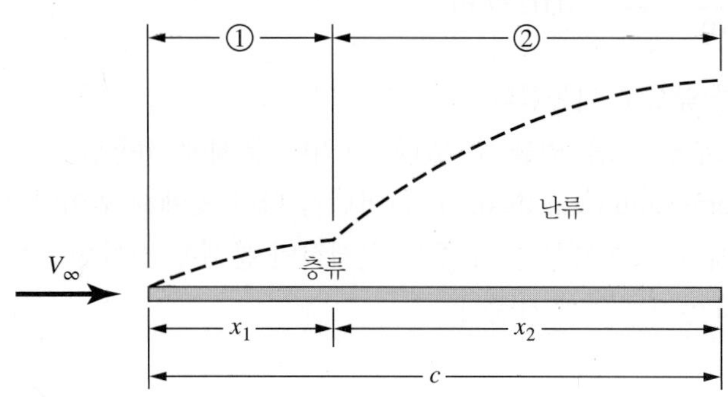

그림 4.44 평판 위 층류 유동(지역 1)과 난류 유동(지역 2)

$$(D_{f,2})_{\text{turbulent}} = (D_{f,c})_{\text{turbulent}} - (D_{f,1})_{\text{turbulent}}$$
$$(D_{f,2})_{\text{turbulent}} = q_\infty c(C_{f,c})_{\text{turbulent}} - q_\infty x_1(C_{f,1})_{\text{turbulent}}$$

지역 1에서 층류 항력은 $(D_{f,1})_{\text{laminar}}$이다.

$$(D_{f,1})_{\text{laminar}} = q_\infty S(C_{f,1})_{\text{laminar}} = q_\infty x_1(C_{f,1})_{\text{laminar}}$$

따라서 판의 전체 표면마찰 항력인 D_f 는 다음과 같다.

$$D_f = (D_{f,1})_{\text{laminar}} + (D_{f,2})_{\text{turbulent}}$$

또는

$$D_f = q_\infty x_1(C_{f,1})_{\text{laminar}} + q_\infty c(C_{f,c})_{\text{turbulent}} - q_\infty x_1(C_{f,1})_{\text{turbulent}} \tag{4.90}$$

총 표면마찰 항력 계수는

$$C_f = \frac{D_f}{q_\infty S} = \frac{D_f}{q_\infty c} \tag{4.91}$$

식 (4.90)과 (4.91)을 결합하면

$$C_f = \frac{x_1}{c}(C_{f,1})_{\text{laminar}} + (C_{f,c})_{\text{turbulent}} - \frac{x_1}{c}(C_{f,1})_{\text{turbulent}} \tag{4.92}$$

$x_1/c = 0.1613$이기 때문에 식 (4.92)는 다음과 같이 된다.

$$C_f = 0.1613(C_{f,1})_{\text{laminar}} + (C_{f,c})_{\text{turbulent}} - 0.1613(C_{f,1})_{\text{turbulent}} \tag{4.93}$$

식 (4.93)의 여러 가지 표면마찰 항력 계수들은 아래와 같이 얻을 수 있다. 지역 1에서 레이놀즈수는

$$\text{Re}_{x_1} = \frac{\rho_\infty V_\infty x_1}{\mu_\infty} = \frac{x_1}{c}\left(\frac{\rho_\infty V_\infty c}{\mu_\infty}\right) = \frac{x_1}{c}\text{Re}_c = 0.1613(3.1 \times 10^6) = 5 \times 10^5$$

(물론 $x = x_1$은 5×10^5으로 주어진 임계 레이놀즈수로부터 *결정된* 천이점이기 때문에 이를 바로 쓸 수도 있다.) 층류에 관한 식 (4.86)으로부터 x_1에 기반을 둔 레이놀즈수를 사용하면 다음 값을 얻는다.

$$(C_{f,1})_{\text{laminar}} = \frac{1.328}{\sqrt{\text{Re}_{x_1}}} = \frac{1.328}{\sqrt{5 \times 10^5}} = 0.00188$$

$(C_{f,c})_{\text{turbulent}}$ 값은 이미 예제 4.8에서 계산했다. 즉,

$$(C_{f,c})_{\text{turbulent}} = 0.00372 \quad (\text{한 면에 대하여})$$

x_1에 기반을 둔 레이놀즈수를 이용하면 식 (4.88)에서,

$$(C_{f,1})_{\text{turbulent}} = \frac{0.074}{\text{Re}_{x_1}^{1/5}} = \frac{0.074}{(5 \times 10^5)^{0.2}} = 0.00536$$

이 값을 식 (4.93)에 대입하면,

$$C_f = 0.1613(0.00188) + 0.00372 - 0.1613(0.00536) = 0.003158$$

평판의 양면을 고려하면,

$$\text{Net } C_f = 2(0.003158) = \boxed{0.0063}$$

그림 4.11의 자료에 의하면 측정된 익형 항력 계수는 0.0068이며, 이것은 표면마찰 항력과 유동 박리로 인한 압력 항력을 포함한 것이다. 따라서 측정에 의한 전체 항력 계수보다 약간 작은 표면마찰 항력 계수를 준 예제 4.10의 결과는 정성적으로 합리적이다. 그러나 이번의 계산에 의한 $C_f = 0.0063$이라는 결과는 층류에서 난류로의 전이에 대하여 임계 레이놀즈수 500,000에서 수행한 것이다. 그림 4.11의 실험자료가 어떤 임계 레이놀즈수에 의한 실험이었는지를 알지 못한다. 예제 4.10에서 $\text{Re}_{x_{cr}} = 500{,}000$의 가정은 매우 보수적이며, 아마도 실제 값은 1,000,000에 더 가까울 것 같다. 만약 더 큰 $\text{Re}_{x_{cr}}$ 값을 가정한다면, C_f 의 계산값은 어떻게 될 것인가? 예제를 통하여 알아보자.

예제 4.11

임계 레이놀즈수를 1×10^6으로 가정하여 예제 4.10을 반복하라.

■ 풀이

$$\frac{x_1}{c} = \frac{1 \times 10^6}{3.1 \times 10^6} = 0.3226$$

즉시 답을 적을 수 있는 이 값은 임계 레이놀즈수가 2배 크기 때문에 예제 4.10 길이보다 2배가 된다. 식 (4.93)은 다음과 같이 된다.

$$C_f = 0.3226(C_{f,1})_{\text{laminar}} + (C_{f,c})_{\text{turbulent}} - 0.3226(C_{f,1})_{\text{turbulent}} \tag{4.94}$$

지역 1에 대해서

$$(C_{f,1})_{\text{laminar}} = \frac{1.328}{\sqrt{\text{Re}_{x_1}}} = \frac{1.328}{\sqrt{1 \times 10^6}} = 0.001328$$

$(C_{f,c})_{\text{turbulent}}$ 값은 전의 값과 같다.

$$(C_{f,c})_{\text{turbulent}} = 0.00372$$

다시 지역 1에서 난류 유동으로 가정하면

$$(C_{f,1})_{\text{turbulent}} = \frac{0.074}{(\text{Re}_{x_1})^{1/5}} = \frac{0.074}{(1 \times 10^6)^{1/5}} = 0.004669$$

식 (4.94)에 위의 결과를 대입하면

$$C_f = 0.3226(0.001328) + 0.00372 - 0.3226(0.004669) = 0.002642$$

이 결과는 평판 한 면에서의 결과이기 때문에 순(net) 표면마찰 항력 계수는

$$\text{Net } C_f = 2(0.002642) = \boxed{0.00528}$$

주: 예제 4.10과 4.11의 결과를 비교하면, $\text{Re}_{x_{cr}}$를 500,000에서 1,000,000까지 증가시키는 것이 16% 더 작은 표면마찰 항력 계수의 결과를 주는 것을 알 수 있다. 이러한 차이는 표면마찰 항력을 계산하는 데 있어 표면에서 천이가 발생하는 장소를 아는 것의 중요성을 강조하는 것이다.

또한 표면마찰 항력 계수에 대한 계산결과를 측정된 전체 항력 계수 0.0068과 비교하면, 예제 4.10에서 계산된 $C_f = 0.0063$은 유동 박리에 의한 압력 항력이 전체 항력의 약 7.4%라는 것을 의미할 것이다. $C_f = 0.00528$인 예제 4.11의 결과는 유동 박리에 의한 압력 항력이 전체 항력의 약 22%라는 것을 의미할 것이다.

표면마찰과 압력 항력 사이의 배분이 정량적으로 합리적인 것인가? 참고문헌 88의 Lombardi 등에 의한 최근 연구결과에서 한 가지 답을 찾을 수 있다. 여기서 저자들은 정밀한 전산유체역학 기법을 사용하여 NACA 0012 익형의 표면마찰 항력 계수와 전체 항력 계수를 계산하였다. 더 자세한 그들의 계산결과는 20.4절에 나와 있다. 시위 길이에 기반을 둔 레이놀즈수 3×10^6를 사용하고 전환의 경우를 포함시킨 계산에서 그들은 전체 항력 계수 0.00623과 표면마찰 항력 계수 0.00534를 얻었는데, 이 값은 유동 박리에 의한 압력 항력이 전체 항력의 15%라는 것을 나타낸다. 유선형의 형체에서 이 항력의 분배는 타당하다. 유선형의 2차원 형상에서의 항력은 주로 표면마찰 항력이며 그에 비해 압력 항력은 작은 값이다. 예를 들어 항력의 80%는 표면마찰 항력으로, 그리고 항력의 20%는 유동 박리에 의한 압력 항력으로 예상하는 것이 합리적이다.

이것은 유동 박리에 의한 압력 항력이 중요하지 않다는 것이 아니다. 아주 반대로, 형체가 덜 유선형이 될수록(무딘 물체와 같은) 압력 항력은 지배적인 요소가 된다. 이 현상을 더욱 자세히 관찰할 필요가 있다.

4.12.4 유동 박리 *Flow Separation*

익형에서 압력 항력은 유동 박리에 의해 야기된다. 완전히 익형에 부착된 유동에서는, 표면 뒤쪽에 작용하는 압력은 뒤 방향으로 힘을 발생시키는 표면의 앞쪽에 작용하는 압력을 완전히 상쇄하는 앞 방향으로의 힘을 발생시켜 결과적으로 압력 항력이 0이 되게 한다. 그러나 만약 유동이 표면의 뒤쪽에서 부분적으로 박리된다면, 앞 방향으로 밀어주는 뒷면에서의 압력은 완전히 표면에 부착된 경우보다 적을 것이며, 따라서 뒤 방향으로 밀어주는 앞면에서의 압력을 완전히 상쇄시키지 않아 익형 위에 순(net) 압력 항력을 발생시키게 된다. 이것이 유동 박리에 의한 압력 항력이다.

어떤 유동 조건이 유동 박리를 일으키게 하는가? 이 질문의 답을 찾는 데 도움이 되는, 그림 4.45에 나온 것 같은 받음각 0의 NASA LS(1)-0417 익형 주위의 유동을 고려해 보자. 유선들은 익형 주위로 매끄럽게 움직이며, 어느 경우에도 유동 박리가 없다. 익형 윗면의 압력 변화에 대한 전산유체역학 계산결과가 그림 4.45의 아래쪽에 나와 있다. 비압축성 유동에서 $C_p = 1.0$인 앞전의 정체점에서 시작한 유동은 표면의 위쪽 주변에서 급격히 팽창한다. 압력은 급격히 감소하여 앞전에서 뒤로 시위 길이의 약 10%만큼 떨어진 지점에서 최소 압력이 된다. 그 후 유동이 더 하류 쪽으로 이동함에 따라 압력이 점점 증가하며, 뒷전에서 자유 유동 압력보다 약간 높은 값에 도달한다. 압력이 증가하는 이 영역을 *역압력구배*(adverse pressure gradient) 영역이라 부른다. 정의에 의하면 역압력구배는 *유동의 방향으로* 압력이 *증가하는* 지역이며, 그림 4.45에서 dp/dx가 *양*의 값을 갖는 지역이다. 그림 4.45의 조건에서 역압력구배는 미약하다. 즉, dp/dx는 작고, 대부분의 실제 경우에서 유동은 뒷전 근처의 일부 영역을 제외하고는 익형의 표면에 부착된 상태로 남아 있다.

이제 그림 4.46에 나온 것같이 같은 익형이 매우 높은 받음각인 18.4°에 있을 때를 고려하자. 먼저 순전히 인위적인 상황인 유동 박리가 없는 완전한 비점성 유동이라고 가정하자. 비점성 유동에 대한 수치해법의 결과는 그림 4.46에서 점선 곡선으로 나타난다. 이런 인위적인 상황에서 압력은 앞전 바로 하류 쪽에서 C_p 값이 −9에 이를 때까지 거의 수직으로 가파르게 떨어지고, 그 후 하류로 가면서 급격히 증가하여 뒷전에서 p_∞보다 약간 높은 값으로 회복된다. 이 압력의 회복에서는, 그림 4.45에서 보인 경우와는 반대로 압력이 빠르게 증가할 것이다. 역압력구배는 극심해질 것이다. 다시 말하면 dp/dx가 커질 것이다. 이러한 경우에 *실제* 점성 유동은 표면으로부터 박리되려는 경향이 있다. 이 실

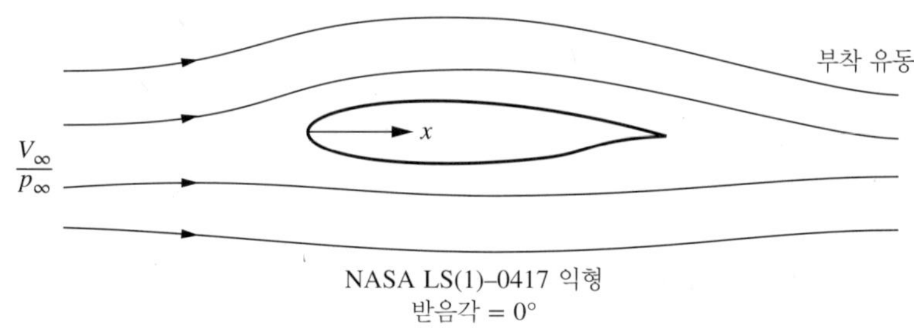

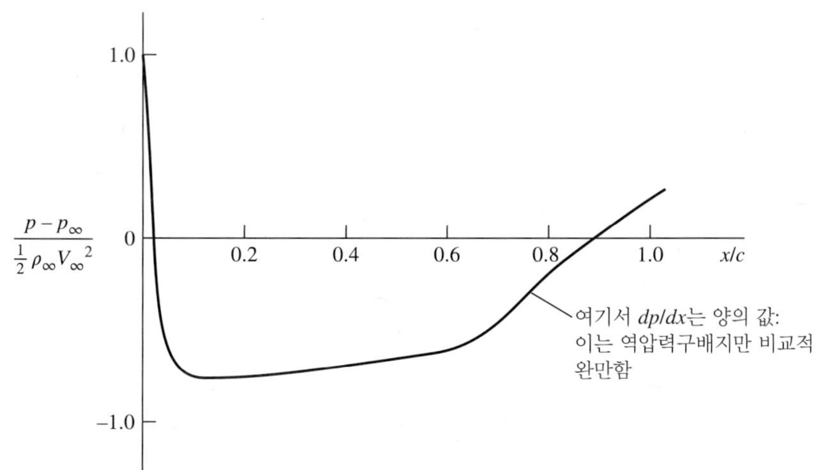

그림 4.45 익형 주위의 부착 흐름에 대한 윗면의 압력 분포. (최신 NASA 저속 익형에 대한 이론적인 자료는 NASA Conference Publication 2046, *Advanced technology Airfoil Research*, vol. II, March 1978, p 11에서 얻음.)

제의 박리 유동에서, 전체 Navier-Stokes 방정식을 이용한 전산유체역학 점성 유동 계산(15장 참조)으로부터 얻어진 *실제*의 표면 압력 분포가 그림 4.46에 *실선*으로 주어져 있다. 점선과 비교했을 때, 실제 압력 분포는 최소 압력값이 낮게 떨어지지 않고 뒷전 근처의 압력도 p_∞ 이상의 값으로 회복되지 않는다.

그림 4.46에 나타낸 경우에 대하여 익형 표면에 작용하는 압력을 가시화하고 비교하는 것이 중요한데, 이 비교가 그림 4.47에 나와 있다. 이 그림에서 큰 받음각(따라서 유동 박리를 수반하는)에서 익형의 실제 표면 압력 분포가 실선 화살표로 표시되어 있다. 압력은 항상 표면에 법선 방향으로 작용한다. 그러므로 화살표들은 모두 표면에 대하여 지역적으로 법선 방향이다. 화살표의 길이는 압력의 크기를 대표한다. 압력 분포를 시각적으로 더 잘 볼 수 있게 하기 위하여 화살표 뿌리를 따라 실선의 곡선을 그려 '둘레'를 만들었다. 그러나 만약 유동이 박리되*지 않는다면*, 즉 유동이 부착되어 있으면 압력 분포는 점선 화살표[그리고 점선 둘레(envelope)]로 나타나게 될 것이다. 그림 4.47에서 실선과 점선 화살표는 정성적으로 각각 그림 4.46에서의 실선과 점선 압력 분포 곡선과 대응된다.

그림 4.47에서 실선과 점선 화살표는 조심스럽게 비교되어야 한다. 그들은 익형 주위를 흐르는 박리 유동에 대한

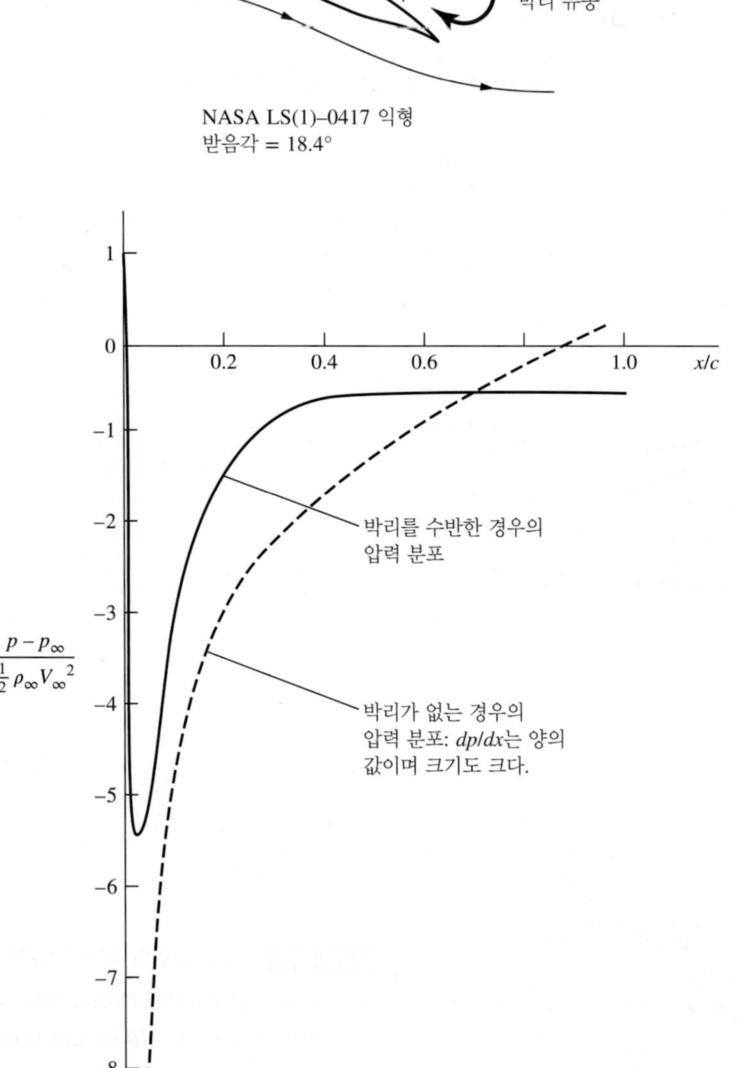

그림 4.46 익형 주위의 박리 유동에 대한 윗면의 압력 분포. (최신 NASA 저속 익형에 대한 이론적인 자료는 NASA Conference Publication 2045, *Advanced Technology Airfoil Research*, vol. 1, March 1978, p380에서 얻음.)

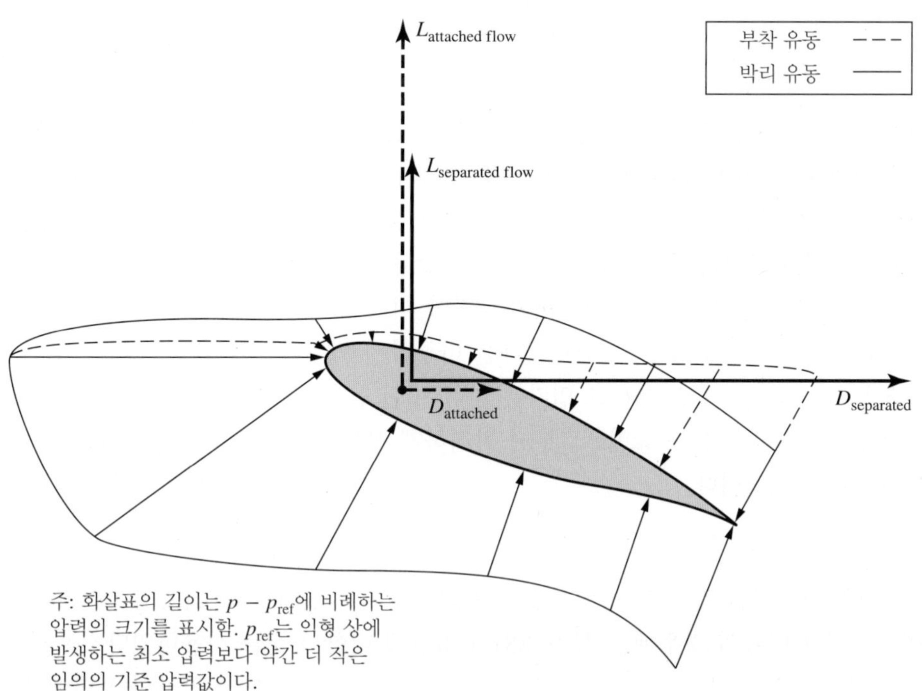

그림 4.47 부착 유동과 박리 유동 시의 압력 분포, 양력, 그리고 항력에 대한 정성적 비교. 박리 유동 시에는 양력이 감소하고 항력이 증가하는 것에 유의하라.

2개의 중요한 결과를 설명한다. 첫 번째 결과는 양력의 손실이다. 공기역학적 양력(그림 4.47에 나와 있는 수직 방향의 힘)은 그림 4.47에서 압력 분포의 수직 방향 성분의 전체 합으로부터 얻어진다(상대풍인 자유 유동은 이 그림에서 수평 방향으로 가정한다). 높은 양력은 아랫면의 압력이 크고 윗면의 압력이 작을 때 얻어진다. 박리는 아랫면의 압력 분포에 영향을 미치지 않는다. 그러나 윗면에서 *앞전 바로 하류*에서의 실선과 점선 화살표를 비교하면 유동이 박리될 때 실선 화살표가 더 높은 압력을 지시하는 것을 발견할 수 있다. 이 높은 압력은 아래로 누르고 있으며, 따라서 양력을 줄여준다. 양력에서 이러한 감소는 앞전 가까이의 익형 윗면 위치가 그림 4.47에서 대략적으로 수평인 형상 효과와 더해진다. 유동이 박리될 때 익형 표면의 이 부분에 더 높은 압력이 발생하면 압력이 작용하는 방향은 수직 방향에 더 가깝게 정렬되고, 따라서 증가된 압력 대부분의 효과가 양력에 영향을 준다. 앞전 가까운 윗면에서의 압력 증가와 이 부분의 표면이 대략적으로 수평이라는 사실이 결합하여 유동이 박리할 때 양력의 극적인 손실을 유도한다. 그림 4.47에서 박리된 유동의 양력이(실선 수직 벡터) 유동이 박리되지 않은 경우의 양력(점선 수직 벡터)보다 작은 것에 유의하라.

이제 *뒷전 가까이*의 윗면 부분에 관해 관심을 집중하자. 익형 표면의 이 부분에서, 박리된 유동에 대한 압력은 유동이 박리되지 않은 경우 발생할 압력보다 *더 작다*. 더구나 기하학적으로 뒷전 가까운 윗면은 수평선에 대해 더 기울어져 있고, 사실 상당히 수평 방향을 마주 보고 있다. 그림 4.47에서 항력은 수평 방향임을 상기하라. 뒷전 가까운 윗면의 기울기 때문에 표면의 이 부분에 가해진 압력은 수평 방향의 강한 성분을 갖는다. 이 성분은 왼쪽을 향해 작용하고 오른쪽으로 미는 익형의 선두부에 작용하는 높은 압력으로 인한 수평 방향 성분의 힘을 상쇄하는 경향을 보인다. 익형에 작용하는 전체 압력 항력은 오른쪽을 향해 밀고 있는 앞쪽에서 가해지는 힘과 왼쪽을 향해 밀고 있는 뒤쪽에서 가해지는 힘의 차이다. 유동이 박리될 때, 뒤쪽의 압력은 유동이 박리되지 않은 경우보다 더 낮다. 그러므로 박리 유동의 경우 왼쪽을 향해 밀고 있는 뒤쪽에 *더 작은* 힘이 존재하고, 따라서 오른쪽을 향해 작용하는 *전체* 항력이 *증가하게* 된다. 그림 4.47에서 박리 유동에 대한 항력(실선의 수평 방향 벡터)이 박리되지 않은 유동의 항력(점선의 수평 방향 벡터)보다 더 큰 것에 유의하라.

그러므로 익형 주위 박리된 유동의 두 가지 중요한 결과는 다음과 같다.

1. 양력의 막대한 손실(실속)
2. 유동 박리로 인한 압력 항력에 의해 야기되는 큰 항력 증가

왜 표면으로부터 유동이 박리하는가? 그 답은 15.2절에서 자세히 언급한다. 간단히 말해 역압력구배 영역에서 유선을 따라 움직이는 유체 입자는 증가하는 압력에 대항하여 '언덕길'을 올라가듯이 힘을 들여 진행해야 한다. 결과적으로 유체 입자는 역압력구배의 영향 아래에서 속도가 감소한다. 속도가 커서 운동 에너지가 높은 경계층 외부에서 움직이는 유체 입자에게 이것은 중요한 문제가 아니다. 그 유체 입자는 하류 방향으로 계속 움직인다. 그러나 경계층 깊숙이 있는 유체 입자를 고려하자. 그것의 속도는 마찰력에 의해 방해를 받아 이미 느려졌다. 압력은 벽면에 법선 방향으로 변함없이 전달되고 있기 때문에 그 유체 입자는 같은 역압력구배를 마주하게 되는데, 입자의 속도가 너무 느려서 증가하는 압력을 이기고 앞으로 나갈 수가 없게 된다. 결국 그 입자는 하류 어딘가에서 정지하고 방향을 돌리게 된다. 이 같은 역유동(reversed flow)은 일반적으로 유동장을 표면으로부터 박리하게 하는데, 그림 4.46의 위쪽에 나온 것과 같다. 이것이 박리 유동이 발생하는 물리적 해석이다.

4.12.5 주석 *Comment*

이 절에서 익형의 표면마찰 저항을 0의 받음각을 갖는 평판 모델을 사용함으로써 추산하였고, 익형의 표면마찰 항력 계산에 층류인 경우에는 식 (4.86), 그리고 난류의 경우에는 식 (4.88)의 평판에 대한 공식을 사용하였다.[5] 이것은 얼마나 합리적인가? 평판 위의 평판 표면마찰 항력이 익형 위에 작용하는 것과 얼마나 근접한가? 평판의 표면에 분포되어 있는 국소적인 전단응력 분포가 익형 표면 상의 분포와 얼마나 유사한가?

이것에 대한 몇 개의 답은 Lombardi 등(참고문헌 88)이 수행한 받음각 0인 NACA 0012 익형 주위의 점성 유동에 대한 상대적으로 상당히 정확한 전산유체역학 계산결과와 평판의 결과를 비교함으로써 얻을 수 있다. $c_f = \tau_w/q_\infty$라고 정의된 국소 표면마찰 계수의 변화는 앞전으로부터 거리의 함수로 익형과 평판 두 경우 모두에 대해 그림 4.48에 나와 있다. 그것은 놀라울 정도로 비슷하며, 분명 이 절의 목적으로 익형의 표면마찰 항력 모사를 위해 평판의 결과를 사용하는 것은 합리적이다.

이로서 저속에서의 익형에 대한 항력 검토를 마친다. 이 장의 주된 목표가 익형 주위의 비점성 퍼텐셜 유동과 그 결과로 얻어지는 양력의 예측이지만, 이 절에서는 익형 주위 점성 유동의 영향과 그에 따른 항력의 생성을 탐구함으로써 약간의 균형을 맞추었다. 익형 주위의 실제 유동에 대한 더 많은 관점에서의 검토는 4.13절에 나와 있다.

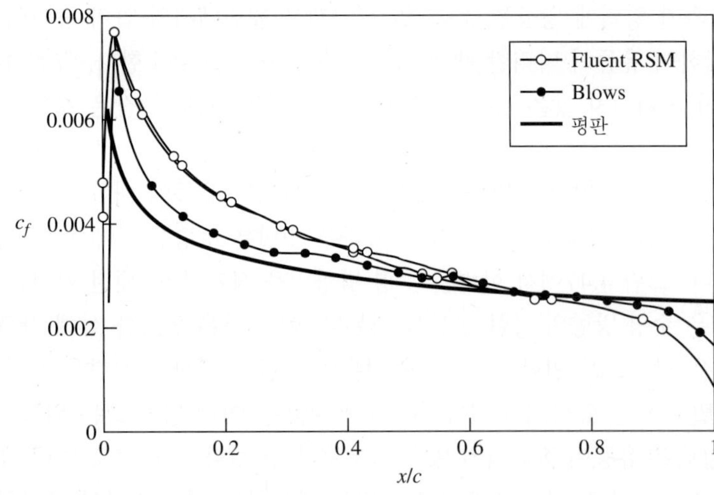

그림 4.48 평판의 값과 비교한 NACA 0012 익형 주위의 국소 표면마찰 계수의 분포

[5] 1921년도에 발간된 NACA TR111의 <크기와 속도 변화에 따른 익형의 양력과 항력의 변화>라는 제목의 논문에서 Walter Diehl은 익형의 항력 계수가 0의 받음각을 갖는 평판의 항력 계수와 같은 형태로 변한다는 것을 제안하였다. 그는 익형의 항력 계수가 평판의 항력 계수와 같다고 말하지는 않았고, 다만 레이놀즈수의 변화를 갖는다고 말했다. 그러나 Diehl의 제안은 익형의 항력을 추산하는 데 어느 정도 평판 자료를 사용하려고 노력한 첫 번째 시도 라고 생각한다.

4.13 응용 공기역학: 익형 주위의 유동—실제의 경우

Applied Aerodynamices: The Flow over an Airfoil-The Real Case

이 장에서 우리는 익형 주위의 비점성, 비압축성 유동을 공부했다. 저속에서 실제 실험을 통한 양력과 모멘트 자료와 비교할 때 비점성 유동의 가정에 기초를 둔 이론적인 결과가 매우 좋다는 것을 보았다. 그러나 두드러진 하나의 예외가 있다. 실제의 경우에는 받음각이 어느 특정한 값을 초과할 때 익형의 윗면 주위에 유동 박리가 발생한다. 이것이 '실속' 받음각(stalling angle of attack)이다. 4.3절과 4.12절에서 서술한 것같이 이는 점성 효과이다. 그림 4.9와 같이 양력 계수는 $c_{l,\max}$라고 칭해지는 국소적 최대치에 도달하며, $c_{l,\max}$에 도달했을 때의 받음각이 실속각이다. 이 값을 넘어선 α의 증가는 일반적으로 양력의 감소(가끔은 상당히 급격한 감소)를 초래한다. 실속각보다 한참 낮은 받음각에서 실험자료는 분명히 α가 증가함에 따라 c_l이 *선형적으로* 증가함을 보여주며, 이는 이 절에서 제시된 이론에 의해 예측된 결과이다. 그리고 선형 영역에서 비점성 유동 이론은 그림 4.10과 예제 4.6에 나온 것 같이 실험결과와 매우 일치한다. 그러나 비점성 이론은 유동 박리를 예측하지 못하기 때문에 $c_{l,\max}$와 실속각의 예측은 어떤 형태로든 점성 유동 이론에 의해 취급되어야만 한다. 그러한 점성 유동 해석은 4부의 범위에 해당한다. 반면 이 절의 목적은 익형 주위의 실제 유동에 대한 *물리적* 현상을 검토하는 것이며 유동 박리는 이 실제 유동에 포함된 부분이다. 그러므로 익형 주위 유동장이 받음각의 증가에 따라 어떻게 변하며 양력 계수가 그러한 변화에 의해 어떻게 영향을 받는지를 더 자세히 살펴보자.

서로 다른 받음각에서의 NACA 4412 익형 주위의 유동장이 그림 4.49에 나와 있다. 여기서 유선은 참고문헌 47에 주어진 Hicaru Ito의 실험결과로부터 얻어진 것으로 비례에 맞게 표현하였다. 실험에서 유선의 형태는 smoke wire 기술에 의해 가시화되었는데, 표면에 기름을 칠한 금속선들이 전기적 충격으로 가열되며 그 결과로 발생하는 흰 연기는 유동장 안에 가시화된 유맥선(streakline)을 생성한다. 그림 4.49에서 받음각은 그림 4.49*a*에서 *e*로 진행하면서 점진적으로 증가한다. 또한 각 유선 그림의 오른쪽에는 화살표가 있는데, 그 길이는 주어진 받음각에서 양력 계수의 크기와 비례하게 그려 놓았다. 익형에 대한 실제 실험에서 측정된 양력 곡선은 그림 4.49*f*에 나와 있다. 그림 4.49*a*의 $\alpha = 2°$와 같은 낮은 받음각에서의 유선은 자유흐름의 모양과 비교하여 상대적으로 교란이 적으며 c_l은 작다. 그림 4.49*b*처럼 α가 5°로 증가하고 또 다시 그림 4.49*c*처럼 10°로 증가하면 확연히 앞전 부근에서는 유선의 위 방향으로 편향이 보이고 이어진 뒷전 부근에서는 아래 방향으로의 편향이 나타난다. α가 증가함에 따라 정체점이 점차적으로 익형의 앞전 아랫면 하류로 움직이는 것에 유의하라. 물론 c_l은 α가 증가함에 따라 증가하고 이 구역에서의 증가는 그림 4.49*f*에서와 같이 선형적이다. α가 그림 4.49*d*와 같이 15°보다 조금 작은 값까지 증가했을 때의 유선 곡률은 특히 유별나다. 그림 4.49*d*에서 유동장은 여전히 익형의 윗면에 부착되어 있다. 그러나 α가 15°를 조금 지나도록 증가하면 그림 4.49*e*에 보이는 것과 같이 윗면에서 대규모의 유동장 박리가 발생한다. 그림 4.49*d*에서 4.49*e*로 α가 조금 증가함에 따라 유동은 매우 갑자기 앞전으로부터 박리가 일어나며 그림 4.49*f*와 같이 양력 계수가 급격하게 감소한다.

그림 4.49에서 볼 수 있는 실속 현상의 유형을 *앞전 실속*(leading-edge stall)이라고 하며, 시위 길이의 10~16% 사이의 두께를 갖는 상대적으로 얇은 익형들의 특징이다. 위에서 본 것과 같이 유동 박리가 익형의 윗면 전체에 갑자기 그리고 예고 없이 발생하며 유동 박리의 시작은 앞전에 위치한다. 그림 4.49*f*에 보인 양력 곡선은 $c_{l,\max}$ 부근에서 상당히 날카로운 최고점을 보이며 실속 이후에 c_l이 급격히 감소한다.

실속의 두 번째 종류는 *뒷전 실속*(trailing-edge stall)이다. 이것은 그림 4.50에 나와 있는 NACA 4421과 같은 두꺼운 익형의 특징이다. 여기서 우리는 α가 증가함에 따라 뒷전에서 앞전 방향으로 박리가 점진적이며 완만하게 움직이는 것을 볼 수 있다. 이 경우에 대한 양력 곡선은 그림 4.51에 나와 있다. 그림 4.51의 실선 곡선은 그림 4.49*f*에 나온 NACA 4412 익형에 대한 결과를 다시 그린 것이며, 이 익형은 앞전 실속을 하는 익형이다. 쇄선은 NACA 4421 익형에 대한 양력 곡선이며, 이 익형은 뒷전 실속을 하는 익형이다. 두 곡선을 비교하며 다음 사항에 유의하자.

1. 뒷전 실속은 앞전 실속에서 c_l이 최대 양력을 지나며 날카롭게 가파른 감소를 보이는 것과는 달리 최대 양력에서 점진적으로 굽어지는 양력 곡선을 보여 준다. 뒷전 실속에서의 실속은 '완만'하다.
2. 뒷전 실속의 경우 $c_{l,\max}$ 값은 그렇게 크지 않다.

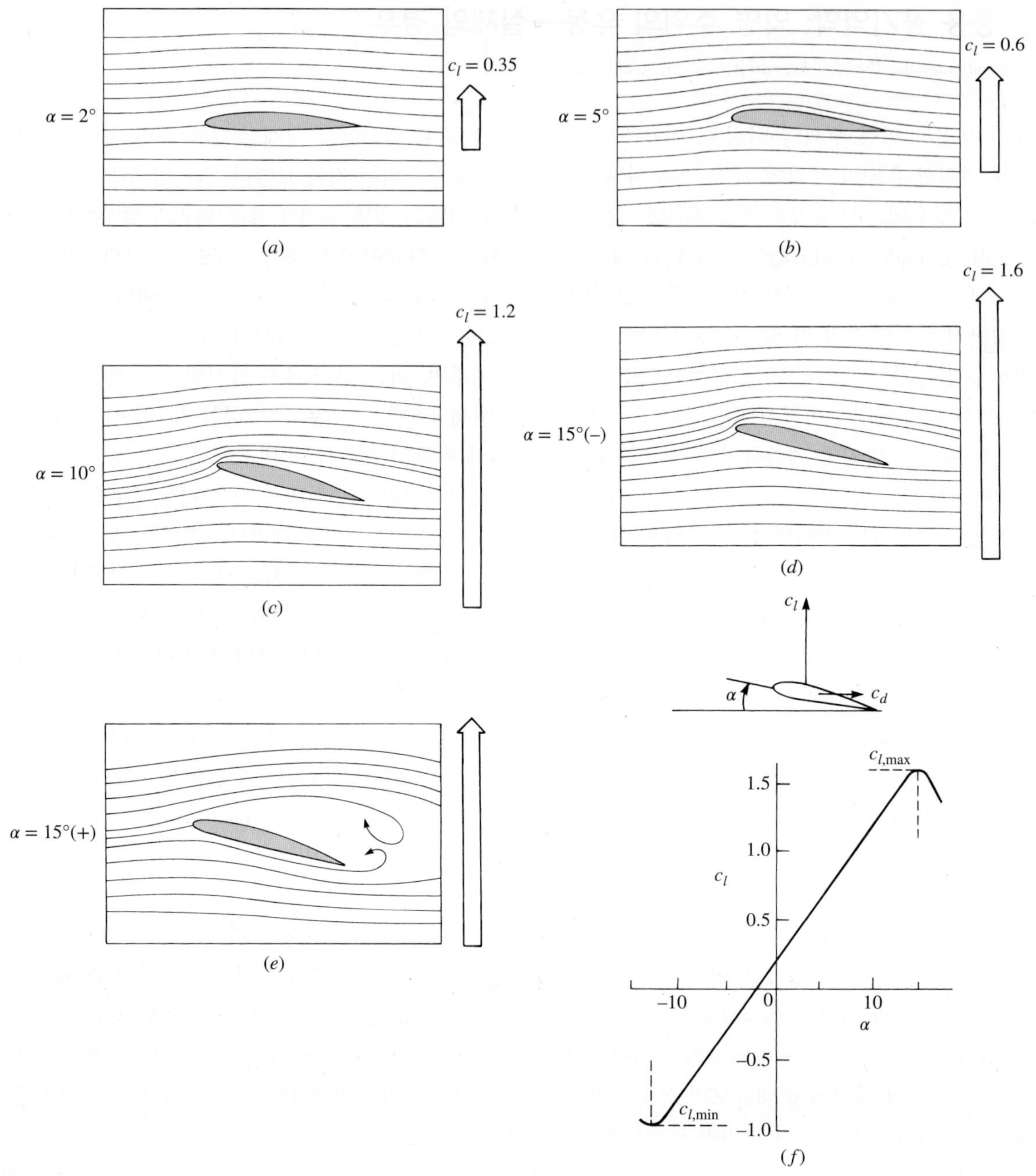

그림 4.49 앞전 실속의 예. 다른 받음각에 있는 NACA 4412 익형에 대한 유선의 형상(Nakayama, Y. (ed): Visualized Flow, compiled by the Japan Society of Mechanical Engineers, Pergamon Press, New York, 1988.에 의해 주어진 실험자료로부터 유선은 비례에 맞게 그려졌다.) Re = 2.1 × 10^5이며 공기 속도는 V_∞ = 8 m/s이다. 실험적으로 측정된 대응된 양력 계수는 각각의 유선 그림 오른쪽에 화살표로 표시되었는데, 화살표의 크기가 양력의 상대적인 크기이다. 양력 계수는 (*f*) 부분에 또 나와 있다.

3. NACA 4412 및 4421 익형의 경우 평균 캠버선의 모양은 같다. 이 장에서 논의한 얇은 날개 이론에서 선형인 양력 곡선의 기울기와 영양력 받음각(zero-lift angle of attack)은 두 익형에서 동일해야 하며, 이는 그림 4.51에 나와 있는 실험값에 의해 확인된다. 두 익형 사이의 유일한 차이점은 한 익형의 두께가 다른 것보다 두꺼운 것뿐이다. 그러므로 그림 4.49~4.51에 나타난 결과를 비교해 보면 익형 두께의 가장 중요한 영향은 $c_{l,\max}$ 값에 영향을 주는 것이며, 이 영향은 얇은 익형의 앞전 실속의 반응에 대한 두꺼운 익형의 뒷전 실속의 반응 차이를 반영한다.

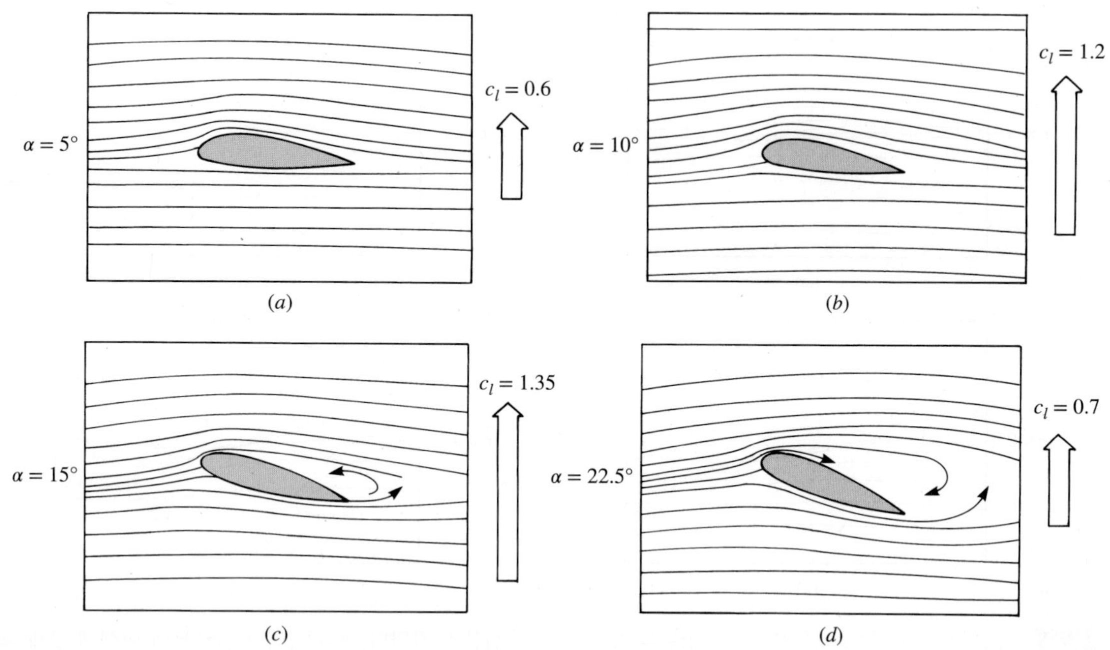

그림 4.50 뒷전 실속의 예. 서로 다른 받음각에서의 NACA 4412 익형에 대한 유선의 형상. Re = 2.1 × 10^5이며 공기 속도는 V_∞ = 8 m/s이다. (유선은 나카야마, Y의 실험 자료로부터 비례에 맞게 그렸다: *Visualized Flow*, compiled by the Japan Society of Mechnical Engineers, Pergamon Press, New York,1988).

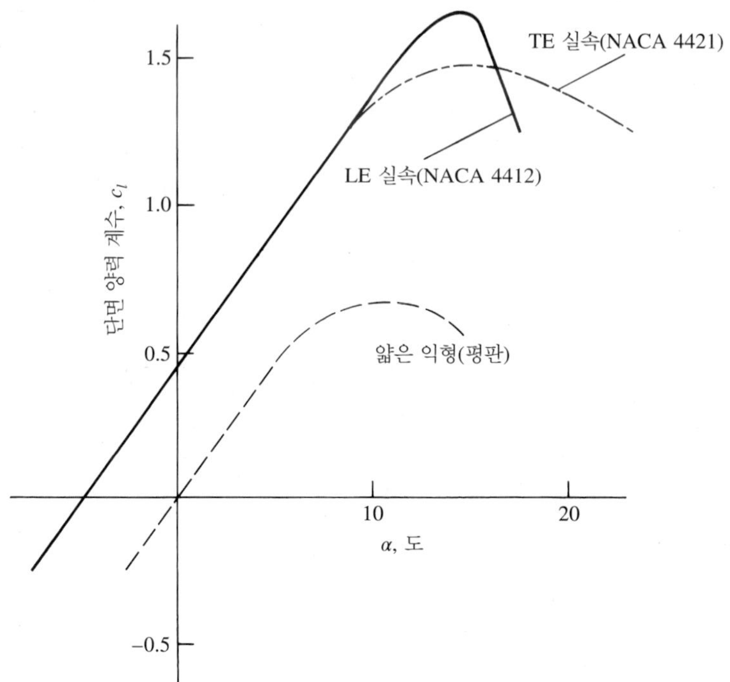

그림 4.51 서로 다른 공기역학적 특성을 보이는 3개의 익형에 대한 양력 계수 곡선: 뒷전 실속(NACA 4421 익형), 앞전 실속(NACA 4412 익형), 얇은 익형 실속(평판)

세 번째 형태의 실속 반응이 있는데, 익형이 극단적으로 얇을 때 일어난다. 이것은 때로는 '얇은 익형의 실속(thin airfoil stall)'이라고 표현된다. 매우 얇은 익형의 극단적인 예는 평판이며, 평판에 대한 양력 곡선은 '얇은 익형의 실속'이라 표기된 그림 4.51에 점선으로 나와 있다. 여러 개의 받음각에서 평판 유동의 유선 형태는 그림 4.52에 나와 있다. 평판의 두께는 시위 길이의 2%이다. 비점성, 비압축성 유동 이론은 날카로운 볼록 모서리에서 속도가 무한히 커지는 것을 보여주는데, 받음각이 있을 때 평판의 앞전이 이러한 경우다. 그림 4.52의 평판의 실제 유동을 보면 자연은 앞전

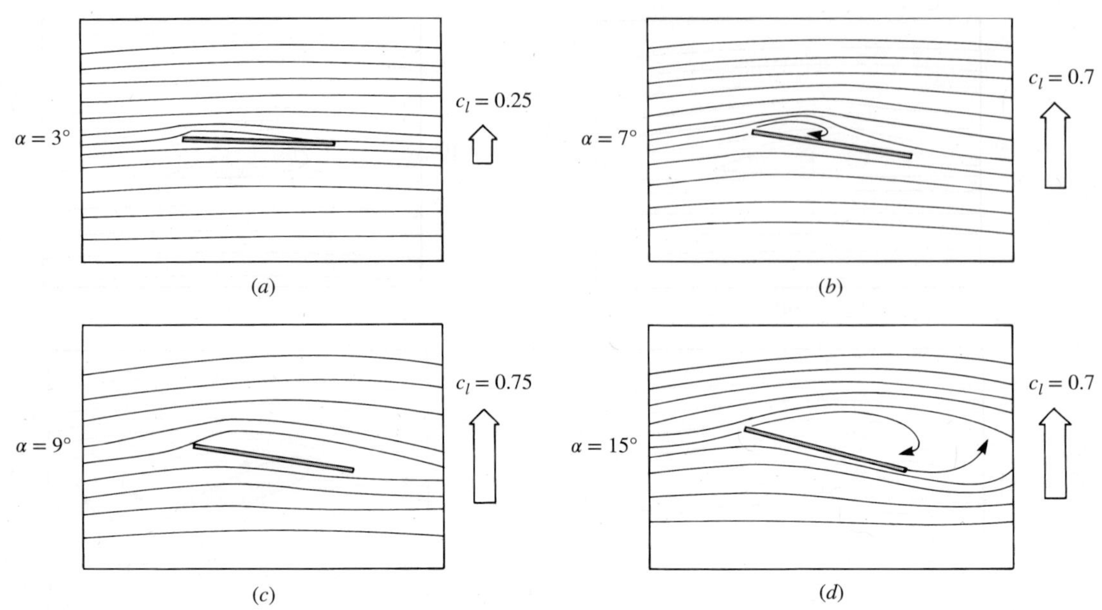

그림 4.52 얇은 익형의 실속. 받음각에서의 평판의 유선 모양(유선은 나카야마, Y의 실험 자료로부터 비례에 맞게 그렸다: *Visualized Flow*, compiled by the Japan Society of Mechnical Engineers, Pergamon Press, New York,1988)

에서 흐름 박리가 아주 작은 값의 α에서도 일어나게 함으로써 이 특이한 반응을 나타내고 있다. $\alpha = 3°$인 그림 4.52*a*를 살펴보면 앞전에서 유동 박리의 작은 구간을 관찰할 수 있다. 이 박리 유동은 더 하류의 표면에 다시 부착하며 앞전 근처 구역에 *박리 기포*(separation bubble)를 만든다. α가 증가하면서 재부착 점은 좀 더 하류 쪽으로 이동한다. 즉, 박리 기포가 커진다. 이것은 $\alpha = 7°$인 그림 4.52*b*에 표시되어 있다. $\alpha = 9°$(그림 4.52*c*)에서 박리 기포는 거의 평판 전체면으로 확장된다. 그림 4.51을 참고하면 이 받음각이 평판에 대한 $c_{l,\max}$에 대응하는 값이라는 것을 알게 된다. α가 좀 더 증가하면 그림 4.52*d*에 나온 것과 같이 전면적인 유동 박리가 존재하게 된다. 그림 4.51의 평판에 대한 양력 곡선은 약 $\alpha = 3°$ 정도의 이른 받음각에서 선형적 변화에서 벗어나는 것을 보여주며, 이것은 앞전 박리 기포의 형성에 대응된다. 양력 곡선은 α가 좀 더 증가함에 따라 점차적으로 구부러지고 매우 점진적이며 '완만한' 실속이 나타난다. 이것은 뒷전 실속 경우와 유사한 경향이지만 물리적인 관점에서 보면 이 두 가지 경우는 매우 다르다. 특별히 중요한 것은 평판에서의 $c_{l,\max}$는 그림 4.51에서 비교된 두 NACA 익형보다 상당히 작다는 사실이다. 그러므로 그림 4.51로부터 $c_{l,\max}$ 값이 익형의 두께에 절대적으로 의존한다는 결론을 내릴 수 있다. 특히 평판과 두 NACA 익형을 비교함으로써 *어느 정도* 두께가 있는 것이 높은 $c_{l,\max}$ 값을 얻는 데 필수적이라는 것을 알 수 있다. 그러나 그 외에 두께의 크기는 실속의 종류(앞전 실속과 뒷전 실속)에 영향을 미치며, 매우 두꺼운 익형들은 두께의 증가에 의해 감소된 $c_{l,\max}$ 값을 보여주는 경향이 있다. 그러므로 만일 두께비의 증가에 따른 $c_{l,\max}$를 그린다면 국소적 최대값을 볼 수 있을 것이다. 그림 4.53이 이러한 경우이다. 이 그림에 NACA 63-2XX 계열 익형에 대한 $c_{l,\max}$의 실험값이 두께비의 함수로 나타나 있다. 두께비가 작은 값에서 증가하면 $c_{l,\max}$는 처음에는 증가하고, 약 12%의 두께비에서 최대값에 도달하며, 그보다 큰 두께비에서는 감소한다. 그림 4.53의 실험자료는 레이놀즈수가 하나의 변수로서 함께 표시되었다. 주어진 익형에 대한 $c_{l,\max}$는 분명히 레이놀즈수의 함수이고 레이놀즈수가 커질수록 더 큰 $c_{l,\max}$ 값을 가진다. 유동 박리는 국소적인 최대값을 나타내는 양력 계수의 원인이고 점성의 현상이며, 점성 현상은 레이놀즈수에 영향을 받기 때문에 $c_{l,\max}$가 어느 정도 레이놀즈수에 민감하다는 것은 결코 놀라운 일이 아니다.

익형 두께의 중요성이 처음으로 이해되고 활용된 것은 언제인가? 이 질문에 대한 답은 절의 역사적 해설에 나와 있는데, 두꺼운 익형의 공기역학적 특성이 제1차 세계대전 기간 동안의 기술을 넘어선 것이었고 휴전 정책에까지 영향을 미쳤다는 것을 알 수 있다.

익형에 대한 공기역학을 다른 관점에서 조사해 보자. 이 관점은 이 주제를 처음 공부할 때는 잘 인식되지 않는 관

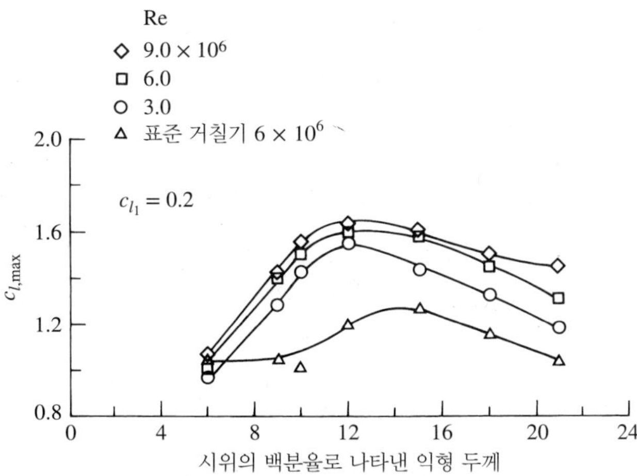

그림 4.53 NACA 63-2XX 계열 익형의 최대 양력 계수에 대한 익형 두께의 영향(*출처*: Abbot, I. H.and A. E. von Doenhoff: *Theory of Wing Sections*, Mcgraw Hill Book Company, New york,1949; also, Dover Publications Inx, New York, 1959.)

점이다. 익형에 의한 양력의 단순한 발생은 그것을 설계하는 데 있어서 주된 고려사항이 아니다. 농장의 창고 문짝도 받음각만 주면 양력을 발생한다. 주어진 익형의 우열 판단에 우선적으로 사용되는 두 가지 장점 계수(figure of merit)가 있다.

1. *양항비* L/D. 효율적인 익형은 최소한의 항력을 가지며 양력을 생성한다. 즉, 양항비가 익형의 공기역학적 효율의 측정 수단이다. 이 장에서 검토한 표준 익형은 높은 양항비를 가지며 농장 창고 문짝의 양항비보다 훨씬 더 큰 양항비를 가진다. 비행체의 전 기체에 대한 양항비는 비행 성능에 중요한 영향을 미치는데, 예를 들어 비행체의 항속 거리는 양항비에 직접적으로 비례한다(비행기의 비행 성능에 대한 L/D의 역할을 깊이 있게 검토한 참고문헌 2 참조).
2. *최대 양력 계수* $c_{l,\max}$. 효율적인 익형은 높은 $c_{l,\max}$ 값을 가진다. 그 값은 농장 창고문짝에 의해 생긴 $c_{l,\max}$보다 훨씬 더 큰 값이다.

최대 양력 계수는 여기서 추가적으로 검토할 가치가 있다. 비행체의 전 기체에 대한 최대 양력 계수 $c_{l,\max}$는 1.8절의 끝에 있는 설계(DESIGN BOX)에서 검토된 것같이 비행체의 실속 속도를 결정한다. 식 (1.47)을 아래에 다시 쓰면,

$$V_{\text{stall}} = \sqrt{\frac{2W}{\rho_\infty S C_{L,\max}}} \tag{1.47}$$

그러므로 식 (1.47)에서 알 수 있는 것처럼, 더 낮은 실속 속도를 갖거나 같은 속도에서 더 큰 적재 하중을 갖기 위해서는 익형의 최대 양력 계수를 증가시키는 것이 막대한 이득을 준다. 그리고 비행기의 조종성(즉, 가능한 가장 적은 선회 반경과 가능한 빠른 선회율)은 큰 값의 $C_{l,\max}$에 좌우된다(참고문헌 2의 6.17절 참조). 다른 한편으로는, 주어진 레이놀즈수에서의 익형에 대한 $c_{l,\max}$ 값은 우선적으로 그 형상의 함수이다. 일단 익형의 형상이 정해지면, $c_{l,\max}$의 값은 우리가 이미 본 것처럼 자연이 결정해 주는 것이다. 그러므로 이러한 값 이상으로 $c_{l,\max}$를 증가시키기 위해서는 좀 더 특별한 조치가 필요하다. 주어진 익형 자신의 $c_{l,\max}$ 이상으로 그 값을 증가시키기 위한 특별한 방법에는 플랩(flap)이나 앞전 슬랫(slat) 등을 사용하는 방법이 있다. 이러한 것들을 *고양력 장치*(high lift device)라 부르며 다음에 더 자세히 검토할 것이다.

뒷전 플랩은 그림 4.54a에 삽입된 그림처럼 단순히 힌지로 연결되어 위쪽 또는 아래쪽으로 꺾이는 변화를 할 수 있는 단순한 익형 단면의 한 부분이다. 플랩이 아래쪽으로 내려가면(그림 4.54a의 양의 각도 δ) 그림 4.54a와 같이 양력 계수는 증가한다. 이 증가는 플랩이 아래쪽 변위를 가졌을 때 익형의 캠버가 증가하는 효과에 의해서 발생하는 것이다. 이 장에서 제시된 얇은 익형 이론은 명확하게 영양력 받음각(zero-lift angle of attack)이 캠버 크기의 함수라고 말하고 있으며[식 (4.61) 참조], 이때 $\alpha_{L=0}$의 값은 캠버가 증가할수록 더 큰 음수값을 갖는다. 그림 4.54a에 나와 있는 양력 곡선을 보면, 플랩이 없는 원래의 곡선은 익형이 대칭이기 때문에 원점을 지난다. 그러나 플랩이 아래쪽의 변위

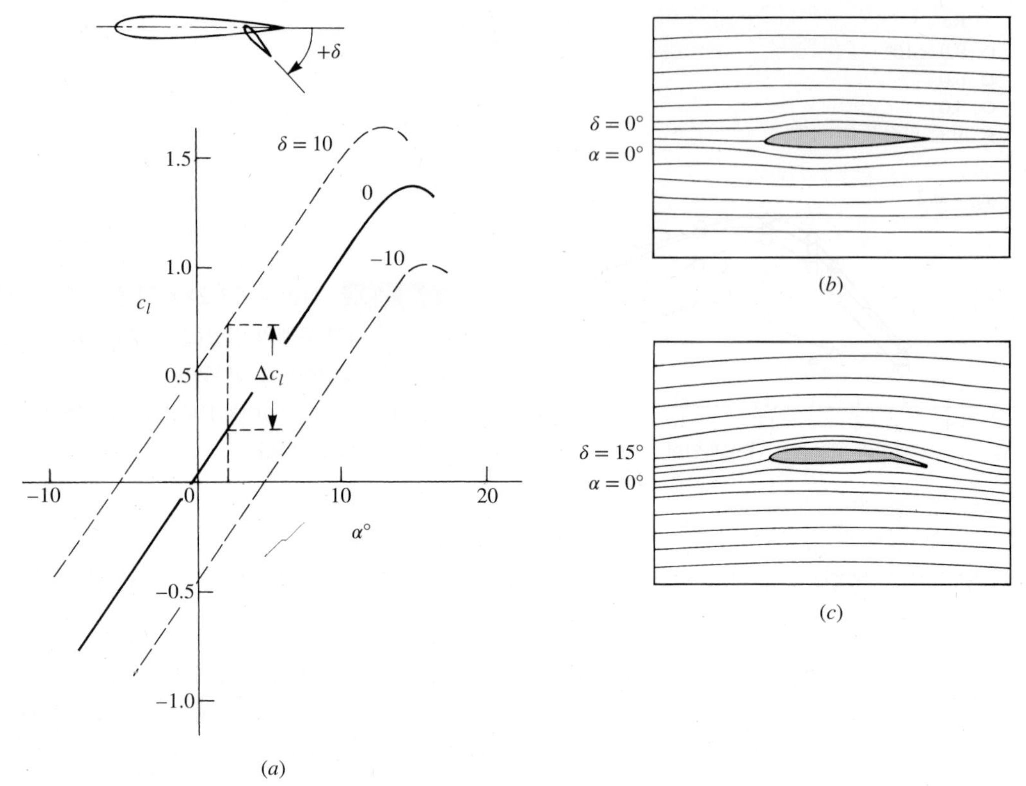

그림 4.54 플랩의 변위가 유선의 모양에 주는 영향(유선은 나카야마, Y의 실험 자료로부터 비례에 맞게 그렸다: *Visualized Flow*, compiled by the Japan Society of Mechnical Engineers, Pergamon Press, New York, 1988). (*a*) 양력 계수에 대한 플랩 변위의 영향, (*b*) 플랩 변위가 없을 때 유선의 모양, (*c*) 플랩이 15° 변위를 가질 때 유선의 모양

를 가지면 양력 곡선은 $\alpha_{L=0}$가 더 큰 음의 값을 가지게 되므로 왼쪽으로 이동한다. 그림 4.54*a*의 결과는 플랩 각도가 ±10°일 때의 값이다. $\delta = 10°$에 대한 경우와 비교해 보면 주어진 받음각에서 플랩 변위에 따라 생기는 Δc_l만큼 양력 계수가 증가한다는 것을 알 수 있다. 더욱이 플랩 변위에 의한 $c_{l,\max}$의 실제 값은 증가하는데, 이때 $c_{l,\max}$가 발생하는 받음각은 약간 감소하게 된다. 플랩 변위가 있을 때 유선 흐름의 변화는 그림 4.54*b*와 *c*에 나타나 있다. 그림 4.54*b*는 $\alpha = 0$이고, $\delta = 0$에 대한 경우이다(즉, 대칭 유동일 때). 그러나 그림 4.54*c*처럼 α가 0으로 고정되어 있더라도 플랩이 15°의 변위를 가질 때 유동은 비대칭으로 변하며, 그림에 나온 것처럼(예를 들어 그림 4.49와 같은) 양력 발생 유동과 닮아가는 것을 알 수 있다. 즉, 그림 4.54*c*에 나와 있는 유선은 앞전 근처에서는 위로 올라가고 뒷전 근처에서는 아래로 내려가며 정체점은 익형의 아랫면으로 이동하는데, 이것은 단순히 플랩 아래 방향의 변위를 주었기 때문에 생긴 결과이다.

그림 4.55에 삽입된 그림처럼 고양력 장치는 익형의 앞전에도 적용할 수 있다. 이러한 장치에는 앞전 슬랫, 앞전 드룹(droop) 또는 앞전 플랩 등이 있다. 앞전 슬랫을 중점적으로 생각해 보자. 이것은 앞전 전방에 전개시키는 단순한 얇은 곡면으로 되어 있다. 이제는 익형 위로 흐르는 1차적인 공기 유동 외에 슬랫과 익형의 앞전 사이 틈새를 통해 흐르는 2차 유동이 존재한다. 이 아랫면에서 윗면으로 흐르는 2차 유동이 익형 윗면의 압력구배를 변화시키는데, 이 압력구배는 역압력구배로서 익형 윗면의 대부분에 존재했을 압력이며 2차 유동에 의해 상당히 완화되어 윗면의 유동 박리를 지연시킨다. 따라서 앞전 슬랫은 실속이 발생하는 받음각을 증가시키고, 그 결과 그림 4.55의 2개 양력 곡선에 보여진 것처럼 더 큰 $c_{l,\max}$ 값을 가지게 되는데, 하나의 곡선은 앞전에 아무 장치도 없는 경우이고 또 하나는 앞전 슬랫이 전개된 경우이다. 앞전 슬랫의 역할이 본질적으로 뒷전 플랩과 다르다는 것을 알아야 한다. $\alpha_{L=0}$의 값은 변하지 않으며, 대신 양력 곡선은 실속이 발생하는 받음각이 단순히 보다 높은 값으로 연장되고 이에 따라 부수적으로 $c_{l,\max}$ 값이 증가하게 된다. 전개된 앞전 슬랫에 관련된 유선은 그림 4.56에 나타나 있다. 그 익형은 NACA 4412 단면이다

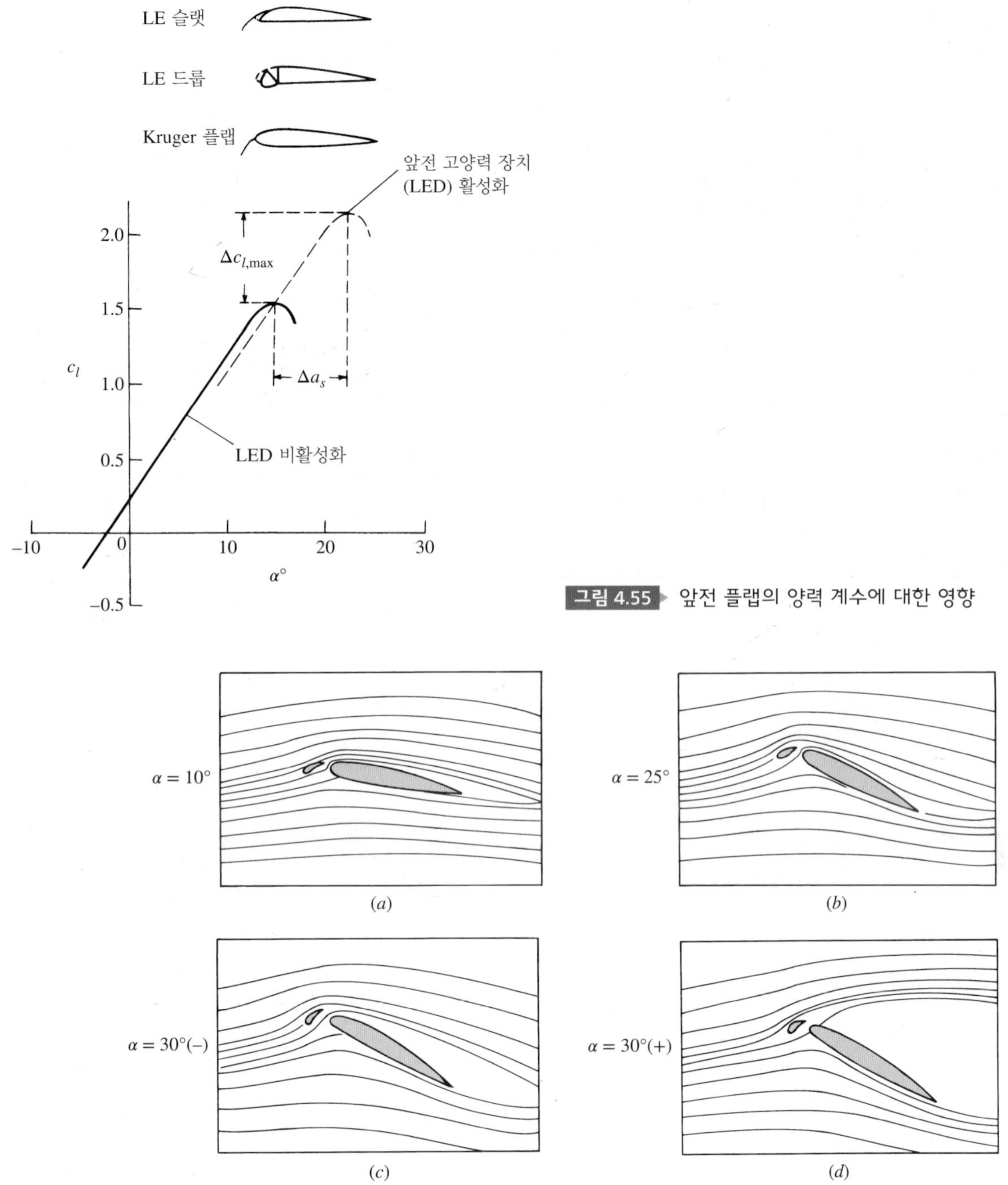

그림 4.55 앞전 플랩의 양력 계수에 대한 영향

그림 4.56 NACA 4412 익형 주위의 유선 모양에 대한 앞전 슬랫의 영향(유선은 나카야마, Y의 실험 자료로부터 비례에 맞게 그렸다: *Visualized Flow*, compiled by the Japan Society of Mechnical Engineers, Pergamon Press, New York, 1988)

(주: 그림 4.56에 나와 있는 흐름은 비록 일반적인 형태는 같을지라도 그림 4.55에 나타나는 양력 곡선과 정확하게 상응하지는 않는다). 슬랫의 전개가 없는 NACA 4412 익형의 실속이 발생하는 받음각은 약 15°지만, 슬랫이 전개될 때에는 약 30°로 증가한다. 그림 4.56*a*의 받음각은 10°이다. 슬랫과 앞전 사이의 간격을 통해 흐르는 유동에 주의해 보자. 그림 4.56*b*에서 받음각은 25°이며 흐름은 아직 박리되지 않았다. 이런 현상은 받음각이 30°보다 약간 작을 때까지 유지되며, 이것은 그림 4.56*c*에 나와 있다. 30°보다 약간 큰 각도에서 유동 박리가 갑자기 발생하고, 익형은 실속을 일으킨다.

현재 사용되는 고성능 비행기들의 고양력 장치는 일반적으로 앞전 슬랫과 여러 개의 조각으로 이루어진 뒷전 플

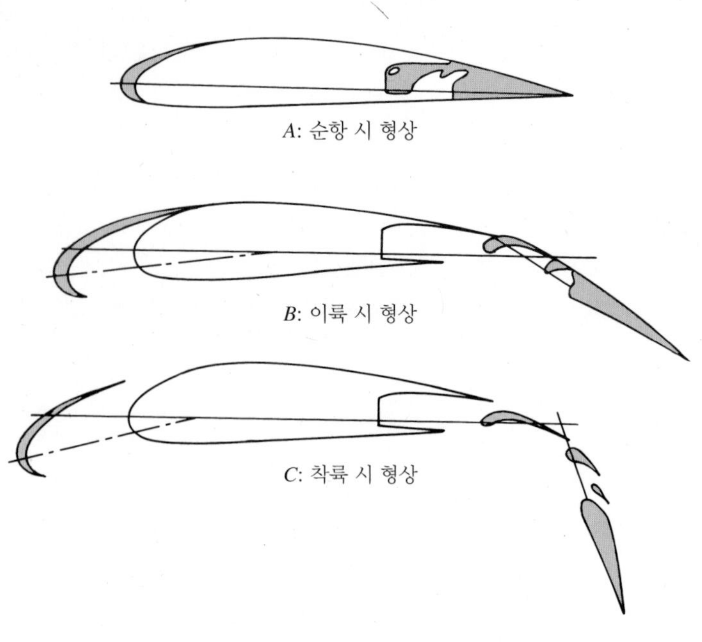

그림 4.57 앞전과 뒷전에 고양력 장치를 가진 익형. 뒷전의 장치는 여러 조각으로 구성된 플랩이다.

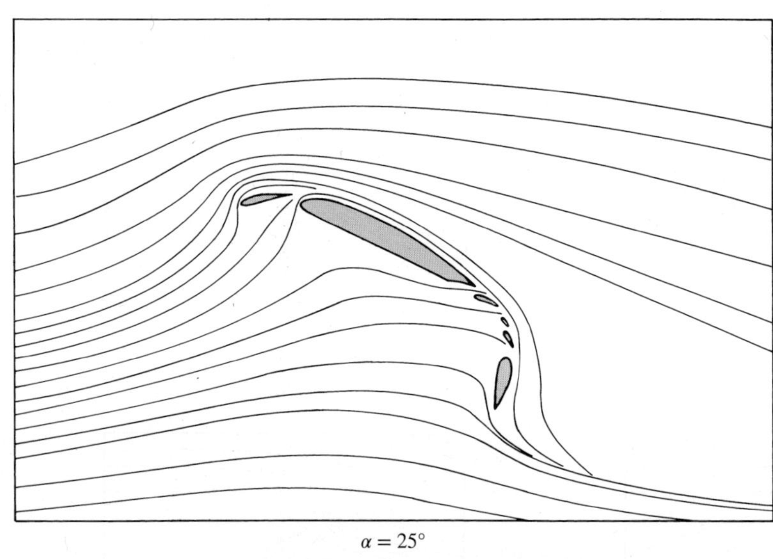

그림 4.58 받음각 25°의 익형 주위 유선 모양에 대해서 앞전과 여러 조각의 플랩이 미치는 영향. (유선은 나카야마, Y의 실험 자료로부터 비례에 맞게 그렸다: *Visualized Flow*, compiled by the Japan Society of Mechanical Engineers, Pergamon Press, New York,1988)

랩의 조합으로 되어 있다. 이러한 장치를 가진 전형적인 익형 형상이 그림 4.57에 나와 있다. 이 그림은 고양력 장치를 포함한 세 가지 익형 형상을 보여 주는데, *A*는 순항 시 고양력 장치가 전개되지 않은 상태이며, *B*는 이륙 시 앞뒤 장치 모두 다 부분적으로 전개된 상태이고, *C*는 착륙 시 모든 장치가 완전히 전개된 상태이다. *C* 형태에 대하여는, 슬랫과 앞전 사이에 틈이 있고 여러 조각으로 이루어진 뒷전 플랩에도 여러 개의 틈이 있는 것에 유의하라. 이러한 형상을 따라 흐르는 유선 모양이 그림 4.58에 나와 있다. 여기서 앞전 슬랫과 여러 조각으로 이루어진 뒷전 플랩은 완전히 전개되어 있다. 받음각은 25°이다. 그러나 익형의 윗면을 지나는 기본 유동은 원칙적으로 박리가 되어 있지만, 여러 조각의 플랩 사이 틈을 통해 흐르는 국소적인 유동은 플랩의 윗면에서 국소적으로 부착되어 있다. 그리고 국소적으로 부착된 유동 때문에 양력 계수는 매우 높아지는데, 그 값은 4.5 정도이다.

이것으로 익형 주위의 실제 유동에 대한 검토를 끝내려 한다. 되돌아보면, 높은 받음각에서의 실제 유동 현상은 유동 박리에 의해 지배된다고 말할 수 있으며, 이 현상은 이 장에서 소개한 비점성 이론에 의해서는 온전하게 묘사되지 못했다. 반면에 항공기의 순항 상태와 같이 낮은 받음각에서는 이 장에서 소개한 비점성 이론이 익형의 양력과 모멘트를 예측하는 일을 훌륭하게 하고 있다. 더욱이 이 절에서 흐름 박리가 일어나는 받음각을 결정하는 데 익형 *두께*의 영향이 중요하고, 따라서 최대 양력 계수에도 크게 영향을 미친다는 것을 분명히 보았다.

4.14 역사적 고찰: 초기 항공기 설계와 익형 두께의 역할

Historical Note: Early Airplane Design and the Role of Airfoil Thickness

1804년 영국의 George Cayley 경에 의해 현대식 비행기가 처음으로 구상되고 만들어졌는데, 이것은 약 1 m 정도 길이의 손으로 던져 날아가는 초보적인 글라이더였으며 그림 4.59와 같은 연 모양의 날개를 가지고 있었다(비행기의 발전에 대한 George Cayley의 핵심적인 역할에 대해서는 참고문헌 2의 1장에 있는 깊이 있는 역사적 검토 참조). 현대식 비행기가 처음으로 만들어졌을 때부터 날개 단면은 매우 얇았으며, 두께가 있었다면 그것은 오로지 날개 구조의 강성도 때문이었다. 극단적으로 얇은 익형의 단면은 영국의 Horatio Phillips의 연구에 의해 계속되었다. Phillips는 처음으로 진정한 의미의 풍동 실험을 수행하였고, 그 실험에서 많은 수의 다른 익형 모양에 대한 공기역학적 특성을 측정하였다(익형의 역사적 발전에 대해서는 참고문헌 2의 5.20절 참조). 몇 개의 Phillips의 익형 단면이 그림 4.60에 나와 있는데, 전형적으로 얇은 익형이라는 것에 유의하라. 독일의 Otto Lilienthal과 미국의 Samuel Pierpont Langley와 같은 항공계의 초기 선구자들은(참고문헌 2의 1장 참조) 얇은 익형 전통을 이어왔다. 이 사실은 특히 Wright 형제에게도 적용되는데, 그들은 1801~1902년의 기간 동안 오하이오의 Dayton에서 수백 가지 다른 단면과 평면 형상을 갖는 날개를 그들의 풍동에서 실험하였다(1.1절의 검토 내용과 그림 1.7에 나와 있는 모형을 기억하라). 몇몇 Wright의 익형 단면이 그림 4.61에 나와 있는데, 대부분 매우 얇은 단면들이다. 실제로 이러한 얇은 익형 단면이 1903년 Wright Flyer에 사용되었으며, 그림 4.62에 나와 있는 Flyer의 측면도에서 바로 볼 수 있다. 여기서 중요한 점은 초기 항공 분야의 개척시대 비행기들은 *모두 다*, 그리고 특히 Wright Flyer는 매우 얇은 익형 단면을 사용하였다는 것이다. 이 익형 단면은 4.13절에서 검토한 것같이 본질적으로 평판과 같은 성능을 보이며, 그림 4.51에 나와 있고(점선으로) 또 그림 4.52의 유선 그림에 나와 있다. *결론:* 초기의 익형 단면들은 낮은 받음각에서 유동장 박리 현상의 피해를 겪었으며, 결과적으로 낮은 $c_{l,\max}$ 값을 가졌다. 오늘날 우리가 적용하는 표준에 의하면 이것들은 높은 양력을 얻기에 매우 부족한 익형 단면이었다.

이러한 상황은 제1차 세계대전 초기까지 계속되었다. 그림 4.63에 제1차 세계대전 당시 사용되었던 비행기의 익형이 4개 나와 있다. 위로부터 3개의 단면들은 두께비가 약 4~5% 정도이며, 1917년까지 사용된 모든 비행기 날개 단면의 대표적인 형태이다. 예를 들면, 제1차 세계대전 당시 가장 빠른 비행기였던 SPAD XIII(그림 3.50 참조)는 그림 4.63에 나와 있는 Eiffel 익형 단면과 같은 얇은 익형 단면을 가지고 있었다. 제1차 세계대전 당시 비행기를 설계한 설

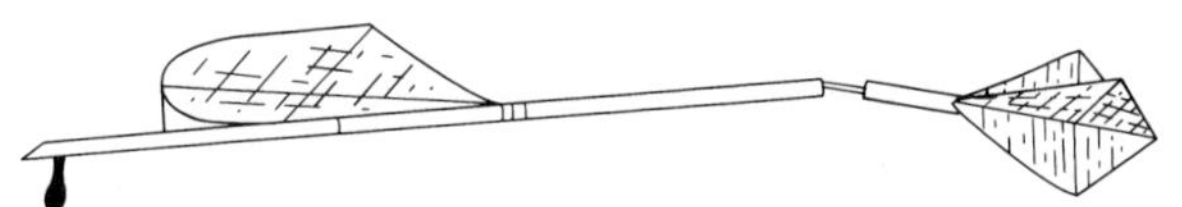

그림 4.59 역사상 최초의 현대식 비행기: 1804년 George Cayley의 모형 글라이더

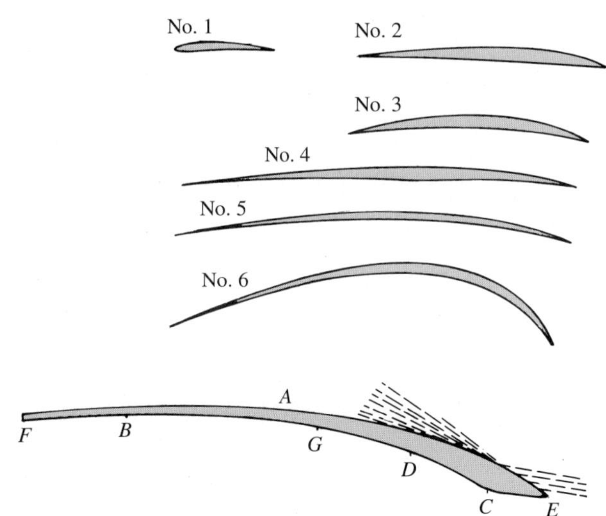

그림 4.60 Horatio Phillips에 의한 이중 표면을 갖는 익형 단면들. 위 6개의 모양은 1884년 Phillips에 의해서 특허가 출원되었으며, 아래 익형은 1891년에 특허가 출원되었다. 얇은 모양에 유의하라.

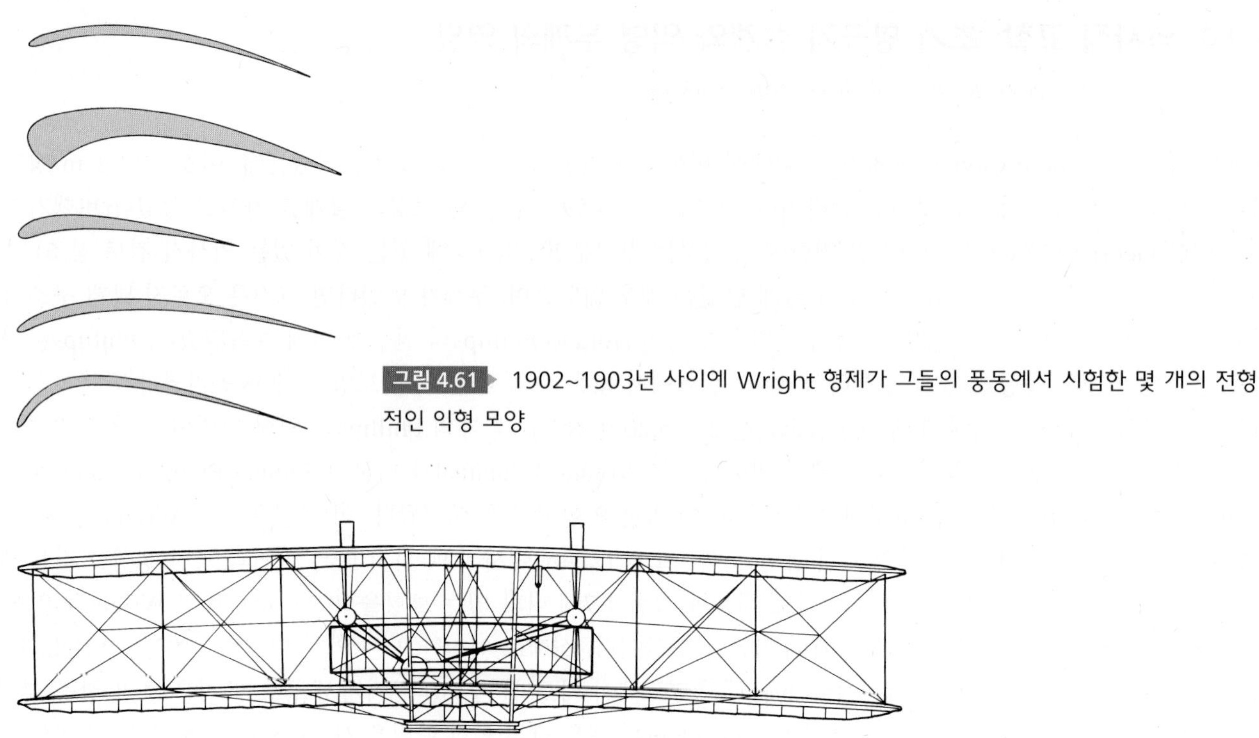

그림 4.61 1902~1903년 사이에 Wright 형제가 그들의 풍동에서 시험한 몇 개의 전형적인 익형 모양

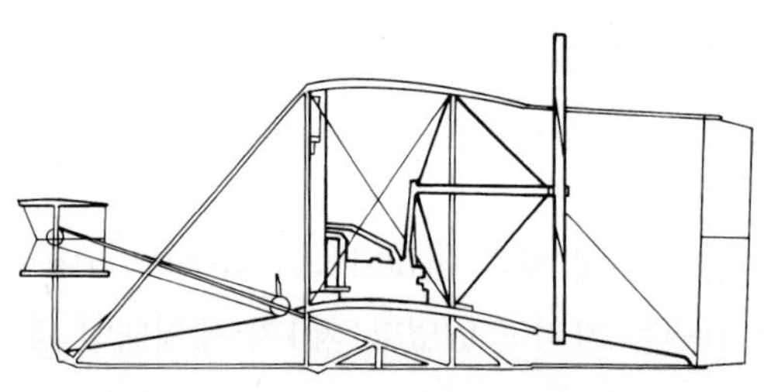

그림 4.62 1903년 Wright Flyer의 정면도와 측면도. 얇은 익형 단면에 유의하라(*National Air and Space Museum 제공*).

계자 대부분은 왜 얇은 익형 단면이 가장 좋다고 생각했을까? 위에서 설명한 역사적 전통이 그 답의 일부가 될 수도 있는데, 그 전통은 Cayley로부터 시작된 것이다. 또한 그 당시에 *두꺼운* 익형은 항력을 많이 발생시킬 것이라는 잘못된 인식이 분명하게 존재했다. 물론 오늘날에는 그 반대가 사실이라는 것을 알고 있다. 이에 대해서는 1.12절의 유선형태 검토를 복습하기 바란다. 참고문헌 45에 있는 Laurence Loftin은 그 잘못된 인식이 초기의 풍동 시험 때문일지도 모른다고 추측하였다. 초기에 사용되었던 풍동들의 본질적인 특성이 소형이며 매우 저속이었기 때문에 익형의 시위 길이에 기초하여 100,000보다 작은 매우 낮은 레이놀즈수에서 자료가 얻어졌다. 이 레이놀즈수는 실제 비행기의 비행시에 나타나는 전형적인 값인 수백만과 비교된다. 통상적인 두꺼운 익형 주위를 흐르는 낮은 레이놀즈수의 유동(참고문헌 48 참조)에 대한 현대의 연구에서는 분명히 높은 항력 계수를 보이지만, 그에 반해 실제 크기의 비행기가 비행할 때 얻어지는 높은 레이놀즈수에서는 낮은 값을 보인다. 또한 제1차 세계대전 당시의 비행기 설계자들이 얇은 날개를 선호한 것은 단순히 매우 얇은 새들의 날개를 모방하는 경향이었을 수도 있다. 어쨌든 제1차 세계대전 당시의 영국, 프랑스, 그리고 미국의 비행기는 모두 얇은 날개를 적용하였으며, 결과적으로 빈약한 고양력 성능에 시달렸다. 우리가 오늘날 알고 있는 익형에 대한 공기역학적 기초 지식(이 책에서 소개되고 있는 것 같은)이 제1차 세계대전 당시 설계자들에게는 충분히 이해되지 못했다. 결국 그들은 그들이 무엇을 손해보고 있는지를 인식하지 못하고 말았다.

이 상황은 1917년에 극적으로 변했다. 독일의 Ludwig Prandtl (Prandtl 일대기에 대해서는 5.8절 참조)의 그 유명

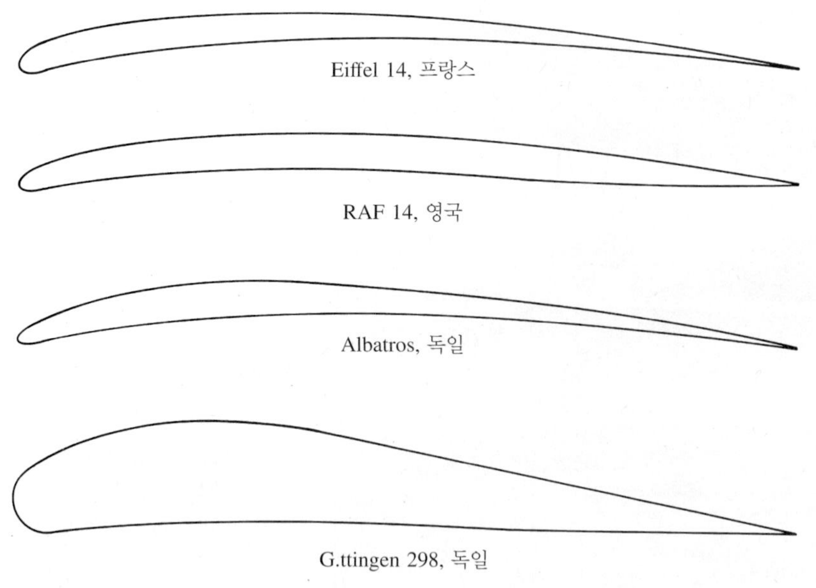

그림 4.63 제1차 세계대전 당시 비행기에 사용된 몇 개의 다른 익형 모양의 예(*출처*: Loftin, Lawrence K., Jr.: *Quest for perfoamance: The Evolution of Modern Aircraft*, NASA SP-468,1985)

그림 4.64 제1차 세계대전 당시의 Fokker Dr-1 삼엽기, 두꺼운 익형을 이용한 첫 번째 전투기(*출처*: *Ed Marker/The Denver Post/Getty Images*)

한 Göttingen 공기역학 실험실에서의 연구결과가 그림 4.63의 아랫부분에 나와 있는 Göttingen 298 단면 같은 두꺼운 익형이 더 우수하다는 것을 입증하였다. 이 혁신적인 개발은 유명한 설계자인 Anthony Fokker에 의해 즉시 채택되었다. 그는 13% 두께의 Göttingen 298 형상을 그의 새 비행기인 Fokker Dr-1에 적용하였는데, 이 비행기는 '붉은 남작'이라 불리는 Rittmeister Manfred Freiher von Richthofen이 조종하였던 유명한 삼엽기이다. Fokker Dr-1의 사진은 그림 4.64에 나와 있다. Fokker가 사용한 두꺼운 익형에서 얻어진 주요한 이점은 다음과 같다.

1. 날개 구조물이 완벽하게 날개 내부로 들어갈 수 있었다. 즉, Dr-1의 날개는 외팔보 설계로 되어 있었는데, 다른 비행기에서 사용되던 통상적인 버팀줄이 필요 없어졌다. 결과적으로 날개 사이 밧줄에 의한 높은 항력을 없애 주었는데, 이 사항은 1.11절에서 검토하였다. 이러한 이유 때문에 Dr-1의 영양력 항력(zero-lift drag)은 0.032였으며, 이는 제1차 세계대전 당시의 비행기 중 가장 낮은 것이었다. (비교하면, 프랑스의 SPAD XIII의 영양력 항력은 0.037이었다.)

2. 두꺼운 익형이 Fokkrer Dr-1에 높은 최대 양력을 제공하였다. 그 성능은 그림 4.51에 나와 있는 *위쪽* 곡선과 유사했다. 이것이 결과적으로 Dr-1에 탁월하게 높은 상승률과 또한 기동성을 제공하였는데, 근접 공중전에서 매우 자주 사용되는 특성이었다.

그림 4.65 제1차 세계대전 당시의 Fokker D-VII. 두꺼운 날개 단면이 제공해 주는 우수한 공기역학적 성능에 힘입어 전쟁 기간 가장 효과적인 전투기 중 하나가 되었다. (*Chronicle/Alamy Stock Photo*)

Anthony Fokker는 그의 D-VII 항공기 설계에 계속해서 두꺼운 익형을 사용하였고 이것은 그림 4.65에 나와 있다. 전쟁 막바지 D-VII의 주된 상대였던 영국의 Sopwith Camel과 프랑스의 SPAD XIII보다 훨씬 높은 상승률을 가지고 있었는데, 그 두 비행기는 여전히 매우 얇은 익형 단면을 사용하고 있었다. 이 상승 성능과 탁월한 조종성 덕분에 제1차 세계대전 당시의 모든 독일 전투기 중 Fokker D-VII이 가장 효과적인 항공기로 선택되었다. 연합군으로부터 이 항공기에 주어진 명성은 휴전협정 4조에 분명하게 나타나 있는데, 이 조항에는 독일이 연합국에게 넘겨주어야 할 군수물자들의 항목이 나열되어 있었다. Fokker D-VII이 *특별히* 명시되어 있는데, 이것은 어떠한 종류든 휴전협정에서 직접 거론된 유일한 비행기였다. 저자의 지식으로는, 이것이 비록 어느 정도 은유적 표현이지만 익형에 관한 기술의 혁신적인 발전이 중요한 정치적 문서에 기본적으로 반영된 단 한 번의 사건이었다.

4.15 역사적 고찰: Kutta, Joukowski, 그리고 양력의 순환 이론

Historical Note: Kutta, Joukowski, and the Circulation Theory of Lift

영국의 공학자이자 자동차 제조업자이며 독학으로 이룬 공기역학자인 Frederick W. Lanchester(1868~1946)가 순환과 양력을 결부시키는 발상을 한 첫 번째 사람이었다. 그의 생각은 원래 1894년 Birmingham Natural History and Philosophical Society에서의 발표 속에 포함되어 있었으며, 후에 Physical Society에 제출한 논문 속에 들어 있었으나 그 학회에서 논문 게재를 거절하였다. 마지막으로 1907년과 1908년에 *Aerodynamics*와 *Aerodonetics*라는 제목의 두 권의 책을 출판했는데, 이 책에서 순환과 양력에 대한 그의 생각을 상세히 설명하였다. 그의 책은 1909년에 독일어로, 그리고 1914년에는 프랑스어로 번역되었다. 불행히도 Lanchester의 저술 형식은 읽기도 이해하기도 어려웠으며, 이것이 영국 과학자들이 Lanchester의 업적에 대해 일반적으로 흥미를 보이지 않았던 이유의 일부이기도 했다. 결과적으로 Lanchester의 저술로부터는 긍정적인 이익이 거의 없었다(Lanchester와 그의 업적에 대한 세부적인 설명은 5.7절 참조).

매우 독립적으로 그리고 Lanchester의 개념에 대해서는 아무런 지식도 없는 상태에서, M. Wilhelm Kutta(1867~1944)는 양력과 순환이 관련 있다는 개념을 발전시켰다. Kutta는 1867년 독일의 Pitschen에서 태어났고, 1902년 Munich 대학에서 수학 분야 박사 학위를 받았다. 여러 곳의 독일 Technical school과 대학에서 수학 교수로 재직하다가, 1911년에 Stuttgart의 Technische Hochschule에 정착하여 1935년 은퇴할 때까지 근무하였다. 공기역학에 대한 Kutta의 흥미는 1890~1896년 사이의 베를린에서 발생한 Otto Lilienthal의 성공적인 글라이더 비행(참고문헌 2의 1장 참조)에서 시작되었다. Kutta는 Lilienthal이 사용한 곡면으로 이루어진 날개의 양력을 이론적으로 계산하려는 시도를 하였다. 이 과정 중 실험자료로부터 유동이 날카로운 끝을 갖는 물체의 뒷전으로부터 매끄럽게 떠나가며, 이것이 물체 주위의 순환값을 결정할 것이라고 추측하였다(4.5절에 기술한 Kutta 조건). 동시에 그는 순환과 양력이 연관이 있다고 확신하였다. Kutta는 이 생각을 출판하기를 망설였으나 그의 스승인 S. Finsterwalder의 강력한 권유에 의하여 <Auftiebskrafte in Stromenden Flussigkecten(흐르는 유체 속의 양력)>이라는 제목의 논문을 썼다. 사실 이것은 그가 1902년에 썼던 보다 긴 졸업논문을 발췌한 짧은 논문이었지만, Kutta 조건에 대한 개념과 동시에 순환과 양력이 관련이 있다는 사실을 역사상 처음으로 공식적으로 출판한 것이다. Finsterwalder는 1909년 9월 6일 그의 학생들에게 한 강연에서 분명하게 이 개념을 반복하였는데, 다음과 같이 진술하였다.

> 윗면에서는 회전하는 움직임이 이동하는 움직임을 증가시키며, 따라서 그곳에는 높은 속도와 이에 따른 낮은 압력이 있다. 이에 반하여 아랫면에서는 그 두 개의 움직임이 반대이고, 따라서 그곳에는 낮은 속도와 높은 압력이 있으며, 그 결과 위 방향으로 밀어올리는 힘이 생기게 된다.

그러나 1902년의 논문에서 Kutta는 순환과 양력에 대한 정확한 양적 관계를 주지는 않았다. 이것은 Nikolai E. Joukowski에게 넘겨졌다. Joukowski는 1847년 1월 5일에 중앙러시아 Orekhovo에서 태어났다. 엔지니어의 아들로서 수학과 물리학 분야의 탁월한 학생이었고, 1882년 Moscow 대학의 응용물리 분야 박사 학위를 받았다. 그 후에 Moscow 대학과 Moscow Higher Technical School의 기계공학 교수로 동시에 임명되기도 했다. Joukowski가 1902년 러시아 최초의 풍동을 건설한 것은 Moscow Higher Technical School에서였다. Joukowski는 항공학에 깊은 관심을 가지고 있었으며 실험과 이론 연구 두 분야 모두에 보기 드문 재능을 보였다. 그는 그의 풍동을 Moscow의 주요 공기역학 연구실로 확대시켰다. 실제로 제1차 세계대전 중에 그의 실험실은 군 조종사들을 공기역학 및 비행역학 분야의 훈련을 위한 학교로 사용되었다. 1921년 사망 당시, Joukowski는 러시아의 가장 유명한 공기역학자가 되어 있었다.

Joukowski 명성의 많은 부분은 1906년에 발간된 그의 논문에서 얻어졌는데, 그 논문에 역사상 처음으로 $L' = \rho_\infty V_\infty \Gamma$라는 관계식이 나왔으며, 이 관계식이 Kutta-Joukowski 정리이다. Joukowski가 직접 쓴 글에 의하면 다음과 같다.

> 임의의 폐곡선 주위를 둘러싸고 있는 2차원 비회전 유동의 무한대 거리에서의 속도는 V_∞이며, 그 곡선 주위의 속도에 의한 순환이 Γ라면, 이 폐곡선에 작용하는 공기역학적 압력에 의한 힘은 속도에 수직한 방향이며 그 값은 다음과 같다.
>
> $$L' = \rho_\infty V_\infty \Gamma$$
>
> 이 힘의 방향은 속도 벡터 V_∞를 그 원점을 중심으로 해서 순환의 반대 방향으로 90° 회전시킴으로써 얻을 수 있다.

Joukowski는 1902년의 Kutta 논문을 알지 못했으며 순환과 양력에 관한 그의 생각을 독립적으로 발전시켰다. 그러나 Kutta의 기여도를 인정하여 위 공식은 20세기를 지나면서 'Kutta-Joukowski 정리'로 널리 보급되었다.

그러므로 1906년에는 Wright 형제의 최초의 성공적인 비행 이후 3년밖에 지나지 않았음에도 양력에 관한 순환 이론이 자리를 잡았고, 공기역학자들이 양력면에 대한 설계와 이해를 도울 준비가 되어 있었다. 특히 이 원리는 4.7절과 4.8절에 기술되어 있는 얇은 익형 이론의 초석이 되고 있다. 얇은 익형 이론은 제1차 세계대전 이후 처음 몇 년 사이에 Prandtl의 동료였던 독일의 Max Munk에 의해 개발되었다. 그러나 얇은 익형 이론이 존재할 수 있었던 기본 원인과 동시에 놀랄 정도의 좋은 결과는 Lanchester, Kuttta, 그리고 Joukowski가 10년 전에 쌓아 놓은 기초에 힘입은 것이다.

4.16 요약 *Summary*

그림 4.7에 나와 있는 이정표로 돌아가자. 이정표에 상자로 표시된 내용들이 편하게 느껴지고, 또한 하나의 상자에서 다른 상자로 진행하는 생각의 흐름을 확실히 이해하도록 하라. 만일 어떤 사항이나 또 다른 사항이 불확실하게 여겨지면 앞으로 진행하기 전에 해당 절을 복습하도록 하라.

이 장에서 중요한 결과의 일부를 아래에 나열하였다.

익형 주위의 비점성, 비압축성 유동을 설명하기 위하여 와류면을 사용할 수 있다. 와류면을 따른 거리를 s라 하고, 그 면의 단위 길이당 와류의 강도를 $\gamma(s)$라 하면, 점 a에서 b까지 연장되어 있는 와류면에 의해 점 (x, y)에 유도되는 속도 퍼텐셜은

$$\phi(x, y) = -\frac{1}{2\pi}\int_a^b \theta\gamma(s)\,ds \tag{4.3}$$

이 와류면에 의해 생성된 순환은

$$\Gamma = \int_a^b \gamma(s)\,ds \tag{4.4}$$

와류면을 가로지르면 면에 평행한 방향의 속도에 불연속이 존재하며, 그것은 다음과 같이 나타난다.

$$\gamma = u_1 - u_2 \tag{4.8}$$

Kutta 조건은 주어진 형상과 주어진 받음각에서 양력을 발생하는 익형에 대하여 그 익형의 뒷전에서 유동이 매끄럽게 떠나가도록 자연은 그 익형 주위에 특정한 값의 순환을 준다는 것이다. 만일 뒷전의 각도가 유한하다면 그 뒷전은 정체점이 된다. 만일 뒷전이 각도가 없이 날카롭다면 뒷전의 윗면과 아랫면을 지나는 속도는 유한한 값을 가지며 그 크기와 방향은 동일하다. 이 두 경우 모두 다음 식이 적용된다.

$$\gamma(\text{TE}) = 0 \tag{4.10}$$

얇은 익형 이론은 익형을 평균 캠버선으로 대치하는 것을 의미한다. 와류면을 시위선에 위치시키고, 균일한 자유유동과 연합하여 캠버선이 유동의 유선이 되며 동시에 Kutta 조건을 만족시킬 수 있도록 와류면의 강도를 조정한다. 이러한 와류면의 강도는 얇은 익형 이론의 기본 방정식으로부터 얻어진다.

$$\frac{1}{2\pi}\int_0^c \frac{\gamma(\xi)\,d\xi}{x-\xi} = V_\infty\left(\alpha - \frac{dz}{dx}\right) \tag{4.18}$$

얇은 익형 이론의 결과들:

대칭 익형

1. $c_l = 2\pi\alpha$
2. 양력 곡선 기울기 $= dc_l/d\alpha = 2\pi$
3. 압력 중심과 공력 중심은 둘 다 1/4 시위점(quarter-chord point)에 있다.
4. $c_{m,c/4} = c_{m,\text{ac}} = 0$

캠버가 있는 익형

1. $$c_l = 2\pi\left[\alpha + \frac{1}{\pi}\int_0^\pi \frac{dz}{dx}(\cos\theta_0 - 1)\,d\theta_0\right] \tag{4.57}$$

2. 양력 곡선 기울기 = $dc_l/d\alpha = 2\pi$
3. 공력 중심은 1/4 시위점(quarter-chord point)에 있다.
4. 압력 중심은 양력 계수에 따라 변한다.

와류 패널 방법은 임의의 형상, 두께, 그리고 받음각을 갖는 물체 주위의 비점성, 비압축성 유동의 해를 얻는 중요한 수치해법이다. 일정한 강도를 갖는 패널들에 대해서 지배 방정식은 다음과 같다.

$$V_\infty \cos\beta_i - \sum_{j=1}^{n} \frac{\gamma_j}{2\pi} \int_j \frac{\partial\theta_{ij}}{\partial n_i} ds_j = 0 \qquad (i = 1, 2, \ldots, n)$$

그리고

$$\gamma_i = -\gamma_{i-1}$$

이것은 뒷전 바로 위와 아래의 패널에 대한 Kutta 조건을 나타내는 하나의 방법이다.

4.17 통합 문제 도전: 아음속 풍동 안에서 수행된 측정값에 대한 벽면의 영향

Integrated Work Challenge: Wall Effects on Measurements Made in Subsonic Wind Tunnels

개념: 3장에서 저속의 아음속 풍동을 검토하였는데, 3.23절에 있는 것 같은 이러한 풍동의 개념 설계를 포함하였다. 비행하는 물체의 모형을 풍동 안에서 시험할 때 우리는 대기 속에서 자유비행을 할 때 실제의 비행체 위에 존재할 공기역학적인 측정값(양력과 항력 계수, 압력 계수 등)을 그 모형으로부터 얻기를 원한다. 그러나 풍동에서의 측정값이 실제의 자유비행에서 발생하는 값과 아주 같지는 않을 수 있는 많은 이유가 있는데(크기의 영향, 계측 장치의 오차 등), 그중에서 아주 기본적인 오차의 원인은 풍동 안에 있는 모형 주위의 유동장은 풍동의 벽에 의해서 경계되어 있고 제한을 받는데, 이에 반하여 대기 속에서 자유 비행을 하는 경우에는 이러한 제한이 없다(다만 비행체가 지면에 매우 가까이에서 비행할 때는 예외인데, 이때는 그 비행체의 공기역학에 '지면 효과'의 영향이 있다). 이 절에서 우리는 풍동 내에 있는 모형에 작용하는 벽면효과를 논의할 것이며 그리고 그것에 의한 영향을 보상하는 방법을 찾을 것이다.

풍동 내에서의 측정값의 벽면효과에 대한 수정은 풍동을 진지하게 사용하기 시작한 초기부터의 관심사였다. 과연, 풍동 실험에 대한 정석과 같은 Barlow, Rae, 그리고 Pope가 저술한 *저속풍동실험*(Low-Speed Wind Tunnel Testing), 제3판, Wiley, 1999, 책의 세 개의 장이 풍동의 벽면효과 수정에 할애되어 있다. 그 주제를 지치도록 쳐다보는 것은 지금 우리의 범위를 넘는 것이다. 그러나 3장과 4장에서 우리는 물체 주위의 유동을 계산할 수 있는 퍼텐셜 유동 방법을 개발하였고, 그리고 이것이 우리를 다음의 도전으로 인도할 것이다.

도전: 우리는 어떻게 퍼텐셜 유동 방법을 사용하여 풍동 내에 설치되어 있는 모형 주위의 유동에 벽면효과가 어느 정도 영향을 미치는지를 검사할 수 있겠는가?

해: 3.13절에서 논의했던 것 같은 원통형 실린더 주위를 흘러가는, 그림 3.26에 유선이 그려져 있는 비양력 유동에 대한 고전적인 경우를 생각해 보자. 퍼텐셜 유동 이론을 이용하여 이 유동은 더블릿 유동과 균일한 자유 유동의 결합으로 분석되었다. 그 유동장은 무한대까지 모든 방향으로 연결되어 있으며, 그 결과적인 유선의 모양은 무한대에서만 직선의 균일한 유선을 가지고 있다. 이와 반대로, 윗면과 아랫면이 직선의 평행한 벽으로 제한되어있는 풍동 안에 설치되어 있는 원통형의 실린더를 생각하여 보자. 벽면을 따라 흘러가는 유선은 직선이고 평행해야 한다. 동시에 다른 유선은 실린더 표면의 유선을 묘사하기 위하여 원이 되어야 한다. 우리는 이러한 조건을 어떻게 묘사할 수 있겠는가?

하나의 해결책이 *영상기법*(method of images)의 사용인데, 그의 기본적인 생각은 다음과 같다. 그림 3.26으로 돌아가서 더블릿과 균일 자유 유동의 결합을 묘사한 것을 살펴보자. 이것과 같은 그림이 그림 4.66의 윗부분에 그려져

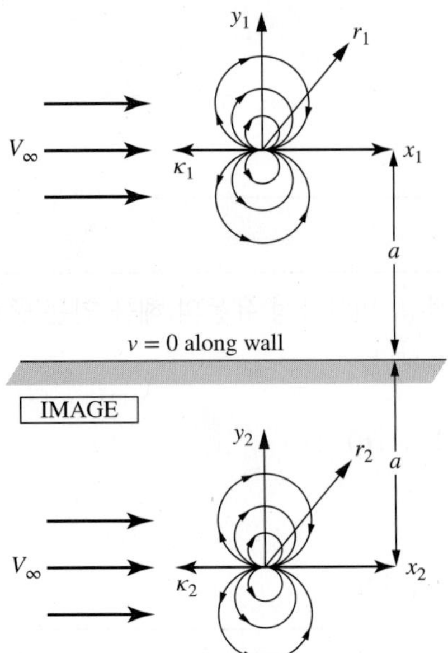

그림 4.66 ▸ 더블릿의 영상

있다. 여기서 그 더블릿은 벽으로부터 위쪽으로 a만한 거리에 있다. 벽을 따라 흘러가는 유선은 직선이며 벽면에 평행해야만 한다; 그러므로 벽면에서 유동 속도의 수직 성분은 0이어야 한다, 즉 $v = 0$이다. 이것은 벽면 위에 있는 더블릿만 가지고는 생길 수가 없다. 그러나 만일 우리가 같은 강도의 더블릿이 벽의 아래쪽에 a만한 거리에 위치해 있다면, 그러면 대칭에 의해서 두 개의 유동의 수직 성분이 상쇄될 것이며 벽면을 따라 흘러가는 합성된 유동의 $v = 0$를 얻을 것이다. 이 두 번째 더블릿은 첫 번째 더블릿의 *영상*(image)이라고 부른다; 그것은 벽을 나타내는 직선의 평행한 유선을 제공하기 위하여 그곳에 있는 것이다.

더블릿과 그의 영상에 의하여 합성된 유선 함수(stream function)를 검사해 보자. 식 (3.91)로부터, 강도 κ_1을 가진 첫 번째 더블릿(doublet 1)에 대하여

$$\Psi_1 = -\frac{\kappa_1}{2\pi}\frac{\sin\theta_1}{r_1} + V_\infty r_1 \sin\theta_1 \tag{C4.1}$$

그리고 κ_2의 강도를 가진 두 번째 더블릿(doublet 2)에 대하여

$$\Psi_2 = -\frac{\kappa_2}{2\pi}\frac{\sin\theta_2}{r_2} + V_\infty r_2 \sin\theta_2 \tag{C4.2}$$

그림 4.66에 나와 있는 직교 좌표계 x_1, y_1, x_2, y_2를 사용하면

$$\sin\theta_1 = \frac{y_1}{\sqrt{\left(x_1^2 + y_1^2\right)}}$$

$$\sin\theta_2 = \frac{y_2}{\sqrt{\left(x_2^2 + y_2^2\right)}}$$

$$r_1 = \sqrt{x_1^2 + y_1^2}$$

$$r_2 = \sqrt{x_2^2 + y_2^2}$$

$$r_1 \sin\theta_1 = y_1$$

$$r_2 \sin\theta_2 = y_2$$

그러므로 식 (C4.1)과 (C4.2)는 각각 다음과 같이 된다.

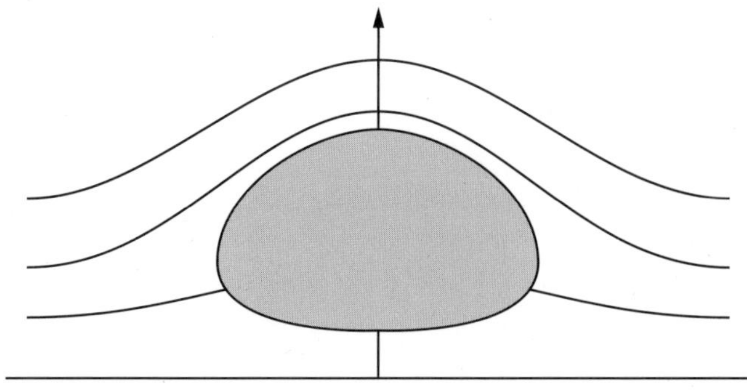

그림 4.67 균일 유동 속에 더블릿과 그의 영상으로 묘사된 물체 형상(정성적 스케치)

$$\Psi_1 = -\frac{\kappa_1}{2\pi}\frac{y_1}{\left(x_1^2 + y_2^2\right)} + V_\infty r_1 \tag{C4.3}$$

$$\Psi_2 = -\frac{\kappa_2}{2\pi}\frac{y_2}{\left(x_2^2 + y_2^2\right)} + V_\infty r_2 \tag{C4.4}$$

그림 4.66의 유동에 나와 있는 점 P를 생각하자. 이 점은 벽면 위의 유동 속에 있는 임의의 점이다. 두 조의 직교 좌표계 (x_1, y_1)과 (x_2, y_2) 사이의 관계는, 그림 4.66으로부터

$$x_2 = x_1$$
$$y_2 = 2a + y_1$$

그러므로 점 P에서 합해진 유선 함수는

$$\psi = \Psi_1 + \Psi_2 = -\frac{\kappa_1}{2\pi}\frac{y_1}{\left(x_1^2 + y_1^2\right)} + V_\infty y_1 - \frac{\kappa_2}{2\pi}\frac{(2a + y_1)}{x_2^2 + (2a + y_1)^2} + V_\infty(2a + y_1) \tag{C4.5}$$

불행하게도, 식 (4.5)에 의하여 그려진 정체점을 지나는 유동 속의 유선의 모양은 원통형이 아니라, 그림 4.67에 대략적으로 그려진 것 같은 변형된 모습이다. 벽면 아래에는 같은 모양으로 변형된 거울에 비친 것과 같은 영상이 있을 것이다. 더욱 정확하게 실린더 주위의 유동을 묘사하기 위해서는 우리는 그 영상의 영상을 실린더의 위쪽에 위치시켜야 하며, 그리고 그 영상들의 영상들이 위와 아래 수직 방향으로 나열되어야 할 것이다. 이러한 방법으로 이 모든 영상에 의해서 조합된 유동은 벽면에서 직선의 유선을 유지하면서 동시에 실린더 주위의 유동에 더 근접해질 것이다. 이것이 벽면이 존재할 때 물체 주위의 유동을 나타내는 데 사용하는 '영상기법'의 핵심이다. 또한 우리는 물체 아래에 직선의 유선을 가진 유동을 만드는 것만을 고려했는데 이것은 지면이 존재할 때 물체 주위의 유동을 묘사할 것이다. 풍동의 경우에는 동시에 윗면도 있으며 우리의 '영상기법'은 더욱 복잡해질 것이다. 풍동에서 벽면의 영향을 고려하는 더 좋은 방법은 없겠는가?

있다—하나의 방법은 전산유체역학을 사용하여 시험부에 시험 모형을 설치한 유동을 계산하는 것이다. 3.17절과 4.10절에 설명한 물체 표면과 풍동의 벽면을 용출과 와류 패널로 포장한 패널 방법(panel method)을 사용할 수 있다. 실린더 주위의 유동에 대한 이러한 패널 방법의 계산 결과가 그림 4.68*a*와 *b*에 그려져 있다. 자유 대기 속에 있는 양력을 발생하지 않는 실린더 주위의 유선은 그림 4.68a에 있고 풍동의 시험부 안에 있는 양력을 발생하지 않는 실린더 주위의 유선은 그림 4.68*b*에 있다. 풍동 내에 있는 유선의 경우에는 자유로운 대기의 경우보다 더 제한되어 있고 이것이 실린더 위의 표면 압력 분포에 영향을 줄 것이다. 패널 방법에 의한 계산 결과가 이러한 영향을 보여줄 것이다. 패널 방법과 같은 전산유체역학 기법을 사용하는 것은 비용과 시간이 많이 들 수 있으므로 지난 수십 년 동안 개발된 많은 실험기법이 아직도 많이 쓰이고 있다. 보다 깊은 논의를 위해서는 Barlow, Rae, 그리고 Pope가 저술한 책의 9장에서 11장을 공부하라. 여기에서 우리의 목적을 위한 이 통합 문제 도전의 'solution(해)'은 완전히 풀어주는 것이 아니라 그 문제에 대한 논의일 뿐이다. 왜냐하면 실제의 풀이는 길고 세부적이며 이 책의 범위를 넘기 때문이다. 여기의 우리 목적은 단순히 생각하는 과정을 열어주는 것이다.

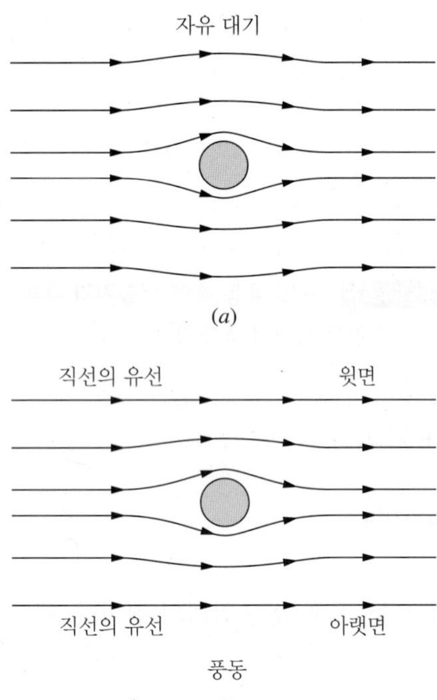

그림 4.68 (*a*) 자유 대기 속의 실린더 주위의 유선과 (*b*) 풍동 속에 있는 실린더 주위의 유선 사이의 비교

4.18 연습문제 *Problems*

4.1 그림 4.10에 나와 있는 NACA 2412 익형 자료를 고려하자. 받음각이 4°이며 표준 해면 상태에서의 자유 유동 속도가 50 ft/s일 때, 이 익형에 대한 양력과 1/4 시위점에 대한 모멘트(단위 스팬 길이당)를 계산하라. 이 익형의 시위 길이는 2 ft다.

4.2 표준 해면 고도 상태의 속도가 50 m/s인 공기흐름 속의 2 m 시위를 가진 NACA 2412 익형을 고려하자. 단위 스팬 길이당 양력이 1353 N/m이라면 받음각은 얼마인가?

4.3 순환의 정의로부터 시작하여 Kelvin의 순환 정리인 식 (4.11)을 유도하라.

4.4 식 (4.35)에서 시작하여 식 (4.36)을 유도하라.

4.5 1.5 받음각에 있는 얇은 대칭형 익형을 고려하자. 얇은 익형 이론의 결과를 사용하여 양력 계수와 앞전에 관한 모멘트 계수를 계산하라.

4.6 NACA 4412 익형의 평균 캠버선은 다음과 같이 주어진다.

$$\frac{z}{c} = \begin{cases} 0.25\left[0.8\dfrac{x}{c} - \left(\dfrac{x}{c}\right)^2\right] & 0 \le \dfrac{x}{c} \le 0.4\text{일 때} \\ 0.111\left[0.2 + 0.8\dfrac{x}{c} - \left(\dfrac{x}{c}\right)^2\right] & 0.4 \le \dfrac{x}{c} \le 1\text{일 때} \end{cases}$$

얇은 익형 이론을 사용하여 다음을 계산하라.

(*a*) $\alpha_{L=0}$ (b) $\alpha = 3°$일 때 c_l

4.7 연습문제 4.6에 주어진 익형에 대해서, $\alpha = 3°$일 때 $c_{m,c/4}$와 x_{cp}/c를 계산하라.

4.8 연습문제 4.6과 4.7의 결과를 NACA 4412 익형의 실험자료와 비교하고 이론과 실험 차이의 백분율을 기술하라(*힌트*: 익형 실험자료의 좋은 출처는 참고문헌 11이다).

4.9 식 (4.35)와 (4.43)에서 시작하여 식 (4.62)를 유도하라.

4.10 NACA 2412 익형의 −6° 받음각에서의 양력 계수와 1/4 시위점에서의 모멘트 계수는 각각 −0.39와 −0.045이다. 받음각이 4°일 때 이 계수들은 각각 0.65와 −0.037이다. 공력 중심의 위치를 계산하라.

4.11 연습문제 4.10의 NACA 2412 익형을 다시 고려하자. 이 익형이 표준 고도 3 km(부록 D 참조)에서 60 m/s의 속도로 비행하고 있다. 이 익형의 시위 길이는 2 m이다. 받음각이 4°일 때 단위 스팬 길이당 양력을 계산하라.

4.12 연습문제 4.11의 익형에 대하여 익형 주위의 순환값을 계산하라.

4.13 3.15절에서 원형 실린더 주위 양력 발생 유동의 경우에 대해 공부했다. 실제의 경우 유동 속에서 회전하는 실린더는 양력을 발생할 것이며, 이러한 실제 유동이 그림 3.34*b*와 *c*의 사진에 나와 있다. 여기에서 유동과 실린더 표면 사이에 작용하는 점성 전단 응력이 유동을 실린더 회전 방향으로 끌고 간다. 정지해 있는 유체 속에서 반경 R의 실린더가 각속도 ω로 회전할 때 Navier-Stokes 방정식에 의해 얻어진 점성 해석에 의한 속도장은(15장 참조) 다음과 같다.

$$V_\theta = \frac{R^2\omega}{r}$$

여기서 V_θ는 실린더의 유선을 따르는 접선 방향 속도이며 r은 실린더 중심점으로부터의 반경 방향 거리이다(Schlichting의 *Boundary-Layer Theory*, 6th ed., McGrawHill 참조). V_θ가 r에 반비례하며 식 (3.105)에 의해 주어진 점 와류에 대한 비점성 유동의 속도와 같은 모양인 것에 유의하라. 만일 회전하는 실린더가 1 m의 반경을 가지고 있으며 연습문제 4.11과 같은 속도와 고도에서 비행하고 있다면, 연습문제 4.11의 익형과 같은 양력을 발생하기 위한 각속도는 얼마인가? (주: 계산결과를 Hoerner가 저술하고 출판한 *Fluid-Dynamic Lift*, 1975, p.21~4, Fig.5에 있는 실험결과와 비교할 수 있다.)

4.14 흔히 다음과 같은 질문을 한다. 익형이 뒤집어진 상태에서 비행할 수 있는가? 이것에 대한 답을 얻기 위하여 다음 계산을 수행하라. 양(positive)의 캠버가 있는(위 방향으로 볼록한) 익형이 −3°의 영양력 받음각을 가진 것을 생각하라. 양력 곡선 기울기는 1°당 0.1이다. (*a*) 받음각이 5°일 때의 양력 계수를 계산하라. (*b*) 이제 익형이 뒤집어진 상태를 상상하되 (*a*)와 같이 5° 받음각을 가진 상태를 고려하고 양력 계수를 계산하라. (*c*) 원래 상태의 익형이 5° 받음각을 가질 때와 같은 양력을 발생하려면 뒤집어진 상태의 익형의 받음각이 얼마가 되어야 하는가?

4.15 제2차 세계대전 당시 명성을 날린 영국의 Spitfire 날개의 익형 단면(그림 5.19 참조) 날개 뿌리 부분은 NACA 2213이며 날개 끝부분에서 NACA 2205로 변화해 간다. 뿌리 부분의 시위 길이는 8.33 ft다. NACA 2213 익형의 측정된 형상 항력 계수는 레이놀즈수 9×10^6에서 0.006이다. Spitfire가 18,000 ft에서 순항하고 있다고 가정하라. (*a*) 날개 뿌리 부분의 레이놀즈수가 9×10^6이 되려면 그 비행기의 비행 속도는 얼마인가? (*b*) 이 속도와 고도에서 전체를 난류 유동으로 가정하고, NACA 2213 익형의 표면마찰 항력 계수를 계산하고 이것을 전체 형상 항력 계수와 비교하라. 형상 항력 중 압력 항력에 의한 백분율을 계산하라. 주: 1.8절에서 검토한 것과 같이 μ가 온도의 제곱근에 비례한다고 가정하라.

4.16 연습문제 4.15에 주어진 조건 중에서 보다 합리적인 표면마찰 항력 계수를 구하기 위해서는 앞전에서 처음에 층류 경계층으로 시작했다가, 하류 어느 지점에서 난류 경계층으로 전이된다고 가정해야 할 것이다. 연습문제 4.15에 기술된 Spitfire의 익형에 대해 이번에는 천이를 위한 임계 레이놀즈수가 10^6이라고 가정하고 표면마찰 항력 계수를 계산하라.

공기역학의 기초_*Fundamentals of Aerodynamics*

유한날개에서의 비압축성 유동

Incompressible Flow over Finite Wings

활공하고 있는 독수리를 유심히 관찰하면, 날개를 가지고 사용할 줄 아는 사람을 보는 것과 같다.

James Means, Editor of the Aeronautical Annual, 1895

미리보기 _ *Preview Box*

쌍발 엔진의 비지니스 항공기 Beechcraft Baron 58의 삼면도가 그림 5.1에 나와 있다. 이 항공기는 15% 두께의 NACA 23015 익형을 뿌리 부분에 가지고 있고, 날개 끝부분에서 10%로 테이퍼(taper)되어 있다. 4장에서 익형의 특성을 공부하였기 때문에, 주어진 익형 형상을 이용하여 항공기 날개의 양력과 항력 특성을 분명히 예측할 수 있을 것이다. NACA 23015 익형의 풍동 자료는 참고문헌 11에 기술된 것같이, NACA에서 사용하는 표준 형식으로 그림 5.2에 나와 있다. 1/4 시위점(quarter-chord point)에서의 양력 계수와 모멘트 계수는 익형 단면 받음각의 함수로 그림 5.2*a*에 나와 있다. 공력 중심(aerodynamic center)에 대한 항력 계수와 모멘트 계수는 그림 5.2*b*에 양력 계수의 함수로 나와 있다. 익형 모양을 비례적으로 나타낸 그림은 5.2*b*의 상단에 나와 있다. 시위 길이를 근거로 한 3개의 서로 다른 레이놀즈수에 대한 결과는 그림 5.2*b*의 아랫부분에 있는 기호에 따라 그려져 있다. 'Standard roughness'로 표시된 자료는 모델의 표면이 사포(sand paper)와 같은 모래입자로 덮여 있는 특수한 경우에 대한 것이며, 우리는 이러한 특수 경우에 대하여는 고려하지 않는다.

받음각 4°로 비행 중인 Beechcraft Baron 58을 고려해 보자. 날개의 양력 계수와 항력 계수는 얼마인가? 그림 5.2*a*로부터, $\alpha = 4°$에서 $c_l = 0.54$임을 알 수 있다. 그림 5.2*b*에 나와 있는 대로 가장 높은 레이놀즈수에서의 항력 계수 자료를 이용하면, $c_l = 0.54$에 해당하는 항력 계수는 $c_d =$

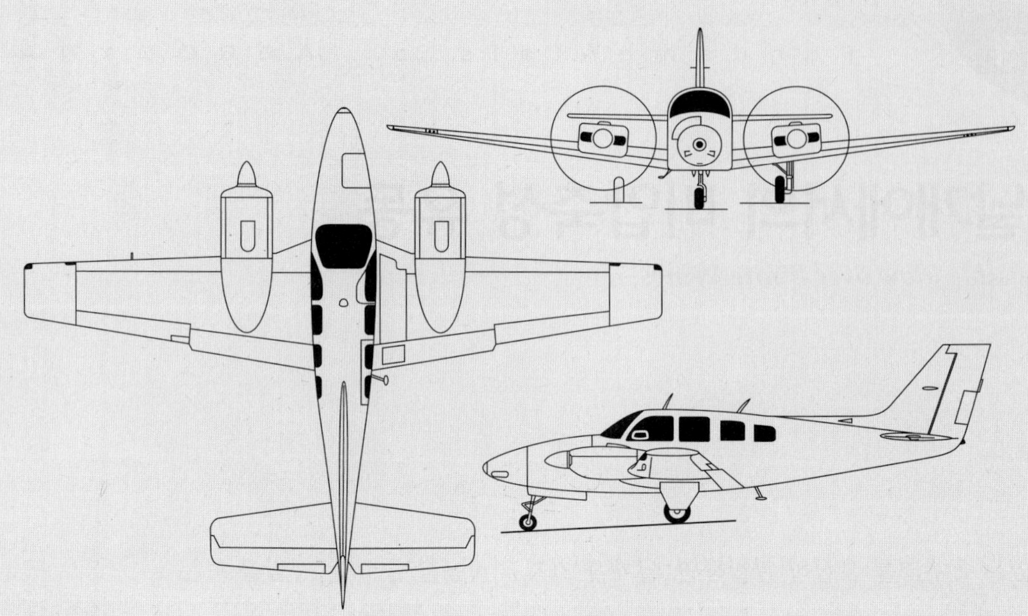

그림 5.1 4~6인승 일반 소형 항공기(general aviation airplane)인 Beechcraft Baron 58

0.0068이다. 익형에 대하여 소문자를 사용하는 것과 반대로, 날개에 대한 공기역학 계수를 대문자로 표현하면 다음과 같은 질문을 할 수 있다. 날개에 대한 C_L과 C_D는 익형에 대한 값과 같은가? 즉,

$$C_L = 0.54\ (?) \qquad C_D = 0.0068\ (?)$$

질문에 대한 답은 절대 '아니다'이다. 비슷하지도 않다. 놀라운가? 어떻게 이럴 수가 있는가? 날개의 공기역학적 계수가 날개를 만드는 데 기초가 된 익형의 공기역학적 계수와 같지 않은 이유는 무엇인가? 익형의 공기역학적 특성이 유한날개의 공기역학적 특성과 관련이 있음은 분명하다. 그렇지 않다면 4장에서의 익형에 대한 공부는 완전한 시간 낭비일 것이다.

이 장의 가장 중요한 목적은 이러한 비밀을 해결하는 것이다. 이 장은 실제 유한날개의 공기역학적 특성에 집중되어 있다. 해결책에는 흥미 있는, 그리고 유한날개 주위의 유동에 관한 물리적 특성의 지식과 연계된 어느 정도 깊이가 있는 수학이 조금 포함될 것이다. 이것은 매우 중요한 주제이다. 이 장에서는 비압축성 유동의 가정에 적합한 속도로 비행하는 실제 항공기에 대한 공기역학의 핵심을 취급할 것이다. 열정을 가지고 계속 읽고, 이 비밀을 해결하자.

5.1 개요: 내리씻음과 유도 항력 *Introduction: Downwash and Induced Drag*

4장에서 익형의 특성을 검토했는데, 이것은 무한한 길이의 스팬을 가진 날개의 특성과 같다. 그리고 익형 자료는 '무한날개(infinite wing)'의 자료라고 표시된다. 그러나 실제의 모든 항공기들은 유한한 스팬 길이의 날개를 가지고 있으며, 이 장의 목적은 그러한 유한날개의 해석에 우리가 알고 있는 익형의 특성을 적용하는 것이다. 4.1절에서 설명한 것같이, 이것은 Prandtl 날개 이론 개념에 대한 두 번째 단계이다. 앞으로 더 진행하기 전에 여러분 스스로 4.1절을 복습하기 바란다.

질문: 유한날개의 공기역학적 특성이 그 날개의 익형 단면 특성과 왜 조금이라도 달라지는가? 실제로 익형은 단순히 날개의 단면이며, 언뜻 생각하기에는 날개가 익형과 같을 것으로 기대할지도 모른다. 그러나 4장에서 공부한 대로, 익형 주위의 유동은 2차원이다. 이와는 반대로 유한날개는 3차원 물체이며, 따라서 유한날개 주위의 유동은 3차원이다. 다시 말하면, 스팬 방향의 유동 성분이 존재한다는 것이다. 이 사항을 더 명확히 알기 위하여, 유한날개를 위에서 본 모습과 앞에서 본 모습으로 나타낸 그림 5.3을 살펴보자. 날개에서 양력이 발생하는 물리적 원리는 날개 아랫면에는 높은 압력이, 그리고 날개 윗면에는 낮은 압력이 존재하기 때문이다. 1.5절에서 검토한 것과 같이, 압력 분포의 전

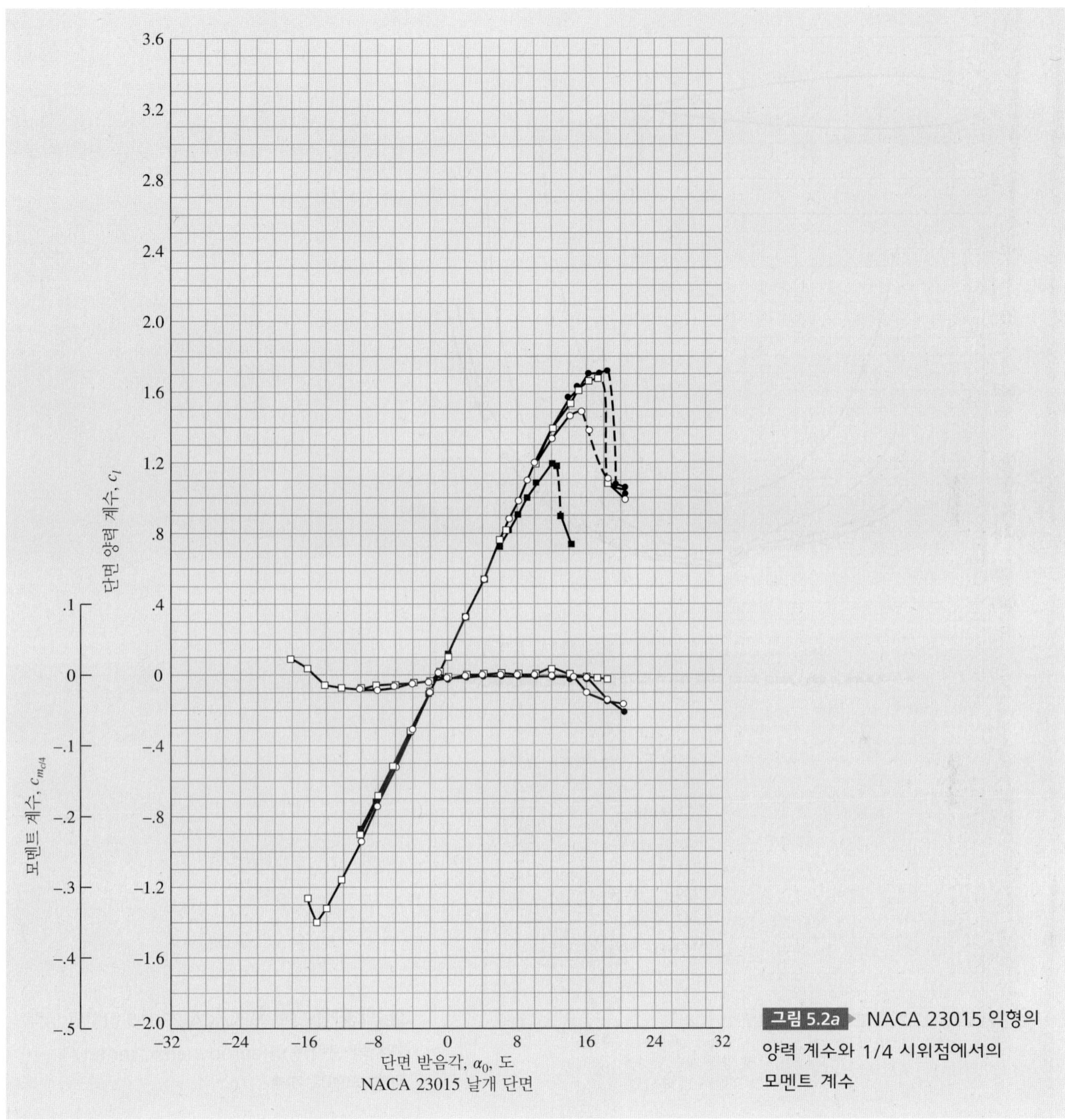

그림 5.2a NACA 23015 익형의 양력 계수와 1/4 시위점에서의 모멘트 계수

체적인 불균형이 양력을 만든다. 그러나 이러한 압력 불균형의 부차적인 결과로 날개 끝 근처의 유동은 날개 끝 주위로 둥글게 말리며 회전하는 경향이 있는데, 이러한 유동은 날개 끝 바로 아래의 압력이 높은 쪽에서 날개 끝 윗부분의 압력이 낮은 쪽으로 힘을 받아 생긴다. 이러한 날개 끝 주위의 유동은 그림 5.3의 날개 정면도에서 볼 수 있다. 그 결과 날개의 윗면에는 날개 끝에서 날개 뿌리 쪽으로 스팬 방향의 유동 성분이 생기며, 그림 5.3의 평면도와 같이 윗면의 유선이 날개 뿌리 방향으로 휘어지게 한다. 유사하게, 날개의 아랫면에서는 일반적으로 날개 뿌리에서 날개 끝 방향으로의 스팬 방향 유동 성분이 생기게 되고, 날개 아랫면의 유선이 날개의 끝 방향으로 휘어지게 한다. 분명 유한날개 주위의 유동은 3차원적이며, 따라서 여러분은 그러한 날개의 전체적인 공기역학적 특성이 익형 단면의 특성과는 다른 것을 기대할 수 있을 것이다.

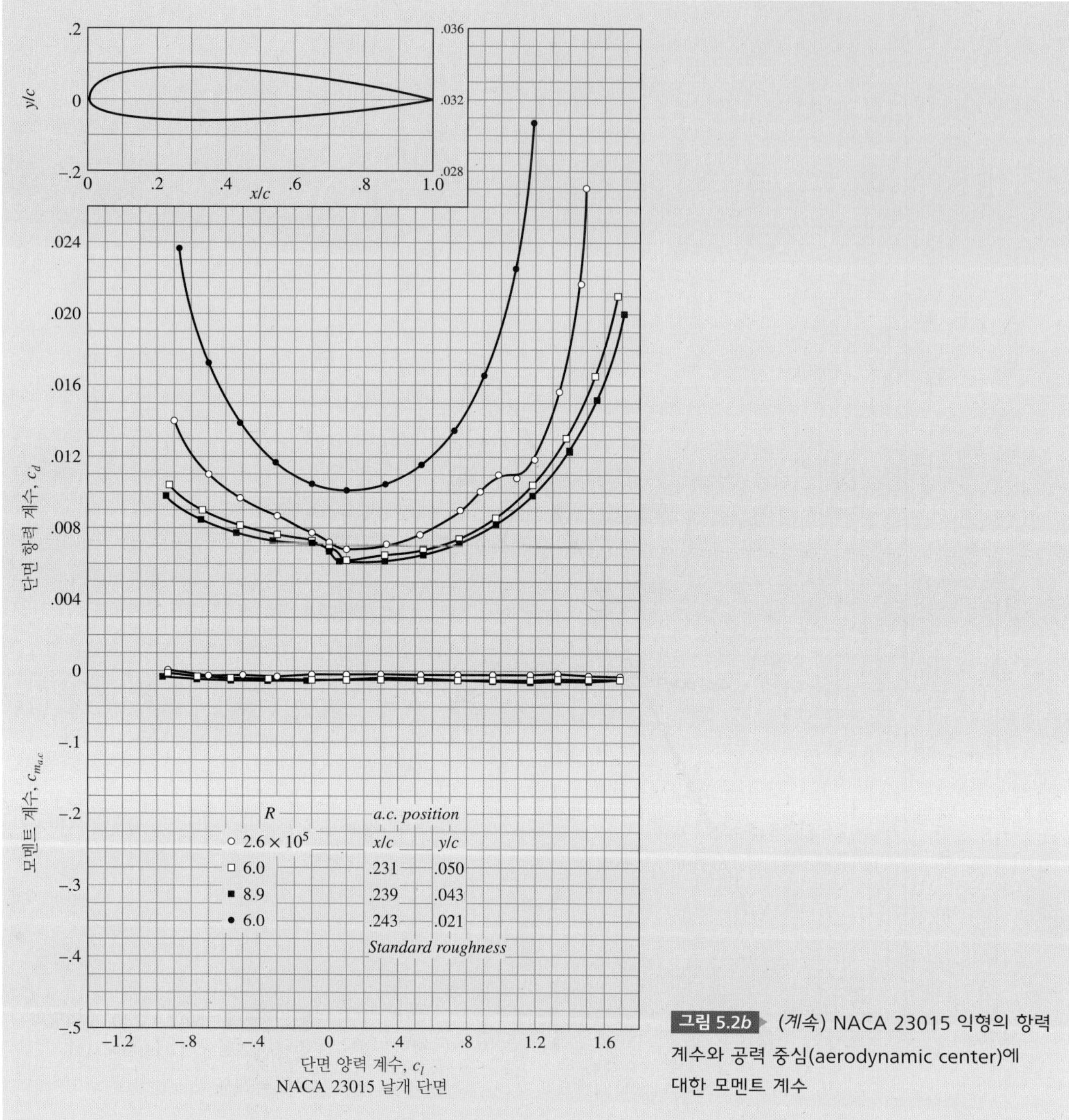

그림 5.2b (계속) NACA 23015 익형의 항력 계수와 공력 중심(aerodynamic center)에 대한 모멘트 계수

공기 유동이 날개의 끝 주위를 돌아서 '새어나가는(leak)' 경향이 있는 것은 날개의 공기역학에 다른 중요한 영향을 미친다. 이 유동은 날개의 하류에 끌려가며 회전하는 운동을 만들어준다. 즉, 끌림 *와류*(trailing vortex)가 각각의 날개 끝에 형성된다. 이 날개 끝 와류는 그림 5.4와 5.5에 나와 있다. 날개 끝 와류는 본질적으로 유한날개의 하류를 따라 끌려가는 약한 '회오리바람(tornado)'이다(Boeing 747과 같은 대형 항공기에 대한 이 날개 끝 와류는 아주 가까이 다가오는 소형 항공기들을 제어가 불가능하게 만들어 버릴 수 있을 만큼 강력하다. 그러한 사고들이 과거에 발생한 적이 있으며, 항공기의 이륙 혹은 착륙이 연속해서 일어나는 공항에서 항공기들 간 시차를 크게 두는 이유 중 하나이다). 날개 하류에 있는 날개 끝 와류는 날개 주변에 작은 아래 방향 속도 성분을 유도한다. 이 현상은 그림 5.5를 살펴보면 알 수 있는데, 이 2개의 와류가 주위 공기 유동을 그 주위로 회전하도록 잡아끄는 경향이 있고, 이러한 2차적인 움직임

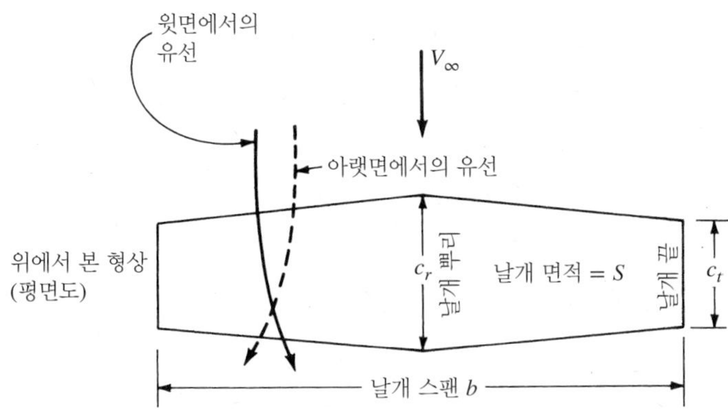

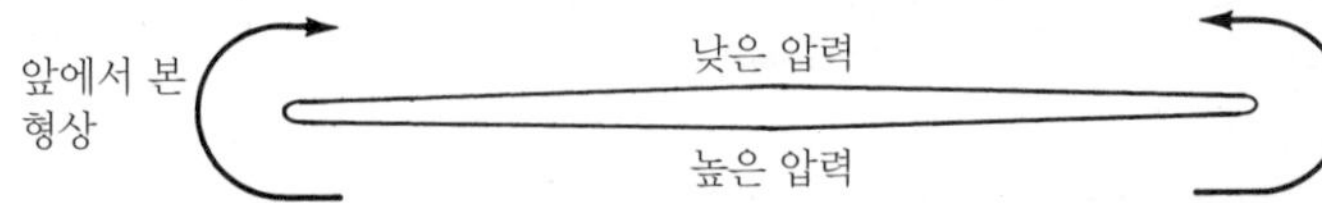

그림 5.3 유한날개. 이 그림에서 날개 윗면과 아랫면의 유선은 이해를 위해 과장되었다.

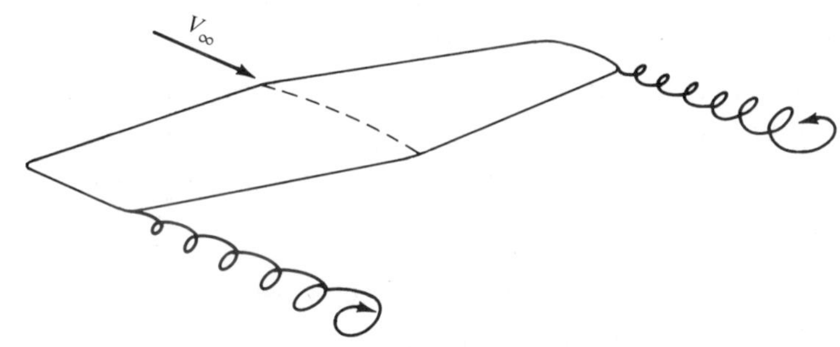

그림 5.4 날개 끝 와류의 개요도

그림 5.5 유한날개에서 발생하는 날개 끝 와류 (*출처: 스티브 위스턴, Fallen Log Photography/Getty Images*)

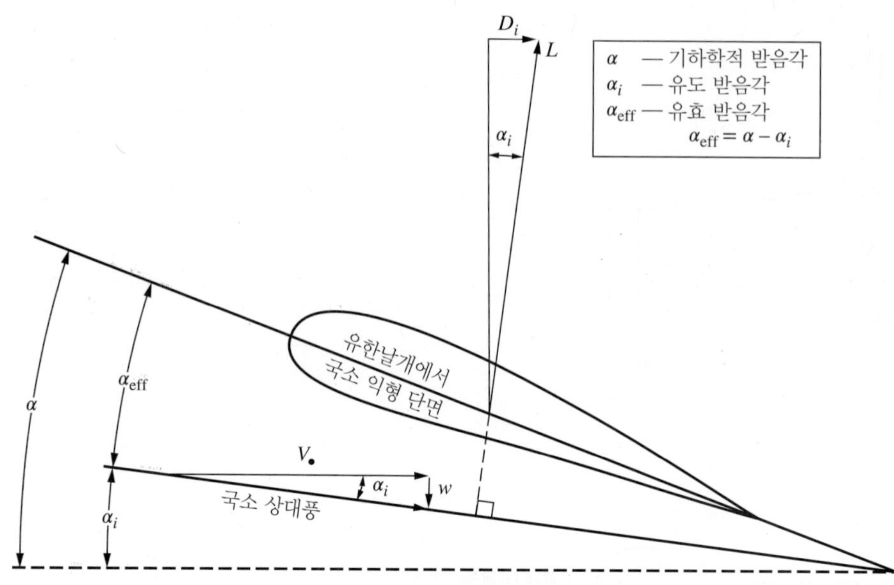

그림 5.6 유한날개의 국소 익형 단면 주위 국소 유동에 대한 내리씻음의 영향

이 날개에서 아래 방향의 작은 속도 성분을 만들어낸다. 이 아래 방향 성분을 *내리씻음*(downwash)이라고 부르며, 기호 w로 표시한다. 결과적으로 내리씻음은 자유 유동 속도 V_∞와 결합하여, 그림 5.6에 나와 있는 것같이 날개를 구성하는 각각의 익형 단면 근처에서 아래 방향으로 기울어진 국소 상대풍(local relative wind)을 만들어낸다.

그림 5.6을 자세히 살펴보자. 날개의 시위와 자유 유동 속도 V_∞ 방향이 이루는 각도는 받음각 α인데, 1.5절의 정의와 4장의 익형 이론 검토에 사용되었다. 여기서는 α를 더 정확하게 *기하학적* 받음각(geometric angle of attack)이라고 정의하였다. 그림 5.6에서 국소 상대풍은 *유도* 받음각(induced AOA)이라고 불리는 α_i 각도만큼 V_∞ 방향 아래쪽으로 기울어져 있다. 내리씻음의 존재와 그것이 국소 상대풍을 아래 방향으로 기울어지게 하는 것은 국소 익형 단면에 다음의 두 가지 중요한 영향을 미친다.

1. 실제 국소 익형 단면에서 바라본 받음각은 시위선과 국소 상대풍 사이의 각이다. 그림 5.4에서 이 각도는 α_{eff}로 나와 있고, *유효* 받음각(effective AOA)이라고 정의된다. 따라서 날개가 기하학적 받음각 α를 가지고 있더라도 국소 익형 단면은 그보다 더 작은 받음각, 즉 유효 받음각 α_{eff}를 갖는다. 그림 5.6으로부터,

$$\alpha_{eff} = \alpha - \alpha_i \tag{5.1}$$

2. 국소 양력 벡터는 국소 상대풍과 수직으로 정렬되기 때문에, 그림 5.6에 나온 것같이 각도 α_i만큼 수직선에서 뒤쪽으로 기울어진다. 결과적으로 국소 양력 벡터 V_∞의 방향 성분이 생기게 된다. 즉, 내리씻음의 존재 때문에 *항력*이 생긴다. 이 항력은 *유도 항력*(induced drag)이라고 정의되며, 그림 5.6에 D_i로 표기되어 있다.

그러므로 유한날개 주위의 내리씻음은 각각의 단면이 결과적으로 접하게 되는 받음각을 감소시키고, 이에 더해 항력 성분(즉, 유도 항력 D_i)을 만든다. 아직 표면마찰 저항(skin friction) 혹은 유동 박리(flow seperation)가 존재하지 않는 비점성, 비압축성 유동을 취급하고 있다는 것에 유념하라. 그러한 유동에 유한날개에는 *유한한* 크기의 항력(finite drag)인 유도 항력이 존재한다. 유한한 날개에서는 d'Alembert의 역설이 발생하지 *않는다*.

그림 5.6에 나온 것같이 양력 벡터를 뒤쪽으로 기울이는 것은 유도 항력의 물리적 발생을 가시화하는 한 가지 방법이다. 다른 두 가지 방법은 다음과 같다.

1. 그림 5.4와 5.5에 나타난 날개 끝 와류에 의하여 발생한 3차원 유동은 단순히 V_∞ 방향으로 전체 압력 차가 존재하도록(즉, 항력이 발생) 유한날개의 압력 분포를 변화시킨다. 이런 관점에서 보면, 유도 항력은 '압력 항력'의 한 종류라고 할 수 있다.
2. 날개 끝 와류는 아주 큰 양의 병진(translational) 및 회전(rotational) 운동 에너지를 포함한다. 이 에너지는 어디에선가 제공되어야 한다. 실제로 그것은 결국 항공기 엔진에 의해 제공되는데, 항공기와 관련된 유일한 동력원이기

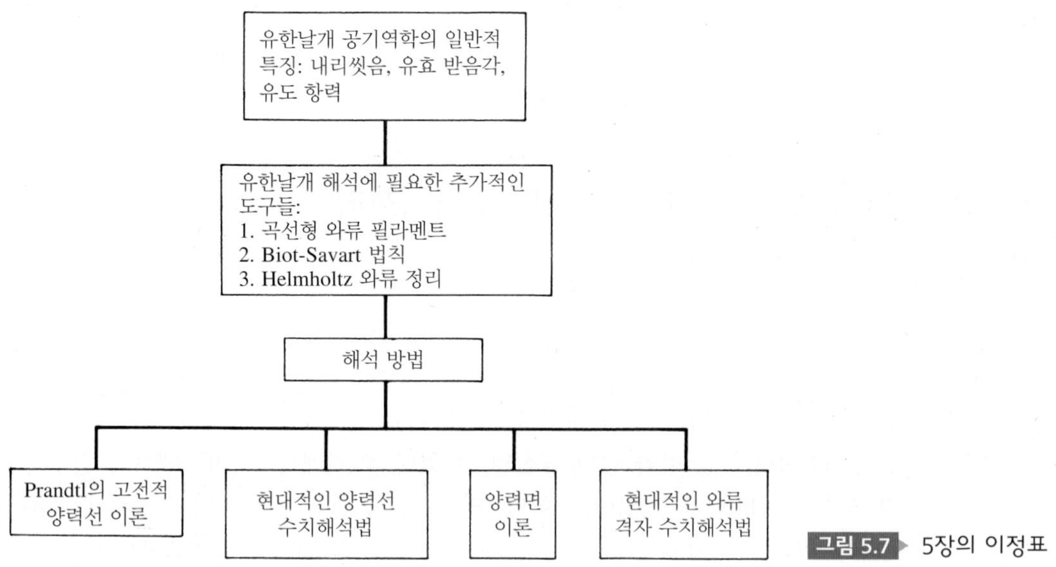

그림 5.7 5장의 이정표

때문이다. 와류의 에너지는 유용하게 사용되지 않기 때문에 동력은 본질적으로 손실되는 것이다. 결과적으로 엔진에 의해 공급되어 와류 속으로 사라지는 추가적인 동력이 유도 항력을 극복하기 위해 엔진으로부터 요구되는 추가적인 동력이다.

분명히 이 절의 검토에 의하면, 유한날개의 특성은 익형 단면의 특성과 동일하지 *않다*. 그러므로 유한날개의 공기역학적 특성을 해석할 수 있도록 하는 이론을 발전시켜 나갈 것이다. 그 과정에서 그림 5.7에 나와 있는 이정표를 따를 것이므로, 이 장을 진행하는 동안 이정표를 계속 참고하도록 하자.

이 장에서 우리는 부호에 차이점이 있음을 알게 된다. 앞 장에서 고려한 2차원 물체에 대해서, 단위 스팬에 대한 양력, 항력, 모멘트는 프라임(prime) 기호를 사용하여, 예를 들어 L', D', M'와 같이 나타내었다. 또한 대응하는 양력, 항력, 모멘트 계수는 소문자로, 예를 들어 c_l, c_d, c_m과 같이 표기하였다. 이에 대하여 유한날개와 같은 완전한 3차원 물체에 대한 양력, 항력, 모멘트는 프라임 기호를 사용하지 않고, 예를 들어 L, D, M과 같이 표시하였다. 또한 대응하는 양력, 항력, 모멘트 계수는 대문자로, 예를 들어 C_L, C_D, C_M과 같이 표기하였다. 이러한 구분법은 이미 1.5절에서 언급하였다.

마지막으로 실제의 아음속 유한날개의 전체 항력은 유도 항력 D_i, 표면마찰 항력 D_f, 그리고 유동 박리로 인해 발생하는 압력 항력 D_p의 합이라는 점에 주목하고자 한다. 후자의 두 가지 항력은 점성 효과에 의한 것이다(4.12절과, 15~20장 참조). 이 두 가지의 점성이 지배적인 항력의 합을 형상 항력(profile drag)이라 부르며, 4.3절에서 검토하였다. NACA 2412 익형의 형상 항력 계수 c_d는 그림 4.11에 나와 있다. 낮은 받음각에서 유한날개의 형상 항력 계수는 본질적으로 그 날개의 익형 단면의 값과 같다. 그러므로 형상 항력 계수를 아래와 같이 정의하고,

$$c_d = \frac{D_f + D_p}{q_\infty S} \tag{5.2}$$

유도 항력 계수는 아래와 같이 정의하면,

$$C_{D,i} = \frac{D_i}{q_\infty S} \tag{5.3}$$

유한날개의 전체 항력 계수 C_D는 아래와 같이 주어진다.

$$C_D = c_d + C_{D,i} \tag{5.4}$$

식 (5.4)에서 c_d 값은 일반적으로 그림 4.11과 5.2*b*에 나온 것과 같은 익형 자료에서 얻는다. $C_{D,i}$ 값은 이 장에서 제

시된 것과 같은 유한날개 이론에서 얻을 수 있다. 실제로 이 장의 중심이 되는 목적 중 하나는 유도 항력에 대한 표현을 얻고, 유한날개의 설계 특성에 따른 그 변화를 연구하는 것이다(유한날개의 특성에 대한 추가적인 검토는 참고문헌 2의 5장 참조).

5.2 와류 필라멘트, Biot-Savart 법칙, 그리고 Helmholtz 정리

The Vortex Filament, the Biot-Savart Law, and Helmholtz's Theorems

유한날개에 대한 합리적인 공기역학 이론을 세우기 위하여 추가적인 공기역학적 도구를 몇 가지 더 소개할 필요가 있다. 우선 4.4절에 처음 소개된 와류 필라멘트(vortex filament)의 개념을 확장한다. 4.4절에서 ±∞로 뻗어나가는 *직선* 와류 필라멘트를 다루었다(더 진행하기 전에 4.4절의 첫 번째 문단을 복습하라).

일반적으로 와류 필라멘트는 그림 5.8에서 보는 바와 같이 *곡선*일 수 있다. 여기에는 그 필라멘트의 일부분만 나타내었다. 그 필라멘트는 주위 공간에 유동장(flow field)을 유도한다. 필라멘트를 둘러싸는 임의의 경로에 대해 회전을 취하면 일정한 값 Γ를 얻을 수 있다. 그러므로 와류 필라멘트의 강도는 Γ로 정의된다. 그림 5.8에서 보는 바와 같이, 방향을 갖는 필라멘트의 한 부분 **dl**를 고려해 보자. **dl**에서부터 공간에 존재하는 임의의 점 P까지의 반경 벡터(radius vector)는 **r**이다. **dl** 부분이 점 P에 유도하는 속도는 아래와 같다.

$$\boxed{\mathbf{dV} = \frac{\Gamma}{4\pi}\frac{\mathbf{dl}\times\mathbf{r}}{|\mathbf{r}|^3}} \tag{5.5}$$

식 (5.5)를 *Biot-Savart 법칙*이라고 부르며, 이 식은 비점성, 비압축성 유동 이론에서 가장 기본적인 관계들 중 하나이다. 식의 유도는 좀 더 수준 높은 책에 나와 있다(예를 들면, 참고문헌 9). 여기서는 증명과정 없이 그대로 받아들이기로 한다. 그러나 전자기 이론의 상사성을 보여주면 더 편안하게 느낄 수 있을 것이다. 그림 5.8에 나타나 있는 와류 필라멘트를 전류 I가 흐르는 전선으로 가정하면, **dl** 방향으로 흐르는 전류를 갖는 전선의 부분 **dl**에 의하여 점 P에 유도되는 자기장 **dB**는 다음과 같다.

$$\mathbf{dB} = \frac{\mu I}{4\pi}\frac{\mathbf{dl}\times\mathbf{r}}{|\mathbf{r}|^3} \tag{5.6}$$

여기서 μ는 전선 주위 매질의 투과도(permeability)이다. 식 (5.6)은 형태에서 식 (5.5)와 동일하다. 실제로 Biot-Savart 법칙은 퍼텐셜 이론의 일반적 결과이며, 퍼텐셜 이론은 비점성, 비압축성 유동뿐만 아니라 전자기장에도 적용된다. 사실 와류, 용출 등에 의해 생성되는 속도를 설명하는 데 사용된 '유도(induced)'라는 단어는 전류에 의해 유도된 전자기장의 연구에서 건너온 것이다. 1911~1918년의 기간 동안 유한날개 이론을 개발할 때, Prandtl과 그의 동료들은 전기 분야에서 쓰이는 용어를 항력의 발생까지 이전시켜 '유도' 항력이라는 어휘를 만들었다.

그림 5.8의 와류 필라멘트로 되돌아가자. 여기에 있는 하나의 와류 필라멘트와 관련된 Biot-Savart 법칙[식 (5.5)]은 좀 더 복잡한 비점성, 비압축성 유체를 구성하기 위해 사용되는 단순한 관념적 공기역학 도구라는 사실을 기억하자. 사실 그것은 비점성, 비압축성 유동의 지배 방정식인 Laplace 방정식(3.7절 참조)의 해이며, 그것 자체로서는 아무

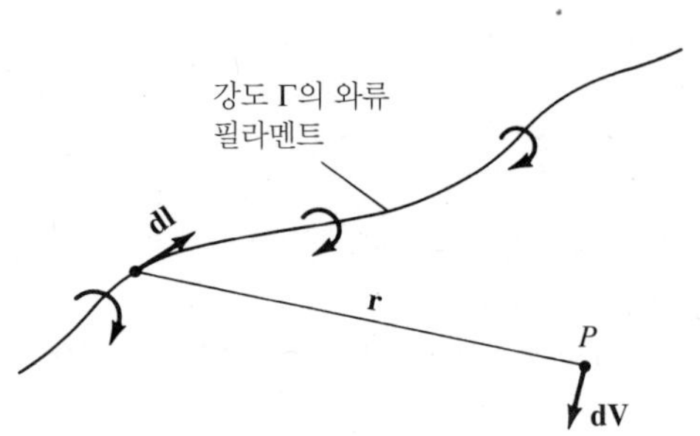

그림 5.8 와류 필리멘트와 Biot-Savart 법칙의 설명

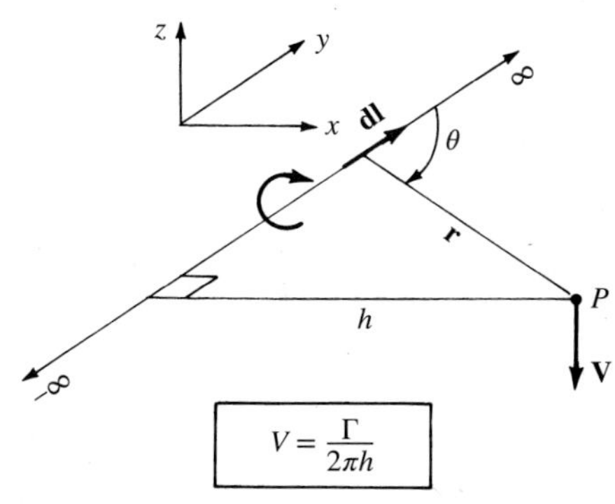

그림 5.9 하나의 무한한 길이 직선 와류 필라멘트에 의해 점 P에 유도된 속도

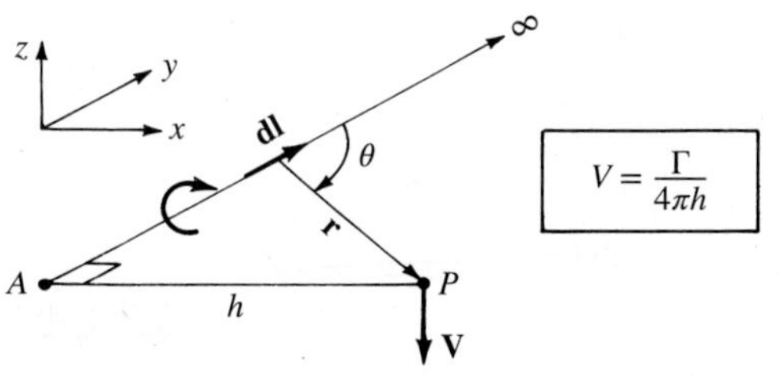

그림 5.10 반무한대 직선 와류 필라멘트에 의해 점 P에 유도되는 속도

가치가 없다. 그러나 균일한 자유 유동과 연계되어 많은 수의 와류 필라멘트를 사용하면, 실제 응용할 수 있는 유동을 합성해 낼 수 있다. 유한날개 주위의 유동이 이러한 하나의 예이며, 곧 보게 될 것이다.

그림 5.9에 나와 있는 무한한 길이의 직선 와류 필라멘트에 Biot-Savart 법칙을 적용해 보자. 그 와류 필라멘트의 강도는 Γ이다. 방향을 가진 와류 필라멘트 dl에 의하여 점 P에 유도된 속도는 식 (5.5)로 주어진다. 그러므로 그 와류 필라멘트 전체에 의하여 점 P에 유도되는 속도는,

$$\mathbf{V} = \int_{-\infty}^{\infty} \frac{\Gamma}{4\pi} \frac{\mathbf{dl} \times \mathbf{r}}{|\mathbf{r}|^3} \tag{5.7}$$

벡터 외적의 정의로부터(2.2절 참조), $\mathbf{V}$의 방향은 그림 5.9 아래에 나온 것과 같다. 속도의 크기 $V = |\mathbf{V}|$는 다음과 같이 주어진다.

$$V = \frac{\Gamma}{4\pi} \int_{-\infty}^{\infty} \frac{\sin\theta}{r^2}\, dl \tag{5.8}$$

그림 5.9에서 h를 점 P로부터 와류 필라멘트까지의 수직 거리라고 하자. 그러면 그림 5.9로부터,

$$r = \frac{h}{\sin\theta} \tag{5.9a}$$

$$l = \frac{h}{\tan\theta} \tag{5.9b}$$

$$dl = -\frac{h}{\sin^2\theta}\, d\theta \tag{5.9c}$$

식 (5.9a~c)를 식 (5.8)에 대입하면 다음을 얻는다.

$$V = \frac{\Gamma}{4\pi} \int_{-\infty}^{\infty} \frac{\sin\theta}{r^2} dl = -\frac{\Gamma}{4\pi h} \int_{\pi}^{0} \sin\theta\, d\theta$$

또는

$$V = \frac{\Gamma}{2\pi h} \tag{5.10}$$

그러므로 점 P로부터 수직 거리 h에 있는 무한한 길이의 직선 와류 필라멘트에 의해 점 P에 유도되는 속도는 간단히 $\Gamma/2\pi h$며, 이것은 2차원 유동에서의 점 와류에 대한 식 (3.105)에 의하여 주어진 결과와 정확하게 일치한다. [식 (3.105)의 음의 부호는 식 (5.10)에 나타나지 않는데, 이는 식 (5.10)의 V는 단순히 $\mathbf{V}$의 절대값이기 때문이며 정의에 따라 양수임에 유의하라.]

그림 5.10에 있는 *반*무한대의 와류 필라멘트를 고려하자. 그 와류 필라멘트는 점 A에서 ∞까지 연결되어 있다. 점 A는 유동의 경계로 생각할 수 있다. 점 P를 점 A를 포함한 평면 안에 있는 그 와류 필라멘트에 수직한 점으로 생각하자. 그리고 위에서 보인 것과 유사한 적분으로(여러분들이 직접 해보기 바란다), 반무한대 길이의 와류 필라멘트에 의

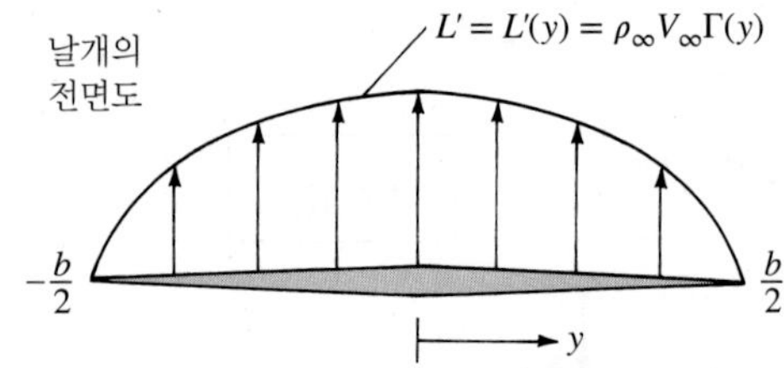

그림 5.11 날개의 스팬 방향을 따른 양력 분포의 개요도

하여 점 P에 유도된 속도는 다음과 같이 된다.

$$V = \frac{\Gamma}{4\pi h} \tag{5.11}$$

식 (5.11)은 다음 절에서 사용될 것이다.

위대한 독일 수학자이며 물리학자이자 외과 의사였던 Hermann von Helmholtz (1821~1894)가 처음으로 와류 필라멘트 개념을 비점성, 비압축성 유동 해석에 사용하였다. 그 과정에서 그는 Helmholtz 와류 정리라고 알려진 와류 특성에 대한 몇 가지 기초 원리를 수립했다.

1. 와류 필라멘트의 강도는 길이 전체를 따라 일정하다.
2. 와류 필라멘트는 유체 안에서 끝날 수는 없다. 그것은 유동의 경계까지 연장되거나(±∞까지 될 수 있다) 폐회로(closed path)를 이루어야 한다.

우리는 이어지는 절에서 이 정리를 활용할 것이다.

끝으로 유한날개의 스팬 방향에 따른 *양력 분포*(lift distribution) 개념을 소개하자. 스팬 방향에서의 위치가 y_1일 때, 국소 시위 길이(local cord)가 c이고 국소 기하학적 받음각이 α이며 익형 단면은 주어진 형태이다. 이 위치에서의 단위 스팬 길이당 양력은 $L'(y_1)$이다. 스팬 방향의 또 다른 위치 y_2를 고려하면, 이곳의 c, α, 그리고 익형의 모양은 다를 수 있다. [단순 사각날개의 경우를 제외하고 대부분의 유한날개는 시위 길이가 변한다. 그리고 많은 날개들은 기하학적으로 뒤틀려 있어서 스팬 방향의 위치에 따라 α 값이 달라지는데, 이를 기하학적 뒤틀림(geometric twist)이라고 한다. 만일 날개 끝에서의 α가 뿌리에서의 값보다 작으면 그 날개는 *비틀어내림*(washout)을 가지며, 날개 끝이 뿌리보다 더 큰 α를 가지면 그 날개는 *비틀어올림*(washin)을 가진다. 이에 더해서, 많은 현대 항공기들의 날개는 스팬 방향으로 $\alpha_{L=0}$ 값이 다른 서로 다른 익형 단면을 가지고 있다. 이것을 *공기역학적 뒤틀림*(aerodynamic twist)이라고 부른다.] 따라서 이러한 서로 다른 위치에서의 단위 스팬 길이당 양력 $L'(y_2)$는 일반적으로 $L'(y_1)$의 값과 다르다. 그러므로 그림 5.11에서 보는 것과 같이 날개의 스팬 방향을 따라 단위 스팬 길이당 양력의 변화, 즉 $L' = L'(y)$가 존재한다. 결과적으로, 순환(circulation) 또한 y의 함수 $\Gamma(y) = L'(y)/\rho_\infty V_\infty$이다. 그림 5.11에서 날개 끝에서 양력 분포가 0이 되는 것은 바로 $y = -b/2$와 $b/2$에 날개의 밑면에서 윗면으로의 압력 평형화(pressure equalization)가 존재하고, 따라서 여기에서는 양력이 존재하지 않게 된다. 양력 분포 $L(y)$[혹은 순환 분포(circulation distribution $\Gamma(y)$)]의 계산은 유한날개 이론의 중심이 되는 문제 중 하나이다. 다음 절에서 이를 취급할 것이다.

요약하면, 우리는 유한날개에 대한 유도 항력, 전체 양력, 그리고 양력 분포를 계산하려고 한다. 이것이 이 장 남은 부분의 목적이다.

5.3 Prandtl의 고전적 양력선 이론 *Prandtl's Classical Lifting-Line Theory*

유한날개의 공기역학적 특성을 예측하기 위한 최초의 실용적인 이론은 Ludwig Prandtl과 독일 Göttingen에 있던 그의 동료들에 의해 제1차 세계대전이 한창이던 1911~1918년 동안에 개발되었다. 오늘날까지도 Prandtl 이론은 너무나 위대해서, 유한날개의 특성을 계산하기 위한 기초적인 단계에 여전히 사용되고 있다. 이 절의 목적은 Prandtl 이론을 설명하고, 다음 절에 기술된 현대적 수치해석법을 위한 기초를 세우는 것이다.

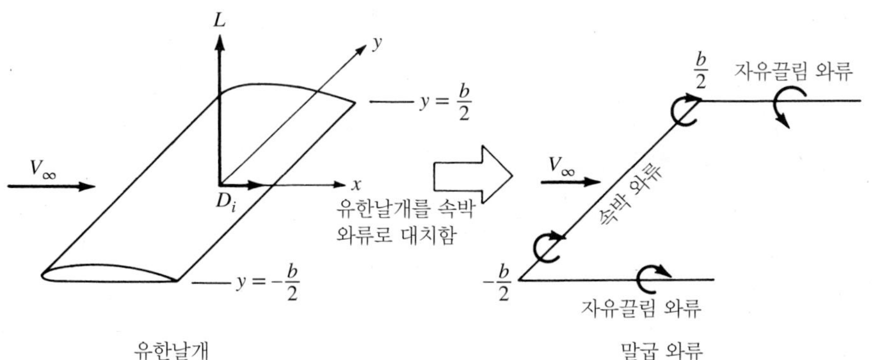

그림 5.12 유한날개를 하나의 속박 와류로 대치함

Prandtl은 다음과 같이 생각하였다. 유동 안에서 어떤 방법으로든 고정된 위치에 있게 된 강도가 Γ인 와류 필라멘트[소위 속박 와류(bound vortex)]는 Kutta-Joukowski 정리로부터 힘 $L' = \rho_\infty V_\infty \Gamma$를 받게 된다. 이 속박 와류는 *자유 와류*(free vortex)와는 다른데, 자유 와류는 유동 내에서 같은 유체 요소와 함께 이동하는 것이다. 그러므로 그림 5.12에서 보는 것같이, 스팬 길이 b를 갖는 유한날개를 $y = -b/2$에서부터 $y = b/2$까지 연결된 속박 와류로 대치하기로 한다. 그러나 Helmholtz 정리에 의하여, 와류 필라멘트는 유체 중간에서 끝날 수가 없다. 그러므로 그림 5.12에 나온 것과 같이, 와류 필라멘트가 날개 끝에서부터 무한대로, 2개의 자유 와류가 하류로 끌려내려가며 계속된다고 가정한다. 이 와류는(속박 와류와 2개의 자유 와류를 합한 것) 말굽 모양이며, 따라서 *말굽 와류*(horseshoe vortex)라고 부른다.

하나의 말굽 와류가 그림 5.13에 나와 있다. 말굽 와류에 의해서 $-b/2$에서부터 $b/2$까지의 속박 와류를 따라 유도된 내리씻음 w를 고려하자. 그림 5.13을 살펴보면, 속박 와류는 그 자신의 선을 따라서는 어떠한 속도도 유도하지 않는다. 그러나 2개의 끌림 와류(trailing vortex)는 모두 속박 와류의 방향을 따라서 생긴 유도 속도(induced velocity)에 기여하고 있으며, 둘 다 아래 방향으로 기여하고 있다. 그림 5.13의 xyz 좌표계에 따르면, 그러한 아래 방향 속도는 음수값(negative)이다. 즉, w (z 방향)는 아래로 향하였을 때 음의 값이고, 위로 향하였을 때 양의 값이다. 원점을 속박 와류의 중심에 취하면, 반무한대 길이의 끌림 와류에 의하여 유도되는 속박 와류 상 임의의 점 y에서의 속도는 식 (5.11)로부터,

$$w(y) = -\frac{\Gamma}{4\pi(b/2 + y)} - \frac{\Gamma}{4\pi(b/2 - y)} \tag{5.12}$$

식 (5.12)에서 우변의 첫 번째 항은 좌측의 끌림 와류($-b/2$ 지점으로부터 끌려내려감)에 의한 기여이고, 두 번째 항은 우측의 끌림 와류($b/2$ 지점으로부터 끌려내려감)에 의한 기여이다. 식 (5.12)는 아래와 같이 간단하게 쓸 수 있다.

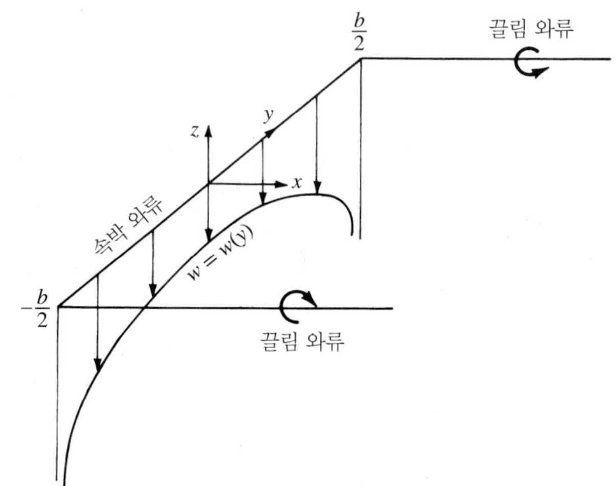

그림 5.13 하나의 말굽 와류에서 y축을 따른 내리씻음의 분포

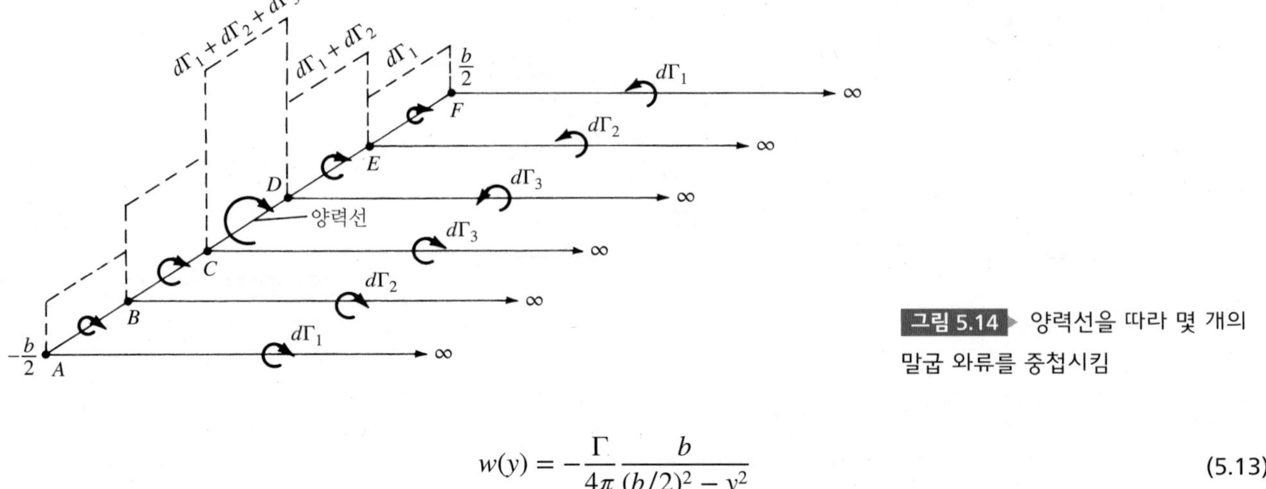

그림 5.14 양력선을 따라 몇 개의 말굽 와류를 중첩시킴

$$w(y) = -\frac{\Gamma}{4\pi}\frac{b}{(b/2)^2 - y^2} \tag{5.13}$$

이러한 $w(y)$의 변화는 그림 5.13에 나타나 있다. y 값이 $-b/2$ 혹은 $b/2$에 접근함에 따라, w가 $-\infty$로 접근함에 유의하라.

그림 5.13에 나타낸 하나의 말굽 와류에 의한 내리씻음 분포는 유한날개의 내리씻음을 사실적으로 묘사하지는 못한다. 날개 끝에서 내리씻음이 무한대로 커지는 것은 특히 더 혼란스럽다. 유한날개 이론의 전개 초기에 이러한 문제가 Prandtl과 그의 동료들을 당황스럽게 만들었다. 몇 년간의 노력 끝에 이 문제에 대한 해결책을 얻었는데, 되돌아보면 간단하고 알기 쉬운 방법이었다. 날개를 하나의 말굽 와류로 나타내는 것 대신에, 각각 서로 다른 속박 와류의 강도를 가지면서 모든 속박 와류가 *양력선*이라고 불리는 하나의 선에 일치하도록 수많은 말굽 와류를 겹쳐 놓도록 하자. 그림 5.14에 이 개념을 표시하였는데, 단순하게 하기 위하여 단지 3개의 말굽 와류만 나타내었다. 그림 5.14에 강도가 $d\Gamma_1$인 하나의 말굽 와류는, 그 속박 와류가 $-b/2$에서 $b/2$(점 A에서 F까지)까지 전체 날개에 연결되어 있다. 세기가 $d\Gamma_2$인 두 번째 말굽 와류를 여기에 중첩시키고, 이때는 속박 와류가 점 B에서 E까지 날개의 일부분에만 걸치도록 한다. 마지막으로 세기가 $d\Gamma_3$인 세 번째 말굽 와류를 여기에 중첩시키고, 이때는 속박 와류가 점 C에서 D까지 날개의 일부분에만 걸치도록 한다. 결과적으로 속박 와류선(앞에서 정의되었던 양력선)을 따라 순환(circulation)이 변하게 된다. 오직 하나의 와류만 존재하는 AB와 EF에서는 순환이 $d\Gamma_1$이다. 그러나 2개의 와류가 중첩된 BC와 DE를 따라서는, 순환은 그들 세기의 합 $d\Gamma_1 + d\Gamma_2$다. CD를 따라서는 3개의 와류가 중첩되었고, 따라서 순환은 $d\Gamma_1 + d\Gamma_2 + d\Gamma_3$다. 양력선을 따른 이러한 Γ의 변화는 그림 5.14에 수직선으로 표시하였다. 또한 그림 5.13에 나온 것 같은 단지 2개의 끌림 와류가 날개 끝으로부터 하류로 끌려내려가는 것이 아니라, 날개 스팬에 걸쳐서 일련의 끌림 와류가 분포되어 있다는 것을 그림 5.14로부터 알 수 있다. 그림 5.14의 끌림 와류는 와류의 쌍을 나타내며, 각각의 쌍은 주어진 말굽 와류와 관련되어 있다. 각각의 끌림 와류의 세기는 양력선을 따른 *순환의 변화*와 같음에 유의하자.

그림 5.14를 확장하여 *무한한 수*의 말굽 와류가 양력선을 따라서 중첩되고, 각각 무한히 작은 강도의 $d\Gamma$를 갖는 경우를 생각하자. 이를 그림 5.15에 나타냈다. 그림 5.14의 수직 막대들이 그림 5.15에서는 양력선을 따르는 연속된 $\Gamma(y)$ 분포가 된다는 점에 유의하자. 원점에서의 순환값은 Γ_0다. 또한 그림 5.14에서의 유한한 수의 끌림 와류들은 그림 5.15에서는 양력선에서 하류로 끌려내려가는 *연속된 와류면*이 됨에 유의하자. 이러한 와류면은 V_∞의 방향과 평행하다. 날개의 스팬 방향을 따라 적분한 면의 전체 세기는 0이고, 이것은 같은 강도의 끌림 와류가 서로 반대 방향으로 구성되어 있기 때문이다.

그림 5.15와 같이 좌표 y에 위치한 양력선의 무한히 작은 선분 dy를 선택하자. y에서의 순환은 $\Gamma(y)$고, 선분 dy에서의 순환의 변화는 $d\Gamma = (d\Gamma/dy)dy$다. 그 결과 y에서의 끌림 와류의 세기는 양력선을 따른 순환의 변화 $d\Gamma$와 같아야 하는데, 이는 그림 5.14에서 유한한 개수의 끌림 와류의 세기에 대하여 얻은 결과를 단순히 확장한 것이다. 그림 5.15에 나온 바와 같이, 좌표 y에서 양력선과 교차하는 세기 $d\Gamma$의 끌림 와류를 좀 더 자세히 고려해 보자. 또한 양력선 상 임의의 점 y_0를 고려하자. 끌림 와류의 모든 선분 dx는 Biot-Savart 법칙인 식 (5.5)에 의해 주어지는 크기와 방향을 갖

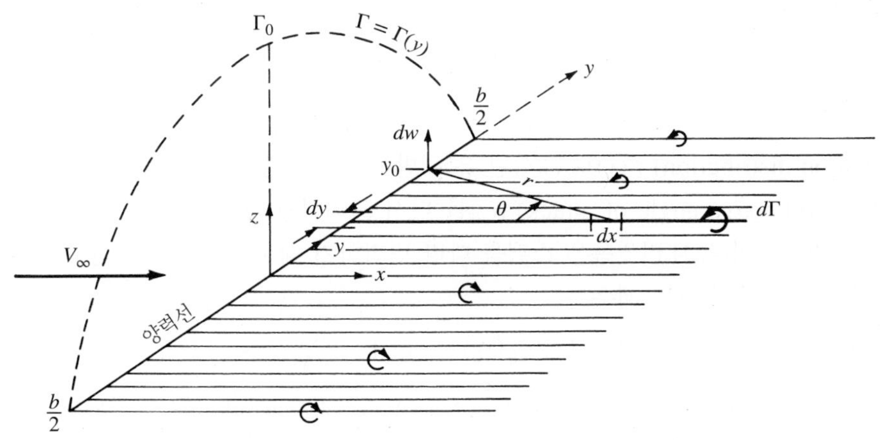

그림 5.15 양력선을 따라 무한한 수의 말굽 와류를 중첩시킴

는 속도를 y_0에 유도할 것이다. 그 결과 전체 y점에 위치하는 반무한대 길이의 끌림 와류에 의하여 점 y_0에 유도되는 속도 dw는 식 (5.11)에 의해 얻어지며, 그림 5.15의 표현과 일치시켜 쓰면 아래와 같다.

$$dw = -\frac{(d\Gamma/dy)\,dy}{4\pi(y_0 - y)} \tag{5.14}$$

식 (5.14)의 음의 부호는 그림 5.15와의 일관성(consistency)을 위해 필요하다. 즉, 그림에 나온 끌림 와류에 대해 y_0에서의 dw 방향은 위 방향이고 따라서 양의 값을 가지며, 이와는 반대로 Γ는 y 방향으로 감소하므로 $d\Gamma/dy$는 음의 값이 된다. 식 (5.14)에서의 음의 부호는 양의 값 dw와 음의 값 $d\Gamma/dy$가 서로 일관성이 있도록 하기 위한 것이다.

y_0에서 전체 끌림 와류면에 의하여 유도되는 속도의 총합 w는 모든 와류 필라멘트에 대한 식 (5.14)의 합, 다시 말해 식 (5.14)의 $-b/2$에서 $b/2$까지의 적분값이다.

$$\boxed{w(y_0) = -\frac{1}{4\pi}\int_{-b/2}^{b/2} \frac{(d\Gamma/dy)\,dy}{y_0 - y}} \tag{5.15}$$

식 (5.15)는 점 y_0에서의 모든 끌림 와류에 의한 내리씻음 값을 준다는 점에서 중요하다(비록 우리가 w를 내리씻음이라고 표기하였지만, xyz 직교 좌표계에서의 일반적인 관례와의 일관성을 위해 위 방향일 경우가 양의 값이 됨을 기억하라).

잠시 멈추어, 지금까지 검토한 내용을 평가해 보자. 유한날개를 그림 5.15에서 보인 바와 같이 순환 $\Gamma(y)$가 지속적으로 변하는 양력선 모델로 대치하였다. 그 결과 식 (5.15)로 주어지는 양력선을 따른 내리씻음에 대한 표현을 얻었다. 그러나 중심적인 문제는 여전히 남아 있다. 즉, 주어진 유한날개에 대한 $\Gamma(y)$와 이에 대응하는 전체 양력(total lift)과 유도 항력을 *계산*하려고 한다. 그러므로 계속 더 진행하여야 한다.

유한날개의 국소 익형 단면을 보여주는 그림 5.6으로 돌아가자. 스팬 방향의 y_0 위치에 이 단면이 있다고 가정하자. 그림 5.6으로부터 유도 받음각 α_i는 다음 식으로 주어진다.

$$\alpha_i(y_0) = \tan^{-1}\left(\frac{-w(y_0)}{V_\infty}\right) \tag{5.16}$$

[그림 5.6에서 w는 아래 방향이며, 따라서 음의 값을 갖는다. 그림 5.6에서 α_i는 양의 값이기 때문에, 식 (5.16)에서의 음의 부호는 일관성을 위해서 필요하다.] 일반적으로 w는 V_∞보다 매우 작으며, 따라서 α_i는 커봐야 몇 도 정도의 작은 각이다. 작은 각에 대해서 식 (5.16)은 다음 식이 된다.

$$\alpha_i(y_0) = -\frac{w(y_0)}{V_\infty} \tag{5.17}$$

식 (5.15)를 식 (5.17)에 대입하면,

$$\boxed{\alpha_i(y_0) = \frac{1}{4\pi V_\infty} \int_{-b/2}^{b/2} \frac{(d\Gamma/dy)\,dy}{y_0 - y}} \tag{5.18}$$

즉, 날개 길이 방향의 순환 분포(circulation distribution) $\Gamma(y)$로 표시된 유도 받음각에 대한 식을 얻는다.

그림 5.6에 나온 것 같은 *유효* 받음각(effective angle of attack) α_{eff}를 다시 고려하자. 5.1절에서 설명한 것과 같이 α_{eff}는 국소 익형 단면이 실제로 보는 받음각이다. 내리씻음은 스팬을 따라 변화하기 때문에 α_{eff} 또한 변수이다. 즉, $\alpha_{\text{eff}} = \alpha_{\text{eff}}(y_0)$다. $y = y_0$에 위치한 익형 단면에 대한 양력 계수는

$$c_l = a_0[\alpha_{\text{eff}}(y_0) - \alpha_{L=0}] = 2\pi[\alpha_{\text{eff}}(y_0) - \alpha_{L=0}] \tag{5.19}$$

식 (5.19)에서 국소 단면 양력 기울기(local section lift slope) a_0는 얇은 익형의 이론값 $2\pi(\text{rad}^{-1})$로 대치되었다. 또한 공력 비틀림(aerodynamic twist)이 존재하는 날개에 대해서는 식 (5.19)의 영양력 받음각(angle of zero lift) $\alpha_{L=0}$는 y_0와 함께 변한다. 만일 공력 비틀림이 존재하지 않는다면 $\alpha_{L=0}$는 스팬 방향으로 일정하다. 어느 경우라도 $\alpha_{L=0}$는 국소 익형 단면이 결정되면 정해지는 알고 있는 특성값(property)이다. 양력 계수의 정의와 Kutta-Joukowski 정리로부터 y_0에 위치하는 국소 익형 단면에 대해 다음 식이 성립한다.

$$L' = \tfrac{1}{2}\rho_\infty V_\infty^2 c(y_0) c_l = \rho_\infty V_\infty \Gamma(y_0) \tag{5.20}$$

식 (5.20)으로부터 다음을 얻는다.

$$c_l = \frac{2\Gamma(y_0)}{V_\infty c(y_0)} \tag{5.21}$$

식 (5.21)을 식 (5.19)에 대입하고, α_{eff}에 대하여 풀면

$$\alpha_{\text{eff}} = \frac{\Gamma(y_0)}{\pi V_\infty c(y_0)} + \alpha_{L=0} \tag{5.22}$$

식 (5.1)을 참조하면 위 식의 중요성을 알게 된다.

$$\alpha_{\text{eff}} = \alpha - \alpha_i \tag{5.1}$$

식 (5.18)과 (5.22)를 식 (5.1)에 대입하면 다음 식을 얻는다.

$$\boxed{\alpha(y_0) = \frac{\Gamma(y_0)}{\pi V_\infty c(y_0)} + \alpha_{L=0}(y_0) + \frac{1}{4\pi V_\infty} \int_{-b/2}^{b/2} \frac{(d\Gamma/dy)\,dy}{y_0 - y}} \tag{5.23}$$

이것은 *Prandtl의 양력선 이론의 기본식*이며, 단순히 기하학적 받음각은 유효 받음각(effective angle)과 유도 받음각을 더한 것이라는 표현이다. 식 (5.23)에서 α_{eff}는 Γ의 항으로 표현되었고, α_i는 $d\Gamma/dy$를 포함하는 적분 항으로 표현되었다. 그러므로 식 (5.23)은 단 하나의 미지수에 대한 적분−미분 혼합식(integro-differential equation)이며, α, c, V_∞ 및 $\alpha_{L=0}$와 같은 다른 모든 값들은 유동의 속도와 기하학적 받음각과 설계 형상을 알고 있는 유한날개에 대해서는 이미 아는 값들이다. 그러므로 식 (5.23)의 하나의 해로 $\Gamma = \Gamma(y_0)$를 얻는데, 여기서 y_0는 스팬 방향으로 $-b/2$에서 $b/2$까지 변하는 값이다.

식 (5.23)으로부터 얻어진 $\Gamma = \Gamma(y_0)$의 해는 유한날개에 대한 다음과 같은 세 가지의 중점적인 공기역학적 특성을 알려준다.

1. 양력 분포는 Kutta-Joukowski 정리로부터 얻는다.

$$L'(y_0) = \rho_\infty V_\infty \Gamma(y_0) \tag{5.24}$$

2. 전체 양력은 스팬을 따라 식 (5.24)를 적분함으로써 얻는다.

$$L = \int_{-b/2}^{b/2} L'(y)\, dy$$

또는

$$L = \rho_\infty V_\infty \int_{-b/2}^{b/2} \Gamma(y)\, dy \tag{5.25}$$

(단순화를 위하여, y에서 아래첨자를 삭제하였음에 유의하라.) 식 (5.25)로부터 양력 계수를 바로 얻을 수 있다.

$$C_L = \frac{L}{q_\infty S} = \frac{2}{V_\infty S} \int_{-b/2}^{b/2} \Gamma(y)\, dy \tag{5.26}$$

3. 그림 5.4를 살펴보면 유도 항력을 얻을 수 있다. 단위 스팬 길이당 유도 항력은

$$D_i' = L_i' \sin \alpha_i$$

α_i가 작기 때문에 위 식은 다음과 같이 쓸 수 있다.

$$D_i' = L_i' \alpha_i \tag{5.27}$$

스팬 전체를 따라 식 (5.27)을 적분하면 전체 유도 항력을 얻게 된다.

$$D_i = \int_{-b/2}^{b/2} L'(y) \alpha_i(y)\, dy \tag{5.28}$$

또는

$$D_i = \rho_\infty V_\infty \int_{-b/2}^{b/2} \Gamma(y) \alpha_i(y)\, dy \tag{5.29}$$

결과적으로 유도 항력 계수는 다음과 같이 된다.

$$C_{D,i} = \frac{D_i}{q_\infty S} = \frac{2}{V_\infty S} \int_{-b/2}^{b/2} \Gamma(y) \alpha_i(y)\, dy \tag{5.30}$$

식 (5.27)~(5.30)에 나오는 $\alpha_i(y)$는 식 (5.18)로부터 얻는다. 그러므로 Prandtl의 양력선 이론에서, 식 (5.23)을 $\Gamma(y)$에 대해 해를 구하는 것이 유한날개의 공기역학적 특성을 구하는 확실한 관건이다. 식의 일반적인 해를 검토하기 전에, 다음에 소개하는 특별한 경우를 먼저 고려해 보자.

5.3.1 타원형 양력 분포 *Elliptical Lift Distribution*

다음 식에 나오는 순환 분포(circulation distribution)를 고려하자.

$$\Gamma(y) = \Gamma_0 \sqrt{1 - \left(\frac{2y}{b}\right)^2} \tag{5.31}$$

식 (5.31)에서 다음에 유의하라.

1. Γ_0는 그림 5.15에 나온 원점에 있는 순환값이다.
2. 순환이 스팬 방향으로 거리 y에 따라 타원형으로 변하므로 *타원형 순환 분포*(elliptical circulation distribution)라고 정의한다. $L'(y) = \rho_\infty V_\infty \Gamma(y)$이므로 다음 식을 얻을 수 있다.

$$L'(y) = \rho_\infty V_\infty \Gamma_0 \sqrt{1 - \left(\frac{2y}{b}\right)^2}$$

그러므로 *타원형 양력 분포*를 다루고 있는 것이다.

3. $\Gamma(b/2) = \Gamma(-b/2) = 0$이다. 따라서 그림 5.15에 나온 것같이 순환, 따라서 양력은 날개 끝에서 자연히 0이 된다. 식 (5.31)은 식 (5.23)을 직접 풀어서 얻은 것이 아니라 단순하게 타원형의 양력 분포를 가정한 것이다. 다음과 같

은 질문을 할 수 있다. "이러한 타원형 양력 분포를 갖는 유한날개의 공기역학적 특성은 무엇인가?"

우선 내리씻음을 계산하자. 식 (5.31)을 미분하여 다음 식을 얻는다.

$$\frac{d\Gamma}{dy} = -\frac{4\Gamma_0}{b^2}\frac{y}{(1-4y^2/b^2)^{1/2}} \tag{5.32}$$

식 (5.32)를 식 (5.15)에 대입하면 다음 식을 얻는다.

$$w(y_0) = \frac{\Gamma_0}{\pi b^2}\int_{-b/2}^{b/2}\frac{y}{(1-4y^2/b^2)^{1/2}(y_0-y)}\,dy \tag{5.33}$$

다음과 같은 치환에 의하여 적분을 쉽게 구할 수 있다.

$$y = \frac{b}{2}\cos\theta \quad dy = -\frac{b}{2}\sin\theta\,d\theta$$

따라서 식 (5.33)은 다음과 같이 된다.

$$w(\theta_0) = -\frac{\Gamma_0}{2\pi b}\int_{\pi}^{0}\frac{\cos\theta}{\cos\theta_0-\cos\theta}\,d\theta$$

또는

$$w(\theta_0) = -\frac{\Gamma_0}{2\pi b}\int_{0}^{\pi}\frac{\cos\theta}{\cos\theta-\cos\theta_0}\,d\theta \tag{5.34}$$

식 (5.34)의 적분은 식 (4.26)에 나오는 표준형의 $n = 1$일 때이다. 따라서 식 (5.34)는 다음이 된다.

$$\boxed{w(\theta_0) = -\frac{\Gamma_0}{2b}} \tag{5.35}$$

이것은 *타원형 양력 분포일 때는 날개 스팬 전체에 걸쳐 내리씻음이 일정하다*는 흥미롭고 중요한 결과를 기술한다. 그 결과 식 (5.17)로부터 유도 받음각에 대해 다음을 얻는다.

$$\alpha_i = -\frac{w}{V_\infty} = \frac{\Gamma_0}{2bV_\infty} \tag{5.36}$$

타원형 양력 분포일 때는 유도 받음각 역시 스팬 방향으로 일정하다. 식 (5.35)와 (5.36)으로부터 날개의 스팬 길이가 무한대로 될 때 내리씻음과 유도 받음각은 모두 0이 됨에 유의하라. 이것은 전에 익형 이론에서 검토한 것과 일치한다.

α_i를 더 유용하도록 다음과 같이 쓸 수 있다. 식 (5.31)을 식 (5.25)에 대입하면 다음 식을 얻는다.

$$L = \rho_\infty V_\infty \Gamma_0 \int_{-b/2}^{b/2}\left(1-\frac{4y^2}{b^2}\right)^{1/2} dy \tag{5.37}$$

다시 한번 $y = (b/2)\cos\theta$ 변환을 이용하면, 식 (5.37)은 쉽게 적분되어 다음과 같이 된다.

$$L = \rho_\infty V_\infty \Gamma_0 \frac{b}{2}\int_0^{\pi}\sin^2\theta\,d\theta = \rho_\infty V_\infty \Gamma_0 \frac{b}{4}\pi \tag{5.38}$$

식 (5.38)을 Γ_0에 대해 정리하면

$$\Gamma_0 = \frac{4L}{\rho_\infty V_\infty b\pi} \tag{5.39}$$

그러나 $L = \frac{1}{2}\rho_\infty V_\infty^2 S C_L$이다. 그러므로 식 (5.39)는 다음과 같이 된다.

$$\Gamma_0 = \frac{2V_\infty S C_L}{b\pi} \tag{5.40}$$

식 (5.40)을 식 (5.36)에 대입하면 다음 식을 얻는다.

$$\alpha_i = \frac{2V_\infty S C_L}{b\pi}\frac{1}{2bV_\infty}$$

또는

$$\alpha_i = \frac{SC_L}{\pi b^2} \tag{5.41}$$

유한날개의 중요한 기하학적 상태량은 *종횡비*(aspect ratio)이며, AR이라고 표기하고 다음과 같이 정의된다.

$$\text{AR} \equiv \frac{b^2}{S}$$

그러므로 식 (5.41)은 다음 식이 된다.

$$\boxed{\alpha_i = \frac{C_L}{\pi \text{AR}}} \tag{5.42a}$$

식 (5.42*a*)는 다음에서 보이는 것과 같이 유도 받음각에 대한 유용한 수식이다.

α_i가 상수임을 인지하면, 유도 항력 계수는 식 (5.30)으로부터 다음과 같이 얻을 수 있다.

$$C_{D,i} = \frac{2\alpha_i}{V_\infty S}\int_{-b/2}^{b/2}\Gamma(y)\,dy = \frac{2\alpha_i\Gamma_0}{V_\infty S}\frac{b}{2}\int_0^\pi \sin^2\theta\,d\theta = \frac{\pi\alpha_i\Gamma_0 b}{2V_\infty S} \tag{5.42b}$$

식 (5.40)과 (5.42*a*)를 식 (5.42*b*)에 대입하면 다음 식을 얻는다.

$$C_{D,i} = \frac{\pi b}{2V_\infty S}\left(\frac{C_L}{\pi \text{AR}}\right)\frac{2V_\infty S C_L}{b\pi}$$

또는

$$\boxed{C_{D,i} = \frac{C_L^2}{\pi \text{AR}}} \tag{5.43}$$

식 (5.43)은 중요한 결과이다. 이 식은 유도 항력 계수가 직접 양력 계수의 제곱에 비례함을 말해 준다. 유도 항력이 양력에 종속된다는 것은 다음 이유에 의해서 놀라운 일은 아니다. 5.1절에서 유도 항력은 날개 끝 와류의 존재에 의한 결과임을 보았고, 이것은 날개 윗면과 아랫면의 압력 차이에 의해 발생함을 보았다. 양력도 이것과 같은 압력 차이에 의해 발생한다. 그러므로 유도 항력은 유한날개에서의 양력 발생과 밀접하게 연관되어 있으며, 실제로 유도 항력을 흔히 *양력에 의한 항력*(drag due to lift)이라고 부른다. 식 (5.43)은 이러한 점을 극적으로 보여주고 있다. 분명히 항공기는 아무 대가(price) 없이 양력을 발생시킬 수는 없다. 유도 항력이 양력을 발생시키기 위해 지불하는 대가이다. 유도 항력을 극복하기 위해 요구되는 항공기 엔진의 동력은 단지 항공기의 양력을 발생시키기 위해 요구되는 동력인 것이다. 또한 $C_{D,i} \propto C_L^2$이므로 유도 항력 계수는 C_L이 증가함에 따라 빠르게 증가하고, C_L이 높을 때(예를 들면, 이륙 혹은 착륙과 같이 항공기가 천천히 비행할 때)에는 전체 항력 계수의 상당한 부분을 차지함에 유의하라. 상대적으로 높은 순항 속도에서도 유도 항력은 전체 항력의 25%를 차지하는 것이 전형적이다.

유도 항력의 또 다른 중요한 면을 식 (5.43)에서 명확하게 볼 수 있는데, 그것은 $C_{D,i}$가 *날개의 종횡비에 반비례한다*는 것이다. 그러므로 유도 항력을 줄이기 위해서는 가능한 한 가장 높은 종횡비를 갖는 유한날개를 원하게 된다. 높은 종횡비와 낮은 종횡비를 갖는 날개가 그림 5.16에 나와 있다. 불행히도, 매우 높은 종횡비의 날개는 충분한 구조적 강도를 갖도록 설계하기가 쉽지 않다. 그러므로 일반적인 비행기의 종횡비는 서로 상반되는 공기역학적 요구와 구조적 요구 사이의 절충으로 결정된다. 1903년 Wright Flyer의 종횡비는 6이며, 오늘날 일반적인 아음속 항공기들의 종횡비가 전형적으로 6~8 사이인 것은 흥미로운 일이다[예외로 Lockheed U-2 고고도 정찰 항공기는 AR = 14.3이고, 활공기(sail-plane)는 51까지의 높은 종횡비를 가진 것도 있다. 예를 들어 1994년에 설계되어 2004년까지 100대 이상 생산된 Schempp-Hirth Nimbus 4 활공기의 종횡비는 39다. 2000년에 설계되어 2004년에 6대가 생산된 ETA 활공기

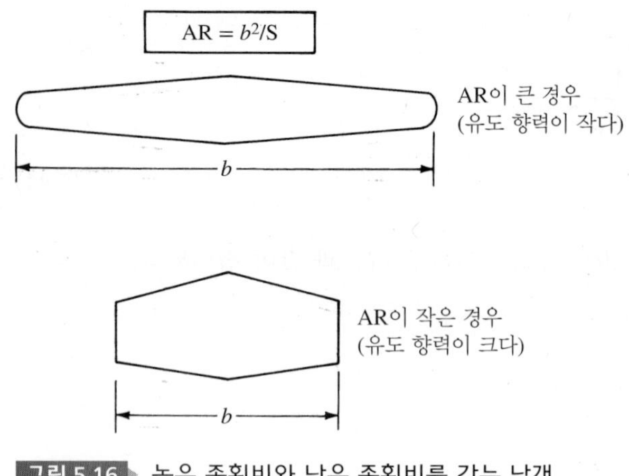

그림 5.16 높은 종횡비와 낮은 종횡비를 갖는 날개

그림 5.17 서로 관련된 특성에 대한 표현: 타원형 양력 분포, 타원형 날개의 평면 형상, 그리고 일정한 내리씻음

의 종횡비는 51.3이다].

타원형 양력 분포의 또 따른 특성은 다음과 같다. 기하학적 뒤틀림(geometric twist)이 없는(즉, 스팬 방향으로 α가 일정) 경우와 공기역학적 뒤틀림(aerodynamic twist)이 없는(즉, 스팬 방향으로 $\alpha_{L=0}$가 일정) 날개를 고려해 보자. 식 (5.36)으로부터 스팬 방향으로 α_i는 일정한 것을 보았다. 따라서 $\alpha_{\text{eff}} = \alpha - \alpha_i$ 또한 스팬 방향으로 일정하다. 국소 단면 양력 계수(local section lift coefficient) c_l는 아래의 식에 의하여 주어지므로,

$$c_l = a_0(\alpha_{\text{eff}} - \alpha_{L=0})$$

각각의 단면에 대해 a_0는 같다고 가정하면(얇은 익형 이론으로부터 $a_0 = 2\pi$), c_l은 스팬 방향을 따라 일정해야만 한다. 단위 스팬 길이당 양력은 다음 식으로 주어진다.

$$L'(y) = q_\infty c c_l \tag{5.44}$$

시위에 대하여 식 (5.44)의 해를 구하면 다음 식을 얻는다.

$$c(y) = \frac{L'(y)}{q_\infty c_l} \tag{5.45}$$

식 (5.45)에서 q_∞와 c_l은 스팬 방향으로 일정하다. 그러나 $L'(y)$는 스팬 방향을 따라 타원형으로 변한다. 그러므로 식 (5.45)는 타원형 양력 분포를 갖는 경우에 대해서, *시위는 스팬 방향으로 타원형으로 변해야 하는 것*을 말하고 있다. 즉, 위 조건에서 *날개의 평면 형상*(wing planform)은 *타원형*이어야 한다.

관련된 특성들, 즉 타원형 양력 분포, 타원형 날개의 평면 형상, 그리고 일정한 내리씻음 등을 그림 5.17에 표현하였다. 비록 타원형 양력 분포가 제한된 특별한 경우인 것처럼 보이겠지만, 실제에서는 임의의 형상 유한날개의 유도 항력 계수에 대해 상당히 잘 맞는 근사값을 제공한다. 일반적인 날개의 경우에 식 (5.43)에 나온 $C_{D,i}$를 약간 변형하여 사용할 수 있다. 이제 일반적인 양력 분포를 갖는 유한날개의 경우를 고려해 보자.

5.3.2 일반적인 양력 분포 *General Lift Distribution*

다음의 변환을 고려하자.

$$y = -\frac{b}{2}\cos\theta \tag{5.46}$$

여기서 스팬 방향의 좌표는 θ $(0 \le \theta \le \pi)$로 주었다. 식 (5.31)에 의하여 주어진 타원형 양력 분포를 θ의 항으로 표시하면 다음과 같다.

$$\Gamma(\theta) = \Gamma_0 \sin\theta \tag{5.47}$$

식 (5.47)은 임의의 형상을 갖는 유한날개의 일반적인 순환 분포에 대한 적절한 표현이 Fourier 급수임을 암시한다. 그러므로 일반적인 경우에 대하여 다음을 가정한다.

$$\Gamma(\theta) = 2bV_\infty \sum_{1}^{N} A_n \sin n\theta \tag{5.48}$$

여기서 급수에서의 N 값은 우리가 원하는 정확도에 맞게 선택할 수 있다. 식 (5.48)의 계수 A_n $(n = 1, \ldots, N)$은 미지수이다. 그러나 이것은 Prandtl의 양력선 이론의 기본식을 만족해야만 한다. 다시 말하면 A_n은 식 (5.23)을 만족해야만 한다. 식 (5.48)을 미분하면 다음 식을 얻는다.

$$\frac{d\Gamma}{dy} = \frac{d\Gamma}{d\theta}\frac{d\theta}{dy} = 2bV_\infty \sum_{1}^{N} nA_n \cos n\theta \frac{d\theta}{dy} \tag{5.49}$$

식 (5.48)과 (5.49)를 식 (5.23)에 대입하면 다음 식을 얻는다.

$$\alpha(\theta_0) = \frac{2b}{\pi c(\theta_0)} \sum_{1}^{N} A_n \sin n\theta_0 + \alpha_{L=0}(\theta_0) + \frac{1}{\pi} \int_0^\pi \frac{\sum_1^N nA_n \cos n\theta}{\cos\theta - \cos\theta_0} d\theta \tag{5.50}$$

식 (5.50)의 적분은 식 (4.26)에 나오는 표준형이다. 그러므로 식 (5.50)은 다음과 같이 된다.

$$\boxed{\alpha(\theta_0) = \frac{2b}{\pi c(\theta_0)} \sum_{1}^{N} A_n \sin n\theta_0 + \alpha_{L=0}(\theta_0) + \sum_{1}^{N} nA_n \frac{\sin n\theta_0}{\sin\theta_0}} \tag{5.51}$$

식 (5.51)을 자세히 살펴보자. 그것은 하나의 스팬 방향 위치에서 계산한 것이다. 따라서 θ_0는 정해진 값이다. 결과적으로 b, $c(\theta_0)$, $\alpha_{L=0}(\theta_0)$는 유한날개의 형상과 익형의 단면으로부터 이미 알고 있는 값이다. 식 (5.15)에서 미지수는 A_n뿐이다. 그러므로 식 (5.51)은 특정한 스팬 방향의 위치에 대한(특정한 θ_0에 대한) N개의 미지수 $A_1, A_2, \ldots, A_n$을 갖는 하나의 대수식이다. 이제 N개의 서로 다른 스팬 방향의 위치를 선택하고, 이 N개의 위치에 대하여 식 (5.51)의 값을 구해 보자. 그러면 N개의 미지수 $A_1, A_2, \ldots, A_N$을 갖는 서로 독립적인 N개의 대수식 한 조를 얻는다. 이러한 방식으로 A_n에 대한 실제 수치값을 얻는다. 식 (5.48)에 의하여 주어지는 일반적인 순환 분포가 식 (5.23)의 유한날개 이론의 기본식을 만족시키는 수치값이다.

식 (5.48)에 의해 $\Gamma(\theta)$ 값을 구했으므로 유한날개의 양력 계수는 식 (5.48)을 식 (5.26)에 대입함으로써 바로 구할 수 있다.

$$C_L = \frac{2}{V_\infty S} \int_{-b/2}^{b/2} \Gamma(y)\, dy = \frac{2b^2}{S} \sum_{1}^{N} A_n \int_0^\pi \sin n\theta \sin\theta \, d\theta \tag{5.52}$$

식 (5.52)에서 적분은

$$\int_0^\pi \sin n\theta \sin\theta \, d\theta = \begin{cases} \pi/2 & \text{for } n = 1 \\ 0 & \text{for } n \neq 1 \end{cases}$$

그러므로 식 (5.52)는 다음과 같이 된다.

$$C_L = A_1 \pi \frac{b^2}{S} = A_1 \pi \mathrm{AR} \tag{5.53}$$

C_L이 Fourier 급수 전개의 첫 번째 계수에만 종속되는 것에 주의하라(그러나 C_L이 오직 A_1에만 종속될지라도, A_1 값을 얻기 위해서는 모든 A_n 값에 대하여 동시에 연립으로 풀어야만 한다).

유도 항력 계수는 다음과 같이 식 (5.48)을 식 (5.30)에 대입하여 얻는다.

$$C_{D,i} = \frac{2}{V_\infty S}\int_{-b/2}^{b/2} \Gamma(y)\alpha_i(y)\,dy \tag{5.54}$$

$$= \frac{2b^2}{S}\int_0^\pi \left(\sum_1^N A_n \sin n\theta\right)\alpha_i(\theta)\sin\theta\,d\theta$$

식 (5.54)의 유도 받음각 $\alpha_i(\theta)$는 식 (5.46)과 (5.49)를 식 (5.18)에 대입하여 얻으며, 결과는 다음과 같다.

$$\alpha_i(y_0) = \frac{1}{4\pi V_\infty}\int_{-b/2}^{b/2} \frac{(d\Gamma/dy)\,dy}{y_0 - y}$$

$$= \frac{1}{\pi}\sum_1^N nA_n \int_0^\pi \frac{\cos n\theta}{\cos\theta - \cos\theta_0}d\theta \tag{5.55}$$

식 (5.55)의 적분은 식 (4.26)에 나오는 표준 형태이다. 따라서 식 (5.55)는 다음 식이 된다.

$$\alpha_i(\theta_0) = \sum_1^N nA_n \frac{\sin n\theta_0}{\sin\theta_0} \tag{5.56}$$

식 (5.56)에서 θ_0는 날개의 스팬 방향으로 0에서 π까지 변하는 가변수(dummy variable)이다. 그러므로 θ로 대치될 수 있고, 식 (5.56)을 다음과 같이 쓸 수 있다.

$$\alpha_i(\theta) = \sum_1^N nA_n \frac{\sin n\theta}{\sin\theta} \tag{5.57}$$

식 (5.57)을 식 (5.54)에 대입하면,

$$C_{D,i} = \frac{2b^2}{S}\int_0^\pi \left(\sum_1^N A_n \sin n\theta\right)\left(\sum_1^N nA_n \sin n\theta\right)d\theta \tag{5.58}$$

식 (5.58)을 자세히 보면 두 종류의 합산을 서로 곱한 것이다. 또한 표준 적분표에서 다음을 알 수 있다.

$$\int_0^\pi \sin m\theta \sin k\theta = \begin{cases} 0 & \text{for } m \neq k \\ \pi/2 & \text{for } m = k \end{cases} \tag{5.59}$$

그러므로 식 (5.58)에서 서로 다른 아래첨자를 포함하는 혼합 곱의 항들(A_1A_2, A_2A_4 같은 것들)은 식 (5.59)에서 0이 된다. 그러므로 식 (5.58)은 다음과 같이 된다.

$$C_{D,i} = \frac{2b^2}{S}\left(\sum_1^N nA_n^2\right)\frac{\pi}{2} = \pi \text{AR}\sum_1^N nA_n^2$$

$$= \pi\text{AR}\left(A_1^2 + \sum_2^N nA_n^2\right)$$

$$= \pi\text{AR}\,A_1^2\left[1 + \sum_2^N n\left(\frac{A_n}{A_1}\right)^2\right] \tag{5.60}$$

C_L에 관한 식 (5.53)을 식 (5.60)에 대입하면 다음을 얻는다.

$$\boxed{C_{D,i} = \frac{C_L^2}{\pi\text{AR}}(1+\delta)} \tag{5.61}$$

여기서 $\delta = \sum_2^N n(A_n/A_1)^2$이다. $\delta \geq 0$임에 주의하면, 식 (5.61)의 $1 + \delta$는 1보다 크거나 혹은 적어도 1과 같은 것

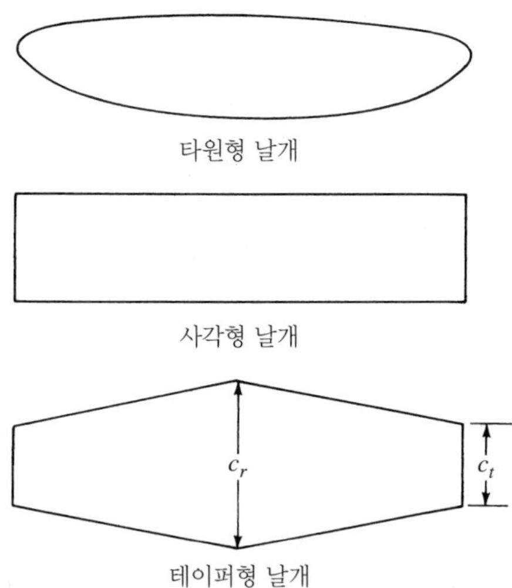

그림 5.18 후퇴각이 없는 날개의 여러 가지 평면 형상

을 알 수 있다. 스팬 효율 계수(span efficiency factor) e를 $e = (1 + \delta)^{-1}$로 정의하면, 식 (5.61)은 다음과 같이 쓸 수 있다.

$$C_{D,i} = \frac{C_L^2}{\pi e \text{AR}} \tag{5.62}$$

여기서 $e \leq 1$이다. 일반적인 양력 분포에 대한 식 (5.61)과 (5.62)를 타원형 양력 분포에 대한 식 (5.43)과 비교하고, 타원형 양력 분포에서는 $\delta = 0$과 $e = 1$인 것에 유의하라. 따라서 최소 유도 항력을 만들어내는 양력 분포는 *타원형 양력 분포*이다. 이것이 타원형 양력 분포에 실제적인 관심을 갖는 이유이다.

공기역학적 뒤틀림(aerodynamic twist)과 기하학적 뒤틀림(geometric twist)이 없는 날개에 있어서, 타원형 양력 분포는 그림 5.18의 맨 위에 나온 것 같은 타원형 평면 형상을 가진 날개에 의하여 생성되는 것을 기억하라. 과거의 몇몇 항공기들이 타원형 날개로 설계되었는데, 아마도 가장 유명한 항공기는 그림 5.19의 제2차 세계대전 당시 영국의 Spitfire일 것이다. 그러나 타원형 날개는 그림 5.18의 중간에 나온 것과 같은 단순 사각형 날개에 비하여 제작 비용이 많이 든다. 반면 사각형 날개는 최적(optimum) 상태와는 아주 다른 양력 분포를 만들어낸다. 이들 두 가지 경우에 대한 절충안은 그림 5.18의 아래에 나온 것과 같은 테이퍼형 날개(tapered wing)이다. 테이퍼형 날개는 테이퍼비, 즉 (날개 끝 시위)/(뿌리 시위) $\equiv c_t/c_r$를 이용하여 양력 분포가 타원형의 경우와 가깝도록 설계할 수 있다. 서로 다른 종횡비의 날개들에 대한 테이퍼비의 함수로 나타나는 δ의 변화가 그림 5.20에 나와 있다. δ의 계산은 유명한 영국 공기역학자 Hermann Glauert가 최초로 수행했으며, 1926년에 참고문헌 18로 발간되었다. Glauert는 식 (5.60)의 급수 전개에서 단지 4개의 항만을 사용하였다. 그림 5.20에 나온 결과는 급수 전개에 50개의 항을 사용하여 Pennsyvania 주립대학의 B.W. McCormick가 수행한 최근의 컴퓨터 계산결과에 근거한 것이다. 그림 5.20으로부터 테이퍼형 날개는 최소값에 근접한 최소 유도 항력 계수로 설계될 수 있음을 인지하라. 첨언하면, 직선의 앞전과 뒷전을 갖는 테이퍼형 날개는 타원형에 비하여 제작하기가 상당히 쉽다. 그러므로 대부분의 일반 항공기는 타원형 날개보다는 테이퍼형 날개를 채택하고 있다.

5.3.3 종횡비의 효과 *Effect of Aspect Ratio*

식 (5.61)과 (5.62)로 돌아가서, 일반적인 양력 분포를 갖는 유한날개의 유도 항력 계수는 타원형 양력 분포와 관련된 앞선 설명과 같이 종횡비에 반비례하는 것에 유의하자. 표준 아음속 항공기와 활공기에서 보통 6~22 사이 값을 갖는 AR은 δ 값보다 $C_{D,i}$ 값에 더 강한 영향을 주는데, 그림 5.20에 의하면 δ는 실용적인 테이퍼비의 범위에서 겨우 10% 정도밖에 변하지 않는 것을 알 수 있다. 그러므로 유도 항력을 최소화하기 위한 주된 설계 방향은 타원형 양력 분포에 가깝게 하는 것보다는, 종횡비를 가능한 한 크게 하는 것이다. $C_{D,i}$가 AR에 반비례함을 정의한 것은 Prandtl의 양력선

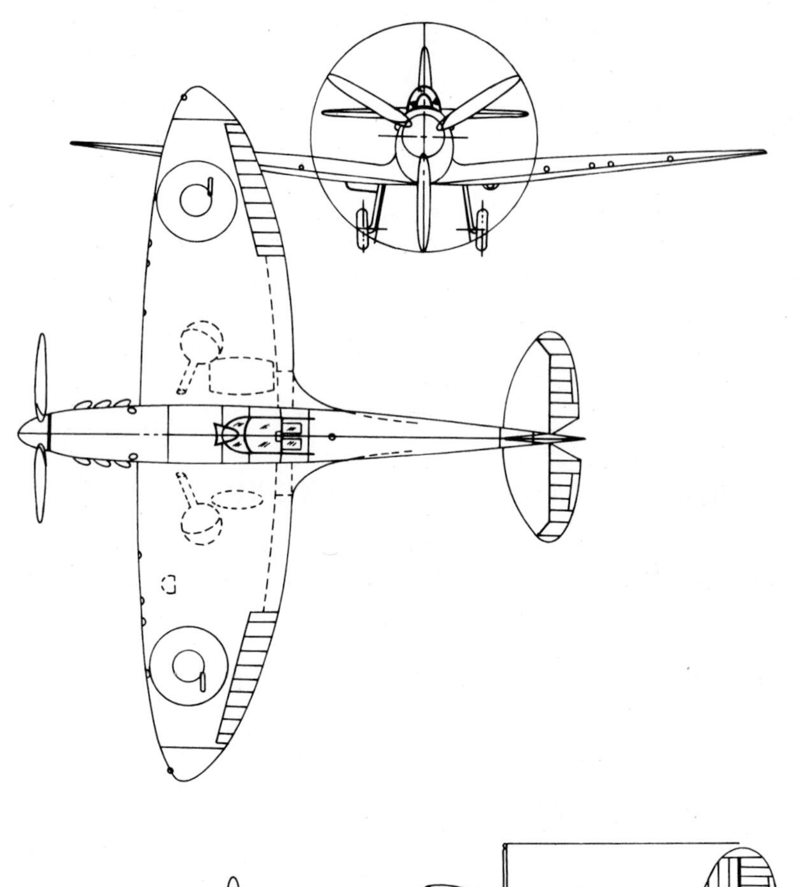

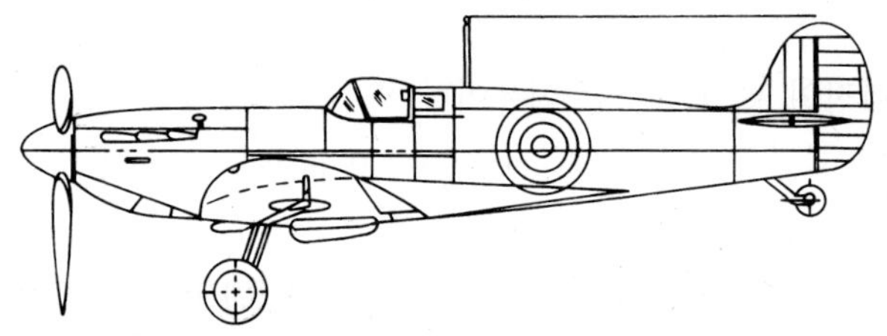

그림 5.19 제2차 세계대전 당시 유명한 영국 전투기인 Supermarine Spitfire의 삼면도

이론의 위대한 승리 중 하나이다. 1915년에 Prandtl은 이 결과를 서로 다른 종횡비를 갖는 7개의 직사각형 날개 양력과 항력을 측정한 고전적인 실험으로 증명하였다. 자료는 그림 5.21에 나와 있다. 식 (5.4)로부터 유한날개의 전체 항력이 다음 식으로 표시된 것을 기억하라.

$$C_D = c_d + \frac{C_L^2}{\pi e \mathrm{AR}} \tag{5.63}$$

식 (5.63)에 나온 것 같은, C_L에 따른 C_D 값이 포물선형으로 변하는 것이 그림 5.21의 자료에 반영되어 있다. 이것은 양력 계수에 대한 항력 계수의 도표이며, *항력 극곡선*(drag polar)이라 부른다. 마찬가지로 식 (5.63)을 항력 극곡선의 식이라고 부른다. 서로 다른 종횡비 AR_1과 AR_2를 갖는 2개의 날개를 고려하면, 식 (5.63)으로 각각의 날개 항력 계수 $C_{D,1}$과 $C_{D,2}$를 다음과 같이 쓸 수 있다.

$$C_{D,1} = c_d + \frac{C_L^2}{\pi e \mathrm{AR}_1} \tag{5.64a}$$

$$C_{D,2} = c_d + \frac{C_L^2}{\pi e \mathrm{AR}_2} \tag{5.64b}$$

두 날개가 같은 C_L 값에 있다고 가정하자. 또한 두 날개의 익형 단면이 같기 때문에 c_d는 본질적으로 같다. 더욱이 두 날개 e 값의 차이는 단지 몇 퍼센트이므로 무시할 수 있다. 그러므로 식 (5.64*a*)에서 (5.64*b*)를 빼면 다음을 얻는다.

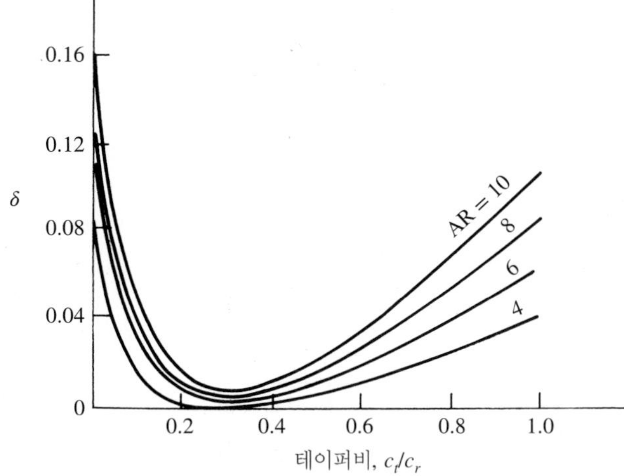

그림 5.20 테이퍼비의 함수로 나타낸 유도 항력 계수 δ. 컴퓨터 계산은 식 (5.60)의 급수 전개 중 50개의 항을 사용하여 수행한다. (*자료 출처*: McCormick, B. W., *Aerodynamics, Aeronautics, and Flight Mechanics*, John Wiley & Sons, New York, 1979)

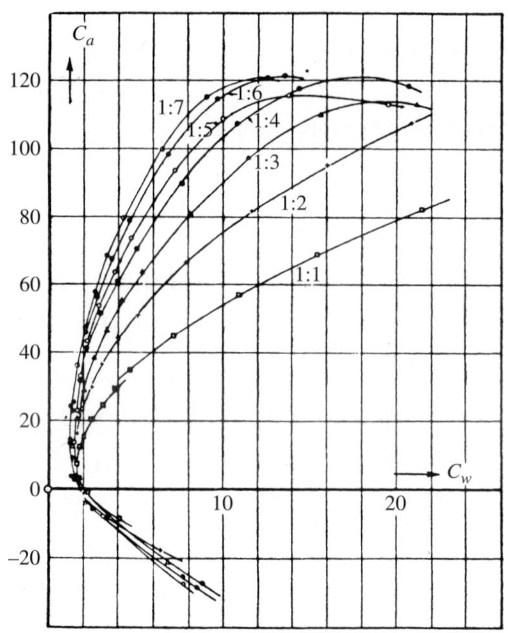

그림 5.21 1~7까지의 서로 다른 종횡비를 갖는 직사각형 날개에 대한 Prandtl의 고전적 자료: 항력 계수에 대한 양력 계수의 변화. 역사적인 흥미에서, 여기에 Prandtl의 실제 도표를 복사하였다. 그가 사용한 기호에서 C_a = 양력 계수이며, C_w = 항력 계수인 것에 유의하라. 또한 가로와 세로에 실제 계수값의 100배의 수를 사용하였다. (*출처*: Prandtl, L., *Aplications of Modern Hydrodynamics to Aeronautics*, NACA Report No. 116, 1921)

$$C_{D,1} = C_{D,2} + \frac{C_L^2}{\pi e}\left(\frac{1}{\mathrm{AR}_1} - \frac{1}{\mathrm{AR}_2}\right) \tag{5.65}$$

식 (5.65)는 종횡비 AR_2의 날개에 대한 자료를 또 다른 종횡비 AR_1을 가진 경우에 적용하도록 조정하는 데 사용할 수 있다. 예를 들면, Prandtl은 그림 5.21의 자료를 종횡비 5의 날개에 적용하도록 조정하였다. 이 경우 식 (5.65)는 다음 식이 된다.

$$C_{D,1} = C_{D,2} + \frac{C_L^2}{\pi e}\left(\frac{1}{5} - \frac{1}{\mathrm{AR}_2}\right) \tag{5.66}$$

그림 5.21로부터 $C_{D,2}$와 AR_2에 대한 각각의 값을 식 (5.66)에 대입한 후, Prandtl은 C_L에 대한 $C_{D,1}$의 자료가 결과적으로 그림 5.22에 나온 것과 같이 하나의 곡선으로 수렴되는 것을 발견하였다. 따라서 $C_{D,i}$가 AR에 반비례하는 것은 1915년경에 이미 대부분 증명되었다.

익형과 유한날개 특성 사이에는 두 가지 기본적인 차이점이 존재한다. 그 차이점 중 하나인 유한날개가 유도 항력을 발생하는 것을 검토하였다. 그러나 두 번째 주요한 차이점은 양력 곡선 기울기에서 나타난다. 그림 4.9에서 익형에 대한 양력 곡선 기울기는 $a_0 \equiv dc_l/d\alpha$로 정의된다. 유한날개의 양력 곡선 기울기를 $a \equiv dC_L/d\alpha$로 정의하자. 유한날

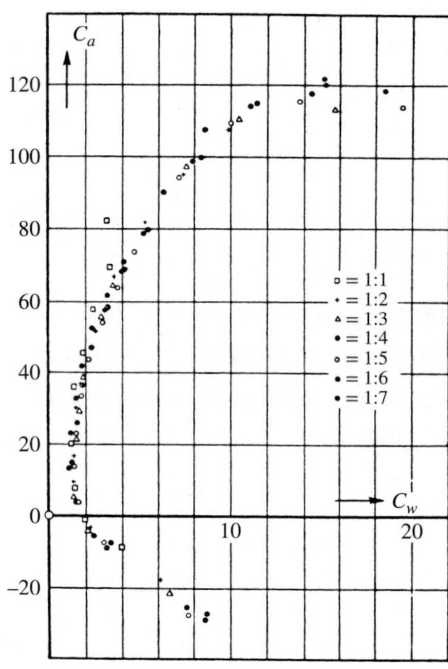

그림 5.22 Prandtl이 종횡비 5에 대하여 수정한 그림 5.21의 자료

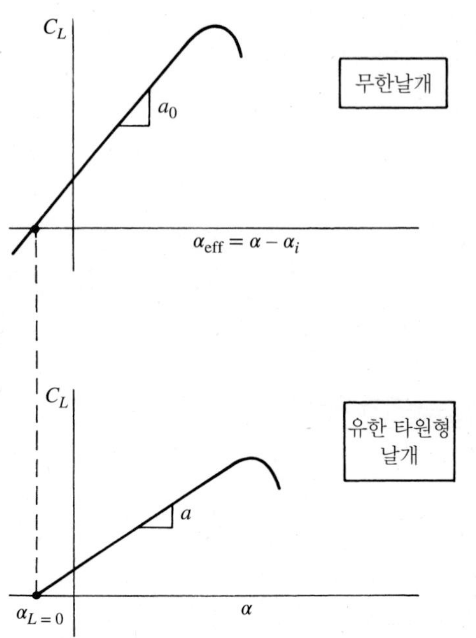

그림 5.23 무한날개와 유한 타원형 날개의 양력 곡선 비교

개의 양력 곡선 기울기를 익형 단면의 것과 비교하면 $a < a_0$인 것을 알 수 있다. 이것을 더 확실하게 하기 위해서 유한날개의 국소 익형 단면 주위의 유동에 내리씻음이 주는 영향을 나타낸 그림 5.6으로 돌아가자. 유한날개의 기하학적 받음각이 α일지라도, 익형 단면은 결과적으로 그보다 더 작은 받음각인 α_{eff}를 감지하는데, 여기서 $\alpha_{\text{eff}} = \alpha - \alpha_i$다. 잠시 뒤틀림이 없는 타원형 날개를 고려하자. 따라서 α_i와 α_{eff}는 모두 스팬 방향으로 일정한 값을 가진다. 또한 c_l 역시 스팬 방향으로 일정하며, 따라서 $C_L = c_l$이다. 그림 5.23의 상단에 나온 것과 같이 유한날개의 C_L을 α_{eff}에 대하여 그린다고 가정하자. α_{eff}를 사용하기 때문에 양력 곡선 기울기는 무한날개의 값인 a_0와 일치한다. 그러나 실생활에서는 맨눈으로 α_{eff}를 볼 수가 없으며, 실제로 관찰하는 것은 유한날개의 시위선과 상대풍(relative wind) 사이의 각도이다. 즉, 실제에서 항상 관찰하는 것은 기하학적 받음각 α다. 그러므로 그림 5.23의 아래에 그려진 것같이 유한날개의 C_L은 일반적으로 α의 함수로 나온다. $\alpha > \alpha_{\text{eff}}$이므로 아래 그림의 가로 좌표가 확장되었고, 따라서 아래 양력 곡선 기울기가 더 작다. 곡선의 기울기는 a며, 그림 5.23에서 분명하게 $a < a_0$인 것을 보여준다. 유한날개의 영향은 양력 곡선 기울기의 감소이다. 또한 영양력(zero lift)에서는 유도 영향(induced effects)이 존재하지 않음을 기억하면, $\alpha_i = C_{D,i} = 0$이다. 그러므로 $C_L = 0$일 때는 $\alpha = \alpha_{\text{eff}}$이다. 그 결과 그림 5.23에서 보듯이 $\alpha_{L=0}$는 유한날개와 무한날개에서 같은 값을 갖는다.

a_0와 a의 값은 다음과 같이 서로 관련되어 있다. 그림 5.23의 상단에서,

$$\frac{dC_L}{d(\alpha - \alpha_i)} = a_0$$

적분하면 다음과 같이 된다.

$$C_L = a_0(\alpha - \alpha_i) + \text{const} \tag{5.67}$$

식 (5.42*a*)를 식 (5.67)에 대입하면 다음 식을 얻는다.

$$C_L = a_0\left(\alpha - \frac{C_L}{\pi \text{AR}}\right) + \text{const} \tag{5.68}$$

식 (5.68)을 α에 대해 미분하고, $dC_L/d\alpha$에 관한 해를 구하면 다음 식을 얻는다.

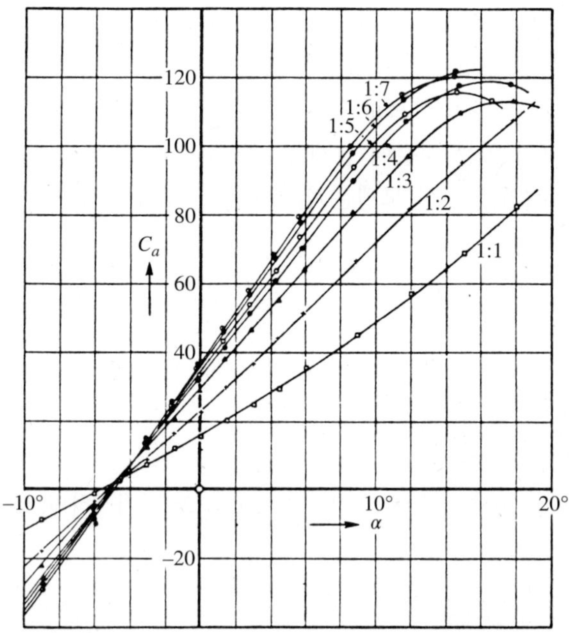

그림 5.24 Prandtl의 고전적 직사각형 날개 자료. 1~7까지의 7개의 다른 종횡비의 받음각에 대한 양력 계수의 변화. 부호와 축척은 그림 5.21과 같다.

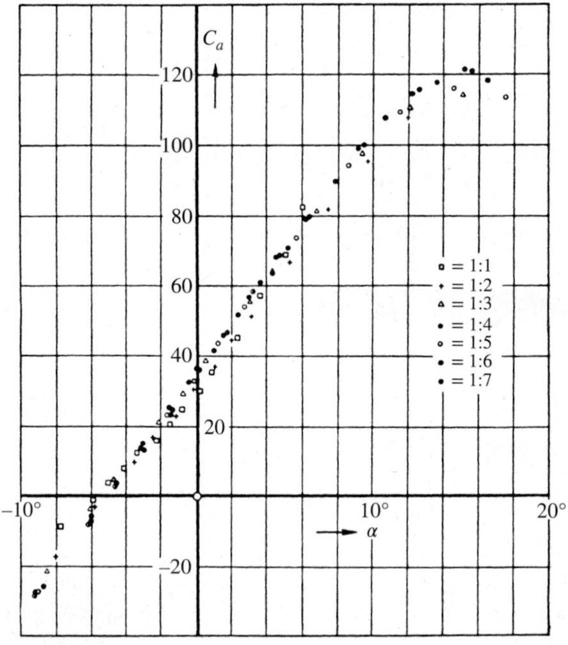

그림 5.25 Prandtl이 종횡비 5로 수정한 그림 5.24의 자료

$$\frac{dC_L}{d\alpha} = a = \frac{a_0}{1 + a_0/\pi \text{AR}} \tag{5.69}$$

식 (5.69)는 타원형 유한날개에 대한 a_0와 a 사이의 원하는 관계를 제공한다. 일반적인 형상의 유한날개에 대해서는, 식 (5.69)는 약간 변형하여 다음과 같이 된다.

$$a = \frac{a_0}{1 + (a_0/\pi \text{AR})(1 + \tau)} \tag{5.70}$$

식 (5.70)에서 τ는 푸리에 계수 A_n의 함수이다. τ의 값은 1920년대 초기에 Glauert가 최초로 계산하였으며, 참고문헌 18로 출판되었다. 세부사항은 이 참고문헌을 읽기 바란다. 전형적인 τ 값은 0.05~0.25 사이다.

식 (5.69)와 (5.70)에서 가장 중요한 것은 종횡비의 변화이다. 낮은 AR 날개에서는 a_0와 a 사이에 상당한 차이가 존재할 수 있음에 주의하라. 그러나 AR → ∞에 따라 $a \to a_0$가 된다. 종횡비가 양력 곡선에 미치는 영향은 그림 5.24에 극적으로 나타나 있으며, 이는 1915년에 Prandtl이 직사각형 날개에 대해 얻은 고전적인 자료이다. AR이 감소함에 따라 $dC_L/d\alpha$ 값이 감소하는 것에 주의하라. 더욱이 위에서 얻은 식을 사용하여, Prandtl은 그림 5.24의 자료를 종횡비 5에 적용하기 위해 자료를 변환하였다. 그 결과 그림 5.25에 보인 바와 같이, 본질적으로 일치하는 곡선을 얻었다. 이러한 방식으로 식 (5.69)와 (5.70)에 주어진 종횡비의 변화는 1915년에 이미 입증되었다.

5.3.4 물리적 중요성 *Physical Significance*

Prandtl의 양력선 이론의 기초를 이루는 기본 모델을 다시 고려하자. 그림 5.15로 돌아가서 주의 깊게 연구해 보자. 무한히 많은 수의 무한히 약한 말굽 와류가 중첩되어 날개 끝까지 뻗어 있는 양력선을 만들었으며, 이 양력선에서 와류면이 하류로 끌려내려가고 있다. 끌림 와류면이 양력선에서 내리씻음을 유도하는 도구이다. 처음 생각으로는 모델이 다소 추상적이라고, 즉 무슨 수를 써서 놀라울 정도로 유용한 결과를 만들어내는 수학적 도구라고 생각할지도 모른다. 그러나 그림 5.15에 나온 모델은 실제로 물리적인 중요성을 가지고 있다. 이것을 좀 더 명확하게 보기 위해서 그림 5.3으로 돌아가자. 유한날개의 3차원 유동에서는, 뒷전을 떠나는 날개 윗면의 유선과 날개 아랫면의 유선 방향이 서로 다른 것에 주의하라. 즉, 뒷전에서는 접선 속도(tangential velocity)의 불연속이 존재한다. 4장에서 접선 속도의 불연속적 변화는 와류면을 건널 때 이론적으로 가능한 것을 알았다. 실생활에서 이러한 불연속은 존재하지 않는다. 그보다는 뒷전에서 서로 다른 속도가 큰 속도구배를 갖는 얇은 영역(thin region)—매우 큰 와도를 갖는 전단 유동의 얇은 영역을 만들어낸다. 그러므로 유한날개의 뒷전에서 와류면이 실제로 하류 방향으로 끌려내려간다. 이 면은 날개 끝부분(edge)에서 말려 올라가려는(roll up) 경향이 있고, 그림 5.4에 나와 있는 것같이 날개 끝 와류(wing-tip vortex)를 형성하는 데 도움을 준다. 그러므로 끌림 와류면을 포함하는 Prandtl의 양력선 모델은 실제 유한날개의 하류 유동과 물리적으로 일치한다.

예제 5.1

종횡비 8, 테이퍼비 0.8인 유한날개를 고려하자. 익형 단면은 얇고 대칭이다. 받음각이 5°일 때 양력과 유도 항력 계수를 계산하라. $\delta = \tau$로 가정하라.

■ 풀이

그림 5.20으로부터 $\delta = 0.055$다. 그러므로 서술된 가정으로부터 τ 또한 0.055다. 식 (5.70)으로부터 $a_0 = 2\pi$로 가정하면, 얇은 익형 이론으로부터

$$a = \frac{a_0}{1 + a_0/\pi \text{AR}(1+\tau)} = \frac{2\pi}{1 + 2\pi(1.055)/8\pi} = 4.97\ \text{rad}^{-1}$$
$$= 0.0867\ \text{degree}^{-1}$$

익형은 대칭이므로 $\alpha_{L=0} = 0°$다. 그러므로

$$C_L = a\alpha = (0.0867\ \text{degree}^{-1}(5°) = \boxed{0.4335}$$

식 (5.61)로부터

$$C_{D,i} = \frac{C_L^2}{\pi \text{AR}}(1+\delta) = \frac{(0.4335)^2(1+0.055)}{8\pi} = \boxed{0.00789}$$

예제 5.2

종횡비가 6, 유도 항력 인자 $\delta = 0.055$, 영양력 받음각이 $-2°$인 직사각형 날개를 고려하자. 받음각 3.4°에서 이 날개의 유도 항력 계수는 0.01이다. 같은 받음각에서 종횡비가 10인(같은 익형 단면의 직사각형 날개) 유사한 날개의 유도 항력 계수를 계산하라. 항력 그래프와 양력 그래프에 대한 유도 인자 δ와 τ는 서로 같다고(즉, $\delta = \tau$) 가정하라. 또한 AR = 10에 대해서는 $\delta = 0.105$다.

■ 풀이

여기서 비교한 두 경우(AR = 6과 10)가 받음각은 같지만 양력 곡선 기울기에 대한 종횡비의 영향 때문에 C_L이 서로 다르다는 것을 기억해야 한다. 첫째로 종횡비가 6인 날개에 대한 C_L을 계산하자. 식 (5.61)로부터,

$$C_L^2 = \frac{\pi \text{AR} C_{D,i}}{1+\delta} = \frac{\pi(6)(0.01)}{1+0.055} = 0.1787$$

그러므로

$$C_L = 0.423$$

따라서 이 날개의 양력 곡선 기울기는,

$$\frac{dC_L}{d\alpha} = \frac{0.423}{3.4° - (-2°)} = 0.078/\text{degree} = 4.485/\text{rad}$$

익형(무한날개)에 대한 양력 곡선 기울기는 식 (5.70)으로부터 얻는다.

$$\frac{dC_L}{d\alpha} = a = \frac{a_0}{1 + (a_0/\pi \text{AR})(1+\tau)}$$

$$4.485 = \frac{a_0}{1 + [(1.055)a_0/\pi(6)]} = \frac{a_0}{1 + 0.056a_0}$$

a_0에 대하여 해를 구하면 $a_0 = 5.989/\text{rad}$이다. 두 번째 날개(AR = 10)는 같은 익형 단면을 가지고 있으므로 a_0는 같다. 두 번째 날개의 양력 곡선 기울기는 다음 식에서 구할 수 있다.

$$a = \frac{a_0}{1 + (a_0/\pi \text{AR})(1+\tau)} = \frac{5.989}{1 + [(5.989)(1.105)/\pi(10)]} = 4.95/\text{rad}$$
$$= 0.086/\text{degree}$$

따라서 두 번째 날개의 양력 계수는

$$C_L = a(\alpha - \alpha_{L=0}) = 0.086[3.4° - (-2°)] = 0.464$$

결과적으로 유도 항력 계수는

$$C_{D,i} = \frac{C_L^2}{\pi \text{AR}}(1+\delta) = \frac{(0.464)^2(1.105)}{\pi(10)} = \boxed{0.0076}$$

주: 위 문제는 받음각을 같도록 하는 것보다 양력 계수가 서로 같다고 가정했다면 좀 더 알기 쉬웠을 것이다. 그렇게 되면, 식 (5.61)은 유도 항력 계수를 직접 줄 수 있었을 것이다. 이 예제의 목적은 식 (5.65)의 논리적 근거(rationale)를 보강하려는 것인데, 이 식은 *양력 계수가 동일*할 때 하나의 종횡비의 항력 계수를 알면 다른 종횡비의 항력 계수를 비례적으로 변환시켜 쉽게 구할 수 있게 한다. 이것은 그림 5.22에서 보듯이 변환된 항력 계수를 C_L에 대하여(받음각에 대해서가 아니라) 도표로 그릴 수 있게 한다. 그러나 두 경우에 같은 받음각을 갖는 현재의 예제에서는 양력 곡선 기울기에 대한 종횡비의 영향을 위 예제와 같이 직접 고려해야 한다.

예제 5.3

예제 1.6에서 검토했던 쌍발 사업용 소형 제트 여객기를 고려하자. 예제 1.6에 나온 정보에 추가하여, 이 항공기의 영양력 받음각은 −2°, 익형 단면의 양력 곡선 기울기는 도(degree)당 0.1, 양력 효율 인자(lift efficiency factor) $\tau = 0.04$, 종횡비는 7.96이다. 예제 1.6의 순항 조건에서 항공기의 받음각을 계산하라.

■ 풀이

익형 단면의 양력 곡선 기울기를 라디안으로 나타낸 값은,

$$a_0 = 0.1 \text{ per degree} = 0.1(57.3) = 5.73 \text{ rad}$$

식 (5.70)을 다시 쓰면

$$a = \frac{a_0}{1 + (a_0/\pi \text{AR})(1+\tau)}$$

그러므로

$$a = \frac{5.73}{1 + \left(\frac{5.73}{7.96\pi}\right)(1+0.04)} = 4.627 \text{ per rad}$$

또는

$$a = \frac{4.627}{57.3} = 0.0808 \text{ per degree}$$

예제 1.6에서 항공기는 양력 계수 0.21에서 순항하고 있다.

$$C_L = a(\alpha - \alpha_{L=0})$$

그러므로

$$\alpha = \frac{C_L}{a} + \alpha_{L=0} = \frac{0.21}{0.0808} + (-2) = \boxed{0.6°}$$

예제 5.4

이 장의 미리보기(Preview Box)에서 날개의 받음각이 4°로 비행하는 Beechcraft Baron 58(그림 5.1)을 고려하였다. 이 항공기의 날개는 뿌리 부분의 NACA 23015의 익형에서 날개 끝부분의 NACA 23010 익형으로 점진적으로 변한다. NACA 23015 익형에

대한 자료는 그림 5.2에 나와있다. 미리보기에서 여러분이 그림 5.2로부터 $\alpha = 4°$에서 익형의 양력 계수와 항력 계수인 $c_l = 0.54$와 $c_d = 0.0068$을 읽도록 하였고 질문을 하였다. 날개의 양력 계수와 항력 계수는 같은 값인가? 즉, $C_L = 0.54$와 $C_D = 0.0068$인가? 미리보기의 답은 완벽히 '아니다'였다. 지금 우리는 그 이유를 알고 있다. 더욱이 날개의 C_L, C_D 값을 계산하는 방법도 알고 있다. 그것을 지금 수행하자. 받음각 4°의 Beechcraft Baron 58의 날개를 고려하자. 날개의 종횡비는 7.61이고, 테이퍼비는 0.45이다. 날개의 C_L, C_D 값을 계산하라.

■ **풀이**

그림 5.2a로부터 익형의 영양력 받음각은 유한날개의 값과 같고, 따라서

$$\alpha_{L=0} = -1°$$

익형의 양력 곡선 기울기 또한 그림 5.2a에서 얻는다. 실속 이하에서 양력 곡선은 선형(linear)이므로, 우리는 곡선상 임의의 두 점을 정하여 $\alpha = 7°$에서 $c_l = 0.9$와 $\alpha = -1°$에서 $c_l = 0$을 얻는다. 따라서

$$a_0 = \frac{0.9 - 0}{7 - (-1)} = \frac{0.9}{8} = 0.113 \text{ per degree}$$

라디안으로 양력 곡선 기울기는

$$a_0 = 0.113(57.3) = 6.47 \text{ per rad}$$

그림 5.20으로부터 AR = 7.61, 테이퍼비 = 0.45에 대하여

$$\delta = 0.01$$

그러므로

$$e = \frac{1}{1+\delta} = \frac{1}{1+0.01} = 0.99$$

식 (5.70)으로부터 $\tau = \delta$로 가정하면,

$$a = \frac{a_0}{1 + \left(\dfrac{a_0}{\pi \text{AR}}\right)(1+\tau)} \quad (a\text{와 } a_0\text{는 값이다})$$

여기서

$$\frac{a_0}{\pi \text{AR}} = \frac{6.47}{\pi(7.61)} = 0.271$$

$$(1+\tau) = 1 + 0.01 = 1.01$$

그러므로

$$a = \frac{6.47}{1 + (0.271)(1.01)} = 5.08 \text{ per rad}$$

도(degree)로 다시 구하면,

$$a = \frac{5.08}{57.3} = 0.0887 \text{ per degree}$$

유한날개에 대해 선형 양력 곡선은

$$C_L = a(\alpha - \alpha_{L=0})$$

$\alpha = 4°$에 대하여 다음을 얻는다.

$$C_L = 0.0887[4 - (-1)] = 0.0887(5)$$

$$C_L = \boxed{0.443}$$

항력 계수는 식 (5.63)에서 주어진다.

$$C_D = c_d + \frac{C_L^2}{\pi e \text{AR}}$$

여기서 c_d는 그림 5.2b에 나오는 2차원 항력 계수이다. 그림 5.2b에서는 c_d가 2차원 양력 계수 c_l에 대하여 표시되어 있음에 유의하라. 그림 5.2b에서 정확하게 c_d를 읽기 위해서는 유한날개의 익형 단면에 의하여 실제 감지되는 c_l, 즉 유효 받음각 α_{eff}에서 익형의 c_l을 알아야 한다. α_{eff}를 계산하기 위해 날개 위의 타원형 양력 분포를 가정한다. 이 가정이 아주 정확하지는 않은 것을 알지만, $\delta = 0.01$일 때는 아주 동떨어진 값은 아니다. 타원형 양력 분포에 대한 식 (5.42a)에서 유도 받음각은,

$$\alpha_i = \frac{C_L}{\pi \mathrm{AR}} = \frac{(0.443)}{\pi(7.61)} = 0.0185 \text{ rad}$$

도(degree)로 나타내면

$$\alpha_i = (0.0185)(57.3) = 1.06°$$

그림 5.6으로부터

$$\alpha_{\text{eff}} = \alpha - \alpha_i = 4° - 1.06° = 2.94° \approx 3°$$

익형에 의해 감지되는 양력 계수는

$$\begin{aligned} c_l &= a_0(\alpha_{\text{eff}} - \alpha_{L=0}) \\ &= 0.113[3 - (-1)] = 0.113(4) = 0.452 \end{aligned}$$

(이 단면 양력 계수가 0.443인 전체 날개의 양력 계수와 얼마나 가까운지 주목하라.) 그림 5.2b에서, $c_l = 0.452$에 대하여 가장 큰 레이놀즈수의 자료를 택하면

$$c_d = 0.0065$$

식 (5.63)으로 돌아가면

$$\begin{aligned} C_D &= c_d + \frac{C_L^2}{\pi e \mathrm{AR}} \\ &= 0.0065 + \frac{(0.443)^2}{\pi(0.99)(7.61)} \\ &= 0.0065 + 0.0083 = \boxed{0.0148} \end{aligned}$$

끝으로 위 예제의 결과에서, 미리보기(Preview Box)에 나온 답이 완벽히 '아니다'인 이유를 알 수 있다. 미리보기에 주어진 익형의 양력 계수값 0.54와 비교하여 유한날개의 양력 계수는 0.443이다. 유한날개의 값이 익형의 값보다 18% 낮은데, 이는 상당한 차이다. 유한날개의 항력 계수는 익형의 값 0.0068과 비교하여 0.0148의 값을 가진다. 유한날개의 값이 2배 이상 큰데, 이는 극적인 차이다. 이 차이점이 바로 이 장을 공부하는 이유이다.

설계 _ *Design Box*

비행기 설계에서, 유도 항력 계수를 감소시킨다는 점에서는 종횡비가 날개 평면 형상보다 훨씬 더 중요한 고려사항이다. 그림 5.18의 상단 그림과 같은 타원형 날개가 유도 항력을 최소화시키는 최적 양력 분포를 갖지만, 그림 5.18의 하단 그림과 같은 테이퍼형 날개는 타원형 날개의 유도 항력 계수에 비하여 단지 몇 퍼센트 높은 상태로 최적에 가까운 양력 분포를 갖는다. 직선의 앞전과 뒷전은 제작이 쉽고 비용이 적게 들기 때문에, 날개 형상에 대한 선택은 거의 항상 테이퍼형 날개이며 타원형 날개 형태는 거의 택하지 않는다.

그렇다면 그림 5.19의 Supermarine Spitfire는 왜 이토록 아름다운 타원형 날개를 가지고 있을까? 그 대답은 공기역학과는 아무 관계가 없다. 1935년에 그 Supermarine사는 새로운 전투기를 위한 영국 공군성의 입찰명세서(specification)에 응찰하였다. 설계자인 Reginald Mitchell은 처음에는 테이퍼형 날개의 항공기를 설계대에 그렸다. 그러나 Mitchell은 또한 8개의 0.303구경의 Browning 기관총 장착에 관한 공군성의 요구사항에도 대처해야만 했다. 프로펠러 회전면 밖으로 충분히 벗어나도록 각각의 날개에 이러한 4개의 총을 설치하는데 Mitchell에게 문제가 발생하였다. 즉, 테이퍼형 날개의 바깥 부분이 총을 설치하기에 충분한 시위 길이를 가지고 있지 않았다. 그의 해결책은 타원형 날개였고, 이것이 날개의 충분히 먼 바깥 부분에서도 총을 장착할 수 있도록 날개 시위 길이를 확보할 수 있도록 하였다. 결과는 그림 5.19에서 보는 것과 같은 아름다운 타원형 날개였다. 이 날개 형태의 향상된 공기역학적 효율은 실용적 설계의 부산물일 뿐이었다. 예상했던 대로 타원형 날개의 제작은 어려웠고, 제2차 세계대전 발발 이전 귀중한 수개월 동안 생산이 지연되었다. 두 번째 향상된 공기역학적 부산물은 타원 날개의 많은 부분에 큰 시위 길이를 갖게 된 것에 기인하였다. 이것이 Mitchell에게 내부 구조 설계를 위한 충분한 두께를 유지하면서도 더 얇은 익형 단면을 선택할 수 있게 해주었는데, 날개 뿌리 부분에 13% 두께비를, 그리고 날개 끝에 7% 두께비를 갖는 익형을

택하였다. 이것 때문에 Spitfire는 더 큰 임계 마하수(critical Mach number)를 가질 수 있었고(11.6절에서 검토) 급강하(dive) 상태에서 이례적으로 높은 자유 유동 마하수 0.92에 이를 수 있었다.

아음속 영역의 공기역학적 효율성을 위하여 항공기 설계자는 아주 큰 종횡비를 가진 날개, 즉 일반적인 베네치아풍의 블라인드와 같은 널빤지 모양의 날개를 원한다. 그러나 현존하는 항공기는 베니치아풍의 블라인드를 날개로 해서 비행하지 않는다. 그 이유는 그런 날개의 구조적 설계가 절충안(compromise)을 요구하기 때문이다. 종횡비가 클수록 날개 뿌리 부분에서 멀리 떨어진 양력 분포에 의하여 발생하는 날개 뿌리 부분의 굽힘 모멘트가 커진다. 그러한 날개는 더 무거운 내부 구조를 필요로 한다. 그러므로 날개의 종횡비가 증가할수록 날개의 구조 중량도 증가한다. 이러한 공기역학과 구조 사이의 절충으로 인해 일반적인 항공기의 전형적인 종횡비는 6~8 정도이다.

그림 5.26에 나온 Lockheed U-2 고고도 정찰용 항공기의 삼면도를 살펴보자. 이 항공기는 비정상적으로 높은 종횡비 14.3을 가지고 있다. 이유는 무엇인가? 답은 항공기의 임무에 있다. U-2는 본질적으로 *한 가지 목적에만 설계*를 맞추었다. 그것은 1950년대에 소련 연방 상공을 통과하여 비행하는 동안, 요격 항공기 혹은 지대공 미사일에 의하여 격추되지 않도록 이례적으로 높은 고도인 70,000 ft 또는 그 이상의 고도로 순항하게 되어 있었다. 이 임무를 수행하기 위해서 아주 높은 종횡비의 날개가 다음의 이유로 가장 중요했다. 정상, 수평 비행에서 비행기의 양력 L은 비행기의 중량 W와 같아야 하며,

$$L = W = q_\infty SC_L = \tfrac{1}{2}\rho_\infty V_\infty^2 SC_L \tag{5.71}$$

항공기가 더 높이 비행할수록 ρ_∞는 감소하기 때문에 식 (5.71)에서 C_L을 증가시켜 양력과 중량을 같게 유지해야 한다. 고고도 순항 설계 목적에 맞게 U-2는 아주 높은 C_L 값인, 실속이 발생하기 바로 직전 상태에서 비행한다(이것은 순항 양력 계수가 상대적으로 작은 일반적인 항공기의 일반적인 고도에서의 정상적인 순항 상태와는 매우 다르다). U-2의 순항 고도에서 필요한 높은 C_L 값에서는, 일반적인 종횡비가 사용되었다면 유도 항력 계수[식 (5.62)에서 $C^2{}_L$에 따라 변함]가 받아들일 수 없을 정도로 커졌을 것이다. 그러므로 Lockheed 설계 그룹(Lockheed Skunk Works)은 유도 항력 계수가 적당한 영역 내에 있도록 가능한 한 높은 종횡비를 선택해야만 했다. 그 결과로 나온 것이 그림 5.26의 날개이다.

우리는 유도 항력 계수 $C_{D,i}$에 대비되는 유도 항력 D_i 그 자체에 대하여 관찰하였다. 식 (5.62)로 종횡비를 증가시키면 $C_{D,i}$를 감소시킬 수 있음을 강조하였다. 그러나 정상 수평 비행 중의 항공기에서 유도 항력은 다음에서 보는 바와 같이 종횡비 그 자체보다는 또 다른 설계 변수에 의해 지배된다. 식 (5.62)로부터,

$$D_i = q_\infty SC_{D,i} = q_\infty S\frac{C_L^2}{\pi e \mathrm{AR}} \tag{5.72}$$

정상 수평 비행에 대해 식 (5.71)로부터,

$$C_L^2 = \left(\frac{L}{q_\infty S}\right)^2 = \left(\frac{W}{q_\infty S}\right)^2 \tag{5.73}$$

식 (5.73)을 식 (5.72)에 대입하면

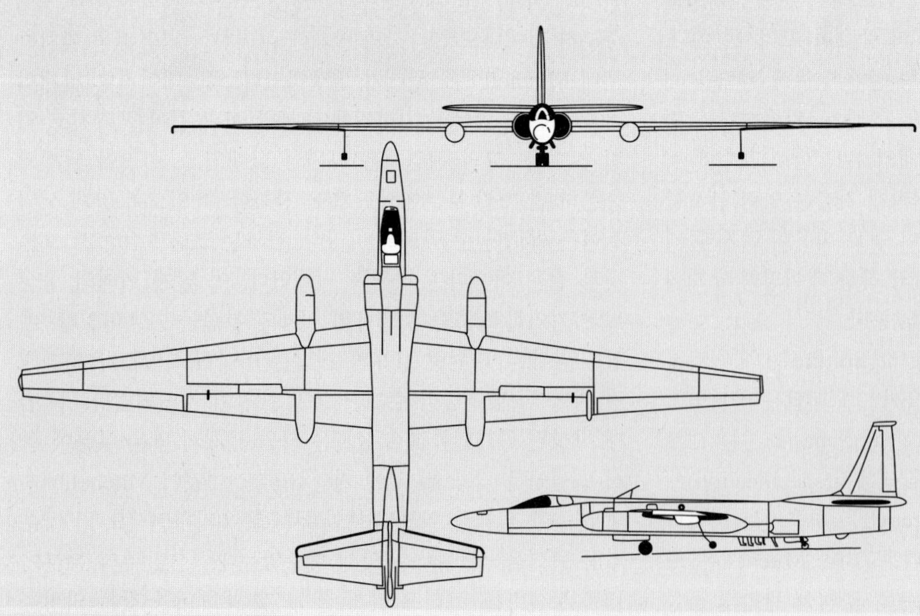

그림 5.26 Lockheed U-2 고고도 정찰기의 삼면도

$$D_i = q_\infty S \left(\frac{W}{q_\infty S}\right)^2 \frac{1}{\pi e \mathrm{AR}}$$

$$= \frac{1}{\pi e} q_\infty S \left(\frac{W}{q_\infty S}\right)^2 \left(\frac{S}{b^2}\right)$$

또는

$$\boxed{D_i = \frac{1}{\pi e q_\infty}\left(\frac{W}{b}\right)^2} \tag{5.74}$$

이것은 상당히 의미 있는 결과이다! 정상 수평 비행의 유도 항력(그 힘 자체)은 종횡비에 직접 종속되지 않고 *스팬 하중*(span loading)이라 부르는 다른 설계 변수 W/b에 직접 종속된다.

$$\boxed{\text{스팬 하중} \equiv \frac{W}{b}}$$

식 (5.74)로부터 주어진 중량의 항공기 유도 항력은 단순히 날개 스팬 b를 증가시킴으로써 감소시킬 수 있음을 알 수 있다. 그렇게 함으로써 단순히 날개 끝 와류(유도 항력의 물리적인 원천)가 더 멀리 이동해서 날개의 다른 부분에 미치는 영향을 줄여 유도 항력이 감소한다. 이것은 직관적으로 알 수 있다.

그러나 항공기의 예비 설계 단계에서 날개 면적 S는 보통 착륙 혹은 이륙 속도에 의해 좌우되는데, 그 속도는 V_{stall}보다 10~20% 정도밖에 높지 않다. 이것은 식 (1.47)에 의해 알 수 있으며, 다음에 다시 반복하면

$$V_{\text{stall}} = \sqrt{\frac{2W}{\rho_\infty S C_{L,\max}}} \tag{1.47}$$

식 (1.47)은 주어진 중량의 항공기가 해면 고도에서 특정한 V_{stall} 값과 $C_{L,\max}$로 비행하는 데 필요한 날개 면적을 결정한다. 그러므로 식 (5.74)를 살펴보면 단순히 날개 스팬을 길게 함으로써 주어진 중량의 항공기 D_i를 감소시키면, S가 그 항공기에 대해 흔히 고정된 값을 가지므로 b가 늘어남에 따라 당연히 종횡비 b^2/S가 증가한다. 따라서 식 (5.74)를 사용하여 주어진 중량의 항공기에서 스팬을 길게 하면 D_i를 감소시킬 수 있다고 하는 것은 동시에 종횡비를 증가시킨다는 뜻을 내포하고 있다. 그러나 D_i가 종횡비가 아니라 설계 변수 W/b에 직접적으로 종속되어 있다는 것은 알아두어야 할 만한 일이며, 이것이 식 (5.74)가 전달하려는 내용이다.

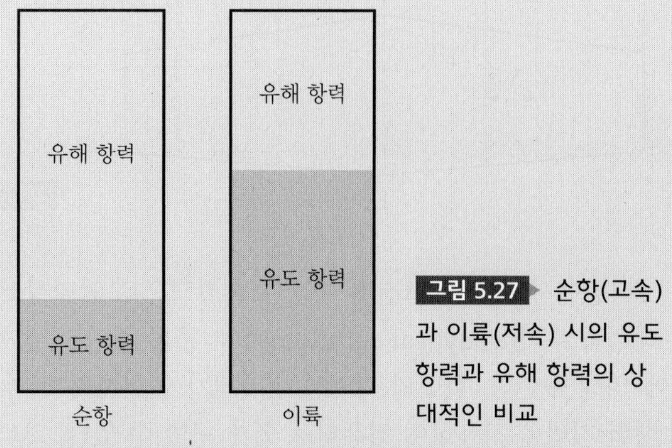

그림 5.27 순항(고속)과 이륙(저속) 시의 유도 항력과 유해 항력의 상대적인 비교

질문: 항공기 전체 항력 중 유도 항력이 얼마나 차지할까? 이 질문에 대한 일반적인 답이 그림 5.27의 막대그림에 나와 있다. 여기서 일반적인 아음속 제트 여객기의 전형적인 순항과 이륙 조건에서 유도 항력(어두운 부분)을 유해 항력(밝은 부분)에 대비하여 나타내었다. 유해 항력(parasite drag)은 표면마찰(skin friction)에 의한 항력과 날개를 포함하는 항공기 전체의 유동 박리(flow seperation)에 의한 압력 항력(pressure drag)의 합이다. 항공기의 전체 항력은 유해 항력과 유도 항력의 합이다. 그림 5.27은 순항 상태에서 유도 항력은 전체 항력의 약 25%지만, 이륙 시(이때 항공기는 높은 C_L 값에서 비행한다)에는 전체 항력의 60% 혹은 그 이상을 차지함을 나타내고 있다.

항공기의 항력 특성과 그것이 항공기 설계에 미치는 영향에 관한 더 자세한 설명을 위해서는 저자의 저서인 *Aircraft Performance and Design*, McGraw Hill, Boston, 1999를 참조하기 바란다.

5.4 비선형 양력선 기법의 수치해석 *A Numerical Nonlinear Lifting-Line Method*

5.3절에 설명한 고전적인 Prandtl의 양력선 이론에서 c_l이 α_{eff}에 대하여 선형적으로 변화한다고 가정하였다. 이것은 식 (5.19)에서 분명하게 볼 수 있다. 받음각이 실속각에 근접하고 넘어서는 영역에서 양력 곡선은 그림 4.9와 같이 비선형이 된다. 이러한 고받음각 영역이 현대 공기역학자들의 관심거리이다. 예를 들면, 항공기가 스핀 중에 있을 때 받음각의 범위는 40~90°까지 될 수 있어서, 고받음각 공기역학에 대한 이해는 이러한 스핀을 방지하기 위하여 필수적이다. 추가적으로 현대의 전투기들은 아음속에서 고받음각을 이용해 최적의 기동성을 이룬다. 그러므로 Prandtl의 고전적 이론을 확장하여 비선형 양력 곡선을 설명하려는 것에는 실용적인 이유가 있다. 한 가지 간단한 확장을 이 절에서 설명한다.

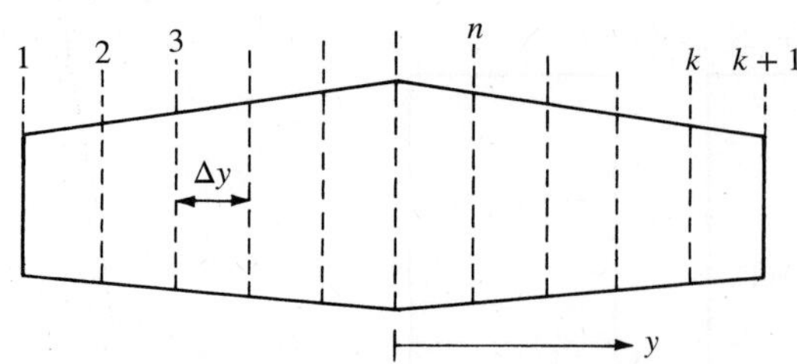

그림 5.28 수치해를 위한 스팬 방향의 위치

5.4절에서 전개한 고전적 이론은 본질적으로 엄밀형(closed form)이다. 즉, 그 결과는 순수한 수치해석에 반대되는 해석적 수식(analytical equation)이다. 물론 주어진 날개에 대한 푸리에 계수 A_n은 최종적으로 선형 대수 연립 방정식에 의해 구한다. 현대의 디지털 컴퓨터가 출현하기 전까지 이러한 계수는 손으로 계산하였다. 오늘날 그 계수는 표준 행렬 기법을 사용하여 컴퓨터로 쉽게 구할 수 있다. 그러나 양력선 이론의 기본 요소 자체가 비선형을 취급할 수 있는 알기 쉬운 순수한 수치해석 방법을 알려준다. 더욱이 이 수치해석의 해는 양력선 이론의 기본적 관점을 강조한다. 이러한 이유로 이 수치해법이 이 절에 소개되어 있다.

주어진 평면 형상과 기하학적인 뒤틀림을 갖는 유한날개가 스팬 방향에 따라 서로 다른 익형을 갖는 가장 일반적인 경우를 고려하자. 익형 단면 양력 곡선의 비선형 영역을 포함한 실험자료를 가지고 있다고 가정하자(예를 들면, 모든 익형 단면에 대하여 그림 4.9의 조건을 가지고 있다고 가정하자). 유한날개 특성들에 대한 반복적 수치해는 다음과 같이 구해진다.

1. 그림 5.28에 나온 것같이 날개를 많은 수의 스팬 방향의 위치로 분할하자. 여기에 k +1개의 위치가 나와 있고, n은 그중 임의의 특정 위치를 나타낸다.

2. 주어진 α에서 주어진 날개에 대하여 스팬에 따른 양력 분포를 *가정하자*. 즉, 모든 위치에서의 Γ 값 Γ_1, Γ_2, . . ., Γ_n, . . . , Γ_{k+1}을 가정하자. 그 가정에서 타원형 양력 분포가 바람직할 것이다.

3. 이러한 가정된 Γ 값으로, 각각의 위치에서 식 (5.18)을 이용하여 유도 받음각 α_i를 계산하라.

$$\alpha_i(y_n) = \frac{1}{4\pi V_\infty}\int_{-b/2}^{b/2}\frac{(d\Gamma/dy)\,dy}{y_n - y} \tag{5.75}$$

적분은 수치적으로 구한다. Simpson 법칙을 사용하면 식 (5.75)는 다음과 같이 된다.

$$\alpha_i(y_n) = \frac{1}{4\pi V_\infty}\frac{\Delta y}{3}\sum_{j=2,4,6}^{k}\frac{(d\Gamma/dy)_{j-1}}{(y_n - y_{j-1})} + 4\frac{(d\Gamma/dy)_j}{y_n - y_j} + \frac{(d\Gamma/dy)_{j+1}}{y_n - y_{j+1}} \tag{5.76}$$

여기서 Δy는 위치 사이의 거리이다. 식 (5.76)에서 $y_n = y_{j-1}$, y_j 혹은 y_{j+1}일 때, 특이성(singularity)이 발생한다(분모가 0으로 수렴한다). 이 특이성이 발생할 때, 2개의 인접한 구간의 평균값으로 그 항을 대치하면 피할 수 있다.

4. 단계 3의 α_i를 이용하여 각각의 위치에서 유효 받음각 α_{eff}는 다음 식을 이용하여 구한다.

$$\alpha_{\text{eff}}(y_n) = \alpha - \alpha_i(y_n)$$

5. 단계 4에서 계산한 α_{eff} 분포를 이용하여 각각의 위치에서의 단면 양력 계수 $(c_l)_n$을 얻는다. 이 값은 익형의 기존 양력 곡선에서 읽을 수 있다.

6. 단계 5에서 얻은 $(c_l)_n$으로 Kutta-Joukowsi 정리와 양력 계수의 정의로부터 *새로운* 순환 분포를 계산할 수 있다.

$$L'(y_n) = \rho_\infty V_\infty \Gamma(y_n) = \tfrac{1}{2}\rho_\infty V_\infty^2 c_n (c_l)_n$$

그러므로

$$\Gamma(y_n) = \tfrac{1}{2}V_\infty c_n (c_l)_n$$

여기서 c_n은 국소 단면 시위이다. 앞의 모든 단계에서 n은 1~k + 1의 범위를 갖는다는 것을 기억하라.

7. 단계 6에서 얻은 Γ의 새로운 분포를 단계 3에서 처음 입력한 값과 비교한다. 만약 단계 6에서의 결과가 단계 3의

입력값과 일치하지 않는다면 새로운 입력값이 생성된다. 만약 단계 3에서의 이전 입력값을 Γ_{old}로 표기하고 단계 6의 결과를 Γ_{new}로 표기하면, 단계 3에 대한 새로운 입력값은 아래에 의하여 결정된다.

$$\Gamma_{\text{input}} = \Gamma_{\text{old}} + D(\Gamma_{\text{new}} - \Gamma_{\text{old}})$$

여기서 D는 반복계산에 대한 감쇄 인자(damping factor)이다. 경험에 의하면 반복 절차(iterative procedure)는 일반적으로 D 값이 0.05 정도의 큰 감쇄(heavy damping)를 필요로 한다고 알려졌다.

8. Γ_{new}와 Γ_{old} 값이 각각의 스팬 방향 위치에서 허용 범위 내의 정확도를 가질 때까지 충분한 횟수의 단계 3에서 단계 7까지의 사이클을 반복한다. 만약 그 정확도를 이전 5번의 반복계산에서 0.01% 이내로 정하면 수렴에 최소 50, 그리고 가끔은 150회 정도의 반복이 요구될 수도 있다.

9. 수렴된 $\Gamma(y)$로부터 식 (5.26)과 (5.30)을 이용해서 양력 계수와 유도 항력 계수를 구할 수 있다. 이 식의 적분은 Simpson 법칙에 의하여 계산할 수 있다.

위에서 소개한 절차는 일반적으로 고속 디지털 컴퓨터에서 무리 없이 빠르게 작동된다. 전형적인 결과는 서로 다른 3개의 종횡비의 직사각형 날개에 대한 순환 분포를 나타내는 그림 5.29에 나와 있다. 실선은 Prandtl (5.3절)의 고전적 계산에 의한 결과이고, 기호는 앞에서 설명한 수치해석 기법의 결과이다. 아주 훌륭한 일치를 보이고 있어서 수치해석 방법의 적합성(integrity)과 정확성을 증명해 주고 있다. 또한 그림 5.29는 전형적인 순환 분포를 갖는 일반적인 유한날개인데, 이때 Γ 값은 날개의 중앙 부분에서 적절히 높은 값을 가지며 날개 끝에서 급격히 0으로 감소한다.

비선형 영역에 대한 수치해석법 사용에 관한 예가 그림 5.30에 나와 있다. 여기서 α에 대한 C_L 값이 직사각형 날개에 대하여 받음각 50°까지 나와 있는데, 이것은 실속을 훨씬 지난 값이다. 수치해석 결과를 Maryland 대학(참고문헌 19)에서 얻은 현존하는 실험자료와 비교하였다. 고받음각에서의 수치적 양력선의 해는 20% 이내로 실험결과와 일치하고, 다른 많은 경우에서는 더 정확한 일치를 보인다. 그러므로 그 해는 고받음각 실속 이후 영역에 대한 쓸 만한 예비 공학적 결과를 제공해 준다. 그러나 양력선 이론의 활용을 너무 넓게 확장하지 않는 것이 현명하다. 고받음각에서 유동은 고도로 3차원적이다. 이것은 그림 5.31에 나온 고받음각 직사각형 날개의 표면 기름 형상에서 명확하게 볼 수 있다. 높은 α 값에서 버섯 모양의 유동 박리 영역과 연결된 강력한 스팬 방향의 유동이 존재한다. 고전적 기법이든 수치기법이든 양력선 이론의 기본적인 가정에 이러한 3차원적인 유동을 고려할 수 없음은 명확하다.

양력선 수치해석 기법에 관한 세부사항과 결과를 보려면 참고문헌 20을 참조하라.

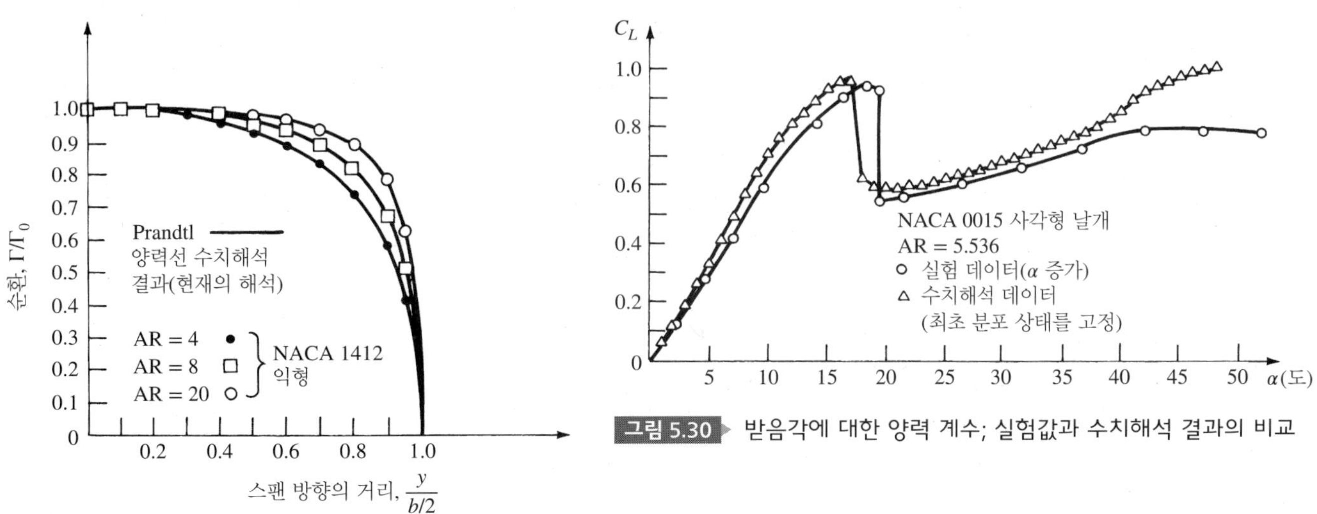

그림 5.30 받음각에 대한 양력 계수; 실험값과 수치해석 결과의 비교

그림 5.29 직사각형 날개의 양력 분포; Prandtl의 고전적 이론과 참고문헌 20의 수치적 양력선 기법에 의한 결과 비교

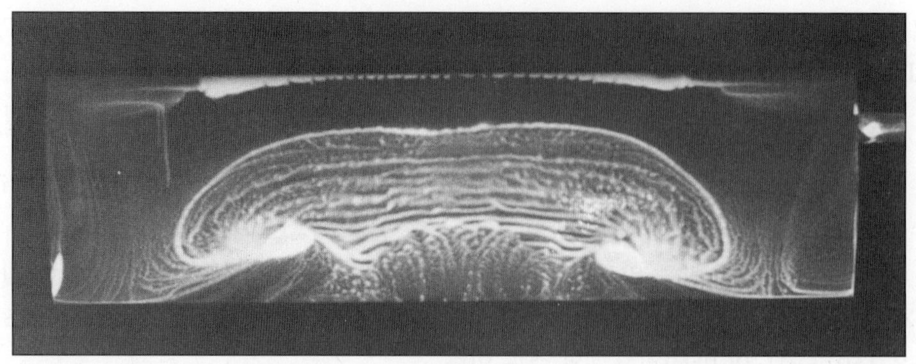

그림 5.31 Clark Y-14 익형 단면을 갖는 직사각형 유한날개의 실속 시 표면 기름 유동 형상. AR = 3.5, α = 22.8°, Re = 245,000(시위 길이 기준). 이 형상은 날개 표면에 물감을 탄 광물성 기름을 바른 후 저속 아음속 풍동에서 얻어졌다. 사진에서 유동은 위에서 아래로 흐른다. 매우 3차원적인 유동 형상에 유의하라. (*Maryland 대학의 Allen E. Winkelmann 제공*)

5.5 양력면 이론과 와류 격자 수치기법 *The Lifting-Surface Theory and the Vortex Lattice Numerical Method*

Prandtl의 고전적 양력선 이론(5.3절)은 중간 정도부터 높은 종횡비의 후퇴각이 없는 날개에 대한 합리적인 결과를 제공한다. 그러나 낮은 종횡비의 후퇴각이 없는 날개, 후퇴익, 그리고 삼각익에 대해서 고전적인 양력선 이론은 부적합하다. 그림 5.32에 나온 것과 같은 날개 평면 모양에 대해서는 더 정교한 모델이 사용되어야 한다. 이 절의 목적은 그러한 모델을 소개하고, 그것의 수치해석적 적용을 검토하는 것이다. 그러나 고차원 모델의 세부사항을 취급하는 것은 이 책의 범위를 벗어나며, 여기서는 그 맛만 보여줄 것이다. 여러분이 관련 서적을 읽고 공기역학에 관한 더 고차원적인 연구를 하면서 이 주제를 따라가기 바란다.

그림 5.15로 돌아가자. 단순한 양력선이 날개 끝에서 끝까지 뻗어 있으며, 여기에 끌림 와류가 연결되어 있다. 양력선 방향의 좌표 y에 따라서 순환 Γ가 변한다. 서로 다른 시위 방향의 지점에 *일련*의 양력선을 날개 표면에 배치함으로써 앞의 모델을 확장해 보자. 즉, 그림 5.33에 나온 것과 같이, 서로 다른 x 값에서 y에 평행한 많은 수의 양력선을 고려해 보자. 무한히 작은 강도의, 무한히 많은 수의 선을 갖는 극한의 경우에 와류선이 y축에 평행하게 위치한 와류면을 얻는다. 이러한 면의 강도(x 방향으로의 단위 길이당 강도)는 γ로 표기하며, 그림 5.15에 나오는 하나의 양력선에 대한 Γ 값의 변화와 유사하게 γ는 y 방향으로 변한다. 더욱이 각각의 양력선은 일반적으로 서로 다른 강도를 가질 것이며, 따라서 γ는 x 방향으로도 변할 것이다. 그러므로 그림 5.33에 나온 것과 같이 $\gamma = \gamma(x, y)$다. 이에 덧붙여 각각의 양력선은 일련의 끌림 와류를 가지는 것을 기억하라. 따라서 일련의 양력선과 x축에 평행한 중첩된 끌림 와류가 교차하게 된다. 무한히 많은 수의, 무한히 약한 와류가 있는 극한 상황에서 이 끌림 와류는 강도 δ (y 방향으로의 단위 길이당)의 또 다른 와류면을 형성한다. [식 (5.61)에서 사용된 δ와는 다름에 유의하라. 이 두 경우에서 같은 기호를 사용하는 것은 표준이며, 그 의미와 문맥상의 뜻이 완전히 다르므로 혼란은 없을 것이다.] 이것을 더 명확하게 보기 위해서 x축에 평행한 하나의 선을 고려하자. 앞전에서 뒷전으로의 이 선을 따라가면서 양력선과 교차할 때마다 추가적으로 끌림 와류가 중첩된다. 따라서 δ는 x에 따라 변한다. 또한 끌림 와류는 말굽 와류의 한 부분이며, 말굽 와류의 앞전이 다

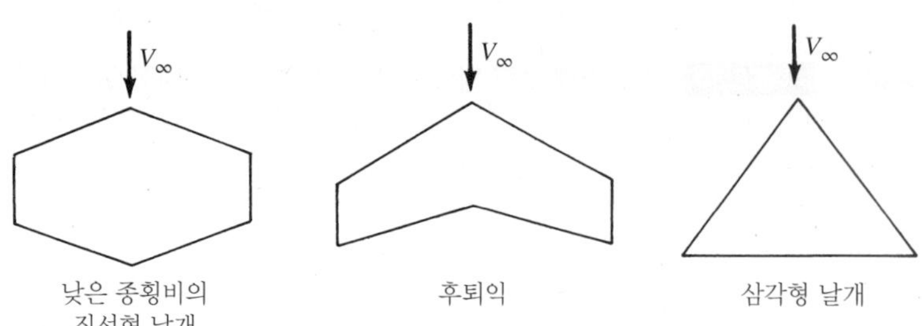

그림 5.32 고전적 양력선 이론이 적합하지 않은 날개의 평면 형상

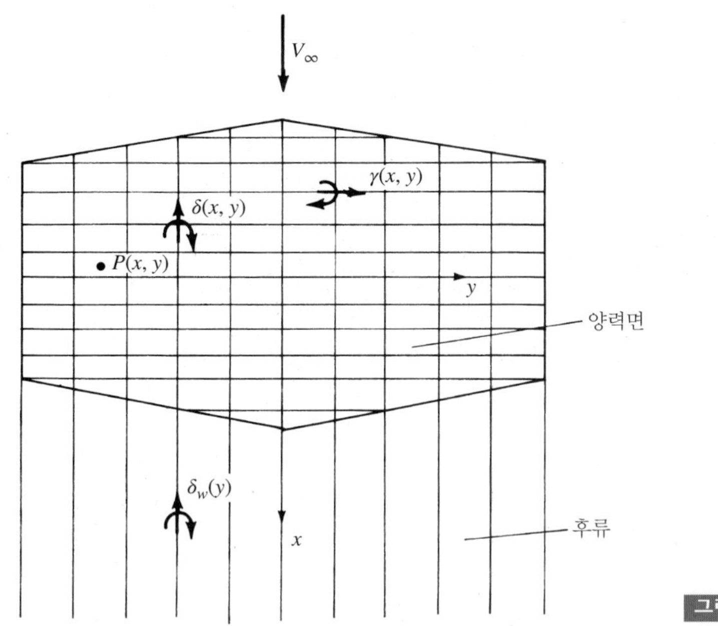

그림 5.33 양력면의 개요도

양한 양력선을 이루고 있는 것이다. 각각의 양력선 순환은 y 방향으로 변하기 때문에 서로 다른 끌림 와류의 강도는 일반적으로 서로 다르다. 따라서 그림 5.33에서 보듯이 δ 또한 y 방향으로 변하며, $\delta = \delta(x, y)$다. 2개의 와류면이 그림 5.33에 나온 것같이 날개 평면 전체에 분포된 *양력면*을 이루는데, 한 면은 강도 γ (x 방향의 단위 길이당)로 y 방향에 평행한 와류선으로 구성되어 있고, 다른 한 면은 강도 δ (y 방향의 단위 길이당)로 x 방향에 평행한 와류선으로 구성되어 있다. 표면 상의 임의의 점에서 양력면의 강도는 γ와 δ에 의하여 주어지며, 이는 모두 x와 y의 함수이다. 스팬 방향의 와류 강도 분포는 $\gamma = \gamma(x, y)$로 표기하며, 시위 방향의 와류 강도 분포는 $\delta = \delta(x, y)$로 표기한다.

뒷전의 하류에는 스팬 방향의 와류선이 없고 오직 끌림 와류만 존재한다. 따라서 후류는 오직 시위 방향의 와류만으로 구성된다. 이러한 후류 와류면의 강도는 δ_w (y 방향의 단위 길이당)로 나타낸다. 후류에서 끌림 와류는 어떠한 와류선과도 교차하지 않기 때문에, 주어진 끌림 와류의 강도는 x에 대하여 변하지 않는다. 그러므로 δ_w는 후류 전체에 걸쳐서 y에만 종속되며, $\delta_w(y)$는 뒷전에서의 값과 같다.

지금 양력면을 정의했는데, 그 용도는 무엇인가? 그림 5.33과 같은 날개 위 (x, y)의 점 P를 고려하자. 양력면과 후류 와류면 모두 점 P에 법선 성분(normal component)의 속도를 유도한다. 이 법선 방향의 속도를 $w(x, y)$라고 정의하자. 날개 평면이 유동면(stream surface)이 되게 하려 한다. 즉, 유도된 $w(x, y)$의 합과 자유 유동 속도의 법선 성분이 점 P와 날개 위의 모든 점에서 0이 되게 하려는데, 이것이 날개 표면에서의 유동 접선 조건이다(여기서 날개를 하나의 평면으로 다루고 있다는 것을 기억하라). 양력면 이론의 중심 주제는 날개의 모든 점에서 유동의 접선 조건을 만족하는 $\gamma(x, y)$와 $\delta(x, y)$를 구하는 것이다. [후류의 $\delta_w(y)$는 뒷전의 $\delta(x, y)$ 값으로 고정된다. 따라서 엄밀히 말하면 $\delta_w(y)$는 미지수가 아니다.]

γ, δ, δ_w의 항으로 표시된 유도 법선 속도 $w(x, y)$를 구하자. 그림 5.34에 나온 유한날개의 평면도 일부를 고려하자. 또한 좌표 (ξ, η)의 점을 고려하자. 이 점에서 스팬 방향의 와류 강도는 $\gamma(\xi, \eta)$이다. 스팬 방향의 와류로 구성된 면의 얇은 리본 또는 필라멘트가 x 방향의 증분 $d\xi$를 가지고 있는 것을 고려하라. 따라서 필라멘트의 강도는 $\gamma\, d\xi$이며 y 또는 η 방향으로 뻗어 있다. 또한 점 (x, y)에 위치하며 점 (ξ, η)로부터 r의 거리에 있는 점 P를 생각하자. Biot-Savart 법칙인 식 (5.5)로부터 강도 $\gamma\, d\xi$의 와류 필라멘트 한 부분 $d\eta$에 의해 점 P에 유도된 속도의 증분(incremental velocity)은 다음 식과 같다.

$$|\mathbf{dV}| = \left| \frac{\Gamma}{4\pi} \frac{\mathbf{dl} \times \mathbf{r}}{|\mathbf{r}|^3} \right| = \frac{\gamma\, d\xi}{4\pi} \frac{(d\eta) r \sin\theta}{r^3} \tag{5.77}$$

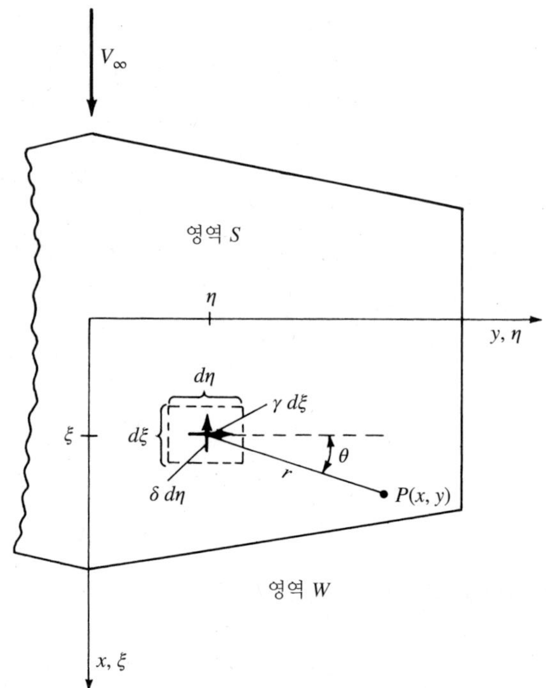

그림 5.34 ▶ 무한히 작은 양력면에 의해 점 P에 유도되는 속도. 속도는 종이면에 수직하다.

그림 5.34를 살펴보면서, 강도 γ에 대한 오른손 법칙을 따르면 $|\mathbf{dV}|$는 아래 방향인 날개면 속으로(즉, 음의 z 방향으로) 유도된 것을 알 수 있다. w가 위 방향(즉, 양의 z 방향으로)일 때 양의 값을 갖는 부호 규약을 따라서 식 (5.77)의 유도 속도 w에 대한 기여를 $(dw)_\gamma = -|\mathbf{dV}|$로 표기한다. 또한 $\sin\theta = (x-\xi)/r$임에 유의하라. 따라서 식 (5.77)은 다음 식이 된다.

$$(dw)_\gamma = -\frac{\gamma}{4\pi}\frac{(x-\xi)\,d\xi\,d\eta}{r^3} \tag{5.78}$$

점 P에서의 유도 속도에 대한 강도 $\delta\, d\eta$의 시위 방향 와류 요소의 기여는 유사한 방식으로 다음과 같이 구할 수 있다.

$$(dw)_\delta = -\frac{\delta}{4\pi}\frac{(y-\eta)\,d\xi\,d\eta}{r^3} \tag{5.79}$$

전체 양력면에 의해 점 P에 유도되는 속도는 식 (5.78)과 (5.79)를 그림 5.34에서 영역 S로 표시된 날개 평면 전체에 대한 적분으로 구한다. 이에 더하여 후류 전체에 의하여 점 P에 유도된 속도는 식 (5.79)와 유사한 식으로 구할 수 있는데, 이때 δ 대신 δ_w를 사용하고 적분은 그림 5.34에 W라고 정의된 후류 전 영역에 대해 수행한다. 다음 식을 참고하면,

$$r = \sqrt{(x-\xi)^2 + (y-\eta)^2}$$

양력면과 후류에 의하여 점 P에 유도되는 법선 방향 속도(normal velocity)는 다음과 같다.

$$\boxed{\begin{aligned} w(x,y) = &-\frac{1}{4\pi}\iint_S \frac{(x-\xi)\gamma(\xi,\eta) + (y-\eta)\delta(\xi,\eta)}{[(x-\xi)^2 + (y-\eta)^2]^{3/2}}\,d\xi\,d\eta \\ &-\frac{1}{4\pi}\iint_W \frac{(y-\eta)\delta_w(\eta)}{[(x-\xi)^2 + (y-\eta)^2]^{3/2}}\,d\xi\,d\eta \end{aligned}} \tag{5.80}$$

양력면 이론의 중심이 되는 문제는 $w(x, y)$와 자유 유동 법선 성분(normal component)의 합이 0이 되도록, 즉 날개 평면의 표면 S에 유동이 접선(tangent)이 되도록 $\gamma(\xi, \eta)$와 $\delta(\xi, \eta)$에 대하여 식 (5.80)의 해를 구하는 것이다. 다양한 양력면 이론의 해에 대한 자세한 내용은 이 책의 범위를 벗어나며, 여기서의 목적은 단순히 기본 모델을 소개하는 것이다.

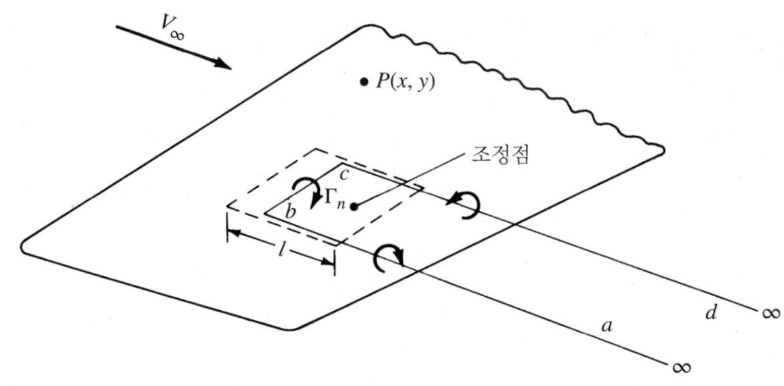

그림 5.35 날개 위 와류 체계의 일부인 하나의 말굽 와류의 개요도

고속 디지털 컴퓨터의 등장은 양력면 개념에 기초한 수치해석의 적용을 가능하게 하였다. 이 방법은 날개 평면을 많은 수의 패널 혹은 요소로 나눈다는 점에서 3장과 4장에서 검토한 2차원 유동에 대한 패널 해법과 유사하다. 각각의 패널 위에 γ와 δ 값 모두에 대한 상수값 혹은 명기된 변화값(prescribed variation)이 존재할 수 있다. 패널 위의 조정점(control point)을 선택하여 여기서 법선 방향 유동 속도의 전체 합이 0이 되게 한다. 이 조정점에서 식 (5.80)과 같은 식을 계산하면 하나의 연립 대수 방정식을 얻는데, 이것으로 모든 패널 위의 γ와 δ 값을 구할 수 있다.

이와 관련된 더 간단한 방법은 날개의 표면 상에 서로 다른 강도 Γ_n을 갖는 유한한 수의 말굽 와류를 중첩시키는 것이다. 예를 들어, 유한날개의 일부분을 보여주는 그림 5.35를 고려하자. 점선은 날개 평면 상의 패널을 정의하며, l은 유동 방향의 패널 길이이다. 패널의 모양은 사다리꼴이며, 정사각형 혹은 직사각형일 필요도 없다. 강도 Γ_n을 갖는 말굽 와류 $abcd$는 패널의 앞에서부터 거리 $l/4$에 선분 bc가 위치하도록 한다. 조정점은 앞에서부터 거리 $\frac{3}{4}l$인 곳의 패널 중심선에 둔다. 하나의 말굽 와류에 의한 임의의 점 P에 유도되는 속도는 각각의 와류 필라멘트 ab, bc, cd를 분리하여 Biot-Savart 법칙을 사용함으로써 계산할 수 있다. 이제 그림 5.36에 나온 것과 같은 유한한 개수의 패널로 덮여 있는 전체 날개를 고려하자. 일련의 말굽 와류는 서로 중첩된다. 예를 들면, 앞전에 있는 한 패널 위에 말굽 와류 $abcd$가 있다. 그 다음 패널에는 말굽 와류 $aefd$가 있다. 그 다음 패널에는 $aghd$가 있으며, 그 다음에는 $aijd$ 등이 있다. 전체 날개는 서로 다른 미지수의 강도 Γ_n을 갖는 말굽 와류의 격자로 뒤덮인다. 임의의 조정점 P에 모든 말굽 와류에 의하여 유도되는 법선 방향 속도는 Biot-Savart 법칙으로 구할 수 있다. 모든 조정점에서 유동 접선(flow-tangency) 조건을 적용하면 미지수 Γ_n에 대하여 해를 구할 수 있는 연립 대수 방정식(simultaneous algebraic equation)을 얻는다. 이 수치해석 방법을 *와류 격자기법*(vortex lattice method)이라고 부르며, 유한날개 특성 분석에 오늘날 광범위하게 쓰이고 있다. 다시 말하지만, 이 방법의 개요만 앞에서 설명하였다. 여러분들이 와류 격자기법의 다양한 형태를 소개한 여러 서적을 읽어보기 바란다. 특히 참고문헌 13은 이러한 기법의 핵심을 명확하게 보여주는 예제(worked examples)를 포함하는 와류 격자기법의 훌륭한 개론서이다.

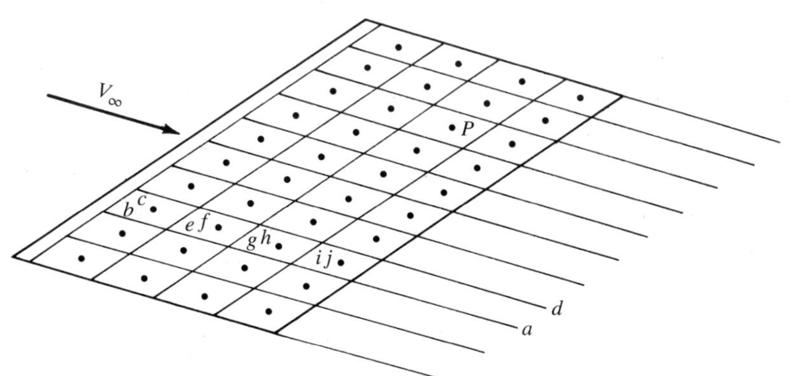

그림 5.36 유한날개 위의 와류 격자체계

설계_Design Box

타원형 양력 분포와 높은 종횡비를 갖는 후퇴각이 없는 날개의 양력 곡선은 Prandtl의 양력선 이론으로 예측되며, 식 (5.69)에 나와 있는데 다음에 다시 쓰면

$$a = \frac{a_0}{1 + a_0/\pi AR}$$

높은 종횡비의 후퇴각 없는 날개 (5.69)

이와 같은 관계식은 근사식이지만 공식이 단순하여 빠르고 간단하게 계산결과를 얻을 수 있어서, 개념설계 과정에서 유용하게 사용된다. 그러나 간단한 양력선 이론의 모든 다른 결과와 마찬가지로, 식 (5.69)는 높은 종횡비의 후퇴각이 없는 날개에만 유효하다(경험에 의하면 AR > 4).

독일 공기역학자 H. B. Helmbold는 1942년에 식 (5.69)를 낮은 종횡비의 후퇴각이 없는 날개에 적용할 수 있도록 변형하여 다음 식을 얻었다.

$$a = \frac{a_0}{\sqrt{1 + (a_0/\pi AR)^2} + a_0/(\pi AR)}$$

낮은 종횡비의 후퇴각이 없는 날개 (5.81)

식 (5.81)은 AR < 4인 날개에 대하여 놀랍도록 정확하다. 이것이 그림 5.37에 나와 있는데, 0.5~6 사이의 AR을 갖는 직사각형 날개에 대한 양력 곡선 기울기의 실험 값을 보여준다. 이 자료는 식 (5.69)의 Prandtl의 양력선 이론과 Helmbold의 식 (5.81)에 의해 얻은 예측값과 비교하였다. 그림 5.37에서 Helmbold의 식이 AR < 4에 대한 자료와 훌륭하게 일치하는 것을 인식하라.

후퇴익에 대해서는 Kuchemann(참고문헌 66)이 Helmbold의 식을 다음과 같이 변형할 것을 제안하였다.

$$a = \frac{a_0 \cos \Lambda}{\sqrt{1 + [(a_0 \cos \Lambda)/(\pi AR)]^2} + [a_0 \cos \Lambda/(\pi AR)]}$$

후퇴익 (5.82)

여기서 Λ는 그림 5.38에 나온 것과 같이, 1/2 시위선(half-cord line)을 기준한 날개의 후퇴각이다.

식 (5.69), (5.81), (5.82)는 *비압축성 유동*에 적용되는 것을 기억하라. 높은 마하수에 의한 영향을 설명하는 압축성 보정(compressibility correction)은 10장에서 검토할 것이다.

또한 위 식들은 개념 설계과정에서 사용하도록 빠르고, 쉬우며, '간단한' 계산을 하기 위하어 만들어진 단순힌 공식이다. 이에 반하여, 오늘날의 전산유체역학(CFD)의 능력은 모든 일반적인 형태(임의의 종횡비, 후퇴각, 테이퍼비 등)의 유한날개 주위의 유동에 대한 자세한 계산을 할 수 있게 한다. 더욱이 CFD와 현대 최적화 기법의 결합은 날개의 최적 평면형상뿐 아니라 스팬 방향으로의 최적 익형 변화까지 포함하는 날개 전체의 최적화된 설계를 가능하게 해준다. 이러한 현대적인 최적 날개 설계는 일반적으로 압축성 유동을 취급해야 하는 고속 항공기에 적용하기 때문에, 이 현대적 설계는 3부 이전에는 검토하지 않을 것이다.

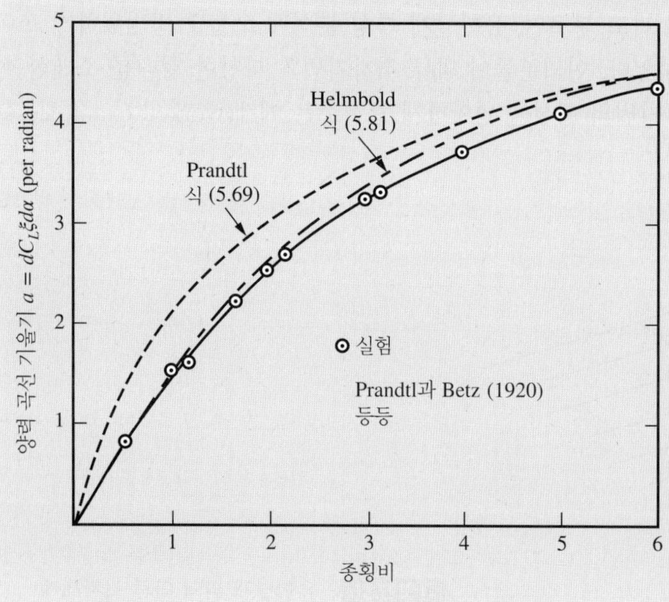

그림 5.37 저속에서 후퇴각이 없는 날개의 종횡비에 대한 양력 곡선 기울기

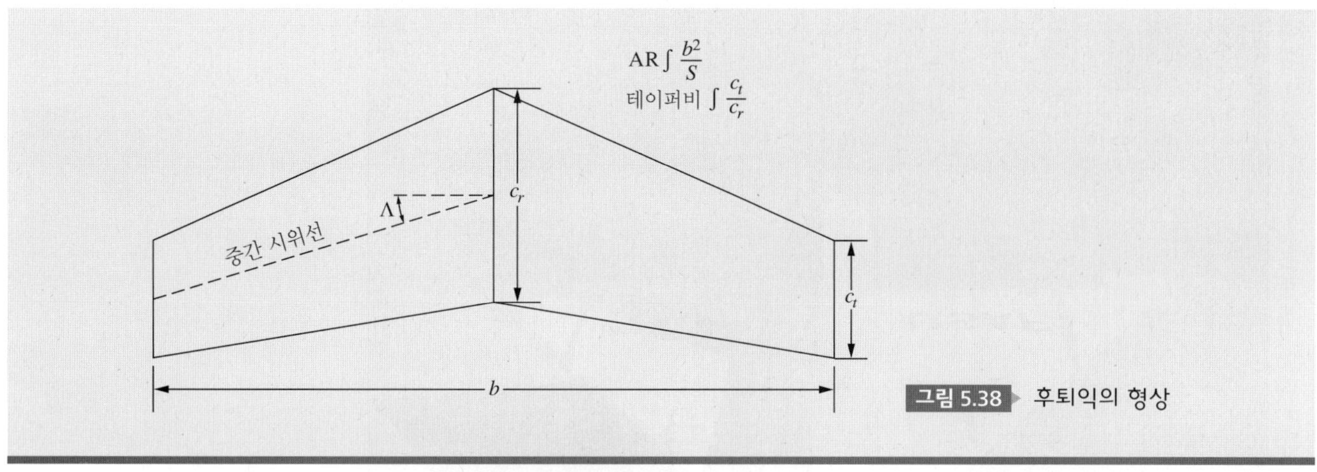

그림 5.38 후퇴익의 형상

5.6 응용 공기역학: 삼각익 *Applied Aerodynamics: The Delta Wing*

이 책의 3부에서는 초음속 유동과 아음속 유동이 실질적인 모든 면에서 극적으로 서로 다른 것을 보게 될 것이다. 즉, 이 두 유동 영역에서 수학적, 물리학적 적용이 완전히 다르다. 이 차이점은 아음속 항공기와 비교하였을 때 초음속 항공기 설계 개념에 큰 영향을 미친다. 특히 초음속 항공기들은 일반적으로 높은 후퇴각의 날개를 갖는다(이에 대한 이유는 3부에서 검토할 것이다). 후퇴익의 특별한 경우는 삼각형 형태의 날개를 갖는 항공기이며, 이를 삼각익(delta wing)이라 부른다. 그림 5.32에 일반적인 후퇴익의 비교가 나와 있다. 삼각익을 갖는 항공기의 두 가지 고전적인 예는 그림 5.39*a*의 미국에서 최초로 삼각익으로 설계되어 운용된 제트 항공기인 Convair F-102A와, 그림 5.39*b*의 본질적으로 극초음속 항공기인 스페이스 셔틀이다. 실제로는 스페이스 셔틀의 날개 평면 형상은 보다 정확하게 이중 삼각(double-delta) 형태로 정의된다. 사실 현대 항공기에 사용되는 삼각익에는 몇 개의 변형이 존재하는데, 이것이 그림 5.40에 나와 있다. 삼각익은 전 세계의 많은 서로 다른 형태의 고속 항공기에 사용되기 때문에 삼각형 날개 형상은 중요한 공기역학적 형상이다.

질문: 삼각익의 항공기는 고속 비행체인데 유한날개 주위의 저속, 비압축성 유동을 검토하는 현재의 장에서 이 주제를 다루는 이유는 무엇인가? 이에 대한 명확한 답변은 모든 고속 항공기가 이륙과 착륙 시에 저속으로 비행하기 때문이다. 이에 더하여 대부분의 경우 이 항공기는 비행의 많은 시간을 아음속 영역에서 보내며, 임무에 따라서 짧은 시간 동안의 '초음속 돌진'을 위해 초음속 비행 능력을 사용한다. 물론 대양을 건너며 초음속으로 순항하는 Concorde 초음속 여객기와, 지구 대기권으로 진입하며 대부분의 시간 동안 극초음속으로 비행하는 스페이스 셔틀 같은 몇 개의 예외는 존재한다. 그러나 삼각익의 항공기 대부분은 비행 시간의 많은 부분을 아음속 영역에서 보낸다. 이러한 이유 때문에 삼각익의 저속 공기역학적 특성은 매우 중요한데, 삼각익의 공기역학적 특성이 매우 다르고 특이하기 때문에 더욱 강조된다. 그래서 삼각익의 저속 공기역학은 지난 기간 동안 매우 중요한 연구 주제가 되어 왔으며, 1930년대 독일의 Alexander Lippisch에 의한 삼각익에 관한 초기 연구가 시초로 알려졌다. 이것이 앞에서 제기된 질문에 대한 답이며, 유한날개를 검토하는 과정에서 삼각익에 특별한 관심을 기울여야 한다.

받음각을 갖는 삼각익 위를 지나가는 유동 형상이 그림 5.41에 나와 있다. 이 유동의 중요한 관점은 고도로 후퇴된 앞전 부근에 발생하는 2개의 와류 형상에 있다. 이 와류 형상은 다음의 원리에 의해 발생한다. 받음각이 있을 때 날개 아랫면의 압력은 날개 윗면의 압력보다 크다. 그러므로 앞전 근처 날개 아랫면의 유동은 날개 아랫면에서 윗면으로 감싸고 돌려고 할 것이다. 앞전이 날카로울 때 유동은 그 전체 길이에 걸쳐서 박리될 것이다. [저속, 아음속 유동이 날카로운 볼록 모서리(sharp convex corner)를 지날 때 비점성 유동 이론에 의하면 모서리 부분에서 무한대의 속도(infinite velocity)가 예상되며, 자연은 이 상황을 모서리에서의 유동 박리로서 해결함을 여러 번 언급하였다. 삼각익의 앞전이 이 경우이다.] 그림 5.41에 나온 것과 같이, 이 박리된 유동은 각각의 앞전 바로 안쪽 날개 위에 존재하는 1

(*a*)

그림 5.39 삼각익 비행기의 예.
(*a*) Convair F-102A(*NASA*)

차 와류 속으로 감겨 들어간다. 앞전에서 박리된 유동면(그림 5.41의 1차 박리선 S_1)은 날개 위에 원형의 고리(loop)를 만들고, 1차 부착선(그림 5.41의 선 A_1)을 따라 다시 날개 윗면에 부착된다. 1차 와류는 이 고리 내부에 수용된다. 2차 와류는 그림 5.41에 S_2로 표기된 박리선과 재부착선 A_2와 함께 1차 와류 바로 아래에 형성된다. 표면 유선이 부착선 A_1과 A_2로부터 이 선의 양방향으로 흘러*나가는*(flow away) 반면, 표면 유선은 박리선 S_1과 S_2를 향하여 흘러*들어가고*(flow toward), 이 선을 따라서 단순히 면으로부터 들어 올리는(lift off the surface) 것에 유의하라. 앞전 와류의 안쪽 날개 위에는 표면 유선이 부착되어 있고, 그 하류의 유동(flow downstream)은 삼각형의 꼭짓점에서 시작되는 연속된 직선을 따라 거의 교란받지 않는다. 이 앞전 와류에 대한 묘사가 그림 5.42와 5.43에 나와있다. 그림 5.42에서 수동(water tunnel)에 장착된 큰 후퇴각의 삼각익을 볼 수 있다. 색 물감의 가는 줄기(filament)를 각 앞전의 두 곳에서 흘러나가게 하였다. 날개 위에서 아래를 내려다보는 각도로 촬영된 이 사진에서 와류 속으로 색 물감이 유입되는 것을 명확하게 볼 수 있다. 그림 5.43은 유동의 단면(유동의 단면은 그림 5.41에서 볼 수 있다)에서의 와류 형상 사진이다. 그림 5.42와 5.43의 사진으로부터 앞전 와류는 실제로 존재하는 것이고, 앞전의 위 방향 그리고 약간 안쪽(inboard)에 위치함을 알 수 있다.

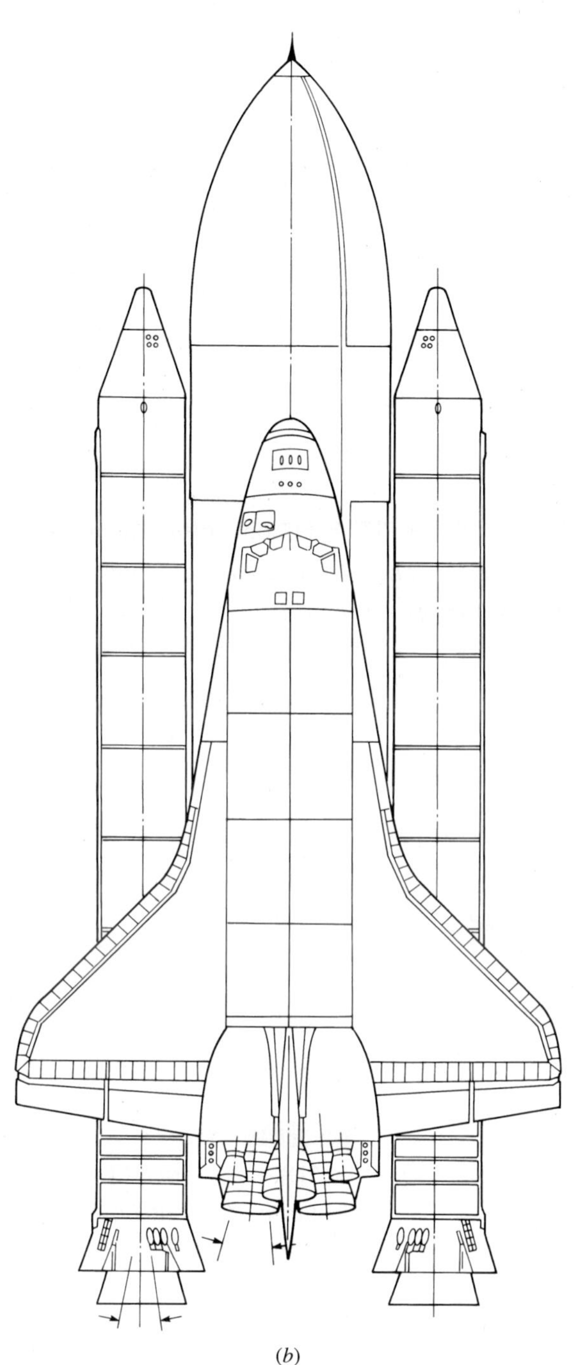

(b)

그림 5.39 (계속) 삼각익 비행기의 예. (*b*) 스페이스 셔틀(*NASA* 제공)

앞전 와류는 강하고 안정적이다. 고에너지의 원천이며 상대적으로 강한 와류 유동이기 때문에 와류 부근의 국소 정압(local static pressure)은 작다. 그러므로 삼각익의 윗면에서 표면 압력은 앞전 근처에서는 더 작아지고, 날개의 중앙 부분에서는 더 높으며 대략 일정하다. 스팬 방향(그림 5.41의 y 방향) 압력 계수의 정성적인 변화(qualitative variation)가 그림 5.44에 나와 있다. 아랫면 스팬 방향의 압력은 거의 일정하며, 자유 유동 압력보다 높다(양의 C_p 값). 윗면에서는 날개 중앙면에서의 스팬 방향의 압력은 거의 일정하고, 자유 유동의 압력보다 낮다(음의 C_p 값). 그러나 앞전 부근에서는 정압이 상당히 감소한다(C_p 값이 더 큰 음의 값이 됨). 앞전 와류는 앞전 부근 윗면에 실제로 강한 '흡입력(suction)'을 만든다. 그림 5.44에 스팬 방향 양력 분포에 미치는 효과를 더 잘 나타내기 위하여 수직 화살표를 그렸다. 이 화살표의 위 방향과 그 길이는 날개 각 부분이 법선 방향의 힘 분포(normal force distribution)에 미치는 효과를 보여준다. 앞전 와류의 흡입 효과를 이 화살표에 의하여 명확하게 볼 수 있다.

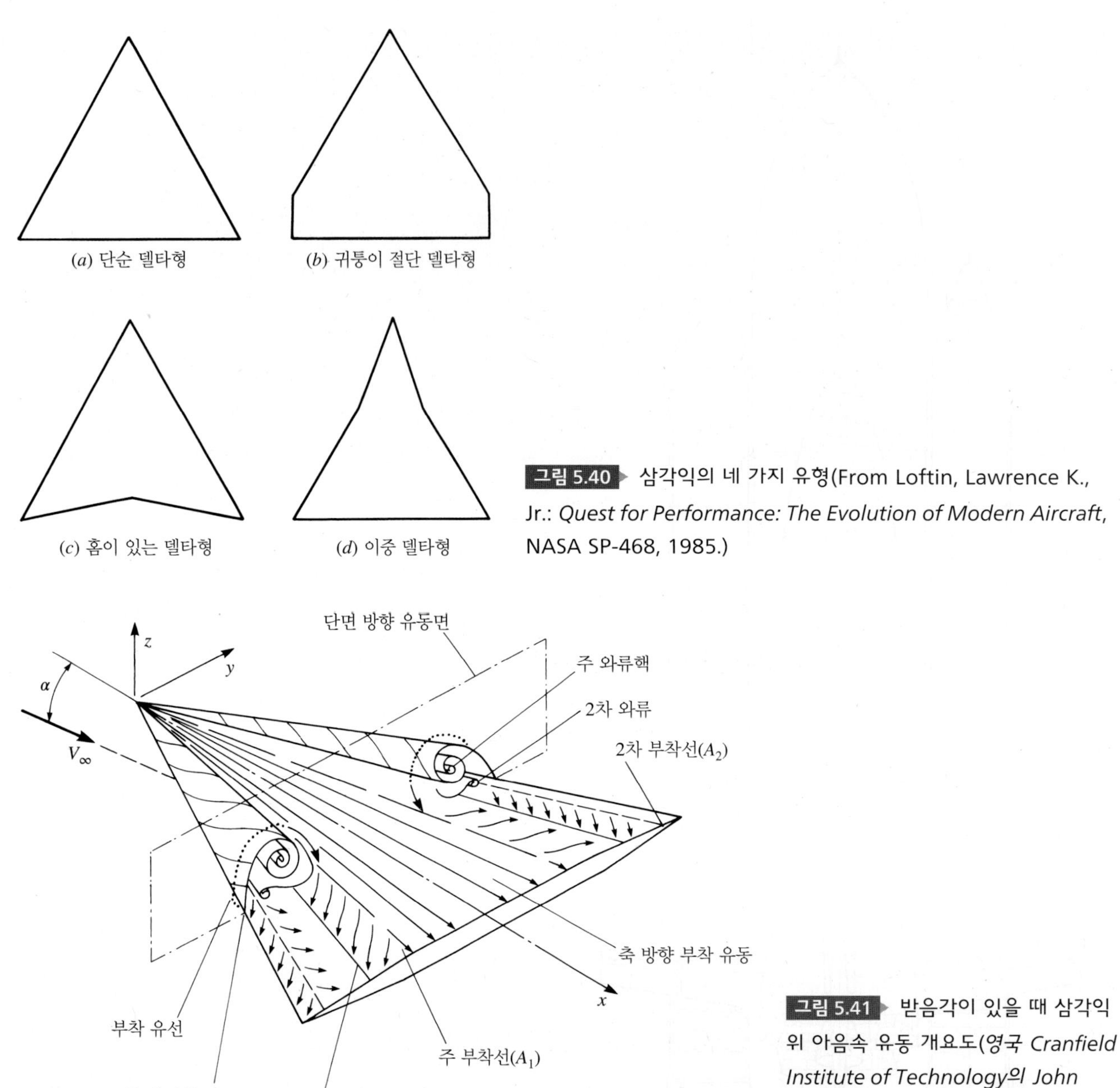

그림 5.40 삼각익의 네 가지 유형(From Loftin, Lawrence K., Jr.: *Quest for Performance: The Evolution of Modern Aircraft*, NASA SP-468, 1985.)

그림 5.41 받음각이 있을 때 삼각익 위 아음속 유동 개요도(*영국 Cranfield Institute of Technology의 John Stollery에서 각색됨*)

앞전 와류의 흡입 효과는 양력을 증가시킨다. 이 이유로 삼각익의 양력 계수 곡선은 일반적인 날개 형상이 실속되는 α 값에서도 C_L이 증가하는 것을 볼 수 있다. 60° 삼각익에 대한 C_L 값의 α에 대한 전형적인 변화가 그림 5.45에 나와 있다. 다음의 특성을 주시하라.

1. 양력 곡선의 기울기는 작으며 0.05/degree 수준이다.

2. 그러나 큰 값의 α까지 양력은 계속 증가한다. 그림 5.45에서 실속이 발생하는 받음각은 35° 정도이다. 전체적인 결과(net result)는 1.3 정도의 합리적인 $C_{L,\max}$ 값이다.

삼각익 항공기가 이륙 혹은 착륙하는 것을 볼 기회가 있을 때, 예를 들어 스페이스 셔틀의 착륙을 텔레비전 중계로 볼 때 항공기의 큰 받음각에 주목하라. 여러분은 받음각이 큰 이유를 알 것이다. 양력 곡선의 기울기가 작고, 따라서 저속 비행에서 요구되는 높은 값의 C_L을 발생시키려면 충분히 큰 받음각을 가져야 하기 때문이다.

법선 방향 힘을 증가시키기 위해 작용하는 앞전 와류의 흡입 효과는 양력을 증가시키는 동시에 결과적으로 항력도 증가시킨다. 따라서 이 와류의 공기역학적 영향은 반드시 유익한 것만은 아니다. 사실 삼각익의 양항비 L/D는 일반적

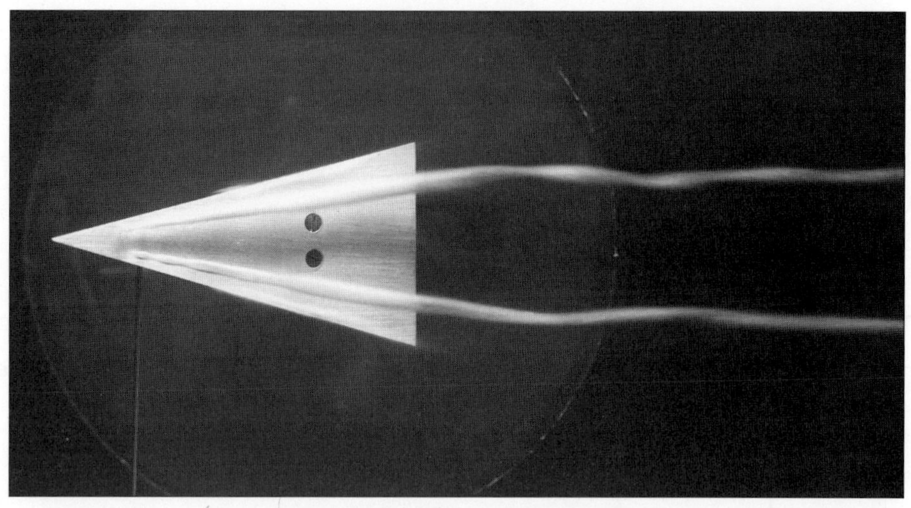

그림 5.42 받음각이 있을 때 삼각익 윗면의 앞전 와류. 와류는 수동(water tunnel) 안에서 물감의 유맥선(streak)으로 가시화하였다. [*National Physical Laboratory/Crown Copyright/Science Source*]

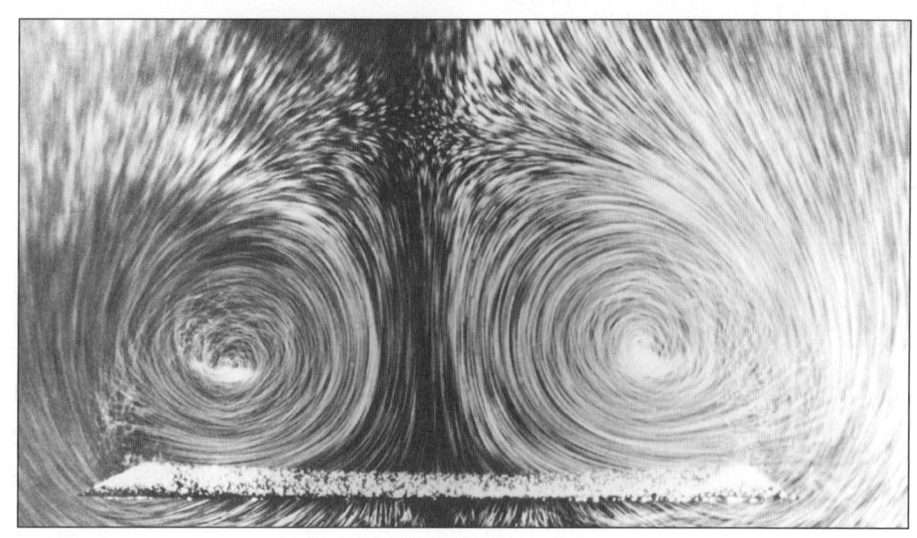

그림 5.43 받음각이 있을 때 삼각익 위의 유동에 수직한 면에 나타난 유동장인데, 2개의 1차 앞전 와류를 보이고 있다. 와류는 물속 작은 공기방울로 가시화하였다. [*©ONERA The French Aerospace Lab*]

인 날개만큼 높지 않다. 삼각익의 C_L에 따른 L/D의 전형적인 변화는 그림 5.46에 나와 있고, 날카로운 앞전의 60° 삼각익에 대한 결과는 아래쪽 곡선이다. 이 경우 L/D 값의 최대값은 대략 9.3이며, 저속 항공기에 있어서는 특별히 바람직한 값은 아니다.

그림 5.46에 반영된 다른 두 가지 현상이 있다. 첫 번째는 삼각익의 앞전을 상당히 둥글게 처리했을 경우의 효과이다. 앞에서 날카로운 앞전의 경우를 다루었는데, 날카로운 모서리는 앞전에서 유동 박리를 일으키고 앞전 와류를 형성한다. 반면 앞전의 반경이 클 경우 유동 박리가 최소화되거나 또는 발생하지 않을 가능성도 있다. 그 결과 앞에서 언급한 항력 손실(drag penalty)이 없을 것이며, 따라서 L/D 비가 증가할 것이다. 그림 5.46의 점선 곡선은 둥글게 잘 처리한 앞전을 갖는 60° 삼각익의 경우에 대한 것이다. 이 경우의 $(L/D)_{max}$는 대략 16.5이고, 날카로운 앞전의 경우에 비하여 2배 정도 더 높다. 그러나 이것은 아음속에 대한 결과인 것을 기억하라. 이 결과를 반영한 주요한 설계 절충안(design compromise)이 존재한다. 이 절의 시작에서 우리는 날카로운 앞전을 갖는 삼각익 형상이 초음속 비행에서 유리하다는 것을 언급하였는데, 그것의 날카로운 앞전과 결합된 높은 후퇴익 형태는 초음속에서 낮은 항력을 갖는다. 그

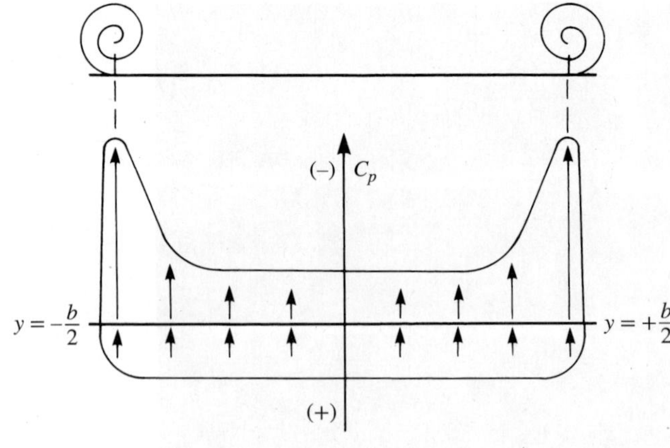

그림 5.44 삼각익의 스팬 방향으로의 압력 계수 분포 개요도(영국 *Cranfield Institute of Technology*의 *John Stollery* 제공)

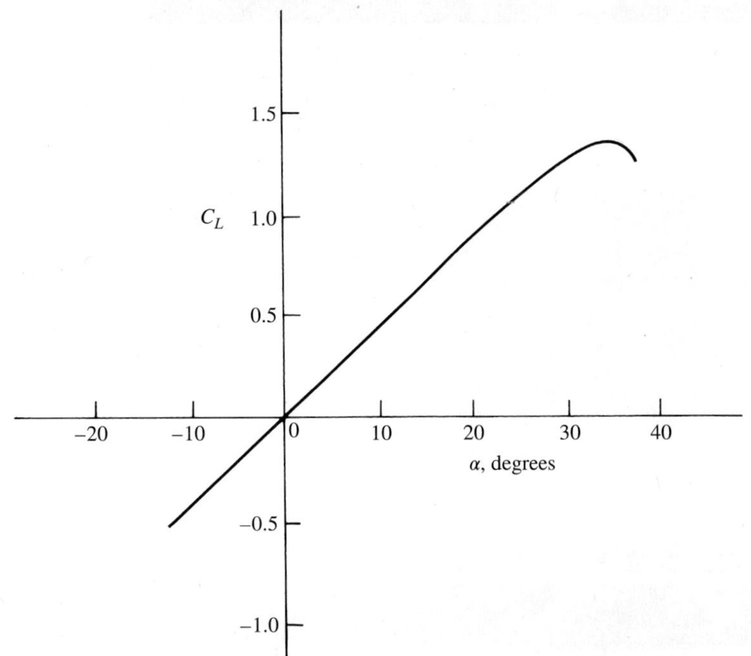

그림 5.45 평판 삼각익의 받음각에 대한 양력 계수의 변화(영국 *Cranfield Institute of Technology*의 *John Stollery* 제공)

러나 만약 앞전이 어느 정도 둥글게 되면 초음속에서 이 유리한 점이 없어진다. 3부에서 초음속 유동을 공부하면서, 앞부분이 뭉툭한 물체는 매우 큰 값의 조파 저항(wave drag)을 발생시키는 것을 알게 될 것이다. 그러므로 큰 반경의 앞전은 초음속 항공기에는 적당하지 않다. 사실 초음속 항공기에서는 실제로 가능한 한 날카로운 앞전을 갖는 것이 바람직하다. 단 한 가지 예외적인 경우는 스페이스 셔틀의 설계이다. 스페이스 셔틀의 앞전 반경은 크다. 이것은 스페이스 셔틀에서 무딘 앞전이 유리한 세 가지 특성이 있기 때문이다. 첫째, 셔틀은 매우 큰 공기역학적 가열(공기역학적 가열에 대해서는 4부에서 검토한다)을 피하기 위해 지구 대기권으로 재진입하는 동안 일찍 속도를 낮추어야 한다. 그러므로 이 감속을 달성하기 위해서 스페이스 셔틀은 높은 항력이 더 바람직하다. 실제로 재진입 동안의 스페이스 셔틀의 최대 L/D 비는 2 정도이다. 따라서 높은 항력을 갖는 큰 앞전 반경은 이점을 갖는다. 둘째, 4부에서 보게 되겠지만 앞전은 높은 가열 영역이며, 이 지역에 대한 공기역학적 가열 비율은 앞전 반경의 제곱근에 반비례한다. 따라서 반경이 커질수록 앞전 부분의 가열 비율은 작아진다. 셋째, 앞에서 이미 설명되었듯이 둥글게 잘 처리된 앞전은 스페이스 셔틀의 아음속 공기역학 특성에 확실히 유익하다. 그러므로 둥글게 잘 처리된 앞전은 스페이스 셔틀 설계의 모든 면에서 중요한 특성이다. 그러나 아주 날카로운 앞전이 요구되는 일반적인 초음속 항공기에 대해서는 이것이 해당되지 않음을 기억해야 한다. 이 항공기의 날카로운 앞전을 갖는 삼각익은 상대적으로 나쁜 아음속 성능을 보인다.

이러한 점은 그림 5.46에 반영된 두 번째 현상과 관련되어 있다. 그림 5.46의 중간에 나와 있는 곡선은 LEVF로

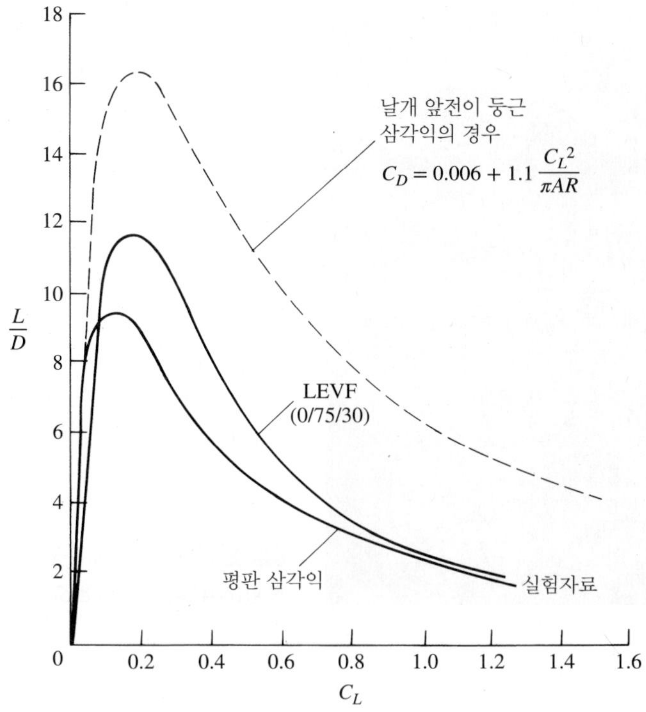

그림 5.46 2.31의 종횡비를 갖는 삼각익의 양항비에 대한 앞전 형상의 영향. 2개의 실선은 날카로운 앞전, 그리고 점선은 둥근 앞전의 자료이다. LEVF는 앞전 와류 플랩을 장치한 날개를 표시한다. (*영국 Cranfield Institute of Technology의 John Stollery 제공*)

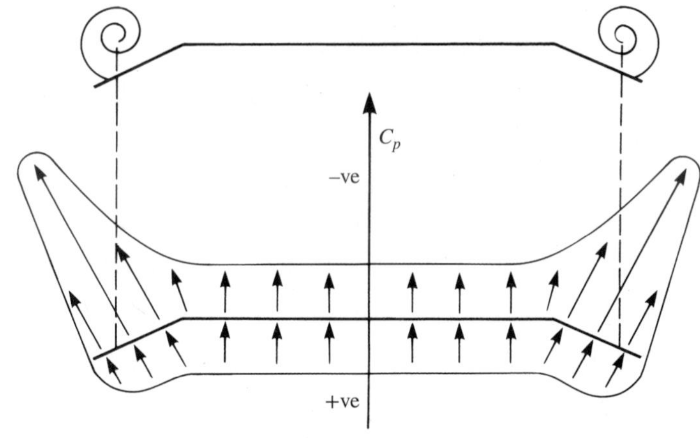

그림 5.47 앞전 플랩에 의해 수정된 삼각익 윗면의 스팬 방향 압력 계수 분포도(*영국 Cranfield Institute of Technology의 John Stollery 제공*)

표기되었고, 앞전 와류 플랩(leading-edge vortex flap)의 경우를 나타낸 것이다. 이것은 일반적인 뒷전 플랩의 변위와 유사하게, 앞전이 여러 각도로 아래 방향의 변위를 가질 수 있는 기계적 장치이다. 이 경우 스팬 방향의 압력 계수 분포가 그림 5.47에 나와 있다. 앞전 와류에 의한 흡입(suction) 방향이 앞의 그림 5.44에 나온 앞전 플랩을 갖지 않은 경우와 비교해서 변경된 것을 인지하라. 또한 그림 5.41로 돌아가서, 여러분은 앞전이 아래로 숙여진 경우의 날개 형상을 그려볼 수 있을 것이다. 아래 방향으로 변위를 준 플랩의 정면도는 실제로 앞에서 본 면적이 증가된 것처럼 보일 것이다. 이 전면 면적의 압력이 낮기 때문에 전체 항력(net drag)은 감소한다. 이러한 현상은 플랩을 가지지 않은 경우(평면 삼각익)와 비교했을 때 앞전 와류 플랩이 일반적으로 높은 L/D 값을 가지는 것을 보여주는 그림 5.46의 중간에 그려진 곡선으로 나와 있다.

마지막으로 매우 높은 받음각에서 삼각익 윗면 유동에서 발생하는 극적인 현상에 주의하자. 그림 5.41과 5.42에 나온 1차 와류가 와류 길이 방향 어느 지점에서 떨어져 나가기 시작한다. 이것을 *와류 붕괴*(vortex breakdown)라고 부르며 그림 5.48에 나와 있다. 이 사진과 낮은 받음각에서 잘 형성된 와류를 나타낸 그림 5.42를 비교해 보자. 그림 5.48에서는 날개의 윗면에서 2개의 앞전 와류가 그것의 길이 방향으로 대략 2/3 지점에서 와류 붕괴를 보인다. 이 사진은 와류 붕괴의 두 가지 형태를 보여주기 때문에 특히 흥미롭다. 사진 윗부분에 보이는 와류는 나선 형태(spi-

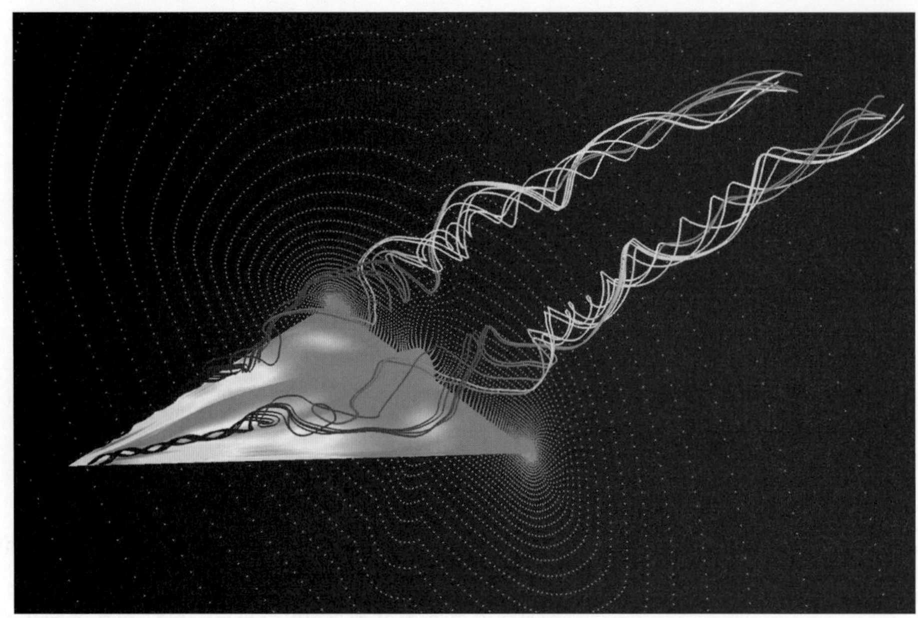

그림 5.48 삼각익 주위의 와류 붕괴(*NASA/Science Source*)

ral-type)의 와류 붕괴인데, 중심을 따라서 점진적으로 붕괴가 발생하여 중심이 여러 방향으로 비틀어지도록 만든다. 사진 아래에 있는 와류는 거품 형태(bubble-type)의 와류 붕괴이며, 와류가 갑작스럽게 터지면서(burst) 무질서한 유동의 큰 거품(bubble)을 형성한다. 나선 형태의 와류 붕괴가 더 자주 일어난다. 와류 붕괴가 발생할 때 삼각익의 양력과 피칭 모멘트는 감소하고, 유동은 비정상 상태가 되며, 날개에 진동(buffeting)이 발생한다.

와류 붕괴의 점진적인 성장이 60° 후퇴각을 갖는 삼각익에 대한 CFD 결과로 그림 5.49에 나와 있다. $\alpha = 5°$에서(그림 5.49*a*) 와류 핵(vortex core)이 잘 형성되어 있다. $\alpha = 15°$에서(그림 5.49*b*) 와류 붕괴가 시작된다. $\alpha = 40°$에서(그림 5.49*c*) 삼각익 윗면 주위의 유동은 완전히 박리되고 날개는 실속된다. 그림 5.49의 결과는 또 다른 이유로 인해서 흥미롭다. 4.4절의 각주(footnote)에서, 비점성 유동에 대한 계산이 때로는 유동 박리의 위치와 특성을 예측할 수 있음을 지적하였다. 여기서 그러한 또 다른 경우를 볼 수 있다. 그림 5.49의 와류 붕괴와 박리 유동은 Euler 방정식(즉, 비점성 유동의 계산)의 CFD 계산으로 얻은 것이다. 마찰은 와류 형성과 붕괴에 중요한 역할을 하지 않는 것 같다.

[삼각익 주위의 와류 파열(vortex bursting)에 관한 더 자세한 정보를 위해서는 I. Gursul에 의한 최근의 탐색결과인 <삼각익 공기역학의 최신 개발(Recent Developments in Delta WIng Aerodynamics)>, *The Aeronautical Journal*, vol. 108, number 1087, September 2004, pp. 437~452를 보라.]

요약하면, 삼각익은 초음속 항공기에서 흔히 쓰는 날개 평면 형상이다. 이 절에서는 그러한 날개의 저속 공기역학 특성을 조사하였고, 이 특성이 일반적인 날개 형상과는 매우 다르다는 것을 발견하였다.

5.7 역사적 고찰: Lanchester와 Prandtl—유한날개 이론의 초기 개발

Historical Note: Lanchester and Prandtl—The Early Development of Finite-Wing Theory

1866년 6월 27일 대영제국 항공학회(Aeronautical Society)에 <Aerial Locomotion>이라는 제목의 논문으로 영국인 공학자 Francis Wenham이 역사상 처음으로 유한날개의 공기역학에 종횡비가 미치는 영향에 대해 발표하였다. 그는 날개 대부분의 양력은 앞전 부근에서 발생하기 때문에 길고 좁은 날개가 가장 효율적일 것이라는 이론을 세웠다(올바르게). 그는 필요한 양력을 만들어내기 위해 많은 수의 길고 가느다란 날개를 서로 아래위로 배열하는 것을 제안하였고, 그의 아이디어를 실증하기 위해서(성공적으로) 1858년에 본격적인 규모의 글라이더 2개를 만들었는데, 2개 모두 5개의 날개를 가지고 있었다(Wenham은 1871년에 영국 Greenwich에서 역사적으로 최초의 풍동을 설계 제작한 것으로 알려져 있다).

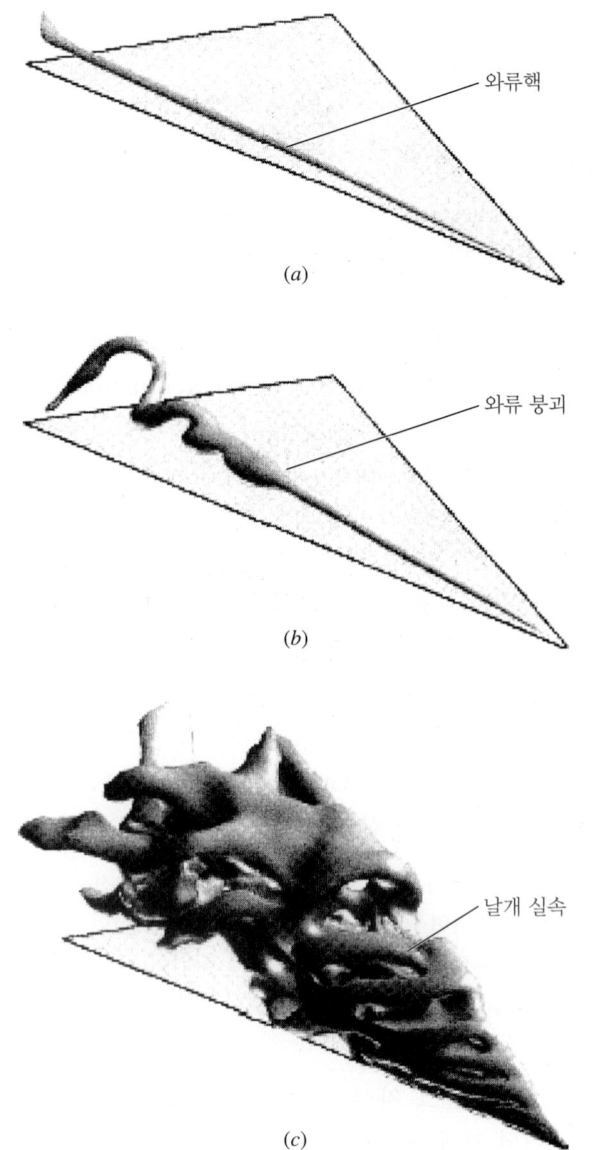

그림 5.49 받음각 증가에 따른 와류의 형상과 붕괴의 진행과정. (*a*) 5°, (*b*) 15°, (*c*) 40° (*출처*: R. E. Gordnier와 M. R. Visbal의 <고받음각에서 유연한 삼각익의 공탄성적인 반응에 대한 계산>, *AIAA Paper, 2003~1728*, 2003)

그러나 유한날개 공기역학에 대한 진정한 이해와 유한날개에 대한 이론적 분석에 관한 아이디어는 1907년까지 나오지 않았다. 그 해에 Frederick W. Lanchester는 *Aerodynamics*이라는 제목의 요즘에 와서 유명해진 책을 발간하였다. 전에 Lanchester를 소개한 적이 있는데, 4.15절의 양력에 대한 순환 이론 전개에서 그의 역할에 대해 언급했다. 여기서는 유한날개 이론에 대한 그의 기여를 살펴본다.

Lanchester의 저서 *Aerodynamics*에서, 날개 끝에서 하류 방향으로 끌려가는 와류에 대한 최초 언급을 발견할 수 있다. 그림 5.50은 날개 끝에서 형성되는 '와류 기둥(vortex trunk)'을 보여주는, Lanchester의 1907년도 책에 있는 그 자신의 그림 중 하나이다. 더욱이 그는 와류 필라멘트가 공간(space)에서 끝나지 않음을 알았고(5.2절 참조), 2개의 날개 끝 와류를 구성하는 와류 필라멘트는 스팬 방향으로 날개를 건너가야 한다는 이론을 세웠는데—이것이 스팬 방향으로 존재하는 속박 와류에 대한 최초의 개념이었다. 그러므로 말굽 와류 개념의 원천은 Lanchester에서 시작되었다. 그 자신의 진술은 다음과 같다.

> 그러므로 저자는 2개의 끌려나가는 와류(trailed vortex)를, 익형 그 자체를 둘러싸고 운동하는 같은 크기의 순환 요소 존재에 대한 명확한 증거로 간주한다.

Lanchester의 예지력과 독창성을 고려하면서, 우리는 잠시 멈추어 그에 대해 살펴보도록 하자. Lanchester는

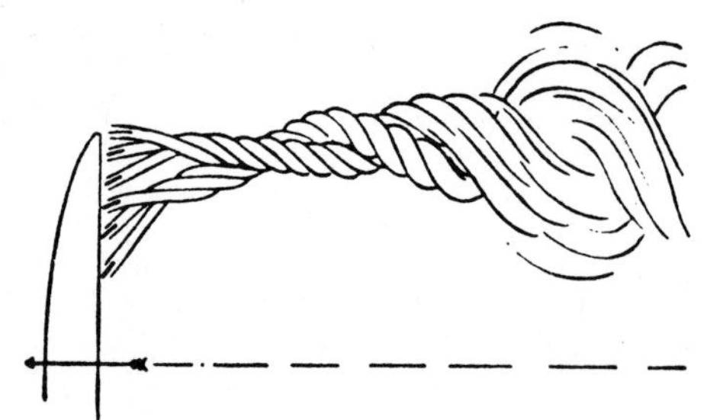

그림 5.50 1907년 Lanchester의 저서 *Aerodynamics*에 나온 그림. 이것은 유한날개의 날개 끝 와류에 대한 자신의 그림이다.

1868년 10월 23일 영국 Lewisham에서 태어났다. 건축가의 아들인 Lanchester는 어린 나이에 공학에 관심을 갖게 되었다(가족에 의하면 그는 4살에 마음을 정했다고 한다). 그는 1886~1889년 동안에 런던 South Kensington의 Royal College of Science에서 공학과 광산학(mining)을 공부했지만, 공식적으로 졸업하지는 않았다. 그는 판단이 빠르고 혁신적인 사고를 지녔으며, 내연 기관 전공으로 1889년에 Forward Gas Engine Company 설계자가 되었고 승진하여 보조 작업 관리자가 되었다. 1890년 초기에 Lanchester는 항공공학에 큰 흥미를 가지게 되었고, 그가 개발한 고속 엔진으로 수많은 공기역학 실험을 수행하였다. 양력의 순환 이론과 유한날개의 와류 개념에 관한 그의 아이디어를 수립한 것은 이 기간 동안이었다. Lanchester가 심혈을 기울여 쓴 논문을 처음에는 왕립학회(Royal Society)에, 그리고 두 번째는 물리학회(Physical Society)에 제출하였으나 출판을 거부당했고, 이것을 그는 결코 잊지 못했다. 마지막으로, 그의 항공공학적 개념은 각각 1907년과 1908년에 그의 두 저서 *Aerodynamics*와 *Aerodonetics*로 발행되었다. 불행하게도 Lanchester의 문체와 설명 방법은 이해하기가 쉽지 않았고, 그의 업적은 다른 연구자들에게 바로 이해되지 못했다. 그의 논문과 저서에 관한 대중의 반응으로 인한 쓰라린 심정은 수십 년 뒤에 Daniel Guggenheim Medal Fund에 보낸 편지에 생생하게 나타나 있다. 1931년 6월 6일자 편지에서 Lanchester는 다음과 같이 썼다.

> 항공 분야의 과학에 관한 한, 나는 낙담밖에는 경험한 것이 없다고 말할 수 있다. 주로 부양(sustentation)과 회전하는 프로펠러의 와류 이론에 관한 초창기 나의 이론 연구(상당한 양의 실험 검증에 의하여 뒷받침된)는 이 나라의 지도적인 두 과학 단체가 거부하였고, 만일 내가 미친 사람의 꿈에 불과한 주제에 계속 손을 댄다면 공학자로서의 나의 직업이 심각하게 위협받을 것이라는 경고를 받았다. 1907년과 1908년에 두 권의 책을 발간하였을 때는 대체적으로 잘 받아들여졌지만, 이것은 주로 Wright 형제의 성공에 의한 영향과 이 주제에 대한 일반적인 관심이 고조되었기 때문이었다.

1899년에 그는 Lanchester Motor Company, Limited를 설립하였고, 그 자신이 설계한 자동차를 판매하였다. Lanchester는 1946년 3월 8일, 77살에 사망할 때까지 자동차와 관련된 기계 장치에 지속적인 관심을 유지하였다.

Lanchester는 1908년에 독일 Göttingen을 방문하였고, Ludwig Prandtl과 그의 학생 Theodore von Karman과 함께 그의 날개 이론을 깊이 있게 논의하였다. Prandtl은 영어를 못했고 Lanchester는 독일어를 못했으며, Lanchester의 불명확한 표현 방식 때문에 이들이 서로 이해하는 부분이 많지는 않았을 것이다. 그러나 그 이후에 곧 Prandtl은 스팬 방향의 속박 와류를 이용하고, 두 날개 끝에서 와류가 하류로 끌려감을 가정하여 그 자신의 날개 이론을 개발하였다. 유한날개 이론에 관한 Prandtl의 연구에 관한 첫 번째 언급은, 유한날개에 관한 Foppl의 실험을 검토한 O. Foppl이 쓴 1911년의 논문이다. 그의 결과에 관하여 언급하면서, Foppl은 다음과 같이 말하였다.

> 그들은 유한 스팬 날개를 가진 항공기 주위 유동에 관한 Prandtl 교수의 이론적 연구와 매우 근접하게 일치하였다. Lanchester는 그의 업적 'Aerodynamics'(C. 그리고 A. Runge에 의하여 독일어로 번역됨)에서 2개의 와류 줄(vortex rope)이 항공기 두 날개의 끝부분에 부착되어 있고, 이것이 Kutta 이론과 유사하게 항공기 주변의 유동으로부터 양쪽 편에 있는 교란받지 않은 유체 유동으로의 전환을 가능하게 함을 표현하였다. 이 2개의 와류 줄은 Kutta 이론에 의하면, 평판에서 발생하는 와류에 계속 이어진다.
>
> 와류는 유체 중간에서 끝날 수 없다는 Helmholtz 정리 때문에 우리는 이것을 인정해야만 한다. 어쨌든 이 2개의 와류 줄은 암모니아 구름을 공기 중으로 방출하는 기법으로 Göttingen Institute에서 가시화되었다. Prandtl의 이론은 실제로 존재하는 이러한 유동을 고려하여 세워졌다.

같은 해에 Prandtl은 그 주제에 관하여 인쇄된 그 자신의 첫 번째 의견을 발표하였다. 1911년 11월 Göttingen의 항공과학 대표자(Representatives of Aeronautical Science) 회의에 제출된 논문 <Results and Purposes of the Model Experimental Institute of Göttingen>에서 Prandtl은 다음과 같이 말하였다.

> 다른 이론적인 연구는 항공기 뒤쪽의 공기에 의하여 형성되는 유동의 조건과 관련되어 있다. 항공기에 의하여 형성되는 양력은, 작용과 반작용의 원리에 의해 항공기 뒤쪽의 하강하는 유동과 반드시 연관되어 있다. 이 하강하는 유동을 자세하게 조사하는 것이 아주 유용해 보인다. 하강하는 유동은 한 쌍의 와류에 의하여 형성되며, 그 와류 필라멘트는 항공기 날개 끝에서 시작된다. 두 와류의 거리는 항공기의 스팬과 같고, 그들의 강도는 항공기 주위 유동의 순환과 같으며, 항공기 주위의 유동은 균일 유동(uniform flow)과 3개의 직선 부분으로 구성된 와류에 의한 유동의 중첩에 의해 이루어진다.

그의 이론적 결과를 검토하면서, Prandtl은 같은 논문에서 다음을 계속 언급하였다.

> 횡 방향의 와류에 의해 생기는 비행기 주위 유동 변화를 고려하면, 같은 이론으로 비행기의 양력이 종횡비에 따라 변하는 관계를 알 수 있다. 특히 이것은 실험적으로 얻은 결과를 무한 길이 스팬 날개를 갖는 항공기에까지 확장할 수 있는 가능성을 준다. 우리가 측정한 최대 종횡비에서(1:9~1:∞) 양력은 현저하게 증가하는데, 대략 30% 혹은 40%까지 증가한다. 나는 여기에 이것을 더 확장하여 놀랄 만한 결과를 더하려 하는데, 그것은 우리가 작은 캠버와 작은 받음각을 취급하기 때문에 무한날개에 대한 Kutta 이론 결과가 이 실험결과에 의해 확인되었다는 것이다.
>
> 이러한 일련의 생각에서 시작하여, 우리는 양력이 사전에 결정된 형태로 스팬에 분포되도록 항공기 표면을 계산하는 문제에 도전할 수 있다. 이 계산에 대한 실험적 시도는 아직 행해지지 않았지만, 가까운 미래에 실행될 것이다.

위 언급으로부터, Prandtl은 Lanchester에 의하여 전에 제안되었던 모델을 따르고 있었음이 명확하다. 더욱이 유한날개 이론의 주요한 관심사는 우선 양력을 계산하는 것이었으며 유도 항력에 대한 언급은 없었다. Prandtl의 이론이 처음에는 그림 5.13과 같은 하나의 말굽 와류로 시작되었음에 주목하면 흥미롭다. 결과는 완전히 만족스럽지는 않았다. 1911~1918년 동안에 Prandtl과 그의 동료들은 그의 유한날개 이론을 확장하고 다듬었는데, 이것이 그림 5.15에 나온 것과 같은 무한한 수의 말굽 와류로 구성된 양력선 개념으로 진화하였다. 1918년에 '유도 항력(induced drag)'이라는 용어가 Göttingen의 Prandtl의 동료 Max Munk에 의하여 만들어졌다. 제1차 세계대전 동안 독일 정부에 의해 대부분의 Prandtl의 유한날개 이론 개발은 비밀로 분류되었다. 마침내 그의 양력선 이론은 바깥 세상에 공개되었으며, 그의 아이디어는 Prandtl이 작성한 특별한 NACA 보고서에 영어로 발간되었고, 1922년에 <현대 수동역학의 항공학 응용(Applications of Modern Hydrodynamics to Aeronautics)>(NACA TR 116)이라는 제목으로 발행되었다. 따라서 5.3절에 약술한 이론은 이미 80년 전에 잘 정립된 것이다.

Prandtl의 강점 중 하나는 그의 사고를 올바른 아이디어에 기초하고 직관을 사용하여 대부분의 공학자가 이해하고 활용할 수 있는 상대적으로 쉬운 이론으로 만들어낼 수 있는 능력이다. 이는 Lanchester의 난해한 서술과 상반된다. 그 결과 비록 Lanchester가 양력선 이론이 세워진 기본적인 모델을 제안한 최초의 사람이었지만, 유한날개에 대한 양력 이론이 *Prandtl의 양력선 이론*이라고 수년에 걸쳐 전해 내려왔다.

Lanchester의 1908년의 방문과 이에 뒤따른 Prandtl의 양력선 이론 개발에 관하여, Prandtl이 기본적으로 Lanchester의 아이디어를 훔쳤을 것이라는 논의가 수년간 있어 왔다. 그러나 이것은 명확히 사실이 아니다. 우리는 앞선 인용에서 Göttingen의 Prandtl 그룹이 1911년에 Lanchester에게 완전한 공적(credit)을 돌렸음을 보았다. 더욱이 Lanchester는 그 결과를 쉽게 얻을 수 있는 명확하고 실용적인 이론을 세상에 내어놓지는 않았는데, Prandtl은 그렇게 하였다. 그러므로 이 책에서는 양력선 이론을 Prandtl의 이름으로 인정하는 전통을 계속 따를 것이다. 반면에 아주 합당한 이유에서, 영국과 서유럽의 여러 곳에서는 그 이론을 *Lanchester-Prandtl 이론*으로 표기한다.

지적 소유권을 바로잡는 것을 돕기 위해, Lanchester는 1936년에 Daniel Guggenheim Medal을 수여받았다(Prandtl도 이 상을 몇 년 일찍 받았다). 수상 인용문에서 우리는 다음의 서술을 발견할 수 있다.

> Lanchester는 Prandtl과 다른 사람들이 훌륭하게 따랐던 와류 이론에 기초한 지금은 유명한 비행에 관한 이론을 제안한 가장 앞선 사람이었다. 그는 먼저 그의 이론에 관한 논문을 Birmingham Natural History와 Philosophical Society에서 1894년 6월

19일에 발표하였다. 1897년 그의 두 번째 논문에서, 1907년과 1908년에 발간된 그의 두 권의 저서에서, 그리고 1916년에 Institution of Automobile Engineers에서 발표한 그의 논문에서 그는 그의 학설(doctrine)을 더 발전시켰다.

아마도 Lanchester에 관한 가장 좋은 마지막 말은 1946년 3월 영국 간행물 *Flight*에 게재된 그의 사망 기사(obituary) 발췌문에 포함되어 있을 것이다.

> Lanchester는 이제 우리들의 시야에서 사라졌지만, 우리들의 생각에서는 사라지지 않았다. 그의 생애의 많은 기간 그를 무시해 왔던 국가가 어느 정도이든 공기역학의 'Grand Old Man'으로 부를 만한 가치가 있는 기념물로서 그의 연구를 오래 계속하기를 바란다.

5.8 역사적 고찰: Prandtl — 그 인물 *Historical Note: Prandtl—The Person*

공기역학에 관한 현대 과학은 튼튼한 기초적인 기반에 근거하고 있고, 이것의 상당 부분은 한 곳에서 한 사람에 의하여 정립되었는데, Göttingen 대학의 Ludwig Prandtl에 의한 것이다. Prandtl은 노벨상을 수상하지는 못했다. 그러나 그의 공기역학과 유체역학에 대한 기여도는 그 상을 받을 충분한 자격이 있다고 많은 사람들이 여기고 있다. 공기역학의 주요한 발전과 관련하여 이 책 전반에서 그의 이름을 대하게 될 것인데 4장의 얇은 익형 이론, 5장의 유한날개 이론, 9장의 초음속 충격파와 팽창파 이론, 11장의 압축성 보정, 그리고 아마도 그의 가장 중요한 기여인 17장의 경계층 개념 등이다. 유체역학에 이렇게 중요한 영향을 끼친 이 사람은 누구인가? 더 자세히 살펴보자.

Ludwig Prandtl은 1874년 2월 4일 Bavaria의 Freising에서 태어났다. 그의 아버지는 Alexander Prandtl이었고, Freising 근처 Weihenstephan에 있는 농과대학의 측량과 공학 분야 교수였다. 부부 사이에 3명의 자녀가 태어났지만, 2명은 태어나면서 죽고 Ludwig는 독자로 자랐다. 결혼 전 Magdalene Ostermann이었던 Prandtl의 어머니는 오랜 지병이 있었는데, 한편으로는 그 이유로 Prandtl은 아버지와 매우 가깝게 지냈다. 어린 나이부터 Prandtl은 물리학, 기계장치, 그리고 도구에 관한 그의 아버지의 책에 흥미를 느끼게 되었다. 물리적 문제의 핵심을 직관적으로 간파하는 그의 놀라운 능력은 소년기의 가정환경에 기인했다고 볼 수 있다. 자연을 매우 사랑했던 아버지가 Ludwig으로 하여금 자연현상을 관찰하고 그것을 묵상하도록 유도했다.

1894년에 Prandtl은 유명한 기계공학 교수 August Foppl을 스승으로 모시고 Munich의 Technische Hochscule에서 공식적으로 과학 공부를 시작하였다. 6년 후에 그는 Foppl을 지도교수로 Munich 대학에서 박사 학위를 받았다. 그러나 이 시기인 1896년에 그의 아버지가 돌아가시고 1898년에는 그의 어머니마저 세상을 떠나 Prandtl은 혼자가 되었다.

1900년까지 Prandtl은 유체역학에 관련된 어떠한 연구도 하지 않았고 어떠한 흥미도 보이지 않았다. 실제로 Munich에서의 그의 박사 학위 논문은 굽힘과 뒤틀림(distortion)이 동시에 작용하는 불안정 탄성평형을 다루는 고체역학에 관한 것이었다(Prandtl이 그의 생의 많은 시간 동안 고체역학에 관해 흥미를 보이고 연구를 계속했다는 것은 유체역학 분야의 사람들에게는 잘 알려져 있지 않다. 또한 이 업적은 유체 유동에 대한 그의 큰 기여에 가려져 버렸다). 그러나 Munich를 졸업한 지 얼마 되지 않아서, Prandtl은 유체역학과 첫 번째 중요한 만남을 갖게 되었다. 공학자로서 Nuremberg works of the Maschinenfabrick Augsburg에 합류하여 새로운 공장을 위한 기계 설비를 설계하는 사무실에서 일하게 되었으며, 기계 절삭 부스러기를 빨아들여 제거하는 장치를 재설계하는 책임을 맡게 되었다. 흡입에 관련된 공기역학 과학 서적에서 믿을 만한 정보를 발견할 수 없었기 때문에, 유동에 관한 몇 가지 기본적인 의문에 대한 답을 얻기 위한 그 자신의 실험을 수행하였다. 이 일의 결과로 그가 새로 설계한 부스러기 청소기가 나왔다. 그 장치는 개선된 형태와 크기의 도관으로 변형되었고, 전력소비를 3분의 1로 줄이는 만족할 만한 운용결과를 보였다. Prandtl의 유체역학에 대한 기여가 시작된 것이다.

1년 후인 1901년에 그는 Hanover에 있는 Technische Hoschule의 수리공학과(Mathematical Engineering Department) 기계공학 교수가 되었다(독일에서의 'technical high school'은 미국의 technical university와 동등하다). Prandtl이 새롭게 발견한 그 자신의 유체역학에 대한 흥미를 강화하고 유지한 것은 Hanover에서였다. 또한 경계층 이론을 개발하고 노즐을 통한 초음속 유동에 관심을 가지게 된 것도 Hanover에서였다. 1904년 Prandtl은 Heidelberg에서 열린 Third Congress on Mathmaticians에서 경계층 개념에 관한 그의 유명한 논문을 발표하였다. <Uber Flussigkeitsbewegung bei sehr kleiner Reibung>라는 제목의 Heideberg에서의 논문은 표면마찰, 열전달과 유동 박리 계산(15~20장 참조)에 관한 대부분의 현대적 계산법의 기초를 세웠다. 그 이후로 Prandtl의 명성은 혜성과 같이 빛나기 시작했다. 그 해 후반에, 그는 유명한 Göttingen 대학으로 옮겨서 Institute for Technical Physics의 Director가 되었는데, 후에 Applied Mechanics로 개명되었다. Prandtl은 그의 여생을 Göttingen에서 보냈으며, 그의 연구실을 1904~1930년의 기간 중 세계 최고의 공기역학 연구 센터로 만들었다.

1905~1908년 동안에 Göttingen에서 Prandtl은 노즐을 통한 초음속 유동에 관한 수많은 실험을 수행하였고, 경사 충격파 이론(oblique shock-wave theory)과 팽창파 이론(expansion wave theory)을 개발하였다(9장 참조). 특수한 Schlieren 광학계를 이용하여 노즐을 통한 초음속 유동의 사진을 최초로 찍었다(참고문헌 21의 4장 참조). 1910~1920년 동안 그는 대부분의 노력을 저속 공기역학에 집중하였는데, 주로 익형과 날개 이론에 투입하여 유명한 유한날개에 대한 양력선 이론을 개발하였다(5.3절 참조). 1920년대에 고속 유동으로 다시 돌아와 유명한 Prandtl-Glauert 압축성 보정(compressibility correction) 발전에 기여하였다(11.4절과 11.11절 참조).

1930년대까지 Prandtl은 유체역학의 '큰 어른(elder statesman)'으로 세계적으로 알려졌다. 비록 그는 구조역학과 기상학을 포함하는 다양한 분야에서도 연구를 계속하였지만, 그의 '노벨상 수상 수준'의 유체역학에 대한 기여는 이미 완성되었다. 연구에 심취해서, 아마도 나치 독일에 의해 야기된 심각한 정치적 물리적 혼란과는 단절된 상태로 제2차 세계대전의 혼란 동안 Göttingen에 머물러 있었다. 실제로 독일의 공군성(German Air Ministry)은 Prandtl의 연구실에 새로운 장치와 재정적 지원을 제공하였다. 전쟁이 끝났을 때의 Prandtl의 태도는 1945년에 Göttingen을 점령했던 미 육군 심문 팀에게 한 말에서 알 수 있는데, 그의 집 지붕이 폭격으로 손상을 입은 것에 대하여 불평하였고, 또 미국인들이 어떻게 그의 현재와 미래의 연구를 지원해 줄 수 있는지를 질문하였다. 그때 Prandtl은 70세였고 여전히 건장했다. 그러나 당시 Prandtl 연구실의 운명은 28년 후 *Annual Review of Fluid Mechanics* (Vol. 5, 1973)에 Prandtl의 동료였던 Irmgard Flugge-Lotz와 Wilhem Flugge가 기고한 글에 잘 요약되어 있다.

> 제2차 세계대전은 우리 모두를 휩쓸었다. 종전 시점에 연구 장치 몇몇은 해체되었고 대부분의 연구진들은 바람과 함께 흩어져 버렸다. 많은 사람들은 현재 이 나라(미국)와 영국에 있고 몇몇은 돌아갔다. Prandtl이 뿌린 씨는 많은 장소에서 싹이 났고, 지금은 자신이 그들인지조차 알지 못하는 Göttingen의 2세들이 많이 존재한다.

Prandtl은 어떠한 유형의 사람이었을까? 모든 사람들의 이야기에 따르면 그는 우아하고 학문적이고 호감이 가며 친밀하고, 그에게 흥미를 끄는 것들에 완전히 집중하는 사람이었다. 음악을 즐겼고 능숙한 피아노 연주자였다. 그림 5.51은 그가 열심히 일하는 내성적인 사람임을 보여준다. Prandtl의 가장 유명한 학생 중 하나인 Theodor von Kármán은 그의 자서전 *The Wind and Beyond* (Little, Brown and Company, Boston 1967)에서 Prandtl은 매우 순진했다고 서술하였다. 이에 관한 재미있는 이야기는 다음과 같다. 1909년에 Prandtl은 결혼해야겠다고 결정하였지만 무엇을 해야 할지 알지 못했다. 그는 마침내 그의 존경하는 선생님의 아내인 Foppl 부인에게 그녀의 두 딸 중 하나와의 결혼을 허락해 달라는 편지를 보냈다. Prandtl과 Foppl의 딸들은 잘 아는 사이였지만, 그 이상은 아니었다. 더욱이 Prandtl은 둘 중 어느 딸인지도 명시하지 않았다. Foppl 가족은 Prandtl이 장녀 Gertrude와 결혼하도록 결정을 내렸다. Kármán으로부터 나온 이러한 이야기는 Prandtl의 친척에 의하여 최근에 항의를 받았다. 어쨌든 결혼은 거행되었고 행복한 결혼 생활을 영위하였다. Prandtl에게는 1914년과 1917년에 태어난 두 딸이 있었다.

Prandtl은 옳다고 증명되지 않으면 거의 말을 하지 않았기 때문에 그의 강의는 지루하다고 생각되었다. 그러나 후에 유체역학에서 두각을 나타낸 훌륭한 학생들이 모여들었는데, 그중 스위스 Zurich의 Jakob Ackeret, 독일의 Adolf Busemann, 그리고 처음에는 독일 Aachen에 있다가 후에 미국 Cal Tech로 건너간 Theodor von Kármán 등이 있다.

Prandtl은 1953년에 사망하였다. 그는 명백히 현대 공기역학의 아버지였으며, 유체역학에서 기념비적인 인물이었다. 앞으로 수백 년 동안 그의 영향을 느낄 수 있을 것이다.

그림 5.51 Ludwig Prandtl(1875~1953). (*Emilio Segrè Visual Archives/American Institute of Physics/Science Source.*)

5.9 요약 *Summary*

그림 5.7의 이 장의 이정표로 돌아가서, 유한날개 이론을 전개하는 동안 우리가 지나온 경로를 살펴보자. 더 진행하기 전에 생각의 흐름에 친숙해지도록 하라.

이 장의 중요한 결과를 요약하면 아래와 같다.

유한날개의 날개 끝 와류는 국소 익형 단면에 유효하게 작용하는 받음각을 감소시키는 내리씻음(downwash)을 유도한다.

$$\alpha_{\text{eff}} = \alpha - \alpha_i \tag{5.1}$$

결과적으로 내리씻음의 존재가 유도 항력 D_i라고 정의되는 항력의 한 요소를 만들어 낸다.

와류면과 와류 필라멘트는 유한날개의 공기역학을 묘사하는 데 유용하다. 와류 필라멘트의 방향을 갖는 선분 **dl**에 의해 유도되는 속도는 Biot-Savart 법칙으로 표시된다.

$$\mathbf{dV} = \frac{\Gamma}{4\pi} \frac{\mathbf{dl} \times \mathbf{r}}{|\mathbf{r}|^3} \tag{5.5}$$

Prandtl의 고전적 양력선 이론에서, 유한날개는 변하는 순환 $\Gamma(y)$를 갖는 스팬 방향의 하나의 양력선(lifting line)으로 대치할 수 있다. 양력선으로부터 하류로 흘러내리는 와류 시스템이 양력선에 내리씻음을 유도한다. 순환 분포는 다음의 기본식에 의하여 결정된다.

$$\alpha(y_0) = \frac{\Gamma(y_0)}{\pi V_\infty c(y_0)} + \alpha_{L=0}(y_0) + \frac{1}{4\pi V_\infty}\int_{-b/2}^{b/2}\frac{(d\Gamma/dy)\,dy}{y_0 - y} \tag{5.23}$$

고전적 양력선 이론의 결과는 다음과 같다.

타원형 날개:

내리씻음은 일정하다.

$$w = -\frac{\Gamma_0}{2b} \tag{5.35}$$

$$\alpha_i = \frac{C_L}{\pi \mathrm{AR}} \tag{5.42a}$$

$$C_{D,i} = \frac{C_L^2}{\pi \mathrm{AR}} \tag{5.43}$$

$$a = \frac{a_0}{1 + a_0/\pi \mathrm{AR}} \tag{5.69}$$

일반적인 날개:

$$C_{D,i} = \frac{C_L^2}{\pi \mathrm{AR}}(1+\delta) = \frac{C_L^2}{\pi e \mathrm{AR}} \qquad \text{(5.61)과 (5.62)}$$

$$a = \frac{a_0}{1 + (a_0/\pi \mathrm{AR})(1+\tau)} \tag{5.70}$$

낮은 종횡비의 날개, 후퇴익, 그리고 삼각날개에서는 양력면 이론을 사용해야 한다. 현대의 공기역학에서, 이 양력면 이론은 와류 패널 기법 또는 와류 격자 기법으로 구현된다.

5.10 연습문제 *Problems*

5.1 반경이 R인 원형 고리(circular loop) 모양인 강도 Γ의 와류 필라멘트를 고려하자. 고리의 중심에 유도되는 속도를 Γ와 R로 나타내라.

5.2 연습문제 5.1과 같은 와류 필라멘트를 고려하자. 또 고리 중심을 관통하며 고리 평면에 수직인 직선을 고려하자. 이 선을 따라 고리 평면으로부터 측정한 거리를 A라 하자. 이 직선 상의 거리 A에 와류 필라멘트에 의해서 유도되는 속도를 구하라.

5.3 NACA 23012 익형의 양력 곡선 기울기 측정값은 0.1080 degree^{-1}이며, $\alpha_{L=0} = -1.3°$다. 이 익형을 사용하는 AR = 8, 테이퍼비 = 0.8인 유한날개를 고려하자. $\delta = \tau$로 가정하라. 기하학적 받음각 = 7°에서 날개의 양력 계수와 유도 항력 계수를 계산하라.

5.4 Piper Cherokee(단발 엔진의 소형 항공기)는 날개 면적이 170 ft^{2}이며, 날개 스팬이 32 ft이다. 최대 총 중량은 2450 lb이다. 날개는 NACA 65-415 익형을 사용하며 양력 곡선 기울기는 0.1033 degree^{-1}, $\alpha_{L=0} = -3°$다. $\tau = 0.12$로 가정하라. 이 항공기가 표준 해면 고도에서 최대 총 중량으로 120 mi/h로 직선, 수평 비행의 순항을 하고 있을 때, 날개의 기하학적 받음각을 계산하라.

5.5 연습문제 5.4에 주어진 항공기와 비행 조건을 고려하자. 항공기 전체에 대한 스팬 효율 인자 e는 일반적으로 유한날개 자체만에 대한 것보다 훨씬 작다. $e = 0.64$로 가정하라. 연습문제 5.4의 항공기에 대한 유도 항력을 계산하라.

5.6 종횡비 6의 유한날개를 고려하자. 타원형 양력 분포를 가정하라. 익형 단면의 양력 기울기는 0.1/degree이다. (a) 직선 날개, (b) 시위 중심선의 후퇴각이 45°인 후퇴익에 대한 양력 곡선 기울기를 구하고, 서로 비교하라.

5.7 연습문제 5.6을 좀 더 낮은 종횡비 3에 대하여 다시 반복하라. 이들 두 문제의 결과를 비교하여, 날개 후퇴각이 양력 곡선 기울기에 미치는 효과와, 종횡비가 이 효과의 크기에 어떤 영향을 주는지에 대한 결론을 유도하라.

5.8 연습문제 1.19에서, 우리는 1900년과 1901년의 글라이더 설계에서 Wright 형제들이 그림 1.65에 나온 Lilienthal 표의 공기역학 자료를 사용한 것을 보았다. 그들은 설계 양력 계수 0.546에 해당하는 3°의 설계 받음각을 선택하였다. 그러나 1900년과 1901년에 노스캐롤라이나의 Kitty Hawk 근처 Kill Devil Hill에서 그들의 글라이더를 시험할 때, 그들이 처음 Lilienthal 자료에 기초하여 계산한 양력의 단지 3분의 1밖에 얻을 수 없었다. 이것이 Wright 형제에게 Lilienthal 표의 유효성에 대해서 의문을 갖도록 만들었고, 현재까지 옳다고 인정되는 Lilienthal 표를 덮어버리게 하였다. 그러나 참고문헌 58에서 저자는 Lilienthal 자료는 상당히 유효하고, Wright 형제들이 세 가지 점에서 Lilienthal 표를 잘못 해석하였음을 보였다(참고문헌 58의 209~216쪽 참조). 이 중 하나가 종횡비의 차이다. Wright 형제의 1900년도 글라이더는 종횡비 3.5의 직사각형 날개를 가지고 있었던 반면, Lilienthal 표는 날개 끝 부분까지 테이퍼된 종횡비 6.48의 아치형(ogival) 날개에 대해 자료를 구하였다. 그 당시 Wright 형제는 종횡비의 공기역학적 중요성을 알지 못한 것 같았고, 비록 그들이 알았다 하더라도 그들의 설계에 맞추어 Lilienthal의 자료를 보정할 수 있는 이론이 존재하지 않았다(Prandtl의 양력선 이론은 18년 뒤에 등장했다). Wright 형제의 글라이더와 Lilienthal에 의해 사용된 시험 모델의 종횡비 차이를 고려할 때, Wright 형제는 표에서 취한 0.546의 값 대신에 어떤 양력 계수를 사용하여야만 하는가? (주: 양력 계산결과가 너무 높게 나오게 된 Wright 형제의 두 가지 다른 오해가 더 있다. 자세한 것은 참고문헌 58을 보라).

5.9 그림 5.19의 Supermarine Spitfire를 고려하자. Spitfire의 첫 번째 기종은 1936년에 처음 비행한 Mk I이었다. 최대 속도는 고도 18,500 ft에서 362 mi/h이다. 중량은 5820 lb, 날개 면적은 242 ft^2, 날개 스팬은 36.1 ft이다. 과급된(supercharged) Merlin 엔진으로 구동되며, 이 엔진은 고도 18,500 ft에서 1050마력을 생산한다. (a) 18,500 ft에서 V_{max}로 비행할 때 Spitfire의 유도 항력 계수를 계산하라. (b) 전체 항력 계수의 몇 퍼센트가 유도 항력 계수인가? 주: 전체 항력을 계산하기 위해서, 정상 수평 비행에서 $T = D$임을 알고 있다. 여기서 T는 프로펠러의 추력이다. 결과적으로 추력은 기본적인 역학 관계식 $TV_\infty = P$에 의하여 동력과 관련되는데, P는 프로펠러–엔진 조합으로 얻어지는 농력이다. 프로펠러에 의한 공기역학적 손실로 인해서, P는 엔진에 의해 공급되는 축 마력(shaft power)보다 프로펠러 효율로 정의되는 비율 η만큼 작아진다. 즉, HP가 엔진에 의하여 공급되는 축 마력이라면 550 ft lb/s이 1마력이므로, 엔진–프로펠러에 의하여 제공되는 동력을 초당 foot-pound 값으로 표현하면 $P = 550\ \eta\text{HP}$이다. 더 자세한 사항을 위해서는 참고문헌 2의 6장을 참고하라. 이 문제에서 Spitfire에 대한 프로펠러 효율은 0.9로 가정하라.

5.10 연습문제 5.9의 Spitfire 타원형 날개를 테이퍼비 0.4의 날개로 대치하고 다른 모든 것은 그대로 두었을 때, 유도 항력 계수를 계산하라. 이 값을 연습문제 5.9에서 얻은 값과 비교하라. 고속에서 날개 형태 변경이 항공기의 항력에 미치는 상대적인 영향에 대해 어떠한 결론을 내릴 수 있는가?

5.11 연습문제 5.9의 Spitfire가 해면 고도에서 착륙 속도 70 mi/h로 착륙 접근 중인 상태를 고려하라. 이 저속 상태에서 유도 항력 계수를 계산하라. 결과를 연습문제 5.9의 고속의 경우와 비교하라. 이것으로부터 고속의 경우와 비교하였을 때, 저속에서의 유도 항력 계수의 상대적 중요성에 관하여 어떠한 결론을 내릴 수 있는가?

3차원 비압축성 유동

Three-Dimensional Incompressible Flow

자연을 실린더, 구, 원추로 나누어 모두 입체적인 관점에서 취급하라.

Paul Cézanne, 1890

미리보기 _ *Preview Box*

우리는 이 장에서 3차원 현상을 취급한다. 이 거대하고 복잡한 주제에 대하여, 6장은 고맙게도 짧다. 이 장에는 단지 세 가지 목표만 설정되었다. 첫 번째는 3장에서 공부한 원형 실린더가 구의 형태로 변화될 때 무슨 일이 발생하는지 관찰하는 것이다. 즉, 구 주위 3차원 유동을 설명하기 위해 이론을 어떻게 수정해야 하는지, 그리고 그 결과는 원형 실린더에 대한 것으로부터 어떻게 변화하는지에 대해 살펴보기로 한다. 두 번째는 *3차원 완화 효과*(three dimensional relieving effect)로 알려진 공기역학에서의 일반적인 현상을 시연하는 것이다. 세 번째는 3차원 비행체 전 기체(complete three dimensional flight vehicle) 주위의 공기역학적 유동을 간단히 설명하는 것이다. 이 목표를 달성하는 것은 중요하며, 그것이 여러분의 마음을 공기역학의 경이로움 속으로 더 넓게 열리도록 할 것이다. 계속 읽고 즐기기 바란다.

6.1 개요 *Introduction*

지금까지 수행해 온 공기역학적 검토에서 우리는 주로 2차원 세계에 대해 연구했다. 3장에서 다루어진 물체와 4장의 익형 주위 유동에는, 소위 평면 유동이라고 알려져 있는 하나의 평면 내에 있는 2차원만 포함되었다. 5장에서는 유한날개 주위의 세부적인 유동이 사실은 3차원임에도 불구하고, 유한날개의 해석을 날개의 평면 안에서 수행하였다. 2차원으로 취급하면 상대적으로 단순해진다는 사실(즉, 단지 2개의 독립변수만을 가짐)은 명백하며, 이것이 많은 공기역학적 이론이 2차원 유동을 다루고 있는 이유이다. 다행스럽게도 2차원 해석은 실제적인 유동의 이해에 많은 기여를 하고 있지만, 그것은 분명한 한계를 가지고 있다.

공기역학적 응용의 실질적인 세계는 3차원이다. 그러나 독립변수가 하나 추가되기 때문에 해석은 일반적으로 매우 복잡해진다. 3차원 유동장의 정확한 계산은 과거로부터 지금까지 여전히 활발히 연구되고 있는 공기역학적 연구 분야 중 하나이다.

이 책의 목적은 공기역학의 기초를 제시하는 것이다. 그러므로 비록 상세한 해석은 우리의 범위를 넘어선 것이라 하더라도, 대부분의 경우 3차원 유동이라는 것을 인식하는 것이 중요하다. 그러므로 이 장의 목적은 3차원 비압축성 유동의 몇 가지 매우 기초적인 고려사항을 소개하는 것이다. 이 장은 짧으며, 우리를 안내할 이정표조차 필요로 하지 않는다. 이 장의 기능은 단순히 3차원 유동의 해석을 소개해 주는 것이다.

유체 유동의 지배 방정식은 이미 2장과 3장에서 3차원으로 개발되었다. 특히 유동이 비회전성이라면 식 (2.154)는 다음 식으로 나타난다.

$$\mathbf{V} = \nabla\phi \tag{2.154}$$

여기서 유동이 또한 비압축성이라면 속도 퍼텐셜은 Laplace 방정식에 의해 주어진다.

$$\nabla^2\phi = 0 \tag{3.40}$$

물체 주위 유동에 대한 식 (3.40)의 해는 물체의 표면에서 유동의 접선 방향 경계 조건을 만족해야만 한다. 즉,

$$\mathbf{V}\cdot\mathbf{n} = 0 \tag{3.48a}$$

여기서 $\mathbf{n}$은 물체 표면에 수직한 단위 벡터이다. 위 식들의 모든 것에 대해 ϕ는 일반적으로 3차원 공간의 함수이며, 예를 들어 구면 좌표계에서 $\phi = \phi(r, \theta, \Phi)$이다. 기초적인 3차원 비압축성 유동을 취급하기 위해 이 방정식을 사용하자.

6.2 3차원 용출 *Three-Dimensional Source*

식 (3.43)으로 나와 있는 구면 좌표계의 Laplace 방정식으로 돌아가자. 다음과 같이 주어진 속도 퍼텐셜을 고려하자.

$$\phi = -\frac{C}{r} \tag{6.1}$$

여기서 C는 상수이며 r은 원점으로부터 반경 방향의 좌표이다. 식 (6.1)은 식 (3.43)을 만족하며, 따라서 그것은 물리적으로 가능한 비압축성, 비회전 3차원 유동을 나타낸다. 식 (6.1)을 구면 좌표계로 표시한 구배(gradient)의 정의인 식 (2.18)과 합하면 다음 식을 얻는다.

$$\mathbf{V} = \nabla\phi = \frac{C}{r^2}\mathbf{e}_r \tag{6.2}$$

속도의 각 방향 성분들은 다음과 같다.

$$V_r = \frac{C}{r^2} \tag{6.3a}$$

$$V_\theta = 0 \tag{6.3b}$$

$$V_\Phi = 0 \tag{6.3c}$$

분명 식 (6.2) 또는 (6.3*a*~*c*)의 식들은 그림 6.1에 표시한 것같이 원점으로부터 나오는 직선을 유선으로 갖는 유동을 나타낸다. 더구나 식 (6.2)와 (6.3*a*)에 의하여, 속도는 원점으로부터 거리의 제곱에 반비례하여 변한다. 이러한 유동을 *3차원 용출*이라고 정의한다. 간혹 3.10절에서 검토한 2차원 선 *용출*(two dimensional line source)과 대비하여 간단히 *점 용출*(point source)이라고 부른다.

식 (6.3*a*)의 상수 C를 계산하기 위해서, 원점에 중심을 둔 반경 r과 표면적 S의 구를 고려한다. 식 (2.46)으로부터 이 구의 표면을 통해 흘러가는 질량 유동은,

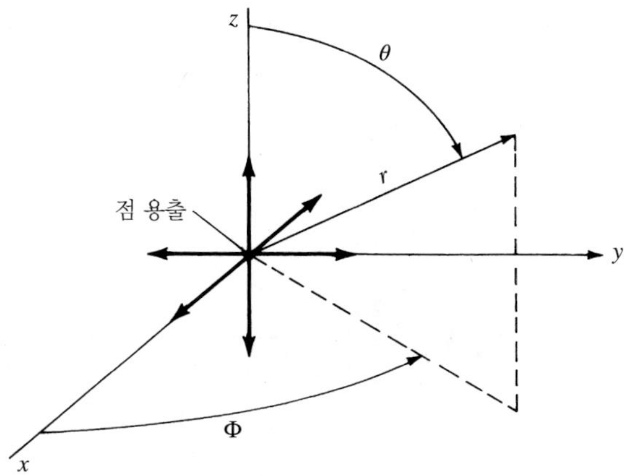

그림 6.1 3차원 (점) 용출

$$\text{질량 유동} = \oiint_S \rho \mathbf{V} \cdot \mathbf{dS}$$

따라서 λ로 표시된 *체적* 유동은,

$$\lambda = \oiint_S \mathbf{V} \cdot \mathbf{dS} \tag{6.4}$$

구 표면에서는 속도가 $V_r = C/r^2$인 상수값이 되고, 표면에 수직하게 된다. 따라서 식 (6.4)는 다음과 같이 된다.

$$\lambda = \frac{C}{r^2} 4\pi r^2 = 4\pi C$$

$$C = \frac{\lambda}{4\pi} \tag{6.5}$$

식 (6.5)를 식 (6.3*a*)에 대입하면 다음 식을 얻는다.

$$\boxed{V_r = \frac{\lambda}{4\pi r^2}} \tag{6.6}$$

식 (6.6)을 이와 대응되는 2차원 용출에 대한 식인 식 (3.62)와 비교하라. 3차원 효과는 *r의 제곱*에 반비례하는 변화를 주고, 2π가 아니라 4π의 수가 나타나는 것에 유의하라. 또한 식 (6.5)를 식 (6.1)에 대입하면 점 용출에 대해 다음 식을 얻는다.

$$\boxed{\phi = -\frac{\lambda}{4\pi r}} \tag{6.7}$$

위 식에서 λ는 용출의 *강도*라고 정의한다. λ가 음수일 경우 점 용입(point sink)을 갖게 된다.

6.3 3차원 더블릿 *Three-Dimensional Doublet*

그림 6.2에 나타낸 것 같은, 점 O와 A에 위치한 크기는 같지만 반대의 강도를 갖는 용입과 용출을 고려하자. 용입과 용출 사이의 거리는 l이다. 용입으로부터 거리 r에 위치하고 용출로부터 거리 r_1에 위치한 임의의 점 P를 고려하자. 식 (6.7)로부터 점 P에서 속도 퍼텐셜은

$$\phi = -\frac{\lambda}{4\pi}\left(\frac{1}{r_1} - \frac{1}{r}\right)$$

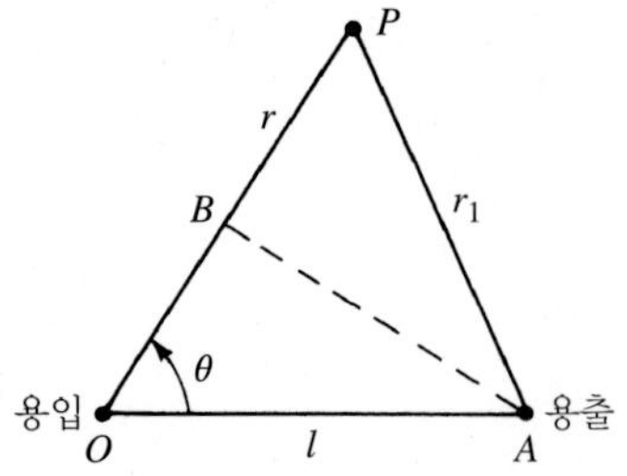

그림 6.2 용출–용입 쌍. $l \rightarrow 0$이 되는 극한에서 3차원 더블릿(doublet)이 얻어진다.

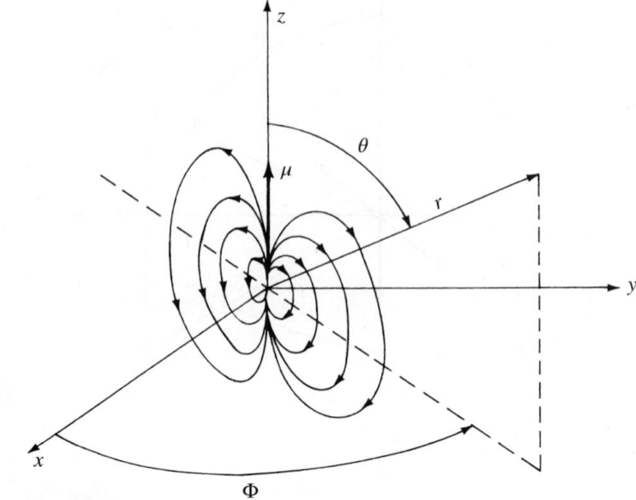

그림 6.3 3차원 더블릿에 의한 zr 평면(Φ = 일정한 평면) 안 유선의 개요도

또는

$$\phi = -\frac{\lambda}{4\pi}\frac{r - r_1}{rr_1} \tag{6.8}$$

용출이 용입 방향으로 가까이 가면서 그들의 강도가 무한대가 되게 하라. 다시 말하면 다음 식과 같이 되게 하라.

$$l \rightarrow 0\text{에 따라} \qquad \lambda \rightarrow \infty$$

$l \rightarrow 0$이 되고 $r - r_1 = 0$이 되는 극한에서는 $OB = l\cos\theta$, $rr_1 \rightarrow r^2$이 된다. 그러므로 극한에서는 식 (6.8)이 다음 식으로 된다.

$$\phi = -\lim_{\substack{l \to 0 \\ \lambda \to \infty}} \frac{\lambda}{4\pi}\frac{r - r_1}{rr_1} = -\frac{\lambda}{4\pi}\frac{l\cos\theta}{r^2}$$

또는

$$\boxed{\phi = -\frac{\mu}{4\pi}\frac{\cos\theta}{r^2}} \tag{6.9}$$

여기서 $\mu = \Lambda l$이다. 식 (6.9)에 의해 만들어진 유동장은 *3차원 더블릿*이며, μ는 더블릿의 강도라고 정의된다. 식 (6.9)와 이와 대응되는 2차원의 표현인 식 (3.88)을 비교하라. 3차원의 영향이 r 제곱에 반비례하는 변화를 유도하고 계수로 4π를 주는데, 이에 비해 2차원일 경우에는 2π임에 유의하라.

식 (2.18)과 (6.9)에서 다음 식을 얻을 수 있다.

$$\mathbf{V} = \nabla\phi = \frac{\mu}{2\pi}\frac{\cos\theta}{r^3}\mathbf{e}_r + \frac{\mu}{4\pi}\frac{\sin\theta}{r^3}\mathbf{e}_\theta + 0\mathbf{e}_\Phi \tag{6.10}$$

이 속도장의 유선은 그림 6.3에 표시되어 있다. 보이는 것은 zr 평면 내의 유선들인데, 이들은 모든 zr 평면에서 동일하다(즉, 모든 Φ의 값에 대해). 따라서 3차원 더블릿에 의해 유도된 유동은 그림 6.3에 있는 유선들을 z축에 대한 회전에 의해 만들어진 유동면들로 연속적으로 이루어져 있다. 이 유선들을 그림 3.18에 그려진 2차원일 경우의 유선들과 비교해 보라. 형식상으로는 유사하나 수치적으로는 다르다.

그림 6.3의 유동이 Φ에 독립적인 것에 유의하라. 즉, 식 (6.10)은 속도장이 오직 r과 θ에만 종속된다는 것을 확실하게 보여준다. 이러한 유동을 *축 대칭 유동*이라고 정의한다. 또 다시 우리는 2개의 독립변수를 갖는 유동을 갖게 되었다. 이러한 이유로 축 대칭 유동은 때로는 '2차원' 유동이라고 표기된다. 그러나 이것은 이전에 논의한 2차원 평면 유동과는 매우 다르다. 실제로 축 대칭 유동은 변질된(degenerate) 3차원 유동이며, 그것을 '2차원'이라고 나타내는 것은 오해의 소지가 있다. 수학적으로 그것은 단지 2개의 독립변수만을 갖는다. 그러나 일반적인 3차원 유동과 동일한 물리

적 특징을 보이는데, 예를 들어 나중에 검토할 3차원 완화 효과 같은 것들이다.

6.4 구 주위의 유동 *Flow over a Sphere*

그림 6.3에 표시된 3차원 더블릿에 의해 유도된 유동을 다시 고려하자. 이 유동에 크기가 V_∞인 일정한 속도장을 z 방향과 반대 방향으로 중첩시킨다. 자유 유동이 수평하게, 예를 들어 왼쪽에서 오른쪽으로 움직이는 것을 시각화하는 것이 더 편하기 때문에 그림 6.3의 좌표계를 옆으로 회전시킨다. 그림 6.4에 보인 것이 그 결과이다.

그림 6.4를 검토하면 자유 유동의 구면 좌표계는,

$$V_r = -V_\infty \cos\theta \tag{6.11a}$$

$$V_\theta = V_\infty \sin\theta \tag{6.11b}$$

$$V_\Phi = 0 \tag{6.11c}$$

자유 유동에 대한 V_r, V_θ, 그리고 V_Φ인 식 (6.11a~c)를 식 (6.10)에 주어진 더블릿에 대응되는 성분의 식에 더하면, 복합된 유동에 대하여 다음 식을 얻을 수 있다.

$$V_r = -V_\infty \cos\theta + \frac{\mu}{2\pi}\frac{\cos\theta}{r^3} = -\left(V_\infty - \frac{\mu}{2\pi r^3}\right)\cos\theta \tag{6.12}$$

$$V_\theta = V_\infty \sin\theta + \frac{\mu}{4\pi}\frac{\sin\theta}{r^3} = \left(V_\infty + \frac{\mu}{4\pi r^3}\right)\sin\theta \tag{6.13}$$

$$V_\Phi = 0 \tag{6.14}$$

유동 내 정체점을 찾기 위하여 식 (6.12)와 (6.13)에서 $V_r = V_\theta = 0$으로 정하라. 식 (6.13)으로부터 $V_\theta = 0$일 때 $\sin\theta = 0$이므로, 정체점은 $\theta = 0$과 π에 위치한다. 식 (6.12)로부터 $V_r = 0$일 때 다음 식을 얻을 수 있다.

$$V_\infty - \frac{\mu}{2\pi R^3} = 0 \tag{6.15}$$

여기서 $r = R$은 정체점의 반경 방향 좌표이다. R을 대입하여 식 (6.15)를 풀면 아래와 같은 식을 얻는다.

$$R = \left(\frac{\mu}{2\pi V_\infty}\right)^{1/3} \tag{6.16}$$

그러므로 정체점은 2개가 있는데, 둘 다 z축 상에 있으며 (r, θ) 좌표계로 다음과 같이 나타난다.

$$\left[\left(\frac{\mu}{2\pi V_\infty}\right)^{1/3}, 0\right] \quad \text{그리고} \quad \left[\left(\frac{\mu}{2\pi V_\infty}\right)^{1/3}, \pi\right]$$

식 (6.16)에서 얻어진 R의 값을 $r = R$로 식 (6.12)의 V_r 수식에 대입하면 다음 식을 얻는다.

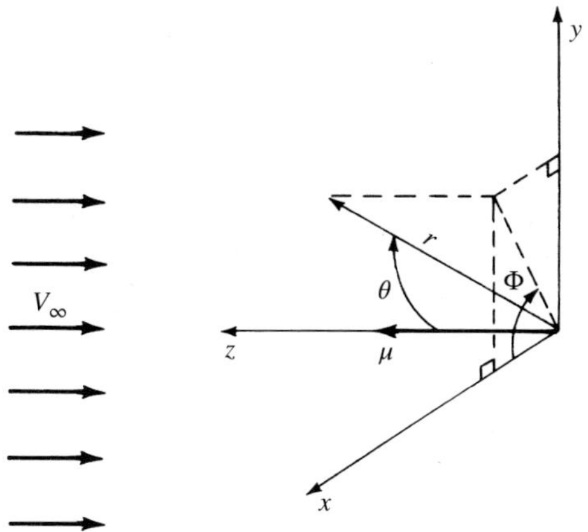

그림 6.4 자유 유동과 3차원 더블릿의 중첩

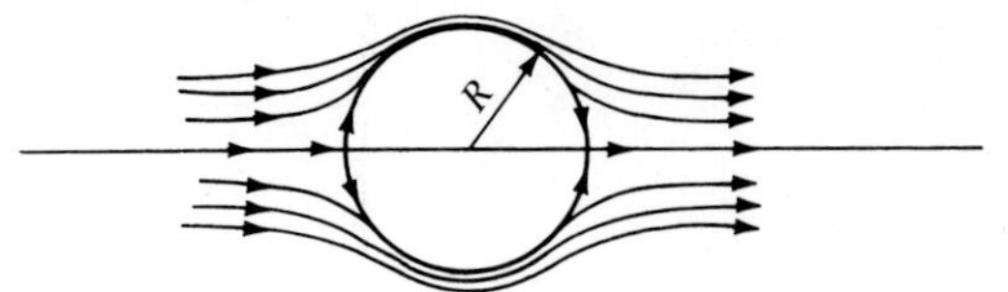

그림 6.5 반경이 R인 구 주위의 비압축성 유동의 개요도

$$V_r = -\left(V_\infty - \frac{\mu}{2\pi R^3}\right)\cos\theta = -\left[V_\infty - \frac{\mu}{2\pi}\left(\frac{2\pi V_\infty}{\mu}\right)\right]\cos\theta$$
$$= -(V_\infty - V_\infty)\cos\theta = 0$$

따라서 θ와 Φ의 *모든 값*에 대하여 $r = R$일 때 $V_r = 0$이다. 이것이 바로 반경이 R인 구 주위의 유동에 대한 유동 접선 조건(flow-tangency condition)이다. 그러므로 식 (6.12)~(6.14)에 의하여 주어진 속도장은 *반경이 R인 구 주위를 흐르는 비압축성 유동*이다. 이 유동은 그림 6.5에서 볼 수 있는데, 그림 3.19에 나와 있는 실린더 주위에서의 유동과 형태상으로는 비슷하지만 수치적으로는 다르다.

구 표면 위에서는 $r = R$이며, 이때 접선 방향 속도는 식 (6.13)을 이용하여 다음과 같이 얻을 수 있다.

$$V_\theta = \left(V_\infty + \frac{\mu}{4\pi R^3}\right)\sin\theta \tag{6.17}$$

식 (6.16)에서

$$\mu = 2\pi R^3 V_\infty \tag{6.18}$$

식 (6.18)을 식 (6.17)에 대입하면 다음 식을 얻는다.

$$V_\theta = \left(V_\infty + \frac{1}{4\pi}\frac{2\pi R^3 V_\infty}{R^3}\right)\sin\theta$$

또는

$$\boxed{V_\theta = \tfrac{3}{2}V_\infty \sin\theta} \tag{6.19}$$

최대 속도는 원의 가장 윗부분과 아랫부분에서 발생하며 크기는 $\frac{3}{2}V_\infty$이다. 이러한 결과를 식 (3.100)으로 주어진 2차원 원형 실린더의 경우와 비교하라. 2차원 유동의 경우 최대 속도는 $2V_\infty$이다. 그러므로 같은 V_∞에 대하여 구 표면에서의 최대 속도는 실린더의 경우보다 *작다*. 구의 유동은 실린더의 유동과 비교하여 다소 '완화(relieved)'되었다. 구 주위의 유동은 고체 물체를 피해서 지나갈 추가적인 차원을 가지는데, 유동은 위와 아래뿐만 아니라 측 방향으로도 움직일 수 있다. 이에 반하여 실린더 주위의 유동은 더 제한적이다. 이 경우에는 위 방향과 아래 방향으로만 움직일 수 있다. 그러므로 구 주위의 최대 속도는 실린더 주위보다 작다. 이것이 *3차원 완화 효과*(three-dimensional relieving effect)에 의한 예인데, 모든 형태의 3차원 유동에 대한 일반적인 현상이다.

구 표면의 압력 분포는 식 (3.38)과 (6.19)에 의해 주어지며 다음과 같다.

$$C_p = 1 - \left(\frac{V}{V_\infty}\right)^2 = 1 - \left(\frac{3}{2}\sin\theta\right)^2$$

또는

$$\boxed{C_p = 1 - \tfrac{9}{4}\sin^2\theta} \tag{6.20}$$

식 (6.20)을 원형 실린더에 대한 유사한 결과인 식 (3.101)과 비교하라. 구 압력 계수의 절대값이 실린더에 대한 값보다 작은 것에 유의하라. 3차원 완화 효과의 또 하나의 예이다. 구와 실린더 주위의 압력 분포를 그림 6.6에서 비교하였는데, 3차원 완화 효과를 극적으로 보여주고 있다.

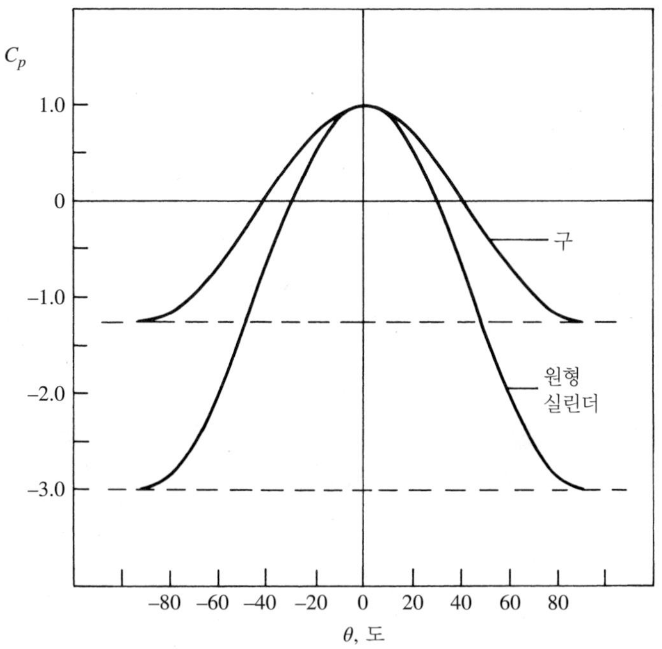

그림 6.6 구와 실린더 표면에서의 압력 분포. 3차원 완화 효과의 예

6.4.1 3차원 완화 효과에 대한 언급 *Comment on the Three-Dimensional Relieving Effect*

3차원 완화 효과에는 그에 타당한 물리적인 이유가 있다. 우선 원형 실린더 주위의 2차원 유동을 그려 보라. 실린더를 피해 이동하기 위해서 유동은 두 가지 길밖에는 갈 수가 없는데, 실린더 위로 넘어가는 것과 아래로 지나가는 것이다. 이와 대조적으로, 구에 대한 3차원 흐름을 그려 보자. 위로 넘어가거나 아래로 내려가는 것 외에도 구의 왼쪽과 오른쪽의 옆면으로 지나갈 수도 있다. 이러한 측면으로의 이동이 유동에 대한 이전의 제한을 완화시켜 준다. 즉, 유동은 구를 피해 진행하기 위하여 그렇게 많은 속도를 낼 필요가 없으며, 따라서 유동의 압력은 그렇게 많이 변할 필요가 없다. 유동은 '긴장을 덜 받을' 것이며, 좀 더 편안한 형태로 구 주변을 움직일 것이다. 그 흐름은 '완화'되었으며 결과적으로 속도와 압력의 변화는 더 작아진다.

6.5 일반적인 3차원 유동: 패널 기법 *General Three-Dimensional Flows: Panel Techniques*

현대 공기역학 응용에서 3차원, 비점성, 비압축성 유동은 거의 수치적인 패널 기법(panel techniques)의 방법으로 계산되고 있다. 이전 장에서 검토한 2차원 패널 기법의 원리는 손쉽게 3차원으로 확장된다. 세부적인 내용은 이 책의 범위를 넘어선다. 실제로 수많은 형태로 변화한 기법이 존재하며, 그 결과로 나온 컴퓨터 프로그램들은 길고 복잡하다. 그러나 이런 모든 패널 프로그램에 대한 일반적인 개념은 3차원 물체 표면을 미지수의 특이점들(예를 들어 점 용출, 더블릿, 또는 와류 등)이 분포되어 있는 패널로 감싸는 것이다. 이러한 패널 방법이 그림 6.7에 나와 있다. 이 미지수들은 패널 위 조정점에서 유도 속도를 구하고 그 점에서 유동 접선 조건(flow tangency condition)을 적용함으로써 생기는 선형 대수 연립 방정식의 해를 구함으로써 얻어진다. 그림 6.7에 나타낸 양력을 발생하지 않는 물체에 대해서는 용출 패널의 분포로 충분하다. 그러나 양력을 발생하는 물체에 대해서는 용출과 와류 패널(또는 그와 동등한 것)이 필요하다. 3차원 양력 발생 물체에 대하여 현재 패널 기법이 어느 정도까지 사용되고 있는지를 보여주는 놀랄 만한 예가 그림 6.8에 나와 있는데, 이것은 Boeing 747 위에 업혀 있는 스페이스 셔틀 형상 주위의 퍼텐셜 유동을 계산하기 위하여 Boeing사가 사용한 패널 분포를 보여주고 있다. 이러한 적용은 매우 인상적이다. 그리고 이들은 산업의 표준이 되어 오늘날 주요 항공기 제작사의 비행기 설계과정의 한 부분으로 반복적으로 사용되고 있다.

그림 6.7과 6.8을 검토해 보면 하나의 관점을 부각시킬 수 있는데, 3차원 물체 위 패널 분포는 기하학적으로 복잡하다는 것이다. 어떻게 컴퓨터가 그 물체의 형상을 정확하게 '인식'할 수 있도록 할 것인가? 물체 위에 패널을 어떻게

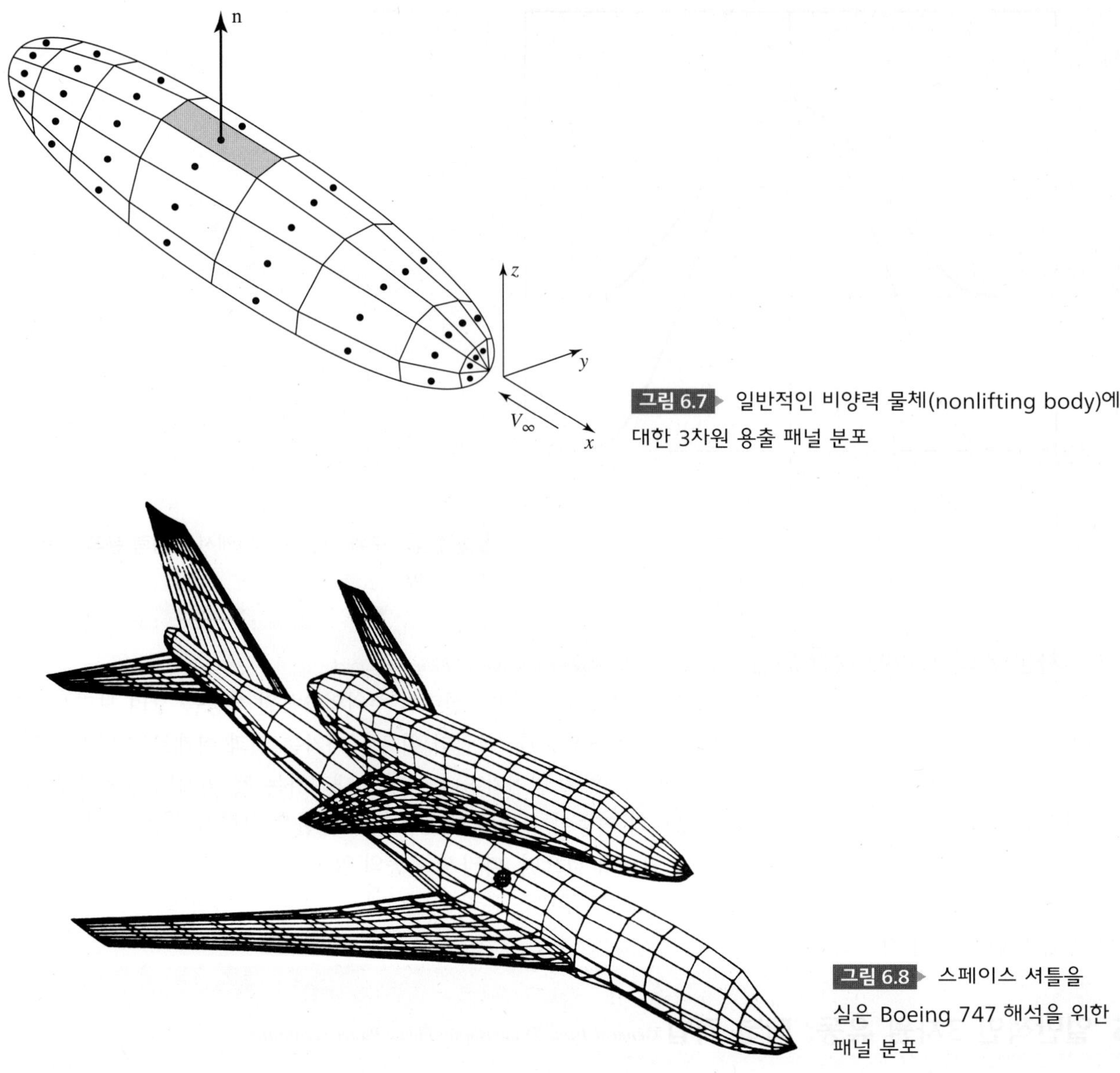

그림 6.7 일반적인 비양력 물체(nonlifting body)에 대한 3차원 용출 패널 분포

그림 6.8 스페이스 셔틀을 실은 Boeing 747 해석을 위한 패널 분포

분포시킬 것인가? 즉, 날개 앞전에 패널을 더 많이 분포시키고 동체나 또 다른 곳에는 더 적게 분포시키겠는가? 패널 수는 얼마나 많이 사용하겠는가? 이러한 것들은 모두 무시할 수 없는 질문들이다. 공기역학자들이 복잡한 형상의 물체에 대해 패널의 가장 좋은 기하학적 분포를 결정하기 위해 몇 주에서 심지어는 몇 달을 소비하는 것은 흔한 일이다.

다음을 언급함으로써 이 절을 마무리한다. 1960년대에 소개될 때부터 패널 기법은 3차원 퍼텐셜 유동의 계산을 혁신적으로 발전시켰다. 그러나 이 방법의 적용이 아무리 복잡하다 하더라도, 이 기법은 역시 우리가 검토한 이 장과 이전 장에 있는 기초 원리에 기반을 두고 있다. 참고문헌을 읽음으로써 이 문제를 더 깊이 연구하기를 권하는데, 특히 *Journal of Aircraft*나 *AIAA Journal* 같은 간행물에 실린 것들을 읽어보기 바란다.

6.6 응용 공기역학: 구 주위의 유동—실제의 경우 *Applied Aerodynamics: The Flow over a Sphere—The Real Case*

이 절에서는 3.18절을 보완하는데, 거기서는 원형 실린더 주위의 실제 유동이 검토되었다. 이 장에서는 3차원 유동을 다루고 있기 때문에 이 단계에서 원형 실린더(circular cylinder)에 대응되는 3차원 형상, 즉 구에 대해 논의하는 것이 적절하다. 구 주위에 대한 실제 유동의 정성적인 현상은 3.18절에서 검토한 실린더 주위의 유동과 유사하며, 그것은 유동 박리 현상, 레이놀즈수에 따른 항력 계수의 변화, 임계 레이놀즈수에서 박리점 전에 유동이 층류에서 난류로 전

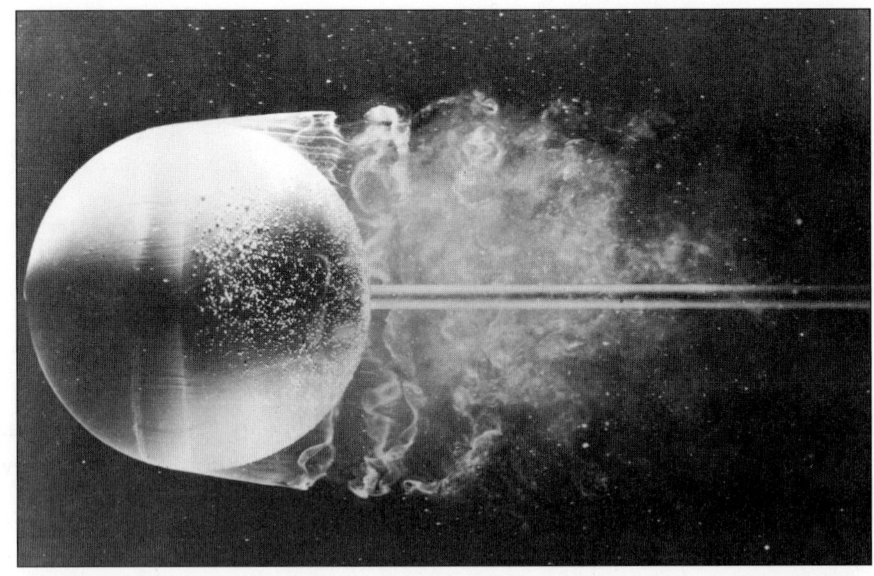

그림 6.9 층류 유동의 경우: 물속에서 구를 지나는 유동의 순간 사진. Re = 15,000. 물속에 염료를 사용하여 유동을 가시화하였다. (*프랑스 ONERA The French Aerospace Lab*)

그림 6.10 난류 유동의 경우: 물속에서 구를 지나는 유동의 순간 사진. Re = 30,000. 층류에서 난류로 급작스럽게 전이시키기 위하여 앞쪽 표면 위 금속선(trip wire)에 의해 난류 유동이 유도되었다. 물속의 공기방울에 의해 유동을 가시화하였다. (*프랑스 ONERA The French Aerospace Lab*)

이할 때 항력 계수의 급격한 감소와 후류의 일반적인 구조 등이다. 이러한 항목은 두 가지 경우에 다 비슷하다. 그러나 3차원의 완화 효과 때문에 구 주위에서의 유동은 실린더 주위에 대한 유동과 *수치적으로*(quantitatively) 다르다. 이러한 차이점이 이 절의 주제이다.

구 주위의 층류 유동이 그림 6.9에 나와 있다. 여기서 레이놀즈수는 15,000이며, 그 값은 구 표면 주위에 대한 층류 유동을 유지할 만큼 충분히 낮다. 그러나 비점성, 비압축성 유동 이론(6.4절과 그림 6.6 참조)에 의해 예측된 구 뒷면 위의 역압력구배(adverse pressure gradient) 때문에 층류 유동은 쉽게 표면으로부터 박리된다. 그림 6.9에서 구의 수직 단면선 약간 앞에 있는 *앞쪽* 표면 위에 박리 현상이 분명하게 보인다. 따라서 크고 두꺼운 후류가 구의 하류 방향으로 흘러나가고, 결과적으로 물체에 큰 압력 항력을 형성한다(3.18절에서 검토한 실린더의 경우와 유사함). 이와 대조적으로 난류 유동의 경우가 그림 6.10에 나와 있다. 여기서 레이놀즈수는 30,000인데, 정상적인 경우에는 층류를 유도할 만큼 작은 값이다. 그러나 이번 경우에는 앞쪽 표면 위 하나의 수직한 면을 따라 금속선을 둥글게 감아 위치시킴으로써 난류 유동을 인위적으로 유도하였다. [금속선의 유발 장치(trip wire)는 난류 유동으로 천이되는 것을 유도하기 위하여 공기역학적 실험에서 흔히 사용되는데, 자연적으로 난류가 존재하지 않는 조건에서 이러한 난류 유동을 연구

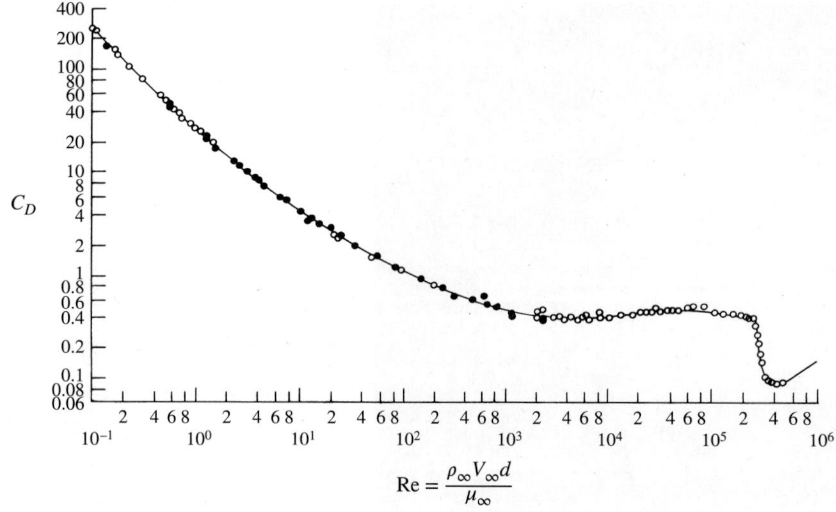

그림 6.11 구의 레이놀즈수에 따른 항력 계수의 변화(Schlichting, H.: *Boundary Layer Theory*, 7th ed. McGraw Hill Book Company, New York, 1979).

하기 위한 것이다.] 유동이 난류이기 때문에 박리는 뒷면 더 먼 곳에서 발생하고 더 얇은 후류를 만드는데, 이것은 그림 6.9와 6.10을 비교하면 알 수 있다. 결과적으로 압력 항력은 난류인 경우가 더 작다.

구의 레이놀즈수에 따른 항력 계수 C_D의 변화는 그림 6.11에 나와 있다. 이 그림을 실린더에 대한 그림 3.44와 비교해 보면, C_D의 변화는 질적으로 유사하며 두 경우 모두 레이놀즈수 300,000 가까이에서 급격한 C_D의 감소를 보이는데, 이 레이놀즈수는 자연계에서 층류가 난류로 전이하는 값과 일치하는 값이다. 그러나 *수치적으로* 두 곡선은 매우 다르다. 실질적인 문제에 가장 적절한 레이놀즈수의 범위인 Re > 1000의 경우에 구에 대한 C_D는 실린더에 대한 것보다 상당히 작다. 이것은 3차원 완화 효과의 고전적인 예이다. 실린더에 대한 그림 3.44를 다시 보면 임계값보다 약간 작은 Re에 대한 C_D 값이 1 부근이며, 임계값보다 약간 큰 Re에서는 0.3으로 감소하는 것에 유의하라. 이와는 대조적으로 그림 6.11에 나와 있는 구에 대해서는, 임계값보다 작은 범위의 레이놀즈수에서는 C_D가 약 0.4이며 임계값보다 큰 레이놀즈수에서는 0.1 정도로 감소한다. 실린더와 구 두 경우에 대한 이러한 C_D의 변화는 공기역학에서는 고전적인 결과이다. 여러분은 앞으로의 참고와 비교를 위해 실제의 C_D 값을 마음속에 새겨두어야 할 것이다.

그림 3.44와 6.11 두 경우 모두에 적용될 마지막 언급은, 유동 박리점 상류에서 난류로 천이(transition)되는 임계 레이놀즈수의 값은 고정된, 모든 경우에 적용되는 수가 아니라는 것이다. 이와는 아주 반대로 천이는 많은 요인에 의해 영향받는데, 이에 대해서는 4부에서 검토할 것이다. 이 요인들 중 자유 유동 내 난류의 정도(amount of turbulence)가 있는데, 자유 유동의 난류도가 크면 천이도보다 쉽게 발생한다. 결과적으로 자유 유동의 난류도가 크면 임계 레이놀즈수의 값이 낮아진다. 이러한 경향 때문에 정확히 측정된 구를 풍동 시험에 사용하여 실제 시험부의 자유 유동 난류도를 평가하는데, 이때는 단순히 구 위 임계 레이놀즈수를 측정하기만 하면 된다.

6.7 응용 공기역학: 비행기의 양력과 항력 *Applied Aerodynamics: Airplane Lift and Drag*

항공우주 공학자들이 우선적으로 관심을 가지는 3차원 물체는 5장에서 검토한 유한날개만이 아닌 그림 6.8에 나와 있는 비행기 전 기체이다. 이 절에서 비행기 전 기체의 형상에 대한 양력과 항력을 고려하도록 우리의 시야를 넓혀 본다.

1.5절에서 공기 속을 통과하여 움직이는 임의의 물체에 작용하는 공기역학적 힘은 단지 두 가지 기본적인 원인에 의한 것이라고 강조하였는데, 물체 표면에 가해지는 압력과 전단력의 분포가 그것이다. 양력은 주로 압력 분포에 의해 발생되며, 전단력은 양력에는 작은 영향밖에 주지 못한다. 우리는 이 사실을 3장에서 현재의 장까지 사용해 오고 있는데, 비점성 유동의 가정에 의하여 순환이 있는 실린더, 익형, 유한날개 양력을 합리적으로 예측할 수 있다. 이와는 반대로, 항력은 압력과 전단력의 분포 두 가지 모두의 원인에 의해 발생하기 때문에 비점성 유동에만 근거해서 항력을 예측하는 것은 충분하지 않다.

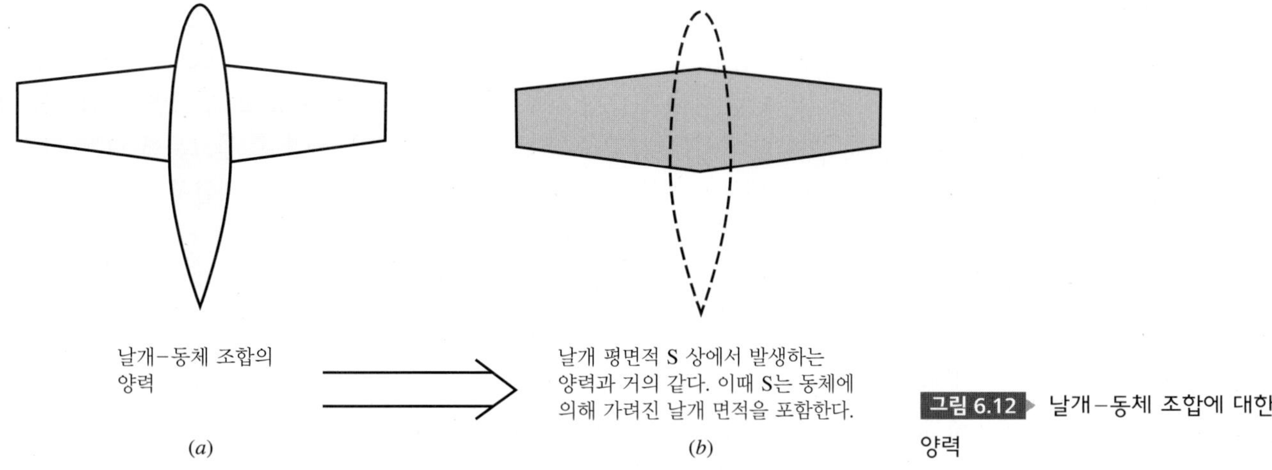

그림 6.12 날개–동체 조합에 대한 양력

6.7.1 항공기 양력 *Airplane Lift*

우리는 보통 날개를 항공기가 비행할 때 양력을 발생하는 주된 부분이라고 생각하는데, 이는 매우 맞는 말이다. 그러나 한 자루의 연필도 받음각이 있을 때 비록 적지만 양력이 발생한다. 그러므로 양력은 날개뿐 아니라 항공기의 동체에 의해서도 발생된다. 날개를 동체와 연결한 것을 *날개–동체 조합*(wing-body combination)이라고 부른다. 날개–동체 조합의 양력은 날개만의 양력과 동체만의 양력을 단순히 더해줌으로써 얻어지지 *않는다*. 이와는 달리, 날개와 동체가 연결되는 순간 동체 주위의 유동장이 날개 주위의 유동장에 영향을 주고 또한 그 반대의 현상도 일어나는데, 이것을 *날개–동체 상호작용*(wing-body interaction)이라고 부른다.

날개–동체 조합에 대한 양력을 날개–동체의 공기역학적 간섭 효과를 올바르게 고려하여 계산할 수 있는 정확한 해석적 방정식은 없다. 이러한 형상은 풍동 시험을 수행하거나 전산유체역학의 계산으로 예측해야만 한다. 조합된 상태의 양력이 그 두 부분 양력의 합보다 큰지 작은지 사전에는 알 수 없다. 그러나 아음속인 경우에 서로 다른 동체 두께 d를 가진 동체를 스팬 길이 b의 날개 위에 조합했을 때 얻어진 자료에 의하면, 날개–동체 조합의 전체 양력은 d/b가 0(이것은 날개만의 경우임)~6(이것은 비정상적으로 뚱뚱한 동체와 짧고 넓적한 날개의 경우임) 범위에서 본질적으로 일정한 것을 보여준다. 그러므로 날개–동체 조합의 양력은 전체 날개만의 양력으로 단순히 취급할 수 있는데, 이때 동체에 가려진 날개 부분도 포함시켜야 한다. 이것이 그림 6.12에 나와 있다. 보다 세부적인 사항은 참고문헌 65의 2장을 참조하라.

물론 수평 꼬리 날개, 카나드 표면, 그리고 날개의 strake 같은 비행기의 다른 부분도 긍정적이든 부정적이든 양력에 영향을 줄 수 있다. 다시 한번 강조하는 것은, 비행기의 전 기체(complete airplane)에 발생하는 양력을 합리적으로 정확하게 예측하는 것은 풍동 시험, 세밀한 전산유체역학 계산(예를 들어 그림 6.8에 나와 있는 패널 계산), 그리고 당연히 실제 비행기에 의한 비행 시험 등에 의해서만 가능하다는 것이다.

6.7.2 항공기 항력 *Airplane Drag*

머리 위로 날아가는 비행기를 보거나 비행기를 타고 비행할 때 가장 먼저 떠오르는 공기역학적 생각은 거의 직관적으로 양력에 관한 것이다. 여러분은 직선 방향으로 수평 비행을 하고 있는 하나의 기계가 그 기계의 무게와 같은 크기의 양력을 발생시키고 있는 것을 보고 있는 것이다. 이것이 그 기계를 공중에 떠 있게 하는 매우 중요한 관심사항이다. 그러나 이는 비행기 공기역학 역할의 일부분에 지나지 않는다. 이 양력을 *가능하면 효율적으로*, 즉 가능한 한 적은 항력과 함께 발생시키는 것이 똑같이 중요하다. 양력과 항력의 비인 L/D가 공기역학적 효율에 대한 좋은 측정값이다. 창고의 문짝도 받음각을 주면 양력이 발생하지만 동시에 많은 양의 항력을 발생하며, 결과적으로 창고 문짝의 L/D는 형편없이 나쁘다. 이러한 이유 때문에 응용 공기역학의 역사적 개발과정에서 항력을 최소화하려는 것이 가장 강력한 추진 방향 중 하나였다. 그리고 항력을 최소화하려면 우선 항력을 예측할 수 있는 방안을 제공해야 한다.

양력의 경우와 마찬가지로 비행기의 항력은 각 부분의 항력을 단순히 더해서 얻을 수 *없다*. 예를 들어 날개-동체 조합에서 항력은 날개나 동체 각각의 항력을 더한 것보다 일반적으로 더 크며, 간섭 항력(interference drag)이라고 부르는 추가 항력 요소를 발생시킨다. 비행기의 항력 예측에 대한 세부 검토는 참고문헌 65를 보기 바란다. 항력을 예측하는 주제는 너무나 복잡해서 이를 다룬 책이 많이 있는데, 그중 고전적인 책이 Hoerner가 쓴 참고문헌 112이다.

이 절에서의 검토는 식 (5.63)을 단순히 확대하여 전체 비행기에 적용하도록 하는 것으로 제한하려 한다. 유한날개에 적용되는 식 (5.63)을 아래에 다시 쓰면,

$$C_D = c_d + \frac{C_L^2}{\pi e \mathrm{AR}} \tag{5.63}$$

식 (5.63)에서 C_D는 유한날개에 대한 전체 항력 계수(total drag coefficient), c_d는 표면마찰(skin friction)과 유동 박리에 의한 압력 항력(pressure drag)에 의해 생기는 형상 항력 계수(profile drag coefficient), 그리고 $C_L^2/\pi e\mathrm{AR}$은 식 (5.62)에 의해 정의된 스팬 효율 계수 e가 첨가된 유도 항력 계수(induced drag coefficient)이다. 비행기 전 기체에 대해 식 (5.63)은 다음과 같이 다시 쓸 수 있다.

$$C_D = C_{D,e} + \frac{C_L^2}{\pi e \mathrm{AR}} \tag{6.21}$$

여기서 C_D는 비행기 전체의 항력 계수이고 $C_{D,e}$는 *유해 항력 계수*(parasite drag coefficient)라고 정의되는데, 이는 날개의 형상 항력[식 (5.63)의 c_d]뿐만 아니라 꼬리 날개 표면, 동체, 엔진 나셀, 착륙 장치, 그리고 공기 흐름에 노출되어 있는 비행기의 다른 부품에 의한 마찰 및 압력 항력을 포함하고 있다. 비행기 주위의 유동은 받음각의 변화에 따라 변하며, 특히 비행기 부품 주위 박리 유동의 양이 변하는데, 이 때문에 $C_{D,e}$는 받음각에 따라 변한다. 양력 계수 C_L은 특히 받음각의 함수이기 때문에 $C_{D,e}$를 C_L의 함수로 고려할 수 있다. 이 함수의 합리적인 근사값은 다음 식으로 나타낼 수 있다.

$$C_{D,e} = C_{D,o} + rC_L^2 \tag{6.22}$$

여기서 r은 실험적으로 결정되는 상수이다. 양력이 0일 때 $C_L = 0$이므로 식 (6.22)는 $C_{D,o}$를 영양력(zero lift)일 때의 유해 항력 계수라고, 또는 더 일반적으로 *영양력 항력 계수*(zero-lift drag coefficient)라고 정의한다. 식 (6.22)와 함께 식 (6.21)을 다음과 같이 쓸 수 있다.

$$C_D = C_{D,o} + \left(r + \frac{1}{\pi e \mathrm{AR}}\right) C_L^2 \tag{6.23}$$

식 (6.21)과 (6.23)에서 e는 낯익은 스팬 효율 계수로, 일반적 형태의 날개에 대한 비타원형 양력 분포의 영향을 감안한 것이다(5.3.2절 참조). 이제 e를 *다시 정의해서* 그것이 양력에 따라 유해 항력이 변하는 효과까지 포함하도록 하자. 다시 말해 식 (6.23)을 다음의 형태로 쓰도록 하자.

$$\boxed{C_D = C_{D,o} + \frac{C_L^2}{\pi e \mathrm{AR}}} \tag{6.24}$$

여기서 $C_{D,o}$는 *영양력* 시의 유해 항력 계수(간단하게 항공기의 *영양력 항력 계수*)라 하며, $C_L^2/(\pi e\mathrm{AR})$ 항은 양력에 의해 발생하는 유도 항력과 유해 항력 두 가지가 다 포함된 *양력에 의한 항력 계수*이다.

식 (6.24)에서 재정립된 e는 *Oswald 효율 계수*라고 부른다(1932년에 NACA Report No. 408에서 처음으로 이 기법을 확립한 W. Bailey Oswald의 이름을 따라 명명됨). Oswald 계수를 부호 e로 사용하는 것은 여러 문헌에서 표준 형식이 되었으며, 그 이유로 우리도 이 표준을 여기서 사용하고 있다. 혼란을 피하기 위해서, 5.3.2절에서 유한날개에 대해 소개되고 식 (6.21)에서 사용된 e는 유한날개에 대한 스팬 효율 계수이며, 식 (6.24)에서 사용된 e는 항공기 전 기체에 대한 Oswald 효율 계수이다. 이들은 2개의 다른 숫자들인데, 서로 다른 항공기에서 Oswald 효율 계수는 일반적

으로 0.7~0.85 사이에서 변하며, 반면 스팬 효율 계수는 일반적으로 0.9~1.0 사이에서 변하고, 이것은 그림 5.20에 나온 것과 같은 날개 가로세로의 비와 테이퍼비의 함수이다. 참고문헌 113에서 Daniel Raymer는 일직선 날개(straight-wing)를 가진 항공기에 대한 Oswald 효율 계수에 대해 다음과 같은 실험적 수식을 주었는데, 실제 항공기에서 얻어진 자료에 근거한 것이다.

$$e = 1.78\left(1 - 0.045\ \mathrm{AR}^{0.68}\right) - 0.64 \tag{6.25}$$

Raymer는 식 (6.25)가 평범한 가로세로의 비를 가진 일반적인 항공기들에 대하여 사용되어야 하며, 글라이더와 같은 매우 큰 가로세로의 비(약 25 또는 그보다 큰 것)에는 사용되지 말아야 한다고 언급하였다.

식 (6.24)는 하나의 항공기 전 기체에 대한 항력을 계산하기 위해 필요한 모든 정보를 포함하고 있지만, 그것을 사용하기 위해서는 반드시 영양력 항력 계수와 Oswald 효율 계수를 알아야 한다. 식 (6.24)는 항공기에 대한 *항력 극곡선*(drag polar)이라고 부르며 C_D와 C_L의 변화를 나타낸다. 이것은 항공기 개념 설계와 주어진 항공기에 대한 성능 예측을 위한 주춧돌과 같다(보다 상세한 사항은 참고문헌 65 참조).

예제 6.1

그림 3.2의 Seversky P-35 사진으로 다시 돌아가자. 이 항공기는 날개 평면 면적이 220 ft^{2}이고 36 ft의 날개 스팬을 가지고 있다. 또한 그림 1.58에 나와 있는 Seversky XP-41 항공기에 대한 항력 배분을 다시 검토하자. 예제 1.12에서 XP-41 항공기가 P-35 항공기와 매우 유사하게 생겼기 때문에 XP- 41의 항력 배분이 P-35에도 적용된다고 가정했다. 여기서도 같은 적용을 한다. 그림 1.58에서 사용된 자료를 사용하여 P-35에 대한 영양력 항력 계수를 계산하라.

■ 풀이

그림 1.58에 나와 있는 항력 배분에 대한 조건 18은 항공기 전 기체 형상에 대한 것이다. 조건 18에 대해서, 전 기체의 항력 계수는 항공기가 $C_L = 0.15$가 되는 특정한 받음각일 때 $C_D = 0.0275$로 주어진다. 다시 말하면 우리는 식 (6.24)에 사용할 수 있는 C_D와 C_L의 값을 동시에 알고 있다. 이 식에서,

$$\mathrm{AR} = \frac{b^2}{s} = \frac{(36)^2}{220} = 5.89$$

그리고 식 (6.25)에서 Oswald 효율 계수는

$$\begin{aligned} e &= 1.78\,(1 - 0.045\mathrm{AR}^{0.68}) - 0.64 \\ &= 1.78\,[1 - 0.045(5.89)^{0.68}] - 0.64 \\ &= 1.78\,[1 - 0.045(3.339)] - 0.64 \\ &= 0.873 \end{aligned}$$

그러므로 식 (6.24)에서 영양력 항력 계수가 주어진다.

$$\begin{aligned} C_{D,o} &= C_D - \frac{C_L^2}{\pi e\ \mathrm{AR}} \\ &= 0.0275 - \frac{(0.15)^2}{\pi(0.873)(5.89)} \end{aligned}$$

또는

$$\boxed{C_{D,o} = 0.026}$$

Larry Loftin은 그의 유명한 저서인 *Quest for Performance*: *The Evolution of Modern Aircraft*(성능의 탐구: 현대 항공기의 진화)(참고문헌 45)에 20세기 이후에 개발된 역사적으로 유명한 많은 비행기의 비행 성능 자료에서 도출한 영양력 항력 계수를 표로 수록하였다. 그가 표로 나타낸 Seversky P-35의 값은 $C_{D,o} = 0.0251$이다. 이 예제에서 계산한 값인 $C_{D,o} = 0.026$이 3.6% 이내의 오차로 일치하는 것에 주목하라.

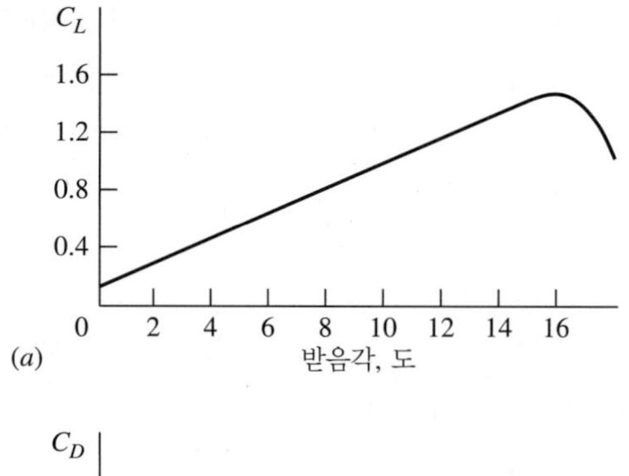

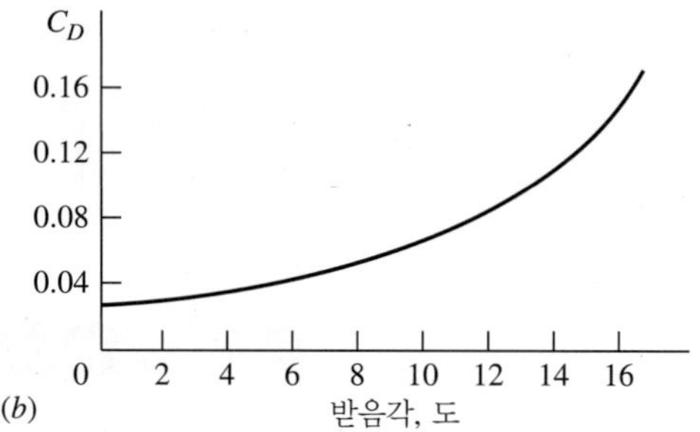

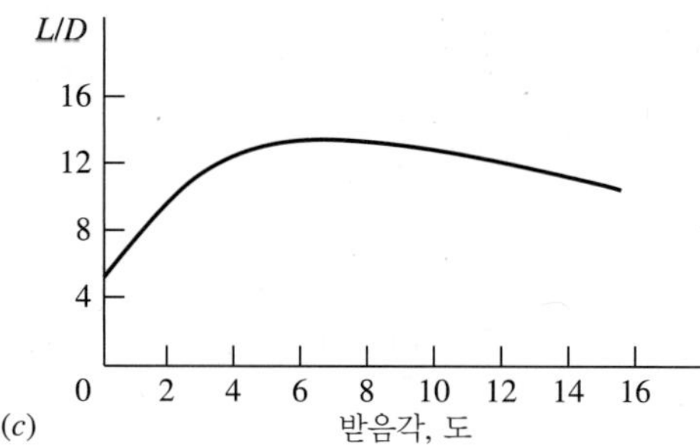

그림 6.13 프로펠러로 추진되는 일반 소형 항공기의 양력 계수, 항력 계수와 양항비의 전형적인 변화(Anderson, John D., Jr의 저서 *Introduction to Flight*, 6th ed., McGraw Hill Book Company, Boston, 2008의 6장에서의 계산에 근거함)

항공기의 양항비 1.7절에서 검토한 차원해석은, 주어진 마하수와 레이놀즈수에서 C_L, C_D, 그리고 양항비 C_L/C_D가 물체의 형상과 받음각에 의해서만 변한다는 것을 증명하고 있다. 이것이 그림 6.13으로 다시 한번 강조되고 있다. 주어진 항공기 형상에 대하여 그림 6.13*a*는 항공기의 받음각 α에 대한 C_L의 변화를 보여주며, 그림 6.13*b*는 α에 대한 C_D의 변화를 보여준다. 그리고 그림 6.13*c*에서는 양항비 C_L/C_D를 α에 대한 함수로 주고 있다. 이것은 주어진 항공기와 관련된 *공기역학적 상태량*이다. 적절한 마하수와 레이놀즈수의 범위 안에서는 양력 계수, 항력 계수, 양항비를 어느 특정한 값의 받음각에 대하여 특정한 값으로 말할 수 있다. 예제 6.1에서 Seversky P-35에 대한 영양력 항력을 계산하였다. 엄밀히 말하면, $C_{D,o}$는 마하수와 레이놀즈수에 따라 변한다는 것을 알고 있다. 그러나 우리가 지금 검토하고 있는 것과 관련 있는 저속의 아음속 항공기의 비행 영역에 대해서는, 마하수와 레이놀즈수에 대한 항공기의 공기역학적 계수의 변화는 적다고 생각된다. 그러므로 항공기의 $C_{D,o}$에 관하여 의미 있는 이야기를 할 수 있는 것이다.

그림 6.13*c*를 검토할 때, C_L/C_D가 α가 증가함에 따라 처음에는 증가하다가 어느 특정한 α 값에서 최대값에 도달하고, 그 이후에는 α가 더 증가할 때 감소하는 것에 유의하라. 최대 양항비인 $(L/D)_{\max} = (C_L/C_D)_{\max}$의 값은 항공기의 공기역학적 효율을 직접적으로 평가하는 기본이며, 따라서 그 값은 항공기의 설계와 성능 예측에서 매우 중요하다(참고문헌 2와 65 참조). $(L/D)_{\max}$가 항공기의 공기역학적 특성값이기 때문에, 이미 알고 있는 다른 공기역학적 특성값으로부터 계산할 수 있다. 다음을 계속 주목해 보자.

$$\frac{C_L}{C_D} = \frac{C_L}{C_{D,o} + C_L^2/(\pi e \mathrm{AR})} \tag{6.26}$$

C_L/C_D의 최대값을 위해서, 식 (6.26)을 C_L에 관해 미분하고 그 결과를 0으로 놓는다.

$$\frac{d(C_L/C_D)}{dC_L} = \frac{C_{D,o} + \dfrac{C_L^2}{\pi e \mathrm{AR}} - C_L[2C_L/(\pi e \mathrm{AR})]}{[C_{D,o} + C_L^2/(\pi e \mathrm{AR})]^2} = 0$$

그러므로

$$C_{D,o} + \frac{C_L^2}{\pi e \mathrm{AR}} - \frac{2C_L^2}{\pi e \mathrm{AR}} = 0$$

또는

$$C_{D,o} = \frac{C_L^2}{\pi e \mathrm{AR}} \tag{6.27}$$

식 (6.27)은 흥미 있는 중간 결과이다. 이 식은 비행기가 양항비가 최대인 받음각으로 비행하고 있을 때는, 영양력 항력과 양력에 의해 발생하는 항력이 정확하게 같아진다는 사실을 말하고 있다. 식 (6.27)을 C_L에 관해 풀면 다음 식을 얻는다.

$$C_L = \sqrt{\pi e \mathrm{AR}\, C_{D,o}} \tag{6.28}$$

식 (6.28)은 비행기가 $(L/D)_{\max}$에서 비행할 때의 C_L 값을 준다. C_L/C_D를 C_L의 함수로 나타낸 식 (6.25)로 돌아가자. L/D의 최대값에만 관계가 있는 식 (6.28)로부터 얻은 C_L의 값을 식 (6.25)에 대입함으로써 최대 양항비에 대한 다음 식을 얻는다.

$$\left(\frac{C_L}{C_D}\right)_{\max} = \frac{(\pi e \mathrm{AR}\, C_{D,o})^{1/2}}{C_{D,o} + \dfrac{\pi e \mathrm{AR} C_{D,o}}{\pi e \mathrm{AR}}}$$

또는

$$\boxed{\left(\frac{C_L}{C_D}\right)_{\max} = \frac{(\pi e \mathrm{AR}\, C_{D,o})^{1/2}}{2C_{D,o}}} \tag{6.29}$$

식 (6.29)는 *강력한* 수식이다. 이 식은 주어진 항공기 양항비의 최대값은 영양력 항력 계수 $C_{D,o}$, Oswald 효율 계수 e, 그리고 날개의 종횡비에*만* 종속된다는 것을 말해 주고 있다. 그러므로 $(L/D)_{\max}$가 주어진 항공기의 공기역학적 상태량이므로 다른 공기역학적 상태량에 따라서만 변해야 한다는 앞에서의 가정은 옳은 것이며, 다른 공기역학적 상태량은 단지 $C_{D,o}$와 e다.

예제 6.2

예제 6.1에서 얻은 정보를 사용하여 Seversky P-35에 대한 최대 양항비를 계산하라.

■ 풀이

예제 6.1로부터 다음을 얻는다.

$$C_{D,o} = 0.026$$

$$e = 0.873$$

$$\mathrm{AR} = 5.89$$

식 (6.29)로부터

$$\left(\frac{C_L}{C_D}\right)_{\max} = \frac{(\pi e \mathrm{AR}\, C_{D,o})^{1/2}}{2C_{D,o}}$$

$$= \frac{[\pi(0.873)(5.89)(0.026)]^{1/2}}{2(0.026)}$$

$$\left(\frac{C_L}{C_D}\right)_{max} = \boxed{12.46}$$

Loftin에 의해 참고문헌 45에 표로 나와 있는 P-35의 $(L/D)_{max}$ 값은 $(L/D)_{max} = 11.8$이며, 이 값은 여기서 계산된 값과 5% 이내의 오차를 보인다.

6.7.3 양력과 항력 계산을 위한 전산유체역학의 응용 *Application of Computational Fluid Dynamics for the Calculation of Lift and Drag*

연속 방정식, 운동량 방정식, 에너지 방정식의 수치해를 위한 전산유체역학(CFD)의 역할에 대해 2.17.2절에서 검토하였다. 순수한 비점성 유동 방정식의 수치해는 'Euler 해'라고 명명되었고, 13장에서 검토하는 CFD 결과가 이러한 Euler 해의 예이다. 일반적인 점성 유동 방정식의 수치해는 'Navier-Stokes 해'라고 명명되었고, 이러한 Navier-Stokes 해의 예는 20장에 나온다.

이러한 연속 방정식, 운동량 방정식, 에너지 방정식의 수치해는 유동 전체에 대해 유동장의 상태량(p, T, V 등)들의 공간과 시간에 대한 변화량을 알게 해준다. 물론 물체 표면의 압력도 포함된다. 표면에서의 전단응력은 식 (1.59)로부터 얻어지며 아래에 다시 쓰면,

$$\tau_w = \mu\left(\frac{dV}{dy}\right)_{y=0} \tag{1.59}$$

여기서 벽면에서의 속도구배 $(dV/dy)_{y=0}$는 일방차분기법(one-sided difference)(2.17.2절 참조)을 사용하여 벽면 바로 옆의 격자점에서 CFD 유동 속도의 해로부터 얻어진다. 마지막으로 표면 전체의 압력과 전단응력 분포를 수치적으로 적분함으로써 항공기의 양력과 항력을 얻을 수 있다(1.5절 참조). 이것이 CFD의 결과로 물체의 양력과 항력을 얻는 방법이다.

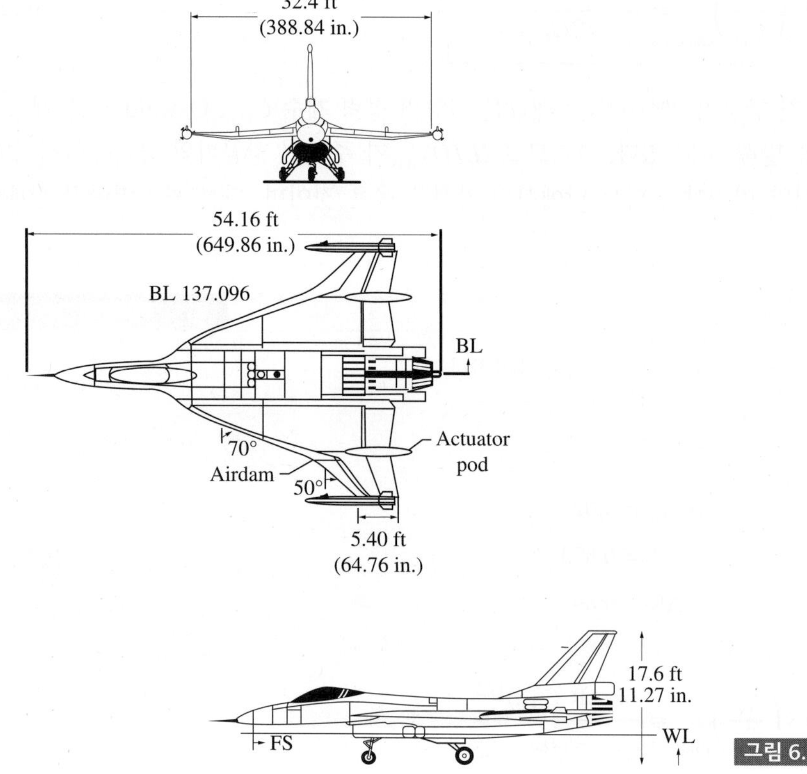

그림 6.14 F-16XL의 삼면도

표 6.1 꺾인 화살 모양의 날개(Cranked-Arrow Wing) 공기역학 과제를 위하여 다양한 연구자들이 계산한 양력과 항력 계수의 값들을 표로 만든 것.

연구자 번호	C_L	C_D
1	0.43846	0.13289
2	0.44693	0.13469
3	0.37006	0.11084
4	0.43851	0.15788
5	0.46798	0.13648
6	0.44190	0.16158
7	0.44590	0.14265

최근 비행기 전 기체 주위의 유동장에 대한 몇 개의 최신 CFD 결과들이 *Journal of Aircraft*, Vol. 46, No. 2, March-April 2009에 7개의 연계된 논문으로 발표되었다. 이 논문은 그림 6.14에 나와 있는 F-16XL인 꺾여진 날개 형상 주위의 유동장에 대해서 서로 다른 연구자들이 다른 컴퓨터 프로그램과 기법을 사용하여 얻은 CFD 결과를 발표한 것이다. NASA에 의해 조직되고 AIAA의 응용 공기역학 기술위원회를 통해 수행된 Cranked-Arrow Wing Aerodynamics Project (CAWAP: 꺾인 화살 모양 날개 공기역학 과제)의 일환으로, F-16XL 주위의 유동장에 대한 여러 비행 조건의 CFD 계산을 하도록 여러 연구자들이 초청되었다. 그 목적은 비행기 전 기체 형상 주위 유동장에 대한 CFD 계산의 현재 기술 수준을 평가하기 위해 그 결과를 비교하려는 것인데, 특별히 유동 박리 지역이 많은 비교적 높은 받음각을 갖는 비행기에 대해 수행되었다. 비교에 대한 종합과 결론은 참고문헌 114에 나와 있다. 비록 이 과제의 주된 목적이 세부적인 유동장 구조와 표면 압력 분포에 대한 계산을 평가하고 비교하는 것이었지만, 양력과 항력 계수에 대한 비교도 일부 수행되었다. 대표적인 비교가 표 6.1에 나와 있고, 여기에 서로 다른 7명의 연구자들로부터 얻어진 C_L과 C_D가 나타나 있다. 그 결과는 F-16XL이 $M_\infty = 0.36$, 받음각 $\alpha = 11.85°$, 옆미끌음각(sideslip angle) $= 0.612°$, 그리고 레이놀즈수 $= 46.8 \times 10^6$의 조건에서 비행할 때 적용되는 값이다. 표 6.1에 서로 다른 연구자들은 단순히 숫자로 분류되어 있는데, 실제의 출처와 개별적인 CFD 프로그램은 참고문헌 114에서 확인할 수 있다.

얻어진 결과의 가장 낮은 값과 가장 높은 값의 불일치가 C_L에 대해서는 26%, C_D에 대해서는 42%인 것에 주목하라. 그러나 연구자 3으로부터 얻은 결과를 제외하면, 그 불일치는 C_L에 대해서는 6.7%, C_D에 대해서는 21.5%다.

표 6.1에 나와 있는 C_L과 C_D 값에 연관되는 3차원 유동장은 복잡하며, 그림 5.41의 삼각익 주위의 유동에 대해 보여준 것과 매우 흡사하게 1차 와류와 2차 와류를 포함하고 있다. 그 비행기는 받음각과 옆미끌음각 두 가지를 모두 가지고 있어서, 결과적으로 그 안에 와류도 포함되고 유동 박리 지역도 넓은 매우 3차원적 유동장이 된다. 이것은 어떠한 CFD 프로그램에도 매우 까다로운 시험이며, 또한 비행기 전 기체의 양력과 항력에 대한 CFD의 사용을 묘사하기 위해 이 경우가 선택된 이유이기도 하다. 꺾인 화살 모양 날개 공기역학 과제(Cranked-Arrow Wing Aerodynamics Project)에서 사용된 그 시험의 경우는 아마도 가장 복잡하고, 따라서 서로 다른 CFD 프로그램 결과 사이의 불일치도 가장 높은 값일 수 있어서, 일종의 최악의 경우일 수 있다.

이러한 사전 지식을 가지고 보면 C_L에 대한 계산 불일치는 놀라운 정도로 적은데, 반면 C_D에 대한 결과의 변화는 상당히 큰 것에 유의하라. 대부분의 실제 공기역학적 비행체에 대한 정확한 항력 계산은 수 세기 동안 큰 도전이며 또한 과제였는데, 19세기 초의 날아다니는 기계 발명가들에게까지 연계된다(참고문헌 2, 58과 111 참조). 놀랍게도 기술이 매우 발달했고 최신 CFD 기법을 가지고 있는 현대에도, 비록 점진적인 발전은 있지만 정확한 항력 예측은 난제로 남아 있다. 항력에 대한 정확한 CFD 예측은 적어도 다음 사항들에 의해서 절충되고 있다.

1. 표면마찰 항력 계산에는 전단응력의 정확한 계산이 필요하며, 이는 표면에서의 속도구배에 대한 정확한 계산을 요구한다[예로서 식 (1.59) 참조]. 이때 벽면 위 처음 몇 개의 격자점에서 매우 정확한 유동 속도의 값을 얻기 위하여 벽면에 매우 세밀하고 가까이 분포되어 있는 전산 격자(computational grid)가 필요하다. 그리고 표면에서의 속도

구배는 이 속도로부터 일방차분기법(one-sided differencing)을 사용하여 얻어진다.

2. 모든 실제 크기의 비행체 위에 발생하는 경계층은 난류이며, 이 유동에 대한 어떠한 CFD 계산이든 이 효과를 포함시켜야 한다. 난류는 고전 물리학에서 아직도 풀지 못한 몇 안 되는 응용문제 중 하나이며, 따라서 그 효과는 공기역학적 계산에서 *모델*로 해결해야 한다. 난류 유동에 대한 대부분의 CFD 계산에서는 레이놀즈 평균화된 Navier- Stokes 방정식(RANS)을 사용하고 있으며 이 책의 4부에서 검토하는데, 어떠한 형태든 난류 모델(turbulence model)을 사용해야 한다. 실제로 수많은 서로 다른 형태의 난류 모델이 존재하는데, 모두가 각각 이런저런 방법으로 실험자료에 종속되어 있다. 난류 모델 그 자체가 항력 계산에 상당히 많은 불확실성을 야기한다. 표 6.1에 표시된 일곱 가지의 다른 CFD 계산은 모두 다른 난류 모델을 사용하였다.

3. 물체 위에서 유동이 박리되는 위치를 계산하는 것 또한 불확실하다. CFD에서 박리 유동에 대한 계산은 Navier-Stokes 해에 의해서만 가능한데, Euler 방정식의 해에서는 불과 몇 안 되는 경우(그러나 흥미 있는) 외에는 유동 박리와 비슷한 결과를 낼 수 없다. 유동 박리의 본질과 위치는 층류와 난류에 대해 서로 다르다(6.6절의 구 주위의 실제 유동에 대한 검토 참조). 한편으로는 앞에서 검토한 난류 모델의 불확실성과 관련되기도 한 유동 박리 계산의 불확실성이 표 6.1에 나와 있는 항력 계수들의 불일치에 대한 또 하나의 이유이기도 하다. 이 F-16XL의 시험 경우와 관련된 높은 받음각에서의 유동은 넓은 지역의 복잡한 유동 박리 지역을 가지고 있다.

이러한 불확실성을 고려하면, 표 6.1에 나열되어 있는 C_D 계산상의 불일치는 그리 나쁜 편이 아니라고 모두들 말한다. 계산 방법과 모델링에 대한 미래의 발전은 틀림없이 보다 좋은 결과를 유도할 것이다. 더욱이 CFD 계산에 의해서 C_L은 정확하게 계산되었고, 또한 유동장 자체의 세부사항이 정확하게 묘사되었기 때문에 Cranked-Arrow Wing Aerodynamics Project International (CAWAPI)에 참여한 연구자들은 다음과 같은 결론에 도달했다(참고문헌 114).

> 10개의 서로 다른 CFD 계산방법으로부터 얻은 결과의 측정값 비교에서, 비록 차이는 보였지만 이 계산방법들은 실제 비행기의 비행 조건에서 모두 확고하게 기능을 발휘하였고 그들 간에 충분한 일치를 보였으므로, CAWAPI 과제의 전체적인 목적을 달성하였다고 결론 내릴 수 있다. 특히 CFD의 현 수준이 비행 시험에서 관측된 현상을 이해하는 도구로서 적합하다고 확인되었다.

이것은 또한 항공기의 양력과 항력에 대한 검토를 마치는 우리의 결론으로도 적합하다.

6.8 요약 *Summary*

3차원 (점) 용출에 대해서

$$V_r = \frac{\lambda}{4\pi r^2} \tag{6.6}$$

그리고

$$\phi = -\frac{\lambda}{4\pi r} \tag{6.7}$$

3차원 더블릿에 대해서

$$\phi = -\frac{\mu}{4\pi}\frac{\cos\theta}{r^2} \tag{6.9}$$

그리고

$$\mathbf{V} = \frac{\mu}{2\pi}\frac{\cos\theta}{r^3}\mathbf{e}_r + \frac{\mu}{4\pi}\frac{\sin\theta}{r^3}\mathbf{e}_\theta \tag{6.10}$$

구 주변의 유동은 3차원 더블릿과 균일 유동을 중첩함으로써 생성된다. 표면 속도와 압력 분포의 결과는 다음 식으로 주어진다.

$$V_\theta = \tfrac{3}{2} V_\infty \sin\theta \tag{6.19}$$

그리고

$$C_p = 1 - \tfrac{9}{4} \sin^2\theta \tag{6.20}$$

실린더 주위의 유동과 비교하면 구에 대한 표면 속도와 압력 계수는 더 작다. 이것은 3차원 완화 효과의 한 예이다.

현대의 공기역학적 응용에서 복잡한 3차원 물체 주변의 비점성, 비압축성 유동은 일반적으로 3차원 패널 기법으로 계산한다.

6.9 연습문제 *Problems*

6.1 3차원 용출 유동이 비회전인 것을 증명하라.

6.2 3차원 용출 유동이 물리적으로 가능한 비압축성 유동인 것을 증명하라.

6.3 하나의 구와 원형 실린더가(실린더 축이 유동에 수직하게 있음) 같은 자유 유동 속에 놓여있다. 구의 맨 위쪽에 압력 탭(pressure tap)이 있고, 관을 통하여 마노미터의 한쪽에 연결되어 있다. 마노미터의 다른 한쪽은 실린더의 표면에 있는 압력 탭에 연결되어 있다. 이 구멍은 마노미터의 유체에 변위가 일어나지 않도록 실린더 표면에 위치되어 있다. 이 구멍의 위치를 계산하라.

비점성, 압축성 유동

Inviscid, Compressible Flow

3부에서는 아음속, 초음속, 극초음속과 같은 고속 유동을 다룬다. 이런 유동에서 밀도는 변수가 된다. 이것이 압축성 유동이다. ■

압축성 유동: 준비단계적 관점

Compressible Flow: Some Preliminary Aspects

항공기와 미사일의 속도가 음속 또는 음속의 몇 배를 초과할 경우에는 열역학적 원리가 현상을 지배하며, 열역학적 영향에 대한 고려를 반드시 포함해야 한다.

Jakob Ackeret, 1962

미리보기 _*Preview Box*

이 장에서는 고속 유동의 역동적인 세계로 들어가게 될 것이다. 그러나 이 세계로 들어가기 전에 약간의 준비가 필요하다. 이 장에서는 다음 장들에서 나올 고아음속, 천음속, 초음속, 극초음속 유동을 다루기 위한 준비를 하게 된다. 따라서 고속 유동을 이해하고 예측하기 위해 필요한 기본 원리 및 관계를 다루게 될 것이다. 이 장은 고에너지 부분이 포함된 기본 원리와 방정식에 대한 2장의 연장으로 보면 된다.

에너지? 이것은 무엇을 의미하고 있을까? 고속도로를 시속 65마일로 달리는 차 속에 있다고 생각해 보자. 손을 창밖으로 내밀고 있다면(안전상 이렇게 하면 안 되지만), 공기의 흐름에 의하여 어느 정도의 에너지를 느끼게 될 것이고 손이 뒤로 밀리는 힘을 받게 될 것이다. 자, 이제는 시속 650마일로 달리면서 손을 창밖으로 내밀고 있다고 해 보자. 얼마나 많은 양의 에너지를 느끼게 될지, 그리고 그 결과 여러분 손이 어느 정도의 손상을 입을지를 생각해 보자. 요점은 고속 유동은 *고에너지 유동*이라는 것이다. 에너지에 관한 과학이 *열역학*이다. 그렇기 때문에 이 장의 대부분에서 열역학에 대해 논의할 것이다. 하지만 이것은 앞으로 다룰 고속 유동에 관한 부분에 국한된다.

고속 유동은 또한 *압축성 유동*이다. 이 장에서는 밀도를 더 이상 상수로 가정하지 않을 것이다. 오히려 변수가 되는데, 이것에 대해 압축성 유동을 공부하기 위한 잘 정리된 물리적 수식과 해석을 소개할 것이다. 실제로 이 장의 앞부분은 3~6장에서 공부한 비압축성 유동장과는 매우 다르다. 이것은 새롭게 출발하는 것과 같다. 자, 이제 모두 승선해서 출발해 보자.

7.1 개요 *Introduction*

1935년 9월 30일, 세계 각지의 선도적인 공기역학 전문가들이 이탈리아 로마에 모였다. 이들 중 몇은 비행기를 타고 도착했는데, 당시 비행기의 속도는 시속 130마일 정도밖에 되지 않았다. 하지만 이들의 논의 주제는 130마일 정도의 비행기 속도가 아니라 500마일 혹은 그 이상이라는 당시로서는 믿기 힘든 속도 영역에 대한 공기역학이었다. 미국에서는 Theodore von Karman과 Eastman Jacobs, 독일에서는 Ludwig Prandtl과 Adolf Busemann, 스위스에서는 Jakob Ackeret, 영국에서는 G. I. Taylor, 이탈리아에서 Arturo Crocco와 Enrico Pastolesi 등이 제5회 볼타 회의(Volta Conference)에 참석하였으며, 이 회의의 주제는 '고속 비행'이었다. 제트 엔진이 아직 개발되지 않았지만 그들은 모두 미래의 항공기는 '더 빠르고 더 높이' 비행할 것이라 생각했다. 당시 몇몇 항공학자들은 '소리장벽(sound barrier)'으로 인하여 항공기가 음속 이상으로 비행하지 못할 것이라고 생각했다(소리 장벽에 대한 그릇된 통념은 여러 항공분야에 퍼져 있었다). 하지만 제5회 볼타 회의에 참석한 사람들은 발전이 계속될 것을 알고 있었다. 6일 동안 신성로마제국의 시청이었던 인상적인 르네상스 건물에서 각자 고아음속, 초음속 또는 극초음속 비행에 관해 논의한 논문들을 발표하였다. 이 중에는 고속 비행을 위한 후퇴익에 관한 Adolf Busemann의 첫 공식 논문도 있었다. 그는 고속 비행에서 후퇴익이 일반적인 직선형 날개보다 더 적은 항력을 가지는 기술적인 원인에 대해 다루고, 이에 대한 개념을 세웠다(1년 후 후퇴익에 대한 개념은 독일 공군에 의해 군사기밀로 분류되었다. 독일은 제2차 세계대전 중 후퇴익에 관한 연구를 진행하였으며, 적당한 후퇴각을 가진 운영 가능한 첫 제트 항공기 Me 262를 개발하였다). 볼타 회의에서는 주로 미래의 고속 비행에서 접하게 되는 문제인 밀도 변화에 대한 효과, 즉 고아음속에서의 '압축성' 효과에 대해 논의했다. 그 예로 Eastman Jacobs는 풍동 시험을 통해 고아음속 영역에서 표준 NACA 4, 5계열 익형에 대한 압축성 효과 및 특정 마하수의 자유흐름에서는 항력이 갑자기 증가하게 된다는 것을 발견했다. Ludwig Prandtl은 초음속 유동에 관해 연구를 시작한 1907년부터 정리한 초음속 유동에서 노즐 안쪽과 여러 형상의 동체에서 발생하는 충격파의 사진을 발표했다(분명 Ludwig Prandtl은 4장과 5장에서 다루어진 그의 비압축성 익형과 유한날개 이론 개발 이상으로 열심히 했다). Jakob Ackeret는 그의 지도하에 이탈리아, 스위스, 독일 등지에서 제작 중인 초음속 풍동 설계에 관한 논문을 제출하였다. 또한 로켓과 램젯 같은 고속 비행을 위한 추진 기술도 소개되었다. 130마일의 속도가 일반적이었던 1935년 당시 세계의 공기역학 커뮤니티가 고아음속 영역과 초음속 영역에 진입했다는 것에 대해 볼타 회의 참석자들은 흥분했다. 이후 8개의 장에서는 고속 비행에 관한 기초에 대해 다룰 것이다.

3~6장에서 다룬 저속, 비압축성 유동에 반하여 고속 유동에서는 중요한 변수로 밀도가 사용된다. 이러한 유동을 *압축성 유동*이라 하며, 이번 7~14장에서 주로 다루는 내용이다. 그림 1.45로 되돌아가 보면, 공기역학에서 다루는 유동의 형태에 대해 블록별로 분류한 표를 볼 수 있을 것이다. 7~14장 사이에서는 블록 *D*와 *F*, 즉 *비점성 압축성* 유동에 대해 다룬다. 이 과정에서 블록 *G*와 *J* 사이의 모든 유동 영역에 대해서도 다룰 것이다. 이러한 유동 영역은 그림 1.44에 나타나 있으며, 그림 1.44와 1.45를 자세히 살펴보고 이에 관한 1.10절의 내용을 이후의 내용을 진행하기 전에 복습하기 바란다.

또한 변하는 밀도 이외에 고속 압축성 유동의 보정을 위해 *에너지*도 고려해야 한다. 고속 유동은 높은 에너지를 갖고 있는데, 그 예로 해면 고도에서의 표준 대기 상태에서 음속의 2배로 움직이는 유동에 대해 생각해 보자. 1 kg 공기의 내부 에너지는 2.07×10^5 J이며, 운동 에너지는 2.31×10^5 J로 더 크다. 유동 속도가 떨어지면 운동 에너지는 줄어들고 내부 에너지는 증가하여 기체의 온도가 높아진다. 그러므로 고속 유동에 있어서 에너지의 변환과 온도 변화는 매우 중요한 고려 대상이 된다. 이에 대한 것은 *열역학*에서 주로 다룬다. 그래서 열역학은 압축성 유동에 대해 공부할 때 필수적인 과목이다. 이 장에서는 압축성 유동을 공부하는 데 필요한 열역학의 기본 지식에 대해 간단히 복습할 것이다.

그림 7.1은 이 장의 전체적인 진행 흐름을 간략히 보여주고 있다. 공부를 진행함에 따라 우리가 어디에 있는지 이 이정표를 참고하기 바란다.

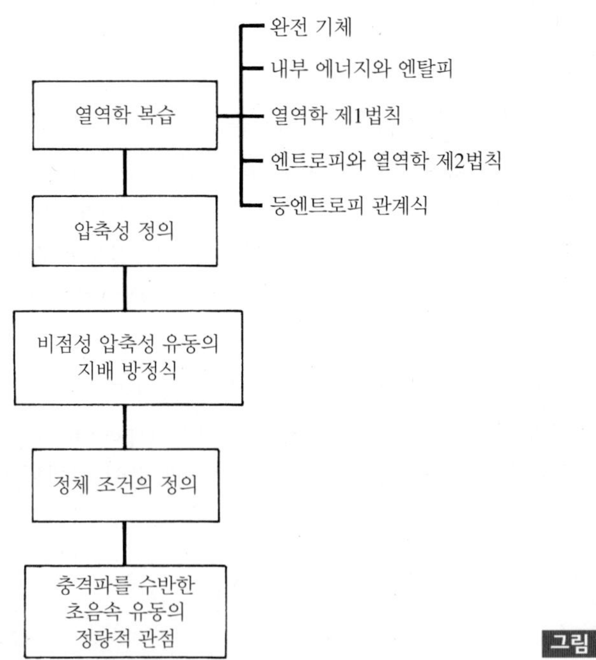

그림 7.1 7장의 이정표

7.2 간략한 열역학 복습 *A Brief Review of Thermodynamics*

압축성 유동의 분석과 이해에 있어서 열역학의 중요성에 대해 7.1절에서 살펴보았다. 이 절에서는 압축성 유동에서 중요한 열역학 요소들을 다룰 것이다. 여기서는 열역학의 전체적인 내용을 다루지 않고, 다음 장에서 바로 적용할 수 있는 식과 기본 개념을 복습할 것이다. 만약 열역학을 전에 공부한 학생이라면 주요 열역학적 관계를 쉽게 복습할 수 있을 것이고, 열역학을 배우지 않은 학생이라도 이후에 자주 사용할 기본적인 개념이나 식을 익힐 수 있을 것이다.

7.2.1 완전 기체 *Perfect Gas*

1.2절에서 살펴본 바와 같이 기체는 무작위적으로 움직이는 작은 입자들(분자, 원자, 이온, 전자 등)의 집합이다. 이러한 작은 입자들의 전자 구조 때문에 힘의 장(force field)은 입자 주위에 고루 퍼져 있게 된다. 한 입자에 의해 생긴 힘의 장은 주위 다른 입자와의 영향으로 서로 끌어당기거나 밀어내게 되며, 이러한 힘의 장을 *분자 간 힘*(intermolecular forces)이라고 한다. 하지만 만약 기체의 입자들이 충분히 멀리 떨어져 있다면 분자 간 힘에 의한 영향은 줄어들기 때문에 무시할 수 있게 된다. 이처럼 분자 간 힘에 의한 영향이 무시되는 기체를 *완전 기체*(perfect gas)라고 정의한다. 완전 기체에서 *압력*(p), *밀도*(ρ), 온도(T)의 관계는 다음의 *상태 방정식*(equation of state)과 같다.

$$\boxed{p = \rho RT} \tag{7.1}$$

여기서 R은 특정 기체 상수(specific gas constant)로 기체마다 다른 값을 가진다. 표준 상태에서 공기의 기체 상수는 $R = 287$ J/(Kg · K) = 1716 (ft · lb)/(slug · °R)과 같다.

많은 압축성 유동의 온도와 압력의 특징에 따라 기체 입자들은 평균적으로 분자 직경의 10배 이상 떨어져 있으며, 이 거리는 완전 기체로 가정하기에 매우 충분한 거리가 된다. 따라서 앞으로 이 책에서는 상태 방정식을 식 (7.1) 혹은 다른 형태인 식 (7.2)의 형태로 사용한다.

$$\boxed{pv = RT} \tag{7.2}$$

여기서 v는 비체적, 즉 단위 질량당 체적을 말하며 $v = 1/\rho$와 같다. (주: 이 장에서부터 비체적과 속도의 y 성분을 기호 v로 나타낸다. 이러한 사용은 표준화되어 있으며, 모든 경우에 분명하고 혼동이 없어야 한다).

7.2.2 내부 에너지와 엔탈피 *Internal Energy and Enthalpy*

공기에 있는 O_2 분자와 같은 기체의 각 분자에 대해 살펴보자. 이 분자는 공간을 임의의 형태로 움직이며 때때로 주위의 분자와 충돌하기도 한다. 공간을 움직이는 분자의 속도로 인해 분자는 병진 운동 에너지를 보유한다. 또한 분자는 여러 축을 따라 연결되어 있는 원자들로 구성되어 있는데, 산소 분자의 경우 연결 축의 양 끝에 산소 원자가 있어 '아령'처럼 보인다. 병진 운동 외에 이러한 분자들은 회전 운동도 하는데, 이 회전 운동 에너지도 분자의 전체 에너지에 포함된다. 또한 분자를 구성하는 원자들은 분자 축의 앞, 뒤 혹은 옆으로 진동하게 되며, 이는 분자의 진동에 의한 위치 에너지 및 운동 에너지에 포함된다. 마지막으로 분자의 각 핵 주위를 도는 전자의 운동도 '전자' 에너지로 분자의 에너지에 포함된다. 따라서 주어진 분자의 에너지는 병진, 회전, 진동 및 전자 에너지의 총합과 같다.

많은 수의 분자로 구성된 유한 체적의 기체를 생각해 보자. 이 체적에 존재하는 모든 분자가 지니는 에너지의 총합을 기체의 *내부 에너지*(internal energy)라 한다. 기체의 단위 질량당 내부 에너지를 비내부 에너지(specific internal energy)라 하며 e라고 표현한다. 이와 관련된 것으로 비엔탈피(specific enthalpy) h가 있으며 다음과 같이 정의된다.

$$h = e + pv \tag{7.3}$$

완전 기체에서는 e와 h 모두 온도만의 함수가 된다.

$$e = e(T) \tag{7.4a}$$

$$h = h(T) \tag{7.4b}$$

완전 기체에서 e와 h의 미분 형태를 de와 dh로 나타내면

$$de = c_v\, dT \tag{7.5a}$$

$$dh = c_p\, dT \tag{7.5b}$$

여기서 c_v와 c_p는 각각 정적 비열(constant volume)과 정압 비열(constant pressure)을 나타낸다. 식 (7.5*a*)와 (7.5*b*)에서 c_v와 c_p는 T의 함수가 된다. 그러나 적당한 온도(공기의 경우 $T < 1000$ K)에서 비열은 거의 일정하다. 정적 비열과 정압 비열이 일정한 완전 기체에 대해서는 *열량적 완전 기체*(calorically perfect gas)라고 하며, 식 (7.5*a*)와 (7.5*b*)는 다음과 같이 쓸 수 있다.

$$\boxed{e = c_v T} \tag{7.6a}$$

$$\boxed{h = c_p T} \tag{7.6b}$$

실제 기체의 경우 압축성 유동의 온도가 변하면 많은 문제가 발생한다. 따라서 이 책에서는 기체가 열량적으로 항상 완전하다고 간주하며, 비열이 항상 일정하다고 가정한다. 비열이 일정하지 않은 압축성 유동(스페이스 셔틀같이 고속으로 대기 진입 시 고온 화학적 반응 유동)에 대해서는 참고문헌 21을 참조하기 바란다.

식 (7.3)~(7.6)에서 사용된 e와 h는 열역학적 상태변수들이기 때문에 기체의 상태에만 종속되고 과정으로부터는 독립적이다. c_v와 c_p가 식에는 나타나지만 정적 과정과 정압 과정 등과 같은 제한은 고려하지 않아도 된다. 식 (7.5*a*와 *b*), 식 (7.6*a*와 *b*)는 T의 함수인 e와 h 등의 열역학적 상태변수들과 연관이 있으며, 어떤 열역학적 과정을 거쳤는지는 의미가 없다.

특정 기체(specific gas)에 있어서 c_v와 c_p가 다음과 같은 관계에 있다.

$$c_p - c_v = R \tag{7.7}$$

식 (7.7)을 c_p로 나누면 다음 식을 얻을 수 있다.

$$1 - \frac{c_v}{c_p} = \frac{R}{c_p} \tag{7.8}$$

$\gamma \equiv c_p/c_v$로 정의한다. 표준 기체 상태에서는 $\gamma = 1.4$이며 식 (7.8)은

$$1 - \frac{1}{\gamma} = \frac{R}{c_p}$$

또는

$$\boxed{c_p = \frac{\gamma R}{\gamma - 1}} \tag{7.9}$$

비슷하게 식 (7.7)을 c_v로 나누면 다음이 된다.

$$\boxed{c_v = \frac{R}{\gamma - 1}} \tag{7.10}$$

식 (7.9)와 (7.10)은 이후 압축성 유동을 공부하는 데 있어서 유용하게 사용될 것이다.

예제 7.1

5 m × 7 m의 직사각형 바닥에서 천장까지의 높이가 3.3 m인 방을 생각해 보자. 방 안 공기의 압력과 온도는 각각 1 atm과 25°C다. 이 방 안에 있는 공기의 내부 에너지와 엔탈피를 계산하라.

■ 풀이

먼저 방 안 공기의 무게를 계산하여야 한다. 식 (7.1)로부터

$$\rho = \frac{p}{RT}$$

그리고 모든 값을 SI 단위로 표현하여야 한다. 1 atm = 1.01×10^5 N/m^{2}과 0°C는 273 K이라는 것을 이용하여

$$p = 1.01 \times 10^5 \text{ N/m}^2 \quad \text{그리고} \quad T = 273 + 25 = 298 \text{ K}$$

이를 대입하여 계산하면

$$\rho = \frac{p}{RT} = \frac{1.01 \times 10^5}{(287)(298)} = 1.181 \text{ kg/m}^3$$

방의 부피는 (5)(7)(3.3) = 115.5 m^{3}이다. 따라서 방 안 공기의 무게는 다음과 같다.

$$M = (1.181)(115.5) = 136.4 \text{ kg}$$

식 (7.6*a*)로부터 단위 질량당 내부 에너지는

$$e = c_v T$$

여기서

$$c_v = \frac{R}{\gamma - 1} = \frac{(287)}{1.4 - 1} = \frac{287}{0.4} = 717.5 \text{ joule/(kg} \cdot \text{K)}$$

따라서

$$e\text{는 } e = c_v T = (717.5)(298) = 2.138 \times 10^5 \text{ joule/kg}$$

질량 M을 곱하여 방 안에 있는 공기의 총 내부 에너지를 구하면

$$E = Me = (136.4)(2.138 \times 10^5) = \boxed{2.92 \times 10^7 \text{ joule}}$$

식 (7.6*b*)로부터 단위 질량당 엔탈피는

$$h = c_p T$$

여기서

$$c_p = \frac{\gamma R}{\gamma - 1} = \frac{(1.4)(287)}{0.4} = 1004.5 \text{ joule/(kg} \cdot \text{K)}$$

따라서

$$h = c_p T = (1004.5)(298) = 2.993 \times 10^5 \text{ joule/kg}$$

질량 M을 곱하여 방 안에 있는 공기의 총 엔탈피를 구하면

$$H = Mh = (136.4)(2.993 \times 10^5) = \boxed{4.08 \times 10^7 \text{ joule}}$$

두 답에 대한 확인은 다음으로부터 할 수 있다.

$$\frac{h}{e} = \frac{c_p T}{c_v T} = \frac{c_p}{c_v} = \gamma = 1.4$$

위 답으로부터

$$\frac{H}{E} = \frac{4.08 \times 10^7}{2.92 \times 10^7} = 1.4 \qquad \text{확인 완료.}$$

이 예제는 기본적으로 다음 두 가지를 사용하여야 함을 보여준다.

1. 식 (7.1), (7.6*a*), (7.6*b*)와 같은 기본 식을 사용하여 계산할 때 일관적인 단위를 반드시 사용해야 한다. 여기서는 주어진 정보가 meter, 그리고 Kelvin 온도로 쉽게 단위를 변환할 수 있는 Celsius이기 때문에 SI 단위를 사용하였다.
2. 단위 질량당 내부 에너지와 엔탈피는 식 (7.6*a*)와 (7.6*b*)를 이용하여 기체의 온도로부터 직접적으로 계산한다. '정적 과정'과 '정압 과정'은 여기서 고려할 필요가 없다. 질량당 내부 에너지와 엔탈피 e와 h는 상태변수이며, 단지 시스템의 열역학적 상태에만 의존한다. 식 (7.6*a*)에 있는 c_v, 즉 정적 과정은 여기에 관련되어 있지 않다. 마찬가지로 식 (7.6*b*)에 있는 c_p, 즉 정압 과정 또한 관련되어 있지 않다.

예제 7.2

초음속 풍동의 한 종류로 방출식 풍동(blow down tunnel)이 있는데, 이것은 고압의 저장조에 저장된 공기를 밸브를 여는 것과 동시에 터널을 통하여 터널 끝의 진공 탱크나 대기로 들어가게 한다. 초음속 풍동은 10장에서 다룰 것이다. 여기서는 고압 펌프에 의해 공기가 저장된 저장 탱크인 고압 저장조만 고려한다. 공기는 부피가 일정한 저장조 안으로 들어감으로써, 저장조 안의 공기 압력은 증가한다. 펌프는 요구된 압력에 도달할 때까지 저장조를 충전한다.

저장조의 내부 부피가 30 m^{3}이라고 하자. 공기가 저장조 내부로 들어오면서 저장조 내부 압력은 연속적으로 증가한다. 공기를 넣는 과정 중 한순간 저장조의 압력이 10 atm이라고 생각하자. 저장조 내부의 온도는 열교환기에 의하여 300 K으로 유지된다고 가정한다. 공기는 저장조 안으로 1 kg/s의 속도로 들어가게 된다. 이때 저장조 안에서 시간당 압력이 증가하는 비율을 계산하라.

■ 풀이

어느 순간 저장조 내부 공기의 총 질량을 M이라고 하자. 저장조 안으로 공기가 1 kg/s의 비율로 들어온다고 했기 때문에, 공기의 총 질량은 $dM/dt = 1$ kg/s의 비율로 증가한다. 모든 순간에서의 공기 밀도는 다음과 같다.

$$\rho = \frac{M}{V} \tag{E7.1}$$

V는 저장소의 총 부피이며 $V = 30$ m^{3}이다. V는 일정하기 때문에 식 (E 7.1)로부터

$$\frac{d\rho}{dt} = \frac{1}{V}\frac{dM}{dt} = \frac{1 \text{ kg/s}}{30 \text{ m}^3} = 0.0333$$

식 (7.1)을 시간에 대해(t로) 미분하면, R과 T는 상수이기 때문에 다음이 된다.

$$\frac{dp}{dt} = RT\frac{d\rho}{dt} \tag{E 7.2}$$

$$\frac{dp}{dt} = (287)(300)(0.0333) = \boxed{2867.13 \frac{\text{N}}{\text{m}^2\text{s}}}$$

예제 7.3

예제 7.2에서 저장조에 들어가는 공기가 1 kg/s의 비율로 일정하게 유지된다면, 저장조 내부의 압력이 10에서 20 atm까지 증가하는 데 걸리는 시간을 계산하라.

■ 풀이

만약 공기가 유입되는 비율이 1 kg/s로 유지되면, 시간당 밀도 변화율은 $d\rho/dt = 0.0333$ kg/m^{3}s으로 일정하게 될 것이며, 결과적으로 시간당 압력 변화율 또한 $dp/dt = 2867.13$ N/m^{2}s로 일정하게 될 것이다. 따라서 10에서 20 atm으로 압력이 증가하는 데 걸

리는 시간은 다음과 같다.

$$\frac{(20\text{ atm} - 10\text{ atm})(1.01 \times 10^5)}{2867.13} = 352.27\text{ s}$$

분으로 나타내면

$$\frac{352.27}{60} = \boxed{5.87\text{ min}}$$

7.2.3 열역학 제1법칙 *First Law of Thermodynamics*

기체 질량이 고정된 *시스템*을 생각해 보자(간단히 단위 질량 1 kg 혹은 1 slug로 가정한다). 시스템의 바깥쪽을 *주위*(surrounding)라 한다. 그림 7.2와 같이 시스템과 주위 사이의 면을 *경계*(boundary)라 한다. 이때 시스템은 정적 상태라고 가정한다. 그림 7.2에서와 같이 δq를 경계를 통하여 시스템에 더해진 열의 양이라고 하자. δq의 예로는 시스템의 질량에 대해 흡수된 주위로부터의 복사열과 경계에서의 온도구배에 의한 열전도가 있다. 또한 δw는 주위가 시스템에 한 일이라고 하자(경계의 변화로 인한 시스템의 부피 변화는 작은 값으로 가정한다). 앞에서 이야기한 것처럼, 기체의 분자 운동으로 인하여 시스템은 내부 에너지 e를 갖는다. 시스템에 열이 더해지거나 일이 가해지면 시스템이 정적 상태가 될 때까지 에너지의 변화가 발생한다. 이때 에너지의 변화를 간단히 de로 나타낸다.

$$\boxed{\delta q + \delta w = de} \tag{7.11}$$

이를 *열역학 제1법칙*이라고 한다. 이는 실험을 통해 경험적으로 입증된 결과이다. 식 (7.11)에서 e는 상태변수이다. 그러므로 de는 완전 미분이며, 그 값은 시스템의 초기 상태와 최종 상태에만 종속된다. 반면 δq와 δw는 초기 상태에서 최종 상태로 가는 과정에 종속된다.

주어진 de에 대해 열과 일이 시스템에 더해지는 무수히 많은 방법들이 존재한다. 여기서는 주로 세 가지 형태의 과정으로 다룬다.

1. *단열 과정*(adiabatic process): 시스템으로부터 열이 나가거나 들어오지 않는 과정
2. *가역 과정*(reversible process): 소산 현상이 일어나지 않는 과정. 즉, 점성 효과, 열전도, 확산 등이 일어나지 않는 과정
3. *등엔트로피 과정*(isentropic process): 단열 과정과 가역 과정이 동시에 일어나는 과정

가역 과정에 있어서는 $\delta w = -p\,dv$와 같이 간단하게 나타낼 수 있다. 여기서 dv는 시스템의 경계가 변함으로 인하여 발생되는 체적의 변화를 나타낸다. 이로 인해 식 (7.11)은 다음과 같이 쓸 수 있다.

$$\delta q - p\,dv = de \tag{7.12}$$

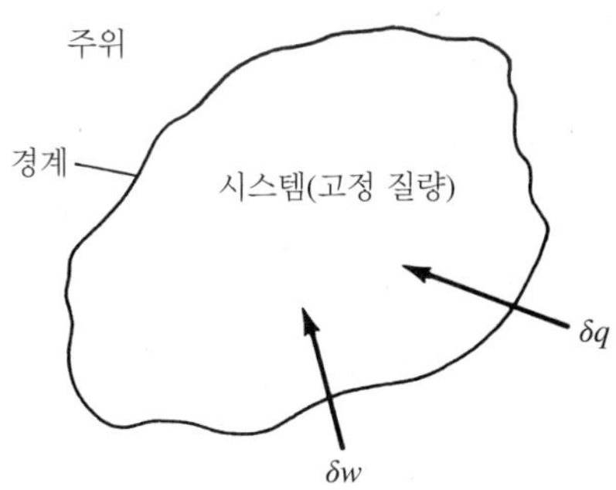

그림 7.2 열역학적 시스템

7.2.4 엔트로피와 열역학 제2법칙 *Entropy and the Second Law of Thermodynamics*

얼음을 벌겋게 달군 철판 위에 올려 놓는다고 가정하자. 실험적으로 말하면 얼음은 뜨거워질 것이며(그리고 아마 녹을 것이다) 철판은 차가워질 것이다. 그러나 식 (7.11)은 이러한 현상을 설명하지 못한다. 게다가 열역학 제1법칙은 이 과정 동안 에너지가 보존될 수 있다면 얼음은 점점 차가워지고 철판은 점점 뜨거워지는 것이 가능하다. 그러나 이러한 현상은 실제로 일어나지 않으며 자연은 대신 *방향성*이라는 다른 조건을 과정에 추가하게 된다. 과정의 방향성을 규명하기 위하여 새로운 상태변수인 엔트로피를 도입하게 되고, 다음과 같이 표현한다.

$$ds = \frac{\delta q_{\text{rev}}}{T} \tag{7.13}$$

여기서 s는 시스템의 엔트로피를, δq_{rev}는 시스템 가역 과정 중 더해진 열의 양을, T는 시스템의 온도를 나타낸다. 위 정의들을 혼동하면 안 된다. 이것은 엔트로피의 변화를 열 δq_{rev}이 더해지는 가역 과정으로 나타낸 것이다. 하지만 엔트로피는 상태변수이며, 이는 가역 과정이나 비가역 과정 등 어떤 곳에도 사용할 수 있다. 식 (7.13)에서의 δq_{rev}는 가상의 양이며, 실제 δq_{rev}의 값은 비가역 과정에서의 초기점과 최종점에서의 관계로 결정되며, 실제로 열이 더해진 양은 δq이다. 관계를 더 명확히 표시하면 다음과 같다.

$$\boxed{ds = \frac{\delta q}{T} + ds_{\text{irrev}}} \tag{7.14}$$

식 (7.14)에서 δq는 실제 비가역 과정에서 시스템에 더해진 열의 실제 양을 나타내며, ds_{irrev}는 시스템 *내부*의 비가역성, 점성으로 인한 소산과 열전달, 확산 등으로 인해 발생한 엔트로피를 나타낸다. 이러한 소산 현상은 항상 엔트로피를 증가시킨다.

$$\boxed{ds_{\text{irrev}} \geq 0} \tag{7.15}$$

식 (7.15)에서 등호는 가역 과정을 나타내며, 시스템 내부에 소산 현상이 일어나지 않았음을 말한다. 식 (7.14)와 (7.15)을 결합하여 식 (7.16)을 얻는다.

$$\boxed{ds \geq \frac{\delta q}{T}} \tag{7.16}$$

더욱이 단열 과정이라면 $\delta q = 0$이 되며, 식 (7.16)은 다음과 같이 쓸 수 있다.

$$\boxed{ds \geq 0} \tag{7.17}$$

식 (7.16)과 (7.17)은 *열역학 제2법칙*을 나타낸다. 열역학 제2법칙은 과정의 방향을 알려 준다. 모든 과정은 엔트로피가 증가하는 방향으로 진행되며 최선은 엔트로피가 같도록 유지하는 것이다. 얼음을 뜨거운 철판에 가져가는 예에서 얼음과 철판을 모두 시스템에 포함하면, 얼음이 뜨거워지고 철판이 식음과 동시에 시스템 전체의 엔트로피는 증가한다. 반면 얼음이 차가워지고 철판이 뜨거워지는 것은 시스템 전체의 엔트로피가 감소하여 열역학 제2법칙에 위배되기 때문에 불가능하다. 요약하면, 열역학 제2법칙에 추가된 엔트로피에 의하여 자연계가 지니는 *방향성*을 예측할 수 있다.

엔트로피의 계산 방법은 다음과 같다. 식 (7.12)에서 열이 가역적으로 더해지고, 엔트로피의 정의인 식 (7.13)을 식 (7.12)에 대입하면 다음과 같다.

$$T\,ds - p\,dv = de$$

또는

$$\boxed{T\,ds = de + p\,dv} \tag{7.18}$$

식 (7.3)의 엔탈피의 정의로부터 다음을 얻을 수 있다.

$$dh = de + p\,dv + v\,dp \tag{7.19}$$

식 (7.18)과 (7.19)를 결합하면 다음과 같다.

$$\boxed{T\,ds = dh - v\,dp} \tag{7.20}$$

식 (7.18)과 (7.20)은 엔트로피의 항이 적용된 열역학 제1법칙의 형태로서 매우 중요하다. 완전 기체를 고려하여 식 (7.5*a*)와 (7.5*b*), 즉 $de = c_v\,dT$와 $dh = c_p\,dT$를 살펴보자. 이 관계 식들을 식 (7.18)과 (7.20)에 대입하면 다음과 같은 식들을 얻을 수 있다.

$$ds = c_v\frac{dT}{T} + \frac{p\,dv}{T} \tag{7.21}$$

$$ds = c_p\frac{dT}{T} - \frac{v\,dp}{T} \tag{7.22}$$

상태 방정식 $pv = RT$ 또는 $v/T = R/p$를 식 (7.22)의 우변 두 번째 항에 대입해 보자.

$$ds = c_p\frac{dT}{T} - R\frac{dp}{p} \tag{7.23}$$

열역학적 과정에서 초기 상태와 최종 상태를 각각 1, 2로 표현하고, 식 (7.23)을 상태 1, 2 사이에서 적분하면 다음과 같다.

$$s_2 - s_1 = \int_{T_1}^{T_2} c_p\frac{dT}{T} - \int_{p_1}^{p_2} R\frac{dp}{p} \tag{7.24}$$

열량적 완전 기체라고 가정하였을 때, R과 c_p는 상수가 되어 식 (7.24)는 다음과 같이 쓸 수 있다.

$$\boxed{s_2 - s_1 = c_p \ln\frac{T_2}{T_1} - R\ln\frac{p_2}{p_1}} \tag{7.25}$$

비슷한 방법으로 식 (7.21)을 정리하면

$$\boxed{s_2 - s_1 = c_v \ln\frac{T_2}{T_1} + R\ln\frac{v_2}{v_1}} \tag{7.26}$$

식 (7.25)와 (7.26)은 두 상태 사이에서의 열량적 완전 기체의 엔트로피 변화를 계산하는 실제적인 표현이다. 위 식에서 s는 열역학적 두 상태변수의 함수이다. 예를 들어 $s = s(p, T)$, $s = s(v, T)$이다.

7.2.5 등엔트로피 관계 *Isentropic Relations*

등엔트로피 과정은 이미 정의한 것처럼 단열 과정과 가역 과정이다. 식 (7.14)를 보면 단열 과정일 때 $\delta q = 0$이며, 가역 과정에서는 $ds_{\text{irrev}} = 0$이다. 그래서 단열, 가역 과정일 때 식 (7.14)에서 $ds = 0$이 되거나, 엔트로피는 일정하게 된다. 이것을 '등엔트로피'라고 한다. 이러한 등엔트로피 과정에서 식 (7.25)는 다음과 같이 쓸 수 있다.

$$0 = c_p \ln\frac{T_2}{T_1} - R\ln\frac{p_2}{p_1}$$

$$\ln\frac{p_2}{p_1} = \frac{c_p}{R}\ln\frac{T_2}{T_1}$$

또는

$$\frac{p_2}{p_1} = \left(\frac{T_2}{T_1}\right)^{c_p/R} \tag{7.27}$$

그러나 식 (7.9)로부터

$$\frac{c_p}{R} = \frac{\gamma}{\gamma - 1}$$

그러므로 식 (7.27)은 다음과 같다.

$$\frac{p_2}{p_1} = \left(\frac{T_2}{T_1}\right)^{\gamma/(\gamma-1)} \tag{7.28}$$

비슷한 방법으로 식 (7.26)을 등엔트로피 과정에 맞춰보면

$$0 = c_v \ln \frac{T_2}{T_1} + R \ln \frac{v_2}{v_1}$$

$$\ln \frac{v_2}{v_1} = -\frac{c_v}{R} \ln \frac{T_2}{T_1}$$

$$\frac{v_2}{v_1} = \left(\frac{T_2}{T_1}\right)^{-c_v/R} \tag{7.29}$$

식 (7.10)에서

$$\frac{c_v}{R} = \frac{1}{\gamma - 1}$$

그러므로 식 (7.29)는 다음과 같이 쓸 수 있다.

$$\frac{v_2}{v_1} = \left(\frac{T_2}{T_1}\right)^{-1/(\gamma-1)} \tag{7.30}$$

$\rho_2/\rho_1 = v_1/v_2$의 관계를 통해 식 (7.30)은 다음과 같이 쓸 수 있다.

$$\frac{\rho_2}{\rho_1} = \left(\frac{T_2}{T_1}\right)^{1/(\gamma-1)} \tag{7.31}$$

식 (7.28)과 (7.31)을 합하면, 등엔트로피 관계를 다음과 같이 요약할 수 있다.

$$\boxed{\frac{p_2}{p_1} = \left(\frac{\rho_2}{\rho_1}\right)^{\gamma} = \left(\frac{T_2}{T_1}\right)^{\gamma/(\gamma-1)}} \tag{7.32}$$

식 (7.32)는 등엔트로피 과정에서 압력, 밀도, 온도의 관계를 나타내는 중요한 식이다. 이 식을 자주 사용할 것이기 때문에 확실히 이해하고 잘 기억해야 한다. 식 (7.32)는 열역학 제1법칙과 엔트로피의 정의로부터 얻을 수 있었다. 그렇기 때문에 식 (7.32)는 등엔트로피 과정에서 에너지의 관계를 보여주는 기본식이 된다.

왜 식 (7.32)가 중요한 것일까? 왜 이 식은 자주 사용되는 것일까? 단열, 가역 과정의 조건이 주어질 때 등엔트로피 과정을 왜 중요하게 다루는 것일까? 그 답은 대부분의 실제 압축성 문제를 초기 생각과는 달리 등엔트로피 과정으로 가정할 수 있다는 데 있다. 그 예로 익형 위를 지나는 유동 또는 로켓 엔진을 지나는 유동을 생각해 보자. 익형 표면과 로켓 노즐 근처의 공간에는 점성으로 인한 소산, 열전도와 확산이 강한 경계층(boundary layer)이 있다. 즉, 경계층에서의 엔트로피는 증가한다. 그러나 유체 입자들은 경계층의 바깥쪽을 지난다고 생각해 보자. 여기서 점성으로 인한 소산 등과 같은 영향은 매우 작으며 무시할 수 있다. 게다가 유체 입자들로부터 열의 유입 또는 유출은 없으며(즉, 분젠 버너를 통한 유체 입자의 가열이나 냉각기를 통한 유체 입자의 냉각은 다루지 않는다), 경계층의 바깥쪽 유동은 단열 상태이다. 결과적으로 경계층 외부의 유동은 단열, 가역 과정인 등엔트로피 과정이 된다. 실제 적용에 있어서도 표면 근처의 점성을 지니는 경계층은 전체 유동장에 비해 얇고, 이러한 유동의 넓은 영역은 등엔트로피로 가정할 수 있

다. 이러한 가정을 통하여 많은 형태의 압축성 유동 문제 해결에 직접 적용할 수 있기 때문에 등엔트로피 유동에 대해서 배우는 것이다. 식 (7.32)와 같은 관계식은 이러한 유동, 열량적 완전 기체에 적용할 수 있는 매우 유용한 식이다.

지금까지 열역학에 대해 짧게 복습하였다. 이는 앞으로 다룰 압축성 유동에 대해 개념과 공식들을 빠르고 쉽게 알 수 있도록 하는 데 그 목적이 있다. 저자는 압축성 유동을 다루는 실제 문제에서 열역학적 면을 무시하는 것을 보지 못했으며 이는 매우 중요하다. 열역학에 대하여 더 알고자 한다면 참고문헌 22~24와 같은 훌륭한 저서들을 참조하기 바란다.

예제 7.4

Boeing 747이 기준 고도 36,000 ft에서 비행하고 있다. 이때 날개 위 한 점에서의 압력은 400 lb/ft^{2}이다. 날개 위 유동은 등엔트로피 유동으로 가정하고, 이 점에서의 온도를 구하라.

■ 풀이

부록 E로부터 기준 고도 36,000 ft에서 $p_\infty = 476$ lb/ft^2 그리고 $T_\infty = 391$ °R이다. 식 (7.32)로부터

$$\frac{p}{p_\infty} = \left(\frac{T}{T_\infty}\right)^{\gamma/(\gamma-1)}$$

또는

$$T = T_\infty\left(\frac{p}{p_\infty}\right)^{(\gamma-1)/\gamma} = 391\left(\frac{400}{476}\right)^{0.4/1.4} = \boxed{372\ °\text{R}}$$

예제 7.5

예제 7.2와 7.3에서 다룬 초음속 풍동의 저장조 안에 있는 기체를 생각해 보자. 저장조 안 공기의 압력과 온도는 각각 20 atm과 300 K이다. 저장조의 공기는 풍동의 도관을 통해 팽창된다. 도관 안 한 지점에서의 압력은 1 atm이다. (a) 팽창이 등엔트로피 과정일 때 (b) 팽창이 비등엔트로피 과정이며 320 J/(kg·K)의 엔트로피 증가가 일어날 때 이 지점에서의 공기의 온도를 구하라.

■ 풀이

(a) 식 (7.32)에서

$$\frac{p_2}{p_1} = \left(\frac{T_2}{T_1}\right)^{\gamma/(\gamma-1)}$$

또는

$$T_2 = T_1\left(\frac{p_2}{p_1}\right)^{\frac{\gamma-1}{\gamma}} = 300\left(\frac{1}{20}\right)^{\frac{0.4}{1.4}} = 300\,(0.05)^{0.2857}$$

$$= 300\,(0.4249) = \boxed{127.5\ \text{K}}$$

(b) 식 (7.25)에서

$$s_2 - s_1 = c_p \ln\frac{T_2}{T_1} - R\ln\frac{p_2}{p_1}$$

c_p 값을 얻기 위해 식 (7.9)를 사용하여

$$c_p = \frac{\gamma R}{\gamma - 1} = \frac{(1.4)(287)}{0.4} = 1004.5\ \frac{\text{J}}{\text{kg}\cdot\text{K}}$$

식 (7.25)로부터

$$320 = 1004.5\ln\left(\frac{T_2}{300}\right) - (287)\ln\left(\frac{1}{20}\right)$$

$$= 1004.5\ln\left(\frac{T_2}{300}\right) - (-859.78)$$

따라서

$$\ln\left(\frac{T_2}{300}\right) = \frac{320 - 859.78}{1004.5} = -0.5374$$

$$\frac{T_2}{300} = e^{-0.5374} = 0.5843$$

$$T_2 = (0.5843)(300) = \boxed{175.3\ \text{K}}$$

주석: (a)와 (b)의 결과를 비교하면, $p = 1$ atm인 지점에서 등엔트로피 과정을 통해 팽창했을 때의 온도보다 비등엔트로피 과정을 통해 팽창했을 때의 온도가 더 높은 것을 알 수 있다. 예상했던 대로다. 식 (7.25)로부터 엔트로피가 온도와 압력의 함수로 되어 있는 것을 알 수 있고, 온도가 증가하면 엔트로피 또한 증가하고 압력이 증가하면 엔트로피는 감소하는 것 또한 알 수 있다. 예를 들어 최종 압력은 (a), (b) 둘 다 같지만 엔트로피는 (b)가 더 높다. 그래서 식 (7.25)로부터 (b)의 최종 온도가 (a)의 최종 온도보다 더 높다는 것을 알 수 있다. 좀 더 양적인 면에서 보면, 엔트로피의 변화를 가져오는 물리적 메커니즘은 점성 소산(마찰), 도관에서의 충격파 존재, 또는 도관 벽을 통해 경계 밖으로부터 더해지는 열에 의하여 발생한다. 직관적으로 모든 비가역적인 메커니즘은 단열적, 가역적(무마찰) 팽창을 가정한 등엔트로피적 팽창보다 더 높은 온도를 발생시킨다.

7.3 압축성의 정의 *Definition of Compressibility*

모든 물질은 어느 정도의 크거나 작은 압축성을 지닌다. 즉, 물질을 압착하거나 눌렀을 때 그 물질의 밀도는 변하게 된다. 기체보다는 액체가, 액체보다는 고체가 압축성이 더 작다. 이것은 물체의 고유한 특성으로 주어지며, 어떤 물체가 압축될 수 있는 양을 *압축성*이라 하고 그 정의는 다음에서 한다.

그림 7.3과 같이 유체에서 작은 입자의 부피 v를 생각해 보자. 각 면에서의 압력을 p라고 한다. 압력이 아주 작은 양 dp만큼 증가했다고 가정하자. 입자의 부피는 dv만큼 변화하게 되는데, 여기서 부피는 감소한다. 이 때문에 그림 7.3에서의 dv는 음의 값을 가지게 된다. 유체의 압축성을 τ로 정의하면 다음과 같다.

$$\tau = -\frac{1}{v}\frac{dv}{dp} \tag{7.33}$$

압축성은 물리적으로 단위 압력당 변하는 유체 부피의 비이다. 그러나 식 (7.33)은 엄밀한 의미로 충분한 것은 아니다. 실험적으로 기체가 압축될 때 온도가 올라가는 경향이 있으며, 시스템의 경계를 통한 열의 출입량에 따라 달라지는 것을 알고 있다. 만약 그림 7.3과 같은 유체 입자의 온도가 (어떠한 열 교환 작용에 의해) 일정하게 유지된다면, τ는 등온(isothermal) *압축* τ_T로 분류하며 식 (7.33)은 다음과 같이 정의된다.

$$\tau_T = -\frac{1}{v}\left(\frac{\partial v}{\partial p}\right)_T \tag{7.34}$$

반면 유체 입자에 열이 들어오거나 빠져나가지 않는다면, 또한 마찰력을 무시하면 유체 입자의 압축은 등엔트로피적으로 일어나며, 이때 유체 입자의 압축성 τ는 등엔트로피 압축성 τ_s로 나타내고 식 (7.33)은 다음과 같이 쓸 수 있다.

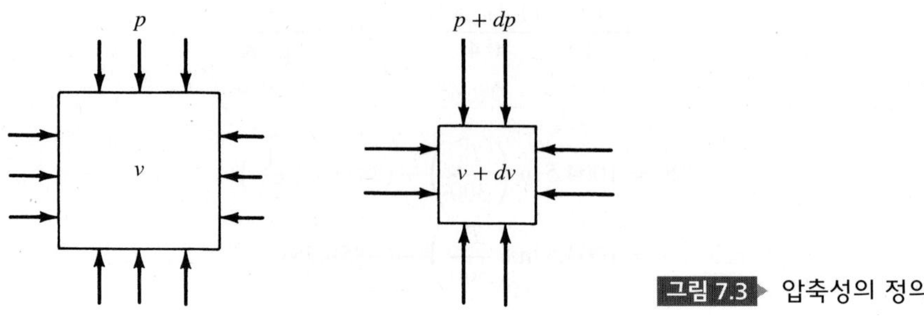

그림 7.3 압축성의 정의

$$\tau_s = -\frac{1}{v}\left(\frac{\partial v}{\partial p}\right)_s \tag{7.35}$$

여기서 아래첨자 s는 엔트로피가 일정하게 유지되는 상태에서의 편미분을 나타낸다. τ_T와 τ_s 모두 유체의 열역학적 상태량이며, 이 값의 각 기체 및 액체에 따른 값은 여러 편람에 물리량으로 나타나 있다. 일반적으로 기체의 압축성은 액체보다 몇 차수 더 큰 값을 가진다.

압축성 τ는 유동의 상태량을 결정하는 데 있어서 다음과 같은 역할을 한다. v를 단위 질량당 체적, 즉 비체적(specific volume)으로 정의하면 $v = 1/\rho$이다. 이 정의를 식 (7.33)에 대입하면 다음과 같은 식을 얻을 수 있다.

$$\tau = \frac{1}{\rho}\frac{d\rho}{dp} \tag{7.36}$$

그러므로 유동 실험에 있어서 압력의 변화가 dp일 때, 그에 따른 밀도의 변화 $d\rho$는 식 (7.36)에서

$$d\rho = \rho\tau\, dp \tag{7.37}$$

익형 주위의 흐름과 같은 유체의 흐름을 생각해 보자. 만약 유체가 *액체*라면 압축성 τ는 매우 작을 것이고, 유동의 한 점에서부터 또 다른 점 사이에 압력의 변화 dp가 주어져 있을 때 식 (7.37)의 관계를 보면 $d\rho$는 무시할 정도로 매우 작다. 그렇기 때문에 ρ가 일정하며 액체의 유동은 비압축성이라고 가정할 수 있다. 반면 유체가 *기체*라면 압축성 τ는 매우 크며, 유동의 한 점에서부터 또 다른 점 사이에 주어진 압력의 변화 dp가 주어져 있을 때 식 (7.37)에서 $d\rho$는 커질 수 있다. 그렇기 때문에 ρ는 일정하지 *않으며* 일반적으로 기체의 유동은 *압축성 유동*이다. 예외가 있다면 기체의 *저속 유동*인데, 이러한 유동은 유동장 내에서 압력의 변화가 그 자체 압력값에 비해 매우 작다. 따라서 저속 유동에서 식 (7.37)의 dp는 매우 작고 τ는 매우 크다 하더라도 $d\rho$ 값은 작은 dp에 의해 결정된다. 이러한 경우 ρ는 일정하다고 가정할 수 있으며, 기체의 저속 유동은 비압축성 유동으로 다룰 수 있다(이러한 내용은 3~6장에서 다루었다).

이제 유동이 비압축성인지 압축성인지를 판단할 수 있는 매우 간편한 기준인 마하수 M에 대하여 알아보려고 한다. 이는 이미 1장에서 유동의 속도 V와 소리의 속도 a의 비라는 것을 배웠다.

$$M \equiv \frac{V}{a} \tag{7.38}$$

$M > 0.3$일 때 유동은 압축성으로 다루어야 하며, 기체의 음속은 식 (7.35)에서 주어진 등엔트로피 압축성 τ_s와 관계가 있음을 알 수 있다.

7.4 비점성, 압축성 유동의 지배 방정식 *Governing Equations for Inviscid, Compressible Flow*

3~6장에서 비점성, 비압축성 유동에 대하여 배웠다. 여기서는 유동의 주요한 변수인 p와 $\mathbf{V}$, 그리고 두 변수를 풀기 위해 기본 방정식인 연속 방정식과 운동량 방정식이 필요하다. 또한 이러한 기본 방정식들에 Laplace 방정식과 Bernoulli 방정식을 결합한 식의 적용을 3~6장에서 다루었다. 비점성, 비압축성 유동에서 ρ와 T는 모두 상수로 다루었다. 결과적으로 추가적인 지배 방정식은 필요가 없었으며, 특별히 에너지 방정식과 일반적인 에너지의 개념은 필요하지 않았다. 기본적으로 비압축성 유동은 순수하게 물리적인 법칙에 잘 부합하며, 열역학적 고려는 필요하지 않다.

반면 압축성 유동에서는 ρ가 변수가 된다. 즉, 에너지 방정식과 같은 또 다른 지배 방정식이 필요하게 되며, 여기서 미지수인 내부 에너지 e에 대해 다루게 된다. e는 온도 T와 관계가 있으며, 또한 T는 중요한 변수가 된다. 그렇기 때문에 압축성 유동에 대하여 공부할 때 중요한 변수들은 p, $\mathbf{V}$, ρ, e, T 이렇게 5개가 있으며, 이러한 5개의 미지수 값을 얻기 위해서는 5개의 지배 방정식이 필요하다. 이에 대해 더 고찰해 보도록 하자.

우선 압축성 유동은 2장에서 유도된 기본 방정식에 의해 지배된다. 여기서 여러분이 이러한 방정식과 그 유도과정에 익숙해지는 것은 매우 중요하다. 그러기 위해서 앞으로 더 나아가기 전에 2장에서 다룬 기본 개념과 관계에 대한 복습이 필요하다. 이는 학습에 있어서 대단히 중요하며 이를 숙지하면 앞으로 진행할 7개의 장들에 대해 더 쉽게 이해

할 수 있을 것이다. 특히 연속 방정식(2.4절), 운동량 방정식(2.5절), 에너지 방정식(2.7절)의 적분과 미분 형태에 대하여 복습하고, 이 중 에너지 방정식을 중점적으로 다룰 것이다. 그 이유는 에너지 방정식이 압축성 유동과 비압축성 유동과의 차이를 잘 드러내기 때문이다.

편의를 위하여 2장으로부터 비점성 압축성 유동의 지배 방정식의 매우 중요한 몇 가지 형태들을 아래에 표시했다.

연속(continuity): 식 (2.48)에서

$$\frac{\partial}{\partial t}\oiiint_{\mathcal{V}} \rho\, d\mathcal{V} + \oiint_{S} \rho \mathbf{V}\cdot \mathbf{dS} = 0 \tag{7.39}$$

식 (2.52)에서

$$\frac{\partial \rho}{\partial t} + \nabla\cdot \rho\mathbf{V} = 0 \tag{7.40}$$

운동량(momentum): 식 (2.64)에서

$$\frac{\partial}{\partial t}\oiiint_{\mathcal{V}} \rho\mathbf{V}\, d\mathcal{V} + \oiint_{S} (\rho\mathbf{V}\cdot\mathbf{dS})\mathbf{V} = -\oiint_{S} p\,\mathbf{dS} + \oiiint_{\mathcal{V}} \rho\mathbf{f}\, d\mathcal{V} \tag{7.41}$$

식 (2.113*a*~*c*)로부터

$$\rho\frac{Du}{Dt} = -\frac{\partial p}{\partial x} + \rho f_x \tag{7.42a}$$

$$\rho\frac{Dv}{Dt} = -\frac{\partial p}{\partial y} + \rho f_y \tag{7.42b}$$

$$\rho\frac{Dw}{Dt} = -\frac{\partial p}{\partial z} + \rho f_z \tag{7.42c}$$

에너지(energy): 식 (2.95)에서

$$\frac{\partial}{\partial t}\oiiint_{\mathcal{V}} \rho\left(e+\frac{V^2}{2}\right) d\mathcal{V} + \oiint_{S} \rho\left(e+\frac{V^2}{2}\right)\mathbf{V}\cdot\mathbf{dS} = \oiiint_{\mathcal{V}} \dot{q}\rho\, d\mathcal{V} - \oiint_{S} p\mathbf{V}\cdot\mathbf{dS} + \oiiint_{\mathcal{V}} \rho(\mathbf{f}\cdot\mathbf{V})\, d\mathcal{V} \tag{7.43}$$

식 (2.114)로부터

$$\rho\frac{D(e+V^2/2)}{Dt} = \rho\dot{q} - \nabla\cdot p\mathbf{V} + \rho(\mathbf{f}\cdot\mathbf{V}) \tag{7.44}$$

위 3개의 연속, 운동량, 에너지 방정식에 5개의 미지수 p, $\mathbf{V}$, ρ, e, T가 들어 있다. 열량적 완전 기체라고 가정했을 때, 시스템을 완성하기 위해 7.2절로부터 2개의 방정식이 추가적으로 필요하다.

상태 방정식(equation of state): $$p = \rho RT \tag{7.1}$$

내부 에너지(internal energy): $$e = c_v T \tag{7.6a}$$

압축성 유동의 기본식을 고려할 때, 3.2절에서 유도된 Bernoulli 방정식인 식 (3.13)은 밀도가 일정하다는 가정이 포함되어 있어 압축성 유동의 특성에 맞지 않는다. 공기역학을 공부하는 학생들은 종종 간단한 Bernoulli 방정식을 모든 곳에 적용하여 압축성 유동도 비압축성 유동과 같이 취급하며 해결하려 하기 때문에 유의할 필요가 있다. 절대로 혼동하지 말아야 한다. 항상 기억해야 할 점은 식 (3.13)과 같은 Bernoulli 방정식은 비압축성 유동에만 적용되며 압축성 유동을 다룰 때는 이 방정식을 배제해야 한다는 것이다.

마지막으로 강조할 것은 위 식들의 미분과 적분식이 우리가 다루고자 하는 내용에서 매우 중요하므로, 내용을 더 진행하기 전에 숙지할 필요가 있다는 것이다.

7.5 정체 조건의 정의 *Definition of Total (Stagnation) Conditions*

3.4절의 앞부분에서 정압(static pressure) p의 개념에 대해 자세히 다루었다. 정압은 기체 분자의 무작위적인 움직임에 대한 척도로서, 여러분이 국소적인 유속으로 기체 속에서 달릴 때 느끼는 압력이다. 반면 전압(total pressure)은 3.4절에서 정의한 것과 같이 $\mathbf{V} = 0$인 유동의 한 지점에 존재하는 압력을 말한다. 이 장에서는 정체 조건에 대해 더 자세히 정의할 것이다.

유동장의 주어진 점을 지나는 유체 입자에서의 압력, 온도, 밀도, 마하수, 속도는 p, T, ρ, M, $\mathbf{V}$로 나타낸다. 여기서 p, T, ρ는 정적량(static quantity)을 나타낸다. 다시 말해 정압, 정온, 정적 밀도를 나타낸다. 이는 여러분이 국소적인 유속으로 기체 속에서 달릴 때 느끼는 압력과 온도, 밀도이다. 유체의 입자를 잡아 *단열적으로* 속도를 0까지 낮출 수 있다고 가정해 보자. 확실히 p, T, ρ는 유체의 입자가 멈췄을 때 변하게 될 것이다. 특별히 단열적으로 멈춘 유체 입자의 온도는 *전온도*(total temperature)라고 정의하고 T_0라고 표시한다. 이와 유사하게 엔탈피에 대해서는 *전엔탈피*(total enthalpy)라고 하고 h_0라고 표시하며, $h_0 = c_p T_0$와 같다. 반드시 알아두어야 할 것은 *실제로* 이처럼 유동을 멈춰 전온도와 전엔탈피를 측정할 수 없으며, 이 점을 지나는 유체의 입자가 단열적으로 멈추었을 때를 가정하여 *정의된 양*이라는 사실이다. 그렇기 때문에 유동장의 주어진 점에서 정온(static temperature)과 정엔탈피(static enthalpy), 그리고 위에서 정의한 전온도와 전엔탈피를 얻을 수 있다.

에너지 방정식 식 (7.44)에서는 전엔탈피와 전온도에 대하여 다음과 같은 중요한 정보를 얻을 수 있다. 유동이 단열이며($\dot{q} = 0$), 체적력을 무시할 수 있다고($\mathbf{f} = 0$) 가정한다. 이러한 유동에서 식 (7.44)는 다음과 같이 쓸 수 있다.

$$\rho \frac{D(e + V^2/2)}{Dt} = -\nabla \cdot p\mathbf{V} \tag{7.45}$$

식 (7.45)의 우변을 벡터 관계를 통해 확장하면 다음과 같다.

$$\nabla \cdot p\mathbf{V} \equiv p\nabla \cdot \mathbf{V} + \mathbf{V} \cdot \nabla p \tag{7.46}$$

또한 2.9절에서 다루었던 것처럼 일반적인 미분 관계를 적용하면 다음과 같다.

$$\rho \frac{D(p/\rho)}{Dt} = \rho \frac{\rho Dp/Dt - pD\rho/Dt}{\rho^2} = \frac{Dp}{Dt} - \frac{p}{\rho}\frac{D\rho}{Dt} \tag{7.47}$$

식 (2.108)의 연속 방정식을 다시 가져오자.

$$\frac{D\rho}{Dt} + \rho\nabla \cdot \mathbf{V} = 0 \tag{2.108}$$

식 (7.47)에 식 (2.108)을 대입하면 다음과 같은 식을 얻을 수 있다.

$$\rho \frac{D(p/\rho)}{Dt} = \frac{Dp}{Dt} + p\nabla \cdot \mathbf{V} = \frac{\partial p}{\partial t} + \mathbf{V} \cdot \nabla p + p\nabla \cdot \mathbf{V} \tag{7.48}$$

식 (7.46)을 식 (7.45)에 대입하고 식 (7.48)을 결과에 더하면 다음의 식을 얻을 수 있다.

$$\rho \frac{D}{Dt}\left(e + \frac{p}{\rho} + \frac{V^2}{2}\right) = -p\nabla \cdot \mathbf{V} - \mathbf{V} \cdot \nabla p + \frac{\partial p}{\partial t} + \mathbf{V} \cdot \nabla p + p\nabla \cdot \mathbf{V} \tag{7.49}$$

그리고

$$e + \frac{p}{\rho} = e + pv \equiv h \tag{7.50}$$

식 (7.49)에 식 (7.50)을 대입하면 식 (7.49)의 우변에서 거의 모든 항들이 서로 상쇄되어 다음과 같이 된다.

$$\rho\frac{D(h+V^2/2)}{Dt} = \frac{\partial p}{\partial t} \tag{7.51}$$

만약 정상 유동(steady flow)이라면 $\partial p/\partial t = 0$이며 식 (7.51)은 다음과 같이 된다.

$$\rho\frac{D(h+V^2/2)}{Dt} = 0 \tag{7.52}$$

2.9절에 주어진 정의로부터, 식 (7.52)에서 움직이는 유체 입자에서 $h + V^2/2$의 시간 변화율은 0이 된다. 즉, 유선(streamline)을 따라서 다음과 같다.

$$\boxed{h + \frac{V^2}{2} = \text{const}} \tag{7.53}$$

식 (7.53)의 유도에 적용된 가정을 다시 사용하면 이 유동은 정상, 단열, 비점성 유동이다. 특히 식 (7.53)을 단열 과정에 적용하면, 앞에서 정의한 전엔탈피를 얻는 데 사용할 수 있다. h_0를 유체 입자를 단열적으로 멈춘 점의 엔탈피로 정의하면 식 (7.53)에서 $V = 0$이 되고, h는 식 (7.53)에서 상수 h_0가 되면서 $h = h_0$가 된다. 즉, 식 (7.53)은 다음과 같이 쓸 수 있다.

$$\boxed{h + \frac{V^2}{2} = h_0} \tag{7.54}$$

식 (7.54)는 유동의 어느 점에서도 단위 질량당 전엔탈피가 단위 질량당 정엔탈피와 운동 에너지의 합이라는 것을 알려주는 중요한 식이다. 어떤 문제에서 $h + V^2/2$를 보게 된다면 h_0로 치환하면 된다. 예를 들어 식 (7.52)는 정상, 단열, 비점성 유동에서

$$\rho\frac{Dh_0}{Dt} = 0$$

이며 유선을 따라 전엔탈피가 일정하다는 것을 알 수 있다. 게다가 만약 모든 유동의 유선이 균일한 자유흐름에서 나온다면 h_0는 모든 유선에서 같은 값을 가진다. 결과적으로 정상, 단열 유동의 *모든* 유동장에서 다음을 얻을 수 있다.

$$\boxed{h_0 = \text{const}} \tag{7.55}$$

h_0는 자유흐름의 값과 같다. 식 (7.55)는 간단한 식이지만 꽤 유용하다. 정상, 비점성, 단열 유동에 있어서 식 (7.55)는 에너지 방정식으로 식 (7.52)와 같은 복잡한 편미분 방정식에 *대치*할 수 있다. 이러한 간략화 과정을 향후 발견하게 될 것이다.

열량적 완전 기체에서 $h_0 = c_pT_0$다. 그러므로 위 결과는 전온도 역시 열량적 완전 기체의 정상, 비점성, 단열 유동에서 일정하다는 사실을 말해 준다.

$$\boxed{T_0 = \text{const}} \tag{7.56}$$

이러한 유동에서 식 (7.56)은 지배 방정식인 에너지 방정식에 사용될 수 있다.

명심해야 할 것은 두 개념이 위에 섞여 있다는 것이다. 그중 하나는 단열 유동장의 일반적인 개념[식 (7.51)~(7.53)에서 다루고 있는]에서 다루었고, 다른 하나는 전엔탈피[식 (7.54)에서 유도]에서 다루었다. 이러한 두 가지 주된 개념들을 분명히 구분해야 하며 혼동하면 안 된다. 예를 들어 일반적인 *비단열* 유동에 대해 생각해 보면 점성이 있는 경계층에서 열교환이 발생한다. 일반적인 비단열 유동은 그림 7.4*a*에 나와 있다. 분명히 식 (7.51)~ (7.53)은 사용하지 못한다. 하지만 식 (7.54)는 유동의 각 점에 적용되는데, 이는 식 (7.54)에서 단열 유동의 가정에 h_0의 *정의*가 포함되어

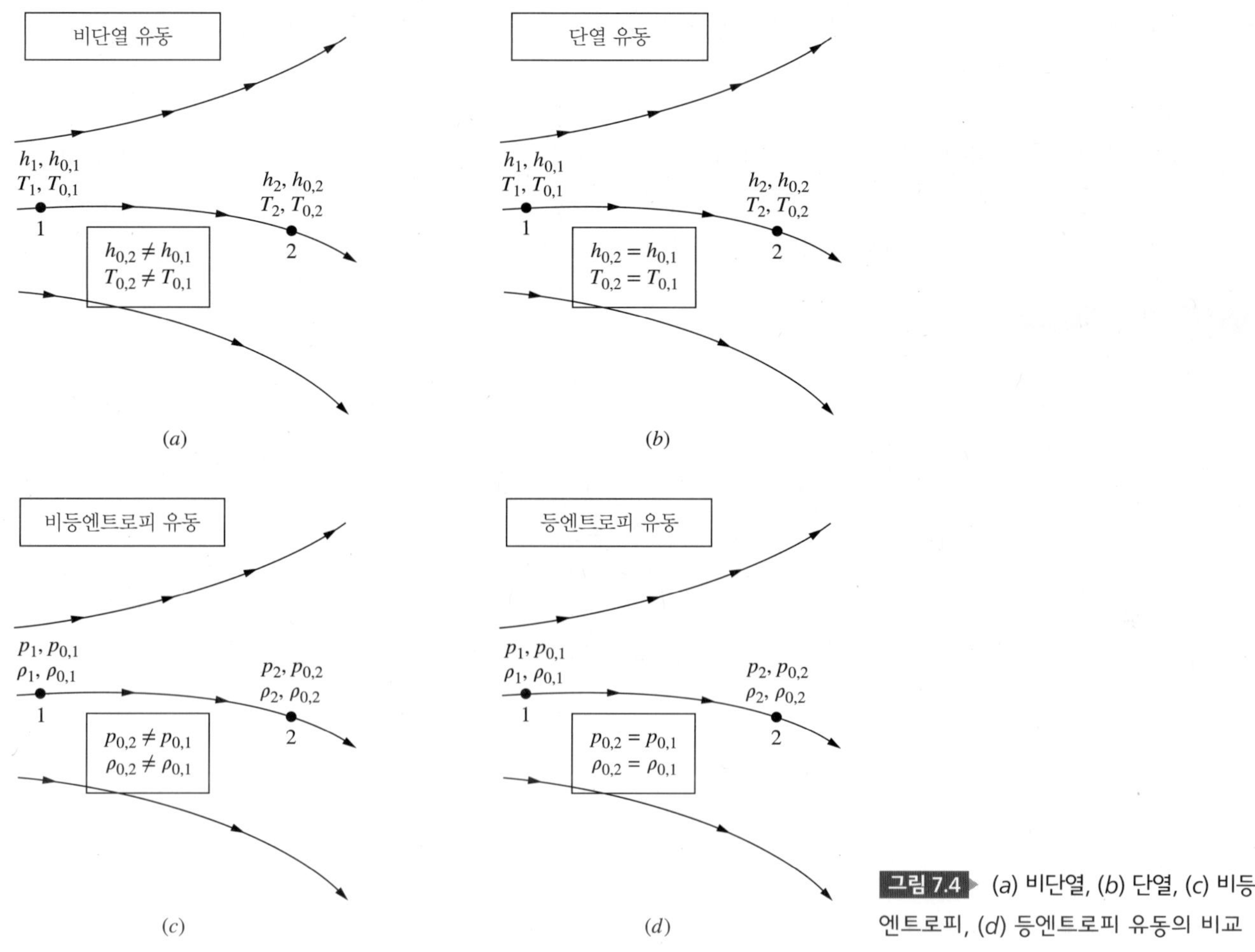

그림 7.4 (*a*) 비단열, (*b*) 단열, (*c*) 비등엔트로피, (*d*) 등엔트로피 유동의 비교

있으며 일반적인 전체 유동장에 아무런 영향을 주지 않기 때문이다. 예를 들어 그림 7.4*a*와 같이 일반적인 유동에서 점 1과 2의 다른 두 점을 생각해 보자. 점 1에서 정엔탈피와 속도를 각각 h_1과 V_1이라고 하고, 전엔탈피는 $h_{0,1} = h_1 + V_1^2/2$와 같다. 점 2에서 정엔탈피와 속도를 각각 h_2와 V_2라고 하고, 전엔탈피는 $h_{0,2} = h_2 + V_2^2/2$와 같다. 만약 점 1과 2 사이의 유동이 비단열이라면 $h_{0,1} \neq h_{0,2}$가 된다. 두 점 사이의 유동이 단열일 때에만 $h_{0,1} = h_{0,2}$가 성립한다. 이 경우는 그림 7.4*b*에 나타나 있으며, 물론 이것은 식 (7.55)와 (7.56)에 의해 다루어진 특별한 경우이다.

유동의 한 점을 지나는 유체 입자의 상태량 p, T, ρ, M, $\mathbf{V}$에 대해 다루었던 이 절의 처음으로 돌아가 보자. 여러분이 유체 입자를 잡을 수 있고 그 속도를 0까지 낮출 수 있다고 다시 가정해 보자. 이때 단열, 가역 과정으로 가정한다. 이는 유체 입자의 속도를 *등엔트로피* 과정을 통해 0까지 낮추었다는 것이다. 유체의 입자가 등엔트로피 과정을 통해 멈추었을 때, 압력과 밀도는 *전압* p_0와 *전밀도* ρ_0로 정의된다(등엔트로피 과정은 단열이기 때문에, 온도 또한 같은 전온도 T_0와 같다). 그 전에 먼저 명심해야 할 것은 실제로 유동을 앞에서 말한 것처럼 멈출 수 없으며, 한 점을 지나는 유체 입자가 등엔트로피 과정을 통해 멈추었을 때 존재하는 값이다. 그렇기 때문에 유동 내에 주어진 점에서 정압과 정밀도가 p, ρ일 때, 위에 정의한 전압, 전밀도 p_0, ρ_0의 값을 정할 수 있다.

p_0, ρ_0의 정의에서 속도가 0인 등엔트로피 압축을 다루었다. 등엔트로피 가정은 정의에만 있다는 것을 유념해야 한다. 전압과 전밀도 개념은 일반적인 *비등엔트로피* 유동에도 적용할 수 있다. 예를 들면, 그림 7.4*c*에서와 같이 일반적인 유동장에서 점 1과 2의 서로 다른 점을 생각해 보자. 점 1에서 정압과 정밀도는 각각 p_1, ρ_1이라고 하며, 전압과 전밀도 역시 $p_{0,1}$, $\rho_{0,1}$이라고 한다. 비슷하게 점 2에서 정압과 정밀도는 각각 p_2, ρ_2라고 하고, 전압과 전밀도 역시 $p_{0,2}$, $\rho_{0,2}$라 한다. 만약 점 1과 2 사이의 유동이 등엔트로피 과정이 아니었다면 그림 7.4*c*와 같이 $p_{0,1} \neq p_{0,2}$, $\rho_{0,1} \neq \rho_{0,2}$이다. 반면 점 1과 2 사이의 유동이 등엔트로피 과정이라면 그림 7.4*d*와 같이 $p_{0,1} = p_{0,2}$, $\rho_{0,1} = \rho_{0,2}$가 된다. 그리고 일

반적인 유동장에서 등엔트로피 과정을 갖는다면 p_0와 ρ_0 모두 유동 안에서 일정하게 유지된다.

위에서 살펴본 결과로 추정하였을 때, 다음과 같이 정의되는 새로운 온도(T^*)가 필요하다. 아음속 유동 영역 내 한 점에서 정온 T를 생각해 보자. 이 점에서 유체 입자의 속도가 *단열 과정*을 통해 가속되면서 *음속* 유동에 접근한다고 상상해 보자. 이때의 온도를 T^*로 표시한다. 이와 유사하게 초음속 유동 내 한 점에서의 정온 T를 살펴보자. 이 점에서 유체 입자가 단열 과정을 통해 음속까지 떨어진다고 하면, 이때의 온도 또한 T^*로 표시한다. T^*는 p_0, ρ_0, T_0와 같이 간단하게 유동 가운데 주어진 한 점에서 정의되는 양이다. 또한 $a^* = \sqrt{\gamma R T^*}$이다.

예제 7.6

유동의 한 점에서 압력, 온도, 속도가 각각 1 atm , 320 K, 1000 m/s이다. 이 점에서의 전온도와 전압을 계산하라.

■ 풀이

식 (7.54)에서

$$h + \frac{V^2}{2} = h_0$$

여기서

$$h = c_p T$$

그리고

$$c_p = \frac{\gamma R}{\gamma - 1},$$

이를 식 (7.54)에 대입하여 정리하면

$$c_p T + \frac{V^2}{2} = c_p T_0$$

$$T_0 = T + \frac{V^2}{2c_p} = T + \left(\frac{\gamma - 1}{2\gamma R}\right) V^2$$

$$T_0 = 320 + \left[\frac{0.4}{2(1.4)(287)}\right](1000)^2 = 320 + 497.8$$

$$T_0 = \boxed{817.8 \text{ K}}$$

정의에 의하여, 전압은 한 점에서 유동을 등엔트로피 과정을 통해 속도를 0으로 낮추었을 때 존재하는 압력이다. 정압과 전압의 관계를 위하여 식 (7.32)의 등엔트로피 관계를 사용할 수 있다.

$$\frac{p_0}{p} = \left(\frac{T_0}{T}\right)^{\frac{\gamma}{\gamma-1}}$$

따라서

$$p_0 = p\left(\frac{T_0}{T}\right)^{\frac{\gamma}{\gamma-1}} = (1 \text{ atm})\left(\frac{817.8}{320}\right)^{\frac{1.4}{0.4}}$$

$$P_0 = \boxed{26.7 \text{ atm}}$$

주: 위에서 전압을 계산할 때 SI 단위로 *일치시키지 않고* 사용하는 것을 볼 수 있다. 이것은 식 (7.32)가 압력의 *비*를 포함하고 있기 때문에 상관없다. 따라서 1 atm을 1.01×10^5 N/m^{2}으로 변환시켜 계산해도 그 결과는 같다.

예제 7.7

비행기가 기준 고도 10,000 ft에서 날고 있다. 기수에 고정되어 있는 피토관에서 압력이 2220 lb/ft^{2}이라고 측정하였다. 비행기는 300 mph보다 빠른 높은 아음속으로 날고 있다. 3.1절에서 언급한 대로 유동은 *압축성*이라고 간주한다. 비행기의 속도를 계산하라.

■ 풀이

3.4절로부터 비압축성 유동에 있는 피토관에 의해 측정된 압력은 전압이다. 3.4절에서와 같은 *물리적 이유*로 피토관은 고속의 아음속 압축성 유동에서도 전압을 측정한다. (이 내용은 8.7.1절에서 아음속 압축성 유동의 속도 측정에 대해 더 배우게 될 것이다.)
주: 이 예제에서 압축성 유동을 다루고 있기 때문에, 속도를 구할 때 Bernoulli 방정식을 사용하면 *안 된다*.

피토관 앞의 유동은 등엔트로피 과정을 통해 피토관의 입구에서 속도가 0이 된다. 입구에서의 압력은 전압 p_0다. 식 (7.32)에 의해 다음과 같이 쓸 수 있다.

$$\frac{p_0}{p_\infty} = \left(\frac{T_0}{T_\infty}\right)^{\gamma/(\gamma-1)} \tag{E.7.3}$$

p_0와 T_0는 피토관 입구에서 측정된 전압과 전온도이며, p_∞와 T_∞는 자유흐름에서의 정압과 정온도이다. 식 (E7.3)을 T_0를 구하는 식으로 정리하면 다음과 같다.

$$T_0 = T_\infty \left(\frac{p_0}{p_\infty}\right)^{(\gamma-1)/\gamma} \tag{E.7.4}$$

부록 E를 통하여, 기준 고도 10,000 ft에서의 압력과 온도는 1455.6 lb/ft^2, 483.4 °R이다. 식 (E7.4)에 이 값들을 p_∞와 T_∞에 대입하여 계산하면

$$T_0 = (483.04)\left(\frac{2220}{1455.6}\right)^{0.4/1.4} = 544.9\ °\text{R}$$

에너지 방정식을 통하여, 식 (7.54)는 온도 변수를 가진 식으로 다시 쓸 수 있다.

$$c_p T + \frac{V^2}{2} = c_p T_0 \tag{E.7.5}$$

여기서 T와 V는 자유흐름에서의 값이므로 다시 쓰면

$$c_p T_\infty + \frac{V_\infty^2}{2} = c_p T_0 \tag{E.7.6}$$

그리고 c_p는

$$c_p = \frac{\gamma R}{\gamma - 1} = \frac{(1.4)(1716)}{0.4} = 6006\ \frac{\text{ft}\cdot\text{lb}}{\text{slug}\cdot °\text{R}}$$

식 (E7.6)을 이용하여 속도를 구하면

$$\begin{aligned} V_\infty &= [2\,c_p\,(T_0 - T_\infty)]^{1/2} \\ &= [2\,(6006)(544.9 - 483.04)]^{1/2} \\ &= \boxed{862\ \text{ft/s}} \end{aligned}$$

주: 이 예제로부터, 아음속 압축성 유동에서 피토관에 의해 측정된 전압은 유속을 계산하는 데 사용된다. 그러나 또한 속도를 계산하기 위해서 유동의 정온도 값도 필요하다. 8.7절에서, 아음속 또는 초음속 압축성 유동에서 피토관의 압력과 유동 정압의 *비*가 속도가 아닌 *마하수*를 구하는 데 사용되는 것을 알 수 있다. 이 내용은 다음에 더 다루게 될 것이다.

7.6 초음속 유동의 관점: 충격파 *Some Aspects of Supersonic Flow: Shock Waves*

그림 1.44에서 보았던 유동의 다른 영역에 대하여 살펴보자. 아음속 압축성 유동은 정성적으로(정량적으로가 아닌) 비압축성 유동과 같다. 그림 1.44*a*에서 보여주듯 아음속 유동은 유선이 부드럽게 이어져 있는데, 이는 공간에 있는 물체의 존재가 물체의 앞쪽에서 흘러오는 유동에 전파되기 때문이다. 반면 초음속 유동은 그림 1.44*d*와 *e*에서 볼 수 있듯이 매우 다른 양상을 보인다. 여기에서 유동은 충격파에 의해 영향을 받게 되며, 유동은 충격파의 앞전에 닿기 전까지 물체의 존재를 감지하지 못한다. 그림 1.44*b*~*e*에서와 같은 초음속 영역의 유동은 충격파를 갖는다. 초음속 유동에 관한 연구는 대부분 충격파의 모양과 강도에 관한 계산을 포함한다. 이것이 8장과 9장에서 다루는 주된 내용이다.

충격파는 유동의 상태량이 급격하게 변하는 일반적으로 10^{-5} cm의 매우 얇은 영역이다. 충격파는 대부분 그림 7.5*a*와 같이 유동의 방향에 대해 경사각을 지니고 있다. 그러나 우리가 관심을 가지고 있는 그림 7.5*b*와 같이 유동에 수직인 충격파도 있다. 수직 충격파는 8장에서 충분히 다룰 것이며 경사 충격파는 9장에서 다룰 것이다. 두 경우 모두

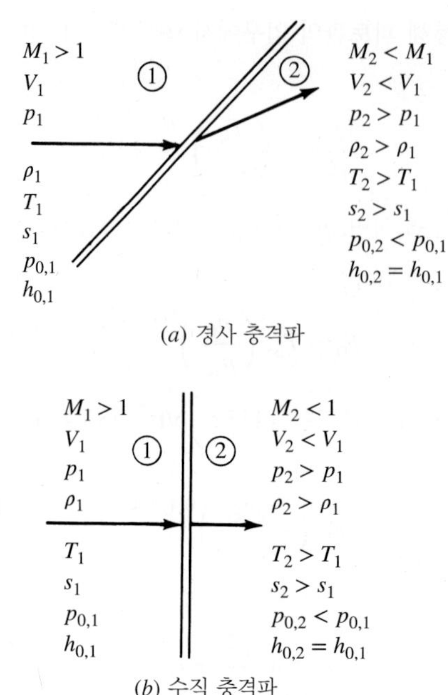

(*a*) 경사 충격파

(*b*) 수직 충격파

그림 7.5 경사 충격파와 수직 충격파를 지나는 유동의 정성적 그림

압축성 과정에 의한 것이며, 압력은 충격파를 지나면서 불연속적으로 증가한다. 그림 7.5를 예로 들어보자. 영역 1은 충격파의 앞에 있는 영역이며 마하수, 유동 속도, 압력, 밀도, 온도, 엔트로피, 전압, 전엔트로피를 각각 M_1, V_1, p_1, ρ_1, T_1, s_1, $p_{0,1}$, $h_{0,1}$으로 표시한다. 또한 영역 2는 충격파 뒤의 영역으로 M_2, V_2, p_2, ρ_2, T_2, s_2, $p_{0,2}$, $h_{0,2}$로 표시한다. 그림 7.5에서는 충격파를 건너면서 발생하는 정성적인 변화에 대하여 기록하고 있다. 압력, 밀도, 온도, 엔트로피는 충격파를 지나면서 증가하고 전압, 마하수, 속도는 줄어든다. 물리적으로 충격파를 지나는 유동은 단열 과정(단적인 예로 충격파를 지나는 기체를 레이저나 빔을 통해 가열하지도 않고 냉각기를 통해 냉각하지도 않는다)이다. 그러므로 7.5절에서 다루었던 것처럼 전엔탈피는 충격파를 지나는 동안 일정하다. 수직 충격파와 경사 충격파 모두 충격파 상류 유동은 초음속이어야 한다(즉, $M_1 > 1$). 경사 충격파 이후의 유동은 여전히 초음속이며(즉, $M_2 > 1$) 단지 마하수만 줄어든다(즉, $M_2 < M_1$). 그러나 9장에서는 경사 충격파의 강도가 충분히 강해서 충격파 이후의 유동 속도가 느려져 아음속이 되는, 즉 $M_2 < 1$이 되는 특별한 경우가 소개된다. 수직 충격파는 그림 7.5*b*와 같이 하류는 언제나 아음속이다(즉, $M_2 < 1$). 그림 7.5의 정성적인 변화를 눈여겨봐야 한다. 이 그림은 앞으로 다루게 될 내용 숙지를 위해 매우 중요하다. 8장과 9장의 주된 목적 중 하나가 바로 정량적인 변화에 대한 충격파 이론을 세우는 것이다. 유입류의 속도가 초음속일 때 충격파를 지나면서 압력이 증가한다는 사실 등을 증명할 예정이다. 또한 충격파를 지나면서 발생하는 변화를 바로 계산할 수 있는 식을 유도할 것이다.

충격파를 보여주는 사진이 그림 7.6에 나와 있다. 공기는 투명하기 때문에 육안으로 충격파를 볼 수 없다. 그러나 충격파에서 공기의 밀도는 변하기 때문에 빛은 충격파를 지나는 동안 굴절한다. 음영법(shadow graph), 쉴리렌(shilieren), 간섭계(interfero-meters) 등과 같은 특별한 광학 장비를 통해 이러한 굴절을 이용하여 충격파를 스크린이나 사진으로 나타낼 수가 있다. 이러한 광학 장비의 자세한 설계와 특성은 참고문헌 25와 26을 참조하면 된다. (확실한 조건하에서는 육안으로도 충격파에서 굴절되는 빛을 볼 수 있다. 그림 1.43*b*를 다시 보면 자유흐름의 속도가 아음속이어도 날개 위 한 점에서 부분적으로 충분히 마하수가 커져 초음속 유동이 되어 충격파가 발생할 수 있다. 만약 다음에 제트 여객기를 타게 되어 태양이 바로 위에 있을 때, 날개의 스팬 방향으로 날개를 보도록 해 보자. 운이 좋다면 충격파가 날개의 위에서 뒤와 앞으로 움직이는 것을 볼 수 있을 것이다.)

요약하자면, 압축성 유동은 공기역학을 공부하는 데 있어서 매우 재미있는 물리 현상이다. 게다가 유동이 아음속

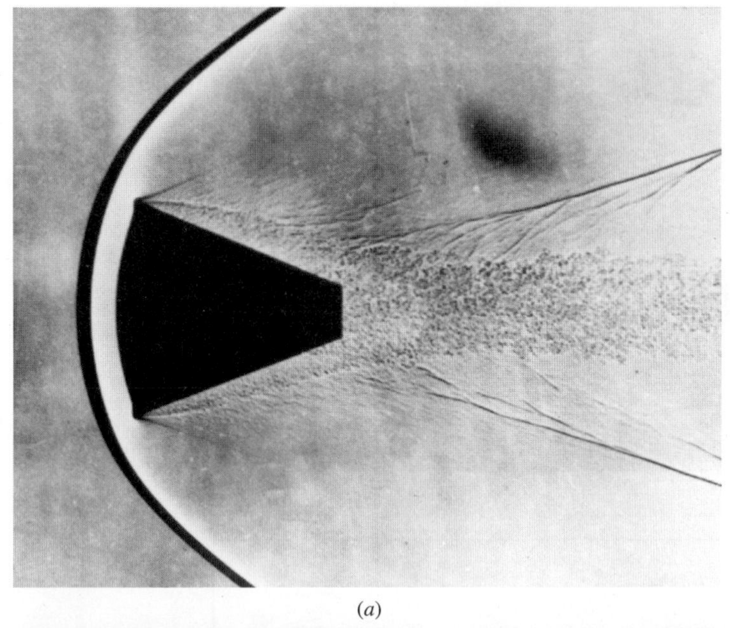

(*a*)

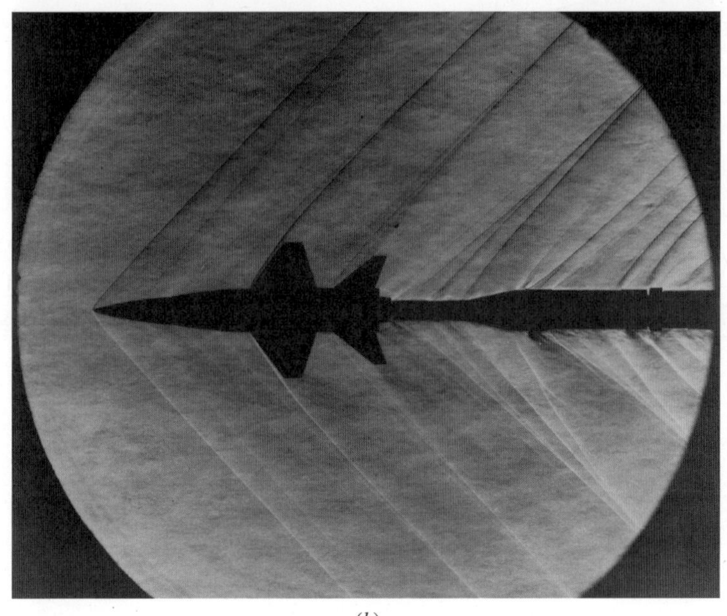

(*b*)

그림 7.6 다양한 형상 주위의 충격파를 보여주는 쉴리렌 사진. (*a*) 마하수 8의 Mercury 캡슐의 풍동 모델, (*b*) 마하수 7의 X-15의 풍동 모델. (*NASA* 제공)

에서 초음속으로 변함에 따라 충격파가 발생하는 것뿐만 아니라 유동의 특성이 완전히 바뀌게 된다. 다음 7개 장의 목적은 이러한 유동을 설명하고 분석하는 것이다.

7.7 요약 *Summary*

종전과 같이 이 장의 이정표를 살펴보고(그림 7.1), 더 나아가기 전에 이정표의 내용을 충 분히 이해하고 있음을 확인하기 바란다.

이 장의 내용에서 중요한 몇 가지를 아래에 정리하였다.

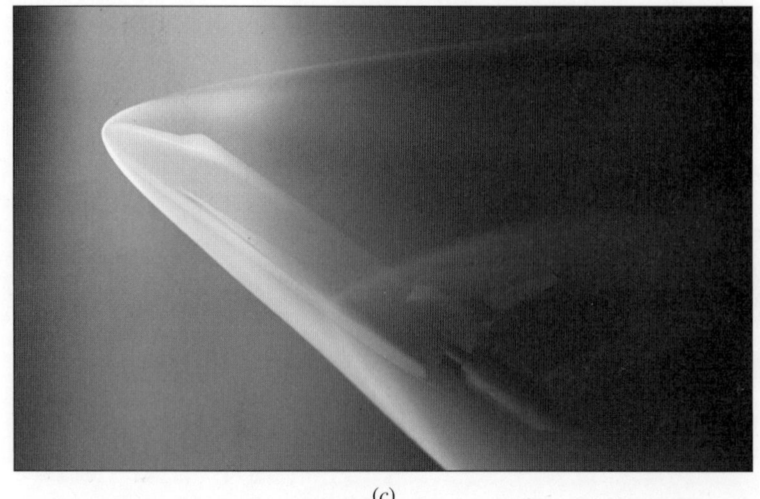

(*c*)

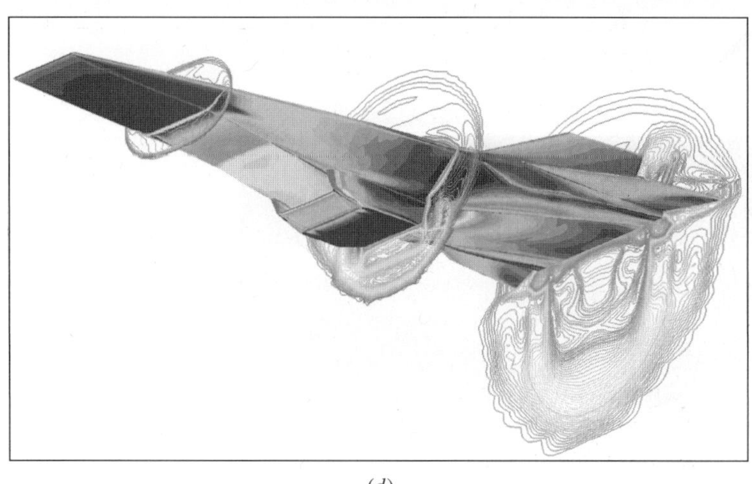

(*d*)

그림 7.6 (*계속*) (*c*) 마하수 6에서의 스페이스 셔틀 우주 왕복선, (*d*) 극초음속 시험기 X-43의 수치계산결과 유동장(쉴리렌 사진이 아님). (*NASA* 제공)

열역학 관계식:

상태 방정식:

$$p = \rho RT \tag{7.1}$$

열량적 완전 기체에서

$$e = c_v T \qquad \text{그리고} \qquad h = c_p T \tag{7.6a와 b}$$

$$c_p = \frac{\gamma R}{\gamma - 1} \tag{7.9}$$

$$c_v = \frac{R}{\gamma - 1} \tag{7.10}$$

제1법칙의 형태:

$$\delta q + \delta w = de \tag{7.11}$$

$$T\,ds = de + p\,dv \tag{7.18}$$

$$T\,ds = dh - v\,dp \tag{7.20}$$

엔트로피의 정의:

$$ds = \frac{\delta q_{\text{rev}}}{T} \tag{7.13}$$

또한
$$ds = \frac{\delta q}{T} + ds_{\text{irrev}} \tag{7.14}$$

제2법칙:
$$ds \geq \frac{\delta q}{T} \tag{7.16}$$

또는 단열 과정으로부터
$$ds \geq 0 \tag{7.17}$$

엔트로피의 변화량은 다음으로부터 구할 수 있다(열량적 완전 기체일 경우).
$$s_2 - s_1 = c_p \ln \frac{T_2}{T_1} - R \ln \frac{p_2}{p_1} \tag{7.25}$$
$$s_2 - s_1 = c_v \ln \frac{T_2}{T_1} + R \ln \frac{v_2}{v_1} \tag{7.26}$$

등엔트로피 유동에서
$$\frac{p_2}{p_1} = \left(\frac{\rho_2}{\rho_1}\right)^{\gamma} = \left(\frac{T_2}{T_1}\right)^{\gamma/(\gamma-1)} \tag{7.32}$$

압축성의 일반적 정의:
$$\tau = -\frac{1}{v}\frac{dv}{dp} \tag{7.33}$$

등온 과정에서
$$\tau_T = -\frac{1}{v}\left(\frac{\partial v}{\partial p}\right)_T \tag{7.34}$$

등엔트로피 과정에서
$$\tau_s = -\frac{1}{v}\left(\frac{\partial v}{\partial p}\right)_s \tag{7.35}$$

비점성, 압축성 유동에서의 지배 방정식은
연속:
$$\frac{\partial}{\partial t}\iiint_{\mathcal{V}} \rho \, d\mathcal{V} + \oiint_S \rho \mathbf{V} \cdot \mathbf{dS} = 0 \tag{7.39}$$
$$\frac{\partial \rho}{\partial t} + \nabla \cdot \rho \mathbf{V} = 0 \tag{7.40}$$

운동량:
$$\frac{\partial}{\partial t}\iiint_{\mathcal{V}} \rho \mathbf{V} \, d\mathcal{V} + \oiint_S (\rho \mathbf{V} \cdot \mathbf{dS})\mathbf{V} = -\oiint_S p \, \mathbf{dS} + \iiint_{\mathcal{V}} \rho \mathbf{f} \, d\mathcal{V} \tag{7.41}$$
$$\rho \frac{Du}{Dt} = -\frac{\partial p}{\partial x} + \rho f_x \tag{7.42a}$$

$$\rho \frac{Dv}{Dt} = -\frac{\partial p}{\partial y} + \rho f_y \tag{7.42b}$$

$$\rho \frac{Dw}{Dt} = -\frac{\partial p}{\partial z} + \rho f_z \tag{7.42c}$$

에너지:

$$\frac{\partial}{\partial t} \iiint_{\mathcal{V}} \rho \left(e + \frac{V^2}{2}\right) d\mathcal{V} + \oiint_S \rho \left(e + \frac{V^2}{2}\right) \mathbf{V} \cdot \mathbf{dS}$$

$$= \iiint_{\mathcal{V}} \dot{q} \rho \, d\mathcal{V} - \oiint_S p\mathbf{V} \cdot \mathbf{dS} + \iiint_{\mathcal{V}} \rho(\mathbf{f} \cdot \mathbf{V}) \, d\mathcal{V} \tag{7.43}$$

$$\rho \frac{D(e + V^2/2)}{Dt} = \rho \dot{q} - \nabla \cdot p\mathbf{V} + \rho(\mathbf{f} \cdot \mathbf{V}) \tag{7.44}$$

만약 유동이 정상, 단열이라면 식 (7.43)과 (7.44)는 다음과 같이 바꿔 쓸 수 있다.

$$h_0 = h + \frac{V^2}{2} = \text{const}$$

상태 방정식(완전 기체):

$$p = \rho RT \tag{7.1}$$

내부 에너지(열량적 완전 기체):

$$e = c_v T \tag{7.6a}$$

전온도 T_0와 전엔탈피 h_0는 유동장의 한 점에 있는 유체 입자를 단열 과정을 통하여 속도를 0까지 줄였을 때의 상태량으로 정의된다. 비슷하게 전압 p_0와 전밀도 ρ_0는 유동에서 등엔트로피 과정을 통하여 속도를 0까지 줄였을 때의 상태량으로 정의된다. 만약 일반적인 유동장이 단열 과정이라면 h_0는 유동장 내에서 일정하게 되고, 반면 유동장이 단열 과정으로 흐르지 않는다면 h_0는 각 점에서 변하게 된다. 이와 유사하게 일반적인 유동장이 등엔트로피 과정이라면 p_0와 ρ_0는 유동장 내에서 일정한 값을 유지하지만, 그렇지 않다면 p_0와 ρ_0는 각 점에서 값이 변한다.

충격파는 초음속 유동에서 매우 얇은 영역이며 이를 통과하면 압력, 밀도, 온도, 그리고 엔트로피가 증가한다. 하지만 마하수와 유속, 전압은 감소하고, 전엔탈피는 동일하게 유지된다.

7.8 연습문제 *Problems*

주: 다음 연습문제에서 SI 단위(N, kg, m, s, K)와 영국 공학 단위(lb, slug, ft, s, °R)를 다 사용해야 한다. 사용할 단위는 각 문제에서 주어질 것이다. 따로 언급이 없으면 모든 문제는 열량적 완전 기체의 공기로 간주한다. 그리고 1 atm = 2116 lb/ft^2 = 1.01 × 10^5 N/m^{2}이다.

7.1 높은 속도로 날아가고 있는 미사일의 정체점에서의 온도와 압력은 934 °R, 7.8 atm이다. 이 점에서의 밀도를 구하라.

7.2 다음과 같이 주어진 조건에서 c_p, c_v, e, h를 구하라.

a. 연습문제 7.1에 주어진 정체점에서의 조건

b. 표준 해면 조건에서의 공기

(표준 해면 조건을 기억하지 못하면 참고문헌 2를 참조하라.)

7.3 충격파의 앞에서 공기의 온도와 압력은 288 K와 1 atm이고, 충격파 뒤에서의 온도와 압력은 690 K와 8.656 atm이다. 충격파를 지날 때 엔탈피와 내부 에너지, 그리고 엔트로피의 변화량을 계산하라.

7.4 익형 주위의 유동은 등엔트로피 유동이라고 생각하자. 자유흐름의 조건은 $T_\infty = 245$ K와 $p_\infty = 4.35 \times 10^4$ N/m^{2}이고, 익형 위 한 점에서의 압력은 3.6×10^4 N/m^{2}이다. 이 점에서의 밀도를 계산하라.

7.5 초음속 풍동의 노즐을 지나는 유동은 등엔트로피 유동이라고 생각하자. 저장소의 성질은 $T_0 = 500$ K, $p_0 = 10$ atm이다. 노즐 출구에서 $p = 1$ atm라면, 출구에서의 온도와 밀도를 계산하라.

7.6 압력이 0.2 atm인 공기를 생각하자. SI 단위를 이용하여 τ_T와 τ_s를 계산하라.

7.7 유동장 내 한 점에서의 속도가 1300 ft/s이고 온도가 480 °R일 때, 이 점에서의 전엔탈피를 구하라.

7.8 초음속 풍동 저장조 안에서의 속도는 무시할 수 있으며 온도는 1000 K이다. 노즐 출구에서의 온도는 600 K이다. 노즐을 통한 유동은 단열 유동이라고 가정한다면, 출구에서의 속도를 계산하라.

7.9 익형은 $p_\infty = 0.61$ atm, $\rho_\infty = 0.819$ kg/m^3, 그리고 $V_\infty = 300$ m/s인 자유흐름 내에 놓여 있다. 그리고 익형 표면 한 점에서의 압력은 0.5 atm이다. 등엔트로피 유동이라고 가정했을 때, 이 점에서의 속도를 계산하라.

7.10 연습문제 7.9를 비압축성 Bernoulli 방정식을 이용하여 풀었을 때 (틀리게) 얻어지는 백분율 오차를 계산하라.

7.11 익형 표면 한 점에서의 압력을 0.3 atm이라고 할 때, 연습문제 7.9를 반복하라.

7.12 연습문제 7.11의 유동에 대한 연습문제 7.10을 반복하라.

7.13 3장의 Bernoulli 방정식, 즉 식 (3.13), (3.14) 또는 (3.15)는 힘 = 질량 × 가속도라는 Newton 제2법칙으로부터 유도되었다. 하지만 Bernoulli 방적식의 항들은 단위 체적당 에너지라는 단위를 가지고 있는데, 이것은 Bernoulli 방정식이 비압축성 유동을 위한 에너지 방정식이라는 의미이다. 만약 그렇다면, 이 장에서 언급한 압축성 유동을 위한 에너지 방정식으로부터 Bernoulli 방정식을 유도할 수 있을 것이다. 비점성, 단열 압축성 유동의 식 (7.53)으로부터 시작하여 비압축성 유동을 위한 적당한 가정을 하고, Bernoulli 방정식을 유도하기 위해 무엇이 필요한지를 보여라.

7.14 단열 압축성 유동(adiabatic compressible flow)에 대한 1차원 에너지 방정식을 열역학 제1법칙과 오일러 방정식으로부터 유도하라. 즉, C가 상수일 때 $de = \delta q + \delta w$와 $udu = -\frac{dP}{\rho}$로부터 $c_pT + \frac{1}{2}u^2 = C$를 유도하라. *힌트*: 일정한 비열을 갖는 단순 압축성 시스템이 내부 가역적인(즉, 등엔트로피) 과정을 거친다고 가정하라.

7.15 비행기가 고도 10 km에서 마하 0.8로 비행한다고 하자. 이 비행기의 엔진은 자유흐름(free stream)에서 공기를 흡입하여 압축기를 거친 후 압력을 80배로 증가시킨다. 흐름은 정상 상태(steady)이고 점성은 없으며(inviscid), 공기는 $c_p = 1004.5$ J/kg K 및 $\gamma = 1.4$를 갖는 열량적 완전 기체(calorically perfect gas)로 가정한다. 또한, 압축기를 통과한 후 흐름의 속도는 음속에 비해 매우 작다고 가정한다(즉, $M_2 \approx 0$). 이때, 다음을 구하라:

a. 압축기에서 나오는 공기의 전압력(total pressure)과 온도, 그리고 단위 질량당 공기에서 수행되는 일(즉, J/kg)을 구하라. 전체 압축 과정이 등엔트로피(isentropic)라고 가정하라. 압축 과정에 필요한 일은 엔탈피 증가와 같음을 유념하라. 다음 문제 (7.16)에서 그 이유를 알게 될 것이다.

b. 압축 과정에서 0.1 kJ/kg의 엔트로피가 생성된다고 가정하고 a번 문제를 다시 계산하라.

c. 압축 과정의 효율성이란 이상적인(즉, 등엔트로피적) 과정에 필요한 일과 실제 과정에 필요한 일의 비율이다. 이 압축 과정의 효율성을 계산하라.

d. 이상 및 실제 압축 과정을 T-s 다이어그램에 그려라. 다이어그램에는 자유흐름(free stream), 압축기 입구 및 압축기 출구 조건에 해당하는 등압선이 포함되어야 한다.

e. 압축기 하류의 마하수가 무시할 수 없을 정도로

커진다면 T-s 다이어그램은 어떻게 변할까? 엔진 입구(자유흐름과 압축기 입구 사이의 위치)의 조건은 T-s 다이어그램에서 어디에 나타날까? 이러한 특징을 보여주는 새로운 T-s 다이어그램을 스케치하고 설명하라.

7.16 적분 형식의 에너지 보존 방정식[방정식 (2.95 및 7.43)]으로부터, 압축기나 터빈을 통과하는 유선을 따라 체적력(body force)이 없이 비점성(inviscid)이며 화학 반응이 없는(nonchemically reacting) 정상(steady) 유동에서 에너지 보존에 대한 표현식을 유도하라. 이때, W_{shaft}는 압축기나 터빈에 의해 수행된 단위 질량당 일(J/kg)이다. 총 엔탈피가 상수가 아니라는 것을 제외하면 결과는 방정식 (7.53) 또는 (7.54)와 유사할 것이다.

7.17 열적으로 완전(thermally perfect)하고 열량적으로 불완전(calorically imperfect)한 기체는 더 이상 등압 상태에서의 비열(specific heat)이 일정하다고 고려할 수 없다. 이러한 관점이 300 K 및 1500 m/s (약 마하수 4.3)의 공기 흐름의 정체 온도 예측에 어떤 영향을 미치는지 설명하여라.

a. 정상(steady), 1-D, 일정한 단면적(constant area), 단열(adiabatic) 유동에서 미분 형태의 에너지 방정식이 다음과 같음을 보여라:

$$dh + udu = 0 \tag{7.2}$$

b. c_p를 상수로 가정하고 식 1을 적분하여 유선(stream line)에 따른 에너지 보존에 대한 간단한 1-D 식을 구하라.

c. 온도 변화 효과를 반영하기 위해 공기의 비열을 온도의 멱 법칙(pawer law)으로 나타낸다(T는 온도이며 단위는 J/kg K이다).

$$c_p = 996.96 + (0.0357)\,T + (0.0002)\,T^2 - (8E - 8)\,T^3$$

d. 비열이 변한다고 가정하고, 정적 온도(static temperature)가 300 K이고 속도가 1500 m/s인 공기의 전온도(total temperature)를 결정하기 위해 결과를 사용하라. 온도를 얻기 위해 반복적인 접근법(iterative approach)을 사용해야 한다.

e. 이것은 비열이 일정하다고 가정했을 때와 어떤 차이가 있을까(300 K에 해당하는 값을 선택하라)?

f. 구한 결과를 토대로 전온도를 예측할 때 온도에 따른 비열의 변화를 고려하기 위해서 중요하게 고려해야 할 조건은 무엇일까?

수직 충격파와 관련된 주제

Normal Shock Waves and Related Topic

충격파: 매개체 내에서 물체의 초음속 운동에 의해 발생되는, 마치 폭발에 의해 생성되는 것과 같은 고진폭의 압축파(compression wave)

From the American Heritage Dictionary of the English Language, 1969

미리보기_*Preview Box*

초음속 유동에서는 충격파를 가질 기회가 있다. 충격파는 극도로 얇은 영역, 즉 이 종이면의 두께보다 훨씬 얇은 영역으로 이 영역을 지나면서 유동의 성질은 엄청나게 변한다. 압력을 예로 들자. 충격파 앞에서 기체의 압력은 1기압이고 바로 뒷면에서는 20기압이 된다. 유체 입자로서 충격파를 지난다고 상상해 보자. 한순간에 1기압에서 또 다른 순간에 20기압이 된다. 여러분은 어떨지 모르겠지만, 만약 나라면 충격을 받았을 것이다(아마 이래서 그것을 '충격'파라고 부르는가 보다).

이 장은 모든 것이 충격파에 관한 것이다. 여기서 충격파를 전후한 유동의 성질 변화를 어떻게 계산하는지 배우게 될 것이고, 충격파의 중요한 물리적 관점과 그 결과들에 대해 살펴볼 것이다. 이 장에서는 유동에 수직인 충격파, 즉 수직 충격파에 초점을 맞출 것이다. 여기서 배운 내용들은 유동에 경사진 충격파인 경사 충격파를 다음 장에서 공부할 때 직접 적용될 것이다. 충격파 현상에 대한 공부는 초음속 유동을 공부하는 데 있어 가장 중요한 관점 중 하나이다. 따라서 이 장을 매우 신중하게 받아들이자. 한편으로 충격파는 자연에서 발생하는 매우 흥미로운 현상이므로 이를 즐겨라.

8.1 개요 *Introduction*

이 장과 9장의 목적은 충격파 이론을 발전시키는 것이며, 따라서 충격파를 가로지르는 유동 특성의 변화를 계산하는 방법을 배우게 된다. 이러한 변화는 7.6절에서 정성적으로 논의되었다. 이 장을 계속 진행하기 전에 이러한 변화들에 익숙해 있는지 확인하라.

이 장의 초점은 그림 7.5*b*에 나타낸 것처럼 수직 충격파에 관한 것이다. 언뜻 생각하 면 상류 유동에 수직인 충격파는 매우 드문, 그래서 실제 별로 중요하지 않을 듯하다. 그러나 이것은 전혀 사실이 아니다. 수직 충격파는 자연에서 자주 발생한다. 2개의 그러한 예를 그림 8.1에 나타내었다. 그러한 예는 훨씬 더 많이 존재한다. 둔체(blunt body)를 지나는 초음속 유동은 그림 8.1의 왼쪽에 나타나 있다. 강한 궁형 충격파(bow shock wave)는 물체(body) 앞에서 발생한다(9장에서 그러한 궁형 충격파를 공부한다). 설령 이러한 파가 구부러진다 하더라도, 선두부(nose)에 가장 가까운 충격파의 영역은 본질적으로 유동에 수직이다. 또한 이러한 수직 부분의 궁형 충격파를 지나는 유선(streamline)은 물체의 선두부에 충돌하며 선두부에서 정체 압력(전압)[stagnation (total) pressure]과 온도의 값들을 정한다. 고속 둔체의 선두부 영역이 항력과 공력 가열(aerodynamic heating)의 계산에 실용적인 중요성을 내포하고 있기 때문에 수직 부분의 충격파 하류 유동의 특성들은 중요성을 갖는다. 다른 예로서, 그림 8.1의 오른쪽 그림에서 초음속 유동이 노즐[로켓 엔진이나 초음속 풍동(wind tunnel)] 내부에 발생함을 보여주고 있으며, 배압(back pressure)이 충분히 높으면 수직 충격파는 노즐 내부에 발생한다[10장에서 그러한 '과팽창' 노즐(overexpanded nozzle) 유동을 논의한다]. 이러한 충격파가 발생할 조건들과 노즐 출구 하류에서 수직 충격파의 유동 특성에 대한 결정은 모두 대답할 가치가 있는 중요한 질문들이다. 요컨대 이러한 질문들과 다른 많은 응용들을 위하여 수직 충격파의 연구는 중요하다.

최종적으로 이 장에서 도출되는 수많은 수직 충격파 관계들이 9장에서 논의되는 것과 같이 경사 충격파의 분석과 직결된다. 일단 수직 충격파 관계들의 분석이 진척된다면, 수직 충격파의 분석에 사용된 시간은 경사 충격파를 분석할 시간을 단축시킨다.

이 장의 이정표는 그림 8.2에 나와 있다. 우리의 목표는 상당히 짧고 간단하다. 수직 충격파에 대한 기본적인 연속, 운동량, 그리고 에너지 방정식들의 유도로부터 시작한다. 그리하여 충격파를 가로지르는 유동 특성들의 계산에 대한 상세한 방정식들을 얻어내기 위해 이러한 기본 관계식들을 이용한다. 그리고 방정식들에 의해 나타난 물리적 경향들을 강조하게 된다. 이러한 목표를 향한 방법으로 (1) 음속, (2) 에너지 방정식의 특별한 형태들, (3) 유동이 압축성(compressible)으로 다뤄져야만 할 때를 판단하기 위하여 사용되는 기준에 대해 더 많은 토의를 한다. 최종적으로 이 장에서의 결과들을 피토관(Pitot tube)을 이용하는 압축성 유동 내 대기 속도(airspeed) 측정에 적용한다. 이 장을 진행할 때마다 그림 8.2에 나타난 이정표를 주목하라.

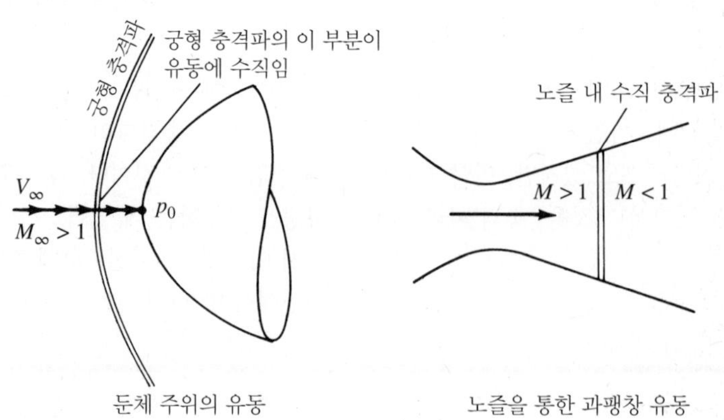

그림 8.1 수직 충격파와 관련된 두 가지 예

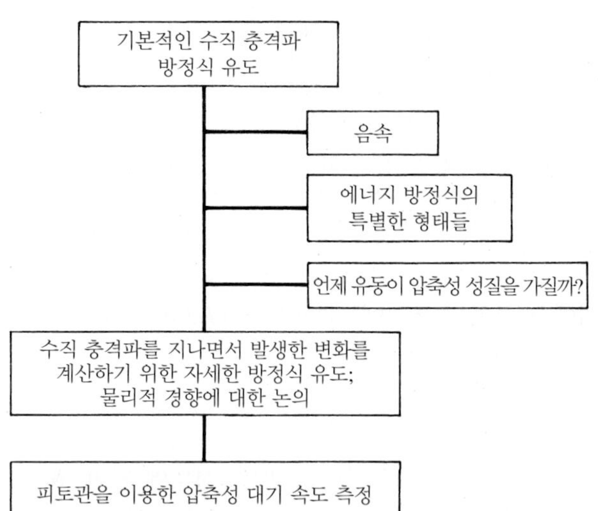

그림 8.2 8장의 이정표

8.2 기본적인 수직 충격파 방정식 *The Basic Normal Shock Equations*

그림 8.3에 나타낸 수직 충격파를 생각해 보자. 영역 1은 충격파의 일정한 유동 상류 부분이며, 영역 2는 충격파의 다른 일정한 유동 하류 부분이다. 영역 1에서 압력, 밀도, 온도, 마하수, 속도, 전압, 전엔탈피, 전온도, 엔트로피는 각각 p_1, ρ_1, T_1, M_1, u_1, $p_{0,1}$, $h_{0,1}$, $T_{0,1}$, s_1이다. 영역 2에서 대응하는 변수들은 p_2, ρ_2, T_2, M_2, u_2, $p_{0,2}$, $h_{0,2}$, $T_{0,2}$, s_2이다. (V를 대신하여 u가 유동 속도의 크기로 표시됨에 주목하라. 이에 대한 이유는 이 장을 진행함에 따라 명확해질 것이다.) 수직 충격파의 문제는 간단히 다음과 같이 진술할 수 있다: 주어진 충격파의 상류 유동 특성(p_1, T_1, M_1 등)으로 충격파의 하류 유동 특성(p_2, T_2, M_2 등)을 계산할 수 있다. 그 과정을 시작해 보자.

그림 8.3의 점선에 의해 주어진 직사각형 모양의 검사 체적(control volume) *abcd*를 생각해 보자. 보이는 것처럼 충격파는 검사 체적 내부에 있다. 측면 *ab*는 검사 체적 왼쪽 면의 가장자리 모습이다. 이 왼쪽 면은 유동과 수직이며, 그것의 면적은 A이다. 측면 *cd*는 검사 체적 오른쪽 면의 가장자리 모습이다. 이 오른쪽 면도 또한 유동과 수직이며, 그것의 면적도 역시 A이다. 보존 방정식들의 적분 형태를 이러한 검사 체적에 사용한다. 그 과정에서, 그림 8.3에 주어진 유동에 대하여 세 가지 중요한 물리적 사실들에 주목해야 한다.

1. 유동은 정상 상태이다. 즉, $\partial/\partial t = 0$이다.
2. 유동은 단열 과정이다. 즉, $\dot{q} = 0$이다. 검사 체적으로부터 열을 얻거나 빼앗길 수 없다[예를 들어, 분젠 버너(Bunsen burner)로 충격파를 가열하지 않을 것이다]. 충격파를 가로지르면서 온도가 증가하는데, 이는 그 과정에 열이

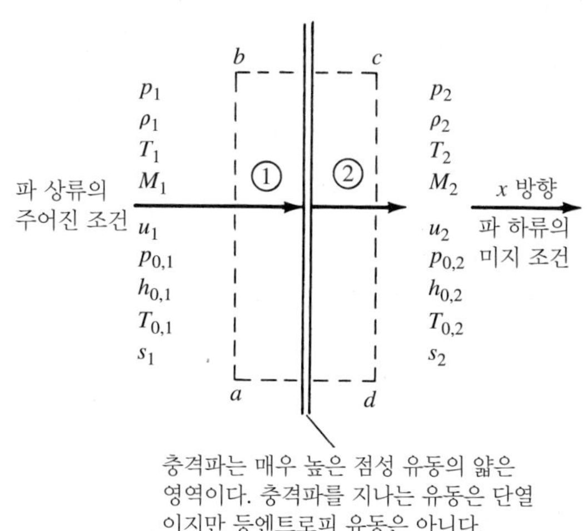

그림 8.3 수직 충격파의 개요도

더 가해졌다기보다는 운동 에너지가 충격파를 가로지르면서 내부 에너지로 전환되었기 때문이다.

3. 검사 체적의 측면들에 가해지는 점성 효과는 없다. 충격파 그 자체가 아주 높은 속도와 온도 증분의 얇은 영역이다. 그러므로 마찰과 열전도는 충격파 내부의 유동 구조에 대해 중요한 역할을 한다. 그러나 충격파 자체는 검사 체적 내부에 묻히고, 보존 방정식들의 적분 형태를 가지고 검사 체적 내부를 지나가는 상세한 것들에 관여하지 않는다.
4. 체적력(body force)은 없다. $\mathbf{f} = 0$이다.

식 (7.39)의 연속 방정식을 생각해 보자. 위에서 정의된 조건에 대하여, 식 (7.39)는 다음과 같은 식이 된다.

$$\oiint_S \rho \mathbf{V} \cdot \mathbf{dS} = 0 \tag{8.1}$$

면 ab 위에서 식 (8.1)의 값을 구하기 위하여 $\mathbf{V}$가 검사 체적으로 향하는 반면, 정의에 의한 $\mathbf{dS}$는 $\mathbf{V}$와 반대 방향으로 검사 체적 밖으로 향하고 있음에 유의하자. 그러므로 $\mathbf{V} \cdot \mathbf{dS}$는 음수라는 것을 알아야 한다. 또한 ρ와 $|\mathbf{V}|$는 면 ab 위에서 일정하며, 각각 ρ_1, u_1과 동일하다. 따라서 면 ab의 면적분에 대한 식 (8.1)은 간단하게 $-\rho_1 u_1 A$다. 오른쪽 면 cd 위에서 $\mathbf{V}$와 $\mathbf{dS}$ 모두 같은 방향을 향하므로 $\mathbf{V} \cdot \mathbf{dS}$는 양수이다. 또한 ρ와 $|\mathbf{V}|$는 면 cd 위에서 일정하며, 각각 ρ_2, u_2와 동일하다. 그러므로 면적분에 대한 면 cd는 $\rho_2 u_2 A$다. 측면 bc와 ad에서, $\mathbf{V}$와 $\mathbf{dS}$는 항상 수직이다. 그러므로 $\mathbf{V} \cdot \mathbf{dS} = 0$이고, 이러한 측면들은 면적분에 대한 값이 없다. 따라서 그림 8.3에 나타낸 검사 체적에 대하여, 식 (8.1)은 다음과 같은 식이 된다.

$$-\rho_1 u_1 A + \rho_2 u_2 A = 0$$

또는

$$\boxed{\rho_1 u_1 = \rho_2 u_2} \tag{8.2}$$

식 (8.2)는 수직 충격파에 대한 연속 방정식이다.

식 (7.41)의 운동량 방정식을 생각해 보자. 여기서 우리는 유동에 대하여 다루며, 식 (7.41)은 다음과 같은 식이 된다.

$$\oiint_S (\rho \mathbf{V} \cdot \mathbf{dS})\mathbf{V} = -\oiint_S p\, \mathbf{dS} \tag{8.3}$$

식 (8.3)은 벡터 방정식이다. 그림 8.3에서, 유동은 단지 한 방향으로 움직이고 있다(예를 들어 x 방향). 그러므로 우리는 단지 식 (8.3)의 다음과 같은 스칼라량의 x 성분을 생각할 필요가 있다.

$$\oiint_S (\rho \mathbf{V} \cdot \mathbf{dS})u = -\oiint_S (p\, dS)_x \tag{8.4}$$

식 (8.4)에서 $(p\, dS)_x$는 $(p\, \mathbf{dS})$ 벡터의 x 성분이다. 면 ab 위에서 $\mathbf{dS}$는 왼쪽으로 향한다(예를 들어 음수 x 방향). 따라서 $(p\, dS)_x$는 면 ab 위에서 음수이다. 비슷한 가정에 의하여 $(p\, dS)_x$는 면 cd 위에서 양수이다. 모든 유동 변수들은 면 ab와 cd 위에서 일정하다는 것에 다시 주목할 때, 식 (8.4)에서 면적분들은 다음과 같은 식이 된다.

$$\rho_1(-u_1 A)u_1 + \rho_2(u_2 A)u_2 = -(-p_1 A + p_2 A) \tag{8.5}$$

또는

$$\boxed{p_1 + \rho_1 u_1^2 = p_2 + \rho_2 u_2^2} \tag{8.6}$$

식 (8.6)은 수직 충격파에 대한 운동량 방정식이다.

식 (7.43)의 에너지 방정식을 생각해 보자. 체적력이 없는 정상 상태, 단열 과정, 비점성 유동에 대하여 이 식은 다음과 같은 식이 된다.

$$\oiint_S \rho \left(e + \frac{V^2}{2}\right) \mathbf{V} \cdot \mathbf{dS} = -\oiint_S p\mathbf{V} \cdot \mathbf{dS} \tag{8.7}$$

그림 8.3에 나타낸 검사면(control surface)에 대하여 식 (8.7)의 값을 구할 때, 다음과 같은 식을 얻는다.

$$-\rho_1\left(e_1+\frac{u_1^2}{2}\right)u_1A+\rho_2\left(e_2+\frac{u_2^2}{2}\right)u_2A=-(-p_1u_1A+p_2u_2A)$$

다시 배열하면 다음과 같은 식을 얻는다.

$$p_1u_1+\rho_1\left(e_1+\frac{u_1^2}{2}\right)u_1=p_2u_2+\rho_2\left(e_2+\frac{u_2^2}{2}\right)u_2 \tag{8.8}$$

식 (8.2)를 이용하여 식 (8.8)을 푼다. 좌변은 ρ_1u_1으로 우변은 ρ_2u_2로 나누면, 다음과 같은 식이 된다.

$$\frac{p_1}{\rho_1}+e_1+\frac{u_1^2}{2}=\frac{p_2}{\rho_2}+e_2+\frac{u_2^2}{2} \tag{8.9}$$

엔탈피의 정의에 따라 $h\equiv e+pv=e+p/\rho$이다. 따라서 식 (8.9)는 다음과 같다.

$$\boxed{h_1+\frac{u_1^2}{2}=h_2+\frac{u_2^2}{2}} \tag{8.10}$$

식 (8.10)은 수직 충격파에 대한 에너지 방정식이다. 식 (8.10)은 놀랄 것도 없이 충격파를 통한 유동이 단열 과정일 경우에 사용하며, 7.5절에서 정상 상태, 단열 과정의 유동에 대하여 $h_0=h+V^2/2=\text{const}$라는 사실을 유도하였다. 식 (8.10)은 h_0(그러므로 열량적 완전 기체 T_0에 대하여)가 충격파를 가로질러 일정하다는 것을 나타내고 있다. 따라서 식 (8.10)은 7.5절에서 얻은 일반적인 결과들과 일치한다.

확실하게 하기 위해 위 결과들을 다시 쓰면 기본적인 수직 충격파 방정식은

연속 방정식:
$$\rho_1u_1=\rho_2u_2 \tag{8.2}$$

운동량 방정식:
$$p_1+\rho_1u_1^2=p_2+\rho_2u_2^2 \tag{8.6}$$

에너지 방정식:
$$h_1+\frac{u_1^2}{2}=h_2+\frac{u_2^2}{2} \tag{8.10}$$

이 식들을 면밀히 고찰하라. 그리고 그림 8.3으로부터 충격파 상류 부분의 모든 조건들, 즉 ρ_1, u_1, p_1 등을 상기하라. 위 식들은 4개의 미지수들, 즉 ρ_2, u_2, p_2, h_2를 변수로 하는 3개의 대수 방정식 체계이다. 그러나 만약 다음의 열역학 관계식들을 적용한다면,

엔탈피:
$$h_2=c_pT_2$$

상태 방정식:
$$p_2=\rho_2RT_2$$

우리는 5개의 미지수들, 즉 ρ_2, u_2, p_2, h_2, T_2로 이루어진 5개의 방정식들을 가진다. 8.6절에서 충격파 뒤에 미지수량들에 대한 이러한 방정식들을 풀게 된다. 그러나 해답에 바로 도달하기보다 그림 8.2에 나타낸 세 가지 측면에 대해 살펴본다. 이러한 측면 체험들은 음속(8.3절), 에너지 방정식의 교체 형식들(8.4절), 그리고 압축성(8.5절)에 대한 논의를 포함하는데, 8.6절의 충격파 상태량들의 다양한 논의를 위해 필요한 것들이다.

최종적으로 식 (8.2), (8.6), (8.10)이 수직 충격파에 제한되지 않는다는 점에 주목해야 한다. 그 식들은 단지 한 방향인 정상 상태, 단열, 비점성 유동에서 발생하는 변화들을 설명한다. 즉, 그림 8.3에서 유동은 단지 x 방향으로 흐른다. 이러한 유동, 즉 한 방향으로만 흐르는 단지 x의 함수들[$p=p(x)$, $u=u(x)$ 등]인 이러한 유동의 유형은 *1차원 유동*(one-dimensional flow)으로 정의된다. 따라서 식 (8.2), (8.6), (8.10)은 1차원, 정상 상태, 단열, 비점성 유동에 대한 지배 방정식들이다.

8.3 음속 Speed of Sound

우리는 경험으로 소리가 유한 속도로 공기를 통하여 움직인다는 것을 알고 있다. 예를 들어 여러분은 멀리서 번개를 보지만, 약간의 시간이 지난 후 대응하는 천둥소리를 듣는다. 음파의 전달에 대한 물리적 메커니즘은 무엇인가? 음속을 어떻게 계산할 수 있는가? 음속은 기체의 어떤 상태량들에 의존하는가? 음속은 압축성 유동의 물리적 상태량들을 지배하는 매우 중요한 양이므로, 위 질문들에 대한 답변들은 실질적 논의에 있어서 매우 중요하다. 이 절의 목적은 이러한 질문들에 역점을 두고 다루는 것이다.

기체에서 소리 전파의 물리적 메커니즘은 분자 운동에 기초를 둔다. 예를 들면, 여러분이 방 안에 앉아 있고 폭죽이 구석에서 터진다고 가정하자. 폭죽이 폭발할 때 화학 에너지(기본적으로 열 방출의 형태)는 폭죽과 인접한 공기 분자들에 전달된다. 이러한 에너지가 주입된 분자들은 임의의 방식대로 움직인다. 그것들은 결국 인접한 분자들 중 몇몇과 충돌하여 충돌하는 분자들에게 그들의 높은 에너지를 전달한다. 다음에 이러한 인접한 분자들은 결국 그들의 인접한 분자들과 또다시 충돌하여 에너지를 전달한다. 이러한 '도미노' 효과에 의해, 폭죽에 의해 방출된 에너지는 분자의 충돌에 의하여 공기를 통해 전파된다. 또한 기체에 대한 T, p, ρ는 정밀한 미시적인 분자 운동의 거시적인 평균이기 때문에, 에너지를 얻은 분자들의 영역 또한 국소적인 온도, 압력, 그리고 밀도에서 작은 변화가 일어나는 영역들이기도 하다. 그러므로 폭죽으로부터 이러한 에너지파가 우리의 고막을 통과할 때, 우리는 그 파에서 적은 압력 변화들을 '듣는다.' 이것이 *소리*이며, 에너지파의 전파는 단순히 기체를 통한 *음파*의 전파이다.

음파는 분자의 충돌에 의해 전파되기 때문에, 그리고 기체의 분자들은 기체 분자 운동론에 의해 주어진 평균 속도 $\sqrt{8RT/\pi}$로 움직이기 때문에, 우리는 대략 평균 분자 속도로 음파의 전파 속도를 예측할 것이다. 실제로 음속은 대략 평균 분자 속도의 3/4배이다. 다음에는 평균 분자 속도에 대하여 위에서 주어진 기체 분자 운동론 표현식은 단지 기체의 온도에만 의존한 식이기 때문에, 또한 온도에만 의존하는 음속을 예상할 수 있다. 이러한 문제를 더 깊게 탐구해 보자. 실제로 기체에서 음속에 대한 방정식을 유도해 보자. 소리의 전파는 분자의 충돌에 의한 것일지라도 유도를 위하여 그러한 미시적인 그림을 이용하지 않는다. 오히려 거시적 상태량들인 p, T, ρ 등이 음파를 가로질러 변화한다는 사실을 이용한다. 그리고 변화들을 분석하기 위하여 연속, 운동량, 에너지의 거시적 방정식들을 이용한다.

그림 8.4*a*에 나타낸 속도 a를 가진 기체를 통하여 전파되는 음파를 생각해 보자. 여기서 음파는 국소적인 압력, 온도, 밀도가 각각 p, T, ρ인 정체된 기체로 오른쪽에서 왼쪽으로 움직인다. 음파 뒤에(영역 2) 기체 상태량들은 약간 다르며 각각 $p + dp$, $T + dT$, $\rho + d\rho$로 주어진다. 지금 여러분이 음파 위를 뛰어 올라탄다고 가정하라. 여러분이 영역 1에서 상류를 볼 때, 그림 8.4*b*에 나타낸 상대 속도 a를 가지고 여러분 쪽을 향해 움직이는 기체를 보게 된다. 여러분이 영역 2에서 하류를 볼 때, 그림 8.4에 나타낸 상대 속도 $a + da$를 가지고 여러분으로부터 멀어지는 기체를 보게 된다. (우리는 압력이 dp의 양만큼 음파를 가로질러 변화하기 때문에, 그때 상대 유동 속도 또한 음파를 가로질러 da만큼 변화해야 한다는 것을 깨닫기 위한 충분한 유체역학의 직관력을 가지고 있다. 따라서 음파 뒤 상대 유동 속도는 $a + da$이다.) 결과적으로 그림 8.4*b*에서 속도 a를 가지고 왼쪽에서 오른쪽으로 움직이는 기체 앞에 유동을 가진 정체된 음파의 그림을 가진다. 그림 8.4*a*와 8.4*b*는 유사하나 관점만 다르다. 분석을 위하여 그림 8.4*b*를 이용한다.

(주: 그림 8.4*b*는 그림 8.3에 나타낸 수직 충격파 그림과 비슷하다. 그림 8.3에서 수직 충격파는 정지되어 있으며,

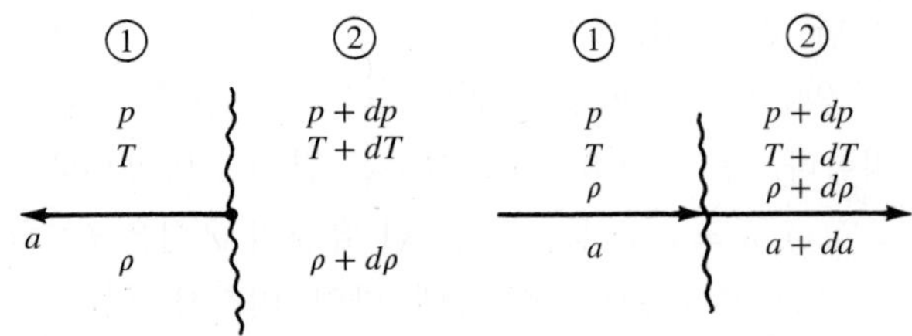

(*a*) 정체된 기체로 속도 a로 전파해 가는 음파

(*b*) 움직이는 기체 내에 있는 정지된 음파: 음파에 대한 상류 속도는 a이다.

그림 8.4 움직이는 음파와 정체된 음파: 2개의 유사한 그림들. 단지 관점은 다르다.

상류 유동은 속도 u_1으로 왼쪽에서 오른쪽으로 움직인다. 만약 상류 유동이 갑자기 차단된다면, 그림 8.3의 수직 충격파는 그림 8.4*a*에 나타난 움직이는 음파와 비슷한 속도 u_1의 속도를 가지고 갑자기 왼쪽으로 전파될 것이다. 움직이는 파들의 분석은 정지된 파들의 분석보다 약간 더 난해하다. 따라서 그림 8.3과 8.4*b*에 나타낸 정지된 파들의 그림들로 충격파와 음파의 연구를 시작하는 것이 더 간단하다. 또한 그림 8.4*b*에 음파가 무한히 약한 수직 충격파라는 사실에 주목하라.)

그림 8.4*b*에 나타낸 음파를 통하는 유동을 면밀히 고찰해 보자. 유동은 1차원이고, 음파 안쪽으로 또는 바깥쪽으로 열전달이 없기 때문에 단열이다(예를 들어 레이저 광선으로 음파를 '갑자기 움직이거나' 횃불로 가열하지 않는다). 마지막으로 음파 안의 기울기들은 매우 작다. 즉, dp, dT, $d\rho$, da의 변화들은 극소량이다. 따라서 소산 현상(dissipative phenomena)의 영향(점성과 열전도)은 무시할 수 있다. 결과적으로 음파를 통하는 유동은 단열이며 가역 과정으로, 유동은 *등엔트로피* 과정이다. 유동이 1차원이며 등엔트로피 과정이라고 확립해 왔기 때문에, 그림 8.4*b*에 적절한 지배 방정식들을 적용해 보자.

그림 8.4*b*에 식 (8.2)인 연속 방정식을 적용하면 다음과 같은 식을 얻는다.

$$\rho a = (\rho + d\rho)(a + da)$$

또는

$$\rho a = \rho a + a\,d\rho + \rho\,da + d\rho\,da \tag{8.11}$$

두 미분의 곱, 즉 $d\rho\,da$는 식 (8.11)의 다른 항들과 비교해 볼 때 무시될 수 있다. 따라서 a에 대하여 식 (8.11)을 풀면 다음과 같은 식을 얻는다.

$$a = -\rho \frac{da}{d\rho} \tag{8.12}$$

그림 8.4*b*에 적용되는 식 (8.6)인 1차원 운동량 방정식을 생각해 보자.

$$p + \rho a^2 = (p + dp) + (\rho + d\rho)(a + da)^2 \tag{8.13}$$

미분들의 곱을 다시 무시하면 식 (8.13)은 다음과 같이 된다.

$$dp = -2a\rho\,da - a^2\,d\rho \tag{8.14}$$

da에 대하여 식 (8.14)를 풀면 다음과 같은 식을 얻는다.

$$da = \frac{dp + a^2\,d\rho}{-2a\rho} \tag{8.15}$$

식 (8.15)를 식 (8.12)에 대입하면 다음과 같은 식을 얻는다.

$$a = -\rho \frac{dp/d\rho + a^2}{-2a\rho} \tag{8.16}$$

a^2에 대하여 식 (8.16)을 풀면 다음과 같은 식을 얻는다.

$$a^2 = \frac{dp}{d\rho} \tag{8.17}$$

위에서 논의한 것과 같이, 음속을 통하는 유동은 등엔트로피 과정이다. 따라서 식 (8.17)에서 밀도에 대한 압력의 변화율인 $dp/d\rho$는 등엔트로피의 변화이다. 그러므로 식 (8.17)을 다음과 같이 다시 쓸 수 있다.

$$\boxed{a = \sqrt{\left(\frac{\partial p}{\partial \rho}\right)_s}} \tag{8.18}$$

식 (8.18)은 기체에서 음속에 대한 기본적인 표현식이다.

기체는 열량적으로 완전하다고 가정하자. 그러한 경우에 대하여 식 (7.32)에 의해 주어진 등엔트로피 관계식은 다음과 같다.

$$\frac{p_1}{p_2} = \left(\frac{\rho_1}{\rho_2}\right)^{\gamma} \tag{8.19}$$

식 (8.19)로부터 다음과 같은 식을 얻는다.

$$\frac{p}{\rho^{\gamma}} = \text{const} = c$$

또는

$$p = c\rho^{\gamma} \tag{8.20}$$

식 (8.20)을 ρ에 관하여 미분하면 다음과 같은 식을 얻는다.

$$\left(\frac{\partial p}{\partial \rho}\right)_s = c\gamma\rho^{\gamma-1} \tag{8.21}$$

식 (8.21)에 상수 c에 대한 식 (8.20)을 대입하면 다음과 같은 식을 얻는다.

$$\left(\frac{\partial p}{\partial \rho}\right)_s = \left(\frac{p}{\rho^{\gamma}}\right)\gamma\rho^{\gamma-1} = \frac{\gamma p}{\rho} \tag{8.22}$$

식 (8.22)를 식 (8.18)에 대입하면 다음과 같은 식을 얻는다.

$$\boxed{a = \sqrt{\frac{\gamma p}{\rho}}} \tag{8.23}$$

식 (8.23)은 열량적 완전 기체에서 음속에 대한 표현식이다. 얼핏 보면 식 (8.23)은 음속이 p와 ρ 모두에 의존하리라는 것을 내포하고 있는 것 같다. 그러나 압력과 밀도는 완전 기체 상태 방정식과 관계된다.

$$\frac{p}{\rho} = RT \tag{8.24}$$

따라서 식 (8.24)를 식 (8.23)에 대입하면, 다음과 같은 음속에 대한 최종적 표현식을 얻는다.

$$\boxed{a = \sqrt{\gamma RT}} \tag{8.25}$$

위 표현식은 *열량적 완전 기체에서의 음속은 오직 온도의 함수*라는 것을 명백하게 식으로 나타낸다. 이 식은 앞에서 음속과 분자 현상이 같다고 했던 논의와 일치하므로, 평균 분자 속도 $\sqrt{8RT/\pi}$와 관련이 있다.

표준 해면 조건에서 음속은 기억할 만한 가치가 있다.

$$a_s = 340.9 \text{ m/s} = 1117 \text{ ft/s}$$

7.3절에 주어진 압축성 정의를 상기하라. 특히 등엔트로피 압축성에 대한 식 (7.35)로부터 아래 식이 재사용된다.

$$\tau_s = -\frac{1}{v}\left(\frac{\partial v}{\partial p}\right)_s$$

그리고 $v = 1/\rho$(따라서 $dv = -d\rho/\rho^2$)을 상기하면 다음과 같은 식을 얻는다.

$$\tau_s = -\rho\left[-\frac{1}{\rho^2}\left(\frac{\partial \rho}{\partial p}\right)_s\right] = \frac{1}{\rho(\partial p/\partial \rho)_s} \tag{8.26}$$

그러나 식 (8.18)로부터 $(\partial p/\partial \rho)_s = a^2$을 상기하라. 따라서 식 (8.26)은 다음과 같다.

$$\tau_s = \frac{1}{\rho a^2}$$

또는

$$a = \sqrt{\frac{1}{\rho \tau_s}} \tag{8.27}$$

식 (8.27)은 기체의 압축성에 대한 음속을 말한다. 압축성이 낮으면 낮을수록 음속은 점점 더 높아진다. 비압축성 유동 $\tau_s = 0$에 의해 제한되는 경우를 상기하라. 따라서 식 (8.27)은 이론적으로 비압축성 유동에서 음속은 무한하다고 말한다. 다음에는 유한 속도 V를 가진 비압축성 유동에 대하여 마하수 $M = V/a$는 0이다. 따라서 3~6장에서 다뤘던 비압축성 유동들은 이론적으로 영 마하수(zero-Mach-number) 유동이다.

마지막으로 마하수의 부가적인 물리적 의미에 관하여, 유선을 따라 움직이는 유동 원소를 고려하라. 단위 질량당 운동 에너지와 내부 에너지는 각각 $V^2/2$와 e이다. 그들의 비율[식 (7.6a), (7.10), (8.25)의 방정식을 상기해 보겠다]은 다음 식과 같다.

$$\frac{V^2/2}{e} = \frac{V^2/2}{c_v T} = \frac{V^2/2}{RT/(\gamma-1)} = \frac{(\gamma/2)V^2}{a^2/(\gamma-1)} = \frac{\gamma(\gamma-1)}{2}M^2$$

따라서 마하수의 제곱이 기체 유동의 내부 에너지에 대한 운동 에너지의 비율과 비례한다는 것을 보게 된다. 다시 말해 마하수는 분자들 임의의 열운동과 비교하여 기체의 직접적인 운동을 측정하는 기준이다.

예제 8.1

250 m/s로 날고 있는 비행기를 생각해 보자. 기준 고도 (*a*) 해면, (*b*) 5 km, (*c*) 10 km에서 날고 있는 비행기의 마하수를 계산하라.

■ 풀이

(*a*) 부록 D로부터 해면에서의 대기 온도는 $T_\infty = 288$ K

$$a_\infty = \sqrt{\gamma RT} = \sqrt{(1.4)(287)(288)} = 340.2 \text{ m/s}$$

따라서

$$M_\infty = \frac{V_\infty}{a_\infty} = \frac{250}{340.2} = \boxed{0.735}$$

(*b*) 5 km에서는 부록 D로부터 $T_\infty = 255.7$

$$a_\infty = \sqrt{(1.4)(287)(255.7)} = 320.5 \text{ m/s}$$

$$M_\infty = \frac{V_\infty}{a_\infty} = \frac{250}{320.2} = \boxed{0.78}$$

(*c*) 10 km에서는 부록 D로부터 $T_\infty = 223.3$

$$a_\infty = \sqrt{(1.4)(287)(223.3)} = 299.5 \text{ m/s}$$

$$M_\infty = \frac{V_\infty}{a_\infty} = \frac{250}{299.5} = \boxed{0.835}$$

주: (1) 여기서 사용한 마하수는 자유흐름 마하수이다. 항공기나 비행 중인 어떤 물체의 마하수를 언급할 때는 그 물체의 속도를 자유흐름의 음속으로 나눈 값이다.

(2) 이 예제에서의 마하수는 음속이 고도에 따라 다르기 때문에 당연히 비행하는 고도에 따라 다르다. 이 예제에서 항공기 속도 250 m/s은 해면에서는 마하수 0.735에 해당하고, 고도 10 km에서는 더 높은 마하수 0.835에 해당한다.

예제 8.2

예제 7.3에서 설명한 온도 320 K, 속도 1000 m/s인 유동의 한 점에서의 유동 특성을 생각해 보자. 이 점에서의 마하수를 계산하라.

■ 풀이

$$a = \sqrt{\gamma RT} = \sqrt{(1.4)(287)(320)} = 358.6 \text{ m/s}$$

$$M = \frac{V}{a} = \frac{1000}{358.6} = \boxed{2.79}$$

주: 이 예제는 마하수가 유동의 국소적인 성질이라는 사실을 증명해 준다. 마하수는 유동장 안에서 각 점마다 변한다. 이것은 예제 8.1에서 계산한 자유흐름 마하수와 대조된다. 이 두 예제의 목적은 마하수의 두 가지 사용법을 보여주기 위함이다.

예제 8.3

유동의 한 점에서 마하수가 (*a*) $M = 2$, (*b*) $M = 20$일 때, 이 점에서의 내부 에너지에 대한 운동 에너지의 비를 구하라.

■ 풀이

(*a*) $\dfrac{V^2/2}{e} = \dfrac{\gamma(\gamma-1)}{2}M^2 = \dfrac{(1.4)(0.4)}{2}(2)^2 = \boxed{1.12}$

(*b*) $\dfrac{V^2/2}{e} = \dfrac{\gamma(\gamma-1)}{2}M^2 = \dfrac{(1.4)(0.4)}{2}(20)^2 = \boxed{112}$

주: 이 두 결과에서 마하수가 2일 때는 내부 에너지와 운동 에너지가 거의 같지만, 마하수가 20인 극초음속에서는 운동 에너지가 내부 에너지보다 거의 100배 이상 크다는 것을 알 수 있다. 내부 에너지에 대한 운동 에너지의 비가 매우 큰 것은 극초음속 유동의 특징 중 하나이다.

예제 8.4

공기 중 압력과 밀도가 0.7 atm, 0.0019 slug/ft^{3}인 한 점을 생각해 보자. (a) 해당되는 등엔트로피 압축성 값, (b) 등엔트로피 압축성 값으로부터 유동 속 그 점에서의 음속을 각각 구하라.

■ 풀이

(*a*) 등엔트로피 압축성 τ_s는 식 (7.35)에 정의되었다.

$$\tau_s = -\frac{1}{v}\left(\frac{\partial v}{\partial p}\right)_s \tag{7.35}$$

등엔트로피 과정에서 p와 v의 관계는 식 (7.32)에 다음의 형태로 주어졌다.

$$p = c\,\rho^{\gamma} = c\left(\frac{1}{v}\right)^{\gamma} \tag{E8.1}$$

여기서 c는 상수이다. 식 (E8.1)을 v에 대해 구하면

$$v = c_1\, p^{-(1/\gamma)} \tag{E8.2}$$

여기서 $c_1 = c^{(1/\gamma)}$이고 또 다른 상수이다. 식 (E8.2)를 미분하면 다음을 얻는다.

$$\left(\frac{\partial v}{\partial p}\right)_s = c_1\left(-\frac{1}{\gamma}\right)p^{-(1/\gamma)-1} \tag{E8.3}$$

식 (E8.2)로부터

$$c_1 = vp^{1/\gamma}$$

c_1에 대한 이 표현을 식 (E8.3)에 대입하면,

$$\left(\frac{\partial v}{\partial p}\right)_s = -\frac{1}{\gamma}\left(vp^{1/\gamma}\right)p^{-(1/\gamma)-1} = -\frac{v}{\gamma p}$$

이 결과를 식 (7.35)에 대입하면 다음을 얻을 수 있다.

$$\tau_s = -\frac{1}{v}\left(-\frac{v}{\gamma p}\right) = \frac{1}{\gamma p} \tag{E8.4}$$

따라서 압력 0.7 atm인 공기에서 식 (E8.4)를 산출한다.

$$\tau_s = \frac{1}{(1.4)(0.7)} = \boxed{1.02\ \text{atm}^{-1}}$$

(b) 식 (8.27)로부터

$$a = \sqrt{\frac{1}{\rho\tau_s}} \tag{8.27}$$

그리고 τ_s를 일관된 단위를 사용하여 다음과 같이 구한다.

$$\begin{aligned}\tau_s &= 1.02\ \text{atm}^{-1}\left(\frac{1\ \text{atm}}{2116\ \text{lb/ft}^2}\right)\\ &= 4.82 \times 10^{-4}(\text{lb/ft}^2)^{-1}\end{aligned}$$

다음을 얻는다.

$$a = \sqrt{\frac{1}{\rho\tau_s}} = \sqrt{\frac{1}{0.0019(4.82 \times 10^{-4})}} = \boxed{1045\ \text{ft/s}}$$

확인:

$$T = \frac{p}{\rho R} = \frac{(0.7)(2116)}{(0.0019)(1716)} = 454.3\ °\text{R}$$

식 (8.25)로부터

$$a = \sqrt{\gamma RT} = \sqrt{(1.4)(1716)(454.3)} = 1045\ \text{ft/s}$$

답을 확인했다!

예제 8.5

17세기까지 소리는 어떤 유한 속도로 공기를 통해 전파되는 것으로 이해되었다. Isac Newton이 1687년 *Principia*를 발표할 때까지, 대포 시험은 이미 해면에서의 음속은 대략 1140 ft/s라는 것을 보여주었다. 그 결과와 오늘날의 해면에서의 표준 음속값 1117 ft/s을 비교하면, 17세기 초반의 측정이 놀랄 만큼 정확하다는 것을 알 수 있다. 음속에 대한 실험적인 이 결과값을 가지고, Isac Newton은 그의 *Principia*에서 음속에 대한 최초의 계산을 만들었다(참고문헌 58 참조). 여기서 Newton은 음속은 공기의 '탄성(elasticity)'과 연관이 있고, 이는 압축성 τ의 역수라는 것을 정확하게 이론화하였다. 그러나 그는 음파에서의 물성치들의 변화는 등온에서 발생한다는 잘못된 가정을 하였다. Newton의 음파를 통한 등온 변화 가정을 사용하여, Newton의 해면에서 음속값을 계산하라.

■ 풀이

등온 압축성은 다음과 같이 정의된다.

$$\tau_T = -\frac{1}{v}\left(\frac{\partial v}{\partial p}\right)_T \tag{7.34}$$

상태 방정식으로부터 $v = RT/p$이다. 따라서

$$\left(\frac{\partial v}{\partial p}\right)_T = -\frac{RT}{p^2}$$

이를 식 (7.34)에 대입하면 다음을 얻을 수 있다.

$$\tau_T = -\frac{1}{v}\left(-\frac{RT}{p^2}\right) = \frac{RT}{(pv)p} = \frac{RT}{(RT)_p} = \frac{1}{p} \tag{E8.5}$$

정확한 등엔트로피 압축성 대신 이 등온 압축성 값을 식 (8.27)에 사용하면 (정확하지 않은) 다음을 얻는다.

$$a_T = \sqrt{\frac{1}{\rho\tau_T}} \qquad \text{(Newton의 } \textit{틀린} \text{ 결과)} \tag{E8.6}$$

표준 해면에서 $p = 2116\ \text{lb/ft}^2$ 그리고 $\rho = 0.002377\ \text{slug/ft}^3$이다. 따라서 음파를 통하는 등온 조건 가정하의 음속 계산은 식 (E8.5)와 (E8.6)으로부터 얻는다.

$$a_T = \sqrt{\frac{1}{\rho\tau_T}} = \sqrt{\frac{p}{\rho}} = \sqrt{\frac{2116}{0.002377}} = \boxed{943.5\ \text{ft/s}}$$

Isac Newton은 그의 *Principia*에서 음속의 값으로 이 예제에서 계산된 값보다 4% 정도 높은 979 ft/s을 보고했다. 그 차이는 해면 대기 상태량 값이 Newton 시대에 다소 부정확했기 때문이라 여겨진다. 주: 등엔트로피 압축성은 다음과 같다.

$$\tau_s = \frac{1}{\gamma p} \tag{E8.4}$$

등온 압축성은 다음과 같다.

$$\tau_T = \frac{1}{p} \tag{E8.5}$$

2개의 값은 γ에 의해 다르다. 등온 압축성에 의해 계산된 음속은 등엔트로피 압축성에 의해 계산된 값보다 $(\gamma)^{-1/2}$ 혹은 0.845 정도 작다. 등온 계산은 음속을 정확한 값보다 15% 낮게 계산해 낸다. Newton이 *Principia*에서 보고한 음속의 값은 그 당시 측정된 값인 1140 ft/s보다 약 15% 정도 낮게 계산되었다는 점이 흥미롭다. 의연하게 Newton은 그 차이를 대기 중 먼지 입사나 수증기의 존재 때문이라고 설명하려 했다. 결과적으로 한 세기 후에 프랑스 수학자인 Laplace는 Newton의 실수를 음파는 등온이 아니라 단열이라는 가정으로 수정함으로써 바로잡았다. 따라서 1820년대까지, 기체에서의 소리 전파에 대한 과정과 관계는 완전하게 이해되었다.

8.3.1 주석 Comments

예제 8.4와 8.5에서, 음속 측정에서의 압축성 τ에 대해 다루었다. τ_T와 τ_s 모두 압력의 함수라는 점을 확인했다. τ_s가 음속을 얻기 위해 식 (8.27)에 사용되었을 때, 밀도 역시 $a = a(\rho, p)$ 방정식에서 볼 수 있었다. 실제로 예제 8.4와 8.5에서 p와 ρ 값을 음속을 계산하는 데 사용했다. 하지만 음속에 대한 방정식에서 p와 ρ는 항상 p/ρ의 형태로 나타남을, 그리고 완전 기체 상태 방정식에서는 $p/\rho = RT$ 형태임을 명심하라. 이런 이유로 다시 한번 완전 기체에서의 음속은 *오직* 온도의 함수라는 점을 강조한다. 만약 우리가 기체를 가지고 있고 이 기체의 온도를 유지시킨 채 압력을 2배로 가한다면, 음속은 같게 유지된다. 온도를 유지한 채로 밀도를 반으로 줄인다면 음속은 그대로 유지하게 된다. 다만 화학적 평형 반응 기체 또는 분자 사이의 힘이 중요한 기체(7.2.1절에서 논의되었듯 기체는 완전 기체가 *아님*)의 경우에, 음속은 동시에 온도와 압력의 함수가 된다(참고문헌 21과 52 참조).

예제 8.6

(a) 길이 300 m의 관을 고려하자. 관은 온도 320 K의 공기로 채워져 있다. 음파가 관의 한쪽 끝에서 생성되었다. 파동이 다른 쪽 끝에 도달하는 데 얼마나 걸리는가?

(b) 만약 관이 온도 320 K의 헬륨으로 채워져 있고 음파가 관 한쪽 끝에서 생성되었다면, 음파가 다른 쪽 끝에 도달하는 데 얼마나 걸리는가? 헬륨과 같은 단원자 기체의 $\gamma = 1.67$이다. 또한 헬륨의 $R = 2078.5\ \text{J/(Kg}\cdot\text{K)}$이다.

■ 풀이

(a)

$$a = \sqrt{\gamma RT} = \sqrt{(1.4)(287)(320)} = 358.6\ \text{m/s}$$

l = 관의 길이, t = 음파가 길이 l을 통과하는 데 걸리는 시간이라 놓자.

$$t = \frac{l}{a} = \frac{300}{358.6} = \boxed{0.837\ \text{s}}$$

(b)

$$a = \sqrt{\gamma RT} = \sqrt{(1.67)(2078.5)(320)} = 1054\ \text{m/s}$$

$$t = \frac{l}{a} = \frac{300}{1054} = \boxed{0.285 \text{ s}}$$

주: 헬륨의 음속은 두 가지 이유로 동일한 온도에서의 공기보다 훨씬 빠르다. (1) γ는 헬륨이 더 크고 훨씬 중요하다. (2) 헬륨은 분자량 $M = 4$이고, 이는 공기의 분자량 $M = 28$보다 훨씬 가볍다. 왜냐하면 $R = \mathfrak{R}/M$, $\mathfrak{R}$은 보편 기체 상수(universal gas constant)로 모든 기체에 같은 값이므로, 헬륨의 R은 공기보다 훨씬 크게 된다.

8.4 에너지 방정식의 특별한 형태들 *Special Forms of the Energy Equation*

이 절에서는 본래 식 (7.44)에 의해 주어진 것과 같이 단열 유동에 대한 에너지 방정식에 대하여 상세히 설명한다. 7.5절에서 정상 상태, 단열, 비점성 유동에 대하여 다음과 같은 결과를 얻었다.

$$h_1 + \frac{V_1^2}{2} = h_2 + \frac{V_2^2}{2} \tag{8.28}$$

여기서 V_1과 V_2는 3차원 유선을 따라 있는 어떤 두 점에서의 속도이다. 1차원 유동에 대한 현재 논의의 일관성을 위하여, 식 (8.28)에 u_1과 u_2를 이용하자.

$$h_1 + \frac{u_1^2}{2} = h_2 + \frac{u_2^2}{2} \tag{8.29}$$

그러나 이 절에서 다른 모든 결과는 일반적으로 유선을 따르며, 결코 1차원 유동에 제한되지 않는다.

식 (8.29)를 $h = c_pT$인 열량적 완전 기체에 대하여 상세히 설명하면 다음과 같은 식을 얻는다.

$$\boxed{c_pT_1 + \frac{u_1^2}{2} = c_pT_2 + \frac{u_2^2}{2}} \tag{8.30}$$

식 (7.9)로부터 식 (8.30)은 다음과 같은 식이 된다.

$$\frac{\gamma RT_1}{\gamma - 1} + \frac{u_1^2}{2} = \frac{\gamma RT_2}{\gamma - 1} + \frac{u_2^2}{2} \tag{8.31}$$

$a = \sqrt{\gamma RT}$이기 때문에 식 (8.31)은 다음과 같이 나타낼 수 있다.

$$\boxed{\frac{a_1^2}{\gamma - 1} + \frac{u_1^2}{2} = \frac{a_2^2}{\gamma - 1} + \frac{u_2^2}{2}} \tag{8.32}$$

식 (8.32)에서 점 2를 $u_2 = 0$인 정체 음속 a_0로 표시되는 정체점이라고 간주하면, 식 (8.32)는 아래첨자 1을 없앤 식이 된다.

$$\boxed{\frac{a^2}{\gamma - 1} + \frac{u^2}{2} = \frac{a_0^2}{\gamma - 1}} \tag{8.33}$$

식 (8.33)에서 a와 u는 유동에서 어떤 주어진 점에 대한 각각의 음속과 유동 속도이며, a_0는 그 점과 *관련된* 정체 음속이다. 동일하게, 유선을 따라 어떤 두 점에 대해 식 (8.33)은 다음과 같다.

$$\frac{a_1^2}{\gamma - 1} + \frac{u_1^2}{2} = \frac{a_2^2}{\gamma - 1} + \frac{u_2^2}{2} = \frac{a_0^2}{\gamma - 1} = \text{const} \tag{8.34}$$

7.5절의 끝에 주어진 a^*의 정의를 상기하여, 식 (8.32)에서 점 2를 $u = a^*$인 음속 유동으로 대치하자.

$$\frac{a^2}{\gamma - 1} + \frac{u^2}{2} = \frac{a^{*2}}{\gamma - 1} + \frac{a^{*2}}{2}$$

또는

$$\boxed{\frac{a^2}{\gamma - 1} + \frac{u^2}{2} = \frac{\gamma + 1}{2(\gamma - 1)} a^{*2}} \tag{8.35}$$

식 (8.35)에서 a와 u는 유동에서 어떤 주어진 점에 대한 각각의 음속과 유동 속도이며, a^*는 그 점과 *관련된* 특성값(characteristic value)이다. 동일하게, 유선을 따라 어떤 두 점에 대해 식 (8.35)는 다음과 같다.

$$\frac{a_1^2}{\gamma - 1} + \frac{u_1^2}{2} = \frac{a_2^2}{\gamma - 1} + \frac{u_2^2}{2} = \frac{\gamma + 1}{2(\gamma - 1)} a^{*2} = \text{const} \tag{8.36}$$

식 (8.34)와 (8.36)의 우변들을 비교하면, 유동과 관련된 두 상태량 a_0와 a^*는 다음과 같이 관련된다.

$$\frac{\gamma + 1}{2(\gamma - 1)} a^{*2} = \frac{a_0^2}{\gamma - 1} = \text{const} \tag{8.37}$$

정리하자면, 이러한 정의된 상태량 a_0와 a^*는 둘 다 정상 상태, 단열, 비점성 유동에서 주어진 유선을 따르는 상수들이다. 만약 모든 유선들이 같은 일정한 자유흐름 조건으로부터 나온다면, a_0와 a^*는 전체 유동장 전역에서 상수이다.

7.5절에서 논의한 것과 같이, 전온도 T_0의 정의를 상기하라. 식 (8.30)에서 $u_2 = 0$이라 하면 $T_2 = T_0$이다. 아래첨자 1을 없애면 다음과 같은 식을 가진다.

$$\boxed{c_p T + \frac{u^2}{2} = c_p T_0} \tag{8.38}$$

식 (8.38)은 규정된 전온도 T_0가 일반적인 유동장의 어떤 주어진 점에서 T와 u가 주어진 실제 조건들로부터 계산될 수 있다는 공식을 제공한다. 동일하게, 만약 정상 상태, 단열, 비점성 유동에서 유선을 따라 어떤 두 점을 가진다면 식 (8.38)은 다음과 같은 식으로 나타난다.

$$c_p T_1 + \frac{u_1^2}{2} = c_p T_2 + \frac{u_2^2}{2} = c_p T_0 = \text{const} \tag{8.39}$$

만약 모든 유선들이 같은 일정한 자유흐름으로부터 나온다면, 식 (8.39)는 유선만을 따라 적용되지 않고 전체 유동 전역에 적용된다.

열량적 완전 기체에 대하여, 정온(static temperature)에 대한 전온도의 비율 T_0/T는 다음처럼 단지 마하수만의 함수이다. 식 (8.38)과 (7.9)로부터 다음과 같은 식이 된다.

$$\frac{T_0}{T} = 1 + \frac{u^2}{2c_p T} = 1 + \frac{u^2}{2\gamma RT/(\gamma - 1)} = 1 + \frac{u^2}{2a^2/(\gamma - 1)} = 1 + \frac{\gamma - 1}{2}\left(\frac{u}{a}\right)^2$$

그러므로

$$\boxed{\frac{T_0}{T} = 1 + \frac{\gamma - 1}{2} M^2} \tag{8.40}$$

식 (8.40)은 매우 중요하다. 단지 M(그리고 물론 γ의 값도)은 정온에 대한 전온도의 비율을 나타낸다.

7.5절에서 논의한 전압 p_0와 전밀도 ρ_0의 정의를 상기하라. 이러한 정의들은 영속도(zero velocity)에 대한 유동의 *등엔트로피* 압축을 포함한다. 식 (7.32)로부터 다음과 같은 식을 가진다.

$$\frac{p_0}{p} = \left(\frac{\rho_0}{\rho}\right)^{\gamma} = \left(\frac{T_0}{T}\right)^{\gamma/(\gamma - 1)} \tag{8.41}$$

식 (8.40)과 (8.41)을 결합시키면 다음과 같은 식을 얻는다.

$$\frac{p_0}{p} = \left(1 + \frac{\gamma - 1}{2}M^2\right)^{\gamma/(\gamma-1)} \tag{8.42}$$

$$\frac{\rho_0}{\rho} = \left(1 + \frac{\gamma - 1}{2}M^2\right)^{1/(\gamma-1)} \tag{8.43}$$

T_0/T의 경우와 마찬가지로, 식 (8.42)와 (8.43)으로부터 정체 대정적 비율 p_0/p와 ρ_0/ρ가 단지 M과 γ에 의해 결정된다는 것을 알 수 있다. 그러므로 주어진 기체(예를 들어 주어진 γ)에 대하여 T_0/T, p_0/p, ρ_0/ρ 비율은 오직 마하수에만 의존한다.

식 (8.40), (8.42), (8.43)은 매우 중요하다. 그 식들을 기억하여야 한다. 그 식들은 규정된 상태량들 T_0, p_0, ρ_0가 (열량적 완전 기체라고 가정한) 일반적인 유동장에 주어진 점에서 M, T, p, ρ의 실제 조건들로부터 계산될 수 있는 공식들을 제공한다. 그 식들은 매우 중요해서 식 (8.40), (8.42), (8.43)으로부터 각각 얻어진 T_0/T, p_0/p, ρ_0/ρ의 값들은 (표준 조건에서 공기에 관한) $\gamma = 1.4$에 대하여 부록 A에 M의 함수로 도표로 나타내었다.

속도가 정확히 음속($M = 1$)인 일반적인 유동에서의 한 점을 생각해 보자. 이러한 음속 조건에서 정온, 정압, 정적 밀도는 각각 T^*, p^*, ρ^*로 표시된다. $M = 1$을 식 (8.40), (8.42), (8.43)에 대입하면 다음과 같은 식을 얻는다.

$$\frac{T^*}{T_0} = \frac{2}{\gamma + 1} \tag{8.44}$$

$$\frac{p^*}{p_0} = \left(\frac{2}{\gamma + 1}\right)^{\gamma/(\gamma-1)} \tag{8.45}$$

$$\frac{\rho^*}{\rho_0} = \left(\frac{2}{\gamma + 1}\right)^{1/(\gamma-1)} \tag{8.46}$$

$\gamma = 1.4$에 대하여 이러한 비율은 다음과 같다.

$$\frac{T^*}{T_0} = 0.833 \qquad \frac{p^*}{p_0} = 0.528 \qquad \frac{\rho^*}{\rho_0} = 0.634$$

이들은 다음 논의를 위하여 기억해야 할 유용한 수들이다.

이 절에서 다룰 항목이 마지막 하나 남았다. 1장에서 마하수를 (이 장에서 $M = u/a$와 같은 1차원 표기를 따르는) $M = V/a$로 정의하였다. 이 식은 다음과 같은 유동의 몇 가지 구역을 정의한다.

$M < 1$ (아음속 유동)
$M = 1$ (음속 유동)
$M > 1$ (초음속 유동)

M의 정의에서, a는 국소 음속 $a = \sqrt{\gamma RT}$이다. 초음속 유동 이론에서 음속은 다음과 같이 정의되는 '특성(characteristic)' 마하수 M^*를 도입하는 것이 편리할 때가 있다.

$$M^* \equiv \frac{u}{a^*}$$

여기서 a^*는 음속 조건에서의 음속값이며, 실제 국소 음속값은 *아니다*. 이는 7.5절의 마지막에 도입된 것과 같은 a^*이며 식 (8.35)에서 사용된다. a^*의 값은 $a^* = \sqrt{\gamma RT^*}$에 의해 주어진다. 실제 마하수 M과 특성 마하수 M^* 사이의 관계를 얻도록 하자. 식 (8.35)를 u^2으로 나누면 다음과 같은 식을 얻는다.

$$\frac{(a/u)^2}{\gamma-1}+\frac{1}{2}=\frac{\gamma+1}{2(\gamma-1)}\left(\frac{a^*}{u}\right)^2$$

$$\frac{(1/M)^2}{\gamma-1}=\frac{\gamma+1}{2(\gamma-1)}\left(\frac{1}{M^*}\right)^2-\frac{1}{2}$$

$$\boxed{M^2=\frac{2}{(\gamma+1)/M^{*2}-(\gamma-1)}} \tag{8.47}$$

식 (8.47)은 M을 M^*에 대한 함수로 정의한다. M^{*2}에 대해 식 (8.47)을 풀면 다음과 같은 식을 가진다.

$$\boxed{M^{*2}=\frac{(\gamma+1)M^2}{2+(\gamma-1)M^2}} \tag{8.48}$$

이 식은 M^*를 M에 대한 함수로 정의한다. 다음은 숫자들을 식 (8.48)에 대입함으로써 나타낼 수 있다(직접 시도해 보라).

$M^* = 1$ $M = 1$이라면
$M^* < 1$ $M < 1$이라면
$M^* > 1$ $M > 1$이라면
$M^* \to \sqrt{\frac{\gamma+1}{\gamma-1}}$ $M > \infty$이라면

따라서 실제 마하수가 무한값으로 접근할 때, M^*가 유한값으로 접근하는 것을 제외하고 M^*는 M과 같은 유형으로 정량적으로 작용한다.

요약하면 수많은 식들, 즉 정상 상태, 비점성, 단열 유동에 대한 기본적인 에너지 방정식으로부터 하나의 유형이나 또 다른 유형으로 시작된 모든 식들을 이 절에서 유도하였다. 여러분은 다음 내용을 공부하기 이전에 이러한 식들을 이해하는지, 그 식들과 매우 친숙한지 확인하라. 이 식들은 충격파 해석과 일반적인 압축성 유동의 연구에 있어서 매우 중추적인 구실을 한다.

예제 8.7

이 절에서 나온 식을 사용하여 예제 7.3을 반복하라.

■ 풀이

예제 8.2에서 국소 마하수는 $M = 2.79$로 계산되었다. 식 (8.40)으로부터

$$\frac{T_0}{T}=1+\frac{\gamma-1}{2}M^2=1+\frac{0.4}{2}(2.79)^2=2.557$$

예제 7.3으로부터 $T = 320$ K다. 따라서

$$T_0=2.557T=(2.557)(320)=\boxed{818\text{ K}}$$

식 (8.42)로부터

$$\frac{p_0}{p}=\left[1+\frac{\gamma-1}{2}(M)^2\right]^{\frac{\gamma}{\gamma-1}}=(2.557)^{\frac{1.4}{0.4}}=26.7$$

예제 7.3으로부터 $p = 1$ atm이다. 따라서

$$p_0=26.7p=26.7(1)=\boxed{26.7\text{ atm}}$$

여기서 구한 결과는 예제 7.3의 결과와 같다. 마하수로부터 T_0와 p_0를 계산하는 방법은 예제 7.3의 방법보다 더욱 근본적인 방법이

다. 계속 학습하면 마하수가 압축성 유동에서의 주된 지배변수라는 것을 알게 될 것이다.

주: 이 예제에서 답을 얻기 위해 해석적인 방정식들을 사용했다. 다음에 나오는 예제에서는 해석적인 방정식을 통해 얻어진 부록 A의 도표를 사용할 것이다. 이 도표는 매번 방정식을 계산하는 시간을 절약해 주는 편리함을 제공한다.

예제 8.8

국소 마하수, 정압, 정온이 각각 3.5, 0.3 atm, 180 K인 공기흐름에서 한 점을 고려하자. 이 점에서 p_0, T_0, T^*, a^*, 그리고 M^*의 국소값들을 계산하라.

■ 풀이

부록 A로부터 $M = 3.5$일 때 $p_0/p = 76.27$, $T_0/T = 3.45$이다.

$$p_0 = \left(\frac{p_0}{p}\right) p = 76.27(0.3 \text{ atm}) = \boxed{22.9 \text{ atm}}$$

$$T_0 = \frac{T_0}{T} T = 3.45(180) = \boxed{621 \text{ K}}$$

$M = 1$일 때 $T_0/T^* = 1.2$이다. 따라서

$$T^* = \frac{T_0}{1.2} = \frac{621}{1.2} = \boxed{517.5 \text{ K}}$$

$$a^* = \sqrt{\gamma R T^*} = \sqrt{1.4(287)(517.5)} = \boxed{456 \text{ m/s}}$$

$$a = \sqrt{\gamma R T} = \sqrt{1.4(287)(180)} = 268.9 \text{ m/s}$$

$$V = Ma = 3.5(268.9) = 941 \text{ m/s}$$

$$M^* = \frac{V}{a^*} = \frac{941}{456} = \boxed{2.06}$$

M^*에 대한 위 결과는 또한 식 (8.48)로부터 직접 얻을 수 있다.

$$M^{*2} = \frac{(\gamma + 1)M^2}{2 + (\gamma - 1)M^2} = \frac{2.4(3.5)^2}{2 + 0.4(3.5)^2} = 4.26$$

따라서 위 결과로부터 $M^* = \sqrt{4.26} = 2.06$이다.

예제 8.9

예제 3.1에서, 익형 표면 한 점에서의 압력 그리고 자유흐름 속도와 압력이 주어졌을 때, 그 점에서 속도 계산을 비압축성 유동에 관하여 보여주었다. (다음 내용을 더 나아가기 전에 예제 3.1을 복습할 필요가 있다.) 해답은 Bernoulli 방정식의 사용을 포함하고 있다. 예제 3.1과 유사한 압축성 유동을 생각해 보자. 그림 8.5에 나타낸 것과 같이 $M_\infty = 0.6$이며, $p_\infty = 1$ atm인 자유흐름에서 익형을 생각해 보라. 익형 표면 점 1에 압력 $p_1 = 0.7545$ atm이다. 점 1에서 국소 마하수를 계산하라. 익형 위 유동을 등엔트로피 유동이라 가정하라.

■ 풀이

유동을 압축성으로 다뤄야 할 만큼 자유흐름 마하수가 높기 때문에 Bernoulli 방정식을 사용할 수 없다. $M_\infty = 0.6$에 대한 자유흐

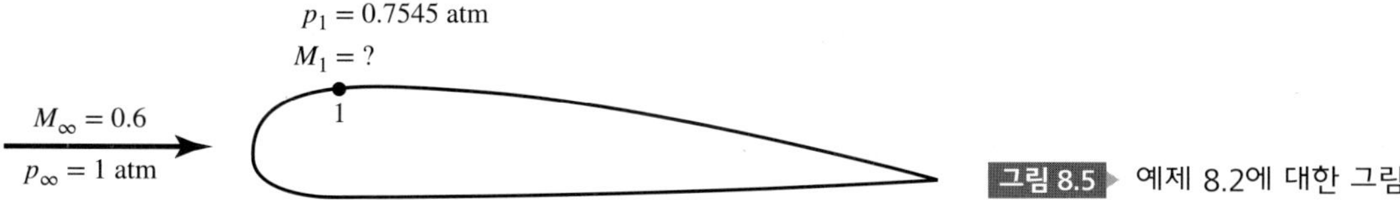

그림 8.5 예제 8.2에 대한 그림

름 전압은 부록 A로부터 얻을 수 있다.

$$p_{0,\infty} = \frac{p_{0,\infty}}{p_\infty} p_\infty = (1.276)(1) = 1.276 \text{ atm}$$

등엔트로피 유동에 대하여, 전압은 유동 전역에서 일정하다는 것을 상기하라.

$$p_{0,1} = p_{0,\infty} = 1.276 \text{ atm}$$

또는

$$\frac{p_{0,1}}{p_1} = \frac{1.276}{0.7545} = 1.691$$

부록 A로부터, 정압에 대한 전압비가 1.69일 때 마하수는 다음과 같다.

$$\boxed{M_1 = 0.9}$$

이는 그림 8.5의 익형 표면 위 점 1에 대한 국소 마하수이다.

예제 8.10

유동 속도는 예제 8.9에서 계산과정에 넣지 않았음에 주목하라. 압축성 유동에 대하여, 마하수는 속도보다 더 기본적인 변수이다. 압축성 유동을 다루는 다음 장과 절에서 시시각각 이 변수에 대하여 다시 보게 될 것이다. 그러나 압축성 유동 문제들에 대한 속도를 정확히 계산할 수 있지만, 그러한 경우에 종종 유동의 온도 수준(temperature level)을 알 필요가 있다. 예제 8.9에서와 같은 조건에 대하여, 자유흐름 온도가 59 °F일 때 익형 표면의 점 1에 대한 속도를 계산하라.

■ 풀이

일관된 단위를 사용할 필요가 있다. 0 °F는 460 °R과 같기 때문에,

$$T_\infty = 460 + 59 = 519 \text{ °R}$$

등엔트로피 유동이므로 식 (7.32)로부터

$$\frac{p_1}{p_\infty} = \left(\frac{T_1}{T_\infty}\right)^{\gamma/(\gamma-1)}$$

또는

$$T_1 = T_\infty \left(\frac{p_1}{p_\infty}\right)^{(\gamma-1)/\gamma} = 519\left(\frac{0.7545}{1}\right)^{(1.4-1)/1.4} = 478.9 \text{ °R}$$

식 (8.25)로부터 점 1의 음속은

$$a_1 = \sqrt{\gamma R T_1} = \sqrt{(1.4)(1716)(478.9)} = 1072.6 \text{ ft/s}$$

따라서

$$V_1 = M_1 a_1 = (0.9)(1072.6) = \boxed{965.4 \text{ ft/s}}$$

8.5 유동이 언제 압축성 성질을 가질까? *When is a Flow Compressible?*

8.4절에 대한 당연한 결과로, 언제 유동을 압축성으로 고려해야 하는지, 즉 3~6장에서 논의한 비압축성 기술들보다 7~14장의 내용을 기초로 한 분석들을 이용해야 할 때는 언제인지에 대한 질문을 조사할 입장에 있다. 이런 질문에 대한 특별한 답은 없다. 아음속 유동에 대하여 ρ를 상수로 다루는 것이 바람직한지 변수로 다루는 것이 바람직한지는 이 유동을 계산하는 데 있어서 중요한 문제가 되는 반면, 초음속 유동에 대하여 그 유동의 정량적 양상은 매우 다르기 때문에 밀도는 변수로 다뤄져야*만 한다*. $M < 0.3$일 때 유동이 비압축성이라고 가정될 수 있다는 경험적 방법을 이전의 장들에서 여러 번 언급했다. 반면 $M > 0.3$일 때 유동은 압축성으로 고려되어야 한다. 0.3이란 수에 대한 마법은 없지만, 그것은 유동의 압축성 여부를 판가름하기에 편리하다. 지금 이러한 경험적 방법에 실질적 내용을 덧붙일 입장에 있다.

여러분 주위에 있는 공기의 요소, 다시 말해 정지 상태에 있는 초기 유체 입자를 생각해 보자. 정지해 있는 이 기체

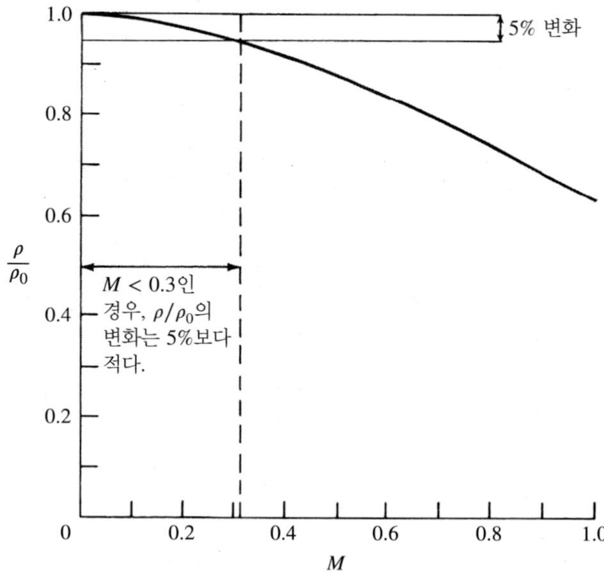

그림 8.6 마하수에 따른 밀도의 등엔트로피 변화

의 밀도는 ρ_0이다. 이러한 유체 요소가 등엔트로피적으로, 즉 공기가 노즐을 통하여 팽창함으로써 어떤 속도 V와 마하수 M으로 가속된다고 하자. 유체 요소의 속도가 증가함에 따라, 다른 유동 상태량들은 7장과 이 장에서 유도된 기본적인 지배 방정식에 따라 변할 것이다. 특히 유체 요소의 밀도 ρ는 식 (8.43)에 따라 변할 것이다.

$$\frac{\rho_0}{\rho} = \left(1 + \frac{\gamma - 1}{2}M^2\right)^{1/(\gamma-1)} \tag{8.43}$$

$\gamma = 1.4$에 대하여 이러한 변화를 그림 8.6에 나타내었다. 여기서 ρ/ρ_0는 0에서부터 음속 유동까지 M의 함수로 나타내었다. 낮은 아음속 마하수에서 ρ/ρ_0의 변화는 비교적 완만하며 평평하다. 실제로 $M < 0.32$에 대하여 ρ의 값은 ρ_0로부터 5%보다 낮게 벗어나며, 모든 실제적 경우에 유동은 비압축성으로 다룬다. 그러나 $M > 0.32$에 대하여 ρ의 변화는 5%보다 더 크며, 그것의 변화는 M이 증가함에 따라 더 뚜렷해진다. 결과적으로 많은 공기역학자들은 0.3 이상의 마하수에서 밀도 변화를 고려해야 한다는 경험적 방법을 채택해 왔다. 즉, 유동을 압축성으로 다뤄야 한다. 물론 모든 유동들, 심지어 가장 낮은 마하수들조차도 엄밀히 말하자면 압축성임을 기억하라. 비압축성 유동은 실제 가정이다. 그러나 그림 8.6과 같이 비압축성 유동의 *가정*은 낮은 마하수에서 매우 합당하다. 이러한 이유 때문에 3~6장의 분석들과 비압축성 유동에 대한 대부분의 기존 논문은 많은 공기역학적 응용에 대해 매우 실용적이다.

그림 8.6의 의미를 간파하기 위하여, ρ/ρ_0의 비가 주어진 속도 변화에 따른 압력 변화에 어떻게 영향을 미치는지 알아보자. 압축성 유동에 대한 압력과 속도 사이의 미분 관계식은 아래와 같은 식 (3.12), Euler 방정식에 의해 주어진다.

$$dp = -\rho V\,dV \tag{3.12}$$

이 식은 다음과 같이 쓰일 수 있다.

$$\frac{dp}{p} = -\frac{\rho}{p}V^2\frac{dV}{V}$$

이 식은 국소 밀도 ρ인 압축성 유동에 관하여 주어진 속도 변화에 대한 압력 변화를 제공한다. 만약 지금 밀도가 일정하다고, 다시 말해 그림 8.6에 나타낸 ρ_0와 같다고 *가정*한다면 식 (3.12)는 다음과 같다.

$$\left(\frac{dp}{p}\right)_0 = -\frac{\rho_0}{p}V^2\frac{dV}{V}$$

여기서 아래첨자 0은 일정한 밀도의 가정을 내포한다. 위 두 식들을 서로 나누고, 두 방정식의 dV/V와 p가 같다고 가정한다면 다음과 같은 식이 된다.

$$\frac{dp/p}{(dp/p)_0} = \frac{\rho}{\rho_0}$$

따라서 그림 8.6에 나타낸 ρ/ρ_0가 1로부터 멀어지는 정도는 주어진 dV/V에 대한 압력 변화가 예상되는 것과 같은 정도로 관련된다. 예를 들어, 그림 8.6에 나타나 있듯이 $M = 0.3$에서 발생하는 $\rho/\rho_0 = 0.95$라면, 밀도 ρ_0에 따른 비압축성 유동에 대한 압력 변화와 비교해볼 때, 국소 밀도 ρ에 따른 압축성 유동에 대한 압력 변화는 대략 5% 차이가 날 것이다. 위 비교는 국소 압력 변화에 대한 것이며, 실제 통합된 압력 변화는 덜 민감하다는 것을 기억하라. 예를 들어, $p_0 = 2116$ lb/ft^{2}와 $T_0 = 510$ °R인 표준 해면 조건에 대하여 거의 영속도(zero velocity)로 저장조에서 출발하여 노즐을 통하는 공기 유동과, 노즐 출구(nozzle exit)로 350 ft/s의 속도로 팽창하는 공기 유동을 생각해 보자. 노즐 출구에서 압력은 처음에 비압축성 유동으로 가정하여 계산될 것이며, 다시 압축성 유동으로 계산될 것이다.

비압축성 유동: Bernoulli 방정식으로부터,

$$p = p_0 - \tfrac{1}{2}\rho V^2 = 2116 - \tfrac{1}{2}(0.002377)(350)^2 = \boxed{1970 \text{ lb/ft}^2}$$

압축성 유동: 공기에 대한 $c_p = 6006$ [(ft)(lb)/slug°R]을 가지고 식 (8.30), 즉 에너지 방정식으로부터

$$T = T_0 - \frac{V^2}{2c_p} = 519 - \frac{(350)^2}{2(6006)} = 508.8 \text{ °R}$$

식 (7.32)로부터

$$\frac{p}{p_0} = \left(\frac{T}{T_0}\right)^{\gamma/(\gamma-1)} = \left(\frac{508.8}{519}\right)^{3.5} = 0.9329$$

$$p = 0.9329 p_0 = 0.9329(2116) = \boxed{1974 \text{ lb/ft}^2}$$

두 결과들은 압력의 압축성 값이 비압축성 값보다 단지 0.2% 높게 나왔으므로 거의 비슷하다는 것에 주목하라. 확실히 비압축성 유동의 가정(따라서 Bernoulli 방정식을 사용)은 이 경우에는 타당하다. 또한 출구에서 마하수가 0.317이라는 것에 주목하라(여러분 스스로 이를 계산해 보라). 따라서 마하수가 0에서부터 대략 0.3의 범위에 존재하는 유동에 대하여 보여주었다. Bernoulli 방정식은 압력에 대해 상당히 정확한 값을 산출한다($M < 0.3$인 유동은 본래 비압축성 유동이라는 진술에 대한 정당화). 또 다른 한편으로, 만약 이 유동이 900 ft/s의 속도로 계속 팽창한다면, 위 계산의 반복은 팽창의 끝에 정압에 대한 다음 결과들을 산출한다.

비압축성(Bernoulli 방정식): $p = 1153$ lb/ft^2

압축성: $p = 1300$ lb/ft^2

여기서 두 결과 사이의 차이는 13%로 상당하다. 이 경우에 팽창 후의 마하수는 0.86이다. 확실히 그러한 마하수의 값에 대하여 유동은 압축성으로 다뤄야 한다.

요약하자면, 다소 보수적일지라도 저자는 그림 8.6을 포함한 국소 마하수가 0.3을 넘는 유동은 압축성으로 다뤄야 한다는 위의 모든 정보의 정당성에 대하여 동의한다. 또한 $M < 0.3$일 때 비압축성 유동의 가정은 매우 당연하다.

8.6 수직 충격파 상태량들의 계산 *Calculation of Normal Shock-Wave Properties*

그림 8.2의 이정표를 다시 살펴보자. 3개의 측면을 마쳤으며(8.3~8.5절), 수직 충격파를 가로지르는 유동의 상태량 변화 계산을 위해 주요 방법을 거슬러 올라갈 준비가 되었다. 8.2절로 되돌아가서 식 (8.2), (8.6), (8.10)에 의해 주어진 기본 수직 충격파 방정식들을 상기하자.

연속 방정식: $$\rho_1 u_1 = \rho_2 u_2 \tag{8.2}$$
운동량 방정식: $$p_1 + \rho_1 u_1^2 = p_2 + \rho_2 u_2^2 \tag{8.6}$$
에너지 방정식: $$h_1 + \frac{u_1^2}{2} = h_2 + \frac{u_2^2}{2} \tag{8.10}$$

덧붙여 열량적 완전 기체에 대하여 다음과 같은 식들을 가진다.

$$h_2 = c_p T_2 \tag{8.49}$$

$$p_2 = \rho_2 R T_2 \tag{8.50}$$

그림 8.3으로 다시 돌아가서 기본적인 수직 충격파 문제를 상기하라. 수직 충격파 앞인 영역 1에서 주어진 조건은 충격파 뒤인 영역 2의 조건을 계산한다. 위에 주어진 5개의 방정식들을 검토해 보면 방정식들이 5개의 미지수, 즉 ρ_2, u_2, p_2, h_2, T_2를 포함하는 것을 보게 된다. 그러므로 식 (8.2), (8.6), (8.10), (8.49), (8.50)은 열량적 완전 기체 상태에서 수직 충격파 뒤의 상태량들을 결정하기에 충분하다. 이를 계속 진행해 보자.

먼저 식 (8.6)을 식 (8.2)로 나누면 다음과 같은 식을 얻게 된다.

$$\frac{p_1}{\rho_1 u_1} + u_1 = \frac{p_2}{\rho_2 u_2} + u_2$$

$$\frac{p_1}{\rho_1 u_1} - \frac{p_2}{\rho_2 u_2} = u_2 - u_1 \tag{8.51}$$

$a = \sqrt{\gamma p/\rho}$인 식 (8.23)을 상기하면, 식 (8.51)은 다음과 같은 식이 된다.

$$\frac{a_1^2}{\gamma u_1} - \frac{a_2^2}{\gamma u_2} = u_2 - u_1 \tag{8.52}$$

식 (8.52)는 연속 방정식과 운동량 방정식의 결합이다. 식 (8.10), 즉 에너지 방정식은 식 (8.35)를 영역 1에 처음 적용시켜 그때의 영역 2를 아래와 같이 재배열한 형식, 즉 교체 형식(alternate forms) 중 하나로 사용할 수 있다.

$$a_1^2 = \frac{\gamma+1}{2}a^{*2} - \frac{\gamma-1}{2}u_1^2 \tag{8.53}$$

그리고 $$a_2^2 = \frac{\gamma+1}{2}a^{*2} - \frac{\gamma-1}{2}u_2^2 \tag{8.54}$$

식 (8.53)과 (8.54)에서 충격파를 가로지르는 유동은 단열이기 때문에 a^*는 일정한 상수값이다(7.5절과 8.5절 참조). 식 (8.53)과 (8.54)를 식 (8.52)에 대입하면 다음과 같은 식을 가진다.

$$\frac{\gamma+1}{2}\frac{a^{*2}}{\gamma u_1} - \frac{\gamma-1}{2\gamma}u_1 - \frac{\gamma+1}{2}\frac{a^{*2}}{\gamma u_2} + \frac{\gamma-1}{2\gamma}u_2 = u_2 - u_1$$

또는 $$\frac{\gamma+1}{2\gamma u_1 u_2}(u_2 - u_1)a^{*2} + \frac{\gamma-1}{2\gamma}(u_2 - u_1) = u_2 - u_1$$

$u_2 - u_1$으로 나누면 다음과 같은 식을 얻는다.

$$\frac{\gamma+1}{2\gamma u_1 u_2}a^{*2} + \frac{\gamma-1}{2\gamma} = 1$$

a^*에 대하여 정리하면 다음과 같은 식을 얻는다.

$$\boxed{a^{*2} = u_1 u_2} \tag{8.55}$$

식 (8.55)는 *Prandtl relation*이라 부르며, 수직 충격파에 대한 유용한 중간 관계식(inter-mediate relation)이다. 예를 들어 식 (8.55)로부터,

$$1 = \frac{u_1}{a^*}\frac{u_2}{a^*} \tag{8.56}$$

8.4절에 주어진 특성 마하수(characteristic Mach number)의 정의, 즉 $M^* = u/a^*$를 상기하라. 따라서 식 (8.56)은 다음과 같은 식이 된다.

$$1 = M_1^* M_2^*$$

또는

$$M_2^* = \frac{1}{M_1^*} \tag{8.57}$$

식 (8.48)을 식 (8.57)에 대입하면 다음과 같은 식을 가진다.

$$\frac{(\gamma+1)M_2^2}{2+(\gamma-1)M_2^2} = \left[\frac{(\gamma+1)M_1^2}{2+(\gamma-1)M_1^2}\right]^{-1} \tag{8.58}$$

식 (8.58)을 M_2^2에 대해 정리하면 다음과 같은 식을 얻는다.

$$\boxed{M_2^2 = \frac{1+[(\gamma-1)/2]M_1^2}{\gamma M_1^2-(\gamma-1)/2}} \tag{8.59}$$

식 (8.59)는 수직 충격파에 대한 첫 번째 주요 결과이다. 식 (8.59)를 자세히 검토해 보라. 이 식은 충격파 뒤의 마하수 M_2가 충격파 앞의 마하수 M_1에 대한 함수임을 나타낸다. 또한 $M_1 = 1$이라면 $M_2 = 1$이다. 이는 *마하파*(Mach wave)로 정의되는 무한히 약한 수직 충격파의 경우이다. 그리고 $M_1 > 1$이라면 $M_2 < 1$이다. 즉, 수직 충격파 뒤의 마하수는 *아음속*이다. M_1이 1 이상 증가할 때 수직 충격파는 더 강해지며, M_2는 점진적으로 1보다 작아진다. 그러나 $M_1 \to \infty$일 때 M_2는 유한한 값, 즉 $M_2 \to \sqrt{(\gamma-1)/2\gamma}$이고 공기에 대하여 0.378로 접근한다.

그럼 지금부터 수직 충격파를 가로지르는 열역학 상태량들의 비, 즉 ρ_2/ρ_1, p_2/p_1, 그리고 T_2/T_1을 얻도록 하자. 식 (8.2)를 재배열하고 식 (8.55)를 이용하면 다음과 같은 식을 가진다.

$$\frac{\rho_2}{\rho_1} = \frac{u_1}{u_2} = \frac{u_1^2}{u_2 u_1} = \frac{u^2}{a^{*2}} = M_1^{*2} \tag{8.60}$$

식 (8.48)을 식 (8.60)에 대입하면 다음과 같은 식을 얻는다.

$$\boxed{\frac{\rho_2}{\rho_1} = \frac{u_1}{u_2} = \frac{(\gamma+1)M_1^2}{2+(\gamma-1)M_1^2}} \tag{8.61}$$

압력비를 얻기 위해, 식 (8.2)인 연속 방정식과 결합된 식 (8.6)인 운동량 방정식으로 되돌아가면

$$p_2 - p_1 = \rho_1 u_1^2 - \rho_2 u_2^2 = \rho_1 u_1(u_1 - u_2) = \rho_1 u_1^2\left(1 - \frac{u_2}{u_1}\right) \tag{8.62}$$

식 (8.62)를 p_1으로 나누고 $a_1^2 = \gamma p_1/\rho_1$을 상기하면 다음과 같은 식을 얻는다.

$$\frac{p_2-p_1}{p_1} = \frac{\gamma\rho_1 u_1^2}{\gamma p_1}\left(1-\frac{u_2}{u_1}\right) = \frac{\gamma u_1^2}{a_1^2}\left(1-\frac{u_2}{u_1}\right) = \gamma M_1^2\left(1-\frac{u_2}{u_1}\right) \tag{8.63}$$

u_2/u_1에 대한 식 (8.63)에 식 (8.61)을 대입하면

$$\frac{p_2-p_1}{p_1} = \gamma M_1^2\left[1-\frac{2+(\gamma-1)M_1^2}{(\gamma+1)M_1^2}\right] \tag{8.64}$$

식 (8.64)는 다음 식으로 단순화된다.

$$\frac{p_2}{p_1} = 1 + \frac{2\gamma}{\gamma + 1}(M_1^2 - 1) \tag{8.65}$$

온도비를 얻기 위해 상태 방정식 $p = \rho RT$를 상기하라. 그러면

$$\frac{T_2}{T_1} = \left(\frac{p_2}{p_1}\right)\left(\frac{\rho_1}{\rho_2}\right) \tag{8.66}$$

식 (8.61)과 (8.65)를 식 (8.66)에 대입하고 $h = c_p T$를 상기하면 다음과 같은 식을 얻는다.

$$\frac{T_2}{T_1} = \frac{h_2}{h_1} = \left[1 + \frac{2\gamma}{\gamma + 1}(M_1^2 - 1)\right] \frac{2 + (\gamma - 1)M_1^2}{(\gamma + 1)M_1^2} \tag{8.67}$$

식 (8.61), (8.65), (8.67)은 중요하다. 이 식들을 더 자세히 살펴보자. ρ_2/ρ_1, p_2/p_1, T_2/T_1이 *단지 상류 유동 마하수 M_1의 함수*임에 주목하라. 따라서 M_2에 대한 식 (8.59)와 관련하여, 상류 유동 마하수 M_1이 열량적 완전 기체에 수직 충격파를 가로지르는 변화들에 대한 결정 요소라는 것을 보게 된다. 이는 압축성 유동의 지배 요소인 마하수의 힘에 대한 인상적인 예이다. 위 방정식들에서 $M_1 = 1$이라면 $p_2/p_1 = \rho_2/\rho_1 = T_2/T_1 = 1$이 된다. 즉, 이는 마하파의 매우 약한 수직 충격파의 경우이다. M_1이 1 이상 증가할 때 ρ_2/ρ_1, p_2/p_1, T_2/T_1은 점진적으로 1 이상 증가한다. 식 (8.59), (8.61), (8.65), (8.67)에서 $M_1 \to \infty$의 경우에 $\gamma = 1.4$에 대한 다음과 같은 식들을 얻는다.

$$\lim_{M_1 \to \infty} M_2 = \sqrt{\frac{\gamma - 1}{2\gamma}} = 0.378 \qquad \text{(이전에 논의됨)}$$

$$\lim_{M_1 \to \infty} \frac{\rho_2}{\rho_1} = \frac{\gamma + 1}{\gamma - 1} = 6$$

$$\lim_{M_1 \to \infty} \frac{p_2}{p_1} = \infty \qquad \lim_{M_1 \to \infty} \frac{T_2}{T_1} = \infty$$

상류 유동 마하수가 무한대로 증가할 때, 압력과 온도는 무한히 증가하는 반면 밀도는 다소 일정한 유한 구역(finite limit)으로 접근한다.

충격파가 초음속 유동에서 발생한다는 것을 이전에 언급하였다. 그림 8.3에 나타낸 것과 같은 정체 수직 충격파는 아음속 유동에서 발생하지 않는다. 즉, 식 (8.59), (8.61), (8.65), (8.67)에서 상류 유동 마하수는 초음속 $M_1 \geq 1$이다. 그러나 *수학을 기초*로, 이러한 식은 또한 $M_1 \leq 1$에 대한 해를 허용한다. 이러한 식은 원칙적으로 M_1의 값이 아음속인지 초음속인지 상관하지 않는 연속 방정식, 운동량 방정식, 에너지 방정식을 구체적으로 표현한다. 오직 열역학 제2법칙에 호소해야만 해결될 수 있는 불명확성이 여기에 있다(7.2절 참조). 열역학 제2법칙은 주어진 과정이 취할 수 있는 *방향*을 결정한다는 사실을 상기하라. 수직 충격파를 가로지르는 유동에 열역학 제2법칙을 적용하여, M_1의 허용치에 대한 모든 것을 검토해 보자.

처음에 수직 충격파를 가로지르면서 변하는 엔트로피를 생각하라. 식 (7.25)로부터,

$$s_2 - s_1 = c_p \ln \frac{T_2}{T_1} - R \ln \frac{p_2}{p_1} \tag{7.25}$$

식 (8.65)와 (8.67)로 다음과 같은 식을 가진다.

$$s_2 - s_1 = c_p \ln \left\{ \left[1 + \frac{2\gamma}{\gamma + 1}(M_1^2 - 1)\right] \frac{2 + (\gamma - 1)M_1^2}{(\gamma + 1)M_1^2} \right\}$$

$$-R\ln\left[1+\frac{2\gamma}{\gamma+1}(M_1^2-1)\right] \tag{8.68}$$

식 (8.68)로부터 충격파를 지나는 엔트로피 변화 $s_2 - s_1$이 오직 M_1의 함수임을 알 수 있다. 다음 식은 열역학 제2법칙에 의거한다.

$$s_2 - s_1 \geq 0$$

식 (8.68)에서 만약 $M_1 = 1$이라면 $s_2 = s_1$이며, $M_1 > 1$이라면 $s_2 - s_1 > 0$이 된다. 이는 모두 열역학 제2법칙에 의거한다. 그러나 만약 $M_1 < 1$이라면 식 (8.68)에 의해 $s_2 - s_1 < 0$이 되며, 이는 열역학 제2법칙에 어긋나게 된다. 결론적으로 자연에서는 $M_1 \geq 1$인 경우에만 유효하다. 즉, 수직 충격파는 초음속 유동에서만 발생할 수 있다.

왜 엔트로피는 충격파를 가로질러 증가하는가? 열역학 제2법칙은 엔트로피가 왜 그래야만 하는지를 말해 주지만, 어떠한 메커니즘을 사용해야 이러한 증가를 보이는가? 이 질문들에 답하기 위해, 충격파가 어떠한 큰 변화가 거의 불연속적으로 발생하는 매우 얇은 영역(10^{-5} cm)이라는 것을 상기하라. 따라서 충격파 자체 내에서 속도와 온도의 큰 기울기가 발생한다. 즉, 마찰과 열전도의 메커니즘은 강하다. 이것은 엔트로피를 항상 증가시키는 소산성(dissipative), 비가역성 메커니즘이다. 따라서 주어진 초음속 M_1에 대한 식 (8.68)에 의해 예상된 정확한 엔트로피 증가는 충격파 내부에 마찰과 열전도 형태의 본질로서 적절히 제공된다.

7.5절에서 전온도 T_0와 전압 p_0를 정의하였다. 충격파를 가로지르는 이러한 정체 조건에 무슨 일이 일어나는가? 이 질문의 답을 돕기 위하여, 충격파 앞과 뒤 정체 조건의 정의를 나타낸 그림 8.7을 살펴보자. 충격파 앞인 영역 1에서 유체 요소는 M_1, p_1 , T_1, 그리고 s_1의 실제 조건을 갖는다. 충격파 앞 '가상' 상태 $1a$를 생성할 때, 이러한 유체 요소를 등엔트로피로 유지한 채 이동시키는 것을 상상해 보자. 상태 $1a$에서 정지한 유체 요소는 영역 1에서 전압과 전온도, 즉 $p_{0,1}$과 $T_{0,1}$을 가질 것이다. 상태 $1a$에서 엔트로피는 유체 요소가 등엔트로피로 유지한 채 이동되기 때문에 여전히 s_1, 즉 $s_{1a} = s_1$일 것이다. 충격파 뒤의 영역 2를 생각해 보자. 그림 8.7에 나타낸 M_2, p_2, T_2, 그리고 s_2의 실제 조건을 가진 유체 요소를 다시 고려하자. 그리고 충격파 뒤 '가상'의 영역 $2a$를 생성할 때, 이러한 유체 요소를 등엔트로피로 유지한 채 이동하는 것을 다시 상상해 보자. 영역 $2a$에서 정지한 유체 요소는 전압과 전온도, 즉 $p_{0,2}$와 $T_{0,2}$를 가질 것이다. 상태 2a에서 엔트로피는 유체 요소가 등엔트로피로 유지한 채 이동되기 때문에 여전히 s_2, 즉 $s_{2a} = s_2$일 것이다. $T_{0,2}$는 $T_{0,1}$과 어떻게 비교되며, $p_{0,2}$는 $p_{0,1}$과 어떻게 비교되는가?

이러한 질문들에 답하기 위하여 식 (8.30)을 생각해 보자.

$$c_pT_1 + \frac{u_1^2}{2} = c_pT_2 + \frac{u_2^2}{2} \tag{8.30}$$

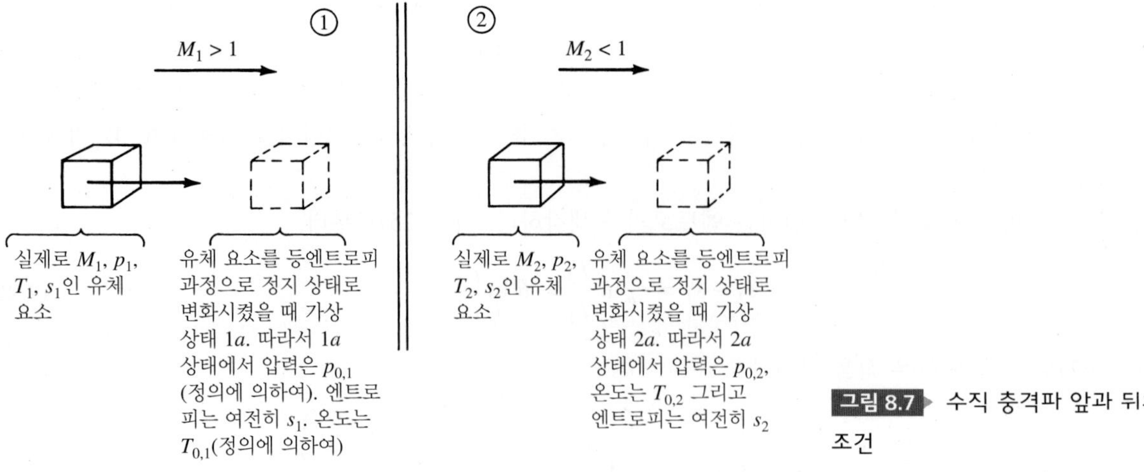

그림 8.7 수직 충격파 앞과 뒤의 정체 조건

식 (8.38)로부터 전온도는 다음과 같이 주어진다.

$$c_p T_0 = c_p T + \frac{u^2}{2} \tag{8.38}$$

식 (8.30)과 (8.38)을 합하면 다음과 같은 식을 가진다.

$$c_p T_{0,1} = c_p T_{0,2}$$

또는

$$\boxed{T_{0,1} = T_{0,2}} \tag{8.69}$$

식 (8.69)는 *전온도가 정지된 수직 충격파를 가로질러 일정하다*는 것을 나타낸다. 이는 당연한 사실로 받아들여야 한다. 충격파를 가로지르는 유동은 단열이며, 7.5절에서 열량적 완전 기체의 정상 상태, 단열, 비점성 유동에서 전온도는 일정하다고 살펴본 바 있다.

수직 충격파를 가로지르는 전압 변화를 검사하기 위해, 가상 상태 $1a$와 $2a$ 사이에 식 (7.25)를 작성하자.

$$s_{2a} - s_{1a} = c_p \ln \frac{T_{2a}}{T_{1a}} - R \ln \frac{p_{2a}}{p_{1a}} \tag{8.70}$$

그러나 그림 8.7에 나타낸 것뿐만 아니라 위 논의로부터 $s_{2a} = s_2$, $s_{1a} = s_1$, $T_{2a} = T_{0,2}$, $T_{1a} = T_{0,1}$, $p_{2a} = p_{0,2}$, 그리고 $p_{1a} = p_{0,1}$이다. 따라서 식 (8.70)은 다음과 같은 식이 된다.

$$s_2 - s_1 = c_p \ln \frac{T_{0,2}}{T_{0,1}} - R \ln \frac{p_{0,2}}{p_{0,1}} \tag{8.71}$$

우리는 $T_{0,2} = T_{0,1}$임을 이미 알고 있다. 그러므로 식 (8.71)은 다음과 같다.

$$\boxed{s_2 - s_1 = -R \ln \frac{p_{0,2}}{p_{0,1}}} \tag{8.72}$$

또는

$$\boxed{\frac{p_{0,2}}{p_{0,1}} = e^{-(s_2 - s_1)/R}} \tag{8.73}$$

식 (8.68)로부터 수직 충격파에 대하여 $s_2 - s_1 > 0$임을 알고 있다. 그러므로 식 (8.73)은 $p_{0,2} < p_{0,1}$임을 나타낸다. *전압은 충격파를 가로질러 감소한다.* 게다가 $s_2 - s_1$은 단지 M_1의 함수[식 (8.68)로부터]이기 때문에, 식 (8.73)은 수직 충격파를 가로지르는 전압비 $p_{0,2}/p_{0,1}$이 단지 M_1의 함수임을 명확히 나타낸다.

요약하자면, 그림 7.4*b*에 나타냈고 7.6절에서 논의한 수직 충격파를 가로지르는 정성적 변화들을 지금까지 입증해 왔다. 게다가 열량적 완전 기체의 경우에 이 변화들에 대한 엄밀한 형태의 해석적 표현식(closed-form analytic expressions)을 얻었다. p_2/p_1, ρ_2/ρ_1, T_2/T_1, M_2, 그리고 $p_{0,2}/p_{0,1}$이 오직 상류 유동 마하수 M_1의 함수임을 살펴보았다. 수직 충격파 상태량들의 더 강한 물리적 감각을 얻는 데 도움을 주기 위하여, 이러한 변화들을 M_1의 함수로서 그림 8.8에 나타내었다. 이전에 언급한 바와 같이 이러한 곡선들은 M_1이 매우 커질 때 T_2/T_1과 p_2/p_1 또한 매우 커지게 되는 반면, ρ_2/ρ_1과 M_2는 유한 구역(finite limits)에 접근한다. 그림 8.8을 주의 깊게 검사한 다음, 그 경향들을 익혀두자.

식 (8.59), (8.61), (8.65), (8.67), (8.73)에 의해 주어진 결과들은 매우 중요하여, $\gamma = 1.4$에 대하여 부록 B에 M_1의 함수로 도표로 나타내었다.

예제 8.11

상류 유동의 상태량들이 $u_1 = 680$ m/s, $T_1 = 288$ K, $p_1 = 1$ atm인 공기 내 수직 충격파를 고려하자. 충격파 하류의 속도, 온도, 압력을 계산하라.

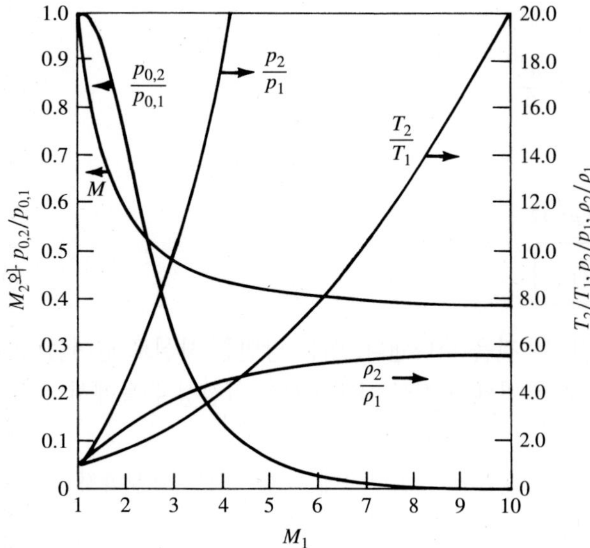

그림 8.8 상류 유동 마하수의 함수로서 수직 충격파를 가로지르는 상태량들의 변화: γ =1.4

■ **풀이**

$$a_1 = \sqrt{\gamma RT_1} = \sqrt{1.4(287)(288)} = 340 \text{ m/s}$$

$$M_1 = \frac{u_1}{a_1} = \frac{680}{340} = 2$$

부록 B에 의하여 $p_2/p_1 = 4.5$, $T_2/T_1 = 1.687$, $M_2 = 0.5774$이다.

$$p_2 = \frac{p_2}{p_1}p_1 = 4.5(1 \text{ atm}) = \boxed{4.5 \text{ atm}}$$

$$T_2 = \frac{T_2}{T_1}T_1 = 1.687(288) = \boxed{486 \text{ K}}$$

$$a_2 = \sqrt{\gamma RT_2} = \sqrt{1.4(287)(486)} = 442 \text{ m/s}$$

$$u_2 = M_2 a_2 = 0.5774(442) = \boxed{255 \text{ m/s}}$$

예제 8.12

상류의 압력이 1 atm인 초음속 유동에서의 수직 충격파를 생각해 보자. 상류의 마하수가 (*a*) $M_1 = 2$, (*b*) $M_1 = 4$일 때 충격파 사이에서 손실되는 전압을 계산하라. 두 결과를 비교하고 그 영향을 서술하라.

■ **풀이**

(*a*) 상류의 전압은 다음으로부터 얻을 수 있다.

$$p_{0,1} = \left(\frac{p_{0,1}}{p_1}\right)p_1$$

부록 A로부터 $M_1 = 2$일 때, $p_{0,1}/p_1 = 7.824$이다. 따라서

$$p_{0,1} = (7.824)(1 \text{ atm}) = 7.824 \text{ atm}$$

수직 충격파 이후의 전압을 다음으로부터 구할 수 있다.

$$p_{0,2} = \left(\frac{p_{0,2}}{p_{0,1}}\right)p_{0,1}$$

부록 B로부터 $M_1 = 2$일 때, $p_{0,2}/p_{0,1} = 0.7209$이다. 그러므로

$$p_{0,2} = (0.7209)(7.824) = 5.64 \text{ atm}$$

따라서 손실되는 전압은

$$p_{0,1} - p_{0,2} = 7.824 - 5.64 = \boxed{2.184 \text{ atm}}$$

(*b*) $M_1 = 4$일 때 부록 A로부터

$$p_{0,1} = \left(\frac{p_{0,1}}{p_1}\right) p_1 = (151.8)(1 \text{ atm}) = 151.8 \text{ atm}$$

수직 충격파 이후의 전압은 $M_1 = 4$일 때 부록 B로부터

$$p_{0,2} = \left(\frac{p_{0,2}}{p_{0,1}}\right) p_{0,1} = (0.1388)(151.8) = 21.07 \text{ atm}$$

따라서 손실되는 전압은

$$p_{0,1} - p_{0,2} = 151.8 - 21.07 = \boxed{130.7 \text{ atm}}$$

주: 어떤 유동에서도 전압은 유용한 성질이다. 전압의 손실은 유동의 유효한 일의 능력을 감소시킨다. 전압의 손실은 유동 기기의 성능을 감소시키고 비용을 증가시킨다. 연속되는 장들에서 때때로 이것을 보게 될 것이다. 이 예제에서도, 마하수 2의 수직 충격파에서 전압 손실은 2.184 atm이지만 마하수를 2배로 늘린 마하수 4일 경우 전압 손실은 130.7 atm으로 껑충 뜀을 볼 수 있다. 이 말의 요점은 유동에 수직 충격파가 있을 경우, 다른 모든 성질들이 같다면 가능한 유동의 마하수를 최소화해야 한다는 것이다.

예제 8.13

램제트 엔진(ramjet engine)은 특별히 회전 기계장치(rotating machinery)가 없는 공기흡입 추진장치(air-breathing propulsion device)이다. 재래식 램제트의 기본적인 일반 부품들은 그림 8.9에 나타내었다. 좌에서 우로 움직이는 유동은 흡입구(inlet)로 들어가며, 그 과정에서 유동은 압축되고 감속된다. 이때 압축된 공기는 매우 낮은 아음속으로 연소기(combustor)에 들어가며, 거기서 유동은 연료와 혼합되어 연소된다. 이때 뜨거운 기체는 노즐을 통하여 팽창한다. 최종 결과는 그림 8.9의 왼쪽을 향하는 추력의 산출이다. 이 그림에서 램제트는 흡입구 앞에 이탈 충격파(detached shock wave)를 가진 초음속 자유흐름을 나타낸 것이다. 점 1의 바로 왼쪽 충격파의 일부분이 수직 충격파이다(초음속 유동에서 램제트의 흡입구 앞에 이탈 충격파는 이상적인 운영 조건이 아니다. 유동이 흡입구에 들어가기 전에 하나 또는 더 많은 *경사* 충격파를 통과하는 것이 바람직하다. 경사 충격파는 9장에서 논의된다). 유동이 충격파를 통과한 후에, 점 1에서 연소기 입구에 위치한 2까지의 유동은 등엔트로피이다. 램제트는 공기 압력과 온도가 2.65×10^4 N/m^2, 223.3 K인 10 km의 표준 고도에 마하수 2에서 비행하고 있다. 점 2에서 마하수가 0.2일 때, 그 점에서의 공기 온도와 압력을 계산하라.

■ 풀이

$M_\infty = 2$에서 자유흐름의 전압과 전온도는 부록 A로부터 얻을 수 있다.

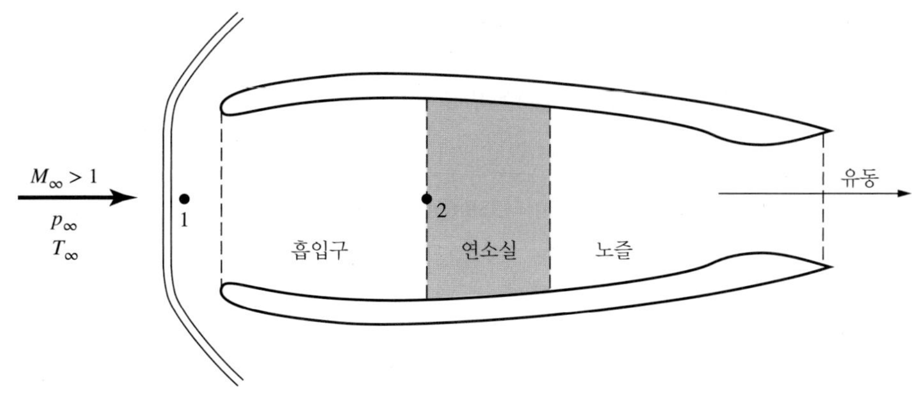

그림 8.9 재래식 아음속 연소의 램제트 엔진 구성도

$$p_{0,\infty} = \left(\frac{p_{0,\infty}}{p_\infty}\right) p_\infty = (7.824)(2.65 \times 10^4) = 2.07 \times 10^5 \text{ N/m}^2$$

$$T_{0,\infty} = \left(\frac{T_{0,\infty}}{T_\infty}\right) T_\infty = (1.8)(223.3) = 401.9 \text{ K}$$

수직 충격파 뒤의 점 1에서, $M_\infty = 2$에 대한 전압은 부록 B로부터 얻을 수 있다.

$$p_{0,1} = \left(\frac{p_{0,1}}{p_{0,\infty}}\right) p_{0,\infty} = (0.7209)(2.07 \times 10^5) = 1.49 \times 10^5 \text{ N/m}^2$$

전온도는 충격파를 가로질러 일정하다. 그러므로

$$T_{0,1} = T_{0,\infty} = 401.9 \text{ K}$$

유동은 점 1과 2 사이에서 등엔트로피이므로, p_0와 T_0는 이 점들 사이에서 일정하다. 따라서 $p_{0,2} = 1.49 \times 10^5$ N/m^{2}이며 $T_{0,2} = 401.9$ K이다. $M_2 = 0.2$인 점 2에서, 전압과 정적 압력비와 전온도와 정적 온도의 비는 부록 A로부터 각각 $p_{0,2}/p_2 = 1.028$, $T_{0,2}/T_2 = 1.008$이다. 그러므로

$$p_2 = \left(\frac{p_2}{p_{0,2}}\right)(p_{02}) = \frac{1.49 \times 10^5}{1.028} = \boxed{1.45 \times 10^5 \text{ N/m}^2}$$

$$T_2 = \left(\frac{T_2}{T_{0,2}}\right)(T_{02}) = \frac{401.9}{1.008} = \boxed{399 \text{ K}}$$

1 atm = 1.02×10^5 N/m^{2}임을 상기하라. 그러므로 p_2는

$$p_2 = \frac{1.45 \times 10^5}{1.02 \times 10^5} = \boxed{1.42 \text{ atm}}$$

주: 연소기에 들어가는 각각 1.42 atm, 399 K인 공기 압력과 온도는 낮은 속도의 아음속 연소에 대해 허용할 수 있는 조건이다. 예제 8.14에 이 결과와 훨씬 더 높은 자유흐름 마하수에 존재하는 조건 사이를 비교하여 나타낼 것이다.

예제 8.14

자유흐름 마하수 $M_\infty = 10$을 제외하고, 예제 8.13을 반복하여 계산하라. 점 2의 마하수가 0.2와 같도록 하기 위하여 램제트가 재설계되었다고 가정하라.

■ 풀이

부록 A로부터 $M = 10$에 대하여,

$$p_{0,\infty} = \left(\frac{p_{0,\infty}}{p_\infty}\right) p_\infty = (0.4244 \times 10^5)(2.65 \times 10^4) = 1.125 \times 10^9 \text{ N/m}^2$$

$$T_{0,\infty} = \left(\frac{T_{0,\infty}}{T_\infty}\right) T_\infty = (21)(223.3) = 4690 \text{ K}$$

점 1에서, 부록 B로부터 $M_\infty = 10$에 대하여

$$p_{0,1} = \left(\frac{p_{0,1}}{p_{0,\infty}}\right)(p_{0,\infty}) = (0.3045 \times 10^{-2})(1.125 \times 10^9) = 3.43 \times 10^6 \text{ N/m}^2$$

그리고

$$T_{0,1} = T_{0,\infty} = 4690 \text{ K}$$

$M_2 = 0.2$인 점 2에서, 예제 8.8로부터 $p_{0,2}/p_2 = 1.028$, $T_{0,2}/T_2 = 1.008$이다. 또한 점 2에서, 유동은 점 1과 2 사이에서 등엔트로피이기 때문에

$$p_{0,2} = p_{0,1} = 3.43 \times 10^6 \text{ N/m}^2$$

$$T_{0,2} = T_{0,1} = 4690 \text{ K}$$

그러므로

$$p_2 = \left(\frac{p_2}{p_{0,2}}\right)(p_{0,2}) = \frac{3.43 \times 10^6}{1.028} = \boxed{3.34 \times 10^6 \text{ N/m}^2}$$

$$T_2 = \left(\frac{T_2}{T_{0,2}}\right)(T_{0,2}) = \frac{4690}{1.008} = \boxed{4653 \text{ K}}$$

대기압으로,

$$p_2 = \frac{3.34 \times 10^6}{1.02 \times 10^5} = \boxed{32.7 \text{ atm}}$$

예제 8.13에서 다루었던 경우에 대하여 점 2의 좋은 조건과 비교하면, 현재 예제에서 연소기에 들어가는 공기는 극한 조건인 32.7 atm의 압력, 4653 K의 온도 상태에 있다. 온도가 너무 높아서 연소기에 주입되는 연료는 발생되는 추력이 적거나 거의 없이 연소되기보다 오히려 분해될 것이다. 또한 압력은 너무 높아서 연소기의 구조적 설계는 특별한 열 차단제가 높은 온도를 견딜 수 있다고 가정한다 해도 극단적으로 무거워질 것이다. 요약하면, 유동이 연소기에 들어가기 전에 낮은 아음속 마하수로 감속되는 재래식 램제트는 높은 *극초음속 마하수에서 작동하지 않을 것이다*. 이러한 문제에 대한 해결책은 엔진 내부의 유동이 낮은 아음속으로 감속시키지 않는 것이지만, 여전히 초음속인 상태를 유지한 채 더 낮은 속도로 감속시키는 것이다. 이러한 방법에서, 엔진 내부에서 온도와 압력의 증가는 더 작을 것이고 꽤 좋은 조건이 될 수 있다. 그러한 램제트에서, 연소기 내부를 포함해서 엔진을 통한 전체 유동 경로는 초음속인 상태로 남아 있다. 이것은 주입기와 초음속 흐름에서 연료의 혼합이 필요하다(도전적인 기술문제). 유동 전역이 초음속인 이러한 종류의 램제트를 초음속 연소 램제트, 짧게 말해 SCRAMjet라 한다. SCRAMjet는 현재 열정적 연구 분야이며 진보된 개발 분야이다. 2005년 11월 역사상 최초로 SCRAMjet 엔진이 성공적으로 그림 9.31의 시험기 X-43 극초음속 비행체에 동력을 공급했고 마하수 10 정도에 도달했다. SCRAMjet 엔진들은 극초음속 운행체에 대한 유일하고 가능한 공기흡입 동력 장치이다. SCRAMjet 엔진 설계는 9장에서 논의될 것이다.

예제 8.15

수직 충격파를 지나는 압력비가 4.5이다. 충격파 전후의 마하수는 얼마인가? 충격파를 지나는 밀도비와 온도비는 얼마인가?

■ 풀이

부록 B에서 $p_2/p_1 = 4.5$,

$$M_1 = \boxed{2} \qquad \text{그리고} \qquad M_2 = \boxed{0.5774}$$

또한 같은 표로부터

$$\frac{\rho_2}{\rho_1} = \boxed{2.667} \qquad \text{그리고} \qquad \frac{T_2}{T_1} = \boxed{1.687}$$

주: 수직 충격파에서 충격파를 지나는 압력*비*의 값을 정하게 되면 충격파 전의 마하수, 충격파 후의 마하수, 그리고 충격파를 지나는 전체 열역학적 상태량의 비는 따라서 결정된다.

예제 8.16

충격파를 지나는 온도비는 5.8이다. 충격파 전후의 마하수는 얼마인가? 충격파를 지나는 밀도비와 압력비는 얼마인가?

■ 풀이

부록 B에서 $T_2/T_1 = 5.8$,

$$M_1 = \boxed{5} \qquad \text{그리고} \qquad M_2 = \boxed{0.4152}$$

또한 같은 표로부터

$$\frac{\rho_2}{\rho_1} = \boxed{5} \qquad \text{그리고} \qquad \frac{p_2}{p_1} = \boxed{29}$$

주: 수직 충격파에서 충격파를 지나는 온도비의 값을 정하게 되면 충격파 전의 마하수, 충격파 후의 마하수, 그리고 충격파를 지나는 전체 열역학적 상태량의 비는 따라서 결정된다.

예제 8.17

수직 충격파 이후의 마하수는 0.4752이다. 충격파 이전의 마하수는 얼마인가? 충격파를 지나는 밀도비와 압력비 그리고 온도비는 얼마인가?

■ **풀이**

부록 B에서 $M_2 = 0.4752$,

$$M_1 = \boxed{3} \qquad \frac{\rho_2}{\rho_1} = \boxed{3.857} \qquad \frac{p_2}{p_1} = \boxed{10.33} \qquad \frac{T_2}{T_1} = \boxed{2.679}$$

주: 수직 충격파에서 충격파 하류 마하수의 값을 정하게 되면 충격파 전의 마하수, 그리고 충격파를 지나는 전체 열역학적 상태량의 비는 따라서 결정된다.

예제 8.18

수직 충격파 이전의 속도와 온도는 각각 1215 m/s, 300 K이다. 충격파 이후의 속도를 구하라.

■ **풀이**

$$a_1 = \sqrt{\gamma R T_1} = \sqrt{(1.4)(287)(300)} = 347.2 \text{ m/s}$$

$$M_1 = \frac{u_1}{a_1} = \frac{1215}{347.2} = 3.5$$

부록 B로부터 $M_1 = 3.5$, $M_2 = 0.4512$, $T_2/T_1 = 3.315$,

$$T_2 = \left(\frac{T_2}{T_1}\right) T_1 = (3.315)(300) = 994.5 \text{ K}$$

$$a_2 = \sqrt{\gamma R T_2} = \sqrt{(1.4)(287)(994.5)} = 632.1 \text{ m/s}$$

$$u_2 = M_2\, a_2 = (0.4512)(632.1) = \boxed{285.2 \text{ m/s}}$$

주: 이전 *1개의 무차원량*(M_1, M_2 혹은 p_2/p_1 등)의 세 예제와는 달리, 이 예제에는 2개의 양이 충격파를 구체화하는 데 필요했다. 이것은 m/s의 속도와 K의 온도와 같은 실제 차원의 양이 주어졌기 때문이다. 단지 속도 그 자체로는 수직 충격파를 규명하지 못하고 온도 역시 그렇다. 구체적인 충격파를 규정하기 위해서는 두 가지 양이 필요하다. 물론 이 예제를 해결하기 위해 가장 먼저 한 일은 주어진 u_1과 T_1으로부터 마하수를 구한 것이다. 다시 한번 강조하는데 속도가 아닌 마하수가 구체적으로 충격파를 규정하는 강력한 양이다.

예제 8.19

수직 충격파 이후의 속도와 온도는 329 m/s와 1500 K이다. 충격파 이전의 속도를 구하라.

■ **풀이**

$$a_2 = \sqrt{\gamma R T_2} = \sqrt{(1.4)(287)(1500)} = 776.3 \text{ m/s}$$

$$M_2 = \frac{u_2}{a_2} = \frac{329}{776.3} = 0.4238$$

부록 B를 보면, $M_2 = 0.4238$에 대한 정확한 값이 없다는 것을 알 수 있다. 대신 이 숫자는 $M_1 = 4.5$의 0.4236과 $M_1 = 4.45$의 0.4245 사이에 있다. 보간법에 의해,

$$M_1 = 4.45 + \frac{(0.4245 - 0.4238)}{(0.4245 - 0.4236)}(4.5 - 4.45)$$

$$M_1 = 4.45 + 0.0389 = 4.4898$$

부록 B로부터 $M_2 = 0.4236$에서 $T_2/T_1 = 4.875$, $M_2 = 0.4245$에서 $T_2/T_1 = 4.788$임을 알 수 있다. 보간법으로 $M_2 = 0.4238$에서 T_2/T_1을 찾기 위해

$$\frac{T_2}{T_1} = 4.788 + \frac{0.4245 - 0.4238}{0.4245 - 0.4236}(4.875 - 4.788)$$

$$\frac{T_2}{T_1} = 4.788 + 0.068 = 4.856$$

따라서

$$T_1 = \frac{T_2}{T_2/T_1} = \frac{1500}{4.856} = 308.9$$

$$a_1 = \sqrt{\gamma R T_1} = \sqrt{(1.4)(287)(308.9)} = 352.3 \text{ m/s}$$

$$u_1 = M_1\ a_1 = (4.489)(352.3) = \boxed{1{,}581.5 \text{ m/s}}$$

주: 다시 한번 한 가지 속도로 수직 충격파를 규정할 수 없다는 것을 알았다. 그러나 온도와 결합된 속도는 수직 충격파를 규정한다. 반대로 예제 8.18에서, 충격파를 규정하는 충격파 이전 u_1과 T_1에서 충격파 이후 u_2와 T_2 역시 충격파를 규정하는 데 충분하다는 것을 알았다.

예제 8.20

예제 8.19를 반복하는데, 표에 주어진 값들 사이의 보간법 대신 '근사값'을 사용하라. 근사값을 사용하면 보간법보다 다소 계산의 정확도가 떨어지지만 단순하고 빠르다. 정확도가 떨어지는 결과와 예제 8.19의 조금 더 정확한 결과를 비교하라.

■ 풀이

예제 8.19로부터 $M_2 = 0.4238$이다. 부록 B에서 $M_1 = 4.5$와 $T_2/T_1 = 4.875$에 대응하는 가장 가까운 값은 $M_2 = 0.4236$이다. 가장 가까운 값을 사용하여 다음을 얻는다.

$$T_1 = \frac{T_2}{T_2/T_1} = \frac{1500}{4.875} = 307.7 \text{ K}$$

$$a_1 = \sqrt{\gamma R T_1} = \sqrt{(1.4)(287)(307.7)} = 351.6 \text{ m/s}$$

$$u_1 = M_1\ a_1 = 4.5(351.6) = \boxed{1582 \text{ m/s}}$$

이 결과를 예제 8.19의 결과와 비교하면 다음을 얻는다.

$u_1 = 1581$ m/s (보간법)
$u_1 = 1582$ m/s (근사값)

적어도 이 경우에서 가장 가까운 값을 사용했을 때 단지 0.06%의 오차를 발생시키고, 이것은 실제 예제의 내용에 대해 걱정할 만큼 크지 않다.

예제 8.21

상류 마하수 3.53의 수직 충격파를 고려하자. 하류 마하수를 다음을 통해 얻어라.

(a) 표에서 가장 가까운 값을 사용
(b) 표에 있는 값으로 보간법을 사용
(c) 정확히 해석적인 계산법 사용
결과의 정확도를 비교하라.

■ **풀이**

(a) 부록 B에서 가장 가까운 값은 $M_1 = 3.55$이다. 표에서 이 값에 대한 것은

$$M_2 = \boxed{0.4492}$$

(b) $M_1 = 3.53$은 $M_2 = 0.4512$에서 $M_1 = 3.5$와, $M_2 = 0.4492$에서 $M_1 = 3.55$ 사이에 위치한다. $M_1 = 3.53$과 연관되어 얻어진 M_2를 보간법을 이용하여 다음을 얻는다.

$$M_2 = 0.4492 + \frac{(3.55 - 3.53)}{(3.55 - 3.5)}(0.4512 - 0.4492)$$

$$M_2 = 0.4492 + 0.0008 = \boxed{0.45}$$

(c) 식 (8.59)로부터

$$M_2^2 = \frac{1 + [\gamma - 1)/2]M_1^2}{\gamma M_1^2 - (\gamma - 1)/2} = \frac{1 + 0.2(3.53)^2}{(1.4)(3.53)^2 - 0.2} = 0.2025$$

따라서

$$M_2 = (0.2025)^{1/2} = \boxed{0.45}$$

결과를 비교하면

(a) $M_2 = 0.4492$(근사값)

(b) $M_2 = 0.45$(보간법)

(c) $M_2 = 0.45$(정확해)

결론: 사실상 세 가지 접근법 모두 거의 동일한 결과를 도출한다.

8.6.1 압축성 유동 문제 해결을 위한 표 사용에 대한 주석 *Comment on the Use of Tables to Solve Compressible Flow Problems*

부록 A, B, C는 압축성 유동에서의 어떤 문제의 편리한 계산을 위한 표를 제공한다. 이 장에서 이미 수행된 많은 예제에서 이 표의 유용성을 보았다. 여러분이 표에 있는 값과 *정확하게* 대응하지 않는 조건을 다루는 경우라도 예제 8.19, 8.20, 8.21의 결과처럼 실제적으로 이것은 답에 대한 매우 정확한 숫자들이 주어지는 표에서의 선들 사이에 단순 선형 보간의 경우이다. 이 정확도는 예제 8.21에서 보여진 정확한 해석적 형태 계산으로 확인되었다. 다양한 압축성 유동 표는 1940년대 이후로 존재해 왔고, 그들의 목적은 현재와 마찬가지로 다양한 압축성 유동에서의 해를 위한 빠르고 편리한 도구를 제공하는 것이다. 그들은 특히 다소 시간이 걸리는 보간법을 사용하는 것보다 여러분이 가장 가까운 값을 사용하는 방법을 적용할 때 편리하다. 예제 8.20과 8.21은 이 책에 실은 부록 A, B, C(공간 제약 때문에)보다 더 많은 수를 빼곡하게 담은 표를 사용하면서 정확도를 높일 수 있다는 것을 보여준다. 고전적인 예는 대부분의 고속 유동에서의 공기역학자의 책상에 중요하고 자주 사용되는 NACA TR-1135(참고문헌 115)에 포함된 압축성 유동 표이다.

물론 이 표에 대한 현대적인 대안은 식 (8.40), (8.42), (8.43), (8.59), (8.61), (8.65)와 같은 해석 방정식을 디지털 컴퓨터에 입력함으로써 쉽게 프로그램화할 수 있고, 부록 A, B, C의 숫자들은 여러분의 계산기로 재생산할 수 있다. 이것은 특히 여러분이 충격파 이전의 알고 있는 값 M_1으로부터 충격파 이후의 M_2를 식 (8.59)로 계산하는 것과 같은 정확한 계산을 할 수 있다면 간단하다. 그러나 잠시 식 (8.59)로 돌아가 보자. 만약 M_2가 주어졌고, 여러분이 M_1을 찾기 원한다면 어떤가? 식 (8.59)는 매우 불편한 내재적 계산이 되나, 표를 이용하면 부록 B에서 M_2를 찾고 그에 해당하는 M_1의 값을 바로 찾을 수 있다.

이 책에서의 압축성 유동에 대한 나머지 토의에서는, 우리의 목적을 위해 자주 표를 사용할 것이고 간단하게 하기 위해 가장 가까운 값을 이용하는 방법을 적용할 것이다.

8.7 압축성 유동의 속도 측정 *Measurement of Velocity in a Compressible Flow*

저속, 비압축성 유동의 속도 측정을 위한 피토관 사용은 3.4절에서 논의되었다. 더 나아가기 전에 3.4절로 돌아가서 비압축성을 가정한 피토 압력으로부터의 유동 속도를 얻기 위해 사용되는 공식뿐만 아니라 피토관의 원리를 복습하라.

저속, 비압축성 유동에 대하여, 어떤 한 점에서의 전압과 정압을 알게 되면 속도를 얻을 수 있다고 3.4절에서 배웠다. 전압은 피토관에 의해 측정되며, 정압은 정압 오리피스로부터 또는 어떠한 독립된 방법에 의해 측정된다. 3.4절의 중요한 점은 정압과 함께 피토관에 의해 감지되는 압력이 비압축성 유동에 대한 유동 속도를 도출하기 위해 필요하다는 것이다. 이 절에서 속도보다 마하수를 고려한다면, 압축성 유동 그리고 아음속과 초음속 모두에 대하여 같은 값이 측정된다는 사실을 보게 된다. 아음속과 초음속 압축성 유동에 대하여, 아무리 공식이 각각의 마하수 영역에 대하여 다를지라도 피토 압력과 정압을 알고 있다면 마하수를 계산하기에 충분하다. 이 문제를 더 깊이 검토해 보자.

8.7.1 아음속 압축성 유동 *Subsonic Compressible Flow*

그림 8.10*a*에 나타낸 아음속 압축성 유동에서 피토관을 생각해 보자. 피토관의 입구(점 *b*)는 정체 영역이다. 그러므로 유선 *ab*를 따라 움직이는 유체 요소는 점 *b*에서 정지 상태가 된다. 차례로 점 *b*에서 감지된 압력은 자유흐름의 전압인 $p_{0,1}$이다. 압력은 관 끝에서 측정되는 피토 압력이다. 게다가 만약 자유흐름 정압 p_1을 알고 있다면, 영역 1의 마하수는 식 (8.42)로부터 얻을 수 있다.

$$\frac{p_{0,1}}{p_1} = \left(1 + \frac{\gamma - 1}{2}M_1^2\right)^{\gamma/(\gamma-1)} \tag{8.42}$$

또는 $M_1{}^2$에 대하여 풀면,

$$\boxed{M_1^2 = \frac{2}{\gamma - 1}\left[\left(\frac{p_{0,1}}{p_1}\right)^{(\gamma-1)/\gamma} - 1\right]} \tag{8.74}$$

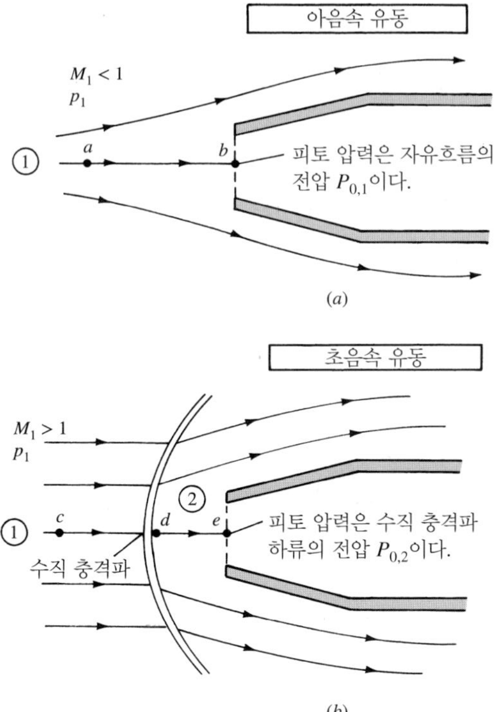

그림 8.10 (*a*) 아음속 유동과 (*b*) 초음속 유동에서의 피토관

확실히 식 (8.74)로부터, 피토 압력 $p_{0,1}$과 정압 p_1은 마하수를 직접 계산할 수 있도록 한다.

유동 속도는 $M_1 = u_1/a_1$임을 상기함으로써 식 (8.74)로부터 얻을 수 있다. 그러므로

$$u_1^2 = \frac{2a_1^2}{\gamma - 1}\left[\left(\frac{p_{0,1}}{p_1}\right)^{(\gamma-1)/\gamma} - 1\right] \tag{8.75}$$

식 (8.75)로부터 비압축성 유동과 달리 $p_{0,1}$과 p_1을 알고 있더라도 u_1을 구하기에 충분하지 않다는 것을 알게 된다. 또한 자유흐름 음속 a_1을 필요로 한다.

8.7.2 초음속 유동 *Supersonic Flow*

그림 8.10*b*에 나타낸 초음속 자유흐름에서 피토관을 생각해 보자. 피토관 입구(점 *e*)는 정체 영역이다. 그러므로 유선 *cde*를 따라 움직이는 유체 요소는 점 *e*에서 정지 상태가 된다. 그러나 자유흐름은 초음속이며 피토관은 유동에 차단되기 때문에, 피토관 정면 둔체(blunt body) 앞 초음속 유동에 대하여 그림 8.1의 왼쪽에 나타낸 것과 같이 강한 궁형 충격파(bow shock wave)가 존재한다. 그러므로 유선 *cde*는 궁형 충격파의 수직 부분을 가로지른다. 유선 *cde*를 따라 움직이는 유체 요소는 처음에 충격파 바로 뒤 점 *d*에서 아음속으로 *비등엔트로피*(nonisentropically)로 감속될 것이다. 이때 유체 요소는 점 *e*에서 등엔트로피로 영속도(zero velocity)까지 압축된다. 결과적으로 점 *e*에서의 압력은 자유흐름의 전압이 *아니라 수직 충격파 뒤*의 전압 $p_{0,2}$를 말한다. 이 압력은 관 끝에 측정되는 피토 압력이다. 충격파를 가로지르며 증가하는 엔트로피 때문에 전압 손실 $p_{0,2} < p_{0,1}$이 있다는 것을 명심하라. 그러나 $p_{0,2}$와 자유흐름 정압 p_1을 알고 있다면, 다음 식과 같이 자유흐름 마하수 M_1를 계산하기에 충분하다.

$$\frac{p_{0,2}}{p_1} = \frac{p_{0,2}}{p_2}\frac{p_2}{p_1} \tag{8.76}$$

여기서 $p_{0,2}/p_2$는 수직 충격파 바로 뒤 영역 2에서의 전압과 정압의 비며, p_2/p_1은 충격파를 가로지르는 정압의 비이다. 식 (8.42)로부터,

$$\frac{p_{0,2}}{p_2} = \left(1 + \frac{\gamma - 1}{2}M_2^2\right)^{\gamma/(\gamma-1)} \tag{8.77}$$

여기서 식 (8.59)로부터

$$M_2^2 = \frac{1 + [(\gamma - 1)/2]M_1^2}{\gamma M_1^2 - (\gamma - 1)/2} \tag{8.78}$$

또한 식 (8.65)로부터

$$\frac{p_2}{p_1} = 1 + \frac{2\gamma}{\gamma + 1}(M_1^2 - 1) \tag{8.79}$$

식 (8.78)을 식 (8.77)에 대입하고, 그 결과와 식 (8.79)를 식 (8.76)에 대입하면, 몇 가지 대수학의 단순화 후에 다음과 같은 식을 얻는다(연습문제 8.14 참조).

$$\boxed{\frac{p_{0,2}}{p_1} = \left(\frac{(\gamma + 1)^2 M_1^2}{4\gamma M_1^2 - 2(\gamma - 1)}\right)^{\gamma/(\gamma-1)} \frac{1 - \gamma + 2\gamma M_1^2}{\gamma + 1}} \tag{8.80}$$

식 (8.80)을 *Rayleigh Pitot tube formula*라고 부른다. 이 식은 피토 압력 $p_{0,2}$와 자유흐름 정압 p_1을 자유흐름 마하수 M_1에 관련시킨다. 식 (8.80)은 M_1을 $p_{0,2}/p_1$의 내재 함수로 주며, 알려진 $p_{0,2}/p_1$으로부터 M_1의 계산을 할 수 있도록 한다. 계산의 편리함을 위하여 $p_{0,2}/p_1$의 비는 부록 B에서 M_1에 관련하여 도표로 나타냈다.

예제 8.22

피토관을 정압이 1 atm인 공기 유동으로 주입한다. 피토관이 (*a*) 1.276 atm, (*b*) 2.714 atm, (*c*) 12.06 atm으로 측정될 때 유동 마하수를 계산하라.

■ 풀이

우선 유동이 아음속인지 초음속인지 판단해야 한다. 마하수 1에서 피토관은 $p_0 = p/0.528 = 1.893p$라고 측정될 것이다. 그러므로 $p_0 < 1.893$ atm일 때 유동은 아음속이며, $p_0 > 1.893$ atm일 때 유동은 초음속이다.

(*a*) 피토관 측정 = 1.276 atm이고 유동은 아음속이다. 그러므로 피토관은 유동의 전압을 바로 감지할 것이다. 부록 A로부터, $p_{0,2}/p_1 = 1.276$에 대하여

$$\boxed{M = 0.6}$$

(*b*) 피토관 측정 = 2.714 atm이고 유동은 초음속이다. 그러므로 피토관은 수직 충격파 뒤에 전압을 감지할 것이다. 부록 B로부터, $p_0/p = 2.714$에 대하여

$$\boxed{M_1 = 1.3}$$

(*c*) 피토관 측정 = 12.06 atm이고 유동은 초음속이다. 부록 B로부터, $p_{0,2}/p_1 = 12.06$에 대하여

$$\boxed{M_1 = 3.0}$$

예제 8.23

압력이 973.3 lb/ft^{2}인 20,000 ft 고도에서 마하수 8로 비행하는 극초음속 미사일을 생각해 보자. 미사일의 선두부는 무디며 그림 8.1의 왼쪽에 나타낸 것과 같은 모양이다. 선두부 정체점에서의 압력을 계산하라.

■ 풀이

그림 8.1에 나타낸 뭉툭한 물체를 검사해 보면, 정체점에 충돌하는 유선은 궁형 충격파의 수직 부분을 가로지른다. 정의에 의해 정체점에서 $V = 0$이다. 유동은 충격파와 물체 사이에서 등엔트로피이기 때문에 물체 위 정체점에서의 압력은 상류 마하수 8을 가진 수직 충격파 뒤의 전압이다. 정체점의 압력을 p_s로 나타내 보자. $p_{0,2}$는 수직 충격파 뒤의 전압이기 때문에 $p_s = p_{0,2}$이다. 부록 B로부터, 마하수 8에 대하여 $p_{0,2}/p_1 = 82.87$이다. 그러므로

$$p_s = p_{0,2} = \left(\frac{p_{0,2}}{p_1}\right)(p_1) = 82.87(973.3) = \boxed{8.07 \times 10^4 \text{ lb/ft}^2}$$

1 atm = 2116 lb/ft^{2}이므로,

$$p_s = \frac{8.07 \times 10^4}{2116} = \boxed{38.1 \text{ atm}}$$

미사일 선두부의 압력은 매우 높다. 즉, 38.1 atm인 것에 주목하라. 이는 낮은 고도 극초음속 비행의 전형적인 압력이다.

계산에 대한 검토: 이 문제 또한 부록 A로부터 상류 전압을 처음 계산함으로써 해결할 수 있으며, 부록 B로부터 수직 충격파를 가로지르는 전압의 비를 이용함으로써 해결할 수 있다. 부록 A로부터, 마하수 8에 대하여 $p_{0,1}/p_1 = 0.9763 \times 10^4$이다. 그러므로

$$p_{0,1} = \left(\frac{p_{0,1}}{p_1}\right)p_1 = (0.9763 \times 10^4)973.3 = 9.502 \times 10^6$$

부록 B로부터, 마하수 8에 대하여 $p_{0,2}/p_{0,1} = 8.8488 \times 10^{-2}$이다. 그러므로

$$p_s = p_{0,2} = \left(\frac{p_{0,2}}{p_{0,1}}\right)p_{0,1} = (0.8488 \times 10^{-2})(9.502 \times 10^6) = \boxed{8.07 \times 10^4 \text{ lb/ft}^2}$$

이는 이전에 얻은 결과와 같다.

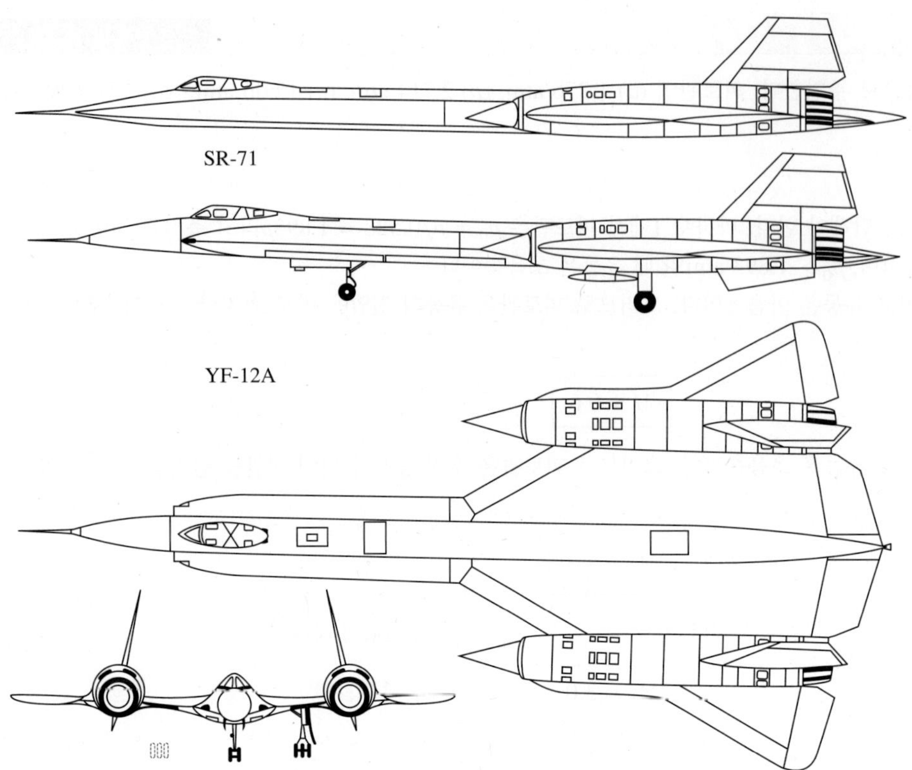

그림 8.11 Lockheed SR-71/YF-12A Blackbird

예제 8.24

기준 고도 25 km에서 날고 있는 Lockheed SR-71 Blackbird를 생각해 보자. 항공기의 피토관에서 측정된 압력은 3.88×10^4 N/m^{2}이다. 항공기의 속력을 구하라.

■ 풀이

부록 D에 의하여 고도 25 km에서 $p = 2.5273 \times 10^3$ N/m^2, $T = 216.66$ K이다.

$$\frac{p_{0,2}}{p_1} = \frac{3.88 \times 10^4}{2.5273 \times 10^3} = 15.35$$

부록 B에 의하여 $p_{0,1}/p_1 = 15.35$일 때, $M_1 = 3.4$이다.

$$a_1 = \sqrt{\gamma RT} = \sqrt{(1.4)(287)(216.66)} = 295 \text{ m/s}.$$

따라서 항공기의 속력은

$$V_1 = M_1 a_1 = (3.4)(295) = \boxed{1003 \text{ m/s}}$$

8.8 요약 *Summary*

그림 8.2에 주어진 이정표로 되돌아가서, 여러분이 이 장에서 다뤘던 분야들에 어려움이 없는지 확인하라. 중요한 관계식들의 간결한 요약은 다음과 같다.

기체에 대한 음속은 다음과 같다.

$$a = \sqrt{\left(\frac{\partial p}{\partial \rho}\right)_s} \tag{8.18}$$

열량적 완전 기체에 대하여,

$$a = \sqrt{\frac{\gamma p}{\rho}} \tag{8.23}$$

또는

$$a = \sqrt{\gamma R T} \tag{8.25}$$

음속은 오직 기체 온도에만 의존한다.

정상 상태, 단열, 비점성 유동에 대하여 에너지 방정식은 다음과 같이 표현될 수 있다.

$$h_1 + \frac{u_1^2}{2} = h_2 + \frac{u_2^2}{2} \tag{8.29}$$

$$c_p T_1 + \frac{u_1^2}{2} = c_p T_2 + \frac{u_2^2}{2} \tag{8.30}$$

$$\frac{a_1^2}{\gamma - 1} + \frac{u_1^2}{2} = \frac{a_2^2}{\gamma - 1} + \frac{u_2^2}{2} \tag{8.32}$$

$$\frac{a^2}{\gamma - 1} + \frac{u^2}{2} = \frac{a_0^2}{\gamma - 1} \tag{8.33}$$

$$\frac{a^2}{\gamma - 1} + \frac{u^2}{2} = \frac{\gamma + 1}{2(\gamma - 1)} a^{*2} \tag{8.35}$$

유동의 정체 조건은 다음과 같이 정적 조건에 관련된다.

$$c_p T + \frac{u^2}{2} = c_p T_0 \tag{8.38}$$

$$\frac{T_0}{T} = 1 + \frac{\gamma - 1}{2} M^2 \tag{8.40}$$

$$\frac{p_0}{p} = \left(1 + \frac{\gamma - 1}{2} M^2\right)^{\gamma/(\gamma-1)} \tag{8.42}$$

$$\frac{\rho_0}{\rho} = \left(1 + \frac{\gamma - 1}{2} M^2\right)^{1/(\gamma-1)} \tag{8.43}$$

정적 상태량들에 대한 정체 상태량 비는 단지 국소 마하수의 함수라는 것에 주목하라. 이 함수들은 부록 A에 도표화되어 있다.

기본 수직 충격파 방정식은

연속 방정식: $$\rho_1 u_1 = \rho_2 u_2 \tag{8.2}$$

운동량 방정식: $$p_1 + \rho_1 u_1^2 = p_2 + \rho_2 u_2^2 \tag{8.6}$$

에너지 방정식: $$h_1 + \frac{u_1^2}{2} = h_2 + \frac{u_2^2}{2} \tag{8.10}$$

이 식들은 단지 상류 유동 마하수 M_1의 함수로서, 수직 충격파를 가로지르는 변화에 대한 관계식들이 된다.

$$M_2^2 = \frac{1 + [(\gamma - 1)/2]M_1^2}{\gamma M_1^2 - (\gamma - 1)/2} \tag{8.59}$$

$$\frac{\rho_2}{\rho_1} = \frac{u_1}{u_2} = \frac{(\gamma + 1)M_1^2}{2 + (\gamma - 1)M_1^2} \tag{8.61}$$

$$\frac{p_2}{p_1} = 1 + \frac{2\gamma}{\gamma + 1}(M_1^2 - 1) \tag{8.65}$$

$$\frac{T_2}{T_1} = \frac{h_2}{h_1} = \left[1 + \frac{2\gamma}{\gamma + 1}(M_1^2 - 1)\right]\frac{2 + (\gamma - 1)M_1^2}{(\gamma + 1)M_1^2} \tag{8.67}$$

$$s_2 - s_1 = c_p \ln\left\{\left[1 + \frac{2\gamma}{\gamma + 1}(M_1^2 - 1)\right]\frac{2 + (\gamma - 1)M_1^2}{(\gamma + 1)M_1^2}\right\} - R\ln\left[1 + \frac{2\gamma}{\gamma + 1}(M_1^2 - 1)\right] \tag{8.68}$$

$$\frac{p_{0,2}}{p_{0,1}} = e^{-(s_2 - s_1)/R} \tag{8.73}$$

수직 충격파 상태량들은 부록 B에 M_1에 대하여 도표화되어 있다.

열량적 완전 기체에 대하여, 전온도는 수직 충격파를 가로질러 일정하다.

$$T_{0,2} = T_{0,1}$$

그러나 수직 충격파를 가로질러 전압에 대한 손실이 있다.

$$p_{0,2} < p_{0,1}$$

아음속과 초음속 압축성 유동에 대하여, 자유흐름 마하수는 자유흐름 정압에 대한 피토 압력의 비로 결정된다. 그러나 방정식은 다르다.

아음속 유동: $$M_1^2 = \frac{2}{\gamma - 1}\left[\left(\frac{p_{0,1}}{p_1}\right)^{(\gamma-1)/\gamma} - 1\right] \tag{8.74}$$

초음속 유동: $$\frac{p_{0,2}}{p_1} = \left[\frac{(\gamma + 1)^2 M_1^2}{4\gamma M_1^2 - 2(\gamma - 1)}\right]^{\gamma/(\gamma-1)} \frac{1 - \gamma + 2\gamma M_1^2}{\gamma + 1} \tag{8.80}$$

8.9 연습문제 *Problems*

8.1 대기 온도가 230 K이라고 할 때, 음속을 계산하라.

8.2 초음속 터널의 저장조 온도가 519 °R이다. 시험부의 유속은 1385 ft/s이다. 터널의 유동을 단열 유동이라고 가정했을 때, 시험부의 마하수를 계산하라.

8.3 유동의 주어진 한 점에서 $T = 300$ K, $p = 1.2$ atm, $V = 250$ m/s이다. 이 점에서 p_0, T_0, p^*, T^*, 그리고 M^*를 계산하라.

8.4 유동의 주어진 한 점에서 $T = 700$ °R, $p = 1.6$ atm, $V = 2983$ ft/s이다. 이 점에서 p_0, T_0, p^*, T^*, 그리고 M^*를 계산하라.

8.5 초음속 노즐을 통한 등엔트로피 유동을 생각해 보자. 만약 시험부에서 $p = 1$ atm, $T = 230$ K, $M = 2$일 때 저장조에서의 압력과 온도를 계산하라.

8.6 익형 위에서의 등엔트로피 유동을 고려해 보자. 자유흐름은 10,000 ft의 고도에서 $M_\infty = 0.82$로 흐르고 있다. 익형의 주어진 점에서 $M = 1.0$이다. 이 점에서의 p와 T 를 구하라(주: 이 문제에 대해 부록 E에서의 표준 대기 표를 사용해야 한다).

8.7 수직 충격파 상류에서의 유동은 $p_1 = 1$ atm, $T_1 = 288$ K, $M_1 = 2.6$이다. 충격파 하류에서의 p_2, T_2, ρ_2, M_2, $p_{0,2}$, $T_{0,2}$와 충격파를 지나는 엔트로피 변화를 구하라.

8.8 수직 충격파 상류에서의 압력은 1 atm이다. 충격파 하류에서의 압력과 온도는 10.33 atm, 1390 °R이다. 충격파 상류에서의 마하수와 온도, 충격파 하류에서의 전온도와 전압을 계산하라.

8.9 수직 충격파를 지나면서 엔트로피는 199.5 J/(kg · K)만큼 증가한다. 상류에서의 마하수는 얼마인가?

8.10 수직 충격파 상류의 유동은 $p_1 = 1800$ lb/ft^2, $T_1 = 480$ °R, $M_1 = 3.1$이다. 충격파 하류에서의 속도와 M^*를 계산하라.

8.11 유동의 압력과 온도가 1 atm, 288 K이라고 생각하자. 이 유동에 피토관이 삽입되고, 피토관은 압력이 1.555 atm이라고 측정하였다. 유동의 속도는 얼마인가?

8.12 유동의 압력과 온도가 2116 lb/ft^2, 519 °R라고 생각하자. 이 유동에 피토관이 삽입되고, 피토관은 압력이 7712.8 lb/ft^{2}이라고 측정하였다. 유동의 속도는 얼마인가?

8.13 비압축성 유동을 위한 Bernoulli 방정식을 이용하여 연습문제 8.11과 8.12를 반복하고, Bernoulli 방정식에 의해 생긴 백분율 오차를 계산하라.

8.14 식 (8.80)의 Rayleigh Pitot tube formula를 유도하라.

8.15 1990년 3월 16일, Air Force SR-71은 고도 80,000 ft에서 평균 2112 mi/h라는 새로운 속도 기록을 세웠다. 이 항공기의 정체점에서의 온도를 구하라(화씨 온도로 표시).

8.16 초음속 풍동에서, 피토관은 압력 1.13 atm을 측정했다. 정압(시험부의 측벽 입구에서의 압력 측정값으로부터)은 0.1 atm으로 측정되었다. 시험부 내에서의 유동 마하수를 계산하라.

8.17 Apollo 우주선이 달에서 지구로 돌아올 때 마하수 36으로 지구의 대기층으로 진입하였다. 1.4의 비열비를 가지는 열량적 완전 기체에 대한 현재 장으로부터의 결과를 이용하여, 자유흐름의 온도가 300 K인 고도에서 마하수가 36일 때 Apollo 우주선의 정체점에서의 온도를 예상하라. 그 답이 타당한지도 서술하라.

8.18 마하수 36에서의 Apollo 비행체가 대기로 진입할 때 전온도는 11,000 K였다. 연습문제 8.17에서 열량적 완전 기체의 비열이 1.4였을 때 예상되었던 측정값과는 많이 달랐다. 차이는 이러한 고온 상태에서의 해리와 이온화 과정에서 발생한 화학적 반응 때문이다. 이 책에서 말한 일정한 비열의 열량적 완전 기체에 대한 분석은 이러한 화학적 반응을 보이는 유동에서는 유효하지 않다. 그러나 공학적 추정으로서, 열량적 완전 기체의 결과는 때때로 적은 비열값과 함께 적용되는 '유효 감마(effective gamma)'로 불리는 화학적 반응 유동의 고온 효과를 가상 실현화하기 위해 노력한다. 이 문제에서 언급된 조건들에 대해, 정체점에서의 11,000 K의 온도를 산출하기 위해 필요한 유효 감마의 값을 계산하라. 자유흐름에서의 온도는 300 K라고 가정한다.

8.19 등엔트로피 유동에서 전압이 일정하다는 것을 증명하라.

8.20 기체가 공기($\gamma = 1.4$)와 크립톤($\gamma = 1.68$)이라고 가정하고 $M_1 = 1$에서 $M_1 = 10$까지에 대해 p_2/p_1, T_2/T_1, p_{02}/p_{01}, T_{02}/T_{01} 그리고 M_2 값을 그래프로 그려보라. 기체의 비열비가 변함에 따른 효과는 어떨까? $M_1 = 10$의 결과는 얼마나 정확하다고 생각하는가?

8.21 전압-정압 관계에 대해 $M_1 = 0$에서 $M_1 = 5$까지 p_0/p 값을 그래프로 나타내라.

경사 충격파와 팽창파

Oblique Shock and Expansion Waves

공기의 경우(모든 가스에 대해서도 동일하다) 충격파는 매우 얇기 때문에 파에 수직 속도 성분만 고려하는 1차원 유동에 기초한 계산이 유동의 나머지 부분은 1차원에 국한되지 않더라도 충격파를 지나면서 변화하는 속도와 밀도를 정하는 데 유효하다.

G. I. Taylor and J. W. Maccoll, 1934

미리보기 _*Preview Box*

그림 9.1을 보자. 이는 고도 15 km에서 마하수 1.7로 비행하고 있는 일반적인 초음속기 형상에서 발생하는 충격파나 팽창파의 계산된 형상이다. 모든 파는 8장의 유동에서 다룬 수직 충격파에 비해 *경사져* 있다.

이 장에서 다루는 내용은 초음속 유동을 기본적으로 이해하는 데 필수적이다. 더욱이 경제적으로 실현 가능하고 환경적으로 허용 가능한 초음속기 설계에 관심이 있다면 더욱 그렇다. 그림 9.1에 나타낸 충격파는 항공기의 주된 항력(조파 항력) 요소를 발생시키며, 지상으로 전파될 경우 많은 논란이 되고 있는 '충격파 폭음(sonic boom)'을 발생시킨다. 이 장의 내용은 또한 극초음속기의 SCRAMjet 엔진 설계에 관심이 있는 경우에도 필수적이다. 그러한 엔진의 성능은 엔진 상류와 내부의 경사 충격파의 성질에 좌우된다. 이 장의 내용은 풍동 내부와 디퓨저 하류에 모델에 의해 발생된 경사 충격파가 풍동의 성능에 영향을 미치는 초음속과 극초음속 풍동 설계에 관심이 있다면 필수적이다. 실제로 이 장의 내용은 초음속 유동을 응용하는 모든 것에 필수적이다.

이제 무엇을 의미하는지 알았을 것이다. 즉, 이 장의 내용은 초음속 유동을 공부하는 데 필요하다는 것이다. 이러한 유동의 빵과 버터인 것이다. 이제 빵을 펴고 버터를 바르고 이 장을 소화시켜라. 무엇보다도 경사 충격파와 팽창파를 배우는 것은 흥미로운 일이다. 여러분도 이 장을 즐길 것이라고 기대한다.

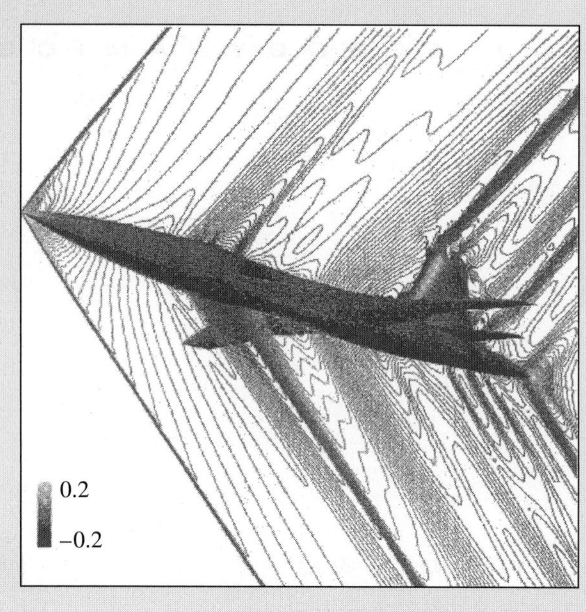

그림 9.1 마하수 1.7에서 초음속 항공기 형상에 대한(엔진실 제외) 파의 패턴. (Computational fluid dynamic calculations by Y. Makion, et al., "Nonaxisymmetrical Fuselage Shape Modification for Drag Reduction of Low-Sonic-Boom Air-plane," *AIAA Journal*, vol. 41, no. 8, August 2003, p.1415)

9.1 개요 *Introduction*

8장에서는 상류 유동에 90°를 이루는 충격파, 즉 수직 충격파에 대해 다루었다. 수직 충격파의 거동은 중요하며, 또한 수직 충격파에 대한 공부는 충격파 현상에 대해 상대적으로 이해하기 쉬운 소개를 제공한다. 하지만 그림 7.5와 7.6의 사진을 보면, 일반적으로 충격파는 상류 유동에 대해 경사각을 이루게 된다. 이 파들을 *경사 충격파*라고 하는데, 이 장의 주제가 된다. 수직 충격파는 일반적인 경사 충격파의 특별한 경우, 즉 파의 각이 90°인 경우가 된다.

파를 지나면서 불연속적으로 압력이 증가하는 경사 충격파 외에, 초음속 유동에서 파를 지나면서 *연속적으로* 압력이 *감소하는* 경우 팽창파로 특성화시킨다. 두 가지 형태의 파에 대해 살펴보도록 하자. 그림 9.2와 같이 점 A의 모서리를 갖는 벽 위 초음속 유동을 생각해 보자. 그림 9.2a에서 벽면은 모서리에서 경사각 θ로 위로 꺾여 있다. 즉, 오목 형상이다. 벽면에서 유동은 벽면과 접선 방향이어야 한다. 따라서 벽면에서의 유선도 각 θ만큼 위로 꺾여 있다. 기체 부피가 벽면 위에 있으며 그림 9.2a에서 유선은 위로, 즉 유동의 본류 쪽으로 방향을 튼다. 초음속 유동에서, 그림 9.2a에서와 같이 '유체의 본류 쪽으로 방향을 틀 경우'에는 언제나 충격파가 발생한다. 파의 전방에서 원래 수평한 유선이 파를 지나면서 일률적으로 꺾이게 되어, 파의 후방에서 서로 나란하고 경사각 θ로 위로 경사지게 된다. 파를 지나면서 마하수는 불연속적으로 감소하고 압력, 밀도, 온도는 불연속적으로 증가한다. 이와 다르게, 그림 9.2b에서 유선은 유동의 본류로*부터 멀리* 아래쪽으로 꺾이게 된다. 초음속 유동에서, '유체의 본류 쪽에서 멀리 방향을 틀 경우'에는 언제나

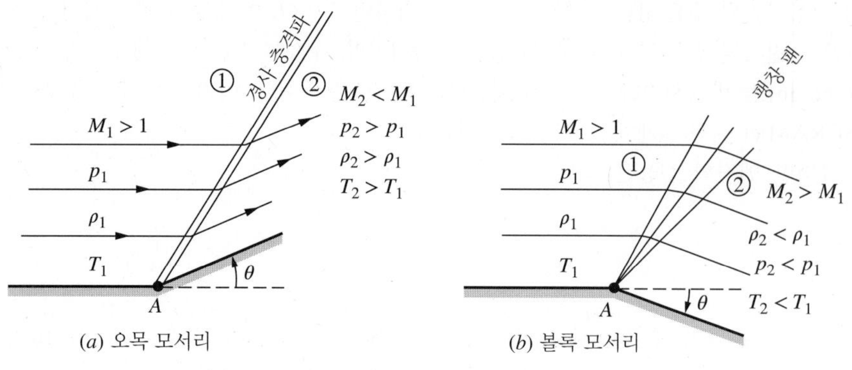

그림 9.2 모서리를 지나는 초음속 유동

팽창파가 발생한다. 이 팽창파는 모서리를 중심으로 부채꼴이 된다. 부채꼴은 연속적으로 모서리에서 멀리, 그림 9.2*b*에서와 같이 펴지게 된다. 팽창파 전방에서 원래 수평한 유선이 파 후방에서 서로 나란하고 경사각 θ로 아래쪽으로 경사지게 되도록 팽창 팬을 통해 부드럽고 연속적으로 꺾이게 된다. 팽창파를 지나면서 마하수는 증가하고 압력, 온도, 밀도는 감소한다. 따라서 팽창파는 충격파와 정반대가 된다.

경사 충격파와 팽창파는 원래 2차원, 3차원 초음속 유동이다. 이 파들은 8장에서 다루었던 1차원 수직 충격파와는 대조적으로 원래 2차원이다. 즉, 그림 9.2*a*와 *b*에서 유동 성질들은 x와 y의 함수가 된다. 이 장의 목적은 이러한 경사파의 성질을 정하고 배우는 것이다.

초음속 유동에서 이러한 파들을 발생시키는 물리적 작용은 무엇인가? 이 질문에 답하기 위하여, 8.3절에서 설명했듯이 분자 충돌에 의해 음파가 전파된다는 그림을 상기해 보자. 기체 가운데 한 점에서 약한 교란이 발생하면, 이 정보는 교란 발생점에서 모든 방향으로 전파되는 음파에 의해 기체의 다른 점으로 전달된다. 이제 그림 9.3에 나타낸 것과 같이 유동에 놓인 물체를 생각해 보자. 물체 표면에 충돌하는 기체 분자들은 운동량 변화를 경험하게 된다. 그리고 나서 이 변화는 임의 분자 충돌에 의해 주위에 있는 분자들에 전달된다. 이렇게 하여 물체가 있다는 정보는 분자 충돌에 따라 주위 유동에 전달된다. 즉, 이 정보는 대략 음속으로 상류로 전파된다. 만약 상류 유동이 아음속이면, 그림 9.3*a*와 같이 교란은 상류 멀리까지 전달되는 데 아무 문제가 없게 되어, 다가오는 유동이 물체를 피해 가기에 충분한 시간을 가지게 된다. 한편 상류 유동이 그림 9.3*b*와 같이 초음속이면, 교란은 상류로 전달되지 않고 오히려 물체로부터 일정 거리에 교란파들이 쌓여 물체 전면에 정지된 파를 만들게 된다. 따라서 초음속 유동에서 파의 물리적 발생은 (충격파 및 팽창파 모두) 분자 충돌을 통한 정보의 전파와 초음속 유동의 일정 영역으로는 전파가 일어나지 않는다는 사실에 기인한다.

왜 대부분의 파들은 상류 유동에 수직하지 않고 경사질까? 이 질문에 답하기 위하여 정지된 기체 속으로 적은 교

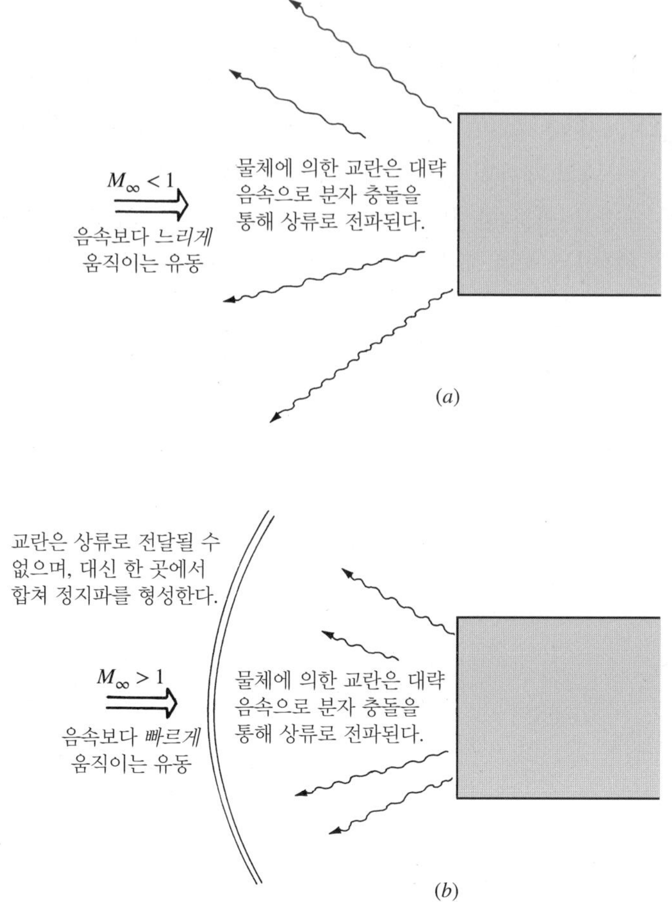

그림 9.3 교란 전파. (*a*) 아음속 유동, (*b*) 초음속 유동

란이 움직여 가는 것을 생각해 보자. 이 교란의 가장 좋은 예로 주기적으로 소리내는 '호출기'를 들어보자. 먼저 그림 9.4*a*와 같이 기체 속을 *아음속*으로 움직이는 호출기를 생각해 보자. 호출기의 속도는 V이고, $V < a$이다. 시간 $t = 0$에서 호출기는 점 A에 있다. 이 점에서 모든 방향으로 음속 a로 퍼져 가는 음파가 발생한다. 시간 t 후에 이 음파는 점 A에서 at만큼 전파되며, 그림 9.4*a*에서와 같이 반경 at의 원으로 나타낼 수 있다. 같은 시간 동안 호출기는 Vt만큼 움직였으며, 그림 9.4*a*에서 점 B에 있게 된다. 더욱이 점 A에서 점 B로 움직이는 동안 호출기는 여러 개의 다른 음파를 내보냈는데, 이는 그림 9.4*a*에서 여러 개의 작은 원으로 나타내고 있다. 호출기는 항상 여러 개의 원형 음파 *내부*에 있으며, 음파는 계속해서 호출기의 앞에서 움직인다는 점을 주시하라. 이는 호출기가 아음속 $V < a$의 속도로 움직이기 때문이다. 반대로 그림 9.4*b*에서와 같이, 호출기가 *초음속* $V > a$로 기체 속을 움직이는 것을 생각해 보자. 시간 $t = 0$에서 호출기의 위치는 점 A이고, 여기서 음파를 발생한다. 시간 t 후에 이 파는 점 A에서 at만큼 전파되어 왔으며, 이는 그림 9.4*b*에 반경 at의 원으로 나타냈다. 이 시간 동안 호출기는 점 B에서 Vt만큼 움직였다. 또한 호출기가 점 A에서 점 B로 움직이는 동안 여러 개의 음파를 발생하였으며, 그림 9.4*b*에 시간 t에서 작은 원으로 나타냈다. 그러나 아음속과는 다르게 호출기는 항상 원형 음파의 *외부*에 있다. 즉, $V > a$이기 때문에 호출기는 음파에 앞서서 움직인다. 더욱이 새로운 점이 있는데, 이 음파들의 전면은 모든 원들의 접선인 직선 BC로 나타나는 교란 구역을 형성하게 된다. 이 교란을 나타내는 선을 *마하파*라고 정의한다. 또한 마하파가 호출기가 움직이는 방향과 이루는 각 ABC를 *마하각* μ로 정의한다. 그림 9.4*b*의 형상에서 다음과 같은 관계를 알 수 있다.

$$\sin \mu = \frac{at}{Vt} = \frac{a}{V} = \frac{1}{M}$$

따라서 마하각은 국소 마하수에 의해 다음과 같이 정해진다.

$$\boxed{\mu = \sin^{-1} \frac{1}{M}} \tag{9.1}$$

그림 9.4*b*를 검토해 보면 마하파, 즉 초음속 유동에서 교란의 한계는 명확히 이동 방향 쪽으로 *기울어진다*. 만약 교란이 단순한 음파보다 강하다면 파의 앞부분은 마하파보다 강하게 되고, $\beta > \mu$에서 자유흐름에 β 각도를 가진 경사 충격파를 생성한다. 이 비교는 그림 9.5에 나타나 있다. 그러나 경사 충격파를 생성하는 물리적 작용은 위에서 마하파에 대해 설명한 것과 같이 필수적이다. 실제로 마하파는 경사 충격파의 제한적 경우이다(즉, 매우 약한 경사 충격파이다).

이것으로 초음속 유동에서 경사파의 물리적 원천에 대한 논의를 마친다. 이제 경사파를 지나는 상태량의 변화를 먼저 경사 충격파에 대해, 그 다음 팽창파에 대해 계산할 수 있는 식을 도출하는 과정을 진행하자. 그림 9.6의 이정표에 우리가 따라야 할 경로가 나와 있다.

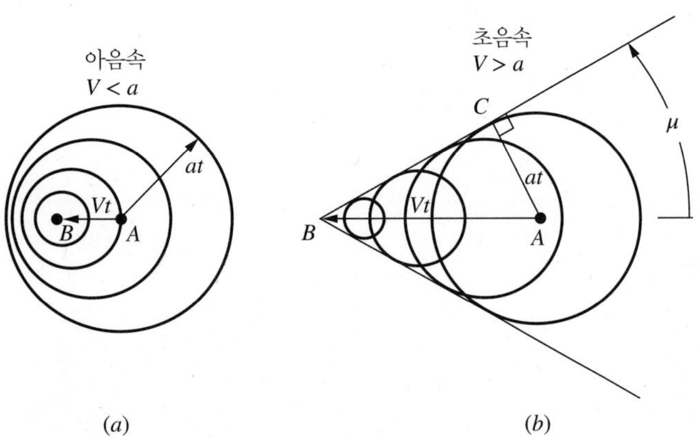

그림 9.4 (*a*) 아음속 유동, (*b*) 초음속 유동에서의 교란 전파의 또 다른 가시화

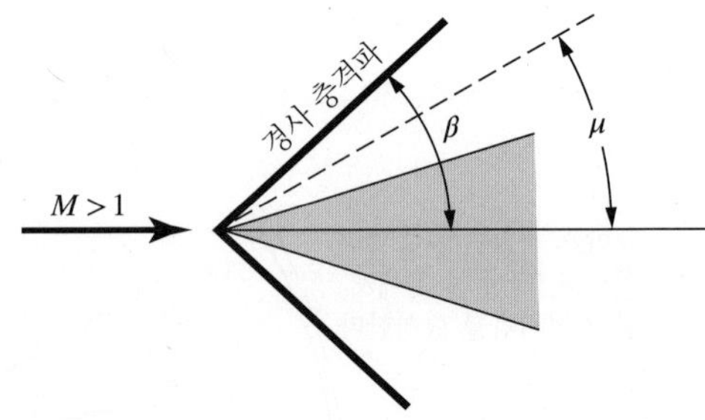

그림 9.5 경사 충격파 각과 마하각의 관계

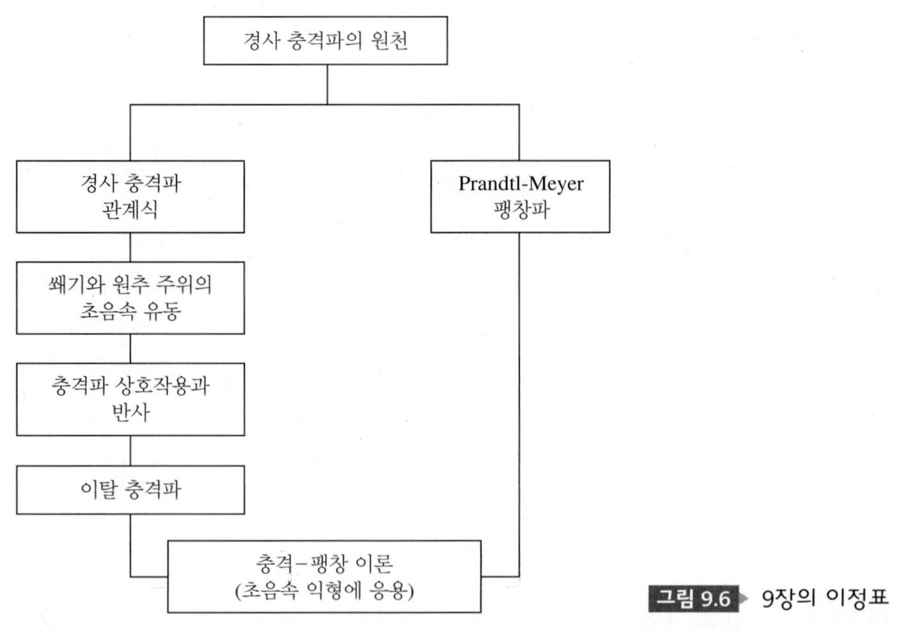

그림 9.6 9장의 이정표

예제 9.1

초음속 항공기가 고도 16 km에서 마하수 2로 비행하고 있다. 항공기로부터의 충격파 형태는(그림 9.1 참조) 빠르게 마하파로 합쳐지고, 항공기 뒤편 지상을 가로질러 지상에서 사람들이 듣게 되는 '충격파 폭음'의 원인이 된다. 충격파 폭음이 들릴 때, 항공기는 지상의 사람으로부터 얼마나 앞에 있는가?

■ 풀이

그림 9.7을 살펴보면, 고도 16 km에서의 항공기는 뒤쪽으로 마하파가 뻗어 있다. 마하파는 항공기로부터 d만큼 떨어진 곳에서 지상과 교차한다. 식 (9.1)로부터

$$\mu = \sin^{-1}\left(\frac{1}{M}\right) = \sin^{-1}\left(\frac{1}{2}\right) = 30°$$

그림 9.7로부터

$$\tan \mu = \frac{16 \text{ km}}{d}$$

또는

$$d = \frac{16 \text{ km}}{\tan \mu} = \frac{16}{0.577} = \boxed{27.7 \text{ km}}$$

그림 9.7 초음속 항공기로부터의 마하파와 지상 충돌

9.2 경사 충격파 관계식 *Oblique Shock Relations*

그림 9.8의 경사 충격파를 고려하자. 충격파와 상류 유동 방향 사이의 각은 *충격파 각*으로 정의되고 β로 표기한다. 상류 유동(영역 1)은 속도 V_1, 마하수 M_1을 가지며 수평하다. 하류 유동(영역 2)은 변위각 θ를 통해 위쪽으로 굴절되어 있고 속도 V_2, 마하수 M_2를 갖는다. 상류 속도 V_1은 충격파에 접선 성분과 수직 성분인 w_1과 u_1으로 분리되고, 각각 마하수의 접선 성분과 수직 성분인 $M_{t,1}$ 그리고 $M_{n,1}$과 연계된다. 유사하게 하류 유동의 속도 성분 역시 접선 성분과 수직 성분인 w_2와 u_2로 분리되고, 각각 마하수의 접선 성분과 수직 성분인 $M_{t,2}$ 그리고 $M_{n,2}$와 연계된다.

그림 9.8의 위쪽에 점선으로 나타낸 검사 체적을 고려하자. a와 d 측은 충격파와 평행하다. b와 c 성분은 상류 유선을 따르고, e와 f 성분은 하류 유선을 따른다. 이 검사 체적에 보존 방정식의 적분 표현을 적용하자. 이때 체적력이 없는 정상, 비점성, 단열 유동을 대상으로 하고 있다는 것을 기억하자. 이러한 가정으로 식 (2.48) 연속 방정식은 다음과 같이 표현된다.

$$\oiint_S \rho \mathbf{V} \cdot \mathbf{dS} = 0$$

면 a와 d를 계산한 면적분은 $-\rho_1 u_1 A_1 + \rho_2 u_2 A_2$를 도출하고, 여기서 $A_1 = A_2$는 면 a와 d의 면적과 같다. 면 b, c, e, f는 속도에 평행하므로 면적분에 어떠한 영향도 없다(이들 면에서의 $\mathbf{V} \cdot \mathbf{dS} = 0$). 따라서 경사 충격파에 대한 연속 방정식은 다음과 같다.

$$-\rho_1 u_1 A_1 + \rho_2 u_2 A_2 = 0$$

또는

$$\boxed{\rho_1 u_1 = \rho_2 u_2} \tag{9.2}$$

식 (9.2)에서 u_1과 u_2는 충격파에 *수직*임을 기억하라.

식 (2.64)의 운동량 방정식의 적분 형태는 벡터 방정식이다. 따라서 이것은 충격파에 접선과 수직 2개의 성분으로 분리된다. 먼저 고려하고 있는 유동에 대해 접선 성분을 고려하자.

$$\oiint_S (\rho \mathbf{V} \cdot \mathbf{dS}) w = -\oiint_S (p\, dS)_{\text{tangential}} \tag{9.3}$$

식 (9.3)에서 w는 충격파에 대해 접선 속도 성분이다. $\mathbf{dS}$는 검사면에 수직이므로 면 a와 d를 통하는 $(p\ \mathrm{dS})_{\text{tangential}}$은 0이다. 또한 면 b와 f에서의 벡터 $p\ \mathbf{dS}$는 같으면서 반대이고, 식 (9.3)에서 압력 적분은 2개의 접선 힘을 포함하며 이것은 면 b와 f에서 상쇄된다. 또한 면 c와 e에서도 마찬가지이다. 따라서 식 (9.3)은 다음과 같다.

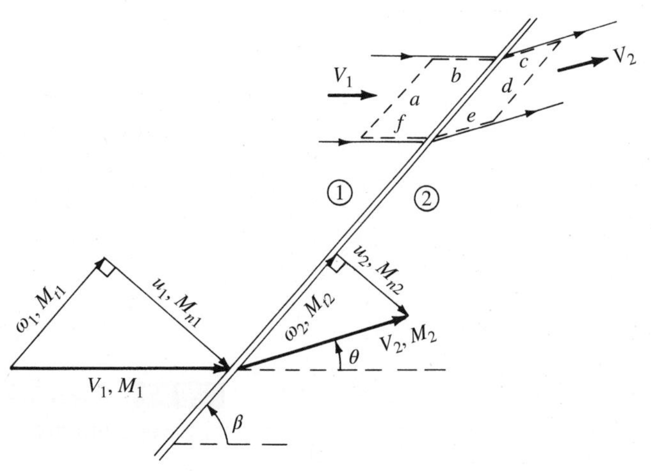

그림 9.8 경사 충격파 기하구조

$$-(\rho_1 u_1 A_1)w_1 + (\rho_2 u_2 A_2)w_2 = 0 \tag{9.4}$$

식 (9.2)로 식 (9.4)를 나누면 다음을 얻는다.

$$\boxed{w_1 = w_2} \tag{9.5}$$

식 (9.5)는 중요한 결과이다. 이것은 *유동 속도의 접선 성분은 경사 충격파를 지나면서 일정하다*는 것을 나타낸다.

식 (2.64)로부터 적분 형태 운동량 방정식의 수직 성분은,

$$\oiint_S (\rho \mathbf{V} \cdot \mathbf{dS})u = -\oiint_S (p\, dS)_{\text{normal}} \tag{9.6}$$

여기서 면 a와 d에서 계산되는 압력 적분은 $-p_1A_1 + p_2A_2$의 전체 합으로 도출된다. 다시 한번 b와 f에서 동일하고 반대인 압력 힘은 상쇄되고, c와 e에서도 반복된다. 따라서 식 (9.6)은 그림 9.8의 검사 체적에 대해 다음과 같다.

$$-(\rho_1 u_1 A_1)u_1 + (\rho_2 u_2 A_2)u_2 = -(-p_1 A_1 + p_2 A_2)$$

$A_1 = A_2$에 따라

$$\boxed{p_1 + \rho_1 u_1^2 = p_2 + \rho_2 u_2^2} \tag{9.7}$$

다시 한번 식 (9.7)에서의 유일한 속도는 충격파에 *수직* 성분임에 유의하라.

마지막으로, 식 (2.95)의 에너지 방정식의 적분 형태를 생각해 보면 현재 경우에 대하여 다음과 같이 쓸 수 있다.

$$\oiint_S \rho\left(e + \frac{V^2}{2}\right)\mathbf{V} \cdot \mathbf{dS} = -\oiint_S p\mathbf{V} \cdot \mathbf{dS} \tag{9.8}$$

다시 유동이 면 b, c, f, e에 대하여 접선 방향인 것을 인지하면, 이 면들에서는 $\mathbf{V} \cdot \mathbf{dS} = 0$이므로 식 (9.8)은 그림 9.6의 검사 체적에 대해 다음과 같다.

$$-\rho_1\left(e_1 + \frac{V_1^2}{2}\right)u_1 A_1 + \rho_2\left(e_2 + \frac{V_2^2}{2}\right)u_2 A_2 = -(-p_1 u_1 A_1 + p_2 u_2 A_2) \tag{9.9}$$

식 (9.9)의 항들을 재정리하면 다음이 된다.

$$-\rho_1 u_1\left(e_1 + \frac{p_1}{\rho_1} + \frac{V_1^2}{2}\right) + \rho_2 u_2\left(e_2 + \frac{p_2}{\rho_2} + \frac{V_2^2}{2}\right) = 0$$

또는

$$\rho_1 u_1\left(h_1 + \frac{V_1^2}{2}\right) = \rho_2 u_2\left(h_2 + \frac{V_2^2}{2}\right) \tag{9.10}$$

식 (9.2)로 식 (9.10)을 나누면 다음을 얻는다.

$$h_1 + \frac{V_1^2}{2} = h_2 + \frac{V_2^2}{2} \tag{9.11}$$

$h + V^2/2 = h_0$이므로, *총 엔탈피는 충격파를 지나면서 일정하다*는 유사한 결과를 다시 얻는다. 또한 열량적 완전 기체에 대해 $h_0 = c_pT_0$, 따라서 *전온도는 충격파를 지나면서 일정하다*. 식 (9.11)을 좀 더 자세히 이용하면, 그림 9.8에서 $V^2 = u^2 + w^2$임을 기억하라. 또한 식 (9.5)로부터 $w_1 = w_2$임을 알 수 있다. 따라서

$$V_1^2 - V_2^2 = \left(u_1^2 + w_1^2\right) - \left(u_2^2 + w_2^2\right) = u_1^2 - u_2^2$$

결국 식 (9.11)은 다음과 같다.

$$\boxed{h_1 + \frac{u_1^2}{2} = h_2 + \frac{u_2^2}{2}} \tag{9.12}$$

여기서 결과를 얻도록 하자. 식 (9.2), (9.7), (9.12)를 주의 깊게 살펴보자. 그들은 경사 충격파에 대해 연속, 수직 운동량, 그리고 에너지 방정식이다. 그들은 속도 u_1과 u_2의 *수직* 속도 *성분만*을 포함하고 있음을 기억하라. w의 접선 성분은 이 방정식에서 나타나지 않는다. 그러므로 *경사 충격파를 지나는 변화는 오직 파에 수직인 속도 성분에 의해서만 지배된다*고 추론한다.

다시 식 (9.2)와 (9.7), 그리고 (9.12)를 유심히 보라. 그들은 식 (8.2), (8.6), (8.10)에서 주어진 것처럼 *바로 수직 충격파에 대한 지배 방정식이다*. 이런 이유로 8.6절에서의 수직 충격파에 적용된 정확하게 같은 대수식은 식 (9.2), (9.7), (9.12)가 적용될 때, 상류흐름의 수직 성분인 $M_{n,1}$에 대해서 경사 충격파를 지나는 변화에 대해 동일한 표현을 이끌어낼 것이다. 다음 식을 인지하라.

$$M_{n,1} = M_1 \sin\beta \tag{9.13}$$

따라서 식 (9.13)에 주어진 $M_{n,1}$을 가진 경사 충격파에 대해 식 (8.59), (8.61), (8.65)로부터 다음을 얻는다.

$$M_{n,2}^2 = \frac{1 + [(\gamma - 1)/2]M_{n,1}^2}{\gamma M_{n,1}^2 - (\gamma - 1)/2} \tag{9.14}$$

$$\frac{\rho_2}{\rho_1} = \frac{(\gamma + 1)M_{n,1}^2}{2 + (\gamma - 1)M_{n,1}^2} \tag{9.15}$$

$$\frac{p_2}{p_1} = 1 + \frac{2\gamma}{\gamma + 1}(M_{n,1}^2 - 1) \tag{9.16}$$

온도비 T_2/T_1은 상태 방정식으로부터

$$\frac{T_2}{T_1} = \frac{p_2}{p_1}\frac{\rho_1}{\rho_2} \tag{9.17}$$

$M_{n,2}$는 충격파 이후의 *수직* 마하수임을 명심하라. 하류흐름 마하수 M_2는 $M_{n,2}$와 그림 9.8의 기하구조에서 다음과 같음을 알 수 있다.

$$M_2 = \frac{M_{n,2}}{\sin(\beta - \theta)} \tag{9.18}$$

식 (9.14)와 (9.17)을 살펴보자. 열량적 완전 기체의 경사 충격파 상태량은 오직 상류의 마하수 수직 성분인 $M_{n,1}$에 의해 결정된다는 것을 보여준다. 그러나 식 (9.13)으로부터 $M_{n,1}$은 M_1과 β에 의해 결정된다는 것을 인지하라. 8.6절로부터 수직 충격파를 지나는 변화는 상류흐름 마하수 M_1인 한 가지 변수에 의해서만 결정된다는 것을 기억하자. 반대로 우리는 이제 경사 충격파를 지나는 변화가 두 가지 변수, 즉 M_1과 β에 의해 결정된다는 것을 보게 된다. 그러나 이 차이는 실제 수직 충격파는 경사 충격파 $\beta = \pi/2$일 때의 특별한 경우이므로 다소 논의의 여지가 있다.

식 (9.18)은 변위각 θ를 경사 충격파 분석에 도입한다. θ가 M_2를 계산하기 위해 필요하다. 하지만 θ는 독립되지 않은 제3의 변수이다. 더 정확히 말하면 θ는 아래에서 유도되는 것처럼 M_1과 β의 함수이다. 그림 9.8의 기하구조를 통해,

$$\tan\beta = \frac{u_1}{w_1} \tag{9.19}$$

그리고

$$\tan(\beta - \theta) = \frac{u_2}{w_2} \tag{9.20}$$

식 (9.19)로 식 (9.20)을 나누고, $w_1 = w_2$를 다시 불러오고, 식 (9.2)의 연속 방정식을 적용하면 다음을 얻는다.

$$\frac{\tan(\beta - \theta)}{\tan \beta} = \frac{u_2}{u_1} = \frac{\rho_1}{\rho_2} \tag{9.21}$$

식 (9.21)에 식 (9.13)과 (9.15)를 결합하여 다음을 얻는다.

$$\frac{\tan(\beta - \theta)}{\tan \beta} = \frac{2 + (\gamma - 1)M_1^2 \sin^2 \beta}{(\gamma + 1)M_1^2 \sin^2 \beta} \tag{9.22}$$

이것은 M_1과 β의 내재 함수로 θ를 제공한다. 몇 가지 삼각 함수 대입과 재배열 후에, 식 (9.22)는 θ에 대해 아래와 같이 정확하게 표현될 수 있다.

$$\boxed{\tan \theta = 2 \cot \beta \frac{M_1^2 \sin^2 \beta - 1}{M_1^2(\gamma + \cos 2\beta) + 2}} \tag{9.23}$$

식 (9.23)은 중요한 식이다. 이것은 θ-β-M 관계식이라 불리며, θ를 M_1과 β의 특별한 함수로 명시한다. 이 관계식은 경사 충격파 해석에 핵심이고, $\gamma = 1.4$일 때 이것의 결과는 그림 9.9에 나타나 있다. 이 그림을 자세히 살펴보라. 이는 마하수를 변수로 가진, 충격파 각에 대한 변위각의 그래프이다. 그림 9.9에 주어진 결과는 어느 정도 자세히 그래프로 그려졌다. 이것은 경사 충격파에 대한 문제를 풀 때 여러분에게 필요한 도표이다.

그림 9.9는 경사 충격파와 연관된 풍부한 물리적 현상을 나타낸다. 예를 들면,

1. 어느 주어진 상류 마하수 M_1에 대해서 최대 변위각 θ_{max}가 주어진다. 만일 물리적 형상이 $\theta > \theta_{max}$라면, *선형* 경사 충격파에 대해 어떤 해도 존재하지 않는다. 대신 자연 현상에서는 휘어진 충격파가 물체의 선두부나 모서리로부터 떨어진 채 생성된다. 이는 그림 9.10에 묘사되어 있다. 그림의 왼쪽 부분은 쐐기형 물체 주변과 오목하게 들어간 모서리 부근의 흐름을 나타낸다. 여기서 주어진 상류 마하수에 대하여 변위각은 θ_{max}보다 작다. 그러므로 우리는 쐐기형 물체의 선두부에 붙어 나타나는 선형 경사 충격파를 본다. 그림 9.10의 오른쪽에는 θ_{max}보다 큰 변위각의 예가 주어져 있다. 그러한 이유로, 이 절의 앞부분에서 전개해 온 이론으로부터 어떠한 선형 경사 충격파 해도 허용되지 않는다. 대신 쐐기형 물체의 선두부로부터 떨어져 나타나는 굽은 충격파를 갖게 된다. 그림 9.9로 돌아가자. 그리고 θ_{max}의 값은 증가하는 M_1과 함께 증가함에 주목하자. 이러한 이유로 높은 마하수일수록 선형 경사 충격파 해는 큰 변위각에서 존재할 수 있다. 그러나 여기엔 M_1이 무한대로 다가갈수록 θ_{max}는 45.5°에 가까워진다는 제한된 범위가 있다.

2. *θ_{max}보다 작은* θ에서, 주어진 상류 유동 마하수에 *두 가지* 경사 충격파에 대한 해가 있다. 예를 들어 $M_1 = 2.0$이고 $\theta = 15°$면, 그림 9.9에서 보듯이 β는 45.3°거나 79.8°일 수 있다. β의 작은 값은 *약한* 충격파의 해라 말하고, β의 큰 값은 *강한* 충격파의 해라 말한다. 이 두 가지 경우는 그림 9.11에 나와 있다. 주어진 M_1에 대해 충격파의 각이 더 크면 상류 마하수의 수직 성분인 $M_{n,1}$이 더 큰 값을 가지며, 또한 식 (9.16)으로부터 더 큰 압력비 p_2/p_1을 갖게 되는 것으로부터 '약하고 강한' 구분이 도출되었다. 그러므로 그림 9.11에서 더 높은 각도의 충격파는 더 낮은 각도의 충격파보다 기체를 더 압축할 것이며, 따라서 '강하고 약한' 해의 어휘가 나온 것이다. 자연현상에서는 약한 충격파의 해가 일반적으로 우세하다. 그림 9.10의 왼쪽에 그려진 것과 같이 선형의 부착된 경사 충격파들을 볼 때면 거의 언제나 그것은 약한 충격파 해이다. 반대의 경우에 대한 구체적인 정보를 가지고 있지 않다면 이런 가정을 하는 것은 안전하다. 그림 9.9에 나타난 θ_{max}(대략 수평적으로 그림 9.9의 가운데를 통과해 지나고 있는 곡선)의 모든 값들을 연결하는 점들의 위치는 약한 충격파 해와 강한 충격파 해를 구분 짓는다. 이 곡선 위쪽에는 강한 충격파 해가 나타나 있다(점선으로 표시된 θ-β-M 곡선에 의해 나타나 있듯이). 이 곡선 아래에는 약한 충격파 해가 나타나 있다(실선으로 θ-β-M 그래프에 나타나 있듯이). 이 곡선 약간 아래에 나타난 것은 역시 그림 9.9를 대략 수평적으로 통과하며 지나고 있는 다른 곡선이다. 이 곡선은 $M_2 < 1$인 선 윗부분과 $M_2 > 1$인 선 아랫부분을 나누고 있다. 강한 충격파 해에서 하류의 마하수는 항상 $M_2 < 1$인 아음속이다. θ_{max}에 가까운 약한 충격파 해에서 하

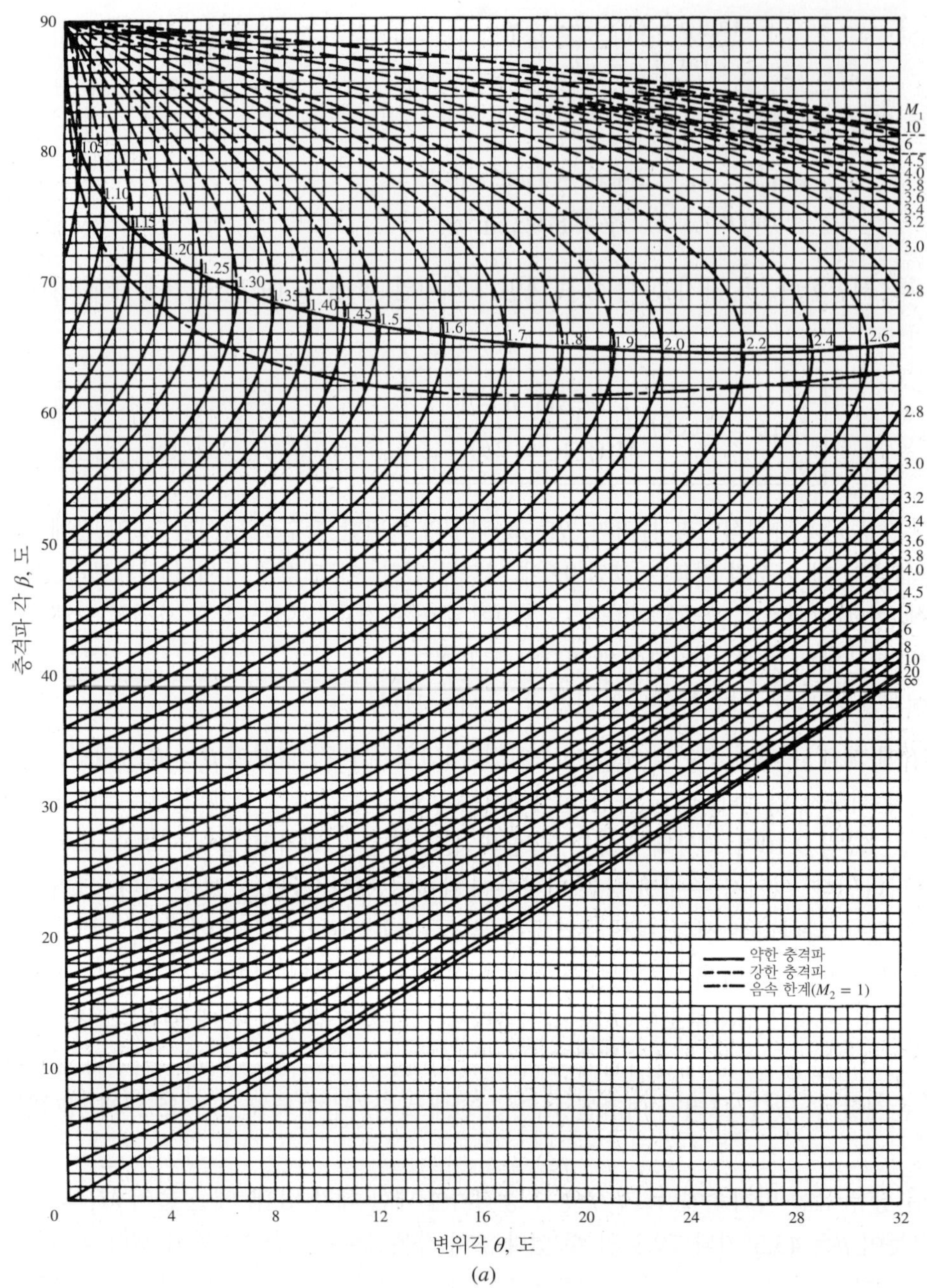

그림 9.9 경사 충격파 상태량: $\gamma = 1.4$. θ-β-M 도표(출처: *NACA Report 1135, Ames Research Staff, "Equations, Tables and Charts for Compressible Flow," 1953*)

류의 마하수 또한 아음속이다. 그러나 음속에 가까운 아음속이 된다. 약한 충격파 해를 포함하고 있는 대부분의 경우에서 하류의 마하수는 $M_2 > 1$인 초음속이다. 약한 충격파 해가 대부분 자연에서 나타나는 경우이기 때문에, 선형의 부착 경사 충격파의 하류 마하수는 거의 대부분 초음속이라고 말할 수 있다.

3. 만일 $\theta = 0$이라면 β는 90°거나 μ와 같을 것이다. $\beta = 90°$일 경우 수직 충격파에 해당한다(즉, 8장에서 배운 수직 충격파는 강한 충격파의 해에 속해 있다). $\beta = \mu$인 경우는 그림 9.4*b*에 표시된 마하파에 해당한다. 이 두 경우에서 유동의 유선은 파를 지나면서 어떠한 변위도 일으키지 않을 것이다.

4. (다음의 모든 논의에서 별도로 지정된 사항이 없으면 약한 충격파만을 고려한다.) 그림 9.12에 나타낸 것과 같이 주어진 반각 θ의 쐐기형 물체 주위 초음속 유동에서의 실험을 고려해 보자. 이제 자유흐름의 마하수 M_1을 증가시킨다고 가정하자. M_1이 증가함에 따라서 β가 감소하는 것을 관찰할 수 있다. 예를 들어 그림 9.12의 왼쪽과 같이 $\theta = 20°$고, $M_1 = 2.0$의 경우를 생각해 보자. 그림 9.9로부터 $\beta = 53.3°$임을 알 수 있다. 이제 그림 9.12의 오른쪽과

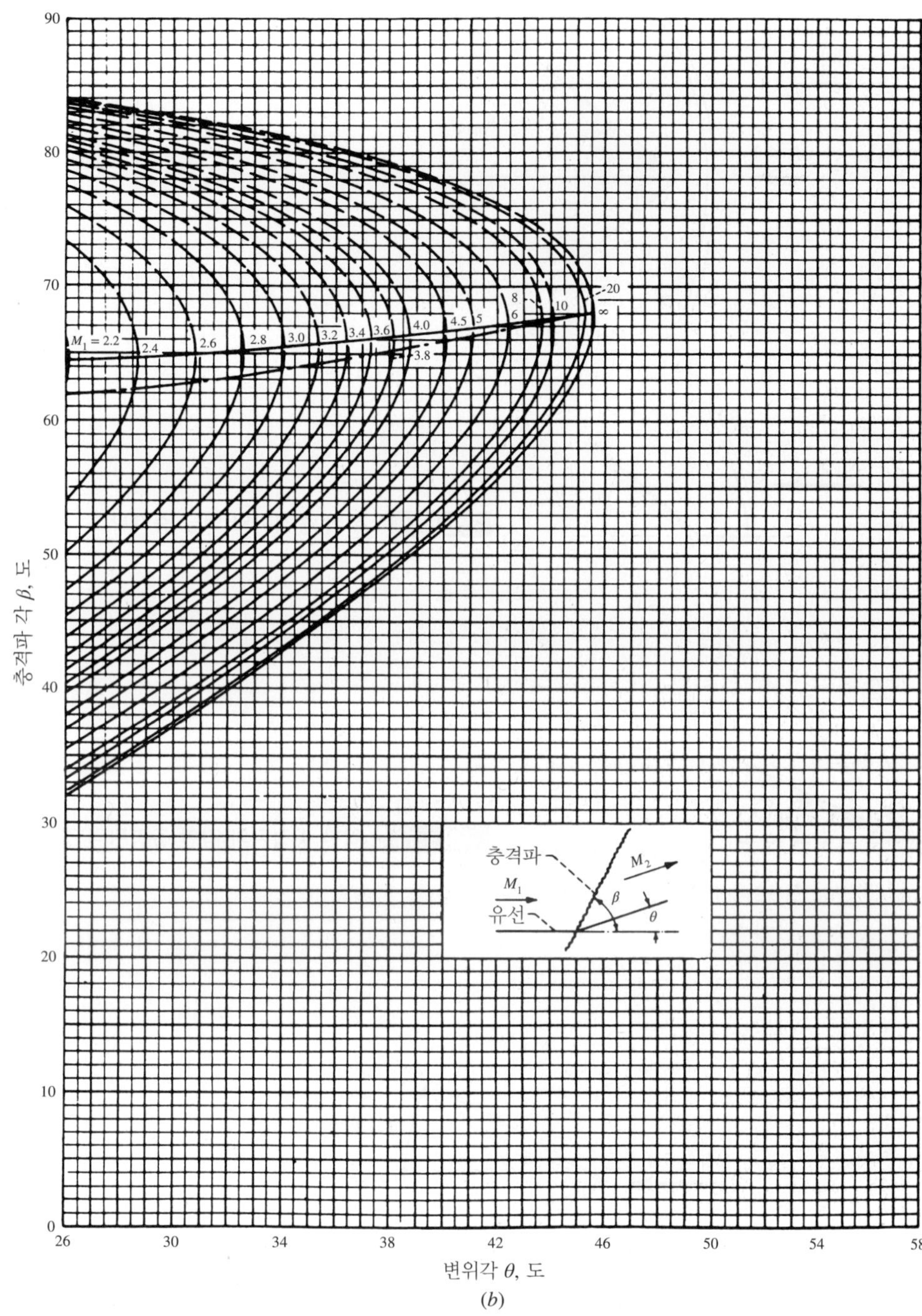

그림 9.9 (계속)
(출처: *NACA Report 1135, Ames Research Staff, "Equations, Tables and Charts for Compressible Flow," 1953*)

같이 θ가 일정하게 20°의 값을 유지하면서 M_1이 5까지 증가한다고 가정하자. $\beta = 29.9°$임을 알 수 있다. 흥미롭게도 비록 이 충격파가 낮은 충격파 각이더라도, 왼쪽의 것보다 더 강한 충격파가 발생한다. 오른쪽의 경우가 $M_{n,1}$의 크기가 더 크기 때문이다. $M_{n,1}$을 감소시키는 β가 더 작을지라도, 상류의 마하수 M_1이 감소된 β를 보상하는 것보다 더 큰 양으로 $M_{n,1}$을 증가시킨다. 예를 들어, 그림 9.12에 주어진 $M_{n,1}$과 p_2/p_1의 값에 주목하자. 명백하게 마하수 5인 오른쪽의 경우 더 강한 충격파를 생성한다. 이러한 이유에서 고정된 변위각을 가진 부착된 충격파는 일반적으로 상류의 마하수 M_1이 증가할 때 충격파 각 β는 감소하고 충격파는 더 강해진다. 다른 방향에서 접근하면, M_1이 감소할 때 충격파 각은 증가하고 충격파는 약해질 것이다. 결국 M_1이 충분히 작아지면, 충격파는 이탈해서 나타날 것이다. 그림 9.12에 나타낸 $\theta = 20°$의 경우에 대해 충격파는 $M_1 < 1.84$일 경우 이탈해 나타날 것이다.

5. 또 다른 실험결과를 고려해 보자. 이제 M_1을 고정시켜 놓고 변위각을 증가시키자. 예를 들어, 그림 9.13과 같은 쐐

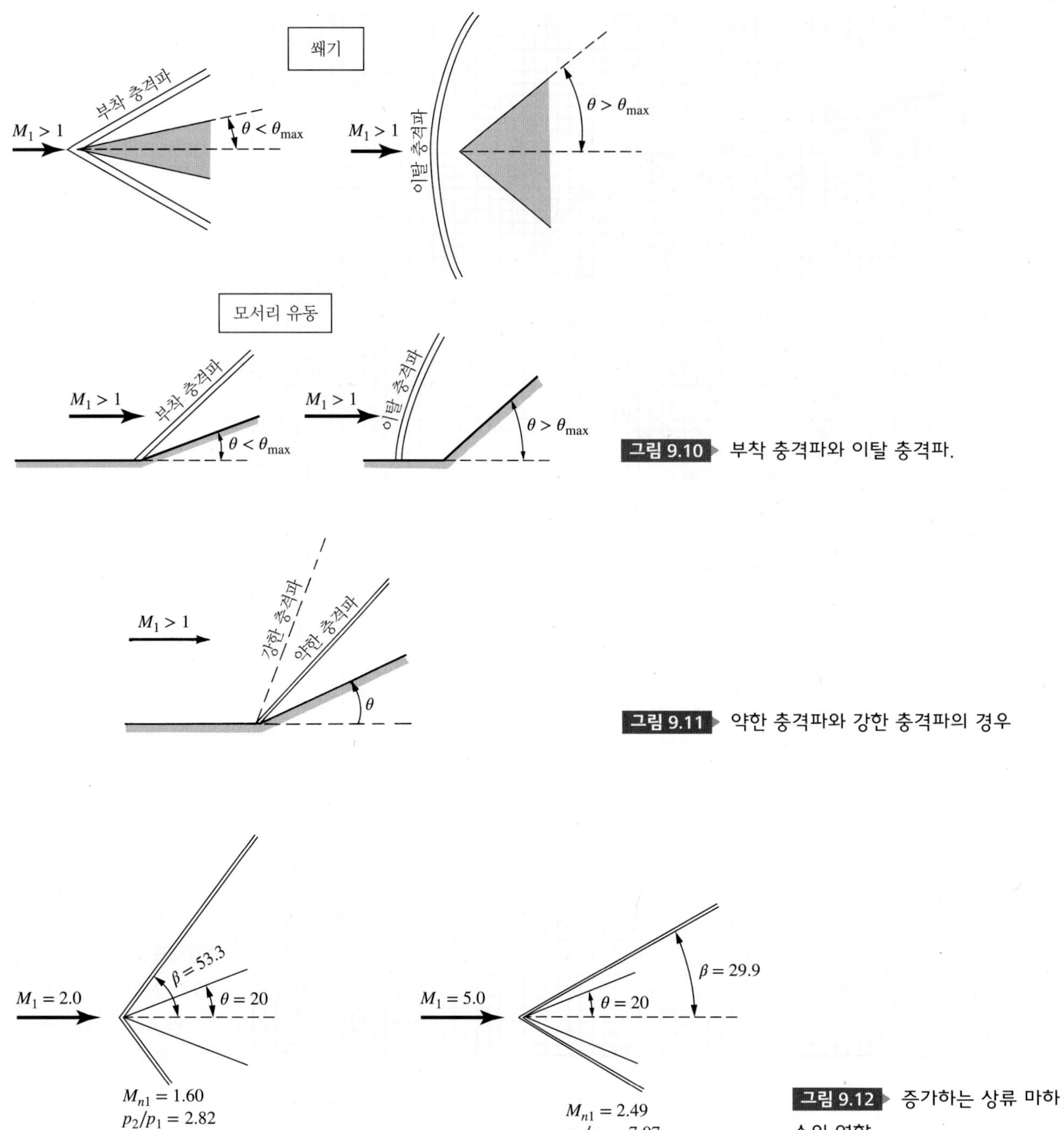

그림 9.10 부착 충격파와 이탈 충격파.

그림 9.11 약한 충격파와 강한 충격파의 경우

그림 9.12 증가하는 상류 마하수의 영향

기형 물체 부근의 초음속 유동을 고려해 보자. 그림 9.13에 나타나 있듯 $M_1 = 2.0$이고 $\theta = 10°$라고 가정하자. 충격파 각은 39.2°가 될 것이다(그림 9.9로부터). 이제 M_1이 일정하게 유지되고 변위각이 증가할 수 있게 쐐기형 물체가 겹쳐 있다고 가정하자. 이러한 경우 그림 9.13의 오른쪽에 나타나 있듯이 충격파 각은 증가할 것이다. 또한 $M_{n,1}$은 증가하고, 이 때문에 충격파는 더 강해질 것이다. 그러므로 일반적으로 고정된 상류 마하수에 부착된 충격파에 대해 변위각이 증가함에 따라 충격파 각 β가 증가하고 충격파는 더 강해진다. 그러나 한번 θ가 θ_{max}를 넘어서면 충격파는 이탈해 나타날 것이다. 그림 9.13의 $M_1 = 2.0$의 경우에 대해서는 $\theta > 23°$일 때 발생한다.

방금 설명한 경사 충격파의 물리적인 성질들은 매우 중요하다. 더 나아가기에 앞서 이들 물리적 변화에 완전히 익숙해질 때까지 몇 번이고 이 내용을 확실하게 익혀라.

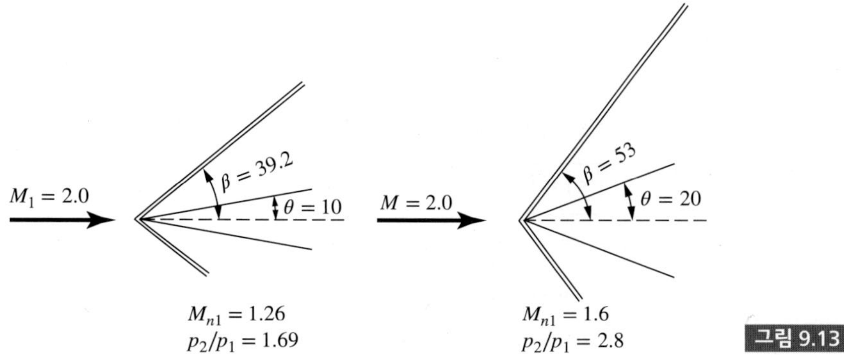

그림 9.13 증가하는 변위각의 영향

예제 9.2

$M = 2$, $p = 1$ atm, $T = 288$ K의 초음속 유동을 고려하자. 이 유동은 20°로 압축 모서리에서 방향을 바꾼다. 경사 충격파 이후에 나타나는 M, p, T, p_0, 그리고 T_0를 계산하라.

■ 풀이

그림 9.9로부터 $M_1 = 1$, $\theta = 20°$, $\beta = 53.4°$이다. 따라서 $M_{n,1} = M_1 \sin\beta = 2 \sin 53.4° = 1.606$이다. 부록 B로부터 $M_{n,1} = 1.60$(도표에 있는 값으로 반올림)이므로

$$M_{n,2} = 0.6684 \qquad \frac{p_2}{p_1} = 2.82 \qquad \frac{T_2}{T_1} = 1.388 \qquad \frac{p_{0,2}}{p_{0,1}} = 0.8952$$

따라서

$$M_2 = \frac{M_{n,2}}{\sin(\beta - \theta)} = \frac{0.6684}{\sin(53.4 - 20)} = \boxed{1.21}$$

$$p_2 = \frac{p_2}{p_1} p_1 = 2.82(1 \text{ atm}) = \boxed{2.82 \text{ atm}}$$

$$T_2 = \frac{T_2}{T_1} T_1 = 1.388(288) = \boxed{399.7 \text{ K}}$$

$M_1 = 2$에 대해, 부록 A로부터 $p_{0,1}/p_1 = 7.824$와 $T_{0,1}/T_1 = 1.8$이다. 따라서

$$p_{0,2} = \frac{p_{0,2}}{p_{0,1}} \frac{p_{0,1}}{p_1} p_1 = 0.8952(7.824)(1 \text{ atm}) = \boxed{7.00 \text{ atm}}$$

전온도는 충격파를 통해 일정하다. 그러므로

$$T_{0,2} = T_{0,1} = \frac{T_{0,1}}{T_1} T_1 = 1.8(288) = \boxed{518.4 \text{ K}}$$

주: 경사 충격파에 대해서, 부록 B의 $p_{0,2}/p_1$에 대한 항목은 $p_{0,2}$를 얻기 위해 사용될 수 *없다*. 부록 B의 항목은 오직 수직 충격파에 관한 것이며, 이것은 식 (8.80)으로부터 직접 얻어진다. 결국 식 (8.80)은 식 (8.77)을 사용하여 얻어지고, 여기서 M_2는 수직 성분이 아닌 *실제* 유동 마하수이다. 수직 충격파의 경우에서만 마하수는 파에 대해 수직이다. 이러한 이유로 식 (8.80)은 오직 수직 충격파에 대해서만 유효하다. 이것은 $M_{n,1}$으로 대치된 M_1인 경사 충격파에 대해서는 사용할 수 *없다*. 예를 들면, *잘못된* 계산은 $M_{n,1} = 1.60$일 때의 $p_{0,2}/p_1 = 3.805$를 사용함으로써 나타날 수 있다. 이것은 위에서 얻어진 7.00 atm이라는 정답과 비교하면 $p_{0,2} = 3.805$ atm이라는 완전히 잘못된 결과를 가져온다.

예제 9.3

충격파 각이 30°인 경사 충격파를 고려해 보자. 상류 유동의 마하수는 2.4이다. 유동의 변위각과 충격파를 지나는 압력과 온도의 비를 구하고 충격파 뒤의 마하수를 구하라.

■ **풀이**

그림 9.9로부터, $M_1 = 2.4$이고 $\beta = 30°$일 때 $\boxed{\theta = 6.5°}$이다. 또한

$$M_{n,1} = M_1 \sin\beta = 2.4 \sin 30° = 1.2$$

부록 B로부터

$$\frac{p_2}{p_1} = \boxed{1.513}$$

$$\frac{T_2}{T_1} = \boxed{1.128}$$

$$M_{n,2} = 0.8422$$

그러므로

$$M_2 = \frac{M_{n,2}}{\sin(\beta - \theta)} = \frac{0.8422}{\sin(30 - 6.5)} = \boxed{2.11}$$

주: 이 예제를 통해 다음과 같은 두 가지 양상이 설명된다.

1. 이것은 상당히 약한 충격파이다. 충격파를 지나면서 압력이 오직 51%만 증가했다. 또한 그림 9.9를 검토하면서 충격파 각은 $\mu = \sin^{-1}(1/M) = \sin^{-1}(\frac{1}{2.4}) = 24.6°$인 마하파에 가깝다는 것을 발견했다. 30°의 충격파 각은 μ보다 아주 크지 않다. 또한 6.5°의 변위각도 작다. 충격파의 상대적으로 약한 세기와 일치한다.
2. 주어진 경사 충격파를 유일하게 정의하기 위해서는 오직 두 가지의 상태량만을 지정하는 것이 필요하다. 이 예제에서 M_1과 β가 두 가지 요소이다. 예제 9.2에서는 M_1과 θ가 두 가지 요소였다. 한번 어떤 2개의 요소가 경사 충격파에 대해 주어지면, 이 충격파는 유일하게 정의된다. 이는 8장에서 공부한 수직 충격파의 경우와 유사하다. 거기서 M_1이라는 오직 *하나의* 지정된 성질에 의해서 수직 충격파를 지난 모든 변화들이 유일하게 정의된다는 것을 증명했다. 그러나 8장 전체에는 수직 충격파의 충격파 각이 90°라는 추가적인 성질이 내포되었다. 물론 수직 충격파는 간단히 말해 $\beta = 90°$인 경사 충격파의 전체 범위 중 하나의 예이다. 그림 9.9를 검토해 보면, 수직 충격파가 이전에 논의했던 강한 충격파 해의 그룹에 속해 있다는 것을 보여준다.

예제 9.4

$\beta = 35°$이고 압력비 $p_2/p_1 = 3$인 경사 충격파를 고려해 보자. 상류흐름의 마하수를 계산하라.

■ **풀이**

부록 B로부터, $p_2/p_1 = 3$이고 $M_{n,1} = 1.64$(표에서 가장 가까운 값)일 때

$$M_{n,1} = M_1 \sin\beta$$

따라서

$$M_1 = \frac{M_{n,1}}{\sin\beta} = \frac{1.66}{\sin 35°} = \boxed{2.86}$$

주: 다시 한번, 경사 충격파는 두 가지 요소에 의하여 유일하게 정의된다. 위 경우는 β와 p_2/p_1이다.

예제 9.5

마하수 3인 유동을 고려하자. 이 유동을 아음속으로 감속시키고 싶다. 이것을 성취하기 위한 두 가지 다른 방법을 고려해 보자. (1) 마하수 3의 유동을 수직 충격파를 직접 통과하게 하여 느려지게 만든다. (2) 마하수 3의 유동을 먼저 40°의 경사 충격파를 지나게 한 후 2차적으로 수직 충격파를 지나게 한다. 이들 두 가지 경우는 그림 9.14에 나타내었다. 최종적인 전압값의 비를 두 경우에 대해 계산하라. (1)에 대한 수직 충격파 뒤의 전압으로 (2)에서의 수직 충격파 뒤의 전압을 나누어라. 결과의 중요성에 대해서 간단히 의견을 제시하라.

■ **풀이**

(1)에 대해서, $M = 3$일 때 부록 B로부터 다음을 얻는다.

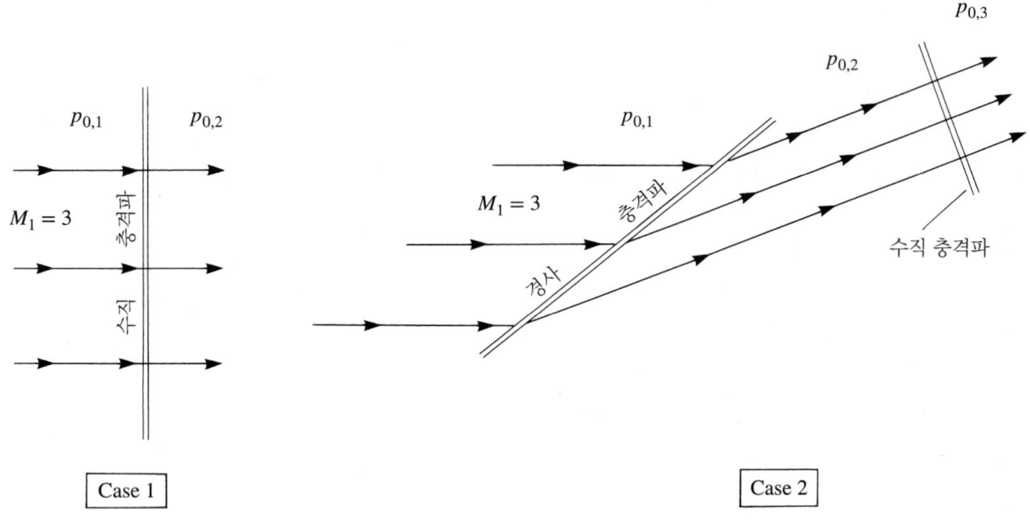

그림 9.14 예제 9.5에 대한 그림

$$\left(\frac{p_{0_2}}{p_{0_1}}\right)_{\text{case 1}} = 0.3283$$

(2)에 대해서, $M_{n,1} = M_1 \sin\beta = 3 \sin 40° = 1.93$이고, 부록 B로부터

$$\frac{p_{0_2}}{p_{0_1}} = 0.7535 \quad \text{그리고} \quad M_{n,2} = 0.588$$

그림 9.9로부터 $M_1 = 3$이고 $\beta = 40°$일 때, 변위각은 $\theta = 22°$이다. 이러한 이유로

$$M_2 = \frac{M_{n,2}}{\sin(\beta - \theta)} = \frac{0.588}{\sin(40 - 22)} = 1.90$$

부록 B로부터, 1.9의 상류흐름 마하수를 가진 수직 충격파에 대해 $p_{0_3}/p_{0_2} = 0.7674$를 얻는다. 그러므로 (2)에 대해서

$$\left(\frac{p_{0_3}}{p_{0_1}}\right)_{\text{case 2}} = \left(\frac{p_{0_2}}{p_{0_1}}\right)\left(\frac{p_{0_3}}{p_{0_2}}\right) = (0.7535)(0.7674) = 0.578$$

따라서

$$\left(\frac{p_{0_3}}{p_{0_1}}\right)_{\text{case 2}} \Bigg/ \left(\frac{p_{0_2}}{p_{0_1}}\right)_{\text{case 1}} = \frac{0.578}{0.3283} = \boxed{1.76}$$

예제 9.5의 결과는 최종 전압이 단일 충격파[(1)의 경우]와 비교하여 다중 충격파 시스템[(2)의 경우]이 76% 더 높다는 것을 보여준다. 원리적으로 전압은 기체에 의해 행해질 수 있는 유용한 일의 양이 얼마나 많은지를 나타낸다. 이에 대해서는 10.4절에서 설명한다. 같게 되는 모든 것을 제외하고, 전압이 높을수록 유동은 효율적이다. 게다가 전압의 손실은 유체 유동 *효율*의 지시계(index)이다. 전압 손실이 낮을수록 더 효율적인 유동과정이 된다. 위 예에서, 아음속의 느린 유동에서 (2)는 (1)보다 더 효율적이다. 왜냐하면 (2)의 다중 충격파를 지난 전압의 손실은 사실상 (1)의 강한 단일 충격파에 비해 작기 때문이다. 이것에 대한 물리적 이유는 간단하다. 수직 충격파를 지난 전압의 손실은 상류의 마하수가 증가할 때 부분적으로 심각해진다. 부록 B의 $p_{0,2}/p_{0,1}$ 열을 훑어보면 이것이 입증된다. 만일 유동의 마하수가 수직 충격파를 통과해서 지나가기 *전*에 감소될 수 있다면, 충격파가 더 약해지기 때문에 전압 손실은 훨씬 적을 것이다. 이것은 (2)에서의 경사 충격파의 기능이다. 다시 말해 수직 충격파를 통과해서 지나가기 전에 유동의 마하수를 줄이기 위한 기능이다. 비록 경사 충격파를 지나 전압의 손실이 있지만, 같은 마하수의 상류에서 수직 충격파를 지난 경우보다 훨씬 손실이 적다. 같은 마하수 자유흐름에서 단일 수직 충격파보다 (2)의 다중 충격파 시스템에서 전압 손실이 *더 적다*는 유용한 결과와 함께, 경사 충격파를 지나며 생기는 전압 손실보다 수직 충격파를 지나기 전 유동의 마

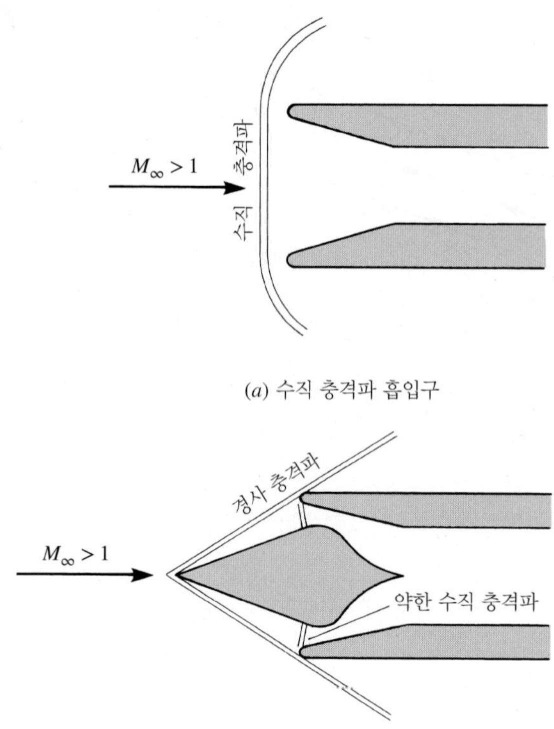

(b) 경사 충격파 흡입구

그림 9.15 (a) 수직 충격파 흡입구, (b) 경사 충격파 흡입구의 그림

하수를 경사 충격파가 줄여주는 순 효과가 더 크다.

이러한 결과의 실제적인 적용은 제트 엔진의 초음속 흡입구 설계에 쓰인다. 그림 9.15*a*에 수직 충격파 흡입구가 나와 있다. 여기서는 전압이 크게 손실되면서, 흡입구의 앞쪽에 수직 충격파를 형성한다. 이와 대조적으로, 그림 9.15*b*에 경사 충격파가 나타나 있다. 여기서 중심 원추는 경사 충격파를 생성하고, 유동은 순차적으로 흡입구의 입구 주변에서 비교적 약한 수직 충격파를 통과한다. 같은 비행 조건(마하수나 고도)에 대해 경사 충격파 흡입구에 대한 전압 손실은 수직 충격파 흡입구보다 적다. 같은 경우를 제외하면, 엔진 추력의 결과는 경사 충격파 흡입구의 경우에 더 높다. 물론 이것이 현대적인 초음속 비행체들이 경사 충격파 흡입구를 택하는 이유이다.

9.3 쐐기와 원추를 지나는 초음속 유동 *Superaonic Flow over Wedges and Cones*

그림 9.12와 9.13에 나타나 있는 쐐기를 지나는 초음속 유동에서, 9.2절에서 다룬 경사 충격파 이론은 유동장의 *엄밀해*이다. 단순화된 가정은 만들어지지 않았다. 쐐기를 지나는 초음속 유동은 선두부로부터 부착된 선형 경사 충격파가 발생하며, 충격파 하류에는 쐐기 표면에 평행한 균일 유동이 형성되고, 표면 압력이 경사 충격파 뒤의 정압 p_2와 같다는 특징이 있다. 이러한 특징들은 그림 9.16*a*에 요약되어 있다. 그림 9.16은 2차원적 쐐기의 측면이다. 이것은 종이면의 수직 방향으로, 양이나 음의 방향으로 무한대로 늘린 물체의 절단면이다. 그러므로 정의에 의한 쐐기의 유동은 2차원 유동이며, 2차원적 경사파 이론은 이러한 경우에 꼭 들어맞는다.

대조적으로 그림 9.16*b*에 나타낸 원추를 지나는 초음속 유동을 고려해 보자. 쐐기의 경우와 마찬가지로 꼭짓점에서 선형의 경사 충격파가 발생하지만 유사점은 그것뿐이다. 3차원의 물체를 지나는 유동이 '3차원 완화 효과'를 받았던 6장을 다시 생각해 보자. 그림 9.16의 쐐기와 원추를 비교하면 둘 다 같은 20°의 각도를 가지지만, 원추를 지나는 유동은 움직이는 추가적인 차원을 가진다. 따라서 2차원의 쐐기와 비교하여 그것은 더 쉽게 원추에 적응한다. 이러한 3차원 완화 효과에 대한 결과는 원추에서의 충격파가 쐐기보다 약하다는 것이다. 즉, 그림 9.16에서 비교하면 충격파의 각도가 더 작다. 특히 물체의 각도가 20°로 같고 상류 마하수도 2.0으로 같을 때, 충격파 각은 각각 쐐기와 원추에

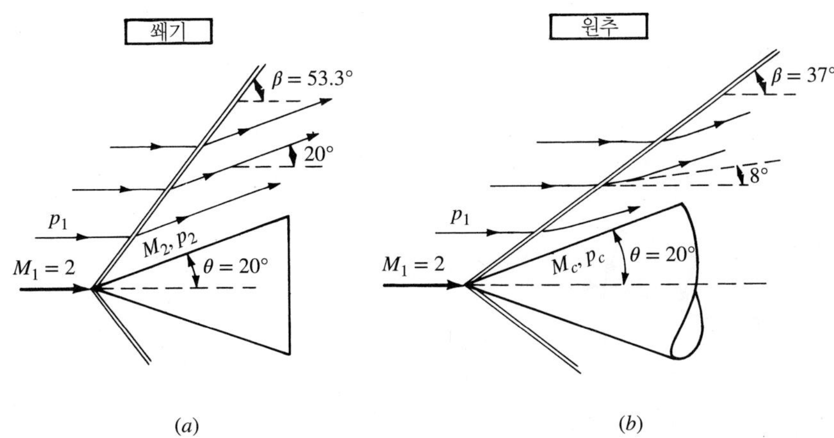

그림 9.16 쐐기와 원추 유동의 관계: 3차원 완화 효과의 그림

서 53.3°와 37°이다. 쐐기의 경우(그림 9.16*a*) 유선은 충격파를 통해 정확히 20° 방향이 바뀐다. 그래서 충격파의 하류 유동은 정확히 쐐기 표면과 평행하다. 대조적으로, 그림 9.16*b*에 나타낸 것처럼 원추의 더 약한 충격파 때문에 유선은 충격파를 통해 겨우 8° 정도 방향이 바뀐다. 그러므로 원추 표면과 충격파 사이의 유선은 20° 원추에 정렬하기 위해서 반드시 점진적으로 위로 휘어지는 곡선을 이룬다. 또한 3차원 완화 효과의 결과로서 원추 표면 압력 P_c는 쐐기 표면 압력 P_2보다 작으며, 원추 표면 마하수 M_c는 쐐기 표면의 M_2보다 크다. 요약하면, 같은 각도를 가지는 원추와 쐐기를 지나는 초음속 유동 사이의 중요한 차이점은 (1) 원추를 지나는 충격파가 더 약하다, (2) 원추 표면의 압력이 더 작다, (3) 원추 표면 주위의 유선은 직선이 아니라 곡선을 이룬다는 것이다.

원추를 지나는 초음속 유동의 해석은 이 장에서 다루어진 경사 충격파 이론보다 더 복잡하다. 원추를 지나는 초음속 유동의 계산은 13.6절에서 다룬다. 원추의 초음속 유동 해석에 관한 세부사항은 참고문헌 21의 10장에서 볼 수 있다. 그러나 원추 유동이 기본적으로 쐐기에서의 유동과는 다르며, 또 어떤 점이 다른지 아는 것은 아주 중요하다. 그것이 이 절의 목적이다.

예제 9.6

그림 9.17에 나타냈듯이 마하수 5의 유동에서 반각이 15°인 쐐기를 고려하자. 이 쐐기의 항력 계수를 구하라(쐐기 후방면의 압력은 그림 9.17처럼 자유흐름의 정압과 같다고 가정하라).

■ 풀이

쐐기의 단위 스팬당 항력 D'를 고려하자. 그러면

$$c_d = \frac{D'}{q_1 S} = \frac{D'}{q_1 c(1)} = \frac{D'}{q_1 c}$$

그림 9.17로부터

$$D' = 2p_2 l \sin\theta - 2p_1 l \sin\theta = (2l\sin\theta)(p_2 - p_1)$$

그러나

$$l = \frac{c}{\cos\theta}$$

따라서

$$D' = (2c\tan\theta)(p_2 - p_1)$$

그리고

$$c_d = (2\tan\theta)\left(\frac{p_2 - p_1}{q_1}\right)$$

명시한 대로

$$q_1 \equiv \frac{1}{2}\rho_1 V_1^2 = \frac{1}{2}\rho_1 \frac{\gamma p_1}{\gamma p_1} V_1^2 = \frac{\gamma p_1}{2a_1^2} V_1^2 = \frac{\gamma}{2} p_1 M_1^2$$

따라서

$$c_d = (2\tan\theta)\left(\frac{p_2 - p_1}{(\gamma/2)p_1 M_1^2}\right) = \frac{4\tan\theta}{\gamma M_1^2}\left(\frac{p_2}{p_1} - 1\right)$$

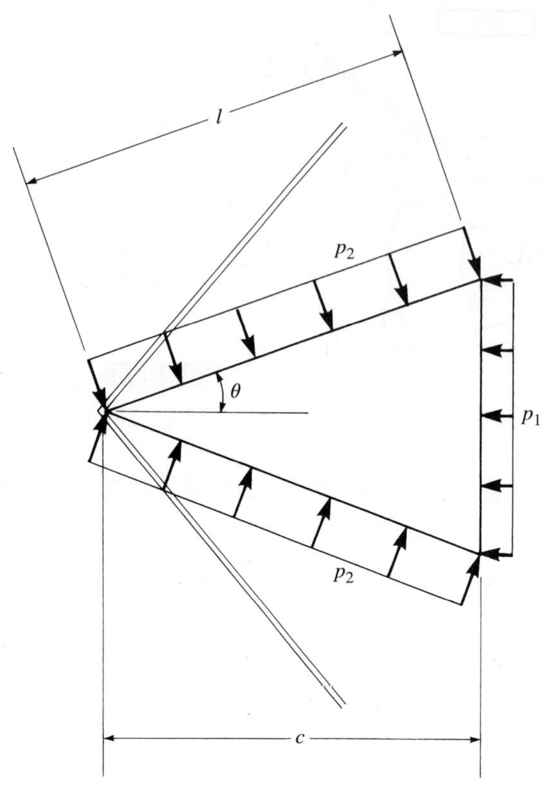

그림 9.17 예제 9.6에 대한 그림

그림 9.9로부터 $M_1 = 5$, $\theta = 15°$, $\beta = 24.2°$이다. 따라서

$$M_{n,1} = M_1 \sin\beta = 5\sin(24.2°) = 2.05$$

부록 B로부터, $M_{n,1} = 2.05$에 대하여

$$\frac{p_2}{p_1} = 4.736$$

그러므로

$$c_d = \frac{4\tan\theta}{\gamma M_1^2}\left(\frac{p_2}{p_1} - 1\right) = \frac{4\tan 15°}{(1.4)(5)^2}(4.736 - 1) = \boxed{0.114}$$

(주: 항력은 이 경우 *유한하다*. 2차원 물체를 지나는 초음속이나 극초음속의 비점성 유동에서 항력은 항상 유한하다. d'Alembert의 역설은 충격파가 존재하는 마하수의 자유흐름에는 적용되지 *않는다*. 항력이 발생하는 기본적인 이유는 충격파의 존재이다. 충격파는 언제나 소산적이며 항력을 만들어낸다. 이런 이유들로 이 경우 항력을 *조파 항력*이라 부르고 c_d는 조파항력 계수이며, 보다 정확하게 $c_{d,w}$로 표시한다.)

9.3.1 초음속에서의 양력, 항력 계수에 대한 언급 *A Comment on Supersonic Lift and Drag Coefficients*

예제 9.6에서 얻은 결과는 1.7절에서 다룬 차원해석의 정당성에 대한 놀랄 만한 증거이다. 거기에서 주어진 받음각에서 형상이 주어진 물체에 대한 공력 계수는 마하수와 레이놀즈수만의 함수임을 증명하였다[식 (1.42), (1.43), (1.44) 참조)]. 그림 9.17에 있는 0°의 받음각에서 15° 반각을 가진 쐐기를 고려해 보자. 이것은 받음각과 형상이 주어진 물체이다. 게다가 예제 9.6에서는 자유흐름의 마하수*만* 주어졌고 쐐기에 대한 항력을 구하도록 요구되었다. 유동이 비점성이기 때문에 레이놀즈수는 더 이상 제 역할을 하지 않는다. 언뜻 보면, 항력을 구하기 위하여 적어도 자유흐름의 압력과 속도는 주어져야 한다고 직관적으로 생각할 수 있다. 결국 항력의 물리적인 근원은 1.5절에서 강조한 것처럼 물체 전 표면의 압력 분포를 적분한 것이다. 그리고 압력 분포는 그림 9.17에 개략적으로 주어졌다. 그렇다면 왜 압력과 자유흐름 속도에 대한 어떤 정보도 주어지지 않았을까?

답은 1.7절의 차원해석에서 명확하게 입증된 대로 항력 *계수*가 마하수에 의해서만 좌우되기 때문이다. 예제 9.6에서 자유흐름 마하수는 마하 5로 주어졌다. 예제의 풀이는 표면 압력 분포를 다루며 진행되는데, 이는 항력의 원인이 되지만 궁극적으로 압력 자체의 실제 값이 아닌 압력비를 요구한다. 예제 9.6의 계산 마지막에는 최종적으로 항력 계수가 포함되며, 계산에서 필요했던 것은 자유흐름의 마하수 하나뿐이었다. 1.7절에서 다루었던 차원해석의 타당성과 1.8절에서 다루었던 유동의 유사성 개념을 얼마나 훌륭하게 증명한 것인가! 게다가 초음속 유동에 대한 개념들도 증명했다. 물론 1.7절과 1.8절의 개념은 기초적인 것이다. 유동의 특성(아음속, 초음속, 극초음속 등)에 상관없이 적용된다.

예제 9.6에서 항력을 구하라고 요구했다면, 결국 쐐기의 크기나 자유흐름의 압력과 같은 더 많은 정보들이 요구되었을 것이다. 그러나 힘이나 모멘트 자체보다 공력 *계수*를 취급하는 것의 장점 중 하나는 비점성 유동에 대한 *계수*는 마하수에, 그리고 마하수 하나에만 종속된다는 것이다.

9.4 충격파의 상호작용과 반사 *Shock Interactions and Reflections*

그림 9.2a에 나타나 있는 경사 충격파를 상기해 보자. 이 그림에서 충격파를 다른 변화 없이 모서리 위로 무한대까지 늘려서 상상해 볼 수 있다. 그러나 실제에서 이러한 일은 발생하지 않는다. 실제에서 그림 9.2a의 경사 충격파는 또 다른 물체 표면 어딘가에 영향을 주거나 다른 파, 충격파, 팽창파 등과 교차할 것이다. 그러한 파의 교차와 상호작용은 현실적인 설계와 초음속 항공기나 미사일, 풍동, 로켓 엔진 등의 해석에서 아주 중요하다. 이것에 대한 완벽한 역사적인 예이기도 하고, 또 충격파의 간섭에 적절한 관심을 두지 않았을 때 일어날 수 있는 심각성의 예이기도 한 것은 1960년대 초반에 행해졌던 램젯 비행 시험 계획이었다. 이 기간 동안 높은 마하수 4~7 영역에서의 비행 시험을 하던 시리즈 중 하나였던 X-15 극초음속 항공기 아래의 램젯 엔진을 개발하기 시작하였다. (그림 9.18에 있는 X-15는 저비용 극초음속 유인 비행을 연구하기 위해 설계된 로켓 추진 항공기로, 실험적이었다.) 첫 번째 고속 시험 중에 엔진 덮개에서 발생한 충격파는 X-15의 바닥 표면에 영향을 주었고, 그 부분에 국소적으로 높은 공기역학적 열이 발생하였기 때문에 X-15의 동체에 구멍이 뚫렸다. 이런 문제는 후에 보완되었지만, 충격파가 실제 형상에 상호작용할 수 있다는 생생한 예이다.

이 절의 목표는 주로 충격파의 상호작용에 대하여 질적인 논의를 하는 것이다. 좀 더 자세한 사항은 4장의 참고문헌 21을 보라.

먼저 그림 9.19에 나타낸 오목한 모서리에 의해 발생하는 경사 충격파를 고려해 보자. 모서리에서의 변위각은 θ이다. 따라서 충격파 각이 β_1인 점 A에서 경사 충격파가 발생한다. 그림 9.19에 나타낸 것처럼 직선이며 수평인 벽이 모

그림 9.18 X-15 극초음속 시험 항공기. 1950년대 말에 설계되고 제작되었으며, 미 공군과 NASA의 시험 항공기로 사용되었다. (*NASA* 제공)

서리 위에 존재한다고 가정하자. 점 A에서 발생하는 충격파는 *입사 충격파*이며 점 B가 있는 윗벽에 영향을 준다. *질문:* 충격파가 단순하게 점 B에서 사라질까? 아니면 어떤 일이 발생할까? 이 질문에 답하려면 충격파 특성에 대한 지식에 호소해야 한다. 그림 9.19를 보면, 입사 충격파 뒤 영역 2에 있는 유동이 변위각 θ만큼 위쪽으로 기울어져 있다. 그러나 유동은 반드시 모든 윗벽을 따라 흘러야 한다. 영역 2의 유동이 변하지 않고 계속된다면, 그것은 벽을 향해 갈 것이며 갈 곳이 없어진다. 그러므로 영역 2의 유동은 결국 윗벽에 대해 평행하게 흐르기 위해 θ 각도만큼 아래로 꺾여야 한다. 자연은 그림 9.19의 충돌하는 지점 B에서 비롯되는 두 번째 충격파를 통하여 아래 방향으로의 굴절을 만들어낸다. 이 두 번째 충격파를 *반사 충격파*라 한다. 반사파의 목표는 영역 2의 유동을 굴절시켜 벽의 경계 조건을 보존하기 위해 영역 3에서 윗벽과 평행하게 흐르게 하는 것이다.

반사 충격파의 힘은 입사파보다 작다. $M_2 < M_1$이고, M_2가 반사 충격파의 상류 마하수를 나타내기 때문이다. 변위각이 같으면 반사 충격파는 낮은 상류 마하수를 보이는 반면에, 9.2절에서 배운 대로 반사파는 더 약해진다. 이러한 이유는 반사 충격파가 윗벽과 만드는 각 Φ가 β_1과 같지 않기 때문이다(즉, 반사파는 정반사성을 띄지 않는다). 반사 충격파의 특성들은 특별히 M_2와 θ에 의해 정의된다. M_2는 결국 M_1과 θ에 의해 정의되므로 반사 충격파 뒤에 있는 영역 3의 특성들은 각 Φ와 마찬가지로 주어진 조건 M_1과 θ를 통해 다음과 같이 9.2절의 결과들을 사용하여 쉽게 결정할 수 있다.

1. 주어진 M_1과 θ로부터 영역 2의 특성들을 계산하라. 이것으로 M_2를 구한다.
2. 위에서 계산한 M_2의 값과 변위각 θ로부터 영역 3의 특성들을 계산하라.

흥미로운 상황은 다음과 같이 발생한다. M_1이 주어진 변위각 θ에서 선형 부착 충격파이기 위해 필요한 최소 마하수보다 약간 높다고 가정하자. 이 경우 9.2절의 경사 충격파 이론은 선형 부착 입사파에 대한 결과를 제공한다. 그러나 우리가 알고 있기로 마하수는 충격파를 지나면서 감소한다(즉, $M_2 < M_1$). 이 감소는 아마 M_2가 반사 충격파를 통해 요구되는 굴절 θ를 위한 최소 마하수보다 높지 *않아*도 괜찮다. 그러한 경우에 경사 충격파 이론은 선형 반사 충격파를 위한 답을 허용하지 않는다. 그림 9.19에 있는 일반적인 반사는 불가능하다. 자연이 그림 9.20처럼 파의 형상을 만들어냄으로써 이러한 상황을 조성한다. 이제 본래의 선형 입사 충격파는 윗벽에 가까이 감으로써 구부러져서 벽에서는 수직 충격파가 된다. 이것은 벽에서 유선이 충격파의 상호작용 후에 계속해서 벽과 평행하도록 한다. 또한 구부러진 반사 충격파는 수직 충격파에서 파생하고 하류로 전파된다. 그림 9.20에 있는 이러한 파의 형상을 *마하 반사*라 한다. 파의 형상과 마하 반사의 일반적인 특성 계산은 13장에서 논의할 수치적인 기법을 요구한다.

충격파 상호작용의 또 다른 형태는 그림 9.21에 나타나 있다. 여기서 충격파는 점 G의 오목한 모서리에 의해 발생하여 위쪽으로 전파된다. 이 파를 충격파 A라고 표시하며, *좌 진행파*라 한다. 여러분이 파의 꼭대기에 서서 하류를 본다면, 충격파가 왼쪽을 향해 여러분 앞을 지나가기 때문이다. 볼록 모서리 점 H에서 발생한 또 다른 충격파는 아래쪽으로 전파해 간다. 이 충격파를 충격파 B라 한다. 충격파 B는 *우 진행파*라 하는데, 이는 파의 꼭대기에 서서 하류를 보

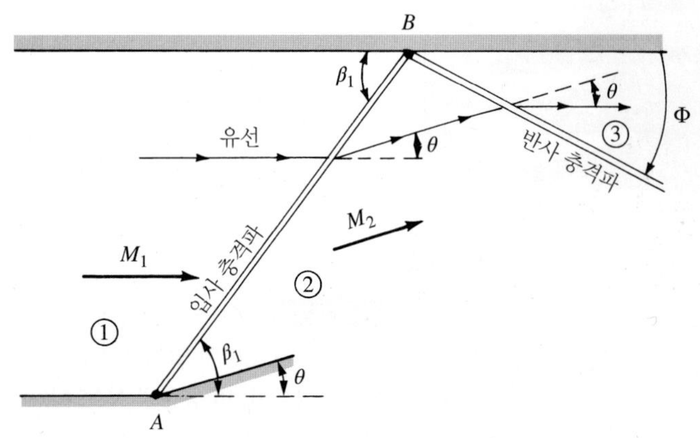

그림 9.19 고체 경계에서 충격파의 일반 반사

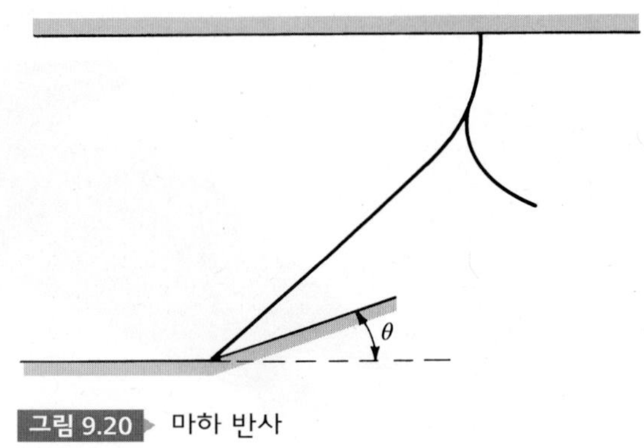

그림 9.20 마하 반사

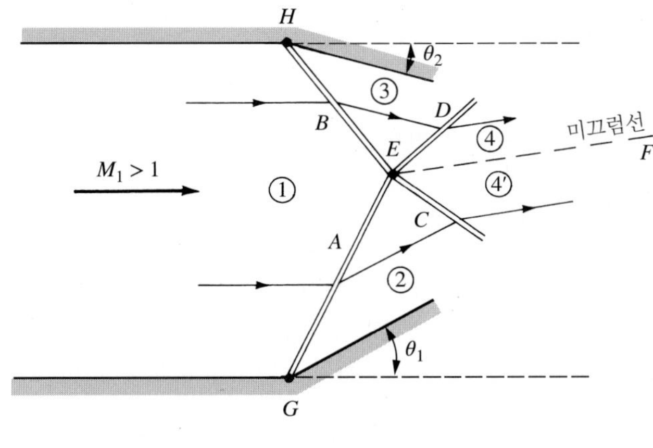

그림 9.21 우와 좌 진행 충격파의 교차

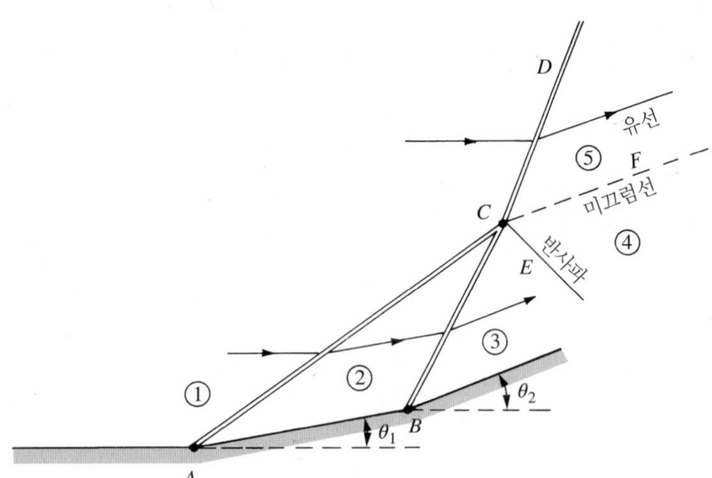

그림 9.22 두 좌 진행 충격파의 교차

면 충격파가 오른쪽을 향해 우리 앞을 지나가기 때문이다. 그림 9.21에 있는 그림은 우와 좌 진행파들의 교차를 나타낸 것이다. 이 교차는 점 E에서 일어난다. 교차할 때 A 파는 굴절되고 D 파처럼 계속된다. 유사하게, B 파는 굴절하여 C 파처럼 계속된다. 굴절된 D 파 뒤에 있는 유동은 영역 4에 나타나 있다. 굴절된 C파 뒤에 있는 유동은 영역 4′에 나타나 있다. 이 두 지역은 미끄럼선 EF에 의해 나뉜다. 미끄럼선을 가로질러 압력은 일정하며($p_4 = p_{4'}$) 속도의 방향(그러나 반드시 크기는 아닌)은 같다. 다시 말하면 미끄럼선과 평행하다. 영역 4와 4′의 다른 특성들은 모두 다르며, 특히 엔트로피가 다르다($s_4 \neq s_{4'}$). 미끄럼선을 가로지르며 M_1, θ_1, θ_2와 같은 반드시 유지되는 상태들은 특별히 그림 9.21에 있는 충격파의 교차를 결정한다(이 교차에 대한 자세한 사항은 4장 참고문헌 21 참조).

그림 9.22에 그려진 두 좌 진행 충격파들의 교차는 A, B 모서리에서 발생한다. 점 C에서 교차가 일어나 더 강력한 충격파 CD로 두 충격파가 합쳐지며, 보통 약한 반사파인 CE를 동반한다. 이 반사파는 영역 4, 5번의 속도 성분들이 같은 방향을 가지기 위해 유동을 조정하는 데 필수적이다. 그리고 미끄럼선 CF는 교차점의 하류를 따라간다.

위 경우들이 초음속 유동에서 파의 교차로 일어날 수 있는 모든 경우는 아니다. 그러나 현실에서 자주 마주치게 되는 좀 더 흔한 상황을 나타낸다.

예제 9.7

10°의 변위각을 가진 압축 모서리에서 발생한 경사 충격파를 고려하자. 모서리를 향하는 유동의 마하수는 3.6, 유동의 압력과 온도는 표준 해면 상태를 따른다. 경사 충격파는 나중에 압축 모서리 건너편 곧은 벽에 영향을 미친다. 이 유동의 기하학적 구조는 그림 9.19에 나타나 있다. 벽과 이루는 반사각의 각도 Φ을 계산하라. 또한 반사파 뒤의 압력, 온도, 마하수를 구하라.

■ 풀이

θ-β-M 도면과 그림 9.9에서 $M_1 = 3.6$, $\theta = 10°$, $\beta = 24°$이다. 그러므로

$$M_{n,1} = M_1 \sin \beta_1 = 3.6 \sin 24° = 1.464$$

부록 B에서

$$M_{n,2} = 0.7157 \qquad \frac{p_2}{p_1} = 2.32 \qquad \frac{T_2}{T_1} = 1.294$$

또한

$$M_2 = \frac{M_{n,2}}{\sin(\beta - \theta)} = \frac{0.7157}{\sin(24 - 10)} = 2.96$$

이것은 입사 충격파 뒤의 상태이다. 이들은 반사 충격파 상류 유동의 특성으로 여겨진다. 유동은 반사 충격파를 지나면서 다시 $\theta =$ 10°로 굴절된다는 것을 알고 있다. 따라서 θ-β-M 도면과 $M_2 = 2.96$, $\theta = 10°$이므로 반사파의 충격파 각은 $\beta_2 = 27.3°$이다. β_2는 반사 충격파와 윗벽이 이루는 각은 *아니다*. 그보다는 충격파 각 β_2의 정의에 의해, 반사 충격파와 영역 2 유동 방향이 이루는 각이라 할 수 있다. 그림 9.19에 나타난 기하학적 구조에서 벽과 이루는 충격파의 각은,

$$\Phi = \beta_2 - \theta = 27.3 - 10 = \boxed{17.3°}$$

또한 반사 충격파의 상류 마하수 수직 성분은 $M_2 \sin \beta_2 = (2.96) \sin 27.3° = 1.358$이다. 부록 B에서

$$\frac{p_3}{p_2} = 1.991 \qquad \frac{T_3}{T_2} = 1.229 \qquad M_{n,3} = 0.7572$$

따라서

$$M_3 = \frac{M_{n,3}}{\sin(\beta_2 - \theta)} = \frac{0.7572}{\sin(27.3 - 10)} = \boxed{2.55}$$

표준 해면 조건에서 $p_1 = 2116 \text{ lb/ft}^3$, $T_1 = 519°\text{R}$이다. 그래서

$$p_3 = \frac{p_3}{p_2}\frac{p_2}{p_1}p_1 = (1.991)(2.32)(2116) = \boxed{9774 \text{ lb/ft}^3}$$

$$T_3 = \frac{T_3}{T_2}\frac{T_2}{T_1}T_1 = (1.229)(1.294)(519) = \boxed{825°\text{R}}$$

반사 충격파의 압력비 $p_3/p_2 = 1.991$과 입사 충격파의 압력비 $p_2/p_1 = 2.32$의 비교로 반사 충격파는 입사 충격파에 비해 약하다는 것에 유의하라.

9.5 무딘 물체 앞에서의 이탈 충격파 *Detached Shock Wave in Front of a Blunt Body*

초음속 유동에서의 무딘 물체 형상의 궁형 충격파를 그림 8.1에 나타내었다. 이제 궁형 충격파의 특성에 대해 더 자세히 알아보자.

그림 9.23은 그림 8.1을 더욱 자세히 나타낸 것이다. 여기서 무딘 물체의 선두부에서 δ만큼 떨어진 곳에 충격파가 생긴다. δ는 *충격파 이탈 거리*(shock detachment distance)라고 정의한다. 점 a에서 충격파는 상류 유동에 수직이다. 따라서 점 a는 수직 충격파에 일치한다. 점 a에서 벗어난 지점에서, 충격파는 물체 먼 거리에서 점점 휘어지고 약해진다. 결국은 마하파(Mach wave)로 발전하게 된다(그림 9.23에 점 e로 나타냄).

휘어진 궁형 충격파(bow shock wave)는 주어진 자유흐름 마하수 M_1에서 발생 가능한 경사 충격파의 해(solution)를 관찰할 수 있는 예시 중 하나이다. 이것은 점 a와 e 사이에서 일어난다. 좀 더 명확하게 알아보기 위해, 그림 9.23과 관련된 그림 9.24에 그려진 θ-β-M 그래프를 고려하자. 그림 9.24의 점 a는 수직 충격파에 해당한다. 그리고 점 e는 마하파에 해당한다. 그림 9.23에서 중앙선보다 약간 위의 점 b에서 파(wave)는 경사 충격파(oblique shock)지만, 그림 9.24의 강한 충격파(strong shock wave)의 해에 포함된다. 흐름은 점 b 충격파 뒤에서 약간 위로 꺾인다. 충격파를 따라 이동하면 충격파의 각도는 더 경사지게 되고, 점 c에 도달할 때까지 굴절 정도는 커진다. 그림 9.24에서 보는 바와 같이, 궁형 충격파에서의 점 c는 최대 굴절각과 일치한다. 점 c에서 e까지의 충격파 위 모든 점은 약한 충격파의 해와 일치한다. 점 c 조금 위에 있는 점 c' 충격파 뒤에서의 흐름은 음속이 된다. 점 a에서 c'까지 궁형 충격파 뒤에서 아음속이 되고, 점 c'에서 e까지는 초음속이 된다. 그러므로 궁형 충격파와 무딘 물체 사이의 유동장은 아음속과 초음

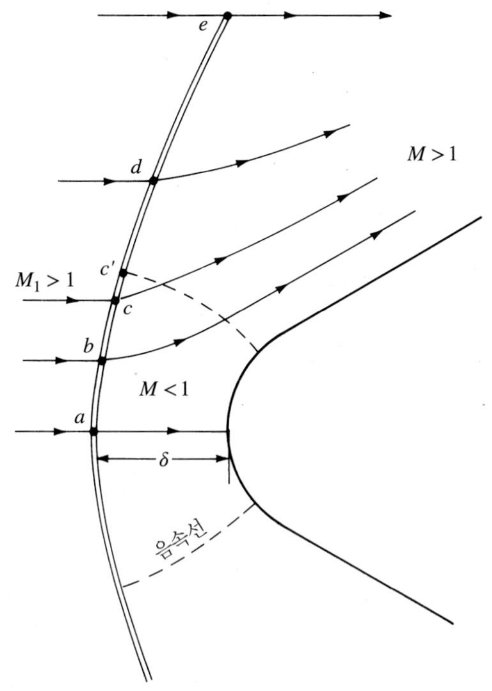

그림 9.23 초음속 둔체 주위의 유동

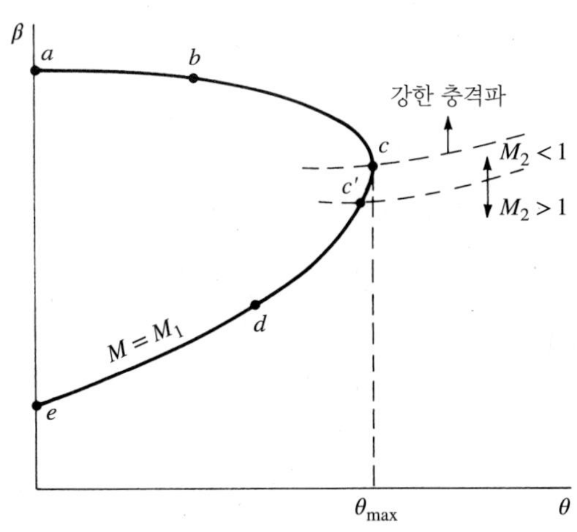

그림 9.24 그림 9.23에 대한 θ-β-M 그래프

속의 영역이 혼합된다. 아음속과 초음속 영역이 나누어지는 선을 *음속선*이라 부르고, 그림 9.23에 점선으로 표시되어 있다.

이탈 충격파의 모양, 충격파 이탈 거리 δ, 그리고 충격파와 물체 사이의 전 유동장은 M_1과 물체의 크기와 모양에 달려 있다. 이 유동장의 해를 구하는 것은 쉬운 일이 아니다. 실제로 초음속 무딘 물체에 관한 문제는 끝이 뭉툭한 미사일이나 지구로의 재진입 물체에 대한 고속 유동을 이해하는 것을 목표로 하는, 1950년대와 1960년대 초음속 공기역학자들의 주된 연구 대상이었다. 실제로 1960년대 후반, 초음속 무딘 물체 유동의 만족스러운 공학적 해를 위한 충분한 수치적 기술들이 가능해지기 전까지 그것은 계속되었다. 이러한 현대적 기술들은 13장에서 다룬다.

예제 9.8

그림 9.25에 나와 있는 2차원 포물선 형태의 둔체 앞쪽에 떨어져서 나타나는 궁형 충격파를 고려하자. 마하수 8의 자유흐름이다. 그림 9.25에 보여진 점 a와 b에서 충격파를 통과한 두 가지 유선을 고려해 보자. 점 a의 파각은 90°이고 점 b에서는 60°이다. 충격파 뒤의 유동에서 유선의 a와 b에 대해 엔트로피 값(자유흐름에 대한)을 구하고 비교하라.

■ 풀이

그림 9.2 a에 나타낸 것과 같이, 이 장에서 배운 경사 충격파의 성질들은 충격파 뒤의 균일한 유동장을 가진 선형 경사 충격파에 기초하여 나온다. 이 해들은 그림 9.25에 그려진 것과 같은 휘어진 충격파 뒤의 균일하지 않은 유동장에는 적용하지 않는다. 이런 둔체의 해는 13.5절에서 다룬다. 그러나 이 장에서 다룬 선형 경사 충격파의 해는 그림 9.25에서 *휘어진 충격파 바로 뒤* 일부분의 충격파 성질들을 준다. 뿐만 아니라 우리는 그 지점 파의 각도 알고 있다. 그러므로 충격파 각 바로 뒤 점 a에서 그 점에서의 충격파는 수직 충격파이므로 다음을 얻는다.

$$M_{n,1} = 8$$

부록 B로부터 $M_{n,1} = 8$, $p_2/p_1 = 74.5$, 그리고 $T_2/T_1 = 13.39$에 대해, 식 (7.25)로부터 충격파를 지난 후 엔트로피 증가는

$$s_2 - s_1 = c_p \ln \frac{T_2}{T_1} - R \ln \frac{p_2}{p_1}$$

따라서

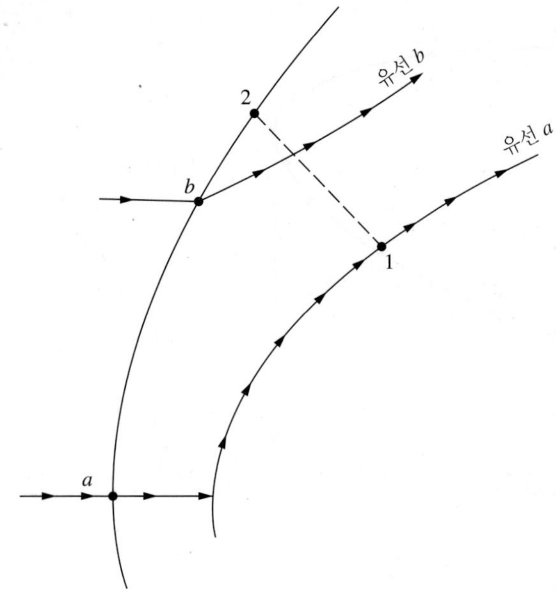

그림 9.25 마하수 8에서 둔체 전면의 이탈 궁형 충격파를 지나는 두 유선

$$c_p = \frac{\gamma R}{\gamma - 1} = \frac{(1.4)(287)}{0.4} = 1004.5 \ \frac{\text{J}}{\text{Kg} \cdot \text{K}}$$

그러면

$$s_2 - s_1 = (1004.5) \ln 13.39 - (287) \ln 74.5$$
$$s_2 - s_1 = 1370 \ \frac{\text{J}}{\text{Kg} \cdot \text{K}}$$

충격파의 하류에서 어떤 주어진 유선을 따른 유동은 모두 단열(어떤 열전달도 없는 것)이며 가역 과정(마찰 등이 없는 것)이다. 그러한 이유로 충격파 뒤 어떤 주어진 유선을 따라 흐르는 유동은 *등엔트로피*이다. 그러므로 유선 a를 따라 엔트로피는 일정하고, 충격파 뒤 점 a에서 그 값은 같다. 그러므로

$$s_2 - s_1 = \boxed{1370 \ \frac{\text{J}}{\text{Kg} \cdot \text{K}}} \qquad \text{유선 } a \text{ 위에서}$$

$\beta = 60°$일 때, 굽어진 충격파 바로 뒤의 점 b에서는

$$M_{n,1} = M_1 \sin\beta = 8 \sin 60°$$
$$= 8(0.866) = 6.928$$

부록 B로부터 $M_{n,1} = 6.9$의 가장 가까운 근사치를 사용하여 $p_2/p_1 = 55.38$과 $T_2/T_1 = 10.2$를 얻는다. 그러므로 점 b에서

$$s_2 - s_1 = c_p \ln \frac{T_2}{T_1} - R \ln \frac{p_2}{p_1}$$
$$= (1004.5) \ln 10.2 - (287) \ln 55.38$$
$$= \boxed{1180 \ \frac{\text{J}}{\text{Kg} \cdot \text{K}}} \qquad \text{유선 } b \text{ 위에서}$$

유선 b가 굽은 충격파의 약한 부분을 통과하기 때문에, 유선 b 위의 엔트로피가 유선 a의 엔트로피보다 작다.

9.5.1 굽은 충격파 뒤의 유동장에 대한 언급: 엔트로피 구배와 와도

Comment on the Flow Field behind a Curved Shock Wave: Entropy Gradients and Vorticity

예제 9.8에서 설명했듯이, 휘어진 충격파 뒤의 다른 유선에 따라 엔트로피가 달라진다. 예제 9.8에서 다룬 경우에 대해 그림 9.25에 나타냈듯이, 유선 a는 점 a에서 수직 충격파를 통과하여 지나고 그 후 뒤쪽으로 물체의 표면을 따라서 흐

른다. 이것은 최대 엔트로피 유선의 경우이다. 다른 모든 유선들은 더 작은 엔트로피 값을 가진다. 유선 *b*는 굽은 충격파의 약한 부분을 통과하기 때문에 유선 *b* 위의 엔트로피가 유선 *a*의 엔트로피보다 작다. 그러므로 만일 그림 9.25의 점 1부터 2까지 유동장을 가로질러 자른 선을 시각화한다면, 그 엔트로피는 물체면으로부터 충격파까지의 선을 따라 감소한다. 즉, 유동에 엔트로피 구배 ∇s가 존재한다. 무딘 선두부를 가진 극초음속 물체의 엔트로피 구배는 꽤 커질 수 있고, 극초음속 물체 위 경계층에 상호작용하는 '엔트로피층'의 원천이 된다(예를 들어 참고문헌 52 참조).

휘어진 충격파 뒤의 유동에서 엔트로피 구배의 존재는 유동 내 와도의 생성이라는 또 다른 결과를 가지게 된다. 엔트로피 구배와 와도 사이의 물리적인 연결은 *Crocco 정리*에 의해 열역학 제1법칙과 제2법칙, 그리고 운동량 방정식의 결합으로 다음과 같이 정량화된다.

$$T\nabla s = \nabla h_o - \mathbf{V} \times (\nabla \times \mathbf{V}) \quad \text{Crocco 정리}$$

이 방정식에서 ∇s는 엔트로피 구배이다. ∇h_o는 총 엔탈피 구배이고 $\nabla \times \mathbf{V}$은 와도이다. Crocco 정리의 유도에 관해서는 참고문헌 21의 6.6절을 보라. 우리의 논의에 대해서 그림 9.25에 나타난 휘어진 충격파 뒤의 중요한 유동 형태를 강조하기 위해 간단하게 Crocco 정리를 제시했다. 이 유동은 단열이고, 따라서 ∇h_o는 유동 속 어디서나 0이다. ∇s는 유한하고, 그러므로 Crocco 정리로부터 $\nabla \times \mathbf{V}$도 유한한 값이어야만 한다.

결론: 휘어진 충격파 뒤의 유동장은 *회전성* 유동이다. 결과와 같이 이 책의 앞에서 논의했던 모든 분석적인 장점들을 가진 속도 퍼텐셜은 무딘 물체 유동장에 대해 정의할 수 없다. 결과적으로 휘어진 충격파 뒤의 유동장은 연속, 운동량, 에너지 방정식의 수치해석 방법에 의해 산출해 낼 수 있다. 컴퓨터를 사용한 유체역학 해들은 13.5절에서 논의할 것이다.

9.6 Prandtl-Meyer 팽창파 *Prandtl-Meyer Expansion Waves*

9.2~9.5절에서 논의한 경사 충격파는 초음속 유동이 유체의 본류 쪽으로 흐를 때 발생한다(그림 9.2*a*를 다시 보라). 반대로 초음속 유동이 유체의 본류와 멀어질 때 그림 9.2*b*에서와 같이 팽창파가 형성된다. 이 현상을 주의 깊게 관찰하고 더 공부하기 전에 9.1절의 내용을 다시 보자. 지금 공부하는 것의 목적은 팽창파를 지나는 유동의 흐름을 좀 더 자세히 알아보는 것이다. 이 장에서 논의하는 경사파에 있어서, 그림 9.6에 나와 있는 이정표의 왼쪽 가지를 모두 완료하였으며 이 절에서는 오른쪽 가지를 공부한다.

그림 9.2*b*의 팽창 팬은 국소적인 유동장의 방향을 가지고 각각의 마하각 μ[식 (9.1) 참조]를 만들고, *연속적인* 팽창 영역을 무한한 마하파에 대해 가시화할 수 있다. 그림 9.26에 나타낸 것처럼, 팽창 팬은 상류 유동에 의해 만들어지는 각도 $\mu_1 = \arcsin(1/M_1)$일 때 상류에 경계되어진다. 하류에 의해 만들어지는 각도 $\mu_2 = \arcsin(1/M_2)$일 때 만들어지는 다른 마하파에 의해 팽창 팬이 경계되어진다. 팽창이 파를 지나는 시점부터 연속적인 마하파를 통과하고, 각 마하파의 $ds = 0$이면 팽창은 *등엔트로피*가 된다. 이것은 경사 충격파가 유동을 지날 때 경험하는 엔트로피가 항상 증가하는 것과 비교할 수 있다. 팽창파를 지나는 유동이 등엔트로피라는 사실로 매우 간략화할 수 있기 때문에 우리는 고마워해야 한다.

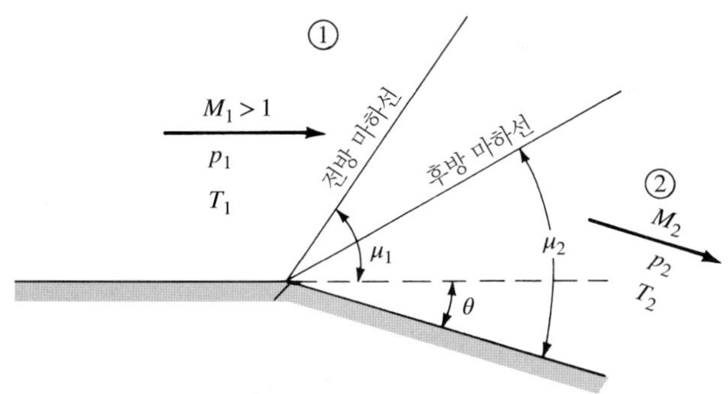

그림 9.26 Prandtl-Meyer 팽창

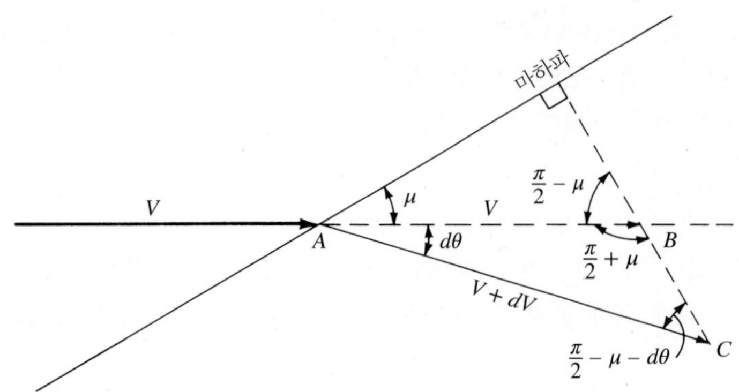

그림 9.27 극소로 약한 파(마하파)를 지나는 극미한 변화들에 대한 기하학적 구성

그림 9.2*b*나 9.26에서 보여지는 뾰족하고 볼록한 모서리로부터 발생하는 팽창파를 *중심의*(centered) 팽창파라 한다. 1907~1908년에 Prandtl과 그의 제자 Meyer는 처음으로 중심의 팽창파를 위한 이론을 도출했다. 그리고 그러한 파는 통상적으로 *Prandtl-Meyer 팽창파*라고 표기된다.

팽창파의 문제는 다음을 따른다. 그림 9.26을 주목하면, 주어진 상류 유동(영역 1)과 변위각 θ, 하류 유동(영역 2)을 계산한다. 계속하여 진행해 보자.

그림 9.27에 나타낸 것처럼 매우 작은 변위각 θ으로부터 생성되는 매우 약한 파를 고려해 보자. 이 그림의 극한을 취하면 $d\theta \to 0$이 된다는 사실을 고려할 수 있고, 따라서 파는 근본적으로 상류에 대해 각도 μ일 때 마하파가 된다. 파의 상류 속도는 V이다. 각도 $d\theta$를 지나는 동안 유동이 아래쪽으로 방향을 바꿈에 따라 속도는 극미한 양의 dV만큼 증가한다. 따라서 각도 $d\theta$일 때 파 이후의 속도는 $V + dV$가 된다. 9.2절의 운동량 방정식의 처리를 생각해 보면, 파를 지난 속도의 *수직* 성분에는 어떤 변화가 일어나고 수평 방향의 성분은 변하지 않는다. 그림 9.27을 보면, 길이 V인 수평 성분 AB가 파의 뒤에 그려진다. 또한 성분 AC는 새로운 속도 $V + dV$를 가지고 파의 뒤에 그려진다. 그러면 속도의 변화를 나타내는 선이기 때문에 선 BC는 파에 수직하게 그려진다. 그림 9.27을 살펴보면 삼각형 ABC에 사인(sines) 법칙을 적용하여 다음과 같이 됨을 알 수 있다.

$$\frac{V + dV}{V} = \frac{\sin(\pi/2 + \mu)}{\sin(\pi/2 - \mu - d\theta)} \tag{9.24}$$

그러나 삼각 함수 법칙에 의해

$$\sin\left(\frac{\pi}{2} + \mu\right) = \sin\left(\frac{\pi}{2} - \mu\right) = \cos\mu \tag{9.25}$$

$$\sin\left(\frac{\pi}{2} - \mu - d\theta\right) = \cos(\mu + d\theta) = \cos\mu\cos d\theta - \sin\mu\sin d\theta \tag{9.26}$$

식 (9.25)와 (9.26)을 식 (9.24)에 대입하면

$$1 + \frac{dV}{V} = \frac{\cos\mu}{\cos\mu\cos d\theta - \sin\mu\sin d\theta} \tag{9.27}$$

작은 $d\theta$에 대해서, 작은 각으로 가정해서 $\sin d\theta \approx d\theta$과 $\cos d\theta \approx 1$을 얻을 수 있다. 그러면 식 (9.27)은

$$1 + \frac{dV}{V} = \frac{\cos\mu}{\cos\mu - d\theta\sin\mu} = \frac{1}{1 - d\theta\tan\mu} \tag{9.28}$$

함수 $1/(1 - x)$은 멱급수($x < 1$에 대해)로 확장된다.

$$\frac{1}{1 - x} = 1 + x + x^2 + x^3 + \cdots$$

따라서 식 (9.28)은 다음과 같다(2차 방정식 이상의 항은 무시한다).

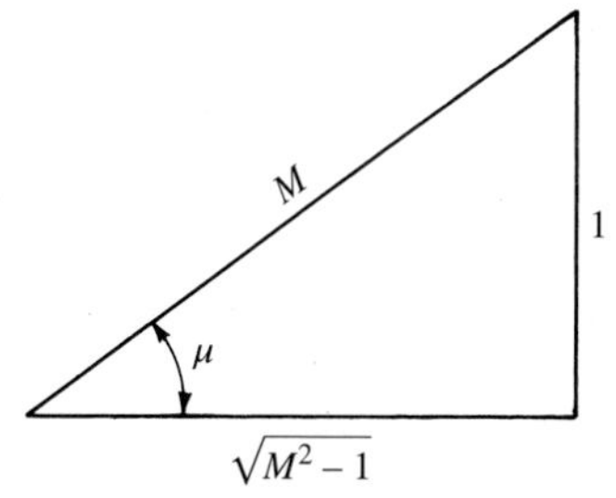

그림 9.28 마하각으로 구성된 직각삼각형

$$1 + \frac{dV}{V} = 1 + d\theta \tan\mu + \cdots \tag{9.29}$$

그러므로 식 (9.29)에서

$$d\theta = \frac{dV/V}{\tan\mu} \tag{9.30}$$

식 (9.1)에서 $\mu = \arcsin(1/M)$을 알고 있으므로, 그림 9.28에서 직각삼각형은 다음과 같다.

$$\tan\mu = \frac{1}{\sqrt{M^2-1}} \tag{9.31}$$

식 (9.31)에 식 (9.30)을 대입하면,

$$\boxed{d\theta = \sqrt{M^2-1}\,\frac{dV}{V}} \tag{9.32}$$

식 (9.32)는 아주 약한 파를 가로지르는 극소의 굴절 $d\theta$에 대한 속도 dV의 극소의 변화를 나타낸다. 마하파의 엄밀한 극한은 물론 dV와 $d\theta$가 0이다. 이런 의미에서 식 (9.32)는 유한한 $d\theta$에 대한 대략적인 식이다. 그러나 그것은 $d\theta \to 0$이 됨에 따라 실제로 같아진다. 그림 9.2*b*와 9.26의 팽창 팬은 무한한 개수의 마하파로 이루어진 영역으로, 식 (9.32)는 팽창파의 내부를 묘사하는 미분 방정식이다.

다시 그림 9.26으로 돌아가자. 식 (9.32)를 적분해 보자. 변위각이 0이고 마하수가 M_1인 영역 1에서 변위각이 θ이고 마하수가 M_2인 영역 2까지 적분한다.

$$\int_0^\theta d\theta = \theta = \int_{M_1}^{M_2} \sqrt{M^2-1}\,\frac{dV}{V} \tag{9.33}$$

식 (9.33)의 우측 항 적분을 완료하기 위하여 dV/V를 다음과 같이 M에 대한 식으로 바꾼 다음 적분할 수 있다. 마하수의 정의 $M = V/a$로부터 $V = Ma$이다. 따라서

$$\ln V = \ln M + \ln a \tag{9.34}$$

식 (9.34)를 미분하면

$$\frac{dV}{V} = \frac{dM}{M} + \frac{da}{a} \tag{9.35}$$

식 (8.25)와 (8.40)에서

$$\left(\frac{a_0}{a}\right)^2 = \frac{T_0}{T} = 1 + \frac{\gamma-1}{2}M^2 \tag{9.36}$$

식 (9.36)을 a에 대해서 풀면

$$a = a_0 \left(1 + \frac{\gamma - 1}{2} M^2\right)^{-1/2} \tag{9.37}$$

식 (9.37)을 미분하면

$$\frac{da}{a} = -\left(\frac{\gamma - 1}{2}\right) M \left(1 + \frac{\gamma - 1}{2} M^2\right)^{-1} dM \tag{9.38}$$

식 (9.38)을 식 (9.35)에 대입하면

$$\frac{dV}{V} = \frac{1}{1 + [(\gamma - 1)/2]M^2} \frac{dM}{M} \tag{9.39}$$

식 (9.39)는 dV/V를 M으로 표시한 식으로, 우리가 원하는 식이다. 식 (9.39)를 식 (9.33)에 대입하면

$$\theta = \int_{M_1}^{M_2} \frac{\sqrt{M^2 - 1}}{1 + [(\gamma - 1)/2]M^2} \frac{dM}{M} \tag{9.40}$$

식 (9.40)을 적분하면

$$\nu(M) \equiv \int \frac{\sqrt{M^2 - 1}}{1 + [(\gamma - 1)/2]M^2} \frac{dM}{M} \tag{9.41}$$

식 (9.41)을 *Prandtl-Meyer 함수*라 부르며 기호 ν로 표시한다. 식 (9.41)을 M까지 적분하면 다음과 같다.

$$\boxed{\nu(M) = \sqrt{\frac{\gamma + 1}{\gamma - 1}} \tan^{-1} \sqrt{\frac{\gamma - 1}{\gamma + 1}(M^2 - 1)} - \tan^{-1} \sqrt{M^2 - 1}} \tag{9.42}$$

식 (9.42)가 식 (9.40)에서 정적분으로 사용되면 적분 상수가 없어지므로 식 (9.42)에 나타나는 적분 상수는 중요하지 않기 때문에 무시한다. 여기서 편의상 적분 상수는 $M = 1$일 때 $\nu(M) = 0$이 되도록 고려하였다. 끝으로 이제 식 (9.41)과 함께 식 (9.40)은 다음과 같이 된다.

$$\boxed{\theta = \nu(M_2) - \nu(M_1)} \tag{9.43}$$

열량적 완전 기체에서 식 (9.42)로부터 $\nu(M)$이 주어진다. Prandtl-Meyer 함수 ν는 매우 중요하다. 그것은 팽창파를 지나는 동안의 변화를 계산하기 위한 중요한 요소이다. 그 중요성 때문에, ν와 마하수에 관한 함수를 부록 C에 표로 만들어 놓았다. 편의를 위해 μ의 값을 마찬가지로 부록 C에 표로 만들어 놓았다.

그림 9.26과 같은 상태에 있는 문제를 어떻게 풀어 결과를 얻을 수 있는가? 이는 알고 있는 영역 1의 상태량과 변위각 θ으로부터 어떻게 영역 2의 상태량을 얻을 수 있는가 하는 질문이다. 답은 복잡하지 않다.

1. 주어진 M_1에 대해 부록 C로부터 $\nu(M_1)$을 찾는다.
2. 주어진 θ와 단계 1에서 구한 $\nu(M_1)$을 가지고 식 (9.43)으로부터 $\nu(M_2)$를 계산한다.
3. 단계 2에서 구한 $\nu(M_2)$의 값에 대한 M_2를 부록 C에서 찾는다.
4. 팽창은 등엔트로피 과정임을 기억하면, T_0와 p_0는 팽창파를 통하여 일정하다. 즉, $T_{0,2} = T_{0,1}$, $p_{0,2} = p_{0,1}$이다. 식 (8.40)에서

$$\frac{T_2}{T_1} = \frac{T_2/T_{0,2}}{T_1/T_{0,1}} = \frac{1 + [(\gamma - 1)/2]M_1^2}{1 + [(\gamma - 1)/2]M_2^2} \tag{9.44}$$

식 (8.42)에서

$$\frac{p_2}{p_1} = \frac{p_2/p_0}{p_1/p_0} = \left(\frac{1 + [(\gamma-1)/2]M_1^2}{1 + [(\gamma-1)/2]M_2^2}\right)^{\gamma/(\gamma-1)} \tag{9.45}$$

T_1과 p_1뿐만 아니라 M_1과 M_2를 알고 있기 때문에, 식 (9.44)와 (9.45)를 이용하여 T_2와 p_2를 구할 수 있다.

예제 9.9

$M_1 = 1.5$, $p_1 = 1$ atm, $T_1 = 288$ K의 조건을 가진 초음속 유동이 날카로운 모서리에서 15°의 변위각을 가지고 팽창되고 있다(그림 9.26 참조). M_2, p_2, T_2, $p_{0,2}$, $T_{0,2}$와 상류의 유동 방향에 대하여 앞과 뒤에 형성되는 마하선의 각도를 계산하라.

■ **풀이**

부록 C로부터, $M_1 = 1.5$일 때 $\nu_1 = 11.91°$이다. 식 (9.43)으로부터, $\nu_2 = \nu_1 + \theta = 11.91 + 15 = 26.91°$다. 따라서 $\boxed{M_2 = 2.0}$ 이다(표에서 근사치로 반올림).

부록 A로부터, $M_1 = 1.5$일 때 $p_{0,1}/p_1 = 3.671$, $T_{0,1}/T_1 = 1.45$, 그리고 $M = 2.0$일 때 $p_{0,2}/p_2 = 7.824$, $T_{0,2}/T_2 = 1.8$이다. 유동이 등엔트로피라는 것으로부터, $T_{0,2} = T_{0,1}$ 그리고 $p_{0,2} = p_{0,1}$이다. 따라서

$$p_2 = \frac{p_2}{p_{0,2}}\frac{p_{0,2}}{p_{0,1}}\frac{p_{0,1}}{p_1}p_1 = \frac{1}{7.824}(1)(3.671)(1 \text{ atm}) = \boxed{0.469 \text{ atm}}$$

$$T_2 = \frac{T_2}{T_{0,2}}\frac{T_{0,2}}{T_{0,1}}\frac{T_{0,1}}{T_1}T_1 = \frac{1}{1.8}(1)(1.45)(288) = \boxed{232 \text{ K}}$$

$$p_{0,2} = p_{0,1} = \frac{p_{0,1}}{p_1}p_1 = 3.671(1 \text{ atm}) = \boxed{3.671 \text{ atm}}$$

$$T_{0,2} = T_{0,1} = \frac{T_{0,1}}{T_1}T_1 = 1.45(288) = \boxed{417.6 \text{ K}}$$

그림 9.26으로 돌아가 보면

$$\text{전방 마하선의 각} = \mu_1 = \boxed{41.81°}$$

$$\text{후방 마하선의 각} = \mu_2 - \theta = 30 - 15 = \boxed{15°}$$

설계 _Design Box

예제 8.14에서, 높은 마하수에서 비행하는 극초음속 항공기의 경우 왜 공기흡입 엔진인 초음속 연소 램젯 엔진, 즉 SCRAMjet가 필요한지를 지적하였다. 이 엔진의 설계는 경사 충격파와 팽창파(이 장의 소제목)의 상태량들에 많이 의존한다. 여기서는 SCRAMjet 엔진의 기본적인 형상 설계 중 일부를 알아본다. 21세기 공기역학의 미래를 예측해 보자. 아마도 많은 수의 극초음속 비행에서 본질적으로 더 빠르고 더 높게 날게 하는 것이 우리 연구의 마지막 목표일 것이다. 미래의 많은 극초음속 항공기는 SCRAMjet 엔진을 쓰게 될 것이다. 여기서 다루는 소재는 창문을 통해서 미래를 보는 것과 다름없다.

두 대의 실험용 SCRAMjet 추진 비행체가 성공적으로 비행했는데, 그림 9.29*a*에 나타난 X-51과 그림 9.29*b*에 나타난 X-43이다(참고문헌 67). 이 실험용 비행기들은 초음속 공기흡입 비행기의 미래를 열어가고 있다.

SCRAMjet를 사용하는 일반적인 극초음속 항공기의 개념도가 그림 9.30에 나와 있다. 필수적으로, 항공기 아랫면의 전체 표면은 공기흡입 SCRAMjet 엔진이 통합된 것이다. (1) 항공기 선두부로부터 항공기 앞부분에 발생하는 충격파는 엔진에 공급되는 공기를 압축하는 과정이 된다. 공기의 흐름은 이 충격파를 통과하면서 압축된다. 이후에 SCRAMjet 엔진으로 들어가게 된다. (2) SCRAMjet 엔진 내부에서 반사된

(*a*) SCRAMjet으로 추진하는 X-51 시험기

(*b*) SCRAMjet으로 추진하는 X-43 공기흡입 극초음속 시험기

그림 9.29 SCRAMjet으로 추진하는 미래 극초음속 비행체의 컴퓨터 이미지 [(*a*) *U.S. Air Force Photo*; (*b*) *NASA*].

충격파를 통해서 공기는 더욱 압축되고, 연료와 혼합되어서 엔진 모듈의 후미에서 팽창된다. (3) 엔진 모듈의 후미 부분은 배기가스의 팽창을 증가시키기 위해서 둥그렇게 파인 모양을 하고 있다. 설계된 비행 조건에서 앞부분에 생긴 충격파가 엔진 덮개의 앞전을 때린다. (4) 따라서 공기의 일부가 외부 표면으로 빠져나가는 대신 충격파를 통과한 후의 공기 흐름은 엔진으로 들어가게 된다.

충격파의 아랫면에 발생하는 등엔트로피 압축파(isentropic compression wave)에 의해서 공기를 조금 더 압축시키는 것 또한 가능하다. 이것은 그림 9.31에 나타나 있다(참고문헌 68). 여기서 동체에 의해 생성된 충격파가 부딪히는 덮개의 앞전에 등엔트로피 압축파가 자리할 수 있도록 항공기의 아랫면을 설계한다. 등엔트로피 압축파는 9.6절에서 논의하였듯이 등엔트로피 팽창파(isentropic expansion wave)와는 반대이다. 그러나 등엔트로피 압축파의 상태량은 식 (9.42)에 주어진 Prandtl-Meyer 함수에 의해 구할 수 있다. 이 경우 파를 통과하고 난 후에 부분적으로 마하수가 감소하고 압력이 증가한다. 그러나 실제로 등엔트로피 압축파를 발생하기는 매우 어렵다. 비행체 표면의 곡선은 특정 상류 마하수에 대한 특정 형상이어야 한다. 그리고 다양한 초음속, 극초음속 유동에서 등엔트로피 압축파를 만들기 위해 오랫동안 이루어진 대부분의 노력은 엔트로피 증가와 전압 손실로 이어지는 소수의 약한 충격파를 형성하게 되었다. SCRAMjet 엔진을 장착한 항공기는 등엔트로피로 압축되는 표면 형상을 가지게 되었다. SCRAMjet 엔진의 성능과 항공기의 공기역학에 따른 또 다른 물리적 현상은 그림 9.31에 표시되어 있다. 선두부에서 공력 가열을 줄이기 위해서는 전단부의 형상이 뭉툭해야 한다(14장에서 다룬다). 동체의 표면에서 발생한 점성 경계층은 항력과 공력 가열을 발생시킨다. 그리고 충격파가 경계층을 때렸을 때 유동 박리와 부분적으로 흐름의 재부착 현상이 나타날 수 있고, 높은 열전달이 발생되는 지역이 생긴다(충격파와 경계층이 상호 영향을 주는 지역). 물체 표면을 따라 층류가 난류로 변하는 천이 영역이 어디에 발생하는지는 항상 중요하다. 왜냐하면 난류의 경계층은 공기역학적으로 열전달이나 표면의 마찰력을 증가시키기 때문이다. 마지막으로 비행체 전단부에 발생한 충격파가 엔진 덮개의 선두부에 부딪혔을 때, 뭉툭한 덮개의 선두부에 발생한 국소 충격파와 상호작용을 하게 된다. 충격파-충격파 상호작용 문제는 엔진 덮개의 선두부에 국소적인 집중 열전달을 발생시킨다. 이런 모든 현상들은 SCRAMjet 엔진에 들어가는 유량의 질(quality)에 영향을 미치고, 이는 SCRAMjet 엔진을 연구하는 공학자들이 연구해야 할 과제이다.

M_∞	고도 (ft)	M_4	$\dfrac{A_0}{A_4}$	$\dfrac{p_4}{p_\infty}$	p_4 (lb/in^2)	T_4 (°R)	V_4 (ft/s)
7	80,077	3.143	10.85	47	19.03	1451	5,757
10	95,500	4.143	16.49	89.6	17.78	1958	8,744
15	114,250	5.502	25.23	185.9	15.94	2880	13,908
20	137,760	6.650	33.11	313.6	10.02	4074	19,648

SCRAMjet 엔진을 통과하는 유동 경로(path)의 일반적인 그림이 9.32에 나타나 있다. 여기서 엔진 덮개의 앞부분에 생긴 충격파를 다시 볼 수 있다. 충격파 뒤에 발생하는 등엔트로피 압축을 조성하는 압축면의 형상이 나타나 있다. 그림 9.32에 나타낸 충격파를 통과하는 유선관의 단면은, 이런 압축 과정들을 통해서 공기의 밀도가 크게 증가하기 때문에 충격파 후류와 압축파를 통해 상당히 줄어들게 된다. 이 때문에 연소실을 통과한 유동 경로는 작은 단면적을 가진다. 그림 9.32에서 점 4는 연소실 입구를, 점 5는 출구를 표시한다. Billig(참고문헌 69)은 자유흐름 마하수 M_∞와 비행 고도의 함수를 계산하여 연소실 입구(점 4)로 들어가는 유동 조건을 계산했다. Billig이 계산한 결과가 앞의 표에 있다. A_0는 자유흐름에서 유선관의 단면적을 나타낸 것이고(그림 9.32 참조),

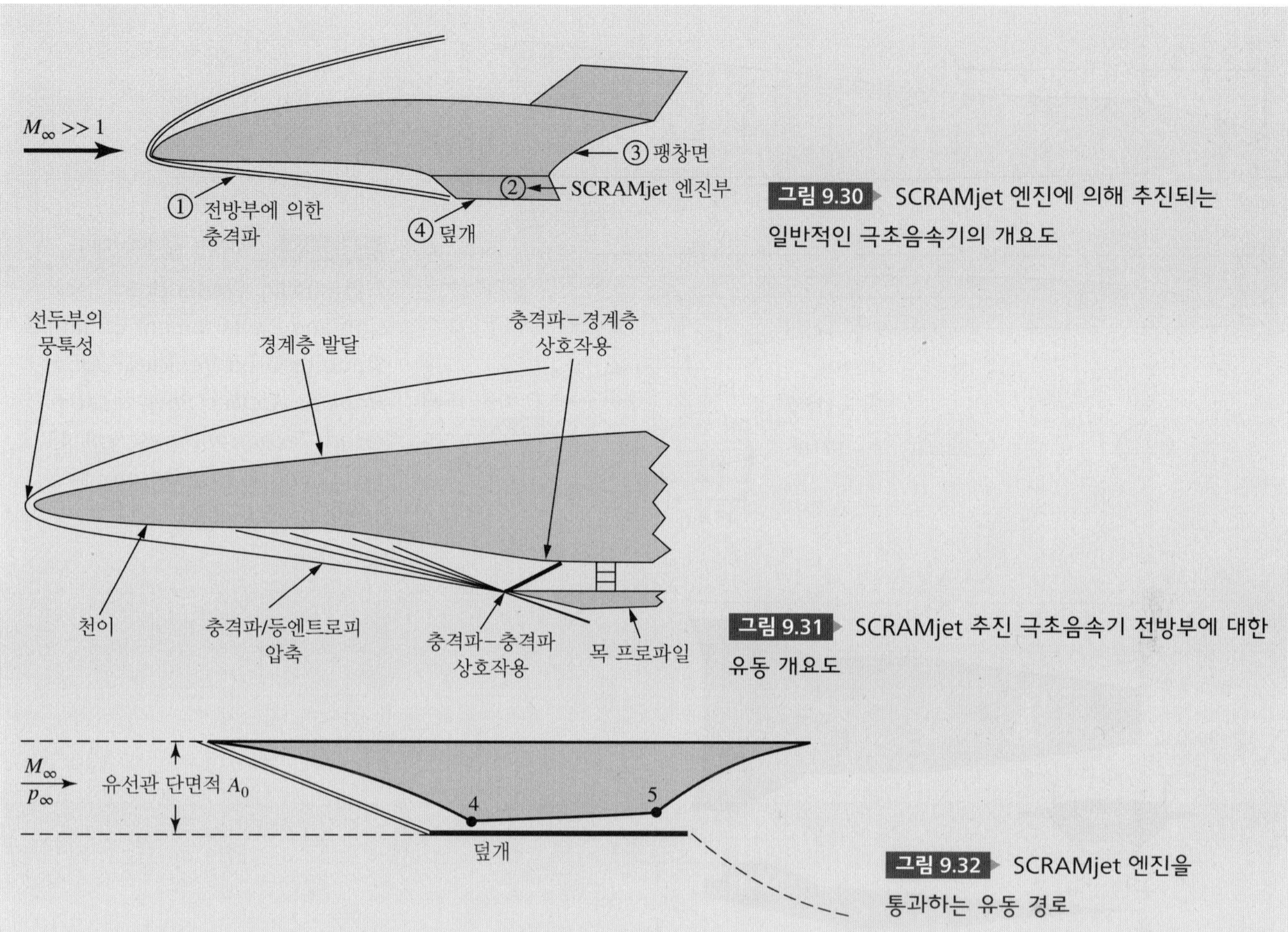

그림 9.30 SCRAMjet 엔진에 의해 추진되는 일반적인 극초음속기의 개요도

그림 9.31 SCRAMjet 추진 극초음속기 전방부에 대한 유동 개요도

그림 9.32 SCRAMjet 엔진을 통과하는 유동 경로

A_4는 4번 지점에서의 단면적이다. M_4, p_4, T_4와 V_4는 각각 점 4에서의 마하수, 압력, 온도, 유속을 나타낸다.

표에 나타냈듯이, 주어진 조건에서 연소실로 들어가는 마하수의 범위는 대략 3~6이다. 연소가 이렇게 높은 마하수에서 일어나는데, 이것이 SCRAMjet 엔진의 중요한 요소이다. 또한 그림 9.32에서 나타냈듯 점 4에서 5까지의 길이를 따라서 연소기의 단면적이 증가한다. 연료의 연소로 유동에 국소적으로 열이 가해지고, 유동은 초음속을 유지하게 된다. (참고문헌 21에서 초음속 유동에 가열은 유속을 감소시키며, 10장에서는 초음속에서 단면적의 증가는 유속을 증가하게 된다는 사실을 증명할 것이다. 따라서 SCRAMjet의 연소실 면적은 가열로 인해 유속이 너무 감소되지 않도록 하기 위해 증가되어야 한다.)

극초음속 영역을 비행하는 항공기의 SCRAMjet 엔진 개념 중 2개의 면(아랫면과 옆면) 그림이 9.33에 나와 있다. Billig(참고문헌 69)의 계산을 바탕으로 만든 설계이다. 자유흐름의 마하수가 변화함에 따라, 공기역학적 효율(고양항비)에 대한 세장형, 엔진 모듈에 들어가기 전 유동을 압축하기 위한 쐐기형과 등엔트로피 압축 형상, 그리고 엔진 덮개 선두부에 충격파가 부딪히도록 엔진 덮개를 적절히 움직여 알맞은 위치를 잡는 작업이 이루어져야 한다. 항공기의 아랫면 전체는 SCRAMjet 엔진 전체가 통합된 것이라는 사실에 다시 한번 주목해야 한다. 공기흡입식 극초음속 항공기의 경우 공력 구조/추진의 통합이 가장 중요한 문제이다. 이는 그러한 항공기의 중요한 설계 특징이다.

이 책이 쓰여지는 동안 미국에서는 X-43이라는 첫 SCRAMjet 엔진 항공기가 비행하였다. 2004년에 이 항공기의 이름을 Hyper-X라 붙였다. 그림 9.34에 Hyper-X의 삼면도가 나와 있다. 이 항공기는 작은 무인 시험용 항공기로서, 폭격기 B-52에서 공중 발사된 Orbital Sciences사의 Pegasus를 변형한 1단 로켓 부스터에 의해 발사되었다. X-43의 가장 중요한 목적은 실제 비행 중 SCRAMjet 엔진의 진동을 관찰하는 것으로, 지상에서 시험한 결과와 비교하기 위함이다. 특히 두 번의 비행 시험 성공으로 $M_\infty = 7$일 때와 $M_\infty = 10$일 때의 성능을 연속적으로 보여주었다. X-43은 미국 NASA의 프로젝트이고, 초음속 연소 램젯 엔진을 통합한 구조를 지닌 첫 독자 동력 비행기가 되었다.

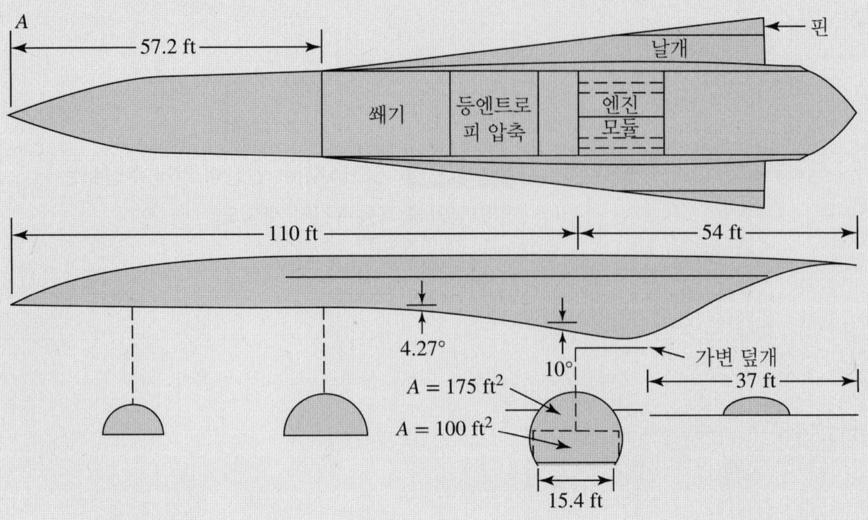

그림 9.33 개념기 설계에 대한 이면도(Billig, Frederick S.: "Design and Development of Single-Stage-to-Orbit Vehicles," *Johns Hopkins Applied Physics Laboratory Technical Digest*, vol. 11, nos. 3 and 4, July–December 1990, pp. 336–52.)

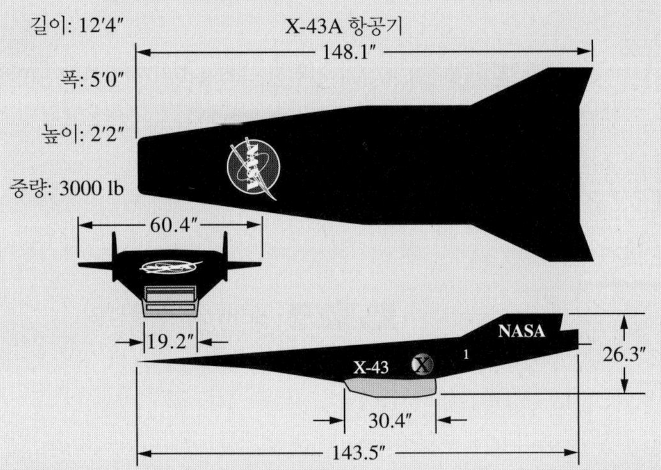

그림 9.34 X-43A, Hyper-X, 극초음속 연구용 비행체 (*NASA*)

예제 9.10

SCRAMjet 엔진에 관한 논의 전에, 등엔트로피 압축파는 가능한 압축 구조들 중 하나로 언급되었다. 그림 9.35*a*에 나타낸 등엔트

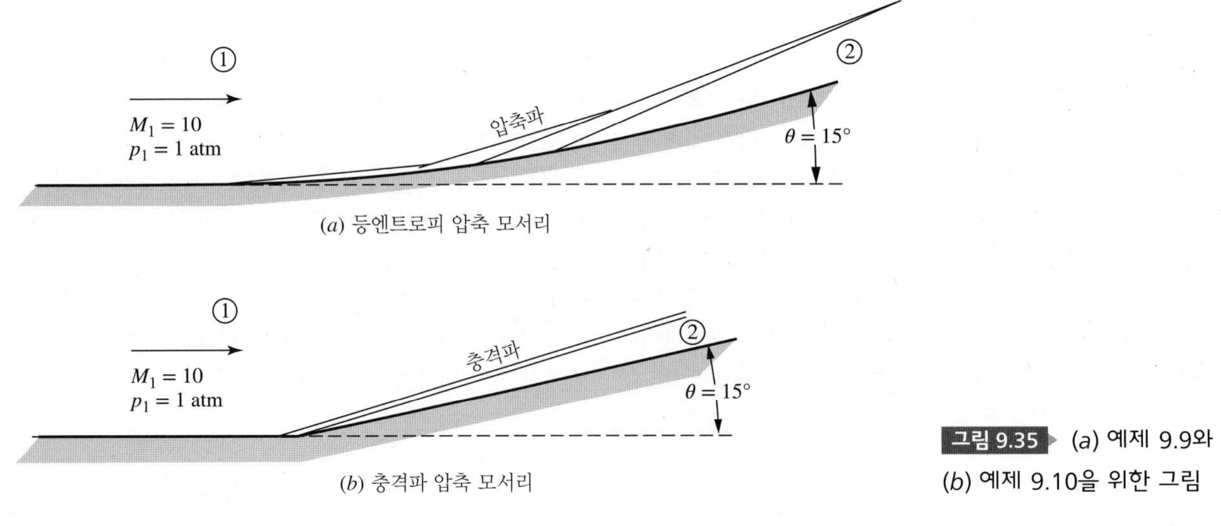

(*a*) 등엔트로피 압축 모서리

(*b*) 충격파 압축 모서리

그림 9.35 (*a*) 예제 9.9와 (*b*) 예제 9.10을 위한 그림

로피 압축 표면을 고려하자. 상류의 마하수와 압력은 $M_1 = 10$, $p_1 = 1$ atm이다. 유동은 15° 각도만큼 전체적으로 꺾이게 된다. 압축파 뒤 영역 2에서의 마하수와 압력을 계산하라.

■ **풀이**

부록 C로부터, $M_1 = 10$일 때 $\nu_1 = 102.3°$다. 영역 2에서는,

$$\nu_2 = \nu_1 - \theta = 102.3 - 15 = 87.3°$$

부록 C로부터, $\nu_2 = 87.3°$일 때

$$\boxed{M_2 = 6.4}$$

부록 A로부터 $M_1 = 10$일 때 $p_{0,1}/p_1 = 0.4244 \times 10^5$, 그리고 $M_2 = 6.4$일 때 $p_{0,2}/p_2 = 0.2355 \times 10^4$이다. 유동이 등엔트로피이므로 $p_{0,2} = p_{0,1}$이다. 따라서

$$p_2 = \left(\frac{p_2}{p_{0,2}}\right)\left(\frac{p_{0,2}}{p_{0,1}}\right)\left(\frac{p_{0,1}}{p_1}\right)p_1 = \left(\frac{1}{0.2355 \times 10^4}\right)(1)(0.4244 \times 10^5)(1)$$

$$= \boxed{18.02 \text{ atm}}$$

예제 9.11

예제 9.10의 상류 유동 조건인 $M_1 = 10$, $p_1 = 1$ atm, 그리고 변위각 15°의 유동이 압축 모서리를 지나간다고 고려해 보자. 이 경우 모서리는 날카롭고 압축은 그림 9.35*b*에서처럼 경사 충격파를 지나면서 이루어진다. 영역 2인 하류의 마하수, 정압, 전압을 계산하라. 예제 9.10에서 얻은 결과와 비교하고 중요한 비교점에 대해 서술하라.

■ **풀이**

그림 9.9로부터 $M_1 = 10$이고 $\theta = 15°$인 경우에 파각은 $\beta = 20°$이다. 상류 마하수의 수직 성분은

$$M_{n,1} = M_1 \sin\beta = (10)\sin 20° = 34.2$$

부록 B로부터 $M_{n,1} = 3.42$인 경우에 $p_2/p_1 = 13.32$, $p_{0,1}/p_1 = 0.2322$, 그리고 $M_{n,2} = 0.4552$다. 따라서

$$M_2 = \frac{M_{n,2}}{\sin(\beta - \theta)} = \frac{0.4552}{\sin(20 - 15)} = \boxed{5.22}$$

$$p_2 = (p_2/p_1)p_1 = 13.32(1) = \boxed{13.32 \text{ atm}}$$

영역 1에서의 전압은 부록 A로부터 얻을 수 있으며 다음과 같다. $M_1 = 10$, $p_{0,1}/p_1 = 0.4244 \times 10^5$에서 영역 2의 전압은

$$p_{0,2} = \left(\frac{p_{0,2}}{p_{0,1}}\right)\left(\frac{p_{0,1}}{p_1}\right)(p_1) = (0.2322)(0.4244 \times 10^5)(1) = \boxed{9.85 \times 10^3 \text{ atm}}$$

다음에 따라 $p_{0,2}$를 계산할 수 있다. (이 확인은 표에서 반올림을 할 때 발생할 수 있는 오차에 대해 주의를 환기시켜주고 있다.) 부록 A로부터 $M_2 = 5.22$, $p_{0,2}/p_2 = 0.6661 \times 10^3$이다. 따라서

$$p_{0,2} = \left(\frac{p_{0,2}}{p_2}\right)(p_2) = (0.6661 \times 10^3)(13.32) = 8.87 \times 10^3 \text{ atm}$$

표에서 근사치로 반올림하였을 때의 답은 위에서 얻은 결과보다 10% 작은 것에 유의하라. 근사치의 지정으로 초래된 오차는 이 예제에서 매우 높은 마하수에 의해 악화된다. 값들 간 *보간*을 통해 좀 더 정확한 값을 얻을 수 있을 것이다.

이 예제와 예제 9.10을 비교하면 압축 과정에서 등엔트로피 압축이 더 효율적인 것을 명확히 알 수 있다. 하류 마하수와 압력 모두 충격파의 경우보다 값이 상당히 높다. 충격파의 비능률은 전압이 충격파를 지나면서 손실한 압력값으로 측정된다. 전압은 충격파를 지나면서 77% 떨어진다. 이것이 초음속과 극초음속 흡입구 설계자들이 등엔트로피 압축파를 경유하여 압축 과정을 완료하고 싶어하는 이유이다. 그러나 SCRAMjet에 관한 토의에서 나타나듯이 실제로

그러한 압축을 달성하는 것은 매우 어렵다. 압축 표면의 윤곽선은 매우 정밀하여야 하며, 그것은 주어진 상류 마하수 조건하에서 설계점이다. 최고로 잘 설계된 압축 윤곽선도 탈설계 마하수에서 충격파의 결과로 나타날 것이다.

9.7 충격–팽창 이론: 초음속 익형에 적용 *Shock-Expansion Theory: Applications to Supersonic Airfoils*

초음속에서 그림 9.36처럼 길이 c를 가지고 받음각이 α인 평판을 생각해 보자. 윗면에서 유동의 흐름은 유체의 본류 쪽에서 멀어지게 된다. 따라서 팽창파가 앞전에서 발생하고, 윗면 p_2에서의 압력은 자유흐름의 압력보다 작아진다($p_2 < p_1$). 뒷전에서 유동은 반드시 근사적으로(정확하지는 않지만) 자유흐름의 방향으로 돌아가야 한다. 여기서 유동이 유체의 본류 쪽으로 되돌아가므로, 그 결과 충격파가 뒷전에서 일어난다. 밑면에서 유동은 유체의 본류 쪽으로 가까이 가게 된다. 앞전에서 충격파가 일어나고, 밑면의 압력 p_3는 자유흐름 압력보다 크다($p_3 > p_1$). 뒷전에서는 유동이 팽창파에 의해 근사적으로(정확하지는 않지만) 자유흐름 방향으로 돌아가게 된다. 그림 9.36을 살펴보면, 평판의 윗면과 아랫면은 경험적으로 p_2와 p_3의 일정한 압력 차이를 가지게 됨에 유의하라($p_3 > p_2$). 그림 9.36에서와 같이 이것은 순수한 압력 불균형을 만들어내고 결과로 생긴 공력 R을 생성한다. 실제로 단위 날개 너비에 대해 결과력과 그것의 성분은 양력과 항력이고, 단위 날개 너비에 대해 다음과 같다.

$$R' = (p_3 - p_2)c \tag{9.46}$$

$$L' = (p_3 - p_2)c\cos\alpha \tag{9.47}$$

$$D' = (p_3 - p_2)c\sin\alpha \tag{9.48}$$

식 (9.47)과 (9.48)에서 p_3는 경사 충격파의 상태량으로부터 계산되고(9.2절), p_2는 팽창파 상태량들로부터 계산된다(9.6절). 또한 이것들은 *엄밀*해이다. 계산하는 데 있어 근사화가 존재하지 않는다. 받음각을 가지는 평판의 비점성 초음속 유동은 그림 9.36에 나타낸 것처럼 완전하게 충격파와 팽창파의 조합으로 주어진다.

위에 주어진 평판의 경우는 *충격–팽창 이론*(shock-expansion theory)이라 부르는 일반적인 기술의 가장 단순한 예이다. 직선 성분으로 물체를 만들고 변위각이 이탈 충격파가 일어나지 않을 정도로 충분히 작다면, 물체 위를 흐르는 유동은 별개의 연속적인 경사 충격파와 팽창파가 만들어지고 표면의 압력 차(따라서 양력과 항력)는 충격파와 팽창파의 이론으로부터 *완전히* 구해질 수 있다.

다른 충격–팽창 이론의 예로 그림 9.37에 나타낸 다이아몬드 형태의 익형을 고려해 보자. 받음각은 0°라고 가정한다. 익형 위를 흐르는 초음속 유동은 각도 ε을 지나면서 우선 압축되고 앞전에서 일어난 경사 충격파에 의해 굴절된다. 익형 중간에서 유동은 각도 2ε을 지나면서 팽창되며 팽창파가 발생한다. 뒷전에서 유동은 다른 경사 충격파를 지나면서 자유흐름 방향으로 돌아간다. 익형의 앞면과 뒷면에서의 압력 차는 그림 9.37에 나타나 있다. a와 c 면의 압력은 일정하고 p_2와 같으며, b와 d 면의 압력 또한 일정하며 p_3와 같다($p_3 < p_2$). 자유흐름에 수직한 방향인 양력 방향에서 윗면과 아랫면의 압력 분포는 완벽하게 상쇄된다(즉, $L' = 0$). 이와 대조적으로 자유흐름에 평행한 방향인 항력 방

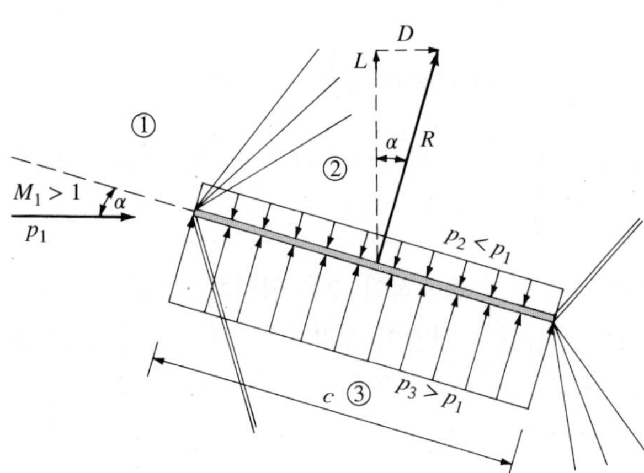

그림 9.36 초음속 유동에서 받음각을 가진 평판

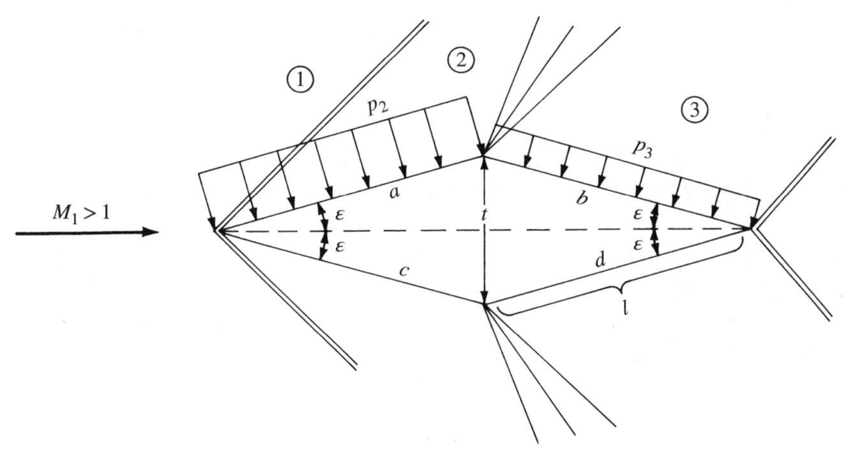

그림 9.37 초음속 유동장에서 받음각이 0°인 다이아몬드 익형

향의 경우 앞면 a, c의 압력이 뒷면 b, d의 압력보다 크고 결과적으로 유한한 항력을 가지게 된다. l은 각 면의 길이이고 t는 익형의 두께일 때, 이 항력을(단위 날개 너비에 대해) 계산하기 위하여 그림 9.37의 다이아몬드 익형 구조를 고려하자. 그러면

$$D' = 2(p_2 l \sin\varepsilon - p_3 l \sin\varepsilon) = 2(p_2 - p_3)\frac{t}{2}$$

따라서

$$D' = (p_2 - p_3)t \tag{9.49}$$

식 (9.49)에서 p_2는 경사 충격파 이론에 의해 계산되고 p_3는 팽창파에 의해 계산된다. 게다가 이 압력들은 비점성 초음속 유동장의 *엄밀*해이다.

이 단계에서 그것은 물체의 공기역학 원천에 관한 1.5절의 논의를 상기함으로써 가치가 있다. 특별히 식 (1.1), (1.2), (1.7), (1.8)을 살펴보라. 이 식들은 일반적 형상의 물체 표면 압력과 응력의 차이들로부터 양력과 항력을 계산한다는 의미를 준다. 이 장의 결과들로부터, 다시 말해 평판을 위한 식 (9.47)과 (9.48), 그리고 다이아몬드 익형을 위한 식 (9.49)는 1.5절에 주어진 일반적인 식들로부터 특별히 간소화된 결과들이다. 그러나 식 (1.7)과 (1.8)을 정식으로 적분하기보다는 직접적인 방식으로 그림 9.36과 9.37의 간단한 물체를 위한 결과를 얻을 수 있다.

이 절의 결과들은 비점성, 초음속의 매우 중요한 측면을 실증한다. 평판을 위한 식 (9.48)과 다이아몬드 익형을 위한 식 (9.49)는 이들 2차원 형상을 위한 *유한한 항력*을 예측한다. 이것은 3장과 4장에서 논의되었던 저속, 비압축성 유동 2차원 물체들을 위한 결과들(이론적으로 항력은 0)과 직접적으로 대조된다. 초음속 유동에서 d'Alembert의 역설은 일어나지 않는다. 초음속 비점성 유동에서는 2차원 물체의 단위 날개 너비당 항력은 유한적이다. 항력의 이 새로운 원천을 *조파 항력*(wave drag)이라 하고, 그것은 모든 초음속 익형 설계에 있어서 심각한 고려사항으로 대표된다. 조파 항력의 존재는 내재적으로 엔트로피의 증가와 연관되어 있으며, 그 결과 익형에 의해 발생하는 경사 충격파를 지나면서 전압의 손실을 가져온다.

마침내 이 절의 결과들은 그림 9.6의 이정표 왼쪽과 오른쪽 가지들의 합에 해당한다. 그러므로 그것은 초음속 유동에서 경사 충격파 논의의 논리적인 결론을 가져다준다.

예제 9.12

마하수 3인 유동 조건에서 받음각 5°를 가진 평판의 양력과 항력 계수를 구하라.

■ 풀이

그림 9.36을 참고하자. 우선 윗면의 p_2/p_1을 계산한다. 식 (9.43)으로부터

$$\nu_2 = \nu_1 + \theta$$

여기서 $\theta = \alpha$다. 부록 C로부터 $M_1 = 3$일 때 $\nu_1 = 49.76°$다. 따라서

$$\nu_2 = 49.76° + 5° = 54.76°$$

부록 C로부터

$$M_2 = 3.27$$

부록 A로부터 $M_1 = 3$일 때 $p_{0_1}/p_1 = 36.73$, $M_2 = 3.27$일 때 $p_{0_2}/p_2 = 55$다. $p_{0_1} = p_{0_2}$이므로

$$\frac{p_2}{p_1} = \frac{p_{0_1}}{p_1} \Big/ \frac{p_{0_2}}{p_2} = \frac{36.73}{55} = 0.668$$

다음으로 아랫면의 p_3/p_1을 계산해 보자. θ-β-M(그림 9.9) 도표로부터 $M_1 = 3$, $\theta = 5°$, $\beta = 23.1°$이다. 따라서

$$M_{n,1} = M_1 \sin\beta = 3\sin 23.1° = 1.177$$

부록 B로부터 $M_{n,1} = 1.177$, $p_3/p_1 = 1.458$(근사값)

식 (9.47)로 돌아가면,

$$L' = (p_3 - p_2)c\cos\alpha$$

양력 계수는 다음으로부터 얻어진다.

$$c_l = \frac{L'}{q_1 S} = \frac{L'}{(\gamma/2)p_1 M_1^2 c} = \frac{2}{\gamma M_1^2}\left(\frac{p_3}{p_1} - \frac{p_2}{p_1}\right)\cos\alpha$$

$$= \frac{2}{(1.4)(3)^2}(1.458 - 0.668)\cos 5° = \boxed{0.125}$$

식 (9.48)로부터

$$D' = (p_3 - p_2)c\sin\alpha$$

따라서

$$c_d = \frac{D'}{q_1 S} = \frac{2}{\gamma M_1^2}\left(\frac{p_3}{p_1} - \frac{p_2}{p_1}\right)\sin\alpha$$

$$= \frac{2}{(1.4)(3^2)}(1.458 - 0.668)\sin 5° = \boxed{0.011}$$

c_d를 위한 약간 단순한 계산은 식 (9.47)과 (9.48)로부터나 그림 9.36의 기하학적 구조로 알아낼 수 있다.

$$\frac{c_d}{c_l} = \tan\alpha$$

따라서

$$c_d = c_l \tan\alpha = 0.125\tan 5° = 0.011$$

9.8 양력 계수과 항력 계수에 관한 언급 *A Comment on Lift and Drag Coefficients*

9.3.1절에서 논의한 내용들을 확장하여, 마하수가 5고 각이 15°일 때 항력 계수를 계산한 예제 9.6을 다시 한번 생각해 보자. 또한 예제 9.12에서 얻은 마하수가 3이고 받음각이 5°인 평판 양력 계수와 항력 계수를 살펴보자. 여기서 자유흐름의 압력, 밀도, 속도를 알지 못하더라도 양력 계수나 항력 계수를 구할 수 있었다. 알아야 하는 것은 다음과 같다.

1. 물체의 형상

2. 받음각

3. 자유흐름 마하수

이 예제들은 1.7절에서 논의한 차원해석 결과들의 명확한 설명이며, 주어진 형상의 양력과 항력 계수는 레이놀즈수와 마하수 그리고 받음각만의 함수임을 강조하는 식 (1.42)와 (1.43)과 완전히 부합한다. 이 장의 예제들은 비점성 유체를 고려하기 때문에 레이놀즈수와는 무관하며 M_∞와 α만 관계가 있다.

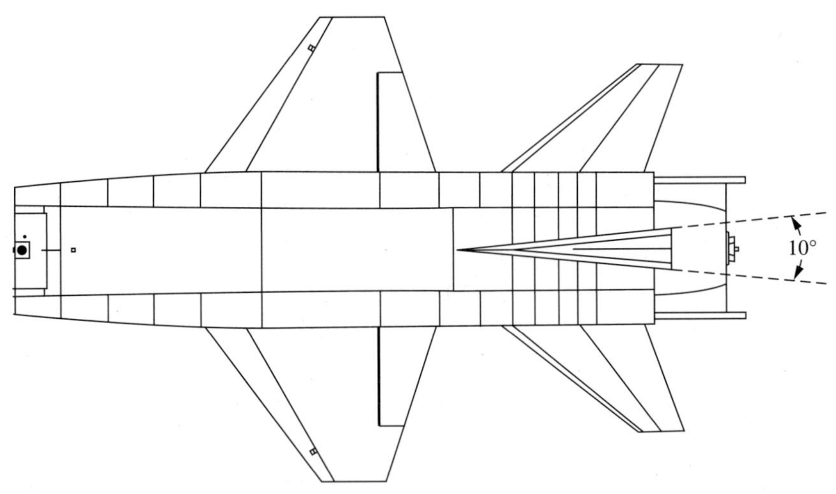

그림 9.38 X-15의 쐐기형 꼬리날개에 대한 그림

9.9 X-15 항공기와 그 쐐기형 꼬리날개 *The X-15 and Its Wedge Tail*

그림 9.18의 X-15 극초음속 연구 항공기를 살펴보자. 사진은 위에서 항공기를 내려다보는 관점이다. 항공기의 뒷부분에 위치한 수직 꼬리날개를 자세히 살펴보자. 수직 꼬리날개의 단면을 명확히 볼 수 있다. 이는 다른 항공기에서 보편적으로 사용되는 얇은 대칭 날개형이 아닌 *쐐기형* 단면이다. 이와 같은 쐐기 형상은 X-15 항공기의 뒷부분을 그린 그림 9.38을 보면 더욱 확연히 드러난다. 쐐기형 단면의 각도는 10°로 나타나 있다.

이러한 쐐기형 꼬리날개는 X-15의 독특한 설계 측면 중 하나이다. 이는 극초음속에서의 안정성 문제를 고려하여 생겨난 형상이다. 초기의 X-1과 X-2 초음속 연구 항공기는 이보다 낮은 마하수에서 그러한 문제들에 봉착하였으며, X-15 초기의 주요한 고려사항은 마하수 7까지 안정성을 유지할 수 있는 방법을 찾는 것이었다. 그 해답은 C. H. McLellan과 NACA Langley Memorial 연구소의 NACA 기술자에 의해 발견되었다. McLellan은 극초음속에서 날개 익형에 따른 수직 방향의 힘을 이론적으로 계산하는 작업을 수행하였다. 그는 얇은 초음속 익형보다 10° 각도를 갖는 쐐기형 단면이 더 효과적임을 발견하였다. X-15 설계자들은 McLellan의 연구 내용을 알고 있었으며, 10° 쐐기 형상의 꼬리날개를 이용하여 적절한 방향 안정성을 갖는 극초음속 항공기를 설계할 수 있었다.

그렇다면 왜 쐐기형 꼬리날개가 얇은 단면의 꼬리날개보다 효과적일까? 이 문제의 답을 얻기 위해 다음 예제를 고려해 보자.

예제 9.13

그림 9.39*a*의 평판과 그림 9.39*b*의 10° 각을 가지는 쐐기를 살펴보면 둘 다 마하수 7에서 받음각 10°의 조건을 가진다. (*a*) 평판의 양력 계수를 구하라. (*b*) 쐐기의 양력 계수를 구하라.

■ 풀이

(*a*) 우선 평판 윗면의 팽창파를 고려하자. 부록 C로부터 $M_1 = 7$일 때 $\nu_1 = 90.97°$이다. 식 (9.43)으로부터

$$\nu_2 = \nu_1 + \alpha = 90.97° + 10° = 100.97°$$

M_2를 얻기 위하여 부록 C로부터 보간을 하면,

$$M_2 = 9 + \frac{100.97 - 99.32}{102.3 - 99.32}(1) = 9.56$$

부록 A의 등엔트로피 유동의 표를 참고하고 p_o/p를 위해 요소들을 보간하면 $p_{o_2,}/p_2 = 0.33 \times 10^5$이다. 또한 부록 A로부터 $M_1 = 7$, $p_{o_1}/p_1 = 0.14 \times 10^4$이다. 전압 p_o는 팽창파를 지나면서 보존되기 때문에,

$$\frac{p_2}{p_1} = \frac{p_{o_1}/p_1}{p_{o_2}/p_2} = \frac{0.414 \times 10^4}{0.33 \times 10^5} = 0.1255$$

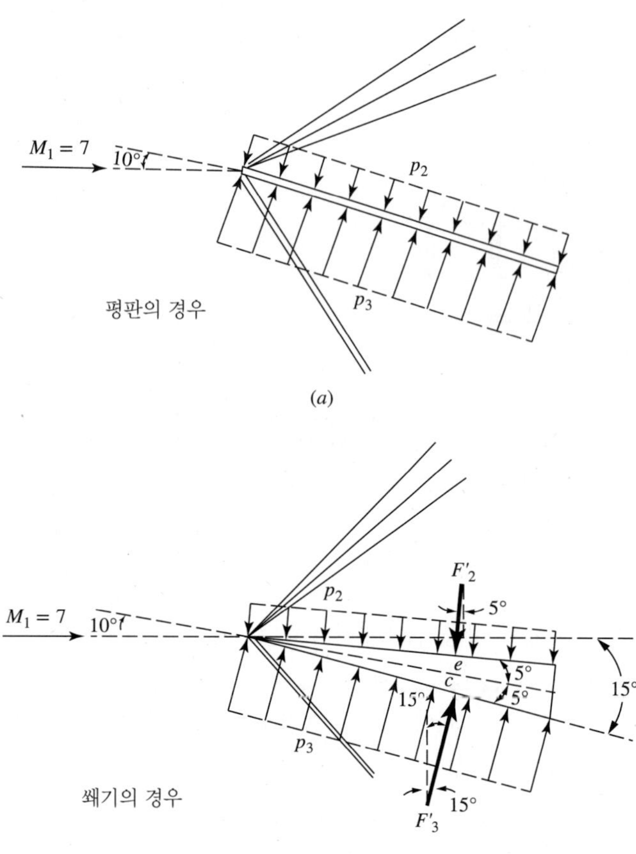

주: 각도는 축척되지 않음

그림 9.39 받음각 10°의 (*a*) 평판과 (*b*) 쐐기의 극초음속 유동 그림

그림 9.39*a*의 평판 아랫면의 충격파를 고려하자. 그림 9.9의 θ-β-M 도표로부터 $M_1 = 7$, $\alpha = 10°$일 때 $\beta = 16.5°$므로

$$M_{n,1} = M_1 \sin\beta = 7 \sin 16.5° = 1.99$$

부록 B로부터 $M_{n,1} = 1.99$를 위한 보간을 하면

$$\frac{p_3}{p_1} = 4.407 + (0.093)(0.5) = 4.45$$

예제 9.12로부터 유도된 평판의 초음속 혹은 극초음속 양력 계수에 따르면

$$c_\ell = \frac{2}{\gamma M_1^2}\left(\frac{p_3}{p_1} - \frac{p_2}{p_1}\right)\cos\alpha$$

$$= \frac{2}{(1.4)(7)^2}(4.45 - 0.1255) = \boxed{0.126}$$

(*b*) 쐐기 윗면의 팽창파를 고려하면

$$\nu_2 = \nu_1 + 5° = 90.97° + 5° = 95.97°$$

부록 C로부터 보간하면

$$M_2 = 8 + \frac{95.97 - 96.62}{99.32 - 95.62}(1) = 8.1$$

부록 A로부터 보간하면

$$\frac{p_{o_2}}{p_2} = 0.9763 \times 10^4 + (0.211 \times 10^5 - 0.9763 \times 10^4)(1) = 1.0897 \times 10^4$$

시위선 길이 c와 쐐기 길이 ℓ의 관계는

$$\ell = \frac{c}{\cos 5°} = \frac{c}{0.996} = 1.004c$$

쐐기의 윗면에 작용하는 날개 너비당 힘 F'_2는

$$F'_2 = p_2\,\ell = \left(\frac{p_{o_1}/p_1}{p_{o_2}/p_2}\right)p_1\,\ell$$

$M_1 = 7$일 때 부록 A로부터 $p_{o_1}/p_1 = 0.414 \times 10^4$이다. 따라서

$$F'_2 = \left(\frac{0.414 \times 10^4}{1.0897 \times 10^4}\right)p_1\ell = 0.38p_1\ell$$

쐐기 아랫면 충격파를 고려하면 θ-β-M 도표로부터 $M_1 = 7$, $\theta = 15°$, $\beta = 23.5°$다. 따라서

$$M_{n,1} = M_1 \sin\beta = 7\sin 23.5° = 2.79$$

부록 B로부터 보간하면

$$\frac{p_3}{p_1} = 8.656 + (8.98 - 8.656)(0.8) = 8.915$$

쐐기 아랫면에 작용하는 날개 너비당 힘 F'_3은

$$F'_3 = p_3\,\ell = \left(\frac{p_3}{p_1}\right)p_1\,\ell = 8.915p_1\,\ell$$

단위 날개 너비당 양력은 F'_2, F'_3가 자유흐름에 수직하는 *성분*의 조합이다. 그림 9.39*b*를 살펴보면 다음과 같음을 알 수 있다.

$$L' = F'_3\cos 15° - F'_2\cos 5° = 0.9659F'_3 - 0.9962F'_2$$

$$L' = (0.9659)(8.915)p_1\,\ell - (0.9962)(0.38)p_1\,\ell$$

$$L' = 8.232p_1\,\ell$$

그러나 $\ell = 1.004c$다. 따라서

$$L' = 8.232p_1(1.004c) = 8.265p_1c$$

양력 계수는

$$c_\ell = \frac{L'}{q_1c} = \frac{L'}{(\gamma/2)p_1M_1^2c} = \frac{2L'}{\gamma p_1M_1^2c}$$

$L' = 8.265p_1c$로부터

$$c_\ell = \frac{2(8.265)p_1c}{(1.4)p_1(7)^2c} = \boxed{0.241}$$

예제 9.13의 결과로부터 쐐기의 양력 계수가 평판 양력 계수의 2배가 됨을 알 수 있다. 수직 꼬리날개에 대하여, "양력은 *측력*이 되며 이는 항공기에 외란 혹은 측면으로의 변위가 생길 경우 꼬리날개로부터 발생한 힘이 복원하려는 좌우 회전력을 제공한다." 쐐기 형상이 그림 9.39*a*에서 보여주듯 평판으로 표현된 얇은 익형보다 강한 복원 회전력을 제공함이 명확하다.

물리적으로, 받음각이 있는 쐐기형은 같은 받음각의 평판과 비교하여 초음속 충격파의 비선형성을 잘 이용한다. 예제 9.13*a*의 평판이 받음각 10°를 가질 때 아랫면을 지나는 유동의 반사각 역시 10°가 된다. 이와 달리 예제 9.13*b*의 쐐기형은 받음각이 0°일 때 아랫면을 지나는 유동의 반사각은 이미 5°가 되며, 이는 받음각이 10°로 증가하면서 15°가 된다. 그러므로 쐐기의 충격파 각은 23.5°로 평판의 충격파 각인 16.5°보다 커진다. 식 (9.13)과 (9.16)을 살펴보면, 압력비는 경사 충격파를 지나 충격파 각의 *제곱*만큼 변하게 된다. 이러한 이유로 예제 9.13*b*와 같이 쐐기 형상의 아랫면을 지나는 유동의 압력비는 $p_3/p_1 = 8.915$이며, 예제 9.13*a* 평판의 경우 $p_3/p_1 = 4.45$의 *2배*가 된다. 쐐기형은 0°의 받음각에서 어떤 변위각을 가지고 시작하므로 임의의 받음각에서 "효율을 더 높이게" 된다.

마지막으로 X-15 항공기의 쐐기형 꼬리날개는 공기역학의 기술적 수준을 확장하기 위한 선구적인 항공기의 실질적인 개발에 걸림돌이 되는 문제를 해결하기 위해 창고에 보관 중이던 이론적인 연구가 얼마나 중요한 것인가를 보여주는 좋은 예임을 기억해야 한다. NACA McLellan의 연구는 X-15를 가능하게 하였다(참고문헌 116 참조).

9.10 점성 유동: 충격파/경계층 상호작용 *Vicous Flow: Shock-Wave/Boundary-Layer Interaction*

충격파와 경계층은 섞이지 않는다. 충격파가 경계층에 부딪힐 때 좋지 않은 점들이 발생할 수 있다. 유감스럽게도 충격파/경계층 상호작용은 흔히 실제적인 초음속 유동에서 발생하는 것이다. 그래서 이 절에서 상호작용에 대해 주의 깊게 살필 것이다. 충격파/경계층 상호작용의 유체역학은 복잡하며(그리고 굉장히 흥미로우며), 따라서 자세한 설명은 이 책의 범위를 벗어난다. 여기서는 여러분들이 기본적인 밑그림을 그릴 수 있도록 간단한 질적인 논의를 가진다.

그림 9.19에 나타낸 것처럼 경사 충격파가 표면에 부딪히는 초음속 유동을 생각해 보자. 그림에서 유동은 비점성이라고 가정하고 입사 충격파가 위쪽 벽 점 B에 부딪힌다. 그리고 같은 점으로부터 방사되는 반사 충격파가 튀어나온다. 점 B에서 불연속적인 압력 상승이 있고, 압력의 조합은 입사와 반사각을 지나면서 증가한다. 실제로 점 B는 매우 큰 역압력구배가 있는 특이점이다.

그림 9.19에서 갑자기 경계층이 벽을 따라 생긴다고 생각해 보자. 점 B에서 경계층은 매우 큰 역압력구배가 생기는 것을 경험했을 것이다. 4.12절에서 경계층이 큰 역압력구배를 겪을 때 무슨 일이 일어나는지에 대해 논의하였다, 즉, 표면으로부터 박리가 일어난다. 이러한 충격파/경계층 상호작용이 기본적인 요소들이다. 입사파는 표면으로부터 차례로 박리되는 경계층에 강한 역압력구배를 부과하고, 충격파 충돌 부근의 결과 유동장은 경계층과 충격파 사이의 상호작용이 하나로 합쳐진다.

이러한 서로 관계가 있는 상호작용은 그림 9.40에 설명되어 있다. 여기서는 쉽게 나타내기 위하여, 그림 9.19처럼 위쪽 벽이 아닌 아래쪽 벽에 충격파를 부딪치게 하였다. 그림 9.40에서, 평판을 따라 경계층이 두꺼워지는 것을 볼 수 있다. 외부 유동이 초음속이기 때문에, 벽 근처에서의 경계층 속도는 아음속이고 경계층의 가장자리는 초음속이다. 어떠한 하류 위치에서 생성된 입사 충격파는 경계층에 부딪히게 된다. 충격파를 통과하면서 발생하는 큰 압력 상승은 경계층에서 역압력구배를 만들고, 따라서 벽에서 국소적으로 경계층은 박리된다. 충격파 이후의 높은 압력은 경계층 아음속 부분의 상류에 영향을 주기 때문에, 박리 위치가 이론적 비점성 입사 충격파의 부착점에 비해 앞쪽에 위치하게 된다. 결국 박리된 경계층은 외부 초음속 유동을 유체의 본류 쪽으로 휘어지게 함으로써 두 번째 충격파를 유도한다. 이를 유도 박리 충격파라고 한다. 박리된 경계층은 그 후 하류 위치에서 평판 쪽으로 흘러 재부착된다. 여기에서 초음

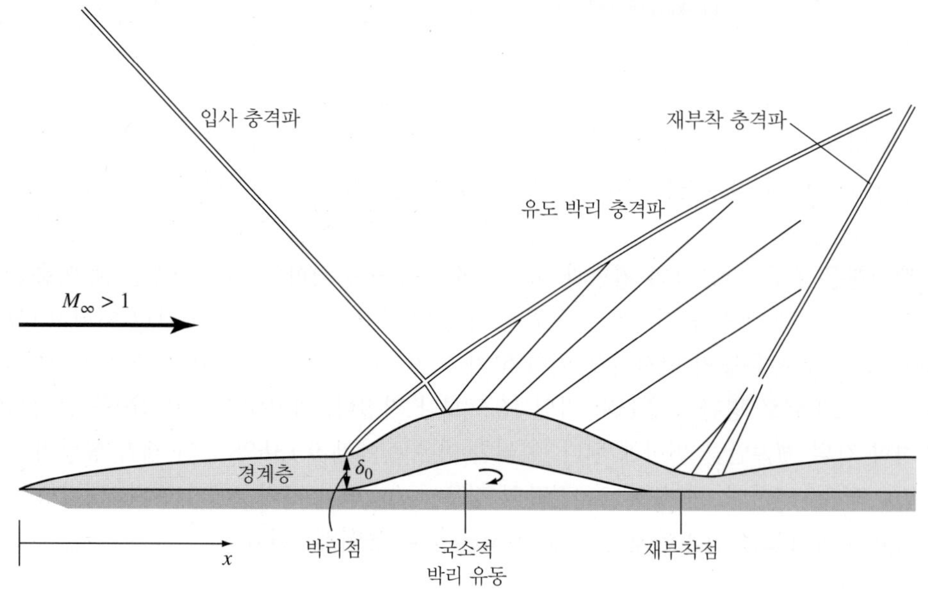

그림 9.40 충격파/경계층 상호작용에 대한 개요도

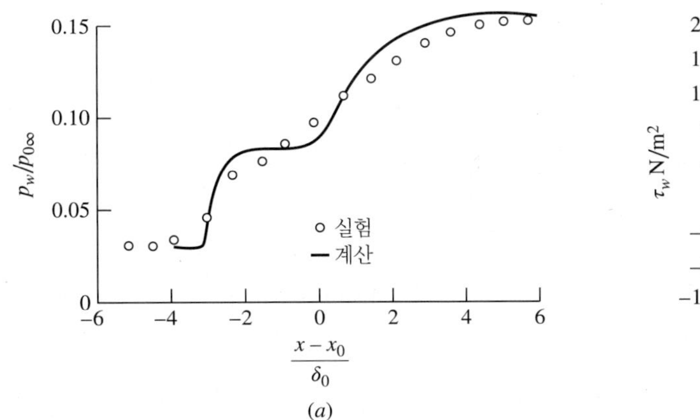

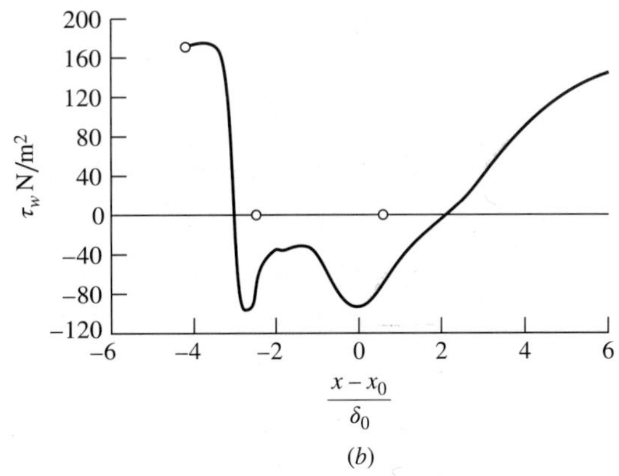

그림 9.41 평판 주위의 마하수 3 난류 유동에 대한 충격파/경계층 상호작용 효과. (*a*) 압력 분포, (*b*) 전단응력

속 유동의 흐름이 유체의 본류 쪽으로 다시 형성되어, *재부착 충격파*라 불리는 세 번째 충격파의 발생 원인이 된다. 박리와 재부착 충격파 사이에서 경계층은 벽면으로 이동하게 되고, 초음속 유동은 유체의 본류에서 멀어지게 되어 그림 9.40과 같이 팽창파를 발생시킨다. 재부착점에서 경계층은 비교적 얇아지고 압력은 증가하며, 결과적으로 국소의 높은 공력 가열 영역이 된다. 평판으로부터 먼 곳에, 박리와 재부착 충격파는 비점성 결과인 그림 9.19에 나온 것과 유사하게 변형된다. 그림 9.40에 보이는 상호작용의 크기와 강도는 경계층이 층류인지 난류인지에 좌우된다. 층류 경계층의 박리가 난류 경계층에 비해 쉽게 발생하기 때문에(4.12장 참조), 층류 상호작용은 난류 상호작용에 비해 쉽게 일어난다. 하지만 그림 9.40과 마찬가지로 상호작용의 질적인 측면에서 두 가지 경우 모두 동일하다.

충격파/경계층 상호작용은 벽면에서의 압력, 전단응력, 열전달 분포에 큰 영향을 준다. 그중 특이한 결과는 경계층의 재부착점에서 발생하는 높은 열전달률이며, 이는 극초음속의 경우 주변보다 한 자릿수 더 높을 수 있다. NASA Ames Research Center의 Baldwin과 Lomax의 연구결과(B. S. Baldwin과 H. Lomax, <Thin Layer Approximation and Algebraic Model for Separated Turbulent Flows>, AIAA Paper No. 78~257, January 1978)를 이용하여 나타낸 그림 9.41*a*에서 벽면 압력 분포의 영향을 볼 수 있다. 여기서 상호작용 영역에서 벽면의 방향 x를 따라 압력 분포를 나타내었다. x_0는 비점성 유체의 입사 충격파에 부딪히는 이론적인 위치이다. 압력 분포는 계단 형태의 증가를 보이며 중간 부분에서 잠시 일정한 부분을 갖는다. 이는 전형적인 충격파/경계층 상호작용에 의한 분포를 보여준다. 외부의 유동은 입사 충격파의 상류에서 마하수 3이며, 경계층은 난류 경계층이다. 실선은 전산유체역학(CFD) 계산결과이며, 원은 실험 데이터를 나타낸다. 압력의 증가는 입사 충격파에 부딪히는 이론적인 위치보다 앞서 경계층 두께의 4배에 해당하는 거리까지 확장된다. 그림 9.41*b*에서는 전단응력의 분포를 보여준다. 박리된 영역의 벽면에서 τ_w는 저에너지 재순환 유동의 영향에 의해 그 크기가 작아지고 방향이 바뀌게(음의 τ_w) 된다.

박리 유동의 영향 때문에 전압의 손실, 높은 열전달률, 그리고 충격파/경계층 상호작용은 초음속 항공기나 유동 장치들을 설계하는 데 있어서 가능한 피해야 할 현상이다. 그러나 이는 말처럼 쉬운 일이 아니다. 충격파/경계층 상호작용은 초음속 유동의 세계에서 다반사로 일어나는 현상이며, 그렇기 때문에 이 절에서 그 근본적인 성질에 대하여 논의한 것이다. 한편 최신의 창의적인 발상들은 충격파/경계층 상호작용에 의해 생성된 박리 유동을 제트 엔진 배기 노즐의 탈설계 성능을 높이거나 특정 종류의 유동 제어 방법 등 유익한 방향으로 유도하였다. 그러므로 이것은 오로지 피해야 할 것만은 아니다.

9.11 역사적 고찰: ERNST MACH — 약력 *Historical Note: Ernst Mach-A Biographical Sketch*

마하수는 19세기 물리학계에 많은 논란을 낳았던 저명한 오스트리아 물리학자이며 철학자인 Ernst Mach의 이름을 따서 지어졌다. Mach는 초음속 비행에서 처음으로 의미 있는 실험을 하였으며, 그 결과는 20년 후 Ludwig Prandtl에게 영향을 주었다. Mach는 누구이며 초음속 공기역학에서 그가 실질적으로 성취한 것은 무엇인가? 그에 대해 더욱 자세히 알아보자.

Mach는 오스트리아 Moravia에 있는 Turas에서 1838년 2월 18일에 태어났다. 그의 아버지인 Johann은 고전 문학도로, 1840년 그의 가족과 농장에 정착하였다. 극도의 개인주의자인 Johann은 그의 가족을 은둔 환경으로 몰아갔으며, 여러 가지 향상된 농장 운영법을 시도하였고 누에 사육을 하였다. 반면 Mach의 어머니(Josephine)는 변호사와 의사 집안 사람으로 시와 음악을 좋아했다. Mach는 이러한 집안 분위기에서 잘 성장한 듯하다. 14세까지 그의 교육은 주로 그리스와 라틴의 고전을 광범위하게 읽은 그의 아버지에 의해 이루어졌다. 1853년 Mach는 사립학교에 들어가게 되고, 그곳에서 과학 세계에 관심을 갖게 된다. 1860년 Vienna 대학교에서 전기 방전과 유도에 관한 논문으로 박사 학위를 취득하였다. 1864년 Graz 대학교의 수학 정교수가 되었고, 1866년에는 물리학 교수가 되었다. 이 기간 동안 Mach의 관심은 광학으로 기울어졌으며, 그의 남은 여생 동안 흥미를 갖는 주제가 되었다. 1867년은 Mach에게 중요한 해였다. 이때 그는 결혼을 하였고, 향후 28년 동안 재직한 Prague 대학교의 실험 물리학 교수가 되었다. Prague에 있는 동안 그는 100편이 넘는 기술 논문을 발표하였다. 그의 기술적 기여는 엄청난 것이다.

초음속 공기역학에서의 Mach의 영향은 1873~1893년까지의 실험 체계에도 미쳤다. 그의 아들 Ludwig와의 공동 연구에서 Mach는 초음속 발사체 주위의 유동과 음파와 충격파의 전파에 관하여 연구하였다. 그의 연구는 운석, 연소, 그리고 가스 분사와 관련된 유동 영역으로 확장되었다. 주된 실험 데이터들은 사진 결과였다. Mach는 대기 중에서 충격파를 만들기 위해 몇 가지 사진 기술을 설계하여 그의 관심사였던 광학과 초음속 거동을 결합하였다. 그는 공기역학에서 아지랑이 현상 방법을 사용한 첫 번째 인물이었다. 이 방법은 밀도의 변화를 감지하고 충격파가 화면이나 사진에 나타나게 한다. 그는 또한 유동에서 밀도의 변화를 직접적으로 감지할 수 있는 간섭 기법을 연구하였다. 다른 밀도의 영역을 통과하는 광선들을 겹치게 하여 번갈아 생기는 어두운 띠와 밝은 띠 모양을 화면으로 확인하였다. 충격파에 이러한 방법을 변형하여 충격파도 가시화할 수 있다. Mach의 광학 장치는 많은 공기역학 실험실에서 여전히 Mach-Zehnder 간섭계의 형태로 사용되고 있다. 1887년 Vienna 물리학회에 기고된 논문은 초음속 공기역학에서 Mach의 중요한 공헌을 보여준다. 여기에 역사상 처음 Mach는 초음속으로 움직이는 가느다란 원추형에서 발생되는 약한 파형의 사진을 보여주었고, 이 파형과 비행 방향이 이루는 각 μ이 $\sin \mu = a/V$로 정의되는 것을 증명하였다. 이 각은 1907년과 1908년에 충격파와 팽창파를 연구하는 Prandtl과 그의 동료에 의해 마하각으로 불렸다. 또한 Mach는 V/a가 1 이하에서 1 이상으로 바뀔 때 유동 영역에서 불연속과 많은 변화가 발생한다고 지적한 첫 번째 사람이다.

흥미로운 사실은 Mach 스스로 V/a를 마하수라고 부른 게 아니라는 것이다. '마하수'라는 말은 스위스의 공학자 Jacob Ackeret가 1929년 취리히의 Eidgenossiche technische Hochschule에서 무급 강사로의 첫 취임 강의에서 사용하였다. 따라서 '마하수'라는 말은 최근부터 사용되었으며, 영문학계에는 1930년대 중반까지 소개되지 않았다.

1895년, Vienna 대학은 유도과학 부문에 Ernst Mach 강좌를 개설하였다. Mach는 이 강좌를 위하여 Vienna로 이사하였다. 1897년 그는 오른쪽 몸의 마비로 괴로워했다. 그는 결국 부분적으로 회복되긴 했지만, 1901년 공식적으로 은퇴하였다. 이 시기 이후부터 1916년 2월 19일 Munich 근처에서 사망할 때까지, Mach는 계속해서 활동적인 사상가이고 강연자이며 작가로 살았다.

현재 Mach는 초음속 유동의 초기 실험과 마하수로 가장 기억에 남는 사람이다. 하지만 Mach를 포함한 Mach 동시대 사람들은 그를 철학자와 과학 사학자로 여겼다. 19세기 말 대부분의 물리학자들은 Newton 역학이 충분하다고 생각했으며, 많은 사람들은 물리학이 실질적으로 모두 알려졌다고 여겼다. Mach의 과학적인 견해는 그의 책 *Die Mechanik*에서 다음 구절로 요약된다.

> 우리 생각의 가장 중요한 결론은 정확하고 명백한 가장 간단한 역학적인 이론은 매우 복잡하다는 것이다. 그들은 불완전한 실험에서, 완벽한 실험을 할 수 없다는 것을 알아냈다. 사실 우리 환경의 상당한 안정성 관점에서 보면, 그들은 사실상 수학적인 추론의 근거로서 수행하는 것을 지키려고 하였다. 하지만 그들은 결코 그들 스스로 수학적으로 정립된 사실들을 고려하지 않았고, 실험에 의한 일정한 제어를 인정할 뿐만 아니라 실제로 그것이 필요하다는 정리들만 고려하였다.

다시 말하면 Mach는 확립된 자연의 법칙들은 간단하게 이론화되고 관측만이 해답이라는 것을 믿는 심지가 굳은 실험주의자이다. 특히 Mach는 20세기 현대 물리학의 기본이 되고 Mach의 말년 시대에 부상하기 시작한 원자 이론의 기본적인 개념이나 상대성 원리를 인정할 수 없었다. 결과적으로 Mach의 철학은 그 시대 중요한 과학자들에게 환영받지 못했다. 게다가 사망할 당시 Mach는 Einstein의 상대성 이론의 결점을 지적하는 책 집필을 계획하고 있었다.

Mach의 철학이 논란의 여지가 있긴 하지만, 그는 위대한 사상가로 존경받고 있다. 사실 Mach의 상대성 이론에 대한 비판적 견해에도 불구하고, Albert Einstein은 Mach가 죽은 해에 다음과 같이 말하였다. "나는 소위 모유가 더 필요하다고 여기는 Mach와 스스로 대립하는 사람들은 Mach의 견해에 대해 잘 모르고 있다고 믿고 있다."

바라건대, 이 절을 통해서 여러분들이 '마하수'를 사용할 때마다 새로운 관점으로 생각하길 바란다. 아마 여러분은 때때로 스스로 되돌아보고 '마하수'는 그의 삶을 실험 물리학에 바쳤지만, 동시에 자칭 철학자의 눈으로 물리학의 세계를 바라보기에 충분히 대담했던 한 사람의 명예라고 생각하며 잠시 멈출지 모른다.

9.12 요약 *Summary*

그림 9.6에 주어진 이정표는 초음속 유동의 경사 충격파에 대해 설명한다. 이정표를 다시 살펴보고 그림 9.6에 표현된 결과와 모든 개념에 친숙해졌다고 확신하기를 바란다.

몇몇 중요한 결과에 대한 요약은 다음과 같다.

다차원의 초음속 유동에서 미세한 교란은 상류 유동 속도에 대하여 각 μ를 만드는 마하파를 생성한다. 이 각은 마하각이고 다음과 같이 정의할 수 있다.

$$\mu = \sin^{-1}\frac{1}{M} \tag{9.1}$$

경사 충격파를 지난 변화들은 충격파 상류 속도의 수직 성분에 의해 결정된다. 열량적 완전 기체에 대해 상류 마하수의 수직 성분은 정해진 요소이다. 경사 충격파를 지난 변화들은 다음 관계에서 $M_{n,1}$을 이용한 8장의 수직 충격파 관계식으로부터 결정될 수 있다.

$$M_{n,1} = M_1 \sin\beta \tag{9.13}$$

경사 충격파를 지난 변화들은 두 가지 변수에 의존한다. 예를 들어 M_1과 β, 또는 M_1과 θ이다. M_1과 β 또는 θ 사이의 관계는 면밀하게 공부했던 그림 9.9에 주어져 있다.

고체 표면 위에 입사한 경사 충격파는 유동이 표면 위에 평행을 유지하도록 표면으로부터 반사한다. 경사 충격파는 충격파들의 배열에 따른 교차의 결과에 의해 서로 교차한다.

중심에서 확장되는 팽창파의 분석에 있어서 지배 요소는 Prandtl-Mayer 함수 $\nu(M)$이다. 하류의 마하수인 M_2와 상류의 마하수 M_1, 그리고 변위각 θ에 관련된 핵심 식은 다음과 같다.

$$\theta = \nu(M_2) - \nu(M_1) \tag{9.43}$$

초음속 익형 주변의 압력 분포는 경사 충격파와 팽창파의 조합으로부터 정확하게 계산될 수 있는 선형 부분으로 만들어진다. 이것은 엄밀 충격—팽창 이론으로부터 나왔다.

9.13 통합 문제 도전: 초음속 조파 항력과 엔트로피 증가의 관계—관계가 있을까?

Integrated Work Challenge: Relation Between Supersonic Wave Drag and Entropy Increase -Is There a Relation?)

개념: 초음속 조파 항력은 충격파 뒤에 발생하는 높은 압력이 물체 표면에 작용하면서 발생한다. 가장 단순한 예는 그림 9.17에서 볼 수 있듯이 경사 충격파 뒤에 있는 높은 정압이 쐐기의 앞면에 작용하여 압력 항력을 생성하는 경우이다. 이 압력 항력은 충격파로 인해 표면에 높은 압력이 발생하기 때문에 *조파 항력*이라고 한다. 실제로 유동에서 어떤 물체에 작용하는 순수한 공기역학적 힘은 표면에 작용하는 압력과 전단 응력 분포의 순수한 적분으로 설명되며, 이는 1.5절에서 설명되어 있다. 초음속 유동에서 물체 표면에 인접한 공기는 충격파와 팽창파 시스템을 통해 지나가며, 그 결과로 나타나는 표면 압력은 이러한 파를 통한 유동의 결과이다. 항력 방향으로의 결과적인 표면 압력 분포의 순 적분은 *조파 항력*이라고 불리는 항력을 생성한다.

이 간단한 개념은 표면 압력 분포를 물체에 가해지는 힘과 연관시킬 수 있다. 이것은 조파 항력의 가장 근본적인 원천이다. 그러나 자연이 조파 항력을 생성하는 방법에 대한 또 다른 관점이 있을까? 대안적인 설명이 있을까? 우리는 3.22절에서 항력과 유동에서의 전체 압력 손실의 관계에 대해 논의한 내용을 기억한다. 8장에서 우리는 유동에서의 전체 압력 손실과 유동에서의 엔트로피 증가 간의 관계를 식 (8.73)으로 표현했다. 이로 인해 초음속 물체에 대한 조파 항력 생성과 물체 위의 유동 엔트로피 증가 간에 관계가 있는지에 대한 질문이 제기된다.

도전: 이 질문에 대해 조사해 보자.

해: 2.6절에서 2차원 물체의 항력에 대한 운동량 방정식의 적용과 그림 2.20a에 보여주는 검사 체적에 대한 논의로 돌아가 보자. 검사 체적을 통해 초음속 유동을 상상하고 검사 체적 내에서 충격파와 팽창파 시스템을 생성하는 공기역학적 물체를 상상해 보자. 이러한 파는 그림 9.42에 나타낸 것처럼 물체 위아래로 일반적으로 하류 방향으로 전파될 것이다. 검사 체적의 상하 경계를 물체로부터 충분히 멀리 그리면 파는 그림 9.42에 보이는 것처럼 하류 경계를 통해서만 나가게 된다. 정압은 상류와 상하 경계에서 일정하다. 하류 경계가 물체로부터 충분히 멀리 떨어져 있어 충격파와 팽창파의 상호작용이 그 경계에서 *대략적인* 일정한 압력을 생성한다고 가정하자(정확하지는 않지만 여기서의 논의를

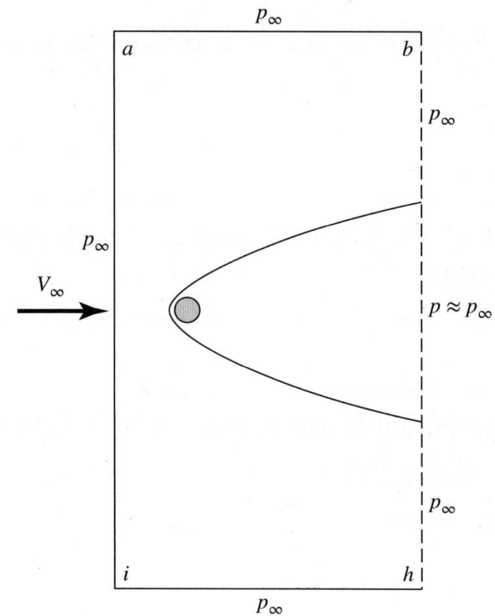

그림 9.42 하류 경계에 충격파가 있는 초음속 유동에서 물체 주변의 검사 체적

위해서는 충분히 합리적이다). 2.6절에서 유체역학적 도출은 일반 유동에 대해 설명했음을 기억하라. 따라서 식 (2.78)과 (2.79)는 비압축성 및 압축성 유동 모두에 적용되며, 그림 9.42의 물체에 대한 항력은 다음과 같다.

$$D' = \int_i^a \rho_1 u_1^2 dy - \int_h^b \rho_2 u_2^2 dy \tag{C9.1}$$

와 같이 주어진다. 식 (8.42)로부터

$$\frac{p_0}{p} = \left(1 + \frac{\gamma-1}{2}M^2\right)^{\frac{\gamma}{\gamma-1}}$$

이고 그래서

$$1 + \frac{\gamma-1}{2}M^2 = \left(\frac{p_0}{p}\right)^{\frac{\gamma-1}{\gamma}}$$

$$M^2 = \frac{2}{\gamma-1}\left[\left(\frac{p_0}{p}\right)^{\frac{\gamma-1}{\gamma}} - 1\right] \tag{C9.2}$$

$M = \dfrac{u}{a}$이기 때문에 식 (9.2)는

$$u^2 = \frac{2a^2}{\gamma-1}\left[\left(\frac{p_0}{p}\right)^{\frac{\gamma-1}{\gamma}} - 1\right]$$

이다. 또한

$$a^2 = \gamma RT$$

그래서

$$u^2 = \frac{2\gamma RT}{\gamma-1}\left[\left(\frac{p_0}{p}\right)^{\frac{\gamma-1}{\gamma}} - 1\right]$$

그리고

$$\rho u^2 = \frac{2\gamma \rho RT}{\gamma-1}\left[\left(\frac{p_0}{p}\right)^{\frac{\gamma-1}{\gamma}} - 1\right] \tag{C9.3}$$

$p = \rho RT$이기 때문에 식 (C9.3)은

$$\rho u^2 = \frac{2\gamma p}{\gamma-1}\left[\left(\frac{p_0}{p}\right)^{\frac{\gamma-1}{\gamma}} - 1\right] \tag{C9.4}$$

가 된다. 식 (C9.1)과 그림 9.42로 돌아가자. 검사 체적의 좌우 측면 길이는 동일하므로, 즉 $ia = hb$이다. 방정식 (C9.1)에서 적분의 한계를 생략한다. 식 (9.1)과 (C9.4)를 결합하면 다음과 같이 된다.

$$D' = \int \left\{ \frac{2\gamma p_1}{\gamma-1}\left[\left(\frac{p_{0_1}}{p_1}\right)^{\frac{\gamma*1}{\gamma}} - 1\right] - \frac{2\gamma p_2}{\gamma-1}\left[\left(\frac{p_{0_2}}{p_2}\right)^{\frac{\gamma-1}{\gamma}} - 1\right] \right. \tag{C9.5}$$

이고 식 (8.72)에서 유동의 두 지점 간의 전체 압력 변화와 엔트로피 변화의 관계는 다음과 같다.

$$s_2 - s_1 = \Delta s = -R\ell n \frac{p_{0_2}}{p_{0_1}}$$

또는

$$\frac{p_{0_2}}{p_{0_1}} = e^{-\Delta s/R} \tag{C9.6}$$

또한

$$\frac{p_{0_1}}{p_1} = \frac{p_{0_1}}{p_{0_2}}\frac{p_{0_2}}{p_1} = \left(\frac{1}{e^{-\Delta s/R}}\right)\left(\frac{p_{0_2}}{p_1}\right) = (e^{\Delta s/R})\frac{p_{0_2}}{p_1} \tag{C9.7}$$

그리고

$$\frac{p_{0_2}}{p_2} = \frac{p_{0_2}}{p_{0_1}}\frac{p_{0_1}}{p_2} = (e^{-\Delta s/R})\left(\frac{p_{0_1}}{p_2}\right) \tag{C9.8}$$

식 (C9.7)과 (C9.8)을 (C9.5)에 삽입하면

$$D' = \int \left\{ \frac{2\gamma p_1}{\gamma - 1}\left[(e^{\Delta s/R})^{\frac{\gamma-1}{\gamma}}\left(\frac{p_{0_2}}{p_1}\right)^{\frac{\gamma-1}{\gamma}} - 1\right] - \frac{2\gamma p_2}{\gamma - 1}\left[(e^{-\Delta s/R})^{\frac{\gamma-1}{\gamma}}\left(\frac{p_{0_1}}{p_2}\right)^{\frac{\gamma-1}{\gamma}} - 1\right]\right\} dy \tag{C9.9}$$

식 (C9.9)은 다소 길지만, 엔트로피 증가 Δs가 항력에 미치는 영향을 주의 깊게 살펴보면 된다. 엔트로피가 증가하면 (즉, Δs가 양수일 때) 식 (C9.9) 오른쪽 첫 번째 항의 크기가 증가하고 두 번째 항의 크기가 감소하여 *항력 D'이 증가하게 된다!* 또한 등엔트로피 유동의 경우 $\Delta s = 0$, $p_{0_2} = p_{0_1}$이다. 식 (9.42)에서 이미 $p_1 = p_2$임을 알고 있다. 이 경우 식 (C9.9)는 $D' = 0$을 나타내며, 등엔트로피 유동에서는 물리적 고려 사항에 따라 조파 항력이 없음을 나타낸다.

요약하자면, 식 (C9.9)는 조파 항력과 유동에서의 엔트로피 증가 간의 연관성을 입증한다. 둘은 밀접하게 관련되어 있으며, 초음속 유동에서 물체 위의 조파 항력은 유동에서의 엔트로피 증가와 관련이 있다.

9.14 통합 문제 도전: 충격파 폭음 *Integrated Work Challenge: The Sonic Boom*

개념: 대중 문화에서 충격파 폭음(sonic boom)은 비행기가 음속을 돌파할 때 들리는 큰 '쾅음'으로 알려져 있다. 하지만 실제로는 비행기나 비행체가 초음속으로 비행할 때마다 '충격파 폭음'을 들을 수 있으며, 이때 비행체가 처음 초음속으로 비행을 시작한 위치와 상관없이 충격파 폭음이 발생한다. 실제로 매우 멀리서 발생할 수도 있다. 그렇다면 충격파 폭음이란 정확히 무엇일까?

도전: 초음속 비행 중인 물체에서 발생하는 충격파 폭음을 조사해 보자. 충격파 폭음이란 무엇인가? 어떻게 생성되는가? 그 강도를 어떻게 줄일 수 있을까?

해: 그림 9.37에서 초음속 속도의 다이아몬드-쐐기 에어포일에서 발생하는 파 패턴을 참조하라. 이 물체가 머리 위로 날아가고 있다고 상상해 보라. 에어포일 하부에서 발생하는 파 패턴이 지면으로 전파되고, 이 파가 지면에서 당신을 지나갈 때, 당신의 고막은 파를 통한 압력 변화를 감지하여 큰 소리를 생성하게 된다. 당신이 듣는 것이 바로 '충격파 폭음'이다. 물체는 대기 중을 비행하면서 이 파 패턴을 끌고 가기 때문에 '충격파 폭음'은 물체가 비행하는 속도와 동일한 속도로 지면을 휩쓸고 지나간다.

그림 9.37을 자세히 살펴보면, 물체의 앞쪽과 뒤쪽에서 두 개의 충격파가 생성되는 것을 알 수 있다. 이 두 충격파는 팽창파가 그 사이에 포함된 상태로 아래로 전파되며, 이는 그림 9.43에 나타나 있다. 또한 그림 9.43에는 파 패턴을 통한 압력 변화 Δp가 표시되어 있다. 물체 아래의 먼 거리에서 Δp의 변화는 뱃머리 파를 넘어서는 급격한 증가, 뱃머리 파와 꼬리 파 사이의 거의 선형적인 감소, 그리고 꼬리 파를 넘어서는 또 다른 급격한 증가를 보여준다. 파 패턴을

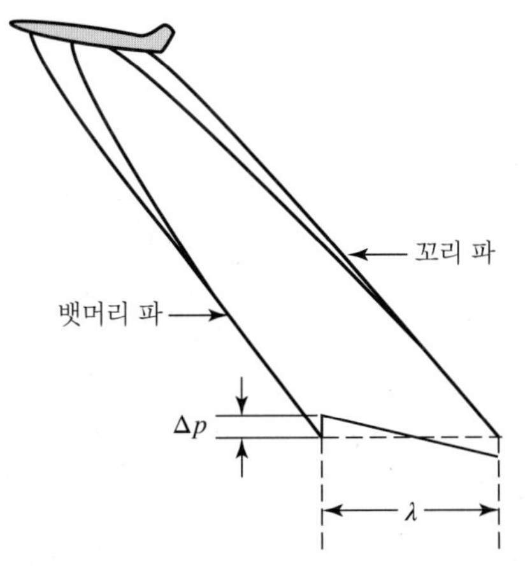

그림 9.43 고전적 N-파 충격파 폭음 발생

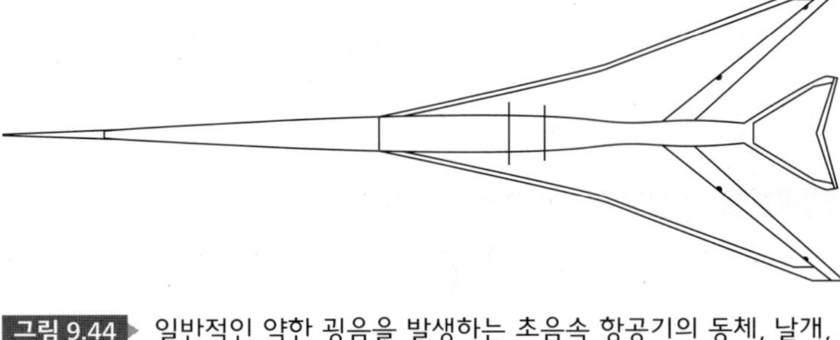

그림 9.44 일반적인 약한 굉음을 발생하는 초음속 항공기의 동체, 날개, 꼬리 날개의 평면도

통한 Δp의 변화는 대문자 N과 닮아 있기 때문에 충격파 폭음 압력 파는 'N-파'라고 불린다. 이 N-파가 지면을 지나갈 때, $\Delta t = \lambda / V_\infty$(여기서 λ는 지면에서 뱃머리 파와 꼬리 파 사이의 거리, V_∞는 초음속 물체의 비행 속도)만큼의 시간 차이로 두 번의 굉음 소리를 들을 수 있다. 이 경우, '충격파 폭음'으로 듣는 것은 실제로 매우 짧은 시간 간격을 둔 두 번의 굉음 소리로, 이른바 고전적인 이중 굉음 특성이 된다. 예를 들어, 콩코드 초음속 수송기는 50,000피트에서 마하 2로 순항했으며, 이때 표준 대기 온도는 390°R이다. 이 온도에서 음속은 $a = \sqrt{\gamma RT} = \sqrt{(1.4)(1716)(390)} = 968$ ft/s이므로 $V_\infty = (968)(2) = 1936$ ft/s이다. 지면에서 N-파를 가로지르는 거리가 200 ft라고 가정하면, 두 굉음 사이의 시간 간격은 $\Delta t = \lambda / V_\infty = 200/1936 = 0.103$ s가 된다. 이는 인간의 귀가 감지하는 반응 시간에 해당하므로, 두 개의 뚜렷한 굉음 소리인 이중 굉음을 들을 수 있다. 그러나 Δt가 더 짧다면, 평균적인 귀는 그림 9.43에 나타난 두 펄스를 구분할 수 없으며, 충격파 폭음은 단일 굉음으로 들릴 것이다.

충격파 폭음의 가장 중요한 측면은 지면에서 느껴지는 Δp의 크기로 인한 환경적 영향이다. 초창기 초음속 비행에서는 비행기에 의해 생성된 충격파 폭음이 $\Delta p = 2$ lb/ft^{2}를 초과하여 인간의 건강에 큰 영향을 미치고 구조적 손상을 일으켰다(깨진 창문, 균열 난 벽 등). 1960년대 콩코드 SST 설계 당시 $\Delta p = 2$ lb/ft^{2}의 최대값이 허용 가능한 것으로 여겨졌다. 그러나 콩코드가 영국항공과 에어프랑스에서 운항을 시작한 직후, 전 세계 국가들은 콩코드의 초음속 비행을 금지하기 시작했으며, 이는 항공기의 경제적 가치를 크게 훼손했다. 이 글을 쓰는 시점에서도 이러한 육상 초음속 비행 금지 조치는 여전히 유효하다.

이 상황은 2세대 SST의 설계 및 운영에 중요한 장애 요소로 작용하여 충격파 폭음 강도를 줄이기 위한 광범위한 연구를 촉진하고 있다. 이런 상황에서 항공우주 엔지니어들은 각 요소들과의 투쟁을 하고 있다. 충격파는 초음속 비행에서 나오는 자연적인 결과이며, 충격파 폭음 강도를 줄이는 가장 직접적인 방법은 충격파 폭음을 유발하는 충격파의 세기를 줄이는 것이다. 항공우주 엔지니어들은 이 문제를 해결하기 위해 파동 이론을 사용하며, 날카로운 선두부를 가진 얇은 물체가 둔한 선두부를 가진 두꺼운 물체보다 약한 충격파를 생성한다는 것을 알고 있다. 또한 물체의 일부에서 발생하는 팽창파는 충격파와 상호작용하여 충격파를 약화시킬 수 있다. 따라서 초음속 비행체의 공기역학적 *형상*을 조정하는 것이 충격파 폭음 문제에 대한 첫 번째 해결책이 될 것이다. 이는 그림 9.44에 스케치된 것처럼 길고 얇은 동체, 뾰족한 선두부, 날카로운 전연 날개와 꼬리, 날개의 목 부분에서 동체가 좁아지는 형태로 이루어져 있어 유리한 팽창파를 생성하는 초음속 '면적 법칙'을 따른다. 이러한 형태의 목적은 Δp의 크기를 환경적으로 허용 가능한 수준으로 줄이는 것이다.

충격파 폭음을 줄이기 위한 또 다른 접근 방식이 있다. 다시 그림 9.43을 참조하면, 충격파 폭음의 심각성은 Δp가 발생하는 *급격함*, 즉 압력이 상승하는 급작스러움에 있다. 이는 100마이크로초 정도일 수 있다. Δp의 크기와 급작스러움의 조합이 문제가 될 수 있다. 토론토 대학교 항공우주 연구소의 Irvine Glass가 1974년에 출판한 *Shock Waves and Man*이라는 책에서 그는 압력 변화가 2 lb/ft^{2}인 경우 세 층 계단을 오르내리면서 쉽게 느낄 수 있지만, 상승 시간

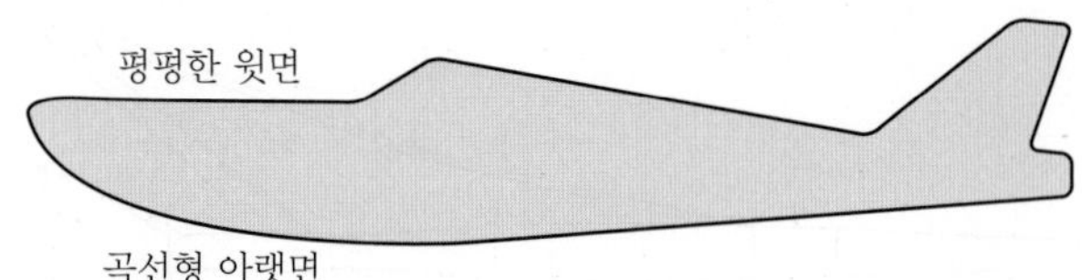

그림 9.45 조절된 충격파 폭음을 발생하는 선두부 형상을 가진 초음속기의 개략도

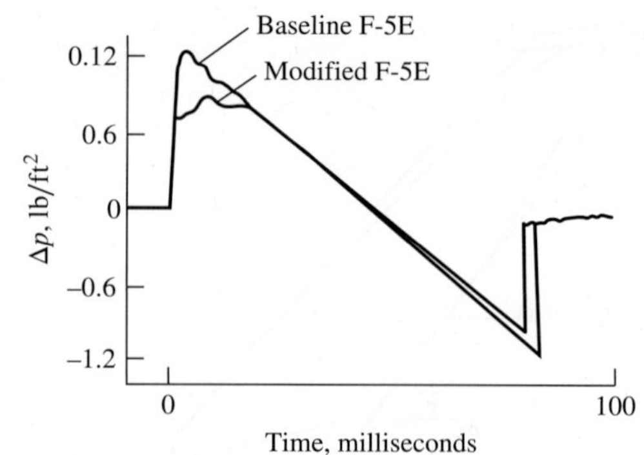

그림 9.46 고전적 충격파 폭음 특성(F-5E에서 발생한)과 조절된 충격파 폭음 특성(곡선 하면 선두부 형상으로 개조한 F5-E에서 발생한)의 비교

이 매우 부드럽기 때문에 우리의 귀는 영향을 받지 않는다고 언급했다. 따라서 충격파 폭음을 더 수용 가능하게 만들기 위한 또 다른 접근 방식은 Δp의 급격한 피크를 완화하는 것이다. 이를 통해 비행체의 형상을 조정할 수 있다. 실제로 NASA와 방위고등연구계획국(DARPA)은 특별히 수정된 노스롭(Northrop) F-5E 전투기를 사용하여 이러한 실험을 수행했다. 항공기의 선두부 형태를 평평한 윗면과 곡선형 아랫면으로 수정했으며, 이는 그림 9.45에 일반적으로 스케치되어 있다. 곡선형 아랫면에서 발생하는 팽창파는 뱃머리 충격파와 상호작용하여 Δp의 급격한 증가를 완화한다. 이는 그림 9.46에서 수정된 F-5E에 의해 생성된 충격파 폭음 형태의 실험적 측정을 기반으로 한다. 뱃머리 충격파의 피크 Δp가 1.2 lb/ft^{2}에서 0.8 lb/ft^{2}로 감소했으며, 20밀리초 동안의 시간 간격으로 완화되었다. 일부 연구자들은 이를 '굉음'으로 부르기도 한다.

충격파 폭음 완화는 미래 상업용 초음속 비행의 가장 중요한 측면으로 남아 있으며, 이 글을 쓰는 시점에서는 아직 확실한 해결책이 없다. 그동안 풍동 실험과 비행 테스트는 해결책을 찾기 위한 형상 설정으로 계속되고 있다. 또한, 충격파 폭음의 근거리 및 원거리 구조를 계산하기 위한 전산 유체역학 코드도 개발되고 있다. 충격파 폭음 문제에 대한 해결책은 여전히 진행 중인 작업이다. 마지막으로, 충격파 폭음 연구의 현 상태에 대한 광범위한 조사 자료는 D. J. Maglieri, P. J. Bobbitt, K. J. Plotkin, K. P. Shepherd, P. G. Coen, D. M. Richwine이 작성한 NASA SP 2014-622 Sonic Boom: Six Decades of Research를 참조하라.

9.15 연습문제 *Problems*

9.1 날렵한 미사일이 마하수 1.5로 낮은 고도에서 비행하고 있다. 미사일 선두부에 의해 생성된 파는 마하파라고 가정한다. 이 파는 지상과 선두부 뒤 559 ft에서 교차한다. 미사일이 비행하고 있는 고도는 얼마인가?

9.2 마하수 4 유동에서 30° 충격파 각을 가진 경사 충격파를 고려해 보자. 상류의 압력과 온도는 각각 2.65 × 10^4 N/m^{2}과 223.3 K이다(10,000 m의 표준 고도에 기준한다). 충격파 뒤의 압력, 온도, 마하수, 전압, 전온도와 충격파를 지나고 증가한 엔트로피의 양을 계산하라.

9.3 식 (8.80)은 경사 충격파에 대해 사용하지 *않는다*. 그래서 상류 마하수의 수직 성분으로 조합된 부록 B의 $p_{0,2}/p_1$의 열은 경사 충격파 뒤의 전압을 얻기 위해 사용할 수 *없다*. 반면 $p_{0,2}/p_{0,1}$에 대한 열은 경사 충격파에 대해 $M_{n,1}$을 사용하여 쓸 수 있다. 왜 그런지 이유를 설명하라.

9.4 36.87°의 충격파 각을 가진 경사 충격파를 고려해 보자. 상류 유동의 흐름은 $M_1 = 3$이고 $p_1 = 1$ atm으로 주어졌다. 충격파 뒤의 전압을 다음을 이용하여 계산하라.

a. 부록 B의 $p_{0,2}/p_{0,1}$(정확한 방법)

b. 부록 B의 $p_{0,2}/p_1$(부정확한 방법)

결과를 비교하라.

9.5 22.2°의 반각을 가진 쐐기형 물체 주위의 유동을 고려해 보자. $M_1 = 2.5$이고 $p_1 = 1$ atm, $T_1 = 300$ K의 조건에서 충격파 각과 p_2, T_2, M_2를 계산하라.

9.6 압력 1 atm, 마하수 2.4의 공기흐름에 받음각 α에서의 평판을 고려해 보자. 앞전에 충격파가 계속 부착되면서 평판 표면 위에서 발생할 수 있는 최대 압력은 얼마인가? 이것이 발생하는 α 값은 얼마인가?

9.7 30.2°의 반각을 가진 쐐기형 물체가 $M_\infty = 3.5$이고 $p_\infty = 0.5$ atm인 자유흐름 속에 투입되었다. 피토관이 쐐기형 물체 표면 위와 충격파 뒤에 위치해 있다. 피토관에 의해 감지되는 압력의 크기를 계산하라.

9.8 압력 1 atm에서 마하수 4의 공기흐름을 고려해 보자. 이 유동이 가능한 작은 손실을 가진 충격파 시스템을 통과하면서 아음속으로 느려지길 원한다. 다음 세 가지 충격파 시스템에 대해 전압 손실을 비교하라.

a. 단일 수직 충격파

b. 25.3°의 변위각을 가진 경사 충격파, 다음 수직 충격파

c. 25.3°의 변위각을 가진 경사 충격파, 다음 20°의 변위각을 가진 경사 충격파, 다음 수직 충격파

(*a*), (*b*), (*c*)의 결과들로부터 다양한 충격파 시스템의 효율에 대해 무엇을 유도할 수 있는가?

9.9 변위각 $\theta = 18.2°$인 압축 모서리 주변의 초음속 유동에 대해 생각해 보자. 쭉 뻗은 수평벽은 그림 9.19에 보여지듯 모서리 위에 있다. 상류 유동이 $M_1 = 3.2$이고 $p_1 = 1$ atm, $T_1 = 520°$R의 조건일 때 위쪽 벽으로부터 반사된 충격파 뒤의 M_3, p_3, T_3 값을 계산하라. 또한 위쪽 벽과 반사 충격파가 만든 각 Φ을 구하라.

9.10 그림 9.25에 주어진 것과 같은 팽창 모서리 주변의 초음속 유동을 생각해 보자. 변위각 $\theta = 23.38°$이다. 모서리 상류 유동이 $M_1 = 2$, $p_1 = 0.7$ atm, $T_1 = 630°$R의 조건으로 주어진다면, 모서리의 하류 유동의 M_2, p_2, T_2, $\rho_{0,2}$, $p_{0,2}$, $T_{0,2}$를 계산하라. 또한 상류흐름 방향에 대해 마하선이 이루는 전방각과 후방각을 구하라.

9.11 $M_1 = 1.58$이고 $p_1 = 1$ atm인 초음속 유동이 뾰족한 모서리 주변에서 팽창했다. 모서리 하류 유동의 압력이 0.1306 atm일 때 모서리의 변위각을 계산하라.

9.12 $M_1 = 3$, $T_1 = 285$ K, $p_1 = 1$ atm인 초음속 유동이 $\theta = 30.6°$를 가진 압축 모서리를 지나 위쪽으로 굴절되었다. 그리고 나서 순차적으로 흐름의 원래 방향과 같은 유동의 방향을 가지고 같은 각의 모서리 주변으로 팽창하였다. 팽창 모서리의 하류 유동이 갖는 M_3, p_3, T_3를 계산하라. 결과 유동이 원래 유동의 방향과 같기 때문에 $M_3 = M_1$, $p_3 = p_1$, $T_3 = T_1$이라고 예측할 수 있는가? 설명하라.

9.13 마하수 2.6의 유동에서 받음각 α인 얇고 평평한 무한 평면을 고려해 보자. α가 다음과 같을 때 양력 계수와 조파 항력 계수를 계산하라.

(*a*) $\alpha = 5°$ (*b*) $\alpha = 15°$ (*c*) $\alpha = 30°$

(주: 이 문제의 결과를 12장에서 사용하기 위해 기억해 두자.)

9.14 그림 9.36에 보이는 것과 같이 $\varepsilon = 10°$인 다이아몬드형 쐐기 익형을 고려하자. 익형은 마하수 3인 자유흐름에서 받음각 $\alpha = 15°$에 있다. 이 익형에 대한 양력 계수와 조파 항력 계수를 계산하라.

9.15 음속 유동을 고려해 보자. 중심에서 확장되는 팽창파를 경유하여 확장될 수 있는 유동을 통해 최대 변위각을 구하라.

9.16 원형 실린더(축이 유동에 대해 수직으로 위치해 있는)와 받음각 0에서 반각 5°를 가진 대칭 다이아몬드형 쐐기 익형을 생각해 보자. 두 물체 모두 마하수 5의 같은 자유흐름 속에 있다. 익형의 두께와 원형 실린더의 직경은 같다. 정사된 앞쪽의 면적에 기초한 원형 실린더의 항력 계수는 4/3이다. 다이아몬드형 쐐기 익형 항력에 대한 실린더의 항력*비*를 계산하라. 초음속 유동에서 날카로운 선두부를 가진 날렵한 물체와 비교하여 뭉툭한 물체의 공력 특성에 대해 무엇을 말할 수 있는가?

9.17 그림 9.35와 같은 일정 받음각의 평평한 판 주위 초음속 유동을 고려해 보자. 9.7절에서 언급했듯이, 뒷전 충격파와 팽창파 뒤 평판의 뒷전에 흐르는 유동 방향은 정확하게 자유흐름 방향에 있지 않다. 왜 그런가? 뒷전 충격파와 팽창파의 세기와 뒷전 유동 흐름의 방향을 계산하는 방법에 대해서 큰 틀을 잡아 보라.

9.18 (이 문제의 목적은 팽창하는 2차원 초음속 유동을 계산하고, 그것을 유사한 연습문제 10.15의 준1차원 유동과 비교하기 위함이다.) 쭉 뻗은 수평 아래쪽 벽과 $\theta = 3°$의 각을 가지고 위쪽으로 증가하는 위쪽 벽을 가진 2차원 도관을 생각해 보자. 도관 입구의 높이는 0.3 m이다. 일정한 수평 방향의 마하수 2의 유동은 도관으로 들어가고, 입구의 위쪽 선두점에서 중심에서 확장된 Prandtl-Mayer 팽창파로 지나간다. 그 파는 아래쪽 벽에 전파된다. 그리고 그 파의 앞전(앞쪽 마하선)은 도관 입구로부터 거리 x_A만큼 떨어진 점 A에 위치한 아래쪽 벽에 교차한다. 아래쪽 벽의 점 A에서 수직하게 그려지고 위쪽 벽 점 B에서 교차하는 선을 상상해 보자. 점 A에서 도관의 주 높이는 AB를 잇는 선의 길이이다. AB 주위 유동의 *평균* 마하수를 계산하라. 이때 M은 팽창파 내에서 AB의 부분을 따라서 선형적으로 변화한다고 가정한다.

9.19 연습문제 9.18을 반복하되, 대신 $\theta = 30°$라고 하자. 다시 우리는 이 결과들을 연습문제 10.16의 준1차원 유동과 비교할 것이다. 이 계산을 반복하는 이유는 훨씬 더 큰 팽창각에 의한 경우에 생성된 2차원 유동의 훨씬 더 높은 효과를 실험하는 데 있다.

9.20 수평한 표면의 평면 위 1 atm의 압력에서 마하수 3의 유동이 처음 움직이는 것을 고려해 보자. 그 유동은 20°의 팽창 모서리를 만나고, 이어서 유동을 다시 수평하게 만드는 20°의 압축 모서리를 만난다. 압축 모서리를 지난 하류 유동의 압력을 계산하라. 주: 상류 유동과 하류 유동이 수평하게 같은 방향에 있음에도 불구하고 팽창 모서리 상류 유동의 압력과 압축 모서리 뒤쪽 흐름의 압력이 다르다는 것을 발견한다. 왜 그런지 설명하라.

9.21 마하수 2로 흐르는 유동에 대해 변위각 θ의 함수로 경사 충격파 전후의 압력비 p_2/p_1의 그래프를 그려라. 이 그래프는 압력–굴절 다이어그램(pressure-deflection diagram)으로 불리며 경사 충격파를 포함한 문제를 풀 때 유용하다.

a. β, θ 또는 M 중 두 가지가 고정되어 있을 경우 θ-β-M 관계식을 풀기 위해 Excel, MATLAB 혹은 여러분이 선택한 다른 프로그램을 사용하라. 여러분은 이것을 하기 위해 자동적으로 subroutine을 작성할 수 있을 것이다.

b. $M = 2$에 대한 경사 충격파 전후의 압력비 p_2/p_1를 변위각 θ의 함수로 그래프를 그리기 위해 위 프로그램을 사용하라.

9.22 램젯 엔진의 흡입구의 목적은 유입되는 공기를 아음속으로 감속하여 연료와 혼합되어 연소될 수 있도록 하는 것이다. 가끔 이는 흡입구 내에 안정화된 충격파들을 통해 이루어질 수 있다. 예로, 그림 9.47에 그려진 램젯 엔진의 흡입구에서 발생되는 압축과정을 생각해 볼 수 있다. 마하 3.5 유동을 감속시키기 위해 두 개의 경사 충격파와 뒤따르는 수직 충격파를 사용할 수 있다. 항공기가 정압과 온도가 각각 26500 N/m² 그리고 223.3 K인 고도 10 km에서 비행하고 있다. 이 유동은 2차원이라고 가정하자.

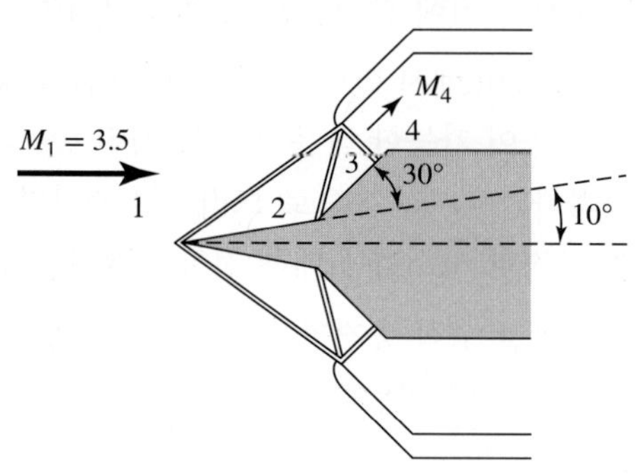

그림 9.47 2차원 램젯 흡입구에서의 충격파와 팽창파의 구조

a. 압축 과정의 각각(즉, 1에서 4까지)에 대해 마하수, 정온도, 정압 그리고 전온도와 전압을 구하라.

b. 하나의 수직 충격파에 의한 압축 과정과 비교하라.

c. 흡입구에서의 압축 과정에 대해 T-S 다이어그램(온도–엔트로피)을 작성하라.

  i. 각 충격파 전후의 엔트로피 변화를 계산하라.

  ii. 유동장의 각 부분에 대한 엔트로피에 대해 정온도(y축)를 그려라. (엔트로피의 초기값을 0으로 놓아라.)

  iii. 각 영역에서의 전압에 해당하는 등압선을 추가하라.

  iv. 이 압축 과정은 '이상적인' 과정과 어떻게 비교할 수 있을까?

  v. 흡입구를 하나의 수직 충격파로 대체했을 때, 전압과 엔트로피의 변화를 계산하라.

  vi. 위의 T-S 다이어그램에 수직 충격파를 추가하라.

vii. 다수의 충격파 대신 하나의 수직 충격파로 압축 과정을 사용하기를 원하는가?

9.23 $T_2 = 2T_1$이고, β는 29도인 경사 충격파를 생각해 보자. 충격파의 상류인 자유흐름 마하수를 계산하라. (*힌트*: 부록 B를 사용하라.)

9.24 $M_\infty = 3$일 때, 아래 예시된 엔진 흡입구에서의 M_3을 구하라. 처음 두 충격파는 약한 충격파이고 $\gamma = 1.4$를 가정하라.

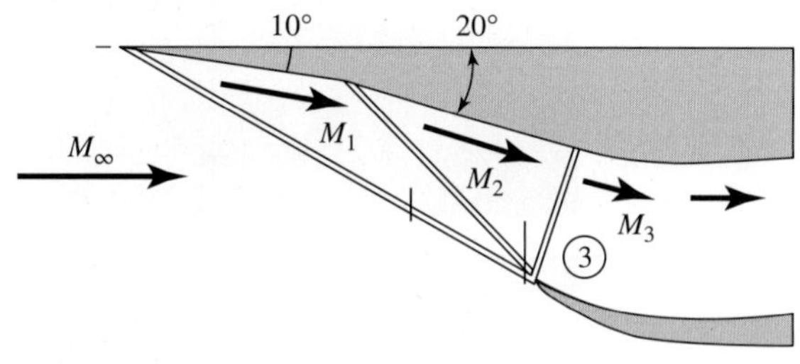

그림 9.48 고속 엔진 흡입구에서의 변환과정

9.25 초음속 공기 유동 속으로 내밀어진 둥근 지지대의 앞부분에 안정적으로 궁형 충격파가 형성되어 있는 모습이 아래에 그려져 있다. 지지대에서 멀리 떨어져 있는 궁형 충격파의 각도가 자유흐름에 대해 26도이고 자유흐름의 온도가 300 K일 때 자유흐름의 속도를 구하라.

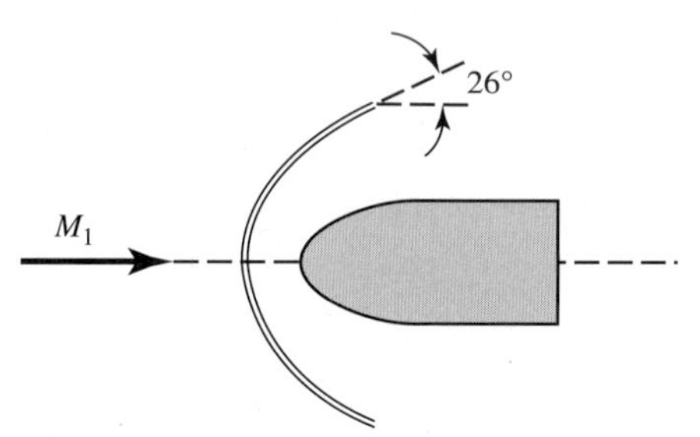

그림 9.49 물체 전면에 형성된 2-D 궁형 충격파

9.26 그림 9.50에서 보여주는 반사 충격파 계를 통한 공기의 초음속 유동을 생각해 보자. 흘러들어오는 공기가 1 atm이고 300 K이라면 영역 3에서의 반사 충격파 각(Φ_r)과 조건들(압력, 온도, 마하수)을 구하라.

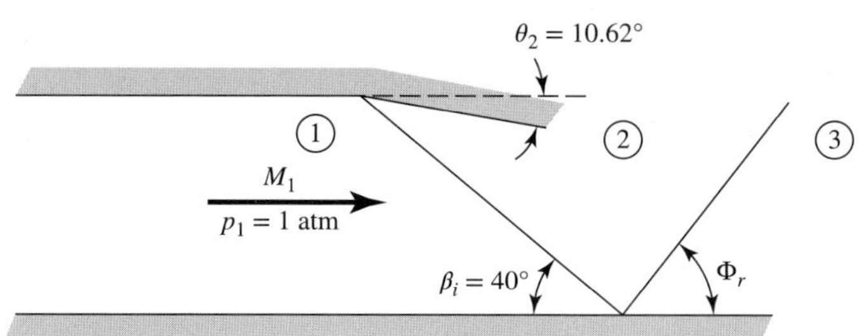

그림 9.50 풍동 벽면에서 반사된 반사 충격파

9.27 아래 예시되었듯이 초기에 마하수 3이고 1 atm인 공기가 다수의 경사면(ramp)을 지나고 있다. 그림 9.22를 참조하여 유동 영역을 구분하여 도시하고 반사 충격파의 형식을 표시하라. 3과 5의 영역에서의 압력을 계산하여 파의 종류를 증명하라.

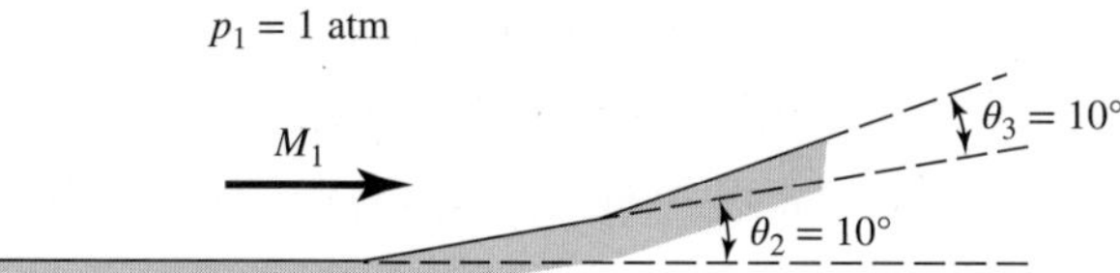

그림 9.51 연속된 경사면에서의 압축

9.28 30도인 팽창 모서리 하류 공기의 정압과 전압이 각각 0.0155 atm이고 151.8 atm이다. 팽창 모서리 상류의 마하수와 정압은 얼마인가?

9.29 마하수 2.55이고 1 atm인 유동이 아래 그림과 같이 15도 팽창되는 팽창 모서리를 생각해 보자. 유동의 중요한 양상을 그리고, 하류의 마하수와 정압을 계산하라.

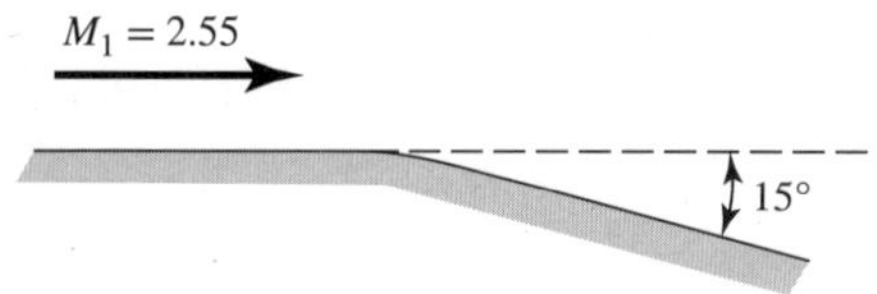

그림 9.52 완만한 팽창 모서리

9.30 1 atm이고 마하수 4.1인 유동이 아래 그림과 같이 10도의 등엔트로피 압축 모서리를 지나고 있다. 가능한 정확하게 유동 구조를 그려보아라. 전방 마하선과 후방 마하선을 표시하고 각각의 각도를 계산하라. 압축파의 하류에 대한 압력과 마하수를 계산하라. 마하파가 합쳐지는 점 너머에서 일어나는 현상을 고려하지 말라.

그림 9.53 완만한 압축 모서리

9.31 문제 9.30을 다시 보면, 완만한 압축을 하는 곡면 벽에서 발생한 압축파는 벽면 멀리에서 유동의 방향을 변하게 하는 경사 충격파로 만들어지게 된다. 합쳐지는 점에서 추가적으로 어떤 구조들이 형성되는가? 합쳐지는 점의 하류에서의 마하수와 압력을 계산하여 논리적으로 합당함을 보여라(*힌트*: 압축파–

충격파 구조의 하류에는 최소한 두 개의 상이한 영역이 존재한다.)

9.32 주어진 θ와 M에 대한 β를 구하기 위해 θ-β-M 관계식[식 (9.23)]을 푸는 컴퓨터 프로그램을 선호하는 컴퓨터 언어로 작성하라. *힌트*: β의 적절한 값에서 0이 되는 함수를 써라. 그리고 이 함수의 근들을 구하기 위해 뉴턴 방법을 사용하라. $\beta = 1$을 초기치로 사용하면 약한 해로 수렴을 하고 $\beta = 89$를 초기치로 사용하면 강한 해로 수렴을 할 것이다. 문제를 풀기 위해 함수의 결과를 쉽게 사용할 수 있는 다양한 기능을 가지고 있는 MATLAB과 MS Excel의 Visual Basic은 훌륭한 플랫폼이 될 것이다.

9.33 주어진 θ에 대한 M을 구하기 위해 Prandtl-Mayer 함수[식 (9.42)]를 푸는 컴퓨터 프로그램을 작성하라. 그 결과를 $\nu(M)$의 표와 비교하라. 힌트: $\nu(M)$을 계산하는 함수를 쓰고 θ의 원하는 값과 특정한 마하수에 해당하는 값의 차이를 '오차'로 정의하라. 그리고 오차가 0에 근접하는 마하수를 구하기 위해 뉴턴 방법을 사용하라. 문제를 풀기 위해 함수의 결과를 쉽게 사용할 수 있는 다양한 기능을 가지고 있는 MAT-LAB과 MS Excel의 Visual Basic은 훌륭한 플랫폼이 될 것이다.

9.34 아래 그림의 익형에 대한 받음각의 함수로 단위 스팬당 양력과 항력 그리고 양항비 L/D를 계산하기 위해 문제 9.32와 9.33에서 작성한 컴퓨터 프로그램과 충격파–팽창파 이론을 사용하라. 유동장을 그려라. $p_1 = 1\ atm$, $M_1 = 2$, $c = 1m$, $x = 1/3$ 그리고 $y = 0.06$으로 가정하라. $0° \le \alpha \le 10°$ 범위에서 최소 5개 점에 대해 그래프를 그려라. 충격파–팽창파 이론을 사용할 수 있는 최대 받음각은 얼마인가?

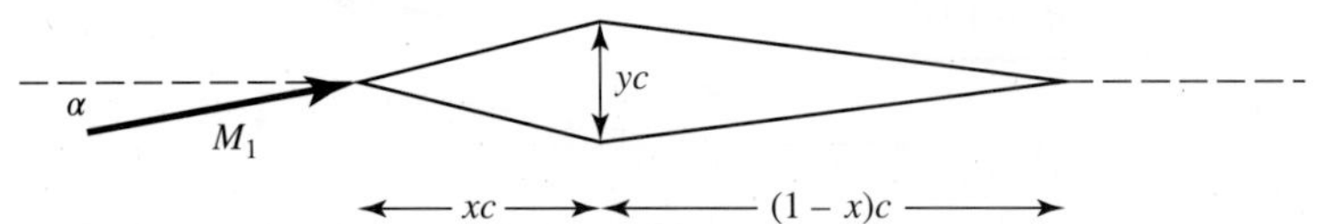

그림 9.54 초음속 유동에 놓여 있는 2차원 익형

9.35 이 문제의 목적은 그림 9.55에 나와 있는 F/A-18C Hornet 주위의 유동장에 생성된 흰 구름 패턴의 원인을 설명하는 것이다. 이 문제는 독자를 위한 튜토리얼이자 정량적 계산을 포함한다. 먼저 필요한 열역학적 배경을 논의한 후, 유동장의 물리적 성질을 살펴보자.

그림 9.55 음속을 돌파하는 F/A-18C Hornet(*U.S. Navy* 사진)

필요한 열역학적 배경(Necessary Thermodynamic Background)

F/A-18C Hornet을 둘러싼 흰 구름은 비행기 주위의 공기 흐름에서 응축된 수증기이다. 구름 내부에서는 물이 증기와 액체 두 가지 상태로 나타난다. 구름 안팎 모두에서 매질은 공기와 물의 혼합물이다. 구름 밖에서는 물이 완전히 증기 상태에 있으며, 구름 안에서는 공기, 수증기, 응축된 액체 물이 혼합되어 있다. 구름 안팎 모두에서 기체 압력 p는 공기의 부분 압력(p_{air})과 훨씬 작은 수증기의 부분 압력(p_{H2O})의 합이다. 즉, $p = p_{air} + p_{H2O}$이다. 이 물–공기 혼합물의 p_{H2O}-온도 그래프에서, 물이 증기 상태에만 있는 영역과 물이 액체–증기 혼합 상태에 있는 영역으로 나뉜 일종의 '상 평형 그림(phase diagram)'을 만들 수 있다. 두 영역을 나누는 곡선을 포화 곡선이라고 하며, 이 곡선은 오른쪽으로 아치형으로 올라간다(포화 곡선에서는 p_{H2O}가 온도가 증가함에 따라 증가하며, 이 곡선의 기울기인 dp_{H2O}/dT는 온도가 증가함에 따라 증가한다). 이 곡선의 오른쪽에는 물이 완전히 증기 상태이고, 이 곡선의 왼쪽에는 물이 증기와 액체 혼합 상태이다. F/A-18C Hornet 상공에 있는 흰 구름은 응축된 물방울에서 반사된 빛으로 보이는 것이다. 즉, 흰 구름은 포화 곡선의 왼쪽에 있는 상 평형 그림의 액체–증기 부분이다.

포화 곡선의 모든 점은 주변 공기 중 100% 상대 습도에 해당한다. 이 곡선의 각 점에서의 온도는 '이슬점' 온도이다. 이 곡선의 오른쪽 영역에서는 공기의 습도가 100% 이하이며, 온도가 이슬점보다 높아서 수증기의 응축이 발생하지 않는다. 곡선의 왼쪽 영역에서는 온도가 이슬점 이하로 떨어져 응축이 발생하기 시작한다.

포화 곡선은 실험을 통해 얻어진다. 이 문제에서는 1기압의 주변 압력에 대한 포화 곡선을 사용한다. 이 곡선은 *Marks' Mechanical Engineer's Handbook*, 6th Ed., McGraw Hill, 1958의 4-86페이지에 나와 있다(저자의 개인 서가에 있어 편리하기 때문에 오래된 판을 사용한다). 이 곡선은 1기압 주변 압력에서 공기의 100% 상대 습도에 대한 p_{H2O}-T의 곡선이다.

이 문제를 위해 포화 곡선상의 특정 점을 선택하자. 즉, $T = 520\ °R$, $p_{H2O} = 38.16\ lb/ft^2$인 점이다. 이 점을 점 A라고 하자. 점 A에서 공기는 100% 습도를 가지며, 부분 압력 $p_{H2O} = 38.16\ lb/ft^2$에 해당하는 양의 수증기를 포함한다. 이 문제에서는 점 A에서의 곡선의 *기울기* dp_{H2O}/dT가 중요하다. 이 기울기는

$$dp_{H2O}/dT = 1.08\ lb/(ft^2 \cdot °R) \qquad \text{포화 곡선}$$

이다.

유동장의 본질(Nature of the Flow Field)

그림 9.55에서 F/A-18C Hornet은 작은 받음각에서 초음속으로 비행하고 있다. 또한, 물의 응축으로 인해 가시화된 후미 날개 끝 소용돌이가 매우 얇고 단단히 감겨 있는 모습을 볼 수 있다. 이는 초음속 흐름에서 발생하는 팁 볼텍스(tip vortex)의 특징이다. 날개와 기체의 윗면에서는 팽창파가 발생한다. 이 팽창 영역은 후미 가장자리 충격파에 의해 종결된다. 이 문제의 목표는 팽창파 내에서 물의 응축이 발생하지만 후미 가장자리 충격파를 통과할 때 물이 다시 순수한 증기 상태로 돌아간다는 것을 증명하는 것이다. 우리는 F/A-18C Hornet 주변에 보이는 흰 구름이 팽창파 내에서 발생한 물 응축에 의해 발생하며, 구름의 상당히 날카로운 끝부분은 유동이 후미 가장자리 충격파를 통과할 때 물이 증발하기 때문에 발생한다고 주장한다.

이 유동의 단순화된 모델로, 그림 9.36에 묘사된 받음각을 가진 평판에서의 초음속 유동을 고려하자. 평판 윗면을 지나는 초음속 유동은 먼저 팽창파를 통과한 후 하류의 후미 가장자리 충격파를 통과한다. 평판 상류의 자유흐름이 충분히 높은 습도를 가지고 있다면, 팽창파를 통해 그리고 그 하류에 걸쳐 응축된 수증기의 흰 구름이 형성될 것이다. 그러나 응축된 수증기는 유동이 후미 가장자리 충격파를 통과할 때 증발하여 흰 구름은 사라질 것이다. 따라서 그림 9.36에서 흰 구름은 상류의 팽창파에 의해 경계 지어지고, 하류의 후미 가장자리 충격파에 의해 경계 지어지는 영역에서 발생할 것이다. 이는 그림 9.55의 F/A-18C Hornet 상부에서 볼 수 있는 흰 구름의 성질을 시뮬레이션한 것이다.

문제(Statement of the Problem)

그림 9.36에 스케치된 유동장을 고려하라. 초음속 자유흐름이 520 °R의 온도와 1기압의 압력에서, 100% 습도를 가지고 있다고 가정하자. 따라서 자유흐름의 열역학적 상태는 앞서 논의한 상도 표의 포화 곡선에서 A 지점에 해당한다.

a. 팽창파를 통과할 때 자유흐름으로부터 온 유체 요소가 물 응축을 경험할 것임을 증명하라.
b. 이미 팽창파 안쪽 및 그 하류에 있는 유체 요소가 후미 가장자리 충격파를 통과할 때 물 증발을 경험할 것임을 증명하라.

코멘트와 힌트

당연하다고 생각할 수 있겠지만, 유체가 확장파를 통과할 때 온도가 감소하고, 물이 당연히 응축될 것이다. 따라서 유체 요소는 상 평형 그림에서 점 A를 지나고 액체-기체 영역으로 들어갈 것이다. 하지만 유체 요소가 팽창파로 들어갈 때 온도와 압력 *모두* 감소할 것이다. 온도 감소는 유체 요소의 특성을 점 A의 왼쪽으로 이동시켜 액체-기체 영역으로 들어가게 할 것이다. 그러나 압력 감소는 유체 요소의 특성을 점 A로부터 수직으로 아래로 이동시켜 액체-기체 영역으로부터 멀어지게 할 것이다. 중요한 질문은 다음과 같다: 온도 감소와 압력 감소 중 어느 변화가 더 지배적인가? 이는 여러분이 알아내야 할 것이다. 힌트로, 유체 요소가 팽창파로 들어갈 때 수증기 부분 압력 p_{H2O}의 온도에 대한 미분 값 dp_{H2O}/dT를 계산해 보라. 이 미분 값이 앞서 주어진 점 A에서의 포화 곡선의 기울기 $dp_{H2O}/dT = 1.08\ lb/(ft^2 \cdot °R)$보다 작다면, 유체 요소의 특성은 팽창파로 들어갈 때 점 A를 넘어 액체-기체 부분으로 들어가게 될 것이며, 이때 분명히 물 응축이 발생할 것이다.

마찬가지로, 유체 요소가 충격파를 통과할 때에 대해서도 압축된 물이 기화될 것이라는 것이 명백하다고 말할 수 있다. 왜냐하면 충격파를 통과하면서 온도가 상승하여 기화를 유발하기 때문이다. 그러나 충격파 바로 앞의 유체 요소의 특성이 점 A 바로 왼쪽에 있는 액체-기체 영역에 있다고 가정해 보라. 충격파를 통과하면서 온도와 압력이

모두 증가할 것이다. 온도 상승은 유체의 특성을 점 A의 오른쪽으로 이동시켜 액체-기체 영역에서 순수 기체 영역으로 이동시킬 것이다. 그러나 압력 상승은 유체 요소의 특성을 점 A로부터 수직으로 위로 이동시켜 액체-기체 영역으로 더 깊이 들어가게 할 것이다. 다시 한번 중요한 질문은 다음과 같다: 온도 상승과 압력 상승 중 어느 변화가 더 지배적인가? 이는 여러분이 알아내야 할 문제이다. 힌트로, 충격파를 통과하는 동안의 $dp_{H2O}/dT \approx \Delta p_{H2O}/\Delta T$ 값을 계산해 보라. 이 미분 값이 앞서 점 A에서 주어진 포화 곡선의 기울기 $dp_{H2O}/dT = 1.08$ lb/(ft$^2 \cdot$ °R)보다 *작다면*, 유체 요소의 특성은 충격파를 통과하면서 점 A를 넘어 순수 기체 영역으로 들어가게 될 것이며, 분명히 기화가 일어날 것이다. $\Delta p_{H2O}/\Delta T$ 값을 계산하기 위해서는 충격파의 강도를 임의로 가정해야 한다. 충격파가 마하수 1.2의 정상 충격파라고 가정하고, 충격파 앞의 유체 특성이 점 A 바로 왼쪽에 있는 유체와 동일하다고 가정하라. 즉, 충격파 앞에서의 유체 특성을 $M_1 = 1.2$, $p_1 = 2116$ lb/ft^2, $p_{H2O} = 38.16$ lb/ft^{2}으로 가정한다.

정답

a. 유체 요소가 확장파로 들어갈 때, $dp_{H2O}/dT = 0.256$ lb/(ft$^2 \cdot$ °R)이다. 이는 점 A에서의 포화 곡선의 기울기보다 작은 값이다. 유체의 특성은 액체-기체 영역으로 들어가게 되며, 응축이 발생한다.

b. 충격파 바로 앞에서 점 A에 있는 액체-기체 영역에 있는 특성을 가진 유체 요소가 충격파를 통과할 때, $\Delta p_{H2O}/\Delta T = 0.2923$ lb/(ft$^2 \cdot$ °R)이다. 이는 점 A에서의 포화 곡선의 기울기보다 작은 값이다. 유체 요소의 특성은 순수 기체 영역으로 들어가게 되며, 기화가 발생한다.

노즐, 디퓨저, 풍동에서의 압축성 유동

Compressible Flow through Nozzles, Diffusers and Wind Tunnels

왜 고체보다 유체에 동역학 이론을 성공적으로 적용하는 게 어려운지 의문을 오래 가진 후에 결국 좀 더 신중히 문제를 심사숙고함으로써 어려움의 실제 원천을 찾을 수 있었다. 그것이 목(나는 그렇게 부르는데 다른 사람들은 그렇지 않다)을 형성하는 데 중요한 압박하는 힘의 일부가 무시되고 또 별로 중요하지 않다고 여기는 사실 때문이라는 것을 발견했는데, 그 이유는 다름이 아니라 유체가 넓은 곳에서 좁은 곳으로 흐르거가 반대로 좁은 곳에서 넓은 곳으로 지나갈 때 발생하는 것같이 목이 매우 적은 양의 유체 또는 무한히 적은 양의 유체로 구성되어 있기 때문이다.

Johann Bernoulli; from his Hydraulics, 1743

미리보기 _*Preview Box*

항공우주 기술자가 자연을 이용하는 가장 좋은 예 중 하나가 그림 10.1의 스페이스 셔틀에 사용되는 로켓 엔진으로 나타나 있다. 이 엔진은 400,000 lb의 추력을 생성한다. 항공우주 기술자들은 이 엔진을 개발하기 위해 자연 법칙을 이용했다. 그렇다면 어떤 자연 법칙을 이용했을까? 그림 10.1을 다시 한번, 특히 로켓 엔진의 종과 같이 생긴 *확산* 노즐을 자세히 보자. 왜 3.3절에서 공부한 것과 같이 저속 풍동에서 사용되는 수축 노즐 모양이 아닌 이러한 모양을 하고 있을까? 실제로 그림 10.1에서는 로켓 노즐의 일부분만을 볼 수 있다. 그림 10.1의 확산 노즐 왼편 매우 복잡한 기관에 가려진 곳에는 고온 고압의 기체를 만들어내는 연소실이 있다. 이 고온 고압의 기체는 수축 도관을 먼저 지나고 나서, 그림 10.1에 보이는 확산 노즐을 통해 배출된다. 전체적인 로켓 엔진의 노즐은 그림 10.2에서 볼 수 있는 것과 같이 수축-확산 노즐이다. 왜 그럴까?

이 문제에 대한 답과 더 많은 것들이 이 장에서 소개된다. 여기서 여러 모양을 한 도관의 고속 압축성 *내부* 유동에 대하여 탐구한다. 이 장에서 다룰 내용은 로켓 엔진, 제트

그림 10.1 스페이스 셔틀의 주 로켓 엔진(NASA)

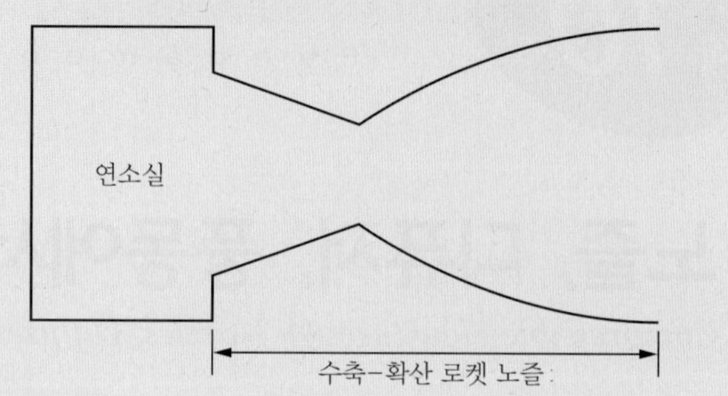

그림 10.2 로켓 엔진 노즐의 개요도

엔진, 초음속과 극초음속 풍동의 설계와 압축성 내부 유동을 갖는 모든 장비를 설계하는 데 필수적이다. 충격파와 관련된 앞의 두 장을 압축성 유동의 빵과 버터에 비유했다. 이와 비슷하게 이 장에서 공부할 노즐과 디퓨저, 그리고 풍동에서의 유동은 압축성 유동의 롤빵과 잼과 같다. 이 장의 내용은 현대 항공우주공학에서 매일 응용되고 있다. 더욱이 이 장은 흥미로운 물리적 현상들을 가득 담고 있다. 한 번도 생각해 보지 못한 현상도 있을 것이며, 놀라운 현상도 있을 것이다. 이 장을 진지하게 받아들여라. 즐겁고 보람 있을 것이다.

10.1 개요 *Introduction*

8장과 9장에서는 초음속 유동의 수직 충격파(normal shock wave)와 경사 충격파(oblique shock wave)에 대하여 배웠다. 이러한 충격파는 초음속 비행을 하는 모든 항공기에서 나타난다. 항공 공학자는 이와 같은 항공기 특성, 특히 초음속에서 양력과 항력의 발생과 더불어 충격파와 팽창파 현상을 포함하는 유동장의 자세한 특성을 관찰하는 데 관심을 갖는다. 이러한 현상을 관찰하기 위한 두 가지 방법이 있다. (1) 실제 항공기를 이용한 시험 비행, (2) 축소 모형을 이용한 풍동 시험이 있다. 시험 비행의 경우 비록 실제 환경에서의 최종 답안을 제공해 주지만, 많은 비용이 들어갈 뿐 아니라 항공기가 인증되지 않은 경우 위험하다. 그래서 많은 양의 초음속 공력 데이터가 지상에서 풍동을 이용하여 얻어졌다. 그렇다면 초음속 풍동은 어떻게 생겼을까? 실험 환경에서 어떻게 초음속 유체의 균일 흐름을 생성할까? 초음속 풍동의 특징에는 어떠한 것들이 있을까? 이 장에서는 이와 같은 질문과 기타 질문에 대한 답을 다루고 있다.

최초의 실용적인 초음속 풍동은 독일의 Adolf Busemann이 1930년대 중반에 제작하여 사용하였지만, Prandtl은 그보다 앞선 1905년에 충격파를 연구하기 위한 작은 초음속 장비를 사용하기도 하였다. 그림 10.3은 Busemann이 사용한 초음속 풍동의 사진이다. 이러한 장비들은 제2차 세계대전 이후 급증하였다. 오늘날에는 모든 최신의 공기역학 실험실에서 하나 이상의 초음속 풍동을 보유하고 있으며, 극초음속 풍동을 보유하고 있는 실험실도 여럿 있다. 이러한 장비들의 크기는 다양하며, 그림 10.4에서는 적당한 크기의 극초음속 풍동을 보여주고 있다.

이 장에서는 도관(duct)을 지나는 압축성 유동의 공기역학적 핵심사항에 대하여 논할 것이다. 이러한 핵심사항은 고속 풍동과 로켓 엔진, 고에너지 유체역학과 화학 레이저, 그리고 제트 엔진 등의 설계에 필수적이다. 실제로 이 장에서 다루어질 내용은 공기역학자들이 거의 매일 이용하며, 보다 완전한 압축성 유동의 이해에 다가가기 위해 필수적인 내용이다.

그림 10.5에서는 이 장의 이정표를 볼 수 있다. 지배 방정식을 유도한 후, 노즐과 디퓨저의 경우를 각각 다룰 것이다. 그 후, 얻은 정보를 취합하여 초음속 풍동의 경우에 대하여 조사할 것이다.

그림 10.3 1930년대 중반 독일 A. Busemann에 의해 만들어진 최초의 실용적인 초음속 풍동 (*John Anderson 제공*)

그림 10.4 오하이오주 Dayton, 미 공군 Wright Aeronautical Laboratory에 있는 대형 극초음속 풍동(*NASA*)

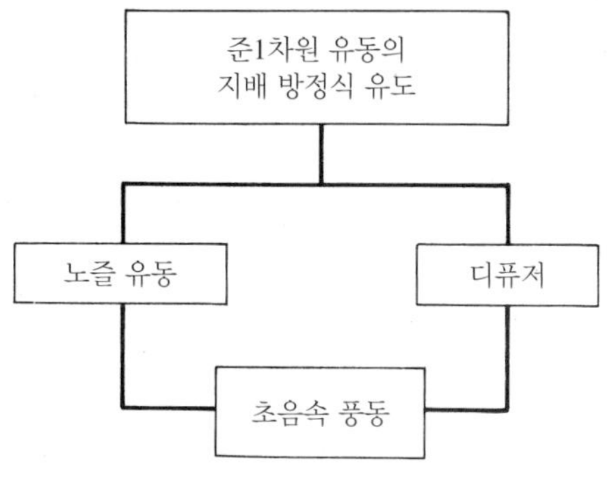

그림 10.5 10장의 이정표

10.2 준1차원 유동의 지배 방정식 *Governing Equations for Quasi-One-Dimensional Flow*

8장에서 다룬 1차원 유동을 돌아보면, 유동장 변수를 오직 x만의 변수, 즉 $p = p(x)$, $u = u(x)$ 등으로 취급했다. 엄밀히 말하면 이와 같은 유동을 갖는 유관(streamtube)은 그 단면적이 일정해야만 한다. 다시 말해 그림 10.6*a*와 같이 8장에서 다룬 1차원 유동은 단면적이 일정한 유동이다.

이와 반대로 그림 10.6*b*와 같이 유관의 단면적이 x의 함수, 즉 $A = A(x)$로 변한다고 가정해 보자. 엄밀히 말하면 이는 3차원 유동이다. 그림 10.6*b*를 살펴보면 알 수 있듯이, 유동장 변수는 x, y, z의 함수이다. 특히 유관의 벽면에서 속도는 벽면과 평행해야 하기 때문에 x 방향뿐만 아니라 y와 z 방향의 속도 성분도 가지고 있다. 하지만 단면적의 변화가 완만할 경우, y와 z 방향의 속도 성분이 x 방향의 속도 성분과 비교해 작다. 이 경우 유동장 변수가 x만의 함수라 *가정*할 수 있다. 다시 말해 주어진 x 위치의 단면에서 유동이 균일하다고 가정할 수 있다. 이러한 유동, 즉 $A = A(x)$지만 $p = (x)$, $\rho = \rho(x)$, $u = u(x)$인 유동은 그림 10.6*b*에 나타냈듯이 *준1차원 유동*(quasi-one-dimensional flow)이라 정의한다. 이러한 유동이 이 장의 주제이다. 앞서 3.3절에서 도관을 지나는 비압축성 유동을 다루며 준1차원 유동을 다룬 적이 있다. 진도를 더 나가기 전에 3.3절에서 보여준 개념을 복습하라.

비록 준1차원 유동 가정은 가변 도관 내 유동을 근사화한 것이지만, 적분 형태의 보존형 기본 방정식인 연속 방정식[식 (2.48)], 운동량 방정식[식 (2.64)], 그리고 에너지 방정식[식 (2.95)]을 사용하여 다음과 같이 물리적으로 일관성 있는 준1차원 유동의 지배 방정식을 얻을 수 있다. 먼저 그림 10.7을 고려해 보자. 위치 1에서 면적 A_1을 지나는 유동은 균일하며 p_1, ρ_1, u_1의 특성을 갖는다고 가정할 수 있다. 이와 비슷하게 위치 2에서 면적 A_2를 지나는 유동도 균일하며 p_2, ρ_2, u_2의 특성을 갖는다고 가정할 수 있다. 3.3절에서 이와 같은 가변 면적을 갖는 검사 체적에 대하여 적분 형태의 연속 방정식을 적용하였다. 그 결과 정상 상태의 준1차원 유동의 연속 방정식인 식 (3.21)을 그림 10.7의 명명법으로 표현하면 다음과 같다.

$$\boxed{\rho_1 u_1 A_1 = \rho_2 u_2 A_2} \tag{10.1}$$

식 (2.64)로 표현된 적분식 형태의 운동량 방정식을 고려해 보자. 체적력이 없는 정상 상태의 비점성 유동에 대한 방정식은 다음과 같다.

$$\oiint_S (\rho \mathbf{V} \cdot \mathbf{dS})\mathbf{V} = -\oiint_S p\, \mathbf{dS} \tag{10.2}$$

식 (10.2)는 벡터 방정식이기 때문에 이의 x 성분만 아래와 같이 고려해 보자.

$$\oiint_S (\rho \mathbf{V} \cdot \mathbf{dS})u = -\oiint_S (p\, dS)_x \tag{10.3}$$

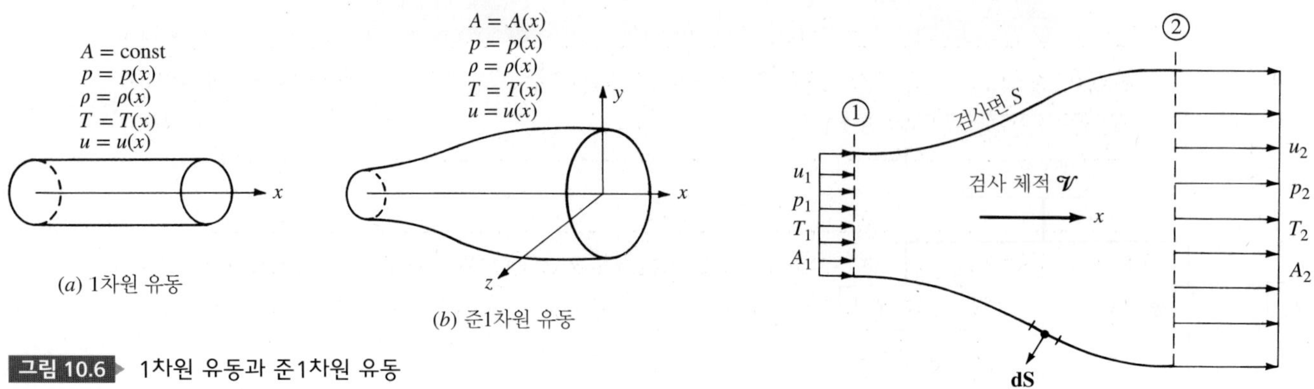

그림 10.6 1차원 유동과 준1차원 유동

그림 10.7 준1차원 유동에 대한 유한 검사 체적

여기서 $(p\ dS)_x$는 압력의 x 성분이다. 식 (10.3)은 스칼라 식이기 때문에 면적 적분을 고려할 때 x 성분의 방향에 주의해야 한다. 그림 10.7에서 오른쪽 방향을 향하는 모든 성분은 양수이며, 왼쪽 방향을 향하는 모든 성분은 음수이다. 그림 10.7의 검사 체적 윗면과 아랫면은 유선(streamline)이다. 그러므로 해당 면을 따라 $\mathbf{V} \cdot \mathbf{dS} = 0$이다. 또한 면 A_1을 지나는 **V**와 **dS**는 서로 반대 방향이므로 $\mathbf{V} \cdot \mathbf{dS}$는 음수이다. 그러므로 식 (10.3) 좌측의 적분은 $-\rho_1 u_1^2 A_1 + \rho_2 u_2^2 A_2$가 된다. 식 (10.2) 우측의 압력 적분은 검사 체적의 면 A_1과 A_2에 대하여 계산하며, $-(-p_1 A_1 + p_2 A_2)$가 된다. ($p_1 A$ 앞의 음의 부호는 A_1에 대하여 **dS**가 x 성분의 음의 방향인 왼쪽 방향을 향하기 때문이다.) 검사 체적의 윗면과 아랫면을 고려한 압력 적분은 다음과 같이 쓸 수 있다.

$$-\int_{A_1}^{A_2} -p\, dA = \int_{A_1}^{A_2} p\, dA \tag{10.4}$$

여기서 dA는 단순히 벡터 **dS**의 x 방향 성분으로, x축에 수직인 평면에 dS를 투영시킨 면적에 해당한다. 식 (10.4) 좌변 항 적분 기호 *내* 음의 부호는 검사 체적의 윗면과 아랫면을 따라 표시되는 **dS**의 방향 때문인데, 그림 10.7을 살펴보면 각각의 면을 따라 **dS**가 좌측을 가리킴을 볼 수 있다. 그러므로 p **dS**의 x 성분은 왼쪽 방향을 향하기 때문에 방정식에 음의 성분으로 나타난다. [2.5절을 상기해 보면, 식 (10.4) 좌변 항 적분 기호 밖의 음의 부호, 즉 압력 적분의 적분 기호 *외부*의 음의 부호는 검사면에 작용하는 압력 p **dS**는 항상 **dS**의 반대 방향으로 작용한다는 물리적인 사실에 근거한다. 위 사항을 확신하지 못할 경우 2.5절의 운동량 방정식을 유도하는 과정을 복습해야 한다. 위 결과의 부호는 x 성분의 방향을 계속 살펴보면 논리적임을 알 수 있다.] 위 결과와 함께 식 (10.3)은 다음과 같이 표현할 수 있다.

$$-\rho_1 u_1^2 A_1 + \rho_2 u_2^2 A_2 = -(-p_1 A_1 + p_2 A_2) + \int_{A_1}^{A_2} p\, dA$$

$$\boxed{p_1 A_1 + \rho_1 u_1^2 A_1 + \int_{A_1}^{A_2} p\, dA = p_2 A_2 + \rho_2 u_2^2 A_2} \tag{10.5}$$

식 (10.5)는 정상 상태 준1차원 유동의 운동량 방정식이다.

식 (2.95)로 주어진 에너지 방정식을 고려해 보자. 체적력이 없는 정상 상태의 비점성, 단열 유동의 경우 식은 다음과 같다.

$$\oiint_S \rho \left(e + \frac{V^2}{2}\right) \mathbf{V} \cdot \mathbf{dS} = -\oiint_S p\mathbf{V} \cdot \mathbf{dS} \tag{10.6}$$

그림 10.7의 검사 체적에 적용할 경우 식 (10.6)은 다음과 같다.

$$\rho_1 \left(e_1 + \frac{u_1^2}{2}\right)(-u_1 A_1) + \rho_2 \left(e_2 + \frac{u_2^2}{2}\right)(u_2 A_2) = -(-p_1 u_1 A_1 + p_2 u_2 A_2)$$

또는

$$p_1 u_1 A_1 + \rho_1 u_1 A_1 \left(e_1 + \frac{u_1^2}{2}\right) = p_2 u_2 A_2 + \rho_2 u_2 A_2 \left(e_2 + \frac{u_2^2}{2}\right) \tag{10.7}$$

식 (10.7)을 식 (10.1)로 나누면,

$$\frac{p_1}{\rho_1} + e_1 + \frac{u_1^2}{2} = \frac{p_2}{\rho_2} + e_2 + \frac{u_2^2}{2} \tag{10.8}$$

여기서 $h = e + pv = e + p/\rho$임을 상기하면 식 (10.8)은 다음과 같이 쓸 수 있다.

$$\boxed{h_1 + \frac{u_1^2}{2} = h_2 + \frac{u_2^2}{2}} \tag{10.9}$$

이는 정상 상태의 단열, 비점성, 준1차원 유동의 에너지 방정식이다. 식 (10.9)를 자세히 살펴보면 유동 내에서 전엔탈피 $h_0 = h + u^2/2$가 일정하다는 것을 의미한다. 이는 7.5절에서 언급한 정상 상태의 단열, 비점성 유동의 일반적인 결과를 다시 보여주는 것이다. 그러므로 식 (10.9)는 아래의 식으로 대치할 수 있다.

$$\boxed{h_0 = \text{const}} \tag{10.10}$$

여기서 잠시 위 결과를 살펴보자. 그림 10.7의 검사 체적에 적분 형태의 보존형 방정식을 적용하였다. 이 결과로 준1차원 유동에 대하여 식 (10.1), (10.5), (10.9) 혹은 (10.10)의 연속 방정식, 운동량 방정식, 에너지 방정식을 지배 방정식으로 얻었다. 이 방정식들은 운동량 방정식에서 나타나는 적분식 하나를 제외하면 모두 *대수* 방정식이다. 그림 10.7에서 유입 유동 상태인 ρ_1, u_1, p_1, T_1, h_1이 각각 주어지고 면적 분포 $A = A(x)$가 주어져 있다고 가정해 보자. 또한 다음과 같이 열량적 완전 기체라 가정해 보자.

$$p_2 = \rho_2 R T_2 \tag{10.11}$$

그리고

$$h_2 = c_p T_2 \tag{10.12}$$

이제 식 (10.1), (10.5), (10.9) 혹은 (10.10), (10.11), (10.12)의 총 5개의 식과 5개의 미지수 ρ_2, u_2, p_2, T_2, h_2가 있다. 여기서 원칙적으로 5개의 방정식을 이용하여 직접 위치 2에서의 5개의 미지수를 구할 수 있다. 그러나 이와 같은 직접 해석 방법은 상당한 수학적 조작이 요구된다. 좀 더 간단한 방법을 10.3절에서 논의할 것이다.

지배 방정식의 해법으로 이동하기 전에 먼저 준1차원 유동의 물리적 특성에 대하여 알아보자. 이에 도움을 주기 위해, 위에서 얻은 대수 방정식과 달리 지배 방정식의 *미분* 형태를 살펴보자. 예를 들어, 식 (10.1)에 의하면 가변 면적을 가진 도관 내에서는 다음과 같다.

$$\rho u A = \text{const} \tag{10.13}$$

식 (10.13)을 미분하면

$$\boxed{d(\rho u A) = 0} \tag{10.14}$$

이는 준1차원 유동에 대한 연속 방정식의 미분 형태이다.

운동량 방정식의 미분 형태를 얻기 위해 식 (10.5)를 그림 10.8과 같은 미소 검사 체적에 적용해 보자. 면적 A를 갖는 위치 1에서 체적에 유입되는 유동은 p, u, ρ의 물성치를 갖는다. 이후 거리 dx만큼 이동하는 동안, 면적은 dA만큼 변하고 물성치 또한 각각 dp, du, $d\rho$만큼 변하였다. 그러므로 위치 2에서 검사 체적을 떠나는 유동은 그림 10.8에서 볼 수 있듯이 $p + dp$, $u + du$와 $\rho + d\rho$의 물성치를 갖는다. 이 경우 식 (10.5)[식 (10.5)의 적분은 그림 10.8의 미소 체적에 대한 피적분 함수로 대치될 수 있음]는 다음과 같이 표현된다.

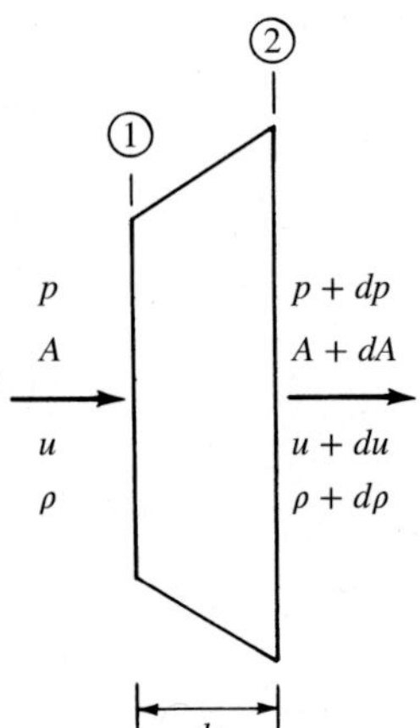

그림 10.8 증분 검사 체적

$$pA + \rho u^2 A + p\,dA = (p + dp)(A + dA) + (\rho + d\rho)(u + du)^2(A + dA) \tag{10.15}$$

식 (10.15)에서 $dp\,dA$, $d\rho(du)^2$와 같은 미분 항의 곱은 매우 작기 때문에 무시할 수 있다. 그러므로 식 (10.15)는 다음과 같이 쓸 수 있다.

$$A\,dp + Au^2\,d\rho + \rho u^2\,dA + 2\rho u A\,du = 0 \tag{10.16}$$

식 (10.14)의 연속 방정식을 전개하고 u를 양변에 곱하면 다음과 같은 식을 얻을 수 있다.

$$\rho u^2\,dA + \rho u A\,du + Au^2\,d\rho = 0 \tag{10.17}$$

식 (10.16)에서 식 (10.17)을 빼면 다음과 같다.

$$\boxed{dp = -\rho u\,du} \tag{10.18}$$

위 식은 정상 상태, 비점성, 준1차원 유동에 대한 운동량 방정식의 미분 형태이다. 식 (10.18)은 *Euler 방정식*이며, 이는 식 (3.12)에서 이미 살펴보았다. 3.2절에서 위의 식은 미분 형태의 일반적인 3차원 운동량 방정식으로부터 유도되었다(여기서 더 나가기 전에 유도과정을 복습해 보자). 3.2절에서 3차원 유동의 유선을 따라 식 (3.12)가 성립됨을 보였다. 여기서 준1차원 유동의 지배 방정식으로부터 유도된 Euler 방정식, 식 (10.18)을 다시 볼 수 있다.

에너지 방정식의 미분 형태는 아래와 같이 표현할 수 있는 식 (10.9)로부터 직접 얻을 수 있다.

$$h + \frac{u^2}{2} = \text{const}$$

위 식을 미분하면 다음과 같다.

$$\boxed{dh + u\,du = 0} \tag{10.19}$$

이를 요약하면, 식 (10.14), (10.18), (10.19)는 각각 정상 상태의 비점성, 단열, 준1차원 유동의 연속 방정식, 운동량 방정식, 그리고 에너지 방정식의 미분 형태이다. 위 식은 그림 10.8에 앞서 유도한 대수 방정식을 적용하여 얻었다. 2장에서 일반적인 3차원 유동의 미분 형태 연속 방정식, 운동량 방정식, 에너지 방정식을 유도하였는데, 왜 간단히 $\partial/\partial y = 0$ 그리고 $\partial/\partial z = 0$으로 놓고 이 장에서 다루고 있는 1차원 유동 방정식을 유도하지 않았는지 의문이 생길 수 있다. 이에 대한 답은, 틀림없이 3차원 유동에 대한 식들을 이용하여 위에서 언급한 방법으로 식 (10.18)과 (10.19)를 직접 얻을 수도 있다[식 (2.113*a*)와 (2.114)로 돌아가 이를 증명해 보도록 하자]. 그러나 일반적인 연속 방정식을 이와 같은 방법으로 1차원 유동에 적용하면 $d(\rho u) = 0$을 얻는다. 이를 준1차원 유동의 식인 식 (10.14)와 비교하면 일관성이 없음을 알 수 있다. 이는 가변 면적 도관을 지나는 준1차원 유동에 적용한 *가정*과 실제 3차원 유동 사이에 발생하는 물리적인 불일치의 일례이다. 식 (2.52)를 이용한 결과인 $d(\rho u) = 0$는 8장에서 다룬 *일정 면적* 유동에 적용 가능한 *정확*한 1차원 결과이다[8장을 상기해 보면, 식 (2.52)와 양립되는 $\rho u = \text{constant}$를 만들기 위해 연속 방정식을 사용하였다]. 그러나 가변 면적 도관 내 유동 특성이 주어진 단면 내에서 일정하다는 준1차원 가정을 할 경우, 식 (10.14)는 이와 같이 가정된 유동에서 질량보존 법칙을 만족하는 유일한 미분 형태의 연속 방정식이다.

이제 위에서 얻은 미분 형태의 지배 방정식들을 이용하여 준1차원 유동의 물리적 특성을 공부해 보자. 이런 물리적 정보는 다음과 같은 위 식들의 특정 조합에서 얻을 수 있다. 식 (10.14)로부터 다음을 얻을 수 있다.

$$\frac{d\rho}{\rho} + \frac{du}{u} + \frac{dA}{A} = 0 \tag{10.20}$$

여기서 속도의 변화 du와 면적의 변화 dA를 관련시킬 수 있는 식을 유도하고자 한다. 그러므로 식 (10.20)에서 $d\rho/\rho$를 제거하기 위해 식 (10.18)을 다음과 같이 바꿀 수 있다.

$$\frac{dp}{\rho} = \frac{dp}{d\rho}\frac{d\rho}{\rho} = -u\,du \tag{10.21}$$

비점성, 단열 유동을 다루고 있음을 기억하기 바란다. 또한 당분간 유동 내에 충격파가 없다고 가정하자. 그러므로 등*엔트로피* 유동이다. 특히 압력 dp의 변화에 대한 밀도 $d\rho$의 변화는 등엔트로피 과정이기 때문에 다음과 같이 쓸 수 있다.

$$\frac{dp}{d\rho} \equiv \left(\frac{\partial p}{\partial \rho}\right)_s \tag{10.22}$$

음속에 대한 식 (8.18)을 이용하면, 위의 식 (10.22)는 다음과 같다.

$$\frac{dp}{d\rho} = a^2 \tag{10.23}$$

식 (10.21)에 식 (10.23)을 대입하면 다음과 같다.

$$a^2 \frac{d\rho}{\rho} = -u\,du$$

또는

$$\frac{d\rho}{\rho} = -\frac{u\,du}{a^2} = -\frac{u^2}{a^2}\frac{du}{u} = -M^2\frac{du}{u} \tag{10.24}$$

식 (10.20)에 식 (10.24)를 대입하면 다음과 같다.

$$-M^2\frac{du}{u} + \frac{du}{u} + \frac{dA}{A} = 0$$

또는

$$\boxed{\frac{dA}{A} = (M^2 - 1)\frac{du}{u}} \tag{10.25}$$

식 (10.25)는 dA와 du의 관계를 나타내는 원하던 식이며, 이는 *면적-속도 관계식*이라 부른다.

식 (10.25)는 매우 중요하며 자세히 공부해야 된다. 여기서 미분에 대한 일반개념을 상기해 보자. 예를 들어 양의 du는 속도의 *증가*를, 음의 du는 *감속*의 의미를 함축하고 있다. 이를 염두에 두며, 식 (10.25)가 우리에게 알려주는 것은 다음과 같다.

1. $0 \le M < 1$(아음속 유동)일 경우, 식 (10.25)의 괄호 안의 수는 음수가 된다. 그러므로 속도의 *증가*(양의 du)는 면적의 *감소*(음의 dA)와 관련되어 있으며, 마찬가지로 속도의 감소(음의 du)는 면적의 증가(양의 dA)와 관련되어 있다. 압축성 아음속 유동의 경우, 속도를 증가시키기 위해 수축 도관이 필요하며 속도를 감소시키기 위해 확산 도관이 필요함이 명확하다. 이러한 결과를 그림 10.9의 상단에 표시하였다. 또한 이러한 결과는 3.3절에서 공부한 비압축성 유동의 경향과 비슷하다. 여기서 다시 한번 아음속 압축성 유동은 비압축성 유동과 정성적으로 유사함을 확인할 수 있다(하지만 정량적으로는 유사하지 않다).

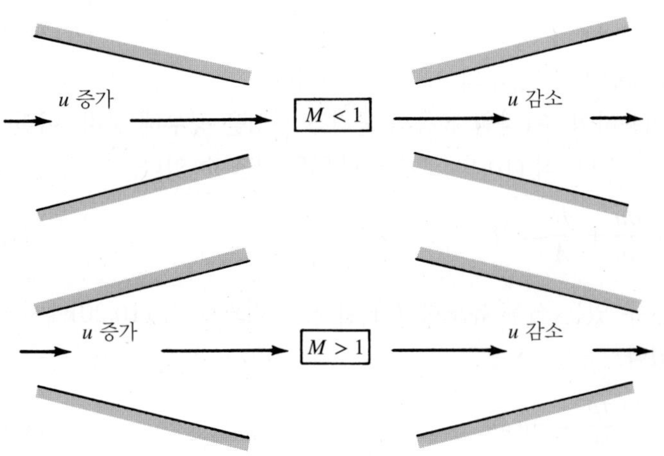

그림 10.9 확산 도관과 수축 도관에서의 압축성 유동

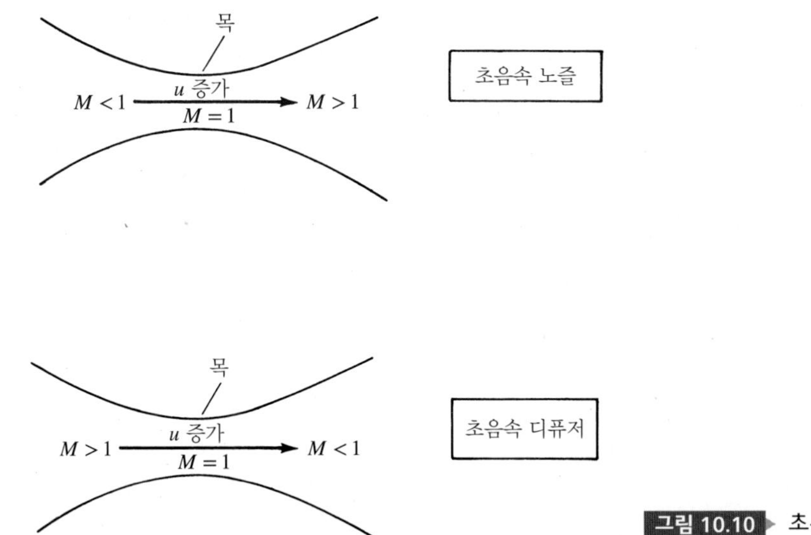

그림 10.10 초음속 노즐과 초음속 디퓨저의 그림과 비교

2. $M > 1$(초음속 유동)인 경우, 식 (10.25)의 괄호 안의 수는 양수가 된다. 그러므로 속도의 *증가*(양의 du)는 면적의 *증가*(양의 dA)와 관련되어 있으며, 마찬가지로 속도의 감소(음의 du)는 면적의 감소(음의 dA)와 관련되어 있다. 초음속 유동의 경우, 속도를 증가시키기 위해 확산 도관이 필요하며 속도를 감소시키기 위해 수축 도관이 필요하다. 이러한 결과를 그림 10.9의 하단에 표시하였다. 이는 아음속 유동의 경우와 *정확히 반대*가 된다.
3. $M = 1$(음속 유동)의 경우, 식 (10.25)는 유한한 du가 존재함에도 $dA = 0$을 나타낸다. 수학적으로 이는 면적 분포에서 극소값 혹은 극대값에 해당한다. 물리적으로는 아래에서 논의하는 것과 같이 극소값에 해당한다.

정지해 있는 유체를 초음속의 속도까지 등엔트로피 과정으로 팽창시킨다고 가정하자. 위 결과에 의하면 먼저 아음속에서 수축 도관을 이용하여 유체를 가속시켜야 한다. 그러나 유체가 음속 영역에 도달하면서부터는 확산 도관을 이용하여 유체를 더욱 가속시켜야 한다. 그러므로 출구에서 초음속 유동을 생성하기 위한 노즐은 그림 10.10의 상단에 표시했듯이 *수축-확산* 도관이다. 도관 내 최소 면적을 갖는 부분을 *목*(throat)이라 한다. 등엔트로피 유동이 아음속에서 초음속으로 팽창하기 위해서는 목을 지나야 하며, 더욱이 이 경우 목에서는 $M = 1$이다. 이와 정반대의 경우도 마찬가지이다. 초음속 유동을 등엔트로피 과정으로 아음속으로 감속시키기 위해 먼저 수축 도관을 이용하여 감속시켜야 하며, 아음속이 되는 순간 확산 도관을 이용하여 다시 감속시켜야 한다. 이 경우 그림 10.10 하단의 수축-확산 도관은 디퓨저 역할을 한다. 등엔트로피 유동을 초음속에서 아음속으로 감속시킬 경우 목을 지나야 하며, 목에서는 $M = 1$이다.

마지막으로 $M = 0$인 경우를 고려해 보자. 이 경우 $dA/A = -du/u$가 되며, 이를 적분할 경우 $Au = \text{constant}$가 된다. 이는 3.3절에서 유도한 식 (3.22)와 마찬가지로 도관 내의 비압축성 연속 방정식과 같다.

10.3 노즐 유동 *Nozzle Flows*

이 절에서는 그림 10.5의 이정표 왼쪽 가지를 따라가 보자. 이는 노즐을 통과하는 압축성 유동을 자세히 공부하는 것이다. 이를 신속히 탐구하기 위해 먼저 마하수와 도관 면적비, 그리고 음속 목 면적의 관계를 나타내는 방정식을 먼저 유도할 것이다.

그림 10.11의 도관을 고려해 보자. 면적 A^*를 갖는 목에서 음속 유동이 발생한다고 가정하자. 목에서의 마하수와 속도를 각각 M^*, u^*로 표시한다. 목에서 유동이 음속이므로, $M^* = 1$이며 $u^* = a^*$이다. (7.5절에서 음속 조건을 뜻하기 위하여 * 표시를 사용했으며, 현재의 논의에서 계속 사용하도록 한다.) 그림 10.11에 나타냈듯이, 도관 내 다른 위치에서의 면적, 마하수, 속도를 각각 A, M, u로 표기한다. A와 A^*에 대하여 식 (10.1)을 쓰면 다음과 같다.

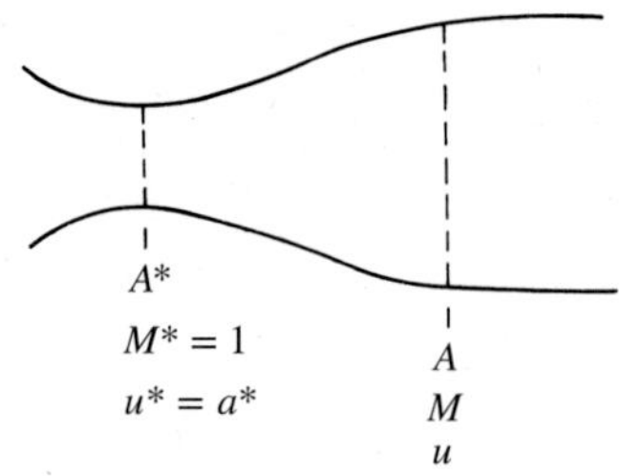

그림 10.11 면적-마하수 관계 유도를 위한 기하학적 형상

$$\rho^* u^* A^* = \rho u A \tag{10.26}$$

여기서 $u^* = a^*$이므로, 식 (10.26)은 다음과 같이 쓸 수 있다.

$$\frac{A}{A^*} = \frac{\rho^*}{\rho}\frac{a^*}{u} = \frac{\rho^*}{\rho_0}\frac{\rho_0}{\rho}\frac{a^*}{u} \tag{10.27}$$

여기서 ρ_0는 7.5절에서 정의한 전밀도를 나타내며, 등엔트로피 유동 내에서 일정하다. 식 (8.46)으로부터 다음과 같이 쓸 수 있다.

$$\frac{\rho^*}{\rho_0} = \left(\frac{2}{\gamma+1}\right)^{1/(\gamma-1)} \tag{10.28}$$

또한 식 (8.43)으로부터

$$\frac{\rho_0}{\rho} = \left(1 + \frac{\gamma-1}{2}M^2\right)^{1/(\gamma-1)} \tag{10.29}$$

또한 8.4절에서 설명한 M^*의 정의와 식 (8.48)을 기억하면,

$$\left(\frac{u}{a^*}\right)^2 = M^{*2} = \frac{[(\gamma+1)/2]M^2}{1 + [(\gamma-1)/2]M^2} \tag{10.30}$$

식 (10.27)에 제곱을 취하고 식 (10.28)을 식 (10.30)에 대입하면 다음과 같다.

$$\left(\frac{A}{A^*}\right)^2 = \left(\frac{\rho^*}{\rho_0}\right)^2 \left(\frac{\rho_0}{\rho}\right)^2 \left(\frac{a^*}{u}\right)^2$$

또는

$$\left(\frac{A}{A^*}\right)^2 = \left(\frac{2}{\gamma+1}\right)^{2/(\gamma-1)} \left(1 + \frac{\gamma-1}{2}M^2\right)^{2/(\gamma-1)} \frac{1 + [(\gamma-1)/2]M^2}{[(\gamma+1)/2]M^2} \tag{10.31}$$

식 (10.31)을 다음과 같이 간단하게 쓸 수 있다.

$$\boxed{\left(\frac{A}{A^*}\right)^2 = \frac{1}{M^2}\left[\frac{2}{\gamma+1}\left(1 + \frac{\gamma-1}{2}M^2\right)\right]^{(\gamma+1)/(\gamma-1)}} \tag{10.32}$$

식 (10.32)는 매우 중요하다. 이는 *면적-마하수 관계식*이라 하며, 놀라운 결과를 보여준다. 식 (10.32)를 '뒤집어보면' $M = f(A/A^*)$임을 알 수 있다. 즉, 도관 내 임의 위치에서의 마하수는 국소 영역의 면적과 음속 목 면적비의 함수이다. 식 (10.25)에 관한 논의를 상기하면, 면적 A는 최소한 면적 A^*보다 크거나 같다. 등엔트로피 유동에서 $A < A^*$의 경우는 불가능하다. 그러므로 식 (10.32)에서 $A/A^* \geq 1$이다. 또한 식 (10.32)는 주어진 A/A^*에 대하여 아음속 값과 초음속 값, *2개*의 M 값을 허용한다. 어떠한 값의 M이 실제의 값인지는 입구와 출구의 압력에 의해 결정되며, 이에 대한 설명은 다음에 할 것이다. 식 (10.32)를 이용하여 얻은 M에 대한 A/A^*의 값은 부록 A에 표로 만들었다. 부록 A를 살펴보면, 아음속 M의 경우 M이 증가할수록 A/A^*는 감소하며(축소 도관), $M = 1$일 때 $A/A^* = 1$이다. 마지막으로 초음

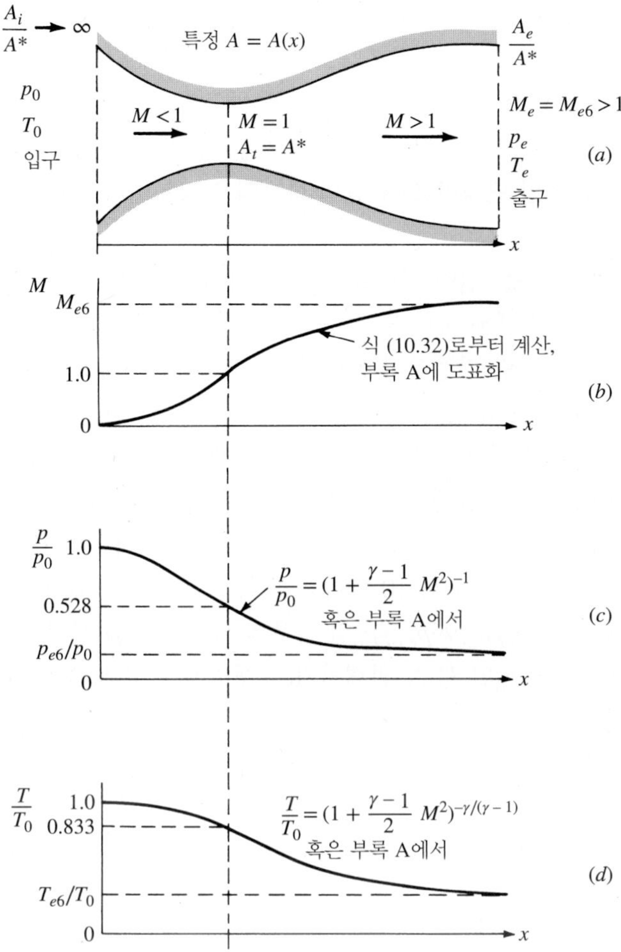

그림 10.12 등엔트로피 초음속 노즐 유동

속 M의 경우 M이 증가할수록 A/A^*도 증가한다(확산 도관). 부록 A의 이러한 경향은 10.2절의 마지막 부분에서 축소-확산 노즐의 물리적 논의와 일치한다. 또한 부록 A는 A/A^*에 대한 M의 이중근을 갖는 것을 보여준다. 예를 들어, $A/A^* = 2$일 때 $M = 0.31$ 또는 $M = 2.2$임을 볼 수 있다.

그림 10.12a에 나타낸 축소-확산 노즐을 고려해 보자. 입구의 면적비 A_i/A^*가 아주 크며, 입구로 유입되는 기체 저장조가 상당히 커 본질적으로 정지해 있다고 가정하자. 저장조의 압력과 온도는 각각 p_0와 T_0이다. 또한 입구의 면적비 $A_i//A^*$가 아주 크기 때문에 입구에서의 마하수는 $M \approx 0$이다. 그러므로 입구에서의 압력과 온도 또한 각각 p_0와 T_0다. 노즐의 면적 분포 $A = A(x)$가 주어져 있어, 노즐의 모든 위치에서 A/A^*를 알고 있다. 목의 면적은 A_t며, 출구의 면적은 A_e다. 출구의 마하수와 정압은 각각 M_e와 p_e이다. 여기서 노즐을 통과하는 유체가 출구에서의 초음속 마하수 $M_e = M_{e,6}$까지 등엔트로피 과정을 거친다고 가정하자(아래첨자 6에 대한 이유는 뒤에 나온다). 이에 대응하는 출구 압력은 $p_{e,6}$이다. 이와 같은 팽창은 목에서 음속의 유동을 갖는다. 즉, 목에서 $M = 1$이며, $A_t = A^*$이다. 노즐을 통과하는 유동의 특성은 국소적인 면적비 A/A^*의 함수이며 다음과 같은 과정으로 구해진다.

1. 국소적인 마하수는 식 (10.32)를 이용하여 x에 대한 함수로 구해진다. 조금 더 직접적인 방법으로는 부록 A의 표를 이용할 수 있다. 면적 분포 $A = A(x)$가 주어졌을 때, 이에 대한 $A/A^* = f(x)$를 알 수 있다. 부록 A의 첫 번째 부분으로부터($M < 1$인 경우) 노즐 수축 부분의 아음속 마하수를 읽을 수 있고, 부록 A의 두 번째 부분을 이용하여 ($M > 1$인 경우) 노즐 확산 부분의 초음속 마하수를 읽을 수 있다. 그러므로 그림 10.12b와 같은 노즐 전체에 대한 마하수 분포를 얻을 수 있다.
2. 마하수 분포를 얻은 후 이에 대응하는 온도, 압력, 밀도를 각각 식 (8.40), (8.42), (8.43)을 이용하여 구하거나 부록 A를 이용하여 직접 얻을 수 있다. p/p_0와 T/T_0의 분포를 각각 그림 10.12c와 d에 나타냈다.

그림 10.12의 결과를 살펴보자. 수축-확산 노즐을 지나는 등엔트로피 유체는 마하수가 입구의 0에서부터, 목에서 $M = 1$, 그리고 출구에서 초음속 마하수인 $M_{e,6}$까지 단조롭게 증가한다. 압력도 단조롭게 입구의 p_0에서부터, 목에서 $0.528p_0$, 그리고 출구에서는 더 낮은 $p_{e,6}$까지 감소한다. 이와 마찬가지로 온도도 단조롭게 입구의 T_0에서부터, 목에서 $0.833T_0$, 그리고 출구에서는 더 낮은 $T_{e,6}$까지 감소한다. 여기서 다시 한번 그림 10.12와 같은 등엔트로피 유동의 마하수 M의 분포와 이에 따른 압력 p와 온도 T의 분포는 오직 국소적인 면적비 A/A^*만의 함수임을 강조한다. 이것이 노즐을 지나는 등엔트로피, 초음속, 준1차원 유동 해석의 핵심이다.

여러분 앞 책상 위에 수출-확산 노즐이 있다고 상상해 보자. 무슨 일이 일어날까? 갑자기 노즐을 스스로 통과하는 공기의 흐름이 생길까? 물론 아니다. 현재까지 공기역학 공부를 진행해 왔다면, 유동의 가속을 위해서 힘을 부과해야만 한다는 사실을 알고 있을 것이다. 이것이 2.5절에서 유도한 운동량 방정식의 본질이다. 여기서 고려하고 있는 비점성 유체의 경우, 기체에 가속력을 부여할 수 있는 유일한 작용은 압력구배이다. 책상 위 노즐로 돌아가서, 노즐의 입구와 출구 사이에 압력구배가 존재해야만 기체가 노즐을 통해 흐르기 시작할 것이다. 출구의 압력은 반드시 입구의 압력보다 낮아야 한다. 즉, $p_e < p_0$이어야 한다. 더욱이 그림 10.12와 같은 등엔트로피 초음속 유동을 생성하고 싶을 경우, 출구 마하수 $M_{e,6}$에 대하여 압력비 p_e/p_0, 즉 $p_e/p_0 = p_{e,6}/p_0$를 부록 A에서 읽은 값에 *정확히* 맞추어야 한다. 만약 압력비가 위의 등엔트로피 값과 다를 경우, 노즐 내부 혹은 외부의 유동이 그림 10.12에서 보여준 것과 다를 것이다.

여기서 등엔트로피 $M_{e,6}$에 대한 정확한 p_e/p_0의 값이 아닌, 즉 $p_e/p_0 \neq p_{e,6}/p_0$일 경우의 노즐 유동을 살펴보자. 먼저 그림 10.13a에 나타낸 수축-확산 노즐을 살펴보자. 만약 $p_e = p_0$일 경우, 압력차가 존재하지 않고 노즐을 지나는 유동 또한 없을 것이다. 이제 p_e가 p_0 이하로 아주 조금, 예를 들어 $0.999p_0$로 낮아졌다고 가정하자. 이 압력 변화는 노즐 내부에 속도가 아주 낮은, 약한 바람 정도의 아음속 유동을 생성할 것이다. 국소적인 마하수 또한 조금 증가할 것이며, 그림 10.13b의 곡선 1과 같이 목에서 최대치를 가질 것이다. 이 마하수는 음속이 *아닌* 작은 아음속 값이 될 것이

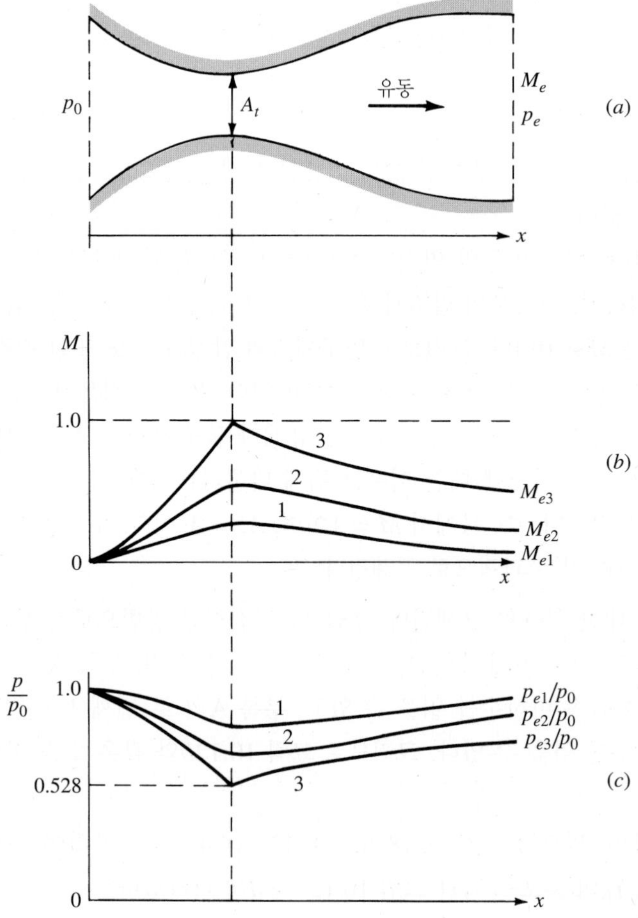

그림 10.13 등엔트로피 아음속 노즐 유동

다. 목을 지나 확산 영역에서 마하수는 다시 낮아져서 작지만 유한한 $M_{e,1}$ 값을 가질 것이다. 이와 마찬가지로 수축 영역의 압력은 입구의 압력 p_0에서 서서히 줄어들어 목에서 최소값을 갖고 다시 서서히 증가해 출구에서 $p_{e,1}$의 값을 갖는다. 이러한 변화는 그림 10.13*c*의 곡선 1에서 볼 수 있다. 이 경우 목에서의 유동이 음속이 아니기 때문에 A_t는 A^*와 같지 않다는 사실을 기억해야 한다. 식 (10.32)에 나타나는 A^*는 음속인 목의 면적임을 상기하자. 순수 아음속 유동이 수축–확산 노즐을 지나는 경우 A^*는 기준 면적의 성격을 갖게 되며, 실제 노즐의 면적 A_t와 다르다. 정확히 말하면 A^*는 그림 10.13의 유동이 음속에 도달했을 경우의 면적이다. 만약 이러한 현상이 발생하였다면, 그림 10.13*a*에 나타낸 것보다 유동의 면적이 적어야 한다. 그러므로 순수 아음속 유동의 경우 $A_t > A^*$이다.

여기서 출구의 압력을 더 낮추었다고 가정해 보자. 출구 압력 $p_e = p_{e,2}$가 되며, 이 유동을 그림 10.13의 곡선 2로 나타내었다. 이제 유동은 위 경우보다 빠르게 노즐을 통과하지만 최고 마하수는 여전히 1보다 작다. 여기서 출구 압력을 목에서 유동이 음속에 도달하는 만큼만 더 낮추면 $p_e = p_{e,3}$가 된다. 이는 그림 10.13의 곡선 3으로 나타내었다. 목에서의 마하수는 1이며 압력은 $0.528p_0$이다. 목 하류의 유동은 아음속이다.

그림 10.12와 10.13을 비교해 보면, 물리적으로 중요한 큰 차이를 볼 수 있다. 주어진 노즐의 모양에 대하여 그림 10.12의 초음속 유동의 오직 *한 가지* 등엔트로피 결과가 존재한다. 그러나 등엔트로피 아음속 결과는 이와 대조적으로 $p_0 \ge p_e \ge p_{e,3}$를 만족하는 서로 다른 p_e 값을 갖는 *무한한* 개수의 결과가 가능하다. 무한한 개수의 결과 중 단 3개에 대한 결과만 그림 10.13에 보여주고 있다. 그러므로 수축–확산 노즐을 지나는 순수한 아음속 유동을 해석하는 데 가장 중요한 요소는 A/A^*와 p_e/p_0이다.

그림 10.13의 수축–확산 노즐을 지나는 유동을 생각해 보자. 출구의 압력이 낮아질수록 목에서의 속도는 올라가며, 그 결과 질량 유량이 증가한다. 질량 유량은 식 (10.1)로부터 $\dot{m} = \rho_t u_t A_t$를 얻어 계산할 수 있다. p_e가 감소함에 따라 u_t는 증가하고 ρ_t는 감소하는 것을 볼 수 있다. 그러나 u_t가 증가하는 양이 ρ_t가 감소하는 양보다 많기 때문에 그림 10.14에서 보여주는 것과 같이 $\dot{m}$이 증가한다. $p_e = p_{e,3}$일 때 목에서의 유동이 음속이 되고 $\dot{m} = \rho^* u^* A^* = \rho^* u^* A_t$가 된다. 여기서 출구 압력 p_e가 $p_{e,3}$보다 더욱 낮아지면 목에서의 유동이 *변하지 않게 된다*. 10.2절에서 논의했던 바와 같이 목에서의 유동은 마하수 1을 넘을 수 없다. 그러므로 p_e가 더 낮아지더라도 목에서의 마하수는 1에서 멈출 것이다. 결과적으로 그림 10.14에서 볼 수 있듯이, $p_{e,3}$ 이하로 p_e를 낮춰도 질량 유량 또한 변하지 않을 것이다. 어떻게 보면 목에서의 유동과 목 상류의 유동은 '얼어붙은' 것과 같아진다. 목에서의 유동이 음속에 도달하게 되면, 이후에 가해지는 어떠한 교란도 목의 상류로 이동하지 못한다. 그러므로 노즐의 수축 영역은 더 이상 출구 압력과 정보 교환을 하지 않게 되며, 출구의 압력이 더 낮아지는지 알 수 없어진다. 목에서 유동이 음속에 도달해 출구 압력 p_e가 아무리 낮아져도 질량 유량이 변하지 않는 경우를 *질식 유동*(choked flow)이라 한다. 이는 도관 내 압축성 유동에서 중요한 양상이며 다음 절에서 더 자세히 탐구할 것이다.

다시 그림 10.13의 아음속 노즐 유동으로 돌아가자. 출구 압력 p_e가 $p_{e,3}$보다 낮아지면 도관 내에서 무슨 일이 일어날까? 위에서 언급했듯이 수축 영역에서는 아무 일도 일어나지 않는다. 도관 수축 영역의 유동 특성은 곡선 3이(그림 10.13*b*와 *c*의 왼편) 보여주는 것과 같이 변하지 않는다. 그러나 확산 영역에서는 많은 일이 일어난다. 출구 압력이 $p_{e,3}$보다 낮아짐에 따라 목의 하류에 초음속 영역이 생성된다. 그러나 확산 영역 전체에 걸쳐 등엔트로피 초음속 유동을 생성시키기에는 출구 압력이 너무 높다. 그 대신 출구 압력 p_e가 $p_{e,3}$보다는 낮지만 등엔트로피 초음속 유동을 유발

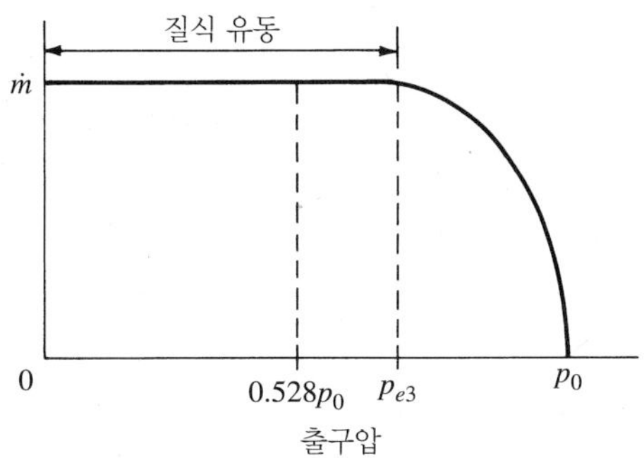

그림 10.14 출구 압력에 따른 질량 유량의 변화: 질식 유동의 그림

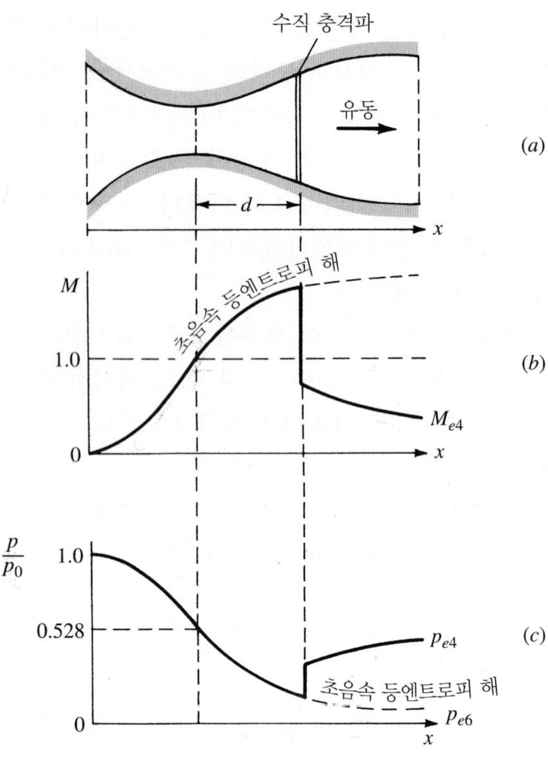

그림 10.15 노즐 내부에 수직 충격파를 갖는 초음속 노즐 유동

하는 $p_{e,6}$보다 높은 경우(그림 10.16*c* 참조) 목의 하류에 수직 충격파를 생성시킨다. 이는 그림 10.15에서 볼 수 있다.

그림 10.15에서는 출구 압력을 $p_{e,4} < p_{e,3}$인 $p_{e,4}$까지 낮췄지만, 여전히 $p_{e,6}$보다 상당히 높은 상태이다. 여기서 노즐 내부의 목에서 거리 *d*만큼 떨어진 하류에 수직 충격파가 형성된 것을 볼 수 있다. 목에서부터 수직 충격파까지의 유동은 그림 10.15*b*와 *c*에서 보여주듯이 초음속 등엔트로피 해석을 할 수 있다. 충격파 뒤의 유동은 아음속이다. 이 아음속 유동은 도관의 확장 영역에서 출구로 이동하며 등엔트로피 감속 과정을 거친다. 또한 압력도 충격파를 지나며 불연속적으로 증가하고, 유동이 감속함에 따라 더 증가하게 된다. 충격파의 좌측과 우측 유동 모두 등엔트로피 과정을 거치지만 충격파를 지나며 엔트로피가 증가한다. 다시 말해 충격파의 좌측은 하나의 엔트로피 값 s_1으로 등엔트로피이고, 우측은 또 다른 엔트로피 값 s_2로 등엔트로피 과정이며, 여기서 $s_2 > s_1$이다. 그림 10.15*a*의 *d*로 주어진 충격파의 위치는 출구 압력 $p_{e,4}$가 되기 위한 위치, 즉 충격파에 의한 정압의 증가와 충격파 이후 확산 영역의 아음속 유동에서 증가하는 압력의 합이 $p_{e,4}$와 같아지는 위치에 의해 결정된다. 출구 압력 p_e가 더욱 낮아짐에 따라 수직 충격파는 하류로, 노즐의 출구와 더 가깝게 이동한다. 출구 압력이 특정 값에 도달하면 $p_e = p_{e,5}$, 정확히 노즐의 출구에 수직 충격파가 생성된다. 이는 그림 10.16*a*~*c*에서 볼 수 있다. $p_e = p_{e,5}$인 이 단계에서, 출구를 제외한 노즐의 모든 영역에서 등엔트로피 유동을 갖는다.

지금까지 논한 내용은 노즐 출구의 압력 p_e만 고려하였다. 그림 10.12, 10.13, 10.15, 그리고 10.16*a*~*c*에서 노즐 출구보다 하류의 유동에 대해서는 고려하지 않았다. 이제 그림 10.16*a*의 노즐이 유동을 출구 하류의 주변 유체에 바로 배출한다고 생각해 보자. 주변 유체는 예를 들어 대기라 생각할 수 있으며, 이와 같은 출구 하류 주변 유체의 압력을 *배압*(back pressure)이라 하고 p_B로 표시한다. 노즐 출구의 유동이 아음속일 경우 출구 압력은 배압과 같다. 즉, $p_e = p_B$이며, 이는 정상 상태의 아음속 유동에서는 압력의 불연속이 유지될 수 없기 때문이다. 출구 압력이 아음속인 경우 주변의 배압이 출구 유동의 특성을 결정하기 때문이다. 그러므로 그림 10.13에서 곡선 1의 $p_B = p_{e,1}$이며, 곡선 2의 $p_B = p_{e,2}$, 그리고 곡선 3의 $p_B = p_{e,3}$이다. 이와 같은 이유로 그림 10.15에서 $p_B = p_{e,4}$이고, 그림 10.16의 $p_B = p_{e,5}$이다. 그러므로 위 그림을 논의함에 있어 p_e를 감소시켜 결과를 얻었다고 하는 대신에 배압 p_B를 감소시켜 결과를 얻었다고 할 수 있다. 이 두 가지 결과는 같을 것이다.

이 절의 나머지 부분에서는 이제 p_B를 통제할 수 있다고 가정하고 p_B를 더욱 감소시켜 보자. 배압이 $p_{e,5}$보다 낮은

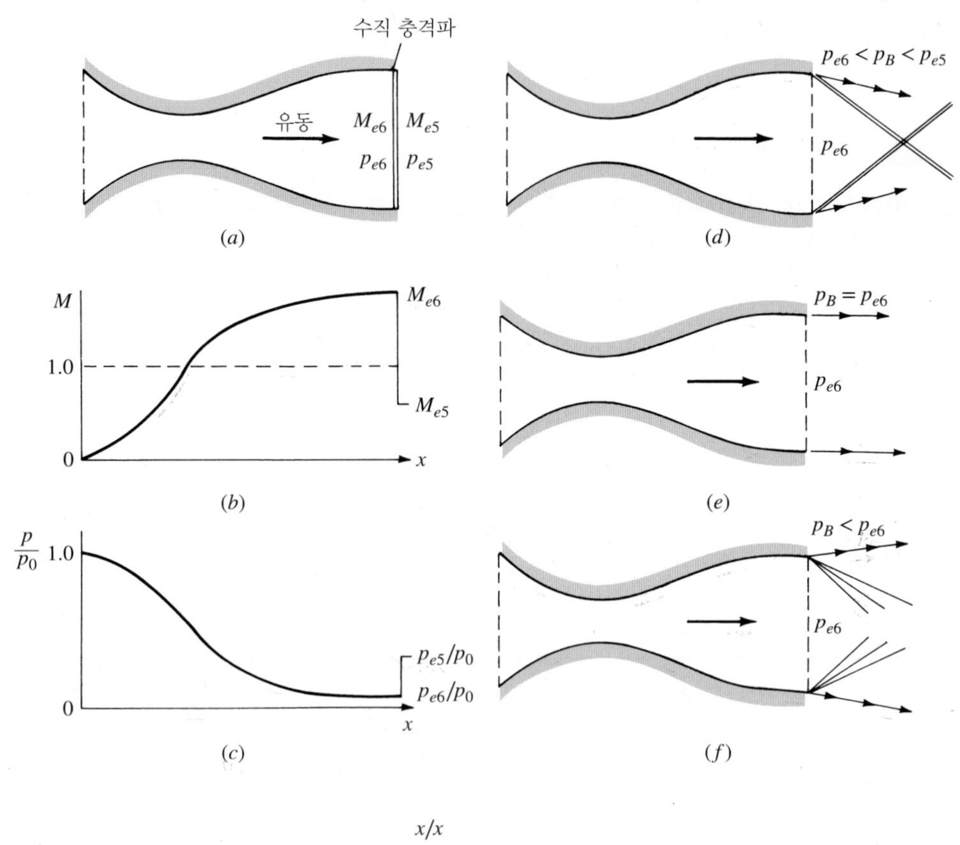

그림 10.16 노즐 출구에서 파를 갖는 초음속 노즐 유동: (a), (b), (c)는 출구에 수직 충격파가 존재, (d) 과팽창 노즐, (e) 배압이 출구 압력과 같아질 때까지 등엔트로피 팽창, (f) 부족팽창 노즐

경우를 고려해 보자. p_B가 $p_{e,6} < p_B < p_{e,5}$일 경우, 배압이 등엔트로피 과정을 유도하기 위한 노즐 출구 압력보다 아직 높다. 이러한 이유로 노즐에서부터 주변으로 유동이 빠져나가며, p_B와 같아지기 위해 어떠한 방법으로든 압축되어야 한다. 이러한 압축 과정이 그림 10.16*d*에서 볼 수 있듯이 출구에서 생성되는 경사 충격파를 지나며 일어난다. p_B가 더 낮아져 $p_B = p_{e,6}$가 되면, 출구의 압력과 주변의 배압이 같기 때문에 충격파 등을 지날 필요 없이 매끄럽게 빠져나온다. 이는 그림 10.16*e*에서 볼 수 있다. 마지막으로 p_B가 $p_{e,6}$보다 더 낮은 경우 노즐을 통과한 유동은 주변의 배압과 같아지기 위해 팽창해야 한다. 이는 그림 10.16*f*에서 볼 수 있듯이, 출구에 생성된 팽창파를 지나며 팽창하게 된다.

그림 10.16*d*의 경우, 노즐은 출구의 압력이 주변 배압보다 더 낮게 팽창되었기 때문에($p_{e,6} < p_B$) *과팽창*(overexpanded)되었다고 한다. 다시 말해 노즐에서 팽창이 너무 많이 되어 경사 충격파를 지나야만 더 높은 주변 배압과 같아진다. 이와 반대로 그림 10.16*f*의 경우, 출구의 압력이 주변 배압의 압력보다 높아서($p_{e,6} > p_B$) 노즐을 떠난 이후에도 추가로 팽창을 해야 하기 때문에 *부족팽창*(underexpanded) 노즐이라 한다.

그림 10.12~10.16을 살펴보면, 그림 10.12의 순수 등엔트로피 초음속 유동이 $p_B \le p_{e,5}$인 모든 경우에 존재한다는 것을 알 수 있다. 예를 들어, 그림 10.16*a*에서 수직 충격파가 존재하는 출구를 제외한 노즐 내부의 나머지 영역은 등엔트로피 초음속 유동의 경우와 같다. 그림 10.16*d~f*는 출구를 포함한 노즐 내부의 모든 영역이 등엔트로피 초음속 유동의 경우와 같다.

이 절의 노즐에 대한 모든 논의는 도관의 *형태가 주어져 있다*는 전제를 근거로 한다. 즉, $A = A(x)$가 주어졌다고 가정하였다. 이 경우 이 장의 준1차원 이론은 도관 내 유동에 대해 타당한 예측값을 제시하며, 그 결과는 각 단면에서의 평균값으로 해석할 수 있다. 이 이론은 노즐의 *윤곽*을 어떻게 설계해야 할지 알려주지는 *않는다*. 현실적으로는 노즐의 굴곡이 약간만 잘못되어도 노즐 내부에 경사 충격파가 생성된다. 충격파가 없는 등엔트로피 유동을 갖는 초음속 노즐을 제대로 설계하기 위해서는 실제 유동의 3차원성을 고려해야만 한다. 이와 같은 이유로 2차원과 3차원 초음속 유동을 해석하기 위해 특성 곡선법(method of characteristics)을 사용한다. 특성 곡선법에 대해서는 13장에서 간략하게 소개한다.

예제 10.1

출구와 목의 면적비가 10.25인 수축-확산 노즐을 지나는 등엔트로피 초음속 유동을 고려해 보자. 저장조의 압력과 온도는 각각 5 atm과 600°R이다. 노즐 출구의 M, p, T를 계산하라.

■ 풀이

부록 A의 초음속 부분에서부터, $A_e/A^* = 10.25$에 대해

$$M_e = \boxed{3.95}$$

또한

$$\frac{p_e}{p_0} = \frac{1}{142} \quad \text{그리고} \quad \frac{T_e}{T_0} = \frac{1}{4.12}$$

따라서

$$p_e = 0.007p_0 = 0.007(5) = \boxed{0.035 \text{ atm}}$$

$$T_e = 0.2427T_0 = 0.2427(600) = \boxed{145.6°\text{R}}$$

예제 10.2

출구와 목의 면적비가 2인 수축-확산 노즐을 지나는 등엔트로피 유동을 고려해 보자. 저장조의 압력과 온도는 각각 1 atm과 288 K이다. 노즐 출구와 목에서의 마하수, 압력, 온도를 (*a*) 출구에서 유동이 초음속일 경우와 (*b*) 목을 제외한 노즐 내부의 나머지 영역에서 아음속이며, 노즐에서 $M = 1$인 경우에 대하여 계산하라.

■ 풀이

(*a*) 목에서 음속 유동이므로,

$$M_t = \boxed{1.0}$$

$$p_t = p^* = \frac{p^*}{p_0}p_0 = 0.528(1 \text{ atm}) = \boxed{0.528 \text{ atm}}$$

$$T_t = T^* = \frac{T^*}{T_0} = 0.833(288) = \boxed{240 \text{ K}}$$

출구의 유동은 초음속이므로, 부록 A의 초음속 부분으로부터 $A_e/A^* = 2$에 대해

$$M_e = \boxed{2.2}$$

$$p_e = \frac{p_e}{p_0}p_0 = \frac{1}{10.69}(1 \text{ atm}) = \boxed{0.0935 \text{ atm}}$$

$$T_e = \frac{T_e}{T_0}T_0 = \frac{1}{1.968}(288) = \boxed{146 \text{ K}}$$

(*b*) 목에서 계속 음속 유동이므로, 위 결과 $M_t = 1.0$, $p_t = 0.528$ atm, 그리고 $T_t = 240$ K이다. 그러나 다른 영역은 아음속이다. 부록 A의 아음속 부분으로부터 $A_e/A^* = 2$에 대해,

$$M_e = \boxed{0.3} \quad \text{(부록 A의 가까운 값을 반올림)}$$

$$p_e = \frac{p_e}{p_0}p_0 = \frac{1}{1.064}(1 \text{ atm}) = \boxed{0.94 \text{ atm}}$$

$$T_e = \frac{T_e}{T_0}T_0 = \frac{1}{1.018}(288) = \boxed{282.9 \text{ K}}$$

예제 10.3

예제 10.2의 노즐에서 출구 압력은 0.973 atm이다. 목과 출구에서의 마하수를 계산하라.

■ 풀이

예제 10.2에서 $p_e = 0.94$ atm인 경우, 목에서는 음속 유동이지만 나머지 다른 영역에서는 아음속이었다. 그러므로 $p_e = 0.94$ atm인 경우는 그림 10.13의 $p_{e,3}$인 경우에 해당됨을 알 수 있다. 이 문제에서 $p_e = 0.973$ atm의 경우는 $p_{e,3}$보다 높다. 그러므로 이번 경우 목을 포함한 노즐 내 모든 유동은 아음속이다. 이 경우 A^*는 참조값이 되며, 실제 목의 면적은 A_t이다. 출구에서,

$$\frac{p_0}{p_e} = \frac{1}{0.973} = 1.028$$

부록 A의 아음속 부분으로부터, $p_0/p_e = 1.028$에 대해

$$M_e = \boxed{0.2} \quad \text{그리고} \quad \frac{A_e}{A^*} = 2.964$$

$$\frac{A_t}{A^*} = \frac{A_t}{A_e}\frac{A_e}{A^*} = 0.5(2.964) = 1.482$$

부록 A의 아음속 부분으로부터, $A_t/A^* = 1.482$에 대해

$$M_t = \boxed{0.44} \qquad \text{(가장 근사한 값)}$$

예제 10.4

정상 상태의 비점성 유동에 대한 적분형 운동량 방정식[식 (2.71)]으로부터 제트 추진 장치의 추력 계산식을 제트 엔진 주위를 감싸는 검사 체적을 이용하여 유도할 수 있다. 이 유도과정은 참고문헌 21의 2장에 상세히 나와 있으며, 참고문헌 2의 9장에서 조금 더 간략하게 다루었고 로켓 엔진에 특화된 형태도 제시한다. 이는 검사 체적의 개념을 이용하는 가장 좋은 예로 유도과정을 검토해 볼 것을 권한다. 로켓 엔진에 대한 추력 계산식은 다음과 같다(참고문헌 2의 9.8절 참조).

$$T = \dot{m}u_e + (p_e - p_\infty)A_e \tag{E10.1}$$

여기서 T는 추력이며, $\dot{m}$은 엔진의 질량 유량, u_e는 노즐 출구 유동의 속도, p_e는 노즐 출구 유동의 압력, p_∞는 주위 대기 압력, A_e는 출구 면적이다.

그림 10.1과 같은 로켓 엔진을 고려해 보자. 액화수소와 액화산소가 연소실에서 연소되어 연소 기체의 압력 30 atm과 온도 3500 K를 생성한다. 로켓 노즐의 목 면적은 0.4 m^{2}이다. 출구의 면적은 출구 압력이 고도 20 km에서 대기압과 같아지도록 설계되었다. 로켓 엔진 노즐을 지나는 유동의 등엔트로피를 가정하고, 비열비(ratio of specific heats) $\gamma = 1.22$이며 기체 상수가 $R = 520$ J/(kg)(K)로 일정하다고 가정하자.

(a) 식 (E10.1)을 이용하여 로켓 엔진의 추력을 계산하라.
(b) 노즐 출구의 면적을 계산하라.

■ 풀이

(a) 식 (E10.1)을 살펴보면, 먼저 질량 유량 $\dot{m}$과 출구 속도 u_e를 계산해야 한다. 질량 유량은 노즐 내에서 일정하며, 노즐 내부 임의의 위치에서 $\dot{m} = \rho u A$를 이용하여 계산할 수 있다. 가장 편리한 위치는 목이며 여기서의 질량 유량은,

$$\dot{m} = \rho^* u^* A^*$$

ρ^*는 $\rho_0 = p_0/RT_0$를 이용하여 계산한다. 여기서 1 atm = 1.01×10^5 N/m^{2}이다.

$$\rho_0 = \frac{(30)(1.01 \times 10^5)}{(520)(3500)} = 1.665 \text{ kg/m}^3$$

식 (8.46)으로부터

$$\frac{\rho^*}{\rho_0} = \left(\frac{2}{\gamma+1}\right)^{\frac{1}{\gamma-1}} = \left(\frac{2}{1.22+1}\right)^{\frac{1}{1.22-1}} = \left(\frac{2}{2.22}\right)^{4.545} = 0.622$$

$$\rho^* = 0.622\rho_0 = 0.622(1.665) = 1.036 \text{ kg/m}^3$$

목에서의 유동 속도는 국소적인 음속과 같고 $u^* = a^*$이다. 식 (8.44)로부터,

$$\frac{T^*}{T_0} = \frac{2}{\gamma + 1} = \frac{2}{2.22} = 0.901$$

$$T^* = 0.901 T_0 = 0.901(3500) = 3154 \text{ K}$$

$$a^* = \sqrt{\gamma R T^*} = \sqrt{(1.22)(520)(3154)} = 1415 \text{ m/s}$$

$$\dot{m} = \rho^* u^* A^* = (1.036)(1415)(0.4) = 586.4 \text{ kg/s}$$

이 $\dot{m}$의 값이 식 (E10.1)에 사용된다.

다음은 유동의 속도 u_e을 계산해야 한다. 이를 위해 먼저 식 (8.42)를 이용하여 출구 마하수를 구해야 한다.

$$\frac{p_0}{p_e} = \left(1 + \frac{\gamma - 1}{2} M_e^2\right)^{\frac{\gamma}{\gamma - 1}}$$

여기서 문제에 주어졌듯이 p_e는 고도 20 km에서의 대기 압력이라 하였으므로, 부록 D로부터 고도 20 km에서 압력은 $p_\infty = 5.5293 \times 10^3 \text{ N/m}^2$이므로

$$p_e = p_\infty = 5529 \text{ N/m}^2$$

그러므로 식 (8.42)로부터

$$1 + \frac{\gamma - 1}{2} M_e^2 = \left(\frac{p_0}{p_e}\right)^{\frac{\gamma - 1}{\gamma}} = \left[\frac{(30)(1.01 \times 10^5)}{5529}\right]^{\frac{0.22}{1.22}} = (548)^{0.18} = 3.111$$

주: 추후 사용될 경우를 위해 이 값을 보관해 둔다.

$$1 + \frac{\gamma - 1}{2} M_e^2 = 3.111 \qquad \text{(E10.2)}$$

위 식 (E10.2)로부터

$$\frac{\gamma - 1}{2} M_e^2 = 2.111$$

$$M_e^2 = (2.111)\left(\frac{2}{0.22}\right) = 19.19$$

$$M_e = 4.38$$

출구에서의 음속을 계산하기 위해 식 (8.40)과 식 (E10.2)로부터,

$$\frac{T_0}{T_e} = 1 + \frac{\gamma - 1}{2} M_e^2 = 3.111$$

$$T_e = \frac{T_0}{3.111} = \frac{3500}{3.111} = 1125 \text{ K}$$

$$a_e = \sqrt{\gamma R T_e} = \sqrt{(1.22)(520)(1125)} = 844.8 \text{ m/s}$$

그러므로

$$u_e = M_e a_e = (4.38)(844.8) = 3700 \text{ m/s}$$

중간 확인: 여기서 u_e의 값이 3700 m/s가 맞는지 확인하기 위해 식 (8.38)의 에너지 방정식을 이용하면,

$$c_p T_0 = c_p T_e + \frac{u_e^2}{2}$$

여기에 아래의 식 (7.9)를 적용하면,

$$c_p = \frac{\gamma R}{\gamma - 1} = \frac{(1.22)(520)}{0.22} = 2883.6 \frac{\text{J}}{\text{kg} \cdot \text{K}}$$

그래서 식 (8.38)로부터

$$u_e^2 = 2 c_p (T_0 - T_e) = 2(2883.6)(3500 - 1125) = 1.3697 \times 10^7$$

또는

$$u_e = 3700 \text{ m/s}$$

앞의 결과가 맞음을 알 수 있다.

이제 식 (E10.1)을 사용할 준비가 되었다. 여기서 $p_e = p_\infty$이므로, 식 (E10.1)의 가장 우측항은 사라지며 다음과 같이 된다.

$$T = \dot{m}u_e = (586.4)(3700) = \boxed{2.17 \times 10^6 \text{ N}}$$

여기서 1N = 0.2247 lb이므로 다음을 얻는다.

$$T = (2.17 \times 10^6)(0.2247) = \boxed{487{,}600 \text{ lb}}$$

(*b*) 식 (10.32)로부터

$$\left(\frac{A_e}{A^*}\right)^2 = \frac{1}{M_e^2}\left[\frac{2}{\gamma+1}\left(1+\frac{\gamma-1}{2}M_e^2\right)\right]^{\frac{\gamma+1}{\gamma-1}}$$

위 식에서

$$\frac{\gamma+1}{\gamma-1} = \frac{2.22}{0.22} = 10.1$$

$$\frac{2}{\gamma+1} = \frac{2}{2.22} = 0.9$$

또한 식 (E10.2)로부터 $1+\frac{\gamma-1}{2}M_e^2 = 3.111$

그리고 $M_e = 4.38$

이를 식 (10.32)에 대입하면

$$\left(\frac{A_e}{A^*}\right)^2 = \frac{1}{(4.38)^2}[(0.9)(3.111)]^{10.1} = 1710.8$$

$$\frac{A_e}{A^*} = 41.36$$

따라서 $A_e = (41.36)A^* = (41.36)(0.4) = \boxed{16.5 \text{ m}^2}$

예제 10.5

예제 10.4에서 설명한 로켓 엔진의 질량 유량을 연습문제 10.5에서 제시한 닫힌 형태의 해석적인 식을 이용하여 계산하라. 예제 10.4의 결과와 비교하라.

■ 풀이

연습문제 10.5에서 질식 노즐의 질량 유량에 대한 닫힌 형태의 식으로 다음과 같이 계산할 수 있다.

$$\dot{m} = \frac{p_0 A^*}{\sqrt{T_0}}\sqrt{\frac{\gamma}{R}\left(\frac{2}{\gamma+1}\right)^{(\gamma+1)/(\gamma-1)}} \tag{E10.3}$$

예제 10.4로부터 $p_0 = 30$ atm, $T_0 = 3500$ K, $A^* = 0.4$ m^2, $R = 520$ J/(kg)(K), $\gamma = 1.22$이며

$$p_0 = 30 \text{ atm} = (30)(1.01 \times 10^5) = 3.03 \times 10^6 \text{ N/m}^2$$

$$\gamma/R = 1.22/510 = 2.346 \times 10^{-3}$$

$$\frac{2}{\gamma+1} = \frac{2}{2.22} = 0.9$$

$$\frac{\gamma+1}{\gamma-1} = \frac{2.22}{0.22} = 10.09$$

식 (E10.3)으로부터 다음을 얻는다.

$$\dot{m} = \frac{(3.03 \times 10^6)(0.4)}{\sqrt{3500}}\sqrt{(2.346 \times 10^{-3})(0.9)^{10.09}} = \boxed{583.2 \text{ kg/s}}$$

하나의 식을 이용한 이 결과는 586.4 kg/s로 계산된 것과 비슷하다. 이 값은 여러 계산식을 연속하여 이용한 것이며, 이 경우 반올림 오차가 누적되어 오차가 커질 수 있다(저자는 휴대용 계산기를 사용하고 있으며 보통 소수점 아래 네 자리에서 반올림을 한다). 식 (E10.3)을 이용하여 계산한 결과가 더 정확하다고 할 수 있다.

10.3.1 질량 유량에 대한 추가사항 *More on Mass Flow*

예제 10.5의 식 (E10.3)을 사용하는 것이 예제 10.4에서 단편적으로 여러 식을 이용하여 $\dot{m}$을 계산하는 방법에 비해 분명 장점이 있다. 단순히 한 번의 계산으로 답을 주는 것 이외에 정확히 어떠한 변수가 질량 유량에 어떠한 영향을 주는지 보여준다. 식 (E10.3)으로부터 질량 유량은 주로 p_0와 T_0 그리고 A^*와 관계가 있으며, 저장조의 압력과 노즐 목의 단면적에 비례하고 저장조 온도의 제곱근에 반비례한다. 저장조의 압력을 2배로 증가시키면 질량 유량도 2배로 증가한다. 목의 면적을 2배로 증가시켜도 질량 유량이 2배가 된다. 저장조의 온도를 4배로 증가시키면 질량 유량은 반으로 감소한다. 이러한 관계는 노즐의 질식 유동에 대한 물리학적 기초이다. 이 관계를 꼭 기억하도록 하자.

$$\dot{m} \propto \frac{p_0 A^*}{\sqrt{T_0}} \tag{10.33}$$

이와 같은 관계가 그림 10.14의 질량 유량 변화와 어떠한 관계가 있을까? 그림 10.14는 압력 p_0를 포함한 저장조의 특성을 고정시킨 결과와 관련되어 있음을 상기하자. 질량 유량을 출구 압력에 대하여 표시했다. 출구 압력이 p_0와 같다면 노즐의 입구와 출구에 압력 변화가 없기 때문에 노즐을 지나는 유동이 없다(그림 10.14의 $p_e = p_0$인 점에서 $\dot{m} = 0$). 출구 압력이 낮아질수록 $\dot{m}$은 증가하지만, $p_e \le p_{e,3}$에서부터 변화가 없다. $p_{e,3} \le p_e \le p_0$에서는 질식 유동이 아니기 때문에, 질량 유량은 p_0, T_0, 그리고 A^*에 추가로 p_e와도 관계가 있다. p_e가 $p_{e,3}$보다 낮아지면 노즐 내에서 질식 유동이 되며, 더 이상 p_e를 줄여도 질량 유량의 변화가 없어진다. 그림 10.14에서 곡선의 수평 영역이 질식 유동에 해당하며, 이때의 질량 유량은 p_0, T_0, A^*와 관계가 있고, p_e와는 관계가 *없어진다*. 그림 10.14에서 보여주는 경우는 p_0, T_0, A^*의 값이 고정되어 있다. 만일 어떠한 이유로든 p_0, T_0, A^*의 값이 변하면 그림 10.14의 질식 유동인 수평선은 식 (10.33)에 주어진 비례에 따라 오르거나 내려갈 것이다.

10.4 디퓨저 *Diffusers*

3.3절에서 저속 아음속 풍동에 대하여 언급하면서 처음으로 디퓨저의 역할에 대해 소개하였다. 거기서 디퓨저는 시험 영역의 하류에 있는 확산 도관으로, 그 역할은 시험 영역을 지나는 빠른 속도의 유동을 감속시켜 배출하는 것이었다(그림 3.8 참조). 대체적으로 디퓨저는 유입되는 유동의 속도를 감속시켜 배출하는 모든 도관이라고 정의할 수 있다. 그림 3.8에서 언급했듯이 유입되는 유동은 아음속일 수 있으며, 이 절에서와 같이 초음속일 수도 있다. 그러나 유입되는 유동이 아음속인지 초음속인지에 따라 그 모양이 매우 다르다.

이에 대해 더 이야기하기 전에 7.5절에서 논한 전압(total pressure) p_0에 대하여 자세히 살펴보자. 준정성적으로 살펴보면, 흐르는 기체의 전압은 유용한 일을 할 수 있는 가용성의 척도이다. 다음 두 예를 들어보자.

1. 10 atm의 공기를 담고 있는 압력 용기

2. $M = 2.16$, $p = 1$ atm인 초음속 유동

1항의 경우 공기 속도는 0이다. 그러므로 $p_0 = p = 10$ atm이다. 여기서 유효한 일은 피스톤이 거리를 따라 움직일 때 발생한다는 것을 알고, 공기를 실린더 속의 피스톤을 움직이는 데 사용하고자 한다고 생각해 보자. 자동차의 내연 왕복기관의 경우와 같이 커다란 다지관(manifold)을 통해 실린더 안으로 공기가 들어간다. 1항의 경우 압력 용기가 다지관의 역할을 하게 되며, 피스톤에 가해진 압력은 10 atm이 되고 W_1의 일을 한다고 하자. 그러나 2항의 경우 초음속 유동은 다지관을 통하기 전에 감속시켜야만 한다. 이러한 감속 과정이 전압의 손실 없이 이루어지면, 다지관으로 유입되는 압력은 마찬가지로 10 atm ($V \approx 0$이라 가정)이 되며 1항의 경우와 같이 W_1의 일을 하게 된다. 반면 초음속

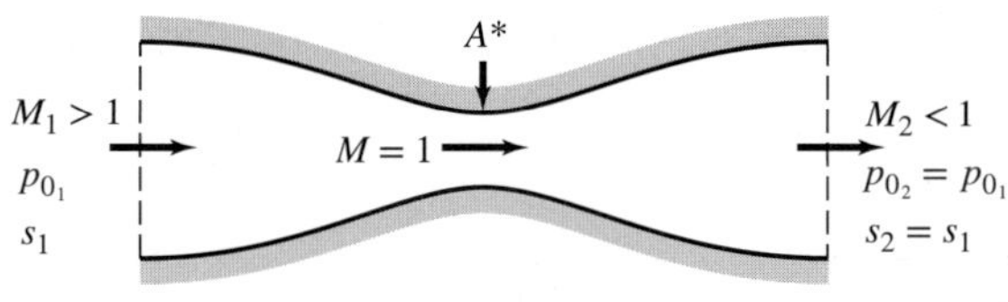

(*a*) 이상적인(등엔트로피) 초음속 디퓨저

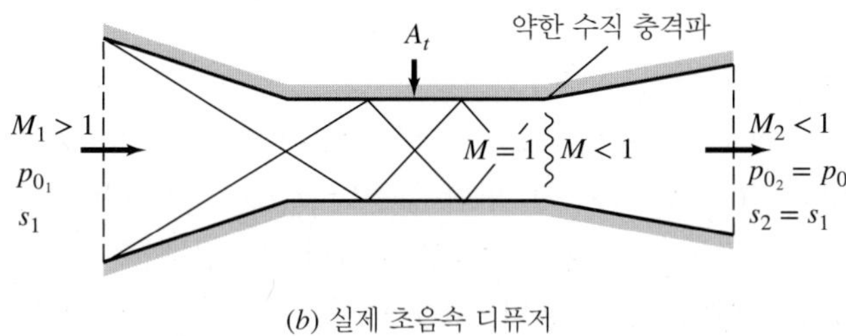

(*b*) 실제 초음속 디퓨저

그림 10.17 실제 경우와 비교한 이상적인(등엔트로피) 디퓨저

유동을 감속시키는 과정에서 3 atm의 압력 손실이 있다고 가정하면, 다지관에 유입되는 압력은 7 atm이 되고 W_2만큼의 일을 하게 되며, 이는 1항의 경우와 비교해 적은 일, 즉 $W_2 < W_1$을 하게 된다. 이러한 예의 목적은 역시 흐르는 기체의 전압은 유동이 일을 할 수 있는 가용성의 척도임을 보여주기 위함이다. 이러한 관점에서 전압의 손실은 일정한 양의 일을 할 수 있는 능력을 잃어버리는 비효율성이라 할 수 있다.

위 내용을 상기하며 디퓨저의 정의를 확장해 보자. 디퓨저는 유입되는 유동의 속도를 *전압의 손실을 최소화하며* 감속시키도록 설계된 도관이다. 따라서 이상적인 디퓨저의 특성은 *등엔트로피 과정*으로 유동을 압축하여 감속시키는 것이다. 그림 10.17*a*는 디퓨저 내부로 M_1의 마하수를 갖는 초음속 유동이 수축 도관에서 등엔트로피 과정으로 압축되어 면적 A^*를 갖는 목에서 마하수 1로 감속되고, 이후 확산 도관을 지나며 등엔트로피 압축이 더 진행되어 출구에서 아음속 유동이 된다. 여기서 유동이 등엔트로피 과정을 거치기 때문에 $s_2 = s_1$이며, 식 (8.73)을 통해 $p_{0,2} = p_{0,1}$이 된다. 디퓨저 전체에서 p_0는 일정하며, 이는 등엔트로피 과정의 특성이다. 그러나 상식적으로 그림 10.17*a*와 같은 디퓨저는 불가능하다는 것을 알 수 있다. 초음속 유동을 충격파의 생성 없이 감속시키기는 매우 힘든 일이다. 그림 10.17*a*의 수축 영역을 살펴보면, 벽면에서 유동의 방향이 유동의 본류 쪽으로 향하는 것을 볼 수 있으며, 이는 경사 충격파를 생성시키고 등엔트로피 과정을 파괴하는 요인이 된다. 더욱이 실제에서는 유동의 점성이 존재하기 때문에 디퓨저 벽면 경계층의 엔트로피가 증가하게 된다. 이와 같은 이유로 이상적인 등엔트로피 디퓨저는 불가능하다; 이상적인 디퓨저는 '연속적으로 움직이는 기계'의 특성을 가지므로 공학자들의 이상적인 바램일 뿐이다.

실제의 초음속 디퓨저를 그림 10.17*b*를 통해 볼 수 있다. 여기서 유입되는 유동은 직선의 수축 영역을 지나고 고정된 면적을 가진 목을 지나면서 여러 경사 충격파를 거쳐 감속한다. 벽면 근처의 점성 효과와 충격파의 간섭에 의해 반사된 충격파는 점점 약해지면서 분산되고, 어떠한 경우에는 목이 끝나는 지점에서 수직 충격파로 마무리된다. 마지막으로 목을 통과한 아음속 유동은 확산 영역을 통과하면서 더 감속하게 된다. 출구에서 $s_2 > s_1$이며, $p_{0,2} < p_{0,1}$이다. 디퓨저 설계에 가장 중요한 점은 전압 손실을 최소화하는 데 있다. 다시 말해 수축, 고정 면적을 갖는 목과 확산 영역을 설계하여 $p_{0,2}/p_{0,1}$이 1에 가깝게 하는 것이다. 불행히도 대부분의 경우 그렇지 못하다. 초음속 디퓨저에 관한 더 자세한 내용은 참고문헌 21의 5장과 참고문헌 1의 12장을 참조하라.

한 가지 잊지 말아야 할 점은 충격파와 경계층에 의한 엔트로피 증가로 인해 실제 디퓨저의 목 면적 A_t는 A^*보다 넓다는 것이다. 즉, 그림 10.17에서 $A_t > A^*$이다.

10.5 초음속 풍동 *Supersonic Wind Tunnels*

그림 10.5의 이정표로 돌아가 보자. 왼쪽과 오른쪽 가지에 해당하는 부분은 각각 10.3절과 10.4절에서 다루었다. 이어

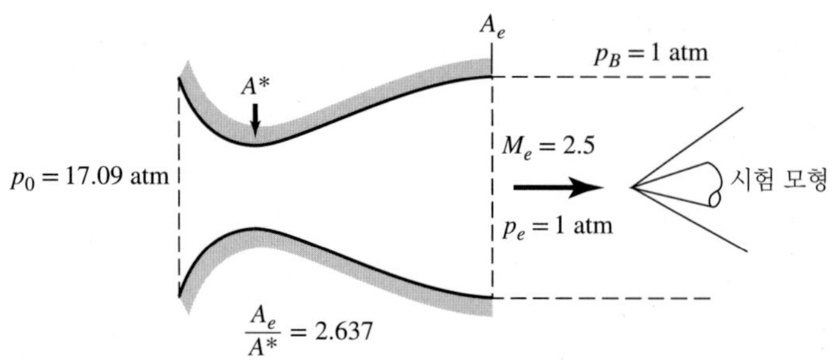

그림 10.18 대기로 직접 배출되는 노즐

서 두 가지를 합하면, 이 절에서 다루게 될 초음속 풍동의 기본적인 원리로 귀착된다.

초음속 비행체, 예를 들어 원추형 물체를 시험하기 위해 마하수 2.5의 균일한 유동을 만들려고 한다. 어떻게 할까? 우선 면적비 $A_e/A^* = 2.637$을 갖는 수축-확산 노즐이 필요하다(부록 A 참조). 또한 압력비 $p_0/p_e = 17.09$를 만들어야 출구에서 $M_e = 2.5$의 충격파 없는 유동을 만들 수 있다. 그림 10.18과 같이 노즐을 통과한 유동을 바로 배출할 수도 있다. 이 경우 마하수 2.5의 유동이 주변으로 '자유 제트류'의 형태로 배출된다. 시험 모형은 노즐의 출구 하류에 둔다. 노즐 출구로 배출된 자유 제트류에서 충격파가 발생하지 않게 하기 위해 그림 10.16e와 같이 출구의 압력 p_e와 주변의 배압 p_B가 같아지도록 해야 한다. 여기서 배압은 단순히 주변 대기압이므로 $p_B = p_e = 1$ atm이 된다. 따라서 등엔트로피 팽창을 유도하기 위한 저장조의 압력은 노즐 입구에서 $p_0 = 17.09$ atm이 된다. 이와 같은 조건이 만족될 경우, 그림 10.18에서 보여주는 것과 같이 초음속 비행체를 시험하기 위한 마하수 2.5의 균일한 유동을 만들 수 있다.

위 예에서 17.09 atm의 압력을 갖는 저장조를 구하기 힘들 것이다. 고가의 공기 압축기와 다수의 고압용기가 모두 필요할 것이다. 고압의 공기를 저장할 수 있는 저장조를 만드는 것은 일이 많고 따라서 많은 비용이 들며, 요구 압력이 높아질수록 가격 또한 높아진다. 그렇다면 좀 더 저렴하고 효율적인 방법은 없을까? 그 대답은 '가능하다'이며 다음과 같은 이유에서이다. 그림 10.18에서 보여준 것과 같이 자유 제트류의 방식이 아닌 동일 면적의 시험 영역이 있다고 생각해 보자. 그림 10.19에서 보여주는 것과 같이 긴 시험 구간 끝에서 수직 충격파를 갖는다. 수직 충격파 하류의 압력은 $p_2 = p_B = 1$ atm이다. 마하수 $M = 2.5$에서 수직 충격파의 정압비는 $p_2/p_e = 7.125$가 된다. 그러므로 수직 충격파 상류에서의 압력은 0.14 atm이다. 동일 면적 영역에서 유동은 균일하므로, 압력은 노즐 출구 압력과 같은 $p_e = 0.14$ atm이 된다. 그러므로 $p_0/p_e = 17.09$의 압력비를 요구하는 적합한 등엔트로피 유동을 생성하기 위한 저장조의 압력은 단 2.4 atm만 필요하게 된다. 이는 17.09 atm의 압력을 요구하는 그림 10.18보다 상당히 효율적이다. 그러므로 그림 10.18에서 보여주는 것보다 경제적으로 동일 면적 도관에서 균일한 마하수 2.5를 갖는 유동을 생성해 낼 수 있다.

그림 10.19에서 수직 충격파는 기존에 마하수 2.5로 흐르던 유동을 마하수 0.513으로 급속히 감속시키는 디퓨저 역할을 한다. 그러므로 이러한 '디퓨저'를 추가함으로써 좀 더 효율적으로 마하수 2.5의 균일한 유동을 생성할 수 있다. 이는 디퓨저의 역할 중 하나를 설명해 준다. 그러나 그림 10.19에서 보여주는 것과 같은 '수직 충격파 디퓨저'는 몇 가지 문제점을 안고 있다.

1. 수직 충격파는 충격파 중 가장 강력하기 때문에 가장 큰 전압 손실을 유발한다. 그림 10.19의 수직 충격파를 더 약한 충격파로 대치할 수 있다면 전압의 손실을 줄일 수 있으며, 저장조의 압력 p_0도 2.4 atm보다 낮출 수 있다.

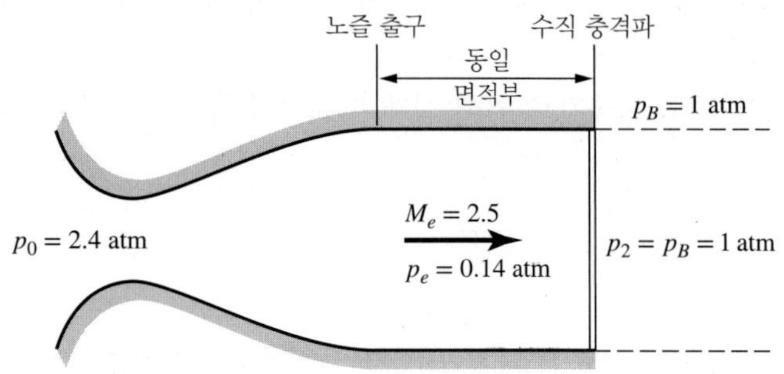

그림 10.19 도관 출구에 수직 충격파가 있는, 고정 면적 도관으로 배출되는 노즐

2. 도관 출구에 수직 충격파를 고정시키기는 매우 힘들며, 실제로 유동의 비정상성과 불안정이 충격파의 위치를 바꾸고 지속적으로 움직이게 만든다. 그러므로 동일 면적도 관내 유동의 질에 대해 확신할 수 없다.
3. 시험 모형을 시험부 안에 넣는 순간 모형에서 발생한 경사 충격파가 하류로 전파되며 유동을 2차원 혹은 3차원화 시킬 것이다. 그림 10.19에 나타낸 수직 충격파는 그러한 환경에서 생성되지 않는다.

그러므로 그림 10.19의 수직 충격파를 그림 10.17*b*의 경사 충격파 디퓨저로 대치해 보자. 그 결과 도관은 그림 10.20과 같다. 이 그림을 자세히 살펴보자. 수축–확산 노즐이 *시험부*(test section)인 동일 면적 도관에 균일한 초음속 유동을 넣어주고 있다. 이 유동은 이어서 디퓨저를 통해 저속의 아음속 유동으로 감속된다. 이러한 배열, 즉 수축–확산 노즐, 시험부, 수축–확산 디퓨저를 *초음속 풍동*(supersonic wind tunnel)이라 한다. 그림 10.20에는 원추형 모형이 시험부에 삽입되어 있어 양력, 항력, 압력 분포와 같은 공기역학적 측정을 할 수 있다. 시험 모형으로부터 파생된 충격파들은 하류로 이동하여 디퓨저에 의해 생성된 여러 충격파와 그 반사파와 간섭하게 된다. 초음속 풍동을 운용하기 위한 압력비는 p_0/p_B이다. 이는 저장조의 압력을 증가시켜 p_0를 증가시키거나 출구에서 압력 p_B를 낮추는 등의 조합으로 만족시켜야 한다.

초음속 풍동에서 전압 손실의 가장 큰 요인은 디퓨저이다. 그렇다면 그림 10.20의 경사 충격파 디퓨저와 그림 10.19의 이론적인 수직 충격파 디퓨저는 어떠한 차이가 있을까? 그림 10.20에서 보이는 모든 반사된 경사 충격파를 지나며 발생하는 전압 손실은 단일 수직 충격파를 지나며 발생하는 손실보다 많을까 혹은 적을까? 이는 전압 손실이 적을수록 초음속 풍동을 운용하기 위한 압력비 p_0/p_B가 줄어들기 때문에 중요한 문제이다. 여기에 대한 간단한 답은 없다. 그러나 대부분의 경우 초음속 유동을 여러 경사 충격파를 이용하여 점진적으로 감속시키고 약한 수직 충격파를 이용하여 아음속으로 감속시키는 것이 단일의 강한 수직 충격파를 이용하여 순간적으로 감속시키는 것보다 전압 손실이 *적은* 것이 사실이다. 이와 같은 경향은 예제 9.5에서 잘 보여준다. 따라서 대부분의 경우 그림 10.17*b*와 10.20에서 보여준 경사 충격파 디퓨저가 그림 10.19의 수직 충격파 디퓨저보다 효율적이다. 하지만 항상 그렇지만은 않은데, 이는 실제 경사 충격파 디퓨저에서는 충격파가 벽면의 경계층과 작용하여 경계층의 두께를 증가시키거나 심지어 경계층의 박리를 유발하기 때문이다. 이는 추가적인 전압 손실을 발생시킨다. 더욱이 표면마찰에 의해서도 전압 손실이 발생한다. 그러므로 실제 경사 충격파 디퓨저는 이론적인 수직 충격파 디퓨저보다 효율이 좋을 수도 그렇지 않을 수도 있다. 그럼에도 불구하고 거의 모든 초음속 풍동은 그림 10.20과 정성적으로 유사한 경사 충격파 디퓨저를 사용한다.

그림 10.20의 초음속 풍동은 2개의 목을 가지고 있음에 주목하라. 면적 $A_{t,1}$을 가지고 있는 노즐의 목은 *첫째 목*(first throat)이라 하며, 면적 $A_{t,2}$를 가지고 있는 노즐의 목은 *둘째 목*(second throat)이라 한다. 노즐을 통과하는 질량 유량은 첫째 목에서 $\dot{m} = \rho u A$로 표현할 수 있다. 이를 그림 10.20에서 위치 1이라 표시하고, 이에 대한 질량 유량은 $\dot{m}_1 = \rho_1 u_1 A_{t,1} = \rho_1^* a_1^* A_{t,1}$이다. 이와 같이 디퓨저를 통하는 질량 유량 또한 $\dot{m} = \rho u A$로 표현할 수 있으며, 이 위치를 위치 2라 하면 $\dot{m}_2 = \rho_2 u_2 A_{t,2}$다. 풍동을 지나는 정상 상태의 유동은 $\dot{m}_1 = \dot{m}_2$이므로 다음과 같이 쓸 수 있다.

$$\rho_1^* a_1^* A_{t,1} = \rho_2 u_2 A_{t,2} \tag{10.34}$$

여기서 시험 모형과 디퓨저에 의해 생성된 충격파를 통과한 기체의 열역학적 특성이 비가역적으로 변했기 때문에, ρ_2 그리고 u_2도 ρ_1^*와 a_1^*와 각각 다를 것이다. 그러므로 식 (10.34)로부터, *둘째 목의 면적은 첫째 목의 면적과 다르리라는* 것을 쉽게 알 수 있다. 즉, $A_{t,2} \neq A_{t,1}$다.

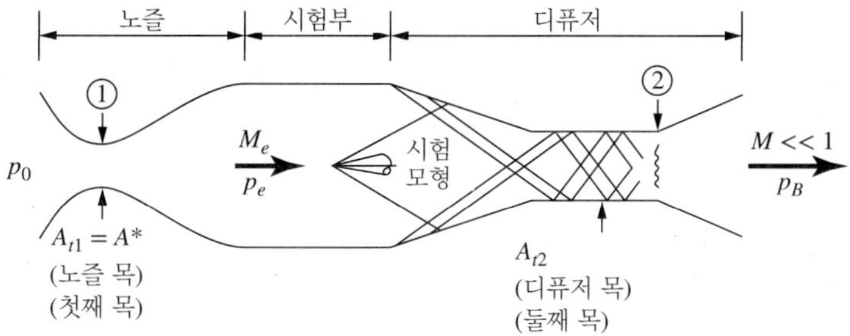

그림 10.20 초음속 풍동의 개요도

질문: 그렇다면 $A_{t,1}$과 $A_{t,2}$는 어떻게 다를까? 먼저 그림 10.20의 위치 1과 2 *모두*에서 유동이 음속이라고 가정해 보자. 그렇다면 식 (10.34)는 다음과 같이 쓸 수 있다.

$$\frac{A_{t,2}}{A_{t,1}} = \frac{\rho_1^* a_1^*}{\rho_2^* a_2^*} \tag{10.35}$$

8.4절로부터 a^*는 단열 유동에서 상수임을 상기하자. 또한 충격파를 지나는 유동은 단열(하지만 등엔트로피는 아닌) 과정이라는 것을 상기하자. 그렇다면 그림 10.18의 풍동을 지나는 유동은 단열 유동이므로 $a_1^* = a_2^*$이다. 따라서 식 (10.35)는 다음과 같다.

$$\frac{A_{t,2}}{A_{t,1}} = \frac{\rho_1^*}{\rho_2^*} \tag{10.36}$$

또한 8.4절로부터 T^*도 열량적 완전 기체의 단열 유동에서 일정하기 때문에 상태 방정식으로부터 다음과 같이 쓸 수 있다.

$$\frac{\rho_1^*}{\rho_2^*} = \frac{p_1^*/RT_1^*}{p_2^*/RT_2^*} = \frac{p_1^*}{p_2^*} \tag{10.37}$$

식 (10.36)에 식 (10.37)을 대입하면

$$\frac{A_{t,2}}{A_{t,1}} = \frac{p_1^*}{p_2^*} \tag{10.38}$$

식 (8.45)로부터

$$p_1^* = p_{0,1}\left(\frac{2}{\gamma+1}\right)^{\gamma/(\gamma-1)}$$

그리고

$$p_2^* = p_{0,2}\left(\frac{2}{\gamma+1}\right)^{\gamma/(\gamma-1)}$$

위 식을 식 (10.38)에 대입하면 다음을 얻을 수 있다.

$$\boxed{\frac{A_{t,2}}{A_{t,1}} = \frac{p_{0,1}}{p_{0,2}}} \tag{10.39}$$

그림 10.20을 살펴보면, 전압은 충격파를 지나며 항상 감소하므로 $p_{0,2} < p_{0,1}$이다. 이와 반대로 식 (10.39)로부터 $A_{t,2} > A_{t,1}$이 된다. 그래서 둘째 목이 항상 첫째 목보다 *커야* 한다. 오직 이상적인 등엔트로피 디퓨저의 경우에만 $p_0 =$ constant이며 $A_{t,2} = A_{t,1}$이 되지만, 이미 이러한 디퓨저는 불가능하다는 것을 알고 있다.

식 (10.39)는 *만약* 풍동의 압력비를 알고 있다면, 첫째 목의 넓이에 따라 둘째 목의 넓이를 결정할 수 있는 유용한 관계를 알려준다. 풍동의 예비 설계 단계에서 압력비 등의 정보를 알고 있지 못할 경우 수직 충격파를 지나는 압력비로 가정한다.

주어진 풍동에 대하여 $A_{t,2}$의 넓이가 식 (10.39)에서 주어진 것보다 작을 경우 디퓨저는 '질식(choke)'할 것이며, 디퓨저가 노즐을 통해 유입되는 등엔트로피 초음속 유동을 생성하지 못하게 된다. 이 경우 자연적으로 노즐에서 충격파를 생성시킴으로써 시험부의 마하수를 감소시키고 디퓨저에서 압력의 손실이 줄어드는 방향으로 더 약한 충격파가 발생하게 된다. 즉, 자연적으로 압력 손실을 최소화하여 $p_{0,1}/p_{0,2} = p_{0,1}/p_B$가 되며 식 (10.39)를 만족하게끔 된다. 어떠한 경우에서는 이와 같은 경향이 크게 작용하여 노즐에서 강력한 수직 충격파가 발생하게 되어 시험부를 포함한 모든 하류 부분에서 아음속이 된다. 당연히 이와 같은 질식 현상은 요구되는 마하수의 균일한 유동을 기대할 수 없기 때문에 바람직하지 않다. 이와 같은 경우를 초음속 풍동의 *불발*(unstarted)이라 한다. 이러한 상황을 바로잡을 수 있는 유일한 방법은 $A_{t,2}/A_{t,1}$의 비를 최대한 크게 만들어 노즐에서부터 유입된 등엔트로피 팽창 유량을 출구로 전할 수 있게 해주는 것이다. 즉, 식 (10.39)를 만족하면서 노즐에서 충격파가 없는 등엔트로피 팽창을 유도하기 위해서이다.

일반적인 결론을 언급하자면, 이 장에서 다룬 개념과 관계는 노즐과 디퓨저 그리고 초음속 풍동에 국한되지 않는다. 오히려 이 장에서 이야기한 준1차원 유동은 도관 내 유동과 관계 있는 많은 분야에 응용 가능하다. 예를 들어 제트 엔진의 흡입부에서 유입되는 유동이 엔진의 압축기에 들어가기 전에 충분히 감속시키는 역할을 하며, 이는 같은 기본 원리를 적용하고 있다. 또한 로켓 엔진은 기본적으로 초음속 제트의 팽창을 이용하여 추력을 최적화시키기 위한 노즐이다. 이 장에서 소개한 내용의 응용 가능 분야는 상당히 많으며, 앞으로 더 나가기 전에 이 장의 개념을 다 이해해야 할 것이다.

1.2절을 돌아보면 공기역학을 외부 유동과 내부 유동으로 나누었던 것을 기억할 것이다. 이 장의 내용은 오로지 내부 유동만을 다뤘다는 점을 기억하라.

예제 10.6

마하수 2의 초음속 풍동 예비 설계에서, 디퓨저 목 면적과 노즐 목 면적의 비를 구하라.

■ 풀이

디퓨저의 입구에서 수직 충격파를 가정한다면, 부록 B로부터 $M = 2$에서 $p_{0,2}/p_{0,1} = 0.7209$므로 식 (10.39)로부터

$$\frac{A_{t,2}}{A_{t,1}} = \frac{p_{0,1}}{p_{0,2}} = \frac{1}{0.7209} = \boxed{1.387}$$

10.6 점성 유동: 노즐 내부의 충격파/경계층 상호작용

Viscous Flow: Shock-Wave/Boundary-Layer Interaction inside Nozzles

그림 10.15로 돌아가 보자. 여기서는 노즐 내부에 수직 충격파를 생성시키는 압력비 $p_{e,4}/p_0$를 가지고 있다. 이는 전형적인 비점성 유동의 그림이다. 현실적으로는 노즐 벽면을 따라 점차 성장하는 경계층이 있고, 충격파가 이 경계층과 상호작용을 일으킨다. 이러한 간섭 효과 중 하나를 그림 10.21에서 보여주고 있다. 충격파에서 생성되는 역압력에 의해 노즐 벽면으로부터 경계층의 박리 현상(separation)이 일어나게 된다. 람다형(lambda-type) 충격파가 벽면 가까운 곳에 두 갈래로 생성되며, 벽면으로부터 박리된 유동은 거의 고정된 면적을 흐르는 것과 같이 된다.

최근 Hunter (Craig A. Hunter, <Experimental Investigation of Separated Nozzle Flows>, *Journal of Propulsion and Power*, vol. 20, no. 3, May-June 2004, pp. 527~532)에 의해 쉴리렌법을 이용하여 얻어진 위와 같은 충격파들을 그림 10.22에서 볼 수 있다. 그림 10.22에서 보여주는 노즐은 출구와 목의 면적비 $A_e/A_t = 1.797$이다. 그림 10.22*a*의 경우 압력비가 $p_{e,4}/p_0 = 0.5$이며, 노즐 내부의 수직 충격파와 양 끝의 람다형 구조를 명확히 볼 수 있다. 박리된 유동이 람다형 구조로부터 흘러나가는 것을 볼 수 있다. 그림 10.22*b*와 *c*, *d*에서는 압력비가 각각 0.417, 0.333,

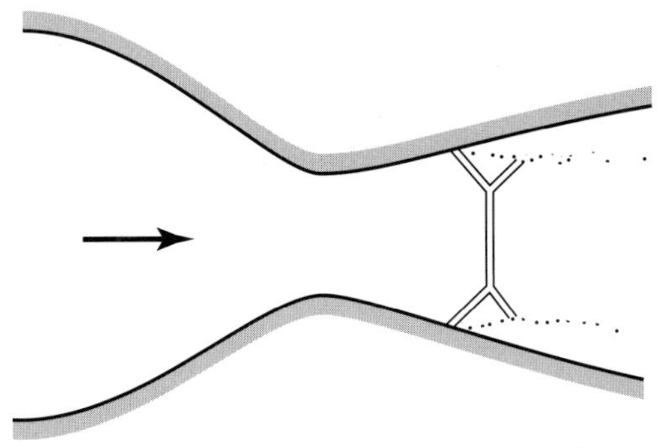

그림 10.21 유동 박리가 있는 과팽창 노즐 유동의 그림
(출처: *Craig Hunter, NASA*)

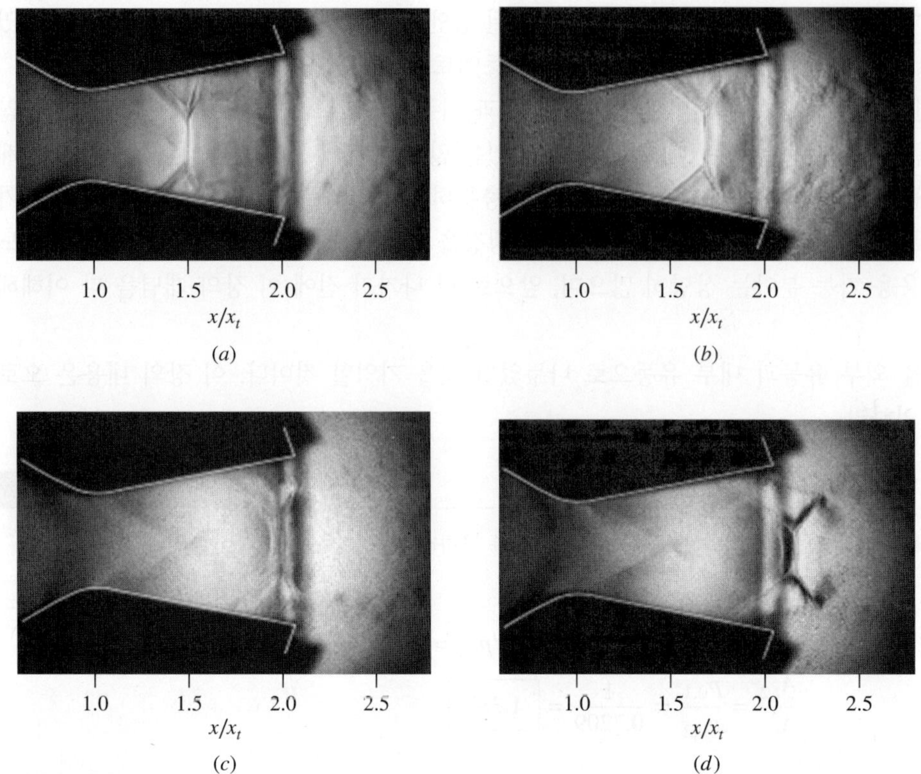

그림 10.22 과팽창 노즐 유동 안에서의 충격파/경계층 상호작용 쉴리렌 사진. 출구 대 저장조 압력비: (*a*) 0.5, (*b*) 0.417, (*c*) 0.333, (*d*) 0.294 (*출처*: *Craig Hunter, NASA*)

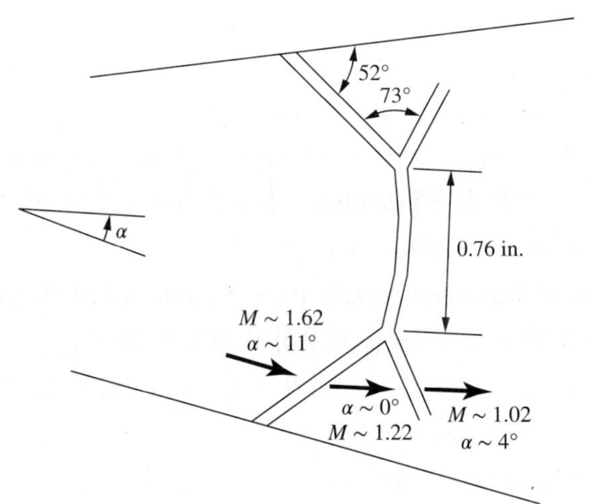

그림 10.23 압력비 0.417을 가지는 경우의 자세한 충격파 개요도 (*출처*: *Craig Hunter, NASA*)

0.294로 점차 적어짐에 따라 충격파 형상이 점차 노즐 출구로 이동함을 볼 수 있다. 그림 10.22*b*와 같은 압력비 0.417의 충격파의 조금 더 자세한 쉴리렌 사진을 그림 10.23에서 볼 수 있다.

이와 같은 결과는 현실적으로 점성 유동이 이상적인 비점성 유동의 양상을 변화시키는 일례이다. 위에서 언급한 Craig Hunter의 논문은 노즐 내부에서 충격파가 발생하는 조건을 가진 실제 초음속 노즐에 대한 논의를 할 수 있는 좋은 예이다. 이와 같이 흥미로운 현상에 대한 논의를 이 참고문헌을 통해 공부해 볼 것을 권한다.

10.7 요약 *Summary*

이 장의 요점은 아래와 같다.

준1차원 유동은 가변 면적을 갖는 도관 내 실제 3차원 유동을 근사화한 것이다. 이 근사화는 가변 면적 $A = A(x)$에 대해 $p = p(x)$, $u = u(x)$, $T = T(x)$로 가정한다. 따라서 준1차원 유동은 주어진 위치에서의 단면 평균값을 나타낸다고 볼 수 있다. 준1차원 유동 가정은 여러 내부 유동에 대해 합리적인 값을 주며, 일상생활에서 압축성 유동을 적용하기 위한 방법으로 많이 사용된다. 이에 대한 지배 방정식은 다음과 같다.

연속 방정식:
$$\rho_1 u_1 A_1 = \rho_2 u_2 A_2 \tag{10.1}$$

운동량 방정식:
$$p_1 A_1 + \rho_1 u_1^2 A_1 + \int_{A_1}^{A_2} p\, dA = p_2 A_2 + \rho_2 u_2^2 A_2 \tag{10.5}$$

에너지 방정식:
$$h_1 + \frac{u_1^2}{2} = h_2 + \frac{u_2^2}{2} \tag{10.9}$$

면적-속도 관계식,

$$\frac{dA}{A} = (M^2 - 1)\frac{du}{u} \tag{10.25}$$

은 다음과 같은 사실을 알려준다.

1. 아음속 유동을 가속(감속)시키기 위해서는 면적을 감소(증가)시켜야 한다.
2. 초음속 유동을 가속(감속)시키기 위해서는 면적을 증가(감소)시켜야 한다.
3. 음속 유동은 노즐의 목이나 유동의 최소 면적에서만 발생한다.

노즐을 지나는 열량적 완전 기체의 등엔트로피 유동의 지배 방정식은 다음과 같다.

$$\left(\frac{A}{A^*}\right)^2 = \frac{1}{M^2}\left[\frac{2}{\gamma+1}\left(1 + \frac{\gamma-1}{2}M^2\right)\right]^{(\gamma+1)/(\gamma-1)} \tag{10.32}$$

이는 도관 내 마하수는 국소적인 면적과 음속 목의 면적비에 의해 지배받고 있으며, 더욱이 식 (10.32)를 만족하는 마하수는 아음속 값과 초음속 값인 2개의 해가 있다.

주어진 수축-확산 노즐에 대하여 초음속 유동에서 단 하나의 등엔트로피 유동 결과가 있지만, 이와 대조적으로 등엔트로피 아음속 유동의 경우 무한히 많은 결과가 있으며, 이는 각 $p_0/p_e = p_0/p_B$의 압력비에 따라 달라진다.

초음속 풍동에서 첫 번째와 두 번째 목의 면적비는 다음과 같이 근사될 수 있다.

$$\frac{A_{t,2}}{A_{t,1}} = \frac{p_{0,1}}{p_{0,2}} \tag{10.39}$$

$A_{t,2}$의 값이 이보다 더 작아질 경우 디퓨저는 질식되며 풍동이 작동하지 않을 것이다.

10.8 통합 문제 도전: 초음속 풍동의 개념 설계 *Integrated Work Challenge: Conceptural Design of a Supersonic Wind Tunnel*

개념: 초음속 풍동의 기본 개략도가 그림 10.20에 나와 있으며, 중요한 구성 요소인 노즐, 시험부, 디퓨저가 설명되어 있다. 노즐과 디퓨저의 입구 대비 출구의 압력비 p_0/p_B가 풍동을 작동시킨다. 그림 10.20에는 이 압력비가 어떻게 생성되는지에 대한 설명이 나와 있지 않다. 이 질문에 대한 답이 초음속 풍동의 개념 설계에서 중요한 첫 번째 단계이다.

초음속 노즐 전반에 걸쳐 적절한 압력비를 생성하는 네 가지 다른 초음속 풍동 구성은 그림 10.24에 개략적으로 나타나 있다.

(a) 방출식 터널(그림 10.24*a*): 고압 공기 p_0가 터널 입구에 있는 탱크에 저장되어 있다. 터널 출구는 주변 대기로 개방되어 있으며, 여기서 후압 p_B는 대기압이다. 터널 전반의 압력비는 p_0/p_B이다. 유동은 점 A의 압력 밸브를 열면서 시작된다. 공기가 저장 탱크에서 나와 터널을 통해 흐르면서 탱크에 남은 공기는 탱크의 빈 공간을 채우기 위해 팽창한다. 이 팽창 과정 중에 탱크에 남아 있는 공기의 전압력 p_0와 전온도 T_0가 감소한다. 이와 같은 p_0와 T_0의 시간에 따른 감소는 방출식 터널의 단점이지만, 터널을 통과하는 질량 유량이 저장된 공기의 질량에 비해 작은 비율이 되도록 충분히 큰 저장 탱크를 사용하면 풍동 가동 초기에는 이러한 감소를 최소화할 수 있다. 그러나 결국 터널의 작동 중 어느 시점에서는 p_0가 너무 작아지고, 터널을 유지하는 데 필요한 압력비 p_0/p_B가 노즐을 통해 적절한 등엔트로피 흐름을 유지하는 데 필요한 비율 이하로 떨어지게 된다. 이것이 실질적인 시험의 종료이다.

(b) 흡입 터널(그림 10.24*b*): 매우 낮은 압력 p_B까지 진공 상태로 만든 진공 탱크가 터널 출구에 연결되어 있다. 터널 입구는 대기로 개방되어 있으며, 여기서 대기압은 p_a이다. 진공 탱크 앞의 밸브 B를 열면 대기 공기가 터널 입구를 통해 빨려 들어가면서 유동이 시작된다. 터널 입구에서의 총 압력은 $p_0 = p_a$이며, 터널 전반의 압력비는 p_0/p_B이다. 시험이 계속되면 공기가 진공 탱크를 채우면서 p_B가 증가한다. 터널을 통한 등엔트로피 유동을 유지하는 데 필

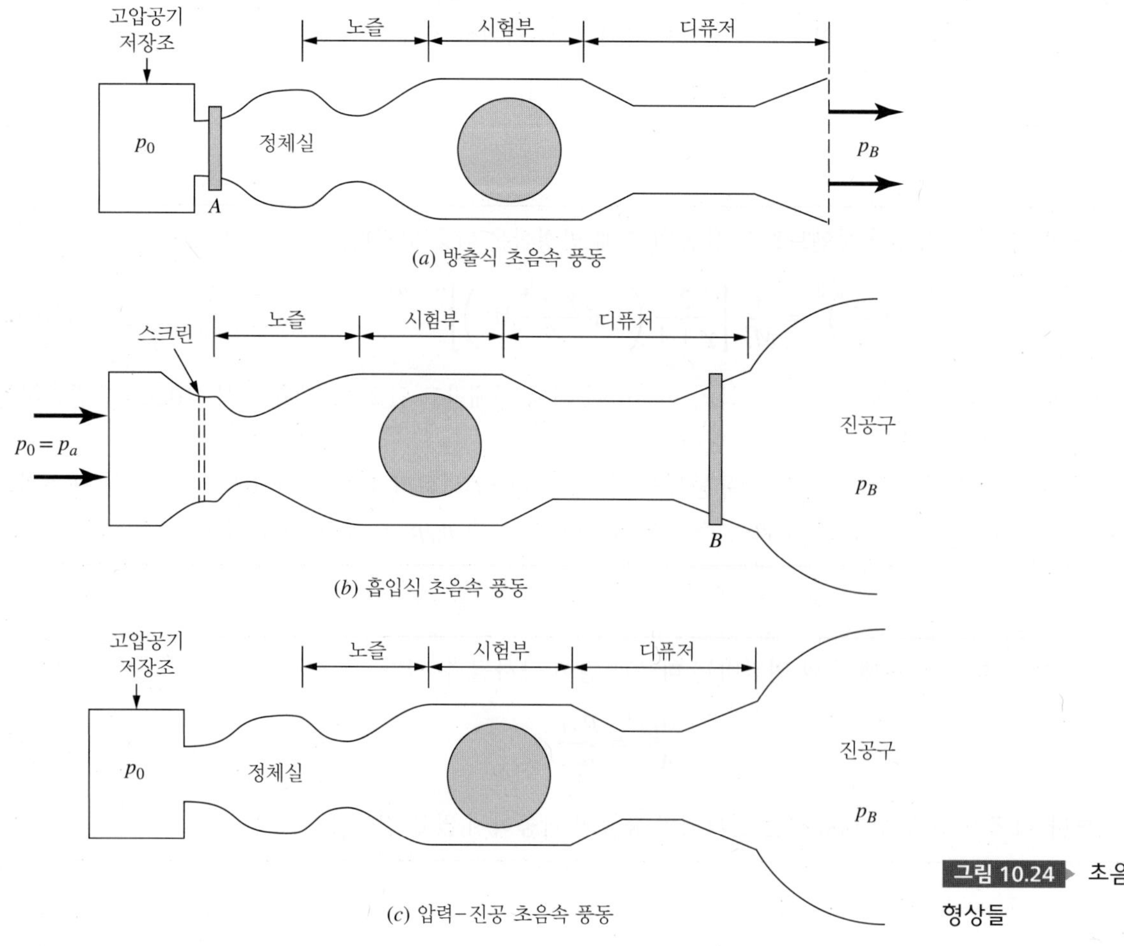

그림 10.24 초음속 풍동의 형상들

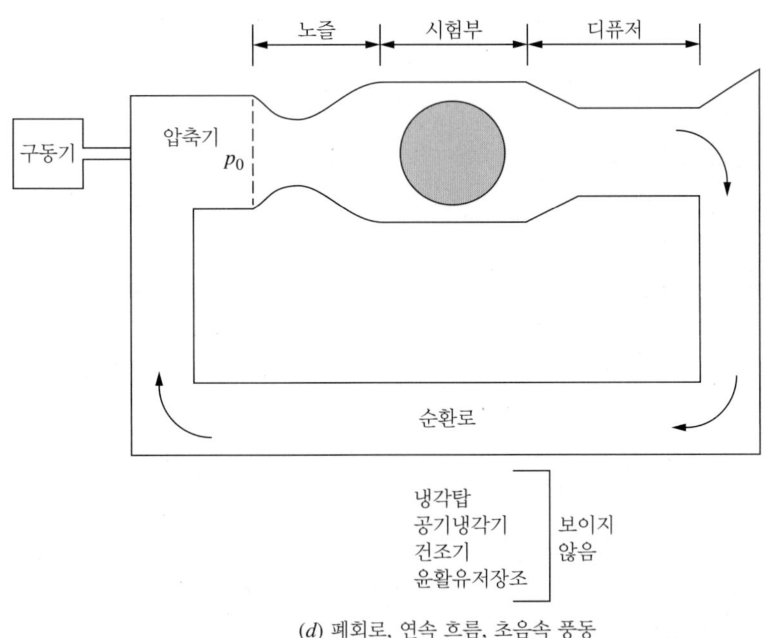

(*d*) 폐회로, 연속 흐름, 초음속 풍동

그림 10.24 (*계속*)

요한 압력비 p_0/p_B가 요구되는 비율보다 작아지면 시험이 실질적으로 종료된다.

(c) 압력-진공 터널(그림 10.24*c*): 이 터널 설계는 앞서 설명한 두 가지를 결합한 형태로, 일종의 '밀고 당기기' 방식이다. 여기서 터널 입구는 압력 p_0의 고압 저장 탱크에 연결되어 있고, 터널 출구는 압력 p_B의 진공 탱크에 연결되어 있다. 터널 전반의 압력비는 p_0/p_B이다. 터널 작동 중에는 p_0가 감소하고 p_B가 증가하며, 초음속 노즐을 통한 등엔트로피 유동을 유지하는 데 필요한 압력비 p_0/p_B가 너무 작아지면 작동이 종료된다. 이러한 배열은 특히 마하수 5 이상의 마하수를 생성하기 위해 매우 높은 압력비가 필요한 극초음속 풍동에 사용된다.

그림 10.24*a*~*c*에 스케치된 터널들은 고압 탱크의 저장 용량 및/또는 진공 탱크의 용량에 의해 작동 시간이 제한된다. 따라서 이러한 터널들은 *간헐적인* 터널의 범주에 속한다. 이는 다음과 같은 네 번째 종류의 풍동으로 이어진다.

(d) 폐회로 연속 흐름 터널(그림 10.24*d*): 이 개념은 연속 흐름 폐회로 아음속 풍동과 다르지 않다. 3.3절과 3.23절에서 논의된 바 있으며 그림 3.8*b*에 나타나 있다. 초음속 터널을 구동하는 전력원이 초음속 노즐을 가로지르는 적절한 등엔트로피 압력비를 유지하기 위해 훨씬 강력해야 한다는 점만 다르다. 그림 10.24*d*를 참고하면, 시험부의 모델에서 발생하는 충격파와 디퓨저의 충격파, 그리고 터널 벽을 따라 형성된 경계층에서의 마찰 손실로 인해 회로 전체에서 전압이 손실된다. 연속 흐름 터널의 전력원의 기능은 주로 이 전압 손실을 복구하는 것이다. 그림 10.24*d*에 나타난 바와 같이, 전력원은 보통 노즐 상류의 터널 회로에 장착된 축류 압축기로, 전기 모터 또는 압축기에 외부 축을 통해 연결된 디젤 엔진에 의해 구동된다.

그림 10.24*a*~*d*에 나타난 네 가지 유형의 초음속 풍동은 각각의 장단점을 가지고 있다. 이에 대한 자세한 논의는 Pope와 Goin의 *High-Speed Wind Tunnel Testing* (Kreiger, New York, 1978)에서 찾을 수 있다. 여기서는 간헐적 풍동이 일반적으로 설계 및 구축이 더 간단하고 쉬우며, 따라서 학술 기관에서 특히 선호된다고 기술한다. 그러나 제한된 풍동 작동 시간은 수집할 수 있는 데이터의 양과 유형을 제한할 수 있다. 전반적으로 간헐적 풍동 시설은 비용이 훨씬 적게 든다. 연속 흐름 초음속 풍동은 크고 비용이 많이 드는 경향이 있으며, 대부분의 경우 여러 나라의 대형 정부 연구소에서 사용된다.

도전: 그림 9.43에 나타난 저소음 기능을 포함한 비행기 모델을 테스트할 수 있는 마하수 2의 초음속 풍동을 설계하고자 한다. 시험 구간은 날개 길이가 약 2피트이고 4피트 길이의 모델을 수용할 수 있어야 한다. 시험 모델에서 난류 경계층 유동(실제 비행에서 만나는 난류 경계층을 시뮬레이션하기 위해)을 달성하기 위해 모델 길이를 기준으로 레이놀즈수가 최소 1천만이 되도록 하고자 한다. 이러한 사양을 충족하기 위한 초음속 풍동의 개념 설계를 세워보자.

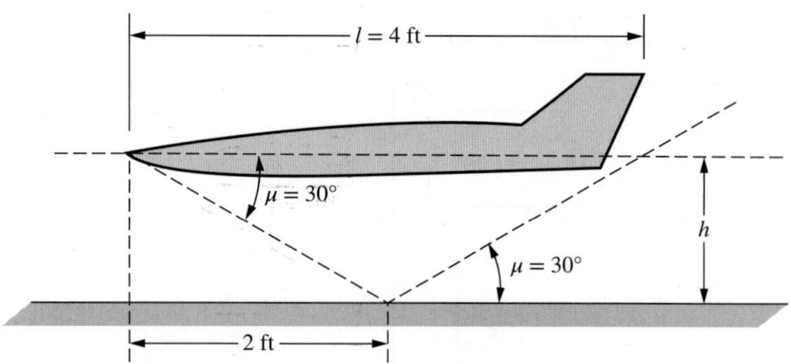

그림 10.25 시험 모델에서 발생한 파와 풍동 벽면에서 반사한 파

해: 지정된 모델 크기를 적절히 수용할 수 있는 시험부의 크기를 결정하기 위해, 우리는 다시 한번 이전 경험에 의존한다. Pope와 Goin은 그들의 책 *High-Speed Wind Tunnel Testing*에서 모델에 의해 생성된 충격파와 팽창파가 시험부의 벽에서 충분히 멀리 반사되어 반사파가 모델에 다시 영향을 미치지 않도록 보장하는 크기를 권장한다(이는 상식에 해당한다). 그림 10.25는 길이가 4피트인 얇은 형상(그림 9.43에 나타난 것과 같은)의 스케치이다. 단순화를 위해, 충격파를 약하게 가정하고 마하파로 시뮬레이션할 수 있다고 가정하면 그림 10.25처럼 나타난다. 모델 중심선이 풍동 하단 벽 위에 있어야 하는 최소 높이는 h로 표시된다. 마하수 2에서,

$$\mu = \arcsin\left(\frac{1}{M}\right) = \arcsin\left(\frac{1}{2}\right) = 30^\circ$$

그림 10.25에 형상으로부터

$$\frac{h}{2} = \tan\mu = \tan 30^\circ = 0.577$$
$$h = 1.155 \text{ ft}$$

그렇다면 허용되는 최소 시험부 높이는 $2h = 2.31$ ft이다.

그러나 터널은 이 높이보다 보수적으로 설계되어야 한다. 모델에서 나오는 파동은 유한한 충격파 및 팽창파이며, 마하파가 아니므로 파동 각도는 30도보다 크게 될 것이다. 따라서 h는 1.155 ft보다 크게 되며, 전체 시험부 높이는 2.31 ft보다 커야 한다. 그러나 주의할 점은 풍동의 전반적인 크기는 시험부의 크기에 의해 좌우된다는 점이다. 크기가 클수록 더 많은 질량 유동이 터널을 통과하게 되며, 이에 따라 전력 요구량 및 운영 비용이 증가하게 된다. 물론 터널의 초기 건설 비용도 늘어난다. 시험부의 높이에 보수적인 '안전율'을 적용하여, 시험부 높이를 3.5 ft로 설계한다. 또한, 모델의 길이가 4피트이고 전체 모델 길이가 시험부에 쉽게 들어갈 수 있도록 하기 위해 시험부의 길이를 5피트로 설계한다. 마지막으로, 모델의 날개 폭이 2피트이고 벽면 효과를 최소화하기 위해 시험부 폭을 3피트로 선택한다. 요약하면, 시험 구간의 개념적 설계 크기는 각각 5 ft, 3 ft, 3.5 ft의 길이, 너비, 높이가 된다.

다음 단계는 초음속 터널의 유형 선택이다: 방출식, 흡입, 압력−진공 또는 폐회로 연속 흐름. 이 선택은 모델 길이를 기준으로 10^7의 레이놀즈수 요구 사항에 따라 부분적으로 결정될 수 있다. 즉, 길이가 4피트인 모델을 기준으로 한다. 또한 선택은 터널을 수용할 수 있는 연구소의 공간에 따라 결정될 수 있다. 다른 고려 사항은 연구소에 있는 압축기, 고압 공기 저장 탱크 및 계측 장비와 같은 기존 장비의 가용성일 수 있다. 따라서 현재의 통합 문제 도전에서 초음속 터널 유형의 '정답'은 없다. 이와 유사하게 여러 기술적 타협에 따라 비행기 설계와 같이 특정 초음속 터널 유형을 선택할 수 있다. 이러한 설계 문제에 대한 폭넓은 논의는 Pope와 Goin의 *High-Speed Wind Tunnel Testing*에서 찾을 수 있다.

이러한 관점에서 우리는 다음과 같이 진행한다. 비행체가 상대적으로 소형이고 기계적으로 단순하기 때문에, 방출식 터널을 고려하고, 작동 조건을 추정하여 레이놀즈수 요구 사항을 만족하는지 확인한다. 방출식 터널을 통한 유동은 디퓨저 출구에서 주변 대기로 직접 배출된다(그림 10.24*a*), 이때 출구에서의 배압 p_B가 이상적으로는 대기압 p_a와 같아야 한다. 그러나 이 이상적인 경우는 디퓨저를 통한 흐름이 출구에서 낮은 초음속 속도로 감속되는 것을 의미하며,

따라서 자연은 출구에서 주변 대기 압력 p_a를 직접 작용시킬 것이다. 이로 인해 터널을 통한 전체 압력 비율이 p_0/p_a가 된다. 만약 공기 저장 탱크의 저장 압력인 p_0가 터널을 운영하기에 필요한 압력보다 더 높은 값이라면, 터널을 통한 전체 압력 수준이 더 높아지고, 디퓨저 출구의 압력도 필요보다 높아질 것이다. 이로 인해 디퓨저 출구에서 더 높은 속도의 유동이 발생하게 되며, 이는 에너지 낭비와 운영 효율 감소로 이어질 것이다. 만약 저장 탱크 내의 p_0가 충분히 높다면, 디퓨저 하류의 팽창 부분을 통한 유동은 디퓨저 목에서 마하수 1로 감소한 후에도 다시 초음속이 될 수 있으며, 이러한 초음속 출구 유동은 연구실 주변으로 분출될 수 있다. 이는 실험실 내에서 용납할 수 없는 소음 수준을 초래할 뿐 아니라 완전히 비효율적이다. 따라서 이 문제에서 우리는 충격파 없는 유동이 시험부에 들어가기 위한 노즐에서 등엔트로피 유동을 달성하기에 충분한 최소한의 전체 압력 비율 $p_0/p_B = p_0/p_a$로 방출식 터널을 설계할 것이다.

이 계산에서는 먼저 터널을 통한 전압력 *손실*을 추정한다. 터널 전체를 통해 발생하는 경계층은 유동의 엔트로피 수준을 증가시키고 전압력 손실을 초래한다. 그러나 그림 10.17*b*에서 보여지는 것처럼, 이 손실은 시험부에 장착된 모델로부터 발생하는 충격파를 통한 손실 및 특히 디퓨저에서 발생하는 충격파를 통한 손실과 비교하면 작다. 개념 설계를 목적으로 하기 때문에, 우리는 충격파로 인한 손실이 설계 테스트 구간 마하수에서 수직 충격파를 통한 전압력 손실과 동등하다고 가정한다; 이 '수직 충격파 효율'은 초음속 디퓨저의 손실을 추정하는 데 자주 사용되는 경험적인 규칙이다. 특히 초음속 터널의 설계에 사용된다. 우리는 이 경험적인 규칙을 여기서 사용할 것이다.

마하수 2에서 부록 B를 보면

$$\frac{p_{0_2}}{p_{0_1}} = 0.7209$$

디퓨저 출구에서의 전압력은 p_{0_2}이고, 유속이 작다고 가정한다. 따라서 $p_{0_2} = p_a = 1$ atm로 가정한다.

$$p_{0_1} = \frac{p_{0_2}}{0.7209} = \frac{1}{0.7209}$$
$$p_{0_1} = 1.387 \text{ atm}$$

다른 모든 손실을 무시한다면, 이것은 공기 저장 탱크 내의 적정 압력이 1.387 atm여야 함을 의미한다.

또 다른 고려사항은 초음속 터널의 *시작* 과정이다. 단순히 몇 개의 밸브를 열고 터널을 통해 최소 압력 비율 1.387을 부과한다면, 순간적인 시작 과정과 관련된 파동을 통한 손실이 너무 크게 발생할 수 있으며, 유동 형성 과정이 자체적으로 시작되기 어렵다. 이 경우, 터널을 통한 시작 압력 비율은 운전 압력 비율보다 높아야 한다. 특히 시험부에 모델이 장착되어 있는 경우 시작 압력 비율을 추정하는 것은 어렵다. 이것은 일반적으로 경험적으로 결정된다. 마지막으로 시험 모델에 대해 언급하자면, 터널을 통한 질량 유량을 '차단'하지 않는 크기여야 한다. 모델의 단면적은 시험부 단면적 대비 작아야 한다. 시험부의 질량 유량을 차단하지 않고 허용되는 최대 모델 크기는 모델 형태(유선형 및 얇은 모델 대 무딘 모델) 및 시험부 마하수에 따라 달라진다. 허용되는 최대 모델 크기 또한 일반적으로 경험적으로 결정된다.

이러한 실용적인 고려사항을 간과하더라도, 우리는 보수적으로 전체 압력 비율을 약 2로 설계할 수 있다. 이는 터널이 적절하게 시작된 후 최소 설계 값인 1.387로 감속될 수 있다.

질문: 저장 탱크의 압력이 $p_0 = 1.387$ atm의 경우, 모델 위로 흐르는 유동의 레이놀즈수 10^7이 우리의 설계 조건을 충족할까? 이 추정을 위해 먼저 저장 탱크 내의 공기 밀도, ρ_0를 계산한다. 저장 탱크 내의 공기 온도를 표준 해수면 값인 $T_0 = 519$ °R로 가정한다.

$$\rho_0 = \frac{p_0}{RT_0} = \frac{(1.387)(2116)}{(1716)(519)} = 0.00329 \ \frac{\text{slug}}{\text{ft}^3}$$

시험부에서 마하수 2이므로, 부록 A에 따르면

$$\frac{\rho_0}{\rho} = 4.347 \qquad \text{and} \qquad \frac{T_0}{T} = 1.8$$

따라서 시험부에서 등엔트로피 유동 특성은 다음과 같다.

$$\rho = \frac{\rho_0}{4.347} = \frac{0.00329}{4.347} = 7.568 \times 10^{-4} \frac{\text{slug}}{\text{ft}^3}$$

그리고

$$T = \frac{T_0}{1.8} = \frac{519}{1.8} = 288°\text{R}$$

시험부에서의 음속은

$$a = \sqrt{\gamma RT} = \sqrt{(1.4)(1716)(288)} = 831.8 \text{ ft/s}$$

그러므로 유속은

$$V = Ma = 2(831.8) = 1664 \text{ ft/s}$$

온도에 대한 점성 계수는 SI 단위로 그림 1.50에 제공되어있다. 온도를 켈빈으로 변환하면 다음과 같다.

$$T = \frac{280}{1.8} = 155.6 \text{ K}$$

그림 1.50에 표시된 선형 변화를 온도 155 K로 외삽하면, $\mu = 1.05 \times 10^{-5}$ kg/(m)(s)이다. 1슬러그 = 14.594 kg이고, 1 ft = 0.3048 m인 공학 단위체계로 변환하면,

$$\mu = 1.05 \times 10^{-5} \frac{\text{kg}}{(\text{m})(\text{s})} \left[\frac{1 \text{ slug}}{14.594 \text{ kg}}\right] \frac{0.3048 \text{ m}}{1 \text{ ft}} = 2.19 \times 10^{-7} \frac{\text{slug}}{(\text{ft})(\text{s})}$$

따라서, 고압 공기 저장 탱크의 저장 조건에 대한 시험부의 4피트 길이 모델의 레이놀즈수는 다음과 같다:

$$\text{R}_\text{e} = \frac{\rho VL}{\mu} = \frac{(7.568 \times 10^{-4})(1664)(4)}{2.19 \times 10^{-7}} = 23 \times 10^6$$

레이놀즈수가 2300만으로 요구 사항을 초과하므로, 우리의 방출식 터널의 개념적 설계는 지금까지 잘 진행되고 있다.

우리의 터널은 상당히 큰 편이며, 다음 질문은 다음과 같다: 터널을 통한 질량 유량은 어떻게 되는가? 어떤 운전 시간을 원하는가? 얼마나 큰 공기 저장 탱크가 필요할까? 이들은 모두 서로 관련된 질문이다.

먼저, 질량 유량을 고려해 보자. 질량 유량에 대한 폐쇄형 표현식은 10장 말 연습문제 10.5에 다음과 같이 주어진다.

$$\dot{m} = \frac{p_0 A^*}{\sqrt{T_0}} \sqrt{\frac{\gamma}{R}\left(\frac{2}{\gamma+1}\right)^{(\gamma+1)/(\gamma-1)}} \tag{C10.1}$$

여기서 A^*는 노즐의 목 면적이다. 마하수 2에서, 부록 A에 따르면 $A_e/A^* = 1.687$이다. 우리의 터널은 '2차원' 터널로 노즐과 시험부의 단면적이 직사각형이며, 노즐 출구의 높이가 $h_e = 3.5$ ft이므로, 노즐 목의 높이 h^*는 다음과 같다.

$$h^* = h_e/1.687 = \frac{3.5}{1.687} = 2.075 \text{ ft}$$

노즐의 너비는 3피트이다. 따라서 $A^* = (2.075)(3) = 6.225 \text{ ft}^2$이다. $p_0 = 1.387$ atm에서, 1 atm = 2116 lb/ft^{2}이므로, $p_0 = (1.387)(2116) = 2935 \text{ lb/ft}^2$이고 $T_0 = 519°\text{R}$일 때, 방정식 (C10.1)로부터 다음과 같다.

$$\dot{m} = \frac{(2935)(6.225)}{\sqrt{519}} \left[\frac{1.4}{1716}\left(\frac{2}{1.4+1}\right)^{2.4/0.4}\right]$$
$$= 802(2.73 \times 10^{-4}) = 0.219 \text{ slug/s}$$

32.2 lb$_m$ = 1 slug이므로, 질량 유량은 다음과 같다.

$$\dot{m} = (0.219)(32.2) = 7.05\ \text{lb}_m/\text{s}$$

풍동 운전 시간은 어떨까? 모든 측정이 시험 모델에 대해 수행되도록 충분히 길어야 한다. 압력, 온도, 힘 등이 모두 포함된다. 이를 위해 우리는 1분의 운전 시간을 선택한다. 따라서 그 1분 동안 터널을 통해 흐르는 총 공기의 질량은 다음과 같다.

$$m = (7.05)(60) = 423\ \text{lb}_m$$

우리의 고압 공기 저장 탱크는 터널을 통해 423 lb_m의 공기를 배출하고도 터널을 실행하는 동안에도 남은 공기량이 $p_0 = 1.387$ atm의 저장 탱크 압력을 유지할 수 있을 정도로 충분히 커야 한다. 터널을 시작하기 위해 우리는 초기에 $p_0 = 2$ atm가 필요하다고 추정했다. 터널이 시작된 후에는, 초기에는 저장 탱크 압력이 명시된 1.387 atm보다 높게 유지되지만, 스로틀링 밸브를 통해 통과함으로써 원하는 1.387 atm로 들어가는 공기 압력을 줄일 수 있다. 터널 작동 중에 원하는 것은 탱크 내 압력이 1.387 atm 이상 유지되는 것이다. 상태 방정식 $pV = MRT$를 사용하여, 고정된 V와 T에 대해 다음과 같이 계산할 수 있다. 여기서 V는 탱크 부피이고 M은 탱크 내의 공기 질량이다.

$$\frac{p_i}{p_f} = \frac{M_i}{M_f} \tag{C10.2}$$

여기서 p_i와 p_f는 각각 탱크 내의 초기 압력과 최종 압력이며, M_i와 M_f는 각각 탱크 내의 초기 질량과 최종 질량이다.

$$\frac{p_i}{p_f} = \frac{2}{1.387} = 1.44$$

따라서

$$M_i/M_f = 1.44$$

또는

$$M_f = \frac{M_i}{1.44} \tag{C10.3}$$

또한, 탱크 내의 초기와 최종 질량의 차이는 1분 동안의 운전 중에 방출된 질량과 동일하다.

$$M_i - M_f = 423\ \text{lb} \tag{C10.4}$$

식 (10.3)을 식 (10.4)에 대입하면 다음과 같다.

$$M_i - \frac{M_i}{1.44} = 423$$

$$1.44\,M_i - M_i = (423)(1.44)$$

$$0.44\,M_i = 609.1$$

$$M_i = \frac{609.1}{0.44} = 1384\ \text{lb}_m$$

따라서 저장 탱크는 실행 시작 시 $p = 2$ atm에서 최소한 1384 lb_m의 공기를 포함해야 한다. 마지막으로, 초기에 2 atm의 압력에서 1384 lb_m의 공기를 보관해야 하는 저장 탱크의 부피를 추정할 수 있다. 슬러그 단위의 질량은 $M = \frac{1384}{32.2} =$ 43 slug이며, lb/ft^2 단위의 압력은 $p = 2(2116) = 4232\ \text{lb/ft}^2$이다. 따라서,

$$V = \frac{MRT}{p} = \frac{(43)(1716)(519)}{4232} = 9049\ \text{ft}^3$$

이 탱크의 크기는 얼마나 될까? 지름이 12피트인 원통형 탱크를 가정해 보자. h를 탱크의 높이라고 하자. 탱크의 부피는 $V = \frac{\pi d^2}{4} h$ 또는,

$$h = \frac{4V}{\pi d^2} = \frac{(4)(9049)}{\pi(12)^2} = 80 \text{ ft}$$

와우! 이것은 너무 높은 탱크이다—보통의 실험실 공간에는 너무 높다. 여기서 개념적 설계 프로세스의 중요성이 나타난다. 공기를 2 atm 압력으로 저장하는 대신, 20 atm에서 저장한 다음 공기를 스로틀링 밸브를 통해 터널에 공급하도록 하자. 20 atm 탱크는 2 atm 탱크와 비교하여 탱크 부피를 10배 줄여 8 ft의 높이를 얻게 된다—훨씬 합리적인 값이다.

우리는 초음속 터널의 개념적 설계에 대한 겨우 표면만 긁어본 것이다. 더 철저한 과정은 여기서 한 것처럼 단순히 방출식 터널만이 아닌 다른 종류의 초음속 터널도 살펴보는 것이다. 그런 다음 요구 조건을 충족시키는 최적의 터널 유형을 비교할 수 있다. 그러나 풍동 설계에 대해서 맛보기에는 이 정도로 충분하다. 우리의 방출식 터널은 임무를 적절히 수행할 것이다. 이는 큰 터널로, 특정한 크기의 시험 모델을 사용하기 때문에 큰 초음속 시험부를 필요로 한다. 이러한 종류의 모델을 시험하는 초음속 풍동은 큰 편이다—그것이 바로 자연의 섭리이다!

10.9 연습문제 *Problems*

10.1 수축-확산 노즐 저장조의 압력과 온도는 각각 5 atm과 520°R이다. 유동은 등엔트로피로 팽창해서 노즐 출구에서 초음속이다. 출구와 목의 면적비가 2.193이라 할 때 M_e, p_e, T_e, ρ_e, u_e, $p_{0,e}$, $T_{0,e}$를 구하라.

10.2 수축-확산 노즐을 지나는 유동이 초음속으로 등엔트로피 팽창한다. 저장조와 노즐 출구의 압력은 각각 1 atm과 0.3143 atm이다. 이때 A_e/A^*의 값을 구하라.

10.3 초음속 노즐의 출구에 부착된 피토관으로부터 8.92×10^4 N/m^{2}를 읽었다. 저장조의 압력이 2.02×10^5 N/m^{2}일 경우 A_e/A^*의 값을 구하라.

10.4 연습문제 10.1에서 노즐 목 면적이 4 in^{2}이라 할 때, 노즐의 질량 유량을 구하라.

10.5 질식 노즐의 질량 유량을 계산할 수 있는 식은 다음과 같다.

$$\dot{m} = \frac{p_0 A^*}{\sqrt{T_0}} \sqrt{\frac{\gamma}{R}\left(\frac{2}{\gamma+1}\right)^{(\gamma+1)/(\gamma-1)}}$$

이 식을 유도하라.

10.6 연습문제 10.4를 10.5에 주어진 식을 이용하여 계산하고, 연습문제 10.4의 답과 비교하라.

10.7 출구와 목의 면적비가 1.616이며, 출구와 저장조의 압력이 각각 0.947과 1.0 atm인 수축-확산 노즐이 있다. 노즐 내 등엔트로피 유동을 가정하고 목에서의 마하수와 압력을 구하라.

10.8 연습문제 10.7에서 저장조의 온도는 288 K이며 목의 면적은 0.3 m^{2}이라 가정하고 노즐의 질량 유량을 구하라.

10.9 출구와 목의 면적비가 1.53이며, 저장조의 압력이 1 atm인 수축-확산 노즐이 있다. 노즐 내부에 수직 충격파가 생성되는 경우를 제외하고, 등엔트로피 과정을 가정하여 다음의 경우에 대해 출구의 마하수를 구하라.

(*a*) $p_e = 0.94$ atm (*b*) $p_e = 0.886$ atm (*c*) $p_e = 0.75$ atm (*d*) $p_e = 0.154$ atm

10.10 초음속 풍동의 시험부에 20° 반각 쐐기형 시험체가 0°의 받음각으로 설치되었다. 풍동을 가동시켰을 때, 쐐기의 앞전에서 생긴 충격파의 각도는 41.8°였다. 풍동 노즐의 출구와 목의 면적비를 구하라.

10.11 초음속 풍동의 노즐 출구와 목의 면적비가 6.79이다. 풍동이 가동 중일 때 시험부에 장착된 피토관에서 읽은 압력은 1.448 atm이었다. 저장조의 압력을 구하라.

10.12 마하수 2.8을 가진 초음속 풍동을 디자인하고자 한다. 이때 시험부는 표준 대기 조건이며, 시험부에서의 질량 유량은 1 slug/s이어야 한다. 필요한 저장조의 온도와 압력, 노즐 목과 출구 면적, 그리고 디퓨저 목 면적을 구하라.

10.13 수소와 산소를 연소하는 로켓 엔진을 고려하자. 연소실로 유입되는 추진제와 산화제의 질량 유량은

287.2 kg/s이다. 연소실의 온도는 3600 K이다. 연소실이 로켓 엔진의 저속 저장소라 가정하자. 로켓 노즐 목의 면적이 0.2 m^2일 경우 연소실(저장조)의 압력을 구하라. 이때 비열비 $\gamma = 1.2$와 분자량을 16이라 가정하라.

10.14 초음속과 극초음속 풍동에서 디퓨저의 효율 η_D을 다음과 같이 정의할 수 있다. 디퓨저 출구와 노즐 저장조에서의 전압비를 시험부 마하수 수직 충격파 전후의 전압비로 나눈 수이다. 이는 수직 충격파의 압력 변화에 대하여 디퓨저의 효율을 나타낸 것이다. 대기 중으로 직접 배출하는 시험부 마하수 3.0으로 설계된 초음속 풍동이 있다고 하자. 디퓨저의 효율이 1.2라 할 때 저장조에 필요한 최소 압력을 구하라.

10.15 2차원 도관의 평균 마하수를 계산한 연습문제 9.18로 돌아가 보자. 윗면의 θ는 3°였다. 준1차원 유동을 가정할 때 도관 AB 지점의 마하수를 구하라.

10.16 2차원 도관의 평균 마하수를 계산한 연습문제 9.19로 돌아가 보자. 윗면의 θ는 30°였다. 준1차원 유동을 가정할 때 도관 AB 지점의 마하수를 구하라.

10.17 초기 마하수 1인 상태로 수평으로 흐르는 유동이 아래로 팽창하는 구간을 만나 부채꼴의 Prandtl-Meyer 팽창파를 생성하게 된다. 팽창파의 앞부분에 들어오는 유선은 계속 부드럽게 아래 방향으로 휘어지고, 팽창파의 끝부분에서 다시 하류의 아래쪽으로 기울어져 있는 표면과 평행하게 나타난다(그림 9.2*b* 참조). 중심이 팽창파의 모서리(Prandtl-Meyer 팽창파의 꼭짓점)에 있는 극좌표계 (r, Φ)를 상상해 보자. r은 원점에서부터의 거리, Φ는 수평선에서부터 r의 각도를 나타낸다. 상류에서 유동의 마하수가 1이기 때문에 부채꼴 팽창파의 앞부분은 자유흐름과 수직이다. 점 $(r, \Phi) = (r^*, \pi/2)$에서 팽창파에 진입하는 유선을 고려해 보자. 팽창파를 통과하는 이 유선의 형상을 r과 Φ의 함수로 계산하는 방법을 제시하라. (*주*: 이 문제의 해를 구하려면 9장과 10장의 내용이 모두 필요하다.)

10.18 $M_1 = 1.0$이고 $M_2 = 1.6$인 부채꼴의 팽창파를 고려해 보자. 앞의 연습문제 10.17에서 제시한 방법으로 팽창파를 지나는 유선의 궤적을 그려라.

10.19 500 kPa이고 573 °K인 공기가 출구가 100 kPa인 축소-확장 노즐을 0.1 kg/s로 지나고 있다. $\gamma_{air} = 1.4$, $R_{air} = 288\ J/kgK$이고 유동은 등엔트로피라고 가정하자. 다음을 구하라.

a. 출구 마하수
b. 출구 면적
c. 목 면적

10.20 아래 그림의 냉가스 추력기를 생각해 보자. 노즐 상류에 있는 압력이 20 atm이고 온도가 300K인 큰 탱크에 있는 질소(N_2)가 추진제이다. 노즐의 목 면적은 0.0005 m^2이고 $A_e/A_t = 5.9$이다. 노즐을 흐르는 유동은 등엔트로피이고 분사 도중에 탱크 내의 압력과 온도가 거의 일정하게 유지될 정도로 탱크가 크다고 가정하며 $R_{N_2} = 297\ J/kgK$이고 $\gamma_{N_2} = 1.4$이다. $p_\infty = 1$인 지상과 $p_\infty \approx 0$인 우주에서의 순추력을 계산하라. 그들은 왜 다른지 설명하라.

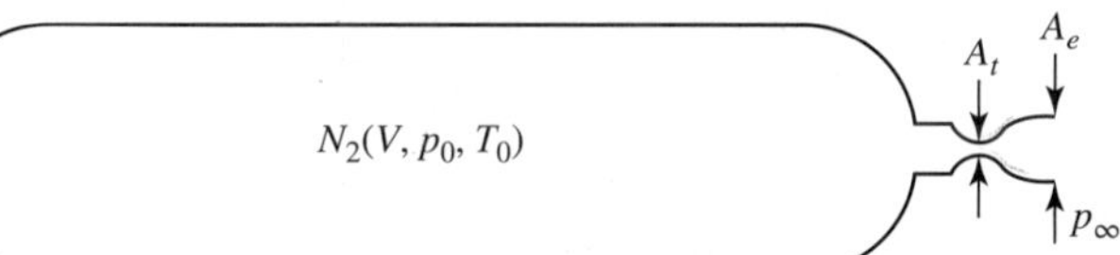

그림 10.26 냉가스 추력기의 개략도

10.21 문제 10.20에서 다룬 냉가스 추력기의 성능에 A_e/A_t의 변화는 어떤 영향을 주는가? $1 \le A_e/A_t \le 50$에서 추력과 비추력(I_{sp})을 계산하여 답을 하라. $p_\infty = 1$인 지상에서와 $p_\infty \approx 0$인 우주에서 분사하는 추력기에 의해 이 계산을 하라. 이 결과를 설명하고 이 추력기가 '좋은' 것인지 아닌지를 판단하라. 비추력은 추력을 발생하기 위해 연료를 얼마나 효율적으로 사용하는지를 나타내는 일반적인 변수이다. 이는 다음과 같이 나타난다.

$$I_{sp} = \frac{T}{\dot{m}_p g}$$

여기서 T는 추력, $\dot{m}_p$ 유량률, g는 중력 가속도이다. *힌트*: A_e/A_t의 변화 대신 M_e를 변화시키는 것이 보다 편한 방법이고 이후에 이에 대한 A_e/A_t를 구하도록 한다. 이 방법은 특정한 A_e/A_t에 대해 M_e를 구하기 위해 표에서 보간법을 사용하는 것을 피하게 해준다

10.22 문제 10.20에서의 냉가스 추력기가 노즐 목의 상류에 신속작동밸브(fast-acting valve)를 장착하고

있다고 보자. 탱크의 체적은 1 m^3이다. 노즐의 질식이 해소될 때까지 유효한 탱크의 압력을 시간에 대한 함수로 표시하라. p_o이 초기 탱크의 압력일 때, 시간에 따른 p_o/p의 탱크 압력비를 그려라. 함수가 유효한 압력비의 범위를 나타내라. 시험은 $p_\infty = 1\ atm$인 지상에서 수행되었다고 가정하라.

10.23 탱크내의 가스 온도가 상수라고 가정하지 않고 문제 10.22를 풀어라. 이 결과를 문제 10.20에서의 등온 경우와 비교하라. 결과는 어떻게 다른가? 탱크에서 분사하면 탱크내의 N_2의 온도는 얼마나 변화하는가? 이것은 출구 속도에 어떤 영향을 주는가?

10.24 노즐 목에서의 압력이 p이고 노즐 상류의 전압과 밀도는 p_0, ρ_0이고 노즐 목 면적이 A_t일 때, 노즐 내의 *임의의* 등엔트로피 유동(즉, 질식일 필요는 없는 유동)에 대해, 유량률이 다음과 같이 주어짐을 보여라.

$$\dot{m} = A_t \psi \sqrt{2 p_0 \rho_0} \quad \text{여기서}$$

$$\psi = \begin{cases} \sqrt{\dfrac{\gamma}{2}\left(\dfrac{2}{\gamma+1}\right)^{\frac{\gamma+1}{\gamma-1}}} & \dfrac{p_0}{p} \geq \left(\dfrac{\gamma+1}{\gamma}\right)^{\frac{\gamma}{\gamma-1}} \\ \sqrt{\dfrac{\gamma}{\gamma-1}\left[\left(\dfrac{p}{p_0}\right)^{\frac{2}{\gamma}} - \left(\dfrac{p}{p_0}\right)^{\frac{\gamma+1}{\gamma}}\right]} & \dfrac{p_0}{p} < \left(\dfrac{\gamma+1}{\gamma}\right)^{\frac{\gamma}{\gamma-1}} \end{cases}$$

ψ를 구하는 것이 목표이다. *힌트*: 해를 구하기 위해 그림 10.27을 사용하라.

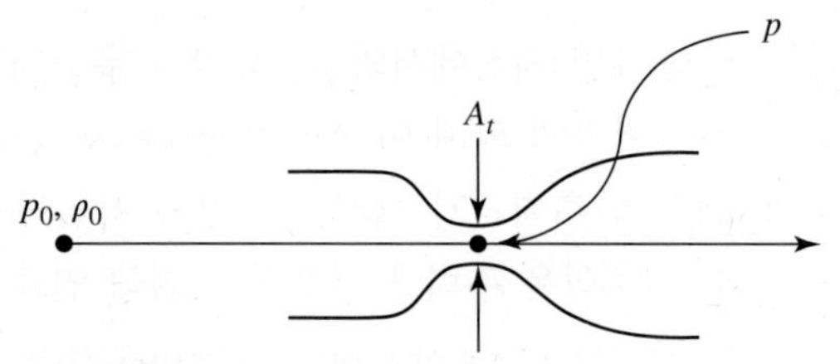

그림 10.27 노즐 내의 유선을 따른 유동

10.25 그림 10.28은 소형 초음속 풍동의 개념도이다. 시험부의 하류는 대형 진공챔버와 연결되어있다. 진공챔버를 진공화시키기 위해 노즐 목 상류에 위치한 신속작동밸브 초기에 닫혀 있다. 시험은 밸브를 열어 공기가 시험부를 지나 진공챔버로 쏠려가도록 함으로써 시작한다. 밸브를 열기 전 진공챔버의 압력은 5066 N/m^2 (95% 진공)이다. 진공챔버의 체적은 62.77 m^{3}이다. 목과 시험부는 직사각형이다. 시험부의 높이(H)는 0.1651 m이고 시험부의 폭은 0.1524 m이다. 목의 높이는 0.0826 m이다. 실험실과 진공 탱크의 공기온도는 300 K이고 공기 압력은 101324 N/m^2 (1 atm)이다. 또한 실험실에서 시험부의 출구까지 유동은 등엔트로피라고 가정한다. (공기에 대해 γ = 1.4이고 R = 287 J/kgK이다.)

a. 시험부에서의 전압과 선온도는 얼마인가?

b. 시험부에서의 마하수는?

c. 시험부에서의 정온도와 정압은?

d. 밸브가 열릴 때부터 시험부에서의 유동이 정상 초음속 유동을 유지할 수 없는 '비작동(un-start)' 시간 사이에 시험부와 확산부 사이에 어떤 현상이 일어나는지 설명하라.

e. 유동이 비작동될 경우의 진공챔버의 압력을 시험부의 마하수, 전압 그리고 비열비의 항으로 유도하라. 이 값을 구하라.

f. 풍동의 시험 시간(즉, 정상 초음속 유동이 지속하는 시간)에 대한 식을 유도하고 이를 계산하라. 진공챔버의 온도가 상수가 아님을 주의하라.

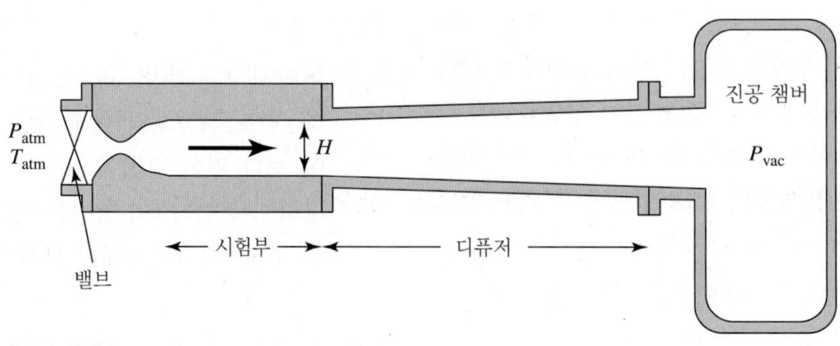

그림 10.28 소형 초음속 풍동의 개념도

익형 주위의 아음속 압축성 유동: 선형 이론

Subsonic Compressible Flow over Airfoils: Linear Theory

전쟁 기간 동안 영국 엔지니어 Frank Whittle는 제트 엔진을 발명하였고, deHavilland는 첫 생산용 모델을 만들었다. 그는 처음으로 500 mph를 능가하는 Vampire라는 이름의 제트기를 생산하였다. 그리고 실험 기체인 DH 108을 만들어 젊은 Geoffrey에게 비행 시험용으로 제공하였다. 조심스럽게 첫 시도에 나선 새 비행기는 훌륭하게 비행하였다. 그러나 Geoffrey가 속도를 증가시킬수록, 훗날 소리장벽이라 불린 보이지 않는 벽에 다가갔다. 당시 소리장벽은 어느 누구에게도 알려져 있지 않았으며, 이 장벽을 뚫을 수 있게 설계되지 않은 비행기를 파괴할 수 있었다. 어느 날 저녁 그는 음속에 도달하였고, 비행기는 산산조각 났다. 젊은 Geoffrey의 시신은 열흘 후에야 찾을 수 있었다.

From the Royal Air Force Flying Review, as condensed in *Reader's Digest*, 1959

미리보기 _*Preview Box*

4장에서 익형에 대해 모든 것을 배웠다. 그러나 사실일까? 4장에서는 저속 비압축성 유동에서의 익형을 다루었다. 고속 압축성 유동이 익형 주위를 지나면 어떻게 될까? 여기서 압축성 유동에 대해 논의함으로써 압축성 효과가 어떤 차이를 만들어낼 것인지 예상할 수 있고, 그건 사실이다. 그러나 무엇이 다르고, 얼마나 많이 다를 것인가? 이 장과 다음 장에서 답을 얻을 수 있을 것이다.

이 장에서는 고속 아음속 유동에서의 익형을 다룬다. 거의 음속에 가까운 고속 아음속 유동장의 익형에서는 무슨 일이 일어날까? 압축성 효과가 익형의 특성을 어떻게, 그리고 얼마나 바꿀 수 있을까? 어떻게 이 압축성 효과를 분석하고 계산할 수 있을까? 그 답은 이 장에 있다. 또 마하수 1에 가까워질수록 익형의 항력이 엄청나게 급증하여 우리 눈에서 벗어날 듯한 것을 볼 수 있다[일반적인 교재에서 소리장벽(sound barrier)이라 한다]. 무슨 일이 벌어질 것인가? 이를 어떻게 다뤄야 할 것인가?

이 모든 것은 매우 중요하고 실제적인 질문이며, 이 장에 설명되어 있다. Boeing 777 같은 고속 제트 여객기를 타고 마하수 0.85 속도로 비행하는 경우, 이 같은 질문들을 이끌어 내는 현상들을 경험하게 된다. 위에 언급된 질문의 올바른 답을 모른다면 이와 같은 비행기를 절대 설계할 수 없을 것이고, 현대 생활의 속도에서 견디기 힘들 정도로 느리게 비행하게 될 것이다. 그러므로 이 장의 내용에 주의를 기울이기 바란다.

그러나 인식하자. 이전 4개 장(7~10장)에서는 압축성 유동의 기본에 대해 필수적인 대수학 수준의 수학적 방법을 이용하여 다루었다. 압축성 유동에 대해 더 자세히 배우기 위해, 특히 여기 제기된 질문에 대한 답을 얻기 위해 편미분 방정식의 세계로 돌아가야 한다. 하지만 이는 큰 문제는 아니다. 이 책의 1부 비압축성 유동에서 이미 다루었던 문제이다. 그러므로 이 장의 내용으로 바로 넘어가자. 여러분은 이 내용을 공부하면서 기술적으로 한층 성숙함을 경험할 것이고, 이를 즐길 것이라 생각한다. 어쨌든 현대 공기역학에서 가장 중요하고 흥미로운 적용를 다루게 될 것이다.

11.1 개요 *Introduction*

앞의 인용문은 영국의 유명한 항공기 설계자인 Geoffrey deHavilland 경의 아들인 Geoffrey deHavilland가 1946년 9월 27일 D.H 108 Swallow를 타고 비행 속도 세계 기록을 세우기 위해 도전했을 때 일어난 사고를 말한다. 당시만 해도 소리보다 빠르게 나는 비행기가 없던 시절이었다. Swallow는 꼬리날개 없이 후퇴익만 갖는 제트-프로펠러 시험기였다. 고속, 저고도 비행 시험 중에 Swallow는 심각한 압축성 문제에 직면하고 공중에서 분해가 되어 버렸다. de-Havilland는 즉사했고, 이 사고는 많은 이들에게 소리보다 빠른 속도로 날 수 있는 비행기는 없다는 인식을 더 강하게 심어주었다. 이 '소리장벽'에 대한 논의는 1930년대 초에 시작되었다. 1935년 Volta 회담에서 큰 이슈가 되었고, 앞에서 인용한 사건으로 인해 소리장벽에 관한 이슈는 1947년 10월 14일 Charles Yeager 대위가 첫 초음속 비행에 성공한 지 12년이 지난 후인 1959년 말까지 여러 유명 문헌에서 다뤄졌다.

물론 초음속 여객기인 Concorde가 마하수 2의 속도로 날고 몇몇 군용 항공기가 마하수 3에서 그 이상의 속도로 날고 있기에, 소리장벽에 대한 믿음은 현재 완전히 근거 없는 것이었음을 알게 되었다. X-15 극초음속 연구용 항공기가 마하수 7로 비행하고, Apollo 달 탐사선의 귀환 캡슐은 마하수 36의 속도로 지구 대기 재진입에 성공하였다. 이제 초음속 비행은 어디서나 일어난다. 그럼 소리장벽에 대한 초기의 우려는 무엇에서 비롯된 것일까? 이 장에서는 고속 아음속 비행에 해당하는 영역에 적용할 수 있도록 이론을 전개하고, 이 이론에 의해 마하수가 1에 가까워질수록 항력이 무한대로 증가하는 것으로 예측됨을 보게 된다. 이 이론의 결과가 바로 1930년대 초 사람들이 음속 이상의 속도로 날 수 없다고 오해하도록 만들었다. 그러나 또한 이 장에서 이론에서의 근사화 기법이 마하수 1 부근에서 나누어지며, 실제로 음속에서 항력 계수가 매우 크더라도 여전히 감당할 수 있는 유한한 값임을 보여줄 것이다.

이 장의 구체적 목적은 비압축성으로 가정할 수 없고 음속보다는 낮은 마하수 0.3 이상에서 2차원 익형의 특성을 조사하는 것이다. 즉, 4장에서의 익형에 대한 논의를 고속 아음속 영역으로 확장하는 것이다.

이 과정에서 압축성 유동 연구의 새로운 단계에 오르게 된다. 지금까지의 압축성 유동에 대한 논의를 돌아보면, 수직 충격파나 도관 내 유동과 같은 1차원의 경우만 다루고 있음을 알 것이다. 실제로 2차원 또는 3차원의 경사 충격파라 할지라도, 이는 충격파에 수직한 마하수 성분에만 의존한다. 그러므로 지금까지는 다차원 유동에 대한 문제와는 명시적인 관련이 없었다. 이 같은 유동을 분석하는 데 사용된 방정식은 *대수 방정식*이기 때문에, 편미분 방정식과 비교하여 상대적으로 쉬운 해법을 가지고 있다. 8~10장에서, 주로 이 같은 대수 방정식을 다루었다. 이 대수 방정식들은 검사 체적의 입구와 출구 면에 대해 균일한 유동을 갖는 적절한 검사 체적에 대한 보존 방정식[식 (2.48), (2.64), (2.95)]에 적분 형태를 취함으로써 얻을 수 있었다. 그러나 일반적인 2차원, 3차원 유동에서는 이 같은 편한 방법을 취하기 힘들다. 대신 지배 방정식의 편미분 형태를 그대로 사용한다. 이것이 이 장의 본질이다. 실제로 이 책의 나머지 공기역학적 논의는 식 (2.52), (2.113*a*~*c*), (2.114)와 같은 연속, 운동량, 에너지 방정식의 미분 형태를 다루게 된다.

이 장의 이정표가 그림 11.1에 나와 있다. 2.15절에서 다룬 속도 퍼텐셜 개념에 대해 다시 살펴볼 것이다. 간단히

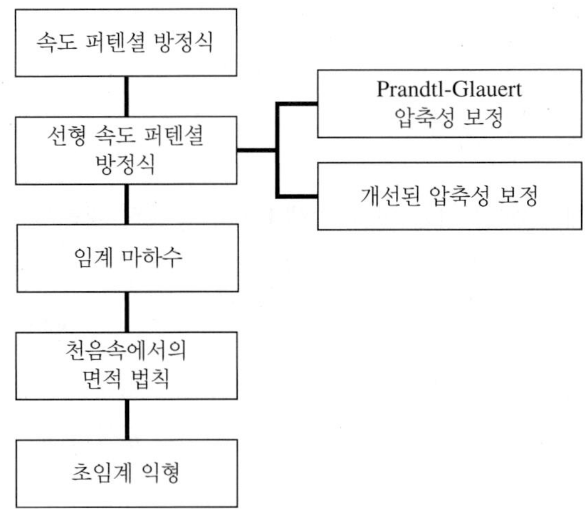

그림 11.1 11장의 이정표

속도 퍼텐셜의 함수로 나타낸 하나의 방정식을 얻기 위해 지배 방정식들을 조합할 것이다. 즉, 3.7절에서 비압축성 유동을 위해 Laplace 방정식을 유도한 것처럼, 압축성 유동을 위해 비슷한 방정식을 유도할 것이다. 그러나 Laplace 방정식과는 다르게, 압축성 유동을 위한 속도 퍼텐셜 방정식은 비선형이다. 적절한 근사치를 얻기 위해, 이 방정식을 선형화하여 낮은 받음각에서 얇은 익형에 적용할 수 있다. 그 결과는 *압축성 보정*이라 불리는 방법으로 압축성 효과를 고려하기 위한 비압축성 익형 자료를 수정할 수 있도록 한다. 마지막으로 익형의 여러 가지 실용적인 면과 음속 부근에서의 날개-동체 공기역학에 대한 논의로 이 장을 마치게 된다.

11.2 속도 퍼텐셜 방정식 *The Velocity Potential Equation*

균일한 흐름 내의 물체 주변을 지나는 비점성, 압축성, 아음속 유동은 *비회전성*을 갖고 있으며, 이 같은 유동에서 유체 입자를 회전하게 만드는 역학은 없다. 그러므로 속도 퍼텐셜이 정의될 수 있다. 비회전 유동과 속도 퍼텐셜은 2.12절과 2.15절에서 이미 다룬 내용들이다.

2차원, 정상, 비회전, 등엔트로피 유동을 고려하자. 식 (2.154)로부터 속도 퍼텐셜 $\phi = \phi(x, y)$는 다음과 같이 정의될 수 있다.

$$\mathbf{V} = \nabla\phi \tag{11.1}$$

또는 cartesian 속도 성분으로 나타내면,

$$u = \frac{\partial\phi}{\partial x} \tag{11.2a}$$

$$v = \frac{\partial\phi}{\partial y} \tag{11.2b}$$

연속, 운동량, 에너지 방정식의 조합을 나타낼 수 있도록 ϕ에 관한 식으로 나타내자. 이는 속도 퍼텐셜 ϕ라는 하나의 변수로 지배 방정식을 간략화할 수 있기 때문에 매우 유용한 방법이다.

2차원 정상 유동의 연속 방정식은 식 (2.52)로부터 다음과 같이 나타낼 수 있으며,

$$\frac{\partial(\rho u)}{\partial x} + \frac{\partial(\rho v)}{\partial y} = 0 \tag{11.3}$$

또는

$$\rho\frac{\partial u}{\partial x} + u\frac{\partial \rho}{\partial x} + v\frac{\partial \rho}{\partial y} + \rho\frac{\partial v}{\partial y} = 0 \tag{11.4}$$

식 (11.2a와 b)를 식 (11.4)에 대입하면,

$$\rho\frac{\partial^2\phi}{\partial x^2}+\frac{\partial\phi}{\partial x}\frac{\partial\rho}{\partial x}+\frac{\partial\phi}{\partial y}\frac{\partial\rho}{\partial y}+\rho\frac{\partial^2\phi}{\partial y^2}=0$$

또는

$$\rho\left(\frac{\partial^2\phi}{\partial x^2}+\frac{\partial^2\phi}{\partial y^2}\right)+\frac{\partial\phi}{\partial x}\frac{\partial\rho}{\partial x}+\frac{\partial\phi}{\partial y}\frac{\partial\rho}{\partial y}=0 \tag{11.5}$$

완전히 ϕ의 함수로 된 방정식을 얻으려 하므로 식 (11.5)에서 ρ를 제거해야 한다. 이를 위해 Euler 방정식 형태의 운동량 방정식을 고려하자.

$$dp=-\rho V\,dV \tag{3.12}$$

이 방정식은 정상, 압축성, 비점성 유동에 적용되며, 유선을 따라 p와 V의 관계를 나타낸다. 비회전 유동에서는 식 (3.12)가 오직 유선에서뿐만 아니라 전체 유동장에서 방향에 관계없이 성립함을 손쉽게 알 수 있다(그렇게 됨을 증명해 보라). 그러므로 식 (3.12)와 (11.2a와 b)로부터

$$dp=-\rho V\,dV=-\frac{\rho}{2}d(V^2)=-\frac{\rho}{2}d(u^2+v^2)$$

또는

$$dp=-\frac{\rho}{2}d\left[\left(\frac{\partial\phi}{\partial x}\right)^2+\left(\frac{\partial\phi}{\partial y}\right)^2\right] \tag{11.6}$$

또한 등엔트로피 유동을 고려하면 등엔트로피 변화 $d\rho$는 자동적으로 유동 내 압력 변화 dp를 동반하게 된다. 정의에 의해 다음 식을 얻는다.

$$\frac{dp}{d\rho}=\left(\frac{\partial p}{\partial\rho}\right)_s \tag{11.7}$$

식 (11.7)의 우변은 단순히 음속의 제곱이다. 그러므로 식 (11.7)은,

$$dp=a^2\,d\rho \tag{11.8}$$

식 (11.8)을 식 (11.6)의 좌변에 대입하면,

$$d\rho=-\frac{\rho}{2a^2}d\left[\left(\frac{\partial\phi}{\partial x}\right)^2+\left(\frac{\partial\phi}{\partial y}\right)^2\right] \tag{11.9}$$

x 방향으로의 변화를 고려하면, 식 (11.9)는 직접적으로

$$\frac{\partial\rho}{\partial x}=-\frac{\rho}{2a^2}\frac{\partial}{\partial x}\left[\left(\frac{\partial\phi}{\partial x}\right)^2+\left(\frac{\partial\phi}{\partial y}\right)^2\right]$$

또는

$$\frac{\partial\rho}{\partial x}=-\frac{\rho}{a^2}\left(\frac{\partial\phi}{\partial x}\frac{\partial^2\phi}{\partial x^2}+\frac{\partial\phi}{\partial y}\frac{\partial^2\phi}{\partial x\partial y}\right) \tag{11.10}$$

비슷하게 y 방향으로의 변화를 고려하면 식 (11.9)는,

$$\frac{\partial\rho}{\partial y}=-\frac{\rho}{a^2}\left(\frac{\partial\phi}{\partial x}\frac{\partial^2\phi}{\partial x\,\partial y}+\frac{\partial\phi}{\partial y}\frac{\partial^2\phi}{\partial y^2}\right) \tag{11.11}$$

식 (11.10)과 (11.11)을 식 (11.5)에 대입하여 ρ를 제거한 뒤 ϕ의 2차 미분항으로 정리하면,

$$\boxed{\begin{aligned}&\left[1-\frac{1}{a^2}\left(\frac{\partial\phi}{\partial x}\right)^2\right]\frac{\partial^2\phi}{\partial x^2}+\left[1-\frac{1}{a^2}\left(\frac{\partial\phi}{\partial y}\right)^2\right]\frac{\partial^2\phi}{\partial y^2}\\&\quad-\frac{2}{a^2}\left(\frac{\partial\phi}{\partial x}\right)\left(\frac{\partial\phi}{\partial y}\right)\frac{\partial^2\phi}{\partial x\,\partial y}=0\end{aligned}} \tag{11.12}$$

이 식은 속도 *퍼텐셜 방정식*이다. 거의 ϕ의 함수로 나타냈고, 오직 음속 a만이 포함되어 있다. 그러나 음속도 ϕ의 함수로 나타낼 수 있다. 식 (8.33)으로부터,

$$a^2 = a_0^2 - \frac{\gamma - 1}{2}V^2 = a_0^2 - \frac{\gamma - 1}{2}(u^2 + v^2)$$

$$= a_0^2 - \frac{\gamma - 1}{2}\left[\left(\frac{\partial \phi}{\partial x}\right)^2 + \left(\frac{\partial \phi}{\partial y}\right)^2\right] \tag{11.13}$$

a_0는 유동 내에서 일정하고, 식 (11.13)은 음속 a를 ϕ의 함수로 제공한다. 그러므로 식 (11.13)을 식 (11.12)에 대입하면 변수 ϕ의 함수로 된 하나의 편미분 방정식이 나온다. 이 방정식이 연속, 운동량, 에너지 방정식의 조합을 나타내는 식이다. 이론상으로 어떠한 2차원 형상 주변의 유동장에 대한 ϕ를 구하는 것은 일반적으로 물체 표면과 물체에서 먼 경계 조건하에서 가능하다. ϕ에 대한 이 경계 조건들은 3.7절에 자세히 나와 있으며, 식 (3.47*a*와 *b*) 그리고 (3.48*b*)로 주어져 있다.

식 (11.12)가 하나의 종속변수 ϕ에 대한 방정식이기 때문에 등엔트로피, 비회전, 정상, 압축성 유동에 대한 해석은 매우 간략화되었다. 3개 혹은 그 이상의 방정식 대신 하나의 식만 풀면 된다. ϕ를 알면 모든 유동변수들은 다음 방법으로 구할 수 있다.

1. u, v를 식 (11.2*a*와 *b*)를 통해 계산한다.
2. 식 (11.13)에서 a를 계산한다.
3. $M = V/a = \sqrt{u^2 + v^2}/a$을 계산한다.
4. 식 (8.40), (8.42), (8.43)으로부터 T, p, ρ를 계산한다. 이 식에서 T_0, p_0, ρ_0는 유동장에서 일정한 값을 가지며, 이는 자유흐름 조건으로부터 구할 수 있다.

식 (11.12)가 하나의 변수를 갖는 하나의 방정식이라는 이점이 있지만, *비선형* 편미분 방정식이라는 불리함이 존재한다. 이 같은 *비선형* 방정식은 해석적인 방법으로 풀기 매우 어려우며, 현대 공기역학에서 식 (11.12)의 해는 유한차분 수치적 방법을 이용하여 찾게 된다. 실제로 식 (11.12)의 일반화된 해석적인 해는 현재까지 구하지 못하고 있다. 이와 반대로 이를 비압축성 유동에 적용하면, 수많은 해석적인 해가 알려져 있는 *선형* 편미분 방정식인 Laplace 방정식으로 풀 수 있다.

이 같은 상황에서 공기역학자들은 수년 동안 식 (11.12)를 간략화하기 위해 가정들을 만들었다. 이 가정에서는 적용 대상을 낮은 받음각에서의 날렵한 물체 주변의 유동으로 한정한다. 아음속과 초음속 유동에서 이 가정들을 통해 식 (11.12)를 선형화된 *근사식*으로 만들어 해석적으로 풀 수 있도록 한다. 이 내용이 다음 절의 주제이다.

정상, 비회전, 등엔트로피 유동 범주에서 식 (11.12)는 *정확한* 해를 가지며, 아음속에서 초음속, 극초음속에 해당하는 모든 마하수, 그리고 모든 2차원 모델에 대해 성립한다.

11.3 선형화된 속도 퍼텐셜 방정식 *The Linearized Velocity Potential Equation*

그림 11.2와 같은 물체 주변에 흐르는 2차원, 비회전, 등엔트로피 유동을 생각해 보자. 물체는 x 방향의 속도 성분을 갖는 균일한 유동 속에 있다. 유동장 내 임의의 지점 P에서의 속도를 **V**라 하고 x, y 방향의 속도 성분을 각각 u, v라 하자. 그리고 속도 **V**를 도식화하여 균일 유동의 속도와 추가의 속도 증분의 합으로 표시해 보자. 예를 들어, 그림 11.2에서 x 방향 속도 성분 u는 V_∞와 속도 증가량의 합으로 표시할 수 있다. 이와 유사하게 y 속도 성분 v는 속도 증분으로만 표시할 수 있다. 이는 균일 유동이 y 방향의 속도 성분을 갖지 않기 때문이다. 이 증분은 *교란*(perturbations)이라 불리며,

$$u = V_\infty + \hat{u} \qquad v = \hat{v}$$

$\hat{u}$, $\hat{v}$는 *교란* 속도이다. 이 교란 속도는 그림 11.2의 몸체 앞부분과 같은 정체 지점에서는 꽤 큰 값을 갖는 경우도 있다.

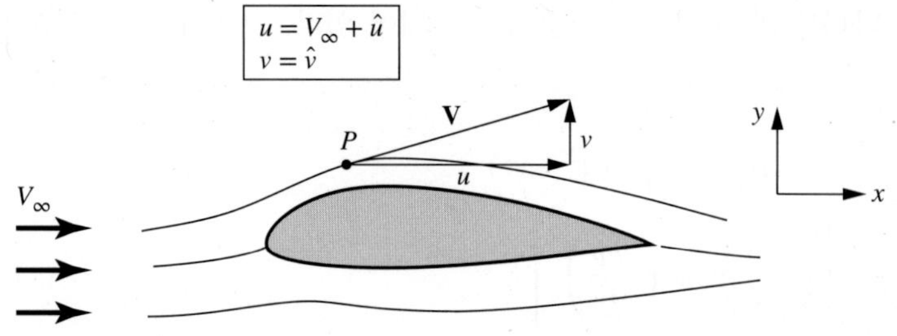

그림 11.2 균일 유동과 교란 유동

같은 맥락으로 속도 퍼텐셜 $\mathbf{V} = \nabla\phi$이므로, 교란 속도 퍼텐셜 $\hat{\phi}$을 다음과 같이 정의할 수 있다.

$$\phi = V_\infty x + \hat{\phi}$$

여기서

$$\frac{\partial\hat{\phi}}{\partial x} = \hat{u}$$

$$\frac{\partial\hat{\phi}}{\partial y} = \hat{v}$$

따라서

$$\frac{\partial\phi}{\partial x} = V_\infty + \frac{\partial\hat{\phi}}{\partial x} \qquad \frac{\partial\phi}{\partial y} = \frac{\partial\hat{\phi}}{\partial y}$$

$$\frac{\partial^2\phi}{\partial x^2} = \frac{\partial^2\hat{\phi}}{\partial x^2} \qquad \frac{\partial^2\phi}{\partial y^2} = \frac{\partial^2\hat{\phi}}{\partial y^2} \qquad \frac{\partial^2\phi}{\partial x\,\partial y} = \frac{\partial^2\hat{\phi}}{\partial x\,\partial y}$$

위 정의를 식 (11.12)에 대입하고 a^2을 곱하면 다음을 얻게 된다.

$$\left[a^2 - \left(V_\infty + \frac{\partial\hat{\phi}}{\partial x}\right)^2\right]\frac{\partial^2\hat{\phi}}{\partial x^2} + \left[a^2 - \left(\frac{\partial\hat{\phi}}{\partial y}\right)^2\right]\frac{\partial^2\hat{\phi}}{\partial y^2}$$
$$-2\left(V_\infty + \frac{\partial\hat{\phi}}{\partial x}\right)\left(\frac{\partial\hat{\phi}}{\partial y}\right)\frac{\partial^2\hat{\phi}}{\partial x\,\partial y} = 0 \tag{11.14}$$

식 (11.14)는 *교란 속도 퍼텐셜 방정식*이라 불린다. 이는 ϕ을 $\hat{\phi}$으로 표현한 것을 제외하면 식 (11.12)와 정확하게 같은 식이며, 여전히 비선형 방정식이다.

보다 나은 물리적 이해를 얻기 위해 식 (11.14)를 교란 속도에 의한 식으로 바꿔 보자. $\hat{\phi}$의 정의로부터 식 (11.14)는 다음 식으로 쓰일 수 있다.

$$[a^2 - (V_\infty + \hat{u})^2]\frac{\partial\hat{u}}{\partial x} + (a^2 - \hat{v}^2)\frac{\partial\hat{v}}{\partial y} - 2(V_\infty + \hat{u})\hat{v}\frac{\partial\hat{u}}{\partial y} = 0 \tag{11.14a}$$

식 (8.32) 형태의 에너지 방정식으로부터 다음을 얻을 수 있고,

$$\frac{a_\infty^2}{\gamma - 1} + \frac{V_\infty^2}{2} = \frac{a^2}{\gamma - 1} + \frac{(V_\infty + \hat{u})^2 + \hat{v}^2}{2} \tag{11.15}$$

식 (11.15)를 식 (11.14*a*)에 대입하고 수학적 정리를 하고 나면 다음 식을 얻게 된다.

$$(1 - M_\infty^2)\frac{\partial\hat{u}}{\partial x} + \frac{\partial\hat{v}}{\partial y} = M_\infty^2\left[(\gamma + 1)\frac{\hat{u}}{V_\infty} + \frac{\gamma + 1}{2}\frac{\hat{u}^2}{V_\infty^2} + \frac{\gamma - 1}{2}\frac{\hat{v}^2}{V_\infty^2}\right]\frac{\partial\hat{u}}{\partial x}$$
$$+ M_\infty^2\left[(\gamma - 1)\frac{\hat{u}}{V_\infty} + \frac{\gamma + 1}{2}\frac{\hat{v}^2}{V_\infty^2} + \frac{\gamma - 1}{2}\frac{\hat{u}^2}{V_\infty^2}\right]\frac{\partial\hat{v}}{\partial y}$$
$$+ M_\infty^2\left[\frac{\hat{v}}{V_\infty}\left(1 + \frac{\hat{u}}{V_\infty}\right)\left(\frac{\partial\hat{u}}{\partial y} + \frac{\partial\hat{v}}{\partial x}\right)\right] \tag{11.16}$$

식 (11.16)은 비회전, 등엔트로피 유동에 대하여 아주 정확한 표현이다. 식 (11.16)의 좌변은 선형이지만 우변은 비선형임에 주목하라. 물론 교란 속도 $\hat{u}$, $\hat{v}$의 크기는 클 수도 작을 수도 있음을 기억해야 한다.

이제 교란이 작은 경우에 대해 생각해 보자. 이는 그림 11.2의 물체가 매우 *날렵하며 낮은* 받음각을 갖는다고 가정하는 것이다. 이 경우 $\hat{u}$, $\hat{v}$는 V_∞와 비교했을 때 작은 값을 갖게 된다. 그러므로 다음을 얻는다.

$$\frac{\hat{u}}{V_\infty}, \frac{\hat{v}}{V_\infty} \ll 1 \qquad \frac{\hat{u}^2}{V_\infty^2}, \frac{\hat{v}^2}{V_\infty^2} \lll 1$$

$\hat{u}$, $\hat{v}$와 이들의 미분항과의 곱은 매우 작게 됨을 염두에 두고 식 (11.16)을 살펴 보자. 식 (11.16)에서 좌변과 우변의 유사한 항(미분항의 계수)들을 비교해 보자.

1. $0 \le M_\infty \le 0.8$ 또는 $M_\infty \ge 1.2$일 때,

$$M_\infty^2 \left[(\gamma+1)\frac{\hat{u}}{V_\infty} + \cdots\right] \frac{\partial \hat{u}}{\partial x}$$

의 크기는

$$\left(1 - M_\infty^2\right) \frac{\partial \hat{u}}{\partial x}$$

의 크기보다 작은 값을 갖는다. 따라서 앞의 항은 *무시*한다.

2. $M_\infty < 5$일 때,

$$M_\infty^2 \left[(\gamma-1)\frac{\hat{u}}{V_\infty} + \cdots\right] \frac{\partial \hat{v}}{\partial y}$$

는 $\partial\hat{v}/\partial y$보다 작으므로 무시할 수 있고

$$M_\infty^2 \left[\frac{\hat{v}}{V_\infty}\left(1 + \frac{\hat{u}}{V_\infty}\right)\left(\frac{\partial \hat{u}}{\partial y} + \frac{\partial \hat{v}}{\partial x}\right)\right] \approx 0$$

위와 같은 차수의 비교를 통해 식 (11.16)은 다음과 같이 줄어든다.

$$\left(1 - M_\infty^2\right)\frac{\partial \hat{u}}{\partial x} + \frac{\partial \hat{v}}{\partial y} = 0 \tag{11.17}$$

또는 교란 속도 퍼텐셜 항으로

$$\boxed{\left(1 - M_\infty^2\right)\frac{\partial^2 \hat{\phi}}{\partial x^2} + \frac{\partial^2 \hat{\phi}}{\partial y^2} = 0} \tag{11.18}$$

식 (11.18)을 살펴보면, *선형* 편미분 방정식으로 이전 식 (11.16)보다 훨씬 간편하게 풀 수 있다. 그러나 간단화에 대한 대가는 지불하였다. 식 (11.18)은 유동 물리에 대한 근사식으로 정확한 것은 아니다. 식 (11.18)을 얻기 위해 만들어진 가정들 때문에 다음과 같은 상황에서 정확하지는 않지만 근사적으로 타당성을 갖는다.

1. *작은* 교란, 즉 작은 받음각의 얇은 물체

2. *아음속*, *초음속* 영역의 마하수

이와 반대로 두꺼운 물체에 높은 받음각에서는 유효하지 않으며, 천음속 영역($0.8 < M_\infty < 1.2$) 또는 극초음속 영역($M_\infty > 5$)에서 역시 사용할 수 없다.

식 (11.18)을 풀어냄으로써 날렵한 물체 표면에서의 압력 분포를 얻고자 한다. 이제 압력 계수를 위한 선형화된 근사식을 얻고자 한다. 이 표현은 식 (11.18)과 비슷한 정도로 근사식이지만, 사용하기에는 훨씬 간단하고 편리하다. 선형화된 압력 계수는 다음 방법으로 유도할 수 있다.

먼저 1.5절에서 배운 압력 계수 C_p의 정의를 떠올려 보자.

$$C_p \equiv \frac{p - p_\infty}{q_\infty} \tag{11.19}$$

여기서 $q_\infty = \frac{1}{2}\rho_\infty V_\infty^2$ = 동압이며, 다음 방법으로 M_∞의 함수로 나타낼 수 있다.

$$q_\infty = \frac{1}{2}\rho_\infty V_\infty^2 = \frac{1}{2}\frac{\gamma p_\infty}{\gamma p_\infty}\rho_\infty V_\infty^2 = \frac{\gamma}{2}p_\infty\left(\frac{\rho_\infty}{\gamma p_\infty}\right)V_\infty^2 \tag{11.20}$$

식 (8.23)으로부터 $a_\infty^2 = \gamma p_\infty/\rho_\infty$이다. 따라서 식 (11.20)은 다음 식과 같이 된다.

$$q_\infty = \frac{\gamma}{2}p_\infty\frac{V_\infty^2}{a_\infty^2} = \frac{\gamma}{2}p_\infty M_\infty^2 \tag{11.21}$$

식 (11.21)을 식 (11.19)에 대입하면,

$$\boxed{C_p = \frac{2}{\gamma M_\infty^2}\left(\frac{p}{p_\infty} - 1\right)} \tag{11.22}$$

식 (11.22)는 압력 계수를 M_∞의 함수로 간단하게 표현하였다. 이는 여전히 압력 계수 C_p의 정의를 나타내고 있다.

선형화 형태의 압력 계수를 얻기 위해, 식 (8.39)를 통해 열량적 완선 기체의 단열 유동을 다루고 있음을 기억하자.

$$T + \frac{V^2}{2c_p} = T_\infty + \frac{V_\infty^2}{2c_p} \tag{11.23}$$

식 (7.9)로부터 $c_p = \gamma R/(\gamma - 1)$이므로, 식 (11.23)은 다음과 같이 쓸 수 있다.

$$T - T_\infty = \frac{V_\infty^2 - V^2}{2\gamma R/(\gamma - 1)} \tag{11.24}$$

또한 $a_\infty = \sqrt{\gamma R T_\infty}$을 이용하면 식 (11.24)는 다음 식이 된다.

$$\frac{T}{T_\infty} - 1 = \frac{\gamma - 1}{2}\frac{V_\infty^2 - V^2}{\gamma R T_\infty} = \frac{\gamma - 1}{2}\frac{V_\infty^2 - V^2}{a_\infty^2} \tag{11.25}$$

교란 속도에 대해서

$$V^2 = (V_\infty + \hat{u})^2 + \hat{v}^2$$

식 (11.25)는 다음과 같이 쓸 수 있다.

$$\frac{T}{T_\infty} = 1 - \frac{\gamma - 1}{2a_\infty^2}(2\hat{u}V_\infty + \hat{u}^2 + \hat{v}^2) \tag{11.26}$$

등엔트로피 유동이기 때문에 $p/p_\infty = (T/T_\infty)^{\gamma/(\gamma - 1)}$, 식 (11.26)은 다음 식으로 나타낼 수 있다.

$$\frac{p}{p_\infty} = \left[1 - \frac{\gamma - 1}{2a_\infty^2}(2\hat{u}V_\infty + \hat{u}^2 + \hat{v}^2)\right]^{\gamma/(\gamma-1)}$$

또는

$$\frac{p}{p_\infty} = \left[1 - \frac{\gamma - 1}{2}M_\infty^2\left(\frac{2\hat{u}}{V_\infty} + \frac{\hat{u}^2 + \hat{v}^2}{V_\infty^2}\right)\right]^{\gamma/(\gamma-1)} \tag{11.27}$$

식 (11.27)은 정확한 표현이다. 그러나 교란이 작다는 가정, 즉 $\hat{u}/V_\infty \ll 1$, $\hat{u}^2/V_\infty^2 \lll 1$, $\hat{v}^2/V_\infty^2 \lll 1$을 이용해 보자. 이 경우 식 (11.27)은

$$\frac{p}{p_\infty} = (1 - \varepsilon)^{\gamma/(\gamma-1)} \tag{11.28}$$

여기서 ε는 매우 작다. 이항 전개를 이용하여 고차항들을 무시하면 식 (11.28)은 다음 식으로 나타난다.

$$\frac{p}{p_\infty} = 1 - \frac{\gamma}{\gamma - 1}\varepsilon + \cdots \tag{11.29}$$

식 (11.27)과 (11.29)를 비교하면 식 (11.27)은 다음과 같이 나타낼 수 있다.

$$\frac{p}{p_\infty} = 1 - \frac{\gamma}{2}M_\infty^2\left(\frac{2\hat{u}}{V_\infty} + \frac{\hat{u}^2 + \hat{v}^2}{V_\infty^2}\right) + \cdots \tag{11.30}$$

식 (11.30)을 압력 계수식에 대입하면 식 (11.22)는

$$C_p = \frac{2}{\gamma M_\infty^2}\left[1 - \frac{\gamma}{2}M_\infty^2\left(\frac{2\hat{u}}{V_\infty} + \frac{\hat{u}^2 + \hat{v}^2}{V_\infty^2}\right) + \cdots - 1\right]$$

또는

$$C_p = -\frac{2\hat{u}}{V_\infty} - \frac{\hat{u}^2 + \hat{v}^2}{V_\infty^2} \tag{11.31}$$

$\hat{u}^2/V_\infty^2, \hat{v}^2/V_\infty^2 \lll 1$이기 때문에 식 (11.31)은 다음 식이 된다.

$$\boxed{C_p = -\frac{2\hat{u}}{V_\infty}} \tag{11.32}$$

식 (11.32)는 *작은* 교란의 경우에만 유효한 선형화된 압력 계수이다. 식 (11.32)는 선형화된 교란 속도 퍼텐셜 방정식인 (11.18)과 일치한다. 식 (11.32)는 오직 교란 속도의 x 성분 $\hat{u}$에 영향받는 매우 간단한 식이 되었다.

선형화된 방정식에 대한 논의를 마무리하기 위해, 식 (11.18)에 대한 해답은 물체 표면과 임의 지점에서의 경계 조건을 만족해야만 한다는 것에 주목하자. 무한대에서 $\hat{\phi}$는 일정하며 $\hat{u} = \hat{v} = 0$이고, 물체에서는 표면 접선 유동 조건을 적용한다. θ를 표면 접선과 자유흐름이 이루는 각도라고 하면, 표면에서 경계 조건은 식 (3.84*e*)로부터 얻을 수 있다.

$$\tan\theta = \frac{v}{u} = \frac{\hat{v}}{V_\infty + \hat{u}} \tag{11.33}$$

이는 물체 표면에서 표면 접선 유동에 대한 정확한 표현이 된다. 식 (11.33)의 간단한 근사식은 선형화된 이론과 일치하며, 작은 교란 $\hat{u} \ll V_\infty$을 표시함으로써 얻을 수 있다. 따라서 식 (11.33)은

$$\hat{v} = V_\infty \tan\theta$$

또는

$$\boxed{\frac{\partial\hat{\phi}}{\partial y} = V_\infty \tan\theta} \tag{11.34}$$

식 (11.34)는 표면 접선 유동 조건에 대한 *근사화*된 표현이며, 식 (11.18), (11.32)와 비슷한 정도의 정확도를 갖는다.

11.4 Prandtl-Glauert 압축성 보정 *Prandtl-Glauert Compressibility Correction*

낮은 받음각에서의 얇은 익형 주위 비압축성 유동에 대한 기역학 이론은 4장에 나와 있다. 1903~1940년 사이에는 이 이론으로 비행기 익형의 특성을 예측하기에 충분하였다. 그러나 제2차 세계대전을 기점으로 고출력 왕복 엔진의 급격한 발달을 통해, 군 전투기들은 450 mph의 속도에 근접하게 된다. 1944년 첫 제트 비행기(독일 Me 262)의 출현으로, 550 mi/h 속도 이상으로 날 수 있게 되었다. 그 결과 4장에서의 비압축성 유동에 대한 이론은 더 이상 적용할 수 없게 되었고, 대신 압축성 유동을 위한 고속 익형 이론이 등장하게 된다. 저속 공기역학에서 수년간 축적한 방대한 자료와 경험 때문에, 그리고 이 같은 자료를 완전히 버릴 수는 없었기에, 고속 아음속 공기역학에 대한 접근은 갖고 있는 비압축성 유동에 대한 결과를 상대적으로 간단한 *보정*을 통해 압축성 효과를 근사적으로 고려할 수 있도록 하는 방법을 찾는 방향으로 이루어졌다. 이 같은 방법은 *압축성 보정*이라 불리게 된다. 먼저, 가장 널리 알려진 보정 방법인

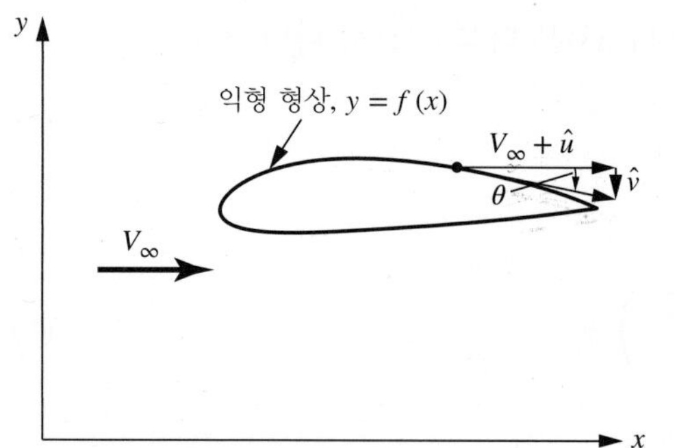

그림 11.3 물리적 공간에서의 익형

Prandtl-Glauert 압축성 보정을 유도해 보기로 하자. Prandtl-Glauert 방법은 식 (11.18)의 선형화된 교란 속도 퍼텐셜 방정식으로부터 시작한다. 그래서 이 방법은 낮은 받음각의 얇은 익형의 경우에 한정되며, 아음속 이론으로서 M_∞ = 0.7 이상이 되면 부정확한 결과가 발생한다.

그림 11.3과 같은 얇은 익형 주위의 아음속, 압축성, 비점성 유동을 생각해 보자. 익형은 $y = f(x)$의 함수로 주어지고, 낮은 받음각의 얇은 익형임을 가정하면 유동은 식 (11.18)에 의해 상당히 정확하게 표현된다.

$$\beta^2 \equiv 1 - M_\infty^2$$

따라서 식 (11.18)은 다음과 같이 쓸 수 있다.

$$\beta^2 \frac{\partial^2 \hat{\phi}}{\partial x^2} + \frac{\partial^2 \hat{\phi}}{\partial y^2} = 0 \tag{11.35}$$

독립변수인 x, y를 ξ, η의 새로운 공간으로 변환하자.

$$\xi = x \tag{11.36a}$$

$$\eta = \beta y \tag{11.36b}$$

변환된 공간에서 새로운 속도 퍼텐셜 $\bar{\phi}$를 고려하면,

$$\bar{\phi}(\xi, \eta) = \beta \hat{\phi}(x, y) \tag{11.36c}$$

식 (11.35)를 변환된 변수들로 재구성하기 위해 연쇄 법칙(chain rule)을 이용하자.

$$\frac{\partial \hat{\phi}}{\partial x} = \frac{\partial \hat{\phi}}{\partial \xi}\frac{\partial \xi}{\partial x} + \frac{\partial \hat{\phi}}{\partial \eta}\frac{\partial \eta}{\partial x} \tag{11.37}$$

그리고

$$\frac{\partial \hat{\phi}}{\partial y} = \frac{\partial \hat{\phi}}{\partial \xi}\frac{\partial \xi}{\partial y} + \frac{\partial \hat{\phi}}{\partial \eta}\frac{\partial \eta}{\partial y} \tag{11.38}$$

식 (11.36a와 b)로부터

$$\frac{\partial \xi}{\partial x} = 1 \quad \frac{\partial \xi}{\partial y} = 0 \quad \frac{\partial \eta}{\partial x} = 0 \quad \frac{\partial \eta}{\partial y} = \beta$$

따라서 식 (11.37)과 (11.38)은

$$\frac{\partial \hat{\phi}}{\partial x} = \frac{\partial \hat{\phi}}{\partial \xi} \tag{11.39}$$

$$\frac{\partial \hat{\phi}}{\partial y} = \beta \frac{\partial \hat{\phi}}{\partial \eta} \tag{11.40}$$

식 (11.36c)를 통해 식 (11.39)와 (11.40)은 다음 식이 된다.

$$\frac{\partial \hat{\phi}}{\partial x} = \frac{1}{\beta}\frac{\partial \bar{\phi}}{\partial \xi} \tag{11.41}$$

$$\frac{\partial \hat{\phi}}{\partial y} = \frac{\partial \bar{\phi}}{\partial \eta} \tag{11.42}$$

식 (11.41)을 x에 대하여 미분하면(다시 연쇄 법칙을 사용)

$$\frac{\partial^2 \hat{\phi}}{\partial x^2} = \frac{1}{\beta}\frac{\partial^2 \bar{\phi}}{\partial \xi^2} \tag{11.43}$$

식 (11.42)를 y에 대하여 미분하면

$$\frac{\partial^2 \hat{\phi}}{\partial y^2} = \beta\frac{\partial^2 \bar{\phi}}{\partial \eta^2} \tag{11.44}$$

식 (11.43)과 (11.44)를 식 (11.35)에 대입하면

$$\beta^2 \frac{1}{\beta}\frac{\partial^2 \bar{\phi}}{\partial \xi^2} + \beta\frac{\partial^2 \bar{\phi}}{\partial \eta^2} = 0$$

또는

$$\frac{\partial^2 \bar{\phi}}{\partial \xi^2} + \frac{\partial^2 \bar{\phi}}{\partial \eta^2} = 0 \tag{11.45}$$

식 (11.45)를 보자. 식 (11.45)는 Laplace 방정식이며, 이 방정식은 *비압축성 유동*의 지배 방정식이다. 따라서 식 (11.35)로부터 얻은 $\hat{\phi}(x, y)$로 표현된 물리적 (x, y) 공간에서의 아음속 압축성 유동으로부터 시작하여, 이것을 식 (11.45)에서 얻은 $\bar{\phi}(\xi, \eta)$으로 표현되는 유동장의 (ξ, η) 공간에 비압축성 유동으로 변환시켰다. $\bar{\phi}$와 $\hat{\phi}$ 사이의 관계는 식 (11.36c)에 주어져 있다.

$y = f(x)$로 주어진 익형에 대해 다시 생각해 보자. 변환된 공간에서의 익형은 $\eta = q(\xi)$로 표현된다. 이 두 형상을 비교해 보자. 먼저 물리적 공간에서 식 (11.34)의 근사화된 경계 조건을 적용하자. 물리적 공간에서 $df/dx = \tan\theta$로 표시하면 다음을 얻는다.

$$V_\infty \frac{df}{dx} = \frac{\partial \hat{\phi}}{\partial y} = \frac{1}{\beta}\frac{\partial \bar{\phi}}{\partial y} = \frac{\partial \bar{\phi}}{\partial \eta} \tag{11.46}$$

유사하게, 식 (11.34)의 변환된 공간에서의 유동 접선 조건을 고려하자.

$$V_\infty \frac{dq}{d\xi} = \frac{\partial \bar{\phi}}{\partial \eta} \tag{11.47}$$

식 (11.46)과 (11.47)을 유심히 살펴보면, 두 식의 우변이 서로 일치함을 알 수 있다. 따라서 좌변으로부터

$$\frac{df}{dx} = \frac{dq}{d\xi} \tag{11.48}$$

식 (11.48)은 변환된 공간에서의 익형이 물리적 공간에서와 같음을 의미한다. 그러므로 위 변환은 (x, y) 공간에서 익형 주위를 흐르는 압축성 유동과 (ξ, η) 공간에서 비압축성 유동과 관련이 있다.

위 이론은 다음 과정을 통해 매우 실용적인 결과를 이끌어낸다. 선형화된 압력 계수를 위한 식 (11.32)를 보자. 위 변환식을 식 (11.32)에 대입하면,

$$C_p = \frac{-2\hat{u}}{V_\infty} = -\frac{2}{V_\infty}\frac{\partial \hat{\phi}}{\partial x} = -\frac{2}{V_\infty}\frac{1}{\beta}\frac{\partial \bar{\phi}}{\partial x} = -\frac{2}{V_\infty}\frac{1}{\beta}\frac{\partial \bar{\phi}}{\partial \xi} \tag{11.49}$$

질문: 식 (11.49)에서 $\partial\bar{\phi}/\partial\xi$의 중요한 의미는 무엇인가? $\bar{\phi}$는 변환된 공간에서 비압축성 유동의 교란 속도 퍼텐셜임을 상기하자. 그러므로 속도 퍼텐셜의 정의로부터 $\partial\bar{\phi}/\partial\xi = \bar{u}$이고, $\bar{u}$는 비압축성 유동에서의 교란 속도이다. 따라서 식 (11.49)는 다음으로 쓸 수 있다.

$$C_p = \frac{1}{\beta}\left(-\frac{2\bar{u}}{V_\infty}\right) \tag{11.50}$$

식 (11.32)로부터 $(-2\bar{u}/V_\infty)$는 비압축성 유동에서 선형화된 압력 계수로 사용된다. 이 비압축성 압력 계수를 $C_{p,0}$로 나타내자. 식 (11.50)은 다음과 같이 주어진다.

$$C_p = \frac{C_{p,0}}{\beta}$$

또는 $\beta \equiv \sqrt{1-M_\infty^2}$을 통해

$$\boxed{C_p = \frac{C_{p,0}}{\sqrt{1-M_\infty^2}}} \tag{11.51}$$

식 (11.51)은 *Prandtl-Glauert 법칙*이라고 불리며, 만약 익형 주위의 비압축성 압력 분포를 알고 있다면 압축성 압력 분포는 식 (11.51)로부터 구할 수 있다. 그러므로 식 (11.51)은 비압축성 데이터에 대한 *압축성 보정*에 관한 식이 된다.

익형의 양력과 모멘트 계수를 고려하자. 비점성 유동의 경우 양력과 모멘트는 물체 주변 압력 분포의 합을 통해 1.5절에서 기술한 대로 간단히 구할 수 있으며(분명하지 않다면 다시 1.5절을 복습하기 바란다), 양력과 모멘트 *계수*는 각각 식 (1.15)~(1.19)로부터 주어진 압력 계수의 적분으로 차례로 얻을 수 있다. 식 (11.51)은 압축성과 비압축성 압력 계수와 관련이 있기 때문에, 이는 양력과 모멘트 계수에도 같은 작용을 하게 된다.

$$c_l = \frac{c_{l,0}}{\sqrt{1-M_\infty^2}} \qquad [11.52]$$

$$c_m = \frac{c_{m,0}}{\sqrt{1-M_\infty^2}} \qquad [11.53]$$

식 (11.51)~(11.53)에 포함된 Prandtl-Glauert 법칙은 역사적으로 가장 먼저 얻어진 압축성 보정식이다. 1922년 초반 Prandtl은 이 결과를 Göttingen에서의 강의에 사용하였으며, 식 (11.51)~(11.53)의 유도는 1928년 영국 공기역학자인 Hermann Glauert에 의해 처음 공식적으로 발표되었다. 그래서 이 법칙은 두 사람 모두의 이름을 따게 된 것이다. Prandtl-Glauert 법칙은 새로운 보정식이 개발되기 전인 1939년까지 독보적으로 사용되었다. 식의 간편함 때문에 압축성 효과에 대한 초기 추정값을 위해 현재까지도 사용되고 있다.

3장과 4장으로부터 d'Alembert의 역설로 잘 알려진 이론적으로 항력이 발생하지 않는 2차원 모델 주변의 비점성, 비압축성 유동에 대한 결과를 떠올리자. 이 같은 역설이 비점성, 아음속 압축성 유동에도 적용될까? 압력 분포의 합으로부터 항력이 발생됨을 기억하면 답을 얻을 수 있을 것이다. 만약 비압축성 유동에서 합이 0이 되고, 비압축성과 압축성에서의 압력 계수가 오직 β에 의해 달라진다면 압축성 유동에도 그 합은 0이 된다. 따라서 d'Alembert의 역설은 비점성, 아음속 압축성 유동에서도 성립한다. 그러나 그림 1.43*b*에서처럼 자유흐름 마하수가 부분적으로 물체 표면에서 초음속 유동과 충격파를 만들어낼 만큼 증가하면, 조파 항력의 발생으로 d'Alembert의 역설은 더 이상 의미를 갖지 못하게 된다.

예제 11.1

익형 표면의 주어진 한 점에서, 매우 낮은 속도에서의 압력 계수가 −0.3이다. 자유흐름 마하수가 0.6일 때, 이 점에서의 C_p를 구하라.

■ **풀이**

식 (11.51)로부터

$$C_p = \frac{C_{p,0}}{\sqrt{1-M^2}} = \frac{-0.3}{\sqrt{1-(0.6)^2}} = \boxed{-0.375}$$

예제 11.2

4장을 통해, 비압축성 유동에서의 얇고 대칭적인 익형의 이론적인 양력 계수는 $c_l = 2\pi\alpha$다. $M_\infty = 0.7$에서의 양력 계수를 구하라.

■ 풀이

식 (11.52)로부터

$$c_l = \frac{c_{l,0}}{\sqrt{1 - M_\infty^2}} = \frac{2\pi\alpha}{\sqrt{1-(0.7)^2}} = \boxed{8.8\alpha}$$

주: 마하수 0.7에서의 압축성 효과는 양력 곡선 기울기를 $8.8/2\pi = 1.4$ 혹은 40%까지 증가시킨다.

11.5 개선된 압축성 보정 *Improved Compressibility Corrections*

정확한 압축성 보정에 대한 중요성은 제2차 세계대전을 계기로 비행 속도가 급격히 증가함에 따라 높아졌다. 11.4절에서 논의되었던 Prandtl-Glauert 법칙을 개선시키기 위한 많은 노력들이 있었다. 여러 유명한 식들이 다음에 나타나 있다.

Karman-Tsien 법칙은 다음으로 표시된다.

$$C_p = \frac{C_{p,0}}{\sqrt{1-M_\infty^2} + \left[M_\infty^2 / \left(1 + \sqrt{1-M_\infty^2}\right)\right] C_{p,0}/2} \tag{11.54}$$

이 식은 참고문헌 27과 28에서 찾을 수 있으며, 제2차 세계대전 이후 항공 산업에서 널리 사용되었다.

Laitone 법칙은 다음으로 표시된다.

$$C_p = \frac{C_{p,0}}{\sqrt{1-M_\infty^2} + \left(M_\infty^2 \left\{1 + [(\gamma-1)/2]M_\infty^2\right\} / \left(2\sqrt{1-M_\infty^2}\right)\right) C_{p,0}} \tag{11.55}$$

이 식은 Prandtl-Glauert, Karman-Tsien 법칙보다 최근의 것이며, 참고문헌 29에서 확인할 수 있다.

이들 압축성 보정식은 그림 11.4를 통해 비교할 수 있으며, NACA 4412 익형의 시위 30% 지점에서의 마하수에 따른 압력 계수 분포에 대한 실험 데이터를 보여주고 있다. Prandtl-Glauert 법칙은 적용하기 간편하지만, 개선된 보

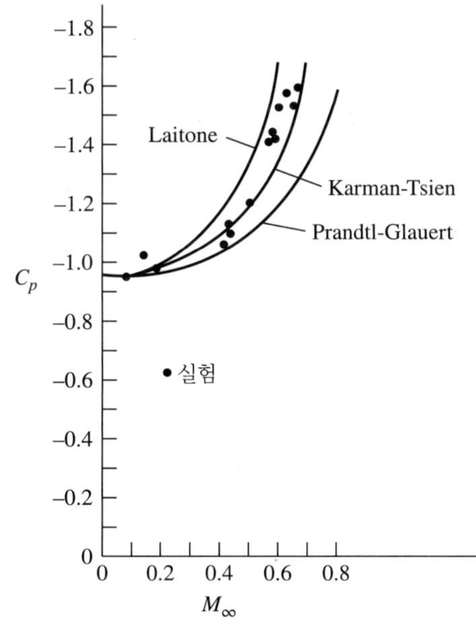

그림 11.4 $\alpha = 1°\ 53'$에서 NACA 4412에 대한 실험값과 여러 압축성 보정식의 비교. 실험자료는 역사적인 중요성에 따라 선택되었고, 1938년 출간된 NACA report no.646 (Stack, John, W. F. Lindsey, and R.E. Littell: *The Compressibility Birble and the Effect of Compressibility on Pressure and Forces Acting on an Airfoil*)에서 나왔다. 이것은 체계적인 방식으로 압축성 문제를 제기한 첫 번째 주요한 NACA 출판물이며, 1935~1936년 Langley Aeronautical Laboratory의 2-ft 고속 풍동에서 수행된 실험을 다루고 있다.

정식들이 정확한 반면 이 식은 실험 데이터를 작게 예측한다. Prandtl-Glauert 법칙이 선형 이론에 기초함을 기억하자. 이와 반대로 Laitone과 Karman-Tsien 법칙은 유동의 비선형성을 고려하려고 시도되었다.

11.6 임계 마하수 *Critical Mach Number*

그림 11.1의 이정표로 돌아가 보자. 선형화된 이론과 이와 관련된 압축성 보정에 관한 논의를 끝냈다. 선형화된 이론은 천음속 영역($0.8 \leq M_\infty \leq 1.2$)에서는 적용할 수 *없음*을 명심하자. 천음속 유동은 매우 비선형적이며, 이론적으로 천음속 공기역학은 도전적이고 복잡한 주제이다. 이 장의 나머지 부분에서는 정성적인 관점에서의 천음속 유동에 대한 몇 가지 측면을 다룰 것이다. 천음속 공기역학에 대한 이론은 이 책의 범위를 벗어난다.

그림 11.5*a*에서와 같은 $M_\infty = 0.3$의 저속 유동에서의 익형을 고려하자. 익형의 윗면을 따라 흐르면서 마하수 M이 증가한다. 점 A가 익형에서 최소 압력이 작용하는 지점이라고 하면, 점 A에서 최대 마하수를 갖게 된다. 그림 11.5*a*에서 최대 마하수가 $M_A = 0.435$라고 하고, 이제 자유흐름 마하수를 점점 증가시켜 보자. 마하수가 증가할수록 M_A 역시 증가한다. 예를 들어 자유흐름 마하수가 0.5로 증가하면, 점 A에서의 마하수는 그림 11.5*b*와 같이 0.772가 된다. 그림 11.5*c*처럼 점 A에서의 마하수 $M_A = 1.0$이 될 때까지 자유흐름 마하수를 계속 증가시켜 보자. 이때의 자유흐름 마하수를 *임계 마하수*라 하고, M_{cr}로 표기한다. 정의를 내리면, 임계 마하수란 익형 표면에서 유동의 속도가 처음으로 음속이 되는 *자유흐름* 마하수를 말한다. 그림 11.5*c*에서 $M_{cr} = 0.61$이다.

고속 공기역학에서 가장 중요한 문제 중 하나는 주어진 익형의 임계 마하수 결정인데, 이는 M_{cr}보다 큰 M_∞ 값에서 주어진 익형의 급격한 항력 증가가 나타나기 때문이다. 이 절의 목표는 M_{cr}을 예측하기 위한 보다 간단한 방법을 알려주는 것이다.

그림 11.5에서 p_∞와 p_A를 각각 자유흐름의 정압과 점 A에서의 정압이라 하자. 등엔트로피 유동에서 전압 p_0는 일정하고, 정압은 식 (8.42)를 통해 다음의 관계를 갖는다.

$$\frac{p_A}{p_\infty} = \frac{p_A/p_0}{p_\infty/p_0} = \left(\frac{1+[(\gamma-1)/2]M_\infty^2}{1+[(\gamma-1)/2]M_A^2}\right)^{\gamma/(\gamma-1)} \tag{11.56}$$

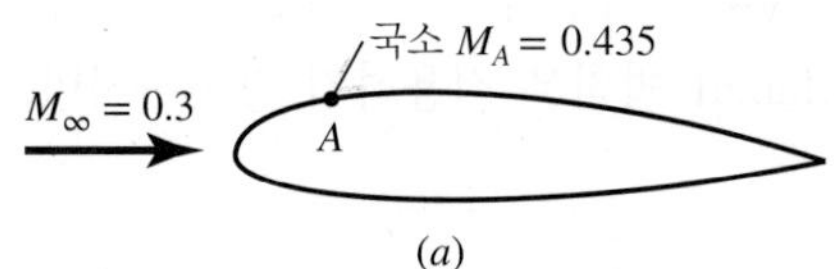

(*a*)

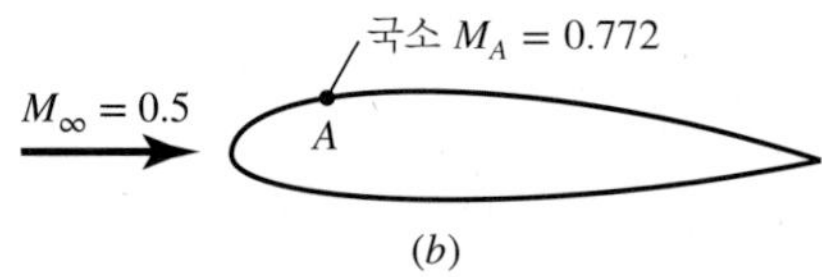

(*b*)

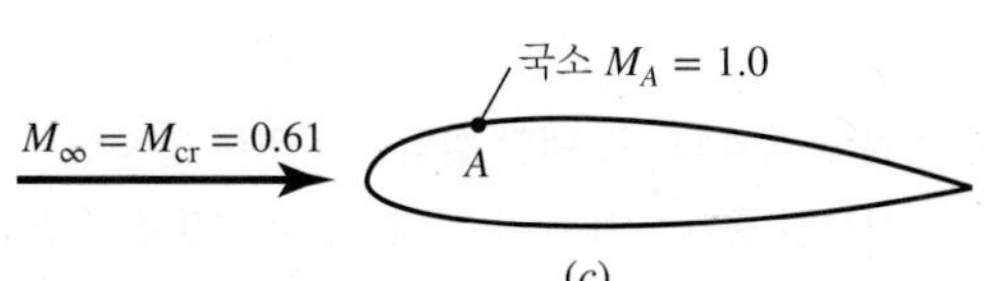

(*c*)

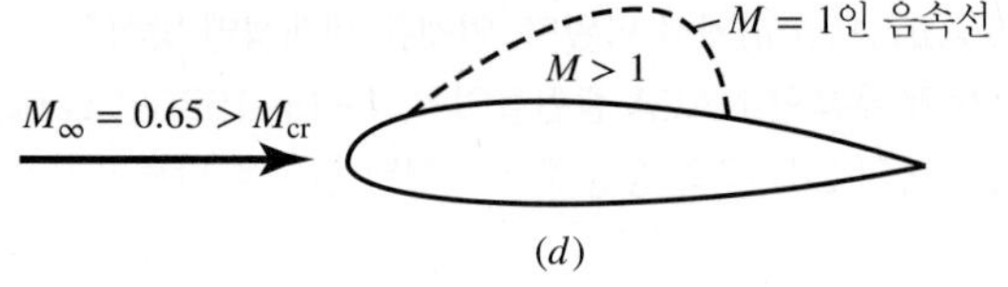

(*d*)

그림 11.5 임계 마하수의 정의. 점 A는 익형 윗면에서의 최소 압력의 위치이다(이 그림에서의 마하수 계산에 대해서는 이 장의 뒷부분 연습문제 11.7을 참조하라).

점 A에서의 압력 계수는 식 (11.22)에 의해 다음과 같이 주어진다.

$$C_{p,A} = \frac{2}{\gamma M_\infty^2}\left(\frac{p_A}{p_\infty} - 1\right) \tag{11.57}$$

식 (11.56)과 (11.57)을 결합하면,

$$C_{p,A} = \frac{2}{\gamma M_\infty^2}\left[\left(\frac{1 + [(\gamma-1)/2]M_\infty^2}{1 + [(\gamma-1)/2]M_A^2}\right)^{\gamma/(\gamma-1)} - 1\right] \tag{11.58}$$

식 (11.58)은 식 그 자체로 유용하다. 주어진 자유흐름 마하수를 통해 점 A에서의 마하수와 압력 계수의 관계를 나타낸다. [식 (11.58)은 식 (3.13)의 Bernoulli 방정식의 압축성 유동을 위한 상사식이다. 식 (3.13)은 비압축성 유동에서 자유흐름 속도와 압력이 주어졌을 때, 유동의 한 점에서의 압력과 속도 사이의 관계를 나타낸다.] 그러나 여기서의 목적은 점 A에서의 마하수가 1일 때 압력 계수가 어떤 값을 갖는지에 대한 질문의 답이다. 이때의 압력 계수는 *임계 압력 계수*라 정의하고, $C_{p,\text{cr}}$로 표기한다. 자유흐름 마하수 M_∞가 주어지면, $C_{p,\text{cr}}$은 식 (11.58)에 $M_A = 1$을 대입함으로써 구할 수 있다.

$$C_{p,\text{cr}} = \frac{2}{\gamma M_\infty^2}\left[\left(\frac{1 + [(\gamma-1)/2]M_\infty^2}{1 + (\gamma-1)/2}\right)^{\gamma/(\gamma-1)} - 1\right] \tag{11.59}$$

식 (11.59)는 주어진 자유흐름 마하수로부터 마하수가 1이 되는 유동 내 임의 지점에서의 압력 계수를 계산할 수 있게 한다. 예를 들어 그림 11.5d에서와 같이 M_∞가 M_cr보다 약간 큰 0.65의 값을 갖는다고 하면, 익형 윗면에는 한정적인 초음속 유동 영역이 발생하게 된다. 식 (11.59)는 오직 $M = 1$인 지점에서의 압력 계수를 계산할 수 있게 하는데, 이는 그림 11.5d의 음속선에 해당하는 점들이다. 이제 그림 11.5c로 돌아가서, 자유흐름 마하수가 정확하게 임계 마하수와 같게 되면 $M = 1$이 되는 지점은 점 A 단 한 곳이다. 따라서 점 A에서의 압력 계수는 $C_{p,\text{cr}}$이 되고, 식 (11.59)로부터 얻을 수 있다. 이 경우 식 (11.59)에서 M_∞은 M_cr이 된다.

$$\boxed{C_{p,\text{cr}} = \frac{2}{\gamma M_\text{cr}^2}\left[\left(\frac{1 + [(\gamma-1)/2]M_\text{cr}^2}{1 + (\gamma-1)/2}\right)^{\gamma/(\gamma-1)} - 1\right]} \tag{11.60}$$

식 (11.60)은 $C_{p,\text{cr}}$이 오직 M_cr에 의한 함수임을 보이고 있으며, 이 변화는 그림 11.6에 곡선 C로 그려져 있다. 식 (11.60)은 등엔트로피 유동에서의 단순한 공력 관계식이고, 익형 형상과는 아무런 관련이 없다. 따라서 식 (11.60)과 그림 11.6의 곡선 C는 어느 익형에나 사용할 수 있는 '보편적인 관계식'이다.

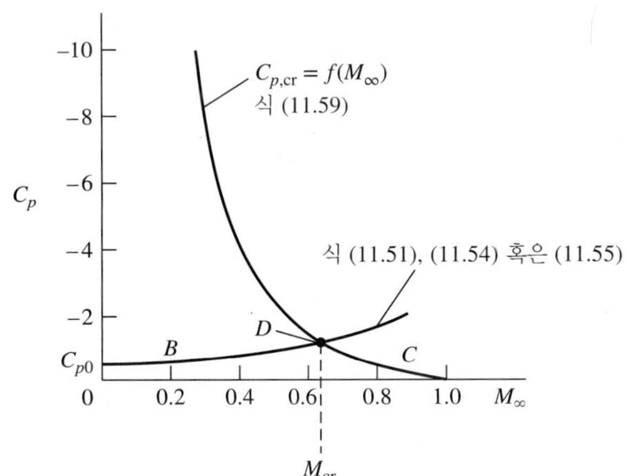

그림 11.6 임계 마하수의 추정

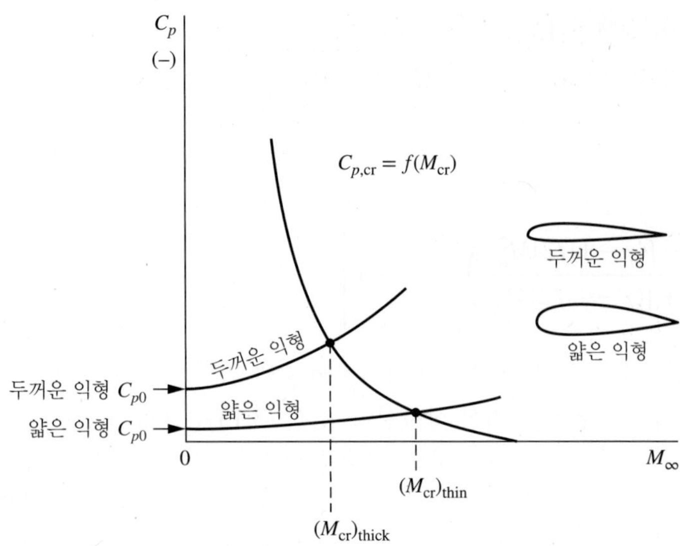

그림 11.7 임계 마하수에서 익형 두께의 효과

식 (11.60)은 식 (11.51), (11.54), (11.55)로 주어진 압축성 보정식과 함께 주어진 익형에 대해 다음의 방법으로 임계 마하수를 추정할 수 있게 한다.

1. 실험이나 이론적인 방법으로 서속 비압축성 유동의 익형 최소 압력 지점에서의 압력 계수 $C_{p,0}$를 얻는다.
2. 식 (11.51), (11.54) 또는 (11.55) 중 하나의 압축성 보정식을 이용하여 M_∞에 따른 $C_{p,0}$ 변화 그래프를 그린다. 이는 그림 11.6에 곡선 B로 나타나 있다.
3. 곡선 B에서 압력 계수가 부분적으로 초음속 유동에 해당하는 한 점이 존재하게 된다. 이 점은 반드시 식 (11.60)과 일치해야 하며, 그림 11.6에 곡선 C로 나타난다. 따라서 곡선 B와 C의 *교점*은 익형 최소 압력 지점에서 초음속 유동이 발생하는 점을 나타낸다. 교점에서의 M_∞는 그림 11.6에 나타낸 것처럼 정의에 의해 임계 마하수가 된다.

그림 11.6에서의 도식적인 해석은 M_cr을 결정하는 정확한 방법이 아니다. 곡선 C가 정확할지라도, 곡선 B는 근사화된 압축성 보정을 사용하였기 때문에 정확하지는 않다. 그러므로 그림 11.6은 M_cr의 추정일 뿐이다. 그러나 이 같은 추정은 예비설계 단계에서 매우 유용하며, 그림 11.6의 결과는 대부분의 적용에 상당히 정확한 편이다.

그림 11.7의 얇고 두꺼운 두 종류의 익형을 고려하자. 먼저 이 익형들을 지나는 저속 비압축성 유동을 생각하자. 얇은 익형을 지나는 유동은 자유흐름에 비해 아주 약간 교란된 상태이다. 그러므로 윗면에서 약간의 팽창이 일어나고, 그림 11.7에서처럼 최소 압력점에서의 $C_{p,0}$는 작은 크기의 음수값을 갖게 된다. [식 (11.32)로부터 $C_p \propto \hat{u}$를 상기하자. 따라서 교란이 적다면 C_p의 절대 크기는 작다.] 반대로 두꺼운 익형을 지나는 유동은 자유흐름에 비해 큰 교란을 받게 된다. 윗면에서 강한 팽창으로 인해 그림 11.7에 보이듯이 최소 압력점에서 절대 크기가 매우 큰 음수값의 $C_{p,0}$를 갖게 된다. 만약 각각의 익형에 대하여 그림 11.6에서처럼 그래프를 통한 해석을 수행하면, 두꺼운 익형이 얇은 익형에 비해 낮은 임계 마하수를 갖게 될 것이다. 이는 그림 11.7에서도 확인할 수 있다. 고속 항공기의 경우 가능하면 높은 임계 마하수를 갖는 것이 바람직하다. 그래서 현대의 고속 아음속 항공기들은 상대적으로 얇은 익형을 갖도록 설계된다 (초임계 익형의 개발은 이 기준을 다소 완화시키며, 이에 대해서는 11.8절에서 다룬다). 예를 들어 Gates Lear jet 같은 고속 제트기는 시위의 9% 두께의 익형을 가지며, 이는 14%의 두꺼운 익형을 갖는 쌍발 프로펠러 저속 항공기인 Piper Aztec과 비교할 수 있다.

예제 11.3

이 예제에서 익형에 대한 임계 마하수의 측정을 (*a*) 이 절에서 논의한 기하학적 해를 이용하여 (*b*) 식 (11.51)과 (11.60)의 조합으로부터 얻어진 완전 방정식에 의한 해석적 해를 이용하여 각각 보여라. 그림 11.8 위쪽에 나와 있는 받음각 0에서의 익형 NACA 0012를 고려하라. 저속 풍동에서 측정된 이 익형에서의 압력 계수 분포는 그림 11.8 아래에 주어졌다. 이 정보로부터 받음각 0에서의 익형 NACA 0012의 임계 마하수를 구하라.

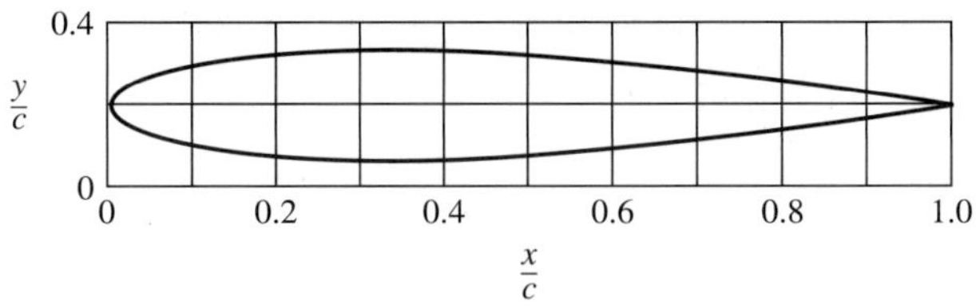

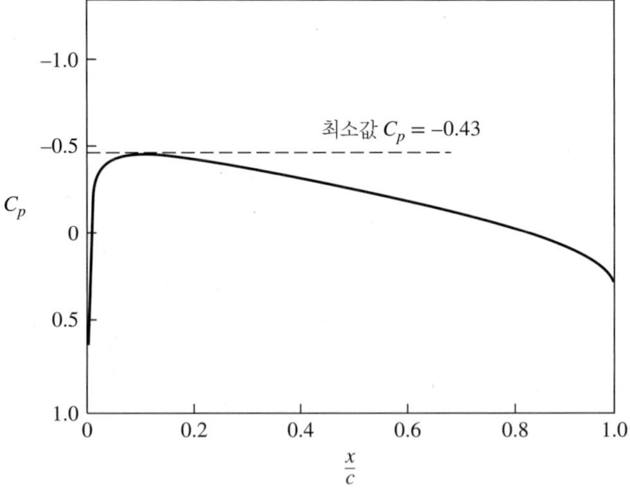

그림 11.8 받음각 0에서의 익형 NACA 0012 표면에서의 저속 압력 계수 분포. Re = 3.65 × 10^6 (*출처*: R. J. Freuler and G. M. Gregor, <An Evaluation of Four Single Element Airfoil Analytical Methods>, in *Advanced Technology Airfoil Research*, NASA CP 2045, 1978, pp. 133~162)

■ 풀이

(*a*) *기하학적 해*: 먼저 식 (11.60)으로부터 $C_{p,\mathrm{cr}}$에 대한 M_{cr}의 곡선을 정확하게 나타내자.

$$C_{p,\mathrm{cr}} = \frac{2}{\gamma M_{\mathrm{cr}}^2}\left[\left(\frac{1+[(\gamma-1)/2]M_{\mathrm{cr}}^2}{1+(\gamma-1)/2}\right)^{\gamma/(\gamma-1)} - 1\right] \tag{11.60}$$

$\gamma = 1.4$일 경우, 식 (11.60)에서 다음과 같은 표를 만들 수 있다.

M_∞	0.4	0.5	0.6	0.7	0.8	0.9	1.0
$C_{p,\mathrm{cr}}$	−3.66	−2.13	−1.29	−0.779	−0.435	−0.188	0

이 자료는 그림 11.9에 곡선 *C*로 그려져 있다. $M_{\mathrm{cr}} = 1.0$일 때 $C_{p,\mathrm{cr}} = 0$임을 주시하라. 이것은 물리적인 의미가 있다. 자유흐름 마하수가 이미 1이라면 유동의 임의 점에서 마하수 1이 되기 위하여 필요로 하는 압축 변화는 없을 것이고, 따라서 압력차($p_{\mathrm{cr}} - p_\infty$)는 0이 될 것이며 $C_{p,\mathrm{cr}} = 0$이 된다.

앞에서 언급한 3단계 방법을 따르면, 첫 번째 단계에서 그림 11.8에 주어진 압력 계수 분포에서 저속 비압축성 최소 압력 계수

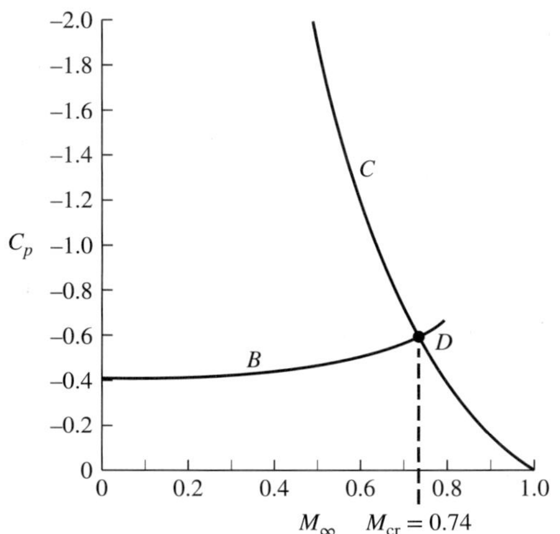

그림 11.9 임계 마하수에 대한 기하학적 해

$(C_{p,0})_{\min}$을 구한다. 표면에서 C_p의 *최소값*은 −0.43이다. 두 번째 단계에서는, 식 (11.51)에서 $(C_{p,0})_{\min} = -0.43$이므로

$$(C_p)_{\min} = \frac{(C_{p,0})_{\min}}{\sqrt{1 - M_\infty^2}} = \frac{-0.43}{\sqrt{1 - M_\infty^2}} \tag{11.61}$$

$(C_p)_{\min}$의 몇몇 값들은 다음 표와 같다.

M_∞	0	0.2	0.4	0.6	0.8
$(C_p)_{\min}$	−0.43	−0.439	−0.469	−0.538	−0.717

세 번째 단계에서는, 이 값들은 그림 11.9에 곡선 B로 그려져 있다. 곡선 B와 C의 교점이 점 D이다. 점 D와 연관된 자유흐름 미하수가 NACA 0012에 대한 임계 마하수이다. 그림 11.9에서 다음 값을 얻는다.

$$\boxed{M_{\text{cr}} = 0.74}$$

(*b*) *해석적 해*: 그림 11.9에서 곡선 B는 식 (11.61)로 주어진다.

$$(C_p)_{\min} = \frac{-0.43}{\sqrt{1 - M_\infty^2}} \tag{11.61}$$

교점 D에서 식 (11.61)에서의 $(C_p)_{\min}$은 임계 압력 계수이고 M_∞는 임계 마하수가 된다.

$$C_{p,\text{cr}} = \frac{-0.43}{\sqrt{1 - M_{\text{cr}}^2}} \qquad (\text{점 } D\text{에서}) \tag{11.62}$$

또한 점 D에서 $C_{p,\text{cr}}$은 식 (11.60)에 의해 주어진다. 따라서 *점 D에서* 식 (11.62)와 (11.60)의 우변을 같게 놓을 수 있다.

$$\frac{-0.43}{\sqrt{1 - M_{\text{cr}}^2}} = \frac{2}{\gamma M_{\text{cr}}^2}\left[\left(\frac{1 + [(\gamma - 1)/2]M_{\text{cr}}^2}{1 + (\gamma - 1)/2}\right)^{\gamma/\gamma-1} - 1\right] \tag{11.63}$$

식 (11.63)은 미지수가 하나인, 즉 M_{cr}에 대한 방정식이다. 식 (11.63)의 해는 그림 11.9에서 점 D와 연관된 M_{cr}이며, 따라서 식 (11.63)의 해는 NACA 0012에 대한 임계 마하수가 된다. 식 (11.63)의 양변에 M_{cr}이 복잡하게 나타나 있으므로 M_{cr} 값을 가정하여 식 (11.63)의 양변 값을 구하여, 좌우 변의 값이 같아질 때의 M_{cr}을 구할 때까지 반복하는 시행착오법에 의해 방정식을 풀게 된다.

M_{cr}	$\dfrac{-0.43}{\sqrt{1 - M_{\text{cr}}^2}}$	$\dfrac{2}{\gamma M_{\text{cr}}^2}\left[\left(\dfrac{1 + [(\gamma - 1)/2]M_{\text{cr}}^2}{1 + (\gamma - 1)/2}\right)^{\gamma/\gamma-1} - 1\right]$
0.72	−0.6196	−0.6996
0.73	−0.6292	−0.6621
0.74	−0.6393	−0.6260
0.738	−0.6372	−0.6331
0.737	−0.6362	−0.6367
0.7371	−0.6363	−0.6363

소수점 아래 네 자리까지의 유효 숫자를 사용하면, $M_{\text{cr}} = 0.7371$일 때 식 (11.63)의 좌우 변의 값이 같게 된다. 따라서 해석적 해는 다음과 같다.

$$\boxed{M_{\text{cr}} = 0.7371}$$

주: (a)에서는 유효 숫자 두 자리의 기하학적 해를 구했으나 기하학적, 해석적 해는 모두 같은 M_{cr}의 값을 주고 있다.

질문: 이 예제에서 얼마나 정확한 임계 마하수를 구할 수 있는가? 답을 구하기 위해, 높은 자유 흐름 마하수에서 획득한 NACA 0012에 대한 실험적 압력 계수를 살펴보자. 고속에서 받음각 0인 익형의 표면 압력 분포에 대한 풍동 측정값은 그림 11.10에 있다. 즉, $M_\infty = 0.575$는 그림 11.10*a*에, $M_\infty = 0.725$는 그림 11.10*b*에 나타나 있다. 그림 11.10*a*에서 $M_\infty = 0.575$에 대한 $C_{p,\text{cr}} = -1.465$의 값은 점선 수평선으로 나타낸다. 임계 압력 계수의 정의로부터, 이 수평선의 윗부분 국소 C_p는 국소적 초음속 유

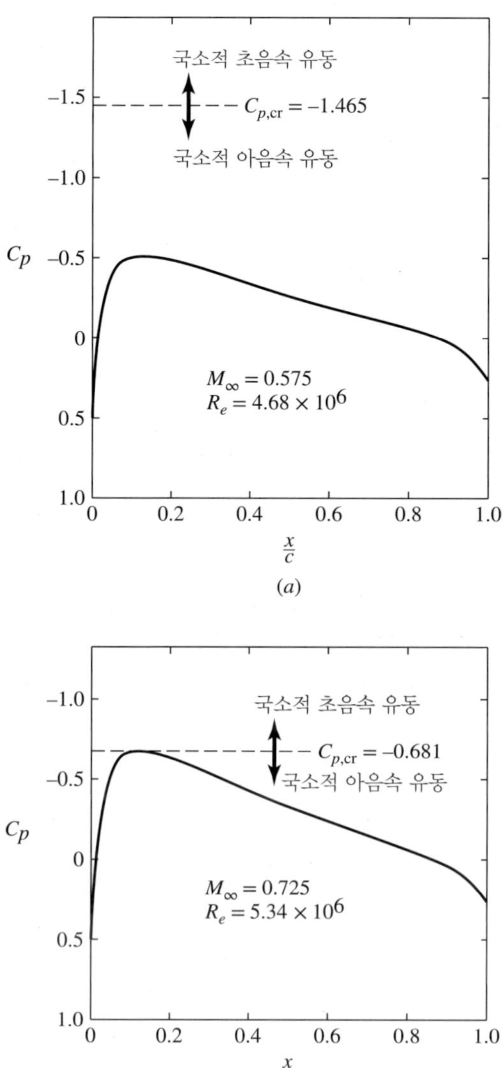

그림 11.10 받음각 0에서 NASA 0012 익형의 표면 압력 계수 분포에 대한 풍동 실험자료. Frueler와 Gregorek의 NASA CP 2045에서 (a) $M_\infty = 0.575$, (b) $M_\infty = 0.725$

동에 해당하고, 수평선 아랫부분 국소값은 국소적 아음속 유동에 해당한다. 그림 11.10*a*에 나타나 있는 $M_\infty = 0.575$에서의 표면 압력 계수 측정 분포값은 분명히 표면의 모든 점에서 아음속 유동임을 보여주고 있다. 따라서 $M_\infty = 0.575$는 임계 마하수보다 *작은* 값이다. 그림 11.10*b*는 더 높은 마하수 $M_\infty = 0.725$에서 $C_{p,cr} = -0.681$의 값을 점선 수평선으로 보여준다. 여기서 $(C_p)_{min}$이 $C_{p,cr}$과 같아지는 최소 압력점을 *제외한* 모든 점에서는 국소 압력 계수는 $C_{p,cr}$보다 크다. 이것은 $M_\infty = 0.725$에서 유동이 음속이 되는 최소 압력점을 *제외한* 모든 점은 국소적으로 아음속임을 의미한다. 따라서 이 실험자료는 받음각 0에서 NACA 0012의 임계 마하수가 대략 0.73임을 나타내고 있다. 이 실험치와 예제에서 구한 $M_\infty = 0.74$의 계산값을 비교하면, 계산값이 1% 범위 내에서 놀랄 정도로 정확하다는 것을 알 수 있다.

11.6.1 최소 압력(최대 속도) 지점에 대한 논평 *[A Comment on the Location of Minimum Pressure (Maximum Velocity)]*

그림 11.8의 윗부분에 있는 NACA 0012 익형 형상을 살펴보자. 최대 두께를 갖는 곳은 시위의 $x/c = 0.3$ 지점이다. 그러나 그림 11.8 아래의 압력 계수 분포에서 최소 압력 지점은 시위의 $x/c = 0.11$ 지점으로, 최대 두께 지점에 비해 꽤 앞쪽에 위치한다. 이는 최소 압력 지점이 익형의 최대 두께의 위치와 무관하다는 사실을 보여주는 시각적인 비교 자료이다. 처음의 직감으로는 적어도 0°의 대칭형 익형에서 최소 압력 지점의 위치는 최대 두께를 갖는 곳일 것 같지만, 이는 완전히 틀린 생각이다. 자연은 부분적인 유동이 아닌 *전체 유동장*에 대해 물리 법칙을 만족시키는 곳에서 최대 속도를 갖도록 위치시킨다. 최대 속도가 되는 지점은 일부 영역의 형상에 의해서가 아니라 *전체* 익형 형상에 따라

결정되는 것이다.

11.4절과 11.5절에서 취급한 근사화된 압축성 보정과 11.6절에서 논의한 임계 마하수 추정을 위한 압축성 보정의 이용에는, M_∞가 매우 낮은 아음속 속도에서 고속으로 증가하면서 최소 압력 지점은 물체 표면에서 고정된 한 위치를 갖는다는 의미를 내포하고 있다. 이는 거의 사실이다. 낮은 속도에서 $M_\infty = 0.725$(그림 11.10*b*)까지 증가시키며 세 가지 마하수에 대한 실험에서 얻은 압력 분포를 그림 11.8과 11.10에서 조사하자. 각각의 경우 추정된 최소 압력 지점은 시위의 $x/c = 0.11$ 지점으로 모두 같은 곳인 것에 유의하라.

11.7 항력발산 마하수: 소리장벽 *Drag-Divergence Mach Number: The Sound Barrier*

풍동 안에 받음각이 고정된 익형이 주어져 있다고 상상해 보자. 그리고 M_∞의 함수인 항력 계수 c_d를 측정하고자 한다. 먼저 그림 11.11에서 보여지듯 $c_{d,0}$인 낮은 아음속에서의 항력 계수를 측정한다. 그 다음, 점차 자유흐름 마하수를 증가시켜도 c_d는 그림 11.11에 나타나 있듯 임계 마하수까지 비교적 일정한 상태를 계속 유지하는 것을 알 수 있다. 그림 11.11의 점 *a*, *b*, *c*로 구성되어 있는 유동장은 각각 그림 11.5*a*, *b*, *c*로 표현된다. 그림 11.11의 점 *d*와 같이 조심스럽게 M_∞를 M_{cr}보다 약간 위로 증가시키면, 그림 11.5*d*에 나온 것처럼 익형 위에 초음속 유동장의 유한한 영역이 나타난다. 이 영역 내 초음속 유동의 마하수는 1을 약간 넘으며, 전형적으로 1.02~1.05 사이의 값을 갖는다. 그러나 계속적으로 M_∞를 조금 더 높히면, 항력 계수가 갑자기 증가하는 점인 그림 11.11의 점 *e*를 만나게 된다. 이처럼 항력이 갑자기 증가하기 시작하는 M_∞를 *항력발산 마하수*라고 정의한다. 항력발산 마하수를 지나면 항력 계수는 매우 커질 수 있는데, 전형적으로 10배 또는 그 이상으로 증가한다. 이 같은 항력의 큰 증가는 그림 11.11에 삽입되어 있는 그림에 보이듯이, 충격파에서 끝나게 되는 익형 위의 광범위한 초음속 유동 영역과 깊은 연관이 있다. 그림 11.11의 익형 주변 유동 삽화는 항력 곡선의 점 *f*에 대응하고 M_∞가 1에 접근하면, 익형 위와 아래 표면의 유동은 초음속이 될 수 있다는 것과 둘 다 충격파에 의해 끝나게 됨을 보여준다. 예를 들어 원래는 낮은 속도에 적용되게 설계된 상당히 두꺼운 익형의 경우, M_∞가 항력발산을 넘기면 부분 마하수는 1.2 혹은 그 이상에 도달할 수 있다. 결과적으로 충격파들은 상대적으로 강할 수 있다. 이러한 충격파는 일반적으로 충격파 이후 하류에서 유동 박리를 일으키고 큰 항력 증가를 수반한다.

이제 자신을 1936년의 항공 공학자라고 생각해 보자. 여러분은 식 (11.51)로 주어진 Prandtl-Glauert 법칙을 잘 알고 있다. 이 식은 $M_\infty \to 1$일 때, C_p의 절대값이 무한대에 접근하는 것을 나타낸다. 이것은 마하수 1에서 실질적인 문제가 있는 것을 암시한다. 더욱이 여러분은 그림 11.11의 점 *a*~*f*와 유사한 항력 곡선을 생성해 내는 초기의 고속 아음속 풍동 시험을 알고 있다. $M_\infty = 1$에 가까워지면 항력 계수는 얼마나 증가할까? c_d가 무한대로 가게 될 것인가? 이

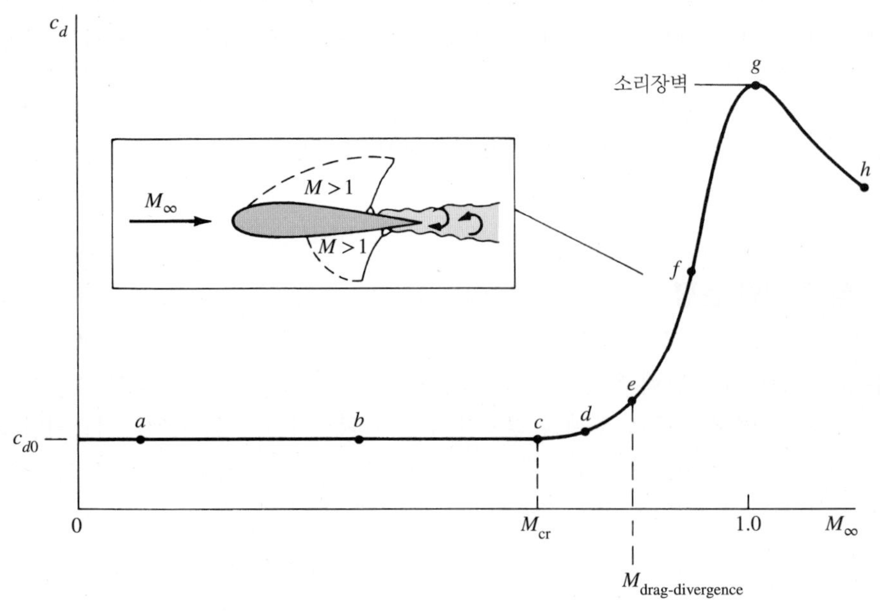

그림 11.11 자유흐름 마하수에서 항력 계수 그래프의 변화. 임계 마하수와 항력발산 마하수를 설명하고 있으며, 마하수 1에서 큰 항력 상승을 볼 수 있다.

그림 11.12 ▶ Bell SX-1—음속을 돌파한 최초의 유인비행체. 1947년 10월 14일(*NASA*)

단계에서 여러분은 비관적일지 모른다. 항력이 크게 증가하여 1963년 당시의 동력장치로는 넘지 못할, 심지어 미래의 동력장치를 가진 어떤 비행기로도 넘지 못할 '장벽'에 대해 그려볼 수 있을 것이다. 그것은 소리장벽이라는 개념을 대중화시켰으며, 사람은 결코 음속보다 빨리 비행할 수 없을 것이라는 주장을 고무시켰다.

물론 오늘날엔 소리장벽이 허구라는 것을 안다. Prandtl-Glauert 법칙을 이용하여 $M_\infty = 1$일 때 c_d가 무한대가 될 것이라고 주장할 수 없다. 왜냐하면 Prandtl-Glauert 법칙은 $M_\infty = 1$일 때 타당하지 않기 때문이다(11.3절과 11.4절 참조). 게다가 1940년대 말에 수행된 초기의 천음속 풍동 시험들은 그림 11.11의 점 g와 h에 의해 보이듯이, 초음속 영역으로 들어갈 때 c_d가 마하수 1 주위에서 최고치에 도달한 다음 실제로 감소하였다. 우리가 필요로 하는 것은 단지 마하 1에서 커다란 항력 증가를 넘을 수 있는 강력한 동력을 가진 항공기다. 1947년 10월 14일, 소리장벽의 허구가 마침내 깨지게 된다. Charles (Chuck) Yeager 대위는 총알 모양을 한 Bell사의 XS-1을 타고 음속보다 빠르게 비행한 최초의 사람이 되었다. 그림 11.12는 이 로켓 추진 연구용 항공기를 보여준다. 물론 오늘날 초음속 항공기는 일반적으로 보급되어 있는 실체이다. 군용 전투기들은 마하수 1로 수직 상승하면서 가속하기에 부족함이 없는 강력한 제트 엔진을 가지고 있다. 이 항공기들은 마하수 3이나 그 이상으로 비행할 수 있다. 사실 현재 우리는 단지 고속에서 공력 가열(그리고 당연한 구조상의 문제들)에 의해서만 속도 제한을 받고 있다. 지금 현재, NASA는 마하수 5 이상에서 비행하기 위한 초음속 연소 램제트 엔진에 대해 연구하고 있다[9.6절 말미의 설계(Design Box) 참조]. 그러나 초고속 비행을 위해서는 커다란 동력이 필요하기 때문에 연료 소모가 늘어난다는 것에 유의하라. 오늘날과 같은 에너지 절약 시대에, 이 제약은 과거 소리장벽처럼 고속 비행이 당면한 큰 장벽이 될 수 있다.

1945년 이래 천음속에서의 공기역학 연구는 그림 11.11에 나타낸 것처럼 큰 항력 증가를 줄이는 데 초점이 맞춰져 있다. 마하수 1에서 항력을 10배로 증가시키는 대신에, 2배 혹은 3배 증가로 줄일 수 있을까? 이것은 이 장 나머지 절의 주제이다.

설계 _*Design Box*

그림 11.11에 나타낸 것처럼 마하수 1에서 큰 항력 증가에 대항하는 대신에, 제2차 세계대전 이후 고속 항공기 설계자들은 임계 마하수를 증가시키는 방법과 이에 따라 항공기의 항력발산 마하수를 증가시키는 두 가지의 공력 설계 방안을

활용하였다. 이 두 가지 형상들은 현재 고전이 되었으며, 지금부터 그것에 대해 설명하고자 한다.

첫 번째 설계 방법은 항공기 날개에 얇은 *익형 단면*을 이용하는 것이었다. 이미 이것에 대해 언급하였는데, 모든 조건은 동일하고 그 밖에 익형이 얇아질수록 임계 마하수가 더 커진다. 이는 그림 11.7에 나타나 있다. 이 이론은 1918년 오하이오주 Dayton 육군 McCook 야전 사단 연구원인 F. W. Caldwell과 E. N. Fales에 의해 발견되었는데, 1920년대와 1930년대에 실시된 다양한 실험들로 인해 견고하게 확인되었다. 자세한 역사적 고찰은 11.11절에, 20세기의 압축성 효과 초기 연구에 대한 논의는 참고문헌 58에 자세히 나와 있다. 게다가 Bell X-1(그림 11.12)은 얇은 익형들의 중요성에 대한 모든 것을 알고 설계되었다. 이 결과 X-1은 두 세트의 날개로 설계되었는데, 하나는 보다 일상적인 비행을 위한 10% 두께의 익형이고 다른 하나는 마하수 1을 통과할 의도를 가진 8% 두께의 익형이다. 2개의 날개를 위한 익형 단면은 각각 NACA 65-110과 NACA 65-108이었다. 이 날개들은 날개 두께가 전형적으로 15%이거나 그 이상이었던 그 시대 전통적인 항공기들보다 얇았다. 게다가 수평 꼬리날개 또한 얇았는데, 6% 두께의 NACA 65-006 익형 단면을 활용하였다. 이것은 날개가 주요한 압축성 효과들과 만났을 때, 수평 꼬리날개와 엘리베이터가 여전히 그런 문제들로부터 자유롭고, 안정성과 제어를 위한 기능적인 면을 확실하게 하기 위한 것이었다. 그러나 Bell의 공학자들은 그들의 계획을 보호하기 위하여 전가동 미익을 만들었는데, 이것은 승강타 효과가 상실되는 때를 대비하여 수평 미익 전체의 붙임각(incidence angle)이 비행 중에 변할 수 있게 하였고, 마하수 1을 통과하여 비행할 때 항공기의 트림(trim)을 도와주게 하였다. Chuck Yeager는 X-1을 타고 역사적인 비행을 하는 동안 이 전가동 미익을 잘 이용하였다.

고속 항공기에서 얇은 익형의 사용은 오늘날 대부분 표준 설계 관행이다. 이 얇은 익형의 설계 경향은 그림 11.13에 나타나 있는데, 다른 항공기에 대한 익형 두께의 변화를 그 항공기 마하수의 함수로 나타낸 것이다. 의심할 여지 없이 M_∞가 증가함에 따라 그 경향은 얇은 날개 쪽으로 향한다.

두 번째 설계 방법은 후퇴익의 사용이다. 후퇴익 개념과 관련된 역사적 고찰은 참고문헌 58에 나와 있다. 개념의 발명은 두 사람에 의해 공유되는데, 1935년 독일의 공학자 Adolf Busemann과 1945년 미국의 공기역학자 R. T. Jones가 독자적으로 고안해 내었다. 후퇴익이 어떻게 작동하는지에 대해 설명한 몇 가지의 방법들이 있다(참고문헌 2 참조). 그러나 우리의 목적을 위하여 앞에서 논의한 것과 같이, 얇은 익형에 관한 생각을 이용하여 후퇴익의 이점을 설명할 것이다. 그 일부가 그림 11.14*a*에 나와 있는 직선 날개를 생각해 보자. 직선 날개는 평균 시위선이 자유흐름과 수직을 이루고 있다고 정의한다. 그림 11.14*a*에 나타나 있듯이 이것은 의심할 여지

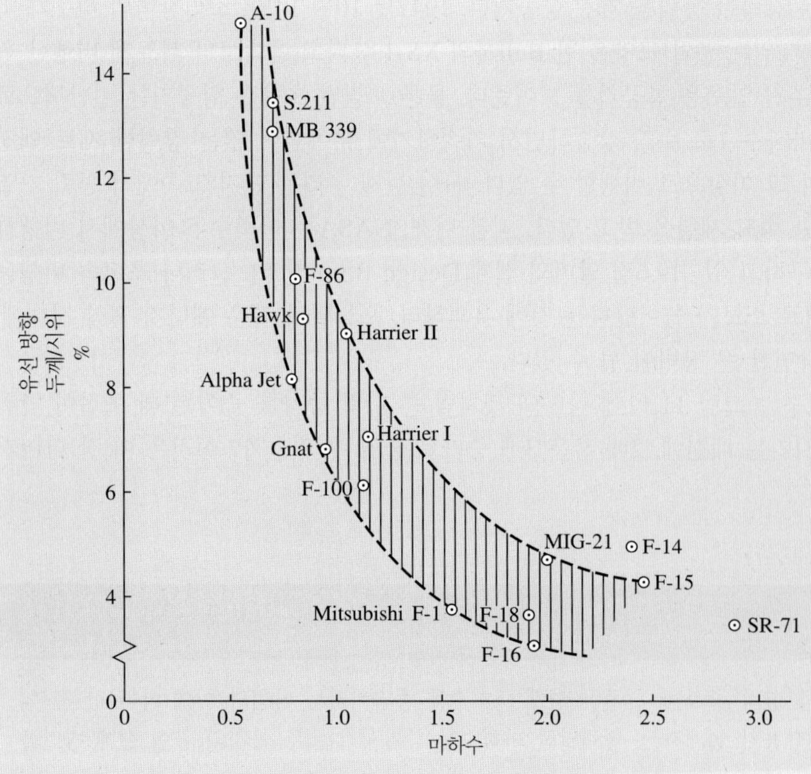

그림 11.13 대표적으로 선택된 여러 항공기의 마하수에 대한 두께–시위 비의 분포 (*자료 출처*: Ray Whitford, *Design for Air Combat*, Jane's Information Group, Surry, England, 1989)

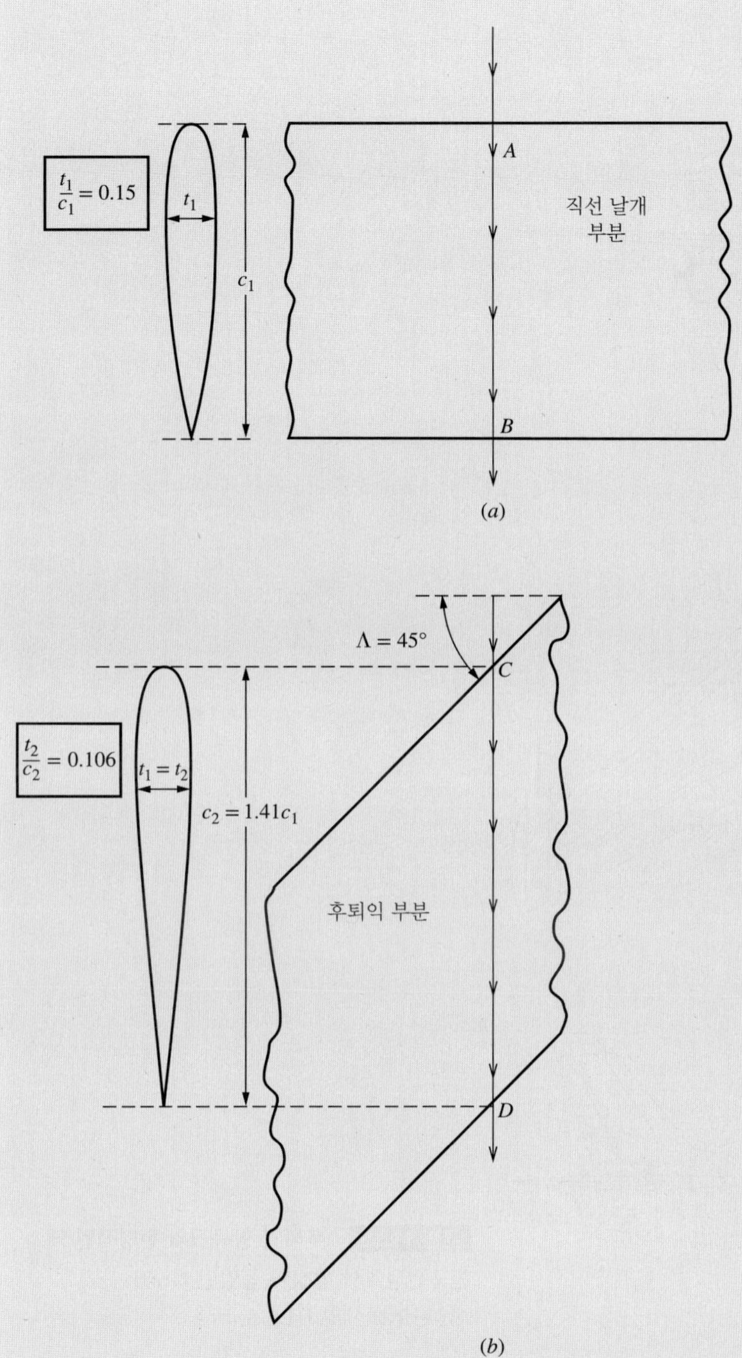

그림 11.14 날개를 뒤로 젖힘으로써 유선은 효과적으로 보다 얇은 익형을 보게 된다.

없는 직사각형 형태이다. 직선 익은 그림 11.14*a*의 왼쪽에 나와 있듯이, 익형 단면의 두께 시위선 비가 0.15라고 가정한다. 유선 AB는 이 날개 위를 흐르며, 익형의 $t_1/c_1 = 0.15$에서 바라본다. 이제 그림 11.14*b*와 같이, 동일한 날개에 후퇴각 $\Lambda = 45°$인 날개를 생각해 보자. 유선 CD는 이 날개 위로 흐르며(3차원 곡률 영향들은 무시한다), 유효한 익형 형상은 두께는 앞과 동일($t_2 = t_1$)하나 유효한 시위 길이 c_2는 1.41배 길다($c_2 = 1.41c_1$). 이것은 유효한 두께-시위 비가 유선 CD에서 보면 $t_2/c_2 = 0.106$과 같다. 직선익의 경우와 비교해 보면 거의 3분의 1 정도 얇다. 그러므로 날개를 젖히는 것에 의해 유동은 마치 익형의 단면이 더 얇은 것같이 반응하고, 날개의 임계 마하수는 따라서 증가한다. 모든 조건이 동일하다면, 후퇴익은 더 큰 임계 마하수를 가진다. 그러므로 직선 날개보다 더 큰 항력발산 마하수를 가진다. 이러한 이유로 대부분의 고속 항공기는 1940년대 중반부터 후퇴익으로 설계되었다. (그림 11.12에 나온 Bell X-1이 직선 날개를 갖는 이유는 그것의 설계가 시작되던 1944년 이전에는 미국에서 후퇴익에 대한 어떠한 지식이나 자료를 확보하지 못했기 때문이

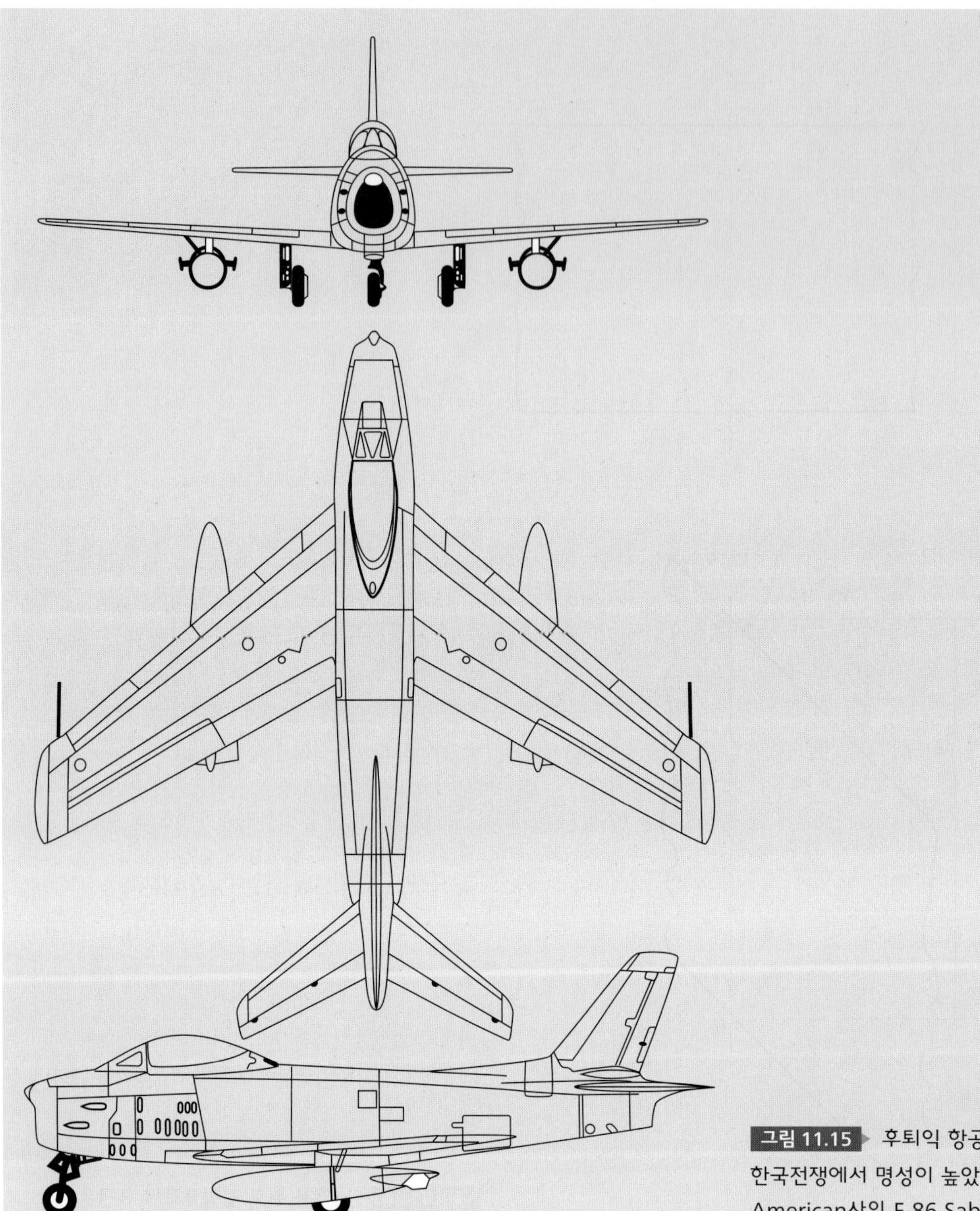

그림 11.15 후퇴익 항공기의 전형적인 예. 한국전쟁에서 명성이 높았던 North American사의 F-86 Sabre

다. 1945년 중반 이후 독일에서 미국으로 후퇴익에 대한 자료가 쏟아져 들어왔으나, Bell사의 설계자들은 보수적이었고 직선 날개에 집착하고 있었다.) 초기 후퇴익 전투기에 대한 훌륭한 예로 그림 11.15에 나온 한국전쟁에 사용된 North American사의 F-86이 있다.

마지막으로 큰 종횡비의 직선 날개, 작은 종횡비의 직선 날개, 그리고 후퇴익에 대한 양력 곡선 기울기를 추정하기 위한 식 (5.69), (5.81), (5.82)에 적용되는 압축성 보정에 대하여 언급한다. 이 식들은 저속, 비압축성 유동에 적용된다. 식 (11.51)로 주어진 압력의 항으로 표시된 익형에 대한 Prandtl-Grauert 법칙은 익형의 양력 곡선 기울기에도 적용된다. a_0를 비압축성 유동에서의 무한날개 양력 곡선 기울기, 그리고 $a_{0,\text{ comp}}$를 아음속 압축성 유동에서의 무한날개 양력 곡선 기울기라 하면, Prandtl-Grauert 법칙으로부터 다음을 얻는다.

$$a_{0,\text{comp}} = \frac{a_0}{\sqrt{1 - M_\infty^2}} \tag{11.64}$$

Prandtl의 양력 선 이론에 의해 얻어진 유한날개 양력 곡선 기울기와 무한날개 양력 곡선 기울기를 연결시켜주는 식

(5.70)이 아음속 압축성 유동에도 동일하게 적용된다고 가정하자. 식 (5.70)의 $(1+\tau)^{-1}$ 항을 양력 곡선 기울기를 위한 스팬 효율 계수 e_1으로 대치하여 $e_1 = (1+\tau)^{-1}$이라 하고, 유한날개의 압축성 양력 곡선 기울기를 a_{comp}라 하면 식 (5.70)의 압축성 형태는 다음과 같이 된다.

$$a_{comp} = \frac{a_{0,comp}}{1 + a_{0,comp}/(\pi e_1 AR)} \tag{11.65}$$

식 (11.64)를 식 (11.65)에 대입하고 단순화시키면,

$$a_{comp} = \frac{a_0}{\sqrt{1 - M_\infty^2} + a_0/(\pi e_1 AR)} \tag{11.66}$$

식 (11.66)은 비압축성 유동의 이미 알고 있는 무한날개 양력 곡선 기울기 a_0로부터 아음속인 M_∞의 압축성 유동 속에 있는 높은 *종횡비 날개의* 양력 곡선 기울기를 추정하는 식이다.

비압축성 유동에서 낮은 종횡비의 직선 날개를 위한 Helmbold 방정식인 식 (5.81)은 그 방정식 속의 a_0를 $a_0/\sqrt{1-M_\infty^2}$로 대치시킴으로써 압축성 효과에 대한 수정을 할 수 있으며, 다음 식이 된다.

$$a_{comp} = \frac{a_0}{\sqrt{1 - M_\infty^2 + [a_0/(\pi e_1 AR)]^2} + a_0/(\pi AR)} \tag{11.67}$$

식 (11.67)은 비압축성 유동 a_0에서 무한날개의 알려진 양력 곡선 기울기로부터 아음속 M_∞의 압축성 유동에서 *낮은 종횡비 직선 날개*의 양력 곡선 기울기를 추정하기 위한 식이다.

마지막으로 후퇴익을 위한 식 (5.82)는 압축성 효과를 고려하기 위해 그 식의 a_0를 $a_0/\sqrt{1-(M_{\infty,n})^2}$으로 바꾸어 주며, 여기서 $M_{\infty,n}$은 후퇴익의 1/2 시위선에 수직한 자유흐름 마하수의 성분이다. 만약 1/2 시위선이 각 Λ에 의해 후퇴되었다면, $M_{\infty,n} = M_\infty \cos\Lambda$이다. 그러므로 식 (5.82)의 a_0를 $a_0/\sqrt{1-M_\infty^2\cos^2\Lambda}$로 바꾸어 주면 아래 식이 된다. 식 (11.68)은 비압축성 유동에서 무한날개 양력 곡선 기울기 a_0로부터 아음속 M_∞의 압축성 유동에서 *후퇴익*의 양력 곡선 기울기를 추정하기 위한 식이다.

$$a_{comp} = \frac{a_0 \cos\Lambda}{\sqrt{1 - M_\infty^2\cos^2\Lambda + [(a_0\cos\Lambda)/(\pi AR)]^2} + (a_0\cos\Lambda)/(\pi AR)} \tag{11.68}$$

11.8 면적 법칙 *The Area Rule*

마하수 1 근방에서 큰 항력의 증가에 대응하기 위한 얇은 익형과 후퇴익을 이용한 고전적 접근에 더하여, 최근에는 '소리장벽'을 깨고 음속을 넘는 데 커다란 도움을 준 두 가지 혁명적인 개념이 있다. 그중 하나가 바로 이 절에서 언급할 면적 법칙이고, 다른 하나는 11.9절에서 언급할 초임계 익형이다.

잠시 2차원 익형으로부터 확장하여 항공기 전체를 고려해 보자. 이 절에서는 마하수 1 근방에서 전체 항공기의 항력 증가를 효과적으로 줄이는 설계 개념에 대해 소개하고자 한다.

이전에 언급한 것같이 최초의 실용적인 제트 엔진을 가진 항공기는 독일의 Me 262로, 제2차 세계대전 끝 무렵에 등장하였다. 이는 최고 속도가 550 mi/h인 아음속 전투기였다. 이후 10년 동안 많은 형태의 제트기 설계와 생산을 목격하는데, 모두 마하수 1 부근의 큰 항력 때문에 아음속 비행으로 제한되었다. 1950년대 초반에 미 공군에 초음속 운용 능력을 주기 위해 설계된 Convair F-102 삼각익 항공기 같은 'century' 계열의 전투기조차 어려움에 봉착하였고, 처음에는 수평 비행에서 소리장벽을 쉽게 뚫고 지나갈 수가 없었다. 그 시대 제트 엔진의 추력은 마하수 1에서의 높은 항력의 최대값을 이겨낼 수 없었다.

그림 11.16은 전형적인 항공기의 평면도, 단면, 그리고 면적 분포(항공기의 축 방향 거리에 대한 단면적)를 보여주고 있다. A는 주어진 임의 위치에서 전체의 단면적을 의미한다고 하자. 단면적 분포가 날개가 있는 지역에서 A와 dA/dx의 불연속점을 포함하여 축 방향으로 급한 변화를 갖는 것에 주목하라.

이에 반해 거의 한 세기 동안, 탄도학자들은 급하거나 불연속적인 면적 분포를 가진 발사체보다 단면의 변화가 *매*

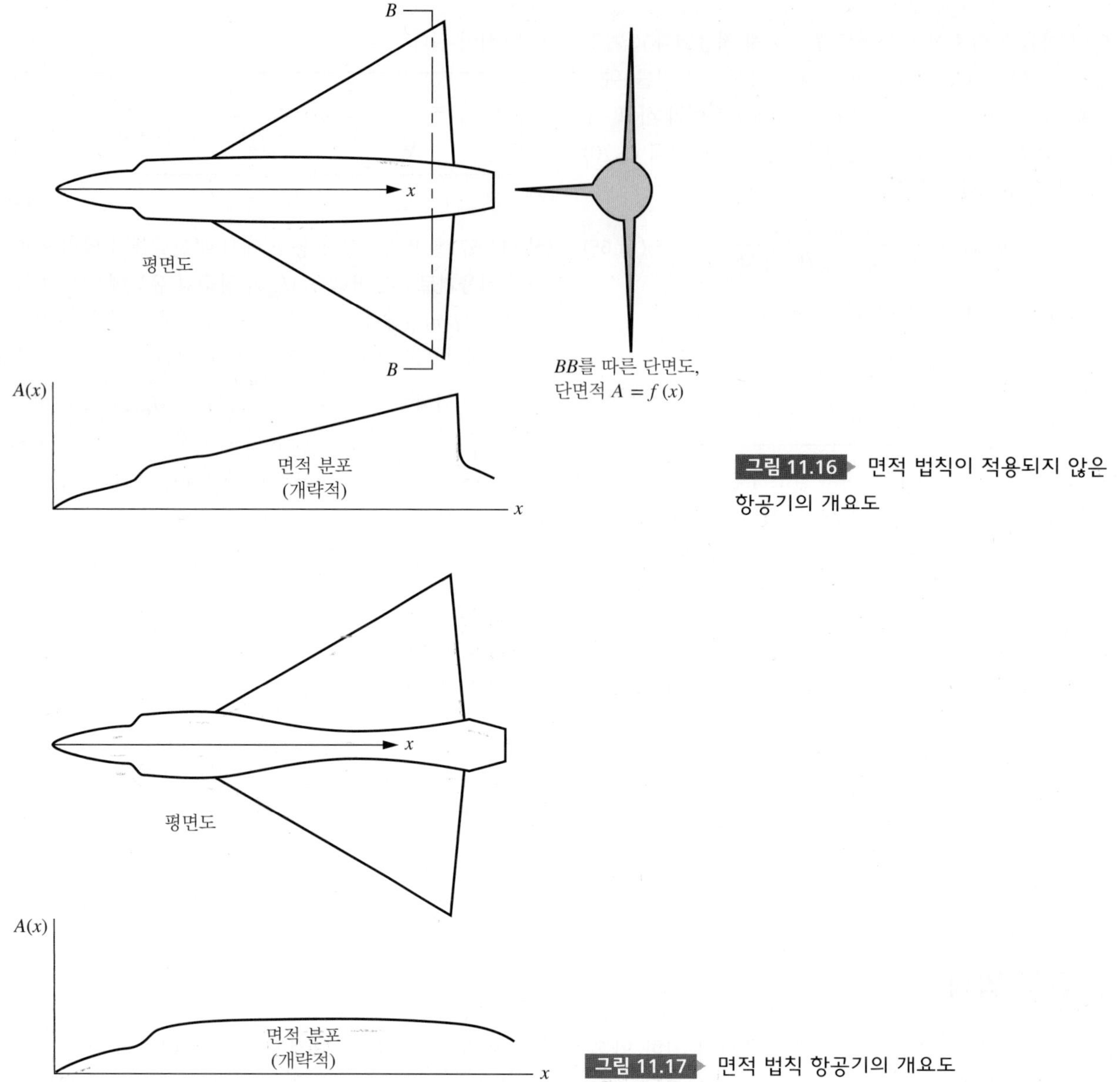

그림 11.16 면적 법칙이 적용되지 않은 항공기의 개요도

그림 11.17 면적 법칙 항공기의 개요도

끄러운 단면적 분포를 갖는 경우의 초음속 총알이나 포탄의 속도가 더 높다는 것을 잘 알고 있었다. 1950년대 중반 NACA Langley 항공 연구실의 항공 공학자인 Richard T. Whitcomb은 항공기의 천음속 비행 문제를 풀기 위해 이 지식을 적용하였다. Whitcomb은 항공기 단면적의 변화는 매끄럽고 불연속이 없어야 한다고 추정하였다. 이는 주 날개와 꼬리날개가 있는 곳에서, 동체의 단면적은 주 날개와 꼬리날개의 단면적에 의해 더해지는 것을 보상하기 위하여 감소되어야만 한다는 것을 의미한다. 이것은 그림 11.17에 나타낸 '콜라병' 동체 형상을 이끌어 내었다. 여기서 항공기의 평면도와 면적 분포는 비교적 매끄러운 $A(x)$의 변화로 나온다. 이 설계 원리를 *면적 법칙*이라 하고, 마하수 1 부근에서 최대 항력을 감소하는 데 성공적이었기 때문에 1950년대 중반에는 실용적인 비행기가 초음속 비행을 할 수 있었다. 면적 법칙을 적용한 항공기와 면적 법칙을 적용하지 않은 항공기의 M_∞와 항력 계수 변화의 개략적인 비교가 그림 11.18에 나와 있다. 전형적으로 면적 법칙은 마하수 1 근처에서 최대 항력을 2배 가량 감소시켰다.

면적 법칙은 고속 비행에서의 극적이고 획기적인 발견이었으며 Richard Whitcomb에게 상당한 명성을 가져다 주었는데, 이 명성은 11.9절에서 검토할 천음속 익형 설계와 유사한 획기적인 발견으로 더 높아졌다. 면적 법칙의 최초 연구는 참고문헌 30에 Whitcomb에 의해 소개되어 있으니, 보다 상세한 내용은 이를 참조하라.

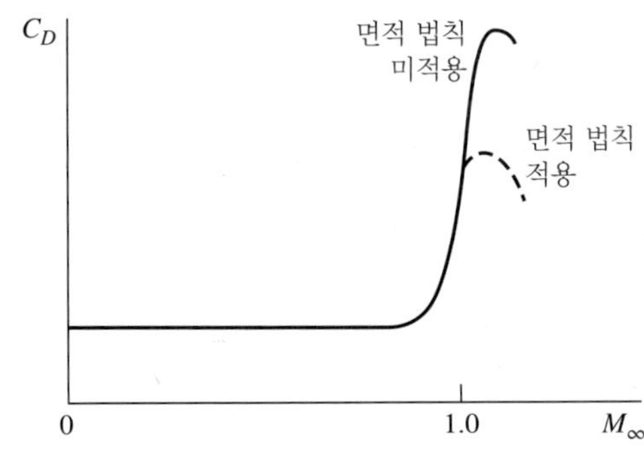

그림 11.18 면적 법칙을 적용한 항공기와 면적 법칙을 적용하지 않은 항공기의 항력 증가 상태

11.9 초임계 익형 *The Supercritical Airfoil*

다시 2차원 익형에 대해 생각해 보자. 11.6절의 요소와 특히 그림 11.11로부터 나오는 당연한 결론에 의하면 높은 임계 마하수를 가지는 익형은 매우 바람직하며, 고속의 아음속 항공기에서는 더 필수적이다. 만약 M_{cr}을 증가시킬 수 있다면 $M_{\text{drag-divergence}}$를 증가시킬 수 있는데, 그것은 M_{cr} 뒤에 가까이 따라온다. 이는 1945년부터 대략 1965년까지의 항공기 설계에 쓰여진 개념이다. 거의 우연히 NACA 64 시리즈 익형들은(4.2절 참조) 비록 처음에는 층류에 적용되게 설계되었으나, 다른 NACA 형상과 비교해 볼 때 M_{cr}이 비교적 높은 값을 갖는 것을 발견하였다. 따라서 NACA 64 시리즈는 고속 항공기에 다양하게 적용되고 있다. 또한 얇은 익형은 높은 M_{cr} 값을 갖는 것을 알고 있다(그림 11.7 참조). 따라서 항공기 설계자들은 고속 항공기에서 얇은 익형을 상대적으로 자주 사용하였다.

그러나 실제의 익형이 얼마나 얇을 수 있는가에는 제한이 있다. 예를 들어 익형 두께에 공기역학의 영향 외 다른 것들을 고려하면, 익형은 구조 강도를 위한 일정한 두께와 연료를 저장할 공간을 필요로 한다. 이것이 바로 다음 질문을 유발한다. 익형의 두께가 주어진 경우, 고마하수로 갈 때 큰 항력의 증가를 얼마나 지연시킬 수 있는가? M_{cr}을 증가시키는 것은 앞에서 설명한 것과 같이 하나의 명백한 방안이다. 그러나 다른 하나의 방법이 있다. M_{cr}을 증가시키는 대신 M_{cr}과 $M_{\text{drag-divergence}}$ 사이에서 마하수 *차이*를 증가시키려 노력해 보자. 그림 11.11을 참고하여 점 e와 c 사이의 거리를 증가시켜 보자. 1965년부터 연구하고 있는 이 이론은 *초임계 익형*이라는 새로운 익형 그룹의 설계를 이끌어냈으며, 이것이 이 절의 주제이다.

초임계 익형의 목적은 M_{cr}이 거의 변하지 않더라도 $M_{\text{drag-divergence}}$의 값을 증가시키는 것이다. 그림 11.19에서 초임계 익형의 형상과 NACA 64 시리즈 익형을 비교하였다. 그림 11.19*a*는 NACA 64_2-A215 익형을 보여주고, 그림 11.19*c*는 13% 두께의 초임계 익형을 보여준다(초임계 형상과 현대의 저속 익형의 유사성에 대한 논의는 4.11절에 나와 있다). 초임계 익형은 상대적으로 윗부분이 평평한데, NACA 64 시리즈보다 초음속 유동장이 국소적으로 더 낮은 M의 값을 갖는다. 결과적으로 종결되는 충격파는 더 약하게 되며, 따라서 적은 항력을 발생한다. 비슷한 경향들은 NACA 64 시리즈의 C_p 분포(그림 11.19*b*)와 초임계 익형의 C_p 분포(그림 11.19*d*)에서 비교할 수 있다. 그림 11.19*a*와 *b*는 더 낮은 자유흐름 마하수 $M_\infty = 0.69$에 관계된 NACA 64 시리즈 익형에 대한 것이며, 그림 11.19*c*와 *d*는 더 높은 자유흐름 마하수 $M_\infty = 0.79$에 관계된 초임계 익형에 대한 것이다. 비록 64 시리즈 익형이 낮은 마하수에 있다 하더라도 익형에서 멀리 떨어진 위쪽까지 초음속 유동이 확장되고, 국소 초음속 마하수는 높아지며, 끝나는 충격파는 강해진다. 분명 초임계 익형은 더 바람직한 유동장의 특징을 보여준다. 즉, 표면에 가깝게 초음속 유동장이 확장되고, 국소 초음속 마하수가 낮아지며, 끝나는 충격파는 약해진다. 결과적으로 $M_{\text{drag- divergence}}$의 값은 초임계 익형에서 더 높을 것이다. 이것은 참고문헌 31에 그림 11.20과 같이 주어진 실험자료에 의해 증명되었다. $M_{\text{drag-divergence}}$ 값은 초임계 익형은 0.79이고 NACA 64 시리즈는 0.67이다.

초임계 익형의 윗부분은 상대적으로 평평하기 때문에, 익형의 앞쪽 60%는 역방향의 캠버를 가지며 이것 때문에 양력이 낮아진다. 이를 보상하기 위해 익형 뒤쪽 30%에 극도로 정방향 캠버가 주어지며, 이에 의해 양력이 증가된다. 이것이 뒷전 근처 아랫면이 초승달 끝같이 뾰족한 이유이다.

초임계 익형은 1965년 Richard Whitcomb에 의해 NASA Langley 연구센터에서 개발되었다. 자세한 이론적 근거

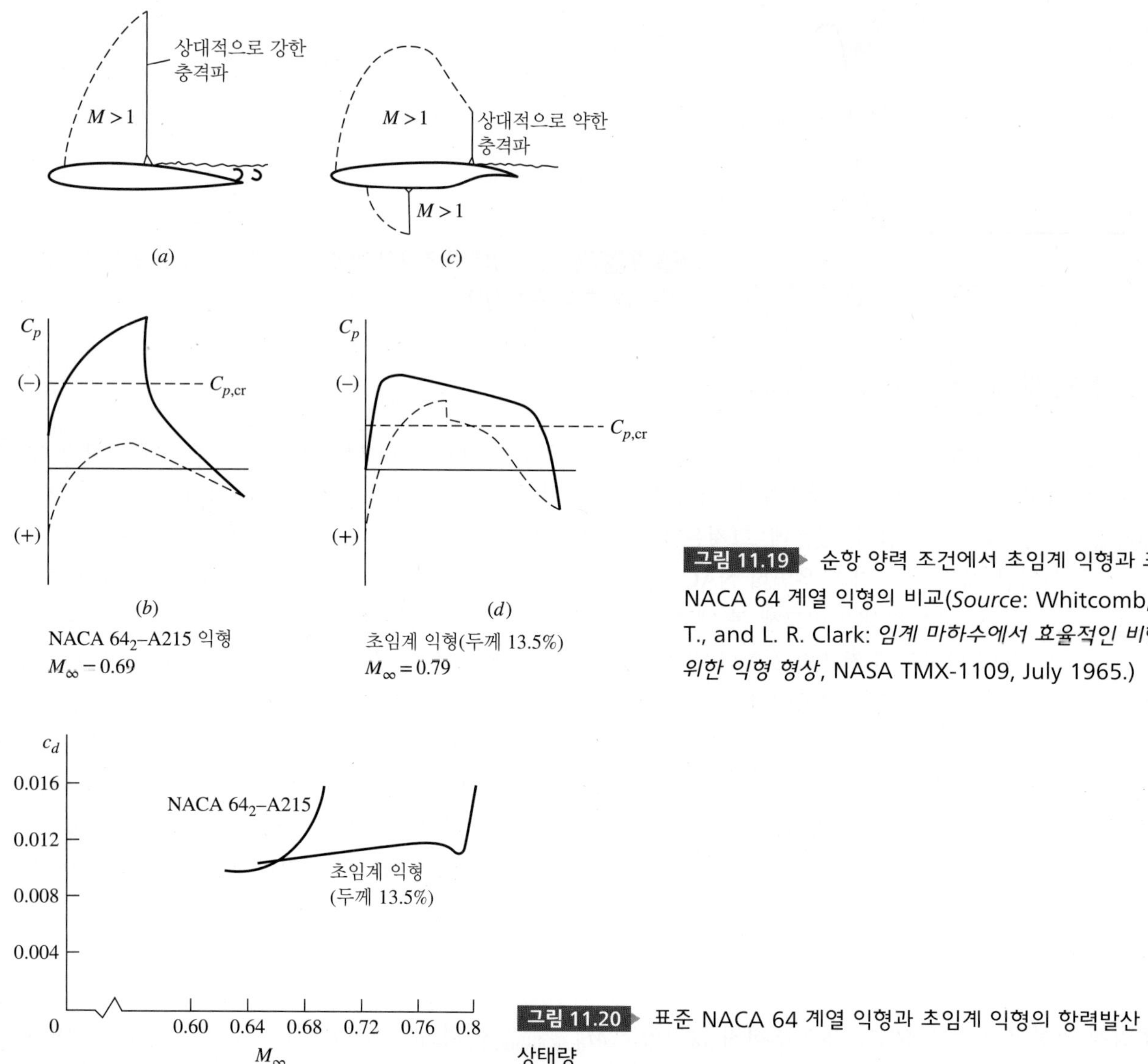

그림 11.19 순항 양력 조건에서 초임계 익형과 표준 NACA 64 계열 익형의 비교(*Source*: Whitcomb, R. T., and L. R. Clark: *임계 마하수에서 효율적인 비행을 위한 익형 형상*, NASA TMX-1109, July 1965.)

그림 11.20 표준 NACA 64 계열 익형과 초임계 익형의 항력발산 상태량

에 대한 서술은 앞의 초임계 익형의 실험자료와 마찬가지로 Whitcomb이 저술한 참고문헌 31에 잘 나와 있다. 초임계 익형과 (비슷한) 많은 변화들이 지금도 최신 고속 항공기 설계의 항공기 산업에서 사용되고 있다. 그 예로 Boeing 757과 767, 그리고 Lear jet의 마지막 모델을 들 수 있다. 초임계 익형은 1945년 이후 천음속 항공기 공기역학에서의 두 가지 획기적인 발견 중 하나며, 다른 하나는 11.8절에서 설명한 면적 법칙이다. 이는 Richard Whitcomb이 위 두 가지의 주 책임자라는 것을 증명해 준다.

11.10 CFD 적용: 천음속 익형과 날개 *CFD Applications: Transonic Airfoils and Wings*

이 장에서 검토한 익형 주위를 흐르는 아음속 압축성 유동의 해석은 Prandtl-Glauert 법칙(11.4절)과 같은 고전적인 압축성 보정 기법을 확립했지만, 이것은 2.17.1절에서 검토한 것과 같이 '엄밀해를 구할 수 있는(closed-form)' 범주의 이론에 부합한다. 비록 이 이론들이 훌륭하고 유용하더라도, 이것은 다음과 같은 경우로 제한된다.

1. 작은 받음각에서의 얇은 익형
2. 마하수 1에 가깝지 않은 아음속 마하수, 즉 전형적으로 마하수 0.7 이하
3. 비점성, 비회전 유동

그러나 현대의 아음속 항공기(Boeing 747, 777 등)는 자유흐름 마하수 0.85 정도에서 순항하며, 고성능 군용 전투기의 경우 마하수 1에 가까운 높은 *아음속*에서 시간을 보낸다. 이 항공기들은 1.10.4절에서 검토했고, 그림 1.44에서 보인 것 같은 *천음속* 비행 영역 속에 있다. 이 장에서 검토한 해석적인 해가 있는(closed-form) 이론은 이 비행 영역에서는 적용되지 않는다. 천음속에서 익형과 날개의 특징에 대한 정확한 계산을 할 수 있는 유일한 방법은 전산유체역학(computational fluid dynamics)을 사용하는 것이다. CFD 이론은 2.17.2절에서 검토했으며, 다음을 진행하기 전에 복습해 두는 것이 좋다.

익형과 날개 위 천음속 유동의 정확한 계산에 대한 필요성이 CFD의 개발 초기에 그것을 독려한 두 가지 요인 중 하나였고, 다른 하나는 극초음속 유동이었다. 1960~1970년대에 고속 제트 여객기의 중요성이 증가함에 따라 천음속 유동의 정확한 계산이 불가피해졌으며, 그러한 계산을 할 수 있는 단 하나의 방법은 CFD였다(아직도 그렇다). 이 절에서 우리는 그런 계산의 맛만 보게 될 것이다. 더 자세한 사항은 참고문헌 21의 14장과 최근 개발된 현대의 공기역학 논문들을 참조하라.

1960년대의 시작과 함께, 천음속 CFD 계산은 역사적으로 다음에 나오는 뚜렷한 4개의 단계를 통해 발전되었다.

1. 초기의 계산은 천음속 유동을 위한 비선형 미소 교란 퍼텐셜 방정식(small perturbation potential equation)을 수치적으로 풀었는데, 이 식은 식 (11.6)의 오른쪽 항들 중 M_∞가 1에 가까워질 때 작아지지 않는 제일 큰 항을 제외하고 모두 삭제해서 얻는다. 이 식은 다음과 같다.

$$\left(1 - M_\infty^2\right)\frac{\partial \hat{u}}{\partial x} + \frac{\partial \hat{v}}{\partial y} = M_\infty^2\left[(\gamma + 1)\frac{\hat{u}}{V_\infty}\right]\frac{\partial \hat{u}}{\partial x}$$

교란 속도 퍼텐셜 항으로 나타내면 다음과 같다.

$$\left(1 - M_\infty^2\right)\frac{\partial^2 \hat{\phi}}{\partial x^2} + \frac{\partial^2 \hat{\phi}}{\partial y^2} = M_\infty^2\left[(\gamma + 1)\frac{\partial \hat{\phi}}{\partial x}\frac{1}{V_\infty}\right]\frac{\partial^2 \hat{\phi}}{\partial x^2} \tag{11.69}$$

식 (11.69)는 천음속 미소 교란 퍼텐셜 방정식이다. 이는 종속변수 $\hat{\phi}$의 미분의 곱을 포함하고 있는 우변 항 때문에 비선형이다. 이것이 수치 CFD 해를 필요하게 된다. 그러나 이 결과는 이 식에 내포되어 있는 가정 때문에 한계가 있는데, 미소 교란의 가정이며 따라서 얇은 익형과 작은 받음각으로 제한된다.

2. 다음 단계는 식 (11.12)인 완전 퍼텐셜 방정식(full potential equation) 수치해이다. 이것은 모든 받음각에서 모든 모양의 익형에 적용이 허용된다. 그러나 유동은 여전히 등엔트로피로 가정되었고, 비록 결과에서 충격파가 나타났다 하더라도 이 충격파의 특성은 항상 정확하게 예측되지는 않았다.

3. CFD 알고리즘들이 더 정교해짐에 따라 Euler 방정식의 수치해[비점성 유동을 위한 연속 방정식인 식 (7.40), 운동량 방정식인 식 (7.42), 그리고 에너지 방정식인 식 (7.44)]를 얻어냈다. Euler 방정식 해의 이점은 충격파를 올바르게 취급하였다는 것이다. 그러나 1~3단계에서 검토한 방법 중 어느 것도 점성 유동의 효과를 고려하지 않았는데, 천음속 유동에서 그것의 중요성은 충격파와 경계층의 상호작용 때문에 곧 더 알려지게 되었다. 이 상호작용은 동반하는 유동 박리와 함께 항력의 예측에서 지배적인 것이다.

4. 이것이 천음속 유동을 위한 점성 유동 방정식의 CFD 해[점성 항을 포함하고 있는 Navier-Stokes 방정식인 식 (2.43), 식 (2.61), 그리고 (2.87)]로 인도하였다. Navier-Stokes 방정식은 15장에서 자세히 전개된다. Navier-Stokes 방정식의 CFD 해는 천음속 유동 계산에서 현재의 첨단 기술이다. 이 해들은 난류 경계층을 다루는 난류 모델의 몇 가지 유형들을 제외하고는 유동의 현실적인 물리적 현상을 모두 포함하고 있는데, 그런 난류 모델은 종종 이 계산들의 아킬레스건이다.

그림 11.21은 $M_\infty = 0.8$이고 받음각이 2°일 때의 NACA 0012 익형 위 천음속 유동에서 CFD 계산의 예를 보여준다. 여기에 나온 곡선들은 일정한 마하수의 선들을 나타내며, 이 선들이 함께 몰려 있는 것은 윗면에서 생기는 수직 충격파를 명확하게 보여준다. 예제 11.3의 계산결과가 받음각 0에서의 NACA 0012 익형의 임계 마하수가 0.74이며

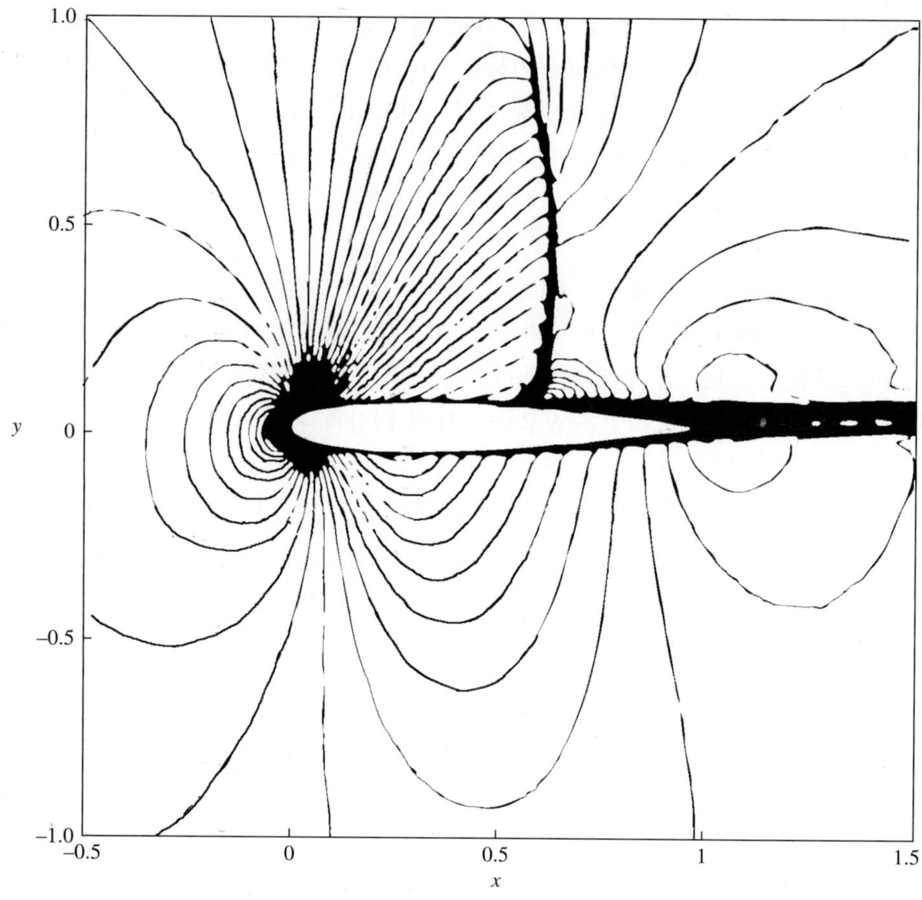

그림 11.21 NACA 0012 익형 주변 $M_\infty = 0.8$, 받음각 2° 천음속 유동에서의 마하수 분포선도(*출처*: Nakahasi, K., and Deiwert, G. S.: "A Self-Adaptive Grid Method with Application to Airfoil Flow," AIAA Paper 85-1525, American Institute of Aeronautics and Astronautics, 1985.)

그림 11.10*b*에 이것에 대한 확인이 되어 있는 것을 참고하면, 분명 그림 11.21에 나와 있는 같은 익형 주위의 유동은 임계 마하수를 훨씬 넘을 것이다. 그림 11.21에 나와 있는 충격파 하류의 경계층은 박리가 되고, 익형은 확실하게 항력 발산 영역에 있다. 점성 유동의 효과를 고려한 Navier-Stokes 방정식의 한 종류(얇은 전단층 가정이라 불리는)를 풀고 있기 때문에, CFD 계산은 이 박리된 유동을 예측한다. 그림 11.21은 NASA Ames 연구센터(참고문헌 70)의 Nakahashi와 Deiwert의 연구결과를 보여준다. 이 결과들은 천음속 유동에 적용된 CFD의 능력을 그래프로 나타낸 것이다. CFD 계산들의 이러한 유형들에 대해 자세히 알고 싶다면 가장 권위 있는 Hirsch(참고문헌 71)의 저서를 참고하라.

오늘날 CFD는 현대 천음속 익형과 날개 설계에 있어서 종합적인 한 부분이다. CFD가 천음속 항공기 전체의 설계를 위한 현대의 최적화 설계 기술들과 결합되는 방법의 최근 예는 Jameson의 조사 논문(참고문헌 72)에서 인용한 그림 11.22와 11.23에 나와 있다. 그림 11.22*a*의 왼쪽은 $M_\infty = 0.83$일 때 초기 날개 모양으로, 날개 길이 절반에 대한 기준선을 따른 익형의 형상 분포를 보여주고, 오른쪽은 계산된 압력 계수 분포를 보여준다. 이 분포에서 C_p가 급격히 하락하는 이유는 날개를 따른 상대적으로 강한 충격파 때문이다. 여러 번의 반복계산 후에, $M_\infty = 0.83$일 때 최적화된 설계가 그림 11.22*b*에 나와 있다. 마찬가지로 새로운 익형 형상 분포는 왼쪽에, C_p의 분포는 오른쪽에 나와 있다. 새롭게 최적화된 날개 설계는 그림 11.22*b*에 나와 있는데, 매끄러운 C_p 분포로부터 예측할 수 있듯이 거의 충격파가 없으며 항력을 7.6%나 감소하는 결과를 가져왔다. 그림 11.22의 최적화된 설계는 날개의 두께를 동일하게 유지시켜야 하는 제약을 받았다. 비슷하지만 다른 날개의 최적화 설계 예가 그림 11.23에 나와 있다. 여기서 $M_\infty = 0.86$에서 최적화된 최종 날개의 평면 형상을 보여주고 있으며, 평면도 위에 계산된 최종 등압 곡선을 나타내었다. 그림 11.23의 날개 평면도 왼쪽과 오른쪽에 벌려 놓은 그림은 스팬 방향 6개 지점의 압력 계수 곡선이다. 점선은 초기 기본 형상 날개의 C_p 변화를 보여주는데, 여기서 진동은 충격파를 예측하는 증거이며 실선은 최종적으로 최적화된 날개의 C_p 변화를 나타내는데, 매끄러운 변화는 대부분 충격파의 영향을 받지 않는다는 것을 보여준다. 그림 11.22와 11.23은 각각 CFD를 사용하여 천음속 날개 설계를 하는 다분야 통합 설계 최적화의 반영을 보여준다. 이런 설계 응용에 대한 더 자세한 설

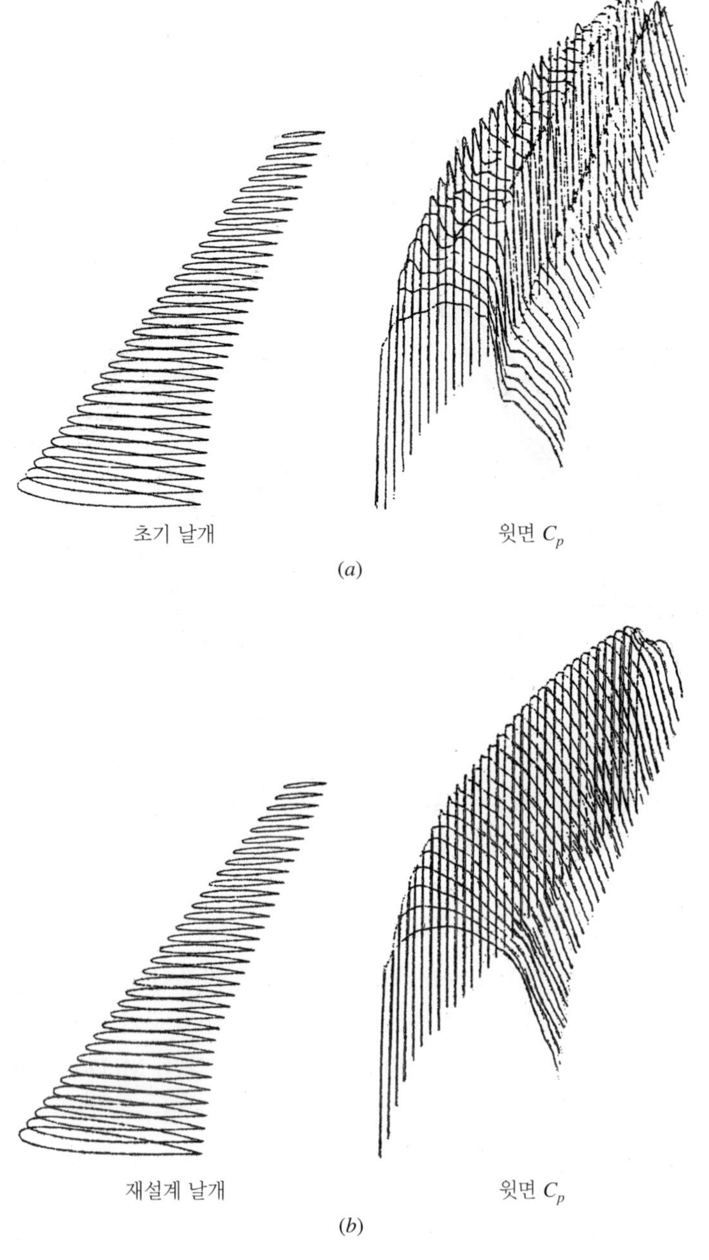

그림 11.22 최적화된 천음속 날개 설계를 위한 CFD 사용. $M_\infty = 0.83$. (*a*) 충격파를 가진 기준 날개, (*b*) 사실상 충격파가 없는 최적화된 날개(*Source*: Jameson, Antony: "컴퓨터를 이용한 디자인 프로세스 재엔지니어링," *J. Aircraft*, vol. 36, no. 1, Jan-Feb 1999, pp. 36-50.)

명은 다분야 통합 설계 최적화의 관점에 헌정된 특별판 *Journal of Aircraft* vol.36, no.1, Jan/Feb. 1999를 참조하라.

11.11 응용 공기역학: 날개–동체 혼합형 *Applied Aerodynamics: The Blended Wing Body*

이 책은 공기역학을 배우는 여섯 가지 좋은 이유를 설명하기 위해 6개의 항공기 그림으로 시작했다. 특히 그림 1.6은 새로운 개념으로 장거리 여객기의 부흥을 일으킬 날개–동체 혼합형(BWB) 비행체의 예술적인 개념도를 보여주고 있다. BWB의 공기역학은 이 책에서 논하고 있는 기본 공기역학에 뿌리를 두고 있으므로, 이 기회를 이용하여 BWB와 관련된 응용 공기역학에 관해 알아보자.

BWB는 1988년 Dennis Bushnell에 의해 거론된 항공 산업의 도전 과제에서 나온 개념이다. Bushnell은 NASA Langley 연구센터 최고 연구원이었는데, 역사적인 Boeing 707 비행기에 의해 효시가 되었던 전통적인 원통형 동체와 엔진 덮개에 의해서 제트 엔진이 밑에 매달린 후퇴익과 비교해, 효율과 성능 면에서 비약적인 개선을 할 수 있는 상업

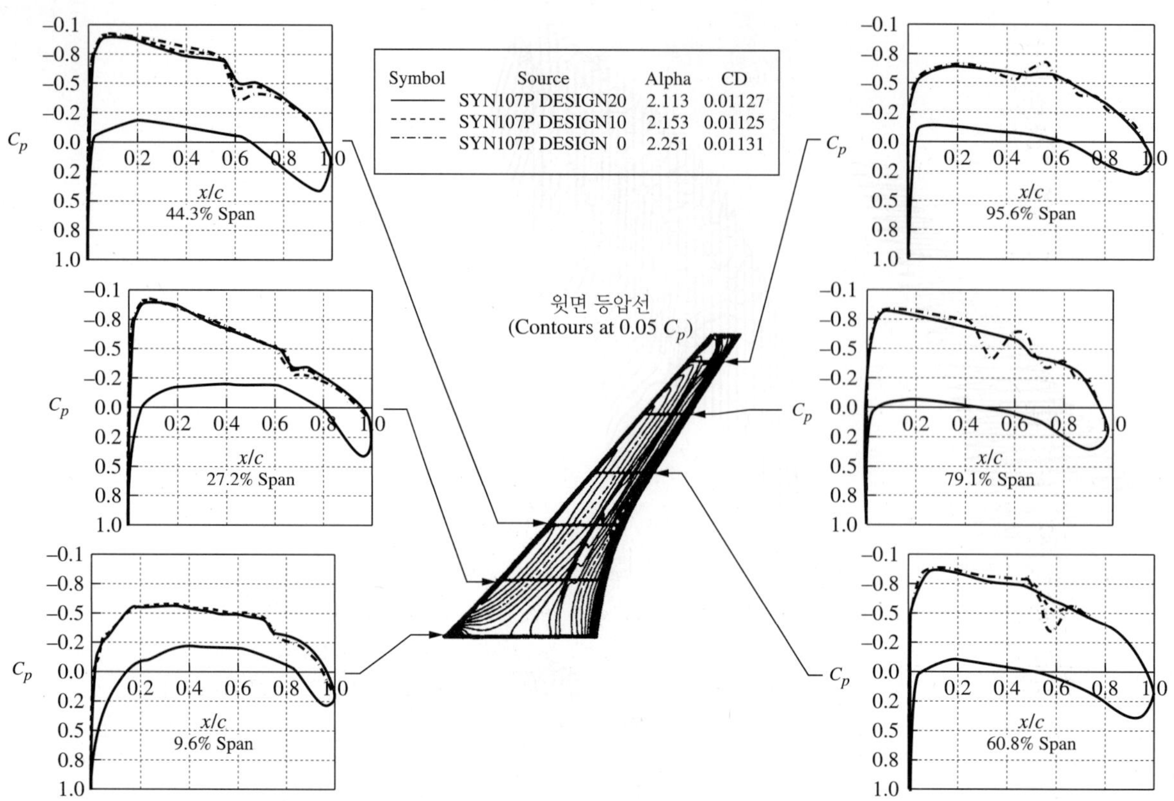

그림 11.23 CFD를 이용한 최적화된 천음속 날개 설계의 다른 예(*출처*: Jameson, Antony: "Re-Engineering the Design Process Through Computation," *J. Aircraft*, vol. 36. no. 1, Jan-Feb 1999, pp. 36-50.)

용 제트 여객기가 나올 수 있는 새로운 창의적인 생각이 있는지에 대한 질문을 받았다. 50년이 지나도 이 형상은 모든 수송용 항공기에 같은 모양으로 남아 있으며, 그림 2.2에 나와 있는 Boeing의 마지막 설계 작품인 787 Dreamliner에 의해 보강되었다. 이 같은 도전에 대해 McDonnell Douglas의 Robert Liebeck 박사가 조직한 공기역학자들의 작은 그룹에서 날개-동체 혼합형 비행체에 대한 생각을 가졌고, 그중 하나가 그림 11.24에 나와 있다. McDonnell Douglas가 Boeing에 의해 인수되었을 때, Liebeck은 NASA로부터 자금을 지원받아 BWB에 대한 연구를 계속하였다. 그림 11.24의 형상은 Boeing에서 2002년경 BWB에 대한 기본 연구로부터 얻어진 것이다. Liebeck은 현재 Boeing 선임 기술위원으로서, 여전히 BWB 연구의 선봉에서 있다.

날개-동체 혼합형 비행체에 대한 공기역학은 이 책에서 강조한 많은 기본 원리들의 적용을 직접 눈으로 보여주는 것이다. 이러한 이유로 BWB는 이번 응용 공기역학 부분에서 집중하도록 선택되었다. 우리는 BWB가 이 책의 주제인 매우 기본적인 공기역학 원리를 적용한 선진형 미래 항공기라는 것을 확인하게 될 것이고, 이 같은 기본 원리는 영원하다는 사실을 강조하는 것이다.

우선 그림 11.24를 살펴보면, BWB는 전기 형상의 날개가 중앙 동체 부분으로 서서히 변하면서 결합된 것으로, 동체는 역시 익형 형상이며 선두부는 총알 모양을 하고 있다. 기존의 튜브형 동체를 중앙 동체로 대치하여 그 자체로 효율적인 양력면 역할을 하도록 함으로써, 날개 길이 방향으로의 양력 분포가 이상적인 타원형 분포에 가깝게 되었다. 5장의 3차원 날개에 대한 공기역학적 연구에서 타원형 양력 분포는 최소 유도 항력을 발생시킨다고 강조하였다. BWB는 그림 11.25에서처럼 타원형 양력 분포를 유지할 수 있도록 설계되었고, 여기서 BWB의 양력 분포와 길이 방향으로의 양력 계수, 그리고 익형 두께에 대한 시위 길이 비인 t/c 그래프를 확인할 수 있다. 양력 계수의 변화와 t/c 사이에는 직접적인 연관이 있다. 중앙 동체는 승무원과 화물을 위해 충분히 크고 두꺼워야 하며, 이는 중앙 동체 부분의 익형 시위 길이와 t/c를 증가시키는 요인이 된다. 중앙에서의 타원형 양력 분포를 유지하기 위해, 동체 부분의 익형은 바깥쪽 날개에 사용된 익형과 다른 형태를 갖는다. 이는 낮은 양력 계수를 갖도록 하여 긴 시위 길이로 인한 불균형을 바로

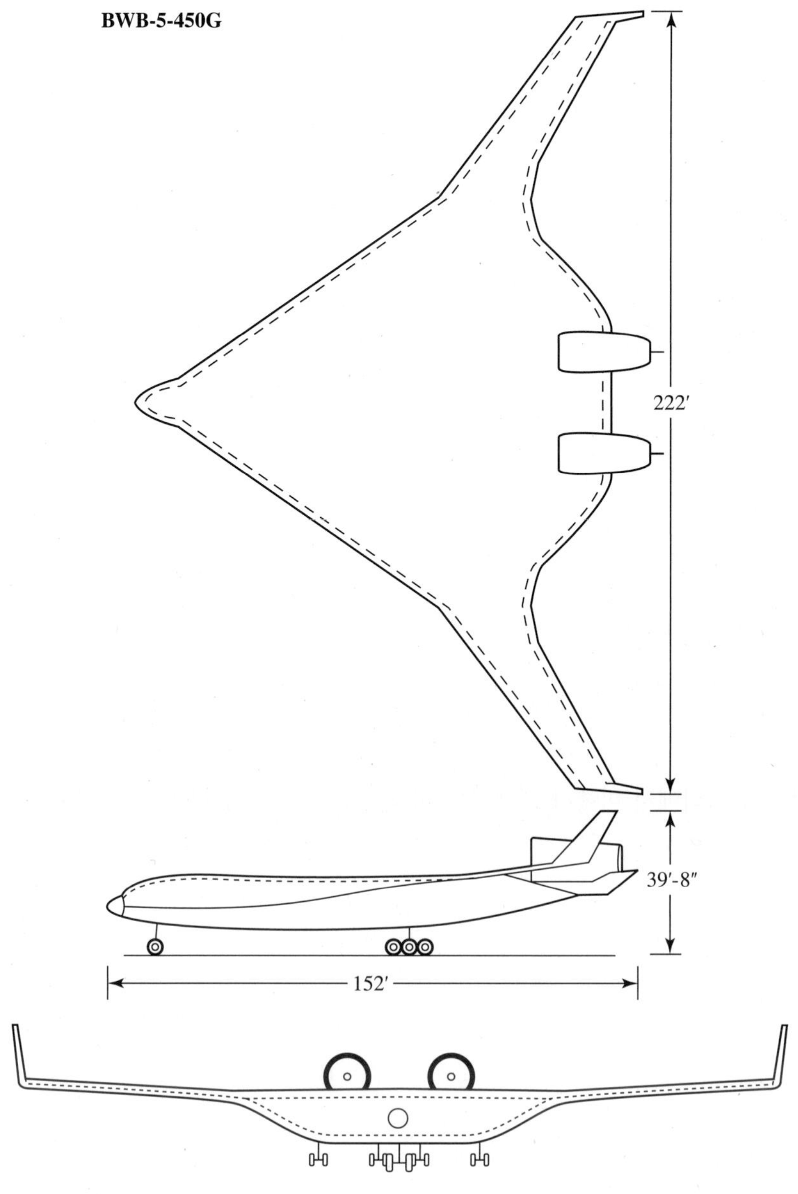

그림 11.24 날개–동체 혼합형의 삼면도

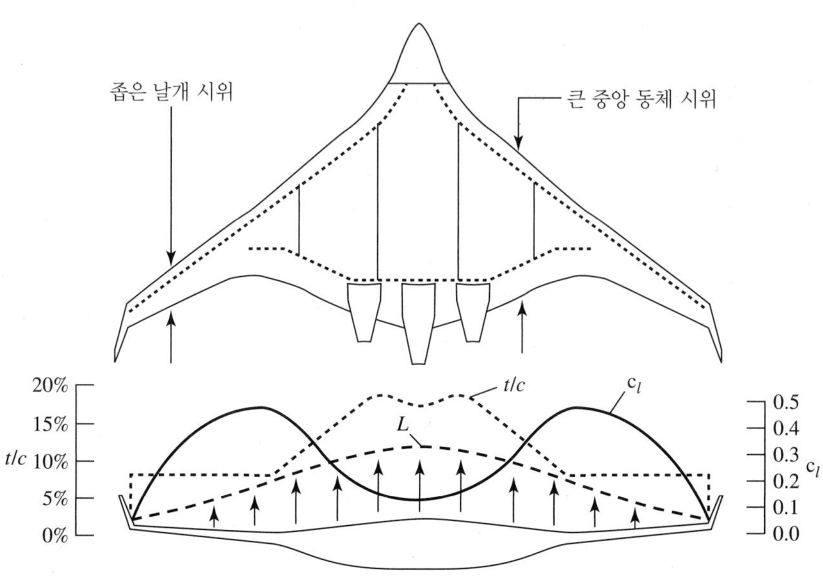

그림 11.25 날개–동체 혼합형의 특정한 스팬 방향으로 양력 L, 양력 계수 c_l, 두께–시위 비에 대한 분포

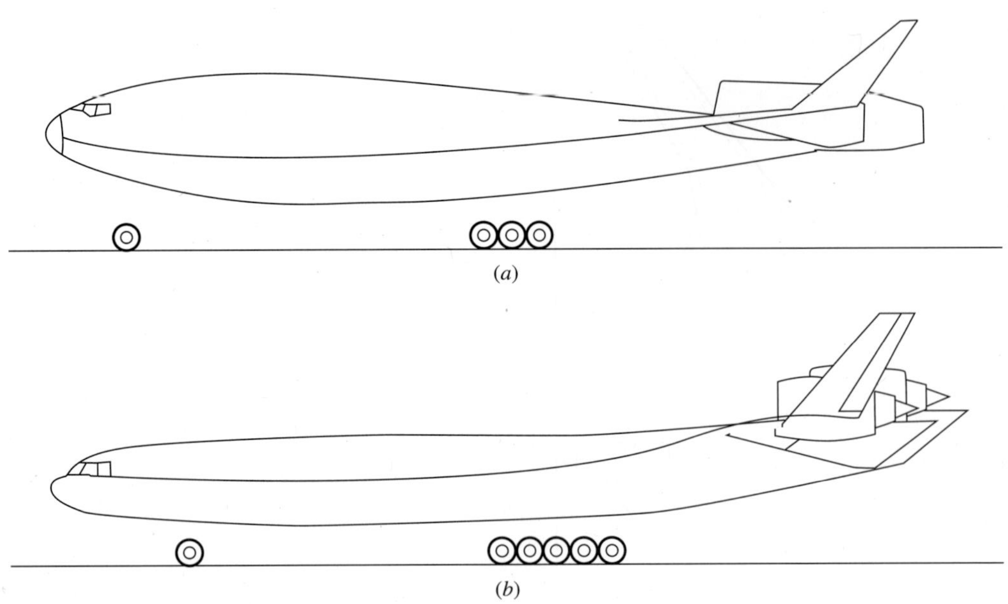

그림 11.26 중앙 동체 옆모습: (a) 첫 번째 세대, (b) 최근 세대

잡아 타원형 양력 분포를 유지하게 한다. (양력 분포는 양력의 단위 스팬 길이에 대한 변화를 나타내며, 양력은 한 지점에서의 양력 계수와 시위 길이에 비례한다.)

BWB는 고속 아음속 항공기로 낮은 천음속 영역에서 비행하는 게 목적이다. 그러므로 가능하면 높은 항력발산 마하수를 갖도록 많은 노력을 기울였다. 마지막으로 BWB는 두 가지 설계 특성을 갖고 있으며, 이는 이번 11장에서 다룬 공기역학의 원리들이다.

1. *초임계 익형*: 초임계 익형의 역할은 11.9절에서 다루었다. 바깥 부분의 BWB 날개는 그림 11.19*c*와 같이 뒷부분 캠버(aft camber)를 갖는 초임계 익형으로 되어 있다. 중앙 동체의 단면도 익형으로 이루어져 있다. 첫 번째 세대의 BWB 개발과정에서, 마하수 0.7에서 $c_l = 0.25$를 갖도록 설계하여 Liebeck LW102A 익형(참고문헌 89)이 사용되었다. 완성된 중앙 동체의 단면은 그림 11.26*a*에 나와 있다. 새로운 세대의 BWB는 중앙 동체 부분에 특별히 맞추어진 최신형 천음속 익형을 사용하였다. 효율적으로 승객들을 수용하고 짐과 화물을 적재하기 위해 단면 면적에 대한 제한 사항을 고려하고, 새로운 천음속 익형 설계로 중앙 동체의 3차원 윤곽선이 바깥 날개 표면에서 부드럽게 연결되도록 하였다. 이 결과는 그림 11.26*b*에 나와 있고, 11.26*a*의 처음 설계에 비해 더 깨끗하고 유선형의 외형에 높은 임계 마하수를 갖게 되었다. 그래서 BWB의 양항비를 4% 증가시키는 효과를 가져왔다.
2. *면적 법칙*: 면적 법칙에 대해서는 11.8절에서 다루었다. BWB는 부드러운 외형에 단면 형상도 완만한 변화를 갖는다. 이는 자연스럽게 면적 법칙을 만족한다. 그림 11.27에서 BWB(실선)와 기존 아음속 여객기 MD-11(점선)에 대해 종 방향의 좌표에 대한 함수로 단면적 분포를 비교해 놓았다. BWB의 면적 분포가 MD-11에 비해 확실히 완만한 곡선을 가짐을 알 수 있고, 따라서 좋은 면적 법칙을 갖는다고 할 수 있다. Liebeck(참고문헌 90)은 BWB에 대해 "순항 마하수를 0.88 이상으로 증가시키는 데 직접적인 한계가 없어보인다"고 말한다. 정말로 한 계열의 날개–동체 혼합형이 0.85, 0.9, 0.93, 0.95의 마하수를 갖도록 설계되어 왔다.

천음속 비점성 유동의 계산에서 CFD의 역할은 11.10절에서 다루었다. 이 내용은 20장에서 연장되어 Navier-Stokes 방정식의 수치해를 이용한 점성 유동에 대한 CFD 해법을 제시하게 된다. 전산유체역학은 현대 항공기 설계에 필수적인 도구이며, Roman 등(참고문헌 91)과 Liebeck(참고문헌 92)에 의해 논의된 바와 같이 특히 BWB에서 중요함을 갖는다. 예를 들어, 그림 11.28은 Navier-Stokes CFD 결과에서 얻은 BWB 윗면에서의 압력 분포선을 보여준다. 충격파는 압력선이 모이는 지점에 의해 구분된다. 이 결과는 전형적인 천음속 충격파를 보여주며, 바깥쪽 날개에서 확실히 구분되고 중앙 동체 쪽으로 향하면서 점점 약한 압축파로 희미해진다. CFD 결과는 중앙 동체 부분에서 받음

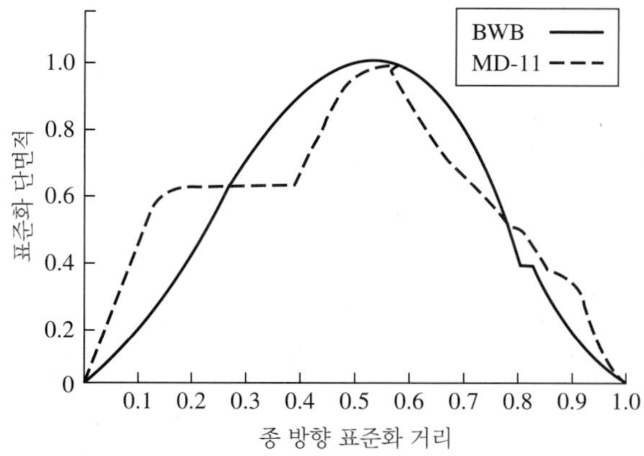

그림 11.27 날개-동체 혼합형 여객기와 이전의 넓은 동체 여객기의 종 방향 단면적 비교 분포

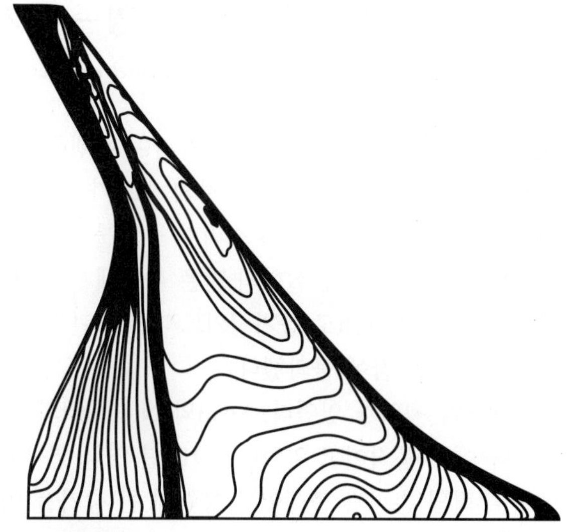

그림 11.28 순항 중간 조건에서의 BWB 윗표면 주위 정압 분포선의 대표적인 CFD 계산

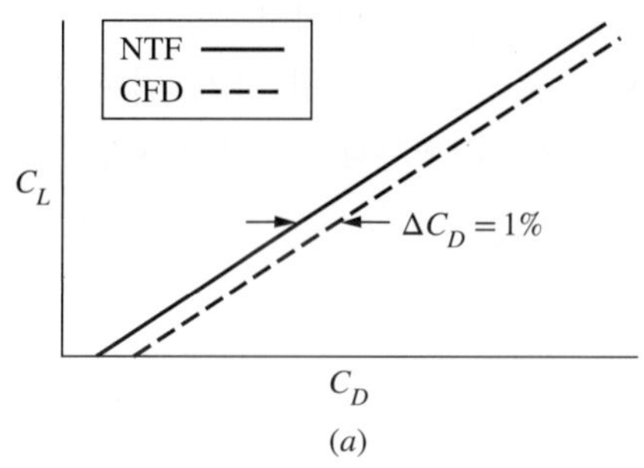

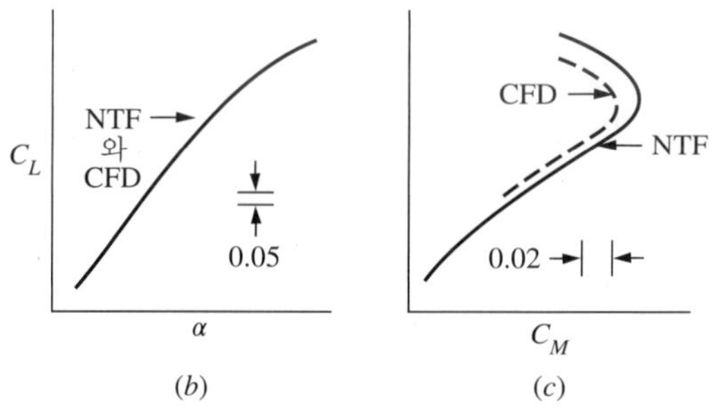

그림 11.29 BWB에 대한 CFD 계산과 실험자료 비교. CFD 계산은 CFL3D로 수행하였으며, 실험자료는 NASA Langley Research Laboratoty의 National Transonic Facility로부터 구한 것이다. (a) C_L-C_D, (b) C_L-α, (c) C_L-C_M

각에 따른 유동 형태의 변화가 상대적으로 덜 민감함을 보여주고 있다. 또한 중앙 동체와 바깥 날개 사이 구부러진 부분에서 유동의 박리 현상이 시작됨을 보여준다. 그림 11.29에 더 많은 CFD 결과와 NASA Langley의 National Transonic Facility (NTF)에서 거의 실제 레이놀즈수에 대한 실험을 한 자료와 비교하였다. 그림 11.29*a*는 항력 계수 C_D의 변화에 대한 양력 계수 C_L의 변화를 보여준다[항력 극선도(darg-polar)의 일부분]. 그림 11.29*b*는 받음각에 따른 C_L의 변화, 11.29*c*에서 모멘트 계수에 대한 양력 계수를 보여준다. 저작권상의 이유로 그래프 축에서 숫자는 표시하지 않았지만, 이 비교의 가장 중요한 결론은 BWB에 대한 CFD 결과가 실험 결과와 비교했을 때 1% 이내의 일치를 보인다는 것이다. Robert Liebeck(참고문헌 92)의 말에 따르면, "이 놀랄 만한 일치는 CFD가 공력 설계 및 해석에 있어서 믿을 만하다"는 것을 의미한다.

요약하면, 미래의 항공기 설계에 있어서 이 책에 나온 공기역학의 기본 원리를 이해하는 것이 얼마나 중요한지를 응용 공기역학을 예로 들어 보여주었다. BWB에 대한 더 많은 정보가 필요하다면 참고문헌 89~92를 보라.

11.12 역사적 고찰: 고속 익형 — 초기 연구와 개발

Historical Note: High-Speed Airfoils-Early Research and Development

20세기의 공기역학 분야는 음속 가까이 비행하는 물체에 큰 항력의 증가가 있는 것을 관찰한 것에 독점적인 권한을 가지고 있지 않다. 실제로 탄도진자의 발명가인 18세기 영국인 과학자 Benjamin Robins은 "물체의 저항이 변하는 속도는(V^2 관계에서 V^3 관계로) 소리가 공기를 통해 전파되는 속도와 거의 같다"고 발표하였다. 이 성명은 그의 탄도진자를 발사시키는 발사체 실험의 많은 횟수에 기초하고 있었다. 그러나 이 결과들은 제1차 세계대전 동안과 그 직후 항공기 속도를 150 mi/h로 증가시키느라 애쓰던 시대의 초기 공기역학자들과 거의 관련이 없었다. 이 사람들에게 음속에 가까운 비행은 꿈에 불과했다.

하나의 예외가 있었다. Spad와 Nieuport와 같은 제1차 세계대전 당시 항공기들의 프로펠러 블레이드는 끝이 음속 부근에서 움직이고 있었다. 1919년 영국 연구원들은 음속을 약간 넘은 속도인 1180 ft/s의 끝속도를 가진 프로펠러에서 추력의 손실과 블레이드 항력의 큰 증가를 이미 관측했다. 이 효과를 더 검토하려고 미국 오하이오주 Dayton 근처의 McCook Field에 있던 미 육군 공병사단(오늘날 Wright-Patterson 공군 기지에 있는 대규모 연구개발 시설의 전신)의 공병이었던 F. W. Caldwell과 E. N. Fales는 일련의 고속 익형 실험을 실시하였다. 그들은 최초의 고속 풍동을 설계하고 제작하였는데, 그 풍동은 14인치의 직경을 가지고 있었고 속도는 675 ft/s까지 낼 수 있었다. 1918년 그들은 고정된 익형 위 고속 유동을 포함한 최초의 풍동 시험을 실시하였다. 그 결과는 두꺼운 익형에서 받음각이 있을 때 양력 계수의 큰 감소와 항력 계수의 주된 증가를 보여준다. 이것이 역사상 처음으로 측정된 익형 위의 '압축성 효과'였다. Caldwell과 Fales는 이러한 어떤 변화가 특정한 공기 속도에서 발생한다고 기술하였는데, 그 공기 속도를 '임계 속도'라고 정의하였고 이 용어는 후에 임계 마하수라고 불리게 된다. Orville Wirght가 당시 육군 고문이었다는 것과 (Wilbur는 장티푸스로 1912년에 일찍 사망하였다) Caldwell과 Fales의 실험 일부를 관찰하였다는 것은 흥미로운 일이다. 그러나 이 임계 속도에 대한 기본적인 이해와 설명은 전혀 할 수 없었다. 그 시대 사람들 중 누구도 익형 주위 고속 유동에서 무엇이 일어나고 있는지에 관한 단서조차 갖지 못했다.

국가항공자문위원회 회원들은 Caldwell-Fales의 결과를 잘 알고 있었다. 그 일이 사라지게 하기보다는 NACA는 국가표준국[National Bureau of Standard (NBS)]과 익형 주위의 고속 유동에 대한 연구 계약을 했는데, 프로펠러 단면의 개선에 초점을 맞추었다. NBS의 업무에는 12인치 직경의 시험부와, 마하수 0.95를 낼 수 있는 고속 풍동을 건설하는 것이 포함되어 있었다. 공기역학적 시험은 Lyman J. Briggs(이후 NBS의 책임자가 됨)와 Hugh Dryden(이후 20세기 공기역학 선구자가 됨)에 의해 수행되었다. 통상적인 힘의 자료에 추가하여 Briggs와 Dryden은 익형 표면의 압력 분포를 측정하였다. 이 압력 분포는 유동의 본질에 대한 통찰력을 가능하게 하였고, 익형 윗면에서의 유동 박리를 확실하게 나타내었다. 우리는 지금 그런 유동 박리가 충격파에 기인하는 것을 알고 있지만, 초기 연구자들은 당시 그런 충격파의 존재에 대해 알지 못했다.

이 기간 동안 고속 익형 특성에 대한 의미 있는 이론적 연구는 독일의 Ludwig Prandtl과 영국의 Hermann Glauert에 의해 수행되었는데, 이 연구가 식 (11.51)에 나오는 Prandtl-Glauert 압축성 보정을 이끌어냈다. 1992년에 이미 Prandtl이 양력 계수가 $(1 - M_\infty^2)^{-1/2}$에 따라서 증가한다는 말을 하였다는 것이 인용되었다. 그는 Göttingen의 강의에서 이 결론을 언급하였으나, 문서화된 증명 없이 하였다. 이 결과는 6년 후 유명한 독일의 시리즈 *Handbuch der Physic*에서 Prandtl의 동료 Jacob Ackeret에 의해 다시 한번 언급되었으나, 역시 증명이 없었다. 그 후 1928년 Royal Aircraft Establishment에서 일하던 영국 공기역학자인 Hermann Glauert에 의해 개념이 공식적으로 정립되었다(Glauert의 전기에 대한 내용은 참고문헌 21의 9장을 참조하라). *Proceedings of the Royal Society*, vol. 118, p. 113에서 단지 6쪽만을 사용하여 Glauert는 선형화된 미소 교란 이론(11.4절에 설명된 것과 유사함)에 근거하며 유도한 것을 발표하였는데, 이것이 $(1 - M_\infty^2)^{-1/2}$에 따른 변화를 확인하여 주었다. <익형의 양력에 대한 압축성 효과>라는 제목의 논문에서 Glauert는 유명한 Prandtl-Glauert 압축성 보정[식 (11.51)~(11.53)]을 유도하였다. 이 결과는 그 후 10년간 독보적이었으며 변하지 않았다.

따라서 1930년의 고속 아음속 익형 연구의 도달 수준은 항력발산 현상의 존재를 실험적으로 증명하여 밝혀내기에 이르렀는데, 그것이 유동 박리에 의해 야기되었다는 생각을 이끌어냈으나 기본 유동장에 대한 근본적인 이해는 없었다. 결과적으로 Prandtl-Glauert 법칙 외에는 실질적인 이론적 배경이 없었다. 또한 이 모든 연구들이 프로펠러 성능에 대한 이해의 필요 때문에 진행되었다는 것을 인식해야 하는데, 그 당시에 압축성 효과의 영향을 받는 항공기 구성 요소는 프로펠러의 끝부분이었기 때문이다.

1930년대에 이 모든 것이 변화하였다. 1928년 NACA는 Langley 항공연구소에서 시험부 직경이 1 ft인 최초의 기초적인 고속 아음속 풍동을 제작하였다. 풍동 책임자인 Eastman Jacobs와 책임 연구원인 John Stack는 다양한 표준 익형 형상에 대한 시험을 실시하였다. 유동장에 대한 이해가 계속적으로 부족한 것에 실망한 그들은 Ernst Mach의 발자취를 따라 광학적 기법으로 방향을 바꾸었다(9.10절 참조). 1933년 그들은 3인치 직경의 돋보기 정도의 정밀도를 갖는 렌즈와 짧은 시간 동안 섬광을 주는 광원으로 이루어진 정밀하지 못한 쉴리렌 시스템을 만들었다. 실린더 주위 유동에 대한 쉴리렌 시스템을 사용한 첫 번째 시험 결과는 극적이었다. 충격파가 유동 박리의 결과를 따라 관찰되었다. 그 시대 최고의 이론 공기역학자 중 하나인 Theodore Theodorsen을 포함한 방문객들이 결과를 관찰하기 위해 그 풍동으로 몰려들었다. 그 당시의 생각을 나타내는 논평이 Theodore Theodorsen에 의해 주어졌는데, 그는 자유흐름의 속도가 아음속이므로 충격파같이 보이는 것은 '광학적 착시'임이 분명하다고 말했다. 그러나 Eastman Jacobs와 John Stack은 다르게 알고 있었다. 그들은 표준 NACA 단면을 이용하여 일련의 익형에 대한 실험을 본격적으로 진행하였다. 그들의 쉴리렌 사진들이 임계 마하수 이상에서의 익형 주위 유동의 비밀을 밝혀주었다(그림 1.38*b*와 그에 따른 초임계 유동에 수반되는 토의를 보라). 1935년에 Jacobs는 이탈리아를 여행했는데, 거기서 NACA 고속 익형의 연구결과를 제5회 Volta 회담에서 발표하였다. 이것은 역사상 처음으로 표준형 익형 주위 천음속 유동의 사진을 큰 공개 포럼에서 발표한 것이다.

1930년대 그런 일이 진행되는 동안, 고속 공기역학 연구에 대한 매력이 프로펠러 응용에서 항공기 자체에 대한 관심으로 이동하였다. 1930년대 중반에는 550 mi/h 항공기가 꿈만이 아니었다. 프로펠러로 추진되는 항공기의 왕복운동 엔진은 그런 속도 영역을 충분히 고려할 수 있도록 강력해지고 있었다. 결과적으로 항공기 전기체(날개, 카울링, 꼬리 등)는 압축성 효과와 마주하게 되었다. 이는 Langley가 8 ft의 대형 고속 풍동을 설계하도록 만들었으며, 풍동 시험부의 속도는 500 mi/h 이상까지 가능하였다. 이전 1 ft 풍동과 함께 이 풍동은 1930년대 후반 고속 아음속 연구에서 NACA가 독보적인 우위를 차지하는 기반이 되어 주었다.

1930년 이후 10년 동안 상황이 완전히 바뀌었다. 1940년까지 익형 주위의 고속 유동은 상대적으로 잘 이해되었다. 이 기간 동안 Stack과 Jacobs는 그런 고속 유동의 실험적인 측면을 강조하였을 뿐만 아니라, 식 (11.60)에 주어진 것같이 $C_{p,\mathrm{cr}}$에 대한 표현을 M_{cr}에 대한 함수로 이끌어냈고, 11.6절에 논의되었던 것처럼 주어진 익형에서의 임계 마하수를 어떻게 구하는지 보여주었다. 그림 11.30은 NACA에 의해 표준 NACA 익형 주위 유동을 찍은 몇 가지 대표적인 쉴리렌 사진을 보여준다. 이 사진은 1949년에 찍었지만, 1930년대 Stack과 Jacobs에 의해 얻어진 결과와 유사하다. 사진 위에 겹쳐 놓은 것은 익형의 윗면(실선)과 아랫면(점선) 주위의 측정된 압력 분포이다. 사진들을 신중하게 검토하라. 아래로부터 위로 움직이면서 여러분은 자유흐름 마하수 증가의 영향을 볼 수 있다. 또한, 왼쪽에서 오른쪽으로 가면서 익형 두께 증가에 대한 효과를 볼 수 있을 것이다. M_∞가 증가함에 따라 충격파가 어떻게 하류로 이동하며, 궁정적으로 $M_\infty = 1.0$일 때 충격파가 뒷전에 도달하게 되는 것에 유의하라. 이 경우에 대해 그림의 위쪽 줄은 익형 주위 대부분이 완전한 초음속 유동임을 보여준다. 또한 마하수 0.79, 0.87, 0.94에 대해 충격파 하류에 넓은 박리 유동 지역이 있는 것에 유의하라. 이 박리 유동이 마하수 1 근처에서 항력이 크게 증가하는 주요 이유이다. 충격파를 지나며 증가하는 거의 불연속적인 압력 증가는 익형 표면에 강력한 역압력구배를 만들고, 이 역압력구배는 유동 박리의 원인이라는 것이 1940년대에는 잘 알려져 있었다.

고속 익형 연구 프로그램은 NASA와 함께 오늘날까지 지속되고 있다. 이것은 1960년대 초임계 익형을 이끌어내었다(11.9절과 11.14절 참조). 또한 현대에 익형 주위 천음속 유동을 이론적으로 해결하기 위한 컴퓨터 기술 사용에 막대한 노력을 기울였다. 그런 노력은 성공으로 나타나기 시작했고, 여러 면에서 오늘날 컴퓨터로 천음속 익형을 디자

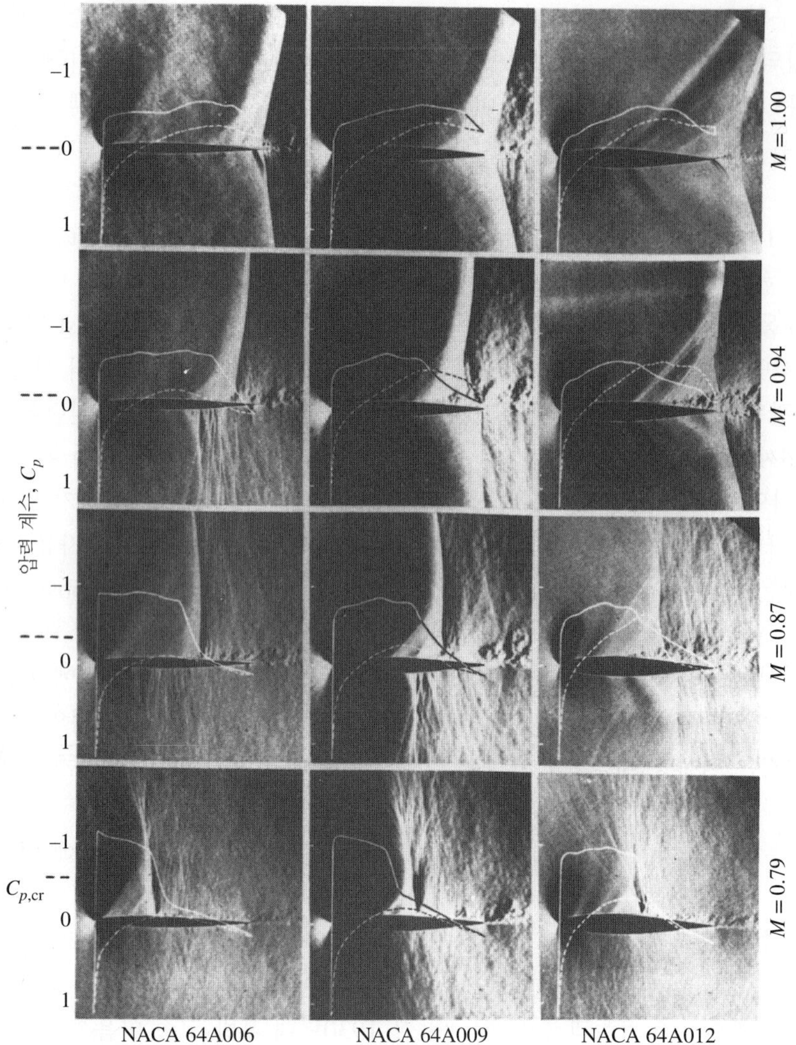

그림 11.30 여러 NACA 익형 주위의 천음속 유동에 대한 쉴리렌 사진과 압력 분포. 이 사진은 1949년에 NACA에서 찍은 것이다. (*NASA*)

인할 수 있는 능력을 갖게 되었다. 그러나 오늘날의 그런 능력은 1918년 Caldwell과 Fales까지 되돌아가 그 뿌리를 찾을 수 있다.

고속 익형 연구의 역사에 대한 자세한 설명은 John V. Becker가 초기 역사에 대해 기술한 흥미로운 이야기인 *The High-Speed Frontier*, NASA SP-445, 1980을 읽기 권한다.

11.13 역사적 고찰: 후퇴익 개념의 기원 *Historical Note: The Origin of the Swept-Wing Concept*

고속 항공기를 위한 후퇴익 개념은 1935년 로마에서 열린 제5차 Volta 회담에서 독일인 공기역학자 Adolf Busemann 박사에 의해 처음 소개되었다. 고속 항공기의 발전에 대한 이 회담의 중요성은 7.1장에 나와 있으며, 다시 한번 확인해 보기 바란다. 이 회담에서 가장 멀리 내다본 중요한 논문 중 하나는 Busemann이 발표한 것이었다(그림 11.31). <초음속에서의 공기역학적 힘>이라는 제목으로, 초음속 영역에 접근하면서 직면하는 급격한 항력의 증가를 줄이기 위한 방법으로 최초의 후퇴익 개념을 도입하였다. Busemann은 날개 주변의 유동은 주로 앞전에 수직한 속도 성분의 영향을 받는다고 생각하였다. 만약 날개가 후퇴각을 갖는다면, Busemann의 논문 원본에서 직접 가져온 그림 11.32에서처럼 수직 속도 성분은 감소하고, 그 결과 조파 항력도 줄어든다. 만약 후퇴각이 충분히 크다면, 수직 속도 성분은 아음속이 되고(이때 초음속 날개는 '아음속 앞전'을 갖는다고 말해진다) 조파 항력을 극적으로 줄일 수 있다. 그림 11.33은 Busemann의 논문에서 가져온 후퇴익 항공기 전 기체의 평면도를 보여준다.

그림 11.31 Adolf Busemann(1901~1986)
(Courtesy of John Anderson)

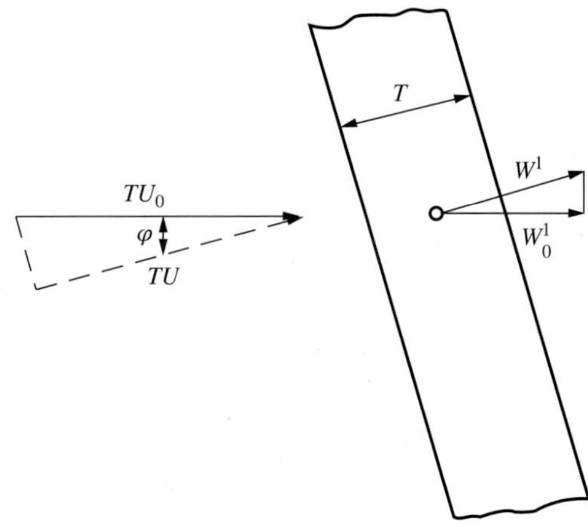

그림 11.32 1935년 Busemann의 원본 논문에 나타난 후퇴익 개념

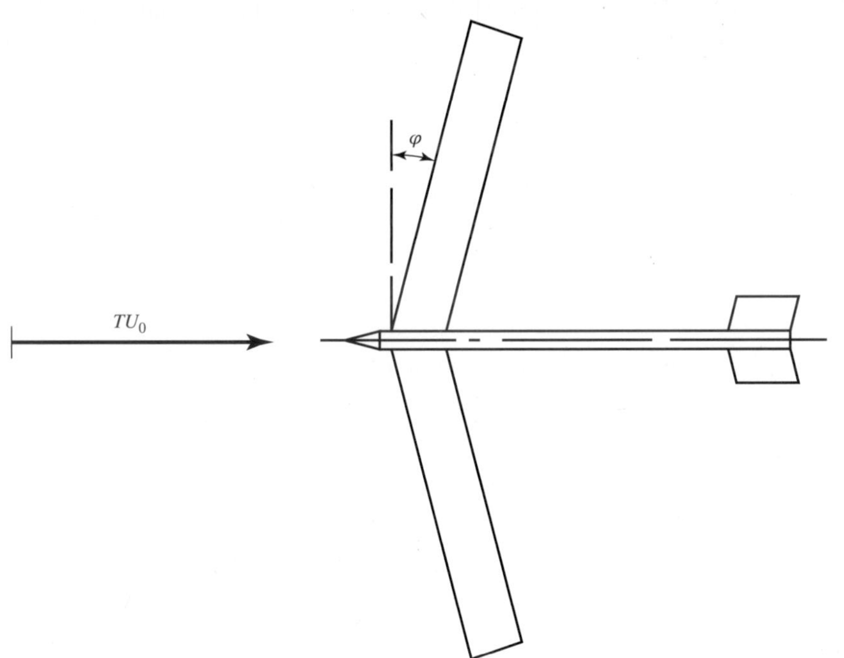

그림 11.33 1935년 Busemann의 원본 논문으로부터의 후퇴익 항공기 평면도

Volta 회담 당시 Adolf Busemann은 상대적으로 젊었지만(34세) 완숙한 공기역학자였다. 1901년 독일의 Lübeck에서 태어나 그곳에서 고등학교를 마치고, Braunschweig의 Technische Hochschule에서 공학사와 공학 박사 학위를 각각 1924년과 1925년에 받았다. Busemann은 그 당시 Prandtl의 학생이 아니었던 몇 안 되는 중요한 독일 공기역학자였다. 그러나 1925년 그의 전문 경력을 Göttingen의 Kaiser Wilhelm Institute에서 쌓기 시작하면서, 곧 Prandtl의 문하로 들어가게 되었다. 1931~1935년에 그는 그 문하에서 벗어나 Dresden의 Technische Hochschule 엔진 연구실에서 학생들을 가르치게 된다. 그는 Volta 회담에서 중요한 논문을 발표할 당시에도 Dresden에서 연구하고 있었다. 그 직후, Aeronautical Research Laboratory의 Gas Dynamic 부서의 책임자로서 Braunschweig으로 오게 되었다. 제2차

세계대전 막바지 무렵 연합군의 기술팀이 독일 연구실로 쳐들어왔을 때, 그들은 엄청난 양의 공기역학 자료들뿐만 아니라 효과적으로 Busemann을 빌견하였다. 그는 먼저 영국 Farnborough의 Royal Aircraft Establishment로 갔다가, 이후 1947년 Operation Paperclip 정책에 따라 NASA Langley Memorial Laboratory에 합류하게 되었다. Busemann은 Langley에 들어온 이후 NACA를 위해 고속 공기역학에 대한 자신의 연구를 계속하였다. 그 뒤 Langley의 선행연구위원회 회장이 되었는데, 그가 맡은 책임 중에는 유인 우주 프로그램의 초기 우주 비행사들을 위한 과학 강의 준비 감독도 있었다. 그리고 1963년에는 Boulder에 있는 Colorado 대학 항공우주공학과 교수가 되었다. 은퇴하고 나서도 1986년 세상을 떠나기 전까지 Boulder에서 지내며 활동적인 삶을 살았다.

1935년 Volta 회담 논문의 후퇴익 개념은 그 이전까지 독일 외의 모든 이들에게 아직 때가 이르지 않은 생각이었다. 어떻게 Theodor von Kármán과 같은 미국 최고의 공기역학자나 다른 참석자들이 Busemann 발상의 중요성을 알아차리지 못했을 뿐만 아니라 완전히 잊어버릴 수 있었는지 이해할 수 없는 일이었는데, 바로 그날 저녁 Busemann은 von Kármán, Hugh Dryden, General Arturo Crocco와 같은 회의 조직원들과 함께 저녁식사를 하였다. 저녁식사 동안 Crocco는 메뉴판 뒷면에 후퇴익, 후퇴 꼬리날개, 후퇴 프로펠러 등을 가진 비행기를 그려 놓고 '미래 Busemann의 비행기'라며 익살을 부렸다.

독일은 이것을 가볍게 여기지 않았다. 독일 공군은 후퇴익의 군사적 중요성을 알아차리고, 회담 1년 뒤인 1936년에 이 개념을 기밀 사항으로 분류하였다. 그때부터 제2차 세계대전이 끝날 때까지, 독일인들은 대규모로 후퇴익에 대한 연구를 수행하였으며 그들만이 그 비밀을 알고 있었다. 더욱이 Busemann의 Volta 회담 논문에서 설명된 원리가 비행기의 임계 마하수를 증가시키는 데 활용될 수 있다는 것을 인지하고, 후퇴익의 한계를 고아음속과 천음속 항공기에까지 넓혔다. 그림 11.34와 같은 고속 아음속에서의 후퇴익에 대한 실험결과는 1939년 Hubert Ludweig에 의해 알려졌다. 여기에 후퇴각이 있는 날개와 후퇴각이 없는 날개의 항력 극선도(독일식 표기법으로 양력 계수 C_A에 대한 항력 계수 C_W로서 5.3.3절에서 정의됨)가 나타나 있다. 이는 1939년 German report AVA-Bericht 39/H/18에서 인용한 자료이다. 이 일급 기밀 자료는 Göttingen의 Aerodynamische Versuchsanstalt (AVA)의 새로운 고속 풍동에서 얻은 것이며, 독일 후퇴익 연구의 빙산의 일각일 뿐이다. Peter Hamel은 최근 그의 글(<후퇴익의 탄생: 독일 Luftfahrtforschungsanstalt에서의 연구>, *Journal of Aircraft*, vol.42, no.4, July-August 2005, pp 801~813)에서 이 자료에 대해 '후퇴익을 갖는 미래 천음속 항공기의 세계 최초 데이터베이스 생성을 위해 확립된 체계적인 풍동 시험'의 첫 번째 시도였다고 평가하였다.

한편 Robert T. Jones(그림 11.35)는 NACA Langley Memorial Laboratory의 중심적인 공기역학자로서 독자적으로 후퇴익의 이점을 발견하였다. 그는 자수성가한 인물이었다. 1910년 미주리주 Macon에서 태어난 그는 어릴 때부터 항공학의 매력에 완전히 빠져들었다. 그는 1977년에 다음과 같이 기술하였다(<초기 미국 항공공학의 기억>, *Annual Review of Fluid Mechanics*, vol. 9, M. Van Dyke et al, pp. 1~11).

> 20년대 후반 동안 주간지 *Aviation*은 나의 고향 미주리주 Macon의 가판대에 나타났다. *Aviation*은 B. V. Korvin-Krovkovsky, Alexander Klemin과 다른 여러 저명한 항공 엔지니어의 기술적인 글을 실었다. *Aero Digest*와 *Aviation* 둘 모두 곧 나올 *NACA Technical Reports*와 *Notes*를 예고해 주었다. 이것들은 Government Printing Office에서 대개 10센트 정도 하였고, 때로는 워싱턴 NACA 본사로 편지를 보내면 무료로 주기도 했다. 이 보고서의 내용은 내게 일반적인 고교나 대학 교과 과정보다 굉장히 흥미롭게 보였고, 내 영어 선생님이 아마도 항공학 주제에 대하여 내가 쓴 수필 때문에 매우 당혹해 했으리라고 생각한다.

Jones는 Missouri 대학을 1년 동안 다녔지만, 항공 관련 직업을 구하기 위해 그만두었다. 처음에는 Marie Meyer Flying Circus의 승무원으로 있었고, 그 후 영국 항공공학자인 Walter H. Barling이 설계한 단발 저익 단엽기를 생산하기 시작한 미주리 Marshall의 Nicholas-Beazley Airplane Company에서 일했다. 한때 Nicholas-Beazley는 하루에 한 대씩 생산하고 판매하였다. 그러나 회사는 대공황으로 인해 큰 피해를 입었고, 1933년 Jones는 워싱턴 D.C에서 엘리베이터 운행원으로 일하며 야간에는 Catholic 대학에서 Max Monk에게 항공공학을 배웠다. 그때의 만남이 Jones와 Monk의 오랜 우정의 시작이었다. 1934년 Public Work Administration이 연방정부 과학 부서에 임시직을 만들었다.

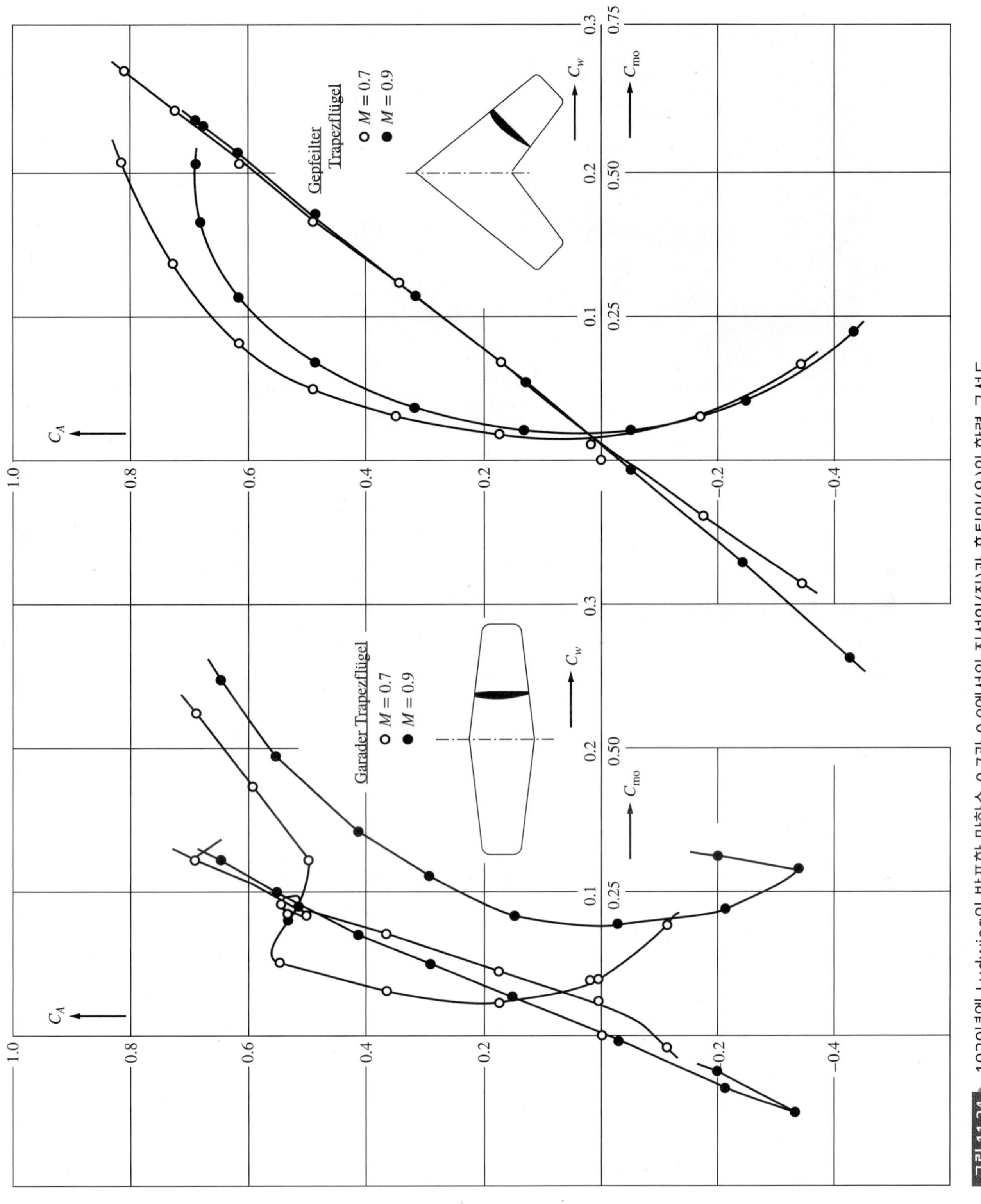

그림 11.34 1939년에 Ludwieg이 발표한 마하수 0.7과 0.9에서의 직선익(좌)과 후퇴익(우)의 양력 극선도

고향의 하원의원인 David J. Lewis의 추천으로 Jones는 NACA Langley Memorial Laboratory에서 9개월간의 계약을 맺었다. 이것이 Jones의 NACA/NASA에서의 평생 경력의 시작이 된다. 항공공학에 대한 열정적인 흥미와 공부를 통해 그는 공기역학 이론에 대해 유난히 많은 지식을 갖게 되었다. 그의 재능은 Langley에서도 인정받았고, 이후 2년 동안 계속된 임시직과 재계약을 통해 연구실에 계속 나오게 되었다. 대학 졸업장이 필요한 행정상의 규정 때문에 최저 전문 공학자 등급으로도 승진할 수가 없었으나, 1936년 연구실 경영진은 그 규정의 허점을 이용해 그를 최저보다 한

그림 11.35 Robert T. Jones (1910~1999)(*NASA*)

단계 높은 등급으로 계약하여 정규직으로 채용되었다.

1944년경 Jones는 NACA에서 가장 존경받는 공기역학자 중 한 명이 되었다. 그는 그 당시 육군 항공대를 위한 공대공 미사일 설계를 맡고 있었고, 작은 종횡비의 삼각날개를 갖는 활공 폭탄의 공력 특성에 대한 연구를 하고 있었다. 코네티컷주 Saybrook의 Ludington-Griswald Company는 그들이 설계한 다트 형상의 미사일에 대한 풍동 시험을 수행하였고, 회사의 사장인 Roger Griswold는 1944년 실험자료를 Jones에게 보여 주었다. Griswold는 작은 종횡비의 삼각날개에 대한 양력 데이터를 Prandtl의 양력선 이론과 비교하였다(5.3절). Jones는 Prandtl의 양력선 이론이 작은 종횡비를 갖는 날개에는 효율적이지 못함을 깨닫고, 삼각날개 형상을 위한 더 정확한 이론을 만들기 시작했다. 그는 삼각날개 주변의 저속, 비압축성 유동에 대해 간단한 방정식을 얻었으나, 그 이론이 '너무 불완전'해서 '아무도 흥미를 갖지 않을 것'으로 생각하였다. 그래서 그 연구를 잠시 놓고 다른 연구를 진행하였다.

1945년 초반 Jones는 초음속 퍼텐셜 유동(비회전)의 수학적 이론을 공부하기 시작하였다. 이를 삼각날개에 적용하였을 때, Jones는 책상에 묻어둔 이론에서 얻은 비압축성 유동에서의 방정식과 비슷한 식을 발견하게 되었다. 이에 대한 설명을 찾던 중, 날개의 공력 특성은 앞전에 수직한 속도 성분에 의해 주로 지배된다는 1924년 Monk의 설명을 기억해 냈다. 그에 대한 답은 매우 간단하다는 것이 곧 알려졌는데, 삼각날개에서의 그의 발견이 저속에서 발견했던 내용과 똑같을 수 있었던 이유는 삼각날개 후퇴각이 충분히 컸기 때문에 초음속 유동이라 해도 앞전에서의 수직 속도 성분이 아음속이 됨으로써 초음속 후퇴익이 아음속 유동에 있는 것 같은 효과를 발생시킨 것이다. 이는 비록 Busemann의 Volta 회담에서의 발표보다 10년 늦었지만, Jones 스스로 고속에서 후퇴익이 갖는 장점을 발견한 것이었다.

Jones는 NACA 동료들과 함께 그의 후퇴익 이론에 대해 논의하기 시작했다. 1945년 2월 중순경 그는 Wright Field 육군 항공대의 Jean Roche와 Ezra Kotcher에게 그의 생각을 개략적으로 설명하였다. 1945년 3월 5일, 그는 Langley 연구 책임자인 Gus Crowley에게 쪽지를 보내 "첨점이 선두에 있으며 이동하는 V형 날개는 다른 형태에 비해 압축성 효과의 영향을 덜 받는다는 해석을 마쳤으며, 실제로 V의 각이 마하각보다 작다면 양력과 압력 중심의 위치는 속도가 음속보다 크든 작든 일정하게 유지된다"고 보고하였다. 그리고 후퇴익에 대한 연구를 승인해 줄 것을 요청하였다. 이 연구는 Langley 비행 연구팀에서 Robert Gilruth의 지휘 아래 후퇴익 날개를 갖는 동체를 고공에서 투하하여 자유비행 시험하는 것을 시작으로 재빠르게 착수되었다.

Jones는 1945년 4월 말, 후퇴익 개념과 압축성 효과를 포함한 낮은 종횡비를 갖는 날개에 대한 공식 보고서를 마무리지었다. 그러나 보고서에 대한 내부 검토에서 Theodore Theodorsen은 강력한 반대 의사를 제기하였다. 그는 굉장히 직관적인 Jones의 이론을 싫어했고, Jones에게 '속임수'처럼 보이는 부분을 '실제 수학'으로 명확히 해주기를 요구했다. 더욱이 초음속 유동은 물리적으로 그리고 수학적으로 아음속 유동과 다르기 때문에, Theodorsen은 큰 후퇴익을 갖는 날개가 초음속에서 '아음속'의 특성을 갖는 것을 받아들일 수 없었다. Jones의 후퇴익 개념을 '착각과 덫'이라고 부르며 비판하였고, Jones가 후퇴익 부분을 삭제해야 한다고 주장하였다.

Theodorsen의 주장은 공감을 얻었고, Jones의 보고서 출판은 연기되었다. 그러나 1945년 5월 말, Gilruth의 활공 시험이 극적으로 Jones의 예측을 검증하였고, 후퇴익으로 인해 항력이 4배 이상 줄어든 것을 보여주었다. 이 자료를 바탕으로 Langley의 초음속 풍동에서 시험이 진행되었고, 시험부 내의 밧줄이 상당히 큰 후퇴각을 갖는 경우 항력의 큰 감소가 발생함을 확인할 수 있었다. Langley는 Jones의 보고서 출판을 위해 후퇴익에 대한 실험적 검증자료와 함께 그의 보고서를 워싱턴에 있는 NACA 본부로 보냈다. 그러나 Theodorsen은 포기하지 않았고, NACA 본부로 전달된 편지에는 다음 내용이 들어 있었다. "Theodorsen 박사는 제안된 논쟁에 (아직도) 동의하지 않는다고 결정했으며, 그에 따라 이 논문을 편집하는 데 참가하는 것을 거부합니다." Theodorsen의 이 같은 고집은 11년 전 천음속 유동에서의 John Stack의 슐리렌 사진에서 보인 충격파를 믿지 않았던 사실을 연상시켰다(11.11절 참조). Theodorsen은 1930년대 익형 이론에 대해 중요한 공헌을 하였지만, 그 역시도 사람이기에 판단에 있어서 오류를 범할 수 있었다.

1945년 6월 21일, NACA는 Jones의 보고서를 육군과 해군을 위한 기밀 보고서(confidential memorandum)로 발행하였다. 3주 뒤 그 보고서는 상급 기밀 보고서(advanced confidential report)로 재발행되어, 항공 산업계의 '알 필요'가 있는 사람들에게 등기로 발송되었다. <고속에서의 날개 형상>이라는 제목의 보고서는 미국 내 항공계의 선택된 사람들에게 후퇴익에 대한 생각을 재빨리 전파하였으나, 그때는 이미 독일의 후퇴익 연구에 대한 정보가 항공학자들 사이에 알려지기 시작할 때였다. Jones의 보고서는 약 1년 뒤 NACA TR 863으로 문헌에 공개되었으며, 5쪽에 불과했지만 후퇴익의 공기역학적 작용에 대한 고전적인 설명을 담고 있다.

고속 비행에서 후퇴익에 대한 발상은 Busemann과 Jones 두 사람 모두의 공적이다. 10년의 시간차가 있었고, 독일과 미국 모두 군사 보안으로 인해 서로의 연구내용에 대해 모른 채 각자 독립적으로 그들의 개념을 발전시켰다. 후퇴익이 항공 산업에 미친 효과는 제2차 세계대전이 끝난 후 바로 나타나기 시작하였고, 거의 비슷한 시기에 대서양 양쪽에서 유사한 정보들이 방출되면서 그 개념의 유효성에 대한 신뢰를 높이는 계기가 되었다.

이 정보가 항공기 설계에 사용된 속도는 놀라움 그 자체이다. Boeing의 수석 공기역학자인 Geroge Schairer는 1945년 4월에 독일로 보내진 연합군 기술정보팀의 일원이었다. Jones의 후퇴익 개념과 그의 보고서가 편집 과정에서 보류된 사실을 알고 있던 Schairer는 비행기를 타고 가는 도중에 그 개념이 대화의 주요 주제였다고 보고하였다. 후퇴익 개념이 유효하다고 결론지었고, 5월 7일 Braunschweig에서 그 팀이 독일의 후퇴익 연구 자료를 찾아내었을 때 Schairer는 그 개념의 가치를 잘 알고 있었다. 5월 10일, 그는 직선 날개를 갖는 새 폭격기의 설계를 후퇴익을 갖는 형상으로 즉시 바꾸고 다른 항공기 제작사들에게도 독일의 후퇴익 연구에 대한 내용을 알려주라는 역사적으로 중요한 편지를 Boeing사에 보냈다. 그 편지에 따라 Boeing사에서는 그림 11.36의 Boeing B-47을 제작하였고, North American사에서는 그림 11.15의 그 유명한 F-86을 제작하게 된다. B-47은 Boeing 707 후퇴익 제트 여객기의 씨앗이 되었고, 현재까지 대형 상업용 제트 여객기에 적용되고 있다.

실제로 1948년부터 후퇴익은 항공기 설계에서 인정된 특징이 되었다. 1930년대의 개선된 프로펠러 추진 항공기를 위해 유선형 동체의 개발이 이루어졌듯이, 고속 제트 항공기가 원하는 비행 영역에서 효율적인 비행을 하도록 공기역학적 수단을 제공한 것이다. 사실상 오늘날의 거의 모든 고속 제트 추진 항공기는 앞전에서 큰 후퇴각을 갖고 있으며, 이 현대의 항공기들은 그들의 혈통을 B-47, F-86으로부터 찾을 수 있는데, Adolf Busemann과 Robert Jones의 천재성과 혁신적인 발상에 기인했음을 알 수 있다.

후퇴익의 역사에 대한 더 자세한 내용은 참고문헌 58과 111을 보라.

11.14 역사적 고찰: Richard T. Whitcomb—면적 법칙과 초임계 날개의 개발자

Historical Note: Richard T. Whitcomb–Architect of the Area Rule and the Supercritical Wing

1950년대 이후 공기역학에서 가장 중요한 두 가지 발전은 면적 법칙과 초임계 익형의 개발이다. 놀랍게도 이 두 가지

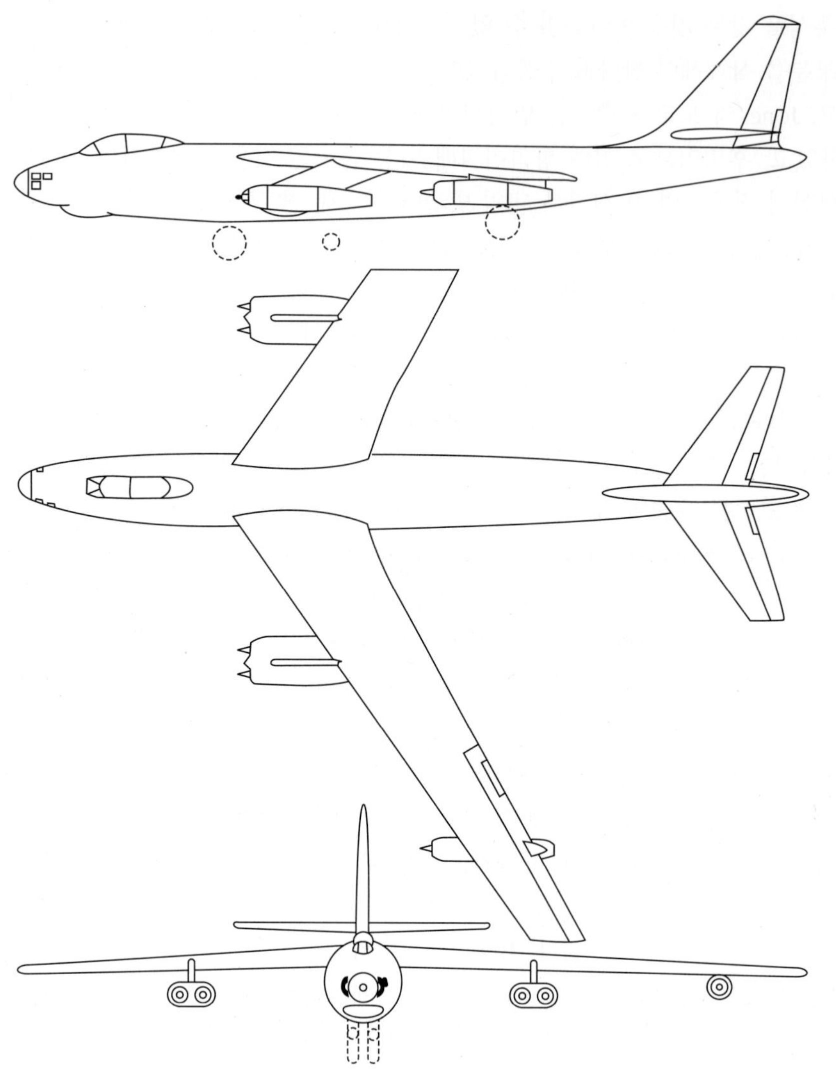

그림 11.36 1948년경 Boeing B-47 후퇴익 폭격기의 삼면도

모두 Richard T. Whitcomb에 의해 개발되었다. 그는 누구인가? 어떤 자질이 이런 성과를 이루게 했는가? 이에 대해 자세히 알아보자.

Richard Whitcomb은 1921년 2월 21일 일리노이주의 Evanston에서 태어났다. 어린 시절 Thomas A. Edison을 알고 있었던 그의 할아버지 영향을 받고 자랐다. 1969년 8월 31일 *워싱턴 포스트*와의 인터뷰에서 Whitcomb은 "나는 Edison에 대한 이야기를 들었다. 그는 나의 우상이 되었다"라고 말했다고 인용되었다. Whitcomb은 1939년 Worcester Polytechnic Institute에 입학하였다. (이 학교는 로켓을 발명한 Robert H. Goddard가 31년 전에 졸업한 학교이다.) Whitcomb은 대학에서 유명해졌고 1943년 기계공학 학위를 받고 우등으로 졸업하였으며, *Fortune*지에 실린 NACA Langley Memorial Laboratory의 시설에 대한 기사를 보고 바로 NACA에 입사했다. 그는 풍동 기술자가 되었고, Boeing의 B-29 Superfortress와 관련된 설계 문제에 대한 일을 담당하였다. 그는 NACA를 거쳐 그 이후 그것을 이어받은 NASA에서 일했으며, 1980년 은퇴할 때까지 그의 전 경력은 Langley 연구센터에서 풍동과 함께 했다. 그 과정에서 Langley의 8피트 Tunnel Branch의 책임자로서 능력을 발휘하였다. 그는 폐렴으로 버지니아의 Newport News에서 2009년 10월 13일 88세의 나이로 세상을 떠났다.

Whitcomb은 이미 1951년에 면적 법칙에 대한 생각을 가지고 있었다. 그는 그의 생각을 Langley의 천음속 풍동을 이용해 시험해 보았다. 그 결과 조짐이 좋았고, 항공 산업은 설계를 중간에 바꾸게 되었다. 예를 들어, Convair F-102 전투기는 초음속 비행을 목표로 설계되었지만, 마하수 1 부근에서 항력이 급증하는 이유로 인해 음속 돌파조차 큰 문제가 되었다. F-102는 Whitcomb의 면적 법칙을 적용하여 설계를 수정하였고, 이후 원래의 설계 마하수를 얻을 수 있게 되었다. 면적 법칙은 공기역학에서 너무나 중요한 돌파구였기 때문에, 면적 법칙을 적용한 항공기가 생산 라인을 떠나기 시작하던 1952년부터 1954년까지 '비밀'로 분류되었다. 1954년 Whitcomb은 '미국 항공 분야에서 가장 위대한 기여자'를 위하여 1년에 한 번 수여하는 Collier 트로피를 받았다.

1960년대 초 Whitcomb은 마하수 1 부근에서의 급격한 항력 증가를 줄이기 위해 익형 설계로 눈을 돌렸다. 기존의 익형 특성에 대한 지식을 이용하여, 엄청난 횟수의 풍동 시험과 수년간의 경험 축적에 의한 직관을 통해 초임계 익형을 탄생시켰다. 이 발명은 항공 산업에 엄청난 영향을 주었고, 오늘날 거의 모든 새로운 여객기와 고급 항공기 설계에 초임계 익형이 적용되고 있다. 초임계 익형의 개발로 인해 1974년 Whitcomb에게 25,000달러의 상금이 주어졌는데, 이는 NASA에서 개인에게 지급한 최고 금액의 상금이었다.

Wright 형제와 Whitcomb은 매우 유사한 면이 있다. (1) 그들은 모두 강력한 직관력을 가졌으며 그것을 비행 문제에 적용하였다. (2) 그들은 자신의 일에 완전히 전념하였다. (3) 그들은 스스로 많은 일을 하였고, 오직 자신들의 결과만을 신뢰하였다. 예를 들어, 위에서 언급했던 것과 같은 *워싱턴 포스트*와의 인터뷰에 나온 Whitcomb의 인용구가 있다. 초임계 익형 개발의 자세한 사항에 대해 Whitcomb은 다음과 같이 말했다.

> 나는 날개 형상을 우리가 시험한 대로 수정하였다. 이렇게 하는 것이 확실히 더 쉽다. 사실 날개 모양을 줄(file)로 깎는다고 너무 악평이 나서, North American 항공사 사람들은 실제 비행기에도 사용하도록 나에게 10 ft 크기의 줄을 주겠다고 위협할 정도이다.

아마도 Whitcomb 성공의 진짜 원천은 그 자신의 철학과, 매일매일 이어지는 오랜 연구 시간일 것이다. 그는 이렇게 말했다.

> 십대부터 모든 일에 대해 더 나은 방법을 찾기 위한 욕구가 내 안에 지속적으로 있었다. 수많은 매우 영리한 사람들은 적응하려 하지만, 그것에는 한계가 있다. 만약 인간이 어떤 것을 하기 위한 좋은 방법을 찾을 수 있다면, 그렇게 하자. 나는 빈둥거릴 수 없었다. 나는 생각을 해야만 한다.

학생들 주목하자!

11.15 요약 *Summary*

그림 11.1의 이정표로 돌아가 이정표에 있는 개념 모두를 여러분이 잘 이해했는지 확인하라. 이 장에서의 몇 가지 중요점은 다음과 같다.

압축성 유체에서 2차원, 비회전, 등엔트로피, 정상 유동에 대한 정확한 속도 퍼텐셜 방정식은

$$\left[1-\frac{1}{a^2}\left(\frac{\partial\phi}{\partial x}\right)^2\right]\frac{\partial^2\phi}{\partial x^2}+\left[1-\frac{1}{a^2}\left(\frac{\partial\phi}{\partial y}\right)^2\right]\frac{\partial^2\phi}{\partial y^2} -\frac{2}{a^2}\left(\frac{\partial\phi}{\partial x}\right)\left(\frac{\partial\phi}{\partial y}\right)\frac{\partial^2\phi}{\partial x\,\partial y}=0 \tag{11.12}$$

여기서

$$a^2=a_0^2-\frac{\gamma-1}{2}\left[\left(\frac{\partial\phi}{\partial x}\right)^2+\left(\frac{\partial\phi}{\partial y}\right)^2\right] \tag{11.13}$$

이 방정식은 정확하지만 비선형이고, 이런 이유로 풀기가 어렵다. 현재 이 방정식에 대한 일반적인 해석해는 존재하지 않는다.

미소 교란(저받음각에서의 날렵한 물체)에 대해서는, 정확한 속도 퍼텐셜 방정식이 다음과 같이 근사화될 수 있다.

$$\left(1 - M_\infty^2\right)\frac{\partial^2 \hat{\phi}}{\partial x^2} + \frac{\partial^2 \hat{\phi}}{\partial y^2} = 0 \tag{11.18}$$

이 방정식은 근사치지만 선형이고, 따라서 좀 더 쉽게 풀 수 있다. 이 식은 아음속 유동($0 \le M_\infty \le 0.8$)과 초음속 유동($1.2 \le M_\infty \le 5$)에 대해 적용되지만, 천음속 유동($0.8 \le M_\infty \le 1.2$) 혹은 극초음속 유동($M_\infty > 5$)에는 적용되지 않는다.

Prandtl-Glauert 법칙은 압축성 보정으로 압축성 효과를 고려하기 위해 기존의 비압축성 유동 자료를 수정하게 한다.

$$C_p = \frac{C_{p,0}}{\sqrt{1 - M_\infty^2}} \tag{11.51}$$

또한

$$c_l = \frac{c_{l,0}}{\sqrt{1 - M_\infty^2}} \tag{11.52}$$

그리고

$$c_m = \frac{c_{m,0}}{\sqrt{1 - M_\infty^2}} \tag{11.53}$$

임계 마하수는 물체의 표면 어떤 점에서 처음으로 음속이 얻어지는 자유흐름의 마하수이다. 얇은 익형에 대해 임계 마하수는 그림 11.6에 보이는 것처럼 추정될 수 있다.

항력발산 마하수는 그림 11.11에 보이는 것처럼 항력 계수의 큰 증가가 발생하는 마하수이다.

동체, 날개, 꼬리를 포함한 항공기의 단면적 분포를 보여주는 천음속 유동에서 면적 법칙은 항공기의 축 방향을 따라 매끄러운 분포를 보여야만 한다.

초임계 익형은 항력발산 마하수를 증가시키는 형태로 특별히 설계되었다.

11.16 통합 문제 도전: 날개-유동 방법에 의한 천음속 시험

Intergrated Work Challenge: Transonic Testing by the Wing-Flow Method

개념: 제2차 세계대전이 끝날 무렵, 전투기의 속도는 마하수 1로 근접했고 천음속 영역의 공력데이터 확보가 필요했다. 하지만 그런 데이터는 공급이 어려웠다. 그 당시에는 그렇게 믿을만한 천음속 풍동이 없었을 뿐더러 천음속 영역의 지배 방정식은 비선형적이어서 믿을 만한 정확한 해석 데이터가 없었다(11.2절 참조). 이 암울한 상황에 직면한 NACA Langley Memorial Aeronautical Laboratory(현재 NASA Langley Research Center)의 엔지니어들은 천음속 비행 체제에서 공기역학 데이터를 얻기 위한 세 가지 혁신적인 기술을 고안했다. 첫 번째는 낙하 방식으로, 무거운 실험 모델을 B-29 폭격기에 싣고 올라가 고도 3만피트에서 낙하하였다. 낙하 도중에 모델의 종단 속도는 천음속이

그림 11.37 NACA 날개-유동 천음속 시험에 사용된 P-51의 날개에 장착된 시험 모델의 사진 (1946, *NASA*)

되었고, 공기역학 데이터는 지상에 있는 수신기로 무전을 보냈다. 유사한 두 번째 방법은 버지니아 월롭스 섬의 작은 NACA 시설에서 발사된 로켓에 모델을 장착하는 것이었고, 첫 번째 방법과 동일하게 천음속 공기역학 데이터는 원래 낙하체 테스트를 위해 개발된 원격 측정 기기를 사용하여 지상의 수신기로 무선 전송되었다. 그러나 세 번째 방법은 가장 혁신적이었고 다른 방법과 완전히 달랐다. 날개-유동 방식이라고 불리는 이 방법이 이 통합 문제 도전의 주제이다.

날개-유동 방식은 비행기가 고속 하강 중에 임계 마하수를 초과했을 때 P-51 날개에 존재하는 국소적인 초음속 유동의 기포 내부 위치에 P-51 Mustang 전투기 날개 표면에 수직으로 작은 날개 모델을 장착하는 것이 필요하다. (이 국소적인 초음속 기포는 그림 11.5*d*와 11.11에 도식화되어 있다.) 테스트 모델의 양력, 항력, 모멘트, 힌지 모멘트 및 압력 분포와 같은 공기역학 데이터는 P-51 날개 내부의 빈 탄약 칸에 보관된 장비에 의해 기록되고 저장되었다. 직선형과 경사형 날개 모델 모두 테스트되었다. 그림 11.37은 P-51 날개에 장착된 경사형 날개 모델을 보여주는 사진이다.

통합 문제 도전: 날개-유동 테스트를 위한 실험 장비, 다음 질문에 답하라.

(a) P-51 날개에서 테스트 모델을 장착하기에 가장 적합한 위치는 어디인가?

(b) 이 위치에서 모델의 국소 유동 특성은 무엇인가?

(c) P-51 날개 표면 위로 모델의 최대 높이는 어느 정도일까? 즉, 모델의 허용 가능한 스팬은 얼마인가?

(d) P-51 날개의 경계층이 모델에 영향을 미칠까?

해: 모델을 설치할 P-51 날개의 최적 위치를 결정하기 위해 먼저 날개 표면 위의 국소 유동 마하수 분포를 알아야 한다. 1940년대 중반에 NACA가 수행한 테스트에서는 비행 중 P-51 표면을 따라 정압을 측정하고, 등엔트로피 관계식을 사용하여 날개를 따라 국소 마하수를 계산했다. 본질적으로 우리는 동일한 접근 방식을 따를 것이다. 하지만 구식 압력 데이터를 사용하는 대신, P-51 날개 위의 압력 계수를 현대적 전산유체역학으로 계산하여 국소 마하수를 구할 것이다. 이 계산은 David Lednicer에 의해 수행되었으며, 1999년 1월 *Sport Aviation*지의 "World War II Fighter Aerodynamics"라는 기사(85-91쪽) 등에서 발표되었다. 그림 11.38은 Lednicer의 계산을 바탕으로 순항 중 P-51 날개의 압력 계수를 계산한 그래프이다. P-51에 사용된 익형은 NACA의 층류 익형이었으며, 익형의 형상도 그림 11.38에 나와 있다. 그림 4.2와 함께, 현장에서 사용된 이 익형들이 원하는 만큼의 층류를 생성하지 못했지만, 운 좋게도 긴 유리한 압력 기울기에 의해 최소 압력이 선두부에서 먼 하류에 발생하게 하여 임계 마하수가 더 높아졌다는 점을 언급했다. 예를 들어, 그림 11.38에서 최소 압력 계수는 −0.575이며, 익형 중간쯤에서 발생한다.

우리의 통합 문제 도전으로 돌아와, 테스트 모델을 어디에 배치해야 하는지에 대한 내용을 생각해 보자. 답은 간단하다; 국소 마하수가 최대인 위치, 즉 압력 계수가 최소인 위치에 배치해야 한다. 그림 11.38에서 이 위치는 $x/c = 0.4$

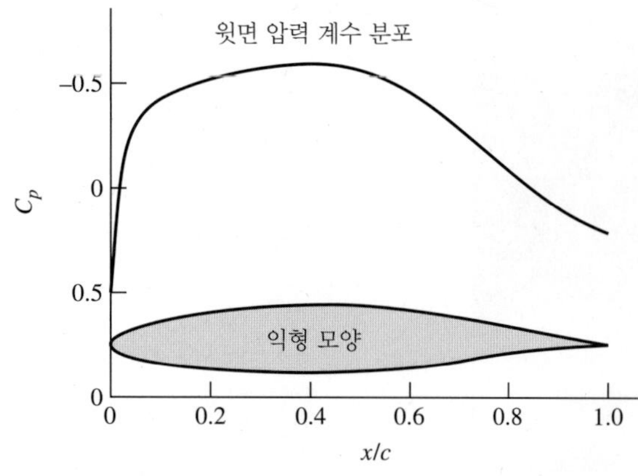

그림 11.38 순항 조건에서 P-51 날개 위의 압력 계수 분포에 대한 계산 결과(David Lednicer의 계산)

와 0.5 사이의 영역으로, 이 영역에서 압력 계수 C_p의 최소값이 비교적 평탄하다.

이 영역에서 최대 국소 마하수를 추정하려면 테스트 중 P-51의 최대 속도를 알아야 한다. NACA 날개-유동 실험에 대한 가장 권위 있는 논문은 프로젝트의 수석 엔지니어인 Robert R. Gilruth가 작성한 "Resume and Analysis of NACA Wing-Flow Tests"이다. 이 논문은 1947년 9월 3일부터 5일까지 런던에서 열린 영미 항공 회의에서 발표되었고, 1948년 영국 왕립 항공 학회에 의해 출판되었다. 이 논문에서 Gilruth는 실험을 위한 P-51의 최대 비행 마하수가 0.76이라고 언급한다. 여기서 우리는 이 값을 해석에 사용해야 한다. 또한, P-51 날개에서 최대 국소 마하수를 얻으려면 날개의 최소 압력 계수를 알아야 한다. 이 정보를 얻기 위해 Lednicer의 CFD 결과를 그림 11.38에 따라 사용하되, 다음과 같이 압축성 효과에 맞게 수정하겠다.

Lednicer의 계산은 순항 중인 P-51을 기준으로 했다. Loftin의 저서 *Quest for Performance: The Evolution of Modern Aircraft* (NASA SP-468, 1985)에 따르면 P-51의 순항 속도는 362 mph이다. 이 속도는 압축성 효과가 작을 정도로 속도가 느리고, 그림 11.38의 C_p 결과는 압축성 효과가 적은 "저속 결과"로 해석해야 하므로 최대 마하수 0.76에서 압축성 효과를 보정해야 한다. 우리는 제2차 세계대전 후 널리 채택된 Karman-Tsien 압축성 보정 방법을 사용하기로 했다.

식 (11.54)에서

$$C_p = \frac{C_{p,0}}{\sqrt{1-M_\infty^2} + \left[\dfrac{M_\infty^2}{1+\sqrt{1-M_\infty^2}}\right]\dfrac{C_{p,0}}{2}}$$

그리고 $C_{p,0} = -0.575$ 및 $M_\infty = 0.76$을 사용하면, 우리는 다음을 얻는다.

$$C_p = \frac{-0.575}{\sqrt{1-(0.76)^2} + \left[\dfrac{(0.76)^2}{1+\sqrt{1-(0.76)^2}}\right]\left(\dfrac{-0.575}{2}\right)} = -1.0419$$

이는 날개에서 최소 압력 위치에서 압축성 효과를 수정한 압력 계수이다.

이 위치에서의 국소 마하수를 얻기 위해, 방정식 (11.58)을 사용한다. 이후 반복되는 이 방정식에서, 첨자 A는 이제 최소 압력 위치를 나타낸다.

$$C_{p,A} = \frac{2}{\gamma M_\infty^2}\left[\left(\frac{1+\dfrac{\gamma-1}{2}M_\infty^2}{1+\dfrac{\gamma-1}{2}M_A^2}\right)^{\frac{\gamma}{\gamma-1}} - 1\right]$$

$C_{p,A} = -1.0419$를 대입하면 우리는 다음과 같은 결과를 얻는다.

$$-1.0419 = \frac{2}{(1.4)(0.76)^2}\left[\left(\frac{1+(0.2)(0.76)^2}{1+(0.2)M_A^2}\right)^{\frac{1.4}{.4}} - 1\right]$$

$$= 2.4733\left[\left(\frac{1.115}{1+(0.2)M_A^2}\right)^{3.5} - 1\right]$$

그러므로

$$-0.4213 = \left[\frac{1.466}{(1+0.2M_A^2)^{3.5}} - 1\right]$$

또는

$$0.5787 = \frac{1.466}{(1+0.2M_A^2)^{3.5}}$$

$$\left(1+0.2M_A^2\right)^{3.5} = \frac{1.466}{0.5787} = 2.53326$$

$$1+0.2M_A^2 = (2.53326)^{\frac{1}{3.5}} = (2.53326)^{0.2857} = 1.30416$$

따라서

$$0.2M_A^2 = 0.30416$$

$$M_A^2 = \frac{0.30416}{0.2} = 1.5208$$

$$M_A = 1.23$$

명확하게, 이 결과는 P-51의 날개에 부착된 모델을 시험하는 데 합리적인 초음속 및 저초음속 유동 영역이 있다는 것을 입증한다.

1947년 영미 항공 회의에서 Gilruth는 "예비 시험에서 비행기의 비행 마하수를 0.30에서 0.76까지 증가시키면 국소 마하수가 대략 0.40에서 1.15까지 부드럽게 증가한다는 것을 확인했다"고 말했다. 이러한 지표들은 비행 중에 얻은 실험적 측정에 기초한다. 우리가 계산한 국소 마하수인 1.23은 현대 CFD 계산과 합리적인 압력 계수의 압축성 보정을 사용하여 Gilruth의 데이터와 약 7퍼센트의 오차 내에서 일치한다.

국소 유동장 변수인 정압력 및 정온도는 8장에서 논의한 등엔트로피 관계식을 이용하여 마하수 1.23에 대하여 비행기의 고도에 따라 계산될 수 있다. 날개 위의 초음속 기포의 수직 범위는 P-51의 유동장을 상세하게 계산하고 유동에서 초음속 라인을 추적함으로써 얻을 수 있다. Gilruth는 마하수의 수직 기울기 측정을 수행하여 이 값이 인치당 약 1퍼센트를 초과하지 않았으며 '아마도 이보다 약간 작았을 것'이라고 밝혔으며, 따라서 시험 영역의 수직 범위가 상당히 안정적이라는 것을 보여주었다. 마지막으로, P-51의 높은 비행 속도에 따른 큰 레이놀즈수 때문에 날개 표면의 경계층 두께는 모델 시험에 실질적인 영향이 없었다.

11.17 연습문제 *Problems*

11.1 다음과 같이 직교 좌표계의 속도 퍼텐셜이 주어지는 아음속 압축성 유동을 고려하자.

$$\phi(x,y) = V_\infty x + \frac{70\sin(2\pi x)}{\sqrt{1-M_\infty^2}} e^{-2\pi y\sqrt{1-M_\infty^2}}$$

자유흐름의 상태량이 $V_\infty = 700$ ft/s, $p_\infty = 1$ atm, $T_\infty = 519°\text{R}$로 주어졌을 때, $(x, y) = (0.2$ ft, 0.2 ft) 위치에서의 M, p, T를 구하라.

11.2 Prandtl-Glauert 법칙을 사용하여 마하 0.6, 받음각 5°의 NACA 2412에 대한 양력 계수를 구하라(원

래 익형 자료에 대한 그림 4.10 참조).

11.3 저속 비압축성 소건 아래에서 익형 위 주어진 한 점에서의 압력 계수는 −0.54이다. 자유흐름 마하수가 0.58일 때 이 점에서 C_p를 다음을 통해 계산하라.

a. Prandtl-Glauert 법칙

b. Karman-Tsien 법칙

c. Laitone 법칙

11.4 저속 비압축성 유동의 익형에서의 최고 압력 계수(최소 압력점에서)가 −0.41이다. 이 익형에 대한 임계 마하수를 Prandtl-Glauert 법칙을 사용하여 예측하라.

11.5 주어진 익형에 대해 임계 마하수는 0.8이다. $M_\infty = 0.8$일 때 최소 압력점에서의 p/p_∞ 값을 구하라.

11.6 자유흐름 마하수 0.5에서의 익형을 고려하자. 익형 위 주어진 점에서 국소 마하수는 0.86이다. 이 책 뒷부분의 압축성 유동 표를 사용하여, 그 점에서의 압력 계수를 구하라. 여러분의 답을 이 장에서의 적절한 해석 방정식을 사용해 점검하라. [주: 이 문제는 자유흐름 속도와 한 점에서의 속도가 주어지고 식 (3.38)로부터 압력 계수가 계산되는 비압축성 문제와 유사하다. 비압축성 유동의 어떤 점에서의 압력 계수는 그 점에서의 국소 속도와 자유흐름 속도만의 유일 함수이다. 이 문제에서 속도가 아닌 마하수는 압축성 유동에 관련된 상태량임을 알 수 있다. 비점성 압축성 유동에 대한 압력 계수는 국소 마하수와 자유흐름 마하수만의 유일 함수이다.]

11.7 그림 11.5는 M_∞이 0.3부터 $M_{cr} = 0.61$까지 꾸준하게 증가하는 동일한 익형 주위 유동에 대한 네 가지 경우를 보여준다. 여러분은 그림 11.5의 숫자들이 어디서 왔는지 의문을 가져본 적 있는가? 지금이 찾아볼 기회이다. 익형 위 점 A는 익형에서 최소 압력점(따라서 최대 M)이다. 최소 압력(최대 마하수)이 M_∞이 증가함에 따라 계속해서 같은 점에서 발생한다고 가정하자. 그림 11.5의 (*a*) 부분에서 $M_\infty = 0.3$에 대해, 점 A에서 국소 마하수가 $M_A = 0.435$로 임의로 선택되었다. 이 임의는 우리가 익형 형상을 규정하지 않았기 때문이라기보다, 형상이 어떠하든 익형 표면의 점 A에서 최대 마하수가 0.435가 되기 때문에 정당하다. 그러나 부분 (*a*)에 대해 숫자가 한 번 주어지면 부분 (*b*), (*c*), (*d*)의 숫자는 임의가 *아니다*. 대신 M_A는 남아 있는 그림에 대해 M_∞의 독특한 함수이다. 이 모든 것을 배경 정보로 갖고 그림 11.5*a*에 보여지는 데이터로 시작하여 $M_\infty = 0.61$일 때 M_A를 *계산*하라. 분명하게 그림 11.5*d*로부터 $M_\infty = 0.61$이 임계 마하수이기 때문에, 여러분의 결과는 $M_A = 1.0$으로 나와야 한다. 다시 말해 여러분은 이 익형에 대한 임계 마하수가 0.61임을 증명하도록 요구받았다. *힌트*: 간단함을 위해 Prandtl-Glauert 법칙이 이 문제의 조건에 적용된다고 가정하라.

11.8 원형 실린더 주위의 유동을 고려하자. 3.13절에서 그러한 실린더 주위의 비압축성 유동에 대해 논의하였다. 구 주위의 유동 또한 고려하자. 6.4절에서 구 주위의 비압축성 유동에 대해 설명하였다. 실린더와 구 주위의 아음속 압축성 유동은 질적으로 유사하지만 양적으로는 그들의 비압축성 성질에 대해 다르다. 실제로 물체의 '뭉툭함' 때문에 그들의 임계 마하수는 상대적으로 작다. 특히,

실린더의 경우: $M_{cr} = 0.404$

구의 경우: $M_{cr} = 0.57$

물리학을 기초로 왜 구가 실린더보다 더 높은 M_{cr}를 갖는지 설명하라.

11.9 연습문제 11.8에서, 원형 실린더에 대한 임계 마하수는 $M_{cr} = 0.404$로 주어졌다. 이 값은 실험적 측정에 바탕을 두므로 상당히 정확하다고 여겨진다. C_p에 대한 비압축성 결과와 Prandtl-Glauert 압축성 보정을 이용하여 실린더에 대한 M_{cr}를 계산하고 여러분의 결과와 실험값을 비교하라. *주*: Prandtl-Glauert 법칙은 미소 교란을 가정하는 선형 이론에 기초하므로, 이것이 실린더 주위 유동의 경우에 유효하다고 기대하지 않는다. 그렇기는 하지만 여러분이 이것을 M_{cr}을 계산하기 위해 사용할 때, 계산된 결과가 실험값과 3.5% 차이가 난다는 것을 발견할 것이다. 흥미롭다.

11.10 받음각 0°에서 비행하는 익형을 생각하자. 저속에서 ($M_\infty < 0.2$), 익형의 어떤 점에서의 최소 압력 계수가 0.8이다. 이 익형의 임계 마하수를 구하라.

11.11 항공기가 $T_\infty = 273°\mathrm{K}$, $p_\infty = 10,000\ N/m^2$ 상태에서 $M_\infty = 0.55$로 정상 수평비행을 하고 있다. 수평비행을 하는 받음각에서 비압축성 조건의 항공

기 익형의 성능 자료로는 양력 계수가 0.2이다. 공력 기준 면적이 15 m^2이라면 이 항공기의 무게를 추정하라.

선형화된 초음속 유동

Linearized Supersonic Flow

2°로 안정판을 조정하고 속도는 대략 음속 0.98에서 0.99까지 증가시켰다. 승강타와 방향타의 효율성이 회복되고 항공기가 부드럽게 정상 비행 특성 내에 진입한 것으로 보였다. 이러한 전개가 확신을 더했고 조종석의 속도 계측기가 1.02를 가리킬 때까지 항공기 속도를 계속 증가시켰다. 음속 1.02에서 마하계가 잠시 멈추었다가 갑자기 1.06을 가리켰는데, 이것은 충격파의 정지 효과 때문인 것으로 추정되었다. 이때 동력원을 끊어 항공기는 다시 아음속 비행 상태로 감속되었다.

Captain Charles Yeager, describing his flight on October 14, 1947—the first human-operated flight to exceed the speed of sound

미리보기 _ *Preview Box*

초음속에서 익형의 양력과 항력 계산은 저속 익형과는 확연히 다르다. 초음속의 물리학은 아음속과 완전히 다르므로 초음속에서 익형의 특성을 계산하는 데 4장이나 11장에서 언급한 내용들은 사용할 수 없다. 그렇다면 어떻게 해야 하는가? 그에 대한 답은 이 장을 읽게 되면 알 수 있다. 이 장은 초음속 익형의 공기역학적 특성을 예측하는 데 사용할 수 있는 단순한 결과들을 제공한다.

12.1 개요 Introduction

선형의 교란 속도 퍼텐셜 방정식은 11장에서 식 (11.18)로 유도되었다.

$$\left(1 - M_\infty^2\right)\frac{\partial^2 \hat{\phi}}{\partial x^2} + \frac{\partial^2 \hat{\phi}}{\partial y^2} = 0 \tag{11.18}$$

이 식은 아음속과 초음속에서 모두 유효하다. 11장에서는 식 (11.18)에서 $1 - M_\infty^2 > 0$인 아음속의 경우를 다루었다. 그러나 초음속의 경우 $1 - M_\infty^2 < 0$으로, 외견상으로는 식 (11.18)의 첫째 항 부호가 바뀐 것뿐이지만 실제로는 매우 큰 변화이다. 수학적으로 아음속인 $1 - M_\infty^2 > 0$의 경우는 식 (11.18)이 *타원형* 편미분 방정식이지만, 초음속인 $1 - M_\infty^2 < 0$의 경우는 식 (11.18)이 *쌍곡선형* 미분 방정식이 된다. 이러한 수학적 차이점에 대한 상세한 내용은 이 책의 범위를 벗어나지만 중요한 점은 차이가 있다는 것이다. 게다가 이것은 이미 이전 장에서 설명한 예들과 같이, 아음속과 초음속 유동의 물리적 현상에서의 근본적인 차이의 전조가 된다.

이 장의 목적은 초음속 유동을 위해 식 (11.18)의 해를 얻는 것과, 이 해를 초음속 익형 특성의 계산에 적용하는 것이다. 이 장은 상대적으로 간단하므로 이정표를 제시하지 않았다.

12.2 선형화된 초음속 압력 계수식의 유도 Derivation of the Linearized Supersonic Pressure Coefficient Formula

초음속의 경우 식 (11.18)은 아래와 같이 쓰여진다.

$$\lambda^2 \frac{\partial^2 \hat{\phi}}{\partial x^2} - \frac{\partial \hat{\phi}}{\partial y^2} = 0 \tag{12.1}$$

여기서 $\lambda = \sqrt{M_\infty^2 - 1}$이다. 이 식의 해는 아래 함수 관계로 주어진다.

$$\hat{\phi} = f(x - \lambda y) \tag{12.2}$$

이것은 식 (12.1)에 식 (12.2)를 대입함으로써 보여줄 수 있다. 식 (12.2)의 x에 대한 편미분 도함수는 아래와 같이 표시된다.

$$\frac{\partial \hat{\phi}}{\partial x} = f'(x - \lambda y)\frac{\partial (x - \lambda y)}{\partial x}$$

또는

$$\frac{\partial \hat{\phi}}{\partial x} = f' \tag{12.3}$$

식 (12.3)에서 프라임 부호(′)는 $x - \lambda y$에 대한 f의 미분을 나타낸다. 식 (12.3)을 x에 대해 다시 미분하면 아래 식이 얻어진다.

$$\frac{\partial^2 \hat{\phi}}{\partial x^2} = f'' \tag{12.4}$$

유사하게

$$\frac{\partial \hat{\phi}}{\partial y} = f'(x - \lambda y)\frac{\partial (x - \lambda y)}{\partial y}$$

또는

$$\frac{\partial \hat{\phi}}{\partial y} = f'(-\lambda) \tag{12.5}$$

식 (12.5)를 y에 대해 다시 미분하면 아래 식을 얻는다.

$$\frac{\partial^2 \hat{\phi}}{\partial y^2} = \lambda^2 f'' \tag{12.6}$$

식 (12.4)와 (12.6)을 식 (12.1)에 대입하면 아래와 같다.

$$\lambda^2 f'' - \lambda^2 f'' = 0$$

따라서 식 (12.2)는 식 (12.1)의 해임을 확인할 수 있다.

식 (12.2)를 좀 더 검토하여 보자. 이 해는 f가 $x - \lambda y$의 *임의* 함수식이 될 수 있으므로 특정적이지는 않다. 그러나 식 (12.2)는 흐름에 대해 어떤 특정한 정보를 제공한다. 즉, $x - \lambda y$ = constant의 선을 따라 $\hat{\phi}$는 *일정하다*. 이러한 선의 기울기는 다음에서 얻어진다.

$$x - \lambda y = \text{const}$$

그러므로

$$\frac{dy}{dx} = \frac{1}{\lambda} = \frac{1}{\sqrt{M_\infty^2 - 1}} \tag{12.7}$$

식 (9.31)과 그림 9.25에서 아래와 같은 식을 알 수 있다.

$$\tan \mu = \frac{1}{\sqrt{M_\infty^2 - 1}} \tag{12.8}$$

여기서 μ는 마하각이다. 그러므로 식 (12.7)과 (12.8)을 비교하여 $\hat{\phi}$가 일정한 하나의 선이 하나의 *마하선*이라는 것을 알 수 있다. 이 결과는 그림 12.1에 나타냈으며, 중간에 작은 둥근 언덕(hump)이 있는 표면 위에서의 초음속 유동을 보여준다. 여기서 θ는 수평에 대한 표면의 상대적인 각이다. 식 (12.1)~(12.8)에 의하면, 벽에서 생긴 모든 교란은(교란 퍼텐셜 $\hat{\phi}$으로 표현되는) 마하파를 따라 벽으로부터 변하지 않고 전파한다. 모든 마하파는 $dy/dx = (M_\infty^2 - 1)^{-1/2}$로 표현되는 동일한 기울기를 갖는다. 마하파는 벽 위에서 *하류*로 기울어진다는 사실을 명심하라. 따라서 *벽에서의 어떤 교란도 상류로 전파될 수 없다*. 교란 효과는 교란 지점으로부터 발생한 마하파 하류 지역에 제한된다. 이것은 더 나아가 앞 장에서 언급되었던 아음속과 초음속 사이의 주된 차이, 즉 교란 요소들은 아음속 유동에서는 *모든 곳*으로 전파되는 반면 정상 초음속 유동에서는 상류로 전파될 수 없다는 사실을 보여준다.

위 결과와 그림 12.1은 *선형화*된 초음속 유동에만 유효하다는 것을 명심하자[식 (12.1)은 선형 방정식이다]. 따라서 이러한 결과는 *작은 교란*을 가정한다. 즉, 그림 12.1에서 언덕의 크기가 작고, 따라서 θ는 작다는 가정이다. 물론 실제로는 9장에서 언급한 충격파가 언덕의 앞부분에서 발생하고 팽창파는 언덕의 나머지 부분에서 발생할 것이다. 그것은 유한 강도를 가진 파장이고 선형화 이론에 맞지 않는다. 선형화 이론은 근사적 접근이며, 결과적으로 유한 강도를 가진 충격파나 팽창파의 경우에는 적합하지 않다.

위 결과로 초음속에서 압력 계수의 간단한 표현을 다음과 같이 얻을 수 있다. 이는 식 (12.3)으로부터 전개된다.

$$\hat{u} = \frac{\partial \hat{\phi}}{\partial x} = f' \tag{12.9}$$

그리고 식 (12.5)로부터

$$\hat{v} = \frac{\partial \hat{\phi}}{\partial y} = -\lambda f' \tag{12.10}$$

식 (12.9)와 (12.10)으로부터 f'를 소거하면 아래와 같은 결과를 얻을 수 있다.

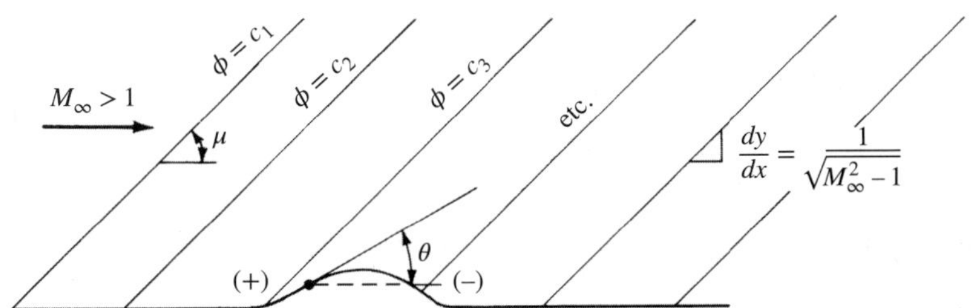

그림 12.1 선형화된 초음속 유동

$$\hat{u} = -\frac{\hat{v}}{\lambda} \tag{12.11}$$

식 (11.34)에 의해 주어진 선형화된 경계 조건을 다시 반복하면 아래와 같다.

$$\hat{v} = \frac{\partial \hat{\phi}}{\partial y} = V_\infty \tan\theta \tag{12.12}$$

미소 교란에 대해 θ는 작은 값을 가지므로 $\tan\theta \approx \theta$이고 식 (12.12)는 간소화할 수 있으며, 그 결과는 아래와 같다.

$$\hat{v} = V_\infty \theta \tag{12.13}$$

식 (12.13)을 식 (12.11)에 대입하면 아래의 식을 얻는다.

$$\hat{u} = -\frac{V_\infty \theta}{\lambda} \tag{12.14}$$

식 (11.32)에 의해 주어진 선형화된 압력 계수를 다시 사용하자.

$$C_p = -\frac{2\hat{u}}{V_\infty} \tag{11.32}$$

식 (12.14)를 식 (11.32)에 대입하고, $\lambda \equiv \sqrt{M_\infty^2 - 1}$로 하면 아래와 같다.

$$\boxed{C_p = \frac{2\theta}{\sqrt{M_\infty^2 - 1}}} \tag{12.15}$$

식 (12.15)는 중요한 결과로 선형화된 초음속 압력 계수를 나타내며, C_p가 자유흐름에 대한 국소 표면의 기울기에 직접 비례한다는 사실을 나타낸다.

그림 12.1로 돌아가 보자. θ는 수평선 위에서는 양수로, 수평선 밑에서는 음수로 측정된다. 그러므로 식 (12.15)로부터 C_p는 언덕의 앞부분에서는 양수이며 뒷부분에서는 음수이다. 이는 그림 12.1에서 언덕의 앞과 뒤에 (+)와 (−)로 표시된다. 이 또한 9장에서 논의한 사항과 일치한다. 언덕 위의 실제 흐름에서 충격파는 언덕의 앞부분에서 형성되고, 유동은 유동 안쪽으로 회전한다. 따라서 압력은 $p > p_\infty$이 된다. 반면 팽창파는 언덕의 나머지 부분 위에 발생하며 압력은 감소한다. 그림 12.1을 생각하면 압력은 언덕의 앞쪽 범위에서 높아지고, 뒤쪽 부분에서는 낮아진다. 결과적으로 항력은 언덕에 작용하게 되는데, 이를 *조파 항력*이라 부르며 초음속 유동의 특성이다. 조파 항력은 9.7절에서 초음속 익형에 적용된 충격-팽창파 이론과 함께 논의되었다. 충격파 그 자체는 선형화 이론에서 취급되지 않았지만, 선형화된 초음속 이론 또한 유한한 조파 항력을 예측할 수 있다는 것은 흥미로운 사실이다.

식 (12.15)를 검토하면, 초음속 흐름에서 $C_p \propto (M_\infty^2 - 1)^{-1/2}$라는 결과를 얻을 수 있다. 즉, M_∞가 증가하면 C_p는 감소한다. 이는 아음속 흐름과 대조되는 결과로, 식 (11.51)에 보여지듯 $C_p \propto (1 - M_\infty^2)^{-1/2}$이므로 아음속 흐름에서는 M_∞가 증가하면 C_p는 증가한다. 이러한 경향은 그림 12.2에 나타나 있으며, 두 결과는 양쪽으로부터 $M_\infty \to 1$이 될 때 $C_p \to \infty$를 예측한다. 하지만 식 (12.15)와 (11.51)은 마하수 1 근처의 천음속 범위에서는 유효하지 않음을 기억해야 한다.

12.3 초음속 익형에의 적용 *Application to Supersonic Airfoils*

식 (12.15)는 그림 12.3에 묘사된 얇은 초음속 익형의 양력과 조파 항력을 예측하는 데 매우 편리하다. 어떤 표면에 식 (12.15)를 적용할 때, θ에 대해 일정한 양식의 부호 규약을 따를 수 있다. θ는 그림 12.3의 익형 아랫면과 같은 우향파 영역을 위한 것과 익형 윗면과 같은 좌향파 영역에서 다르다. 이 부호 방식은 참고문헌 21에서 자세히 전개되었다. 그러나 이 장의 목적을 위해 식 (12.15)를 θ와 연관지어 고려할 필요는 없다. 다만 표면이 자유흐름 방향 *안으로* 기울어졌을 때, 선형화 이론은 양수의 C_p를 예측한다. 예를 들어 그림 12.3의 점 A와 B가 표면 위 자유흐름 안으로 기울어 있

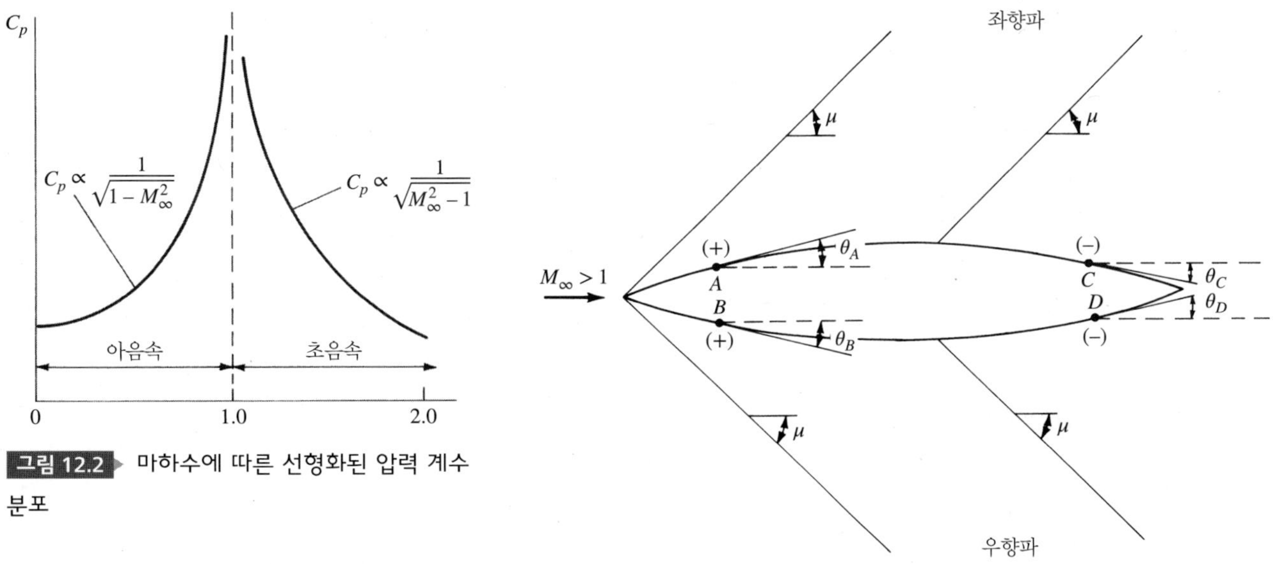

그림 12.2 마하수에 따른 선형화된 압력 계수 분포

그림 12.3 익형 주위의 선형화된 초음속 유동

으므로, $C_{p,A}$와 $C_{p,B}$가 주어진 식에 의해 양수값을 가진다.

$$C_{p,A} = \frac{2\theta_A}{\sqrt{M_\infty^2 - 1}} \quad \text{그리고} \quad C_{p,B} = \frac{2\theta_B}{\sqrt{M_\infty^2 - 1}}$$

대조적으로 표면이 자유흐름 방향으로부터 기울어짐이 *바깥쪽* 방향을 가질 때, 선형화 이론은 음수의 C_p 값을 예측한다. 예를 들어, 그림 12.3의 점 C와 D는 표면에서 자유흐름으로부터 기울어짐이 바깥쪽 방향을 가지므로 $C_{p,C}$와 $C_{p,D}$는 아래 식에 의해 음수값을 가진다.

$$C_{p,C} = -\frac{2\theta_C}{\sqrt{M_\infty^2 - 1}} \quad \text{그리고} \quad C_{p,D} = -\frac{2\theta_D}{\sqrt{M_\infty^2 - 1}}$$

위 표현에서 θ는 항상 양의 값으로 취급되며, C_p의 부호는 표면이 자유흐름에 대하여 기울어짐이 안쪽이냐 바깥쪽이냐에 따라 결정된다.

식 (12.15)에 의해 주어진 익형 표면 위의 C_p 분포와 양력과 항력 계수는 식 (1.15)~(1.19)에 대해 적분하여 얻어진다.

그림 12.4에 나타낸 가장 단순한 익형으로 생각할 수 있는 작은 받음각 α에서의 평판을 생각해 보자. 평판 아랫면은 자유흐름에서 받음각이 α로 기울어지고 압축 표면을 가지며, 식 (12.15)로부터

$$C_{p,l} = \frac{2\alpha}{\sqrt{M_\infty^2 - 1}} \tag{12.16}$$

표면 경사각이 전체 아랫면을 따라 일정하면 $C_{p,l}$은 아랫면에서 일정한 값을 가진다. 유사하게 윗면이 자유흐름으로부터 받음각이 α로 기울어짐이 바깥쪽일 때 팽창 표면을 가지며, 식 (12.15)로부터

$$C_{p,u} = -\frac{2\alpha}{\sqrt{M_\infty^2 - 1}} \tag{12.17}$$

$C_{p,u}$는 윗면에서 일정하고 평판의 수직력 계수는 식 (1.15)로부터 얻을 수 있다.

$$c_n = \frac{1}{c}\int_0^c (C_{p,l} - C_{p,u})\, dx \tag{12.18}$$

식 (12.18)에 식 (12.16)과 (12.17)을 대입하면 아래와 같은 식을 도출한다.

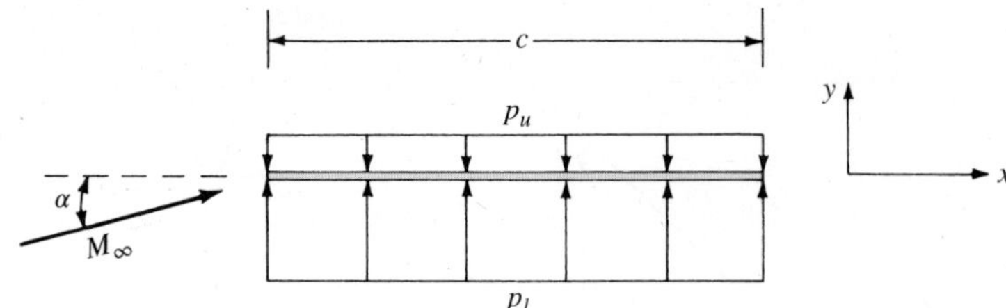

그림 12.4 초음속 유동에서 받음각을 받는 평판

$$c_n = \frac{4\alpha}{\sqrt{M_\infty^2 - 1}} \frac{1}{c} \int_0^c dx = \frac{4\alpha}{\sqrt{M_\infty^2 - 1}} \tag{12.19}$$

축력 계수는 식 (1.16)에 의해 주어진다:

$$c_a = \frac{1}{c} \int_{\text{LE}}^{\text{TE}} (C_{p,u} - C_{p,l})\, dy \tag{12.20}$$

그러나 평판은 이론적으로 0의 두께를 가지므로 식 (12.20)에서 $dy = 0$이고, 결과적으로 $c_a = 0$이다. 이는 그림 12.4에서 분명하게 보여진다. 압력은 표면에서 수직으로 작용하므로 x 방향으로 압력 분력은 없다. 식 (1.18)과 (1.19)로부터,

$$c_l = c_n \cos\alpha - c_a \sin\alpha \tag{1.18}$$

$$c_d = c_n \sin\alpha + c_a \cos\alpha \tag{1.19}$$

그리고 α는 작으므로 $\cos\alpha \approx 1$과 $\sin\alpha \approx \alpha$로 가정하면 아래의 식이 도출된다.

$$c_l = c_n - c_a\alpha \tag{12.21}$$

$$c_d = c_n\alpha + c_a \tag{12.22}$$

식 (12.21)과 (12.22)에 $c_a = 0$과 식 (12.19)를 대입하면 다음과 같은 식을 얻는다.

$$\boxed{c_l = \frac{4\alpha}{\sqrt{M_\infty^2 - 1}}} \tag{12.23}$$

$$\boxed{c_d = \frac{4\alpha^2}{\sqrt{M_\infty^2 - 1}}} \tag{12.24}$$

식 (12.23)과 (12.24)는 초음속 유동에서 평판 위의 양력 계수와 조파 항력 계수를 나타낸다. 이는 선형화 이론에 의해 도출된 결과이며 작은 α를 가졌을 때에만 유효하다.

작은 받음각을 가진 임의 형상의 얇은 익형을 위해 선형화 이론은 식 (12.23)과 동일한 c_l을 가진다.

$$c_l = \frac{4\alpha}{\sqrt{M_\infty^2 - 1}}$$

선형화 이론의 근사화에 의해 c_l은 오직 α에 의존하고 익형의 형상과 두께에는 무관하다. 그러나 같은 선형화 이론은 아래와 같은 조파 항력 계수를 가진다.

$$c_d = \frac{4}{\sqrt{M_\infty^2 - 1}}(\alpha^2 + g_c^2 + g_t^2)$$

g_c와 g_t는 익형 캠버와 두께의 함수이며, 자세한 내용은 참고문헌 25와 26에 나와 있다.

예제 12.1

선형화 이론을 이용하여 마하수 3, 받음각 5°인 평판의 양력 계수와 항력 계수를 계산하라. 또한 예제 9.11의 정확한 결과와 비교하라.

■ 풀이

$$\alpha = 5^\circ = 0.087 \text{ rad}$$

식 (12.23)으로부터

$$c_l = \frac{4\alpha}{\sqrt{M_\infty^2 - 1}} = \frac{(4)(0.087)}{\sqrt{(3)^2 - 1}} = \boxed{0.123}$$

식 (12.24)로부터

$$c_d = \frac{4\alpha^2}{\sqrt{M_\infty^2 - 1}} = \frac{4(0.087)}{\sqrt{(3)^2 - 1}} = \boxed{0.011}$$

예제 9.11에서 같은 문제에 대해 정확한 경사-충격파 이론과 Prandtl-Meyer 팽창파 이론을 이용하여 *정확한 값*을 계산하였다. 예제 9.11의 결과는 다음과 같다.

$$\left.\begin{aligned} c_l &= 0.125 \\ c_d &= 0.011 \end{aligned}\right\} \quad \text{예제 9.11에서의 정확한 값}$$

이는 5°, 즉 작은 받음각일 때 선형화 이론은 오차 1.6% 이하의 꽤 정확한 결과를 제시한다.

예제 12.2

그림 12.5의 초음속 전투기인 Lockheed F-104는 마하수 2에서 비행할 수 있는 첫 번째 비행기였다. F-104는 길고 날렵한 몸체에 뾰족한 선두부(nose), 그리고 3.4%의 두께비를 가지는 극단적으로 얇은 익형과 면도날(razor) 형상의 앞전(너무 날카로운 형상을 가지고 있어 지상에서 관리를 위해 보호 커버를 앞전에 씌운다)을 가진 날개로 구성되었다. 이들 형상들은 모두 한 가지 목적, 즉 초음속 조파 항력을 줄이려는 목적을 가지고 있다. 날개의 평면적은 18.21 m^2이다. 11 km 고도에서 마하수 2일 때 정상, 수평 비행에서의 F-104를 고려해 보자. 전투 중량은 9400 kg_f이다. 모든 양력은 날개의 양력으로부터 발생한다고 가정하자(즉, 동체와 꼬리날개의 양력은 무시한다). 이때 자유흐름에 대한 날개의 받음각을 계산하라.

■ 풀이

우선 주어진 비행 조건에 알맞은 양력 계수를 계산하고, 수평 비행을 위해 비행기의 양력과 중력이 같음을 알아야 한다.

$$C_L = \frac{L}{q_\infty S} = \frac{W}{q_\infty S}$$

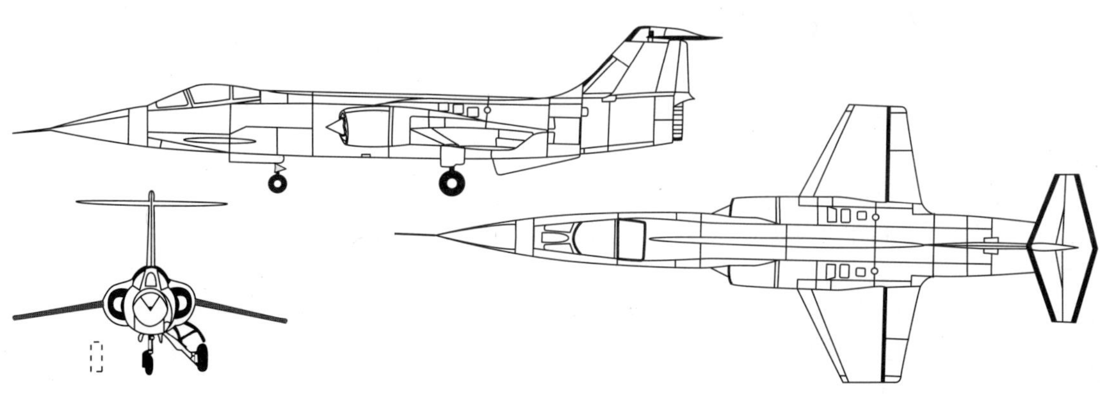

그림 12.5 Lockheed F-104

부록 D로부터 고도 11 km일 때 $\rho_\infty = 0.3648\ \text{kg/m}^3$과 $T_\infty = 216.78\ \text{K}$를 얻을 수 있다. 그러므로,

$$a_\infty = \sqrt{\gamma RT_\infty} = \sqrt{(1.4)(287)(216.78)} = 295\ \text{m/s}$$

$$V_\infty = M_\infty a_\infty = (2)(295) = 590\ \text{m/s}$$

$$q_\infty = \tfrac{1}{2}\rho_\infty V_\infty^2 = \tfrac{1}{2}(0.3648)(590)^2 = 6.35 \times 10^4\ \text{m/s}$$

또한 중량은 9400 kg_f으로 주어졌다. 힘의 단위는 동일하지 않다. 즉, SI 시스템의 힘의 단위는 뉴턴이며 1 kg_f = 9.8 N이다.

$$W = (9400)(9.8) = 9.212 \times 10^4\ \text{N}$$

$$C_L = \frac{W}{q_\infty S} = \frac{9.212 \times 10^4}{(6.35 \times 10^4)(18.21)} = 0.08$$

날개의 양력 계수 C_L을 날개를 구성하는 익형에서의 양력 계수 c_l과 동일하다고 가정하자. 아음속 비행에서 이 가정은 5장에서 논의한 것같이 사실과 다르다. 초음속 비행에서도 이 가정은 사실이 아니다. 그러나 비점성 초음속 비행을 하는 직선 날개에서 날개의 끝단 효과는 실질적으로 날개 끝 앞전에서의 모서리를 꼭짓점으로 가지는 마하 원추의 안쪽 영역에 제한된다. 마하수 2에서 마하 원추의 반쪽 원추각은 $\mu = \sin^{-1}\frac{1}{2} = 30°$다. 그러므로 대부분의 날개가 끝단 효과에 의해 영향을 받지 않고 이 장에서 논의된 2차원 흐름을 가지게 된다. F-104 익형은 얇고 작은 받음각을 가지고 있다. 그러므로 식 (12.23)은 F-104의 양력 계수를 위해 좋은 근사식이 되리라고 결론내릴 수 있다. 따라서 식 (12.23)에서 $c_l = C_L = 0.08$로 가정한다. 식 (12.23)으로부터,

$$c_l = \frac{4\alpha}{\sqrt{M_\infty^2 - 1}}$$

또는

$$\alpha = \frac{c_l}{4}\sqrt{M_\infty^2 - 1} = \frac{0.08}{4}\sqrt{(2)^2 - 1} = 0.035\ \text{rad}$$

날개의 받음각은 다음과 같다.

$$\alpha = (0.035)(57.3) = \boxed{1.98°}$$

받음각은 작은 값으로 식 (12.23)에 포함되는 작은 각에 대한 가정을 명확하게 만족한다.

초음속 비행기의 실제 비행 조건에서 반영하는 이러한 결과는 식 (12.23)과 (12.24)가 작은 받음각에서의 항공기 비행에 대해 유효함을 나타낸다. 따라서 이 장에서 설명한 선형 초음속 이론이 실제적인 문제에 적용할 수 있음을 알 수 있다.

설계_Design Box

11.8절에서 다룬 면적 법칙(area rule)은 항공기 설계에 적절히 적용할 경우 천음속 영역에서의 최대 항력을 줄여 항공기가 더 손쉽게 초음속 비행을 할 수 있도록 하기 때문에 *천음속의 면적 법칙*이라 이름 지을 수 있다. 천음속의 면적 법칙은 자유흐름 방향에서 *수직*으로 측정된 항공기의 횡단면적을 부드럽게 변형시킴을 일컫는다. 예를 들어, F-16 항공기의 천음속에서의 면적 법칙은 그림 12.6과 같다. 여기서 자유흐름에 수직인 횡단 면적은 동체 길이에 대해 표시했다.

면적 법칙은 초음속 속도에서도 적용된다. 그러나 여기서 유의미한 횡단면적은 자유흐름에 대해 수직적인 면적이 아니고 자유흐름의 마하각 경사 방향의 횡단면적이다. 초음속의 조파 항력을 감소하기 위해 *초음속의 면적 법칙*은 경사 방향의 면적에 부드러운 분포를 가진다. 예를 들어 $M_\infty = 1.6$에서 비행하는 F-16을 고려할 때, 마하각은 $\mu = \sin^{-1}(1/M_\infty) = \sin^{-1}(1/1.6) = 38.7°$다. 그림 12.7*a*에서 F-16의 측면도는 $\mu = 38.7°$에서의 경사 단면적을 나타낸다. 동체 길이에 대한 경사 단면적 변화는 그림 12.7*b*의 위를 보면 된다. 이 단면적 분포는 꽤 부드럽다는 것을 기억하자. F-16의 설계는 $M_\infty = 1.6$에서 초음속의 면적 법칙을 만족한다. $M_\infty = 1.2$에서도 마찬가지다. $\mu = \sin^{-1}(1/1.2) = 56.4°$의 동체 길이에 대한 경사 단면적은 그림 12.7*b*의 아래에 그려져 있다; 이 경우 또한 완만한 분포를 가지고 있다. 그림 12.6과 12.7은 F-16 설계에 대해 천음속과 초음속 면적 법칙을 둘 다 포함한다.

그림 12.7의 실선은 F-16의 실제 면적 분포를 보여준다. 실선 근처의 점선은 F-16 설계과정의 초기 단계에서 제안된 면적 분포를 나타낸다. 풍동 시험을 기초로 하여 마지막 항

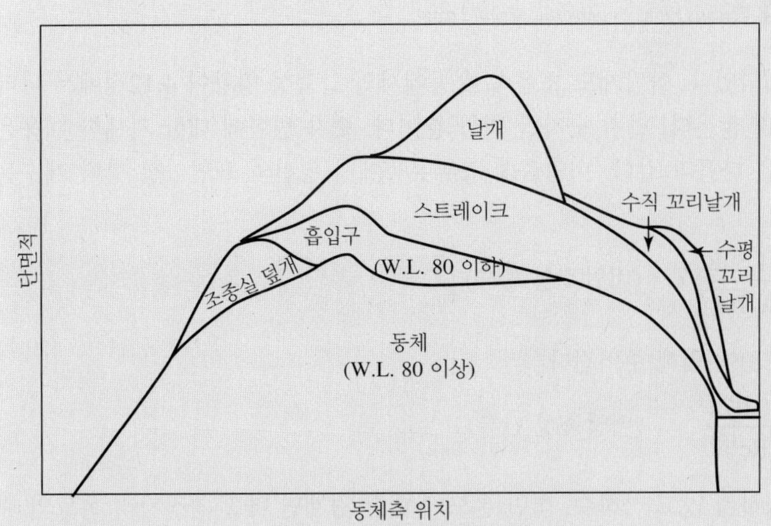

그림 12.6 F-16에 대한 천음속에서의 면적 법칙. 동체축 위치에 따른 단면적의 변화

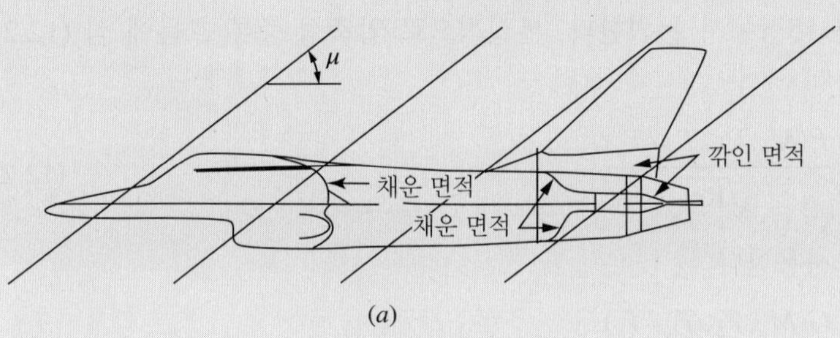

(a)

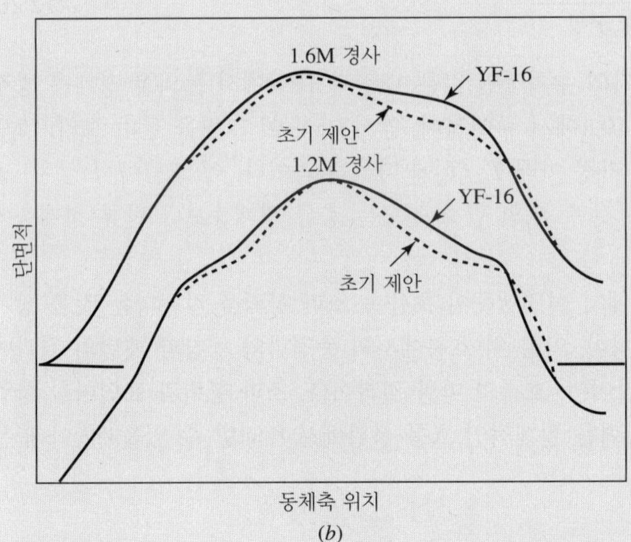

(b)

그림 12.7 F-16에 대한 초음속에서의 면적 법칙. 동체축 위치에 따른 *경사* 단면적의 변화. 실제 면적 분포와 초기 설계에서 제안된 면적 분포의 비교.

공기 형상은 초음속의 면적 법칙을 좀 더 충실히 지키기 위해 항공기의 부분으로부터 채우고 깎여진 면적에 의해 그림 12.7*a*와 같이 얻어지게 된다.

초음속 면적 법칙은 1953년(NACA 연간 보고서에는 1956년으로 인쇄됨) NACA와 NASA의 저명한 공기역학자인 R. T. Jones의 NACA TR 1284 <초음속 속도에서 날개-동체의 항력 이론>에 의해 제시되었다. 이 보고서를 통해 초음속 면적 법칙에 대한 보다 상세한 내용을 찾을 수 있다.

12.4 점성 유동: 초음속 익형의 항력 *Viscous Flow: Supersonic Airfoil Drag*

저속 흐름에서의 익형의 항력은 4.12절에서 논의되었다. 놀랍게도 초음속 유동에서의 압축성 영향이 4.12절에서 나타낸 표면마찰 항력 예측의 근본적인 접근을 바꾸지 않는다. 단지 숫자만 변할 뿐이다. 숫자 변화에 대한 자세한 내용은 18장과 19장에서 다루어진다. 기본적으로 내용은 다음과 같다. 비압축성 층류유동에서 평판의 표면마찰 항력 계수는 식 (4.86)에 의해 주어진다.

$$C_f = \frac{1.328}{\sqrt{\text{Re}_c}} \qquad \text{(비압축성 층류)}$$

그리고 비압축성 난류 유동은 근사적으로 식 (4.88)에 의해 주어진다.

$$C_f = \frac{0.074}{\text{Re}_c^{1/5}} \qquad \text{(비압축성 난류)}$$

압축성 흐름을 위해 이 식의 분자는 더 이상 일정하지 않고 마하수, 벽면 온도에 대한 경계면 바깥 가장자리 온도의 비율 T_w/T_e, 그리고 Prandtl 수 Pr의 함수로 표현된다. Prandtl 수는 점성 계수(μ), 정압에서의 비열(c_p), 열전도(k)의 함수로 $\text{Pr} = \mu c_p/k$로 표현된다. Prandtl 수의 중요성은 15장에서 논의한다. 본질적으로 압축성 층류 흐름에 식 (12.25)를 사용한다.

$$C_f = \frac{F(M_e, \text{Pr}, T_w/T_e)}{\sqrt{\text{Re}_c}} \tag{12.25}$$

그리고 압축성 난류 흐름에 식 (12.26)을 근사적으로 사용한다.

$$C_f = \frac{G(M_e, \text{Pr}, T_w/T_e)}{(\text{Re}_c)^{1/5}} \tag{12.26}$$

M_e, Pr, T_w/T_e의 값 설정을 위해 식 (12.25)와 (12.26)의 분자의 수치적인 값은 18장과 19장에서 논의할 경계층 방정식의 수치적 결과로부터 얻어진다. 고전적인 결과들은 그림 19.1에서 주어지며, 앞서 가서 이 그림을 살펴 보라. 그림 19.1의 결과는 $\text{Pr} = 0.75$와 단열 벽면에서 열전달이 없다는 가정 아래 T_w/T_e에 따른 결과이다. *이 그림에서 알 수 있는 가장 중요한 현상은 M_∞가 증가할 수록 C_f는 감소한다*는 것과, C_f의 감소 정도는 층류 경계층보다 난류 경계층에 더욱 극적이라는 것이다.

표면마찰 항력에 더해서, 초음속 익형은 9.7절과 12.3절에서 설명했듯이 초음속 조파 항력을 갖는다는 것을 상기하자. 조파 항력의 근원은 익형 표면 위에 가해진 압력 분포이며, 익형 위 흐름에서의 충격파와 팽창파 패턴의 결과이다. 물론 표면마찰 항력의 근원은 익형 표면 위에 가해진 마찰이며, 흐름의 마찰 결과이다. 조파 항력과 표면마찰 항력의 물리적인 메커니즘은 분명히 다르다. 어떻게 두 종류의 항력을 실제적인 흐름 상황에서 비교할 수 있을까? 아래 문제에서 이 궁금증에 대해 다루었다.

예제 12.3

예제 12.2에 언급한 초음속 전투기 Lockeed F-104가 동일한 비행 조건인 마하수 2와 고도 11 km에서 비행하고 있다. 예제 12.2에서 계산한 것과 같이 날개의 받음각은 $\alpha = 0.035$ rad $= 1.98°$며, 날개의 평균 시위 길이는 근사적으로 2.2 m로 가정한다. 또한 익형 위는 완전히 난류 흐름을 가지는 것으로 가정한다. (*a*) 익형 표면마찰 항력 계수, (*b*) 익형 조파 항력 계수를 계산하라. 두 값을 비교하라.

■ **풀이**

(*a*) 표면마찰 항력 계수 C_f를 계산하기 위해 레이놀즈수가 필요하다. 부록 D에서 고도 11 km일 때 $\rho_\infty = 0.3648$ kg/m^3, $T_\infty = 216.78$ K이다. 그러므로 11 km에서 음속은 아래와 같다.

$$a_\infty = \sqrt{\gamma R T_\infty} = \sqrt{(1.4)(287)(216.78)} = 295 \text{ m/s}$$

따라서 $$V_\infty = M_\infty a_\infty = (2)(295) = 590 \text{ m/s}$$

1.11절과 15.3절에서 논의한 것과 같이 점성 계수는 온도의 함수이다. 아래 식 (15.3)은 점성 계수의 온도 변화를 고려한 Sutherland 법칙이다.

$$\frac{\mu}{\mu_0} = \left(\frac{T}{T_0}\right)^{3/2} \frac{T_0 + 110}{T + 110}$$

T는 켈빈(Kelvin) 단위이며 μ_0는 기준 온도 T_0에서의 기준 점성이다. 표준 해면에서 기준 조건은 $\mu_0 = 1.7894 \times 10^{-5}$ kg/(m)(sec), $T_0 = 288.16$ K이다. 따라서 Sutherland 법칙으로부터 $T = 216.78$ K에서 μ 값을 구하면 아래와 같다.

$$\mu = (1.7894 \times 10^{-5})\left(\frac{216.78}{288.16}\right)^{3/2}\left(\frac{288.16 + 110}{216.78 + 110}\right) = 1.4226 \times 10^{-5} \text{ kg/(m)(s)}$$

레이놀즈수는 아래와 같다.

$$\text{Re} = \frac{\rho_\infty V_\infty c}{\mu_\infty} = \frac{(0.3648)(590)(2.2)}{1.4226 \times 10^{-5}} = 3.33 \times 10^7$$

그림 19.1을 자세히 살펴보면, Re = 3.33×10^7에서 마하수 2일 때 난류 경계의 $C_f = 2.15 \times 10^{-3}$이다. 이는 평판한 면에 대한 결과이다. 이미 수행한 대로, 얇은 익형 또는 F-104의 익형과 같은 매우 얇은 익형을 평판으로 대신해서 표면마찰 항력을 가정한다. 익형의 위와 아래 양쪽의 표면에 작용하는 표면마찰 항력은 F-104 익형의 최종적인 표면마찰 항력 계수를 가진다.

$$\text{전체 } C_f = 2(2.15 \times 10^{-3}) = \boxed{4.3 \times 10^{-3}}$$

(*b*) 식 (12.24)에서 조파 항력 계수를 계산한다.

$$c_d = \frac{4\alpha^2}{\sqrt{M_\infty^2 - 1}}$$

여기서 $\alpha = 0.035$ rad이고 $M_\infty = 2$이므로 아래와 같은 결과를 얻는다.

$$c_d = \frac{4(0.035)^2}{\sqrt{(2)^2 - 1}} = \boxed{2.83 \times 10^{-3}}$$

예제 12.3에서 초음속 익형의 총 항력 계수는 $c_d + C_f = 2.83 \times 10^{-3} + 4.3 \times 10^{-3} = 7.13 \times 10^{-3}$이다. 표면마찰은 총 항력의 60%를 차지한다. 예제 12.3에서 익형의 작은 받음각은 초음속의 조파 항력을 작게 하며, 이 경우에는 표면마찰 항력보다 작게 된다. 그러나 조파 항력은 받음각의 제곱에 의해 달라진다. 예제 12.3의 조건에서 조파 항력은 받음각이 2.47°일 때 표면마찰 항력과 같아지며, 이 값보다 받음각이 커질 때 조파 항력이 항력의 지배적인 항력이 된다.

예제 12.3의 익형에서의 양항비(L/D)를 살펴보자. 우선 조파 항력은 마찰 항력이 없는 비점성 흐름에서 예제 12.2와 12.3의 결과는 아래와 같다.

$$\frac{L}{D} = \frac{c_l}{c_d} = \frac{0.08}{2.83 \times 10^{-3}} = 28.3 \quad (\text{비점성})$$

표면마찰 항력을 포함하면 아래와 같은 결과를 얻는다.

$$\frac{L}{D} = \frac{c_l}{(c_d)_{\text{total}}} = \frac{0.08}{7.13 \times 10^{-3}} = 11.2$$

분명하게 표면마찰 항력은 익형의 양항비를 크게 감소시킨다. L/D 값은 공기역학적 효율에서 중요한 척도이므로 익형 위에서 난류 경계층보다는 층류 경계층을 갖도록 유도하며 마찰 항력을 감소시키는 시도는 중요하다는 것을 알 수 있다. 실제로 이는 저속의 아음속 흐름에서 극초음속 흐름의 마하수 스펙트럼의 모든 영역에서 유효한 필수적인 중요성을 가지고 있다. 이 절의 초음속 익형에 대한 논의에서 공기역학 성능에서의 표면마찰 항력의 중요성을 명확히 볼 수 있었다.

12.5 요약 *Summary*

선형화된 초음속 흐름에서 정보는 마하각 $\mu = \sin-1(1/M_\infty)$로 마하선을 따라 전파된다. 이러한 마하선은 모두 M_∞에 기초하며, 몸체로부터 하류 방향으로 파생되는 평행한 직선이다. 이러한 이유로 교란은 정상 초음속 흐름에서 상류 흐름으로 전파될 수 없다.

자유흐름에 대해 작은 각도 θ로 기울어진 표면 위에서의 압력 계수는 선형 이론을 기초로 하여 아래와 같다.

$$C_p = \frac{2\theta}{\sqrt{M_\infty^2 - 1}} \tag{12.15}$$

만약 표면이 자유흐름 안으로 기울어지면 C_p는 양수이고, 표면이 자유흐름으로부터 바깥쪽으로 기울어지면 C_p는 음수이다.

선형화된 초음속 이론에서, 일정 받음각에서의 평판의 양력 계수와 조파 항력 계수는 아래와 같다.

$$c_l = \frac{4\alpha}{\sqrt{M_\infty^2 - 1}} \tag{12.23}$$

그리고

$$c_d = \frac{4\alpha^2}{\sqrt{M_\infty^2 - 1}} \tag{12.24}$$

식 (12.23)은 임의 형상의 얇은 익형을 위해서도 사용한다. 그러나 이와 같은 익형에서 조파 항력 계수는 평균 캠버선과 익형의 두께에 좌우된다.

12.6 연습문제 *Problems*

12.1 선형화된 이론의 결과를 이용하여, 각각의 받음각에서 마하수 2.6 자유흐름을 가지는 매우 얇은 평판의 양력 계수와 조파 항력 계수를 계산하라.

a. $\alpha = 5°$

b. $\alpha = 15°$

c. $\alpha = 30°$

연습문제 9.13의 엄밀 충격-팽창파 이론에서 얻어진 결과와 근사화된 결과를 비교하라. 이 경우 선형화 이론의 정확성에 대해 어떤 결론을 내릴 수 있는가?

12.2 연습문제 12.1의 조건에서 선형화 이론을 이용하여 평판 위와 아래 표면에서의 압력을 p/p_∞의 형태로 계산하라. 연습문제 9.13의 엄밀 충격-팽창파 이론에서 얻어진 결과와 근사화된 결과를 비교하라. 압력 계산을 위해 선형화 이론의 정확성에 대해 적절한 결론을 내려라.

12.3 그림 9.37과 같은 다이아몬드-쐐기 모양의 익형이 앞전 반각 $\varepsilon = 10°$를 가지고 있다. 마하수 3인 자유흐름에서 익형의 받음각 $\alpha = 15°$다. 선형화 이론을 사용하여 익형의 양력 계수와 조파 항력 계수를 계산하라. 이 근사값 결과를 연습문제 9.14에서 얻어진 엄밀 충격-팽창파 이론 결과와 비교하라.

12.4 식 (12.24)의 선형 초음속 이론으로부터 M_∞이 증가할 때 평판의 c_d가 감소하는가? 이는 M_∞이 증가할 때 항력 자체가 감소하는 것을 의미하는가? 이 문제의 답을 M_∞ 의 함수인 항력의 수식으로 유도하고 이 수식을 평가하라.

12.5 초음속 비점성 유동에서의 받음각을 받는 평판을 고려하자. 선형 이론으로부터 최대 양항비 값은 얼

마이며, 얼마의 받음각에서 이것이 발생하는가?

12.6 초음속 점성 유동에서의 받음각을 받는 평판을 고려하자. 평판에는 표면마찰 항력과 조파 항력이 있다. 양력 계수와 조파 항력 계수를 위해 선형 이론을 이용하라. C_f를 통해 총 표면마찰 항력 계수를 나타내고, 이것은 받음각에 대해 변하지 않는다고 가정하라. (a) 최대 양항비의 받음각에 대한 표현을 C_f의 함수와 자유흐름 마하수를 이용하여 유도하라. (b) 최대 양항비를 C_f의 함수와 자유흐름 마하수 M을 이용하여 유도하라.

답: (a) $\alpha = (C_f)^{1/2}(M^2 - 1)^{1/4}/2$

(b) $(c_l/c_d)_{\max} = (C_f)^{-1/2}(M^2 - 1)^{-1/4}$

12.7 예제 12.3에서의 동일한 비행 조건과 동일한 표면마찰 계수와 연습문제 12.6의 결과를 이용하여 F-104 날개에 적용되는 평판에서의 최대 양항비와 이것이 발생하는 받음각을 구하라.

12.8 연습문제 12.6의 결과로부터 최대 양항비는 마하수의 증가에 따라 감소한다. 이것은 높은 초음속 마하수에서 공기역학적으로 효율적인 항공기를 위해 분투하는 초음속 항공기 설계자들의 지속적인 고민거리이다. 이 경우에 항공기 설계자들이 극복해야 하는 자연의 물리학은 무엇이며, 설계자는 이 도전을 어떻게 해결해야 하는가?

12.9 $p_\infty = 22{,}700\ N/m^2$인 고도 약 36,000 ft에서 F-15가 직선 수평 비행 상태에 있다. 이 항공기의 날개하중(W_S)은 약 400 kg/m^2이다. $\gamma = 1.4$로 가정하고 날개하중은 전체 날개면적기준 항공기의 무게비로 정의된다.

a. 얇은 익형 이론을 이용하여 비행 마하수를 α, p_∞, γ와 W_S의 항으로 나타내라. $\alpha = 1.3°$일 경우, 비행 마하수를 계산하라.

b. 항공기의 무게는 임무를 수행하면서 감소한다. 동일한 비행 마하수를 유지하기 위해 조종사는 받음각을 어떻게 변화시켜야 하는가?

12.10 선형 이론을 사용하여 $0 \le \alpha \le 10°$에서 문제 9.35의 2차원 대칭 익형의 단위 스팬당 양력과 항력, 양력 계수, 항력 계수, 양항비를 구하라. 충격-팽창 이론에 근거한 문제 9.35에서 구한 결과와 비교하라.

비선형 초음속 유동에 대한 수치기법 입문

Introduction to Numerical Techniques for Nonlinear Supersonic Flow

수월한 방법으로서 컴퓨터를 이용한 계산에 대하여 실무 응용자들은 흔히 그것의 정확도를 간과하고 유효성을 지나치게 과대평가하는 반면, 몇몇 이론가들은 여전히 그것의 지적인 가치와 도전을 무시하는 경향이 있다.

C.K. Chu, 1978
Columbia University

미리보기 _Preview Box

지금까지의 압축성 유동은 대수학(7~10장)과 선형 편미분 방정식(11장, 12장)을 포함하고 있다. 이것은 모두 다루기 쉬운 수학이다. 이 과정에서 실제적인 응용 예를 몇 개 취급하였다. 그러나 이것은 수학적으로 풀 수 있는 해석적인 해에 적용할 수 있는 한계를 가진다. 수많은 실생활에서의 응용을 포함한 모든 다른 응용에서는 유동은 보다 완전한 *비선형* 운동 방정식에 의해 지배되며, 이것에는 해석적인 엄밀해가 존재하지 않는다.

손을 들고 포기해야 하는가? 이 장의 제목을 보면 분명 그렇지 않다. 대신 분석적인 해석의 세계를 떠나 수치적 해석의 새로운 세계로 들어간다. 유동을 풀기 위해 깔끔한 방정식을 찾는 대신, 유동의 해석을 위해 대량의 수치계산을 하려 한다. 하지만 주로 명쾌하고 지적인 방법으로 대량의 수치계산을 할 것이다. 2장에서 언급한 연속, 운동량, 에너지의 기본적인 비선형 유동 방정식을 사용하여, 다른 방법으로는 풀 수 없는 몇 가지 중요한 실질적인 문제를 해결할 것이다.

이 장에서는 두 가지 실질적인 문제를 다룬다. 첫 번째는 초음속 노즐의 적절한 윤곽, *형태*의 설계이다. 10장에서 노즐 유동의 유동 특성을 공부했지만, 노즐의 형상(면적비 분포와 같은)은 항상 주어졌다. 그림 10.1의 로켓 엔진을 다시 보라. 그 확산 노즐의 실제 모양을 *어떻게* 설계했을까? 이것은 매우 중요한 질문이다. 확산 노즐이 제대로 설계되지 않았다면 노즐 내부에 원하지 않는 충격파가 생기고, 충격파는 로켓 엔진의 성능을 저하시킨다. 그리고 초음속 풍동을 위한 노즐을 설계할 때, 노즐 내부에 어떠한 충격파가 생긴다면 시험 구간에서 원하는 고양질의 유동을 얻을 수 없다. 그래서 초음속 노즐의 적절한 형상 설계는 매우 중요하다. 어떻게 설계를 해야 하는가? 이 장에서 해답을 찾을 수 있다.

두 번째 문제는 초음속 유동에서 앞부분이 무딘 물체 주위의 유동에 관한 것이다. 그림 14.17의 스페이스 셔틀을 보라. 앞부분이 무디고 날개의 앞전도 무딘 형상의 고속 비행체를 볼 수 있다. 이러한 무딘 형상에 대한 근본적인 이유는 1.1절에서 논의했다(기억나지 않는다면 1.1절을 빠르게 살펴보라). 고속 비행 초기에는, 초음속 비행에서 앞부분이 무딘 형상 주위 유동의 해석은 불가능했다. 그리고 아직까지 이것은 초음속 공기역학에서 가장 중요한 문제 중 하나이다. 이것을 '초음속 무딘 물체 문제'라 부른다. 오늘날엔 이 문제를 쉽게 해결할 수 있다. 어떻게 가능한가? 이 장에서 해답을 찾을 수 있다.

이 장의 내용은 정말 중요하다. 그것은 압축성 유동에 대한 현대적인 관점을 반영하며, 오늘날 복잡한 문제의 해를 얻는 방법에 대한 지식을 제공한다. 계속 읽고 이것이 무엇을 의미하는지 이해하라.

13.1 개요: 전산유체역학 이론 *Introduction: Philosophy of Computational Fluid Dynamics*

위 인용구는 1960~1980년 사이 20여 년 동안 기술자들과 과학자들에게 사용 가능한 컴퓨터의 성능이 경이적인 속도로 발달하였음을 강조하고 있다. 이러한 폭발적인 컴퓨터 성능의 발달은 여전히 진행 중이고 한계가 없어 보인다. 결과적으로 지난 30년간 전산유체역학(CFD)이라는 공기역학의 새로운 분야가 나타났다. CFD는 공기역학적 측면에서 새로운 '3차원'이며, 순수 실험과 순수 이론으로 이루어진 이전 차원을 보완한 방법이다. 이것은 지금까지의 전통적인 분석 방법으로는 다루기 어려운 유체역학 문제에 대한 해답을 제시해 준다. 따라서 CFD는 비행체 설계 방식에 혁신을 일으키고, 여러 방법으로 항공 연구 개발의 방법을 수정하였다. 이러한 이유로 모든 공기역학 분야 학생들은 CFD의 전반적인 개념을 이해해야 하는데, 교육과정이나 앞으로의 전문가로서의 생활에 크든 작든 영향을 줄 것이기 때문이다.

전산유체역학 이론은 2.17절에서 소개했고, 이론적 접근의 해석과 비교했다. 여기서 잠시 멈추고 2.17절로 돌아가 그곳에서 제시한 내용을 다시 읽도록 하라. 이제 여기까지 진행해 왔고 그동안 비압축성 유동과 압축성 유동의 많은 해석적인 해를 보아 왔기 때문에, 2.17절에서 검토한 개념은 더 많은 의미를 제공할 것이다. 지금 당장 시행하라. 왜냐하면 이 장은 거의 전부 2.17.2절을 참고하여 수치해석을 취급하기 때문이며, 이와 반대로 3~12장에서는 2.17.1절을 참고하여 해석적인 해를 취급한다.

이 장에서 처음으로 이 책에서 전산유체역학의 진정한 본질을 경험하게 될 것이다. 2.17.2절에서 '유체의 움직임에 대한 지배 방정식에서 적분이나 편미분들(경우에 따라서)을 불연속적인 대수 형태로 바꾸고, 시간 또는 공간 내의 불연속적인 점의 유동장에 대하여 수치값을 얻기 위해 이들의 해를 구하는 기술'이라고 주어진 CFD의 정의가 무엇을 의미하는지 실제로 보게 될 것이다. 그러나 현대 CFD는 일반적으로 대학원 수준의 과목이 고응용 수학의 기초 지식이 필요하기 때문에 이 장에서는 기본적인 취급법만 제시하지만, 이 취급법은 CFD 진수의 일부를 나타낼 정도로 중요하다. CFD 학습의 다음 단계를 위해 Anderson의 *Computational Fluid Dynamics*: *The Basics with Applications*(참고문헌 60)를 추천한다. 이 책은 이 과목의 고급 연구를 수행하기 전 CFD의 본질을 이해하는 데 도움이 되도록 쓰여졌다.

이 장의 목적은 CFD를 비점성 초음속 유동에 적용하는 몇 가지 기본적인 방법을 소개하는 것이다. 좀 더 자세한 내용은 참고문헌 21에 있다. 최근 몇 년 동안 CFD는 매우 빠르게 발전했기 때문에, 단지 윤곽만 살펴볼 수 있다. 실제로 이 장에서는 현대의 문헌들 속에서 이 주제를 추구하기 위한 기초적인 지식 몇 가지와 함께 동기부여를 제공하려고 한다.

이 장의 이정표는 그림 13.1과 같다. 고전적인 특성 곡선법의 소개로부터 시작하려 한다. 이 수치해석 기법은 1929년 이래 공기역학 분야에서 사용되어 왔지만, 통상적 사용은 현대적인 컴퓨터가 나올 때까지 기다려야만 했다. 이

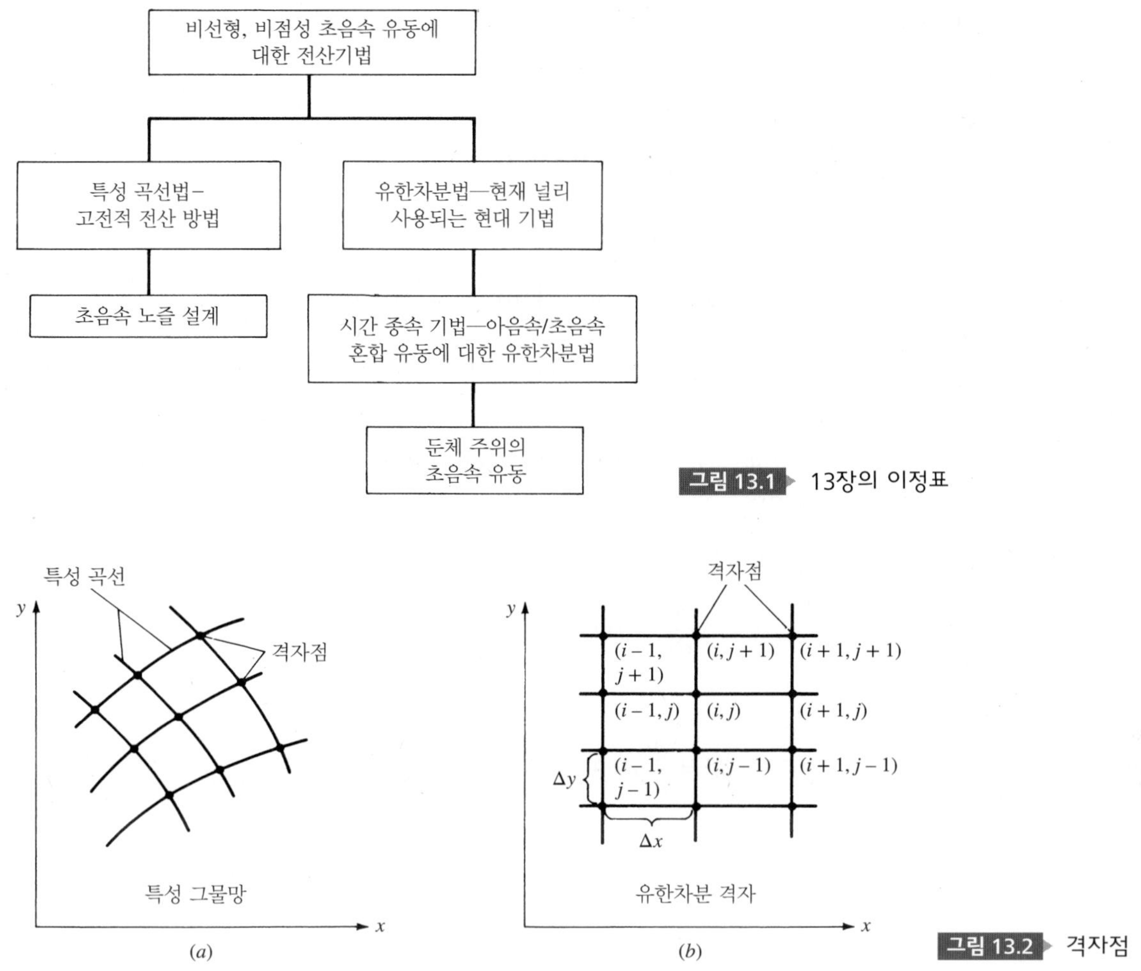

그림 13.1 13장의 이정표

그림 13.2 격자점

러한 이유로 저자는 특성 곡선법을 수치해법이라는 일반적인 제목 아래 분류하였는데, 다른 사람들은 그것을 보다 고전적인 제목 아래 분류하고자 하기도 한다. 또한 특성 곡선법이 초음속 노즐 확산부 형상의 설계에 적용되는 방법을 보여줄 것이다. 그리고 노즐 유동과 둔체 주위의 초음속 유동에 대한 CFD의 적용을 확인할 수 있는 유한차분법에 대해 논의할 것이다.

선형화된 해법을 다루었던 11장과 12장과는 달리, CFD는 미소 교란과 같은 단순화 가정이 없는 *정확한* 비선형 지배 방정식의 수치적 해법을 제시하며, 이것은 또한 아음속, 초음속과 마찬가지로 천음속, 극초음속 등 모든 속도 범위에 적용된다. 수치적인 반올림 오차와 절삭 오차가 지배 방정식에 대한 어떠한 표현에서도 존재하지만, 여전히 CFD의 결과가 '정확한 해법'이라고 생각한다.

특성 곡선법과 유한차분법은 한 가지 공통점이 있다. 그림 13.2와 같이, 이들은 연속적인 유동 영역을 불연속적인 격자점의 연결로 표현한다. 유동장의 특성(u, v, p, T 등)은 이러한 격자점에서 계산된다. 이러한 격자점으로 이루어진 특성 곡선법에 대한 그물 모양은 그림 13.2*a*와 같이 일반적으로 기울어져 있지만, 유한차분법에서는 보통 그림 13.2*b*와 같이 직사각형으로 되어 있다. 이러한 다른 그물 모양이 발생하는 이유를 곧 알게 될 것이다.

13.2 특성 곡선법의 원리 *Elements of the Method of Characteristics*

이 절에서 특성 곡선법의 기본 원리만을 소개할 것이다. 자세한 설명은 이 책에서 다루지 않는다. 더 자세한 내용은 참고문헌 21, 25, 32를 참조하라.

그림 13.2*a*에 나와 있는 xy 평면의 2차원, 정상, 비점성, 초음속 유동을 고려하자. 이 공간 내의 유동변수들(p, u, T

등)은 연속적이다. 하지만 xy 평면에서 유동변수의 *도함수*($\partial p/\partial x$, $\partial u/\partial y$ 등)가 *부정*(indeterminate)이며, 이 선을 지나서는 불연속이기도 한 어떤 선이 존재한다. 이러한 선을 *특성 곡선*이라 부른다. 이상하게 들리겠지만, 이런 선의 존재를 증명하고 xy 평면에서 그들의 정확한 방향을 확인하도록 하자.

추가로 유동이 초음속, 정상, 비점성, 2차원인 것 외에 비회전성이라 가정한다. 이러한 유동의 정확한 지배 방정식은 식 (11.12)와 같다.

$$\left[1-\frac{1}{a^2}\left(\frac{\partial\phi}{\partial x}\right)^2\right]\frac{\partial^2\phi}{\partial x^2}+\left[1-\frac{1}{a^2}\left(\frac{\partial\phi}{\partial y}\right)^2\right]\frac{\partial^2\phi}{\partial y^2}-\frac{2}{a^2}\frac{\partial\phi}{\partial x}\frac{\partial\phi}{\partial y}\frac{\partial^2\phi}{\partial x\,\partial y}=0 \tag{11.12}$$

[식 (11.12)에서 교란 퍼텐셜이 아닌 완벽한 속도 퍼텐셜 ϕ을 구해야 한다는 것에 유의하라.] $\partial\phi/\partial x = u$와 $\partial\phi/\partial y = v$를 사용하면 식 (11.12)는 다음과 같이 쓸 수 있다.

$$\left(1-\frac{u^2}{a^2}\right)\frac{\partial^2\phi}{\partial x^2}+\left(1-\frac{v^2}{a^2}\right)\frac{\partial^2\phi}{\partial y^2}-\frac{2uv}{a^2}\frac{\partial^2\phi}{\partial x\,\partial y}=0 \tag{13.1}$$

속도 퍼텐셜과 그것의 미분은 x와 y의 함수이며 다음과 같이 쓸 수 있다.

$$\frac{\partial\phi}{\partial x}=f(x,y)$$

그러므로 완전 미분의 정의로부터

$$df=\frac{\partial f}{\partial x}dx+\frac{\partial f}{\partial y}dy$$

다음 식을 얻을 수 있고

$$d\left(\frac{\partial\phi}{\partial x}\right)=du=\frac{\partial^2\phi}{\partial x^2}dx+\frac{\partial^2\phi}{\partial x\,\partial y}dy \tag{13.2}$$

유사하게 적용하여 다음 식을 구할 수 있다.

$$d\left(\frac{\partial\phi}{\partial y}\right)=dv=\frac{\partial^2\phi}{\partial x\,\partial y}dx+\frac{\partial^2\phi}{\partial y^2}dy \tag{13.3}$$

식 (13.1)~(13.3)을 자세히 살펴보자. 2차 미분항 $\partial^2\phi/\partial x^2$, $\partial^2\phi/\partial y^2$과 $\partial^2\phi/\partial x\,\partial y$가 포함되어 있다는 것을 명심하라. 미분 항들을 '미지수'라 한다면 식 (13.1), (13.2), (13.3)은 3개의 미지수를 가지고 있는 3개의 방정식이다. 예를 들어, $\partial^2\phi/\partial x\,\partial y$을 계산하기 위해 Cramer 법칙을 사용하면 다음과 같다.

$$\frac{\partial^2\phi}{\partial x\,\partial y}=\frac{\begin{vmatrix}1-\dfrac{u^2}{a^2} & 0 & 1-\dfrac{v^2}{a^2}\\ dx & du & 0\\ 0 & dv & dy\end{vmatrix}}{\begin{vmatrix}1-\dfrac{u^2}{a^2} & -\dfrac{2uv}{a^2} & 1-\dfrac{v^2}{a^2}\\ dx & dy & 0\\ 0 & dx & dy\end{vmatrix}}=\frac{N}{D} \tag{13.4}$$

여기서 N과 D는 각각 분자와 분모의 행렬식을 의미한다. 식 (13.4)의 물리적 의미는 그림 13.3에서 유동 내 점 A와 그 주위를 고려하면 확인할 수 있다. 미분 항 $\partial^2\phi/\partial x\,\partial y$는 점 A에서 특정한 값을 갖는다. 식 (13.4)는 *임의로* 정해진 dx와 dy에 대한 $\partial^2\phi/\partial x\,\partial y$의 해를 준다. 그림 13.3에서 보듯이, dx와 dy의 조합은 점 A에서 멀어져 가는 임의의 방향 ds를 정의한다. 일반적으로 이 방향은 점 A를 통과하는 유선의 방향과 다르다. 식 (13.4)에서 미분항 du와 dv는 dx와 dy의 증분에 대한 속도의 변화를 나타낸다. 따라서 dx와 dy가 임의로 선택되더라도, 식 (13.4)에서 du와 dv의 값들은 이러

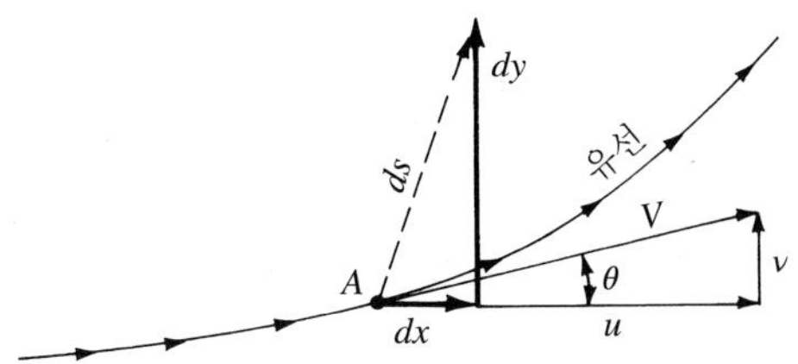

그림 13.3 점 A에서 멀어져 가는 임의의 방향 ds

한 선택과 일치한다. dx와 dy의 값들이 임의로 선택된 것과 상관없이, 식 (13.4)로부터 du와 dv의 해당 값들은 점 A에서 항상 동일한 $\partial^2\phi/\partial x\,\partial y$의 값을 얻게 된다.

위 설명에서 유일한 예외는 식 (13.4)에서 $D = 0$이 되도록 dx와 dy가 선택된 경우이다. 이 경우 $\partial^2\phi/\partial x\,\partial y$는 정의되지 않는다. 이러한 상태는 그림 13.3에서 $D = 0$을 만족하는 dx와 dy의 특별한 조합으로 정의된 점 A에서 멀어져 가는 특이한 방향 ds에서 나타난다. 그러나 점 A에서 $\partial^2\phi/\partial x\,\partial y$가 특정 값을 가지고 있다는 것을 알고 있다. 따라서 $D = 0$인 경우 유일한 해법은 $N = 0$이며, 또한 다음과 같이 표현할 수 있다.

$$\frac{\partial^2\phi}{\partial x\,\partial y} = \frac{N}{D} = \frac{0}{0} \tag{13.5}$$

여기서 $\partial^2\phi/\partial x\,\partial y$는 부정형이고 유한값으로 될 수 있다. 즉, $\partial^2\phi/\partial x\,\partial y$의 값은 알고 있듯이 점 A에서 존재한다. *여기서 중요한 결론은 $\partial^2\phi/\partial x\,\partial y$가 정의되지 않은 점 A를 통과하는 방향(또는 방향들)이 존재한다는 것이다.* $\partial^2\phi/\partial x\,\partial y = \partial u/\partial y = \partial v/\partial x$이기 때문에, 이것은 유동변수들의 도함수가 이러한 선을 따라 부정이라는 것을 의미한다. 그러므로 유동장 내 유동변수들의 도함수가 부정인 선들이 존재한다는 것을 증명했으며, 앞에서 이러한 선을 *특성 곡선*이라 정의했다.

그림 13.3의 점 A를 다시 살펴보자. 앞에서 살펴본 것과 같이, 점 A를 지나는 특성 곡선은 하나 혹은 그 이상 존재한다. *질문*: 어떻게 이러한 특성 곡선의 정확한 방향을 계산할 수 있을까? 해답은 식 (13.4)에서 $D = 0$이라 가정하여 구할 수 있다. 식 (13.4)에서 분모 행렬을 풀어 써 보자. 그리고 0이라 해 보자. 그러면 다음 식을 얻을 수 있다.

$$\left(1-\frac{u^2}{a^2}\right)(dy)^2 + \frac{2uv}{a^2}dx\,dy + \left(1-\frac{v^2}{a^2}\right)(dx)^2 = 0$$

또는

$$\left(1-\frac{u^2}{a^2}\right)\left(\frac{dy}{dx}\right)^2_{\text{char}} + \frac{2uv}{a^2}\left(\frac{dy}{dx}\right)_{\text{char}} + \left(1-\frac{v^2}{a^2}\right) = 0 \tag{13.6}$$

식 (13.6)에서 dy/dx는 특성 곡선의 기울기이다. 따라서 아래첨자 'char'는 이러한 사실을 강조하기 위해 추가하였다. 식 (13.6)을 $(dy/dx)_{\text{char}}$에 관한 2차항 식이라 보고 계산하면 다음 식을 얻는다.

$$\left(\frac{dy}{dx}\right)_{\text{char}} = \frac{-2uv/a^2 \pm \sqrt{(2uv/a^2)^2 - 4(1-u^2/a^2)(1-v^2/a^2)}}{2(1-u^2/a^2)}$$

또는

$$\left(\frac{dy}{dx}\right)_{\text{char}} = \frac{-uv/a^2 \pm \sqrt{(u^2+v^2)/a^2 - 1}}{1-u^2/a^2} \tag{13.7}$$

그림 13.3에서 $u = V\cos\theta$이고 $v = V\sin\theta$임을 알 수 있다. 따라서 식 (13.7)은 다음과 같다.

$$\left(\frac{dy}{dx}\right)_{\text{char}} = \frac{(-V^2\cos\theta\sin\theta)/a^2 \pm \sqrt{(V^2/a^2)(\cos^2\theta+\sin^2\theta) - 1}}{1-[(V^2/a^2)\cos^2\theta]} \tag{13.8}$$

국소 마하각 μ는 $\mu = \sin^{-1}(1/M)$ 혹은 $\sin\mu = 1/M$이라 주어지는 것을 기억하라. 그러므로 $V^2/a^2 = M^2 = 1/\sin^2\mu$이 되며, 식 (13.8)은 다음과 같다.

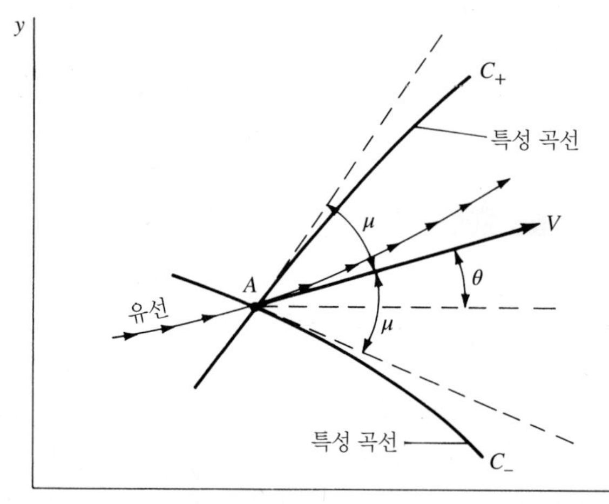

그림 13.4 점 A를 통과하는 왼쪽과 오른쪽으로 향하는 특성 곡선

$$\left(\frac{dy}{dx}\right)_{\text{char}} = \frac{(-\cos\theta\sin\theta)/\sin^2\mu \pm \sqrt{(\cos^2\theta + \sin^2\theta)/\sin^2\mu - 1}}{1 - (\cos^2\theta)/\sin^2\mu} \tag{13.9}$$

상당한 대수식과 삼각 함수의 계산을 거치면, 식 (13.9)는 다음과 같이 간단히 표현할 수 있다.

$$\boxed{\left(\frac{dy}{dx}\right)_{\text{char}} = \tan(\theta \mp \mu)} \tag{13.10}$$

식 (13.10)은 중요한 결과이다. 이것은 *2개*의 특성 곡선이 그림 13.3에서 점 A를 통과한다는 것을 의미한다. 즉, 선 하나의 기울기는 $\tan(\theta - \mu)$와 같고, 다른 하나의 기울기는 $\tan(\theta + \mu)$와 같다는 것이다. 이러한 결과의 물리적 의미는 그림 13.4에 표현하였다. 여기서 점 A를 통과하는 유선은 수평면에 θ만큼 기울어져 있다. 점 A에서의 속도는 V이며, 수평면과의 기울기 또한 θ이다. 식 (13.10)은 점 A를 통과하는 특성 곡선 중 하나는 유선 방향보다 μ만큼 아래 방향으로 기울어졌다는 것을 설명하고 있다. 이 특성 곡선은 그림 13.4에 C_-라고 표시하였다. 또한 식 (13.10)은 점 A를 통과하는 특성 곡선 중 다른 하나는 유선 방향보다 μ만큼 위 방향으로 기울어졌다는 것을 설명하고 있다. 이 특성 곡선은 그림 13.4에 C_+라고 표시하였다. 그림 13.4를 살펴보면, 점 A를 통과하는 특성 곡선들이 점 A를 통과하는 왼쪽과 오른쪽 방향으로 향하는 *마하파*인 것을 확인할 수 있다. 따라서 *특성 곡선들은 마하선들이다*. 그림 13.4에서 왼쪽으로 향하는 마하파는 C_+, 오른쪽으로 향하는 마하파는 C_-로 표시하였다. 따라서 그림 13.2a를 다시 살펴보면, 특성 그물 모양은 유동장을 십자로 가로지르는 왼쪽과 오른쪽을 향하는 마하파로 이루어진다. 이러한 마하파는 무수히 많다. 하지만 실질적인 계산에서는 그림 13.2a에서 격자점으로 정의되는 교점을 갖는 유한한 숫자의 마하파로 처리한다. 특성 곡선은 공간에서 (1) 국소의 마하각은 x와 y의 함수인 국소 마하수에 종속되며 (2) 국소 유선의 방향 θ는 유동에서 변하기 때문에 휘어진다는 것을 명심하라.

그림 13.2a에서 특성 곡선들은 그 자체로는 아무 쓸모가 없다. 이러한 선의 실질적인 결과는 *유동을 나타내는 지배 편미분 방정식이 특성 곡선을 따라서는 상미분 방정식으로 간소화될 수 있다는* 것이다. 이러한 방정식들은 식 (13.4)에서 $N = 0$이라 놓고 구할 수 있고, 다음과 같이 표현할 수 있는 *호환 방정식*(compatibility equation)이라 불린다. $N = 0$인 경우 분자 행렬식은 다음과 같다.

$$\left(1 - \frac{u^2}{a^2}\right) du\, dy + \left(1 - \frac{v^2}{a^2}\right) dx\, dv = 0$$

또는

$$\frac{dv}{du} = \frac{-(1 - u^2/a^2)}{1 - v^2/a^2}\frac{dy}{dx} \tag{13.11}$$

비록 부정형인 0/0이 된다 할지라도, 유동장 도함수의 값을 유한하게 유지하기 위해 $D = 0$인 경우에만 N을 0으로 설정할 수 있다는 것을 명심하라. 앞서 설명했듯이, $D = 0$일 때 특성 곡선을 따라서*만* 방향을 고려해야 한다는 것으로 제한된다. 따라서 $N = 0$일 때 동일한 제한이 적용된다. 그러므로 식 (13.11)은 특성 곡선을 따라서 적용된다. 따라서 식 (13.11)에서

$$\frac{dy}{dx} \equiv \left(\frac{dy}{dx}\right)_{\text{char}} \tag{13.12}$$

식 (13.12)와 (13.7)을 식 (13.11)에 대입하면 다음 식을 구할 수 있다.

$$\frac{dv}{du} = -\frac{1 - u^2/a^2}{1 - v^2/a^2}\frac{-uv/a^2 \pm \sqrt{(u^2 + v^2)/a^2 - 1}}{1 - u^2/a^2}$$

또는

$$\frac{dv}{du} = \frac{uv/a^2 \mp \sqrt{(u^2 + v^2)/a^2 - 1}}{1 - v^2/a^2} \tag{13.13}$$

그림 13.3에서 $u = V\cos\theta$이고 $v = V\sin\theta$인 것을 기억하라. 또한 $(u^2 + v^2)/a^2 = V^2/a^2 = M^2$이다. 그러므로 식 (13.13)은 다음과 같다.

$$\frac{d(V\sin\theta)}{d(V\cos\theta)} = \frac{M^2\cos\theta\sin\theta \mp \sqrt{M^2 - 1}}{1 - M^2\sin^2\theta}$$

대수 계산을 거치면 다음과 같다.

$$\boxed{d\theta = \mp\sqrt{M^2 - 1}\,\frac{dV}{V}} \tag{13.14}$$

식 (13.14)를 살펴보자. 이것은 원래의 지배 방정식인 편미분 방정식 식 (13.1)로부터 얻어진 *상미분 방정식*이다. 그렇지만 식 (13.14)는 식 (13.12) 때문에 제약을 가지고 있다. 그것은 식 (13.14)가 특성 곡선을 따라서*만* 적용된다는 것이다. 이런 이유로 식 (13.14)는 특성 곡선을 따라 *호환 관계*(compatibility relation)를 준다. 특히 식 (13.14)를 식 (13.10)과 비교하면 다음과 같다.

$$d\theta = -\sqrt{M^2 - 1}\,\frac{dV}{V} \qquad (C_- \text{ 특성 곡선을 따라 적용}) \tag{13.15}$$

$$d\theta = \sqrt{M^2 - 1}\,\frac{dV}{V} \qquad (C_+ \text{ 특성 곡선을 따라 적용}) \tag{13.16}$$

식 (13.14)를 더 살펴보자. 친숙해 보일 것이다. 실제로 식 (13.14)는 9.6절의 Prandtl-Meyer 유동에서 얻은 표현식 (9.32)와 동일하다. 따라서 식 (13.14)는 식 (9.42)로 주어진 Prandtl-Meyer 함수의 결과를 얻기 위해 적분될 수 있다. 특히 식 (13.15)와 (13.16)의 적분은 다음과 같다.

$$\theta + \nu(M) = \text{const} = K_- \qquad (C_- \text{ 특성 곡선을 따라 적용}) \tag{13.17}$$

$$\theta - \nu(M) = \text{const} = K_+ \qquad (C_+ \text{ 특성 곡선을 따라 적용}) \tag{13.18}$$

식 (13.17)에서 K_-는 주어진 C_- 특성 곡선을 따라 상수로 주어진다. 이것은 다른 C_- 특성 곡선에 따라 다른 값을 갖는다. 식 (13.18)에서 K_+은 주어진 C_+ 특성 곡선을 따라 상수로 주어진다. 이것은 다른 C_+ 특성 곡선에 따라 다른 값을 갖는다. 이러한 호환 관계는 특성 곡선을 따라 정의된 *대수* 방정식 식 (13.17)과 (13.18)에 의해 주어졌다는 것을 명심하라. 일반적인 비점성, 초음속, 정상 유동에서 호환 방정식은 상미분 방정식이다. 2차원 비회전성 유동에서만 대수 방정식으로 단순화할 수 있다.

앞에서 언급한 특성 곡선과 그것들과 결합된 호환 방정식의 장점은 무엇인가? 간단히 말하면, 비선형 초음속 유동을 계산하기 위해서 원래의 편미분 방정식을 상미분 방정식(혹은 여기에서는 대수 방정식)으로 처리한다는 것이다. 이러한 상미분 방정식의 해를 구하는 것은 보통 편미분 방정식의 해를 구하는 것에 비해 훨씬 쉽다.

실제 문제를 해결하기 위해서 이러한 결과를 어떻게 사용해야 할까? 다음 절의 목적은 이러한 예를 보여주려는 것인데, 즉 노즐 내부의 초음속 유동 계신과 노즐 내부에 충격파가 생기지 않는 형상을 결정하는 것 등이다. 이러한 문제를 해결하기 위해서 우리는 두 가지 종류의 격자점을 사용한다. (1) 벽과 떨어진 내부의 점과 (2) 벽면의 점이 그것이다. 이러한 두 종류의 점에서의 특성 계산은 다음과 같다.

13.2.1 내부 점 *Internal Points*

그림 13.5에 나와 있는 내부 격자점 1, 2, 3을 고려해 보자. 점 1과 2의 위치, 그리고 이 점들의 유동 상태를 알고 있다고 가정하자. 점 3을 점 1을 통과하는 C_- 특성과 점 2를 통과하는 C_+ 특성의 교점이라 정의하자. 앞서 논의한 것으로부터, 주어진 C_- 특성을 따라 K_-는 상수이기 때문에 $(K_-)_1 = (K_-)_3$가 된다. $(K_-)_1 = (K_-)_3$의 값은 점 1에서 식 (13.17)에 의해 다음과 같다.

$$(K_-)_3 = (K_-)_1 = \theta_1 + \nu_1 \tag{13.19}$$

유사하게, 주어진 C_+ 특성을 따라 K_+는 상수이기 때문에 $(K_+)_2 = (K_+)_3$다. $(K_+)_2 = (K_+)_3$의 값은 점 2에서 식 (13.18)에 의해 다음과 같다.

$$(K_+)_3 = (K_+)_2 = \theta_2 - \nu_2 \tag{13.20}$$

이제 점 3에서 식 (13.17)과 (13.18)을 계산하면 다음과 같다.

$$\theta_3 + \nu_3 = (K_-)_3 \tag{13.21}$$

그리고

$$\theta_3 - \nu_3 = (K_+)_3 \tag{13.22}$$

식 (13.21)과 (13.22)에서 $(K_-)_3$와 $(K_+)_3$는 알고 있는 값이며, 식 (13.19)와 (13.20)으로부터 구해진다. 그러므로 식 (13.21)과 (13.22)는 2개의 미지수 θ_3와 ν_3로 이루어진 대수 방정식이 된다. 이 방정식을 풀면 다음과 같다.

$$\theta_3 = \frac{1}{2}[(K_-)_1 + (K_+)_2] \tag{13.23}$$

$$\nu_3 = \frac{1}{2}[(K_-)_1 - (K_+)_2] \tag{13.24}$$

θ_3와 ν_3를 알면 점 3에서의 모든 다른 유동 상태는 다음 방법으로 구할 수 있다.

1. 부록 C를 사용하여 ν_3로부터 M_3를 구한다.
2. M_3와 알고 있는 유동의 p_0와 T_0를 사용하여(비점성, 단열 유동에 대하여 전압과 전온도는 유동 전반에서 일정함을 기억하라) 부록 A로부터 p_3와 T_3를 구한다.
3. T_3를 구한 뒤 $a_3 = \sqrt{\gamma R T_3}$을 계산한다. 다음으로 $V_3 = M_3 a_3$를 계산한다.

앞에서 설명한 대로, 점 3은 점 1과 2를 각각 통과하는 C_-과 C_+의 교점에 존재한다. 이러한 특성은 곡선을 띤다. 하지만 계산을 쉽게 하기 위해 점 1과 3 사이, 그리고 점 2와 3 사이는 직선이라 가정한다. 예를 들어 점 1과 3 사이의 C_- 특성 기울기는 두 점의 평균이라고 하면, $\frac{1}{2}(\theta_1 + \theta_3) - \frac{1}{2}(\mu_1 + \mu_3)$이다. 유사하게, 점 2와 3 사이의 C_+ 특성 기울기는 거의 $\frac{1}{2}(\theta_2 + \theta_3) + \frac{1}{2}(\mu_2 + \mu_3)$와 같다.

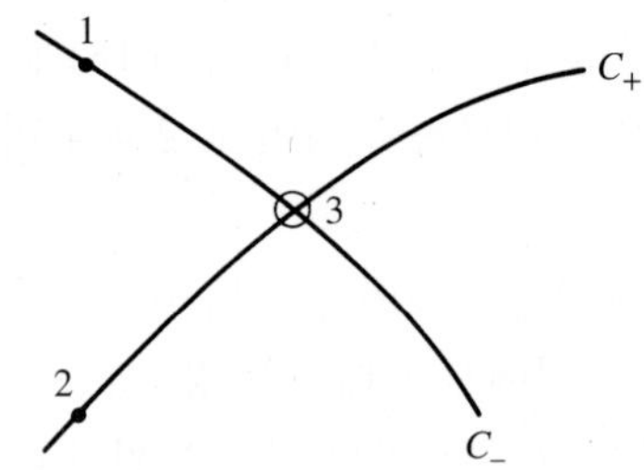

그림 13.5 점 3 위치에 사용된 특성 격자와 점 1과 2의 위치와 유동 속성을 알고 점 3에서의 유동 조건의 계산

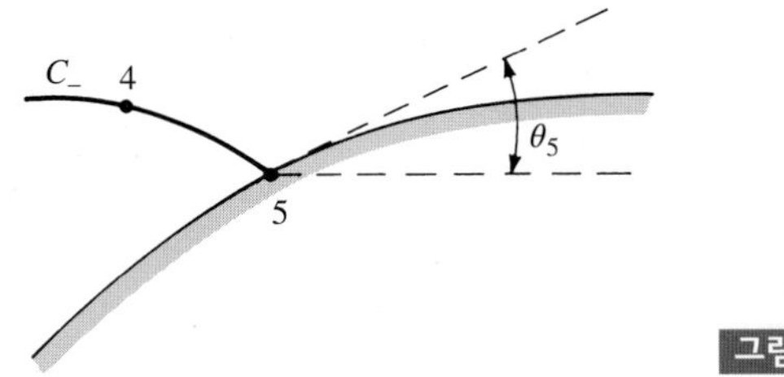

그림 13.6 벽면의 점

13.2.2 벽면의 점 *Wall Points*

그림 13.6에서 점 4는 벽면 가까이의 내부 유동 점이다. 점 4에서의 모든 유동 상태를 알고 있다고 가정하자. 점 4를 지나는 C_- 특성은 벽면의 점 5에서 교차한다. 점 5에서 벽면의 기울기 θ_5는 이미 알고 있다. 벽면의 점 5에서의 유동 상태는 다음과 같이 점 4에서 알려진 값으로부터 구할 수 있다. C_- 특성을 따라 K_-는 상수이다. 그러므로 $(K_-)_4 = (K_-)_5$가 된다. 게다가 K_-의 값은 점 4에서 식 (13.17)을 사용하면 구할 수 있다.

$$(K_-)_4 = (K_-)_5 = \theta_4 + \nu_4 \tag{13.25}$$

점 5에서 식 (13.17)을 사용하면 다음 식을 구할 수 있다.

$$(K_-)_5 = \theta_5 + \nu_5 \tag{13.26}$$

식 (13.26)에서 $(K_-)_5$와 θ_5는 알고 있는 값이다. 따라서 ν_5는 바로 구할 수 있다. 차례로 앞에서 설명한 방식을 따라 하면, ν_5로부터 점 5의 다른 유동 상태를 구할 수 있다. 점 4와 5 사이의 특성 곡선은 평균 기울기가 $\frac{1}{2}(\theta_4 + \theta_5) - \frac{1}{2}(\mu_4 + \mu_5)$인 직선이라고 가정할 수 있다.

위와 같은 내부와 벽면 점의 논의로부터, 격자점에서의 상태들이 다른 격자점의 *알려진* 상태들로부터 계산되는 것을 살펴보았다. 따라서 특성 곡선법을 사용하여 계산을 *시작*하기 위해 몇몇의 *초기 정보*선을 따라 유동 상태를 알고 있어야 한다. 그런 다음 초기 정보선으로부터 '하류로 진행하는 법'을 사용하여 특성 그물망과 연관된 유동 상태들을 계산할 것이다. 이것은 다음 절에 나와 있다.

특성 곡선법이 비점성, 비선형 초음속 유동에서 정확한 결과를 보여준다는 것을 다시 한번 강조한다. 그러나 실제로는 유한한 수의 격자에 의한 수치적 오차가 존재하는데, 격자점들 사이를 직선으로 한다는 특성 그물망의 근사가 한 예이다. 원칙적으로 특성 곡선법은 특성 곡선의 수를 무한하게 하는 극한의 경우에만 정확하다.

2차원, 비회전성, 정상 유동에 대한 특성 곡선법을 알아보았다. 특성 곡선법은 회전성 유동, 3차원 유동, 그리고 비정상 유동에도 적용할 수 있다. 자세한 내용은 참고문헌 21에 나와 있다.

13.3 초음속 노즐 설계 *Supersonic Nozzle Design*

10장에서 기체를 정지 상태에서 초음속으로 확산시키는 노즐을 설계하기 위해서는 수축–확산 형태가 되어야 함을 증명하였다. 또한 10장의 준1차원 해석으로 주어진 형태의 노즐에 대하여 x의 함수로 유동 특성의 예측이 가능하다(그림 10.10 참조). 어떠한 x의 위치에서든 준1차원 해석으로 얻어진 유동 특성은 주어진 노즐 절단면에서의 유동 *평균값*을 나타낸다. 준1차원 연구법의 장점은 간단하다는 것이다. 반면 단점은 (1) 수축–확산 노즐에서의 실질적인 3차원 유동의 세부사항을 예측할 수 없다는 것과 (2) 그러한 노즐의 합당한 벽면 형상의 정보를 줄 수 없다는 것이다.

이 절의 목적은 특성 곡선법이 어떻게 준1차원 해석으로부터 생략된 정보를 공급할 것인지에 대해 설명하는 것이다. 간단하게 그림 13.7과 같이 2차원 유동으로 가정하자. 여기서 유동 특성은 x와 y 함수로 표현된다. 이러한 2차원 유동은 그림 13.7의 상단에 있는 것과 같이 단면이 직사각형인 초음속 노즐에 적용할 수 있다. 2차원(직사각형) 노즐은 많은 초음속 풍동에 사용되고 있다. 그것들은 또한 기체역학 레이저(gas-dynamic laser)의 핵심이다(참고문헌 1 참조). 게다가 향후 첨단 군사 제트기에 사각형의 배기 노즐을 사용하는 것에 대한 토론이 현재 진행 중이다.

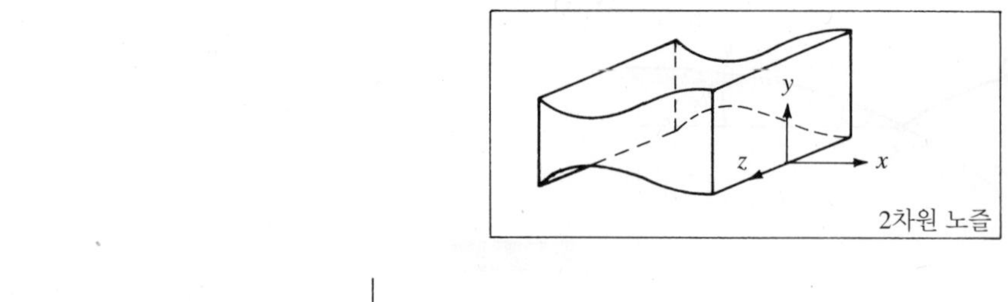

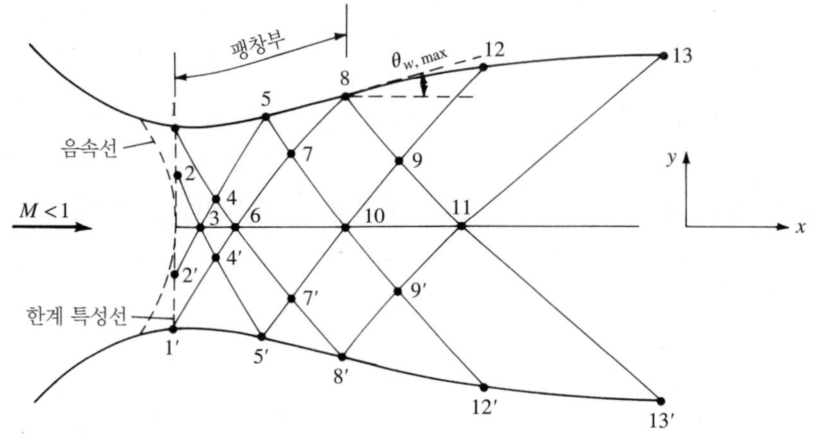

그림 13.7 특성 곡선법에 의한 초음속 노즐 설계의 개요도

다음 문제를 고려하자. 정체 상태의 기체가 출구에서 M_e의 초음속 마하수로 증가되는 수축–확산 노즐을 설계하기를 원한다. 어떻게 노즐 내에 충격파가 없고 등엔트로피를 갖는 유동이 되도록 적당한 형태로 설계할 수 있는가? 이 문제에 대한 답은 이 절의 나머지 부분에 있다.

아음속 영역인 수축 부분에서는 다른 것에 비해 성능이 좋아지는 특별한 형상이 존재하지 않는다. 경험과 아음속 유동 이론을 바탕으로 하는 관행이 있기는 하지만, 여기에서 자세한 것은 다루지 않는다. 단순히 아음속 유동에 적당한 형상을 가지고 있다고 가정할 것이다.

목 부분에서 유동의 2차원 현상 때문에, 음속선은 그림 13.7과 같이 일반적으로 곡선이 된다. *한계 특성 곡선*이라 불리는 선은 음속선의 바로 다음 하류에 그려져 있다. 한계 특성 곡선은 한계 특성 곡선의 하류에 발생한 어떠한 특성 곡선도 음속선과 충돌하지 않는다고 정의된다. 반대로 음속선과 한계 특성 곡선 사이의 좁은 영역에서 발생한 특성 곡선은 음속선과 충돌할 수 있다(한계 특성 곡선에 대한 더 자세한 설명은 참고문헌 21 참조). 특성 곡선법 해석을 시작하려면, 한계 특성 곡선의 하류인 초기 정보선을 사용해야 한다.

목 부분에서 아음속–천음속 유동의 독립적인 계산으로 한계 특성 곡선 모든 구간의 유동 특성을 알고 있다고 가정하자. 즉, 초기 정보선으로 한계 특성 곡선을 사용하는 것이다. 예를 들어, 그림 13.7에 있는 한계 특성 곡선의 점 1과 점 2에서의 유동 특성을 알고 있는 것이다. 또한 목 하류 부근의 노즐 형상을 살펴보자. 그림 13.7에서 볼 수 있듯이, θ를 벽면에서의 접선과 수평면 사이의 각도라고 하면, θ가 증가하는 확산 노즐 부분을 *팽창부*라 부른다. 팽창부의 끝부분은 $\theta = \theta_{\max}$가 된다(그림 13.7의 점 8). 이 지점의 하류 영역에서 θ는 노즐 출구에서 0이 되도록 줄어든다. θ가 감소하는 형상의 일부분을 *무반사파 영역*(straightening section)이라 부른다. 팽창부의 형상은 다소 임의적이다. 일반적으로 많은 풍동 노즐의 팽창부 형상에는 큰 반경을 갖는 둥근 원호 형상이 사용된다. 따라서 한계 특성 곡선을 따른 유동 특성 외에 팽창부의 모양도 알게 된다. 즉, 그림 13.7에서 θ_1, θ_5, 그리고 θ_8을 알 수 있다. 이제 특성 곡선법의 적용 목적은 무반사파 영역 형상의 적절한 설계가 된다(그림 13.7의 점 8~13).

그림 13.7의 특성 곡선 그물망은 매우 성글다. 이것은 간단한 표현을 위해 의도된 것이다. 실제 계산에서 그물망은 매우 조밀해야 한다. 관련된 격자점에서 특성 곡선의 그물망과 유동 특성은 다음과 같이 계산된다.

1. 점 2로부터 점 3에서 중심선을 가로지르는 특성 곡선 C_-을 그려라. 점 3에서 식 (13.17)을 적용하면 다음 식을 얻을 수 있다.

$$\theta_3 + \nu_3 = (K_-)_3$$

위 방정식에서 $\theta_3 = 0$이다(유동은 중심선을 따라 수평으로 이동한다). 또한 $(K_-)_3 = (K_-)_2$이기 때문에 $(K_-)_3$는 알 수 있다. 따라서 위 방정식에서 ν_3를 구할 수 있다.

2. 점 4는 점 1로부터 출발하는 특성 곡선 C_-와 점 3으로부터 출발하는 특성 곡선 C_+의 교점에 위치한다. 다음으로, 내부의 점 4에서의 유동 특성은 13.2절의 마지막 부분에서 논의한 방법에 따라 정의된다.
3. 점 5는 점 4에서 시작되는 특성 곡선 C_+와 벽면의 교차점에 위치한다. θ_5를 알고 있기 때문에, 점 5에서의 유동 특성은 13.2절에서 벽면 점에 대하여 논의한 방법을 사용하면 구할 수 있다.
4. 위 방법으로 점 6~11의 위치를 구할 수 있고, 이런 점들에서의 유동 특성은 이전에 논의한 방법으로 내부 점이나 벽면 점의 기법을 적절하게 사용하여 구할 수 있다.
5. 점 12는 무반사파 영역에 있는 벽면 점이다. 무반사파의 목적은 팽창부에 의해 생성된 팽창파를 제거하는 것이다. 따라서 무반사파 영역에서 반사되어 나오는 파는 없다. 다음으로, 점 9와 점 12 사이의 특성 곡선을 가로지르는 우향파는 존재하지 않는다. 결과적으로 점 9와 점 12 사이의 특성 곡선은 θ가 상수가 되는 직선, 즉 $\theta_{12} = \theta_9$이 된다. 점 8과 점 12 사이의 벽면 형상 구간은 기울기의 평균값인 $\frac{1}{2}(\theta_8 + \theta_{12})$을 기울기로 하는 직선과 비슷해진다.
6. 중앙선을 따라 마하수는 연속적으로 증가한다. 점 11에서 설계된 출구 마하수 M_e가 된다고 가정해 보자. 점 11에서 점 13까지 연결된 특성 곡선이 계산의 마지막 선이다. 또한 $\theta_{13} = \theta_{11}$이고, 점 12에서 점 13까지 형상은 평균 기울기 $1\frac{1}{2}(\theta_{12} + \theta_{13})$을 기울기로 하는 직선으로 정의된다.

위 설명은 특성 곡선 방법의 적용에 대하여 '감'을 주었을 것이다. 실제 노즐 설계를 하고 싶다거나, 혹은 더 자세한 것에 관심이 있다면 참고문헌 21과 32를 살펴보라.

그림 13.7에서 노즐 유동은 중심선을 기준으로 대칭이라는 것을 명심하라. 따라서 중심선 아래의 점들(1′, 2′, 3′ 등)은 중심선 위 점들의 단순한 반사 형상이다. 노즐을 통과하는 유동을 계산할 때, 그림 13.7의 중심선과 그 상위 부분인 절반의 윗부분 점들만 고려하면 된다.

13.4 유한차분법의 원리 *Elements of Finite-Difference Methods*

이전 절에서 설명한 유동에서의 불연속적인 점에서 계산하는(그림 13.5에서 특성 곡선 표현) 특성 곡선법은 불연속적인 대수 형태[식 (13.7)과 (13.18) 같은]를 사용하기 때문에 전산 수치해석의 한 부분이라고 생각해도 타당하다. 하지만 대부분의 저자들은 참고문헌 60에 나와 있듯이 주로 유한차분법과 유한체적 기법을 CFD라고 생각하며, 특성 곡선법은 일반적으로 포함되지 않는다고 여긴다. 이 절의 목적은 몇 가지 압축성 유동에 즉시 적용할 수 있는 특수한 기법을 설명함으로써 유한차분법의 맛을 보여주려는 것이다. 여기서 설명하는 기법은 CFD를 대표하는 방법이지만, 또한 CFD의 일부일 뿐이다. 1960년대 이후 CFD의 집중적인 연구로 인하여 다양한 기법과 이론이 나타났고, 이러한 것들을 여기서 다 다루기에는 범위가 너무 넓다. 입문 수준에서 CFD의 깊이 있는 내용을 살펴보려면 참고문헌 60을 보라. 또한 이러한 분야의 최근 문헌을 보고 싶다면 *AIAA Journal*, *Computers and Fluids*, 그리고 the *Journal of Computational Physics*을 반드시 읽도록 하라. 마지막으로 이 장에서 *비점성 초음속* 유동의 수치해석을 다룰 것이다. 초음속 유동에 대한 유한차분법의 보충 내용은 참고문헌 21을 참조하라.

우선 2.17.2절에서 테일러 급수를 사용하여 유도한 편미분에 대한 불연속 유한차분의 표현을 기억하라. 특히 편의를 위해 식 (2.168), (2.171), (2.174)를 다시 쓰면 다음과 같다.

$$\left(\frac{\partial u}{\partial x}\right)_{i,j} = \frac{u_{i+1,j} - u_{i,j}}{\Delta x} \qquad \text{(전방차분)} \tag{13.27}$$

$$\left(\frac{\partial u}{\partial x}\right)_{i,j} = \frac{u_{i,j} - u_{i-1,j}}{\Delta x} \qquad \text{(후방차분)} \tag{13.28}$$

$$\left(\frac{\partial u}{\partial x}\right)_{i,j} = \frac{u_{i+1,j} - u_{i-1,j}}{2\Delta x} \qquad \text{(중앙차분)} \tag{13.29}$$

유사하게 y 방향에 대한 미분은 다음과 같다.

$$\left(\frac{\partial u}{\partial y}\right)_{i,j} = \begin{cases} \dfrac{u_{i,j+1} - u_{i,j}}{\Delta y} & \text{(전방차분)} \\ \dfrac{u_{i,j} - u_{i,j-1}}{\Delta y} & \text{(후방차분)} \\ \dfrac{u_{i,j+1} - u_{i,j-1}}{2\Delta y} & \text{(중앙차분)} \end{cases}$$

여기서 구한 유한차분을 어떻게 사용할 수 있는가? 그림 13.2*b*에 나온 그물망으로 *xy* 공간의 유동이 덮여 있다고 상상해 보자. *N*개의 격자점이 있다고 가정하자. 이러한 격자점 하나하나에서, 위 방법을 사용해서 편미분 방정식을 유한차분식으로 바꾼 뒤 연속, 운동량, 그리고 에너지 방정식을 계산해 보자. 예를 들어 미분 식 (7.40), (7.42*a*와 *b*), (7.44)를 유한차분식으로 바꾸고 식 (7.1)과 (7.6*a*)를 사용하면, *N*개의 격자점에서 ρ, u, v, p, T, e로 표현되는 6*N*개의 미지수를 포함한 6*N*개의 연립 비선형 대수 방정식을 얻게 된다. 원칙적으로 모든 격자점에서 미지의 유동변수들을 계산할 수 있다. 실제로 계산하는 것보다 말로 하는 것이 쉽다. 이러한 다수의 비선형 연립 방정식을 계산하는 것에는 큰 문제가 있다. 또한 컴퓨터에서 '발산'의 원인이 되는 수치적 불안정에 대한 문제도 고려해야 한다. 마지막으로 중요한 것은, 경계 조건을 올바르게 고려해야 한다는 것이다. 이러한 고려사항들이 모든 유한차분법 해를 단순하게 만들지 않는다. 결과적으로 다수의 특정한 유한차분 기술은 다양한 유동 문제를 해결하고 계산의 효율과 정밀도의 상승을 시도하는 방향으로 발전해 왔다. 이러한 차분 기술에 대한 자세한 설명은 이 책의 내용을 벗어난다. 하지만 특별히 한 방법은 1970년대와 1980년대에 널리 사용되었다. 이것은 1969년 NASA Ames Research Center의 Robert MacCormack에 의해 개발된 방법이다. 그 당시 광범위하게 사용되었고 비교적 간단하기 때문에 MacCormack의 방법을 어느 정도 이해할 수 있도록 충분히 자세하게 다룰 것이다. 이것의 설명으로 다음 예를 살펴보자.

그림 13.8*a*와 같은 확산관을 지나는 2차원 초음속 유동을 고려하자. 입구에서 유동은 초음속이고, 입구에서의 모든 특성을 알고 있다고 가정하자. 즉, 격자점 (1, 1), (1, 2), (1, 3), (1, 4), (1, 5)에서의 유동장 변수를 알고 있는 것이다. 관의 아래 형상은 평평하고, 위 형상은 $y_s = f(x)$로 정의된다. 또한 유동은 비점성, 단열, 정상 상태이고 체적력은 없다고 가정한다. 회전성이거나 비회전성이어도 해석 방법은 동일하다. 지배 방정식은 식 (7.40), (7.42*a*와 *b*), (7.44), (7.1), 그리고 (7.6*a*)로부터 다음과 같이 표현할 수 있다.

$$\frac{\partial(\rho u)}{\partial x} + \frac{\partial(\rho v)}{\partial y} = 0 \tag{13.30}$$

$$\rho u\frac{\partial u}{\partial x} + \rho v\frac{\partial u}{\partial y} = -\frac{\partial p}{\partial x} \tag{13.31}$$

$$\rho u\frac{\partial v}{\partial x} + \rho v\frac{\partial v}{\partial y} = -\frac{\partial p}{\partial y} \tag{13.32}$$

$$\rho u\frac{\partial(e + V^2/2)}{\partial x} + \rho v\frac{\partial(e + V^2/2)}{\partial y} = -\frac{\partial(pu)}{\partial x} - \frac{\partial(pv)}{\partial y} \tag{13.33}$$

$$p = \rho RT \tag{13.34}$$

$$e = c_v T \tag{13.35}$$

이 식들을 다음과 같이 약간 수정된 형태로 표현해 보자. 식 (13.30)에 u를 곱하고, 식 (13.31)에 더하면 다음과 같다.

$$u\frac{\partial(\rho u)}{\partial x} + \rho u\frac{\partial u}{\partial x} + u\frac{\partial(\rho v)}{\partial y} + \rho v\frac{\partial u}{\partial y} = -\frac{\partial p}{\partial x}$$

또는

$$\frac{\partial(\rho u^2)}{\partial x} + \frac{\partial(\rho uv)}{\partial y} = -\frac{\partial p}{\partial x}$$

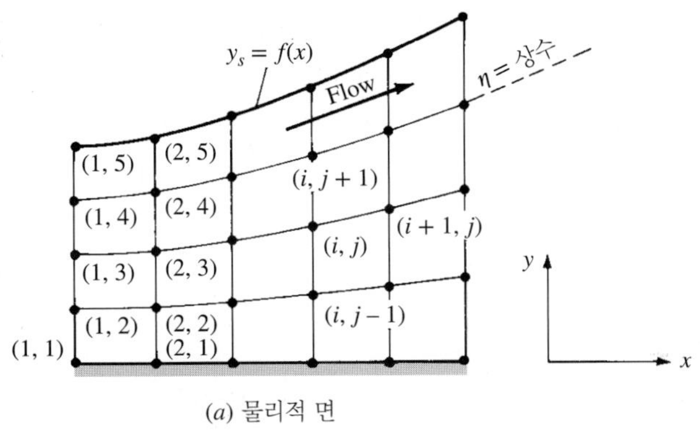

(a) 물리적 면

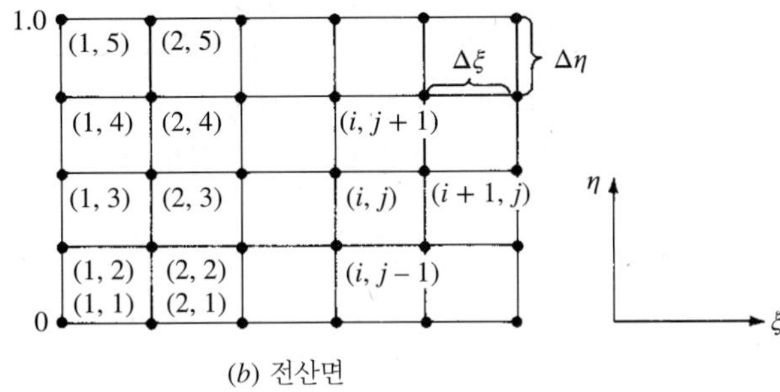

(b) 전산면

그림 13.8 물리적 면과 전산면에서의 유한차분 격자

또는

$$\frac{\partial}{\partial x}(\rho u^2 + p) = -\frac{\partial(\rho uv)}{\partial y} \tag{13.36}$$

마찬가지로 식 (13.30)에 v을 곱하고, 식 (13.32)에 더하면 다음과 같다.

$$\frac{\partial(\rho uv)}{\partial x} = -\frac{\partial(\rho v^2 + p)}{\partial y} \tag{13.37}$$

식 (13.30)에 $e + V^2/2$을 곱하고, 식 (13.33)에 더하면 다음 식을 구할 수 있다.

$$\frac{\partial}{\partial x}\left[\rho u\left(e + \frac{V^2}{2}\right) + pu\right] = -\frac{\partial}{\partial y}\left[\rho v\left(e + \frac{V^2}{2}\right) + pv\right] \tag{13.38}$$

다음과 같이 정의하면

$$F = \rho u \tag{13.39a}$$

$$G = \rho u^2 + p \tag{13.39b}$$

$$H = \rho uv \tag{13.39c}$$

$$K = \rho u\left(e + \frac{V^2}{2}\right) + pu \tag{13.39d}$$

그러면 식 (13.30)과 (13.36)~(13.38)은 다음과 같이 나타낼 수 있다.

$$\frac{\partial F}{\partial x} = -\frac{\partial(\rho v)}{\partial y} \tag{13.40}$$

$$\frac{\partial G}{\partial x} = -\frac{\partial(\rho uv)}{\partial y} \tag{13.41}$$

$$\frac{\partial H}{\partial x} = -\frac{\partial(\rho v^2 + p)}{\partial y} \tag{13.42}$$

$$\frac{\partial K}{\partial x} = -\frac{\partial}{\partial y}\left[\rho v\left(e + \frac{V^2}{2}\right) + pv\right] \tag{13.43}$$

식 (13.40)~(13.43)은 각각 연속, x와 y 운동량, 그리고 에너지 방정식이다. 그러나 우리가 평소에 보던 것과는 약간 다른 형태의 식이다. 위 형식은 흔히 *보존형*이라 부른다. F, G, H, K를 기본 종속변수라 하자. 이들은 *유동량 변수*(flux variable)라 부르고, 대조적으로 p, ρ, T, u, v, e 등은 *원시변수*(primitive variable)라 부른다. 주어진 격자점에서 F, G, H, K의 값을 알고 있다면, 식 (13.39a~d)와 다음 식으로부터 원시변수 값을 알 수 있다는 것은 중요하다.

$$p = \rho RT \tag{13.44}$$

$$e = c_v T \tag{13.45}$$

$$V^2 = u^2 + v^2 \tag{13.46}$$

즉, 식 (13.39a~d)와 (13.44)~(13.46)은 7개의 원시 변수 ρ, u, v, p, e, T, V에 대한 7개의 대수 방정식이 된다.

그림 13.8a의 물리적 문제를 다시 살펴보자. 관이 팽창하기 때문에 직사각형 격자로 표현하기가 어렵다. 그림 13.8a에서 볼 수 있듯이, 곡선 시스템의 경계면에 잘 맞는 격자는 곡선이 될 것이다. 반면 식 (13.27), (13.28), 혹은 (13.29)에서 주어지는 유한차분을 사용하기 위해 직사각형 전산 격자가 필요하다. 따라서 우리는 그림 13.8a에 나와 있는 *물리적 면*이라 부르는 곡선으로 된 격자를 그림 13.8b에 나와 있는 *전산면*이라 부르는 직사각형 격자로 *변형*해야 한다. 이 변환은 다음과 같이 할 수 있다. 다음과 같이 정의하면,

$$\xi = x \tag{13.47a}$$

$$\eta = \frac{y}{y_s}$$

여기서

$$y_s = f(x) \tag{13.47b}$$

위 변환에서 η는 아래 벽면에서 0이고 위 벽면에서는 1.0이 된다. 전산면(그림 13.8b)에서 η = constant는 수평한 직선이지만, 물리적 면에서 η = constant는 그림 13.8에서 볼 수 있듯이 곡선이다. 전산면에서 유한차분을 적용하고 싶기 때문에, x와 y가 아니라 ξ와 η로 이루어진 지배 방정식이 필요하다. 이러한 변형을 하기 위해 식 (13.47a와 b)에 미분의 연쇄법칙을 사용하면 다음과 같다.

$$\frac{\partial}{\partial x} = \frac{\partial}{\partial \xi}\frac{\partial \xi}{\partial x} + \frac{\partial}{\partial \eta}\frac{\partial \eta}{\partial x} = \frac{\partial}{\partial \xi} - \frac{y}{y_s^2}\frac{dy_s}{dx}\frac{\partial}{\partial \eta}$$

또는

$$\frac{\partial}{\partial x} = \frac{\partial}{\partial \xi} - \left(\frac{\eta}{y_s}\frac{dy_s}{dx}\right)\frac{\partial}{\partial \eta} \tag{13.48}$$

그리고

$$\frac{\partial}{\partial y} = \frac{\partial}{\partial \xi}\frac{\partial \xi}{\partial y} + \frac{\partial}{\partial \eta}\frac{\partial \eta}{\partial y} = \frac{1}{y_s}\frac{\partial}{\partial \eta} \tag{13.49}$$

식 (13.48)과 (13.49)를 이용하면 식 (13.40)~(13.43)은 다음과 같다.

$$\frac{\partial F}{\partial \xi} = \left(\frac{\eta}{y_s}\frac{dy_s}{dx}\right)\left(\frac{\partial F}{\partial \eta}\right) - \frac{1}{y_s}\frac{\partial(\rho v)}{\partial \eta} \tag{13.50}$$

$$\frac{\partial G}{\partial \xi} = \left(\frac{\eta}{y_s}\frac{dy_s}{dx}\right)\frac{\partial G}{\partial \eta} - \frac{1}{y_s}\frac{\partial(\rho uv)}{\partial \eta} \tag{13.51}$$

$$\frac{\partial H}{\partial \xi} = \left(\frac{\eta}{y_s}\frac{dy_s}{dx}\right)\frac{\partial H}{\partial \eta} - \frac{1}{y_s}\frac{\partial(\rho v^2 + p)}{\partial \eta} \tag{13.52}$$

$$\frac{\partial K}{\partial \xi} = \left(\frac{\eta}{y_s}\frac{dy_s}{dx}\right)\frac{\partial K}{\partial \eta} - \frac{1}{y_s}\frac{\partial}{\partial \eta}\left[\rho v\left(e + \frac{V^2}{2}\right) + pv\right] \tag{13.53}$$

위 방정식에서 ξ 도함수는 왼쪽으로, η 도함수는 오른쪽으로 한데 모아진 것에 주의하라.

이제 그림 13.8에 나온 문제의 수치적, 유한차분 해를 구하는 것에 집중하자. 그림 13.8b의 전산면만 취급할 것이며, 여기서는 지배 방정식인 연속 방정식, x와 y 운동량 방정식, 에너지 방정식은 각각 식 (13.50)~(13.53)이 된다. 전산면의 격자점 (1, 1), (2, 1), (1, 2), (2, 2) 등은 물리적 면의 격자점 (1, 1), (2, 1), (1, 2), (2, 2) 등과 동일하다. 입구

에서 F, G, H, K를 포함한 모든 유동변수들은 알고 있는 값이다. 입구 하류의 유동변수들에 대한 해는 다음과 같은 F, G, H, K에 관한 테일러 급수에 기반을 둔 MacCormack 기법을 사용하여 구할 수 있다.

$$F_{i+1,j} = F_{i,j} + \left(\frac{\partial F}{\partial \xi}\right)_{\text{ave}} \Delta\xi \tag{13.54a}$$

$$G_{i+1,j} = G_{i,j} + \left(\frac{\partial G}{\partial \xi}\right)_{\text{ave}} \Delta\xi \tag{13.54b}$$

$$H_{i+1,j} = H_{i,j} + \left(\frac{\partial H}{\partial \xi}\right)_{\text{ave}} \Delta\xi \tag{13.54c}$$

$$K_{i+1,j} = K_{i,j} + \left(\frac{\partial K}{\partial \xi}\right)_{\text{ave}} \Delta\xi \tag{13.54d}$$

식 (13.54*a*~*d*)에서는, 점 (i, j)에서 F, G, H, K를 알고 있고 이런 방정식들은 $(\partial F/\partial\xi)_{\text{ave}}$, $(\partial G/\partial\xi)_{\text{ave}}$ 등의 값들을 계산할 수 있다고 가정하여, 점 $(i+1, j)$에서의 F, G, H, K를 구할 때 사용된다. MacCormack 기법의 핵심은 이러한 도함수들의 평균값을 계산하는 것이다. 식 (13.54*a*~*d*)를 살펴보면, 이 유한차분법은 분명히 '하류로 진행하는' 기법임을 알 수 있다. 점 (i, j)의 유동이 주어지면 점 $(i+1, j)$의 유동을 구하기 위하여 식 (13.54*a*~*d*)를 사용한다. 그 다음 과정은 점 $(i+2, j)$ 등에서 유동을 구하기 위해 반복된다. 이러한 하류로 진행하는 기법은 특성 곡선법과 유사하다.

식 (13.54*a*~*d*)에서 평균 도함수는 아래에 나올 간단한 '예측–보정' 접근법으로 구해진다. 이러한 기법을 사용할 때, 격자점 (i, j)뿐만 아니라 상하로 이어진 $(i, j+1)$, $(i, j+2)$, $(i, j-1)$, $(i, j-2)$ 등에서의 유동 특성을 알고 있다고 가정한다.

13.4.1 예측 단계 *Predictor Step*

우선 $\partial F/\partial\xi$을 구한 점 (i, j)에서 테일러 급수를 사용하여 $F_{i+1,j}$의 값을 예측한다. 이 예측 값을 $\bar{F}_{i+1,j}$로 표현한다.

$$\bar{F}_{i+1,j} = F_{i,j} + \left(\frac{\partial F}{\partial \xi}\right)_{i,j} \Delta\xi \tag{13.55}$$

식 (13.55)에서 $(\partial F/\partial\xi)_{i,j}$는 연속 방정식인 식 (13.50)을 η 도함수에 대한 *전방차분*으로 구한다. 즉,

$$\left(\frac{\partial F}{\partial \xi}\right)_{i,j} = \left(\frac{\eta}{y_s}\frac{dy_s}{dx}\right)_{i,j}\left(\frac{F_{i,j+1} - F_{i,j}}{\Delta\eta}\right) - \frac{1}{y_s}\left[\frac{(\rho v)_{i,j+1} - (\rho v)_{i,j}}{\Delta\eta}\right] \tag{13.56}$$

식 (13.56)에서 오른쪽에 있는 항들은 알고 있는 값들이어서 $(\partial F/\partial\xi)_{i,j}$의 계산이 가능하며, 이후 식 (13.55)에 대입한다. 유사한 방법이 식 (13.51)~(13.53)에서 전방차분을 사용하여 G, H, K의 예측값, 즉 $\bar{G}_{i+1,j}$, $\bar{H}_{i+1,j}$, $\bar{K}_{i+1,j}$의 값을 구하는 데 사용된다. 차례로 $\bar{p}_{i+1,j}$, $\bar{\rho}_{i+1,j}$ 등 원시변수들의 예측값들도 식 (13.39*a*~*d*) 그리고 식 (13.44)~(13.46)을 사용해 구할 수 있다.

13.4.2 보정 단계 *Corrector Step*

위에서 구한 예측값은 식 (13.50)에서 *후방차분*을 사용하여 도함수$(\overline{\partial F}/\partial\xi)_{i+1,j}$의 예측값을 구하기 위해 사용된다.

$$\left(\frac{\overline{\partial F}}{\partial \xi}\right)_{i+1,j} = \left(\frac{\eta}{y_s}\frac{dy_s}{dx}\right)_{i+1,j}\frac{\bar{F}_{i+1,j} - \bar{F}_{i+1,j-1}}{\Delta\eta} - \frac{1}{y_s}\frac{(\overline{\rho v})_{i+1,j} - (\overline{\rho v})_{i+1,j-1}}{\Delta\eta} \tag{13.57}$$

그 후 식 (13.56)과 (13.57)에서 나온 결과로부터 평균 도함수를 계산한다.

$$\left(\frac{\partial F}{\partial \xi}\right)_{\text{ave}} = \frac{1}{2}\left[\left(\frac{\partial F}{\partial \xi}\right)_{i,j} + \left(\frac{\overline{\partial F}}{\partial \xi}\right)_{i+1,j}\right] \tag{13.58}$$

마지막으로 이 평균 도함수는 $F_{i+1,j}$의 보정된 값을 구하기 위해 식 (13.54*a*)에 사용된다. 식 (13.51)~(13.53)에서 후

방차분을 사용하여 $G_{i+1,\,j}$, $H_{i+1,\,j}$, $K_{i+1,\,j}$의 보정된 값을 구하고, $(\partial G/\partial \xi)_{ave}$ 등의 평균 도함수를 식 (13.58)과 동일한 방법으로 계산한다.

앞의 유한차분법은 어떠한 초기 정보선으로부터 하류로 진행하는 유동장의 단계적인 계산을 가능하게 한다. 그림 13.8에 주어진 유동에서, 초기 정보선은 입구이고 이곳의 특성은 알고 있다고 간주한다. 모든 계산이 전환된 전산면에서 이루어지지만, 전산면의 점 (2, 1), (2, 2) 등에서 구해진 유동장 결과는 물리적 면의 점 (2, 1), (2, 2) 등의 결과와 동일하다.

유한차분 해석의 다른 측면은 위에서 설명하지 않았다. 예를 들어 식 (13.54*a*~*d*), (13.55), (13.56), (13.57)에서 수치적 안정성을 유지하기 위해 $\Delta\eta$과 $\Delta\xi$의 값은 무엇이 되어야 하는가? 유한차분법에 적용된 벽면에서의 유동 접선 조건은 어떠해야 하는가? 중요한 문제이긴 하지만 여기서 추가로 고려하지는 않는다. 이러한 질문의 자세한 내용은 참고문헌 21의 11장을 보길 바란다. 여기서의 목적은 여러분에게 유한차분 방법의 감을 주는 것이다.

13.5 시간 종속 기법: 초음속 무딘 물체에 대한 적용

The Time-Dependent Technique: Application to Supersonic Blunt Bodies

13.2절에서 설명한 특성 곡선법은 초음속 유동에만 적용할 수 있다. 현실적인 정상, 아음속 유동에서 특성 곡선은 정의될 수 없다. 또한 13.4절에서 설명한 특정한 유한차분법도 초음속 유동에만 적용된다. 이것을 국소적인 아음속 유동 영역에서 사용하면 계산은 발산하게 된다. 위에 언급한 것에 대한 이유는 특성 곡선법과 정상 유동, 전진 진행 유한차분 기법은 수학적으로 '쌍곡선(hyperbolic)' 특성의 지배 방정식에 의존하기 때문이다. 이에 반하여 정상 상태 아음속 유동 방정식은 '타원형(elliptic)'이다(수학적 분류를 살펴보려면 참고문헌 21 참조). 지배 방정식이 국소적인 초음속에서 국소적인 아음속으로 변한다는 사실은 역사적으로 공기역학자들을 큰 고민에 빠지게 한 원인이었다. 특히 9.5절에서 설명한 초음속 무딘 물체 주위의 아음속-초음속 혼합 유동과 같은 문제는 1960년대 말 그것에 대한 적절한 수치해석의 획기적인 진전이 이루어지기 전까지 주된 연구 분야였다. 이 절의 목적은 아음속-초음속 혼합 유동의 계산을 손쉽게 할 수 있는 수치 유한차분 기법, 즉 *시간 종속 기법*(time-dependent method)을 설명하고, 초음속 무딘 물체 유동의 계산을 어떻게 하는지 보여주는 것이다. 시간 종속 기법은 현대 전산유체역학에서 매우 흔하게 사용되고 있고, 공기역학을 공부하는 학생이라면 이러한 개념을 잘 알고 있어야 한다. 이러한 기법들은 해법이 시간 간격의 진행에 의해 구해지기 때문에 *시간 진행 기법*(time-marching technique)이라고도 불린다.

그림 13.9*a*에서 나와 있는 것처럼, 초음속 흐름에서 무딘 물체를 고려해 보자. 그 형상의 모양은 알려져 있고 $b = b(y)$로 주어진다. 자유흐름 마하수가 M_∞인 경우, 이탈 충격파의 형상과 모양뿐만 아니라 충격파와 물체 형상 사이의 유동장 특성을 계산하기를 원한다. 이런 유동장의 물리적 측면은 9.5절에 나와 있으며, 진도를 더 나가기 전에 검토해야 한다.

초음속 흐름에서 무딘 물체 주위의 유동은 회전성이다. 그 이유는 무엇인가? 그림 13.10을 살펴보면, 무딘 물체 주위에 몇 개의 유선이 그려져 있다. 유동은 비점성이고 단열이다. 충격파의 앞쪽 자유흐름에서 각각의 유선에 대해 엔트로피는 동일하다. 하지만 충격파를 건너갈 때 각각의 유선은 충격파의 다른 부분에서 이동하고 엔트로피의 증가가 달라진다. 즉, 그림 13.10의 점 a에서 유선은 수직 충격파를 가로지르고 엔트로피는 크게 상승하지만, 점 b에서 유선은 약한 경사파를 가로지르고 엔트로피는 조금 상승하여 $s_b < s_a$가 된다. 점 c에서 유선은 훨씬 더 약한 충격파를 지나기 때문에 $s_c < s_b < s_a$가 된다. 최종적인 결과는 충격파와 물체 사이의 유동에서 주어진 하나의 유선을 *따라* 엔트로피는 일정하지만, 엔트로피는 한 유선에서 다른 유선으로 변한다는 것이다. 즉, *엔트로피 구배*는 유선에 수직하게 존재한다. 엔트로피 구배가 있는 단열 유동이 *회전성*을 띠고 있는 것은 쉽게 볼 수 있다(9.5.1절 참조). 이런 이유로 초음속 무딘 물체 주위의 유동장은 회전성을 갖는다.

위 이유 때문에, 무딘 물체 주위의 유동을 해석하기 위해 속도 퍼텐셜 방정식을 사용할 수 없다. 다시 말해, 기본적인 연속, 운동량, 그리고 에너지 방정식은 식 (7.40), (7.42*a*와 *b*), (7.44)에서 주어진 기본 형태를 사용해야 한다는 것

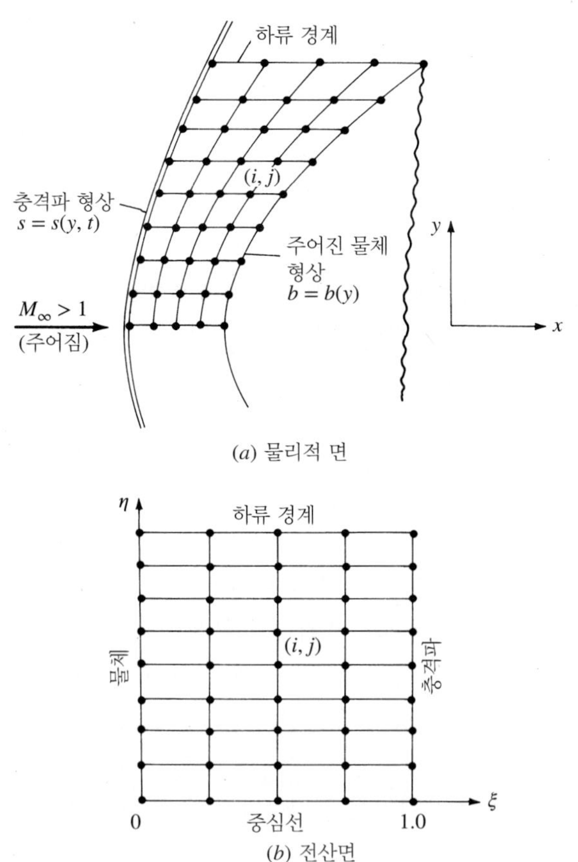

그림 13.9 물리적 면과 전산면에서의 무딘 물체 유동장

그림 13.10 초음속 무딘 물체 유동장에서 엔트로피는 유선에 따라 다르다.

이다. 체적력이 없을 때 방정식은 다음과 같이 쓸 수 있다.

연속 방정식:
$$\frac{\partial \rho}{\partial t} = -\left(\frac{\partial(\rho u)}{\partial x} + \frac{\partial(\rho v)}{\partial y}\right) \tag{13.59}$$

x 운동량 방정식:
$$\frac{\partial u}{\partial t} = -\left(u\frac{\partial u}{\partial x} + v\frac{\partial u}{\partial y} + \frac{1}{\rho}\frac{\partial p}{\partial x}\right) \tag{13.60}$$

y 운동량 방정식:
$$\frac{\partial v}{\partial t} = -\left(u\frac{\partial v}{\partial x} + v\frac{\partial v}{\partial y} + \frac{1}{\rho}\frac{\partial p}{\partial y}\right) \tag{13.61}$$

에너지 방정식:
$$\frac{\partial(e + V^2/2)}{\partial t} = -\left(u\frac{\partial(e + V^2/2)}{\partial x} + v\frac{\partial(e + V^2/2)}{\partial y} + \frac{1}{\rho}\frac{\partial(pu)}{\partial x} + \frac{1}{\rho}\frac{\partial(pv)}{\partial y}\right) \tag{13.62}$$

위 방정식의 형식을 살펴보자. 시간 도함수는 왼쪽에, 공간 도함수는 오른쪽에 있다. 아래의 설명대로, 이러한 방정식들은 시간 종속 유한차분 해석을 위해 필요한 형태이다.

그림 13.9a를 다시 보자. 물체의 형태와 자유흐름 상태는 주어졌다는 것을 기억하고, 충격파의 위치와 형상뿐만 아니라 충격파와 물체 사이의 유동장을 계산하기를 원한다. 무딘 물체 주위의 *정상 유동*에 관심이 있다. 하지만 정상 유동을 구하기 위해 시간 종속 기법을 사용한다. 이 방법의 기본적인 개념은 다음과 같다. 첫째, 충격파의 형상과 위치를 *가정한다*. 또한 그림 13.9a에 나온 것처럼 충격파와 물체 사이의 유동을 격자점으로 구성한다. 각각의 격자점에서 ρ, u, v 등과 같은 유동변수들의 값을 *가정한다*. 이렇게 가정한 값들을 시간 $t = 0$에서의 *초기 조건*이라 한다. 이러한 가정값들을 사용하면, 식 (13.59)~(13.62)의 오른쪽에 있는 공간 도함수들의 값(유한차분법을 사용하여 구함)을 구할 수 있다. 이렇게 식 (13.59)~(13.62)는 $\partial\rho/\partial t$, $\partial u/\partial t$ 등 시간 도함수의 계산을 가능하게 해준다. 결과적으로 이런 시간 도함수들은 Δt의 시간이 흐른 뒤 각각의 격자에서 유동 특성 계산을 가능하게 만들어준다. 시간 $t = \Delta t$에서 유동 상태

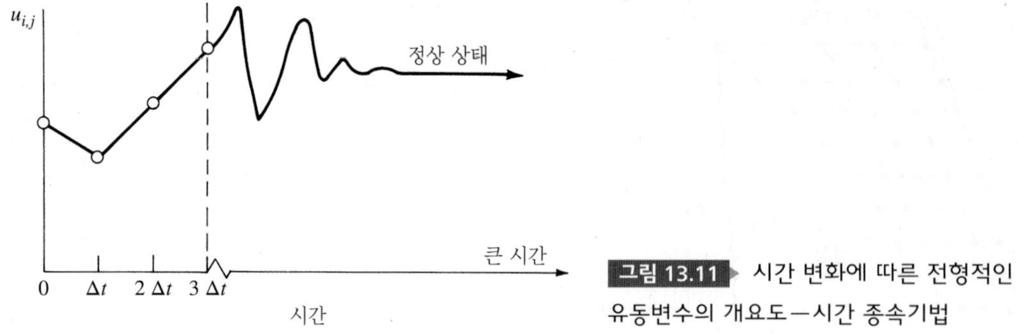

그림 13.11 시간 변화에 따른 전형적인 유동변수의 개요도—시간 종속기법

량은 $t = 0$과는 다르다. 이런 사이클을 반복하면, 시간 $t = 2\Delta t$에서의 모든 격자점에 대한 유동장 변수를 구할 수 있다. 이런 사이클을 계속 반복하면, 각각의 격자점에서 유동장의 상태량은 시간의 함수로 계산된다. 예를 들어 $u_{i,j}$의 시간에 따른 변화를 그림 13.11에 표현하였다. 각각의 시간 간격에서 $u_{i,j}$의 값은 다르다. 하지만 시간이 많이 지나면 $u_{i,j}$의 변화는 줄어들게 되고, $u_{i,j}$는 그림 13.11과 같이 정상 상태에 이르게 된다. *이것이 우리가 원하는 정상 상태값이다. 시간 종속기법은 단순히 그 목적을 달성하려는 수단이다.* 게다가 충격파 형상과 위치는 시간에 따라 변한다. 각각의 시간 간격마다 새로운 충격파의 위치와 형태는 충격파 바로 뒤 각각의 격자점에서 충격파의 관계를 만족시키면서 계산된다. 유동장 변수들이 정상 상태로 접근할 수 있도록 많은 시간이 흐르면, 충격파의 형상과 위치 또한 정상 상태로 접근해 간다. 충격파의 시간 종속 변화 때문에, 그림 13.9*a*에서 볼 수 있듯이 충격파 형상은 $s = s\,(y, t)$와 같이 t와 y의 함수가 된다.

이를 감안해서 몇 가지 세부사항을 확인해 보자. 우선 그림 13.9*a*에서 유한차분 격자는 곡선으로 되어 있다. 사각형 격자에서 유한차분을 적용하고 싶다. 이런 이유로 식 (13.59)~(13.62)에서의 독립변수들은 다음과 같이 변형될 수 있다.

$$\xi = \frac{x-b}{s-b} \qquad \text{그리고} \qquad \eta = y$$

여기서 물체의 가로 좌표는 $b = b(y)$고, 충격파의 가로 좌표는 $s = s(y, t)$다. 위 변형 방법은 그림 13.9*b*에서 볼 수 있듯이, 전산면에서 직사각형 격자를 만들어준다. 물체 형상에서 $\xi = 0$이 되고, 충격파에서 $\xi = 1$이 된다. 전산면에서의 모든 계산은 이런 변형과정을 거쳐야 한다.

유한차분법의 계산은 다음과 같이 MacCormack 방법(13.4절 참조)을 사용해서 구할 수 있다. 유동장 변수들은 시간에 따른 테일러 급수를 사용하여 진행할 수 있다. 예를 들면,

$$\rho_{i,j}(t+\Delta t) = \rho_{i,j}(t) + \left[\left(\frac{\partial \rho}{\partial t}\right)_{i,j}\right]_{\text{ave}} \Delta t \tag{13.63}$$

식 (13.63)에서, 시간 t의 격자점 (i, j)에서의 밀도를 알고 있다. 즉, $\rho_{i,j}(t)$를 알고 있다. 시간 도함수의 평균값 $[(\partial\rho/\partial t)_{i,j}]_{\text{ave}}$을 알고 있다면, 식 (13.63)을 사용해 시간이 $t + \Delta t$이고 동일한 격자점에서 밀도, 즉 $\rho_{i,j}(t + \Delta t)$를 구할 수 있다. 이 시간 도함수는 시간 t와 $t + \Delta t$의 평균값이며, 다음과 같은 예측-보정 과정으로부터 구한다.

13.5.1 예측 단계 *Predictor Step*

시간이 t일 때, 모든 격자점에서 모든 유동변수들은 알고 있는 값이다. 이것은 우리에게 식 (13.59)~(13.62)($\xi\eta$ 공간으로 변형하여)의 오른쪽에 있는 공간 도함수를 알고 있는 *전방차분*으로 대치하는 것을 가능하게 한다. 그리고 이 방정식은 시간 t에서의 시간 도함수를 주는데, 이것은 시간 $t + \Delta t$에서 유동장 변수들의 *예측*값을 구하는 데 사용된다. 예를 들어,

$$\bar{\rho}_{i,j}(t+\Delta t) = \rho_{i,j}(t) + \left[\left(\frac{\partial \rho}{\partial t}\right)_{i,j}\right]_{t} \Delta t$$

여기서 $\rho_{i,j}(t)$는 알고 있는 값이고, $[(\partial\rho/\partial t)_{i,j}]_t$는 지배 방정식인 식 (13.59)(적절하게 변형된)에서 공간 도함수에 대한 *전방차분*을 사용하여 구해지며, $\bar{\rho}_{i,j}(t+\Delta t)$는 시간 $t+\Delta t$에서 예측된 밀도이다. 모든 격자점에서 $\bar{u}_{i,j}(t+\Delta t)$ 등의 모든 다른 유동변수들의 예측된 값들은 동일한 방법을 사용하여 구하게 된다.

13.5.2 보정 단계 *Corrector Step*

위에서 얻은 유동변수들을 지배 방정식인 식 (13.59)~(13.62)에 대입하고 공간 도함수에 *후방차분*을 사용하면 시간 $t+\Delta t$에서의 시간 도함수에 대한 예측값이 얻어지는데, 예를 들어 $[(\partial\rho/\partial t)_{i,j}]_{(t+\Delta t)}$이다. 그 후에 이들은 예측 단계에서 얻은 시간 도함수와 평균이 되어 다음을 얻는다. 예를 들면,

$$\left[\left(\frac{\partial\rho}{\partial t}\right)_{i,j}\right]_{\text{ave}} = \frac{1}{2}\left\{\left[\left(\frac{\partial\rho}{\partial t}\right)_{i,j}\right]_t + \left[\left(\frac{\partial\overline{\rho}}{\partial t}\right)_{i,j}\right]_{(t+\Delta t)}\right\} \tag{13.64}$$

마지막으로 식 (13.64)에서 구한 시간 도함수의 평균값은 시간 $t+\Delta t$에서 밀도의 보정 값을 얻기 위해식 (13.63)에 대입된다. u, v 등 모든 종속변수들에 대해서도 동일한 방법을 사용한다.

시간 $t=0$에서 가정된 초기 조건으로부터, 매 시간 단계에서 예측-보정 알고리즘을 사용하여 식 (13.63)을 반복해서 적용하면 시간의 함수로 유동장의 변수와 충격파의 형상과 위치의 계산이 가능하다. 위에서 말한 것같이 시간 간격이 많이 지난 뒤 계산된 유동장 변수들은 정상 상태가 되는데, 이때 식 (13.63)은 $[(\partial\rho/\partial t)_{i,j}]_{\text{ave}} \to 0$이 된다. 우리는 정상 상태의 해답에 관심이 있으며, 시간 종속 기법은 그 목적을 위한 수단일 뿐이라는 것을 다시 한번 강조한다.

13.4절에서 설명한 정상 유동 계산과 현재 설명하고 있는 시간 차분에 대한 MacCormack 기법의 적용에 유사성이 있는 것에 유의하라. 전자는 일정한 y선을 따라 알고 있는 값으로부터 시작하여 공간 좌표 x 방향을 따라 앞으로 진행하였지만, 후자는 $t=0$에서 알고 있는 유동장을 사용하여 시간을 따라 전진한 것이다.

왜 우리는 시간 종속 해법에 관심을 갖는가? 공간변수 x와 y뿐만 아니라 독립변수 t를 포함하여 더 복잡해지지 않겠는가? 이것에 대한 답은 다음과 같다. 식 (13.59)~(13.62)에 의해 주어진 비정상 지배 방정식은 유동이 국소적으로 아음속이든 초음속이든 관계없이 시간적으로 쌍곡선형 방정식이다. 그림 13.9a에서 몇몇의 격자점은 아음속 영역에 있고 나머지는 초음속 영역에 있다. 하지만 이러한 지점에서 동일한 방법을 사용하면 시간 종속 해법은 국소 마하수의 독립적인 형태가 된다. 이런 이유로 시간 종속 기법은 오늘날 알려진 임의의 아음속-초음속 혼합 유동의 일정한 해석이 가능한 유일한 방법이다. 때문에 추가로 독립적인 변수가 필요하지만, 시간 종속 기법의 적용은 정상 상태 접근법만으로는 해석하기가 매우 어려운 유동장에 대한 간단한 해석을 가능하게 한다.

시간 종속 기법의 자세한 설명은 참고문헌 21의 12장과 특히 참고문헌 7에 나와 있다. 이러한 기법을 특정한 문제에 적용하기 전에 공부해 보길 바란다. 여기서 하는 설명의 의도는 여러분에게 기법의 개념과 일반적인 접근에 관한 '느낌'을 주는 것이다.

무딘 물체 주위의 초음속 유동에 관한 몇몇 대표적인 결과는 그림 13.12~13.15에 나와 있다. 이러한 결과들은 참고문헌 33에 있는 시간 종속 기법을 사용해서 구한 것이다. 그림 13.12와 13.13은 정상 상태로 되어 가는 시간 종속 기법의 거동을 보여준다. 그림 13.12에서 충격파의 시간 종속 변화는 자유흐름의 속도 마하수 4에서 포물선 실린더에 대한 결과이다. 0 Δt로 표시된 충격파는 $t=0$에서 초기 가정 충격파이다. 초반에 충격파는 물체에서 빠르게 멀어진다. 하지만 시간 간격 약 300번 후에는 매우 천천히 움직이고, 시간 간격 300~500 사이에서 충격파는 거의 움직임이 없는데, 형태와 위치가 정상 상태가 된 것이다. 정체점 압력의 시간 변화는 그림 13.13에 나와 있다. 초반에 압력이 강하게 진동하는 것을 명심하라. 하지만 시간이 많이 지나면 정상 상태가 된다. 다시 한번 말하지만, 우리가 원하는 것은 이러한 점근된 정상 상태이고, 중간의 일시적인 결과는 단지 과정에 불과하다. 정상 상태의 결과에만 집중하라. 그림 13.14는 $M_\infty = 4$와 8인 경우에서 무딘 물체의 압력 분포(정체점 압력으로 무차원화한 결과)를 나타낸다. 시간 종속 수치 결과는 곡선으로 표시하였고, 비어 있는 기호는 14장의 Newton 이론으로부터 구한 결과이다. 압력이 정체점에서 최대

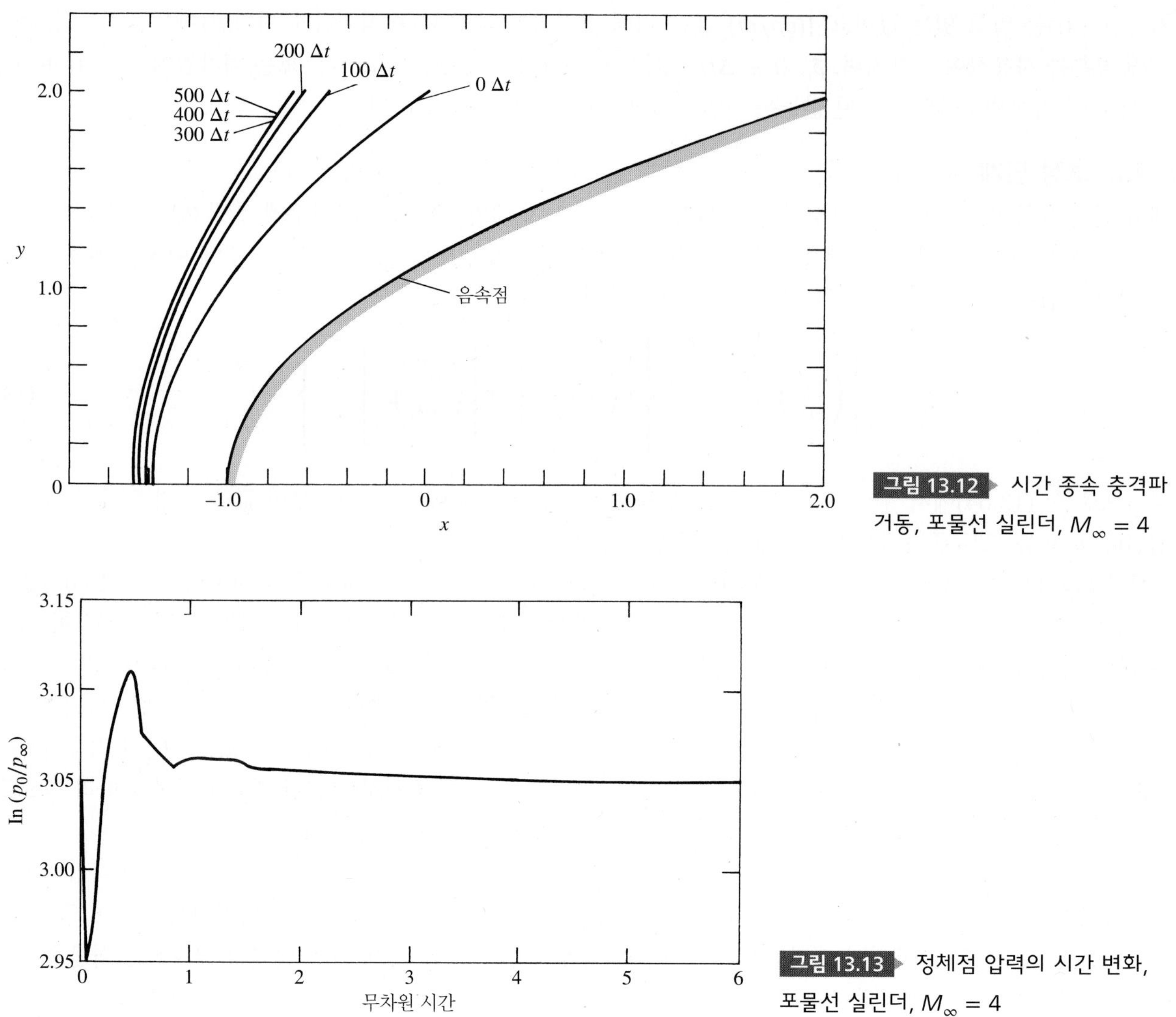

그림 13.12 시간 종속 충격파 거동, 포물선 실린더, $M_\infty = 4$

그림 13.13 정체점 압력의 시간 변화, 포물선 실린더, $M_\infty = 4$

값을 갖고 정체점에서부터 멀어지는 거리의 함수처럼 감소하고 있음을 명심하라. 이전의 공기역학적 경험을 바탕으로 충분히 예상할 수 있다. $M_\infty = 4$와 8인 경우에 대한 정상 충격파 형태와 음속선은 그림 13.15에 나와 있다. 마하수가 증가할수록 충격파가 물체와 가까워지는 것에 주목하라.

13.6 원추 주위의 유동 *Flow over Cones*

9.3절로 돌아가서 쐐기 주위의 초음속 유동과 직원추 주위의 초음속 유동 비교를 다시 살펴보자. 특히 그림 9.16은 반각이 20°인 원추 주위의 마하수가 2인 경우의 유동을 보여준다. 원추 주위의 유동이 2차원 쐐기 주위의 유동과 비교했을 때 충격파가 약해지고, 표면 압력이 낮아지며, 충격파 이후의 유선이 휘어지는 것과 같은 3차원 효과가 있음을 기억하라. 이러한 원추 주위의 유동은 3차원 유동의 차원 감소가 가능한 특별한 경우이고, 수치적으로 해를 구해야 하는 비선형 미분 방정식으로 표현된다. 이러한 이유뿐만 아니라 초음속 공기역학에서 원추 모양 유동의 기본적인 중요성 때문에, 이 장에서 이러한 유동의 자세한 논의와 수치적 기법을 다룰 것이다. 게다가 이 절의 결론은 다음 장에서 극초음속 웨이브라이더(waverider)의 설계를 논의할 때 사용된다.

그림 13.16에서 보여지는 받음각이 0인 회전하는(고정된 좌표축에서 평면상의 직선이 회전을 해서 만들어진) 형상을 고려해 보자. V_∞ 방향에서 z축이 평행한 실린더형 좌표 (r, Φ, z)가 사용된다. 다시 한번 그림 13.16을 확인하면, 유동장은 z축과 평행해야 한다. 즉, 모든 성질은 Φ에 독립적이어야 한다.

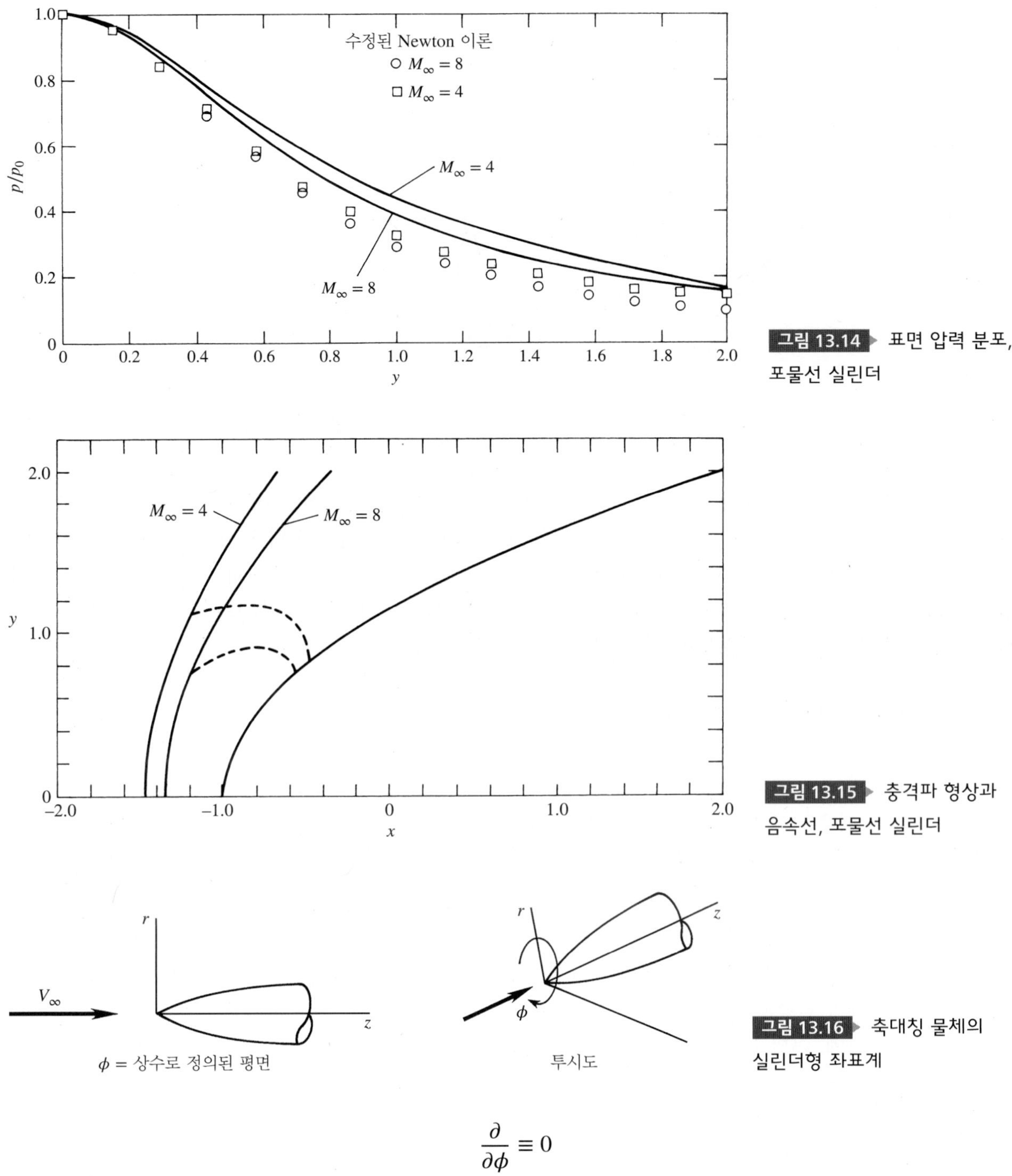

그림 13.14 표면 압력 분포, 포물선 실린더

그림 13.15 충격파 형상과 음속선, 포물선 실린더

그림 13.16 축대칭 물체의 실린더형 좌표계

$$\frac{\partial}{\partial \phi} \equiv 0$$

유동장은 오직 r과 z에 대해서만 종속적이다. 6.3절의 끝부분에서 설명한 것과 같이, 이러한 유동은 축대칭 유동이다. 이것은 3차원 공간에서 발생하는 유동이지만, 오직 2개의 독립변수 r과 z가 적용되기 때문에 축대칭 유동은 때로 '준2차원' 유동이라 불린다.

이 절에서는, 초음속 유동에서 그림 13.17에 나와 있는 것과 같은 날카로운 원추 형상의 경우를 주로 다룰 것이다. 이는 세 가지 이유 때문에 중요하다.

1. 축대칭 운동에 대한 비선형 방정식은 수치적으로 노력이 많이 들지만 직접적이고 정확한 해를 제공한다.
2. 원추 주위의 초음속 유동은 응용 공기역학에서 현실적으로 매우 중요하다. 초고속 미사일과 발사체는 거의 원추 형태이다. 대부분의 초음속 비행체 동체의 선두부도 마찬가지다.

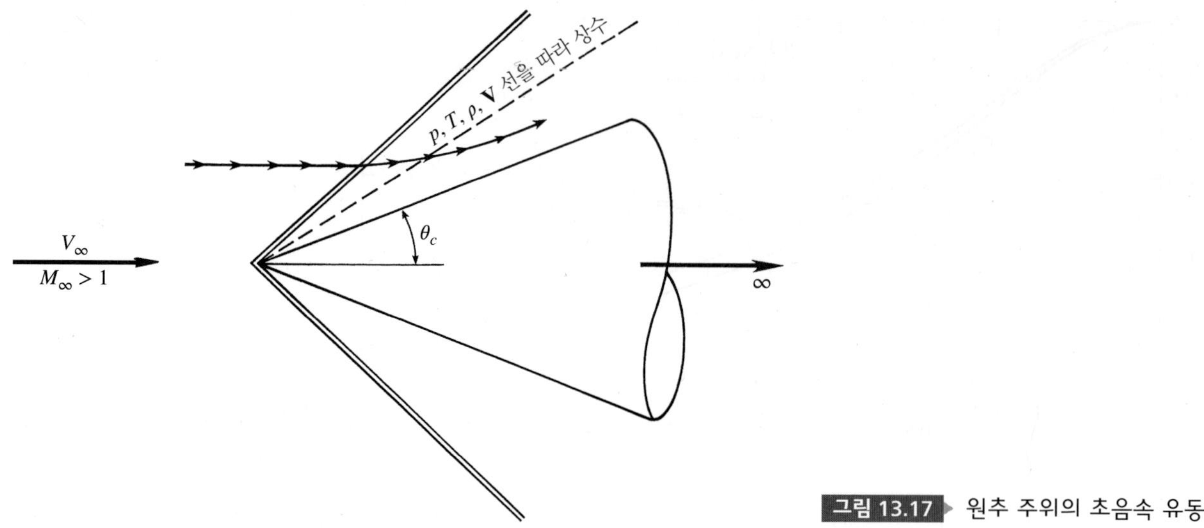

그림 13.17 ▶ 원추 주위의 초음속 유동

3. 원추 주위의 초음속 유동에 대한 첫 해법은 초음속 유동이 활성화되기 오래전인 1929년 A. Busemann에 의해 구해졌다(참고문헌 93 참조). 이 해법은 주로 그래프와 몇몇 중요한 물리적 현상의 묘사로 이루어졌다. 몇 년이 흐른 1933년에, G. I. Taylor와 J. W. Maccoll(참고문헌 94 참조)은 압축성 유동 진화에 획기적인 수치적 해법을 발표하였다. 따라서 원추 유동의 학습은 역사적으로 의미가 있다. 게다가 원추 주위의 초음속 유동에 대한 Taylor-Maccoll 해법은 비점성 초음속 공기역학의 고전적인 경우이다.

13.6.1 원추 유동의 물리적 관점 *Physical Aspects of Conical Flow*

그림 13.17에 나와 있는 것과 같이 반정점 각이 θ_c인 원추 형상을 고려해 보자. 이 원추 형상이 유동 방향으로 무한(반무한 원추)하다고 가정하자. 원추는 초음속 유동 내에 있고, 이런 이유로 경사 충격파는 정점에 붙어 있다. 이런 충격파의 형상 역시 원추 모양을 하고 있다. 초음속 자유흐름의 유선은 충격파를 지나면서 불연속적으로 꺾이고, 충격파의 하류에서 연속적으로 휘어지며, 결국에는 원추의 표면과 평행해진다. 이러한 유동을 충격파 뒤의 모든 유선이 순식간에 쐐기 표면과 평행해지는 2차원 쐐기 형상(그림 9.16a)의 유동과 비교해 보자.

원추 형상이 무한대로 늘어나기 때문에 원추를 따라 존재하는 거리는 의미가 없어진다. 원추 표면을 따라 1 m와 10 m인 곳에서 압력이 다르다면, 결국 무한대에서는 무엇이 될까? 이것은 원추 표면을 따라 압력이 일정하고 다른 유동 특성들 또한 일정해야 한다는 가정만이 가능하다는 난제를 나타내고 있다. 원추 표면은 정점으로부터 간단하게 직선으로 되어 있기 때문에, 그림 13.17에 점선으로 나와 있는 것과 같이 원추 표면과 충격파 사이는 다른 선들이 존재한다고 고려하자. 이것은 유동 성질이 이러한 선을 따라서도 일정하다는 가정이 있는 경우에만 용납된다. 실제로 원추 유동은 정점으로부터 생성된 선을 따라 모든 유동 성질이 일정하다고 정의된다. 선에 따라 성질은 달라진다. 이러한 원추 유동의 관점은 실험을 통해 입증되었다. 이론적으로 이것은 반무한 원추에 대한 유효 길이가 없음으로부터 발생한다.

13.6.2 양적인 식 *Quantitative Formulation*

그림 13.18*a*처럼 직교 그리고 원형 좌표계가 겹쳐 있다고 생각해 보자. z축은 직원추에 대한 대칭축이고, V_∞는 z 방향으로 향하고 있다. 유동은 축대칭이다. 성질은 Φ와 독립적이다. 그러므로 그림 13.18*b*와 같이 바꿀 수 있다. 여기서 r과 θ는 2개의 독립변수이고, V_∞는 이제 수평선에 위치하게 된다. 유동장에 위치한 점 e에서 속도의 방사상 성분과 수직 성분은 각각 V_r과 V_θ이다. 우리의 목적은 물체와 충격파 사이의 유동장을 해석하는 것이다. 축대칭의 원추 유동을 상기해 보자.

$$\frac{\partial}{\partial \Phi} = 0 \qquad \text{(축대칭 유동)}$$

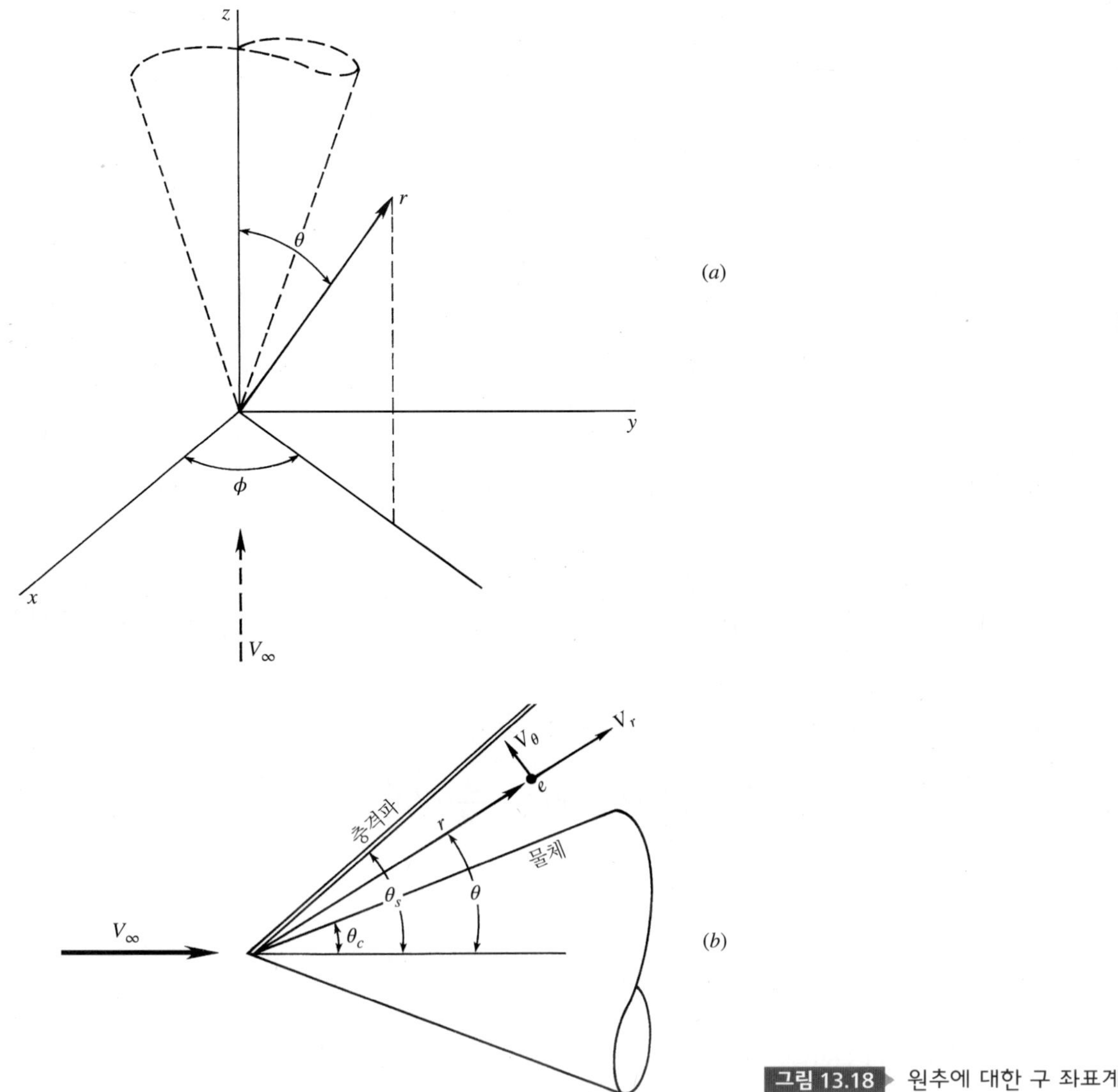

그림 13.18 원추에 대한 구 좌표계

$$\frac{\partial}{\partial r} \equiv 0 \qquad \text{(정점으로부터 생성된 직선을 따라 유동 성질은 일정)}$$

정상 상태 연속 방정식은 식 (2.54)와 같다.

$$\nabla \cdot (\rho \mathbf{V}) = 0$$

구 좌표에서 벡터의 발산은 식 (2.21)에 주어진 것과 같다. 따라서 구 좌표에서 식 (2.54)는 다음과 같다.

$$\nabla \cdot (\rho \mathbf{V}) = \frac{1}{r^2}\frac{\partial}{\partial r}(r^2 \rho V_r) + \frac{1}{r \sin\theta}\frac{\partial}{\partial \theta}(\rho V_\theta \sin\theta) + \frac{1}{r\sin\theta}\frac{\partial(\rho V_\phi)}{\partial \phi} = 0 \tag{13.65}$$

도함수를 계산하고 축대칭 유동에 위 상태를 적용하면 식 (13.65)는 다음과 같다.

$$\frac{1}{r^2}\left[r^2\frac{\partial(\rho V_r)}{\partial r} + \rho V_r(2r)\right] + \frac{1}{r\sin\theta}\left[\rho V_\theta \cos\theta + \sin\theta \frac{\partial(\rho V_\theta)}{\partial \theta}\right] + \frac{1}{r\sin\theta}\frac{\partial(\rho V_\theta)}{\partial \phi} = 0$$

$$\frac{2\rho V_r}{r} + \frac{\rho V_\theta}{r}\cot\theta + \frac{1}{r}\left(\rho\frac{\partial V_\theta}{\partial \theta} + V_\theta \frac{\partial \rho}{\partial \theta}\right) = 0$$

$$2\rho V_r + \rho V_\theta \cot\theta + \rho\frac{\partial V_\theta}{\partial \theta} + V_\theta\frac{\partial \rho}{\partial \theta} = 0 \tag{13.66}$$

식 (13.66)은 축대칭 원추 유동에서의 연속 방정식이다.

그림 13.17과 13.18에 나타나 있는 원추 유동을 다시 살펴보자. 충격파는 직선 모양을 하고 있으며, 이런 이유 때문에 충격파를 가로지르는 엔트로피의 상승은 모든 유선에서 동일하다. 그 결과 원추 유동장에서 $\nabla s = 0$이 된다. 게다가 유동은 단열이고 정상 상태이기 때문에, 식 (7.55)에 의해 $\Delta h_o = 0$이 된다. 비점성 압축성 유동에서 엔트로피 변화 ∇s, 총 엔탈피의 변화 Δh_o, 그리고 와도 $\nabla \times \mathbf{V}$는 *Crocco 정리*를 통해 정리할 수 있다. 참고문헌 21에 나와 있으며, 여기서는 증명하지 않겠다.

$$T\nabla s = \nabla h_o - \mathbf{V} \times (\nabla \times \mathbf{V}) \tag{13.67}$$

원추 유동에서 $\nabla s = \nabla h_o = 0$이기 때문에, 식 (13.67)은 다음과 같다.

$$\nabla \times \mathbf{V} = 0$$

따라서 원추 유동은 *비회전성*이다. Crocco 정리는 운동량 방정식과 에너지 방정식을 기반으로 유도된다. 그러므로 $\nabla \times \mathbf{V} = 0$은 이들 중 하나를 대신해서 사용할 수 있다. 구 좌표에서 다음과 같이 된다.

$$\nabla \times \mathbf{V} = \frac{1}{r^2 \sin\theta} \begin{vmatrix} \mathbf{e}_r & r\mathbf{e}_\theta & (r\sin\theta)\mathbf{e}_\phi \\ \dfrac{\partial}{\partial r} & \dfrac{\partial}{\partial \theta} & \dfrac{\partial}{\partial \phi} \\ V_r & rV_\theta & (r\sin\theta)V_\phi \end{vmatrix} = 0 \tag{13.68}$$

여기서 $\mathbf{e}_r$, $\mathbf{e}_\theta$, $\mathbf{e}_\phi$는 각각 r, θ, ϕ 방향의 단위 벡터이다. 식 (13.68)을 확장하면 다음과 같다.

$$\begin{aligned} \nabla \times \mathbf{V} = \frac{1}{r^2 \sin\theta} \Bigg\{ & \mathbf{e}_r \left[\frac{\partial}{\partial \theta}(rV_\phi \sin\theta) - \frac{\partial}{\partial \phi}(rV_\theta) \right] \\ & - r\mathbf{e}_\theta \left[\frac{\partial}{\partial r}(rV_\phi \sin\theta) - \frac{\partial}{\partial \phi}(V_r) \right] \\ & + (r\sin\theta)\mathbf{e}_\phi \left[\frac{\partial}{\partial r}(rV_\theta - \frac{\partial V_r}{\partial \theta} \right] \Bigg\} = 0 \end{aligned} \tag{13.69}$$

축대칭의 원추 유동을 적용하면, 식 (13.69)는 다음과 같이 간단하게 표현할 수 있다.

$$V_\theta \equiv \frac{\partial V_r}{\partial \theta} \tag{13.70}$$

식 (13.70)은 축대칭 원추 유동에 대한 비회전 상태를 나타낸다.

유동이 비회전성이기 때문에, 식 (3.12)에서 어떤 방향으로든 Euler 방정식을 적용할 수 있다.

$$dp = -\rho V dV$$

여기서

$$V^2 = V_r^2 + V_\theta^2$$

이런 이유로 식 (3.12)는 다음과 같다.

$$dp = -\rho(V_r\, dV_r + V_\theta\, dV_\theta) \tag{13.71}$$

등엔트로피 유동에 대해 다시 정리하면 다음과 같다.

$$\frac{dp}{d\rho} \equiv \left(\frac{\partial p}{\partial \rho} \right)_s = a^2$$

따라서 식 (13.71)은 다음과 같다.

$$\frac{d\rho}{\rho} = -\frac{1}{a^2}(V_r\,dV_r + V_\theta\,dV_\theta) \tag{13.72}$$

식 (7.55)와 정해진 저장조 조건으로부터($V = V_{max}$일 때 유동은 이론적으로 온도 0까지 확장되므로 $h = 0$) 구할 수 있는 최대 이론 속도로 정의되는 새로운 기준 속도 V_{max}의 적용으로부터 다음을 얻는다.

$$h_o = \text{const} = h + \frac{V_2}{2} = \frac{V_{max}^2}{2}$$

유동에서 V_{max}는 고정되어 있고 $\sqrt{2h_o}$와 같음을 명심하라. 열량적 완전 기체에서 위 식은 다음과 같이 된다.

$$\frac{a^2}{\gamma - 1} + \frac{V^2}{2} = \frac{V_{max}^2}{2}$$

또는

$$a^2 = \frac{\gamma - 1}{2}\left(V_{max}^2 - V^2\right) = \frac{\gamma - 1}{2}\left(V_{max}^2 - V_r^2 - V_\theta^2\right) \tag{13.73}$$

식 (13.72)에 식 (13.73)을 적용하면 다음과 같다.

$$\frac{d\rho}{\rho} = -\frac{2}{\gamma - 1}\left(\frac{V_r\,dV_r + V_\theta\,dV_\theta}{V_{max}^2 - V_r^2 - V_\theta^2}\right) \tag{13.74}$$

식 (13.74)는 원추 유동에 유용한 형태의 Euler 방정식이다.

식 (13.66), (13.70), (13.74)는 3개의 종속변수(ρ, V_r, V_θ)를 가지고 있는 3개의 방정식이다. 축대칭의 원추 유동이기 때문에 θ인 단 하나의 독립변수가 존재한다. 이런 이유로 식 (13.66)과 (13.70)에서 편미분은 상미분으로 다시 표현할 수 있다. 식 (13.66)으로부터 다음을 구할 수 있으며,

$$2V_r + V_\theta \cot\theta + \frac{dV_\theta}{d\theta} + \frac{V_\theta}{\rho}\frac{d\rho}{d\theta} = 0 \tag{13.75}$$

식 (13.74)로부터 다음을 구할 수 있다.

$$\frac{d\rho}{d\theta} = -\frac{2\rho}{\gamma - 1}\left(\frac{V_r\dfrac{dV_r}{d\theta} + V_\theta\dfrac{dV_\theta}{d\theta}}{V_{max}^2 - V_r^2 - V_\theta^2}\right) \tag{13.76}$$

식 (13.75)에 식 (13.76)을 대입하면 다음과 같다.

$$2V_r + V_\theta \cot\theta + \frac{dV_\theta}{d\theta} - \frac{2V_\theta}{\gamma - 1}\left(\frac{V_r\dfrac{dV_r}{d\theta} + V_\theta\dfrac{dV_\theta}{d\theta}}{V_{max}^2 - V_r^2 - V_\theta^2}\right) = 0$$

또는

$$\frac{\gamma - 1}{2}\left(V_{max}^2 - V_r^2 - V_\theta^2\right)\left(2V_r + V_\theta\cot\theta + \frac{dV_\theta}{d\theta}\right) - V_\theta\left(V_r\frac{dV_r}{d\theta} + V_\theta\frac{dV_\theta}{d\theta}\right) = 0 \tag{13.77}$$

식 (13.70)을 다시 살펴보면

$$V_\theta = \frac{dV_r}{d\theta}$$

따라서

$$\frac{dV_\theta}{d\theta} = \frac{d^2V_r}{d\theta^2}$$

이 결과를 식 (13.77)에 대입하면 다음을 얻을 수 있다.

$$\boxed{\begin{aligned}\frac{\gamma-1}{2}&\left[V_{max}^2 - V_r^2 - \left(\frac{dV_r}{d\theta}\right)^2\right]\left[2V_r + \frac{dV_r}{d\theta}\cot\theta + \frac{d^2V_r}{d\theta^2}\right]\\ &- \frac{dV_r}{d\theta}\left[V_r\frac{dV_r}{d\theta} + \frac{dV_r}{d\theta}\left(\frac{d^2V_r}{d\theta^2}\right)\right] = 0\end{aligned}} \tag{13.78}$$

식 (13.78)은 원추 유동의 해석에 대한 Taylor-Maccoll 방정식이다. 단 하나의 독립변수 V_r을 가지고 있는 상미분 방정식임을 명심하라. 이것으로 $V_r = f(\theta)$을 구할 수 있다. 식 (13.70)으로부터 다음과 같은 V_θ을 구할 수 있다.

$$V_\theta = \frac{dV_r}{d\theta} \tag{13.79}$$

식 (13.78)에 대한 엄밀해는 없다. 이것은 *수치적*으로 계산해야 한다. 수치해를 더 신속하게 얻기 위해 다음과 같은 무차원화 속도 V'를 정의하자.

$$V' \equiv \frac{V}{V_{max}}$$

그러면 식 (13.78)은 다음과 같다.

$$\begin{aligned}\frac{\gamma-1}{2}&\left[1 - V_r'^2 - \left(\frac{dV_r'}{d\theta}\right)^2\right]\left[2V_r' + \frac{dV_r'}{d\theta}\cot\theta + \frac{d^2V_r'}{d\theta^2}\right]\\ &- \frac{dV_r'}{d\theta}\left[V_r'\frac{dV_r'}{d\theta} + \frac{dV_r'}{d\theta}\left(\frac{d^2V_r'}{d\theta^2}\right)\right] = 0\end{aligned} \tag{13.80}$$

무차원 속도 V'는 오직 마하수의 함수이다. 더 자세한 내용은 아래와 같다.

$$h + \frac{V^2}{2} = \frac{V_{max}^2}{2}$$

$$\frac{a^2}{\gamma-1} + \frac{V^2}{2} = \frac{V_{max}^2}{2}$$

$$\frac{1}{\gamma-1}\left(\frac{a}{V}\right)^2 + \frac{1}{2} = \frac{1}{2}\left(\frac{V_{max}}{V}\right)^2$$

$$\frac{2}{\gamma-1} + \left(\frac{1}{M}\right)^2 + 1 = \left(\frac{V_{max}}{V}\right)^2$$

$$\frac{V}{V_{max}} \equiv V' = \left[\frac{2}{(\gamma-1)M^2} + 1\right]^{-1/2} \tag{13.81}$$

분명히 식 (13.81)로부터 $V' = f(M)$임을 알 수 있다. M이 주어지면 V'를 구할 수 있고, 반대도 마찬가지이다.

13.6.3 수치적 절차 *Numerical Procedure*

직원추 주위 초음속 유동의 수치적 해법에 대해 역방법을 사용할 것이다. 이것으로 주어진 충격파가 가정되고 충격파 안에 존재하는 특정한 원추를 계산한다. 원추가 주어지고 유동장과 충격파를 계산하는 직접적인 방법과 대조되는 것

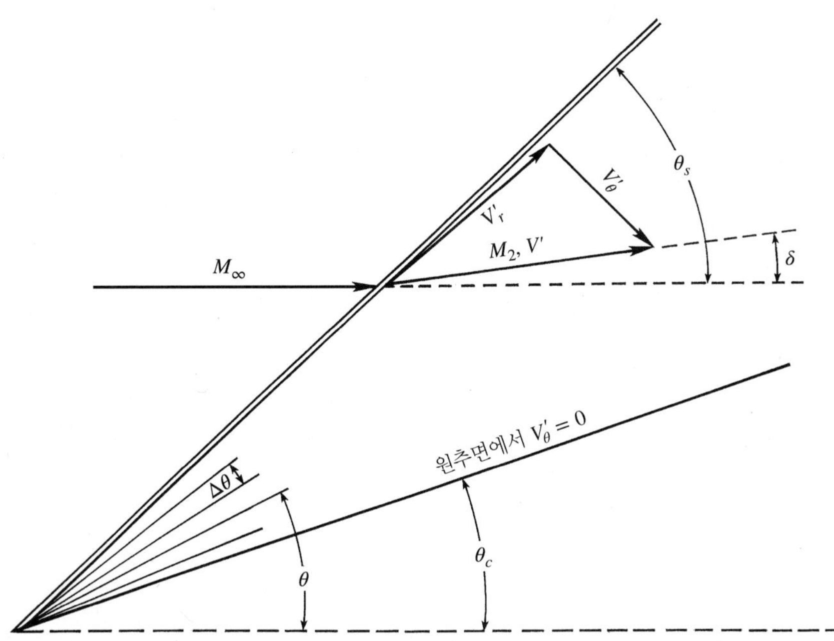

그림 13.19 원추 주위 유동의 수치적 해에 대한 기하학적 개요

이다. 수치적 절차는 다음과 같다.

1. 그림 13.19와 같이 충격파 각이 θ_s고 자유흐름 마하수가 M_∞라 가정하자. 충격파 바로 뒤에 존재하는 마하수와 유동 변위각을 각각 M_2와 δ라 할 때, 경사 충격파 관계로부터 확인할 수 있다. 극좌표 θ와의 혼란을 피하기 위해 이전 방식과는 반대로 유동 변위각을 δ로 표시했음을 명심하라.
2. M_2와 δ로부터, 각각 V'_r와 V'_θ로 표현되는 충격파 바로 뒤에 존재하는 유동 속도의 방사상 성분과 수직 성분을 그림 13.19에서 확인할 수 있다. V'는 식 (13.81)에 M_2를 적용하면 구할 수 있음에 주목하라.
3. 경계값으로서 충격파 바로 뒤의 V'_r 값을 사용하여, 충격파로부터 멀어지는 θ의 간격에서 V'_r에 대하여 식 (13.81)을 계산하자. 여기서 그림 13.19에 나와 있듯이, 유동장은 증분각 $\Delta\theta$로 나누어져 있다. 상미분 방정식 (13.80)은 매 $\Delta\theta$마다 Runge-Kutta 방법과 같은 어떠한 수치기법을 사용하더라도 계산할 수 있다.
4. θ의 매 증가 위치에서, V'_θ는 식 (13.79)를 사용하여 구할 수 있다. $\theta = \theta_c$인 θ에서 $V'_\theta = 0$임을 확인할 수 있다. 통과하지 못하는 표면에서 속도의 수직 성분은 0이다. 이런 이유로 $\theta = \theta_c$에서 $V'_\theta = 0$일 때, θ_c는 단계 1에서 주어진 마하수 M_∞에서 충격파 각이 θ_s인 특정 원추의 표면을 의미한다. 즉, M_∞과 θ_s일 때 원추의 각은 θ_c가 된다. θ_c에서 $V_r{}'$의 값은 식 (13.81)을 통해 원추 표면의 마하수와 같다.
5. 단계 1에서 단계 4까지의 과정에서, 충격파와 물체 사이의 완벽한 유동장 속도가 구해진다. 각 지점(혹은 선)에서 $V' = \sqrt{(V'_r)^2 + (V'_\theta)^2}$과 M은 식 (13.81)에 의해 구해지는 것에 유의하라. 각 선의 압력, 밀도, 온도는 식 (8.42), (8.43), (8.40)의 등엔트로피 관계로부터 구할 수 있다.

단계 1에서 다른 M_∞나 혹은 θ_s의 값이 가정되었다면, 다른 유동장과 원추각 θ_c가 단계 1부터 단계 5를 통해 구해질 것이다. 이러한 계산을 반복하면, 초음속 원추 상태량의 표나 그래프를 얻을 수 있다. 이러한 표가 문헌에 있는데, 가장 보편적인 것은 Kopal(참고문헌 95)과 Sims(참고문헌 96)의 자료이다.

13.6.4 원추 주위 초음속 유동의 물리적 관점 *Physical Aspects of Supersonic Flow over Cones*

13.6.3절의 해법으로부터 구한 몇몇 일반적인 수치 결과들을 그림 13.20에 나타냈다. 이것은 M_∞을 매개변수로 하는 원추각 θ_c의 함수로서 충격파 각 θ_s을 보여준다. 원추에 대한 그림 13.20은 2차원 쐐기에 대한 그림 9.9와 유사하다. 2개의 그림은 전체적으로 유사하지만 수치가 다르다.

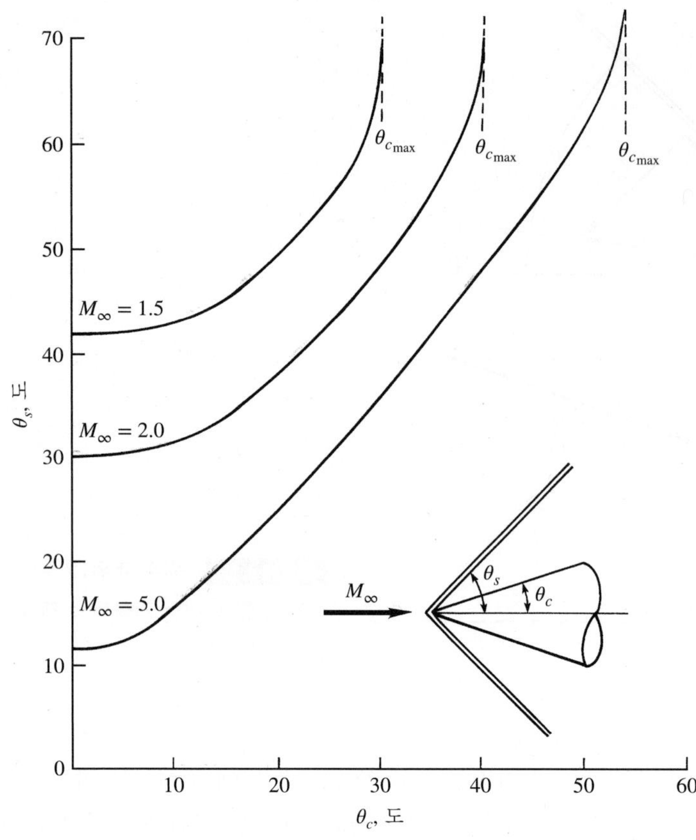

그림 13.20 초음속 유동에서의 원추에 대한 θ_c-θ_s-M 도표(곡선 윗부분은 강한 충격 해로 뒤로 젖혀지는데, 여기서는 보이지 않는다.)

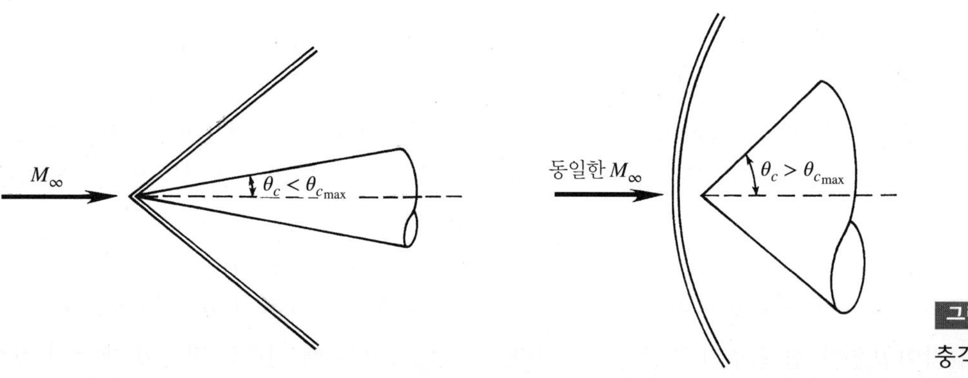

그림 13.21 원추에서의 부착 충격파와 이탈 충격파

그림 13.20을 자세히 살펴보자. 주어진 원추각 θ_c와 M_∞에 대해 강하고 약한 2개의 경사 충격파 해가 가능하다. 이것은 9장에서 다루었던 2차원 경우와 매우 유사하다. 약한 충격파의 해는 실제 원추 형태의 실험에서 거의 항상 관측된다. 하지만 독립적으로 원추 하단 가까이 배압을 증가시켜 강한 충격파 해를 강요하는 것이 가능하다.

또한 그림 13.20으로부터, 주어진 M_∞에 대해 충격파가 이탈하는 최대 원추각 $\theta_{c_{\max}}$가 존재하는 것을 명심하라. 이것은 그림 13.21에 나와 있다. $\theta_c > \theta_{c_{\max}}$일 때, Taylor-Maccoll 해법은 여기에 존재하지 않는다. 대신 이탈 충격파가 존재하는 유동장은 13.5절에서 논의한 방법과 같은 기법을 통해 계산된다.

쐐기의 2차원 유동과 원추의 3차원 유동의 차이는 추가된 차원이 있다는 것이다. 이 '3차원 완화 효과'는 9.3절에서 논의했고, 여러분은 지금 검토해야 한다. 특히 주어진 각도의 원추에서 충격파 각이 쐐기 충격파 각에 비해 작아지는 그림 9.16을 상기하라. 그러므로 원추에서 표면 압력, 온도, 밀도, 엔트로피가 쐐기에 비해 작아지는 것이다. 이것은 또한 주어진 M_∞에서, 부착 충격파 해의 최대 허용 원추각이 최대 쐐기각보다 커지게 한다. 이는 그림 13.22에서 확실하게 보여주고 있다.

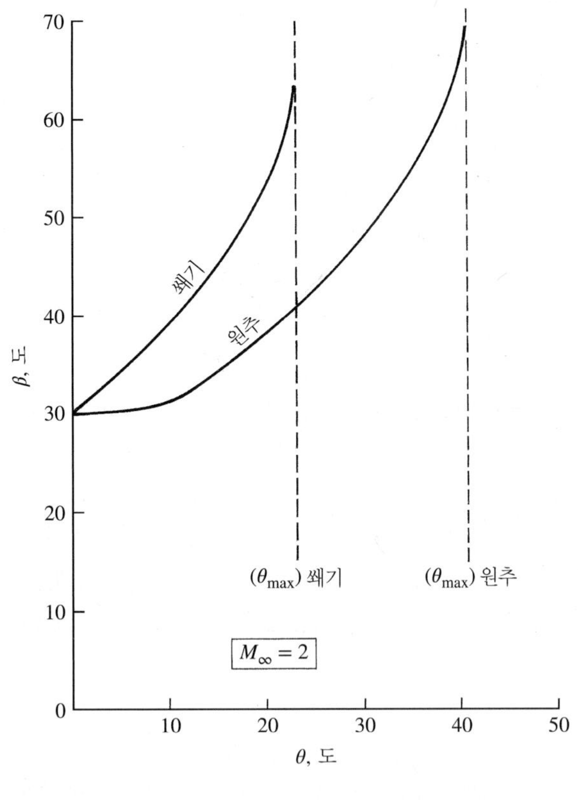

그림 13.22 마하수 2에서의 쐐기와 원추의 충격파 각도 비교

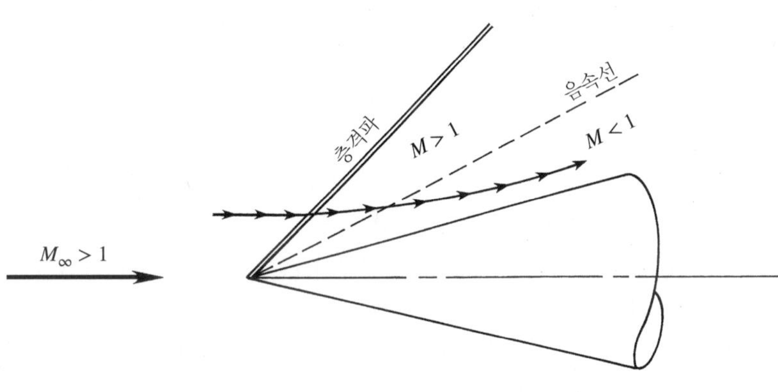

그림 13.23 몇몇 초음속 원추형 유동장은 원추 표면 근처에서 아음속 속도로 변하며 등엔트로피 압축성 특성을 나타낸다.

결국 수치 결과는, 충격파와 원추 사이에 주어진 어떠한 유선은 그림 13.23과 같이 휘어지고 점차적으로 원추 표면과 평행해진다는 것을 보여준다. 또한 대부분의 경우에 충격파와 원추 사이의 유동은 초음속이다. 하지만 원추각이 $\theta_{c_{max}}$보다 여전히 작지만 충분히 크다면, 몇몇 경우에 표면 가까이에서 유동은 아음속이 된다. 이 경우는 그림 13.23에 나와 있다. 여기서 유동장의 선들 중 하나는 음속선이 된다. 이 경우 초음속 유동이 초음속에서 아음속으로 변할 때 실제로 등엔트로피적으로 압축되는 몇몇 사례 중 하나를 보게 된다. 초음속에서 아음속 유동으로 변하는 천이는 8장에서 논의했듯이 항상 충격파를 동반한다. 하지만 원추 주위의 유동은 예외이다.

13.7 요약 *Summary*

그림 13.1에 나와 있는 이정표의 양쪽 가지를 모두 살펴보았다. 이정표에 나와 있는 모든 자료에 익숙해지도록 하라. 중요한 부분에 대한 간략한 요약은 다음과 같다.

정상, 2차원, 비회전성, 초음속 유동에서 특성 곡선은 마하선이고, 이러한 특성 곡선을 따라 존재하는 호환 방정식은 다음과 같다.

$$\theta + \nu = K_- \ (C_- \text{ 특성 곡선을 따라})$$

그리고

$$\theta - \nu = K_+ \ (C_+ \text{ 특성 곡선을 따라})$$

이러한 유동의 수치 결과로 적절한 초기 정보선으로부터 시작되는 단계적 형태의 특성 곡선을 따라 존재하는 호환 방정식을 계산하여 구할 수 있다.

초음속 노즐의 형상은 한계 특성 곡선 하류에서 특성 곡선법에 의해 구할 수 있다(보통 기하학적 목의 하류 부분).

유한차분법의 본질은 지배 방정식의 편미분을 유한차분으로 바꾸는 것이다. 초음속 정상 유동에서, 이것은 초음속 유동의 초기 정보선으로부터 하류로 진행하는 것을 가능하게 한다. 아음속-초음속 혼합 유동의 해를 위해, 시간 종속 기법은 $t = 0$에서의 초기 조건으로부터 시작해서 시간적으로 진행할 수 있게 해주고, 많은 시간이 흐른 뒤 정상 상태에 이르도록 한다.

초음속 정상 유동이든 아음속-초음속 혼합 유동의 시간 종속 방법이든 유한차분법을 수행하는 일반적인 방법은 간단한 MacCormack의 예측-보정 기법을 사용하는 것이다.

13.8 연습문제 *Problems*

주: 다음 문제는 특성 곡선법에 대한 과정을 알아보기 위해 제공되는 연습문제이다. 완전한 유동장에 대한 더욱 광범위한 적용은 남겨 두자. 또한 유한차분법을 활용하는 광범위한 실질적인 문제는 많은 계산이 필요하고 디지털 컴퓨터에서만 가능하다. 여러분의 여가시간에 이러한 문제를 해결하길 권한다. 이 장의 주요 목적은 여러분에게 많은 계산이나 광범위한 컴퓨터 프로그램을 작성하게 하는 것이 아니라 몇 가지 수치 방법의 정수를 보여주는 것이다.

13.1 초음속 유동에서 두 가지를 고려하자. 단위가 미터인 직교 좌표계에서 $(x_1, y_1) = (0,0.0684)$, $(x_2, y_2) = (0.0121,0)$인 점이 있다. 점 (x_1, y_1)에서 $u_1 = 639$ m/s, $v_1 = 232.6$ m/s, $p_1 = 1$ atm, $T_1 = 288$ K다. 점 (x_2, y_2)에서 $u_2 = 680$ m/s, $v_2 = 0$ m/s, $p_2 = 1$ atm, $T_2 = 288$ K다. 점 2를 통과하는 C_+ 특성 곡선과 점 1을 통과하는 C_- 특성 곡선이 교차하는 점 1과 2 하류의 점 3을 고려하라. 점 3에서 u_3, v_3, p_3, T_3를 계산하라. 또한 점 3의 위치를 계산하라. 점 사이의 특성 곡선은 직선이라 가정한다.

극초음속 유동의 기초

Elements of Hypersonic Flow

"대부분의 사람들은 극초음속에 대한 자신만의 정의를 가지고 있다. 만일 출석자들을 대상으로 공개 여론조사 같은 것을 실시하여 기체 유동의 올바른 마하수에 대해 정의하도록 요청한다면 대답은 5 또는 6 근처였을 것이다. 그러나 어떤 이들은 극초음속 마하수를 3보다 작거나 12보다 큰 것으로 주장할 수도 있다."

P.L. Roe,
comment made in lecture
at the von Karman Institute, Belgium
January 1970

미리보기_*Preview Box*

공기흡입식 극초음속 비행은 많은 사람들에게(저자를 포함) 항공기 설계의 마지막 미개척지가 되었다. 어느 정도 성과가 있었지만 상당 부분 갈 길이 남아 있다. 대기에서의 지속적인 극초음속 비행을 위한 실질적인 극초음속 비행체는 차세대 항공 기술자들에게 가장 큰 도전이 될 것이다.

항공 역사는 2004년 3월, 그림 14.1의 초음속 연소 램젯(supersonic combustion ramjet, SCRAMjet)을 통해 11초 동안의 지속적인 마하수 6.9의 출력을 이용한 X-43 Hyper-X 시험으로 시작됐다. 11월에는 또 다른 X-43 시험이 마하수 10에 달하는 지속적인 비행에 성공함으로써 역사상 가장 빠른 비행기가 되었다. 이 속도에서는 공력 가열이 가장 주요한 문제점이었고, 비행체는 반드시 특수한 고열 재료로 제작되어야 한다. X-43의 열보호 설계가 그림 14.2에 나타나 있다. 2004년의 성공적인 두 X-43 비행 시험은 항공공학 역사의 한 페이지를 장식했다. 최초로 SCRAMjet 엔진이 성공적으로 대기에서 지속적인 시간 동안 작동하였다. 40년 이상의 연구와 기술적인 발전 후에, 충분한 진전이 설계 방법론의 성공적인 시험을 가능하도록 이끌었다. 그러나 진정한 실제 장치와 비행체를 얻기 위해서는 더 많은 사항들이 필요하다. 바로

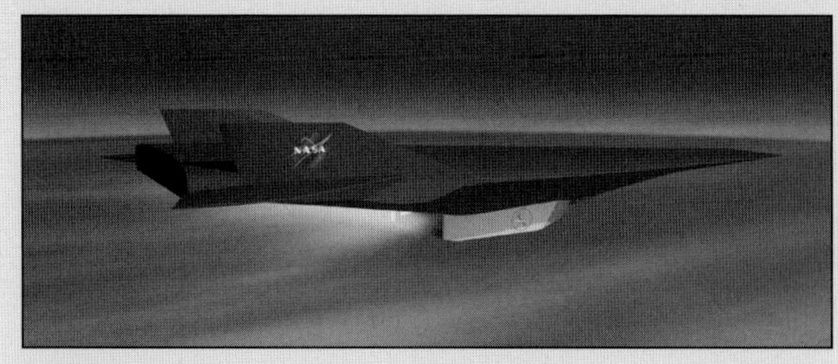

그림 14.1 X-43 극초음속 시험 비행(*NASA*)

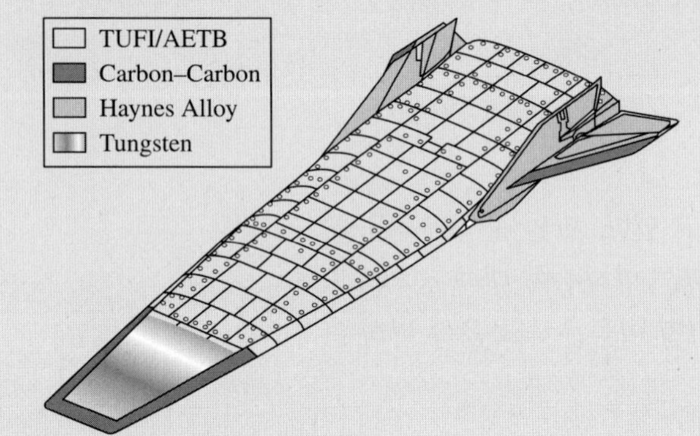

그림 14.2 X-43 열보호 체계

여기가 여러분 중 몇몇이 등장하게 될 곳이다. 아마도 여러분은 이 마지막 도전에 맞설 사람이 될 것이다.

1949년 뉴멕시코 White Sands Proving Ground에서, 독일 V-2 로켓의 상단에 장착되어 5000 mph 이상으로 대기로 나아간 WAC Corporal 로켓 이후 사람이 만든 다른 극초음속 비행체가 현실화되었다(참고문헌 52 참조). 그 이후 스페이스 셔틀이나 Apollo 귀환 모듈과 같은 우주 비행체의 모든 주인은 마하수 26~36의 높은 극초음속 마하수로 대기에 진입하고 비행하여 지구로 귀환해 왔다. 따라서 극초음속 공기역학은 비교적 오랜 시간 동안 활약하였지만, 모든 실질적인 목적에 있어서 여전히 미숙한 상태이며 진보하고 있는 중이다.

극초음속 공기역학이 이 장의 주제이다. 무엇이 극초음속 유동을 초음속 영역과 다르게 만드는가? 왜 그것은 이 책에서 분리된 장으로 다뤄지는가? 결국 극초음속 유동은 극초음속 유동이 일반적으로 음속보다 매우 큰 속도에서 움직이고 있다는 것을 제외하고는, 초음속 유동의 정의인 음속보다 매우 큰 속도의 흐름이다. 실제로 어림잡아 마하수 5나 그 이상의 유동으로 극초음속 유동을 정의한다. 그러나 마하수 5는 그냥 기준일 뿐이다. 만약 여러분이 마하수 4.99로 비행하다 마하수 5.01로 가속한다면 새로운 어떤 것도 발생하지 않는다. 유동은 파란불에서 빨간불로 변하지 않을 것이고, 천둥소리도 없을 것이다. [반대로 여러분이 마하수 0.99로 비행하다 마하수 1.01로 가속하면 유동은 '파란불에서 빨간불로 변할' 것이다(예를 들어 유동의 물리적인 성질은 우리가 이전에 보았던 것처럼 상당히 변할 것이고, 충격파의 갑작스런 발생으로 '천둥 소리'도 있을 것이다).] 그렇다면 왜 극초음속과 초음속 유동을 구분짓는가? 답은 초음속 속도에서는 중요하지는 않지만 극초음속 속도에서는 중요하게 되는 특정한 물리적 현상 때문이다. 기본적으로 4쪽의 극초음속 유동 정의로 이어지는 이러한 현상은 14.2절에 묘사되어 있다. 이것을 읽고 이것이 전부 무엇에 대한 것인지 여러분 스스로 찾아보라.

극초음속 공기역학은 최첨단의 공기역학이다. 이것은 실질적이고 매우 흥미롭다. 이 장에서는 특별한 측면에 대해 소개하고 극초음속 유동에 대해 분석한다. 이것은 단지 여러분을 위한 시작에 불과하지만 저자는 즐거운 시작이 될 것이라 예측한다.

14.1 개요 *Introduction*

항공 역사는 1903년 Wright 형제가 표준 해면에서 35 mi/h 속도로 비행한 것을 시작으로 1960년대와 1970년대 유인 우주 비행선 임무에 의해 급격히 진행되었고, '더 빠르고, 더 높게'라는 철학을 가지고 이어져 왔다. 현재 유인 우주선의 고도 기록은 달이며, 속도 기록은 음속의 36배에 달하는 36,000 ft/s로 1969년 Apollo 달 탐사선에 의한 것이다. 비록 Apollo의 비행 대부분이 대기권 밖인 우주 공간 상에서 이뤄졌지만, Apollo 비행선의 가장 결정적인 부분은 달 탐사 임무 완수 후 지구로의 재진입이었다. 대기권으로 재진입하는 동안의 매우 높은 비행 속도와 관련되는 공기역학적 현상은 이 장의 주제인 *극초음속 공기역학*으로 분류된다. 더욱이 재진입하는 유무인 비행체 외에 극초음속의 응용으로 부상하고 있는데, 예를 들면 최근 군의 주 관심사인 램젯으로 동력이 공급되는 극초음속 미사일, 극초음속 수송의 개념과 기초 기술은 지금 NASA가 주도적으로 연구하고 있다. 그런 까닭에 극초음속 공기역학이 전체 비행 범위 중 가장 끝부분이라 할지라도(1.10절 참조), 우리가 소개한 공기역학 기초의 작은 한 장에서 다룰 만큼 충분히 중요하다.

이 장은 분량이 적어 단순히 극초음속 유동의 몇몇 기초적인 사항을 간단히 소개하는 데 목적이 있다. 그렇기 때문에 이 장을 위한 이정표와 끝부분의 요약은 필요치 않다. 결국 이 장을 공부하기 전에 1장으로 돌아가서, 1.10절에 주어진 극초음속 유동에 대해 짧게 논의한 것을 다시 읽어 보라. 극초음속 유동에 관한 더 깊은 이해를 위해서는 참고문헌 52에 명시되어 있는 저자의 책을 참조하라.

14.2 극초음속 유동의 정성적 관점 *Qualitative Aspects of Hypersonic Flow*

$M_\infty = 36$에서 비행하고 있는 반각 15° 쐐기를 고려해 보자. 그림 9.9로부터 경사 충격파의 각도가 단지 18° 정도밖에 되지 않는 것을 알 수 있다. 즉, 경사 충격파는 물체 표면에 매우 가깝게 발생한다. 이런 상황은 그림 14.3에 나타나 있다. 명백히 충격파와 물체 사이의 충격파 층은 매우 얇다. 이러한 얇은 충격파 층은 극초음속 유동의 특성 중 하나이다. 얇은 충격파 층의 실제적인 결과는, 충격파 뒤 비점성 유동과 표면의 점성 경계층 사이에 빈번히 일어나는 주된 상호작용이다. 그뿐 아니라 극초음속 비행체들은 일반적으로 밀도가 낮은 높은 고도에서 비행한다. 결국 레이놀즈수는 낮고, 그렇기 때문에 경계층은 두껍게 된다. 더구나 극초음속에서 얇은 물체 위의 경계층 두께는 대략적으로 M_∞^2에 비례한다. 결국 높은 마하수는 더욱더 경계층의 두께에 기여한다. 여러 경우 중 그림 14.3의 위에 삽입된 그림처럼, 경계층 두께는 충격파 두께만큼의 크기를 가지게 된다. 여기서 충격파 층은 충분히 점성적이어서, 충격파의 모양과 표면 압력 분포는 그러한 점성 효과에 영향을 받는다. 이러한 현상을 *점성 상호작용 현상*이라 부른다. 점성 유동은 외부의 비점성 유동에 커다란 영향을 미친다. 그리고 물론 외부의 비점성 유동은 경계층에 영향을 준다. 점성 상호작용의 그래프 예는 그림 14.4처럼 극초음속 속도 내 평판 위에 생긴다. 유동이 충분히 비점성이라면 그림 14.4*a*에서 보여주는

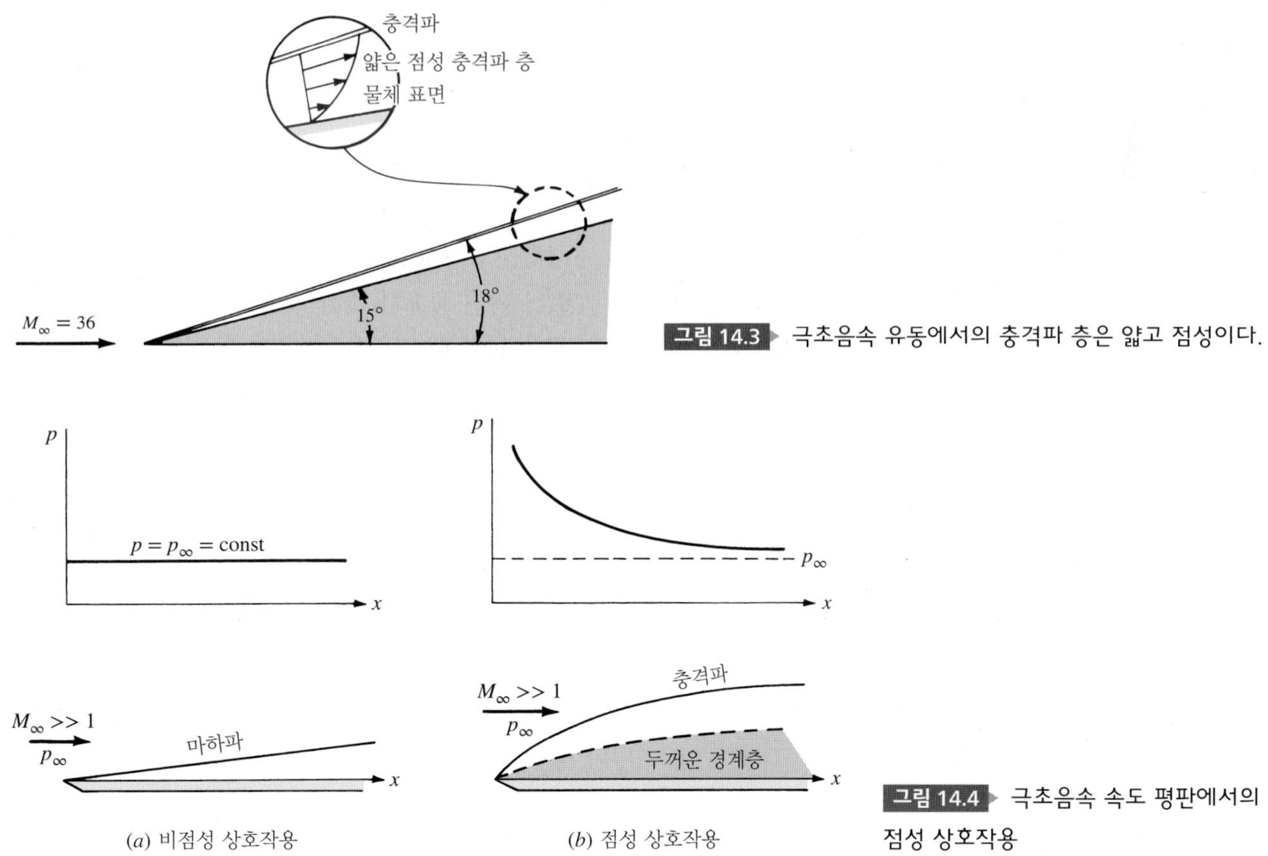

그림 14.3 극초음속 유동에서의 충격파 층은 얇고 점성이다.

그림 14.4 극초음속 속도 평판에서의 점성 상호작용

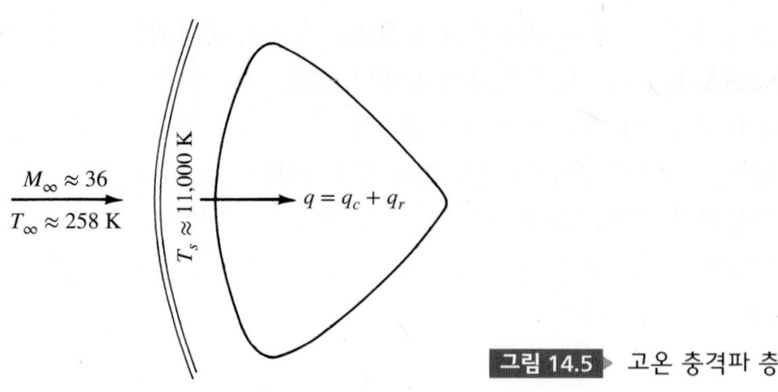

그림 14.5 고온 충격파 층

경우처럼 마하파는 앞전에서 하류로 끌린다. 유동의 기울어짐이 없기 때문에 평판 전체의 압력 분포는 상수이고 일정한 p_∞의 값을 가진다. 반면 실제 평판 전체에는 경계층이 존재한다. 그리고 극초음속 조건에서는 그림 14.4*b*에서처럼 경계층은 두껍게 된다. 두꺼운 경계층은 앞전에서부터 하류로 상당히 강하고 휘어진 충격파를 발생시키며, 외부와 비점성 유동을 변형시킨다. 결국 앞전에서부터의 표면 압력은 p_∞보다 상당히 높고, 앞전으로부터 하류로 멀어질수록 그림 14.4*b*에서처럼 p_∞로 접근한다. 또한 이러한 높은 압력과 같은 공기역학적 효과는 앞전에 공기역학적 가열을 증가시킨다. 그러므로 극초음속 점성 상호작용은 중요하다. 그리고 이것은 근대 극초음속 공기역학 연구의 중요한 영역 중 하나이다.

극초음속 유동에서 두 번째로 그리고 종종 더 중요하게 여겨지는 관점이 있다. 즉, 커다란 비행체의 큰 공력 가열을 수반하는 충격파 층에서의 고온이다. 예를 들어, 그림 14.5에 나타낸 것처럼 둔체가 마하수 36으로 대기권에 재진입을 하는 것을 고려해 보자. 궁형 충격파 수직 부분 뒤의 충격파 층 안의 온도를 즉시 계산해 보라. 부록 B로부터 $M_\infty = 36$일 때 수직 충격파를 가로지르는 정온비가 252.9라는 것을 알 수 있다. 이것은 그림 14.5에서 T_s/T_∞에 의해 정의된다. 더군다나 59 km의 표준 고도에서 $T_\infty = 258$ K이다. 결국 태양 표면보다 6배 이상 뜨거운 거짓말같이 높은 $T_s = 65{,}248$ K이라는 값을 얻게 된다. 이것은 사실상 옳지 않은 값이다. 왜냐하면 $\gamma = 1.4$인 완전 기체에 잘 맞는 부록 B를 사용했다. 그러나 고온에서 기체는 화학적 반응이 일어날 것이다. γ는 더 이상 1.4와 일치하지 않을 것이고, 더 이상 일정한 값을 갖지 않을 것이다. 그럼에도 불구하고 이 계산으로부터 65,248 K보다는 낮지만 충격파 층에 매우 높은 온도가 발생한다는 인상을 받을 수 있다. 또한 T_s의 올바른 계산이 기체의 화학적 반응까지 고려해서 만들어졌다면, 여전히 높은 온도인 $T_s \approx 11{,}000$ K라는 것을 발견할 수 있을 것이다. 명백하게 고온 효과는 극초음속 유동에서 매우 중요하다.

이 고온 효과를 좀 더 세밀하게 시험해 보자. 만약 $p = 1$ atm과 $T = 288$ K(표준 해면)에서의 공기를 고려한다면, 화학적 구성은 필수적으로 20%의 O_2와 80%의 N_2의 체적이 된다. 어떤 중요한 화학적 반응이 일어나기에는 온도가 너무 낮다. 그러나 T를 2000 K까지 증가시키면 O_2가 해리되는 것을 관찰할 수 있을 것이다. 즉,

$$O_2 \rightarrow 2O \qquad 2000\text{ K} < T < 4000\text{ K}$$

만약 온도가 4000 K까지 증가한다면, 대부분의 O_2가 해리되고 N_2 해리가 시작될 것이다.

$$N_2 \rightarrow 2N \qquad 4000\text{ K} < T < 9000\text{ K}$$

만약 온도가 9000 K까지 증가한다면, 대부분의 N_2가 해리되고 이온화가 시작될 것이다.

$$\begin{matrix} N \rightarrow N^+ + e^- \\ O \rightarrow O^+ + e^- \end{matrix} \qquad T > 9000\text{ K}$$

그림 14.5로 돌아가 보면, 물체 선두부 영역의 충격파 층은 부분적으로 이온화된 플라즈마 상태이고, 원자들 N과 O, 이온인 N^+과 O^+, 그리고 전자인 e^-로 구성되어 있다. 더구나 충격파 층에 자유전자의 출현은 비행체가 궤도 재진입 시 나타나는 일시적 통신 장애의 원인이 된다.

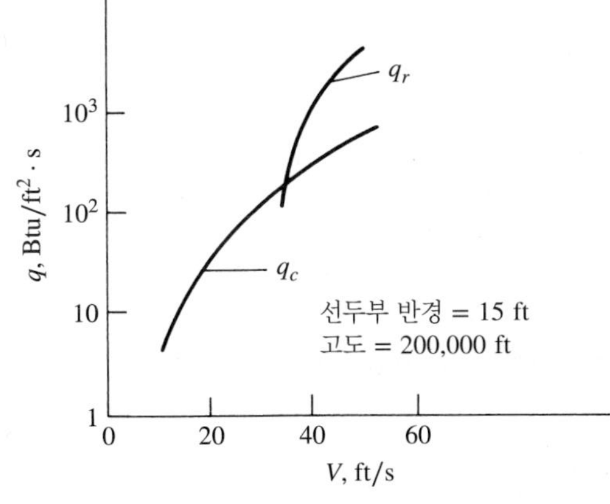

그림 14.6 비행체 속도에 대한 무딘 형상 재진입 비행체의 대류와 복사 가열비(*출처*: Anderson, J. D., Jr.: "An Engineering Survey of Radiating Shock Layers," *AIAA J.*, vol. 7, no. 9, September 1969, pp. 1665 – 1675.)

이런 고온 영향의 결과 중 하나는 지금까지 소개한 모든 식과 7~13장에서 의존했던 상수 $\gamma = 1.4$를 포함한 참고표가 더이상 유효하지 않다는 것이다. 사실 고온에서의 지배 방정식은 그림 14.5에서의 충격파 층의 화학적 반응을 기체 자체의 물리적 영향과 화학적 영향을 고려하여 반드시 수치적으로 풀어야 한다. 실제적인 물리적 영향을 고려한 공기역학 유동의 분석은 참고문헌 21의 16장과 17장에서 세밀하게 논의한다. 그런 문제들은 이 책의 범위를 벗어난다.

고온으로 구성된 충격파 층은 극초음속 비행체의 표면에 상당한 열을 전달한다. 또한 재진입 속도에서 공력 가열은 1.1절 끝에 설명한 것처럼 비행체 설계의 핵심이다. (1.1절에서 언급한 세 번째 역사적인 예로, 공력 가열의 감소를 위한 둔체 개념의 소개를 상기해 보라. 계속 진도를 나아가기 전에 이 자료를 다시 보라.) 공력 가열의 통상적인 물리적 현상은 뜨거운 충격파 층으로부터 표면에 열유도에 의한 에너지 전달이다. 즉, $\partial T/\partial n$가 표면에 수직 방향으로 기체의 온도 기울기를 묘사한다면, $q_c = -k(\partial T/\partial n)$은 표면으로의 열전달이다. 왜냐하면 $\partial T/\partial n$은 물체의 기체 흐름에 의해 생성된 유동장의 성분이기 때문이다. q_c는 *대류 가열*이라 불린다. ICBMs의 재진입 속도 상태에서(약 28,000 ft/s), 이것은 유일하게 의미있는 물체로의 열전달 방식이다. 그러나 높은 속도에서 충격파 층 온도는 더 뜨거워진다. 경험으로부터 모든 물체는 열복사를 방출한다는 것을 안다. 그리고 물리학으로부터 흑색 물체의 복사는 T^4에 따라 변화한다는 것도 안다. 결국 복사는 고온에서 지배적인 열전달 방식이 된다(예를 들면, 난롯불 옆에서 있을 때 느끼는 열은 불꽃과 뜨거운 벽으로부터 복사된 열이다). 충격파 층 온도가 11,000 K에 도달했을 때, 그림 14.5의 경우에서 뜨거운 기체로부터의 열복사는 물체 표면으로의 전체 열전달에 실질적인 영향을 미치는 부분이다. q_r로 복사 가열을 표현하면, 전체 공력 가열 q를 대류와 복사 가열의 합으로 다음과 같이 표현할 수 있다: $q = q_c + q_r$. Apollo 재진입의 경우 $q_r/q \approx 0.3$, 그 결과 복사 가열은 Apollo 가열 보호막 설계에서의 중요한 고려사항이었다. 목성 대기 속으로 진입하는 우주탐사선에서, 속도는 더욱 빨라지고 충격파 층 온도는 대류에 의한 열을 무시할 수 있을 만큼 높아질 것이다. 그리고 이런 경우는 $q \approx q_r$이다. 이러한 비행체의 경우 복사 가열은 비행체 설계에 있어서 주요한 요소이다. 그림 14.6은 지구 대기권으로 재진입하는 전형적인 유인 비행체에서 q_c와 q_r 상호작용의 중요성을 설명하고 있다. 약 36,000 ft/s의 속도를 넘어 증가할 때 얼마나 빨리 q_r이 물체의 공력 가열에 영향을 미치는지 주목하라. 충격파 층 복사 가열의 세부사항은 흥미 있고 중요하다. 그러나 이는 이 책의 범위를 벗어난다. 공학자 관점에서 본 충격파 층 복사열 전달의 철저한 조사에 대해서는 참고문헌 34를 보라.

요약하면, 얇은 충격파 층에서의 점성 상호작용과 고온, 화학적인 반응, 그리고 복사의 영향은 보통의 초음속 영역으로부터 극초음속 유동으로 구별된다. 극초음속 유동은 몇몇 완성된 책들의 주제로 다뤄져 왔다. 그 예로 참고문헌 35~39, 특히 주제와 관련된 최근의 교재인 참고문헌 52를 보라.

14.3 Newton 이론 *Newtonian Theory*

그림 14.3으로 돌아가서, 어떻게 충격파가 물체 표면에 가까이 붙어서 나타나는지 주목하자. 이 그림은 유선 형상을 첨부하여 그림 14.7로 재구성할 수 있다. 자유흐름의 수평한 유선을 멀리서 똑바로 바라보면, 이들 유선은 대부분 물

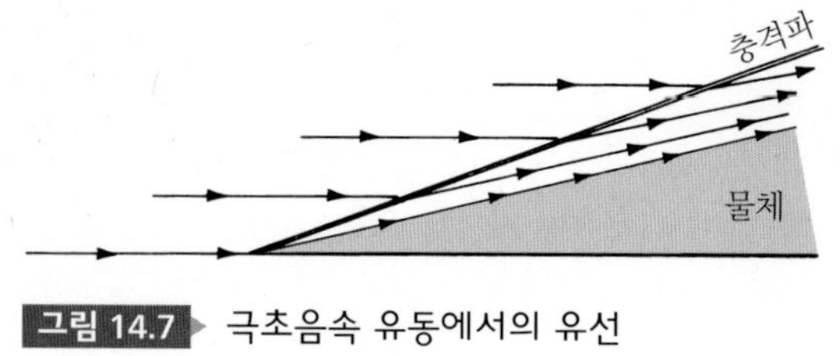

그림 14.7 극초음속 유동에서의 유선

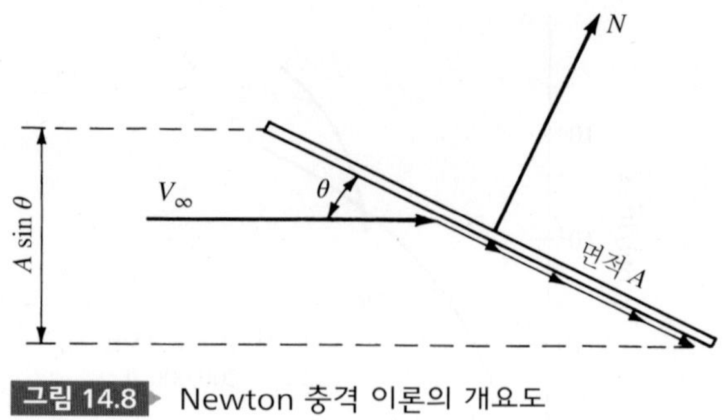

그림 14.8 Newton 충격 이론의 개요도

체에 직접적인 충격을 가한 후 물체를 따라 표면에 접선 방향으로 움직인다. 그림 1.6으로 돌아가자. 유체 유동에서의 Isac Newton의 모델이 그림으로 나와 있다. 그리고 그것을 그림 14.7에 보여진 극초음속 유동장과 비교해 보라. 이들은 눈에 띄는 유사성을 지니고 있다(또한 앞으로 더 나가기 전에 그림 1.6의 주위 환경 논의를 다시 보라). 극초음속 물체 주변의 얇은 충격파 층은 유체역학 중에서 Newton 모델에 가장 밀접한 예이다. 그런 까닭에 극초음속 유동장에서 Newton 모델에 기초한 결과가 어느 정도의 적용 가능성을 가질 것이라고 기대할 수 있다. 실제로 Newton 이론은 극초음속 표면 전체의 압력 분포를 측정할 때 자주 사용된다. 이 절의 목적은 처음 언급한 1.1절에서 유명한 Newton 제곱법칙을 유도하고, 그것을 극초음속 유동장에서 어떻게 적용할 것인지 보여주는 데 있다.

그림 14.8에 나타낸 것처럼 표면이 자유흐름에 대해 각도 θ만큼 기울어진 것을 고려해 보자. Newton 모델에 따르면, 유동은 표면에 충격을 가하는 수많은 입자로 구성된다. 그리고 표면에 접선 방향으로 움직인다. 표면에 충돌이 일어나는 동안, 입자들은 표면에 수직인 운동량 성분을 잃어버린다. 그러나 접선 방향 성분은 보존된다. 시간 변화에 따른 수직 운동량 성분은 입자들이 표면에 가한 충격량의 크기와 같다. 그림 14.8의 예처럼 이 모델을 정량화하자. 표면에 수직인 자유흐름 속도 성분은 $V_\infty \sin\theta$이다. 표면 면적을 A라고 한다면, 표면을 향해 들어오는 질량 유량은 $\rho_\infty(A \sin\theta)V_\infty$이다. 결국 시간 변화에 따른 운동량은

$$\text{질량 유량} \times \text{수직 속도 성분 변화}$$

또는

$$(\rho_\infty V_\infty A \sin\theta)(V_\infty \sin\theta) = \rho_\infty V_\infty^2 A \sin^2\theta$$

결국 Newton 제2법칙으로부터 표면의 힘은,

$$N = \rho_\infty V_\infty^2 A \sin^2\theta \tag{14.1}$$

이 힘은 그림 14.8에 나타낸 것처럼 시간 변화에 따른 운동량과 같은 선을 따라서 움직인다(즉, 표면에 수직이다). 식 (14.1)로부터 단위 면적당 수직 힘은

$$\frac{N}{A} = \rho_\infty V_\infty^2 \sin^2\theta \tag{14.2}$$

식 (14.2)에서 단위 면적당 수직 힘 N/A의 물리적 의미를 현대 공기역학의 이해 관점에서 해석해 보자. Newton 모델에서는 표면을 향해 평행한 경로로 입자 각각의 유선이 모두 똑바로 움직인다고 가정한다. 즉, 입자들은 완전히 직선 방향으로 움직인다. 입자들의 임의적인 움직임은 없다. 총에서 발사되는 총알처럼 입자들의 유선은 단순하다. 현대 개념 용어로, 움직이는 기체는 분자의 임의적인 움직임뿐만 아니라 방향성을 갖는 움직임도 구성한다는 것을 안다. 또한 자유흐름 정압 p_∞는 단순히 분자들 임의의 *불규칙적 움직임*의 척도라는 것을 알고 있다. 그런 까닭에 Newton 모델에서 단위 면적당 수직 힘의 결과인 입자들의 단순 *방향성 움직임*이므로, 식 (14.2)에서의 N/A, 이 단위 면적당 수직 힘은 표면에서 반드시 p_∞보다 *압력 차이*인 $p - p_\infty$이어야 한다. 결국 식 (14.2)는 식 (14.3)이 된다.

$$p - p_\infty = \rho_\infty V_\infty^2 \sin^2\theta \tag{14.3}$$

식 (14.3)은 압력 계수의 형태 $C_p = (p - p_\infty)/\frac{1}{2}\rho_\infty V_\infty^2$로 다시 쓸 수 있다. 따라서

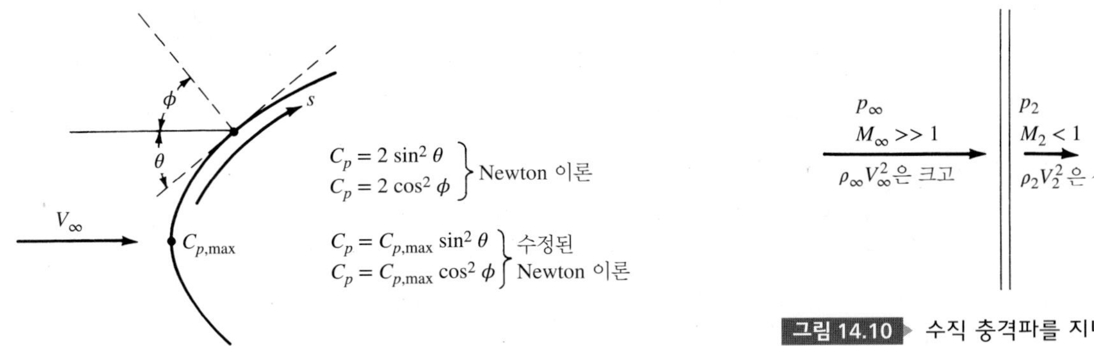

그림 14.9 Newton 이론에서 각도의 정의

그림 14.10 수직 충격파를 지나는 극초음속 유동

$$\frac{p - p_\infty}{\frac{1}{2}\rho_\infty V_\infty^2} = 2\sin^2\theta$$

또는

$$\boxed{C_p = 2\sin^2\theta} \tag{14.4}$$

식 (14.4)는 Newton의 사인제곱 법칙이다. 이는 표면의 접선 방향과 자유흐름의 방향이 이루는 각의 사인제곱에 압력 계수가 비례한다는 것을 나타낸다. 이 각도 θ는 그림 14.9에서 표시했다. Newton 이론의 결과는 종종 표면의 수직 성분과 자유흐름의 방향이 이루는 사이각의 형태로 표현된다. 그림 14.9에 보이는 것처럼 ϕ로 다시 정의되고, ϕ의 항으로 식 (14.4)는 식 (14.5)가 된다.

$$C_p = 2\cos^2\phi \tag{14.5}$$

이는 Newton 이론의 표현에 확실히 일치한다.

그림 14.9에 묘사된 둔체를 고려해 보자. 명확하게 최대 압력인 C_p의 최대값은 $\theta = \pi/2$ 와 $\phi = 0$인 지점, 즉 정체점에서 나타난다. 식 (14.4)는 정체점에서 $C_p = 2$를 예상한다. 반면에 이 극초음속 유동의 결과는 3장에서의 압축성 유동 이론과 비교하여 정체점에서 $C_p = 1$로 뚜렷한 차이를 나타낸다. 또한 $\gamma = 1.4$일 경우 정체 압력 계수는 $M_\infty = 0$일 때 1.0에서부터 $M_\infty = 1.0$일 때 1.28, $M_\infty \to \infty$일 때 1.86까지 계속 증가한다(스스로 증명하라).

$M_\infty \to \infty$에서 최대 압력 계수가 2로 접근할 때의 결과는 1차원 운동량 방정식인 식 (8.6)과 무관하게 성립될 수 있다. 그림 14.10에 나타낸 것처럼 극초음속 속도에서 수직 충격파를 고려해 보자. 이 유동에서 식 (8.6)은 다음과 같이 주어진다.

$$p_\infty + \rho_\infty V_\infty^2 = p_2 + \rho_2 V_2^2 \tag{14.6}$$

수직 충격파를 지나는 흐름의 속도가 $V_2 < V_\infty$로 감소하는 것을 다시 상기하자. 물론 수직 충격파 뒤의 유동은 아음속이다. 이 변화는 M_∞가 증가함에 따라 더 심해진다. 결국 극초음속 속도에서 $(\rho_\infty V_\infty^2) \gg (\rho_2 V_2^2)$임을 가정하고, 식 (14.6)에서 뒤에 쓰여진 항을 무시할 수 있다. 결과적으로 $M_\infty \to \infty$로 제한된 경우 극초음속 속도의 식 (14.6)은 다음과 같다.

$$p_2 - p_\infty = \rho_\infty V_\infty^2$$

또는

$$C_p = \frac{p_2 - p_\infty}{\frac{1}{2}\rho_\infty V_\infty^2} = 2$$

따라서 식 (14.4)로부터 Newton의 결과를 확인할 수 있다.

위 설명에 따라 정체점에서 $C_p = 2$의 결과는 $M_\infty \to \infty$일 때 제한된 값이 된다. 크지만 유한한 마하수에서, 정체점에서 C_p의 값은 2보다 작다. 그림 14.9에 나타낸 둔체를 다시 보자. 표면에 따른 거리 s의 함수에서 C_p의 분포를 살펴보면, C_p의 최대값은 정체점에서 나타날 것이다. 그림 14.9에 보인 것처럼 $C_{p,\max}$에 의한 C_p의 정체점 값을 다시 정

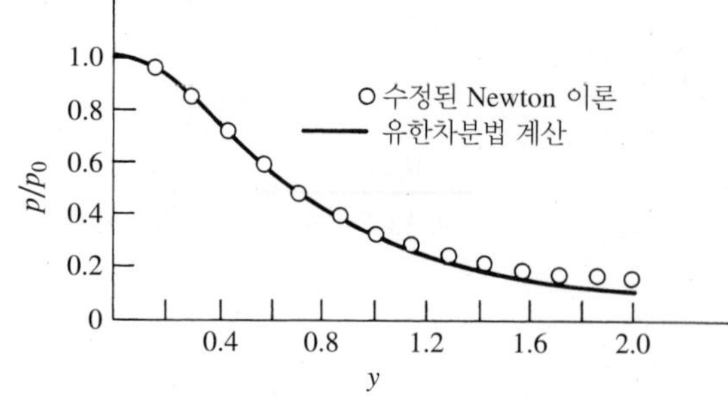

그림 14.11 표면 압력 분포, 포물선체, $M_\infty = 4$. 수정된 Newton 이론과 시간 종속 유한차분 계산 비교

의할 수 있다. 주어진 M_∞에서의 $C_{p,\max}$는 수직 충격파 이론으로부터 쉽게 계산된다[$\gamma = 1.4$면, $C_{p,\max}$는 표로 정리된 부록 B의 $p_{0,2}/p_1 = p_{0,2}/p_\infty$에서 얻을 수 있다. 다시 식 (11.22)로부터 $C_{p,\max} = (2/\gamma M_\infty^2)(p_{0,2}/p_\infty - 1)$임을 상기하라]. 정체점의 하류로 C_p는 Newton 이론에 의해 예측되는 사인제곱 변화에 따른다고 가정할 수 있다. 즉,

$$\boxed{C_p = C_{p,\max} \sin^2 \theta} \tag{14.7}$$

식 (14.7)은 *수정된* Newton 법칙으로 불린다. 둔체 주변의 C_p 분포 계산에 있어서, 식 (14.7)은 식 (14.4)보다 정확하다.

그림 13.14로 돌아가 보면, $M_\infty = 4$와 8에서 무딘 포물선 실린더 주변의 압력 분포 결과를 수치적으로 나타낸다. 이 그림에서 열린 원 기호들은 수정된 Newton 이론의 결과를 표시한다. 즉, 식 (14.7)이다. 이 2차원 물체에 대해 수정된 Newton 이론이 더 높은 마하수 영역에서 비교값이 개선되고 있지만, 적어도 선두부 영역에서 어느 정도 정확성을 나타낸다. Newton 이론은 보다 높은 마하수와 각도에서 보다 정확한 값을 갖는다. 축대칭 물체의 경우, 즉 $M_\infty = 4$에서의 포물면은 그림 14.11처럼 주어진다. M_∞의 값이 비교적 작더라도, 시간 종속 수치 결과(13장 참조)와 Newton 이론은 더 일치하는 편이다. 일반적으로 Newton 이론에 의한 결과는 3차원 물체에 더 잘 일치한다. 식 (14.7)처럼 수정된 Newton 법칙은 극초음속 비행체 설계 영역에서 자주 사용된다. 게다가 3차원 극초음속 물체의 일반적인 형태 개발에 식 (14.7)을 적용하기 위해 집중적으로 컴퓨터 프로그램을 개발하였다. 그런 까닭에 Newton의 의도는 아니었을지라도, 극초음속 속도에서 적절히 적용할 수 있는 법칙을 우리에게 제공해 준 Isac Newton에게 감사해야 한다. 그럼에도 불구하고 3세기 후 Newton의 유체역학은 마침내 실제 설계에 적용할 수 있도록 충분히 수정되었다.

14.4 극초음속에서 날개의 양력과 항력: 받음각을 가진 평판에 대한 Newton의 결과

The Lift and Drag of Wings at Hypersonic Speeds: Newtonian Results for a Flat Plate at Angle of Attack

*질문: 아음속*에서 날개가 받음각 α로 변할 때 양력 계수 C_L과 항력 계수 C_D는 어떻게 될까?

답: 5장에서 소개한 것처럼 다음의 사실을 알고 있다.

1. 양력 계수는 실속 직전까지는 받음각에 대해 *선형적*으로 비례하여 변화한다. 그림 5.24의 예를 보라.
2. 항력 계수는 식 (5.63)과 같이 항력 극선도에 의해 주어진다. 다시 말하면 다음과 같다.

$$C_D = c_d + \frac{C_L^2}{\pi e \mathrm{AR}} \tag{5.63}$$

C_L은 α에 비례하고 C_D는 α의 *제곱*에 비례한다.

*질문: 초음속*에서 날개 받음각이 α로 변할 때 양력 계수 C_L과 항력 계수 C_D는 어떻게 될까?

답: 12장에서 초음속에서의 익형에 대해 설명했던 것은 다음과 같다.

1. 양력 계수는 식 (12.23)에 나타낸 것처럼 α에 *선형적*으로 비례하여 변화한다. 다시 말하면 다음과 같다.

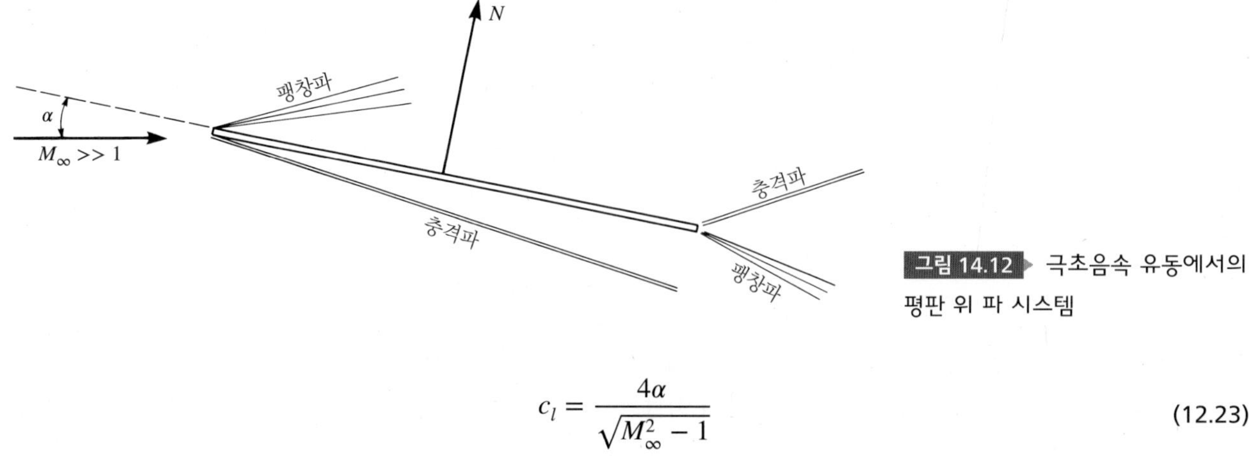

그림 14.12 ▶ 극초음속 유동에서의 평판 위 파 시스템

$$c_l = \frac{4\alpha}{\sqrt{M_\infty^2 - 1}} \tag{12.23}$$

2. 항력 계수는 평판에 관한 식 (12.24)에 나타낸 것처럼 α의 *제곱*에 비례하여 변화한다. 다시 말하면 다음과 같다.

$$c_d = \frac{4\alpha^2}{\sqrt{M_\infty^2 - 1}} \tag{12.24}$$

초음속에서 유한날개의 특징은 마찬가지로 받음각의 함수로 변화된다. 즉, C_L은 α에 비례하고, C_D는 α^2에 비례한다.

질문: 극초음속에서 날개의 받음각 α가 변할 때 양력 계수 C_L과 항력 계수 C_D는 어떻게 될까? 아음속과 초음속 두 가지 속도 영역에서 C_L은 α에 비례하는 것을 증명했다. 극초음속에서도 똑같이 비례하는 것을 유지할까? 아음속과 초음속 두 경우 모두 C_D는 α^2에 비례하는 것을 증명했다. 극초음속에서도 똑같이 비례하는 것을 유지할까? 이 절의 목적은 이런 질문에 대한 답을 설명하는 것이다.

대략적인 방법으로, 극초음속 유동에서 양력과 항력의 특성은 그림 14.12에 표시한 것처럼 어떤 받음각에서의 평판을 모델화시킬 수 있다. 평판 위 유동장은 그림 14.12에 나타냈듯이 팽창파와 충격파를 포함한다. 정확한 양력과 조파 항력 계수는 9.7절에서 설명한 것처럼 충격–팽창파 방법으로부터 얻을 수 있다. 그러나 극초음속 속도에서 양력과 조파 항력 계수는 이 식처럼 Newton 이론의 사용으로 조금 더 근사화될 수 있다.

그림 14.13을 고려해 보자. 자유흐름에 대해 받음각 α에서의 시위 길이 c를 가지는 2차원 평판이 있다. 마찰을 포함하지 않고 표면 압력은 항상 표면에 대해 수직으로 작용하기 때문에, 공기역학 결과력은 평판에 수직을 이룬다. 즉, 이 경우 수직 힘 N은 공기역학적 결과이다(무한히 얇은 평판에 대해서, 극초음속의 경우거나 Newton 이론에 제한되지 않는 일반적인 결과이다). 결국 N은 그림 14.13에 나타낸 것처럼 각각 L과 D라고 정의된 양력과 항력으로 다시 표현된다. Newton 이론에 따르면 아래쪽 표면 위 압력 계수는 다음과 같다.

$$C_{p,l} = 2\sin^2\alpha \tag{14.8}$$

그림 14.13에 나타낸 것처럼, 위쪽 표면은 Newton 이론의 개념에 의해 자유흐름 입자에 직접적인 '충격'을 받지 않는

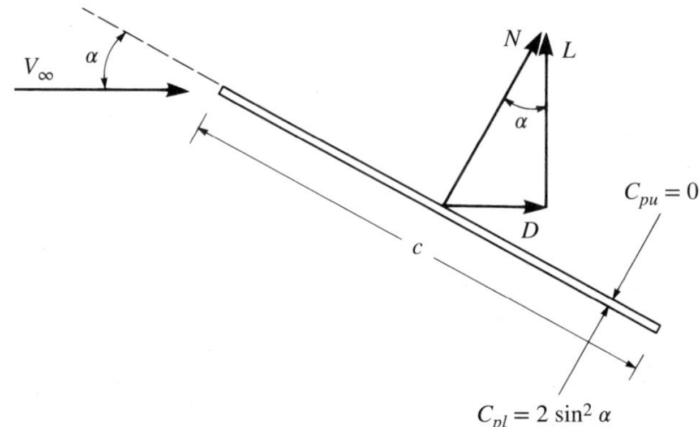

그림 14.13 ▶ 받음각을 가지고 있는 평판. 공기역학 힘의 표시

다. 위쪽 표면은 유동의 '그림자'로 불린다. 그러므로 Newton의 유동 기본 모델에 모순되지 않으며 오직 자유흐름 압력만이 윗면에 작용하기 때문에 다음 식을 얻는다.

$$C_{p,u} = 0 \tag{14.9}$$

공력 계수에 대한 논의인 1.5절로 되돌아가서, 식 (1.15)에 의해 수직력 계수가 주어지는 것에 주목하자. 마찰을 무시하면 다음과 같이 된다.

$$c_n = \frac{1}{c}\int_0^c (C_{p,l} - C_{p,u})\,dx \tag{14.10}$$

x는 앞전으로부터 시위를 따르는 거리이다(주: 이 절에서는 평판을 익형면으로 다룬다. 그렇기 때문에, 처음 1장처럼 힘 계수를 소문자로 사용할 것이다). 식 (14.8)과 (14.9)를 식 (14.10)에 대입하면 다음 식을 얻는다.

$$c_n = \frac{1}{c}(2\sin^2\alpha)c$$

또는

$$= 2\sin^2\alpha \tag{14.11}$$

그림 14.13의 형태로부터, $S = (c)(l)$일 때 각각 $c_l = L/q_\infty S$와 $c_d = D/q_\infty S$로 정의된 양력 계수와 항력 계수가 다음과 같이 주어짐을 확인할 수 있다. 다시 쓰면 다음과 같다.

$$c_l = c_n \cos\alpha \tag{14.12}$$

그리고

$$c_d = c_n \sin\alpha \tag{14.13}$$

식 (14.11)에 식 (14.12)와 (14.13)을 대입하면 다음을 얻는다.

$$c_l = 2\sin^2\alpha\cos\alpha \tag{14.14}$$

$$c_d = 2\sin^3\alpha \tag{14.15}$$

마지막으로 그림 14.13의 관계로부터 양항비는 다음과 같이 주어진다.

$$\frac{L}{D} = \cot\alpha \tag{14.16}$$

[주: 식 (14.16)은 비점성 초음속 또는 극초음속 유동장에서의 평판 위 흐름에 대한 일반적인 식이다. 이러한 유동에서 공기역학적 합력은 수직 힘 N이다. 그림 14.13에서 표시한 형태로부터, 공기역학적 합력은 각 α에 관계하여 양력을 발생시킨다. 그리고 명백히 L과 D 사이를 직각으로 하고 N이 빗변인 직각삼각형 형태로부터 $L/D = \cot\alpha$의 관계식을 가진다. 그러므로 식 (14.16)은 Newton 이론에 제한되지 않는다.]

Newton 이론에 기초한 평판의 공기역학 특징을 그림 14.14에 나타냈다. 비록 무한히 얇은 평판이 실제로 존재하는 공기역학적 형상이 아니더라도, 극초음속 속도에서 그것의 공기역학적 현상은 몇몇 다른 극초음속 형태의 기초적인 특성과 일치한다. 예를 들어, 그림 14.14에서 보여진 c_l의 변화를 고려해 보자. 먼저 작은 받음각에서, 말하자면 α 범위 0~15°에서 c_l은 *비선형적* 형태로 변한다. 즉, 양력 곡선의 기울기는 일정하지 *않다*. 이것은 4장과 5장에서 공부했던 아음속의 경우와 직접적으로 대조된다. 날개 단면 또는 유한날개에 대해 작은 받음각 α가 실속각에 이를 때까지 선형적으로 변함을 보여줬다. 또한 평판에서 α에 의한 c_l의 선형적 변화를 나타낸 식 (12.23)을 이끌어낸 12.3절의 선형화된 초음속 이론 결과와도 대조된다. 그러나 그림 14.14에서 표시한 비선형적 양력 곡선은 11.3절에서 논의한 결과와 *완전히 일치*한다. 극초음속 유동이 식 (11.18)에 의해 선형적으로 표현된 것이 *아닌*, *비선형* 속도 퍼텐셜 식에 의해 지배되는 것을 증명한 바 있다. 이전 절에서, 천음속과 극초음속 유동은 선형 이론에 의해 설명될 수 없음을 보였다. 이 두 유동은 심지어 작은 받음각일 때에도 비선형이다. 다시 한번 그림 14.14에 표시한 평판 양력 곡선은 극초음속 유동의 비선형성을 분명하게 표시하고 있다.

또한 그림 14.14에서의 양력 곡선으로부터 처음 c_l은 α가 증가함에 따라 증가하고, 약 55°(정확히 54.7°)의 받음각에서 최고값에 도달한다. 그리고 $\alpha = 90°$에서 0에 도달한다. 그러나 그림 14.14에서 $c_{l,\max}$(점 A)에 도달하는 것은 아

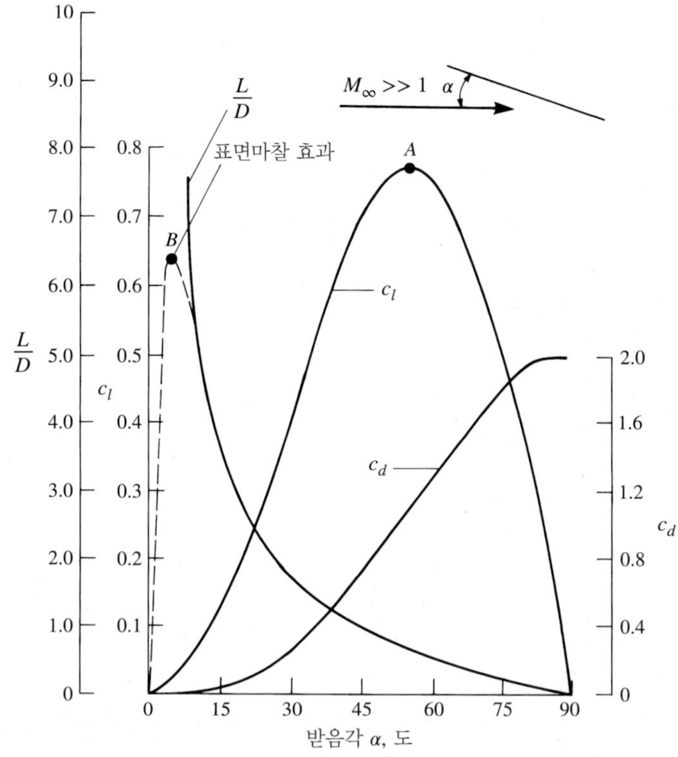

그림 14.14 Newton 이론에 기초한 평판에서의 공력 성질

음속 유동에서처럼 점성, 유동 박리 현상에 의한 것이 *아니다*. 오히려 그림 14.14에서 c_l의 최고값에의 도달은 완전한 기하학적 효과이다. 이것을 더 잘 이해하기 위해 그림 14.13으로 돌아가자. α가 증가함에 따라 C_p는 Newton의 식에 의해 계속적으로 증가하는 것을 확인해 보라.

$$C_p = 2\sin^2\alpha$$

즉, C_p는 $\alpha = 90°$일 때 최고값에 도달한다. 결국 그림 14.13에 보인 *수직 힘* N은 α가 증가함에 따라 계속 증가한다. 또한 $\alpha = 90°$일 때 최고값에 도달한다. 그러나 식 (14.12)로부터 다시 생각해 보면 공기역학 힘의 수직 성분, 즉 양력은 다음에 의해 주어진다.

$$L = N\cos\alpha \tag{14.17}$$

그러므로 N이 단조롭게 증가하더라도 α가 90°까지 증가할 때 L의 값은 $\alpha = 55°$ 근처에서 최고값에 도달한다. 그리고 난 후, 식 (14.17)에서 표시한 코사인 변화의 영향에 의해 α가 더 높아짐에 따라 감소하기 시작한다—엄밀하게 기하학적 효과. 다시 말해, 그림 14.13에서 N이 α와 함께 증가한다 하더라도, 그것은 결국 상대적으로 수직이 될 때까지 기울어지게 된다. 그것의 수직 성분(양력)은 점차적으로 감소하기 시작한다. 그림 14.14에 표시한 것처럼, 실제 많은 극초음속 형상에 대해 최대 C_L은 최대 받음각에 이웃하는 55° 근처에서 발생한다는 점은 흥미로운 사실이다.

극초음속 평판에서 최대 양력 계수와 그것이 발생하는 각도는 Newton 이론을 사용하여 쉽게 구할 수 있다. 식 (14.14)를 α에 대해 미분하고, 미분식을 0으로 놓으면(c_l 최대값 조건) 다음 식을 얻을 수 있다.

$$\frac{dc_l}{d\alpha} = (2\sin^2\alpha)(-\sin\alpha) + 4\cos^2\alpha\sin\alpha = 0$$

또는

$$\sin^2\alpha = 2\cos^2\alpha = 2(1-\sin^2\alpha)$$

또는

$$\sin^2\alpha = \tfrac{2}{3}$$

그러므로

$$\alpha = 54.7°$$

이것은 c_l이 최대일 때의 받음각이다. c_l의 최대값은 식 (14.14)에 α의 결과를 대입하여 얻을 수 있다.

$$c_{l,\max} = 2\sin^2(54.7°)\cos(54.7°) = 0.77$$

비록 c_l이 받음각에서의 넓은 범위에 걸쳐 증가한다 할지라도(c_l은 $\alpha = 0$에서부터 $\alpha = 54.7°$까지의 범위에서 증가한다) 증가 비율은 작다(즉, 효과적인 양력 기울기는 작다). 결국 최대 양력 계수에 대한 결과값은 상대적으로 작다. 적어도 저속 유동의 경우 $c_{l,\max}$는 훨씬 높은 값을 갖는다(그림 4.25와 4.28 참조). 그림 14.14로 돌아가서, 이제 양력 곡선 정점의 *정확한* 값을 정의할 수 있다(점 *A*). 즉, c_l의 최고점 값은 0.77이다. 그리고 그것은 54.7°의 받음각에서 나타난다.

그림 14.14에서 항력 계수 c_d의 변화를 살펴보면, $\alpha = 0$에서의 0부터 $\alpha = 90°$에서의 최대값 2일 때까지 단조롭게 증가함을 알 수 있다. 비점성 유동을 다루기 때문에, 항력에 대한 Newton의 결과는 극초음속 속도에서 반드시 *조파 항력*이 된다. 결국 마찰이 없는 경우의 항력이다. 그림 14.14에서의 낮은 받음각 α에 대한 c_d의 변화는 반드시 *세제곱*에 비례하는 변화를 나타낸다. 즉, 식 (12.24)에서 보여준 받음각의 제곱에 변화하는 c_d, 선형화된 초음속 유동 결과와는 대조적이다. c_d가 α^3에 비례하여 변하는 극초음속 결과는 식 (14.15)로부터 쉽게 얻을 수 있다. 작은 α에서는 다음과 같다.

$$c_d = 2\alpha^3 \tag{14.18}$$

Newton 이론에 의해 예상된 양항비의 변화는 결국 그림 14.14에서 표시한 것과 같다. 실선은 오로지 Newton 이론의 결과이다. 그것은 L/D가 $\alpha = 0$에서 무한히 큰 값을 가지고 $\alpha = 90°$에서 0까지 단조롭게 감소하는 것을 보여준다. $\alpha = 0$에서 L/D의 무한한 값은 전적으로 이상적인 것이다. 이는 표면마찰의 무시에 기인한다. 표면마찰을 그림에 더할 때, 그림 14.14에서 점선으로 다시 정의된다. L/D는 작은 받음각에서 최고값에 도달하고(그림 14.14에서 점 *B*) $\alpha = 0$에서 0이 된다($\alpha = 0$에서 어떤 양력도 생성되지 않는다. 그러나 유한 항력은 마찰에 기인한다. 결국 $\alpha = 0$에서 $L/D = 0$이다).

$(L/D)_{\max}$ 상태의 조건을 좀 더 상세히 살펴보자. $(L/D)_{\max}$의 값과 그것이 일어날 때의 받음각(즉, 그림 14.14에서의 점 *B*)은 바로 영양력 항력 계수의 함수이다. 다시 정의하면 $c_{d,0}$다. 양력이 0일 때 항력 계수는 일반적으로 평판의 표면 전체 받음각이 0일 때 표면마찰을 합한 결과이다. 작은 받음각에서 표면마찰은 실질적으로 평판에서 받음각이 0일 때의 향력이라 할 수 있다. 그러므로 전체 항력 계수를 다음과 같이 쓸 수 있다[식 (14.15) 참조].

$$c_d = 2\sin^3\alpha + c_{d,0} \tag{14.19}$$

또한 α가 작을 때 식 (14.14)와 (14.19)는 다음과 같이 쓸 수 있다.

$$c_l = 2\alpha^2 \tag{14.20}$$

그리고

$$c_d = 2\alpha^3 + c_{d,0} \tag{14.21}$$

식 (14.21)로 식 (14.20)을 나누면 다음과 같은 식으로 표시된다.

$$\frac{c_l}{c_d} = \frac{2\alpha^2}{2\alpha^3 + c_{d,0}} \tag{14.22}$$

최대 양항비 조건은 식 (14.22)를 미분한 결과를 0으로 두어 얻을 수 있다.

$$\frac{d(c_l/c_d)}{d\alpha} = \frac{(2\alpha^3 + c_{d,0})4\alpha - 2\alpha^2(6\alpha^2)}{(2\alpha^3 + c_{d,0})} = 0$$

또는

$$8\alpha^4 + 4\alpha c_{d,0} - 12\alpha^4 = 0$$

$$4\alpha^3 = 4c_{d,0}$$

그러므로

$$\boxed{\alpha = (c_{d,0})^{1/3}} \tag{14.23}$$

식 (14.21)에 식 (14.23)을 대입하면 다음과 같은 식을 얻는다.

$$\left(\frac{c_l}{c_d}\right)_{max} = \frac{2(c_{d,0})^{2/3}}{2c_{d,0} + c_{d,0}} = \frac{2/3}{(c_{d,0})^{1/3}}$$

또는

$$\left(\frac{L}{D}\right)_{max} = \left(\frac{c_l}{c_d}\right)_{max} = \boxed{0.67/(c_{d,0})^{1/3}} \tag{14.24}$$

식 (14.23)과 (14.24)는 중요한 결과이다. 이는 마찰이 포함되어 있을 때(그림 14.14에서의 점 B) 명백히 그림 14.14에서의 최대 L/D의 좌표를 의미한다. 그것들은 분명히 $c_{d,0}$의 함수이다. 특히 $c_{d,0}$가 증가함에 따라 $(L/D)_{max}$가 감소하는 것을 예상할 수 있음에 주목하라. 즉, 더 높은 마찰 항력은 더 낮은 L/D를 나타낸다. 결국 최대 L/D에서의 받음각은 $c_{d,0}$가 증가함에 따라 같이 증가한다. 다음에 유도하듯이 $(L/D)_{max}$에서 만족하는 또 다른 흥미로운 공기역학적 조건이 있다. 식 (14.21)에 식 (14.23)을 대입하면 다음과 같은 식을 가진다.

$$c_d = 2c_{d,0} + c_{d,0} = 3c_{d,0} \tag{14.25}$$

전체 항력 계수는 조파 항력 계수 $c_{d,w}$와 마찰 항력 계수 $c_{d,0}$의 합이므로 다음과 같이 쓸 수 있다.

$$c_d = c_{d,w} + c_{d,0} \tag{14.26}$$

그러나 최대값 L/D의 점에서(그림 14.14의 점 B), 식 (14.25)로부터 $c_d = 3c_{d,0}$임을 알고 있다. 식 (14.26)에 이 결과를 대입하면 다음과 같은 식을 얻는다.

$$3c_{d,0} = c_{d,w} + c_{d,0}$$

또는

$$\boxed{c_{d,w} = 2c_{d,0}} \tag{14.27}$$

이는 명백히 Newton 이론을 이용한 극초음속 평판의 최대 양항비 비행 조건에서 조파 항력은 마찰 항력의 2배임을 보여준다.

이것은 Newton 평판 문제에 의한 극초음속 속도에서 모델화된 날개의 양력과 항력에 관한 짧은 논의에 대한 결론을 가져다준다. 양적인 면과 질적인 면으로 여기서 제공된 결과는 실제적인 극초음속 비행체의 여러 극초음속 공기역학 특징들을 잘 설명하고 있다. 평판 문제는 일반적으로 이러한 특징을 간단하게 설명할 수 있는 방법이다.

14.4.1 정확성 고려 *Accuracy Considerations*

극초음속 물체 전체의 압력 분포를 Newton 이론은 얼마나 정확하게 예측할까? 그림 14.11에 나타낸 비교는 식 (14.7)이 *둔체* 표면 전체의 압력 분포를 충분히 정확하게 예측하고 있음을 보여준다. 게다가 극초음속 속도에서 둔체의 전체 압력 분포 측정에 대한 '어림계산'은 수정된 Newton 이론으로 충분히 만족된다. 그러나 작은 받음각에서 비교적 얇은 물체들은 어떨까? 이 절에서 제공된 Newton 평판 관계를 이용하여 답을 구할 수 있다. 그리고 이런 결과들을 작은 받음각에서의 평판에서 정확한 충격–팽창 이론과 비교할 수 있다(9.7절). 이것이 다음 예제의 목적이다.

예제 14.1

마하수 8의 유동에서 받음각 15°일 때의 무한히 얇은 평판을 고려해 보자. 표면 위쪽과 아래쪽의 압력 계수, 양력과 항력 계수, 그리고 양항비를 (*a*) 정확한 충격–팽창 이론, (*b*) Newton 이론을 이용하여 계산하고 결과를 비교하라.

■ **풀이**

(*a*) 받음각에서의 평판을 나타낸 그림 9.35의 도표를 사용하고, 예제 9.11에 주어진 방법인 충격–팽창 이론을 사용하면 위쪽 표면에 $M_1 = 8$ 그리고 $\nu_1 = 95.62°$일 때이다.

$$\nu_2 = \nu_1 + \theta = 95.62 + 15 = 110.62°$$

부록 C로부터, 항목들 사이의 보간으로

$$M_2 = 14.32$$

부록 A로부터, $M_1 = 8$에서 $p_0/p_1 = 0.9763 \times 10^4$, 그리고 $M_2 = 14.32$에서 $p_0/p_2 = 0.4808 \times 10^6$이다. $p_{0_1} = p_{0_2}$이기 때문에

$$\frac{p_2}{p_1} = \frac{p_{0_1}}{p_1} \bigg/ \frac{p_{0_2}}{p_2} = \frac{0.9763 \times 10^4}{0.4808 \times 10^6} = 0.0203$$

식 (11.22)에 의해 압력 계수는 주어진다. 그리고 그림 9.28에서의 자유흐름 정압은 p_1에 의해 다시 정의된다. 그러므로

$$C_{p_2} = \frac{2}{\gamma M_1^2}\left(\frac{p_2}{p_1} - 1\right) = \frac{2}{(1.4)(8)^2}(0.0203 - 1) = \boxed{-0.0219}$$

경사 충격파 이론으로부터 표면 아래쪽의 압력 계수를 획득하기 위해, θ-β-M으로부터 $M_1 = 8$과 $\theta = 15°$에 대하여 $\beta = 21°$를 구할 수 있다.

$$M_{n,1} = M_1 \sin\beta = 8 \sin 21° = 2.87$$

부록 B로부터 보간하면, $M_{n,1} = 2.87$에서 $p_3/p_1 = 9.443$이다. 그러므로 표면 아래쪽의 압력 계수는

$$C_{p_3} = \frac{2}{\gamma M_1^2}\left(\frac{p_3}{p_2} - 1\right) = \frac{2}{(1.4)(8)^2}(9.443 - 1) = \boxed{0.1885}$$

양력 계수는 식 (1.15), (1.16), (1.18)을 통한 압력 계수로부터 구할 수 있다.

$$c_n = \frac{1}{c}\int_0^c (C_{p,\ell} - C_{p,u})\,dx = C_{p_3} - C_{p_2} = 0.1885 - (-0.0219) = 0.2104$$

평판의 축 방향 힘은 0이다. 왜냐하면 압력은 단지 평판에 직각으로 작용하기 때문이다. 형상의 기반에 의해, 식 (1.16)의 dy/dx는 평판에서 0이다. 그러므로 식 (1.18)로부터

$$c_\ell = c_n \cos\alpha = 0.2104 \cos 15° = \boxed{0.2032}$$

식 (1.19)로부터

$$c_d = c_n \sin\alpha = 0.2104 \sin 15° = \boxed{0.0545}$$

그러므로

$$\frac{L}{D} = \frac{c_\ell}{c_d} = \frac{0.2032}{0.0545} = \boxed{3.73}$$

(*b*) Newton 이론으로부터, 압력 계수는 식 (14.4)에 의해 $\theta \equiv \alpha$에서 주어진다. 이것은 아래쪽 표면에서의 압력 계수이다. 그러므로

$$C_{p_3} = 2\sin^2\alpha = 2\sin^2 15° = \boxed{0.134}$$

식 (14.9)로부터 위쪽 표면에서의 압력 계수를 얻을 수 있다.

$$C_{p_2} = \boxed{0}$$

그러므로

$$c_\ell = (C_{p_3} - C_{p_2})\cos\alpha = 0.134\cos 15° = \boxed{0.1294}$$

그리고

$$c_d = (C_{p_3} - C_{p_2})\sin\alpha = 0.134\sin 15° = \boxed{0.03468}$$

그리고

$$\frac{L}{D} = \frac{c_\ell}{c_d} = \frac{0.1294}{0.3468} = \boxed{3.73}$$

토의: 위의 완료된 예제로부터, Newton 이론이 아래쪽 표면의 압력 계수를 29% *낮춰 예상한* 것을 알 수 있다. 그리고 물론 위쪽 표면의 압력 계수에 대해서는 0의 값을 예상한다. 정확한 이론으로부터의 값 −0.0219와 비교하면 100%의 오차이다. 또한 Newton 이론은 c_ℓ과 c_d를 36.6% 아래로 예상한다. 그러나 Newton 이론으로부터의 L/D의 값은 *정확하게 일치한다*. 이것은 두 가지 이유에서 놀랄 일이 아니다. 첫째, c_ℓ과 c_d의 Newton 값들은 둘 다 같은 크기

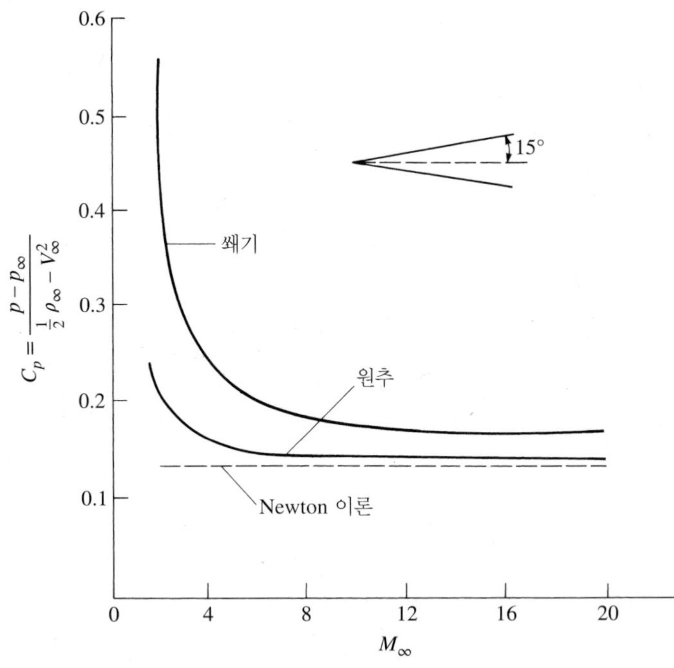

그림 14.15 뾰족한 쐐기와 원추에서의 압력 계수에 대한 Newton 이론과 정확한 결과의 비교. 또한 높은 마하수에서의 마하수 독립성의 그림

만큼 낮게 예측되었다. 그러므로 그것들의 비에는 영향을 주지 못한다. 둘째, 초음속 또는 극초음속 비점성 유동에서의 평판에서 L/D의 값은 표면 위쪽과 아래쪽의 압력을 어떤 이론으로 구한다 할지라도 단순히 *기하학적* 문제일 뿐이다. 압력은 표면에 수직으로 작용하기 때문에, 공기역학 결과력은 평판에 수직이다(즉, 결과력은 수직력 N이다). 그림 1.16을 설명하면 이번과 같은 경우일 때, **R**과 **N**의 벡터들은 똑같은 벡터이다. 그리고 L/D는 다음에 의해 기하학적으로 주어진다.

$$\frac{L}{D} = \cot \alpha$$

위 예제에서 $\alpha = 15°$일 때 다음을 가진다.

$$\frac{L}{D} = \cot 15° = 3.73$$

처음에 얻은 c_ℓ과 c_d는 앞서 계산한 것과 일치한다. 그리고 L/D는 c_ℓ/c_d의 비로부터 찾을 수 있다. 결국 평판에 적용한 Newton 이론에서 유도된 식 (14.16)은 Newton 이론에만 국한되지 않는다. 그것은 공기역학 결과력이 평판에 수직일 때의 일반적인 결과이다.

예제 14.1로부터 식 (14.4), 즉 Newton 사인제곱 법칙은 표면의 국소적인 접선이 유동에 대해 작거나 적당한 각을 갖는 2차원 물체에 대한 극초음속 압력 분포를 정확히 예측할 수 없다는 일반적인 사실을 추론할 수 있다. 그림 12.3에 보여진 것처럼 양쪽으로 볼록한 날개 단면과 같은 것이다. 반면 받음각보다 작거나 유사한 날렵한 형태에 대한 양항비의 Newton 예측은 일반적으로 상당히 일치한다. 예제 14.1에서 다루었던 $\gamma = 1.4$인 공기와 같이, 이런 진술은 비열비가 실제적으로 1보다 더 큰 기체에 대해 적용된다. 다음 절에서 Newton 이론이 $M_\infty \to \infty$이고 $\gamma \to 1$일 때 더 정확해지는 것을 볼 것이다. 2차원 날렵한 형태에 적용된 Newton 이론의 정확성에 대한 더 많은 정보를 담은 참고문헌 73을 보면 이 연구의 명확한 문제를 볼 수 있다.

마지막으로 Newton 이론이 그림 14.15에 보여진 것처럼 15° 반각 원추와 같은 축대칭 날렵한 물체의 압력을 더 잘 예측할 수 있다는 것을 알 수 있다.

14.5 Newton 이론에서 극초음속 충격파 관계와 다른 시각

Hypersonic Shock-Wave Relations and Another Look at Newtonian Theory

기초적인 경사 충격파 관계는 9장에서 유도되고 논의되었다. 이는 정확한 충격파 관계이고 1보다 큰 모든 마하수, 초음속 또는 극초음속에서 성립한다(열량적 완전 기체라고 가정). 그러나 이런 충격파 관계의 몇몇 근사화된 형태와 단순화된 형태는 높은 마하수의 한계에서 얻어진다. 이런 극한 형태는 극초음속 충격파 관계라고 불린다. 그것들을 아래에서 구해 보자.

직선 경사 충격파를 관통하는 유동을 고려해 보자(예를 들어 그림 9.2 참조). 상류와 하류의 조건들은 각각 1과 2의 첨자로 정의된다. 열량적 완전 기체에서, 충격파를 지난 후 변화에서의 일반적인 결과들은 9장에 주어져 있다. 우선 충격파를 지난 전후 압력비에 대한 정확한 경사 충격파 관계는 식 (9.16)에 의해 주어진다. $M_{n,1} = M_1 \sin\beta$이기 때문에 이 식은 다음과 같이 된다.

정확히:
$$\frac{p_2}{p_1} = 1 + \frac{2\gamma}{\gamma+1}\left(M_1^2 \sin^2\beta - 1\right) \tag{14.28}$$

β는 충격파의 각도이다. M_1이 무한대로 감에 따라 극한에서 $M_1^2 \sin^2\beta \gg 1$이고, 결국 식 (14.28)은 다음과 같다.

$M_1 \to \infty$*일 때*:
$$\boxed{\frac{p_2}{p_1} = \frac{2\gamma}{\gamma+1} M_1^2 \sin^2\beta} \tag{14.29}$$

유사하게 밀도와 온도비는 식 (9.15)와 (9.17)에 의해 각각 주어진다. 이것들은 다음과 같이 다시 쓸 수 있다.

정확히:
$$\frac{\rho_2}{\rho_1} = \frac{(\gamma+1)M_1^2 \sin^2\beta}{(\gamma-1)M_1^2 \sin^2\beta + 2} \tag{14.30}$$

$M_1 \to \infty$*일 때*:
$$\boxed{\frac{\rho_2}{\rho_1} = \frac{\gamma+1}{\gamma-1}} \tag{14.31}$$

$$\frac{T_2}{T_1} = \frac{(p_2/p_1)}{(\rho_2/\rho_1)} \qquad \text{(상태 방정식으로부터: } p = \rho RT)$$

$M_1 \to \infty$*일 때*:
$$\boxed{\frac{T_2}{T_1} = \frac{2\gamma(\gamma-1)}{(\gamma+1)^2} M_1^2 \sin^2\beta} \tag{14.32}$$

마하수 M_1, 충격파 각 β, 그리고 변위각 θ 사이의 관계식은 식 (9.23)에 의해 주어진 θ-β-M 관계식에 의해 표현된다. 다시 써 보면

정확히:
$$\tan\theta = 2\cot\beta\left[\frac{M_1^2 \sin^2\beta - 1}{M_1^2(\gamma + \cos 2\beta) + 2}\right] \tag{9.23}$$

이 관계식은 그림 9.9에 도표화했다. 이는 마하수를 매개변수로 가지는 충격파 각과 변위각을 대비한 표준 그래프이다. 그림 9.9로 돌아가서, 극초음속 영역에서 θ는 작고 β 역시 작다고 정한다. 그러므로 이 영역에서 식 (9.23)에 일반적인 작은 각도 가정을 적용할 수 있다.

$$\sin\beta \approx \beta$$
$$\cos 2\beta \approx 1$$
$$\tan\theta \approx \sin\theta \approx \theta$$

결국

$$\theta = \frac{2}{\beta}\left[\frac{M_1^2\beta^2 - 1}{M_1^2(\gamma + 1) + 2}\right] \tag{14.33}$$

식 (14.33)에 높은 마하수 영역을 적용하면 다음을 가진다.

$$\theta = \frac{2}{\beta}\left[\frac{M_1^2\beta^2}{M_1^2(\gamma + 1)}\right] \tag{14.34}$$

식 (14.34)에서 M_1을 상쇄하면, 마침내 작은 각도와 극초음속 영역에서의 관계를 얻게 된다.

$M_1 \to \infty$, θ *그리고* β*가 작을 때*:

$$\boxed{\frac{\beta}{\theta} = \frac{\gamma + 1}{2}} \tag{14.35}$$

$\gamma = 1.4$에서 다음과 같다.

$$\boxed{\beta = 1.2\theta} \tag{14.36}$$

관심을 가지고 관찰해 보면, 얇은 쐐기의 극초음속 영역에서의 충격파 각도는 20% 정도 쐐기 각도보다 더 크다(극초음속 유동에서 얇은 충격파 층을 그래픽으로 증명).

공기역학에서 압력 분포는 압력 그 자체보다 보통 무차원 압력 계수 C_p의 형태로 인용된다. 압력 계수를 다음과 같이 규정한다.

$$C_p = \frac{p_2 - p_1}{q_1} \tag{14.37}$$

p_1과 q_1은 각각 상류(자유흐름)의 정압과 동압이 된다. 11.3절로부터 다시 불러오면, 식 (14.37)은 결국 식 (11.22)로 다시 쓸 수 있고 다음과 같다.

$$C_p = \frac{2}{\gamma M_1^2}\left(\frac{p_2}{p_1} - 1\right) \tag{11.22}$$

식 (11.22)와 (14.28)을 결합하면 경사 충격파 이전 C_p에서의 정확한 관계식을 구할 수 있다.

정확히:

$$C_p = \frac{4}{\gamma + 1}\left(\sin^2\beta - \frac{1}{M_1^2}\right) \tag{14.38}$$

극초음속 영역에서

$M_1 \to \infty$*일 때*:

$$\boxed{C_p = \left(\frac{4}{\gamma + 1}\right)\sin^2\beta} \tag{14.39}$$

잠시 멈추고 결과를 다시 보라. 상류의 마하수가 매우 커지는 경우에 유효한 경사 충격파 식들의 극한 형태를 구해 왔다. 이런 극한 형태는 극초음속 충격파 관계로 불린 식 (14.29), (14.31), (14.32)로 주어졌으며, $M_1 \to \infty$일 때 충격파 전후에서 압력비, 밀도비, 온도비를 산출한다. 또한 $M_1 \to \infty$와 작은 θ의 극한에서(얇은 익형 주위의 극초음속 유동처럼) 충격파 각은 변위각의 함수로 식 (14.35)에 주어진다. 결국 경사 충격파 뒤의 압력 계수 형태는 극초음속 마하수 극한일 경우 식 (14.39)에 의해 주어진다. 식들의 극한 형태들은 항상 그것들의 정확한 식들보다 훨씬 더 단순하다는 것을 명심하라.

*정량적*인 결과에 의해, 그것은 항상 극초음속 유동장에서조차도 *정확*한 경사 충격파가 사용되는 것을 권한다. 정확한 결과들은 부록 B에 표로 만들어졌기 때문에 이것은 특히 편리하다. 극초음속 영역에서 얻은(앞에서 설명한 것처

럼) 관계식의 가치는 실제 계산보다 훨씬 더 이론적인 분석에 있다. 예를 들어, 이 절에서 Newton 이론 중대성의 이해를 추가적으로 전파하기 위해 극초음속 충격파 관계를 사용한다. 다음 절에서는 마하수 독립의 원리를 논증하기 위해 같은 극초음속 충격파 관계들을 시험할 것이다.

Newton 이론은 14.3절과 14.4절에서 길게 논의했다. 여기에서의 목적을 위해 일시적으로 Newton 이론의 사고들을 버리고 단순하게 식 (14.38)에서 주어진 것처럼 C_p에 대한 정확한 경사 충격파의 관계를 돌아보자. 다시 쓰면 다음과 같다(자유흐름 조건에서 앞서 사용된 첨자 1보다 첨자 ∞에 의해 다시 정의된다).

$$C_p = \frac{4}{\gamma + 1}\left[\sin^2\beta - \frac{1}{M_\infty^2}\right] \tag{14.38}$$

식 (14.39)는 $M_\infty \to \infty$에서 C_p의 극한 값을 주었다. 다시 쓰면 다음과 같다.

$M_\infty \to \infty$*일 때:*
$$C_p \to \frac{4}{\gamma + 1}\sin^2\beta \tag{14.39}$$

이제 $\gamma \to 1.0$의 추가된 영역을 가진다. 식 (14.39)로부터 $M_\infty \to \infty$와 $\gamma \to 1.0$의 양쪽 한계에서 다음을 가진다.

$$C_p \to 2\sin^2\beta \tag{14.40}$$

식 (14.40)은 정확한 경사 충격파 이론으로부터의 결과이다. 그것은 Newton 이론과 전혀 관계가 없다(아직까지). 식 (14.40)의 β는 충격파 각이지 변위각이 아님을 명심하라.

더 나아가 보자. 식 (14.30)에 의해 주어진 밀도비 ρ/ρ_∞에 대해 정확한 경사 충격파 관계를 다시 쓰면 다음과 같다(다시 첨자 1을 첨자 ∞로 바꾸어 놓는다).

$$\frac{\rho_2}{\rho_\infty} = \frac{(\gamma + 1)M_\infty^2\sin^2\beta}{(\gamma - 1)M_\infty^2\sin^2\beta + 2} \tag{14.41}$$

식 (14.31)은 $M_\infty \to \infty$의 영역에서 획득되었다. 즉,

$M_\infty \to \infty$*일 때:*
$$\frac{\rho_2}{\rho_\infty} \to \frac{\gamma + 1}{\gamma - 1} \tag{14.42}$$

추가적인 영역인 $\gamma \to 1$일 때 다음을 찾는다.

$\gamma \to 1$*이고* $M_\infty \to \infty$*일 때:*
$$\boxed{\frac{\rho_2}{\rho_\infty} \to \infty} \tag{14.43}$$

즉, 충격파 뒤의 밀도는 무한히 커진다. 질량 유량을 고려하면 충격파가 물체 표면과 일치하게 된다. 이것은 식 (14.35)에 의해 더욱 입증되었다. $M_\infty \to \infty$와 작은 변위각에 유용하게 쓰인다.

$$\frac{\beta}{\theta} \to \frac{\gamma + 1}{2} \tag{14.35}$$

추가적인 영역인 $\gamma \to 1$일 때 다음을 가진다.

$\gamma \to 1$*이고* $M_\infty \to \infty$*일 때,* θ*와* β*가 작을 때:* $\boxed{\beta = \theta}$

즉, 충격파는 물체 위에 놓인다. 결과에 비추어 식 (14.40)은 다음과 같이 다시 쓰인다.

$$\boxed{C_p = 2\sin^2\theta} \tag{14.44}$$

식 (14.44)를 고찰하자. 이는 $M_\infty \to \infty$와 $\gamma \to 1$ 영역을 결합하여 얻어진 정확한 경사 충격파 이론으로부터의 결과이다. 그러나 그것은 엄밀히 식 (14.4)에 의해 주어진 Newton 이론의 결과이다. 그러므로 다음과 같은 결론을 얻는다. 실

제적인 극초음속 유동 문제에 더 근접하는 것은 $M_\infty \to \infty$와 $\gamma \to 1$의 영역이 된다. 그것에 더 접근하는 것은 Newton 유동에 의해 물리적으로 설명되어야 한다. 이 점에 관해서는 Newton 이론의 실제 중대성이 더 나은 평가를 갖는다. 실제 극초음속 유동 문제에 대해서 Newton 이론이 이론적으로 적당하지 않다고 말할 수 있다. γ는 항상 1보다 크다. 그리고 종종 실험적인 자료로 얻어진 일치는 우연한 무언가처럼 보였다. 그럼에도 불구하고 이치에 맞는 결과를 더하여 Newton 이론의 단순화는(비록 우연이라 할지라도) 넓게 사용되고, 결국 극초음속 물체에 대한 양력과 조파 항력 계수와 표면 압력 분포의 측정을 위한 일반적인 공학적 방법이 되어 왔다.

14.6 마하수 독립성 *Mach Number Independence*

식 (14.29)에 주어진 것처럼 압력비에서 극초음속 충격파 관계를 다시 고찰하자. 정의하면, 자유흐름 마하수가 무한대로 접근할 때 압력비 자체는 무한히 커지게 된다. 반면 식 (14.39)의 극초음속 영역에서 주어진 충격파 뒤의 *압력 계수*는 *마하수의 높은 값에서 일정한 값이 된다*. 이것은 강한 상황을 암시한다. 확실히 극초음속 유동의 관점은 마하수가 충분히 높을 때 마하수에 의존하지 않는다. 이것은 마하수로부터 '독립성'의 형태이다. 형식적으로 *극초음속 마하수 독립성 원리*라고 불린다. 앞선 논의로부터 C_p는 명백히 마하수 독립성을 증명한다. 결국 물체 형태에서의 양력 계수와 조파 항력 계수는 식 (1.15), (1.16), (1.18), (1.19)에서 보인 것처럼 C_p의 적분으로부터 구한다. 이 식은 그것을 증명한다. C_p는 M_∞의 높은 값에서 마하수에 독립적이기 때문에 양력과 항력 계수 역시 마하수에 독립적이 된다. 이 결과들은 극초음속 충격파 관계의 극한 형태에 기초한 이론임을 명심하라.

명백히 묘사하는 마하수 독립성 원리의 예를 고찰해 보자. 그림 14.15에 쐐기 반각 15°에서의 압력 계수와 원추 반각 15°에서의 압력 계수를 $\gamma = 1.4$에서의 자유흐름 마하수에 대해 그래프로 나타내었다. 정확한 쐐기 결과는 식 (14.38)로부터 얻어진다. 그리고 정확한 원추 결과는 Taylor-Maccoll 식의 결과로부터 나온다. (원추 전체의 초음속 유동 결과의 세밀한 논의를 위한 참고문헌 21을 보라. 거기서 원추 유동에 대한 연속, 운동량, 그리고 에너지 방정식이 차례로 Taylor-Maccoll 식이라 불리는 1차 미분 방정식의 형태로 유도됨을 알 수 있을 것이다. 결국 이 식은 원추 유동장의 *정확한* 결과를 준다.) 양쪽 모두의 결과는 Newton 이론 $C_p = 2\sin^2\theta$와 비교되어 그림 14.15에서 점선으로 나타냈다. 이 비교는 2개의 일반적인 Newton 이론 결과의 관점들을 검증한다.

1. Newton 결과의 정확성은 M_∞가 증가함에 따라 커진다. 이것은 14.5절에서의 논의로부터 기대되었던 것이다. 그림 14.15로부터 $M_\infty = 5$ 아래일 때 Newton 이론의 결과는 근접하지 않는다. 그러나 비교는 M_∞가 5 이상으로 증가할 때 더욱 접근하게 된다.

2. Newton 이론은 종종 2차원 물체(예를 들어 쐐기)보다 3차원 물체(예를 들어 원추)에서 더욱 정확하다. 이것은 그림 14.15에서, Newton 이론의 결과는 쐐기 결과보다 원추 결과가 더 근접하게 되는 명백한 증거이다.

그러나 마하수 독립성에 대해 그림 14.15는 다음의 경향을 보여준다. 쐐기와 원추 둘 다에서, 정확한 결과는 낮은 초음속 마하수에서 C_p는 M_∞가 증가함에 따라 빠르게 감소함을 보여준다. 그러나 극초음속 속도에서는 감소 비율이 꽤 작아지고, C_p는 M_∞가 커지게 되면 안정기(plateau)에 도달한다. 즉, C_p는 상대적으로 마하수의 높은 값 M_∞에 무관하게 된다. 이것은 마하수 독립 원리에 근거한다. 높은 마하수에서 확실히 압력 계수, 양력과 조파 항력 계수, 그리고 유동장 구조(충격파 모양과 마하파 형태와 같은)와 같은 공기역학 양들은 필수적으로 마하수에 무관하게 된다. 또한 Newton 이론은 명백히 식 (14.4)에 의해 검증된 것처럼 전적으로 마하수와 무관한 결과를 준다.

또 다른 마하수 독립성의 예는 그림 14.16에서 보여진다. 이것은 구에 대한 항력 계수와 큰 각 원추 실린더에서 측정된 항력 계수 대 마하수에 대한 그래프이다. 아음속, 초음속, 그리고 극초음속 영역을 통하여 나누어진다. 아음속 영역에서 큰 항력 증가는 마하수 1 근처에서의 항력 발산 현상과 마하수 1 이후의 초음속 영역에서의 C_D의 감소로 구성된다. 이들 변화들 모두는 예측되고 잘 이해되어 있다. 이 절의 목적, 특히 극초음속 영역에서 구와 원추 양쪽 모두의 C_D의 변화를 보면, M_∞가 커짐에 따라 C_D가 안정기에 접근하고 상대적으로 마하수에 무관하게 된다. 결국 구 자료는 원추보다 낮은 마하수에서 마하수 독립성을 얻는 것을 나타낸다.

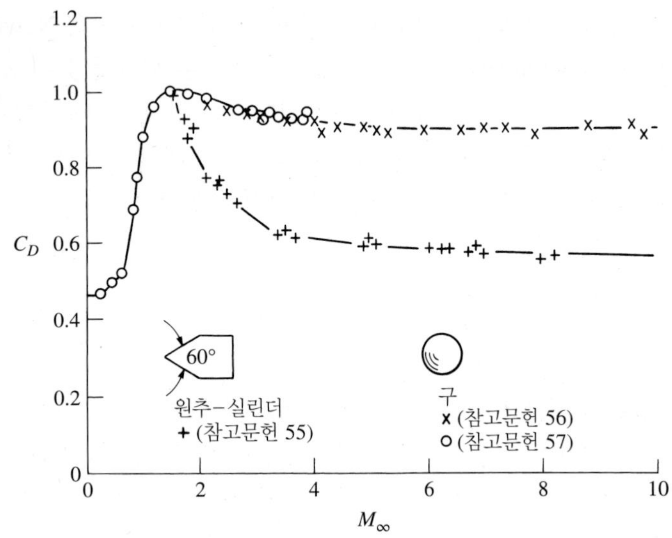

그림 14.16 탄도 발사 측정으로부터 구와 원추 실린더에서의 항력 계수; 극초음속에 대한 마하수 독립성의 예 (*자료 출처*: Cox, R. N., and L. F. Crabtree: *Elements of Hypersonic Aerodynamics*, Academic Press, New York, 1965.)

위 분석으로부터 마하수 독립성이 되는 것은 무차원 변화인 것을 명심하라. 몇몇 차원 변화는 p처럼 마하수 독립성이 아니다. 또한 $p \to \infty$, $M_\infty \to \infty$이다.

마지막으로 마하수 독립성 원리는 수학적으로 기반을 잘 두고 있다. 비점성 유동 지배 방정식(Euler 방정식)은 제한된 극초음속 경우에서의 경계 조건을 따라서 무차원 양들의 항으로 표현되어 있다. 마하수는 그것들에서 나타나지 않는다. 결국 정의에 의해, 이 식의 해는 마하수 독립성이 된다. 좀 더 자세한 사항들은 참고문헌 21과 52를 참조하라.

14.7 극초음속과 전산유체역학 *Hypersonics and Computational Fluid Dynamics*

오늘날 극초음속 비행체 설계는 다른 비행 영역에서의 비행체 설계보다 전산유체역학에 많이 의존한다. 이는 극초음속 비행에 관련된 적정 단계의 레이놀즈수, 높은 온도, 마하수를 실현할 수 있는 극초음속 비행 시뮬레이션 실험 공간의 부족이 주 원인이다. 이런 시뮬레이션에서 CFD는 주된 도구이다. 그림 2.46의 철학에 다시 반영해 보면, 극초음속 유동 영역에서 세 조합들은 완전히 일치하지 않는다. 극초음속에서 완전한 실험 작업은 종종 요구된 마하수나 요구된 레이놀즈수, 또는 요구된 온도 수준에서의 시험을 포함한다. 그러나 모두 동시에 요구하거나 같은 실험 시설에 요구하지 않는다. 결과적으로 극초음속 비행체 설계에서 실험 자료들은 다른 조건들 아래 다른 시설들에서 얻어진 다른 자료의 조합 형태이다. 또한 자료들은 종종 불완전한데, 특히 풍동에서 시뮬레이션을 하기 어려운 고온 영향에서 그렇다. 설계자는 지정된 설계 조건들에서 따로 얻어진 정보를 조합하기 위해 최선을 다한다. 그림 2.46에 나타낸 다음 조합들은 완전한 이론, 극초음속 유동의 비선형 형태에 의해 방해받는다. 결국 수학적인 해답을 다루기 어렵게 만든다. 또한 어떠한 순수 이론에서 고온의 화학 반응을 하는 유동의 적당한 포함은 극히 어렵다. 이런 이유에서 그림 2.46에서 보인 세 번째 방안인 전산유체역학은 지배적인 역할을 하게 된다. 비점성과 점성 극초음속 유동 양쪽 모두의 수치적 계산은 14.2절에서 논의된 모든 고온의 영향을 포함하여, 1960년대 이래 CFD 연구와 설계 응용의 주안점이었다. 또한 극초음속은 그것의 시작 이래로 CFD 개발을 천천히 해왔다.

극초음속 비행체에 적용된 CFD의 예를 이 장에서 설명한다. 그림 14.17의 스페이스 셔틀을 고려해 보자. 셔틀 주변의 3차원 비점성 유동의 수치적 해는 참고문헌 74에 Maus 등에 의해 나타났다. 그것은 두 경우의 계산으로 이루어졌다. $\gamma = 1.4$를 가지는 완전 기체가 하나고, 다른 하나는 국소에서 공기의 화학적 반응을 화학적 평형으로 가정한 것이다. 자유흐름 마하수는 둘 다 23이었다. CFD 기법은 13.5절에서 논의 후 정형화된 무딘 선두부 영역에서 시간 종속 해법과 13.4절에서 논의 후 정형화된 음속선을 지나 하류 방향으로 전진하는 기법을 포함한다. 완전 기체의 경우(원)와 화학적 반응의 경우(삼각형) 둘 다 스페이스 셔틀의 풍상면 중심선에 따른 계산된 표면 압력 분포는 그림 14.18에서 볼 수 있다. 선두부 주변의 확장과 상대적으로 납작한 아래쪽 표면 위의 압력 정체, 그리고 미세하게 올라가는 몸

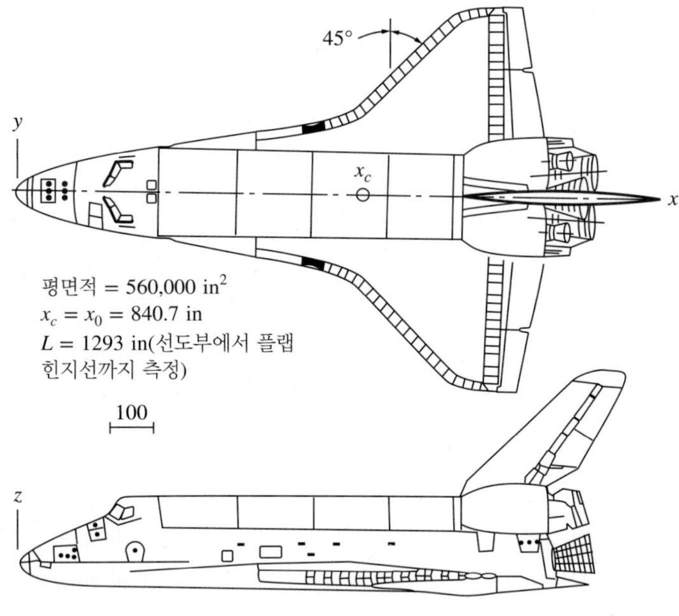

그림 14.17 스페이스 셔틀의 기하학적 구조

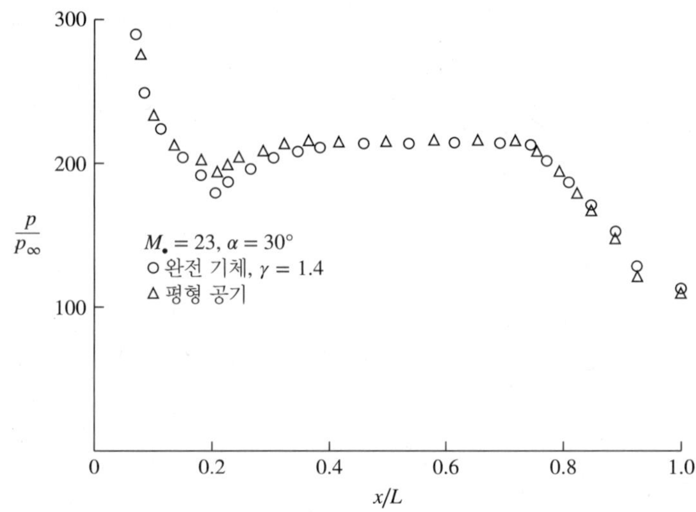

그림 14.18 스페이스 셔틀의 풍상면 중심선에 따른 압력 분포; 열량적 완전 기체와 화학적 평형 반응 기체 계산 사이의 비교(*자료 출처*: Maus, J. R., B. J. Griffith, K. Y. Szema, and J. T. Best: "Hypersonic Mach Number and Real Gas Effects on Space Shuttle Orbiter Aerodynamics," *J. Spacecraft and Rockets*, vol. 21, no. 2, March-April 1984, pp. 136-141.)

체 뒷부분의 좀 더 큰 압력 확장이 모두 완벽한 증거이다. 또한 두 경우 사이의 압력 분포에 약간의 차이가 있다. 이것은 좀 더 일반적인 결과의 예이다. 압력은 종종 화학 반응의 영향에 의해 *최소한*으로 영향을 받는 유동의 변화량이다.

정의 내리기에 흥미롭기는 하나, 비행체의 피칭 모멘트 계수 같은 실제적인 비행 특성은 화학 반응 유동 효과에 의해 영향을 받는다. 그림 14.18의 조사는 화학 반응 유동에 대해 압력은 우주선의 앞부분에 약간 더 높게 되고, 뒷부분은 조금 더 낮게 된다는 것을 보여 준다. 이것은 양의 피칭 모멘트의 결과이다. 모멘트는 모멘트 팔을 통한 압력의 합이기 때문에, 압력에 있어서 약간의 변화는 모멘트에 실질적으로 영향을 미친다. 이것은 실제 경우이다. 그림 14.19에 보인 것처럼, 스페이스 셔틀에 대해 받음각의 함수일 때 피칭 모멘트의 계산된 결과의 그래프이다. 명백히 피칭 모멘트는 화학적 반응의 경우에서 실제상으로 더 크다. Maus 등의 업적은 피칭 모멘트에서의 이 영향을 처음으로 지적했다는 것이다. 그리고 그것은 극초음속 공기역학에서 고온 유동의 중요성을 다시 강화하는 데 도움을 주었다. 또한 극초음속 유동 분석에서의 CFD의 중요성을 다시 강화하는 데 도움을 주었다. 스페이스 셔틀 설계에 사용된 예상된 피칭 모멘트는 고온 영향 시뮬레이션을 할 수 없었던 '차가운 유동' 풍동 시험으로부터 왔다. 즉, 설계자는 풍동에서 획득한 $\gamma = 1.4$를 가지는 완전 기체의 자료를 사용했다. 이것은 그림 14.19의 더 낮게 나타나 있는 곡선에 의해 표현된다. 셔틀의 앞선 비행 실험에서는 원래 예상된 것보다 극초음속에서 훨씬 높은 피칭 모멘트가 나타났다. 몸체 플랩 기울어짐

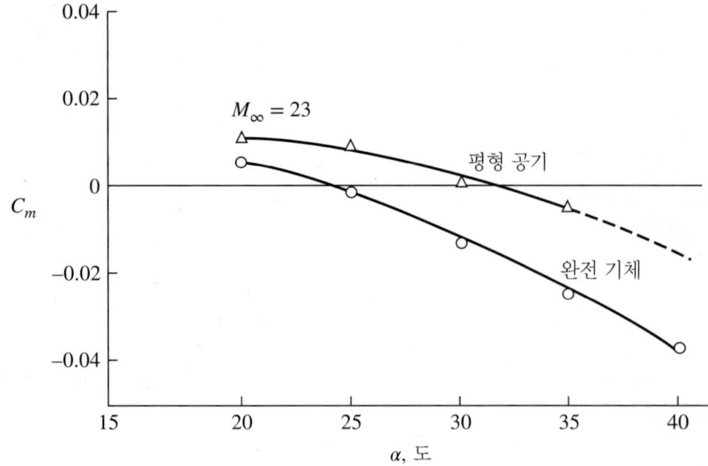

그림 14.19 스페이스 셔틀에 대한 예측된 피칭 모멘트 계수; 열량적 완전 기체와 평형 기체 계산 사이의 비교(*자료 출처*: Maus, J. R., B. J. Griffith, K. Y. Szema, and J. T. Best: Hypersonic Mach Number and Real Gas Effects on Space Shuttle Orbiter Aerodynamics," *J. Spacecraft and Rockets*, vol. 21, no. 2, March-April 1984, pp. 136-141.)

은 예상된 것보다 2배 더 요구되었다. 놀라운 일이다. 현재 알려진 이유는, 높은 마하수 비행체의 실제 비행 환경은 고온 화학적 반응 유동이었다. 이 상황은 그림 14.19의 위쪽 곡선에 반영되어 있다. 그림 14.19에서의 두 피칭 모멘트 곡선의 차이는 셔틀을 수평 자세로 유지하기 위해 요구되는 예상치 못한 몸체 플랩 기울어짐을 설명하기에 충분하다. 이 CFD의 결과들이 비록 비행체의 설계에 잘 반영되었을지라도, 그것들은 현재와 미래의 극초음속 비행체 설계에 CFD가 중요함을 강조하는 역할을 한다.

14.8 극초음속 점성 유동: 공력 가열 *Hypersonic Viscous Flow: Aerodynamic Heating*

공력 가열은 극초음속 속도 영역에서 매우 심각해질 수 있다. 이는 극초음속 비행체 설계에 있어서 중요한 고려사항이다. 이러한 이유 때문에 1.1절 마지막 부분의 그림 1.8과 1.9에 나타나 있던 극초음속 비행체의 끝부분과 날개 앞전은 날카로운 모양보다는 *무딘 모양이 되어야만 한다*. 그렇지 않으면 공력 가열 때문에 비행체는 파괴될 것이다. 비행 역사에서 이러한 파괴의 가장 불운의 사건이 2003년 2월 1일에 일어났다. 우주 비행선이었던 *콜롬비아*호가 지구 대기 속으로 진입하는 중에 텍사스 상공에서 산산조각이 났다. 발사하는 동안 잔해에 의해 왼쪽 날개 앞전 근처에 붙어 있는 몇 개의 열 보호 타일이 손상되었고, 이것이 뜨거운 가스가 표면을 뚫고 들어가 날개 구조물 내부를 파괴하게 만들었다.

대기 가열을 발생시키는 물리적 현상인 열전도와 복사는 간략하게 14.2절의 끝부분에서 논의하였다. 이 절에서는 공력 가열을 예측하기 위한 공학적 방법을 제시하고, 몇 개의 극초음속 유동에 그 방법들을 적용할 것이다. 공력 가열은 그 자체가 바로 주요한 논제이며, 이 책의 범위를 넘어선다(극초음속일 때 적용된 공력 가열에 대한 깊은 논의는 참고문헌 52 참조). 그러나 극초음속 비행체 설계의 중요성은 이 장에서 몇몇 양상을 살펴보는 것을 필요로 한다.

14.8.1 공력 가열과 극초음속 유동—연관성 *Aerodynamic Heating and Hypersonic Flow—the Connection*

무엇이 극초음속 비행에 대해 공력 가열을 그렇게 맹렬하게 만들까? 이 질문에 대해서는 조금 앞으로 가서 16장과 식 (16.55)를 통해 언급할 수 있다. 식 (16.55)는 Stanton 수 C_H라고 불리는 무차원 열전달 계수를 소개한다. 정의는 다음과 같다.

$$C_H \equiv \frac{\dot{q}_w}{\rho_e u_e (h_{aw} - h_w)} \tag{14.45}$$

식 (14.45)에서 $\dot{q}_w$는 물체 표면 위에 주어진 한 점에서의 단위 면적당 열전달률을 나타낸다. 영국 단위계에서는 $\dot{q}_w$의 단위로 ft-lb/(s · ft^2)을 사용하고, 국제표준 단위계에서는 W/m^{2}을 사용한다. 또한 식 (14.45)에서 ρ_e는 주어진 점 경계층의 가장자리에서의 국소 밀도이고, u_e는 경계층 가장자리에서의 국소 속도이며, h_w는 벽에서 기체의 엔탈피이다. 마지막으로 h_{aw}는 벽 온도가 단열 벽 온도일 때, 벽 쪽 기체의 엔탈피로 정의된 단열 벽 엔탈피를 의미하는데, 벽 온도는 벽이 매우 뜨거워져서 더 이상의 에너지가 벽에 인접한 기체로부터 벽 속으로 전달되지 않을 때의 온도를 의미한다.

받음각이 0인 얇은 평판 위를 흐르는 극초음속 유동을 고려해 보자. 이때 $\rho_e = \rho_\infty$이고 $u_e = V_\infty$이다(14.2절에 설명한 것처럼 어떠한 점성 내부 상호작용은 무시한다). 평판 위의 높은 마하수 층류를 얻기 위해 T_{aw}는 자유흐름의 전온도보다 약 12% 낮다. 이제 우리의 목적을 위해 $T_{aw} \approx T_o$라고 근사화하자. 결국 식 (14.45)에서

$$h_{aw} \approx h_o \tag{14.46}$$

h_o가 자유흐름의 전엔탈피일 때, 식 (7.54)로부터 우리는 다음과 같이 쓸 수 있다.

$$h_o = h_\infty + \frac{V_\infty^2}{2} \tag{14.47}$$

극초음속 속도에서 V_∞는 매우 크다. 또한 비행체 앞쪽으로부터 조금 떨어진 주변 공기는 상대적으로 차갑다. 결국 $h_\infty = c_p T_\infty$는 상대적으로 작다. 따라서 식 (14.47)로부터 높은 속도에서는

$$h_o \approx \frac{V_\infty^2}{2} \tag{14.48}$$

비록 이 온도가 보통 기준으로는 뜨거울지라도 평면의 표면 온도는 표면의 녹는점이나 해리 온도 아래에 머물러 있어야 한다. 이는 보통 높은 마하수에서의 전온도보다 훨씬 낮은 온도이다. 즉, 다음과 같이 쉽게 가정을 할 수 있다.

$$h_o \gg h_w \tag{14.49}$$

식 (14.46), (14.48), (14.49)로부터 다음을 유도할 수 있다.

$$h_{aw} - h_w \approx h_o - h_w \approx h_o \approx \frac{V_\infty^2}{2} \tag{14.50}$$

평면에 대해 쓰여진 식 (14.45)는

$$C_H = \frac{\dot{q}_w}{\rho_\infty V_\infty (h_{aw} - h_w)}$$

식 (14.50)에서 주어진 근사식을 빌어 다음을 얻는다.

$$C_H \approx \frac{\dot{q}_w}{\rho_\infty V_\infty (V_\infty^2/2)}$$

또는

$$\dot{q}_w \approx \frac{1}{2} \rho_\infty V_\infty^3 C_H \tag{14.51}$$

식 (14.51)은 *공력 가열비가 속도의 세제곱에 따라 변한다*는 것을 나타낸다. 이것은 속도의 제곱에 따라 변하는 공력 항력과 대조된다. 이러한 이유 때문에 매우 높은 속도에서 공력 가열은 극초음속 비행체 설계의 중요한 측면이 된다. 이것이 극초음속 유동과 공력 가열 사이의 연관성이다.

14.8.2 극초음속 유동에서의 둔체 대 날렵한 물체 *Blunt versus Slender Bodies in Hypersonic Flow*

공력 가열을 줄이기 위해 극초음속 비행체의 날개 앞전은 날렵한 모양보다는 무딘 모양이어야 한다는 주장을 해왔다. 이 절에서는 이 사실을 수치적으로 증명해 볼 것이다.

14.8.1절에서 비행체 표면 위 한 점에서의 단위 면적당 국소적 열전달량 $\dot{q}_w$에 초점을 맞추었다. 여기서 우리의 시야를 dQ/dt, 즉 단위 시간당 비행체에 전달된 전체 열량으로 확장한다. 이는 비행체 표면 전체에 걸친 국소 열전달률(local heat transfer rate)을 적분한 것과 같다. 식 (14.45)와 유사한 식으로 비행체 표면 전 범위에 걸쳐 적분된 Stanton 수 $\overline{C}_H$를 비행체에 대해 양력 계수와 항력 계수를 정의할 때와 같이 정의할 수 있다.

$$\overline{C}_H \equiv \frac{dQ/dt}{\rho_\infty V_\infty (h_o - h_w) S} \tag{14.52}$$

S는 기준 면적(날개의 평면적, 구형 진입 비행체의 단면적과 같은 것들)이다. 14.8.1절에서 만들어진 근사화를 사용하여 식 (14.52)는 식 (14.51)과 유사한 표현으로 근사시킬 수 있다.

$$\frac{dQ}{dt} = \frac{1}{2}\rho_\infty V_\infty^3 S \overline{C}_H \tag{14.53}$$

다시 16장과 18장의 결과로, 층류에 대해 나타낸 레이놀즈 유사성, 즉 표면마찰과 공력 가열 사이의 비를 식 (18.50)에 의해 아래에 나타내면

$$\frac{C_H}{C_f} = \frac{1}{2}\text{Pr}^{-2/3} \tag{18.50}$$

이때 C_f는 1.5절에서 처음 정의된 것처럼 국소 표면마찰 계수이고, Pr은 15.6절에서 정의한 Prandtl 수이다. 여기서 분석을 위해 Pr = 1이라고 가정하는 것이 안전하다. 또한 식 (18.50)으로 나타낸 레이놀즈 유사성은 열전달 계수와 표면마찰 계수의 적분 형식으로 다시 쓸 수 있다. 각각 $\overline{C}_H$와 C_f로 쓴다. 결국 다음을 얻는다.

$$\frac{\overline{C}_H}{C_f} = \frac{1}{2} \tag{14.54}$$

식 (14.54)를 식 (14.53)에 대입하면

$$\frac{dQ}{dt} = \frac{1}{4}\rho_\infty V_\infty^3 S C_f \tag{14.55}$$

극초음속 비행체가 우주에서의 임무를 마치고 매우 높은 마하수로 대기에 들어오는 경우를 생각해 보자. 이 비행선이 진입하는 동안 감속시키는 힘은 공력 항력이다. Newton 제2법칙으로부터 다음을 얻는다.

$$F = D = -m\frac{dV_\infty}{dt} \tag{14.56}$$

이때 m은 비행체의 질량이고, − 기호는 dV_∞/dt의 값이 음수이기 때문에 필요하다. 즉, 비행체가 감속하고 있다는 것을 알 수 있다. 식 (14.56)으로부터

$$\frac{dV_\infty}{dt} = -\frac{D}{m} = -\frac{1}{2m}\rho_\infty V_\infty^2 S C_D \tag{14.57}$$

여기서 C_D는 비행체의 항력 계수이다. 수학적으로 dQ/dt를 $(dQ/dV_\infty)(dV_\infty/dt)$로 표현할 수 있다. 이때 dV_∞/dt는 식 (14.57)에 의해 주어진다.

$$\frac{dQ}{dt} = \frac{dQ}{dV_\infty}\left(-\frac{1}{2m}\rho_\infty V_\infty^2 S C_D\right) \tag{14.58}$$

식 (14.55)와 (14.48)을 같다고 놓으면

$$\frac{dQ}{dV_\infty}\left(-\frac{1}{2m}\rho_\infty V_\infty^2 S C_D\right) = \frac{1}{4}\rho_\infty V_\infty^3 S C_f$$

또는

$$\frac{dQ}{dV_\infty} = -\frac{1}{2} m V_\infty \frac{C_f}{C_D}$$

또는

$$dQ = -\frac{1}{2} m \frac{C_f}{C_D} \frac{dV_\infty^2}{2} \tag{14.59}$$

식 (14.59)를 $Q = 0$과 $V_\infty = V_E$일 때의 대기 진입 시작부터 $Q = Q_{\text{total}}$과 $V_\infty = 0$인 진입이 끝나는 시점까지 적분하자.

$$\int_0^{Q_{\text{total}}} dQ = -\frac{1}{2}\frac{C_f}{C_D}\int_{V_E}^{0} d\left(m\frac{V_\infty^2}{2}\right)$$

또는

$$\boxed{Q_{\text{total}} = \frac{1}{2}\frac{C_f}{C_D}\left(\frac{1}{2}mV_E^2\right)} \tag{14.60}$$

식 (14.60)은 비행체에 투입된 총 열공급량 Q_{total}을 제시한다. 이는 두 가지 중요한 결론을 반영한다.

1. $\frac{1}{2}mV_E^2$의 양은 비행체가 처음 대기로 진입할 때 비행체가 가지고 있던 초기 운동 에너지이다. 식 (14.60)에서는 이 초기 운동 에너지가 총 열공급량에 바로 비례한다는 것을 말해 준다.
2. 총 열공급량은 C_f/C_D 표면마찰 저항 대 총 항력의 비에도 비례한다.

이 결론들 중 두 번째 항은 우리의 논의와 직접적인 관계가 있다. 1.5절을 다시 보면, 비행체의 공기역학적 항력은 비행체 표면 전체에 가해진 압력 분포에 의한 항력인 압력 항력 D_p와 비행체 표면 전체에 가해진 전단응력에 의한 항력 표면마찰 항력 D_f의 합이다. 압력 항력 계수 C_{D_p}와 표면마찰 항력 계수 C_f의 항으로 나타내면 다음과 같다.

$$C_D = C_{D_p} + C_f$$

식 (14.60)으로부터 총 공력 가열을 최소화하기 위해 다음의 최소화 비가 필요하다.

$$\frac{C_f}{C_{D_p} + C_f}$$

이제는 공기역학적 형태의 두 가지 극단적인 예를 살펴보자. 하나는 그림 14.20*a*에 보이는 원추처럼 날카로운 끝을 가진 *날렵한 물체*이고, 다른 하나는 그림 14.20*b*에 보이는 *둔체*이다. 날렵한 물체에 대해서는 압력 항력과 비교해 표면마찰 항력이 훨씬 크므로 $C_D \approx C_f$라 할 수 있고

$$\frac{C_f}{C_D} \approx 1 \qquad \text{날렵한 물체}$$

그와 반대로 둔체에서는 표면마찰 항력과 비교해 압력 항력이 크므로 $C_D \approx C_{D_p}$가 된다.

$$\frac{C_f}{C_D} \ll 1 \qquad \text{둔체}$$

이는 식 (14.60)의 관점에서 다음과 같은 중요한 결론을 이끌어낸다.

공력 가열을 최소화하기 위해 비행체는 둔체가 되어야만 한다.
바꿔 말해 앞이 무딘 형태를 취해야 한다.

이런 이유로 대륙간 탄도미사일(intercontinental ballistic missiles, ICBMs)부터 Apollo 달 탐사 캡슐, 스페이스 셔틀에 이르기까지 실제 모든 성공적인 진입 비행체는 둥근 선두부와 원형의 앞전을 이용해 왔다. 그림 14.1과 14.2에 나와 있는 X-43과 같은 극초음속 대기 비행을 견디도록 설계된 비행체는 둥근 앞전을 가지고 있다. 항력의 최소화 때문

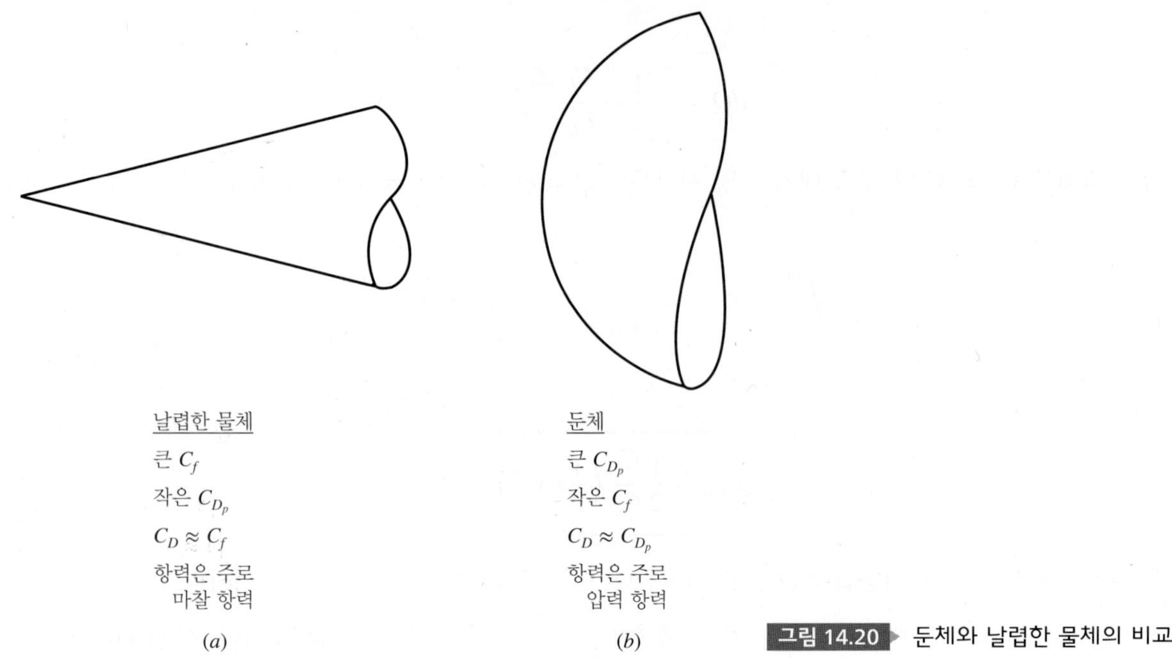

그림 14.20 둔체와 날렵한 물체의 비교

에 곡률 반경이 작기는 하나, 결과적으로 양항비의 최대화가 이러한 비행체의 설계에 있어서 중요하게 되었다.

14.8.3 둔체의 공력 가열 *Aerodynamic Heating to a Blunt Body*

날렵한 물체와 비교하여 공력 가열을 줄이는 둔체의 개념은 1.1절에서 논의했던 H. Julian 'Harvey'Allen에 의해 1951년 발전되었다. 그 당시 둔체의 공력 가열에 대한 계산은 극초음속 비행체 설계에서 가장 중요한 부분이었다. 이 절에서 둔체의 정체점에서 공력 가열에 대한 계산을 검토할 것이다. 왜냐하면 정체점은 자주(항상은 아니다) 극초음속 물체의 최대 열전도율 지점이기 때문이다.

정체점 주변의 경계층은 층류이며, 18.5절에서 논의하는 완전해로 적합하다. 이 책의 진도가 더 나가 18장을 읽을 때면 여러분은 이 멋진 해를 즐길 수 있는 기회를 접할 것이다. 하지만 앞에서 다룬 절에서는 18.5절의 결과인 단 하나의 식, 다시 말해 뒤따라 나오는 식 (18.83)의 해만 강조하길 원했다. 반복해서 쓰면 아래와 같다.

$$\dot{q}_w \propto \frac{1}{\sqrt{R}} \tag{18.83}$$

R은 정체점에서 선두부의 반경이다. 이는 정체점의 가열이 선두부 반경의 제곱근에 *반비례하여* 변한다는 것을 말해준다. 따라서 가열을 감소시키려면 선두부의 반경을 증가시키면 된다. 여기서 둔체가 공력 가열을 감소시킨다는 절대적인 수학적 입증을 한다.

정체점의 경우 층류 경계층의 해석은 18.5절에 나와 있다. 공력 가열을 정체점에서의 구체적인 유동 성질의 함수로 주는 이 해는 원형 실린더에 관한 식 (18.65)와 구형에 관한 식 (18.70)에 나오듯이 정체점에서의 공력 가열에 대한 구체적인 결과를 가져온다. 공력 가열에 대한 많은 단순한 공학적 공식이 식 (14.51)과 같이 정체점에서 일반화된 형식으로 Tauber와 Meneses(참고문헌 97)에 의해 주어진다.

$$\dot{q}_w = \rho_\infty^N V_\infty^M C \tag{14.61}$$

정체점에 대해서

$$M = 3, N = 0.5, C = 1.83 \times 10^{-8}\, R^{-1/2}\left(1 - \frac{h_w}{h_o}\right)$$

$\dot{q}_w$, V_∞, ρ_∞, 그리고 R의 단위는 각각 W/cm^2, m/s, kg/m^3, 그리고 m이다. 따라서 정체점에서 식 (14.61)을 사용하면

다음과 같은 식을 얻는다.

$$\dot{q}_w = \rho_\infty^{0.5} V_\infty^3 (1.83 \times 10^{-8} R^{-0.5}) \left(1 - \frac{h_w}{h_o}\right) \tag{14.62}$$

식 (14.62)에서 공력 가열이 속도의 상승에 따라 변하고, 정체점의 가열은 선두부 반경의 제곱근에 반비례하여 변한다는 이미 친숙한 결과를 볼 수 있다. 식 (14.62)는 또한 $\dot{q}_w$가 밀도의 제곱근에 따라 변한다는 것을 보여준다. 얼핏 보면 아래에 나오는 식 (14.51)과 일치하지 않는 것 같다.

$$\dot{q}_w = \frac{1}{2}\rho_\infty V_\infty^3 C_H \tag{14.51}$$

이러한 관계는 $\dot{q}_w$가 첫 번째 힘의 밀도에 비례함을 보이는 것으로 나타난다. 그러나 다시 한번 18장의 식 (18.45) 결과를 가져오면, 층류에서의 Stanton 수 그 자체가 레이놀즈수의 제곱근에 반비례한다는 것을 알 수 있다. 정의된 레이놀즈수가 결국 ρ_∞에 비례하는 것으로부터 다음과 같이 말할 수 있다.

$$C_H \propto \frac{1}{\sqrt{\text{Re}}} \propto \frac{1}{\sqrt{\rho_\infty}}$$

그리고 식 (14.51)로부터

$$\dot{q}_w \propto \sqrt{\rho_\infty}$$

이것은 식 (14.62)와 일치한다.

예제 14.2

지구 대기 속으로 스페이스 셔틀이 진입하는 동안 최대 정체점 가열은 비행 속도가 6.61 km/s이고 밀도가 $\rho_\infty = 1.075 \times 10^{-4}$ kg/m^{3}인 고도 68.9 km에 상당하는 궤도에서 발생한다. 진입 궤도의 이 지점에서 비행선은 40.2°의 받음각이고, 정체점에서 유효 선두부 반경은 1.29 m이다. 벽 온도가 $T_w = 1110$ K일 때, 정체점 가열비를 계산하라.

■ **풀이**

식 (14.62)를 반복해서 여기에 쓰면,

$$\dot{q}_w = \rho_\infty^{0.5} V_\infty^3 (1.83 \times 10^{-8} R^{-0.5}) \left(1 - \frac{h_w}{h_o}\right)$$

h_w/h_o의 비를 계산하기 위해 식 (14.48)로부터 다음을 얻는다.

$$h_o \approx \frac{V_\infty^2}{2} = \frac{(6610)^2}{2} = 2.185 \times 10^7 \text{ J/(kg} \cdot \text{K)}$$

벽 온도가 1110 K일 때, h_w에 대하여 열량적 완전 기체라고 알맞게 가정할 수 있다. 예제 7.1에서 계산했듯이, 열량적 완전 공기는 $C_p = 1004.5$ J/(kg · K)이므로

$$h_w = c_p T_w = (1004.5)(1110) = 1.115 \times 10^6 \text{ J/(kg} \cdot \text{K)}$$

따라서

$$\frac{h_w}{h_o} = \frac{1.115 \times 10^6}{2.185 \times 10^7} = 0.051$$

정체점 열전도는 식 (14.62)에 따라서

$$\begin{aligned}\dot{q}_w &= \rho_\infty^{0.5} V_\infty^3 (1.83 \times 10^{-8} R^{-0.5}) \left(1 - \frac{h_w}{h_0}\right) \\ &= (1.075 \times 10^{-4})^{0.5} (6610)^3 (1.83 \times 10^{-8}) \times (1.29)^{-0.5} (1 - 0.051) \\ &= \boxed{45.78 \text{ W/cm}^2}\end{aligned}$$

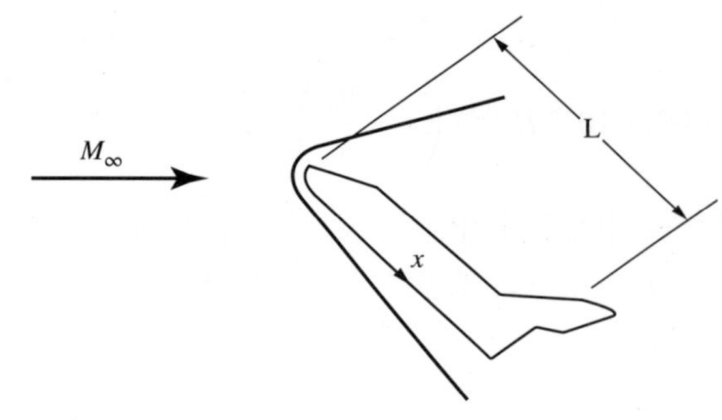

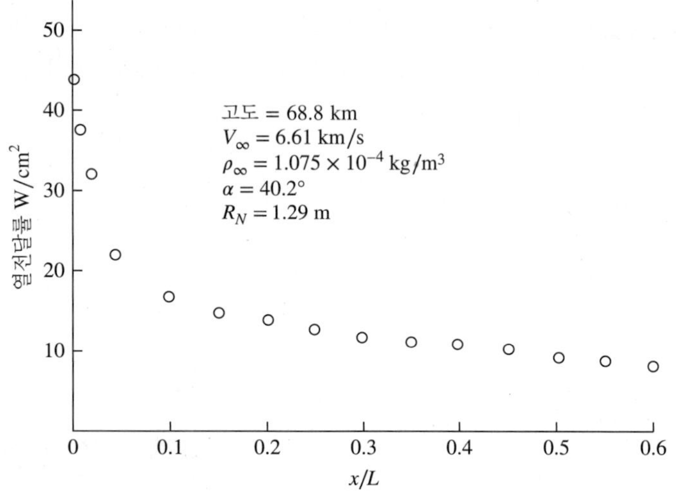

그림 14.21 스페이스 셔틀의 풍상면 중심선에 따른 공력 가열비에 대한 실험적 자료(Zoby, E. V., "Approximate Heating Analysis for the Windward Symmetry Plane of Shuttlelike Bodies at Angle of Attack," in *Thermodynamics of Atmospheric Entry*, T. E. Horton (ed.), Vol. 82, *Progress in Astronautics and Aeronautics*, American Institute of Aeronautics and Astronautics, 1982, pp. 229-247.)

Zoby(참고문헌 98)는 실험적 자료를 기초로 한 최대 정체점 가열은 45 Wkg/m^{2}으로 값을 정했다. 이는 스페이스 셔틀 진입 궤도에서 주어진 고도와 속도에서 얻어진 자료이다. 식 (14.62)로부터 얻어진 계산결과는 실험적 자료와 잘 맞는다.

예제 14.2에서 정체점의 열전달 비를 계산했다. 이 지점이 공력 가열 비율이 최대인 부분이다. 풍상면의 중심선(아래쪽 표면 위)을 따라서 정체점으로부터 하류를 따라 멀어지면서 가열비는 급격히 감소한다. 그림 14.21은 참고문헌 98에서 보고된 바와 같이 공력 가열비에 대한 실험적 자료를 나타낸다. 그림 14.21에 나타낸 거리에 따른 $\dot{q}_w$의 변화와, 그림 14.18의 거리에 따른 압력 변화 사이의 질적 상사를 주목하자. 비록 이 두 자료에 나타난 결과는 미세하게 다른 받음각에 대한 것이지만, 이 비교는 극초음속 공기역학에서 종종 보이는 표면 위의 경향인 공력 가열비가 표면 위의 압력 분포를 따르는 것을 보여준다.

14.9 응용 극초음속 공기역학: 극초음속 웨이브라이더

Applied Hypersonic Aerodynamics: Hypersonic Waveriders

비행체에 대해서 양항비의 최대값인 $(L/D)_{max}$는 그것의 공력 효율 척도이다. 불행하게 초음속이나 극초음속 비행체에서는 자유흐름 마하수가 증가할 때 $(L/D)_{max}$는 급격히 감소한다. 이는 마하수가 증가하면서 급속히 증가하는 충격파의 강도로부터 오는 자연현상이다. 또한 이는 조파 항력의 큰 증가도 가져온다. 그림 14.14의 얇은 판에 대해 받음각에 대한 L/D 변화를 나타낸 그래프로 돌아가 보자. 실선은 14.4절에서 공부한 Newton 해석의 결과이다. 이는 비점성 유동에서 얻어진 결과로 α가 0에 다가갈수록 L/D가 이론적으로 무한대에 가까워지는 것을 보여준다. 실제는 점성에 의한 표면마찰이 판의 표면에 작용하여 낮은 α 값에서 L/D의 값이 최고치에 도달하고, $\alpha \rightarrow 0$일 때에도 L/D 값은 0으로 간다. 이것은 그림 14.14에 점선으로 나타낸 곡선으로 나와 있다. 이는 18.4절에서 논의하는 기준 온도 방법에 의한 예측과 같이 마찰에 의해 변형된 L/D의 변화를 보여준다. 마하수 10과 레이놀즈수 3×10^6에서 표면마찰 계산은 층

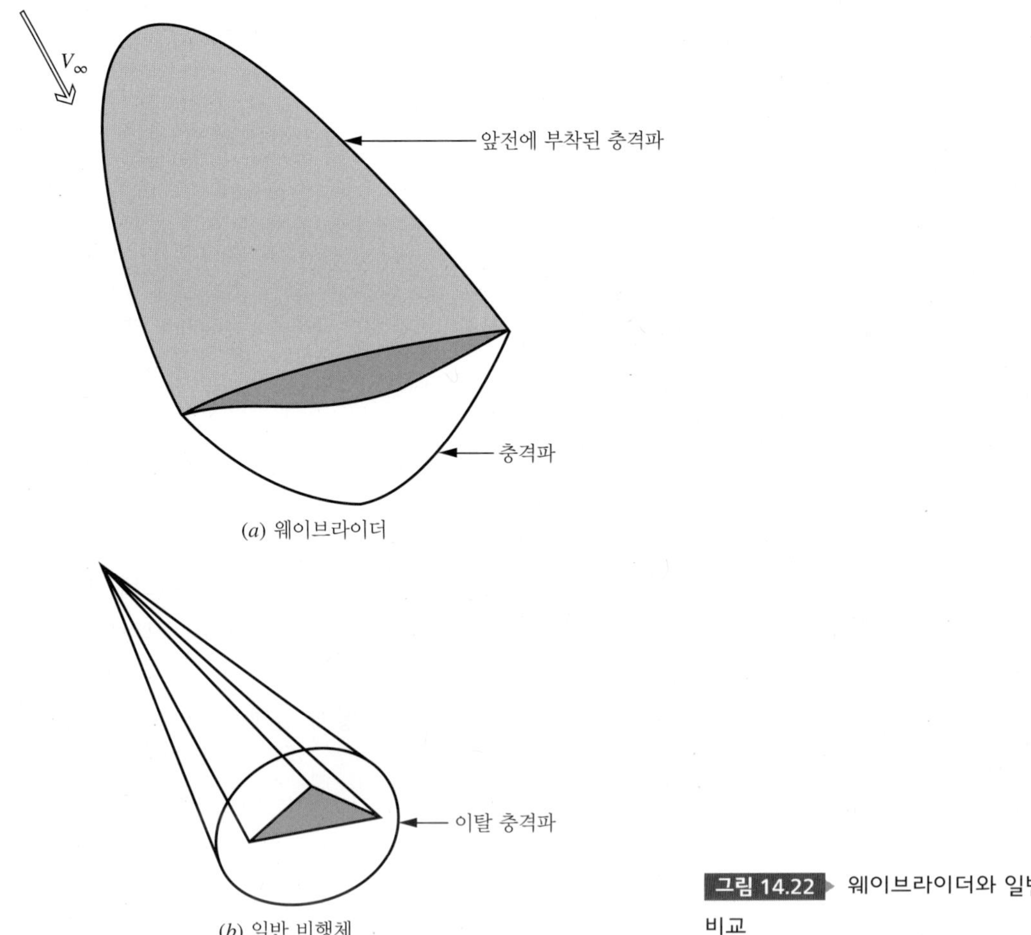

그림 14.22 ▶ 웨이브라이더와 일반 비행체 극초음속 형상 비교

류에 관한 것이다. 평판에 대한 $(L/D)_{\max}$ 값이 대략 6.5임에 주목하자. 비교에 의해 마하수 1 근처의 기본 순항 조건에서 Boeing 747의 $(L/D)_{\max}$는 약 20이다. 그림 14.14에서 극초음속 얇은 평판에 대한 $(L/D)_{\max}$는 작은 값이다. 극초음속 비행체에 의해 발생한 낮은 양항비를 특징으로 반영하면서, 그리고 무한하게 얇은 평판은 유한한 두께를 가진 다른 극초음속 형태들과 비교해서 공력으로 가장 효율적인 양력 표면이다. *결론*: 극초음속 마하수에서 비행체의 L/D 값은 작다. 이는 대기권에서 비행 유지를 위해 설계된 미래 극초음속 비행체에 대해 특히 부담스러운 일이다. 현재 이러한 비행체들에 대한 실제 설계는 그림 14.1과 14.2에 보여지듯 X-43에 의해 묘사되어 있다.

그러나 다른 어떤 형태들보다 더 높은 L/D를 내는 극초음속 비행체 형태의 종류가 있다. 바로 웨이브라이더(waverider)이다. 웨이브라이더는 초음속 또는 극초음속 비행체인데, 이는 비행체의 앞전 모두를 따라 충격파가 붙어서 나타난다. 그림 14.22a에 나와 있다. 이러한 이유로 이 비행체는 그것의 충격파 꼭대기 위를 나는 것처럼 보인다. 이 때문에 'waverider'라는 용어가 붙었다. 이는 좀 더 기존의 극초음속 비행체들과 대조된다. 기존의 극초음속 비행체에서는 대부분 충격파가 앞전으로부터 떨어져 나타난다. 이는 그림 14.22b에 나타나 있다. 그림 14.22a의 웨이브라이더 공력 장점은 비행체 아래쪽 충격파 뒤의 높은 압력이 앞전 부근의 윗면으로 '새지' 않는다는 것이다. 아래쪽을 둘러싼 유동장은 높은 압력이 보존된다. 따라서 더 높은 양력이 비행체에 생성된다. 반대로 그림 14.22b에 보인 비행체는 윗면과 아랫면의 유동 사이에 교환이 이루어져 압력이 앞전 주변으로 새는 경향이 있고 아래 표면 위 적분된 압력 수위는 감소한다. 결과적으로 양력은 감소한다. 이러한 이유로 그림 14.22b의 일반 비행체는 그림 14.22a의 웨이브라이더와 같은 양력을 내기 위해 더 큰 받음각 α에서 날아야 한다. 이것은 그림 14.23에 나타나 있다. 여기에 그림 14.22에서 보인 두 가지 비행체에 대한 양력 곡선(L 대 α)이 그려져 있다. 일반 비행체의 양력 곡선과 비교하여 압력을 유지하고 있는 웨이브라이더의 양력 곡선이 상당히 높음에 주목하라. 이때 점 1a와 1b가 각각 같은 양력에서의 웨이브라이더와 일반 비행체의 그래프 위 점이다. 또한 그림 14.23에 보이는 것은 L/D

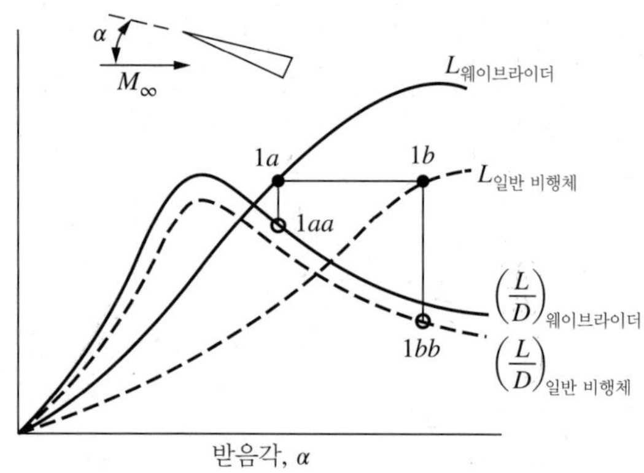

그림 14.23 웨이브라이더와 일반 극초음속 비행체의 양력과 L/D 곡선 비교

대 α의 특성 변화이다. 이는 날렵한 모양의 극초음속 비행체에 대해 그림 14.22a와 b의 형태들과 크게 다르지 않다(비록 주어진 받음각에서 아랫면의 압력 보존에 의해 웨이브라이더의 양력이 증가한다 해도 조파 항력은 존재한다. 결국 웨이브라이더에 대해 주어진 받음각의 L/D 비는 더 작지만 일반 비행체보다 월등하지도 않다). 그러나 웨이브라이더가 더 큰 받음각 α에서(그림 14.23의 점 1b) 날아야만 하는 일반 비행체에 비해 작은 받음각 α에서(그림 14.23의 점 1a) 같은 양력을 내기 때문에 웨이브라이더의 L/D도 기존 형태보다(점 1bb) 상당히 높다(점 1aa). 그러므로 대기 속에서 유지된 극초음속 순항 비행에 대해서 웨이브라이더의 형상은 명백한 장점이다.

질문: 비행체 앞전 전체를 따라서 충격파가 붙어서 나타나는 비행체 모양을 어떻게 설계할까? 즉, 어떻게 웨이브라이더를 설계할까?

한 가지 답변은 다음과 같다. 9.3절에서 논의되었듯이, 초음속 또는 극초음속 자유흐름 안의 쐐기 형태에 의해 생성된 단순한 유동장을 고려해 보자. 쐐기 모양의 위쪽 표면이 자유흐름의 방향과 평행하다는 것을 가정하자. 결국 그림 14.24의 위쪽에 나타낸 것처럼 유동 속 유일한 충격파는 쐐기 형태 아래로 전달되는 평면파뿐이다. 이제 충격파의 앞쪽에서 한 점으로 만나는 충격파의 표면 위를 따라 쭉 뻗은 선을 가정해 보자. 임의로 그은 이 선으로부터 퍼져 나온

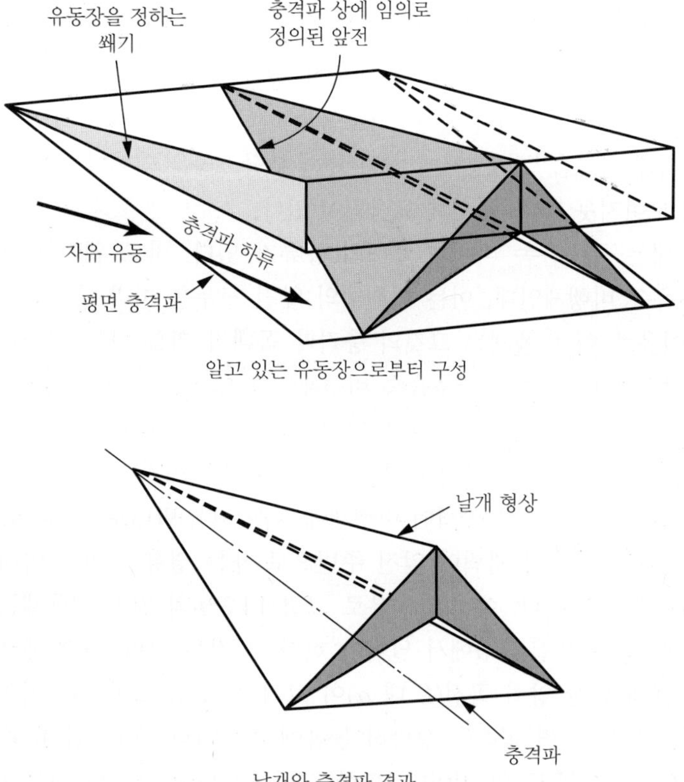

그림 14.24 Nonweiler 또는 'caret' 날개

충격파 뒤 유동의 모든 유선을 고려해 보자. 이들 유선은 유선면을 형성한다. 이때 이는 충격파 위 임의로 그어진 2개의 선에 의해 정의된 앞전을 가진 비행체 표면으로 고려될 수 있다. 평면의 충격파 뒤 유동장과 평행한 유선의 모양이 같기 때문에, 이들 유선면은 그림 14.24와 같이 꺾쇠(caret) 기호 ∧에서 따온 꺾쇠 단면을 가진 비행체 형태로 그려지는 평면이다. 만일 머릿속에서 가정들로 생성된 유동장(그림 14.24의 위쪽에 나타난)을 벗겨낸다면, 그림 14.24의 아래쪽에 나타난 꺾쇠 모양의 비행체만 남을 것이다. 그림 14.24의 아래쪽 비행체 형태에만 집중하면, 비행체 밑 평평한 표면은 유선면이다. 이는 평면의 기울어진 충격파 뒤에 존재하는데, 유선면은 충격파면 위에서 시작한 유선에 의해 생성되었다. 결국 정의에 의해 충격파는 비행체의 앞전에 붙어서 나타난다. 이 평면의 붙은 충격파는 그림 14.24의 아래에 그려진 비행체 앞전 사이에서 늘여져 나타난다. 그러므로 정의에 의해 이 비행체는 웨이브라이더다. *주의*: 웨이브라이더는 일점 설계(point-designed) 비행체를 원칙으로 한다. 그림 14.24의 위쪽에 그려진 경사 충격파 생성은 주어진 자유흐름 마하수가 M_∞이고 경사 충격파를 생성하는 임의 쐐기 끝의 흐름 변형각에 적당하다. 그럼에도 불구하고 만일 그림 14.24 아래에 나타낸 비행체 모양을 만든다면, 그리고 주어진 M_∞의 자유흐름과 임의로 만든 쐐기꼴과 같은 비행체 아랫면의 유동 변형 받음각 속에 둔다면 자연현상은 비행체 앞전 모두를 따라 붙어서 나타나는 충격파를 확실히 만들 것이다. 즉, 비행체는 웨이브라이더가 될 것이다. 그림 14.24에서 자유흐름에 나란한 위 표면과 같이 임의로 만든 쐐기 형태를 지향해 왔다. 결국 쐐기꼴의 윗면 위로는 어떠한 충격파도 없다. 결과적으로 그림 14.24의 아래에 나타낸 꺾쇠 웨이브라이더의 윗면은 자유흐름과 일직선이 된다. 그리고 웨이브라이더 위에는 어떠한 충격파도 없다.

원칙적으로는 어떤 모양이든지 유동장을 생성하는 가상 물체로 사용될 수 있다. 이때 유동장으로부터 웨이브라이더 모양을 새겨서 만든다. 가장 단순한 경우는 방금 설명한 것처럼 가상 물체로 쐐기꼴을 사용하는 것이다. 이것은 장점을 가지고 있는데, 9장에서 다뤘듯이 쐐기 형태가 쉽게 계산되는 단순하게 알려진 유동장을 생성한다는 것이다. 이 유동에 대해서는 CFD 결과가 필요 없다. 초음속 또는 극초음속, 받음각 0의 원추 위 유동은 웨이브라이더 모양을 만들어내는 데 사용되곤 하는 유동장과 유사하다. 이 원추형 유동장이 준3차원이기 때문에, 웨이브라이더 모양의 형성에 있어서 더욱 유연하게 제공된다. 이 원리는 동일하다. 그림 14.25 위쪽에 그려진 받음각 0의 직각 원추형 위 초음속 또는 극초음속 유동장을 고려해 보자. 이 유동장의 완전 수치해는 13.6절에서 논의하였다. 식 (13.78)의 Taylor-Maccoll 식의 해로부터 유동장이 얻어지고, 결과를 도표화한 것이 참고문헌 95와 96에 주어졌다. 즉, 이것은 알려진 유동장이다. 그림 14.25의 위쪽에서 원추형 충격파는 직각 원추의 꼭짓점에 붙어서 나타나는 것을 살펴볼 수 있다. 이 원추는 단순하게 가상 물체가 생성해 낸 유동장이다.

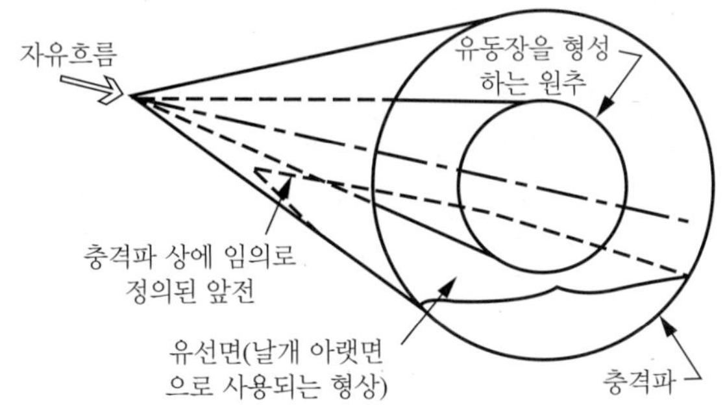

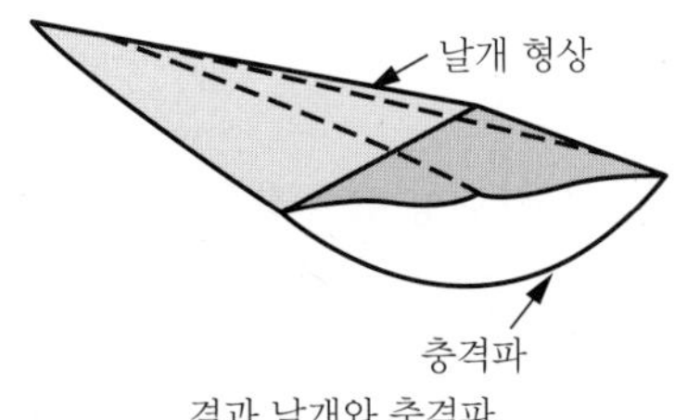

그림 14.25 원추 유동 날개

그림 14.25의 위쪽에 그려진 것처럼, 원추형 충격파의 아래쪽 표면 위에 나타난 점선 곡선을 살펴보자. 이 점선 곡선을 통해 흐르고 있는 모든 유선은 유선면의 일부를 이룬다. 그림 14.25의 아래쪽에 나와 있는 것처럼, 점선 곡선으로 그려진 앞전을 가진 웨이브라이더의 아랫면은 이 유선면으로 정의된다. 어떠한 곡선이라도 원추형 충격파 위에 그려질 수 있다. 즉, 어떤 충격파의 원추형 유동장 하류의 유선면은 웨이브라이더의 표면으로 사용될 수 있다. 이것이 끝나면 그림 14.25에 보인 충격파는 웨이브라이더의 모든 앞전에 따라 붙어서 나타날 것이다. 더 나아가 당연하게 웨이브라이더 위에 붙어서 나타나는 충격파는 그림 14.25의 위쪽에 나타나 있는 원추형 충격파의 한 부분이 될 것이다.

웨이브라이더 개념은 1959년 처음 Nonweiler(참고문헌 99)에 의해 소개되었다. Nonweiler는 앞에서 설명했던 것처럼 쐐기형에 의해 만들어지는 평면 경사 충격파 뒤 2차원 유동장으로부터 꺾쇠 모양의 웨이브라이더를 만들어냈다. Nonweiler는 수송 대기 진입 비행체로서의 웨이브라이더에 관심이 있었다. Nonweiler의 개념을 유동장 생성으로서의 원추형 흐름의 사용으로 처음 확장한 것은 1963년 Jones(참고문헌 100)에 의해서였고, 다른 축대칭 유동 생성으로의 더 넓은 확장도 Jones(참고문헌 101)에 의해 논의되었다. 1979년까지 웨이브라이더 연구의 훌륭하고 저명한 하나의 조사는 Townend(참고문헌 102)에 의해서 주어졌다. 1980년대 초기 Oklahoma 대학의 Rasmussen과 그의 동료들은 (참고문헌 103~105 참조) 직각 원형 원추 위의 유동뿐만 아니라, 타원형 원추 위의 유동으로부터 웨이브라이더 설계에 극초음속 미소 교란 이론을 사용하였다. 웨이브라이더 유동의 분석적 해 사용과 일치하는 양식에 있어서 Rasmussen은 흐름의 비점성 특성을 사용한 웨이브라이더 모양을 최적화하기 위한 변화 표준 미적분학의 사용을 가능하게 했다.

14.9.1 점성 최적화 웨이브라이더 *Viscous-Optimized Waveriders*

지금까지 설명한 것에서 웨이브라이더 형상은 표면마찰 항력의 영향을 포함하지 않은 비점성 유동장에 기초해 설계되었거나 최적화되었다. 즉, 이러한 비점성 분석에 의해 예측된 항력은 단순히 조파 항력이었고, 비점성 L/D의 결과값은 좋게 나타났다. 그러나 웨이브라이더는 유동과 접하는 넓은 표면과 표면마찰 항력을 가지게 되는 경향을 띠고, 여기에 항상 웨이브라이더의 공기역학이 더해지므로 예측되었던 비점성 양항비를 크게 감소시키는 경향이 있다. 이것은 웨이브라이더가 덜 흥미로운 기대치와 순간의 이득 결핍을 가지게 되는 이유이다. 또한 실용적인 극초음속 형태로서의 웨이브라이더에 대해 연구자들과 비행체 설계자들에게 아주 회의적인 태도를 가지게 한다. 1987년에 시작하여, 저자와 Maryland 대학의 학생들은 다른 정책을 취했다. 표면마찰 항력을 최대 L/D를 가진 웨이브라이더를 설계하기 위한 최적화에 포함시켜 새로운 웨이브라이더 집합을 만들었다. 이러한 방식에 있어서 조파 항력과 표면마찰 항력 간의 교환은 최적화 과정 동안 설명되고, 웨이브라이더의 결과 집합은 형태와 유동 단면 면적에 대해 L/D를 최적화하면서 가지게 된다. 이 웨이브라이더 집합을 점성-최적화 극초음속 웨이브라이더라 부르고, 그 이후의 CFD 계산과 풍동 시험은 그들의 실현 가능성을 입증해 왔다. 이처럼 웨이브라이더 개념에서 크게 강화한 현대의 중요성이 있다.

점성 최적화 웨이브라이더에 대한 설계과정은 처음 참고문헌 106과 107로 출판되었다. 이 작업은 1980년대 후기에 시작하여 웨이브라이더의 새로운 분류를 이끌었다. 여기서 이 최적화 과정은 L/D를 최대화하는 반면, 유동 단면 면적을 줄여 결과적으로는 표면마찰력을 줄이기 위해 시도 중이다. 세부적인 점성 효과는 단순한 분석적 형태에서 잠재울 수 없기 때문에 변수의 미적분에 기초한 형식적 최적화 방법은 사용될 수 없다. 게다가 수치적 최적화 테크닉은 Nelder와 Mead(참고문헌 108)의 단순한 방법에 기초해 사용된다. 수치적 최적화 기법을 사용함으로써 둥근 앞전과 확장된 윗면과 같은 다른 실제 형상 측면(자유흐름 위쪽 면의 기본 가정에 대조되어, 즉 위쪽 면에 생성된 모든 것들은 자유흐름 방향에 나란하게 된다) 점성 효과에 더하여 분석에 포함될 수 있다. Bowcutt에 의한 연구결과는 새로운 웨이브라이더 계열을 이끌어냈는데, 바로 점성-최적화 웨이브라이더이다. 이들 웨이브라이더는 상대적으로 높은 L/D 값을 가지며, 이후에 논의할 것이다.

점성-최적화 웨이브라이더 형상에 대해서 다음의 철학이 따른다.

1. 아래쪽(압축) 표면은 원추형 충격파 뒤의 유선면에 의해 생성된다. 비점성 원추형 유동장은 13.6절에 쓰여진 Tayler-Maccoll 수치해에 의해 얻어진다.
2. 윗면은 확장 표면에 의해 다루어진다. 이는 받음각 0에서 점점 가늘어지는 형태의 축대칭 원추에 대한 비점성 유

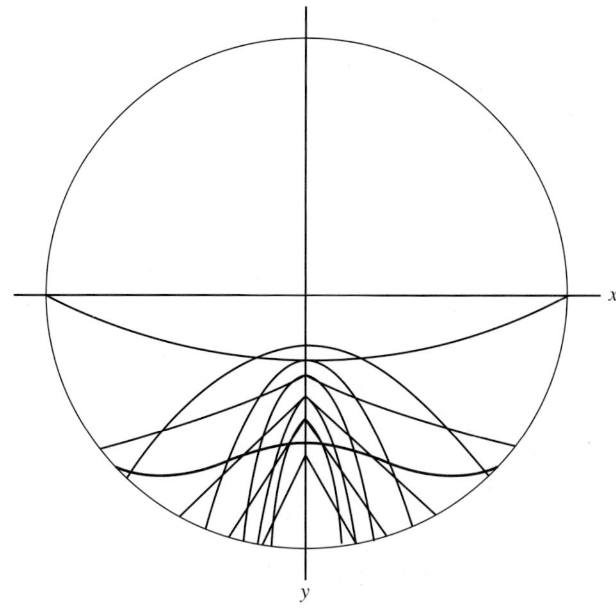

그림 14.26 웨이브라이더의 초기와 최적화된 앞전 형상의 예

동과 비슷한 방식으로 생성되며, 특성 축대칭 방식에 의해 계산된다.

3. 점성 효과는 층류부터 난류까지의 변화를 포함하는 표면 유선을 따라 경계층 적분 분석 방법에 의해 계산된다.
4. 둥근 앞전은 앞전이 받아들일 수 있는 표면 온도 결과에 요구된 최대 앞전 반경의 범위에 포함된다. 그리고 나서 수정된 Newton 이론에 의해 앞전 항력이 측정된다.
5. 제약 조건으로서 몸체 세장비를 가진 채 주어진 마하수와 레이놀즈수에서 최대 L/D 값에 대해 최적화된 최종 웨이브라이더 형상은 그 자체의 최적화 과정 내에서 단계 1~4로 항목화된 효과 모두를 계산하는 수치적으로 단순한 방법으로부터 얻어진다.

다음 논의는 최적화 과정의 통찰력을 제공한다. 먼저 주어진 마하수에서 유동 내 원추형 충격파를 가정하자. 마하수 6에서 원추형 충격파 각은 $\theta_s = 11°$이다. 이전에 논의했듯, 이제 충격파 표면 위에 곡선으로 진행과정을 따라가며 기술해 보자. 이 곡선으로부터 형성된 유선면은 웨이브라이더의 아래쪽 표면이다. 그리고 이 곡선 그 자체로 웨이브라이더의 앞전을 형성한다. 무수히 많은 그러한 곡선들이 원추형 충격파 위에 그려지면서, $M_\infty = 6$에서 $\theta_s = 11°$의 원추형 충격파를 사용한 무수히 많은 웨이브라이더 형태를 만들어낸다. 이들 앞전 곡선 몇몇은 그림 14.26에 나타나 있다. 최적화 진행 과정은 하나하나가 적당한 양항비를 가진 새로운 웨이브라이더를 형성할 수 있는 이들 앞전 연속 형태들을 통해서 이루어지고, 최대 L/D 값을 내는 특정한 앞전 형태에 최종적으로 고정한다. 이것이 $\theta_s = 11°$의 원추형 충격파 각을 생성하는 최적화 웨이브라이더이다. 이때 결과 $(L/D)_{\max}$는 원추형 충격파 각 $\theta_s = 11°$에 대한 그림 14.27에 점으로 도표화되어 있다. 또한 그림 14.27에서 양력 계수 C_L에 상응하는 값과 체적 측정 계수 $\eta = V^{2/3}/S_p$를 제공해준다. 이때 V는 비행체의 체적이고 S_p는 플랫폼 면적이다. 이제는 유동장 생성을 위한 다른 원추형 충격파 각 $\theta_s = 12°$를 선택하자. 그리고 진행과정을 반복하자. 가장 높은 L/D를 낼 수 있는 웨이브라이더 모양을 만드는 앞전 형태를 찾으면서, $\theta_s = 12°$에 대한 이 결과를 그림 14.27에 도표화하였다. 그리고 나서 $\theta_s = 13°$인 또 다른 원추형 충격파 각이 선택된다. 이 과정은 또다시 반복되는데, 마찬가지로 가장 높은 L/D를 만들어내기 위한 특정 웨이브라이더 형태를 찾는다. $\theta_s = 13°$에 대한 이 부분도 그림 14.27에 도표화되어 있다. 그리고 다음은 이렇게 최적화된 웨이브라이더 형태들의 전면도가 그림 14.28에 보인다. 각각은 그것의 원추형 충격파 각에 따라서 구분된다. 이 같은 최적화 웨이브라이더들은 그림 14.29의 투시도에 나타나 있다. 그림 14.27로 돌아가서 θ_s에 따른 L/D 곡선에서 각각이 가진 최대 L/D 값에 주목해 보자. 이 경우 $\theta_s = 12°$에서 최대 L/D가 나타난다. 이것이 "최적화 조건"을 나타내고 그림 14.27에 나타난 비행 조건들에 대해 $M_\infty = 6$의 최종 점성 최적화 웨이브라이더를 정한다. 그림 14.27에 표시된 b/l은 몸체의 세장비다. 이때 b는 날개의 스팬 길이이고 l은 웨이브라이더의 길이이다. 최적화 과정에서 세장비가 제약 조건으로 주어졌

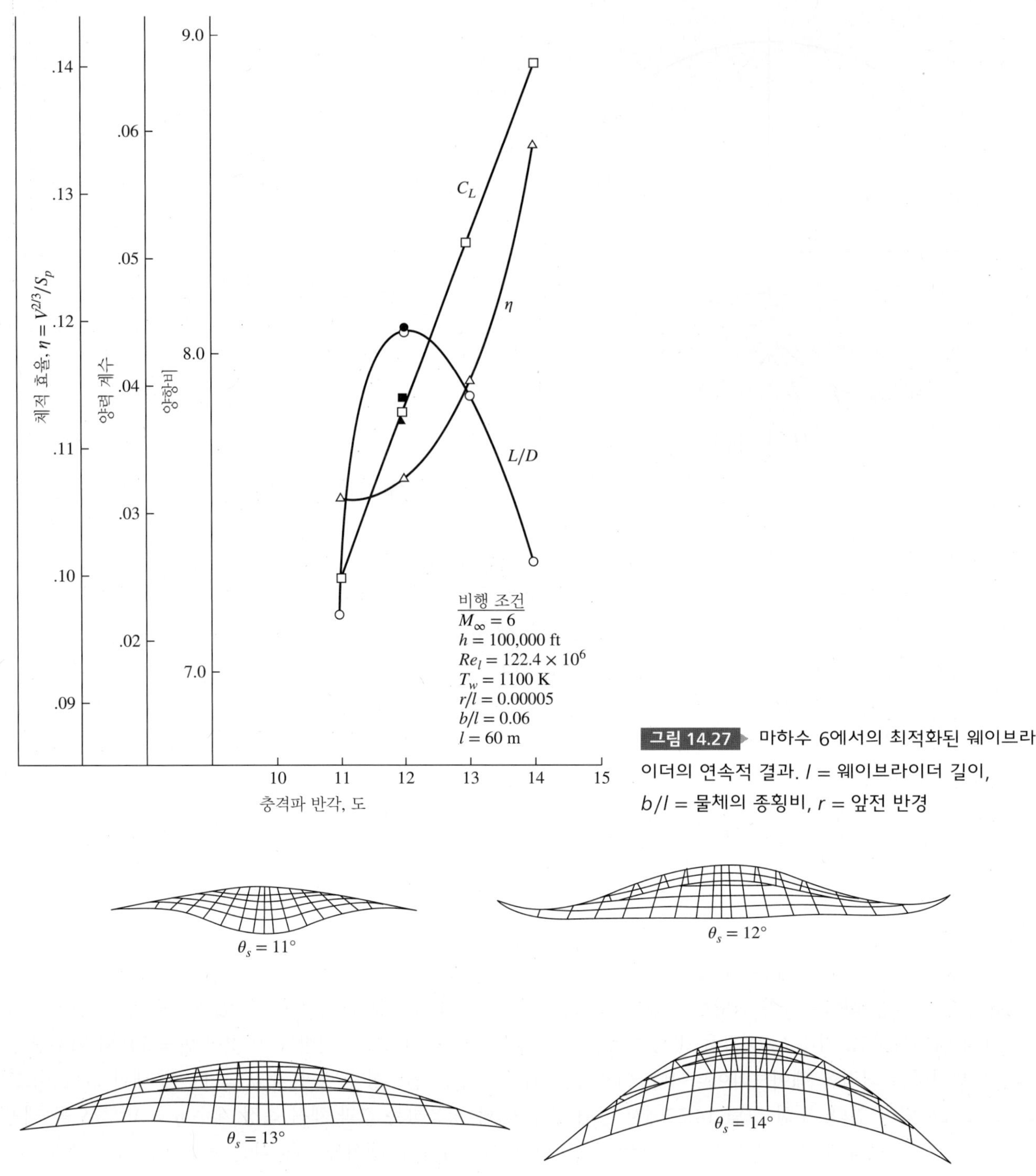

그림 14.27 마하수 6에서의 최적화된 웨이브라이더의 연속적 결과. l = 웨이브라이더 길이, b/l = 물체의 종횡비, r = 앞전 반경

그림 14.28 마하수 6에서의 최적화된 웨이브라이더의 연속적 결과

던 것을 상기하라. 이 경우에 대해서는 $b/l = 0.06$이다. 결과적으로 $\theta_s = 12°$에 상응하는 최적화(최적화의 최적) 3차원 최종 도면은 그림 14.30에 주어져 있다. 또한 그림 14.28과 14.30에 보이는 웨이브라이더의 윗면과 아랫면의 선들은 비점성 유선들이다. 이들 최적화 웨이브라이더의 형상들은 θ_s에 따라 상당히 달라질 수 있다는 것에 주목하자. 그림 14.30을 조사하면서 평면도와 전면도 둘 모두에서 앞전의 다소 복잡한 곡률에 주목하자. 최적화 프로그램은 전반적으로 L/D가 최대이기 위한 조파 항력과 표면마찰 둘 모두를 적당하게 하는 웨이브라이더의 형태를 만들게 한다. 또한 주어진 일정 M_∞에서 제일의 최적화 형상은 인수 2보다는 더 다르지 않은 조파 항력 크기와 표면마찰 항력 크기가 거의

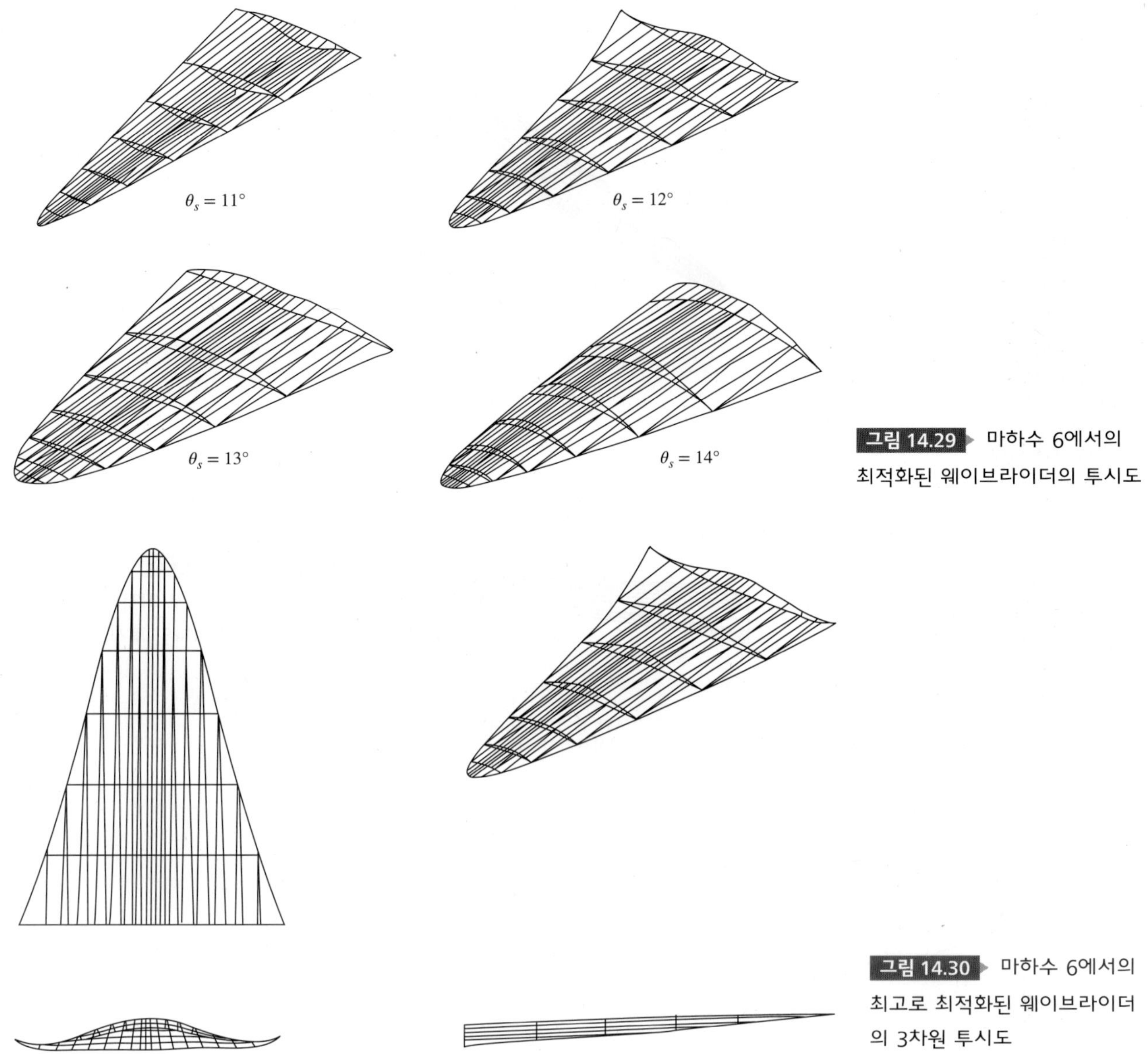

그림 14.29 마하수 6에서의 최적화된 웨이브라이더의 투시도

그림 14.30 마하수 6에서의 최고로 최적화된 웨이브라이더의 3차원 투시도

같은 결과를 가져온다. 최고의 최적화 아래의 원추형 충격각(예를 들어, 그림 14.28과 14.29의 $\theta_s = 11°$)에 대해서는 표면마찰 항력이 조파 항력에 비해 훨씬 크다. 반면 최적화 위의 원추형 충격각(예를 들어 그림 14.28과 14.29의 $\theta_s = 13°$, $14°$)에 대해서는 표면마찰 항력이 조파 항력에 비해 작다. [주: 14.4절에서 최대 양항비에 관련된 비행 조건에서 일정 받음각의 평판에 대해 Newton 이론의 사용은 식 (14.27)에 의해 증명되었듯이 조파 항력은 마찰 항력의 2배이다.]

그림 14.27~14.30의 결과는 $M_\infty = 6$에 적당하다. 같은 과정을 사용하면, 어떠한 초음속 또는 극초음속 마하수에서의 최고의 최적화 웨이브라이더 형상을 얻을 수 있다. 예를 들어, $M_\infty = 25$를 위한 최고의 최적화 웨이브라이더 형상은 그림 14.31에 주어진다. $M_\infty = 6$의 최적화 형상과 비교했을 때(그림 14.30) 마하수 25의 형상은 좀 더 날개가 후퇴되었음에 주목하자. 이는 좀 더 작은 충격파 각을 가진 원추형 유동장과 관련된다. 이들 모두는 직관적으로 더 높은 마하수를 예상할 수 있다. 그러나 $M_\infty = 6$에서 몸체의 세장비는 $b/l = 0.06$으로 제한되어 있다(Concorde와 같은 초음속 비행체와 유사하다). 그러나 $M_\infty = 25$로 선택되면 $b/l = 0.09$가 제약조건이다(수소 연료 극초음속 비행체와 유사하다). 두 가지 다른 세장비는 극초음속 비행 범위의 어느 한쪽 끝에서 두 가지 다른 목적을 가진 비행체를 위한 현실에 기초하여 선택된다.

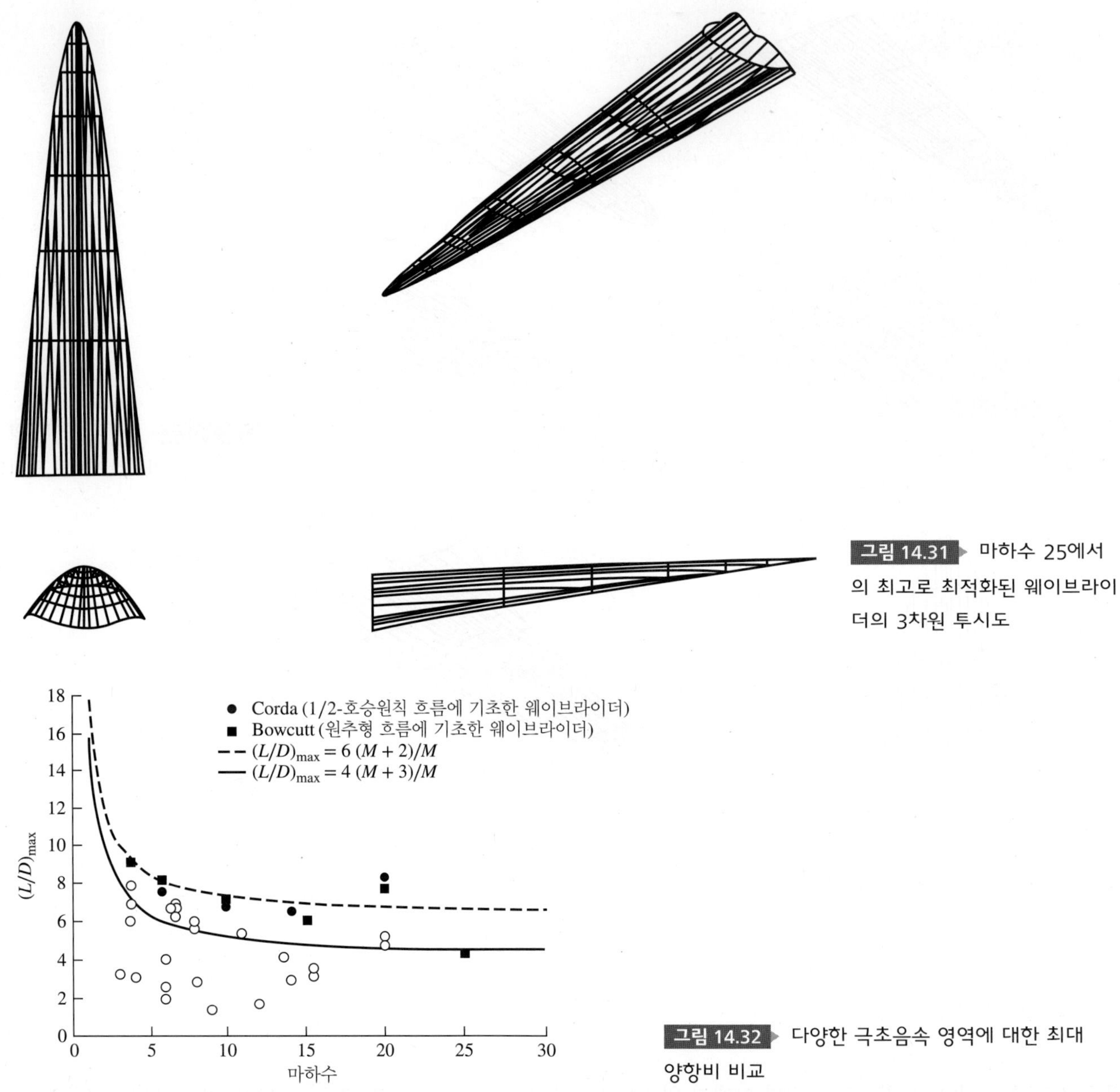

그림 14.31 마하수 25에서의 최고로 최적화된 웨이브라이더의 3차원 투시도

그림 14.32 다양한 극초음속 영역에 대한 최대 양항비 비교

초음속과 극초음속 비행체에 대해 M_∞가 증가할 때 L/D는 두드러지게 감소한다. 또한 Kuchemann(참고문헌 66)은 실제 비행하는 비행체 실험에 기초한 일반적 $(L/D)_{max}$에 대한 실험 관계를 다음과 같이 제공한다.

$$(L/D)_{max} = \frac{4(M_\infty + 3)}{M_\infty}$$

이 변화는 그림 14.32의 실선 곡선을 통해 나타나 있다. 이 그림은 현재 논의에 있어서 중요하다. 이는 점성 최적화 웨이브라이더의 중요성의 핵심에 다가가게 해준다. 그림 14.32의 Kuchemann(실선 곡선)은 일반 비행체에 대한 깨기 어려운 'L/D 장벽' 타입을 보여준다. 그림 14.32의 총알 자국처럼 흩어져 있는 하얀 원들은 여러 가지 풍동 시험과 비행 시험으로 나타난 일반 비행체들의 다양한 자료값이다(이 점들에 대한 출처의 정확한 정보는 참고문헌 109에 주어져 있다). 검은 기호들은 여기서 논의되었던 여러 가지 최적화된 극초음속 웨이브라이더와 관련되어 있다. 검은 사각형들은 아래에 설명되었듯이 원추형 흐름에 기초한 웨이브라이더에 대한 결과이다. 검은 원들은 Corda와 Anderson에 의해(참고문헌 110) 얻어진 호승원칙(one-half power low) 아치형 물체로 형성된 하류 유선면과 충격파에 기초한 점성 최적화 웨이브라이더의 또 다른 그룹의 결과이다. 그림 14.32로부터 점성 최적화 웨이브라이더가 L/D 장벽을 깨는 것

그림 14.33 X-51 웨이브라이더(*출처: 미 공군*)

을 볼 수 있다. 즉, Kuchemann 곡선 위에 놓인 $(L/D)_{\max}$ 값을 얻는다. 또한 점성 최적화 웨이브라이더의 L/D 변화는 좀 더 가깝게 다음으로부터 주어진다.

$$(L/D)_{\max} = \frac{6(M_\infty + 2)}{M_\infty}$$

이 변화는 그림 14.32의 점선 곡선에 의해 나타난다. 점성 최적화 웨이브라이더의 중요성은 그림 14.32에 나타난 결과로 수립된다. 이 결과들은 다양한 풍동 시험을 통해 확증되었다. 이것은 특히 대기 속에서 순항하기 위한 극초음속 비행체로서의 웨이브라이더 형상에 새롭게 주목하는 이유이다.

극초음속 유동 범위로 정의된 물리적 측면은 14.2절에서 논의되었다. 웨이브라이더 위의 점성 상호작용, 높은 온도 유동, 그리고 공력 가열의 영향은 참고문헌 52의 두 번째 수정판에서 논의되었다(참고문헌 52의 두 번째 수정판 361~374쪽, 409~413쪽, 644~646쪽 참조). 그리고 극초음속 비행체 설계는 층류로부터 난류로의 변화 구간에 민감하다. 그리고 이 극초음속 웨이브라이더의 설계에는 예외가 없다. 천이 구간은 넓은 고도와 범위에 걸쳐 있는데, 한편으로는 모든 층류 범위에서 다른 한편으로는 모든 난류 범위 사이로 다양한 경우로 변화된다. 이러한 $M_\infty = 10$에서 얻어진 수치적 연구들은 참고문헌 52, 107, 109에서 논의된다. 이들 물리적 현상은 결과적으로 크게 변하지 않는 $(L/D)_{\max}$ 값을 가진 점성 최적화 극초음속 웨이브라이더의 최적화된 형상에 영향을 가진다.

최적화 과정에 포함된 실제 물리적 현상으로 점성 최적화 극초음속 웨이브라이더는 미래의 극초음속 비행체 설계를 위한 실용적인 형상이 될 것이다. 실제로 그림 14.33에 보여지는 X-51은 미공군이 지원하고 Boeing이 설계한 점성 최적화 웨이브라이더이다. SCRAMjet으로 추진되고 마하수 5~6에서 비행하도록 설계된 X-51은 미래 대기권 순항 미사일에 대한 기술을 제공할 것이다. 2013년 5월 1일에 X-51은 6분 이상의 비행을 성공하였으며, 210초 동안 마하수 5 이상의 속도에 도달하였다. 이 글을 쓰고 있는 시간에 이것은 SCRAMjet으로 추진하는 가장 긴 극초음속 비행이다. SCRAMjet으로 대기권 비행을 유지한 것으로는 두 번째이고, 2004년에 X-43이 첫 번째였다(그림 14.1과 14.2).

14.10 요약 *Summary*

극초음속 유동의 몇몇 기초들만으로 Newton 유동 결과를 특별히 강조하여 여기서 소개하였다. 극초음속 유동에서 유용한 정보는 다음과 같은 결과로부터 얻을 수 있다. 기초적인 Newton 제곱법칙을 다음과 같이 유도할 수 있다.

$$C_p = 2\sin^2\theta \tag{14.4}$$

그리고 이 결과를 사용하여 14.4절에서의 극초음속 평판의 경우를 다룰 수 있다. $M_\infty \to \infty$일 때 경사 충격파 관계의 극한 형태를 얻었다. 즉, 극초음속 관계식이다. 이 관계로부터 Newton 이론의 중요성을 좀 더 검토할 수 있었다. 즉, 식 (14.4)는 $M_\infty \to \infty$과 $\gamma \to 1$의 극한이 결합된 극초음속 유동에 대한 정확한 관계가 되었다. 마지막으로 극초음속 충격파 관계식들은 마하수 독립성 원리의 존재를 나타낸다.

14.11 연습문제 *Problems*

14.1 연습문제 9.13을 다음을 사용해서 반복하라.

a. Newton 이론

b. 수정된 Newton 이론

완전 충격-팽창 이론(연습문제 9.13)에서 얻어진 것들과 위 두 결과들을 비교해 보라. 이 비교로부터 저초음속 마하수에서 Newton 이론과 수정된 Newton 이론의 정확성에 대해 자신의 의견을 서술하라.

14.2 마하수 20의 자유흐름 내 $\alpha = 20°$의 얇은 평판을 생각해 보자. 직접 Newton 이론을 사용하여 양력계수와 항력 계수를 계산하라. 이 결과를 충격파-팽창 이론의 결과와 비교하라.

14.3 마하수 20으로 비행하는 구형 선두부를 가진 극초음속 비행체에 대해 고려해 보자. 이는 대기 온도와 압력이 각각 500°R, 3.06 lb/ft^{2}인 150,000 ft 상공에서 비행한다. 정체점으로부터 20° 떨어져 위치한 선두부 표면 위 한 지점에서 다음 값들을 측정하라. (*a*) 압력, (*b*) 온도, (*c*) 마하수, (*d*) 흐름의 속도

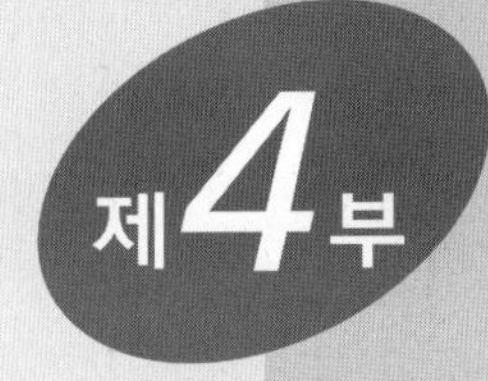

점성 유동

Viscous Flow

4부에서는 점성과 열전도가 유동 현상을 지배하는 경우(점성 유동)에 대하여 다룬다. 비압축성 및 압축성 점성 유동 모두 고려하기로 한다. ■

점성 유동의 기본 원리와 방정식에 대한 개론

Introduction to the Fundamental Principles and Equations of Viscous Flow

유체의 저항을 어떤 방식에 의해 이론적으로 만족스럽게 설명할 수 있을지 나는 정확히 알지 못한다. 적어도 대부분의 경우 세밀하게 주의를 기울여 유동 이론을 연구한 결과 나는 오히려 유체의 저항은 절대적으로 0이란 결론에 도달하게 된다. 이는 내가 기하학자들에게 설명을 떠넘길 수밖에 없는 기이한 역설이다.

Jean LeRond d'Alembert, 1768

미리보기 _Preview Box

실제의 공기역학 현상—이것이 바로 이 장에서 다루고자 하는 그리고 이 책의 나머지 내용이다. 앞에서 다룬 내용 중 일부 점성 유동에 대한 부분을 제외하고, 이 책에서 토론한 내용은 거의 대부분이 비점성 유동에 대한 것이다. 대부분의 실제 공기역학 문제 응용은 우리가 앞에서 보았던 것처럼 비점성 유동이라는 가정으로 적절히 여겨질 수 있으므로, 잘못된 선입관을 갖지 않기 바란다. 비점성 유동에 대한 해석은 일반적으로 점성 유동보다 훨씬 수월하므로 여러분은 이를 고맙게 생각해야 한다. 그러나 공기역학의 어떤 문제는 표면마찰 저항, 공력 가열 현상, 그리고 유동 박리와 같이 본질적으로 점성적인 특성을 갖는다. 이와 같이 중요한 유동 특성을 다루기 위해 점성 유동을 연구할 필요가 있으며, 이것이 바로 이 책 나머지 부분에서 다루고자 하는 주제이다.

이 장에서는 점성 유동의 기본적인 양상에 대하여 취급하고자 한다. 여기서 새로운 정의, 개념, 그리고 Navier-Stokes 방정식의 유도를 포함한 새로운 방정식을 접하게 되는데, 이들이 점성 유동의 연속 방정식, 운동량 방정식, 그리고 에너지 방정식이다. 1장에서 처음으로 점성 유동의 기본 개념을 이미 소개하였으나, 이 장에서는 1장에서 소개한 내용보다 더욱 심도 있는 내용에 대해 토론하기로 한다. 여러분이 이 장과 뒤에 나오는 후속 장을 공부하는 동안 앞

장에서 이미 소개했던 일부 내용이 반복될 수 있다. 이는 다분히 의도적인 것이다. 저자는 이 책의 4부에서 점성 유동에 대한 일반적 내용을 자급자족 형태로 모두 소개하고자 하나의 독립적인 부분으로 따로 집필하였다. 다소간의 내용 반복이 독자에게 해가 되지 않을 뿐더러 오히려 교육적인 측면에서 상당히 도움이 될 수 있다. 이제 이 장으로 접어들어 점성 유동 관련 여러 개념과 사고 속으로 들어가 보자. 이제부터 실제 유동의 세계로 들어가 보기로 한다.

15.1 개요 *Introduction*

앞의 인용에서 d'Alembert가 언급한 '이론'은 비점성, 비압축성 유동 이론을 의미한다. 우리는 3장에서 이러한 이론에 의해 2차원의 닫힌 형상 물체에 대해 항력이 0으로 예측됨을 이미 살펴보았으며, 이를 d'Alembert의 역설이라 한다. 실제로는 움직이는 유체 속에 잠겨 있는 어떤 물체든 항상 어느 정도의 항력이 존재하기 마련이다. 앞에서 항력이 0으로 예측되었던 것은 우연한 자연현상이라기보다는 적용한 이론이 타당하지 않기 때문에 비롯된 결과이다. 비점성 이론에 의해 얻을 수 있는 유도 항력과 초음속 조파 항력을 제외하면, 다른 모든 경우의 항력 계산에서 반드시 점성의 존재를 고려해야 하는데, 이는 여태껏 다루었던 비점성 해석에는 포함되지 않았던 부분이다. 이 책의 나머지 장을 통해 토론하고자 하는 내용은 점성 유동의 기본적인 양상에 대한 것으로서, 공기역학 기초 이론에 대한 전반적인 소개 안에서 '마무리'에 해당한다. 이를 위해 공기역학적 항력과 공기역학적 가열 현상에 대해 언급하고자 한다. 토론의 진행 방향을 이해하기 위해 그림 1.45의 유동 유형에 대한 블록 다이어그램을 살펴보는 것이 도움이 된다. 앞에서 토론한 모든 내용은 블록 *D*, *E*, *F*의 비점성, 비압축성, 그리고 압축성 유동 현상에 대한 것이었다. 이제 나머지 6개 장에서는 그림 1.45의 왼편 가지에 해당하는 블록 *C*, *E*, *F*, 즉 *점성*, 비압축성, 압축성 유동에 대한 내용을 다룰 것이다.

이 책에서 점성 유동에 대한 내용은 의도적으로 간략하게 취급하였는데, 이는 여러분에게 점성 유동에 대한 기본적인 이해를 위해 필요하다고 생각되는 기본 개념 및 방정식을 중점으로 소개했기 때문이다. 점성 유동 이론에 대한 자세한 토론을 위해서는 최소한 이 책 분량의 2배 정도가 필요할 것이며, 이는 분명 여기에서 요구하는 범위를 넘어선다. 점성 유동에 대한 연구는 공기역학 분야의 심도 있는 연구를 위하여 반드시 필요한 부분이다. 점성 유동 분야를 중점적으로 다루고 있는 여러 종류의 저서가 있으며, 참고문헌 40과 41이 훌륭한 예가 될 수 있다. 이러한 참고 서적을 주의 깊게 살펴볼 것을 권한다.

이 책의 앞부분 중 1.11, 4.12, 9.10, 10.6, 그리고 12.4절에서 일부 점성 유동에 관련된 주제를 다루었다. 이는 각 장에서 다룬 주제 중 일부를 점성 유동의 시각으로 재조명한 별도의 토론을 수록한 것이다. 독자 입장에서는 두 가지 선택이 가능한데, (1) 해당 장(chapter)의 이상적인 비점성 유동 현상과 관련된 주제에 대하여 마찰이 어떠한 영향을 미치는지 이해하기 위해 해당 점성 유동 관련 부분을 공부한다. 또는 (2) 이 책의 2부와 3부 주요 주제인 비점성 유동 분야 토론 연속성을 유지하기 위해 일단 해당 점성 유동 관련 부분에 대한 공부를 생략한다. 이제 4부에서는 점성 유동에 대한 주제만을 다루고자 한다. 위에서 언급한 선택 중 (1)번을 선택한 독자는 앞 장에서 언급되었던 일부 내용이 4부에서 반복되고 있음을 알 수 있을 것이다. 그러나 새로운 주제를 학습함에 있어 반복이란 매우 훌륭한 방법이 될 수 있다. (2)번을 선택한 독자의 경우 앞 장의 점성 유동 관련 토론 부분과 상관없이 4부에서 점성 유동 현상에 대해 총체적으로 완비된 설명을 접하게 될 것이다. 그러나 점성 유동 토론 진행 시 적절한 단계에 앞 절의 점성 유동 관련 해당 부분을 참조하면 4부 주제의 연속성에 정확히 부합하는 부연 설명을 발견할 수 있을 것이다.

이 장에서 다루는 주제와 관련된 이정표가 그림 15.1에 나와 있다. 그림 15.1의 왼편 가지에 표시했듯이, 우리가 가고자 하는 방향은 먼저 점성 유동의 정성적 특성에 대해 살피는 것이다. 그런 다음 오른쪽 가지에 나와있는 것처럼 이러한 특성을 정량화한다. 이 과정에서, 일반적인 점성 유동의 지배 방정식인 Navier-Stokes 방정식(운동량 방정식)과 점성 유동 에너지 방정식을 도출한다. 마지막으로 이러한 지배 방정식에 대한 수치해에 대해 살펴보기로 한다.

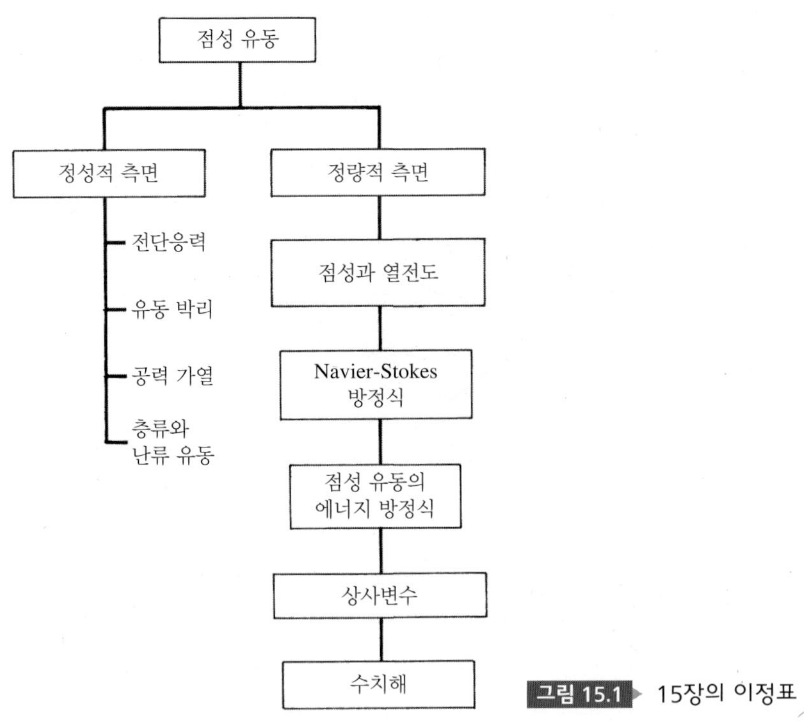

그림 15.1 ▶ 15장의 이정표

15.2 점성 유동의 정성적 특징 *Qualitative Aspects of Viscous Flow*

점성 유동이란 무엇인가? *답*: 점성, 열전도, 그리고 질량 확산에 의한 효과가 중요한 작용을 하는 유동이다. 질량 확산 현상은 화학적 물질 성분 농도 간의 구배가 존재하는 기체에서 중요하다. 헬륨이 분사되는 벽면을 통과하는 공기 유동이나 제트 엔진 내부에서의 화학 반응을 수반하는 유동 또는 초고속으로 대기권에 재진입하는 물체 주변의 유동 등을 예로 들 수 있다. 이 책에서는 물질 확산에 의한 효과는 고려하지 않고, 점성과 열전도 현상이 중요한 점성 유동을 다루고자 한다.

먼저 점성에 의한 영향을 고려해 보자. 예를 들어, 이 책이 테이블 위에서 미끄러지는 경우와 같이 2개의 고체면이 서로 미끄러지며 마찰하는 경우를 상상해 보자. 분명 두 물체 사이에 마찰력이 존재하여 물체 간 상대 운동을 방해할 것이다. 고체면 위를 통과하는 유동의 경우에도 같은 현상이 발생한다. 고체면과 면 근처에 있는 유체 사이 마찰에 의한 영향으로 마찰력이 발생하여 상대 운동을 방해한다. 이러한 효과는 고체면과 유체 모두에 작용한다. 고체면은 유동 진행 방향으로 면에 접하는 방향의 '잡아당기는' 힘을 경험한다. 여기서 그림 15.2에 표시했듯이 단위 면적당 접하는 방향의 힘을 *전단응력* τ라 하며, 1.5절에서 처음 소개하였다. 이에 대해 크기가 같고 방향이 반대인 반작용으로서, 고체면 근처에 위치한 유체는 그림 15.2의 삽입부 a에 표시했듯이 유동의 국소적 유속을 감소시키는 저지력을 경험한다. 실제로 이러한 마찰의 영향은 바로 물체 표면에서 유체 속도 V를 0으로 만들며, 이러한 현상을 일컬어 점성 유동을 지배하는 *점착*(no-slip) 조건이라 칭한다. 고체 표면 위를 흐르는 실제 연속체 유체 유동에서 고체 표면 바로 위의 유속은 0이다. 고체 표면으로부터 거리가 어느 정도 떨어진 지점의 유속은 삽입부 a에 표시했듯이 유한한 값을 갖지만 지체된다. 고체 표면에 수직한 방향으로의 좌표를 n이라 하면 고체 표면 근처의 유속을 $V = V(n)$으로 표시할 수 있으며, 이때 $n = 0$에서의 V는 0이고 n이 증가할수록 V도 증가한다. 삽입부 a에 표시했듯이 n에 대해 V를 표시한 것을 속도 *프로파일*(velocity profile)이라 칭한다. 표면 근처 유동 영역에서 명확히 속도구배 $\partial V/\partial n$을 관찰할 수 있으며, 이는 고체 표면과 유체 사이의 마찰력으로부터 발생하는 것이다.

그림 15.2와 같이 마찰은 전단응력을 발생시키는 것 외에 물체 주변 유동 현상을 지배하는 또 다른 중요한(그러나 서로 연관된) 역할을 한다. 그림 15.3과 같이 물체 표면 근처 점성 유동 영역에서 움직이는 유체 요소(fluid element)를 고려해 보자. 유동이 운동을 시작한 훨씬 이전의 순간으로부터 현재에 이르고 있다고 가정하자. s_1 지점에서 유체 요소

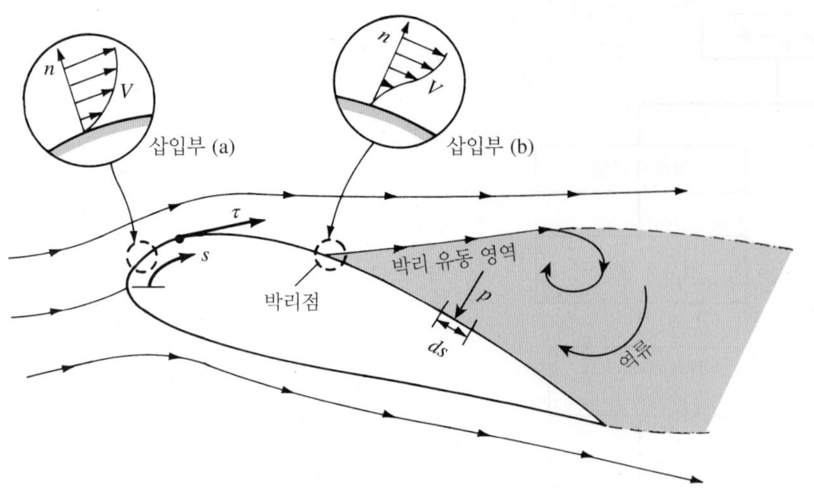

그림 15.2 움직이는 유체 내 물체에서 점성에 의한 영향: 전단응력과 박리 유동

의 속도는 V_1이라 하자. 물체 표면 위를 흐르는 유동에서 유동 진행 방향으로 압력 분포가 증가하고 있는 경우(즉, $p_3 > p_2 > p_1$이라 가정한다)를 가정한다. 이와 같이 압력이 증가하고 있는 영역을 *역압력구배*(adverse pressure gradient)라 한다. 이제 유체 요소 운동을 따라 하류 방향으로 움직여 보자. 유체 요소 움직임은 이미 마찰의 영향에 의해 느려졌으며, 또한 증가하는 압력을 이기면서 유동 방향을 따라 움직이는데, 이는 유체 요소의 속도를 더욱 감소시킨다. 결과적으로 표면을 따라 이동하면서 s_2 지점에서의 속도는 V_1보다 줄어든 V_2가 된다. 유체 요소가 하류 방향으로 이동을 계속하면서 동력이 완전히 '고갈되는' 상태에 도달하면 정지하고, 이 시점부터 역압력구배의 영향에 의해 실질적으로 상류(upstream) 방향과 반대 방향으로의 움직임이 시작된다. 그림 15.3에 유체 요소의 거동 속도가 V_3가 되는 s_3 지점에 '역류(reverse flow)'를 나타내었다. 그림 15.3은 유동 시작 시점에서부터 물체 표면에 매우 근접한 영역의 세부적인 유동 현상을 표시한 것이다. 그림 15.2는 이러한 유동이 시간이 경과하면서 어떻게 변화해 가는지를 보다 확대하여 표시한 것으로, 결론적으로 이러한 역류 현상이 유동을 *물체 표면으로부터 박리*(separation)시키는 원인이 되며, 물체 표면으로부터 떨어진 하류 영역에 재순환 유동에 의한 대규모의 후류 영역을 형성시킨다. 그림 15.2의 삽입부 b에 표시했듯이 물체 표면의 박리 지점은 표면에서의 $\partial V/\partial n$ 값이 0이 되는 지점이다. 이 지점 이후로부터는 역류가 발생한다. 따라서 전단응력 발생 외에도 마찰의 영향으로 물체 표면을 따라 흐르는 유동이 표면으로부터 박리되는 원인이 된다. 이러한 박리 유동이 발생하면 물체 표면에서의 압력 분포는 커다란 변화를 겪게 된다. 그림 15.2의 물체 주변 주된 유동은 물체의 형상과 다른 형상을 갖는다. 즉, 박리 지점으로부터 상류 영역에서는 유동과 물체 형상이 동일하나, 박리 지점 하류 영역에서는 넓은 박리 유동 영역에 의해 상당히 모양이 변형된 '유효 물체(effective body)' 형상을 취하

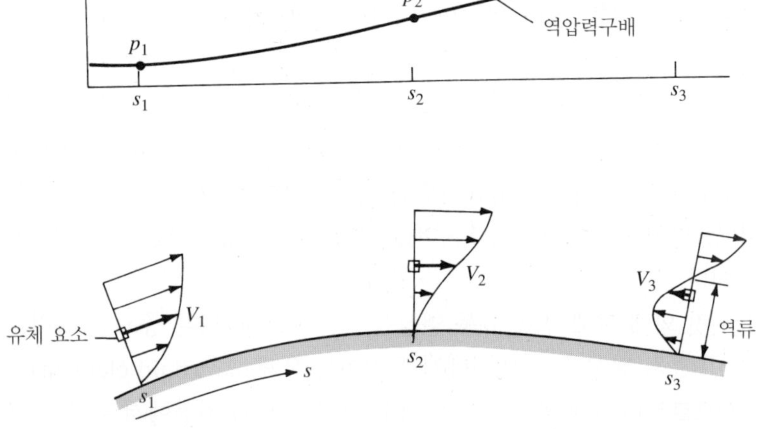

그림 15.3 역압력구배에 의해 유도되는 박리 유동. 이 그림은 초기의 유동 진화 과정을 표시한다: 지점 2와 3 사이에서 물체 표면으로부터 유동이 박리되면, s_3 지점의 유체 요소는 s_1 및 s_2 지점과는 매우 다른 상황이 된다. 왜냐하면 그림 15.2에 표시했듯이 유동의 주류가 물체 표면으로부터 멀리 떨어져 이동하기 때문이다.

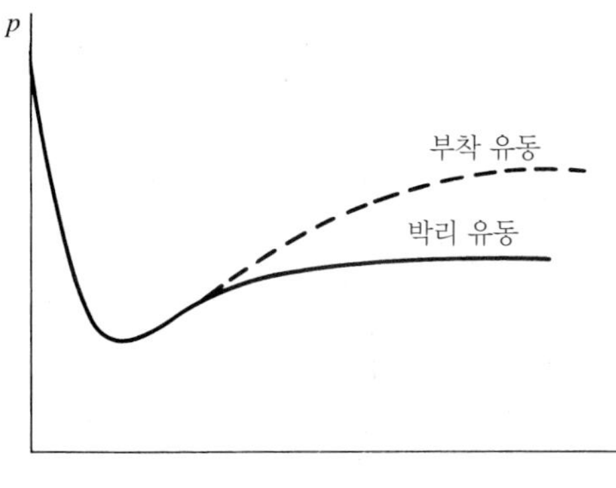

그림 15.4 그림 15.2에 나타낸 물체 위 표면 부착 유동과 박리 유동에서의 압력 분포 개요도

게 된다. 이러한 현상에 의한 순 효과는 실제 물체 표면 압력 분포를 변화시킴으로써 압력 분포 적분 결과가 유동 방향으로 힘을 발생시키는데, 이것이 바로 항력이다. 이를 보다 명확히 설명하기 위해 그림 15.4에 표시된 물체 위 표면의 압력 분포를 살펴보기 바란다. 유동이 표면에 부착되어 움직이는 경우 물체 하류 부분의 압력 분포를 점선으로 표시하였다. 박리 유동의 경우 물체 하류 부분의 압력을 그림 15.4에서 실선으로 표시했으며, 부착 유동의 경우보다 압력이 작은 것을 알 수 있다. 그림 15.2로 돌아가 보자. 물체 위 뒷부분 표면의 압력은 항력 방향의 반대 방향 힘에 기여한다. 즉, 그림 15.2에서 표면 ds 요소에 작용하는 압력은 상류 방향에 수평인 성분을 갖는다. 2차원 물체 형상 주변의 비점성, 아음속, 부착 유동의 경우 그림 15.2의 압력 분포를 적분하여 전방으로 작용하는 힘 성분은 물체 다른 부분에 작용하는 압력 분포를 적분하여 얻은 후방 방향의 힘 성분과 서로 상쇄되어 압력 분포 적분치의 순 효과는 항력을 0으로 만든다. 이것이 바로 3장에서 거론했던 d'Alembert의 역설이다. 그러나 점성을 갖는 박리 유동의 경우 박리 영역에서 p가 감소함으로 인해 물체 다른 부분 표면에서의 압력 분포에 의한 항력 성분을 완전히 상쇄시키지 못한다. 이에 따르는 순 효과가 항력 발생이다. 이를 *유동 박리에 의한 압력 항력*(pressure drag)이라 부르며 D_p로 표시한다.

요약하자면 점성의 영향에 의해 다음과 같은 두 가지 형태의 항력이 발생한다.

D_f는 표면마찰 항력(skin friction drag)으로서 물체 표면에서의 전단응력 τ를 적분하여 항력 방향의 성분을 취한 것이다.

D_p는 박리에 의한 압력 항력(pressure drag)으로서 물체 표면에서의 압력 분포를 적분하여 항력 방향 성분을 취한 것이다.

D_p는 간혹 *형상 항력*(form drag)이라 부르기도 한다. $D_f + D_p$의 합을 2차원 형상에서의 *형상 항력*(profile drag)이라 한다. 항공기와 같은 3차원 물체에서 $D_f + D_p$의 합은 종종 *유해 항력*(parasite drag)이라 칭하기도 한다(여러 가지 다른 형태의 항력 기여도에 대한 보다 자세한 분류는 참고문헌 2를 참조하기 바란다).

공기역학적 형상의 물체 표면에서 발생하는 박리 유동은 항력의 증가와 더불어 상당 부분의 양력 손실도 수반한다. 4.3절에서 설명한 대로 이러한 박리 유동은 익형(airfoil) 실속(stall)의 원인으로 작용한다. 이러한 이유로 박리 유동의 예측, 이해, 그리고 연구가 점성 유동의 특성을 이해하는 데 매우 중요하다.

이제 마찰 외에 점성 유동의 또 다른 물리적 특성인 열전도(thermal conduction)에 주의를 돌려 보자. 이 책이 테이블 위에서 움직이는 것과 같이 2개의 고체 물체가 서로 맞닿아 미끄러지는 경우와의 유사성을 관찰해 보자. 만약 책을 테이블에 세게 누르면서 격렬하게 앞뒤로 문지를 경우 책의 표지는 물론 테이블 윗면도 데워질 것이다. 책을 세게 누르기 위해 소모된 에너지의 일부가 마찰에 의해 소모되어 물체를 가열하는 형태로 나타난다. 물체 위를 흐르는 유체의 유동에서도 똑같은 현상이 발생한다. 운동하는 유체는 어느 정도의 운동 에너지를 보유하며, 물체 표면을 따라 흐르는 과정에서 전술한 바와 같이 마찰의 영향으로 유속이 감소하여 운동 에너지 역시 감소하게 된다. 이와 같이 유실된 운동 에너지는 유체 내부 에너지 형태로 재생되어 온도를 상승시키는 원인이 된다. 이러한 현상을 *점성 소산*(viscous dissipation)이라 한다. 유체의 온도가 상승하면 따뜻해진 유체와 차가운 물체 사이에 온도 차가 발생한다. 우리는 경험으로부터 열은 뜨거운 물체에서 차가운 물체로 이동한다는 것을 알고 있다. 따라서 열은 데워진 유체로부터 온

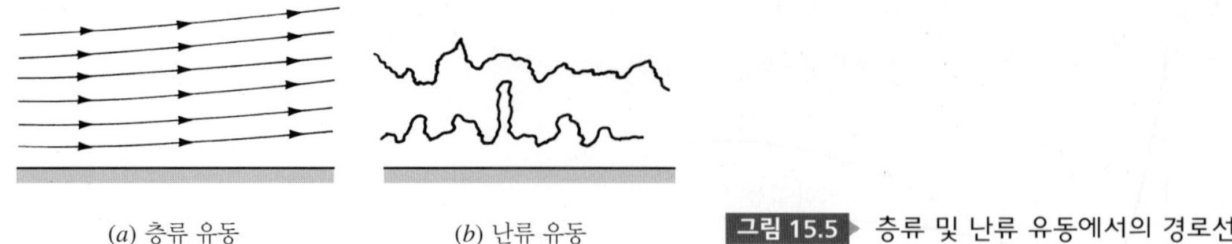

그림 15.5 층류 및 난류 유동에서의 경로선

도가 낮은 물체 표면으로 이동할 것이다. 이러한 메커니즘을 *공력 가열*(aerodynamic heating)이라 한다. 공력 가열은 유동 속도가 증가할수록 마찰에 의해 보다 많은 양의 운동 에너지가 소산되므로 더욱 심해지며, 따뜻한 유체와 차가운 물체 표면 간의 온도 차도 따라서 증가한다. 14장에서 토론했듯이, 극초음속 속도에서 공력 가열은 유동의 주된 특성이다.

이상 위에서 설명한 전단응력, 유동의 박리, 공력 가열 등은 점성 유동의 독보적인 특성에 의해 다시 영향을 받는데, 이는 유동이 층류(laminar)인가 난류(turbulent)인가 하는 문제이다. 그림 15.5와 같이 표면 위를 흐르는 점성 유동을 고려해 보자. 만약 여러 유체 요소의 운동 경로선(path lines)이 그림 15.5*a*와 같이 규칙적이고 부드러우면 이러한 유동을 *층류 유동*이라 한다. 반면 유체 요소의 운동이 그림 15.5*b*와 같이 매우 불규칙적이고 꼬불꼬불하다면 이러한 유동을 *난류 유동*이라 한다. 난류 유동에서의 흔들림 운동으로 인해 유동 바깥 영역의 고에너지 유체 요소가 물체 표면 가까운 영역으로 빨려 들어온다. 따라서 고체 표면 근처의 난류 유동 평균 유속이 층류 유동에 비해 크다. 그림 15.6에 층류 및 난류 유동의 속도 프로파일을 비교하여 나타냈다. 물체 표면 바로 윗면에서 난류 유동 속도가 층류에 비해 상당히 큰 것에 주목하라. $(\partial V/\partial n)_{n=0}$가 물체 표면에서의 속도구배를 의미한다면, 아래의 관계식을 얻을 수 있다.

$$\left[\left(\frac{\partial V}{\partial n}\right)_{n=0}\right]_{\text{turbulent}} > \left[\left(\frac{\partial V}{\partial n}\right)_{n=0}\right]_{\text{laminar}}$$

이러한 차이로 인해 난류 유동의 마찰 효과가 더욱 심하다. 난류 유동의 전단응력과 공력 가열 두 가지 모두 층류와 비교하여 크다. 그러나 난류 유동이 오히려 유리한 측면이 있는데, 표면 근처에 위치한 유체 요소가 보유한 에너지 수준이 층류보다 난류가 높기 때문에 난류 유동은 물체 표면으로부터 층류 유동처럼 쉽게 박리하지 않는다. 물체 주변의 유동이 난류일 경우 표면으로부터의 유동 박리가 지연되며, 설령 유동 박리가 발생한다 해도 유동 박리 영역이 줄어든다. 결과적으로 난류의 경우 유동 박리에 의한 압력 항력 D_p가 줄어든다.

이상의 논의는 공기역학에서 절충이 요구됨을 시사한다. 물체 주변의 유동은 층류가 바람직한가 난류가 바람직한가? 이러한 질문에 정답이 있는 것은 아니며, 물체의 형상에 따라 답은 달라질 수 있다. 일반적으로 그림 15.7*a*와 같이 날렵한 형상의 물체인 경우 마찰 항력 D_f가 D_p보다 훨씬 크다. 이 경우 난류보다는 층류의 D_f 값이 작기 때문에 날렵한 물체의 경우 층류 유동이 바람직하다. 반면 그림 15.7*b*와 같은 무딘 형상의 물체는 D_p가 D_f보다 훨씬 크다. 이 경우

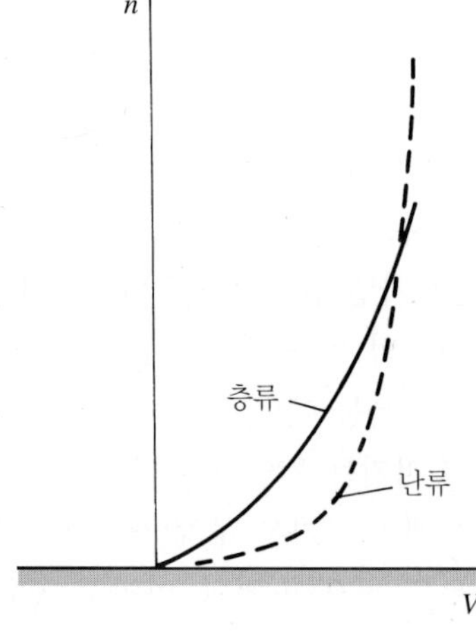

그림 15.6 층류 및 난류 유동에서의 속도 프로파일 개요도

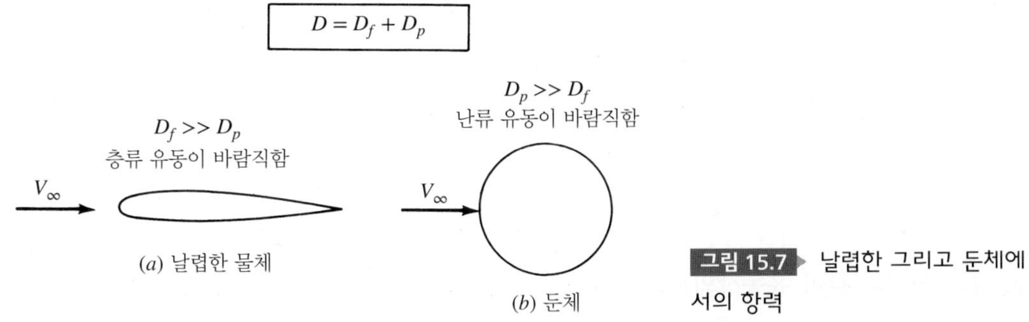

그림 15.7 날렵한 그리고 둔체에서의 항력

난류의 D_p가 층류의 경우보다 작기 때문에 무딘 형상에 대해서는 난류 유동이 바람직하다. 이상의 설명이 모든 경우를 포함하는 것은 아니며 단지 일반적 경향에 대한 기술이다. 어떤 주어진 형상에 대해 층류 대 난류의 공기역학적 장단점은 반드시 분석해 봐야 하는 것이다.

위에서 설명한 바와 같이 어떤 경우에는 층류 유동이 유리하고 또 다른 경우에는 난류 유동이 유리한 면이 있으나, 현실적으로 실제 발생하는 상황에서 우리가 통제할 수 있는 부분은 별로 없을 수 있다. 궁극적으로는 자연현상이 유동이 층류가 될지 난류가 될지 결정한다. 자연현상의 일반적인 법칙으로 어떤 시스템을 그대로 내버려 둘 경우 항상 최대한의 무질서 상태를 향해 진행된다. 이러한 시스템에 질서를 부여하기 위해서는 시스템에 대하여 어느 정도의 일을 투입하거나 어떤 형태로든 에너지를 소모해야 한다(우리 일상생활도 유사하게 적용되는데, 예를 들어 우리가 생활하고 있는 방을 노력을 들여 깨끗이 청소하지 않으면 조만간에 엉망진창이 되는 것과 마찬가지다). 난류 유동은 층류 유동과 비교하여 훨씬 '무질서한' 상태이므로, 자연현상은 항상 난류 유동 발생을 선호한다. 실제로 대부분의 실질적인 공기역학 문제에서 난류 유동 발생이 일반적으로 우세하다.

이러한 현상에 대해 보다 상세히 살펴보도록 하자. 그림 15.8과 같이 평판 위를 흐르는 점성 유동에 대해 생각해 보자. 평판의 앞전 상류 영역 유동은 자유흐름 속도를 유지하면서 균일하게 불어온다. 그러나 앞전 이후 하류 영역은 마찰의 영향에 의해 표면 근처에 위치한 유동이 처지기 시작하며, 이렇게 뒤처진 유동 영역은 그림 15.8과 같이 평판의 하류 방향으로 진행하면서 평판 위로 점점 더 성장하게 된다. 유동 시작 부분인 앞전 바로 직후의 하류는 층류 유동이다. 그러나 어느 정도 거리를 이동하면서 층류 유동 내 불안정성이 나타나며, 이러한 불안정성이 급속히 성장하면서 난류 유동으로 천이가 발생한다. 그림 15.8과 같이 층류에서 난류 유동으로의 천이는 일정 영역에 걸쳐 진행된다. 그렇지만 유동 해석 목적상 종종 천이 영역을 *천이점*(transition point)이라 부르는 한 점으로 간주하여, 천이점 이전의 상류 부분은 층류 영역으로 이후는 난류 영역으로 취급한다. 앞전으로부터 천이점까지의 거리를 x_{cr}로 표시하였다. x_{cr} 값은 유동 현상의 모든 부분에 의해 좌우된다. 예를 들어, 층류에서 난류로의 천이를 촉진시켜 x_{cr} 값을 감소시키는 특성으로 다음 사항을 들 수 있다.

1. *면거칠기*(*roughness*)*를 증가시킨다*. 물체 주변 유동을 난류로 촉진시키기 위해 앞전 부근에 돌기와 같은 티끌을 위치시킴으로써 층류 상태로부터 난류로의 천이로 '시동'을 걸 수 있다. 이는 풍동 시험에서 종종 사용하는 방법이기도 하다. 골프공 표면의 패인 홈(dimple)은 난류로의 천이를 촉진시켜 D_p를 감소시키기 위한 방편이다. 반면

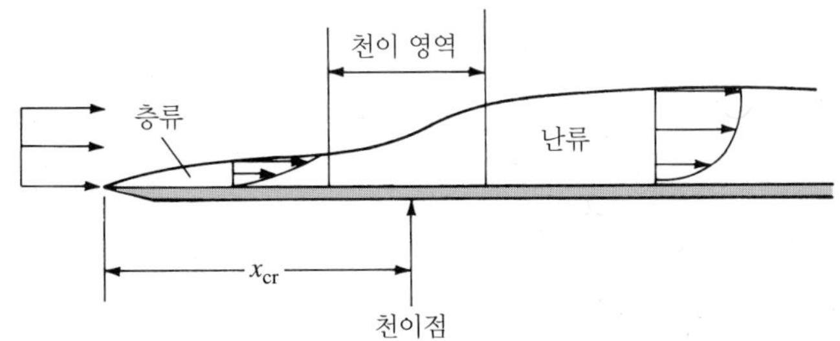

그림 15.8 층류 유동으로부터 난류 유동으로의 천이

NACA 6계열 층류 익형과 같이 넓은 영역에 걸쳐 층류 유동을 얻고자 하는 경우 익형 표면을 가능한 매끄럽게 가공해야 한다. 이러한 익형이 실제 비행에서 실험실에서와 같이 넓은 영역에 걸쳐 층류 유동을 얻기 힘든 이유는 제조공정에서의 불균일성과 벌레가 부딪혀 생긴 흔적(bug spot)(믿거나 말거나)에 의해 표면이 거칠어져 난류로 의 천이를 촉진시키기 때문이다.

2. *자유흐름 내 난류 상태(turbulence)를 증가시킨다*. 이는 풍동 시험 시 특히 문제가 된다. 만약 2개의 풍동이 서로 다른 수준의 자유흐름 난류 상태를 가진다면, 한 풍동에서 얻은 자료가 다른 풍동에서 반복되지 않는다.
3. *역압력구배*. 앞의 설명과 같이 유동장의 박리를 촉진시키는 것 외에도, 역압력구배는 난류로의 천이 과정을 더욱 촉진시킨다. 반면 강력한 순 압력구배(favorable pressure gradient, 하류 방향으로 p가 감소하는 경우)는 초창기 층류 유동을 보존시키는 경향이 있다.
4. *면 열공급을 통해 유체를 가열한다*. 표면 온도가 인접한 유체의 온도보다 높다면 표면으로부터 유체로 열전달이 발생하며, 이는 층류 유동 내 불안정성을 증폭시킴으로써 천이 과정을 앞당길 수 있다. 반면에 차가운 표면은 층류 유동을 지속시킨다.

천이 과정에 영향을 주는 여러 가지 요소가 있다. 보다 자세한 내용은 참고문헌 40을 참조하기 바란다. 그중에는 유동의 상사변수(similarity parameters)로서 마하수와 레이놀즈수가 포함된다. 마하수 M_∞가 크고 Re가 작을수록 층류 유동의 경향이 유지되므로, 고 고도에서의 극초음속 비행 시 층류 유동 성향이 상당히 광범위하게 관찰될 수 있다. 레이놀즈수는 난류 유동으로의 천이 과정에 중요하게 작용하는 요소이다. 그림 15.8에서 *임계* 레이놀즈수 Re_{cr}을 아래와 같이 정의하자.

$$\mathrm{Re}_{cr} \equiv \frac{\rho_\infty V_\infty x_{cr}}{\mu_\infty}$$

주어진 조건하의 어떤 물체에서 Re_{cr} 값을 예측하는 것은 쉽지 않다. 실제로 천이 과정에 대한 해석은 현대 공기역학 연구에서 상당히 활발한 영역 중 하나이다. 실질적 응용에서 하나의 방편으로 Re_{cr} 값 기준으로 500,000을 종종 사용한다. 즉, x 지점에서의 레이놀즈수 $\mathrm{Re} = \rho_\infty V_\infty x/\mu_\infty$가 500,000보다 상당히 낮은 경우 그 지점에서의 유동은 층류로 간주하고, 500,000보다 상당히 높을 경우는 난류로 간주하는 것이다.

Re_{cr}에 대해 보다 깊이 이해하기 위해 그림 15.8의 풍동 시험 모델로 평판을 설치한 경우, 해면 표준 대기 조건[$\rho_\infty = 1.23\ \mathrm{kg/m^3}$, μ_∞ 1.79×10^{-5} kg (m·s)]에서 실험을 수행하여 어떤 자유흐름 속도에 대해 x_{cr} 값을 *측정하는* 경우를 가정하자. 예를 들어, $V_\infty = 120$ m/s인 경우 x_{cr} 값은 0.05 m가 된다. 다시 이렇게 측정한 x_{cr} 값으로 Re_{cr}을 계산하면 다음과 같다.

$$\mathrm{Re}_{cr} = \frac{\rho_\infty V_\infty x_{cr}}{\mu_\infty} = \frac{1.23(120)(0.05)}{1.79 \times 10^{-5}} = 412{,}000$$

따라서 주어진 유동 조건과 평판의 표면 특성으로부터 국소적인 Re 값이 412,000을 초과하는 순간부터 천이 과정이 시작될 것이다. 만약 $V_\infty = 240$ m/s로 하면 천이 과정은 $x_{cr} = 0.05/2 = 0.025$에서 시작되며, Re_{cr}은 그대로 412,000이다.

이로서 점성 유동의 정성적 특성에 대한 개론을 마무리하기로 한다. 이 절에서 설명한 점성 유동의 물리적 원리와 경향은 매우 중요하므로 다음 순서로 넘어가기 전에 주의 깊게 학습하여 숙달할 필요가 있다.

15.3 점성과 열전도 *Viscosity and Thermal Conduction*

유체 내 점성과 열전도 물리 현상은 불규칙적인 분자 운동에 의한 운동량과 에너지 전달로부터 발생한다. 유체 내 각각의 분자는 운동량과 에너지를 보유하고 있는데, 유체 분자가 공간 상의 한 위치에서 다른 위치로 이동하면서 다른 분자와 충돌하기 전까지 자신이 보유한 운동량과 에너지를 운반한다. 분자 운동량의 운송은 소위 점성이라 부르는 거시적 효과를 야기시키며, 분자 에너지의 운송은 열전도라 칭하는 거시적 효과의 원인이 된다. 이것이 바로 점성과 열전도를 *이송 현상*(transport phenomena)이라 부르는 이유다. 분자 운동 수준에서 이러한 이송 현상을 연구하는 것이 분자 운동론(kinetic theory)의 한 부분이며, 이는 이 책의 범위를 넘어서는 분야이다. 대신 이 절에서는 이러한 분자 운동의 거시적 결과에 대해 간략히 언급하고자 한다.

그림 15.9에 나타낸 유동에 대해 생각해 보자. 보다 간단한 경우를 설명하기 위해 1차원 전단 유동(shear flow)을 고려하기로 하는데, 이는 x 방향으로 수평 방향의 유선을 갖는 대신 y 방향으로 속도구배 $\partial u/\partial y$, 온도구배 $\partial T/\partial y$가 존재하는 유동이다. 그림 15.9에서 y축에 수직인 평면 ab를 고려해 보자. 평면 ab에서 유동에 의해 유발되는 전단응력을 τ_{yx}로 표시하고, 이는 y 방향으로의 속도구배에 비례하므로 $\tau_{yx} \propto \partial u/\partial y$다. 이때 비례 상수는 *점성 계수*(viscosity coefficient) μ로 정의한다. 따라서 아래 식이 성립한다.

$$\tau_{yx} = \mu \frac{\partial u}{\partial y} \tag{15.1}$$

τ_{yx}의 첨자는 y축에 수직인 평면에서 x 방향으로 작용하는 전단응력을 표시한다. 속도구배 $\partial u/\partial y$ 역시 평면에(즉, y 방향) 수직인 방향이다. μ의 차원은 1.7절에서 처음 언급했듯이 질량/길이 × 시간이며, 이는 식 (15.1)에서도 확인할 수 있다. 아울러 그림 15.9에서 평면 ab 상에서 단위 면적당 열전도율을 $\dot{q}_y$로 표시하며, 이는 y 방향으로의 온도구배에 비례하므로 $\dot{q}_y \propto \partial T/\partial y$다. 비례 상수는 *열전도 계수*(thermal conductivity) k로 정의한다. 따라서

$$\dot{q}_y = -k \frac{\partial T}{\partial y} \tag{15.2}$$

여기서 음의 부호는 열이 온도가 높은 영역으로부터 온도가 낮은 영역으로 이동한다는 것을 의미하며, 따라서 $\dot{q}_y$는 온도구배의 방향과 반대 방향이 된다. 식 (15.2)에서 $\dot{q}_y$가 단위 면적당 단위 시간당의 에너지량임을 고려하면 k의 차원은 질량 × 길이/(s^2 · K)이다.

μ와 k는 둘 다 유체의 물리적 성질이며 일반적으로 대부분의 경우 온도만의 함수로 표시된다. Sutherland 법칙에 의해 공기의 온도 변화에 따른 μ 값을 아래와 같이 표시할 수 있다.

$$\frac{\mu}{\mu_0} = \left(\frac{T}{T_0}\right)^{3/2} \frac{T_0 + 110}{T + 110} \tag{15.3}$$

여기서 T의 단위는 켈빈이며 μ_0는 기준 온도 T_0에서의 기준 점성 계수값이다. 예를 들어, 기준 조건으로 표준 해면 고도 값을 취할 경우 $\mu_0 = 1.7894 \times 10^{-5}$ kg (m · s) 그리고 $T_0 = 288.16$ K가 된다. 온도 변화에 따른 k 값의 변화는 식 (15.3)과 유사한데, 이는 기초 분자 운동론으로부터 $k \propto \mu c_p$의 관계를 증명할 수 있기 때문이다. 표준 조건에서 공기의 경우 아래 식과 같이 표시되며, 이때 $c_p = 1000$ J (kg · K)이다.

$$k = 1.45 \mu c_p \tag{15.4}$$

식 (15.3)과 (15.4)는 근사식이며 고온에서는 성립하지 않는다. 여기에 소개한 식은 사용하기에 간편한 대표적인

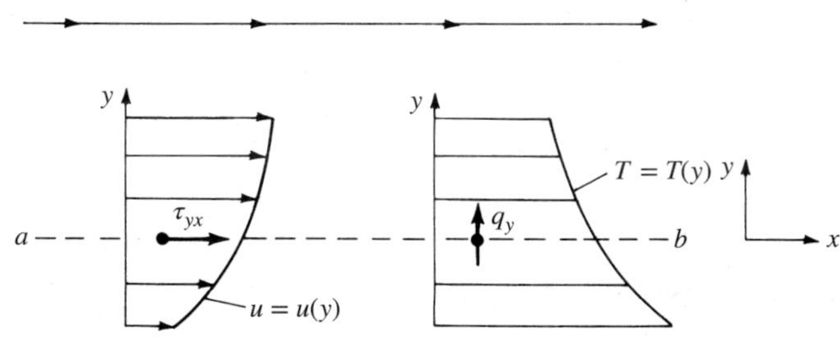

그림 15.9 속도구배, 온도구배와 전단응력 및 열전도의 상대적 관계

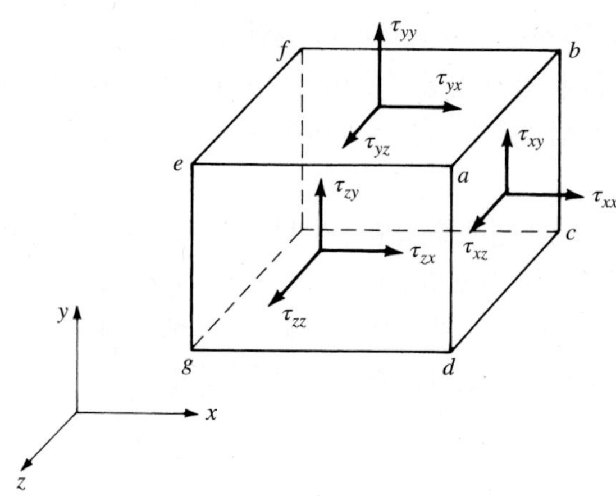

그림 15.10 유체 요소에서의 점성 활동에 의해 야기되는 전단응력과 수직응력

표현식이다. 보다 세밀한 점성 유동 계산을 위해 보다 정확한 μ 값과 k 값이 필요한 경우 반드시 발표된 관련 논문을 참조해야 한다.

전단응력과 점성 간의 관계에 대한 개론을 간략하게 설명하기 위해 그림 15.9의 1차원 전단 유동의 경우에 대해 고려해 보자. 이 경우 y와 z 방향의 속도 성분인 v와 w는 0이다. 그러나 일반적인 3차원 유동에서는 u, v, w가 유한한 값을 가지며, 따라서 유체의 응력을 취급함에 있어 보다 일반화가 요구된다. 그림 15.10의 유체 요소를 고려해 보자. 3차원 유동에서 유체 요소의 각 면은 면에 접하는 방향과 수직인 방향의 응력이 작용한다. 예를 들어, *abcd* 면에서 τ_{xy}와 τ_{xz}는 접선 방향 응력(tangential stress), 그리고 τ_{xx}는 수직 방향 응력(normal stress)이다. 앞에서와 같이 τ_{ij}는 i축에 수직인 평면 상에서 j 방향으로 작용하는 응력을 표시한다. 이와 유사하게, *abfe* 면에서 접선 방향 응력은 τ_{yx}와 τ_{yz}며, 수직 방향 응력은 τ_{yy}다. *adge* 면에서는 접선 방향 응력이 τ_{zx}와 τ_{zy}며, 수직 방향 응력은 τ_{zz}다. 이제 2.12절 마지막 부분 그림 2.33에서 설명했던 유체 요소의 각변형 κ, 즉 *변형도(strain)*를 다시 상기해 보자. 그림 2.33에 표시한 변형의 원인이 된 힘은 무엇인가? 그림 15.10을 살펴보면, 이러한 변형도는 접선 방향 전단응력에 의해 발생한 것으로 볼 수밖에 없다. 그러나 응력이 변형도에 비례하는 고체역학과는 대조적으로, 유체에서는 응력이 *변형도의 시간에 대한 변화율(time rate of strain)*에 비례한다. xy 평면에서 변형도의 시간에 대한 변화율은 2.12절 식 (2.135a)에 의해 아래와 같이 주어진다:

$$\varepsilon_{xy} = \frac{\partial v}{\partial x} + \frac{\partial u}{\partial y} \tag{2.135a}$$

그림 15.10을 살펴보면, xy 평면에서의 변형도는 τ_{xy}와 τ_{yx}에 의해 발생한다. 그리고 그림 15.10의 유체 요소에 작용하는 모멘트가 0이라고 가정하면, $\tau_{xy} = \tau_{yx}$의 결론을 얻을 수 있다. 그리고 위로부터 $\tau_{xy} = \tau_{yx} \propto \varepsilon_{xy}$임을 알 수 있다. 비례 상수는 점성 계수 μ이다. 따라서 식 (2.135a)로부터 다음 식을 얻을 수 있다.

$$\tau_{xy} = \tau_{yx} = \mu\left(\frac{\partial v}{\partial x} + \frac{\partial u}{\partial y}\right) \tag{15.5}$$

위 식은 식 (15.1)을 다차원 유동의 경우로 확장하여 일반화한 것이다. 다른 평면의 전단응력은 식 (2.135b와 c)로부터 아래와 같이 표시된다.

$$\tau_{yz} = \tau_{zy} = \mu\left(\frac{\partial w}{\partial y} + \frac{\partial v}{\partial z}\right) \tag{15.6}$$

$$\tau_{zx} = \tau_{xz} = \mu\left(\frac{\partial u}{\partial z} + \frac{\partial w}{\partial x}\right) \tag{15.7}$$

그림 15.10의 수직응력 τ_{xx}, τ_{yy}, 그리고 τ_{zz}는 처음 보기에 다소 낯설 수 있다. 앞부분의 비점성 유동 설명에서는 유체면에 수직 방향으로 작용하는 힘은 압력뿐이었다. 그러나 유체 요소면의 속도구배인 $\partial u/\partial x$, $\partial v/\partial y$, 그리고 $\partial w/\partial z$

가 *극단적으로 클* 경우, 유체 요소면에는 압력과 *더불어* 점성에 의해 야기된 어느 정도 의미 있는 수직력(viscous-induced normal force)이 존재할 수 있다. 이러한 수직 방향 응력은 유체 요소를 압축하거나 팽창시키는 작용을 함으로써 유체 요소의 체적을 변화시킨다. 2.12절에서 미분치 $\partial u/\partial x$, $\partial v/\partial y$, 그리고 $\partial w/\partial z$는 유체 요소의 팽창(dilatation), 즉 $\nabla \cdot \mathbf{V}$와 연관이 있음을 확인하였다. 따라서 수직응력은 이들 미분치와 연관 있으며 아래와 같이 표시된다.

$$\tau_{xx} = \lambda(\nabla \cdot \mathbf{V}) + 2\mu\frac{\partial u}{\partial x} \tag{15.8}$$

$$\tau_{yy} = \lambda(\nabla \cdot \mathbf{V}) + 2\mu\frac{\partial v}{\partial y} \tag{15.9}$$

$$\tau_{zz} = \lambda(\nabla \cdot \mathbf{V}) + 2\mu\frac{\partial w}{\partial z} \tag{15.10}$$

식 (15.8)~(15.10)에서 λ는 *체적 점성 계수*(bulk viscosity coefficient)라 부르며, 어떤 경우에는 2차 점성 계수(second viscosity coefficient)라 하기도 한다. 1845년 영국 물리학자 George Stokes는 다음과 같이 가정하였다.

$$\lambda = -\tfrac{2}{3}\mu \tag{15.11}$$

오늘날까지도 체적 점성도(bulk viscosity)의 올바른 표현에 대해 논쟁의 여지가 남아 있다. 따라서 우리는 Stokes가 제안한 표현을 계속 사용하기로 한다. 재차 강조하건데 수직응력은 $\partial u/\partial x$, $\partial v/\partial y$, 그리고 $\partial w/\partial z$의 미분값이 매우 클 경우에 한해 의미를 갖는다. 대부분의 실질적인 유동 문제에서 τ_{xx}, τ_{yy}, τ_{zz}는 작은 값이므로, λ의 불확실성에 대한 논쟁은 질적으로는 학문적인 의문에 불과하다고 할 수 있다. 수직응력이 중요한 경우로 충격파의 내부 구조를 들 수 있다. 실제로 충격파는 유한하지만 매우 작은 값의 두께를 갖는다. 수직 충격파를 고려할 경우 매우 작은 거리(10^{-5} cm 수준) 안에서 매우 큰 속도 변화가 발생하므로, $\partial u/\partial x$ 값이 매우 커짐에 따라 충격파 내부에서 τ_{xx}가 중요해진다.

지금까지는 전달 계수(transport coefficients) μ와 k를 불규칙적인 분자 운동에 의한 운동량과 에너지 이동이 포함된 분자 운동 차원의 현상으로 간주하였다. 이러한 분자 운동 차원의 현상은 층류 유동에서 우세하게 나타난다. μ와 k 값은 유체의 물리적인 성질로서, 다른 종류의 기체에 대한 이들 값은 *Handbook of Chemistry and Physics* (The Chemical Rubber Co.)와 같은 표준 참고자료에서 찾을 수 있다. 반면 난류 유동의 경우에는 운동량과 에너지의 이동 현상이 대형 난류 소용돌이(eddy) 또는 유체 덩어리의 불규칙적인 운동에 의해 발생할 수 있다. 이러한 난류에 의한 이송 현상이 실질적인 점성 및 열전도율 값을 결정하게 되는데, 이를 *와류 점성 계수*(eddy viscosity) ε과 *와류 열전도 계수*(eddy thermal conductivity) κ라 각각 정의한다(여기서 기호 ε과 κ를 앞부분의 변형도 시간에 대한 변화율, 그리고 변형도와 혼동하지 말기 바란다). 이러한 난류 전달 계수(turbulent transport coefficients) ε과 κ는 분자 운동에 의한 값 μ와 k보다 훨씬 큰 값을 갖는다(보통 10~100배 정도 크다). 더구나 ε과 κ는 유체의 분자 운동적 특성에 의한 μ나 k 값과 달리 속도구배 등과 같은 유동의 특성에 의해 좌우된다. 주어진 유동에 대해 적절한 ε과 κ 값을 계산하는 것은 지난 80년간 최신 기술의 연구 주제로 남아 있다. 실제로 와류 점성 계수와 열전달 계수를 정의함으로써 난류의 복잡성을 모델화하려는 시도는 의문이 있을 수 있다. 오늘날의 물리학에 있어서도 난류 현상의 상세한 부분에 대해 근본적인 이해를 구하는 것이 커다란 과제로 남아 있다. 이 토론의 목적상 와류 점성 계수와 와류 열전도 계수의 개념을 받아들여 난류 유동에서 운동량 및 에너지 전달을 표시하는 방법으로 식 (15.1)~(15.10)의 μ와 k를 $\mu + \varepsilon$ 그리고 $k + \kappa$로 대치함으로써 아래와 같은 식을 얻을 수 있다.

$$\tau_{yx} = (\mu + \varepsilon)\left(\frac{\partial v}{\partial x} + \frac{\partial u}{\partial y}\right)$$

$$\dot{q}_y = -(k + \kappa)\frac{\partial T}{\partial y}$$

ε과 κ를 계산하기 위한 하나의 예로서 다음과 같은 방법을 들 수 있다. 1925년 Prandtl은 y 방향으로의 속도구배가 우세한 유동에 대하여 다음과 같이 제안하였다.

$$\varepsilon = \rho l^2 \left| \frac{\partial u}{\partial y} \right| \tag{15.12}$$

식 (15.12)에서 l을 *혼합거리*(mixing length)라 부르며, 이는 경우마다 달라지므로 실험에 의해 얻어지는 실험적 상수(empirical constant)이다. 실제로 모든 난류 모델에서는 이러한 경험적 상수값을 필요로 하며, 오늘날 순수하게 이론적으로 완비되는 난류 모델은 존재하지 않는다. 식 (15.12)에 삽입된 Prandtl의 혼합거리 이론은 여러 경우의 공학적 문제에 적절히 적용할 수 있는 간단한 관계식이다. 이러한 이유로 1925년 이래 ε에 대한 혼합거리 모델이 광범위하게 사용되고 있다. κ에 대하여는 식 (15.4)와 유사하게 가정하여 (비례 상수로 1.0을 사용하는 경우) 아래와 같은 식을 얻을 수 있다.

$$\kappa = \varepsilon c_p \tag{15.13}$$

이 절에서의 와류 점성 계수와 열전도 계수에 대한 설명은 극히 개략적인 것이다. 현대 공기역학 연구자는 난류 유동 해석을 시도하기에 앞서 다양한 종류의 난류 모델을 선택할 수 있으며, 참고문헌 40~43과 같은 서적을 참조하여 난류 모델에 대한 현대적 접근방법에 대하여 숙지해야 할 것이다.

15.4 Navier-Stokes 방정식 *The Navier-Stokes Equations*

2장에서 유체 유동의 운동량 방정식을 적분 형태 및 미분 형태로 구하기 위해 Newton 제2법칙을 적용하였다. 특히 식 (2.13a~c)에서 점성력의 영향은 단순한 일반 형태 항으로서 $(\mathcal{F}_x)_{\text{viscous}}$, $(\mathcal{F}_y)_{\text{viscous}}$, 그리고 $(\mathcal{F}_z)_{\text{viscous}}$로 표시하였다. 이 절의 목표는 점성력을 적절한 유동장 변수를 사용하여 명백하게 표현함으로써 식 (2.13a~c)와 유사한 형태로 구하고자 하는 것이다. 결과 방정식은 *Navier-Stokes 방정식*이라 칭하며, 아마도 이론 유체역학 분야에서 가장 토대가 되는 방정식일 것이다.

2.3절에서 지배 방정식 유도과정의 배경에 깔려 있는 원리에 대하여 설명하였는데, 유체 유동의 적절한 *모델*에 적용되는 물리적 법칙에 대한 것이었다. 그리고 이러한 유체 유동 모델은 유한 검사 체적(공간상에 고정되어 있거나 움직이는)이거나 미세한 유체 요소(공간상에 고정되어 있거나 움직이는)에 적용할 수 있음을 살펴보았다. 2장에서 공간상에 고정된 유한 검사 체적을 모델로 채택하여 이 모델로부터 연속, 운동량, 그리고 에너지 방정식을 적분식 형태로 구하였다. 그리고는 적분 방정식으로부터 간접적으로 편미분 방정식을 도출하였다. 진도를 더 나가기 전에 2장에서 언급한 이상의 내용을 한 번 되돌아보는 것이 현명한 선택일 것이다.

보다 다양한 방법으로 유체 유동을 설명하기 위해, 이 절에서는 2장에서 채택했던 공간상에 고정된 유한 검사 체적 방법을 사용하지 않고 그림 15.11에 나타낸 일정한 질량을 갖는 움직이는 미세 유체 요소를 유동 모델로 채택하여 설명하기로 한다. 이러한 모델에 Newton 제2법칙을 $\mathbf{F} = m\mathbf{a}$ 형태로 적용해 보자. 추가해서 당분간은 Newton 제2법칙의 x 방향 요소만을 고려하기로 한다.

$$F_x = ma_x \tag{15.14}$$

식 (15.14)에서 F_x는 유체 요소에 작용하는 모든 체적력(body force)과 표면력(surface force) 중에서 x 방향으로 작용하는 성분을 합한 것이다. 체적력을 무시할 경우 그림 15.11에서 유체 요소에 작용하는 순 힘은 유체 요소의 표면에 작용하는 압력 분포와 점성응력 분포로부터 비롯된다. 예를 들어, 면 $abcd$에서 x 방향으로 작용하는 유일한 힘은 전단응력에 의한 $\tau_{yx}\,dx\,dz$뿐이다. $abcd$면으로부터 dy만큼 떨어진 거리에 위치한 $efgh$면에서는 x 방향으로의 전단력이 $[\tau_{yx} + (\partial\tau_{yx}/\partial y)\,dy]\,dx\,dz$가 된다. 면 $abcd$와 면 $efgh$에서의 전단응력 방향에 주목할 필요가 있는데, 바닥면에서의 τ_{yx}는 왼쪽 방향(즉, 음의 x 방향)인 반면 윗면에서의 전단응력은 $\tau_{yx} + (\partial\tau_{yx}/\partial y)\,dy$가 오른쪽 방향(즉, 양의 x 방향)으로 작용하는 것으로 표시되어 있다. 이러한 방향 표시는 관례에 의해 모든 속도 성분 u, v, w가 양의 축 방향으로 증가하는 경우에 대해 전단응력 방향을 표시한 것이다. 예를 들어, 그림 15.11에서 u는 양의 y 방향을 따라 증가한다. 따라서 면 $efgh$보다 면 위에서 속도 u가 더 큰 값을 가지며, 이는 그림 15.11에서와 같이 유체 요소의 윗면을 양의 x 방

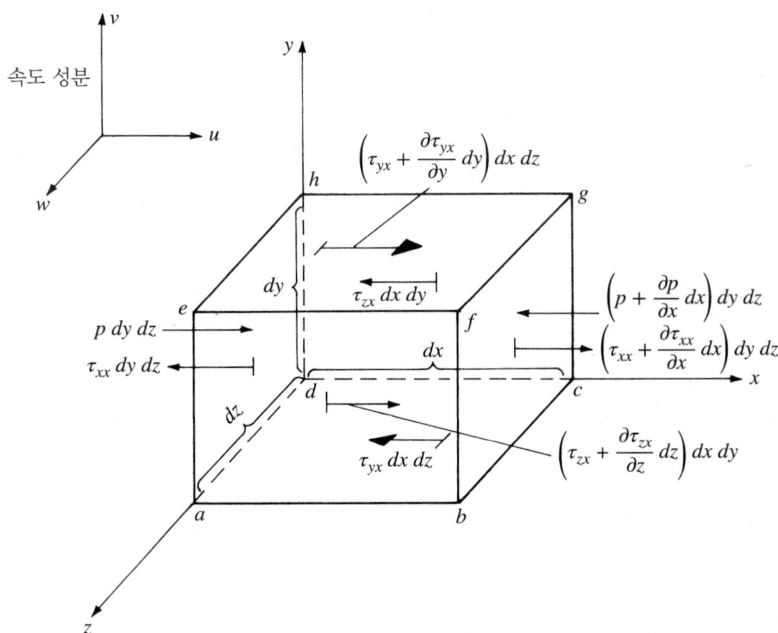

그림 15.11 운동 중인 미소 유체 요소. x 방향으로 작용하고 있는 힘 성분들만을 표시했다.

향(오른쪽 방향)으로 '잡아당기는' 작용을 한다. 반면 면 *abcd*의 경우 면의 바로 위보다 바로 아래에서의 속도 u가 더 작은 값을 가지며, 이는 그림 15.11에서와 같이 유체 요소의 운동을 저해 또는 방해함으로써 유체 요소를 음의 x 방향(왼쪽 방향)으로 잡아당기는 작용을 하는 것이다. 그림 15.11에 나타낸 τ_{xx} 등을 포함한 모든 점성응력의 방향은 이러한 방법에 의해 작용 방향이 표시된 것이다. 자세히 설명하면 면 *dcgh*에서 τ_{zx}는 음의 x 방향으로, 반면 면 *abfe*에서는 $\tau_{zx} + (\partial\tau_{zx}/\partial z)\,dz$가 양의 x 방향으로 작용한다. x축에 수직인 면 *adhe*에서는 x 방향으로 작용하는 유일한 힘 성분이 압력에 의한 성분 $p\,dy\,dz$(이는 항상 유체 요소의 *내부* 방향으로 표면에 작용한다)와 점성에 의한 $\tau_{xx}\,dy\,dz$인데, 이는 음의 x 방향으로 작용한다. 그림 15.11에서 *adhe*면의 τ_{xx}가 왼편으로 작용하는 것으로 표시된 이유는 앞에서 설명했듯이 속도 증가 방향에 대한 관례 때문이다. 여기서 역시 관례에 의해 속도 성분 u의 증가는 양의 x축 방향으로 발생한다. 따라서 *adhe*면의 바로 왼편에서의 속도 u가 면 바로 위에서의 속도 크기보다 작다. 결과적으로 점성 작용에 의한 수직응력은 면 *adhe*를 '흡입하는' 방향, 즉 유체 요소의 운동을 방해하는 왼쪽 방향으로 작용한다. 반면 면 *bcgf*에서의 압력에 의한 힘은 $[p + (\partial p/\partial x)\,dx]\,dy\,dz$가 유체 요소를 안쪽(음의 x 방향)으로 누르는 방향으로 작용하고, 면 *bcgf* 바로 오른편의 속도 u가 면에 바로 작용하는 속도 u보다 크므로, 점성 수직응력이 유체 요소를 오른편 방향(양의 x 방향)으로 $[\tau_{xx} + (\partial\tau_{xx}/\partial x)\,dx]\,dy\,dz$의 크기를 가지고 '흡입하는' 작용을 하게 되는 것이다.

식 (15.14)로 되돌아가도록 하자. 앞의 설명에 유의하여 그림 15.11을 살펴보면, 유체 요소에 x 방향으로 작용하는 순 힘을 다음과 같이 표시할 수 있다.

$$F_x = \left[p - \left(p + \frac{\partial p}{\partial x} dx\right)\right] dy\, dz + \left[\left(\tau_{xx} + \frac{\partial \tau_{xx}}{\partial x} dx\right) - \tau_{xx}\right] dy\, dz$$

$$+ \left[\left(\tau_{yx} + \frac{\partial \tau_{yx}}{\partial y} dy\right) - \tau_{yx}\right] dx\, dz + \left[\left(\tau_{zx} + \frac{\partial \tau_{zx}}{\partial z} dz\right) - \tau_{zx}\right] dx\, dy$$

또는

$$F_x = \left(-\frac{\partial p}{\partial x} + \frac{\partial \tau_{xx}}{\partial x} + \frac{\partial \tau_{yx}}{\partial y} + \frac{\partial \tau_{zx}}{\partial z}\right) dx\, dy\, dz \tag{15.15}$$

식 (15.15)는 식 (15.14)의 좌변 항을 표시한다. 식 (15.14)의 우변 항과 관련하여 우선 유체 요소의 질량이 일정하다는 사실을 고려할 경우 유체 요소 질량을 아래와 같이 표시할 수 있다.

$$m = \rho\, dx\, dy\, dz \tag{15.16}$$

아울러 유체 요소의 가속도는 속도의 시간에 대한 변화율임을 상기하자. 따라서 x 방향으로의 가속도 성분을 a_x로 표시하면 이는 단순히 속도 성분 u의 시간에 대한 변화율이고, 우리는 움직이고 있는 유체 요소를 따라가면서 운동을 관찰하므로 이러한 시간에 대한 변화율은 *실체적 도함수*(*substantial derivative*)(2.9절에서의 실체적 도함수 의미에 대하여 복습할 것)로 주어진다. 따라서

$$a_x = \frac{Du}{Dt} \tag{15.17}$$

식 (15.14)~(15.17)을 조합하면 다음과 같은 식을 얻을 수 있다.

$$\rho\frac{Du}{Dt} = -\frac{\partial p}{\partial x} + \frac{\partial \tau_{xx}}{\partial x} + \frac{\partial \tau_{yx}}{\partial y} + \frac{\partial \tau_{zx}}{\partial z} \tag{15.18a}$$

위 식은 점성 유동에서의 x 성분 운동량 방정식이다. 이와 유사한 방법으로 y와 z 성분의 운동량 방정식을 아래와 같이 얻을 수 있다.

$$\rho\frac{Dv}{Dt} = -\frac{\partial p}{\partial y} + \frac{\partial \tau_{xy}}{\partial x} + \frac{\partial \tau_{yy}}{\partial y} + \frac{\partial \tau_{zy}}{\partial z} \tag{15.18b}$$

$$\rho\frac{Dw}{Dt} = -\frac{\partial p}{\partial z} + \frac{\partial \tau_{xz}}{\partial x} + \frac{\partial \tau_{yz}}{\partial y} + \frac{\partial \tau_{zz}}{\partial z} \tag{15.18c}$$

식 (15.18*a*~*c*)는 x, y, z 방향에 대한 운동량 방정식을 각각 표시하고 있다. 이들 방정식은 스칼라 방정식으로서 19세기 전반 서로 독립적인 연구를 통해 위 결과식을 얻은 프랑스 공학자 M. Navier와 영국 물리학자 G. Stokes 두 사람의 업적을 기리고자 *Navier-Stokes* 방정식이라 칭하고 있다.

식 (15.5)~(15.10)에서 $\tau_{xy} = \tau_{yx}$, $\tau_{yz} = \tau_{zy}$, $\tau_{zx} = \tau_{xz}$, τ_{xx}, $= \tau_{yy}$, 그리고 τ_{zz}를 대입하면, Navier-Stokes 방정식 (15.18*a*~*c*)는 아래와 같이 표시할 수 있다.

$$\rho\frac{\partial u}{\partial t} + \rho u\frac{\partial u}{\partial x} + \rho v\frac{\partial u}{\partial y} + \rho w\frac{\partial u}{\partial z} = -\frac{\partial p}{\partial x} + \frac{\partial}{\partial x}\left(\lambda\nabla\cdot\mathbf{V} + 2\mu\frac{\partial u}{\partial x}\right) + \frac{\partial}{\partial y}\left[\mu\left(\frac{\partial v}{\partial x} + \frac{\partial u}{\partial y}\right)\right] + \frac{\partial}{\partial z}\left[\mu\left(\frac{\partial u}{\partial z} + \frac{\partial w}{\partial x}\right)\right] \tag{15.19a}$$

$$\rho\frac{\partial v}{\partial t} + \rho u\frac{\partial v}{\partial x} + \rho v\frac{\partial v}{\partial y} + \rho w\frac{\partial v}{\partial z} = -\frac{\partial p}{\partial y} + \frac{\partial}{\partial x}\left[\mu\left(\frac{\partial v}{\partial x} + \frac{\partial u}{\partial y}\right)\right] + \frac{\partial}{\partial y}\left(\lambda\nabla\cdot\mathbf{V} + 2\mu\frac{\partial v}{\partial y}\right) + \frac{\partial}{\partial z}\left[\mu\left(\frac{\partial w}{\partial y} + \frac{\partial v}{\partial z}\right)\right] \tag{15.19b}$$

$$\rho\frac{\partial w}{\partial t} + \rho u\frac{\partial w}{\partial x} + \rho v\frac{\partial w}{\partial y} + \rho w\frac{\partial w}{\partial z} = -\frac{\partial p}{\partial z} + \frac{\partial}{\partial x}\left[\mu\left(\frac{\partial u}{\partial z} + \frac{\partial w}{\partial x}\right)\right] + \frac{\partial}{\partial y}\left[\mu\left(\frac{\partial w}{\partial y} + \frac{\partial v}{\partial z}\right)\right] + \frac{\partial}{\partial z}\left(\lambda\nabla\cdot\mathbf{V} + 2\mu\frac{\partial w}{\partial z}\right) \tag{15.19c}$$

식 (15.19*a*~*c*)는 비정상(unsteady), 압축성(compressible), 3차원 점성 유동에서 완전한 형태의 Navier-Stokes 방정식을 표시하고 있다. 비압축성 점성 유동에 대한 해석을 위해서는 식 (15.19*a*~*c*)와 연속 방정식[즉, 식 (2.52)]만으로 충분하다. 그러나 압축성 유동 해석을 위해서는 에너지 방정식이라 칭하는 추가적인 방정식이 요구되는데, 이는 다음 절

에서 논하기로 한다.

위에서 표시한 Navier-Stokes 방정식 형태는 층류 유동 해석에 적합하다. 난류 유동의 경우에는 식 (15.19a~c)에 포함된 유동변수를 난류성 파동(turbulent fluctuation) 구간에 대한 시간 평균값으로 가정하고, 15.3절에서 설명한 것과 같이 μ 값은 $\mu + \varepsilon$으로 대치될 수 있다. 보다 자세한 설명을 위해서는 참고문헌 40과 41을 참조하기 바란다.

15.5 점성 유동 에너지 방정식 *The Viscous Flow Energy Equation*

2.7절에서 공간상에 고정된 유한한 크기의 검사 체적에 대해 열역학 제1법칙을 적용함으로써 에너지 방정식을 유도하였다. 적분식 형태의 에너지 방정식이 식 (2.95)로 주어져 있으며, 미분식 형태는 식 (2.96)과 (2.114)로 구하였다. 이러한 방정식에서 점성 효과에 의한 영향은 $\dot{Q}'_{\text{viscous}}$와 $\dot{W}'_{\text{viscous}}$와 같은 항에 의해 포괄적으로 표시되었다. 이후의 내용에 대하여 진도를 나가기 전에 2.7절의 내용을 복습하기를 권한다.

이 절에서는 현재 채용하고 있는 미소 체적의 운동 중인 유체 요소 모델을 사용하여 점성 유동의 에너지 방정식을 유도하고자 한다. 이는 그림 15.11의 미소 체적 요소에 대하여 15.4절에서 Navier-Stokes 방정식을 유도했던 것과 유사한 과정이다. 유도과정에서 우리는 $\dot{Q}'_{\text{viscous}}$와 $\dot{W}'_{\text{viscous}}$ 항을 유동장 변수를 사용하여 명시적으로 표시한 관계식을 얻을 수 있다. 다시 말해, 식 (2.114)의 점성 항을 세부적으로 기술한 에너지 방정식을 다시 유도하고자 하는 것이다.

그림 15.11의 운동 중인 유체 요소를 다시 고려해 보자. 이 유체 요소에 열역학 제1법칙을 적용하면 아래와 같이 표현할 수 있다.

유체 요소 내부의 에너지 변화율(A)	=	요소 내부로의 순 열유량(B)	+	요소면의 압력과 응력에 의한 힘으로 인하여 요소에 가해진 일의 시간에 대한 변화율(C)	
A	=	B	+	C	(15.20)

여기서 A, B, C는 위에서 표시하여 설명한 각 항들이다.

먼저 C 항을 평가해 보도록 하자. 이는 운동 중인 유체 요소면에 작용하는 압력과 응력 힘으로 인해 유체 요소에 가해진 일의 시간에 대한 변화율 식을 구하고자 하는 것이다(유도과정에서 체적력은 무시한다는 것을 기억하라). 그림 15.11에 이러한 표면력(surface forces)을 그림으로 표시하였으며, 보다 간결한 유도과정을 위해 우선 x 방향으로 작용하는 힘만을 표시했다. 2.7절로부터 움직이는 물체에 작용하는 힘에 의한 일률은 힘과 힘이 작용하는 방향으로의 속도 성분의 곱과 같다는 것을 기억하기 바란다. 따라서 그림 15.11에서 알 수 있듯이, x 방향으로 작용하는 힘에 의해 운동 중인 유체 요소에 가해진 일률은 단순히 작용하는 힘과 x 방향의 속도 성분 u의 곱이다. 예를 들어, 면 $abcd$에서 $\tau_{yx}\,dx\,dz$에 의한 일률은 $u\tau_{yx}\,dx\,dz$이며, 유체 요소의 다른 면에 대해서도 유사한 관계식을 얻을 수 있다. 이러한 에너지 관계를 강조하기 위하여 그림 15.12에 운동 중인 유체 요소를 다시 그림으로 표시했으며, 유체 요소의 각 면에 x 방향으로 작용하는 힘에 의한 일률을 명시적으로 표시했다. 그림 15.11은 그림 15.12와 동일한 계열로서, 그림의 유체 요소 각 면에 표시한 일률 항목이 익숙해질 때까지 그림 15.12를 주의 깊게 살펴보기 바란다. x 방향의 힘에 의하여 유체 요소에 가해진 순 일률을 구하는 데 있어, 양의 x 방향 힘은 양 부호의 일을 하고, 음의 x 방향 힘은 음 부호의 일을 한다는 것에 유의하자. 따라서 그림 15.12의 면 $adhe$와 면 $bcgf$에 작용하는 압력에 의한 힘을 비교하면, x 방향의 압력 힘 성분에 의해 발생한 순 일률은 아래와 같다.

$$\left[up - \left(up + \frac{\partial(up)}{\partial x}dx\right)\right] dy\,dz = -\frac{\partial(up)}{\partial x}dx\,dy\,dz$$

유사한 방식으로 면 $abcd$와 면 $efgh$에 작용하는 x 방향의 전단응력에 의하여 발생한 순 일률은 아래와 같다.

$$\left[\left(u\tau_{yx} + \frac{\partial(u\tau_{yx})}{\partial y}dy\right) - u\tau_{yx}\right] dx\,dz = \frac{\partial(u\tau_{yx})}{\partial y}dx\,dy\,dz$$

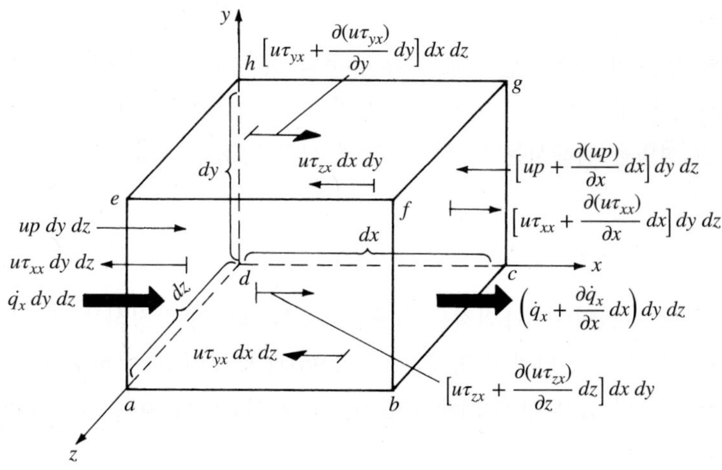

그림 15.12 움직이는 미세 유체 요소에서의 에너지 플럭스. 간단하게 하기 위하여 x 방향의 플럭스만 표시하였다.

그림 15.12에 표시된 모든 힘 성분을 고려하면, 움직이는 유체 요소에 가해진 순 일률은 단순히 아래와 같이 표시될 수 있다.

$$\left[-\frac{\partial(up)}{\partial x} + \frac{\partial(u\tau_{xx})}{\partial x} + \frac{\partial(u\tau_{yx})}{\partial y} + \frac{\partial(u\tau_{zx})}{\partial z}\right]dx\,dy\,dz$$

위 식은 단지 x 방향의 힘 성분만을 고려한 것이다. y 방향과 z 방향으로 작용하는 힘 성분을 포함시킬 경우 유사한 관계식을 얻을 수 있다(그림을 그려서 이러한 관계식들을 스스로 구해보길 바란다). 총체적으로 움직이는 유체 요소에 가해지는 순 일률은 이러한 x, y 및 z 방향으로의 기여분을 모두 합한 것이며, 이것이 식 (15.20)에서 C로 표시된 항으로서 아래와 같이 주어진다.

$$C = \left[-\left(\frac{\partial(up)}{\partial x} + \frac{\partial(vp)}{\partial y} + \frac{\partial(wp)}{\partial z}\right) + \frac{\partial(u\tau_{xx})}{\partial x} + \frac{\partial(u\tau_{yx})}{\partial y} + \frac{\partial(u\tau_{zx})}{\partial z} + \frac{\partial(v\tau_{xy})}{\partial x} + \frac{\partial(v\tau_{yy})}{\partial y} + \frac{\partial(v\tau_{zy})}{\partial z} + \frac{\partial(w\tau_{xz})}{\partial x} + \frac{\partial(w\tau_{yz})}{\partial y} + \frac{\partial(w\tau_{zz})}{\partial z}\right]dx\,dy\,dz \tag{15.21}$$

식 (15.21)에서 큰 괄호 안에 있는 항은 단순히 $\nabla \cdot p\mathbf{V}$임에 유의하라.

이제 식 (15.20)의 B 항에 대하여 주목하는데, 이 항은 유체 요소 내로 유입되는 순 열유량을 의미한다. 열유량 유입의 원인은 두 가지인데, (1) 복사열의 흡수 또는 방사에 기인하는 체적 단위의 가열, (2) 온도구배에 기인하는 표면을 통한 열전달(즉, 열전도)이다. 2.7절에서 수행한 것과 마찬가지로 체적 단위의 가열량을 다루기로 하는데, $\dot{q}$는 단위 질량당 체적 단위 가열량의 시간에 대한 변화율로 정의한다. 그림 15.12에서 운동 중인 유체 요소의 질량은 $\rho\,dx\,dy\,dz$로 표시할 수 있으므로 아래의 관계식을 얻을 수 있다.

$$\text{유체 요소의 부피 단위 가열량} = \rho\dot{q}\,dx\,dy\,dz \tag{15.22}$$

15.3절에서 열전도에 대하여 설명하였다. 그림 15.12에서 열전도에 의해 운동 중인 유체 요소 표면 $adhe$를 통해 유입되는 열량은 $\dot{q}_x dy\,dz$이며, 면 $bcgf$를 통해 유체 요소 밖으로 유출되는 열량은 $[\dot{q}_x + (\partial\dot{q}_x\,\partial x)dx]dy\,dz$다. 따라서 열전도에 의해 유체 요소 내부로 유입되는 x 방향으로의 순 열전달량은 아래와 같다.

$$\left[\dot{q}_x - \left(\dot{q}_x + \frac{\partial\dot{q}_x}{\partial x}dx\right)\right]dy\,dz = -\frac{\partial\dot{q}_x}{\partial x}dx\,dy\,dz$$

그림 15.12에서 유체 요소의 다른 면을 통하여 y 및 z 방향의 열전달량을 고려하면 아래의 관계식을 얻는다.

$$\text{열전도에 의한 유체 요소의 가열량} = -\left(\frac{\partial\dot{q}_x}{\partial x} + \frac{\partial\dot{q}_y}{\partial y} + \frac{\partial\dot{q}_z}{\partial z}\right)dx\,dy\,dz \tag{15.23}$$

식 (15.20)에서 B 항은 식 (15.22)와 (15.23)의 합이다. 아울러 식 (15.2)에서 예시한 것과 같이 열전도량이 온도구배에 비례한다는 사실을 고려하면 다음 식을 얻는다.

$$B = \left[\rho\dot{q} + \frac{\partial}{\partial x}\left(k\frac{\partial T}{\partial x}\right) + \frac{\partial}{\partial y}\left(k\frac{\partial T}{\partial y}\right) + \frac{\partial}{\partial z}\left(k\frac{\partial T}{\partial z}\right)\right] dx\,dy\,dz \tag{15.24}$$

마지막으로 식 (15.20)의 A 항은 유체 요소 에너지 변화의 시간에 대한 변화율을 의미한다. 2.7절의 설명과 같이 단위 질량을 갖는 운동 중인 유체 요소가 보유하고 있는 에너지는 내부 에너지와 운동 에너지의 합, 즉 $e + V^2/2$으로 표시된다. 우리는 운동 중인 유체 요소를 따라가며 관찰하고 있으므로, 단위 질량당 유체 요소 에너지의 시간에 대한 변화율은 실체적 도함수(substantial derivative)로 주어진다(2.9절 참조). 유체 요소의 질량은 $\rho\,dx\,dy\,dz$이므로 아래와 같은 식을 얻을 수 있다.

$$A = \rho\frac{D}{Dt}\left(e + \frac{V^2}{2}\right) dx\,dy\,dz \tag{15.25}$$

점성 유동에 대한 최종적인 에너지 방정식은 식 (15.21), (15.24), (15.25)를 식 (15.20)에 대입하여 아래와 같이 표현된다.

$$\boxed{\begin{aligned}\rho\frac{D(e + V^2/2)}{Dt} &= \rho\dot{q} + \frac{\partial}{\partial x}\left(k\frac{\partial T}{\partial x}\right) + \frac{\partial}{\partial y}\left(k\frac{\partial T}{\partial y}\right)\\ &+ \frac{\partial}{\partial z}\left(k\frac{\partial T}{\partial z}\right) - \nabla\cdot p\mathbf{V} + \frac{\partial(u\tau_{xx})}{\partial x} + \frac{\partial(u\tau_{yx})}{\partial y}\\ &+ \frac{\partial(u\tau_{zx})}{\partial z} + \frac{\partial(v\tau_{xy})}{\partial x} + \frac{\partial(v\tau_{yy})}{\partial y} + \frac{\partial(v\tau_{zy})}{\partial z}\\ &+ \frac{\partial(w\tau_{xz})}{\partial x} + \frac{\partial(w\tau_{yz})}{\partial y} + \frac{\partial(w\tau_{zz})}{\partial z}\end{aligned}} \tag{15.26}$$

식 (15.26)은 비정상, 압축성, 3차원 점성 유동에서의 일반적인 에너지 방정식이다. 식 (15.26)을 식 (2.105)와 비교해 보면, 점성 항이 식 (15.26)에서 명시적으로 표시되어 있음을 알 수 있다[식 (15.26)에서 체적력에 관련된 항들은 무시하고 있음에 유의하라]. 또한 식 (15.26)의 수직 및 전단응력 항은 식 (15.5)~(15.10)을 통하여 속도장(velocity field)의 항으로 표현될 수 있다. 위에서 언급한 식을 대입하여 표현하는 것은 너무 많은 공간을 차지하므로 생략하기로 한다.

이 장에서 유도한 점성 유동 방정식, 즉 식 (15.19*a*~*c*)로 주어진 Navier-Stokes 방정식과 식 (15.26)으로 주어진 에너지 방정식의 의미에 대하여 곰곰이 생각해 보기 바란다. 이 방정식은 앞 장에서 다룬 비점성 유동 방정식보다 분명히 더 복잡해 보인다. 이는 비점성 유동 해석보다 점성 유동의 해석이 태생적으로 더욱 어렵다는 사실을 시사한다. 또한 이것이 공기역학 학습에 임하는 학생들에게 비점성 유동과 연관된 개념을 먼저 소개하는 이유이기도 하다. 게다가 실제 현상을 다루는 몇몇 현실적인 공기역학 문제에서 이를 비점성 유동으로 가정하여 문제에 접근하기도 하는데, 이는 단지 이러한 유동 문제를 비교적 적절하고 다루기 쉬운 방법을 사용하여 해석하기 위함이다. 그러나 항력이나 유동의 박리를 예측해야 하는 수많은 공기역학적 문제에서는 반드시 점성 효과를 고려해야 한다. 이러한 문제를 해석하기 위해서는 이 장에서 유도한 기본 방정식이 출발점이 된다.

질문: 점성 유동의 연속 방정식은 어떠한 형태를 갖는가? 이에 대한 답으로 2.4절의 연속 방정식 유도과정을 다시 살펴보기 바란다. 연속 방정식 유도과정에서 유동의 점성 또는 비점성과 관련된 항목이 전혀 고려되지 않는다는 것을 발견할 수 있을 것이다. 연속 방정식은 단순히 질량이 보존된다는 명제로서, 유동이 점성 또는 비점성인 것과는 무관하다. 따라서 식 (2.52)는 그대로 적용된다.

15.6 상사변수 *Similarity Parameters*

1.7절에서 차원해석 개념에 대해 소개한 내용에 의하면 둘 또는 그 이상의 서로 다른 유동 사이에 동적 상사성(dynamic similarity)을 확인하기 위해서 상사변수(similarity parameters)의 도출이 필요했다(1.8절 참조). 이 절에서는 유동을 지배하는 상사변수에 대해 이전과 다소 다른 접근 방법을 사용하여 다시 설명하고자 한다.

2차원 정상, 압축성, 점성 유동을 고려해 보자. 식 (15.19*a*)에 이러한 유동에 대한 x-운동량 방정식이 주어져 있는데, 이 경우에 대해 아래와 같이 표시할 수 있다.

$$\rho u \frac{\partial u}{\partial x} + \rho v \frac{\partial u}{\partial y} = -\frac{\partial p}{\partial x} + \frac{\partial}{\partial y}\left[\mu\left(\frac{\partial v}{\partial x} + \frac{\partial u}{\partial y}\right)\right] \tag{15.27}$$

식 (15.27)에서 ρ, u, p 등은 실제로 차원을 보유하고 있는 변수들로서, 예를 들어 $[\rho] = \text{kg/m}^3$ 등으로 표시된다. 다음과 같은 무차원 변수들을 도입해 보자.

$$\rho' = \frac{\rho}{\rho_\infty} \quad u' = \frac{u}{V_\infty} \quad v' = \frac{v}{V_\infty} \quad p' = \frac{p}{p_\infty} \quad \mu' = \frac{\mu}{\mu_\infty} \quad x' = \frac{x}{c} \quad y' = \frac{y}{c}$$

여기서 ρ_∞, V_∞, p_∞, μ_∞는 기준값(즉, 자유흐름에서의 값들)이며, c는 기준 길이(즉, 익형의 시위 길이)이다. 이러한 무차원 변수를 사용하여 식 (15.27)을 다시 표현하면 아래의 식을 얻는다.

$$\rho' u' \frac{\partial u'}{\partial x'} + \rho' v' \frac{\partial u'}{\partial y'} = -\left(\frac{p_\infty}{\rho_\infty V_\infty^2}\right)\frac{\partial p'}{\partial x'} + \left(\frac{\mu_\infty}{\rho_\infty V_\infty c}\right)\frac{\partial}{\partial y'}\left[\mu'\left(\frac{\partial v'}{\partial x'} + \frac{\partial u'}{\partial y'}\right)\right] \tag{15.28}$$

다음의 관계식이 성립함에 주목하라.

$$\frac{p_\infty}{\rho_\infty V_\infty^2} = \frac{\gamma p_\infty}{\gamma \rho_\infty V_\infty^2} = \frac{a_\infty^2}{\gamma V_\infty^2} = \frac{1}{\gamma M_\infty^2}$$

그리고

$$\frac{\mu_\infty}{\rho_\infty V_\infty c} = \frac{1}{\text{Re}_\infty}$$

여기서 M_∞와 Re_∞는 각각 자유흐름 마하수와 레이놀즈수를 표시하며, 식 (15.28)은 아래와 같이 표현된다.

$$\rho' u' \frac{\partial u'}{\partial x'} + \rho' v' \frac{\partial u'}{\partial y'} = -\frac{1}{\gamma M_\infty^2}\frac{\partial p'}{\partial x'} + \frac{1}{\text{Re}_\infty}\frac{\partial}{\partial y'}\left[\mu'\left(\frac{\partial v'}{\partial x'} + \frac{\partial u'}{\partial y'}\right)\right] \tag{15.29}$$

식 (15.29)는 매우 중요한 사실을 우리에게 알려준다. 서로 다른 형상을 갖는 2개의 물체 주위를 흐르는 서로 다른 2개의 유동을 고려해 보자. 한 유동에서 비열비, 마하수, 레이놀즈수가 각각 γ_1, $M_{\infty 1}$, $\text{Re}_{\infty 1}$이라 하고, 또 다른 유동에서의 값은 각각 γ_2, $M_{\infty 2}$, $\text{Re}_{\infty 2}$라 하자. 식 (15.29)는 2개의 서로 다른 유동에 대해 모두 성립한다. 원칙적으로 u'를 x'와 y'의 함수로 해를 구할 수 있다. 그러나 2개의 서로 다른 유동에서 γ, M_∞, Re_∞는 서로 다른 값을 갖기 때문에 식 (15.29)에서의 각 도함수 항 앞의 계수는 서로 다른 값을 갖는다.

만약 첫 번째 유동의 해가 $u' = f_1(x', y')$고 두 번째 유동의 해는 $u' = f_2(x', y')$라 한다면, 일반적으로 $f_1 \neq f_2$다. 그러나 만약 2개의 서로 다른 유동이 서로 *같은* 값의 γ, M_∞, Re_∞를 갖는 경우 식 (15.29)의 도함수의 계수는 같게 되고, 두 유동에 대해 식 (15.29)는 *수치적으로 동일한* 지배 방정식이 된다. 게다가 2개의 서로 다른 물체가 기하학적으로도 유사하다고 가정하면, 무차원 변수로 표시되는 경계 조건 역시 동일하다. 따라서 이러한 경우 두 유동에 대한 식 (15.29)의 해 $u' = f_1(x', y')$ 그리고 $u' = f_2(x', y')$는 동일할 수밖에 없다.

$$f_1(x', y') \equiv f_2(x', y') \tag{15.30}$$

1.8절에서 기술한 동적으로 유사한(dynamically similar) 유동의 정의를 상기해 보자. 두 유동이 서로 동적인 유사성을 갖기 위해 공통의 무차원 좌표에 대한 V/V_∞, p/p_∞ 등의 분포가 유동장 내에서 같아야 한다는 것을 설명하였다. 이는 바로 식 (15.30)이 의미하는 바로서, x'와 y'의 함수로 표시되는 u'가 두 유동에 대하여 모두 같다는 뜻이다. 다시 말

해 *무차원* 좌표의 함수로 표시되는 *무차원* 속도의 변화가 두 유동에 대해 같아진다. 우리가 식 (15.30)을 어떻게 얻을 수 있었는가? 간단하게 말해서 두 유동에 대해 γ, M_∞, Re_∞ 값이 같고, 두 물체의 형상이 기하학적으로 유사하면 된다. 이는 1.8절에서 처음 설명했듯이 *두 유동이 동적인 유사성을 갖기 위한 조건과 정확히 일치하는 것이다.*

위에서 설명한 유도과정으로부터 유동을 지배하는 상사변수를 확인하기 위한 전형적인 메커니즘을 관찰할 수 있다. 유동의 지배 방정식을 무차원 변수를 사용하여 다시 표현하면, 새로운 방정식에서 도함수 항의 계수들이 바로 무차원 상사변수 또는 이들의 조합으로 표시됨을 알 수 있다.

이를 보다 명확하게 확인하고 분석의 깊이를 더하기 위해 식 (15.26)의 2차원, 정상, 압축성, 점성 유동의 에너지 방정식을 다음과 같이 표시해 보도록 한다(부피 단위의 가열은 없다고 가정하며 수직응력은 무시한다).

$$\rho u\frac{\partial(e+V^2/2)}{\partial x}+\rho v\frac{\partial(e+V^2/2)}{\partial y}=\frac{\partial}{\partial x}\left(k\frac{\partial T}{\partial x}\right)+\frac{\partial}{\partial y}\left(k\frac{\partial T}{\partial y}\right)-\frac{\partial(up)}{\partial x}-\frac{\partial(vp)}{\partial y}+\frac{\partial(v\tau_{xy})}{\partial x}+\frac{\partial(u\tau_{yx})}{\partial y} \tag{15.31}$$

식 (15.5)를 식 (15.31)에 대입하면 다음 식을 얻을 수 있다.

$$\begin{aligned}\rho u\frac{\partial(e+V^2/2)}{\partial x}+\rho v\frac{\partial(e+V^2/2)}{\partial y}&=\frac{\partial}{\partial x}\left(k\frac{\partial T}{\partial x}\right)+\frac{\partial}{\partial y}\left(k\frac{\partial T}{\partial y}\right)-\frac{\partial(up)}{\partial x}-\frac{\partial(vp)}{\partial y}\\&\quad+\frac{\partial}{\partial x}\left[\mu v\left(\frac{\partial v}{\partial x}+\frac{\partial u}{\partial y}\right)\right]+\frac{\partial}{\partial y}\left[\mu u\left(\frac{\partial v}{\partial x}+\frac{\partial u}{\partial y}\right)\right]\end{aligned} \tag{15.32}$$

앞에서와 같은 무차원 변수를 사용하고, 아래와 같이 새로운 무차원 변수를 도입하면

$$e'=\frac{e}{c_vT_\infty}\qquad k'=\frac{k}{k_\infty}\qquad V'^2=\frac{V^2}{V_\infty^2}=\frac{u^2+v^2}{V_\infty^2}=(u')^2+(v')^2$$

식 (15.32)는 다음과 같이 표현된다.

$$\begin{aligned}\frac{\rho_\infty V_\infty c_vT_\infty}{c}\left(\rho'u'\frac{\partial e'}{\partial x'}+\rho'v'\frac{\partial e'}{\partial y'}\right)&=-\frac{\rho_\infty V_\infty^3}{2c}\left[\rho'u'\frac{\partial}{\partial x'}(u'^2+v'^2)+\rho'v'\frac{\partial}{\partial y'}(u'^2+v'^2)\right]\\&\quad+\frac{k_\infty T_\infty}{c^2}\left[\frac{\partial}{\partial x'}\left(k'\frac{\partial T'}{\partial x'}\right)+\frac{\partial}{\partial y'}\left(k'\frac{\partial T'}{\partial y'}\right)\right]-\frac{V_\infty p_\infty}{c}\left(\frac{\partial(u'p')}{\partial x'}+\frac{\partial(v'p')}{\partial y'}\right)\\&\quad+\frac{\mu_\infty V_\infty^2}{c^2}\left\{\frac{\partial}{\partial x'}\left[\mu'v'\left(\frac{\partial v'}{\partial x'}+\frac{\partial u'}{\partial y'}\right)\right]+\frac{\partial}{\partial y'}\left[\mu'u'\left(\frac{\partial v'}{\partial x'}+\frac{\partial u'}{\partial y'}\right)\right]\right\}\end{aligned}$$

또는

$$\begin{aligned}\rho'u'\frac{\partial e'}{\partial x'}+\rho'v'\frac{\partial e'}{\partial y'}&=\frac{V_\infty^2}{2c_vT_\infty}\left[\rho'u'\frac{\partial}{\partial x'}(u'^2+v'^2)+\rho'v'\frac{\partial}{\partial y'}(u'^2+v'^2)\right]\\&\quad+\frac{k_\infty}{c\rho_\infty V_\infty c_v}\left[\frac{\partial}{\partial x'}\left(k'\frac{\partial T'}{\partial x'}\right)+\frac{\partial}{\partial y'}\left(k'\frac{\partial T'}{\partial y'}\right)\right]\\&\quad-\frac{p_\infty}{\rho_\infty c_vT_\infty}\left(\frac{\partial(u'p')}{\partial x'}+\frac{\partial(v'p')}{\partial y'}\right)\\&\quad+\frac{\mu_\infty V_\infty}{c\rho_\infty c_vT_\infty}\left\{\frac{\partial}{\partial x'}\left[\mu'v'\left(\frac{\partial v'}{\partial x'}+\frac{\partial u'}{\partial y'}\right)\right]+\frac{\partial}{\partial y'}\left[\mu'u'\left(\frac{\partial v'}{\partial x'}+\frac{\partial u'}{\partial y'}\right)\right]\right\}\end{aligned} \tag{15.32a}$$

식 (15.32*a*)의 우변에 위치한 항의 계수를 살펴보면 순서대로 다음과 같은 결과를 발견할 수 있다.

$$\frac{V_\infty^2}{c_vT_\infty}=\frac{(\gamma-1)V_\infty^2}{RT_\infty}=\frac{\gamma(\gamma-1)V_\infty^2}{\gamma RT_\infty}=\frac{\gamma(\gamma-1)V_\infty^2}{a_\infty^2}=\gamma(\gamma-1)M_\infty^2$$

$$\frac{k_\infty}{c\rho_\infty V_\infty c_v}=\frac{k_\infty\gamma\mu_\infty}{c\rho_\infty V_\infty c_p\mu_\infty}=\frac{\gamma}{\text{Pr}_\infty\text{Re}_\infty}$$

주: 위에서 *Prandtl* 수 $\mathrm{Pr}_\infty \equiv \mu_\infty c_p / k_\infty$라 정의되는 새로운 무차원 상사변수가 도입되었다. Prandtl 수의 중요성에 대해서는 차후에 설명하기로 한다.

$$\frac{p_\infty}{\rho_\infty c_v T_\infty} = \frac{(\gamma-1)p_\infty}{\rho_\infty R T_\infty} = \frac{(\gamma-1)p_\infty}{p_\infty} = \gamma - 1$$

$$\frac{\mu_\infty V_\infty}{c\rho_\infty c_v T_\infty} = \frac{\mu_\infty}{\rho_\infty V_\infty c}\left(\frac{V_\infty^2}{c_v T_\infty}\right) = \frac{1}{\mathrm{Re}_\infty}(\gamma-1)\frac{V_\infty^2}{RT_\infty} = \gamma(\gamma-1)\frac{M_\infty^2}{\mathrm{Re}_\infty}$$

따라서 식 (15.32)는 아래와 같이 표현할 수 있다.

$$\begin{aligned}\rho' u' \frac{\partial e'}{\partial x'} + \rho' v' \frac{\partial e'}{\partial y'} = {} & \frac{\gamma(\gamma-1)}{2} M_\infty^2 \left[\rho' u' \frac{\partial}{\partial x'}(u'^2 + v'^2) + \rho' v' \frac{\partial}{\partial y'}(u'^2 + v'^2)\right] \\ & + \frac{\gamma}{\mathrm{Pr}_\infty \mathrm{Re}_\infty}\left[\frac{\partial}{\partial x'}\left(k' \frac{\partial T'}{\partial x'}\right) + \frac{\partial}{\partial y'}\left(k' \frac{\partial T'}{\partial y'}\right)\right] \\ & - (\gamma-1)\left(\frac{\partial(u'p')}{\partial x'} + \frac{\partial(v'p')}{\partial y'}\right) \\ & + \gamma(\gamma-1)\frac{M_\infty^2}{\mathrm{Re}_\infty}\left\{\frac{\partial}{\partial x'}\left[\mu' v' \left(\frac{\partial v'}{\partial x'} + \frac{\partial u'}{\partial y'}\right)\right] + \frac{\partial}{\partial y'}\left[\mu' u' \left(\frac{\partial v'}{\partial x'} + \frac{\partial u'}{\partial y'}\right)\right]\right\}\end{aligned} \tag{15.33}$$

식 (15.33)을 살펴보기 바란다. 이는 무차원 방정식으로서 원칙적으로 $e' = f(x', y')$ 형태의 해를 구할 수 있다. 2개의 서로 다른 유동에서 γ, M_∞, Re_∞, Pr_∞ 값이 같다면 식 (15.33)은 수치적으로 동일한 방정식이 되며, 물체의 형상이 기하학적으로 유사하다면, 방정식의 해 $e' = f(x', y')$는 서로 다른 두 유동에 대하여 같아진다.

식 (15.29)와 (15.33)은 각각 무차원 x 방향 운동량 방정식과 에너지 방정식이며, 압축성 및 점성 유동을 지배하는 상사변수는 γ, M_∞, Re_∞, Pr_∞임을 명확히 알 수 있다. 기하학적으로 유사한 두 물체 주변의 유동장에서, 위에서 설명한 변수가 같은 값을 갖는다면 두 유동은 서로 동적으로 유사하다. 우리는 2차원 유동에 대하여 x-운동량 방정식과 에너지 방정식으로부터 이상의 결론을 얻었다. 3차원 유동에 대해서도 y(그리고 z) 운동량 방정식을 살펴봄으로써 같은 결론을 얻을 수 있다.

상사변수 γ, M_∞, Re_∞는 운동량 방정식으로부터 구할 수 있었다. 에너지 방정식을 고려할 경우 추가적인 상사변수가 도입되는데, 이를 Prandtl 수라 한다. Prandtl 수는 물리적으로 마찰에 의해 소산되는 에너지와 열전도에 의해 전달되는 에너지의 비에 비례한다. 즉,

$$\mathrm{Pr} = \frac{\mu_\infty c_p}{k} \propto \frac{\text{마찰 소산}}{\text{열전도}}$$

압축성, 점성 유동의 연구에서 Prandtl 수는 γ, M_∞, Re_∞와 마찬가지로 중요하다. 표준 대기 조건에서 공기의 경우 $\mathrm{Pr}_\infty = 0.71$이다. Pr_∞는 기체의 성질임에 유의하라. 서로 다른 종류의 기체에 대해서 Pr_∞ 값은 서로 달라진다. 그리고 μ와 k처럼 일반적으로 Pr_∞ 역시 온도의 함수이다. 그러나 공기의 경우 $T_\infty = 600$ K까지는 $\mathrm{Pr}_\infty = 0.71$로 일정한 값을 갖는다고 가정할 수 있다.

15.7 점성 유동의 해: 예비적 토론 *Solutions of Viscous Flows: A Preliminary Discussion*

일반적인 3차원, 비정상, 압축성, 점성 유동에 대한 지배 방정식으로 연속, 운동량, 에너지 방정식이 각각 식 (2.52), 식 (15.19*a*~*c*), 식 (15.26)으로 주어졌다. 이 방정식을 세밀히 살펴보면, 이들은 비선형(nonlinear)이며 서로 연결된(coupled) 형태의 편미분 방정식이다. 더구나 3부에서 다루었던 비점성 유동에 대한 유사 방정식과 비교할 때, 소위 점성 항이라 부르는 추가적인 항을 포함하고 있다. 우리는 이미 앞에서 비점성 유동의 비선형 방정식에 대한 일반 해석

적 해를 구할 수 없다는 것을 확인하였다. 따라서 점성 유동 방정식에 대한 일반 해 역시 구할 수 없다는 것을 예상할 수 있다(적어도 이 책을 쓰고 있는 순간까지는 점성 유동 방정식에 대한 일반 해석적 해는 발견되지 않았다). 그렇다면 실질적인 결과를 얻기 위해 점성 유동 방정식을 어떻게 다루어 사용해야 할 것인가? 이에 대한 답은 비점성 유동 해에 접근하기 위한 경우와 유사하다. 다음의 몇 가지 선택이 가능하다.

1. 몇 점성 유동 문제의 경우 물리적 그리고 기하학적 특성으로 인해 Navier-Stokes 방정식의 여러 항이 정확하게 0의 값을 가짐으로써 해석적 또는 간단한 수치적 방법을 사용하여 방정식의 해를 구할 수 있다. 이러한 부류의 해를 Navier-Stokes 방정식에 대한 '엄밀해 또는 완전해(exact solution)'라 칭하는데, 이는 방정식을 다루는 데 있어 어떠한 *근사식*을 사용하지 않고 *정확한* 조건을 적용하여 방정식을 간략화하기 때문이다. 16장에서 Couette 유동(추후에 정의할 것임)을 예제로 하여 이러한 부류의 해를 다루기로 한다.

2. 어떤 부류의 물리적 문제는 점성 유동 방정식의 일부 항에 의한 영향이 매우 작거나 무시할 수 있기 때문에 방정식을 간략화할 수 있다. 이는 정확한 조건을 적용하는 것이 아닌 일종의 근사식이다. 17장에서 다룰 경계층 방정식(boundary-layer equation)이 이러한 경우이다. 그러나 추후 알 수 있듯이 경계층 방정식은 점성 유동 방정식보다 간단한 형태지만 여전히 비선형 방정식이다.

3. 현대적 수치해석 방법을 사용하여 완전한 형태의 점성 유동 방정식 해에 접근할 수 있다. 예를 들어, 13장에서 논의한 비점성 유동 방정식의 '엄밀'해를 구하기 위한 전산유체역학 알고리듬을 사용하여 점성 유동 방정식의 엄밀해에 접근할 수 있다. 이는 20장에서 다루기로 한다.

2부와 3부에서 다루었던 비점성 유동과 점성 유동에 대한 해석방법에는 본질적으로 중요한 차이점이 존재한다. 이 절의 나머지 부분에서 이러한 차이점에 대하여 설명하고자 한다.

첫째, 예제 2.5에서 이미 다루었듯이 점성 유동은 *회전 유동*(*rotational flows*)이다. 따라서 점성 유동은 속도 퍼텐셜(velocity potential)을 정의할 수 없기 때문에 2.15절과 11.2절에서 설명했던 여러 가지 해석상의 장점을 상실한다. 반면에 유선 함수(stream function)는 유동의 회전성(rotational) 또는 비회전성(irrotational) 여부와 상관없이 연속 방정식 충족 조건만 고려하므로 두 경우 모두 정의할 수 있다(2.14절 참조).

둘째, 점성 유동 내 고체 표면의 경계 조건은 *점착 조건*(no-slip condition)이 적용된다. 물체 표면 재료와 인접한 유체층 사이의 마찰에 의해 물체 표면상에서 유체 속도는 0이다. 15.2절에서 점착 조건에 대해 설명하였다. 예를 들어, 직교 좌표계에서 물체 표면이 $y = 0$ 상에 위치하고 있는 경우 속도에 대한 점착 경계 조건은 다음과 같다.

$$y = 0\text{에서} \qquad u = 0 \qquad v = 0 \qquad w = 0$$

이는 비점성 유동의 경계 조건과 대비되는데, 3.7절에서 설명했듯이 비점성 유동 내 물체 표면에서는 이른바 유동 접선 조건(flow-tangency condition)이 적용된다. 즉, 물체 표면의 수직 방향 속도 성분이 0이 된다. 아울러 비점성 유동에서는 온도에 대한 경계 조건이 없다. 비점성 유동에서 고체 표면에 인접한 기체의 온도는 유동장 내 물리적 현상에 의해 지배되며 실제 벽면의 온도와 아무런 연관성이 없다. 그러나 점성 유동은 물체 표면에 인접한 유체의 온도와 물체 표면의 온도가 열전도 메커니즘에 의해 같아진다. 이러한 관점에서 점착 조건은 유동 속도에 적용되는 보다 일반적인 경계 조건이다. 벽면에서 $u = v = 0$에 추가하여 $T = T_w$가 적용되는데, 여기서 T는 벽면에 인접한 기체의 온도이며 T_w는 벽면 재료의 온도이다. 따라서

$$y = 0\text{에서} \qquad T = T_w \tag{15.34}$$

여러 경우의 문제에서 T_w는 일정한 값으로 유지되며, 이는 경계 조건으로 손쉽게 적용할 수 있다. 반면 보다 일반적인 경우에 대해 고려해 보자. 물체 표면 위를 지나는 점성 유동에서 기체로부터 물체 표면으로 또는 그 반대로 열전달이 일어나는 경우를 가정할 수 있다. 또한 유동이 시작될 때 물체 표면 온도가 T_w였으나, 유동에 의한 벽면의 가열 또는 냉각으로 인해 T_w가 시간의 함수로 변화할 수 있다[즉, $T_w = T_w(t)$]. 문제 내에서 이러한 시간에 따른 변화는 부분적으로 유동에 의해 영향을 받게 되므로 T_w는 미지변수로서 점성 유동의 해와 같이 병행해서 계산해야 한다. 이러한 일반

적인 경우 벽면 경계 조건은 식 (15.2)를 벽면에 적용함으로써 얻을 수 있다. 즉,

$y = 0$에서
$$\dot{q}_w = -\left(k\frac{\partial T}{\partial y}\right)_w \tag{15.35}$$

여기서 물체 표면 재료는 벽면으로의 열전달 $\dot{q}_w$에 반응하면서 T_w가 변화하고, 이는 다시 $\dot{q}_w$에 영향을 미친다. 이러한 일반적인 비정상 열전달 문제는 반드시 점성 유동과 표면 재료의 열반응을 동시에 고려하면서 풀어야 한다. 이 문제는 이 책의 범위를 넘어서는 부분이다.

마지막으로 위에서 언급한 비정상 유동의 경우, 상당한 시간이 경과한 후의 한계 현상에 대해 고려해 보자. 풍동에 설치된 모형의 경우 처음에는 시험실 내 온도였으나 갑자기 초음속 또는 극초음속 증기가 시험실로 유입되었다고 가정하자. 초기에는, 즉 최초의 수 초 동안에는 풍동 모형 표면 온도가 상대적으로 낮으므로 일정한 벽면 온도 T_w를 유지한다는 가정이 적절할 수 있다[식 (15.34)]. 그러나 모형으로의 열전달로 인하여[식 (15.35)] 앞 문장에서 설명한 대로 곧이어 표면 온도가 시간의 함수 형태로 증가한다. 그러나 T_w가 증가할수록 가열률은 감소한다. 마침내 상당한 시간이 경과한 후 T_w가 충분히 높은 값으로 증가하면 물체 표면의 순 열전달률은 식 (15.35)에 의해 0이 된다.

$$\dot{q}_w = -\left(k\frac{\partial T}{\partial y}\right)_w = 0$$

또는
$$\left(\frac{\partial T}{\partial y}\right)_w = 0 \tag{15.36}$$

열전달이 0인 상황에 도달하게 되면 평형 상태가 이루어지는데, 이 상태에서 벽면 온도를 정의에 의해 평형 벽면 온도 또는 보다 자주 인용되는 표현으로서 *단열 벽면 온도*(adiabatic wall temperature) T_{aw}라 한다. 따라서 *단열 벽면*(열전달이 없음)의 경우 벽면 경계 조건은 식 (15.36)으로 주어진다.

요약하자면 에너지 방정식[식 (15.26)]의 해와 연관된 벽면 경계 조건은 세 가지 가능한 경우가 있을 수 있다.

1. *T_w가 특정 값으로 일정한 경우*[식 (15.34)]*를 일정 온도 벽면*(constant temperature wall)이라 한다. 주어진 벽면 온도에 대하여 벽면에서의 온도구배 $(\partial T/\partial y)_w$가 유동장 해의 일부로 얻어지며, 식 (15.34)에 의해 벽면의 공력 가열(aerodynamic heating)에 대한 직접적인 계산이 가능하다.
2. *일반 비정상 유동의 경우 벽면의 열전달 $\dot{q}_w$가 벽면 온도 T_w를 변화시키며, 이는 다시 $\dot{q}_w$를 변화시킨다.* 여기서 T_w와 $(\partial T/\partial y)_w$ 모두 시간의 함수로 변화하며, 문제의 해를 구하기 위해 점성 유동과 벽면 재료의 열반응을 서로 연계하여 계산해야 한다(보통 별개의 열전도 열전달 수치해석을 수행해야 한다는 의미이다).
3. $(\partial T/\partial y)_w = 0$[식 (15.36)]*인 단열 벽면(열전달이 없음)의 경우*. 여기서 경계 조건은 벽면 온도 자체가 아니라 벽면에서의 온도*구배*에 적용된다. 이 경우 벽면 온도는 단열 벽면 온도 T_{aw}로 정의되며, 유동장 해의 일부로 얻어진다.

마지막으로 응용 공기역학 관점에서 점성 유동 해석을 통해 얻을 수 있는 실질적인 결과는 표면마찰과 표면에서의 열전달임을 다시 한번 강조한다. 그러나 이러한 양을 구하기 위해 속도 및 벽면에서의 온도구배 등을 포함하는 점성 유동장에 대한 완전해가 요구된다. 다음 관계식으로부터 τ_w 및 $\dot{q}_w$에 대한 직접적인 계산을 수행할 수 있다.

$$\tau_w = \mu\left(\frac{\partial u}{\partial y}\right)_w$$

그리고
$$\dot{q}_w = -k\left(\frac{\partial T}{\partial y}\right)_w$$

점성 유동 해석으로 얻을 수 있는 또 하나의 실용적 결과는 유동 박리에 대한 예측과 계산이다. 이미 앞에서 유동 박리에 의해 공기역학적 물체 주변의 압력장이 상당히 달라질 수 있는 여러 경우에 대해 설명했다. 실린더와 구 주위의 유동(3.18절과 6.6절 참조)이 바로 그러한 경우다.

공기역학 연구 범위 중 점성 유동에 대한 연구가 중요한 것은 자명하다. 후속 장의 목적이 이러한 점성 유동의 개

론에 대해 소개하는 것이다. 향후 이어지는 장에서 점성 유동에 대한 설명을 세 가지 부류로 나누는데, 먼저 특별한 경우로서 Navier-Stokes 방정식의 '엄밀해'에 대해 다룰 것이다. 그리고 둘째로 경계층 방정식의 해에 대해, 셋째는 Navier-Stokes 방정식의 '엄밀' 수치해에 대해 설명하고자 한다. 이렇게 함으로써 여러분이 점성 유동의 전 분야에 대해 전반적이고도 개략적인 그림을 얻을 수 있을 것으로 기대한다. 점성 유동 분야만을 주제로 기술한 참고문헌 40과 41 등을 참조하기 바란다. 여기서는 위에 언급한 참고문헌처럼 점성 유동에 대한 내용을 상세히 설명하기보다는 점성 유동 분야에 대한 기본적 이해와 '직감'을 제공하고자 한다. 시작해 보기로 하자.

15.8 요약 *Summary*

이제 우리는 그림 15.1에 주어진 이정표를 따라 목적지까지 왔다. 이 장의 주요 결과를 요약하면 아래와 같다.

전단응력과 유동의 박리 현상이 점성 유동의 두 가지 주요 지류적 특성이다. 전단응력은 표면마찰 항력(skin friction drag) D_f의 원인을 제공하며, 유동의 박리는 압력 항력(pressure drag) D_p[종종 형상 항력(form drag)이라 불림]의 원인을 제공한다. 층류 유동에서 난류 유동으로의 천이(transition)는 D_f의 증가와 D_p의 감소를 유발한다.

유동에서의 전단응력은 속도구배에 의해 유발된다. 예를 들어, y 방향으로 구배를 가지고 있는 유동에서 $\tau_{yx} = \mu\,\partial u/\partial y$로 표시된다. 이와 유사하게 열전도는 온도구배로 인해 유발된다. 예를 들어, $\dot{q}_y = -k\,\partial T/\partial y$ 등으로 표시된다. μ와 k는 모두 기체의 물리적 특성이며 온도의 함수이다.

점성 유동의 일반 방정식은 다음과 같다.

x 운동량 방정식:

$$\rho\frac{Du}{Dt} = -\frac{\partial p}{\partial x} + \frac{\partial \tau_{xx}}{\partial x} + \frac{\partial \tau_{yx}}{\partial y} + \frac{\partial \tau_{zx}}{\partial z} \tag{15.18a}$$

y 운동량 방정식:

$$\rho\frac{Dv}{Dt} = -\frac{\partial p}{\partial y} + \frac{\partial \tau_{xy}}{\partial x} + \frac{\partial \tau_{yy}}{\partial y} + \frac{\partial \tau_{zy}}{\partial z} \tag{15.18b}$$

z 운동량 방정식:

$$\rho\frac{Dw}{Dt} = -\frac{\partial p}{\partial z} + \frac{\partial \tau_{xz}}{\partial x} + \frac{\partial \tau_{yz}}{\partial y} + \frac{\partial \tau_{zz}}{\partial z} \tag{15.18c}$$

에너지 방정식:

$$\begin{aligned}\rho\frac{D(e+V^2/2)}{Dt} &= \rho\dot{q} + \frac{\partial}{\partial x}\left(k\frac{\partial T}{\partial x}\right) + \frac{\partial}{\partial y}\left(k\frac{\partial T}{\partial y}\right) \\ &+ \frac{\partial}{\partial z}\left(k\frac{\partial T}{\partial z}\right) - \nabla\cdot p\mathbf{V} + \frac{\partial(u\tau_{xx})}{\partial x} + \frac{\partial(u\tau_{yx})}{\partial y} \\ &+ \frac{\partial(u\tau_{zx})}{\partial z} + \frac{\partial(v\tau_{xy})}{\partial x} + \frac{\partial(v\tau_{yy})}{\partial y} + \frac{\partial(v\tau_{zy})}{\partial z} \\ &+ \frac{\partial(w\tau_{xz})}{\partial x} + \frac{\partial(w\tau_{yz})}{\partial y} + \frac{\partial(w\tau_{zz})}{\partial z}\end{aligned} \tag{15.26}$$

여기서

$$\tau_{xy} = \tau_{yx} = \mu\left(\frac{\partial v}{\partial x} + \frac{\partial u}{\partial y}\right)$$

$$\tau_{yz} = \tau_{zy} = \mu\left(\frac{\partial w}{\partial y} + \frac{\partial v}{\partial z}\right)$$

$$\tau_{zx} = \tau_{xz} = \mu\left(\frac{\partial u}{\partial z} + \frac{\partial w}{\partial x}\right)$$

$$\tau_{xx} = \lambda(\nabla \cdot \mathbf{V}) + 2\mu\frac{\partial u}{\partial x}$$

$$\tau_{yy} = \lambda(\nabla \cdot \mathbf{V}) + 2\mu\frac{\partial v}{\partial y}$$

$$\tau_{zz} = \lambda(\nabla \cdot \mathbf{V}) + 2\mu\frac{\partial w}{\partial z}$$

유동의 상사변수는 지배 방정식의 무차원화를 통해 얻을 수 있다. 무차원화된 도함수 항 앞의 계수가 상사변수 또는 상사변수의 조합으로 표시된다. 점성, 압축성 유동의 경우 주요 상사변수는 γ, M_∞, Re_∞, Pr_∞이다.

Navier-Stokes 방정식에 대한 해석적 엄밀해는 극히 제한된 몇몇 특별한 경우에 한해서 존재한다. 엄밀해를 구하는 대신 종종 유동에 대해 적절한 근사적 가정을 도입하여 방정식을 간략화한다. 현대에 이르러 여러 실질적인 문제에 대해 Navier-Stokes 방정식의 엄밀해를 전산유체역학의 여러 가지 기법을 활용하여 구할 수 있다.

15.9 연습문제 *Problems*

15.1. 간격이 h이며 서로 평행한 2개의 무한 평판 사이에 비압축성, 점성 유동의 공기가 흐르고 있다고 하자. 바닥 평판은 움직이지 않고, 위 평판은 평판 방향으로 일정한 속도 u_e로 움직이고 있다. 유동 방향의 압력구배는 존재하지 않는다고 가정한다.

a. 두 평판 사이의 속도 변화에 대한 관계식을 구하라.

b. T = constant = 320 K, u_e = 30 m/s, h = 0.01 m일 때, 위 평판과 바닥 평판에서의 전단응력을 계산하라.

15.2. 연습문제 15.1의 평행한 두 평판에서, 두 평판이 모두 정지해 있으나 유동 방향으로 일정한 크기의 압력구배가 존재한다고 가정하자(즉, dp/dx = constant).

a. 두 평판 사이에서의 속도 변화에 대한 관계식을 구하라.

b. 두 평판의 전단응력에 대한 관계식을 dp/dx를 사용하여 구하라.

특정 경우: Couette 유동

A Special Case: Couette Flow

다른 모든 조건이 동일하다면 유체를 구성하고 있는 부분 간 미끄러짐 현상의 결핍으로 인해 유발되는 유체의 저항은 서로 떨어져 있는 유체 구성 부분의 속도에 비례한다.

Isaac Newton, 1687,
from Section IX of Book II
of his Principia.

미리보기 _ *Preview Box*

오래전부터 전해지는 격언 중 뛰기 전에 반드시 걷는 법부터 배워야 한다는 말이 있다. 점성 유동의 일반 응용은 종종 매우 복잡하고 또 쉽지 않기 때문에 문제의 해를 구하기 위해서는 계속 '노력하면서' 고심해야 한다. 이 장에서는 여러분에게 먼저 걷는 법부터 가르치고자 한다. 여기서 우리는 특정한 점성 유동 문제를 다루고자 하는데, 이들 경우로부터 비교적 복잡하지 않은 해를 얻을 수 있다(해를 얻기 위해 우리가 해야 할 일은 뛸 필요 없이 단지 '걷기만' 하면 된다). 그러나 이들 해는 일반 점성 유동에서 가장 중요한 특징을 말해 준다. 즉, 표면마찰과 공기역학적 가열 현상을 지배하는 매개변수가 무엇인지 가르쳐준다. 여기서 우리는 '회복 인자(recovery factor)'나 '레이놀즈 상사성(Reynolds analogy)'과 같이 다소 생소한 용어로 표현되는 새로운 개념에 대해 학습할 것이다. 이를 통해 점성 유동에 대한 몇몇 기본 물리적 원리를 발견할 수 있을 것이며, 보다 복잡한 형태의 유동 문제에 수반되는 기하학적 복잡성 문제를 해결할 것이다. 이 장에서는 *Couette 유동*이라 불리는 다소 독특하게 들리는 유동 문제를 다루지만, 그 결과는 독특한 것과는 거리가 멀다. 실제로 이 장에서 우리는 점성 유동의 기본적 해석에 연계되는 가장 중요한 개념 사이를 산책하게 될 것이다. 출발하여 여러분의 산책을 즐기라.

16.1 개요 *Introduction*

15장에서 점성 유동의 일반 방정식을 유도하고 이에 대해 토론하였다. 특히 15.4절에서 Navier-Stokes 방정식이라 불리는 점성 유동의 운동량 방정식을 다루었는데, 이는 식 (15.19a~c)처럼 편미분 방정식 형태로 주어진다. 이들 방정식은 15.5절에서 유도하여 식 (15.26)으로 주어진 점성 유동의 에너지 방정식과 더불어 점성 유동 연구를 위한 이론적 도구이다. 그러나 15.7절에서 설명한 대로 이들 방정식을 세밀히 살펴보면 서로 연계된 비선형 편미분 방정식으로서, 이 책의 2부와 3부에서 다루었던 비점성 유동 방정식보다 더 많은 항들을 포함하고 있으며 본질적으로 보다 복잡하고 정교하다. 15.5절에서 이들 방정식의 해에 대해 세 가지 부류로 나누어 설명했다. 첫째 부류는 매우 특정한 몇몇 물리적 문제에 대해 Navier-Stokes 방정식의 '엄밀해'를 구하는 것으로서, 문제의 물리적 그리고 기하학적 특징상 지배 방정식 내 여러 항이 정확히 0이 되어 방정식 시스템이 간단한 형태로 줄어들기 때문에 해석적 또는 간단한 수치적 방법에 의해 엄밀해를 구할 수 있는 경우이다. 이 장에서는 이렇게 엄밀해를 갖는 문제를 다루고자 한다.

그림 16.1에 이 장의 이정표가 있다. 여기서 다루고자 하는 유동 유형은 유선이 직선형이고 서로 평행한 *평행류*이다. 이러한 형태의 유동으로 Couette 유동을 다루고자 하며, 이 유동에 대한 정의는 추후에 내리기로 한다. 이 유동에 대한 Navier-Stokes 방정식의 엄밀해를 구하는 것 외에, 그림 16.1의 이정표 오른편에 표시되어 있듯이, 이 유동은 점성 유동의 몇몇 중요하고 실질적인 특성을 보여준다. 명확하면서 복잡하지 않은 방법을 사용하여 표면마찰과 열전달에 대한 계산을 수행할 것이다. 아울러 계산결과를 사용하여 회복 인자(recovery factor)와 레이놀즈 상사성(Reynolds analogy)을 정의할 것인데, 이들은 표면마찰과 열전달 해석에서 자주 사용되는 두 가지 매우 실용적인 공학 도구이다.

16.2 Couette 유동: 일반론 *Couette Flow: General Discussion*

그림 16.2에 표시한 유동 모델을 참고하기 바란다. 간격이 D만큼 떨어져 있는 두 평행한 평판 사이를 점성 유동이 채우고 있다. 위 평판은 오른쪽 방향으로 속도 u_e로 움직이고 있다. 점착 조건(no-slip condition)에 의해 평판과 유체 사이 상대운동이 없으므로, $y = D$에서 유속은 $u = u_e$며 방향은 오른쪽이다. 이와 유사하게, 아래 평판은 정지 상태이므로, $y = 0$에서의 유속은 $u = 0$이다. 추가적으로 2개의 평판은 서로 다른 온도로 위 평판의 온도는 T_e, 그리고 아래 평판의 온도는 T_w라 하자. 역시 15.7절에서 설명한 점착 조건에 의해 $y = D$에서 유체의 온도는 $T = T_e$, 그리고 $y = 0$에서는 $T = T_w$다.

분명히 두 평판 사이에 유동장이 형성되며, 이러한 유동의 원동력은 위 평판의 운동에 기인한다. 즉, 유체와 평판 사이의 마찰 메커니즘을 통해 위 평판이 유동을 운동 방향으로 잡아당겨 준다. $y = D$ 지점의 유체에 위 평판에서 오른쪽 방향으로 작용하는 전단응력 τ_e가 발생하고, 이는 유체를 오른쪽 방향으로 움직이게 하는 원인이 된다. 위 평판이 위치한 지점의 유체는 크기가 같고 방향이 반대인 전단응력 τ_e을 위 평판에 대하여 왼쪽 방향으로 작용하게 하며, 이는 위 평판의 운동을 방해하는 작용을 한다. 위 평판에 작용하는 외력은 전단응력에 의한 저지력을 극복할 수 있을 만큼 충분히 크며, 위 평판이 일정한 속도 u_e로 움직일 수 있도록 한다고 가정하자. 이와 유사하게, 아래 평판은 $y = 0$에서

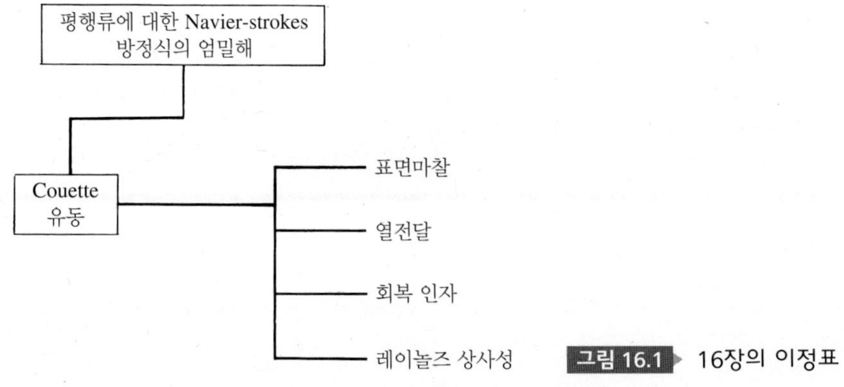

그림 16.1 16장의 이정표

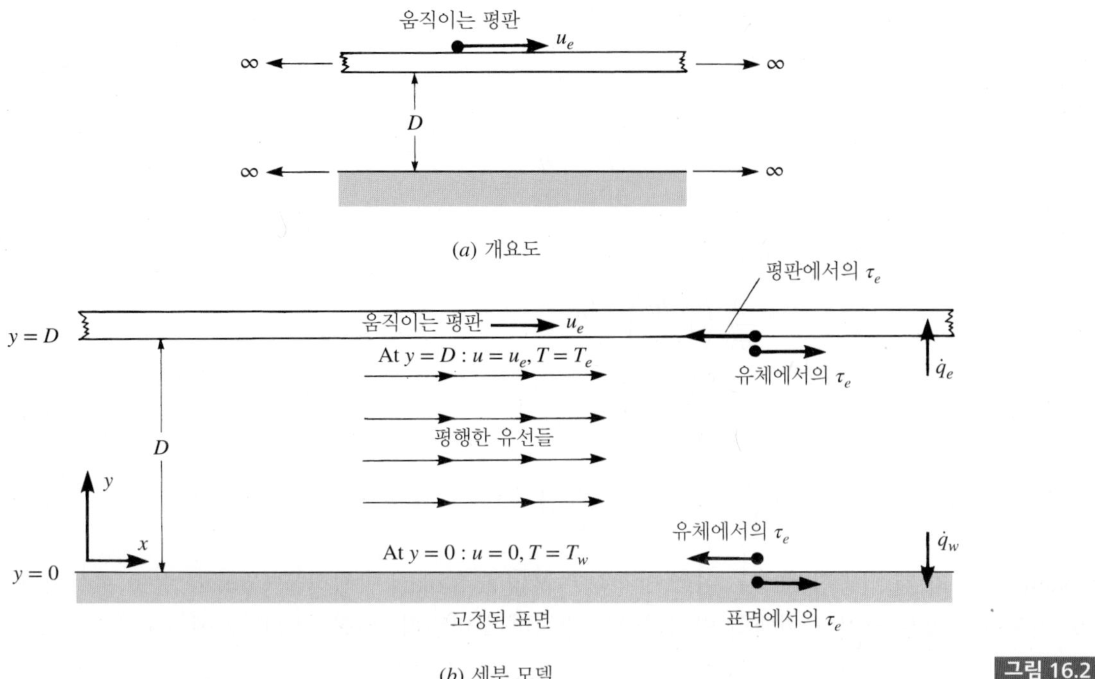

그림 16.2 Couette 유동의 모델

왼쪽 방향으로 작용하는 전단응력 τ_w를 유체에 작용하게 한다. 유체는 아래 평판에 대하여 크기가 같고 방향이 반대인 전단응력 τ_w를 오른쪽 방향으로 작용하게 한다. (이후 점성 유동을 표시하는 개요도에서 특별한 언급이 없는 한 물체 표면에 작용하는 유체에 의한 전단응력만을 표시하기로 한다.)

두 평판의 상대적 운동에 의해 유도되는 속도장과 추가적으로 다음의 두 가지 메커니즘에 의한 온도장이 형성된다.

1. 일반적으로 두 평판은 서로 다른 온도를 가지므로, 유동 내 온도구배가 형성된다.
2. 유동의 운동 에너지가 마찰에 의해 부분적인 소산 현상이 발생하며, 이는 유체 내부 에너지 형태로 변환된다. 이러한 내부 에너지의 변화는 온도 변화라는 현상으로 반영되며, 이러한 현상을 *점성 소산*(viscous dissipation)이라 한다.

결과적으로 유동 내 온도구배가 발생한다. 다시 말해, 이러한 온도구배는 유체를 통한 열전달의 원인이 된다. 위 평판과 아래 평판의 열전달량을 각각 $\dot{q}_e$와 $\dot{q}_w$라 하자. 그림 16.2에 이러한 열전달을 표시했으며, $\dot{q}_e$와 $\dot{q}_w$의 방향은 모두 유체로부터 벽면으로 열전달이 발생하는 경우이다. 그림 16.2와 같이 유체로부터 벽면으로 열이 이동하는 경우를 *냉벽*(cold wall)이라 한다. 반대로 벽면으로부터 유체로 열이 이동하는 경우를 *온벽*(hot wall)이라 한다. 어느 지점에서 유체를 통하여 전달되는 열유동량(heat flux)은 식 (15.2)에 의한 푸리에 법칙(Fourier law)에 의거하여 표시할 수 있다. 즉, y 방향으로의 열유동량은 다음과 같이 표시된다.

$$\dot{q}_y = -k\frac{\partial T}{\partial y} \tag{15.2}$$

여기서 음의 부호는 열이 온도가 높은 영역으로부터 온도가 낮은 영역으로 이동하는 것을 의미한다. 다시 말하면, $\dot{q}_y$와 온도구배의 방향은 서로 반대이다.

그림 16.2에 나타낸 Couette 유동의 기하학적 구도를 살펴보자. x-y 직교 좌표계에서 유동 방향으로 x축을 잡고 y축은 유동 방향에 수직으로 잡는다. 두 평판은 서로 평행하므로, 이러한 상황에서 유일하게 가능한 유동 형태는 직선의 서로 평행한 유선들로 형성되는 유동이다. 그리고 평판은 무한히 연장되므로(즉, x 방향의 양과 음의 무한대만큼 평판이 연장된다) 유동의 성질은 x 위치에 따라 변하지 않는다(만약 유동의 성질이 x 위치에 따라 변한다면, 매우 큰 값을 갖는 x 지점의 유동장 특성은 무한대만큼 크거나 또는 무한소만큼 작아야 하는데 이는 물리적으로 모순이다). 따라

서 x 방향의 모든 편미분 도함수 값은 0이다. 유동장 내 변수들의 변화는 오로지 y 방향으로만 발생한다. 더구나 정상 유동이므로, 모든 시간에 대한 도함수는 0이다. 이러한 상황을 염두에 두고 식 (15.19a~c)와 (15.26)의 Navier-Stokes 방정식을 다시 살펴보자. 이들 방정식에 Couette 유동의 경우 아래 관계가 성립한다.

$$v = w = 0 \quad \frac{\partial u}{\partial x} = \frac{\partial T}{\partial x} = \frac{\partial p}{\partial x} = 0$$

따라서 식 (15.19a~c)와 (15.26)은 아래와 같은 형태를 갖는다.

x-운동량 방정식:
$$\frac{\partial}{\partial y}\left(\mu\frac{\partial u}{\partial y}\right) = 0 \tag{16.1}$$

y-운동량 방정식:
$$\frac{\partial p}{\partial y} = 0 \tag{16.2}$$

에너지 방정식:
$$\frac{\partial}{\partial y}\left(k\frac{\partial T}{\partial y}\right) + \frac{\partial}{\partial y}\left(\mu u\frac{\partial u}{\partial y}\right) = 0 \tag{16.3}$$

식 (16.1)~(16.3)이 Couette 유동의 지배 방정식이다. 이들 방정식은 Navier-Stokes 방정식을 Couette 유동 형상에 적용한, 아무런 근사식도 적용하지 않은 완전한 형태의 방정식임을 명심하기 바란다. 또한 식 (16.2)에서 y 방향으로의 압력 변화가 0이라 명시하고 있는데, 이를 앞에서 언급한 $\partial p/\partial x = 0$과 같이 조합하면 유동장의 모든 부분에서 *압력이 일정*하다는 것을 의미한다. Couette 유동은 압력값이 어느 위치에서든 일정한 값을 갖는 유동이다. 2부와 3부에서 설명했던 모든 *비점성* 유동 문제에서 유동 내 *압력구배*의 존재로 인해 유동이 형성되고 유지될 수 있다는 것은 흥미로운 일이다. 이러한 문제에서 유동을 정지시키거나 움직이게 만드는 자연의 메커니즘은 바로 압력구배이다. 그러나 이제부터 설명하려는 점성 유동의 경우, 압력 외에 유동에 힘을 가할 수 있는 또 하나의 자연 메커니즘이 바로 전단응력이다. Couette 유동에서 유체 위에 위치한 움직이는 평판에 의해 유체로 전해지는 전단응력이 유동을 유지시키는 오직 하나의 메커니즘이며, 이 경우 명확히 압력구배가 존재하지 않고 또 유동을 유지시키는 데 필요하지도 않다.

이 절에서 Couette 유동의 일반적 특성에 대해 소개하기로 하자. 명심할 점은 비압축성 또는 압축성의 구분을 하지 않은 것이며, 여기서 설명할 모든 특성은 압축성과 비압축성 유동 모두에 적용된다. 또 하나 강조하자면 비록 Couette 유동이 다소 학술적인 문제로 보일 수 있지만, 다음 절에서는 매우 간단한 방법에 의해 실제 공학적 응용에서 점성 유동이 갖는 여러 가지 중요한 특성을 살펴보고자 한다.

연이은 다음 두 절에서 비압축성과 압축성 Couette 유동에 대해 다룰 예정이다. 16.3절에서 비압축성 유동을 먼저 다루는데, 이 경우가 보다 간단하기 때문이다. 그리고 16.4절에서 압축성 유동을 다루면서 비압축성 유동의 경우와 어떻게 다른지 살펴보기로 한다.

이 절에서 마지막으로 주목할 사항은, Couette 유동에 대한 일반적 토론에서 유동장 특성이 오직 y 방향으로만 변화하며 x 방향의 모든 도함수는 0이라는 것이다. 따라서 수학적으로 명확한 것은 식 (16.1)~(16.3)의 모든 편미분 도함수(partial derivatives)를 상미분 도함수(ordinary derivatives)로 표시할 수 있다는 것이다. 예를 들어, 식 (16.1)은 아래와 같이 표시할 수 있다.

$$\frac{d}{dy}\left(\mu\frac{du}{dy}\right) = 0$$

그러나 Couette 유동에 대한 이번 토론의 목적은 점성 유동 문제에 대해 '얼음을 깨는 것'과 같이 명쾌한 예제를 제시함으로써, 앞으로 x 및 y 방향 모두에 대한 도함수가 포함되어 *편*미분 방정식으로 표현되는 실제적이고 복잡한 문제에 직면하였을 경우에 대비하기 위함이다. 따라서 교육적 차원에서 계속 편미분 기호를 사용함으로써, 향후 17장과 20장의 경계층 해 및 Navier-Stokes 방정식 해의 개념으로 확장하는 경우에 대해서도 익숙하게 느낄 수 있도록 하고자 한다.

16.3 일정한 성질을 갖는 비압축성 Couette 유동 *[Incompressible (Constant Property) Couette Flow]*

점성 유동 탐구에서 유동장의 ρ, μ, k 값은 일정한 값으로 간주하며, 이를 '일정한 값을 갖는(constant property)' 유동이라 종종 칭한다. 이러한 가정은 이 절에 해당하는 것이기도 하다. 물리적 관점으로 볼 때 이는 ρ가 일정한 값을 갖는 비압축성 유동을 다루고 있음을 의미한다. μ와 k는 온도의 함수이므로(15.3절 참조), 일정한 값을 갖는 유동은 T 역시 일정하다는 것을 의미한다(이 절의 마지막 부분에서 이러한 가정을 다소 완화시킬 예정이다).

16.2절에서 Couette 유동에 대한 지배 방정식을 유도했다. 특히 식 (16.2)의 y 운동량 방정식은 기하학적 특성인 $\partial p/\partial x = 0$과 더불어 유동장 내 모든 지점에서 압력이 일정한 값을 갖는다는 것을 의미한다. 결론적으로 속도장에 대한 모든 정보는 아래에 반복한 것과 같이 식 (16.1)의 x 운동량 방정식으로부터 얻을 수 있다.

$$\frac{\partial}{\partial y}\left(\mu\frac{\partial u}{\partial y}\right) = 0 \tag{16.1}$$

일정한 값을 갖는 μ에 대하여 위 식은 아래와 같이 표시된다.

$$\frac{\partial^2 u}{\partial y^2} = 0 \tag{16.4}$$

y에 대하여 2번 적분하면 아래의 결과를 얻을 수 있다.

$$u = ay + b \tag{16.5}$$

여기서 a와 b는 적분 상수이다. 이러한 적분 상수들은 그림 16.2에 도시된 경계 조건을 적용하여 얻을 수 있다.

$y = 0$에서 $u = 0$, 따라서 $b = 0$

$y = D$에서 $u = u_e$, 따라서 $a = u_e/D$

따라서 비압축성 Couette 유동에서의 속도 변화는 식 (16.5)로 주어진다.

$$\boxed{u = u_e\left(\frac{y}{D}\right)} \tag{16.6}$$

속도가 유동 내에서 *선형적으로* 변화한다는 중요한 결과에 주목하기 바란다. 이를 그림 16.3에 나타냈다.

속도 프로파일을 구한 후, 유동 내 모든 지점의 전단응력을 식 (15.1)을 사용하여 아래와 같이 구할 수 있다(이 문제에서 전단응력은 오로지 x 방향으로만 작용하므로 전단응력의 아래첨자 yx는 생략하였다).

$$\tau = \mu\frac{\partial u}{\partial y} \tag{16.7}$$

식 (16.6)으로부터

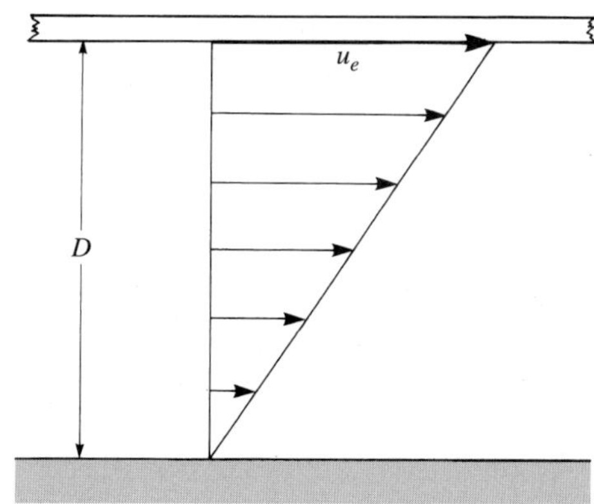

그림 16.3 비압축성 Couette 유동에서의 속도 프로파일

$$\frac{\partial u}{\partial y} = \frac{u_e}{D} \tag{16.8}$$

따라서 식 (16.7)과 (16.8)로부터 다음 관계식을 얻을 수 있다.

$$\boxed{\tau = \mu\left(\frac{u_e}{D}\right)} \tag{16.9}$$

유동 내 모든 지점에서 전단응력이 *일정한* 값을 갖는 것에 주목하라. 또한 식 (16.9)에 의해 주어진 명확한 결과는 두 가지 중요한 물리적 경향을 보여주고 있으며, 이는 모든 점성 유동에 공통적으로 적용된다는 사실을 깨닫게 될 것이다.

1. u_e가 증가할수록 전단응력도 증가한다. 식 (16.9)로부터 τ는 u_e와 함께 선형적으로 증가하는데, 이는 Couette 유동과 밀접한 관계가 있는 특정 결과이다. 다른 문제의 경우 전단응력의 증가 경향이 반드시 선형적인 것은 아니다.
2. D가 증가할수록 전단응력이 감소한다. 즉, 다른 모든 조건이 동일할 경우 점성 전단층(viscous shear layer)의 두께가 증가할수록 전단응력이 감소한다. 식 (16.9)로부터 τ는 D에 반비례하는데, 이 역시 Couette 유동과 밀접한 관계가 있는 결과이다. 다른 문제의 경우 τ의 감소 경향이 전단층 두께에 *직접적으로* 반비례하지는 않는다.

위 결과를 염두에 두고 이 장의 첫머리에서 인용했던 Isaac Newton의 *Principia*의 인용구를 다시 곰곰이 생각해 보자. 여기서 '미끄러짐의 결핍(want of lubricity)'이란 현대적 용어로 바꾸어 표현하면 바로 전단응력이다. Newton은 이러한 미끄러짐의 결핍은 '서로 떨어져 있는 유체 요소의 속도에 비례한다'고 했는데, 이것이 바로 이 문제의 문맥으로 보자면 u_e/D에 비례한다는 뜻이다. 이는 또한 식 (16.9)에 내포되어 있는 정확한 의미이다. 보다 근래에 접어들어 Newton의 주장은 식 (16.7)에 의해 또는 식 (15.1)에 의해 보다 일반화하여 표현된다. 이러한 이유로 식 (15.1)과 (16.7)은 종종 Newton의 전단응력 법칙(newtonian shear stress law)이라 불리며, 이러한 법칙을 따르는 유체를 *Newton 유체*(newtonian fluids)라 부른다[식 (15.1)과 (16.7)을 따르지 않는 특정 유체가 있는데, 이들은 비Newton 유체(non-newtonian fluids)라 부르며 중합체(polymer) 또는 혈액과 같은 경우가 그 예라 하겠다]. 공기역학 응용에서 대부분의 경우 Newton 유체인 공기 또는 다른 기체를 대상으로 한다. 수력학(hydrodynamics)의 경우 대상은 물이며 이 역시 Newton 유체(newtonian fluids)다. 따라서 이 책에서는 오로지 Newton 유체만을 다루기로 한다. 결론적으로 이 장의 첫머리에 인용한 표현은 유체역학 분야에 Newton이 기여한 가장 중요한 업적 중 하나이며, 역사상 최초로 전단응력이 속도구배에 비례한다는 사실을 발견한 것이다.

이제 Couette 유동의 열전달에 대해 주의를 돌려보자. 여기서 ρ, μ, k 값이 일정하다는 가정은 그대로 적용하며, 유동 내 온도구배가 존재하는 것을 허용한다. 엄밀히 말하자면 이는 타당하지 않은데, T가 유동장 내에서 변할 경우 ρ, μ, k 값 역시 따라서 변하기 때문이다. 그렇지만 이번 응용에서는 온도 변화가 ρ, μ, k 값이 *근사적으로* 일정한 값을 갖는다고 할 수 있을 만큼 매우 작다고 가정하여 방정식 내에서 이들을 상수로 취급하기로 한다. 반면에 절대적 관점에서 온도 변화는 작지만, 유체를 매개체로 의미 있는 열유동량 이동을 발생시키기에 충분한 만큼의 온도 변화가 존재하는 경우에 대하여 고려하기로 한다. 여기서 얻게 될 결과는 다음 장에서 다룰 고속 유동의 공기역학적 가열 현상과 연관된 매우 중요한 경향을 반영한다.

열전달이 포함된 Couette 유동을 다루기 위해 그림 16.2를 살펴보자. 위 평판의 온도를 T_e, 그리고 아래 평판의 온도를 T_w라 하자. 따라서 유체의 온도에 대해 아래와 같은 경계 조건이 적용된다.

$y = 0$*에서* $\qquad T = T_w$

$y = D$*에서* $\qquad T = T_e$

유동 내 온도 프로파일(temperature profile)은 식 (16.3)의 에너지 방정식에 의해 지배받는다. μ와 k 값이 일정하다면 에너지 방정식은 아래와 같다.

$$\frac{k}{\mu}\left(\frac{\partial^2 T}{\partial y^2}\right) + \frac{\partial}{\partial y}\left(u\frac{\partial u}{\partial y}\right) = 0 \tag{16.10}$$

또한 μ가 일정한 값을 갖는다고 가정함으로써 식 (16.10)과 (16.1)은 *서로 연계되지 않는다*(totally uncoupled). 따라서 여기서 다루는 일정한 성질의 유동은 운동량 방정식[식 (16.1)]의 해와 에너지 방정식[식 (16.10)]의 해가 서로 얽혀 있지 않기 때문에 독립적으로 구할 수 있다. 그러므로 이 문제에서 온도가 변화하는 것을 허용해도 그림 16.3에 표시한 것처럼 속도장은 여전히 식 (16.6)에 의해 주어진다.

에너지 개념이 중요한 유동의 경우 에너지 변화가 중요한 고려 요소였던 3부에서 이미 보았듯이 온도보다 더 자주 기본적인 변수로 엔탈피 h를 사용한다. 이 문제는 ρ, μ, k 값이 일정하다는 가정을 사용할 수 있을 만큼 온도 변화가 크지 않다. 그러나 유동의 에너지 방정식인(에너지 변화가 매우 작다고 하더라도) 식 (16.10)의 해를 얻고자 하고, 보다 복잡한 문제를 풀기 위한 준비 단계로 Couette 유동을 예제로 사용 중이므로 식 (16.10)을 엔탈피를 사용하여 표시하는 것이(반드시 그렇게 할 필요는 없더라도) 교육적일 수 있다. 정압 비열(specific heat)이 일정한 값을 갖는다고 가정하면 다음 식을 얻는다.

$$h = c_p T \tag{16.11}$$

식 (16.11)은 일정한 값의 열용량(heat capacity)을 갖는 어떤 종류의 유체를 사용한 Couette 유동에 대해 모두 성립한다. 여기서 비열값으로 정압 비열 c_p를 사용하고 있는데, 이는 전체 유동장에 일정한 압력이 걸리기 때문이다. 이러한 의미에서 식 (16.11)은 일정한 압력이 걸리는 과정에 열역학 제1법칙을 적용한 결과이다. 열용량에 대한 기본적 정의는 단위 온도 변화를 위해 가해진 열량 $\delta q/dT$다. 물론 유체가 열량적 완전 기체(calorically perfect gas)일 경우 식 (16.11)은 열역학적 과정에 거의 상관없이 기체가 갖는 기본적인 열역학적 특성이다[7.2절과 식 (7.6b) 참조]. 식 (16.11)을 식 (16.10)에 대입하면 아래 식을 얻는다.

$$\frac{k}{\mu c_p}\frac{\partial^2 h}{\partial y^2} + \frac{\partial}{\partial y}\left(u\frac{\partial u}{\partial y}\right) = 0 \tag{16.12}$$

15.6절로부터 Prandtl 수에 대한 정의를 가져오면,

$$\mathrm{Pr} = \frac{\mu c_p}{k}$$

식 (16.12)를 Prandtl 수를 사용하여 아래와 같이 표현할 수 있다.

$$\frac{1}{\mathrm{Pr}}\frac{\partial^2 h}{\partial y^2} + \frac{\partial}{\partial y}\left(u\frac{\partial u}{\partial y}\right) = 0$$

또는

$$\frac{\partial^2 h}{\partial y^2} + \frac{\mathrm{Pr}}{2}\frac{\partial}{\partial y}\left(\frac{\partial u^2}{\partial y}\right) = 0 \tag{16.13}$$

y 방향으로 2번 적분을 수행하면 식 (16.13)이 아래 식으로 귀결된다.

$$h + \left(\frac{\mathrm{Pr}}{2}\right)u^2 = ay + b \tag{16.14}$$

여기서 a와 b는 적분 상수이다[식 (16.5)의 a 및 b와는 다르다]. 식 (16.14)에 다음과 같은 경계 조건을 적용하여 a와 b에 대한 표현식을 구할 수 있다.

$y = 0$*에서* $\quad h = h_w$ 그리고 $u = 0$

$y = D$*에서* $\quad h = h_e$ 그리고 $u = u_e$

따라서 경계면에서 식 (16.14)로부터,

$$b = h_w$$

그리고

$$a = \frac{h_e - h_w + (\mathrm{Pr}/2)u_e^2}{D}$$

위 식을 식 (16.14)에 대입하여 정리하면 아래 식을 얻을 수 있다.

$$h = h_w + \left[h_e - h_w + \left(\frac{\text{Pr}}{2}\right)u_e^2\right]\frac{y}{D} - \left(\frac{\text{Pr}}{2}\right)u^2 \tag{16.15}$$

속도 프로파일에 대한 식 (16.6)을 식 (16.15)에 대입하면 아래 결과식으로 귀결된다.

$$\boxed{h = h_w + \left[h_e - h_w + \left(\frac{\text{Pr}}{2}\right)u_e^2\right]\frac{y}{D} - \left(\frac{\text{Pr}}{2}\right)u_e^2\left(\frac{y}{D}\right)^2} \tag{16.16}$$

유동 내에서 h가 y/D를 독립변수로 하여 *포물선 형태*(parabolically)로 변하고 있는 것에 주목하라. $T = h/c_p$이므로, 유동장 내 온도 프로파일 역시 포물선 형태가 된다. 포물선의 정확한 형태는 h_w(또는 T_w), h_e(또는 T_e), 그리고 Pr에 따라 결정된다. 또한 15.6절의 점성 유동에 대한 상사변수 토론 결과에서 예상할 수 있듯이, 식 (16.16)의 예에서 Prandtl 수가 명확히 결과식에 큰 영향을 미치고 있음을 알 수 있다.

일단 엔탈피(또는 온도) 프로파일이 얻어지면, 식 (15.2)에 의해 유동 내 어느 위치에서든 아래와 같이 열유동량을 계산할 수 있다(여기서 아래첨자 y를 생략한 이유는 이 문제의 경우 열전달이 오직 y 방향으로만 발생한다는 것을 우리가 이미 알고 있기 때문이다).

$$\dot{q} = -k\frac{\partial T}{\partial y} \tag{16.17}$$

식 (16.17)은 다음과 같이 표현할 수 있다.

$$\dot{q} = -\frac{k}{c_p}\frac{\partial h}{\partial y} \tag{16.18}$$

식 (16.18)에서 엔탈피 구배를 식 (16.16)을 미분함으로써 다음과 같이 구할 수 있다.

$$\frac{\partial h}{\partial y} = \left[h_e - h_w + \left(\frac{\text{Pr}}{2}\right)u_e^2\right]\frac{1}{D} - \text{Pr}\,u_e^2\frac{y}{D^2} \tag{16.19}$$

식 (16.19)를 식 (16.18)에 대입하고, k/c_p를 μ/Pr로 다시 쓰면 아래 식을 얻을 수 있다.

$$\dot{q} = -\mu\left(\frac{h_e - h_w}{\text{Pr}} + \frac{u_e^2}{2}\right)\frac{1}{D} + \mu u_e^2\frac{y}{D^2} \tag{16.20}$$

식 (16.20)을 살펴보면 앞에서 설명했던 유동 내 일정한 값의 전단응력 분포와 달리 $\dot{q}$ 값이 유동 내에서 일정한 값을 갖는 것이 *아니라*, y 방향으로 선형적으로 변화하고 있다. 이러한 $\dot{q}$ 값 변화에 대한 물리적 원인은 유동 내 발생하는 *점성 소산*(viscous dissipation) 때문이며 유동 내 전단응력과 연관된다. 식 (16.20)의 마지막 항은 식 (16.6)과 (16.9)에 의하여 아래와 같이 표시할 수 있다.

$$\mu u_e^2\frac{y}{D^2} = \tau u_e\left(\frac{y}{D}\right) = \tau u$$

따라서 식 (16.20)은 다음과 같이 표시된다.

$$\dot{q} = -\mu\left(\frac{h_e - h_w}{\text{Pr}} + \frac{u_e^2}{2}\right)\frac{1}{D} + \tau u \tag{16.21}$$

식 (16.21)의 전단응력과 속도의 곱으로 표시되는 마지막 항에 따라 유동 내 $\dot{q}$ 값이 변화한다. τu 항은 *점성 소산*을 나타내는 항으로, 유동 내 인접한 유선 상의 어떤 위치에서 유체 요소가 서로 다른 속도로 움직이며 '마찰'을 일으켜 발생하는 열량의 시간에 대한 변화율을 표시한다. 이는 손바닥을 서로 세차게 부빌 경우 열을 느낄 수 있는 현상과 유사하다. 만약 u_e 값이 무시할 수 있을 정도로 작다면 점성 소산 역시 무시할 수 있을 정도로 줄어들어, 식 (16.20)의 마지막 항을 무시할 수 있고(u_e 값이 작음) 식 (16.21)의 마지막 항 역시 무시할 수 있다(u_e 값이 작다면 τ 값도 작다). 이러한 경우 유동 내 열유동량은 일정한 값을 가지며 아래와 같이 표시할 수 있다.

$$\dot{q} \approx -\frac{\mu}{\Pr}\left(\frac{h_e - h_w}{D}\right) \tag{16.22}$$

이 경우 유동 내 열전달을 '좌우하는 요인'은 단순히 엔탈피 차이($h_e - h_w$)로서, 달리 표현하면 유동 내 온도 차이($T_e - T_w$)라 할 수 있다. 그러나 앞에서 강조했듯이 만약 u_e 값이 무시할 수 없는 정도라면, 유동 내 열전달을 좌우하는 또 다른 요소로 점성 소산을 고려해야 한다.

특히 관심을 기울일 수 있는 실제 문제로 벽면의 열유동량, 즉 *공기역학적 가열* 현상에 대해 살펴보자. 벽면에서의 열전달량을 $\dot{q}_w$라 표시했다. 그리고 벽면에서의 공기역학적 가열량에 부호를 부여하지 않았다. 예를 들어, 유체로부터 벽면으로 10 W/cm^{2}의 열전달이 발생하는 경우 또는 반대로 벽면으로부터 유체로 10 W/cm^{2}의 열전달이 발생하는 경우 모두에 대하여 부호를 붙이지 않고 단순히 $\dot{q}_w$ 값이 10 W/cm^{2}라 표시했다. 이러한 관점에서 식 (16.18)을 다음과 같이 표시할 수 있다.

$$\dot{q}_w = \frac{k}{c_p}\left|\frac{\partial h}{\partial y}\right|_w = \frac{\mu}{\Pr}\left|\frac{\partial h}{\partial y}\right|_w \tag{16.23}$$

여기서 아래첨자 w는 벽면의 조건을 의미한다. 벽면에서 열전달이 일어나는 방향은, 열의 이동 방향이 유체로부터 벽면으로든 또는 벽면으로부터 유체로든, 벽면에서의 온도구배로부터 쉽게 알 수 있다. 즉, 인접한 유체보다 벽면의 온도가 낮다면 열전달은 벽면으로 발생하며, 벽면의 온도가 인접한 유체보다 높다면 열전달이 유체 쪽으로 발생한다. 벽면 온도에 대한 다른 하나의 기준으로 단열 벽면 온도(adiabatic wall temperature)를 간략히 정의하기로 한다.

그림 16.2의 Couette 유동을 참조하자. 아래쪽 벽면의 열전달을 계산하기 위하여 식 (16.19)로 주어진 엔탈피 구배를 $y = 0$에서 계산하고, 식 (16.23)에 대입하면 아래와 같다.

$$\boxed{y = 0\text{에서:}\quad \dot{q}_w = \frac{\mu}{\Pr}\left|\frac{h_e - h_w + \frac{1}{2}\Pr u_e^2}{D}\right|} \tag{16.24}$$

위 벽면의 열전달을 계산하기 위하여, 식 (16.19)의 엔탈피 구배를 $y = D$에서 계산하고 식 (16.23)에 대입한다. 이 경우 식 (16.19)는 다음과 같다.

$$\frac{\partial h}{\partial y} = \frac{h_e - h_w + \frac{1}{2}\Pr u_e^2}{D} - \frac{\Pr u_e^2}{D} = \frac{h_e - h_w - \frac{1}{2}\Pr u_e^2}{D}$$

식 (16.23)으로부터 아래 식을 얻는다.

$$\boxed{y = D\text{에서:}\quad \dot{q}_w = \frac{\mu}{\Pr}\left|\frac{h_e - h_w - \frac{1}{2}\Pr u_e^2}{D}\right|} \tag{16.25}$$

위 결과를 세 가지 서로 다른 경우의 시나리오에 대해 살펴보자. 즉, (1) *점성 소산을 무시할 수 있는 경우*, (2) *벽면 온도가 같은 경우* (3) *단열 벽면 조건*(벽면으로 열전달이 발생하지 않는 경우)의 경우이다. 설명을 위한 절차로 공기역학적 가열 현상 해석에 매우 중요한 세 가지 개념을 정의하기로 한다. 즉, (1) *단열 벽면 온도*, (2) *회복 인자*(recovery factor), (3) *레이놀즈 상사성*(Reynolds analogy)이다.

16.3.1 무시할 수 있는 정도의 점성 소산 *Negligible Viscous Dissipation*

이 경우 유동 내 어느 지점의 국소적인 열유동량에 대해 어느 정도 이미 앞에서 토의한 바 있다. u_e 값이 매우 작다면 τ

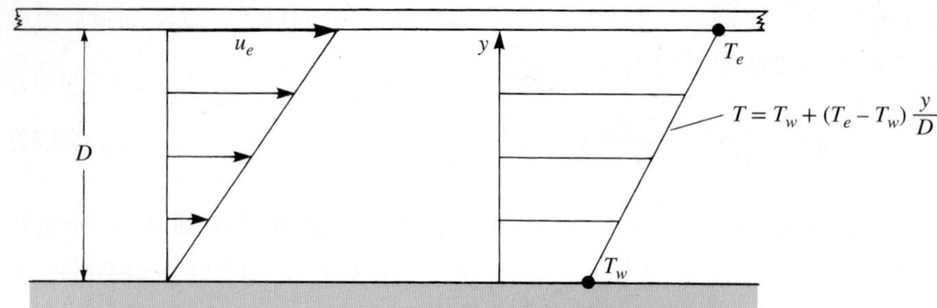

그림 16.4 점성 소산을 무시할 수 있는 경우의 Couette 유동 내 온도 프로파일

값 역시 매우 작으며, 따라서 점성 소산량 역시 무시할 수 있을 정도로 줄어들기 때문에 식 (16.21)은 아래 식으로 표시할 수 있다.

$$\dot{q} = -\frac{\mu}{\text{Pr}}\left(\frac{h_e - h_w}{D}\right) \tag{16.26}$$

이러한 경우 분명히 유동 내 열유동량은 일정한 값을 갖는다. 그리고 엔탈피 프로파일은 식 (16.16)에 의해 다음과 같아진다.

$$h = h_w + (h_e - h_w)\frac{y}{D} \tag{16.27}$$

$h = c_pT$로 표시되므로 온도 프로파일 역시 엔탈피 프로파일과 동일한 형상을 갖는다.

$$T = T_w + (T_e - T_w)\frac{y}{D} \tag{16.28}$$

그림 16.4와 같이 유동을 가로질러 통과하며 온도가 *선형적으로* 변화함에 유의하라. 여기서 예로 든 경우는 위 벽면의 온도가 아래 벽면보다 높은 경우이다. u_e 값을 무시할 수 있는 경우 식 (16.24)에 의해 아래 벽면에서의 열전달은 다음 식으로 주어진다.

$y = 0$에서
$$\dot{q}_w = \frac{\mu}{\text{Pr}}\left|\frac{h_e - h_w}{D}\right| \tag{16.29}$$

위 벽면의 열전달도 유사한 방법으로 아래와 같이 표시할 수 있다.

$y = D$에서
$$\dot{q}_w = \frac{\mu}{\text{Pr}}\left|\frac{h_e - h_w}{D}\right| \tag{16.30}$$

식 (16.29)와 (16.30)은 동일한데 이는 놀라운 일이 아니다. 이미 식 (16.26)에서 유동 내 열유동량이 일정한 값을 갖는다는 것을 보였으며, 따라서 양 벽면에서 열전달량은 동일해야 한다. 식 (16.29)와 (16.30)은 온도를 사용하여 아래와 같이 표시할 수 있다.

$$\dot{q}_w = k\left|\frac{T_e - T_w}{D}\right| \tag{16.31}$$

식 (16.29)~(16.31)을 살펴보면, 다음과 같이 대부분의 점성 유동에 대해 일반화할 수 있는 몇 가지 결론을 얻을 수 있다.

1. 다른 모든 조건이 동일하다면, 점성층 양 단의 온도 차이가 클수록 벽면에서의 열전달량 역시 증가한다. 온도 차이 $(T_e - T_w)$ 또는 엔탈피 차이$(h_e - h_w)$가 열전달의 '주도적 요인' 역할을 한다. 여기서 다룬 특정 경우도 벽면 열전달이 바로 이러한 주도적 요인에 직접적으로 비례한다.
2. 다른 모든 조건이 동일하다면, 점성층이 두꺼울수록(D가 클수록) 벽면 열전달량이 감소한다. 이 경우 $\dot{q}_w$ 값은 D 값에 반비례한다.

3. 열은 온도가 높은 영역으로부터 낮은 영역으로 이동한다. 점성 소산을 무시할 수 있는 경우, 점성층 윗단 온도가 아랫단 온도보다 높다면 열은 윗단에서 아랫단으로 흐른다. 그림 16.4에 표시했듯이, 열이 위 평판에서 유체로 전달되고 이어서 유체로부터 아래 평판으로 이동한다.

16.3.2 양 단의 벽면 온도가 같은 경우 *Equal Wall Temperature*

$T_e = T_w$, 다시 말해 $h_e = h_w$인 경우를 가정하자. 이 경우 엔탈피 프로파일은 식 (16.16)에 의해 다음과 같이 표시된다.

$$h = h_w + \frac{1}{2}\,\mathrm{Pr}\,u_e^2\left(\frac{y}{D}\right) - \frac{1}{2}\,\mathrm{Pr}\,u_e^2\left(\frac{y}{D}\right)^2 \tag{16.32}$$

$$= h_w + \frac{1}{2}\,\mathrm{Pr}\,u_e^2\left[\frac{y}{D} - \left(\frac{y}{D}\right)^2\right]$$

위 식을 온도를 변수로 하여 표시하면 다음과 같다.

$$T = T_w + \frac{\mathrm{Pr}\,u_e^2}{2c_p}\left[\frac{y}{D} - \left(\frac{y}{D}\right)^2\right] \tag{16.33}$$

그림 16.5와 같이 온도 프로파일이 y 방향에 대해 포물선 형태로 표시됨에 유의하라. 최대 온도값은 중간 지점인 $y = D/2$ 지점에서 발생한다. 최대 온도값은 식 (16.33)에 $y = D/2$를 대입하여 아래와 같이 얻을 수 있다.

$$T_{\max} = T_w + \frac{\mathrm{Pr}\,u_e^2}{8c_p} \tag{16.34}$$

식 (16.24)와 (16.25)를 사용하여 벽면 열전달량을 다음과 같이 구할 수 있다.

$y = 0$에서 $$\dot{q}_w = \frac{\mu}{2}\frac{u_e^2}{D} \tag{16.35}$$

$y = D$에서 $$\dot{q}_w = \frac{\mu}{2}\frac{u_e^2}{D} \tag{16.36}$$

식 (16.35)와 (16.36)은 동일하다. 즉, 윗면과 아랫면의 열전달량이 같다는 의미이다. 이 경우 그림 16.5의 온도 분포를 살펴보면 알 수 있듯이, 위 벽면과 아래 벽면은 인접한 유체보다 온도가 낮다. 따라서 위 벽면과 아래 벽면 모두 유체로부터 벽면으로 열이 전달된다.

질문: 벽면 온도가 같은데 열전달 현상은 어떻게 발생하는 것인가? *답*: *점성 소산*에 의한 것이다. 그림 16.5에 표시하였듯이 유동 내 국소적인 온도 증가는 *순전히* 유체 내 점성 소산에 기인한다. 다시 말해 양 벽면은 점성 소산 현상에 의한 공기역학적 가열 효과를 경험하게 되는 것이다. 식 (16.35)와 (16.36)을 보면 $\dot{q}_w$가 u_e 값에 좌우되는데, 이를 통해서도 명백히 알 수 있다. $\dot{q}_w$는 u_e의 *제곱*에 직접적으로 비례한다. 식 (16.9)를 사용하여 식 (16.35)와 (16.36)을 아래와 같이 바꾸어 표시할 수 있는데, 이 식은 $\dot{q}_w$가 전적으로 유동 내 전단응력의 작용에 의한 것이라는 사실을 더욱 강조한다.

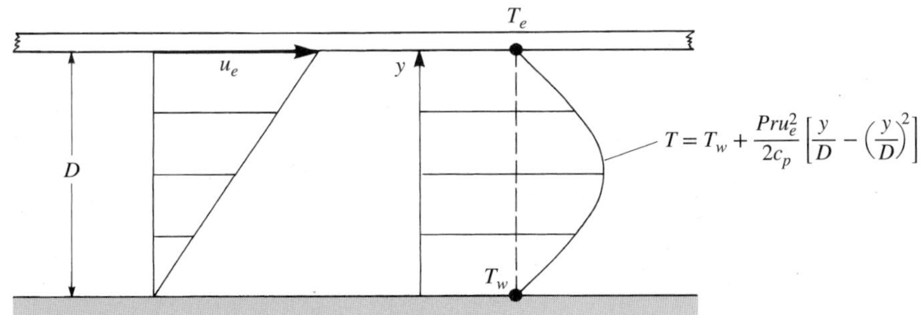

그림 16.5 양 단의 온도가 같고 점성 소산이 있는 Couette 유동에서의 온도 프로파일

$$\dot{q}_w = \tau \left(\frac{u_e}{2} \right) \tag{16.37}$$

우리는 식 (16.35)~(16.37)에서 대부분의 점성 유동이 갖는 일반적 성질에 대하여 다음과 같은 결론을 도출할 수 있다.

1. 다른 모든 조건이 동일하다면, 유동의 속도가 증가할수록 공기역학적 가열 현상 역시 증가한다. 이것이 바로 고속 공기역학에서 왜 공기역학적 가열 현상이 중요한 설계 요소로 작용하는지에 대한 이유이다. 실제로 대부분의 극초음속 비행체 표면에 인접한 경계층 내에서 점성 소산은 극단적인 온도 상승을 유발하며, 종종 공기역학적 가열 현상이 중요한 설계 요소로 작용한다는 것을 인정하게 될 것이다. 여기서 예로 든 Couette 유동의 경우 극초음속 유동과는 현격한 차이가 있으나, $\dot{q}_w$가 u_e^2에 바로 비례함을 살펴본 바 있다.
2. 다른 모든 조건이 동일하다면, 점성층의 두께가 증가할수록 공기역학적 가열 현상은 감소한다. 이 경우 $\dot{q}_w$는 D에 반비례한다. 이러한 결론은 양 단의 온도가 같지 않고 점성 소산을 무시할 수 있는 이전의 경우와 동일하다.

16.3.3 단열 벽면 조건(단열 벽면 온도) *Adiabatic Wall Conditions (Adiabatic Wall Temperature)*

다음과 같은 상황을 가정해 보자. 그림 16.5와 같은 유동장에서, 그림에 표시된 대로 포물선 형태의 온도 프로파일이 형성되어 앞서 토의한 것과 같이 벽면으로 열전달이 발생하였다. 그러나 양 단 벽면 온도는 *고정되어* 있고 일정한 값을 갖는다. *질문*: 어떻게 벽면이 일정한 온도를 유지하면서 동시에 벽면으로 열전달이 발생할 수 있는가? *답*: 공기역학적 가열 현상에 의해 벽면으로 단위 시간당 열이 전달되는 양만큼 벽면으로부터 열을 빼앗아 가는 별도의 독립적인 메커니즘이 반드시 존재해야 한다. 이것만이 벽면 온도가 인접한 유체의 온도보다 다소 낮은 상태로 일정한 값을 유지할 수 있는 유일한 길이다. 예를 들어 벽면이 대단한 온도 변화 없이 열을 흡수하는 방대한 시스템이거나, 수랭식 자동차 엔진 냉각 시스템처럼 평판 내에 열을 흡수하는 냉각 코일이 있을 수도 있다. 그 어떤 경우든 그림 16.5처럼 시간에 상관없이 벽면 온도가 일정하게 유지된다면, 유체로부터 벽면으로 전달되는 열이 어떤 외부 메커니즘에 의해 반드시 방출되어야만 한다. 이번에는 아래 벽면에서 이러한 외부 메커니즘이 갑자기 작동을 중지했다고 가정해 보자. 아래 벽면은 $\dot{q}_w$에 의해 점점 가열되면서, 온도 T_w가 시간이 경과하면서 증가할 것이다. 이러한 과도기적 과정 중 어떤 주어진 시각에서 아래 벽면에 대한 열전달량은 식 (16.24)로 다음과 같이 주어진다.

$$\dot{q}_w = \frac{\mu}{\text{Pr}} \left| \frac{h_e - h_w + \frac{1}{2} \text{Pr}\, u_e^2}{D} \right| \tag{16.24}$$

시간 $t = 0$에 외부 냉각 메커니즘이 작동을 멈추었다면, $h_w = h_e$ 그리고 $\dot{q}_w$는 식 (16.35)로 주어진다. 다시 말해서,

시간 $t = 0$에서
$$\dot{q}_w = \frac{\mu}{2} \frac{u_e^2}{D}$$

그러나 시간이 경과할수록 T_w(즉, h_w)는 증가한다. 식 (16.24)로부터 h_w가 증가할수록 분자의 양이 감소하여 $\dot{q}_w$가 따라서 감소한다. 즉,

$t > 0$에서
$$\dot{q}_w < \frac{\mu}{2} \frac{u_e^2}{D}$$

따라서 외부 냉각 메커니즘이 아래 벽면에서 작동을 중지한 시점으로부터 시간이 경과할수록 벽면 온도는 증가하며, 벽면의 공기역학적 가열량은 감소한다. 이는 다시 시간이 증가함에 따른 T_w의 증가율을 더디게 만든다. 그림 16.6에 $\dot{q}_w$와 T_w의 과도기적 변화를 표시했다. 그림 16.6a에서 시간이 충분히 경과하면 벽면의 열전달량이 0으로 접근하는 것을 볼 수 있으며, 이를 *평형 또는 단열 벽면 조건*(adiabatic wall condition)이라 정의한다. *단열* 벽면은 정의에 의해 열전달이 *0*이다. 동시에 벽면 온도 T_w가 *단열 벽면 온도* T_{aw}라 정의되는 한계값에 점근적(asymptotically)으로 수렴하며, 엔탈피 역시 *단열 벽면 엔탈피 값* h_{aw}에 접근한다.

이 토론의 목적은 단열 벽면 조건을 정의하는 것이다. 시간 경과에 따라 이러한 조건에 도달하는 예를 도입한 것은

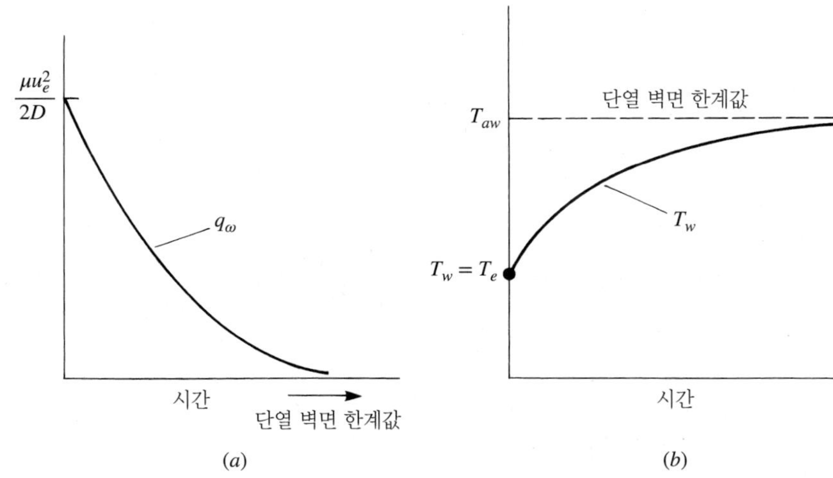

그림 16.6 단열 벽면과 단열 벽면 온도의 정의에 대한 그림

단순히 편의성과 교육 목적을 위해서이다. 이제 Couette 유동에서 아래 벽면이 단열 벽면인 경우를 가정해 보자. 이 경우 정의에 의해 벽면의 열전달 값이 0임을 우리는 이미 알고 있다. 그렇다면 남은 의문은 단열 벽면 엔탈피 h_{aw}와 단열 벽면 온도 T_{aw} 값이 얼마냐는 것이다. 이에 대한 답은 $\dot{q}_w = 0$인 단열 벽면에서 식 (16.23)에 의해 주어진다.

단열 벽면:
$$\dot{q}_w = 0 \rightarrow \left(\frac{\partial h}{\partial y}\right)_w = \left(\frac{\partial T}{\partial y}\right)_w = 0 \tag{16.38}$$

따라서 식 (16.19)에 $\partial h/\partial y = 0$, $y = 0$, 그리고 $h_w = h_{aw}$를 적용하면 정의식에 의해 아래 결과를 얻는다.

$$h_e - h_{aw} + \tfrac{1}{2}\,\mathrm{Pr}\, u_e^2 = 0$$

또는

$$\boxed{h_{aw} = h_e + \mathrm{Pr}\,\frac{u_e^2}{2}} \tag{16.39}$$

다시 말해 단열 벽면 온도는 다음과 같이 주어진다.

$$\boxed{T_{aw} = T_e + \mathrm{Pr}\,\frac{u_e^2}{2c_p}} \tag{16.40}$$

명확한 것은 u_e 값이 증가할수록 단열 벽면 온도 역시 증가한다는 것이다.

이 경우 유동 내 엔탈피 프로파일은 식 (16.16)과 (16.40)을 조합하여 다음과 같이 구할 수 있다. 식 (16.16)에서 $h_w = h_{aw}$로 하면 아래 식을 얻는다.

$$h = h_{aw} + \left(h_e + h_{aw} + \mathrm{Pr}\,\frac{u_e^2}{2}\right)\frac{y}{D} - \frac{\mathrm{Pr}}{2}u_e^2\left(\frac{y}{D}\right)^2 \tag{16.41}$$

식 (16.39)로부터

$$h_e - h_{aw} = -\mathrm{Pr}\,\frac{u_e^2}{2} \tag{16.42}$$

식 (16.42)를 식 (16.41)에 대입하면 아래와 같다.

$$h = h_{aw} - \mathrm{Pr}\,\frac{u_e^2}{2}\left(\frac{y}{D}\right)^2 \tag{16.43}$$

식 (16.43)은 유동 내 엔탈피 프로파일을 표시한다. 온도 프로파일은 식 (16.43)으로부터 다음과 같이 얻을 수 있다.

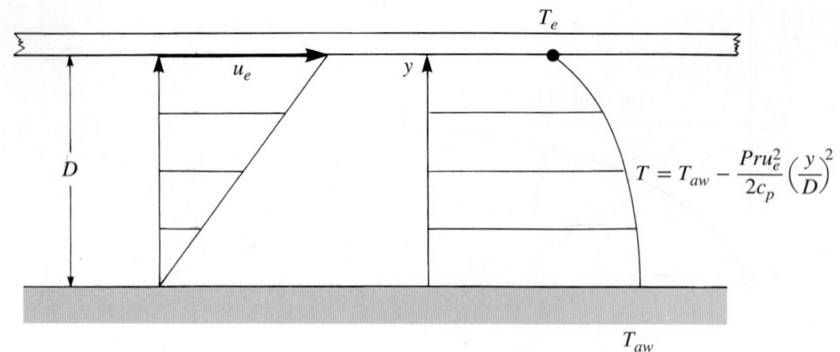

그림 16.7 Couette 유동에서 단열 아래 벽면의 온도 프로파일

$$T = T_{aw} - \text{Pr}\,\frac{u_e^2}{2c_p}\left(\frac{y}{D}\right)^2 \tag{16.44}$$

그림 16.7에 T의 변화를 나타냈다. T_{aw}가 유동 내 최대 온도값임에 주목하라. 그리고 $y = 0$에서 온도 곡선이 벽면에 수직 방향인데, 이는 단열 벽면에서 예상할 수 있듯이 아래 평판에서의 온도구배가 0이라는 뜻이다. 이러한 결과는 식 (16.44)를 미분해서 얻을 수 있다.

$$\frac{\partial T}{\partial y} = -\text{Pr}\,\frac{u_e^2}{c_p D}\left(\frac{y}{D}\right)$$

위 식에서 $y = 0$에서 $\partial T/\partial y = 0$이다.

16.3.4 회복 인자 *Recovery Factor*

단열 벽면에 대한 앞의 예에서 추론할 수 있는 것은 공기역학적 가열 현상을 해석하는 데 있어 매우 유용한 공학적 변수를 도출할 수 있다는 것으로, 이번 기회에 회복 인자(recovery factor)를 정의하기로 하자. 위 평판(점성 전단층의 상한 경계면)에서 유동의 전 엔탈피는 정의에 의해 다음과 같다.

$$h_0 = h_e + \frac{u_e^2}{2} \tag{16.45}$$

(전엔탈피의 정의와 중요성에 대하여 7.5절에서 설명했다.) 일반 정의식인 식 (16.45)와 아래 다시 표시한 Couette 유동의 특별한 경우인 식 (16.39)를 비교해 보자.

$$h_{aw} = h_e + \text{Pr}\,\frac{u_e^2}{2} \tag{16.39}$$

h_0와 h_{aw}의 차이는 식 (16.39)에서 알 수 있듯이 Pr이 나타나 있는 부분이다. 이제 식 (16.39)를 모든 점성 유동에 적용할 수 있도록 아래와 같이 *일반화*시켜 보자.

$$\boxed{h_{aw} = h_e + r\frac{u_e^2}{2}} \tag{16.46a}$$

이와 유사하게 식 (16.40) 역시 아래와 같이 일반화시킬 수 있다.

$$\boxed{T_{aw} = T_e + r\frac{u_e^2}{2c_p}} \tag{16.46b}$$

식 (16.46*a*와 *b*)에서 r을 *회복 인자*라 정의한다. 이는 점성 유동의 윗단 경계면에서 단열 벽면 엔탈피가 전 엔탈피에 얼마나 근접하는지를 말해 주는 인자이다. $r = 1$인 경우 $h_{aw} = h_0$다. 식 (16.46)과 (16.45)를 조합하여 회복 인자에 대

한 다른 표현을 다음과 같이 얻을 수 있다. 식 (16.46)으로부터,

$$r = \frac{h_{aw} - h_e}{u_e^2/2} \tag{16.47}$$

식 (16.45)로부터

$$\frac{u_e^2}{2} = h_0 - h_e \tag{16.48}$$

식 (16.48)을 식 (16.47)에 대입하여 다음과 같은 식을 얻을 수 있다.

$$\boxed{r = \frac{h_{aw} - h_e}{h_0 - h_e} = \frac{T_{aw} - T_e}{T_0 - T_e}} \tag{16.49}$$

여기서 T_0는 전온도이다. 식 (16.49)는 회복 인자에 대한 또 다른 형태의 정의식으로 자주 사용된다.

Couette 유동의 특별한 경우에서 식 (16.39) 또는 (16.40)과 식 (16.46*a*) 또는 (16.46*b*)를 비교해 보면 다음과 같은 사실을 발견할 수 있다.

$$r = \mathrm{Pr} \tag{16.50}$$

Couette 유동에서 회복 인자는 단순히 Prandtl 수를 표시한다. $\mathrm{Pr} < 1$인 경우 $h_{aw} < h_0$, 반대로 $\mathrm{Pr} > 1$이면 $h_{aw} > h_0$인 점에 유의하기 바란다.

보다 일반적인 점성 유동의 경우 회복 인자가 단순히 Prandtl 수로 되는 것은 아니다. 일반적으로 비압축성 점성 유동의 경우 회복 *인자*는 Pr의 *함수*로 표시됨을 알 수 있다. 따라서 Prandtl 수는 점성 유동의 매개변수로서 매우 중요한 역할을 한다. 15.6절에서 예상할 수 있듯이 압축성 점성 유동의 경우 회복 인자가 마하수, 비열비와 더불어 Prandtl 수의 함수이다.

16.3.5 레이놀즈 상사성 *Reynolds Analogy*

공기역학적 가열 현상을 해석함에 있어 다른 하나의 유용한 공학적 관계는 레이놀즈 상사성이며, 이는 Couette 유동에 대한 앞에서의 토론으로부터 간단하게 도입할 수 있다. 레이놀즈 상사성이란 표면마찰 계수와 열전달 계수 사이의 관계이다. 1.5절에서 표면마찰 계수 c_f를 소개하였다. 전후관계를 고려하여 여기서 표면마찰 계수를 정의해 보자.

$$c_f = \frac{\tau_w}{\frac{1}{2}\rho_e u_e^2} \tag{16.51}$$

Couette 유동에서 식 (16.9)로부터 아래 식을 얻을 수 있다.

$$\tau_w = \mu\left(\frac{u_e}{D}\right) \tag{16.52}$$

식 (16.51)과 (16.52)를 조합하여 아래 식을 얻는다.

$$c_f = \frac{\mu(u_e/D)}{\frac{1}{2}\rho_e u_e^2} = \frac{2\mu}{\rho_e u_e D} \tag{16.53}$$

Couette 유동에서의 레이놀즈수를 다음과 같이 정의해 보자.

$$\mathrm{Re} = \frac{\rho_e u_e D}{\mu}$$

그러면 식 (16.53)이 다음과 같이 표현된다.

$$c_f = \frac{2}{\text{Re}} \tag{16.54}$$

식 (16.54)는 당연히 흥미롭게 보인다. 이는 표면마찰 계수가 오로지 레이놀즈수만의 함수임을 뜻하며, 이러한 결과는 일반적으로 다른 비압축성 점성 유동에 대해서도 적용된다[다른 유동의 경우 식 (16.54) 형태로 표시되지 않을 수 있다].

이제 *열전달 계수*(heat transfer coefficient)를 다음과 같이 정의해 보자.

$$C_H = \frac{\dot{q}_w}{\rho_e u_e (h_{aw} - h_w)} \tag{16.55}$$

식 (16.55)에서 C_H를 *Stanton 수*(Stanton number)라 칭하며, 공기역학적 가열 현상을 해석하기 위해 사용되는 몇몇 다른 형태의 열전달 계수 중 하나이다. 표면마찰 계수와 같이 무차원량으로 표시된다. Couette 유동의 식 (16.24)에서 편의상 절대값 기호를 생략하여 표현하면 아래와 같은 식을 얻는다.

$$\dot{q}_w = \frac{\mu}{\text{Pr}}\left(\frac{h_e - h_w + \frac{1}{2}\text{Pr}\, u_e^2}{D}\right) \tag{16.56}$$

식 (16.39)를 식 (16.56)에 대입하면 Couette 유동에 대해 다음 식을 얻을 수 있다.

$$\dot{q}_w = \frac{\mu}{\text{Pr}}\left(\frac{h_{aw} - h_w}{D}\right) \tag{16.57}$$

식 (16.57)을 식 (16.55)에 대입하여 아래 식을 얻는다.

$$C_H = \frac{(\mu/\text{Pr})[(h_{aw} - h_w)/D]}{\rho_e u_e (h_{aw} - h_w)} = \frac{\mu/\text{Pr}}{\rho_e u_e D} = \frac{1}{\text{Re Pr}} \tag{16.58}$$

식 (16.58) 역시 당연히 흥미로워 보인다. 즉, Stanton 수가 레이놀즈수와 Prandtl 수의 함수로 표시되며, 이는 일반적으로 다른 비압축성 점성 유동에 대해서도 적용된다[다른 유동의 경우 식 (16.58) 형태로 표시되지 않을 수 있다].

이제 위에서 얻은 결과인 c_f와 C_H를 조합해 보자. 식 (16.54)와 (16.58)로부터 다음 식을 얻을 수 있다.

$$\frac{C_H}{c_f} = \left(\frac{1}{\text{Re Pr}}\right)\frac{\text{Re}}{2}$$

또는

$$\boxed{\frac{C_H}{c_f} = \frac{1}{2}\text{Pr}^{-1}} \tag{16.59}$$

식 (16.59)는 Couette 유동에 적용되는 레이놀즈 상사성 관계이다. 일반적으로 레이놀즈 상사성은 열전달 계수와 표면마찰 계수 사이의 관계이다. Couette 유동의 경우 식 (16.59)에 의해 이러한 관계가 주어진다. C_H/c_f가 단순히 Prandtl 수의 함수로 표시됨에 유의하라. 다른 비압축성 점성 유동에 대해서도 이러한 결과는 적용될 수 있지만, 식 (16.59)와 똑같은 형태로 주어지지 않을 수 있다.

16.3.6 중간 요약 *Interim Summary*

이 절에서 비압축성 Couette 유동에 대하여 공부했다. 이 유동은 다소 학문적 성격을 가지고 있지만, 다른 실제 점성 유동 문제에서 나타날 수 있는 여러 특성을 모두 보여준다. 더구나 매우 간단하게 직관적인 해를 구할 수도 있다. 이러한 비압축성 Couette 유동의 장점을 활용하여 점성 유동의 여러 측면에 대해 매우 자세하게 살펴보았다. 이 고찰의 주 목적은 유체역학의 복잡성에 가려 현상을 모호하게 만들지 않으면서, 일반적인 점성 유동 해석에 사용되는 여러 가지 주요 개념을 친숙하게 만들기 위함이다. Couette 유동에 대한 우리의 고찰에서 한 가지 더 제기될 수 있는 의문은 '압축성 효과란 무엇인가?'하는 것이다. 이에 대하여 다음 절에서 살펴보기로 한다.

예제 16.1

그림 16.2에 나타낸 형상에 대하여 고려하자. 위 평판의 속도가 200 ft/s이고, 두 평판은 서로 0.01 in만큼 떨어져 있다. 두 평판 사이는 공기로 채워져 있으며, 비압축성 유동으로 가정하자. 두 평판의 온도는 표준 해면 고도값인 519°R이다.

(*a*) 유동 중간 지점에서의 속도를 계산하라.
(*b*) 전단응력을 계산하라.
(*c*) 유동 내 최대 온도가 얼마인지 계산하라.
(*d*) 양 벽면에서의 열전달을 계산하라.
(*e*) 갑자기 아래 벽면이 단열 상태가 될 경우 아래 벽면의 온도를 계산하라.

■ **풀이**

μ는 유동 내에서 일정한 값을 가지며 표준 해면 고도 온도인 519°R에서 3.7373×10^{-7} slug ft/s라 가정한다.

(*a*) 식 (16.6)에서

$$u = u_e\left(\frac{y}{D}\right)$$

$$u = (200)\left(\frac{1}{2}\right) = \boxed{100\ \text{ft/s}}$$

(*b*) 식 (16.9)에서

$$\tau_w = \mu\frac{u_e}{D} \qquad \text{where } D = 0.01\ \text{in} = 8.33 \times 10^{-4}\ \text{ft}$$

$$\tau_w = \frac{(3.7373 \times 10^{-7})(200)}{8.33 \times 10^{-4}} = \boxed{0.09\ \text{lb/ft}^2}$$

여기서 전단응력이 단위 ft^2 면적당 0.1 lb 이하로 상대적으로 매우 작은 값임에 주목하라.

(*c*) 식 (16.34)로부터 양 면의 온도가 같은 경우 최대 온도는 $y/D = 0.5$에서 발생한다.

$$T = T_w + \frac{\Pr}{c_p}\frac{u_e^2}{2}\left[\frac{y}{D} - \left(\frac{y}{D}\right)^2\right] = T_w + \frac{\Pr u_e^2}{8c_p}$$

표준 대기 조건에서 $\Pr = 0.71$, $c_p = 6006\ (\text{ft}\cdot\text{lb})/(\text{slug}\cdot{}^\circ\text{R})$이다. 따라서,

$$T = 519 + \frac{(0.71)(200)^2}{8(6006)} = 519 + 0.6 = \boxed{519.6^\circ\text{R}}$$

유동 내 최대 온도가 벽면 온도보다 겨우 0.6밖에 높지 않다는 점에 주목하라. 즉, 상대적으로 저속인 유동의 점성 소산은 매우 작다. 이는 ρ, μ, k 값이 일정하다고 가정한 것을 정당화하며, 비압축성 유동의 에너지 변환이 매우 작다는 것을 의미한다.

(*d*) 식 (16.35)로부터

$$\dot{q}_w = \frac{\mu}{2}\left(\frac{u_e^2}{D}\right) = \frac{(3.7373 \times 10^{-7})(200)^2}{(2)(8.33 \times 10^{-4})} = \boxed{8.97\ (\text{ft}\cdot\text{lb})/(\text{ft}^2/\text{s})}$$

778 ft·lb가 1 Btu (British thermal unit)이므로 아래와 같다.

$$\dot{q}_w = 8.97\ (\text{ft}\cdot\text{lb})/(\text{ft}^2/\text{s}) = 0.0115\ \text{Btu}/(\text{ft}^2/\text{s})$$

(*e*) 식 (16.40)으로부터,

$$T_{aw} = T_e + \frac{\Pr}{c_p}\left(\frac{u_e^2}{2}\right) = 519 + \frac{(0.71)(200)^2}{(2)(6006)}$$

$$= 519 + 2.36 = \boxed{521.36^\circ\text{R}}$$

위 예제에서 단열 벽면 온도가 차가운 벽면의 경우에 대해 (c) 항에서 계산한 최대 유동 온도보다 높다는 사실에 주목하라. 일반적으로 차가운 벽면의 경우, 유동 내 점성 소산은 유동장 내 온도를 단열 벽면 온도만큼 올리기에 충분하지 않다. 아울러 상대적으로 낮은 온도 증가(T_{aw}가 위 벽면 온도보다 겨우 2.36° 높음)에 유의하라. 반면 다음 절에서 다룰 압축성 유동의 경우 온도 증가가 엄청나게 큰 것을 발견할 것이다. 이러한 차이가 바로 비압축성 점성 유동과 압축성 점성 유동을 구분할 수 있는 주요 특징이다. 앞의 예제에서 위 평판의 마하수가 아래와 같음에 주목하라.

$$M_e = \frac{u_e}{a_e} = \frac{u_e}{\sqrt{\gamma R T_e}} = \frac{200}{\sqrt{(1.4)(1716)(519)}} = 0.18$$

위와 같은 결과는 앞의 예제를 비압축성 유동으로 가정할 수 있는 근거를 제시한다.

16.4 압축성 Couette 유동 *Compressible Couette Flow*

Couette 유동의 일반적 모델인 그림 16.2로 돌아가 보자. 이제 u_e 값은 충분히 크다고 가정하며, 따라서 유동 내 온도 변화가 매우 커 ρ, μ, k는 변수로 취급해야 한다. 이것이 바로 압축성 Couette 유동이다. $T = T(y)$이므로 $\mu = \mu(y)$, $k = k(y)$다. 형상으로부터 $\partial p/\partial x = 0$이므로 식 (16.2)로부터 $\partial p/\partial y = 0$이며, 따라서 압축성 Couette 유동 내 압력은 16.3절에서 설명한 비압축성 경우와 마찬가지로 전 유동장 내에서 일정한 값을 갖는다. 상태 방정식으로부터 $\rho = p/RT$며 $T = T(y)$이므로, ρ 역시 y의 함수로서 온도 변화에 반비례한다.

압축성 Couette 유동의 지배 방정식은 μ와 k를 변수로 하는 식 (16.1)~(16.3)으로 표시할 수 있다. 이제 이들의 해를 편리하게 얻을 수 있도록 지배 방정식을 정리해 보자. 식 (16.1)로부터,

$$\frac{\partial}{\partial y}\left(\mu \frac{\partial u}{\partial y}\right) = \frac{\partial \tau}{\partial y} = 0 \tag{16.60}$$

또는

$$\tau = \text{const} \tag{16.61}$$

따라서 비압축성의 경우와 같이 유동장 내 전단응력은 일정한 값을 갖는다. 그러나 $\mu = \mu(y)$인 점을 명심하면서, $\tau = \mu(\partial u/\partial y)$로부터 속도구배 $\partial u/\partial y$는 명확히 유동장 내에서 일정한 값을 가질 수 *없다*. 이것이 바로 압축성과 비압축성 유동의 중요한 차이점이다. 이러한 부분을 염두에 두면서 식 (16.3)을 다시 쓰면

$$\frac{\partial}{\partial y}\left(k \frac{\partial T}{\partial y}\right) + \frac{\partial}{\partial y}\left(\mu u \frac{\partial u}{\partial y}\right) = 0 \tag{16.3}$$

위 식은 아래와 같이 다시 쓸 수 있다.

$$\frac{\partial}{\partial y}\left(k \frac{\partial T}{\partial y}\right) + \tau \frac{\partial u}{\partial y} = 0 \tag{16.62}$$

이 책에서 우리가 관심 있는 온도 변화 영역에 대해 온도에 대한 μ 값의 변화를 식 (15.3)의 Sutherland 법칙으로 표시할 수 있다. 따라서 식 (15.3)이 국제 단위계(International System of Units)로 표기된 점을 염두에 두면서 이를 다시 쓰면 아래 식을 얻는다.

$$\tau = \mu \frac{\partial u}{\partial y} = \mu_0 \left(\frac{T}{T_0}\right)^{3/2} \frac{T_0 + 110}{T + 110} \left(\frac{\partial u}{\partial y}\right) \tag{16.63}$$

압축성 Couette 유동의 해는 식 (16.62)의 수치해 형태로 얻을 수 있다. μ와 k가 변수이며 식 (16.62)는 *비선형* 미분 방정식으로서, 이러한 미분 방정식은 지금까지 언급한 조건하에서 깔끔한 폐쇄형(closed-form)의 해석적 해를 갖고 있지 않다. 수치해를 얻기 위해 식 (16.62)를 상미분 방정식(ordinary differential equation) 항으로 표시해 보자. [여태껏 앞에서 소개한 Navier-Stokes 방정식으로부터 우리가 현재 다루는 Couette 유동의 지배 방정식까지 편미분 기호를 물려받아 계속 사용해 왔다. 이는 17~20장에서 다룰 2차원 및 3차원 점성 유동을 다룰 때 친숙하게 보일 수 있도록 순

전히 교육적 계획의 일환이다.]

$$\frac{d}{dy}\left(k\frac{\partial T}{\partial y}\right)+\tau\frac{du}{dy}=0 \tag{16.64}$$

식 (16.64)를 $T = T_w$인 $y = 0$에서부터, $T = T_e$인 $y = D$까지의 구간에 대해 풀어야 한다. 경계 조건이 $y = 0$과 $y = D$인 두 지점에서 동시에 만족되어야 하며, 이러한 유형의 문제를 *2점 경계값 문제*(two-point boundary value problem)라 한다. 이 문제의 수치해를 얻기 위한 두 가지 방법에 대하여 소개하고자 한다. 두 가지 방법 모두 17~20장에 걸쳐 소개할 보다 복잡한 점성 유동 문제의 해를 구하는 데 사용할 수 있다. 이러한 이유로 Couette 유동 문제의 수치해를 구하기 위한 방법을 바로 이 시점에 소개하기로 한다. 이는 후속 토론에서 '얼음을 깨는' 훌륭한 도구가 될 수 있기 때문이다.

16.4.1 슈팅법 *Shooting Method*

이는 17장에서 소개할 경계층 방정식의 해를 얻기 위한 고전적 방법이다. 압축성 Couette 유동의 해를 얻기 위해 경계층 해를 구하는 데 적용했던 것과 동일한 원리를 그대로 적용할 수 있다. 이것이 이 방법을 지금 소개하는 이유이다. 이 방법은 이중 반복법(double iteration)을 사용하는데, 즉 주 반복법(major iteration) 내 2개의 하위 반복법(minor iteration)이 포함되는 형태로 개요는 다음과 같다.

1. 식 (16.64) 내 τ 값을 가정한다. 계산 시작을 위한 합리적 가정치로 비압축성 경우인 $\tau = \mu(u_e/D)$를 사용할 수 있다. 아울러 비압축성 결과인 식 (16.6)으로부터 $u(y)$에 대한 변화를 가정한다.
2. 경계 조건 $T = T_w$를 알고 있는 $y = 0$부터 시작하여, 식 (16.64)를 유동장 내 $y = D$까지 적분한다. 잘 알려진 Runge-Kutta 법(참고문헌 49 참조)과 같이 상미분 방정식을 푸는 데 사용되는 표준형 수치기법을 사용한다. 이러한 수치 적분을 수행함에 있어, 식 (16.64)의 차수가 2차 미분 방정식이므로 $y = 0$에서 *2개*의 경계 조건이 주어져야 한다. 현재 우리는 $T = T_w$라 하는 하나의 물리적 조건만을 가지고 있다. 따라서 두 번째 조건은 *가정해야* 하는데, 벽면에서의 온도구배 값 $(dT/dy)_w$에 대한 가정치를 사용하기로 한다. 16.3절에서 설명했던 비압축성 유동 해를 기준으로 한 가정치를 사용하면 합리적이다. $y = 0$에서 *알고 있는* T_w 값과 *가정한* $(dT/dy)_w$ 값을 사용하여 식 (16.64)를 $y = 0$인 벽면으로부터 수직 방향인 y 방향으로 미세 적분 구간 Δy만큼씩 증가시키면서 수치 적분을 수행한다. y축 상에서 각 증분에 대한 T 값이 수치적 알고리듬을 통해 얻어진다.
3. $y = D$에 도달하면 수치 적분을 멈춘다. 그리고 $y = D$에서의 경계 조건인 $T = T_e$와 같은 값을 갖는지 체크한다. 단계 2에서 $(dT/dy)_w$의 가정치를 사용하였으므로 두 값이 같아질 확률은 매우 낮다고 할 수 있다. 따라서 단계 2로 되돌아가 $(dT/dy)_w$를 다른 값으로 가정하여 수치 적분을 다시 수행한다. $y = D$에서의 경계 조건 $T = T_e$로 수렴하는 $(dT/dy)_w$값을 찾을 때까지 단계 2와 단계 3을 반복하여 수행한다. 단계 2와 단계 3을 반복 수행하여 수렴시킨 온도 프로파일은 y 값에 대한 T의 수치값으로 얻어지며, 이는 아래 벽면에서 $T = T_w$ 그리고 위 벽면에서 $T = T_e$의 두 경계 조건을 모두 만족시키는 수치해이다. 그러나 이는 단계 1에서 가정한 속도 프로파일 $u(y)$와 역시 *가정한* τ 값을 사용하여 얻은 수렴해임을 잊지 말아야 한다. 따라서 T에 대한 수렴 프로파일이 반드시 옳은 값의 프로파일이라 단정할 수 없다. 그러므로 이번에는 참값의 τ를 찾기 위한 과정을 계속해야 한다.
4. 단계 2와 단계 3의 반복 과정에 의해 얻은 수렴한 온도 프로파일로부터 식 (15.3)을 사용하여 $\mu = \mu(y)$를 구할 수 있다.
5. 전단응력 정의로부터

$$\tau = \mu\frac{du}{dy}$$

이므로 다음 식을 얻을 수 있다.

$$\frac{du}{dy}=\frac{\tau}{\mu} \tag{16.65}$$

식 (16.60)의 운동량 방정식 해로부터 τ는 일정한 값을 갖는다. 단계 1에서 가정한 τ 값과 단계 4에서의 $\mu = \mu(y)$ 값을 사용하여, $y = 0$에서부터 알려진 경계 조건 $u = 0$을 사용하여 식 (16.65)를 수치 적분한다. 식 (16.65)는 1차 미분 방정식이므로 수치 적분을 수행하기 위해서는 1개의 경계 조건으로 충분하다. y 값을 Δy만큼씩 증가시키면서 이에 대응하는 u 값을 수치해석 알고리듬에 의해 얻을 수 있다.

6. $y = D$에 도달하면 수치 적분을 종료한다. $y = D$에서의 수치값 u가 주어진 경계 조건값 $u = u_e$와 일치하는지 체크한다. 단계 1에서 τ와 $u(y)$에 대한 *가정치*를 사용하여 $y = D$에서의 반복해를 계산하였으므로 대부분의 경우 양 값이 일치하기는 어렵다. 따라서 다시 단계 5로 되돌아가 다른 값의 τ를 사용하여 식 (16.65)에 대한 적분을 반복한다. 단계 5와 6을[단계 4에서의 $\mu = \mu(y)$와 같은 값을 사용] τ에 대한 수렴해가 얻어질 때까지, 즉 식 (16.65)의 수치 적분값이 $y = D$에서 $u = u_e$가 될 때까지 계속하여 반복한다. 단계 5와 6을 반복하여 얻은 속도 프로파일의 반복해로부터 2개의 경계 조건, 즉 $y = 0$에서 $u = 0$ 그리고 $y = D$에서 $u = u_e$를 만족하는 y의 함수로서 u에 대한 수치값을 얻을 수 있다. 그러나 이러한 수렴해는 단계 4[여기서는 단계 1에서 최초로 가정한 τ와 $u(y)$를 사용하여 얻은 값을 사용하였음]에서 $\mu = \mu(y)$를 사용하여 얻은 것임을 명심해야 한다. 따라서 여기서 얻은 수렴 프로파일이 반드시 옳은 값의 프로파일이라 할 수 없다. 그러므로 넓은 범위의 단계를 다시 계속하여 수행해야 한다.

7. 단계 2로 되돌아가 단계 6에서 얻은 새로운 τ 값과 $u(y)$를 사용한다. 단계 2에서 7까지를 총체적인 수렴값에 도달할 때까지 반복한다. 이러한 이중 반복계산이 완료되면, 단계 3의 마지막 사이클에서 얻은 $T = T(y)$ 프로파일과 단계 6의 마지막 사이클에서 얻은 $u = u(y)$ 프로파일, 그리고 단계 7의 마지막 사이클에서 얻은 τ 값이 주어진 모든 경계 조건들을 만족시키는 참값이 된다. 이렇게 해서 문제를 풀 수 있다.

위에서 기술한 슈팅법을 살펴보면 주된 반복계산 사이클 안에 2개의 하위 반복계산 사이클이 포함되어 있음을 알 수 있다. 단계 2와 3이 첫 번째 하위 반복계산 사이클을 구성하며, 여기서 결론적으로 온도 프로파일을 구한다. 단계 5와 6이 두 번째 하위 반복계산 사이클을 구성하며, 여기서는 궁극적으로 속도 프로파일을 얻는다. 단계 2에서 7까지가 주 반복계산 사이클을 구성하며, 여기서 최종적인 τ 값이 도출된다.

압축성 Couette 유동의 해를 얻기 위해 위에서 설명한 슈팅법은 18장의 경계층 방정식 해를 구하는 데 거의 그대로 적용할 수 있다. 같은 맥락에서 압축성 Couette 유동의 해를 얻기 위한 또 다른 접근 방법이 있는데, 이는 20장에서 설명할 Navier-Stokes 방정식의 해를 얻는 데 거의 그대로 적용할 수 있다. 이는 시간 종속(time-dependent) 유한차분(finite-difference)법으로서, 13장 13.5절에서 초음속 유동 내 무딘 형상의 물체 주변을 지나는 비점성 유동 문제를 푸는 데 적용할 수 있다. 20장 내용에 대비하기 위해 압축성 Couette 유동을 푸는 데 이 방법을 어떻게 적용할 수 있는지 간략히 소개하기로 한다.

16.4.2 시간 종속 유한차분법 *Time-Dependent Finite-Difference Method*

그림 16.2의 Couette 유동 개요도를 다시 살펴보자. 잠시 동안 위 평판과 아래 평판 사이를 채우며 형성되는 유동장이 Couette 유동이 *아니라고* 가정하자. 예를 들어, 압력구배를 포함하여 x 및 y 양방향으로 모두 구배를 갖는 어떤 임의의 유동장을 가상해 보자. 우리는 이러한 유동이 위 평판이 움직이기 시작한 직후의 시작 과정에 얼마 동안 존재한다고 생각할 수 있다. 이는 과도기적 유동장이며, 여기서 u, T, ρ 등은 x 및 y와 함께 시간 t의 함수로 표시될 수 있다. 충분한 시간이 경과한 후 유동은 정상 상태에 도달하게 되고, 이 상태에서 Couette 유동해가 바로 위에서 설명한 부분이다. 이러한 과정을 수치적으로 적용해 보도록 한다. 즉, $t = 0$에서의 최초 유동장을 가정하고, 비정상 Navier-Stokes 방정식을 시간 간격 단계로 충분한 시간이 경과한 후 정상 유동에 도달할 때까지 풀어보도록 하자. 13.5절에서 설명했듯이 시간 점근적(time-asymptotic) 정상 유동이 원하는 최종 결과이며, 시간 종속(time-dependent) 접근법은 단순히 이러한 정상 상태에 도달하기 위한 수단이다. 진도를 더 나가기 전 바로 이 단계에서 13.5절에 소개된 원리(세부적인 것까지는 아니더라도)에 대해 복습하는 것이 바람직할 것이다.

Navier-Stokes 방정식은 식 (15.18a~c)와 (15.26)으로 주어진다. 2차원 비정상 유동의 경우 아래와 같다.

연속 방정식:
$$\frac{\partial \rho}{\partial t} = -\frac{\partial(\rho u)}{\partial x} - \frac{\partial(\rho v)}{\partial y} \tag{16.66}$$

x 운동량 방정식:
$$\frac{\partial u}{\partial t} = -u\frac{\partial u}{\partial x} - v\frac{\partial u}{\partial y} - \frac{1}{\rho}\left[\frac{\partial p}{\partial x} - \frac{\partial \tau_{xx}}{\partial x} - \frac{\partial \tau_{yz}}{\partial y}\right] \tag{16.67}$$

y 운동량 방정식:
$$\frac{\partial v}{\partial t} = -u\frac{\partial v}{\partial x} - v\frac{\partial v}{\partial y} - \frac{1}{\rho}\left[\frac{\partial p}{\partial y} - \frac{\partial \tau_{xy}}{\partial x} - \frac{\partial \tau_{yy}}{\partial y}\right] \tag{16.68}$$

에너지 방정식:
$$\frac{\partial(e + V^2/2)}{\partial t} = -u\frac{\partial(e + V^2/2)}{\partial x} - v\frac{\partial(e + V^2/2)}{\partial y} + \frac{1}{\rho}\left\{\frac{\partial}{\partial x}\left(k\frac{\partial T}{\partial x}\right) + \frac{\partial}{\partial y}\left(k\frac{\partial T}{\partial y}\right) - \frac{\partial(pu)}{\partial x} - \frac{\partial(pv)}{\partial y} + \frac{\partial(u\tau_{xx})}{\partial x} + \frac{\partial(u\tau_{yx})}{\partial y} + \frac{\partial(v\tau_{xy})}{\partial x} + \frac{\partial(v\tau_{yy})}{\partial y}\right\} \tag{16.69}$$

식 (16.66)~(16.69)에서 시간에 대한 미분은 좌변에, 공간에 대한 미분은 우변에 표시하였음에 유의하라. 이는 식 (13.59)~(13.62)로 주어진 Euler 방정식의 형태와 유사하다. 식 (16.67)~(16.69) 안에 있는 τ_{xy}, τ_{xx}, τ_{yy}는 각각 식 (15.5), (15.8), (15.9)로 주어진다.

이 방정식은 13장에서 설명한 MacCormack 방법을 사용해 풀 수 있다. 이것이 바로 예측자–보정자(predictor-corrector) 접근법으로서, 이러한 시간 종속법을 13.5절에서 설명했다. 이 방법을 압축성 Couette 유동에 적용하기 위한 절차는 다음과 같다.

1. 그림 16.8*a*와 같이 위아래 두 평판 사이의 공간을 유한차분 격자(finite-difference grid)를 사용하여 나눈다. 격자 길이 L은 임의로 잡을 수 있으나, 나중에 짧게 설명할 어떤 최소치보다는 반드시 길게 잡아야 한다.
2. $x = 0$(내류 경계)에서 u, v, ρ, T ($e = c_v T$이므로 e이기도 함)에 대한 내류 조건(inflow conditions)을 지정한다. 비압축성 Couette 유동해를 내류 경계 조건으로 사용하는 것이 합리적이다.
3. 나머지 남아 있는 모든 격자점에 대하여 u, v, ρ, T 등 유동장 변수의 값을 임의로 지정한다. 이러한 임의의 유동장이 $t = 0$에서 초기조건 값으로 v 값과 압력구배 등이 유한한 값을 가질 수 있다.
4. 단계 3에서 조성한 초기 유동장 값을 시작으로 하여, 식 (16.66)~(16.69)를 시간 간격을 진행시키며 푼다. 예를 들어, 식 (16.67) 형태의 x 운동량 방정식을 고려해 보자. 이 방정식에 MacCormack 예측자–보정자 방법을 다음과 같이 적용할 수 있다.

   예측자(predictor): 시간 t에서 전체 유동장에 대해 아는 것으로 가정하고, $t + \Delta t$에서의 유동장 변수값을 찾기 위해 수치 적분을 진행한다. 공간 도함수(spatial derivatives)는 전방차분(forward difference)으로 대치한다.

$$\left(\frac{\partial u}{\partial t}\right)_{i,j} = -u_{i,j}\left(\frac{u_{i+1,j} - u_{i,j}}{\Delta x}\right) - v_{i,j}\left(\frac{u_{i,j+1} - u_{i,j}}{\Delta y}\right) - \frac{1}{\rho_{i,j}}\left\{\frac{p_{i+1,j} - p_{i,j}}{\Delta x} - \left[\frac{(\tau_{xx})_{i+1,j} - (\tau_{xx})_{i,j}}{\Delta x}\right] - \left[\frac{(\tau_{yx})_{i,j+1} - (\tau_{yx})_{i,j}}{\Delta y}\right]\right\} \tag{16.70}$$

   시간 t에서 우변에 위치한 모든 항의 값은 알고 있는 상태이며, $t + \Delta t$에서의 유동장 변수값을 알기 위해 시간축으로 진행한다. 즉, 식 (16.70)에서 우변 항은 시간 t에서 알려진 수치들이다. $t + \Delta t$에서의 $u_{i,j}$에 대한 *예측치*를 $\bar{u}_{i,j}$로 표시하며, 테일러 급수의 처음 두 항으로 아래와 같이 계산한다.

$$\bar{u}_{i,j} = \underbrace{u_{i,j}}_{\text{시간 } t\text{에서 알려진 값}} + \underbrace{\left(\frac{\partial u}{\partial t}\right)_{i,j}}_{\text{식 (16.70)으로부터 계산한 값}} \Delta t \tag{16.71}$$

ρ, v, e에 대한 예측치, 즉 $\bar{\rho}_{i,j}$, $\bar{v}_{i,j}$, $\bar{e}_{i,j}$를 같은 방식으로 각각 식 (16.66), (16.68), (16.69)를 사용하여 계산한다. 그림 16.8a의 모든 격자점에 대해 똑같은 계산을 수행한다.

보정자(corrector): 식 (16.67)로 다시 돌아가, 공간 도함수를 예측자 단계에서 얻은 예측치를 사용하여 후방차분으로 대치한다.

$$\left(\overline{\frac{\partial u}{\partial t}}\right)_{i,j} = -\bar{u}_{i,j}\left(\frac{\bar{u}_{i,j} - \bar{u}_{i-1,j}}{\Delta x}\right) - \bar{v}_{i,j}\left(\frac{\bar{u}_{i,j} - \bar{u}_{i,j-1}}{\Delta y}\right) - \frac{1}{\bar{\rho}_{i,j}}\left\{\frac{\bar{p}_{i,j} - \bar{p}_{i-1,j}}{\Delta x} - \left[\frac{(\bar{\tau}_{xx})_{i,j} - (\bar{\tau}_{xx})_{i-1,j}}{\Delta x}\right] - \left[\frac{(\bar{\tau}_{yx})_{i,j} - (\bar{\tau}_{yx})_{i,j-1}}{\Delta y}\right]\right\} \tag{16.72}$$

최종적으로 $u_{i,j}$로 표시되는 $t + \Delta t$에서의 보정값 $u_{i,j}^{t+\Delta t}$를 식 (16.70)과 (16.72)에서 얻은 값을 평균한 평균 시간 도함수를 사용하여 테일러 급수의 처음 두 항으로 계산한다. 즉,

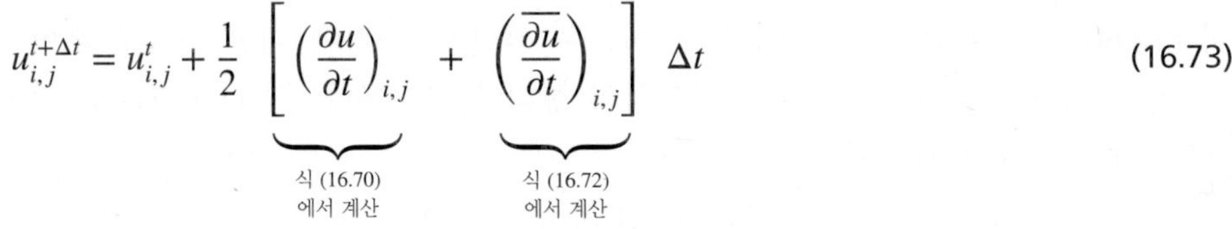

$$u_{i,j}^{t+\Delta t} = u_{i,j}^{t} + \frac{1}{2}\left[\underbrace{\left(\frac{\partial u}{\partial t}\right)_{i,j}}_{\text{식 (16.70) 에서 계산}} + \underbrace{\left(\overline{\frac{\partial u}{\partial t}}\right)_{i,j}}_{\text{식 (16.72) 에서 계산}}\right]\Delta t \tag{16.73}$$

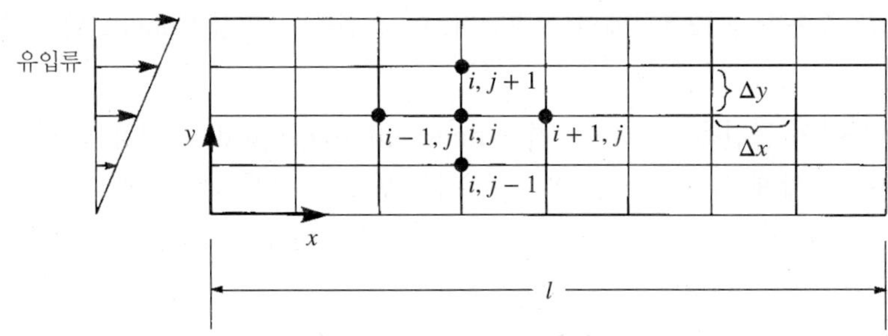

(a) 유한차분 격자

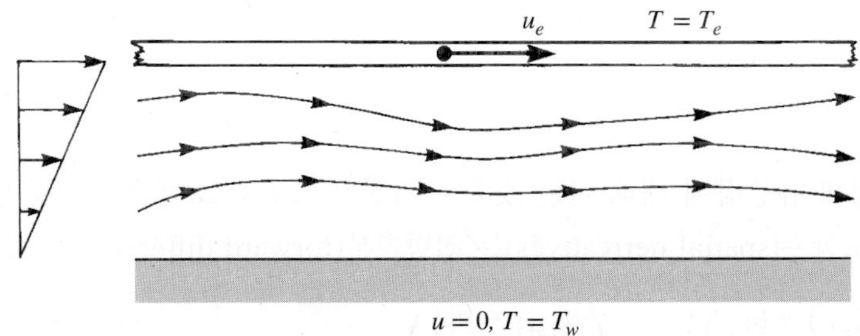

(b) 과도기 유동

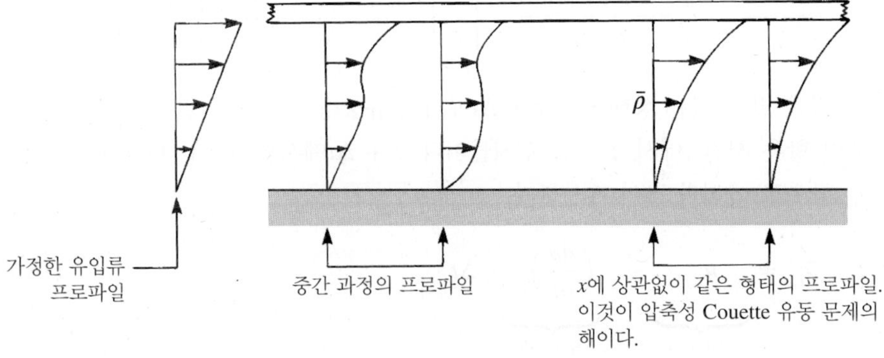

(c) 정상 상태 유동

그림 16.8 유한차분 격자와 정상 상태에 도달하는 동안의 과도기적 유동 특성에 대한 그림

$\rho_{i,j}^{t+\Delta t}$, $v_{i,j}^{t+\Delta t}$, $e_{i,j}^{t+\Delta t}$ 값을 얻기 위해 식 (16.66), (16.68), (16.69)를 사용하여 같은 과정을 수행한다. 따라서 $t + \Delta t$에서의 전체 유동장을 구한다.

5. 전 단계에서 계산한 새로운 유동장 변수값을 사용하여 단계 4를 반복한다. 유동장 변수값은 시간 단계별로 변화한다. 과도기적 유동장에서는 심지어 유선이 평행하지 않을 수도 있다(즉, 유동 내에 어느 정도의 유한한 v 값이 존재함). 그림 16.8*b*에 이러한 상황을 나타냈다. 충분히 긴 시간이 경과하도록 여러 개의 시간 단계에 대해 계산을 수행하면, 전 단계와 다음 단계에서 계산한 유동장 변수값의 변화량이 점점 줄어든다. 결과적으로 충분히 긴 시간(수백 개 또는 어떤 문제의 경우 수천 개의 시간 단계)에 대하여 계산을 수행하면, 그림 16.8*c*와 같이 유동이 정상상태에 도달하여 유동장 변수값이 더 이상 변화하지 않는다. 그림 16.8*c*에서 왼쪽으로부터 오른쪽으로 이동해 보자. 입구 근처에서 시작된 유동은 가정한 내류 프로파일에 따라 영향을 받는다. 그러나 그림 16.8*c* 오른편의 경우, 내류의 변화과정이 소멸하여 유동장 프로파일이 더 이상 거리 진행과 무관하게 결정된다. 이러한 상황이 일어나기에 충분한 거리를 L이라 하자. 출구 근처의 유동장이 압축성 Couette 유동에 대해 찾던 해이다.

식 (16.71)과 (16.73)에서 Δt 값은 임의로 잡는 것이 아니다. 앞에서 설명한 단계는 *외향적*(explicit) 유한차분법이며 안정성 한계에 의거한 Δt 값의 제한치가 있다. Δt 값은 규정된 최대값보다 반드시 작아야 하며, 그렇지 않을 경우 수치해가 불안정해지고 컴퓨터의 계산 한계를 '넘게 된다'. Δt에 대해 유용한 식으로 Courant-Friedrichs-Lewy (CFL) 기준을 들 수 있다. 여기서 Δt는 Δt_x와 Δt_y 중 최소치를 선택해야 한다.

$$\Delta t_x = \frac{\Delta x}{u + a} \qquad \Delta t_y = \frac{\Delta y}{v + a} \tag{16.74}$$

식 (16.74)에서 a는 국소적 음속을 표시한다. 식 (16.74)를 모든 격자점에 대해 평가하고, 그중 최소치를 선택하여 전체 유동장을 계산하는 데 사용한다.

위에서 설명한 시간 종속 기법은 압축성 Navier-Stokes 방정식의 해를 구하는 데 사용되는 공통적인 방법이며, 이러한 이유로 여기서 간략히 개요를 설명했다. 이 절의 목적은 이 방법을 사용하여 Couette 유동의 해를 구하는 절차에 대해 개략적으로 설명하는 것보다, 차후에 다룰 Navier-Stokes 해를 구하기 위한 방법을 미리 소개하기 위한 것이다.

16.4.3 압축성 Couette 유동 결과 *Results for Compressible Couette Flow*

압축성 Couette 유동에 대한 전형적인 결과를 차가운 벽면의 경우에 대해 그림 16.9에 나타내고 아랫면이 단열 벽면인 경우는 그림 16.10에 나타내었다. 이 결과는 White(참고문헌 41)에서 인용한 것으로, 점성-온도 관계식으로 $\mu/\mu_{\max} = (T/T_{\text{ref}})^{2/3}$를 가정했는데 이는 Sutherland 법칙[식 (15.3)]만큼 기체에 대해 정확하지는 않다. 15.6절에서 압축성 점성 유동은 마하수, Prandtl 수, 그리고 비열비 γ와 같은 상사변수에 의해 지배받는다고 설명했다. 그러므로 압축성 Couette 유동에서도 같은 상사변수에 의해 지배받을 것이라 예상할 수 있다. 그림 16.9와 16.10에 바로 예상한 결과를 표시했다. 여기서 조합 변수 $A = (\gamma - 1)\text{Pr}\, M_e^2$가 서로 다른 값을 갖는 경우, 서로 다른 유동장 프로파일로 표시됨을 관찰할 수 있다. 특히 그림 16.9의 차가운 벽면의 경우에서 양 벽면이 서로 같은 온도를 갖고 있을 때를 살펴보면 다음과 같은 사실을 발견할 수 있다.

1. 그림 16.9*a*에서 속도 프로파일은 압축성 영향을 심하게 받지 않는다. $A = 0$으로 표시된 프로파일이 우리에게 익숙한 선형 비압축성 경우이고, $A = 30$인 경우는 M_e가 약 10인 경우에 해당한다. 분명히 속도 프로파일(y/D에 대한 u/u_e로 표시)은 넓은 영역의 마하수에 대해 큰 변화가 없다.
2. 반면 그림 16.9*b*의 경우 유동 내 온도 변화가 두드러진다. 이는 순전히 점성 소산의 결과로서 마하수가 큰 경우 더욱 두드러진다. 예를 들어, $A = 30$ ($M_e \approx 10$)의 경우 유동 중간 지점의 온도가 벽면 온도의 거의 5배에 달하며, 예제 16.1에서 계산했던 매우 미세한 온도 차와 대비된다. 이것이 바로 그림 16.9*b*의 눈금에서 비압축성의 경우($A = 0$) 거의 수직선으로 표시되는 이유이다.

그림 16.10의 단열 벽면의 경우 다음과 같은 사항에 주목하기 바란다.

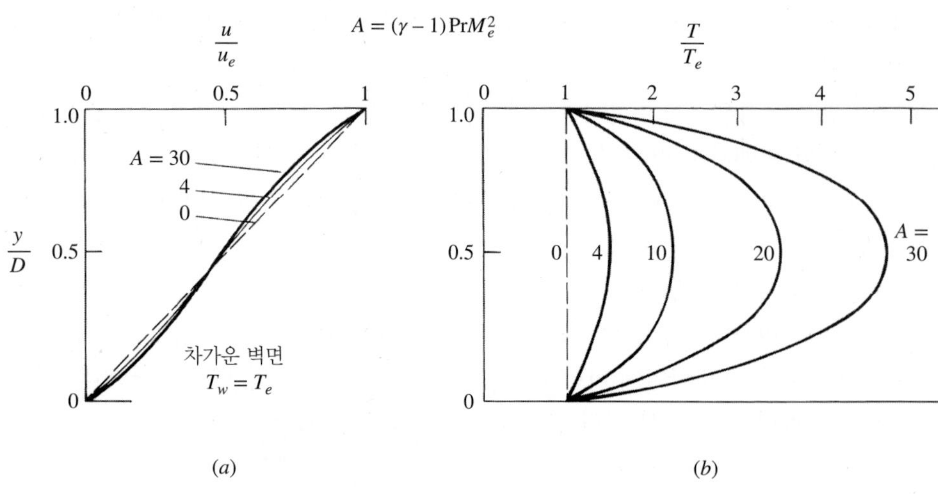

그림 16.9 압축성 Couette 유동에서 속도 및 온도 프로파일. 차가운 벽면의 경우(*자료 출처*: White, F. M.: *Viscous Fluid Flow*, McGrow Hill Book Company, New York, 1974)

1. 그림 16.10*a*에서 속도 프로파일이 압축성 효과에 따라 서로 다른 곡률을 보이고 있다.
2. 그림 16.10*b*에서 차가운 벽면의 경우보다 온도 증가가 더 큰 것을 볼 수 있다. $A = 30$ ($M_e \approx 10$)일 경우 최대 온도는 위 벽면 온도의 15배가 넘는 것을 볼 수 있다. 아울러 16.3절에서 설명했듯이 단열 벽면의 온도가 유동장 내 최대 온도, 즉 T_{aw}가 유동 내 최대 온도이다. 이미 예상했듯이 그림 16.10*b*에서 M_e가 증가할수록 T_{aw}는 눈에 띄게 증가한다.

요약하자면, 16.3절의 비압축성 유동과 이 절의 압축성 유동을 비교해 볼 때 *정성적으로* 커다란 차이가 없음을 알 수 있다. 3부의 비점성 유동의 경우와 유사하게 아음속에서 초음속 유동으로 전환되면서 유동장 내 유동 변수의 불연속적인 변화가 없음을 알 수 있다. 정성적으로 초음속 점성 유동과 아음속 점성 유동은 유사하다. 반면 고속 압축성 점성 유동은 점성 소산에 기인하는 큰 온도 변화에서 *정량적으로* 상당한 차이가 있다. 점성과 비점성 간 나타나는 이러한 차이의 물리적인 이유는 다음과 같다. 비점성 유동은 정보 전파가 유동 내 압력파의 형태로 전달된다. 이러한 메커니즘은 유동이 아음속에서 초음속으로 바뀌면서 급작스레 변화한다. 반면 점성 유동은 정보 전파가 μ 그리고 k(분자 운동에 의한 현상)와 같은 특성을 통한 확산적 전달 메커니즘(diffusive transport mechanism)에 의해 이루어지며, 이런 메커니즘은 유동이 아음속에서 초음속으로 바뀐다고 해도 근본적으로 변하지 않는다. 이런 현상은 여기서 다룬 Couette 유동뿐 아니라 어떤 형태의 일반 점성 유동에 대해서도 마찬가지로 적용된다.

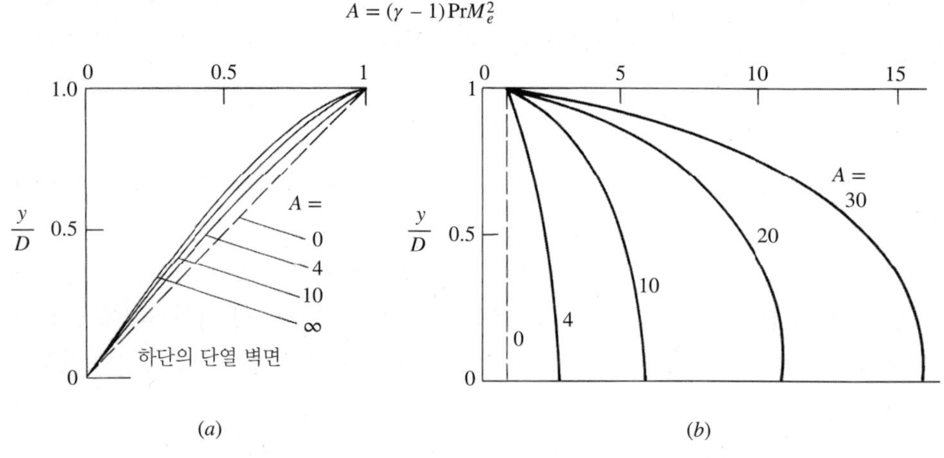

그림 16.10 압축성 Couette 유동에서 속도 및 온도 프로파일. 아랫면이 단열 벽면인 경우(*자료 출처*: White, F. M.: *Viscous Fluid Flow*, McGrow Hill Book Company, New York, 1974)

16.4.4 해석적 고찰 *Some Analytical Consideration*

1000 K 정도까지의 온도 범위에 대해서 공기의 비열이 거의 일정한 값을 유지하며, 따라서 이러한 온도 범위에서는 열량적 완전 기체(calorically perfect gas)라는 가정이 타당하다. 게다가 이러한 온도 범위에서 μ과 k의 온도에 대한 변화는 사실상 동일하다고 볼 수 있다. 결론적으로 1000 K 정도까지의 온도에 대해서는 Prandtl 수 $\mu c_p/k$가 *일정한* 값을 갖는다. 그림 16.11(참고문헌 50)에서 이러한 현상을 보여준다. 공기의 경우 Pr $\approx$ 0.71이고, 예제 16.1에서 사용한 값도 바로 이 값이다.

질문: 유동 온도가 1000 K에 도달하는 동안 예상할 수 있는 최대 마하수는 어느 정도인가? *답*: 전온도가 1000 K일 때의 마하수를 대략 계산하면 다음과 같다. 정온 $T = 288$ K로 가정하면 식 (8.40)으로부터

$$M = \sqrt{\frac{2}{\gamma - 1}\left(\frac{T_0}{T} - 1\right)} = \sqrt{\frac{2}{0.4}\left(\frac{1000}{288} - 1\right)} = 3.5$$

따라서 대부분 항공 관련 응용문제는 마하수 3.5 또는 그 이하에 해당하며, 유동장 점성 영역 내 온도는 1000 K를 초과하지 않는다. 마하수 3.5 또는 그 이하 범위는 실제로 소수의 극초음속 시험기를 제외하고는 오늘날 운용 중인 항공기 대부분이 비행하는 영역이다.

위 언급에 의해, 여러 경우의 점성 유동 해를 구함에 있어 *일정한 값의 Prandtl 수*라는 가정을 사용하는 것은 타당하다고 할 수 있다. 압축성 Couette 유동에서 Pr = 일정이라는 가정을 적용하면 다음과 같은 해석이 가능하다. 식 (16.3)의 에너지 방정식은 다음과 같다.

$$\frac{\partial}{\partial y}\left(k\frac{\partial T}{\partial y}\right) + \frac{\partial}{\partial y}\left(\mu u\frac{\partial u}{\partial y}\right) = 0 \tag{16.3}$$

$T = h/c_p$ 그리고 Pr $= \mu c_p/k$이므로, 식 (16.3)은 아래와 같이 바꿔 쓸 수 있다.

$$\frac{\partial}{\partial y}\left(\frac{\mu}{\mathrm{Pr}}\frac{\partial h}{\partial y}\right) + \frac{\partial}{\partial y}\left(\mu u\frac{\partial u}{\partial y}\right) = 0 \tag{16.75}$$

또는

$$\frac{\partial}{\partial y}\left[\mu\left(\frac{1}{\mathrm{Pr}}\frac{\partial h}{\partial y} + u\frac{\partial u}{\partial y}\right)\right] = 0 \tag{16.76}$$

식 (16.76)을 y에 대하여 적분하면 다음 식을 얻는다.

$$\frac{1}{\mathrm{Pr}}\frac{\partial h}{\partial y} + u\frac{\partial u}{\partial y} = \frac{a}{\mu} \tag{16.77}$$

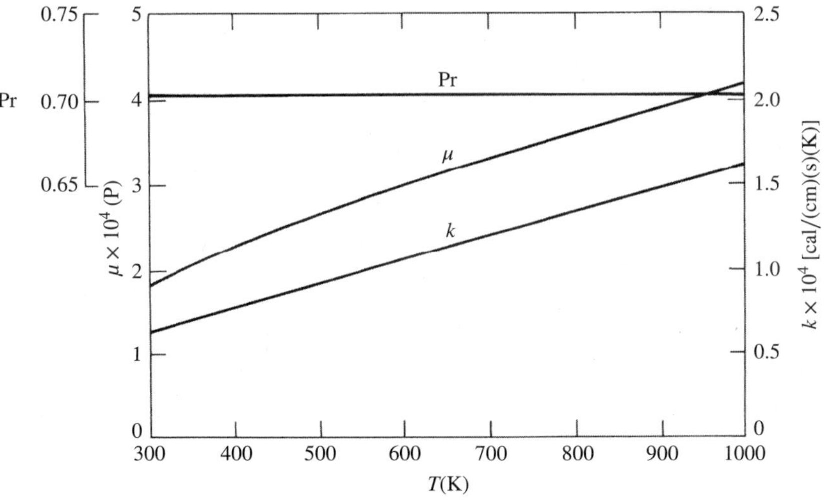

그림 16.11 온도에 따른 공기의 점성 계수, 열전도율, Prandtl 수의 변화(*자료 출처*: Schetz, Joseph A.: *Foundations of Boundary Layer Theory for Momentum, Heat, and Mass Transfer, Prentice-Hall, Inc.*, Englewood Cliffs, NJ, 1984)

$\tau = \mu(\partial u/\partial y)$이므로 $\mu = \tau(\partial u/\partial y)^{-1}$이다. 그리고 식 (16.61)에서 τ 값이 일정하다면 식 (16.77)의 우변을 다음과 같이 쓸 수 있다.

$$\frac{a}{\mu} = \frac{a}{\tau}\frac{\partial u}{\partial y} = b\frac{\partial u}{\partial y}$$

여기서 b는 상수이다. 이상의 결과로부터 식 (16.77)은 다음으로 표시된다.

$$\frac{1}{\Pr}\frac{\partial h}{\partial y} + \frac{\partial(u^2/2)}{\partial y} - b\frac{\partial u}{\partial y} = 0 \tag{16.78}$$

Pr = 일정이라는 가정을 적용하여 식 (16.78)을 y에 대하여 적분하면 다음 식을 얻는다.

$$\frac{h}{\Pr} + \frac{u^2}{2} - bu = c \tag{16.79}$$

여기서 c는 또 다른 적분 상수이다. 식 (16.79)를 $y = 0$과 $y = D$에서 계산하면, 적분 상수 b와 c에 대한 표현식을 얻는다. $y = 0$에서 $h = h_w$, $u = 0$이므로

$$c = \frac{h_w}{\Pr}$$

$y = D$에서 $h = h_e$, $u = u_e$이므로

$$b = \frac{1}{u_e}\left(\frac{h_e - h_w}{\Pr}\right) + \frac{u_e}{2}$$

식 (16.79)에 b와 c를 대입하여 정리하면 다음 식을 얻는다.

$$h + \Pr\frac{u^2}{2} = h_w + \frac{u}{u_e}(h_e - h_w) + \frac{\Pr}{2}(uu_e) \tag{16.80}$$

아래 벽면이 단열 벽면, 즉 $(\partial h/\partial y)_w = 0$이라 가정한다. 식 (16.80)을 y에 대하여 미분하면 아래와 같은 식을 얻을 수 있다.

$$\frac{\partial h}{\partial y} = -\Pr u\frac{\partial u}{\partial y} + \left(\frac{h_e + h_w}{u_e}\right)\frac{\partial u}{\partial y} + \frac{u_e \Pr}{2}\frac{\partial u}{\partial y}$$

또는

$$\frac{\partial h}{\partial y} = \left(-u\Pr + \frac{h_e - h_w}{u_e} + \frac{u_e \Pr}{2}\right)\frac{\partial u}{\partial y} \tag{16.81}$$

단열 벽면 조건, 즉 $(\partial h/\partial y)_w = 0$을 상기하라. $y = 0$에서 단열 벽면에 식 (16.81)을 적용한다. 이때 $u = 0$, 그리고 정의에 의해 $h_w = h_{aw}$이므로 아래의 식을 얻는다.

$$\left(\frac{\partial h}{\partial y}\right)_w = \left(\frac{h_e - h_{aw}}{u_e} + \frac{u_e \Pr}{2}\right)\left(\frac{\partial u}{\partial y}\right)_w = 0$$

$(\partial u/\partial y)_w$가 유한한 값을 가지므로,

$$\frac{h_e - h_{aw}}{u_e} + \frac{u_e \Pr}{2} = 0$$

또는

$$\boxed{h_{aw} = h_e + \Pr\frac{u_e^2}{2}} \tag{16.82}$$

이는 비압축성 유동의 경우에서 얻은 식 (16.39)와 동일하다. 따라서 Prandtl 수가 일정하다고 가정할 경우 압축성 Couette 유동의 경우에 대한 회복 인자(recovery factor)가 다음과 같은 형태를 취한다는 것을 증명했다.

$$r = \mathrm{Pr} \tag{16.83}$$

Pr이 일정한 값을 갖는 한 비압축성 및 압축성 유동의 경우에서 회복 인자가 같은 형태를 취하는데, 과연 레이놀즈 상사성에 대해 무엇을 말할 수 있는가? 식 (16.59)는 압축성의 경우에도 적용되는가? 이러한 의문에 대해 살펴보도록 하자. 식 (16.3)을 다시 살펴보기로 한다.

$$\frac{\partial}{\partial y}\left(k\frac{\partial T}{\partial y}\right) + \frac{\partial}{\partial y}\left(\mu u\frac{\partial u}{\partial y}\right) = 0 \tag{16.3}$$

정의로부터

$$\dot{q} = k\frac{\partial T}{\partial y} \tag{16.84}$$

그리고

$$\tau = \mu\frac{\partial u}{\partial y} \tag{16.85}$$

따라서 식 (16.3)을 아래와 같이 다시 표시할 수 있다.

$$\frac{\partial \dot{q}}{\partial y} + \frac{\partial(\tau u)}{\partial y} = 0 \tag{16.86}$$

식 (16.86)을 y에 대하여 적분하면 다음 식을 얻는다.

$$\dot{q} + \tau u = a \tag{16.87}$$

여기서 a는 적분 상수이다. $u = 0$이며 $\dot{q} = q_w$인 $y = 0$에서 식 (16.87)을 계산하면 다음 결과를 얻는다.

$$a = \dot{q}_w$$

따라서 식 (16.87)은

$$\dot{q} + \tau u = \dot{q}_w \tag{16.88}$$

식 (16.84)와 (16.85)를 식 (16.88)에 대입하면 다음 식을 얻는다.

$$\dot{q}_w = k\frac{\partial T}{\partial y} + \mu u\frac{\partial u}{\partial y} \tag{16.89}$$

또는

$$\frac{\dot{q}_w}{\mu} = \frac{k}{\mu}\frac{\partial T}{\partial y} + u\frac{\partial u}{\partial y} \tag{16.90}$$

유동 내 전단응력이 모든 부분에서 일정한 값을 갖는다는 것을 상기하면,

$$\tau = \mu\frac{\partial u}{\partial y} = \tau_w$$

또는

$$\mu = \frac{\tau_w}{\partial u/\partial y} \tag{16.91}$$

따라서

$$\frac{k}{\mu} = \frac{c_p}{\mathrm{Pr}} \tag{16.92}$$

식 (16.91)을 식 (16.90)의 좌변에 대입하고, 식 (16.92)를 식 (16.90)의 우변에 대입하여 다음 식을 얻는다.

$$\frac{\dot{q}_w}{\tau_w}\frac{\partial u}{\partial y} = \frac{c_p}{\mathrm{Pr}}\frac{\partial T}{\partial y} + \frac{\partial(u^2/2)}{\partial y} \tag{16.93}$$

$\dot{q}_w$, τ_w, c_p, 그리고 Pr이 모두 정해진 값이라는 것을 염두에 두고 식 (16.93)을 두 평판 사이에서 적분하면 다음과 같다.

$$\frac{\dot{q}_w}{\tau_w}\int_0^D \frac{\partial u}{\partial y}dy = \frac{c_p}{\mathrm{Pr}}\int_0^D \frac{\partial T}{\partial y}dy + \int_0^D \frac{\partial(u^2/2)}{\partial y}dy$$

또는
$$\frac{\dot{q}_w}{\tau_w}\int_0^{u_e} du = \frac{c_p}{\text{Pr}}\int_{T_w}^{T_e} dT + \int_0^{u_e} d\left(\frac{u^2}{2}\right)$$

이를 풀면
$$\frac{\dot{q}_w}{\tau_w}u_e = \frac{c_p}{\text{Pr}}(T_e - T_w) + \frac{u_e^2}{2} \tag{16.94}$$

$h = c_pT$임을 염두에 두고 식 (16.94)를 정리하면 다음 식을 얻는다.
$$\dot{q}_w = \frac{\tau_w}{u_e \text{Pr}}\left(h_e - h_w + \text{Pr}\,\frac{u_e^2}{2}\right) \tag{16.95}$$

식 (16.82)를 식 (16.95)에 대입하면 다음 식을 얻는다.
$$\dot{q}_w = \frac{\tau_w}{u_e \text{Pr}}(h_{aw} - h_w) \tag{16.96}$$

표면마찰 계수와 Stanton 수가 식 (16.51)과 (16.55)에 의해 각각 정의되었다. 따라서 이들의 비는 다음과 같다.
$$\frac{C_H}{c_f} = \frac{\dot{q}_w/[\rho_e u_e(h_{aw} - h_w)]}{\tau_w/\left(\frac{1}{2}\rho_e u_e^2\right)} = \frac{\dot{q}_w}{\tau_w}\left[\frac{u_e}{2(h_{aw} - h_w)}\right] \tag{16.97}$$

식 (16.96)을 식 (16.97)에 대입하여 다음 식을 얻는다.
$$\frac{C_H}{c_f} = \frac{(h_{aw} - h_w)}{u_e \text{Pr}}\left[\frac{u_e}{2(h_{aw} - h_w)}\right]$$

또는
$$\boxed{\frac{C_H}{c_f} = \frac{1}{2}\text{Pr}^{-1}} \tag{16.98}$$

식 (16.98)이 열전달과 표면마찰 계수 사이의 관계인 *레이놀즈 상사성*이다. 또한 비압축성 유동의 경우인 식 (16.59)와 정확히 일치하는 결과를 얻었다. 따라서 Prandtl 수가 일정한 값을 갖는 경우에는 비압축성 유동과 압축성 유동의 경우 모두 레이놀즈 상사성이 동일하다.

예제 16.2

그림 16.2에 주어진 형상의 경우를 고려하자. 두 평판은 예제 16.1과 같이 0.01 in 간격으로 떨어져 있다. 두 평판의 온도는 표준 해면 고도 온도인 288 K로 같다. 유동 내 공기의 정압은 1 atm으로 일정하다. 위 평판은 마하수 3으로 움직인다. 아래 평판에서의 전단응력은 72 N/m^{2}이다(이는 약 1.5 lb/ft^{2}으로서, 예제 16.1에서 다룬 저속의 경우보다 훨씬 더 큰 값이다). 양 평판으로의 열전달을 계산하라(유동 내 전단응력이 일정한 값을 가지며, 양 평판의 온도가 같기 때문에 위 평판과 아래 평판에서의 열전달은 같다).

■ 풀이

위 평판의 속도는
$$u_e = M_e a_e = M_e\sqrt{\gamma R T_e} = 3\sqrt{(1.4)(288)(287)} = 1020 \text{ m/s}$$

양 평판에서의 공기 밀도는(1 atm = 1.01 × 10^5 N/m^{2}이다)
$$\rho_e = \frac{p_e}{RT_e} = \frac{1.01\times 10^5}{(287)(288)} = 1.22 \text{ kg/m}^3$$

따라서 표면마찰 계수는
$$c_f = \frac{\tau_w}{\frac{1}{2}\rho_e u_e^2} = \frac{72}{(0.5)(1.22)(1020)^2} = 1.13\times 10^{-4}$$

식 (16.92)의 레이놀즈 상사성으로부터 다음을 얻을 수 있다.

$$C_H = \frac{c_f}{2\,\text{Pr}} = \frac{1.13 \times 10^{-4}}{2(0.71)} = 8 \times 10^{-5}$$

식 (16.82)로부터 단열 벽면 엔탈피는,

$$h_{aw} = h_e + \text{Pr}\,\frac{u_e^2}{2} = c_p T_e + \text{Pr}\,\frac{u_e^2}{2}$$

공기의 경우 $c_p = 1004.5$ J/kg·K이므로,

$$h_{aw} = (1004.5)(288) + (0.71)\frac{(1020)^2}{2} = 6.59 \times 10^5 \text{ J/kg}$$

[주: 위로부터 $T_{aw} = h_{aw}/c_p = (6.59 \times 10^5)/1004.5 = 656$ K이다. 단열 벽면의 경우 벽면의 온도가 제법 높은 것을 알 수 있다.] 따라서 식 (16.55)의 Stanton 수 정의식으로부터 $h_w = c_p T_w = (1004.6)(288) = 2.89 \times 10^5$ J kg이므로,

$$\dot{q}_w = \rho_e u_e (h_{aw} - h_w) C_H = (1.22)(1020)[(6.59 - 2.89) \times 10^5](8 \times 10^{-5})$$

$$= \boxed{3.68 \times 10^4 \text{ W/m}^2}$$

16.5 요약 *Summary*

이 장에서 다룬 평행 유동은 해를 상대적으로 손쉽게 구할 수 있다는 장점과 더불어, 여기서 관찰한 유동 특성은 보다 복잡한 여러 점성 유동의 경우에 공통적으로 적용된다. 이 장에서 진행한 설명의 목적은 유체역학의 복잡성을 피하면서 점성 유동의 여러 기본 개념을 소개하기 위한 것이다. 특히 Couette 유동에 대한 고찰을 통해 다음 사실을 발견할 수 있었다.

1. Couette 유동의 지배력은 움직이는 벽면과 유체 사이에 작용하는 전단응력이다. 비압축성 및 압축성의 경우 모두에 대해 유동 내 전단응력은 일정한 값을 갖는다.
2. 비압축성 Couette 유동의 경우,

$$u = u_e\left(\frac{y}{D}\right) \tag{16.6}$$

$$\tau = \mu\left(\frac{u_e}{D}\right) \tag{16.9}$$

3. 열전달은 벽면 온도와 점성 소산의 정도에 따라 영향을 받는다. 단열 벽면의 경우 벽면 엔탈피는

$$h_{aw} = h_e + r\frac{u_e^2}{2} \tag{16.46a}$$

일정한 값의 Prandtl 수를 갖는 비압축성 및 압축성 Couette 유동에서 회복 인자는

$$r = \text{Pr}$$

그리고 레이놀즈 상사성은 두 경우 모두에 대해 적용된다.

$$\frac{C_H}{c_f} = \frac{1}{2}\text{Pr}^{-1} \tag{16.59}$$

경계층 개론

Introduction to Boundary Layers

고체와 유체 사이의 경계층 내에서 발생하는 물리적 현상은 유체가 벽면에 점착된다는 가정, 즉 벽면과 유체 사이의 상대 속도가 0이라는 가정에 의해 만족스럽게 설명될 수 있다. 만약 점성이 매우 작고 벽면을 따라 흐르는 유체의 운동 경로가 그다지 길지 않다면, 벽면으로부터 매우 짧은 거리에서 유체의 수직 방향 속도 성분이 존재하는 것은 당연하다. 그러나 매우 얇은 두께의 천이층 내에서는 마찰 계수가 매우 작은 경우라 할지라도 속도 변화가 급격하면 유동 현상에 주목할 만한 영향을 미친다.

Ludwig Prandtl, 1904

미리보기 _ *Preview Box*

이 장에서 소개할 새로운 내용을 한마디로 표현하면 그저 놀랍다는 것이다. 유동 내 모든 위치에 점성의 영향이 존재하지만, 물체 표면에 인접한 매우 얇은 유동영역 또는 서로 다른 속도를 갖는 2개의 다른 유동이 만나는 경계면 영역을 *제외하면*, 실질적으로 점성에 의한 영향은 없다고 볼 수 있다. 전자의 얇은 영역을 *경계층*(boundary layer)이라 부르며, 후자의 경우는 *전단층*(shear layer)이라 부른다. 마찰을 고려한 유동 문제의 해를 구하기 위한 수 세기 동안의 노력에도 불구하고 대부분의 경우 별로 소득이 없었으나, 경계층 개념에 대한 이론이 유체역학에 대변혁을 불러왔으며 점성 유동 해석을 보다 다루기 쉬운 주제로 만들었다. 얇은 경계층 내에서 진행되는 물리적 메커니즘으로 표면마찰과 공기역학적 가열 현상, 그리고 물체 표면에서의 유동 박리 현상은 그저 놀라울 뿐이다. 물체 표면의 표면마찰과 공기역학적 가열량을 계산할 수 있다는 것은 참으로 놀라운 일이다. 여기서는 얇은 경계층 내 마찰과 열전도에 대해 다루고자 한다. 유동 영역의 대부분을 차지하는 경계층 밖 유동에 대해서는 여기서 다루지 *않는다*.

이 장에서는 경계층에 대한 내용만을 다루고자 한다. 한번 시작해 보기로 하자. 그리고 여러분 모두 깜짝 놀랄 마음의 준비를 하기 바란다.

17.1 개요 *Introduction*

앞의 문장은 1904년 독일 Heidelberg에서 개최된 제3차 수학자 대회에서 Ludwig Prandtl이 발표한 역사적 논문으로부터 인용한 글귀이다. 이 논문에서 경계층에 대한 개념이 최초로 소개되는데, 이 신개념이 궁극적으로 20세기의 점성 유동 해석에 혁신을 불러왔으며 공기역학적 형상의 물체에서 유동 박리와 항력에 대한 실용적인 계산을 가능하게 했다. Prandtl의 1904년 논문 발표 이전에 15장에서 설명한 Navier-Stokes 방정식은 잘 알려져 있었으며, 실제 공학 문제에서 이러한 방정식의 해를 구하기 위해 유체역학자들이 상당히 애를 쓰고 있었다. 1904년 이후 상황은 완전히 달라진다. 공기역학적 물체 표면에 인접한 경계층이라는 Prandtl의 신개념을 이용하여 Navier-Stokes 방정식을 *경계층 방정식*(boundary-layer equation)이라 부르는 보다 다루기 쉬운 형태로 바꿀 수 있었다. 이어서 경계층 방정식을 풀어 물체 표면의 전단응력 분포와 공기역학적 열전달을 구할 수 있었다. Prandtl의 경계층 개념은 유체역학이라는 학문 분야에서 노벨상 정도를(Prandtl이 노벨상 수상자는 아님) 받아야 마땅한 커다란 진보를 일구어 냈다. 이 장의 목적은 경계층에 대한 일반적 개념과 몇몇 대표적인 응용 예를 소개하는 것이다. 여기서의 목적은 어디까지나 경계층 이론의 개요만을 제공하는 것이므로, 경계층 해석과 응용에 대한 보다 상세한 내용은 참고문헌 40을 참조하기 바란다. 아울러 경계층에 대한 일반 개요를 1.11절에서 다룬 바 있다. 만약 여러분이 아직 해당 부분을 읽지 않았다면 더 이상 진도를 나가기 전에 잠시 틈을 내어 1.11절로 돌아가 보기에 적절한 때이다.

경계층이란 무엇인가? 우리는 이미 앞의 몇 군데에서 경계층이란 용어를 사용하였는데, 1.10절에서 처음으로 개념을 소개하면서 그림 1.42에 이를 나타내었다. 경계층이란 물체 표면 근처의 매우 얇은 유동 영역으로, 이 영역 내에서 물체 표면과 유체 사이의 점성에 의한 영향으로 유동의 속도가 더디어진다. 그림 17.1에 초음속으로 이동하는 물체 주변의 유동에 대한 사진을 예로 수록했는데, 여기서 *섀도우그래프*(shadowgraph) 기술을 사용하여 경계층(충격파, 팽창파 및 후류 영역과 함께) 영역을 관찰할 수 있다(섀도우그래프 방법에 대해서는 참고문헌 25와 26 참조). 물체 크기와 비교해 볼 때 경계층 영역이 얼마나 얇은지 확인할 수 있다. 그러나 경계층 영역이 기하학적으로 유동장에서 차지하는 부분은 극히 제한적이지만, 물체의 항력과 열전달에 미치는 영향은 실로 지대하다. 이 장의 첫머리에 인용한 Prandlt의 표현을 빌리자면, 이는 'marked results(괄목할 만한 결과)'를 초래한다.

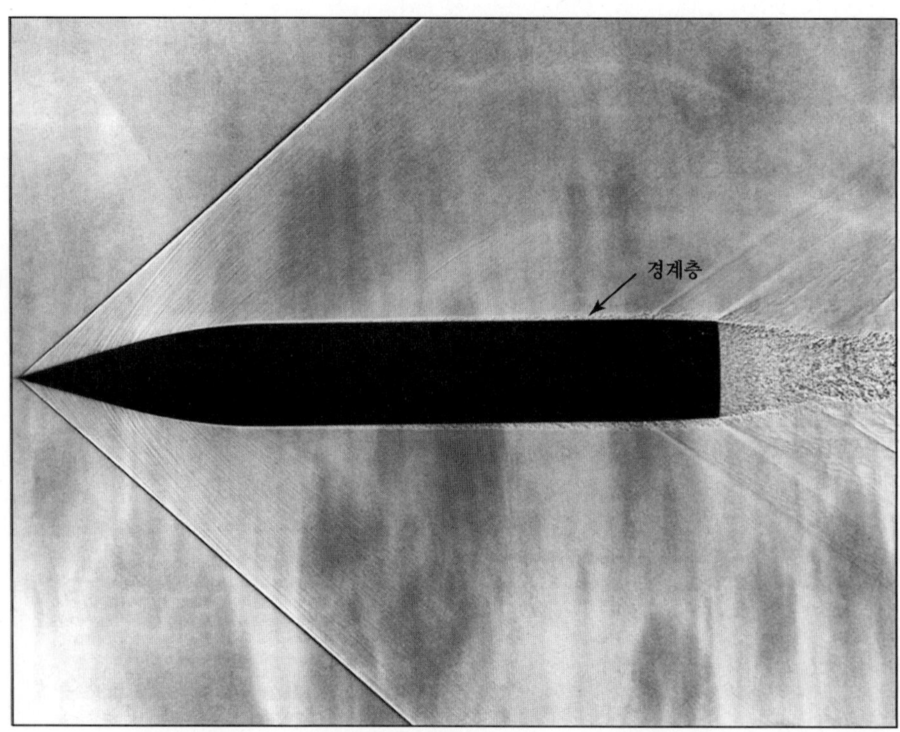

그림 17.1 공기역학적 형상의 물체 표면 위 경계층(*H.S. 사진/Alamy Stock 사진*)

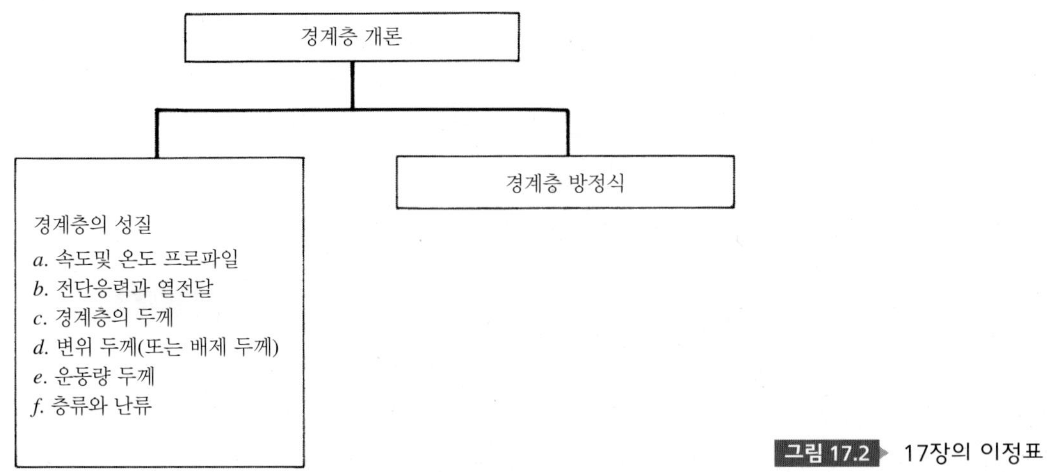

그림 17.2 17장의 이정표

이 장의 목표는 이러한 'marked results'를 살펴보는 것이다. 이 장의 이정표를 그림 17.2에 수록했다. 다음 부분에서 우리는 경계층의 기본적 특성에 대해 논하고자 한다. 이어서 물체 표면에 인접한 얇은 점성 영역 내의 유동에 적용되는 특별한 형태의 연속 방정식, 운동량 방정식, 그리고 에너지 방정식, 즉 경계층 방정식을 유도하는 과정을 설명할 것이다. 경계층 방정식이란 경계층 *내의* 유동을 지배하는 편미분 방정식이다.

마지막으로 15.7절에서 언급했듯이 점성 유동 방정식의 해를 얻기 위한 세 가지 방법 가운데 두 번째 선택안으로서 Navier-Stokes 방정식의 항 중 영향력이 크지 않은 항을 무시함으로써 방정식을 단순화시키는 방법에 대해 소개할 것이다. 이는 16장에서 다룬 Couette 유동의 경우와 같이 정확한 조건을 적용하는 것이 아니라 근사적 방법을 채택하는 경우이다. 이 장에서 Navier-Stokes 방정식을 물체 표면에 인접한 얇은 점성 경계층 유동에 적용하여 보다 간략한 형태의 방정식으로 근사화시킬 수 있음을 발견할 수 있다. 비록 근사식의 형태지만 이로부터 간단한 해를 얻을 수 있다. 이렇게 간략한 형태의 방정식을 경계층 방정식이라 칭하며, 바로 이러한 경계층 방정식이 이 장의 주제이다.

17.2 경계층의 성질 *Boundary-Layer Properties*

그림 17.3의 평판 위 점성 유동을 고려해 보자. 물체 표면에 인접한 얇은 층 내에 점성 효과가 영향을 미치며, 그림 17.3에서는 이해를 위해 두께를 과장하여 표시했다. 물체 표면상에서 유동 속도는 0이며, 이를 15.2절에서 '점착' 조건이라 설명하였다. 추가적으로 물체 표면상에서 유체의 온도는 물체 표면 온도와 같으며, 이를 그림 17.3에 표시한 것처럼 *벽면 온도* T_w라 칭한다. 물체 표면 위쪽으로 유동 속도는 실용적인 목적상 y 방향으로 자유흐름 속도와 같아질 때까지 계속 증가한다고 하자. 이러한 현상은 그림 17.3에 표시했듯이 벽면 위 높이가 δ에 도달했을 때 발생한다. 엄밀히 말하자면 δ는 벽면 위 유동 속도가 $u = 0.99u_e$가 되는 지점까지의 거리로 정의하며, 여기서 u_e는 경계층 밖 가장자리의 유동 속도이다. 평판 위 유동을 표시한 그림 17.3에서 경계층 가장자리의 속도는 V_∞, 즉 $u_e = V_\infty$이다. 일반적인 형상을 가진 물체에서 u_e는 비점성 유동의 속도해를 물체 표면[또는 '유효 물체(effective body)'의 표면, 나중에 다시 설명]에서 계산한 값으로 얻는다. 이러한 양 δ를 *속도 경계층 두께*(velocity boundary-layer thickness)라 칭한다. 그림 17.3에 표시했듯이 주어진 위치 x에서 $y = 0$으로부터 $y = \delta$ 사이 u의 변화, 즉 $u = u(y)$를 경계층 내 속도 *프로파일*이라 정의한다. x 위치가 달라지면 프로파일 모양도 달라진다. 이와 유사하게 벽면 위에서 유동의 온도 역시 변화하는데, $y = 0$에서 $T = T_w$로부터 $y = \delta_T$에서 $T = 0.99T_e$까지 변한다. 여기서 δ_T를 *열 경계층 두께*(thermal boundary-layer thickness)라 정의한다. 그림 17.3에 표시했듯이 특정 x 위치에서 $y = 0$으로부터 $y = \delta_T$까지의 온도 변화, 즉 $T = T(y)$를 경계층 내 온도 *프로파일*이라 칭한다(T_e는 열 경계층 가장자리에서의 온도이다. 그림 17.3의 평판 위 유동에서 $T_e = T_\infty$이다. 일반 형상의 물체에서 T_e는 비점성 유동의 해를 물체 표면 또는 나중에 설명할 '유효 물체' 표면에서 계산한 값으로 얻는다). 따라서 δ의 두께를 갖는 속도 경계층과 δ_T의 두께를 갖는 온도 경계층, 즉 두 가지 종류의 경계층을

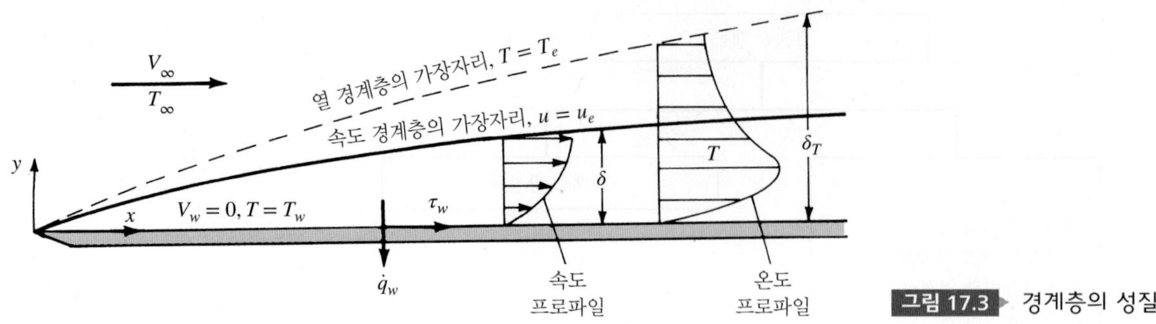

그림 17.3 경계층의 성질

정의할 수 있다. 일반적으로 $\delta_T \neq \delta$이다. 두 경계층의 상대적 두께는 Prandtl 수에 따라 달라지는데, Pr = 1인 경우 $\delta = \delta_T$이며, Pr > 1이면 $\delta_T < \delta$, Pr < 1면 $\delta_T > \delta$의 관계가 성립한다. 표준 조건의 공기에서 Pr = 0.71이므로 그림 17.3과 같이 열 경계층의 두께가 속도 경계층보다 두껍다. 두 종류의 경계층 모두 앞전으로부터 하류 방향으로 거리가 증가할수록 두께 역시 증가하며, 따라서 $\delta = \delta(x)$ 그리고 $\delta_T = \delta_T(x)$로 표시할 수 있다.

벽면 상에서의 속도구배로 인해 벽면 상에 전단응력이 발생한다.

$$\tau_w = \mu \left(\frac{\partial u}{\partial y}\right)_w \tag{17.1}$$

여기서 $(\partial u/\partial y)_w$는 $y = 0$(즉, 벽면 상)에서 평가한 속도구배 값이다. 이와 유사하게 벽면 상의 온도구배는 벽면 상에서의 열전달을 발생시킨다.

$$\dot{q}_w = -k \left(\frac{\partial T}{\partial y}\right)_w \tag{17.2}$$

여기서 $(\partial T/\partial y)_w$는 $y = 0$(즉, 벽면 상)에서 평가한 온도구배 값이다. 일반적으로 τ_w와 $\dot{q}_w$는 모두 앞전으로부터의 거리에 대한 함수로, $\tau_w = \tau_w(x)$ 그리고 $\dot{q}_w = \dot{q}_w(x)$로 표시할 수 있다. 경계층 이론의 중요 목적 중 하나는 바로 τ_w와 $\dot{q}_w$ 값을 계산하는 것이다.

경계층 특성의 하나로 자주 사용되는 것이 *변위 두께* 또는 *배제 두께*(displacement thickness) δ^*로서 아래와 같이 정의된다.

$$\boxed{\delta^* \equiv \int_0^{y_1} \left(1 - \frac{\rho u}{\rho_e u_e}\right) dy \quad \delta \le y_1 \to \infty} \tag{17.3}$$

변위 두께에 대한 두 가지 물리적 해석은 다음과 같다.

1. δ^*는 경계층의 존재로 인해 '손실된 질량 유량(missing mass flow)'에 비례하는 지표이다. 이에 대한 설명을 위해 그림 17.4에 표시한 경계층 바깥 부분 위치 y_1을 고려해 보자. 아울러 $y = 0$에서 $y = y_1$을 연결하는 수직선 위로 통과하는 질량 유량(종이면에 수직한 방향으로의 깊이가 단위 길이당)을 고려해 보자. 그렇다면,

$$A = 0\text{에서 } y_1 \text{ 사이를 통과하는 실제 질량 유량} = \int_0^{y_1} \rho u \, dy$$

$$B = \text{경계층이 존재하지 않을 경우 } 0\text{에서 } y_1 \text{ 사이를 통과하는 가상적 질량 유량} = \int_0^{y_1} \rho_e u_e \, dy$$

$$B - A = \text{경계층의 존재로 인하여 손실된 질량 유량} = \int_0^{y_1} (\rho_e u_e - \rho u) \, dy \tag{17.4}$$

손실된 질량 유량을 $\rho_e u_e$와 높이 δ^*의 곱으로 표시하면,

$$\text{손실된 질량 유량} = \rho_e u_e \, \delta^* \tag{17.5}$$

그림 17.4 변위 두께에 대한 설명을 위한 그림

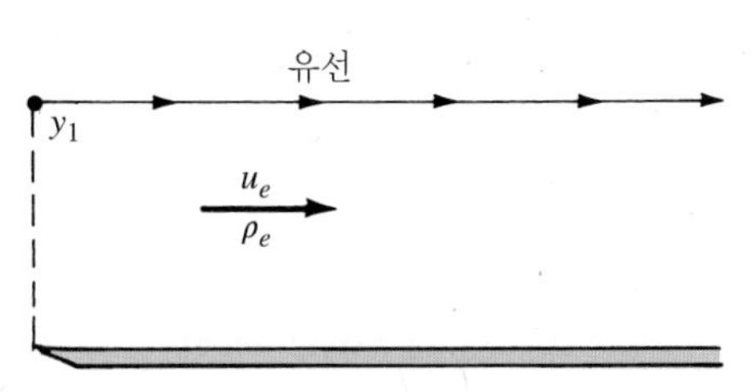

경계층이 없는 가상적 유동(비점성 경우)

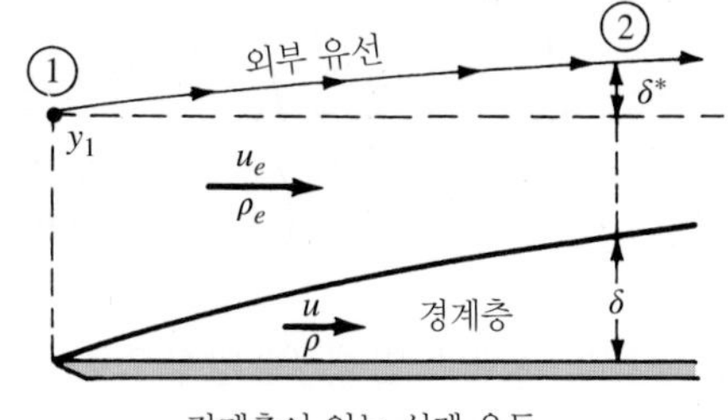

경계층이 있는 실제 유동

그림 17.5 변위 두께란 외부 유동의 유선이 경계층의 존재로 인하여 밀려난 거리이다.

식 (17.4)와 (17.5)를 등식으로 놓으면 아래 식을 얻는다.

$$\rho_e u_e \delta^* = \int_0^{y_1} (\rho_e u_e - \rho u)\, dy$$

또는

$$\delta^* = \int_0^{y_1} \left(1 - \frac{\rho u}{\rho_e u_e}\right) dy \tag{17.6}$$

식 (17.6)은 식 (17.3)으로 주어진 δ^*의 정의식과 동일하다. 따라서 δ^*는 손실된 질량 유량에 비례하는 높이임이 명확하다. 이러한 손실 질량 유량을 유동 성질이 ρ_e와 u_e로 일정한 값을 갖는 유관(streamtube)에 밀어 넣는다고 가정하면, 식 (17.5)는 δ^*가 이러한 가상적 유관의 높이에 해당된다는 것을 의미한다.

2. δ^*에 대한 두 번째 물리적 해석은 첫 번째 경우보다 실용적이다. 그림 17.5와 같은 평판 위 유동을 고려해 보자. 왼편 그림은 표면 위의 가상적인 비점성 유동으로서, y_1 위치를 지나는 유선이 직선 형태이며 평판 표면에 평행하다. 그림 17.5의 오른편에 실제 점성 유동의 경우를 표시하였는데, 여기서 경계층 내 지체된 유동이 자유흐름 유동에 대해 부분적으로 장애물을 형성한 것과 같은 작용을 한다. 결과적으로 경계층 밖 y_1 위치를 지나는 유선이 위 방향으로 거리 δ^*만큼 빗나가게 된다. 따라서 우리는 δ^*가 식 (17.3)으로 정의한 변위 두께(또는 배제 두께)임을 증명한 것이다. 그림 17.5의 위치 ①에서 평판의 표면과 외부 유선 사이를 통과하는 질량 유량(종이면에 수직 방향으로 단위 길이 깊이당)은 다음과 같다.

$$\dot{m} = \int_0^{y_1} \rho_e u_e\, dy \tag{17.7}$$

위치 ②에서 평판의 표면과 외부 유선 사이를 통과하는 질량 유량은 다음과 같다.

$$\dot{m} = \int_0^{y_1} \rho u\, dy + \rho_e u_e \delta^* \tag{17.8}$$

평판의 표면과 외부 유선이 유관의 경계면을 형성하므로, 위치 ①과 ②를 통과하는 질량 유량은 같다. 따라서 식 (17.7)과 (17.8)로부터 우리는 아래 식을 얻을 수 있다.

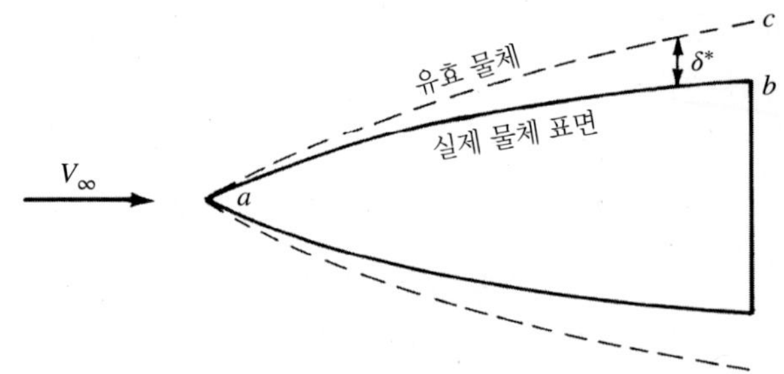

그림 17.6 '유효 물체'는 실제 물체 표면에 변위 두께 분포를 더한 것이다.

$$\int_0^{y_1} \rho_e u_e \, dy = \int_0^{y_1} \rho u \, dy + \rho_e u_e \delta^*$$

또는

$$\delta^* = \int_0^{y_1} \left(1 - \frac{\rho u}{\rho_e u_e}\right) dy \tag{17.9}$$

따라서 그림 17.5의 유선이 경계층의 존재로 인해 위 방향으로 밀려난 높이, 즉 δ^*는 식 (17.9)로 주어진다. 식 (17.9)는 식 (17.3)으로 주어진 변위 두께의 정의식과 정확히 일치한다. 따라서 식 (17.3)에 의해 정의된 변위 두께란 물리적으로 경계층의 존재로 인해 외부의 비점성 유동이 밖으로 밀려난 거리이다.

δ^*에 대한 두 번째 물리적 해석으로부터 *유효 물체*(effective body)라는 개념을 도출할 수 있다. 그림 17.6과 같은 공기역학적 형상을 생각해 보자. 실제 물체의 표면은 곡선 *ab*로 주어진다. 그러나 경계층의 변위 효과로 인해 자유흐름이 실제로 느끼는 물체의 형상은 곡선 *ab*가 아니라 곡선 *ac* 형태의 유효 물체이다. 실제 물체 *ab*의 경계층 가장자리에서 유동 조건 ρ_e, u_e, T_e 등의 값을 얻기 위해서는 비점성 유동의 해를 구한 후 유효 물체, 즉 곡선 *ac* 상에서 ρ_e, u_e, T_e 등의 값을 계산함으로써 목적을 달성할 수 있다.

식 (17.3)으로부터 δ^* 값을 계산하기 위해 우리는 경계층 유동의 해로부터 얻은 u와 ρ의 프로파일이 필요하다. 이어서 경계층 유동을 풀기 위해서는 ρ_e, u_e, T_e 등의 값이 필요하다. 그러나 ρ_e, u_e, T_e 등의 값은 δ^* 값에 영향을 받는다. 따라서 반복계산 기법이 동원되어야 한다. 그림 17.6의 물체 표면에서 압력 분포와 아울러 경계층 특성을 정확히 계산하기 위해서는 다음 절차를 따라야 한다.

1. 주어진 물체 형상 *ab*에 대해 비점성 해를 구한 후, 곡선 *ab*를 따라 ρ_e, u_e, T_e 등의 값을 산출한다.
2. ρ_e, u_e, T_e 등의 값을 사용하여(17.3~17.6절에서 설명한) 경계층 방정식을 풀고, 이로부터 물체 표면 상의 여러 지점에서 $u = u(y)$, $\rho = \rho(y)$ 등을 구한다.
3. 식 (17.3)으로부터 여러 지점에서의 δ^* 값을 구한다. 이는 적절한 유효 물체 표면이 아닌 곡선 *ab*상에서 산출한 ρ_e, u_e, T_e 등의 값이 사용되었으므로 정확한 δ^* 값이 아니다. 이 중간과정의 δ^* 값을 사용하여 곡선 *ac'*로(그림 17.6에는 표시되지 않음) 주어지는 유효 물체 표면을 계산한다.
4. 중간과정의 유효 물체 *ac'* 주변 유동에 대해 비점성 해를 다시 구하고, 이를 사용하여 *ac'* 상에서 새로운 ρ_e, u_e, T_e 등의 값을 산출한다.
5. 이번 과정에서 구한 해와 이전 과정에서 구한 해의 값 차이가 발생하지 않을 때까지 단계 2에서 단계 4까지의 과정을 반복해서 계산한다. 이 단계에 도달하면 수렴된 해를 얻을 수 있으며, 이 해가 바로 그림 17.6의 유효 물체 곡선 *ac* 주변 유동에 부합되는 최종 결과이다.

어떤 경우에는 경계층의 두께가 너무 얇아 무시할 정도가 될 수 있으며, 이러한 경우 실제 물체 표면(그림 17.6의 곡선 *ab*) 상에서 비점성 유동해로부터 바로 산출한 ρ_e, u_e, T_e 등의 값으로부터 경계층 해를 얻을 수도 있다. 그러나 경계층의 두께가 상대적으로 큰 경우(14장에서 다루었던 극초음속 유동과 같은 경우)보다 정확한 해를 구하기 위해서는 위에 언급한 반복계산 절차를 반드시 수행해야 한다. 또한 일반적으로 δ^* 값이 δ 값보다 작다는 것에 유의하기 바란다. 일반적으로 $\delta^* \approx 0.3\,\delta$ 정도이다.

경계층의 주요 특성으로 *운동량 두께*(momentum thickness) θ는 아래와 같이 정의한다.

$$\theta \equiv \int_0^{y_1} \frac{\rho u}{\rho_e u_e}\left(1 - \frac{u}{u_e}\right) dy \qquad \delta \leq y_1 \to \infty \tag{17.10}$$

θ에 대한 물리적 해석을 위해 그림 17.4를 다시 살펴보자. dy 부분을 통과하는 질량 유량은 $dm = \rho u\, dy$로 주어진다. 그러면

$$A = dy\text{를 통과하는 유동의 운동량} = dm\, u = \rho u^2\, dy$$

속도 u_e를 갖는 자유흐름에서 같은 질량을 갖는 유동 요소의 운동량은,

$$B = \text{자유흐름에서 질량 } dm\text{이 보유한 유동 운동량} = dm\, u_e = (\rho u\, dy) u_e$$

따라서

$$B - A = \text{질량 } dm\text{의 유동 운동량 결손(유동 운동량 손실)} = \rho u(u_e - u)\, dy \tag{17.11}$$

$y = 0$에서 $y = y_1$까지 수직선 위를 통과하는 유동 운동량의 총 결손은 그림 17.4로부터 식 (17.11)의 적분으로 주어진다.

$$\text{유동 운동량의 총 결손, 또는 유동 운동량 손실분} = \int_0^{y_1} \rho u(u_e - u)\, dy \tag{17.12}$$

유동 운동량 손실분을 $\rho_e u_e^2$과 높이 θ의 곱으로 가정하면,

$$\text{유동 운동량 손실} = \rho_e u_e^2 \theta \tag{17.13}$$

식 (17.12)와 (17.13)을 같다고 놓으면 다음 식을 얻는다.

$$\rho_e u_e^2 \theta = \int_0^{y_1} \rho u(u_e - u)\, dy$$

$$\theta = \int_0^{y_1} \frac{\rho u}{\rho_e u_e}\left(1 - \frac{u}{u_e}\right) dy \tag{17.14}$$

식 (17.14)는 식 (17.10)에 의해 주어진 운동량 두께의 정의식과 정확히 일치한다. 따라서 θ는 경계층의 존재로 인해 발생하는 유동 운동량 손실분에 비례하는 지표이다. 이는 자유흐름 조건에서 발생한 유동 운동량 손실분을 통과시킬 수 있는 가상적 유관의 높이를 나타낸다.

$\theta = \theta(x)$임에 유의하라. 경계층 이론에 대한 보다 상세한 토론을 통해, θ는 주어진 위치 $x = x_1$에서 앞전으로부터 x_1까지의 마찰 항력 계수를 적분한 양에 비례한다는 것을 증명할 수 있다. 즉,

$$\theta(x_1) \propto \frac{1}{x_1}\int_0^{x_1} c_f\, dx = C_f$$

여기서 c_f는 1.5절에서 정의한 국소적 표면마찰 계수이고, C_f는 $x = 0$에서부터 $x = x_1$까지의 표면 길이에 대한 총 표면마찰 항력 계수이다. 따라서 운동량 두께라는 개념은 항력 계수를 예측하는 데 매우 유용하다.

위에서 설명한 여러 가지 경계층 성질은 일반적인 개념으로서, 압축성 및 비압축성 유동 모두에 적용할 수 있으며 층류와 난류 유동에도 모두 적용할 수 있다. 층류와 난류 유동의 차이에 대해서는 15.2절에서 설명하였다. 여기서는 운동량 및 에너지 교환이 활발하게 발생하는 난류 경계층의 특성으로 인해 난류 경계층 두께가 층류 경계층보다 더 두껍다는 사실을 강조하고자 한다. 다시 말해 경계층 가장자리에서의 조건 ρ_e, u_e, T_e 등의 값이 같다면, $\delta_{\text{turbulent}} > \delta_{\text{laminar}}$ 그리고 $(\delta_T)_{\text{turbulent}} > (\delta_T)_{\text{laminar}}$이다. 그림 15.8과 같이 경계층 유동이 층류에서 난류로 바뀌면 경계층의 두께가 상당히 증가한다. 이와 유사하게 δ^*와 δ도 난류의 경우 더 커진다.

17.3 경계층 방정식 *The Boundary-Layer Equation*

이 장의 나머지 부분에서 우리는 2차원, 정상 유동에 대해 고려하기로 한다. 15.6절에서 무차원 형태의 x 운동량 방정식(Navier-Stokes 방정식 중 하나)을 식 (15.29)에 주어진 것과 같은 형태로 유도하였다.

$$\rho' u' \frac{\partial u'}{\partial x'} + \rho' v' \frac{\partial u'}{\partial y'} = -\frac{1}{\gamma M_\infty^2} \frac{\partial p'}{\partial x'} + \frac{1}{\mathrm{Re}_\infty} \frac{\partial}{\partial y'} \left[\mu' \left(\frac{\partial v'}{\partial x'} + \frac{\partial u'}{\partial y'} \right) \right] \tag{15.29}$$

이제부터 식 (15.29)를 경계층 내에서 적절히 성립하는 근사적인 형태로 간소화해 보자.

그림 17.7과 같이 길이가 c인 평판 위를 따라 형성되는 경계층을 고려하자. 경계층 이론에서 기본적 가정은 경계층의 두께가 물체의 길이 스케일과 비교하여 매우 얇다는 것이다. 즉,

$$\boxed{\delta \ll c} \tag{17.15}$$

정상, 2차원 유동에서의 연속 방정식은

$$\frac{\partial(\rho u)}{\partial x} + \frac{\partial(\rho v)}{\partial y} = 0 \tag{17.16}$$

15.6절에서 정의한 무차원 변수를 사용하면 식 (17.16)은 다음과 같이 표현된다.

$$\frac{\partial(\rho' u')}{\partial x'} + \frac{\partial(\rho' v')}{\partial y'} = 0 \tag{17.17}$$

u'는 벽면에서 0으로부터 경계층 가장자리에서 1까지 변하므로, u'의 *크기 정도*(order of magnitude)를 1이라 하고 $O(1)$으로 표시하자. 이와 유사하게 $\rho = O(1)$이다. 또한 x는 0에서 c까지 변하므로 $x' = O(1)$이다. 그러나 y는 0에서 δ까지 변하며, 여기서 $\delta \ll c$이므로 y'는 크기의 정도가 *더 작고* 이를 $y' = O(\delta/c)$로 표시하자. 보편성을 유지하면서, c가 단위 길이의 크기를 갖는다고 가정할 수 있다. 따라서 $y' = O(\delta)$이다. 이러한 크기의 정도를 식 (17.17)에 대입하면 다음 식을 얻을 수 있다.

$$\frac{[O(1)][O(1)]}{O(1)} + \frac{[O(1)][v']}{O(\delta)} = 0 \tag{17.18}$$

식 (17.18)로부터 명백히 v'는 δ와 같은 정도의 크기를 가져야 하므로, $v' = O(\delta)$이다. 이제 식 (15.29)에서 각 항들이 갖는 크기 정도를 살펴보면 아래의 관계를 얻을 수 있다.

$$\rho' u' \frac{\partial u'}{\partial x'} = O(1) \qquad \rho' v' \frac{\partial u'}{\partial y'} = O(1) \qquad \frac{\partial p'}{\partial x'} = O(1)$$

$$\frac{\partial}{\partial y'}\left(\mu' \frac{\partial v'}{\partial x'}\right) = O(1) \qquad \frac{\partial}{\partial y'}\left(\mu' \frac{\partial u'}{\partial y'}\right) = O\left(\frac{1}{\delta^2}\right)$$

따라서 식 (15.29)를 크기 정도를 표시하는 차수 방정식(order-of-magnitude equation)으로 표현하면 다음과 같다.

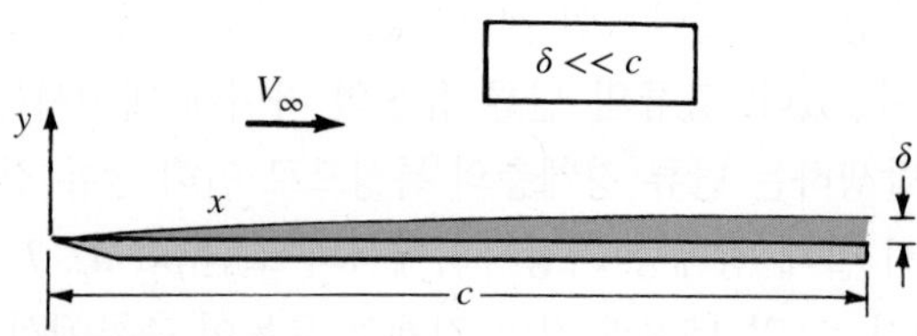

그림 17.7 경계층 이론에서의 기본적 가정: 물체의 스케일과 비교하여 경계층은 매우 얇다.

$$O(1) + O(1) = -\frac{1}{\gamma M_\infty^2} O(1) + \frac{1}{\text{Re}_\infty} \left[O(1) + O\left(\frac{1}{\delta^2}\right) \right] \tag{17.19}$$

이제 경계층 이론의 또 다른 가정, 즉 *레이놀즈수가 매우 크다*는 가정을 도입해 보자. 레이놀즈수가 아래와 같은 관계식이 성립할 수 있을 만큼 크다고 하면,

$$\boxed{\frac{1}{\text{Re}_\infty} = O(\delta^2)} \tag{17.20}$$

그러면 식 (17.19)는 다음과 같이 표현된다.

$$O(1) + O(1) = -\frac{1}{\gamma M_\infty^2} O(1) + O(\delta^2) \left[O(1) + O\left(\frac{1}{\delta^2}\right) \right] \tag{17.21}$$

식 (17.21)에서 다른 항들보다 크기 정도가 매우 작은 항이 하나 존재하는데, 바로 곱으로 표시된 $O(\delta^2)[O(1)] = O(\delta^2)$ 항이다. 이 항은 식 (15.29)에서 $(1/\text{Re}_\infty)\partial/\partial y'(\mu'\partial v'/\partial x')$에 해당하는 항이다. 따라서 식 (15.29)의 다른 항과 비교해 볼 때 이 항은 *무시할* 수 있다. 따라서 다음 식을 얻는다.

$$\rho' u' \frac{\partial u'}{\partial x'} + \rho' v' \frac{\partial u'}{\partial y'} = -\frac{1}{\gamma M_\infty^2} \frac{\partial p'}{\partial x'} + \frac{1}{\text{Re}_\infty} \frac{\partial}{\partial y'} \left(\mu' \frac{\partial u'}{\partial y'} \right) \tag{17.22}$$

차원을 보유한 변수로 표현하면 식 (17.22)는 아래와 같이 표현된다.

$$\rho u \frac{\partial u}{\partial x} + \rho v \frac{\partial u}{\partial y} = -\frac{\partial p}{\partial x} + \frac{\partial}{\partial y} \left(\mu \frac{\partial u}{\partial y} \right) \tag{17.23}$$

식 (17.23)은 레이놀즈수가 큰 얇은 경계층 내 유동에 적용할 수 있는 근사적 x 운동량 방정식이다.

식 (15.19*b*)로부터(수직응력 τ_{yy}는 무시함) 2차원, 정상 유동에서의 y 운동량 방정식을 고려하면 다음 식을 얻을 수 있다.

$$\rho u \frac{\partial v}{\partial x} + \rho v \frac{\partial v}{\partial y} = -\frac{\partial p}{\partial y} + \frac{\partial}{\partial x} \left[\mu \left(\frac{\partial v}{\partial x} + \frac{\partial u}{\partial y} \right) \right] \tag{17.24}$$

무차원 변수를 도입하면 식 (17.24)는 다음과 같이 표현된다.

$$\rho' u' \frac{\partial v'}{\partial x'} + \rho' v' \frac{\partial v'}{\partial y'} = -\frac{1}{\gamma M_\infty^2} \frac{\partial p'}{\partial y'} + \frac{1}{\text{Re}_\infty} \frac{\partial}{\partial x'} \left[\mu' \left(\frac{\partial v'}{\partial x'} + \frac{\partial u'}{\partial y'} \right) \right] \tag{17.25}$$

식 (17.25)를 크기 정도를 표시하는 차수 방정식으로 바꾸어 표현하면 다음과 같다.

$$O(\delta) + O(\delta) = -\frac{1}{\gamma M_\infty^2} \frac{\partial p'}{\partial y'} + O(\delta^2) \left[O(\delta) + O\left(\frac{1}{\delta}\right) \right] \tag{17.26}$$

식 (17.26)으로부터 $\gamma M_\infty^2 = O(1)$이라 가정하면 $\partial p'/\partial y' = O(\delta)$임을 알 수 있다. δ은 매우 작은 값의 양이므로, 이는 $\partial p'/\partial y'$가 매우 작은 양이라는 것을 의미한다. 따라서 경계층에 대한 y 운동량 방정식은 아래와 같아진다.

$$\frac{\partial p}{\partial y} = 0 \tag{17.26a}$$

식 (17.26*a*)는 매우 중요하다. 이 식이 의미하는 바는 어느 주어진 x 위치에서 *표면에 수직인 방향으로 압력이 일정한 값을 갖는다는 것이다*. 즉, 경계층 가장자리의 압력 분포가 변화 없이 그대로 물체 표면까지 작용한다는 것이다. 따라서 경계층 내부에서 $p = p(x) = p_e(x)$다.

극초음속 마하수의 경우와 같이 M_∞^2이 매우 큰 경우 식 (17.26)에서 $\partial p'/\partial y'$가 반드시 작은 양이 되는 것은 아니

다. 예를 들어 $1/\gamma M_\infty^2 = O(\delta)$이 되도록 M_∞가 큰 값을 갖는 경우라면, $\partial p'/\partial y'$가 $O(1)$ 정도의 크기를 가질 수도 있다. 그런 경우라 할지라도 식 (17.26)은 계속 만족된다. 따라서 상당히 큰 값의 극초음속 마하수의 경우 경계층에 수직인 방향으로 p가 일정한 값을 갖는다는 가정이 항상 타당하다고 할 수 없다.

식 (15.26)으로 주어진 일반적인 에너지 방정식을 고려해 보자. 2차원, 정상 유동에 대해 에너지 방정식을 무차원 변수를 도입하여 표시한 식은 식 (15.33)으로 주어진다. 이 식에 $e = h - p/\rho$를 대입한 후 운동량 방정식에 속도를 곱하여 에너지 방정식에서 뺀 후 위의 경우와 유사하게 크기 정도 차수에 대한 해석(order-of-magnitude analysis)을 수행하면, 우리는 다음과 같은 경계층 에너지 방정식을 얻을 수 있다.

$$\rho u \frac{\partial h}{\partial x} + \rho v \frac{\partial h}{\partial y} = \frac{\partial}{\partial y}\left(k \frac{\partial T}{\partial y}\right) + u \frac{\partial p}{\partial x} + \mu \left(\frac{\partial u}{\partial y}\right)^2 \tag{17.27}$$

자세한 유도과정은 여러분의 몫으로 남겨 둔다.

요약하자면, $\delta \ll c$와 $\text{Re} \geq 1/\delta^2$이라 가정한 후 15장에서 유도한 완전한 형태의 Navier-Stokes 방정식을 경계층에 대하여 적용할 수 있는 보다 간단한 형태로 간략화시킬 수 있다. 이러한 경계층 방정식은 다음과 같다.

$$\text{연속 방정식:} \quad \frac{\partial(\rho u)}{\partial x} + \frac{\partial(\rho v)}{\partial y} = 0 \tag{17.28}$$

$$x \text{ 운동량 방정식:} \quad \rho u \frac{\partial u}{\partial x} + \rho v \frac{\partial u}{\partial y} = -\frac{dp_e}{dx} + \frac{\partial}{\partial y}\left(\mu \frac{\partial u}{\partial y}\right) \tag{17.29}$$

$$y \text{ 운동량 방정식:} \quad \frac{\partial p}{\partial y} = 0 \tag{17.30}$$

$$\text{에너지 방정식:} \quad \rho u \frac{\partial h}{\partial x} + \rho v \frac{\partial h}{\partial y} = \frac{\partial}{\partial y}\left(k \frac{\partial T}{\partial y}\right) + u \frac{dp_e}{dx} + \mu \left(\frac{\partial u}{\partial y}\right)^2 \tag{17.31}$$

Navier-Stokes 방정식의 경우와 마찬가지로 경계층 방정식 역시 비선형 형태임에 유의하라. 그러나 경계층 방정식이 보다 간단한 형태이며, 따라서 신속하게 해를 구할 수 있다. 또한 $p = p_e(x)$이므로, 식 (17.23)과 (17.27)에서의 압력구배 $\partial p/\partial x$는 식 (17.29)와 (17.31)에서 dp_e/dx로 다시 표현할 수 있다. 위 방정식에서 미지수는 u, v, ρ, h다. p는 $p = p_e(x)$로부터 알려져 있고, μ와 k는 온도에 따라 변화하는 유체의 성질이다. 방정식 시스템을 완전한 형태로 만들기 위하여 아래 두 식을 추가한다.

$$p = \rho R T \tag{17.32}$$

$$h = c_p T \tag{17.33}$$

따라서 식 (17.28)과 (17.29), 그리고 식 (17.31)~(17.33)의 5개 방정식과 5개 미지수 u, v, ρ, T, h로서 완전한 방정식 시스템을 갖출 수 있다.

위 방정식에 대한 경계 조건은 다음과 같다.

벽면에서: $y = 0 \quad u = 0 \quad v = 0 \quad T = T_w$

경계층 가장자리에서: $y \to \infty \quad u \to u_e \quad T \to T_e$

경계층의 두께를 미리 알 수 없으므로 경계층 가장자리에서의 경계 조건은 매우 큰 값의 y, 즉 y가 무한대인 지점에 대해 주어진 것에 유의하라.

17.4 경계층 방정식을 어떻게 풀 수 있는가? *How Do We Solve the Boundary-Layer Equations?*

식 (17.28)~(17.31)로 주어진 경계층 방정식을 다시 살펴보기 바란다. 경계층 방정식도 Navier-Stokes 방정식과 마찬가지로 서로 얽힌 시스템의 비선형 편미분 방정식이므로 일반 해석적 해가 오늘날까지 알려지지 않은 방정식 시스템인가? 이에 대한 답은 부분적으로 '그렇다'지만 약간의 차이가 있다. 경계층 방정식은 Navier-Stokes 방정식보다 간단하다. 특히 식 (17.30)의 경계층 y 운동량 방정식의 경우 물체 표면을 따라 어느 지점에서든 표면에 수직한 방향으로 압력이 일정한 값을 갖는다는 것을 의미하므로, 경계층 내 유동에 대해 의미 있는 해를 구할 수 있다는 가능성에 있어 희망적이다. 거의 백 년간 엔지니어와 과학자들은 여러 가지 다른 방법으로 경계층 방정식을 '다루어 왔으며', 몇 가지 실제 응용문제에 대해 어느 정도 합리적인 답을 얻을 수 있었다. 이러한 경계층 방정식의 해에 대해 다룬 책 중 가장 완벽하고 권위 있는 것은 Hermann Schlichting(참고문헌 40)의 저서이다.

18장과 19장에서 이러한 경계층 방정식의 해를 얻기 위한 방법과 몇 가지 실용적인 결과에 대해 다룰 예정이다. 경계층 방정식의 해는 두 가지 부류로 나눌 수 있는데 (1) 그중 일부는 1908년까지 거슬러 올라가는 고전적 해(classical solutions)와 (2) 현대적 전산유체역학 기법에 의해 얻을 수 있는 수치해(numerical solutions)가 그것이다. 후속 장에서 이들 두 부류의 해에 대한 예를 다룰 것이다. 해를 얻기 위한 방법에 따른 분류와 더불어 경계층 해를 다시 *물리적 근거*에 따라 층류 경계층과 난류 경계층으로 나눌 수 있다. 15.2절에서 설명했듯이, 층류와 난류의 성질은 상당히 다르기 때문에 이러한 분류는 당연하다. 어떤 형태의 유동 문제는 실제로 층류 경계층에 대해 *엄밀*해(exact solution)를 얻을 수 있다. 오늘날까지도 난류(turbulence) 현상에 대한 완벽한 이해에 도달하지 못했기 때문에 난류 경계층에 대한 엄밀해는 얻을 수 *없다*. 따라서 난류 경계층 해를 얻기 위해서는 어떤 형태이든 난류 현상을 근사적으로 모델링하는 기법에 의존해야 한다. 이러한 명암은 여러분이 18장의 층류 경계층과 19장의 난류 경계층 부분을 읽고 난 후 보다 명확하게 이해할 수 있다. 층류 경계층 이론은 매우 다루기 쉽지만 난류 경계층 이론은 그렇지 않다는 것을 여러분은 발견하게 될 것이다. 유감스럽게도 모든 자연현상은 항상 난류 경향으로 진행되며, 따라서 대부분의 실제 경계층 문제는 난류 경계층으로 다루어야 한다. 달리 표현하자면 층류 경계층에서의 표면마찰과 공기역학적 가열 현상에 대한 공학적 계산이 훨씬 간단하면서도 신뢰성이 높다는 것이다.

마지막으로 '경계층 해'라는 것이 무엇을 의미하는지 짚고 넘어가자. 식 (17.28)~(17.31)의 해는 경계층 내 속도 및 온도 프로파일로 귀결된다. 그러나 해로부터 우리가 필요로 하는 *실제* 정보는 τ_w와 $\dot{q}_w$로서, 각각 *표면* 전단응력과 열전달량이다. 이들은 다음 식으로 주어진다.

$$\tau_w = \mu_w \left(\frac{\partial u}{\partial y}\right)_w \tag{17.34}$$

그리고

$$\dot{q}_w = k_w \left(\frac{\partial T}{\partial y}\right)_w \tag{17.35}$$

여기서 아래첨자 w는 벽면에서의 조건을 의미한다. *질문*: $(\partial u/\partial y)_w$와 $(\partial T/\partial y)_w$ 값은 어디에서 오는가? *답*: 경계층 방정식의 해에서 구한 속도 및 온도 프로파일에서 얻는다. 즉, 벽면에서 프로파일 값인 $(\partial u/\partial y)_w$와 $(\partial T/\partial y)_w$ 값을 계산하여 구한다. 따라서 공학적 결과 중 가장 중요한 것으로 간주되는 벽면의 τ_w와 $\dot{q}_w$ 값을 얻기 위해서는, 실용적 관점에서는 흥미가 다소 떨어지더라도 경계층 내 속도 및 온도 프로파일을 구하기 위해 먼저 경계층 방정식을 풀어야 한다.

17.5 요약 *Summary*

그림 17.2의 이정표로 돌아가 각 상자에 표시된 내용이 익숙하게 느껴지는지 확인해 보라. 경계층에 대한 이 장의 토론에서 가장 중요한 부분을 요약하면 다음과 같다.

경계층 이론에서 관심을 가져야 하는 기본 물리량은 속도, 열 경계층 두께인 δ와 δ_T, 전단응력 τ_w, 그리고 표면에서의 열전달 $\dot{q}_w$다. 도중에 우리는 두 가지 종류의 두께를 정의했는데, 변위 두께 또는 배제 두께(displacement thickness)

$$\delta^* \equiv \int_0^{y_1} \left(1 - \frac{\rho u}{\rho_e u_e}\right) dy \qquad \delta \leq y_1 \to \infty \tag{17.3}$$

그리고 운동량 두께(momentum thickness)

$$\theta \equiv \int_0^{y_1} \frac{\rho u}{\rho_e u_e}\left(1 - \frac{u}{u_e}\right) dy \qquad \delta \leq y_1 \to \infty \tag{17.10}$$

δ^*와 θ 모두 경계층의 존재로 인한 유동 내 손실과 관련된다. δ^*는 질량 유량 손실에 비례하며, θ는 유동 운동량 손실에 비례한다. 추가적으로 δ^*는 바깥의 비점성 유동이 경계층의 존재로 인해 물체 표면으로부터 밀려나간 거리다. 물체 형상에 δ^*를 더한 새로운 형상을 비점성 유동이 감지하는 유효 물체라 정의한다.

크기 정도 차수에 대한 분석에 의해 2차원 유동 Navier-Stokes 방정식은 다음의 경계층 방정식으로 간략화 할 수 있다.

연속 방정식:

$$\frac{\partial(\rho u)}{\partial x} + \frac{\partial(\rho v)}{\partial y} = 0 \tag{17.28}$$

x 운동량 방정식:

$$\rho u\frac{\partial u}{\partial x} + \rho v\frac{\partial u}{\partial y} = -\frac{dp_e}{dx} + \frac{\partial}{\partial y}\left(\mu\frac{\partial u}{\partial y}\right) \tag{17.29}$$

y 운동량 방정식:

$$\frac{\partial p}{\partial y} = 0 \tag{17.30}$$

에너지 방정식:

$$\rho u\frac{\partial h}{\partial x} + \rho v\frac{\partial h}{\partial y} = \frac{\partial}{\partial y}\left(k\frac{\partial T}{\partial y}\right) + u\frac{dp_e}{dx} + \mu\left(\frac{\partial u}{\partial y}\right)^2 \tag{17.31}$$

이상의 방정식에 다음의 경계 조건을 적용한다.

벽면에서: $y = 0 \quad u = 0 \quad v = 0 \quad h = h_w$

경계층의 가장자리에서: $y \to \infty \quad u \to u_e \quad h \to h_e$

위 경계층 방정식은 $\delta \ll c$, Re는 크며 M_∞는 과도하게 큰 값이 아니라는 가정하에 성립한다.

층류 경계층

Laminar Boundary Layers

Lamina — 얇은 스케일 또는 얇은 판. 다른 것 위에 놓인 층 또는 외피.

Funk and Wagnalls Standard Desk Dictionary, 1964

미리보기_*Preview Box*

이제 경계층 방정식을 풀고 이를 이용하여 물체 표면의 표면마찰이나 공기역학적 가열 현상 계산에 필요한 실용적 공식들을 얻기 위해 문제의 핵심에 접근하고자 한다. 그러나 방정식의 해는 경계층 내 유동이 층류인지 난류인지에 따라 달라진다. 또한 그 차이는 실로 엄청날 수 있다. 이러한 현상 차이가 매우 중요하므로 각 경우에 대해 별도의 장을 마련하고자 하며, 이 장에서는 층류 경계층을 그리고 19장에서는 난류 경계층을 다루고자 한다.

층류 경계층이 상대적으로 다루기 쉽기 때문에 먼저 이에 대해 설명하겠다. 난류 경계층보다 층류 경계층에 대한 해석이 이론적인 면에서 보다 순수하다. 이 장에서 여러분은 지적으로 편안함을 느낄 수 있으므로, 느긋하게 앉아 지적인 경험을 즐기기 바란다.

18.1 개요 *Introduction*

경계층에 대한 이론적 해석이라는 거창한 주제 내에서 볼 때, 층류 경계층의 해는 난류 경계층과 비교하여 훨씬 다루기 수월하다. 이 장에서는 층류 경계층에 대해서만 설명하고, 19장에서 난류 경계층을 다루고자 한다. 15.1절에서 층류 및 난류 유동에 대한 기본적 정의에 대해 설명했고, 그림 15.5와 15.6에 유동 특징이 나와 있으니 복습하기를 권한다.

그림 18.1에 이 장의 이정표가 주어져 있다. 먼저 18.2절에서 자기-상사해(self-similar solution)라는 제목하에 정의될 이론적으로 탄탄하게 확립된 고전적 층류 경계층 해를 먼저 다룰 것이다. 그림 18.1의 이정표 왼편에 표시했듯이 여기서 우리는 평판 위 비압축성 및 압축성 유동 모두에 대해 설명하고자 한다. 선두부가 무딘 형상인 물체(blunt-nosed body)의 정체점(stagnation point) 근처 영역 경계층 해에 대해서도 다룰 것이다. 앞의 경우 경계층 해는 고속 비행체에 중요한 정보인 정체점의 공기역학적 가열량에 대한 정보를 제공하므로 매우 중요하다. 고전적인 압축성 경계층 해의 한 부분으로 기준 온도법(reference temperature method)에 대해서도 설명하고자 한다. 이는 고전적인 비압축성 경계층 해를 사용하여 압축성 유동의 표면마찰과 공력 가열을 예측할 수 있는 매우 유용한 공학적 계산법이다. 그리고 그림 18.1의 오른편으로 이동하여 층류 경계층의 보다 현대적인 전산유체역학적 해에 대하여 토의할 것이다. 고전적인 자기-상사해의 경우 평판 또는 정체점 부근과 같이 매우 제한된(그러나 매우 중요한) 몇몇 응용에만 적용할 수 있으나, CFD 수치해의 경우 임의의 형상을 한 물체 주변 모든 층류 경계층에 대해 적용이 가능하다.

주: 이 장이 진행되면서 16장에서 다루어 이미 익숙한 Couette 유동 결과와 개념을 다시 접하게 된다. 이는 실제로 16장에서 이러한 개념을 도입하고 상대적으로 명확한 기본적인 유동 문제를 보다 복잡한 경계층 해에 대해 다루기 전에 설명한 주요 이유 중 하나이다.

18.2 평판 위의 비압축성 유동: Blasius 해 *Incompressible Flow over a Flat Plate: The Blasius Solution*

그림 17.7에서와 같이 받음각이 0°인 평판 위의 비압축성 2차원 유동에 대해 고려해 보자. 이러한 유동은 ρ = 일정, μ = 일정, 그리고 $dp_e/dx = 0$ ($\alpha = 0$인 평판 위 비점성 유동의 경우 평판 표면의 압력이 일정한 값을 갖기 때문)이다. 더구나 비압축성 유동의 속도장을 계산하기 위해 에너지 방정식이 필요 없음을 기억하기 바란다. 따라서 경계층 방정식인 식 (17.28)~(17.31)은 아래 식으로 귀결된다.

$$\frac{\partial u}{\partial x} + \frac{\partial v}{\partial y} = 0 \tag{18.1}$$

$$u\frac{\partial u}{\partial x} + v\frac{\partial u}{\partial y} = \nu\frac{\partial^2 u}{\partial y^2} \tag{18.2}$$

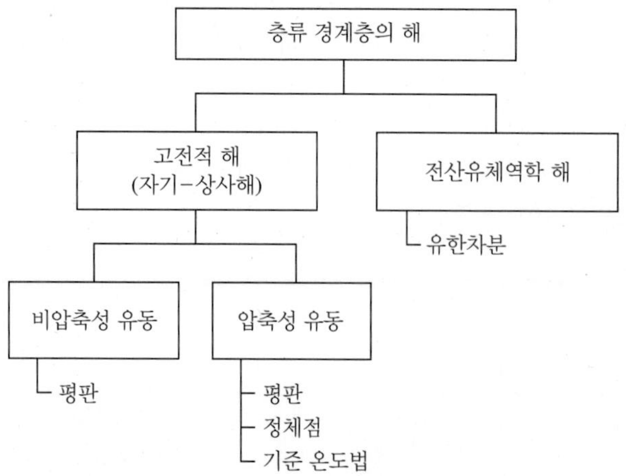

그림 18.1 ▶ 18장의 이정표

$$\frac{\partial p}{\partial y} = 0 \tag{18.3}$$

여기서 ν는 *동점성 계수*(kinematic viscosity)로 $\nu \equiv \mu/\rho$로 정의된다.

이제부터 여러 경계층 해를 구하는 데 공통적으로 적용되는 절차를 소개해 보자. 독립변수 (x, y)를 (ξ, η)로 변환시킨다. 여기서,

$$\xi = x \quad \text{그리고} \quad \eta = y\sqrt{\frac{V_\infty}{\nu x}} \tag{18.4}$$

연쇄 법칙(chain rule)을 사용하여 아래 도함수를 구한다.

$$\frac{\partial}{\partial x} = \frac{\partial}{\partial \xi}\frac{\partial \xi}{\partial x} + \frac{\partial}{\partial \eta}\frac{\partial \eta}{\partial x} \tag{18.5}$$

$$\frac{\partial}{\partial y} = \frac{\partial}{\partial \xi}\frac{\partial \xi}{\partial y} + \frac{\partial}{\partial \eta}\frac{\partial \eta}{\partial y} \tag{18.6}$$

그런데 식 (18.4)로부터 다음 관계식을 얻을 수 있다.

$$\frac{\partial \xi}{\partial x} = 1 \qquad \frac{\partial \xi}{\partial y} = 0 \qquad \frac{\partial \eta}{\partial y} = \sqrt{\frac{V_\infty}{\nu x}} \tag{18.7}$$

(최종적인 방정식에서 관련 항들이 궁극적으로 소거될 것이기 때문에 $\partial\eta/\partial x$에 대한 표현을 명시적으로 구할 필요가 없다.) 식 (18.7)을 식 (18.5)와 (18.6)에 대입하면 다음 식을 얻는다.

$$\frac{\partial}{\partial x} = \frac{\partial}{\partial \xi} + \frac{\partial \eta}{\partial x}\frac{\partial}{\partial \eta} \tag{18.8}$$

$$\frac{\partial}{\partial y} = \sqrt{\frac{V_\infty}{\nu x}}\frac{\partial}{\partial \eta} \tag{18.9}$$

$$\frac{\partial^2}{\partial y^2} = \frac{V_\infty}{\nu x}\frac{\partial^2}{\partial \eta^2} \tag{18.10}$$

아울러 유선 함수(stream function) ψ를 다음과 같이 정의하자.

$$\psi = \sqrt{\nu x V_\infty} f(\eta) \tag{18.11}$$

여기서 $f(\eta)$는 엄밀하게 η만의 함수이다. ψ에 대한 표현식은 식 (18.1)의 연속 방정식을 만족시킨다. 따라서 이는 물리적으로 가능한 유선 함수이다[ψ가 식 (18.1)을 충족시킴을 여러분 스스로 증명해 보기 바란다. 이를 위해서 다음에 설명할 부분과 동일한 형태의 조작을 여러 차례 수행해야 한다]. 유선 함수에 대한 정의와 식 (18.8), (18.9), (18.11)을 사용하여 아래 식을 얻을 수 있다.

$$u = \frac{\partial \psi}{\partial y} = \sqrt{\frac{V_\infty}{\nu x}}\frac{\partial \psi}{\partial \eta} = V_\infty f'(\eta) \tag{18.12}$$

$$v = -\frac{\partial \psi}{\partial x} = -\left(\frac{\partial \psi}{\partial \xi} + \frac{\partial \eta}{\partial x}\frac{\partial \psi}{\partial \eta}\right) = -\frac{1}{2}\sqrt{\frac{\nu V_\infty}{x}} f - \sqrt{\nu x V_\infty}\frac{\partial \eta}{\partial x} f' \tag{18.13}$$

식 (18.12)를 특히 유의하기 바란다. 식 (18.11)에서 정의한 함수 $f(\eta)$는 도함수가 속도의 x 방향 성분을 다음과 같이 표시할 수 있는 성질을 지닌다.

$$f'(\eta) = \frac{u}{V_\infty}$$

식 (18.8)을 식 (18.2)의 운동량 방정식에 적용하기 위해, 식 (18.10), (18.12), (18.13)에 치환한다. 각 항을 명시적으

로 표현함으로써 어떤 결과를 얻을 수 있는지 살펴보면 아래의 식을 얻는다.

$$V_\infty f'\left(V_\infty \frac{\partial \eta}{\partial x} f''\right) - \left(\frac{1}{2}\sqrt{\frac{\nu V_\infty}{x}} f + \sqrt{\nu x V_\infty} \frac{\partial \eta}{\partial x} f'\right) V_\infty \sqrt{\frac{V_\infty}{\nu x}} f'' = \nu V_\infty \frac{V_\infty}{\nu x} f'''$$

이를 간단히 정리하면 다음 식을 얻는다.

$$V_\infty^2 \frac{\partial \eta}{\partial x} f' f'' - \frac{1}{2}\frac{V_\infty^2}{x} f f'' - V_\infty^2 \left(\frac{\partial \eta}{\partial x}\right) f' f'' = \frac{V_\infty^2}{x} f''' \tag{18.14}$$

첫째 항과 셋째 항이 서로 소거되므로 식 (18.14)는 다음과 같이 정리된다.

$$\boxed{2f''' + ff'' = 0} \tag{18.15}$$

식 (18.15)는 1908년 H. Blasius가 그의 박사 학위 논문 연구결과로 얻은 식으로서 *Blasius 방정식*이라 부르는 매우 중요한 방정식이다. Blasius는 Prandtl의 제자 중 한 사람으로, 식 (18.15)를 사용하여 얻은 평판해(flat-plate solution)가 1904년 Prandtl의 경계층 가설이 발표된 이후 얻은 최초의 실용적 응용 예이다. 식 (18.15)를 자세히 살펴보기 바란다. 놀랍게도 이는 *상미분 방정식*(ordinary differential equation)이다. 어떤 일이 일어난 것인지 한번 들여다 보라! 식 (18.1)~(18.3)의 평판 경계층 유동을 지배하는 편미분 방정식에서 출발하여, 식 (18.4)와 (18.11)을 사용한 독립변수 및 종속변수 변환을 거쳐 마침내 $f(\eta)$에 대한 상미분 방정식을 얻을 수 있었다. 같은 맥락으로 $u = V_\infty f'(\eta)$이기 때문에 식 (18.15)는 속도 u를 표시한다. 식 (18.15)는 1개의 상미분 방정식이므로 원래의 경계층 방정식보다 해를 구하기가 간단하다. 그러나 이는 아직 비선형 방정식이므로 다음의 변환 경계 조건을 적용하여 수치적으로 해를 구해야 한다.

$\eta = 0$에서: $\quad f = 0, f' = 0$

$\eta \to \infty$에서: $\quad f' = 1$

[$\eta = 0$인 벽면에서 $u = 0$이므로 $f' = 0$, 그리고 식 (18.13)을 벽면에서 계산하면 $f = 0$임에 유의하라.]

식 (18.15)는 3차, 비선형 상미분 방정식으로서 Runge-Kutta 방법(참고문헌 49 참조)과 같은 전형적 기법을 사용하여 수치적으로 해를 구할 수 있다. 적분은 벽면에서 시작하여 y 방향으로 증분 Δy씩 증가시키면서 수행한다. 그러나 식 (18.15)가 3차이므로 $\eta = 0$에서 3개의 경계 조건이 반드시 주어져야 하는데, 위에서는 2개의 경계 조건이 명시되어 있다. 따라서 세 번째 경계 조건, 즉 $f''(0)$ 값을 *가정*해야만 식 (18.15)를 경계층을 통과하여 η가 큰 값을 갖는 지점까지 적분을 수행할 수 있다. η 값이 큰 지점에서 f' 값을 살펴보자. 경계층 가장자리에서 경계 조건인 $f' = 1$이 과연 충족되는가? 만약 그렇지 않다면 $f''(0)$ 값을 다른 값으로 가정하여 적분을 다시 수행한다. 이러한 과정을 반복하여 수렴될 때까지 계속 한다. 이러한 수치적 방법을 '슈팅법(shooting technique)'이라 부른다. 이는 고전적인 방법이며, 16.4절에서 기본 개념과 상세한 절차에 대하여 자세하게 설명한 바 있다. 이러한 방법을 식 (18.15)에 적용하는 것은 16.4절에서 설명한 절차보다 간단한데, 우리가 다루고 있는 경우는 비압축성 유동으로서 식 (18.15)로 일체화된 운동량 방정식 하나만을 취급하면 되기 때문이다.

그림 18.2에 식 (18.15)의 해를 계산하여 η의 함수로 $f'(\eta) = u/V_\infty$의 그래프로 표시했다. 이 곡선은 속도 *프로파일*로서 η만의 함수임에 주목하라. 이에 대해 잠깐 생각해 보자. 그림 18.3과 같이 평판을 따라 2개의 서로 다른 x 위치를 고려해 보자. 일반적으로 속도 프로파일은 $u = u(x, y)$로 주어지며, 임의의 x 위치에서 $u = u(y)$로 표시되는 속도 프로파일과 $u = u(x, y)$는 서로 *다를* 것이다. 벽면의 수직 방향에 대한 u의 변화는 명확히 유동이 하류 방향으로 진행될수록 변화할 것이다. 그러나 우리가 볼 수 있듯이 η에 대하여 속도 프로파일 $u = u(\eta)$를 그래프로 표시하면, 그림 18.3에 나타냈듯이 *모든* x 좌표에 대하여 동일한 형태의 프로파일이 표시된다. 이러한 결과는 *자기-상사해*의 일례로, 경계층 프로파일에 대한 해를 상사변수(similarity variable) η에 대해 표시하면 모든 x 위치에 대해 동일한 형태를 갖는다. 이러한 자기-상사해의 경우 경계층 지배 방정식은 변환 독립변수로 표시되는 1개 또는 그 이상의 상미분 방정식 형태로

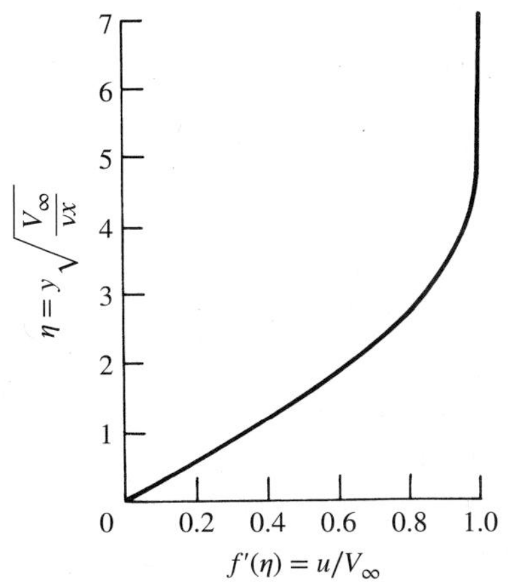

그림 18.2 평판에서의 비압축성 속도 프로파일; Blasius 방정식의 해

귀결된다. 자기-상사해는 매우 특별한 형태의 몇몇 유동에 한하여 발생하는데, 평판 위 유동이 바로 그 예이다. 일반적으로 임의의 형상을 가진 물체 주변 유동에서 경계층 해는 비상사적(nonsimilar)이다. 즉, 지배 편미분 방정식이 상미분 방정식 시스템으로 귀결되지 않는다.

참고문헌 40에서 η에 대한 f, f', f'' 수치값 표를 찾을 수 있다. 이 중 특별히 관심이 있는 값은 벽면에서의 f'' 값으로서 $f''(0) = 0.332$다. $c_f = \tau_w/\frac{1}{2}\rho_\infty V_\infty^2$으로 정의된 국소적 표면마찰 계수에 대해 살펴보자. 식 (17.34)로부터 벽면에서의 전단응력은 다음과 같이 주어진다.

$$\tau_w = \mu\left(\frac{\partial u}{\partial y}\right)_{y=0} \tag{18.16}$$

그러나 식 (18.9)와 (18.11)로부터

$$\frac{\partial u}{\partial y} = V_\infty \frac{\partial f'}{\partial y} = V_\infty \sqrt{\frac{V_\infty}{\nu x}}\frac{\partial f'}{\partial \eta} = V_\infty\sqrt{\frac{V_\infty}{\nu x}} f'' \tag{18.17}$$

벽면, 즉 $y = \eta = 0$에서 식 (18.17)의 값을 계산하면 다음 결과를 얻는다.

$$\left(\frac{\partial u}{\partial y}\right)_{y=0} = V_\infty\sqrt{\frac{V_\infty}{\nu x}} f''(0) \tag{18.18}$$

식 (18.16)과 (18.18)을 결합하여 다음 결과를 얻을 수 있다.

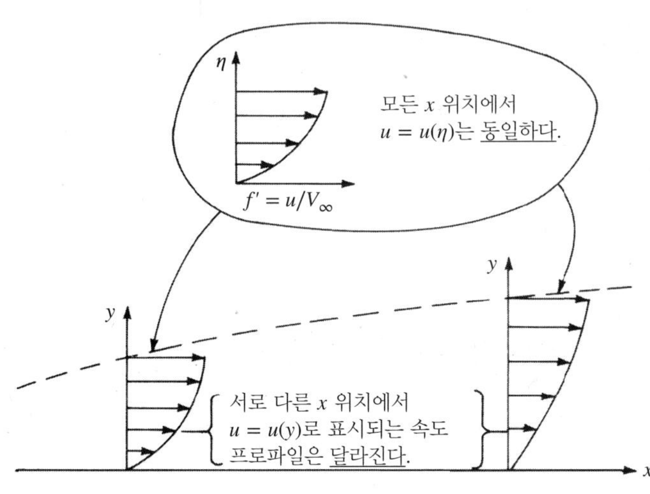

그림 18.3 물리적 공간과 변환된 공간에서의 속도 프로파일, 자기-상사해의 의미를 설명하고 있다.

$$c_f = \frac{\tau_w}{\frac{1}{2}\rho_\infty V_\infty^2} = \frac{2\mu}{\rho_\infty V_\infty^2} V_\infty \sqrt{\frac{V_\infty}{\nu x}} f''(0)$$
$$= 2\sqrt{\frac{\mu}{\rho_\infty V_\infty x}} f''(0) = \frac{2f''(0)}{\sqrt{\mathrm{Re}_x}} \tag{18.19}$$

여기서 Re_x는 국소 레이놀즈수이다. 식 (18.15)의 수치해로부터 $f''(0) = 0.332$이므로 식 (18.19)는 다음 결과로 귀결된다.

$$\boxed{c_f = \frac{0.664}{\sqrt{\mathrm{Re}_x}}} \tag{18.20}$$

위 식은 경계층 이론으로부터 직접적으로 파생되었으며, 평판 위 비압축성 층류 유동의 국소적 표면마찰 계수에 대한 고전적 표현식이다. 이에 대한 타당성은 실험에 의해 충분히 입증되었다. $c_f \propto \mathrm{Re}_x^{-1/2} \propto x^{-1/2}$의 관계가 성립함에 주목하라. 즉, c_f는 앞전으로부터 거리의 제곱근에 반비례하여 감소한다. 그림 17.7에 표시한 평판을 살펴보면, 전체 평판 윗면에 $\tau_w(x)$의 기여로 작용하는 총 항력을 $x = 0$에서 $x = c$까지 적분하여 구할 수 있다. C_f를 표면마찰 항력 계수라 하면, 식 (1.16)에 의해 다음 결과를 얻는다.

$$C_f = \frac{1}{c}\int_0^c c_f\, dx \tag{18.21}$$

식 (18.21)에 식 (18.20)을 대입하면 다음의 결과를 얻는다.

$$C_f = \frac{1}{c}(0.664)\sqrt{\frac{\mu}{\rho_\infty V_\infty}}\int_0^c x^{-1/2}\, dx = \frac{1.328}{c}\sqrt{\frac{\mu c}{\rho_\infty V_\infty}}$$

또는

$$\boxed{C_f = \frac{1.328}{\sqrt{\mathrm{Re}_c}}} \tag{18.22}$$

여기서 Re_c는 평판의 총 길이 c를 기준으로 한 레이놀즈수이다.

그림 18.2를 살펴보면 $\eta = 5.0$에서 $f' = 0.99$임을 알 수 있다. 따라서 앞에서 정의한 경계층의 두께, 즉 표면으로부터 $u = 0.99u_e$가 되는 지점까지의 거리는 아래와 같다.

$$\eta = y\sqrt{\frac{V_\infty}{\nu x}} = \delta\sqrt{\frac{V_\infty}{\nu x}} = 5.0$$

또는

$$\boxed{\delta = \frac{5.0x}{\sqrt{\mathrm{Re}_x}}} \tag{18.23}$$

경계층의 두께는 레이놀즈수(거리 x를 기준으로 한)의 제곱근에 반비례한다. 또한 $\delta \propto x^{1/2}$로 평판 위 층류 경계층은 앞전으로부터의 거리에 따라 포물선 형태로 성장한다.

식 (17.3)으로 정의된 변위 두께 δ^*는 비압축성 유동의 경우,

$$\delta^* = \int_0^{y_1}\left(1 - \frac{u}{u_e}\right) dy \tag{18.24}$$

식 (18.4)와 (18.12)로 주어진 변환변수 f'와 η를 사용하여 식 (18.24)의 적분 항을 다시 쓰면 아래와 같다.

$$\delta^* = \sqrt{\frac{\nu x}{V_\infty}}\int_0^{\eta_1}[1 - f'(\eta)]\, d\eta = \sqrt{\frac{\nu x}{V_\infty}}[\eta_1 - f(\eta_1)] \tag{18.25}$$

여기서 η_1은 경계층 윗부분 임의의 점을 표시한다. 식 (18.15)로부터 얻은 $f(\eta)$의 수치해를 살펴보면 놀랍게도 η 값이 5 이상인 모든 경우에 있어 $\eta_1 - f(\eta) = 1.72$다. 따라서 식 (18.25)로부터 아래의 결과를 얻을 수 있다.

$$\delta^* = 1.72\sqrt{\frac{\nu x}{V_\infty}}$$

또는

$$\boxed{\delta^* = \frac{1.72x}{\sqrt{\mathrm{Re}_x}}} \tag{18.26}$$

경계층 두께의 경우와 마찬가지로 δ^*도 레이놀즈수의 제곱근에 반비례하며 $\delta^* \propto x^{1/2}$이다. 따라서 식 (18.23)과 (18.26)을 비교하면 $\delta^* = 0.34\delta$임을 알 수 있으며, 17.2절에서 이미 확인했듯이 변위 두께가 경계층 두께보다 작은 것을 알 수 있다.

비압축성 유동의 운동량 두께는 식 (17.10)으로부터 다음과 같다.

$$\theta = \int_0^{y_1} \frac{u}{u_e}\left(1 - \frac{u}{u_e}\right) dy$$

또는 변환변수를 사용하여 표시하면 다음과 같다.

$$\theta = \sqrt{\frac{\nu x}{V_\infty}} \int_0^{\eta_1} f'(1 - f')\, d\eta \tag{18.27}$$

식 (18.27)은 $\eta = 0$으로부터 $\eta_1 > 5.0$을 만족하는 임의의 점까지 수치적으로 적분할 수 있다. 결과는 다음과 같다.

$$\theta = \sqrt{\frac{\eta x}{V_\infty}}(0.664)$$

또는

$$\boxed{\theta = \frac{0.664x}{\sqrt{\mathrm{Re}_x}}} \tag{18.28}$$

앞에서 설명한 경계층 두께와 마찬가지로 θ는 레이놀즈수의 제곱근에 반비례하며 $\theta \propto x^{1/2}$임에 유의하라. 따라서 $\theta = 0.39\delta^*$그리고 $\theta = 0.13\delta$이다. 그림 17.7에 표시한 것과 같이 평판 위의 뒷전(trailing edge)에서 θ 값을 계산하여 운동량 두께의 또 다른 특성을 설명할 수 있다. 이 경우 $x = c$고, 식 (18.28)로부터 다음 결과를 얻을 수 있다.

$$\theta_{x=c} = \frac{0.664c}{\sqrt{\mathrm{Re}_c}} \tag{18.29}$$

식 (18.22)와 (18.29)를 비교하여 다음 결과를 얻을 수 있다.

$$C_f = \frac{2\theta_{x=c}}{c} \tag{18.30}$$

식 (18.30)은 평판에서 적분한 표면마찰 계수가 뒷전에서 계산한 θ 값에 직접적으로 비례한다는 것을 입증한다.

18.3 평판 위 압축성 유동 *Compressible Flow over Flat Plate*

18.2절에서는 비압축성, 층류, 평판 경계층의 특성에 대하여 논했다. 앞 절의 결과는 경계층 내 유동 밀도가 실질적으로 일정한 값을 갖는 마하수가 낮은 경우에 적용된다. 그렇다면 마하수가 높아 밀도가 변수로 작용하는 경우는 어떻게 될 것인가? 즉, 압축성 효과는 무엇인가? 이 절의 목적은 이러한 압축성 효과에 대해 개략적으로 설명하는 것이며, 평판 위 층류 유동의 경우에 대한 유도과정과 최종 결과를 모두 다루고자 한다. 상세한 내용을 일일이 다루기보다는 비압축성과 압축성 경계층을 구분하는 몇몇 두드러진 차이점에 대해 살펴보기로 한다.

17.3절에서 압축성 경계층 방정식을 유도하였으며, 이를 식 (17.28)~(17.31)에 표시하였다. 평판 위 유동의 경우 $dp_e/dx = 0$이며, 이들 방정식은 아래와 같이 표시된다.

$$\frac{\partial(\rho u)}{\partial x} + \frac{\partial(\rho v)}{\partial y} = 0 \tag{18.31}$$

$$\rho u\frac{\partial u}{\partial x} + \rho v\frac{\partial u}{\partial y} = \frac{\partial}{\partial y}\left(\mu\frac{\partial u}{\partial y}\right) \tag{18.32}$$

$$\frac{\partial p}{\partial y} = 0 \tag{18.33}$$

$$\rho u\frac{\partial h}{\partial x} + \rho v\frac{\partial h}{\partial y} = \frac{\partial}{\partial y}\left(k\frac{\partial T}{\partial y}\right) + \mu\left(\frac{\partial u}{\partial y}\right)^2 \tag{18.34}$$

위 식을 비압축성 경우인 식 (18.1)~(18.3)과 비교해 보자. 압축성 경계층의 경우 (1) 에너지 방정식이 반드시 포함되어야 하고, (2) 밀도는 변수로 취급되고, (3) 일반적으로 μ와 k는 온도의 함수이며, 따라서 역시 변수로 취급해야 한다. 결과적으로 압축성 유동의 경우에 대한 방정식 시스템 식 (18.31)~(18.34)는 비압축성의 경우인 식 (18.1)~(18.3)보다 복잡하다.

식 (18.34)에 주어진 것처럼 정엔탈피(static enthalpy)보다는 전엔탈피(total enthalpy) $h_0 = h + V^2/2$를 종속 변수로 사용하는 것이 편리한 경우가 있다. 경계층 근사식에서 v가 작다고 가정하므로, $h_0 = h + \mathrm{V}^2/2 = h + (u + v^2)/2 \approx h + u^2/2$로 볼 수 있음에 유의하라. 에너지 방정식을 h_0를 사용해 표시하기 위해 식 (18.32)에 u를 곱한 후 식 (18.34)에 더한다. 식 (18.32)에 u를 곱하면,

$$\rho u\frac{\partial(u^2/2)}{\partial x} + \rho v\frac{\partial(u^2/2)}{\partial y} = u\frac{\partial}{\partial y}\left(\mu\frac{\partial u}{\partial y}\right) \tag{18.35}$$

식 (18.35)를 식 (18.34)에 더하면 다음 식을 얻는다.

$$\rho u\frac{\partial(h + u^2/2)}{\partial x} + \rho v\frac{\partial(h + u^2/2)}{\partial y} = \frac{\partial}{\partial y}\left(k\frac{\partial T}{\partial y}\right) + \mu\left(\frac{\partial u}{\partial y}\right)^2 + u\frac{\partial}{\partial y}\left(\mu\frac{\partial u}{\partial y}\right) \tag{18.36}$$

열량적 완전 기체(calorically perfect gas)에서 $dh = c_p\, dT$이므로,

$$\frac{\partial T}{\partial y} = \frac{1}{c_p}\frac{\partial h}{\partial y} = \frac{1}{c_p}\frac{\partial}{\partial y}\left(h_0 - \frac{u^2}{2}\right) \tag{18.37}$$

식 (18.37)을 식 (18.36)에 대입하여 다음 식을 얻는다.

$$\rho u\frac{\partial h_0}{\partial x} + \rho v\frac{\partial h_0}{\partial y} = \frac{\partial}{\partial y}\left[\frac{k}{c_p}\frac{\partial}{\partial y}\left(h_0 - \frac{u^2}{2}\right)\right] + \mu\left(\frac{\partial u}{\partial y}\right)^2 + u\frac{\partial}{\partial y}\left(\mu\frac{\partial u}{\partial y}\right) \tag{18.38}$$

다음에 주목하라.

$$\frac{k}{c_p}\frac{\partial}{\partial y}\left(h_0 - \frac{u^2}{2}\right) = \frac{\mu k}{\mu c_p}\frac{\partial}{\partial y}\left(h_0 - \frac{u^2}{2}\right) = \frac{\mu}{\mathrm{Pr}}\left(\frac{\partial h_0}{\partial y} - u\frac{\partial u}{\partial y}\right) \tag{18.39}$$

그리고

$$\mu\left(\frac{\partial u}{\partial y}\right)^2 + u\frac{\partial}{\partial y}\left(\mu\frac{\partial u}{\partial y}\right) = \frac{\partial}{\partial y}\left(\mu u\frac{\partial u}{\partial y}\right) \tag{18.40}$$

식 (18.39)와 (18.40)을 식 (18.38)에 대입하여 다음 식을 얻는다.

$$\rho u\frac{\partial h_0}{\partial x} + \rho v\frac{\partial h_0}{\partial y} = \frac{\partial}{\partial y}\left[\frac{\mu}{\mathrm{Pr}}\frac{\partial h_0}{\partial y} + \left(1 - \frac{1}{\mathrm{Pr}}\right)\mu u\frac{\partial u}{\partial y}\right] \tag{18.41}$$

이 식은 경계층 에너지 방정식을 또 다른 형태로 표현한 것이다. 이 식에서 Pr은 국소적인 Prandtl 수이며, 일반적으로 T의 함수로서 경계층 내에서 변하는 값이다.

평판 위의 층류, 압축성 유동에 대한 지배 방정식 시스템은 이제 식 (18.31)~(18.33), 그리고 식 (18.41)로 귀착된다. 이들은 비선형 편미분 방정식이다. 비압축성의 경우와 같이 자기-상사해를 구하는데, 단 변환 독립변수들의 형태가 다른 방식으로 정의되어야 한다.

$$\xi = \rho_e \mu_e u_e x \qquad \xi = \xi(x)$$

$$\eta = \frac{u_e}{\sqrt{2\xi}} \int_0^y \rho \, dy \qquad \eta = \eta(x, y)$$

종속변수는 다음과 같이 변환된다.

$$f' = \frac{u}{u_e} \quad \text{(유선 함수를 } \psi = \sqrt{2\xi} f \text{로 정의하면 일관성이 있음)}$$

$$g = \frac{h_0}{(h_0)_e}$$

연쇄 법칙을 사용한 변환과정은 18.2절에 소개한 것과 유사하다. 따라서 자세한 과정은 생략하고(여러분의 오락용으로 남겨둠) 결과만 표시하자면, 식 (18.32)와 (18.41)이 아래 식으로 변환된다.

$$\left(\frac{\rho\mu}{\rho_e \mu_e} f'' \right)' + ff' = 0 \tag{18.42}$$

그리고

$$\left(\frac{\rho\mu}{\rho_e \mu_e} \frac{1}{\mathrm{Pr}} g' \right)' + fg' + \frac{u_e^2}{(h_0)_e} \left[\left(1 - \frac{1}{\mathrm{Pr}} \right) \frac{\rho\mu}{\rho_e \mu_e} f' f'' \right]' = 0 \tag{18.43}$$

식 (18.42)와 (18.43)을 자세히 살펴보라. 여기서 프라임 부호는 η에 대한 미분을 의미하며, 위 식은 상미분 방정식이다. 따라서 평판 위 층류, 압축성 유동은 자기-상사해를 허용하며, 여기서 $f' = f'(\eta)$ 그리고 $g = g(\eta)$를 의미한다. 즉, 속도와 총 엔탈피 프로파일을 η에 대하여 그래프로 표시하면 어느 위치에서든 동일한 곡선으로 표시된다. 그 외에 곱 $\rho\mu$는 변수로서 부분적으로는 온도의 영향을 받는다. 따라서 식 (18.42)는 에너지 방정식 (18.43)과 $\rho\mu$를 통해 연계되어 있다. 물론 에너지 방정식은 식 (18.43)의 f, f', f''를 통해 식 (18.42)와 강하게 연계되어 있다. 따라서 동시에 연립하여 풀어야 하는 연계된 상미분 방정식 *시스템*을 다루어야 하는 것이다. 이들의 경계 조건은 다음과 같다.

$\eta = 0$*에서*: $\qquad f = f' = 0 \qquad g = g_w$

$\eta \to \infty$*에서*: $\qquad f' = 1 \qquad g = 1$

식 (18.43)에 나타난 계수 $u_e^2/(h_0)_e$는 단순히 마하수의 함수임에 유의하라.

$$\frac{u_e^2}{(h_0)_e} = \frac{u_e^2}{h_e + u_e^2/2} = \frac{1}{h_e/u_e^2 + \frac{1}{2}} = \frac{1}{c_p T_e/u_e^2 + \frac{1}{2}} = \frac{1}{RT_e/(\gamma-1)u_e^2 + \frac{1}{2}} = \frac{1}{1/(\gamma-1)M_e^2 + \frac{1}{2}} = \frac{2(\gamma-1)M_e^2}{2 + (\gamma-1)M_e^2}$$

따라서 식 (18.43)에 경계층 가장자리의 유동 마하수가 매개변수로 포함되는데, 평판 유동의 경우 이는 바로 자유흐름 마하수이다. 따라서 압축성 경계층 유동해가 마하수에 따라 영향을 받는다는 것을 명시적으로 알 수 있다. 또한 식 (18.43)에 국소적 Prandtl 수가 포함되어 있어 유동해는 매개변수로서 자유흐름 Prandtl 수의 영향을 받는다. 마지막으로 경계 조건을 살펴보면 벽면에서의 g 값은 g_w로 주어진다. 벽면에서는 $u = 0$, $g_w = h_w/(h_0)_e = c_p T_w/(h_0)_e$임에 유의하라. 따라서 벽면에서의 엔탈피 값 g_w를 거론하는 대신 보통 벽면 온도 T_w가 주어진다. T_w 값이 주어지는 대신 벽면으로의 열전달이 없는 경우에는 *단열 벽면* 온도 가정을 적용한다. 만약 $\dot{q}_w = k(\partial T/\partial y)_w = 0$이면 $(\partial T/\partial y)_w = 0$이다. 따라서 단열 벽면에서의 경계 조건은 단순히 $(\partial T/\partial y)_w = 0$이다.

간단히 말해서, 위로부터 평판의 압축성, 층류 유동에 대한 수치적 자기-상사해를 구할 수 있었다. 그러나 이 해는 마하수, Prandtl 수, 그리고 벽면 조건(T_w가 주어져 있으며, 벽면이 단열 벽면인지 또는 일정 온도 벽면인지) 등에 의해 영향을 받는다. 참고문헌 41에서 이러한 수치해를 얻는 과정에 대해 자세히 기술하고 있다. 16.4절에서 설명한 식 (18.42)와 (18.43)의 고전적 수치해를 구하는 방법이 슈팅법이었다. 이 방법은 16.4절에서 압축성 Couette 유동의 해를 구하는 데 사용했던 방법과 유사하다. 식 (18.42)는 3차이므로 $\eta = 0$에서 3개의 경계 조건이 필요하다. 우리는 현재 2개의 경계 조건, 즉 $f' = f = 0$만을 가지고 있다. 따라서 $f''(0)$ 값을 *가정하여* 경계층 가장자리에서의 경계 조건 $f' = 1$과 맞아떨어질 때까지 반복계산을 해야 한다. 이와 유사하게 식 (18.43)은 2차 방정식이다. 따라서 경계층을 가로지르며 이 방정식을 수치 적분하기 위해서는 2개의 벽면 경계 조건이 요구되는데, 그중 하나는 $g(0) = g_w$다. 따라서 $g'(0)$ 값을 *가정한* 후 식 (18.43)을 적분한다. 이후 바깥 부분에서의 경계 조건인 $g = 1$이 만족될 때까지 반복계산을 한다. 식 (18.42)는 식 (18.43)과 연계되어 있다. 즉, 식 (18.42)의 $\rho\,\mu$를 알기 위해 경계층 내 엔탈피(또는 온도) 프로파일에 대한 정보가 필요하다. 전체적인 과정은 조건이 충족될 때까지 반복적으로 계속되어야 한다. 이는 16.4절의 슈팅법에서 설명한 것과 같이 2개의 하위 단계 반복계산이 주 반복계산 회로 안에 포함되어 있는 경우와 매우 유사하다. 여기서 설명하고 있는 절차 역시 현 단계에서 반드시 복습이 요구되는 16.4절에 기술된 내용과 실질적으로 유사한 원리이다. 따라서 더 이상 세부적인 설명은 생략하기로 한다.

평판 위 압축성 경계층에 대한 속도 및 온도 프로파일을 얻기 위한 식 (18.42)와 (18.43)의 전형적인 해를 그림 18.4~18.7에 나타내고 있다(참고문헌 75). 그림 18.4와 18.5는 Prandtl 수가 일정한 값으로 Pr = 0.75며, μ는 Sutherland 법칙을 사용하여 단열 평판(열전달이 0임)의 경우를 계산한 결과를 포함하고 있다. 그림 18.4에 마하수 0(비압축성 유동)에서 상당히 큰 값의 극초음속 마하수인 20까지 여러 마하수에 대한 속도 프로파일을 보여주고 있다. Re_x 값이 주어진 x 위치에서 M_e가 증가하여 극초음속으로 갈수록 경계층의 두께가 눈에 띄게 증가한다. 이는 압축성 경계층 유동에 있어 가장 중요한 성질 중 하나를 나타내고 있는데, 즉 마하수가 크게 증가하면 경계층의 두께도 점점 증가한다는 것이다. 그림 18.5는 그림 18.4와 같은 경우에 대하여 온도 프로파일을 보여주고 있다. 분명하게 알 수 있는 물리적 경향은, M_e가 극초음속 값으로 증가할수록 온도의 증가 정도가 엄청나다는 것이다. 아울러 그림 18.5에서 벽면($y = 0$) 조건은 $(\partial T/\partial y)_w = 0$으로서, 이는 단열 표면($q_w = 0$)이 만족시켜야 하는 조건이다. 그림 18.6과 18.7 역시 벽면의 열전달에 대한 van Driest의 결과를 표시하고 있다. 이 경우를 '차가운 벽면(cold wall)' 경우라 하는데, $T_w < T_{aw}$이기 때문이다. [반대 경우는 '뜨거운 벽면(hot wall)'으로, 이 경우 열은 벽면으로부터 유동 내로 흐르며 $T_w > T_{aw}$다.] 그림 18.6과 18.7은 $T_w/T_e = 0.25$, 그리고 Pr = 0.75 = constant 조건에서의 결과를 보여주고 있다. 그림 18.6은 여러 경우의 M_e 값에 대한 속도 프로파일을 보여주고 있는데, 역시 M_e 값이 증가할수록 경계층의 두께가 급속하게 성장하는 것을 알 수 있다. 추가적으로 경계층 두께에 대한 차가운 벽면 효과를 그림 18.4와 18.6을 비교함으로써 알 수 있다. 예를 들어, 두 그림에서 $M_e = 20$인 경우를 고려해 보자. 마하수 20의 단열벽(그림 18.4)에서 경계층 두께가 $(y/x)\sqrt{\mathrm{Re}_x} = 60$ 이상에서 도달하는 반면, 차가운 벽면에서는 마하수 20(그림 18.6)의 경우 경계층 두께가 $(y/x)\sqrt{\mathrm{Re}_x} = 30$보다 약간 높은 값으로 표시된다. 이로부터 차가운 벽면은 일반적으로 경계층 두께를 감소시킨다는 사실을 알 수 있다. 이러한 경향은 차가운 벽면의 경계층 내 온도 프로파일을 보여주는 그림 18.7을 살펴보면 물리적으로 쉽게 설명할 수 있다. 그림 18.5와 18.7을 비교해 보면, 예상대로 단열벽의 경우보다 차가운 벽면의 경우에서 온도 수준이 극히 낮은 것을 볼 수 있다. 두 경우 모두 압력이 같기 때문에 상태 방정식 $p = \rho RT$로부터 차가운 벽면의 밀도값이 훨씬 큰 것을 알 수 있다. 밀도값이 크다면 경계층 내 질량 유량을 더 작은 경계층 두께 내에서 수용할 수 있다. 따라서 차가운 벽면에 따르는 효과가 얇은 경계층 두께로 나타나는 것이다. 그림 18.7에서 경계층 가장자리로부터 벽면을 향해 이동하다 보면, 처음에는 온도가 증가하면서 경계층 내 중간 지점 어디에선가 정점에 도달하고 거기서부터 감소하여 주어진 벽면 온도값 T_w에 도달하게 된다. 경계층 내 최고 온도값은 경계층 내에서 발생하는 점성 소산의 정도를 표시한다. 그림 18.7에서 M_e가 증가할수록 점성 소산의 영향이 급속하게 증가하는 것을 명확히 관찰할 수 있으며, 이것은 압축성 경계층의 또 다른 기본 성질 중 하나이다.

그림 18.4~18.7에 표시된 경계층 프로파일을 주의 깊게 살펴보기 바란다. 이들은 식 (18.42)와 (18.43)의 해에서 도출한 상세한 결과를 표시하는 일례로서, 식 (18.43)과 (18.42)의 결과를 물리적인 (x, y) 공간상(변환변수 η로 표

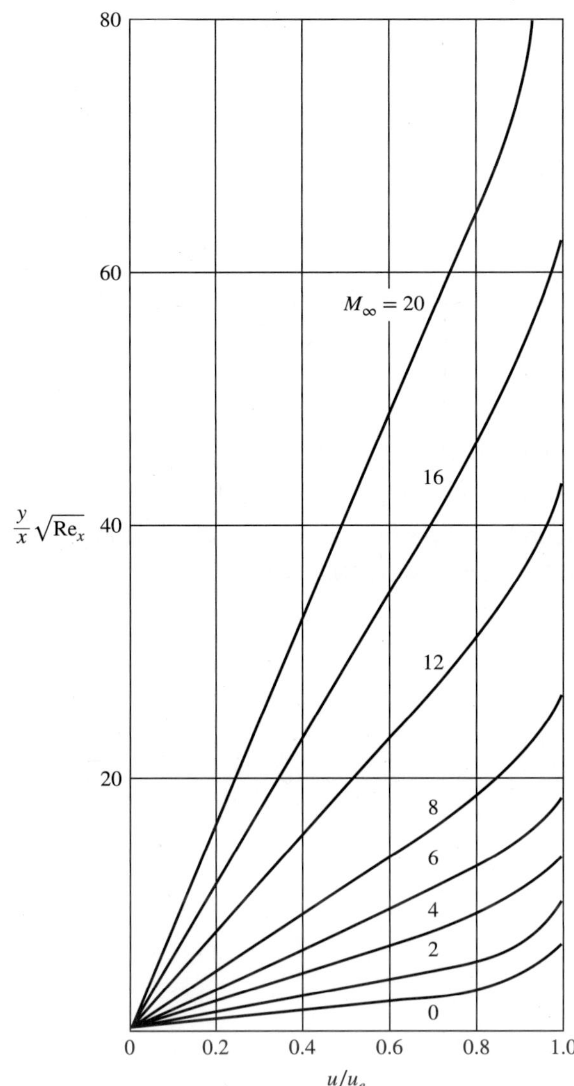

그림 18.4 단열 평판 위에서의 압축성, 층류 경계층 내 속도 프로파일(*자료 출처*: Van Driest, E. R.: "Investigation of Laminar Boundary Layer in Compressible Fluids Using the Crocco Method," NACA TN 2579, Jan. 1952.)

시한 공간보다는)에 그래프로 표시한 것이다. 그리고 벽면에서의 c_f 그리고 C_H 값은 주어진 속도 및 온도 프로파일의 값을 벽면 상에서 계산하여 산출한 속도 및 온도구배 값으로부터 얻을 수 있다. c_f 그리고 C_H를 정의한 식 (16.51)과 (16.55)를 다시 불러오자.

$$c_f = \frac{\tau_w}{\frac{1}{2}\rho_e u_e^2} \tag{16.51}$$

그리고

$$C_H = \frac{\dot{q}_w}{\rho_e u_e (h_{aw} - h_e)} \tag{16.54}$$

여기서

$$\tau_w = \mu\left(\frac{\partial u}{\partial y}\right)_w \quad \text{그리고} \quad \dot{q}_w = -k\left(\frac{\partial T}{\partial y}\right)_w$$

그리고 $(\partial u/\partial y)_w$와 $(\partial T/\partial y)_w$는 속도 및 온도 프로파일을 벽면에서 계산하여 산출한다. 또한 평판 전체에 대한 표면마찰 항력 계수 C_f는 식 (18.21)을 사용하여 c_f를 평판 전체에 대해 적분함으로써 구할 수 있다.

비압축성 유동에서의 마찰 항력 계수를 표시한 식 (18.22)를 상기해 보자. 이와 유사한 압축성 결과는 다음과 같다.

$$C_f = \frac{1.328}{\sqrt{\text{Re}_c}} F\left(M_e, \text{Pr}, \frac{T_w}{T_e}\right) \tag{18.44}$$

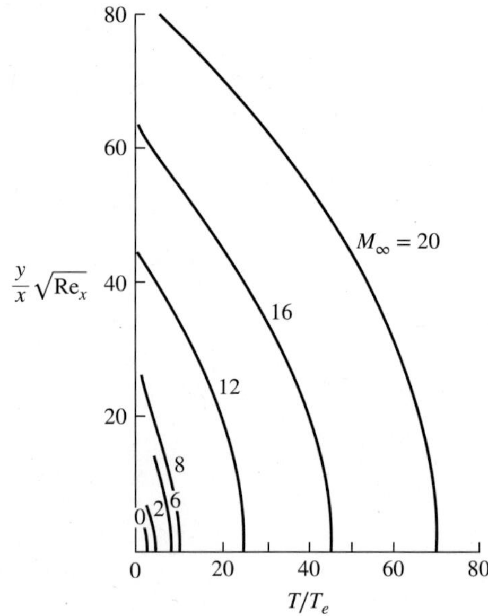

그림 18.5 단열 평판 위에서의 압축성, 층류 경계층 내 온도 프로파일(*자료 출처*: Van Driest, E. R.: "Investigation of Laminar Boundary Layer in Compressible Fluids Using the Crocco Method." NACA TN 2579, Jan. 1952.)

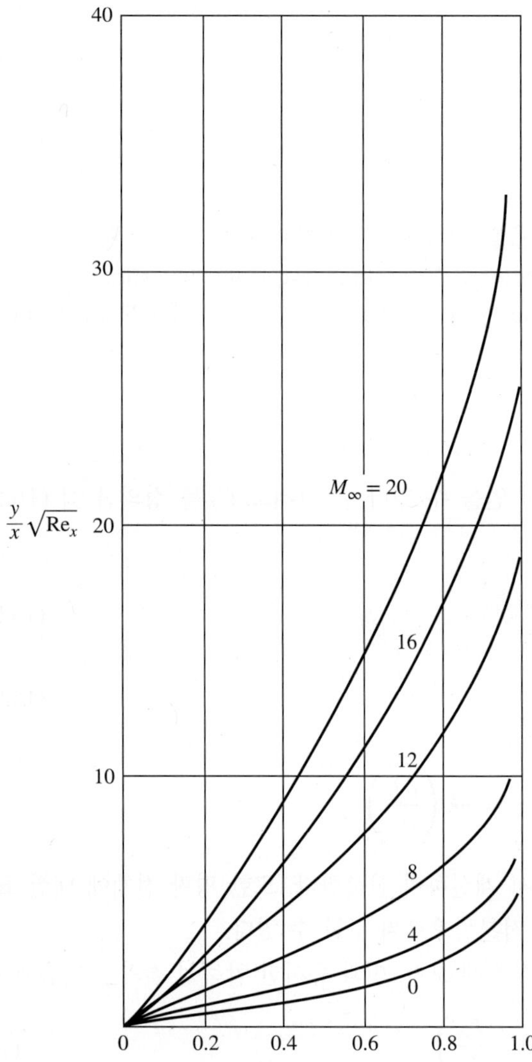

그림 18.6 차가운 평판 위에서의 압축성, 층류 경계층 내 속도 프로파일(*자료 출처*: Van Driest, E. R.: "Investigation of Laminar Boundary Layer in Compressible Fluids Using the Crocco Method." NACA TN 2579, Jan. 1952.)

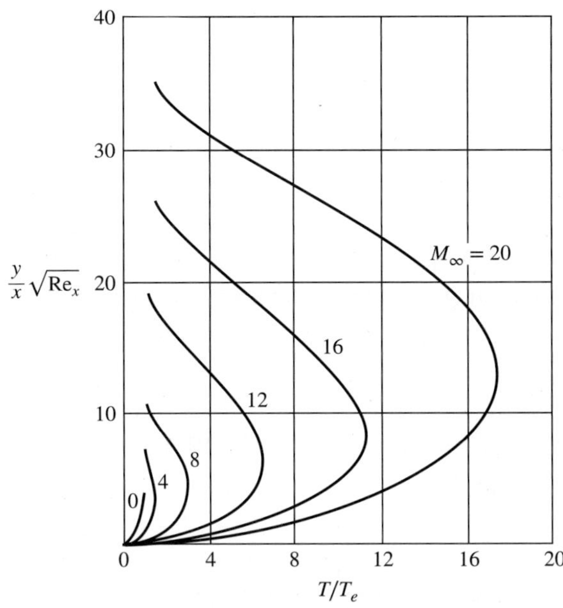

그림 18.7 차가운 평판 위에서의 압축성, 층류 경계층 내 온도 프로파일(*자료 출처*: Van Driest, E. R.: "Investigation of Laminar Boundary Layer in Compressible Fluids Using the Crocco Method." NACA TN 2579, Jan. 1952.)

식 (18.44)에서 수치해로부터 함수 F를 결정할 수 있다. 그림 18.8에 결과 샘플을 나타냈으며, M_e가 증가할수록 곱 $C_f\sqrt{\mathrm{Re}_c}$는 감소하는 것을 볼 수 있다. 그리고 단열 벽면 경우가 $T_w/T_e = 1.0$의 경우보다 온도가 더 높다. 따라서 그림 18.8은 뜨거운 벽면의 경우 역시 $C_f\sqrt{\mathrm{Re}_c}$가 감소한다는 것을 보여주고 있다.

비압축성 평판 경계층의 두께를 표시하는 식 (18.23)으로 돌아가 보자. 압축성 유동에서 이와 유사한 다음의 결과를 얻을 수 있다.

$$\delta = \frac{5.0x}{\sqrt{\mathrm{Re}_x}} G\left(M_e, \mathrm{Pr}, \frac{T_w}{T_e}\right) \tag{18.45}$$

식 (18.45)에서 함수 G는 수치해로부터 얻을 수 있다. 그림 18.9에 결과 샘플을 나타냈으며, M_e가 증가할수록 곱 역시 증가하는 것을 볼 수 있다. 다른 모든 조건이 동일하다면 마하수가 증가할수록 경계층은 두꺼워진다. 이러한 사실은 이미 그림 18.4와 18.6을 통해 앞에서 설명하였다. 역시 앞에서 설명한 대로, 그림 18.9에서 뜨거운 벽면이 경계층의 두께를 증가시키고 있음을 알 수 있다.

16장의 Couette 유동에 대한 설명을 상기해 보자. 거기서 회복 인자 r의 개념은 아래와 같다.

$$h_{aw} = h_e + r\frac{u_e^2}{2} \tag{18.46}$$

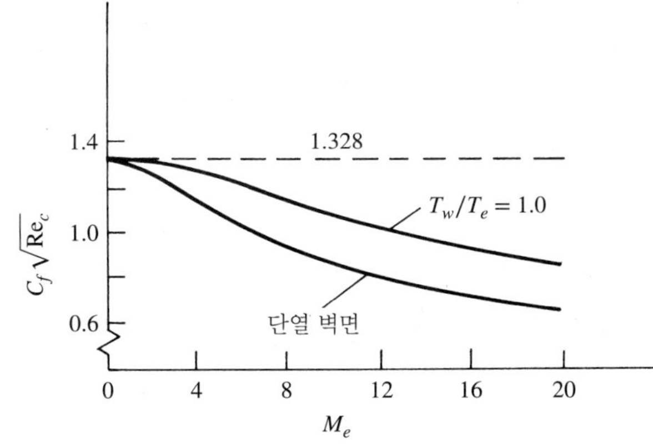

그림 18.8 평판 위 압축성, 층류 경계층 유동에서의 마찰 항력 계수, 마하수와 벽면 온도의 영향을 표시하였다. Pr = 0.75 (*E. R. Van Driest의 NACA Tech. Note 2579 계산결과*)

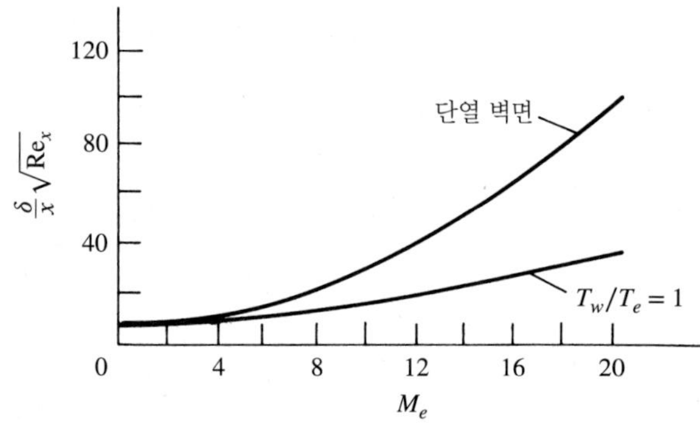

그림 18.9 평판 위 압축성, 층류 경계층 유동에서의 경계층 두께, 마하수와 벽면 온도의 영향을 표시하였다. Pr = 0.75 (*E. R. Van Driest의 NACA Tech. Note 2579 계산결과*)

이는 일반적 개념으로서 여기의 경계층 해에 대해서도 역시 적용할 수 있다. 압축성 평판 유동에서 일정한 값의 Prandtl 수를 가정하면, 평판의 경우 수치해로부터 아래 결과를 얻을 수 있다.

$$r = \sqrt{\mathrm{Pr}} \tag{18.47}$$

식 (18.47)은 Couette 유동에서 주어진 결과와 유사한데, 회복 인자가 Prandtl 수만의 함수임에 유의하라. 그러나 평판의 경우 $r = \sqrt{\mathrm{Pr}}$인 반면 Couette 유동의 경우는 $r = \mathrm{Pr}$이다.

평판에서의 공력 가열을 레이놀즈 상사성(Reynolds analogy)으로 설명할 수 있다. Stanton 수와 표면마찰 계수는 각각 다음과 같이 정의된다.

$$C_H = \frac{\dot{q}_w}{\rho_e u_e (h_{aw} - h_w)} \tag{18.48}$$

그리고

$$c_f = \frac{\tau_w}{\frac{1}{2}\rho_e u_e^2} \tag{18.49}$$

(위 두 계수에 대한 16장에서의 설명을 참조하라.) Couette 유동에서 C_H와 c_f 사이에 존재하는 관계, 즉 식 (16.59)로 주어지는 레이놀즈 상사성 관계를 증명하였다. 그리고 이러한 관계식에서 C_H/c_f의 비는 Prandtl 수만의 함수였다. 압축성 평판 유동에서도 유사한 관계식이 성립한다. Prandtl 수가 일정한 경우라 가정하면, 수치해로부터 레이놀즈 상사성은 다음과 같이 표시할 수 있다.

$$\boxed{\frac{C_H}{c_f} = \frac{1}{2}\mathrm{Pr}^{-2/3}} \tag{18.50}$$

식 (18.50)에서, 비압축성 평판 유동의 경우 식 (18.20)으로 주어지는 국소적 표면마찰 계수 c_f는 압축성 평판 유동의 경우 다음과 같은 형태를 갖는다.

$$c_f = \frac{0.664}{\sqrt{\mathrm{Re}}} F\left(M_e, \mathrm{Pr}, \frac{T_w}{T_e}\right) \tag{18.51}$$

식 (18.51)에서 F는 식 (18.44)에 나타난 함수와 같은 것이며, M_e 및 T_w/T_e에 따른 변화를 그림 18.8에 나타내었다.

예제 18.1

표준 해면 고도 조건의 공기 유동 내에 받음각이 0인 상태로 평판이 놓여 있다($p_\infty = 1.01 \times 10^5$ N/m² 그리고 $T_\infty = 288$ K). 평판의 시위(chord) 길이(앞전부터 뒷전까지의 거리)는 2 m이다. 평판을 위에서 본 평면 면적은 40 m²이다. 표준 해면 고도 조건에서 $\mu_\infty = 1.7894 \times 10^{-5}$ kg/(m)(s)이다. 벽면 온도를 단열 벽면 온도 T_{aw}로 가정하자. 자유흐름 속도가 다음과 같을 경우 평판에 작용하는 마찰 항력을 계산하라. (*a*) 100 m/s, (*b*) 1000 m/s

■ **풀이**

(*a*) 자유흐름의 밀도는

$$\rho_\infty = \frac{p_\infty}{RT_\infty} = \frac{1.01 \times 10^5}{(287)(288)} = 1.22 \text{ kg/m}^3$$

음속은

$$a_\infty = \sqrt{\gamma RT_\infty} = \sqrt{(1.4)(287)(288)} = 340.2 \text{ m/s}$$

마하수는 $M_\infty = 100/340.2 = 0.29$다. 따라서 비압축성 유동으로 가정할 수 있을 만큼 M_∞ 값은 낮다. 식 (18.22)를 사용할 수 있으므로,

$$C_f = \frac{1.328}{\sqrt{\text{Re}_c}}$$

받음각이 0인 평판 위 유동에서 자유흐름의 속도와 밀도, V_∞, 그리고 ρ_∞는 경계층 가장자리의 속도와 밀도, u_e, 그리고 ρ_e와 같다. 따라서 이 값들로 바꾸어 사용할 수 있다.

$$\text{Re}_c = \frac{\rho_\infty V_\infty c}{\mu_\infty} = \frac{(1.22)(100)(2)}{1.7894 \times 10^{-5}} = 1.36 \times 10^7$$

따라서

$$C_f = \frac{1.328}{\sqrt{\text{Re}_c}} = \frac{1.328}{\sqrt{1.36 \times 10^7}} = 3.60 \times 10^{-4}$$

평판의 한 면에서 마찰 항력은 다음과 같이 주어진다.

$$D_f = \tfrac{1}{2}\rho_\infty V_\infty^2 S C_f = \tfrac{1}{2}(1.22)(100)^2(40)(3.6 \times 10^{-4}) = 87.8 \text{ N}$$

전단응력에 의한 마찰로 발생하는 총 항력은 평판의 윗면과 아랫면 모두에 작용한다. 위에서 계산한 D_f는 한 면에서의 마찰 항력이므로, 아래와 같이

$$\text{총 마찰 항력} = D = 2D_f = 2(87.8) = \boxed{175.6 \text{ N}}$$

(*b*) $V_\infty = 1000$ m/s의 경우 우리는 다음 결과를 얻을 수 있다.

$$M_\infty = \frac{V_\infty}{a_\infty} = \frac{1000}{340.2} = 2.94$$

이 경우 명확히 압축성 유동으로, 식 (18.44)를 사용하거나 그림 18.8의 결과를 사용할 수 있다. 그림 18.8로부터 $M_\infty = M_e = 2.94$와 단열 벽면의 경우,

$$C_f\sqrt{\text{Re}_c} = 1.2$$

또는

$$C_f = \frac{1.2}{\sqrt{\text{Re}_c}}$$

$$\text{Re}_c = \frac{\rho_\infty V_\infty c}{\mu_\infty} = \frac{(1.22)(1000)(2)}{1.7894 \times 10^{-5}} = 1.36 \times 10^8$$

따라서

$$C_f = \frac{1.2}{\sqrt{1.36 \times 10^8}} = 1.03 \times 10^{-4}$$

한 면에서의 마찰 항력은

$$D_f = \tfrac{1}{2}\rho_\infty V_\infty^2 S C_f = \tfrac{1}{2}(1.22)(1000)^2(40)(1.03 \times 10^{-4}) = 2513 \text{ N}$$

윗면과 아랫면 양쪽을 모두 고려하면,

$$\text{마찰 항력} = D = 2D_f = 2(2513) = \boxed{5026 \text{ N}}$$

18.3.1 속도에 따른 항력 변화에 대한 논평 *A Comment on Drag Variation with Velocity*

그야말로 유체역학의 가장 기초라 할 수 있는 1장을 시작하면서 일반적으로 언급한 점은 흐르는 유체 속에서 운동 중인 물체에 작용하는 공기역학적 힘이 속도의 제곱에 비례한다는 것이었다. 1.5절의 예에서,

$$L = \frac{1}{2}\rho_\infty V_\infty^2 S C_L$$

그리고

$$D = \frac{1}{2}\rho_\infty V_\infty^2 S C_D$$

C_L과 C_D가 속도와 *상관없는* 한 분명히 $L \propto V^2$ 그리고 $D \propto V^2$이다. 이것은 C_L과 C_D가 물체 형상과 받음각에만 영향을 받는 비점성, 비압축성 유동의 경우이다. 그러나 1.7절의 차원해석 결과로부터 C_L과 C_D가 일반적으로 레이놀즈수 및 마하수 모두의 함수임을 발견하였다.

$$C_L = f_1(\text{Re}, M_\infty)$$
$$C_D = f_2(\text{Re}, M_\infty)$$

물론 비점성, 비압축성 유동에서 Re와 M_∞는 유동에 영향을 미치지 않는다(실제로 비점성 유동의 경우 Re $\to \infty$이며, 비압축성 유동의 경우 $M_\infty \to \infty$이다). 그러나 다른 형태의 유동에서는 Re와 M_∞가 영향을 미치며, C_L과 C_D는 물체의 형상과 받음각뿐 아니라 Re와 M_∞의 영향도 받게 된다. 이러한 이유로 일반적인 공기역학적 힘은 속도의 제곱에 정확히 비례한다고 할 수 *없다*. 예를 들어, 예제 18.1의 결과를 살펴보자. (*a*) 항에서 V_∞ = 100 m/s일 때 계산한 항력은 175.6 N이다. 만약 항력이 V_∞^2에 비례한다면, 10배의 크기인 (*b*) 항의 V_∞ = 1000 m/s에서는 항력이 100배가 큰 17,560 N이어야 하지만, 계산결과로는 이보다 훨씬 작은 5026 N이었다. 다른 말로 표현하면, V_∞가 10배로 증가하는 경우 항력은 100배가 *아닌* 겨우 28.6배 증가한다. 이유는 명백하다. 속도가 증가할수록 C_f 값이 *감소하기* 때문이다. 이유는 다음과 같다. (1) 레이놀즈수가 증가할수록 식 (18.22)에 의해 C_f 값이 감소한다. (2) 마하수가 증가할수록 그림 18.8에 의해 C_f 값이 감소한다.

따라서 공기역학적 힘이 속도의 제곱에 비례한다는 생각에 대해 보다 주의할 필요가 있다. 비점성, 비압축성 유동이 아닌 다른 경우에 대해 이는 사실이 아니기 때문이다.

18.4 기준 온도법 *The Reference Temperature Method*

이 절에서는 층류, 압축성 유동에서 표면마찰과 열전달을 예측할 수 있는 근사적인 공학 계산법에 대하여 설명하고자 한다. 이는 비점성 유동 이론으로부터 얻은 공식들을 사용하는 간단한 아이디어를 근거로 하고 있다. 즉, 공식들에 포함된 열역학적 그리고 유동 전달 특성치를 경계층 내 전반적 특성을 표시할 수 있는 기준 온도를 사용하여 계산한다. 이러한 개념은 참고문헌 76의 Rubesin과 Johnson이 처음 창안했으며, Eckert(참고문헌 77)가 기준 엔탈피를 포함시키는 형태로 수정하였다. 이러한 형태로 고전적인 비압축성 공식들을 압축성 효과를 고려하여 '수정한(corrected)' 것이다. 기준 온도(또는 기준 엔탈피)법은 간편함 때문에 공학적 응용의 해석에 자주 사용된다. 이러한 이유로 여기서 이 방법에 대하여 간략히 설명하고자 한다.

18.2절에서와 같이 평판 위 비압축성, 층류 유동을 고려해 보자. 국소적 표면마찰 계수는 식 (18.20)으로 아래와 같이 주어진다.

$$c_f = \frac{0.664}{\sqrt{\text{Re}_x}} \tag{18.20}$$

평판에서의 *압축성* 층류 유동에서 이와 유사한 표현으로 아래 식을 제시할 수 있다.

$$\boxed{c_f^* = \frac{0.664}{\sqrt{\text{Re}_x^*}}} \tag{18.52}$$

여기서 c_f^*와 Re_x^* 값은 기준 온도 T^*에서 계산한다. 즉,

$$\mathrm{Re}_x^* = \frac{\rho^* u_e x}{\mu^*}$$

그리고

$$c_f^* = \frac{\tau_w}{\frac{1}{2}\rho^* u_e^2}$$

18.3절로부터 압축성 경계층에서 c_f는 M_e와 T_w/T_e의 함수이다. 따라서 기준 온도 T^* 역시 M_e와 T_w/T_e의 함수여야 한다. 이 함수는

$$\frac{T^*}{T_e} = 1 + 0.032M_e^2 + 0.58\left(\frac{T_w}{T_e} - 1\right) \tag{18.53}$$

압축성 경계층에서의 열전달에 대해 식 (18.50)의 레이놀즈 상사성을 다시 표현하면,

$$\frac{C_H}{c_f} = \frac{1}{2}\,\mathrm{Pr}^{-2/3} \tag{18.50}$$

c_f에 대한 비압축성 공식 식 (18.20)을 식 (18.50)에 대입하면 다음 식을 얻는다.

$$C_H = \frac{0.332}{\sqrt{\mathrm{Re}_x}}\,\mathrm{Pr}^{-2/3} \tag{18.54}$$

식 (18.54)를 기준 온도에서 계산하면 다음 식을 얻는다.

$$\boxed{C_H^* = \frac{0.332}{\sqrt{\mathrm{Re}_x^*}}(\mathrm{Pr}^*)^{-2/3}} \tag{18.55}$$

여기서

$$C_H^* = \frac{\dot{q}_w}{\rho^* u_e^*(h_{aw} - h_w)}$$

예제 18.2

기준 온도법을 사용하여 예제 18.1b에서와 같은 유동 조건하의 같은 평판에서 마찰 항력을 계산하라. 기준 온도법을 사용하여 얻은 결과와 완전한 층류 경계층 이론을 통해 얻은 예제 18.1b의 결과를 비교하라.

■ 풀이

식 (18.53)으로부터 기준 온도를 계산하는데, 이를 위해서는 T_w/T_e 값이 필요하다. 현재의 경우 평판이 단열 벽면 온도 상태이므로 T_{aw}/T_e 값을 사용한다. 이를 계산하기 위하여 식 (18.47)의 평판 위 층류 경계층 경우에 대하여 주어진 회복 인자를 사용한다.

$$r = \sqrt{\mathrm{Pr}} \quad \text{여기서} \quad \mathrm{Pr} = \frac{\mu c_p}{k}$$

표준 조건 상태의 공기에서 $\mathrm{Pr} = 0.71$이며, 800 K까지는 온도에 따라 Prandtl 수가 거의 변하지 않고 일정하므로 $\mathrm{Pr} = \mathrm{Pr}^* = 0.71$로 가정한다. 그러므로

$$r = \sqrt{\mathrm{Pr}} = \sqrt{0.71} = 0.843$$

식 (16.49)에 의해 정의된 회복 인자는 다음과 같다.

$$r = \frac{T_{aw} - T_e}{T_0 - T_e} \tag{16.49}$$

또는

$$T_{aw} = T_e + r(T_0 - T_e)$$

또는

$$\frac{T_{aw}}{T_e} = 1 + r\left(\frac{T_0}{T_e} - 1\right) \tag{18.56}$$

$M_e = 2.94$에 대한 값을 부록 A로부터 찾으면 $\frac{T_0}{T_e} = 2.74$다. 따라서 식 (18.56)은 다음으로 귀결된다.

$$\frac{T_{aw}}{T_e} = 1 + r\left(\frac{T_0}{T_e} - 1\right) = 1 + 0.843(2.74 - 1) = 2.467$$

식 (18.53)으로부터

$$\frac{T^*}{T_e} = 1 + 0.032M_e^2 + 0.58\left(\frac{T_{aw}}{T_e} - 1\right)$$

$$= 1 + 0.032(2.94)^2 + 0.58(2.467 - 1) = 2.1275$$

따라서

$$T^* = 2.1275T_e = 2.1275(288) = 612.7 \text{ K}$$

상태 방정식으로부터 T^* 값에 대응하는 ρ^*를 계산하면,

$$\rho^* = \frac{p^*}{RT^*} = \frac{1.01 \times 10^5}{(287)(612.7)} = 0.574 \text{ kg/m}^3$$

식 (15.3)의 Sutherland 법칙에 의해 T^*에 대응하는 μ^* 값을 얻을 수 있다.

$$\frac{\mu}{\mu_0} = \left(\frac{T}{T_0}\right)^{3/2} \frac{T_0 + 110}{T + 110} \tag{15.3}$$

주목: 식 (15.3)에서 μ_0는 기준 온도 T_0에 대응하는 기준 점성 계수이다. 식 (15.3)에서 T_0는 전온도가 아닌 *기준* 온도를 의미한다. 따라서 두 가지 서로 다른 양에 대하여 같은 기호를 사용하는 경우가 되었지만, 식 (15.3)에서 T_0의 의미는 그 내용으로 볼 때 명확하다. T_0와 μ_0 값을 계산하기 위해 표준 해면 고도 조건을 사용하면,

$$\mu_0 = 1.7894 \times 10^{-5} \text{ kg/(m)(s)} \quad \text{그리고} \quad T_0 = 288 \text{ K}$$

식 (15.3)으로부터

$$\frac{\mu^*}{\mu_0} = \left(\frac{T^*}{T_0}\right)^{3/2} \frac{T_0 + 110}{T^* + 110} = \left(\frac{612.7}{288}\right)^{3/2} \frac{288 + 110}{612.7 + 110} = 1.709$$

또는

$$\mu^* = 1.709\mu_0 = (1.709)(1.7894 \times 10^{-5}) = 3.058 \times 10^{-5} \text{ kg/(m)(s)}$$

따라서

$$\text{Re}_c^* = \frac{\rho^* u_e c}{\mu^*} = \frac{(0.574)(1000)(2)}{3.058 \times 10^{-5}} = 3.754 \times 10^7$$

식 (18.52)를 평판 전체 시위에 걸쳐 적분하면, 우리는 식 (18.22)와 같은 형태의 식을 얻을 수 있다. 즉,

$$C_f^* = \frac{1.328}{\sqrt{\text{Re}_c^*}} \tag{18.57}$$

따라서

$$C_f^* = \frac{1.328}{\sqrt{\text{Re}_c^*}} = \frac{1.328}{\sqrt{3.754 \times 10^7}} = 2.167 \times 10^{-4}$$

따라서 평판 한 면에서의 마찰 항력은

$$D_f = \frac{1}{2}\rho^* V_\infty^2 S C_f^* = \frac{1}{2}(0.574)(1000)^2(40)(2.167 \times 10^{-4}) = 2488 \text{ N}$$

평판의 윗면과 아랫면 모두를 고려한 총 마찰 항력은

$$D = 2(2488) = \boxed{4976 \text{ N}}$$

예제 18.1*b*에서 고전적인 압축성 경계층 이론을 사용하여 얻은 값은 $D = 5026$ N이다. 여기서 기준 온도법을 사용하여 얻은 결과는 예제 18.1*b*에서 구한 '정확한' 해와 비교하여 1% 이내의 오차 범위에 있다. 적어도 여기서 다룬 예에 대해서는 기준 온도법이 놀라운 정밀도를 나타낸다.

18.4.1 최근의 진보: Meador-Smart 기준 온도법 *Recent Advances: The Meador-Smart Reference Temperature Method*

18.4절에서 설명한 기준 온도법의 개념은 1940년대로 거슬러 올라가지만 아직도 계속 진보하고 있다. 아주 최근에

Meador와 Smart는(William E. Meador and Michael K. Smart, <Reference Enthalpy Method Developed from Solutions of the Boundary-Layer Equations>, *AIAA Journal*, vol. 43, no. 1, January 2005, pp. 135~139) 기준 온도 계산에 대하여 보다 개선된 계산법을 발표하였다. 하나는 층류에 대한 것이며, 다른 하나는 난류에 대한 것이다. 층류에 대한 결과로 아래 식을 제안하였다.

$$\frac{T^*}{T_e} = 0.45 + 0.55\frac{T_w}{T_e} + 0.16\,r\left(\frac{\gamma-1}{2}\right)M_e^2$$

여기서 r은 층류 유동에서의 회복 인자로서 $r = \sqrt{\Pr^*}$이다.

예제 18.3

예제 18.2를 기준 온도에 대한 Meador-Smart 방정식을 사용하여 다시 계산하라.

■ 풀이

Prandtl 수가 어느 정도 일정하다고 가정하면,

$$r = \sqrt{\Pr^*} = \sqrt{\Pr} = \sqrt{0.71} = 0.843$$

또한 예제 8.2로부터 단열 벽면 온도에서의 평판은,

$$\frac{T_w}{T_e} = \frac{T_{aw}}{T_e} = 2.467$$

따라서 Meador-Smart 방정식을 적용하면 다음과 같다.

$$\frac{T^*}{T_e} = 0.45 + 0.55(2.467) + 0.16(0.843)(0.2)M_e^2$$

또는

$$\frac{T^*}{T_e} = 1.807 + 0.027M_e^2$$

$M_e = 2.94$에 대해 우리는 다음 값을 얻는다.

$$\frac{T^*}{T_e} = 1.807 + 0.027(2.94)^2 = 2.04$$

$$T^* = 2.04\,T_e = 2.04\,(288) = 587.5\text{ K}$$

$$\rho^* = \frac{p^*}{RT^*} = \frac{1.01\times10^5}{(287)(587.5)} = 0.599\text{ kg/m}^3$$

$$\frac{\mu^*}{\mu_0} = \left(\frac{T^*}{T_0}\right)^{3/2}\frac{T_0+110}{T^*+110} = \left(\frac{587.5}{288}\right)^{3/2}\frac{288+110}{587.5+110} = 1.664$$

$$\mu^* = 1.664\,\mu_0 = 1.664(1.7894\times10^{-5}) = 2.978\times10^{-5}$$

$$\mathrm{Re}_c^* = \frac{\rho^* u_e c}{\mu^*} = \frac{(0.500)(1000)(2)}{2.978\times10^{-5}} = 4.02\times10^7$$

$$C_f^* = \frac{1.328}{\sqrt{\mathrm{Re}_c^*}} = \frac{1.328}{\sqrt{4.02\times10^7}} = 2.09\times10^4$$

$$D_f = \tfrac{1}{2}\rho^* V_\infty^2 S C_f^* = \tfrac{1}{2}(0.599)(1000)^2(40)(2.09\times10^{-4}) = 2504\text{ N}$$

$$D = 2(2504) = \boxed{5008\text{ N}}$$

예제 18.2의 결과로부터 D = 4976 N이고, 예제 18.1의 정확한 해에 의한 결과는 5026 N이었다. Meador-Smart 방법이 식 (18.53)보다 정확한 것을 알 수 있으며, 이 경우 정확한 해 값과 비교하여 0.4% 이내의 오차를 보인다.

18.5 정체점 공력 가열 *Stagnation Point Aerodynamic Heating*

정체점의 속도가 0이라 할지라도, 여러분들이 생각하는 것과는 반대로 정체점 위치에서 경계층을 정의할 수 있으며 유한한 크기의 두께도 가지고 있다. 정체점 경계층 가장자리의 유동 조건은 정체점의 비점성 해에 의해 주어진다. 특히 경계층 가장자리에서 속도는 0이며 온도는 전온도, 즉 $u_e = 0$과 $T_e = T_0$다. 그림 18.10에 이를 나타냈다. 또한 그림 18.10에서 볼 수 있듯이 η 방향으로의 수직선을 따라 경계층 내 모든 점에서 $u = 0$이다. 그러나 $(u/u_e) = (0/0)$으로 부정형(indeterminant form) 형태를 취하고 있지만 경계층 내 모든 점에서 이 비율은 유한한 값을 갖는다. 18.2절과 18.3절에서 설명한 평판 위 유동해에서 함수 $f(\eta)$를 $(u/u_e) = f'(\eta)$의 형태로 정의하고, f'는 경계층 내에서 명확한 프로파일을 갖는다. 실제로 경계층 가장자리를 $(u/u_e) = f'(\eta) = 0.99$인 점으로 정의할 수 있다. 마지막으로 정체점 위치(그림 18.10에서 점 A)의 벽면 지점에서 전단응력은 0이다. 이는 경계층 방정식의 해를 통해 알 수 있을 뿐 아니라 직관에 의해서도 명확히 알 수 있다. 벽면을 따라 점 A 위에서 전단응력은 위 방향으로 작용하고, 점 A 아래에서는 아래 방향으로 작용한다. 따라서 바로 점 A에서는 전단응력이 0이 되어야 한다.

위 설명이 다소 이론적이라면, 경계층 내 정체점을 지나는 온도 프로파일로 보다 쉽게 가시적으로 설명할 수 있다. 바깥 가장자리에서의 온도는 전온도 T_0다. $\eta = 0$인 벽면에서의 온도는 T_w다. 따라서 정체점으로부터 경계층을 수직 방향으로 지나는 온도 프로파일이 존재한다. 정체점의 열전달량은 점 A의 온도구배에 의해 다음과 같이 주어진다.

$$\dot{q}_w = \left[-k\left(\frac{\partial T}{\partial y}\right)_w\right]_A \tag{18.58}$$

정체점에서 경계층 해를 구하는 실용적 목적은 열전달량 $\dot{q}_w$를 계산하기 위한 것이다.

경계층 방정식 (17.28)~(17.31)을 정체점 영역에 적용하기 위해, 18.3절에서 설명한 변환방법을 사용하여 변수변환을 시킨다. 즉,

$$\xi = \int_0^x \rho_e \mu_e u_r \, dx \tag{18.59}$$

$$\eta = \frac{u_e}{\sqrt{2\xi}} \int_0^y \rho \, dy \tag{18.60}$$

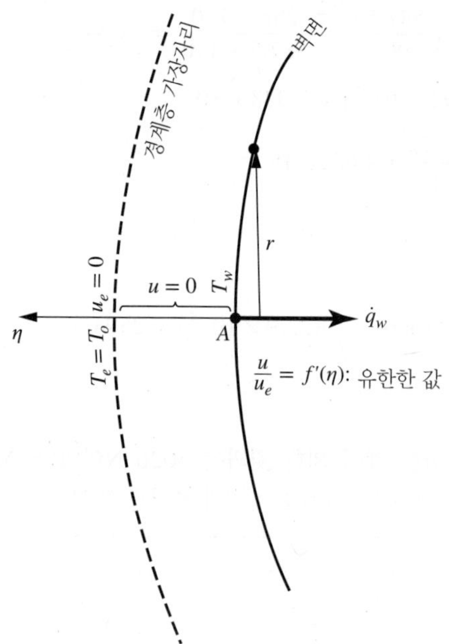

그림 18.10 경계층 내 정체점 영역에 대한 개요도

$$f'(\eta) = \frac{u}{u_e} \tag{18.61}$$

$$g(\eta) = \frac{h}{h_e} \tag{18.62}$$

여기서 h는 정엔탈피(static enthalpy)이다($u = 0$이므로 전엔탈피와 정엔탈피가 모두 같다). 이로부터 아래에 표시한 정체점 경계층 방정식(stagnation point boundary layer equation)으로 귀결된다. 자세한 유도과정은 참고문헌 52의 6장을 참조하기 바란다.

$$\boxed{(Cf'')' + ff'' = (f')^2 - g} \tag{18.63}$$

$$\boxed{\left(\frac{C}{\Pr}g'\right)' + fg' = 0} \tag{18.64}$$

여기서 $C = (\rho\mu/\rho_e\mu_e)$다. 식 (18.63)과 (18.64)가 정체점 경계층의 압축성 유동에 대한 지배 방정식이다. 이 식을 살펴보면 변수 ξ에 대하여 종속성이 없음을 발견할 수 있다. 즉, 정체점 경계층은 자기–상사해를 가질 수 있는 경우이다.

식 (18.63)과 (18.64)에 대한 수치해를 앞의 평판 경우에서 설명한 '슈팅법'을 사용하여 구할 수 있다. 이에 대해 현 시점에서 자세히 설명하는 것은 별다른 이득이 없으므로 수치해를 얻는 과정은 생략하고, 대신 식 (18.63)과 (18.64)를 풀어서 얻은 결과를 참고문헌 78로부터 인용하기로 하자.

실린더:
$$\dot{q}_w = 0.57\,\Pr^{-0.6}(\rho_e\mu_e)^{1/2}\sqrt{\frac{du_e}{dx}}(h_{aw} - h_w) \tag{18.65}$$

축대칭(axisymmetric) 물체의 경우 식 (18.59)와 (18.60)으로 주어지는 변환은 아래와 같이 약간 변형된 변환 형태가 적용되어야 한다.

$$\xi = \int_0^x \rho_e u_e \mu_e r^2\,dx \tag{18.66}$$

그리고
$$\eta = \frac{u_e r}{\sqrt{2\xi}}\int_0^y \rho\,dy \tag{18.67}$$

여기서 r은 그림 18.10에서 보여주듯이 중앙선으로부터 수직 방향으로 측정한 좌표이다. 식 (18.66)과 (18.67)을 축대칭 정체점에 대하여 변수변환을 적용하면 식 (18.63)과 (18.64)와 거의 동일한 형태의 식을 얻는다. 즉,

$$(Cf'')' + ff'' = \tfrac{1}{2}[(f')^2 - g] \tag{18.68}$$

그리고
$$\left(\frac{C}{\Pr}g'\right)' + fg' = 0 \tag{18.69}$$

여기서 $C = (\rho\mu/\rho_e\mu_e)$다. 그리고 열전달량에 대한 결과식은 다음과 같다(참고문헌 78).

구:
$$\dot{q}_w = 0.763\,\Pr^{-0.65}(\rho_e\mu_e)\sqrt{\frac{du_e}{dx}}(h_{aw} - h_w) \tag{18.70}$$

2차원 실린더에 대한 결과인 식 (18.65)와 축대칭 형태의 구에 대한 결과인 식 (18.70)을 비교해 보자. 두 식은 앞의 계수값만 다르고 거의 같은 형태를 취하는데, 구의 경우가 계수값이 더 크다. 나머지는 거의 같은 형태이며, 따라서 구의 정체점 부근 가열량이 2차원 실린더 정체점의 가열량보다 크다는 것을 보여준다. 왜 그럴까? 이에 대한 답은 2차원과 3차원 유동의 기본적인 차이점에서 비롯된다. 2차원 유동의 경우 기체가 물체를 만났을 때 움직일 수 있는 방향은 오직 두 군데, 위 또는 아래 방향이다. 반면 축대칭 유동의 경우 기체가 움직일 수 있는 방향은 위, 아래, 그리고 측면의 세 방향이다. 따라서 길이 방향 같은 단면을 갖는 물체 주위 2차원 또는 3차원 유동(실린더 그리고 구와 같은)을 비교해 볼 때 3차원의 경우 유동이 다소간 '완화되는(relieved)' 효과가 있으며, 이것이 잘 알려진 3차원 유동에

서의 3차원 완화 효과(three-dimensional relieving effect)인 것이다. 이러한 완화 효과의 결과로 정체점의 경계층 두께 δ가 실린더의 경우보다 구의 경우에 있어 더 줄어드는 것이다. 다시 말해, 벽면에서 (T_e/δ)의 크기 정도를 갖는 온도구배 $(\partial T/\partial y)_w$는 구의 경우가 더 커진다. $\dot{q}_w = k(\partial T/\partial y)_w$이므로 구의 경우에 대한 $\dot{q}_w$가 더 크다. 이는 식 (18.65)와 (18.70)을 비교하여 확인할 수 있다.

정체점 주변의 공력 가열에 대한 위 결과는 극초음속 비행체 설계에 놀라운 영향을 미치게 되는데, 즉 비행체 앞부분이 날카롭게 생긴 형상보다는 무딘 형상이 되어야 한다는 설계 요구조건이 주어진다. 이를 이해하기 위해 식 (18.65)와 (18.70)에 나타난 속도구배 du_e/dx를 고려해 보자. 경계층 가장자리에 적용되는 Euler 방정식으로부터,

$$dp_e = -\rho_e u_e\, du_e \tag{18.71}$$

따라서

$$\frac{du_e}{dx} = -\frac{1}{\rho_e u_e}\frac{dp_e}{dx} \tag{18.72}$$

물체 표면에 Newton형 압력 분포(Newtonian pressure distribution)를 가정하면, 식 (14.4)로부터

$$C_p = 2\sin^2\theta$$

여기서 θ는 자유흐름 방향과 물체 표면에서의 접선 방향이 이루는 각도로 정의한다. ϕ를 표면에 수직인 방향과 자유흐름 방향 사이의 각도로 정의하면, 식 (14.4)를 다음과 같이 표현할 수 있다.

$$C_p = 2\cos^2\phi \tag{18.73}$$

C_p의 정의로부터 식 (18.73)을 다음과 같이 표현할 수 있다.

$$\frac{p_e - p_\infty}{q_\infty} = 2\cos^2\phi$$

또는

$$p_e = 2q_\infty\cos^2\phi + p_\infty \tag{18.74}$$

식 (18.74)를 미분하여 다음 식을 얻는다.

$$\frac{dp_e}{dx} = -4q_\infty\cos\phi\sin\phi\frac{d\phi}{dx} \tag{18.75}$$

식 (18.72)와 (18.75)를 결합하여 아래 식을 얻을 수 있다.

$$\frac{du_e}{dx} = \frac{4q_\infty}{\rho_e u_e}\cos\phi\sin\phi\frac{d\phi}{dx} \tag{18.76}$$

식 (18.76)은 물체 표면을 따라가는 모든 점에 대해 성립하는 일반적 결과식이다. 이제 그림 18.11에 나타낸 정체점 영역에 대해 살펴보도록 하자. 여기서 Δx는 ϕ의 미소 변화량 $\Delta\phi$에 대응하는 정체점 윗부분으로의 미소 표면 거리를 표시한다고 하자. 정체점 영역의 비점성 속도 변화는 다음과 같이 표현할 수 있다.

$$u_e = \left(\frac{du_e}{dx}\right)_s \Delta x \tag{18.77}$$

정체 영역에서 ϕ 값이 작으므로 그림 18.11로부터,

$$\cos\phi \approx 1 \tag{18.78}$$

$$\sin\phi \approx \phi \approx \Delta\phi \approx \frac{\Delta x}{R} \tag{18.79}$$

$$\frac{d\phi}{dx} = \frac{1}{R} \tag{18.80}$$

여기서 R은 정체점에서 물체 표면이 갖는 국소적인 곡률 반경(radius of curvature)이다. 결론적으로 정체점에서 식 (18.73)은 다음과 같이 표시된다.

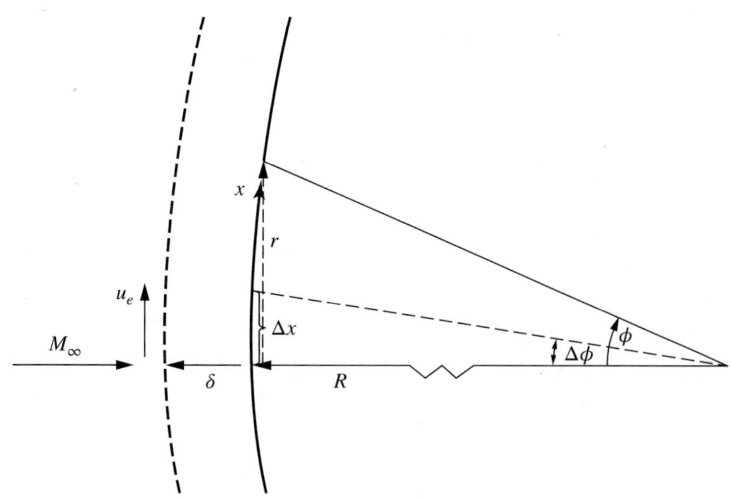

그림 18.11 정체점 영역의 기하학적 표현

$$C_p = 2 = \frac{p_e - p_\infty}{q_\infty}$$

또는

$$q_\infty = \tfrac{1}{2}(p_e - p_\infty) \tag{18.81}$$

식 (18.77)~(18.81)을 식 (18.76)에 대입하면 다음 결과식을 얻을 수 있다.

$$\left(\frac{du_e}{dx}\right)^2 = \frac{2(p_e - p_\infty)}{\rho_e \,\Delta x}\left(\frac{\Delta x}{R}\right)\left(\frac{1}{R}\right)$$

또는

$$\frac{du_e}{dx} = \frac{1}{R}\sqrt{\frac{2(p_e - p_\infty)}{\rho_e}} \tag{18.82}$$

식 (18.82)의 시각으로 식 (18.65)와 (18.70)을 살펴보면 다음의 결론을 얻는다.

$$\boxed{\dot{q}_w \propto \frac{1}{\sqrt{R}}} \tag{18.83}$$

이 식은 정체점에서의 가열량이 선두 부분 곡률 반경 제곱근에 반비례한다는 것을 표시하고 있다. 따라서 가열량을 감소시키기 위해서는 선두 부분의 반경을 증가시켜야 한다. 이것이 바로 극초음속 비행체의 선두 부분과 앞전 영역이 뭉툭한 형상을 갖는 이유이다. 반면 뾰족한 형상의 앞전은 정체 영역에서의 극심한 항공 열역학적 조건에 의해 빠르게 녹아 버릴 수 있다.

1.1절로 되돌아가 날렵한 형상과 무딘 형상을 가진 대기권 재진입 비행체에서의 공력 가열 현상에 대한 *정성적* 설명을 다시 음미해 보자. 정성적인 관점에서 공력 가열을 최소화하기 위해서는 무딘 선두 형상이 채택되어야 한다는 것을 논한 바 있다. 우리는 식 (18.83)을 유도함으로써 정량적으로도 이 사실을 증명한 셈이다.

그림 18.12를 살펴보면 $\dot{q}_w$가 $\sqrt{R}$에 반비례한다는 사실이 실험적으로도 입증되었음을 알 수 있다. 선두부 직경을 기준으로 한 레이놀즈수에 대하여 실험을 통해 얻은 정체점에서의 C_H 값을 그래프로 표시하였다. 여기서 가로 좌표는 R에 비례한다. 이 그래프는 log-log 좌표 스케일을 사용하였으며, 데이터가 나타내는 기울기는 -0.5로서 $\dot{q}_w \propto 1/\sqrt{R}$ 임을 입증하고 있다.

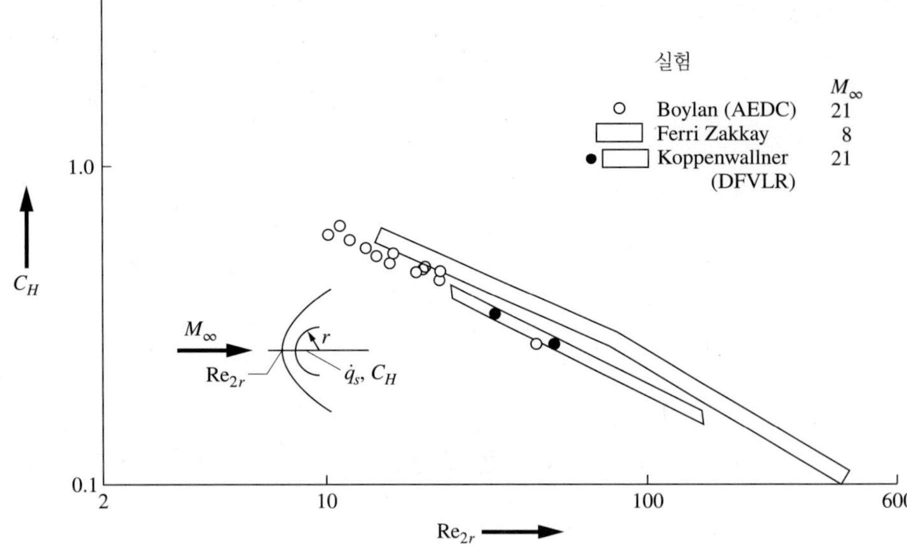

그림 18.12 선두부 반경을 기준으로 한 Re에 대하여 표시한 정체점 Stanton 수(출처: Koppenwallner, G.: "Fundamentals of Hypersonics: Aerodynamics and Heat Transfer," in the *Short Course Notes entitled Hypersonic Aerothermodynamics*, presented at the Von Karman Institute for Fluid Dynamics, Rhode Saint Genese, Belgium, Feb. 1984)

18.6 임의 형상을 한 물체 주변의 경계층: 유한차분 해

Boundary Layers over Arbitrary Bodies: Finite-Difference Solution

임의 형상을 한 물체 주변 유동에 대하여 식 (17.28)~(17.31)의 경계층 방정식에 대한 '엄밀(exact)'해를 구하는 작업은 고속 디지털 컴퓨터, 즉 궁극적으로 전산유체역학의 출현 이전까지는 가능하지 않았다. 이 절에서 일반적인 경계층 방정식의 해를 구하기 위한 유한차분법(finite-difference technique)에 대하여 설명하기로 한다. 이러한 유한차분법을 사용하여 해를 구하는 것은 오늘날 경계층 해석에 있어 최신 기법이라 할 수 있다.

이 절에서 설명을 어떻게 진행해 나갈 것인지에 대해 전망해 보자. 식 (17.28)~(17.31)은 일반적인 경계층 방정식이다. 평판 유동의 경우에 대해 이 방정식 시스템은 식 (18.42)와 (18.43)으로, 정체 영역에 대해서는 식 (18.63)과 (18.64)로 귀결된다. 이 두 가지 특별한 경우에 대해 방정식 시스템을 변환 독립변수 및 종속변수를 사용하여 변환시키면 자기-상사해(유동의 변화가 오직 변환된 η 방향으로만 발생함)를 얻을 수 있는 형태로 바뀐다. 임의 형상을 갖는 보다 일반적인 경우, 식 (17.28)~(17.31)의 전체 경계층 방정식을 식 (18.59)~(18.62)로 주어지는 변환을 통해 형태를 바꾸는 것은 여전히 유용하다. 이러한 변환된 방정식을 유도하는 상세한 과정은 참고문헌 52의 6장을 참조하기 바란다. 결과식의 형태는 다음과 같다.

x 운동량 방정식:

$$(Cf'')' + ff'' = \frac{2\xi}{u_e}\left[\left((f')^2 - \frac{\rho_e}{\rho}\right)\frac{du_e}{d\xi} + 2\xi\left(f'\frac{\partial f'}{\partial \xi} - \frac{\partial f}{\partial \xi}f''\right)\right] \tag{18.84}$$

y 운동량 방정식:

$$\frac{\partial p}{\partial \eta} = 0 \tag{18.85}$$

에너지 방정식:

$$\left(\frac{C}{\Pr}g'\right)' + fg' = 2\xi\left[f'\frac{\partial g}{\partial \xi} + \frac{f'g}{h_e}\frac{\partial h_e}{\partial \xi} - g'\frac{\partial f}{\partial \xi} + \frac{\rho_e u_e}{\rho h_e}f'\frac{du_e}{d\xi}\right] - C\frac{u_e^2}{h_e}(f'')^2 \tag{18.86}$$

앞에서와 마찬가지로 여기서 $C = \rho\mu/\rho_e\mu_e$, $f' = u/u_e$, 그리고 $g = h/h_e$다. 식 (18.84)~(18.86)에서 프라임 표시는 η에 대한 *편*미분을 의미하므로 $f' \equiv \partial f/\partial\eta$이다. 식 (18.84)~(18.86)은 식 (17.28)~(17.31)이 보유하고 있는 권위를 전혀 손상시키지 않으면서 단순히 변수변환시킨 것에 불과하다.

변수변환시킨 압축성 경계층 방정식인 식 (18.84)~(18.86)을 살펴보자. 여전히 *편*미분 방정식 형태로서, 여기서 f와 g는 ξ와 η의 함수이다. 이들 식은 원래의 경계층 방정식에 어떠한 가정이나 근사식을 적용하여 변형시킨 것이 아니다.

그러나 이들 변수변환 방정식은 확실히 알아보기 쉽지 않으며, 원래의 방정식보다 더 복잡해 보이기까지 한다. 그러나 이것 때문에 동요하지 말기 바란다. 실제로 식 (18.84)~(18.86)은 매우 실용적이고 유용한 형태임을 알 수 있을 것이다.

이상의 변수변환 경계층 방정식은 다음의 경계 조건하에 풀어야만 한다. 물리적 경계 조건은 식 (17.28)~(17.31)로 주어졌으며, 이들 경계 조건에 대응하는 변환 경계 조건은

벽면에서: $\eta = 0 \quad f = f' = 0 \quad g = g_w$ (고정된 벽면 온도)

또는 $g' = 0$ (단열 벽면)

경계층 가장자리에서: $\eta \to \infty \quad f' = 1 \quad g = 1$

일반적으로 식 (18.84), (18.85), (18.86)에 적절한 경계 조건을 적용하여 해를 구하면, 이로부터 경계층 내 속도 그리고 엔탈피 변화를 $u = u_e f'(\xi, \eta)$와 $h = h_e g(\xi, \eta)$의 형태로 구할 수 있다. 경계층 내 압력은 이미 알고 있는데, 왜냐하면 $p_e = p_e(\xi)$ 형태로 경계층 가장자리에서의 압력 분포를(또는 이미 알고 있는 속도 분포와 동일한 의미) 이미 알고 있고, 이 압력 분포는 경계층 내에서 수직한 방향으로 식 (18.85)와 같이 변하지 않기 때문이다. 즉, 어떠한 ξ 위치에서든 수직 방향으로 $p = \text{constant}$인 것이다. 마지막으로 경계층을 관통하면서 h와 p 값을 알고 있다면 열역학적 평형으로부터 $T = T(h, p)$, $\rho = \rho(h, p)$ 등과 같은 적절한 상태 방정식을 사용하여 남은 변수들의 값을 구할 수 있다.

18.6.1 유한차분법 *Finite-Difference Method*

잠시 전산유체역학의 개념에 대해 소개한 2.17.2절로 돌아가, 특히 거기에서 설명한 유한차분법 식 표현을 복습해 보도록 하자. 편미분은 전방(forward), 후방(rearward), 그리고 중앙차분(central difference)을 사용하여 모사할 수 있다. 이러한 개념을 사용하여 다음의 설명을 진행하고자 한다.

또한 경계층 내 유한차분 격자(finite-difference grid)를 표시한 그림 18.13을 참조하기 바란다. 물리적 x-y 공간 상에 곡선 형태이며 불균일한 간격으로 격자가 표시되어 있다. 그러나 실제 계산이 수행되는 ξ-η 평면 상에서는 일정한 간격의 $\Delta\xi$와 $\Delta\eta$를 갖는 직사각형 형태의 격자로 변환된다. 그림 18.13에 4개의 서로 다른 ξ(또는 x) 위치, 즉 $(i - 2)$, $(i - 1)$, i, 그리고 $(i + 1)$에 대한 격자 부분이 표시되어 있다.

식 (18.84)와 (18.86)으로 주어진 일반적 변수변환 경계층 방정식을 다시 고려해 보자. 그림 18.13에서 $(i + 1)$번째 위치에서의 경계층을 계산한다고 가정하자. 2.17.2절에서 설명했듯이 유한차분법의 일반적인 원리는 지배 편미분 방정식을 계산하고자 하는 위치에서 유한차분 몫(finite-difference quotients)에 의한 도함수로 대치하여 평가한다. 예를 들어, 그림 18.13에서 (i, j) 격자점을 고려해 보자. 이 점에서 식 (18.84)와 (18.86)으로 표시되는 도함수를 아래와 같은 유한차분 표현식으로 대치한다.

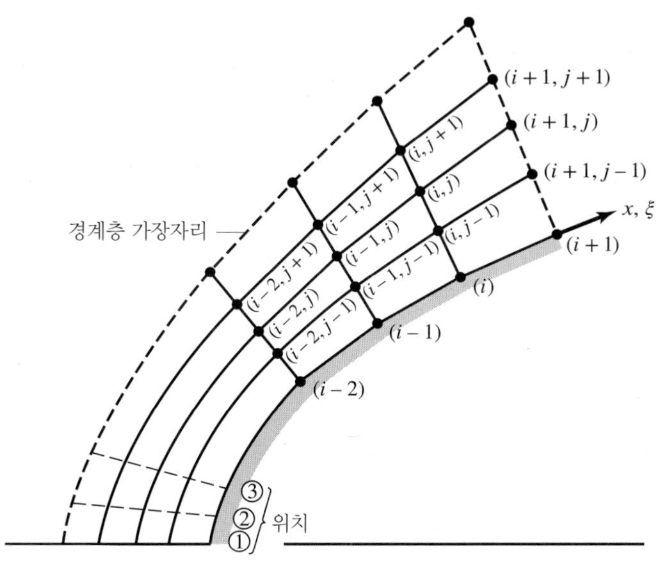

그림 18.13 경계층의 유한차분 해에 대한 개요도

$$\frac{\partial f}{\partial \xi} = \frac{f_{i+1,j} - f_{i,j}}{\Delta \xi} \tag{18.87}$$

$$\frac{\partial f}{\partial \eta} = \frac{\theta(f_{i+1,j+1} - f_{i+1,j-1})}{2\,\Delta\eta} + \frac{(1-\theta)(f_{i,j+1} - f_{i,j-1})}{2\,\Delta\eta} \tag{18.88}$$

$$\frac{\partial^2 f}{\partial \eta^2} = \frac{\theta(f_{i+1,j+1} - 2f_{i+1,j} + f_{i+1,j-1})}{(\Delta\eta)^2} + \frac{(1-\theta)(f_{i,j+1} - 2f_{i,j} + f_{i,j-1})}{(\Delta\eta)^2} \tag{18.89}$$

$$f = \theta f_{i+1,j} + (1-\theta) f_{i,j} \tag{18.90}$$

여기서 θ는 다음에 설명할 여러 가지 유한차분법에서 식 (18.87)~(18.90)을 보정하기 위한 파라미터이다. g에 대한 도함수에서도 유사한 관계식이 사용된다. 식 (18.87)~(18.90)을 식 (18.84)와 (18.86)에 대입하고, g에 대한 편미분 방정식에도 유사한 표현식을 대입하면 2개의 대수 방정식을 얻을 수 있다. 만약 $\theta = 0$이라면 미지수는 $f_{i+1,\,j}$ 그리고 $g_{i+1,\,j}$며, 이들은 2개의 대수 방정식을 직접 풀어서 값을 얻을 수 있다. 이러한 방법을 명시적 방법(explicit approach)이라 한다. 이 방법을 사용하면 $(i+1, j)$ 격자점에서의 경계층 성질을 나타내는 변수값을 이미 알고 있는 $(i, j+1)$, (i, j), 그리고 $(i, j-1)$ 격자점에서의 값을 사용하여 명시적으로 풀어낼 수 있다. 경계층 해는 하류 방향으로 행진하면서 값을 풀어나가는데, 즉 $(i+1)$ 위치에서의 경계층 프로파일은 바로 전 위치인 (i)번째에서의 유동해를 구한 후에 그 값을 얻을 수 있다.

$0 < \theta \le 1$인 경우 식 (18.84)와 (18.86)에서 미지수는 $f_{i+1,\,j+1}$, $f_{i+1,\,j}$, $f_{i+1,\,j-1}$, $g_{i+1,\,j+1}$, $g_{i+1,\,j}$, 그리고 $g_{i+1,\,j-1}$이다. 즉, 6개의 미지수와 오직 2개의 방정식이 존재한다. 따라서 식 (18.84)와 (18.86)의 유한차분식은 $(i+1)$ 위치의 경계층 내 모든 격자점에 대해 동시적으로 계산되어야 하므로, 미지수에 대한 내재적 체계식(implicit formulation) 형태로 귀결된다. 특히 $\theta = \frac{1}{2}$ 이라면 식 체계의 구성(scheme)은 잘 알려진 Crank-Nicolson의 내재적 절차법(implicit procedure)이 되며, $\theta = 1$이라면 식 체계의 구성은 '완전 내재적(fully implicit)'이라 부른다. 이들 내재적 식 체계 구성은 여러 개의 미지수를 갖는 연립 대수 방정식 형태이며, 미지수 앞의 계수들은 삼각 구역 행렬(block tridiagonal matrices)을 구성한다.

여러분은 이미 내재적 체계의 해를 구하는 것이 명시적 체계보다 훨씬 복잡하리라는 걸 느꼈을 것이다. 이 책에서 다루고자 하는 주제는 공기역학의 기초이므로 전산유체역학의 세부적인 내용을 다루는 것은 이 책의 범위를 벗어난다. 따라서 더 이상 자세한 절차에 대해 설명하는 것은 생략하기로 한다. 여기서 우리의 목적은 단지 경계층 해를 구하기 위한 유한차분법의 묘미를 소개하는 것이다. 명시적 그리고 내재적 유한차분법에 대한 보다 상세한 정보는 저자의 저서 *Computational Fluid Dynamics: The Basics with Applications*(참고문헌 60)를 참조하기 바란다.

일반적인 비상사적(nonsimilar) 경계층에 대하여 유한차분 해를 얻기 위한 절차를 요약하면 다음과 같다.

1. 해를 얻기 위해서는 해가 이미 주어져 있는 앞전 또는 정체점에서부터 시작해야 한다(그림 18.13에 위치 ①이라 표시됨). 이는 적절한 자기-상사해로부터 얻을 수 있다.
2. 하류 방향으로 다음 위치인 위치 ②에서, 식 (18.87)~(18.90)으로 주어진 유한차분 절차식으로부터 경계층 내 유동장 변수에 대한 해를 얻을 수 있다.
3. u와 T에 대한 경계층 프로파일이 얻어지면, 벽면에서의 표면마찰과 열전달이 다음 식에 의해 결정된다.

$$\tau = \left[\mu\left(\frac{\partial u}{\partial y}\right)\right]_w$$

그리고

$$\dot{q} = \left(k\frac{\partial T}{\partial y}\right)_w$$

여기서 속도구배는 이미 알고 있는 u와 T 프로파일로부터 다음과 같은 일방향 차분(one-sided difference)(참고문헌 60 참조)을 사용하여 구한다.

$$\left(\frac{\partial u}{\partial y}\right)_w = \frac{-3u_1 + 4u_2 - u_3}{2\,\Delta y} \tag{18.91}$$

$$\left(\frac{\partial T}{\partial y}\right)_w = \frac{-3T_1 + 4T_2 - T_3}{2\,\Delta y} \tag{18.92}$$

식 (18.91)과 (18.92)에서 아래첨자 1, 2, 3은 벽면에 위치한 점과 벽면 위 방향으로 바로 인접한 두 점을 표시한다. 물론 식 (18.91)과 (18.92)에서 속도의 미끄러짐이 없다는 것과 주어진 벽면 온도로 표시되는 경계 조건, 즉 $u_1 = 0$과 $T_1 = T_w$가 적용된다.

4. 앞에서 언급한 절차를 하류 방향의 다음 위치인 그림 18.13의 위치 ③에 대하여 반복한다. 이러한 방식으로 앞의 절차를 반복하여 주어진 초기 해로부터 하류 방향으로 행진하며 적용함으로써 전체 경계층에 대하여 해를 구할 수 있다.

Blottner(참고문헌 80)가 얻은 경계층에 대한 유한차분 해 결과의 예는 그림 18.14와 18.15에 나와 있다. 이는 고도 100,000 ft에서 20,000 ft/s의 속도로 비행하며 벽면 온도가 1000 K인 축대칭 쌍곡면(axisymmetric hyperboloid) 비행체 주변의 유동에 대하여 계산한 결과이다. 이러한 조건에서 경계층 유동은 해리(dissociation)와 화학반응을 일으키므로, 참고문헌 80의 계산에 이러한 과정이 포함되었다. 화학반응이 포함된 경계층 유동은 이 책의 범위에 포함되지 않지만, 참고문헌 80에 수록된 결과를 여기에 소개하는 것은 단지 유한차분법의 실례를 들어 설명하기 위함이다. 예를 들어 그림 18.14는 $x/R_N = 50$ 지점에서 속도 및 온도 프로파일을 계산한 결과이다. 여기서 R_N은 선두부의 반경을 표

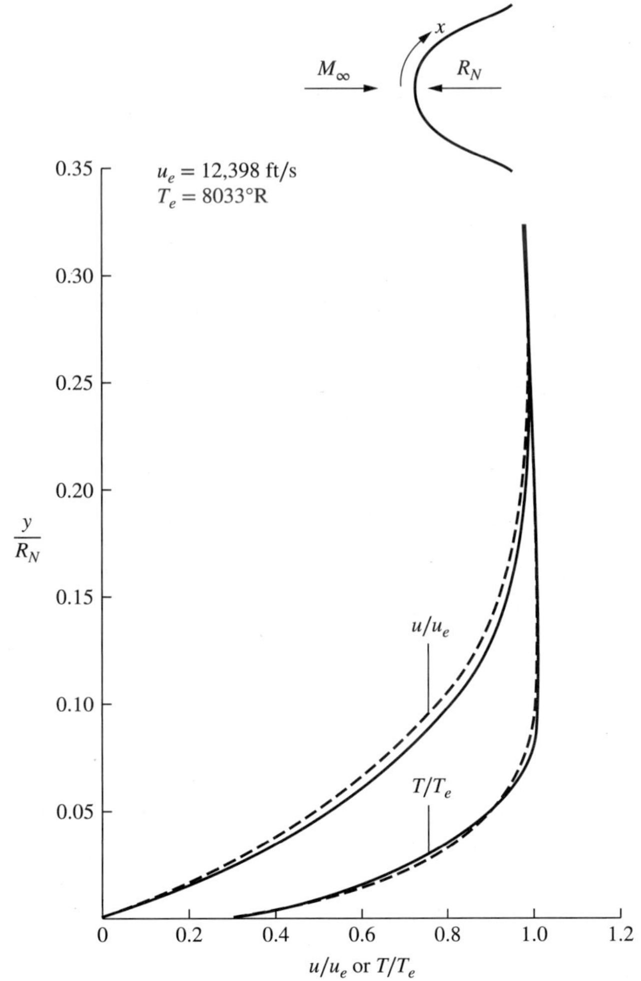

그림 18.14 축대칭 쌍곡면에서 $x/R_N = 50$인 지점의 경계층 내 속도와 온도 프로파일(자료 제공: Blottner, F. G.: "Finite Difference Methods of Solution of the Boundary-Layer Equations," *AIAA J.*, vol. 8, no. 2, February 1970, pp. 193-205.)

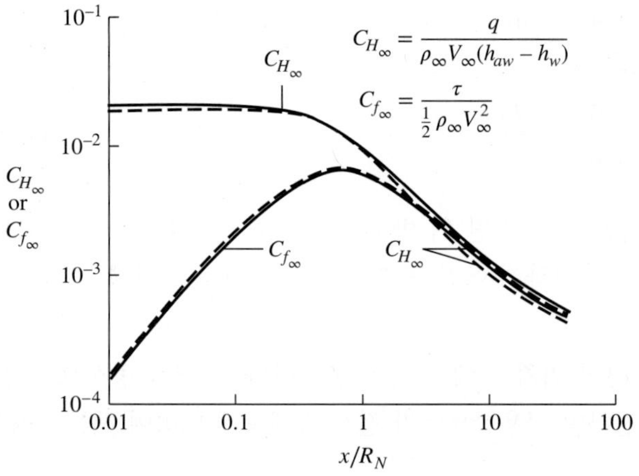

그림 18.15 쌍곡면 상의 Stanton 수와 표면마찰 계수(자유흐름 값을 기초로 한) (자료 제공: Blottner, F. G.: "Finite Difference Methods of Solution of the Boundary-Layer Equations," *AIAA J.*, vol. 8, no. 2, February 1970, pp. 193-205.)

시한다. 그림 18.14에 경계층 가장자리에서의 국소적인 속도 및 온도 값을 표시하고 있다. 그림 18.15에서는 표면에서의 성질로서, 정체점으로부터의 거리에 따른 C_H 및 c_f 함수의 변화를 알 수 있다. 그림 18.15에 표시된 다음의 물리적 경향에 주목하기 바란다.

1. 정체점에서 전단응력은 0(항상 그렇듯이)이며, 선두부 면을 따라 증가하다가 최고점에 도달한 후 하류 방향으로 가면서 다시 감소한다.
2. 선두부 근처에서 C_H 값은 상대적으로 일정한 값을 가지며, 하류 방향으로 가면서 감소한다.
3. 레이놀즈 상사성은 다음과 같이 표현된다.

$$C_H = \frac{c_f}{2s} \tag{18.93}$$

여기서 s를 '레이놀즈 상사성 인자(Reynolds analogy factor)'라 부른다. 평판의 경우 식 (18.50)에서 $s = \mathrm{Pr}^{2/3}$임을 우리는 알고 있다. 그러나 그림 18.15의 결과로부터 선두부 영역에서 s가 변수임을 알 수 있는데, 이는 C_H 값이 상대적으로 일정한 반면 c_f 값은 급속하게 증가하기 때문이다. 반면 하류 영역에서는 c_f와 C_H 값이 실질적으로 거의 같으며, 따라서 레이놀즈 상사성은 개략적으로 $C_H/c_f = 1$이라 주장할 수 있다. 요지는 레이놀즈 상사성이 유동 내 강한 압력구배에 의해 상당히 영향을 받는다는 것이며, 따라서 그림 18.15에서처럼 C_H와 c_f 값이 자유흐름 값을 기초로 하는 경우 공학적 도구로서의 유용성을 상실하게 된다.

18.7 요약 *Summary*

이로서 층류 경계층에 대한 토론을 종료하기로 한다. 그림 18.1의 이정표로 돌아가 다룬 내용을 여러분 스스로 되새겨 보기 바란다. 아래에 몇 가지 중요한 결과에 대해 요약하였다.

평판 위 비압축성 층류 유동에 대한 경계층 방정식은 Blasius 방정식으로 귀결된다.

$$2f''' + ff'' = 0 \tag{18.15}$$

여기서 $f' = u/u_e$이다. $f' = f'(\eta)$이며, 위 식은 표면을 따라 특정 x 위치에 상관없는 자기−상사해를 갖는다. 식 (17.48)의 수치해로부터 아래 결과로 표시되는 값을 얻을 수 있다.

국소적 표면마찰 계수:

$$c_f = \frac{\tau_w}{\frac{1}{2}\rho_\infty V_\infty^2} = \frac{0.664}{\sqrt{\mathrm{Re}_x}} \tag{18.20}$$

적분한 마찰 항력 계수:
$$C_f = \frac{1.328}{\sqrt{\text{Re}_c}} \tag{18.22}$$

경계층 두께:
$$\delta = \frac{5.0x}{\sqrt{\text{Re}_x}} \tag{18.23}$$

변위 두께:
$$\delta^* = \frac{1.72x}{\sqrt{\text{Re}_x}} \tag{18.26}$$

운동량 두께:
$$\theta = \frac{0.664x}{\sqrt{\text{Re}_x}} \tag{18.28}$$

압축성 효과로 인해 경계층 해가 마하수, Prandtl 수, 그리고 벽면 온도와 자유흐름 온도의 비율을 변수로 하는 함수로 표시된다. 그림 18.8에 전형적인 압축성 효과를 표시했다. 일반적으로 압축성 효과는 C_f를 감소시키고 δ를 증가시킨다.

기준 온도법은 c_f와 C_H에 대한 비압축성 방정식을 사용하며, 평판 유동에서의 압축성 효과를 고려한 표면마찰과 열전달을 계산하는 간편한 공학적 계산법이다. 기준 온도 T^*는 다음과 같이 주어진다.

$$\frac{T^*}{T_e} = 1 + 0.032M_e^2 + 0.58\left(\frac{T_w}{T_e} - 1\right) \tag{18.53}$$

국소적 표면마찰 계수는 다음과 같이 주어진다.

$$c_f^* = \frac{0.644}{\sqrt{\text{Re}_x^*}} \tag{18.52}$$

여기서
$$c_f^* = \frac{\tau_w}{\frac{1}{2}\rho^* u_e^2}$$

그리고
$$\text{Re}_x^* = \frac{\rho^* u_e x}{\mu^*}$$

Stanton 수는 다음과 같이 주어진다.

$$C_H^* = \frac{0.332}{\sqrt{\text{Re}_x^*}}(\text{Pr}^*)^{-2/3} \tag{18.55}$$

여기서
$$C_H^* = \frac{\dot{q}_w}{\rho^* u_e (h_{aw} - h_w)}$$

18.8 연습문제 *Problems*

주: 이 장의 연습문제는 19장을 마칠 때까지 유예하여 층류 및 난류 경계층 연습문제와 같이 다루기로 한다.

난류 경계층

Turbulent Boundary Layers

난류 유동에서 논란의 여지가 없는 사실 중 하나는 그것이 가장 복잡한 형태의 유체 운동이라는 것이다.

Peter Bradshaw
Imperial College of Science and Technology,
London 1978

난류란 과거를 거쳐 오늘날에 이르기까지 아직 해명하지 못한 과학의 미스터리 중 하나이며, 오늘날 최고 과학적 지성들의 호기심을 자극하는 주제이다. 1920년대 독일의 유명한 이론 물리학자인 Arnold Sommerfeld가 내게 한 말을 예로 들자면, 죽기 전에 이해하고 싶은 두 가지 현상이 있는데 바로 양자역학과 난류라고 거론한 바 있다. Sommerfeld는 1924년에 사망했다. 나는 그가 현대 물리학의 지평을 연 새로운 발견인 양자에 대해서는 어느 정도 본질에 접근했으나, 난류의 의미에 대해서는 다가서지 못했던 인물이라 생각한다.

Theodore von Karman, 1967

미리보기 _Preview Box

자연현상은 가만히 두면 항상 최대한의 무질서 상태를 향해 진행된다. 이는 특히 실제 조건하의 경계층 유동에도 적용된다. 공기역학에서 가장 실용적인 응용 분야로 경계층 유동 역시 난류가 우세하다. 자연은 항상 최대한의 무질서 상태로 진행되는 것이다. 동일한 외부 유동 조건에서 난류 표면마찰과 공력 가열은 층류 표면마찰과 공력 가열보다 때로는 *상당히* 크다. 따라서 난류 경계층의 존재는 좋지 않은 소식일 수 있다. 그러나 난류 경계층은 같은 외부 유동 조건하에서 층류 경계층보다 하류 방향으로 훨씬 먼 거리에 걸쳐 표면에 부착된 상태로 진행할 수 있기 때문에 난류 경계층의 존재는 좋은 소식이 될 수도 있다. 따라서 일반적으로 난류 경계층을 가진 물체의 경우 유동 박리에 의한 압력 항력이 층류 경계층을 가진 물체보다 더 작다.

이 장의 주제는 난류 경계층이다. 난류 경계층에 대해

독립적인 이론적 결과는 따로 존재하지 않으며, 어떤 해석이든 경험적 데이터가 어떠한 형태로든 개입되어야 한다. 따라서 우리는 주변을 맴도는 짓은 하지 않을 것이다. 이제부터 난류 경계층의 두께와 표면마찰을 예측할 수 있는 경험에 근거한 공식(이는 어디까지나 개략적인 예측임)을 바로 다루고자 한다. 난류 유동을 계산하기 위한 여러 가지 접근법이 있을 수 있으나, 이들은 한결같이 입력 자료로 경험적 자료를 필요로 한다. 난류 유동만을 주제로 다룬 여러 저서들이 있다. 매우 짤막한 이 장의 목적은 다소 부정확할지라도 난류 경계층 결과를 계산할 수 있는 능력을 여러분에게 부여하는 것이다. 손을 단단히 잡고 이번의 짤막한 승차를 즐기기 바란다.

19.1 개요 *Introduction*

난류 유동과 관련된 주제는 심오하고 또 상당히 많은 연구가 진행되었으나, 이 책을 집필하는 시점까지도 현상 규명에 있어 애매한 부분이 많이 남아 있다. 난류의 근본적 특성, 다시 말해 우리가 그 특성을 예측할 수 있는 능력은 아직도 고전 물리학에서 해결되지 않은 숙제이다. 난류에 대한 수많은 저서들이 있으며, 여러 전문가가 이 주제를 연구하기 위해 그들의 인생을 투자했다. 따라서 이 장에서 난류 경계층에 대해 완벽한 토론을 수행한다는 것은 다소 주제 넘는 일이라 하겠다. 대신 이 장의 목표는 단순히 18장에서 다루었던 층류 경계층 이론과의 대비를 제공하는 것이다. 여기서는 난류 경계층의 맛보기만을 제공하며, 이것이 바로 이 장에서 필요로 하는 부분이다. 난류에 대한 보다 깊이 있는 연구는 여러분 스스로의 몫으로 남겨 두고자 한다.

진도를 나가기 전에 우선 15.2절로 돌아가 난류의 성질에 대한 기본적 설명을 복습하기 바란다. 15.2절에서 다룬 부분은 이 장에서 생략한다.

또한 난류 유동에 대한 *순수 이론*이 존재하지 않음을 명심하기 바란다. 난류 유동에 대한 모든 해석에서 실용적인 답을 얻기 위해서는 어떤 형태로든 *경험 자료*가 요구된다. 다음 절에서 다룰 난류 경계층 계산을 살펴보면, 위에서 거론한 명제가 명백하다는 것을 발견할 수 있다. 이 장은 매우 짧기 때문에 길잡이 역할을 하는 이정표는 따로 필요 없다는 것을 마지막으로 언급하고자 한다.

19.2 평판 위 난류 경계층에 대한 계산결과 *Results for Turbulent Boundary Layers on a Flat Plate*

이 절에서 우리는 평판 위 비압축성 및 압축성 난류 경계층에 대한 주요 결과에 대해 토론하고자 하는데, 이는 앞에서 설명했던 층류 경우에 대한 결과와 비교하기 위한 기초를 제공하기 위함이다. 난류 경계층과 관련된 주제에 대한 보다 상세한 내용은 참고문헌 40~42를 참조하기 바란다.

평판 위 비압축성 유동의 경우 경계층의 두께는 대략적으로 다음과 같이 주어진다.

$$\boxed{\delta = \frac{0.37x}{\mathrm{Re}_x^{1/5}}} \tag{19.1}$$

식 (19.1)에서 난류 경계층의 두께는 대략 $\mathrm{Re}_x^{-1/5}$에 비례하면서 변하는 반면, 층류 경계층의 경우는 $\mathrm{Re}_x^{-1/2}$에 비례한다. 아울러 δ의 난류값은 표면을 따라가는 거리에 따라 보다 급하게 성장한다. 즉, 난류 유동의 경우 $\delta \propto x^{4/5}$인 반면, 층류의 경우는 $\delta \propto x^{1/2}$이다. 평판 위 비압축성 난류 유동의 표면마찰 항력은 아래와 같이 주어진다.

$$\boxed{C_f = \frac{0.074}{\mathrm{Re}_c^{1/5}}} \tag{19.2}$$

난류 유동의 경우 C_f가 $\mathrm{Re}_c^{-1/5}$에 비례하는 반면, 층류 유동의 경우는 $\mathrm{Re}_c^{-1/2}$에 비례한다. 따라서 식 (19.2)에 의해, 식

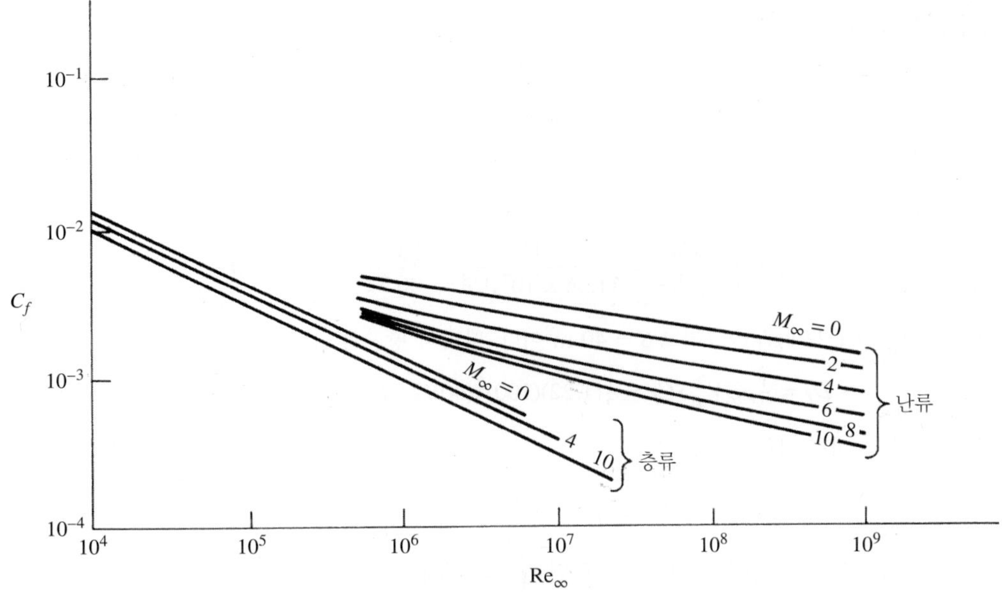

그림 19.1 레이놀즈수와 마하수의 함수로 표시되는 평판에서의 난류 마찰 항력 계수. 단열 벽면 Pr = 0.75. 대비를 위하여 층류 유동 결과를 같이 표시하였다. (Van Driest, E. R.의 계산결과 데이터: "Turbulent Boundary Layer in Compressible Fluids," *J. Aeronaut. Sci.*, vol. 18, no. 3, March 1951, p. 145.)

(18.22)에 따른 층류 유동의 경우보다 난류 유동에서의 마찰 항력 계수가 더 크다.

그림 19.1에 식 (19.2)에 따른 압축성 효과를 표시하였다. 즉, Re_∞에 따른 C_f 값의 변화에 대해 M_∞를 변수로 표시하였다. 그림 19.1의 오른편 난류 조건이 형성되는 레이놀즈수가 큰 경우 난류 유동 결과와, 그림 왼편의 레이놀즈수가 작은 층류 유동의 경우를 표시하였다. 이러한 유형의 그림은(층류 및 난류 유동에서 마찰 항력 계수를 Re의 함수로서 log-log 도표로 표시) 고전적 도표로서 두 종류 유동의 차이를 잘 나타내고 있다. 이 그림으로부터 Re_∞ 값이 같은 경우 층류보다 난류 표면마찰이 더 큰 것을 알 수 있으며, 난류 곡선의 기울기가 층류 곡선보다 더 작다. 즉, 층류의 경우 $Re^{-1/2}$에 비례하는 반면 난류는 $Re^{-1/5}$에 비례한다. Re 값이 일정한 경우 M_∞가 증가할수록 C_f 값이 감소하는 것에 유의하고, 이러한 효과는 난류 유동 결과에서 더 강하게 나타난다. 실제로 난류 유동(Re_∞ 값이 클 때)의 C_f 값은 M_∞가 0에서 10으로 증가할 때 거의 한 차수 크기만큼 감소한다. 층류 유동은 M_∞가 증가할수록 C_f 값이 감소하나 같은 마하수 영역일지라도 효과는 훨씬 덜하다.

19.2.1 난류 유동에 대한 기준 온도법 *Reference Temperature Method for Turbulent Flow*

18.4절에서 설명한 층류 유동의 기준 온도법을 난류 경계층에 대해서도 적용할 수 있다. 식 (18.53)으로 주어진 기준 온도 T^*와 식 (19.2)로 주어진 비압축성 평판 난류 결과식 C_f를 압축성 난류 유동에 대하여 다음과 같이 변형시킬 수 있다.

$$C_f^* = \frac{0.074}{(Re_c^*)^{1/5}} \tag{19.3}$$

여기서

$$C_f^* = \frac{D_f}{\frac{1}{2}\rho^* u_e^2 S} \tag{19.4}$$

예제 19.1

예제 18.1에 주어진 외부 유동 조건과 동일한 경우의 평판 유동을 고려해 보자. 자유흐름 속도가 (*a*) 100 m/s, (*b*) 1000 m/s일 때 평판 *난류* 경계층에서의 마찰 항력을 계산하라.

■ 풀이

(*a*) 예제 18.1*a*로부터, Re_c 1.36×10^7이다. 따라서 식 (19.2)로부터,

$$C_f = \frac{0.074}{(\mathrm{Re}_c)^{1/5}} = \frac{0.074}{(1.36 \times 10^7)^{1/5}} = \frac{0.074}{26.71} = 2.77 \times 10^{-3}$$

아울러 예제 18.1로부터 $\rho_\infty = 1.22\ \mathrm{kg/m^3}$ 그리고 $S = 40\ \mathrm{m^2}$이다. 따라서 평판의 한 면에 대해서는,

$$D_f = \tfrac{1}{2}\rho_\infty V_\infty^2 S C_f = \tfrac{1}{2}(1.22)(100)^2(40)(2.77 \times 10^{-3}) = 675.9\ \mathrm{N}$$

평판의 양면을 모두 고려한 총 마찰 항력은

$$D = 2D_f = 2(675.9) = \boxed{1352\ \mathrm{N}}$$

난류 유동에 대한 결과를 예제 18.1*a*의 층류 결과와 비교하면 다음과 같다.

$$\frac{D_{\text{turbulent}}}{D_{\text{laminar}}} = \frac{1352}{175.6} = 7.7$$

난류 유동의 경우 층류 유동에 비해 마찰 항력이 7.7배 *증가한다*. 이로부터 난류 유동에 대한 예측, 특히 언제 유동이 층류로부터 난류로 천이하는지에 대한 예측이 중요하다는 것을 쉽게 이해할 수 있다.

(*b*) $V_\infty = 1000$ m/s인 경우, 예제 18.1*b*로부터 $\mathrm{Re}_c = 1.36 \times 10^8$ 그리고 $M_\infty = 2.94$이다. 그림 19.1로부터 다음 결과를 알 수 있다.

$$C_f = 1.34 \times 10^{-3}$$

따라서

$$D_f = \tfrac{1}{2}\rho_\infty V_\infty^2 S C_f = \tfrac{1}{2}(1.22)(1000)^2(40)(1.34 \times 10^{-3}) = 32{,}700\ \mathrm{N}.$$

총 마찰 항력은

$$D = 2(32{,}700) = \boxed{65{,}400\ \mathrm{N}}$$

이를 다시 예제 18.1*b*와 비교하면 아래의 결과를 얻는다.

$$\frac{D_{\text{turbulent}}}{D_{\text{laminar}}} = \frac{65{,}400}{5026} = 13$$

마하수가 2.92로 높은 경우 난류성이 항력을 13배 증가시키는 반면, 비압축성의 경우는 7.7배 증가하므로 더 작은 양이다. 층류와 난류 유동에서의 항력 차이는 유동 속도가 커질수록 더욱 극명해진다.

예제 19.2

예제 19.1*b*를 기준 온도법을 사용하여 반복 계산하라. 평판은 단열 벽면으로 가정한다.

■ 풀이

예제 18.2에서 계산결과를 제시하였다. 난류 유동에서의 회복 인자는 층류 유동의 경우와 다소 다르다. 그러나 이러한 차이를 고려하지 않고, 이 경우에 대한 기준 온도가 예제 18.2에 주어진 것과 같다고 가정한다. 따라서 예제 18.2로부터 다음 결과를 얻는다.

$$\mathrm{Re}_c^* = 3.754 \times 10^7 \quad \text{그리고} \quad \rho^* = 0.574\ \mathrm{kg/m^3}$$

식 (19.3)으로부터 아래의 결과를 얻는다.

$$C_f^* = \frac{0.074}{(\mathrm{Re}_c^*)^{1/5}} = \frac{0.074}{(3.754 \times 10^7)^{1/5}} = 2.26 \times 10^{-3}$$

식 (19.4)로부터

$$D_f = \frac{1}{2}\rho^* u_e^2 S C_f^* = \frac{1}{2}(0.574)(1000)^2(40)(2.26\times 10^{-3}) = 25{,}945\ \text{N}$$

따라서

$$\boxed{D = 2(25{,}945) = 51{,}890\ \text{N}}$$

이 결과를 예제 19.1*b*의 결과와 비교하면 두 계산법 사이에 20%의 차이가 존재함을 알 수 있다. 이는 놀라운 일이 아니다. 이것은 단지 난류 표면마찰 계산을 수행함에 있어 상당한 불확실성이 존재한다는 것을 나타내는 것이다.

19.2.2 난류 유동에서의 Meador-Smart 기준 온도법 *The Meador-Smart Reference Temperature Method for Turbulent Flow*

18.4.1절에서 설명한 Meador와 Smart가 개발한 방법으로, 층류 유동의 경우와 약간 다른 난류 유동에서의 기준 온도 방정식을 얻을 수 있다. 난류 유동의 경우 방정식은 다음과 같다.

$$\frac{T^*}{T_e} = 0.5\left(1+\frac{T_w}{T_e}\right) + 0.16\,r\left(\frac{\gamma-1}{2}\right)M_e^2$$

비압축성 유동에 대한 국소 난류 표면마찰 계수도 다음과 같이 주어진다.

$$c_f = \frac{\tau_w}{\frac{1}{2}\rho_e u_e^2} = \frac{0.02296}{(\text{Re}_x)^{0.139}}$$

길이가 c인 평판 전체에 대하여 적분하면 표면마찰 항력 계수에 대하여 다음 결과를 얻을 수 있다(증명은 여러분 스스로 해볼 것).

$$C_f = \frac{D_f}{\frac{1}{2}\rho_\infty V_\infty^2 S} = \frac{0.02667}{(\text{Re}_c)^{0.139}}$$

예제 19.3

Meador-Smart 기준 온도법을 사용하여 예제 9.2를 다시 계산하라.

■ 풀이

위 방정식으로부터

$$\frac{T^*}{T_e} = 0.5\left(1+\frac{T_w}{T_e}\right) + 0.16r\left(\frac{\gamma-1}{2}\right)M_e^2$$

난류 유동의 경우 회복 인자는 대략 다음과 같이 주어질 수 있다.

$$r = \text{Pr}^{1/3} = (0.71)^{1/3} = 0.892$$

$$T_{aw} - T_e = r(T_0 - T_e)$$

또는

$$\frac{T_{aw}}{T_e} = 1 + r\left(\frac{T_0}{T_e} - 1\right)$$

$M_e = 2.94$의 경우

$$\frac{T_0}{T_e} = 2.74$$

$$\frac{T_{aw}}{T_r} = 1 + 0.892(1.74) = 2.55$$

평판이 단열 벽면이므로 $T_w = T_{aw}$다. 따라서 Meador-Smart 방정식은 다음과 같다.

$$\frac{T^*}{T_e} = 0.5\left(1+\frac{T_w}{T_e}\right) + 0.16(0.892)(0.2)(2.94)^2 = 0.5(1+2.55) + 0.2467 = 2.02$$

$$T^* = 2.02\,T_e = 2.02\,(288) = 581.8 \text{ K}$$

$$\rho^* = \frac{p}{RT^*} = \frac{1.01 \times 10^5}{(287)(581.8)} = 0.605 \text{ kg/m}^3$$

Sutherland 법칙(*Sutherland 법칙에서* T_0*는 전온도가 아닌 기준 온도이다*)으로부터,

$$\frac{\mu^*}{\mu_0} = \left(\frac{T^*}{T_0}\right)^{3/2} \frac{T_0 + 110}{T^* + 110} = \left(\frac{581.8}{288}\right)^{3/2} \frac{398}{691.8} = 1.651$$

$$\mu^* = 1.651\,\mu_0 = 1.651(1.7894 \times 10^{-5}) = 2.05 \times 10^{-5} \text{ kg/m} \cdot \text{s}$$

$$\text{Re}_c^* = \frac{\rho^* u_e c}{\mu^*} = \frac{(0.605)(1000)(2)}{2.95 \times 10^{-5}} = 4.1 \times 10^7$$

Meador-Smart 난류 표면마찰 계수 방정식으로부터,

$$C_f^* = \frac{0.02667}{(\text{Re}_c^*)^{0.139}} = \frac{0.02667}{(4.1 \times 10^7)^{0.139}} = 2.32 \times 10^{-3}$$

$$D_f = \tfrac{1}{2}\rho^* V_\infty^2 S C_f^* = \tfrac{1}{2}(0.605)(1000)^2(40)(2.32 \times 10^{-3}) = 28{,}070 \text{ N}$$

$$\text{총 항력} = D = 2D_f = 2(28{,}070) = \boxed{56{,}140 \text{ N}}$$

주: 예제 9.2에서 얻은 결과보다 이 결과가 더 정확하다. 이 결과는 예제 19.1*b*에서 얻은 결과와 비교할 때 14%의 오차를 보인다.

19.2.3 익형 항력 예측 *Prediction of Airfoil Drag*

18장에서의 평판 층류 유동에 대한 결과와 이 장에서의 난류 유동 결과를 사용하여 얇은 익형에서의 표면마찰 항력에 대한 공학적 예측을 수행할 수 있다. 18장과 19장의 결과를 사용하여, 저속 비압축성 유동에서의 익형 항력은 4.12절에서 다루고, 초음속 익형 항력은 12.4절에서 논의한다. 여러분이 아직 4.12절과 12.4절을 읽지 않았다면 지금이 바로 그 내용을 학습할 때이다. 거기에는 우리가 이제 막 다루었던 경계층 결과식을 실용적으로 응용할 수 있는 중요한 내용이 담겨 있다. 실제로 4.12절과 12.4절은 우리가 다루고 있는 점성 유동 내용의 중요한 연속성을 제공하며, 비점성 유동을 다루고 있는 앞 장에 포함되어 있을지라도 실용적인 측면에서 이들 모두를 4부에 같이 묶을 수 있다. 공기역학에서 익형 항력에 대한 예측은 가장 중요한 부분 중 하나이다. 4.12절과 12.4절의 내용을 신중하게 읽고 확실히 이해하기 바란다.

19.3 난류 모델링 *Turbulence Modeling*

19.2절의 평판 위 난류 유동에 대한 경계층 두께와 표면마찰 계수의 간단한 방정식은 상당한 정도의 경험식에 기초한 결과를 단순하게 표현한 결과이다. 임의 형상을 가진 물체 주변 난류 유동을 풀기 위한 현대적 계산에서는 연속, 운동량, 에너지 방정식에 대한 해를 구함에 있어 난류에 대한 *모델*이 요구된다. 계산은 전산유체역학적인 방법을 사용하여 수행된다. 여기서 우리는 지난 20년간 널리 사용되어 왔던 Baldwin-Lomax 난류 모델이라 불리는 난류 모델에 대해 설명하고자 한다. *다음 설명에서 난류 모델(turbulence model)이 무엇을 의미하는 것인지 여러분에게 맛보기만 제공한다는 것을 강조하고자 한다.*

19.3.1 Baldwin-Lomax 모델 *The Baldwin-Lomax Model*

해석 또는 계산을 통해 난류성 효과를 반영하기 위해서는 먼저 난류성 자체를 모델화하는 것이 필요하다. 난류 모델링은 최신 주제이며, 계산에 적용하는 난류 모델링에 대하여 참고문헌 81에 최근의 현황과 개요가 소개되어 있다. 여러 가지 난류 모델에 대하여 상세하게 다루는 것은 이 책의 범위를 넘어선다. 여러분이 관련 참고문헌을 참조하기 바란다. 대신 여기서는 한 가지 모델만을 다루고자 한다. 이유는 (*a*) 이것은 공학적 접근법에 기초한 난류 모델의 전형적인

예이기 때문이며 (*b*) 아음속, 초음속, 그리고 극초음속 난류 유동을 계산하기 위한 대다수의 현대적 응용문제에서 사용하고 있는 모델이며 (*c*) 다음 장에서 다룰 몇 가지 응용문제에서 사용하고 있는 모델이기 때문이다. 이 모델은 참고문헌 82에 최초로 소개되었으며, Baldwin-Lomax 모델이라 칭한다. 이것은 '와류 점성도(eddy viscosity)' 모델로 분류되며, 여기서는 점성 유동 지배 방정식(경계층 방정식 또는 Navier-Stokes 방정식과 같은)에 난류성 영향을 반영함에 있어 단순히 추가적인 항을 전달 계수(transport coefficients)에 더한다. 예를 들어, 앞에서 다룬 점성 유동 방정식에서 μ는 $(\mu + \mu_T)$로, k는 $(k + k_T)$로 대치한다. 여기서 μ_T와 k_T는 각각 와류 점성도와 와류 열전도 계수(eddy thermal conductivity)로서 모두 난류성에 기인한 것이다. 이러한 표현식에서 μ와 k는 각각 '분자적(molecular)' 점성과 열전도 계수이다. 예를 들어, 난류 유동에 대한 x 운동량 경계층 방정식은 다음과 같이 표현할 수 있다.

$$\rho u\frac{\partial u}{\partial x} + \rho v\frac{\partial u}{\partial y} = -\frac{\partial p}{\partial x} + \frac{\partial}{\partial y}\left[(\mu + \mu_T)\frac{\partial u}{\partial y}\right] \tag{19.5}$$

더구나 Baldwin-Lomax 모델은 '대수(algebraic)' 또는 '제로(zero) 방정식' 모델로 분류되는데, 유동 특성을 포함하는 대수적 관계식으로만 난류 모델 공식을 표현하기 때문이다. 이는 난류 운동 에너지의 소산(dissipation), 대류(convection), 생성(creation) 등과(종종 사용됨) 국소적 와도에 대한 편미분 방정식을 포함하는 one- 그리고 two-방정식 모델과 대비된다(one- 그리고 two-방정식 난류 모델에 대한 간단한 설명은 참고문헌 83 참조).

Baldwin-Lomax 난류 모델에 대한 설명은 아래와 같다. 여기서는 단지 모델에 대해 '요리책(cookbook)'에 수록된 요리법과 같은 수준의 설명을 제공하고자 하며, 이 모델에 대한 정당성과 동기는 참고문헌 82에 상세하게 수록되어 있으니 참조하기 바란다. 이 모델은 다른 모든 종류의 난류 모델과 마찬가지로 상당히 경험적인 것이다. 아음속에서 극초음속 영역에 이르는 광범위한 마하수에 대해 이 모델이 상당히 합리적인 결과를 도출해 주고 있어, 이러한 모델의 사용은 정당화될 수 있다. 이 모델에서는 난류 경계층이 서로 다른 μ_T 값을 갖는 2개의 층, 즉 내층(inner layer)과 외층(outer layer)으로 분리된다고 가정한다.

$$\mu_T = \begin{cases} (\mu_T)_{\text{inner}} & y \le y_{\text{crossover}} \\ (\mu_T)_{\text{outer}} & y \ge y_{\text{crossover}} \end{cases} \tag{19.6}$$

여기서 y는 벽면으로부터 국소 수직 거리이며, 내층과 외층의 교차점(crossover point)은 $y_{\text{crossover}}$로 표시한다. 정의에 의해 $y_{\text{crossover}}$는 $(\mu_T)_{\text{inner}}$ 값보다 더 작은 값인 $(\mu T)_{\text{outer}}$ 값을 갖는 난류 경계 지점을 의미한다. 내층 영역에서는,

$$(\mu_T)_{\text{inner}} = \rho l^2 |\omega| \tag{19.7}$$

여기서

$$l = ky\left[1 - \exp\left(\frac{-y^+}{A^+}\right)\right] \tag{19.8}$$

$$y^+ = \frac{\sqrt{\rho_w \tau_w}\, y}{\mu_w} \tag{19.9}$$

그리고 k와 A^+는 나중에 지정할 2차원 상수이다. 식 (19.7)에서 ω는 국소 와도(local vorticity)이며, 2차원 유동에서는 다음과 같이 정의된다.

$$\omega = \frac{\partial u}{\partial y} - \frac{\partial v}{\partial x} \tag{19.10}$$

외층 영역에서는

$$(\mu_T)_{\text{outer}} = \rho K C_{\text{cp}} F_{\text{wake}} F_{\text{Kleb}} \tag{19.11}$$

여기서 K와 C_{cp}는 추가적인 상수이며, F_{wake}와 F_{Kleb}은 다음 함수와 연관된다.

$$f(y) = y|\omega|\left[1 - \exp\left(\frac{-y^+}{A^+}\right)\right] \tag{19.12}$$

식 (19.12)는 주어진 수직 거리 y를 따라 어느 지점에서 최대값을 갖고, 최대값과 최대값을 갖는 지점의 위치는 각각 F_{max}와 y_{max}로 표시된다. 식 (19.11)에서 F_{wake} 값은 $y_{max}F_{max}$ 또는 $C_{wk}y_{max}U_{dif}^2/F_{max}$ 중 더 작은 값을 취하며, C_{wk}는 상수이다. 그리고

$$U_{dif} = \sqrt{u^2 + v^2} \tag{19.13}$$

또한 식 (19.11)에서 F_{Kleb}은 Klebanoff 간헐성 인자(intermittency factor)로서 다음과 같이 주어진다.

$$F_{Kleb}(y) = \left[1 + 5.5\left(C_{Kleb}\frac{y}{y_{max}}\right)^6\right]^{-1} \tag{19.14}$$

6개의 무차원 상수가 위 방정식에 나타나는데, $A^+ = 26.0$, $C_{cp} = 1.6$, $C_{Kleb} = 0.3$, $C_{wk} = 0.25$, $k = 0.4$, 그리고 $K = 0.0168$이다. 이들 상수값은 참고문헌 82로부터 얻은 것인데, 이들 상수값이 일반적으로 대부분의 유동에 대하여 정확한 값이라고 할 수는 없지만, 여러 가지 다른 응용의 경우에 성공적으로 사용되었다. 여러 대수적 와류 점성 모델(algebraic eddy viscosity models)이 특성 길이(characteristic length)에 기초하고 있는 반면, Baldwin-Lomax 모델은 국소 와도 ω를 기초로 하고 있다는 점에 유의하라. 이는 박리 유동과 같이 분명한 혼합 거리(mixing length)가 없는 경우에도 유동을 해석할 수 있다는 뚜렷한 장점을 가지고 있다. 다른 모든 와류-점성 난류 모델처럼, μ_T 값은 유동장 특성(예를 들어, ω와 ρ)으로부터 얻을 수 있다. 분자 점성(molecular viscosity) μ가 순전히 기체 자체의 특성인 점과 대조된다.

점성 계수와 열전도 계수의 분자적 값(molecular values)은 Prandtl 수와 연관된다.

$$k = \frac{\mu c_p}{\text{Pr}} \tag{19.15}$$

난류성 열전도 계수 k_T에 대하여 상세한 난류 모델을 개발하는 대신, '난류성' Prandtl 수 $\text{Pr}_T = \mu_T c_p/k_T$를 정의하여 사용하는 것이 일반적인 절차이다. 따라서 식 (19.15)와 유사하게 아래의 식을 얻을 수 있다.

$$k_T = \frac{\mu_T c_p}{\text{Pr}_T} \tag{19.16}$$

여기서 일반적으로 $\text{Pr}_T = 1$이라 가정한다. 따라서 μ_T는 주어진 와류-점성 모델(Baldwin-Lomax 모델 등과 같은)로부터 얻을 수 있으며, 이에 상응하는 k_T는 식 (19.16)으로부터 얻는다.

난류는 그 자체가 유동장 특성으로서 단순히 기체의 성질이 *아니다*. 이것이 바로 위에서 언급했듯이 대수적 와류 점성 모델에서 μ_T와 k_T 값이 순수한 기체의 성질인 μ와 k가 아니라 유동장의 해에 *따라* 달라지는 이유이다. 이는 식 (19.7)의 Baldwin-Lomax 모델에서도 분명하게 관찰할 수 있는데, 여기서 μ_T가 유동의 국소적 와도인 ω의 함수로 표시되고 있다. 즉, ω는 우리가 다루고 있는 특수한 경우에 대하여 유동장 해의 일부분으로 얻어지는 유동장 변수인 것이다.

19.4 최종 논평 *Final Comments*

이 장과 앞의 두 장에서는 특히 평판 유동에서의 경계층에 대하여 다루었다. 평판 위 경계 층 내 속도 프로파일이 형성되는 과정을 렌더링된 사진으로 보여주는 그림 19.2로 이 장의 설명을 마무리하고자 한다. 유체는 물이며 왼쪽에서 오른쪽으로 흐르고 있다. 원본 사진의 프로파일은 그림 16.13에서 사용한 것과 같은 수소 기포법(hydrogen bubble technique)을 사용하여 가시화되었다. 레이놀즈수가 낮은 경우(자유흐름 속도가 겨우 0.6 m/s이다)이므로 경계층의 두께는 크다. 그러나 평판의 두께는 겨우 0.5 mm이고, 이곳에서의 경계층 두께는 1 mm로 경계층 두께의 스케일이 여전히 작다는 것을 의미한다. 어느 경우든 경계층이 존재한다는 증거가 필요하다면 그림 19.2가 바로 그것이다.

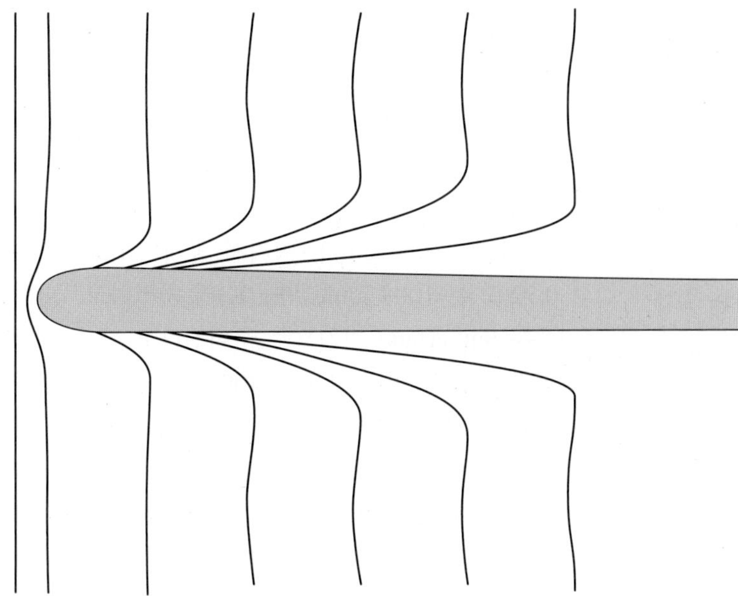

그림 19.2 평판 층류 유동에서의 속도 프로파일 렌더링 사진. 유동은 왼편에서 오른편으로 이동

19.5 요약 *Summary*

평판 위 비압축성, 난류 유동에 대한 근사식은 다음과 같다.

$$\delta = \frac{0.37x}{\mathrm{Re}_x^{1/5}} \quad (19.1)$$

$$C_f = \frac{0.074}{\mathrm{Re}_c^{1/5}} \quad (19.2)$$

압축성 효과를 보정하기 위해 그림 19.1의 데이터를 참조하여 사용하거나 기준 온도법을 사용할 수 있다.

난류 유동을 풀기 위하여 연속, 운동량, 에너지 방정식이 사용될 때는 어떤 형태로든 난류 모델이 반드시 사용되어야 한다. 와류 점성 개념에서는 방정식 내 점성 계수와 열전도 계수가 분자성 값과 난류성 값의 합으로 표시된다.

19.6 연습문제 *Problems*

주: 표준 해면 고도에서 공기의 점성 계수값은 $\mu = 1.7894 \times 10^{-5}$ kg (m·s) = 3.7373×10^{-7} slug/(ft·s)이다.

19.1 Piper Cherokee 일반 항공기 날개는 사각형 형태로 스팬이 9.75 m이고 시위 길이가 1.6 m이다. 이 항공기가 해면 고도에서 141 mi/h의 속도로 순항 중이다. 날개에서의 표면마찰 항력은 같은 크기의 평판에 작용하는 항력 크기와 근사적으로 같다고 가정한다. 표면마찰 항력을 계산하라.

a. 유동 전체가 층류인 경우(실제로는 존재하지 않는 경우임)

b. 유동 전체가 난류인 경우(실제의 경우와 유사함)

두 경우의 결과를 비교하라.

19.2 연습문제 19.1에서 날개 뒷전에서의 경계층 두께를 계산하라.

a. 완전히 층류인 경우

b. 완전히 난류인 경우

19.3 연습문제 19.1에서 천이를 고려한 표면마찰 항력을 계산하라. 천이는 레이놀즈수가 5×10^5일 때 발생한다고 가정한다.

19.4 시위가 5 in인 평판 위에 표준 해면 고도 조건상에서 마하수 4의 유동을 고려해 보자. 층류 유동에 단열 벽면 조건을 가정했을 경우, 단위 스팬 길이당 표면마찰 항력을 계산하라.

19.5 연습문제 19.4를 난류 유동의 경우에 대하여 계산하라.

19.6 평판 위 압축성, 층류 경계층을 고려해 보자. Pr = 1이고 열량적 완전 기체라 가정했을 때, 경계층 내 전온도 프로파일이 속도 프로파일의 함수로 다음과 같이 표시됨을 보여라.

$$T_0 = T_w + (T_{0,e} - T_w)\frac{u}{u_e}$$

여기서 T_w = 벽면 온도, 그리고 $T_{0,e}$와 u_e는 각각 경계층 가장자리에서의 전온도와 속도이다[*힌트*: 식 (18.32)와 (18.41)을 비교하라].

19.7 표준 고도 35 km에서 비행 중인 고속 비행체를 고려해 보자. 여기서 대기 압력과 온도는 각각 583.59 N/m^2 그리고 246.1 K이다. 비행체 전방 구형 부분의 반경은 2.54 cm다. 여기서 공기의 Prandtl 수는 0.72, c_p는 1008 joules/(kg K)라 가정하고, 점성 계수는 Sutherland 법칙으로 주어진다고 한다. 비행체 전방 부분의 벽면 온도는 400 K이고, 회복 인자는 1.0이라 가정한다. 비행 속도가 다음과 같을 때 정체점의 공력 열전달을 계산하라. (*a*) 1500 m/s, (*b*) 4500 m/s. 이들 결과로부터 비행 속도에 따라 열전달이 어떻게 달라지는지 설명하라.

Navier-Stokes 방정식의 해: 예제

Navier-Stokes Solutions: Some Examples

> *오늘날의 슈퍼컴퓨터를 사용하면 Reynolds averaged Navier-Stokes 방정식을 채택한 익형 주변 유동의 수치 시뮬레이션은 컴퓨터 계산시간 30분 이하에 1000달러 미만의 가격으로 수행이 가능하다. 20년 전의 컴퓨터(즉, IBM 704 계열)와 그 당시의 알고리즘으로는 단 한 차례의 시뮬레이션을 수행하는 데 컴퓨터 계산시간 기준 가격으로 약 천만 달러가 소요되었으며, 한 가지 유동의 경우에 대한 결과도 10년이 지나도록 해를 구할 수가 없었는데, 이유는 계산을 완료하는 데 약 30년이 필요했기 때문이다.*
>
> **Dean R. Chapman, NASA, 1977**

미리보기 _Preview Box

이 장은 매우 포괄적인 주제, 즉 일반적 점성 유동의 수치해에 대해 짧게 다루고자 한다. 이는 유동장 전체에 걸쳐 마찰과 열전도가 포함된 일반적 유동장의 해를 구하기 위한 궁극적인 방법이다. 이 장은 전산유체역학의 전 영역 그 자체를 주제로 다룬다. 이 장의 목적은 점성 유동에 대한 그동안의 설명을 마무리하면서 본 주제에 대해 결론을 맺기 위한 것이다.

이를 위해 표면마찰 항력 예측의 정밀도를 다룬 절에 주의를 기울일 필요가 있다. 아무리 우리가 노력해도 개선의 여지는 여전히 남는다는 것을 여러분은 발견하게 될 것이다. 이는 매우 바람직한 일이 아닌가? 공기역학이 일반적인 관점에서 지적인 주제로 계속 진화 중이며, 여러분이 이러한 개선에 직접 기여할 수 있는 여지가 충분히 남아 있다는 의미이기 때문이다. 이 책을 공부함으로써 이러한 일에 기여하기 위해 분발했으면 하는 기대를 가져본다.

공기역학에서 우리가 일컫듯이—앞으로 그리고 더 높이 말이다.

20.1 개요 *Introduction*

이 장은 매우 짧다. 이 장의 목적은 15.7절에서 언급한 점성 유동의 해를 얻기 위한 세 번째 방법, 즉 완전 Navier-Stokes 방정식의 완전 수치해를 얻기 위한 방법에 대해 논하는 것이다. 이를 위해 현대적인 전산유체역학의 전반적인 개요를 다루고, 현재 급속하게 발전하고 있는 새로운 기술을 응용한 연구 활동에 대해 소개하고자 한다. 이 주제는 방대한 양의 현대적인 연구 결과물을 다루게 되는데, 기본적인 내용에 대한 숙지를 위해 참고문헌 51에 수록된 전산유체역학 관련 교재들을 참조하기 바란다. 여기서는 단지 몇 가지 예제만을 소개하고자 한다.

20.2 접근 방법 *The Approach*

15장에서 유도한 완전한 형태의 Navier-Stokes 방정식으로 돌아가, 편의상 새로이 식 번호를 부여하여 열거하면 아래와 같다.

연속 방정식:

$$\frac{\partial \rho}{\partial t} = -\left[\frac{\partial(\rho u)}{\partial x} + \frac{\partial(\rho v)}{\partial y} + \frac{\partial(\rho w)}{\partial z}\right] \tag{20.1}$$

x 운동량 방정식:

$$\frac{\partial u}{\partial t} = -u\frac{\partial u}{\partial x} - v\frac{\partial u}{\partial y} - w\frac{\partial u}{\partial z} + \frac{1}{\rho}\left[-\frac{\partial p}{\partial x} + \frac{\partial \tau_{xx}}{\partial x} + \frac{\partial \tau_{yx}}{\partial y} + \frac{\partial \tau_{zx}}{\partial z}\right] \tag{20.2}$$

y 운동량 방정식:

$$\frac{\partial v}{\partial t} = -u\frac{\partial v}{\partial x} - v\frac{\partial v}{\partial y} - w\frac{\partial v}{\partial z} + \frac{1}{\rho}\left[-\frac{\partial p}{\partial y} + \frac{\partial \tau_{xy}}{\partial x} + \frac{\partial \tau_{yy}}{\partial y} + \frac{\partial \tau_{zy}}{\partial z}\right] \tag{20.3}$$

z 운동량 방정식:

$$\frac{\partial w}{\partial t} = -u\frac{\partial w}{\partial x} - v\frac{\partial w}{\partial y} - w\frac{\partial w}{\partial z} + \frac{1}{\rho}\left[-\frac{\partial p}{\partial z} + \frac{\partial \tau_{xz}}{\partial x} + \frac{\partial \tau_{yz}}{\partial y} + \frac{\partial \tau_{zz}}{\partial z}\right] \tag{20.4}$$

에너지 방정식:

$$\begin{aligned}\frac{\partial(e+V^2/2)}{\partial t} = &-u\frac{\partial(e+V^2/2)}{\partial x} - v\frac{\partial(e+V^2/2)}{\partial y} - w\frac{\partial(e+V^2/2)}{\partial z} + \dot{q}\\ &+\frac{1}{\rho}\left[\frac{\partial}{\partial x}\left(k\frac{\partial T}{\partial x}\right) + \frac{\partial}{\partial y}\left(k\frac{\partial T}{\partial y}\right) + \frac{\partial}{\partial z}\left(k\frac{\partial T}{\partial z}\right) - \frac{\partial(pu)}{\partial x} - \frac{\partial(pv)}{\partial y} - \frac{\partial(pw)}{\partial z} + \frac{\partial(u\tau_{xx})}{\partial x}\right.\\ &\left.+\frac{\partial(u\tau_{yx})}{\partial y} + \frac{\partial(u\tau_{zx})}{\partial z} + \frac{\partial(v\tau_{xy})}{\partial x} + \frac{\partial(v\tau_{yy})}{\partial y} + \frac{\partial(v\tau_{zy})}{\partial z} + \frac{\partial(w\tau_{xz})}{\partial x} + \frac{\partial(w\tau_{yz})}{\partial y} + \frac{\partial(w\tau_{zz})}{\partial z}\right]\end{aligned} \tag{20.5}$$

이들 방정식에서 시간에 대한 도함수는 좌변에, 그리고 공간에 대한 도함수는 우변에 몰아서 표시하였다. 이는 13장과 16장에서 설명했듯이 방정식의 시간종속적 해(time-dependent solution)를 구하기 위해 적합한 형태이다. 실제로 식 (20.1)~(20.5)는 수학적으로 '타원형의(elliptic)' 특성을 갖는 편미분 방정식으로서, 물리적으로는 유동장 정보와 유동 교란이 유동장의 상류 및 하류 양방향으로 모두 전파될 수 있는 경우이다. 시간종속법은 특히 이러한 경우의 문제에 적합한 방법이다.

식 (20.1)~(20.5)의 시간종속적 해는 16.4절에서 설명한 방법과 거의 동일한 방법으로 구할 수 있다. 그 절에서 다루었던 MacCormack 방법을 사용한 압축성 Couette 유동의 시간종속적 해를 얻는 방법으로 되돌아가 복습하는 것이 중요하다. 더 이상 진도를 나가기 전에 우선 앞의 내용을 복습하기 바란다. 다른 문제에 대해 식 (20.1)~(20.5)의 해를 구하기 위한 방법 역시 앞에서 언급한 절차와 똑같다. 따라서 여기서는 세부적인 설명은 생략하기로 한다.

20.3 몇몇 예제의 수치해 *Examples of Some Solutions*

이 절에서 몇몇 완전한 형태의 Navier-Stokes 방정식에 대한 수치해를 얻는 예를 소개하고자 한다. 대부분의 해에 있어 다음의 공통점이 존재한다.

1. 이들은 16.4절에서 설명한 MacCormack 방법을 사용하여 얻은 시간종속적 해이다.
2. 이들은 모두 Baldwin-Lomax 난류 모델(이 모델에 대해서는 19.3.1절 참조)을 채택하였다. 따라서 계산에서 난류 모델링을 사용했다.
3. 이들은 해를 얻기 위해 수천 개로부터 거의 백만 개에 가까운 격자점을 필요로 한다. 따라서 이들 문제를 풀기 위해서는 대용량의 디지털 컴퓨터가 사용되어야만 한다.

20.3.1 후방 계단형 형상에서의 유동 *Flow over a Rearward-Facing Step*

후방 계단형 형상에서의 초음속 점성 유동에 대해 참고문헌 44에서 고찰하였다. 그림 20.1과 20.2에 몇몇 결과를 제시했다. 유동은 좌측에서 우측으로 진행한다. 그림 20.1의 속도 벡터 선도에서 계단 형상 바로 뒤의 하류 영역에 박리된 재순환 유동 영역이 존재하는 것을 알 수 있다. 이러한 박리 유동에 대한 계산 능력이 완전한 형태 Navier-Stokes 방정식 해의 강점이다. 반면 17장에서 설명한 경계층 방정식의 경우는 이러한 박리 유동에 대한 해석에 적합하지 않다. 경계층 계산의 경우에는 보통 박리 유동 영역에서 수치해가 '발산(blow-up)'한다. 그림 20.2는 그림 20.1과 같은 유동에 대해 온도 선도(온도가 일정한 값을 갖는 지점을 연결한 선)를 표시한 것이다.

20.3.2 익형 주변 유동 *Flow over an Airfoil*

참고문헌 53에서 익형 주변의 압축성, 점성 유동에 대한 연구를 제시하고 있다. 이 문제를 다루기 위해 그림 20.3에 나타낸 것과 같이 익형 주변에 비직사각형 유한차분 격자(nonrectangular finite-difference grid)를 배치했다. 식 (20.1)~(20.5)를 그림 20.3과 같은 새로운 곡면 좌표계로 변환시켜야 한다. 세부적인 내용은 이 책의 범위를 벗어나므로 자세한 설명은 참고문헌 53을 참조하기 바란다. 그림 20.4*a*와 *b*에 유선 형태에 대한 일부 결과를 표시했다. 여기서 받음각이 0인 Wortmann 익형 주변의 유동을 그림으로 표시했다. 자유흐름 마하수는 0.5이며, 시위 길이에 기초한 레이놀즈수는 비교적 낮은 값인 Re = 100,000이다. 그림 20.4*a*는 익형 주변 유동이 완전히 층류인 경우를 보이고 있다. 익형 주변 유동에서 레이놀즈수가 낮은 경우(참고문헌 48과 53 참조)의 공기역학적 특성으로 인해, 익형 윗면과 아랫면 모두에서 층류 유동이 박리를 일으키는 것을 관찰할 수 있다. 그러나 그림 20.4*b*에서 계산과정에 난류 모델을 적용하였으며, 이 경우 유동이 익형에 완전히 부착되는 것을 볼 수 있다. 그림 20.4*a*, *b*에서 생생하게 관찰할 수 있는 차이

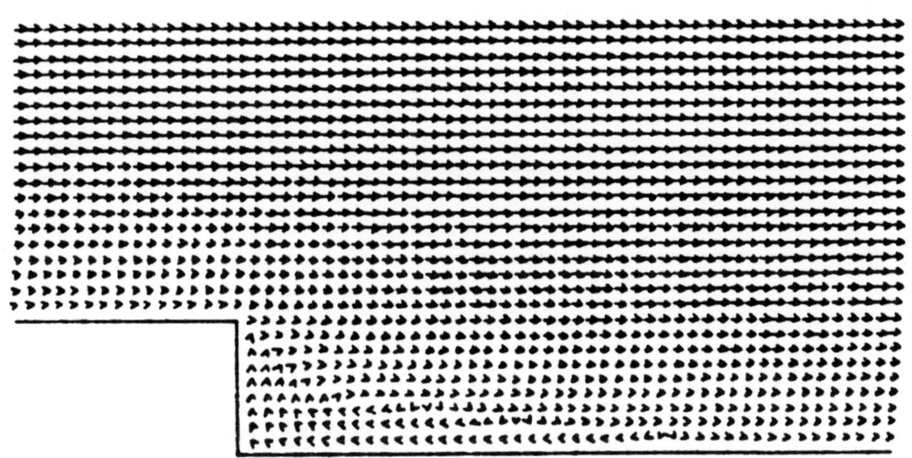

그림 20.1 후방 계단형 형상 주변 유동에서의 속도 벡터 선도. $M = 2.19$, $T = 1005$ K, Re = 70,000(계단 높이를 기준으로 함). (Berman, H. A., J. D. Anderson, Jr., and J. P. Drummond: "Supersonic Flow over a Rearward Facing Step with Transverse Nonreacting Hydrogen Injection," *AIAA J.*, vol. 21, no. 12, December 1983, pp. 1707-1713.) 계단 형상 하류 부근의 재순환 유동 영역을 주목할 것.

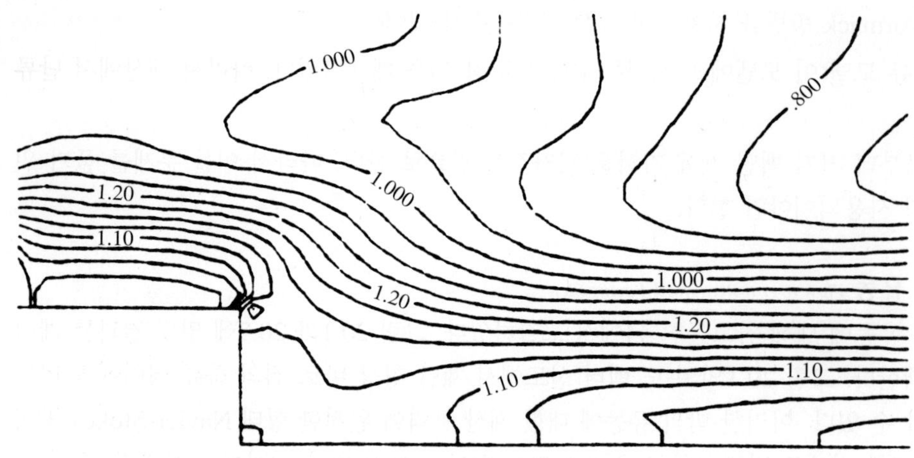

그림 20.2 그림 20.1과 같은 유동에서의 온도 선도. 계단 형상 뒷부분의 박리 영역에서 압력과 온도가 거의 일정한 값을 나타낸다.

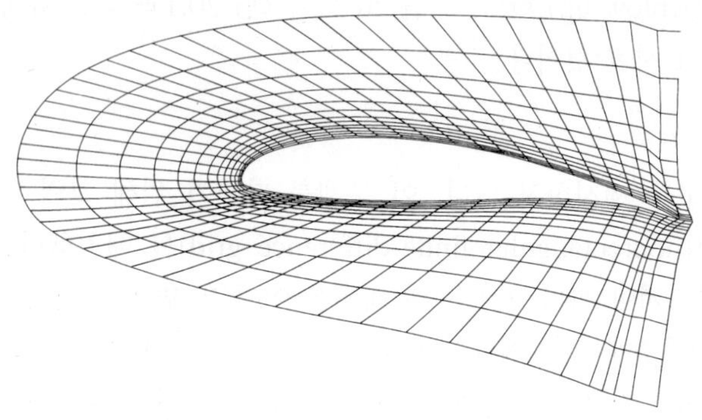

그림 20.3 익형 주변 유동해를 구하기 위한 곡면 형태의 경계면을 따라 맞춘 유한차분 격자(curvilinear, boundary-fitted finite-difference grid) (자료 출처: Korhari, A. P., and J. D. Anderson: "Flow over Low Reynolds Number Airfoils-Compressible Navier-Stokes Solutions," AIAA paper no. 85-0107, January 1985.)

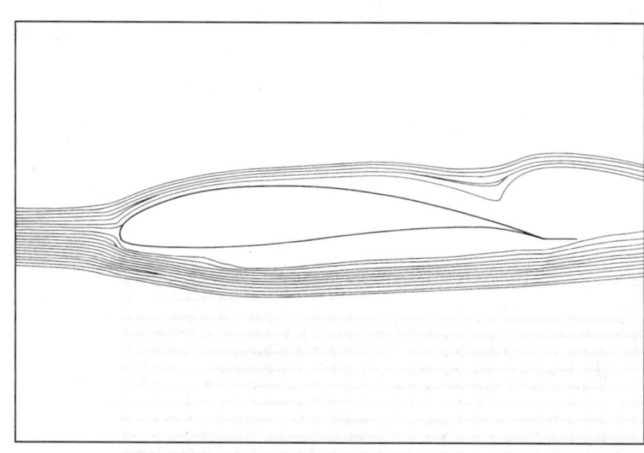

(*a*)

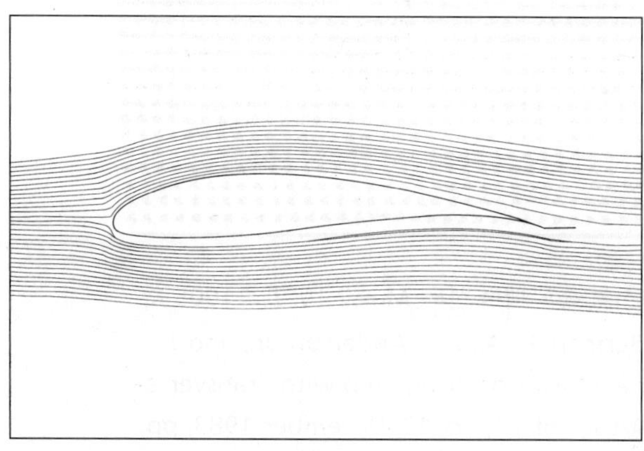

(*b*)

그림 20.4 Wortmann 익형 주변의 낮은 레이놀즈수 유선. Re = 100,000. (*a*) 층류 유동, (*b*) 난류 유동. (자료 출처: Korhari, A. P., and J. D. Anderson: "Flow over Low Reynolds Number Airfoils-Compressible Navier-Stokes Solutions," AIAA paper no. 85-0107, January 1985.)

점은 일반적인 경향으로서 난류 유동의 경우 층류 유동보다 유동 박리에 저항하는 능력이 뛰어나다는 것이다.

20.3.3 완전한 항공기 형상 주변 유동 *Flow over a Complete Airplane*

역사적인 계산결과를 소개하면서 이 절을 마무리하고자 한다. 참고문헌 54에 전체 항공기 형상 주변 유동장에 대해 완전한 형태의 Navier-Stokes 방정식을 풀어 최초로 해를 구한 사례가 보고되었다. 이 계산 작업에서 Shang과 Scherr가 16.4절에서 설명한 MacCormack 방법을 사용하여 시간종속적 해를 구했다. 자세한 내용은 참고문헌 54을 참조하기 바란다. 아울러 참고문헌 52의 8장에서도 이 작업에 대한 상세한 설명을 제공하고 있다. Shang과 Scherr는 X-24C 극초음속 시험 비행체 주변의 극초음속 점성 유동을 계산했다. 계산결과를 설명하기 위해, 그림 20.5에 비행체 표면 유선 형태로 표시하였다. 실제 점성 유동에서 비행체 표면의 유동 속도는 0이므로(점착 조건), 그림 20.5에 표시된 선은 표면 전단응력의 방향을 표시한 것이다.

20.3.4 충격파/경계층 상호작용 *Shock-Wave/Boundary-Layer Interaction*

충격파가 경계층과 충돌한 경우에 대해 유동장을 상세하게 계산할 수 있는 수단은 완전한 형태의 Navier-Stokes 방정식에 대한 수치해를 얻는 방법뿐이다. 그림 20.6에 2차원 형태의 충격파/경계층 상호작용에 대해 정성적으로 물리적 양상을 그림으로 표시했다. 여기서 경계층이 평판을 따라 성장하는 것을 볼 수 있으며, 하류 방향 어느 지점에서 최초

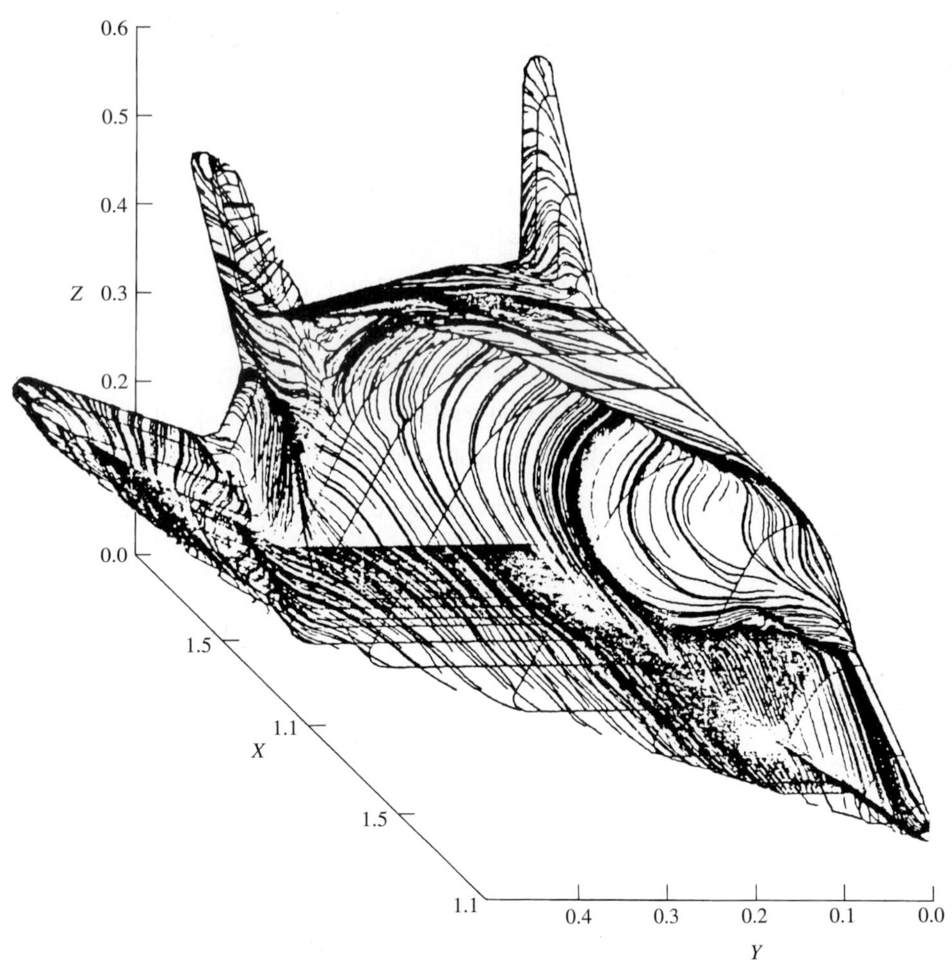

그림 20.5 X-24C의 비행체 표면 전단응력 선도(자료 출처: Shang, J. S., and S. J. Scherr: "Navier-Stokes Solution for a Complete Re-Entry Configuration," *J. Aircraft*, vol. 23, no. 12, December 1986, pp. 881-888)

의 충격파가 경계층에 충돌하고 있다. 충격파를 통과하면서 발생하는 상당량의 압력 상승은 경계층에 극심한 역압력 구배를 형성하며, 이로 인해 국소적으로 표면으로부터 경계층 박리가 일어난다. 충격파 직후의 높은 압력이 경계층 내 아음속 영역을 통하여 상류 방향으로 전파되기 때문에, 최초 충격파가 평판에 충돌하는 지점 앞쪽에서 박리가 발생한다. 이어서 박리된 경계층이 충격파를 유발하는데, 그림에서 이를 유도된 박리 충격파(induced separation shock)라 표시하였다. 박리된 경계층은 뒤이어 평판의 표면 방향으로 다시 꺾여 재부착 충격파(reattachment shock) 발생 지점에서 표면에 다시 부착된다. 박리 충격파와 재부착 충격파 사이 영역에서 팽창파 영역이 발생하며, 여기서 경계층이 다시 표면 방향으로 꺾이면서 재부착이 일어난다. 재부착 지점에서는 경계층 두께가 상대적으로 얇고 압력이 높기 때문에, 결과적으로 이 영역에서 국소적인 공기역학적 가열 현상이 심하게 발생한다. 평판에서 다소 떨어진 지점에서는 박리 충격파와 재부착 충격파가 서로 만나면서, 비점성 경우에 대한 고전적 그림(예를 들어, 그림 9.17 참조)으로부터 예상할 수 있듯이 '반사 충격파(reflected shock wave)'를 형성하게 된다. 그림 20.6에 나타낸 상호작용의 스케일과 정도는 경계층이 층류인지 난류인지에 따라 달라진다. 층류 경계층의 경우 난류 경계층과 비교하여 박리가 훨씬 쉽게 발생하므로, 층류의 상호작용이 난류의 상호작용보다 훨씬 심한 정도의 결과를 수반한다. 그러나 그림 20.6에 나타낸 상호작용의 일반 정성적 특징은 난류의 경우와 같다.

이 책에서 충격파와 경계층의 상호작용에 대한 물리적 특성을 10.6절의 노즐 내 충격파 발생과 관련한 응용 예로서 9.9절에 최초로 설명하였다. 여러분이 만약 9.9절과 10.6절을 아직 읽지 못했다면 지금이 바로 잠시 시간을 할애하여 앞의 두 절을 공부할 때다.

그림 20.6에 표시한 상호작용 영역의 유체역학 및 수학적 세부사항은 매우 복잡하며, 이러한 유동 현상을 완전히 예측하는 것은 아직도 최신 기법을 동원해야 하는 연구문제이다. 그러나 최근 전산유체역학 기법을 적용하면서 이러한 문제에 대해 상당한 진전이 이루어졌으며, 완전한 형태의 Navier-Stokes 방정식 해를 구함으로써 그림 20.6과 같은 결과를 얻을 수 있었던 것이다. 예를 들어, 충격파가 평판 난류 경계층에 충돌하여 발생하는 2차원 상호작용에 대한 실험결과와 계산결과를 그림 20.7에 수록하였다. 그림 20.7*a*에서 표면을 따라가며 표면 정압과 자유흐름 전압의 비율을 표시했다(상호작용 발생 전 경계층 두께 δ_0로 무차원화시켰음). 여기서 x_0는 최초의 충격파가 이론적인 비점성 유동 영역과 충돌을 일으키는 위치를 나타낸다. 자유흐름의 마하수는 3이다. δ_0를 기초로 한 레이놀즈수는 10^6이다. 그림 20.7*a*에서 상호작용 발생 상류 영역(이론적인 최초 충격파의 충돌 위치 앞부분)에서 표면 정압이 처음에는 증가하다가 박리 영역 중심 부근에서 평평한 위치에 도달한 후, 재부착 위치에 도달할 때까지 다시 증가하는 것을 볼 수 있다. 그림 20.7*a*에 표시된 압력 변화는 2차원 충격파/경계층 상호작용의 전형적인 예이다. 원 표시의 기호는 Reda와 Murphy(참고문헌 84)에 의한 실험 측정 결과를 표시한다. 도표에 표시된 곡선은 참고문헌 82에 보고된 결과로서, 19.3.1절에서 설명한 Baldwin-Lomax 난류 모델을 적용하여 Navier-Stokes 방정식을 풀어서 얻은 수치해를 표시한 것이다.

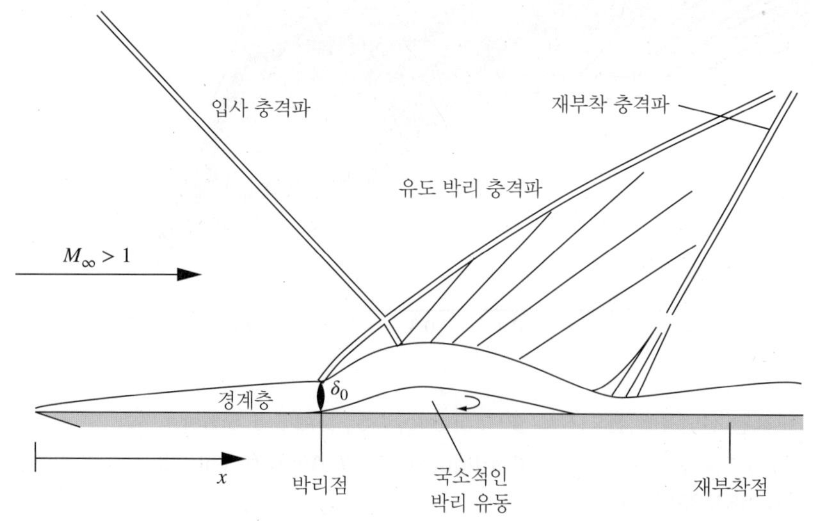

그림 20.6 충격파/경계층 상호작용에 대한 개요도

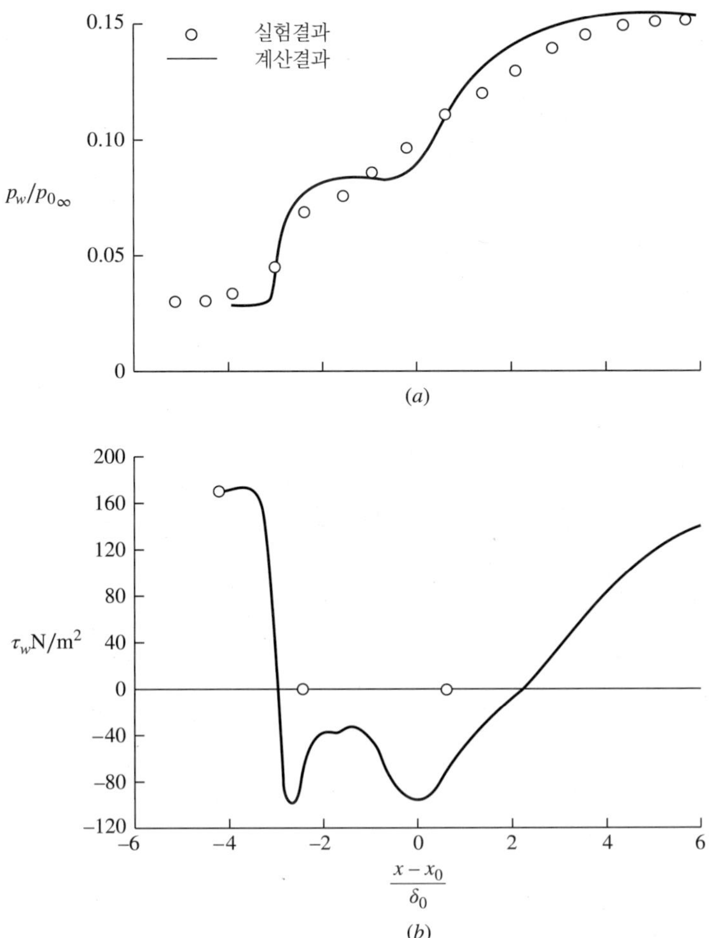

그림 20.7 충격파/경계층 상호작용 효과 (*a*) 압력 분포, (*b*) 마하수 3인 평판 위 난류 유동에서의 전단응력

그림 20.7*b*는 표면 전단응력의 변화가 0으로 급락한 후 다시 방향을 바꾸면서(음의 영역에서) 다소간 복잡한 변화를 거쳐, 재부착점 근처에서 다시 양의 값으로 회복되는 양상을 보여준다. 수평축 상 2개의 원 기호는 실험으로 측정한 박리점과 재부착점을 표시한다. 곡선은 참고문헌 82로부터 얻은 계산결과이다.

20.3.5 돌기를 가진 익형 주변의 유동 *Flow over an Airfoil with a Protuberance*

여기서 익형 아랫면에 작은 돌기가 있는 경우에 대해 공기역학적 효과를 규명하기 위해 Navier-Stokes 해를 구한 최근의 연구결과를 소개하고자 한다. 이 계산결과는 이 책을 집필할 당시 완전 Navier-Stokes 해에 대한 최신 연구의 예시이다. 이 연구는 Beierle(참고문헌 85)에 의해 수행되었다. 익형 기본 형상은 NACA 0015다. Navier-Stokes 방정식의 전산유체역학적 해를 얻기 위해 NASA에서 개발한 시간-전진 유한 체적 코드(time-marching finite volume code)인 OVERFLOW(참고문헌 86)를 사용했다. 자유흐름 마하수 0.15, 그리고 레이놀즈수 1.5×10^6인 저속 유동에 대하여 계산했다. One-방정식 난류 모델(one-equation turbulence model)을 사용하여 난류 유동장을 계산했다.

Navier-Stokes CFD 해의 일체화를 위해 적절한 형태의 격자를 사용하는 것이 매우 중요하다. 이 경우 그림 20.8~20.11에서 사용된 격자를 보여주고 있는데, 전체에 대한 큰 그림의 격자 형태(그림 20.8)에서 시작하여 익형 아랫면 작은 돌기 근처에서의 세부적인 격자 형상(그림 20.11)을 표시했다. 사용 격자는 키메라 격자(chimera grid)의 일례로서, 일련의 독립적이고 중첩되는 격자들이 물체의 각 부분과 특정한 유동 영역에 대해 생성된다.

그림 20.12와 20.13에 유동장 계산결과를 일부 나타냈다. 그림 20.12에서는 국소적인 속도 벡터장을 나타냈는데, 돌기 후류 지역에서 유동 박리 영역과 국소적인 역류 유동을 관찰할 수 있다. 그림 20.13에 압력 선도를 나타냈는데, 작은 돌기로 인해 대칭형 익형에 상당한 비대칭성 유동이 형성되는 것을 알 수 있다.

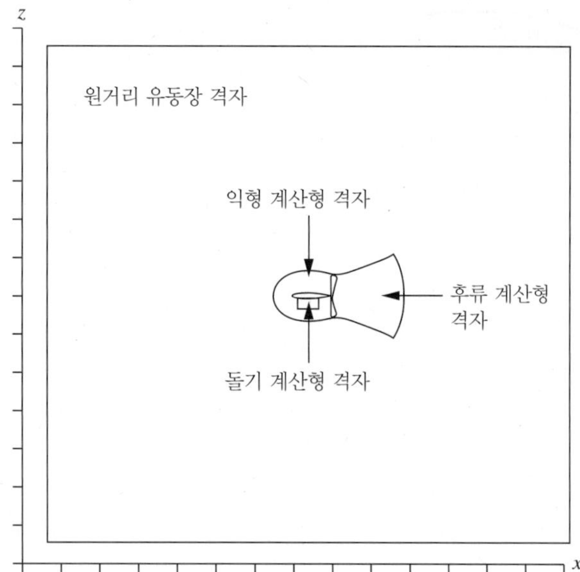

그림 20.8 돌기를 가진 익형 주변 유동을 계산하기 위한 키메라 격자 구조에 사용된 개별 격자 경계선 영역

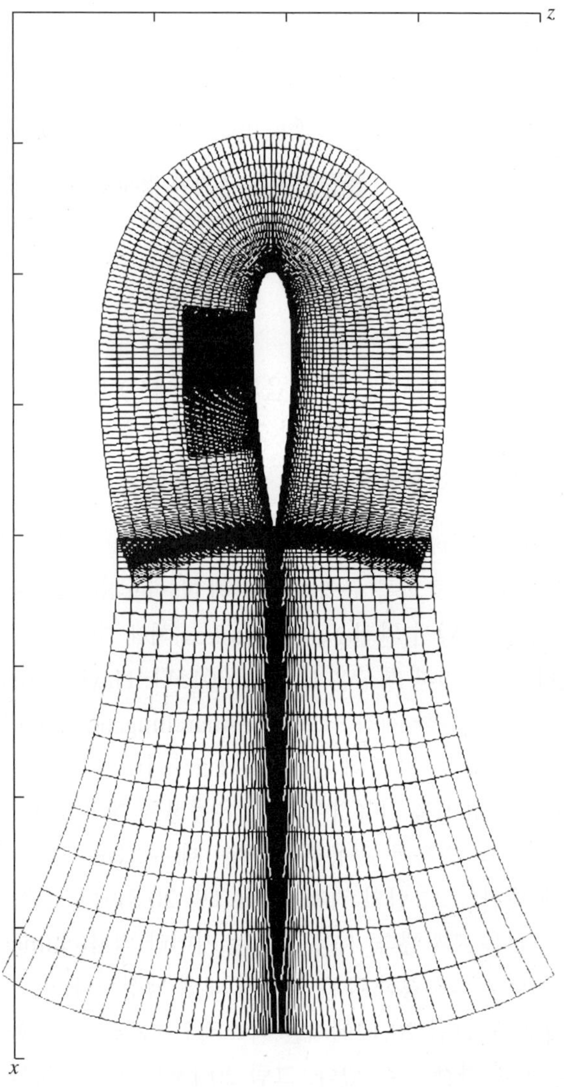

그림 20.9 익형 주변 격자의 확대 형상, 후류 단면과 돌기 격자

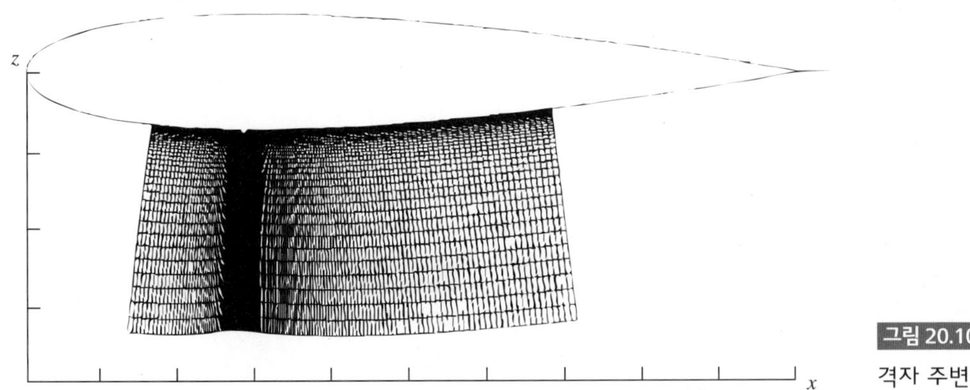

그림 20.10 익형 아랫면 돌기 격자 주변의 확대 형상

마지막으로 그림 20.14에 관련 유동에 대한 계산결과가 나와 있다. 여기서는 아랫면에 하나의 돌기가 존재하는 대신, 아랫면 상에서 일련의 공기 제트를 불어주고 다시 빨아들이는 방식으로 배열하여 제트의 순 질량 유량이 0이 되도록 하는 이른바 '제로–질량 합성 제트(zero-mass synthetic jet)'의 경우에 대한 계산결과이다. 그림 20.14에서 연속적으로 발생하는 대형 스케일의 와류들을 관찰할 수 있다. 이는 완전 형태의 Navier-Stokes 해법에 의해서만 유동장의 세부적인 사항을 해석할 수 있는 또 하나의 예라 하겠다(상세한 내용은 참고문헌 87의 Hassan과 JanakiRam 결과 참조).

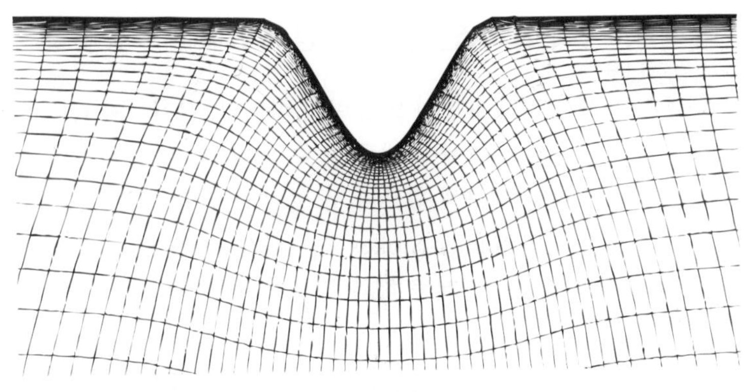

그림 20.11 돌기 주변 영역에서의 상세한 격자 형상

그림 20.12 돌기 하류 영역에서의 속도 벡터장 계산결과

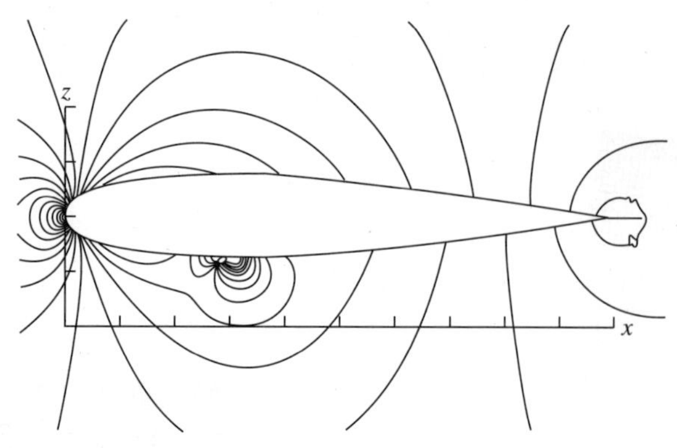

그림 20.13 돌기를 가진 NACA 0012 익형 주변의 압력 선도 계산결과

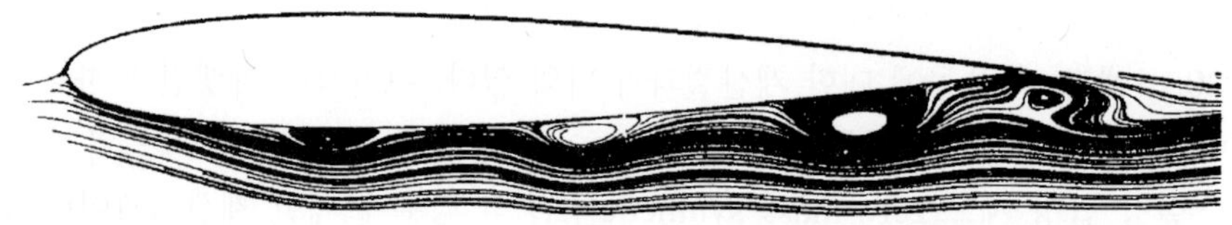

그림 20.14 NACA 0012 익형 아랫면 주변의 유선 패턴. 익형 아랫면에 연속적으로 공기 제트를 불어내고 빨아들이되, 외부 유동에 대한 제트의 순 질량이 0이 되도록 배열한 제로-질량 제트 행렬의 경우(자료 출처: Hassan, A. A., and R. D., JanakiRam: "Effects of Zero-Mass 'Synthetic' Jets on the Aerodynamics of the NACA-0012 Airfoil," AIAA Paper No. 97-2326, 1997.)

20.4 표면마찰 항력 예측의 정확도와 연관된 쟁점 *The Issue of Accuracy for the Prediction of Skin Friction Drag*

물체에 작용하는 공기역학적 항력은 압력 항력과 표면마찰 항력의 합이다. 부착 유동(attached flow)의 경우 압력 항력은 이 책의 2부와 3부에서 소개한 비점성 유동 해석에 의해 구할 수 있다. 박리 유동에서의 압력 항력을 예측하기 위한 여러 가지 근사적인 이론이 지난 한 세기 동안 진보해 왔으나, 오늘날 이러한 박리 유동에서의 압력 항력을 해석할 수 있는 실용적이며 일반적인 방법은 완전 형태의 Navier-Stokes 수치해가 유일하다고 할 수 있다.

물체 표면의 부착 유동에서 표면마찰 예측은 경계층 해와 경계층 가장자리 유동 조건을 정의하기 위한 비점성 유동 해석을 서로 연계시킴으로써 훌륭하게 수행될 수 있다. 이러한 접근 방법은 잘 다듬어져 있으며 연구실 내 컴퓨터 워크스테이션을 사용하여 신속하게 계산할 수 있다. 따라서 표면마찰과 공기역학적 가열 현상을 해석함에 있어 경계층 해의 사용이 널리 사용되는 공학적 방법이다. 그러나 위에서 언급했듯이 유동 영역에 유동의 박리가 존재하는 경우 이러한 방법을 사용할 수 없다. 이 경우 국소적인 표면마찰과 열전달을 계산하기 위해서는 완전한 형태의 Navier-Stokes 해가 사용될 수 있으나, Navier-Stokes 해는 아직 '간편한 공학적 계산(quick engineering calculations)'의 범주에 들어가는 것은 아니다.

이러한 문제점으로 인하여 표면마찰 항력과 열전달에 대한 CFD Navier-Stokes 해의 정확도에 대하여 의문을 갖게 된다. 여기서 이러한 τ_w와 $\dot{q}_w$(또는 c_f와 C_H) 예측에서 해의 정확도를 감소시킬 수 있는 세 가지 측면에 대하여 설명하면 아래와 같다.

1. τ_w와 $\dot{q}_w$ 값을 얻기 위한 $(\partial u/\partial y)_w$ 그리고 $(\partial T/\partial y)_w$의 정밀한 수치값을 구하기 위해 *벽면 근처에서 매우 조밀하게 위치한 격자*를 사용해야 하는 필요성
2. 난류 유동을 계산하기 위한 난류 모델 정확도의 불확실성
3. 대부분의 난류 모델들이 층류 유동에서 난류 유동으로 천이가 발생하는 지점을 예측할 수 있는 능력이 미흡하다는 사실

오늘날 CFD 분야에서 달성한 모든 진보와 난류 모델링에 투입된 모든 연구결과에도 불구하고, 이 책을 집필하고 있는 시점에서 볼 때 Navier-Stokes 해를 사용하여 난류 유동에서의 표면마찰을 예측하는 경우 평균적으로 약 20% 오차 정확도를 밑도는 수준이라 할 수 있다. Lombardi 등(참고문헌 88)에 의한 연구결과가 이를 분명하게 말해 주고 있다. 그들은 저속 유동에 대해 받음각이 0인 NACA 0012 익형에서 표준형 경계층 코드와 최신형의 세 가지 다른 난류 모델을 채택한 최신형 Navier-Stokes solver를 사용하여 표면마찰 항력을 계산하였다. 경계층 코드를 사용하여 예측한 마찰 항력을 실험결과를 통해 검증하였으며, 이를 정확도의 기산점(baseline)으로 설정하였다. 경계층 코드는 어느 정도 신뢰성이 있는 천이점 예측결과를 제공하기도 했다. 참고문헌 88에 보고된 적분한 마찰 항력 계수 C_f에 대해 전형적인 결과를 다음에 소개했다. 여기서 NS는 괄호 안에 표시한 난류 모델을 채택하여 Navier-Stokes solver로 계산한 경우를 표시한다. 모든 계산은 $\mathrm{Re} = 3 \times 10^6$의 조건에서 수행하였다.

	$C_f \times 10^3$
NS (Standard $k - \varepsilon$)	7.486
NS (RNG $k - \varepsilon$)	6.272
NS (Reynolds stress)	6.792
Boundary Layer Solution	5.340

분명한 것은 여러 종류의 Navier-Stokes 계산결과에서 정확도가 18~40% 사이에 위치하고 있다는 것이다.

익형 표면을 따라가면서 계산한 국소 표면마찰 계수 c_f의 분포를 표시한 그림 20.15로부터 추가적인 관찰결과를 얻을 수 있다. 여기서도 역시 세 가지 서로 다른 Navier-Stokes 계산 결과와 경계층 코드를 사용하여 얻은 결과를 비교했다. 모든 종류의 Navier-Stokes 계산결과에서 앞전 바로 직후의 c_f 값 최대치를 과도하게 예측하고 있으며, 뒷전 부근의 c_f 값은 약간 과소평가하고 있는 것을 알 수 있다.

정확도와 관련한 현재의 우리 토론과는 전혀 무관하지만, 평판 및 익형 표면을 따라 물리적으로 서로 다른 분포를 보이는 c_f 값을 대조하여 보여주기 위한 목적으로 그림 20.16을 소개하였다. 여기서 굵은 선으로 표시된 곡선이 평판의 앞전으로부터 거리에 따라 변하는 c_f 값을 나타내며, 평판 경계층에 대한 앞에서의 설명으로부터 단조 감소 경향을 예상할 수 있다. 반면 익형에서의 c_f 값은 정체점에서 제로값을 보인 후 앞전 직후 하류 지점에서의 최대치까지 급작스럽게 증가한다. 이러한 급작스런 증가는 경계층 밖 유동이 앞전 부근 영역에서 급격히 팽창하면서 속도가 빠르게 증가하기 때문이다. 최대치 이후 c_f 값은 평판의 경우와 마찬가지로 정성적으로 단조 감소한다. 앞 장들에서 평판 유동 경

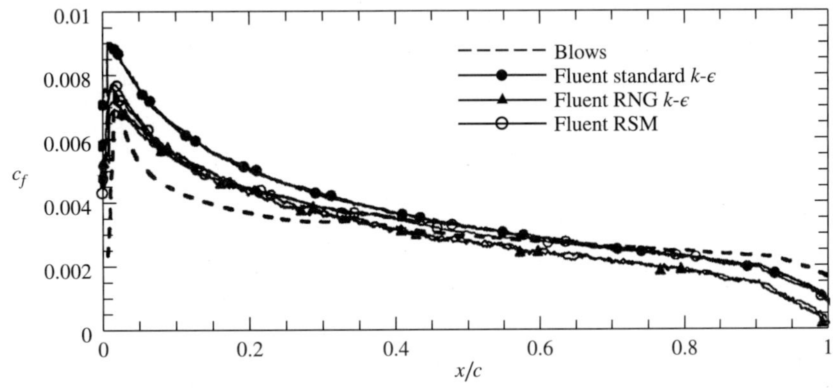

그림 20.15 저속 유동에서 받음각이 0인 NACA 0012 익형의 표면마찰 계수 분포. 서로 다른 난류 모델을 채택한 Navier-Stokes 계산결과와 경계층 계산결과를 비교함. 경계층 계산결과는 'Blows'라고 명명된 점선으로 표시하였다(자료 출처: Lombardi, G., M. V. Salvetti, and D. Pinelli: "Numerical Evaluation of Airfoil Friction Drag," *J. Aircraft*, vol. 37, no. 2, March-April 2000, pp. 354-356.).

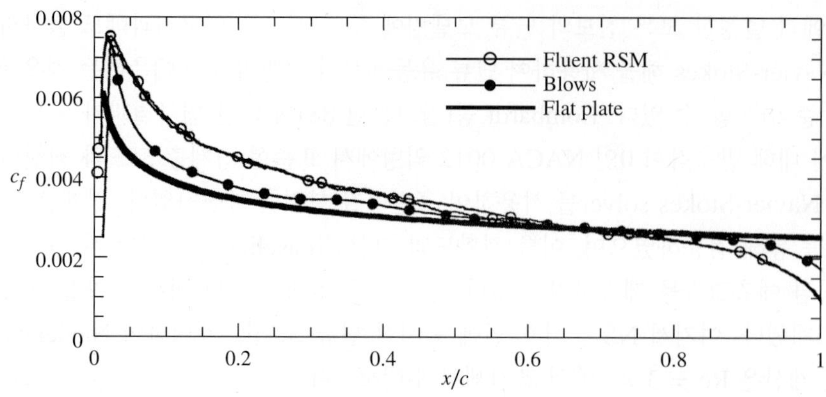

그림 20.16 Navier-Stokes 해와 경계층 해를 비교하여 표시한 NACA 0012 익형에서의 표면마찰 계수 계산값 분포. 굵은 선으로 표시한 것이 평판의 경우이며, 익형 곡면에서의 표면마찰 분포와 비교할 수 있도록 표시하였다(자료 출처: Lombardi, G., M. V. Salvetti, and D. Pinelli: "Numerical Evaluation of Airfoil Friction Drag," *J. Aircraft*, vol. 37, no. 2, March-April 2000, pp. 354-356.).

우에 대하여 상당한 비중을 두고 설명했기 때문에 익형과 평판에서의 c_f 값 변화가 이렇게 다르다는 것을 지적하는 것은 매우 흥미로운 일이다.

20.5 요약 *Summary*

이로서 점성 유동에 대한 토론을 끝내고자 한다. 4부의 목적은 여러분에게 점성 유동의 기본적 특징에 대하여 소개하는 것이다. 주제가 너무 광범위하여 각각 별도의 참고문헌이 요구될 수 있으며, 실제로 수많은 교재가 집필되었다(예를 들어, 참고문헌 39~43 참조). 여기서는 여러분에게 몇몇 중요한 개념과 결과에 대한 맛보기를 제공하기에 충분한 정도의 분량만을 소개했다. 우리가 다룬 주제는 공기역학에서 매우 중요한 분야이며, 만약 여러분이 일반 공기역학 관련 지식과 전문성을 확대하고자 한다면 관심 있는 주제와 관련된 교재를 더 읽어보기 바란다.

이 책에 할당된 공간이 이제 모두 소진되었다. 따라서 여러분이 공기역학의 기초에 대해 저자의 책으로부터 많은 것을 얻고 또 지적 경험을 즐겼기를 바란다. 그러나 책의 마지막 장을 덮기 전에 그림 1.44를 되돌아보는 것이 유익하리라 생각한다. 이는 공기역학 유동의 여러 가지 유형을 분류한 블록 다이어그램이다. 여러분이 1장을 학습하는 동안 이 그림을 처음 접하면서 느꼈던 호기심과 아직 성숙하지 않았던 개념을 회상해 보라. 그리고 이제 책장 사이에 들어 있는 공기역학적 지식에 의해 다듬어진 여러분의 지식과 성숙된 사고를 이전과 비교해 보라. 아마도 그림 1.44에 표시된 각 블록이 처음 시작했을 때보다 여러분에게 대단히 큰 의미로 다가설 것이다. 만약 여러분이 그렇다고 동의한다면 저자의 노력이 헛되지 않으리라 생각한다.

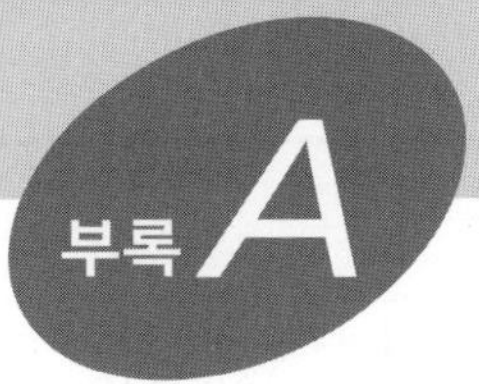

등엔트로피 유동 성질

Isentropic Flow Properties

M	$\frac{p_0}{p}$	$\frac{\rho_0}{\rho}$	$\frac{T_0}{T}$	$\frac{A}{A^*}$
0.2000 − 01	0.1000 + 01	0.1000 + 01	0.1000 + 01	0.2894 + 02
0.4000 − 01	0.1001 + 01	0.1001 + 01	0.1000 + 01	0.1448 + 02
0.6000 − 01	0.1003 + 01	0.1002 + 01	0.1001 + 01	0.9666 + 01
0.8000 − 01	0.1004 + 01	0.1003 + 01	0.1001 + 01	0.7262 + 01
0.1000 + 00	0.1007 + 01	0.1005 + 01	0.1002 + 01	0.5822 + 01
0.1200 + 00	0.1010 + 01	0.1007 + 01	0.1003 + 01	0.4864 + 01
0.1400 + 00	0.1014 + 01	0.1010 + 01	0.1004 + 01	0.4182 + 01
0.1600 + 00	0.1018 + 01	0.1013 + 01	0.1005 + 01	0.3673 + 01
0.1800 + 00	0.1023 + 01	0.1016 + 01	0.1006 + 01	0.3278 + 01
0.2000 + 00	0.1028 + 01	0.1020 + 01	0.1008 + 01	0.2964 + 01
0.2200 + 00	0.1034 + 01	0.1024 + 01	0.1010 + 01	0.2708 + 01
0.2400 + 00	0.1041 + 01	0.1029 + 01	0.1012 + 01	0.2496 + 01
0.2600 + 00	0.1048 + 01	0.1034 + 01	0.1014 + 01	0.2317 + 01
0.2800 + 00	0.1056 + 01	0.1040 + 01	0.1016 + 01	0.2166 + 01
0.3000 + 00	0.1064 + 01	0.1046 + 01	0.1018 + 01	0.2035 + 01
0.3200 + 00	0.1074 + 01	0.1052 + 01	0.1020 + 01	0.1922 + 01
0.3400 + 00	0.1083 + 01	0.1059 + 01	0.1023 + 01	0.1823 + 01
0.3600 + 00	0.1094 + 01	0.1066 + 01	0.1026 + 01	0.1736 + 01
0.3800 + 00	0.1105 + 01	0.1074 + 01	0.1029 + 01	0.1659 + 01
0.4000 + 00	0.1117 + 01	0.1082 + 01	0.1032 + 01	0.1590 + 01
0.4200 + 00	0.1129 + 01	0.1091 + 01	0.1035 + 01	0.1529 + 01
0.4400 + 00	0.1142 + 01	0.1100 + 01	0.1039 + 01	0.1474 + 01
0.4600 + 00	0.1156 + 01	0.1109 + 01	0.1042 + 01	0.1425 + 01
0.4800 + 00	0.1171 + 01	0.1119 + 01	0.1046 + 01	0.1380 + 01
0.5000 + 00	0.1186 + 01	0.1130 + 01	0.1050 + 01	0.1340 + 01
0.5200 + 00	0.1202 + 01	0.1141 + 01	0.1054 + 01	0.1303 + 01
0.5400 + 00	0.1219 + 01	0.1152 + 01	0.1058 + 01	0.1270 + 01
0.5600 + 00	0.1237 + 01	0.1164 + 01	0.1063 + 01	0.1240 + 01
0.5800 + 00	0.1256 + 01	0.1177 + 01	0.1067 + 01	0.1213 + 01
0.6000 + 00	0.1276 + 01	0.1190 + 01	0.1072 + 01	0.1188 + 01

M	$\frac{p_0}{p}$	$\frac{\rho_0}{\rho}$	$\frac{T_0}{T}$	$\frac{A}{A^*}$
0.6200 + 00	0.1296 + 01	0.1203 + 01	0.1077 + 01	0.1166 + 01
0.6400 + 00	0.1317 + 01	0.1218 + 01	0.1082 + 01	0.1145 + 01
0.6600 + 00	0.1340 + 01	0.1232 + 01	0.1087 + 01	0.1127 + 01
0.6800 + 00	0.1363 + 01	0.1247 + 01	0.1092 + 01	0.1110 + 01
0.7000 + 00	0.1387 + 01	0.1263 + 01	0.1098 + 01	0.1094 + 01
0.7200 + 00	0.1412 + 01	0.1280 + 01	0.1104 + 01	0.1081 + 01
0.7400 + 00	0.1439 + 01	0.1297 + 01	0.1110 + 01	0.1068 + 01
0.7600 + 00	0.1466 + 01	0.1314 + 01	0.1116 + 01	0.1057 + 01
0.7800 + 00	0.1495 + 01	0.1333 + 01	0.1122 + 01	0.1047 + 01
0.8000 + 00	0.1524 + 01	0.1351 + 01	0.1128 + 01	0.1038 + 01
0.8200 + 00	0.1555 + 01	0.1371 + 01	0.1134 + 01	0.1030 + 01
0.8400 + 00	0.1587 + 01	0.1391 + 01	0.1141 + 01	0.1024 + 01
0.8600 + 00	0.1621 + 01	0.1412 + 01	0.1148 + 01	0.1018 + 01
0.8800 + 00	0.1655 + 01	0.1433 + 01	0.1155 + 01	0.1013 + 01
0.9000 + 00	0.1691 + 01	0.1456 + 01	0.1162 + 01	0.1009 + 01
0.9200 + 00	0.1729 + 01	0.1478 + 01	0.1169 + 01	0.1006 + 01
0.9400 + 00	0.1767 + 01	0.1502 + 01	0.1177 + 01	0.1003 + 01
0.9600 + 00	0.1808 + 01	0.1526 + 01	0.1184 + 01	0.1001 + 01
0.9800 + 00	0.1850 + 01	0.1552 + 01	0.1192 + 01	0.1000 + 01
0.1000 + 01	0.1893 + 01	0.1577 + 01	0.1200 + 01	0.1000 + 01
0.1020 + 01	0.1938 + 01	0.1604 + 01	0.1208 + 01	0.1000 + 01
0.1040 + 01	0.1985 + 01	0.1632 + 01	0.1216 + 01	0.1001 + 01
0.1060 + 01	0.2033 + 01	0.1660 + 01	0.1225 + 01	0.1003 + 01
0.1080 + 01	0.2083 + 01	0.1689 + 01	0.1233 + 01	0.1005 + 01
0.1100 + 01	0.2135 + 01	0.1719 + 01	0.1242 + 01	0.1008 + 01
0.1120 + 01	0.2189 + 01	0.1750 + 01	0.1251 + 01	0.1011 + 01
0.1140 + 01	0.2245 + 01	0.1782 + 01	0.1260 + 01	0.1015 + 01
0.1160 + 01	0.2303 + 01	0.1814 + 01	0.1269 + 01	0.1020 + 01
0.1180 + 01	0.2363 + 01	0.1848 + 01	0.1278 + 01	0.1025 + 01
0.1200 + 01	0.2425 + 01	0.1883 + 01	0.1288 + 01	0.1030 + 01
0.1220 + 01	0.2489 + 01	0.1918 + 01	0.1298 + 01	0.1037 + 01
0.1240 + 01	0.2556 + 01	0.1955 + 01	0.1308 + 01	0.1043 + 01
0.1260 + 01	0.2625 + 01	0.1992 + 01	0.1318 + 01	0.1050 + 01
0.1280 + 01	0.2697 + 01	0.2031 + 01	0.1328 + 01	0.1058 + 01
0.1300 + 01	0.2771 + 01	0.2071 + 01	0.1338 + 01	0.1066 + 01
0.1320 + 01	0.2847 + 01	0.2112 + 01	0.1348 + 01	0.1075 + 01
0.1340 + 01	0.2927 + 01	0.2153 + 01	0.1359 + 01	0.1084 + 01
0.1360 + 01	0.3009 + 01	0.2197 + 01	0.1370 + 01	0.1094 + 01
0.1380 + 01	0.3094 + 01	0.2241 + 01	0.1381 + 01	0.1104 + 01
0.1400 + 01	0.3182 + 01	0.2286 + 01	0.1392 + 01	0.1115 + 01
0.1420 + 01	0.3273 + 01	0.2333 + 01	0.1403 + 01	0.1126 + 01
0.1440 + 01	0.3368 + 01	0.2381 + 01	0.1415 + 01	0.1138 + 01
0.1460 + 01	0.3465 + 01	0.2430 + 01	0.1426 + 01	0.1150 + 01
0.1480 + 01	0.3566 + 01	0.2480 + 01	0.1438 + 01	0.1163 + 01
0.1500 + 01	0.3671 + 01	0.2532 + 01	0.1450 + 01	0.1176 + 01
0.1520 + 01	0.3779 + 01	0.2585 + 01	0.1462 + 01	0.1190 + 01
0.1540 + 01	0.3891 + 01	0.2639 + 01	0.1474 + 01	0.1204 + 01
0.1560 + 01	0.4007 + 01	0.2695 + 01	0.1487 + 01	0.1219 + 01
0.1580 + 01	0.4127 + 01	0.2752 + 01	0.1499 + 01	0.1234 + 01
0.1600 + 01	0.4250 + 01	0.2811 + 01	0.1512 + 01	0.1250 + 01

M	$\frac{p_0}{p}$	$\frac{\rho_0}{\rho}$	$\frac{T_0}{T}$	$\frac{A}{A^*}$
0.1620 + 01	0.4378 + 01	0.2871 + 01	0.1525 + 01	0.1267 + 01
0.1640 + 01	0.4511 + 01	0.2933 + 01	0.1538 + 01	0.1284 + 01
0.1660 + 01	0.4648 + 01	0.2996 + 01	0.1551 + 01	0.1301 + 01
0.1680 + 01	0.4790 + 01	0.3061 + 01	0.1564 + 01	0.1319 + 01
0.1700 + 01	0.4936 + 01	0.3128 + 01	0.1578 + 01	0.1338 + 01
0.1720 + 01	0.5087 + 01	0.3196 + 01	0.1592 + 01	0.1357 + 01
0.1740 + 01	0.5244 + 01	0.3266 + 01	0.1606 + 01	0.1376 + 01
0.1760 + 01	0.5406 + 01	0.3338 + 01	0.1620 + 01	0.1397 + 01
0.1780 + 01	0.5573 + 01	0.3411 + 01	0.1634 + 01	0.1418 + 01
0.1800 + 01	0.5746 + 01	0.3487 + 01	0.1648 + 01	0.1439 + 01
0.1820 + 01	0.5924 + 01	0.3564 + 01	0.1662 + 01	0.1461 + 01
0.1840 + 01	0.6109 + 01	0.3643 + 01	0.1677 + 01	0.1484 + 01
0.1860 + 01	0.6300 + 01	0.3723 + 01	0.1692 + 01	0.1507 + 01
0.1880 + 01	0.6497 + 01	0.3806 + 01	0.1707 + 01	0.1531 + 01
0.1900 + 01	0.6701 + 01	0.3891 + 01	0.1722 + 01	0.1555 + 01
0.1920 + 01	0.6911 + 01	0.3978 + 01	0.1737 + 01	0.1580 + 01
0.1940 + 01	0.7128 + 01	0.4067 + 01	0.1753 + 01	0.1606 + 01
0.1960 + 01	0.7353 + 01	0.4158 + 01	0.1768 + 01	0.1633 + 01
0.1980 + 01	0.7585 + 01	0.4251 + 01	0.1784 + 01	0.1660 + 01
0.2000 + 01	0.7824 + 01	0.4347 + 01	0.1800 + 01	0.1687 + 01
0.2050 + 01	0.8458 + 01	0.4596 + 01	0.1840 + 01	0.1760 + 01
0.2100 + 01	0.9145 + 01	0.4859 + 01	0.1882 + 01	0.1837 + 01
0.2150 + 01	0.9888 + 01	0.5138 + 01	0.1924 + 01	0.1919 + 01
0.2200 + 01	0.1069 + 02	0.5433 + 01	0.1968 + 01	0.2005 + 01
0.2250 + 01	0.1156 + 02	0.5746 + 01	0.2012 + 01	0.2096 + 01
0.2300 + 01	0.1250 + 02	0.6076 + 01	0.2058 + 01	0.2193 + 01
0.2350 + 01	0.1352 + 02	0.6425 + 01	0.2104 + 01	0.2295 + 01
0.2400 + 01	0.1462 + 02	0.6794 + 01	0.2152 + 01	0.2403 + 01
0.2450 + 01	0.1581 + 02	0.7183 + 01	0.2200 + 01	0.2517 + 01
0.2500 + 01	0.1709 + 02	0.7594 + 01	0.2250 + 01	0.2637 + 01
0.2550 + 01	0.1847 + 02	0.8027 + 01	0.2300 + 01	0.2763 + 01
0.2600 + 01	0.1995 + 02	0.8484 + 01	0.2352 + 01	0.2896 + 01
0.2650 + 01	0.2156 + 02	0.8965 + 01	0.2404 + 01	0.3036 + 01
0.2700 + 01	0.2328 + 02	0.9472 + 01	0.2458 + 01	0.3183 + 01
0.2750 + 01	0.2514 + 02	0.1001 + 02	0.2512 + 01	0.3338 + 01
0.2800 + 01	0.2714 + 02	0.1057 + 02	0.2568 + 01	0.3500 + 01
0.2850 + 01	0.2929 + 02	0.1116 + 02	0.2624 + 01	0.3671 + 01
0.2900 + 01	0.3159 + 02	0.1178 + 02	0.2682 + 01	0.3850 + 01
0.2950 + 01	0.3407 + 02	0.1243 + 02	0.2740 + 01	0.4038 + 01
0.3000 + 01	0.3673 + 02	0.1312 + 02	0.2800 + 01	0.4235 + 01
0.3050 + 01	0.3959 + 02	0.1384 + 02	0.2860 + 01	0.4441 + 01
0.3100 + 01	0.4265 + 02	0.1459 + 02	0.2922 + 01	0.4657 + 01
0.3150 + 01	0.4593 + 02	0.1539 + 02	0.2984 + 01	0.4884 + 01
0.3200 + 01	0.4944 + 02	0.1622 + 02	0.3048 + 01	0.5121 + 01
0.3250 + 01	0.5320 + 02	0.1709 + 02	0.3112 + 01	0.5369 + 01
0.3300 + 01	0.5722 + 02	0.1800 + 02	0.3178 + 01	0.5629 + 01
0.3350 + 01	0.6152 + 02	0.1896 + 02	0.3244 + 01	0.5900 + 01
0.3400 + 01	0.6612 + 02	0.1996 + 02	0.3312 + 01	0.6184 + 01
0.3450 + 01	0.7103 + 02	0.2101 + 02	0.3380 + 01	0.6480 + 01
0.3500 + 01	0.7627 + 02	0.2211 + 02	0.3450 + 01	0.6790 + 01

M	$\frac{p_0}{p}$	$\frac{\rho_0}{\rho}$	$\frac{T_0}{T}$	$\frac{A}{A^*}$
0.3550 + 01	0.8187 + 02	0.2325 + 02	0.3520 + 01	0.7113 + 01
0.3600 + 01	0.8784 + 02	0.2445 + 02	0.3592 + 01	0.7450 + 01
0.3650 + 01	0.9420 + 02	0.2571 + 02	0.3664 + 01	0.7802 + 01
0.3700 + 01	0.1010 + 03	0.2701 + 02	0.3738 + 01	0.8169 + 01
0.3750 + 01	0.1082 + 03	0.2838 + 02	0.3812 + 01	0.8552 + 01
0.3800 + 01	0.1159 + 03	0.2981 + 02	0.3888 + 01	0.8951 + 01
0.3850 + 01	0.1241 + 03	0.3129 + 02	0.3964 + 01	0.9366 + 01
0.3900 + 01	0.1328 + 03	0.3285 + 02	0.4042 + 01	0.9799 + 01
0.3950 + 01	0.1420 + 03	0.3446 + 02	0.4120 + 01	0.1025 + 02
0.4000 + 01	0.1518 + 03	0.3615 + 02	0.4200 + 01	0.1072 + 02
0.4050 + 01	0.1623 + 03	0.3791 + 02	0.4280 + 01	0.1121 + 02
0.4100 + 01	0.1733 + 03	0.3974 + 02	0.4362 + 01	0.1171 + 02
0.4150 + 01	0.1851 + 03	0.4164 + 02	0.4444 + 01	0.1224 + 02
0.4200 + 01	0.1975 + 03	0.4363 + 02	0.4528 + 01	0.1279 + 02
0.4250 + 01	0.2108 + 03	0.4569 + 02	0.4612 + 01	0.1336 + 02
0.4300 + 01	0.2247 + 03	0.4784 + 02	0.4698 + 01	0.1395 + 02
0.4350 + 01	0.2396 + 03	0.5007 + 02	0.4784 + 01	0.1457 + 02
0.4400 + 01	0.2553 + 03	0.5239 + 02	0.4872 + 01	0.1521 + 02
0.4450 + 01	0.2719 + 03	0.5480 + 02	0.4960 + 01	0.1587 + 02
0.4500 + 01	0.2894 + 03	0.5731 + 02	0.5050 + 01	0.1656 + 02
0.4550 + 01	0.3080 + 03	0.5991 + 02	0.5140 + 01	0.1728 + 02
0.4600 + 01	0.3276 + 03	0.6261 + 02	0.5232 + 01	0.1802 + 02
0.4650 + 01	0.3483 + 03	0.6542 + 02	0.5324 + 01	0.1879 + 02
0.4700 + 01	0.3702 + 03	0.6833 + 02	0.5418 + 01	0.1958 + 02
0.4750 + 01	0.3933 + 03	0.7135 + 02	0.5512 + 01	0.2041 + 02
0.4800 + 01	0.4177 + 03	0.7448 + 02	0.5608 + 01	0.2126 + 02
0.4850 + 01	0.4434 + 03	0.7772 + 02	0.5704 + 01	0.2215 + 02
0.4900 + 01	0.4705 + 03	0.8109 + 02	0.5802 + 01	0.2307 + 02
0.4950 + 01	0.4990 + 03	0.8457 + 02	0.5900 + 01	0.2402 + 02
0.5000 + 01	0.5291 + 03	0.8818 + 02	0.6000 + 01	0.2500 + 02
0.5100 + 01	0.5941 + 03	0.9579 + 02	0.6202 + 01	0.2707 + 02
0.5200 + 01	0.6661 + 03	0.1039 + 03	0.6408 + 01	0.2928 + 02
0.5300 + 01	0.7457 + 03	0.1127 + 03	0.6618 + 01	0.3165 + 02
0.5400 + 01	0.8335 + 03	0.1220 + 03	0.6832 + 01	0.3417 + 02
0.5500 + 01	0.9304 + 03	0.1320 + 03	0.7050 + 01	0.3687 + 02
0.5600 + 01	0.1037 + 04	0.1426 + 03	0.7272 + 01	0.3974 + 02
0.5700 + 01	0.1154 + 04	0.1539 + 03	0.7498 + 01	0.4280 + 02
0.5800 + 01	0.1283 + 04	0.1660 + 03	0.7728 + 01	0.4605 + 02
0.5900 + 01	0.1424 + 04	0.1789 + 03	0.7962 + 01	0.4951 + 02
0.6000 + 01	0.1579 + 04	0.1925 + 03	0.8200 + 01	0.5318 + 02
0.6100 + 01	0.1748 + 04	0.2071 + 03	0.8442 + 01	0.5708 + 02
0.6200 + 01	0.1933 + 04	0.2225 + 03	0.8688 + 01	0.6121 + 02
0.6300 + 01	0.2135 + 04	0.2388 + 03	0.8938 + 01	0.6559 + 02
0.6400 + 01	0.2355 + 04	0.2562 + 03	0.9192 + 01	0.7023 + 02
0.6500 + 01	0.2594 + 04	0.2745 + 03	0.9450 + 01	0.7513 + 02
0.6600 + 01	0.2855 + 04	0.2939 + 03	0.9712 + 01	0.8032 + 02
0.6700 + 01	0.3138 + 04	0.3145 + 03	0.9978 + 01	0.8580 + 02
0.6800 + 01	0.3445 + 04	0.3362 + 03	0.1025 + 02	0.9159 + 02
0.6900 + 01	0.3779 + 04	0.3591 + 03	0.1052 + 02	0.9770 + 02
0.7000 + 01	0.4140 + 04	0.3833 + 03	0.1080 + 02	0.1041 + 03

M	$\frac{p_0}{p}$	$\frac{\rho_0}{\rho}$	$\frac{T_0}{T}$	$\frac{A}{A^*}$
0.7100 + 01	0.4531 + 04	0.4088 + 03	0.1108 + 02	0.1109 + 03
0.7200 + 01	0.4953 + 04	0.4357 + 03	0.1137 + 02	0.1181 + 03
0.7300 + 01	0.5410 + 04	0.4640 + 03	0.1166 + 02	0.1256 + 03
0.7400 + 01	0.5903 + 04	0.4939 + 03	0.1195 + 02	0.1335 + 03
0.7500 + 01	0.6434 + 04	0.5252 + 03	0.1225 + 02	0.1418 + 03
0.7600 + 01	0.7006 + 04	0.5582 + 03	0.1255 + 02	0.1506 + 03
0.7700 + 01	0.7623 + 04	0.5928 + 03	0.1286 + 02	0.1598 + 03
0.7800 + 01	0.8285 + 04	0.6292 + 03	0.1317 + 02	0.1694 + 03
0.7900 + 01	0.8998 + 04	0.6674 + 03	0.1348 + 02	0.1795 + 03
0.8000 + 01	0.9763 + 04	0.7075 + 03	0.1380 + 02	0.1901 + 03
0.9000 + 01	0.2110 + 05	0.1227 + 04	0.1720 + 02	0.3272 + 03
0.1000 + 02	0.4244 + 05	0.2021 + 04	0.2100 + 02	0.5359 + 03
0.1100 + 02	0.8033 + 05	0.3188 + 04	0.2520 + 02	0.8419 + 03
0.1200 + 02	0.1445 + 06	0.4848 + 04	0.2980 + 02	0.1276 + 04
0.1300 + 02	0.2486 + 06	0.7144 + 04	0.3480 + 02	0.1876 + 04
0.1400 + 02	0.4119 + 06	0.1025 + 05	0.4020 + 02	0.2685 + 04
0.1500 + 02	0.6602 + 06	0.1435 + 05	0.4600 + 02	0.3755 + 04
0.1600 + 02	0.1028 + 07	0.1969 + 05	0.5229 + 02	0.5145 + 04
0.1700 + 02	0.1559 + 07	0.2651 + 05	0.5880 + 02	0.6921 + 04
0.1800 + 02	0.2311 + 07	0.3512 + 05	0.6580 + 02	0.9159 + 04
0.1900 + 02	0.3356 + 07	0.4584 + 05	0.7320 + 02	0.1195 + 05
0.2000 + 02	0.4783 + 07	0.5905 + 05	0.8100 + 02	0.1538 + 05
0.2200 + 02	0.9251 + 07	0.9459 + 05	0.9780 + 02	0.2461 + 05
0.2400 + 02	0.1691 + 08	0.1456 + 06	0.1162 + 03	0.3783 + 05
0.2600 + 02	0.2949 + 08	0.2165 + 06	0.1362 + 03	0.5624 + 05
0.2800 + 02	0.4936 + 08	0.3128 + 06	0.1578 + 03	0.8121 + 05
0.3000 + 02	0.7978 + 08	0.4408 + 06	0.1810 + 03	0.1144 + 06
0.3200 + 02	0.1250 + 09	0.6076 + 06	0.2058 + 03	0.1576 + 06
0.3400 + 02	0.1908 + 09	0.8216 + 06	0.2322 + 03	0.2131 + 06
0.3600 + 02	0.2842 + 09	0.1092 + 07	0.2602 + 03	0.2832 + 06
0.3800 + 02	0.4143 + 09	0.1430 + 07	0.2898 + 03	0.3707 + 06
0.4000 + 02	0.5926 + 09	0.1846 + 07	0.3210 + 03	0.4785 + 06
0.4200 + 02	0.8330 + 09	0.2354 + 07	0.3538 + 03	0.6102 + 06
0.4400 + 02	0.1153 + 10	0.2969 + 07	0.3882 + 03	0.7694 + 06
0.4600 + 02	0.1572 + 10	0.3706 + 07	0.4242 + 03	0.9603 + 06
0.4800 + 02	0.2116 + 10	0.4583 + 07	0.4618 + 03	0.1187 + 07
0.5000 + 02	0.2815 + 10	0.5618 + 07	0.5010 + 03	0.1455 + 07

수직 충격파 성질

Normal Shock Properties

M	$\frac{p_2}{p_1}$	$\frac{\rho_2}{\rho_1}$	$\frac{T_2}{T_1}$	$\frac{p_{0_2}}{p_{0_1}}$	$\frac{p_{0_2}}{p_1}$	M_2
0.1000 + 01	0.1000 + 01	0.1000 + 01	0.1000 + 01	0.1000 + 01	0.1893 + 01	0.1000 + 01
0.1020 + 01	0.1047 + 01	0.1033 + 01	0.1013 + 01	0.1000 + 01	0.1938 + 01	0.9805 + 00
0.1040 + 01	0.1095 + 01	0.1067 + 01	0.1026 + 01	0.9999 + 00	0.1984 + 01	0.9620 + 00
0.1060 + 01	0.1144 + 01	0.1101 + 01	0.1039 + 01	0.9998 + 00	0.2032 + 01	0.9444 + 00
0.1080 + 01	0.1194 + 01	0.1135 + 01	0.1052 + 01	0.9994 + 01	0.2082 + 01	0.9277 + 00
0.1100 + 01	0.1245 + 01	0.1169 + 01	0.1065 + 01	0.9989 + 00	0.2133 + 01	0.9118 + 00
0.1120 + 01	0.1297 + 01	0.1203 + 01	0.1078 + 01	0.9982 + 00	0.2185 + 01	0.8966 + 00
0.1140 + 01	0.1350 + 01	0.1238 + 01	0.1090 + 01	0.9973 + 00	0.2239 + 01	0.8820 + 00
0.1160 + 01	0.1403 + 01	0.1272 + 01	0.1103 + 01	0.9961 + 00	0.2294 + 01	0.8682 + 00
0.1180 + 01	0.1458 + 01	0.1307 + 01	0.1115 + 01	0.9946 + 00	0.2350 + 01	0.8549 + 00
0.1200 + 01	0.1513 + 01	0.1342 + 01	0.1128 + 01	0.9928 + 00	0.2408 + 01	0.8422 + 00
0.1220 + 01	0.1570 + 01	0.1376 + 01	0.1141 + 01	0.9907 + 00	0.2466 + 01	0.8300 + 00
0.1240 + 01	0.1627 + 01	0.1411 + 01	0.1153 + 01	0.9884 + 00	0.2526 + 01	0.8183 + 00
0.1260 + 01	0.1686 + 01	0.1446 + 01	0.1166 + 01	0.9857 + 00	0.2588 + 01	0.8071 + 00
0.1280 + 01	0.1745 + 01	0.1481 + 01	0.1178 + 01	0.9827 + 00	0.2650 + 01	0.7963 + 00
0.1300 + 01	0.1805 + 01	0.1516 + 01	0.1191 + 01	0.9794 + 00	0.2714 + 01	0.7860 + 00
0.1320 + 01	0.1866 + 01	0.1551 + 01	0.1204 + 01	0.9758 + 00	0.2778 + 01	0.7760 + 00
0.1340 + 01	0.1928 + 01	0.1585 + 01	0.1216 + 01	0.9718 + 00	0.2844 + 01	0.7664 + 00
0.1360 + 01	0.1991 + 01	0.1620 + 01	0.1229 + 01	0.9676 + 00	0.2912 + 01	0.7572 + 00
0.1380 + 01	0.2055 + 01	0.1655 + 01	0.1242 + 01	0.9630 + 00	0.2980 + 01	0.7483 + 00
0.1400 + 01	0.2120 + 01	0.1690 + 01	0.1255 + 01	0.9582 + 00	0.3049 + 01	0.7397 + 00
0.1420 + 01	0.2186 + 01	0.1724 + 01	0.1268 + 01	0.9531 + 00	0.3120 + 01	0.7314 + 00
0.1440 + 01	0.2253 + 01	0.1759 + 01	0.1281 + 01	0.9476 + 00	0.3191 + 01	0.7235 + 00
0.1460 + 01	0.2320 + 01	0.1793 + 01	0.1294 + 01	0.9420 + 00	0.3264 + 01	0.7157 + 00
0.1480 + 01	0.2389 + 01	0.1828 + 01	0.1307 + 01	0.9360 + 00	0.3338 + 01	0.7083 + 00
0.1500 + 01	0.2458 + 01	0.1862 + 01	0.1320 + 01	0.9298 + 00	0.3413 + 01	0.7011 + 00
0.1520 + 01	0.2529 + 01	0.1896 + 01	0.1334 + 01	0.9233 + 00	0.3489 + 01	0.6941 + 00
0.1540 + 01	0.2600 + 01	0.1930 + 01	0.1347 + 01	0.9166 + 00	0.3567 + 01	0.6874 + 00
0.1560 + 01	0.2673 + 01	0.1964 + 01	0.1361 + 01	0.9097 + 00	0.3645 + 01	0.6809 + 00
0.1580 + 01	0.2746 + 01	0.1998 + 01	0.1374 + 01	0.9026 + 00	0.3724 + 01	0.6746 + 00

M	$\frac{p_2}{p_1}$	$\frac{\rho_2}{\rho_1}$	$\frac{T_2}{T_1}$	$\frac{p_{0_2}}{p_{0_1}}$	$\frac{p_{0_2}}{p_1}$	M_2
0.1600 + 01	0.2820 + 01	0.2032 + 01	0.1388 + 01	0.8952 + 00	0.3805 + 01	0.6684 + 00
0.1620 + 01	0.2895 + 01	0.2065 + 01	0.1402 + 01	0.8877 + 00	0.3887 + 01	0.6625 + 00
0.1640 + 01	0.2971 + 01	0.2099 + 01	0.1416 + 01	0.8799 + 00	0.3969 + 01	0.6568 + 00
0.1660 + 01	0.3048 + 01	0.2132 + 01	0.1430 + 01	0.8720 + 00	0.4053 + 01	0.6512 + 00
0.1680 + 01	0.3126 + 01	0.2165 + 01	0.1444 + 01	0.8639 + 00	0.4138 + 01	0.6458 + 00
0.1700 + 01	0.3205 + 01	0.2198 + 01	0.1458 + 01	0.8557 + 00	0.4224 + 01	0.6405 + 00
0.1720 + 01	0.3285 + 01	0.2230 + 01	0.1473 + 01	0.8474 + 00	0.4311 + 01	0.6355 + 00
0.1740 + 01	0.3366 + 01	0.2263 + 01	0.1487 + 01	0.8389 + 00	0.4399 + 01	0.6305 + 00
0.1760 + 01	0.3447 + 01	0.2295 + 01	0.1502 + 01	0.8302 + 00	0.4488 + 01	0.6257 + 00
0.1780 + 01	0.3530 + 01	0.2327 + 01	0.1517 + 01	0.8215 + 00	0.4578 + 01	0.6210 + 00
0.1800 + 01	0.3613 + 01	0.2359 + 01	0.1532 + 01	0.8127 + 00	0.4670 + 01	0.6165 + 00
0.1820 + 01	0.3698 + 01	0.2391 + 01	0.1547 + 01	0.8038 + 00	0.4762 + 01	0.6121 + 00
0.1840 + 01	0.3783 + 01	0.2422 + 01	0.1562 + 01	0.7948 + 00	0.4855 + 01	0.6078 + 00
0.1860 + 01	0.3870 + 01	0.2454 + 01	0.1577 + 01	0.7857 + 00	0.4950 + 01	0.6036 + 00
0.1880 + 01	0.3957 + 01	0.2485 + 01	0.1592 + 01	0.7765 + 00	0.5045 + 01	0.5996 + 00
0.1900 + 01	0.4045 + 01	0.2516 + 01	0.1608 + 01	0.7674 + 00	0.5142 + 01	0.5956 + 00
0.1920 + 01	0.4134 + 01	0.2546 + 01	0.1624 + 01	0.7581 + 00	0.5239 + 01	0.5918 + 00
0.1940 + 01	0.4224 + 01	0.2577 + 01	0.1639 + 01	0.7488 + 00	0.5338 + 01	0.5880 + 00
0.1960 + 01	0.4315 + 01	0.2607 + 01	0.1655 + 01	0.7395 + 00	0.5438 + 01	0.5844 + 00
0.1980 + 01	0.4407 + 01	0.2637 + 01	0.1671 + 01	0.7302 + 00	0.5539 + 01	0.5808 + 00
0.2000 + 01	0.4500 + 01	0.2667 + 01	0.1687 + 01	0.7209 + 00	0.5640 + 01	0.5774 + 00
0.2050 + 01	0.4736 + 01	0.2740 + 01	0.1729 + 01	0.6975 + 00	0.5900 + 01	0.5691 + 00
0.2100 + 01	0.4978 + 01	0.2812 + 01	0.1770 + 01	0.6742 + 00	0.6165 + 01	0.5613 + 00
0.2150 + 01	0.5226 + 01	0.2882 + 01	0.1813 + 01	0.6511 + 00	0.6438 + 01	0.5540 + 00
0.2200 + 01	0.5480 + 01	0.2951 + 01	0.1857 + 01	0.6281 + 00	0.6716 + 01	0.5471 + 00
0.2250 + 01	0.5740 + 01	0.3019 + 01	0.1901 + 01	0.6055 + 00	0.7002 + 01	0.5406 + 00
0.2300 + 01	0.6005 + 01	0.3085 + 01	0.1947 + 01	0.5833 + 00	0.7294 + 01	0.5344 + 00
0.2350 + 01	0.6276 + 01	0.3149 + 01	0.1993 + 01	0.5615 + 00	0.7592 + 01	0.5286 + 00
0.2400 + 01	0.6553 + 01	0.3212 + 01	0.2040 + 01	0.5401 + 00	0.7897 + 01	0.5231 + 00
0.2450 + 01	0.6836 + 01	0.3273 + 01	0.2088 + 01	0.5193 + 00	0.8208 + 01	0.5179 + 00
0.2500 + 01	0.7125 + 01	0.3333 + 01	0.2137 + 01	0.4990 + 00	0.8526 + 01	0.5130 + 00
0.2550 + 01	0.7420 + 01	0.3392 + 01	0.2187 + 01	0.4793 + 00	0.8850 + 01	0.5083 + 00
0.2600 + 01	0.7720 + 01	0.3449 + 01	0.2238 + 01	0.4601 + 00	0.9181 + 01	0.5039 + 00
0.2650 + 01	0.8026 + 01	0.3505 + 01	0.2290 + 01	0.4416 + 00	0.9519 + 01	0.4996 + 00
0.2700 + 01	0.8338 + 01	0.3559 + 01	0.2343 + 01	0.4236 + 00	0.9862 + 01	0.4956 + 00
0.2750 + 01	0.8656 + 01	0.3612 + 01	0.2397 + 01	0.4062 + 00	0.1021 + 02	0.4918 + 00
0.2800 + 01	0.8980 + 01	0.3664 + 01	0.2451 + 01	0.3895 + 00	0.1057 + 02	0.4882 + 00
0.2850 + 01	0.9310 + 01	0.3714 + 01	0.2507 + 01	0.3733 + 00	0.1093 + 02	0.4847 + 00
0.2900 + 01	0.9645 + 01	0.3763 + 01	0.2563 + 01	0.3577 + 00	0.1130 + 02	0.4814 + 00
0.2950 + 01	0.9986 + 01	0.3811 + 01	0.2621 + 01	0.3428 + 00	0.1168 + 02	0.4782 + 00
0.3000 + 01	0.1033 + 02	0.3857 + 01	0.2679 + 01	0.3283 + 00	0.1206 + 02	0.4752 + 00
0.3050 + 01	0.1069 + 02	0.3902 + 01	0.2738 + 01	0.3145 + 00	0.1245 + 02	0.4723 + 00
0.3100 + 01	0.1104 + 02	0.3947 + 01	0.2799 + 01	0.3012 + 00	0.1285 + 02	0.4695 + 00
0.3150 + 01	0.1141 + 02	0.3990 + 01	0.2860 + 01	0.2885 + 00	0.1325 + 02	0.4669 + 00
0.3200 + 01	0.1178 + 02	0.4031 + 01	0.2922 + 01	0.2762 + 00	0.1366 + 02	0.4643 + 00
0.3250 + 01	0.1216 + 02	0.4072 + 01	0.2985 + 01	0.2645 + 00	0.1407 + 02	0.4619 + 00
0.3300 + 01	0.1254 + 02	0.4112 + 01	0.3049 + 01	0.2533 + 00	0.1449 + 02	0.4596 + 00
0.3350 + 01	0.1293 + 02	0.4151 + 01	0.3114 + 01	0.2425 + 00	0.1492 + 02	0.4573 + 00
0.3400 + 01	0.1332 + 02	0.4188 + 01	0.3180 + 01	0.2322 + 00	0.1535 + 02	0.4552 + 00
0.3450 + 01	0.1372 + 02	0.4225 + 01	0.3247 + 01	0.2224 + 00	0.1579 + 02	0.4531 + 00

M	$\frac{p_2}{p_1}$	$\frac{\rho_2}{\rho_1}$	$\frac{T_2}{T_1}$	$\frac{p_{0_2}}{p_{0_1}}$	$\frac{p_{0_2}}{p_1}$	M_2
0.3500 + 01	0.1412 + 02	0.4261 + 01	0.3315 + 01	0.2129 + 00	0.1624 + 02	0.4512 + 00
0.3550 + 01	0.1454 + 02	0.4296 + 01	0.3384 + 01	0.2039 + 00	0.1670 + 02	0.4492 + 00
0.3600 + 01	0.1495 + 02	0.4330 + 01	0.3454 + 01	0.1953 + 00	0.1716 + 02	0.4474 + 00
0.3650 + 01	0.1538 + 02	0.4363 + 01	0.3525 + 01	0.1871 + 00	0.1762 + 02	0.4456 + 00
0.3700 + 01	0.1580 + 02	0.4395 + 01	0.3596 + 01	0.1792 + 00	0.1810 + 02	0.4439 + 00
0.3750 + 01	0.1624 + 02	0.4426 + 01	0.3669 + 01	0.1717 + 00	0.1857 + 02	0.4423 + 00
0.3800 + 01	0.1668 + 02	0.4457 + 01	0.3743 + 01	0.1645 + 00	0.1906 + 02	0.4407 + 00
0.3850 + 01	0.1713 + 02	0.4487 + 01	0.3817 + 01	0.1576 + 00	0.1955 + 02	0.4392 + 00
0.3900 + 01	0.1758 + 02	0.4516 + 01	0.3893 + 01	0.1510 + 00	0.2005 + 02	0.4377 + 00
0.3950 + 01	0.1804 + 02	0.4544 + 01	0.3969 + 01	0.1448 + 00	0.2056 + 02	0.4363 + 00
0.4000 + 01	0.1850 + 02	0.4571 + 01	0.4047 + 01	0.1388 + 00	0.2107 + 02	0.4350 + 00
0.4050 + 01	0.1897 + 02	0.4598 + 01	0.4125 + 01	0.1330 + 00	0.2159 + 02	0.4336 + 00
0.4100 + 01	0.1944 + 02	0.4624 + 01	0.4205 + 01	0.1276 + 00	0.2211 + 02	0.4324 + 00
0.4150 + 01	0.1993 + 02	0.4650 + 01	0.4285 + 01	0.1223 + 00	0.2264 + 02	0.4311 + 00
0.4200 + 01	0.2041 + 02	0.4675 + 01	0.4367 + 01	0.1173 + 00	0.2318 + 02	0.4299 + 00
0.4250 + 01	0.2091 + 02	0.4699 + 01	0.4449 + 01	0.1126 + 00	0.2372 + 02	0.4288 + 00
0.4300 + 01	0.2140 + 02	0.4723 + 01	0.4532 + 01	0.1080 + 00	0.2427 + 02	0.4277 + 00
0.4350 + 01	0.2191 + 02	0.4746 + 01	0.4616 + 01	0.1036 + 00	0.2483 + 02	0.4266 + 00
0.4400 + 01	0.2242 + 02	0.4768 + 01	0.4702 + 01	0.9948 − 01	0.2539 + 02	0.4255 + 00
0.4450 + 01	0.2294 + 02	0.4790 + 01	0.4788 + 01	0.9550 − 01	0.2596 + 02	0.4245 + 00
0.4500 + 01	0.2346 + 02	0.4812 + 01	0.4875 + 01	0.9170 − 01	0.2654 + 02	0.4236 + 00
0.4550 + 01	0.2399 + 02	0.4833 + 01	0.4963 + 01	0.8806 − 01	0.2712 + 02	0.4226 + 00
0.4600 + 01	0.2452 + 02	0.4853 + 01	0.5052 + 01	0.8459 − 01	0.2771 + 02	0.4217 + 00
0.4650 + 01	0.2506 + 02	0.4873 + 01	0.5142 + 01	0.8126 − 01	0.2831 + 02	0.4208 + 00
0.4700 + 01	0.2560 + 02	0.4893 + 01	0.5233 + 01	0.7809 − 01	0.2891 + 02	0.4199 + 00
0.4750 + 01	0.2616 + 02	0.4912 + 01	0.5325 + 01	0.7505 − 01	0.2952 + 02	0.4191 + 00
0.4800 + 01	0.2671 + 02	0.4930 + 01	0.5418 + 01	0.7214 − 01	0.3013 + 02	0.4183 + 00
0.4850 + 01	0.2728 + 02	0.4948 + 01	0.5512 + 01	0.6936 − 01	0.3075 + 02	0.4175 + 00
0.4900 + 01	0.2784 + 02	0.4966 + 01	0.5607 + 01	0.6670 − 01	0.3138 + 02	0.4167 + 00
0.4950 + 01	0.2842 + 02	0.4983 + 01	0.5703 + 01	0.6415 − 01	0.3201 + 02	0.4160 + 00
0.5000 + 01	0.2900 + 02	0.5000 + 01	0.5800 + 01	0.6172 − 01	0.3265 + 02	0.4152 + 00
0.5100 + 01	0.3018 + 02	0.5033 + 01	0.5997 + 01	0.5715 − 01	0.3395 + 02	0.4138 + 00
0.5200 + 01	0.3138 + 02	0.5064 + 01	0.6197 + 01	0.5297 − 01	0.3528 + 02	0.4125 + 00
0.5300 + 01	0.3260 + 02	0.5093 + 01	0.6401 + 01	0.4913 − 01	0.3663 + 02	0.4113 + 00
0.5400 + 01	0.3385 + 02	0.5122 + 01	0.6610 + 01	0.4560 − 01	0.3801 + 02	0.4101 + 00
0.5500 + 01	0.3512 + 02	0.5149 + 01	0.6822 + 01	0.4236 − 01	0.3941 + 02	0.4090 + 00
0.5600 + 01	0.3642 + 02	0.5175 + 01	0.7038 + 01	0.3938 − 01	0.4084 + 02	0.4079 + 00
0.5700 + 01	0.3774 + 02	0.5200 + 01	0.7258 + 01	0.3664 − 01	0.4230 + 02	0.4069 + 00
0.5800 + 01	0.3908 + 02	0.5224 + 01	0.7481 + 01	0.3412 − 01	0.4378 + 02	0.4059 + 00
0.5900 + 01	0.4044 + 02	0.5246 + 01	0.7709 + 01	0.3180 − 01	0.4528 + 02	0.4050 + 00
0.6000 + 01	0.4183 + 02	0.5268 + 01	0.7941 + 01	0.2965 − 01	0.4682 + 02	0.4042 + 00
0.6100 + 01	0.4324 + 02	0.5289 + 01	0.8176 + 01	0.2767 − 01	0.4837 + 02	0.4033 + 00
0.6200 + 01	0.4468 + 02	0.5309 + 01	0.8415 + 01	0.2584 − 01	0.4996 + 02	0.4025 + 00
0.6300 + 01	0.4614 + 02	0.5329 + 01	0.8658 + 01	0.2416 − 01	0.5157 + 02	0.4018 + 00
0.6400 + 01	0.4762 + 02	0.5347 + 01	0.8905 + 01	0.2259 − 01	0.5320 + 02	0.4011 + 00
0.6500 + 01	0.4912 + 02	0.5365 + 01	0.9156 + 01	0.2115 − 01	0.5486 + 02	0.4004 + 00
0.6600 + 01	0.5065 + 02	0.5382 + 01	0.9411 + 01	0.1981 − 01	0.5655 + 02	0.3997 + 00
0.6700 + 01	0.5220 + 02	0.5399 + 01	0.9670 + 01	0.1857 − 01	0.5826 + 02	0.3991 + 00
0.6800 + 01	0.5378 + 02	0.5415 + 01	0.9933 + 01	0.1741 − 01	0.6000 + 02	0.3985 + 00
0.6900 + 01	0.5538 + 02	0.5430 + 01	0.1020 + 02	0.1635 − 01	0.6176 + 02	0.3979 + 00

M	$\frac{p_2}{p_1}$	$\frac{\rho_2}{\rho_1}$	$\frac{T_2}{T_1}$	$\frac{p_{0_2}}{p_{0_1}}$	$\frac{p_{0_2}}{p_1}$	M_2
0.7000 + 01	0.5700 + 02	0.5444 + 01	0.1047 + 02	0.1535 − 01	0.6355 + 02	0.3974 + 00
0.7100 + 01	0.5864 + 02	0.5459 + 01	0.1074 + 02	0.1443 − 01	0.6537 + 02	0.3968 + 00
0.7200 + 01	0.6031 + 02	0.5472 + 01	0.1102 + 02	0.1357 − 01	0.6721 + 02	0.3963 + 00
0.7300 + 01	0.6200 + 02	0.5485 + 01	0.1130 + 02	0.1277 − 01	0.6908 + 02	0.3958 + 00
0.7400 + 01	0.6372 + 02	0.5498 + 01	0.1159 + 02	0.1202 − 01	0.7097 + 02	0.3954 + 00
0.7500 + 01	0.6546 + 02	0.5510 + 01	0.1188 + 02	0.1133 − 01	0.7289 + 02	0.3949 + 00
0.7600 + 01	0.6722 + 02	0.5522 + 01	0.1217 + 02	0.1068 − 01	0.7483 + 02	0.3945 + 00
0.7700 + 01	0.6900 + 02	0.5533 + 01	0.1247 + 02	0.1008 − 01	0.7680 + 02	0.3941 + 00
0.7800 + 01	0.7081 + 02	0.5544 + 01	0.1277 + 02	0.9510 − 02	0.7880 + 02	0.3937 + 00
0.7900 + 01	0.7264 + 02	0.5555 + 01	0.1308 + 02	0.8982 − 02	0.8082 + 02	0.3933 + 00
0.8000 + 01	0.7450 + 02	0.5565 + 01	0.1339 + 02	0.8488 − 02	0.8287 + 02	0.3929 + 00
0.9000 + 01	0.9433 + 02	0.5651 + 01	0.1669 + 02	0.4964 − 02	0.1048 + 03	0.3898 + 00
0.1000 + 02	0.1165 + 03	0.5714 + 01	0.2039 + 02	0.3045 − 02	0.1292 + 03	0.3876 + 00
0.1100 + 02	0.1410 + 03	0.5762 + 01	0.2447 + 02	0.1945 − 02	0.1563 + 03	0.3859 + 00
0.1200 + 02	0.1678 + 03	0.5799 + 01	0.2894 + 02	0.1287 − 02	0.1859 + 03	0.3847 + 00
0.1300 + 02	0.1970 + 03	0.5828 + 01	0.3380 + 02	0.8771 − 03	0.2181 + 03	0.3837 + 00
0.1400 + 02	0.2285 + 03	0.5851 + 01	0.3905 + 02	0.6138 − 03	0.2528 + 03	0.3829 + 00
0.1500 + 02	0.2623 + 03	0.5870 + 01	0.4469 + 02	0.4395 − 03	0.2902 + 03	0.3823 + 00
0.1600 + 02	0.2985 + 03	0.5885 + 01	0.5072 + 02	0.3212 − 03	0.3301 + 03	0.3817 + 00
0.1700 + 02	0.3370 + 03	0.5898 + 01	0.5714 + 02	0.2390 − 03	0.3726 + 03	0.3813 + 00
0.1800 + 02	0.3778 + 03	0.5909 + 01	0.6394 + 02	0.1807 − 03	0.4176 + 03	0.3810 + 00
0.1900 + 02	0.4210 + 03	0.5918 + 01	0.7114 + 02	0.1386 − 03	0.4653 + 03	0.3806 + 00
0.2000 + 02	0.4665 + 03	0.5926 + 01	0.7872 + 02	0.1078 − 03	0.5155 + 03	0.3804 + 00
0.2200 + 02	0.5645 + 03	0.5939 + 01	0.9506 + 02	0.6741 − 04	0.6236 + 03	0.3800 + 00
0.2400 + 02	0.6718 + 03	0.5948 + 01	0.1129 + 03	0.4388 − 04	0.7421 + 03	0.3796 + 00
0.2600 + 02	0.7885 + 03	0.5956 + 01	0.1324 + 03	0.2953 − 04	0.8709 + 03	0.3794 + 00
0.2800 + 02	0.9145 + 03	0.5962 + 01	0.1534 + 03	0.2046 − 04	0.1010 + 04	0.3792 + 00
0.3000 + 02	0.1050 + 04	0.5967 + 01	0.1759 + 03	0.1453 − 04	0.1159 + 04	0.3790 + 00
0.3200 + 02	0.1194 + 04	0.5971 + 01	0.2001 + 03	0.1055 − 04	0.1319 + 04	0.3789 + 00
0.3400 + 02	0.1348 + 04	0.5974 + 01	0.2257 + 03	0.7804 − 05	0.1489 + 04	0.3788 + 00
0.3600 + 02	0.1512 + 04	0.5977 + 01	0.2529 + 03	0.5874 − 05	0.1669 + 04	0.3787 + 00
0.3800 + 02	0.1684 + 04	0.5979 + 01	0.2817 + 03	0.4488 − 05	0.1860 + 04	0.3786 + 00
0.4000 + 02	0.1866 + 04	0.5981 + 01	0.3121 + 03	0.3477 − 05	0.2061 + 04	0.3786 + 00
0.4200 + 02	0.2058 + 04	0.5983 + 01	0.3439 + 03	0.2727 − 05	0.2272 + 04	0.3785 + 00
0.4400 + 02	0.2258 + 04	0.5985 + 01	0.3774 + 03	0.2163 − 05	0.2493 + 04	0.3785 + 00
0.4600 + 02	0.2468 + 04	0.5986 + 01	0.4124 + 03	0.1733 − 05	0.2725 + 04	0.3784 + 00
0.4800 + 02	0.2688 + 04	0.5987 + 01	0.4489 + 03	0.1402 − 05	0.2967 + 04	0.3784 + 00
0.5000 + 02	0.2916 + 04	0.5988 + 01	0.4871 + 03	0.1144 − 05	0.3219 + 04	0.3784 + 00

Prandtl-Meyer 함수와 마하각

Prandtl-Meyer Function and Mach Angle

M	ν	μ	M	ν	μ
0.1000 + 01	0.0000	0.9000 + 02	0.1600 + 01	0.1486 + 02	0.3868 + 02
0.1020 + 01	0.1257 + 00	0.7864 + 02	0.1620 + 01	0.1545 + 02	0.3812 + 02
0.1040 + 01	0.3510 + 00	0.7406 + 02	0.1640 + 01	0.1604 + 02	0.3757 + 02
0.1060 + 01	0.6367 + 00	0.7063 + 02	0.1660 + 01	0.1663 + 02	0.3704 + 02
0.1080 + 01	0.9680 + 00	0.6781 + 02	0.1680 + 01	0.1722 + 02	0.3653 + 02
0.1100 + 01	0.1336 + 01	0.6538 + 02	0.1700 + 01	0.1781 + 02	0.3603 + 02
0.1120 + 01	0.1735 + 01	0.6323 + 02	0.1720 + 01	0.1840 + 02	0.3555 + 02
0.1140 + 01	0.2160 + 01	0.6131 + 02	0.1740 + 01	0.1898 + 02	0.3508 + 02
0.1160 + 01	0.2607 + 01	0.5955 + 02	0.1760 + 01	0.1956 + 02	0.3462 + 02
0.1180 + 01	0.3074 + 01	0.5794 + 02	0.1780 + 01	0.2015 + 02	0.3418 + 02
0.1200 + 01	0.3558 + 01	0.5644 + 02	0.1800 + 01	0.2073 + 02	0.3375 + 02
0.1220 + 01	0.4057 + 01	0.5505 + 02	0.1820 + 01	0.2130 + 02	0.3333 + 02
0.1240 + 01	0.4569 + 01	0.5375 + 02	0.1840 + 01	0.2188 + 02	0.3292 + 02
0.1260 + 01	0.5093 + 01	0.5253 + 02	0.1860 + 01	0.2245 + 02	0.3252 + 02
0.1280 + 01	0.5627 + 01	0.5138 + 02	0.1880 + 01	0.2302 + 02	0.3213 + 02
0.1300 + 01	0.6170 + 01	0.5028 + 02	0.1900 + 01	0.2359 + 02	0.3176 + 02
0.1320 + 01	0.6721 + 01	0.4925 + 02	0.1920 + 01	0.2415 + 02	0.3139 + 02
0.1340 + 01	0.7279 + 01	0.4827 + 02	0.1940 + 01	0.2471 + 02	0.3103 + 02
0.1360 + 01	0.7844 + 01	0.4733 + 02	0.1960 + 01	0.2527 + 02	0.3068 + 02
0.1380 + 01	0.8413 + 01	0.4644 + 02	0.1980 + 01	0.2583 + 02	0.3033 + 02
0.1400 + 01	0.8987 + 01	0.4558 + 02	0.2000 + 01	0.2638 + 02	0.3000 + 02
0.1420 + 01	0.9565 + 01	0.4477 + 02	0.2050 + 01	0.2775 + 02	0.2920 + 02
0.1440 + 01	0.1015 + 02	0.4398 + 02	0.2100 + 01	0.2910 + 02	0.2844 + 02
0.1460 + 01	0.1073 + 02	0.4323 + 02	0.2150 + 01	0.3043 + 02	0.2772 + 02
0.1480 + 01	0.1132 + 02	0.4251 + 02	0.2200 + 01	0.3173 + 02	0.2704 + 02
0.1500 + 01	0.1191 + 02	0.4181 + 02	0.2250 + 01	0.3302 + 02	0.2639 + 02
0.1520 + 01	0.1249 + 02	0.4114 + 02	0.2300 + 01	0.3428 + 02	0.2577 + 02
0.1540 + 01	0.1309 + 02	0.4049 + 02	0.2350 + 01	0.3553 + 02	0.2518 + 02
0.1560 + 01	0.1368 + 02	0.3987 + 02	0.2400 + 01	0.3675 + 02	0.2462 + 02
0.1580 + 01	0.1427 + 02	0.3927 + 02	0.2450 + 01	0.3795 + 02	0.2409 + 02

M	*ν*	*μ*	*M*	*ν*	*μ*
0.2500 + 01	0.3912 + 02	0.2358 + 02	0.5000 + 01	0.7692 + 02	0.1154 + 02
0.2550 + 01	0.4028 + 02	0.2309 + 02	0.5100 + 01	0.7784 + 02	0.1131 + 02
0.2600 + 01	0.4141 + 02	0.2262 + 02	0.5200 + 01	0.7873 + 02	0.1109 + 02
0.2650 + 01	0.4253 + 02	0.2217 + 02	0.5300 + 01	0.7960 + 02	0.1088 + 02
0.2700 + 01	0.4362 + 02	0.2174 + 02	0.5400 + 01	0.8043 + 02	0.1067 + 02
0.2750 + 01	0.4469 + 02	0.2132 + 02	0.5500 + 01	0.8124 + 02	0.1048 + 02
0.2800 + 01	0.4575 + 02	0.2092 + 02	0.5600 + 01	0.8203 + 02	0.1029 + 02
0.2850 + 01	0.4678 + 02	0.2054 + 02	0.5700 + 01	0.8280 + 02	0.1010 + 02
0.2900 + 01	0.4779 + 02	0.2017 + 02	0.5800 + 01	0.8354 + 02	0.9928 + 01
0.2950 + 01	0.4878 + 02	0.1981 + 02	0.5900 + 01	0.8426 + 02	0.9758 + 01
0.3000 + 01	0.4976 + 02	0.1947 + 02	0.6000 + 01	0.8496 + 02	0.9594 + 01
0.3050 + 01	0.5071 + 02	0.1914 + 02	0.6100 + 01	0.8563 + 02	0.9435 + 01
0.3100 + 01	0.5165 + 02	0.1882 + 02	0.6200 + 01	0.8629 + 02	0.9282 + 01
0.3150 + 01	0.5257 + 02	0.1851 + 02	0.6300 + 01	0.8694 + 02	0.9133 + 01
0.3200 + 01	0.5347 + 02	0.1821 + 02	0.6400 + 01	0.8756 + 02	0.8989 + 01
0.3250 + 01	0.5435 + 02	0.1792 + 02	0.6500 + 01	0.8817 + 02	0.8850 + 01
0.3300 + 01	0.5522 + 02	0.1764 + 02	0.6600 + 01	0.8876 + 02	0.8715 + 01
0.3350 + 01	0.5607 + 02	0.1737 + 02	0.6700 + 01	0.8933 + 02	0.8584 + 01
0.3400 + 01	0.5691 + 02	0.1710 + 02	0.6800 + 01	0.8989 + 02	0.8457 + 01
0.3450 + 01	0.5773 + 02	0.1685 + 02	0.6900 + 01	0.9044 + 02	0.8333 + 01
0.3500 + 01	0.5853 + 02	0.1660 + 02	0.7000 + 01	0.9097 + 02	0.8213 + 01
0.3550 + 01	0.5932 + 02	0.1636 + 02	0.7100 + 01	0.9149 + 02	0.8097 + 01
0.3600 + 01	0.6009 + 02	0.1613 + 02	0.7200 + 01	0.9200 + 02	0.7984 + 01
0.3650 + 01	0.6085 + 02	0.1590 + 02	0.7300 + 01	0.9249 + 02	0.7873 + 01
0.3700 + 01	0.6160 + 02	0.1568 + 02	0.7400 + 01	0.9297 + 02	0.7766 + 01
0.3750 + 01	0.6233 + 02	0.1547 + 02	0.7500 + 01	0.9344 + 02	0.7662 + 01
0.3800 + 01	0.6304 + 02	0.1526 + 02	0.7600 + 01	0.9390 + 02	0.7561 + 01
0.3850 + 01	0.6375 + 02	0.1505 + 02	0.7700 + 01	0.9434 + 02	0.7462 + 01
0.3900 + 01	0.6444 + 02	0.1486 + 02	0.7800 + 01	0.9478 + 02	0.7366 + 01
0.3950 + 01	0.6512 + 02	0.1466 + 02	0.7900 + 01	0.9521 + 02	0.7272 + 01
0.4000 + 01	0.6578 + 02	0.1448 + 02	0.8000 + 01	0.9562 + 02	0.7181 + 01
0.4050 + 01	0.6644 + 02	0.1429 + 02	0.9000 + 01	0.9932 + 02	0.6379 + 01
0.4100 + 01	0.6708 + 02	0.1412 + 02	0.1000 + 02	0.1023 + 03	0.5739 + 01
0.4150 + 01	0.6771 + 02	0.1394 + 02	0.1100 + 02	0.1048 + 03	0.5216 + 01
0.4200 + 01	0.6833 + 02	0.1377 + 02	0.1200 + 02	0.1069 + 03	0.4780 + 01
0.4250 + 01	0.6894 + 02	0.1361 + 02	0.1300 + 02	0.1087 + 03	0.4412 + 01
0.4300 + 01	0.6954 + 02	0.1345 + 02	0.1400 + 02	0.1102 + 03	0.4096 + 01
0.4350 + 01	0.7013 + 02	0.1329 + 02	0.1500 + 02	0.1115 + 03	0.3823 + 01
0.4400 + 01	0.7071 + 02	0.1314 + 02	0.1600 + 02	0.1127 + 03	0.3583 + 01
0.4450 + 01	0.7127 + 02	0.1299 + 02	0.1700 + 02	0.1137 + 03	0.3372 + 01
0.4500 + 01	0.7183 + 02	0.1284 + 02	0.1800 + 02	0.1146 + 03	0.3185 + 01
0.4550 + 01	0.7238 + 02	0.1270 + 02	0.1900 + 02	0.1155 + 03	0.3017 + 01
0.4600 + 01	0.7292 + 02	0.1256 + 02	0.2000 + 02	0.1162 + 03	0.2866 + 01
0.4650 + 01	0.7345 + 02	0.1242 + 02	0.2200 + 02	0.1175 + 03	0.2605 + 01
0.4700 + 01	0.7397 + 02	0.1228 + 02	0.2400 + 02	0.1186 + 03	0.2388 + 01
0.4750 + 01	0.7448 + 02	0.1215 + 02	0.2600 + 02	0.1195 + 03	0.2204 + 01
0.4800 + 01	0.7499 + 02	0.1202 + 02	0.2800 + 02	0.1202 + 03	0.2047 + 01
0.4850 + 01	0.7548 + 02	0.1190 + 02	0.3000 + 02	0.1209 + 03	0.1910 + 01
0.4900 + 01	0.7597 + 02	0.1178 + 02	0.3200 + 02	0.1215 + 03	0.1791 + 01
0.4950 + 01	0.7645 + 02	0.1166 + 02	0.3400 + 02	0.1220 + 03	0.1685 + 01
0.3600 + 02	0.1225 + 03	0.1592 + 01	0.4400 + 02	0.1239 + 03	0.1302 + 01
0.3800 + 02	0.1229 + 03	0.1508 + 01	0.4600 + 02	0.1242 + 03	0.1246 + 01
0.4000 + 02	0.1233 + 03	0.1433 + 01	0.4800 + 02	0.1245 + 03	0.1194 + 01
0.4200 + 02	0.1236 + 03	0.1364 + 01	0.5000 + 02	0.1247 + 03	0.1146 + 01

표준 대기표, SI 단위계

Standard Atmosphere, SI Units

D.1 부록 D와 E의 표준 대기표에 대한 비고

NOTE ABOUT THE STANDARD ATMOSPHERE TABLES IN APPENDICES D AND E

다음의 표준 대기표는 고도에 따른 온도 변화 실험 평균치 자료를 집계하고, 이에 따른 압력과 밀도의 변화를 계산하기 위한 물리법칙을 종합하여 작성한 것이다. 이를 위해 사용된 물리법칙은 유체정역학 방정식(식 1.52)과 상태 방정식(식 7.1)이다. 표준 대기표 작성에 대한 세부적인 내용은 3장의 참고문헌 2에 소개되어 있으며, 전체 과정에 대한 이해를 위해 그 내용을 반드시 읽어보기를 권한다. 부록 D와 E는 온도, 압력, 밀도의 변화를 고도 변화에 대해 표시했다. 고도가 2개의 세로줄로 표시되어 있는데, 첫째 줄이 기하학적 고도(h_G)이며, 둘째 줄은 지오퍼텐셜 고도(h)이다. 기하학적 고도란 표준 해면으로부터의 실제 높이이며, 지오퍼텐셜 고도는 중력가속도가 일정한 값을 갖는다는 가정하에 기하학적 고도로부터 계산한 값이다. 차이에 대한 설명은 참고문헌 2를 참조하기 바란다. 이 책에서 어떤 값의 표준 고도를 언급하는 경우 이는 표준 대기표의 첫째 줄에 표시한 기하학적 고도(h_G)를 의미한다.

부록 D는 표준 대기표를 SI 단위계를 사용하여 표시했으며, 부록 E는 영국 공학 단위계를 사용해 표시했다. 여러 기관들에 의해 오랜 기간 동안 집대성된 표준 대기표들이 현존하고 있다. 부록 D와 E에 수록된 표준 대기 값들은 미 공군이 1959년부터 취득한 ARDC 모델을 사용했다.

Altitude				
h_G, m	h, m	Temperature T, K	Pressure p, N/m^2	Density ρ, kg/m^3
−5,000	−5,004	320.69	1.7761 + 5	1.9296 + 0
−4,900	−4,904	320.03	1.7587	1.9145
−4,800	−4,804	319.38	1.7400	1.8980
−4,700	−4,703	318.73	1.7215	1.8816
−4,600	−4,603	318.08	1.7031	1.8653
−4,500	−4,503	317.43	1.6848	1.8491
−4,400	−4,403	316.78	1.6667	1.8330
−4,300	−4,303	316.13	1.6488	1.8171
−4,200	−4,203	315.48	1.6311	1.8012
−4,100	−4,103	314.83	1.6134	1.7854
−4,000	−4,003	314.18	1.5960 + 5	1.7698 + 0
−3,900	−3,902	313.53	1.5787	1.7542
−3,800	−3,802	312.87	1.5615	1.7388
−3,700	−3,702	212.22	1.5445	1.7234
−3,600	−3,602	311.57	1.5277	1.7082
−3,500	−3,502	310.92	1.5110	1.6931
−3,400	−3,402	310.27	1.4945	1.6780
−3,300	−3,302	309.62	1.4781	1.6631
−3,200	−3,202	308.97	1.4618	1.6483
−3,100	−3,102	308.32	1.4457	1.6336
−3,000	−3,001	307.67	1.4297 + 5	1.6189 + 0
−2,900	−2,901	307.02	1.4139	1.6044
−2,800	−2,801	306.37	1.3982	1.5900
−2,700	−2,701	305.72	1.3827	1.5757
−2,600	−2,601	305.07	1.3673	1.5615
−2,500	−2,501	304.42	1.3521	1.5473
−2,400	−2,401	303.77	1.3369	1.5333
−2,300	−2,301	303.12	1.3220	1.5194
−2,200	−2,201	302.46	1.3071	1.5056
−2,100	−2,101	301.81	1.2924	1.4918
−2,000	−2,001	301.16	1.2778 + 5	1.4782 + 0
−1,900	−1,901	300.51	1.2634	1.4646
−1,800	−1,801	299.86	1.2491	1.4512
−1,700	−1,701	299.21	1.2349	1.4379
−1,600	−1,600	298.56	1.2209	1.4246
−1,500	−1,500	297.91	1.2070	1.4114
−1,400	−1,400	297.26	1.1932	1.3984
−1,300	−1,300	296.61	1.1795	1.3854
−1,200	−1,200	295.96	1.1660	1.3725
−1,100	−1,100	295.31	1.1526	1.3597
−1,000	−1,000	294.66	1.1393 + 5	1.3470 + 0
−900	−900	294.01	1.1262	1.3344
−800	−800	293.36	1.1131	1.3219
−700	−700	292.71	1.1002	1.3095
−600	−600	292.06	1.0874	1.2972
−500	−500	291.41	1.0748	1.2849
−400	−400	290.76	1.0622	1.2728
−300	−300	290.11	1.0498	1.2607
−200	−200	289.46	1.0375	1.2487
−100	−100	288.81	1.0253	1.2368

Altitude				
h_G, m	h, m	Temperature T, K	Pressure p, N/m^2	Density ρ, kg/m^3
0	0	288.16	1.01325 + 5	1.2250 + 0
100	100	287.51	1.0013	1.2133
200	200	286.86	9.8945 + 4	1.2071
300	300	286.21	9.7773	1.1901
400	400	285.56	9.6611	1.1787
500	500	284.91	9.5461	1.1673
600	600	284.26	9.4322	1.1560
700	700	283.61	9.3194	1.1448
800	800	282.96	9.2077	1.1337
900	900	282.31	9.0971	1.1226
1,000	1,000	281.66	8.9876 + 4	1.1117 + 0
1,100	1,100	281.01	8.8792	1.1008
1,200	1,200	280.36	8.7718	1.0900
1,300	1,300	279.71	8.6655	1.0793
1,400	1,400	279.06	8.5602	1.0687
1,500	1,500	278.41	8.4560	1.0581
1,600	1,600	277.76	8.3527	1.0476
1,700	1,700	277.11	8.2506	1.0373
1,800	1,799	276.46	8.1494	1.0269
1,900	1,899	275.81	8.0493	1.0167
2,000	1,999	275.16	7.9501 + 4	1.0066 + 0
2,100	2,099	274.51	7.8520	9.9649 − 1
2,200	2,199	273.86	7.7548	9.8649
2,300	2,299	273.22	7.6586	9.7657
2,400	2,399	272.57	7.5634	9.6673
2,500	2,499	271.92	7.4692	9.5696
2,600	2,599	271.27	7.3759	9.4727
2,700	2,699	270.62	7.2835	9.3765
2,800	2,799	269.97	7.1921	9.2811
2,900	2,899	269.32	7.1016	9.1865
3,000	2,999	268.67	7.0121 + 4	9.0926 − 1
3,100	3,098	268.02	6.9235	8.9994
3,200	3,198	267.37	6.8357	8.9070
3,300	3,298	266.72	6.7489	8.8153
3,400	3,398	266.07	6.6630	8.7243
3,500	3,498	265.42	6.5780	8.6341
3,600	3,598	264.77	6.4939	8.5445
3,700	3,698	264.12	6.4106	8.4557
3,800	3,798	263.47	6.3282	8.3676
3,900	3,898	262.83	6.2467	8.2802
4,000	3,997	262.18	6.1660 + 4	8.1935 − 1
4,100	4,097	261.53	6.0862	8.1075
4,200	4,197	260.88	6.0072	8.0222
4,300	4,297	260.23	5.9290	7.9376
4,400	4,397	259.58	5.8517	7.8536
4,500	4,497	258.93	5.7752	7.7704
4,600	4,597	258.28	5.6995	7.6878
4,700	4,697	257.63	5.6247	7.6059
4,800	4,796	256.98	5.5506	7.5247
4,900	4,896	256.33	5.4773	7.4442

Altitude				
h_G, m	h, m	Temperature T, K	Pressure p, N/m^2	Density ρ, kg/m^3
5,000	4,996	255.69	5.4048 + 4	7.3643 − 1
5,100	5,096	255.04	5.3331	7.2851
5,200	5,196	254.39	5.2621	7.2065
5,400	5,395	253.09	5.1226	7.0513
5,500	5,495	252.44	5.0539	6.9747
5,600	5,595	251.79	4.9860	6.8987
5,700	5,695	251.14	4.9188	6.8234
5,800	5,795	250.49	4.8524	6.7486
5,900	5,895	249.85	4.7867	6.6746
6,000	5,994	249.20	4.7217 + 4	6.6011 − 1
6,100	6,094	248.55	4.6575	6.5283
6,200	6,194	247.90	4.5939	6.4561
6,300	6,294	247.25	4.5311	6.3845
6,400	6,394	246.60	4.4690	6.3135
6,500	6,493	245.95	4.4075	6.2431
6,600	6,593	245.30	4.3468	6.1733
6,700	6,693	244.66	4.2867	6.1041
6,800	6,793	244.01	4.2273	6.0356
6,900	6,893	243.36	4.1686	5.9676
7,000	6,992	242.71	4.1105 + 4	5.9002 − 1
7,100	7,092	242.06	4.0531	5.8334
7,200	7,192	241.41	3.9963	5.7671
7,300	7,292	240.76	3.9402	5.7015
7,400	7,391	240.12	3.8848	5.6364
7,500	7,491	239.47	3.8299	5.5719
7,600	7,591	238.82	3.7757	5.5080
7,700	7,691	238.17	3.7222	5.4446
7,800	7,790	237.52	3.6692	5.3818
7,900	7,890	236.87	3.6169	5.3195
8,000	7,990	236.23	3.5651 + 4	5.2578 − 1
8,100	8,090	235.58	3.5140	5.1967
8,200	8,189	234.93	3.4635	5.1361
8,300	8,289	234.28	3.4135	5.0760
8,400	8,389	233.63	3.3642	5.0165
8,500	8,489	232.98	3.3154	4.9575
8,600	8,588	232.34	3.2672	4.8991
8,700	8,688	231.69	3.2196	4.8412
8,800	8,788	231.04	3.1725	4.7838
8,900	8,888	230.39	3.1260	4.7269
9,000	8,987	229.74	3.0800 + 4	4.6706 − 1
9,100	9,087	229.09	3.0346	4.6148
9,200	9,187	228.45	2.9898	4.5595
9,300	9,286	227.80	2.9455	4.5047
9,400	9,386	227.15	2.9017	4.4504
9,500	9,486	226.50	2.8584	4.3966
9,600	9,586	225.85	2.8157	4.3433
9,700	9,685	225.21	2.7735	4.2905
9,800	9,785	224.56	2.7318	4.2382
9,900	9,885	223.91	2.6906	4.1864

Altitude				
h_G, m	h, m	Temperature T, K	Pressure p, N/m^2	Density ρ, kg/m^3
10,000	9,984	223.26	2.6500 + 4	4.1351 − 1
10,100	10,084	222.61	2.6098	4.0842
10,200	10,184	221.97	2.5701	4.0339
10,300	10,283	221.32	2.5309	3.9840
10,400	10,383	220.67	2.4922	3.9346
10,500	10,483	220.02	2.4540	3.8857
10,600	10,582	219.37	2.4163	3.8372
10,700	10,682	218.73	2.3790	3.7892
10,800	10,782	218.08	2.3422	3.7417
10,900	10,881	217.43	2.3059	3.6946
11,000	10,981	216.78	2.2700 + 4	3.6480 − 1
11,100	11,081	216.66	2.2346	3.5932
11,200	11,180	216.66	2.1997	3.5371
11,300	11,280	216.66	2.1654	3.4820
11,400	11,380	216.66	2.1317	3.4277
11,500	11,479	216.66	2.0985	3.3743
11,600	11,579	216.66	2.0657	3.3217
11,700	11,679	216.66	2.0335	3.2699
11,800	11,778	216.66	2.0018	3.2189
11,900	11,878	216.66	1.9706	3.1687
12,000	11,977	216.66	1.9399 + 4	3.1194 − 1
12,100	12,077	216.66	1.9097	3.0707
12,200	12,177	216.66	1.8799	3.0229
12,300	12,276	216.66	1.8506	2.9758
12,400	12,376	216.66	1.8218	2.9294
12,500	12,475	216.66	1.7934	2.8837
12,600	12,575	216.66	1.7654	2.8388
12,700	12,675	216.66	1.7379	2.7945
12,800	12,774	216.66	1.7108	2.7510
12,900	12,874	216.66	1.6842	2.7081
13,000	12,973	216.66	1.6579 + 4	2.6659 − 1
13,100	13,073	216.66	1.6321	2.6244
13,200	13,173	216.66	1.6067	2.5835
13,300	13,272	216.66	1.5816	2.5433
13,400	13,372	216.66	1.5570	2.5036
13,500	13,471	216.66	1.5327	2.4646
13,600	13,571	216.66	1.5089	2.4262
13,700	13,671	216.66	1.4854	2.3884
13,800	13,770	216.66	1.4622	2.3512
13,900	13,870	216.66	1.4394	2.3146
14,000	13,969	216.66	1.4170 + 4	2.2785 − 1
14,100	14,069	216.66	1.3950	2.2430
14,200	14,168	216.66	1.3732	2.2081
14,300	14,268	216.66	1.3518	2.1737
14,400	14,367	216.66	1.3308	2.1399
14,500	14,467	216.66	1.3101	2.1065
14,600	14,567	216.66	1.2896	2.0737
14,700	14,666	216.66	1.2696	2.0414
14,800	14,766	216.66	1.2498	2.0096
14,900	14,865	216.66	1.2303	1.9783

Altitude				
h_G, m	h, m	Temperature T, K	Pressure p, N/m^2	Density ρ, kg/m^3
15,000	14,965	216.66	1.2112 + 4	1.9475 − 1
15,100	15,064	216.66	1.1923	1.9172
15,200	15,164	216.66	1.1737	1.8874
15,300	15,263	216.66	1.1555	1.8580
15,400	15,363	216.66	1.1375	1.8290
15,500	15,462	216.66	1.1198	1.8006
15,600	15,562	216.66	1.1023	1.7725
15,700	15,661	216.66	1.0852	1.7449
15,800	15,761	216.66	1.0683	1.7178
15,900	15,860	216.66	1.0516	1.6910
16,000	15,960	216.66	1.0353 + 4	1.6647 − 1
16,100	16,059	216.66	1.0192	1.6388
16,200	16,159	216.66	1.0033	1.6133
16,300	16,258	216.66	9.8767 + 3	1.5882
16,400	16,358	216.66	9.7230	1.5634
16,500	16,457	216.66	9.5717	1.5391
16,600	16,557	216.66	9.4227	1.5151
16,700	16,656	216.66	9.2760	1.4916
16,800	16,756	216.66	9.1317	1.4683
16,900	16,855	216.66	8.9895	1.4455
17,000	16,955	216.66	8.8496 + 3	1.4230 − 1
17,100	17,054	216.66	8.7119	1.4009
17,200	17,154	216.66	8.5763	1.3791
17,300	17,253	216.66	8.4429	1.3576
17,400	17,353	216.66	8.3115	1.3365
17,500	17,452	216.66	8.1822	1.3157
17,600	17,551	216.66	8.0549	1.2952
17,700	17,651	216.66	7.9295	1.2751
17,800	17,750	216.66	7.8062	1.2552
17,900	17,850	216.66	7.6847	1.2357
18,000	17,949	216.66	7.5652 + 3	1.2165 − 1
18,100	18,049	216.66	7.4475	1.1975
18,200	18,148	216.66	7.3316	1.1789
18,300	18,247	216.66	7.2175	1.1606
18,400	18,347	216.66	7.1053	1.1425
18,500	18,446	216.66	6.9947	1.1247
18,600	18,546	216.66	6.8859	1.1072
18,700	18,645	216.66	6.7788	1.0900
18,800	18,745	216.66	6.6734	1.0731
18,900	18,844	216.66	6.5696	1.0564
19,000	18,943	216.66	6.4674 + 3	1.0399 − 1
19,100	19,043	216.66	6.3668	1.0238
19,200	19,142	216.66	6.2678	1.0079
19,300	19,242	216.66	6.1703	9.9218 − 2
19,400	19,341	216.66	6.0744	9.7675
19,500	19,440	216.66	5.9799	9.6156
19,600	19,540	216.66	5.8869	9.4661
19,700	19,639	216.66	5.7954	9.3189
19,800	19,739	216.66	5.7053	9.1740
19,900	19,838	216.66	5.6166	9.0313

Altitude				
h_G, m	h, m	Temperature T, K	Pressure p, N/m^2	Density ρ, kg/m^3
20,000	19,937	216.66	5.5293 + 3	8.8909 − 2
20,200	20,136	216.66	5.3587	8.6166
20,400	20,335	216.66	5.1933	8.3508
20,600	20,533	216.66	5.0331	8.0931
20,800	20,732	216.66	4.8779	7.8435
21,000	20,931	216.66	4.7274	7.6015
21,200	21,130	216.66	4.5816	7.3671
21,400	21,328	216.66	4.4403	7.1399
21,600	21,527	216.66	4.3034	6.9197
21,800	21,725	216.66	4.1706	6.7063
22,000	21,924	216.66	4.0420 + 3	6.4995 − 2
22,200	22,123	216.66	3.9174	6.2991
22,400	22,321	216.66	3.7966	6.1049
22,600	22,520	216.66	3.6796	5.9167
22,800	22,719	216.66	3.5661	5.7343
23,000	22,917	216.66	3.4562	5.5575
23,200	23,116	216.66	3.3497	5.3862
23,400	23,314	216.66	3.2464	5.2202
23,600	23,513	216.66	3.1464	5.0593
23,800	23,711	216.66	3.0494	4.9034
24,000	23,910	216.66	2.9554 + 3	4.7522 − 2
24,200	24,108	216.66	2.8644	4.6058
24,400	24,307	216.66	2.7761	4.4639
24,600	24,505	216.66	2.6906	4.3263
24,800	24,704	216.66	2.6077	4.1931
25,000	24,902	216.66	2.5273	4.0639
25,200	25,100	216.96	2.4495	3.9333
25,400	25,299	217.56	2.3742	3.8020
25,600	25,497	218.15	2.3015	3.6755
25,800	25,696	218.75	2.2312	3.5535
26,000	25,894	219.34	2.1632 + 3	3.4359 − 2
26,200	26,092	219.94	2.0975	3.3225
26,400	26,291	220.53	2.0339	3.2131
26,600	26,489	221.13	1.9725	3.1076
26,800	26,687	221.72	1.9130	3.0059
27,000	26,886	222.32	1.8555	2.9077
27,200	27,084	222.91	1.7999	2.8130
27,400	27,282	223.51	1.7461	2.7217
27,600	27,481	224.10	1.6940	2.6335
27,800	27,679	224.70	1.6437	2.5484
28,000	27,877	225.29	1.5949 + 3	2.4663 − 2
28,200	28,075	225.89	1.5477	2.3871
28,400	28,274	226.48	1.5021	2.3106
28,600	28,472	227.08	1.4579	2.2367
28,800	28,670	227.67	1.4151	2.1654
29,000	28,868	228.26	1.3737	2.0966
29,200	29,066	228.86	1.3336	2.0301
29,400	29,265	229.45	1.2948	1.9659
29,600	29,463	230.05	1.2572	1.9039
29,800	29,661	230.64	1.2208	1.8440

Altitude				
h_G, m	h, m	Temperature T, K	Pressure p, N/m^2	Density ρ, kg/m^3
30,000	29,859	231.24	1.1855 + 3	1.7861 − 2
30,200	30,057	231.83	1.1514	1.7302
30,400	30,255	232.43	1.1183	1.6762
30,600	30,453	233.02	1.0862	1.6240
30,800	30,651	233.61	1.0552	1.5734
31,000	30,850	234.21	1.0251	1.5278
31,200	31,048	234.80	9.9592 + 2	1.4777
31,400	31,246	235.40	9.6766	1.4321
31,600	31,444	235.99	9.4028	1.3881
31,800	31,642	236.59	9.1374	1.3455
32,000	31,840	237.18	8.8802 + 2	1.3044 − 2
32,200	32,038	237.77	8.6308	1.2646
32,400	32,236	238.78	8.3890	1.2261
32,600	32,434	238.96	8.1546	1.1889
32,800	32,632	239.55	7.9273	1.1529
33,000	32,830	240.15	7.7069	1.1180
33,200	33,028	240.74	7.4932	1.0844
33,400	33,225	214.34	7.2859	1.0518
33,600	33,423	241.93	7.0849	1.0202
33,800	33,621	242.52	6.8898	9.8972 − 3
34,000	33,819	243.12	6.7007 + 2	9.6020 − 3
34,200	34,017	243.71	6.5171	9.3162
34,400	34,215	244.30	6.3391	9.0396
34,600	34,413	244.90	6.1663	8.7720
34,800	34,611	245.49	5.9986	8.5128
35,000	34,808	246.09	5.8359	8.2620
35,200	35,006	246.68	5.6780	8.0191
35,400	35,204	247.27	5.5248	7.7839
35,600	35,402	247.87	5.3760	7.5562
35,800	35,600	248.46	5.2316	7.3357
36,000	35,797	249.05	5.0914 + 2	7.1221 − 3
36,200	35,995	249.65	4.9553	6.9152
36,400	36,193	250.24	4.8232	6.7149
36,600	36,390	250.83	4.6949	6.5208
36,800	36,588	251.42	4.5703	6.3328
37,000	36,786	252.02	4.4493	6.1506
37,200	36,984	252.61	4.3318	5.9741
37,400	37,181	253.20	4.2176	5.8030
37,600	37,379	253.80	4.1067	5.6373
37,800	37,577	254.39	3.9990	5.4767
38,000	37,774	254.98	3.8944 + 2	5.3210 − 3
38,200	37,972	255.58	3.7928	5.1701
38,400	38,169	256.17	3.6940	5.0238
38,600	38,367	256.76	3.5980	4.8820
38,800	38,565	257.35	3.5048	4.7445
39,000	38,762	257.95	3.4141	4.6112
39,200	38,960	258.54	3.3261	4.4819
39,400	39,157	259.13	3.2405	4.3566
39,600	39,355	259.72	3.1572	4.2350
39,800	39,552	260.32	3.0764	4.1171

Altitude				
h_G, m	h, m	Temperature T, K	Pressure p, N/m^2	Density ρ, kg/m^3
40,000	39,750	260.91	2.9977 + 2	4.0028 − 3
40,200	39,947	261.50	2.9213	3.8919
40,400	40,145	262.09	2.8470	3.7843
40,600	40,342	262.69	2.7747	3.6799
40,800	40,540	263.28	2.7044	3.5786
41,000	40,737	263.87	2.6361	3.4804
41,200	40,935	264.46	2.5696	3.3850
41,400	41,132	265.06	2.5050	3.2925
41,600	41,300	265.65	2.4421	3.2027
41,800	41,527	266.24	2.3810	3.1156
42,000	41,724	266.83	2.3215 + 2	3.0310 − 3
42,400	41,922	267.43	2.2636	2.9489
42,400	42,119	268.02	2.2073	2.8692
42,600	42,316	268.61	2.1525	2.7918
42,800	42,514	269.20	2.0992	2.7167
43,000	42,711	269.79	2.0474	2.6438
43,200	42,908	270.39	1.9969	2.5730
43,400	43,106	270.98	1.9478	2.5042
43,600	43,303	271.57	1.9000	2.4374
43,800	43,500	272.16	1.8535	2.3726
44,000	43,698	272.75	1.8082 + 2	2.3096 − 3
44,200	43,895	273.34	1.7641	2.2484
44,400	44,092	273.94	1.7212	2.1889
44,600	44,289	274.53	1.6794	2.1312
44,800	44,486	275.12	1.6387	2.0751
45,000	44,684	275.71	1.5991	2.0206
45,200	44,881	276.30	1.5606	1.9677
45,400	45,078	276.89	1.5230	1.9162
45,600	45,275	277.49	1.4865	1.8662
45,800	45,472	278.08	1.4508	1.8177
46,000	45,670	278.67	1.4162 + 2	1.7704 − 3
46,200	45,867	279.26	1.3824	1.7246
46,400	46,064	279.85	1.3495	1.6799
46,600	46,261	280.44	1.3174	1.6366
46,800	46,458	281.03	1.2862	1.5944
47,000	46,655	281.63	1.2558	1.5535
47,200	46,852	282.22	1.2261	1.5136
47,400	47,049	282.66	1.1973	1.4757
47,600	47,246	282.66	1.1691	1.4409
47,800	47,443	282.66	1.1416	1.4070
48,000	47,640	282.66	1.1147 + 2	1.3739 − 3
48,200	47,837	282.66	1.0885	1.3416
48,400	48,034	282.66	1.0629	1.3100
48,600	48,231	282.66	1.0379	1.2792
48,800	48,428	282.66	1.0135	1.2491
49,000	48,625	282.66	9.8961 + 1	1.2197
49,200	48,822	282.66	9.6633	1.1910
49,400	49,019	282.66	9.4360	1.1630
49,600	49,216	282.66	9.2141	1.1357
49,800	49,413	282.66	8.9974	1.1089

Altitude				
h_G, m	h, m	Temperature T, K	Pressure p, N/m^2	Density ρ, kg/m^3
50,000	49,610	282.66	8.7858 + 1	1.0829 − 3
50,500	50,102	282.66	8.2783	1.0203
51,000	50,594	282.66	7.8003	9.6140 − 4
51,500	51,086	282.66	7.3499	9.0589
52,000	51,578	282.66	6.9256	8.5360
52,500	52,070	282.66	6.5259	8.0433
53,000	52,562	282.66	6.1493	7.5791
53,500	53,053	282.42	5.7944	7.1478
54,000	53,545	280.21	5.4586	6.7867
54,500	54,037	277.99	5.1398	6.4412
55,000	54,528	275.78	4.8373 + 1	6.1108 − 4
55,500	55,020	273.57	4.5505	5.7949
56,000	55,511	271.36	4.2786	5.4931
56,500	56,002	269.15	4.0210	5.2047
57,000	56,493	266.94	3.7770	4.9293
57,500	56,985	264.73	3.5459	4.6664
58,000	57,476	262.52	3.3273	4.4156
58,500	57,967	260.31	3.1205	4.1763
59,000	58,457	258.10	2.9250	3.9482
59,500	58,948	255.89	2.7403	3.7307

표준 대기표, 영국 공학 단위계

Standard Atmosphere, English Engineering Units

Altitude				
h_G, ft	h, ft	Temperature T, °R	Pressure p, lb/ft^2	Density ρ, slugs/ft^3
−16,500	−16,513	577.58	3.6588 + 3	3.6905 − 3
−16,000	−16,012	575.79	3.6641	3.7074
−15,500	−15,512	574.00	3.6048	3.6587
−15,000	−15,011	572.22	3.5462	3.6105
−14,500	−14,510	570.43	3.4884	3.5628
−14,000	−14,009	568.65	3.4314	3.5155
−13,500	−13,509	566.86	3.3752	3.4688
−13,000	−13,008	565.08	3.3197	3.4225
−12,500	−12,507	563.29	3.2649	3.3768
−12,000	−12,007	561.51	3.2109	3.3314
−11,500	−11,506	559.72	3.1576 + 3	3.2866 − 3
−11,000	−11,006	557.94	3.1050	3.2422
−10,500	−10,505	556.15	3.0532	3.1983
−10,000	−10,005	554.37	3.0020	3.1548
−9,500	−9,504	552.58	2.9516	3.1118
−9,000	−9,004	550.80	2.9018	3.0693
−8,500	−8,503	549.01	2.8527	3.0272
−8,000	−8,003	547.23	2.8043	2.9855
−7,500	−7,503	545.44	2.7566	2.9443
−7,000	−7,002	543.66	2.7095	2.9035
−6,500	−6,502	541.88	2.6631 + 3	2.8632 − 3
−6,000	−6,002	540.09	2.6174	2.8233
−5,500	−5,501	538.31	2.5722	2.7838
−5,000	−5,001	536.52	2.5277	2.7448
−4,500	−4,501	534.74	2.4839	2.7061
−4,000	−4,001	532.96	2.4406	2.6679
−3,500	−3,501	531.17	2.3980	2.6301
−3,000	−3,000	529.39	2.3560	2.5927

Altitude				
h_G, ft	h, ft	Temperature T, °R	Pressure p, lb/ft^2	Density ρ, slugs/ft^3
−2,500	−2,500	527.60	2.3146	2.5558
−2,000	−2,000	525.82	2.2737	2.5192
−1,500	−1,500	524.04	2.2335 + 3	2.4830 − 3
−1,000	−1,000	522.25	2.1938	2.4473
−500	−500	520.47	2.1547	2.4119
0	0	518.69	2.1162	2.3769
500	500	516.90	2.0783	2.3423
1,000	1,000	515.12	2.0409	2.3081
1,500	1,500	513.34	2.0040	2.2743
2,000	2,000	511.56	1.9677	2.2409
2,500	2,500	509.77	1.9319	2.2079
3,000	3,000	507.99	1.8967	2.1752
3,500	3,499	506.21	1.8619 + 3	2.1429 − 3
4,000	3,999	504.43	1.8277	2.1110
4,500	4,499	502.64	1.7941	2.0794
5,000	4,999	500.86	1.7609	2.0482
5,500	5,499	499.08	1.7282	2.0174
6,000	5,998	497.30	1.6960	1.9869
6,500	6,498	495.52	1.6643	1.9567
7,000	6,998	493.73	1.6331	1.9270
7,500	7,497	491.95	1.6023	1.8975
8,000	7,997	490.17	1.5721	1.8685
8,500	8,497	488.39	1.5423 + 3	1.8397 − 3
9,000	8,996	486.61	1.5129	1.8113
9,500	9,496	484.82	1.4840	1.7833
10,000	9,995	483.04	1.4556	1.7556
10,500	10,495	481.26	1.4276	1.7282
11,000	10,994	479.48	1.4000	1.7011
11,500	11,494	477.70	1.3729	1.6744
12,000	11,993	475.92	1.3462	1.6480
12,500	12,493	474.14	1.3200	1.6219
13,000	12,992	472.36	1.2941	1.5961
13,500	13,491	470.58	1.2687 + 3	1.5707 − 3
14,000	13,991	468.80	1.2436	1.5455
14,500	14,490	467.01	1.2190	1.5207
15,000	14,989	465.23	1.1948	1.4962
15,500	15,488	463.45	1.1709	1.4719
16,000	15,988	461.67	1.1475	1.4480
16,500	16,487	459.89	1.1244	1.4244
17,000	16,986	458.11	1.1017	1.4011
17,500	17,485	456.33	1.0794	1.3781
18,000	17,984	454.55	1.0575	1.3553
18,500	18,484	452.77	1.0359 + 3	1.3329 − 3
19,000	18,983	450.99	1.0147	1.3107
19,500	19,482	449.21	9.9379 + 2	1.2889
20,000	19,981	447.43	9.7327	1.2673
20,500	20,480	445.65	9.5309	1.2459
21,000	20,979	443.87	9.3326	1.2249

Altitude				
h_G, ft	h, ft	Temperature T, °R	Pressure p, lb/ft^2	Density ρ, slugs/ft^3
21,500	21,478	442.09	9.1376	1.2041
22,000	21,977	440.32	8.9459	1.1836
22,500	22,476	438.54	8.7576	1.1634
23,000	22,975	436.76	8.5724	1.1435
23,500	23,474	434.98	8.3905 + 2	1.1238 − 3
24,000	23,972	433.20	8.2116	1.1043
24,500	24,471	431.42	8.0359	1.0852
25,000	24,970	429.64	7.8633	1.0663
25,500	25,469	427.86	7.6937	1.0476
26,000	25,968	426.08	7.5271	1.0292
26,500	26,466	424.30	7.3634	1.0110
27,000	26,965	422.53	7.2026	9.9311 − 4
27,500	27,464	420.75	7.0447	9.7544
28,000	27,962	418.97	6.8896	9.5801
28,500	28,461	417.19	6.7373 + 2	9.4082 − 4
29,000	28,960	415.41	6.5877	9.2387
29,500	29,458	413.63	6.4408	9.0716
30,000	29,957	411.86	6.2966	8.9068
30,500	30,455	410.08	6.1551	8.7443
31,000	30,954	408.30	6.0161	8.5841
31,500	31,452	406.52	5.8797	8.4261
32,000	31,951	404.75	5.7458	8.2704
32,500	32,449	402.97	5.6144	8.1169
33,000	32,948	401.19	5.4854	7.9656
33,500	33,446	399.41	5.3589 + 2	7.8165 − 4
34,000	33,945	397.64	5.2347	7.6696
34,500	34,443	395.86	5.1129	7.5247
35,000	34,941	394.08	4.9934	7.3820
35,500	35,440	392.30	4.8762	7.2413
36,000	35,938	390.53	4.7612	7.1028
36,500	36,436	389.99	4.6486	6.9443
37,000	36,934	389.99	4.5386	6.7800
37,500	37,433	389.99	4.4312	6.6196
38,000	37,931	389.99	4.3263	6.4629
38,500	38,429	389.99	4.2240 + 2	6.3100 − 4
39,000	38,927	389.99	4.1241	6.1608
39,500	39,425	389.99	4.0265	6.0150
40,000	39,923	389.99	3.9312	5.8727
40,500	40,422	389.99	3.8382	5.7338
41,000	40,920	389.99	3.7475	5.5982
41,500	41,418	389.99	3.6588	5.4658
42,000	41,916	389.99	3.5723	5.3365
42,500	42,414	389.99	3.4878	5.2103
43,000	42,912	389.99	3.4053	5.0871
43,500	43,409	389.99	3.3248 + 2	4.9668 − 4
44,000	43,907	389.99	3.2462	4.8493
44,500	44,405	389.99	3.1694	4.7346
45,000	44,903	389.99	3.0945	4.6227
45,500	45,401	389.99	3.0213	4.5134

Altitude				
h_G, ft	h, ft	Temperature T, °R	Pressure p, lb/ft^2	Density ρ, slugs/ft^3
46,000	45,899	389.99	2.9499	4.4067
46,500	46,397	389.99	2.8801	4.3025
47,000	46,894	389.99	2.8120	4.2008
47,500	47,392	389.99	2.7456	4.1015
48,000	47,890	389.99	2.6807	4.0045
48,500	48,387	389.99	2.2173 + 2	3.9099 − 4
49,000	48,885	389.99	2.5554	3.8175
49,500	49,383	389.99	2.4950	3.7272
50,000	49,880	389.99	2.4361	3.6391
50,500	50,378	389.99	2.3785	3.5531
51,000	50,876	389.99	2.3223	3.4692
51,500	51,373	389.99	2.2674	3.3872
52,000	51,871	389.99	2.2138	3.3072
52,500	52,368	389.99	2.1615	3.2290
53,000	52,866	389.99	2.1105	3.1527
53,500	53,363	389.99	2.0606 + 2	3.0782 − 4
54,000	53,861	389.99	2.0119	3.0055
54,500	54,358	389.99	1.9644	2.9345
55,000	54,855	389.99	1.9180	2.8652
55,500	55,353	389.99	1.8727	2.7975
56,000	55,850	389.99	1.8284	2.7314
56,500	56,347	389.99	1.7853	2.6669
57,000	56,845	389.99	1.7431	2.6039
57,500	57,342	389.99	1.7019	2.5424
58,000	57,839	389.99	1.6617	2.4824
58,500	58,336	389.99	1.6225 + 2	2.4238 − 4
59,000	58,834	389.99	1.5842	2.3665
59,500	59,331	389.99	1.5468	2.3107
60,000	59,828	389.99	1.5103	2.2561
60,500	60,325	389.99	1.4746	2.2028
61,000	60,822	389.99	1.4398	2.1508
61,500	61,319	389.99	1.4058	2.1001
62,000	61,816	389.99	1.3726	2.0505
62,500	62,313	389.99	1.3402	2.0021
63,000	62,810	389.99	1.3086	1.9548
63,500	63,307	389.99	1.2777 + 2	1.9087 − 4
64,000	63,804	389.99	1.2475	1.8636
64,500	64,301	389.99	1.2181	1.8196
65,000	64,798	389.99	1.1893	1.7767
65,500	65,295	389.99	1.1613	1.7348
66,000	65,792	389.99	1.1339	1.6938
66,500	66,289	389.99	1.1071	1.6539
67,000	66,785	389.99	1.0810	1.6148
67,500	67,282	389.99	1.0555	1.5767
68,000	67,779	389.99	1.0306	1.5395
68,500	68,276	389.99	1.0063 + 2	1.5032 − 4
69,000	68,772	389.99	9.8253 + 1	1.4678
69,500	69,269	389.99	9.5935	1.4331
70,000	69,766	389.99	9.3672	1.3993

Altitude				
h_G, ft	h, ft	Temperature T, °R	Pressure p, lb/ft^2	Density ρ, slugs/ft^3
70,500	70,262	389.99	9.1462	1.3663
71,000	70,759	389.99	8.9305	1.3341
71,500	74,256	389.99	8.7199	1.3026
72,000	71,752	389.99	8.5142	1.2719
72,500	72,249	389.99	8.3134	1.2419
73,000	72,745	389.99	8.1174	1.2126
73,500	73,242	389.99	7.9259 + 1	1.1840 − 4
74,000	73,738	389.99	7.7390	1.1561
74,500	74,235	389.99	7.5566	1.1288
75,000	74,731	389.99	7.3784	1.1022
75,500	75,228	389.99	7.2044	1.0762
76,000	75,724	389.99	7.0346	1.0509
76,500	76,220	389.99	6.8687	1.0261
77,000	76,717	389.99	6.7068	1.0019
77,500	77,213	389.99	6.5487	9.7829 − 5
78,000	77,709	389.99	6.3944	9.5523
78,500	78,206	389.99	6.2437 + 1	9.3271 − 5
79,000	78,702	389.99	6.0965	9.1073
79,500	79,198	389.99	5.9528	8.8927
80,000	79,694	389.99	5.8125	8.6831
80,500	80,190	389.99	5.6755	8.4785
81,000	80,687	389.99	5.5418	8.2787
81,500	81,183	389.99	5.4112	8.0836
82,000	81,679	389.99	5.2837	7.8931
82,500	82,175	390.24	5.1592	7.7022
83,000	82,671	391.06	5.0979	7.5053
83,500	83,167	391.87	4.9196 + 1	7.3139 − 5
84,000	83,663	392.69	4.8044	7.1277
84,500	84,159	393.51	4.6921	6.9467
85,000	84,655	394.32	4.5827	6.7706
85,500	85,151	395.14	4.4760	6.5994
86,000	85,647	395.96	4.3721	6.4328
86,500	86,143	396.77	4.2707	6.2708
87,000	86,639	397.59	4.1719	6.1132
87,500	87,134	398.40	4.0757	5.9598
88,000	87,630	399.22	3.9818	5.8106
88,500	88,126	400.04	3.8902 + 1	5.6655 − 5
89,000	88,622	400.85	3.8010	5.5243
89,500	89,118	401.67	3.7140	5.3868
90,000	89,613	402.48	3.6292	5.2531
90,500	90,109	403.30	3.5464	5.1230
91,000	90,605	404.12	3.4657	4.9963
91,500	91,100	404.93	3.3870	4.8730
92,000	91,596	405.75	3.3103	4.7530
92,500	92,092	406.56	3.2354	4.6362
93,000	92,587	407.38	3.1624	4.5525
93,500	93,083	408.19	3.0912 + 1	4.4118 − 5
94,000	93,578	409.01	3.0217	4.3041
94,500	94,074	409.83	2.9539	4.1992

Altitude				
h_G, ft	h, ft	Temperature T, °R	Pressure p, lb/ft^2	Density ρ, slugs/ft^3
95,000	94,569	410.64	2.8878	4.0970
95,500	95,065	411.46	2.8233	3.9976
96,000	95,560	412.27	2.7604	3.9007
96,500	96,056	413.09	2.6989	3.8064
97,000	96,551	413.90	2.6390	3.7145
97,500	97,046	414.72	2.5805	3.6251
98,000	97,542	415.53	2.5234	3.5379
98,500	98,037	416.35	2.4677 + 1	3.4530 − 5
99,000	98,532	417.16	2.4134	3.3704
99,500	99,028	417.98	2.3603	3.2898
100,000	99,523	418.79	2.3085	3.2114
100,500	100,018	419.61	2.2580	3.1350
101,000	100,513	420.42	2.2086	3.0605
101,500	101,008	421.24	2.1604	2.9879
102,000	101,504	422.05	2.1134	2.9172
102,500	101,999	422.87	2.0675	2.8484
103,000	102,494	423.68	2.0226	2.7812
103,500	102,989	424.50	1.9789 + 1	2.7158 − 5
104,000	103,484	425.31	1.9361	2.6520
104,500	103,979	426.13	1.8944	2.5899
105,000	104,474	426.94	1.8536	2.5293
106,000	105,464	428.57	1.7749	2.4128
107,000	106,454	430.20	1.6999	2.3050
108,000	107,444	431.83	1.6282	2.1967
109,000	108,433	433.46	1.5599	2.0966
110,000	109,423	435.09	1.4947	2.0014
111,000	110,412	436.72	1.4324	1.9109
112,000	111,402	438.35	1.3730 + 1	1.8247 − 5
113,000	112,391	439.97	1.3162	1.7428
114,000	113,380	441.60	1.2620	1.6649
115,000	114,369	443.23	1.2102	1.5907
116,000	115,358	444.86	1.1607	1.5201
117,000	116,347	446.49	1.1134	1.4528
118,000	117,336	448.11	1.0682	1.3888
119,000	118,325	449.74	1.0250	1.3278
120,000	119,313	451.37	9.8372 + 0	1.2697
121,000	120,302	453.00	9.4422	1.2143
122,000	121,290	454.62	9.0645 + 0	1.1616 − 5
123,000	122,279	456.25	8.7032	1.1113
124,000	123,267	457.88	8.3575	1.0634
125,000	124,255	459.50	8.0267	1.0177
126,000	125,243	461.13	7.7102	9.7410 − 6
127,000	126,231	462.75	7.4072	9.3253
128,000	127,219	464.38	7.1172	8.9288
129,000	128,207	466.01	6.8395	8.5505
130,000	129,195	467.63	6.5735	8.1894
131,000	130,182	469.26	6.3188	7.8449
132,000	131,170	470.88	6.0748 + 0	7.5159 − 6
133,000	132,157	472.51	5.8411	7.2019

Altitude				
h_G, ft	h, ft	Temperature T, °R	Pressure p, lb/ft^2	Density ρ, slugs/ft^3
134,000	133,145	474.13	5.6171	6.9020
135,000	134,132	475.76	5.4025	6.6156
136,000	135,119	477.38	5.1967	6.3420
137,000	136,106	479.01	4.9995	6.0806
138,000	137,093	480.63	4.8104	5.8309
139,000	138,080	482.26	4.6291	5.5922
140,000	139,066	483.88	4.4552	5.3640
141,000	140,053	485.50	4.2884	5.1460
142,000	141,040	487.13	4.1284 + 0	4.9374 − 6
143,000	142,026	488.75	3.9749	4.7380
144,000	143,013	490.38	3.8276	4.5473
145,000	143,999	492.00	3.6862	4.3649
146,000	144,985	493.62	3.5505	4.1904
147,000	145,971	495.24	3.4202	4.0234
148,000	146,957	496.87	3.2951	3.8636
149,000	147,943	498.49	3.1750	3.7106
150,000	148,929	500.11	3.0597	3.5642
151,000	149,915	501.74	2.9489	3.4241
152,000	150,900	503.36	2.8424 + 0	3.2898 − 6
153,000	151,886	504.98	2.7402	3.1613
154,000	152,871	506.60	2.6419	3.0382
155,000	153,856	508.22	2.5475	2.9202
156,000	154,842	508.79	2.4566	2.8130
157,000	155,827	508.79	2.3691	2.7127
158,000	156,812	508.79	2.2846	2.6160
159,000	157,797	508.79	2.2032	2.5228
160,000	158,782	508.79	2.1247	2.4329
161,000	159,797	508.79	2.0490	2.3462

참고문헌

References

1. Anderson, John D., Jr.: *Gasdynamic Lasers: An Introduction*, Academic Press, New York, 1976.
2. Anderson, John D., Jr.: *Introduction to Flight*, 8th ed., McGraw Hill Education, New York, 2016.
3. Durand, W. F. (ed): *Aerodynamic Theory*, vol. 1, Springer, Berlin, 1934.
4. Wylie, C. R.: *Advanced Engineering Mathematics*, 4th ed., McGraw Hill Book Company, New York, 1975.
5. Kreyszig, E.: *Advanced Engineering Mathematics*, John Wiley & Sons, Inc., New York, 1962.
6. Hildebrand, F. B.: *Advanced Calculus for Applications*, 2d ed., Prentice-Hall, Inc., Englewood Cliffs, N.J., 1976.
7. Anderson, John D., Jr.: *Computational Fluid Dynamics: The Basics with Applications*, McGraw Hill, New York, 1995.
8. Prandtl, L., and O. G. Tietjens: *Applied Hydro- and Aeromechanics*, United Engineering Trustees, Inc., 1934; also, Dover Publications, Inc., New York, 1957.
9. Karamcheti, K.: *Principles of Ideal Fluid Aerodynamics*, John Wiley & Sons, Inc., New York, 1966.
10. Pierpont, P. K.: "BringingWings of Change," *Astronaut. Aeronaut.,* vol. 13, no. 10, pp. 20–27, October 1975.
11. Abbott, I. H., and A. E. von Doenhoff: *Theory of Wing Sections*, McGraw Hill Book Company, New York, 1949; also, Dover Publications, Inc., New York, 1959.
12. Munk, Max M.: *General Theory of Thin Wing Sections*, NACA report no. 142, 1922.
13. Bertin, John J., and M. L. Smith: *Aerodynamics for Engineers*, Prentice-Hall, Inc., Englewood Cliffs, N.J., 1979.
14. Hess, J. L., and A. M. O. Smith: "Calculation of potential flow about arbitrary bodies," in *Progress in Aeronautical Sciences*, vol. 8, D. Kucheman (ed.), Pergamon Press, New York, 1967, pp. 1–138.
15. Chow, C. Y.: An Introduction to Computational Fluid Dynamics, John Wiley & Sons, Inc., New York, 1979.
16. McGhee, R. J., and W. D. Beasley: *Low-Speed Aerodynamic Characteristics of a 17-Percent-Thick Airfoil Section Designed for General Aviation Applications*, NASA TN D-7428, December 1973.
17. McGhee, R. J., W. D. Beasley, and R. T. Whitcomb: "NASA low- and medium-speed airfoil development," in *Advanced Technology Airfoil Research*, vol. II, NASA CP 2046, March 1980.
18. Glauert, H.: *The Elements of Aerofoil and Airscrew Theory*, Cambridge University Press, London, 1926.
19. Winkelmann, A. E., J. B. Barlow, S. Agrawal, J. K. Saini, J. D. Anderson, Jr., and E. Jones: "The Effects of Leading Edge Modifications on the Post-Stall Characteristics of Wings," AIAA paper no. 80–0199, American Institute of Aeronautics and Astronautics, New York, 1980.
20. Anderson, John D., Jr., Stephen Corda, and David M. Van Wie: "Numerical Lifting Line Theory Applied to Drooped Leading-Edge Wings Below and Above Stall," *J. Aircraft*, vol. 17, no. 12, December 1980, pp. 898–904.
21. Anderson, John D., Jr.: *Modern Compressible Flow: With Historical Perspective*, 3d ed., McGraw Hill

Book Company, New York, 2003.

22. Sears, F. W.: *An Introduction to Thermodynamics. The Kinetic Theory of Gases, and Statistical Mechanics*, 2d ed., Addison-Wesley Publishing Company, Inc., Reading, Mass., 1959.
23. Van Wylen, G. J., and R. E. Sonntag: *Fundamentals of Classical Thermodynamics*, 2d ed., John Wiley & Sons, Inc., New York, 1973.
24. Reynolds, W. C., and H. C. Perkins: *Engineering Thermodynamics*, 2d ed., McGraw Hill Book Company, New York, 1977.
25. Shapiro, A. H.: *The Dynamics and Thermodynamics of Compressible Fluid Flow*, vols. 1 and 2, The Ronald Press Company, New York, 1953.
26. Leipmann, H. W., and A. Roshko: *Elements of Gasdynamics*, John Wiley & Sons, Inc., New York, 1957.
27. Tsien, H. S.: "Two-Dimensional Subsonic flow of Compressible Fluids," *J. Aeronaut.* Sci., vol. 6, no. 10, October 1939, p. 399.
28. von Karman, T. H.: "Compressibility Effects in Aerodynamics," *J. Aeronaut.* Sci., vol. 8, no. 9, September 1941, p. 337.
29. Laitone, E. V.: "New Compressibility Correction for Two-Dimensional Subsonic Flow," *J. Aeronaut.* Sci., vol. 18, no. 5, May 1951, p. 350.
30. Whitcomb, R. T.: *A Study of the Zero-Lift Drag-Rise Characteristics of Wing-Body Combinations Near the Speed of Sound*, NACA report no. 1273, 1956.
31. Whitcomb, R. T., and L. R. Clark: *An Airfoil Shape for Efficient Flight at Supercritical Mach Numbers*, NASA TMX-1109, July 1965.
32. Owczarek, Jerzy A.: *Fundamental of Gas Dynamics*, International Textbook Company, Scranton, Pa., 1964.
33. Anderson, J. D., Jr., L.M. Albacete, and A. E. Winkelmann: *On Hypersonic Blunt Body Flow Fields Obtained with a Time-Dependent Technique*, Naval Ordnance Laboratory NOLTR 68-129, 1968.
34. Anderson, J. D., Jr.: "An Engineering Survey of Radiating Shock Layers," *AIAA J.*, vol. 7, no. 9, September 1969, pp. 1665–1675.
35. Cherni, G. G.: *Introduction to Hypersonic Flow*, Academic Press, New York, 1961.
36. Truitt, R. W.: *Hypersonic Aerodynamics*, The Ronald Press Company, New York, 1959.
37. Dorrance, H. W.: *Viscous Hypersonic Flow*, McGraw Hill Book Company, New York, 1962.
38. Hayes, W. D., and R. F. Probstein: *Hypersonic Flow Theory*, 2d ed., Academic Press, New York, 1966.
39. Vinh, N. X., A. Busemann, and R. D. Culp: *Hypersonic and Planetary Entry Flight Mechanics*, University of Michigan Press, Ann Arbor, 1980.
40. Schlichting, H.: *Boundary Layer Theory*, 7th ed., McGraw Hill Book Company, New York, 1979.
41. White, F. M.: *Viscous Fluid Flow*, McGrawHill Book Company, New York, 1974.
42. Cebeci, T., and A. M. O. Smith: *Analysis of Turbulent Boundary Layers*, Academic Press, New York, 1974.
43. Bradshaw, P., T. Cebeci, and J. Whitelaw: *Engineering Calculation Methods for Turbulent Flow*, Academic Press, New York, 1981.
44. Berman, H. A., J. D. Anderson, Jr., and J. P. Drummond: "Supersonic Flow over a Rearward Facing Step with Transverse Nonreacting Hydrogen Injection," *AIAA J.*, vol. 21, no. 12, December 1983, pp. 1707–1713.
45. Loftin, Lawrence K., Jr.: *Quest for Performance: The Evolution of Modern Aircraft,* NASA SP-468, 1985.
46. von Karman, T., and Lee Edson: *The Wind and Beyond: Theodore von Karman, Pioneer in Aviation and Pathfinder in Space*, Little, Brown and Co., Boston, 1967.
47. Nakayama, Y. (ed): *Visualized Flow*, compiled by the Japan Society of Mechanical Engineers, Pergamon Press, New York, 1988.
48. Meuller, Thomas J.: *Low Reynolds Number Vehicles*, AGARDograph no. 288, Advisory Group for Advanced Research and Development, NATO, 1985.
49. Carnahan, B., H. A. Luther, and J. O.Wilkes: *Applied Numerical Methods*, John Wiley & Sons, New York, 1969.
50. Schetz, Joseph A.: *Foundations of Boundary Layer Theory for Momentum, Heat, and Mass Transfer*, Prentice-Hall, Inc., Englewood Cliffs, N.J., 1984.
51. Anderson, Dale, John C. Tannehill, and Richard H. Pletcher: *Computational Fluid Mechanics and Heat Transfer*, 2nd ed., Taylor and Francis, Washington, DC, 1997.
52. Anderson, J. D.: *Hypersonic and High Temperature Gas Dynamics*, 2nd ed. American Institute of Aeronautics and Astronautics, Reston, Virginia, 2006.
53. Kothari, A. P., and J. D. Anderson: "Flow over Low

Reynolds Number Airfoils—Compressible Navier-Stokes Solutions," AIAA paper no. 85-0107, January 1985.

54. Shang, J. S., and S. J. Scherr: "Navier-Stokes Solution for a Complete Re-Entry Configuration," *J. Aircraft*, vol. 23, no. 12, December 1986, pp. 881–888.

55. Stevens, V. P.: "Hypersonic Research Facilities at the Ames Aeronautical Laboratory," *J. Appl. Phys.*, vol. 21, 1955, pp. 1150–1155.

56. Hodges, A. J.: "The Drag Coefficient of Very HighVelocity Spheres," *J. Aeronaut.* Sci., vol. 24, 1957, pp. 755–758.

57. Charters, A. C., and R. N. Thomas: "The Aerodynamic Performance of Small Spheres from Subsonic to High Supersonic Velocities," *J. Aeronaut.* Sci., vol. 12, 1945, pp. 468–476.

58. Anderson, John, D., Jr.: *A History of Aerodynamics and Its Impact on Flying Machines*, Cambridge University Press, New York, 1997 (hardcover), 1998 (paperback).

59. Prandtl, Ludwig: *Application of Modern Hydrodynamics to Aeronautics*, NACA Technical Report 116, 1921.

60. Anderson, John D., Jr.: *Computational Fluid Dynamics: The Basics with Applications*, McGraw Hill, New York, 1995.

61. Gad-el-Hak, Mohamed: "Basic Instruments," in *The Handbook of Fluid Dynamics*, edited by RichardW. Johnson, CRC Press, Boca Raton, 1998, ch. 33, pp. 33-1–33-22.

62. Henne, P. A. (ed): *Applied Computational Aerodynamics*, vol. 125 of Progress in Astronautics and Aeronautics, American Institute of Aeronautics and Astronautics, Reston, Virginia, 1990.

63. Katz, Joseph, and Plotkin, Allen: *Low-Speed Aerodynamics, From Wing Theory to Panel Methods*, McGraw Hill, New York, 1991.

64. Anderson, W. Kyle, and Bonhaus, Daryl L.: "Airfoil Design on Unstructured Grids for Turbulent Flows," *AIAA J.*, vol. 37, no. 2, Feb. 1999, pp. 185–191.

65. Anderson, John D., Jr.: *Aircraft Performance and Design*, McGraw Hill, Boston, 1999.

66. Kuchemann, Dietrich: *The Aerodynamic Design of Aircraft*, Pergamon Press, Oxford, 1978.

67. Faulkner, Robert F., and Weber, James W.: "Hydrocarbon Scramjet Propulsion System Development, Demonstration and Application," AIAA Paper No. 99-4922, 1999.

68. Van Wie, David M., White, Michael E., and Corpening, Griffin P.: "NASP (National Aero Space Plane) Inlet Design and Testing Issues," *Johns Hopkins Applied Physics Laboratory Technical Digest*, vol. 11, nos. 3 and 4, July–December 1990, pp. 353–362.

69. Billig, Frederick S.: "Design and Development of Single-Stage-to-Orbit Vehicles," *Johns Hopkins Applied Physics Laboratory Technical Digest*, vol. 11, nos. 3 and 4, July–December 1990, pp. 336–352.

70. Nakahasi, K., and Deiwert, G. S.: "A Self-Adaptive Grid Method with Application to Airfoil Flow," AIAA Paper 85-1525, American Institute ofAeronautics and Astronautics, 1985.

71. Hirsch, C.: *Numerical Computation of Internal and External Flows*, vols. 1 and 2, John Wiley and Sons, Chichester, 1988.

72. Jameson, Antony: "Re-Engineering the Design Process Through Computation," *J. Aircraft*, vol. 36, no. 1, Jan.–Feb. 1999, pp. 36–50.

73. Kuester, Steven P. and Anderson, John D., Jr.: "Applicability of Newtonian and Linear Theory to Slender Hypersonic Bodies," *J. Aircraft*, vol. 32, no. 2, March–April 1995, pp. 446–449.

74. Maus, J. R., Griffith, B. J., Szema, K. Y., and Best, J. T.: "Hypersonic Mach Number and Real Gas Effects on Space Shuttle Orbiter Aerodynamics," *J. Spacecraft and Rockets*, vol. 21, no. 2, March–April 1984, pp. 136–141.

75. Van Driest, E. R.: "Investigation of Laminar Boundary Layer in Compressible Fluids Using the Crocco Method," NACA TN 2579, Jan. 1952.

76. Rubesin, M. W., and Johnson, H. A.: "A Critical Review of Skin-Friction and Heat Transfer Solutions of the Laminar Boundary Layer of a Flat Plate," *Trans. of the ASME*, vol. 71, no. 4, May 1949, pp. 383–388.

77. Eckert, E. R. G.: "Engineering Relations for Heat Transfer and Friction in High-Velocity Laminar and Turbulent Boundary-Layer Flow Over Surfaces with Constant Pressure and Temperature," *Trans. of the ASME*, vol. 78, no. 6, August 1956, p. 1273.

78. Van Driest, E. R.: "The Problem of Aerodynamic Heating," *Aeronautical Engineering Review*, Oct. 1956, pp. 26–41.

79. Koppenwallner, G.: "Fundamentals of Hypersonics:

Aerodynamics and Heat Transfer," in the Short Course Notes entitled *Hypersonic Aerothermodynamics*, presented at the Von Karman Institute for Fluid Dynamics, Rhode Saint Genese, Belgium, Feb. 1984.

80. Blottner, F.G.: "Finite Difference Methods of Solution of the Boundary-Layer Equations," *AIAA J.*, vol. 8, no. 2, February 1970, pp. 193–205.

81. Marvin, Joseph G.: "Turbulence Modeling for Computational Aerodynamics," *AIAA J.*, vol. 21, no. 7, July 1983, pp. 941–955.

82. Baldwin, B. S., and Lomax, H.: "Thin Layer Approximation and Algebraic Model for Separated Turbulent Flows," AIAA Paper No. 78-257, Jan. 1978.

83. Bradshaw, P., Cebeci, T., and Whitelaw, J.: *Engineering Calculational Methods for Turbulent Flow*, Academic Press, New York, 1981.

84. Reda, D. C., and Murphy, J. D.: "ShockWave Turbulent Boundary Layer Interactions in Rectangular Channels, Part II: The Influence of Sidewall Boundary Layers on Incipient Separation and Scale of Interaction," AIAA Paper No. 73-234, 1973.

85. Beierle, Mark T.: *Investigation of Effects of Surface Roughness on Symmetric Airfoil Lift and Lift-to-Drag Ratio*, Ph.D. Dissertation, Department of Aerospace Engineering, University of Maryland, 1998.

86. Buning, P. G., Jespersen, D. C., Pulliam, T. H., Chan, W. M., Slotnick, J. P., Krist, S. E., and Renze, K. J.: "OVERFLOWUser's Manual," Version 1.7v, NASA, June, 1997.

87. Hassan, A. A., and JanakiRam, R. D.: "Effects of Zero-Mass 'Synthetic' Jets on the Aerodynamics of the NACA-0012 Airfoil," AIAA Paper No. 97-2326, 1997.

88. Lombardi, G., Salvetti, M. V., and Pinelli, D.: "Numerical Evaluation of Airfoil Friction Drag," *J. Aircraft*, vol. 37, no. 2, March–April, 2000, pp. 354–356.

89. Liebeck, R. H., "Design of Subsonic Airfoils for High Lift," *AIAA J. Aircraft*, vol. 15, no. 9, September 1978, pp. 547–561.

90. Liebeck, R. H., "BlendedWing Body Design Challenges," AIAA Paper 2003-2659, April 1, 2003.

91. Roman D., J. B. Allen, and R. H. Liebeck, "Aerodynamic Design Challenges of the Blended-Wing-Body Subsonic Transport," AIAA Paper No. 2000-4335, 18th AIAA Applied Aerodynamics Conference, August 14–17, 2000.

92. Liebeck, R. H., "Design of the Blended-Wing-Body Subsonic Transport," 2002 Wright Brothers Lecture, AIAA Paper No. 2002-0002, AIAA Aerospace Sciences Conference, January 2002.

93. Busemann, A., "Drucke and Kegelformige Spitzen bei Bewegung mit U¨ berschallgeschwindigkeit," *Z. Angew Math. Mech.*, vol. 9, 1929, p. 496.

94. Taylor, G. I., and J. W. Maccoll, "The Air Pressure on a Cone Moving at High Speed," *Proc. Roy. Soc.* (London), ser. A, vol. 139, 1933, pp. 278–311.

95. Kopal, Z., "Tables of Supersonic Flow Around Cones." M.I.T. Center of Analysis Technical Report No. 1, U.S. Government Printing Office, Washington, D.C., 1947.

96. Sims, Joseph L., "Tables for Supersonic Flow Around Right Circular Cones at Zero Angle of Attack," NASA SP-3004, 1964.

97. Tauber,M. E., and Meneses, G. P., "Aerothermodynamics of Transatmospheric Vehicles," AIAA Paper 86-1257, June 1986.

98. Zoby, E. V., "Approximate Heating Analysis for the Windward Symmetry Plane of Shuttle-like Bodies at Angle of Attack," in *Thermodynamics of Atmospheric Entry*, T. E. Horton (ed.), Vol. 82, *Progress in Astronautics and Aeronautics*, American Institute of Aeronautics and Astronautics, 1982, pp. 229–247.

99. Nonweiler, T. R., "Aerodynamic Problems of Manned Space Vehicles," J. *Royal Aeronaut. Soc.*, vol. 63, 1959, pp. 521–528.

100. Jones, J. G., "AMethod for Designing Lifting Configurations for High Supersonic Speeds Using the Flow Fields of Nonlifting Cones," Royal Aeronautical Establishment Report Aero 2624, A.R.C. 24846, England, 1963.

101. Jones, J. G., K. C. Moore, J. Pike, and P. L. Roe, "A Method for Designing Lifting Configurations for High Supersonic Speeds Using Axisymmetric Flow Fields," *Ingenieur-Archiv.*, vol. 37, Band, 1. Heft, 1968, pp. 556–572.

102. Townend, L. H., "Research and Design for Lifting Reentry," *Prog. Aerospace Sciences*, vol. 18, 1979, pp. 1–80.

103. Rasmussen, M. L., "Waverider Configurations Derived from Inclined-Circular and Elliptic Cones," *J. Spacecraft and Rockets*, vol. 17, no. 6, November–December 1980, pp. 537–545.

104. Kim, B. S., M. L. Rasmussen, and M. D. Jischke, "Optimization of Waverider Configurations Generated from Axisymmetric Conical Flows," AIAA Paper 82-1299, January 1982.

105. Broadway, R., and M. L. Rasmussen, "Aerodynamics of a Simple Cone Derived Waverider," AIAA Paper 84-0085, January 1984.

106. Bowcutt, K. G., John D. Anderson, Jr., and D. Capriotti, "Viscous Optimized Hypersonic Waveriders," AIAA Paper 87-0272, January 1987.

107. Bowcutt, Kevin G., John D. Anderson, Jr., and Diego Capriotti, "Numerical Optimization of Conical Flow Waveriders Including Detailed Viscous Effects," *Aerodynamics of Hypersonic Lifting Vehicles*, AGARD Conference Proceedings, no. 428, November 1987, pp. 27-1 to 27-23.

108. Nelder, J. A., and R. Meade, "A Simplex Method of Function Minimization," *Computer J.*, vol. 7, January 1965, pp. 308–313.

109. Bowcutt, Kevin G., "Optimization of Hypersonic Waveriders Derived from Cone Flows—Including Viscous Effects," doctoral dissertation, Department of Aerospace Engineering, University of Maryland, College Park, Md., May 1986.

110. Corda, Stephan, and John D. Anderson, Jr., "Viscous Optimized Waveriders Designed from Axisymmetic Flowfields," AIAA Paper 88-0369, January 1988.

111. Anderson, John D., Jr., *The Airplane: A History of Its Technology*, American Institute of Aeronautics and Astronautics, Reston, Va., 2002.

112. Hoerner, S. F., *Fluid Dynamic Drag*, Hoerner Fluid Dynamics, Brick Town, N.J., 1965.

113. Raymer, Daniel P., *Aircraft Design: A Conceptual Approach*, 4th ed., American Institute of Aeronautics and Astronautics, Reston, Va., 2006.

114. Rizzi, Arthur, et al., "Lessons Learned from Numerical Simulations of the F-16 XL Aircraft at Flight Conditions," *Journal of Aircraft*, vol. 46, no. 2, March–April 2009, pp. 423–441.

115. Ames Research Staff, "Equations, Tables and Charts for Compressible Flow," NACA Report 1135, 1953.

116. McLellan, Charles H., "Exploratory Wind-Tunnel Investigation of Wings and Bodies at M = 6.9," *J. Aeronaut.* Sci., vol. 18, no. 10, October 1951, pp. 641–648.

찾아보기

Index

한글

ㄴ

ㄷ

ㄹ

ㅁ

ㅂ

ㅅ

ㅇ

ㅈ

ㅊ

ㅋ

ㅌ

ㅍ

ㅎ

영문

A

B

C

D

E

F

T

V

W

Z

기타